Prinz

Personalverrechnung in der Praxis 2022

Personalverrechnung in der Praxis 2022

Rechtliche Grundlagen
Erläuterungen
Über 600 gelöste Beispiele

Begründet von

Prof. Wilfried Ortner und Prof. Hannelore Ortner

Seit der 27. Auflage fortgeführt von

Dr. Irina Prinz

unter Mitarbeit von

Dr. Christoph Brandl

33. Auflage, Stand 1. 1. 2022

Linde

Zitiervorschlag: *Prinz*, Personalverrechnung in der Praxis (2022) Seite

Bibliografische Information der Deutschen Nationalbibliothek

Die Deutsche Nationalbibliothek verzeichnet diese Publikation in der Deutschen Nationalbibliografie; detaillierte bibliografische Daten sind im Internet über http://dnb.d-nb.de abrufbar.

Hinweis: Aus Gründen der leichteren Lesbarkeit wird auf eine geschlechtsspezifische Differenzierung verzichtet. Entsprechende Begriffe gelten im Sinne der Gleichbehandlung für beide Geschlechter.

ISBN 978-3-7073-4495-0

1210 Wien, Scheydgasse 24, Tel.: 01/24 630
www.lindeverlag.at

Druck: Hans Jentzsch & Co GmbH
1210 Wien, Scheydgasse 31
Dieses Buch wurde in Österreich hergestellt.

Gedruckt nach der Richtlinie des Österreichischen Umweltzeichens „Druckerzeugnisse", Druckerei Hans Jentzsch & Co GmbH, UW-Nr. 790

202122002
PRINTED IN AUSTRIA

mit biologischen Druckfarben jentzsch

Vorwort

Jeder, der sich mit der Personalverrechnung zu befassen hat, ist mit einer Vielzahl an Bestimmungen konfrontiert – die noch dazu einer raschen Veränderung unterliegen. Aus diesem Grund ist es notwendig, sich als Praktiker einer zusammengefassten und auf den letzten Stand gebrachten Publikation bedienen zu können. Dieses Fachbuch entspricht einer solchen Notwendigkeit voll und ganz.

Aus Gründen der Zweckmäßigkeit wird dieses Fachbuch gebunden und nicht in Form einer Loseblattausgabe aufgelegt. Die Begründung dafür: Wäre dieses Buch eine Loseblattausgabe, müssten Sie einen wesentlichen Anteil der Seiten austauschen. So aber haben Sie für jedes Kalenderjahr ein periodenreines Nachschlagewerk. Ein Umstand, der sich auch bei der Nachvollziehung vergangener Bestimmungen (i.d.R. bei den Prüfungen lohnabhängiger Abgaben und Beiträge) immer wieder als vorteilhaft herausgestellt hat.

Graz, im März 2022 *Dr. Irina Prinz*

Inhaltsverzeichnis

Beispielverzeichnis

Pfändung, Verpfändung, Zession von Bezügen, Privatkonkurs (Kapitel 43)

Darüber hinaus beinhaltet dieses Fachbuch viele in den Text integrierte und diesen erläuternde Beispiele.

Musterverzeichnis

Abkürzungsverzeichnis

AbgÄG 20..	Abgabenänderungsgesetz 20..
ABGB	Allgemeines bürgerliches Gesetzbuch, JGS 946
Abs.	Absatz
AEAB	Alleinerzieherabsetzbetrag
AfA	Absetzung für Abnutzung
AG	Aktiengesellschaft
AK	Arbeiterkammerumlage
AKG	Arbeiterkammergesetz, BGBl 1991/626
AktG	Aktiengesetz, BGBl 1965/98
AlVG	Arbeitslosenversicherungsgesetz, BGBl 1977/609
AMFG	Arbeitsmarktförderungsgesetz, BGBl 1969/31
AMPFG	Arbeitsmarktpolitik-Finanzierungsgesetz, BGBl 1994/315
AMS	Arbeitsmarktservice
AMSG	Arbeitsmarktservicegesetz, BGBl 1994/313
AngG	Angestelltengesetz, BGBl 1921/292
AÖF	Amtsblatt der österreichischen Finanzverwaltung
APG	Allgemeines Pensionsgesetz, BGBl I 2004/142
APflG	Ausbildungspflichtgesetz, BGBl I 2016/62
APSG	Arbeitsplatz-Sicherungsgesetz 1991, BGBl 1991/683
Arb	Sammlung arbeitsrechtlicher Entscheidungen der Arbeits- und Sozialgerichte
ArbAbfG	Arbeiterabfertigungsgesetz, BGBl 1979/107
ArbBG	Arbeitsrechtliches Begleitgesetz, BGBl 1992/833
ArbIG	Arbeitsinspektionsgesetz, BGBl 1993/27
ArbVG	Arbeitsverfassungsgesetz, BGBl 1974/22
ARG	Arbeitsruhegesetz, BGBl 1983/144
Art.	Artikel
ASchG	ArbeitnehmerInnenschutzgesetz, BGBl 1994/450
ASG	Arbeits- und Sozialgericht
ASGG	Arbeits- und Sozialgerichtsgesetz, BGBl 1985/104
ASoK	Arbeits- und Sozialrechtskartei (Fachzeitschrift des Linde Verlags, 1210 Wien, Scheydgasse 24)
ASV	Allgemeine Sozialversicherung
ASVG	Allgemeines Sozialversicherungsgesetz, BGBl 1955/189
ATerrG	Antiterrorgesetz, BGBl 1930/113
AuslBG	Ausländerbeschäftigungsgesetz, BGBl 1975/218
AUVA	Allgemeine Unfallversicherungsanstalt
AÜG	Arbeitskräfteüberlassungsgesetz, BGBl 1988/196

AV	Arbeitslosenversicherung
AVAB	Alleinverdienerabsetzbetrag
AVOG	Abgabenverwaltungsorganisationsgesetz 2010, BGBl I 2010/9
AVRAG	Arbeitsvertragsrechts-Anpassungsgesetz, BGBl 1993/459
AZG	Arbeitszeitgesetz, BGBl 1969/461
BAG	Berufsausbildungsgesetz, BGBl 1969/142
BAO	Bundesabgabenordnung, BGBl 1961/194
BBG	Bundesbehindertengesetz, BGBl 1990/283
BDG	Beamten-Dienstrechtsgesetz, BGBl 1979/333
BEinstG	Behinderteneinstellungsgesetz, BGBl 1988/721
BFG	Bundesfinanzgericht
BG	Bundesgesetz
BGBl	Bundesgesetzblatt
BGBlG	Bundesgesetzblattgesetz, BGBl I 2003/100
B-KUVG	Beamten-Kranken- und Unfallversicherungsgesetz, BGBl 1967/200
BM	Bundesministerium
BMA	Bundesministerium für Arbeit
BMAFJ	Bundesministerium für Arbeit, Familie und Jugend (alt)
BMAGS	Bundesministerium für Arbeit, Gesundheit und Soziales (alt)
BMAS	Bundesministerium für Arbeit und Soziales (alt)
BMASGK	Bundesministerium für Arbeit, Soziales, Gesundheit und Konsumentenschutz (alt)
BMASK	Bundesministerium für Arbeit, Soziales und Konsumentenschutz (alt)
BMF	Bundesministerium für Finanzen
BMG	Bundesministerium für Gesundheit (alt)
BMGFJ	Bundesministerium für Gesundheit, Familie und Jugend (alt)
BMJ	Bundesministerium für Justiz
BMSGPK	Bundesministerium für Soziales, Gesundheit, Pflege und Konsumentenschutz
BMSG	Bundesministerium für soziale Sicherheit und Generationen (alt)
BMSVG	Betriebliches Mitarbeiter- und Selbständigenvorsorgegesetz, BGBl I 2002/100
BMUKS	Bundesministerium für Unterricht, Kunst und Sport (alt)
BMWFW	Bundesministerium für Wissenschaft, Forschung und Wirtschaft (alt)
BPG	Betriebspensionsgesetz, BGBl 1990/282
BSVG	Bauern-Sozialversicherungsgesetz, BGBl 1978/559
BUAG	Bauarbeiter-Urlaubs- und Abfertigungsgesetz, BGBl 1972/414
B-VG	Bundes-Verfassungsgesetz, StGBl 1920/450, in der Fassung von 1929, BGBl 1930/1

BV	Betriebsvereinbarung
BV-Beitrag	Betrieblicher Vorsorgebeitrag
BV-Kasse	Betriebliche Vorsorgekasse
BVAEB	Versicherungsanstalt öffentlich Bediensteter, Eisenbahnen und Bergbau
BVwG	Bundesverwaltungsgericht
bzw.	beziehungsweise
DAG	Dienstgeberabgabegesetz, BGBl I 2003/28
DB	Dienstgeberbeitrag zum Familienlastenausgleichsfonds
DBA	Doppelbesteuerungsabkommen
DGA	Dienstgeberanteil zur Sozialversicherung
dgl.	dergleichen
d.h.	das heißt
DHG	Dienstnehmerhaftpflichtgesetz, BGBl 1965/80
div.	diverse
DLSG	Dienstleistungsscheckgesetz, BGBl I 2005/45
d.M.	dieses Monats
DNA	Dienstnehmeranteil zur Sozialversicherung
DSG	Datenschutzgesetz, BGBl 1978/565
DV	Dienstverhältnis
DVSV	Dachverband der Sozialversicherungsträger
DZ	Zuschlag zum Dienstgeberbeitrag
EBzRV	Erläuternde Bemerkungen zur Regierungsvorlage
EFZG	Entgeltfortzahlungsgesetz, BGBl 1974/399
EG	Europäische Gemeinschaft
EGV	EG-Verordnung
ELDA	Elektronisches Datensammelsystem (elektronische Datenfernübertragung)
E-MVB	Empfehlungen des DVSV zur einheitlichen Vollzugspraxis der Versicherungsträger im Bereich des Melde-, Versicherungs- und Beitragswesens
EO	Exekutionsordnung, RGBl 1896/79
EO-Nov 1991	Exekutionsordnungs-Novelle 1991, BGBl 1991/628
EPG	Eingetragene Partnerschaft-Gesetz – EPG, BGBl I 2009/135
Erglfg	Ergänzungslieferung
Erl	Erlass
EStG	Einkommensteuergesetz, BGBl 1988/400
etc.	et cetera
EU	Europäische Union
EuGH	Europäischer Gerichtshof; Sitz in Luxemburg
ev.	eventuell

EWG	Europäische Wirtschaftsgemeinschaft
EWR	Europäischer Wirtschaftsraum
exkl.	exklusive
f.	und die folgende
FA	Finanzamt
FB	Freibetrag
ff.	und die folgenden
Findok	Finanzdokumentation (Rechts- und Fachinformationssystem des Bundesministeriums für Finanzen)
FinStrG	Finanzstrafgesetz, BGBl 1958/129
FLAF	Familienlastenausgleichsfonds
FLAG	Familienlastenausgleichsgesetz, BGBl 1967/376
FLD	Finanzlandesdirektion
FSVG	Freiberuflich Selbstständigen Sozialversicherungsgesetz, BGBl 1978/624
gem.	gemäß
GewO	Gewerbeordnung, RGBl 1859/227
GewO 1973	Gewerbeordnung 1973, BGBl 1974/50
GKK	Gebietskrankenkasse (bis 31.12.2019)
GlBG	Gleichbehandlungsgesetz, BGBl I 2004/66
GmbH	Gesellschaft mit beschränkter Haftung
GmbHG	Gesetz über Gesellschaften mit beschränkter Haftung, RGBl 1906/58
GP	Gesetzgebungsperiode
GPLA	Gemeinsame Prüfung lohnabhängiger Abgaben
GSVG	Gewerbliches Sozialversicherungsgesetz, BGBl 1978/560
GVG-B	Grundversorgungsgesetz – Bund 2005, BGBl I 2005/100
HBG	Höchstbeitragsgrundlage
HbG	Hausbesorgergesetz, BGBl 1970/16
HVSV	Hauptverband der österreichischen Sozialversicherungsträger (bis 31.12.2019)
i.d.F.	in der Fassung
i.d.g.F.	in der geltenden Fassung
i.d.R.	in der Regel
IE	Insolvenzentgeltsicherungszuschlag
IESG	Insolvenz-Entgeltsicherungsgesetz, BGBl 1977/324
inkl.	inklusive
insb.	insbesondere
IO	Insolvenzordnung, RGBl 1914/337
i.S.d.	im Sinn des/der
i.V.m.	in Verbindung mit

JGS	Justizgesetzsammlung, Gesetze und Verordnungen im Justizfach (1780–1848)
JWG	Jugendwohlfahrtsgesetz 1989, BGBl 1989/161
K	Kundmachung
KBGG	Kinderbetreuungsgeldgesetz, BGBl I 2001/103
KG	Kommanditgesellschaft
KGG	Karenzgeldgesetz, BGBl I 1997/47
KJBG	Kinder- und Jugendlichen-Beschäftigungsgesetz 1987, BGBl 1987/599
KommSt	Kommunalsteuer
KommStG	Kommunalsteuergesetz, BGBl 1993/819
KommSt-Info	Information zum KommStG des BMF
KSchG	Konsumentenschutzgesetz, BGBl 1979/140
KStG	Körperschaftsteuergesetz, BGBl 1988/401
KV	Kollektivvertrag
lfd.	laufend
LGBl	Landesgesetzblatt
LGZ	Landesgericht für Zivilrechtssachen
lit.	litera
LK	Landarbeiterkammerumlage
LReg	Landesregierung
LSt	Lohnsteuer
LStR 2002	Lohnsteuerrichtlinien 2002, Erlass des BMF
lt.	laut
LVR 1989	Richtlinien für die Lohnverrechnung 1989 (Lohnverrechnungsrichtlinien 1989), Erl. d. BMF v. 26. 5. 1989, 14 0603/1-IV/14/89
max.	maximal
MS	Mustersatzung des Hauptverbands der österreichischen Sozialversicherungsträger
MSchG	Mutterschutzgesetz, BGBl 1979/221
NAG	Niederlassungs- und Aufenthaltsgesetz, BGBl I 2005/100
NAZ	Normalarbeitszeit
NB	Nachtschwerarbeitsbeitrag
NeuFöG	Neugründungs-Förderungsgesetz, BGBl I 1999/106
NÖDIS	Niederösterreichisches Dienstgeberservice (DG-Service der Nö. GKK) (bis 31.12.2019)
NSchG	Nachtschwerarbeitsgesetz, BGBl 1981/354
OECD	Organization for Economic Co-operation and Development
OFG	Opferfürsorgegesetz, BGBl 1947/183
OG	Offene Gesellschaft
ÖGB	Österreichischer Gewerkschaftsbund

OGH	Oberster Gerichtshof
ÖGK	Österreichische Gesundheitskasse
OLG	Oberlandesgericht
PatG	Patentgesetz, BGBl 1970/259
PKG	Pensionskassengesetz, BGBl 1990/281
PVA	Pensionsversicherungsanstalt
PV	Personalverrechnung
PVInfo	Die Fachzeitschrift für Personalverrechnung (Herausgeber: Linde Verlag, 1210 Wien, Scheydgasse 24)
RGBl	Reichsgesetzblatt
RGV	Reisegebührenvorschrift, BGBl 1955/133
RichtWG	Richtwertgesetz, BGBl 1993/800
RV	Regierungsvorlage
Rz	Randzahl
s.	siehe
SchPflG	Schulpflichtgesetz, BGBl 1985/76
SchUG	Schulunterrichtsgesetz, BGBl 1986/472
SEG	Schmutz-, Erschwernis-, Gefahrenzulagen
SFN	Sonn-, Feiertag-, Nachtarbeit
Slg	Sammlung
sog.	sogenannt
SozSi	Soziale Sicherheit, Zeitschrift für die österreichische Sozialversicherung
StGB	Strafgesetzbuch, BGBl 1974/60
StGBl	Staatsgesetzblatt
StRefG 1993	Steuerreformgesetz 1993
StruktAG 1996	Strukturanpassungsgesetz 1996
SV	Sozialversicherung
SV-ZG	Sozialversicherungs-Zuordnungsgesetz, BGBl I 2017/125
SVA	Sozialversicherungsanstalt der gewerblichen Wirtschaft (bis 31.12.2019)
SVB	Sozialversicherungsanstalt der Bauern (bis 31.12.2019)
SVS	Sozialversicherungsanstalt der Selbständigen
SW	Schlechtwetterentschädigungsbeitrag
SWK	Steuer- und Wirtschaftskartei (Fachzeitschrift des Linde Verlags, 1210 Wien, Scheydgasse 24)
SZ	Sonderzahlung
u.a.	unter anderem
u.Ä.	und Ähnliche
u.a.m.	und andere mehr
u.dgl.	und dergleichen

UFS	unabhängiger Finanzsenat (alt)
UGB	Unternehmensgesetzbuch, BGBl I 2005/120
UmgrStG	Umgründungssteuergesetz, BGBl 1991/699
UrlG	Urlaubsgesetz, BGBl 1976/390
Üst	Überstunden
UStG	Umsatzsteuergesetz, BGBl 1972/223
usw.	und so weiter
u.U.	unter Umständen
VAG	Versicherungsaufsichtsgesetz, BGBl 1978/569
VereinsR	Vereinsrichtlinien 2001
VfGG	Verfassungsgerichtshofgesetz, BGBl 1953/85
VfGH	Verfassungsgerichtshof
vgl.	vergleiche
VKG	Väter-Karenzgesetz, BGBl 1989/651, bis 2001: Eltern-Karenzurlaubsgesetz
VO	Verordnung
VwGG	Verwaltungsgerichtshofgesetz, BGBl 1985/10
VwGH	Verwaltungsgerichtshof
VwGVG	Verwaltungsgerichtsverfahrensgesetz, BGBl I 2013/33
WAOR	Gesetz über das Wiener Abgabenorganisationsrecht, LGBl 1962/21
WEBEKU	WEB-BE-Kunden-Portal der Österreichischen Gesundheitskasse
WF	Wohnbauförderungsbeitrag
WFG 2018	Wohnbauförderungsbeitragsgesetz 2018, BGBl I 2017/144
WG	Wehrgesetz, BGBl I 2001/146
WKG	Wirtschaftskammergesetz, BGBl I 1998/103
WKÖ	Wirtschaftskammer Österreich
Wr. DAG	Wiener Dienstgeberabgabegesetz, LGBl 1970/17
WTBG 2017	Wirtschaftstreuhandberufsgesetz 2017, BGBl I 2017/137
Z	Ziffer
z.B.	zum Beispiel
ZDG	Zivildienstgesetz, BGBl 1986/679

Zum Gebrauch des Fachbuchs

Begriffe

Im Rahmen des Arbeits-, Sozial- und Abgabenrechts finden **unterschiedliche Ausdrücke** u.a. für die an einem abhängigen Dienstverhältnis beteiligten Personen Anwendung.

Die Begriffe

Arbeitgeber	– Dienstgeber,	Arbeitnehmer	– Dienstnehmer,
Arbeitsverhältnis	– Dienstverhältnis,	Arbeitsvertrag	– Dienstvertrag

bestimmen in ihrer Bedeutung grundsätzlich **keinen Unterschied** und werden in der Praxis synonym verwendet.

Die Gesetze selbst verwenden jeweils gleich lautende Begriffe. Das ASVG z.B. die Begriffe Dienstnehmer, Dienstgeber; das EStG z.B. die Begriffe Arbeitnehmer, Arbeitgeber.

In diesem Fachbuch werden in den Teilen, die sich auf Gesetze beziehen, die vom Gesetzgeber gewählten, in den allgemeinen Teilen die in der Praxis üblichen Begriffe verwendet.

Hinweise

1. In diesem Fachbuch werden
   - **Arbeiter** (ohne Sonderformen, wie z.B. Bauarbeiter, Heimarbeiter),
   - **Angestellte** i.S.d. Angestelltengesetzes und
   - **Lehrlinge**

   behandelt.
2. Bei allen in diesem Fachbuch behandelten arbeitsrechtlichen Fragen ist **immer** auf die im anzuwendenden Kollektivvertrag ev. dafür vorgesehenen Regelungen zu achten, **auch wenn darauf nicht hingewiesen wird**.
3. **Dieses Fachbuch dient dem praktischen Gebrauch.** Aus diesem Grund enthält es nachstehende Hinweise:

   3.1. Bezieht sich der Text auf eine Gesetzesstelle, eine Verordnung, einen Erlass, auf die herangezogene Judikatur bzw. auf eine amtliche Mitteilung, wird darauf in Klammer hingewiesen; z.B. (§ 49 Abs. 3 ASVG) oder (OGH 27.1.2016, 9 ObA 131/15b). Dadurch wird dem Benutzer die Möglichkeit einer Überprüfung bzw. eines ev. Zugriffs auf andere Werke der Fachliteratur geboten.

   3.2. Bezieht sich der Text auf einen Sachinhalt, der in diesem Fachbuch an einer anderen Stelle nochmalige Behandlung findet, wird darauf in Klammer hingewiesen; z.B. (→ 28.3.7.). Dadurch hat der Benutzer die Möglichkeit, ohne Umweg über das Inhaltsverzeichnis bzw. über das Stichwortverzeichnis weitere Informationen zu erhalten.

Hinsichtlich Literatur über Spezialbereiche der Personalverrechnung sind u.a. im **Linde Verlag Wien** erschienen:
- Personalverrechnung im Baugewerbe“, Rudolf Grafeneder,
- Personalverrechnung im Gastgewerbe und in der Hotellerie“, Mag. Elfriede Köck, Dr. Günter Steinlechner.

1. Einleitung

Die Arbeiten, die der Dienstgeber bedingt durch die Beschäftigung von Dienstnehmern zu erledigen hat, werden in der **Personalabteilung** durchgeführt.

Aufgabenbereiche der Personalabteilung sind u.a.

- der Personaleinsatz,
- die **Personalverwaltung**,
- die Personalführung,
- die Personalausbildung,
- die Personalbetreuung.

Ein Aufgabenbereich der Personalverwaltung ist i.d.R.

- die **Personalverrechnung**.

1.1. Aufgaben der Personalverrechnung

Die Personalverrechnung umfasst die gesamte Abrechnung aller Bezugsarten der in einem Betrieb beschäftigten Dienstnehmer.

Pro Abrechnungsperiode (Monat) ist die

innerbetriebliche Abrechnung und die **außerbetriebliche Abrechnung**

durchzuführen.

1.1.1. Innerbetriebliche Abrechnung

Die innerbetriebliche Abrechnung umfasst:

1. **Die Ermittlung des Grundbezugs:**
   - Gehalt bei Angestellten,
   - Lohn bei Arbeitern,
   - Einkommen bei Lehrlingen

   u.a.m.
2. **Die Ermittlung zusätzlicher Bezugsbestandteile:**
   - Sachbezüge,
   - Feiertags-, Kranken- und Urlaubsentgelte,
   - Schmutz-, Erschwernis- und Gefahrenzulagen,
   - Sonn-, Feiertags- und Nachtarbeitszuschläge,
   - Überstundenentlohnung,
   - Sonderzahlungen

   u.a.m.
3. **Die Ermittlung des Bruttobezugs** (Summe aus 1. und 2.).
4. **Die Ermittlung der Abzüge:**
   - Dienstnehmeranteil zur Sozialversicherung,
   - Lohnsteuer,
   - Betriebsratsumlage,

- Vorschuss,
- gepfändeter Betrag

  u.a.m.

5. **Die Ermittlung des Nettobezugs = Auszahlungsbetrag** (Differenz aus 3. minus 4.).

1.1.2. Außerbetriebliche Abrechnung

Die außerbetriebliche Abrechnung umfasst:

1. **Die Verrechnung der** durch den Dienstgeber von den Dienstnehmern **einbehaltenen Abzüge**:
   - Dienstnehmeranteile zur Sozialversicherung,
   - Lohnsteuer,
   - gepfändete Beträge.
2. **Die Verrechnung der Steuern und Abgaben**, die dem Dienstgeber durch die Beschäftigung von Dienstnehmern entstehen:
   - Dienstgeberanteile zur Sozialversicherung,
   - Dienstgeberabgabe (bei mehreren geringfügig Beschäftigten),
   - Betrieblicher Vorsorgebeitrag,
   - Dienstgeberbeitrag zum Familienlastenausgleichsfonds,
   - Zuschlag zum Dienstgeberbeitrag,
   - Kommunalsteuer,
   - Dienstgeberabgabe der Gemeinde Wien („U-Bahn-Steuer")

   u.a.m.
3. **Die Beantragung eines Zuschusses** zur Entgeltfortzahlung durch den Dienstgeber:
   - Vergütung des fortgezahlten Entgelts bei Dienstverhinderungen durch Krankheit bzw. nach Unfällen.

Die außerbetriebliche Abrechnung wird mit den **außerbetrieblichen Stellen** durchgeführt.

Außerbetriebliche Stellen sind u.a.

- der Träger der Krankenversicherung (Österreichische Gesundheitskasse),
- die Allgemeine Unfallversicherungsanstalt,
- das Finanzamt,
- die Stadt(Gemeinde)kasse,
- der betreibende Gläubiger.

1.1.3. Zusammenfassende Darstellung

Aus Gründen der Übersicht wurden in der nachstehenden Darstellung nur die wichtigsten Abrechnungen angeführt. Von der Breite der Kästchen sind betragliche Größen nicht ableitbar.

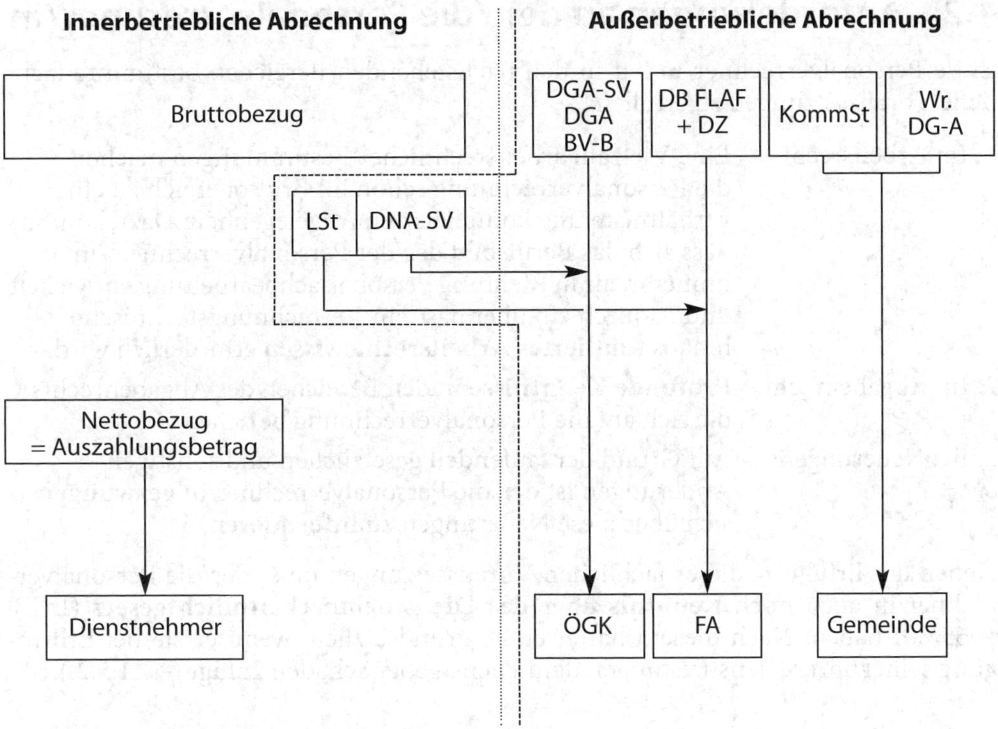

BV-B	=	Betrieblicher Vorsorgebeitrag
DB FLAF	=	Dienstgeberbeitrag zum Familienlastenausgleichsfonds
DGA	=	Dienstgeberabgabe
DGA-SV	=	Dienstgeberanteil zur Sozialversicherung
DNA-SV	=	Dienstnehmeranteil zur Sozialversicherung
DZ	=	Zuschlag zum Dienstgeberbeitrag
FA	=	Finanzamt
ÖGK	=	Österreichische Gesundheitskasse
KommSt	=	Kommunalsteuer
LSt	=	Lohnsteuer
Wr. DG-A	=	Dienstgeberabgabe der Gemeinde Wien

1.2. Anforderungen an den/die Personalverrechner/in

Ein/e Personalverrechner/in hat in den nachstehenden Bereichen bestimmte fachliche Voraussetzungen zu erfüllen:

1. Im Arbeitsrecht:	Eine Vielzahl arbeitsrechtlicher Bestimmungen machen die Personalverrechnung schon im Bruttobereich zu einer verhältnismäßig komplizierten Angelegenheit. Dazu kommt, dass sich das Berufsbild des/der Personalverrechners/in immer mehr in Richtung Personalsachbearbeitung entwickelt und dadurch ein über das rein Verrechnungstechnische hinaus **fundiertes Arbeitsrechtswissen** erforderlich wird.
2. Im Abgabenrecht:	**Profunde Kenntnisse** in den Bereichen des Abgabenrechts, die sich auf die Personalverrechnung beziehen.
3. Bei Neuerungen:	Auf Grund der laufenden gesetzlichen und sonstigen Änderungen ist der/die Personalverrechner/in **gezwungen**, sich über diese Neuerungen **zu informieren**.

Neben der Erfüllung dieser fachlichen Voraussetzungen muss der/die Personalverrechner/in auch noch **Kenntnis über das Dienstnehmerhaftpflichtgesetz** (BGBl 1965/80) haben. Nach diesem haftet er/sie grundsätzlich, wenn er/sie bei Erbringung seiner/ihrer Dienstleistungen dem Dienstgeber Schaden zufügt (→ 41.5.2.).

2. Rechtliche Grundbegriffe

Dieses Kapitel erhebt keinen Anspruch auf Vollständigkeit. In sehr kurzer Form wird die Gliederung des allgemeinen Teils des bürgerlichen Rechts gezeigt und Begriffe erklärt, die in diesem Fachbuch Verwendung finden.

2.1. Das Recht im objektiven und subjektiven Sinn

Unter dem **Recht im objektiven Sinn** versteht man

- die **Gesamtheit aller Normen**, die das Zusammenleben der Menschen regeln und grundsätzlich mit Zwangsgewalt ausgestattet sind (**Rechtsordnung**, → 3.3.).

Unter dem **Recht im subjektiven Sinn** versteht man

- die dem **Einzelnen** aus dem Recht im objektiven Sinn **erwachsende Befugnis**.

Der Einzelne kann demnach bei der Durchsetzung seines Rechts nötigenfalls die Hilfe der zuständigen staatlichen Organe (Gerichte, Verwaltungsbehörden) in Anspruch nehmen.

Dazu ein **Beispiel**: Das **objektive Recht** sieht vor, dass der Dienstgeber das Dienstverhältnis eines Dienstnehmers nur unter Einhaltung bestimmter Kündigungsvorschriften lösen kann. Kündigt der Dienstgeber den Dienstnehmer und hält dieser diese Vorschriften nicht ein, ist er dem Dienstnehmer gegenüber u.U. schadenersatzpflichtig. Der Dienstnehmer hat demnach ein **subjektives Recht** auf diesen Schadenersatz. Zahlt der Dienstgeber nicht freiwillig, kann der Dienstnehmer durch Klage und Exekution mit Hilfe des Gerichts zu seinem Recht kommen.

2.1.1. Arten des Rechts im objektiven Sinn

2.1.1.1. Öffentliches und privates Recht

Ein rechtlicher Vorgang gehört dem **öffentlichen Recht** dann an,

- wenn zumindest auf einer Seite ein mit Hoheitsgewalt ausgestattetes Rechtssubjekt (Gemeinde, Bundesland, Staat, Behörde) in Ausübung dieser Hoheitsgewalt beteiligt ist.

Zwischen der handelnden Behörde und derjenigen Person, die von der Rechtshandlung betroffen ist (der sog. „Partei"), besteht ein Verhältnis von

Über-
und
Unterordnung.

Die beiden Partner stehen nicht gleichberechtigt nebeneinander.

Die Unterordnung zeigt sich darin, dass sich der Einzelne bestimmter Pflichten nicht entziehen kann. Man ist diesen Pflichten zwangsweise und ungefragt unterworfen. Dazu ein **Beispiel:** Die Pflicht, Steuer zu bezahlen.

Die Regelung eines öffentlichen Rechtsverhältnisses erfolgt

- durch **Bescheid**[1] im Verwaltungsverfahren,
- durch **Urteil**[2] **oder Beschluss**[3] im Gerichtsverfahren.

Dagegen stehen im Bereich des **privaten Rechts** (auch bürgerliches Recht oder Zivilrecht genannt)

zwei gleichberechtigte Partner	**auf gleicher Stufe einander gegenüber.**

Den daraus resultierenden Pflichten hat man sich selbst und völlig freiwillig unterworfen.

Beispiele dazu sind: der Kauf eines Autos; der Abschluss eines Dienstvertrags.

Die Regelung eines privaten Rechtsverhältnisses erfolgt durch ein **Rechtsgeschäft** (→ 2.4.).

2.1.1.2. Zwingendes und nachgiebiges Recht

Unter **zwingendem Recht** (unabdingbares Recht) versteht man

- ein Recht, welches durch Vereinbarung der Parteien **nicht abgeändert** werden kann.

Zwingendes Recht unterteilt man in

einseitig (relativ) **zwingendes Recht**	und	**zweiseitig** (absolut) **zwingendes Recht**.
Es lässt zumindest eine für den Dienstnehmer günstigere Regelung zu (**Günstigkeitsprinzip**).		Es verbietet jede abweichende Vereinbarung sowohl zu Gunsten als auch zu Ungunsten des Dienstnehmers (**Ordnungsprinzip**).
Dazu ein **Beispiel**: Die Mindestentlohnung, die der anzuwendende Kollektivvertrag vorsieht, kann überschritten werden (→ 9.2.).		Dazu ein **Beispiel**: Die im BAG vorgesehene Regelung über die Probezeit eines Lehrlings gilt in jedem Fall (→ 28.3.5.).

Unter **nachgiebigem Recht** (abdingbares Recht) versteht man

- Vorschriften, die durch Vereinbarung der Parteien (bzw. Kollektivvertragsparteien) aufgehoben oder abgeändert werden können. Es dürfen also sowohl **zu Gunsten als auch zu Ungunsten** des Dienstnehmers Regelungen getroffen werden.

Dazu ein **Beispiel**: Die Bestimmung des AZG, wonach für Teilzeit-Mehrarbeitsstunden neben der Grundentlohnung ein Zuschlag von 25% gebührt, könnte durch einen Kollektivvertrag auch zum Nachteil des Teilzeitbeschäftigten verändert werden (→ 16.2.2.2.).

2.1.1.3. Materielles und formelles Recht

Die Normen des **materiellen Rechts** regeln

- die im Rechtsleben vorkommenden Sachverhalte.

1 Der Bescheid ist eine Verfügung einer Behörde, durch die ein Einzelfall erledigt wird.
2 Durch ein Urteil endet i.d.R. ein ordentliches Gerichtsverfahren.
3 Ein Beschluss ist eine nicht in Urteilsform ergehende Gerichtsentscheidung.

Die Normen des **formellen Rechts** regeln

- das zur Verwirklichung erforderliche Verfahren.

Das **Beispiel** bezüglich der Familienbeihilfe zeigt den Unterschied:

Das materielle Recht sagt, dass derjenige, der für ein Kind sorgt, Anspruch auf Familienbeihilfe hat.	Das formelle Recht sagt, an welche Behörde man sich bezüglich der Erlangung der Familienbeihilfe wenden muss.

2.2. Quellen des objektiven Rechts – Rechtsauslegung – Rechtsprechung

2.2.1. Geschriebenes Recht – Gewohnheitsrecht

Unter **geschriebenem Recht** versteht man

- die Verfassung, die Gesetze, die Verordnungen usw. (→ 3.3.).

Unter **Gewohnheitsrecht** (ungeschriebenes Recht) versteht man

- Rechtssätze, die zwar nirgends ausdrücklich festgehalten sind, aber doch (aus Gewohnheit oder aus längerer Übung) zu beachten sind (§ 863 ABGB) (→ 9.3.10.).

Das Gewohnheitsrecht ist eine Art **„schlüssige Vereinbarung"** (→ 4.1.2.). Aus der Gewohnheit oder der längeren Übung, aus der der Dienstnehmer ableiten kann, ein Recht erworben zu haben, wird der Inhalt des Dienstvertrags schlüssig ergänzt bzw. abgeändert. Das Gewohnheitsrecht setzt allerdings voraus, dass der Dienstnehmer **redlicherweise** auf die Zustimmung des Dienstgebers[4] vertrauen konnte (OGH 22.10.1998, 8 ObA 263/98d).

2.2.2. Rechtsauslegung (Interpretation)

Darunter versteht man die Klarstellung des maßgeblichen Sinnes eines Rechtssatzes. Gemäß der Auslegungsregel des § 6 ABGB ist

- zunächst nach dem Wortsinn, der „eigentümlichen Bedeutung der Worte", zu forschen.
- Darüber hinaus ist nach dem Sinn dieser Worte „in ihrem Zusammenhang" und
- letztlich nach der „klaren Absicht des Gesetzgebers" zu forschen.

Letzteres geschieht durch Heranziehung der **„Materialien"** eines Gesetzes. Dazu zählen

- die Erläuternden Bemerkungen zur Regierungsvorlage (EBzRV),
- der Bericht des zuständigen Parlaments(Landtags)ausschusses und
- die stenografischen Protokolle über die Parlaments(Landtags)sitzungen.

---

4 In diesem Sinn hat die Rechtsprechung festgehalten, dass sich z.B. aus den vom Dienstgeber geduldeten Verspätungen kein gewohnheitsrechtlicher Anspruch auf künftiges verspätetes Erscheinen am Arbeitsplatz ergeben kann. Will sich der Dienstgeber diesbezügliche arbeitsrechtliche Konsequenzen vorbehalten (z.B. Ausspruch einer Entlassung aufgrund beharrlicher Pflichtenvernachlässigung, → 32.1.5.), muss er allerdings klar zum Ausdruck bringen, dass der vertraglich vereinbarte Arbeitsbeginn in Zukunft genau eingehalten werden muss (z.B. OGH 18.4.1978, 4 Ob 7/78).

2.2.3. Rechtsprechung (Judikatur)

Die in einzelnen Fällen ergangenen Verfügungen und die von Richter(stühle)n in besonderen Rechtsstreitigkeiten gefällten **Urteile haben nicht die Kraft eines Gesetzes**, sie können auf andere Fälle oder auf andere Personen nicht ausgedehnt werden (§ 12 ABGB).

Richterliche Entscheidungen schaffen lediglich ius inter partes (Recht zwischen den Parteien) und sind daher für andere – auch gleich gelagerte – Rechtsfälle nicht verbindlich.

Entscheidungen sind demnach keine Rechtsquellen, aber **wichtige Orientierungshilfen** bei der Konkretisierung von Rechtsregeln. Für die Praxis haben Urteile (Erkenntnisse) der Höchstgerichte (VfGH und VwGH im öffentlichen Recht, OGH im Privatrecht) deshalb große Bedeutung, da sich daran die Unterinstanzen (→ 42.) orientieren. Aus diesem Grund werden interessante Entscheidungen in div. Fachzeitschriften veröffentlicht.

> **Praxistipp:** Entscheidungen des OGH und des VfGH bzw. VwGH sind im Internet unter www.ris.bka.gv.at, Erkenntnisse des Bundesfinanzgerichts unter https://findok.bmf.gv.at abrufbar.

2.3. Rechtssubjekte und Rechtsobjekte

Rechtssubjekt ist, wer **Träger von Rechten und Pflichten** sein kann.	**Rechtsobjekte** sind **Sachen.**

Es gibt **zwei Arten** der Rechtssubjekte:

Natürliche (physische) **Personen;** das sind	und	**Juristische Personen;** das sind
Menschen. Nach österreichischem Recht ist jeder Mensch Rechtssubjekt (§ 16 ABGB).		**Personenvereinigungen oder Vermögensmassen** mit eigener Rechtspersönlichkeit (z.B. Bund, Länder, Gemeinden, AG, GmbH, Vereine). Juristische Personen können, da sie künstliche Gebilde sind, nur durch physische Personen (sog. Organe) handeln. Organmäßige Stellvertreter sind nur solche, die hiezu nach der Verfassung der juristischen Person (Satzung) befugt sind (z.B. der Obmann eines Vereins, der Geschäftsführer einer GmbH, → 31.10.).

2.4. Einseitige und zweiseitige Rechtsgeschäfte

Als Rechtsgeschäft bezeichnet man

- **jede Handlung und jede Willenserklärung** im Rahmen der Rechtsordnung, mit der jemand einen bestimmten rechtlichen Erfolg erzielen will.

Man unterscheidet in

einseitige Rechtsgeschäfte	und	zweiseitige Rechtsgeschäfte,
	je nachdem, ob	
die Handlung einer einzigen Person für den gewünschten Erfolg genügt (z.B. Kündigung, Entlassung, → 32.1.); Einseitige Rechtsgeschäfte sind **empfangsbedürftige, nicht** aber durch den Vertragspartner **annahmebedürftige** Willenserklärungen (d.h. sie sind unabhängig von einer Zustimmung bzw. vom Widerspruch des empfangenden Vertragspartners wirksam).		die Handlung beider Partner für den gewünschten Erfolg notwendig ist (z.B. Abschluss eines Dienstvertrags, → 4.1.2.; einvernehmliche Beendigung des Dienstverhältnisses, → 32.1.).

Grundsätzlich ist der Abschluss von Rechtsgeschäften **formfrei**. Für einzelne Rechtsgeschäfte schreibt das Arbeitsrecht jedoch eine bestimmte Form (z.B. die Schriftform) vor, bei deren Nichtbeachtung das Rechtsgeschäft nichtig, d.h. ungültig ist.

2.5. Wissenserklärung, Willenserklärung

Die **Wissenserklärung** (deklarative Erklärung) ist nicht auf die Verwirklichung eines bestimmten rechtsgeschäftlichen Willens gerichtet, sondern stellt bloß eine (richtige oder unrichtige) Mitteilung über Tatsachen dar.

Beispiel

Die Mitteilung eines Dienstnehmers, er habe um die Pension angesucht und wird daher demnächst sein Dienstverhältnis beenden müssen, stellt noch keinen Kündigungsausspruch dar.

Die **Willenserklärung** (ausdrückliche oder konstitutive Erklärung) bewirkt einen rechtsgeschäftlichen Erfolg (→ 2.4.).

Beispiel

Der tatsächliche Ausspruch der Kündigung.

3. Arbeitsrecht

In diesem Kapitel werden u.a. Antworten auf folgende praxisrelevanten Fragestellungen gegeben:

3.1. Begriff

3.1.1. Arbeitsrecht

Unter **Arbeitsrecht** versteht man

- die **Gesamtheit der Bestimmungen**, die die Beziehungen der an einem abhängigen Dienstverhältnis beteiligten Personen regeln.

Das Arbeitsrecht kann als Sonderrecht der in einer abhängigen Stellung beschäftigten Dienstnehmer und der Dienstgeber, für die sie Arbeit leisten, bezeichnet werden. Es ist in erster Linie **Schutzrecht** zu Gunsten der Dienstnehmer.

Das Arbeitsrecht entstammt dem Privatrecht; zunächst waren nur im ABGB bestimmte allgemein gehaltene arbeitsrechtliche Regelungen enthalten. Zu diesen sind im Laufe der Zeit Sondergesetze (→ 3.3.2.) und Kollektivverträge (→ 3.3.4.) hinzugekommen. Hauptsächlich durch diese wurde die im ABGB bestehende **Vertragsfreiheit eingeschränkt** und die wirtschaftliche Unterlegenheit des Dienstnehmers als Vertragspartner gegenüber dem Dienstgeber weitgehend ausgeglichen.

Früher verstand man unter Vertragsfreiheit

volle Abschlussfreiheit[5]	+	volle Inhaltsfreiheit[6].

5 Dem Dienstnehmer und dem Dienstgeber ist der Abschluss eines Dienstvertrags freigestellt.
6 Dem Dienstnehmer und dem Dienstgeber ist die inhaltliche Gestaltung ihrer Rechtsbeziehung freigestellt.

Heute versteht man unter Vertragsfreiheit

volle Abschlussfreiheit	+	durch die Sondergesetzgebung und Kollektivverträge **eingeschränkte Inhaltsfreiheit**.

Das Arbeitsrecht lässt sich weder ausschließlich dem Privatrecht noch dem öffentlichen Recht (→ 2.1.1.1.) zuordnen. Es besteht vielmehr aus Rechtsvorschriften sowohl privatrechtlicher als auch öffentlich-rechtlicher Natur. Während z.B. das Arbeitsvertragsrecht (→ 4.1.) grundsätzlich dem Privatrecht zuzuzählen ist, gehört das Arbeitnehmerschutzrecht (→ 16.1.) grundsätzlich zum öffentlichen Recht, da dieses im Wesentlichen öffentlich-rechtliche Pflichten des Dienstgebers gegenüber dem Staat zum Inhalt hat.

Die Rechtsbeziehungen zwischen jenem, der die Arbeit leistet (**Dienstnehmer**), und jenem, für den sie geleistet wird (**Dienstgeber**), regelt das **Individualarbeitsrecht** oder **Arbeitsvertragsrecht**. Darin wird durch Rechtsnormen die Stellung des einzelnen Dienstnehmers an seinem Arbeitsplatz mit all seinen Rechten und Pflichten geregelt; diesen stehen die Pflichten und Rechte des Dienstgebers gegenüber.

Das **kollektive Arbeitsrecht** regelt die Gruppenbeziehungen. Neben Beziehungen zwischen den einzelnen Gruppen auf Betriebs- und Unternehmensebene (Betriebsverfassungsrecht) geht es auch um Zusammenschlüsse auf Branchen- und Gesamtwirtschaftsebene zur gemeinsamen besseren Vertretung der jeweiligen Interessen, beispielsweise durch den Abschluss von Kollektivverträgen (→ 3.3.4.).

Der räumliche Geltungsbereich des Arbeitsrechts erstreckt sich auf das gesamte Bundesgebiet.

3.1.2. Abgrenzung zum Sozialrecht

Unter **Sozialrecht** versteht man

- eine Ergänzung zum Arbeitsrecht.

Das Sozialrecht bezieht sich überwiegend auf abhängige Dienstverhältnisse und regelt die Frage, was geschieht, wenn ein solches aus irgendwelchen Gründen gestört wird und vorübergehend (z.B. wegen Krankheit) oder dauernd (z.B. wegen Pension) nicht fortgesetzt werden kann.

Zum Sozialrecht zählt neben der Sozialversicherung (→ 5.) eine Reihe weiterer Rechtsmaterien, wie Heeresversorgung, Kriegsopferversorgung, Opferfürsorge, Sozialhilfe sowie das Beihilfewesen.

Arbeits- und Sozialrecht können einem gemeinsamen Oberbegriff nicht unterstellt werden, da es sich um zwei Begriffskreise handelt, die einander bloß schneiden.

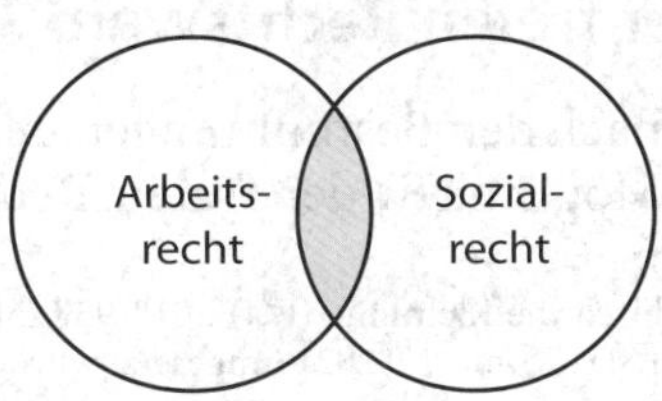

Die Entstehungsgeschichte beider Rechtsgebiete zeigt als gemeinsame Wurzel den Schutz der Dienstnehmer. So stimmt z.B. der für die Sozialversicherungspflicht maßgebende Dienstnehmerbegriff (→ 6.2.1.) im Wesentlichen mit dem des Arbeitsrechts (→ 4.4.1.) überein.

3.2. Dienstverhältnisse mit Auslandsbezug

3.2.1. Rechtsnormen

Für Dienstverhältnisse, die **Auslandsbeziehungen** aufweisen, ist für die Frage des anwendbaren Arbeitsrechts vor allem das Übereinkommen über das auf vertragliche Schuldverhältnisse anzuwendende Recht (**Europäische Vertragsrechtsübereinkommen, EVÜ**) von Relevanz. Das EVÜ gilt u.a. für jene **Dienstverträge** mit Auslandsbezug, die **nach dem 30. November 1998 abgeschlossen** wurden. Für frühere Verträge ist – sofern nicht die neuere Rechtslage vereinbart wurde – auf das Internationale Privatrechtsgesetz (IPRG) zurückzugreifen, das ähnliche Regelungen enthält.

Das EVÜ wurde durch die Rom-I-Verordnung (Verordnung [EG] 593/2008) ersetzt, welche für Dienstverträge gilt, die ab dem 17. Dezember 2009 abgeschlossen werden (wurden). Diese Verordnung gilt unmittelbar, ohne dass es einer Umsetzung in nationales Recht bedarf. Sie ist inhaltlich in ihren Kernbereichen betreffend die Bestimmungen über die Rechtswahl und Individualarbeitsverträge grundsätzlich ident mit dem EVÜ. Bei **Entsendungen bzw. Arbeitskräfteüberlassungen** aus und nach Österreich ist darüber hinaus die **EU-Entsenderichtlinie** (Richtlinie 96/71/EG)[7] zu beachten, die im nationalen Recht u.a. durch das Lohn- und Sozialdumping-Bekämpfungsgesetz (LSD-BG) umgesetzt wurde (→ 38.).

Das EVÜ bzw. die Rom-I-Verordnung legt fest, welche nationalen Normen bei vertraglichen Schuldverhältnissen anzuwenden sind, die eine Verbindung zum Recht verschiedener Staaten aufweisen. Das danach bezeichnete Recht ist auch dann anzuwenden, wenn es nicht das Recht eines Vertrags- bzw. (EU-)Mitgliedstaats – sondern eines Drittstaates – ist.

Darüber hinaus ist für Arbeitnehmer, die von ihrem Recht auf Freizügigkeit i.S.d. Art. 45 AEUV Gebrauch machen, ein allgemeines **Benachteiligungsverbot** zu beachten, welches in Österreich im AVRAG (Arbeitsvertragsrechts-Anpassungsgesetz, BGBl 1993/459) umgesetzt wurde. Diese Dienstnehmer dürfen als Reaktion auf eine Beschwerde wegen einer Verletzung ihrer (Freizügigkeits-)Rechte oder wegen der Einleitung eines Verfahrens zur Durchsetzung dieser Rechte weder gekündigt noch entlassen oder auf andere Weise benachteiligt werden (§ 7 AVRAG).

3.2.2. Anwendbares Recht

3.2.2.1. Grundsatz der freien Rechtswahl

Die Vertragsparteien haben nach den Bestimmungen des EVÜ bzw. der Rom-I-Verordnung grundsätzlich die Möglichkeit der **freien Rechtswahl.** Demnach können

7 Die EU-Entsenderichtlinie hat durch die Richtlinie (EU) 2018/957 inhaltliche Änderungen erfahren, die in Österreich durch Änderung des LSD-BG mit 1.9.2021 umgesetzt wurde.

Dienstgeber und **Dienstnehmer** bei einer Auslandsbeschäftigung das **anzuwendende Arbeitsrecht selbst wählen.** Die Rechtswahl muss ausdrücklich sein oder sich mit hinreichender Sicherheit aus den Regelungen des Dienstvertrags oder aus den Umständen des Falls ergeben.

3.2.2.2. Grenzen der freien Rechtswahl: Günstigkeitsvorbehalt

Die freie Rechtswahl darf nicht dazu führen, dass der Dienstnehmer jenen arbeitsrechtlichen Schutz verliert, den er ohne Rechtswahl gehabt hätte (**Günstigkeitsvorbehalt**). Das heißt: Auch bei freier Rechtswahl darf der durch zwingende Bestimmungen normierte **arbeitsrechtliche Standard**, über den der Dienstnehmer ohne Rechtswahl verfügen würde (→ 3.2.2.3.), **nicht unterschritten** werden. Dadurch soll der Dienstnehmer davor geschützt werden, dass er durch den Vertrag Ansprüche verliert, die ihm sonst zwingend zugestanden wären (z.B. das kollektivvertragliche Mindestentgelt, die Entgeltfortzahlung im Krankheitsfall, das gesetzlich geregelte Urlaubsausmaß).

Auch beim BMSVG (→ 36.) handelt es sich um „zwingendes Recht". Die Anwendbarkeit des BMSVG kann durch Rechtswahl zum Nachteil des Arbeitnehmers somit nicht wirksam ausgeschlossen werden, sofern ohne Rechtswahl die österreichischen Rechtsvorschriften anwendbar wären (→ 3.2.2.3.). Das BMSVG gilt also auch dann, wenn Dienstgeber und Dienstnehmer im Arbeitsvertrag ein fremdes Arbeitsrecht gewählt haben (→ 36.1.2.1. mit Beispiel; vgl. auch ÖGK, DG-Newsletter Nr. 5/September 2020).

3.2.2.3. Vorgehensweise bei Fehlen einer Rechtswahl

Treffen die Vertragsparteien **keine Rechtswahl**, unterliegt der Dienstvertrag

- entweder dem **Recht des Staates**, in dem oder von dem aus der Dienstnehmer in Erfüllung seines Vertrags **gewöhnlich seine Arbeit verrichtet** (selbst wenn er vorübergehend in einen anderen Staat entsandt ist), oder
- dem **Recht des Staates**, in dem sich die **Niederlassung befindet**, die den Dienstnehmer **eingestellt** hat, sofern dieser nicht gewöhnlich in ein und demselben Staat arbeitet.

Ergibt sich aber aus der Gesamtheit der Umstände, dass der Dienstvertrag oder das Dienstverhältnis engere Verbindungen zu einem anderen Staat aufweisen, dann ist das Recht dieses „anderen" Staates anzuwenden.

3.2.2.4. Eingriffsnormen

Unabhängig vom anzuwendenden Recht sind jedenfalls sog. **Eingriffsnormen** zu beachten. Dabei handelt es sich um zwingende Vorschriften, deren Einhaltung von einem Staat als so entscheidend angesehen wird, dass sie ungeachtet des anzuwendenden Rechts auf alle Sachverhalte anzuwenden sind, die in den Anwendungsbereich des EVÜ bzw. der Rom-I-Verordnung fallen. So sind österreichische Eingriffsnormen etwa auch anwendbar, wenn das Dienstverhältnis dem Arbeitsrecht eines anderen Staates unterliegt.

Eine Definition bzw. Aufzählung der Eingriffsnormen findet sich weder im EVÜ noch in der Rom-I-Verordnung. Vorstellbar sind aber z.B. Bestimmungen des Arbeitnehmerschutzrechts bzw. Arbeitsruherechts, der Entgeltfortzahlung, des besonderen Kündigungsschutzes oder der Entgeltsicherung im Insolvenzfall. Besondere Eingriffsnormen bestehen auch im LSD-BG bzw. AÜG für grenzüberschreitende Entsendungen bzw. Arbeitskräfteüberlassungen (→ 3.2.2.5.).

3.2.2.5. Sonderfall Entsendung bzw. Arbeitskräfteüberlassung

Bei **Entsendungen**[8] **bzw. Arbeitskräfteüberlassungen**[9] aus und nach Österreich ist neben den Bestimmungen des EVÜ bzw. der Rom-I-Verordnung die **EU-Entsenderichtlinie** (Richtlinie 96/71/EG)[10] bzw. das LSD-BG[11] zu beachten:

- Bei einer **Entsendung aus Österreich**[12] bleibt der gewöhnliche Arbeitsort im Inland. Das **österreichische Arbeitsrecht** ist (sofern keine andere Rechtswahl getroffen wird) grundsätzlich weiter anzuwenden. Dies gilt auch für die jeweiligen

8 Bei einer **Entsendung** werden Dienstnehmer durch einen Dienstgeber außerhalb des Dienstortes eingesetzt, um einen von diesem Unternehmen eingegangen Werkvertrag/Dienstleistungsvertrag zu erfüllen.

9 **Arbeitskräfteüberlassung** ist die Zurverfügungstellung von Arbeitskräften zur Arbeitsleistung an Dritte (§ 3 Abs. 1 AÜG). Arbeitskräfteüberlassung liegt grundsätzlich dann vor, wenn die Arbeitskräfte ihre Arbeitsleistung im Betrieb des Werkbestellers in Erfüllung von Werkverträgen erbringen, aber
- kein von den Produkten, Dienstleistungen und Zwischenergebnissen des Werkbestellers abweichendes, unterscheidbares und dem Werkunternehmer zurechenbares Werk herstellen oder an dessen Herstellung mitwirken oder
- die Arbeit nicht vorwiegend mit Material und Werkzeug des Werkunternehmers leisten oder
- organisatorisch in den Betrieb des Werkbestellers eingegliedert sind und dessen Dienst- und Fachaufsicht unterstehen oder
- der Werkunternehmer nicht für den Erfolg der Werkleistung haftet (§ 4 Abs. 2 AÜG).

Für **grenzüberschreitende Arbeitskräfteüberlassungen** ist nach Rechtsprechung des EuGH und VwGH in Auslegung der EU-Entsenderichtlinie dann von Arbeitskräfteüberlassung auszugehen, wenn Dienstnehmer durch ein Unternehmen lediglich zum Zwecke der Überlassung an bzw. Verwendung durch ein anderes Unternehmen eingesetzt werden. Im Speziellen sind dabei für die Abgrenzung zur Entsendung die Fragen, ob die Vergütung/das Entgelt auch von der Qualität der erbrachten Leistung abhängt bzw. wer die Folgen einer nicht vertragsgemäßen Ausführung der vertraglich festgelegten Leistung trägt, wer die Zahl der für die Herstellung des Werkes jeweils konkret eingesetzten Arbeitnehmer bestimmt und von wem die Arbeitnehmer die genauen und individuellen Weisungen für die Ausführung ihrer Tätigkeiten erhalten, von entscheidender Bedeutung (VwGH 28.3.2018, Ra 2018/11/0026; VwGH 22.2.2018, Ra 2018/11/0014; VwGH 22.8.2017, Ra 2017/11/0068; EuGH 18.6.2015, Rs C-586/13, Martin Meat).

10 Die durch die Richtlinie (EU) 2018/957 vorgegebenen Änderungen der EU-Entsenderichtlinie wurden durch eine Novelle des LSD-BG mit 1.9.2021 in nationales Recht umgesetzt.

11 Das LSD-BG setzt u.a. die Vorgaben der EU-Entsenderichtlinie in nationales Recht um, gilt darüber hinaus jedoch grundsätzlich auch für Entsendungen bzw. Arbeitskräfteüberlassungen aus und in Drittstaaten. Daneben enthält es auch Strafbestimmungen für Unterentlohnungstatbestände rein innerstaatlicher Sachverhalte (→ 38.) Im Rahmen von grenzüberschreitenden Arbeitskräfteüberlassungen sind neben dem LSD-BG die Bestimmungen des (auch für rein innerstaatliche Sachverhalte geltenden) AÜG zu beachten.

Hinweis zum Anwendungsbereich des LSD-BG bei grenzüberschreitenden Sachverhalten seit 1.9.2021: Der **Entsendebegriff** umfasst folgende grenzüberschreitende Sachverhalte (vgl. auch den Entsendebegriff der EU-Entsenderichtlinie):
- Entsendung eines Dienstnehmers durch ein Dienstgeberunternehmen zur Erbringung von Dienstleistungen **im Rahmen eines Dienstleistungsvertrags**, der zwischen dem entsendenden Dienstgeberunternehmen und einem im anderen Staat tätigen Dienstleistungsempfänger geschlossen wurde, sofern für die Dauer der Entsendung ein Arbeitsverhältnis zwischen dem entsendenden Unternehmen und dem Dienstnehmer besteht („**Dienstleistungsentsendung**“), oder
- Entsendung eines Dienstnehmers in eine Niederlassung oder ein der Unternehmensgruppe angehörendes Unternehmen im anderen Staat, sofern für die Dauer der Entsendung ein Arbeitsverhältnis zwischen dem entsendenden Unternehmen und dem Dienstnehmer besteht („**Niederlassungsentsendung**“).
- Daneben bezieht sich der Anwendungsbereich (der EU-Entsenderichtlinie und des LSD-BG) auf **grenzüberschreitende Arbeitskräfteüberlassungen**.

Von diesem Anwendungsbereich bestehen zahlreiche Ausnahmen. Siehe zum genauen Anwendungsbereich des LSD-BG und zu den vom Anwendungsbereich ausgenommenen Sachverhalten Punkt 38.

Kollektivverträge und Betriebsvereinbarungen. Eine **abweichende Rechtswahl** ist nur dann wirksam, wenn diese den **Dienstnehmer günstiger stellt**. Zudem sind das **Arbeitsrecht des Tätigkeitstaates** bzw. allenfalls bestehende ausländische Eingriffsnormen zu beachten (→ 3.2.2.1. bis → 3.2.2.4.). Im Anwendungsbereich der EU-Entsenderichtlinie wirken deren Vorgaben auch im (ausländischen) Entsendestaat, d.h. dass u.a. die dort geltenden Mindestentgeltvorschriften für den von Österreich aus entsandten Arbeitnehmer gelten. Dies hat insbesondere dann Bedeutung, wenn das Entgeltniveau im Entsendestaat höher ist als in Österreich.

- Wird ein Dienstnehmer **nach Österreich entsandt bzw. überlassen**, hat er – u.a. in Umsetzung der EU-Entsenderichtlinie, aber auch bei Entsendung aus einem Drittstaat – zwingend Anspruch auf zumindest jenes **gesetzliche, durch Verordnung festgelegte oder kollektivvertragliche Entgelt**[13], das am Arbeitsort vergleichbaren Dienstnehmern von vergleichbaren Dienstgebern gebührt. Egal welches Recht auf dieses Dienstverhältnis anzuwenden ist. Ausgenommen davon sind Beiträge zur Mitarbeitervorsorgekasse (→ 36.) und Beiträge oder Prämien nach dem Betriebspensionsgesetz (→ 30.) (vgl. § 3 Abs. 3 LSD-BG).

  Durch diese Regelung des LSD-BG soll ein adäquater Entgeltanspruch der nach Österreich entsandten bzw. überlassenen Dienstnehmer sichergestellt werden. Und zwar auch dann, wenn der Dienstgeber in Österreich nicht Mitglied einer kollektivvertragsfähigen Körperschaft ist. In diesen Fällen ist der Kollektivvertrag nicht „als solcher" anzuwenden, sondern dient lediglich als Grundlage für die Ermittlung des Arbeitslohns.

  Sind nach Gesetz, Verordnung oder Kollektivvertrag **Sonderzahlungen** vorgesehen, hat der Dienstgeber diese dem entsandten Dienstnehmer oder der grenzüberschreitend überlassenen Arbeitskraft aliquot für die jeweilige Lohnzahlungsperiode zusätzlich zum laufenden Entgelt (Fälligkeit) zu leisten (§ 3 Abs. 4 LSD-BG).

  Ein nach Österreich entsandter Dienstnehmer hat unbeschadet des auf das Arbeitsverhältnis anzuwendenden Rechts für die Dauer der Entsendung zwingend Anspruch auf zumindest jenen gesetzlichen, durch Verordnung festgelegten oder kollektivvertraglichen **Aufwandersatz für Reise-, Unterbringungs- oder Verpflegungskosten,** die während der Entsendung in Österreich anfallen, der am Arbeitsort vergleichbaren Dienstnehmern von vergleichbaren Dienstgebern gebührt. Dieser Aufwandersatz umfasst Kosten anlässlich von Reisebewegungen,

---

12 Arbeitsrecht bei Auslandsbeschäftigung, aus DGservice der Nö. GKK, September 2006:
Zusammenfassung der Entsendungskriterien:
- Vorübergehendes Tätigwerden in einem anderen Land unter Aufrechterhaltung des bisherigen Dienstverhältnisses.
- Arbeitsrechtliche Bindung zwischen Betrieb und Dienstnehmer bleibt während der gesamten Entsendedauer bestehen.

Weitere Kriterien für eine Entsendung von Österreich aus:
- Sitz des entsendenden Unternehmens in Österreich.
- Betriebliche Tätigkeit des Unternehmens im Inland.
- Arbeitsleistung im Ausland für Rechnung des österreichischen Betriebs.
- Befristeter Auslandseinsatz.
- Auszuübende Tätigkeit wird vom entsendenden Unternehmen bestimmt.
- Entsendebetrieb leistet das Entgelt.

13 Der Entgeltbegriff ist weit auszulegen und umfasst die gesamte „Entlohnung". Neben dem Grundgehalt sind auch alle sonstigen, die Entlohnung ausmachenden Bestandteile (z.B. Überstunden, Zulagen, Zuschläge, Sonderzahlungen) umfasst. Weiterhin nicht erfasst sind Entgeltbestandteile, die auf Grundlage einer Betriebsvereinbarung, von Einzelverträgen, betrieblicher Übung oder freiwilliger Überzahlung gewährt werden.

wenn der Dienstnehmer von einem regelmäßigen Arbeitsplatz im Inland zu einem anderen Arbeitsplatz im Inland reist (§ 3 Abs. 7 LSD-BG).
Nach Österreich entsandte und überlassene Dienstnehmer haben Anspruch auf bezahlten **Urlaub** nach dem UrlG, sofern das Urlaubsausmaß nach den Rechtsvorschriften ihres Heimatlandes geringer ist. Dies gilt – unbeschadet des auf das Dienstverhältnis anzuwendenden Rechts – auch für Dienstnehmer mit gewöhnlichem Arbeitsort in Österreich (§ 4 LSD-BG).
Für nach Österreich entsandte Dienstnehmer gelten unbeschadet des anzuwendenden Rechts auch zwingend die Höchstarbeits- und die Mindestruhezeiten einschließlich der kollektivvertraglich festgelegten **Arbeitszeit- und Arbeitsruheregelungen**, die am Arbeitsort für vergleichbare Dienstnehmer von vergleichbaren Dienstgebern gelten (§ 5 LSD-BG).
Für nach Österreich **überlassene Arbeitskräfte** bestehen weitere Sonderbestimmungen hinsichtlich Entgelt, Entgeltfortzahlung, Kündigungsfristen und -terminen sowie Kündigungs- und Entlassungsschutz und Kündigungsentschädigung etc. (§ 6 LSD-BG, AÜG).
Überschreitet die tatsächliche Entsendung oder Überlassung eines Dienstnehmers aus der EU bzw. dem EWR oder der Schweiz die **Dauer von zwölf (in Ausnahmefällen 18) Monaten**, finden auf solche Arbeitsverhältnisse ab diesem Zeitpunkt die österreichischen gesetzlichen und durch Verordnung oder Kollektivvertrag festgelegten **Arbeitsrechtsnormen zur Gänze** Anwendung (nicht nur die oben dargestellten Mindestvorschriften hinsichtlich Entgelt und Urlaub), soweit diese Normen günstiger sind als die entsprechenden Normen des Entsendestaates. Dabei ist jener Kollektivvertrag heranzuziehen, der am Arbeitsort für vergleichbare Dienstnehmer von vergleichbaren Dienstgebern gilt. Ausgenommen davon sind die Regelungen des BMSVG und des BPG sowie Verfahren, Formalitäten und Bedingungen für den Abschluss und die Beendigung des Arbeitsvertrages einschließlich von Wettbewerbsverboten (§ 2 Abs. 3 LSD-BG).
Darüber hinaus sind bei grenzüberschreitenden Entsendungen bzw. Arbeitskräfteüberlassungen nach Österreich diverse **formelle Melde- und Bereithaltungsverpflichtungen** einzuhalten.
Demgegenüber kennt das LSD-BG vereinzelt auch **Ausnahmen** vom Geltungsbereich oder von den Verpflichtungen zur Einhaltung der Mindestentgeltvorschriften bei Entsendungen bzw. Arbeitskräfteüberlassungen nach Österreich, z.B. für kurzfristige Montage- oder Inbetriebnahmearbeiten im Zusammenhang einer im Ausland gefertigten und ins Inland gelieferten Anlage (vgl. § 3 Abs. 5 LSD-BG).
Maßnahmen und Bestimmungen im Zusammenhang mit **Lohn- und Sozialdumping** finden Sie ausführlich unter Punkt 38. Dort finden Sie auch Ausführungen zu den **Ausnahmen vom Geltungsbereich des LSD-BG.**

- Bei einer **dauerhaften Versetzung in einen Staat** kommt es zu einer Änderung des gewöhnlichen Arbeitsorts und damit grundsätzlich zur sofortigen Geltung des jeweiligen ausländischen Arbeitsrechts (außer es wird die Weitergeltung des österreichischen Rechts im Rahmen der Rechtswahl vereinbart – sofern zwingende Eingriffsnormen dem nicht entgegenstehen).
- Ein Dienstnehmer mit gewöhnlichem Arbeitsort in Österreich hat zwingend Anspruch auf das nach Gesetz, Verordnung oder Kollektivvertrag zustehende Entgelt. Dies gilt auch in jenen Fällen, in denen ein ausländischer **Dienstgeber**

ohne Sitz im Inland einen **Dienstnehmer in Österreich beschäftigt**, eine **Entsendung aber nicht vorliegt** (vgl. § 3 Abs. 1 und Abs. 2 LSD-BG).

Näheres hinsichtlich

- Dienstverhältnissen mit Auslandsbezug finden Sie in der *PVInfo* 2/2014, Linde Verlag Wien und
- Melde- und Bereithaltepflichten nach dem LSD-BG finden Sie in der *PVInfo* 9/2017, Linde Verlag Wien,

sowie detaillierte Ausführungen zur aktuellen Novellierung des LSD-BG (mit allen Auswirkungen auf grenzüberschreitende Entsendungen und Arbeitskräfteüberlassungen) finden Sie in der

- *PVInfo* 8/2021, Linde Verlag Wien sowie
- *ASoK* 2021, 314, Linde Verlag Wien.

3.3. Stufenbau der Rechtsordnung

Unter der Rechtsordnung versteht man die **Summe aller Rechtsnormen** (Rechtsvorschriften). Diese Rechtsnormen kann man nach ihrem Rang einstufen, wobei die rangtiefere Norm stets in einer ranghöheren Norm ihre Grundlage und Deckung finden muss. Demzufolge darf die rangtiefere Norm der ranghöheren Norm nicht widersprechen.

Der Stufenbau der **Rechtsordnung im Arbeitsrecht** ergibt folgendes Bild:

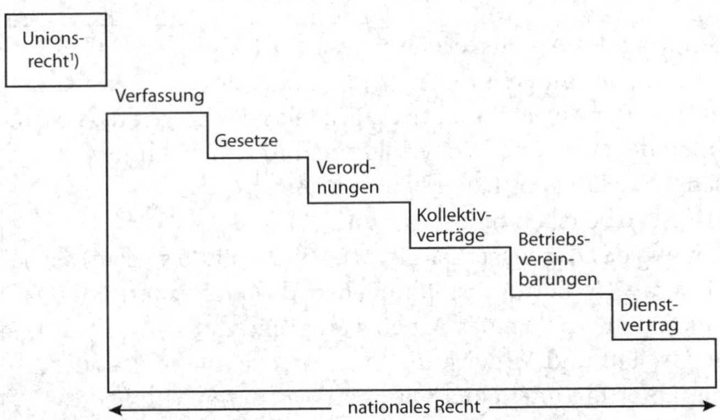

1) Unionsrecht geht jedem entgegenstehenden Recht der Mitgliedstaaten vor. Es ist nicht nur stärker als das frühere nationale Recht, sondern entfaltet eine Sperrwirkung auch gegenüber später gesetztem Recht. Im Fall eines Normenkonflikts hat demnach das unmittelbar anwendbare Unionsrecht Vorrang gegenüber dem (den gleichen Gegenstand regelnden) nationalen Recht, ohne Rücksicht darauf, welchen Rang das nationale Recht im Stufenbau der Rechtsordnung einnimmt.

3.3.1. Verfassung

Die ranghöchste Rechtsquelle im nationalen Recht, die Verfassung, enthält **keine speziellen Grundsätze** des Arbeitsrechts. Dennoch sind bestimmte verfassungsrechtliche Grundsätze auch für das Arbeitsleben von Bedeutung. So ist z.B. der verfassungsrechtliche

- **Gleichheitssatz**, der eine sachlich nicht gerechtfertigte Ungleichbehandlung verbietet,

neben dem Gesetzgeber u.a. auch von den Kollektivvertragsparteien und bei Abschluss von Betriebsvereinbarungen zu beachten.

Der verfassungsrechtliche Gleichheitssatz ist vom **Gleichbehandlungsgebot i.S.d. Gleichbehandlungsgesetzes** ① und vom **arbeitsrechtlichen Gleichbehandlungsgrundsatz** ② zu unterscheiden. Darüber hinaus enthalten die einzelnen arbeitsrechtlichen Gesetze teilweise **eigene Diskriminierungsverbote** ③.

Ebenso ist die verfassungsrechtliche Bestimmung über die

- **Vereinigungsfreiheit** (z.B. die Bildung von Gewerkschaften, → 11.6.)

von grundsätzlicher Bedeutung.

① Auf Grund

- des Geschlechts,
- der ethnischen Zugehörigkeit (Volkszugehörigkeit),
- der Religion oder Weltanschauung,
- des Alters oder
- der sexuellen Orientierung

darf im Zusammenhang mit einem Arbeitsverhältnis und in der sonstigen Arbeitswelt niemand unmittelbar oder mittelbar diskriminiert werden, insb. nicht

1. bei der Begründung des Arbeitsverhältnisses (→ 4.1.2.)[14], 2. bei der Festsetzung des Entgelts (→ 9.1.)[15], 3. bei der Gewährung freiwilliger Sozialleistungen, die kein Entgelt darstellen, 4. bei Maßnahmen der Aus- und Weiterbildung und Umschulung, 5. beim beruflichen Aufstieg, insb. bei Beförderungen, 6. bei den sonstigen Arbeitsbedingungen[16] und 7. bei der Beendigung des Arbeitsverhältnisses (→ 32.2. mit Beispielen) sowie 8. bei der Berufsberatung, Berufsausbildung, beruflichen Weiterbildung und Umschulung außerhalb eines Arbeitsverhältnisses, 9. bei der Mitgliedschaft und Mitwirkung in einer Arbeitnehmer- oder Arbeitgeberorganisation oder einer Organisation, deren Mitglieder einer bestimmten Berufsgruppe angehören, einschließlich der Inanspruchnahme der Leistungen solcher Organisationen und 10. bei der Gründung, Einrichtung oder Erweiterung eines Unternehmens sowie der Aufnahme oder Ausweitung jeglicher anderen Art von selbständiger Tätigkeit (§§ 3, 17 Abs. 1 GlBG).	Diese Diskriminierungsverbote beinhaltet auch das **BEinstG** (→ 29.2.4.).

14 Vgl. zu möglichen bei Befristungen von Dienstverhältnissen → 4.4.3.2.2.

15 Unter anderem auch bei der GDiskriminierungenewährung freiwilliger Zuwendungen (→ 9.3.10.) sowie beim Abschluss von Verschlechterungsvereinbarungen (→ 9.7.).

16 Vgl. zur möglichen Diskriminierung wegen religiöser Bekleidung am Arbeitsplatz EuGH 14.3.2017, C-157/15, *Achbita*; EuGH 14.3.2017, C-188/15, *Bougnaoui*; OGH 25.6.2016, 9 ObA 117/15v; vgl. auch EuGH 15.7.2021, C-804/18, *WABE* und C-341/19, *MH Müller Handels GmbH*.

Eine Diskriminierung liegt auch dann vor, wenn eine Person auf Grund ihres Naheverhältnisses zu einer Person wegen deren Geschlechts, ethnischer Zugehörigkeit, Religion oder Weltanschauung, Alters oder Behinderung diskriminiert oder belästigt wird.

Diskriminierung ist jede benachteiligende Differenzierung, die ohne sachliche Rechtfertigung vorgenommen wird.

Eine Diskriminierung auf Grund des Geschlechts liegt auch bei **sexueller Belästigung** vor (§ 6 Abs. 1 GlBG).

Die **Rechtsfolgen** einer Diskriminierung können Schadenersatzansprüche (Ersatz des Vermögensschadens und auch eine Entschädigung für die erlittene persönliche Beeinträchtigung), Nachzahlungen von Differenzansprüchen und die Rechtsunwirksamkeit einer Auflösungserklärung des Dienstgebers sein.

② Der **arbeitsrechtliche Gleichbehandlungsgrundsatz** kann aus der Fürsorgepflicht des Dienstgebers abgeleitet werden und verbietet es dem Dienstgeber, einzelne Dienstnehmer ohne sachliche Rechtfertigung schlechter zu behandeln als andere (vergleichbare) Dienstnehmer.

③ Z.B. das Verbot der Diskriminierung von behinderten Dienstnehmern (BEinstG), von Teilzeitbeschäftigten (§ 19d AZG) oder von Dienstnehmern mit befristeten Dienstverträgen (§ 2b AVRAG).

3.3.2. Gesetze

Gesetze sind

- die von den Organen der Bundes-(Landes-)Gesetzgebung verfassungsmäßig **verabschiedeten** und im Bundesgesetzblatt (BGBl) bzw. im Landesgesetzblatt (LGBl) gehörig **kundgemachten Rechtsnormen**.

Gesetze enthalten

allgemeine arbeitsrechtliche Bestimmungen, z.B. das Allgemeine bürgerliche Gesetzbuch (ABGB)

oder

besondere arbeitsrechtliche Bestimmungen (= Sondergesetzgebung). Darunter fallen

Spezialgesetze für bestimmte Dienstnehmergruppen, wie z.B.	und	**Spezialgesetze zu bestimmten Problemen,** wie z.B.
• das Angestelltengesetz (BGBl 1921/292), • das Berufsausbildungsgesetz (BGBl 1969/142), • das Hausbesorgergesetz (BGBl 1970/16[17]), • das Heimarbeitsgesetz (BGBl 1961/105),		• das Arbeitsverfassungsgesetz (BGBl 1974/22), • das Arbeitsruhegesetz (BGBl 1983/144), • das Arbeitszeitgesetz (BGBl 1969/461), • das Urlaubsgesetz (BGBl 1976/76), • das Mutterschutzgesetz (BGBl 1979/221) bzw. das Väterkarenzgesetz (BGBl I 2001/103).

17 Das Hausbesorgergesetz ist auf Dienstverhältnisse, die nach dem 30. Juni 2000 abgeschlossen wurden, nicht mehr anzuwenden (§ 31 Abs. 5 HbG); für diese sind die allgemeinen arbeitsrechtlichen Vorschriften im Rahmen ihres jeweiligen persönlichen und sachlichen Anwendungsbereichs maßgeblich.

Bundesgesetze müssen durch **Verlautbarungen** im **Bundesgesetzblatt** allgemein zugänglich sein und in ihrer kundgemachten Form vollständig und auf Dauer ermittelt werden können. Die näheren Bestimmungen darüber werden durch das Bundesgesetzblattgesetz getroffen. Demnach sind die im Bundesgesetzblatt zu verlautbarenden Rechtsvorschriften im Internet unter der Adresse www.ris.bka.gv.at zur Abfrage bereitzuhalten (§ 7 BGBlG).

Die Verlautbarungen im Bundesgesetzblatt müssen **jederzeit** ohne Identitätsnachweis und **unentgeltlich** zugänglich sein und können von jedermann unentgeltlich ausgedruckt werden (§ 9 BGBlG).

Das **Allgemeine Bürgerliche Gesetzbuch (ABGB)** trat mit 1. Jänner 1812 in Kraft. Im 2. Teil, 2. Abteilung, 26. Hauptstück, §§ 1151 bis 1174 behandelt dieses Gesetz die **„Verträge über Dienstleistungen“**.

In den §§ 1151 bis 1164 den sog. **Dienstvertrag** (→ 4.1.);	in den §§ 1165 bis 1171 den sog. **Werkvertrag** (→ 4.3.2.).

Das ABGB bildet u.a. noch immer die allgemeine Grundlage für den Dienstvertrag.

Im Laufe der Zeit wurden die Bestimmungen der §§ 1151 bis 1164 durch eine Fülle von Spezialgesetzen erweitert. Deshalb haben die Bestimmungen des ABGB in der heutigen Praxis keine große Bedeutung. Reichen aber die Normen der Spezialgesetze nicht aus, ist auch heute noch auf die Bestimmungen des ABGB zurückzugreifen. Man bezeichnet das als **subsidiäre Wirkung** des ABGB (subsidiär = zur Aushilfe dienend) (→ 3.4.).

3.3.3. Verordnungen

Verordnungen (Rechtsverordnungen) sind

- die von einer Verwaltungsbehörde (z.B. einem Ministerium) im Rahmen ihres Wirkungsbereichs auf Grund der Gesetze[18] erlassenen (Art. 18 Abs. 2 B-VG) und im Bundesgesetzblatt (Landesgesetzblatt) gehörig kundgemachten und damit für die Allgemeinheit verbindlichen **Rechtsnormen**[19].

Sie dienen i.d.R. der Durchführung von Gesetzen (Durchführungsverordnungen). Ihre besondere Bedeutung liegt in der großen Zahl öffentlich-rechtlicher Detailregelungen, die den Arbeitnehmerschutz (→ 16.1.) in den Betrieben betreffen, wie z.B.

- die Allgemeine Arbeitnehmerschutzverordnung,
- die Verordnung über die Beschäftigungsverbote und -beschränkungen für Jugendliche.

Erlässe unterscheiden sich von den Verordnungen dadurch, dass sie mangels gehöriger Kundmachung im Bundes(Landes)gesetzblatt **keine verbindlichen Rechtsquellen** darstellen, und kommen daher für eine Einordnung in das Rechtsquellensystem der österreichischen Bundesverfassung nicht in Betracht. Demzufolge sind sie nicht für die Allgemeinheit verbindlich. Erlässe enthalten Rechtsansichten einer Verwaltungsbehörde.

---

18 Das heißt, dass eine Verordnung bloß präzisieren darf, was in den wesentlichen Konturen bereits im Gesetz selbst vorgezeichnet wurde.

19 Bundesgesetzblätter sind im Internet unter www.ris.bka.gv.at abrufbar.

Hinweis: In keinem anderen Rechtsbereich spielen Erlässe eine derart große Rolle wie im Steuerrecht. Das liegt wohl daran, dass die Abgabengesetze ein derart hohes Maß an Komplexität aufweisen, sodass ihr einheitlicher Vollzug durch die Abgabenbehörden ohne die häufig durch Erlässe vorgenommene nähere Konkretisierung weitgehend erschwert werden würde (vgl. → 7.9.).

3.3.4. Kollektivverträge

Der I. Teil des Arbeitsverfassungsgesetzes (ArbVG) regelt die kollektive Rechtsgestaltung. Darin sind Bestimmungen über den Kollektivvertrag enthalten.

- Kollektivverträge sind Vereinbarungen, die **zwischen kollektivvertragsfähigen Körperschaften** der Arbeitgeber einerseits und der Arbeitnehmer andererseits **schriftlich** abgeschlossen werden (§ 2 Abs. 1 ArbVG).

3.3.4.1. Kollektivvertragsfähigkeit

Kollektivvertragsfähig sind die **gesetzlichen Interessenvertretungen** der Arbeitgeber und der Arbeitnehmer (§ 4 Abs. 1 ArbVG).

Die gesetzlichen Interessenvertretungen aufseiten

der **Arbeitgeber**	der **Arbeitnehmer**
sind i.d.R. die **Wirtschaftskammern bzw. Kammern der freien Berufe**[20];	sind die **Kammern für Arbeiter und Angestellte** (Arbeiterkammern).

Erfüllen die auf **freiwilliger Mitgliedschaft** beruhenden Berufsvereinigungen oder Vereine bestimmte Voraussetzungen (§ 4 Abs. 2 ArbVG), kann diesen die Kollektivvertragsfähigkeit nach Anhörung der zuständigen gesetzlichen Interessenvertretungen durch das Bundeseinigungsamt (eingerichtet beim Bundesministerium für Arbeit [BMA], §§ 141 ff. ArbVG)[21] zuerkannt werden (§ 5 Abs. 1 ArbVG).

Freiwillige Berufsvereinigungen, denen die Kollektivvertragsfähigkeit zuerkannt wurde, sind aufseiten

der **Arbeitgeber**	der **Arbeitnehmer**
• der Verein Sozialwirtschaft Österreich, • der Verband der Versicherungsunternehmungen Österreichs, u.a.m.;	• der Österreichische Gewerkschaftsbund mit seinen Fachgewerkschaften (→ 11.6.1).

20 Z.B. die Kammer der Steuerberater und Wirtschaftsprüfer, Rechtsanwaltskammer, Ärztekammer, Notariatskammer, Apothekerkammer.

21 Zu den Aufgaben des Bundeseinigungsamts zählen die Festsetzung von Mindestlohntarifen, Heimarbeitstarifen und Lehrlingseinkommen sowie die Erklärung von Kollektivverträgen zur Satzung.

3.3.4.2. Inhalt eines Kollektivvertrags

Den Inhalt eines Kollektivvertrags teilt man üblicherweise in

den **obligatorischen** (schuldrechtlichen) **Teil** (§ 2 Abs. 2 Z 1 ArbVG)	und	den **normativen Teil** (§ 2 Abs. 2 Z 2 ArbVG).

Diese Teile regeln

die **Rechtsbeziehungen** zwischen den Kollektivvertragsparteien, wie die • Regelungen über Beginn und Ende der Geltungsdauer des Kollektivvertrags, u.a.m.	die **gegenseitigen aus dem Arbeitsverhältnis entspringenden Rechte und Pflichten** der Arbeitgeber und der Arbeitnehmer, wie • Lohn- und Gehaltssätze, • Bestimmungen über die Urlaubsbeihilfe, die Weihnachtsremuneration, • Kündigungsfristen, u.a.m.
	Die Bestimmungen des normativen Teils des Kollektivvertrags sind für die innerhalb seines Wirkungsbereichs abgeschlossenen Arbeitsverträge unmittelbar rechtsverbindlich (**Normwirkung** des § 11 ArbVG). Dieser Teil kann weder aufgehoben noch zu Ungunsten des Arbeitnehmers abgeändert werden. Sondervereinbarungen sind, sofern sie der Kollektivvertrag nicht ausschließt, nur gültig, soweit sie für den Arbeitnehmer günstiger sind oder Angelegenheiten betreffen, die im Kollektivvertrag nicht geregelt sind (§ 3 Abs. 1 ArbVG).

Die Auslegung

- des **obligatorischen Teils** erfolgt nach den Auslegungsregeln für Verträge (§§ 914 ff. ABGB),
- des **normativen Teils** nach den Regeln der Gesetzesauslegung (§§ 6 ff. ABGB) (→ 2.2.2.).

Auf Ersuchen eines Gerichts oder einer Verwaltungsbehörde ist das Bundeseinigungsamt gem. § 158 Abs. 1 Z 2 ArbVG berufen, ein Gutachten über die Auslegung eines Kollektivvertrags abzugeben.

3.3.4.3. Geltungsbereich und Kollektivvertragsangehörigkeit

Die Bestimmungen des Kollektivvertrags sind, soweit sie nicht die Rechtsbeziehungen zwischen den Kollektivvertragsparteien regeln, innerhalb seines

- räumlichen, → Bestimmt das Gebiet (z.B. das gesamte Bundesgebiet Österreich), innerhalb dessen der Kollektivvertrag zur Anwendung gelangt[22].
- fachlichen und → Richtet sich nach den Branchen oder Geschäftszweigen, die der Geltung des Kollektivvertrags unterliegen (siehe nachstehende Ausführungen).
- persönlichen → Bestimmt, auf welche Kategorien von Dienstnehmern (Arbeiter, Angestellte, Lehrlinge) der Kollektivvertrag Anwendung findet.

Geltungsbereichs unmittelbar rechtsverbindlich (§§ 8 ff. ArbVG).

Fachlicher Geltungsbereich

Welcher Kollektivvertrag im Einzelfall anzuwenden ist, richtet sich nach der entsprechenden Mitgliedschaft des Arbeitgebers zu einer kollektivvertragsabschließenden Partei, im Bereich der gesetzlichen Interessenvertretungen somit grundsätzlich nach der **Kammerzugehörigkeit des Arbeitgebers.**

Arbeitgeber, die gewerblich tätig sind, werden durch den Erwerb einer **Gewerbeberechtigung** ex lege Mitglieder sogenannter Fachorganisationen (Fachgruppen bzw. Fachverbände) der Wirtschaftskammer und unterliegen den von diesen abgeschlossenen Kollektivverträgen[23].

Praxistipp: Über welche Gewerbeberechtigung(en) ein Arbeitgeber verfügt, kann z.B. durch eine Abfrage des Gewerberegisters beantwortet werden. Auch über die Wirtschaftskammern kann die Zugehörigkeit eines Betriebs zu einer Fachgruppe bzw. einem Fachverband abgefragt werden (z.B. online unter firmen.wko.at).

In weiterer Folge ermöglichen u.a. die Kollektivvertrags-Informationsplattform von ÖGB und Fachgewerkschaften unter www.kollektivvertrag.at und die Kollektivvertragsdatenbank der Wirtschaftskammern unter www.wko.at/service/kollektivvertraege.html eine Kollektivvertragssuche.

---

22 Erläuterungen für Dienstverhältnisse, die Auslandsbeziehungen aufweisen, finden Sie unter Punkt 3.1.1.

23 Die Zuordnung eines Unternehmens auf Basis der erworbenen Gewerbeberechtigung zu den einzelnen Fachgruppen und Fachverbänden erfolgt ausschließlich durch die Wirtschaftskammer und ist bindend. Es besteht daher keine Möglichkeit der Überprüfung einer solchen Zuordnung durch die Gerichte (vgl. OGH 24.5.2017, 9 ObA 16/17v).
Davon zu unterscheiden ist die Situation, wonach der Arbeitgeber eine der Gewerbeordnung unterliegende Tätigkeit ausübt, für die er keine oder die falsche Gewerbeberechtigung besitzt. In diesem Fall gelten für ihn ex lege jene kollektivvertraglichen Bestimmungen, die auch bei Besitz einer (korrekten) Gewerbeberechtigung zur Anwendung gelangen würden (§ 2 Abs. 13 GewO).
Die GewO sieht darüber hinaus einen weiteren Fall der Anwendbarkeit eines Kollektivvertrags ohne Zugehörigkeit zu der jeweiligen Fachgruppe vor. Demnach ist ein Kollektivvertrag einer „fremden" Fachgruppe anwendbar, wenn
- eine Tätigkeit auf Grund eines **sonstigen Rechts** gem. § 32 Abs. 1a GewO (ermöglicht Gewerbetreibenden das eingeschränkte Erbringen von Leistungen anderer Gewerbe, wenn diese Leistungen die eigene Leistung sinnvoll ergänzen)
- in einem eigenen Betrieb oder einer organisatorisch und fachlich abgegrenzten Betriebsabteilung ausgeübt wird und
- für diese Arbeitsverhältnisse ansonsten keine Norm der kollektiven Rechtsgestaltung gelten würde (§ 2 Abs. 13 GewO).

Im Detail sind die nachstehenden Grundsätze zu beachten.

- Ist ein Arbeitgeber Mitglied **nur einer kollektivvertragsabschließenden Partei** (z.B. da er nur über eine Gewerbeberechtigung verfügt oder z.B. über zwei Gewerbeberechtigungen verfügt, aber nur von einer Fachorganisation ein Kollektivvertrag abgeschlossen wurde), so gilt Folgendes:
  - Grundsätzlich unterliegt der Arbeitgeber dem seitens der kollektivvertragsabschließenden Partei (z.B. Fachorganisation) abgeschlossenen Kollektivvertrag.
  - Verfügt dieser Arbeitgeber über zwei oder mehrere Betriebe bzw. **voneinander abgrenzbare Betriebsabteilungen** und besteht nur für einen bzw. eine dieser Betriebe bzw. Betriebsabteilungen eine Kollektivvertragszugehörigkeit, **strahlt Letztere nicht auf den kollektivvertragsfreien Betrieb bzw. Betriebsteil aus** (OGH 31.8.1994, 8 ObA 222/94).
  - Liegen hingegen keine abgrenzbaren Betriebsabteilungen vor, sondern besteht ein sog. **Mischbetrieb**, kommt in diesem Fall nach der Rechtsprechung des OGH der Kollektivvertrag **für den gesamten Betrieb** (d.h. auch für den eigentlich kollektivvertragsfreien Bereich) zur Anwendung, auch wenn der einem Kollektivvertrag unterliegende Bereich wirtschaftlich von untergeordneter Bedeutung ist (es besteht keine Kollision von Kollektivverträgen; OGH 25.1.2006, 9 ObA 139/05i – keine analoge Anwendung von § 9 Abs. 3 ArbVG).
- Ist ein Arbeitgeber Mitglied bei mehreren kollektivvertragsabschließenden Parteien und damit **mehrfach kollektivvertragsangehörig** (z.B. da er mehrere Gewerbeberechtigungen besitzt und damit verschiedenen kollektivvertragsabschließenden Fachorganisationen zugehörig ist), gilt Folgendes:
  - Verfügt der Arbeitgeber über **zwei oder mehrere Betriebe**, so findet auf Arbeitnehmer der **jeweilige** dem Betrieb in fachlicher und örtlicher Beziehung entsprechende **Kollektivvertrag** Anwendung (Anwendung mehrerer verschiedener Kollektivverträge). Dasselbe gilt auch bei Haupt- und Nebenbetrieben oder wenn es sich um **organisatorische und fachlich abgegrenzte Betriebsabteilungen** handelt (§ 9 Abs. 1 und 2 ArbVG).
  - Verfügt der Arbeitgeber über nur **einen Betrieb** und liegt eine solche organisatorische **Trennung nicht vor (Mischbetrieb)** , dann findet jener Kollektivvertrag Anwendung, dem für den Betrieb die maßgebliche **wirtschaftliche Bedeutung** zukommt[24]. Liegt weder eine organisatorische Trennung noch die maßgebliche wirtschaftliche Bedeutung eines fachlichen Wirtschaftsbereichs vor, so findet der Kollektivvertrag jenes fachlichen Wirtschaftsbereichs Anwendung, dessen Geltungsbereich unbeschadet der Verhältnisse im Betrieb die **größere Anzahl von Arbeitnehmern** erfasst (§ 9 Abs. 3 ArbVG).

Für Fragen der fachlichen Kollektivvertragszugehörigkeit stehen auch die Wirtschaftskammern zur Verfügung.

Im Bereich der **freiwilligen Interessenvertretungen** gilt Folgendes: **Tritt** ein Arbeitgeber aus dem kollektivvertragsabschließenden Verband **aus**, bleibt dieser bis auf Weiteres dem Kollektivvertrag unterworfen (OGH 16.6.2008, 8 ObA 10/08s), er macht jedoch die weiteren Entwicklungen des Kollektivvertrags nicht mit („Einfrieren" des Kollektivvertrags) . Durch Einzel-

24 Darüber hinaus verdrängt im Mischbetrieb auch ein im wirtschaftlich bedeutenderen Betriebsteil geltender Mindestlohntarif oder eine in diesem Bereich geltende Satzung (→ 3.3.4.9.) den im wirtschaftlich untergeordneten Bereich (aufgrund einer Fachorganisationszugehörigkeit) geltenden Kollektivvertrag (OGH 30.10.2018, 9 ObA 16/18w; OGH 26.11.2013, 9 ObA 91/13t; OGH 24.11.2010, 9 ObA 11/10y zur Anwendbarkeit des gesatzten Kollektivvertrags der Sozialwirtschaft Österreichs in einem Betrieb mit Gewerbeberechtigung im Bereich Hotel- und Gastgewerbe).

vereinbarung kann nicht von den „eingefrorenen" kollektivvertraglichen Bestimmungen zu Ungunsten des Arbeitnehmers abgewichen werden. Dies gilt auch für neue Dienstverträge, die nach Austritt aus der Interessenvertretung abgeschlossen werden. Nur der **Wechsel** zu einer anderen Interessenvertretung, die ihrerseits einen Kollektivvertrag abgeschlossen hat, führt zur Nichtanwendbarkeit des alten und Anwendbarkeit des neuen Kollektivvertrags.

Persönlicher Geltungsbereich

Wird ein **Arbeitnehmer**

- in zwei oder mehreren Betrieben eines Arbeitgebers oder
- in organisatorisch abgegrenzten Betriebsabteilungen[25] beschäftigt,

für die verschiedene Kollektivverträge gelten, so findet auf ihn jener Kollektivvertrag Anwendung, der seiner **überwiegend ausgeübten Beschäftigung** entspricht (§ 10 ArbVG)[26]. Auf ein Arbeitsverhältnis kann immer nur ein Kollektivvertrag zur Anwendung gelangen.

Für die Findung des anzuwendenden Kollektivvertrags ist einerseits auf die abschließende Kollektivvertragspartei auf Arbeitgeberseite (z.B. ein bestimmter Fachverband der Wirtschaftskammer) und andererseits den (räumlichen, fachlichen und persönlichen) Geltungsbereich des Kollektivvertrags zu achten.

Beispiel

Der Kollektivvertrag für Angestellte von Unternehmen im Bereich Dienstleistungen in der automatischen Datenverarbeitung und Informationstechnik („IT-KV") wurde abgeschlossen zwischen dem Fachverband Unternehmensberatung, Buchhaltung und Informationstechnologie der Wirtschaftskammer Österreich einerseits und dem Österreichischen Gewerkschaftsbund, Gewerkschaft der Privatangestellten – Druck, Journalismus, Papier, Wirtschaftsbereich Elektro- und Elektronikindustrie, Telekom und IT andererseits und gilt

- **räumlich:** für das Gebiet der Republik Österreich;
- **fachlich:** für alle Mitgliedsbetriebe des Fachverbands Unternehmensberatung, Buchhaltung und Informationstechnologie der Wirtschaftskammer Österreich, die eine Berechtigung zur Ausübung des Gewerbes Dienstleistungen in der automatischen Datenverarbeitung und Informationstechnik haben;
- **persönlich:** für alle dem Angestelltengesetz unterliegenden Arbeitnehmer der unter dem fachlichen Geltungsbereich genannten Unternehmen sowie Lehrlinge. Ausgenommen sind Vorstandsmitglieder von Aktiengesellschaften und Geschäftsführer von Gesellschaften mit beschränkter Haftung, soweit sie nicht arbeiterkammerumlagepflichtig sind.

25 In einem Mischbetrieb kann § 10 ArbVG nicht relevant werden, da in diesem von vorneherein nur ein Kollektivvertrag zur Anwendung gelangt.

26 Keine Bedeutung hat die Bestimmung nach herrschender Lehre dann, wenn es für einen der (getrennten) Betriebsbereiche bzw. der Betriebe keinen Kollektivvertrag gibt. Die herrschende Lehre geht davon aus, dass in diesem Fall der vorhandene Kollektivvertrag auch dann anzuwenden ist, wenn der Arbeitnehmer überwiegend im kollektivvertragsfreien Raum tätig ist. Der OGH hatte zuletzt einen Sachverhalt zu beurteilen, in welchem eine Arbeitnehmerin überwiegend in einem vom Mindestlohntarif für im Haushalt Beschäftigte umfassten Dienstverhältnis und nebenbei untergeordnet im kollektivvertragsfreien Raum in einer Zahnarztpraxis tätig war. In analoger Anwendung von § 10 ArbVG ist nach Ansicht des OGH (auch unter Rückgriff auf § 9 Abs. 3 ArbVG) das gesamte Arbeitsverhältnis dem Mindestlohntarif zu unterstellen. Die Frage, ob der Mindestlohntarif den kollektivvertragsfreien (allerdings in die Kollektivvertragszuständigkeit der Österreichischen Zahnärztekammer fallenden) Bereich aufgrund des sozialen Schutzprinzips auch dann verdrängt, wenn Letzterer überwiegen würde, ließ der OGH jedoch explizit unbeantwortet (OGH 23.10.2020, 8 ObA 86/20k).

Die Anwendung des korrekten Kollektivvertrags ist von zentraler Bedeutung, da dieser umfassende arbeitsrechtliche Bestimmungen enthält, die i.d.R. zwingend zur Anwendung zu bringen sind. Die Nichteinhaltung der kollektivvertraglichen Bestimmungen zum Mindestentgelt kann einerseits zu arbeitsrechtlichen Nachforderungen durch den Arbeitnehmer und andererseits auch zu hohen Verwaltungsstrafen nach dem Lohn- und Sozialdumping-Bekämpfungsgesetz (→ 38.) führen.

3.3.4.4. Hinterlegung, Kundmachung, Auflegung

Kollektivverträge bedürfen der **Hinterlegung** beim Bundesministerium für Wirtschaft und Arbeit sowie zu ihrer Wirksamkeit der **Kundmachung** im „Amtsblatt zur Wiener Zeitung" (§ 14 Abs. 1–3 ArbVG).

Jeder kollektivvertragsangehörige Arbeitgeber hat den Kollektivvertrag binnen drei Tagen nach dem Tag der Kundmachung im Betrieb in einem für alle Arbeitnehmer zugänglichen Raum **aufzulegen** und darauf in einer Betriebskundmachung hinzuweisen (§ 15 ArbVG).

Die Verletzung der Verpflichtung zur Auflage des Kollektivvertrags im Betrieb berührt zwar nicht die Gültigkeit der normativen Bestimmungen des Kollektivvertrags, ist jedoch zivilrechtlich relevant (z.B. hinsichtlich eines allfälligen Verschuldens an der Unkenntnis von Fallfristen, → 9.6.).

3.3.4.5. Außenseiterwirkung, Nachwirkung

Auch für Arbeitnehmer, die nicht der abschließenden Interessenvertretung der Arbeitnehmer angehören, gelten die Bestimmungen des Kollektivvertrags (**Außenseiterwirkung**) (§ 12 Abs. 1 ArbVG).

Nach Erlöschen eines Kollektivvertrags (z.B. Beendigung durch Kündigung oder einvernehmliche Lösung, Verlust der Kollektivvertragsfähigkeit einer vertragsschließenden Partei)[27] bleiben dessen Rechtswirkungen für Arbeitsverhältnisse, die unmittelbar vor seinem Erlöschen durch ihn erfasst waren, so lange aufrecht, als für diese Arbeitsverhältnisse nicht ein neuer Kollektivvertrag wirksam oder eine neue Einzelvereinbarung abgeschlossen wird (**Nachwirkung**) (§ 13 ArbVG). Da der Kollektivvertrag selbst nicht mehr in Kraft steht, sondern nur dessen Normen dispositiv weiterbestehen, kann von diesen trotz Nachwirkung einzelvertraglich abgegangen werden. Keine Nachwirkung besteht für nach dem Erlöschen des Kollektivvertrags neu abgeschlossene Dienstverträge.

3.3.4.6. Günstigkeitsprinzip, Ordnungsprinzip

Die Bestimmungen in Kollektivverträgen können in nachgeordneten Rechtsquellen (Betriebsvereinbarung oder Arbeitsvertrag) weder aufgehoben noch beschränkt werden. Sondervereinbarungen sind, sofern sie der Kollektivvertrag nicht ausschließt, nur gültig, soweit sie für den Arbeitnehmer günstiger sind (**Günstigkeitsprinzip**) oder Angelegenheiten betreffen, die im Kollektivvertrag nicht geregelt sind (§ 3 Abs. 1 ArbVG).

27 Kein Fall der Nachwirkung liegt vor, wenn der Arbeitgeber aus der kollektivvertragsabschließenden freiwilligen Interessenvertretung austritt (→ 3.3.4.3.).

Das Günstigkeitsprinzip hängt eng mit der Funktion des **relativ zwingenden Rechts** zusammen. Lässt ein Gesetz eine für den Arbeitnehmer günstigere Gestaltung zu, kann auch schon der Kollektivvertrag eine für die Arbeitnehmer günstigere Regelung vorsehen (→ 2.1.1.2.).

Sieht ein Kollektivvertrag eine Regelung mit **absolut zwingender Wirkung** vor, spricht man vom **Ordnungsprinzip** (→ 2.1.1.2.). Vom gleichen Prinzip spricht man, wenn ein später abgeschlossener Kollektivvertrag ungünstigere Bestimmungen festlegt als ein früher abgeschlossener Kollektivvertrag (OGH SozIC, 278).

Auch das Ordnungsprinzip gilt nicht nur auf den Kollektivvertrag bezogen. Es ergibt sich immer dann, wenn eine übergeordnete Rechtsquelle eine Materie mit absolut zwingender Wirkung regelt.

3.3.4.7. Geltungsdauer des Kollektivvertrags

Enthält der Kollektivvertrag keine Vorschrift über seine Geltungsdauer, so kann er nach Ablauf eines Jahres von jeder vertragschließenden Partei unter Einhaltung einer Frist von mindestens drei Monaten zum Letzten eines Kalendermonats (schriftlich, eingeschrieben) gekündigt werden (§ 17 ArbVG).

3.3.4.8. Generalkollektivvertrag

Unter einem Generalkollektivvertrag (Spitzenkollektivvertrag) versteht man einen Kollektivvertrag, der sich auf die **Regelung einzelner Arbeitsbedingungen** beschränkt und deren Wirkungsbereich sich fachlich auf die überwiegende Anzahl der Wirtschaftszweige[28] und räumlich auf das ganze Bundesgebiet erstreckt (§ 18 Abs. 4 ArbVG).

Folgende Generalkollektivverträge haben heute noch wesentliche Bedeutung:

- Generalkollektivvertrag zur Karfreitagsregelung, gültig ab 1.4.1952, sowie die dazugehörigen Beilagen (→ 17.1.1.)[29],
- Generalkollektivvertrag über den Begriff des Entgelts gem. § 6 Urlaubsgesetz, gültig ab 1.9.1974, (→ 26.2.6.2.),
- Generalkollektivvertrag über den Begriff des Entgelts gem. § 3 EFZG, gültig ab 1.9.1974 (→ 25.2.7.2.) sowie der ganz aktuelle
- Generalkollektivvertrag zu Corona-Maßnahmen, gültig ab 1.9.2021 (vorerst befristet bis 30.4.2022).

3.3.4.9. Satzung, Mindestlohntarif

Für Arbeitsverhältnisse in **Branchen, für die kein (zwingend anzuwendender) Kollektivvertrag** besteht, kann ein an sich nicht anzuwendender Kollektivvertrag vom Bundeseinigungsamt (→ 3.3.4.1.) **zur Satzung erklärt werden**. Die dem Kollektiv-

28 Der fachliche Anwendungsbereich erstreckt sich auf alle Betriebe, für die die Kammern der gewerblichen Wirtschaft (Wirtschaftskammern) Kollektivvertragsfähigkeit besitzen. Die Generalkollektivverträge werden praktisch jedoch i.d.R. auch von Arbeitgebern ohne Wirtschaftskammerzugehörigkeit zur Anwendung gebracht. Der Generalkollektivvertrag Corona-Test wurde auch zur Satzung erklärt.

29 Bedeutung hat dieser Generalkollektivvertrag nur mehr für Angehörige des israelitischen Glaubensbekenntnisses für den Versöhnungstag (→ 17.1.1). Zum Feiertagsentgelt besteht kein Generalkollektivvertrag – vgl. Genaueres dazu unter Punkt 17.1.3.

vertrag unterliegenden Arbeitsverhältnisse müssen jenen der ungeregelten Branche im Wesentlichen gleichartig sein. Durch die Satzungserklärung wird dieser Kollektivvertrag auch außerhalb seines räumlichen, fachlichen und persönlichen Geltungsbereichs als „Satzung" rechtsverbindlich. Die Erklärung eines Kollektivvertrags zur Satzung ist im Bundesgesetzblatt II kundzumachen (§§ 18–21 ArbVG). Dies ist insofern von Relevanz, als ein Kollektivvertrag grundsätzlich nur auf jene Betriebe anzuwenden ist, die Mitglied dieser Interessenvertretung sind und Branchen bestehen, in denen die Mitgliedschaft bei der jeweiligen Interessenvertretung und damit die Anwendbarkeit des Kollektivvertrags – anders als etwa bei den Wirtschaftskammern bzw. den Kammern der freien Berufe – auf freiwilliger Basis erfolgt.

Beispiel

Für bestimmte Sozial- und Gesundheitsorganisationen, die nicht Mitglied des Vereins Sozialwirtschaft Österreich sind, wird der seitens des Vereins und der Gewerkschaft abgeschlossene Kollektivvertrag für die „Sozialwirtschaft Österreich – Verband der österreichischen Sozial- und Gesundheitsunternehmen" (SWÖ) regelmäßig „gesatzt" und so – wenn auch zeitlich verzögert – für Nichtmitglieder wirksam. Dieser Kollektivvertrag gilt somit nicht nur für Mitglieder des Vereins, sondern auf Grund einer Satzung auch für fast alle Anbieter sozialer oder gesundheitlicher Dienste präventiver, betreuender und rehabilitativer Art.

Ist eine Anknüpfung an einen Kollektivvertrag nicht möglich, kann das Bundeseinigungsamt einen **Mindestlohntarif**[30] festlegen (§§ 22–25 ArbVG). Mindestlohntarife dürfen nur für Gruppen von Arbeitnehmern festgelegt werden, für die ein Kollektivvertrag mangels Vorliegens einer kollektivvertragsfähigen Körperschaft auf der Arbeitgeberseite nicht abgeschlossen werden kann und eine Regelung durch Satzungserklärung nicht erfolgt ist. Beim Mindestlohntarif handelt es sich um eine **Verordnung** (→ 3.3.3.).

Aktuell bestehen Mindestlohntarife z.B. für Hausbesorger, Hausbetreuer, Au-Pair-Kräfte, im Haushalt Beschäftigte, Arbeitnehmer in privaten Bildungseinrichtungen und Arbeitnehmer in privaten Kinderbetreuungseinrichtungen.

Praxistipp: Die Satzungserklärungen bzw. die Mindestlohntarife sind unter www.ris.bka.gv.at abrufbar und finden sich auch auf der Website des BMA unter www.bma.gv.at → Themen → Arbeitsrecht → Entlohnung und Entgelt sowie → Kollektivverträge.

30 Mindestlohntarife enthalten Regelungen betreffend Mindestentgelt und Mindestbeträge für den Ersatz von Auslagen. Andere Arbeitsbedingungen (wie z.B. Kündigungsfristen oder Arbeitszeit) werden in Mindestlohntarifen nicht geregelt.

3.3.5. Betriebsvereinbarungen

Betriebsvereinbarungen unterteilt man in

gesetzlich geregelte Betriebsvereinbarungen	und	sog. **„freie" Betriebsvereinbarungen.**

Eine zwischen Arbeitgeber und Betriebsrat abgeschlossene Betriebsvereinbarung kann gegenüber den betroffenen Arbeitnehmern nur dann wirksam werden, wenn sie im Betrieb **ordnungsgemäß kundgemacht** wurde. Wird die Betriebsvereinbarung nur im Personalbüro und im Betriebsratsbüro aufgelegt, ohne dieses den Arbeitnehmern mitzuteilen, stellt dies keine ordnungsgemäße Kundmachung dar (OGH 28.1.2009, 9 ObA 168/07g).

Existiert in einem Betrieb kein gewählter Betriebsrat, kann auch keine Betriebsvereinbarung abgeschlossen werden.

3.3.5.1. Gesetzlich geregelte Betriebsvereinbarungen

Darunter fallen **schriftliche** Vereinbarungen, die vom Betriebsinhaber[31] einerseits und dem Betriebsrat (→ 11.7.1.) (Betriebsausschuss, Zentralbetriebsrat) andererseits in Angelegenheiten abgeschlossen werden, deren Regelung durch **Gesetz oder Kollektivvertrag**[32] der Betriebsvereinbarung vorbehalten ist (§ 29 ArbVG).

Nach Wirksamwerden der Betriebsvereinbarung ist vom Betriebsinhaber den für den Betrieb zuständigen gesetzlichen **Interessenvertretungen** der Arbeitgeber und der Arbeitnehmer je eine Ausfertigung der Betriebsvereinbarung zu **übermitteln** (§ 30 Abs. 3 ArbVG).

Das ArbVG enthält genaue Bestimmungen über den Wirksamkeitsbeginn, die Rechtswirkungen und die Geltungsdauer von Betriebsvereinbarungen (§§ 30–32 ArbVG).

Die im II. Teil des ArbVG (über die Betriebsverfassung) festgelegten Betriebsvereinbarungen können eingeteilt werden in

1. **zustimmungspflichtige** (notwendige) Betriebsvereinbarungen,
   a) ohne Ersetzbarkeit der Zustimmung (auch als „notwendige, nicht erzwingbare Betriebsvereinbarung" bezeichnet), ① a
   b) mit ersetzbarer Zustimmung (auch als „notwendige, erzwingbare Betriebsvereinbarung" bezeichnet), ① b
2. **erzwingbare** (erstreitbare) Betriebsvereinbarungen, ②
3. **fakultative** (freiwillige) Betriebsvereinbarungen. ③

---

31 Betriebsinhaber für Zwecke des Abschlusses von Betriebsvereinbarungen ist der Unternehmer, also der Arbeitgeber. Aus Gründen der Rechtssicherheit ist für den gem. § 31 ArbVG Normwirkung entfalteten Vertrag die „firmenmäßige Zeichnung" der Betriebsvereinbarung zu fordern. Ein Betriebsleiter, der nicht Betriebsinhaber ist, hat keine Befugnis zum Abschluss einer Betriebsvereinbarung. Erfolgt auch nachträglich keine Genehmigung durch ein vertretungsbefugtes Organ in der dafür vorgesehenen Schriftform, liegt mangels Unterfertigung durch den Betriebsinhaber keine wirksame Betriebsvereinbarung i.S.d. § 29 ArbVG vor (OGH 8.8.2007, 9 ObA 80/06i).

32 Betriebsvereinbarungen sind ebenso wie Gesetze und Kollektivverträge unmittelbar rechtsverbindlich. Eine Einzelvereinbarung in derselben Angelegenheit ist neben einer Betriebsvereinbarung nur zulässig, wenn sie den Arbeitnehmer begünstigt.

Diese Einteilung richtet sich

- sowohl nach dem **Einfluss der Belegschaftsorgane** auf den Abschluss einer Betriebsvereinbarung
- als auch nach den **Auswirkungen** auf die durchzuführende Maßnahme im Fall des Unterbleibens einer Betriebsvereinbarung.

①a **„Notwendige, nicht erzwingbare Betriebsvereinbarung“:** Solche Betriebsvereinbarungen betreffen Maßnahmen des Betriebsinhabers, die zu ihrer Rechtswirksamkeit der **unbedingten Zustimmung des Betriebsrats** bedürfen. Diese Betriebsvereinbarungen können nicht über die Schlichtungsstelle erzwungen werden. Der Betriebsrat kann daher durch seine Weigerung zur Zustimmung die Umsetzung der Maßnahmen auf Dauer verhindern. Diese Maßnahmen sind im § 96 Abs. 1 ArbVG aufgezählt. Darunter fallen z.B. die Einführung von Leistungsentgelten (→ 9.3.3.4.), die Einführung von Personalfragebögen und Kontrollmaßnahmen.

①b **„Notwendige, erzwingbare Betriebsvereinbarung“:** Solche Betriebsvereinbarungen betreffen Maßnahmen des Betriebsinhabers, die zwar gleichfalls zu ihrer Rechtswirksamkeit der Zustimmung des Betriebsrats bedürfen, doch kann diese durch eine Entscheidung der **Schlichtungsstelle**[33] ersetzt werden. Diese Maßnahmen sind im § 96a Abs. 1 ArbVG aufgezählt. Darunter fällt z.B. die Einführung von Beurteilungssystemen. Von den erzwingbaren Betriebsvereinbarungen unterscheiden sie sich dadurch, dass die beabsichtigte Maßnahme vor Entscheidung der Schlichtungsstelle nicht durchgeführt werden kann.

② **„Erstreitbare Betriebsvereinbarung“:** Solche Betriebsvereinbarungen betreffen Maßnahmen des Betriebsinhabers, die auch **gegen den Willen des Betriebsrats** bei der Schlichtungsstelle[33] „erzwungen“ werden können. Dieses Recht kommt dem Betriebsrat auch umgekehrt gegen den Willen des Betriebsinhabers zu. Diese Maßnahmen sind im § 97 Abs. 1 Z 1 bis 6a ArbVG aufgezählt. Darunter fallen z.B. Betriebsvereinbarungen über die Arbeitszeiteinteilung (→ 16.2.1.) oder die Einführung allgemeiner betrieblicher Ordnungsvorschriften (z.B. Rauchverbot). Solange eine Betriebsvereinbarung nicht zu Stande gekommen ist, hat der Betriebsinhaber das freie Weisungsrecht.

③ **„Freiwillige Betriebsvereinbarung“:** Solche Betriebsvereinbarungen kommen in den Angelegenheiten des § 97 Abs. 1 Z 7 bis 23a, 25 bis 27 ArbVG nur dann zu Stande, wenn **Betriebsrat und Betriebsinhaber** ein **Einvernehmen erzielen**. Der Abschluss solcher Betriebsvereinbarungen kann von keinem der Vertragspartner erzwungen werden. Arbeitgeber und Arbeitnehmer können aber eine Vereinbarung im Einzelarbeitsvertrag treffen. Darunter fallen z.B. Betriebsvereinbarungen über Umstellung vom Urlaubsjahr auf das Kalenderjahr (→ 26.2.2.4.), die Regelung zu Art und Weise der Urlaubsmeldung oder Urlaubsvereinbarung, die Einführung von Gewinnbeteiligungen oder Rahmenbedingungen für Arbeit im Homeoffice. Von den zustimmungspflichtigen Betriebsvereinbarungen ohne Ersetzbarkeit der Zustimmung unterscheiden sie sich dadurch, dass die Einführung der entsprechenden Maßnahme bei Nichteinigung durch Vereinbarungen mit den einzelnen Arbeitnehmern geregelt werden kann.

Eine Betriebsvereinbarung kann befristet oder unbefristet abgeschlossen werden. Befristet abgeschlossene Betriebsvereinbarungen enden ohne weiteres Zutun automatisch mit Fristende, ohne dass eine Kündigung ausgesprochen werden muss.

---

33 Mangels Einigung entscheidet auf Antrag des Betriebsrats oder des Betriebsinhabers die Schlichtungsstelle beim Arbeits- und Sozialgericht. Diese besteht aus einem Berufsrichter und je zwei von Betriebsrat und Betriebsinhaber gewählten Vertretern. Die Entscheidung der Schlichtungsstelle ersetzt die Betriebsvereinbarung.

Die Kündigung einer unbefristeten zustimmungspflichtigen (ohne Ersetzbarkeit der Zustimmung, siehe ① a) Betriebsvereinbarung kann von jedem Vertragspartner jederzeit ohne Einhaltung einer Frist und ohne Nachwirkung ausgesprochen werden. Die Rechtswirkungen enden daher mit Kündigungszugang.

Die unbefristete zustimmungspflichtige (mit Ersetzbarkeit der Zustimmung, siehe ① b) und die unbefristete erzwingbare Betriebsvereinbarung (siehe ②) können von Gesetzes wegen nicht gekündigt werden (§ 32 Abs. 2 ArbVG)[34]. Mangels Einigung mit dem Betriebsrat kann eine Abänderung oder Aufhebung der Betriebsvereinbarung bei der Schlichtungsstelle beantragt werden. Mit der Abänderung oder Aufhebung enden die Rechtswirkungen dieser Betriebsvereinbarungen. Eine Nachwirkung besteht nicht.

Die Kündigung einer unbefristeten fakultativen (freiwilligen) Betriebsvereinbarung (siehe ③) kann unter Einhaltung einer Frist von drei Monaten zum Letzten eines Kalendermonats schriftlich erfolgen. Für zum Zeitpunkt der Kündigung schon bestehende Arbeitsverhältnisse gilt die Betriebsvereinbarung mangels abweichender Einzelvereinbarung aber weiter (Nachwirkung). Für nach der Kündigung neu eintretende Arbeitnehmer gilt die Betriebsvereinbarung hingegen nicht mehr. Durch Parteienvereinbarung kann die Nachwirkung einer gekündigten fakultativen Betriebsvereinbarung ausgeschlossen werden (OGH 18.8.2016, 9 ObA 18/16m).

3.3.5.2. Freie Betriebsvereinbarungen

Freie Betriebsvereinbarungen sind Vereinbarungen, die in Angelegenheiten abgeschlossen werden, deren Regelung **nicht durch Gesetz oder Kollektivvertrag** der Betriebsvereinbarung vorbehalten ist. Sie haben nicht die Rechtswirkung einer Betriebsvereinbarung nach dem ArbVG; sie können aber nach der Rechtsprechung die Grundlage für einzelvertragliche Regelungen (z.B. als Ergänzung des Arbeitsvertrags) darstellen.

Voraussetzung für eine solche schlüssige Ergänzung der Einzelarbeitsverträge ist aber die Kenntnis des Arbeitnehmers vom Inhalt dieser Betriebsvereinbarung (OGH 25.1.1989, 9 ObA 3/89).

Die Aufhebung oder Änderung einer freien Betriebsvereinbarung bedarf der Zustimmung jedes einzelnen Arbeitnehmers (OLG Wien 13.5.1993, 33 Ra 37/93).

3.3.6. Dienstvertrag

Durch einen Dienstvertrag (→ 4.1.) wird ein Dienstverhältnis (→ 4.4.) begründet. Ein Dienstvertrag ist ein **privatrechtlicher Vertrag** zwischen dem Dienstgeber und dem Dienstnehmer. Der Dienstnehmer stellt seine Arbeitskraft auf bestimmte oder unbestimmte Zeit dem Dienstgeber unter dessen Leitung zur Verfügung. Der Dienstnehmer steht zum Dienstgeber

- in persönlicher und wirtschaftlicher Abhängigkeit.

Der Dienstvertrag kann nur noch in den Bereichen Recht schaffen, die durch die übergeordneten Normen nicht zwingend geregelt sind.

34 Ob eine Kündigungsmöglichkeit in diesen Fällen vereinbart werden kann, ist nicht durch höchstgerichtliche Rechtsprechung geklärt, wird in der Literatur aber zum Teil bejaht.

3.4. Lösung einer arbeitsrechtlichen Frage

Bei der Lösung einer arbeitsrechtlichen Frage (nicht bei Klärung eines strittigen Punktes des Dienstvertrags) wird man zuerst

- im **anzuwendenden Kollektivvertrag**

nachlesen. Sieht dieser keine entsprechende Regelung vor, prüft man, ob

- mündliche oder schriftliche **Vereinbarungen** (Betriebsvereinbarungen) bestehen oder
  ob ein
- **gewohnheitsrechtlicher Anspruch** (→ 2.2.1.)

entstanden ist. Ist dies nicht der Fall, ist zu prüfen, ob ein

- **Spezialgesetz**

die Frage beantwortet. Ist dies auch nicht der Fall, ist auf das

- **Allgemeine bürgerliche Gesetzbuch**

zurückzugreifen.

3.5. Aushangpflichtige Bestimmungen

Auf Grund besonderer Anordnungen des Gesetzgebers ist der Dienstgeber verpflichtet, Betriebsvereinbarungen und den jeweils geltenden Kollektivvertrag im Betrieb an einer für alle Dienstnehmer zugänglichen Stelle **auszuhängen bzw. aufzulegen** (§§ 15, 30 Abs. 1 ArbVG).

Der Betriebsrat (→ 11.7.1.) und das Arbeitsinspektorat (→ 16.1.) haben darauf zu achten, dass diese Verpflichtung eingehalten wird (§ 89 Z 2 ArbVG, § 3 Abs. 1 ArbIG).

Mit 1.7.2017 ist die Verpflichtung zur Auflage zahlreicher Gesetze, u.a. des Arbeitszeitgesetzes[35], des Arbeitsruhegesetzes, des Mutterschutzgesetzes, des Kinder- und Jugendlichen-Beschäftigungsgesetzes, des Gleichbehandlungsgesetzes, des ArbeitnehmerInnenschutzgesetzes sowie des Behinderteneinstellungsgesetzes entfallen.

3.6. Exkurs: Eingetragene Partnerschaft

Zur rechtlichen Absicherung **gleichgeschlechtlicher Partner** hat der Gesetzgeber das Eingetragene Partnerschaft-Gesetz (EPG) (BGBl I 2009/135 vom 30.12.2009) geschaffen.

Nach Eingehung einer „eingetragenen Partnerschaft" vor einem staatlichen Organ (nach Eintragung im „Partnerschaftsbuch"[36]) wird den Partnern ein **rechtlicher Rahmen für das Zusammenleben** geboten. Im EPG werden die Begründung, die

35 Zu beachten sind die Sonderregelungen für Lenker in § 17c AZG und § 22d ARG auf Grund der Vorgaben in Art. 9 der Richtlinie 2002/15/EG zur Regelung der Arbeitszeit von Personen, die Fahrtätigkeiten im Bereich des Straßentransports ausüben. Für diese Gruppe bleibt die Verpflichtung der Arbeitgeber zur Auflage der Gesetze im bisherigen Ausmaß weiter bestehen.

36 Als Nachweis der eingetragenen Partnerschaft dient die vom Standesamt als Personenstandsbehörde ausgestellte „Partnerschaftsurkunde".

Auflösung und die Nichtigkeit sowie die Rechtsfolgen der eingetragenen Partnerschaft geregelt. Darüber hinaus enthält das EPG detaillierte Regelungen über die Rechte und Pflichten der eingetragenen Partner, u.a. auch ihre wechselseitige Unterhaltspflicht. Die Partnerschaft kann durch eine gerichtliche Auflösungsentscheidung wieder beendet werden.

Die eingetragene Partnerschaft wurde sowohl hinsichtlich der Ausgestaltung als auch in Bezug auf die Rechtsfolgen weitestgehend der Ehe gleichgestellt. Das EPG enthält demnach **nötige Anpassungen** im Zivil- und Strafrecht, im Verwaltungsverfahrens-, Datenschutz- und Dienstrecht des Bundes, im Abgabenrecht, im Arbeits-, Sozial- und Sozialversicherungsrecht, im Personenstands-, Pass-, Melde- und Fremdenrecht, im Gesundheitsrecht, im Wirtschaftsrecht, im Wehrrecht sowie im Studienförderungsrecht.

Wichtiger Hinweis:

Der Verfassungsgerichtshof hat in einem Normprüfungsverfahren Teile des EPG als verfassungswidrig aufgehoben. Im Wesentlichen hat er die eingetragene Partnerschaft nach dem EPG auch für verschiedengeschlechtliche Paare geöffnet. Gleichzeitig hat er jene gesetzlichen Regelungen aufgehoben, die gleichgeschlechtlichen Paaren den Zugang zur Ehe verwehrt haben (VfGH 4.12.2017, G 258/2017 u.a.). Es können somit auch gleichgeschlechtliche Paare standesamtlich heiraten. Umgekehrt steht es auch verschiedengeschlechtlichen Paaren offen, eine eingetragene Partnerschaft einzugehen.

4. Dienstvertrag – Dienstverhältnis, Freier Dienstvertrag, Werkvertrag, andere Vertragsverhältnisse

In diesem Kapitel werden u.a. Antworten auf folgende praxisrelevanten Fragestellungen gegeben:

- Wie kommt ein Dienstvertrag zustande und bestehen gesetzliche Mindestinhalte? Seite 35 ff.
- Muss in jedem Fall ein Dienstzettel ausgestellt werden? Seite 42
- Wann ist für den Abschluss eines Dienstvertrags eine Genehmigung nach dem Ausländerbeschäftigungsgesetz erforderlich? Seite 37 ff.
- Unter welchen Voraussetzungen kann (aus zivilrechtlicher Sicht) anstatt eines Dienstvertrags ein freier Dienstvertrag oder Werkvertrag abgeschlossen werden? Seite 44 ff.
- Welche Möglichkeiten bestehen (aus arbeitsrechtlicher Sicht), Personen außerhalb eines Dienstvertrags befristet (z.B. im Rahmen eines Praktikums oder von „Schnuppertagen") zu beschäftigen und ist in diesem Zusammenhang jeweils ein Entgelt zu bezahlen? Seite 54 ff.
- Was ist der Unterschied zwischen Angestellten und Arbeitern? Seite 63 ff.
- Was ist bei Vereinbarung eines Dienstverhältnisses auf Probe zu beachten? Seite 65 ff.
- Können befristete Dienstverhältnisse gekündigt werden? Seite 68
- Was passiert, wenn eine Dienstnehmerin mit befristetem Dienstverhältnis schwanger wird? Seite 69 f.
- Unter welchen Umständen kann ein befristetes Dienstverhältnis nach Zeitablauf erneut befristet abgeschlossen bzw. verlängert werden? Seite 70 f.
- Was ist bei Betriebsübergängen (z.B. Verkauf eines Unternehmens, Umgründungen) aus arbeitsrechtlicher Sicht zu beachten? Seite 72 ff.
  - Wie ist vorzugehen, wenn der Erwerber des Betriebs einem anderen Kollektivvertrag unterliegt als der Veräußerer? Seite 74 f.
- Kann ein Dienstverhältnis – außerhalb eines Betriebsübergangs – von einem anderen Arbeitgeber mit allen Rechten und Pflichten „übernommen" werden? Seite 75

4.1. Dienstvertrag

4.1.1. Begriff

Für das gesamte Arbeitsrecht findet sich der **zentrale Begriff des Dienstvertrags im** § 1151 Abs. 1 **ABGB** (→ 3.3.2.). Dieser bestimmt:

Wenn jemand sich auf eine gewisse Zeit zur **Dienstleistung für einen anderen** verpflichtet, so entsteht ein **Dienstvertrag;**	wenn jemand die **Herstellung eines Werkes** gegen Entgelt übernimmt, so entsteht ein **Werkvertrag** (→ 4.3.2.).

Derjenige, der sich zur Dienstleistung verpflichtet, ist der **Dienstnehmer**, derjenige, für den die Dienstleistung erbracht wird, ist der **Dienstgeber**. Das daraus resultierende Vertragsverhältnis bezeichnet man als **Dienstverhältnis** (→ 4.4.).

4.1.2. Abschluss des Dienstvertrags

Ein Dienstvertrag kommt

- durch die Stellung eines **Angebots** und durch die **Annahme** desselben zu Stande.

Dabei ist es unerheblich, ob der Dienstgeber das Angebot stellt und der Dienstnehmer das Angebot annimmt bzw. der Dienstnehmer das Angebot stellt und der Dienstgeber das Angebot annimmt.

Das Gesetz schreibt für den Abschluss eines Dienstvertrags im Allgemeinen keine bestimmte Form vor. Der Abschluss ist somit **grundsätzlich formfrei**. Der Dienstvertrag kann daher

- mündlich, schriftlich oder durch schlüssiges (konkludentes)[37] Verhalten

abgeschlossen werden. Der schriftliche Abschluss eines Dienstvertrags ist wegen eines ev. späteren Beweises zu empfehlen.

Durch schlüssiges Verhalten erfolgt der Abschluss eines Dienstvertrags z.B. dann, wenn jemand für einen anderen Dienstleistungen erbringt und der andere diese annimmt, sofern der Empfänger der Dienstleistungen nicht **erkennbar** erklärt, dass er den Abschluss eines Dienstvertrags ablehne. Selbst ein schriftlich abgeschlossener Dienstvertrag kann sich dadurch, dass er in der Praxis zumindest teilweise nicht eingehalten wird, durch schlüssiges Verhalten ändern.

Ein Lehrvertrag ist schriftlich[38] abzuschließen (§ 12 Abs. 1 BAG) (→ 28.3.2.).

---

37 Der Wille zu einem Rechtsgeschäft kann nicht nur ausdrücklich (mündlich, schriftlich), sondern auch stillschweigend durch Handlungen, die auf einen bestimmten Willen schließen lassen (konkludente Handlungen oder schlüssiges Verhalten), geäußert werden (§ 863 ABGB).

38 Das Gebot der **Schriftlichkeit** bedeutet nach § 886 ABGB im Allgemeinen **„Unterschriftlichkeit"**. „Unterschriftlichkeit" erfordert i.d.R. die eigenhändige Unterschrift unter dem Text (vgl. OGH 20.8.2008, 9 ObA 78/08y).

4.1.3. Erfordernisse für den Abschluss eines Dienstvertrags

Für das rechtswirksame Zustandekommen eines Dienstvertrags gelten die Bestimmungen des ABGB über den Abschluss von Verträgen. Wesentliche Erfordernisse sind daher u.a.

- die **Geschäftsfähigkeit** der Personen, die den Vertrag abschließen (siehe unten),
- die **gültige Willenserklärung** (→ 2.4.) der Vertragsparteien (§§ 869–877 ABGB),
- die **Möglichkeit und Erlaubtheit** des Vertragsinhalts (§§ 878–879 Abs. 1 ABGB).

Die volle Geschäftsfähigkeit erlangt man mit der **Volljährigkeit** (Großjährigkeit)[39] (§ 21 Abs. 2 ABGB). Auch **mündige Minderjährige**[39] können sich selbstständig durch Vertrag zu Dienstleistungen verpflichten, ausgenommen zu Dienstleistungen auf Grund eines Lehr- oder sonstigen Ausbildungsverhältnisses (§§ 170, 171 ABGB) (→ 28.3.2.). Für den Abschluss normaler Dienstverhältnisse (z.B. als Kindermädchen, Hilfsarbeiter, Büroangestellte) sowie auch für die Beendigung derselben ist daher der mündige Minderjährige geschäftsfähig und allein dazu in der Lage. Er kann auch alle anderen Rechtshandlungen, die mit der weiteren Gestaltung des Dienstverhältnisses zusammenhängen, allein vornehmen.

Das ABGB behandelt Fragen betreffend die zivilrechtliche Gültigkeit der von Minderjährigen abgeschlossenen Verträge. Dienstverhältnisse von Kindern und Jugendlichen unterliegen auf Grund der Schutzbedürftigkeit dieser allerdings auch dem Kinder- und Jugendlichen-Beschäftigungsgesetz (KJBG), welches (verwaltungsrechtliche) Schutzvorschriften enthält. Im Sinn des KJBG sind Kinder Minderjährige bis zur Vollendung des 15. Lebensjahrs oder bis zur späteren Beendigung der Schulpflicht (§ 2 Abs. 1 KJBG) (→ 4.3.4.4.).

4.1.4. Inhalt des Dienstvertrags

Die vom ABGB eingeräumte **Vertragsfreiheit** wurde hinsichtlich des Dienstvertrags zum Schutz des wirtschaftlich schwächeren Dienstnehmers im Laufe der Zeit durch eine Reihe genereller Vorschriften (Gesetze, Kollektivverträge usw.) weitgehend **eingeschränkt** (→ 3.1.). Werden im Dienstvertrag Vereinbarungen getroffen, die diesen Vorschriften widersprechen, sind diese rechtsungültig (nichtig).

Grundsätzlich bleiben nur mehr u.a. folgende Punkte einer Regelung im Dienstvertrag überlassen:

- Probezeit (→ 4.4.3.2.1.),
- befristetes Dienstverhältnis (→ 4.4.3.2.2.),
- genaue Berufsbezeichnung,
- genaue Tätigkeitsbeschreibung (Funktion),
- Vollmachten (z.B. Prokura, Handlungsvollmacht),
- Entlohnung (Gehalt, Tantiemen, Überstundenabgeltung usw.),
- Mitarbeiterbeteiligungen,

---

39 Das ABGB bestimmt (§ 21 Abs. 2 ABGB):
- Personen die das 14. Lebensjahr noch nicht vollendet haben, sind **unmündig minderjährig**;
- Personen die das 18. Lebensjahr noch nicht vollendet haben, sind **mündig minderjährig**;
- Personen die das 18. Lebensjahr vollendet haben, sind **volljährig**.

- Sachbezüge mit allfälligen Nutzungsrichtlinien (z.B. bei Dienstwagen Einschränkung der privaten Fahrten auf Österreich/Europa),
- Regelungen über den Entzug von Sachbezügen,
- Reisespesenvergütungen,
- bei Angestellten die Gehaltszahlung am letzten Tag eines Monats (→ 9.4.1.),
- Arbeitsort, Arbeitszeit,
- Betriebsurlaub (→ 26.2.4.),
- Verbot von Nebenbeschäftigungen bzw. allenfalls Genehmigungsmöglichkeit von Nebenbeschäftigungen,
- Konkurrenzverbot[40], Konkurrenzklausel[41] (→ 33.7.1.),
- Beendigung des Dienstverhältnisses (Kündigungsmöglichkeit, → 32.1.4.; vertragliche Abfertigungsregelungen, → 33.3.3.; vertragliche Pensionsregelungen, → 30.1.),
- Konventionalstrafe (→ 33.4.1.),
- Rückersatz von Ausbildungskosten (→ 32.3.4.).

Unpräzise bzw. unklare Formulierungen in einem Dienstvertrag werden „zum Nachteil desjenigen erklärt, der sich derselben bedient hat" (vgl. § 915 ABGB). Da die Inhalte des Dienstvertrags i.d.R. vom Dienstgeber formuliert werden, erfolgt bei Unklarheiten die Auslegung meistens zum Nachteil des Dienstgebers. Zu beachten ist daher, dass im Dienstvertrag präzise und verständlich formuliert wird.

Praxistipp: Wird ein Dienstvertrag **schriftlich** abgeschlossen, ist weiters darauf zu achten, dass dieser **zumindest jene Angaben enthält, die für den Dienstzettel gesetzlich vorgeschrieben sind** (→ 4.2.), um nicht zusätzlich zum Dienstvertrag auch noch einen Dienstzettel ausstellen zu müssen.

4.1.5. Vergebührung des Dienstvertrags

Schriftliche Dienstverträge müssen nicht vergebührt werden.

4.1.6. Genehmigung und Zustimmung von dritter Seite zum Dienstvertrag

1. Genehmigung durch die regionale Geschäftsstelle des Arbeitsmarktservice (AMS) nach dem Ausländerbeschäftigungsgesetz

Ein Arbeitgeber darf einen Ausländer i.S.d. Ausländerbeschäftigungsgesetzes als Arbeitnehmer (aber auch als arbeitnehmerähnlich beschäftigten freien Dienstnehmer, → 4.3.1., bzw. arbeitnehmerähnlich beschäftigten Werknehmer, → 4.3.2.) grundsätzlich nur beschäftigen, wenn ihm für diesen

40 Das Konkurrenzverbot kommt während des aufrechten Dienstverhältnisses zum Tragen.

41 Die Vereinbarung einer Konkurrenzklausel im Dienstvertrag soll sicherstellen, dass der Dienstnehmer nach Beendigung des Dienstverhältnisses nicht unmittelbar zu einem Konkurrenten des Dienstgebers wechselt. Dadurch soll verhindert werden, dass der Dienstnehmer das besondere Know-how und die Kundenkontakte unmittelbar beim Mitbewerber verwertet. Die Konkurrenzklausel ist eine nachvertragliche Klausel, die vom Dienstgeber erst nach Beendigung des Dienstverhältnisses geltend gemacht werden kann.

- eine **Beschäftigungsbewilligung** oder **Entsendebewilligung** erteilt oder eine **Anzeigebestätigung** ausgestellt wurde oder wenn der Ausländer
- eine für diese Beschäftigung gültige **„Rot-Weiß-Rot-Karte"**, **„Blaue Karte EU"** oder
- eine **„Rot-Weiß-Rot-Karte plus"**, eine **„Aufenthaltsberechtigung plus"**, einen **Befreiungsschein** (gem. § 4c AuslBG) oder einen Aufenthaltstitel **„Familienangehöriger"** oder **„Daueraufenthalt – EU"** besitzt;
- darüber hinaus bestehen bestimmte **Aufenthalts- bzw. Niederlassungsbewilligungen** (z.B. für unternehmensintern transferierte Arbeitnehmer, Familienmitglieder, Künstler), mit denen eine Arbeitserlaubnis verbunden ist (vgl. § 3 Abs. 1 AuslBG).

Der Arbeitgeber hat der zuständigen regionalen Geschäftsstelle des Arbeitsmarktservice innerhalb von drei Tagen **Beginn und Ende** der Beschäftigung von Ausländern, die dem Ausländerbeschäftigungsgesetz unterliegen und **über keinen Aufenthaltstitel „Daueraufenthalt – EU" verfügen, zu melden** (§ 26 Abs. 5 AuslBG).

Praxistipp: Im Einzelfall empfiehlt sich eine Abklärung mit der zuständigen Stelle des AMS, ob und wenn ja, welche Art der Bewilligung für die Beschäftigung einer Person ohne österreichische Staatsbürgerschaft erforderlich ist.

Die Bestimmungen des Ausländerbeschäftigungsgesetzes sind u.a. **nicht anzuwenden** auf

- Ausländer, denen der Status eines Asylberechtigten oder der Status eines subsidiär Schutzberechtigten[42] zuerkannt wurde ①;
- Ausländer, die auf Grund eines Rechtsakts der Europäischen Union Arbeitnehmerfreizügigkeit genießen ②;
- Ehegatten[43] und minderjährige ledige Kinder (einschließlich Adoptiv- und Stiefkinder) österreichischer Staatsbürger, die zur Niederlassung nach dem Niederlassungs- und Aufenthaltsgesetz berechtigt sind ③;
- besondere Führungskräfte ④, (und deren Ehegatten[43] und Kinder sowie ihre ausländischen Bediensteten);
- Ausländer hinsichtlich ihrer Tätigkeit als Forscher (Verfügung über Doktorgrad oder geeigneten Hochschulabschluss und Verrichtung einer wissenschaftlichen Tätigkeit im Rahmen einer Forschungseinrichtung) sowie deren Ehegatten[43] und Kinder;
- Ausländer in öffentlichen und privaten Einrichtungen und Unternehmen hinsichtlich ihrer wissenschaftlichen Tätigkeit in der Forschung und Lehre, in der Entwicklung und der Erschließung der Künste sowie in der Lehre der Kunst (und deren Ehegatten und Kinder);
- Staatsangehörige der Schweizerischen Eidgenossenschaft (vgl. § 1 Abs. 2 AuslBG).

---

42 Subsidiär Schutzberechtigte sind Ausländer, die in Österreich kein Asyl erhalten, aber bei einer Rückkehr in ihr Herkunftsland einer realen Gefahr oder einer ernsthaften Bedrohung ihres Lebens oder ihrer Unversehrtheit infolge willkürlicher Gewalt im Rahmen von Konflikten ausgesetzt sind.

43 Die Bestimmungen, die sich auf Ehegatten beziehen, gelten für eingetragene Partner nach dem Eingetragene Partnerschaft-Gesetz sinngemäß (§ 2 Abs. 12 AuslBG) (→ 3.6.).

Diese Personengruppen können daher in Österreich ohne behördliche Genehmigung bzw. Bewilligung eine Beschäftigung aufnehmen. Es gelten die gleichen Rechte und Anmeldepflichten wie bei österreichischen Staatsbürgern.

Die regionale Geschäftsstelle des AMS hat Ausländern, die vom Geltungsbereich des Ausländerbeschäftigungsgesetzes ausgenommen sind, auf deren Antrag eine **Bestätigung** darüber **auszustellen** (§ 3 Abs. 8 AuslBG).

① **Asylberechtigte und subsidiär Schutzberechtigte** können somit in Österreich ohne behördliche Bewilligung beschäftigt werden. Für sie sind in weiterer Folge die gleichen arbeits- und abgabenrechtlichen Vorschriften zu beachten wie für alle anderen Arbeitnehmer.

Asylwerber benötigen hingegen für die Aufnahme einer Beschäftigung eine **Beschäftigungsbewilligung** (§ 7 Abs. 1 Grundversorgungsgesetz – Bund 2005, GVG-B). Diese wird Asylwerbern in aller Regel nur für Saisonarbeit im Tourismus oder in der Land- und Forstwirtschaft erteilt. Im Einzelfall empfiehlt sich eine Abklärung mit der zuständigen Stelle des AMS.

Darüber hinaus können Asylwerber, die zum Asylverfahren zugelassen werden, mit ihrem Einverständnis zu **Hilfstätigkeiten,** die im unmittelbaren Zusammenhang mit ihrer Unterbringung stehen (z.B. Reinigung, Küchenbetrieb, Transporte, Instandhaltung in der Betreuungseinrichtung) sowie für **gemeinnützige Hilfstätigkeiten**[44] für Bund, Land oder Gemeinde und Gemeindeverbände (z.B. Landschaftspflege und -gestaltung, Betreuung von Park- und Sportanlagen, Unterstützung in der Administration) herangezogen werden. Werden solche Hilfstätigkeiten erbracht, ist dem Asylwerber ein Anerkennungsbeitrag zu gewähren. Dieser **Anerkennungsbeitrag** gilt nicht als Entgelt i.S.d. § 49 ASVG und unterliegt nicht der Einkommensteuerpflicht. Es hat mangels Erfüllung eines Pflichtversicherungstatbestandes (→ 6.2.) somit keine sozialversicherungsrechtliche Anmeldung zu erfolgen. Durch diese speziellen Hilfstätigkeiten wird per gesetzlicher Definition **kein Dienstverhältnis** begründet und es bedarf auch keiner ausländerbeschäftigungsrechtlichen Erlaubnis (vgl. § 7 Abs. 3–6 GVG-B).

② Darunter fallen **ausländische EWR-Bürger,** die Staatsangehörige einer Vertragspartei des Abkommens über den Europäischen Wirtschaftsraum (EWR-Abkommen) sind. Zu den EWR-(EU-)Staaten gehören:

Belgien	Griechenland	Luxemburg	Schweden	Island*)
Bulgarien	Irland	Malta	Slowakei	Liechtenstein*)
Dänemark	Italien	Niederlande	Slowenien	Norwegen*)
Deutschland	Kroatien	Österreich	Spanien	
Estland	Lettland	Polen	Tschechien	
Finnland	Litauen	Portugal	Ungarn	
Frankreich		Rumänien	Zypern	

*) Nur EWR-Staat.

Das **Vereinigte Königreich (Großbritannien und Nordirland)** ist mit Wirkung ab 1.2.2020 aus der EU ausgetreten („Brexit"). Das dem Austritt zu Grunde liegende **Austrittsabkommen**

44 Vgl. den dazu vom Bundesministerium für Inneres veröffentlichten Leistungskatalog der gemeinnützigen Hilfstätigkeiten von Asylwerbern – abrufbar unter www.bmi.gv.at → Asyl und Migration → Grundversorgung. Der Bundesminister für Inneres wurde ermächtigt, per Verordnung festzulegen, unter welchen Voraussetzungen Asylwerber zu diesen gemeinnützigen Hilfstätigkeiten mit ihrem Einverständnis herangezogen werden können und welche Höchstgrenzen des Anerkennungsbeitrags hierfür gelten (vgl. § 7 Abs. 3a GVG-B).

sieht vor, dass britische Staatsbürger nach einer Übergangszeit bis 31.12.2020 seit 1.1.2021 weiterhin unbeschränkten Zugang zum österreichischen Arbeitsmarkt haben, wenn sie bis 31.12.2020 ihr Aufenthaltsrecht in Österreich ausgeübt haben (und weiterhin ausüben) oder bis 31.12.2020 als Grenzgänger einer Beschäftigung in Österreich nachgegangen sind (und weiterhin nachgehen) und zusätzlich einige formelle Voraussetzungen erfüllt werden. Für britische Staatsbürger, die diese Voraussetzungen nicht erfüllen und damit nicht den Sonderstatus nach dem Austrittsabkommen besitzen, gelten grundsätzlich dieselben Regelungen wie für andere Drittstaatsangehörige. Das **Handels- und Kooperationsabkommen** zwischen der EU und dem Vereinigten Königreich, welches seit 1.5.2021 in Kraft ist (und zuvor bereits seit 1.1.2021 vorläufig angewendet wurde), enthält jedoch einige Erleichterungen u.a. bei der Entsendung von hochqualifiziertem Schlüsselpersonal aus dem Vereinigten Königreich.

③ **Familienangehörigen** ist auf deren Antrag von der regionalen Geschäftsstelle des Arbeitsmarktservice eine Bestätigung auszustellen, dass sie vom Geltungsbereich des AuslBG ausgenommen sind (§ 3 Abs. 8 AuslBG).

④ Als **besondere Führungskräfte** gelten Ausländer, die leitende Positionen auf der Vorstands- oder Geschäftsleitungsebene in international tätigen Konzernen oder Unternehmen innehaben oder international anerkannte Forscher sind und deren Beschäftigung der Erschließung oder dem Ausbau nachhaltiger Wirtschaftsbeziehungen oder der Schaffung oder Sicherung qualifizierter Arbeitsplätze im Bundesgebiet dient (§ 2 Abs. 5a AuslBG). Überdies müssen noch bestimmte in dieser Gesetzesstelle enthaltene Voraussetzungen erfüllt sein.

Wird ein Ausländer **ohne** Vorliegen einer **Beschäftigungsbewilligung** beschäftigt[45], ist das Dienstverhältnis ex lege **nichtig**. Für die Dauer der Beschäftigung stehen diesem aber die gleichen Entgeltansprüche zu wie auf Grund eines gültigen Dienstvertrags. Trifft den Arbeitgeber daran ein Verschulden, hat der Ausländer Entgeltanspruch auch für die fiktive Dauer der Kündigungszeit. Die unerlaubte Beschäftigung gilt als zumindest drei Monate ausgeübt, sofern der Arbeitgeber oder der Ausländer nichts anderes nachweisen (vgl. § 29 Abs. 1–3 AuslBG).

Trifft den Arbeitnehmer daran ein Verschulden (mangels rechtzeitiger Antragstellung auf Verlängerung des Befreiungsscheins), ist der Arbeitgeber berechtigt, das „nichtig gewordene“ Dienstverhältnis mit sofortiger Wirkung zu beenden (OGH 16.1.2008, 8 ObA 83/07z).

2. Zustimmung des gesetzlichen Vertreters

Ein **minderjähriges Kind** kann ohne ausdrückliche oder stillschweigende Einwilligung seines gesetzlichen Vertreters rechtsgeschäftlich weder verfügen noch sich verpflichten (§ 170 Abs. 1 ABGB). **Mündige Minderjährige** können sich selbstständig durch Vertrag zu Dienstleistungen verpflichten (§ 171 ABGB) (→ 4.1.3.).

4.2. Dienstzettel für das Dienstverhältnis

Rechtsgrundlage der Ausstellungsverpflichtung eines Dienstzettels ist das **Arbeitsvertragsrechts-Anpassungsgesetz** (AVRAG), Bundesgesetz vom 9. Juli 1993, BGBl 1993/459.

45 Die Kontrolle der illegalen Beschäftigung von Ausländern wird vom Amt für Betrugsbekämpfung (→ 39.1.6.) vorgenommen (§ 26 AuslBG).

Dieses Bundesgesetz gilt für Arbeitsverhältnisse, die auf einem **privatrechtlichen Vertrag** beruhen.

Ausgenommen sind Arbeitsverhältnisse

- zu Ländern, Gemeindeverbänden und Gemeinden;
- der land- und forstwirtschaftlichen Arbeiter …;
- zum Bund …;
- zu Stiftungen, Anstalten oder Fonds …;
- nach dem Heimarbeitsgesetz und
- nach dem Hausgehilfen- und Hausangestelltengesetz (§ 1 Abs. 1–4 AVRAG).

Der Arbeitgeber hat dem Arbeitnehmer (Lehrling) **unverzüglich** nach Beginn des Arbeitsverhältnisses (Lehrverhältnisses) eine **schriftliche Aufzeichnung** über die wesentlichen Rechte und Pflichten aus dem Arbeitsvertrag (Lehrvertrag) in Form eines **Dienstzettels**[46] auszuhändigen. Solche Aufzeichnungen sind von Stempel- und unmittelbaren **Gebühren befreit** (§ 2 Abs. 1 AVRAG).

Der Dienstzettel hat **folgende Angaben** zu enthalten:

1. **Name** und **Anschrift** des **Arbeitgebers**,
2. Name und Anschrift des **Arbeitnehmers**,
3. **Beginn** des **Arbeitsverhältnisses**,
4. bei Arbeitsverhältnissen auf bestimmte Zeit das **Ende** des **Arbeitsverhältnisses**[47],
5. ○ **Dauer** der **Kündigungsfrist, Kündigungstermin**,
6. ○ gewöhnlicher **Arbeits(Einsatz)ort**[48], erforderlichenfalls **Hinweis** auf **wechselnde** Arbeits(Einsatz)orte,
7. allfällige **Einstufung** in ein generelles Schema[49],
8. vorgesehene **Verwendung**,
9. ○ die betragsmäßige Höhe des Grundgehalts oder -lohns[50], weitere Entgeltbestandteile wie z.B. Sonderzahlungen, Fälligkeit des Entgelts,
10. ○ Ausmaß des jährlichen **Erholungsurlaubs**,

---

46 Der Dienstzettel dient ausschließlich dazu, **bereits Vereinbartes** wiederzugeben. Nachstehende Inhalte des Dienstzettels müssen daher mit dem Arbeitnehmer **vorher vereinbart** worden sein (soweit es sich nicht bloß um Verweise auf gesetzliche oder kollektivvertragliche Bestimmungen handelt). Das bloße Lesen und Unterfertigen des Dienstzettels bewirkt **keine** Vereinbarung bzw. eine Abänderung des davor abgeschlossenen Dienstvertrags (OGH 21.4.2004, 9 ObA 43/04w).
Rechtlich gesehen ist
– der Dienstzettel demnach bloß ein deklaratives,
– der Dienstvertrag aber ein konstitutives Schriftstück (→ 2.5.).
Wird ein Arbeitnehmer mit der Bemerkung des Arbeitgebers, die Unterfertigung des Dienstzettels sei eine „bloße Formsache", zur Unterfertigung veranlasst, ohne dass ein erstmals in den Dienstzettel aufgenommener Widerrufsvorbehalt des Arbeitgebers hinsichtlich außerkollektivvertraglicher Zulagen besonders erörtert wurde, kann von einem Konsens über einen Verzicht und damit von einer vertragsändernden Zustimmung des Arbeitnehmers zum Widerrufsvorbehalt keine Rede sein (OGH 28.11.2001, 9 ObA 86/01i).
Das im Dienstzettel festgeschriebene Recht des Arbeitgebers, den Dienstvertrag zu jedem Monatsende kündigen zu können, wird nur dann Gegenstand des Dienstvertrags, wenn dies zwischen den Parteien zuvor unabhängig vom Dienstzettel vereinbart wurde (OGH 28.11.2001, 9 ObA 267/01g).
In jedem Fall bieten **unterschriebene Dienstverträge** eine **erheblichere Beweiskraft**.

○ 11. vereinbarte tägliche oder wöchentliche **Normalarbeitszeit** des Arbeitnehmers, sofern es sich nicht um Arbeitsverhältnisse handelt, auf die das Hausbesorgergesetz anzuwenden ist, und

12. **Bezeichnung** der auf den Arbeitsvertrag allenfalls anzuwendenden **Normen der kollektiven Rechtsgestaltung** (Kollektivvertrag, Satzung, Mindestlohntarif, festgesetztes Lehrlingseinkommen, Betriebsvereinbarung) und **Hinweis** auf den Raum im Betrieb, in dem diese zur **Einsichtnahme** aufliegen;

13. Name und Anschrift der **Betrieblichen Vorsorgekasse** des Arbeitnehmers (§ 2 Abs. 2 AVRAG).

Hat der Arbeitnehmer seine **Tätigkeit länger als einen Monat im Ausland** zu verrichten, so hat der vor der Aufnahme der Auslandstätigkeit auszuhändigende Dienstzettel oder schriftliche Arbeitsvertrag **zusätzlich** folgende **Angaben** zu enthalten:

1. voraussichtliche **Dauer** der Auslandstätigkeit,

○ 2. **Währung**, in der das Entgelt auszuzahlen ist, sofern es nicht in Euro auszuzahlen ist,

○ 3. allenfalls Bedingungen für die **Rückführung** nach Österreich und

○ 4. allfällige **zusätzliche Vergütung** für die Auslandstätigkeit (§ 2 Abs. 3 AVRAG).

Keine Verpflichtung zur Aushändigung eines Dienstzettels besteht, wenn

1. die Dauer des Arbeitsverhältnisses **höchstens einen Monat** beträgt[51] oder
2. ein **schriftlicher Arbeitsvertrag** ausgehändigt wurde, der alle in Abs. 2 und 3 genannten Angaben enthält, oder
3. bei Auslandstätigkeit die in Abs. 3 genannten Angaben **in anderen** schriftlichen **Unterlagen** enthalten sind (§ 2 Abs. 4 AVRAG).

Die Angaben gem. Abs. 2 Z 5, 6, 9 (ausgenommen die Angaben zum Grundgehalt oder -lohn), 10 und 11 und Abs. 3 Z 2 bis 4 (mit ○ gekennzeichnet) können auch durch

---

47 Das Ende des Arbeitsverhältnisses muss nicht kalendermäßig bestimmt sein. Auch Angaben wie z.B. „für die Dauer der Erkrankung des Herrn N. N." entsprechen diesen Vorschriften.

48 Unter „gewöhnlicher Arbeits(Einsatz)ort" ist jener Ort zu verstehen, an dem der Arbeitnehmer üblicherweise seine Arbeitsleistung zu erbringen hat.
Erbringt ein Arbeitnehmer regelmäßig Arbeitsleistungen in der Wohnung (Privatwohnung des Arbeitnehmers am Haupt- oder Nebenwohnsitz oder Wohnung eines nahen Angehörigen), liegt sog. **„Homeoffice"** vor. Arbeit im Homeoffice ist zwischen Arbeitnehmer und Arbeitgeber (schriftlich) zu vereinbaren (§ 2h Abs. 1 und 2 AVRAG). Das Fehlen von Schriftlichkeit führt jedoch nicht zur Nichtigkeit. Einseitiges Anordnen von Homeoffice ist nicht möglich.
Die Vereinbarung kann bei Vorliegen eines wichtigen Grundes unter Einhaltung einer Frist von einem Monat zum Letzten eines Kalendermonats gekündigt werden. Auch die Vereinbarung einer Befristung sowie von Kündigungsregelungen ist möglich (§ 2h Abs. 4 AVRAG).
Der Arbeitgeber hat die für das regelmäßige Arbeiten im Homeoffice erforderlichen digitalen Arbeitsmittel bereitzustellen. Davon kann durch Vereinbarung abgewichen werden, wenn der Arbeitgeber die angemessenen und erforderlichen Kosten für die von dem Arbeitnehmer für die Erbringung der Arbeitsleistung zur Verfügung gestellten digitalen Arbeitsmittel trägt. Die Kosten können auch pauschaliert abgegolten werden (§ 2h Abs. 3 AVRAG).

49 Bezieht sich auf Einstufungen in Kollektivverträgen oder Vertragsschablonen.

50 Bei All-in-Vereinbarungen (→ 16.2.3.5.3.) geteilt in Grundgehalt und Überzahlung.

51 Wenn der Arbeitsvertrag befristet (für die Dauer von höchstens einem Monat) abgeschlossen wurde (→ 4.4.3.2.2.).

Verweisung auf die für das Arbeitsverhältnis geltenden Bestimmungen in Gesetzen oder in Normen der kollektiven Rechtsgestaltung oder in betriebsüblich angewendeten Reiserichtlinien erfolgen (§ 2 Abs. 5 AVRAG).

Jede **Änderung** der Angaben gem. Abs. 2 und 3 ist dem Arbeitnehmer **unverzüglich, spätestens jedoch einen Monat** nach ihrer Wirksamkeit schriftlich mitzuteilen, es sei denn, die Änderung

1. erfolgte durch Änderung von Gesetzen oder Normen der kollektiven Rechtsgestaltung, auf die verwiesen wurde oder die den Grundgehalt oder -lohn betreffen oder
2. ergibt sich unmittelbar aus der dienstzeitabhängigen Vorrückung in der selben Verwendungs- oder Berufsgruppe der anzuwendenden Norm der kollektiven Rechtsgestaltung (§ 2 Abs. 6 AVRAG).

Dienstzettel geben (wie vorstehend schon erläutert) nur etwas bereits Vereinbartes wieder und vermögen daher gemachte Vereinbarungen, z.B. betreffend Kündigungsfristen oder Kündigungstermine, auch dann nicht abzuändern oder zu ersetzen, wenn der Arbeitnehmer unter den Dienstzettel seine **Unterschrift** setzt, weil diese **nur eine Bestätigung des Erhalts des Dienstzettels** darstellt, aber nicht als Willenserklärung zu werten ist, wenn der Arbeitgeber den Arbeitnehmer nicht auf die die ursprüngliche Vertragsvereinbarung abändernden Passagen des Dienstzettels ausdrücklich hingewiesen und ihn über daraus erfließende Nachteile im Unklaren gelassen hat (OLG Wien 30.9.1996, 10 Ra 186/96p).

Da Dienstzettel nur etwas bereits Vereinbartes zum Inhalt haben, können durch sie bestehende Vereinbarungen nicht abgeändert oder ersetzt werden (OGH 16.2.2000, 9 ObA 250/99a).

Hat das Arbeitsverhältnis bereits vor dem 1. Jänner 1994 bestanden, so ist dem Arbeitnehmer **auf sein Verlangen binnen zwei Monaten ein Dienstzettel** gem. Abs. 1 bis 3 **auszuhändigen**. Eine solche Verpflichtung des Arbeitgebers besteht nicht, wenn ein früher ausgestellter Dienstzettel oder ein schriftlicher Arbeitsvertrag alle nach diesem Bundesgesetz erforderlichen Angaben enthält (§ 2 Abs. 7 AVRAG).

Muster 1

Dienstzettel

1. Name des Arbeitgebers: __________
   Anschrift: __________
2. Name des Arbeitnehmers: __________ SV-Nummer: __________
   Anschrift: __________
3. Beginn des Arbeitsverhältnisses: __________ Probezeit: __________
4. Ende des Arbeitsverhältnisses (bei Arbeitsverhältnissen auf bestimmte Zeit):
   ____
   Grund der Befristung: __________
5. Dauer der Kündigungsfrist: __________ Kündigungstermin: __________
6. Gewöhnlicher Arbeits(Einsatz)ort: __________
   Ev. wechselnde Arbeits(Einsatz)orte: __________

7. Eingestuft in die Gehaltstafel: ___________
   Beschäftigungsgruppe: ___________
   im ___________ Berufsjahr, Vorrückung in ein neues Berufsjahr
   mit ___________ eines jeden Jahres.
8. Vorgesehene Verwendung: ___________
9. Grundgehalt/-lohn € ___________
   Weitere Entgeltbestandteile € ___________
   Insgesamt € ___________; fällig am ___________
   Sonderzahlungsanspruch ___________ fällig am ___________
10. Ausmaß des jährlichen Erholungsurlaubs: ___________
11. Vereinbarte tägliche oder wöchentliche Normalarbeitszeit: ___________
12. Für das Arbeitsverhältnis gelten die Bestimmungen des ___________ Kollektivvertrags, die Betriebsvereinbarung(en) ___________ über ___________ Kollektivvertrag und Betriebsvereinbarung(en) liegen zur Einsicht auf.
13. Zuständige Betriebliche Vorsorgekasse: ___________
    Anschrift: ___________

___________, am ___________

_____________________________ _____________________________
Unterschrift des Arbeitnehmers Unterschrift des Arbeitgebers

Dieser Dienstzettel für eine reine Inlandstätigkeit ist auf die Gegebenheiten eines bestimmten Betriebs abgestimmt und muss in der Praxis jeweils angepasst werden.

4.3. Andere Vertragsformen

Hinweis: Die nachstehenden Ausführungen bilden die verschiedenen Vertragsformen nach zivilrechtlichen Kriterien ab. Im Detail können sich dabei – aufgrund unterschiedlicher rechtlicher Grundlagen sowie abweichender höchstgerichtlicher Zuständigkeiten – Unterschiede zur steuer- bzw. sozialversicherungsrechtlichen Abgrenzung der Vertragsformen ergeben (→ 6.2.1., → 7.4., → 31.).

Zu beachten sind auch die Hinweise zu Beginn des Punkts 4.3.3.

4.3.1. Freier Dienstvertrag

Der freie Dienstvertrag ist ein **privatrechtlicher Vertrag**. Im Gegensatz zum Dienstvertrag bzw. Werkvertrag existiert im ABGB keine Definition, was unter einem freien Dienstvertrag zu verstehen ist.

Lt. Judikatur unterscheidet er sich vom Dienstvertrag vor allem dadurch, dass

- die persönliche Abhängigkeit und Weisungsgebundenheit[52] (→ 4.4.1.) gänzlich fehlt oder nur schwach ausgeprägt vorhanden ist (OGH 13.1.1988, 14 ObA 46/87; vgl. zuletzt auch m.w.N. OGH 28.6.2018, 9 ObA 50/18w);

vom Werkvertrag (→ 4.3.2.) dadurch, dass

- keine „Werke“, sondern Dienstleistungen geschuldet werden (OGH 28.8.1991, 9 ObA 99/91).

Demnach geht es beim freien Dienstvertrag um die vertraglich eingeräumte Verfügungsmacht über die Arbeitskraft des Vertragspartners, also die **Bereitschaft**, eine gewisse Zeit lang **bloß gattungsmäßig umschriebene Leistungen zu erbringen**. Die im Einzelnen zu vollführenden Leistungen werden jeweils erst zu einem späteren Zeitpunkt konkretisiert. Jedenfalls sind die konkreten Einzelleistungen nicht von vornherein bestimmt. Das bedeutet, **geschuldet wird** ein **„Wirken“**, aber **kein „Werk“**, also ein Bemühen und nicht ausschließlich ein Erfolg. Im Gegensatz zum Werkvertrag handelt es sich daher um ein **Dauerschuldverhältnis** (→ 4.4.1.)

Der Abschluss eines freien Dienstvertrags ist formfrei. Er kann daher

- mündlich, schriftlich oder durch schlüssiges (konkludentes) Verhalten (→ 4.1.2.)

abgeschlossen werden. Da der freie Dienstvertrag von der arbeitsrechtlichen Sondergesetzgebung grundsätzlich nicht erfasst wird, sollte man die Schriftform wählen und im Vertrag insb. den Krankheits- und Urlaubsfall regeln. Dabei ist man an keine gesetzlichen Bestimmungen gebunden und kann (bei entsprechender vertraglicher Einigung) demnach für den Krankheits- und Urlaubsfall jedwede Entgeltansprüche ausschließen.

Auf den freien Dienstvertrag sind grundsätzlich nur jene arbeitsrechtlichen Normen anwendbar, die nicht vom persönlichen Abhängigkeitsverhältnis des Dienstnehmers ausgehen und den sozial Schwächeren schützen sollen (nicht anwendbar sind daher u.a. Ansprüche auf Urlaub, Sonderzahlungen, Abfertigung, Krankenentgelt etc.). Darüber hinaus ist auch eine analoge Anwendung von arbeitsrechtlichen Vorschriften, die die spezifische Schutzbedürftigkeit des Arbeitnehmers zum Anlass haben, möglich, wenn die Arbeitnehmerähnlichkeit besonders stark ausgeprägt ist (OGH 14.9.1995, 8 ObA 240/95 zur Anwendbarkeit des arbeitsrechtlichen Gleichbehandlungsgrundsatzes bei stark ausgeprägter Arbeitnehmerähnlichkeit). Nach Auffassung der Rechtsprechung waren die **Kün-**

---

52 Merkmale der **persönlichen Unabhängigkeit** und **Weisungsungebundenheit** sind u.a.:
- Fehlen der betrieblichen Eingliederung,
- Nichtbindung an Ordnungsvorschriften über die Arbeitszeit,
- Nichtbindung an Arbeitsorte,
- Weisungsfreiheit im Arbeitsablauf (im arbeitsbezogenen Verhalten),
- Fehlen einer Kontrollunterworfenheit und das
- generelle Recht, sich jederzeit nach eigenem Ermessen und auf eigenes Risiko durch einen geeigneten Dritten vertreten zu lassen. Eine nicht gelebte Vertretungsbefugnis kann allerdings ein Indiz für eine Scheinvereinbarung sein.

Die Vereinbarung einer generellen Vertretungsbefugnis kann die persönliche Abhängigkeit und Dienstnehmereigenschaft von vornherein nur dann ausschließen, wenn das Vertretungsrecht tatsächlich genutzt wird oder bei objektiver Betrachtung eine solche Nutzung zu erwarten ist. Das Vorliegen von Zutrittsbeschränkungen oder auch eine Verpflichtung zur Geheimhaltung firmeninterner Informationen schließen ein vereinbartes generelles Vertretungsrecht grundsätzlich aus.

Im Übrigen ist in der Frage des Vertretungsrechts nicht der wesentlichste Faktor zur Bestimmung des Grades der persönlichen Abhängigkeit zu sehen. Ablehnungs- und Vertretungsrechte werden vielmehr im Rahmen der gebotenen Gesamtabwägung aller Umstände in den meisten Fällen nicht primär ausschlaggebend sein. Größere Bedeutung wird im Allgemeinen der Frage zukommen, wie weit eine **Nichteingliederung** gegeben ist und wie weit für den freien Dienstnehmer die Möglichkeit besteht, den **Ablauf der Arbeit selbstständig zu regeln** und **jederzeit zu ändern**.

Ist demnach ein als „freier Dienstnehmer“ eingestellter Mitarbeiter in den Betrieb eingegliedert und an Arbeitszeiten gebunden, ist unabhängig von einem allfälligen generellen Vertretungsrecht von einem echten Dienstverhältnis auszugehen (OGH 18.10.2006, 9 ObA 96/06t).

digungsbestimmungen der §§ 1159 ff. ABGB i.d.F. vor BGBl I 2017/153 bei freien Dienstverhältnissen heranzuziehen (OGH 12.7.2000, 9 ObA 89/00d).

Für **Beendigungen, die seit dem 1.10.2021 ausgesprochen** werden, wurden die Bestimmungen im ABGB (vordergründig zur Angleichung der Kündigungsbestimmungen der Arbeiter an jene der Angestellten) an die Rechtslage des AngG angepasst. Demnach sind (anders als nach der alten Rechtslage vor 1.10.2021) nunmehr Kündigungstermine einzuhalten sowie gelten insbesondere für den Dienstgeber längere Kündigungsfristen (§ 1159 Abs. 1 bis 4 ABGB i.d.F. BGBl I 2017/153 seit 1.10.2021; siehe ausführlich Punkt 32.1.4.). Lediglich Dienstverhältnisse, die nur für die Zeit eines vorübergehenden Bedarfes vereinbart werden, können während des ersten Monats von beiden Teilen jederzeit unter Einhaltung einer einwöchigen Kündigungsfrist gelöst werden, ohne dass ein Kündigungstermin einzuhalten ist (§ 1159 Abs. 5 ABGB).

Ob die abgeänderten Kündigungsbestimmungen des ABGB weiterhin auch auf freie Dienstverträge anwendbar sind, ist unseres Erachtens offen. Nach der Rechtsprechung des OGH sind auf den freien Dienstvertrag nur jene arbeitsrechtlichen Normen anwendbar, die nicht vom persönlichen Abhängigkeitsverhältnis des Dienstnehmers ausgehen bzw. den sozial Schwächeren schützen sollen. Ob dazu auch die seit dem 1.10.2021 geltenden Bestimmungen des ABGB zählen, muss noch durch höchstgerichtliche Rechtsprechung geklärt werden.

Praxistipp: Bis zu einer endgültigen Klärung durch höchstgerichtliche Rechtsprechung sollten auch für seit dem 1.10.2021 ausgesprochene Kündigungen freier Dienstverhältnisse die (neuen, an die Rechtslage des AngG angepassten) Bestimmungen des ABGB beachtet werden (siehe ausführlich Punkt 32.1.4.). Es empfiehlt sich aus Dienstgebersicht auch eine Regelung in freie Dienstverträge aufzunehmen, wonach – bei Anwendbarkeit der Kündigungsbestimmungen des ABGB – auch für Dienstgeber abweichend von der gesetzlich geltenden Quartalskündigung eine Kündigung zu jedem Monatsletzten (bzw. zu jedem 15. und Letzten eines Monats) möglich ist.

Wird das freie Dienstverhältnis ohne Vorliegen eines wichtigen Grundes vorzeitig oder fristwidrig beendet, besteht Anspruch auf eine **Kündigungsentschädigung** bis zum nächsten ordnungsgemäßen Kündigungstermin. Anhaltspunkte für die Beurteilung, ob ein wichtiger Grund für die vorzeitige Beendigung des freien Dienstverhältnisses vorliegt, bieten die im AngG bzw. der GewO definierten Entlassungsgründe.

Die Höhe der Kündigungsentschädigung ist im Einzelfall zu ermitteln. Dies deshalb, da auf Grund der besonderen Merkmale eines freien Dienstverhältnisses i.d.R. kein gleich bleibendes monatliches Entgelt vorliegt. Für die Berechnung der Kündigungsentschädigung ist angesichts dessen grundsätzlich auf den durchschnittlichen Verdienst in der Vergangenheit abzustellen. Im gegenständlichen Urteil wurden dem freien Dienstnehmer die zuletzt durchschnittlich ins Verdienen gebrachten Provisionen als Kündigungsentschädigung zuerkannt. Auf einen repräsentativen Beurteilungszeitraum ist zu achten (OGH 20.8.2008, 9 ObA 17/08b).

Da sozialversicherungsrechtlich die freien Dienstnehmer i.S.d. ASVG den „klassischen" Dienstnehmern gleichgestellt sind, kommt es bei diesen auch zu einer entsprechenden Verlängerung der Pflichtversicherung (→ 34.4.1.).

Auch bestimmte Schutzbestimmungen in Zusammenhang mit einem Beschäftigungsverbot nach MSchG sind auf freie Dienstnehmerinnen i.S.d. ASVG anwendbar (§ 1 Abs. 5, § 10 Abs. 8 MSchG; → 27.1.3.). Ebenfalls ist das ASchG für freie Dienstnehmer zu beachten.

Weitere Ausführungen zu den anwendbaren (arbeitsrechtlichen) Gesetzesbestimmungen finden Sie unter Punkt 4.3.3.

Hinweis: Nicht jeder zivilrechtliche freie Dienstvertrag führt zu einer Versicherungspflicht nach dem ASVG. In gewissen Konstellationen ist auch eine Versicherungspflicht nach dem GSVG möglich. Näheres dazu finden Sie unter Punkt 31.7.1.

Das Verbot von **Kettendienstverträgen** (→ 4.4.3.2.2.) ist auf einen freien Dienstvertrag nicht anwendbar. Die mehrmalige Aneinanderreihung von befristeten freien Dienstverträgen ist somit zulässig (OGH 21.4.2004, 9 ObA 127/03x; vgl. zuletzt auch OGH 18.11.2019, 8 ObA 49/19t).

Typische Berufe[53], in denen freie Dienstverträge abgeschlossen werden können, **sind**: Konsulenten, Programmierer (Softwareentwickler), Architekten, künstlerisch und publizistisch Schaffende, freie Handelsvertreter u.a.m. Aber auch eine Schreibkraft, die nach Seiten bezahlt wird, die Tätigkeit an jedem beliebigen Ort verrichten kann und auch Hilfskräfte heranziehen kann, ist freie Dienstnehmerin (VwGH 26.5.2004, 2001/08/0045).

Dienstzettel für das freie Dienstverhältnis:

Liegt ein freies Dienstverhältnis nach ASVG (§ 4 Abs. 4 ASVG, → 31.7.1.) vor, so hat der Dienstgeber dem freien Dienstnehmer **unverzüglich** nach dessen Beginn eine **schriftliche Aufzeichnung** über die wesentlichen Rechte und Pflichten aus dem freien Dienstvertrag (Dienstzettel) auszuhändigen. Solche Aufzeichnungen sind von Stempel- und unmittelbaren **Gebühren befreit**.

Der Dienstzettel hat **folgende Angaben** zu enthalten:

1. **Name** und **Anschrift** des **Dienstgebers**,
2. Name und Anschrift des **freien Dienstnehmers**,
3. **Beginn** des **freien Dienstverhältnisses**,
4. bei freien Dienstverhältnissen auf bestimmte Zeit das **Ende** des **freien Dienstverhältnisses**,
5. **Dauer** der **Kündigungsfrist, Kündigungstermin**,
6. vorgesehene **Tätigkeit**,

53 Die bloße Berufsbezeichnung sagt noch nichts darüber aus, ob ein Dienstverhältnis oder ein freies Dienstverhältnis vorliegt; maßgeblich ist in allen Fällen, inwieweit der Verpflichtete in den Organismus des Betriebs eingegliedert und weisungsgebunden ist.

7. **Entgelt, Fälligkeit** des Entgelts (§ 1164a Abs. 1 ABGB);
8. Name und Anschrift der **Betrieblichen Vorsorgekasse**.

Hat der freie Dienstnehmer seine **Tätigkeit länger als einen Monat im Ausland** zu verrichten, so hat der vor der Aufnahme der Auslandstätigkeit auszuhändigende Dienstzettel oder schriftliche freie Dienstvertrag **zusätzlich** folgende **Angaben** zu enthalten:

1. voraussichtliche **Dauer** der Auslandstätigkeit,
2. **Währung**, in der das Entgelt auszuzahlen ist, sofern es nicht in Euro auszuzahlen ist,
3. allenfalls Bedingungen für die **Rückführung** nach Österreich und
4. allfällige **zusätzliche Vergütung** für die Auslandstätigkeit (§ 1164a Abs. 2 ABGB).

Keine Verpflichtung zur Aushändigung eines Dienstzettels besteht, wenn

1. die Dauer des freien Dienstverhältnisses **höchstens einen Monat**[54] beträgt oder
2. ein **schriftlicher freier Dienstvertrag** ausgehändigt wurde, der alle in Abs. 1 und 2 genannten Angaben enthält, oder
3. bei Auslandstätigkeit die in Abs. 2 genannten Angaben **in anderen** schriftlichen **Unterlagen** enthalten sind (§ 1164a Abs. 3 ABGB).

Jede **Änderung** der Angaben gem. Abs. 1 und 2 ist dem freien Dienstnehmer **unverzüglich, spätestens jedoch einen Monat** nach ihrer Wirksamkeit schriftlich mitzuteilen, es sei denn, die Änderung erfolgte durch Änderung von Gesetzen (§ 1164a Abs. 4 ABGB).

Die Bestimmungen der Abs. 1 bis 5 können durch den freien Dienstvertrag weder aufgehoben noch beschränkt werden (§ 1164a Abs. 6 ABGB).

Der Dienstzettel dient ausschließlich dazu, **bereits Vereinbartes** wiederzugeben. Vorstehende Inhalte des Dienstzettels müssen daher mit dem freien Dienstnehmer **vorher vereinbart** worden sein. Das bloße Lesen (und ev. Unterfertigen) des Dienstzettels bewirkt keine Vereinbarung.

In jedem Fall bieten **unterschriebene freie Dienstverträge** eine **erheblichere Beweiskraft**.

Muster 2

Dienstzettel für freie Dienstnehmer

1. Name des Auftraggebers: __________
   Anschrift: __________
2. Name des freien Dienstnehmers: __________ SV-Nummer: __________
   Anschrift: __________ Staatsbürgerschaft: __________
3. Beginn des freien Dienstverhältnisses: __________ Probezeit: __________
4. Ende des freien Dienstverhältnisses (bei Befristung): __________
5. Dauer der Kündigungsfrist: __________ Kündigungstermin: __________
6. vorgesehene Tätigkeit: __________

54 Wenn der freie Dienstvertrag befristet (für die Dauer von höchstens einem Monat) abgeschlossen wurde.

7. Entgelt: __________ fällig am __________
8. Zuständige Betriebliche Vorsorgekasse: __________
   Anschrift: __________

__________, am __________

______________________________	______________________________
Unterschrift des Auftraggebers	Unterschrift des freien Dienstnehmers

Dienstzettel für eine reine Inlandstätigkeit.

Für nicht dem ASVG unterliegende freie Dienstnehmer ist kein Dienstzettel auszustellen.

Weitere Erläuterungen zu den auf Grund eines freien Dienstvertrags tätigen Personen finden Sie unter Punkt 31.7.

4.3.2. Werkvertrag

Der Werkvertrag ist ebenfalls ein **privatrechtlicher Vertrag**. Im Gegensatz zum Dienstvertrag kommt es bei diesem auf das Ergebnis der Arbeitsleistung an, für das der Verpflichtete (Werknehmer/Werkunternehmer, Beschäftigte[55]) haftet und Gewähr zu leisten hat. Geschuldet wird

- das schon im Vertrag individualisierte bzw. konkretisierte Werk oder der bestimmte Erfolg.

Der Werkvertrag ist demnach ein Vertragstyp, der die Erbringung eines **in sich geschlossenen Werkes**, nicht aber eine Mehrheit bloß gattungsmäßig umschriebener Leistungen zum Inhalt hat.

Das Werk (der Erfolg) kann verschiedenartig sein: Es kann sich um **körperliche** (z.B. Durchführung einer Reparatur) oder um **unkörperliche** (geistige) **Werke** (z.B. Durchführung einer Planungsarbeit; Besorgung der Geschäftsführung einer Kapitalgesellschaft) handeln.

Aus dem Werkvertrag resultiert daher ein **Zielschuldverhältnis** („einmaliges" oder „vorübergehendes" Schuldverhältnis). Solche Schuldverhältnisse erlöschen mit der Erfüllung; die Fertigstellung des Werkes oder die Erzielung eines bestimmten Erfolgs bewirkt automatisch die Beendigung dieses Rechtsverhältnisses. Es bedarf daher z.B. keiner besonderen Aufkündigung wie im Fall eines Dienstverhältnisses (→ 32.1.).

Darüber hinaus ist für einen Werkvertrag

- das Fehlen der persönlichen Arbeitspflicht,
- das Arbeiten nach eigenem Plan und mit eigenen Mitteln,
- die Möglichkeit der Verwendung von Gehilfen und Substituten und
- das Fehlen jeder Einordnung in den fremden Unternehmerorganismus

(also die persönliche und wirtschaftliche Selbstständigkeit) charakteristisch (→ 4.3.3.).

55 Vertragspartner des Werknehmers ist der Werkgeber (Werkbesteller, Beschäftiger).

4.3.3. Abgrenzung und Merkmale

Hinweis: Die nachstehenden Ausführungen bilden die verschiedenen Vertragsformen nach zivilrechtlichen Kriterien ab. Im Detail können sich dabei – aufgrund unterschiedlicher rechtlicher Grundlagen sowie abweichender höchstgerichtlicher Zuständigkeiten – Unterschiede zur steuer- bzw. sozialversicherungsrechtlichen Abgrenzung der Vertragsformen ergeben (→ 6.2.1., → 7.4., → 31.).

Allgemein gelten jedoch folgende Grundsätze:

- Der Abschluss eines zivilrechtlichen Dienstvertrags führt im Regelfall auch steuerrechtlich zu einem Dienstverhältnis nach § 47 EStG (→ 7.4.) und sozialversicherungsrechtlich zur Eigenschaft als echter Dienstnehmer nach § 4 Abs. 2 ASVG (→ 6.2.1.)[56].
- Nicht jeder zivilrechtliche freie Dienstvertrag führt zu einer Versicherungspflicht nach dem ASVG. In gewissen Konstellationen ist auch eine Versicherungspflicht nach dem GSVG möglich, sodass keine sozialversicherungsrechtlichen und lohnabgabenrechtlichen Verpflichtungen für den Auftraggeber bestehen. Näheres dazu sowie zur steuerlichen Einordnung finden Sie unter Punkt 31.7.1.
- Mit dem Abschluss eines Werkvertrags sind grundsätzlich keine lohnabgabenrechtlichen bzw. sozialversicherungsrechtlichen Verpflichtungen für den Auftraggeber verbunden. Der Aufragnehmer hat sich grundsätzlich selbst um die ordnungsgemäße Versteuerung und Abfuhr von Sozialversicherungsbeiträgen zu kümmern.

Wenn jemand sich auf eine gewisse Zeit zur **Dienstleistung** für einen anderen verpflichtet, so entsteht ein **Dienstvertrag**; wenn jemand die **Herstellung eines Werkes** gegen Entgelt übernimmt, ein **Werkvertrag** (§ 1151 Abs. 1 ABGB).

Das ABGB definiert demnach die grundlegende Charakteristik eines Dienstvertrags bzw. eines Werkvertrags.

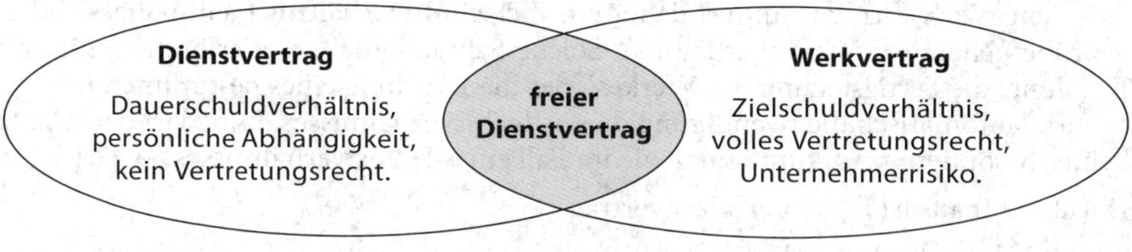

56 Zu beachten ist die unterschiedliche höchstgerichtliche Zuständigkeit. Für die Auslegung der Merkmale eines Dienstverhältnisses ist aus zivilrechtlicher Sicht der OGH und aus abgabenrechtlicher Sicht der VwGH zuständig. In der zweiten Instanz bestehen auch im Abgabenrecht unterschiedliche gerichtliche Zuständigkeiten (BVwG für den Bereich des Sozialversicherungsrechts und BFG für den Bereich des Steuerrechts). Dies führt nicht selten zu unterschiedlichen gerichtlichen Beurteilungen desselben Sachverhalts.

Der Abgrenzung

Dienstvertrag	freier Dienstvertrag	Werkvertrag

kommt in der Praxis deshalb große Bedeutung zu, weil

die **arbeitsrechtliche Sondergesetzgebung** (→ 3.3.2.) nur für den Dienstvertrag gilt;	der freie Dienstvertrag von der arbeitsrechtlichen Sondergesetzgebung nicht erfasst wird und auf diesen daher **grundsätzlich die Normen des ABGB** (über den Dienstvertrag ① mit Ausschluss derer, die dem Sozialschutz dienen ②, aber unter sinngemäßer Heranziehung der passenden Normen des Werkvertrags) anzuwenden sind ③;	der Werkvertrag ein Rechtsinstitut eigener Art darstellt, das **mit dem Arbeitsrecht nichts zu tun** hat ②.

① Die im ABGB enthaltenen Bestimmungen über die **vorzeitige Auflösung** eines Dienstverhältnisses (§§ 1162 bis 1162d ABGB) sind auf freie Dienstverhältnisse **analog anzuwenden**. Zur Frage der Anwendbarkeit der **Kündigungsbestimmungen** des ABGB (§ 1159 ABGB) siehe Punkt 4.3.1.

② Nach ständiger Judikatur sind jene **arbeitsrechtlichen Normen**, die vom persönlichen Abhängigkeitsverhältnis des Dienstnehmers ausgehen und den sozial Schwächeren schützen sollen, **nicht anwendbar** (z.B. Anspruch auf Abfertigung, Geltung des Kollektivvertrags, Entgeltfortzahlung im Krankheitsfall etc., → 32.2.).

③ Allerdings sind bei den (dienstnehmerähnlichen ④) freien Dienstverträgen und (dienstnehmerähnlichen ④) Werkverträgen u.a. die Normen des

- Ausländerbeschäftigungsgesetzes (§ 2 Abs. 2 AuslBG),
- Behinderteneinstellungsgesetzes betreffend Diskriminierungsverbot (§ 7a Abs. 2 BEinstG),
- ev. Betrieblichen Mitarbeiter- und Selbständigenvorsorgegesetzes (§ 1 Abs. 1a BMSVG),
- Dienstnehmerhaftpflichtgesetzes (§ 1 Abs. 1 DHG),
- Exekutionsordnung (§ 290a EO),
- Gleichbehandlungsgesetzes (§§ 1 Abs. 3, 16 Abs. 3 GlBG),
- Insolvenz-Entgeltsicherungsgesetzes (§ 12 Abs. 1 IESG),
- Kinder- und Jugendlichen-Beschäftigungsgesetzes (§ 1 Abs. 1 KJBG), (VwGH 12.4.1996, 96/02/0137)

anzuwenden. Ebenso ist gegebenenfalls eine gewisse Fürsorge des Auftraggebers bezüglich der technischen Arbeitsschutzvorschriften (das ASchG) zu beachten.

Eine analoge Anwendung von arbeitsrechtlichen Vorschriften, die die spezifische Schutzbedürftigkeit des Arbeitnehmers zum Anlass haben, ist somit möglich, wenn die Arbeitnehmerähnlichkeit besonders stark ausgeprägt ist (OGH 14.9.1995, 8 ObA 240/95 zur Anwendbarkeit des arbeitsrechtlichen Gleichbehandlungsgrundsatzes bei stark ausgeprägter Arbeitnehmerähnlichkeit).

Bestimmte Schutzbestimmungen in Zusammenhang mit einem Beschäftigungsverbot nach MSchG gelten auch für freie Dienstnehmerinnen (§ 1 Abs. 5, § 10 Abs. 8 MSchG; → 27.1.3.).

④ Dienstnehmerähnlichkeit ist dann anzunehmen, wenn zwar die für ein echtes Dienstverhältnis charakteristische persönliche Abhängigkeit fehlt, die Rechtsbeziehung zum Auftraggeber aber einem Dienstverhältnis **wegen der wirtschaftlichen Unselbstständigkeit bzw. fehlenden eigenen wesentlichen Betriebsmitteln ähnelt** (siehe auch nachstehend).

Nachstehende Merkmale erleichtern die Zuordnung zum

Dienstvertrag	**(dienstnehmerähnlicher) freier Dienstvertrag**[57]	**Werkvertrag**
• Dauerschuldverhältnis[58],	• Dauerschuldverhältnis[58],	• Zielschuldverhältnis,
• geschuldet wird Arbeitsleistung,	• Leistung wird zur Verfügung gestellt,	• geschuldet wird konkreter Erfolg,
• **persönliche Abhängigkeit** (→ 4.4.1.),	• **persönliche Abhängigkeit fehlt oder nur schwach vorhanden,**	• **keine persönliche Abhängigkeit,**
• mangelnde Bestimmungsfreiheit/Weisungsbindung,	• Bestimmungsfreiheit, keine Weisungsbindung,	• Bestimmungsfreiheit, keine Weisungsbindung,
• Eingliederung in die Organisation des Betriebs,	• weitgehend keine Eingliederung in die Organisation des Betriebs,	• keine Eingliederung in die Organisation des Betriebs,
• persönliche Arbeitspflicht,	• grundsätzlich persönliche Arbeitspflicht mit Vertretungsrecht,	• Arbeit auch durch Gehilfen und Substituten,
• Disposition des Dienstgebers über die Arbeitskraft,	• Disposition über die Arbeitskraft stark eingeschränkt,	• keine Disposition über die Arbeitskraft gegeben,
• Entgelt gebührt für bestimmten Zeitraum/Entgeltgarantie,	• Leistungsabhängigkeit, jedoch keine zwingende Erfolgsabhängigkeit des Entgelts,	• Erfolgsabhängigkeit des Entgelts,
• wirtschaftliche Abhängigkeit (→ 4.4.1.),	• wirtschaftliche Abhängigkeit bzw. Unselbständigkeit (ev. nur schwach vorhanden),*	• keine wirtschaftliche Abhängigkeit,
• Arbeit mit Arbeitsmitteln, die der Dienstgeber zur Verfügung stellt,	• verwendet überwiegend keine eigenen Arbeitsmittel,*	• verwendet eigene Arbeitsmittel,
• kein Unternehmerrisiko;	• kein zwingendes Unternehmerrisiko;*	• trägt Unternehmerrisiko selbst.

*) Spricht für die dienstnehmerähnliche Stellung (Abgrenzung zum unternehmerähnlichen freien Dienstvertrag).

Im Einzelfall müssen nicht alle Merkmale erfüllt werden, es kommt darauf an, ob diese Merkmale **überwiegen**.

Ⓐ	Ⓑ	Ⓒ

Ⓐ Ein Dienstverhältnis liegt vor, wenn jemand (der Dienstnehmer) für einen anderen (den Dienstgeber) in **persönlicher** und i.d.R. auch in **wirtschaftlicher Abhängigkeit** Dienste leistet (→ 4.4.1.).

Die Abgrenzung zwischen einem echten Dienstvertrag und einem freien Dienstvertrag erfolgt oft schon auf Grund des vereinbarten Arbeitsablaufs (eigen- oder fremdbestimmt).

Ⓑ Im Gegensatz zum echten Dienstverhältnis finden beim freien Dienstverhältnis **weder das Arbeitsrecht noch die Kollektivverträge Anwendung**. Es gelten also nicht die Bestimmungen im Angestelltengesetz, Arbeitsvertragsrechtsanpassungsgesetz, Arbeitsverfassungsgesetz, Arbeitnehmerschutzgesetz, Betriebspensionsgesetz, Arbeitsplatz-Sicherungsgesetz, Urlaubsgesetz, Behinderteneinstellungsgesetz, im Entgeltfortzahlungsgesetz und im Mutterschutzgesetz (mit Ausnahme bestimmter Schutzvorschriften in Zusammenhang mit dem Beschäftigungsverbot vor und nach der Geburt).

Ⓒ Das ABGB definiert den Werkvertrag als „Herstellung eines Werkes gegen Entgelt". Daraus leitet sich bereits ab, dass nicht ein definierter Zeitaufwand oder „bloßes Bemühen" geschuldet werden, sondern die **Lieferung oder Erfüllung eines Werkes** (Zielschuldverhältnis). Erst durch die Fertigstellung des Werkes entsteht der Entgeltanspruch des Werkvertragnehmers. Dies ist das wesentlichste Abgrenzungsmerkmal zum Dienstvertrag sowie zum freien Dienstvertrag.

Es liegt im Ermessen der Vertragspartner, welcher Vertragstyp abgeschlossen wird (Vertragsfreiheit, → 3.1.). Der Bezeichnung des Vertrags kommt dabei keine Bedeutung zu, sondern nur der **tatsächlichen Beschaffenheit der Tätigkeit.** Die von den Vertragspartnern gewählte Vertragsbezeichnung ist demnach nicht maßgebend. Die Bezeichnung eines Vertrags als „Werkvertrag" schließt somit die Dienstnehmereigenschaft nicht aus. Das Vorliegen eines Gewerbescheins stellt ein Indiz für eine selbstständige Tätigkeit dar, schließt jedoch von vornherein den Bestand eines Dienstverhältnisses nicht aus.

Das **Nebeneinander** dieser Vertragsverhältnisse zu ein und demselben Dienstgeber (Auftraggeber) ist **nicht ausgeschlossen**. Entscheidend ist dabei die objektive (d.h. die inhaltliche und zeitliche) Trennbarkeit. So ist es z.B. möglich,

- als Tischler auf Grund eines Dienstvertrags und
- als Vermittler von Tischlerfertigungsaufträgen auf Grund eines **freien Dienstvertrags**

tätig zu sein, und das zu ein und derselben Person (Dienstgeber = Auftraggeber) (VwGH 3.7.2002, 99/08/0125; VwGH 28.12.2015, Ra 2015/08/0156). Ist dem Dienstnehmer jedoch gestattet, **Aufgaben**, die mit seiner Tätigkeit als Kundenberater zusammenhängen, auch **innerhalb seiner normalen Arbeitszeit** als Tischler zu erledigen, liegt eine zeitliche und inhaltliche Verschränkung der Aktivitäten vor. Beide Tätigkeiten können daher schon allein auf Grund der zeitlichen, aber auch der inhaltlichen Ver-

---

57 Hinweis: Die hier vorgenommene Abgrenzung erfolgt nach zivilrechtlichen Kriterien und kann sich von der sozialversicherungsrechtlichen Abgrenzung (→ 31.7.) unterscheiden. Innerhalb des freien Dienstvertrags wird zwischen **dienstnehmerähnlichen** und **unternehmerähnlichen** freien Dienstverträgen unterschieden, wobei die Abgrenzung in weiterer Folge auch für die sozialversicherungsrechtliche Einstufung relevant ist (Versicherung nach § 4 Abs. 4 ASVG bzw. § 2 Abs. 1 Z 4 GSVG; → 31.7.1.). Der unternehmerähnliche freie Dienstnehmer zeichnet sich im Vergleich zum dienstnehmerähnlichen freien Dienstnehmer vor allem durch das Arbeiten mit wesentlichen eigenen Betriebsmitteln aus.

58 Ein Dauerschuldverhältnis wird nicht durch einmaligen Austausch von Leistung und Gegenleistung erfüllt, sondern durch einen fortlaufenden Leistungsaustausch.

schränkung nicht als getrennt voneinander beurteilt werden. Es liegt daher ein **einheitliches Dienstverhältnis** vor (VwGH 2.4.2008, 2005/08/0132).

Verwendet jemand einen zwar nicht abschätzbaren, damit aber offenbar jedenfalls nicht bloß geringfügigen Teil seiner Dienstzeit als abhängiger Dienstnehmer – hier eines Versicherungsunternehmers – mit dessen Zustimmung für eine Tätigkeit, die (vom selben Dienstgeber) durch Zahlung von (Betreuungs-)Provisionen zusätzlich honoriert wird, so liegt eine die Trennbarkeit der Tätigkeiten ausschließende **zeitliche und** – im Hinblick auf den Unternehmensgegenstand des Dienstgebers – auch **inhaltliche Verschränkung** vor. Diesfalls liegt ein einheitliches (echtes) **Dienstverhältnis** vor (VwGH 21.2.2007, 2004/08/0039).

4.3.4. Ferialpraktikanten-, Volontärvertrag, Schnupperlehre, weitere Abgrenzungsfragen

Hinweis: Für diese verschiedenen Beschäftigungsformen ist die Rechtssituation in arbeits- und sozialversicherungsrechtlicher Hinsicht nicht immer klar. Zu den nachstehenden Erläuterungen finden Sie einen Praxisleitfaden unter www.gesundheitskasse.at → Dienstgeber → Publikationen über deren rechtliche Situation.

4.3.4.1. Ferialpraktikantenvertrag

In diesem Zusammenhang unterscheidet man zwischen

(weisungsfreien) **Ferialpraktikanten**	und	(weisungsgebundenen) **Ferialarbeitern/Ferialangestellten.**

Abgesehen von

- der Definition im **AuslBG** und
- den Definitionen in einigen **Kollektivverträgen** (z.B. KV für Angestellte des Gewerbes)[59]

gibt es **keine** arbeitsrechtlichen Vorschriften, die bestimmen, unter welchen Voraussetzungen ein Ferialpraktikum vorliegt. Demnach muss aus den **Wesensmerkmalen** des Vertragsverhältnisses der Rückschluss gezogen werden, ob ein Ferialpraktikum oder ein Dienstverhältnis vorliegt.

Ferialpraktikanten sind Schüler und Studenten

- einer mittleren oder höheren Schule, einer Akademie oder einer Hochschule,

die im Rahmen ihres noch nicht beendeten Studiums eine **vorgeschriebene praktische Tätigkeit** (= Pflichtpraktikum) ausüben, bei der der Lern- und Ausbildungs-

59 Ein Kollektivvertrag hat allerdings hinsichtlich der gegenseitigen aus dem Vertragsverhältnis entspringenden Rechte und Pflichten von Ferialpraktikanten, die in **keinem** Dienstverhältnis stehen, **keine** Regelungsbefugnis (§ 2 Abs. 2 Z 2 ArbVG).

zweck im Vordergrund steht[60]. Sie dürfen sich im Betrieb aufhalten und betätigen, sind aber nicht zu Dienstleistungen verpflichtet. Dabei kommt es in erster Linie auf die praktische Umsetzung des schulischen Lehrstoffs und nicht auf die Erbringung einer Dienstleistung an (→ 31.5.1.). Den Betriebsinhaber trifft **keine Ausbildungspflicht**.

Zu beachten ist, dass es sich nachweislich um Schüler oder Studenten einer bestimmten Fachrichtung handeln muss und dass sie im Betrieb **entsprechend dieser Fachrichtung verwendet** werden. Nachweise über die Ausbildungserfordernisse sind aufzubewahren.

Ein (Ferial-)Praktikum kann nicht nur während der Ferienzeit, sondern während des **ganzen Jahres** absolviert werden. Allerdings kann sich die Dauer nur nach den einschlägigen Ausbildungsvorschriften richten.

Liegt ein Ferialpraktikantenvertrag vor, ist nicht anhand der Vereinbarungen im Vertrag, sondern anhand der tatsächlichen Gegebenheiten (der tatsächlichen Tätigkeit) zu prüfen, ob die Kriterien persönlicher und wirtschaftlicher Abhängigkeit (→ 4.4.1.) überwiegen (VwGH 11.12.1990, 88/08/0269).

Muster 3

Ferialpraktikantenvertrag

Die Firma ___________

erlaubt

Frau/Herrn ___________, wohnhaft in ___________

geb. am ___________, Staatsbürgerschaft ___________ [1)]

derzeit Schüler/Student der ___________

in ___________

Fachrichtung ___________

gesetzlicher Vertreter[2)] ___________

das gem. den Ausbildungsvorschriften ihres/seines Schultyps vorgeschriebene Praktikum in unserem Betrieb zur Vertiefung bzw. Anwendung der theoretischen Kenntnisse, also ausschließlich zu Lernzwecken, zu absolvieren.

Das Praktikum dauert von ___________ bis ___________

und kann jederzeit von jedem der beiden Teile ohne Angabe von Gründen aufgelöst bzw. beendet werden.

___________, am ___________

60 Kriterien für das Überwiegen des Ausbildungszwecks sind insb., dass
- der Ferialpraktikant Arbeiten, die nicht dem Ausbildungszweck dienen, nur in einem zeitlich zu vernachlässigenden Ausmaß verrichtet,
- sich die von ihm verrichteten Tätigkeiten **nicht** nach Maßgabe der **Betriebserfordernisse**, sondern nach Wahl des Auszubildenden richten, und dass
- dem Ferialpraktikanten größere Freiheiten bei der zeitlichen Gestaltung seiner Anwesenheit im Betrieb eingeräumt werden (OGH 13.3.2002, 9 ObA 288/01w).

Zur Kenntnis genommen und ausdrücklich damit einverstanden:

Unterschrift des Ferialpraktikanten

Unterschrift des gesetzlichen Vertreters[2)] Firmenmäßige Zeichnung

1) Falls der Praktikant dem AuslBG unterliegt, muss spätestens drei Wochen vor Beginn der Tätigkeit eine Anzeige an das zuständige Arbeitsmarktservice gerichtet werden (§ 3 Abs. 5 AuslBG). Die Tätigkeit des ausländischen Praktikanten muss im Rahmen eines gesetzlichen Lehr- oder Studiengangs an einer inländischen Bildungseinrichtung mit Öffentlichkeitsrecht vorgeschrieben sein.
2) Falls der Praktikant nicht volljährig ist (→ 4.1.3.).

Wird ein **Schüler** der **Höheren Technischen Lehranstalt**, der den Nachweis der praktischen Tätigkeit für seine Schule benötigt, auf sein Ersuchen hin im Sommer einen Monat lang beschäftigt, wobei er an eine feste betriebliche **Arbeitszeit gebunden** ist, im Rahmen einer Arbeitspartie auf Anweisung des Partieführers arbeitet und sich die **geleistete Arbeit** inhaltlich **nicht** von der Tätigkeit **anderer Dienstnehmer unterscheidet**, liegt ein Dienstverhältnis und **kein echtes Ferialpraktikum** vor. Der Schüler hat daher Anspruch auf ein angemessenes Entgelt und nicht bloß auf ein Taschengeld (OLG Wien 7.3.2002, 9 Ra 303/01x).

Bei einem Pflichtpraktikum im **Hotel- und Gastgewerbe** liegt der Hauptzweck in der praktischen Ausbildung unter dem Aspekt des Kennenlernens der Berufswirklichkeit. Daher wird im Regelfall das Praktikantenverhältnis mit einem **Dienstvertrag** begründet (BMUKS Erl 8.1.1991, 21.465/10–24/90).

Weitere Erläuterungen zu den auf Grund eines Ferialpraktikantenvertrags tätigen Personen finden Sie unter Punkt 31.5.1.

Unter **Ferialarbeitern/Ferialangestellten** (Werkstudenten) versteht man Schüler und Studenten, die vornehmlich in den Ferien etwas „verdienen" wollen. Aus diesem Grund treten sie in ein Dienstverhältnis und werden je nach der Art ihrer Tätigkeit als Arbeiter oder Angestellte geführt. In diesem Fall liegt der Tätigkeit ein Dienstvertrag zu Grunde.

4.3.4.2. Volontärvertrag

Volontäre unterscheiden sich von Pflichtpraktikanten lediglich insofern, als sie ihre schulische bzw. universitäre Ausbildung bereits abgeschlossen haben.

Volontäre sind Personen, die von einem Betrieb die Erlaubnis erhalten, sich ausschließlich zum Zweck der Erweiterung und Anwendung von meist theoretisch erworbenen Kenntnissen zum **Erwerb von Fertigkeiten für die Praxis** ohne Arbeitsverpflichtung und ohne Entgeltanspruch[61] zu betätigen. Kennzeichnend für ein

61 Die Gewährung einer freiwilligen Gratifikation oder einer freien Station schließt das Vorliegen eines Volontariats allerdings nicht aus.

Volontariat ist u.a., dass keine Bindung an eine bestimmte Tätigkeit vorliegt und das Volontariatsverhältnis überwiegend dem Volontär zugutekommt und die ausgeübte Volontariatstätigkeit **nicht durch Schul- oder Studienvorschriften vorgeschrieben** ist. Es handelt sich somit um Personen, die auf Grund ihrer Vorbildung bzw. abgeschlossenen Ausbildung bereits theoretisch zur Ausübung des jeweiligen Berufs befähigt sind, jedoch **freiwillig** eine praktische Erweiterung ihres erworbenen Wissens anstreben (→ 31.5.2.).

Häufig werden Volontariate von schulischen oder universitären Ausbildungsvorschriften als Ergänzung der theoretischen Ausbildung absolviert. Die betriebliche Praxis zeigt, dass verstärkt Akademiker mit abgeschlossener (Fach-)Hochschulausbildung in Form eines Volontariats in die Berufswelt einsteigen. Nicht immer ist die Rechtssituation in arbeits- und sozialversicherungsrechtlicher Hinsicht klar.

Wenn der Volontär an die betriebliche Arbeitszeit gebunden, weisungsunterworfen, in den Arbeitsprozess eingebaut ist und eine disziplinäre Einordnung in die Organisation des Unternehmens gegeben ist, liegt ein **Dienstverhältnis** vor (BMAS Erl 21.1.1996, 121.144/3-7/95).

Ein Volontärvertrag kann jedoch **nicht auf unbestimmte Dauer** abgeschlossen werden.

Weitere Erläuterungen zu den auf Grund eines Volontärvertrags tätigen Personen finden Sie unter Punkt 31.5.2.

4.3.4.3. Schnupperlehre

Die Schnupperlehre[62] ist ein wichtiger Teil der **Berufsorientierung**. Während dieser haben Schüler, die der allgemeinen Schulpflicht unterliegen, die Möglichkeit, Einblick in die Berufswelt zu erhalten. Sie dient daher im Wesentlichen der Abstimmung persönlicher Berufsvorstellungen mit der beruflichen Realität vor Ort.

Es gibt **vier Varianten** der Durchführung einer Schnupperlehre.

Variante A: Schulveranstaltung

Eine Schulveranstaltung dient der Ergänzung des lehrplanmäßigen Unterrichts. Mindestens 70% aller Schüler einer Klasse nehmen zeitgleich an der berufspraktischen Woche bzw. an berufspraktischen Tagen teil (differenzierte Programme möglich: Berufs- und Betriebserkundungen, Praxis im Betrieb etc. (vgl. § 13 SchUG).

Variante B: Schulbezogene Veranstaltung

Schulbezogene Veranstaltungen bauen auf dem lehrplanmäßigen Unterricht auf.

Die Erklärung einer Veranstaltung zu einer schulbezogenen Veranstaltung obliegt dem Klassen- bzw. Schulforum bzw. dem Schulgemeinschaftsausschuss und darf nur erfolgen, sofern die hierfür erforderlichen Lehrer sich zur Durchführung bereit erklären, die Finanzierung sichergestellt ist und allenfalls erforderliche Zustimmungen anderer Stellen eingeholt worden sind; das Vorliegen der Voraussetzungen ist vom

62 Bei einer „Schnupperlehre" handelt es sich nicht um eine „Lehre" im herkömmlichen Sinn, sondern um ein „Hineinschnuppern-Dürfen", einen „Einblick-gewinnen-Dürfen" in eine bestimmte Berufstätigkeit. In der Praxis wird dafür üblicherweise der Begriff „Schnupperlehre" verwendet.

Schulleiter festzustellen. Darüber hinaus kann die zuständige Schulbehörde eine Veranstaltung zu einer schulbezogenen Veranstaltung erklären, sofern mehr als eine Schule davon betroffen ist (vgl. § 13a SchUG).

Variante C: Die individuelle Berufsorientierung

Die individuelle Berufsorientierung hat auf dem lehrplanmäßigen Unterricht aufzubauen. Hier kann nun Schülern ab der 8. Schulstufe allgemein bildender sowie berufsbildender mittlerer und höherer Schulen auf ihr Ansuchen hin die Erlaubnis erteilt werden, zum Zweck der individuellen Berufsorientierung an **bis zu fünf Tagen im Schuljahr** dem Unterricht fernzubleiben. Die Erlaubnis zum Fernbleiben ist vom Klassenvorstand nach einer Interessenabwägung von schulischem Fortkommen und berufsbildender Orientierung zu erteilen. Die Festlegung geeigneter Aufsichtspersonen hat unter Anwendung des § 44a SchUG auf Vorschlag der Erziehungsberechtigten bzw. derjenigen Einrichtung zu erfolgen, die der Schüler zum Zweck der individuellen Berufsorientierung zu besuchen beabsichtigt (vgl. § 13b SchUG).

Variante D: Die individuelle Berufsorientierung außerhalb der Unterrichtszeit

Die individuelle Berufsorientierung erfolgt ohne Schulbezug und auf Eigeninitiative und ist im Ausmaß von max. **fünfzehn Tagen pro Betrieb und Kalenderjahr** möglich, sofern es sich um Schüler im oder nach dem achten Schuljahr handelt (§ 175 Abs. 5 Z 3 ASVG). Dies gilt jedoch nur, solange jemand noch Schüler ist (z.B. zwischen siebenter und achter Klasse des Gymnasiums), nicht jedoch, wenn die Schule abgebrochen oder beendet worden ist.

Bezüglich der Berufsorientierungen ist **zu beachten**:

Es muss von dem Erziehungsberechtigten eine **Zustimmung zur Schnupperlehre** vorliegen (jedenfalls bei Variante D).

Weiters muss eine Bestätigung vorliegen, dass der Schüler auf alle relevanten **Rechtsvorschriften** (z.B. jugendschutzrechtliche Bestimmungen) **hingewiesen** wurde.

Bei der Durchführung von berufspraktischen Tagen bzw. der berufspraktischen Woche, wie auch im Rahmen beider Varianten individueller Berufsorientierung, ist vor allem darauf zu achten, dass unter **keinen Umständen eine Eingliederung in den Arbeitsprozess** stattfindet, da hier ansonsten ein Dienstverhältnis mit Entgeltanspruch entsteht und es dadurch zu arbeitsrechtlichen, kinder- und jugendschutzrechtlichen und sozialversicherungsrechtlichen Problemen kommen kann.

Schüler unterliegen **keiner Arbeitspflicht**, keiner bindenden **Arbeitszeit** und nicht dem arbeitsrechtlichen **Weisungsrecht** des Betriebsinhabers. Schüler haben **keinen Anspruch auf Arbeitslohn**.

Durch bloßes Zuschauen, Fragenstellen und Ausprobieren einfacher, ungefährlicher Tätigkeiten soll ein interessierter Jugendlicher seinen Wunschberuf praxisbezogen und das Ambiente des Arbeitsplatzes in einem Unternehmen im Arbeitsalltag kennenlernen können.

Eine Schnupperlehre **unmittelbar vor Beginn eines Lehrverhältnisses** ist rechtlich problematisch und sollte jedenfalls vermieden werden. Ein solcher zeitlicher Zusammenhang könnte dazu führen, dass die Zeit des Berufspraktikums als Lehrzeit mit allen arbeits- und sozialrechtlichen Konsequenzen gilt.

Weitere Erläuterungen zu den Schnupperlehrlingen finden Sie unter Punkt 31.5.3.

4.3.4.4. Besonderer Hinweis

Im Zusammenhang mit Ferialpraktikanten und Volontären ist das **KJBG zu beachten**. Danach dürfen Kinder[63]

- grundsätzlich **nicht** im Rahmen eines Arbeitsverhältnisses (§ 5 KJBG),
- **sondern nur** im Rahmen eines
  - Lehrverhältnisses,
  - im Rahmen eines Ferialpraktikums (§ 20 Abs. 4 Schulunterrichtsgesetz),
  - im Rahmen eines Pflichtpraktikums nach dem Schulorganisationsgesetz oder
  - im Rahmen eines Ausbildungsverhältnisses gem. § 8b Abs. 2 BAG (→ 28.3.1.)

beschäftigt werden, sofern sie die **Schulpflicht** bereits **vollendet** haben[64] (§ 2 Abs. 1a KJBG).

Weiters sind die im **AuslBG** für Ferialpraktikanten und Volontäre speziell vorgesehenen Bestimmungen **zu beachten**.

Hinweis: Ferialpraktikanten, Volontäre und Schnupperlehrlinge unterliegen, abgesehen von den vorstehenden Ausnahmen, **nicht der arbeitsrechtlichen Sondergesetzgebung** (→ 3.3.2.). Eine **gewisse Fürsorge** des Unternehmers insb. bezüglich der technischen Arbeitsschutzvorschriften ist aber zu beachten. Da „alle Personen, die im Rahmen eines Beschäftigungs- oder Ausbildungsverhältnisses tätig sind", dem ASchG unterliegen, findet dieses Gesetz in jedem Fall Anwendung (§ 2 Abs. 1 ASchG; VwGH 28.6.2002, 98/02/0180).

(Echte) Ferialpraktikanten, Volontäre und Schnupperlehrlinge unterliegen grundsätzlich auch nicht den kollektivvertraglichen Bestimmungen.

4.3.4.5. Weitere Abgrenzungsfragen

4.3.4.5.1. Schnuppertage

Die **Abgrenzung** zwischen

- einer „Schnuppertätigkeit", also dem **kurzfristigen, entgeltfreien Beobachten** und freiwilligen Verrichten einzelner Tätigkeiten,
- von einem echten **Dienstvertrag**, bei dem Arbeitsleistungen in persönlicher Abhängigkeit erbracht werden,

hat nach objektiven Gesichtspunkten unter Berücksichtigung der Übung des redlichen Verkehrs zu erfolgen. Wesentliche Abgrenzungskriterien zum Dienstvertrag

---

63 Kinder sind Minderjährige
1. bis zur Vollendung des 15. Lebensjahrs oder
2. bis zur späteren Beendigung der Schulpflicht (§ 2 Abs. 1 KJBG).

64 In diesen Fällen dürfen Kinder nach Vollendung der Schulpflicht auch dann beschäftigt werden, wenn sie das 15. Lebensjahr noch nicht vollendet haben.

sind die Dauer einer allfälligen Erprobung und die Frage, ob das Arbeitsergebnis der Erprobung dem Dienstgeber zugutekommt sowie inwieweit eine Eingliederung in den Arbeitsprozess stattfindet (vgl. OLG Wien 17.9.2008, 7 Ra 49/08i).

Kein „Schnuppern", sondern ein entgeltpflichtiges Dienstverhältnis liegt jedenfalls dann vor, wenn der Dienstgeber aus der Tätigkeit des Dienstnehmers einen konkreten Nutzen zieht (OGH 16.11.2005, 8 ObA 65/05z).

Auch bei Tätigwerden zu **Einschulungszwecken** ist von einem Dienstverhältnis auszugehen.

Die Abgrenzung zwischen Dienstverhältnis und „Schnuppertagen" ist nicht nur für die Beurteilung allfälliger arbeitsrechtlicher Ansprüche, sondern auch für die Frage, ob eine Anmeldung zur Sozialversicherung vorzunehmen ist, von Bedeutung. Dabei ist zu beachten, dass ein Dienstverhältnis auch schlüssig (durch Erbringung und Entgegennahme von Arbeitsleistungen) begründet werden kann. In diesem Sinn wird (auch) durch Erbringung von Arbeitsleistungen zur Erprobung im Normalfall ein Dienstverhältnis eingegangen, wenn diese Leistungen über das zum Kennenlernen der Arbeitsabläufe im Betrieb erforderliche Ausmaß hinausgehen (VwGH 18.2.2004, 2000/08/0180).

Für das Vermeiden des Entstehens eines Dienstverhältnisses sind folgende Kriterien wesentlich:

- Keine Verpflichtung zur Erbringung von Arbeitsleistungen und keine Bindung an Dienstzeiten;
- das wirtschaftliche Ergebnis allfälliger (freiwillig erbrachter) Arbeitsleistungen fließt nicht dem Dienstgeber zu;
- Begrenzung der Dauer des „Schnupperns" mit max. ein bis zwei Tagen;
- Arbeitsleistungen werden keinesfalls in einem für ein Dienstverhältnis üblichen Ausmaß erbracht (die Haupttätigkeit besteht daher im Beobachten der betrieblichen Arbeitsabläufe).

Der **Unternehmer** ist dafür **beweispflichtig**, dass sich die von dem vorgeblichen Schnuppernden ausgeübte Tätigkeit inhaltlich von der Tätigkeit der anderen bei ihm beschäftigten Dienstnehmer entsprechend unterscheidet (OGH 13.3.2002, 9 ObA 288/01w).

Das „Schnuppern" im Rahmen von Schulveranstaltungen finden Sie im Punkt 4.3.4.3.

4.3.4.5.2. Freiwilliges Sozialjahr (Freiwilligengesetz)

Für Personen ohne einschlägige abgeschlossene Berufsausbildung besteht nach Vollendung des 17. Lebensjahres – bei besonderer Eignung nach Vollendung des 16. Lebensjahres – im Rahmen des sog. **Freiwilligen Sozialjahres** einmalig die Möglichkeit der unentgeltlichen Ausübung einer **freiwilligen praktischen Hilfstätigkeit** in der Dauer von sechs bis zwölf Monaten im Ausmaß von maximal 34 Wochenstunden bei einer von einem anerkannten gemeinnützigen Träger zugewiesenen Einsatzstelle[65] (§ 7 Freiwilligengesetz).

Das Freiwillige Sozialjahr gehört zu den besonderen Formen des freiwilligen Engagements[66], ist im Interesse des Gemeinwohls und kann **nicht im Rahmen eines Arbeitsverhältnisses** absolviert werden.

Voraussetzungen und Ausgestaltung des Freiwilligen Sozialjahres[67] sind im Freiwilligengesetz, BGBl I 2012/17, geregelt.

Teilnehmer am freiwilligen Sozialjahr unterliegen mangels Bestehens eines Arbeitsverhältnisses **nicht der arbeitsrechtlichen Sondergesetzgebung** (→ 3.3.2.). Für sie ist im Freiwilligengesetz ein Anspruch auf Freistellung im Ausmaß von 25 Tagen sowie die sinngemäße Anwendung bestimmter Regelungen des MSchG vorgesehen.

Exkurs: Sozialversicherungsrecht

Im Rahmen der Tätigkeiten nach dem Freiwilligengesetz besteht eine Versicherung in der Kranken-, Pensions- und Unfallversicherung.

4.4. Begrifflichkeiten rund um das Dienstverhältnis

4.4.1. Begriff – Merkmale

Ein Dienstverhältnis liegt vor,

- wenn jemand (der Dienstnehmer) für einen anderen (den Dienstgeber) in **persönlicher** und i.d.R. auch in **wirtschaftlicher Abhängigkeit** Dienste leistet.

Persönliche Abhängigkeit liegt vor, wenn der Dienstnehmer

- die Arbeit unter fremder Anleitung leistet,
- die Arbeitszeit und den Arbeitsort nicht selbst bestimmen kann,
- die Arbeitsmittel (Werkzeug usw.) vom Dienstgeber zur Verfügung gestellt bekommt und dieser
- die Arbeit im Rahmen einer „fremden Organisation" erbringen muss (vgl. → 6.2.1.).

Die Bestimmungsmerkmale der persönlichen Abhängigkeit müssen nicht alle gemeinsam vorliegen und können in unterschiedlich starker Ausprägung bestehen. Entscheidend ist, ob die Merkmale der persönlichen Abhängigkeit ihrem Gewicht

65 Eine geeignete Einsatzstelle ist eine gemeinwohlorientierte und nicht gewinnorientierte Einrichtung aus einem der folgenden Bereiche: Rettungswesen, Krankenanstalten, Sozial- und Behindertenhilfe, Betreuung alter Menschen, Betreuung von Drogenabhängigen, Betreuung von von Gewalt betroffenen Menschen, Betreuung von Flüchtlingen und Vertriebenen, Betreuung von Obdachlosen, Kinderbetreuung, Arbeit mit Kindern, Jugendlichen und Senioren (§ 9 Abs. 1 Freiwilligengesetz).

66 **Freiwilliges Engagement** liegt vor, wenn natürliche Personen
- freiwillig Leistungen für andere,
- in einem organisatorischen Rahmen,
- unentgeltlich,
- mit dem Zweck der Förderung der Allgemeinheit oder aus vorwiegend sozialen Motiven und
- **ohne dass dies in Erwerbsabsicht, aufgrund eines Arbeitsverhältnisses oder im Rahmen einer Berufsausbildung, erfolgt,**

erbringen (§ 2 Abs. 2 Freiwilligengesetz).

67 Darüber hinaus besteht im Rahmen des Freiwilligengesetzes noch die Möglichkeit der Absolvierung eines **Freiwilligen Umweltschutzjahres,** des **Gedenk-, Friedens-, und Sozialdienstes** im Ausland bzw. des **Freiwilligen Integrationsjahres** für Asylberechtigte bzw. subsidiär Schutzberechtigte (→ 4.1.6.). Das freiwillige Integrationsjahr nach dem Freiwilligengesetz ist nicht zu verwechseln mit dem **(verpflichtenden) Integrationsjahr** nach dem Integrationsjahrgesetz, BGBl I 2017/75, für Asylberechtigte, subsidiär Schutzberechtigte sowie bestimmte Asylwerber (bei denen die Zuerkennung des Schutzes wahrscheinlich ist), im Rahmen dessen auch Arbeitstrainings im Interesse des Gemeinwohls absolviert werden können (vgl. § 5 Abs. 3 Z 7 Integrationsjahrgesetz; nähere Informationen dazu sind auch unter www.ams.at zu finden). Allen Tätigkeiten ist gemeinsam, dass diese **außerhalb eines arbeitsrechtlichen Dienstverhältnisses** erfolgen.

und der Bedeutung nach bei Anstellung einer Gesamtbetrachtung der Umstände des Einzelfalls überwiegen (OGH 23.12.1998, 9 ObA 292/98a).

Wirtschaftliche Abhängigkeit liegt vor, wenn der Dienstnehmer

- zu seiner Selbsterhaltung auf die durch den Einsatz seiner Arbeitskraft erworbene Entlohnung angewiesen ist.

Hinsichtlich der Auslegung des Begriffs der „wirtschaftlichen Abhängigkeit“ ist die Judikatur allerdings uneinheitlich. Während ältere Entscheidungen die „wirtschaftliche Abhängigkeit“ mit „Lohnabhängigkeit“ gleichsetzten, neigt die jüngere Judikatur dazu, dass darunter

- das fehlende Eigentum an den Produktionsmitteln bzw.
- die fehlende Verfügungsgewalt über dieselben

zu verstehen ist (vgl. → 6.2.1.). Dies hat zur Folge, dass dadurch die wirtschaftliche Abhängigkeit in die persönliche Abhängigkeit eingebunden wird.

Bei einem Dienstverhältnis handelt es sich grundsätzlich um ein **Schuldverhältnis**, welches die Erbringung von Dienstleistung gegen Entgelt zum Ziel hat. Da aber für die Beendigung eine besondere Endigungsart (Kündigung usw.) notwendig ist (→ 32.1.) und das Dienstverhältnis nicht schon durch die einzelnen Erfüllungshandlungen beendet wird, ist es den **Dauerschuldverhältnissen** zuzurechnen.

4.4.2. An einem Dienstverhältnis beteiligte Personen

Arbeitnehmer und **Arbeitgeber** sind alle Personen, die zueinander in einem privat- oder öffentlich-rechtlichen Arbeitsverhältnis, in einem Lehr- oder sonstigen Ausbildungsverhältnis stehen (§ 51 Abs. 1 ASGG).

4.4.2.1. Dienstnehmer (Arbeitnehmer)

Dienstnehmer kann immer nur eine **natürliche** (physische) **Person** (→ 2.3.) sein.

Für den Dienstnehmer resultieren aus dem Dienstvertrag u.a. nachstehende Pflichten:

- Arbeitspflicht (Verpflichtung, die Arbeit persönlich nach Weisung des Dienstgebers zu leisten);
- Gehorsamspflicht (Anweisungen des Dienstgebers zu befolgen, z.B. Rauchverbot);
- Treuepflicht (Wahrung der Geschäftsinteressen);
- Haftpflicht (grundsätzliche Haftung für gewisse herbeigeführte Schäden, → 41.5.2.);
- Mitteilungspflicht (verschiedene Gesetze verpflichten den Dienstnehmer, bestimmte Mitteilungen zu machen, → 25.4., → 26.2.5., → 27.1.3.1.);
- Verschwiegenheitspflicht (ergibt sich aus dem Wesen des Dienstverhältnisses).

4.4.2.2. Dienstgeber (Arbeitgeber)

Dienstgeber kann nicht nur eine **natürliche**, sondern auch eine **juristische Person** (→ 2.3.) sein.

Für den Dienstgeber resultieren aus dem Dienstvertrag u.a. nachstehende Pflichten:

- Entgeltpflicht (Hauptpflicht des Dienstgebers, → 9.);
- Fürsorgepflicht (Bedachtnahme auf die Gesundheit und Erholungsmöglichkeit des Dienstnehmers, → 26.2.4.);

- An- und Abmeldepflicht zur Sozialversicherung (→ 6.2.4.);
- Pflicht zur Anmeldung eines Lehrlings bei der Berufsschule, Meldung bei der Lehrlingsstelle (→ 8.1.);
- Pflicht zur Verständigung des Betriebsrats (→ 8.1., → 32.2.1., → 32.2.2.);
- Pflicht zur Verständigung des Arbeitsmarktservice (→ 8.1., → 32.3.2.) und des Arbeitsinspektorats (→ 27.1.3.1.);
- Aufzeichnungspflicht (→ 8.1., → 16.1., → 26.2.8.);
- Pflicht zur Ausfolgung der Arbeitspapiere (→ 32.3., → 32.4.).

4.4.3. Arten der Dienstverhältnisse

4.4.3.1. Unterscheidung der Dienstverhältnisse nach der Art der Verwendung

4.4.3.1.1. Angestellte

Das Dienstverhältnis von Angestellten ist im Angestelltengesetz (AngG, BGBl 1921/292) geregelt. Danach gilt eine Person dann als Angestellter, wenn sie

- im **Geschäftsbetrieb eines Kaufmanns** oder diesen Gleichgestellten ①
- vorwiegend zur **Leistung kaufmännischer** ② oder **höherer, nicht kaufmännischer Dienste** ③ oder zu **Kanzleiarbeiten** ④ angestellt ist (§ 1 Abs. 1 AngG).

Angestelltentätigkeit wird indiziert durch die über das durchschnittliche Ausmaß wesentlich hinausgehende größere **Selbstständigkeit**, umfassende **Fachkenntnis**, Genauigkeit, Verlässlichkeit, Fähigkeit der Beurteilung der Arbeiten anderer, **Aufsichts- und Leitungsbefugnisse** und Einsicht in den Produktionsprozess (z.B. OGH 21.12.1995, 8 ObA 277/95).

① Einem Kaufmann gleichgestellt sind u.a.

- Unternehmungen jeder Art, die der Gewerbeordnung unterliegen;
- Banken, Sparkassen und Versicherungen;
- Kanzleien der Rechtsanwälte, Notare;
- Ärzte, Zahntechniker (§ 2 Abs. 1 AngG).

Das AngG definiert die Tätigkeitsbezeichnungen nicht. Aus der Rechtsprechung lässt sich ableiten, dass darunter Dienste zu verstehen sind, die

② eine gewisse kaufmännische Ausbildung verlangen;
③ entsprechende Vorkenntnisse und Schulung, Vertrautsein mit den Arbeitsaufgaben und eine gewisse fachliche Durchdringung derselben verlangen, also nicht rein mechanisch ausgeübt werden und nicht von einer zufälligen Ersatzkraft geleistet werden können, aber auch die Fähigkeiten, die Arbeiten anderer zu beurteilen oder Aufsichtsbefugnisse wahrzunehmen, können diesen Tatbestand erfüllen (z.B. die Tätigkeit eines Werkmeisters, Schichtführers, Fahrlehrers, Bauingenieurs);
④ typischerweise in einem Büro erledigt werden und Bürotätigkeiten darstellen, die mit einer gewissen geistigen Tätigkeit verbunden sind, die über das bloße Abschreiben hinausgeht. Dienste rein mechanischer Art und untergeordnete Verrichtungen sowie manuelle Arbeiten, die von jedermann mit Pflichtschulkenntnissen geleistet werden können, oder

Stempel- und Nummerierungsarbeiten sind keine Kanzleiarbeiten nach § 1 Abs. 1 AngG (z.B. OLG Wien 22.3.2002, 9 Ra 55/02b).

Bei Zutreffen aller vom AngG geforderten Voraussetzungen gilt der Dienstnehmer als **Angestellter „ex lege“** (kraft Gesetzes).

Vereinbart ein Dienstgeber mit einem Dienstnehmer, auf den das AngG an sich keine Anwendung findet, die Übernahme in das Angestelltenverhältnis, handelt es sich um einen **Angestellten „ex contractu“** (kraft Vereinbarung), um einen sog. Vertragsangestellten. Soweit das AngG günstiger ist als die ansonsten für den Arbeiter anzuwendenden zwingenden gesetzlichen oder kollektivvertraglichen Bestimmungen, ist dies durchaus möglich. Es muss allerdings nicht das gesamte AngG übernommen werden; auch die Vereinbarung der Anwendung einzelner Teile desselben ist möglich.

Für Vertragsangestellte gilt Folgendes: Die bloße Vereinbarung der Anwendung des AngG hat nicht auch zwingend den Wechsel der Kollektivvertragszugehörigkeit (vom Arbeiter- zum Angestellten-Kollektivvertrag) zur Folge. Es unterliegen nur jene Vertragsangestellten dem **Angestellten-Kollektivvertrag**, für welche

1. die volle Anwendung des AngG,
2. die volle Anwendung des Angestellten-Kollektivvertrags,
3. die Einstufung in die Gehaltsordnung des Angestellten-Kollektivvertrags und
4. die Übernahme in das Angestelltenverhältnis

unwiderruflich vereinbart wurde (OGH 10.12.1993, 9 ObA 347/93; OGH 30.1.1997, 8 ObA 2255/96t).

Betriebsverfassungsrechtlich zählen Vertragsangestellte nur dann zur Gruppe der Angestellten (z.B. hinsichtlich der Gruppenzugehörigkeit bei der Betriebsratswahl, → 11.7.1.), wenn neben Punkt 2. und 3. die Anwendung des **gesamten AngG unwiderruflich vereinbart** wurde (§ 41 Abs. 3 ArbVG).

Im Hinblick auf die Qualifizierung eines Dienstnehmers als **Angestellter oder Arbeiter** kommt es bei Mischtätigkeiten grundsätzlich auf das **zeitliche Überwiegen** an. Bei einem zeitlichen Überwiegen der Arbeitertätigkeit kann eine Angestelltenstellung allerdings dann angenommen werden, wenn der höher qualifizierten Arbeit als Angestellter die wesentlichere Bedeutung zukommt und vom Standpunkt des Dienstgebers als der wesentlichere Teil der Gesamtvereinbarung zu betrachten ist (OGH 22.9.1993, 9 ObA 242/93).

4.4.3.1.2. Arbeiter

Die Dienstnehmer werden im österreichischen Arbeitsrecht grundsätzlich (von Gruppen wie z.B. Lehrlinge, Hausbesorger, Vertragsbedienstete abgesehen) in Arbeiter und Angestellte eingeteilt[68]. Die **Arbeiter** werden vom österreichischen Arbeitsrecht lediglich als **„Restgröße“** erfasst. Als Arbeiter gelten alle Dienstnehmer, die vertragsgemäß weder kaufmännische noch höhere nicht kaufmännische, noch Kanzleidienste zu leisten haben; bei ihnen steht die Erbringung **manueller Tätigkeiten** im Vordergrund, doch zählen zu ihnen **auch qualifizierte Facharbeiter** mit hohem Ausbildungsniveau. Alle Dienstnehmer, die nicht Angestellte sind, sind Arbeiter (OGH 14.9.1995, 8 ObA 293/95).

68 Von dieser Zweiteilung der Dienstnehmer geht auch das Sozialversicherungsrecht und das Betriebsverfassungsrecht aus.

Die Bestellung zum gewerberechtlichen Geschäftsführer führt nicht unbedingt vom Arbeiter zum Angestelltenverhältnis. Ist etwa ein Kfz-Mechaniker, der deutlich überwiegend manuell tätig ist, gewerberechtlicher Geschäftsführer, so ändert dies (obwohl dieser auch die Begutachtung von Fahrzeugen nach § 57a Kraftfahrgesetz vorzunehmen hat) nichts an der Stellung als Arbeiter (OGH 16.4.1998, 8 ObA 96/98w).

Ein spezielles Gesetz für Arbeiter gibt es nicht; es gelten u.a. die Regelungen der Gewerbeordnung 1859 und des ABGB.

4.4.3.1.3. Lehrlinge

Ein Lehrling i.S.d. Berufsausbildungsgesetzes (BAG, BGBl 1969/142) ist eine Person,

- die auf Grund eines **Lehrvertrags** zur Erlernung eines in der Lehrberufsliste angeführten **Lehrberufs bei einem Lehrberechtigten** fachlich ausgebildet und im Rahmen dieser Ausbildung verwendet wird (§ 1 BAG) (→ 28.).

4.4.3.1.4. Weitere Dienstnehmergruppen

Weitere Dienstnehmergruppen sind u.a. die

- Hausbesorger nach dem Hausbesorgergesetz (BGBl 1970/16)[69],
- Heimarbeiter nach dem Heimarbeitsgesetz (BGBl 1961/105),
- Journalisten nach dem Journalistengesetz (StGBl 1920/88),
- Land- und Forstarbeiter nach dem Landarbeitsgesetz (BGBl I 2021/78),
- Bühnenangehörige nach dem Theaterarbeitsgesetz (BGBl I 2010/100),
- Vertragsbedienstete nach dem Vertragsbedienstetengesetz (BGBl 1948/86).

4.4.3.2. Unterscheidung der Dienstverhältnisse nach deren Dauer

4.4.3.2.1. Probedienstverhältnis

Der Zweck der Rechtseinrichtung des Probedienstverhältnisses liegt darin, den Parteien des Dienstvertrags die Möglichkeit zu geben, während der Probezeit die **Eignung des Dienstnehmers** für die betreffende Arbeit festzustellen, und es dem Dienstnehmer zu ermöglichen, die **Verhältnisse im Betrieb** kennen zu lernen. Aus dieser Zwecksetzung folgt, dass das Probedienstverhältnis grundsätzlich

- jederzeit von beiden Vertragsteilen ohne Einhaltung von Fristen und Terminen und grundsätzlich ohne Vorliegen von Gründen gelöst werden kann.

Eine Begründung für die Auflösung während der Probezeit ist nur dann erforderlich, wenn die Anfechtung wegen angeblicher Diskriminierung erfolgt. Dabei muss die Begründung erst im Zuge eines vom Dienstnehmer (Lehrling) durch Klage eingeleiteten gerichtlichen Verfahrens erfolgen (siehe nachstehend).

Diesbezügliche Regelungen enthalten u.a.:

---

69 Das Hausbesorgergesetz ist auf Dienstverhältnisse, die nach dem 30. Juni 2000 abgeschlossen wurden, nicht mehr anzuwenden (§ 31 Abs. 5 HbG); für diese sind die allgemeinen arbeitsrechtlichen Vorschriften im Rahmen ihres jeweiligen persönlichen und sachlichen Anwendungsbereichs maßgeblich.

Das **ABGB**: Ein auf Probe oder nur für die Zeit eines vorübergehenden Bedarfs vereinbartes Dienstverhältnis **kann während des ersten Monats** von beiden Teilen jederzeit gelöst werden (§ 1158 Abs. 2 ABGB).

Das **AngG**: Ein Dienstverhältnis auf Probe **kann nur für die Höchstdauer eines Monats** vereinbart und während dieser Zeit von jedem Vertragsteil gelöst werden (§ 19 Abs. 2 AngG).

Das **BAG**: Während der ersten **drei Monate** kann sowohl der **Lehrberechtigte** als auch der Lehrling das Lehrverhältnis **jederzeit einseitig auflösen**; erfüllt der Lehrling seine Schulpflicht in einer **lehrgangsmäßigen Berufsschule** (Blockunterricht) während der ersten drei Monate, kann sowohl der Lehrberechtigte als auch der Lehrling das Lehrverhältnis während der **ersten sechs Wochen** der Ausbildung im Lehrbetrieb (in der Ausbildungsstätte) jederzeit einseitig auflösen (§ 15 Abs. 1 BAG). Das BAG sieht die Probezeit **zwingend** vor. Sie kann durch Vereinbarung weder verkürzt noch verlängert werden (→ 28.3.5.). Zu den Formvorschriften der Auflösung während der Probezeit im Lehrverhältnis siehe Punkt 28.3.9.2.

Das **BEinstG**: Ein auf Probe vereinbartes Dienstverhältnis mit einem begünstigten Behinderten **kann während des ersten Monats** von beiden Teilen jederzeit gelöst werden (§ 8 Abs. 1 BEinstG) (→ 29.2.6.).

Weitere Regelungen über ein Probedienstverhältnis enthalten u.a. das

- Hausbesorgergesetz (§ 18 Abs. 2);
- Vertragsbedienstetengesetz (§ 4 Abs. 3).

I.d.R. sieht aber auch der **Kollektivvertrag** ein Probedienstverhältnis vor. Er kann dies zwingend (**Muss-Bestimmung**) vorschreiben oder es unter Berücksichtigung der gesetzlichen Bestimmungen einer Vereinbarung der Vertragspartner überlassen (**Kann-Bestimmung**).

Die Probezeit ist (ausgenommen bei Lehrlingen) auf die Höchstdauer eines Monats beschränkt. Wird eine längere Probezeit (oder eine weitere Probezeit) vereinbart, ist diese gesetzwidrig und ungültig. Die (die Probezeit) übersteigende Zeit ist grundsätzlich als Zeit eines unbefristeten und **nicht** als Zeit eines befristeten Dienstverhältnisses anzusehen (OGH 20.9.2000, 9 ObA 163/00m). Entscheidend ist allerdings, ob nach dem Willen der Parteien insgesamt ein befristetes oder ein unbefristetes Dienstverhältnis abgeschlossen werden sollte (OGH 19.12.2007, 9 ObA 173/07t). Es ist somit aber jedenfalls möglich, in einem befristet abgeschlossenen Dienstvertrag eine Probezeit zu vereinbaren.

Die Vereinbarung einer Probezeit von einem Monat im Rahmen eines **erneut abgeschlossenen Dienstvertrages** ist jedenfalls zulässig, wenn auf Basis beider Verträge – auch wenn diese zeitlich unmittelbar aufeinander folgen – vom Dienstnehmer inhaltlich unterschiedliche Tätigkeiten erbracht werden sollten (OGH 19.7.2018, 8 ObA 31/18v)[70]. Darüber hinaus kann die Vereinbarung einer Probezeit im zweiten Dienstverhältnis

70 Selbst wenn sich der Dienstgeber bereits während des Auswahlverfahrens und des ersten Dienstverhältnisses ein Urteil über gewisse Aspekte der Persönlichkeit und Arbeit des Dienstnehmers bilden konnte, kann nach Ansicht des OGH dennoch ein gerechtfertigtes Interesse daran bestehen, sich ein abschließendes Urteil erst im Zusammenhang mit der Arbeitsleistung, für die der Dienstnehmer im aktuellen Vertrag aufgenommen wurde, zu bilden.

zum selben Dienstgeber auch bei einem Einsatz des Dienstnehmers am identen Arbeitsplatz zulässig sein, solange diese nichts rechtsmissbräuchlich ist; kein Rechtsmissbrauch liegt etwa dann vor, wenn der Dienstnehmer das erste Arbeitsverhältnis von sich aus gelöst hat (OGH 28.7.2021, 9 ObA 68/21x), aber auch bei einvernehmlicher Auflösung des ersten Dienstverhältnisses während der Coronapandemie (OGH 3.8.2021, 8 ObA 43/21p).

Besondere Kündigungs- und Entlassungsschutzbestimmungen (z.B. gem. MSchG, BEinstG; → 32.2.3.) gelten während der Probezeit noch nicht. Ist aber das Dienstverhältnis vom Dienstgeber **aus diskriminierenden Gründen** (→ 3.3.1.) (z.B. weil die Dienstnehmerin im Probedienstverhältnis schwanger geworden ist) während des Probedienstverhältnisses beendet worden und gelingt dem Dienstgeber nicht der Beweis, dass ein anderer Grund für die Auflösung ausschlaggebend war, so kann der Dienstnehmer

- die **Probezeitauflösung** bei Gericht **anfechten** oder
- die Beendigung gegen sich gelten lassen, aber dafür **Schadenersatzansprüche** geltend machen (§ 12 Abs. 7 GlBG) (vgl u.a. OLG Wien 22.12.2015, 9 Ra 111/15g).

Gleiches gilt bei Vorliegen einer Behinderung des Dienstnehmers (§ 7f Abs. 1 BEinstG) (→ 29.1., → 32.2.).

4.4.3.2.2. Befristetes Dienstverhältnis

Im Anschluss an die Probezeit wird angesichts der längeren Kündigungsfristen insb. mit Angestellten häufig ein befristetes Dienstverhältnis vereinbart.

Ein befristetes Dienstverhältnis **endet mit dem Ablauf der Zeit**, für die es eingegangen wurde (§ 1158 Abs. 1 ABGB, § 19 Abs. 1 AngG). Das Ende eines befristeten Dienstverhältnisses kann

ein kalendermäßig bestimmter Tag sein (= **kalendermäßige Befristung**)	oder	der Eintritt eines bestimmten Umstands (Ereignisses) sein (z.B. die Rückkehr eines Dienstnehmers aus der Karenz, Saisonende[71]) (= **objektive Befristung**).

Wird die Beendigung eines Dienstverhältnisses vom Eintritt eines künftigen Ereignisses abhängig gemacht, wobei **sowohl** der Eintritt dieses Ereignisses **als auch** der Zeitpunkt völlig offen bzw. ungewiss sind, handelt es sich um ein **auflösend bedingtes Dienstverhältnis**, welches als **unbefristetes** Dienstverhältnis zu behandeln ist (OGH 25.9.1991, 9 ObA 158/91). Unzulässig wäre daher beispielsweise eine Befristung, wonach das Dienstverhältnis mit „Verschlechterung der Auftragslage", „Geschäftsübernahme", „Pensionsantritt des Dienstgebers" u.dgl. enden soll. Gleiches gilt für den Fall, dass das Ereignis vom Dienstgeber beeinflussbar bzw. von seinem Willen abhängig ist.

71 Auf ev. Regelungen im anzuwendenden Kollektivvertrag ist zu achten; es kann z.B. die Befristung „mit Saisonende" ausgeschlossen sein.
Das „Saisonende" bzw. „Ende der Wintersaison" ist ein objektives Ereignis, das unabhängig von einer Einflussnahme der Parteien zu einem sicheren, wenn auch im Vorhinein nicht feststehenden Termin eintritt. Dabei macht es keinen Unterschied, ob dieses Ereignis auf Witterungsverhältnisse oder behördliche Anordnung zurückzuführen ist (OGH 24.3.2021, 9 ObA 118/20y zum Ende der Wintersaison im März 2020 durch behördliche Schließungen aufgrund der COVID-19-Krise).

Beendigung befristeter Dienstverhältnisse:

Ein befristetes Dienstverhältnis kann durch Entlassung, vorzeitigen Austritt, durch einvernehmliche Lösung oder durch Tod des Dienstnehmers (→ 32.) vorzeitig aufgelöst werden. Kündigung und Befristung schließen einander grundsätzlich aus, nach herrschender Judikatur kann aber unter bestimmten Voraussetzungen eine **Kündigungsmöglichkeit** vertraglich vereinbart werden (OGH 22.9.1993, 9 ObA 204/93). Neben dem Erfordernis der Einhaltung der gesetzlichen bzw. kollektivvertraglichen Kündigungsvorschriften wird seitens der Rechtsprechung gefordert, dass die **Dauer der Befristung** und die **Möglichkeit der Kündigung** in einem **angemessenen Verhältnis** (zwischen Dauer der Befristung und den Kündigungsfristen und Terminen) stehen müssen (OGH 24.5.2017, 9 ObA 31/17z; OGH 23.7.2014, 8 ObA 3/14w), wobei sachliche Gründe für die Kündigungsmöglichkeit zu einem Verschieben der Angemessenheitsprüfung zugunsten des Arbeitgebers führen. Die Frage, ob ein Missverhältnis zwischen Befristung und Kündigungsmöglichkeit besteht oder eine sachliche Rechtfertigung für die Vereinbarung einer Kündigungsmöglichkeit vorliegt, ist eine solche des Einzelfalls (OGH 17.12.2018, 9 ObA 104/18m).

Als zulässig erachtet wurde seitens der Rechtsprechung des OGH etwa eine 14-tägige Kündigungsfrist bei einem auf vier Monate befristeten Saisonarbeitsverhältnis (OGH 12.9.1996, 8 ObA 2206/96m)[72], eine 14-tägige Kündigungsfrist bei einem auf sechs bzw. vier Monate befristeten, vom AMS geförderten Arbeitsverhältnis (OGH 24.6.2004, 8 ObA 42/04s bzw. OGH 25.11.2020, 9 ObA 101/20y) oder eine einmonatige Kündigungsfrist bei einer einjährigen Befristung (OGH 23.7.2014, 8 ObA 3/14w). Die Vereinbarung einer Kündigungsmöglichkeit, die mit dem Sinn der Befristung in Widerspruch steht (z.B. bei Abschluss eines Ausbildungsvertrags), ist allerdings jedenfalls rechtsunwirksam.

Allgemein ist davon auszugehen, dass eine Kündigung während der Dauer befristeter Dienstverhältnisse nur bei längerer Befristung zuzulassen ist, um die Vorteile der Bestandsfestigkeit des Arbeitsverhältnisses nicht durch eine Kündigung zu gefährden (OGH 24.5.2019, 8 ObA 23/19v).

Ein für **länger als fünf Jahre** vereinbartes Dienstverhältnis kann (auch ohne besondere Kündigungsvereinbarung oder bei Kündigungsausschluss, → 32.1.4.1.) **vom Dienstnehmer** nach Ablauf von fünf Jahren unter Einhaltung einer Kündigungsfrist von sechs Monaten **gekündigt werden** (§ 1158 Abs. 3 ABGB, § 21 AngG).

Arbeitnehmer mit einem auf **bestimmte Zeit abgeschlossenen Arbeitsverhältnis** dürfen gegenüber Arbeitnehmern mit einem auf unbestimmte Zeit abgeschlossenen Arbeitsverhältnis **nicht benachteiligt werden**, es sei denn, sachliche Gründe rechtfertigen eine unterschiedliche Behandlung (§ 2b Abs. 1 AVRAG).

---

72 Diese Kündigungsvereinbarung war jedoch nur zulässig, da sie eine Kündigung im letzten Monat des Dienstverhältnisses ausschloss und damit ein für den Dienstnehmer vorteilhaftes Element enthielt (OGH 17.12.2018, 9 ObA 104/18m zur Unzulässigkeit einer Kündigungsfrist von 14 Tagen im Rahmen eines auf 3,5 Monate befristeten Saisondienstverhältnisses ohne einen derartigen Kündigungsausschluss für den letzten Monat). Trotz eines Ausschlusses der Kündigungsmöglichkeit für den letzten Monat des Dienstverhältnisses sah der OGH eine 14-tägige Kündigungsfrist bei einem auf 3 Monate und 10 Tage befristeten Dienstvertrag aufgrund der Kürze des Dienstverhältnisses als unzulässig an (OGH 24.5.2019, 8 ObA 23/19v).

Der **Arbeitgeber** hat Arbeitnehmer mit einem auf bestimmte Zeit abgeschlossenen Arbeitsverhältnis über im Unternehmen oder Betrieb **frei werdende Arbeitsverhältnisse auf unbestimmte Zeit zu informieren**. Die Information kann durch allgemeine Bekanntgabe an einer geeigneten, für den Arbeitnehmer leicht zugänglichen Stelle im Unternehmen oder Betrieb erfolgen (§ 2b Abs. 2 AVRAG).

Für die Beendigung eines befristeten Dienstverhältnisses gibt es grundsätzlich **keinerlei Einschränkungen** ①. **Ausgenommen** davon sind solche mit **Dienstnehmerinnen, die dem MSchG unterliegen**. Für diese gilt: **Der Ablauf** eines auf bestimmte Zeit abgeschlossenen Dienstverhältnisses wird von der Meldung der Schwangerschaft bis zum Beginn des generellen bzw. individuellen Beschäftigungsverbots (→ 27.1.3.2.) **gehemmt** ②, es sei denn, dass die Befristung aus sachlich gerechtfertigten Gründen ③ ④ ⑤ erfolgt oder gesetzlich vorgesehen ist (§ 10a Abs. 1 MSchG).

① Demnach ändert sich am vorgesehenen Ende eines befristeten Dienstverhältnisses z.B. auch dann nichts, wenn der Dienstnehmer zwischenzeitlich zum Präsenzdienst einberufen wird.

② Das heißt, dass in einem solchen Fall das befristete Dienstverhältnis einen Kalendertag vor Beginn des Beschäftigungsverbots endet. Dieser Hemmungsmechanismus setzt demnach die Befristung nicht außer Kraft, sodass – selbst nach einer ev. Karenz – den Dienstgeber keine Rücknahmepflicht der Dienstnehmerin trifft. Dazu ein **Beispiel**:

Befristetes Dienstverhältnis	1.1.2022 bis 30.6.2022
Meldung der Schwangerschaft	17.4.2022
Voraussichtlicher Geburtstermin	1.12.2022
Beginn des Beschäftigungsverbots	6.10.2022
Tatsächliches Ende des befristeten Dienstverhältnisses	5.10.2022

In jenen Fällen, in denen ein **individuelles Beschäftigungsverbot** gem. § 3 Abs. 3 MSchG (→ 27.1.3.2.) gegeben ist, endet das befristete Dienstverhältnis mit der Vorlage des Zeugnisses des Arztes (nicht aber vor dem vereinbarten Ende der Befristung), wenn das Zeugnis auf die **Dauer der Schwangerschaft ausgestellt** ist. Ist das Beschäftigungsverbot jedoch befristet, wird der Ablauf des Dienstverhältnisses bis zum Beginn der Schutzfrist gem. § 3 Abs. 1 MSchG (generelles Beschäftigungsverbot) gehemmt (siehe vorstehendes Beispiel).

Wusste eine Dienstnehmerin schon vor Ablauf der Befristung von ihrer Schwangerschaft, hat sie diese aber dem Dienstgeber, ohne daran gehindert gewesen zu sein, erst nach dem Ende des befristeten Dienstverhältnisses mitgeteilt, kommt eine Ablaufhemmung gemäß § 10a Abs. 1 MSchG nicht mehr infrage; das Dienstverhältnis endete somit mit Ablauf der Befristung (OGH 17.12.2019, 9 ObA 133/19b).

③ Eine sachliche Rechtfertigung liegt vor, wenn

- diese im Interesse der Dienstnehmerin liegt (z.B. Arbeit während der Ferien),

oder wenn das Dienstverhältnis

- für die Dauer der Vertretung an der Arbeitsleistung verhinderter Dienstnehmer,
- zu Ausbildungszwecken (z.B. bei (unechten) Ferialpraktikanten),

- für die Zeit der Saison[73] oder
- zur Erprobung[74]

abgeschlossen wurde (§ 10a Abs. 2 MSchG).

④ Es muss aus dem Dienstvertrag unmissverständlich die Absicht des Dienstgebers hervorgehen, die Befristung ausschließlich wegen der notwendigen, längere Zeit in Anspruch nehmenden Erprobung der Qualifikation der Dienstnehmerin zu vereinbaren (OGH 28.7.2010, 9 ObA 89/09t).

⑤ Die Weiterverwendungszeit (Behaltepflicht) des BAG (→ 28.3.10.) stellt für sich allein keinen sachlich gerechtfertigten Grund für den Entfall der Ablaufhemmung dar (OGH 2.3.2007, 9 ObA 10/06w).

Ist ein befristetes, auf die Umwandlung in ein unbefristetes Dienstverhältnis angelegtes Dienstverhältnis **aus diskriminierenden Gründen** (→ 3.3.1.) (z.B. wegen berechtigter Geltendmachung von Ansprüchen) durch Zeitablauf beendet worden, und gelingt dem Dienstgeber nicht der Beweis, dass ein anderer Grund für die Auflösung ausschlaggebend war, so kann der Dienstnehmer

- auf die Feststellung des unbefristeten **Bestehens des Dienstverhältnisses klagen** oder
- die Beendigung gegen sich gelten lassen, aber dafür **Schadenersatzansprüche** geltend machen (§ 12 Abs. 7 GlBG) (vgl u.a. OGH 27.4.2016, 8 ObA 30/16v).

Gleiches gilt bei Vorliegen einer Behinderung des Dienstnehmers (§ 7f Abs. 1 BEinstG) (→ 29.1., → 32.2.).

Werden befristete **Dienstverhältnisse wiederholt aneinandergereiht**, um das Entstehen von Rechten des Dienstnehmers zu vermeiden, die sich aus der Dauer eines unbefristeten Dienstverhältnisses ergeben würden (Kündigungsfrist, Abfertigung etc.), so geht die Rechtsprechung von einem sittenwidrigen **Kettenvertrag** aus. Das heißt, die Befristungen sind rechtsunwirksam, es ist von einem einheitlichen unbefristeten Dienstverhältnis auszugehen (OGH 28.4.2014, 8 ObA 13/14s). Dabei kann bereits nach der ersten Verlängerung der Befristung ein unbefristetes Dienstverhältnis entstehen.

Nach ständiger Rechtsprechung sind sog. „Kettendienstverträge" **nur dann rechtswirksam**, wenn die Aneinanderreihung der einzelnen auf bestimmte Zeit abge-

---

73 Auch „Auftragsspitzen" rechtfertigen den Abschluss befristeter Dienstverhältnisse (OGH 18.1.1996, 8 ObA 288/95).

74 Wenn auf Grund der in der vorgesehenen Verwendung erforderlichen Qualifikation eine längere Erprobung als die gesetzliche oder kollektivvertragliche Probezeit notwendig ist (OGH 18.1.1996, 8 ObA 288/95). Ein solcher befristeter Abschluss ist dann sachlich gerechtfertigt, wenn die Zeit der Erprobung in einem **ausgewogenen Verhältnis** zur **Ausbildung** und der **angestrebten Verwendung** steht. Je höher die Qualifikation ist, desto länger wird ein solches befristetes Dienstverhältnis vereinbart werden können, um noch ein sachlich gerechtfertigtes zu sein. Für gehobene Positionen – wie bei einer Akademikerin und EDV-Spezialistin im technischen Bereich – wird eine Erprobung sogar im Ausmaß von sechs Monaten für sachlich gerechtfertigt gehalten. Auch die dreimonatige Befristung des Dienstverhältnisses einer Hausverwalterin, die für zahlreiche Häuser zuständig sein und in Zukunft auch als Teamleiterin eingesetzt werden sollte, ist sachlich gerechtfertigt, sodass eine Schwangerschaft nicht zu einer Verlängerung des Dienstverhältnisses bis zum Beginn des Beschäftigungsverbots führt (OGH 24.6.2016, 9 ObA 63/16d). Hingegen wird die mehrmonatige Befristung eines Dienstverhältnisses etwa einer Regalbetreuerin oder Kassierin in einem Supermarkt oder einer Reinigungsfrau für nicht gerechtfertigt angesehen (OGH 8.6.2000, 8 ObA 316/99z).

schlossenen Dienstverträge durch besondere **wirtschaftliche**[75] oder **soziale**[76] **Gründe**, die der Dienstgeber zu beweisen hat, gerechtfertigt wird (z.B. mwN OGH 25.7.2017, 9 ObA 42/17t).

Der Grund für die Unzulässigkeit von Kettendienstverträgen, die auf diese Weise nicht gerechtfertigt werden können, liegt in der Gefahr der Umgehung zwingender, die Dienstnehmer schützender Rechtsnormen durch den Dienstgeber und in einer darin zum Ausdruck kommenden rechtsmissbräuchlichen Gestaltung von Dienstverträgen, dies insb. in Bezug auf dienstzeitabhängige Ansprüche. Dieser sozial unerwünschte Zustand zeigt sich auch in der Überwälzung des Unternehmerrisikos und darin, dass die Dienstnehmer häufig bis zum letzten Tag im Ungewissen darüber gelassen werden, ob ihr Dienstverhältnis nach Ablauf der vereinbarten Befristung wieder fortgesetzt wird.

Das Verbot von Kettendienstverträgen ist auf einen freien Dienstvertrag (→ 4.3.1.) nicht anwendbar. Die mehrmalige Aneinanderreihung von befristeten freien Dienstverträgen ist somit zulässig (OGH 21.4.2004, 9 ObA 127/03x; OGH 18.11.2019, 8 ObA 49/19t).

Die Kettendienstverträge müssen nicht unbedingt unmittelbar aufeinander folgen. Auch **kurzfristige Unterbrechungen** wie etwa durch Schulferien oder durch Theaterferien schließen das Vorliegen eines einheitlichen Dienstverhältnisses nicht aus (OGH 24.5.1995, 8 ObA 214/95).

Ist der Dienstnehmer der Auffassung, dass ein unzulässiges Kettenarbeitsverhältnis vorliegt, hat er den **Fortsetzungsanspruch ohne Aufschub geltend zu machen.** Wenn eine Dienstnehmerin daher die Geltendmachung eines allfälligen Fortsetzungsanspruchs über die letzte Befristung hinaus über einen Zeitraum von sechs Monaten unterlassen hat, liegt darin eine Verletzung der Aufgriffsobliegenheit (OGH 24.3.2021, 9 ObA 45/20p).

Der Kollektivvertrag kann vorsehen, dass sich das Dienstverhältnis automatisch verlängert, wenn der Dienstgeber nicht vor Ablauf der Befristung (allenfalls schriftlich und/oder bis zu einem bestimmten Termin) bekannt gibt, das Dienstverhältnis nicht fortsetzen zu wollen. In diesem Fall muss der Dienstgeber zur Vermeidung der Fortführung des Dienstverhältnisses also (rechtzeitig) eine **„Nichtverlängerungserklärung"** abgeben.

Wird nach Ablauf eines befristeten Dienstverhältnisses die **Dienstleistung** des Dienstnehmers vom Dienstgeber weiterhin **angenommen**, kommt es auch ohne ausdrückliche Vereinbarung zu einer **Verlängerung** des Dienstverhältnisses auf unbestimmte Zeit (OGH 18.12.2003, 8 ObA 93/03i).

4.4.3.2.3. Unbefristetes Dienstverhältnis

Ein unbefristetes Dienstverhältnis bedarf einer **besonderen Auflösung** (z.B. Kündigung), wobei u.a. die allgemeinen und besonderen Bestandschutzbestimmungen zu beachten sind (→ 32.).

---

75 Ein **wirtschaftlicher Grund** kann z.B. bei Karenzvertretungen, Verlängerung der Saison bei Saisonbefristungen oder Einlangen unerwarteter Aufträge vorliegen. Die Tatsache, dass die Vergabe von Aufträgen an den Arbeitgeber stets nur befristet erfolgt, stellt keinen Grund für die zulässige Aneinanderreihung befristeter Dienstverhältnisse dar (vgl. OGH 25.4.2018, 9 ObA 4/18f zu einem unzulässigen Kettenarbeitsvertrag bei Trainern für AMS-Kurse). Die erneute Verlängerung eines befristeten Dienstverhältnisses zur Fertigstellung einer konkret projektbezogenen Arbeit (hier: Fertigstellung eines Magazins) in einer äußerst angespannten wirtschaftlichen Situation des Dienstgebers kann sachlich gerechtfertigt sein (OGH 25.1.2019, 8 ObA 75/18i).

76 Ein **sozialer Grund** kann z.B. der ausdrückliche Verlängerungswunsch des Dienstnehmers sein.

4.4.3.3. Unterscheidung der Dienstverhältnisse nach der Arbeitszeit

Abhängig von der Arbeitszeit unterscheidet man die Dienstverhältnisse in Vollzeitbeschäftigungsverhältnisse (Vollbeschäftigung) und in Teilzeitbeschäftigungsverhältnisse (Teilzeitbeschäftigung) (→ 16.2.1.).

Der **Arbeitgeber hat teilzeitbeschäftigte Arbeitnehmer bei Ausschreibung** von im Betrieb frei werdenden Arbeitsplätzen, die zu einem höheren Arbeitszeitausmaß führen können, **zu informieren**. Die Information kann auch durch allgemeine Bekanntgabe an einer geeigneten, für die Teilzeitbeschäftigten leicht zugänglichen Stelle im Betrieb, durch geeignete elektronische Datenverarbeitung oder durch geeignete Telekommunikationsmittel erfolgen (§ 19d Abs. 2a AZG).

4.5. Übergang von Dienstverhältnissen

Gesetzliche Grundlage für den Übergang von Arbeits(Dienst)verhältnissen im Zusammenhang mit einem Unternehmensübergang ist das mit 1. Juli 1993 in Kraft getretene Arbeitsvertragsrechts-Anpassungsgesetz (AVRAG, BGBl 1993/459).

Das AVRAG sieht für den Fall,

- dass ein Unternehmen, ein Betrieb oder ein Betriebsteil **von einem Arbeitgeber (Veräußerer) auf einen anderen Arbeitgeber (Erwerber) übergeht**[77], vor,
- dass **der neue Inhaber** als **Arbeitgeber** mit allen Rechten und Pflichten in die im Zeitpunkt des Übergangs bestehenden Arbeits(Lehr)verhältnisse eintritt (§ 3 Abs. 1 AVRAG).

Von der Regelung sind beispielsweise Kauf, Verpachtung als auch die im Umgründungssteuerrecht angeführten Tatbestände Verschmelzung, Umwandlung, Einbringung, Zusammenschluss, Realteilung und Spaltung erfasst.

Ausgenommen sind lediglich der Erwerb aus einem Sanierungsverfahren ohne Eigenverwaltung und der Erwerb aus einer Konkursmasse[78] (§ 3 Abs. 2 AVRAG).

Der automatische Übergang[79] der Arbeitsverhältnisse bewirkt, dass alle **dienstzeitabhängigen** (und bisher schon erworbenen) **Ansprüche**[80] der Arbeitnehmer auf den neuen Inhaber **übergehen**.

Die bestehenden Arbeitsbedingungen **bleiben aufrecht**, es sei denn, die Bestimmungen über den Wechsel der Kollektivvertragsangehörigkeit, über betriebliche Pensionszusagen oder die Weitergeltung von Betriebsvereinbarungen sehen anderes vor. Der Erwerber hat dem Arbeitnehmer jede auf Grund des Betriebsübergangs erfolgte Änderung der Arbeitsbedingungen unverzüglich mitzuteilen (§ 3 Abs. 3 AVRAG) (→ 4.2.).

---

77 Das AVRAG kennt keinen von der Betriebsübergangsrichtlinie abweichenden Inhaberbegriff. Demnach stellt der Wechsel von Gesellschaftern der Inhabergesellschaft mangels „Inhaberwechsels" keinen Betriebsübergang dar (OGH 29.9.2004, 9 ObA 47/04h). Ein Betriebs(teil)übergang setzt voraus, dass ein Unternehmen, ein Betrieb oder zumindest ein Betriebsteil auf einen anderen Inhaber übergeht. Die Rechtsgrundlage des Betriebsübergangs ist nicht ausschlaggebend; es genügt der faktische Übergang. Entscheidend ist der Inhaberwechsel (OGH 22.2.2011, 8 ObA 41/10b).

78 Dies gilt nur im Fall eines gerichtlich eröffneten Konkurses. Wird der Konkursantrag mangels kostendeckenden Vermögens abgewiesen, ist diese Ausnahmebestimmung hingegen nicht anzuwenden (OGH 8.10.2008, 9 ObA 123/08s).

Der **Arbeitnehmer** kann dem Übergang innerhalb eines Monats **widersprechen**, wenn der Erwerber einen bisher bestehenden kollektivvertraglichen Bestandschutz (z.B. Definitivstellung) oder betriebliche Pensionszusagen nicht übernimmt. In diesem Fall bleibt das Arbeitsverhältnis zum Veräußerer aufrecht (§ 3 Abs. 4 AVRAG). Diese Bestimmung ist verfassungs- und unionsrechtskonform (VfGH 21.9.2020, G 243/2020; OGH 24.3.2021, 9 ObA 14/21f).

Werden durch den nach Betriebsübergang anzuwendenden Kollektivvertrag oder die nach Betriebsübergang anzuwendenden Betriebsvereinbarungen **Arbeitsbedingungen wesentlich verschlechtert**, so kann der Arbeitnehmer innerhalb eines Monats ab dem Zeitpunkt, ab dem er die Verschlechterung erkannte oder erkennen musste, das Arbeitsverhältnis unter Einhaltung der gesetzlichen oder kollektivvertraglichen Kündigungsfristen und -termine lösen. Dem Arbeitnehmer stehen die zum Zeitpunkt einer solchen Beendigung des Arbeitsverhältnisses gebührenden Ansprüche wie bei einer Arbeitgeberkündigung zu (→ 33.3.1.7.) (§ 3 Abs. 5 AVRAG).

Das AVRAG eröffnet die Möglichkeit, eine Klage auf Feststellung der wesentlichen Verschlechterung zu erheben (§ 3 Abs. 6 AVRAG).

Besteht in einem Unternehmen oder Betrieb ein **Betriebsrat**, hat der Betriebsinhaber (Veräußerer) den Betriebsrat von geplanten Betriebsänderungen (hier: über den Betriebsübergang) zu einem Zeitpunkt, in einer Weise und in einer inhaltlichen Ausgestaltung **zu informieren**, die es dem Betriebsrat ermöglichen, die möglichen Auswirkungen der geplanten Maßnahme eingehend zu bewerten und eine Stellungnahme zu der geplanten Maßnahme abzugeben; auf Verlangen des Betriebsrats hat der Betriebsinhaber mit ihm eine Beratung über deren Gestaltung durchzuführen. Der Betriebsrat kann Vorschläge zur Verhinderung, Beseitigung oder Milderung von für die Arbeitnehmer nachteiligen Folgen unterbreiten. Dabei hat er die wirtschaftlichen Notwendigkeiten des Betriebs zu berücksichtigen (vgl. § 109 Abs. 1, 2 ArbVG).

Besteht in einem Unternehmen oder **Betrieb keine Arbeitnehmervertretung**, so hat der Veräußerer oder der Erwerber die vom Betriebsübergang **betroffenen Arbeitnehmer im Vorhinein** über

1. den Zeitpunkt bzw. den geplanten Zeitpunkt des Übergangs,
2. den Grund des Übergangs,

---

79 § 3 AVRAG **enthält zwar keine** ausdrückliche Bestimmung über das **Kündigungsverbot**, dennoch ist unter Bedachtnahme auf den Vorrang des EU-Rechts und des Gebots der richtlinienkonformen Auslegung von der Ansicht auszugehen, dass der **Betriebsübergang** als **verpöntes Kündigungsmotiv** zu verstehen ist. Ein Arbeitnehmer, der aus Anlass des Betriebsübergangs gekündigt wurde, kann durch **Feststellungsklage** die Rechtsunwirksamkeit der Arbeitgeberkündigung durch das Gericht feststellen lassen. Der Arbeitnehmer kann aber auch die rechtsunwirksame Kündigung gegen sich gelten lassen und beendigungsabhängige Ansprüche (z.B. Abfertigung) begehren. Eine **in Umgehung** des § 3 Abs. 1 AVRAG **ausgesprochene Kündigung** ist i.S.d. § 879 ABGB **nichtig**. Die Abgrenzung, ob eine durch den Veräußerer ausgesprochene Kündigung betriebs- oder übergangsbedingt war, ist danach zu treffen, ob er sie auch ohne Übertragung des Betriebs auf einen anderen ausgesprochen hätte (OGH 28.8.1997, 8 ObA 91/97h). Eine Kündigung aus im Verhalten eines Arbeitnehmers gelegenen Gründen kann demnach auch anlässlich eines Betriebsübergangs erfolgen (OGH 22.10.1997, 9 ObA 274/97b). Eine **einvernehmliche Lösung** des Arbeitsverhältnisses (→ 32.1.3.) anlässlich des Betriebsübergangs ist **zulässig**, da es einem Arbeitnehmer freisteht, auf den durch die Bestimmungen des AVRAG gewährten Schutz freiwillig zu verzichten und mit dem Veräußerer zu vereinbaren, dass sein Arbeitsverhältnis nicht auf den Erwerber übergehe, da er nicht verhalten sein kann, für einen Arbeitgeber zu arbeiten, den er nicht frei gewählt hat. In einem derartigen Fall bleibt der Veräußerer alleiniger Schuldner des Arbeitnehmers (OGH 25.4.2001, 9 ObA 272/00s).

80 Auf Grund der Eintrittsautomatik übernimmt der Erwerber auch die beim Vorgänger entstandenen „gewohnheitsrechtlichen Ansprüche".

3. die rechtlichen, wirtschaftlichen und sozialen Folgen des Übergangs für die Arbeitnehmer sowie
4. die hinsichtlich der Arbeitnehmer in Aussicht genommenen Maßnahmen

schriftlich zu informieren. Diese Information kann auch durch Aushang an einer geeigneten, für den Arbeitnehmer leicht zugänglichen Stelle im Unternehmen oder Betrieb erfolgen (§ 3a AVRAG).

Bei Vorliegen keiner Kollektivvertragsangehörigkeit bzw. bei Wechsel der Kollektivvertragsangehörigkeit gilt:

Nach dem Betriebsübergang hat der Erwerber die in einem **Kollektivvertrag** vereinbarten Arbeitsbedingungen bis zu dessen Kündigung (Ablauf) oder bis zum Inkrafttreten eines anderen Kollektivvertrags in gleichem Maße **aufrechtzuerhalten**, wie dies für den Veräußerer vorgesehen war. Die bestehenden **Arbeitsbedingungen** dürfen zum Nachteil des Arbeitnehmers durch Einzelvertrag **innerhalb eines Jahres** nach Betriebsübergang **weder aufgehoben noch beschränkt** werden[81] (§ 4 Abs. 1 AVRAG).

Durch den Wechsel der Kollektivvertragsangehörigkeit infolge des Betriebsübergangs darf das dem Arbeitnehmer vor Betriebsübergang für die regelmäßige Arbeitsleistung in der Normalarbeitszeit gebührende **kollektivvertragliche Entgelt nicht geschmälert werden** („Entgeltschutz“)[82]. Kollektivvertragliche Regelungen über den Bestandsschutz des Arbeitsverhältnisses werden Inhalt des Arbeitsvertrags zwischen Arbeitnehmer und Erwerber, wenn das Unternehmen des Veräußerers im Zusammenhang mit dem Betriebsübergang nicht weiter besteht (§ 4 Abs. 2 AVRAG).

Die Geltung von **Betriebsvereinbarungen** (→ 3.3.5.) wird durch den Übergang des Betriebs auf einen anderen Betriebsinhaber nicht berührt (§ 31 Abs. 4 ArbVG). Dies gilt auch für Betriebsteile, die rechtlich verselbstständigt werden (§ 31 Abs. 5 ArbVG). Auch bei Zusammenschlüssen und Umwandlungen (i.S.d. Arbeitsrechts, nicht i.S.d. UmgrStG) sind Weitergeltungsbestimmungen zu beachten (§ 31 Abs. 6, 7 ArbVG). §§ 62b, 62c ArbVG regelt für bestimmte Umgründungsfälle die **Beibehaltung der Betriebsratsfunktionen**.

---

81 Probleme mit der Zugehörigkeit zu einem bestimmten Kollektivvertrag können sich grundsätzlich nur in jenen Fällen ergeben, in denen der Erwerber nur in Bereichen tätig ist und nur Gewerbeberechtigungen hat, mit denen er nicht mehr in den fachlichen Geltungsbereich des Kollektivvertrags des Veräußerers fällt. Für einen solchen Fall sieht das AVRAG vor, dass der für den Veräußerer geltende Kollektivvertrag bis zu dessen Kündigung, zu dessen Ablauf oder bis zum Inkrafttreten oder zur Anwendung eines anderen Kollektivvertrags für die Arbeitsverhältnisse weiterhin anzuwenden ist, die ihm im Betrieb des Veräußerers unterlagen. Da jedoch in jenen Fällen, in denen zwar der Erwerber nicht demselben fachlichen Geltungsbereich angehört wie der Veräußerer, wohl aber in den fachlichen Geltungsbereich eines **anderen Kollektivvertrags** fällt, ein anderer Kollektivvertrag für dieses Arbeitsverhältnis anzuwenden ist, ist in solchen Fällen der **alte Kollektivvertrag nicht mehr anzuwenden** (vgl. u.a. OGH 18.12.2014, 9 ObA 109/14s). Nur wenn der Erwerber unter **keinen Kollektivvertrag** fällt, gilt der **alte Kollektivvertrag weiter**. Der Erwerber kann erst nach Ablauf eines Jahres nach erfolgter Übernahme eine Verschlechterungsvereinbarung (→ 9.7.) mit dem Arbeitnehmer abschließen oder eine Änderungskündigung (→ 32.1.4.4.5.) durchführen (einjährige „Verschlechterungssperre“). Ob diese Verschlechterungssperre auch für den Fall gilt, dass der Kollektivvertrag des Veräußerers vom Kollektivvertrag des Erwerbers abgelöst wird (siehe vorstehend), ist in der Literatur strittig und nicht höchstgerichtlich entschieden.

82 Wechselt infolge eines Betriebsübergangs die Kollektivvertragsangehörigkeit des Arbeitgebers, so ist das bisherige höhere kollektivvertragliche Entgelt weiterzuzahlen. Lohnerhöhungen nach Betriebsübergang richten sich nach dem „neuen“ Kollektivvertrag, dem der Erwerber angehört. Dies gilt auch für Ist-Lohn-Erhöhungen im neuen Kollektivvertrag, wenn keine gegenteilige Vereinbarung getroffen wurde (OGH 11.10.1995, 9 ObA 97/95). Es könnte sich aber sehr wohl eine Änderung der kollektivvertraglich zugelassenen Arbeitszeit, sowohl im Sinn einer Verkürzung als auch im Sinn einer Verlängerung der Arbeitszeit, ergeben.

Eine auf Einzelvereinbarung beruhende betriebliche Pensionszusage[83] wird Inhalt des Arbeitsvertrags zwischen Arbeitnehmer und Erwerber, wenn der Erwerber Gesamtrechtsnachfolger[84] ist. Ist dies nicht der Fall[85], kann er durch rechtzeitigen Vorbehalt die Übernahme einer solchen Betriebspensionszusage ablehnen. Hat der Arbeitnehmer dem Übergang seines Arbeitsverhältnisses nicht widersprochen[86] und bewirkt der Betriebsübergang den Wegfall der Betriebspensionszusage, endet mit dem Zeitpunkt des Übergangs der Erwerb neuer Pensionsanwartschaften; gegenüber dem Veräußerer entsteht jedoch ein Anspruch auf Abfindung der bisher erworbenen Anwartschaften im Sinn eines Unverfallbarkeitsbetrags gem. dem Betriebspensionsgesetz (§ 5 Abs. 1–4 AVRAG).

Übernahme von Dienstverhältnissen außerhalb eines Betriebsübergangs:

Auch außerhalb eines Betriebsübergangs können Dienstverhältnisse **mit allen Rechten und Pflichten übernommen** werden. Diese sog. rechtsgeschäftliche **Vertragsübernahme** setzt eine Einigung zwischen Arbeitnehmer und bisherigem sowie neuem Arbeitgeber voraus („**Drei-Parteien-Einigung**"). Der neue Arbeitgeber tritt in die Stellung des bisherigen Arbeitgebers ein, ohne dass sich am Inhalt des Dienstverhältnisses etwas verändert. Bisher zurückgelegte Dienstzeiten werden als solche vom neuen Arbeitgeber weitergeführt (es liegen keine „Vordienstzeiten" vor). Das ursprüngliche Eintrittsdatum beim bisherigen Arbeitgeber gilt als Stichtag für dienstzeitabhängige Ansprüche und z.B. für den Beginn des Urlaubsjahres. Durch die Vertragsübernahme kommt es – sofern das bisherige Dienstverhältnis dem Altabfertigungsrecht unterliegt – nicht zu einem Wechsel ins System des BMSVG (→ 36.).

Da rechtlich gesehen keine Beendigung des bisherigen Dienstverhältnisses vorliegt, ist im Zeitpunkt des Übergangs **keine Endabrechnung** der arbeitsrechtlichen Ansprüche (z.B. des offenen Urlaubsanspruchs) durchzuführen.

Praxistipp: Ob ein Dienstverhältnis mit allen Rechten und Pflichten übernommen wird (Vertragsübernahme bzw. „Drei-Parteien-Einigung") oder ob das bestehende Dienstverhältnis beendet und ein neuer Dienstvertrag abgeschlossen wird, ist anhand der konkreten Umstände im Einzelfall zu beurteilen. Mögliche Indizien einer Vertragsübernahme sind z.B. die unterlassene Abrechnung von Beendigungsansprüchen, die sozialversicherungsrechtliche Abmeldung mit dem Abmeldegrund „Ummeldung" und die Anrechnung aller bisherigen Dienstzeiten (vgl. OGH 13.12.2001, 8 ObA 308/01d).

83 Dabei kann es sich um direkte Leistungszusagen, Pensionskassenzusagen und Zusagen auf Leistung von Versicherungsprämien handeln.

84 Das ist bei Umstrukturierung des Unternehmens durch Erbfall oder Fusion der Fall.

85 Z.B. bei der Ausgliederung eines Unternehmensteils durch Bildung einer Tochtergesellschaft oder beim Kauf eines Betriebs.

86 Hat der Arbeitnehmer jedoch wegen einer wesentlichen Verschlechterung der Arbeitsbedingungen durch den Betriebsübergang von seinem Kündigungsrecht nach § 3 Abs. 5 AVRAG Gebrauch gemacht, gebührt ihm keine Pensionsabfindung nach § 5 Abs. 2 AVRAG – vgl OGH 30.7.2015, 8 ObA 40/15p.

5. Sozialversicherung

Der Grundgedanke der Sozialversicherung ist

- der Schutz des Einzelnen und seiner Familie gegen unvorhergesehene und existenzgefährdende Wechselfälle des täglichen Lebens.

Die Sozialversicherung ist eine gesetzliche **Pflichtversicherung**. Darunter versteht man, dass der Versicherungsschutz kraft Gesetzes und unabhängig vom Willen des Einzelnen eintritt, sobald bestimmte im Gesetz festgelegte Tatbestände (z.B. Beschäftigung in persönlicher und wirtschaftlicher Abhängigkeit) eintreten. Die Pflichtversicherung tritt unabhängig von Anmeldung und Beitragsleistung ein (**Ipso-iure-Versicherung**).

5.1. Sparten der Sozialversicherung

Die Sozialversicherung umfasst die

1. Krankenversicherung,
   Die **Krankenversicherung** übernimmt vor allem die Kosten für
   - Sachleistungen, z.B. für Krankenbehandlung, Anstaltspflege und
   - Geldleistungen, z.B. in Form von Krankengeld (→ 25.1.3.).
2. Unfallversicherung,
   Die **Unfallversicherung**
   - verhütet Arbeitsunfälle und Berufskrankheiten (→ 25.1.2.) und
   - behandelt deren Folgen;
   - vergütet teilweise die Entgeltfortzahlung bei Dienstverhinderungen durch Krankheit bzw. nach Unfällen (→ 25.9.).
3. Pensionsversicherung,
   Die **Pensionsversicherung** gewährt Geldleistungen aus dem Titel
   - des Alters,
   - der Arbeitsunfähigkeit und
   - des Todes.
4. Arbeitslosenversicherung.
   Die **Arbeitslosenversicherung** gewährt u.a. Geldleistungen in Form von
   - Arbeitslosengeld,
   - Weiterbildungsgeld (→ 27.3.1.1.),
   - Bildungsteilzeitgeld (→ 27.3.1.2.) und
   - Altersteilzeitgeld (→ 27.3.2.).

5.2. Gesetzliche Grundlagen der Sozialversicherung

Der **verfassungsmäßige Auftrag** zu einer sozialordnenden Tätigkeit kann aus den Kompetenzartikeln des Bundes-Verfassungsgesetzes (B-VG) abgeleitet werden (insb. Art. 10 Abs. 1 Z 11 B-VG).

Die wichtigsten dazu erlassenen Gesetze können dem nachstehenden Schaubild entnommen werden.

		Versicherungen für:				
		Dienstnehmer	Gewerbetreibende und sonstige selbständig Erwerbstätige[87]	Bauern	Öffentlich Bedienstete und Bedienstete bei Eisenbahnen und Bergbau[88]	sonstige Personengruppen
Arten der Versicherungen:	Krankenversicherung	ASVG	GSVG	BSVG	B-KUVG	①
	Unfallversicherung	ASVG	ASVG	BSVG	B-KUVG	①
	Pensionsversicherung	ASVG	GSVG	BSVG	ASVG	①
	Arbeitslosenversicherung	AlVG	AlVG	–	AlVG	①

AlVG = Arbeitslosenversicherungsgesetz (BGBl 1977/609 i.d.g.F.)
ASVG = Allgemeines Sozialversicherungsgesetz (BGBl 1955/189 i.d.g.F.) (→ 6.)
B-KUVG = Beamten-Kranken- und Unfallversicherungsgesetz (BGBl 1967/200 i.d.g.F.)
BSVG = Bauern-Sozialversicherungsgesetz (BGBl 1978/559 i.d.g.F.)
GSVG = Gewerbliches Sozialversicherungsgesetz (BGBl 1978/560 i.d.g.F.)

① Neben diesen vier Gesetzen gibt es noch andere Gesetze, die die Sozialversicherung bestimmter Personengruppen regeln.

Beispiele dafür sind die

- Krankenversicherung der Bezieher von Leistungen aus dem AlVG,
- Pensionsversicherung für das Notariat.

87 Ausnahmen bestehen u.a. im Bereich der freiberuflich Tätigen mit Kammerzugehörigkeit (z.B. für Mitglieder der Rechtsanwaltskammer), welche teilweise aus den gesetzlichen Sozialversicherungssystemen „hinausoptiert" haben.

88 Bedienstete bei Eisenbahnen und Bergbau waren bis zum 31.12.2019 auch in der Kranken- und Unfallversicherung nach dem ASVG versichert.
Öffentlich Bedienstete unterliegen grundsätzlich nicht dem AlVG.

5.3. Organisation der Sozialversicherung

Die seit 1.1.2020 gültige Organisation der Sozialversicherungsträger kann dem nachstehenden Schaubild entnommen werden.

Dachverband der Sozialversicherungsträger (DVSV) (§ 30 ff ASVG)			
Rechtsgrundlage für die Versicherung	Träger der Krankenversicherung	Träger der Unfallversicherung	Träger der Pensionsversicherung, z.B.
ASVG	• Österreichische Gesundheitskasse (ÖGK)[89] u.a. für Dienstnehmer	• Allgemeine Unfallversicherungsanstalt (AUVA) u.a. für Dienstnehmer • Sozialversicherungsanstalt der Selbständigen (SVS)[90]	• Pensionsversicherungsanstalt (PVA) u.a. für Dienstnehmer • Versicherungsanstalt öffentlich Bediensteter, Eisenbahnen und Bergbau (BVAEB)[91]
B-KUVG	• Versicherungsanstalt öffentlich Bediensteter, Eisenbahnen und Bergbau (BVAEB)	• Versicherungsanstalt öffentlich Bediensteter, Eisenbahnen und Bergbau (BVAEB)	
BSVG	• Sozialversicherungsanstalt der Selbständigen (SVS)	• Sozialversicherungsanstalt der Selbständigen (SVS)	• Sozialversicherungsanstalt der Selbständigen (SVS)
GSVG	• Sozialversicherungsanstalt der Selbständigen (SVS)		• Sozialversicherungsanstalt der Selbständigen (SVS)

Im Rahmen der Kranken-, Unfall- und Pensionsversicherung werden die sog. **Sozialversicherungsträger** (die für die einzelnen Versicherungen zuständigen Verwaltungseinrichtungen) tätig. Diese sind

- **Körperschaften des öffentlichen Rechts** mit Selbstverwaltung[92] (sog. Selbstverwaltungskörper) (vgl. u.a. §§ 418–447i ASVG),

d.h., sie vollziehen ihre Verwaltungsangelegenheiten auf Grund von **Satzungen** (→ 5.3.3.) in „Eigenregie“; den staatlichen Behörden steht nur ein bloßes **Aufsichtsrecht** zu (§§ 448–452a ASVG). Die Höhe der Beitragsleistungen wie auch der im Einzelfall zu erbringende Leistungsaufwand sind aber gesetzlich geregelt (§§ 44–83 ASVG).

Die Arbeitslosenversicherung wird hingegen vom **Arbeitsmarktservice** (= Träger der Arbeitslosenversicherung) durchgeführt. Das Arbeitsmarktservice ist ebenfalls eine

- Körperschaft des öffentlichen Rechts mit Selbstverwaltung[92] (§ 1 Abs. 1 AMSG).

89 Bis zum 31.12.2019 bestand für jedes Bundesland eine Gebietskrankenkasse als zuständiger Krankenversicherungsträger. Diese wurden mit 1.1.2020 zur Österreichischen Gesundheitskasse zusammengelegt. Es bestehen jedoch weiterhin (weisungsgebundene) **Landesstellen** der Österreichischen Gesundheitskasse in jedem Bundesland.

90 Die SVS ist für Gewerbetreibende und sonstige selbständig Erwerbstätige sowie für Bauern zuständig und ging mit 1.1.2020 aus der Zusammenlegung der Sozialversicherungsanstalt der gewerblichen Wirtschaft sowie der Sozialversicherungsanstalt der Bauern hervor.

91 Die BVAEB ist für öffentlich Bedienstete sowie Bedienstete von Eisenbahnen und Bergbau zuständig und ging mit 1.1.2020 aus der Zusammenlegung der für die jeweiligen Berufsgruppen bis zu diesem Zeitpunkt bestehenden Träger hervor.

92 Selbstverwaltung liegt vor, wenn der Staat bestimmte ihm obliegende Verwaltungsaufgaben jenen Personengruppen überträgt, die daran ein unmittelbares Interesse haben. Aus Vertretern dieser Personengruppen sind Verwaltungskörper zu bilden, denen die dem Staat gegenüber weisungsfreie Durchführung des betreffenden Verwaltungsbereichs obliegt.

Soweit das Arbeitsmarktservice **behördliche Aufgaben** zu erfüllen hat, unterliegt es dem **Weisungsrecht**, soweit es **nicht hoheitliche Aufgaben** erfüllt, untersteht es der **Aufsicht** des Bundesministers für Arbeit (§§ 58 Abs. 1, 59 Abs. 1 AMSG).

5.3.1. Dachverband der Sozialversicherungsträger

Die einzelnen Versicherungsträger gehören dem Dachverband der österreichischen Sozialversicherungsträger (DVSV) an (§ 30 Abs. 1 ASVG)[93]. Dem DVSV obliegt u.a.

1. die Beschlussfassung von Richtlinien zur Förderung der Zweckmäßigkeit und Einheitlichkeit der Vollzugspraxis der Sozialversicherungsträger;
2. die Koordination der Vollziehungstätigkeit der Sozialversicherungsträger;
3. die Wahrnehmung trägerübergreifender Verwaltungsaufgaben im Bereich der Sozialversicherung (§ 30 Abs. 2 ASVG).

Zur Förderung der Zweckmäßigkeit und Einheitlichkeit der Vollzugspraxis der Sozialversicherungsträger hat der DVSV auch **Richtlinien** zur einheitlichen Vollzugspraxis der Versicherungsträger bzw. bestimmter Gruppen von Versicherungsträgern im Bereich des Melde-, Versicherungs- und Beitragswesens sowie des Service-Entgelts samt Rückerstattung (→ 37.2.6.) nach Anhörung der in Betracht kommenden gesetzlichen Interessenvertretungen zu beschließen; diese Richtlinien sind mindestens einmal jährlich neu zu beschließen (§ 30a Abs. 1 Z 33 ASVG).

Der DVSV (bzw. sein Vorgänger der HVSV) hat allerdings nicht „formale Richtlinien" beschlossen, **sondern** gab **Empfehlungen** zur einheitlichen Vollzugspraxis der Versicherungsträger im Bereich des Melde-, Versicherungs- und Beitragswesens (sog. **„E-MVB"**) heraus.

Diese E-MVB sind wichtige Interpretationshilfen bzw. ein **praxisnaher Kommentar** zu den Bestimmungen des ASVG sowie zu anderen sozialversicherungsrechtlichen Gesetzen. Sie beinhalten die Rechtsansichten des DVSV, die davor mit den Sozialversicherungsträgern abgestimmt wurden. Damit ist für jeden Dienstgeber ein hohes Maß an Rechtssicherheit gegeben; unterschiedliche Rechtsansichten innerhalb der einzelnen Sozialversicherungsträger sind demnach praktisch ausgeschlossen.

Um den umfangreichen Inhalt übersichtlich zu gestalten, wurden sog. **Gliederungsnummern** eingeführt. Diese sind max. zehnstellig.

So bedeutet z.B.

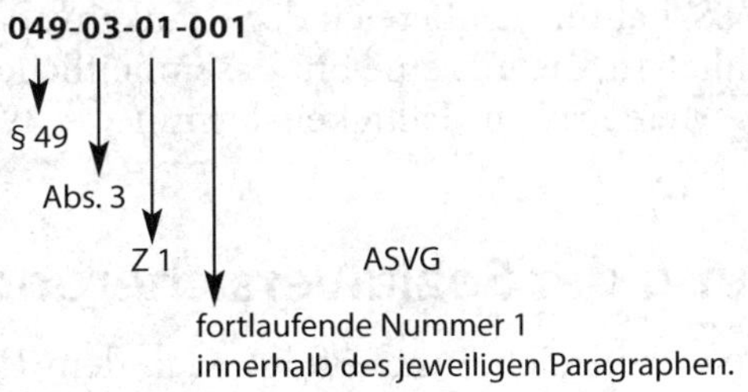

93 Der DVSV ist Nachfolger des bis 31.12.2019 bestehenden Hauptverbands der österreichischen Sozialversicherungsträger (HVSV).

Die E-MVB sind im Internet unter

- www.sozdok.at (Suchbegriff „E-MVB“)

abrufbar.

Da es sich um **bloße „Empfehlungen“** handelt, sind allerdings das Bundesverwaltungsgericht und der VwGH bzw. der VfGH an die darin enthaltenen Empfehlungen nicht gebunden.

5.3.2. Aufgaben der Sozialversicherungsträger

Die wesentlichen Aufgaben der Sozialversicherungsträger sind

- die Einhebung und Verwaltung der Beiträge,
- die Gewährung von Sach- und Barleistungen (§§ 23 ff. ASVG) und die
- die Erfüllung der Informations- und Aufklärungspflicht (§ 81a ASVG).

Darüber hinaus fungieren die Krankenversicherungsträger noch als

- zentrale Melde- und Zahlstelle (§ 23 Abs. 2 ASVG).

Dadurch ist z.B. ein Dienstnehmer nur bei der Österreichischen Gesundheitskasse anzumelden (→ 6.2.4.)[94]. Die Weitermeldung an die anderen Versicherungseinrichtungen usw. erfolgt durch die Österreichische Gesundheitskasse.

Die **Versicherungsträger** (der DVSV) haben die Versicherten (Dienstgeber, LeistungsbezieherInnen) über ihre Rechte und Pflichten nach dem ASVG zu **informieren** und **aufzuklären** (§ 81a ASVG).

Die von den Versicherungsträgern und dem DVSV nach den Sozialversicherungsgesetzen im **Internet** zu verlautbarenden Rechtsvorschriften und andere Veröffentlichungen sind unter der Internetadresse www.ris.bka.gv.at/SVRecht kundzumachen.

5.3.3. Satzungen

Die Satzungen der Versicherungsträger haben deren Tätigkeiten zu regeln (§§ 453–455 ASVG). Satzungen sind **generelle Vorschriften**, die ein Selbstverwaltungskörper innerhalb des ihm übertragenen Wirkungsbereichs selbst erlässt. Dieses Recht nennt man auch Autonomie. Daher bezeichnet man diese Satzungen auch als **autonome Satzungen**. Satzungen haben Verordnungscharakter (→ 3.3.3.).

Die Konferenz des DVSV hat für den Bereich der Krankenversicherung eine **Mustersatzung** (MS) zu beschließen, die u.a. eine bundeseinheitliche Regelung bestimmter Angelegenheiten (z.B. Meldefristen, Fälligkeitstermine, → 39.1.) gewährleisten soll (§ 455 Abs. 2, 3 ASVG).

5.4. Finanzierung der Sozialversicherung

Die Finanzierung der Sozialversicherung erfolgt nach dem **Umlageverfahren**, d.h., dass die innerhalb einer Periode aufgebrachten Beiträge den Leistungsempfängern

94 Die Meldung kann bei diesem oder bei einem anderen ASVG-Versicherungsträger oder bei der SVS eingebracht werden (Allspartenservice, → 39.1.1.1.6.).

zufließen. Da aber die Beiträge dazu nicht ausreichen, wird der Fehlbetrag durch Bundeszuschüsse aus den allgemeinen Steuermitteln ausgeglichen (**Versorgungsprinzip**).

5.5. Online-Services und SV-Formulare im Internet

Der DVSV bietet auf seiner Website einen Überblick über das Serviceangebot der Sozialversicherungsträger für Versicherte. Zahlreiche Angebote können bereits online über Eingabe in Online-Formulare direkt auf der Website des DVSV in Anspruch genommen werden (z.B. Beantragung von Kinderbetreuungsgeld, Erstellung eines Versicherungsdatenauszugs oder Nachbestellung einer e-card). Teilweise ist hierfür die Anmeldung beim Service-Portal der österreichischen Sozialversicherungsträger mittels Handy-Signatur oder Bürgerkarte unter www.meinesv.at erforderlich. Zu jedem der vorhandenen Formulare gibt es eine kurze Information bzw. Ausfüllhilfe, die die Bearbeitung erleichtert.

Die Online-Services finden Sie unter der Internetadresse www.sozialversicherung.at.

Darüber hinaus besteht auf der Website der einzelnen Sozialversicherungsträger die Möglichkeit, zahlreiche Antragsformulare der Sozialversicherung entweder ebenfalls als Online-Formular direkt auf der Website auszufüllen und abzusenden oder in elektronischer Form als PDF-Dokument abzurufen und auszudrucken. Auch für Dienstgeber finden sich auf der Website der Österreichischen Gesundheitskasse zahlreiche Online- und Download-Formulare.

Die Online-Services und Formulare der einzelnen Sozialversicherungsträger finden Sie u.a. auf www.gesundheitskasse.at und www.pensionsversicherung.at.

6. Einführung in das Allgemeine Sozialversicherungsgesetz

In diesem Kapitel werden u.a. Antworten auf folgende praxisrelevanten Fragestellungen gegeben:

- Welcher Staat ist für die Sozialversicherung zuständig bzw. in welchem Staat sind Sozialversicherungsbeiträge abzuführen, wenn die Beschäftigung einen Auslandsbezug aufweist bzw. der Mitarbeiter neben einer Beschäftigung im Inland auch im Ausland erwerbstätig ist? — Seite 83 ff.
- Müssen ausländische Arbeitgeber Sozialversicherungsbeiträge in Österreich abführen, wenn sie Mitarbeiter in Österreich beschäftigen, aber über keine Niederlassung verfügen? — Seite 86
- Können Familienangehörige oder Vereinsmitglieder unentgeltlich „mitarbeiten", ohne dass es zu einer Pflichtversicherung kommt? — Seite 91
- Wann liegt sozialversicherungsrechtlich ein echtes Dienstverhältnis vor? — Seite 91 ff.
  - Besteht eine Möglichkeit, vorab überprüfen zu lassen, ob ein Beschäftigungsverhältnis dem ASVG oder dem GSVG unterliegt, um so spätere Umqualifizierungen zu vermeiden? — Seite 94 f.
- Warum ist auch bei sozialversicherungsrechtlichen Anmeldungen nach Zusammenlegung der Gebietskrankenkassen weiterhin das Bundesland der Beschäftigung anzugeben und wie ist vorzugehen, wenn der Dienstnehmer über keine feste Arbeitsstätte verfügt? — Seite 97 ff.
- Wann und wie ist eine Beitragskontonummer zu beantragen? — Seite 103 f.

Das **Allgemeine Sozialversicherungsgesetz** (ASVG) , Bundesgesetz vom 9. September 1955, BGBl 1955/189, hat durch zahlreiche Novellierungen (und weitere, in anderen Gesetzen enthaltene Änderungen), beinahe in allen Teilen grundlegende Änderungen erfahren.

Das ASVG kennt die

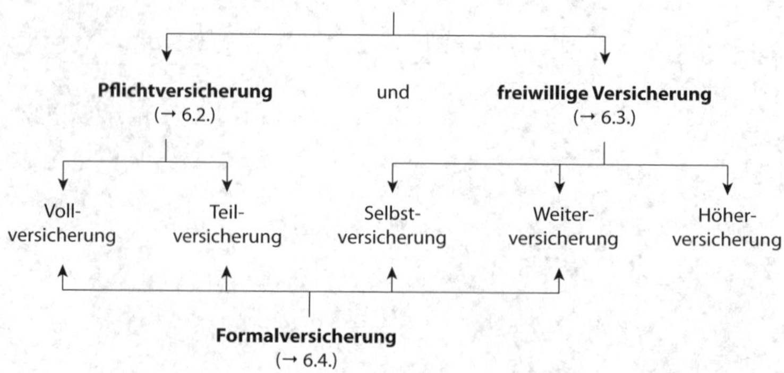

6.1. Geltungsbereich

6.1.1. Geltung bei Inlandsbeschäftigung

Das ASVG regelt die Allgemeine Sozialversicherung

- im Inland beschäftigter Personen (**Territorialitätsprinzip**)① (§ 1 ASVG).

Als im Inland beschäftigt gelten unselbstständig Erwerbstätige, deren Beschäftigungsort (→ 6.2.6.) im Inland gelegen ist (§ 3 Abs. 1 ASVG). Die österreichische Staatsbürgerschaft ist nicht erforderlich.

Die Dienstnehmer eines **ausländischen Betriebs**, der im **Inland keine Betriebsstätte** (Niederlassung, Geschäftsstelle, Niederlage) unterhält, gelten nur dann als im Inland beschäftigt, wenn sie ihre **Beschäftigung** (Tätigkeit) von einem im **Inland gelegenen Wohnsitz** aus ausüben und sie nicht auf Grund dieser Beschäftigung einem System der sozialen Sicherheit im Ausland unterliegen (§ 3 Abs. 3 ASVG). In diesem Fall hat der Dienstnehmer u.U. die Meldungen (→ 6.2.4.) selbst vorzunehmen (§ 35 Abs. 4 ASVG) (→ 39.1.1.1.4.). Bei grenzüberschreitenden Sachverhalten sind jedoch unionsrechtliche Bestimmungen bzw. bilaterale Sozialversicherungsabkommen zu beachten (→ 6.1.2.). Diese gehen dem ASVG vor.

Darüber hinaus nimmt das ASVG im § 3 Abs. 2 und 3 eine weitere Aufzählung von Personen vor, die auch als im Inland beschäftigt gelten.

① Das bedeutet konkret, dass immer das nationale Sozialversicherungsrecht jenes Staates zu beachten ist, in dessen Hoheitsgebiet die Tätigkeit tatsächlich ausgeübt wird. Von diesem Grundsatz gibt es zwei Ausnahmen:

1. das Ausstrahlungsprinzip und
2. das Einstrahlungsprinzip.

Ausstrahlung liegt vor, wenn bei einer Beschäftigung im Ausland österreichisches Sozialversicherungsrecht anzuwenden ist. Der bedeutendste Fall der Ausstrahlung ist die **Entsendung von Österreich** ins Ausland.

Einstrahlung liegt vor, wenn bei einer Beschäftigung im Inland österreichisches Sozialversicherungsrecht nicht anwendbar ist. In Betracht kommt insb. die **Entsendung vom Ausland** nach Österreich.

6.1.2. Geltung bei Auslandsbeschäftigung (-entsendung)

Grundsätzliche Regelungen dazu enthält das ASVG:

Bei **dauernder Beschäftigung**[95] im Ausland durch inländische Betriebe erlischt der inländische Versicherungsschutz.

Entwicklungshelfer (mit österreichischer Staatsbürgerschaft) sind dagegen für die Dauer ihrer Auslandsbeschäftigung im Inland versichert (§ 4 Abs. 1 Z 9 ASVG).

Dienstnehmer, deren Dienstgeber den Sitz in Österreich haben und die ins Ausland **entsendet** werden[96], behalten, sofern ihre Beschäftigung im Ausland die Dauer von

95 In jenen Fällen, in denen eine dauernde Beschäftigung im Ausland beabsichtigt ist, scheidet der Dienstnehmer daher schon mit dem Antritt dieser Beschäftigung aus dem Geltungsbereich des ASVG aus.

96 Entsendung bedeutet, jemanden zur Erfüllung eines Auftrags von einem Ort zu einem anderen Ort zu schicken, in der schon zum Zeitpunkt der Entsendung bestehenden Erwartung, dass er nach Erfüllung dieses Auftrags-

fünf Jahren nicht übersteigt, ihren Versicherungsschutz weiter. Das zuständige Bundesministerium kann, wenn die Art der Beschäftigung es begründet, diese Frist entsprechend verlängern (§ 3 Abs. 2 lit. d ASVG).

Neben diesen allgemeinen Bestimmungen des ASVG sind noch (vorrangig) das Unionsrecht (EWG- bzw. EG-Verordnungen) bzw. ev. bilaterale Sozialversicherungsabkommen zu beachten.

Die EWG- bzw. EG-Verordnungen (883/2004 sowie die Durchführungsverordnung 987/2009 bzw. für die Vergangenheit 1408/71) regeln, welche Rechtsvorschriften im Zusammenhang mit der sozialen Absicherung von Personen, die in einem oder mehreren EU-/EWR-Staaten oder der Schweiz tätig werden, anzuwenden sind.

EU-/EWR-Staaten sind:

Belgien	Griechenland	Malta	Slowakei	Liechtenstein[1)]
Bulgarien	Irland	Niederlande	Slowenien	Norwegen[1)]
Dänemark	Italien	Österreich	Spanien	
Deutschland	Kroatien	Polen	Tschechien	
Estland	Lettland	Portugal	Ungarn	
Finnland	Litauen	Rumänien	Zypern	
Frankreich	Luxemburg	Schweden	Island[1)]	

[1)] Nur EWR-Staat.

Das **Vereinigte Königreich (Großbritannien und Nordirland)** ist mit Wirkung ab 1.2.2020 aus der EU ausgetreten. Das dem Austritt zugrunde liegende **Austrittsabkommen** sieht vor, dass seit dem 1.1.2021 das Unionsrecht nur noch auf die vom Austrittsabkommen erfassten Personen (u.a. EU-Bürger sowie Staatsangehörige des Vereinigten Königreichs, aber auch gewisse Drittstaatsangehörige und Familienangehörige) in den im Austrittsabkommen genannten Fällen anwendbar ist. So gelten die EU-Rechtsvorschriften im Bereich des Sozialversicherungsrechts etwa für Unionsbürger unbeschränkt weiter, wenn diese zum 31.12.2020 im Vereinigten Königreich eine Beschäftigung oder selbständige Erwerbstätigkeit ausübten und nach den Bestimmungen der VO (EG) 883/2004 den Rechtsvorschriften des Vereinigten Königreichs unterliegen sowie für Staatsangehörige des Vereinigten Königreichs unbeschränkt weiter, wenn diese zum 31.12.2020 in einem oder mehreren Mitgliedstaaten eine

---

wieder an den Ausgangspunkt zurückkehren wird. Nicht wesentlich ist, ob ein Dienstverhältnis, das an sich seinen Schwerpunkt im Inland hat, bereits mit der Entsendung beginnt oder die Entsendung erst zu einem späteren Zeitpunkt erfolgt (VwGH 11.5.1993, 90/08/0095; VwGH 20.4.2016, Ra 2016/08/0067). **Von vornherein muss allerdings klar sein**, dass die Beschäftigung im Ausland nur für eine **bestimmte Zeit** oder einen bestimmten vorübergehenden Zweck **gedacht** ist, jedenfalls aber die jeweilige Höchstaufenthaltsdauer (i.d.R. fünf Jahre) nicht übersteigen wird (VwGH 28.10.1997, 95/08/0293; VwGH 20.4.2016, Ra 2016/08/0067). Ausgehend von einem gewöhnlichen Aufenthalt im Inland reicht es für die Bejahung einer Entsendung i.S.d § 3 Abs. 2 lit. d ASVG aus, dass die Beschäftigung im Ausland jeweils auf einen bestimmten Zeitraum bzw. einen bestimmten Zweck beschränkt war, selbst wenn eine Fortsetzung der Arbeitsleistung im Inland nicht beabsichtigt war. Dass aufgrund mehrerer Entsendungen (in unterschiedliche Länder) die Gesamtdauer der Auslandsaufenthalte fünf Jahre überschreitet, steht einem ausreichenden Inlandsbezug ebenfalls nicht entgegen, solange zum Zeitpunkt der jeweiligen Vertragsabschlüsse ein gewöhnlicher Aufenthalt im Inland gegeben ist (VwGH 20.4.2016, Ra 2016/08/0067; HVSV, 13.9.2016, Zl. 51.1/16 Jv/Wot; vgl auch E-MVB, 003-02-00-006).

Beschäftigung oder selbständige Erwerbstätigkeit ausübten und nach den Bestimmungen der VO (EG) 883/2004 den Rechtsvorschriften eines Mitgliedstaats unterliegen.

Das **Handels- und Kooperationsabkommen** zwischen der EU und dem Vereinigten Königreich, welches seit 1.5.2021 in Kraft ist (und zuvor bereits seit 1.1.2021 vorläufig angewendet wurde), enthält darüber hinaus weitere Bestimmungen für Sachverhalte, die erst seit 1.1.2021 verwirklicht werden. In weiten Teilen sieht dieses Abkommen im Bereich der sozialen Sicherheit gleichlautende Bestimmungen wie die VO (EG) 883/2004 sowie die Durchführungsverordnung (EG) 987/2009 vor und stellt somit sicher, dass die Zuständigkeiten im Bereich der sozialen Sicherheit weitgehend (jedoch mit Ausnahmen im Detail) nach den auch innerhalb der EU geltenden Grundsätzen koordiniert werden.

Die folgenden Ausführungen zur Sozialversicherungszuständigkeit innerhalb der EU/des EWR/der Schweiz gelten daher weitgehend auch für grenzüberschreitende Sachverhalte mit dem Vereinigten Königreich. Im Detail können jedoch Abweichungen zum Unionsrecht bestehen (z.B. bei Entsendungen über 24 Monate ist keine Ausnahmevereinbarung zwischen den Staaten mehr möglich).

Ausführliche Informationen hinsichtlich der Auswirkungen des „Brexit" im Bereich der Sozialen Sicherheit finden Sie auf der Website des Bundeskanzleramts unter www.bundeskanzleramt.gv.at → Themen → Brexit → Soziale Sicherheit/Familienleistungen sowie (bezogen auf das Austrittsabkommen und die davon erfassten Personen bzw. Fälle) im DG-Newsletter der ÖGK Nr. 7/November 2020.

Grundregeln

1. Dienstnehmer sind grundsätzlich in dem Staat versichert, in dem sie ihre Erwerbstätigkeit ausüben.

Dies gilt für Dienstnehmer, und zwar auch dann, wenn diese in einem anderen EU-/EWR-Staat wohnen oder wenn ihr Dienstgeber seinen Sitz in einem anderen EU-/EWR-Staat hat (sog. **„Territorialitätsprinzip"**).

2. Dienstnehmer sind grundsätzlich immer nur den Rechtsvorschriften eines einzigen EU-/EWR-Staates oder der Schweiz unterworfen.

Dies gilt für Dienstnehmer, für die die Bestimmungen der EWG- bzw. EG-Verordnungen gelten, und zwar auch dann, wenn sie ihre Erwerbstätigkeit in mehreren EU-/EWR-Staaten oder der Schweiz ausüben. Auch Personen, die in vier oder fünf EU-/EWR-Staaten oder der Schweiz gleichzeitig beschäftigt sind, sind grundsätzlich nur den Rechtsvorschriften eines einzigen EU-/EWR-Staates oder der Schweiz unterworfen. Dem Prinzip der „Einfachversicherung" kommt somit im Rahmen der Verordnungen Vorrang gegenüber dem Territorialitätsprinzip zu.

Sonderfälle

EU-/EWR-Bürger oder Schweizer Staatsbürger, die gewöhnlich in mehr als einem EU-/EWR-Staat oder in der Schweiz unselbständig beschäftigt sind (Art 13 Abs. 1 VO [EG] 883/2004):[97]

Diese Dienstnehmer sind in dem Land versichert, in dem sie wohnen, falls sie einen wesentlichen Teil ihrer Tätigkeit[98] in diesem Staat ausüben.

Wird kein wesentlicher Teil der Beschäftigung im Wohnsitzstaat ausgeübt, dann ist zu unterscheiden:

- Ist der Dienstnehmer nur für einen Dienstgeber oder für zwei oder mehrere Dienstgeber mit Sitz im gleichen Staat tätig, liegt die Versicherungszuständigkeit im Sitzstaat des Dienstgebers.
- Sind die Dienstgeber (zwei oder mehrere) im Wohnsitzstaat und in einem anderen Staat (also in zwei Mitgliedstaaten, von denen einer der Wohnsitzstaat ist) ansässig, dann liegt die Versicherungszuständigkeit im Sitzstaat des Dienstgebers außerhalb des Wohnsitzstaates.
- Sind die Dienstgeber (zwei oder mehrere) in zwei oder mehr als zwei Mitgliedstaaten außerhalb des Wohnsitzstaates ansässig, dann liegt die Versicherungszuständigkeit im Wohnsitzstaat.

Bei der Prüfung der Sozialversicherungszuständigkeit muss die voraussichtliche Beschäftigungssituation in den folgenden zwölf Kalendermonaten berücksichtigt werden.

Darüber hinaus bestehen Besonderheiten u.a. bei Tätigkeit im öffentlichen Dienst und selbständiger Erwerbstätigkeit.

Praxistipp: Kommt man zum Ergebnis, dass die Sozialversicherungszuständigkeit nach den oben dargestellten Grundsätzen nicht im Sitzstaat des Dienstgebers liegt, bedeutet dies nicht, dass den Dienstgeber keine sozialversicherungsrechtlichen Verpflichtungen treffen. Vielmehr sind die Sozialversicherungsbeiträge in diesem Fall grundsätzlich nicht im Sitzstaat des Dienstgebers, sondern im Zuständigkeitsstaat (z.B. Wohnsitzstaat des Dienstnehmers) abzuführen. Inhalt und Ausmaß der Verpflichtungen des Dienstgebers im Zuständigkeitsstaat richten sich jedoch nach innerstaatlichen Bestimmungen des zuständigen Staats. In der Regel hat sich der Dienstgeber entweder im Zuständigkeitsstaat zu registrieren und Sozialversicherungsbeiträge dort abzuführen sowie Meldungen durchzuführen oder er überbindet – sofern er über keine Niederlassung im Zuständigkeitsstaat verfügt – die Abfuhr und Meldeverpflichtungen auf den Dienstnehmer. Letzteres entbindet den Dienstgeber jedoch nicht vollständig von seinen Verpflichtungen bzw. Haftungen, sodass er i.d.R. weiterhin das Risiko der Nichtabfuhr der Beiträge trägt (vgl. Art 21 VO [EG] 987/2009).

97 Bei der Beurteilung sind unbedeutende Tätigkeiten von weniger als 5 % der regulären Arbeitszeit und/oder der Gesamtvergütung unberücksichtigt zu lassen (Art 14 Abs. 5b VO [EG] 987/2009; EuGH 13.9.2017, C-570/15, X).

98 Diese liegt dann vor, wenn ihr im Vergleich zu den einzelnen Arbeiten, die in den jeweils anderen Mitgliedstaaten ausgeübt werden, gewichtige Bedeutung zukommt (Einzelfallbetrachtung). Von einer wesentlichen Tätigkeit kann dann ausgegangen werden, wenn im Vergleich zum gesamten Beschäftigungsverhältnis Arbeiten im Ausmaß von mindestens 25% im Wohnsitzstaat erbracht werden. Die Feststellung orientiert sich hierbei grundsätzlich an folgenden Gesichtspunkten: erzielter Umsatz, Dauer des Arbeitseinsatzes (Arbeitszeit), Entgelthöhe (Art 14 Abs. 8 VO [EG] 987/2009).

Beispiel

Ein österreichischer Dienstgeber beschäftigt in Österreich einen (Teilzeit-)Mitarbeiter (20 Wochenstunden, drei Arbeitstage pro Woche) mit Wohnsitz in Deutschland. Dieser pendelt jeweils wöchentlich nach Hause und geht in Deutschland auch einer weiteren unselbständigen Beschäftigung (ebenfalls 20 Wochenstunden) nach.

Die Sozialversicherungszuständigkeit liegt in diesem Fall aufgrund der Tätigkeit von wesentlichem Ausmaß im Wohnsitzstaat insgesamt bei Deutschland. Auch für die Beschäftigung in Österreich sind grundsätzlich Sozialversicherungsbeiträge in Deutschland abzuführen (die genauen Verpflichtungen richten sich nach deutschem Recht). Eine Überbindung der sozialversicherungsrechtlichen Verpflichtungen des Dienstgebers in Deutschland auf den Dienstnehmer ist nach der EU-VO möglich.

Praxistipp: Auf der Website der Österreichischen Gesundheitskasse (unter www.gesundheitskasse.at) steht ein Muster für eine Vereinbarung zwischen Dienstgebern ohne Niederlassung in Österreich und in Österreich der Sozialversicherungspflicht unterliegenden Dienstnehmern über die Abfuhr der Beiträge und Durchführung der Meldungen durch den Dienstnehmer in Österreich zur Verfügung.

Überblicksmäßige Zusammenfassung bei Entsendungen:

Für die sozialversicherungsrechtliche Beurteilung ist bei einem (vorübergehenden) **Auslandseinsatz** eines Dienstnehmers hinsichtlich der Feststellung der anzuwendenden Rechtsnorm **zwingend** folgende **Reihenfolge** einzuhalten (= Stufenbau der Rechtsordnung):

1. Unionsrecht: Verordnungen – VO (EG) 883/2004 sowie VO (EG) 987/2009.
2. Bilaterale Sozialversicherungsabkommen.
3. Nationale Gesetze (vorrangig das ASVG).

Welche **Rechtsnorm** tatsächlich zur Anwendung kommt, ist jeweils **abhängig** von dem Staat, in dem der Dienstnehmer (vorübergehend) **eingesetzt wird.**

Voraussetzung für die Anwendung der Entsendebestimmungen ist die **Aufrechterhaltung der arbeitsrechtlichen Anbindung** des Dienstnehmers an den Dienstgeber im **Entsendestaat**.

1. Unionsrecht – Verordnungen (VO)
VO (EG) 883/2004 gilt für ● **EU-Bürger** – Berührungspunkte mit der EU, mit dem EWR bzw. mit der Schweiz ① ● **Staatsbürger von Liechtenstein, Norwegen, Island (EWR) bzw. der Schweiz** – Berührungspunkte mit der EU (außer mit Kroatien ①) – Berührungspunkte mit dem EWR bzw. der Schweiz ● **Drittstaatsangehörige** mit rechtmäßigem Wohnsitz (Aufenthalt) in der EU ② – Berührungspunkte mit der EU (außer mit Dänemark)

Für das **Vereinigte Königreich (Großbritannien und Nordirland)** bestehen Sonderbestimmungen im Rahmen des Austrittsabkommens sowie des Handels- und Kooperationsabkommens. Im Wesentlichen kommt es für die von diesen Abkommen umfassten Personengruppen (dazu zählen u.a. EU-Bürger sowie Bürger des Vereinigten Königreichs, aber auch gewisse Drittstaatsangehörige) zur Weitergeltung von Unionsrecht bzw. zur Anwendung gleichlautender Bestimmungen (siehe dazu auch Ausführungen weiter oben).

Sozialversicherungszuständigkeit:
Entsendestaat (= der Staat, in dem das entsendende Unternehmen seinen Sitz hat), sofern

- der Arbeitgeber gewöhnlich im Entsendestaat tätig ist (nennenswerte Tätigkeit von zumindest 25% der Geschäftstätigkeit) und
- die entsandte Person nicht eine andere entsandte Person ablöst.

Entsendedauer:
max. 24 Monate (mit der Möglichkeit einer Ausnahmevereinbarung darüber hinaus)

↓

2. Bilaterale Sozialversicherungsabkommen

Zwischen Österreich und einigen Staaten, die weder Mitglied der EU noch des EWR sind, existieren bilaterale Abkommen, die die gegenseitigen Beziehungen auf dem Gebiet der sozialen Sicherheit regeln. Darüber hinaus bestehen mit EWR-Staaten (und Dänemark) bilaterale Abkommen i.Z.m. Drittstaatsangehörigen ③.
Sozialversicherungszuständigkeit: Entsendestaat (= der Staat, in dem das entsendende Unternehmen seinen Sitz hat)
Entsendedauer i.d.R. max. 24 bzw. 60 Monate

↓

3. Nationale Gesetze (vorrangig ASVG)
für Nichtvertragsstaaten

① Für kroatische Staatsbürger, die Berührungspunkte zu EWR-Staaten aufweisen und umgekehrt, findet die VO (EG) 883/2004 noch keine Anwendung. Auf die mit den einzelnen EWR-Staaten abgeschlossenen bilateralen Abkommen ist Bedacht zu nehmen. Im Verhältnis zwischen den EU-Staaten bzw. der Schweiz und Kroatien gelangt die VO 883/2004 zur Anwendung.

② Drittstaatenangehörige (auch: Drittausländer) sind Staatsbürger eines Drittstaates, die weder EU-, EWR-Bürger noch Schweizer sind. Für sie gelten die einschlägigen Koordinierungsvorschriften, sofern sie sich rechtmäßig im Hoheitsgebiet der Mitgliedstaaten aufhalten und dort rechtmäßig arbeiten (vgl. EuGH 24.1.2019, C-477/17, Balandin u.a.). Es kommt damit nicht auf die Dauer der Anwesenheit oder einen gewöhnlichen Mittelpunkt der Lebensinteressen im Hoheitsgebiet an. Ein in der Schweiz wohnhafter Drittstaatsangehöriger unterliegt nicht dem persönlichen Anwendungsbereich der VO (EU) 883/2004 (OGH 27.4.2021, 10 ObS 37/21w).

③ Die von Österreich mit Island und Norwegen abgeschlossenen bilateralen Abkommen erklären für Drittstaatsangehörige die Bestimmungen der alten VO (EWG) 1408/71 für anwendbar. Im Verhältnis zu Liechtenstein gelangen auf Grund des bestehenden bilateralen Vertrags mit Österreich für Drittstaatsangehörige die Bestimmungen der VO (EG) 883/2004 zur Anwendung. Die Entsendung eines Drittstaatsangehörigen von Österreich in die Schweiz und nach Dänemark ist auf Grund der bestehenden Abkommen für max. 24 Monate möglich.

Im Anwendungsbereich der alten VO (EG) 883/2004 ist für alle Versicherten, die im Rahmen ihrer Erwerbstätigkeit Anknüpfungspunkte zu mehreren EU-/EWR-Staaten (bzw. der Schweiz) aufweisen, die Bescheinigung **A1** auszustellen. Sie dient als Nachweis, welche nationalen Rechtsvorschriften auf die jeweilige Person anzuwenden sind (z.B. bei Entsendungen oder Tätigkeiten in mehreren Staaten). Anträge auf Ausstellung der A1-Bescheinigung sind grundsätzlich bei dem für die Versicherung zuständigen Krankenversicherungsträger einzubringen. Wird eine Person gewöhnlich in zwei oder mehreren Staaten tätig, ist der Antrag allerdings immer beim jeweiligen Träger des Wohnsitzstaates einzubringen. Nach Abwicklung eines speziellen Verfahrens zwischen den Behörden bzw. Trägern der betroffenen Mitgliedstaaten stellt der nach der VO (EG) 883/2004 zuständige Versicherungsträger sodann die Bescheinigung A1 aus. Dies kann, muss aber nicht jener Träger sein, bei dem der Antrag eingebracht wurde (NÖ. GKK, NÖDIS Nr. 13/Oktober 2016).

Praxishinweis: Für die Notwendigkeit der Ausstellung einer A1-Bescheinigung besteht keine zeitliche Mindestdauer der Auslandstätigkeit. Die Ausstellung ist daher grundsätzlich auch bei kurzen Auslandsdienstreisen in andere Staaten der EU, des EWR bzw. in die Schweiz zu beantragen.

In Österreich kann die Bescheinigung A1 **über ELDA** angefordert werden (Beantragung des Formblattes PD A1 – Entsendung in einen anderen Mitgliedstaat bzw. Tätigkeit in mehreren Mitgliedstaaten). Außerhalb von ELDA kann die Beantragung der Ausstellung beim zuständigen Krankenversicherungsträger ausnahmsweise mittels nachfolgender Anträge erfolgen (vgl. NÖ. GKK, NÖDIS Nr. 6/Mai 2017; vgl. mit Beispielen auch Nö. GKK, NÖDIS Nr. 9/Juli 2019):

- Formular E1 – Entsendung eines Arbeitnehmers in einen anderen Mitgliedstaat,
- Formular E2 – Beschäftigung für einen Arbeitgeber in mehreren Mitgliedstaaten,
- Formular E3 – Beschäftigung für mehrere Arbeitgeber in mehreren Mitgliedstaaten,
- Formular E4 – Selbständige und unselbständige Tätigkeit in verschiedenen Mitgliedstaaten.

Die Bescheinigung A1 wird sodann elektronisch retourniert und kann den jeweiligen Versicherten ausgehändigt werden.

Eine vom Versicherungsträger eines Mitgliedstaates ausgestellte Bescheinigung über die Anwendbarkeit von dessen Sozialrechtsvorschriften bindet die Behörden und Gerichte anderer Staaten (vgl. u.a. EuGH 27.4.2017, C-620/15, A-Rosa Flussschiff GmbH; vgl. auch VwGH 10.10.2018, Ra 2016/08/0176). Dies gilt auch, wenn die Bescheinigung rückwirkend ausgestellt wurde (EuGH 6.9.2018, C-527/16, Alpenrind).

> **Hinweis:** Die Anträge auf Ausstellung der A1-Bescheinigung sind grundsätzlich mittels ELDA anzufordern. In Ausnahmefällen können die Anträge in Papierform gestellt werden. Hierfür stehen Formulare auf der Website der Österreichischen Gesundheitskasse unter www.gesundheitskasse.at zum Ausfüllen bzw. Herunterladen zur Verfügung (siehe vorstehend). Zu finden sind dort auch Formulare für die Bescheinigung über die anzuwendenden Rechtsvorschriften bei Entsendungen in Staaten, mit denen ein bilaterales Sozialversicherungsabkommen besteht.

Entsprechend der Zielsetzung dieses Fachbuchs wird auf die Sonderbestimmungen der Beschäftigung in einem EU-/EWR-Staat bzw. in der Schweiz nicht näher eingegangen.

Genaue Erläuterungen dazu enthalten

- der Praxisleitfaden „Auslandstätigkeit: Wer ist wo versichert?" und
- der „Fragen-Antworten-Katalog zur Europäischen Sozialversicherung".

Beides abrufbar über die Website der Österreichischen Gesundheitskasse unter www.gesundheitskasse.at.

Dazu sind im **Linde Verlag Wien** auch nachstehende Fachbücher erschienen:

- „Grenzüberschreitende Personalverrechnung in Fallbeispielen" von Mag. Monika Kunesch und Mag. Andreas Helnwein;
- „Personalentsendung kompakt" von Dr. Clemens Endfellner, Mag. Gerhard Exel, Dr. Martin Freudhofmeier und Andrea Kopecek MSc und
- „Personalentsendung in der Praxis" von Andrea Kopecek MSc (Hrsg.).

6.2. Pflichtversicherung

Die Pflichtversicherung teilt sich in

die **Vollversicherung**	und	die **Teilversicherung**.

Darunter versteht man:

Die Pflichtversicherung ① **in allen drei** Versicherungen (Kranken-, Unfall- und Pensionsversicherung).	Die Pflichtversicherung ① **nur in einer oder in zwei** Versicherungen.

① Die Pflichtversicherung tritt unabhängig von Anmeldung und Beitragsleistung ein (**Ipso-iure-Versicherung**). Daher besteht auch dann ein Anspruch auf Leistungen bei Eintritt eines Versicherungsfalls, wenn das Versicherungsverhältnis nicht gemeldet und/oder keine Beiträge entrichtet wurden. Lediglich in der Pensionsversicherung kann es mangels rechtzeitiger Beitragsentrichtung zu Nachteilen kommen.

6.2.1. Vollversicherung

Das ASVG zählt die von der Vollversicherung erfassten Personengruppen taxativ (erschöpfend) auf. Für die Praxis von Interesse sind u.a.

- die bei einem oder mehreren Dienstgebern beschäftigten Dienstnehmer,
- die in einem Lehrverhältnis stehenden Personen (Lehrlinge) (→ 28.),
- Heimarbeiter (§ 4 Abs. 1 ASVG).

Dienstnehmer ist,

- wer in einem Verhältnis **persönlicher und wirtschaftlicher Abhängigkeit gegen Entgelt**[99] (→ 6.2.7.) beschäftigt wird; hiezu gehören auch Personen, bei deren Beschäftigung die **Merkmale persönlicher und wirtschaftlicher Abhängigkeit** gegenüber den Merkmalen selbstständiger Ausübung der Erwerbstätigkeit **überwiegen**[100].

Als Dienstnehmer gilt **jedenfalls** auch,

- **wer** nach § 47 Abs. 1[101] in Verbindung mit Abs. 2[102] EStG **lohnsteuerpflichtig ist** (→ 7.4.), es sei denn, es handelt sich um

---

99 Nach § 1152 ABGB kann auch **Unentgeltlichkeit** vereinbart werden (→ 9.2.); im Zweifel ist aber von einem entgeltlichen Dienstvertrag auszugehen. Die Beweislast für die Abrede der Unentgeltlichkeit liegt beim Dienstgeber. Bei übermäßiger Beanspruchung einer Arbeitskraft kann nach der Verkehrssitte nicht damit gerechnet werden, dass die Arbeitsleistung unentgeltlich erfolge. Die Motive für die Unentgeltlichkeit können u.a. in persönlichen Beziehungen (Eltern – Kinder), aber auch in idealistischer Einstellung (z.B. ehrenamtliche Tätigkeit für einen Verein) liegen. Zu den strengen Kriterien der Unentgeltlichkeit bei Leistungen aus Freundschaft oder Gefälligkeit vgl. VwGH 19.11.2015, Ra 2015/08/0163. Wurde zulässigerweise Unentgeltlichkeit vereinbart, kann eine Verpflichtung zur Entgeltleistung auch nicht durch Kollektivvertrag begründet werden (VwGH 25.9.1990, 89/08/0334).
Einen ausführlichen Artikel zur **familienhaften Mitarbeit** finden Sie in der *PVInfo* 4/2012, Linde Verlag Wien. Einen Überblick zur familienhaften Mitarbeit inklusive Mustervereinbarung bietet auch das von Österreichischer Gesundheitskasse, BMF und WKO veröffentlichte **Merkblatt**, abrufbar u.a. auf www.gesundheitskasse.at. Fehlt bei kurzfristigem Tätigwerden der Entgeltanspruch, ist demnach i.d.R. nicht von einem Dienstverhältnis auszugehen, wobei je nach Verwandtschaftsgrad eine Vermutung für bzw. gegen ein Dienstverhältnis besteht. Eine Grundvoraussetzung für die Annahme familienhafter Mitarbeit ist bei den meisten Familienangehörigen die vereinbarte Unentgeltlichkeit der Tätigkeit, d.h. es dürfen tatsächlich keine Geld- oder Sachbezüge (auch nicht durch Dritte) gewährt werden. Bei der Frage, ob ein Dienstverhältnis oder familienhafte Mitarbeit vorliegt, handelt es sich stets um eine Einzelfallbeurteilung. Die Erläuterungen, die von der Österreichischen Gesundheitskasse mit dem BMF und der WKO abgestimmt wurden, dienen daher nur als Orientierungshilfe.
Ein **Merkblatt** von Österreichischer Gesundheitskasse und BMF ist auch für die **Tätigkeit bei Vereinsfesten** abrufbar u.a. auf www.gesundheitskasse.at.
Im Rahmen der **COVID-19-Pandemie** bestehen beitragsrechtliche Sonderbestimmungen für **Personal in Test- und Impfstraßen**, die durch ein Bundesland oder eine Gemeinde beauftragt sind. Demnach gelten Aufwandsentschädigungen, die dabei an **nicht hauptberuflich tätige unterstützende Personen** gewährt werden, bis zur Höhe von € 1.000,48 im Kalendermonat nicht als Entgelt (§ 1a Z 5 und § 1b Abs. 4 COVID-19-Zweckzuschussgesetz; vgl. auch ÖGK, DG-Newsletter Nr. 12/Oktober 2021). Die Aufwandsentschädigungen sind im Ausmaß von bis zu € 20,00 je Stunde für medizinisch geschultes Personal und von bis zu € 10,00 je Stunde für sonstige unterstützende Personen auch von allen bundesgesetzlichen Abgaben befreit. Die Bestimmung ist zum Zeitpunkt der Drucklegung dieses Buches bis 31.3.2022 befristet.

100 Überwiegen bei einem Vertreter die Merkmale persönlicher und wirtschaftlicher Abhängigkeit, ist von einer Dienstnehmereigenschaft auch dann auszugehen, wenn er ausschließlich erfolgsabhängig entlohnt wird (VwGH 3.4.2001, 96/08/0053).

101 **Der § 47 Abs. 1 EStG bestimmt**: Arbeitnehmer ist eine natürliche Person, die Einkünfte aus nicht selbstständiger Arbeit (Arbeitslohn) bezieht (→ 7.5.).

102 **Der § 47 Abs. 2 EStG bestimmt**: Ein Dienstverhältnis liegt vor, wenn der Arbeitnehmer dem Arbeitgeber seine Arbeitskraft schuldet. Dies ist dann der Fall, wenn die tätige Person in der Betätigung ihres geschäftlichen Willens unter der **Leitung des Arbeitgebers** steht oder im geschäftlichen Organismus des Arbeitgebers dessen **Weisungen zu folgen** verpflichtet ist. Ein Arbeitnehmer ist demnach eine Person, die „fremdbestimmte" Arbeitsleistung erbringt.

- Bezieher von Einkünften nach § 25 Abs. 1 Z 4 lit. a oder b EStG oder
- Bezieher von Einkünften nach § 25 Abs. 1 Z 4 lit. c EStG, die in einem öffentlichrechtlichen Verhältnis zu einer Gebietskörperschaft stehen (→ 7.5.) (§ 4 Abs. 2 ASVG).

Nach herrschender Judikatur tritt **persönliche Abhängigkeit** dann ein, wenn

- die persönliche Arbeitspflicht unter Weisung des Dienstgebers über Arbeitszeit, Arbeitsort und Arbeitsverhalten zu erbringen ist (VwGH 20.4.2005, 2001/08/0097) (vgl. → 4.4.1.).

Das bedeutet, dass der Dienstnehmer für den Dienstgeber **Dienste leistet** und in Bezug auf Arbeitszeit, Arbeitsort und Verhalten am Arbeitsplatz dem Weisungsrecht des Dienstgebers **unterworfen ist**. Dazu kommt, dass der Dienstnehmer die Arbeitsleistung in eigener Person erbringen muss, d.h., dass er sich grundsätzlich **nicht vertreten lassen** darf. Der Dienstnehmerbegriff nach dem ASVG beinhaltet daher eine weitgehende **Ausschaltung der Bestimmungsfreiheit** des Dienstnehmers durch seine Beschäftigung. Diese eingeschränkte Bestimmungsfreiheit zeigt sich durch die

- Bindung an Ordnungsvorschriften,
- Bindung an Arbeitszeit und Arbeitsort sowie den sich darauf beziehenden Weisungs- und Kontrollbefugnissen des Dienstgebers und
- der damit verbundenen auf Zeit abgestellten persönlichen Arbeitspflicht.

Wirtschaftliche Abhängigkeit findet ihren Ausdruck

- im **Fehlen** der im eigenen Namen auszuübenden **Verfügungsmacht** über die nach dem im Einzelfall für den Betrieb wesentlichen organisatorischen Einrichtungen (Unternehmensstruktur) und Betriebsmittel und darf **nicht** mit **Lohnabhängigkeit**, also mit dem Angewiesensein des Dienstnehmers auf das Entgelt zur Bestreitung seines Lebensunterhalts, gleichgesetzt werden (VwGH 16.9.1997, 93/08/0171).

Die wirtschaftliche Abhängigkeit wird demnach sozialversicherungsrechtlich als **Folge der persönlichen Abhängigkeit** gewertet und ist daher **„zweitrangig"**. Sie lässt sich über „keine eigenen Betriebsmittel" definieren. Das bedeutet z.B., dass der Dienstnehmer in Bezug auf die konkrete Tätigkeit über keine eigenen Geschäftsräume verfügt und dass die zur Arbeit benötigten Mittel (Werkzeug, Computer usw.) vom Dienstgeber zur Verfügung gestellt werden. Auch nach der Judikatur des VwGH wird die wirtschaftliche Abhängigkeit als ein Arbeiten mit fremden Produktionsmitteln und nicht mit eigenen verstanden. Wirtschaftliche Abhängigkeit liegt daher vor, wenn

- keine Verfügungsgewalt über die Unternehmensstruktur besteht,
- über keine eigenen Betriebsmittel verfügt wird und
- der wirtschaftliche Erfolg dem Dienstgeber zugutekommt.

Für die Prüfung des Dienstnehmerbegriffs ergibt sich **folgender Ablauf**:

1. Liegt eine **Beschäftigung in persönlicher und wirtschaftlicher Abhängigkeit gegen Entgelt** vor, so ist der **Dienstnehmerbegriff** allein dadurch schon **erfüllt**.
2. Sind die **Voraussetzungen** unter Punkt 1 **nicht gegeben**, so ist darüber hinaus zu prüfen, **ob** das aus dem Beschäftigungsverhältnis bezogene **Entgelt der Lohn-**

steuerpflicht gem. § 47 Abs. 1 in Verbindung mit Abs. 2 EStG unterliegt. Trifft dies zu, so ist der Dienstnehmerbegriff ebenfalls erfüllt, auch wenn nicht alle unter Punkt 1 genannten Voraussetzungen vorliegen. Die vorstehenden Einschränkungen sind dabei zu beachten.

Durch den Verweis auf den gesamten Abs. 2 des § 47 EStG werden grundsätzlich **alle lohnsteuerpflichtigen Gesellschafter-Geschäftsführer versicherungspflichtig gem. § 4 Abs. 2 ASVG** (Ausnahmen bestehen z.B. bei Gesellschafter-Geschäftsführern von Rechtsanwalts-GmbHs). Bei diesen lohnsteuerpflichtigen Gesellschafter-Geschäftsführern handelt es sich grundsätzlich um solche, die mit **bis zu 25% am Grund- oder Stammkapital** beteiligt sind (→ 7.4.). Es ist dabei unerheblich, ob die Gesellschaft Mitglied der Kammer der gewerblichen Wirtschaft ist oder nicht (→ 31.9.).

Darüber hinaus bestimmt das ASVG im § 4 Abs. 4, dass **freie Dienstnehmer** (auf Grund eines freien Dienstvertrags tätige Personen) den Dienstnehmern gleichgestellt sind (→ 31.7.).

Dienstgeber ist,

- **für dessen Rechnung der Betrieb geführt wird**, in dem der Dienstnehmer (Lehrling) in einem Beschäftigungs(Lehr)verhältnis steht, auch wenn der Dienstgeber den Dienstnehmer durch Mittelspersonen in Dienst genommen hat oder ihn ganz oder teilweise auf Leistungen Dritter[103] anstelle des Entgelts verweist (§ 35 Abs. 1 ASVG).

Voll versicherte Dienstnehmer und voll versicherte freie Dienstnehmer (→ 31.7.) sind i.d.R. auch arbeitslosenversichert.

Erläuterungen aus den Empfehlungen des DVSV (E-MVB):

Bei der Beurteilung des Vorliegens der **persönlichen Abhängigkeit** ist also nicht auf einzelne Merkmale gesondert abzustellen, sondern eine **Gesamtbetrachtung** vorzunehmen.

Von einer weitgehenden **Ausschaltung der Bestimmungsfreiheit des Beschäftigten** ist dann auszugehen, wenn der Beschäftigte durch seine Beschäftigung an Ordnungsvorschriften über den Arbeitsort, die Arbeitszeit und das arbeitsbezogene Verhalten sowie die sich darauf beziehenden Weisungs- und Kontrollbefugnisse und die damit eng verbundene (grundsätzlich) persönliche Arbeitspflicht gebunden ist.

Wesentlich für das Vorliegen persönlicher Abhängigkeit ist eine vertraglich bedungene grundsätzlich persönliche Arbeitspflicht. Schon die bloße Berechtigung eines Beschäftigten, die übernommene Arbeitspflicht generell durch Dritte vornehmen zu lassen (**generelle Vertretungsbefugnis**), schließt unabhängig davon, ob der Beschäftigte von dieser Berechtigung auch tatsächlich Gebrauch macht, ein Beschäftigungsverhältnis im Sinn von § 4 Abs. 2 ASVG aus. Bei einer eingeräumten generellen Vertretungsbefugnis fehlt die für die persönliche Abhängigkeit wesentliche grundsätzlich persönliche Arbeitspflicht und damit auch die Ausschaltung der Bestimmungsfreiheit durch die übernommene Arbeitspflicht.

Die bloße Befugnis, sich im Fall der Verhinderung in bestimmten Einzelfällen, z.B. Krankheit oder Urlaub oder bei bestimmten Arbeiten innerhalb der umfassenderen Arbeitspflicht, vertreten zu lassen, stellt **keine generelle Vertretungsbefugnis** dar.

103 Z.B. Garderobiers, deren einziges Entgelt die Garderobegebühren sind.

Solange aber eine **generelle Vertretungsbefugnis weder vereinbart** war **noch nach dem tatsächlichen Beschäftigungsbild praktiziert** wurde, ist im Zweifel von einer grundsätzlich persönlichen Arbeitspflicht auszugehen.

Für die **Dienstgebereigenschaft** kommt es nicht nur darauf an, wer letztlich aus den im Betrieb getätigten Geschäften (nach den hiefür in Betracht kommenden Regeln des Privatrechts) unmittelbar berechtigt und verpflichtet wird, sondern überdies darauf, dass der in Betracht kommenden Person, wenn schon nicht das Recht zur Geschäftsführung, so doch eine so weitreichende Einflussmöglichkeit auf die Betriebsführung zukommen muss, dass ihr die Erfüllung der dem Dienstgeber nach dem ASVG auferlegten Verpflichtungen in Bezug auf das an das Beschäftigungsverhältnis anknüpfende Versicherungsverhältnis und Leistungsverhältnis entweder selbst oder durch dritte Personen möglich ist.

Weitere Erläuterungen aus den Empfehlungen des DVSV (E-MVB) finden Sie unter den Gliederungsnummern 004-01 bis 004-02, 004-ABC-A-001 bis 004-ABC-Z-004 und 035-00 bis 035-03.

Sozialversicherungs-Zuordnungsgesetz:

Zur Schaffung von Rechtsicherheit besteht die Möglichkeit, die Abgrenzung von selbstständiger und unselbstständiger Erwerbstätigkeit bereits bei Aufnahme der Tätigkeit seitens der Sozialversicherungsträger überprüfen und die Versicherungszuordnung per Bescheid feststellen zu lassen. Unter der Voraussetzung, dass keine falschen Angaben gemacht werden und sich keine Änderungen des Sachverhalts ergeben haben, ist mit der bescheidmäßigen Feststellung eine **Bindungswirkung** auch für zukünftige Abgabenprüfungen verbunden (§ 412c ASVG)[104].

Im Detail bestehen die Regelungen aus folgenden Maßnahmen:

- **Vorabprüfung** für bestimmte neu aufgenommene Erwerbstätigkeiten von Amts wegen (§ 412d ASVG) (→ 31.7.1.);
- **Prüfung** der Versicherungszuordnung **auf Antrag** für bestehende Erwerbstätigkeiten (§ 412e ASVG) (→ 31.7.1.);
- **Neuzuordnungsprüfung** bei Verdacht auf falsche Versicherungszuordnung von Amts wegen (§ 412b ASVG) (→ 39.1.1.1.4.).

In allen Fällen ist für die Vornahme der Prüfung ein Zusammenwirken von Sozialversicherungsanstalt der Selbständigen sowie Österreichischer Gesundheitskasse vorgesehen.

Darüber hinaus sieht das Sozialversicherungs-Zuordnungsgesetz auch Bestimmungen zum Vorgehen bei einer **beitragsrechtlichen Rückabwicklung** in Zusammenhang mit Umqualifizierungen von bisher nach dem GSVG bzw. BSVG versicherten Tätigkeiten in eine Pflichtversicherung nach dem ASVG im Rahmen von Prüfungen lohnabhängiger Abgaben und Beiträge vor. Es kommt diesbezüglich bei der Neufestsetzung von Beiträgen zu einer Anrechnung jener Beiträge, die bisher (an den falschen SV-Träger) geleistet wurden, soweit dieser die Beiträge an den zuständigen SV-Träger überwiesen hat (§ 41 Abs. 3 GSVG, § 40 Abs. 3 BSVG, vgl. auch VwGH 29.1.2020, Ra 2018/08/0245).

104 Neben den involvierten Sozialversicherungsträgern besteht hinsichtlich der Versicherungszuordnung eine Bindungswirkung auch für das örtlich zuständige Finanzamt (vgl. auch § 86 Abs. 1a EStG).

Praxistipp: Für Auftraggeber selbstständig erwerbstätiger Personen (Tätigwerden außerhalb eines echten bzw. freien Dienstvertrags, → 31.7.) empfiehlt es sich, in den entsprechenden Bescheid des Sozialversicherungsträgers über die Selbstständigkeit inklusive den hierfür beantworteten Fragebogen Einsicht zu nehmen oder eine derartige Prüfung anzuregen, um spätere Umqualifizierungen zu vermeiden.

Einen ausführlichen Artikel zum Sozialversicherungs-Zuordnungsgesetz finden Sie in der *PVInfo* 8/2017, 2, Linde Verlag Wien.

6.2.2. Teilversicherung

Das ASVG zählt die teilversicherten Personengruppen taxativ auf (§§ 5–8 ASVG). Für die Praxis von größerem Interesse sind u.a. die geringfügig beschäftigten (freien) Dienstnehmer (→ 31.3.) (§ 5 Abs. 1 Z 2 ASVG).

6.2.3. Beginn und Ende der Pflichtversicherung

Die Pflichtversicherung **beginnt unabhängig von der Erstattung einer Anmeldung** (→ 6.2.4.)

- mit dem **Tag des Beginns** der Beschäftigung[105] bzw. des Lehr- oder Ausbildungsverhältnisses[106] (§ 10 Abs. 1 ASVG).

Die Pflichtversicherung **erlischt**

- mit dem **Ende** des Beschäftigungs-, Lehr- oder Ausbildungsverhältnisses.

Fällt jedoch der Zeitpunkt, an dem der Anspruch auf Entgelt endet, nicht mit dem Zeitpunkt des Endes des Beschäftigungsverhältnisses zusammen[107] (z.B. bei Kündi-

105 Als Tag des Beginns der Beschäftigung ist der **Tag des tatsächlichen Antritts** (der Aufnahme) der Beschäftigung anzusehen und nicht z.B. ein arbeitsfreier Sonn- oder Feiertag, selbst wenn für diesen Tag Entgelt gebührt. Das gleiche Prinzip gilt grundsätzlich auch dann, wenn der letzte Tag des Dienstverhältnisses ein Sonn- oder Feiertag ist; auf den **vereinbarten Beginn** des Beschäftigungsverhältnisses **kommt es nicht an** (VwGH 24.10.1989, 88/08/0281) (BMAS Erl 25.5.1990, 122.671/2-7/90; 28.11.1996, 120.046/3-7/96). Das Beschäftigungsverhältnis und damit die Versicherungspflicht beginnt demnach mit dem Einstellungsakt, d.h. dem tatsächlichen Antritt (der Aufnahme) der Beschäftigung, während es auf den vereinbarten Beginn des Dienstverhältnisses grundsätzlich nicht ankommt. **Abweichend davon** beginnt die Pflichtversicherung bereits mit dem **Tag der vereinbarten Arbeitsaufnahme** – unabhängig davon, ob ein Entgeltanspruch entstanden ist oder nicht –, wenn der Dienstnehmer auf dem **Weg zur erstmaligen Aufnahme** der für einen bestimmten Tag mit dem Dienstgeber vereinbarten Arbeitstätigkeit einen **Unfall** erleidet (Wegunfall, → 25.1.2.), durch den er an der Arbeitsaufnahme gehindert wird (BMAGS Erl 25.11.1999, 123.274/1-7/99). Benützt der Dienstgeber das Bewerbungsgespräch dazu, eine üblicherweise zu bezahlende Arbeitsleistung in Anspruch zu nehmen, um dadurch die Fähigkeiten des Bewerbers feststellen zu können, so wird das Vorstellungsgespräch bereits in die eigentliche Betriebsarbeit erstreckt und ein sozialversicherungsrechtliches Dienstverhältnis in Gang gesetzt (VwGH 18.2.2004, 2000/08/0180).

106 Die Pflichtversicherung eines Lehrlings beginnt mit dem im Lehrvertrag festgesetzten Datum. Diese bleibt während der Zeit, in der der Lehrling infolge **Krankheit** arbeitsunfähig ist, **aufrecht**. Daraus folgt, dass auch die Pflichtversicherung eines Lehrlings in der Zeit, in der er wegen Arbeitsunfähigkeit infolge Krankheit nur einen Anspruch auf Teilentgelt (→ 28.3.8.1., → 28.3.8.3.) hat, aufrecht bleibt (E-MVB, 011-01-00-004).

107 Bei Lehrlingen endet die Pflichtversicherung grundsätzlich mit der Auflösung des Lehrverhältnisses, auch wenn der Anspruch auf Lehrlingseinkommen bereits früher geendet hat (ausgenommen bei Anspruch auf Ersatzleistung für Urlaubsentgelt, → 34.7.1.1., und bei Zahlung einer Kündigungsentschädigung, → 34.4.1.) (E-MVB, 011-01-00-004; 044-01-00-007).

gung durch den Dienstgeber während eines langen Krankenstands), so erlischt die Pflichtversicherung mit dem **Ende des Entgeltanspruchs** (§ 11 Abs. 1 ASVG) (siehe Beispiel 152). Wird ein gerichtlicher oder außergerichtlicher Vergleich abgeschlossen, so verlängert sich die Pflichtversicherung um den Zeitraum, der durch den Vergleichsbetrag gedeckt ist (→ 24.5.2.1.). Bei Bezug einer Ersatzleistung für Urlaubsentgelt (→ 34.7.1.1.) sowie für die Zeit des Bezugs einer Kündigungsentschädigung (→ 34.4.1.) verlängert sich gleichfalls die Pflichtversicherung (§ 11 Abs. 2 ASVG).

6.2.4. Meldewesen

Die Dienstgeber haben jede von ihnen beschäftigte pflichtversicherte Person (Vollversicherte und Teilversicherte)

- **vor Arbeitsantritt**[108] beim zuständigen Krankenversicherungsträger (→ 6.2.6.) **anzumelden** und
- **binnen sieben Tagen** nach dem Ende der Pflichtversicherung **abzumelden**.

Die An(Ab)meldung durch den Dienstgeber wirkt auch für den Bereich der Unfall- und Pensionsversicherung (aber auch der Arbeitslosenversicherung), soweit die beschäftigte Person in diesen Versicherungen pflichtversichert ist (§ 33 Abs. 1 ASVG).

Für Volontäre (→ 31.5.2.) sowie für fallweise Beschäftigte (→ 31.5.2.) bestehen Sonderbestimmungen.

Darüber hinaus haben Dienstgeber während des Bestands der Pflichtversicherung jede für diese Versicherung **bedeutsame Änderung**, die nicht durch die mBGM (→ 39.1.1.1.3.) umfasst ist, wie der Wechsel in das neue Abfertigungssystem nach § 47 BMSVG (→ 36.1.5.), **innerhalb von sieben Tagen** dem zuständigen Krankenversicherungsträger zu melden (§ 34 Abs. 1 ASVG).

Der Dienstgeber kann die Erfüllung der ihm obliegenden Meldepflichten auf **Bevollmächtigte** (z.B. Steuerberater) übertragen. Name und Anschrift dieser Bevollmächtigten sind unter deren Mitfertigung dem zuständigen Versicherungsträger bekannt zu geben (§ 35 Abs. 3 ASVG).

Regelungen für Fälle, für die der **Dienstnehmer** die An-, Ab- und Änderungsmeldungen **selbst** zu erstatten hat, regelt der § 35 Abs. 4 lit. a bis c ASVG.

Alle weiteren Details zu Meldungen im Bereich der Sozialversicherung, insbesondere zu Ablauf und Form der Meldung, werden unter Punkt 39.1.1.1. behandelt.

6.2.5. Schadenersatz

Kommt der Dienstgeber seiner Meldepflicht nicht nach, ist er dem Dienstnehmer gegenüber schadenersatzpflichtig. Dies grundsätzlich auch dann, wenn der Dienstgeber die Abschrift der bestätigten Anmeldung an den Dienstnehmer nicht weitergegeben hat (→ 6.2.4.).

Ein **Schadenersatzanspruch** des Dienstnehmers für einen **„Pensionsschaden“** ist nicht nur dann denkbar, wenn der Dienstgeber den Dienstnehmer überhaupt nicht

108 Der Arbeitsantritt ist schon mit dem Zeitpunkt anzunehmen, zu dem der Dienstnehmer vereinbarungsgemäß **am Arbeitsort erscheint** und dem Dienstgeber seine Arbeitskraft zur Verfügung stellt. Darauf, ob sogleich mit der konkreten **Tätigkeit begonnen** wird oder zunächst etwa administrative Angelegenheiten erledigt werden, kommt es **nicht** an.

zur Sozialversicherung anmeldet, sondern auch dann, wenn der Dienstgeber Sozialversicherungsbeiträge in zu geringem Umfang abführt. Dieser Schaden entsteht bereits im Zeitpunkt der Unterlassung der korrekten Anmeldung der richtigen Beitragsgrundlagen oder der Entrichtung der Sozialversicherungsbeiträge und der dadurch bewirkten vorläufig zu geringen Feststellung der Beitragsgrundlagen. Muss einem **Dienstnehmer** schon auf Grund der unterkollektivvertraglichen Entlohnung bzw. der rechtswidrigen Abrechnung seiner Bezüge als beitragsfreie Diäten **bewusst** sein, dass daraus künftig ein Schaden im Hinblick auf seine Pensionsansprüche entstehen kann, ist er aus dem Grundsatz der Schadensminderungs- bzw. -abwehrpflicht nach § 1304 ABGB gehalten, durch einen Antrag auf Feststellung der richtigen Beitragsgrundlagen eine **Hemmung** bzw. **Unterbrechung der Verjährungsfrist** zu bewirken (OGH 22.9.2010, 8 ObA 66/09b; OGH 26.11.2012, 9 ObA 134/12i).

6.2.6. Österreichische Gesundheitskasse – Single Point of Contact (SPOC)

Seit 1.1.2020 besteht im Anwendungsbereich des ASVG mit der **Österreichischen Gesundheitskasse** nur mehr ein sachlich und örtlich zuständiger Krankenversicherungsträger. Es bestehen jedoch weiterhin (weisungsgebundene) **Landesstellen** der Österreichischen Gesundheitskasse in jedem Bundesland.

Bedeutung des Beschäftigungsorts:

Trotz österreichweiter Zuständigkeit der Österreichischen Gesundheitskasse spielt der Beschäftigungsort (bzw. das Bundesland des Beschäftigungsorts) des Dienstnehmers weiterhin eine wesentliche Rolle im Bereich der Sozialversicherung.

Nach wie vor sind Umlagen und Abgaben, die auf das Bundesland Bezug nehmen, aufrecht und von der Österreichischen Gesundheitskasse einzuheben, wie beispielsweise Wohnbauförderungsbeitrag oder Arbeiterkammerumlage. Der Beschäftigungsort ist aufgrund der entsprechenden gesetzlichen Bestimmungen (ASVG, WFG, AKG u.a.) für die Anknüpfung zum jeweiligen Bundesland maßgeblich (vgl. auch Nö. GKK, DGservice November 2019).

Der Beschäftigungsort hat u.a. in **folgenden Bereichen** (zumindest indirekte) **Auswirkung**:

- Im Rahmen der Anforderung einer Beitragskontonummer (→ 6.2.4.) ist weiterhin anzugeben, in welchem Bundesland ein Beitragskonto beantragt wird.
- Bei Anmeldung von Dienstnehmern zur Sozialversicherung (→ 39.1.1.1.) ist die jeweilige Beitragskontonummer entsprechend dem Beschäftigungsort des Dienstnehmers anzugeben.
- Eine Änderung des Beschäftigungsorts ist zu melden.
- Sämtliche Meldungen (Anmeldungen, Abmeldungen, monatliche Beitragsgrundlagenmeldungen usw.) und Zahlungen sind immer mit jener Beitragskontonummer zu versehen, für die die jeweilige Meldung bzw. Zahlung erfolgt.

Bestimmung des Beschäftigungsorts:

Beschäftigungsort ist der Ort, an dem die Beschäftigung ausgeübt wird. Wird eine Beschäftigung **abwechselnd an verschiedenen Orten** ausgeübt, aber von einer festen

Arbeitsstätte aus[109], so gilt diese als Beschäftigungsort. Wird eine Beschäftigung **ohne feste Arbeitsstätte**[110] ausgeübt, so gilt der Wohnsitz[111] des Versicherten als Beschäftigungsort (§ 30 Abs. 2 ASVG).

Entscheidungsbaum:

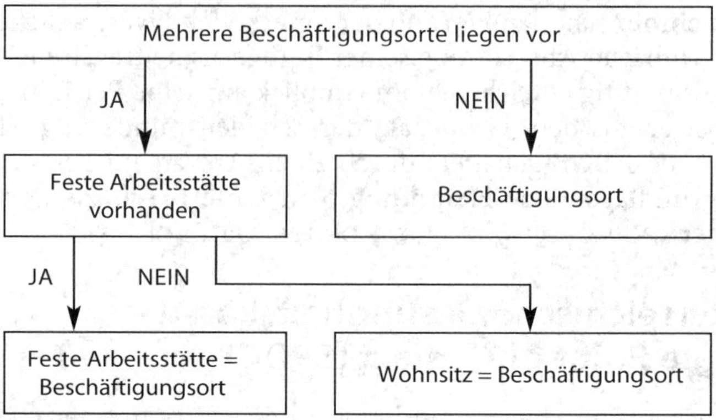

Für bestimmte Dienstnehmer gelten **besondere Regelungen**. Für die Personalverrechnung am relevantesten sind:

- **Freie Dienstnehmer** (→ 31.7.). Bei diesen entfällt die Prüfung der festen Arbeitsstätte; der Beschäftigungsort oder Wohnsitz sind maßgeblich.
- **Überlassene Arbeitskräfte**; Beschäftigungsort ist
  - bei inländischen Überlassern der Betriebsstandort bzw. die Zweigniederlassung des Überlassers, in der die Einstellung erfolgte;
  - bei ausländischen Überlassern der Betriebsstandort des Beschäftigers.
- Dienstnehmer, die lediglich für **Arbeiten** auf einer bestimmten **Baustelle** aufgenommen werden, ist der Ort der Baustelle als Beschäftigungsort maßgeblich (Nö. GKK, NÖDIS Nr. 10/Juli 2014 sowie Nö. GKK, NÖDIS Nr. 8/Juli 2017).

Bei **Tätigkeiten mit Auslandsbezug** ist vorab zu prüfen, welches nationale Sozialversicherungsrecht zur Anwendung gelangt (→ 6.1.2.). Gilt österreichisches Recht, ist im Anschluss der Beschäftigungsort nach den bestehenden Regelungen zu klären. Bei Entsendungen aus Österreich gilt grundsätzlich der Sitz des Unternehmens als Beschäftigungsort.

Landesstellen – Single Point of Contact (SPOC):

Auch nach der Zusammenlegung der Gebietskrankenkassen zur Österreichischen Gesundheitskasse mit 1.1.2020 bestehen (weisungsgebundene) Landesstellen in den einzelnen Bundesländern. Die Landesstellen **bearbeiten Meldungen, Clearingfälle und Zahlungen** betreffend die in ihrem Zuständigkeitsbereich bestehenden Bei-

109 Dies ist der Fall, wenn der Dienstnehmer in kurzen Intervallen immer wieder von den verschiedenen Orten zur festen Arbeitsstätte zurückkehrt und dort auch selbst Arbeiten verrichtet. Dies ist z.B. dann der Fall, wenn ein Schlosser von der Werkstätte aus an verschiedenen Orten Reparaturen durchführt und nach Beendigung dieser Arbeit in die Werkstätte (als feste Arbeitsstätte) zurückkommt.

110 Dies ist bei Beschäftigungen der Fall, für die es der Natur der Sache nach einer festen Arbeitsstätte nicht bedarf, weil die Arbeit jeweils an verschiedenen Orten erledigt werden muss (z.B. bei Vertretertätigkeiten).

111 Ein Wohnsitz ist der Ort, an dem sich die Person in der Absicht, dauerhaft zu verweilen, niedergelassen hat.

tragskonten. Dabei gilt (Nö. GKK, DGservice November 2019 sowie Spezielle Fragen und Antworten für Dienstgeber, abrufbar unter www.gesundheitskasse.at → FAQ: Ihre ÖGK):

- Dienstgeber mit **Beitragskonten in nur einem Bundesland** werden unverändert von der jeweiligen Landesstelle betreut.
- Dienstgeber mit **Beitragskonten in mehreren Bundesländern** haben österreichweit einen einzigen Ansprechpartner. Die Landesstelle am Sitz des Unternehmens (Hauptanschrift)[112] wird als sog. **„Single Point of Contact" (SPOC)**[113] für alle wesentlichen **Fragen im Melde-, Versicherungs- und Beitragsbereich** zur Verfügung stehen, z.B. für
  - Meldeverspätungen,
  - Verfahren zur Feststellung der Versicherungs- oder Beitragspflicht oder zur Klärung der Versicherungszuordnung,
  - Verfahren in Verbindung mit Lohnabgabenprüfungen,
  - Bescheidanträge im Melde-, Versicherungs- und Beitragsbereich,
  - Ratenvereinbarungen, Stundungen, Mahnungen oder Verzugszinsen.

Auskünfte sind trotz SPOC weiterhin in allen regionalen Vertretungen der Österreichischen Gesundheitskasse möglich, das gilt insbesondere bei Fragen zu Clearingfällen oder zur Entgegennahme von Meldungen.

Beispiele zur künftigen Aufgabenverteilung (Nö. GKK, DGservice November 2019):

Single Point of Contact	**Landesstelle**
Meldeverspätungen	einfache Auskünfte
Verfahren	Entgegennahme von Meldungen
Ratenvereinbarungen	Auflösung von Clearingfällen
Mahnungen	Zahlung der Beiträge
Verzugszinsen	

6.2.7. Leistungen des Dienstgebers

Die vom Dienstgeber erbrachten Leistungen teilen sich in

Entgelt i.S.d. § 49 Abs. 1 und 2 ASVG **(= beitragspflichtiges Entgelt)**	und	**Leistungen, die nicht als Entgelt** i.S.d. § 49 Abs. 1 und 2 ASVG**gelten** **(= beitragsfreies Entgelt).**
Ⓐ		Ⓑ

Ⓐ Unter **Entgelt** sind die Geld- und Sachbezüge (→ 20.3.1.) zu verstehen, auf die der pflichtversicherte Dienstnehmer[114] (Lehrling) aus dem Dienst(Lehr)verhältnis An-

112 Bei der Verlegung des Firmensitzes bzw. Hauptsitzes bei bundesländerübergreifenden Dienstgebern in ein anderes Bundesland ändert sich der SPOC auf die Landesstelle des neuen Firmensitzes.

113 Es wurde in jedem Bundesland ein „Single Point of Contact" (SPOC) geschaffen: Ein Teilbereich für das Melde-, Versicherungs- und Beitragswesen, der für Meldeverspätungen und Verfahren verantwortlich ist. Ein weiterer Teilbereich wird für die Beitragsabfuhr bzw. Beitragseinhebung eingerichtet, der sich um Ratenvereinbarungen, Stundungen, Mahnungen etc. kümmert (Spezielle Fragen und Antworten für Dienstgeber, abrufbar unter www.gesundheitskasse.at → FAQ: Ihre ÖGK).

114 Gemeint sind auch die freien Dienstnehmer (→ 31.7.).

spruch hat ① oder die er darüber hinaus auf Grund des Dienst(Lehr)verhältnisses vom Dienstgeber[115] oder von einem Dritten[116] erhält ② (§ 49 Abs. 1 ASVG).

Ⓑ Leistungen des Dienstgebers, die **nicht als Entgelt** i.S.d. § 49 Abs. 1 und 2 ASVG gelten, von denen daher auch keine Beiträge zu entrichten sind, zählt das ASVG im § 49 Abs. 3 taxativ (erschöpfend) auf.

Dazu gehören

- Tages- und Nächtigungsgelder,
- Abfertigungen

u.a.m. (→ 21.1.).

① Darunter ist jenes Entgelt zu verstehen, auf das der Dienstnehmer u.a. auf Grund des anzuwendenden Kollektivvertrags oder des Dienstvertrags Anspruch hat **(Anspruchsprinzip)**, ohne Rücksicht darauf, ob sie ihm überhaupt oder in der gebührenden Höhe zukommen.
Dazu ein **Beispiel**:

Anspruch lt. Kollektivvertrag	€ 1.850,00
tatsächlich ausbezahlter Lohn	€ 1.700,00
Entgelt	**€ 1.850,00**

② Als Entgelt im sozialversicherungsrechtlichen Sinn gelten auch Geld- und Sachbezüge, die der Dienstnehmer und Lehrling über seinen arbeitsrechtlichen (z.B. kollektivvertraglich zugesicherten) Anspruch hinaus auf Grund des Dienstverhältnisses oder von einem Dritten erhält.
Alles, was über den arbeitsrechtlichen Anspruch hinaus zufließt (**Zuflussprinzip**), ist ebenfalls Entgelt und daher beitragspflichtig. Deshalb zählen auch freiwillige Leistungen grundsätzlich zum Entgelt. Hierunter sind jene Zuwendungen zu verstehen, die nicht auf einen arbeitsrechtlichen Anspruch zurückzuführen sind. Dabei spielt es keine Rolle, ob diese Bezüge vom Dienstgeber gewährt werden oder von einem Dritten zufließen. Maßgeblich ist lediglich, dass diese auf Grund des Dienstverhältnisses, also in kausalem Zusammenhang mit der Beschäftigung, erwirtschaftet werden.
Dazu ein **Beispiel**:

Anspruch lt. Kollektivvertrag	€ 1.850,00
tatsächlich ausbezahlter Lohn	€ 1.900,00
Trinkgelder	€ 80,00
Entgelt	**€ 1.980,00**

Aufgrund des Anspruchsprinzips führen auch **Bezugsumwandlungen** von beitragspflichtigen Geldbezügen in beitragsfreie Geld- oder Sachbezüge grundsätzlich nicht zu einer Minderung der sozialversicherungsrechtlichen Beitragsgrundlage, ausgenommen es handelt sich um einen echten und nachhaltigen Lohnverzicht (vgl. ähnlich z.B. E-MVB, 049-03-18-001) oder eine Bezugsumwandlung ist nach dem Gesetzeswortlaut nicht schädlich für die Beitragsfreiheit. Zum Steuerrecht siehe Punkt 7.5.

115 Das ist jenes Entgelt, welches der Dienstnehmer vom Dienstgeber als freiwillige Überzahlung erhält (→ 9.3.10.).
116 Z.B. das vom Gast (als Dritten) gegebene Trinkgeld (→ 19.4.1.).

6.2.8. Beitragsgrundlage

Basis für die Berechnung der Beiträge zur Pflichtversicherung ist die sog. Beitragsgrundlage.

Zum Zweck der Ermittlung dieser Beitragsgrundlage unterteilt das ASVG das **Entgelt** in

laufende Bezüge	und	**Sonderzahlungen.**
Grundlage für die Bemessung (Berechnung) der **allgemeinen Beiträge** (Beiträge für laufende Bezüge) ist für Pflichtversicherte der im Beitragszeitraum (→ 6.2.9.) gebührende, auf Cent gerundete Arbeitsverdienst mit Ausnahme allfälliger Sonderzahlungen (§ 44 Abs. 1 ASVG).		Die **Sonderbeiträge** (Beiträge für Sonderzahlungen) sind von den Sonderzahlungen zu entrichten (§ 54 Abs. 1 ASVG). Sonderzahlungen sind Bezüge, die **in größeren Zeiträumen als den Beitragszeiträumen** gewährt werden, wie z.B. ein 13. oder 14. Monatsbezug, Weihnachts- oder Urlaubsgeld (§ 49 Abs. 2 ASVG).

Bei beiden Bezugsarten muss die **Höchstbeitragsgrundlage** berücksichtigt werden. Das ist jene betraglich festgelegte Grenze, bis zu der Beiträge berechnet werden (§§ 45, 54 ASVG).

Die genaue Beitragsermittlung für laufende Bezüge wird unter Punkt 11.4., die für Sonderzahlungen unter Punkt 23.3.1. behandelt.

6.2.9. Beitragszeitraum

Beitragszeitraum ist der Kalendermonat, der einheitlich mit 30 Tagen anzunehmen ist (§ 44 Abs. 2 ASVG) (→ 11.2.).

6.2.10. Beitragsverrechnung – Tarifsystem

Für die Beitragsverrechnung besteht ein **Tarifsystem,** welches modular gestaltet ist und sich aus drei aufeinander aufbauenden Bestandteilen zusammensetzt:

Beschäftigtengruppe (z.B. Angestellte, Arbeiterlehrlinge, geringfügig Beschäftigte Arbeiter, freie Dienstnehmer – Angestellte)

Ergänzungen zur Beschäftigtengruppe (z.B. Nachtschwerarbeits-Beitrag)

Abschläge/Zuschläge (z.B. einkommensabhängige Minderung des AV-Beitrags, Service-Entgelt)

Jeder Dienstnehmer ist einer **Beschäftigtengruppe** zuzuordnen. Diese legt die abzurechnenden Beiträge (Regelfall) für eine bestimmte Versichertengruppe fest und berücksichtigt dabei neben den Beiträgen zu AV, KV, PV und/oder UV auch sämtliche sonstige u.U. zu entrichtenden Nebenbeiträge bzw. Umlagen.

Ergänzungen zur Beschäftigtengruppe und/oder **Abschläge bzw. Zuschläge** vermindern bzw. erhöhen optional diesen Prozentsatz bzw. die zu entrichtenden Beiträge. Nicht alle Ergänzungen zur Beschäftigtengruppe bzw. Abschläge/Zuschläge wirken sich auf den vom Dienstnehmer zu entrichtenden Sozialversicherungsbeitrag aus. Vielmehr betreffen viele dieser Positionen ausschließlich die vom Dienstgeber zu entrichtenden Beiträge.

Siehe dazu auch Punkt 11.4.3.1.

Hinweis: Über einen **Tarifrechner** können die jeweilige Beschäftigtengruppe sowie Ergänzungen zur Beschäftigtengruppe und/oder Zu- bzw. Abschläge und in weiterer Folge die insgesamt abzurechnenden Beiträge festgestellt werden. Sie finden diesen u.a. unter: www.gesundheitskasse.at → Dienstgeber → Online-Services → Tarifrechner.

6.2.11. Versicherungsnummer

Weil Namensschreibweisen nicht immer eindeutig sind (und weil es auch Menschen gibt, die den gleichen Namen haben und am selben Tag geboren sind), muss es einen **Ordnungsbegriff** geben, der die Aufzeichnungen der Sozialversicherungsträger bei verschiedenen Menschen eindeutig auseinander hält. Die Versicherungsnummer stellt diesen Ordnungsbegriff dar.

Die Versicherungsnummer hat drei Teile:

- eine laufende Nummer (erste drei Stellen),
- eine Prüfziffer (vierte Stelle) und
- das Geburtsdatum (fünfte bis zehnte Stelle).

Die **Prüfziffer** ergibt sich daraus, dass die anderen Ziffern der Versicherungsnummer nach einem vorgegebenen Schema multipliziert werden, die Ergebnisse werden addiert und durch elf geteilt. Der Rest, der bleibt, ist die Prüfziffer. Dieses EDV-technische Prüfverfahren sichert, dass keine falschen Versicherungsnummern verwendet werden und dass Tippfehler rasch erkennbar sind.

Beispiel 1

Ermittlung der Prüfziffer einer Versicherungsnummer.

Angabe und Lösung:

3	7	9		5	8	4	2	1	6	← vorgegebene Faktorenreihe
LN	LN	LN	PZ	T	T	M	M	J	J	
2	1	8	9	2	6	0	8	4	0	← Versicherungsnummer

Stelle	×	Faktor		
2	×	3	=	6
1	×	7	=	7
8	×	9	=	72
2	×	5	=	10
6	×	8	=	48
0	×	4	=	0
8	×	2	=	16
4	×	1	=	4
0	×	6	=	0

163 : 11 = 14
53
9 (→ PZ)

6.2.12. Beitragskonto – Beitragskontonummer

Für jeden Dienstgeber, der Versicherte zur Sozialversicherung gemeldet hat, existiert zumindest ein **Beitragskonto** mit einer entsprechenden **Beitragskontonummer**. Einem Unternehmen können, je nachdem, wie viele Filialen, Außenstellen etc. bestehen, mehrere Beitragskontonummern zugewiesen werden. Beschäftigt ein Unternehmen Mitarbeiter in verschiedenen Bundesländern, ist für jedes Bundesland eine eigene Beitragskontonummer zu beantragen.

Die Beitragskontonummer dient als **zentraler Ordnungsbegriff** für die korrekte Abrechnung der Sozialversicherungsbeiträge. Sämtliche Meldungen (An-, Abmeldungen, monatliche Beitragsgrundlagenmeldungen usw.) und Zahlungseingänge sind daher immer mit jener Beitragskontonummer zu versehen, für die die jeweilige Meldung bzw. Zahlung erfolgt.

Eine neue Beitragskontonummer ist jedenfalls anzufordern, wenn das Firmenbuchgericht infolge der Umgründung eine **neue Firmenbuchnummer** und/oder das zuständige Finanzamt eine **neue Steuernummer** vergibt. Bleibt im Zuge der Umgründung ein Unternehmen im Firmenbuch bestehen, für das bereits eine Beitragskontonummer existiert, kann diese weiterverwendet werden.

Ist eine andere Beitragskontonummer zu verwenden, wird im nächsten Schritt der Zeitpunkt des Kontowechsels festgelegt. Aus praktischen Gründen ist die Umstellung auf ein anderes Beitragskonto mit einem Monatsersten (entweder Monatserster des laufenden Beitragszeitraums oder Monatserster nach der Eintragung ins Firmenbuch) durchzuführen. Dadurch wird eine untermonatige Trennung der Beitragsabrechnung vermieden.

Im Gegensatz zum Steuerrecht kann die Vergabe einer Beitragskontonummer nicht rückwirkend erfolgen (Nö. GKK, DGservice Juni 2010).

Praxistipp: Die Beantragung einer Beitragskontonummer kann z.B. über das dafür bestehende Online-Formular der Sozialversicherungsträger erfolgen (abrufbar auf der Website der Österreichischen Gesundheitskasse unter www.gesund heitskasse.at).

6.2.13. Dienstgebernummer

Für jedes Unternehmen (GmbH, Einzelunternehmen etc.) existiert **österreichweit** eine neunstellige Dienstgebernummer. Sämtliche Beitragskonten (Filialen, Außenstellen etc.) des jeweiligen Dienstgebers in den einzelnen Bundesländern werden unter dieser bundesweit einheitlichen „Kundennummer" zusammengefasst. Ein Dienstgeber kann daher immer nur eine einzige Dienstgebernummer besitzen. Die Dienstgebernummer ist derzeit ausschließlich für die Abwicklung der Auftraggeberhaftung[117] relevant.

6.3. Freiwillige Versicherung

Die Begründung einer freiwilligen Versicherung ist – im Gegensatz zur Pflichtversicherung – vom Willen des Einzelnen abhängig. Wer einer freiwilligen Versicherung beitritt, kann diese auch wieder beenden.

Das ASVG kennt drei Formen der freiwilligen Versicherung. Die

Selbstversicherung in der	**Weiterversicherung** in der	**Höherversicherung** in der
① Krankenversicherung,		
② Pensionsversicherung,	⑤ Pensionsversicherung	⑥ Pensionsversicherung und Unfallversicherung.
③ Unfallversicherung und bei		
④ geringfügiger Beschäftigung		

Diese Versicherung(en)

setzen **keine** vorangegangene Pflichtversicherung voraus.	setzt **eine** vorangegangene Pflicht- oder Selbstversicherung voraus.	setzen **eine bestehende** Pflicht-, Selbst- oder Weiterversicherung voraus.

117 Auftraggeber des Bau- und Baunebengewerbes bzw. Reinigungsgewerbes, die Aufträge an inländische Subunternehmer vergeben, müssen u.a. für die Sozialversicherungsbeiträge der Subunternehmer die Haftung übernehmen (→ 41.1.2.).

① Personen, die nicht in einer gesetzlichen Krankenversicherung pflichtversichert sind, können sich, solange ihr Wohnsitz im Inland gelegen ist, in der Krankenversicherung auf Antrag selbstversichern (§ 16 ASVG).
Bei Vorliegen der Pflege eines behinderten Kindes besteht die Möglichkeit zur Selbstversicherung bis zur Vollendung des 40. Lebensjahrs des Kindes (vgl. § 16 Abs. 2a ASVG), wobei die Beiträge nicht vom Versicherten zu leisten sind; sie werden aus Mitteln des Familienlastenausgleichsfonds (→ 37.3.3.1.) sowie des Bundes getragen (§ 77 Abs. 7 ASVG). Darüber hinaus besteht die Möglichkeit einer Selbstversicherung in der Krankenversicherung für Zeiten der Pflege naher Angehöriger (§ 16 Abs. 2b, 77 Abs. 7 ASVG).

② Personen, die das 15. Lebensjahr vollendet haben und nicht in einer gesetzlichen Pensionsversicherung pflicht- oder weiterversichert sind, können sich, solange ihr Wohnsitz im Inland gelegen ist, in der Pensionsversicherung selbstversichern (§ 16a ASVG).
Bei Vorliegen der Pflege eines behinderten Kindes besteht die Möglichkeit zur Selbstversicherung bis zur Vollendung des 40. Lebensjahrs des Kindes (vgl. § 18a ASVG), wobei die Beiträge nicht vom Versicherten zu leisten sind; sie werden aus Mitteln des Familienlastenausgleichsfonds (→ 37.3.3.1.) sowie des Bundes getragen (§ 77 Abs. 7 ASVG). Darüber hinaus besteht die Möglichkeit einer Selbstversicherung in der Pensionsversicherung für Zeiten der Pflege naher Angehöriger (vgl. §§ 18b, 77 Abs. 8 ASVG).

③ Mit Zustimmung eines Selbstständigen kann sich dessen Ehegatte, Kinder, Enkel usw., wenn diese im Betrieb tätig sind und nicht schon dadurch unfallversichert sind, freiwillig selbstversichern (§ 19 ASVG).

④ Kann von ausschließlich geringfügig Beschäftigten in Anspruch genommen werden (§ 19a ASVG) (→ 31.4.5.).

⑤ Die Weiterversicherung in der Pensionsversicherung kann nach Ausscheiden aus der Pflichtversicherung oder der Selbstversicherung erfolgen (§ 17 ASVG).

⑥ Unfallversicherte selbstständig Erwerbstätige können sich in der Unfallversicherung freiwillig höherversichern (§ 20 ASVG). Personen, die in einer Pensionsversicherung pflicht-, weiter- oder selbstversichert sind, können sich in dieser Versicherung höherversichern (§ 20 ASVG).

Für alle vorher genannten freiwilligen Versicherungen sehen die angegebenen Gesetzesstellen und die §§ 76 bis 79 ASVG jeweils genaue Regelungen bezüglich der Antragstellung, Durchführung, Höhe der Beiträge und Ende der Versicherung vor.

6.4. Formalversicherung

Hat ein Versicherungsträger bei einer **nicht der Pflichtversicherung** nach dem ASVG oder nach einem anderen Bundesgesetz (z.B. GSVG, BSVG, → 5.2.) **unterliegenden Person**[118]

- auf Grund der bei ihm **vorbehaltlos** erstatteten, **nicht vorsätzlich unrichtigen Anmeldung** den Bestand der Pflichtversicherung als gegeben angesehen und

118 Bei einer nicht der Pflichtversicherung unterliegenden Person nach dem ASVG handelt es sich z.B. um einen Obmann eines Vereins, auch wenn dieser eine Funktionsgebühr bezieht. In diesem Fall gibt es i.d.R. keinen Dienstgeber i.S.d. ASVG (→ 6.2.1.) und darüber hinaus mangelt es an einer Verpflichtung zu Dienstleistungen. Erledigt aber ein Vereinsobmann zusätzlich zu seiner Funktionstätigkeit bestimmte andere Tätigkeiten (z.B. Büroarbeiten), so kann für diesen Bereich eine Pflichtversicherung nach § 4 Abs. 2 bzw. § 4 Abs. 4 ASVG (als Dienstnehmer bzw. freier Dienstnehmer) durchaus in Betracht kommen (E-MVB, 004-ABC-F-010).

- für den vermeintlich Pflichtversicherten **drei Monate** ununterbrochen die **Beiträge** unbeanstandet angenommen,
- so besteht ab dem Zeitpunkt, für den erstmals die Beiträge entrichtet worden sind, eine Formalversicherung[119] (§ 21 Abs. 1 ASVG).

Eine Formalversicherung stellt eine rechtsgültige Versicherung dar[120]; daher ist eine Rückforderung der entrichteten Beiträge grundsätzlich nicht möglich[121] (§§ 21 Abs. 3, 69 Abs. 2 ASVG) (→ 37.2.3.).

Die Formalversicherung endet, wenn nicht schon früher eine Beendigung durch Abmeldung erfolgt, grundsätzlich mit dem Tag der Zustellung des **Bescheids** des Versicherungsträgers über das Ausscheiden aus der Versicherung (§ 21 Abs. 2 ASVG) (→ 42.2.1.). Darüber hinaus endet eine Formalversicherung auch dann, wenn sich z.B. durch Vertragsänderung ein Pflichtversicherungsverhältnis ergeben sollte.

Endet eine Pflichtversicherung und ist die Abmeldung unterblieben (→ 40.1.1.3.), liegt **keine Formalversicherung** vor. Dies gilt auch für „Scheinanmeldungen", da in diesem Fall die Anmeldung vorsätzlich unrichtig erstattet wurde.

Die Bestimmungen über die Formalversicherung gelten auch für den Antrag eines vermeintlich Versicherungsberechtigten auf **freiwillige** Selbstversicherung oder Weiterversicherung (§ 22 ASVG).

Da die Arbeitslosenversicherung nur bei Bestand eines Dienstverhältnisses gegeben ist (§ 1 AlVG), sind formalversicherte Personen nicht auch arbeitslosenversichert (VwGH 17.10.2004, 2002/08/0068).

6.5. Rechtsunwirksame Vereinbarungen, Grundsätze der Sachverhaltsfeststellung

Vereinbarungen, wonach die Anwendung der Bestimmungen des ASVG zum **Nachteil der Versicherten** (ihrer Angehörigen) im Voraus ausgeschlossen oder beschränkt wird, sind **ohne rechtliche Wirkung** (§ 539 ASVG).

Für die Beurteilung von Sachverhalten nach dem ASVG ist in wirtschaftlicher Betrachtungsweise der wahre wirtschaftliche Gehalt und nicht die äußere Erscheinungsform des Sachverhalts (z.B. Werkvertrag, Dienstvertrag) maßgebend.

Durch den Missbrauch von Formen und durch Gestaltungsmöglichkeiten des bürgerlichen Rechts können Verpflichtungen nach dem ASVG, besonders die Versicherungspflicht, **nicht umgangen** oder **gemindert werden** ①.

Ein Sachverhalt ist so zu beurteilen, wie er bei einer den wirtschaftlichen Vorgängen, Tatsachen und Verhältnissen angemessenen rechtlichen Gestaltung zu beurteilen gewesen wäre.

119 Eine Formalversicherung ist dann gegeben, wenn nachträglich festgestellt wird, dass eine Person nicht nach dem ASVG pflichtversichert wäre. Sie soll die betroffene Person davor schützen, rückwirkend ohne Versicherungsschutz gewesen zu sein.

120 Daher zählen z.B. Zeiten einer Formalversicherung als Versicherungszeiten in der Pensionsversicherung.

121 Der Zweck dieser Regelung besteht darin, den Schutz des Vertrauens eines vermeintlich Pflichtversicherten zu gewährleisten und komplizierte Rückabwicklungen der einbezahlten Beiträge und der von den Versicherungsträgern erbrachten Leistungen zu vermeiden. Allerdings ist die Rückforderung von Beiträgen zu einer Versicherung, durch deren Zahlung die Formalversicherung begründet wurde, zulässig, wenn der Versicherungsträger keine Leistungen erbracht hat (E-MVB, 069-02-00-001).

Scheingeschäfte und andere Scheinhandlungen sind für die Feststellung eines Sachverhalts ohne Bedeutung. Wird durch ein Scheingeschäft ein anderes Rechtsgeschäft verdeckt, so ist das verdeckte Rechtsgeschäft für die Beurteilung maßgebend.

① Ein solcher Missbrauch ist u.a. dann gegeben, wenn eine **einvernehmliche Lösung** des Dienstverhältnisses (verbunden mit einer Wiedereinstellungszusage nach Gesundschreibung) **während eines Krankenstands** nur deshalb vorgenommen wird, um sich als Dienstgeber

- die Fortzahlung des Krankenentgelts und
- die Entrichtung der Sozialversicherungsbeiträge

zu ersparen. Da offensichtlich kein Beendigungswille besteht (sondern eine unzulässige Umgehungskonstruktion vorliegt), bleibt auch die sozialversicherungsrechtliche Beitragspflicht des Dienstgebers aufrecht.

Rechtlich möglich ist allerdings eine einvernehmliche Lösung während eines Krankenstands dann, wenn die Beendigung des Dienstverhältnisses auf Dauer beabsichtigt ist. In beiden Fällen ist – davon unabhängig – eine etwaige Entgeltfortzahlungspflicht (→ 25.5.) zu beachten.

Die Grundsätze, nach denen

1. die wirtschaftliche Betrachtungsweise,
2. Scheingeschäfte, Formmängel und Anfechtbarkeit sowie
3. die Zurechnung

nach den §§ 21 bis 24 der BAO für Abgaben zu beurteilen sind, gelten auch dann, wenn eine Pflichtversicherung und die sich daraus ergebenden Rechte und Pflichten nach diesem Bundesgesetz zu beurteilen sind (§ 539a ASVG).

Für die **Zuordnung eines Vertrags** zu einem bestimmten Vertragstyp kommt es im Sinn einer wirtschaftlichen Betrachtungsweise auf den wahren wirtschaftlichen Gehalt der von den Parteien getroffenen Vereinbarung an. Dabei hat das vertraglich Vereinbarte zunächst die Vermutung der Richtigkeit für sich. Das bedeutet also: Gibt es keine Anhaltspunkte dafür, dass die von den Parteien getroffene Vereinbarung von der Handhabung des Vertrags in der Praxis abweicht, ist davon auszugehen, dass der Vertrag so vollzogen wird, wie er abgeschlossen wurde. Weicht die tatsächliche Ausübung der Beschäftigung hingegen vom Vertrag ab, so sind die tatsächlich gelebten wahren Verhältnisse maßgebend.

6.6. Auslegungs- und Arbeitsbehelfe

Alle Rechtsvorschriften, die vom Dachverband (DVSV) und den Sozialversicherungsträgern erlassen werden, sind in ihrer authentischen Fassung unter www.ris.bka.gv.at/Avsv (Amtliche Verlautbarungen der Sozialversicherung) verlautbart. Eine Zusammenstellung des gesamten Sozialversicherungsrechts mit umfangreichen Suchmöglichkeiten und Informationen finden Sie in der vom Dachverband betriebenen Sozialrechtsdokumentation (SozDok) unter www.sozdok.at.

Darüber hinaus hat der DVSV Empfehlungen (sog. „E-MVB") erstellt, die eine Interpretationshilfe für Dienstgeber darstellen. Näheres dazu finden Sie unter Punkt 5.3.1.

Allgemeine Informationen zur Sozialversicherung und einen Arbeitsbehelf für Dienstgeber und Personalverrechner finden Sie auf der Website der Österreichischen Gesundheitskasse unter www.gesundheitskasse.at.

7. Einführung in das Einkommensteuergesetz

In diesem Kapitel werden u.a. Antworten auf folgende praxisrelevanten Fragestellungen gegeben:

- Wann liegt steuerrechtlich ein echtes Dienstverhältnis vor? Seite 112 f.
- Welche Leistungen des Arbeitgebers unterliegen der (Lohn-)Steuerpflicht? Seite 113 ff.
- Wie wird die (lohn-)steuerliche Bemessungsgrundlage gebildet? Seite 118 f.

7.1. Geltungsbereich

Das **Einkommensteuergesetz 1988** (EStG 1988), Bundesgesetz vom 7. Juli 1988, BGBl 1988/400,

- regelt die Besteuerung des Einkommens natürlicher Personen (→ 2.3.) (§ 1 Abs. 1 EStG).

Das EStG enthält Bestimmungen darüber, welche natürlichen Personen mit welchen Einkünften – und wie diese berechnet werden – in Österreich steuerpflichtig sind.

Für alle bundes-, landes- und gemeindegesetzlich geregelten Abgaben, zu denen auch die Einkommensteuer gehört, regelt die Bundesabgabenordnung (BAO, BGBl 1961/194) das Verfahren zur Erhebung und zur Einhebung.

7.2. Unbeschränkte und beschränkte Einkommensteuerpflicht

Das EStG teilt von vornherein – unabhängig von der Art der Einkünfte und von der Staatsangehörigkeit – alle natürlichen Personen in

unbeschränkt steuerpflichtige Personen (sog. Steuerinländer)	und in	**beschränkt steuerpflichtige** Personen (→ 31.1., → 31.10.) (sog. Steuerausländer).
	Es macht dies davon abhängig, ob die natürliche Person im Inland	
einen Wohnsitz oder ihren gewöhnlichen Aufenthalt hat (§ 1 Abs. 2 EStG);		**weder** einen Wohnsitz **noch** ihren gewöhnlichen Aufenthalt hat (§ 1 Abs. 3 EStG). Darüber hinaus muss die natürliche Person Inlandseinkünfte i.S.d. § 98 EStG erzielen.
Die unbeschränkte Steuerpflicht **beginnt** mit der Begründung eines Wohnsitzes oder des gewöhnlichen Aufenthalts im Inland und **endet** mit dem Tod, der Aufgabe des Wohnsitzes und/oder des gewöhnlichen Aufenthalts im Inland.		Die beschränkte Steuerpflicht **beginnt** mit dem Vorliegen dieser inländischen Einkünfte oder der Aufgabe des inländischen Wohnsitzes bzw. gewöhnlichen Aufenthalts bei weiterem Erzielen von Inlandseinkünften. Die (beschränkte) Steuerpflicht **endet** mit dem Wegfall der inländischen Einkünfte, dem Eintritt in die unbeschränkte Steuerpflicht oder dem Tod der beschränkt steuerpflichtigen Person.

Für die Auslegung der Begriffe „Wohnsitz" und „gewöhnlicher Aufenthalt" ist der Wortlaut des § 26 BAO und die hiezu ergangene Rechtsprechung maßgeblich.

Einen **Wohnsitz**[122] hat eine Person dort,

- wo sie eine Wohnung innehat unter Umständen, die darauf schließen lassen, dass sie die Wohnung beibehalten und benutzen wird (§ 26 Abs. 1 BAO).

Wohnsitz heißt eine Wohnung innezuhaben, also über Räumlichkeiten tatsächlich und/oder rechtlich verfügen zu können, d.h. sie jederzeit für den eigenen Wohnbedarf benützen zu können. Dabei kann es sich beispielsweise auch um angemietete Wohnungen oder um Untermietzimmer handeln, die jederzeit für den eigenen Wohnbedarf verwendet werden können. Die polizeiliche Anmeldung ist für den Wohnsitzbegriff im Sinn einer faktischen Wohnmöglichkeit nicht ausschlaggebend, doch kann sie ein Indiz für die Annahme eines Wohnsitzes sein. Ein Wohnsitz wird nicht begründet, wenn der Arbeitgeber lediglich eine Schlafstelle (entgeltlich oder unentgeltlich) zur Verfügung stellt, die der Arbeitnehmer mit anderen Personen teilen muss (LStR 2002, Rz 3).

Den **gewöhnlichen Aufenthalt** hat eine Person dort,

- wo sie sich unter Umständen aufhält, die erkennen lassen, dass sie an diesem Ort oder in diesem Land nicht nur vorübergehend verweilt.

Wenn Abgabenvorschriften die unbeschränkte Abgabepflicht an den gewöhnlichen Aufenthalt knüpfen, tritt diese jedoch stets dann ein (und zwar rückwirkend), wenn der Aufenthalt im Inland **länger als sechs Monate**[123] dauert. In diesem Fall erstreckt sich die Abgabepflicht auch auf die ersten sechs Monate (§ 26 Abs. 2 BAO).

Kurzfristige Auslandsaufenthalte hemmen den sechsmonatigen Fristenlauf, wenn die Umstände darauf schließen lassen, dass die Person nach Beendigung des Auslandsaufenthalts wiederum in das Inland zurückkehrt. Dies ist beispielsweise bei Urlauben, Geschäftsreisen oder Familienheimfahrten der Fall. Auch im Fall der Aussetzung eines Beschäftigungsverhältnisses (z.B. vorübergehende Karenzierung oder Beurlaubung) kann von einer Hemmung des Fristenlaufs ausgegangen werden. Die Dauer der kurzfristigen Unterbrechung oder Aussetzung wird bei Berechnung der Sechsmonatsfrist nicht mitgezählt (LStR 2002, Rz 5).

Ausländische Arbeitnehmer, die eine Arbeitserlaubnis oder einen Arbeitsvertrag für die Dauer von mehr als sechs Monaten besitzen, haben ihren gewöhnlichen Aufenthalt im Inland und sind daher bereits ab Beginn des Inlandsaufenthalts jedenfalls unbeschränkt steuerpflichtig. Sie unterliegen daher auch ohne inländischen Wohnsitz ab der Aufnahme der Arbeitstätigkeit im Inland den für unbeschränkt Steuerpflichtige geltenden Vorschriften des EStG (LStR 2002, Rz 4).

Bei kurzfristig beschäftigten **ausländischen Saisonarbeitern** liegt der gewöhnliche Aufenthalt im Inland nicht vor, weil sich diese Personen nur vorübergehend im Inland aufhalten. Es kommt daher nur der Subsidiartatbestand nach § 26 Abs. 2 BAO

122 Bei Abgabepflichtigen, deren Mittelpunkt der Lebensinteressen sich länger als fünf Kalenderjahre im Ausland befindet, begründet eine inländische Wohnung gem. § 1 Abs. 1 **Zweitwohnsitzverordnung** nur in jenen Jahren einen Wohnsitz i.S.d. § 1 EStG, in denen diese Wohnung allein oder gemeinsam mit anderen inländischen Wohnungen an mehr als 70 Tagen benutzt wird.

123 Es ist nicht notwendig, dass diese sechs Monate in einem Kalenderjahr liegen.

des Aufenthalts von mehr als sechs Monaten im Inland zum Zug, wobei sich die Sechsmonatsfrist auch über mehrere Veranlagungszeiträume erstrecken kann. Ist der ausländische Saisonarbeiter in vergangenen Jahren wiederholt nach Österreich gekommen, rechtfertigt dies noch nicht die Annahme, dass er nicht nur vorübergehend in Österreich verbleiben wollte. Vielmehr ist davon auszugehen, dass sein Aufenthalt in Österreich nur vorübergehend – nämlich für die Zeit der Saisonarbeit – gedacht war. Die unbeschränkte Steuerpflicht tritt daher bei ausländischen Saisonarbeitern, die im Inland über keinen Wohnsitz verfügen, nur dann ein, wenn der Aufenthalt im Inland länger als sechs Monate dauert. Sie besteht in diesem Fall vom ersten Tag an (LStR 2002, Rz 5).

Ausländische Arbeitnehmer (**Grenzgänger** bzw. **Tagespendler**, → 31.10.1.) ohne inländischen Wohnsitz, die Arbeitsleistungen im Inland verrichten und täglich zu ihrem ausländischen Wohnsitz zurückkehren, unterliegen der beschränkten Steuerpflicht. Dies gilt auch dann, wenn die inländische Arbeitsverrichtung länger als sechs Monate dauert. Sieht ein Doppelbesteuerungsabkommen (DBA) eine Grenzgängerregelung vor (DBA mit Italien, Deutschland und Liechtenstein), kommt es für die davon betroffenen Arbeitnehmer grundsätzlich zu keiner Besteuerung im Inland (LStR 2002, Rz 6).

Unter bestimmten Voraussetzungen werden auf Antrag **EWR-(EU-)Bürger**, die im Inland weder einen Wohnsitz noch ihren gewöhnlichen Aufenthalt haben, im Weg der Veranlagung (→ 15.) als unbeschränkt steuerpflichtig behandelt (§ 1 Abs. 4 EStG).

Erläuterungen zu den EWR-(EU-)Bürgern mit inländischen Einkünften finden Sie in den Lohnsteuerrichtlinien 2002 unter den Randzahlen 7 bis 12.

Die

unbeschränkte Steuerpflicht	beschränkte Steuerpflicht
erstreckt sich	
auf **alle** Einkünfte (auf die sog. „Welteinkünfte"), dies unabhängig davon, ob es sich um inländische oder ausländische Einkünfte handelt oder die Einkünfte bereits im Ausland besteuert worden sind (§ 1 Abs. 2 EStG);	**nur auf bestimmte** im § 98 EStG angeführte inländische Einkünfte (§ 1 Abs. 3 EStG).

Um Doppelbesteuerungen z.B. bei Doppelwohnsitzen oder in solchen Fällen, in denen Wohnsitz und Einkunftsquelle in verschiedenen Ländern liegen, zu vermeiden, bestehen mit zahlreichen Staaten sog. **Doppelbesteuerungsabkommen** (bilaterale Steuerabkommen).

In den **Doppelbesteuerungsabkommen** wird das Besteuerungsgut (Einkommen) zwischen den Vertragstaaten aufgeteilt. Dies erfolgt durch die **Zuteilungsregeln**, die einen bestimmten Teil des Einkommens bezeichnen und festlegen, welcher Staat für diese Einkünfte das Besteuerungsrecht hat. Dabei wird zwischen Wohnsitzstaat und Tätigkeitsstaat (bzw. „Quellenstaat") unterschieden. Doppelbesteuerungsabkommen werden im Bundesgesetzblatt (BGBl) verlautbart.

Die meisten österreichischen Doppelbesteuerungsabkommen enthalten eine dem Art. 15 des OECD-Musterabkommens zur Vermeidung der Doppelbesteuerung des Einkommens und Vermögens nachgebildete Bestimmung. Diese weist das Besteuerungsrecht grundsätzlich dem Wohnsitzstaat zu, außer die Tätigkeit wird im anderen Staat ausgeübt. Dann erhält dieser Staat (Tätigkeitsstaat) das Besteuerungsrecht. Darüber hinaus sieht Art. 15 Abs. 2 des OECD-Musterabkommens vor, dass bei einer **Auslandsentsendung** eines Arbeitnehmers das Besteuerungsrecht an den Arbeitslöhnen nicht auf den Tätigkeitsstaat (den „anderen Staat") übergeht, sondern dem Ansässigkeitsstaat verbleibt, wenn

a) der Empfänger sich im anderen Staat insgesamt nicht länger als 183 Tage (183 Aufenthaltstage = sechs Monate) innerhalb eines Zeitraums von zwölf Monaten[124], der während des betreffenden Steuerjahrs beginnt oder endet[125], aufhält und
b) die Vergütungen von einem Arbeitgeber oder für einen Arbeitgeber bezahlt werden, der nicht im anderen Staat ansässig ist, und
c) die Vergütungen nicht von einer Betriebsstätte getragen werden, die der Arbeitgeber im anderen Staat hat.

Weiters besteht ein **Doppelbesteuerungsgesetz** (BGBl I 2010/69), das die rechtliche Grundlage zur Vermeidung einer Doppelbesteuerung auf der Grundlage der Gegenseitigkeit, auch gegenüber solchen ausländischen Gebieten (mit Steuerjurisdiktion), schafft, denen **keine anerkannte Völkerrechtssubjektivität** zukommt und daher Doppelbesteuerungsabkommen nicht in Betracht kommen. Dieses Gesetz sieht die Erteilung einer **Verordnungsermächtigung** an den Bundesminister für Finanzen im Einvernehmen mit dem Bundesminister für europäische und internationale Angelegenheiten vor. Dadurch soll auf der Basis der Gegenseitigkeit der Eintritt der internationalen Doppelbesteuerung nach den üblichen Grundsätzen des internationalen Steuerrechts (wie OECD-Musterabkommen) beseitigt werden.

7.3. Einkunftsarten

Der Einkommensteuer unterliegen folgende Einkunftsarten:

1. Einkünfte aus Land- und Forstwirtschaft, 2. Einkünfte aus selbstständiger Arbeit, 3. Einkünfte aus Gewerbebetrieb,	sog. „betriebliche Einkunftsarten"
4. **Einkünfte aus nicht selbstständiger Arbeit,** 5. Einkünfte aus Kapitalvermögen, 6. Einkünfte aus Vermietung und Verpachtung, 7. sonstige Einkünfte (§ 2 Abs. 3 EStG).	sog. „außerbetriebliche Einkunftsarten"

Zu welchen Einkunftsarten die Einkünfte im Einzelfall gehören, bestimmen die §§ 21 bis 23, 25, 27 bis 29 EStG.

Vermögenszugänge, die sich unter § 2 Abs. 3 EStG nicht einreihen lassen, scheiden von vornherein von der Einkommensbesteuerung aus; sie sind nicht steuerbar (→ 7.5.) (LStR 2002, Rz 18). Beispiele dafür sind: Finderlohn; Schmerzensgeld; Erbschaften; Schenkungen, soweit sie nicht belohnende Schenkungen innerhalb einer Einkunftsquelle

124 Der Bezugszeitraum des 183-Tage-Aufenthalts ist in den Doppelbesteuerungsabkommen unterschiedlich geregelt. Viele österreichische Doppelbesteuerungsabkommen stellen aber auf das Kalender- oder Steuerjahr ab.
125 Kalenderjahresübergreifende 12-Monats-Frist.

darstellen; Lotteriegewinne und Gewinne aus Preisausschreiben, bei denen für die Vergabe der Preise die Auslosung der Gewinner unter zahlreichen richtigen Einsendungen maßgebend ist.

Werden solche Vermögenszugänge zinsbringend angelegt, unterliegen diese Zinsen den Einkünften aus Kapitalvermögen.

7.4. Arbeitnehmer, Arbeitgeber, Dienstverhältnis

Eine natürliche Person, die **Einkünfte aus nicht selbstständiger Arbeit** (Arbeitslohn) bezieht, ist **Arbeitnehmer.**

Wer Arbeitslohn auszahlt, ist **Arbeitgeber** (§ 47 Abs. 1 EStG).

Ein (lohnsteuerliches) **Dienstverhältnis** liegt vor,

- wenn der Arbeitnehmer dem Arbeitgeber **seine Arbeitskraft schuldet**.

Dies ist der Fall, wenn die tätige Person in der Betätigung ihres geschäftlichen Willens unter der Leitung des Arbeitgebers steht oder im **geschäftlichen Organismus** des Arbeitgebers[126] dessen Weisungen zu folgen verpflichtet ist[127] [128].

---

126 Die Eingliederung in den geschäftlichen Organismus ist im Sinn einer Abhängigkeit vom Arbeitgeber zu verstehen. Sie zeigt sich u.a. in der Vorgabe von **Arbeitszeit, Arbeitsort und Arbeitsmittel** durch den Arbeitgeber sowie die unmittelbare Einbindung der Tätigkeit in betriebliche Abläufe des Arbeitgebers. Ein Tätigwerden nach den jeweiligen zeitlichen Gegebenheiten bringt eine Eingliederung in den Unternehmensorganismus zum Ausdruck, was dem Vorliegen eines Werkverhältnisses zuwider läuft. Der zeitlichen und organisatorischen Eingliederung in den Unternehmensbereich wird allerdings dann keine wesentliche Bedeutung zukommen, wenn die Arbeitsleistung überwiegend oder gänzlich außerhalb örtlicher Einrichtungen des Arbeitgebers erbracht wird (z.B. Heimarbeit, Vertretertätigkeit) und auch keine Eingliederung in einer anderen Form (z.B. EDV-Vernetzung) vorliegt. Der Frage, ob einem Vertreter von seinem Geschäftsherrn eine Räumlichkeit zur Verfügung gestellt wird oder nicht, kommt keine wesentliche Bedeutung für die Beurteilung zu, ob ein Dienstverhältnis vorliegt. Bei **einfachen manuellen Tätigkeiten oder Hilfstätigkeiten,** die in Bezug auf die Art der Arbeitsausführung und die Verwertbarkeit keinen ins Gewicht fallenden Gestaltungsspielraum des Dienstnehmers erlauben, kann bei einer Integration des Beschäftigten in den Betrieb des Beschäftigters – in Ermangelung gegenläufiger Anhaltspunkte – das Vorliegen eines Beschäftigungsverhältnisses in persönlicher Abhängigkeit ohne weitwendige Untersuchungen vorausgesetzt werden (LStR 2002, Rz 936).

127 Die Legaldefinition enthält zwei Kriterien, die für das Vorliegen eines Dienstverhältnisses sprechen, nämlich die **Weisungsgebundenheit** gegenüber dem Arbeitgeber und die **Eingliederung in den geschäftlichen Organismus** des Arbeitgebers. Es ist zu beachten, dass nicht schon jede Unterordnung unter den Willen eines anderen die Arbeitnehmereigenschaft einer natürlichen Person zur Folge haben muss, denn auch der Unternehmer, der einen Werkvertrag erfüllt, wird sich in aller Regel bezüglich seiner Tätigkeiten zur Einhaltung bestimmter Weisungen seines Auftraggebers verpflichten müssen, ohne hierdurch seine Selbstständigkeit zu verlieren. Dieses sachliche Weisungsrecht ist auf den Arbeitserfolg gerichtet, während das für die Arbeitnehmereigenschaft sprechende persönliche Weisungsrecht einen Zustand wirtschaftlicher und persönlicher Abhängigkeit fordert. Die persönlichen Weisungen sind auf den zweckmäßigen Einsatz der Arbeitskraft gerichtet und dafür charakteristisch, dass der Arbeitnehmer nicht die Ausführung einzelner Arbeiten verspricht, sondern seine Arbeitskraft zur Verfügung stellt. So nimmt das persönliche Weisungsrecht des Arbeitgebers etwa auf die Art der Ausführung der Arbeit, die Zweckmäßigkeit des Einsatzes der Arbeitsmittel, die zeitliche Koordination der zu verrichtenden Arbeiten, die Vorgabe des Arbeitsorts usw. Einfluss. Ein Weisungsrecht kann auch durch die **„stille Autorität"** des Arbeitgebers gegeben sein. Mit der Bezeichnung „stille Autorität" des Arbeitgebers wird ein – durch Kontrollrechte abgesichertes – Weisungsrecht des Arbeitgebers umschrieben, welches sich nicht in konkreter Form äußert, weil der Arbeitnehmer z.B. von sich aus weiß, wie er sich „im Betrieb" des Dienstgebers zu bewegen und zu verhalten hat. Ein vertraglicher Verzicht auf das Weisungsrecht ist hingegen mit der „stillen Autorität" eines Weisungsberechtigten, der keine Weisungen erteilt, nicht vergleichbar. Bei gering ausgeprägter Einbindung in die Betriebsorganisation hinsichtlich Arbeitszeit, Arbeitsort und arbeitsbezogenen Verhaltens („delegierter Aktionsbereich eines Unternehmens") ist es entscheidend, dass ein Weisungs- und Kontrollrecht des Arbeitgebers besteht und dadurch die Bestimmungsfreiheit des Arbeitnehmers weitgehend ausgeschaltet ist. Dabei schadet es nicht, wenn der Arbeitgeber dem Arbeitnehmer – angesichts der vom Unternehmenssitz dislozierten oder überwiegend in seiner Abwesenheit verrichteten Beschäftigung – keine konkreten persönlichen Weisungen erteilt. Vielmehr kommt es darauf an, dass der Arbeitgeber statt der unmittelbaren Weisungsmöglichkeit über eine entsprechende Kontrollmöglichkeit verfügt (LStR 2002, Rz 935).

128 Merkmal eines Dienstverhältnisses ist daher auch das Nichtvorliegen eines Unternehmerrisikos (LStR 2002, Rz 937).

Ein Dienstverhältnis ist weiters dann anzunehmen, wenn bei einer Person, die an einer Kapitalgesellschaft nicht wesentlich i.S.d. § 22 Z 2 EStG beteiligt ist, die Voraussetzungen des § 25 Abs. 1 Z 1 lit. b EStG vorliegen[129]. Ein Dienstverhältnis ist weiters bei Personen anzunehmen, die Bezüge gem. § 25 Abs. 1 Z 4 und 5 beziehen[130] (§ 47 Abs. 2 EStG).

Ein Dienstverhältnis ist auch dann nicht ausgeschlossen, wenn der Arbeitnehmer über eine Gewerbeberechtigung für die ausgeübte Tätigkeit verfügt (vgl. VwGH 21.12.2011, 2010/08/0129; LStR 2002, Rz 949a).

Weitere Erläuterungen und Abgrenzungsmerkmale für die Beurteilung eines Dienstverhältnisses finden Sie in den Lohnsteuerrichtlinien 2002 unter den Randzahlen 918 bis 1019.

Bei Antritt des Dienstverhältnisses hat der Arbeitnehmer dem Arbeitgeber unter Verwendung eines amtlichen Vordrucks und unter **Vorlage einer amtlichen Urkunde**, die geeignet ist, seine **Identität** nachzuweisen, **folgende Daten** bekannt zu geben:

- Name,
- Versicherungsnummer gem. § 31 ASVG[131],
- Wohnsitz.

Wurde für den Arbeitnehmer eine Versicherungsnummer nicht vergeben, ist das Geburtsdatum anzuführen (§ 128 EStG).

Als amtlicher Vordruck dient die Anmeldung zur Sozialversicherung. Die **Anmeldebestätigung** ist zum **Lohnkonto** zu nehmen.

Der **Nachweis der Identität** hat durch Vorlage einer geeigneten amtlichen Urkunde zu erfolgen. Die Regelung des Identitätsnachweises erfolgte in Anlehnung an § 12 Abs. 1 des Meldegesetzes 1991. Als **geeignete Urkunden** zählen insb. Reisepass, Personalausweis, Führerschein, Geburtsurkunde in Verbindung mit einem Meldezettel.

7.5. Leistungen des Arbeitgebers

Die vom Arbeitgeber erbrachten Leistungen teilen sich in

Einkünfte aus nicht selbstständiger Arbeit (Arbeitslohn)	und	**Leistungen, die nicht unter die Einkünfte aus nicht selbstständiger Arbeit fallen.**
Ⓐ		Ⓑ

129 **Gesellschafter-Geschäftsführer** von Kapitalgesellschaften, die zu **nicht mehr als 25%** am Grund- oder Stammkapital beteiligt sind, stehen unter den Voraussetzungen des § 25 Abs. 1 Z 1 lit. a EStG (bei Überwiegen der Merkmale der Unselbstständigkeit) und des § 25 Abs. 1 Z 1 lit. b EStG (gesellschaftsrechtliche Weisungsfreistellung und Eingliederung in den Organismus des Betriebs des Unternehmens) in einem **Dienstverhältnis** zur Kapitalgesellschaft (LStR 2002, Rz 984). Die Vereinbarung einer sog. Sperrminorität steht einem (steuerlichen) Dienstverhältnis nur dann nicht entgegen, wenn es sich um einen Gesellschafter-Geschäftsführer handelt (VwGH 19.5.2020, Ra 2018/13/0061). Diesfalls liegen Einkünfte aus nichtselbständiger Arbeit nach § 25 Abs. 1 Z 1 lit. b EStG vor. Beträgt der Anteil am Grund- oder Stammkapital dagegen mehr als 25% (wesentliche Beteiligung), so sind die Gehälter und sonstigen Vergütungen als selbstständige Einkünfte zur Einkommensteuer zu veranlagen (LStR 2002, Rz 670) (→ 31.9.).

130 Siehe Punkt 7.5.

131 Die Versicherungsnummer ist ein Ordnungsbegriff und wurde als bereits bestehender Ordnungsbegriff von der Finanzverwaltung übernommen (→ 6.2.11.).

Ⓐ

Die **Einkünfte aus nicht selbstständiger Arbeit** (Arbeitslohn) zählt das EStG im § 25 Abs. 1 taxativ (erschöpfend) auf.

Dazu gehören u.a.

1. a) **Bezüge und Vorteile**[132] aus einem bestehenden oder früheren **Dienstverhältnis**. Dazu zählen auch **Pensionszusagen**[133], wenn sie ganz oder teilweise anstelle des bisher bezahlten Arbeitslohns oder der Lohnerhöhungen, auf die jeweils ein Anspruch besteht, gewährt werden[134], ausgenommen eine lohngestaltende Vorschrift i.S.d. § 68 Abs. 5 Z 1 bis 6 EStG (→ 18.3.2.1.2.) sieht dies vor[135].
   b) **Bezüge und Vorteile** von **Personen**, die an Kapitalgesellschaften (AG, GmbH) **nicht wesentlich** i.S.d. § 22 Z 2 EStG (d.h. nicht mehr als 25%) **beteiligt** sind, auch dann, wenn bei einer sonst alle Merkmale eines Dienstverhältnisses aufweisenden Beschäftigung die Verpflichtung, den Weisungen eines anderen zu folgen, auf Grund gesellschaftsvertraglicher Sonderbestimmung (= Sperrminorität) fehlt (→ 31.9.).
   c) **Bezüge** aus einer gesetzlichen **Kranken- oder Unfallversorgung** (→ 25.1.3.1.).
2. **Bezüge und Vorteile** aus inländischen und ausländischen **Pensionskassen** (→ 30.2.2.2.); **Bezüge und Vorteile** aus **Betrieblichen Vorsorgekassen** (BV-Kassen) (→ 36.2.2.1.).
3. **Pensionen aus der gesetzlichen Sozialversicherung** (Pensionsbezieher sind somit den Arbeitnehmern, pensionsauszahlende Stellen sind den Arbeitgebern gleichgestellt).
4. **Bezüge und Auslagenersätze** i.S.d. **Bezügegesetzes** und Bezüge und Auslagenersätze von **Mitgliedern einer Landesregierung**, eines **Landtages** oder Mitgliedern einer **Stadt-, Gemeinde- oder Ortsvertretung**.
5. **Bezüge und Auslagenersätze** von **Vortragenden**, Lehrenden und Unterrichtenden, die diese Tätigkeit im Rahmen eines von der Bildungseinrichtung vorgegebenen Studien-, Lehr- oder Stundenplans ausüben, und zwar auch dann, wenn mehrere Wochen- oder Monatsstunden zu Blockveranstaltungen zusammengefasst werden ①.

---

132 Der Begriff „Bezüge und Vorteile" umfasst **alle Einnahmen und geldwerten Vorteile**, die dem Arbeitnehmer auf Grund des Dienstverhältnisses wiederkehrend oder einmalig (mehrmalig) zufließen (LStR 2002, Rz 647).
Entschädigungen im Zusammenhang mit der **Stornierung eines Urlaubs** sowie **Entschädigungen** nach dem **Gleichbehandlungsgesetz** finden Sie in den Lohnsteuerrichtlinien 2002 unter den Randzahlen 656a und 656b.
Verzugszinsen, die im Zusammenhang mit nicht selbstständigen Einkünften zufließen (z.B. Verzugszinsen für Lohnnachzahlungen, Verzugszinsen bei Vergleichssummen), zählen zu den Einkünften aus nicht selbstständiger Arbeit (LStR 2002, Rz 669b).
Lohnsteuernachforderungen auf Grund der Haftung des Arbeitgebers (→ 41.2.1.), für die der Arbeitgeber seine **Arbeitnehmer nicht in Anspruch nimmt**, sind **nicht** als **Vorteil** aus dem Dienstverhältnis anzusehen (§ 86 Abs. 3 EStG).

133 Eine Pensionszusage liegt vor, wenn die zugesagte Pension durch den Arbeitgeber selbst oder durch eine Versicherung, für die der Arbeitgeber Prämien erbringt, ausbezahlt wird.

134 Bei diesem umgewandelten Bezug handelt es sich ebenfalls um einen Vorteil aus dem Dienstverhältnis, der **als laufender oder sonstiger Bezug** zu dem Zeitpunkt **zu versteuern** ist, zu dem der umgewandelte Bezug zugeflossen wäre. Bei der Auszahlung der daraus resultierenden Pension kommt es erst in dem Ausmaß und zu dem Zeitpunkt zu einem steuerpflichtigen Arbeitslohn, in dem die auf Grund des Lohnverzichts bereits versteuerten Beträge überschritten werden.

135 Sieht eine lohngestaltende Vorschrift die Bezugsumwandlung vor, stellt diese noch **keinen Vorteil** aus dem Dienstverhältnis dar. Die daraus resultierende Pension ist zur Gänze steuerpflichtiger Arbeitslohn.
Näheres zu FN 133 und 134 finden Sie in den Lohnsteuerrichtlinien 2002 unter der Randzahl 648a.

① …Für Lehrende, Vortragende und Unterrichtende an Erwachsenenbildungseinrichtungen gelten folgende Regeln:
Lehrende, Vortragende und Unterrichtende können

- nach den allgemeinen Bestimmungen in einem lohnsteuerpflichtigen Dienstverhältnis stehen und Bezüge oder Vorteile gem. § 25 Abs. 1 Z 1 lit. a EStG beziehen oder
- auf Grund der Sonderbestimmung des § 25 Abs. 1 Z 5 EStG lohnsteuerpflichtige Einkünfte beziehen.

Für ein Dienstverhältnis nach den allgemeinen Bestimmungen des § 47 EStG spricht, wenn eine lehrende (unterrichtende) Tätigkeit in gleicher Weise wie von angestellten Lehrern oder Lehrbeauftragten entfaltet wird (persönliche Arbeitspflicht, kein ins Gewicht fallendes Unternehmerrisiko, Weisungsgebundenheit, Eingliederung in einen Schulbetrieb nach Maßgabe von Lehr- und Stundenplänen und einer entsprechenden Lehrverpflichtung). Ein derartiges Dienstverhältnis besteht jedenfalls bei einer Lehrverpflichtung von zumindest 15 Wochenstunden über ein Semester hin (LStR 2002, Rz 992).

Darüber hinaus unterliegen Bezüge, Auslagenersätze und Ruhe-(Versorgungs-)Bezüge von Vortragenden, Lehrenden und Unterrichtenden, die diese Tätigkeit im Rahmen eines von der Bildungseinrichtung vorgegebenen Studien-, Lehr- oder Stundenplans ausüben, nach der Sonderbestimmung des § 25 Abs. 1 Z 5 EStG immer der Lohnsteuer, und zwar auch dann, wenn die Wochen- oder Monatsstunden zu Blockveranstaltungen zusammengefasst werden. Voraussetzungen für diese besondere Lohnsteuerpflicht des § 25 Abs. 1 Z 5 EStG sind (LStR 2002, Rz 992a und Rz 992b):

- Das Vorliegen eines von der Bildungseinrichtung vorgegebenen Studien-, Lehr- oder Stundenplans (gesetzliche Ermächtigung bzw. Regelung oder akkreditierter Lehrgang bzw. akkreditiertes Studium oder Lehrgang, der länger als vier Semester dauert) und
- regelmäßiges Tätigwerden von mindestens einer Semesterwochenstunde Lehrverpflichtung (auch wenn geblockt). Fallweise Vorträge oder fallweise Vertretungen fallen nicht unter die Lohnsteuerpflicht.

Liegen **nur Einkünfte gem. § 25 Abs. 1 Z 5 EStG** vor, ist gem. § 47 Abs. 2 letzter Satz EStG ein Dienstverhältnis anzunehmen. Derartige Bezüge gehören beim auszahlenden Arbeitgeber **nicht** zur Bemessungsgrundlage für den **Dienstgeberbeitrag** (→ 37.3.3.), den **Zuschlag zum DB** (→ 37.3.4.) und die **Kommunalsteuer** (→ 37.4.1.) (LStR 2002, Rz 992a).

Weitere Erläuterungen zu den Lehrbeauftragten finden Sie in den Lohnsteuerrichtlinien 2002 unter den Randzahlen 992 bis 993.

Siehe dazu auch *PVInfo* 10/2012, Linde Verlag Wien.

Bezugsumwandlungen von steuerpflichtigen (überkollektivvertraglichen) Geldbezügen in steuerfreie bzw. nicht steuerbare Geld- oder Sachbezüge werden nach der derzeitigen höchstgerichtlichen Rechtsprechung und Verwaltungspraxis steuerrechtlich – anders als im Sozialversicherungsrecht (→ 6.2.7.) – grundsätzlich akzeptiert, ausgenommen der Gesetzeswortlaut definiert diese als für die Steuerbefreiung schädlich.

Beispiel

Der Arbeitnehmer verzichtet (unter Umständen auch temporär) auf einen Teil seines (steuerpflichtigen) Gehalts und erhält im Gegenzug ein arbeitgebereigenes Elektrofahrzeug/-fahrrad zur Verfügung gestellt, welches er auch privat nutzen darf.

Steuerrechtlich ist für die Zurverfügungstellung kein Sachbezug anzusetzen (→ 20.3.3.4.2.; → 20.3.5.). Sozialversicherungsrechtlich wird die Bezugsumwandlung nur unter sehr strengen Voraussetzungen anerkannt (→ 6.2.7.).

Ⓑ

Die **Leistungen des Arbeitgebers, die nicht unter die Einkünfte aus nicht selbstständiger Arbeit fallen**, zählt das EStG im § 26 taxativ auf.

Dazu gehören u.a.

- der Wert der unentgeltlich überlassenen **Arbeitskleidung** und der Reinigung der Arbeitskleidung, wenn es sich um typische Berufskleidung handelt (→ 21.3.),
- Beträge, die aus Anlass einer Dienstreise als **Reisevergütungen** (Fahrtkostenvergütungen, Kilometergelder) und als **Tagesgelder** und **Nächtigungsgelder** bezahlt werden (→ 22.3.2.) u.a.m.

Die Bestimmungen des § 26 EStG enthalten keine Steuerbefreiungen, sondern lediglich die Klarstellung, in welchen Fällen überhaupt keine (lohnsteuerlichen) Vorteile aus einem Dienstverhältnis, also überhaupt keine „steuerbaren" Einkünfte vorliegen.

Das EStG trennt somit die Leistungen des Arbeitgebers in

steuerbare Einkünfte (Leistungen) (§ 25 EStG) und **nicht steuerbare Leistungen.** (§ 26 EStG)

Die steuerbaren Einkünfte teilen sich wieder in

steuerpflichtige Einkünfte,

aus sachlichen Gründen von der **Lohnsteuer befreite Einkünfte** gem. § 3 Abs. 2 EStG sowie die Freibeträge gem. §§ 67 und 68 EStG.

Diese Einkünfte werden in der Praxis

als „steuerpflichtige Bezüge" bezeichnet;

richtigerweise als „steuerfreie Bezüge" bezeichnet;

fälschlicherweise ebenfalls als „steuerfreie Bezüge" bezeichnet.

Zusammenfassung:

Steuerbar sind die im § 25 EStG taxativ aufgezählten Einkünfte aus nicht selbstständiger Arbeit (Arbeitslohn).

Nicht steuerbar sind die im § 26 EStG taxativ aufgezählten Leistungen des Arbeitgebers, die den Besteuerungsbestimmungen des EStG überhaupt nicht unterliegen (→ 21.3.).

Steuerpflichtig sind jene Bezugsarten (Teile des Arbeitslohns), die der Lohnsteuer unterliegen.

Steuerfrei sind jene taxativ aufgezählten Bezugsarten (Teile des Arbeitslohns), die zwar dem EStG unterliegen, aber auf Grund ausdrücklicher gesetzlicher Bestimmungen von der Lohnsteuer befreit sind (→ 21.2.).

7.6. Einhebungsformen

Das EStG bestimmt als Einhebungsformen (Erhebungsformen) die

Einkommensteuer	**Lohnsteuer**	Kapitalertragsteuer
grundsätzlich für Einkünfte selbstständig tätiger Personen (§ 39 EStG);	grundsätzlich für **Einkünfte nicht selbstständig tätiger Personen** (§ 47 EStG);	grundsätzlich für Kapitalerträge (§ 93 EStG).

Die Lohnsteuer ist die Einkommensteuer von den Einkünften aus nicht selbstständiger Arbeit. Dabei gilt (§ 47 Abs. 1 EStG):

- Besteht im **Inland eine Betriebsstätte** (§ 81 EStG, → 37.3.1.) des Arbeitgebers, wird die Einkommensteuer durch Abzug vom Arbeitslohn erhoben (Lohnsteuer).
- Besteht im **Inland keine Betriebsstätte** (§ 81 EStG, → 37.3.1.) des Arbeitgebers, gilt Folgendes:
  - für Bezüge und Vorteile aus ausländischen Einrichtungen i.S.d. § 5 Z 4 des Pensionskassengesetzes ist die Einkommensteuer durch Abzug vom Arbeitslohn (Lohnsteuer) zu erheben;
  - für Einkünfte aus nichtselbständiger Arbeit (§ 25 EStG) **kann** die Einkommensteuer durch Abzug vom Arbeitslohn (Lohnsteuer) erhoben werden. Wenn die Abfuhr der Lohnsteuer erfolgt, sind die Einkünfte wie lohnsteuerpflichtige Einkünfte zu behandeln[136] und der Arbeitgeber hat die Pflichten gemäß § 76 bis § 79,[137] § 84[138] und § 87[139] EStG wahrzunehmen[140];
  - für Einkünfte aus nichtselbständiger Arbeit (§ 25 EStG) von **unbeschränkt steuerpflichtigen** (→ 7.2.) **Arbeitnehmern,** die ihren Mittelpunkt der Tätigkeit für mehr als sechs Monate im Kalenderjahr in Österreich haben[141], **hat** der Arbeitgeber dem Finanzamt bis Ende Jänner des Folgejahres bzw. bei elektronischer Übermittlung bis Ende Februar des Folgejahres eine **Lohnbescheinigung** gemäß § 84a EStG auszustellen und zu übermitteln, außer der Lohnsteuerabzug wird freiwillig vorgenommen (siehe vorstehend). Es ist das amtliche Formular L17 zu verwenden.

136 Es besteht damit auch keine Vorauszahlungsverpflichtung gemäß § 45 EStG (vgl. LStR 2002 Rz 927).

137 Führung eines Lohnkontos (§ 76 EStG), Bestimmungen zum Lohnzahlungszeitraum und zu Aufrollungsverpflichtungen (§ 77 EStG), Einbehaltung und Abfuhr der Lohnsteuer (§§ 78, 79 EStG).

138 Ausstellung eines Lohnzettels (L16).

139 Verpflichtung des Arbeitgebers zur Gewährung von Einsicht und zur Erläuterung von Aufzeichnungen gegenüber Organen des Finanzamts bzw. Prüfungsorganen sowie Auskunftsverpflichtung des Arbeitgebers gegenüber diesen.

140 Eine Haftung des Arbeitgebers wird dadurch jedoch nicht bewirkt (vgl. auch LStR 2002 Rz 927).

141 Bei Grenzgängern, die in Österreich wohnen und in einem an Österreich angrenzenden Staat bei einem ausländischen Arbeitgeber tätig sind, besteht für den ausländischen Arbeitgeber keine inländische Lohnsteuerabzugsverpflichtung (LStR 2002 Rz 927).

Die Lohnbescheinigung hat zumindest folgende für die Erhebung von Abgaben maßgeblichen Daten zu enthalten: Name, Wohnsitz, Geburtsdatum, Sozialversicherungsnummer und die Bruttobezüge (§ 84a Abs. 2 EStG).

Der freiwillige Lohnsteuerabzug kann auch vom inländischen Beschäftigter für den ausländischen zivilrechtlichen Arbeitgeber vorgenommen werden (LStR 2002 Rz 927). Wird der Lohnsteuerabzug durch einen Arbeitgeber ohne inländische Betriebsstätte nicht entsprechend den Vorschriften des EStG berechnet und abgeführt, kann es zu einer unmittelbaren Inanspruchnahme des Arbeitnehmers als Steuerschuldner kommen (§ 83 Abs. 2 Z 2 EStG; → 41.2.1.). In diesem Fall liegt auch ein Pflichtveranlagungstatbestand vor (§ 41 Abs. 1 Z 11 EStG; → 15.2.1.).

Liegen die Voraussetzungen für einen Lohnsteuerabzug nicht vor und wird dieser auch nicht freiwillig vorgenommen, werden die Einkünfte aus nicht selbstständiger Arbeit veranlagt, d.h., die nicht selbstständig tätige Person (Arbeitnehmer) muss wie eine selbstständig tätige Person eine **Einkommensteuererklärung** bei ihrem zuständigen Finanzamt abgeben und bekommt von diesem die Einkommensteuer in Form eines **Einkommensteuerbescheids** vorgeschrieben (→ 15.1.). Abkommen zur Vermeidung der Doppelbesteuerung sind dabei zu beachten.

Weitere Erläuterungen finden Sie unter Punkt 37.3.1.

7.7. Besteuerungsgrundlage

Der Einkommensteuer (Lohnsteuer) ist das **Einkommen** zu Grunde zu legen[142], das der Steuerpflichtige **innerhalb eines Kalenderjahrs** bezogen hat (§ 2 Abs. 1 EStG)[143].

Im Bereich der Lohnsteuer wird das Einkommen üblicherweise als **Bemessungsgrundlage** bezeichnet. Zum Zweck der Ermittlung dieser Bemessungsgrundlage unterteilt das EStG den **Arbeitslohn** (die steuerbaren Einkünfte) in

laufende Bezüge	und	**sonstige, insbesondere einmalige Bezüge** (Sonderzahlungen).
Für die laufenden Bezüge schreibt das EStG folgendes zu berücksichtigendes Berechnungsschema vor:		Die Ermittlung der Bemessungsgrundlage für sonstige, insbesondere einmalige Bezüge behandelt der Punkt 23.3.2.

↓

Berechnungsschema für unbeschränkt steuerpflichtige Personen (Arbeitnehmer)	*zutreffende Gesetzesstellen*
Einnahmen	Einnahmen sind Geld oder geldwerte Vorteile (z.B. Wohnung, Kleidung; → 20.3.2.) (§ 15 Abs. 1, 2 EStG). Einnahmen sind in jenem Kalenderjahr bezogen, in dem sie dem Steuerpflichtigen zugeflossen sind (**Zuflussprinzip**) ①. **Abweichend** davon gilt: 1. Regelmäßig wiederkehrende Einnahmen, die dem Steuerpflichtigen **kurze Zeit vor** Beginn oder **kurze Zeit nach** Beendigung des Kalenderjahrs, zu dem sie wirtschaftlich gehören, zugeflossen sind, gelten als in diesem Kalenderjahr bezogen.

142 Daher wird diese Steuer auch als Einkommensteuer bezeichnet.
143 Das Einkommensteuergesetz geht vom sog. **Jahresprinzip** aus.

	2. In dem Kalenderjahr, für das der Anspruch besteht bzw. für das sie getätigt werden, gelten u.a. als zugeflossen: ● Nachzahlungen von Pensionen, über deren Bezug bescheidmäßig abgesprochen wird, ● Nachzahlungen im Insolvenzverfahren. 3. Bezüge gem. § 79 Abs. 2 EStG („13. Abrechnungslauf", → 24.9.) gelten als im Vorjahr zugeflossen ②) (vgl. § 19 Abs. 1 EStG) (vgl. → 37.3.2.1.).
– Werbungskosten	Werbungskosten sind Aufwendungen oder Ausgaben zur Erwerbung, Sicherung oder Erhaltung der Einnahmen. Darunter fallen z.B. Beiträge des Versicherten zur Pflichtversicherung in der gesetzlichen Sozialversicherung (§ 16 EStG) (→ 14.1.1.).
= **Einkünfte**	Einkünfte sind der Überschuss der Einnahmen über die Werbungskosten (also Einnahmen abzüglich der Werbungskosten) (§ 2 Abs. 4 Z 2 EStG).
– Sonderausgaben	Darunter fallen z.B. Ausgaben für ● Beiträge für eine freiwillige Weiterversicherung einschließlich des Nachkaufs von Versicherungszeiten in der gesetzlichen Pensionsversicherung, ● Steuerberatungskosten, ● bestimmte Spenden, ● Kirchenbeiträge (§ 18 EStG) (→ 14.1.2.).
– außergewöhnliche Belastungen	Außergewöhnliche Belastungen müssen folgende Voraussetzungen erfüllen: 1. Sie müssen außergewöhnlich sein. 2. Sie müssen zwangsläufig erwachsen. 3. Sie müssen die wirtschaftliche Leistungsfähigkeit wesentlich beeinträchtigen. Darunter fallen z.B. Begräbniskosten, Spitalskosten (§ 34 EStG) (→ 14.1.3.).
= Einkommen	Einkommen = Einkünfte abzüglich der Sonderausgaben und der außergewöhnlichen Belastungen (§ 2 Abs. 2 EStG).
– Steuerbefreiungen	Darunter fallen z.B. ● freiwillige soziale Zuwendungen, ● freie oder verbilligte Mahlzeiten (§ 3 Abs. 1 EStG) (→ 21.2.), ● Überstundenzuschläge (§ 68 EStG) (→ 18.3.1.).
= **das zu versteuernde Einkommen**	**= die Bemessungsgrundlage**

① Dazu zwei **Beispiele**:

Anspruch lt. Kollektivvertrag	€	1.850,00
tatsächlich ausbezahlter Lohn	€	1.700,00
(Zugeflossene) **Einnahmen**	€	**1.700,00**

Anspruch lt. Kollektivvertrag	€	1.850,00
tatsächlich ausbezahlter Lohn	€	1.980,00
(Zugeflossene) **Einnahmen**	€	**1.980,00**

② Durch die Regelungen bezüglich des „13. Abrechnungslaufs“ (→ 24.9.) kommt es zu einem Durchbrechen des Zuflussprinzips.

Die genaue Ermittlung der Lohnsteuer für laufende Bezüge wird unter Punkt 11.5., die für sonstige Bezüge unter Punkt 23.3.2. und die Ermittlung der Lohnsteuer für beschränkt steuerpflichtige Arbeitnehmer unter Punkt 31.1.2. behandelt.

7.8. Lohnzahlungszeitraum

Ist der Arbeitnehmer bei einem Arbeitgeber im Kalendermonat **durchgehend beschäftigt**, ist der Lohnzahlungszeitraum der **Kalendermonat**[144]. **Beginnt oder endet** die Beschäftigung während eines Kalendermonats, so ist der Lohnzahlungszeitraum der **Kalendertag**. Der Kalendertag ist auch dann der Lohnzahlungszeitraum, wenn bei der Berechnung der Lohnsteuer unter Berücksichtigung eines Abkommens zur Vermeidung der Doppelbesteuerung (→ 7.2.) oder einer Maßnahme gem. § 48 BAO ein Teil des für den Kalendermonat bezogenen Lohns aus der inländischen Steuerbemessungsgrundlage ausgeschieden wird (§ 77 Abs. 1 EStG) (→ 11.5.2.1.).

7.9. Auslegungsbehelf

Neben dem EStG gibt es für die Einhebungsform „Lohnsteuer“ als Auslegungsbehelf u.a. auch noch sog. **Lohnsteuerrichtlinien** (LStR). Diese werden jeweils im Interesse einer einheitlichen Vorgangsweise in Form von Erlässen mitgeteilt (vgl. z.B. Punkt 18.3.). Erlässe enthalten Rechtsansichten des BMF (Auslegungserlässe) und sind grundsätzlich rechtlich unverbindlich[145]. Die Unterbehörden sind durch sie formell auch nicht gebunden (Punkt 3.3.3.).

Über die gesetzlichen Bestimmungen hinausgehende Rechte und Pflichten können aus Erlässen nicht abgeleitet werden. Bei behördlichen Erledigungen haben Zitierungen mit Hinweisen auf ev. Erlässe zu unterbleiben.

Erlässe werden in der **Findok** (Finanzdokumentation = Rechts- und Fachinformationssystem des österreichischen Finanzressorts des BMF) **publiziert**. Sie sind im Internet unter findok.bmf.gv.at abrufbar. Erlässe, die nur in der Findok publiziert werden, stellen für das Bundesfinanzgericht und für den VwGH bzw. VfGH **unbeachtliche Weisungen** u.a. an die Finanzämter dar (→ 42.3.).

Stellt ein Erlass eine verbindliche Norm dar, weil in diesem Rechte und Pflichten der Abgabepflichtigen gestaltet werden, muss dieser als **Rechtsverordnung** (→ 3.3.3.) im **Bundesgesetzblatt** (BGBl) **kundgemacht** werden. Bundesgesetzblätter sind im Internet unter www.ris.bka.gv.at abrufbar.

7.10. LSt-Formulare im Internet

Lohnsteuerformulare finden Sie im Internet-Portal des BMF unter www.bmf.gv.at.

144 Der Kalendermonat ist einheitlich mit 30 Tagen anzunehmen.

145 Eine aus dem Grundsatz von Treu und Glauben allenfalls folgende Bindung kann (nur) beim zuständigen Finanzamt mittels Auskunftsersuchen gem. § 90 EStG eingeholt werden (Punkt 39.1.2.2.3.).

8. Beginn eines Dienstverhältnisses

In diesem Kapitel werden u.a. Antworten auf folgende praxisrelevante Fragestellung gegeben:

- Welche arbeits- und abgabenrechtlichen Verpflichtungen bestehen bei Beginn eines Dienstverhältnisses?

Bei Beginn eines Dienstverhältnisses entstehen für den Dienstnehmer und für den Dienstgeber Verpflichtungen, die aus dem Arbeits- und Abgabenrecht resultieren.

Dieses Kapitel beinhaltet auch Verpflichtungen, die in diesem Fachbuch nicht näher behandelt werden.

8.1. Arbeitsrechtliche Verpflichtungen

1. **Abschluss eines Dienstvertrags – Ausstellung eines Dienstzettels inkl. Bestimmung des Mindestentgelts:**
   Ein Dienstvertrag (Lehrvertrag) als begründendes Element für ein Dienstverhältnis (Lehrverhältnis) ist abzuschließen (→ 4.1.). Ein Dienstzettel ist auszustellen (→ 4.2.). Im Rahmen dessen sind die Einstufung in ein allgemeines Schema (z.B. Kollektivvertrag) vorzunehmen und das Mindestentgelt zu bestimmen (→ 9.2.). U.U. sind dabei Vordienstzeiten zu berücksichtigen.
2. **Anmeldung eines Lehrlings bei der Berufsschule:**
   Nach Eintritt in das Lehrverhältnis ist der Lehrling **binnen zwei Wochen** bei der zuständigen Berufsschule anzumelden (§ 24 Abs. 3 SchPflG) (→ 28.1.).
3. **Anmeldung eines Lehrlings bei der Lehrlingsstelle:**
   Der Lehrberechtigte hat ohne unnötigen Aufschub, jedenfalls **binnen drei Wochen** nach Beginn des Lehrverhältnisses, den Lehrvertrag bei der zuständigen Lehrlingsstelle zur Eintragung anzumelden; der Anmeldung sind grundsätzlich vier Ausfertigungen des Lehrvertrags anzuschließen (§ 20 Abs. 1 BAG) (→ 28.3.2.).
4. **Meldung an das Arbeitsmarktservice:**
   Der Arbeitgeber hat der zuständigen regionalen Geschäftsstelle des Arbeitsmarktservice **innerhalb von drei Tagen** den Beginn der Beschäftigung von Ausländern, die dem AuslBG unterliegen und **über keinen Aufenthaltstitel „Daueraufenthalt – EU" verfügen**, zu melden (→ 4.1.6.) (§ 26 Abs. 5 AuslBG).
5. **Meldung an den Betriebsrat:**
   Neben der Mitwirkung des Betriebsrats bei der Einstellung von Arbeitnehmern sieht das ArbVG auch noch zwingend vor, diesen von jeder erfolgten Einstellung unverzüglich in Kenntnis zu setzen (§§ 98, 99 ArbVG) (→ 11.7.1.).
6. **Aufzeichnungspflicht nach dem Bundesgesetz über die Beschäftigung von Kindern und Jugendlichen (KJBG):**
   Jugendliche im Sinn dieses Gesetzes sind Personen bis zur Vollendung des 18. Lebensjahrs, die nicht als Kinder (§ 2 Abs. 1 KJBG) gelten (§ 3 KJBG).
   Jugendliche sind in ein „Verzeichnis" aufzunehmen (§ 26 Abs. 1 KJBG).

7. **Aufzeichnungspflicht nach dem Behinderteneinstellungsgesetz:** Begünstigte Behinderte und Inhaber von Amtsbescheinigungen oder Opferausweisen sind in ein „Verzeichnis" aufzunehmen (§ 16 Abs. 2 BEinstG) (→ 29.7.).
8. Aushändigung einer **Datenschutzerklärung für Mitarbeiter** (→ 10.3.).

8.2. Abgabenrechtliche Verpflichtungen

1. **Anmeldung zur Sozialversicherung:** Die Dienstgeber haben jeden von ihnen beschäftigten Dienstnehmer vor Arbeitsantritt beim zuständigen Träger der Krankenversicherung anzumelden (→ 6.2.4., → 39.1.1.1.1.).
   Volontäre sind direkt bei der Unfallversicherungsanstalt[146] anzumelden (§ 13 Abs. 1 Z 1, 4 AUVA-Satzung) (→ 31.5.2.2.).
   Eine Abschrift (Kopie) der Anmeldung zur Sozialversicherung ist vom Dienstgeber unverzüglich an den Dienstnehmer auszuhändigen (§ 41 Abs. 5 ASVG, § 2f Abs. 2 AVRAG).
2. **Legitimation des Arbeitnehmers beim Arbeitgeber:** Bei Antritt des Dienstverhältnisses hat der Arbeitnehmer dem Arbeitgeber unter Vorlage einer amtlichen Urkunde **Name, Versicherungsnummer** und **Wohnsitz bekannt zu geben** (§ 128 EStG) (→ 7.4.).
3. **Vorlage der Mitteilung betreffend eines Freibetrags:** Der Arbeitnehmer hat dem Arbeitgeber eine ev. Mitteilung betreffend eines Freibetrags vorzulegen (→ 14.2.).
4. **Vorlage einer Erklärung zur Berücksichtigung des AVAB/AEAB/FABO+:** Für die Inanspruchnahme des Alleinverdienerabsetzbetrags (AVAB) oder des Alleinerzieherabsetzbetrags (AEAB) und/oder des Familienbonus Plus (FABO+) hat der Arbeitnehmer dem Arbeitgeber auf einem amtlichen Formular eine Erklärung über das Vorliegen der Voraussetzungen abzugeben oder elektronisch zu übermitteln (§ 129 Abs. 1 EStG) (→ 14.2.1.5.).
5. **Vorlage einer Erklärung zur Berücksichtigung des Pendlerpauschals und des Pendlereuros:** Für die Inanspruchnahme des Pendlerpauschals und des Pendlereuros hat der Arbeitnehmer dem Arbeitgeber auf einem amtlichen Formular eine Erklärung über das Vorliegen der Voraussetzungen abzugeben oder zu übermitteln (§ 16 Abs. 1 Z 6 EStG) (→ 14.2.2.).
6. **Vorlage des Lohnzettels:** Das EStG enthält zwar die Bestimmung, dass der Arbeitgeber bei Beendigung des Dienstverhältnisses eines Arbeitnehmers diesem einen Lohnzettel nach dem amtlichen Vordruck auszustellen hat (§ 84 Abs. 2 EStG) (→ 35.1.), nicht aber die Bestimmung, dass der Arbeitnehmer bei Beginn eines Dienstverhältnisses dem Arbeitgeber diese(n) Lohnzettel vorzulegen hat.
   Wird das Dienstverhältnis während eines Kalenderjahrs begonnen, liegt es im Interesse des Arbeitnehmers, diese(n) Lohnzettel vorzulegen, da er unter Umständen bei der abgabenrechtlichen Behandlung der Sonderzahlungen (→ 23.3.1.2., → 23.3.2.) benachteiligt werden könnte.

---

146 Die Meldung kann bei diesem oder bei einem anderen ASVG-Versicherungsträger eingebracht werden (Allspartenservice, → 39.1.1.1.6.).

7. **Anlage eines Lohnkontos:**
   Der Arbeitgeber hat für jeden Arbeitnehmer ein Lohnkonto zu führen (§ 76 EStG) (→ 10.1.2.1.).

8.3. Empfehlung für den Dienstgeber

Vor der Begründung neuer Dienstverhältnisse empfiehlt es sich für den Dienstgeber, Stellenbewerber routinemäßig nach dem allfälligen Bestehen eines Privatkonkurses zu fragen und Einsicht in die Insolvenzdatei zu nehmen. Unterlässt der Dienstgeber diese Vorsichtsmaßnahmen und befindet sich ein neu eingestellter Dienstnehmer tatsächlich im Privatkonkurs, droht dem Dienstgeber die Gefahr, an den Dienstnehmer ausbezahlte Bezüge ein zweites Mal leisten zu müssen (→ 43.3.2.).

Darüber hinaus empfiehlt es sich für den Dienstgeber, von einem potenziellen neuen Dienstnehmer die Vorlage einer Strafregisterbescheinigung zu verlangen.

9. Arbeitsentgelt

In diesem Kapitel werden u.a. Antworten auf folgende praxisrelevanten Fragestellungen gegeben:

- Welche Mindestentgeltvorschriften sind zu beachten? Seite 125 ff.
- Müssen bestehende Überzahlungen im Rahmen jährlicher KV-Indexierungen bzw. individueller KV-Vorrückungen aufrechterhalten werden? Seite 128 ff.
- Kann ein kollektivvertragliches Mindestentgelt auch in Sachbezügen gewährt werden? Seite 131
- Was ist bei der Gewährung freiwilliger Zuwendungen zu beachten? Seite 137 ff.
  - Kann der Mitarbeiter aus der regelmäßigen Gewährung freiwilliger Leistungen einen Rechtsanspruch für die Zukunft ableiten?
  - Welche Möglichkeiten bestehen für Arbeitgeber, derartigen Rechtsansprüchen entgegenzuwirken?
  - Welche Rolle spielt in diesem Zusammenhang der Gleichbehandlungsgrundsatz?
- Wann verfallen bzw. verjähren arbeitsrechtliche Ansprüche? Seite 143 ff.
  - Spielt es dabei eine Rolle, ob dem Mitarbeiter eine ordnungsgemäße Lohn- bzw. Gehaltsabrechnung ausgehändigt wurde? Seite 145
- Was ist ein arbeitsrechtlicher Vergleich? Seite 147 f.
- Kann der Arbeitnehmer auf arbeitsrechtliche Ansprüche verzichten? Seite 148
- Können dem Arbeitnehmer einseitig Entgeltbestandteile entzogen werden? Seite 151
- Kann der Arbeitgeber irrtümlich geleistete Entgeltbestandteile vom Arbeitnehmer rückfordern und wenn ja, kann er diese z.B. mit einem Gehaltsanspruch des Arbeitnehmers aufrechnen? Seite 150 f.

9.1. Begriff

Entgegen anderen Rechtsbereichen (etwa dem ASVG oder dem EStG) kennt das Arbeitsrecht keine allgemein gültige Legaldefinition des Arbeitsentgelts.

Unter Arbeitsentgelt versteht man vielmehr

- **jede Art von Gegenleistungen**, die der Dienstnehmer vom Dienstgeber dafür erhält, dass er diesem seine Arbeitskraft zur Verfügung stellt.

Diese Gegenleistungen umfassen neben dem laufenden Lohn oder Gehalt auch alle übrigen regelmäßig oder unregelmäßig gewährten Geld- oder Sachzuwendungen, u.U. auch Leistungen Dritter (z.B. Provisionen) (→ 18.2.), nicht aber Aufwandsentschädigungen. Ob eine bestimmte Leistung des Dienstgebers unter den Begriff des Arbeitsentgelts (bzw. Entgelts) fällt oder aber als Aufwandsentschädigung anzusehen ist, bestimmt sich jedenfalls **nicht** nach der für sie **gewählten Bezeichnung**, sondern allein danach, ob und wie weit sie lediglich der Abdeckung eines finanziellen Aufwands des Dienstnehmers dient oder (auch) Gegenleistung für die Bereitstellung seiner Arbeitskraft ist.

Vorteile aus **Beteiligungen am Unternehmen** des Arbeitgebers oder mit diesem verbundenen Konzernunternehmen und **Optionen** auf den Erwerb von Arbeitgeberaktien sind **nicht** in die Bemessungsgrundlagen für Entgeltfortzahlungsansprüche und Beendigungsansprüche **einzubeziehen** (§ 2a AVRAG). Solche Vorteile stellen demnach **kein Arbeitsentgelt** dar.

Sachleistungen sind (vorbehaltlich einer gegenteiligen vertraglichen Vereinbarung) vom Entgeltbegriff auszunehmen, wenn diese ihrer Natur nach derart eng und untrennbar mit der Erbringung der aktiven Arbeitsleistung am Arbeitsplatz verbunden sind, dass sie ohne Arbeitsleistung nicht widmungsgemäß konsumiert werden könnten, z.B. **Essensgutscheine** (OGH 28.2.2011, 9 ObA 121/10z).

Die Gewährung eines auf die Normalarbeitszeit anzurechnenden **Freizeitausgleichs** (z.B. die Vergütung der Überstunden durch Zeitausgleich, → 16.2.3.5.4.) stellt **kein zusätzliches Entgelt** für die Zurverfügungstellung der Arbeitskraft dar (OGH 26.2.1992, 9 ObA 47/92).

Eine Aufwandsentschädigung liegt dann vor, wenn die Leistung des Dienstgebers einen mit der Arbeitsleistung zusammenhängenden finanziellen Aufwand des Dienstnehmers abdeckt.

Erreicht eine Aufwandsentschädigung eine Höhe, bei der nicht mehr davon gesprochen werden kann, dass damit der getätigte Aufwand abgegolten wird, bildet diese einen echten Lohnbestandteil und ist demnach als Arbeitsentgelt anzusehen.

Diese Unterscheidung (**Aufwandsentschädigung oder Arbeitsentgelt**) ist u.a. bei der

- Berechnung einer gesetzlichen Abfertigung (→ 33.3.1.5.),
- Weiterzahlung des Feiertags-, Kranken- und Urlaubsentgelts nach dem Durchschnittsprinzip (→ 17.1.2., → 25.2.7., → 25.3.7., → 26.2.6.) und bei der
- Berechnung des pfändbaren Betrags (→ 43.1.6.)

maßgeblich.

Hinweis: Auch wenn Leistungen aus arbeitsrechtlicher Sicht den Begriff des Arbeitsentgelts nicht erfüllen, können sie dennoch beitragspflichtiges sozialversicherungsrechtliches Entgelt oder steuerpflichtige Vorteile aus dem Dienstverhältnis darstellen.

9.2. Entgeltbemessung

9.2.1. Rechtsgrundlagen – Einstufung in einen Kollektivvertrag

Ein Arbeitnehmer mit gewöhnlichem Arbeitsort in Österreich hat zwingend Anspruch auf das nach Gesetz, Verordnung oder Kollektivvertrag zustehende Entgelt (§ 3 Abs. 1 LSD-BG) (→ 38.).

Rechtsgrundlagen:

In Österreich besteht kein gesetzlicher Mindestlohn. Besteht keine lohngestaltende Vorschrift, dann ist nahezu jede Einzelvereinbarung gültig. Die Grenze bildet lediglich die **Sittenwidrigkeit zufolge Lohnwuchers** gemäß § 879 Abs 1 ABGB (OGH 26.11.2018, 8 ObA 63/18z; OGH 2.2.1994, 9 ObA 364/93). Lohnwucher wird von der Rechtsprechung bei „Schuld- und Hungerlöhnen" angenommen, deren Höhe in auffallendem Missverhältnis zum Wert der Leistung des Dienstnehmers steht, wenn ihre Vereinbarung durch Ausbeutung des Leichtsinns, einer Zwangslage, der Unerfahrenheit oder der Verstandesschwäche des Dienstnehmers zustande gekommen ist. Ob Sittenwidrigkeit vorliegt, ist eine Frage des Einzelfalls (OGH 26.11.2018, 8 ObA 63/18z). Ein Gehalt von € 480,00 brutto für eine Beschäftigung mit einer Wochenarbeitszeit von 40 Stunden ist sittenwidrig (OLG Wien 26.9.2019, 7 Ra 28/19t).

Die Bemessung des Arbeitsentgelts erfolgt heute nahezu ausschließlich nach den **zwingenden Vorschriften** des jeweils anzuwendenden

- Kollektivvertrags bzw. Mindestlohntarifs

oder auf Grund der in einer

- Betriebsvereinbarung oder der im
- Einzeldienstvertrag getroffenen Regelungen,

sodass auf die

- gesetzlichen Bestimmungen des § 1152 ABGB über ein „angemessenes Entgelt" bzw. der §§ 6 und 10 AngG über das „ortsübliche Entgelt"[147]

nur zweitrangig zurückgegriffen wird.

Ein Entgeltanspruch kann auch auf Grund von Gewohnheitsrecht oder betrieblicher Übung entstehen (→ 9.4.).

Einstufung in einen Kollektivvertrag:

Der im anzuwendenden Kollektivvertrag festgelegte Lohn (Gehalt) ist ein Mindestlohn(-gehalt), dessen Höhe gestaffelt ist und i.d.R. von

- der Art der Beschäftigung (Einstufung in eine „Tätigkeits-, Beschäftigungs- bzw. Verwendungsgruppe"[148]) und von
- der Betriebszugehörigkeit bzw. von der Anzahl der Praxis(Berufs)jahre ① oder Verwendungsgruppenjahre ②abhängt.

Grundsätzlich versteht man unter

① **Praxis(Berufs)jahren** jene Zeiten, die ein Arbeitnehmer, gleichgültig in welcher Art der Verwendung, als Angestellter i.S.d. AngG, und unter

② **Verwendungsgruppenjahren** jene Zeiten, die ein Arbeitnehmer in einer bestimmten Verwendungsgruppe

verbracht hat. Die diesbezüglichen Regelungen des anzuwendenden Kollektivvertrags sind zu beachten.

147 Ein Anspruch des Dienstnehmers auf ein bestimmtes Mindestentgelt lässt sich aus § 1152 ABGB nicht ableiten (OGH 27.1.2009, 8 ObA 89/08h).

148 Kollektivverträge sehen hierfür unterschiedliche Bezeichnungen vor.

Bei der Bestimmung der Berufs- bzw. Verwendungsgruppenjahre kann – je nach Regelung des anzuwendenden Kollektivvertrags etc. – die Anrechnung von (bei anderen Arbeitgebern verbrachten) **Vordienstzeiten** verpflichtend sein. Es ist Aufgabe des Arbeitgebers, bei der Einstellung nach diesen Jahren zu fragen[149]. Der Arbeitgeber kann als Nachweis dafür z.B. Dienstzeugnisse früherer Arbeitgeber oder einen Versicherungsdatenauszug anfordern.

Die durch den bloßen Verlauf der Zeit während des Dienstverhältnisses (der Betriebszugehörigkeit) eintretende Erhöhung des Mindestlohns(-gehalts) wird als **Zeitvorrückung** bezeichnet. Tritt die Erhöhung nach zwei Jahren ein, nennt man diese Biennal-Sprung, tritt diese nach drei Jahren ein, nennt man diese Triennal-Sprung. Andere Vorrückungen sind selten. Bei der Zeitvorrückung wird auch die Schutzfrist (→ 27.1.3.), nicht aber die Karenz[150] (→ 27.1.4.) mitberücksichtigt. Für Geburten ab dem 1.8.2019 werden Karenzen gem. MSchG bzw. VKG jedoch für jedes Kind in vollem in Anspruch genommenen Umfang bis zur maximalen Dauer angerechnet (§ 15f Abs. 1 MSchG; § 7c VKG).

9.2.2. Soll- und Ist-Lohn (-Gehalt)

Den kollektivvertraglichen Mindestlohn (-gehalt) bezeichnet man als **Soll-Lohn** (-Gehalt) oder auch als Kollektivvertrags-Lohn (-Gehalt). Erhält ein Dienstnehmer einen höheren als im Kollektivvertrag bestimmten Lohn (Gehalt), bezeichnet man diesen als **Ist-Lohn** (-Gehalt).

Die Teilung des Ist-Lohns (-Gehalts) in

den Soll-Lohn (-Gehalt)	und	in die sog. **„Überzahlung"**

ist u.a. für den Fall unumgänglich, für den ein neu abgeschlossener Kollektivvertrag eine unterschiedliche Erhöhung von Soll-(KV-) und Ist-Lohn (-Gehalt) vorsieht.

Praxistipp: Ob Überzahlungen im Rahmen der (i.d.R. jährlich stattfindenden) Indexierungen (Neuabschlüsse) von Kollektivverträgen bzw. bei unterjährigen individuellen Vorrückungen einzelner Mitarbeiter aufrechtzuerhalten sind, entscheidet ausschließlich der jeweilige Kollektivvertrag. Die diesbezüglichen Bestimmungen sind daher zu beachten!

9.2.2.1. Soll- und/oder Ist-Lohn(-Gehalts)erhöhung

Sieht ein neu abgeschlossener Kollektivvertrag z.B. nur eine Soll-Lohn(-Gehalts)erhöhung vor, bleiben die Ist-Löhne (-Gehälter) so lange unverändert, als sie nicht unter den neuen Mindestbezügen zu liegen kommen.

149 Sieht der Kollektivvertrag eine Nachweispflicht des Arbeitnehmers für solche Jahre vor, kann dies nur insofern verstanden werden, dass der Nachweis nur dann zu erbringen ist, wenn dieser vom Arbeitgeber verlangt wird (OGH 10.7.1997, 8 ObA 190/97t). Wird der Arbeitnehmer jedoch ausdrücklich über seine Vordienstzeiten befragt, verschweigt diese aber, würde eine spätere Geltendmachung gegen Treu und Glauben verstoßen und ist daher nicht mehr möglich. Dahingehende kollektivvertragliche Bestimmungen sind jedoch zu beachten.

150 Günstigere Kollektivvertrags- oder Einzelvertragsregelungen sind allerdings zu beachten. Kollektivverträge sehen i.d.R. eine (begrenzte) Anrechnung von Karenzzeiten vor.

Oft sehen neu abgeschlossene Kollektivverträge eine Soll- und Ist-Lohn(-Gehalts)erhöhung vor, wobei häufig für den Soll-Lohn (-Gehalt) eine stärkere Erhöhung als für den Ist-Lohn (-Gehalt) vorgesehen ist.

9.2.2.2. Aufrechterhaltung der Überzahlungen

Sieht ein neu abgeschlossener Kollektivvertrag eine Soll-Lohn(-Gehalts)erhöhung, verbunden mit einer Aufrechterhaltung der Überzahlungen per einem bestimmten Stichtag vor (**Anhängeverfahren**), ist wie folgt vorzugehen:

Beispiel 2

Aufrechterhaltung der Überzahlung.

Angaben und Lösung:

• Das kollektivvertragliche Mindestgehalt eines Angestellten beträgt per 31.12.2021	€ 1.705,00.
• Das tatsächliche Gehalt beträgt per 31.12.2021	€ 1.900,00.
Die Überzahlung beträgt	€ 195,00.
• Das Mindestgehalt dieses Angestellten beträgt auf Grund der Kollektivvertragserhöhung per 1.1.2022	€ 1.753,00,
zuzüglich der bisherigen Überzahlung	€ 195,00.
Das neue Gehalt dieses Angestellten beträgt ab 1.1.2022	€ 1.948,00.

Nach dem Abschluss des **Handelsangestellten-Kollektivvertrags** muss zwar eine zum 31.12. gegenüber dem Mindestgehalt bestehende Überzahlung in voller Höhe gegenüber dem mit 1.1. des nächsten Jahres neu geltenden Mindestgehalt erhalten bleiben, doch wird eine solche Differenz

- durch die Vorrückung in eine neue Gehaltsstufe (Zeitvorrückung) bzw.
- durch eine Umreihung in eine höhere Beschäftigungsgruppe,

die ein höheres Mindestgehalt mit sich bringt, „aufgesogen". Die bestehende Überzahlung kann demnach auf eine derartige Erhöhung „angerechnet" werden (vgl. Abschnitt 3) A. Punkt 4.3.1. und 4.4.1. sowie Abschnitt 3) E. Punkt 1. des Handelsangestellten-Kollektivvertrags).

Bei Wechsel in ein neues Berufsjahr:

Die Regelung über die Aufrechterhaltung der Überzahlungen bezieht sich nach dem klaren Wortlaut des Handelsangestellten-Kollektivvertrags nur auf Erhöhung der Mindestgehälter, die zu Jahresbeginn mit dem Inkrafttreten des neuen Kollektivvertrags zu gewähren sind, nicht aber auf Erhöhungen, die während des Jahres – etwa durch den individuellen Beginn eines neuen Berufsjahrs – eintreten (OGH 13.1.1988, 9 ObA 170/87 zur in diesem Punkt vergleichbaren „Gehaltsordnung Alt").

Dazu ein **Beispiel (zum neuen Gehaltssystem)**:

	KV-Gehalt	Ist-Gehalt	Überzahlung
Gehalt per 31.12.2021 Beschäftigungsgruppe C Stufe 3 (9. Jahr)	€ 1.937,00	€ 2.533,00	€ **596,00**
Gehalt per 1.1.2022 Beschäftigungsgruppe C Stufe 3 (9. Jahr)	€ 1.987,00	€ 2.583,00	€ **596,00**
Gehalt per 1.1.2022 Beschäftigungsgruppe C Vorrückung in Stufe 4 (10. Jahr)	€ 2.086,00	€ 2.583,00	€ **497,00**

Bei Wechsel in eine höhere Beschäftigungsgruppe:

Ist der Mindestgehalt für die höhere Verwendung durch die Überzahlung gedeckt, gebührt daher bei Übertritt in eine höhere Verwendung keine Entgelterhöhung (OGH 28.1.2009, 9 ObA 8/09f; vgl. zum neuen Gehaltssystem auch ausdrücklich Abschnitt 3) A. Punkt 4.4.1. des Handelsangestellten-Kollektivvertrags).

Im Rahmen des neuen Gehaltssystems gebührt bei Umreihung in eine höhere Beschäftigungsgruppe das kollektivvertragliche Mindestgrundgehalt jener Stufe, welche das kollektivvertragliche Mindestgrundgehalt jener Stufe, die durch die nächste Vorrückung bei Verbleiben in der bisherigen Beschäftigungsgruppe erreicht worden wäre, übersteigt (Abschnitt 3) A. Punkt 4.4.1. des Handelsangestellten-Kollektivvertrags).

Dazu ein **Beispiel**:

	KV-Gehalt	Ist-Gehalt	Überzahlung
Gehalt per 31.12.2021 Beschäftigungsgruppe B, Stufe 2	€ 1.740,00	€ 2.210,00	€ **470,00**
Gehalt per 1.1.2022 Beschäftigungsgruppe B, Stufe 2 bei **Nichtumreihung**	€ 1.785,00	€ 2.255,00	€ **470,00**
Gehalt per 1.1.2022 bei **Umreihung** in die Beschäftigungsgruppe C	€ 1.884,00	€ 2.255,00	€ **371,00**

Weitere Erläuterungen und Beispiele finden Sie im Kommentar zum Handelsangestelltenkollektivvertrag, herausgegeben von der Wirtschaftskammer Österreich.

9.2.2.3. Anrechnung der Überzahlungen

In der Praxis besteht aus betrieblicher Sicht oftmals das Bedürfnis, bei Dienstnehmern, denen

- dienstvertraglich ohnehin ein über den kollektivvertraglichen Mindestsätzen liegender Bezug und/oder denen
- in weiterer Folge durch Vereinbarung oder freiwillig eine Lohn(Gehalts)erhöhung

gewährt wird, die Anrechnung der überkollektivvertraglichen Entlohnung auf künftige kollektivvertragliche Ist-Lohn-/Gehaltsrunden zu vereinbaren.

Grundsätzlich sind derartige **Anrechnungsklauseln (Aufsaugungsklauseln)** bei Beginn des Dienstverhältnisses bzw. bei einer freiwilligen Lohn(Gehalts)erhöhung durchaus möglich und zulässig. Sie sind nämlich als Vorwegnahme späterer kollektivvertraglicher Lohn(Gehalts)erhöhungen zu sehen und bewirken daher eine **zeitliche Vorverlagerung der Lohn(Gehalts)erhöhungen**. Im Ergebnis ist der Dienstnehmer also **günstiger** gestellt, als würde er bloß den Kollektivvertrag-Mindestbezug und die kollektivvertraglichen Ist-Erhöhungen erhalten.

Muster 4

Anrechnungsvereinbarung (Vorgriffsvereinbarung)

Vereinbarung

Es wird ausdrücklich vereinbart, dass die mit __________ vorgenommene freiwillige Erhöhung des Lohns/Gehalts

von derzeit € __________ brutto/monatlich auf € __________ brutto/monatlich

eine Vorwegnahme einer/von __________ Kollektivvertragserhöhung(en) sowohl des Ist- als auch des kollektivvertraglichen Mindestlohns (-gehalts) sowie des/von __________ *) folgenden Biennalsprungs/Biennalsprünge darstellt und auf diese voll angerechnet wird.

__________, am __________

________________________________ ________________________________

Unterschrift des Dienstnehmers Unterschrift des Dienstgebers

*) Eine Vorgriffsvereinbarung kann auch für einige künftige Erhöhungen getroffen werden, sofern ihre Anzahl „überschaubar" ist. Dies wird bei einer Vorwegnahme der nächsten **zwei bis drei Erhöhungen** anzunehmen sein, nicht aber bei der Vorwegnahme „aller künftigen Erhöhungen" (OGH 18.5.1999, 8 ObA 173/98v).

9.2.2.4. Öffnungsklausel

Unter einer „Öffnungsklausel" versteht man eine **kollektivvertragliche Regelung**, die vorsieht, dass auf Grund einer diesbezüglich abzuschließenden Betriebsvereinbarung ein bestimmter Prozentsatz (oder der gesamte Betrag) der Lohnerhöhung z.B.

- als Mitarbeiterbeteiligung „gutgeschrieben"[151] oder
- als Dienstgeberbeitrag an eine Pensionskasse geleistet

wird. Eine Öffnungsklausel sieht demnach eine „**Gehaltsumwandlung**" vor.

151 Solche Mitarbeiterbeteiligungen haben **Entgeltcharakter** und sind sowohl in die Berechnungsgrundlage der Abfertigung (→ 33.3.1.5.) als auch der Ersatzleistung für Urlaubsentgelt (→ 26.2.9.) einzubeziehen.

9.2.3. Mindestentgelt und Sachbezüge bzw. Abzüge vom Entgelt

Der Dienstgeber kann Sachbezüge ohne Vereinbarung mit dem Dienstnehmer in keinem Fall auf das kollektivvertragliche Mindestentgelt anrechnen (OGH 19.11.2003, 9 ObA 112/03s). Ein Großteil der Lehre erachtete Vereinbarungen zwischen Dienstgeber und Dienstnehmer, wonach ein Teil des kollektivvertraglichen Mindestentgelts nicht in Geld-, sondern in Sachleistungen gewährt wird, bislang für zulässig, solange der Kollektivvertrag dies nicht (explizit) ausschließt (vgl. u.a. Rauch, ASoK 2006, 93 sowie mwN OGH 27.8.2015, 9 ObA 92/15t). Dieser Auffassung erteilte der OGH mit einer Entscheidung aus dem Jahr 2015 eine Absage (OGH 27.8.2015, 9 ObA 92/15t). Darin hielt der OGH fest, dass **kollektivvertragliche Mindestentgelte in Euro als Geldzahlungsgebot zu verstehen sind** und davon **nicht durch Vereinbarung** zwischen Dienstgeber und Dienstnehmer **abgegangen** werden kann. Der OGH strich dabei den Zweck der kollektivvertraglichen Mindestlöhne hervor, der darin liegt, dem Arbeitnehmer dessen Existenz zu sichern, weshalb das Mindestentgelt zur Gänze zu seiner freien Verfügung bleiben muss. Eine **Ausnahme** soll nur dann gelten, **wenn der Kollektivvertrag selbst vorsieht**, dass ein Teil des Mindestentgelts in Sachleistungen abgegolten werden kann. Der OGH schloss sich damit auch der ständigen Rechtsprechung des VwGH für den Bereich der Bildung der sozialversicherungsrechtlichen Beitragsgrundlage an (→ 20.3.1.).

Auch eine Vereinbarung, wonach aus dem ausbezahlten Mindestentgelt bestimmte mit dem Arbeitsverhältnis in Zusammenhang stehende **Spesen zu decken sind,** ist **unzulässig** und führt zur unterkollektivvertraglichen Entlohnung (VwGH 1.6.2017, Ra 2016/08/0120).

9.2.4. Ausländische Arbeitgeber

Beschäftigt ein **ausländischer Arbeitgeber** einen Arbeitnehmer mit gewöhnlichem Arbeitsort in Österreich, ist österreichisches Arbeitsrecht anzuwenden. Mangels Mitgliedschaft bei der Wirtschaftskammer ist der Arbeitgeber zwar nicht den österreichischen Kollektivverträgen unterworfen, das Lohn- und Sozialdumpinggesetz (LSD-BG) sieht aber einen zwingenden Anspruch auf jenes gesetzliche, durch Verordnung festgelegte oder kollektivvertragliche Entgelt, das am Arbeitsort vergleichbaren Arbeitnehmern von vergleichbaren Arbeitgebern gebührt, vor (§ 3 Abs. 2 LSD-BG).

Auch für **Entsendungen** von Arbeitnehmern durch einen ausländischen Arbeitgeber nach Österreich enthält das LSD-BG Mindestentgeltvorschriften (§ 3 Abs. 3 LSD-BG).

Siehe hierzu auch ausführlich Punkt 3.2.2.5.

9.2.5. Auswirkungen von Unterentlohnung

Bezahlt der Arbeitgeber nicht jenes Entgelt, das dem Arbeitnehmer auf Basis der einschlägigen Rechtsgrundlagen (Gesetz, Kollektivvertrag, Dienstvertrag etc.) zusteht, kann dieser seine **arbeitsrechtlichen Ansprüche** innerhalb der Verjährungs- bzw. Verfallsfristen (→ 9.6.) geltend machen bzw. einklagen (→ 42.4.).

Wer als Arbeitgeber einen Arbeitnehmer beschäftigt oder beschäftigt hat, ohne ihm zumindest das nach Gesetz, Verordnung oder Kollektivvertrag gebührende Entgelt unter Beachtung der jeweiligen Einstufungskriterien, ausgenommen die in § 49 Abs. 3 ASVG angeführten Entgeltbestandteile, zu leisten, begeht eine **Verwaltungsübertretung** und ist von der Bezirksverwaltungsbehörde mit einer **Geldstrafe** zu bestrafen (§ 29 Abs. 1 LSD-BG) (→ 38.).

Darüber hinaus ist eine **Nachverrechnung von Lohnabgaben** im Rahmen von Abgabenprüfungen möglich (→ 39.1.):

- Sozialversicherungsbeiträge können von jenem Entgelt bemessen werden, auf welches der Arbeitnehmer Anspruch hat, unabhängig davon, ob dieses dem Dienstnehmer tatsächlich bezahlt wurde oder nicht (*Anspruchsprinzip*; → 6.2.7.).
- Lohnsteuer kann nur vom tatsächlich bezahlten Entgelt nachverrechnet werden (*Zuflussprinzip*; → 6.2.7.). Dies gilt auch für DB FLAF, DZ und KommSt.

9.3. Entgeltformen

9.3.1. Geld- und Naturallohn

Geldlohn ist jede in Geld gewährte Zahlung; Naturallohn ist alles, was nicht Geldlohn ist.

Beispiele für Naturallohn sind:

- Kost,
- Quartier,
- Bekleidung,
- Brennholz.

Die Naturallöhne bezeichnet man in der Praxis auch als Sachbezüge (→ 20.1., → 20.2.).

9.3.2. Zeitlohn

Der Zeitlohn ist die häufigste Art der Entlohnung. Bei diesem wird **nicht** auf die **Quantität** (Menge) der erbrachten Arbeitsleistung, **sondern** auf die **Arbeitszeit** abgestellt.

Übliche Zeiteinheiten sind	die jeweilige Entlohnungsart dafür bezeichnet man als
• die Stunde	→ Stundenlohn,
• der Tag	→ Tag(e)lohn, Schichtlohn,
• die Woche	→ Wochenlohn,
• der Monat	→ Monatslohn, (Monats-)Gehalt.

9.3.3. Leistungslohn

9.3.3.1. Akkord

Beim Akkord (Akkordlohn) (→ 18.1., → 45.) wird auf die **Quantität** der erbrachten Arbeitsleistung abgestellt. Dabei ist es gleichgültig, ob die Quantität ein Stück, ein bestimmtes Gewicht, eine bestimmte Länge, eine bestimmte Anzahl von Umdrehungen usw. ist.

Nach dem Akkord lässt sich überall dort entlohnen, wo sich die Arbeitsvorgänge häufig wiederholen, das Arbeitsergebnis nach einer Mengeneinheit leicht zu erfassen ist und wo die Mengenleistung vom Dienstnehmer beeinflusst werden kann.

Den Akkord unterteilt man auch in den

Geldakkord	und	**Zeitakkord.**
Bei diesem wird für die Bezahlung einer bestimmten Mengeneinheit ein bestimmter Geldbetrag festgelegt. Man geht dabei vom Stundenlohn aus, der bei einer entsprechenden Arbeit um einen bestimmten Prozentsatz erhöht wird.		Dieser ergibt sich aus der Multiplikation des sog. Minutenfaktors mit der in Minuten ausgedrückten Vorgabezeit der jeweiligen Arbeit.

Beispiel 3

Ermittlung und Errechnung eines Geldakkords.

Angaben und Lösung:

• Der Stundenlohn lt. Kollektivvertrag beträgt	€ 10,00,
• der Prozentaufschlag lt. Kollektivvertrag beträgt 20%	€ 2,00,
der sog. Akkordrichtsatz beträgt	€ 12,00.

- Auf Grund von Erhebungen (einer Arbeitsstudie) steht fest, dass bei normaler Leistung pro Stunde im Durchschnitt 40 Stück produziert werden können.
- Der Geldakkord errechnet sich wie folgt:

  € 12,00 : 40 = € 0,30 (Geldakkord pro Stück).

• Der Arbeiter A arbeitet im Monat Juli 173 Stunden und produziert in dieser Zeit 6.900 Stück.	• Der Arbeiter B, der die Akkordarbeit erst ein Monat ausübt, arbeitet im Monat Juli ebenfalls 173 Stunden und produziert in dieser Zeit bloß 5.700 Stück.

Der Bruttomonatslohn (Akkordlohn) beträgt:

6.900 × € 0,30 = **€ 2.070,00.**	5.700 × € 0,30 = € 1.71,0,00.
	Unterschreitet der Akkordlohn ohne Verschulden des Dienstnehmers, aber aus Gründen, die in seiner Person liegen, den Kollektivvertragslohn, so ist dieser auszuzahlen.
	Der Arbeiter B erhält daher
	€ 10,00 × 173 = **€ 1.730,00.**

Beispiel 4

Ermittlung und Errechnung eines Zeitakkords.

Angaben und Lösung:

- Bei gleichen Angaben wie im Vorbeispiel (Geldakkord) errechnet sich der Zeitakkord wie folgt:
- Die Zeitvorgabe für ein Stück beträgt:
  60 Minuten : 40 Stück = 1,5 Minuten pro Stück.
- Der Minutenfaktor beträgt:
  € 12,00 : 60 Minuten = € 0,20 pro Minute.

Der Bruttomonatslohn (Akkordlohn) beträgt:

für den Arbeiter A	für den Arbeiter B
6.900 Stück × 1,5 Minuten × € 0,20 = **€ 2.070,00.**	5.700 Stück × 1,5 Minuten × € 0,20 = € 1.710,00, mindestens aber **€ 1.730,00.**

Den Akkord unterteilt man auch in den

Einzelakkord	und	**Gruppenakkord.**
Hier wird die Leistung des einzelnen Dienstnehmers festgestellt und entlohnt.		Hier wird die Leistung einer ganzen Gruppe festgestellt und die Akkordentlohnung auf die einzelnen Dienstnehmer aufgeteilt.

Akkordarbeit darf von

- werdenden Müttern (ab der 20. Schwangerschaftswoche ausnahmslos) (§ 4 Abs. 2 Z 9 MSchG),
- Dienstnehmerinnen bis zum Ablauf von zwölf Wochen nach ihrer Entbindung (§ 5 Abs. 3 MSchG) und von
- Jugendlichen unter 16 Jahren sowie von Lehrlingen (auch nach Vollendung des 18. Lebensjahrs) (§ 21 KJBG)

nicht geleistet werden.

9.3.3.2. Stücklohn

Beim Stücklohn erfolgt die Entlohnung nur nach der Anzahl der gefertigten Stücke (→ 45.).

9.3.3.3. Zulagen, Zuschläge, Prämien

Die große Zahl der in der Praxis vorkommenden Zulagen, Zuschläge, Prämien und dergleichen macht es erforderlich, diese jeweils in eigenen Kapiteln zu behandeln (→ 16., → 17., → 18., → 45.).

9.3.3.4. Besonderer Hinweis

Insoweit eine Regelung durch Kollektivvertrag oder Satzung (→ 3.3.4., → 3.3.4.9.) nicht besteht, bedarf gem. § 96 Abs. 1 Z 4 ArbVG die Einführung und die Regelung von **Akkord-, Stück- und Gedinglöhnen** sowie **akkordähnlichen Prämien** und **Entgelten**, die auf statistischen Verfahren, Datenerfassungsverfahren, Kleinstzeitverfahren oder ähnlichen Entgeltfindungsmethoden beruhen, sowie der maßgeblichen Grundsätze (Systeme und Methoden) für die Ermittlung und Berechnung dieser Löhne bzw. Entgelte zu ihrer Rechtswirksamkeit der **Zustimmung des Betriebsrats**. Diesfalls handelt es sich um eine zustimmungspflichtige („notwendige, nicht erzwingbare") Betriebsvereinbarung (→ 3.3.5.1.).

Die Mitbestimmungspflicht des Betriebsrats ist notwendig, wenn folgende Komponenten bzw. Voraussetzungen vorliegen:

- Es fehlt eine kollektivvertragliche Regelung oder die kollektivvertraglichen Normen enthalten nur Grundsätze, sodass Bestimmungen zu den Details erforderlich sind (Berechnungsmethode usw.),
- die Zuwendung muss dem Entgeltbegriff unterliegen und
- es muss ein im § 96 Abs. 1 Z 4 ArbVG angeführtes Entgeltfindungsverfahren vorgesehen sein, wobei es sich dabei um ein objektiv nachvollziehbares Bewertungsverfahren handeln muss.

Für die Einführung von **Gewinnbeteiligungssystemen** sowie die Einführung von leistungs- und erfolgsbezogenen Prämien und Entgelten (für nicht nur einzelne Dienstnehmer) ist ein **Einvernehmen** zwischen **Betriebsrat und Betriebsinhaber** gem. § 97 Abs. 1 Z 16 ArbVG notwendig. Da es sich dabei um eine fakultative (freiwillige) Betriebsvereinbarung handelt, gilt: Besteht kein Betriebsrat bzw. gibt es mit diesem über ein solches Leistungssystem keine Einigung, kann dies auch mittels Einzelvereinbarung geregelt werden (→ 3.3.5.1.).

9.3.3.5. Prozentlohn

Der Prozentlohn stellt i.d.R. eine zum Zeitlohn zusätzlich gewährte und in Form von Prozentsätzen ermittelte Entlohnungsart dar. Beispiele dafür sind die **Provision** (Verkaufsprämie) (→ 45.) für im Verkauf tätige Dienstnehmer und das **Bedienungsgeld** (→ 19.4.1.1., → 45.) für im Gast- und Schankgewerbe tätige Dienstnehmer.

Unter einer Provision ist eine meist in Prozenten ausgedrückte Beteiligung am Wert jener Geschäfte des Dienstgebers zu verstehen, die durch die Tätigkeit des Dienstnehmers (durch Vermittlung oder Abschluss von Geschäften) zu Stande gekommen sind. Sie richtet sich nach dem Ergebnis der Arbeit und ist somit ein von der Leistung des Dienstnehmers, aber auch von der Markt- und Geschäftslage abhängiges Entgelt in Form einer Erfolgsvergütung (OGH 6.4.1994, 9 ObA 603/93).

Bei den Provisionen wird unterschieden in:

- Abschlussprovisionen → Diese erhält der Dienstnehmer für abgeschlossene Verkaufsgeschäfte.

- Direkt-provisionen → Diese erhält der Dienstnehmer bei Direktgeschäften des Dienstgebers mit den vom Dienstnehmer angeworbenen oder ihm zugewiesenen Kunden oder aus einem dem Dienstnehmer ausschließlich zugewiesenen Verkaufsbezirk auch dann, wenn der Dienstnehmer keine konkrete Vermittlungstätigkeit geleistet hat.
- Folge-provisionen → Diese erhält der Dienstnehmer z.B. für die Laufzeit eines Versicherungsvertrags.
- Super-provisionen → Diese erhält der Dienstnehmer z.B. bei Überschreitung der Umsatzvorgabe.
- Führungs-provisionen → Diese werden nicht für die unmittelbare Eigenakquisition gewährt, sondern stehen den Führungskräften der eigentlichen Geschäftsvermittler zu.

Aus einem Fixum und aus Provisionen zusammengesetztes Entgelt ist zulässig, ebenso wie die Entlohnung bloß auf Provisionsbasis. Kollektivvertragliche Mindestentgelte dürfen allerdings (im Jahresbezugsvergleich) durch Provisionsvereinbarungen nicht unterschritten werden.

9.3.4. Entlohnung nach dem wirtschaftlichen Ergebnis

Die Entlohnung nach dem wirtschaftlichen Ergebnis erfolgt i.d.R. in Form einer **Gewinnbeteiligung**. Dabei handelt es sich um eine Beteiligung am gesamten oder an einem Teil des Geschäftsgewinns. Üblicherweise wird die Gewinnbeteiligung anhand der Bilanz ermittelt (→ 45.).

9.3.5. Entlohnung für die Zeit der Unterbrechung der Dienstleistung

Wird die Dienstleistung unterbrochen (→ 27.1., → 27.2.), gebührt dem Dienstnehmer u.a. im Fall

eines Feiertags → das Feiertagsentgelt (→ 17.1.2.),
einer Krankheit → das Krankenentgelt (→ 25.2.7.),
eines Urlaubs → das Urlaubsentgelt (→ 26.2.6.).

9.3.6. Sonderzahlungen

Sonderzahlungen (Remunerationen) sind Leistungen, die dem Dienstnehmer auf Grund lohngestaltender Vorschriften (z.B. Kollektivvertrag, Betriebsvereinbarung) oder freiwilligerweise neben seinem laufenden Bezug regelmäßig in größeren Zeitabständen (z.B. jährlich wiederkehrend) oder auch nur einmalig gewährt werden (→ 23., → 24., → 45.).

9.3.7. Abfertigung – Ersatzleistung für Urlaubsentgelt

Eine Abfertigung ist ein außerordentliches, durch die Auflösung des Dienstverhältnisses bedingtes Entgelt (→ 33.3., → 45.).

Eine Ersatzleistung für Urlaubsentgelt ist ein Äquivalent für den nicht verbrauchten Urlaub im Zusammenhang mit der Auflösung des Dienstverhältnisses (→ 26.2.9., → 45.).

9.3.8. Firmenpension

Der Dienstgeber kann sich auf Grund einer Betriebsvereinbarung oder einzelvertraglich verpflichten, betriebliche Pensions- oder Ruhegeldleistungen zu erbringen (→ 30., → 45.).

9.3.9. Leistungen Dritter

Auch Leistungen, die dem Arbeitnehmer nicht durch den Arbeitgeber, sondern von dritter Seite zukommen, können zum Arbeitsentgelt zählen (→ 19.2.).

9.3.10. Freiwillige Zuwendungen – Gewohnheitsrecht – Individualübung – Betriebsübung

Freiwillige Zuwendungen werden i.d.R. aus einem besonderen Anlass, z.B. in Form von Remunerationen, Belohnungen und Geschenken, aber auch regelmäßig z.B. in Form einer zusätzlichen Prämie, gewährt.

Nach herrschender Judikatur entsteht auf ursprünglich freiwillig gewährte Zuwendungen dann ein **Rechtsanspruch (Gewohnheitsrecht),** wenn diese so regelmäßig und vorbehaltslos zugeflossen sind, dass der Dienstnehmer mit diesen Zuwendungen weiterhin rechnen konnte (→ 2.2.1.)[152].

Betrifft das wiederholte Verhalten nur einen (oder wenige individualisierte) Dienstnehmer, spricht man von **Individualübung**. Sind alle oder große Gruppen von Dienstnehmern betroffen, spricht man von **Betriebsübung** (vgl OGH 18.8.2016, 9 ObA 97/16d; OGH 29.9.2016, 9 ObA 108/16x). Durch das wiederholte Verhalten kommt es zu einer (schlüssigen) Ergänzung der Einzeldienstverträge (vgl. u.a. OGH 28.6.2017, 9 ObA 34/17s). Betriebsübungen unterliegen dem Überwachungsrecht des Betriebsrats (→ 10.2.2.) (OGH 27.2.2019, 9 ObA 9/19t).

Zu einer betrieblichen Übung kann auch führen, wenn der Dienstgeber etwa über längere Zeit den Dienstnehmern eine **Leistung in der irrigen Annahme, zu ihr rechtlich verpflichtet zu sein, erbringt,** den Dienstnehmern der Irrtum aber auch bei sorgfältiger Prüfung nicht erkennbar ist (OGH 3.5.2021, 8 ObA 5/21z).

Ist durch wiederholte Leistungsgewährung ohne Widerrufsvorbehalt eine **Betriebsübung** begründet worden, so wirkt diese auch gegenüber **neu eintretenden Dienstnehmern,** sofern mit diesen keine abweichende Vereinbarung getroffen wurde (OGH 24.7.1996, 8 ObA 2162/96; OGH 10.7.1997, 8 ObA 145/97z).

Wurde während der ganzen Dauer eines Dienstverhältnisses das überkollektivvertragliche Gehalt zum jeweiligen Zeitpunkt der Erhöhung der kollektivvertraglichen

152 Entscheidend ist, welchen Eindruck die Dienstnehmer von dem schlüssigen Verhalten des Dienstgebers haben mussten, nicht aber das tatsächliche Vorhandensein eines Erklärungswillens auf Seiten des Dienstgebers (vgl. u.a. OGH 3.5.2021, 8 ObA 5/21z).

Mindestgehälter in ihrer euromäßigen Differenz erhöht, wurde dadurch ein auch für die Zukunft wirkender Verpflichtungswille des Dienstgebers erkennbar (OGH 13.7.1994, 9 ObA 1006, 1007/94).

Zur Möglichkeit des Entzugs von Bezugsbestandteilen, auf die bereits ein Rechtsanspruch besteht, siehe Punkt 9.10.

Kein Rechtsanspruch entsteht allerdings im Zusammenhang mit einer jährlich wiederkehrenden Prämie, wenn diese in den vergangenen Jahren in völlig unterschiedlicher Höhe gewährt und über die Höhe Jahr für Jahr neu verhandelt wurde. Daher ist die Frage der Freiwilligkeit, Einmaligkeit und Widerrufbarkeit gar nicht mehr zu untersuchen (OGH 4.12.2002, 9 ObA 176/02a). Auch eine jährlich im Wege einer Ausschreibung unter Verweis auf die Freiwilligkeit neu erfolgte Auszahlung einer Erfolgsprämie führt nicht zu einem Rechtsanspruch für die Zukunft, selbst wenn diese über einen längeren Zeitraum hinaus gleich gewährt wird (OGH 24.1.2020, 8 ObA 69/19h).

Bei Zusage einer (freiwilligen) Prämie für die Erreichung eines Erfolgs in einem bestimmten Zeitabschnitt darf der Dienstgeber die Prämie aber **nach Beginn dieses Zeitraums weder einseitig widerrufen** noch die Zahlung von Bedingungen abhängig machen, deren Eintritt ausschließlich in seinem Einflussbereich liegen (OGH 25.6.2021, 8 ObA 33/21t).

Davon zu unterscheiden sind Sachverhalte, in denen Dienstgeber immer erst im Nachhinein am Jahresende das vergangene Geschäftsjahr beurteilen und unter Hinweis darauf erklären, sich mit der Prämie beim Firmenpersonal zu bedanken, und dies jeweils mit einem Unverbindlichkeitsvorbehalt verbinden. In diesem Fall können **von der Prämiengewährung unterjährig ausgetretene Mitarbeiter auch ausgeschlossen** werden, da der Anspruch erst mit Ende des Jahres entsteht (OGH 25.6.2021, 8 ObA 33/21t).

Ist der Arbeitgeber aufgrund einer **gesetzlichen Arbeitszeitänderung** (Verkürzung der Höchstarbeitszeit) gezwungen, die individuellen Arbeitszeiten der Dienstnehmer anzupassen, kann sich der Dienstnehmer **weder hinsichtlich der Lage der Arbeitszeit noch hinsichtlich der Entlohnung** auf eine Betriebsübung berufen (OGH 18.8.2016, 9 ObA 59/16s).

Haben Arbeitnehmer jahrelang in der **bezahlten Arbeitszeit ihre Pause** konsumiert und hat der Arbeitgeber dies vorbehaltlos geduldet, ist eine Betriebsübung entstanden, die konkludent Eingang in die Individualverträge gefunden hat (OGH 28.6.2017, 9 ObA 34/17s).

Werden **Essensbons** auch an ehemalige (pensionierte) Mitarbeiter ausgegeben, kann daraus keine betriebliche Übung entstehen. Essensbons gelten mit der Pensionierung eines Mitarbeiters zwar noch als Sozialleistung für ehemalige Mitarbeiter, nicht aber als vertraglich geschuldete Gegenleistung für die erbrachte Arbeitsleistung im Sinne eines aufgesparten, „thesaurierten" Entgelts. Dementsprechend fehlt es an Umständen, die auf einen Willen des Arbeitgebers dahin schließen ließen, sich auch gegenüber ehemaligen Mitarbeitern aufgrund des früheren Arbeitsverhältnisses vertraglich zur lebenslangen Ausgabe der Essensbons verpflichtet zu haben. Standen danach insoweit der soziale Charakter und die arbeitsökonomische Essensversorgung der Mitarbeiter bei der Gewährung von Essensbons im Vordergrund, ist ein individualvertraglicher Anspruch bereits in Pension befindlicher Arbeitnehmer darauf zu verneinen. Selbst bei Bejahung einer in einem individualvertraglichen Anspruch mündenden betrieblichen Übung muss dies keinesfalls zwingend bedeuten, dass eine (Sach-)Leistung auch nach Beendigung des Arbeitsverhältnisses noch als Entgelt im Sinn einer synallagmatischen Gegenleistung aus dem Arbeitsverhältnis anzusehen ist (OGH 28.3.2019, 9 ObA 137/18i).

Unverbindlichkeitsvorbehalt:

Dem Entstehen eines **Rechtsanspruchs** kann der Dienstgeber insofern **nur entgegenwirken**, als er sich anlässlich **einer jeden freiwilligen Zuwendung** vom Dienstnehmer zweckmäßigerweise **schriftlich bestätigen** lässt, dass

- die Gewährung dieser Zuwendung **freiwillig und unpräjudiziell** (ohne Rechtsanspruch) für die Zukunft erfolgte.

Solche **Unverbindlichkeitsvorbehalte** weisen darauf hin, dass eine Leistung freiwillig und ohne Anerkennung einer Rechtspflicht gewährt wird. Auch durch die wiederholte Gewährung soll kein Anspruch für die Zukunft entstehen. Es soll dem Dienstgeber von Fall zu Fall überlassen bleiben, neu zu entscheiden, ob und in welcher Höhe er die Leistung weiter gewähren will. Will er dies nicht mehr, so reicht es aus, dass die (ohnehin nicht verpflichtend zu erbringende) Leistung in einem anderen Ausmaß oder überhaupt nicht mehr gewährt wird. Da kein Anspruch des Dienstnehmers besteht, bedarf es auch keines (besonderen) Widerrufs durch den Dienstgeber (OGH 24.2.2009, 9 ObA 113/08w; OGH 20.4.2017, 9 ObA 113/16g; OGH 25.6.2021, 8 ObA 33/21t).

Muster 5

Vereinbarung eines Unverbindlichkeitsvorbehalts

Vereinbarung

Sie erhalten für das Jahr __________ eine Prämie in der Höhe von

€ __________ brutto.

Hierbei handelt es sich um eine einmalige freiwillige Leistung, die keinen Rechtsanspruch für die Zukunft begründet.

__________, am __________

Unterschrift des Dienstnehmers	Unterschrift des Dienstgebers

Ist ein **bloßer Unverbindlichkeitsvorbehalt** erklärt worden, so kann eine Reduzierung oder Einstellung ohne Widerruf für freiwillige Leistungen erfolgen (OGH 29.1.2014, 9 ObA 132/13x). Der Unverbindlichkeitsvorbehalt darf sich jedoch **nicht auf wesentliche Teile des laufenden Entgelts** beziehen (OGH 18.12.2014, 9 ObA 121/14f).

Widerrufsvorbehalt:

Erfasst eine freiwillige Leistung wesentliche Teile des laufenden Entgelts, so ist eine Widerrufsklausel jedenfalls erforderlich, um eine einseitige Beendigung dieser Leistung erwirken zu können.

Rechtlich anerkannt sind auch vereinbarte **Widerrufsvorbehalte** in Bezug auf bestimmte Zusatzleistungen, wie z.B. Betriebspensionen. Anders als Unverbindlichkeitsvorbehalte setzt der Widerrufsvorbehalt einen grundsätzlichen Vertragsanspruch des Dienstnehmers voraus, der aber vereinbarungsgemäß durch den vorbehaltenen Widerruf wieder vernichtet werden kann.

Muster 6

Vereinbarung eines Widerrufsvorbehalts

Vereinbarung

Es wird ausdrücklich vereinbart, dass die ab __________ gewährte freiwillige und unverbindliche monatliche Prämie in der Höhe von

€ __________ brutto

vom Dienstgeber jederzeit einseitig widerrufen werden kann.

__________, am __________

______________________________	______________________________
Unterschrift des Dienstnehmers	Unterschrift des Dienstgebers

Wird die Leistung **durch längere Zeit hindurch regelmäßig** gewährt, so sollte jedenfalls auf die Unverbindlichkeit bzw. Widerrufbarkeit immer wieder hingewiesen werden (z.B. indem die Leistung auf der monatlichen Gehaltsabrechnung als „einmalige, freiwillige und unverbindliche Prämie" oder als „widerrufbare Prämie" bezeichnet wird).

Entscheidend ist, dass dem Dienstnehmer stets klar sein musste, dass es sich um eine Leistung handelt, die vom Dienstgeber jederzeit eingestellt bzw. widerrufen werden kann.

Die **Vereinbarung des Nichtentstehens eines Anspruchs** („Unverbindlichkeitsvorbehalt", Muster 5) unterliegt keiner gerichtlichen **Billigkeits- bzw. Sachlichkeitskontrolle** und ist der Vereinbarung des Vorbehalts der jederzeitigen Widerrufbarkeit („Widerrufsvorbehalt", Muster 6) **vorzuziehen**. Wird (wie im Muster 6) eine freiwillige monatliche Prämie nur mit dem Widerrufsvorbehalt versehen, unterliegt diese im Fall des tatsächlichen Widerrufs bei einem Rechtsstreit der Billigkeits- bzw. Sachlichkeitskontrolle[153] des Gerichts. Dies hat zur Folge, dass ein ohne ausreichende Gründe ausgesprochener Widerruf unwirksam wäre.

Wenn ein **Unverbindlichkeitsvorbehalt mit einem Widerrufsvorbehalt kombiniert** ist, bedarf es der Auslegung dahin, ob es für den Arbeitnehmer klar sein musste, dass kein Rechtsanspruch eingeräumt oder mit dem Verweis auf den mangelnden Rechtsanspruch vielmehr nur die Widerruflichkeit bestärkt werden sollte. Dabei ist nicht auf die einzelne Klausel abzustellen, sondern der **Gesamtzusammenhang** der Vereinbarung, aber auch die Umstände, unter denen die Erklärungen abgegeben wurden, zu berücksichtigen. Die **Betonung der Freiwilligkeit** anlässlich einer wiederholt gewährten Leistung bedeutet dabei nur, dass die Zuwendung auf einen ursprüng-

153 Der Widerruf auf Grund eines entsprechenden Vorbehalts darf nur im Rahmen „billigen Ermessens" ausgeübt werden. Demnach muss im Fall eines Widerrufs eine **Interessensabwägung** (Betriebsinteresse : Interesse des betroffenen Dienstnehmers) vorgenommen werden.

lich freiwilligen Entschluss zurückgeht; es wird damit nur die Unterscheidung zu den gesetzlich oder kollektivvertraglich geschuldeten Leistungen zum Ausdruck gebracht, nicht aber der Vorbehalt der Unverbindlichkeit und Widerruflichkeit (OGH 20.4.2017, 9 ObA 113/16g). Vielmehr bedarf es dafür eines ausdrücklichen Unverbindlichkeits- bzw. Widerrufsvorbehalts durch den Arbeitgeber (siehe Muster 5 und 6).

Änderungsvorbehalt:

Vertraglich vereinbarte **Änderungsvorbehalte** können bei der Bemessung laufender Erfolgsentgelte, insb. bei Provisionen hinsichtlich deren Bemessung (Grundlagen, Prozentsätze, Staffelungen etc.), getroffen werden. Sie unterscheiden sich von Widerrufsvorbehalten dadurch, dass die gänzliche Streichung einer Leistung jedenfalls nicht erfasst scheint und sie daher nur Kürzungen betreffen können. Rechtlich gilt grundsätzlich all das, was vorstehend zum Widerrufsvorbehalt ausgeführt wurde.

Gleichbehandlungsgebot:

Auch auf freiwillige Zuwendungen, auf die die Dienstnehmer keinen Rechtsanspruch haben, ist der **arbeitsrechtliche Gleichbehandlungsgrundsatz** (→ 3.3.1.) anzuwenden. Bei der Gewährung derartiger Zuwendungen darf der Dienstgeber die von ihm zu Grunde gelegten Kriterien für deren Zuteilung (bei deren Festlegung er allerdings an nichts gebunden ist) nicht im Einzelfall willkürlich und ohne sachlichen Grund verlassen und einem einzelnen Dienstnehmer das vorenthalten, was er den anderen zubilligt. Der solcherart diskriminierte Dienstnehmer hat in diesem Fall Anspruch auf gleichartige Behandlung; der Dienstgeber muss ihm die den übrigen Dienstnehmern zugewendeten Vorteile gleichfalls gewähren (OGH 28.9.1994, 9 ObA 143/94).

Entscheidet ein Dienstgeber immer erst im Nachhinein über die Gewährung einer Prämie (verbunden mit einem Unverbindlichkeitsvorbehalt), können **von der Prämiengewährung unterjährig ausgetretene Mitarbeiter auch ausgeschlossen** werden, da der Anspruch erst mit Ende des Jahres entsteht (OGH 25.6.2021, 8 ObA 33/21t).

9.4. Fälligkeit

9.4.1. Bei Angestellten

Bezüglich der Auszahlung des Gehalts (und grundsätzlich aller anderen Bezugsbestandteile) bestimmt das AngG:

Die Zahlung des dem Angestellten zukommenden fortlaufenden Gehalts hat spätestens am **Fünfzehnten und am Letzten** eines jeden Monats in zwei annähernd gleichen Beträgen zu erfolgen. Die Zahlung für den **Schluss eines jeden Kalendermonats**[154] kann vereinbart werden (§ 15 AngG).

Der vereinbarte Fälligkeitstermin (üblicherweise der letzte Tag eines jeden Kalendermonats) ist in den Dienstzettel aufzunehmen (→ 4.2.).

Ausgenommen von dieser Regelung sind u.a.

- die gesetzliche Abfertigung (→ 33.3.1.8.),
- die Kündigungsentschädigung (→ 33.4.2.3.),

154 Es handelt sich dabei um eine einseitig zwingende Bestimmung (→ 2.1.1.2.); Vereinbarungen, die eine spätere Fälligkeit als das Ende eines Monats vorsehen, sind demnach nichtig.

- die Remunerationen (→ 23.2.2.) und
- das Urlaubsentgelt (→ 26.2.6.1.).

9.4.2. Bei Arbeitern

Bezüglich der Auszahlung des Lohns (und grundsätzlich aller anderen Bezugsbestandteile) bestimmt das ABGB:

Wenn nichts anderes vereinbart oder bei Diensten der betreffenden Art üblich ist, ist das Entgelt **nach Leistung der Dienste** zu entrichten. Ist das Entgelt nach Monaten oder kürzeren Zeiträumen bemessen, so ist es am **Schluss des einzelnen Zeitraums**; ist es nach längeren Zeiträumen bemessen, am Schluss eines jeden **Kalendermonats** zu entrichten. Ein nach Stunden, nach Stück oder Einzelleistungen bemessenes Entgelt ist für die schon vollendeten Leistungen am Schluss einer jeden **Kalenderwoche**, wenn es sich jedoch um Dienste höherer Art handelt, am Schluss eines jeden **Kalendermonats** zu entrichten. In jedem Fall wird das bereits verdiente Entgelt mit der **Beendigung des Dienstverhältnisses** fällig (§ 1154 Abs. 1–3 ABGB).

Die GewO bestimmt dazu:

Wenn über die Zeit der Entlohnung des Hilfsarbeiters nichts anderes vereinbart ist, wird die Bedingung **wöchentlicher Entlohnung** vorausgesetzt (§ 77 GewO).

I.d.R. bestimmen die Kollektivverträge eine monatliche Entlohnung.

Der Fälligkeitstermin ist in den Dienstzettel aufzunehmen (→ 4.2.).

Die unter Punkt 9.4.1. angeführten Ausnahmen gelten auch für Arbeiter.

9.5. Ort der Auszahlung

9.5.1. Bei Barauszahlung

Nicht immer wird eine Vereinbarung über den Ort der Lohn- bzw. Gehaltsauszahlung getroffen.

Üblicherweise ist die Lohnschuld eine **Holschuld**, d.h., der Dienstnehmer nimmt den Auszahlungsbetrag im Betrieb entgegen. Ist das (Ab)holen für den Dienstnehmer aber nicht möglich (weil sich z.B. der Dienstnehmer am Auszahlungstag zur Arbeitsleistung an einem anderen Ort aufhält), wird die Lohnschuld eine **Schickschuld** (Bringschuld) (§ 905 ABGB).

9.5.2. Bei bargeldloser Auszahlung

Für die Durchführung dieser Auszahlungsart bedarf es einer Regelung im anzuwendenden Kollektivvertrag bzw. in einer Betriebsvereinbarung oder zumindest einer Einzelvereinbarung. Liegt eine solche Regelung bzw. Vereinbarung vor, wird aus einer Holschuld eine Schickschuld.

Der Dienstgeber hat dafür zu sorgen, dass der Dienstnehmer am Fälligkeitstag über das Entgelt verfügen kann. Bei bargeldloser Auszahlung ist dafür der Tag der Gutschrift („Valutadatum") auf dem dem Dienstgeber bekannt gegebenen Bankkonto des Dienstnehmers maßgeblich (OGH 22.9.1993, 9 ObA 1025, 1026/93).

9.6. Verfall, Verjährung

Beim Verfall und bei der Verjährung von Ansprüchen geht es „um das **Verstreichen von Zeit**". Ist der Anspruchsberechtigte eine entsprechend lange Zeit untätig geblieben oder nicht in der vorgeschriebenen Form tätig geworden, geht die **Durchsetzbarkeit** auch berechtigter Ansprüche **verloren.**

Der wichtigste Unterschied zwischen Verfall und Verjährung liegt darin, dass

mit Ablauf einer **Fallfrist** (auch sog. Verfall-, Ausschluss- oder Präklusivfrist) der **Anspruch völlig verfällt**[155],	mit Ablauf einer **Verjährungsfrist** lediglich **das Klagerecht erlischt**[156].

Das heißt: Zahlt der Dienstgeber z.B.

verfallene Überstundenansprüche, liegt Zahlung einer Nichtschuld vor, und der Dienstgeber kann die Überstundenentlohnung zurückfordern (§ 1431 ABGB). Verfallene Forderungen können gegen Forderungen des Dienstgebers **nicht aufgerechnet** werden. Ⓐ	**verjährte** (nicht aber verfallene) Überstundenansprüche, besteht für den Dienstgeber kein Rückforderungsanspruch (§ 1432 ABGB). Verjährte (nicht aber verfallene) Forderungen können aber auch gegen Forderungen des Dienstgebers (z.B. Schadenersatzansprüche) **aufgerechnet** werden, sofern die beiden Forderungen einander in der Vergangenheit unverjährt gegenübergestanden sind. Ⓑ

Ⓐ

Fallfristen sind meist kollektivvertraglich geregelte **kurze Fristen** (drei bis sechs Monate). Sie haben den Zweck, dem **Beweisnotstand zu begegnen**, in welchem sich der Dienstgeber bei verspäteter Geltendmachung befinden würde. Sie zwingen den Dienstnehmer, allfällige Ansprüche aus dem Dienstverhältnis möglichst bald und damit zu einer Zeit geltend zu machen, in der nicht nur ihm selbst, sondern auch dem Dienstgeber die zur Klarstellung des rechtserheblichen Sachverhalts notwendigen Beweismittel in aller Regel noch zur Verfügung stehen.

Bezieht sich eine kollektivvertraglich geregelte Verfallsbestimmung auf „alle Ansprüche aus dem Dienstverhältnis", sind davon lt. Judikatur nicht alle Ansprüche zwischen Dienstnehmer und Dienstgeber erfasst, sondern nur die für ein Dienstverhältnis typischen. Solche typischen Ansprüche sind u.a. die Kündigungsentschädigung und Schadenersatzansprüche; untypische Ansprüche hingegen sind u.a. die Rückzahlung irrtümlich ausbezahlter Entgelte und Darlehensforderungen.

Es genügt i.d.R. die außergerichtliche **Geltendmachung**[157] der offenen Ansprüche, um den Verfall zu verhindern. Eine gerichtliche Geltendmachung ist nur dann erfor-

155 Ein verfallener Anspruch ist dem Grund nach untergegangen, also vernichtet.

156 Die Verjährung führt demnach nicht zum Verlust des Anspruchs, sondern lediglich zum **Verlust** des Rechts, diesen **Anspruch im Klagsweg geltend zu machen.**

157 Unter „Geltendmachung" ist zwar kein förmliches Einmahnen zu verstehen, wohl aber ein dem Erklärungsempfänger zumindest erkennbares **ernstliches Fordern** einer Leistung. Von einer – den Verfall vermeidenden –

derlich, wenn sie der Kollektivvertrag oder das Gesetz[158] ausdrücklich vorsieht. Wurde der offene Anspruch anerkannt oder wirksam geltend gemacht, kann ein Anspruchsverlust nur mehr durch Verjährung eintreten.

Sieht ein Kollektivvertrag vor, dass Ansprüche bei sonstigem Verfall binnen einer gewissen Frist nach Fälligkeit schriftlich dem Grunde nach geltend zu machen sind, reicht es zur Fristwahrung grundsätzlich aus, wenn das Verlangen nur **dem Grunde nach** erhoben wird und erkennbar ist, welche Ansprüche nach Art und Höhe gemeint sind. Hat der Arbeitnehmer jedoch innerhalb der Verfallsfrist einen **konkreten Geldbetrag gefordert** und diesen erst nach Ablauf der Verfallsfrist noch einmal erhöht, kann der Arbeitgeber den Verfall dieser zusätzlichen Ansprüche entgegenhalten (OGH 27.1.2017, 8 ObA 75/16m).

Der allfällige Ablauf kollektivvertraglicher Fallfristen ist nicht von Amts wegen, sondern **nur über entsprechende Einwendungen** des Beklagten wahrzunehmen (OGH 5.9.2001, 9 ObA 77/01s).

Die **einzelvertragliche Vereinbarung** einer Fallfrist für Ansprüche aus einem Dienstvertrag ist **grundsätzlich zulässig**. Sie ist allerdings dann i.S.d. § 879 Abs. 1 ABGB sittenwidrig, wenn sie zum Nachteil des Dienstnehmers gegen zwingende gesetzliche Fristbestimmungen verstößt oder wenn durch eine unangemessen kurze Ausschlussfrist[159] die Geltendmachung von Ansprüchen ohne sachlichen Grund übermäßig erschwert würde (OGH 23.1.2004, 8 ObA 42/03i).

Es gibt **keine gesetzliche Regelung**, die eine **Verkürzung** der gesetzlichen Verjährungsfristen im Rahmen einer vertraglichen Vereinbarung in Dienstverträgen generell **verbietet**. Auch für unabdingbare Ansprüche aus dem Dienstverhältnis (z.B. andere Einstufung in den Kollektivvertrag) kann dienstvertraglich eine 3-monatige Fallfrist für die außergerichtliche schriftliche Geltendmachung vereinbart werden; dies ist nicht unsachlich und verstößt auch nicht gegen § 879 ABGB (OGH 26.2.2014, 9 ObA 1/14h).

Geltendmachung von Ansprüchen kann aber nur dann gesprochen werden, wenn die Ansprüche so weit konkretisiert werden, dass der Dienstgeber erkennen kann, welche Ansprüche ihrer Art und Höhe nach gemeint sind. Es braucht zwar in aller Regel keine ziffernmäßige Konkretisierung zu erfolgen; eine völlig undifferenzierte Geltendmachung genügt aber zur Wahrung der Verjährungsfrist nicht (OGH 25.2.2004, 9 ObA 153/03w). Die Schriftlichkeit, die u.U. nach manchen Kollektivverträgen erforderlich ist, empfiehlt sich aus Beweisgründen in jedem Fall. Werden Ansprüche nach einem Betriebsübergang seitens eines Arbeitnehmers innerhalb der Verfallsfrist nur gegenüber dem bisherigen Arbeitgeber (Übergeber des Betriebs) geltend gemacht, wirkt die Geltendmachung auch nur gegenüber dem Übergeber und sind die Ansprüche gegenüber dem jetzigen Arbeitgeber (Erwerber des Betriebs) verfallen (OGH 26.8.2020, 9 ObA 39/20f zum Kollektivvertrag Hotel- und Gastgewerbe).

158 **Ersatzansprüche** wegen vorzeitigen Austritts oder vorzeitiger Entlassung eines Dienstnehmers (**Kündigungsentschädigung** (→ 33.4.2.) bzw. **Konventionalstrafe** (→ 33.4.1.)) müssen bei sonstigem Ausschluss (gänzlicher Verfall) **binnen sechs Monaten** nach Ablauf des Austritts- bzw. Entlassungstags **gerichtlich** geltend gemacht werden (§ 1162d ABGB, § 34 AngG). Diese Ausschlussfrist kann (grundsätzlich) **nicht aufgehoben oder beschränkt werden** (§ 1164 Abs. 1 ABGB, § 40 AngG). Näheres dazu finden Sie unter Punkt 33.8.

159 Wiederholt wurde die Sittenwidrigkeit von Fristen in der Dauer von zumindest drei Monaten verneint, während häufig Fristen **unter drei Monaten** als **bedenklich** erachtet wurden, weil sie zur Beschaffung von Unterlagen, zur Einholung von Erkundigungen und zur Geltendmachung von Ansprüchen nicht genügend Zeit lassen (OGH 12.7.2000, 9 ObA 166/00b).

Praxistipp: Enthält ein Kollektivvertrag Verfallsbestimmungen, können diese Fristen in Anwendung der Grundsätze des Stufenbaus der Rechtsordnung (→ 3.3.) durch Betriebsvereinbarung oder Dienstvertrag zu Ungunsten des Arbeitnehmers nicht verkürzt werden. Beschränken Kollektivverträge den Verfall jedoch auf konkrete Ansprüche (z.B. Reisekostenentschädigungen, Überstundenentgelte), können – unter Ausnahme dieser bereits kollektivvertraglich geregelten Ansprüche – im Dienstvertrag weitere Verfallsklauseln vereinbart werden.

Die spätere Berufung auf eine Verfallsklausel ist rechtsmissbräuchlich, wenn der Dienstgeber dem Dienstnehmer die rechtzeitige Geltendmachung eines Anspruchs **erschwert oder praktisch unmöglich macht** (z.B. durch bewusste Falschanmeldungen, Verletzung der Auflagepflicht des Kollektivvertrags) (OLG Wien 25.11.2013, 10 Ra 71/13d). Es **verstößt etwa wider Treu und Glauben**, wenn sich ein Dienstgeber auf den im Kollektivvertrag vorgesehenen Verfall beruft, obwohl er es beharrlich unterlassen hat, dem Dienstnehmer eine **ordnungsgemäße Lohnabrechnung** i.S.d. Kollektivvertrags auszufolgen (OGH 15.11.2006, 9 ObA 111/06y). Dies bedeutet jedoch nicht, dass das Fehlen einer ordnungsgemäßen Lohnabrechnung automatisch den Lauf der Verfallsfrist verhindert. Entscheidend ist, dass der Dienstgeber durch sein Verhalten die Geltendmachung der Ansprüche erschwert oder praktisch unmöglich macht (OGH 19.7.2018, 8 ObA 35/18g).

Grundsätzlich beginnt die Verfallsfrist mit der **Fälligkeit des Entgelts** zu laufen. Eine **Aushändigung einer Lohnabrechnung** ist dabei im Allgemeinen **kein entscheidendes Kriterium**, außer dies wird z.B. durch einen Kollektivvertrag ausdrücklich als Erfordernis vorgesehen oder der Dienstnehmer kann sich nur durch eine ordnungsgemäße Lohnabrechnung Klarheit über offene Ansprüche verschaffen (OGH 26.1.2018, 8 ObS 9/17g).

Die Bestimmung, die den Beginn des Laufes der Verfallsfrist an die Ausfolgung der ordnungsgemäßen Lohnabrechnung knüpft, verfolgt den **Zweck**, dass dem Dienstnehmer **durch die Ausfolgung einer Abrechnung Klarheit darüber verschafft werden soll, welche Leistungen der Dienstgeber berücksichtigt** hat. Erhält ein Dienstnehmer von seinem Arbeitgeber monatlich einen bestimmten Geldbetrag ungewidmet bar ausbezahlt, ist für den Dienstnehmer nicht erkennbar, welche Leistungen damit abgegolten sind. Damit liegt aber keine ordnungsgemäße Lohnabrechnung vor, die den Lauf der Verfallsfrist auslöst (OGH 29.10.2014, 9 ObA 100/14t). Umgekehrt ist es für das Vorliegen einer die Verfallsfrist auslösenden ordnungsgemäßen Lohnabrechnung nicht erforderlich, dass sämtliche Positionen ordnungsgemäß in der Abrechnung ausgewiesen sind. **Kann der Dienstnehmer der Lohnabrechnung entnehmen**, dass bestimmte Positionen (z.B. Überstundenentgelte) **nicht ausgewiesen sind, weiß er**, welche Ansprüche zwischen ihm und dem Arbeitgeber **strittig sind**, sodass die Verfallsfrist zu laufen beginnt (OGH 28.5.2015, 9 ObA 40/15w). Dementsprechend beginnt der Lauf der Verfallsfrist auch ohne Ausfolgung einer Lohnabrechnung bereits mit Fälligkeit des Entgelts, wenn der Dienstnehmer aufgrund der Tatsache, dass er in einem Monat gar kein Entgelt erhalten hat, erkennen musste, dass der Dienstgeber ihm noch Entgelt schuldet und auch der Kollektivvertrag den Lauf der Verfallsfrist nicht an die ordnungsgemäße Lohnabrechnung knüpft (OGH 26.1.2018, 8 ObS 9/17g).

Werden trotz Verlangens der Arbeitszeitaufzeichnungen dem Dienstnehmer diese verwehrt oder wenn wegen Fehlens von Aufzeichnungen über die geleisteten Arbeitsstunden die Feststellung der tatsächlich geleisteten Arbeitszeit unzumutbar ist, werden **Fallfristen gehemmt** (vgl. § 26 Abs. 9 AZG). Diese Bestimmung bewirkt, dass im Fall fehlender Arbeitszeitaufzeichnungen (gesetzliche, kollektivvertragliche und einzelvertragliche) Fallfristen nicht zu laufen beginnen, sodass dem Dienstnehmer die 3-jährige Verjährungsfrist zur Verfügung steht (→ 16.1.).

Fehlt eine einzelvertragliche oder kollektivvertragliche Fallfrist, so ist die gesetzliche Verjährungsfrist (i.d.R. drei Jahre) zu beachten.

Ⓑ

Entgeltforderungen sowie Ansprüche auf Auslagenersatz (→ 21.1.) **verjähren binnen drei Jahren** (§ 1486 Z 5 ABGB). Auf die Verjährung kann **im Voraus nicht verzichtet** werden[160]; die Vereinbarung einer **kürzeren** Verjährungsfrist ist **zulässig**, die Vereinbarung einer **längeren** hingegen **unzulässig** (§ 1502 ABGB).

Die **Verjährungsfrist beginnt** mit dem Zeitpunkt zu laufen, in dem das Recht erstmals ausgeübt werden kann. Ein Anspruch kann i.d.R. ab Fälligkeit geltend gemacht werden; der Lauf der Verjährungsfrist eines Anspruchs wird daher üblicherweise durch die Fälligkeit ausgelöst.

Die Verjährungsfrist wird durch ein **Anerkenntnis** des Anspruchs oder eine ordnungsgemäß eingebrachte und gehörig fortgesetzte (weiterverfolgte) Klage **unterbrochen**, d.h., dass sie von Neuem zu laufen beginnt. Ihr Ablauf wird jedoch u.a. durch Vergleichsverhandlungen **gehemmt**, d.h., dass danach die restliche Frist weiterläuft. Vergleichsverhandlungen stellen jedoch nur dann einen Hemmungsgrund dar, wenn sie von beiden Seiten ernsthaft geführt werden (OGH 25.4.2018, 9 ObA 24/18x).

Auf die Verjährung ist, ohne Einwendung der Parteien, von Amts wegen kein Bedacht zu nehmen (§ 1501 ABGB). Das Gericht prüft demnach nicht von sich aus, ob ein Anspruch verspätet geltend gemacht wurde oder nicht. Aus diesem Grund kann ein verjährter Anspruch bei Gericht jedenfalls **dann nicht** mehr **durchgesetzt werden**, wenn der Beklagte (die Partei) die **Verjährung einwendet**.

Eine **Verjährung** kommt bei **Vorschüssen bzw. Akontozahlungen nicht** in Betracht, da es sich um eine Vorausleistung handelt, die den Anspruch des Dienstnehmers einfach mindert (OLG Wien 27.3.2008, 8 Ra 119/07i).

Es bestimmt z.B. der **Kollektivvertrag für Arbeiter im eisen- und metallverarbeitenden Gewerbe** nachstehende Fristen:

XX. Verfall von Ansprüchen

1. Alle gegenseitigen Ansprüche aus dem Arbeitsverhältnis müssen bei sonstigem **Verfall** innerhalb von sechs Monaten nach Fälligkeit bzw. Bekanntwerden – wenn sie nicht anerkannt werden – schriftlich geltend gemacht werden. (…)
2. Als Fälligkeitstag gilt der Auszahlungstag für jene Lohnperiode, in welcher der Anspruch entstanden ist.
3. Bei rechtzeitiger Geltendmachung bleibt die gesetzliche **3-jährige Verjährungsfrist** gewahrt.

160 Eine vor dem Eintritt der Verjährung abgegebene Erklärung des Dienstgebers, auf den Einwand der Verjährung (z.B. des nicht konsumierten Urlaubs, → 26.2.4.) zu verzichten, ist gem. § 1502 ABGB unwirksam.

4. Eine Verzichtserklärung des Arbeitnehmers bei Beendigung des Arbeitsverhältnisses auf seine Ansprüche kann von diesem innerhalb von 5 Arbeitstagen nach Aushändigung der Endabrechnung rechtswirksam widerrufen werden.

Sowohl Fall- als auch Verjährungsfristen werden für die Dauer der Leistung eines **Präsenz-, Ausbildungs- oder Zivildienstes** (→ 27.1.6.) gehemmt, d.h., dass danach die Frist weiterläuft (§ 6 Abs. 1 APSG).

9.7. Vergleich, Verzicht, Verschlechterungsvereinbarung

Vergleich:

Im **Vergleich** werden strittige oder zweifelhafte[161] Rechte durch **beiderseitiges Nachgeben** einvernehmlich mit streitbereinigender Wirkung **neu festgelegt** (Neuerungsvertrag, § 1380 ABGB) (→ 24.5.). Der Vergleich stellt demnach eine **neue Rechtsgrundlage**[162] dar; auf die Rechtslage vor Abschluss des Vergleichs kann nicht mehr zurückgegriffen werden. Bei verglichenen Bezugsbestandteilen muss es sich um solche Zahlungen handeln, die sich zumindest auch aus der Bereinigung strittiger oder zweifelhafter Rechte auf in der **Vergangenheit angehäufte Bezüge** ergeben.

Üblicherweise werden Vergleiche **im Zuge der Beendigung eines Dienstverhältnisses** geschlossen, da beide Arbeitsvertragsparteien ein Interesse an der endgültigen Klärung von strittigen Angelegenheiten haben und die Führung eines Arbeitsgerichtsprozesses vermeiden wollen.

Der Vergleich unterliegt grundsätzlich **keinen besonderen „arbeitsrechtlichen" Beschränkungen**, kann also sowohl hinsichtlich abdingbarer Ansprüche als auch unabdingbarer Ansprüche (→ 2.1.1.2.) und selbst während eines aufrechten Dienstverhältnisses geschlossen werden, wenn dadurch strittige oder zweifelhafte Ansprüche bereinigt werden (OGH 23.3.2010, 8 ObA 7/10b).

Die **Bereinigungswirkung** eines anlässlich der Auflösung eines Dienstverhältnisses abgeschlossenen Vergleichs erstreckt sich **im Zweifel auf alle** aus diesem Rechtsverhältnis entspringenden oder damit zusammenhängenden gegenseitigen **Forderungen**. Dies gilt selbst dann, wenn in den Vergleich keine Generalklausel[163] aufgenommen wurde. Die Bereinigungswirkung erfasst auch solche Ansprüche, an welche die Parteien im Zeitpunkt des Abschlusses des Vergleichs zwar nicht gedacht haben, an die sie aber denken konnten (OGH 11.5.2010, 9 ObA 33/10h). Es kann jedoch nicht ohne Weiteres davon ausgegangen werden, dass mit einer in einer Auflösungsvereinbarung enthaltenen Generalklausel, nach der die wechselseitigen Ansprüche aus einem Vertragsverhältnis bereinigt und verglichen sein sollen, auch Streitigkeiten aus den-

161 Zweifelhaft ist ein Recht dann, wenn sich die Parteien nicht einig sind, ob oder in welchem Umfang es entstanden ist oder noch besteht. Es reicht, wenn bloß die Höhe des Anspruchs zweifelhaft ist.

162 Der Vergleich kann deshalb von keiner Partei wegen Irrtums angefochten werden. Arglistige Irreführung kann aber hinsichtlich der vom Vergleich erfassten Punkte geltend gemacht werden. Macht eine Partei nach Abschluss eines Vergleichs ein Recht geltend, so muss sie im Bestreitungsfall die Voraussetzungen für das Nichteintreten der Bereinigungswirkung des Vergleichs behaupten und unter Beweis stellen (OGH 26.4.2011, 8 ObA 21/11p).

163 Unter Generalklausel versteht man eine Klausel, wonach „sämtliche wechselseitigen Ansprüche bereinigt sind". Damit wird zum Ausdruck gebracht, dass über die im Vergleich angeführten Beträge hinaus keine weiteren Zahlungen mehr geleistet werden und ein endgültiger Abschluss erfolgt.

jenigen Ansprüchen mitverglichen sein sollen, die erst durch die Auflösungsvereinbarung selbst geschaffen werden (OGH 23.7.2019, 9 ObA 74/19a zur Zulässigkeit der Rückforderung einer durch den Arbeitgeber geleisteten Lohnsteuernachzahlung für eine Abfindungszahlung; vgl. auch OGH 22.1.2020, 9 ObA 90/19d zu einer irrtümlich überhöhten Auszahlung eines Vergleichsbetrags).

Ein Vergleich kann sowohl **gerichtlich** als auch **außergerichtlich** getroffen werden. Im Unterschied zum außergerichtlichen Vergleich bildet der gerichtliche Vergleich einen Exekutionstitel gem. § 1 Z 5 EO (→ 43.1.3.).

Verzicht:

Beim **Verzicht** (bei der Entsagung) verzichtet der Gläubiger auf die ihm unstrittig zustehenden Rechte (§ 1444 ABGB), ohne dadurch andere Rechte zu erwerben. Nach herrschender Judikatur ist der Verzicht **auf erworbene Ansprüche während der Dauer des Dienstverhältnisses** grundsätzlich **unwirksam**, da angenommen werden muss, dass der Dienstnehmer diesen Verzicht nicht frei, sondern unter wirtschaftlichem Druck (**Drucktheorie**) abgegeben hat (Judikat 26 neu) (OGH 8.6.1927, Arb 3725; OGH 14.1.1975, Arb 9314) (vgl. → 32.1.4.4.5.).

Verzichtet ein Dienstnehmer auf die bei seiner Gehaltseinstufung lt. Kollektivvertrag zu berücksichtigenden (von ihm auch bekannt gegebenen) **Vordienstzeiten**, ist dieser **Verzicht unwirksam** (OGH 21.1.2011, 9 ObA 2/11a).

Ein Verzicht auf unabdingbare Ansprüche eines Dienstnehmers ist nicht nur während des aufrechten Dienstverhältnisses, sondern **so lange unwirksam**, als sich dieser in der typischen **Unterlegenheitsposition** eines Dienstnehmers **befindet** („Drucktheorie"). Wird der Verzicht vom Dienstnehmer in der Auflösungsphase noch vor der endgültigen Abrechnung bzw. vor Fälligkeit des jeweiligen Anspruchs erklärt, so ist dieser jedenfalls unwirksam. Sonst ist entscheidend, ob von einer **vollständigen wirtschaftlichen Beendigung** des Dienstverhältnisses gesprochen werden kann und die persönliche Abhängigkeit des Dienstnehmers zum Zeitpunkt der Vereinbarung nicht mehr ins Gewicht fällt (OGH 4.3.2013, 8 ObA 10/13y; OGH 29.3.2016, 8 ObA 11/16z).

Die Wirksamkeit des Verzichts ist dann nicht endgültig, wenn der anzuwendende Kollektivvertrag einen **Widerruf des Verzichts** innerhalb kurzer Frist (einige Tage) nach Erhalt der Endabrechnung zulässt. Enthält ein Kollektivvertrag eine derartige Widerrufsmöglichkeit und macht der Dienstnehmer davon nicht Gebrauch, ist ein Verzicht, der in der Auflösungsphase noch vor der endgültigen Abrechnung erfolgte, dennoch aufgrund der allgemeinen Bestimmungen zur „Drucktheorie" unwirksam. Bei der Widerrufsmöglichkeit des Kollektivvertrags handelt es sich um eine Schutzbestimmung zugunsten des Arbeitnehmers. Den Kollektivvertragsparteien kann nicht unterstellt werden, sie hätten damit auch das Ziel verfolgt, der Arbeitnehmer müsse einer unwirksamen Verzichtserklärung widersprechen, um deren Wirksamwerden zu verhindern (OGH 29.3.2016, 8 ObA 11/16z zum Kollektivvertrag für das Gewerbe der Arbeitskräfteüberlassung).

Verschlechterungsvereinbarung:

Vom Verzicht auf bereits erworbene Ansprüche zu unterscheiden sind **einvernehmliche Vertragsänderungen, welche sich auf die Zukunft beziehen** und i.d.R. verschlechternd auswirken. Solche „**Verschlechterungsvereinbarungen**" sind nach herrschender Rechtsmeinung grundsätzlich rechtswirksam, dürfen aber nur im Rahmen der gesetzlichen, kollektivvertraglichen oder durch Betriebsvereinbarung gezogenen Grenzen vereinbart werden. **Beispiele** dafür sind: Entgeltkürzungen, solange man die der Tätigkeit entsprechende kollektivvertraglich (oder durch Betriebsvereinbarung) vorgesehene Entlohnung nicht unterschreitet[164]; Kürzung der Arbeitszeit auf eine Teilzeit; Aufhebung der vertraglich zuerkannten Angestelltenzugehörigkeit (vgl. → 32.1.4.4.5.).

Zu beachten ist auch das **Gleichbehandlungsgesetz** bzw. der **Gleichbehandlungsgrundsatz** (→ 3.3.1.); werden verschlechternde Vereinbarungen z.B. ausschließlich mit den im Betrieb beschäftigten Frauen oder mit einzelnen Dienstnehmern getroffen, nicht jedoch mit den Dienstnehmern der gleichen Kategorie, kann die Vereinbarung aus diesem Titel rechtswidrig sein.

Auch wenn ein Betriebsrat besteht, bedarf es bei solchen Vereinbarungen mit den einzelnen Dienstnehmern **nicht** noch zusätzlich **der Zustimmung des Betriebsrats,** da dessen Mitbestimmungsrechte im ArbVG absolut zwingend geregelt und daher nicht erweiterbar sind.

Sowohl bei Vergleich, Verzicht und Verschlechterungsvereinbarungen ist, eines späteren Beweises wegen, die Schriftlichkeit zu empfehlen.

Muster 7

Verschlechterungsvereinbarung

Vereinbarung

Es wird ausdrücklich vereinbart, dass der derzeitige Stundenlohn
von € __________ brutto mit Wirksamkeit vom __________ auf € __________ brutto
reduziert wird.

__________, am __________

Unterschrift des Dienstnehmers   Unterschrift des Dienstgebers

Zusammenfassende Darstellung:

Vergleich	Verzicht	Verschlechterungsvereinbarung[165]
• Anspruch strittig oder zweifelhaft, • Anspruch in der Vergangenheit angehäuft, • Anspruch wird neu festgelegt,	• Anspruch unstrittig, • Anspruch bereits erworben, • auf den Anspruch wird verzichtet,	• Anspruch unstrittig, • Anspruch, der sich auf die Zukunft bezieht, • auf den Anspruch wird verzichtet;
Vereinbarung **bei aufrechtem Bestand** des Dienstverhältnisses		
• rechtswirksam,	• rechtsunwirksam,	• rechtswirksam,
Vereinbarung **nach Beendigung** des Dienstverhältnisses		
• rechtswirksam,	• rechtswirksam,	• nicht möglich.

164 Bleiben auf Grund einer Verschlechterungsvereinbarung (Erhöhung des Gehalts unter Einschluss nunmehr sämtlicher Überstunden) die **kollektivvertraglichen Ansprüche** des Dienstnehmers **gewahrt**, weil unter Berücksichtigung der Überstunden, die ein Dienstnehmer geleistet hat, sein Anspruch nach dem Kollektivvertrag noch unter dem vom Dienstgeber geleisteten Entgelt bestehen bleibt, ist die **Vertragsänderung rechtswirksam** (OGH 25.5.1994, 9 ObA 98/94).

165 Vergleiche dazu die Änderungskündigung (→ 32.1.4.4.5.).

9.8. Rückforderung irrtümlich geleisteter Zahlungen

Unrichtig berechnete oder irrtümlich zu viel geleistete Entgeltbeträge können **dann nicht zurückgefordert** werden, wenn diese vom Dienstnehmer **in gutem Glauben empfangen und verbraucht** wurden und Unterhaltscharakter haben (OGH 23.4.1929, Arb 3893).

Den darüber hinaus dazu ergangenen OGH-Entscheidungen ist zu entnehmen:

1. Die **Gutgläubigkeit** (Redlichkeit) des Empfangs bzw. Verbrauchs der Überhöhung ist insb. **dann nicht anzunehmen**, wenn
   - dem Dienstnehmer die irrtümliche (plötzliche) Entgeltüberhöhung offenkundig sein musste,
   - er bei Würdigung aller Umstände zur Erkenntnis des Irrtums hätte kommen müssen oder
   - er am Recht darauf – objektiv gesehen – auch nur Zweifel hätte haben müssen[166].
2. Die **Beweislast** für die Unredlichkeit (Schlechtgläubigkeit) des Dienstnehmers **liegt beim Dienstgeber**.
3. Der **Grundsatz** des „gutgläubigen Verbrauchs" **gilt** u.a. **dann nicht**, wenn
   - eine Zahlung unter ausdrücklichem Vorbehalt einer Rückforderung geleistet wurde (z.B. vorbehaltliche Übernahme der Entgeltfortzahlung, siehe Muster 12),
   - eine Rückzahlung ausdrücklich im Kollektivvertrag bestimmt ist (z.B. Rückzahlung von Sonderzahlungen, siehe Beispiel 68),
   - eine Zahlung ohne jeden Unterhaltscharakter erfolgte (z.B. Aufwandsentschädigungen; Zahlung der halben Abfertigung an den überlebenden Ehepartner, obwohl dieser keinen gesetzlichen Unterhaltsanspruch gegenüber dem Verstorbenen hatte),
   - irrtümlich zu wenig Lohnsteuer abgezogen wurde (→ 41.2.2.) oder bei
   - Vorschüssen (→ 11.8.). In diesem Fall kann der Dienstnehmer allerdings verlangen, dass die Rückzahlung mit den folgenden Abrechnungen kompensiert wird.

Wurde ein Vergleichsbetrag irrtümlich in Höhe des vereinbarten Bruttobetrags (anstatt des Nettobetrags) ausbezahlt, besteht ein Rückforderungsrecht des Dienstgebers gegenüber dem Dienstnehmer (OGH 22.1.2020, 9 ObA 90/19d). Dabei macht es keinen Unterschied, ob der Dienstgeber die eigentlich vom Dienstnehmer zu tragenden Lohnabgaben bereits abgeführt hat oder nicht (OGH 3.8.2021, 8 ObA 47/21a).

Hat der Dienstgeber einen Rückforderungsanspruch, kann er nicht nur den an den Dienstnehmer ausbezahlten Nettobetrag, sondern den gesamten Bruttobetrag rückfordern (OLG Wien 25.11.2008, 8 Ra 65/08t).

Rückzahlungsansprüche sind für ein Dienstverhältnis untypisch und unterliegen daher nicht den kollektivvertraglichen Verfallsbestimmungen (→ 9.6.). Grundsätzlich **verjährt der Rückzahlungsanspruch** des Dienstgebers in analoger Anwendung des § 1486 Z 5 ABGB **nach drei Jahren**. Stammt der Ersatzanspruch des Dienst-

166 Hatte der Dienstnehmer Zweifel an der Rechtmäßigkeit der ihm ausbezahlten Bezüge und weist er den Dienstgeber mehrfach auf diese Zweifel hin, hat er seiner Sorgfaltspflicht entsprochen und kann auf die Richtigkeit der Auszahlung vertrauen, sodass eine Rückforderung des zu viel bezahlten Entgelts nicht mehr in Frage kommt (OGH 27.4.2016, 8 ObA 9/16f).

gebers aber aus einer gerichtlich **strafbaren Handlung**, die nur vorsätzlich begangen werden kann und mit mehr als einjähriger Freiheitsstrafe bedroht ist, so gilt die **30-jährige Verjährungsfrist** des § 1489 ABGB (OGH 17.5.2000, 9 ObA 39/00a). Ebenfalls erst **nach dreißig Jahren** verjährt das Recht auf Rückforderung einer vom Dienstgeber nachgezahlten Lohnsteuer (OLG Wien 28.8.2000, 10 Ra 177/00y).

9.9. Entzug von Bezugsbestandteilen

Bezugsbestandteile, für die dem Arbeitnehmer ein Rechtsanspruch zukommt, können bei einem aufrechten Dienstverhältnis einseitig (durch den Arbeitgeber) nur im Weg einer **Änderungskündigung** (→ 32.1.4.4.5.) oder einvernehmlich im Weg einer **Verschlechterungsvereinbarung** (→ 9.7.) entzogen werden.

Wurde einem Dienstnehmer eine **Funktionszulage** für seine Tätigkeit als **Handlungsbevollmächtigter** bezahlt und wurden diesbezüglich keine Abreden über die Widerruflichkeit dieser Zulage getroffen, ist ein **einseitiger Entzug** der Funktionszulage **bei Erlöschen** der Handlungsvollmacht **unzulässig** (OGH 19.3.2003, 9 ObA 224/02k).

Nach **jahrelanger vorbehaltloser** Gewährung einer **Gratifikation** rechtfertigt allein die Aufnahme eines Zusatzes über die Widerruflichkeit der Leistung in die entsprechenden Verständigungsschreiben ohne jeden **Hinweis** auf die damit **beabsichtigte Änderung** noch nicht den Schluss, der Dienstnehmer habe **durch sein Schweigen** einer Änderung der vertraglichen Regelung i.S.d. Widerruflichkeit der bislang unwiderruflichen Leistung **zugestimmt** (OGH 19.3.2003, 9 ObA 224/02k).

9.10. Aufrechnung mit Entgeltansprüchen

Stehen dem Dienstgeber gegenüber dem Dienstnehmer Ansprüche, wie z.B. nicht gutgläubig verbrauchte Überbezüge (→ 9.8.), Schadenersatzforderungen (→ 41.5.2.), rückforderbare Ausbildungskosten (→ 32.3.4.) oder Konventionalstrafen (→ 33.4.1.) zu, stellt sich die Frage, ob der Dienstgeber zur Hereinbringung seiner Forderung eine Aufrechnung mit Entgeltansprüchen des Dienstnehmers vornehmen darf.

Allgemeine Voraussetzungen der Aufrechnung (Kompensation) einer Forderung mit einer Gegenforderung sind deren **Gegenseitigkeit, Gleichartigkeit, Richtigkeit und Fälligkeit.** Darüber hinaus darf **kein Aufrechnungsverbot** vorliegen.

Bezüglich einer Aufrechnung von **Schadenersatzansprüchen** des Dienstgebers gegen den Dienstnehmer mit Bezügen des Dienstnehmers bestimmt das Dienstnehmerhaftpflichtgesetz (→ 41.5.2.): Während des aufrechten Bestands des Dienstverhältnisses[167] ist eine **Aufrechnung** von Schadenersatzansprüchen gegen den Dienstnehmer nur **zulässig**, wenn der Dienstnehmer nicht **innerhalb von vierzehn Tagen** ab Zugehen der Aufrechnungserklärung dieser **widerspricht**. Dies gilt nicht für eine Aufrechnung auf Grund eines rechtskräftigen Urteils (§ 7 Abs. 1, 2 DHG).

167 Bei beendetem Dienstverhältnis kommt die Aufrechnungsbeschränkung des § 7 DHG nicht zur Anwendung. Eine Aufrechnung ist nach allgemeinen Kriterien zulässig. Der OGH hat jedoch bereits mehrfach entschieden, dass zwischen dem Anspruch des Dienstnehmers auf Entgelt und Schadenersatzansprüchen des Dienstgebers kein rechtlicher Zusammenhang besteht, sodass der Dienstnehmer das verkürzte Entgelt einklagen kann und darüber im Verfahren mittels Teilurteil abzusprechen ist; über die Schadenersatzforderung wird gesondert gerichtlich entschieden (vgl. zuletzt OGH 26.2.2016, 8 ObA 67/15h).

- **Widerspricht der Dienstnehmer** innerhalb von vierzehn Tagen der Aufrechnungserklärung des Dienstgebers, kann der Dienstgeber seine behaupteten Schadenersatzansprüche nur mehr gerichtlich geltend machen. Erfolgt trotz des Widerspruchs des Dienstnehmers eine Aufrechnung, kann der Dienstnehmer auf die Zahlung des vorenthaltenen Bezugsteils klagen, gegebenenfalls deshalb auch seinen berechtigten vorzeitigen Austritt erklären (→ 32.1.6.).
- **Widerspricht der Dienstnehmer** der Aufrechnungserklärung **nicht**, ist eine Aufrechnung dem Grund nach zulässig.

Ist eine Aufrechnung dem Grunde nach zulässig, darf diese grundsätzlich nur **in Höhe des pfändbaren Betrags (bis zum Erreichen des Existenzminimums,** → 43.) erfolgen. Die Aufrechnung gegen den **der Exekution entzogenen Teil** des Entgelts ist nur zulässig zur Einbringung

- eines Vorschusses,
- einer im rechtlichen Zusammenhang stehenden Gegenforderung[168] oder
- einer Schadenersatzforderung, wenn der Schaden durch den Dienstnehmer vorsätzlich zugefügt wurde (§ 293 Abs. 3 EO).

168 Eng auszulegen; z.B. die Rückverrechnung einer zu viel ausbezahlten Sonderzahlung mit einem Sonderzahlungsanspruch des Dienstnehmers.

10. Durchführung und Überwachung der Personalverrechnung

In diesem Kapitel werden u.a. Antworten auf folgende praxisrelevanten Fragestellungen gegeben:

10.1. Durchführung der Personalverrechnung

10.1.1. Erfassung

Die Personalverrechnung ist ein Teilbereich der Buchhaltung. Daher bilden Belege die Grundlage der Personalverrechnung. Es gilt das sog. **„Belegprinzip"**, d.h., ohne Belege darf keine Abrechnung durchgeführt werden.

In der Praxis finden folgende Belege Verwendung:

- Zeiterfassungsausdrucke und Überstundenaufzeichnungen (Muster 8),
- Schichtlisten,
- Akkordzettel,
- Reisespesenabrechnungen (Muster 10, Muster 11),
- Montagescheine,
- Provisionsabrechnungen

  u.a.m.

Aus diesen Aufzeichnungen werden die für die Personalverrechnung wichtigen Daten entnommen und – i.d.R. über Erfassung in einem Lohnverrechnungsprogramm – am Lohnkonto verbucht.

10.1.2. Verbuchung

Im Zuge der Personalverrechnung werden **mehrere Ausfertigungen** erstellt:

1. Das Lohnkonto,
2. der Buchungsbeleg,
3. der Lohn- oder Gehaltsabrechnungsbeleg.

Darüber hinaus können – je nach Lohnverrechnungsprogramm – diverse weitere Auswertungen erstellt werden, die Informationen über die durchgeführte Abrechnung geben (z.B. Lohnartenjournal, Auszahlungsjournal, Lohnnebenkostenliste).

10.1.2.1. Das Lohnkonto

Der Arbeitgeber hat **für jeden Arbeitnehmer** spätestens ab dem 15. Tag des Monats, der dem Beginn des Dienstverhältnisses folgt, ein Lohnkonto zu führen.

Jene Daten, die in das Lohnkonto einzutragen sind, sind in § 76 Abs. 1 EStG und in der Lohnkontenverordnung 2006 enthalten (siehe nachstehend).

Im **Lohnkonto** hat der Arbeitgeber **Folgendes anzugeben**:

- Name,
- Versicherungsnummer gem. § 31 ASVG (→ 6.2.11.),
- Wohnsitz,
- Alleinverdiener-/Alleinerzieherabsetzbetrag und Kinderzuschläge zum Alleinverdiener-/Alleinerzieherabsetzbetrag lt. Antrag des Arbeitnehmers (→ 14.2.),
- Name und Versicherungsnummer des (Ehe)Partners, wenn der Alleinverdienerabsetzbetrag berücksichtigt wurde,
- Name und Versicherungsnummer des (jüngsten) Kindes, wenn der Alleinerzieherabsetzbetrag berücksichtigt wurde,
- Name und Versicherungsnummer des Kindes (der Kinder), wenn der Kinderzuschlag (die Kinderzuschläge) berücksichtigt wurde(n),
- Name, Versicherungsnummer, Geburtsdatum und Wohnsitz des Kindes (der Kinder), wenn ein Familienbonus Plus (→ 14.2.) berücksichtigt wurde, sowie die Anzahl der Monate und die Höhe des berücksichtigten Familienbonus Plus,
- Pendlerpauschalbetrag (→ 14.2.2.) und Kosten für den Werkverkehr (→ 21.3.),
- Freibetrag lt. Mitteilung zur Vorlage beim Arbeitgeber (→ 14.3.).

Wurde eine Versicherungsnummer nicht vergeben, ist jeweils das Geburtsdatum anstelle der Versicherungsnummer anzuführen.

Der Bundesminister für Finanzen wird ermächtigt, mit Verordnung

- weitere Daten, die für Zwecke der Berechnung, Einbehaltung, Abfuhr und Prüfung lohnabhängiger Abgaben von Bedeutung und in das Lohnkonto einzutragen sind, und
- Erleichterungen für bestimmte Gruppen von Steuerpflichtigen bei der Führung des Lohnkontos

festzulegen (§ 76 Abs. 1, 2 EStG).

Auf Grund des § 76 Abs. 2 EStG wurde verordnet (VO vom 23.8.2005, BGBl II 2005/256 – **Lohnkontenverordnung 2006**, in der jeweils geltenden Fassung):

§ 1. (1) Folgende Daten sind fortlaufend in das **Lohnkonto einzutragen**:

1. Der bezahlte **Arbeitslohn** (einschließlich sonstiger Bezüge und Vorteile i.S.d. § 25 EStG) ohne jeden Abzug unter Angabe des Zahltags[169] und des Lohnzahlungszeitraums,
2. die einbehaltene **Lohnsteuer**,

3. die **Beitragsgrundlage** für Pflichtbeiträge gem. § 16 Abs. 1 Z 3 lit. a, Z 4 und 5 EStG,
4. vom Arbeitgeber für lohnsteuerpflichtige Einkünfte einbehaltene **Beiträge** gem. § 16 Abs. 1 Z 3 lit. a, Z 4 und 5 EStG (**Arbeiterkammerumlage, Betriebsratsumlagen, Dienstnehmeranteile zur Sozialversicherung, Wohnbauförderungsbeiträge**),
5. vom Arbeitgeber einbehaltene Beiträge für die freiwillige Mitgliedschaft bei Berufsverbänden und Interessenvertretungen gem. § 16 Abs. 1 Z 3 lit. b EStG (**Gewerkschaftsbeiträge**),
6. der Pauschbetrag gem. § 16 Abs. 1 Z 6 EStG (**Pendlerpauschale**) sowie der **Pendlereuro** gem. § 33 Abs. 5 Z 4 EStG,
7. der **rückgezahlte Arbeitslohn** gem. § 16 Abs. 2 EStG,
8. die **Bemessungsgrundlage** für den Beitrag zur **BV-Kasse** (§ 26 Z 7 lit. d EStG) und der geleistete **Beitrag**,
9. die **Beiträge** an **ausländische Pensionskassen** (einschließlich Beiträge an ausländische Einrichtungen i.S.d. § 5 Z 4 des PKG),
10. sofern der Arbeitgeber Betriebsstätten in mehreren Gemeinden hat, die **Betriebsstätte** gem. § 4 des **KommStG** und der **Zeitraum**, in dem der Arbeitnehmer bei dieser Betriebsstätte tätig ist, sowie die jeweils erhebungsberechtigte Gemeinde gem. § 7 des KommStG,
11. die **Bemessungsgrundlage** für den **Dienstgeberbeitrag** gem. § 41 des FLAG und für den Zuschlag zum Dienstgeberbeitrag gem. § 122 des WKG sowie die geleisteten **Beiträge**,
12. die **Bezeichnung** des für den Arbeitnehmer zuständigen **Sozialversicherungsträgers**,
13. die **Kalendermonate**, in denen der Arbeitnehmer gemäß § 26 Z 5 EStG auf Kosten des Arbeitgebers befördert wird, und die **Kalendermonate**, in denen dem Arbeitnehmer ein **firmeneigenes** (arbeitgebereigenes) **Kraftfahrzeug** für Fahrten zwischen Wohnung und Arbeitsstätte zur Verfügung gestellt wird,
14. der **erhöhte Pensionistenabsetzbetrag** (§ 33 Abs. 6 Z 1 EStG),
15. **Mitarbeiterrabatte** gem. § 3 Abs. 1 Z 21 EStG, die im Einzelfall 20% übersteigen,
16. der **Pauschbetrag** für **Werbungskosten** gem. § 17 Abs. 6 EStG i.V.m. § 1 Z 11 der VO über die Aufstellung von Durchschnittssätzen für Werbungskosten („Expatriates"),
17. die Anzahl der Homeoffice-Tage gem. § 16 Abs. 1 Z 7a lit. a und des § 26 Z 9 lit. a EStG, an denen der Arbeitnehmer seine berufliche Tätigkeit für den Arbeitgeber ausschließlich in seiner Wohnung ausgeübt hat.

(2) Die Daten der Z 1 bis 4 sind **getrennt** nach

- Bezügen, die **nach dem Tarif** (§ 66 EStG), und
- Bezügen, die nach **festen Steuersätzen** (§ 67 EStG) zu versteuern sind,

einzutragen.

---

169 Der Zahltag ist grundsätzlich der Tag der Bezahlung durch den Arbeitgeber. Es bestehen keine Bedenken, wenn bei regelmäßiger Lohnzahlung der Tag lt. lohngestaltender Vorschrift (§ 68 Abs. 5 EStG, → 18.3.2.1.2.) oder der Tag, der der betrieblichen Übung entspricht, eingetragen wird (LStR 2002, Rz 1183a).

§ 2. Folgende Bezüge, die nicht zum steuerpflichtigen Arbeitslohn gehören (§§ 3 und 26 EStG), sind in das **Lohnkonto aufzunehmen**:

1. Die steuerfreien Bezüge gem. §§ 3 Abs. 1 Z 4 lit. a, 5 lit. a und c, 8, 9, 10, 11, 12, 15 lit. a, b und c, 16, soweit es sich um freiwillige Zuwendungen zur Beseitigung von Katastrophenschäden handelt, 22, 23, 24, 30 und 35 EStG[170],
2. die steuerfreien Bezüge gem. § 3 Abs. 1 Z 16b EStG, die nicht steuerbaren Leistungen gem. § 26 Z 4 EStG, soweit es sich um Tagesgelder, Kilometergelder und pauschale Nächtigungsgelder handelt, sowie gem. § 26 Z 5 lit. b, 6, 7 lit. a und Z 9 EStG[170],
3. steuerfreie Mitarbeiterrabatte gem. § 3 Abs. 1 Z 21 EStG, die im Einzelfall 20% übersteigen.

§ 3. Für Arbeitnehmer, die ausschließlich Bezüge gem. § 25 Abs. 1 Z 4 lit. b EStG[171] erhalten, die den Betrag von monatlich € 200,00 nicht übersteigen, kann die Führung eines Lohnkontos entfallen, sofern die erforderlichen Daten aus anderen Aufzeichnungen hervorgehen.

§ 4. Die Daten gem. § 76 Abs. 1 EStG sowie gem. Abs. 1 und 2 dieser Verordnung brauchen für Arbeitnehmer, die im Inland weder der beschränkten noch der unbeschränkten Steuerpflicht unterliegen, insoweit nicht in einem Lohnkonto angeführt werden, als sie aus anderen Aufzeichnungen des Arbeitgebers hervorgehen. Dies gilt nicht für Arbeitnehmer, die von inländischen Arbeitgebern ins Ausland entsendet werden.

§ 5. Diese Verordnung ist auf Lohnzahlungszeiträume anzuwenden, die nach dem 31. Dezember 2005 enden.

Aufstellung der wichtigsten steuerfreien bzw. nicht steuerbaren Bezugsarten inkl. Hinweis, ob eine Aufnahme in das Lohnkonto erforderlich ist:

Steuerbefreiungen	Aufnahme in das Lohnkonto
Einkünfte während einer begünstigten Auslandstätigkeit (§ 3 Abs. 1 Z 10 EStG)	ja
Einkünfte, die Fachkräfte der Entwicklungshilfe von Entwicklungshilfeorganisationen beziehen (§ 3 Abs. 1 Z 11 EStG)	ja
Bezüge von ausländischen Ferialpraktikanten (höchstens 6-monatige Beschäftigung und Gegenseitigkeit des ausländischen Staates) (§ 3 Abs. 1 Z 12 EStG)	ja
Vorteil aus der Benützung von Einrichtungen und Anlagen, z.B. Erholungs- und Kurheime, Kindergärten, Betriebsbibliotheken, Sportanlagen sowie Vorteil aus zielgerichteter, wirkungsorientierter Gesundheitsförderung (Salutogenese) und Prävention sowie Impfungen (§ 3 Abs. 1 Z 13 lit. a EStG)	nein

170 Siehe nachstehende Übersicht.
171 Bezüge eines Mitglieds der Landesregierung, des Landtags, eines Bürgermeisters usw.

Steuerbefreiungen	Aufnahme in das Lohnkonto
Zuschüsse für die Betreuung von Kindern bis € 1.000,00 jährlich pro Kind (§ 3 Abs. 1 Z 13 lit. b EStG)	ja[172]
Vorteil aus der Teilnahme an Betriebsveranstaltungen bis € 365,00 jährlich und dabei empfangene übliche Sachzuwendungen sowie aus Anlass eines Dienst- oder Firmenjubiläums empfangene Sachzuwendungen bis € 186,00 jährlich (§ 3 Abs. 1 Z 14 EStG)	nein
Zukunftssicherungsmaßnahmen bis € 300,00 jährlich je Arbeitnehmer (§ 3 Abs. 1 Z 15 lit. a EStG)	ja
Mitarbeiterbeteiligungen bis € 3.000,00 jährlich je Arbeitnehmer (§ 3 Abs. 1 Z 15 lit. b EStG)	ja
Vorteil aus der Abgabe von Aktien an Arbeitgebergesellschaften mit treuhändiger Verwahrung und Verwaltung durch eine Mitarbeiterbeteiligungsstiftung bis € 4.500,00 jährlich pro Dienstverhältnis (§ 3 Abs. 1 Z 15 lit. c EStG)	ja
Vorteil aus der treuhändigen Verwahrung und Verwaltung von Arbeitgeber-Aktien durch eine Mitarbeiterbeteiligungsstiftung (§ 3 Abs. 1 Z 15 lit. d EStG)	nein
Freiwillige soziale Zuwendungen an den Betriebsratsfonds (§ 3 Abs. 1 Z 16 EStG)	nein
Freiwillige Zuwendungen zur Beseitigung von Katastrophenschäden, insb. Hochwasser-, Erdrutsch-, Vermurungs- und Lawinenschäden (§ 3 Abs. 1 Z 16 EStG)	ja
Freiwillige Trinkgelder (ortsübliche) (§ 3 Abs. 1 Z 16a EStG)	nein[173]
Tagesgelder, pauschale Nächtigungsgelder und Kilometergelder (§ 3 Abs. 1 Z 16b EStG)	ja
Freie oder verbilligte Mahlzeiten am Arbeitsplatz (Naturalverpflegung, Essensbons) (§ 3 Abs. 1 Z 17 EStG)	nein
Freie oder verbilligte Getränke am Arbeitsplatz (§ 3 Abs. 1 Z 18 EStG)	nein
Zuwendungen für Begräbnisse (§ 3 Abs. 1 Z 19 EStG)	nein
Mitarbeiterrabatte, die 20% übersteigen (§ 3 Abs. 1 Z 21 EStG)	ja
Gewinnbeteiligungen bis € 3.000,00 jährlich je Arbeitnehmer (§ 3 Abs. 1 Z 35 EStG)	ja
Unentgeltliche Überlassung und Reinigung typischer Berufskleidung (§ 26 Z 1 EStG)	nein
Durchlaufende Gelder und Auslagenersätze (§ 26 Z 2 EStG)	nein

Steuerbefreiungen	Aufnahme in das Lohnkonto
Ausbildungs- oder Fortbildungskosten für Arbeitnehmer im betrieblichen Interesse (§ 26 Z 3 EStG)	nein
Reisekostenentschädigungen (§ 26 Z 4 EStG):	
• Tagesgelder, Kilometergelder und pauschale Nächtigungsgelder	ja
• Übrige Beträge (z.B. Hotelrechnung für die Nächtigung, Flugticket, Taxirechnung)	nein
Kalendermonate der Beförderung des Arbeitnehmers (§ 26 Z 5 EStG) sowie der Zurverfügungstellung eines Firmen-KFZ zur Privatnutzung	ja
Übernahme der Kosten einer Karte für ein Massenbeförderungsmittel (§ 26 Z 5 lit. b EStG)	ja
Umzugskostenvergütungen (§ 26 Z 6 EStG)	ja
Beitragsleistungen des Arbeitgebers an Pensionskassen etc. (§ 26 Z 7 lit. a EStG)	ja
Homeoffice-Pauschalen (§ 26 Z 9 EStG) sowie Anzahl der Homeoffice-Tage	ja

Die **Lohnkonten** dürfen im **Inland** oder im **Ausland** geführt werden. Bei einer Führung der Lohnkonten im Ausland muss gewährleistet sein, dass die Erforschung der für die Abgabenerhebung wesentlichen tatsächlichen und rechtlichen Verhältnisse ohne Erschwernisse möglich ist. Über ausdrückliches Verlangen der Abgabenbehörde (etwa im Rahmen einer gemeinsamen Prüfung lohnabhängiger Abgaben) müssen die Lohnkonten ins Inland gebracht werden. Die Abgabenbehörde muss dafür eine angemessene Frist festsetzen (LStR 2002, Rz 1183).

Ein Lohnkonto ist für jeden Arbeitnehmer, also auch für vorübergehend beschäftigte Arbeitnehmer (→ 31.2.), für beschränkt steuerpflichtige Arbeitnehmer (→ 31.1.) und bei kurzfristig beschäftigten Aushilfskräften zu führen (LStR 2002, Rz 1184).

Wechselt der Arbeitnehmer während des Kalenderjahrs den Arbeitgeber, so hat dieser auf dem Lohnkonto die Summe der bisher berücksichtigten Freibeträge (→ 14.3.) auszuweisen (§ 64 Abs. 2 EStG).

Wie aus den vorstehenden Ausführungen hervorgeht, bestimmt der Gesetzgeber bzw. die Finanzverwaltung nicht die Form, sondern bloß den Inhalt eines Lohnkontos.

Grundsätzlich sind folgende Unterlagen im Original beim Lohnkonto aufzubewahren:

- Erklärung zur Berücksichtigung des Alleinverdiener-/Alleinerzieherabsetzbetrags/ Familienbonus Plus/erhöhten Pensionistenabsetzbetrags oder behinderungs-

172 Da diese Information am Lohnzettel (→ 35.1.) auszuweisen ist (LStR 2002, Rz 77h), bedarf es einer Aufnahme in das Lohnkonto, obwohl die Lohnkontenverordnung dies nicht vorsieht.

173 Aus der Sicht des EStG ist das Trinkgeld nicht in das Lohnkonto aufzunehmen; aus der Sicht des ASVG (da beitragspflichtiges Entgelt) allerdings schon.

bedingter Freibeträge für außergewöhnliche Belastungen (Formular E 30) sowie die Meldung über deren Wegfall oder Änderungen (Formular E 31) (→ 14.2.1.5.),
- Erklärung zur Berücksichtigung des Pendlerpauschals und des Pendlereuros (Formular L 34 EDV oder L 33) (→ 14.2.2.2.),
- Erklärung zur Berücksichtigung eines steuerfreien Zuschusses für Kinderbetreuungskosten (Formular L 35) (→ 21.2.),
- Mitteilung zur Vorlage beim Arbeitgeber (→ 14.3.),
- freiwillige Abfertigung (alt) – Bestätigung über Vordienstzeiten (→ 34.7.2.2.),
- Mitarbeiterbeteiligung – Vorlage des Depotauszugs (→ 21.2.),
- belegmäßiger Nachweis über die übernommenen Kosten des „Öffi"-Tickets, z.B. eine Rechnung oder Kopie der Fahrkarte (→ 22.6.),
- Anzahl der geleisteten Überstunden (→ 18.3.2.4.),
- Durchschrift der Bestätigung des Arbeitgebers zur Geltendmachung von Werbungskostenpauschbeträgen auf Grund der Verordnung des BMF (→ 14.1.1.).
- Nachweis über den Familienbeihilfenbezug bzw. die Unterhaltsverpflichtung und -zahlungen bei Berücksichtigung eines Familienbonus Plus.

Die Aufbewahrung dieser Unterlagen kann entweder in Papierform oder durch Erfassung auf Datenträgern erfolgen, sofern die vollständige, geordnete, inhaltsgleiche und urschriftgetreue Wiedergabe bis zum Ablauf der gesetzlichen Aufbewahrungsfrist jederzeit gewährleistet ist. Die urschriftgetreue Wiedergabe kann beispielsweise durch Erfassung auf einer optischen Speicherplatte, durch Mikroverfilmung oder durch Einscannen sichergestellt werden. Außerdem können diese Unterlagen an anderer Stelle (z.B. bei den Personalakten) körperlich oder auf Datenträgern abgelegt werden, sofern das jeweilige Lohnkonto einen eindeutigen Hinweis auf die Art der Unterlage und den Ablageort enthält (LStR 2002, Rz 1185).

10.1.2.2. Buchungsbeleg

Die Personalverrechnung ist – wie schon erwähnt – ein Teil der Buchhaltung. Sie wird nur als eigener Teil vorerst losgelöst von der Buchhaltung durchgeführt, dann aber in Summe in die Buchhaltung übernommen. Hierfür wird ein Buchungsbeleg erstellt.

10.1.2.3. Der Lohn- oder Gehaltsabrechnungsbeleg

Der Arbeitgeber hat dem Arbeitnehmer spätestens mit der Lohnzahlung für den Lohnzahlungszeitraum bzw. mit Fälligkeit des Entgelts eine **schriftliche, übersichtliche, nachvollziehbare und vollständige Abrechnung für den im Kalendermonat ausbezahlten Arbeitslohn** (Entgelt und Aufwandsentschädigungen) auszuhändigen oder elektronisch zur Verfügung zu stellen (§ 78 Abs. 5 EStG, § 2f Abs. 1 AVRAG).

Der Arbeitgeber hat seiner Verpflichtung nach § 2f Abs. 1 Satz 1 AVRAG zur Übermittlung einer „vollständigen" Abrechnung von Entgelt und Aufwandsentschädigungen bereits dann entsprochen, wenn die Abrechnung **formell vollständig** ist. Eine inhaltliche Unrichtigkeit der Abrechnung – beispielsweise wenn die Abrechnung keine Urlaubsersatzleistung ausweist, weil der Arbeitgeber vom Urlaubsverbrauch ausgeht – schadet daher nicht (OGH 28.8.2018, 8 ObA 41/18i).

Diese Abrechnung hat zumindest folgende Angaben zu enthalten:

- Bruttobezüge gem. § 25 EStG (→ 7.5.),
- Beitragsgrundlage für Pflichtbeiträge gem. § 16 Abs. 1 Z 3 lit. a, Z 4 und Z 5 EStG (→ 11.4.1., → 23.3.1.1.),
- Pflichtbeiträge gem. § 16 Abs. 1 Z 3 lit. a, Z 4 und 5 EStG (→ 14.1.1.),
- Bemessungsgrundlage für die Ermittlung der Lohnsteuer (→ 11.5.1., → 23.3.2.1.),
- Bemessungsgrundlage für den Beitrag zur BV-Kasse (§ 26 Z 7 lit. d EStG) und den geleisteten Beitrag (→ 36.1.3.),
- die Höhe des berücksichtigten Familienbonus Plus (→ 14.2.),
- Lohnsteuer (→ 11.5.2., → 23.3.2.1.) (§ 78 Abs. 5 EStG).

In der Abrechnung sind die geleisteten Überstunden auszuweisen (§ 26 Abs. 7 AZG).

Darüber hinaus ist die Verpflichtung des Arbeitgebers zur Erstellung und Aushändigung eines Lohn- oder Gehaltsabrechnungsbelegs an den Arbeitnehmer häufig in **Kollektivverträgen** geregelt. Sehen Kollektivverträge eine Verpflichtung zur Erteilung und Aushändigung einer Lohnabrechnung vor, gehen diese Bestimmungen der gesetzlichen Bestimmung vor, soweit sie für den Arbeitnehmer günstiger sind (OGH 28.8.2018, 8 ObA 41/18i).

Diesbezüglich bestimmt z.B. **der Kollektivvertrag für Angestellte und Lehrlinge in Handelsbetrieben** in Abschnitt 3) unter Punkt „A. Gehaltssystem neu, 4.1.“:

> Für die Auszahlung des Gehaltes gelten die Bestimmungen des AngG. Jeder Arbeitnehmerin ist eine Gehaltsabrechnung in schriftlicher oder elektronischer Form auszuhändigen, aus welcher das Bruttogehalt sowie sämtliche Zuschläge und Abzüge ersichtlich sind.

Auch bei einer Nettolohnvereinbarung (→ 13.) hat der Arbeitnehmer Anspruch auf einen Lohnabrechnungsbeleg (OGH 2.9.1992, 9 ObA 225/92).

Zur Bedeutung einer ordnungsgemäßen Lohnabrechnung für den Beginn des Laufs der **Verfallfrist** siehe Punkt 9.6.

10.2. Überwachung der Personalverrechnung

10.2.1. Überwachung durch den Dienstgeber

Eine der vom Dienstgeber (bzw. von seinem Vertreter gem. §§ 80 ff. BAO, z.B. vom Geschäftsführer) zu beachtenden Pflichten ist es, die Ordnungsmäßigkeit der Personalverrechnung und der Abgabenentrichtung zu überprüfen. Er haftet (→ 41.) auch gegenüber allen außerbetrieblichen Stellen für die richtige Einbehaltung und Abfuhr der Steuern und Abgaben.

10.2.2. Überwachung durch den Betriebsrat und andere Einrichtungen

Der Betriebsrat ist berechtigt, in die vom Betrieb geführten Aufzeichnungen über die Bezüge der Arbeitnehmer und die zur Berechnung dieser Bezüge erforderlichen Unterlagen Einsicht zu nehmen, sie zu überprüfen und die Auszahlung zu kontrollieren. Dies gilt auch für andere, die Arbeitnehmer betreffenden Aufzeichnungen, deren Führung durch Rechtsvorschriften vorgesehen ist (z.B. Arbeitszeitaufzeichnungen, Urlaubsaufzeichnungen, Reisekostenabrechnungen). Das Recht des Betriebsrats auf Einsicht in den Personalakt (einschließlich dem Dienstzettel gem. § 2 AVRAG) ist jedoch an die Zustimmung des Arbeitnehmers geknüpft (§ 89 Z 1 und Z 4 ArbVG)[174]. Bestehen getrennte Betriebsräte, gilt dieses Recht nur für den zuständigen Betriebsrat (→ 11.7.1.).

Das Überwachungsrecht (Einsichtsrecht) des Betriebsrats in die Aufzeichnungen des Arbeitgebers über die Bezüge der Arbeitnehmer umfasst **nicht** auch den **direkten Zugang** auf das **Personalverrechnungsprogramm** des Arbeitgebers. Es genügt, wenn der Arbeitgeber dem Betriebsrat aktuelle Ausdrucke zur Verfügung stellt (OGH 4.6.2003, 9 ObA 3/03m).

Das Überwachungsrecht steht dem Betriebsrat **nur für Arbeitnehmer gem. dem ArbVG** zu. Arbeitnehmer im Sinn dieser Bestimmung sind alle im Rahmen eines Betriebs beschäftigten Personen einschließlich der Lehrlinge und der Heimarbeiter ohne Unterschied des Alters (§ 36 Abs. 1 ArbVG) und – da das ArbVG diesbezüglich keine Unterscheidung trifft – ohne Unterschied der Staatsbürgerschaft.

Als Arbeitnehmer (i.S.d. Betriebsverfassung) gem. dem ArbVG gelten u.a. nicht:

Leitende Angestellte ①, denen maßgebender Einfluss auf die Führung des Betriebs zusteht (§ 36 Abs. 2 ArbVG). Dies ist der Fall, wenn diese auf Grund rechtlicher Möglichkeiten betriebstechnische, kaufmännische oder administrative Verfügungen eigenverantwortlich treffen können, die die Führung des Betriebs maßgeblich beeinflussen, und wenn sie zumindest auf bestimmten Teilgebieten dem Unternehmer gleichgestellt sind (z.B. Direktoren, Geschäftsführer, Vorstandsmitglieder) ②. Der Umstand, dass der leitende Angestellte Weisungen der Geschäftsleitung zu befolgen hat, ist unerheblich. Gleiches gilt für die Bezeichnung seiner Position.

① Wer Leitungsfunktionen besitzt, fällt häufig auch nicht in den Geltungsbereich

- des Arbeitszeitgesetzes (§ 1 Abs. 2 Z 8 AZG) (→ 16.1.),
- des Arbeitsruhegesetzes (§ 1 Abs. 2 Z 5 ARG) (→ 17.1.) und
- ev. des Insolvenz-Entgeltsicherungsgesetzes (§ 1 Abs. 1, 6 IESG) (→ 11.4.1.).

Ein leitender Angestellter

- ist bei der Betriebsratswahl weder aktiv noch passiv wahlberechtigt (§§ 52, 53 ArbVG) (→ 11.7.1.),
- ist nicht vom Geltungsbereich einer Betriebsvereinbarung erfasst,
- genießt keinen Kündigungsschutz (§§ 105 ff. ArbVG) (→ 32.2.1., → 32.2.2.) und
- ist ev. von der Kammerzugehörigkeit ausgeschlossen (§ 10 Abs. 2 AKG) (→ 11.4.1.).

Der Begriff des leitenden Angestellten im AZG bzw. ARG (→ 16.1.) ist nicht identisch mit jenem des ArbVG. Der Begriff des leitenden Angestellten i.S.d. ArbVG ist enger als jener nach dem AZG bzw. ARG. Beim leitenden Angestellten i.S.d. ArbVG sind dafür zusätzlich wesentliche Entscheidungsbefugnisse (vor allem im Personalbereich) erforderlich (siehe dazu die nachstehenden Judikate).

---

174 Vgl. OGH 17.9.2014, 6 ObA 1/14m, wonach das ArbVG ein abgestuftes Modell der Rechte der Einsichtnahme und Information des Betriebsrats enthält und damit Rücksicht auf die schutzwürdigen Interessen der Dienstnehmer nimmt (siehe auch Punkt 10.3.).

Ob der leitende Angestellte dem Branchenkollektivvertrag unterliegt, ist dem persönlichen Geltungsbereich dieses Kollektivvertrags zu entnehmen.

② Entscheidend ist im ArbVG, ob ein Arbeitnehmer auf einem bestimmten Gebiet der Geschäftsführung eine **dem Unternehmer gleichartige Stellung** hat. Ein Arbeitnehmer, dem zwar innerhalb seiner Abteilung im fachlichen Bereich eine gewisse Eigenständigkeit, jedoch kein über ein Vorschlagsrecht hinausgehender Einfluss auf die Eingehung und Auflösung von Dienstverhältnissen zukommt, ist kein leitender Angestellter i.S.d. ArbVG (OGH 5.9.2001, 9 ObA 193/01z). Entscheidend ist, ob der Mitarbeiter rechtlich und nicht nur faktisch befugt war, eine selbständige Personalkompetenz eigenständig auszuüben (vgl. u.a. OGH 25.4.2018, 9 ObA 35/18i). Ist die „Personalentscheidungskompetenz" nicht gegeben, liegt keine leitende Angestellteneigenschaft i.S.d. ArbVG vor (OGH 8.10.2003, 9 ObA 110/03x). Allein die Vorbereitung von Personalentscheidungen begründet noch keine Stellung als leitender Angestellter i.S.d. ArbVG. Mag den Vorschlägen in der Regel auch entsprochen worden sein, ist daraus noch nicht auf eine rechtlich ausschlaggebende Entscheidungsbefugnis in Personalangelegenheiten zu schließen (OGH 24.6.2015, 9 ObA 77/15m).

Als leitender Angestellter i.S.d. § 36 Abs. 2 Z 3 ArbVG ist vor allem ein Arbeitnehmer anzusehen, der durch seine Position an der Seite des Arbeitgebers und durch **Ausübung von Arbeitgeberfunktionen** in einen Interessengegensatz zu anderen Arbeitnehmern geraten kann. Selbst wenn der Einfluss des Angestellten auf eine Betriebsabteilung eingeschränkt ist, kann er in die Interessensphären anderer Arbeitnehmer eingreifen und in einen Interessengegensatz zu diesen geraten. Die Kompetenzen eines leitenden Angestellten können auch auf einen **Teilbereich beschränkt** sein. Selbst Abteilungsleiter können im Hinblick auf ihre **Dispositionsbefugnisse im Personalbereich** leitende Angestellte sein; die Entscheidungskompetenz eines leitenden Angestellten muss sich nicht notwendigerweise auf den gesamten Unternehmensbereich erstrecken (OGH 29.10.2008, 9 ObA 148/08t).

Darüber hinaus hat das **Arbeitsinspektorat** und die **Arbeiterkammer** Aufzeichnungen über die geleisteten Arbeitsstunden und deren **Entlohnung zu kontrollieren**, die der Arbeitgeber zur Überwachung der Einhaltung der im AZG geregelten Angelegenheiten zu führen hat (→ 16.1.).

10.3. Geheimhaltung und Datenschutz in der Personalverrechnung

Aufgrund der im Rahmen des Dienstverhältnisses seitens des Dienstnehmers einzuhaltenden Treuepflicht (→ 4.4.2.1.) hat dieser (aber auch der Betriebsrat) eine **Verschwiegenheitspflicht** im Dienstgeberinteresse zu beachten.

Der Dienstgeber hat umgekehrt neben den im ABGB festgeschriebenen Persönlichkeitsrechten des Dienstnehmers das **Grundrecht auf Datenschutz** und die damit einhergehende allgemeine Geheimhaltungspflicht[175] nach dem Datenschutzgesetz (DSG)[176] einzuhalten. Nach § 1 Abs. 1 DSG hat jedermann Anspruch auf **Geheimhaltung** der ihn betreffenden **personenbezogenen Daten**, soweit er daran ein schutzwürdiges Interesse hat. Das DSG gewährleistet damit ein allgemeines, verfassungs-

175 Auch die von den Bewerbern erhobenen Daten unterliegen der Geheimhaltungspflicht nach dem Datenschutzgesetz.

rechtlich gesichertes Recht auf Geheimhaltung personenbezogener Daten unabhängig von der Art der Verarbeitung[177] und sieht darüber hinaus weitere zahlreiche datenschutzrechtliche Bestimmungen vor.

Seit 25.5.2018 sind – neben dem ab diesem Zeitpunkt weitgehend reformierten DSG – insbesondere die Bestimmungen der EU-Datenschutz-Grundverordnung (Verordnung [EU] 2016/679)[178] zu beachten.

Die **EU-Datenschutz-Grundverordnung (EU-DSGVO)** sieht u.a. einen besonderen Schutz personenbezogener Daten unter Berücksichtigung zahlreicher Datenschutzgrundsätze und unter Androhung hoher Geldstrafen vor. **Personenbezogene Daten** sind alle Informationen, die sich auf eine identifizierte oder identifizierbare natürliche Person beziehen (Art. 4 Z 1 EU-DSGVO). Diese Daten müssen

a) auf rechtmäßige Weise, nach Treu und Glauben und in einer für die betroffene Person nachvollziehbaren Weise verarbeitet werden (**„Rechtmäßigkeit, Verarbeitung nach Treu und Glauben, Transparenz“**);
b) für festgelegte, eindeutige und legitime Zwecke erhoben werden und dürfen nicht in einer mit diesen Zwecken nicht zu vereinbarenden Weise weiterverarbeitet werden […] (**„Zweckbindung“**);
c) dem Zweck angemessen und erheblich sowie auf das für die Zwecke der Verarbeitung notwendige Maß beschränkt sein (**„Datenminimierung“**);
d) sachlich richtig und erforderlichenfalls auf dem neuesten Stand sein; es sind alle angemessenen Maßnahmen zu treffen, damit personenbezogene Daten, die im Hinblick auf die Zwecke ihrer Verarbeitung unrichtig sind, unverzüglich gelöscht oder berichtigt werden (**„Richtigkeit“**);
e) in einer Form gespeichert werden, die die Identifizierung der betroffenen Personen nur so lange ermöglicht, wie es für die Zwecke, für die sie verarbeitet werden, erforderlich ist; […] (**„Speicherbegrenzung“**);
f) in einer Weise verarbeitet werden, die eine angemessene Sicherheit der personenbezogenen Daten gewährleistet, einschließlich Schutz vor unbefugter oder unrechtmäßiger Verarbeitung und vor unbeabsichtigtem Verlust, unbeabsichtigter Zerstörung oder unbeabsichtigter Schädigung durch geeignete technische und organisatorische Maßnahmen (**„Integrität und Vertraulichkeit“**).

Der Verantwortliche (Arbeitgeber) ist für die Einhaltung der Datenschutzgrundsätze verantwortlich und muss dessen Einhaltung nachweisen können (**„Rechenschaftspflicht“**) (Art. 5 EU-DSGVO).

---

176 Das Bundesgesetz über den Schutz personenbezogener Daten (Datenschutzgesetz 2000 – DSG 2000), BGBl I 1999/165, wurde mit Wirkung zum 25.5.2018 durch das Datenschutz-Anpassungsgesetz 2018, BGBl I 2017/120, weitgehend reformiert und erhielt einen neuen Titel: Bundesgesetz zum Schutz natürlicher Personen bei der Verarbeitung personenbezogener Daten (Datenschutzgesetz – DSG). § 1 DSG ist jedoch auch nach diesem Zeitpunkt unverändert bestehen geblieben.

177 Das Grundrecht auf **Datenschutz** steht dem Recht des **Betriebsrats** auf **Einsicht** in Lohnabrechnungen, Krankenstandsaufzeichnungen und sonstige, die Dienstnehmer betreffenden (nicht sensible) Aufzeichnungen, deren Führung durch Rechtsvorschriften vorgesehen ist, **nicht entgegen**. Der Dienstgeber kann somit dem Betriebsrat die Einsicht in diese Unterlagen nicht mit dem Hinweis verwehren, dass sich der betroffene Dienstnehmer gegen die Übermittlung der Unterlagen an den Betriebsrat ausgesprochen hat und deren Geheimhaltung wünscht (OGH 17.9.2014, 6 ObA 1/14m). Das Recht des Betriebsrats auf Einsicht in den Personalakt eines konkreten Mitarbeiters ist jedenfalls an die Zustimmung des Arbeitnehmers geknüpft (§ 89 Z 4 ArbVG).

178 Verordnung (EU) 2016/679 des Europäischen Parlaments und des Rates vom 27.4.2016 zum Schutz natürlicher Personen bei der Verarbeitung personenbezogener Daten, zum freien Datenverkehr und zur Aufhebung der Richtlinie 95/46/EG. Die EU-Verordnung ist seit 25.5.2018 ohne nationale Umsetzung direkt anzuwenden.

Die Verarbeitung personenbezogener Daten ist nur unter bestimmten Voraussetzungen zulässig (vgl. dazu ausführlich Art. 6 EU-DSGVO). Im Bereich der Personalverrechnung ist eine Verarbeitung insoweit zulässig, als diese **in Erfüllung des Arbeitsvertrags** (und damit etwa der ordnungsgemäßen Bezahlung des Arbeitsentgelts) erfolgt. Darüber hinaus besteht eine Ausnahme für die Datenverarbeitung zur **Erfüllung rechtlicher Verpflichtungen**, wie sie den Arbeitgeber in der Personalverrechnung etwa im Bereich des Steuer- und Sozialversicherungsrechts treffen. So ist etwa die Übernahme der hierfür erforderlichen personenbezogenen Daten aus der Bewerbung in das Lohnverrechnungsprogramm und die Meldung dieser Daten an die Abgabenbehörden (z.B. im Rahmen der mBGM) zulässig, ohne dass hierfür eine Zustimmung des Mitarbeiters erforderlich wäre. Möchte der Arbeitgeber über die Erfüllung des Arbeitsvertrags bzw. über die Erfüllung rechtlicher Verpflichtungen hinaus Daten des Mitarbeiters verarbeiten, ist dessen **Zustimmung** einzuholen.

Für die Verarbeitung besonderer Kategorien personenbezogener Daten (sog. **sensibler Daten**) gelten besondere Bestimmungen (vgl. Art. 9 EU-DSGVO).

Im Personalbereich im weiteren Sinn sind die oben angeführten Grundsätze bereits im Bewerbungsprozess zu beachten. Dementsprechend dürfen etwa Bewerbungen und dabei erhaltene personenbezogene Daten nur so lange aufbewahrt werden, wie dies für den Bewerbungsprozess erforderlich ist. Dabei ist eine Aufbewahrungsfrist von sieben Monaten angemessen, um sich gegen allfällige Ansprüche innerhalb der sechsmonatigen Klagsfristen nach dem GlBG (→ 3.3.1.) zu verteidigen (DSB 27.8.2018, DSB-D123.085/0003-DSB/2018). Im Anschluss daran hat grundsätzlich eine Löschung der Daten zu erfolgen (außer der Arbeitnehmer stimmt einer weiteren Speicherung z.B. für eine Evidenzhaltung der Bewerbung zu). Der Grundsatz der Datenminimierung und Speicherbegrenzung ist etwa auch bei Ausscheiden des Mitarbeiters aus dem Arbeitsverhältnis zu beachten, wobei bestimmte Daten u.U. bis zu 30 Jahre aufbewahrt werden müssen, um ein Dienstzeugnis ausstellen zu können (→ 32.3.1.).

Den Arbeitgeber treffen in diesem Zusammenhang zahlreiche **Informationspflichten**, dem einzelnen Arbeitnehmer stehen umfassende **Auskunftsrechte** und das **Recht auf Berichtung und Löschung** zu (vgl. Art. 13 ff EU-DSGVO).

Praxistipp: Der Arbeitgeber hat den Arbeitnehmer zu Beginn des Dienstverhältnisses darüber zu informieren, zu welchen Zwecken seine Daten verarbeitet werden („**Datenschutzerklärung für Mitarbeiter**"). In dieser Datenschutzerklärung sind z.B. alle Stellen (Abgabenbehörden etc.) anzuführen, an die Daten im Rahmen der Personalverrechnung übermittelt werden (grundsätzlich ohne dass hierfür eine Zustimmung des Mitarbeiters erforderlich ist). Im Rahmen dessen kann der Arbeitgeber bei Bedarf auch die Einwilligung des Mitarbeiters für etwaige über das erforderliche Ausmaß hinausgehende Datenverarbeitungen einholen (z.B. zur Veröffentlichung von Daten oder Fotos im firmeneigenen Intranet oder auf der Firmenwebsite im Internet).

Einen ausführlichen Artikel zum Thema Datenschutz in der Personaladministration finden Sie in der *PVInfo* 7/2016, 16, Linde Verlag Wien.

11. Abrechnung von laufenden Bezügen für eine volle Abrechnungsperiode

In diesem Kapitel werden die Grundsätze der innerbetrieblichen Abrechnung für eine volle Abrechnungsperiode dargestellt. Sie erfahren, wie Sie ausgehend vom Bruttobezug die gesetzlichen und freiwilligen Abzüge (z.B. die Sozialversicherungsbeiträge und die Lohnsteuer) berechnen, um zum Nettobezug (Auszahlungsbetrag) des Dienstnehmers zu gelangen.

Die außerbetriebliche Abrechnung sowie die in Zusammenhang mit der Abrechnung erforderlichen Meldungen (insbesondere die mBGM) werden in den Kapiteln 37. und 39. dargestellt.

11.1. Allgemeines

In diesem Kapitel wird die Abrechnung von laufenden Bezügen (ohne Sonderformen) für Arbeiter und Angestellte **für eine volle Abrechnungsperiode** behandelt.

Die Abrechnung für andere Berufsgruppen (z.B. Lehrlinge) und für bestimmte Bezugsbestandteile (z.B. Zulagen und Zuschläge, Sonderzahlungen) wird in späteren Kapiteln besprochen.

Das Abrechnungsschema für laufende Bezüge umfasst im Regelfall:

Abrechnungsschema:		**Behandlung im Kapitel bzw. Punkt:**
	Grundbezug (Normalbezug)	9.2. und 11.3.
+	zusätzliche Bezugsbestandteile (z.B. laufende Prämie)	unter der jeweiligen Bezugsbezeichnung im Bezugsartenschlüssel (→ 45.) zu finden
=	**Bruttobezug** (Summe der laufenden Bezüge)	
–	Dienstnehmeranteil zur Sozialversicherung[179]	11.4.
–	Service-Entgelt[179]	37.2.6.
–	Lohnsteuer[179]	11.5.
–	Gewerkschaftsbeitrag[180]	11.6.
–	Betriebsratsumlage[180]	11.7.
–	Vorschüsse/Akontozahlungen[181]	11.8.
–	gepfändeter Betrag[182]	43.
–	andere Abzüge	11.8.
=	Nettobezug	
=	**Auszahlungsbetrag**	9.4. und 9.5.

179 Gesetzliche Abzüge.
180 Freiwillige Abzüge.
181 Rückverrechnungen.
182 I.d.R. gerichtlich angeordnete Abzüge.

11.2. Volle Abrechnungsperioden

Das ASVG bestimmt dazu:

Beitragszeitraum ist der Kalendermonat, der einheitlich mit 30 Tagen anzunehmen ist (§ 44 Abs. 2 ASVG).

Das EStG bestimmt dazu:

Ist der Arbeitnehmer bei einem Arbeitgeber im Kalendermonat durchgehend beschäftigt, ist der **Lohnzahlungszeitraum der Kalendermonat**[183] (§ 77 Abs. 1 EStG).

11.3. Grundbezug

Das Kapitel 9 hat das Arbeitsentgelt zum Inhalt. Darauf aufbauend wird in diesem Punkt nur mehr die Umrechnung von einem Stundenlohn auf einen Monatslohn behandelt.

Bei vereinbartem Stundenlohn und unter Annahme einer 40-Stunden-Woche wird wie folgt umgerechnet:

1. Stundenlohn × 40 × 4,333 = Monatslohn

Den Faktor 4,333 erhält man wie folgt:

$$\frac{52 \text{ Wochen/Jahr}}{12 \text{ Monate/Jahr}} = 4{,}333$$

Ein Monat hat durchschnittlich 4,333 Wochen.

2. Stundenlohn × 173,333 = Monatslohn

Den Faktor 173,333 erhält man wie folgt:

40 × 4,333 = 173,333

Ein Monat hat durchschnittlich 173,333 Stunden.

In der Praxis werden die Faktoren

4,333	häufig auf	4,33	gekürzt.
173,333		173	

Sofern der anzuwendende Kollektivvertrag nicht diese gekürzten Faktoren bestimmt, stellt diese Kürzung eine zwar geringe, aber doch ungerechtfertigte Schmälerung des Lohns dar.

3. Stundenlohn × Anzahl der effektiv möglichen Arbeitsstunden des jeweiligen Monats = Monatslohn

Bestimmt der anzuwendende Kollektivvertrag keine Umrechnungsvariante, ist jede dieser Varianten erlaubt.

183 Wobei dieser einheitlich mit 30 Tagen anzunehmen ist.

11.4. Dienstnehmeranteil zur Sozialversicherung

11.4.1. Einführung in die Beitragsermittlung

Grundsätzlich tragen der Dienstnehmer und der Dienstgeber **gemeinsam** den Sozialversicherungsbeitrag (SV-Beitrag).

Den Anteil, den der

- Dienstnehmer zu tragen hat, nennt man **Dienstnehmeranteil (DNA)** zur Sozialversicherung,

den Anteil, den der

- Dienstgeber zu tragen hat, nennt man **Dienstgeberanteil (DGA)** zur Sozialversicherung.

Die Zusammensetzung dieser Anteile für laufende Bezüge ist nachstehender Tabelle zu entnehmen. Die Beitragssätze finden Sie unter Punkt 11.4.3.1.

Die eigentlichen Versicherungsbeiträge	Vom Dienstnehmer zu tragen	Vom Dienstgeber zu tragen
① Arbeitslosenversicherungsbeitrag (AV) gem. AMPFG	ja	ja
② Krankenversicherungsbeitrag (KV) gem. ASVG	ja	ja
③ Unfallversicherungsbeitrag (UV) gem. ASVG	nein	ja
④ Pensionsversicherungsbeitrag (PV) gem. ASVG	ja	ja
Sonstige Beiträge und Umlagen		
⑤ Arbeiterkammerumlage (AK) gem. AKG	ja	nein
⑥ Wohnbauförderungsbeitrag (WF) gem. WFG 2018	ja	ja
⑦ Zuschlag nach dem Insolvenz-Entgeltsicherungsgesetz (IE) gem. IESG	nein	ja
⑧ Beitrag nach dem Nachtschwerarbeitsgesetz (NB) gem. NSchG	nein	ja
Die Summe aller Beiträge nennt man den	**DNA**	**DGA**

Diese Tabelle beinhaltet keine der nachstehend angeführten Ausnahmen!

Erläuterungen zu:

①

Das **Arbeitslosenversicherungsgesetz** (AlVG, BGBl 1977/609) regelt die gesetzliche Versicherungspflicht für den Fall der Arbeitslosigkeit. Der Arbeitslosenversicherungsbeitrag wird im Arbeitsmarktpolitik-Finanzierungsgesetz (AMPFG, BGBl 1994/315) geregelt.

Im Zusammenhang mit dem Bonussystem kommt es zum Entfall des Dienstgeberanteils am Arbeitslosenversicherungsbeitrag (→ 37.2.4.1.).

Bezüglich Personen mit geringem Entgelt kommt es zur Verminderung bzw. zum Entfall des Dienstnehmeranteils am Arbeitslosenversicherungsbeitrag (→ 31.12.).

Der gesamte Arbeitslosenversicherungsbeitrag (Dienstgeber- und Dienstnehmeranteil) entfällt für ältere Personen (→ 31.11.).

②, ③, ④

Das **Allgemeine Sozialversicherungsgesetz** (ASVG, BGBl 1955/189) regelt die gesetzliche Versicherungspflicht für den Fall einer Krankheit, eines Unfalls oder einer Berufskrankheit und der Pension (→ 6.).

Für Lehrlinge für die Dauer des gesamten Lehrverhältnisses sowie für Frauen und Männer, die das 60. Lebensjahr vollendet haben, ist der allgemeine Beitrag zur Unfallversicherung aus Mitteln der Unfallversicherung (und nicht vom Dienstgeber) zu zahlen (§ 51 Abs. 6 ASVG).

Im Zusammenhang mit Betriebsneugründungen ist kein Unfallversicherungsbeitrag zu zahlen (NeuFöG, → 37.5.).

⑤

Das **Arbeiterkammergesetz** (AKG, BGBl 1991/626) regelt die zwangsweise Mitgliedschaft zur gesetzlichen Interessenvertretung für Arbeiter, Angestellte, Lehrlinge und freie Dienstnehmer i.S.d. § 4 Abs. 4 ASVG (→ 31.7.1.). In der Regel haben alle Dienstnehmer und freie Dienstnehmer, die versicherungspflichtig beschäftigt sind (**ausgenommen Lehrlinge und geringfügig beschäftigte Personen** (§ 17 Abs. 2 AKG; E-MVB, KU-0003)), die Umlage zur Kammer für Arbeiter und Angestellte zu entrichten.

Nicht arbeiterkammerzugehörig und daher auch **nicht kammerumlagepflichtig** sind u.a.

- **leitende Angestellte**. In Unternehmen
  - mit der Rechtsform einer Kapitalgesellschaft (GmbH bzw. AG) sind das lediglich die Geschäftsführer und die Vorstandsmitglieder, in Unternehmen
  - mit anderer Rechtsform (z.B. KG, GmbH & Co. KG, OG) sind das jene Angestellten, denen dauernd maßgebender Einfluss auf die Führung des Unternehmens zusteht[184],
- **Berufsanwärter** der Wirtschaftstreuhänder,
- Rechts- und Patentanwaltsanwärter,
- Notariatskandidaten,
- Ärzte sowie in öffentlichen oder Anstaltsapotheken angestellte Pharmazeuten,
- Dienstnehmer in land- und forstwirtschaftlichen Betrieben (§ 10 AKG).

⑥

Das **Bundesgesetz über die Einhebung eines Wohnbauförderungsbeitrages** (Wohnbauförderungsbeitragsgesetz 2018, WFG 2018, BGBl I 2017/144) regelt u.a. die Bemessung, Einhebung und Abfuhr des Wohnbauförderungsbeitrags. Der Wohnbauförderungsbeitrag ist eine Landesabgabe, wobei die Gesetzgebungskompetenz grundsätzlich beim Bund verbleibt. Die Länder sind jedoch befugt, die Höhe der Wohnbauförderungsbeiträge autonom festzulegen. Der Tarif ist vom Landesgesetzgeber für alle Abgabepflichtigen einheitlich zu regeln, unterjährige sowie rückwirkende Tarifänderungen sind unzulässig (§ 2 Abs. 2 WFG 2018)[185]. Die

184 Ein **Prokurist**, der lediglich mit der Vertretung des Unternehmens betraut ist, jedoch über keine Geschäftsführerbefugnisse verfügt, fällt nicht unter die Ausnahmebestimmung des § 10 Abs. 2 Z 2 AKG und gehört folglich der Kammer für Arbeiter und Angestellte als deren Mitglied an (VfGH 6.3.2009, B 616/08).

185 Für das Jahr 2022 gilt in sämtlichen Bundesländern ein Beitragssatz von 1% (je 0,5% für Dienstnehmer und Dienstgeber).

Höhe des Beitrages richtet sich bei Einhebung durch die Österreichische Gesundheitskasse[186] nach jenem Bundesland, welches nach den bis 31.12.2019 geltenden Grundsätzen für die Pflichtversicherung in der Sozialversicherung örtlich zuständig gewesen wäre (§ 2 Abs. 4 Z 1 WFG 2018)[187].

Der Pflicht zur Entrichtung des Wohnbauförderungsbeitrags unterliegen:

- Dienstnehmer: Personen, die auf Grund eines privat- oder öffentlich-rechtlichen Dienstverhältnisses oder als Heimarbeiter beschäftigt sind und Anspruch auf Entgelt haben;
- Dienstgeber: Dienstgeber und Auftraggeber, soweit deren Dienstnehmer bzw. Heimarbeiter beitragspflichtig sind (§ 1 Abs. 1 WFG 2018).

Kein Wohnbauförderungsbeitrag ist zu entrichten für

- Lehrlinge (→ 28.),
- Dienstnehmer, die in Betrieben der Land- und Forstwirtschaft beschäftigt sind und für die das Landarbeitsgesetz, BGBl 1984/287, gilt, sowie Dienstnehmer, die in land- und forstwirtschaftlichen Betrieben des Bundes, eines Landes, einer Gemeinde oder eines Gemeindeverbands beschäftigt sind,
- Dienstnehmer, die neben Diensten für die Hauswirtschaft eines land- oder forstwirtschaftlichen Dienstgebers oder für Mitglieder seines Hausstands Dienste für den land- oder forstwirtschaftlichen Betrieb des Dienstgebers leisten und nicht unter das Hausgehilfen- und Hausangestelltengesetz, BGBl 1962/235, fallen,
- Dienstnehmer, auf die das Hausbesorgergesetz, BGBl 1970/16, anzuwenden ist, wenn das Dienstverhältnis vor dem 1.7.2000 abgeschlossen wurde,
- geringfügig beschäftigte Dienstnehmer (→ 31.4.),
- bestimmte Angestellte ausländischer diplomatischer bzw. konsularischer Vertretungsbehörden (§ 1 Abs. 2 WFG 2018),

sowie u.a. für

- Dienstnehmer während des geförderten Zeitraums nach dem Neugründungs-Förderungsgesetz[188] (→ 37.5.),
- freie Dienstnehmer gem. § 4 Abs. 4 ASVG (→ 31.7.),
- Selbstversicherte gem. § 19a ASVG (→ 6.3., → 31.4.5.),
- die nicht im land(forst)wirtschaftlichen Betrieb der Eltern, Großeltern, Wahl- oder Stiefeltern ohne Entgelt regelmäßig beschäftigten Kinder, Enkel-, Wahl- oder Stiefkinder, die das 17. Lebensjahr vollendet haben und keiner anderen Erwerbstätigkeit hauptberuflich nachgehen (gem. § 4 Abs. 1 Z 3 ASVG),
- Vorstandsmitglieder (Geschäftsleiter) von Aktiengesellschaften, Sparkassen, Landeshypothekenbanken sowie Versicherungsvereinen auf Gegenseitigkeit und hauptberufliche Vorstandsmitglieder (Geschäftsleiter) von Kreditgenossenschaften gem. § 4 Abs. 1 Z 6 ASVG[189] (→ 31.8.3.) (E-MVB, WB-0003).

---

186 In allen anderen Fällen: nach dem Ort der Beschäftigung; wenn kein inländischer Ort der Beschäftigung vorliegt, richtet sich die Höhe des Beitrags nach dem Sitz des Dienstgebers (§ 2 Abs. 4 Z 2 WFG 2018).

187 Die örtliche Zuständigkeit der Gebietskrankenkasse als Träger der Krankenversicherung richtete sich nach dem Beschäftigungsort (→ 6.2.6.) des Versicherten. Siehe auch die 30. Auflage dieses Buchs.

188 Dies betrifft allerdings nur den Entfall des Dienstgeberanteils am Wohnbauförderungsbeitrag.

189 Vgl. dazu die Ausführungen der Österreichischen Gesundheitskasse:
- Vorstände einer Aktiengesellschaft, für die keine Arbeitslosenversicherungs- und Lohnsteuerpflicht besteht;
- Vorstandsmitglieder (Geschäftsleiter) von Aktiengesellschaften, Sparkassen, Landeshypotheken sowie Versicherungsvereinen auf Gegenseitigkeit und hauptberufliche Vorstandsmitglieder (Geschäftsleiter) von Kreditgenossenschaften, die nicht der Arbeitslosenversicherungspflicht unterliegen (SV-Arbeitsbehelf 2022).

⑦

Das **Insolvenz-Entgeltsicherungsgesetz** (IESG, BGBl 1977/324) regelt die Entgeltfortzahlung bei Zahlungsunfähigkeit des Dienstgebers u.a. durch Eröffnung eines Insolvenzverfahrens (Sanierungs- bzw. Konkursverfahrens), Anordnung der Geschäftsaufsicht bzw. Ablehnung der Eröffnung des Insolvenzverfahrens wegen Vermögenslosigkeit (→ 33.7.).

Der IE-Zuschlag ist grundsätzlich für alle **in der Arbeitslosenversicherung pflichtversicherten** Dienstnehmer und freien Dienstnehmer i.S.d. § 4 Abs. 4 ASVG (→ 31.7.1.) zu leisten.

Kein IE-Zuschlag (weil vom IESG ausgenommen bzw. befreit) ist zu entrichten für

- Dienstnehmer des Bundes, der Bundesländer, der Gemeinden und der Gemeindeverbände,
- Dienstnehmer von Dienstgebern, die entweder nach den allgemein anerkannten Regeln des Völkerrechts oder gem. völkerrechtlicher Verträge oder auf Grund des Bundesgesetzes über die Einräumung von Privilegien und Immunitäten an internationale Organisationen Immunität genießen,
- Gesellschafter, denen ein beherrschender Einfluss auf die Gesellschaft zusteht, auch wenn dieser Einfluss ausschließlich oder teilweise auf der treuhändigen Verfügung von Gesellschaftsanteilen Dritter beruht oder durch treuhändige Weitergabe von Gesellschaftsanteilen ausgeübt wird,
- geringfügig beschäftigte Personen (→ 31.4.),
- ältere Personen (→ 31.11.),
- Lehrlinge für die gesamte Dauer der Lehrzeit (vgl. § 12 Abs. 2 IESG).

Ebenso ist **kein IE-Zuschlag** zu entrichten für

- unternehmensrechtliche Geschäftsführer einer GmbH **ohne Arbeitsverhältnis**[190, 191] (→ 31.9.2.),
- Vorstandsmitglieder von Genossenschaften **ohne Arbeitsverhältnis**[190],
- Vorstandsmitglieder von Sparkassen und
- Vorstandsmitglieder einer Aktiengesellschaft, da solche arbeitsrechtlich in **keinem Arbeitsverhältnis** stehen[190, 191, 192] (→ 31.8.).

⑧

Das **Nachtschwerarbeitsgesetz** (NSchG, BGBl 1981/354) regelt u.a. den Anspruch auf Sonderruhegeld (Pension) für Dienstnehmer, die während ihrer Berufstätigkeit eine bestimmte Anzahl von Kalendermonaten Nachtschwerarbeit geleistet haben (→ 17.3.).

Bezüglich der abgabenrechtlichen Behandlung älterer Dienstnehmer siehe Punkt 31.11.

---

190 Das IESG stellt auf den Arbeitnehmerbegriff des Arbeitsrechts ab. Ob ein Arbeitsverhältnis vorliegt, ist nach dem ausdrücklich oder schlüssig vereinbarten Vertragsinhalt zu beurteilen. Entscheidend für das Vorliegen eines Arbeitsverhältnisses ist die Unterworfenheit des Arbeitnehmers unter die funktionelle Autorität des Arbeitgebers, die sich in organisatorischer Gebundenheit, besonders bezüglich Arbeitszeit, Arbeitsort und Kontrolle, und weitgehendem Ausschluss der Bestimmungsfreiheit des Arbeitnehmers äußert.

191 Es liegt auch kein freies Dienstverhältnis i.S.d. § 4 Abs. 4 ASVG vor (E-MVB, 004-ABC-G-003) (→ 31.8.3., → 31.9.2.2.1.). Vgl. zur Einstufung von GmbH-Geschäftsführern als freie Dienstnehmer gem. § 4 Abs. 4 ASVG jedoch VwGH 19.10.2015, 2013/08/0185.

192 Da **Vorstände** einer Aktiengesellschaft keine Arbeitnehmer i.S.d. Arbeitsvertragsrechts sind, ist auch kein IE-Zuschlag – unabhängig von der Arbeitslosenversicherungs- und Lohnsteuerpflicht – zu entrichten (OGH 24.3.2014, 8 ObS 3/14w; vgl. auch SV-Arbeitsbehelf 2022).

Die Berechnung des **Dienstgeberanteils** erfolgt im Zuge der außerbetrieblichen Abrechnung und ergibt sich aus dem **Unterschiedsbetrag** zwischen der Gesamtsumme der Beiträge und den Dienstnehmeranteilen (→ 37.2.1.1.).

Die Berechnung des **Dienstnehmeranteils** erfolgt im Zuge der **Bezugsabrechnung**.

Grundlage für die Berechnung dieser Anteile ist die **„allgemeine Beitragsgrundlage"**.

Die allgemeine Beitragsgrundlage erhält man auf Grund nachstehender Berechnung:

<table>
<tr><td>Summe der laufenden Bezüge</td><td>Unter Entgelt sind die Geld- und Sachbezüge zu verstehen, auf die der pflichtversicherte Dienstnehmer aus dem Dienstverhältnis Anspruch hat (Anspruchsprinzip)[193] oder die er darüber hinaus auf Grund des Dienstverhältnisses vom Dienstgeber oder von einem Dritten (z.B. in Form von Trinkgeld) erhält (Zuflussprinzip)[193] (§ 49 Abs. 1 ASVG) (→ 6.2.7.).</td></tr>
<tr><td>– Bezüge, die nicht als Entgelt i.S.d. § 49 Abs. 1 ASVG gelten (beitragsfreies Entgelt)</td><td>Das beitragsfreie Entgelt ist im § 49 Abs. 3 ASVG taxativ (erschöpfend) aufgezählt (→ 21.1.).</td></tr>
<tr><td colspan="2">= beitragspflichtiges Entgelt
Dieses kann sich – falls es hoch genug ist – teilen in</td></tr>
<tr><td>beitragspflichtiges Entgelt bis zur Höchstbeitragsgrundlage (= allgemeine Beitragsgrundlage);
Das ASVG bezeichnet die Beiträge der allgemeinen Beitragsgrundlage als die „allgemeinen Beiträge",
– die in Form des DNA vom Dienstnehmer getragen werden.
– die in Form des DGA vom Dienstgeber getragen werden.
Grundlage für die Bemessung der allgemeinen Beiträge ist der im Beitragszeitraum gebührende auf Cent gerundete Arbeitsverdienst (= die allgemeine Beitragsgrundlage) (§ 44 Abs. 1 ASVG).</td><td>beitragspflichtiges Entgelt über der Höchstbeitragsgrundlage.</td></tr>
</table>

Im Fall einer abweichenden Vereinbarung der Arbeitszeit (z.B. bei Einarbeitszeit, → 16.2.1.2.1.) gilt das Entgelt für jene Zeiträume als erworben, die der Dienstnehmer eingearbeitet hat (§ 44 Abs. 7 ASVG).

---

193 Siehe dazu Punkt 6.2.7.

11.4.2. Tarifsystem

Für die Beitragsverrechnung besteht ein **Tarifsystem,** welches modular gestaltet ist und sich aus drei aufeinander aufbauenden Bestandteilen zusammensetzt:

Beschäftigtengruppe (z.B. Angestellte, Arbeiterlehrlinge, geringfügig beschäftigte Arbeiter, freie Dienstnehmer – Angestellte)

Ergänzungen zur Beschäftigtengruppe (z. B. Nachtschwerarbeits-Beitrag)

Abschläge/Zuschläge (z.B. einkommensabhängige Minderung des AV-Beitrags, Service-Entgelt)

Jeder Dienstnehmer ist einer Beschäftigtengruppe zuzuordnen, welche den abzurechnenden Basisprozentsatz an zu entrichtenden Beiträgen festlegt.

Überblick über die gängigsten Beschäftigtengruppen:

Abkürzung	**Beschäftigtengruppe**
B001	Arbeiter
B002	Angestellte
B005	Handelsrechtlicher Geschäftsführer einer GmbH
B010	Geringfügig beschäftigte Arbeiter
B030	Geringfügig beschäftigte Angestellte
B044	Angestelltenlehrlinge
B045	Arbeiterlehrlinge
B051	Freie Dienstnehmer – Arbeiter
B053	Freie Dienstnehmer – Angestellte
B060	Geringfügig beschäftigte freie Dienstnehmer – Arbeiter
B061	Geringfügig beschäftigte freie Dienstnehmer – Angestellte
B101	Land- und Forstarbeiter
B110	Geringfügig beschäftigte Land- und Forstarbeiter
B138	Arbeiterlehrling Land- und Forstwirtschaft
B501	Hausgehilfe
B510	Hausbesorger
B511	Hausbesorger bis zur Geringfügigkeitsgrenze

Die **Beschäftigtengruppe** legt die abzurechnenden Beiträge (Regelfall) für eine bestimmte Versichertengruppe fest und berücksichtigt dabei neben den Beiträgen zu AV, KV, PV und/oder UV auch sämtliche sonstige u.U. zu entrichtenden Nebenbeiträge bzw. Umlagen.

Im Detail normiert jede dieser Beschäftigtengruppen für die von ihr umfassten Versicherten folgende Grundeigenschaften:

- Umfang der Pflichtversicherung (Kranken-, Unfall-, Pensions- und/oder Arbeitslosenversicherung),
- Zugehörigkeit zur Pensionsversicherung der Arbeiter oder Angestellten,
- Zugehörigkeit zur Arbeiter- bzw. Landarbeiterkammer,
- Beitragspflicht und Beitragssatz in der Kranken-, Unfall-, Pensions- und/oder Arbeitslosenversicherung sowie zur Arbeiter- bzw. Landarbeiterkammerumlage, zum Wohnbauförderungsbeitrag und/oder zum Zuschlag nach dem Insolvenz-Entgeltsicherungsgesetz.

Ergänzungen zur Beschäftigtengruppe und/oder **Abschläge bzw. Zuschläge** vermindern bzw. erhöhen optional diesen Prozentsatz bzw. die zu entrichtenden Beiträge. Nicht alle Ergänzungen zur Beschäftigtengruppe bzw. Abschläge/Zuschläge wirken sich auf den vom Dienstnehmer zu entrichtenden Sozialversicherungsbeitrag aus. Vielmehr betreffen viele dieser Positionen ausschließlich die vom Dienstgeber zu entrichtenden Beiträge.

Überblick über die gängigsten Ergänzungen zu Beschäftigtengruppen:

Abkürzung	**Ergänzung zur Beschäftigtengruppe**
E01	Nachtschwerarbeitsbetrag (NB)
E02	Schlechtwetterentschädigung (SW)
E03	Schulpflichtige Dienstnehmer (Schulpfl. DN)
E06	Freie Dienstnehmer mit Sonderzahlung (Fr. DN m. SZ)

Beschäftigtengruppe + Ergänzung = „Tarifgruppe“:

Beschäftigtengruppe und Ergänzung zur Beschäftigtengruppe werden gemeinsam auch als „**Tarifgruppe**“ bezeichnet.

Beispiel

Beschreibung	Beschäftigtengruppe	Ergänzung	Tarifgruppe
Arbeiter	B001	–	B001
Arbeiter mit Nachtschwerarbeit und Schlechtwetterentschädigung	B001	E01 E02	B001 E01 E02

Überblick über die gängigsten Abschläge/Zuschläge[194]:

Abkürzung	Auswirkung	Beschreibung der Ab- bzw. Zuschläge
A01	Abschlag	Einkommensabhängige Minderung der Arbeitslosenversicherung um 1,00 %
A02	Abschlag	Einkommensabhängige Minderung der Arbeitslosenversicherung um 2,00 %
A03	Abschlag	Einkommensabhängige Minderung der Arbeitslosenversicherung um 3,00 %
A04	Abschlag	Einkommensabhängige Minderung der Arbeitslosenversicherung um 1,20 % für Lehrlinge (Lehrzeitbeginn ab 1.1.2016)
A05	Abschlag	Einkommensabhängige Minderung der Arbeitslosenversicherung um 0,2 % für Lehrlinge (Lehrzeitbeginn ab 1.1.2016)
A07	Abschlag	Entfall des Wohnbauförderungsbeitrages für Neugründer
A08	Abschlag	Entfall des Unfallversicherungsbeitrages für Neugründer
A09	Abschlag	Entfall des Unfallversicherungsbeitrage für Personen, die das 60. Lebensjahr vollendet haben
A10	Abschlag	Entfall des Arbeitslosenversicherungsbeitrages und des Zuschlages nach dem IESG (bei Vorliegen der Anspruchsvoraussetzungen für bestimmte Pensionen bzw. spätestens nach Vollendung des 63. Lebensjahres)
A11	Abschlag	Bonussystem – Altfall bei Einstellung und Vollendung 50. Lebensjahr vor dem 1.9.2009
A12	Abschlag	Entfall des Arbeitslosenversicherungsbeitrages für Personen, die nicht dem IESG unterliegen (bei Vorliegen der Anspruchsvoraussetzungen für bestimmte Pensionen bzw. spätestens nach Vollendung des 63. Lebensjahres)
A15	Abschlag	Halbierung des Pensionsversicherungsbeitrages
A21	Abschlag	Reduktion der Schlechtwetterentschädigung
Z01	Zuschlag	Dienstgeberabgabe (Pensions- und Krankenversicherungsbeitrag)
Z02	Zuschlag	Service-Entgelt
Z04	Zuschlag	Jährliche Zahlung der Betrieblichen Vorsorge
Z05	Zuschlag	Weiterbildungsbeitrag nach dem Arbeitskräfteüberlassungsgesetz
Z06	Zuschlag	Krankenversicherungsbeitrag für die Schlechtwetterentschädigung
Z11	Zuschlag	Krankenversicherungsbeitrag für die Schlechtwetterentschädigung für Lehrlinge

Das Tarifsystem hat insbesondere auch Bedeutung für die der Österreichischen Gesundheitskasse zu übermittelnde mBGM (→ 39.1.1.1.3.).

Beschäftigtengruppe und Ergänzung zur Beschäftigtengruppe werden im Rahmen der mBGM über den sog.

- **Tarifblock**

gemeldet. Dadurch wird der Versicherungsverlauf des Dienstnehmers gewartet.

194 Ersetzen im Wesentlichen die bis 31.12.2018 gültigen Verrechnungsgruppen (siehe dazu 29. Auflage dieses Buches).

Abschläge bzw. Zuschläge werden im Rahmen der mBGM über die sog.

- **Verrechnungsposition**

gemeldet. Dadurch ergibt sich der Tarif (Beitragssatz), der auf die sog. **Verrechnungsbasis** (i.d.R. Beitragsgrundlage) anzuwenden ist.

Siehe dazu das Beispiel unter Punkt 11.6.1.

Näheres dazu finden Sie auch im Kapitel 39.1.1.1.3.

Hinweis: Über einen **Tarifrechner** können die jeweilige Beschäftigtengruppe sowie Ergänzungen zur Beschäftigtengruppe und/oder Zu- bzw. Abschläge und in weiterer Folge die insgesamt abzurechnenden Beiträge festgestellt werden. Sie finden diesen u.a. unter: www.gesundheitskasse.at → Dienstgeber → Online-Services → Tarifrechner.

Für Personen, die bei der Versicherungsanstalt öffentlich Bediensteter, Eisenbahnen und Bergbau (**BVAEB**) versichert sind, existieren gesonderte Beschäftigtengruppen samt Ergänzungen und Zu- sowie Abschlägen.

11.4.3. Berechnung des Dienstnehmeranteils

Für die Berechnung der Beiträge und als Abrechnungsverfahren mit dem zuständigen Träger der Krankenversicherung sieht das ASVG zwei Verfahren vor:

Das **Selbstabrechnungsverfahren**	und	das **Vorschreibeverfahren**.
Findet i.d.R. Anwendung.		Durch die Satzung des Trägers der Krankenversicherung kann geregelt werden, dass bestimmten Gruppen von Dienstgebern die Beiträge vorzuschreiben sind. Dienstgebern, in deren Betrieb **weniger als 15 Dienstnehmer** beschäftigt sind, sind **auf Verlangen** die Beiträge **jedenfalls vorzuschreiben** (§ 58 Abs. 4 ASVG).

11.4.3.1. Selbstabrechnungsverfahren

Das Selbstabrechnungsverfahren bringt zum Ausdruck, dass der Dienstgeber bei diesem Verfahren **die Beiträge selbst ermittelt** und mit dem zuständigen Träger der Krankenversicherung[195] abrechnet.

---

195 Die Beiträge können **nur** mit dem zuständigen Träger der Krankenversicherung abgerechnet werden.

Für den Normalfall hat der Dienstnehmer Beiträge im Ausmaß nachstehender Prozentsätze zu tragen:

	Arbeiter	Angestellte
Arbeitslosenversicherungsbeitrag (§ 2 Abs. 1, 3 AMPFG)	3,00% ① ②	3,00% ① ②
Krankenversicherungsbeitrag (§ 51 Abs. 1 ASVG)	3,87%	3,87%
Pensionsversicherungsbeitrag (§ 51 Abs. 1 ASVG)	10,25%	10,25%
Arbeiterkammerumlage (§ 61 Abs. 2 AKG)	0,50%	0,50%
Wohnbauförderungsbeitrag (WFG 2018 bzw. jeweiliges Landesgesetz)	0,50%	0,50%
Gesamt	**18,12%**	**18,12%**

Die Prozentsätze können aus dem Tarifsystem abgelesen werden (siehe folgende Seiten).

Darüber hinaus ist das aktuelle Tarifsystem abrufbar unter www.gesundheitskasse.at.

① Bezüglich des Entfalls des Arbeitslosenversicherungsbeitrags bei älteren Dienstnehmern siehe Punkt 31.11.

② Bei geringem Entgelt (gemeint ist der beitragspflichtige Bezug) **vermindert** sich der zu entrichtende Arbeitslosenversicherungsbeitrag durch eine Senkung des auf den Pflichtversicherten entfallenden Anteils. **Der vom Pflichtversicherten zu tragende Anteil** des Arbeitslosenversicherungsbeitrags beträgt bei einer monatlichen Beitragsgrundlage[196]

1. bis	€ 1.828,00	0%,
2. über	€ 1.828,00 bis € 1.994,00	1%,
3. über	€ 1.994,00 bis € 2.161,00	2%
4. über	€ 2.161,00 die normalen	3% (§ 2a Abs. 1 AMPFG).

Bezüglich der abgabenrechtlichen Behandlung von Dienstnehmern mit geringem Entgelt siehe Punkt 31.12.

Der über diese Prozentsätze ermittelte Dienstnehmeranteil ist (unter Berücksichtigung der allgemeinen Rundungsregel) kaufmännisch auf zwei Dezimalstellen zu runden. Maßgebend für den Rundungsvorgang ist die **dritte Nachkommastelle**.

Dazu ein **Beispiel**: € 123,454 ergibt gerundet € 123,45;
€ 123,455 ergibt gerundet € 123,46.

Bei dieser Art der Berechnung des allgemeinen Beitrags ist auch die **Höchstbeitragsgrundlage** zu berücksichtigen.

Unter der Höchstbeitragsgrundlage versteht man den jeweils höchsten Betrag, bis zu dem Beiträge erhoben werden. Für Beträge, die über der Höchstbeitragsgrundlage liegen, ist kein Dienstnehmeranteil zu berechnen. Derzeit gibt es für alle Versicherungen, Umlagen usw. eine einheitliche Höchstbeitragsgrundlage.

196 Gemeint ist das tatsächliche beitragspflichtige Entgelt ohne Berücksichtigung der Höchstbeitragsgrundlage.

Bezüglich der Höchstbeitragsgrundlage bestimmt das ASVG:

Die allgemeine Beitragsgrundlage, die im **Durchschnitt** des Beitragszeitraums oder des Teils des Beitragszeitraums, in dem Beitragspflicht bestanden hat, auf den Kalendertag entfällt, darf die Höchstbeitragsgrundlage nicht überschreiten (§ 45 Abs. 1 ASVG).

Das heißt, dass bei schwankendem Verdienst während des Beitragszeitraums der **durchschnittliche Tagesverdienst** der täglichen Höchstbeitragsgrundlage gegenüberzustellen ist.

In der Praxis wird die durch Verordnung festgelegte tägliche Höchstbeitragsgrundlage auf eine entsprechende monatliche Höchstbeitragsgrundlage umgerechnet.

Die Höchstbeitragsgrundlage beträgt	**für 1 Tag** **für 1 Monat**
in der/bei der/beim Arbeitslosenversicherung (§ 2 Abs. 1 AMPFG) Krankenversicherung (§ 45 Abs. 1 ASVG) Pensionsversicherung (§ 45 Abs. 1 ASVG) Arbeiterkammerumlage (§ 61 Abs. 2 AKG) Wohnbauförderungsbeitrag (§ 2 Abs. 1 WFG 2018)	**€ 189,00 × *30* = € 5.670,00** ein Kalendermonat ist mit ***30*** Kalendertagen anzusetzen (§ 45 Abs. 1 ASVG).

Basisprozentsätze 2022:

Bei der Beitragsverrechnung werden grundsätzlich vier Arten von Verrechnungen unterschieden:

1. **Standard-Tarifgruppenverrechnung** je nach Beschäftigtengruppe (siehe nachstehende Tabelle) mit den Unterfällen
   a. Standard-Tarifgruppenverrechnung
   b. Standard-Tarifgruppenverrechnung (Sonderzahlung)
   c. Standard-Tarifgruppenverrechnung (unbezahlter Urlaub)
2. **Verrechnung der Betrieblichen Vorsorge** (siehe Punkt 36.1.3.)
3. **Abschläge** (i.d.R. in Kombination mit einer Standard-Tarifgruppenverrechnung – z.B. Entfall des UV-Beitrags bei Erreichen des 60. Lebensjahres – siehe Punkt 31.11.)
4. **Zuschläge** mit den Unterfällen
   a. Zuschlag auf Verrechnungsbasis für die Standard-Tarifgruppenverrechnung (z.B. Dienstgeberabgabe – siehe Kapitel siehe Punkt 31.4.2.)
   b. Zuschläge mit eigenständiger Verrechnungsbasis (z.B. BV-Zuschlag bei jährlicher Zahlung – siehe Punkt 36.3.2.)
   c. Zuschläge als Fixbeitrag (z.B. Service-Entgelt – siehe Punkte 37.2.5. und 37.2.6.).

Man spricht in diesem Zusammenhang auch von sog. **Verrechnungspositionen.** Über diese wird der jeweilige Prozentsatz der zu entrichtenden Sozialversicherungsbeiträge, Umlagen/Nebenbeiträge und der BV-Beitrag festgelegt. In Verbindung mit der jeweiligen **Verrechnungsbasis** (allgemeine Beitragsgrundlage, Beitragsgrundlage für Sonderzahlungen usw.) können die insgesamt zu entrichtenden Beiträge berechnet werden.

Beispiel

Verrechnungsbasis Typ	Verrechnungsbasis Betrag	Verrechnungs-position
Allgemeine Beitrags-grundlage	€ 1.200,00	Standard-Tarifgruppenverrechnung
–	–	Abschlag Minderung AV 3 %
Sonderzahlung	€ 1.200,00	Standard- Tarifgruppen-verrechnung Sonderzahlung
–	–	Abschlag Minderung AV 3 %
Beitragsgrundlage zur BV	€ 2.400,00	Betriebliche Vorsorge
Service-Entgelt	€ 12,95	Zuschlag Service-Entgelt

Standard-Tarifgruppenverrechnung für die gängigsten Beschäftigtengruppen:

Standard-Tarifgruppenverrechnung																		
Beschäftigten-gruppen	GES	DG-Anteil	DN-Anteil	KV		UV	PV		AV		AK		LK		WF		IE	
				GES	DN/Lg.	DG	GES	DN/Lg.	GES	DN/Lg.	GES	DN/Lg.	GES	DN/Lg.	GES	DN/Lg.	GES	DG
Arbeiter	39,25	21,13	18,12	7,65	3,87	1,20	22,80	10,25	6,00	3,00	0,50	0,50	–	–	1,00	0,50	0,10	0,10
Angestellte	39,25	21,13	18,12	7,65	3,87	1,20	22,80	10,25	6,00	3,00	0,50	0,50	–	–	1,00	0,50	0,10	0,10
Arbeiter bis zur GFG	1,20	1,20	–	–	–	1,20	–	–	–	–	–	–	–	–	–	–	–	–
Angestellte bis zur GFG	1,20	1,20	–	–	–	1,20	–	–	–	–	–	–	–	–	–	–	–	–
Angestellten-lehrlinge	28,55	15,43	13,12	3,35	1,67	–	22,80	10,25	2,40	1,20	–	–	–	–	–	–	–	–
Arbeiterlehrlinge	28,55	15,43	13,12	3,35	1,67	–	22,80	10,25	2,40	1,20	–	–	–	–	–	–	–	–
freie DN – Arbeiter	38,25	20,63	17,62	7,65	3,87	1,20	22,80	10,25	6,00	3,00	0,50	0,50	–	–	–	–	0,10	0,10
freie DN – Angestellte	38,25	20,63	17,62	7,65	3,87	1,20	22,80	10,25	6,00	3,00	0,50	0,50	–	–	–	–	0,10	0,10
freie DN – Arbei-ter bis zur GFG	1,20	1,20	–	–	–	1,20	–	–	–	–	–	–	–	–	–	–	–	–
freie DN – Ange-stellte bis zur GFG	1,20	1,20	–	–	–	1,20	–	–	–	–	–	–	–	–	–	–	–	–
L+F Arbeiter	38,50	20,63	17,87	7,65	3,87	1,20	22,80	10,25	6,00	3,00	–	–	0,75	0,75	–	–	0,10	0,10
L+F Arbeiter bis zur GFG	1,20	1,20	–	–	–	1,20	–	–	–	–	–	–	–	–	–	–	–	–
L+F Arbeiter-lehrling	28,55	15,43	13,12	3,35	1,67	–	22,80	10,25	2,40	1,20	–	–	–	–	–	–	–	–
L+F Arbeiter-lehrling (LK)	29,30	15,43	13,87	3,35	1,67	–	22,80	10,25	2,40	1,20	–	–	0,75	0,75	–	–	–	–

Standard-Tarifgruppenverrechnung																		
Beschäftigten-gruppen	**GES**	**DG-Anteil**	**DN-Anteil**	**KV**		**UV**	**PV**		**AV**		**AK**		**LK**		**WF**		**IE**	
				GES	**DN/ Lg.**	**DG**	**GES**	**DN/ Lg.**	**GES**	**DN/ Lg.**	**GES**	**DN/ Lg.**	**GES**	**DN/ Lg.**	**GES**	**DN/ Lg.**	**GES**	**DG**
Hausgehilfe	39,25	21,13	18,12	7,65	3,87	1,20	22,80	10,25	6,00	3,00	0,50	0,50	–	–	1,00	0,50	0,10	0,10
Hausbesorger	38,25	20,63	17,62	7,65	3,87	1,20	22,80	10,25	6,00	3,00	0,50	0,50	–	–	–	–	0,10	0,10
Hausbesorger bis zur GFG	31,65	17,53	14,12	7,65	3,87	1,20	22,80	10,25	–	–	–	–	–	–	–	–	–	–

GES = Gesamt

Standard-Tarifgruppenverrechnung	KV, UV, PV, AV, AK/LK, WF, IE
Standard-Tarifgruppenverrechnung – Sonderzahlung	KV, UV, PV, AV, keine AK und keine WF; keine LK mit Ausnahme in Kärnten
Standard-Tarifgruppenverrechnung – unbezahlter Urlaub	Versicherte trägt KV, UV, PV, AV und SW zur Gänze; AK, LK*, WF und BV entfallen (* in der Steiermark und in Kärnten ist die LK vom DN zu leisten); IE und NB sind weiterhin vom DG zu leisten

Weitere Umlagen/Nebenbeiträge	
Schlechtwetterentschädigung (SW)	1,40 % (0,70 % DN/Lg. und 0,70 % DG) Gewerbliche Lehrlinge mit einer Doppellehre sind vom Geltungsbereich des Bauarbeiter-Schlechtwetterentschädigungsgesetzes (BSchEG) ausgenommen, wenn nur einer der beiden Lehrberufe in dessen Geltungsbereich fällt.
Nachtschwerarbeits-Beitrag (NB)	3,80 % (DG) sofern die arbeitsrechtlichen Voraussetzungen für Nachtschwerarbeit vorliegen. Dies gilt ebenso für Lehrlinge!
Betriebliche Vorsorge	1,53 % (DG)

Hinweis: Weitere Informationen zum Tarifsystem und insbesondere zu weiteren (weniger häufiger vorkommenden) Beschäftigtengruppen und den für diese abzurechnenden Beiträgen finden Sie u.a. unter: www.gesundheitskasse.at → Dienstgeber → Grundlagen A-Z → Tarifsystem.

Auszüge aus dem Tarifsystem (www.gesundheitskasse.at):

Arbeiter	Hinweise	Anmerkung:
Dem Zweig der Pensionsversicherung (PV) der Arbeiter zugehörige Dienstnehmer	KV-Beitrag gem. § 51 Abs. 1 Z 1 lit. b iVm Abs. 3 Z 1 lit. b ASVG PV-Beitrag gem. § 51 Abs. 1 Z 3 iVm Abs. 3 Z 2 ASVG UV-Beitrag gem. § 51 Abs. 1 Z 2 ASVG AV-Beitrag gem. § 2 Abs. 1 AMPFG NB: NB gem. Art. XI Abs. 3 NSchG SW: SW gem. § 12 Abs. 2 BSchEG Schulpfl. DN: AV-Befreiung gem. § 1 Abs. 2 lit.a AlVG	Gültig ab: 01.01.2022 Für die Ergänzungen, Zu- und Abschläge sind die Erläuterungen im Anhang zu beachten.

Bezeichnung	Anteil	SV-Beiträge in %					Nebenbeiträge in %							Gesamt-beitragssatz
		AV	KV	PV	UV	Summe	AK	LK	WF	SW	IE	NB	Summe	
Arbeiter (Arb.)	Gesamt	6,00	7,65	22,80	1,20	**37,65**	0,50	-	1,00	-	0,10	-	**1,60**	**39,25**
	DN	3,00	3,87	10,25	0,00	17,12	0,50	-	0,50	-	0,00	-	1,00	18,12
	DG	3,00	3,78	12,55	1,20	20,53	0,00	-	0,50	-	0,10	-	0,60	21,13
Arbeiter/Nachtschwerarbeitsbeitrag (Arb./NB)	Gesamt	6,00	7,65	22,80	1,20	**37,65**	0,50	-	1,00	-	0,10	3,80	**5,40**	**43,05**
	DN	3,00	3,87	10,25	0,00	17,12	0,50	-	0,50	-	0,00	0,00	1,00	18,12
	DG	3,00	3,78	12,55	1,20	20,53	0,00	-	0,50	-	0,10	3,80	4,40	24,93
Arbeiter/Nachtschwerarbeitsbeitrag/ Schlechtwetterentschädigung (Arb./NB/SW)	Gesamt	6,00	7,65	22,80	1,20	**37,65**	0,50	-	1,00	1,40	0,10	3,80	**6,80**	**44,45**
	DN	3,00	3,87	10,25	0,00	17,12	0,50	-	0,50	0,70	0,00	0,00	1,70	18,82
	DG	3,00	3,78	12,55	1,20	20,53	0,00	-	0,50	0,70	0,10	3,80	5,10	25,63
Arbeiter/Schlechtwetterentschädigung (Arb./SW)	Gesamt	6,00	7,65	22,80	1,20	**37,65**	0,50	-	1,00	1,40	0,10	-	**3,00**	**40,65**
	DN	3,00	3,87	10,25	0,00	17,12	0,50	-	0,50	0,70	0,00	-	1,70	18,82
	DG	3,00	3,78	12,55	1,20	20,53	0,00	-	0,50	0,70	0,10	-	1,30	21,83
Arbeiter/Schulpflichtiger Dienstnehmer (Arb./Schulpfl. DN)	Gesamt	-	7,65	22,80	1,20	**31,65**	0,50	-	1,00	-	-	-	**1,50**	**33,15**
	DN	-	3,87	10,25	0,00	14,12	0,50	-	0,50	-	-	-	1,00	15,12
	DG	-	3,78	12,55	1,20	17,53	0,00	-	0,50	-	-	-	0,50	18,03

Zuschläge	KV-Beitr. SW-Entsch.	Serviceentg.	WBB-AÜG	BV
Arb.		+12,95 €	+0,35 %	+1,53 %
Arb./NB		+12,95 €	+0,35 %	+1,53 %
Arb./NB/SW	+7,65 %	+12,95 €	+0,35 %	+1,53 %
Arb./SW	+7,65 %	+12,95 €	+0,35 %	+1,53 %
Arb./Schulpfl. DN		+12,95 €		+1,53 %

Abschläge	Bonus-Altf.	Entf. AV+IE Pensansp.	Entf. UV (60. LJ)	Entf. UV (NeuFög)	Entf. WF (NeuFög)	Mind. AV 1%	Mind. AV 2%	Mind. AV 3%	Mind. PV 50%
Arb.	-3,00 %	-6,10 %	-1,20 %	-1,20 %	-0,50 %	-1,00 %	-2,00 %	-3,00 %	-11,40 %
Arb./NB	-3,00 %	-6,10 %	-1,20 %	-1,20 %	-0,50 %	-1,00 %	-2,00 %	-3,00 %	-11,40 %
Arb./NB/SW	-3,00 %	-6,10 %	-1,20 %	-1,20 %	-0,50 %	-1,00 %	-2,00 %	-3,00 %	-11,40 %
Arb./SW	-3,00 %	-6,10 %	-1,20 %	-1,20 %	-0,50 %	-1,00 %	-2,00 %	-3,00 %	-11,40 %
Arb./Schulpfl. DN				-1,20 %	-0,50 %				

Abschläge	SW Red Kurz
Arb.	
Arb./NB	
Arb./NB/SW	-1,40 %
Arb./SW	-1,40 %
Arb./Schulpfl. DN	

Angestellte

Dem Zweig der Pensionsversicherung (PV) der Angestellten zugehörige Dienstnehmer

Hinweise

PV-Beitrag gem. § 51 Abs. 1 Z 3 iVm Abs. 3 Z 2 ASVG
KV-Beitrag gem. § 51 Abs. 1 Z 1 lit. a iVm Abs. 3 Z 1 lit. a ASVG
UV-Beitrag gem. § 51 Abs. 1 Z 2 ASVG
AV-Beitrag gem. § 2 Abs. 1 AMPFG

NB: NB gem. Art. XI Abs. 3 NSchG
Schulpfl. DN: AV-Befreiung gem. § 1 Abs. 2 lit.a AIVG
Entw. Helf.: PV-Mindestbeitragsgrundlage gem. § 48 ASVG
Entw. Helf. - Altf.: Keine PV-Mindestbeitragsgrundlage gem. § 48 ASVG

Anmerkung:

Gültig ab: 01.01.2022

Für die Ergänzungen, Zu- und Abschläge sind die Erläuterungen im Anhang zu beachten.

Bezeichnung	Anteil	SV-Beiträge in %					Nebenbeiträge in %							Gesamtbeitragssatz
		AV	KV	PV	UV	Summe	AK	LK	WF	SW	IE	NB	Summe	
Angestellte (Ang.)	Gesamt	6,00	7,65	22,80	1,20	**37,65**	0,50	-	1,00	-	0,10	-	**1,60**	**39,25**
	DN	3,00	3,87	10,25	0,00	17,12	0,50	-	0,50	-	0,00	-	1,00	18,12
	DG	3,00	3,78	12,55	1,20	20,53	0,00	-	0,50	-	0,10	-	0,60	21,13
Angestellte/Nachtschwerarbeitsbeitrag (Ang./NB)	Gesamt	6,00	7,65	22,80	1,20	**37,65**	0,50	-	1,00	-	0,10	3,80	**5,40**	**43,05**
	DN	3,00	3,87	10,25	0,00	17,12	0,50	-	0,50	-	0,00	0,00	1,00	18,12
	DG	3,00	3,78	12,55	1,20	20,53	0,00	-	0,50	-	0,10	3,80	4,40	24,93
Angestellte/Schulpflichtiger Dienstnehmer (Ang./Schulpfl. DN)	Gesamt	-	7,65	22,80	1,20	**31,65**	0,50	-	1,00	-	-	-	**1,50**	**33,15**
	DN	-	3,87	10,25	0,00	14,12	0,50	-	0,50	-	-	-	1,00	15,12
	DG	-	3,78	12,55	1,20	17,53	0,00	-	0,50	-	-	-	0,50	18,03
Angestellte/Entwicklungshelfer (Ang./Entw. Helf.)	Gesamt	6,00	7,65	22,80	1,20	**37,65**	0,50	-	1,00	-	0,10	-	**1,60**	**39,25**
	DN	3,00	3,87	10,25	0,00	17,12	0,50	-	0,50	-	0,00	-	1,00	18,12
	DG	3,00	3,78	12,55	1,20	20,53	0,00	-	0,50	-	0,10	-	0,60	21,13
Angestellte/Entwicklungshelfer - Altfall (Ang./Entw. Helf. - Altf.)	Gesamt	6,00	7,65	22,80	1,20	**37,65**	0,50	-	1,00	-	0,10	-	**1,60**	**39,25**
	DN	3,00	3,87	10,25	0,00	17,12	0,50	-	0,50	-	0,00	-	1,00	18,12
	DG	3,00	3,78	12,55	1,20	20,53	0,00	-	0,50	-	0,10	-	0,60	21,13

Zuschläge	Diffbeitr. Entw.Helf.	Serviceentg.	WBB-AÜG	BV
Ang.		+12,95 €	+0,35 %	+1,53 %
Ang./NB		+12,95 €	+0,35 %	+1,53 %
Ang./Schulpfl. DN		+12,95 €		+1,53 %
Ang./Entw. Helf.	+22,80 %	+12,95 €		+1,53 %
Ang./Entw. Helf. - Altf.		+12,95 €		+1,53 %

Abschläge	Bonus-Altf.	Entf. AV+IE Pensansp.	Entf. UV (60. LJ)	Entf. UV (NeuFög)	Entf. WF (NeuFög)	Mind. AV 1%	Mind. AV 2%	Mind. AV 3%	Mind. PV 50%
Ang.	-3,00 %	-6,10 %	-1,20 %	-1,20 %	-0,50 %	-1,00 %	-2,00 %	-3,00 %	-11,40 %
Ang./NB	-3,00 %	-6,10 %	-1,20 %	-1,20 %	-0,50 %	-1,00 %	-2,00 %	-3,00 %	-11,40 %
Ang./Schulpfl. DN				-1,20 %	-0,50 %				
Ang./Entw. Helf.	-3,00 %	-6,10 %	-1,20 %	-1,20 %	-0,50 %	-1,00 %	-2,00 %	-3,00 %	-11,40 %
Ang./Entw. Helf. - Altf.	-3,00 %	-6,10 %	-1,20 %	-1,20 %	-0,50 %	-1,00 %	-2,00 %	-3,00 %	-11,40 %

Ergänzungen	Anmerkung: Gültig ab: 01.01.2022

Kurzbezeichnung	Beschreibung
NB	Leistung von Nachtschwerarbeit unter gesetzlich festgelegten Bedingungen (Nachtschwerarbeitsgesetz Artikel VII Absatz 2)
SW	Beschäftigung im Geltungsbereich des Bauarbeiterschlechtwetterentschädigungsgesetzes 1957
Schulpfl. DN	Beschäftigter unterliegt der allgemeinen Schulpflicht oder wenn von der Schulpflicht befreit, bis zum 1. Juli des Kalenderjahres in welchem das 15. Lebensjahr vollendet wird
Bezug Vorruhest.	Bezieher von Vorruhestandsgeld (Bundesbediensteten-Sozialplangesetz)
Fr. DN m. SZ	Freier Dienstnehmer mit Bezug von Sonderzahlungen
Sägelg. d. Bundesf.	Sägelehrling der österreichischen Bundesforste AG
Entw. Helf.	Personen mit österreichischer Staatsbürgerschaft, die als Entwicklungshelfer oder Experten beschäftigt bzw. ausgebildet werden
Entw. Helf. - Altf.	Arbeitsvertrag vor 1.1.2014 geschlossen. Keine Mindesbeitragsgrundlage in der PV
Amtstr. def. best.	Geistlicher Amtsträger der evangelischen Kirche definitiv bestellt
GB o. AK/LK- Zugeh.	Geringfügig Beschäftigte weder arbeiterkammer- noch landarbeiterkammerzugehörig
DN. Int. Org. mit AK	Beschäftigte bei internationalen Organisationen, für die eine Mitgliedschaft in der Arbeiterkammer besteht. Diese ist gegeben, wenn mit der Organisation kein völkerrechtliches Abkommen abgeschlossen wurde.

Zuschläge	Anmerkung: Gültig ab: 01.01.2022

Kurzbezeichnung	Beschreibung	Rechtliche Grundlagen
DAG	Dienstgeberabgabe für Dienstnehmer - Lohnsumme der GB überschreitet im Beitragszeitraum das 1,5 fache der monatl. GB-Grenze	Dienstgeberabgabe gem. § 1 DAG
Serviceentg.	Serviceentgelt für die am 15. November zur Krankenversicherung gemeldeten Dienstnehmer	Service-Entgelt gem. § 31c Abs. 2 ASVG
WBB-AÜG	Beitrag zur Finanzierung der Weiterbildung für Dienstnehmer von Arbeitskräfteüberlassungen	Weiterbildungsbeitrag gem. § 22d Abs. 1 AÜG
KV-Beitr. SW-Entsch.	Krankenversicherungsbeitrag für bezogene Schlechtwetterentschädigung	KV-Beitrag für SW-Entschädigung gem. § 7 BSchEG
Diffbeitr. Entw.Helf.	Beitrag für Differenzbeitragsgrundlage auf die Mindestbeitragsgrundlage in der Pensionsversicherung für Fachkräfte der Entwicklungshilfe	Differenz auf Mindestbeitrag gem. § 48 ASVG für Entwicklungshelfer
UV für ZD	Fixbetrag für den UV-Beitrag der Zivildienstleistenden	UV-Beitrag für Zivildiener gem. § 52 Abs. 2 ASVG
LK SZ+UU	Zuschlag Landarbeiterkammerumlage für Sonderzahlungen (nur Kärnten) sowie für unbezahlten Urlaub (nur Kärnten und Steiermark)	LK-Umlage für Sonderzahlungen/unbezahlten Urlaub aufgrund länderspezifischer LAK-Gesetze
KV-Beitr. SW-Entsch.(Lg.)	Krankenversicherungsbeitrag für bezogene Schlechtwetterentschädigung für Lehrlinge	KV-Beitrag für SW-Entschädigung gem. § 7 BSchEG

Abschläge

Anmerkung:
Gültig ab: 01.01.2022

Kurzbezeichnung	Beschreibung	Rechtliche Grundlagen
Entf. AV+IE Pensansp.	Altersbedingter Entfall des Arbeitslosenversicherungsbeitrages und IE-Zuschlages bei Vorliegen der Anspruchsvoraussetzungen für bestimmte Pensionen, spätestens nach Vollendung 63.LJ	AV-Entfall gem. § 1 Abs. 2 lit. e AlVG und IE-Entfall gem. § 12 Abs. 1 Z 4 IESG
Bonus-Altf.	Einstellung und Vollendung des 50 LJ. vor 01.09.2009, Abschlag bis Vorliegen der Voraussetzungen für A10 bzw. A12	AV-Dienstgeberanteil Entfall gem. § 5a AMPFG idF bis 31.08.2009
Entf. AV Pensansp. (IE-fr. DV)	Altersbedingter Entfall des Arbeitslosenversicherungsbeitrages bei Vorliegen der Anspruchsvoraussetzungen für bestimmte Pensionen, spätestens nach Vollendung 63.LJ, Sonderfall wenn grundsätzlich keine Beitragspflicht zu IE (z.B. Dienstnehmer von Bund, Land, Gemeinde)	AV-Entfall gem. § 1 Abs. 2 lit. e AlVG
Entf. AV (Lg. SF alt)	Entfall Arbeitslosenversicherungsbeitrag für Lehrlinge in bestimmten, nichtbetrieblichen Ausbildungseinrichtungen	AV-Entfall gem. § 2 Abs. 7 AMPFG
Entf. AV (Lg. SF)	Entfall Arbeitslosenversicherungsbeitrag für Lehrlinge in bestimmten, nichtbetrieblichen Ausbildungseinrichtungen	AV-Entfall gem. § 2 Abs. 7 AMPFG
Mind. AV 1%	Minderung Arbeitslosenversicherungsbeitrag bei geringem Einkommen gem. § 2a Abs. 1 Z 3 AMPFG - auch für Lehrlinge (letztes LJ od. HAL) mit Beginn der Lehre vor 01.01.2016	AV-Minderung gem. § 2a Abs. 1 Z 3 AMPFG
Mind. AV 2%	Minderung Arbeitslosenversicherungsbeitrag bei geringem Einkommen gem. § 2a Abs. 1 Z 2 AMPFG - auch für Lehrlinge (letztes LJ od. HAL) mit Beginn der Lehre vor 01.01.2016	AV-Minderung gem. § 2a Abs. 1 Z 2 AMPFG
Mind. AV 3%	Minderung Arbeitslosenversicherungsbeitrag bei geringem Einkommen gem. § 2a Abs. 1 Z 1 AMPFG - auch für Lehrlinge (letztes LJ od. HAL) mit Beginn der Lehre vor 01.01.2016	AV-Minderung gem. § 2a Abs. 1 Z 1 AMPFG
Mind. AV 1,2% (Lg.)	Minderung Arbeitslosenversicherungsbeitrag bei Lehrlingen bei geringem Einkommen gem. § 2a Abs. 1 Z 1 AMPFG - Beginn Lehre ab 01.01.2016	AV-Minderung gem. § 2a Abs. 1 Z 1 AMPFG
Mind. AV 0,2% (Lg.)	Minderung Arbeitslosenversicherungsbeitrag bei Lehrlingen bei geringem Einkommen gem. § 2a Abs. 1 Z 2 AMPFG - Beginn Lehre ab 01.01.2016	AV-Minderung gem. § 2a Abs. 1 Z 2 AMPFG
Entf. WF (NeuFög)	Entfall Wohnbauförderungsbeitrag zur Neugründerförderung	WF-Entfall gem. § 1 Z 7 NeuFöG
Entf. UV (NeuFög)	Entfall Unfallversicherungsbeitrag zur Neugründerförderung	UV-Entfall gem. § 1 Z 7 NeuFöG
Entf. UV (60. LJ)	Altersbedingter Entfall des Unfallversicherungsbeitrages	UV-Entfall gem. § 51 Abs. 6 ASVG
Mind. PV 50%	Halbierung des Beitrags zur Penisonsversicherung gem. § 51 Abs. 7 ASVG für Personen, deren Alterspension sich wegen Aufschubes der Geltendmachung des Anspruches erhöht (§ 261c, § 5 Abs. 4 APG)	PV-Halbierung gem. § 51 Abs. 7 ASVG
SW Red Kurz	Schlechtwetterentschädigungsdifferenzbeitragsgrundlagenreduktion bei Kurzarbeit	

Betriebliche Mitarbeitervorsorge

Anmerkung:
Gültig ab: 01.01.2022

Kurzbezeichnung	Beschreibung	Rechtliche Grundlagen
BV ohne SV-Pflicht	Betriebliche Vorsorge ohne SV-Pflicht	BV-Beitrag gem. § 6 Abs. 1 BMSVG
BV-Zuschlag	BV-Zuschlag bei jährlicher Zahlung	BV-Zuschlag gem. § 6 Abs. 2a BMSVG

Beispiel 5

Ermittlung des Dienstnehmeranteils.

Angaben:

Dienstnehmer	Beitragszeitraum	beitragspflichtiger Bezug	
Angestellter 1	1 Monat	€ 2.200,00	①
Angestellter 2	1 Monat	€ 5.800,00	②
Angestellter 3	1 Monat	€ 6.900,00	③
Arbeiter 4	1 Monat	€ 1.890,00	④
Arbeiter 5	1 Monat	€ 2.880,00	⑤
Arbeiter 6	1 Monat	€ 5.700,00	⑥

Lösung:

	Teil bis zur HBG	Teil über der HBG	Beitragssatz (Details siehe nachstehende Tabelle)	Dienstnehmeranteil
①	€ 2.200,00	–	18,12%	**€ 398,64**
②	€ 5.670,00	€ 130,00	18,12%	**€ 1.027,40**
③	€ 5.670,00	€ 1.230,00	15,12%	**€ 857,30**
④	€ 1.890,00	–	16,12%	**€ 304,67**
⑤	€ 2.880,00	–	18,12%	**€ 521,86**
⑥	€ 5.670,00	€ 30,00	15,12%	**€ 857,30**

HBG = Höchstbeitragsgrundlage

	Beschäftigtengruppe*	DN-Anteil (PV+KV+AV)	AK	WF	Standard-Tarifgruppenverrechnung für den Dienstnehmer (Zwischensumme)	**Abschlag** AV-Entfall Alter[197]	**Abschlag** AV-Minderung geringes Einkommen[198]	Summe
Angestellter 1	Angestellte	17,12%	0,5%	0,5%	18,12%	–	–	18,12%
Angestellter 2	Angestellte	17,12%	0,5%	0,5%	18,12%	–	–	18,12%
Angestellter 3	Angestellte	17,12%	0,5%	0,5%	18,12%	–3%	–	15,12%
Arbeiter 4	Arbeiter	17,12%	0,5%	0,5%	18,12%	–	–2%	16,12%
Arbeiter 5	Arbeiter	17,12%	0,5%	0,5%	18,12%	–	–	18,12%
Arbeiter 6	Arbeiter	17,12%	0,5%	0,5%	18,12%	–3%	–	15,12%

*) Keine Ergänzung zur Beschäftigtengruppe.

197 AV-Entfall bei Vorliegen der Anspruchsvoraussetzungen für bestimmte Pensionen, spätestens nach Vollendung des 63. Lebensjahres (→ 31.11.).

198 AV-Beitragssenkung bei geringem Entgelt (gemeint ist der beitragspflichtige Bezug) (→ 31.12.).

11.4.3.2. Vorschreibeverfahren

Dieses Verfahren bezeichnet man deshalb als Vorschreibeverfahren, weil dem Dienstgeber im Rahmen der außerbetrieblichen Abrechnung (→ 37.2.2.) die **Gesamtbeiträge** nach Ablauf eines Beitragszeitraums vom Träger der Krankenversicherung **vorgeschrieben** werden.

Die Ermittlung des Dienstnehmeranteils erfolgt **analog** zum Selbstabrechnungsverfahren (→ 11.4.3.1.).

11.4.4. Abzug des Dienstnehmeranteils – Anspruchsprinzip

Der Dienstgeber ist berechtigt, den auf den Versicherten entfallenden Beitragsteil vom Entgelt in bar abzuziehen. Der Dienstnehmeranteil ist von jenem Entgelt zu berechnen, auf das der Dienstnehmer **Anspruch** hat oder das er darüber hinaus vom Dienstgeber oder einem Dritten erhält (→ 6.2.7.).

Dieses Recht muss bei sonstigem Verlust **spätestens** bei der auf die Fälligkeit des Beitrags (→ 37.2.1.2., → 37.2.2.2.) **nächstfolgenden Entgeltzahlung** ausgeübt werden, es sei denn, dass die nachträgliche Entrichtung der vollen Beiträge oder eines Teils dieser vom Dienstgeber nicht verschuldet ist (§ 60 Abs. 1 ASVG) (→ 41.1.3.). Der Ausgleich eines Guthabens ist jederzeit möglich.

Für jene Pflichtversicherten, die **nur** Ansprüche auf **Sachbezüge** haben (→ 20.3.1.) oder **kein Entgelt erhalten**, hat der **Dienstgeber** die auf den **Dienstnehmer** entfallenden Beitragsteile **zur Gänze** zu tragen (§ 53 Abs. 2 ASVG). Zu dieser Personengruppe gehören z.B. die im nicht land-(forst-)wirtschaftlichen Betrieb der Eltern, Großeltern, Wahl- oder Stiefeltern ohne Entgelt regelmäßig beschäftigten Kinder, Enkel, Wahl- oder Stiefkinder, die das 17. Lebensjahr vollendet haben und keiner anderen Erwerbstätigkeit hauptberuflich nachgehen.

Für Fachkräfte der Entwicklungshilfe kommt in der Pensionsversicherung eine Mindestbeitragsgrundlage zur Anwendung. Die Beiträge, die der Dienstnehmer vom Unterschiedsbetrag zwischen der Mindestbeitragsgrundlage und dem Entgelt zu entrichten hat, bleiben bei der Beurteilung, ob die 20%-Grenze überschritten wird, außer Betracht (vgl. auch ÖGK, DG-Newsletter Nr. 5/April 2021).

Im Fall einer abweichenden Vereinbarung der Arbeitszeit gilt das Entgelt für jene Zeiträume als erworben, die der Versicherte eingearbeitet hat. Dies gilt auch dann, wenn bei Durchrechnung der Normalarbeitszeit gemäß § 4 Abs. 4 und 6 AZG (→ 16.2.1.2.) festgelegt ist, dass der Dienstnehmer nach der jeweils tatsächlich geleisteten Arbeitszeit entlohnt wird (§ 44 Abs. 7 ASVG).

11.4.5. Mehrfache Beschäftigung

Übt der Dienstnehmer **gleichzeitig** mehrere die Versicherungspflicht begründende Beschäftigungen aus[199], so ist bei der Bemessung der Beiträge **in jedem** einzelnen Beschäftigungsverhältnis die Höchstbeitragsgrundlage zu berücksichtigen (§ 45 Abs. 2 ASVG).

199 Oder erhält der Dienstnehmer bei Dienstverhältnisende eine **Ersatzleistung für Urlaubsentgelt** und übt während der Verlängerungstage (→ 34.7.1.1.1.) bereits eine neue Beschäftigung aus.

Für den Bereich der Krankenversicherung gilt Folgendes:

Überschreitet bei in der Krankenversicherung Pflichtversicherten nach dem ASVG oder einem anderen Bundesgesetz[200] in einem Kalenderjahr die **Summe aller Beitragsgrundlagen** der Pflichtversicherung und der beitragspflichtigen Pensionen einschließlich der Sonderzahlungen die Summe der Beträge des **35-Fachen der täglichen Höchstbeitragsgrundlage** ① für die im Kalenderjahr liegenden Monate der Pflichtversicherung in der Krankenversicherung, wobei sich deckende Monate der Pflichtversicherung in der Krankenversicherung nur einmal zu zählen sind, so hat der leistungszuständige Versicherungsträger[201] der versicherten Person die auf den Überschreitungsbetrag entfallenden Beiträge zur Krankenversicherung in jener Höhe zu erstatten, in der diese Beiträge vom Dienstnehmer zu tragen sind (**derzeit grundsätzlich 3,87%**).

Als Monate der Pflichtversicherung in der Krankenversicherung sind alle Kalendermonate zu zählen, in denen der Dienstnehmer zumindest für einen Tag in der Krankenversicherung pflichtversichert war.

Der leistungszuständige Versicherungsträger hat die Beitragserstattung bis zum 30.6. des Kalenderjahres, das dem Jahr der gänzlichen Entrichtung der Beiträge für ein Kalenderjahr folgt, durchzuführen. Diese **automatische Beitragserstattung** erfolgt erstmals für die im Jahr 2019 gänzlich für ein Kalenderjahr entrichteten Beiträge (§ 70a Abs. 1–3 ASVG)[202].

Für den Bereich der Pensionsversicherung gilt Folgendes:

Überschreitet in einem Kalenderjahr bei einer die Pflichtversicherung nach dem ASVG begründenden Beschäftigung oder bei gleichzeitiger Ausübung mehrerer die Pflichtversicherung nach dem ASVG begründenden Beschäftigungen die **Summe aller Beitragsgrundlagen** der Pflichtversicherung – einschließlich der Sonderzahlungen – die Summe der monatlichen Höchstbeitragsgrundlagen für die im Kalenderjahr liegenden Beitragsmonate der Pflichtversicherung auf Grund einer Erwerbstätigkeit, wobei sich deckende Beitragsmonate nur einmal zu zählen sind, so hat die versicherte Person Anspruch auf Beitragserstattung. Gleiches gilt für die Erstattung von Beiträgen bei gleichzeitigem Vorliegen einer oder mehrerer Pflichtversicherungen nach dem GSVG oder BSVG, wenn ausschließlich Beiträge nach dem ASVG

---

200 Umfasst sind somit nicht nur Fälle, in denen mehrere Dienstverhältnisse parallel bestehen und insgesamt ein Entgelt über der Höchstbeitragsgrundlage erzielt wird, sondern auch Fälle, in denen neben einer Pflichtversicherung nach dem ASVG auch eine Pflichtversicherung nach dem GSVG und/oder BSVG und/oder B-KUVG besteht (→ 5.2.).

201 Der leistungszuständige Versicherungsträger ist durch Richtlinie des DVSV festzulegen (vgl. dazu die Richtlinien des DVSV zur einheitlichen Vollzugspraxis der Versicherungsträger im Bereich der Erstattung von Beiträgen ab dem Beitragsjahr 2019 vom 10.12.2021, avsv Nr. 71/2021). Sind unterschiedliche Krankenversicherungsträger betroffen, haben diese sich untereinander die zu erstattenden Beiträge nach dem Verhältnis der Summe aller Beitragsgrundlagen aufzuteilen (§ 24b Abs. 4 B-KUVG, § 36 Abs. 4 GSVG, § 33c Abs. 4 BSVG). Trotz Erstattung der Beiträge bleibt die Mehrfachversicherung bestehen, sodass Leistungen von den unterschiedlichen Trägern in Anspruch genommen werden können und Geldleistungen sogar mehrfach gebühren (§ 128 ASVG).

202 Für Kalenderjahre vor dem Jahr 2019, ist – wenn für diese Kalenderjahre die vollständige Entrichtung der Beiträge nicht erst im Jahr 2019 erfolgte – nach der alten Rechtslage ein Antrag auf Rückerstattung zu stellen. Siehe dazu die 30. Auflage dieses Buchs.

entrichtet wurden[203]. Monatliche Höchstbeitragsgrundlage ist der **35-fache Betrag der Höchstbeitragsgrundlage***.

*) Für das Jahr 2021: € 185,00 × 35 = € 6.475,00;
für das Jahr 2022: € 189,00 × 35 = € 6.615,00.

Der versicherten Person sind **45%** der auf den Überschreitungsbetrag entfallenden aufgewerteten Beiträge zu erstatten (**derzeit grundsätzlich 10,26%**)[204], und zwar bis zum 30.6. des Kalenderjahres, das dem Jahr der gänzlichen Entrichtung dieser Beiträge für ein Kalenderjahr folgt, erstmals für die im Jahr 2019 gänzlich für ein Kalenderjahr entrichteten Beiträge;[205] die Aufwertung der Beiträge erfolgt mit dem ihrer zeitlichen Lagerung entsprechenden Aufwertungsfaktor (§ 108 Abs. 4 ASVG). Ist jedoch das APG anzuwenden, so ist in gleicher Weise nur der Überschreitungsbetrag nach § 12 Abs. 1 zweiter Satz APG zu erstatten, wenn die Pflichtversicherung auf Grund einer Erwerbstätigkeit das gesamte Kalenderjahr hindurch bestanden hat; ist dies nicht der Fall, so ist die für die Erstattung maßgebliche Jahreshöchstbeitragsgrundlage – auf Antrag der versicherten Person – abweichend von § 12 Abs. 1 zweiter Satz APG aus der Summe der monatlichen Höchstbeitragsgrundlagen zu bilden (§ 70 Abs. 1–2 ASVG).

Für den Bereich der Arbeitslosenversicherung gilt Folgendes:

Bei **Überschreiten** (des 35-fachen Betrags) **der Höchstbeitragsgrundlage** im Fall der Mehrfachversicherung sind die jeweiligen krankenversicherungsrechtlichen Vorschriften mit der Maßgabe anzuwenden, dass an die Stelle der Krankenversicherung die Arbeitslosenversicherung tritt. § 70a ASVG (siehe vorstehend) ist überdies mit der Maßgabe anzuwenden, dass an die Stelle des dort genannten Prozentsatzes des Erstattungsbetrags der für den von der (dem) Versicherten zu tragenden Anteil am Arbeitslosenversicherungsbeitrag geltende Prozentsatz (**derzeit grundsätzlich 3%**) tritt (§ 45 Abs. 2 AlVG).

Steuerrechtliche Auswirkungen:

Erstattete Pflichtbeiträge stellen als rückgängig gemachte Werbungskosten **steuerpflichtige Einkünfte** dar (§ 25 Abs. 1 Z 3 lit. d EStG). Bei Auszahlung solcher Beiträge hat der auszahlende Sozialversicherungsträger bis 31. Jänner des folgenden Kalenderjahrs einen Lohnzettel zur Berücksichtigung dieser Beträge im Veranlagungsverfahren auszustellen und an das Finanzamt der Betriebsstätte (→ 37.3.1.) zu übermitteln (§ 69 Abs. 5 EStG).

---

203 Z.B. da bereits eine sog. Differenzbeitragsvorschreibung nach GSVG berücksichtigt wurde. Wurden hingegen nicht ausschließlich Pensionsversicherungs-Beiträge nach dem ASVG entrichtet, sondern treffen Pensionsversicherungs-Beiträge nach dem ASVG und GSVG bzw. BSVG zusammen, ist die Erstattung nach GSVG bzw. BSVG vorzunehmen (§ 127b GSVG, § 118b BSVG), wobei eine Erstattung nach BSVG jener nach GSVG vorgeht.

204 45% von 22,8%. Nach GSVG bzw. BSVG entrichtete Beiträge werden voll erstattet.

205 Für Kalenderjahre vor dem Jahr 2019, hat – wenn für diese Kalenderjahre die vollständige Entrichtung der Beiträge nicht erst im Jahr 2019 erfolgte – nach der alten Rechtslage eine Rückerstattung auf Antrag, spätestens jedoch mit Leistungsanfall (Pensionsantritt), zu erfolgen. Siehe dazu die 30. Auflage dieses Buchs.

Beispiel 6

Beispiel für die Ermittlung des Überschreitungsbetrags.

Angaben:

- Ein Dienstnehmer übte im Kalenderjahr 2021 gleichzeitig zwei die Versicherungspflicht begründende Beschäftigungen aus.

Monat	SV-Verhältnis 1		SV-Verhältnis 2	
	laufendes Entgelt	Sonderzahlung	laufendes Entgelt	Sonderzahlung
Jänner	€ 3.900,00			
Februar	€ 3.900,00			
März	€ 3.900,00			
April	€ 3.900,00			
Mai	€ 3.900,00	€ 3.900,00	€ 4.800,00	
Juni	€ 3.900,00		€ 4.800,00	
Juli	€ 3.900,00		€ 4.800,00	
August	€ 3.900,00		€ 4.800,00	
September	€ 3.900,00		€ 4.800,00	
Oktober	€ 4.050,00			
November	€ 4.050,00	€ 4.050,00		
Dezember	€ 4.050,00			
Summe	€ 47.250,00	€ 7.950,00	€ 24.000,00	
	€ 79.200,00			

Lösung:

Für die Frage, ob eine Mehrfachversicherung vorliegt, wird nicht auf die gleichzeitige Erwerbstätigkeit in den einzelnen Kalendermonaten abgestellt, sondern jeweils auf das **ganze Kalenderjahr**.

Summe der Entgelte (Beitragsgrundlagen)	€ 79.200,00
Summe der Beträge der 35-fachen täglichen Höchstbeitragsgrundlage (€ 185,00[206] × 35 = € 6.475,00[207]) × 12 Monate	– € 77.700,00
Überschreitungsbetrag	€ 1.500,00

Vom Überschreitungsbetrag werden auf Antrag insgesamt 17,13% (3,87% KV- + 3% AV- und 10,26% PV-Beiträge) erstattet.

Erstattungsbetrag	1.500,00 × 17,13%	= € **256,95**

206 Tägliche Höchstbeitragsgrundlage für 2021.
207 Oder: € 5.550,00 × 14 : 12.

11.5. Lohnsteuer

11.5.1. Ermittlung der Bemessungsgrundlage

Beim Steuerabzug vom Arbeitslohn (von laufenden Bezügen) sind vor Anwendung des Lohnsteuertarifs (vor Ermittlung der Lohnsteuer) vom Arbeitslohn u.a. abzuziehen bzw. gem. § 67 Abs. 2 EStG (Jahressechstelüberhang) hinzuzurechnen (vgl u.a. § 62 EStG):

	Ermittlung der Bemessungsgrundlage	als Gegenüberstellung: die Ermittlung des Einkommens (→ 7.7.)
	Bruttobezug	Einnahmen[208]
	– Steuerbefreiungen	– Steuerbefreiungen (→ 21.2.)
①	– Dienstnehmeranteil zur Sozialversicherung für den laufenden Bezug (→ 11.4.)[209]	
	– Service-Entgelt[210] (→ 37.2.6.)	
	– Gewerkschaftsbeitrag (wenn dieser vom Arbeitgeber einbehalten wird) (→ 11.6.3.)	– Werbungskosten (→ 14.1.1.) ① ②
	– Pendlerpauschale bzw. dem Arbeitnehmer für den Werkverkehr erwachsende Kosten (→ 14.2.2.)	
	– Rückzahlung von Arbeitslohn (→ 14.1.1.)	
	– Allgemeines Werbungskostenpauschale (→ 14.1.1.)*	
	– Werbungskostenpauschale für Expatriates (→ 14.4.)	
②	– Freibetrag auf Grund der Mitteilung gem. § 63 EStG (→ 14.3.)	– Sonderausgaben (→ 14.1.2.) ② – außergewöhnliche Belastungen (→ 14.1.3.) ②
	– Zuzugsfreibetrag gem. § 103 Abs. 1a EStG (→ 14.5.)	
	+ Jahressechstelüberhang[211] (→ 23.3.2.2.)	
	+ Betrag der sonstigen Bezüge gem. § 67 Abs. 10 EStG[211] (z.B. → 23.3.2.1.)	
	= **Bemessungsgrundlage**	= **das zu versteuernde Einkommen**

* Kein Abzug bei Ermittlung der Bemessungsgrundlage für die Berechnung der Lohnsteuer anhand der Lohnsteuer-Effektivtabellen (da das Werbungskostenpauschale bereits in die Lohnsteuertabelle eingearbeitet ist; → 11.5.2.1.).

208 Die dem Arbeitnehmer zugeflossenen Einnahmen (Zuflussprinzip, → 7.7.).
209 Ev. GSVG-Beiträge für Gesellschafter-Geschäftsführer (→ 31.9.2.2.1.).
210 Das Service-Entgelt für die e-card ist vom Dienstnehmer unabhängig von einer Leistung zu zahlen und stellt daher ebenfalls einen Pflichtbeitrag gem. § 16 Abs. 1 Z 4 EStG dar (LStR 2002, Rz 243).
211 Abzüglich der darauf entfallenden Dienstnehmeranteile zur Sozialversicherung.

Die lohnsteuerpflichtigen Bezüge (=Einnahmen) sind vom Arbeitgeber somit um bestimmte in Zusammenhang mit dem Dienstverhältnis stehende Werbungskosten (→ 14.1.1.) zu reduzieren. Weitere Freibeträge (Werbungskosten, Sonderausgaben, außergewöhnliche Belastungen) kann der Arbeitnehmer im Rahmen der Veranlagung geltend machen (→ 15.).

Hinweis: Freibeträge (Werbungskosten, Sonderausgaben, außergewöhnliche Belastungen; → 14.1.3.) mindern die Lohnsteuerbemessungsgrundlage. Davon zu unterscheiden sind **Absetzbeträge**, welche die ermittelte Lohnsteuer reduzieren (→ 14.1.4.).

11.5.2. Ermittlung der Lohnsteuer

Die Lohnsteuer für laufende Bezüge (die **Tariflohnsteuer**, → 14.1.4.) kann entweder durch Hochrechnung der Bemessungsgrundlage auf einen Jahresbetrag unter Anwendung des im EStG definierten Einkommensteuertarifs durch Ausrechnen (siehe Beispiele 16a bis 16c) oder direkt unter Verwendung der sog. „**Effektiv-Tarif-Lohnsteuertabelle**" ermittelt werden. Letztgenannte Methode hat den Vorteil, dass keine Hochrechnung auf einen Jahresbetrag erforderlich ist.

11.5.2.1. Ermittlung der Lohnsteuer anhand der Lohnsteuertabellen

Beim Ermitteln der Lohnsteuer aus den Lohnsteuertabellen sind zu beachten:

der jeweilige Lohnzahlungszeitraum sowie Ⓐ	etwaige **lohnsteuermindernde Absetzbeträge*** • **Familienbonus Plus** (vorrangig abzuziehen) • **Alleinverdienerabsetzbetrag** inkl. Kinderzuschlag • **Alleinerzieherabsetzbetrag** inkl. Kinderzuschlag • **Verkehrsabsetzbetrag**[212] • **Pendlereuro** (→ 14.2.2.). Ⓑ

*) Hinweis: Angeführt sind ausschließlich jene Absetzbeträge, die der Arbeitgeber bei Vorliegen der Voraussetzungen direkt im Rahmen der Personalverrechnung berücksichtigt. Darüber hinaus bestehen weitere Absetzbeträge, die ausschließlich im Rahmen der Veranlagung (→ 15.) beantragt werden können (z.B. Unterhaltsabsetzbetrag, → 14.2.1.6.).

212 Der Verkehrsabsetzbetrag in Höhe von € 400,00 steht allen Arbeitnehmern zu. Besteht Anspruch auf ein Pendlerpauschale (→ 14.2.2.) erhöht sich der Verkehrsabsetzbetrag von € 400,00 auf € 690,00, wenn das Einkommen € 12.200,00 im Kalenderjahr nicht übersteigt. Dieser erhöhte Verkehrsabsetzbetrag vermindert sich zwischen Einkommen von € 12.200,00 und € 13.000,00 gleichmäßig einschleifend auf € 400,00 (**erhöhter Verkehrsabsetzbetrag**). Der Verkehrsabsetzbetrag erhöht sich um (weitere) € 650,00 (**Zuschlag zum Verkehrsabsetzbetrag**), wenn das Einkommen des Steuerpflichtigen € 16.000,00 im Kalenderjahr nicht übersteigt, wobei sich der Zuschlag zwischen Einkommen von € 16.000,00 und € 24.500,00 gleichmäßig einschleifend auf null vermindert (§ 33 Abs. 5 Z 1 bis 3 EStG). Weder der erhöhte Verkehrsabsetzbetrag noch der Zuschlag zum Verkehrsabsetzbetrag sind in die Effektiv-Tarif-Lohnsteuertabelle eingerechnet. Der Zuschlag wird nur über die Veranlagung berücksichtigt.

Ⓐ Die Lohnsteuertabellen beinhalten

- eine Tabelle für einen täglichen Lohnzahlungszeitraum und
- eine Tabelle für einen monatlichen Lohnzahlungszeitraum.

Ist der Arbeitnehmer bei einem Arbeitgeber im Kalendermonat **durchgehend beschäftigt**, ist der Lohnzahlungszeitraum der **Kalendermonat. Beginnt oder endet** die Beschäftigung während eines Kalendermonats, so ist der Lohnzahlungszeitraum der **Kalendertag**. Der Kalendertag ist auch dann der Lohnzahlungszeitraum, wenn bei der Berechnung der Lohnsteuer unter Berücksichtigung eines Abkommens zur Vermeidung der Doppelbesteuerung (→ 7.2.) oder einer Maßnahme gem. § 48 BAO ein Teil des für den Kalendermonat bezogenen Lohns aus der inländischen Steuerbemessungsgrundlage ausgeschieden wird (§ 77 Abs. 1 EStG)[213].

Eine **durchgehende Beschäftigung** liegt insb. auch dann vor, wenn der Arbeitnehmer während eines Kalendermonats **regelmäßig beschäftigt** ist (aufrechtes Dienstverhältnis). Dabei kann der Arbeitnehmer auch für einzelne Tage keinen Lohn beziehen) (z.B. wegen Präsenzdienst, Schutzfrist, Karenz, Krankenstand) (§ 77 Abs. 2 EStG).

Der regelmäßige Lohnzahlungszeitraum umfasst demnach zwingend einen Kalendermonat. Dieser Lohnzahlungszeitraum soll **für alle Fälle eines** im Kalendermonat **durchgehenden Dienstverhältnisses** gelten. Ein durchgehendes Dienstverhältnis liegt dabei auch dann vor, wenn ein Arbeitnehmer regelmäßig nur bestimmte Tage des Kalendermonats tätig wird und auch nur für diese Tage Lohn erhält (z.B. einmal wöchentlich tätiges Reinigungspersonal, Wochenendtaxifahrer). Ein vom Kalendermonat abweichender Lohnzahlungszeitraum ist ausschließlich im Fall des während eines Kalendermonats beginnenden oder endenden (bzw. beginnenden und endenden) Dienstverhältnisses zugelassen (EBzRV d. AbgÄG 1994).

Bei Auszahlung von Bezügen gem. § 67 Abs. 8 EStG (z.B. Ersatzleistung für Urlaubsentgelt, → 23.3.2.6.2.) ist der Kalendermonat auch dann als Lohnzahlungszeitraum heranzuziehen, wenn keine durchgehende Beschäftigung vorliegt (LStR 2002, Rz 1186).

Ⓑ **Absetzbeträge reduzieren** – im Gegensatz zu Freibeträgen, welche die Bemessungsgrundlage mindern – direkt die **errechnete Lohnsteuer**. Der Familienbonus Plus wird dabei als erster Absetzbetrag von der errechneten Steuer abgezogen. Er kann jedoch maximal bis zum Betrag der tarifmäßigen Steuer in Ansatz gebracht werden, weshalb durch ihn (auch im Rahmen der Veranlagung) kein Steuerbetrag unter null zu Stande kommt. Durch alle anderen Absetzbeträge kann es zu einer Einkommensteuer unter null und in Folge bei Erfüllung der weiteren Voraussetzungen insoweit zu einer Rückerstattung von SV-Beiträgen bzw. bestimmten Absetzbeträgen im Rahmen der Veranlagung (→ 15.) kommen.

Wichtiger Hinweis: Ergibt sich bei der Berechnung der Lohnsteuer ein **Minusbetrag**, bleibt dies in der Personalverrechnung ohne Auswirkung. In diesem Fall ist die **Lohnsteuer mit null** anzusetzen. Im Zuge der (Arbeitnehmer-)Veranlagung kann es zu einer SV-Rückerstattung kommen (vgl. LStR 2002, Rz 813a). Davon un-

213 Ob das DBA dem Tätigkeitsstaat das Besteuerungsrecht an den Arbeitseinkünften zuteilt, ist nach Aufenthaltstagen zu ermitteln („183-Tage-Regel“, → 7.2.). Die Aufteilung der Einkünfte selbst erfolgt nach Arbeitstagen. Für die Besteuerung ist die Anzahl der Kalendertage im selben prozentuellen Verhältnis zu ermitteln, wie auch die Aufteilung der Einkünfte nach Arbeitstagen im Hinblick auf Inlandsanteil und Auslandsanteil erfolgt (vgl. mit Beispiel dazu LStR 2002, Rz 1186a).

abhängig sind die in der Personalverrechnung berücksichtigten Absetzbeträge (und Freibeträge) grundsätzlich am Lohnkonto sowie am Jahreslohnzettel (→ 35.) anzuführen, auch soweit diese – da die Lohnsteuer bereits null beträgt – auf die Lohnsteuerberechnung keine Auswirkung haben. Eine Ausnahme davon besteht für den Familienbonus Plus, der nur in jener Höhe anzugeben ist, in der er sich tatsächlich steuermindernd ausgewirkt hat.

Der **Familienbonus Plus** und/oder der **Alleinverdiener**- bzw. **Alleinerzieherabsetzbetrag (inkl. Kinderzuschlag)** ist dann zu berücksichtigen, wenn der Arbeitnehmer dem Arbeitgeber eine Erklärung über das Vorliegen der dafür notwendigen Voraussetzungen abgegeben hat (→ 14.2.).

Diese Absetzbeträge bedeuten für den Arbeitnehmer eine **direkte Steuerersparnis** (→ 15.5.7.).

Der **Familienbonus Plus (auch „FABO+")** beträgt im Rahmen der Lohnverrechnung

- bis zum Ablauf des Monats, in dem das Kind das 18. Lebensjahr vollendet, für jeden Kalendermonat € 125,00 (das sind maximal € 1.500,00 pro Jahr),
- nach Ablauf des Monats, in dem das Kind das 18. Lebensjahr vollendet (sofern weiterhin ein Anspruch auf Familienbeihilfe besteht), für jeden Kalendermonat € 41,68 (das sind maximal ca. € 500,00 pro Jahr).

Der Familienbonus Plus **erhöht sich mit Wirkung ab 1.7.2022** von monatlich € 125,00 auf € 166,68 bzw. von monatlich € 41,68 auf € 54,18.

Zu den Voraussetzungen der Geltendmachung und einer möglichen Indexierung siehe Punkt 14.2.

Der Familienbonus Plus kann entweder vom Familienbeihilfenberechtigten oder dessen (Ehe-)Partner[214] bzw. – sofern für das Kind Unterhalt geleistet wird und hierfür ein Unterhaltsabsetzbetrag zusteht (→ 14.2.1.6.) – vom Familienbeihilfenberechtigten oder dem Unterhaltsleistenden **in voller Höhe** beantragt oder jeweils zwischen den genannten Personen **im Verhältnis 50:50 aufgeteilt**[215] werden. Die Aufteilung ist dem Arbeitgeber bekannt zu geben (→ 14.2.).

Für **Alleinverdiener bzw. Alleinerzieher** stehen pro Kalenderjahr folgende **Absetzbeträge** zu:

Basisbetrag		1. Kind		2. Kind		3. Kind		AVAB/AEAB
€ 364,00	+	€ 130,00					=	€ 494,00
€ 364,00	+	€ 130,00	+	€ 175,00			=	€ 669,00
€ 364,00	+	€ 130,00	+	€ 175,00	+	€ 220,00	=	€ 889,00[216]
		Kinderzuschläge für das						

AVAB = Alleinverdienerabsetzbetrag
AEAB = Alleinerzieherabsetzbetrag

214 (Ehe)Partner ist eine Person, mit der der Familienbeihilfenberechtigte verheiratet ist, eine eingetragene Partnerschaft nach dem Eingetragene Partnerschaft-Gesetz (EPG) begründet hat oder für mehr als sechs Monate im Kalenderjahr in einer Lebensgemeinschaft lebt. Die Frist von sechs Monaten im Kalenderjahr gilt nicht, wenn dem nicht die Familienbeihilfe beziehenden Partner in den restlichen Monaten des Kalenderjahres, in denen die Lebensgemeinschaft nicht besteht, der Unterhaltsabsetzbetrag (→ 14.2.1.6.) für dieses Kind zusteht (§ 33 Abs. 3a Z 4 EStG).

215 Zur Aufteilung im Verhältnis 90:10 im Rahmen der Veranlagung siehe Punkt 14.2.1.1.

216 Für jedes weitere Kind erhöht sich dieser Betrag um € 220,00.

Zu den Voraussetzungen der Geltendmachung und einer möglichen Indexierung siehe Punkt 14.2.

Wirkt sich **bei geringen Einkünften** der Alleinverdiener- bzw. Alleinerzieherabsetzbetrag nicht aus, erhalten

- Alleinverdiener bzw. Alleinerzieher den Alleinverdiener- oder Alleinerzieherabsetzbetrag im Weg der Veranlagung **gutgeschrieben** (siehe Beispiele 16b und 16c).

Da bei der Berechnung der Lohnsteuer die persönlichen Verhältnisse (Alleinverdiener, Alleinerzieher, außergewöhnliche Belastungen u.a.m.) Berücksichtigung finden, bezeichnet man die Einkommensteuer auch als **„Personensteuer"**.

Können Niedrigverdiener aufgrund einer geringen oder fehlenden Lohnsteuerbelastung wenig oder nicht vom Familienbonus Plus profitieren, kann diesen ein **Kindermehrbetrag** im Rahmen der Veranlagung zustehen. Dieser beträgt bis zu € 350,00 für das Kalenderjahr 2022 (davor bis zu € 250,00; ab der Veranlagung 2023 bis zu € 450,00) (→ 15.6.4.).

Beispiele 7–8

Ermittlung der Lohnsteuer anhand der Effektiv-Tarif-Lohnsteuertabelle.

Monatslohnsteuertabelle 2022 für Arbeitnehmer (Beträge in €)										
Monatslohn[217] bis	Grenzsteuersatz	Abzug	Absetzbeträge							
			FABO+ <18 Jahre*		FABO+ ≥ 18 Jahre*		VAB	AVAB/AEAB*		
			ganz	halb	ganz	halb		für 1 Kind	für 2 Kinder	für jedes weitere Kind
927,67	0,00 %									
1.511,00	20,00 %	185,53	125,00 (166,68**)	62,50 (83,34**)	41,68 (54,18**)	20,84 (27,09**)	33,33	41,17	55,75	+18,33
2.594,33	32,50 %	374,41	125,00 (166,68**)	62,50 (83,34**)	41,68 (54,18**)	20,84 (27,09**)	33,33	41,17	55,75	+18,33
5.011,00	42,00 %	620,87	125,00 (166,68**)	62,50 (83,34**)	41,68 (54,18**)	20,84 (27,09**)	33,33	41,17	55,75	+18,33
7.511,00	48,00 %	921,53	125,00 (166,68**)	62,50 (83,34**)	41,68 (54,18**)	20,84 (27,09**)	33,33	41,17	55,75	+18,33
83.344,33	50,00 %	1.071,75	125,00 (166,68**)	62,50 (83,34**)	41,68 (54,18**)	20,84 (27,09**)	33,33	41,17	55,75	+18,33
darüber	55,00 %	5.238,97	125,00 (166,68**)	62,50 (83,34**)	41,68 (54,18**)	20,84 (27,09**)	33,33	41,17	55,75	+18,33

*) Indexierung von FABO+ und AVAB/AEAB, falls sich das Kind in einem anderen EU-/EWR-Staat oder der Schweiz aufhält.

AVAB = Alleinverdienerabsetzbetrag
AEAB = Alleinerzieherabsetzbetrag

217 Monatslohn (monatliche Bemessungsgrundlage) = Bruttobezug abzüglich Sozialversicherungsbeiträge und Freibeträge (jedoch vor Abzug des Werbungskostenpauschales, da dieses bereits in der Tabelle berücksichtigt ist). Neben dem Werbungskostenpauschale ist auch der Verkehrsabsetzbetrag in Höhe von € 400,00 pro Jahr in der Tabelle berücksichtigt. Der erhöhte Verkehrsabsetzbetrag und der Zuschlag zum Verkehrsabsetzbetrag sind in der Tabelle nicht berücksichtigt. Auch ein etwaiger Pendlereuro ist in weiterer Folge noch individuell vom Lohnsteuerergebnis abzuziehen. Der Familienbonus Plus ist als erster Absetzbetrag bis maximal null abzuziehen.

FABO+ = Familienbonus Plus
VAB = Verkehrsabsetzbetrag

**) Ab 1.7.2022.

Die Lohnsteuer kann direkt unter Anwendung des sog. **Effektiv-Tarifs** berechnet werden. Der anteilige Werbungskostenpauschbetrag (monatlich € 11,00, täglich € 0,376) (→ 14.1.1.4.) ist in der Effektiv-Tabelle bereits berücksichtigt. Dies gilt auch für den anteiligen Verkehrsabsetzbetrag (jedoch nicht für den erhöhten Verkehrsabsetzbetrag sowie den Zuschlag zum Verkehrsabsetzbetrag). Der Monatslohn ist mit dem Prozentsatz der entsprechenden Stufe zu multiplizieren und davon der entsprechende Abzugsbetrag abzuziehen. Die errechnete Lohnsteuer ist auf ganze Cent kaufmännisch auf- oder abzurunden (LStR 2002, Rz 813b).

Beispiel 7

Angaben:

- monatliche Abrechnung,
- monatliche Bemessungsgrundlage: € 1.470,00,
- Kein AVAB/AEAB/FABO+.

Lösung:

Bemessungsgrundlage	€	1.470,00
Das Einkommen ist der entsprechenden Zeile zuzuordnen (in diesem Beispiel ist das die Zeile bis 1.511,00); aus dieser Zeile ist der Grenzsteuersatz und der Abzug abzulesen.		
€ 1.470,00 × 20%	= €	294,00
abzüglich Abzugsbetrag	– €	185,53
abzüglich VAB	– €	33,33
Lohnsteuer	= €	75,14
gerundet[218]	= €	**75,14**[219]

Beispiel 8

Angaben:

- monatliche Abrechnung,
- monatliche Bemessungsgrundlage: € 810,00,
- FABO+ (100 %) und Alleinverdienerabsetzbetrag – 1 Kind.

218 Die so ermittelte Lohnsteuer ist ev. kaufmännisch auf volle Cent zu runden. Maßgebend für den Rundungsvorgang ist die **dritte Nachkommastelle**. Dazu ein **Beispiel:**
€ 123,454 ergibt gerundet € 123,45;
€ 123,455 ergibt gerundet € 123,46.

219 Falls Anspruch auf einen Pendlereuro gegeben ist, verringert sich der Betrag der Lohnsteuer um den Betrag des Pendlereuros (→ 14.2.2.).

Lösung:

Bemessungsgrundlage	€	810,00

Das Einkommen ist der entsprechenden Zeile zuzuordnen (in diesem Beispiel ist das die Zeile bis 927,67); aus dieser Zeile ist der Grenzsteuersatz abzulesen.

€ 810,00 × 0%	= €	0,00
Lohnsteuer	= €	**0,00** [220]

Beispiel 8a

Angaben:

- Monatliche Abrechnung für Juni 2022
- Bemessungsgrundlage: € 1.970,00
- Variante 1: FABO+ (100%) und AVAB für 1 Kind bis 18. Lebensjahr
- Variante 2: FABO+ (100%) und AVAB für 3 Kinder bis 18. Lebensjahr

Lösung:

Bemessungsgrundlage	€	1.970,00

Das Einkommen ist der entsprechenden Zeile zuzuordnen (in diesem Beispiel ist das die Zeile bis 2.594,33); aus dieser Zeile sind der Grenzsteuersatz und der Abzug abzulesen.

Variante 1:

€ 1.970,00 × 32,50%	= €	640,25
abzüglich Abzugsbetrag	– €	374,41
abzüglich FABO+	– €	125,00
abzüglich VAB	– €	33,33
abzüglich AVAB	– €	41,17
Lohnsteuer	= €	66,34
gerundet[218]	**= €**	**66,34**

Variante 2:

€ 1.970,00 × 32,50%	= €	640,25
abzüglich Abzugsbetrag	– €	374,41
Zwischensumme	= €	265,84
abzüglich FABO+	– €	265,84
Lohnsteuer	= €	**0,00** [221]

220 Falls Anspruch auf einen Pendlereuro gegeben ist, wird in diesem Fall die dafür vorgesehene Lohnsteuerersparnis im Weg der Veranlagung berücksichtigt.

221 AVAB und VAB wirken sich im Rahmen der Personalverrechnung in Variante 2 nicht mehr aus, können jedoch im Rahmen der Veranlagung zu einer Lohnsteuer unter null und damit insoweit zu einer Rückerstattung des AVAB bzw. von SV-Beiträgen führen (→ 15.). Auch der FABO+ wirkt sich nicht zur Gänze aus. Durch ihn kann es jedoch auch im Rahmen der Veranlagung zu keiner Lohnsteuer unter null kommen. Eventuell steht ein Kindermehrbetrag zu.

11.5.2.2. Ermittlung der Lohnsteuer durch Ausrechnen

Die rechnerische Ermittlung der Lohnsteuer behandelt der Punkt 15.5.

11.5.3. Einbehaltung der Lohnsteuer – Zuflussprinzip

Der Arbeitgeber hat die Lohnsteuer des Arbeitnehmers bei jeder Lohnzahlung einzubehalten (= **Zuflussprinzip**).

Lohnzahlungen sind u.a. auch

- Vorschuss- oder Abschlagszahlungen,
- sonstige vorläufige Zahlungen auf erst später fällig werdenden Arbeitslohn sowie
- im Rahmen des Dienstverhältnisses von einem **Dritten geleistete Vergütungen**, wenn der Arbeitgeber weiß oder wissen muss, dass derartige Vergütungen geleistet werden (→ 19.4.2.2.2.) (vgl. § 78 Abs. 1 EStG).

Der Arbeitgeber wird von seiner Verpflichtung zum Steuerabzug nicht dadurch befreit, dass seine Arbeitnehmer erklären, sie würden ihre Bezüge einbekennen oder eine Steuererklärung abgeben. Wird der Arbeitslohn während eines Kalendermonats regelmäßig nur in ungefährer Höhe in Teilbeträgen ausbezahlt (Abschlagszahlung) und erst für den Kalendermonat eine genaue Lohnabrechnung vorgenommen, kann die Lohnsteuer vom Arbeitgeber erst bei der Lohnabrechnung einbehalten werden. Voraussetzung ist, dass die **Lohnabrechnung bis zum 15. Tag des folgenden Kalendermonats** erfolgt (§ 78 Abs. 2 EStG). In diesen Fällen ist es denkmöglich, dass der Steuerabzug von Bezügen, die gegen Ende des Kalenderjahrs bezahlt werden, erst im folgenden Kalenderjahr vorgenommen wird. Insoweit ist diese Lohnsteuer als für das abgelaufene Jahr einbehalten zu werten. Erfolgt die Lohnzahlung nach dem 15. Jänner, gilt die Lohnsteuer nicht mehr als für das Vorjahr einbehalten (LStR 2002, Rz 1196).

Vorteile aus dem Dienstverhältnis, die sich der **Arbeitnehmer selbst gegen den Willen des Arbeitgebers verschafft**, unterliegen nicht dem Lohnsteuerabzug und sind demnach im Wege der Veranlagung (→ 15.) zu erfassen (LStR 2002, Rz 1197).

Reichen die dem Arbeitgeber zur Verfügung stehenden Mittel zur Zahlung des vollen vereinbarten Arbeitslohns nicht aus, so hat er die **Lohnsteuer vom tatsächlich ausbezahlten niedrigeren Betrag** zu berechnen und einzubehalten (Zuflussprinzip) (§ 78 Abs. 3 EStG).

Besteht der Arbeitslohn ganz oder teilweise aus geldwerten Vorteilen (Sachbezügen) (→ 20.3.2.) und **reicht der Barlohn zur Deckung der einzubehaltenden Lohnsteuer nicht aus**, so hat der Arbeitnehmer dem Arbeitgeber den zur Deckung der Lohnsteuer erforderlichen Betrag zu zahlen (§ 78 Abs. 4 EStG).

Lohnsteuerabzug bei Vorschüssen und sonstigen zeitlichen Abweichungen zwischen Arbeitsleistung und Lohn- bzw. Gehaltsauszahlung:

Vorschüsse und Vorauszahlungen von Arbeitslohn, die nicht den wirtschaftlichen Charakter eines Darlehens haben (siehe nachstehend), sind gem. § 78 Abs. 1 EStG dem Lohnzahlungszeitraum des Zufließens zeitlich zuzuordnen. Kann über Arbeitslohn verfügt werden, kommt dem Moment seiner Fälligkeit keine Bedeutung zu (LStR 2002, Rz 632, 1195).

Ein **Vorschuss** gilt **dann als Zufluss von Arbeitslohn, wenn** der Vorschuss zu den seiner Hingabe **unmittelbar nachfolgenden Lohnzahlungszeitpunkten zur Gänze zurückzuzahlen ist**. Ist dies nicht der Fall (der **Vorschuss wird erst mit weiter in der Zukunft liegenden Lohnansprüchen verrechnet**), kommt dem Vorschuss in Wahrheit der **Charakter eines Darlehens** zu. Die Versteuerung als Arbeitslohn erfolgt dann zu jenem Zeitpunkt, zu dem Anspruch auf den entsprechenden Teil des Arbeitslohns besteht. Soweit Vorschüsse nicht bereits im Zeitpunkt des Zufließens als Arbeitslohn zu erfassen sind, liegt dem Grund nach ein Gehaltsvorschuss oder Arbeitgeberdarlehen i.S.d. Verordnung über die bundeseinheitliche Bewertung bestimmter Sachbezüge vor (→ 20.3.3.7.) (LStR 2002, Rz 633).

Beispiel 9

Beispiel für einen als Arbeitslohn zu versteuernden Vorschuss.

Angaben und Lösung:

Ein Arbeitnehmer erhält gleichzeitig

- mit seinem Märzbezug
- einen Vorschuss auf den Aprilbezug, der auch vom Aprilbezug einbehalten wird.

Bei diesem zusammen mit dem Märzbezug gewährten Vorschuss handelt es sich um einen „im März zugeflossenen Arbeitslohn", für den

- im März die Lohnsteuer einzubehalten ist.

Bei Arbeitszeitmodellen (z.B. Altersteilzeit, Zeitwertkonto, Langzeitkonto, Lebensarbeitszeitkonto, Sabbatical[222] u.Ä.), nach welchen der Arbeitnehmer i.d.R. seine volle Normalarbeitszeit leistet, aber ein Teil dieser **Arbeitszeit** vorerst nicht finanziell abgegolten, sondern auf ein **„Zeitkonto" übertragen** wird, um vom Arbeitnehmer zu einem späteren Zeitpunkt konsumiert zu werden (bezahlte „Auszeit"), ist nach den allgemeinen Grundsätzen auf den **Zeitpunkt des Zuflusses abzustellen**. Dies gilt auch für die Freizeitoption („Freizeit statt Arbeit"). Beruht ein solches Arbeitszeitmodell auf einer ausdrücklichen Regelung in einer lohngestaltenden Vorschrift i.S.d. § 68 Abs. 5 Z 1 bis 6 EStG (→ 18.3.2.1.2.), bewirken die **Zeitgutschriften in der Ansparphase** noch keine wirtschaftliche Verfügungsmacht für den Arbeitnehmer und somit **noch keinen steuerlichen Zufluss**.

Für den Fall der **ausnahmsweisen vorzeitigen Auszahlung** der erworbenen Entgeltansprüche (z.B. bei Beendigung des Dienstverhältnisses) gelten nach Ansicht des BMF die Ausführungen in den LStR 2002, Rz 1116a sinngemäß (→ 27.3.2.1.6.) (LStR 2002, Rz 639a).

Lohnsteuerabzug bei Entgelt von dritter Seite:

Siehe Punkt 19.4.2.2.2.

222 Auszeit im Berufsleben.

11.5.4. Aufrollung der Lohnsteuer

11.5.4.1. Aufrollung der laufenden Bezüge

Der Arbeitgeber **kann im laufenden Kalenderjahr** von den zum laufenden Tarif zu versteuernden Bezügen **durch Aufrollen** der vergangenen Lohnzahlungszeiträume **die Lohnsteuer neu berechnen** (§ 77 Abs. 3 EStG).

Diese Bestimmung ermöglicht eine (**uneingeschränkte**) Aufrollungsmöglichkeit der Lohnsteuerbemessungsgrundlagen der laufenden Bezüge während der Beschäftigungszeiträume innerhalb eines Kalenderjahrs.

Während einer ganzjährigen Beschäftigung bei einem Arbeitgeber besteht demnach diese Aufrollungsmöglichkeit im Sinn einer gleichmäßigen Verteilung der Bezüge auf die Lohnzahlungszeiträume des Kalenderjahrs.

Wird ein **Dienstverhältnis** erst im Laufe eines Kalenderjahrs **begründet**, darf die Aufrollung nur bezüglich der Zeiträume der tatsächlichen Beschäftigung vorgenommen werden. Wird ein **Dienstverhältnis** während eines Kalenderjahrs **beendet**, so darf die Aufrollung nur bis zur letzten Lohnzahlung erfolgen. Lohnzahlungszeiträume, die einen früheren Arbeitgeber betreffen, sind nicht einzubeziehen. Der gleiche Grundsatz gilt auch für Beschäftigungszeiten im Zusammenhang mit einem begünstigten ausländischen Vorhaben bzw. hinsichtlich der Einkünfte der Fachkräfte der Entwicklungshilfe (→ 21.2.). Die Aufrollung betrifft **ausschließlich laufende Bezüge**.

Wird eine Aufrollung vorgenommen, hat die Neuberechnung unter Berücksichtigung von allfälligen Änderungen bei den Absetzbeträgen[223] und beim Freibetragsbescheid – somit nach Maßgabe der **im Zeitpunkt der Aufrollung gegebenen Verhältnisse** – zu erfolgen. Dies gilt auch dann, wenn es dadurch zu einer Nachbelastung von Lohnsteuer kommt. Der Arbeitgeber ist aber in keinem Fall zu einer Aufrollung verpflichtet (LStR 2002, Rz 1189, 1190).

Umfasst die Aufrollung die Bezüge des Monats Dezember, können dabei vom Arbeitnehmer entrichtete Beiträge für die freiwillige Mitgliedschaft bei Berufsverbänden gem. § 16 Abs. 1 Z 3 lit. b EStG (**Gewerkschaftsbeiträge**, → 11.6.2., → 14.1.1.) berücksichtigt werden, wenn

- der Arbeitnehmer **im Kalenderjahr ständig** von diesem Arbeitgeber Arbeitslohn (§ 25 EStG) (→ 7.5.) erhalten hat,
- der Arbeitgeber **keine Freibeträge** auf Grund einer Mitteilung i.S.d. § 63 EStG berücksichtigt hat (→ 14.3.) und
- dem Arbeitgeber die entsprechenden **Belege** vorgelegt werden (§ 77 Abs. 3 EStG).

Durch diese Maßnahme soll sichergestellt werden, dass Arbeitnehmer, die keine Freibeträge geltend machen und **ganzjährig** nur bei einem Arbeitgeber **beschäftigt** sind, zur Geltendmachung von Gewerkschaftsbeiträgen keine Veranlagung beim Finanzamt beantragen müssen.

Die Aufrollung und Neuberechnung der Lohnsteuer kann im laufenden Kalenderjahr, unter Miteinbeziehung des Dezemberbezugs **bis** zum entsprechenden Lohnsteuerfälligkeitstag (**15. Jänner des Folgejahrs**, → 37.3.2.1.), erfolgen.

---

223 Der Familienbonus Plus sowie Alleinverdiener- bzw. Alleinerzieherabsetzbetrag sind daher auf Grund einer in diesem Zeitpunkt vorliegenden Erklärung des Arbeitnehmers sowohl rückwirkend zu gewähren als auch rückwirkend zu streichen.

Eine Neuberechnung (Aufrollung) der Lohnsteuer (sowohl die unterjährige als auch die Dezemberrollung) ist, abgesehen von den Fällen der verpflichtenden Aufrollung für begünstigt besteuerte sonstige Bezüge außerhalb des „Kontroll-Sechstels" (→ 23.3.2.5.), **nicht mehr zulässig**, wenn im laufenden Kalenderjahr an den Arbeitnehmer **Krankengeld** (→ 25.1.3.1.) aus der gesetzlichen Krankenversicherung ausbezahlt wird (§ 77 Abs. 3 EStG).

11.5.4.2. Aufrollung der sonstigen Bezüge

Neben der Aufrollung von laufenden Bezügen gemäß § 77 Abs. 3 EStG können auch **sonstige Bezüge** von Arbeitnehmern, die im Kalenderjahr ständig von einem Arbeitgeber Arbeitslohn erhalten haben, innerhalb des Jahressechstels aufgerollt werden (→ 23.3.2.4.) (§ 77 Abs. 4 EStG; LStR 2002, Rz 1193). Beide Aufrollungen können unabhängig voneinander durchgeführt werden.

Darüber hinaus bestehen Aufrollungsverpflichtungen i.Z.m. dem sog. „Kontrollsechstel" (→ 23.3.2.5.) (§ 77 Abs. 4a EStG; LStR 2002, Rz 1193b bis Rz 1193d).

11.5.4.3. Aufrollung von Nachzahlungen für das Vorjahr

Darüber hinaus besteht eine Aufrollungsmöglichkeit für **Nachzahlungen für das Vorjahr**, die bis zum 15. Februar des Folgejahres ausbezahlt werden („13. Abrechnungslauf" → 24.9.2.) (§ 77 Abs. 5 EStG). Dies gilt sowohl für laufende als auch für sonstige Bezüge. Werden sonstige Bezüge für das Vorjahr bis zum 15. Februar des Folgejahres ausbezahlt, ist das Jahressechstel neu zu berechnen (LStR 2002, Rz 1193a).

11.5.5. Fehler bei der Ermittlung bzw. Einbehaltung der Lohnsteuer

Der **Arbeitgeber kann**, wenn er durch Irrtum, unrichtige Rechtsauffassung usw. **zu viel Lohnsteuer einbehalten** hat, den Fehler im Laufe des Kalenderjahres bzw. bis zum 15. Februar des Folgejahres berichtigen (vgl. § 240 Abs. 1 BAO). Danach kann eine Berichtigung der Lohnsteuer zu Gunsten des Arbeitnehmers grundsätzlich nur im Wege der Veranlagung (→ 15.) bzw. auf Antrag des Arbeitnehmers nach Maßgabe des § 240 Abs. 3 BAO (→ 15.7.3.) erfolgen.

Erkennt der Arbeitgeber, dass er durch die fehlerhafte Berechnung **zu wenig Lohnsteuer** einbehalten und abgeführt hat, **muss** er den Fehler berichtigen und den Differenzbetrag abführen:

- Die Berichtigung kann im **laufenden Kalenderjahr bzw. bis zum 15. Februar des Folgejahres** im Rahmen einer Aufrollung erfolgen.
- Wird die fehlerhafte Berechnung erst **nach dem 15. Februar des Folgejahres** festgestellt oder kann eine Aufrollung nicht erfolgen, weil der Arbeitnehmer bereits aus dem Unternehmen **ausgeschieden** ist, hat der Arbeitgeber dies dem Finanzamt zum Zwecke einer bescheidmäßigen Festsetzung mitzuteilen. Die Berichtigung des Lohnzettels darf diesfalls erst erfolgen, wenn dem Arbeitgeber die zu wenig einbehaltene Lohnsteuer vorgeschrieben und diese vom Arbeitnehmer im Regresswege bezahlt wurde (LStR 2002, Rz 1194).

11.6. Gewerkschaft – Gewerkschaftsbeitrag

11.6.1. Österreichischer Gewerkschaftsbund

Der Österreichische Gewerkschaftsbund (ÖGB) ist eine **freiwillige und überparteiliche Interessenvertretung** aller unselbstständig Tätigen. Die Mitgliedschaft erfolgt demnach durch freiwilligen Beitritt.

Die Rechtsform des ÖGB – der sich in dreizehn Fachgewerkschaften gliedert – ist die eines **privatrechtlichen Vereins**, in dem alle unselbstständig Tätigen aller Gruppen und aller Branchen organisiert sind. Er unterliegt daher dem Vereinsgesetz.

Die Aufgaben des ÖGB sind in seinen **Statuten** vom 25.5.1948 verankert und beziehen sich auf „den unentwegten Kampf zur Hebung des Lebensstandards der Arbeitnehmerschaft Österreichs".

In einem Streitfall gewährt der ÖGB (aber auch die Arbeiterkammer → 3.3.4.1.) kostenlose **Rechtsberatung** und – durch gerichtliche Vertretung – **Rechtsschutz**.

Durch die Bestimmungen des **Antiterrorgesetzes** (BGBl 1930/113) ist gewährleistet, dass Bestimmungen in kollektiven Dienstverträgen und sonstigen Gesamtvereinbarungen zwischen Arbeitgebern und Arbeitnehmern nichtig sind, die unmittelbar oder mittelbar

- bewirken sollen, dass in einem Betrieb nur Angehörige einer bestimmten Berufsvereinigung oder **freiwilligen Vereinigung** beschäftigt werden;
- verhindern sollen, dass in einem Betrieb Personen beschäftigt werden, die **keiner Berufsvereinigung** oder die einer bestimmten **freiwilligen Vereinigung** angehören (§ 1 ATerrG).

11.6.2. Gewerkschaftsbeitrag

Die Höhe der Beiträge richtet sich

- nach der Bezugshöhe und den dafür von den einzelnen Fachgewerkschaften vorgeschriebenen Sätzen.

Die Beitragssätze der Gewerkschaft der Privatangestellten z.B. betragen:

- 1% des Bruttomonatsgehalts (Lehrlingseinkommen), höchstens € 35,30 pro Monat (Wert 2022).

Ursprünglich war es dem Arbeitgeber verboten, Gewerkschaftsbeiträge einzubehalten (§ 2 ATerrG). Dieses Verbot wurde später etwas gelockert (BGBl 1954/196), sodass auf Grund **ausdrücklicher (schriftlicher) Vereinbarungen** zwischen Arbeitgeber und Arbeitnehmer Beiträge zu kollektivvertragsfähigen Organisationen vom Entgelt abgezogen werden können. Diese Vereinbarung kann vierteljährlich schriftlich gekündigt werden.

11.6.3. Gewerkschaftsbeitrag – Werbungskosten

Der Gewerkschaftsbeitrag stellt für den Arbeitnehmer Werbungskosten (Berufsförderungsbeiträge) dar (§ 16 Abs. 1 Z 3 lit. b EStG). Wird

der Gewerkschaftsbeitrag vom **Arbeitgeber einbehalten**,	der Gewerkschaftsbeitrag vom **Arbeitnehmer** direkt an die Gewerkschaft **bezahlt**,
erfolgt die lohnsteuerliche Berücksichtigung bei der **Bezugsabrechnung**, unabhängig davon, ob dieser auf laufende oder sonstige Bezüge entfällt (→ 11.5.1.);	erfolgt die lohnsteuerliche Berücksichtigung entweder bei der **Aufrollung** der Lohnsteuer der laufenden Bezüge (→ 11.5.4.) oder im Weg der **Veranlagung** (→ 15.1.).

Der Gewerkschaftsbeitrag wird auf das Werbungskostenpauschale (→ 14.1.1.) nicht angerechnet (§ 16 Abs. 3 EStG).

11.7. Betriebsrat – Betriebsratsumlage

11.7.1. Betriebsrat

In jedem Betrieb, in dem **dauernd mindestens**

fünf Arbeiter und/oder **fünf** Angestellte	insgesamt **fünf** Arbeiter und Angestellte	**fünf** jugendliche Arbeitnehmer
beschäftigt werden, sind folgende **Organe** zu bilden[224]:		
• die Betriebshauptversammlung, • die **Gruppenversammlung** der Arbeiter und der Angestellten, • die Wahlvorstände für die Betriebsratswahl, • der **Betriebsrat** der Arbeiter und/oder der Betriebsrat der Angestellten, • ein Betriebsausschuss, • die Rechnungsprüfer.	• die **Betriebsversammlung**, • der Wahlvorstand für die Betriebsratswahl, • der **Arbeiter- und Angestelltenbetriebsrat**, • die Rechnungsprüfer.	• die Jugendversammlung, • der Wahlvorstand für die Wahl des Jugendvertrauensrats, • der **Jugendvertrauensrat**.
(§ 40 Abs. 2, 3 ArbVG)		(§ 123 Abs. 1 ArbVG)

Der Gesetzgeber hat dem Betriebsrat (Kollegialorgan) und dem Jugendvertrauensrat **eine Fülle von Aufgaben** übertragen. Die Aufgaben des Betriebsrats sind im II. Teil, 3. Hauptstück, die Aufgaben des Jugendvertrauensrats im 5. Hauptstück des ArbVG geregelt. Sie beziehen sich u.a. auf die

- **Überwachung** der Einhaltung der die Arbeitnehmer betreffenden Rechtsvorschriften (→ 10.2.2. u.a.m.),

224 Die Arbeitnehmer müssen dabei zunächst eine Betriebsversammlung einberufen, die dann den Wahlvorstand wählt. Die einzige Pflicht des Arbeitgebers bei der Betriebsratswahl besteht darin, dem Wahlvorstand ein Arbeitnehmer-Verzeichnis (mit Arbeitnehmer, Name, Datum von Geburt und Eintritt, Staatsbürgerschaft und Information über Abwesenheit wegen Präsenzdienst, Urlaub, Karenz etc.) zu übermitteln (§ 55 Abs. 3 ArbVG). **Letztlich besteht weder für Arbeitgeber noch für die Belegschaft die Verpflichtung, einen Betriebsrat zu wählen.**

- Durchführung von **Interventionen** in allen Angelegenheiten, die die Interessen der Arbeitnehmer berühren (→ 32.2.1.1.),
- Mitwirkung an betrieblichen **Wohlfahrtseinrichtungen** (z.B. Betriebskindergarten, Werksküche, Darlehensaktionen),
- Mitwirkung bei der **Einstellung** von Arbeitnehmern (→ 8.1.).

11.7.2. Betriebsratsumlage

Aufgabe der Betriebs(Gruppen)versammlung ist u.a.

- die **Beschlussfassung** über die Einhebung und die Höhe einer Betriebsratsumlage (§ 42 Abs. 1 ArbVG).

Die Betriebsversammlung besteht aus der Gesamtheit der Arbeitnehmer des Betriebs; die Gruppenversammlung aus der Gesamtheit der Arbeiter oder der Angestellten (§ 41 Abs. 1, 2 ArbVG).

Die Einhebung und Höhe der Betriebsratsumlage beschließt **auf Antrag** des Betriebsrats die Betriebs(Gruppen)versammlung; zur Beschlussfassung ist die Anwesenheit von mindestens der Hälfte der stimmberechtigten Arbeitnehmer erforderlich (§ 73 Abs. 2 ArbVG).

Zweck der Betriebsratsumlage ist

- die Deckung der **Kosten der Geschäftsführung** des Betriebsrats und
- die Errichtung und Erhaltung von **Wohlfahrtseinrichtungen** sowie die Durchführung von **Wohlfahrtsmaßnahmen** zu Gunsten der Arbeitnehmerschaft.

Die Betriebsratsumlage darf **höchstens ein halbes Prozent** des Bruttoarbeitsentgelts betragen (§ 73 Abs. 1 ArbVG).

Die Betriebsratsumlage ist vom Arbeitgeber vom Arbeitsentgelt einzubehalten und bei jeder Lohn(Gehalts)auszahlung an den **Betriebsratsfonds** abzuführen (§ 73 Abs. 3 ArbVG).

Die Eingänge aus der Betriebsratsumlage bilden den mit Rechtspersönlichkeit ausgestatteten Betriebsratsfonds. Die Verwaltung des Betriebsratsfonds obliegt dem Betriebsrat, Vertreter des Betriebsratsfonds ist der Betriebsratsvorsitzende (§ 74 Abs. 1, 2 ArbVG).

11.7.3. Betriebsratsumlage – Werbungskosten

Die Betriebsratsumlage stellt für den Arbeitnehmer Werbungskosten dar (§ 16 Abs. 1 Z 3 lit. a EStG). Die lohnsteuerliche Berücksichtigung erfolgt im Weg der **Veranlagung** (→ 15.2., → 15.3.).

Die Betriebsratsumlage wird auf das Werbungskostenpauschale (→ 14.1.1.) angerechnet (§ 16 Abs. 3 EStG).

11.8. Andere Abzüge

Beispiele für andere Abzüge sind der/die/das

- Service-Entgelt (→ 37.2.6.),
- pfändbare Betrag (→ 43.1.6.),

- Mitgliedsbeitrag an einen Betriebssportverein,
- Werksküchenbeitrag,
- Prämie für eine freiwillige Zusatzversicherung,
- Akontozahlung (Vorauszahlung für eine bereits erbrachte, aber noch nicht abgerechnete Arbeitsleistung),
- Darlehensrückzahlung und Vorschuss (Vorauszahlung für eine noch nicht erbrachte Arbeitsleistung) (→ 20.3.4.),
- Zahlung für die Benützung einer Werkswohnung

u.a.m.

11.9. Zusammenfassung

Laufende Bezüge (ohne Zulagen und Zuschläge gem. § 68 EStG, → 18.4.) der

	SV	LSt	DB zum FLAF (→ 37.3.3.3.)	DZ (→ 37.3.4.3.)	KommSt (→ 37.4.1.3.)
Arbeiter und Angestellten sind	pflichtig[225]	pflichtig[226 227]	pflichtig[227 228 229 230]	pflichtig[227 228 229 230]	pflichtig[227 228 229]

zu behandeln.

Hinweis: Bedingt durch die unterschiedlichen Bestimmungen des Abgabenrechts ist das Eingehen auf ev. Sonderfälle nicht möglich. Es ist daher erforderlich, die entsprechenden Erläuterungen zu beachten.

225 Ausgenommen davon sind die beitragsfreien Bezüge (→ 21.1.).

226 Ausgenommen davon sind die lohnsteuerfreien Bezüge (→ 21.2.).

227 Ausgenommen davon sind die nicht steuerbaren Bezüge (→ 21.3.).

228 Ausgenommen davon sind einige lohnsteuerfreie Bezüge (→ 37.3.3.3., → 37.4.1.3.).

229 Ausgenommen davon sind die Bezüge der begünstigten behinderten Dienstnehmer und der begünstigten behinderten Lehrlinge i.S.d. BEinstG (→ 29.2.1.).

230 Ausgenommen davon sind die Bezüge der Dienstnehmer (Personen) nach Vollendung des 60. Lebensjahrs (→ 31.12.).

12. Abrechnung von laufenden Bezügen für eine gebrochene Abrechnungsperiode

In diesem Kapitel werden die Grundsätze der innerbetrieblichen Abrechnung für eine gebrochene Abrechnungsperiode dargestellt.

12.1. Allgemeines

In diesem Kapitel wird die Abrechnungstechnik für den laufenden Bezug gezeigt, wenn das Dienstverhältnis

- **während eines vollen Abrechnungszeitraums** beginnt oder endet bzw. beginnt und endet.

Diesen „nicht vollen“ Abrechnungszeitraum bezeichnet man in der Personalverrechnung als „gebrochene Abrechnungsperiode“.

Das in diesem Kapitel behandelte Fachwissen setzt die Durcharbeitung des Kapitels „Abrechnung von laufenden Bezügen für eine volle Abrechnungsperiode“ voraus (→ 11.).

12.2. Grundbezug

Die Aliquotierung des Gehalts oder des Lohns (die Ermittlung des anteiligen Gehalts oder Lohns) wird wie folgt durchgeführt:

1. Für Dienstnehmer, deren Grundbezug auf der Basis eines **Stundenlohns** festgelegt wurde:

Stundenlohn × Anzahl der zu bezahlenden Arbeitsstunden

2. Für Dienstnehmer, deren Grundbezug auf der Basis eines **Wochenlohns** festgelegt wurde:

$$\frac{\text{Wochenlohn}}{\text{Anzahl der vereinbarten Arbeitsstunden/Woche}} \times \text{Anzahl der zu bezahlenden Arbeitsstunden}$$

3. Für Dienstnehmer, deren Grundbezug auf der Basis eines **Monatslohns(-gehalts)** festgelegt wurde, durch eine der folgenden Berechnungsarten:

3.1. $$\frac{\text{Monatsgrundbezug}}{\text{einheitlich 30}} \times \text{Anzahl der zu bezahlenden Kalendertage}$$

3.2. $$\frac{\text{Monatsgrundbezug}}{\text{tatsächliche Kalendertage des jeweiligen Kalendermonats}} \times \text{Anzahl der zu bezahlenden Kalendertage}$$

3.3. $$\frac{\text{Monatsgrundbezug}}{26^{[232]}} \times \text{Anzahl der zu bezahlenden Werktage}^{[231]}$$

---

231 Montag–Samstag = 6 Werktage. Montag–Freitag = 5 Arbeitstage.

232 6 × 4,333 = 25,998; gerundet = 26.
5 × 4,333 = 21,665; gerundet = 22.

3.4. $\frac{\text{Monatsgrundbezug}}{22^{232}}$ × Anzahl der zu bezahlenden Arbeitstage[231]

3.5. $\frac{\text{Monatsgrundbezug}}{173{,}333^{233}}$ × Anzahl der zu bezahlenden Arbeitsstunden

3.6. $\frac{\text{Monatsgrundbezug}}{\text{tatsächliche Arbeitsstunden des jeweiligen Kalendermonats}}$ × Anzahl der zu bezahlenden Arbeitsstunden

Sieht der anzuwendende Kollektivvertrag eine dieser Berechnungsarten vor, ist diese anzuwenden. Ist das nicht der Fall, kann jede dieser Arten angewendet werden. Für die Praxis ist es zweckmäßig, eine dieser Berechnungsarten in Form einer innerbetrieblichen Vereinbarung festzulegen.

12.3. Dienstnehmeranteil zur Sozialversicherung

12.3.1. Berechnung des Dienstnehmeranteils nach dem Selbstabrechnungsverfahren (Lohnsummenverfahren)

Der beitragspflichtige Bezug ist

- **max. bis zur Höchstbeitragsgrundlage** der jeweiligen Sozialversicherungstage (Kalendertage) mit dem entsprechenden Prozentsatz zu multiplizieren.

Die Höchstbeitragsgrundlagen der allgemeinen Beitragsgrundlagen betragen:

Anzahl der SV-Tage	Höchstbeitragsgrundlage		Anzahl der SV-Tage	Höchstbeitragsgrundlage	
1	**€**	**189,00**	16	€	3.024,00
2	€	378,00	17	€	3.213,00
3	€	567,00	18	€	3.402,00
4	€	756,00	19	€	3.591,00
5	€	945,00	20	€	3.780,00
6	€	1.134,00	21	€	3.969,00
7	€	1.323,00	22	€	4.158,00
8	€	1.512,00	23	€	4.347,00
9	€	1.701,00	24	€	4.536,00
10	€	1.890,00	25	€	4.725,00
11	€	2.079,00	26	€	4.914,00
12	€	2.268,00	27	€	5.103,00
13	€	2.457,00	28	€	5.292,00
14	€	2.646,00	29	€	5.481,00
15	€	2.835,00	**30**	**€**	**5.670,00**

Die Prozentsätze können von der im Tarifsystem enthaltenen Beitragsabzugstabelle abgelesen werden (→ 11.4.3.1.).

Der über diese Prozentsätze ermittelte Dienstnehmeranteil ist (unter Berücksichtigung der allgemeinen Rundungsregel) kaufmännisch auf zwei Dezimalstellen zu runden. Maßgebend für den Rundungsvorgang ist die **dritte Nachkommastelle**.

233 40 × 4,333 (bei einer 40-Stunden-Woche).

Dazu ein **Beispiel**: € 123,454 ergibt gerundet € 123,45;
€ 123,455 ergibt gerundet € 123,46.

Beispiel 10

Ermittlung des Dienstnehmeranteils.

Angaben:

Dienstnehmer	Anzahl der SV-Tage	Beitragspflichtiger Bezug	
Angestellter 1	3	€ 180,00	①
Angestellter 2	9	€ 2.190,00	②
Angestellter 3	27	€ 5.330,00	③
Arbeiter 4	5	€ 300,00	④
Arbeiter 5	13	€ 2.650,00	⑤
Arbeiter 6	23	€ 3.167,00	⑥

Lösung:

	Teil bis zur HBG	Teil über der HBG	Beitragssatz (Details siehe nachstehende Tabelle)	Dienstnehmeranteil
①	€ 180,00	–	15,12%	**€ 27,22**
②	€ 1.701,00	€ 489,00	18,12%	**€ 308,22**
③	€ 5.103,00	€ 227,00	15,12%	**€ 771,57**
④	€ 300,00	–	15,12%	**€ 45,36**
⑤	€ 2.457,00	€ 193,00	18,12%	**€ 445,21**
⑥	€ 3.167,00	–	15,12%	**€ 478,85**

HBG = Höchstbeitragsgrundlage

	Beschäftigtengruppe*	DN-Anteil (PV+KV+AV)	AK	WF	Standard-Tarifgruppenverrechnung für den Dienstnehmer (Zwischensumme)	**Abschlag** AV-Entfall Alter[234]	**Abschlag** AV-Minderung geringes Einkommen[235]	Summe
Angestellter 1	Angestellte	17,12%	0,5%	0,5%	18,12%		–3%	15,12%
Angestellter 2	Angestellte	17,12%	0,5%	0,5%	18,12%		–	18,12%
Angestellter 3	Angestellte	17,12%	0,5%	0,5%	18,12%	–3%	–	15,12%
Arbeiter 4	Arbeiter	17,12%	0,5%	0,5%	18,12%		–3%	15,12%
Arbeiter 5	Arbeiter	17,12%	0,5%	0,5%	18,12%		–	18,12%
Arbeiter 6	Arbeiter	17,12%	0,5%	0,5%	18,12%	–3%	–	15,12%

*) Keine Ergänzung zur Beschäftigtengruppe.

234 AV-Entfall bei Vorliegen der Anspruchsvoraussetzungen für bestimmte Pensionen, spätestens nach Vollendung des 63. Lebensjahres (→ 31.11.).

235 AV-Beitragssenkung bei geringem Entgelt (gemeint ist der beitragspflichtige Bezug ohne Berücksichtigung der Höchstbeitragsgrundlage) (→ 31.12.).

12.3.2. Berechnung des Dienstnehmeranteils nach dem Vorschreibeverfahren

Die Ermittlung des Dienstnehmeranteils erfolgt **analog** zum Selbstabrechnungsverfahren.

12.4. Lohnsteuer

Bei Ein- und/oder Austritt eines Arbeitnehmers während eines Lohnzahlungszeitraums ist die Lohnsteuer für den **Zeitraum** zu ermitteln und einzubehalten, für den der **Arbeitslohn tatsächlich bezahlt wird** (→ 11.5.2.1.).

12.4.1. Lohnzahlungszeitraum – Ermittlung der Lohnsteuertage

Beginnt oder endet (bzw. beginnt und endet) die Beschäftigung während eines Kalendermonats, so ist der Lohnzahlungszeitraum der Kalendertag. Der Kalendertag ist auch dann der Lohnzahlungszeitraum, wenn bei der Berechnung der Lohnsteuer unter Berücksichtigung eines Abkommens zur Vermeidung der Doppelbesteuerung (→ 7.2.) oder einer Maßnahme gem. § 48 BAO ein Teil des für den Kalendermonat bezogenen Lohns aus der inländischen Steuerbemessungsgrundlage ausgeschieden wird (§ 77 Abs. 1 EStG).

Demnach erfolgt die Ermittlung der Lohnsteuer einer gebrochenen Abrechnungsperiode unter Verwendung der täglichen Lohnsteuertabelle. Aus diesem Grund muss zuerst die Bemessungsgrundlage der gebrochenen Abrechnungsperiode auf die entsprechende tägliche Bemessungsgrundlage umgerechnet werden. Dabei sind die **Kalendertage** der gebrochenen Abrechnungsperiode als **Lohnsteuertage** heranzuziehen.

Lt. EStG ist das **Kalenderjahr** zu **360 Tagen** bzw. **12 Monaten** zu rechnen (§ 66 Abs. 3 EStG).

Bei Auszahlung von Bezügen gem. § 67 Abs. 8 EStG (z.B. Ersatzleistung für Urlaubsentgelt, → 23.3.2.6.2.) ist jedenfalls der **Kalendermonat** als Lohnzahlungszeitraum heranzuziehen (LStR 2002, Rz 1186).

12.4.2. Umrechnen der Freibeträge, des Pendlerpauschals und des Pendlereuros

Bei der **Ermittlung der Bemessungsgrundlage** einer gebrochenen Abrechnungsperiode sind gegebenenfalls

- der Freibetrag auf Grund der Mitteilung gem. § 63 EStG (→ 14.3.) und
- das (gegebenenfalls über die Drittelregelung reduzierte) Pendlerpauschale (→ 14.2.2.)

unter Berücksichtigung der Lohnsteuertage umzurechnen.

Der (gegebenenfalls über die Drittelregelung reduzierte) Pendlereuro ist ebenfalls über Lohnsteuertage umzurechnen und von der **ermittelten Lohnsteuer** in Abzug zu bringen (→ 14.2.2.).

Beispiel 11

Umrechnung der Freibeträge, des Pendlerpauschals und des Pendlereuros.

Angaben: **Lösung:**

monatlicher Freibetrag	Tage der gebrochenen Abrechnungsperiode		Rechenvorgang	umgerechneter Betrag
	Kalender-tage	Lohnsteuer-tage		
€ 120,00	17	17	€ 120,00 : 30[236] × 17 =	**€ 68,00**
€ 163,00	9	9	€ 163,00 : 30[236] × 9 =	**€ 48,90**
jährliches Pendler-pauschale	Tage der gebrochenen Abrechnungsperiode		Rechenvorgang	umgerechneter Betrag
	Anzahl der Fahrten	Lohnsteuer-tage		
€ 696,00	5	7	€ 696,00 : 3[237]: 360[238] × 7	**€ 4,51**
jährlicher Pendlereuro für 26 km € 2,00 × 26 = € 52,00	5	7	€ 52,00 : 3[237] : 360[238] × 7	**€ 0,34**

Der Freibetrag gem. § 68 Abs. 1 und 2 EStG (→ 18.3.1.) kann bei Arbeitgeberwechsel innerhalb eines Lohnzahlungszeitraums von beiden Arbeitgebern stets in voller Höhe berücksichtigt werden (LStR 2002, Rz 1147).

12.4.3. Ermittlung der Lohnsteuer

Das im Punkt 11.5. über die Ermittlung der Lohnsteuer Gesagte gilt gleichlautend.

Bei der Lohnabrechnung für einen mehrtägigen Zeitraum ist das Einkommen für diese Tage durch die Anzahl der Tage[239] zu dividieren und in der Folge die **Tagestabelle anzuwenden**.

Lt. EStG ist die (tägliche) Lohnsteuer auf volle Cent zu runden (§ 66 Abs. 1 EStG); dabei ist kaufmännisch auf zwei Dezimalstellen zu runden.

Dazu ein **Beispiel**: € 123,454 ergibt gerundet € 123,45;
€ 123,455 ergibt gerundet € 123,46.

236 30 = Anzahl der Lohnsteuertage/Monat.
237 Drittelregelung, siehe Punkt 14.3.2.
238 360 = Anzahl der Lohnsteuertage/Jahr.
239 In die Anzahl der Tage sind arbeitsfreie Tage miteinzubeziehen (BMF Erl 26.11.1993, 07/0104/3-IV/7/93).

Beispiele 12–12a

Ermittlung der Lohnsteuer anhand der Effektiv-Tarif-Lohnsteuertabelle ohne FABO+.

Tageslohnsteuertabelle 2022 für Arbeitnehmer (Beträge in €)										
Tageslohn[240] bis	Grenzsteuersatz	Abzug	Absetzbeträge							
			FABO+ <18 Jahre*		FABO+ ≥18 Jahre*		VAB	AVAB/AEAB*		
			ganz	halb	ganz	halb		für 1 Kind	für 2 Kinder	für jedes weitere Kind
30,92	0,00 %									
50,37	20,00 %	6,184	4,167 (5,556**)	2,083 (2,778**)	1,389 (1,806**)	0,695 (0,903**)	1,111	1,372	1,858	+0,611
86,48	32,50 %	12,480	4,167 (5,556**)	2,083 (2,778**)	1,389 (1,806**)	0,695 (0,903**)	1,111	1,372	1,858	+0,611
167,03	42,00 %	20,696	4,167 (5,556**)	2,083 (2,778**)	1,389 (1,806**)	0,695 (0,903**)	1,111	1,372	1,858	+0,611
250,37	48,00 %	30,718	4,167 (5,556**)	2,083 (2,778**)	1,389 (1,806**)	0,695 (0,903**)	1,111	1,372	1,858	+0,611
2.778,14	50,00 %	35,725	4,167 (5,556**)	2,083 (2,778**)	1,389 (1,806**)	0,695 (0,903**)	1,111	1,372	1,858	+0,611
darüber	55,00 %	174,632	4,167 (5,556**)	2,083 (2,778**)	1,389 (1,806**)	0,695 (0,903**)	1,111	1,372	1,858	+0,611

*) Indexierung von FABO+ und AVAB/AEAB, falls sich das Kind in einem anderen EU-/EWR-Staat oder der Schweiz aufhält.

AVAB = Alleinverdienerabsetzbetrag
AEAB = Alleinerzieherabsetzbetrag
FABO+ = Familienbonus Plus
VAB = Verkehrsabsetzbetrag

**) Ab 1.7.2022.

Beispiel 12

Angaben:

- Abrechnung für 17 Lohnsteuertage für Juni 2022,
- monatliche Bemessungsgrundlage: € 1.153,84,
- Kein AVAB/AEAB/FABO+.

240 Tageslohn (tägliche Bemessungsgrundlage). Bruttobezug abzüglich Sozialversicherungsbeiträge und Freibeträge (jedoch vor Abzug des Werbungskostenpauschales). Neben dem Werbungskostenpauschale ist auch der Verkehrsabsetzbetrag in Höhe von € 400,00 pro Jahr in der Tabelle berücksichtigt. Der erhöhte Verkehrsabsetzbetrag und der Zuschlag zum Verkehrsabsetzbetrag sind in der Tabelle nicht berücksichtigt. Auch ein etwaiger Pendlereuro ist in weiterer Folge noch individuell vom Lohnsteuerergebnis abzuziehen. Familienbonus Plus ist als erster Absetzbetrag bis maximal null abzuziehen.

Lösung:

€ 1.153,84 : 17 = € 67,87 (tägliche Bemessungsgrundlage)

Bemessungsgrundlage	€ 67,87
Das Einkommen ist der entsprechenden Zeile zuzuordnen (in diesem Beispiel ist das die Zeile bis 86,48); aus dieser Zeile ist der Grenzsteuersatz und der Abzug abzulesen.	
€ 67,87 × 32,50%	= € 22,058
abzüglich Abzugsbetrag	– € 12,480
abzüglich VAB	– € 1,111
tägliche Lohnsteuer	= € 8,467
gerundet[241]	€ 8,47
17-tägige Lohnsteuer € 8,47 × 17	**= € 143,99**[242]

Beispiel 12a

Ermittlung der Lohnsteuer anhand der Effektiv-Tarif-Lohnsteuertabelle mit FABO+.

Angaben:

- Abrechnung für 17 Lohnsteuertage
- Bemessungsgrundlage: € 1.570,00
- FABO+ (100%) und AEAB für 2 Kinder bis 18. Lebensjahr

Lösung:

€ 1.570,00 : 17 = € 92,35 (tägliche Bemessungsgrundlage)

Bemessungsgrundlage	€ 92,35
Das Einkommen ist der entsprechenden Zeile zuzuordnen (in diesem Beispiel ist das die Zeile bis 167,03); aus dieser Zeile sind der Grenzsteuersatz und der Abzug abzulesen.	
€ 92,35 × 42%	= € 38,787
abzüglich Abzugsbetrag	– € 20,696
abzüglich FABO+ (4,167 × 2)	– € 8,334
abzüglich VAB	– € 1,111
abzüglich AEAB	– € 1,858
tägliche Lohnsteuer	= € 6,788
gerundet[243]	= € 6,79
17-tägige Lohnsteuer € 6,79 × 17	**= € 115,43**[244]

241 Die so ermittelte Lohnsteuer ist kaufmännisch auf volle Cent zu runden. Maßgebend für den Rundungsvorgang ist die **dritte Nachkommastelle**.

242 Falls Anspruch auf einen Pendlereuro gegeben ist, verringert sich der Betrag der Lohnsteuer um den Betrag des Pendlereuros.

243 Die so ermittelte Lohnsteuer ist kaufmännisch auf volle Cent zu runden. Maßgebend für den Rundungsvorgang ist die **dritte Nachkommastelle**.

244 Falls Anspruch auf einen Pendlereuro gegeben ist, verringert sich der Betrag der Lohnsteuer um den Betrag des Pendlereuros.

12.5. Zusammenfassung

Laufende Bezüge (ohne Zulagen und Zuschläge gem. § 68 EStG, → 18.4.) der

	SV	LSt	DB zum FLAF (→ 37.3.3.3.)	DZ (→ 37.3.4.3.)	KommSt (→ 37.4.1.3.)
Arbeiter und Angestellten sind	pflichtig[245]	pflichtig[246 247]	pflichtig[247 248 249 250]	pflichtig[247 248 249 250]	pflichtig[247 248 249]

zu behandeln.

Hinweis: Bedingt durch die unterschiedlichen Bestimmungen des Abgabenrechts ist das Eingehen auf ev. Sonderfälle nicht möglich. Es ist daher erforderlich, die entsprechenden Erläuterungen zu beachten.

245 Ausgenommen davon sind die beitragsfreien Bezüge (→ 21.1.).

246 Ausgenommen davon sind die lohnsteuerfreien Bezüge (→ 21.2.).

247 Ausgenommen davon sind die nicht steuerbaren Bezüge (→ 21.3.).

248 Ausgenommen davon sind einige lohnsteuerfreie Bezüge (→ 37.3.3.3., → 37.4.1.3.).

249 Ausgenommen davon sind die Bezüge der begünstigten behinderten Dienstnehmer und der begünstigten behinderten Lehrlinge i.S.d. BEinstG (→ 29.2.1.).

250 Ausgenommen davon sind die Bezüge der Dienstnehmer (Personen) nach Vollendung des 60. Lebensjahrs (→ 31.11.).

13. Nettolohnvereinbarung

13.1. Abgabenrechtliche Darstellung

Der **Entgeltanspruch** des Dienstnehmers richtet sich grundsätzlich auf einen **Bruttobetrag**; der Dienstgeber schuldet daher eine Bruttovergütung. Es steht den Parteien des Dienstvertrags jedoch frei, zu **vereinbaren**, dass die vom Dienstgeber zu leistende Vergütung **netto** geschuldet werden soll.

In diesem Zusammenhang ist arbeitsrechtlich zwischen

echter Nettolohnvereinbarung und **unechter Nettolohnvereinbarung**

zu unterscheiden.

Eine **echte** (originäre) **Nettolohnvereinbarung** liegt vor, wenn zwischen Dienstgeber und Dienstnehmer

- ein betragsmäßig festgelegter **Bruttolohn vereinbart** und
- gleichzeitig bestimmt wird, dass die auf diesen Bruttolohn entfallenden **gesetzlichen Abzüge** (oder eines Teils davon) der **Dienstgeber übernimmt**.

In diesem Fall steht dem Dienstnehmer der Lohn „**brutto für netto**" zu; d.h., der Nettolohn wird als **konstante Größe** geschuldet, von der u.a. auch Lohnzuschläge, Urlaubsabgeltungen und Lohnerhöhungen zu berechnen sind[251]. Später eintretende Veränderungen bei den Abgaben (z.B. Senkung des Lohnsteuertarifs, Änderung des Dienstnehmeranteils) und bei den lohnsteuerlich zu berücksichtigenden persönlichen Verhältnissen (z.B. Wegfall des Alleinverdienerabsetzbetrags) sind zu Gunsten bzw. zu Ungunsten **des Dienstgebers** zu berücksichtigen (OGH 13.7.1994, 9 ObA 97/94; VwGH 16.5.1995, 94/08/0165; VwGH 10.3.2016, Ra 2015/15/0021; VwGH 18.5.2020, Ro 2018/15/0007).

Eine **unechte** (abgeleitete) **Nettolohnvereinbarung** liegt vor, wenn bei Vertragsabschluss

- ein noch nicht betragsmäßig festgelegter Bruttolohn
- nach Abzug der vom **Dienstnehmer zu tragenden Abgaben**
- einen **vereinbarten Nettolohn** ergibt.

In diesem Fall sind später eintretende Veränderungen bei den Abgaben und bei den lohnsteuerlich zu berücksichtigenden persönlichen Verhältnissen zu Gunsten bzw. zu Ungunsten **des Dienstnehmers** zu berücksichtigen.

Für die vorstehenden Begriffe „echte" und „unechte" Nettolohnvereinbarung gibt es keine gesetzlichen Definitionen (vgl. jedoch die gerichtliche Auslegung z.B. in VwGH 16.5.1995, 94/08/0165; VwGH 10.3.2016, Ra 2015/15/0021; OGH 13.6.1996, 8 ObA 214/96; vgl. auch NÖ GKK, NÖDIS Nr. 9/Juli 2016). Die vorstehenden Definitionen waren Inhalt einer Anfragebeantwortung des BMASK (BMASK 10.8.2009, 2438/AB NR 24. GP).

Im Schrifttum wird vom Abschluss **echter** Nettolohnvereinbarungen eher **abgeraten**, weshalb solche Vereinbarungen in der Praxis auch die Ausnahme darstellen. Grund-

251 Auch für die Abfertigung kann nichts anderes gelten; im Fall einer echten Nettolohnvereinbarung gilt als Bemessungsgrundlage für die gesetzliche Abfertigung das vereinbarte Nettoentgelt (OGH 13.6.1996, 8 ObA 214/96).

sätzlich trifft den Dienstnehmer die Behauptungs- und Beweislast für das Vorliegen einer echten Nettolohnvereinbarung. **Im Zweifel** ist nur eine **unechte** Nettolohnvereinbarung anzunehmen, sofern nicht ausdrücklich eine echte Nettolohnvereinbarung getroffen wurde (OGH 17.3.2004, 9 ObA 72/03h).

Sind sich Arbeitgeber und Arbeitnehmer einig, dass „Schwarzzahlungen" ohne Berechnung und Abfuhr von Abgaben erfolgen, ist dies nach Ansicht des VwGH nicht als Nettolohnvereinbarung zu beurteilen. Ein Verpflichtungswille des Arbeitgebers, diese Abgaben zu tragen, kann nicht angenommen werden (VwGH 10.3.2016, Ra 2015/15/0021). Für Lohnzahlungszeiträume ab 1.1.2017 gilt in diesen Fällen jedoch die gesetzliche **Nettolohnvermutung gem. § 62a EStG,** sofern der Arbeitgeber eine Bruttolohnvereinbarung nicht nachweisen kann (→ 40.2.).

Wurde der Bruttolohn vereinbart, ist wie nachstehend dargestellt vorzugehen; Gleiches gilt für den Fall eines vereinbarten Nettolohns.

Die Ermittlung der **Beitragsgrundlage** erfolgt bei einer

echten Nettolohnvereinbarung:	**unechten Nettolohnvereinbarung:**
Bruttolohn (vereinbart)	Nettolohn (vereinbart)
+ vom Dienstgeber übernommener Dienstnehmeranteil zur Sozialversicherung ①	+ abzuführender Dienstnehmeranteil zur Sozialversicherung ⑥
+ vom Dienstgeber übernommene Lohnsteuer ①	+ abzuführende Lohnsteuer ⑥
= **Beitragsgrundlage** ② abzuführender Dienstnehmeranteil zur Sozialversicherung ③	= Bruttolohn ⑦ **(Beitragsgrundlage)** ⑧

Die Ermittlung des **„steuerlichen" Bruttolohns** erfolgt bei einer

echten Nettolohnvereinbarung:	**unechten Nettolohnvereinbarung:**
Bruttolohn (vereinbart)	Nettolohn (vereinbart)
+/– vom Dienstgeber übernommener Dienstnehmeranteil zur Sozialversicherung ①	+ abzuführender Dienstnehmeranteil zur Sozialversicherung ⑥
+ vom Dienstgeber übernommene Lohnsteuer ①	+ abzuführende Lohnsteuer ⑥
= **„steuerlicher" Bruttolohn** ④ abzuführende Lohnsteuer ⑤	= Bruttolohn ⑦ **(„steuerlicher" Bruttolohn)** ⑨

① Der vom Dienstgeber übernommene Dienstnehmeranteil zur Sozialversicherung und die vom Dienstgeber übernommene Lohnsteuer sind – unter Berücksichtigung der jeweiligen Ermittlungsbestimmungen (→ 11.4.3., → 11.5.2.) – vom vereinbarten Bruttolohn zu berechnen. Die vom Dienstgeber freiwillig übernommenen Dienstnehmeranteile zur Sozialversicherung und Abgaben stellen einen **abgabenpflichtigen Vorteil aus dem Dienstverhältnis** dar.

② Die **Beitragsgrundlage** für die Berechnung des abzuführenden Dienstnehmeranteils zur Sozialversicherung **ist die Summe aus**

dem beitragspflichtigen Teil des vereinbarten Bruttolohns
\+ den auf den Versicherten entfallenden Beiträgen zu einer nach dem ASVG geregelten Versicherung
\+ den auf den Versicherten entfallenden anderen Abgaben,

soweit diese vom Dienstgeber zur Zahlung übernommen werden (§ 44 Abs. 5 ASVG). Diese Regelung gilt entsprechend für Sonderbeiträge (§ 54 Abs. 4 ASVG).

Bei einer Nettolohnvereinbarung, bei der der Dienstgeber auch den Dienstnehmeranteil trägt, erhöht sich lediglich die Beitragsgrundlage einmal um den Dienstnehmeranteil, nicht aber der Anspruchslohn um die fortgesetzt erhöhte Beitragsgrundlage (E-MVB, 044-05-00-001).

③ Der abzuführende Dienstnehmeranteil zur Sozialversicherung ist – unter Berücksichtigung der Ermittlungsbestimmungen (→ 11.4.3.) – von der unter ② beschriebenen Beitragsgrundlage zu berechnen (VwGH 16.5.1995, 94/08/0165).

④ Der **„steuerliche" Bruttolohn** (Einnahmen) für die Ermittlung der abzuführenden Lohnsteuer **ist die Summe aus**

dem lohnsteuerpflichtigen Teil des vereinbarten Bruttolohns
+/– dem auf den Dienstnehmer entfallenden Dienstnehmeranteil zur Sozialversicherung
\+ der auf den Dienstnehmer entfallenden Lohnsteuer (LStR 2002, Rz 648),

soweit diese vom Dienstgeber zur Zahlung übernommen werden.

Einnahmen sind Geld oder geldwerte Vorteile (z.B. vom Dienstgeber übernommene Abgaben) (§ 15 Abs. 1, 2 EStG) (→ 7.7.).

⑤ Die abzuführende Lohnsteuer ist – unter Berücksichtigung der Ermittlungsbestimmungen (→ 11.5.) – von der vom „steuerlichen" Bruttolohn (unter ④ beschrieben) weggerechneten Bemessungsgrundlage zu berechnen. Übernimmt der Arbeitgeber den Dienstnehmeranteil aus der Sozialversicherung, stehen dem Vorteil aus dem Dienstverhältnis im selben Ausmaß Werbungskosten gegenüber (LStR 2002, Rz 648).

⑥ Der abzuführende Dienstnehmeranteil zur Sozialversicherung und die abzuführende Lohnsteuer sind – unter Berücksichtigung der jeweiligen Ermittlungsbestimmungen (→ 11.4.3., → 11.5.2.) – von der unter ⑧ beschriebenen Beitragsgrundlage bzw. von der unter ⑨ beschriebenen Bemessungsgrundlage zu berechnen.

⑦ Der **Bruttolohn ist die Summe aus**

dem vereinbarten Nettolohn
\+ dem vom Dienstnehmer zu tragenden Dienstnehmeranteil zur Sozialversicherung
\+ der vom Dienstnehmer zu tragenden Lohnsteuer.

Vom Netto- auf den Bruttolohn kommt man über **Abrechnungsversuche**, anhand einer Brutto-Netto-Tabelle oder über ein EDV-Programm.

⑧ Die **Beitragsgrundlage** für die Berechnung des abzuführenden Dienstnehmeranteils zur Sozialversicherung ist der beitragspflichtige Teil des Bruttolohns.

⑨ Der **„steuerliche" Bruttolohn** für die Ermittlung der abzuführenden Lohnsteuer ist der steuerpflichtige Teil des Bruttolohns. Von diesem ist – unter Berücksichtigung der Ermittlungsbestimmungen (→ 11.5.1.) – die **Bemessungsgrundlage** zu berechnen.

Übernimmt der Dienstgeber freiwillig nur den Dienstnehmeranteil zur Sozialversicherung oder nur die Lohnsteuer, ist nur dieser Anteil als abgabenpflichtiger Vorteil aus dem Dienstverhältnis zu berücksichtigen.

13.2. Abrechnungsbeispiele

Beispiel 13

Bezugsabrechnung bei Vorliegen einer echten Nettolohnvereinbarung.

Angaben:

- Arbeiter,
- monatliche Abrechnung für März 2022,
- vereinbarter Bruttomonatslohn: € 2.800,00,
- SV-DNA: 18,12%,
- kein AVAB/AEAB/FABO+.

Lösung:

1. Berechnung der vom Dienstgeber übernommenen Abgaben:

Vereinbarter Bruttomonatslohn		€ 2.800,00
+ vom Dienstgeber übernommener Dienstnehmeranteil zur Sozialversicherung (18,12% von € 2.800,00)		€ 507,36
+ vom Dienstgeber übernommene Lohnsteuer:		
Bruttomonatslohn	€ 2.800,00	
– Dienstnehmeranteil	€ 507,36	
= Bemessungsgrundlage	€ 2.292,64	
davon die Lohnsteuer		€ 337,37
= Bruttomonatslohn plus übernommene Abgaben		€ 3.644,73

2. Berechnung des abzuführenden Dienstnehmeranteils zur Sozialversicherung:

18,12% von € 3.644,73[252]		**€ 660,43**

3. Berechnung der abzuführenden Lohnsteuer:

Vereinbarter Bruttomonatslohn	€ 2.800,00	
+/– vom Dienstgeber übernommener Dienstnehmeranteil	€ 0,00[253]	
+ vom Dienstgeber übernommene Lohnsteuer	€ 337,37	
= Bemessungsgrundlage	€ 3.137,37	
davon die Lohnsteuer		**€ 663,50**

4. Auszahlungsbetrag:

Vereinbarter Bruttomonatslohn		**€ 2.800,00**

5. Außerbetriebliche Abrechnung:

In die Beitragsgrundlage für die Berechnung des Dienstgeberanteils zur Sozialversicherung, des Dienstgeberbeitrags zum FLAF (→ 37.3.3.3.), des Zuschlags zum DB (→ 37.3.4.3.) und in die Bemessungsgrundlage für die Berechnung der Kommunalsteuer (→ 37.4.1.3.) ist einzubeziehen:

Vereinbarter Bruttomonatslohn	€	2.800,00
+ der vom Dienstgeber übernommene Dienstnehmeranteil	€	507,36
+ die vom Dienstgeber übernommene Lohnsteuer	€	337,37
= Beitragsgrundlage/Bemessungsgrundlage	**€**	**3.644,73**

Beispiel 14

Bezugsabrechnung bei Vorliegen einer unechten Nettolohnvereinbarung.

Angaben:

- Arbeiter,
- monatliche Abrechnung für März 2022,
- vereinbarter Nettomonatslohn: € 2.800,00,
- SV-DNA: 18,12%,
- kein AVAB/AEAB/FABO+.

Lösung:

1. **Berechnung des Bruttomonatslohns, des abzuführenden Dienstnehmeranteils zur Sozialversicherung und der abzuführenden Lohnsteuer:**

Vereinbarter Nettomonatslohn			€	2.800,00
+ abzuführender Dienstnehmeranteil zur Sozialversicherung (18,12% von € 4.518,38[254])			**€**	**818,73**
+ abzuführende Lohnsteuer				
Bruttolohn	€	4.518,38		
– Dienstnehmeranteil	€	818,73		
= Bemessungsgrundlage	€	3.699,65		
davon die Lohnsteuer			**€**	**899,65**
Anhand einer Brutto-Netto-Tabelle oder über ein EDV-Programm ermittelter Bruttomonatslohn			€	4.518,38

2. **Auszahlungsbetrag:**

Vereinbarter Nettomonatslohn **€ 2.800,00**

3. **Außerbetriebliche Abrechnung:**

In die Beitragsgrundlage für die Berechnung des Dienstgeberanteils zur Sozialversicherung, des Dienstgeberbeitrags zum FLAF (→ 37.3.3.3.), des Zuschlags zum DB (→ 37.3.4.3.) und in die Bemessungsgrundlage für die Berechnung der Kommunalsteuer (→ 37.4.1.3.) ist einzubeziehen:

Bruttomonatslohn **€ 4.518,38**

---

252 Dieser Betrag ist auch die Bemessungsgrundlage für den BV-Beitrag (→ 36.1.3.1.).

253 Zu den Bezügen und Vorteilen aus einem Dienstverhältnis gehört u.a. auch die vom Arbeitgeber freiwillig übernommene Lohnsteuer. Übernimmt der Arbeitgeber freiwillig den Dienstnehmeranteil zur Sozialversicherung, stehen dem Vorteil aus dem Dienstverhältnis im selben Ausmaß Werbungskosten i.S.d. § 16 Abs. 1 Z 4 EStG (→ 14.1.1.) gegenüber (LStR 2002, Rz 648). Der vom Arbeitgeber getragene Dienstnehmeranteil zur Sozialversicherung ist am Lohnzettel (L16) unter Kennzahl 210 (Bruttobezüge) sowie unter Kennzahl 230 (Sozialversicherung) auszuweisen (BMF 21.7.1995).

254 Dieser Betrag ist auch die Bemessungsgrundlage für den BV-Beitrag (→ 36.1.3.1.).

Dem Dienstgeber erwachsende Belastungen:

Beispiel echte Nettolohnvereinbarung:

Vereinbarter Bruttomonatslohn				€	2.800,00
+ abzuführender	DNA + DGA:	39,25%[255]	von € 3.644,73 =	€	1.430,56
+ abzuführende	LSt:			€	663,50
+ abzuführender	DB zum FLAF:	3,90%	von € 3.644,73 =	€	142,14
+ abzuführender	DZ:	0,38%[256]	von € 3.644,73 =	€	13,85
+ abzuführende	KommSt:	3%	von € 3.644,73 =	€	109,34
+ abzuführender	BV-Beitrag:	1,53%	von € 3.644,73 =	€	55,76
=				**€**	**5.215,15**

Beispiel unechte Nettolohnvereinbarung:

Vereinbarter Nettomonatslohn				€	2.800,00
+ abzuführender	DNA + DGA:	39,25%[255]	von € 4.518,38 =	€	1.773,46
+ abzuführende	LSt:			€	899,65
+ abzuführender	DB zum FLAF:	3,90%	von € 4.518,38 =	€	176,22
+ abzuführender	DZ:	0,38%[256]	von € 4.518,38 =	€	17,17
+ abzuführende	KommSt:	3%	von € 4.518,38 =	€	135,55
+ abzuführender	BV-Beitrag:	1,53%	von € 4.518,38 =	€	69,13
=				**€**	**5.871,18**
Unterschied zwischen echter und unechter Nettolohnvereinbarung				**€**	**656,03**

Hinweis zu den zwei Möglichkeiten einer Nettolohnvereinbarung:

1. Die echte Nettolohnvereinbarung ist für den Dienstgeber kostengünstiger.
2. **Die Lohnsteuerrichtlinien 2002, Rz 1200 sehen vor:**
   Bei einer Nettolohnvereinbarung hat der Arbeitgeber die von ihm vereinbarungsgemäß zu tragende Lohnsteuer sowie die Dienstnehmeranteile zur Sozialversicherung **in einer „Auf-Hundert-Rechnung" dem Nettolohn hinzuzurechnen** und von dem sich danach ergebenden Bruttolohn (nach Abzug der Dienstnehmeranteile zur Sozialversicherung) die Lohnsteuer zu errechnen[257].
3. Die EDV-mäßige Lösbarkeit einer Nettolohnvereinbarung ist zumindest in Sonderfällen (z.B. bei Vorliegen eines Jahressechstelüberhangs, → 23.3.2.2.) nicht immer gegeben.

255 DN- + DG-Anteile für KV (7,65%), PV (22,80%), AV (6%), WF (1%), DG-Anteil für UV (1,2%), IE (0,10%), DN-Anteil für AK (0,50%).

256 Gerechnet für das Bundesland Wien.

257 Ein (die lohnsteuerliche Behandlung betreffendes) Erkenntnis des VwGH liegt nicht vor.

14. Freibeträge und Absetzbeträge des Arbeitnehmers

In diesem Kapitel werden die Freibeträge (Werbungskosten, Sonderausgaben, außergewöhnliche Belastungen) und Absetzbeträge des Arbeitnehmers dargestellt, die sich auf die Berechnung der Lohnsteuer durch den Arbeitgeber auswirken bzw. teilweise auch erst im Rahmen einer Veranlagung zum Tragen kommen.

Dabei werden u.a. Antworten auf folgende praxisrelevanten Fragestellungen gegeben:

- Welche Freibeträge und Absetzbeträge hat der Arbeitgeber direkt im Rahmen der Lohnverrechnung zu berücksichtigen? — Seite 233 ff.
  - Welche formellen Voraussetzungen (Formulare) bestehen hierfür? — 241 ff., 275 ff.
  - Kann der Arbeitgeber zur Haftung herangezogen werden, wenn sich die Angaben des Arbeitnehmers als nicht korrekt herausstellen? — 245 f., 276 f.
  - Inwiefern hat der Arbeitgeber mögliche Änderungen der Verhältnisse laufend zu überprüfen (wie z.B. die korrekte Zahlung von Unterhaltsleistungen für die Geltendmachung des FABO+ durch den Unterhaltsabsetzbetragsberechtigten)? — 245 f.
  - Kann der Arbeitgeber die Berücksichtigung im Rahmen der Lohnverrechnung verweigern und den Arbeitnehmer auf die Veranlagung verweisen? — 233
- Kann sich die Lohnsteuer durch die Berücksichtigung von Absetzbeträgen auf unter null verringern?
  - Muss in diesem Fall der Arbeitgeber dem Arbeitnehmer Lohnsteuer ausbezahlen („Negativsteuer“)? — Seite 231

14.1. Allgemeines

Freibeträge:

Zu den Steuerermäßigungen des Arbeitnehmers gehören

- bestimmte Werbungskosten (→ 14.1.1.),
- Sonderausgaben (→ 14.1.2.) und
- außergewöhnliche Belastungen (→ 14.1.3.).

Dabei handelt es sich um sog. **Freibeträge**, die zu einer **Verminderung der Bemessungsgrundlage** für die Lohnsteuer führen.

Absetzbeträge:

Darüber hinaus stehen dem Arbeitnehmer bestimmte

- **Absetzbeträge** (→ 14.1.4.)

zu, welche die ermittelte **Lohnsteuer direkt reduzieren.**

Geltendmachung:

Freibeträge und Absetzbeträge werden

- zum Teil direkt im Rahmen der Lohnverrechnung – automatisch oder auf Antrag des Arbeitnehmers – **durch den Arbeitgeber berücksichtigt** oder
- können vom Arbeitnehmer erst **im Rahmen der Veranlagung** (→ 15.) geltend gemacht werden.

Für die Beantragung dieser Steuerermäßigungen im Rahmen der Veranlagung ist das amtliche Formular L 1 und als Ausfüllhilfe dazu das Formular L 2 zu verwenden. Für Anträge bzw. Erklärungen an den Arbeitgeber bestehen eigene Formulare.

14.1.1. Werbungskosten

14.1.1.1. Definition und Berücksichtigung

Werbungskosten sind die Aufwendungen oder Ausgaben zur **Erwerbung, Sicherung oder Erhaltung der Einnahmen** (§ 16 Abs. 1 EStG).

Darunter fallen alle Aufwendungen oder Ausgaben, die mit der beruflichen Tätigkeit des Arbeitnehmers unmittelbar zusammenhängen und von diesem auch getragen werden. Vergütet der Arbeitgeber diese Aufwendungen oder Ausgaben, liegen keine Werbungskosten vor.

Werbungskosten teilen sich in solche, die bei der Ermittlung der Bemessungsgrundlage

automatisch durch den Arbeitgeber (mit ○ gekennzeichnet)	oder	**auf Antrag* des Arbeitnehmers** (mit □ gekennzeichnet)

Berücksichtigung finden.

*) Mittels Erklärung des Arbeitnehmers bzw. über Vorlage eines Freibetragsbescheids (→ 14.3.), andernfalls erst im Rahmen der Veranlagung (→ 15.).

Das EStG zählt im § 16 Abs. 1 Werbungskosten nur demonstrativ (beispielhaft) auf. Die für ein **Dienstverhältnis relevanten** Werbungskosten sind u.a.:

○ Pflichtbeiträge zu gesetzlichen Interessenvertretungen (Arbeiterkammerumlage), ○ Beiträge des Versicherten zur Pflichtversicherung in der gesetzlichen Sozialversicherung,	= der Dienstnehmeranteil zur Sozialversicherung[258] [259] (→ 11.4., → 23.3.1.)

258 Das Service-Entgelt für die e-card (→ 37.2.6.) ist vom Dienstnehmer unabhängig von einer Leistung zu zahlen und stellt daher ebenfalls einen Pflichtbeitrag gem. § 16 Abs. 1 Z 4 EStG dar (LStR 2002, Rz 243).

259 Wird dem Arbeitnehmer irrtümlich zu viel an Dienstnehmeranteilen zur Sozialversicherung abgezogen, sind auch die **zu Unrecht abgezogenen Dienstnehmeranteile** als Pflichtbeiträge anzuerkennen, da der Arbeitnehmer den Abzug dieser Dienstnehmeranteile nicht freiwillig auf sich genommen hat. Wird der Fehler noch im laufenden Jahr entdeckt, ist er durch Aufrollung zu berichtigen. Bei späterer Kenntnis der Fehlerhaftigkeit des Abzugs liegt im Zeitpunkt der Berichtigung ein steuerpflichtiger Zufluss von Arbeitslohn vor. Da in diesem Fall keine Aufrollung zulässig ist, ist für die geleistete Rückzahlung (auch wenn diese mehrere Jahre betrifft) ein einheitlicher Lohnzettel gem. § 69 Abs. 5 EStG (bei elektronischer Übermittlung Art des Lohnzettels = 5) auszustellen und an das Finanzamt (→ 37.3.1.) zu übermitteln. In diesem Lohnzettel ist ein Siebentel der rückgezahlten Beiträge als sonstiger Bezug gem. § 67 Abs. 1 EStG (→ 23.3.2.) auszuweisen. Ist das Dienstverhältnis bereits beendet und erfolgt die Rückzahlung durch den Sozialversicherungsträger direkt an den Arbeitnehmer, ist ebenfalls nach § 69 Abs. 5 EStG vorzugehen (LStR 2002 – Beispielsammlung, Rz 10243).

- ○ der Wohnbauförderungsbeitrag,
- □ die Betriebsratsumlage (→ 11.7.3.)[260],
- ○ □ Beiträge für die freiwillige Mitgliedschaft bei Berufsverbänden und Interessenvertretungen (Gewerkschaftsbeitrag) (→ 11.6.3.),
- □ das Pendlerpauschale[261] (→ 14.2.2.),
- ○ □ dem Arbeitnehmer für den Werkverkehr (→ 22.7.) erwachsende Kosten[262, 260],
- □ Ausgaben für Arbeitsmittel (z.B. Werkzeug und Berufskleidung)[260],
- □ Ausgaben i.Z.m. Homeoffice (ergonomisch geeignetes Mobiliar und Homeoffice-Pauschale, → 14.1.1.2.)[260],
- □ Mehraufwendungen für Verpflegung und Unterkunft bei ausschließlich beruflich veranlassten Reisen (→ 22.3.2.4.)[260],
- ○ Rückzahlung von Arbeitslohn (→ 14.1.1.3.),
- □ Aufwendungen für Aus- und Fortbildungsmaßnahmen im Zusammenhang mit der vom Arbeitnehmer ausgeübten oder einer damit verwandten beruflichen Tätigkeit und Aufwendungen für umfassende Umschulungsmaßnahmen, die auf eine tatsächliche Ausübung eines anderen Berufs abzielen[260],
- □ Werbungskostenpauschale (→ 14.1.1.4.).

14.1.1.2. Ausgaben i.Z.m. Homeoffice

Erbringt ein Arbeitnehmer seine berufliche Tätigkeit (teilweise oder ganz) in der Wohnung (im Homeoffice) und werden keine Ausgaben für ein Arbeitszimmer berücksichtigt[263], können (zeitlich beschränkt bis zum Kalenderjahr 2023) folgende Werbungskosten geltend gemacht werden:

- Soweit ein durch den Arbeitgeber bezahltes **Homeoffice-Pauschale** (→ 21.3.) € 3,00 pro Homeoffice-Tag nicht erreicht, kann die **Differenz zu € 3,00 pro Homeoffice-Tag als pauschale Werbungskosten** geltend gemacht werden (§ 16 Abs. 1 Z 7a lit. b EStG). Diese Werbungskosten werden nicht auf das allgemeine Werbungskostenpauschale (→ 14.1.1.4.) angerechnet, d.h. stehen zusätzlich zu (§ 16 Abs. 3 EStG).

260 Diese Werbungskosten werden nur im Rahmen eines Freibetragsbescheids (→ 14.3.) steuerwirksam, andernfalls erst im Rahmen der Veranlagung (→ 15.). Eine separate Geltendmachung direkt beim Arbeitgeber ist nicht vorgesehen – außer die Erstattung (Rückzahlung) erfolgt im Rahmen eines aufrechten Dienstverhältnisses.

261 In diesem Fall ist vom Arbeitnehmer eine Erklärung abzugeben! Der **Pendlereuro** zählt nicht zu den Werbungskosten. Er stellt einen Absetzbetrag dar, der die Lohnsteuer mindert.

262 Sind für die Beförderungen zwischen Wohnung und Arbeitsstätte im **Werkverkehr** Kostenersätze zu leisten, sind diese Kosten bis zur Höhe des jeweiligen Pendlerpauschales als Werbungskosten in der Lohnverrechnung durch den Arbeitgeber zu berücksichtigen oder können in der Arbeitnehmerveranlagung geltend gemacht werden (vgl. LStR 2002 Rz 271). Davon zu unterscheiden sind **Kostenbeiträge des Arbeitnehmers zum „Öffi"-Ticket** (→ 22.6.). Diese sind nach Ansicht des BMF grundsätzlich dem Anteil der Privatnutzung des „Öffi"-Tickets zuzuordnen und sind daher nicht als Werbungskosten abzugsfähig (da sich § 16 Abs. 1 Z 6 lit. i zweiter Satz EStG nach dieser Ansicht nur auf den Werkverkehr gemäß § 26 Z 5 lit. a EStG bezieht). Dies gilt nicht, wenn das „Öffi"-Ticket eine Streckenkarte zwischen Wohnung und Arbeitsstätte darstellt. In diesem Fall ist ein Kostenbeitrag des Arbeitnehmers bis maximal zur Höhe des in seinem konkreten Fall in Frage kommenden Pendlerpauschales als Werbungskosten abzugsfähig; der Pendlereuro steht nicht zu (vgl. LStR 2002 Rz 750e).

263 Die Absetzbarkeit eines im Wohnungsverband gelegenen Arbeitszimmers ist nur in Ausnahmefällen gegeben (vgl. § 20 Abs. 1 Z 2 lit d EStG).

Die Möglichkeit der Geltendmachung besteht ab der Veranlagung für das Kalenderjahr 2021 bis einschließlich zur Veranlagung für das Kalenderjahr 2023.

- Bereits bisher waren Ausgaben für Arbeitsmittel als Werbungskosten absetzbar. **Ausgaben für digitale Arbeitsmittel** zur Verwendung eines in der Wohnung eingerichteten Arbeitsplatzes sind für Homeoffice-Tage zwischen 1.1.2021 und 31.12.2023 um ein durch den Arbeitgeber bezahltes Homeoffice-Pauschale sowie um pauschale Homeoffice-Werbungskosten (siehe vorstehender Punkt) zu kürzen. Arbeitsmittel mit einer Nutzungsdauer von mehr als einem Jahr sind bei Anschaffungskosten von bis zu € 800,00 (€ 1.000,00 ab 1.1.2023) als geringwertige Wirtschaftsgüter sofort und sonst über die Laufzeit verteilt abzuschreiben (§ 16 Abs. 1 Z 7 EStG).
- **Ausgaben für ergonomisch geeignetes Mobiliar** (insbesondere Schreibtisch, Drehstuhl, Beleuchtung) eines Homeoffice-Arbeitsplatzes können bis zu € 300,00 (Höchstbetrag pro Kalenderjahr) als Werbungskosten abgesetzt werden, sofern der Arbeitnehmer **zumindest 26 Homeoffice-Tage im Kalenderjahr** geleistet hat. Übersteigen die Aufwendungen für das Mobiliar den Höchstbetrag von € 300,00 in einem Kalenderjahr, kann der Überschreitungsbetrag innerhalb des Höchstbetrags jeweils ab dem Folgejahr bis zum Kalenderjahr 2023 geltend gemacht werden. Eine Abschreibung über die Nutzungsdauer ist nicht erforderlich. Auch dieser Betrag wird nicht auf das allgemeine Werbungskostenpauschale angerechnet, d.h. steht zusätzlich zu (§ 16 Abs. 1 Z 7a lit. a i.V.m. Abs. 3 EStG).

  Die Möglichkeit der Absetzbarkeit für ergonomisch geeignetes Mobiliar besteht bereits für die Veranlagung des Kalenderjahres 2020, wenn der Arbeitnehmer zumindest 26 Homeoffice-Tage im Jahr 2020 ausschließlich in der Wohnung ausgeübt hat. Der Höchstbetrag für das Jahr 2020 beträgt jedoch nur € 150,00 und der im Kalenderjahr 2020 geltend gemachte Betrag für derartige Ausgaben kürzt den Höchstbetrag für das Kalenderjahr 2021. Hat der Arbeitnehmer daher für das Kalenderjahr 2020 beispielsweise € 100,00 für Ausgaben für ergonomisch geeignetes Mobiliar abgesetzt, beträgt der (um diesen Betrag gekürzte) Höchstbetrag für das Kalenderjahr 2021 € 200,00 (§ 124b Z 374 EStG).

14.1.1.3. Rückzahlung von Arbeitslohn

Berücksichtigung als Werbungskosten:

Zu den Werbungskosten zählt auch die **Erstattung (Rückzahlung) von steuerpflichtigen Einnahmen**[264], sofern weder der Zeitpunkt des Zufließens der Einnahmen noch der Zeitpunkt der Erstattung willkürlich festgesetzt wurde. Steht ein Arbeitnehmer in einem aufrechten Dienstverhältnis zu jenem Arbeitgeber, dem er Arbeitslohn zu erstatten (rückzuzahlen) hat, so hat der **Arbeitgeber** die Erstattung (Rückzahlung) beim laufenden Arbeitslohn **als Werbungskosten** zu berücksichtigen (§ 16 Abs. 2 EStG).

Die Erstattung (Rückzahlung) **von steuerfreien bzw. nicht steuerbaren Einnahmen** ist im Hinblick auf § 20 Abs. 2 EStG grundsätzlich nicht als Werbungskosten abzugsfähig.

264 Z.B. die Vergütung eines Kassenfehlbetrags, die Rückverrechnung eines sonstigen Bezugs, → 23.2.3.2., oder die Erstattung von Urlaubsentgelt, → 26.2.9.1.

Bei der Rückzahlung von **Aus- und Fortbildungskosten** gem. § 16 Abs. 1 Z 10 EStG, welche vorerst durch den Arbeitgeber getragen wurden und vom Arbeitnehmer auf Grund dienstvertraglicher Regelungen anlässlich der (vorzeitigen) Beendigung des Dienstverhältnisses zu refundieren sind, handelt es sich im Zeitpunkt der Rückzahlung um Werbungskosten.

Auch die Rückzahlung von **steuerpflichtigen Einnahmen**, die **mit festen Steuersätzen** (§§ 67, 69, 70 EStG) besteuert wurden, ist zum laufenden Tarif als Werbungskosten zu berücksichtigen (LStR 2002, Rz 319; siehe dazu auch die weiteren Ausführungen unten).

Die **Rückerstattung von Urlaubsentgelt** (→ 34.7.2.3.2.) ist als Rückzahlung von Arbeitslohn zu berücksichtigen. Abzugsfähig sind die vom Arbeitgeber tatsächlich rückgeforderten und einbehaltenen Beträge (LStR 2002, Rz 319a).

Abwicklung:

- Erfolgt die Erstattung (Rückzahlung) im Rahmen eines **aufrechten Dienstverhältnisses**, so hat der Arbeitgeber die rückerstatteten Beträge bei der Abrechnung des laufenden Arbeitslohns als Werbungskosten zu berücksichtigen (→ 11.5.1.) und in voller Höhe in den Lohnzettel (→ 35.) unter „sonstige steuerfreie Bezüge" (Kennzahl 243) aufzunehmen.
- Erfolgt die Rückzahlung (Erstattung) **nach Beendigung des Dienstverhältnisses** an einen früheren Arbeitgeber, so kann die Berücksichtigung nur im Rahmen der Veranlagung durch das Finanzamt erfolgen. Die Berücksichtigung erfolgt in beiden Fällen ohne Anrechnung auf das Werbungskostenpauschale (LStR 2002, Rz 319).

Besonderheiten bei der Rückzahlung von sonstigen Bezügen:

Die Lohnsteuererstattung für von Arbeitnehmern zurückbezahlte **sonstige Bezüge** kann nur im Rahmen des **Werbungskostenabzugs** bei der Besteuerung laufender Bezüge vorgenommen werden. Der Tatbestand des § 16 Abs. 2 EStG unterscheidet nicht, ob die rückbezahlten Einnahmen seinerzeit als laufender oder als sonstiger Bezug zu erfassen waren (VwGH 30.5.1995, 92/13/0276; vgl. auch LStR 2002, Rz 319).

Die Finanzverwaltung vertritt dazu nachstehende Ansicht: Das Steuerrecht unterscheidet bei der Berechnung des Jahressechstels nicht, unter welchem arbeitsrechtlichen Titel die entsprechenden Bezüge auszuzahlen sind. Sofern Bezüge innerhalb eines Kalenderjahrs im Rahmen des Jahressechstels bereits „zu Unrecht" geleistet wurden, andere sonstige Bezüge aber noch auszuzahlen sind, sind diese **Beträge zu saldieren**. Eine andere Berücksichtigung (im Rahmen des Werbungskostenabzugs) kann im laufenden Kalenderjahr nur dann erfolgen, wenn Bezüge zurückzuzahlen sind und seitens des Arbeitnehmers keine entsprechenden sonstigen Bezüge innerhalb des Jahressechstels mehr zur Auszahlung kommen (LStR 2002 – Beispielsammlung, Rz 10319).

Dazu zwei **Beispiele**:

Beispiel 1

- Angestellter,
- Monatsgehalt € 5.000,00, 14-mal im Jahr,
- Kündigung durch den Angestellten,

- Ende des Dienstverhältnisses: 30.9.20..
- Im Juli ausbezahlte Urlaubsbeihilfe: € 5.000,00.

Der Angestellte erhält eine aliquote Weihnachtsremuneration in der Höhe von € 3.750,00 (€ 5.000,00 : 12 × 9).

An Urlaubsbeihilfe werden ihm € 1.250,00 (€ 5.000,00 : 12 × 3) rückverrechnet. Anlässlich der Endabrechnung steht ihm somit ein sonstiger Bezug in der Höhe von € 2.500,00 zu (€ 3.750,00 abzüglich € 1.250,00), der zum begünstigten Steuersatz von 6% zu versteuern ist.

Beispiel 2

- Arbeiter,
- Monatslohn € 3.000,00, 14-mal im Jahr,
- begründete Entlassung des Arbeiters,
- Ende des Dienstverhältnisses: 30.9.20...
- Im Juli ausbezahlte Urlaubsbeihilfe: € 3.000,00.

Der Arbeiter verliert lt. Kollektivvertrag seinen Anspruch auf die Weihnachtsremuneration.

An Urlaubsbeihilfe werden ihm € 750,00 (€ 3.000,00 : 12 × 3) rückverrechnet. Da der Arbeiter keine sonstigen Bezüge erhält, sind die € 750,00 als Werbungskosten zu berücksichtigen. Dieser Betrag verringert somit die Bemessungsgrundlage des laufenden Bezugs.

14.1.1.4. Werbungskostenpauschale

Für Werbungskosten, die bei nicht selbstständigen Einkünften (Arbeitslohn) erwachsen,

- ist **ohne besonderen Nachweis** ein Pauschbetrag von **€ 132,00 jährlich (Werbungskostenpauschale)** abzusetzen (§ 16 Abs. 3 EStG).

Dieser Betrag steht auch dann in vollem Umfang von € 132,00 jährlich zu, wenn eine nicht selbstständige Tätigkeit **nicht ganzjährig** ausgeübt wird (LStR 2002, Rz 320).

Das Werbungskostenpauschale wird **vom Arbeitgeber** im Rahmen der Lohnverrechnung **berücksichtigt**. Es ist in die Lohnsteuer-Effektivtabelle (→ 11.5.2.1.) eingearbeitet.

Hat der Arbeitnehmer gleichzeitig mehrere aktive Dienstverhältnisse, so steht das Werbungskostenpauschale **nur einmal** zu. Die mehrfache Berücksichtigung im Rahmen der laufenden Personalverrechnung wird im Zuge der Veranlagung (→ 15.2.) korrigiert (LStR 2002, Rz 321).

Das Werbungskostenpauschale sieht das EStG aus Gründen der Verwaltungsvereinfachung vor, um in den vielen Fällen, in denen geringe Werbungskosten angefallen sind, eine Antragstellung zu vermeiden. Beantragt der Arbeitnehmer für seine Werbungskosten einen Freibetrag, erhält er diesen grundsätzlich nur für die das Werbungskostenpauschale übersteigenden Werbungskosten (für die erhöhten Werbungskosten).

Keine Berücksichtigung findet dieser Pauschbetrag bei folgenden Werbungskosten:

- Dienstnehmeranteil zur Sozialversicherung,
- Gewerkschaftsbeitrag,
- Pendlerpauschale,
- Ausgaben i.Z.m. Homeoffice,
- Kosten, die dem Arbeitnehmer für den Werkverkehr erwachsen, und
- Rückzahlung von Arbeitslohn (§ 16 Abs. 3 EStG).

Für einige Berufsgruppen (Journalisten, Hausbesorger, Heimarbeiter, Vertreter u.a.m.) sind **pauschalierte Werbungskosten** vorgesehen. Diese Pauschalien können im Weg der Veranlagung geltend gemacht werden. Hat ein Arbeitnehmer höhere Werbungskosten, kann er seine tatsächlichen Werbungskosten geltend machen (BMF VO 31.10.2001, BGBl II 2001/382; LStR 2002, Rz 396 ff.).

Weitere Erläuterungen zu den Werbungskosten finden Sie in den Lohnsteuerrichtlinien 2002 unter den Randzahlen 223 bis 428.

14.1.2. Sonderausgaben

Definition:

Sonderausgaben sind **Kosten der privaten Lebensführung**. Sie finden grundsätzlich **nur auf Antrag des Steuerpflichtigen** über einen Freibetragsbescheid (→ 14.3.) im Rahmen der Lohnverrechnung Berücksichtigung. Der Gesetzgeber zählt bestimmte absetzbare Aufwendungen im § 18 Abs. 1 Z 1 bis 10 EStG taxativ (erschöpfend) auf.

Es gelten **nur folgende Ausgaben** als Sonderausgaben:

1. **Renten und dauernde Lasten**, die auf besonderen Verpflichtungsgründen beruhen[265].

1a. **Beiträge für eine freiwillige Weiterversicherung** einschließlich des Nachkaufs von Versicherungszeiten in der gesetzlichen Pensionsversicherung und vergleichbare Beiträge an Versorgungs- und Unterstützungseinrichtungen der Kammern der selbstständig Erwerbstätigen. Besteht der Beitrag in einer einmaligen Leistung, kann auf Antrag ein Zehntel des als Einmalprämie geleisteten Betrages durch zehn aufeinanderfolgende Jahre als Sonderausgaben in Anspruch genommen werden.

2. **Bis zur Veranlagung für das Kalenderjahr 2020: Bestimmte Beiträge und Versicherungsprämien**, wenn der der Zahlung zugrundeliegende Vertrag vor dem 1.1.2016 abgeschlossen worden ist.

3. **Bis zur Veranlagung für das Kalenderjahr 2020: Ausgaben zur Wohnraumschaffung oder zur Wohnraumsanierung,** wenn mit der tatsächlichen Bauausführung oder Sanierung vor dem 1.1.2016 begonnen worden ist oder der der Zahlung zugrunde liegende Vertrag vor dem 1.1.2016 abgeschlossen worden ist.

4. Vor dem 1. Jänner 2011 getätigte Ausgaben natürlicher Personen für die **Anschaffung von Genussscheinen** und für die **Erstanschaffung junger Aktien**.

5. Verpflichtende **Beiträge an Kirchen und Religionsgesellschaften**, die in Österreich gesetzlich anerkannt sind[266], höchstens jedoch € 400,00 jährlich. In Österreich gesetzlich anerkannten Kirchen und Religionsgesellschaften stehen Körperschaften mit Sitz in einem Mitgliedstaat der Europäischen Union oder des Europäischen Wirtschaftsraums gleich, die einer in Österreich gesetzlich anerkannten Kirche oder Religionsgesellschaft entsprechen.
6. **Steuerberatungskosten**, die an berufsrechtlich befugte Personen geleistet werden.
7. **Freigiebige Zuwendungen** (Spenden) für **Forschungs- und Lehraufgaben** sowie u.a. an die Österreichische Nationalbibliothek und an österreichische Museen von Körperschaften des öffentlichen Rechts sowie für **mildtätige** oder **humanitäre Zwecke**, für Zwecke des **Umwelt-, Natur- und Artenschutzes**, für Tierheime sowie freiwillige Feuerwehren und Landesfeuerwehrverbände, Behindertensport-Dachverbände und Zwecke der **Entwicklungszusammenarbeit** und **Katastrophenhilfe** u.a.m.[267] [268]

8. und 9. Zuwendungen an bestimmte Stiftungen bzw. Fonds.

10. Ab dem Veranlagungsjahr 2022: Ausgaben für die **thermisch-energetische Sanierung** von Gebäuden und für den **Ersatz eines fossilen Heizungssystems** durch ein klimafreundliches Heizungssystem unter Berücksichtigung bestimmter Höchstbeträge (vgl. § 18 Abs. 1 EStG).

Zu den bis zum Kalenderjahr 2020 absetzbaren Sonderausgaben i.S.d. § 18 Abs. 1 Z 2 und 3 EStG („Topfsonderausgaben") siehe ausführlich die 31. Auflage dieses Buches.

Berücksichtigung:

Sonderausgaben werden entweder auf Antrag des Arbeitnehmers im Rahmen eines Freibetragsbescheids (→ 14.3.) steuerwirksam oder erst im Rahmen der Veranlagung (→ 15.). Eine separate Geltendmachung direkt beim Arbeitgeber ist nicht vorgesehen. Das direkt durch den Arbeitgeber berücksichtigte Sonderausgabenpauschale ist mit dem Kalenderjahr 2021 entfallen.

---

265 **Renten** sind regelmäßig wiederkehrende, auf einem einheitlichen Verpflichtungsgrund beruhende Leistungen, deren Dauer von dem Eintritt eines unbestimmten Ereignisses, vor allem dem Tod einer Person, abhängt. Darunter fallen z.B. Renten, die im Zusammenhang mit der Übertragung von Vermögen stehen (Leibrenten). Es gibt aber auch Renten, die in keinem solchen Zusammenhang stehen, wie Schadensrenten oder Unfallrenten. **Dauernde Lasten** gehören zu den wiederkehrenden Bezügen. Der Unterschied zu den Renten liegt darin, dass der Inhalt der Leistungen unterschiedlich ist und dass eine Gleichmäßigkeit fehlt. Es handelt sich um Verpflichtungen, die dauernd mit einem Grundstück oder einer Person verbunden sind.

266 Als Sonderausgaben können sowohl Beiträge an nach österreichischen Gesetzen anerkannte Kirchen und Religionsgesellschaften abgezogen werden als auch Beiträge an Kirchen und Religionsgesellschaften in einem Mitgliedstaat der Europäischen Union oder einem Staat des Europäischen Wirtschaftsraums, wenn es sich dabei um jene Kirchen und Religionsgesellschaften handelt, die in Österreich gesetzlich anerkannt sind (z.B. französische katholische Kirche, deutsche evangelische Kirche). Beiträge an religiöse Bekenntnisgemeinschaften, gemeinnützige Vereine mit religiösen Zielsetzungen und Sekten sind nicht absetzbar (LStR 2002, Rz 558). Die Liste der gesetzlich anerkannten Kirchen und Religionsgesellschaften ist auf der BMF-Website veröffentlicht.

267 Für alle geleisteten Spenden gilt grundsätzlich eine einheitliche Obergrenze von 10% der Einkünfte des laufenden Kalenderjahrs (mit Ausnahmen).

268 Abzugsfähig sind grundsätzlich Spenden an Einrichtungen, die in § 4a EStG ausdrücklich aufgezählt werden bzw. zum Zeitpunkt der Spende über einen gültigen Spendenbegünstigungsbescheid verfügen und daher in der Liste der spendenbegünstigten Einrichtungen unter www.bmf.gv.at → Liste spendenbegünstigter Einrichtungen aufscheinen.

Sonderausgaben i.S.d. § 18 Abs. 1 Z 5 (Beiträge an Kirchen und Religionsgemeinschaften) sowie Z 7 (freigiebige Zuwendungen) werden **vollautomatisch im Veranlagungsverfahren** berücksichtigt. Dazu werden diese den Abgabenbehörden vom Empfänger der Beiträge bzw. Zuwendungen elektronisch übermittelt. Die Finanzverwaltung berücksichtigt die Daten automatisiert im Rahmen der Einkommensteuerbescheiderstellung (§ 18 Abs. 8 EStG; vgl. auch Sonderausgaben-Datenübermittlungsverordnung, BGBl II 2016/289 sowie Information des BMF vom 11.12.2017 zur Datenübermittlung betreffend Sonderausgaben, BMF-010203/0394-IV/6/2017).

Weitere Erläuterungen zu den Sonderausgaben finden Sie in den Lohnsteuerrichtlinien 2002 unter den Randzahlen 429 bis 630.

14.1.3. Außergewöhnliche Belastungen

Außergewöhnliche Belastungen sind Aufwendungen, die ebenfalls im **Privatbereich des Steuerpflichtigen** anfallen (z.B. Krankheitskosten, Begräbniskosten; weitere Beispiele siehe nachstehend).

Außergewöhnliche Belastungen werden entweder auf Antrag des Arbeitnehmers im Rahmen eines Freibetragsbescheids (→ 14.3.) steuerwirksam oder erst im Rahmen der Veranlagung (→ 15.). Eine separate Geltendmachung direkt beim Arbeitgeber ist nicht vorgesehen.

Zum Unterschied zu den Sonderausgaben müssen außergewöhnliche Belastungen bestimmte Voraussetzungen erfüllen:

1. Sie müssen **außergewöhnlich** sein.
2. Sie müssen **zwangsläufig** erwachsen.
3. Sie müssen die **wirtschaftliche Leistungsfähigkeit des Arbeitnehmers wesentlich beeinträchtigen**.

Die Belastung darf weder Betriebsausgaben, Werbungskosten noch Sonderausgaben sein (§ 34 Abs. 1 EStG).

Die Belastung ist **außergewöhnlich**, soweit sie höher ist als jene, die der Mehrzahl der Steuerpflichtigen gleicher Einkommensverhältnisse, gleicher Vermögensverhältnisse erwächst (§ 34 Abs. 2 EStG). Es darf sich um keine im täglichen Leben übliche Erscheinung bzw. „gewöhnliche" Belastung handeln (LStR 2002, Rz 827).

Die Belastung erwächst dem Arbeitnehmer **zwangsläufig**[269], wenn er sich ihr aus tatsächlichen[270], rechtlichen oder sittlichen[271] Gründen nicht entziehen kann (§ 34 Abs. 3 EStG).

Die **wirtschaftliche Leistungsfähigkeit** ist dann **wesentlich beeinträchtigt**, wenn der Aufwand vom Arbeitnehmer selbst und endgültig getragen werden muss[272]. Er-

269 Sind die Aufwendungen auf Grund eines Verhaltens entstanden, zu dem man sich freiwillig entschlossen hat, oder sind sie auf ein schuldhaftes Verhalten zurückzuführen (z.B. auf Alkoholisierung), so fehlt diesen Aufwendungen das Merkmal der Zwangsläufigkeit.

270 Unter **tatsächlichen Gründen** sind Ereignisse zu verstehen, die den Arbeitnehmer unmittelbar selbst treffen (LStR 2002, Rz 830).

271 Zwangsläufigkeit aus **rechtlichen** oder **sittlichen Gründen** kann nur aus dem Verhältnis des Arbeitnehmers zu anderen Personen erwachsen (LStR 2002, Rz 831, 832).

272 Eine „Belastung" setzt grundsätzlich Geldausgaben des Arbeitnehmers voraus, von denen nicht nur sein Vermögen (z.B. betreffend Hingabe eines Sparbuchs), sondern sein laufendes Einkommen betroffen ist (LStR 2002, Rz 821).

satzleistungen für diese Aufwendungen, auch wenn sie nicht im selben Kalenderjahr wie der Aufwand geleistet werden, schließen die Berücksichtigung als außergewöhnliche Belastung aus. Darüber hinaus beeinträchtigen die Belastungen nur dann wesentlich die wirtschaftliche Leistungsfähigkeit, soweit sie einen vom Arbeitnehmer von seinem Einkommen vor Abzug der außergewöhnlichen Belastungen zu berechnenden Selbstbehalt (also den Teil, der vom Arbeitnehmer aus eigenen Mitteln getragen werden muss) übersteigt.

Der Selbstbehalt beträgt bei einem Jahreseinkommen (→ 7.7.)	**für den Arbeitnehmer**	**bei AVAB/AEAB – für den (Ehe)Partner**[273]	**für jedes Kind** (§ 106 EStG) (→ 14.2.1.6.)
von höchstens € 7.300,00	6%	abzüglich 1%	abzüglich 1%
bis € 14.600,00	8%		
bis € 36.400,00	10%		
von mehr als € 36.400,00	12%		

(§ 34 Abs. 4 EStG)

Sind im Einkommen sonstige Bezüge i.S.d. § 67 EStG enthalten, dann sind als Einkünfte aus nicht selbstständiger Arbeit für Zwecke der Berechnung des Selbstbehalts die zum laufenden Tarif zu versteuernden Einkünfte aus nicht selbstständiger Arbeit, erhöht um die sonstigen Bezüge gem. § 67 Abs. 1 und 2 EStG[274] (→ 23.3.2.1.), anzusetzen (§ 34 Abs. 5 EStG).

Beispiel 15

Berechnung des Jahreseinkommens für die Ermittlung des Selbstbehalts.

Angaben und Lösung:

• Alleinverdienerabsetzbetrag,	
• zwei Kinder gem. § 106 EStG,	
• Höhe der jährlichen Belastungen:	
– Arztkosten des Steuerpflichtigen	€ 1.100,00
– Spitalskosten der Gattin	€ 1.830,00
– Zahnregulierung eines Kindes	€ 870,00
	€ 3.800,00
• diesbezügliche Ersätze der ÖGK	– € 430,00
• tatsächliche Belastungen	€ 3.370,00
• Jahreseinkommen	€ 24.000,00

273 Wenn dem Arbeitnehmer
- der Alleinverdiener- oder der Alleinerzieherabsetzbetrag (→ 14.2.1.) zusteht oder
- zwar kein Alleinverdiener- oder Alleinerzieherabsetzbetrag zusteht, er aber mehr als sechs Monate im Kalenderjahr verheiratet oder (im „Partnerschaftsbuch") eingetragener Partner (→ 3.5.) ist und vom(Ehe)Partner nicht dauernd getrennt lebt und der (Ehe)Partner Einkünfte i.S.d. § 33 Abs. 4 Z 1 EStG von höchstens € 6.000,00 jährlich (→ 14.2.1.) erzielt.

274 Einkünfte gem. § 67 Abs. 3 bis 8 EStG (z.B. Abfertigungen, Ersatzleistungen für Urlaubsentgelt, → 23.3.2.1.) bleiben bei der Ermittlung des Selbstbehalts außer Ansatz.

Beispiele für außergewöhnliche Belastungen, bei denen der **Selbstbehalt zu berücksichtigen** ist:

- Krankheitskosten,
- Kosten für ein Krankenhaus,
- Besuchskosten für den in einem auswärtigen Krankenhaus untergebrachten Ehegatten,
- Kosten einer Kur,
- Kosten für Zahnersatz, Zahnregulierungen, Seh- und Hörhilfen,
- Betreuungskosten von Kindern bei Alleinerziehern oder wenn beide Ehegatten aus Gründen einer sonstigen Existenzgefährdung der Familie zum Unterhalt der Familie beitragen müssen,
- Unterhaltsleistungen, soweit sie beim Unterhaltsberechtigten selbst eine außergewöhnliche Belastung darstellen würden[275],
- Privatschulbesuch, wenn sich am Wohnort oder in der Umgebung keine gleichartige öffentliche Schule befindet,
- Kosten eines Begräbnisses, wenn sie nicht durch den Nachlass (inkl. Versicherungsleistungen und Kostenbeiträge des Arbeitgebers) gedeckt sind[276].

Beispiel 16

Ermittlung von außergewöhnlichen Belastungen.

Angaben:

- Alleinverdienerabsetzbetrag,
- zwei Kinder gem. § 106 EStG,
- Höhe der jährlichen Belastungen:

– Arztkosten des Steuerpflichtigen	€	1.100,00
– Spitalskosten der Gattin	€	1.830,00
– Zahnregulierung eines Kindes	€	870,00
	€	3.800,00
• diesbezügliche Ersätze der ÖGK	– €	430,00
• tatsächliche Belastungen	€	3.370,00
• Jahreseinkommen	€	24.000,00

Lösung:

Der maßgebliche Selbstbehalt ermittelt sich wie folgt:

Für den Steuerpflichtigen	10%
für die Gattin	– 1%
für beide Kinder	– 2%
Selbstbehalt	7%

275 Z.B. Krankheitskosten für einen unterhaltsberechtigten nahen Angehörigen. Diese stellen für den Unterhaltsberechtigten, wenn er sie für sich selbst bezahlen würde, eine außergewöhnliche Belastung dar, während im Gegensatz dazu die laufenden Unterhaltsleistungen nicht absetzbar sind.

276 Derzeit werden anerkannt: Für die Begräbniskosten einschließlich der Errichtung eines Grabmals insgesamt höchstens € 15.000. Allfällige Überführungskosten werden zusätzlich anerkannt (LStR 2002, Rz 890).

Tatsächliche Belastungen	€	3.370,00
Vermindert um den Selbstbehalt (7% von € 24.000,00)	– €	1.680,00
Außergewöhnliche Belastungen	**€**	**1.690,00**

Folgende Aufwendungen können **ohne Berücksichtigung des Selbstbehalts** abgezogen werden:

- Aufwendungen zur Beseitigung von **Katastrophenschäden**, insb. Hochwasser-, Erdrutsch-, Vermurungs- und Lawinenschäden im Ausmaß der erforderlichen Ersatzbeschaffungskosten.
- Kosten einer **auswärtigen Berufsausbildung** nach Abs. 8 (siehe nachstehend).
- Mehraufwendungen des Arbeitnehmers **für Personen, für die erhöhte Familienbeihilfe gewährt wird**, soweit sie die Summe der pflegebedingten Geldleistungen (Pflegegeld, Pflegezulage, Blindengeld oder Blindenzulage) übersteigen.
- Aufwendungen für **Behinderte** (siehe nachstehend), die anstelle der Pauschbeträge geltend gemacht werden.
- **Mehraufwendungen** aus dem Titel der **Behinderung**, wenn die Voraussetzungen des § 35 Abs. 1 EStG (siehe weiter unten) vorliegen, soweit sie die Summe pflegebedingter Geldleistungen (Pflegegeld, Pflegezulage, Blindengeld oder Blindenzulage) übersteigen (§ 34 Abs. 6 EStG).

Für Unterhaltsleistungen gilt Folgendes:

1. Unterhaltsleistungen **für ein Kind** sind durch die Familienbeihilfe, den Familienbonus Plus (→ 14.2.1.2.), den Kindermehrbetrag (→ 15.6.5.) sowie gegebenenfalls den Kinderabsetzbetrag (→ 14.2.1.6.) abgegolten, und zwar auch dann, wenn nicht der Arbeitnehmer selbst, sondern sein mit ihm im gemeinsamen Haushalt lebender (Ehe)Partner (→ 14.2.1.6.) Anspruch auf diese Beträge hat.
2. Leistungen des gesetzlichen Unterhalts für ein **Kind** sind bei Vorliegen der Voraussetzungen des § 33 Abs. 4 Z 3 EStG durch den Unterhaltsabsetzbetrag (→ 14.2.1.6.) abgegolten.
3. Darüber hinaus sind Unterhaltsleistungen nur insoweit abzugsfähig, als sie zur Deckung von Aufwendungen gewährt werden, die beim Unterhaltsberechtigten selbst eine außergewöhnliche Belastung darstellen würden. Ein **Selbstbehalt** (siehe vorstehend) auf Grund eigener Einkünfte des Unterhaltsberechtigten ist **nicht zu berücksichtigen**.
4. Unterhaltsleistungen an **volljährige Kinder**, für die keine Familienbeihilfe ausbezahlt wird, sind außer in den Fällen und im Ausmaß der Z 4 weder im Weg eines Kinderabsetzbetrags oder Unterhaltsabsetzbetrags noch einer außergewöhnlichen Belastung zu berücksichtigen (§ 34 Abs. 7 EStG).

Aufwendungen für eine **Berufsausbildung eines Kindes**[277] außerhalb des Wohnorts gelten dann als außergewöhnliche Belastung, wenn im Einzugsbereich des Wohnorts keine entsprechende Ausbildungsmöglichkeit besteht. Diese außergewöhnliche Belastung wird durch Abzug eines Pauschbetrags von **€ 110,00 pro Monat** (auch während der Schul- und Studienferien) der Berufsausbildung berücksichtigt (§ 34 Abs. 8 EStG).

277 Dabei handelt es sich nicht nur um Kinder i.S.d. § 106 EStG, sondern um alle Kinder i.S.d. bürgerlichen Rechts (LStR 2002, Rz 1247).

Die Möglichkeit zur Geltendmachung von Aufwendungen für die Betreuung von Kindern als außergewöhnliche Belastungen ist mit dem Kalender 2019 entfallen.

Hat der Steuerpflichtige außergewöhnliche Belastungen

- durch eine **eigene** körperliche oder geistige **Behinderung**,
- bei Anspruch auf den Alleinverdienerabsetzbetrag durch eine **Behinderung des (Ehe)Partners** (§ 106 Abs. 3 EStG, → 14.2.1.6.),
- ohne Anspruch auf den Alleinverdienerabsetzbetrag durch eine **Behinderung des (Ehe)Partners**, wenn er mehr als sechs Monate im Kalenderjahr verheiratet oder (im „Partnerschaftsbuch") eingetragener Partner (→ 3.6.) ist und vom (Ehe) Partner nicht dauernd getrennt lebt und der (Ehe)Partner Einkünfte i.S.d. § 33 Abs. 4 Z 1 EStG von höchstens € 6.000,00 jährlich erzielt (→ 14.2.1.),
- durch eine **Behinderung eines Kindes** (§ 106 Abs. 1 und 2 EStG, → 14.2.1.6.), für das keine erhöhte Familienbeihilfe gewährt wird,

und erhält weder der Steuerpflichtige noch sein (Ehe)Partner noch sein Kind eine pflegebedingte Geldleistung (Pflegegeld, Pflegezulage, Blindengeld oder Blindenzulage), so steht ihm **jeweils** ein **Freibetrag** (Abs. 3) zu (§ 35 Abs. 1 EStG).

Das EStG enthält für Behinderte **zwei Arten von pauschalen Freibeträgen**, und zwar

1. die unmittelbar im Gesetz normierten, vom Ausmaß der Minderung der Erwerbsfähigkeit (Grad der Behinderung) abhängigen Freibeträge (§ 35 Abs. 2, 3 EStG) und
2. die auf Grund einer Verordnungsermächtigung festgelegten Durchschnittssätze für die Kosten bestimmter Krankheiten sowie körperlicher und geistiger Gebrechen (§ 35 Abs. 7 EStG).

Anstelle des Freibetrags können auch die tatsächlichen Kosten aus dem Titel der Behinderung geltend gemacht werden (§ 35 Abs. 5 EStG) (→ 14.1.3.).

Weitere Erläuterungen zu den außergewöhnlichen Belastungen finden Sie in den Lohnsteuerrichtlinien 2002 unter den Randzahlen 814 bis 908.

14.1.4. Absetzbeträge

Von dem sich nach § 33 Abs. 1 EStG ergebenden Betrag (d.h. von der über die Steuersätze ermittelten Einkommensteuer, → 15.5.4.) sind – in folgender Reihenfolge – die **Absetzbeträge** nach

- Abs. 3a (Familienbonus Plus, → 14.2.1.1.),
- Abs. 4 (Alleinverdienerabsetzbetrag, , → 14.2.1.2. bzw. Alleinerzieherabsetzbetrag, → 14.2.1.3. bzw. Unterhaltsabsetzbetrag, → 14.2.1.6.),
- Abs. 5 (Verkehrsabsetzbetrag, Pendlereuro, siehe nachstehend und → 14.2.2.) und
- Abs. 6 (Pensionistenabsetzbetrag[278])

abzuziehen.

Der Kinderabsetzbetrag gem. § 33 Abs. 3 EStG (→ 14.2.1.6.) wird gemeinsam mit der Familienbeihilfe ausbezahlt.

Absetzbeträge reduzieren – im Gegensatz zu Freibeträgen, welche die Bemessungsgrundlage mindern – direkt die **errechnete Lohnsteuer**. Der Familienbonus Plus wird dabei als erster Absetzbetrag von der errechneten Steuer abgezogen. Er kann jedoch maximal bis zum Betrag der tarifmäßigen Steuer in Ansatz gebracht werden, weshalb durch ihn kein Steuerbetrag unter null zu Stande kommt. Eine Rückerstattung des Familienbonus Plus ist nicht möglich (siehe jedoch Erstattung eines Kindermehrbetrags gem. § 33 Abs. 7 EStG, → 15.6.5.). Alle weiteren Absetzbeträge ermöglichen im Rahmen der Veranlagung die Berechnung einer Einkommensteuer unter null und in weiterer Folge eine „Rückerstattung" des Alleinverdiener- bzw. Alleinerzieherabsetzbetrags sowie von Sozialversicherungsbeiträgen (§ 33 Abs. 2 i.V.m. Abs. 8 EStG)[279].

Wichtiger Hinweis: Ergibt sich bei der Berechnung der Lohnsteuer ein **Minusbetrag**, bleibt dies in der Personalverrechnung ohne Auswirkung. In diesem Fall ist die **Lohnsteuer mit null** anzusetzen. Davon unabhängig sind die in der Personalverrechnung berücksichtigten Absetzbeträge (und Freibeträge) grundsätzlich am Lohnkonto sowie am Jahreslohnzettel (→ 35.) anzuführen, auch soweit diese auf die Lohnsteuerberechnung keine Auswirkung haben. Eine Ausnahme davon besteht für den Familienbonus Plus, der nur in jener Höhe anzugeben ist, in der er sich tatsächlich steuermindernd ausgewirkt hat.

Bei Einkünften aus einem bestehenden Dienstverhältnis stehen folgende Absetzbeträge zu:

1. Ein **Verkehrsabsetzbetrag** von € 400,00 jährlich.
2. Dieser erhöht sich bei Anspruch auf Pendlerpauschale auf € 690,00, wenn das Einkommen € 12.200,00 im Kalenderjahr nicht übersteigt (**erhöhter Verkehrsabsetzbetrag**). Dieser **erhöhte Verkehrsabsetzbetrag** vermindert sich zwischen Einkommen von € 12.200,00 und € 13.000,00 gleichmäßig einschleifend auf € 400,00.

---

278 Stehen einem Steuerpflichtigen die Absetzbeträge nach Abs. 5 nicht zu und erhält er Bezüge oder Vorteile i.S.d. § 25 Abs. 1 Z 1 oder 2 EStG für frühere Dienstverhältnisse, Pensionen und gleichartige Bezüge i.S.d. § 25 Abs. 1 Z 3 oder Abs. 1 Z 4 bis 5 EStG, steht ein **Pensionistenabsetzbetrag** wie folgt zu:

1. Der erhöhte Pensionistenabsetzbetrag beträgt **€ 1.214,00 jährlich**, wenn
   - der Steuerpflichtige mehr als sechs Monate im Kalenderjahr verheiratet oder eingetragener Partner ist und vom (Ehe-)Partner nicht dauernd getrennt lebt,
   - der (Ehe-)Partner oder eingetragene Partner (§ 106 Abs. 3 EStG) Einkünfte i.S.d. § 33 Abs. 4 Z 1 EStG von höchstens € 2.200,00 jährlich erzielt und
   - der Steuerpflichtige keinen Anspruch auf den Alleinverdienerabsetzbetrag hat.
2. Liegen die Voraussetzungen für einen erhöhten Pensionistenabsetzbetrag nach der Z 1 nicht vor, beträgt der Pensionistenabsetzbetrag **€ 825,00**.

Der volle **erhöhte** Pensionistenabsetzbetrag nach **Z 1** steht bis zu versteuernden laufenden Pensionseinkünften in der Höhe von € 19.930,00 zu. Der erhöhte Pensionistenabsetzbetrag vermindert sich gleichmäßig einschleifend zwischen zu versteuernden laufenden Pensionseinkünften von € 19.930,00 und € 25.250,00 auf null.
Der Pensionistenabsetzbetrag nach **Z 2** vermindert sich gleichmäßig einschleifend zwischen zu versteuernden laufenden Pensionseinkünften von € 17.500,00 und € 25.500,00 auf null.
Bei Einkünften, die den Anspruch auf den Pensionistenabsetzbetrag begründen, steht das Werbungskostenpauschale gem. § 16 Abs. 3 EStG nicht zu (vgl. § 33 Abs. 6 EStG).

279 § 33 Abs. 8 EStG beinhaltet Bestimmungen über die sog. SV-Rückerstattung (früher „Negativsteuer").
Hat der Arbeitnehmer gleichzeitig **mehrere aktive Dienstverhältnisse**, so stehen die Absetzbeträge **nur einmal** zu. Die mehrfache Berücksichtigung wird im Zuge einer Veranlagung korrigiert.

3. Der Verkehrsabsetzbetrag erhöht sich um (weitere) € 650,00 (**Zuschlag zum Verkehrsabsetzbetrag**), wenn das Einkommen des Steuerpflichtigen € 16.000,00 im Kalenderjahr nicht übersteigt, wobei sich der Zuschlag zwischen Einkommen von € 16.000,00 und € 24.500,00 gleichmäßig einschleifend auf null vermindert.
4. Ein **Pendlereuro** in der Höhe von jährlich zwei Euro pro Kilometer der einfachen Fahrtstrecke zwischen Wohnung und Arbeitsstätte, wenn der Arbeitnehmer Anspruch auf ein Pendlerpauschale gem. § 16 Abs. 1 Z 6 EStG hat. Für die Berücksichtigung des Pendlereuros gelten die Bestimmungen des § 16 Abs. 1 Z 6 lit. b und lit. e bis j entsprechend (→ 14.2.2.1.) (§ 33 Abs. 5 EStG).

Um Rückforderungen bei mehreren Dienstverhältnissen zu vermeiden, wird der Zuschlag zum Verkehrsabsetzbetrag nur im Rahmen der Veranlagung berücksichtigt (LStR 2002, Rz 808).

14.2. Erklärungen des Arbeitnehmers zur Berücksichtigung von bestimmten Freibeträgen und Absetzbeträgen

Für die Inanspruchnahme

- des Familienbonus Plus (→ 14.2.1.1.),
- des Alleinverdiener- bzw. Alleinerzieherabsetzbetrags (→ 14.2.1.2., → 14.2.1.3.),
- des Pendlerpauschals und des Pendlereuros (→ 14.2.2.),
- für das Vorliegen der Voraussetzungen für einen Kinderbetreuungszuschuss (→ 21.2.)

hat der Arbeitnehmer dem Arbeitgeber jeweils eine Erklärung über das Vorliegen der Voraussetzungen abzugeben.

Grundsätzlich hat der Arbeitgeber den Inhalt der **Erklärung** zu berücksichtigen. Der Arbeitgeber hat die Richtigkeit der im Formular E 30 und L 34 EDV (bzw. L 33) gemachten Angaben nicht gesondert zu überprüfen. Er darf allerdings weder den Alleinverdiener- bzw. Alleinerzieherabsetzbetrag und/oder Familienbonus Plus noch das Pendlerpauschale und den Pendlereuro berücksichtigen, wenn der Arbeitgeber die Angaben des Arbeitnehmers offenkundig – also ohne weitere Ermittlungen – als (dem Grund und/oder der Höhe nach) unrichtig erkennen musste (LStR 2002 – Beispielsammlung, Rz 10274).

Dies ist z.B. der Fall, weil

- die Gattin des Arbeitnehmers im gleichen Betrieb arbeitet, dem Arbeitgeber deren Einkünfte bekannt sind und dem Arbeitnehmer (auf Grund der Höhe der Einkünfte der Gattin) der Alleinverdienerabsetzbetrag nicht zusteht, oder
- der Arbeitnehmer nicht pendelt, sondern im Firmenquartier schläft, dem Arbeitnehmer deshalb das Pendlerpauschale und der Pendlereuro nicht zustehen.

Eine **„Plausibilitätskontrolle"** ist demnach durchzuführen.

Siehe dazu auch Punkt 14.2.1.5.

Praxistipp: Der Arbeitgeber ist verpflichtet, die genannten Freibeträge bzw. Absetzbeträge im Rahmen der Lohnverrechnung zu berücksichtigen, sofern der Arbeitnehmer ein ordnungsgemäß ausgefülltes Formular vorlegt bzw. elektronisch übermittelt und die Angaben im Sinne einer Plausibilitätskontrolle korrekt sind. Er kann den Arbeitnehmer grundsätzlich nicht auf die Veranlagung verweisen.

14.2.1. Familienbonus Plus – Alleinverdienerabsetzbetrag – Alleinerzieherabsetzbetrag (Formular E 30)

14.2.1.1. Familienbonus Plus

Der **Familienbonus Plus** (auch „FABO+") steht für Kinder, für die **Familienbeihilfe**[280] gewährt wird und die sich ständig in einem **Mitgliedstaat der EU oder des EWR oder in der Schweiz** aufhalten, zu und beträgt

- bis zum Ablauf des Monats, in dem das Kind das 18. Lebensjahr vollendet, für jeden Kalendermonat € 125,00 (das sind maximal € 1.500,00 pro Jahr),
- nach Ablauf des Monats, in dem das Kind das 18. Lebensjahr vollendet (sofern weiterhin ein Anspruch auf Familienbeihilfe besteht), für jeden Kalendermonat € 41,68 (das sind maximal ca. € 500,00 pro Jahr) (§ 33 Abs. 3a Z 1 EStG).

Der Familienbonus Plus **erhöht sich mit Wirkung ab 1.7.2022** von monatlich € 125,00 auf € 166,68 bzw. von monatlich € 41,68 auf € 54,18.

Zur möglichen Indexierung siehe Punkt 14.2.1.4.

Für **Kinder mit ständigem Aufenthalt außerhalb der EU, des EWR und der Schweiz** steht **kein** Familienbonus Plus zu.

Der Familienbonus Plus ist wie folgt zu berücksichtigen (§ 33 Abs. 3a Z 3 EStG):

- Für ein Kind, für das im jeweiligen Monat kein Unterhaltsabsetzbetrag (→ 14.2.1.6.) zusteht: Beim Familienbeihilfenberechtigten (→ 14.2.1.6.) oder dessen (Ehe-)Partner in **voller Höhe oder** jeweils in Höhe der Hälfte (**Verhältnis 50:50**).
- Für ein Kind, für das im jeweiligen Monat ein Unterhaltsabsetzbetrag zusteht: Beim Familienbeihilfenberechtigten oder dem Unterhaltsleistenden mit Unterhaltsabsetzbetrag in **voller Höhe oder** jeweils in Höhe der Hälfte (**Verhältnis 50:50**)[281]. Für einen Monat, für den kein Unterhaltsabsetzbetrag zusteht, steht dem Unterhaltsverpflichteten kein Familienbonus Plus zu.

Die Aufteilung ist bei gleichbleibenden Verhältnissen für das gesamte Kalenderjahr einheitlich zu beantragen. Wird von den Anspruchsberechtigten die Berücksichtigung

280 Anspruch auf Familienbeihilfe für ein Kind haben Personen, die ihren Lebensmittelpunkt in Österreich haben und mit dem Kind im gemeinsamen Haushalt leben. Ein Anspruch kann auch ohne gemeinsamen Haushalt bestehen, wenn die Unterhaltskosten überwiegend getragen werden (vgl. § 2 Abs. 2 FLAG). Zuständige Behörde ist das Finanzamt. Weitere Informationen finden Sie unter www.oesterreich.gv.at.

281 Im Rahmen einer Übergangsfrist für die Kalenderjahre 2019 bis 2021 ist für getrennt lebende Partner eine ergänzende Aufteilungsvariante im Verhältnis 90:10 vorgesehen. Diese erfolgt dann, wenn ein Elternteil überwiegend (neben dem Unterhalt) bis zum 10. Lebensjahr des Kindes für die Kinderbetreuung aufkommt und diese Kosten mindestens € 1.000,00 pro Jahr betragen. Diese Aufteilungsvariante kann ausschließlich im Nachhinein im Zuge der Veranlagung (→ 15.2.) geltend gemacht werden (§ 124b Z 336 EStG).

in einer Höhe beantragt, die insgesamt über das zustehende Ausmaß hinausgeht, ist jeweils die Hälfte des monatlich zustehenden Betrags zu berücksichtigen.

Der Antrag kann **zurückgezogen** werden. Ein Zurückziehen ist bis fünf Jahre nach Eintritt der Rechtskraft des Bescheides möglich und gilt nach Eintritt der Rechtskraft als rückwirkendes Ereignis i.S.d. § 295a der BAO sowohl für den Zurückziehenden als auch für den anderen Antragsberechtigten. Wird der Antrag zurückgezogen, kann der andere Antragsberechtigte (rückwirkend) den ganzen noch zustehenden Betrag beantragen.

Beispiel 1

Die Steuerpflichtigen A und B leben in aufrechter Ehe mit einem Kind, welches das 18. Lebensjahr noch nicht vollendet hat, im gemeinsamen Haushalt (in Österreich) und beziehen das gesamte Kalenderjahr Familienbeihilfe. Es bestehen folgende Aufteilungsmöglichkeiten für den Familienbonus Plus (Werte 2021):

- A beantragt den vollen Familienbonus Plus (12 × € 125,00 = € 1.500,00) und B beantragt keinen Familienbonus Plus oder
- B beantragt den vollen Familienbonus Plus (12 × € 125,00 = € 1.500,00) und A beantragt keinen Familienbonus Plus oder
- A und B beantragen jeweils die Hälfte des Familienbonus Plus (12 × € 62,50 = € 750,00).

Wenn sowohl A als auch B zunächst beim jeweiligen Arbeitgeber die volle Berücksichtigung des Familienbonus Plus beantragen, wird die Höhe des Familienbonus Plus bei beiden Anspruchsberechtigten im Rahmen der Veranlagung auf jeweils 50% des Gesamtbetrags gekürzt. Es liegt ein Pflichtveranlagungstatbestand vor (→ 15.2.1.).

Beispiel 2

Die Steuerpflichtigen A und B haben ein gemeinsamen Kind, welches das 18. Lebensjahr noch nicht vollendet hat, und leben getrennt (in Österreich). Die Familienbeihilfe bezieht A. B steht im betroffenen Kalenderjahr aufgrund unregelmäßiger Unterhaltsleistungen nur für acht Monate der Unterhaltsabsetzbetrag zu. Der Familienbonus Plus steht wie folgt zu (Werte 2021):

- A steht für vier Monate der volle Familienbonus Plus zu (4 × € 125,00 = € 500,00).
- Für die weiteren acht Monate kann der Familienbonus Plus zwischen A und B aufgeteilt werden (je 8 × € 62,50 = € 500,00) oder von einem der beiden zur Gänze (8 × € 125,00 = € 1.000,00) beantragt werden.

Wenn A einen neuen Partner C hat, mit dem A verheiratet ist oder für mehr als sechs Monate im Kalenderjahr in einer Lebensgemeinschaft lebt, kann der Familienbonus Plus für jene vier Monate, für die A der Familienbonus Plus zur Gänze zusteht, auch von C beantragt oder zwischen A und C je zur Hälfte aufgeteilt werden.

(Ehe-)Partner im Sinne § 33 Abs. 3a Z 3 EStG ist eine Person, mit der der Familienbeihilfenberechtigte verheiratet ist, eine eingetragene Partnerschaft nach dem Eingetragene Partnerschaft-Gesetz (EPG) begründet hat oder für mehr als sechs Monate im Kalenderjahr in einer Lebensgemeinschaft lebt. Die Frist von sechs Monaten im Kalenderjahr gilt nicht, wenn dem nicht die Familienbeihilfe beziehenden Partner in den restlichen Monaten des Kalenderjahres, in denen die Lebensgemeinschaft nicht besteht, der Unterhaltsabsetzbetrag (→ 14.2.1.6.) für dieses Kind zusteht[282] (§ 33 Abs. 3a Z 4 EStG).

Hinweis: Im Rahmen des Familienbonus Plus muss kein Kind gem. § 106 EStG (→ 14.2.1.6.) vorliegen. Ein Familienbonus Plus steht daher im Jahr der Geburt auch für Kinder zu, die in der zweiten Jahreshälfte geboren wurden.

Können Niedrigverdiener mit Anspruch auf Alleinverdiener- bzw. Alleinerzieherabsetzbetrag aufgrund einer geringen oder fehlenden Lohnsteuerbelastung wenig oder nicht vom Familienbonus Plus profitieren, steht diesen ein **Kindermehrbetrag** im Rahmen der Veranlagung zu. Dieser beträgt bis zu € 350,00 pro Kalenderjahr bei der Veranlagung 2022 (davor bis zu € 250,00; ab der Veranlagung 2023 bis zu € 450,00) (→ 15.6.5.).

Praxistipp: Ein Fragen-Antworten-Katalog zum Familienbonus Plus ist auf der Website des BMF unter www.bmf.gv.at abrufbar.

14.2.1.2. Alleinverdienerabsetzbetrag

Einem Alleinverdiener, dessen Kind sich ständig in einem Mitgliedstaat der EU, in einem Vertragsstaat des EWR oder in der Schweiz aufhält, steht ein **Alleinverdienerabsetzbetrag (AVAB)** zu. Dieser beträgt jährlich

- bei einem Kind (§ 106 Abs. 1 EStG, → 14.2.1.6.) **€ 494,00** ①,
- bei zwei Kindern (§ 106 Abs. 1 EStG) **€ 669,00** ②.

Dieser Betrag erhöht sich für das dritte und jedes weitere Kind (§ 106 Abs. 1 EStG) um jeweils **€ 220,00** ③ jährlich (§ 33 Abs. 4 Z 1 EStG).

	Basisbetrag		1. Kind		2. Kind		3. Kind		AVAB
①	€ 364,00	+	€ 130,00					=	€ 494,00
②	€ 364,00	+	€ 130,00	+	€ 175,00			=	€ 669,00
③	€ 364,00	+	€ 130,00	+	€ 175,00	+	€ 220,00	=	€ 889,00

Kinderzuschläge für das (1. Kind, 2. Kind, 3. Kind)

Zur möglichen Indexierung siehe Punkt 14.2.1.4.

282 Beispiel: Trennung der Eltern im ersten Halbjahr und die gesetzliche Unterhaltsverpflichtung wird in den Monaten nach der Trennung zur Gänze erfüllt.

Für **Kinder mit ständigem Aufenthalt außerhalb der EU, des EWR und der Schweiz** steht **kein** Alleinverdienerabsetzbetrag zu.

Der Alleinverdienerabsetzbetrag steht dann zu, wenn ein Anspruch auf den österreichischen Kinderabsetzbetrag (→ 14.2.1.6.) für **mehr als sechs Monate** besteht. Es ist ausreichend, wenn ein Anspruch auf österr. Familienbeihilfe dem Grunde nach besteht (z.B. bei Überlagerung des Familienbeihilfenanspruchs auf Grund einer zwischenstaatlichen Regelung). Der Bezug einer ausländischen Familienbeihilfe ist hingegen nicht ausreichend (LStR 2002, Rz 771a mit Verweis auf VwGH 18.10.2018, Ro 2016/15/0031).

Alleinverdiener ist ein Steuerpflichtiger **mit mindestens einem Kind** (§ 106 Abs. 1 EStG),

- der **mehr als sechs Monate** im Kalenderjahr **verheiratet** oder ein (im „Partnerschaftsbuch") eingetragener Partner ist und von seinem unbeschränkt steuerpflichtigen Ehegatten oder eingetragenen Partner **nicht dauernd getrennt lebt** oder
- der **mehr als sechs Monate** im Kalenderjahr mit einer unbeschränkt steuerpflichtigen Person in einer **Lebensgemeinschaft lebt**.

Voraussetzung ist, dass der (Ehe)Partner (§ 106 Abs. 3 EStG, → 14.2.1.5.)

- Einkünfte von **höchstens € 6.000,00 jährlich** erzielt.

Der Alleinverdienerabsetzbetrag steht nur einem (Ehe)Partner zu (§ 33 Abs. 4 Z 1 EStG).

Zum Zweck der Feststellung, ob der Grenzbetrag von € 6.000,00[283] überschritten wurde, ist grundsätzlich folgende Berechnung vorzunehmen:

	Jährlicher Bruttobezug (inkl. Sonderzahlungen, → 23.1.)
–	steuerfreie Bezugsbestandteile gem. § 3 Abs. 1 EStG[284] (→ 21.2.)
–	steuerfreie bzw. nicht besteuerte sonstige Bezüge (→ 23.3.2.1.)
–	steuerfreie Teile der Zulagen und Zuschläge gem. § 68 Abs. 1, 2, 6 und 7 EStG (→ 18.3.1.)
–	Dienstnehmeranteil zur Sozialversicherung (→ 11.4., → 23.3.1.)
–	Werbungskosten, zumindest das jährliche Werbungskostenpauschale (→ 14.1.1.)
–	Pendlerpauschale (→ 14.2.2.)
=	**Vergleichsbetrag** (LStR 2002, Rz 774)

Bei Ermittlung des Grenzbetrags (Vergleichsbetrag) ist **immer von den Jahreseinkünften** auszugehen. Daher sind bei Verehelichung/Begründung der eingetragenen Partnerschaft, Scheidung/Auflösung der eingetragenen Partnerschaft oder bei Tod des (Ehe)Partners für die Ermittlung des Grenzbetrags immer die Gesamteinkünfte

283 Der „Gesamtbetrag der Einkünfte" (→ 7.3.) einschließlich der Einkünfte aus (auch endbesteuerten) Kapitalvermögen (z.B. Zinsen, Aktiendividenden) sowie steuerpflichtigen Einkünften aus privaten Grundstücksveräußerungen darf diesen Betrag nicht überschreiten.

284 **Nicht abzuziehen sind** steuerfreie Bezüge
- nach § 3 Abs. 1 Z 4 lit. a EStG (Wochengeld und vergleichbare Bezüge),
- nach § 3 Abs. 1 Z 10 EStG (Einkünfte für eine begünstigte Auslandstätigkeit),
- nach § 3 Abs. 1 Z 11 EStG (Einkünfte der Aushilfskräfte und der Entwicklungshelfer),
- nach § 3 Abs. 1 Z 32 EStG (Einkünfte von Abgeordneten zum EU-Parlament)

und solche
- auf Grund zwischenstaatlicher oder anderer völkerrechtlicher Vereinbarungen (§ 33 Abs. 4 Z 1 EStG) (→ 21.2.).

des (Ehe)Partners maßgeblich. So sind dann, wenn die Verehelichung oder Begründung der eingetragenen Partnerschaft im Laufe eines Kalenderjahrs erfolgt, die Einkünfte des (Ehe)Partners sowohl aus der Zeit vor wie auch nach der Verehelichung oder Begründung der eingetragenen Partnerschaft in die Ermittlung des Grenzbetrags einzubeziehen. Analog dazu sind bei einer Scheidung oder Auflösung der eingetragenen Partnerschaft die Einkünfte des (Ehe)Partners nach der Scheidung oder Auflösung der eingetragenen Partnerschaft miteinzubeziehen. Auch der Bezug einer Witwen-(Witwer-)Pension nach dem Tod des Ehepartners oder eingetragenen Partners in einer den Grenzbetrag übersteigenden Höhe ist für den Alleinverdienerabsetzbetrag schädlich (LStR 2002, Rz 775).

Weitere Erläuterungen zum Alleinverdienerabsetzbetrag finden Sie in den Lohnsteuerrichtlinien 2002 unter den Randzahlen 771 bis 789.

14.2.1.3. Alleinerzieherabsetzbetrag

Einem Alleinerzieher, dessen Kind sich ständig in einem Mitgliedstaat der EU, in einem Vertragsstaat des EWR oder in der Schweiz aufhält, steht ein **Alleinerzieherabsetzbetrag (AEAB)** zu. Dieser beträgt jährlich

- bei einem Kind (§ 106 Abs. 1 EStG, → 14.2.1.6.) **€ 494,00** ①,
- bei zwei Kindern (§ 106 Abs. 1 EStG) **€ 669,00** ②.

Dieser Betrag erhöht sich für das dritte und jedes weitere Kind (§ 106 Abs. 1 EStG) um jeweils **€ 220,00** ③ jährlich (§ 33 Abs. 4 Z 2 EStG).

	Basisbetrag		Kinderzuschläge für das 1. Kind		2. Kind		3. Kind		AEAB
①	€ 364,00	+	€ 130,00					=	€ 494,00
②	€ 364,00	+	€ 130,00	+	€ 175,00			=	€ 669,00
③	€ 364,00	+	€ 130,00	+	€ 175,00	+	€ 220,00	=	€ 889,00

Zur möglichen Indexierung siehe Punkt 14.2.1.4.

Für **Kinder mit ständigem Aufenthalt außerhalb der EU, des EWR und der Schweiz** steht **kein** Alleinerzieherabsetzbetrag zu.

Der Alleinerzieherabsetzbetrag steht dann zu, wenn ein Anspruch auf den österreichischen Kinderabsetzbetrag (→ 14.2.1.6.) für **mehr als sechs Monate** besteht. Es ist ausreichend, wenn ein Anspruch auf österreichische Familienbeihilfe dem Grunde nach besteht (z.B. bei Überlagerung des Familienbeihilfenanspruchs auf Grund einer zwischenstaatlichen Regelung). Der Bezug einer ausländischen Familienbeihilfe ist hingegen nicht ausreichend (LStR 2002, Rz 771a mit Verweis auf VwGH 18.10.2018, Ro 2016/15/0031).

Alleinerzieher ist ein Steuerpflichtiger, der mit mindestens einem Kind (§ 106 Abs. 1 EStG)

- **mehr als sechs Monate** im Kalenderjahr **nicht in einer Gemeinschaft** mit einem (Ehe)Partner **lebt** (§ 33 Abs. 4 Z 2 EStG).

Zuordnungsbeispiele

	Beispiele	Für dieses Kalenderjahr besteht Anspruch auf AVAB	AEAB
1.	Ein bisher alleinerziehender Arbeitnehmer mit Kind heiratet im August[285] einen nicht berufstätigen Ehepartner.	nein	ja
2 a.	Die Ehe eines bisher verheirateten Arbeitnehmers mit Kind wird im August geschieden. Sein (bisheriger) Ehepartner hat in diesem Jahr Einkünfte von weniger als € 6.000,00.	ja	nein
b.	Die Ehe wird im August nicht geschieden; der Arbeitnehmer lebt ab August lediglich von seinem Ehepartner getrennt.	ja	nein
3.	Ein alleinstehender Arbeitnehmer hat ab April Anspruch auf Familienbeihilfe, er heiratet im August[285]; sein Ehepartner ist einkommenslos.	nein	ja
4.	Ein einkommensloser alleinstehender Steuerpflichtiger mit Kind bezieht ganzjährig Familienbeihilfe.		
a.	Er lebt ab April in einer Lebensgemeinschaft.		
	Für den verdienenden Partner gilt:	ja	nein
b.	Er lebt ab August in einer Lebensgemeinschaft.		
	Für den verdienenden Partner gilt:	nein	nein
	Für den einkommenslosen Partner gilt:	nein	ja

14.2.1.4. Indexierung der Absetzbeträge

Für **Kinder mit ständigem Aufenthalt in einem anderen Mitgliedstaat der EU, Staat des EWR sowie der Schweiz** werden der Familienbonus Plus sowie der Alleinverdiener- bzw. Alleinerzieherabsetzbetrag (und auch der Unterhaltsabsetzbetrag sowie der Kindermehrbetrag, → 15.6.5.) anhand der tatsächlichen Lebenshaltungskosten jedes zweite Jahr **indexiert** (§ 33 Abs. 3a Z 2 und Abs. 4 Z 4 EStG). Dazu wird die Höhe der Absetzbeträge auf Basis der vom Statistischen Amt der EU veröffentlichten vergleichenden Preisniveaus für jeden einzelnen Mitgliedstaat der EU, Vertragsstaat des EWR sowie für die Schweiz im Verhältnis zu Österreich bestimmt. Die seit 1.1.2021 heranzuziehenden Absetzbeträge wurden auf Basis der zum Stichtag 1.6.2020 veröffentlichten Werte angepasst und mittels Verordnung kundgemacht (vgl. Familienbonus Plus-Absetzbeträge-EU-Anpassungsverordnung vom 28.9.2018, BGBl II 2018/257 i.d.F. BGBl II 2020/417).

285 Und lebt erst ab diesem Zeitpunkt in einer Partnerschaft.

Familienbonus Plus:

Basisbetrag	**€ 125,00**	**€ 41,68**
Staat, in dem sich die Kinder ständig aufhalten	**Angepasster Betrag in Euro**	**Angepasster Betrag in Euro**
Belgien	128,13	42,72
Bulgarien	58,00	19,34
Dänemark	158,00	52,68
Deutschland	119,13	39,72
Estland	92,63	30,88
Finnland	140,63	46,89
Frankreich	126,75	42,26
Griechenland	96,50	32,18
Irland	148,00	49,35
Island	181,13	60,39
Italien	115,50	38,51
Kroatien	78,25	26,09
Lettland	85,38	28,47
Liechtenstein	125,00	41,68
Litauen	75,88	25,30
Luxemburg	144,50	48,18
Malta	95,00	31,68
Niederlande	128,88	42,97
Norwegen	168,50	56,18
Polen	66,38	22,13
Portugal	99,38	33,14
Rumänien	60,38	20,13
Schweden	137,88	45,97
Schweiz	174,00	58,02
Slowakei	88,88	29,63
Slowenien	97,25	32,43
Spanien	106,75	35,59
Tschechien	81,88	27,30
Ungarn	71,88	23,97
Vereinigtes Königreich*	134,00	44,68
Zypern	100,25	33,43

*) Für Kinder, die sich ständig im Vereinigten Königreich aufhalten, stehen Familienbonus Plus, Alleinverdiener- bzw Alleinerzieherabsetzbetrag, Kinderabsetzbetrag, Unterhaltsabsetzbetrag und Kindermehrbetrag nach Auslaufen der Übergangsperiode (31.12.2020) nicht mehr zu.

Alleinverdiener- und Alleinerzieherabsetzbetrag:

Basisbetrag	**bei einem Kind € 494,00**	**für das zweite Kind € 175,00**	**für jedes weitere Kind € 220,00**
Staat, in dem sich die Kinder ständig aufhalten	**Angepasster Betrag in Euro**	**Angepasster Betrag in Euro**	**Angepasster Betrag in Euro**
Belgien	506,35	179,38	225,50
Bulgarien	229,22	81,20	102,08
Dänemark	624,42	221,20	278,08
Deutschland	470,78	166,78	209,66
Estland	366,05	129,68	163,02
Finnland	555,75	196,88	247,50
Frankreich	500,92	177,45	223,08
Griechenland	381,37	135,10	169,84
Irland	584,90	207,20	260,48
Island	715,81	253,58	318,78
Italien	456,46	161,70	203,28
Kroatien	309,24	109,55	137,72
Lettland	337,40	119,53	150,26
Liechtenstein	494,00	175,00	220,00
Litauen	299,86	106,23	133,54
Luxemburg	571,06	202,30	254,32
Malta	375,44	133,00	167,20
Niederlande	509,31	180,43	226,82
Norwegen	665,91	235,90	296,56
Polen	262,31	92,93	116,82
Portugal	392,73	139,13	174,90
Rumänien	238,60	84,53	106,26
Schweden	544,88	193,03	242,66
Schweiz	687,65	243,60	306,24
Slowakei	351,23	124,43	156,42
Slowenien	384,33	136,15	171,16
Spanien	421,88	149,45	187,88
Tschechien	323,57	114,63	144,10
Ungarn	284,05	100,63	126,50
Vereinigtes Königreich*	529,57	187,60	235,84
Zypern	396,19	140,35	176,44

*) Für Kinder, die sich ständig im Vereinigten Königreich aufhalten, stehen Familienbonus Plus, Alleinverdiener- bzw Alleinerzieherabsetzbetrag, Kinderabsetzbetrag, Unterhaltsabsetzbetrag und Kindermehrbetrag nach Auslaufen der Übergangsperiode (31.12.2020) nicht mehr zu.

Praxistipp: Die Lohnverrechnungsprogramme sehen in vielen Fällen die Möglichkeit vor, den Aufenthaltsstaat des Kindes und damit die Indexierung automatisch zu berücksichtigen. Andernfalls sind im Rahmen der Berechnung der Lohnsteuer (z.B. über die Effektiv-Lohnsteuertabelle) statt den Standardsätzen die indexierten Beträge von Familienbonus Plus und/oder Alleinverdiener- bzw. Alleinerzieherabsetzbetrag durch den Arbeitgeber zu berücksichtigen.

Für **Kinder mit ständigem Aufenthalt außerhalb der EU, des EWR und der Schweiz** steht **kein** Familienbonus Plus und kein Alleinverdiener- bzw. Alleinerzieherabsetzbetrag zu.

Eine Indexierung ist auch für den Kinderabsetzbetrag vorgesehen, welcher mit der (ebenfalls indexierten) Familienbeihilfe zur Auszahlung gebracht wird (§ 33 Abs. 3 EStG i.V.m. Familienbeihilfe-Kinderabsetzbetrag-EU-Anpassungsverordnung vom 17.11.2020, BGBl II 2020/482).

14.2.1.5. Berücksichtigung des FABO+, AVAB bzw. AEAB durch den Arbeitgeber (Formular E 30)

Für die Inanspruchnahme des Familienbonus Plus und/oder des Alleinverdiener- oder des Alleinerzieherabsetzbetrags **hat der Arbeitnehmer dem Arbeitgeber** auf einem amtlichen Formular (E 30) **eine Erklärung** über das Vorliegen der Voraussetzungen gem. § 33 Abs. 3a, Abs. 4 Z 1 oder 2 EStG **abzugeben oder elektronisch zu übermitteln** (§ 129 Abs. 1 EStG).

In dieser Erklärung ist **anzugeben**:

- Für die Inanspruchnahme des **Alleinverdienerabsetzbetrages**:
  - Name und Versicherungsnummer des (Ehe-)Partners (§ 106 Abs. 3 EStG)
  - Name und Versicherungsnummer von Kindern (§ 106 Abs. 1 EStG)
  - Wohnsitz von Kindern
- Für die Inanspruchnahme des **Alleinerzieherabsetzbetrages**:
  - Name und Versicherungsnummer von Kindern (§ 106 Abs. 1)
  - Wohnsitz von Kindern
- Für die Inanspruchnahme eines **Familienbonus Plus:**
  - Name, Versicherungsnummer, Geburtsdatum und Wohnsitzstaat des Kindes, für das ein Familienbonus Plus berücksichtigt werden soll,
  - ob der Arbeitnehmer der Familienbeihilfenberechtigte oder dessen (Ehe-)Partner (§ 33 Abs. 3a Z 5 EStG) ist,
  - ob der Arbeitnehmer den gesetzlichen Unterhalt für ein nicht haushaltszugehöriges Kind leistet,
  - ob der Familienbonus Plus zur Gänze oder zur Hälfte berücksichtigt werden soll.

  Weiters ist dem Arbeitgeber für die Inanspruchnahme eines Familienbonus Plus ein **Nachweis** über den Familienbeihilfenanspruch oder über die Unterhaltsleistung vorzulegen oder elektronisch zu übermitteln.

(§ 129 Abs. 2 EStG).

Die Erbringung des Nachweises über die Unterhaltsleistung kann beispielsweise durch einen aktuellen Zahlungsnachweis erfolgen (LStR 2002, Rz 789a).

Formular E 30 (Auszug):

Bei der Arbeitgeberin/dem Arbeitgeber/der pensionsauszahlenden Stelle eingelangt am

An

Zutreffendes bitte ankreuzen!

Name/Bezeichnung der Arbeitgeberin/des Arbeitgebers/der pensionsauszahlenden Stelle

Datenschutzerklärung auf www.bmf.gv.at/datenschutz oder auf Papier in allen Finanz- und Zolldienststellen

Erklärung zur Berücksichtigung beim Arbeitgeber:

1. Alleinverdienerabsetzbetrag 1)
2. Alleinerzieherabsetzbetrag 1)
3. Familienbonus Plus
4. Behinderungsbedingte Freibeträge für außergewöhnliche Belastungen 1)
5. Erhöhter Pensionistenabsetzbetrag 1)

Achtung: Dieses Formular darf nur von Personen verwendet werden, die **in Österreich einen Wohnsitz oder gewöhnlichen Aufenthalt haben**

Angaben zur Antragstellerin/zum Antragsteller

Familien- oder Nachname und Vorname (in Blockschrift)	Versicherungsnummer lt. e-card	Geburtsdatum (TTMMJJ)

Postleitzahl	Wohnanschrift

1. Alleinverdienerabsetzbetrag

☐ **Ich beanspruche den Alleinverdienerabsetzbetrag**

Der Alleinverdienerabsetzbetrag steht zu, wenn Sie mehr als sechs Monate im Kalenderjahr in einer bestehenden Partnerschaft (Ehe, Lebensgemeinschaft, eingetragene Partnerschaft) leben und wenn Sie oder Ihre Partnerin/Ihr Partner für mindestens sieben Monate während dieses Zeitraumes für mindestens ein Kind Familienbeihilfe erhalten. Die Einkünfte der Partnerin/des Partners dürfen nicht mehr als 6.000 Euro betragen. Sie und Ihre Partnerin/Ihr Partner müssen unbeschränkt steuerpflichtig sein.

Bitte tragen Sie die Kinder in die Tabelle unter Punkt 2 ein.

Familien- oder Nachname und Vorname **der Partnerin/des Partners**	Versicherungsnummer lt. e-card	Geburtsdatum (TTMMJJ)

☐ Meine Partnerin/Mein Partner bezieht Einkünfte von höchstens 6.000 Euro im Kalenderjahr. Wir (ich oder meine Partnerin/mein Partner) beziehen **für mindestens sieben Monate** im Kalenderjahr Familienbeihilfe.

2. Alleinerzieherabsetzbetrag

☐ **Ich beanspruche den Alleinerzieherabsetzbetrag**

Der Alleinerzieherabsetzbetrag steht zu, wenn Sie mehr als sechs Monate im Kalenderjahr nicht in einer Partnerschaft (Ehe, Lebensgemeinschaft, eingetragene Partnerschaft) leben und während dieses Zeitraumes Familienbeihilfe für mindestens ein Kind erhalten.

Für Punkt 1 und 2: Angaben zu Kindern gemäß § 106 Abs. 1 Einkommensteuergesetz 1988

Voraussetzung für die Berücksichtigung des Alleinverdiener-/Alleinerzieherabsetzbetrages ist, dass im Kalenderjahr für das jeweilige Kind für ***mindestens sieben Monate*** *Familienbeihilfe bezogen worden ist (durch Antragstellerin/Antragsteller oder Partnerin/Partner). Bei Wegfall bitte die Meldepflicht beachten!*

Familien- oder Nachname und Vorname **des Kindes** 3)	Versicherungsnummer lt. e-card	Geburtsdatum (TTMMJJ)	Wohnsitzstaat 2)

Bundesministerium Finanzen www.bmf.gv.at

1) *Haben Sie gleichzeitig mehrere Dienstverhältnisse, dürfen Sie die Erklärung nur bei einer Arbeitgeberin/einem Arbeitgeber bzw. nur einer pensionsauszahlenden Stelle abgeben.*
2) *Geben Sie für den Wohnsitzstaat das internationale Kfz-Kennzeichen an - z. B. für Österreich A*
3) *Sollen mehr als sechs Kinder berücksichtigt werden, geben Sie ein weiteres Formular E 30 ab.*

E 30-PDF Bundesministerium für Finanzen

E 30, Seite 1, Version vom 05.10.2018

3. Familienbonus Plus (ab 2019)

Beachten Sie bitte:

- *Der Familienbonus Plus kann für jedes Kind **höchstens einmal zur Gänze** berücksichtigt werden.*
- *Wurde ein Familienbonus Plus berücksichtigt, obwohl die Voraussetzungen nicht vorlagen oder ergibt sich, dass ein zu hoher Betrag berücksichtigt wurde, führt dies zu einer Pflichtveranlagung!*
- *Wenn Sie eine Steuererklärung (L 1, E 1) abgeben, vergessen Sie nicht, den Familienbonus Plus zu beantragen. Andernfalls kommt es zu einer Nachversteuerung, wenn er bereits während des Jahres berücksichtigt worden ist. Sie können bei der Veranlagung auch eine andere Aufteilung beantragen.*

*Wenn Sie **Familienbeihilfenbezieher** oder **(Ehe)Partnerin/(Ehe)Partner** 5) des Familienbeihilfenbeziehers sind, ist nur Punkt **3.1** für Sie relevant. Wenn Sie **Unterhaltszahler** sind, ist nur Punkt **3.2** für Sie relevant.*

3.1 Familienbonus Plus beim Familienbeihilfenbezieher oder (Ehe)Partner 5) des Familienbeihilfenbeziehers:

*Wenn Sie **Familienbeihilfenbezieherin/Familienbeihilfenbezieher** sind, **beachten Sie bitte:***

*Wenn Sie für das Kind **keine Unterhaltszahlungen (Alimente)** erhalten, gilt Folgendes:*

- *Sie können erklären, dass der **ganze** Familienbonus Plus bei Ihnen in der Lohnverrechnung berücksichtigt werden soll; in diesem Fall darf Ihre (Ehe)Partnerin/Ihr (Ehe)Partner keinen Familienbonus Plus bei seinem/ihrem Arbeitgeber beanspruchen.*
- *Sie können erklären, dass der **halbe** Familienbonus Plus bei Ihnen in der Lohnverrechnung berücksichtigt werden soll; in diesem Fall kann Ihre (Ehe)Partnerin/Ihr (Ehe)Partner ebenfalls den halben Familienbonus Plus bei seinem/ihrem Arbeitgeber beanspruchen.*

*Wenn Sie für das Kind **Unterhaltszahlungen (Alimente)** erhalten, gilt Folgendes:*

- *Sie können erklären, dass der **halbe** Familienbonus Plus bei Ihnen berücksichtigt werden soll; in diesem Fall kann der/die Unterhaltsverpflichtete ebenfalls den halben Familienbonus Plus bei seinem/ihrem Arbeitgeber beanspruchen, sofern er/sie den Unterhalt auch tatsächlich leistet.*
- *Bei Einvernehmen mit dem anderen Elternteil können Sie erklären, dass der **ganze** Familienbonus Plus bei Ihnen berücksichtigt werden soll; in diesem Fall darf der/die Unterhaltsverpflichtete keinen Familienbonus Plus bei seinem/ihrem Arbeitgeber beanspruchen.*
- *Sollten Sie eine neue (Ehe)Partnerschaft eingegangen sein, kann Ihre (Ehe)Partnerin/Ihr (Ehe)Partner keinen Familienbonus Plus beanspruchen.*

*Wenn Sie **(Ehe)Partnerin/(Ehe)Partner** des Familienbeihilfenbeziehers sind, **beachten Sie bitte:***

- *Sie können keinen Familienbonus Plus beantragen, wenn für das Kind Unterhaltszahlungen (Alimente) geleistet werden.*
- *Sie können erklären, dass der **ganze** Familienbonus Plus bei Ihnen in der Lohnverrechnung berücksichtigt werden soll; in diesem Fall darf die Familienbeihilfenbezieherin/der Familienbeihilfenbezieher keinen Familienbonus Plus bei ihrem/seinem Arbeitgeber beanspruchen.*
- *Sie können erklären, dass der **halbe** Familienbonus Plus bei Ihnen in der Lohnverrechnung berücksichtigt werden soll; in diesem Fall kann die Familienbeihilfenbezieherin/der Familienbeihilfenbezieher ebenfalls den halben Familienbonus Plus bei ihrem/seinem Arbeitgeber beanspruchen.*

☐ **Ich beanspruche den Familienbonus Plus für ein Kind, für das ich oder meine (Ehe)Partnerin/mein (Ehe)Partner 5) die Familienbeihilfe beziehe**

Der Nachweis über den Familienbeihilfenanspruch liegt bei. Für dieses Kind wurde von mir bei keinem anderen Arbeitgeber ein Familienbonus Plus beansprucht.

Hinweis: Die Bestätigung über den Familienbeihilfenanspruch erhalten Sie über Finanz-Online oder bei Ihrem zuständigen Finanzamt

Familien- oder Nachname und Vorname des Kindes 4)	Versicherungsnummer lt. e-card	Geburtsdatum (TTMMJJ)	Wohnsitzstaat 3)	Familienbeihilfenbezieher ICH	Familienbeihilfenbezieher (Ehe)Partner	Ganzer Familienbonus Plus	Halber Familienbonus Plus
				☐	☐	☐	☐
				☐	☐	☐	☐
				☐	☐	☐	☐
				☐	☐	☐	☐
				☐	☐	☐	☐
				☐	☐	☐	☐

3) Geben Sie für den Wohnsitzstaat das internationale Kfz-Kennzeichen an - z. B. für Österreich A

4) Sollen mehr als sechs Kinder berücksichtigt werden, geben Sie ein weiteres Formular E 30 ab.

5) (Ehe-)Partner im Sinne des Familienbonus Plus ist eine Person, mit der der Familienbeihilfenberechtigte verheiratet ist, eine eingetragene Partnerschaft nach dem Eingetragene Partnerschaft-Gesetz - EPG begründet hat oder für mehr als sechs Monate im Kalenderjahr in einer Lebensgemeinschaft lebt.

E 30, Seite 2, Version vom 05.10.2018

3.2 Familienbonus Plus beim Unterhaltszahler

*Wenn Sie **Unterhaltsverpflichtete(r)** sind, **beachten Sie bitte:***

- *Der Familienbonus Plus kann nur für ein Kind berücksichtigt werden, für das Familienbeihilfe bezogen wird.*
- *Der Familienbonus Plus setzt voraus, dass Sie für das Kind den gesetzlichen Unterhalt in der vorgeschriebenen Höhe leisten. Er steht Ihnen für das gesamte Kalenderjahr nur zu, wenn Sie auch für das gesamte Kalenderjahr den vollen gesetzlichen Unterhalt leisten.*
- *Sie können erklären, dass der **halbe** Familienbonus Plus bei Ihnen berücksichtigt werden soll; in diesem Fall kann der/die Familienbeihilfenberechtigte ebenfalls den halben Familienbonus Plus bei seinem/ihrem Arbeitgeber beanspruchen.*
- *Bei Einvernehmen mit dem anderen Elternteil können Sie erklären, dass der **ganze** Familienbonus Plus bei Ihnen berücksichtigt werden soll; in diesem Fall darf der/die Familienbeihilfenberechtigte keinen Familienbonus Plus bei seinem/ihrem Arbeitgeber beanspruchen.*

☐ **Ich beanspruche den Familienbonus Plus für ein nicht haushaltszugehöriges Kind, für das Familienbeihilfe bezogen wird und bestätige, dass ich den vollen gesetzlichen Unterhalt (Alimente) für dieses Kind leiste**

Der Nachweis über die Unterhaltsleistung liegt bei (zB Zahlungsnachweis über bisherige Unterhaltszahlungen). Für dieses Kind wurde von mir bei keinem anderen Arbeitgeber ein Familienbonus Plus beansprucht.

Familien- oder Nachname und Vorname des Kindes 4)	Versicherungsnummer lt. e-card	Geburtsdatum (TTMMJJ)	Wohnsitzstaat 3)	Ganzer Familienbonus Plus	Halber Familienbonus Plus
				☐	☐
				☐	☐
				☐	☐
				☐	☐
				☐	☐
				☐	☐

Datum, Unterschrift

E 30, Seite 3, Version vom 05.10.2018

Der Arbeitgeber hat die Erklärung des Arbeitnehmers zum Lohnkonto (§ 76 EStG, → 10.1.2.1.) zu nehmen.

Änderungen der Verhältnisse muss der Arbeitnehmer dem Arbeitgeber **innerhalb eines Monats** (unter Zuhilfenahme des amtlichen Formulars E 31) melden. Ab dem Zeitpunkt der Meldung über die Änderung der Verhältnisse hat der Arbeitgeber die Absetzbeträge, beginnend mit dem von der Änderung betroffenen Monat, nicht mehr oder in geänderter Höhe zu berücksichtigen (§ 129 Abs. 4 EStG).

Beim Familienbonus Plus sind dem Arbeitgeber beispielsweise folgende Änderungen bekannt zu geben:

- Wegfall der Familienbeihilfe
- Änderung des Wohnsitzstaates des Kindes
- Wechsel des Familienbeihilfeberechtigten
- Wegfall des Anspruches auf den Unterhaltsabsetzbetrag.

Dies kann eine Aufrollung erforderlich machen (LStR 2002, Rz 789b).

Die Erklärung für die Inanspruchnahme des Alleinverdiener- oder des Alleinerzieherabsetzbetrags darf gleichzeitig **nur einem Arbeitgeber vorgelegt oder elektronisch übermittelt** werden (§ 129 Abs. 5 EStG).

Beim **Familienbonus Plus** ist Folgendes zu berücksichtigen:

- Die Erklärung für die Inanspruchnahme eines Familienbonus Plus darf von jedem Anspruchsberechtigten **für ein Kind nur einem Arbeitgeber** vorgelegt oder elektronisch übermittelt werden.
- Der Arbeitgeber darf einen Familienbonus Plus **nicht für Zeiträume** berücksichtigen, für die für das Kind **kein Anspruch auf Familienbeihilfe** besteht.
- Bei gleichbleibenden Verhältnissen entfaltet eine Erklärung über eine Änderung der Höhe des zu berücksichtigenden Familienbonus Plus erst ab Beginn des folgenden Kalenderjahres Wirkung.
- Der Arbeitgeber darf einen Familienbonus Plus nur bis zu dem Monat berücksichtigen, in dem das **Kind das 18. Lebensjahr vollendet**. Nach Ablauf dieses Monats darf ein Familienbonus Plus nur berücksichtigt werden, wenn dem Arbeitgeber neuerlich eine Erklärung mit den dort vorgesehenen Nachweisen vorgelegt oder elektronisch übermittelt wird (§ 129 Abs. 6 EStG)[286].

Eine **Haftung des Arbeitgebers** für die korrekte Einbehaltung der Lohnsteuer (→ 10.1.2.1.) besteht nur insoweit, als dieser die Lohnsteuer auf Basis einer offensichtlich unrichtigen Erklärung des Arbeitnehmers unrichtig berechnet (§ 129 Abs. 7 EStG).

Legt der Arbeitnehmer dem Arbeitgeber einen Nachweis über die bisher erfolgte Unterhaltszahlung vor und wird diese zum Lohnkonto genommen, löst die **spätere Säumigkeit des Unterhaltsverpflichteten** keine Haftung des Arbeitgebers hinsichtlich des Familienbonus Plus aus. Hat der Arbeitgeber die Lohnsteuer unter Berücksichtigung von Erklärungen des Arbeitnehmers richtig berechnet und einbehalten, führt eine nachträgliche Berichtigung – z.B. im Rahmen der Arbeitnehmerveranlagung – nicht zur Annahme einer unrichtigen Einbehaltung und Abfuhr der Lohnsteuer. Bei offensichtlich unrichtigen Angaben darf der Arbeitgeber den Familienbonus Plus nicht berücksichtigen. Eine Haftung des Arbeitgebers wegen unrichtiger

286 Bei Geburtstag z.B. am 2.3. darf nach Ansicht des BMF ab April keine Berücksichtigung mehr erfolgen (LStR 2002, Rz 789c).

Angaben in der Erklärung des Arbeitnehmers besteht nur dann, wenn offensichtlich unrichtige Erklärungen des Arbeitnehmers beim Steuerabzug berücksichtigt wurden – folglich in Fällen von **grober Fahrlässigkeit oder Vorsatz**. Dies gilt auch hinsichtlich der Berücksichtigung des Alleinverdiener- bzw. Alleinerzieherabsetzbetrages (LStR 2002, Rz 789a).

Erklärungen betreffend die Berücksichtigung des Familienbonus Plus bzw. des Alleinverdiener-(Alleinerzieher-)Absetzbetrags, der Nachweis über den Familienbeihilfenbezug bzw. die Unterhaltsverpflichtung und -zahlung bei Berücksichtigung des Familienbonus Plus sowie die Meldung über deren Wegfall oder Änderungen sind im Original **beim Lohnkonto aufzubewahren**. Die Aufbewahrung kann entweder in Papierform oder durch Erfassung auf Datenträgern erfolgen, sofern die vollständige, geordnete, inhaltsgleiche und urschriftgetreue Wiedergabe bis zum Ablauf der gesetzlichen Aufbewahrungsfrist jederzeit gewährleistet ist. Die urschriftgetreue Wiedergabe kann beispielsweise durch Erfassung auf einer optischen Speicherplatte, durch Mikroverfilmung oder durch Einscannen sichergestellt werden. Außerdem können diese Unterlagen an anderer Stelle (z.B. bei den Personalakten) körperlich oder auf Datenträgern abgelegt werden, sofern das jeweilige Lohnkonto einen eindeutigen Hinweis auf die Art der Unterlage und den Ablageort enthält (LStR 2002, Rz 1185).

Nach Ablauf des Kalenderjahrs können der Familienbonus Plus sowie der Alleinverdiener- oder der Alleinerzieherabsetzbetrag nur mehr im Weg einer Veranlagung (→ 15.) berücksichtigt werden.

Stehen Familienbonus Plus bzw. Alleinverdiener- oder Alleinerzieherabsetzbetrag **nicht zu**, wurden diese aber bei der laufenden Lohnverrechnung (auch während eines Teils des Kalenderjahrs) berücksichtigt, ist eine Pflichtveranlagung durchzuführen. Es besteht Steuererklärungspflicht, und zwar auch dann, wenn der Absetzbetrag während eines Teils des Kalenderjahrs zu Recht gewährt wurde, die Voraussetzungen aber weggefallen sind und das zu veranlagende Einkommen mehr als € 12.000,00 betragen hat (LStR 2002, Rz 788).

Wirkt sich **bei geringen Einkünften** der in der Lohnsteuertabelle eingebaute Alleinverdiener- oder der Alleinerzieherabsetzbetrag nicht aus, erhalten Alleinverdiener bzw. Alleinerzieher den Alleinverdiener- oder Alleinerzieherabsetzbetrag **im Weg der Veranlagung gutgeschrieben** (siehe Beispiele 16b und 16c) (§ 33 Abs. 8 Z 1 EStG).

14.2.1.6. Kinder, (Ehe)Partnerschaften i.S.d. § 106 EStG

Hinweis: Im Rahmen des Familienbonus Plus muss kein Kind gem. § 106 EStG (→ 14.2.1.6.) vorliegen. Ein Familienbonus Plus steht daher im Jahr der Geburt auch für Kinder zu, die in der zweiten Jahreshälfte geboren wurden. Dies gilt jedoch nicht für die Gewährung des Kindermehrbetrags (→ 15.6.5.).

Als **Kinder** i.S.d. EStG gelten Kinder, für die dem Steuerpflichtigen oder seinem (Ehe)Partner

- **mehr als sechs Monate** im Kalenderjahr ein **Kinderabsetzbetrag**[287] zusteht (§ 106 Abs. 1 EStG).

Ob es sich um ein gemeinsames Kind der Partner handelt, ist unmaßgeblich. Das Kind muss allerdings – während der bestehenden Partnerschaft – für mehr als sechs Monate im Kalenderjahr Anspruch auf den Kinderabsetzbetrag vermitteln.

Als Kinder i.S.d. EStG gelten auch Kinder, für die dem Steuerpflichtigen

- **mehr als sechs Monate** im Kalenderjahr ein **Unterhaltsabsetzbetrag**[288] zusteht (§ 106 Abs. 2 EStG).

Diese Bestimmung bewirkt beispielsweise, dass unterhaltsverpflichtete Steuerpflichtige für alimentierte Kinder steuerwirksam Sonderausgaben (→ 14.1.2.) leisten können.

Leistet er für mehr als ein nicht haushaltszugehöriges Kind den gesetzlichen Unterhalt, so steht ihm für das **zweite Kind** ein Absetzbetrag von

- **€ 43,80 monatlich**

und **für jedes weitere Kind** ein Absetzbetrag von jeweils

- **€ 58,40 monatlich** zu.

Erfüllen mehrere Personen in Bezug auf ein Kind die Voraussetzungen für den Unterhaltsabsetzbetrag, so steht der Absetzbetrag nur einmal zu (§ 33 Abs. 4 Z 3 EStG).

Der Unterhaltsabsetzbetrag steht in allen Fällen, in denen eine behördliche Festsetzung der Unterhaltsleistung bzw. ein schriftlicher Vertrag nicht vorliegt, nur dann für jeden Kalendermonat zu, wenn

- der vereinbarten **Unterhaltsverpflichtung** in vollem Ausmaß **nachgekommen** wurde und
- die von den Gerichten angewendeten sog. **Regelbedarfsätze nicht unterschritten** wurden (LStR 2002, Rz 801; vgl. dazu zuletzt u.a. auch VwGH 21.12.2016, Ro 2015/13/0008).

Dieser Umstand ist im **Veranlagungsverfahren** nachzuweisen.

Für Unterhaltsleistungen an **volljährige Kinder**, für die keine Familienbeihilfe ausbezahlt wird, steht **kein Unterhaltsabsetzbetrag** zu (LStR 2002, Rz 795).

(Ehe)Partner ist eine Person,

- mit der der Steuerpflichtige **verheiratet** ist oder
- mit **mindestens einem Kind** (Abs. 1) in einer **Lebensgemeinschaft** lebt.

Einem (Ehe)Partner ist gleichzuhalten, wer in einer Partnerschaft i.S.d. Eingetragene Partnerschaft-Gesetzes – EPG eingetragen ist (→ 3.6.) (§ 106 Abs. 3 EStG).

---

287 Steuerpflichtigen, denen auf Grund des FLAG Familienbeihilfe gewährt wird, steht im **Weg der gemeinsamen Auszahlung** (grundsätzlich durch das Wohnsitzfinanzamt, → 15.1.) **mit der Familienbeihilfe** ein Kinderabsetzbetrag von **€ 58,40 monatlich** pro Kind zu. Für Kinder, die sich ständig außerhalb eines Mitgliedstaats der EU, eines Staates des EWR oder der Schweiz aufhalten, steht kein Kinderabsetzbetrag zu (§ 33 Abs. 3 EStG). Für Kinder, die sich ständig in einem anderen Mitgliedstaat der EU, eines Staats des EWR oder der Schweiz aufhalten, ist der Kinderabsetzbetrag (sowie die Familienbeihilfe) indexiert (§ 33 Abs. 3 EStG i.V.m. Familienbeihilfe-Kinderabsetzbetrag-EU-Anpassungsverordnung vom 17.11.2020, BGBl II 2020/48).

288 Steuerpflichtigen, die für ein Kind den gesetzlichen Unterhalt leisten, steht ein **Unterhaltsabsetzbetrag** von **€ 29,20 monatlich** zu, wenn sich das Kind in einem Mitgliedstaat der EU, einem Staat des EWR oder in der Schweiz aufhält und das Kind nicht ihrem Haushalt zugehört und für das Kind weder ihnen noch ihrem jeweils von ihnen nicht dauernd getrennt lebenden (Ehe)Partner Familienbeihilfe gewährt wird. Für Kinder, die sich ständig in einem anderen Mitgliedstaat der EU, eines Staats des EWR oder der Schweiz aufhalten, ist der Unterhaltsabsetzbetrag indexiert (§ 33 Abs. 4 Z 4 EStG i.V.m. Familienbonus Plus-Absetzbeträge-EU-Anpassungsverordnung vom 28.9.2018, BGBl II 2018/257 i.d.F. BGBl II 2020/417).

In dieser Bestimmung werden Lebensgemeinschaften mit mindestens einem Kind der Ehepartnerschaft gleichgesetzt. Für die bloße Behauptung einer Lebensgemeinschaft besteht kein Anreiz. Durch das Erfordernis des Vorhandenseins eines Kindes besteht ohnedies für einen der beiden Partner Anspruch auf den Alleinerzieherabsetzbetrag in gleicher Höhe.

Die generelle Gleichstellung von Lebensgemeinschaften mit Kindern mit Ehepartnern bewirkt, dass sowohl der Partner als auch die haushaltszugehörigen Kinder in den begünstigten Personenkreis bei den Sonderausgaben (→ 14.1.2.) eintreten. Ferner wird u.a. sichergestellt, dass auch eine Behinderung des Partners im Rahmen des § 35 EStG zu einer entsprechenden außergewöhnlichen Belastung (→ 14.1.3.) führen kann.

An die Bestimmung des § 106 EStG knüpfen sich steuerliche Konsequenzen, wie Verminderung des Selbstbehalts bei außergewöhnlichen Belastungen, Gewährung des Alleinverdiener-(Alleinerzieher-)Absetzbetrags (LStR 2002, Rz 1247), aber auch die Gewährung des Kindermehrbetrags (→ 15.6.5.).

Zusammenfassende Darstellung

Kinder, (Ehe)Partnerschaften gem. § 106 EStG		
Abs. 1	Abs. 2	Abs. 3
Kinder, für die dem Steuerpflichtigen oder seinem (Ehe)Partner • mehr als sechs Monate im Kalenderjahr ein **Kinderabsetzbetrag** zusteht.	Kinder, für die dem Steuerpflichtigen • mehr als sechs Monate im Kalenderjahr ein **Unterhaltsabsetzbetrag** zusteht.	(Ehe)Partner ist eine Person, • mit der der Steuerpflichtige verheiratet ist oder • mit mindestens einem Kind gem. Abs. 1 in einer Lebensgemeinschaft lebt.

Die steuerliche Auswirkung ist gegeben bei (beim)

• AVAB • AEAB • Kindermehrbetrag (→ 15.6.5.)		• AVAB[289]

- Sonderausgaben (→ 14.1.2.),
- außergewöhnliche Belastungen (→ 14.1.3.).

Zu den eigenständigen Begriffsdefinitionen von (Ehe)Partner und Kind für die Berücksichtigung des Familienbonus Plus siehe Punkt 14.2.1.1.

289 Bei (Ehe)Partnerschaften mit mindestens einem Kind gem. § 106 Abs. 1 EStG.

14.2.2. Pendlerpauschale – Pendlereuro (Formular L 34 EDV)

14.2.2.1. Allgemeines

Mit dem Verkehrsabsetzbetrag und (bei Anspruch) mit dem Kleinen bzw. Großen Pendlerpauschale sowie dem Pendlereuro sind **alle Ausgaben**[290] für Fahrten zwischen Wohnung und Arbeitsstätte bzw. Arbeitsstätte und Wohnung abgegolten. Es ist unerheblich, **welche Art** von Verkehrsmittel und ob **überhaupt** ein Verkehrsmittel benützt wird. Zu beachten ist dabei, dass es sich im Fall

des Verkehrsabsetzbetrags und des Pendlereuros	des Pendlerpauschals
um **Absetzbeträge** handelt, die die ermittelte Lohnsteuer vermindern. Der Verkehrsabsetzbetrag ist in der Lohnsteuertabelle bereits eingearbeitet; durch den Pendlereuro wird die ermittelte Lohnsteuer verringert.	um einen **Freibetrag** handelt, der die Bemessungsgrundlage für die Lohnsteuer vermindert.

Der Verkehrsabsetzbetrag, das Pendlerpauschale und der Pendlereuro stehen nur aktiven Arbeitnehmern zu.

Wichtiger Hinweis: Bezüglich der Feststellung des Anspruchs bzw. des Nichtanspruchs und (im Fall des Anspruchs) der Ermittlung der Höhe des Pendlerpauschals und des Pendlereuros ist für die Praxis **grundsätzlich nur der Pendlerrechner maßgeblich.**

Der unter www.bmf.gv.at hinterlegte Pendlerrechner dient

- zur Ermittlung der Entfernung zwischen Wohnung und Arbeitsstätte sowie
- zur Beurteilung, ob die Benützung eines Massenbeförderungsmittels (öffentliches Verkehrsmittel) auf dieser Wegstrecke zumutbar oder unzumutbar ist.

Basierend auf diesen Ergebnissen wird die Höhe eines etwaig zustehenden Pendlerpauschals und Pendlereuros ermittelt und nach Vorlage bzw. Übermittlung der Erklärung (Formular L 34 EDV) durch den Arbeitgeber berücksichtigt.

Die in den folgenden Ausführungen enthaltenen gesetzlichen und verordnungsmäßigen Regelungen und die in den Lohnsteuerrichtlinien 2002 enthaltenen Rechtsansichten* dienen dem Leser als Möglichkeit, das Ergebnis des Pendlerrechners nachvollziehen zu können bzw. dafür Sonderfälle lösen zu können.

Der Pendlerrechner ist allerdings nur für Arbeitnehmer zu verwenden, deren **Wohnsitz im Inland** gelegen ist. Liegt der Wohnsitz im Ausland, hat der Arbeitnehmer mittels Formular L 33 selbst den Anspruch auf das Pendlerpauschale und damit auch auf den Pendlereuro festzustellen.

---

290 Eine steuerliche Berücksichtigung allfällig höherer Kosten ist demnach ausgeschlossen.

*) Bezüglich des Pendlerpauschals sind

Regelungen	Rechtsansichten
• im § 16 Abs. 1 Z 6 EStG (→ 14.2.2.2.) und • in der sog. Pendlerverordnung (→ 14.2.2.4.)	• in den Lohnsteuerrichtlinien 2002 (→ 14.2.2.3.)

enthalten.

Bezüglich des **Pendlereuros** sind

Regelungen	Rechtsansichten
• im § 33 Abs. 5 Z 4 EStG (→ 14.2.2.2.) und • in der sog. Pendlerverordnung (→ 14.2.2.4.)	• in den Lohnsteuerrichtlinien 2002 (→ 14.2.2.3.)

enthalten.

Die Regelungen und Rechtsansichten gelten für das **Pendlerpauschale** und den **Pendlereuro** jeweils **gleich lautend**. Wenn z.B.

- das Pendlerpauschale für Feiertage, Krankenstandstage und Urlaubstage zusteht, steht auch für diese Tage der Pendlereuro zu,
- das Pendlerpauschale gedrittelt zusteht, steht auch der Pendlereuro gedrittelt zu.

Erklärungen betreffend das Pendlerpauschale und den Pendlereuro (L 34 EDV bzw. L 33) sind im Original beim Lohnkonto aufzubewahren. Die Aufbewahrung kann entweder in Papierform oder durch Erfassung auf Datenträgern erfolgen, sofern die vollständige, geordnete, inhaltsgleiche und urschriftgetreue Wiedergabe bis zum Ablauf der gesetzlichen Aufbewahrungsfrist jederzeit gewährleistet ist. Die urschriftgetreue Wiedergabe kann beispielsweise durch Erfassung auf einer optischen Speicherplatte, durch Mikroverfilmung oder durch Einscannen sichergestellt werden. Außerdem können diese Unterlagen an anderer Stelle (z.B. bei den Personalakten) körperlich oder auf Datenträgern abgelegt werden, sofern das jeweilige Lohnkonto einen eindeutigen Hinweis auf die Art der Unterlage und den Ablageort enthält (LStR 2002, Rz 1185).

Arbeitsrechtlicher Hinweis: Eine allgemeine Pflicht des Arbeitgebers, Arbeitnehmer über ihre Rechte – wie die Geltendmachung von Fahrtkostenzuschüssen oder der Pendlerpauschale – aufzuklären bzw. zu informieren, ist aus der arbeitsrechtlichen Fürsorgepflicht nicht abzuleiten (OGH 27.1.2021 9 ObA 114/20k).

14.2.2.2. Rechtsgrundlage

Werbungskosten gem. § 16 Abs. 1 Z 6 EStG sind:

Ausgaben des Arbeitnehmers für **Fahrten zwischen Wohnung und Arbeitsstätte**. Für die Berücksichtigung dieser Aufwendungen gilt:

a) Diese Ausgaben sind durch den Verkehrsabsetzbetrag (§ 33 Abs. 5 Z 1 EStG) abgegolten. Nach Maßgabe der lit. b bis j steht zusätzlich ein Pendlerpauschale sowie nach Maßgabe des § 33 Abs. 5 Z 4 EStG ein Pendlereuro zu. Mit dem

- Verkehrsabsetzbetrag (→ 14.1.4.),
- Pendlerpauschale und
- Pendlereuro

sind **alle Ausgaben** für Fahrten zwischen Wohnung und Arbeitsstätte **abgegolten.**

b) Wird dem Arbeitnehmer ein **firmeneigenes** (arbeitgebereigenes) **Kraftfahrzeug** für Fahrten zwischen Wohnung und Arbeitsstätte zur Verfügung gestellt (→ 20.3.3.4.), steht **kein Pendlerpauschale** zu;[291] dies gilt nicht, wenn ein arbeitgebereigenes Fahrrad oder Elektrofahrrad zur Verfügung gestellt wird.

c) Beträgt die Entfernung zwischen Wohnung und Arbeitsstätte mindestens 20 km und ist die **Benützung** eines Massenbeförderungsmittels **zumutbar**, beträgt das Pendlerpauschale:

Bei mindestens 20 km bis 40 km	€ 696,00 jährlich,	**Kleines Pendlerpauschale ①**
bei mehr als 40 km bis 60 km	€ 1.356,00 jährlich,	
bei mehr als 60 km	€ 2.016,00 jährlich.	

d) Ist dem Arbeitnehmer die Benützung eines Massenbeförderungsmittels zwischen Wohnung und Arbeitsstätte zumindest **hinsichtlich der halben Entfernung nicht zumutbar**, beträgt das Pendlerpauschale abweichend von lit. c:

Bei mindestens 2 km bis 20 km	€ 372,00 jährlich,	**Großes Pendlerpauschale ②**
bei mehr als 20 km bis 40 km	€ 1.476,00 jährlich,	
bei mehr als 40 km bis 60 km	€ 2.568,00 jährlich,	
bei mehr als 60 km	€ 3.672,00 jährlich.	

e) Voraussetzung für die Berücksichtigung eines Pendlerpauschals gem. lit. c oder d ist, dass der Arbeitnehmer an **mindestens elf Tagen** im Kalendermonat von der Wohnung zur Arbeitsstätte fährt. Ist dies nicht der Fall, gilt Folgendes:

Drittelregelung ③

- Fährt der Arbeitnehmer an **mindestens acht Tagen**, aber an **nicht mehr als zehn Tagen** im Kalendermonat von der Wohnung zur Arbeitsstätte, steht das jeweilige Pendlerpauschale zu zwei Drittel zu. Werden Fahrtkosten als Familienheimfahrten berücksichtigt, steht kein Pendlerpauschale für die Wegstrecke vom Familienwohnsitz (§ 20 Abs. 1 Z 2 lit. e EStG) zur Arbeitsstätte zu.
- Fährt der Arbeitnehmer an **mindestens vier Tagen**, aber an **nicht mehr als sieben Tagen** im Kalendermonat von der Wohnung zur Arbeitsstätte, steht das jeweilige Pendlerpauschale zu einem Drittel zu. Werden Fahrtkosten als Familienheimfahrten berücksichtigt, steht kein Pendlerpauschale für die Wegstrecke vom Familienwohnsitz (§ 20 Abs. 1 Z 2 lit. e EStG) zur Arbeitsstätte zu.

291 Zur Verfassungsmäßigkeit dieser Bestimmung vgl. BFG 30.6.2014, RV/5100744/2014; BFG 2.12.2015, RV/7102893/2015; dazu Ablehnungsbeschluss VfGH 9.6.2016, E 110/2016. Auch wenn aufgrund eines Kostenbeitrags des Arbeitnehmers kein Sachbezug anzusetzen ist, steht das Pendlerpauschale nicht zu (VwGH 21.10.2020, Ro 2019/15/0185; noch anders BFG 22.8.2019, RV/2100829/2017).

Einem Arbeitnehmer steht **im Kalendermonat höchstens ein Pendlerpauschale** in vollem Ausmaß zu.

f) Bei Vorliegen **mehrerer Wohnsitze** ist für die Berechnung des Pendlerpauschals entweder der zur Arbeitsstätte nächstgelegene Wohnsitz oder der Familienwohnsitz (§ 20 Abs. 1 Z 2 lit. e EStG) maßgeblich (→ 14.2.2.3.).

g) Für die Inanspruchnahme des Pendlerpauschals hat der Arbeitnehmer dem Arbeitgeber auf einem **amtlichen Formular eine Erklärung** über das Vorliegen der Voraussetzungen abzugeben oder elektronisch zu übermitteln (→ 14.2.2.4.). Der Arbeitgeber hat die Erklärung des Arbeitnehmers zum Lohnkonto (§ 76 EStG) zu nehmen. **Änderungen** der Verhältnisse für die Berücksichtigung des Pendlerpauschals muss der Arbeitnehmer dem Arbeitgeber **innerhalb eines Monats** melden.

h) Das Pendlerpauschale ist auch für **Feiertage** sowie für Lohnzahlungszeiträume zu berücksichtigen, in denen sich der Arbeitnehmer im **Krankenstand** oder **Urlaub** befindet.

i) Wird ein Arbeitnehmer, bei dem die Voraussetzungen für die Berücksichtigung eines Pendlerpauschales vorliegen, überwiegend auf Kosten des Arbeitgebers gem. § 26 Z 5 EStG (u.a. im **Werkverkehr**) befördert (→ 22.7.), steht ihm ein Pendlerpauschale nur für jene Wegstrecke zu, die nicht von § 26 Z 5 EStG umfasst ist. Erwachsen ihm für die Beförderung im Werkverkehr Kosten, sind diese Kosten bis zur Höhe des sich aus lit. c, d oder e ergebenden Betrags als Werbungskosten zu berücksichtigen (→ 14.1.1.1., → 22.7.).

j) Der Bundesminister für Finanzen wird ermächtigt, Kriterien zur Festlegung der Entfernung und der Zumutbarkeit der Benützung eines Massenverkehrsmittels mit Verordnung festzulegen (→ 14.2.2.3.).

① Kleines Pendlerpauschale

Beträgt die Entfernung zwischen Wohnung und Arbeitsstätte

- mindestens 20 Kilometer **und**
- ist die Benützung eines Massenbeförderungsmittels **zumutbar**,

beträgt das Pendlerpauschale

bei einer Entfernung von	täglich	monatlich	jährlich
	volles Pendlerpauschale (bei mindestens 11 Kalendertagen)		
mindestens 20 km bis 40 km	€ 1,93	€ 58,00	€ 696,00
mehr als 40 km bis 60 km	€ 3,77	€ 113,00	€ 1.356,00
mehr als 60 km	€ 5,60	€ 168,00	€ 2.016,00
	2/3 des Pendlerpauschals (bei mindestens 8, aber nicht mehr als 10 Kalendertagen)		
mindestens 20 km bis 40 km	€ 1,29	€ 38,67	€ 464,00
mehr als 40 km bis 60 km	€ 2,51	€ 75,33	€ 904,00
mehr als 60 km	€ 3,73	€ 112,00	€ 1.344,00

	1/3 des Pendlerpauschals (bei mindestens 4, aber nicht mehr als 7 Kalendertagen)		
mindestens 20 km bis 40 km	€ 0,64	€ 19,33	€ 232,00
mehr als 40 km bis 60 km	€ 1,26	€ 37,67	€ 452,00
mehr als 60 km	€ 1,87	€ 56,00	€ 672,00

Die gesamte Wegstrecke (inkl. Gehwegen) muss **mindestens 20 Kilometer** betragen, um einen Anspruch darauf zu erwerben. Erst danach sind angefangene Kilometer auf volle Kilometer aufzurunden.

② **Großes Pendlerpauschale**

Ist dem Arbeitnehmer

- an **mehr als der Hälfte** seiner **Arbeitstage** im jeweiligen Kalendermonat
- die Benützung eines Massenbeförderungsmittels **nicht möglich** oder **nicht zumutbar** (siehe nachstehend),

beträgt das Pendlerpauschale

bei einer Entfernung von	täglich	monatlich	jährlich
	volles Pendlerpauschale (bei mindestens 11 Kalendertagen)		
mindestens 2 km bis 20 km	€ 1,03	€ 31,00	€ 372,00
mehr als 20 km bis 40 km	€ 4,10	€ 123,00	€ 1.476,00
mehr als 40 km bis 60 km	€ 7,13	€ 214,00	€ 2.568,00
mehr als 60 km	€ 10,20	€ 306,00	€ 3.672,00
	2/3 des Pendlerpauschals (bei mindestens 8, aber nicht mehr als 10 Kalendertagen)		
mindestens 2 km bis 20 km	€ 0,69	€ 20,67	€ 248,00
mehr als 20 km bis 40 km	€ 2,73	€ 82,00	€ 984,00
mehr als 40 km bis 60 km	€ 4,76	€ 142,67	€ 1.712,00
mehr als 60 km	€ 6,80	€ 204,00	€ 2.448,00
	1/3 des Pendlerpauschals (bei mindestens 4, aber nicht mehr als 7 Kalendertagen)		
mindestens 2 km bis 20 km	€ 0,34	€ 10,33	€ 124,00
mehr als 20 km bis 40 km	€ 1,37	€ 41,00	€ 492,00
mehr als 40 km bis 60 km	€ 2,38	€ 71,33	€ 856,00
mehr als 60 km	€ 3,40	€ 102,00	€ 1.224,00

Die gesamte Wegstrecke (inkl. Gehwegen) muss **mindestens 2 Kilometer** betragen, um einen Anspruch darauf zu erwerben. Erst danach sind angefangene Kilometer auf volle Kilometer aufzurunden.

Nicht möglich ist die Benützung eines Massenbeförderungsmittels z.B. in nachstehenden Fällen:

Fall 1: Eine Teilzeitkraft kann an vier von sechs Arbeitstagen im Kalendermonat auf der Strecke Wohnung–Arbeitsstätte kein Massenbeförderungsmittel benützen.

Fall 2: Eine Vollzeitkraft kann an vierzehn von zwanzig Arbeitstagen im Kalendermonat auf der Strecke Wohnung–Arbeitsstätte kein Massenbeförderungsmittel benützen.

Urlaubs- und Krankenstandstage sind für die Frage des Überwiegens auszuklammern (→ 14.2.2.4.).

Nicht zumutbar ist die Benützung eines Massenbeförderungsmittels:

- bei Gehbehinderung, Gesundheitsschädigung oder Blindheit,
- bei langen Anfahrtszeiten oder
- wenn zumindest auf dem halben Arbeitsweg ein Massenbeförderungsmittel überhaupt nicht oder nicht zur erforderlichen Zeit (z.B. Nachtarbeit) verkehrt.

Das Pendlerpauschale **reduziert die Bemessungsgrundlage** für die Lohnsteuer.

Kein Pendlerpauschale steht zu

- bei Privatnutzung eines firmeneigenen Kraftfahrzeugs für die gesamte Wegstrecke,
- bei tatsächlich in Anspruch genommenem Werkverkehr bzw. bei Übernahme der Kosten für ein Massenbeförderungsmittel i.S.d. § 26 Z 5 EStG i.d.F. BGBl I 2021/18 (→ 22.7.) für die Strecke des Werkverkehrs bzw. im Ausmaß der von § 26 Z 5 EStG umfassten Strecke (vgl. § 16 Abs. 1 Z 6 EStG). Zu den möglichen Werbungskosten bei Kostenbeiträgen des Arbeitnehmers siehe Punkt 14.1.1.1.

③ **Drittelregelung**

Der Anspruch auf das Pendlerpauschale und den Pendlereuro ist u.a. abhängig von der Anzahl der Fahrten pro Kalendermonat.

Anzahl der Fahrten von der Wohnung zur Arbeitsstätte pro Kalendermonat	Pendlerpauschale und Pendlereuro stehen in folgendem Ausmaß zu
1 bis 3 Fahrten	kein Anspruch
4 bis 7 Fahrten	1/3
8 bis 10 Fahrten	2/3
ab 11 Fahrten	voller Anspruch

Demnach besteht gegebenenfalls auch für Teilzeitbeschäftigte Anspruch auf das Pendlerpauschale und den Pendlereuro.

Beispiel 1:

Eine Teilzeitkraft legt jeden Montag, also an insgesamt vier bzw. fünf Arbeitstagen im Kalendermonat, mit der Bahn 45 km zu ihrem Arbeitsplatz zurück. Da die Benützung der Bahn möglich und zumutbar ist, steht ihr das Kleine Pendlerpauschale zu einem Drittel in der Höhe von € 37,67 (1/3 von € 113,00) pro Monat zu.

Zusätzlich erhält sie einen Pendlereuro zu einem Drittel in der Höhe von € 2,50 [(€ 2,00 × 45) : 3 : 12] pro Monat.

Beispiel 2:

Eine Teilzeitkraft legt an insgesamt acht Arbeitstagen im Kalendermonat 25 km mit ihrem Pkw zu ihrem Arbeitsplatz zurück, da kein Massenbeförderungsmittel vorhanden ist. Da die Benützung eines Massenbeförderungsmittels nicht möglich ist, steht ihr das Große Pendlerpauschale zu zwei Drittel in der Höhe von € 82,00 (2/3 von € 123,00) pro Monat zu.

Zusätzlich erhält sie einen Pendlereuro zu zwei Drittel in der Höhe von € 2,78 [(€ 2,00 × 25) : 3 × 2 : 12] pro Monat.

Beginnt das Dienstverhältnis während eines Kalendermonats oder wird es während eines Kalendermonats **beendet**, sind das Pendlerpauschale und der Pendlereuro nach der Drittelregelung einzukürzen und danach über Lohnsteuertage zu aliquotieren (→ 12.4.2.).

Bezugnehmend auf die Steuerabsetzbeträge bestimmt der § 33 Abs. 5 Z 4 EStG, dass **zusätzlich** zum Pendlerpauschale ein **Pendlereuro** in der Höhe von **jährlich zwei Euro pro Kilometer** der einfachen Fahrtstrecke zwischen Wohnung und Arbeitsstätte zusteht ①, wenn der Arbeitnehmer Anspruch auf ein Pendlerpauschale gem. § 16 Abs. 1 Z 6 EStG hat. Für die Berücksichtigung des Pendlereuros gelten die Bestimmungen des § 16 Abs. 1 Z 6 lit. b und lit. e bis j EStG entsprechend.

① Der **Pendlereuro** ist allein von der Entfernung zwischen Wohnung und Arbeitsstätte abhängig und steht Beziehern **sowohl** des Kleinen Pendlerpauschals **als auch** des Großen Pendlerpauschals gleichermaßen zu.

Beispiele:

- Die Arbeitsstätte ist von der Wohnung 25 km entfernt. Es steht der Pendlereuro in der Höhe von € 50,00 (€ 2,00 × 25) pro Jahr zu. Pro Monat sind es € 50,00 : 12 = € 4,17.
- Die Arbeitsstätte ist von der Wohnung 90 km entfernt. Es steht der Pendlereuro in der Höhe von € 180,00 (€ 2,00 × 90) pro Jahr zu. Pro Monat sind es € 180,00 : 12 = € 15,00.
- Die Arbeitsstätte ist von der Wohnung 30 km entfernt. Eine Teilzeitkraft pendelt einmal pro Woche. Es steht der Pendlereuro zu einem Drittel in der Höhe von € 20,00 ((€ 2,00 × 30) : 3) pro Jahr zu. Pro Monat sind es € 20,00 : 12 = € 1,67.
- Die Arbeitsstätte ist von der Wohnung 45 km entfernt. Eine Teilzeitkraft pendelt zweimal pro Woche. Es steht der Pendlereuro zu zwei Drittel in der Höhe von € 60,00 ((€ 2,00 × 45) : 3 × 2) pro Jahr zu. Pro Monat sind es € 60,00 : 12 = € 5,00.

Der Pendlereuro **reduziert die ermittelte Lohnsteuer**. Der Pendlereuro ist insoweit nicht (gänzlich) abzuziehen (nicht gänzlich zu berücksichtigen), als er jene Steuer übersteigt, die auf die zum laufenden Tarif zu versteuernden Einkünfte entfällt.

Beispiele für die Berücksichtigung des Pendlereuros:

Beispiel 1:	Die ermittelte Lohnsteuer beträgt	€	17,20
	der Pendlereuro beträgt	€	4,00
	die einzubehaltende Lohnsteuer beträgt	€	13,20
Beispiel 2:	Die ermittelte Lohnsteuer beträgt	€	2,20
	der Pendlereuro beträgt	€	4,00
	die einzubehaltende Lohnsteuer beträgt	€	0
Beispiel 3:	Die ermittelte Lohnsteuer beträgt	€	0
	der Pendlereuro beträgt	€	4,00
	die einzubehaltende Lohnsteuer beträgt	€	0

In allen drei Beispielen sind sowohl im Lohnkonto als auch im Lohnzettel als Pendlereuro € 4,00 monatlich bzw. € 48,00 jährlich anzugeben.

Arbeitnehmer mit geringem Einkommen und Anspruch auf ein Pendlerpauschale steht u.U. im Rahmen der Veranlagung ein **erhöhter Verkehrsabsetzbetrag** bzw. eine **erhöhte SV-Rückerstattung** zu.

14.2.2.3. Pendlerverordnung

Die (rechtsverbindliche) Pendlerverordnung (→ 3.3.3.) bezweckt,

- die Kriterien für die Ermittlung der Entfernung zwischen Wohnung und Arbeitsstätte zu definieren (§ 1) und
- die Umstände, die für die Beurteilung der Zumutbarkeit bzw. Unzumutbarkeit der Benützung eines Massenbeförderungsmittels maßgebend sind, zu bestimmen (§ 2).
- Durch die Einrichtung eines amtlichen Pendlerrechners (§ 3) soll ermöglicht werden, die Entfernung, die sich unter Zugrundelegung der Verordnung ergibt, und das im konkreten Fall zustehende Pendlerpauschale auf einfache Weise zu ermitteln.
- Zusätzlich wurde der Gesetzesbegriff „Familienwohnsitz" näher determiniert (§ 4).

Die in der Pendlerverordnung angeführten Bestimmungen gelten grundsätzlich für das **Pendlerpauschale** und den **Pendlereuro**, auch wenn in den Ausführungen **nur auf das Pendlerpauschale Bezug genommen wird**. Dies gilt allerdings z.B. nicht für die Ausführungen im Zusammenhang mit der Zumutbarkeit und Unzumutbarkeit, da diese Umstände den Anspruch auf den Pendlereuro nicht beeinflussen.

Entfernung zwischen Wohnung und Arbeitsstätte (Wegstrecke)

§ 1. (1) Die Entfernung zwischen Wohnung und Arbeitsstätte umfasst die gesamte Wegstrecke, die unter **Verwendung** eines **Massenbeförderungsmittels**, ausgenommen eines Schiffs oder Luftfahrzeugs, unter Verwendung eines **privaten Personenkraftwagens** oder auf **Gehwegen** (Abs. 7) zurückgelegt werden muss, um nach Maßgabe des Abs. 2 **in der kürzesten möglichen Zeitdauer** (§ 2 Abs. 2) die Arbeitsstätte von der Wohnung aus zu erreichen. Entsprechendes gilt nach Maßgabe des Abs. 3 für die Entfernung zwischen Arbeitsstätte und Wohnung.

(2) Der Ermittlung der Entfernung zwischen Wohnung und Arbeitsstätte sind die Verhältnisse zu Grunde zu legen, die vorliegen, wenn die Arbeitsstätte in einem Zeitraum von **60 Minuten vor dem tatsächlichen Arbeitsbeginn** bis zum tatsächlichen Arbeitsbeginn erreicht wird ①.

(3) Der Ermittlung der Entfernung zwischen Arbeitsstätte und Wohnung sind die Verhältnisse zu Grunde zu legen, die vorliegen, wenn die Arbeitsstätte in einem Zeitraum vom tatsächlichen Arbeitsende bis zu einem Zeitpunkt, der **60 Minuten später** liegt, verlassen wird ①.

(4) Bei **flexiblen Arbeitszeitmodellen** (beispielsweise gleitender Arbeitszeit) sind der Ermittlung der Entfernung ein Arbeitsbeginn und ein Arbeitsende zu Grunde zu legen, die den überwiegenden tatsächlichen Arbeitszeiten im Kalenderjahr entsprechen.

(5) Sind die zeitlichen und örtlichen **Umstände** der Erbringung der Arbeitsleistung während des gesamten Kalendermonats **im Wesentlichen gleich** und ergeben sich nach Abs. 2 einerseits und Abs. 3 andererseits abweichende Entfernungen, ist die längere Entfernung maßgebend.

(6) Sind die zeitlichen oder örtlichen **Umstände** der Erbringung der Arbeitsleistung während des gesamten Kalendermonats **nicht im Wesentlichen gleich**, ist jene Ent-

fernung maßgebend, die im Kalendermonat überwiegend zurückgelegt wird. Liegt kein Überwiegen vor, ist die längere Entfernung ② maßgebend.

(7) **Gehwege** sind Teilstrecken, auf denen kein Massenbeförderungsmittel verkehrt. Eine Teilstrecke unmittelbar vor der Arbeitsstätte ist als Gehweg zu berücksichtigen, wenn sie zwei Kilometer nicht übersteigt. In allen übrigen Fällen sind als Gehwege Teilstrecken zu berücksichtigen, die einen Kilometer nicht übersteigen.

(8) Ist die Benützung eines Massenbeförderungsmittels **zumutbar** (§ 2 Abs. 1), bemisst sich die Entfernung nach den **Streckenkilometern** des Massenbeförderungsmittels und allfälliger zusätzlicher Straßenkilometer und Gehwege. Beträgt die Gesamtstrecke zumindest 20 Kilometer, sind **angefangene Kilometer** auf volle Kilometer **aufzurunden**.

(9) Ist die Benützung eines Massenbeförderungsmittels **unzumutbar** (§ 2 Abs. 1), bemisst sich die Entfernung nach den **Straßenkilometern** der schnellsten Straßenverbindung. Beträgt die Gesamtstrecke zumindest zwei Kilometer, sind **angefangene Kilometer** auf volle Kilometer **aufzurunden**.

(10) Bei der Ermittlung der Straßenkilometer gem. Abs. 8 und 9 sind nur abstrakte durchschnittliche Verhältnisse zu berücksichtigen, die auf einer typisierenden Betrachtung beruhen (insb. Durchschnittsgeschwindigkeiten). Konkrete Verhältnisse (insb. Staus oder privat veranlasste Umwege) sind nicht zu berücksichtigen.

① Stehen Massenbeförderungsmittel zur Verfügung, können sich unterschiedlich lange Anfahrtszeiten deshalb ergeben, weil diese während des Tagesverlaufs zu unterschiedlichen Zeiten verkehren. Es ist daher erforderlich, den Maßstab der zeitlich kürzesten Verbindung mit dem Arbeitsbeginn und Arbeitsende in Beziehung zu bringen. Demzufolge sind die Verhältnisse maßgebend, die in einem Zeitfenster von 60 Minuten vor dem Arbeitsbeginn und 60 Minuten nach dem Arbeitsende bestehen. Dem liegt der Gedanke zu Grunde, dass das Inkaufnehmen einer Wartezeit von höchstens 60 Minuten vor Beginn und nach dem Ende der Arbeitszeit für die Beurteilung der günstigsten Verkehrsmöglichkeit realistisch erscheint, eine darüber hinausgehende Wartezeit hingegen nicht.
In einem Fall, in dem z.B. erst 75 Minuten nach Arbeitsende die zeitlich kürzeste Zugverbindung zum Wohnort besteht, ist diese für die Entfernungsermittlung somit nicht maßgebend. Zu berücksichtigen sind nur die Verhältnisse, die in dem Intervall vom tatsächlichen Arbeitsende bis 60 Minuten danach bestehen; sollte in diesem Intervall kein Massenbeförderungsmittel verkehren, steht das Große Pendlerpauschale zu.

Kurzdarstellung:

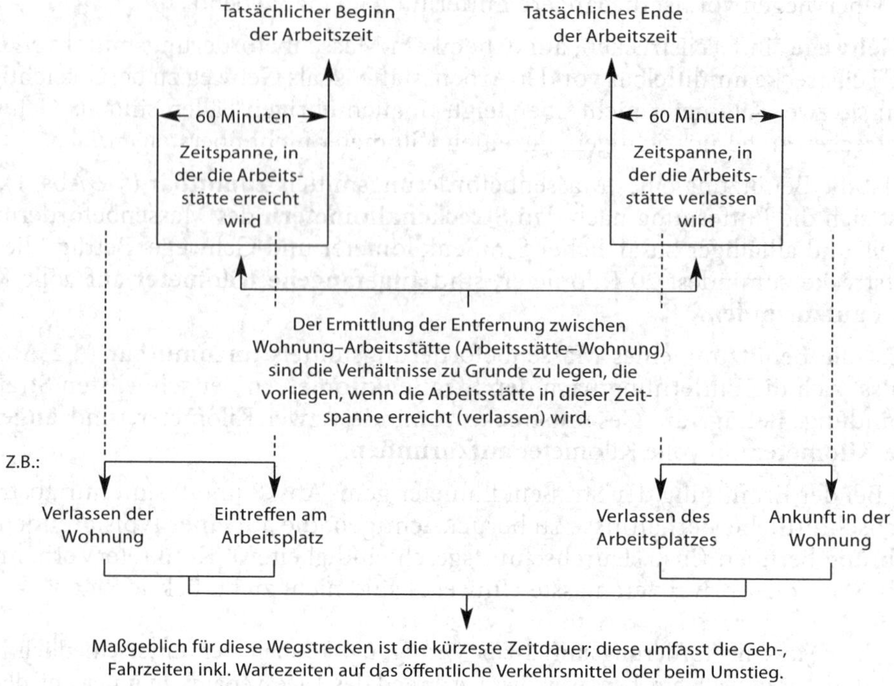

② **Beispiel:**

Ein Bauarbeiter, wohnhaft in Wien, arbeitet im

- Jänner:
  14 Tage in Gänserndorf (32 km),
  6 Tage in Schwechat (13 km),
  2 Tage in Wien (7 km).

  In diesem Kalendermonat ist der Arbeitnehmer **überwiegend** in einer Entfernung von mehr als 20 km tätig. Da die Benützung eines Massenbeförderungsmittels zumutbar ist, stehen ihm das **Kleine Pendlerpauschale** von **€ 58,00 pro Monat** und ein **Pendlereuro** von **€ 5,33** (€ 2,00 × 32 = € 64,00 : 12) **pro Monat** zu.

- Februar:
  5 Tage in Gänserndorf (32 km),
  9 Tage in Schwechat (13 km),
  8 Tage in Wien (7 km).

  In diesem Kalendermonat liegt **kein Überwiegen** vor. Es ist die **längere Entfernung** maßgebend. Diese ist für Gänserndorf gegeben. Für 32 km stehen **1/3 des Kleinen Pendlerpauschals** von **€ 19,33** (1/3 von € 58,00) und **1/3 des Pendlereuros** von **€ 1,78** (1/3 von € 5,33) **pro Monat** zu.

Zumutbarkeit und Unzumutbarkeit der Benützung eines Massenbeförderungsmittels

§ 2. (1) Die Zumutbarkeit bzw. Unzumutbarkeit der Benützung eines Massenbeförderungsmittels ist nach Z 1 und Z 2 zu beurteilen. Dabei sind die Verhältnisse gem. § 1 zu Grunde zu legen. Die **Umstände**, die die Zumutbarkeit bzw. Unzumutbarkeit begründen, müssen jeweils **überwiegend im Kalendermonat** vorliegen.

1. **Unzumutbarkeit** der Benützung eines Massenbeförderungsmittels liegt vor, wenn
   a) zumindest für die Hälfte der Entfernung zwischen Wohnung und Arbeitsstätte oder zwischen Arbeitsstätte und Wohnung nach Maßgabe des § 1 **kein Massenbeförderungsmittel** zur Verfügung steht ① oder
   b) der Arbeitnehmer über einen gültigen **Ausweis** gem. § 29b der Straßenverkehrsordnung verfügt ② oder
   c) die Unzumutbarkeit der Benützung öffentlicher Verkehrsmittel wegen **dauernder Gesundheitsschädigung** oder wegen **Blindheit** für den Arbeitnehmer im Behindertenpass (§ 42 Abs. 1 Bundesbehindertengesetz) eingetragen ist ②.
2. Kommt Z 1 nicht zur Anwendung, gilt unter Zugrundelegung der Zeitdauer (Abs. 2) Folgendes:
   a) **Bis 60 Minuten** Zeitdauer ist die Benützung eines Massenbeförderungsmittels **stets zumutbar**.
   b) Bei **mehr als 120 Minuten** Zeitdauer ist die Benützung eines Massenbeförderungsmittels **stets unzumutbar**.
   c) Übersteigt die Zeitdauer **60 Minuten, nicht aber 120 Minuten**, ist auf die **entfernungsabhängige Höchstdauer** abzustellen. Diese beträgt 60 Minuten zuzüglich einer Minute pro Kilometer der Entfernung, jedoch max. 120 Minuten. Angefangene Kilometer sind dabei auf volle Kilometer aufzurunden. Übersteigt die kürzeste mögliche Zeitdauer die entfernungsabhängige Höchstdauer, ist die Benützung eines Massenbeförderungsmittels unzumutbar ③.

(2) Die **Zeitdauer umfasst** die gesamte Zeit, die vom **Verlassen der Wohnung** bis zum **Arbeitsbeginn** bzw. vom **Arbeitsende** bis zum **Eintreffen bei der Wohnung** verstreicht; sie umfasst **auch Wartezeiten** ④. Für die Ermittlung der Zeitdauer gilt:

1. Stehen **verschiedene Massenbeförderungsmittel** zur Verfügung, ist das schnellste Massenbeförderungsmittel zu berücksichtigen.
2. Zudem ist die **optimale Kombination** von Massenbeförderungs- und Individualverkehrsmitteln zu berücksichtigen; dabei ist für mehr als die Hälfte der Entfernung ein zur Verfügung stehendes Massenbeförderungsmittel zu berücksichtigen. Ist eine Kombination von Massenbeförderungs- und Individualverkehrsmitteln mit einem Anteil des Individualverkehrsmittels von höchstens 15% der Entfernung verfügbar, ist diese Kombination vorrangig zu berücksichtigen ⑤.
3. Steht sowohl ein Massenbeförderungsmittel als auch eine Kombination von Massenbeförderungs- und Individualverkehrsmitteln zur Verfügung, liegt eine optimale Kombination i.S.d. Z 2 nur dann vor, wenn die nach Z 2 ermittelte Zeitdauer gegenüber dem schnellsten Massenbeförderungsmittel zu einer Zeitersparnis von mindestens 15 Minuten führt ⑤.

(3) Sind die zeitlichen und örtlichen **Umstände** der Erbringung der Arbeitsleistung während des gesamten Kalendermonats **im Wesentlichen gleich** und ergeben sich nach § 1 Abs. 2 und 3 unterschiedliche Zeitdauern, ist die längere Zeitdauer maßgebend.

(4) Sind die zeitlichen oder örtlichen **Umstände** der Erbringung der Arbeitsleistung während des gesamten Kalendermonats **nicht im Wesentlichen gleich**, ist jene Zeit maßgebend, die erforderlich ist, um die Entfernung von der Wohnung zur Arbeitsstätte bzw. von der Arbeitsstätte zur Wohnung im Kalendermonat überwiegend zu-

rückzulegen. Liegt kein Überwiegen vor, ist die längere Zeitdauer gem. § 2 Abs. 2 maßgebend.

① Entfernungsmäßige Situation.

Beispiel:

Um von der Wohnung in A zur Arbeitsstätte in B zu gelangen, muss eine Strecke von 14,5 (Straßen-)Kilometern mit dem Pkw zur nächstgelegenen Einstiegstelle des Regionalzugs zurückgelegt werden. Der Zug legt weitere 9,3 (Strecken-)Kilometer zurück, die U-Bahn in B 1,6 (Strecken-)Kilometer.

Die Entfernung zwischen der Wohnung in A und der Arbeitsstätte in B beträgt 14,5 + 9,3 + 1,6 = 25,4, aufgerundet 26 Kilometer. Die Benützung der Massenbeförderungsmittel ist in diesem Fall unzumutbar, weil ein solches für die überwiegende Strecke (14,5 km : 10,9 km) tatsächlich nicht zur Verfügung steht. Es besteht daher Anspruch auf ein Großes Pendlerpauschale.

② Persönliche Situation (Gehbehinderung, dauernde Gesundheitsschädigung, Blindheit). Der Nachweis mittels eines ärztlichen Gutachtens oder Attests kommt nicht in Betracht (BFG 21.9.2017, RV/1100594/2016).

③ **Kurzdarstellung:**

Zeitdauer für die einfache Wegstrecke	Zumutbarkeit bzw. Unzumutbarkeit
Bis 60 Minuten	Immer zumutbar
Über 60 Minuten bis 120 Minuten	Zumutbar, wenn die entfernungsabhängige Höchstdauer nicht überschritten wird
	Unzumutbar, wenn die entfernungsabhängige Höchstdauer überschritten wird
Über 120 Minuten	Immer unzumutbar

Für die Ermittlung der „entfernungsabhängigen Höchstdauer" wird auf den Sockel von 60 Minuten zusätzlich eine Minute pro Kilometer Entfernung zwischen Wohnung und Arbeitsstätte dazugeschlagen (max. 120 Minuten).

Beispiel 1:

Die 30 km entfernt gelegene Arbeitsstätte in A lässt sich von der Wohnung in B aus mit einem Regionalzug in 45 Minuten in der kürzesten möglichen Zeit erreichen.

Da die Zeitdauer mit dem Massenbeförderungsmittel nicht mehr als 60 Minuten beträgt, ist die Benützung des Massenbeförderungsmittels zumutbar; es steht ein Kleines Pendlerpauschale zu.

Beispiel 2:

Die 125 km entfernt gelegene Arbeitsstätte in C lässt sich von der Wohnung in D aus mit einem Bus, einem Regionalzug und innerstädtischen Verkehrsmitteln in 158 Minuten in der kürzesten möglichen Zeit erreichen.

Da die Zeitdauer mit den Massenbeförderungsmitteln mehr als 120 Minuten beträgt, ist die Benützung der Massenbeförderungsmittel unzumutbar; es steht ein Großes Pendlerpauschale zu.

Beispiel 3:

Die 50 km entfernt gelegene Arbeitsstätte in E lässt sich von der Wohnung in F aus mit dem Pkw, einem Regionalzug und innerstädtischen Verkehrsmitteln in 70 Minuten in der kürzesten möglichen Zeit erreichen.

Die entfernungsabhängige Höchstdauer beträgt 110 Minuten (60 Minuten zuzüglich 50 Kilometer × 1 Minute).

Da die kürzeste mögliche Zeitdauer (70 Minuten) die entfernungsabhängige Höchstdauer (110 Minuten) nicht übersteigt, ist die Benützung der Massenbeförderungsmittel zumutbar; es steht ein Kleines Pendlerpauschale zu.

Beispiel 4:

Die 35 km entfernt gelegene Arbeitsstätte in G lässt sich von der Wohnung in H aus mit einem Bus, einem Regionalzug und innerstädtischen Verkehrsmitteln in 110 Minuten in der kürzesten möglichen Zeit erreichen.

Die entfernungsabhängige Höchstdauer beträgt 95 Minuten (60 Minuten zuzüglich 35 Kilometer × 1 Minute).

Da die kürzeste mögliche Zeitdauer (110 Minuten) die entfernungsabhängige Höchstdauer (95 Minuten) übersteigt, ist die Benützung der Massenbeförderungsmittel nicht zumutbar; es steht ein Großes Pendlerpauschale zu.

Grafische Darstellung der Beispiele 3 und 4:

	Verlassen der Wohnung ← Zeitdauer → Arbeitsbeginn	km	entfernungsabhängige Höchstdauer	Lösung:
Beispiel 3	70 Min.	50	60 + 50 = 110 Min.	
	70 ist kleiner als 110			Kleines Pendlerpauschale
Beispiel 4	110 Min.	35	60 + 35 = 95 Min.	
	110 ist größer als 95			Großes Pendlerpauschale

Entscheidungshilfe:

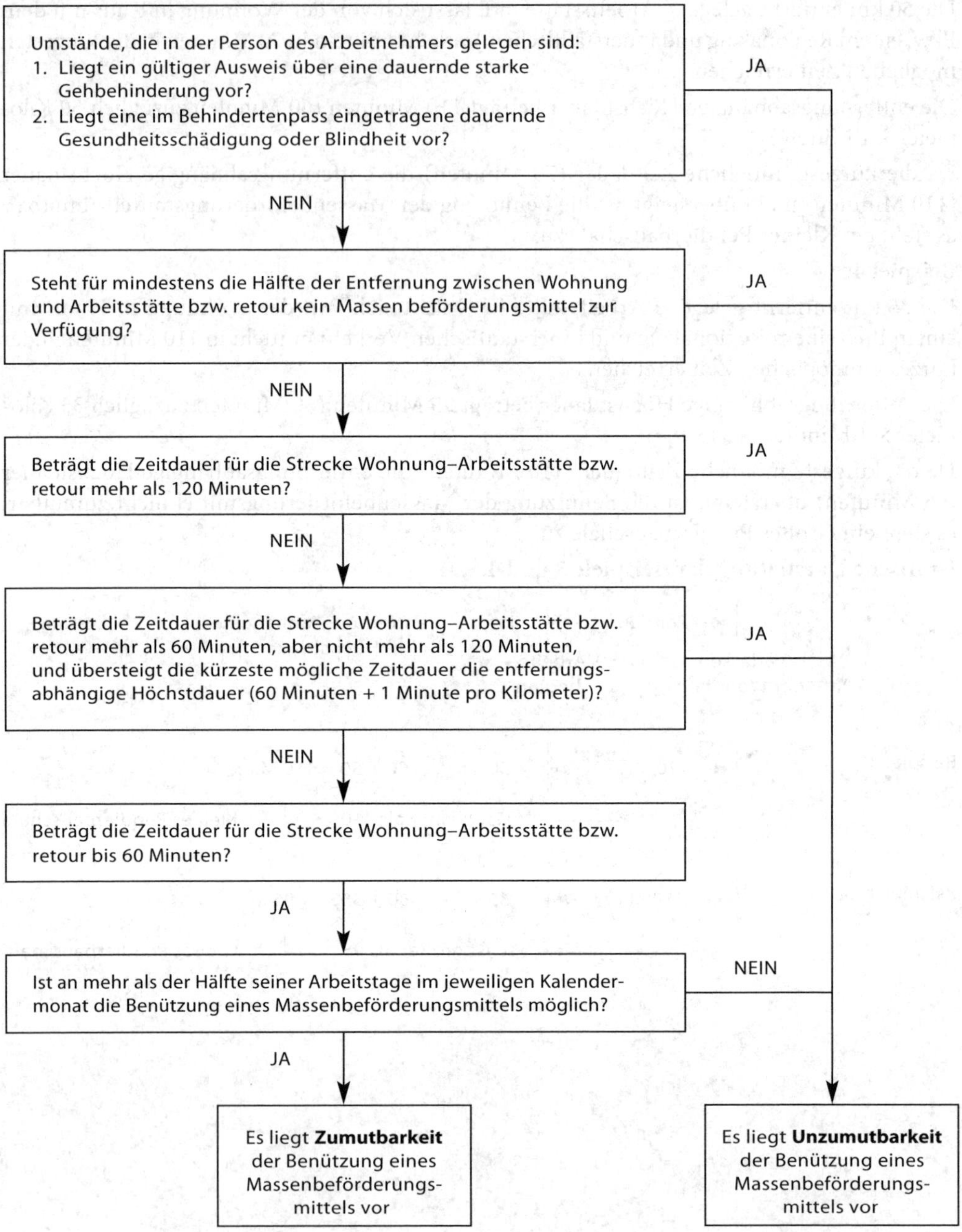

④ **Berechnung der Zeitdauer:**

Wegzeit von der Wohnung bis zur Einstiegstelle des öffentlichen Verkehrsmittels
\+ Fahrtdauer des öffentlichen Verkehrsmittels (es ist vom schnellsten Verkehrsmittel auszugehen, z.B. U-Bahn statt Bus)
\+ Wartezeit beim Umsteigen
\+ Wegzeit von der Ausstiegstelle zum Arbeitsplatz
\+ Wartezeit bis zum Arbeitsbeginn

= Zeitdauer

Ist die Zeitdauer bei der Hin- oder Rückfahrt unterschiedlich lang, dann gilt die längere Zeitdauer.

Beispiel:

Um von der Wohnung in A zur Arbeitsstätte in B bzw. retour zu gelangen, muss folgende Wegstrecke zurückgelegt werden:

Strecke **Wohnung–Arbeitsstätte**		Strecke **Arbeitsstätte–Wohnung**	
Gehweg	0,5 km	Gehweg	0,2 km
Bus	29,7 km	U-Bahn	2,3 km
U-Bahn	2,3 km	Bus	31,7 km
Gehweg	0,2 km	Gehweg	0,5 km
Gesamtwegstrecke gerundet	33,0 km	Gesamtwegstrecke gerundet	35,0 km
Benötigte Zeitdauer	58 Minuten	Benötigte Zeitdauer	70 Minuten

Es ist jene Strecke für die Ermittlung der Zumutbarkeit der Benützung eines Massenbeförderungsmittels heranzuziehen, für die eine längere Zeitdauer benötigt wird, das ist die Strecke Arbeitsstätte–Wohnung.

Die entfernungsabhängige Höchstdauer beträgt 95 Minuten (60 Minuten zuzüglich 35 Kilometer × 1 Minute).

Da die Zeitdauer für die Wegstrecke Arbeitsstätte–Wohnung (70 Minuten) die entfernungsabhängige Höchstdauer (95 Minuten) nicht übersteigt, ist die Benützung des Massenbeförderungsmittels zumutbar; es steht das Kleine Pendlerpauschale für eine Wegstrecke von 35 km zu.

⑤ Durch diese Regelung wird der **Aspekt „Park & Ride" definiert**. Daher wird durch den Pendlerrechner „Park & Ride" gegenüber dem Transport mittels öffentlicher Verkehrsmittel vorrangig berücksichtigt, wenn

- der Anteil der Wegstrecke, die mit dem Kfz zurückzulegen ist, max. 15% der Entfernung beträgt und
- eine Zeitersparnis gegenüber der Verwendung des schnellsten öffentlichen Verkehrsmittels von mindestens 15 Minuten erbringt.

Pendlerrechner

§ 3. (1) Für

- die **Ermittlung der Entfernung** zwischen Wohnung und Arbeitsstätte bzw. zwischen Arbeitsstätte und Wohnung (§ 1) und für
- die **Beurteilung**, ob die Benützung eines Massenbeförderungsmittels **zumutbar** oder **unzumutbar** ist (§ 2),

ist für Verhältnisse innerhalb Österreichs der vom Bundesministerium für Finanzen im Internet zur Verfügung gestellte Pendlerrechner[292] zu verwenden.

(2) Dem Pendlerrechner sind die Verhältnisse zu Grunde zu legen, die für den abgefragten Tag bestehen.

(3) Entsprechen die zeitlichen und örtlichen Umstände der Erbringung der Arbeitsleistung während des gesamten Kalendermonats im Wesentlichen jenen, die für den abgefragten Tag im Pendlerrechner bestehen, kann angenommen werden, dass das unter Verwendung des Pendlerrechners für den **abgefragten Tag ermittelte Ergebnis** mit dem übereinstimmt, das sich **für alle maßgebenden Tage** des Kalendermonats ergibt.

(4) Liegen für verschiedene abgefragte Tage unter Verwendung des Pendlerrechners **unterschiedliche Ergebnisse** vor, ist jenes maßgebend, das für einen abgefragten Tag (Abs. 3) ermittelt wurde, der jenem Kalenderjahr zuzurechnen ist, für das die Entfernung zwischen Wohnung und Arbeitsstätte und die Beurteilung, ob die Benützung eines Massenbeförderungsmittels zumutbar ist, zu beurteilen ist. In allen anderen Fällen ist die zeitnähere Abfrage nach Abs. 3 maßgebend.

(5) Das **Ergebnis** des Pendlerrechners ist **nicht heranzuziehen**, wenn nachgewiesen wird, dass

1. bei der **Berechnung der Entfernung** zwischen Wohnung und Arbeitsstätte bzw. der Entfernung zwischen Arbeitsstätte und Wohnung (§ 1) oder
2. bei der **Beurteilung**, ob die **Benützung** eines Massenbeförderungsmittels **unzumutbar** ist (§ 2), **unrichtige Verhältnisse berücksichtigt werden**. Dieser Nachweis kann vom Arbeitnehmer nur im Rahmen der Einkommensteuerveranlagung (→ 15.1.) erbracht werden. Die Nachweismöglichkeit erstreckt sich jedoch nicht auf jene Verhältnisse, die dem Pendlerrechner auf Grund einer abstrakten Betrachtung des Individualverkehrs hinterlegt sind und auf einer typisierenden Betrachtung beruhen (beispielsweise die hinterlegte Durchschnittsgeschwindigkeit).

(6) Das Ergebnis des Pendlerrechners **gilt als amtliches Formular** i.S.d. § 16 Abs. 1 Z 6 lit. g EStG[293], das der Arbeitnehmer dem Arbeitgeber **ausgedruckt und unterschrieben oder elektronisch signiert übermitteln** kann. Erfolgt keine Berücksichtigung des Pendlerpauschals und des Pendlereuros durch den Arbeitgeber bei Anwendung des Lohnsteuertarifs, hat der Arbeitnehmer den Ausdruck des ermittelten Ergebnisses des Pendlerrechners für Zwecke der Berücksichtigung bei der Einkommensteuerveranlagung heranzuziehen und aufzubewahren.

(7) Ist die **Verwendung** des Pendlerrechners **nicht möglich** (insb. weil die Wohnung oder Arbeitsstätte im Ausland liegt) oder liefert der Pendlerrechner dauerhaft kein Ergebnis (insb. bei Fehlermeldung wegen Zeitüberschreitung), hat der Arbeit-

292 Seit dem 12. Februar 2014 steht unter www.bmf.gv.at → Berechnungsprogramme → Pendlerrechner ein Pendlerrechner zur Verfügung. Er dient zur Ermittlung der Entfernung zwischen Wohnung und Arbeitsstätte sowie zur Beurteilung, ob die Benützung eines Massenbeförderungsmittels (öffentliches Verkehrsmittel) zumutbar oder unzumutbar ist.
Der Ausdruck des Pendlerrechners (L 34 EDV) ist sowohl im Rahmen der Personalverrechnung als auch im Zuge der Veranlagung durch den Arbeitnehmer oder die Finanzverwaltung zu verwenden.

293 Erklärung zur Vorlage an den Arbeitgeber.

nehmer für die Inanspruchnahme des Pendlerpauschals und des Pendlereuros das für derartige Fälle vorgesehene amtliche Formular (L 33) zu verwenden. Wenn der Pendlerrechner dauerhaft kein Ergebnis liefert, ist dies durch einen entsprechenden Ausdruck oder durch ein PDF-Dokument des Pendlerrechners nachzuweisen.

Elektronische Übermittlungen gemäß § 3 Abs. 6 und 7 sind nicht vor dem Vorliegen der technischen Voraussetzungen zulässig (§ 5 Abs. 3 Pendlerverordnung).

Familienwohnsitz

§ 4. (1) Ein Familienwohnsitz (§ 16 Abs. 1 Z 6 lit. f und § 20 Abs. 1 Z 2 lit. e EStG) liegt dort, wo

1. ein in (Ehe)Partnerschaft oder in Lebensgemeinschaft lebender Arbeitnehmer oder
2. ein alleinstehender Arbeitnehmer

seine engsten persönlichen Beziehungen (z.B. Familie, Freundeskreis) und einen eigenen Hausstand (Abs. 2) hat[294].

(2) Der Arbeitnehmer hat einen eigenen **Hausstand, wenn er eine Wohnung besitzt**, deren Einrichtung seinen Lebensbedürfnissen entspricht. Ein **eigener Hausstand liegt** jedenfalls **nicht vor**, wenn der Arbeitnehmer Räumlichkeiten innerhalb eines Wohnverbands einer oder mehrerer Person(en), die nicht (Ehe)Partner sind oder mit denen eine Lebensgemeinschaft besteht, mitbewohnt.

Zum Inkrafttreten der Pendlerverordnung und zu den Übergangsbestimmungen siehe die 30. Auflage dieses Buches.

14.2.2.4. Erlassmäßige Regelungen und Rechtsprechung

Die **Lohnsteuerrichtlinien 2002** (LStR 2002) beinhalten in den Randzahlen 249 bis 294a, 352 bis 356, 705 bis 706c, 748 bis 750 und 808a bis 812b Rechtsansichten der Finanzverwaltung zum Pendlerpauschale und zum Pendlereuro.

Gesetzliche Regelungen (→ 14.2.2.2.) und Rechtsansichten, die mit der Rechtsverordnung (Pendlerverordnung, → 14.2.2.3.) deckungsgleich sind, werden in diesem Punkt nicht nochmals wiedergegeben.

Hinweis: Die in den LStR 2002 angeführten Rechtsansichten gelten für das **Pendlerpauschale** und den **Pendlereuro** jeweils gleich lautend, auch wenn in den Aus-

294 Diese Bestimmung betrifft Sachverhalte, in denen der Arbeitnehmer einen Wohnsitz am Arbeitsplatz (in der Nähe des Arbeitsplatzes) und gleichzeitig einen weiteren Wohnsitz hat, den er aus persönlichen Gründen aufrechterhält. Durch die Verordnung wird der Gesetzesbegriff „**Familienwohnsitz**“ dahingehend konkretisiert, dass ein solcher **dort** liegt, wo der Arbeitnehmer seine **engsten persönlichen Beziehungen** hat. Bei Personen, die nicht alleinstehend sind, wird das jedenfalls dort sein, wo sich die Familie oder der Partner aufhält.
Die notwendige persönliche Verbundenheit wird durch die Verordnung im Sinn einer verfestigten Bindung konkretisiert. Dementsprechend ist es zusätzlich erforderlich, dass der Arbeitnehmer dort, wo er seine engsten persönlichen Beziehungen hat, auch über einen eigenen Hausstand verfügt; als Hausstand ist eine Wohnung zu verstehen, deren Einrichtung seinen Lebensbedürfnissen entspricht. Kein eigener Hausstand liegt vor, wenn der Arbeitnehmer Räumlichkeiten innerhalb eines Wohnverbands einer oder mehrerer Person(en), die nicht (Ehe)Partner sind oder mit denen eine Lebensgemeinschaft besteht, bloß mitbewohnt (z.B. ein Zimmer in der elterlichen Wohnung) (LStR 2002, Rz 343 f).

führungen **nur auf das Pendlerpauschale Bezug genommen wird**. Dies unabhängig davon, ob das Kleine oder das Große Pendlerpauschale zusteht. Wenn z.B.

- das Pendlerpauschale für Feiertage, Krankenstandstage und Urlaubstage zusteht, steht auch für diese Tage der Pendlereuro zu,
- das Pendlerpauschale gedrittelt zusteht, steht auch der Pendlereuro gedrittelt zu.

Vorstehendes gilt allerdings z.B. **nicht** für die Ausführungen im Zusammenhang mit der Zumutbarkeit und Unzumutbarkeit, da diese Umstände den Anspruch auf den Pendlereuro nicht beeinflussen.

Die Kosten der Fahrten zwischen Wohnung und Arbeitsstätte (Arbeitsweg) sind grundsätzlich durch den **Verkehrsabsetzbetrag** abgegolten, der allen aktiven Arbeitnehmern unabhängig von den tatsächlichen Kosten zusteht. Darüber hinaus stehen Werbungskosten in Form des Pendlerpauschals gem. § 16 Abs. 1 Z 6 EStG nur dann zu, wenn

- entweder der Arbeitsweg eine **Entfernung von mindestens 20 Kilometern** umfasst (**Kleines** Pendlerpauschale) oder
- die **Benützung** eines **Massenbeförderungsmittels** zumindest hinsichtlich des halben Arbeitswegs **nicht möglich** oder **nicht zumutbar** ist und der Arbeitsweg mindestens 2 Kilometer beträgt (**Großes** Pendlerpauschale).

Unzumutbarkeit der Benützung von Massenbeförderungsmitteln:

1. Unzumutbarkeit **wegen tatsächlicher Unmöglichkeit** (§ 2 Abs. 1 Z 1 lit. a Pendlerverordnung)
   Unzumutbarkeit der Benützung von Massenbeförderungsmitteln ist gegeben, wenn zumindest auf dem halben Arbeitsweg ein Massenbeförderungsmittel überhaupt nicht oder nicht zur erforderlichen Zeit (z.B. Nachtarbeit) verkehrt.
2. Unzumutbarkeit **wegen Behinderung** (§ 2 Abs. 1 Z 1 lit. b und c Pendlerverordnung)
   Das große Pendlerpauschale steht ferner zu bei:
   - Vorliegen eines Ausweises gem. § 29b Straßenverkehrsordnung;
   - Eintragung der Unzumutbarkeit der Benützung öffentlicher Verkehrsmittel im Behindertenpass wegen dauernder Gesundheitsschädigung oder der Blindheit bzw. wegen dauerhafter Mobilitätseinschränkung auf Grund einer Behinderung gem. § 42 Abs. 1 Bundesbehindertengesetz;
   - Befreiung von der Kraftfahrzeugsteuer wegen Behinderung.
3. Unzumutbarkeit **wegen langer Anfahrtszeit** (§ 2 Abs. 1 Z 2 Pendlerverordnung)
   Übersteigt die Anfahrtszeit die Zeitdauer von 60 Minuten, nicht aber 120 Minuten, kann Unzumutbarkeit gegeben sein. Unzumutbarkeit ist jedenfalls gegeben, wenn die Zeitdauer mehr als 120 Minuten beträgt.

Pendlerrechner

Für die Ermittlung der Entfernung zwischen Wohnung und Arbeitsstätte bzw. zwischen Arbeitsstätte und Wohnung und für die Beurteilung, ob die Benützung eines Massenbeförderungsmittels zumutbar oder unzumutbar ist, ist **für Verhältnisse innerhalb Österreichs**[295] der vom Bundesministerium für Finanzen im Inter-

295 Der Pendlerrechner ist demnach nur für Arbeitnehmer zu verwenden, deren **Wohnsitz im Inland** gelegen ist. Liegt der Wohnsitz im Ausland, hat der Arbeitnehmer mittels Formular L 33 selbst den Anspruch auf das Pendlerpauschale und damit auch auf den Pendlereuro festzustellen.

net unter www.bmf.gv.at → Berechnungsprogramme → Pendlerrechner zur Verfügung gestellte Pendlerrechner zu verwenden.

Entsprechen die zeitlichen und örtlichen Umstände der Erbringung der Arbeitsleistung im Wesentlichen jenen, die für den im Pendlerrechner abgefragten Tag bestehen, kann angenommen werden, dass das ermittelte Ergebnis mit dem übereinstimmt, das sich für alle Arbeitstage ergibt. Der im Pendlerrechner abgefragte Tag muss repräsentativ sein. Wenn der Arbeitnehmer am abgefragten Tag grundsätzlich nicht arbeitet (z.B. Samstag, Sonntag, Feiertag), liegt kein repräsentativer Arbeitstag vor.

Aufgrund der COVID-19-Krise kam es von 10.3.2020 bis 10.5.2020 zu geänderten Fahrplänen. Dadurch waren Ergebnisse des Pendlerrechners in vielen Fällen nicht repräsentativ. Abfragen von 10.3.2020 bis 10.5.2020 werden daher nur für diesen Zeitraum anerkannt, wenn auch tatsächlich die Strecke Wohnung – Arbeitsstätte zurückgelegt wurde (z.B. Nachweis durch den Arbeitgeber).

Für die erstmalige Berücksichtigung des Pendlerpauschals und des Pendlereuros im Rahmen der (Arbeitnehmer-)Veranlagung (→ 15.1.) ist jene Abfrage maßgebend, die im entsprechenden Veranlagungsjahr durchgeführt wurde. Liegt keine solche Abfrage vor, ist jene Abfrage maßgeblich, die zeitlich dem Veranlagungsjahr am nächsten ist. Spätestens im Rahmen der (Arbeitnehmer-)Veranlagung ist eine Abfrage durchzuführen. Der Arbeitnehmer hat das ermittelte Ergebnis des Pendlerrechners (L 34 EDV) aufzubewahren (einen Ausdruck oder elektronisch).

Werden das Pendlerpauschale und der Pendlereuro bereits beim Arbeitgeber berücksichtigt, ist grundsätzlich diese Abfrage auch für die Berücksichtigung bei der (Arbeitnehmer-)Veranlagung heranzuziehen. Das Ergebnis des Pendlerrechners ist über Antrag des Arbeitnehmers im Rahmen der (Arbeitnehmer-)Veranlagung nur dann nicht heranzuziehen, wenn er nachweist, dass bei der Berechnung der Entfernung zwischen Wohnung und Arbeitsstätte bzw. bei der Beurteilung der Zumutbarkeit der Benützung eines Massenbeförderungsmittels unrichtige Verhältnisse berücksichtigt worden sind.

Unrichtige Verhältnisse liegen beispielsweise vor, wenn der Pendlerrechner eine Fahrtstrecke über eine nicht öffentlich zugängliche Privatstraße berücksichtigt.

Nutzt der Arbeitnehmer **tatsächlich ein anderes Verkehrsmittel** oder eine **andere Fahrtroute**, als vom Pendlerrechner ermittelt, dann gilt dies nicht als Berücksichtigung von unrichtigen Verhältnissen, da das tatsächlich gewählte Verkehrsmittel und die tatsächlich gewählte Fahrtroute weder bei der Ermittlung der Entfernung zwischen Wohnung und Arbeitsstätte noch bei der Beurteilung der Zumutbarkeit der Benützung eines Massenbeförderungsmittels relevant sind.

Die zur Pendlerverordnung erläuterten Kriterien werden vom Pendlerrechner automatisch berücksichtigt[296]. Das **Ergebnis** des Pendlerrechners ist bei korrekter Erfassung der maßgeblichen Verhältnisse **bindend** und stellt keine Fahrtempfehlung dar, sondern dient ausschließlich als Nachweis zur Berücksichtigung des Pendlerpauschals und des Pendlereuros.

Seit 1. Jänner 2015 sind nur mehr Ausdrucke mit einem Abfragedatum ab 25. Juni 2014 zu berücksichtigen.

Der Pendlerrechner basiert auf den **Wegenetzdaten** der jeweiligen Infrastrukturbetreiber und auf den aktuellen **Fahrplandaten** der Verkehrsbetriebe und berücksichtigt die rechtlichen Grundlagen im EStG, die Pendlerverordnung sowie die Lohnsteuerrichtlinien 2002.

296 Der Pendlerrechner berücksichtigt allerdings keine Sonderfälle.

Liefert der Pendlerrechner ein falsches Ergebnis – wurde z.B. irrtümlich ein falscher Fahrplan berücksichtigt –, ist ein **Gegenbeweis** zulässig, allerdings nur im Rahmen der **Veranlagung** (vgl. auch VwGH 16.11.2021, Ra 2020/15/0090 zum Bestehen von zwei Arbeitsverhältnissen).

Hinweis: Das BMF hat unter www.bmf.gv.at → FAQ → Pendlerrechner eine Fülle diesbezüglicher Fragen beantwortet.

Für die Beurteilung, ob und in welchem Ausmaß ein Pendlerpauschale zusteht, ist es unmaßgeblich, ob die **Wohnung** und/oder die Arbeitsstätte im Inland oder **Ausland** gelegen sind. Daher steht bei Fahrten zwischen einer inländischen Arbeitsstätte und einer im Ausland gelegenen Wohnung für die **gesamte Fahrtstrecke** das Pendlerpauschale zu. In diesen Fällen ist (so wie bisher) nur das **Formular L 33** für die Beantragung von Pendlerpauschale und Pendlereuro zu verwenden, da der Pendlerrechner nur für Verhältnisse innerhalb Österreichs Anwendung findet. Auch **Grenzgängern** i.S.d. § 16 Abs. 1 Z 4 lit. g EStG (→ 31.10.) stehen die Pauschalbeträge des § 16 Abs. 1 Z 6 EStG für die gesamte Wegstrecke Wohnung–Arbeitsstätte zu.

Das Pendlerpauschale ist auch für **Feiertage**, für **Krankenstandstage** und für **Urlaubstage** zu berücksichtigen. Steht daher das Pendlerpauschale im Regelfall zu, tritt durch derartige Zeiträume keine Änderung ein. Lediglich bei **ganzjährigem Krankenstand** liegt während des gesamten Kalenderjahrs kein Aufwand für Fahrten zwischen Wohnung und Arbeitsstätte vor, sodass ganzjährig **kein Pendlerpauschale** zusteht.

Während der COVID-19-Krise gab es vielfach Ausnahmebestimmungen für die Geltendmachung von Pendlerpauschale und Pendlereuro. Konnte die Strecke Wohnung–Arbeitsstätte aufgrund von **COVID-19-Kurzarbeit, Telearbeit wegen der COVID-19-Krise sowie bei Dienstverhinderung (z. B. Quarantäne) wegen der COVID-19-Krise** nicht mehr bzw. nicht an jedem Arbeitstag zurückgelegt werden, konnten im gesamten Kalenderjahr 2020 und teilweise im Kalenderjahr 2021 (für Lohnzahlungszeiträume, die vor dem 1.7.2021 endeten sowie für Lohnzahlungszeiträume, die nach dem 31. Oktober 2021 begannen und vor dem 1. Jänner 2022 endeten), das Pendlerpauschale sowie der Pendlereuro im Ausmaß wie vor der COVID-19-Krise berücksichtigt werden (§ 124b Z 349 und Z 380).

Praxishinweis: Abgesehen von diesen Ausnahmezeiträumen während der COVID-19-Pandemie hat eine **monatsweise Betrachtung** bei der Prüfung aller Voraussetzungen für die Berücksichtigung der Pendlerpauschale und des Pendlereuros zu erfolgen. Auch die konkrete Anzahl der Fahrten ist monatsweise zu prüfen, wobei in Hinblick auf die verstärkte Homeoffice-Tätigkeit zu beachten ist, dass ein **Tag nur entweder ein „Pendel"-Tag oder ein Homeoffice-Tag** sein kann. Da diese Prüfung streng genommen erst am Monatsletzten vollständig vorgenommen werden kann, spricht nichts dagegen, wenn die Pendlerpauschale zunächst nach den voraussichtlichen Verhältnissen berücksichtigt und in weiterer Folge nach den tatsächlichen Verhältnissen mittels Aufrollung richtiggestellt wird. Siehe dazu auch die Ausführungen weiter nachstehend in diesem Punkt. Viele Lohnprogramme prüfen bei Eingabe der Homeoffice-Tage automatisch auch die Höhe des Pendlerpauschales bzw. des Pendlereuros.

Zeitausgleichstage bzw. Gleittage gelten nicht als Tage, an denen der Arbeitnehmer die Strecke Wohnung – Arbeitsstätte zurücklegt.

Hat **im Vormonat** ein Anspruch auf **Pendlerpauschale** bestanden, ergibt sich der Anspruch auf das Pendlerpauschale im laufenden Kalendermonat, indem die Summe der Tage, an denen Fahrten von der Wohnung zur Arbeitsstätte erfolgen und die Anzahl der Urlaubs- bzw. Krankenstandstage sowie Feiertage – insofern diese grundsätzlich Arbeitstage gewesen wären – ermittelt wird.

Ist **im Vormonat kein Pendlerpauschale** zugestanden, besteht im laufenden Monat nur dann ein Anspruch auf ein entsprechendes Pendlerpauschale, wenn die Summe der Tage, an denen Fahrten von der Wohnung zur Arbeitsstätte erfolgen, mindestens vier beträgt.

Beispiel

- Die Strecke Wohnung (W)–Arbeitsstätte (A) beträgt 30 km,
- die Voraussetzungen für das Pendlerpauschale sind dem Grunde nach gegeben,
- Krankenstandstage (K) und Urlaubstage (U) fallen an,
- die Krankenstandstage und Urlaubstage wären grundsätzlich Arbeitstage gewesen.

Monat	Anzahl der Fahrten W–A[297]	Anzahl der Tage K/U	PPP€	Anmerkungen
März	**13**	–	ja	13 > 10
April	**8**	**5**	ja	PP stand im Vormonat zu: (8 + 5) ist > 10
Mai	**0**	**15**	ja	PP stand im Vormonat zu: (0 + 15) ist > 10
Juni	**7**	**1**	ja (2/3)	PP stand im Vormonat zu: (7 + 1) = 8
Juli	**7**	**2**	ja (2/3)	PP stand im Vormonat zu: (7 + 2) = 9
August	**1**	**2**	nein	PP stand im Vormonat zu, aber (1 + 2) = 3
September	**7**	**1**	ja (1/3)	PP stand im Vormonat **nicht** zu und Anzahl W–A = 7

\> = größer als
PP = Pendlerpauschale
P€ = Pendlereuro

Ist der **Kalendertag als Lohnzahlungszeitraum** heranzuziehen (→ 12.4.1.), muss für die Beurteilung, ob ein Pendlerpauschale zusteht, **trotzdem der Kalendermonat** herangezogen werden. Für die Tage der Beschäftigung im Kalendermonat ist das Pendlerpauschale mit dem entsprechenden Betrag gem. § 16 Abs. 1 Z 6 lit. c oder d

297 Die Anzahl der Fahrten W–A ist z.B. deshalb so gering, weil der Arbeitnehmer Dienstreisen von der Wohnung aus angetreten hat (→ 22.3.2.6.) .

EStG (Kleines oder Großes Pendlerpauschale) unter Berücksichtigung der Aliquotierungsvorschriften gem. § 16 Abs. 1 Z 6 lit. e EStG (Drittelregelung) auf Grund der Hochrechnungsvorschrift des § 66 Abs. 3 EStG (360 Lohnsteuertage pro Jahr) anzusetzen. Gleiches gilt, wenn ein Teil des für den Kalendermonat bezogenen Gehalts aus der inländischen Bemessungsgrundlage ausgeschieden wird (auf Grund eines Doppelbesteuerungsabkommens).

Beispiel

Ein Dienstverhältnis beginnt am 25. April, die Fahrtstrecke zwischen Wohnung und Arbeitsstätte beträgt 25 km. In diesem Monat ist an den fünf Arbeitstagen die Benützung eines öffentlichen Verkehrsmittels bei der Hin- und Rückfahrt zumutbar. Es steht daher das Kleine Pendlerpauschale im Ausmaß von einem Drittel zu. Mit Berücksichtigung der Hochrechnungsvorschrift lautet die Berechnung wie folgt:

€ 696,00, davon 1/3 =	€ 232,00	€ 696,00 jährliches Pendlerpauschale
€ 232,00 : 360 × 6 =	€ 3,87	6 = Anzahl der Kalendertage vom 25. bis 30. April

Begriffsbestimmung: Zeitdauer – Wegzeit – Wegstrecke

Die **Zeitdauer** ist die gesamte Zeit

- vom Verlassen der Wohnung bis hin zum Arbeitsbeginn oder
- vom Verlassen der Arbeitsstätte bis zur Ankunft in der Wohnung.

Ist die Zeitdauer bei der Hin- oder Rückfahrt unterschiedlich lang, dann gilt die längere Zeitdauer.

Die **Wegzeit** umfasst die Zeit vom Verlassen der Wohnung bis zum Arbeitsbeginn oder vom Verlassen der Arbeitsstätte bis zur Ankunft in der Wohnung, also **Gehzeit** oder **Anfahrtszeit** zur Haltestelle des öffentlichen Verkehrsmittels, **Fahrzeit** mit dem öffentlichen Verkehrsmittel, **Wartezeiten** usw. Ist die Wegzeit bei der Hinfahrt oder Rückfahrt unterschiedlich lang, dann gilt die längere Zeitdauer. Stehen verschiedene öffentliche Verkehrsmittel zur Verfügung, ist bei Ermittlung der Wegzeit immer von der Benützung des schnellsten öffentlichen Verkehrsmittels (z.B. Schnellzug statt Regionalzug, Eilzug statt Autobus) auszugehen. Darüber hinaus ist eine optimale Kombination zwischen Massenbeförderungs- und Individualverkehrsmittel (z.B. „Park and Ride“) zu unterstellen. Dies gilt auch, wenn dadurch die Fahrtstrecke länger wird. Bei flexiblen Arbeitszeitmodellen (z.B. Gleitzeit) bestehen keine Bedenken, der Abfrage einen repräsentativen Arbeitsbeginn bzw. ein repräsentatives Arbeitsende zu Grunde zu legen. Liegen Wohnort und Arbeitsstätte innerhalb eines Verkehrsverbunds (z.B. „Verkehrsverbund Ostregion“), wird Unzumutbarkeit infolge langer Reisedauer im Allgemeinen nicht gegeben sein.

Die **Wegstrecke** bemisst sich im Fall der Zumutbarkeit der Benützung eines Massenbeförderungsmittels nach den Streckenkilometern zuzüglich Anfahrts- oder Gehwege zu den jeweiligen Ein- und Ausstiegsstellen. Im Fall der Unzumutbarkeit ist die kürzeste Straßenverbindung heranzuziehen. Beträgt die gesamte einfache Wegstrecke zwischen Wohnung und Arbeitsstätte ohne Rundung zumindest 2 km

(Großes Pendlerpauschale) bzw. 20 km (Kleines Pendlerpauschale), ist auf ganze Kilometer aufzurunden. Die so ermittelte Wegstrecke ist auch für Zwecke des Pendlereuros heranzuziehen.

Im Fall des Bestehens **mehrerer Wohnsitze** ist entweder der zur Arbeitsstätte nächstgelegene Wohnsitz oder der Familienwohnsitz (→ 14.2.2.3.) für die Berechnung des Pendlerpauschals maßgeblich. Voraussetzung ist, dass die entsprechende Wegstrecke auch tatsächlich zurückgelegt wird (vgl auch BFG 2.5.2016, RV/2101432/2015). Im Kalendermonat kann für die Berechnung des Pendlerpauschals nur ein Wohnsitz zu Grunde gelegt werden. Liegen die Voraussetzungen für einen Familienwohnsitz nicht vor, so ist stets der der Arbeitsstätte nächstgelegene Wohnsitz für das Pendlerpauschale maßgeblich.

Wochenpendler, welche die Voraussetzungen der doppelten Haushaltsführung erfüllen (siehe LStR 2002, Rz 341 ff.), können für den Kalendermonat die tatsächlichen Kosten der Fahrten zum Familienwohnsitz als Werbungskosten berücksichtigen (Familienheimfahrten, siehe LStR 2002, Rz 354 ff.).

Werden Fahrtkosten als Familienheimfahrten berücksichtigt, kann kein Pendlerpauschale für die Wegstrecke vom Familienwohnsitz zur Arbeitsstätte berücksichtigt werden. Gegebenenfalls steht ein Pendlerpauschale für die Entfernung von dem der Arbeitsstätte nächstgelegenen Wohnsitz zur Arbeitsstätte zu.

Alternativ kann, bei Zurücklegen der entsprechenden Wegstrecke, anstatt der Familienheimfahrten ein aliquotes Pendlerpauschale für die Wegstrecke vom Familienwohnsitz zur Arbeitsstätte berücksichtigt werden. Neben dem Pendlerpauschale können für die Wegstrecke, die über die 120 km hinausgeht, die tatsächlichen Fahrtkosten geltend gemacht werden[298].

Beispiel

Ein Arbeitnehmer hat seinen Familienwohnsitz im Ort A, der von seinem Beschäftigungsort B 150 km entfernt liegt; dort hat er einen weiteren Wohnsitz. Einmal wöchentlich fährt er an seinen Familienwohnsitz. Die Voraussetzungen für die steuerliche Anerkennung von Familienheimfahrten liegen vor. Werden diese berücksichtigt, steht kein (aliquotes) Pendlerpauschale für diese Wegstrecke zu.

Weitere Beispiele und Erläuterungen zu den Familienheimfahrten finden Sie in den Lohnsteuerrichtlinien 2002 unter den Randzahlen 259a und 354 ff.

Ist dem Arbeitnehmer an **mehr als der Hälfte seiner Arbeitstage** im jeweiligen Kalendermonat die **Benützung** eines öffentlichen Verkehrsmittels **unzumutbar**, so besteht Anspruch auf das **Große Pendlerpauschale**. **Urlaub oder Krankenstand** sind für die Frage des Überwiegens auszuklammern. Ist der Arbeitnehmer den gesamten Kalendermonat hindurch auf Urlaub oder krank, sind die Verhältnisse des vorangegangenen Kalendermonats maßgebend.

Das Pendlerpauschale ist auch für jenen Kalendermonat zu gewähren, in dem eine **Ersatzleistung für Urlaubsentgelt** gem. § 67 Abs. 8 lit. d EStG (→ 34.7.2.3.1.) ver-

298 Der Gesamtbetrag (jeweiliges Pendlerpauschale und tatsächliche Fahrtkosten für die über 120 km hinausgehende Strecke) ist jedoch immer mit dem höchsten Pendlerpauschale gem. § 16 Abs. 1 Z 6 lit. d EStG begrenzt.

steuert wird. Es bestehen keine Bedenken, auch bei anderen Bezügen gem. § 67 Abs. 8 lit. a, b und c EStG[299] analog vorzugehen, wenn sie neben laufenden Bezügen gewährt werden.

Beispiel

Das arbeitsrechtliche Ende des Dienstverhältnisses ist der 7. März. Im März erfolgten **fünf Fahrten** von der Wohnung zur Arbeitsstätte. Auf Grund einer **Ersatzleistung für Urlaubsentgelt** verlängert sich das sozialversicherungsrechtliche Ende des Dienstverhältnisses bis zum 14. März. Das **Pendlerpauschale** ist daher im März im Ausmaß von einem Drittel (fünf Fahrten) zu berücksichtigen (siehe Seite 270). Der Lohnzahlungszeitraum ist der Kalendermonat.

A:

Vorstehendes Beispiel sieht anlässlich der Beendigung des Dienstverhältnisses eine **Ersatzleistung für Urlaubsentgelt** vor. Rechnerisch ist in einem solchen Fall wie folgt vorzugehen:

Die ergänzenden, für die rechnerische Darstellung notwendigen Angaben lauten:

- Pendlerpauschale (PP): € 58,00 pro Monat,
- Pendlereuro (P€) für 26 km = € 52,00 pro Jahr.

Eine Aliquotierung des Pendlerpauschals und des Pendlereuros über Lohnsteuertage erfolgt in diesem Fall deshalb nicht, weil bei Auszahlung einer **Ersatzleistung für Urlaubsentgelt** (unabhängig von der Anzahl der abzugeltenden Urlaubstage) immer 30 Lohnsteuertage zu berücksichtigen sind (→ 34.7.2.3.1.).

PP: € 58,00 : 3 =	€	19,33	Lt. Hauptangabe erfolgten im März fünf Fahrten, daher stehen das Pendlerpauschale und der Pendlereuro im Ausmaß von einem Drittel zu.
P€: € 52,00 : 12 : 3 =	€	1,44	

B:

Vorstehendes Beispiel modifiziert unter der Annahme, es steht **keine Ersatzleistung für Urlaubsentgelt** zu. Rechnerisch ist in einem solchen Fall wie folgt vorzugehen:

PP: € 58,00 : 3 : 30 × 7 =	€	4,51	In diesem Fall erfolgt die Aliquotierung des Pendlerpauschals und des Pendlereuros über Lohnsteuertage. Vom 1. März bis 7. März sind das 7 Lohnsteuertage.
P€: € 52,00 : 12 : 3 : 30 × 7 =	€	0,34	

Bei **Schichtdienst** bestehen nach Ansicht des BMF keine Bedenken, auf die voraussichtlich überwiegend (z.B. im Kalenderjahr[300], Schichtturnus) vorliegenden Verhält-

299 Gemeint sind die
- Vergleichssumme (→ 24.5.2.2.),
- Kündigungsentschädigung (→ 34.4.2.) oder eine
- Nachzahlung für abgelaufene Kalenderjahre (→ 24.3.2.2.).

300 Davon abweichend BFG 26.2.2021, RV/3100104/2019, wonach grundsätzlich mit Verweis auf § 1 Abs. 6 Pendlerverordnung die zeitlichen oder örtlichen Umstände der Erbringung der Arbeitsleistung anhand einer **monatlichen Betrachtungsweise** zu prüfen sind. Nur für flexible Arbeitszeitmodelle sieht § 1 Abs. 4 Pendlerverordnung eine kalenderjährliche Betrachtungsweise vor. Das BFG erachtete ein Schichtmodell nicht als flexibles Arbeitszeitmodell.

nisse abzustellen und daraus einen repräsentativen Arbeitsbeginn bzw. ein repräsentatives Arbeitsende abzuleiten. Ist in diesem Zeitraum kein Überwiegen feststellbar, bestehen keine Bedenken, analog zu § 2 Abs. 4 der Pendlerverordnung die für den Arbeitnehmer günstigere Variante zu berücksichtigen.

Bei **Karenz jeglicher Art** (→ 27.) (einschließlich Zeiträume mit Beschäftigungsverbot, → 27.1.3.) liegt kein Aufwand für Fahrten zwischen Wohnung und Arbeitsstätte vor, sodass eine pauschale Abgeltung eines derartigen Aufwands im Weg des Pendlerpauschals nicht in Betracht kommt. Erfolgt während einer Karenzierung eine Beschäftigung, kann bei Vorliegen der Voraussetzungen auf Grund dieser Beschäftigung ein Anspruch auf ein Pendlerpauschale gegeben sein.

Bezüglich der Vorgangsweise bei von der Wohnung aus angetretenen Dienstreisen siehe Punkte 22.3.2.1.1. und 22.3.2.1.3.

Wird dem Arbeitnehmer ein firmeneigenes Kraftfahrzeug für Fahrten zwischen Wohnung und Arbeitsstätte zur Verfügung gestellt, steht kein Pendlerpauschale zu; dies gilt nicht, wenn ein firmeneigenes Fahrrad oder Elektrofahrrad zur Verfügung gestellt wird. Der Ausschluss für Kraftfahrzeuge stößt auf keine verfassungsrechtlichen Bedenken (vgl. BFG 30.6.2014, RV/5100744/2014; BFG 2.12.2015, RV/7102893/2015, dazu Ablehnungsbeschluss VfGH 9.6.2016, 110/2016). Leistet ein Arbeitnehmer Kostenbeiträge im Zusammenhang mit der Privatnutzung eines firmeneigenen Kraftfahrzeugs und ist aus diesem Grund kein Sachbezug anzusetzen, steht nach Ansicht des BMF dennoch kein Pendlerpauschale zu (LStR 2002, Rz 267; vgl. nunmehr auch in diesem Sinn VwGH 21.10.2020, Ro 2019/15/0185 – andere Ansicht noch BFG 22.8.2019, RV/2100829/2017).

Im **Lohnkonto**[301] und im **Lohnzettel** ist die **Anzahl der Kalendermonate einzutragen**, in denen dem Arbeitnehmer ein firmeneigenes Kraftfahrzeug für Fahrten zwischen Wohnung und Arbeitsstätte zur Verfügung gestellt wird. Dies gilt auch dann, wenn dem Arbeitnehmer nicht für den vollen Kalendermonat ein Kraftfahrzeug zur Verfügung gestellt wird.

Wird vom Arbeitnehmer ein eigenes Kraftfahrzeug verwendet, das auf Grund überwiegender beruflicher Nutzung als Arbeitsmittel anzusehen ist, ergibt sich nicht automatisch, dass die Benützung eines öffentlichen Verkehrsmittels unzumutbar ist (vgl. auch BFG 5.8.2020, RV/7100196/2013). Umgekehrt schließt dieser Umstand die Inanspruchnahme des Pendlerpauschals nicht aus. Maßgebend sind auch in diesem Fall die allgemeinen Kriterien.

Vorgangsweise bei **Kundenbesuchen auf dem Arbeitsweg**:

- Bei Verwendung eines **firmeneigenen** Kraftfahrzeugs ist für die Entfernung der direkten Wegstrecke von der Wohnung zur Arbeitsstätte ein Sachbezugswert anzusetzen. Es steht allerdings kein Pendlerpauschale zu. Allfällige Kilometergeldersätze sind steuerpflichtig.
- Für eine auf Grund des Kundenbesuchs erforderliche zusätzliche Wegstrecke ist hingegen kein Sachbezug anzusetzen.
- Bei Verwendung eines **arbeitnehmereigenen** Kraftfahrzeugs ist für die Entfernung der direkten Wegstrecke Wohnung–Arbeitsstätte–Wohnung nach den

301 Im Lohnkonto und im Lohnzettel sind der Betrag des Pendlerpauschals und der Betrag des Pendlereuros gesondert auszuweisen.

allgemeinen Voraussetzungen das Pendlerpauschale zu berücksichtigen. Allfällige Kilometergeldersätze sind steuerpflichtig.

- Für eine auf Grund des Kundenbesuchs erforderliche zusätzliche Wegstrecke sind Kilometergeldersätze im Rahmen des § 26 Z 4 EStG nicht steuerbar (→ 22.3.2.). Bei fehlendem oder unzureichendem Kilometergeldersatz durch den Arbeitgeber können (Differenz-)Werbungskosten (→ 22.3.2.4.) geltend gemacht werden.

Wenn ein Arbeitnehmer **überwiegend im nicht steuerbaren Werkverkehr bzw. überwiegend auf Kosten des Arbeitgebers durch Zahlung oder Zurverfügungstellung eines „Öffi"-Tickets zwischen Wohnung und Arbeitssätte befördert** wird, steht dem Arbeitnehmer das Pendlerpauschale nicht zu. Eine überwiegende Beförderung im Werkverkehr ist dann gegeben, wenn der Arbeitnehmer an mehr als der Hälfte der Arbeitstage im Lohnzahlungszeitraum (im Werkverkehr bzw. mit „Öffi"-Ticket[302]) zwischen Wohnung und Arbeitsstätte befördert wird.

Wenn auf einer Wegstrecke ein Werkverkehr eingerichtet ist, den der Arbeitnehmer trotz Zumutbarkeit der Benützung nachweislich nicht benützt, dann kann für die Wegstrecke, auf der Werkverkehr eingerichtet ist, ein Pendlerpauschale zustehen (vgl. auch VwGH 27.7.2016, 2013/13/0088).

Muss ein Arbeitnehmer trotz bestehenden Werkverkehrs **bestimmte Wegstrecken** zwischen Wohnung und Einstiegstelle des Werkverkehrs bzw. des öffentlichen Verkehrsmittels zurücklegen, ist die Wegstrecke zwischen Wohnung und Einstiegstelle so zu behandeln wie die Wegstrecke zwischen Wohnung und Arbeitsstätte. Die Einstiegstelle des Werkverkehrs wird somit für Belange des Pendlerpauschales mit der Arbeitsstätte gleichgesetzt. **Die Höhe des Pendlerpauschales für die Teilstrecke ist jedoch mit dem fiktiven Pendlerpauschale für die Gesamtstrecke (inklusive Werkverkehr) begrenzt.** Dies gilt sinngemäß auch für die Zurverfügungstellung eines „Öffi"-Tickets, das nicht den gesamten Weg zwischen Wohnung und Arbeitsstätte umfasst.

Beispiel aus den LStR 2002, Rz 750c

Die Gesamtstrecke Wohnung (Niederösterreich) – Arbeitsstätte (Wien) beträgt 47 km. Der Arbeitnehmer erhält vom Arbeitgeber ein „Öffi"-Ticket für die Kernzone Wien. Die Teilstrecke von der Wohnung bis zur Kernzonengrenze in Wien, ab der das „Öffi"-Ticket gilt, beträgt 38 km. Für diese Teilstrecke steht laut Pendlerrechner ein (kleines) Pendlerpauschale in Höhe von € 696,00 jährlich zu.

Sind für die Beförderungen zwischen Wohnung und Arbeitsstätte im Werkverkehr **Kostenersätze** zu leisten, sind diese Kosten bis zur Höhe des jeweiligen Pendlerpauschals als Werbungskosten in der Lohnverrechnung durch den Arbeitgeber zu be-

302 Dabei ist für jeden Kalendermonat das Überwiegen zu beurteilen, ob an mehr als der Hälfte der Arbeitstage ein „Öffi"-Ticket zur Verfügung steht (z.B. bei Monatskarte mit Gültigkeit von 10.5. bis 10.6. kein Pendlerpauschale für Mai, für Juni hingegen schon).

rücksichtigen oder können in der Arbeitnehmerveranlagung geltend gemacht werden (vgl. auch Gesetzeswortlaut § 16 Abs. 1 Z 6 lit. i zweiter Satz EStG).

Davon zu unterscheiden sind **Kostenbeiträge des Arbeitnehmers zum „Öffi"-Ticket** (→ 22.6.). Diese sind nach Ansicht des BMF grundsätzlich dem Anteil der Privatnutzung des „Öffi"-Tickets zuzuordnen und sind daher nicht als Werbungskosten abzugsfähig (da sich § 16 Abs. 1 Z 6 lit. i zweiter Satz EStG nach dieser Ansicht nur auf den Werkverkehr gemäß § 26 Z 5 lit. a EStG bezieht). Dies gilt nicht, wenn das „Öffi"-Ticket eine Streckenkarte zwischen Wohnung und Arbeitsstätte darstellt. In diesem Fall ist ein Kostenbeitrag des Arbeitnehmers bis maximal zur Höhe des in seinem konkreten Fall in Frage kommenden Pendlerpauschales als Werbungskosten abzugsfähig; der Pendlereuro steht nicht zu.

Einem Arbeitnehmer steht **im Kalendermonat höchstens ein Pendlerpauschale** in vollem Ausmaß (max. drei Drittel) zu. Der Pendlereuro ist dabei im entsprechenden Ausmaß zu berücksichtigen.

Bei **Beschäftigungsverhältnissen, die zeitlich hintereinander gelagert sind** und sich nicht überschneiden, steht dem Arbeitnehmer **nur ein Pendlerpauschale pro Kalendermonat** in vollem Außmaß zu. Bezieht der Arbeitnehmer im Rahmen des ersten Beschäftigungsverhältnisses schon ein Pendlerpauschale für das ganze Kalendermonat (z.B. aufgrund von Urlaubsersatzleistungen) und beansprucht beim darauffolgenden Arbeitsverhältnis ebenfalls ein Pendlerpauschale, gibt er damit eine unrichtige Erklärung ab, die zu einer **Pflichtveranlagung** führt (BFG 28.9.2021, RV/5100941/2016).

Besteht bereits Anspruch auf ein volles Pendlerpauschale und werden bei einem **weiteren Dienstverhältnis**, welches grundsätzlich auch Anspruch auf ein volles Pendlerpauschale vermitteln würde, zusätzliche Wegstrecken für die Fahrten von der Wohnung zur weiteren Arbeitsstätte zurückgelegt, ist diese zusätzliche Wegstrecke im Rahmen der Veranlagung für das Ausmaß des Pendlerpauschals zu berücksichtigen. Wurde bei beiden Dienstverhältnissen jeweils ein volles Pendlerpauschale im Rahmen der Lohnverrechnung berücksichtigt, sind diese im Weg der Veranlagung dementsprechend auf ein Pendlerpauschale zu beschränken. Hinsichtlich der Zumutbarkeit der Benützung des Massenverkehrsmittels sind jene Verhältnisse maßgebend, die dem Pendlerpauschale mit der längeren Wegstrecke zu Grunde liegen.

Werden bei **mehreren Dienstverhältnissen im Kalendermonat** jeweils aliquote Pendlerpauschalien von den Arbeitgebern berücksichtigt, so sind diese im Weg der Veranlagung auf das Ausmaß eines vollen Pendlerpauschals für die längere Wegstrecke zu begrenzen (Kontrollrechnung).

Der Anspruch auf das Pendlerpauschale **hängt nicht von der Höhe der tatsächlich angefallenen Kosten** ab. Fährt ein Arbeitnehmer an einem Teil der Tage allein mit dem Kraftfahrzeug zwischen Wohnung und Arbeitsstätte und am anderen Teil der Tage im Rahmen einer Fahrgemeinschaft, so steht ihm das Pendlerpauschale dennoch in voller Höhe zu (BFG 29.3.2021, RV/7104590/2020).

Für die **Berücksichtigung** von Pendlerpauschale und Pendlereuro **durch den Arbeitgeber** hat der Arbeitnehmer dem Arbeitgeber einen Ausdruck des ermittelten Ergebnisses des Pendlerrechners (L 34 EDV) vorzulegen oder das L 34 EDV elektronisch zu übermitteln.

Der Arbeitnehmer hat bei Vorliegen der technischen Voraussetzungen folgende Möglichkeiten, das L 34 EDV zu übermitteln:

- ausgedruckt und unterschrieben (in Papierform),
- elektronisch signiert per E-Mail (papierlos) oder
- ausgedruckt, unterschrieben, eingescannt und als PDF-Dokument per E-Mail.

Der Arbeitgeber hat das L 34 EDV zum Lohnkonto zu nehmen und ist gem. § 62 EStG verpflichtet, das Pendlerpauschale und den Pendlereuro bei der Berechnung der Lohnsteuer zu berücksichtigen.

Der Arbeitgeber ist nicht verpflichtet zu prüfen, ob ein anderer Arbeitgeber dieses Arbeitnehmers gleichzeitig ebenfalls ein Pendlerpauschale berücksichtigt. **Änderungen** der Verhältnisse für die Berücksichtigung dieser Pauschbeträge und Absetzbeträge **muss der Arbeitnehmer** seinem Arbeitgeber **innerhalb eines Monats** mittels neuen Ausdrucks oder elektronischer Übermittlung des Ergebnisses des Pendlerrechners (L 34 EDV) melden. Die Richtigstellung einer fehlerhaften Programmierung bzw. die Beseitigung sonstiger Fehlersituationen (z.B. Fehlermeldung wegen Zeitüberschreitung) gelten ebenfalls als Änderung der Verhältnisse. Die Pauschbeträge und Absetzbeträge sind auch für **Feiertage** sowie für Lohnzahlungszeiträume zu berücksichtigen, in denen sich der Arbeitnehmer im **Krankenstand** oder auf **Urlaub** befindet.

Ist die Verwendung des **Pendlerrechners** für den Arbeitnehmer **nicht möglich** (insb. weil die Wohnadresse im Ausland liegt), hat der Arbeitnehmer für die Inanspruchnahme des Pendlerpauschals und des Pendlereuros auf dem amtlichen Formular **L 33** die Erklärung über das Vorliegen der entsprechenden Voraussetzungen beim Arbeitgeber abzugeben. Liefert der Pendlerrechner dauerhaft kein Ergebnis (insb. bei Fehlermeldung wegen Zeitüberschreitung), ist ebenfalls das amtliche Formular L 33 samt Nachweis der Fehlermeldung (Ausdruck oder PDF-Dokument des Pendlerrechners) dem Arbeitgeber zu übermitteln.

Bei Zutreffen der Voraussetzungen können das Pendlerpauschale und der Pendlereuro innerhalb des Kalenderjahrs **auch für Zeiträume vor der Antragstellung** vom Arbeitgeber berücksichtigt werden.

Bei **offensichtlich unrichtigen Angaben** (siehe nachstehend) sind ein Pendlerpauschale und der Pendlereuro **nicht zu berücksichtigen.**

Eine offensichtliche Unrichtigkeit liegt beispielsweise in folgenden Fällen vor:

- Ein Arbeitnehmer tätigt mit dem Pendlerrechner eine Abfrage für einen Sonntag, obwohl er von Montag bis Freitag beim Arbeitgeber arbeitet, oder für einen Feiertag (ist kein repräsentativer Arbeitstag).
- Die verwendete Wohnadresse entspricht nicht den beim Arbeitgeber gespeicherten Stammdaten des Arbeitnehmers.
- Die verwendete Arbeitsstättenadresse entspricht nicht den tatsächlichen Verhältnissen.
- Das Pendlerpauschale wird für Strecken berücksichtigt, auf denen ein Werkverkehr eingerichtet ist[303].

303 Sofern der Werkverkehr auch tatsächlich in Anspruch genommen wird.

- Das Pendlerpauschale wird trotz Zurverfügungstellung eines firmeneigenen Kraftfahrzeugs für Fahrten zwischen Wohnung und Arbeitsstätte berücksichtigt.
- Das Pendlerpauschale wird nach Behebung einer fehlerhaften Programmierung oder einer sonstigen Fehlersituation (z.B. Fehlermeldung wegen Zeitüberschreitung) berücksichtigt. Der Arbeitgeber haftet ab dem Zeitpunkt, in dem ihm die Behebung dieses Fehlers durch Mitteilung des Arbeitnehmers oder des Finanzamts bekannt geworden ist.

Keine offensichtliche Unrichtigkeit liegt beispielsweise in folgenden Fällen vor:

- Fahrplanänderungen des öffentlichen Verkehrsmittels;
- Berücksichtigung des Pendlerpauschals bei Schichtdienst, Wechseldienst, Gleitzeit und sonstigen flexiblen Arbeitszeitmodellen bei grundsätzlich plausiblen Angaben des Arbeitnehmers.

Hinweis: Zur **Vermeidung** der oben angeführten **Haftungsfolgen** muss der Arbeitgeber die am Formular L 34 EDV ausgewiesenen Basisdaten überprüfen.

Das Zutreffen der Voraussetzungen für die Gewährung des Pendlerpauschals und des Pendlereuros wird im Zuge der Prüfung lohnabhängiger Abgaben und Beiträge überprüft. Stellt sich nachträglich heraus, dass nicht offensichtlich unrichtige Angaben des Arbeitnehmers zu einem falschen Ergebnis des Pendlerrechners geführt haben, wird der Arbeitnehmer im Rahmen einer Pflichtveranlagung gem. § 41 Abs. 1 Z 6 EStG (→ 15.2.) unmittelbar als Steuerschuldner in Anspruch genommen[304]. Liegt dem Arbeitgeber für Zeiträume ab 1. Oktober 2014 kein L 34 EDV vor und berücksichtigt er dennoch weiterhin ein Pendlerpauschale, **haftet** der **Arbeitgeber**.

Hinweis: Der **Arbeitgeber haftet** insoweit **auch**, als ihm unrichtige Angaben am Formular L 34 EDV (bzw. L 33) erkennbar waren bzw. er die Unrichtigkeit bei gehöriger Aufmerksamkeit hätte erkennen können.

Analog zur Möglichkeit einer nachträglichen Berücksichtigung des Pendlerpauschals und des Pendlereuros bestehen **keine Bedenken**, wenn **zunächst die wahrscheinlichen Verhältnisse** angegeben werden und erst am **Jahresende** erklärt wird, in welchen Lohnzahlungszeiträumen **abweichende Verhältnisse** vorgelegen sind. Gibt der Arbeitnehmer eine korrigierte Erklärung ab, dann hat der Arbeitgeber das bisher berücksichtigte Pendlerpauschale und den Pendlereuro zu **berichtigen**. Gibt der Arbeitnehmer keine Erklärung ab, so ist der Arbeitgeber nicht verpflichtet, von sich aus eine Korrektur vorzunehmen.

Werden das Pendlerpauschale und der Pendlereuro beim Arbeitgeber mittels L 34 EDV (bzw. L 33) berücksichtigt und **ändert sich während des Jahres der Anspruch** auf das Pendlerpauschale (weil beispielsweise der Wohnsitz verlegt wird), sind das Pendlerpauschale und der Pendlereuro nach den jeweiligen Verhältnissen im Kalendermonat zu berücksichtigen. Im **Lohnzettel** ist der **insgesamt zustehende Pendlereuro auszuweisen**.

Wurden das Pendlerpauschale und der Pendlereuro beim laufenden Lohnsteuerabzug nicht oder nicht in voller Höhe berücksichtigt, können sie auch im Rahmen

---

304 Wurde das Pendlerpauschale jedoch aufgrund eines Irrtums des Arbeitgebers durch diesen fälschlicherweise im Rahmen der Lohnverrechnung berücksichtigt, liegt mangels unrichtiger Erklärung des Arbeitnehmers kein Pflichtveranlagungstatbestand vor (BFG 9.8.2017, RV/5100510/2015).

des Veranlagungsverfahrens geltend gemacht werden. Für (inländische) Grenzgänger (→ 31.10.) sind das Pendlerpauschale und der Pendlereuro stets im Veranlagungsverfahren zu berücksichtigen.

Fahrten zwischen Wohnung und Arbeitsstätte sind gem. § 16 Abs. 1 Z 6 EStG durch den Verkehrsabsetzbetrag und ein gegebenenfalls zustehendes Pendlerpauschale und den Pendlereuro abgegolten. Das gilt auch für Fahrten zwischen Wohnung und Einsatzort, die gem. § 26 Z 4 lit. a letzter Satz EStG als Fahrten zwischen Wohnung und Arbeitsstätte gelten (→ 22.3.2.1.3.).

Arbeitsstätte (Dienstort) ist jener Ort, an dem der Arbeitnehmer für den Arbeitgeber regelmäßig tätig wird. Tatsächliche Fahrtkosten (z.B. Kilometergeld) können daher für derartige Fahrten nicht berücksichtigt werden.

14.2.3. Kinderbetreuungskosten

Näheres dazu finden Sie unter Punkt 21.2. unter § 3 Abs. 1 Z 13 lit. b EStG.

14.3. Freibetragsbescheid

Das Wohnsitzfinanzamt (→ 15.1.) hat **auf Antrag des Arbeitnehmers** (Formular L 1) für die Berücksichtigung

- bestimmter Werbungskosten,
- Sonderausgaben und
- außergewöhnlicher Belastungen

beim Steuerabzug vom Arbeitslohn gemeinsam mit einem **Einkommensteuerbescheid** (Veranlagungsbescheid) einen

Freibetragsbescheid	und eine	**Mitteilung zur Vorlage beim Arbeitgeber**

zu erlassen (§ 63 Abs. 1 EStG) (siehe unter „Beispielhafte Darstellung des Veranlagungsverfahrens" am Ende dieses Punktes).

Freibeträge auf Grund eines Freibetragsbescheids hat der Arbeitgeber dann zu berücksichtigen, wenn ihm eine entsprechende Mitteilung vorgelegt wurde (§ 64 Abs. 1 EStG, LStR 2002, Rz 1036).

Der Arbeitnehmer ist (ausgenommen im Fall eines Widerrufs des Freibetragsbescheids) **nicht verpflichtet**, dem Arbeitgeber die Mitteilung zu übergeben (LStR 2002, Rz 1044). Er kann die im betreffenden Kalenderjahr tatsächlich angefallenen Ausgaben im Rahmen der Veranlagung berücksichtigen.

Auch bei mehreren Dienstverhältnissen wird nur ein Freibetragsbescheid bzw. eine Mitteilung für den Arbeitgeber ausgestellt. Bei mehreren Arbeitgebern ist es dem Arbeitnehmer freigestellt, bei welchem Arbeitgeber er die Mitteilung vorlegt. Ein Wechsel während des Jahres ist nur bei Beendigung des entsprechenden Dienstverhältnisses möglich (LStR 2002, Rz 1045).

Der Freibetragsbescheid und eine Mitteilung sind jeweils

- für das dem Veranlagungszeitraum **zweitfolgende Jahr** zu erstellen, wenn bei der Veranlagung mindestens einer der folgenden Beträge der **Z 1 bis Z 4** berücksichtigt wurde:

1. **Werbungskosten**, die **weder**
   - gem. § 62 EStG **noch** gem. § 67 Abs. 12 EStG (**bei der Ermittlung der Bemessungsgrundlage**, → 11.5.1., → 23.3.2.1.) **oder**
   - gem. § 77 Abs. 3 EStG (bei der **Aufrollung der Lohnsteuer** der laufenden Bezüge, → 11.5.4.)

   zu berücksichtigen sind;
2. **Sonderausgaben**[305]
   (**Z 1:** Renten und dauernde Lasten;
   Z 6: Steuerberatungskosten;
   Z 7: private Zuwendungen für Forschungs- und Lehraufgaben, humanitäre Zwecke u.a.m.);
   sowie Beiträge für eine freiwillige Weiterversicherung einschließlich des Nachkaufs von Versicherungszeiten in der gesetzlichen Pensionsversicherung und vergleichbarer Beiträge an Versorgungs- und Unterstützungseinrichtungen der Kammern der selbstständig Erwerbstätigen;
3. **außergewöhnliche Belastungen** gem. § 34 Abs. 6 EStG (außergewöhnliche Belastungen, bei denen der Selbstbehalt keine Berücksichtigung findet) mit Ausnahme von Aufwendungen zur Beseitigung von Katastrophenschäden;
4. Freibeträge gem. § 35 EStG (für **Behinderte**) und gem. § 105 EStG (**Inhaber von Amtsbescheinigungen und Opferausweisen**), sofern sie nicht gem. § 62 EStG vom Arbeitgeber[306] (im Zuge der Ermittlung der Bemessungsgrundlage) berücksichtigt werden.

Dem Freibetragsbescheid sind die gem. Z 1 bis 4 (siehe vorstehend) im Einkommensteuerbescheid berücksichtigten Beträge zu Grunde zu legen. Ein Freibetragsbescheid ist jedoch nicht zu erlassen:

- Nach dem 30. November des Kalenderjahrs, für das der Freibetragsbescheid zu ergehen hätte,
- bei Wegfall der unbeschränkten Steuerpflicht (→ 31.1.),
- bei beschränkter Steuerpflicht,
- bei Behandlung als unbeschränkt Steuerpflichtiger auf Grund eines Antrags gem. § 1 Abs. 4 EStG (→ 7.2.),
- bei einem jährlichen Freibetrag unter € 90,00,
- wenn bei jener Veranlagung, auf Grund derer ein Freibetragsbescheid zu erlassen wäre, die Einkommensteuer die angerechnete Lohnsteuer übersteigt und Vorauszahlungen festgesetzt werden (§ 63 Abs. 1 EStG, LStR 2002, Rz 1042).

Auf Antrag des Arbeitnehmers hat das Finanzamt keinen Freibetragsbescheid zu erlassen oder einen betragsmäßig niedrigeren als den sich gem. § 63 Abs. 1 EStG ergebenden Freibetrag festzusetzen (§ 63 Abs. 2 EStG).

Auf der Mitteilung zur Vorlage beim Arbeitgeber sind der Freibetrag sowie das Kalenderjahr, für das der Freibetrag festgesetzt wurde, auszuweisen (§ 63 Abs. 3 EStG).

---

305 Sonderausgaben i.S.d. § 18 Abs. 1 Z 2 und 3 EStG waren letztmalig bei Freibetragsbescheiden zu berücksichtigen, die für das Kalenderjahr 2020 erstellt wurden (§ 63 Abs. 1 Z 2 EStG).

306 Freibeträge gem. §§ 35 und 105 EStG sind nur von jenem Arbeitgeber, der Bezüge aus einer gesetzlichen Sozialversicherung oder Ruhegenussbezüge einer Gebietskörperschaft auszahlt, zu berücksichtigen (§ 62 Z 10 EStG).

Eine **Herabsetzung (Widerruf) des Freibetrags** kann beim Finanzamt **jederzeit** beantragt werden.

Das Finanzamt hat auf Antrag des Arbeitnehmers (Formular L 54) **losgelöst von einem Veranlagungsverfahren** einen Freibetragsbescheid für das laufende Kalenderjahr zu erlassen, wenn glaubhaft gemacht wird, dass im Kalenderjahr

- zusätzliche Werbungskosten i.S.d. § 63 Abs. 1 Z 1 EStG von **mindestens € 900,00** oder
- Aufwendungen zur Beseitigung von Katastrophenschäden i.S.d. § 34 Abs. 6 EStG vorliegen.

Der Antrag muss bis zum 31. Oktober gestellt werden. Gleichzeitig mit der Erlassung eines solchen Freibetragsbescheids ist eine Mitteilung zur Vorlage beim Arbeitgeber i.S.d. § 63 Abs. 1 EStG zu erstellen. Die Einschränkung des § 63 Abs. 1 Z 3 EStG (siehe vorstehend) ist bei diesem Freibetragsbescheid nicht anzuwenden (§ 63 Abs. 4 EStG).

Wird der einem Freibetragsbescheid zu Grunde liegende Einkommensteuerbescheid abgeändert, so sind der Freibetragsbescheid und die Mitteilung zur Vorlage beim Arbeitgeber anzupassen (§ 63 Abs. 5 EStG).

Wurde für ein Kalenderjahr ein Freibetragsbescheid erlassen, ist dieser mit Erlassung eines neuen Freibetragsbescheids zu widerrufen. Der Widerruf ist auch auf der Mitteilung zur Vorlage beim Arbeitgeber anzuführen (§ 63 Abs. 6 EStG).

Für beschränkt steuerpflichtige Arbeitnehmer und für Arbeitnehmer, die gem. § 1 Abs. 4 EStG als unbeschränkt steuerpflichtig behandelt werden, ist kein Freibetragsbescheid zu erstellen (§ 63 Abs. 7 EStG).

Das **Finanzamt kann** abweichend von den Bestimmungen im § 63 Abs. 1 EStG (siehe vorstehend) bei Aufwendungen i.S.d. Abs. 1 Z 1 und 2 gegenüber den bei der Veranlagung berücksichtigten Beträgen **niedrigere Beträge als Freibeträge festsetzen**, wenn die berücksichtigten Aufwendungen offensichtlich nur einmalig und nicht wiederkehrend getätigt werden (§ 63 Abs. 8 EStG).

Der Arbeitgeber hat den auf der Mitteilung zur Vorlage beim Arbeitgeber ausgewiesenen Freibetrag beim Steuerabzug vom Arbeitslohn zu berücksichtigen (→ 11.5.1.) und die Mitteilung zum Lohnkonto (→ 10.1.2.1.) zu nehmen. Der Arbeitnehmer kann **auf der Mitteilung** zur Vorlage beim Arbeitgeber **erklären**, dass an Stelle des ausgewiesenen Freibetrags ein **niedrigerer Betrag** bei der Lohnverrechnung zu berücksichtigen ist (§ 64 Abs. 1 EStG).

Die Mitteilung zur Vorlage beim Arbeitgeber ist im Original beim Lohnkonto aufzubewahren. Die Aufbewahrung kann entweder in Papierform oder durch Erfassung auf Datenträgern erfolgen, sofern die vollständige, geordnete, inhaltsgleiche und urschriftgetreue Wiedergabe bis zum Ablauf der gesetzlichen Aufbewahrungsfrist jederzeit gewährleistet ist. Die urschriftgetreue Wiedergabe kann beispielsweise durch Erfassung auf einer optischen Speicherplatte, durch Mikroverfilmung oder durch Einscannen sichergestellt werden. Außerdem können diese Unterlagen an anderer Stelle (z.B. bei den Personalakten) körperlich oder auf Datenträgern abgelegt werden, sofern das jeweilige Lohnkonto einen eindeutigen Hinweis auf die Art der Unterlage und den Ablageort enthält.

Bei einem Arbeitgeberwechsel hingegen ist die Mitteilung zur Vorlage beim Arbeitgeber, die sich beim laufenden Lohnsteuerabzug auswirken kann, dem Arbeitnehmer auszuhändigen, damit sie dieser dem neuen Arbeitgeber vorlegen kann (LStR 2002, Rz 1185).

Der Arbeitgeber ist an die Mitteilung gebunden. Er darf keinen anderen Freibetrag berücksichtigen, es sei denn, der Arbeitnehmer erklärt schriftlich auf der Mitteilung, dass ein niedrigerer Freibetrag berücksichtigt werden soll. Ein entsprechender Erklärungstext wird auf der Mitteilung für den Arbeitgeber automatisch ausgedruckt. Wird die Berücksichtigung eines **niedrigeren Freibetrags erklärt**, so kann von diesem niedrigeren Freibetrag im Verlauf des weiteren Jahres **nicht mehr abgegangen** werden. Die Berücksichtigung eines höheren Freibetrags ist in jedem Fall ausgeschlossen. Der Arbeitnehmer ist bei einem Widerruf des Freibetragsbescheids verpflichtet, die entsprechende dem Arbeitgeber vorgelegte Mitteilung durch die neu ergangene auszutauschen (LStR 2002, Rz 1044).

Wechselt der Arbeitnehmer während des Kalenderjahrs **den Arbeitgeber**, so hat dieser

- auf dem **Lohnkonto und dem Lohnzettel die Summe der bisher berücksichtigten Freibeträge auszuweisen** und
- dem **Arbeitnehmer die (Original)Mitteilung zur Vorlage beim Arbeitgeber auszuhändigen** (§ 64 Abs. 2 EStG).

Wird der einer vorgelegten Mitteilung zu Grunde liegende Freibetragsbescheid widerrufen und eine neue Mitteilung vorgelegt, verbleibt die alte Mitteilung beim Lohnkonto. Bei Beendigung des Dienstverhältnisses sind **nur jene Mitteilungen**, die sich beim **laufenden Lohnsteuerabzug auswirken** können, auszuhändigen. Die Mitteilungen für abgelaufene Zeiträume verbleiben beim Arbeitgeber (LStR 2002, Rz 1049) (→ 32.4.2.).

Der Freibetragsbescheid basiert auf Vorjahreswerten und ist daher nur eine **vorläufige Maßnahme**. Die tatsächlichen Aufwendungen werden erst bei der Durchführung der Veranlagung für das betreffende Kalenderjahr berücksichtigt. Eine **Veranlagung ist verpflichtend** durchzuführen (§ 41 Abs. 1 Z 3 EStG).

Beispielhafte Darstellung des Veranlagungsverfahrens:

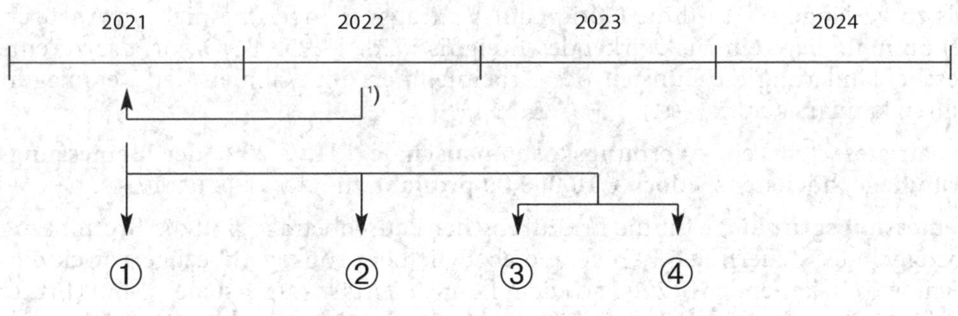

1) Die Veranlagung für 2021 kann spätestens bis 31. Dezember 2026 beantragt werden (→ 15.3.).

Das Finanzamt führt im Kalenderjahr 2022 für das Kalenderjahr 2021 eine Veranlagung durch. Im Zuge der Durchführung der Veranlagung finden beantragte Freibeträge Berücksichtigung.

Nach der Durchführung der Veranlagung für 2021 erhält der Arbeitnehmer

① einen **Einkommensteuerbescheid** (Veranlagungsbescheid = Mitteilung über die Erledigung und über das Ergebnis der Veranlagung 2021),

② ev. einen **Vorauszahlungsbescheid** (nur bei einer Pflichtveranlagung) für das Kalenderjahr 2022 und Folgejahre,

③ ev. einen **Freibetragsbescheid** für das Kalenderjahr 2023 (dieser enthält grundsätzlich jene Freibeträge, die bei der Veranlagung 2021 berücksichtigt worden sind)[307] und

④ ev. eine **Mitteilung zur Vorlage beim Arbeitgeber** für das Kalenderjahr 2023 (diese enthält die im Freibetragsbescheid angeführten Freibeträge).

14.4. Pauschale Werbungskosten von Expatriates

Auf Grund der Verordnung des BMF über die Aufstellung von Durchschnittssätzen für Werbungskosten von Angehörigen bestimmter Berufsgruppen (BGBl II 2001/382, zuletzt geändert durch BGBl II 2021/500), können von sog. Expatriates **ohne Nachweis der tatsächlichen Aufwendungen Werbungskosten auf Grund von Erfahrungswerten** geltend gemacht werden.

Expatriates sind Arbeitnehmer,

- die **im Auftrag eines ausländischen Arbeitgebers in Österreich** im Rahmen eines Dienstverhältnisses zu einem österreichischen Arbeitgeber (Konzerngesellschaft oder inländische Betriebsstätte i.S.d. § 81 EStG) für **höchstens fünf Jahre** beschäftigt werden,
- die **während der letzten zehn Jahre keinen Wohnsitz im Inland** hatten,
- die ihren **bisherigen Wohnsitz im Ausland beibehalten** und
- für deren Einkünfte **Österreich das Besteuerungsrecht** zukommt (§ 1 VO BGBl II 2001/382).

Ist von vornherein eine längere Beschäftigungsdauer vorgesehen, liegt keine vorübergehende Beschäftigung vor. Eine längere Beschäftigungsdauer ist auch dann anzunehmen, wenn dem Beschäftigten im Falle eines befristeten Dienstverhältnisses die Möglichkeit eingeräumt wird, das Beschäftigungsverhältnis über fünf Jahre hinaus zu verlängern. Wird die Option auf Vertragsverlängerung nicht in Anspruch genommen, liegt ein rückwirkendes Ereignis i.S.d. § 295a BAO vor, das zu einer Bescheidänderung zu Gunsten des Arbeitnehmers im Rahmen der Veranlagung führen kann (LStR 2002, Rz 406b).

Expatriates steht ein **Werbungskostenpauschale i.H.v. 20% der Bemessungsgrundlage, höchstens jedoch € 10.000,00 pro Jahr** zu (§ 1 VO BGBl II 2001/382).

Bemessungsgrundlage für die Ermittlung der Pauschbeträge sind die Bruttobezüge abzüglich der steuerfreien Bezüge und abzüglich der sonstigen Bezüge, soweit diese nicht wie ein laufender Bezug nach dem Lohnsteuertarif zu versteuern sind (Bruttobezüge gem. Kennzahl 210 abzüglich der Bezüge gem. Kennzahlen 215 und 220 des

307 Der Freibetragsbescheid ist nur eine vorläufige Maßnahme. Die tatsächlichen Aufwendungen werden erst bei der Durchführung der Veranlagung für das Kalenderjahr 2023 berücksichtigt.

amtlichen Lohnzettelvordruckes L 16). Bei nicht ganzjähriger Tätigkeit ist der (Höchst-)Betrag anteilig zu berücksichtigen, wobei angefangene Monate als volle Monate gelten (§ 2 VO BGBl II 2001/382).

Kostenersätze des Arbeitgebers gem. § 26 EStG (z.B. für Arbeitskleidung gem. Z 1, Fortbildungskosten gem. Z 3 oder Umzugskosten gem. Z 6) **kürzen** den Pauschbetrag **mit Ausnahme** von Kostenersätzen gem. § 26 Z 4 EStG (Kostenersätze in Zusammenhang mit Dienstreisen) (§ 4 VO BGBl II 2001/382).

Wird der Pauschbetrag in Anspruch genommen, dann können daneben **keine anderen Werbungskosten,** ausgenommen jene Werbungskosten, die gemäß § 16 Abs. 3 EStG nicht auf das Werbungskostenpauschale (→ 14.1.1.4.) anzurechnen sind, aus dieser Tätigkeit geltend gemacht werden (§ 5 VO BGBl II 2001/382). Es bleibt dem Steuerpflichtigen aber stets unbenommen, anstelle des Pauschbetrags seine gesamten tatsächlichen Kosten geltend zu machen (LStR 2002, Rz 428).

Neben dem Pauschbetrag kann **kein allgemeiner Werbungskostenpauschbetrag** i.H.v. € 132,00 gem. § 16 Abs. 3 EStG geltend gemacht werden (§ 1 VO BGBl II 2001/382).

Die Geltendmachung des Pauschbetrags für Expatriates erfolgt grundsätzlich im Rahmen der **(Arbeitnehmer)Veranlagung**. Der Pauschbetrag kann jedoch – anders als Werbungskostenpauschalen anderer Berufsgruppen – auch **direkt vom Arbeitgeber im Rahmen der Lohnverrechnung** berücksichtigt werden (§ 62 Z 11 EStG, § 2 VO BGBl II 2001/382).

14.5. Zuzugsfreibetrag gem. § 103 Abs. 1a EStG

Bei Personen, deren **Zuzug aus dem Ausland**[308] der **Förderung von Wissenschaft oder Forschung** dient und aus diesem Grunde im öffentlichen Interesse gelegen ist, kann das Finanzamt Österreich aufgrund des Zuzugs für einen Zeitraum von fünf Jahren ab dem Zeitpunkt des Zuzugs einen **Freibetrag in Höhe von 30% der zum Tarif besteuerten Einkünfte aus wissenschaftlicher Tätigkeit** festsetzen. Wird der Freibetrag gewährt, können daneben keine weiteren Betriebsausgaben, Werbungskosten oder außergewöhnliche Belastungen, die im Zusammenhang mit dem Zuzug stehen, geltend gemacht werden. Voraussetzung ist, dass der Mittelpunkt der Lebensinteressen vor dem Zuzug zumindest bereits fünf Jahre nicht mehr in Österreich gelegen ist (§ 103 Abs. 1a und 2 EStG).

Die Verordnung des BMF betreffend Zuzugsbegünstigungen (Zuzugsbegünstigungsverordnung) (BGBl II 2016/261) enthält dazu nähere Bestimmungen.

Der Zuzug hochqualifizierter Personen aus dem Ausland dient der **Förderung von Wissenschaft und Forschung** und ist aus diesem Grund im öffentlichen Interesse gelegen, wenn folgende Voraussetzungen vorliegen:

1. Die Tätigkeit der zuziehenden Person im Bereich der Wissenschaft und Forschung besteht überwiegend in einer wissenschaftlichen Tätigkeit (einschließlich der universitären Erschließung und Entwicklung der Künste). Eine Tätigkeit ist als wissenschaftlich anzusehen, wenn sie auf systematische Weise unter Verwen-

308 Ein Zuzug aus dem Ausland liegt nur bei einer Verlegung des Mittelpunkts der Lebensinteressen in das Inland vor (VwGH 26.2.2020, Ro 2017/13/0018).

dung wissenschaftlicher Methoden mit dem Ziel durchgeführt wird, den Stand des Wissens zu vermehren sowie neue Anwendungen dieses Wissens zu erarbeiten (Forschung und experimentelle Entwicklung).

2. Die Tätigkeit im Bereich der Wissenschaft und Forschung liegt maßgeblich im öffentlichen Interesse Österreichs[309].
3. Die Förderung von Wissenschaft und Forschung würde ohne Zuzug nicht in diesem Ausmaß eintreten und erfolgt unmittelbar.
4. Die hohe wissenschaftliche Qualifikation des Antragstellers ist hinreichend dokumentiert (§ 2 Abs. 1 VO BGBl II 2016/261).

Für die Gewährung des Freibetrags ist ein Antrag des Arbeitnehmers beim Finanzamt Österreich spätestens sechs Monate nach Zuzug einzubringen (§ 1 VO BGBl II 2016/261).

Ein gewährter Zuzugsfreibetrag kann dem **Arbeitgeber zur Berücksichtigung in der Lohnverrechnung vorgelegt** werden (§ 62 Z 9 EStG). Dieser kürzt die Lohnsteuerbemessungsgrundlage (→ 11.5.1.). Einen Zuzugsfreibetrag hat der Arbeitgeber somit nur dann zu berücksichtigen, wenn ihm der entsprechende Bescheid vorgelegt wurde (LStR 2002, Rz 1037). Die Berücksichtigung eines Zuzugsfreibetrags durch den Arbeitgeber löst einen Pflichtveranlagungstatbestand aus (→ 15.2.1.).

Neben dem Zuzugsfreibetrag bestehen für Personen, deren Zuzug aus dem Ausland der Förderung von Wissenschaft, Forschung, Kunst oder Sport dient und aus diesem Grunde im öffentlichen Interesse gelegen ist, weitere steuerliche Begünstigungen zur **Beseitigung der steuerlichen Mehrbelastungen,** die durch die Begründung eines inländischen Wohnsitzes eingetreten sind (§ 103 Abs. 1 EStG). Diese Begünstigungen sind jedoch zwingend im Rahmen der Veranlagung zu berücksichtigen und werden daher an dieser Stelle nicht weiter behandelt.

309 Vgl. dazu § 2 Abs. 2 VO BGBl II 2016/261.

15. Veranlagung von lohnsteuerpflichtigen Einkünften, Berechnung der Lohnsteuer

Im Rahmen dieses Kapitels werden die Veranlagung lohnsteuerpflichtiger Einkünfte durch den Arbeitnehmer und die Berechnung der Lohnsteuer (auch anhand von Berechnungsbeispielen) dargestellt.

Dabei werden u.a. Antworten auf folgende praxisrelevanten Fragestellungen gegeben:

- Wann hat der Arbeitnehmer verpflichtend eine Veranlagung durchzuführen? Seite 286 f.
- Wann ist eine freiwillige Veranlagung durch den Arbeitnehmer sinnvoll und wann nicht? Seite 298
- Kann der Arbeitgeber zu Unrecht einbehaltene Lohnsteuer nachträglich korrigieren? Seite 303
- Welche Möglichkeiten bestehen für den Arbeitnehmer, sich zu Unrecht einbehaltene Lohnsteuer rückerstatten zu lassen, wenn der Arbeitgeber nicht tätig wird? Seite 303

15.1. Allgemeines zur Veranlagung

Unter Veranlagung versteht man das Verfahren, das auf die Ermittlung der Besteuerungsgrundlagen ausgerichtet ist und mit einem die jeweilige Steuer festsetzenden Bescheid abgeschlossen wird.

Der Einkommensteuer ist das **Einkommen** zu Grunde zu legen, das der Steuerpflichtige **innerhalb eines Kalenderjahrs** bezogen hat (§ 2 Abs. 1 EStG).

Da die Lohnsteuer eines Arbeitnehmers im Laufe eines Kalenderjahrs jeweils von dem im Lohnzahlungszeitraum zufließenden Arbeitslohn berechnet wird, kann erst nach Ablauf eines Kalenderjahrs die tatsächliche Lohnsteuer berechnet werden. Diese Neuberechnung erfolgt grundsätzlich bei der Veranlagung.

Weiterer Zweck der Veranlagung ist die gemeinsame Erfassung aller Bezüge (bzw. des gesamten Einkommens), da die Anwendung des Einkommensteuertarifs (→ 15.5.4.) auf die Gesamtbezüge i.d.R. eine höhere Einkommensteuerschuld zur Folge hat als bei einem getrennten Lohnsteuerabzug.

Die Veranlagung wird für natürliche Personen beim Finanzamt eingereicht und von diesem durchgeführt.

Gleichzeitig mit der Erlassung eines **Einkommensteuerbescheids** (Veranlagungsbescheids) hat gegebenenfalls ein **Freibetragsbescheid**, eine **Mitteilung gem. § 63 EStG** zur Vorlage beim Arbeitgeber und ein **Vorauszahlungsbescheid** zu ergehen. Der Freibetragsbescheid und eine Mitteilung gem. § 63 EStG sind jeweils für das dem Veranlagungszeitraum **zweitfolgende Kalenderjahr**, der Vorauszahlungsbescheid ist grundsätzlich für das dem Veranlagungszeitraum **nächstfolgende Kalenderjahr** und Folgejahre zu erstellen (vergleiche dazu die beispielhafte Darstellung am Ende des Punktes 14.3.).

Wenn nach einem **verstorbenen Arbeitnehmer** an dessen Rechtsnachfolger (z.B. Witwe) kein laufender Arbeitslohn (z.B. Firmen-Witwenpension, → 30.1.) bezahlt wird, hat die Besteuerung von Bezügen auf Grund der vom Arbeitgeber beim verstorbenen Arbeitnehmer zu beachtenden Besteuerungsmerkmale zu erfolgen. Soweit solche Bezüge in die Veranlagung einzubeziehen sind, sind sie bei der Veranlagung der Einkommensteuer des verstorbenen Arbeitnehmers zu berücksichtigen (§ 32 Z 2 EStG) (→ 34.3.2.).

Bei **Gesamtrechtsnachfolge** gehen die sich aus Abgabenvorschriften ergebenden Rechte und Pflichten des Rechtsvorgängers auf den Rechtsnachfolger über. Für den Umfang der Inanspruchnahme des Rechtsnachfolgers gelten die Bestimmungen des bürgerlichen Rechts (§ 19 Abs. 1 BAO). Der Gesamtrechtsnachfolger (Erbe) hat die **Möglichkeit**, einen **Antrag** auf Durchführung der **Arbeitnehmerveranlagung** für den Verstorbenen beim zuständigen Wohnsitzfinanzamt einzubringen. Wer als Erbe (Gesamtrechtsnachfolger) anzusehen ist, ergibt sich aus der **Einantwortungsurkunde**.

Tritt **keine Gesamtrechtsnachfolge** i.S.d. § 19 BAO mangels Einantwortungsurkunde ein, besteht die Möglichkeit, dass der Nachlass eines Verstorbenen durch **gerichtliche Anordnung** (Gerichtsbeschluss) überlassen wird. Der im Gerichtsbeschluss genannten Person steht ebenfalls das Recht zu, den Antrag auf Durchführung der Arbeitnehmerveranlagung für den Verstorbenen einzubringen.

Grundlage für die Durchführung der Veranlagung ist der **Lohnzettel** (→ 35.1.).

In der Begründung zum Einkommensteuerbescheid (Veranlagungsbescheid) sind alle verarbeiteten Lohnzetteldaten, getrennt für jeden Arbeitgeber, angeführt.

15.2. Pflichtveranlagung

15.2.1. Veranlagungstatbestände

Sind im Einkommen lohnsteuerpflichtige Einkünfte enthalten, **so ist der Arbeitnehmer u.a. zu veranlagen**, wenn

1. er **andere Einkünfte**[310] bezogen hat, deren Gesamtbetrag **€ 730,00 übersteigt**,
2. im Kalenderjahr zumindest **zeitweise** gleichzeitig **zwei oder mehrere** lohnsteuerpflichtige **Einkünfte**, die beim Lohnsteuerabzug gesondert versteuert wurden, bezogen worden sind,
3. im Kalenderjahr Bezüge
   - gem. § 69 Abs. 2 EStG (z.B. **Krankengeld**, → 25.1.3.1., **Leistungen** aus einer **gesetzlichen Unfallversorgung**, → 35.2.1.),
   - gem. § 69 Abs. 3 EStG (**Entschädigungen** bzw. **Verdienstentgang** für Truppen-, Kader- und freiwillige Waffenübungen, → 35.2.3.),
   - gem. § 69 Abs. 5 EStG (**erstattete Pflichtbeiträge**, → 11.4.5.),
   - gem. § 69 Abs. 6 EStG (**Bezüge** durch den **Insolvenz-Entgelt-Fonds**, → 24.6.2.2.),

310 Als „andere Einkünfte" gelten alle Einkünfte, die dem Grunde nach nicht dem Lohnsteuerabzug unterliegen. Andere Einkünfte sind z.B. Leistungen Dritter ohne Lohnsteuerabzug (→ 19.4.2.2.2.), Einkünfte als freier Dienstnehmer (→ 31.7.) sowie andere nicht im Rahmen eines Dienstverhältnisses erzielte Nebeneinkünfte (LStR 2002, Rz 910b).

- gem. § 69 Abs. 7 EStG (**Bezüge** i.S.d. **Dienstleistungsscheckgesetzes**),
- gem. § 69 Abs. 8 EStG (**Bezüge** durch die **Bauarbeiter-Urlaubs- und Abfertigungskasse**)
  oder
- gem. § 69 Abs. 9 EStG (**erstattete Pensionsbeiträge** für den freiwilligen Nachkauf von Versicherungszeiten und für die freiwillige Weiterversicherung) zugeflossen sind,

4. ein **Freibetragsbescheid** für das Kalenderjahr gem. § 63 Abs. 1 EStG (→ 14.3.) oder ein Freibetrag gem. § 103 Abs. 1a EStG (→ 14.5.) bei der Lohnverrechnung **berücksichtigt** wurde,
5. der **Alleinverdienerabsetzbetrag** (→ 14.2.1.2.), der **Alleinerzieherabsetzbetrag** (→ 14.2.1.3.), der **erhöhte Pensionistenabsetzbetrag**, der **erhöhte Verkehrsabsetzbetrag** (→ 14.1.4.) oder **Freibeträge** nach § 62 Z 10 und Z 11 EStG berücksichtigt wurden, aber die **Voraussetzungen nicht vorlagen**,
6. der Arbeitnehmer eine **unrichtige Erklärung** betreffend **Pendlerpauschale** und **Pendlereuro** abgegeben hat oder seiner **Meldepflicht nicht nachgekommen** ist[311],
7. der Arbeitnehmer eine **unrichtige Erklärung** betreffend **Arbeitgeberzuschuss** für die Betreuung von Kindern gem. § 3 Abs. 1 Z 13 lit. b EStG (→ 21.2.) abgegeben hat oder seiner Verpflichtung, Änderungen der Verhältnisse zu melden, nicht nachgekommen ist,
   […]
11. der Arbeitnehmer nach § 83 Abs. 2 Z 2 und Abs. 3 EStG unmittelbar in Anspruch genommen wird (da ein Arbeitgeber ohne inländische Betriebsstätte die Einkommensteuer durch Lohnsteuerabzug nicht entsprechend den Vorschriften des EStG berechnet und abgeführt hat sowie wegen eines vorsätzlichen **lohnsteuerverkürzenden Zusammenwirkens** mit dem Arbeitgeber, → 41.2.1.),
12. ein **Familienbonus Plus** berücksichtigt wurde, aber die **Voraussetzungen nicht vorlagen** oder wenn sich ergibt, dass ein **nicht zustehender Betrag** berücksichtigt wurde (→ 14.2.1.1.),
13. im Kalenderjahr ein **Homeoffice-Pauschale** gem. § 26 Z 9 EStG (→ 21.) von mehreren Arbeitgebern in einer insgesamt nicht zustehenden Höhe steuerfrei belassen wurde.

(vgl. § 41 Abs. 1 EStG)

Wenn kein Pflichtveranlagungsfall vorliegt, besteht die Möglichkeit, innerhalb von fünf Jahren eine Veranlagung zu beantragen (→ 15.3.). Liegt kein Pflichtveranlagungstatbestand vor, können beantragte Veranlagungen im Beschwerdeweg zurückgezogen werden (LStR 2002, Rz 911b).

Das in diesem Punkt Gesagte gilt nur **für unbeschränkt steuerpflichtige Arbeitnehmer**.

15.2.2. Steuererklärungspflicht – Termin

Die Übermittlung der Steuererklärung hat **elektronisch** zu erfolgen. Ist dem Steuerpflichtigen die **elektronische Übermittlung** der Steuererklärung mangels technischer

311 Wurde das Pendlerpauschale jedoch aufgrund eines Irrtums des Arbeitgebers durch diesen fälschlicherweise im Rahmen der Lohnverrechnung berücksichtigt, liegt mangels unrichtiger Erklärung des Arbeitnehmers kein Pflichtveranlagungstatbestand vor (BFG 9.8.2017, RV/5100510/2015; vgl. auch BFG 1.3.2021, RV/7101719/2020).

Voraussetzungen **unzumutbar**, hat die Übermittlung der Steuererklärung unter Verwendung des amtlichen Vordrucks zu erfolgen (§ 42 Abs. 1 EStG).

Welches Formular der Arbeitnehmer in Erfüllung seiner Erklärungspflicht zu verwenden hat, hängt davon ab, welcher der sieben Tatbestände des § 41 Abs. 1 EStG (→ 15.2.1.) in seinem Fall gegeben ist:

- Liegt der 1. Tatbestand in Form von Lohneinkünften (z.B. Arbeitslohn und Provisionen von dritter Seite ohne Lohnsteuerabzug) vor, ist das Formular E 1 (Einkommensteuererklärung für 20..) zu verwenden; Abgabetermin (mit dem amtlichen Formular) ist der 30. April des Folgejahrs. Wenn die Übermittlung der Einkommensteuererklärung elektronisch erfolgt, ist sie bis 30. Juni des Folgejahrs einzureichen.
- Liegt der 2. oder 5. bis 7. Tatbestand vor, ist das Formular L 1 zu verwenden; Abgabetermin ist der 30. September des Folgejahrs, unabhängig davon, ob die Erklärung mit dem amtlichen Formular oder elektronisch eingereicht wird.
- Liegt der 3. oder 4. Tatbestand vor, besteht erst nach Aufforderung durch das Finanzamt die Verpflichtung zur Abgabe einer Steuererklärung (L 1).

Bei der Verpflichtung zur Einreichung von Steuererklärungen nach Aufforderung durch das Finanzamt kommt es nicht darauf an, ob eine Abgabepflicht (der Erklärung) besteht oder nicht (LStR 2002, Rz 916, 917).

Wird die Steuererklärung verspätet abgegeben, kann das Finanzamt einen **Verspätungszuschlag** festsetzen; außerdem ist das Finanzamt berechtigt, die Abgabe der Steuererklärung durch Verhängung einer **Zwangsstrafe** zu erzwingen.

15.2.2.1. Unbeschränkt steuerpflichtige Arbeitnehmer

Der unbeschränkt steuerpflichtige **Arbeitnehmer hat eine Steuererklärung** für das abgelaufene Kalenderjahr (Veranlagungszeitraum) **abzugeben**, wenn

- er vom **Finanzamt dazu aufgefordert** wird oder
- wenn das Einkommen, in dem **keine lohnsteuerpflichtigen Einkünfte enthalten** sind, **mehr als € 11.000,00** betragen hat; liegen die **Voraussetzungen** des § 41 Abs. 1 Z 1, 2, 5, 6 oder 7 EStG (→ 15.2.1.) vor, so besteht **Erklärungspflicht** dann, wenn das zu veranlagende Einkommen (→ 7.7.) **mehr als € 12.000,00** betragen hat, oder wenn Einkünfte aus Kapitalvermögen oder Einkünfte aus privaten Grundstücksveräußerungen vorliegen, die keinem Kapitalertragsteuerabzug unterliegen bzw. für die keine Immobilienertragsteuer entrichtet wurde (vgl. § 42 Abs. 1 EStG).

15.2.2.2. Beschränkt steuerpflichtige Arbeitnehmer

Der beschränkt steuerpflichtige **Arbeitnehmer** (→ 7.2., → 31.1.) **hat eine Steuererklärung** über die **inländischen Einkünfte** für das abgelaufene Kalenderjahr (Veranlagungszeitraum) **abzugeben**, wenn

- er vom **Finanzamt dazu aufgefordert** wird oder
- wenn die gesamten inländischen Einkünfte, die gem. § 102 EStG zur Einkommensteuer zu veranlagen sind, **mehr als € 2.000,00** betragen (§ 42 Abs. 2 EStG).

Da auf Grund des § 102 Abs. 2 Z 3 EStG bei der Veranlagung beschränkt steuerpflichtiger Arbeitnehmer der § 41 EStG (→ 15.2.1.) nicht anwendbar ist, kommt es bei Vorliegen von **ausschließlich lohnsteuerpflichtigen Einkünften von einem Arbeitgeber nicht zu einer Pflichtveranlagung**. Bezieht ein beschränkt steuerpflichtiger Arbeitnehmer zumindest zeitweise gleichzeitig von mehreren Arbeitgebern lohnsteuerpflichtige Einkünfte, kommt es ab der Veranlagung für das Jahr 2020 zu einer Pflichtveranlagung. Dies gilt auch für jene Fälle, in denen neben lohnsteuerpflichtigen Einkünften noch andere veranlagungspflichtige Einkünfte bezogen wurden, deren Gesamtbetrag € 730,00 übersteigt. Die Einschleifregelung des Veranlagungsfreibetrags gem. § 41 Abs. 3 EStG (→ 15.6.4.) ist dabei anzuwenden. Werden neben den lohnsteuerpflichtigen Einkünften andere Einkünfte i.S.d. § 98 EStG ohne Steuerabzug erzielt, hat eine (Pflicht-)Veranlagung gem. § 102 Abs. 1 Z 1 und 2 EStG zu erfolgen. Der Veranlagungsfreibetrag gem. § 41 Abs. 3 EStG (→ 15.6.4.) ist dabei sinngemäß anzuwenden (LStR 2002, Rz 1241e).

Weitere erlassmäßige Regelungen betreffend die Veranlagung beschränkt steuerpflichtiger Arbeitnehmer finden Sie in den Lohnsteuerrichtlinien 2002 unter den Randzahlen 1241a bis 1241m.

15.2.3. Vorauszahlungen

Der Steuerpflichtige hat auf die Einkommensteuer nach dem allgemeinen Steuertarif und nach einem besonderen Steuersatz gem. § 27a EStG Vorauszahlungen zu entrichten. Vorauszahlungen sind auf volle Euro abzurunden. Für **Lohnsteuerpflichtige** sind Vorauszahlungen nur in den Fällen des § 41 Abs. 1

- **Z 1** (der Gesamtbetrag der **anderen Einkünfte übersteigt € 730,00**) und
- **Z 2** (im Kalenderjahr wurden zumindest **zeitweise** gleichzeitig **zwei oder mehrere** lohnsteuerpflichtige **Einkünfte** bezogen)

EStG festzusetzen (vgl. § 45 Abs. 1 EStG).

Die Vorauszahlungen sind

- zu je einem Viertel
- am 15. Februar, 15. Mai, 15. August und 15. November

zu leisten (§ 45 Abs. 2 EStG).

15.3. Antragsveranlagung

Liegen die Voraussetzungen für eine Pflichtveranlagung nicht vor (→ 15.2.), so erfolgt eine Veranlagung nur auf Antrag (Formular L 1) des Arbeitnehmers[312]. Der Antrag kann

- **innerhalb von fünf Jahren** ab dem Ende des Veranlagungszeitraums[313]

gestellt werden (§ 41 Abs. 2 Z 1 EStG).

Eine Veranlagung erfolgt auch bei Steuerpflichtigen, die **kein Einkommen**, aber Anspruch auf den Alleinverdienerabsetzbetrag (→ 14.2.1.2.) oder auf den Alleinerzieherabsetzbetrag (→ 14.2.2.3.) haben und die Erstattung dieses Absetzbetrags beantragen.

312 Auch die gesetzlichen Erben des verstorbenen Arbeitnehmers können eine Veranlagung beantragen (→ 15.1.).
313 Für das Veranlagungsjahr 2021 endet diese Frist Ende 2026.

Der Antrag kann innerhalb von fünf Jahren ab dem Ende des jeweiligen Veranlagungszeitraums gestellt werden (§ 40 EStG).

Jeder Arbeitnehmer, der nicht ohnehin zwingend zu veranlagen ist, kann eine **Veranlagung beantragen**. Von der Antragsveranlagung erfasst sind selbstverständlich auch Steuerpflichtige, deren (auch nicht kapitalertragsteuerpflichtige) Nebeneinkünfte weniger als € 730,00 betragen haben.

Liegt kein Pflichtveranlagungstatbestand vor, können **beantragte Veranlagungen** bis zur Rechtskraft des Bescheids im Rechtsmittelweg (→ 42.3.) **zurückgezogen werden** (z.B. weil sich eine Nachforderung ergibt) und es erfolgt eine ersatzlose Aufhebung des Bescheids (BFG 3.6.2014, RV/7102060/2014; LStR 2002, Rz 912b).

15.4. Antragslose Veranlagung

Wurde bis Ende des Monats Juni keine Abgabenerklärung für das vorangegangene Veranlagungsjahr eingereicht, hat das Finanzamt **von Amts wegen eine antragslose Veranlagung** vorzunehmen, sofern der Abgabepflichtige nicht darauf verzichtet hat und

- auf Grund der Aktenlage anzunehmen ist, dass der Gesamtbetrag der zu veranlagenden Einkünfte **ausschließlich aus lohnsteuerpflichtigen Einkünften** besteht,
- aus der Veranlagung eine **Steuergutschrift** resultiert und
- auf Grund der Aktenlage vermutlich keine (zusätzlichen, dem Finanzamt noch nicht bekannten[314]) Werbungskosten, Sonderausgaben, außergewöhnlichen Belastungen, Freibeträge oder Absetzbeträge geltend gemacht werden, und daher nicht anzunehmen ist, dass die zustehende Steuergutschrift höher ist als jene, die sich auf Grund der (automatisch) übermittelten Daten gem. § 18 Abs. 8 EStG (durch den Empfänger übermittelte Kirchenbeiträge, Spenden etc.) und § 84 EStG (Lohnzettel) ergeben würde.

Wurde bis zum Ablauf des dem Veranlagungszeitraum **zweitfolgenden Kalenderjahres** keine Abgabenerklärung für den betroffenen Veranlagungszeitraum abgegeben, ist **jedenfalls** eine antragslose Veranlagung durchzuführen, wenn sich nach der Aktenlage eine Steuergutschrift ergibt.

Gibt der Arbeitnehmer nach erfolgter antragsloser Veranlagung innerhalb von fünf Jahren ab dem Ende des Veranlagungszeitraumes eine **Abgabenerklärung ab**, hat das Finanzamt darüber zu entscheiden und gleichzeitig damit den bereits im Rahmen der antragslosen Veranlagung ergangenen **Bescheid aufzuheben.**

Der Bescheid auf Grund einer antragslosen Veranlagung ist ersatzlos aufzuheben, wenn dies in einer Beschwerde beantragt wird; die Beschwerde bedarf keiner Begründung.

Die antragslose Veranlagung entbindet den Steuerpflichtigen nicht von der Verpflichtung, bei Vorliegen eines **Pflichtveranlagungstatbestandes** gem. § 42 EStG, eine Steuererklärung abzugeben. Die Steuererklärungspflicht bleibt auch nach Vornahme der antragslosen Veranlagung aufrecht (§ 41 Abs. 2 Z 2 EStG).

---

314 Automatisch berücksichtigt werden die über den Lohnzettel gemeldeten Daten gem. § 84 EStG (→ 35.1.) sowie automatisch vom Empfänger übermittelte Kirchenbeiträge, Spenden etc. gem. § 18 Abs. 8 EStG.

Eine antragslose Veranlagung ist **nicht durchzuführen**, wenn der Verdacht besteht, dass der Steuerpflichtige Dienstnehmer eines **Scheinunternehmers** gemäß § 8 des Sozialbetrugsbekämpfungsgesetzes – SBBG (→ 39.1.1.1.1.) ist, Zweifel an der Identität des Steuerpflichtigen oder der Bevollmächtigung seines steuerlichen Vertreters bestehen oder sonstige schwerwiegende Bedenken gegen die Anwendung der antragslosen Veranlagung bestehen (§ 41 Abs. 2a EStG).

15.5. Berechnung der Lohnsteuer für unbeschränkt steuerpflichtige Arbeitnehmer

15.5.1. Allgemeines

In der Praxis erfolgt die Ermittlung der Lohnsteuer **von laufenden Bezügen** (der Tariflohnsteuer) durch Ablesen aus der Lohnsteuertabelle.

Die Lohnsteuer kann aber auch berechnet werden. Diese Art der Ermittlung der Lohnsteuer wird anhand nachstehender Beispiele gezeigt. Dabei ist zu beachten, dass es sich bei der Lohnsteuer um eine **Jahressteuer** handelt (§ 2 Abs. 1 EStG) (→ 7.7.). Daher wird bei den Beispielen die Lohnsteuer zuerst auf der Basis eines Jahres ermittelt und erst dann auf den entsprechenden Lohnzahlungszeitraum (→ 11.5.2.1.) umgerechnet.

Die gesetzlichen Bestimmungen zu den einzelnen Rechenschritten finden Sie im Anschluss an die Beispiele.

15.5.2. Berechnungsbeispiele

Der zum laufenden Tarif zu versteuernde Arbeitslohn (vor Abzug des Werbungskosten- und des Sonderausgabenpauschbetrags) ist auf ganze Cent kaufmännisch auf- oder abzurunden und bei einem monatlichen Lohnzahlungszeitraum mit dem Faktor 12 bzw. bei einem täglichen Lohnzahlungszeitraum mit dem Faktor 360 auf ein Jahreseinkommen hochzurechnen.

Von diesem Betrag sind der Werbungskostenpauschbetrag (ausgenommen bei Pensionisten) und der Sonderausgabenpauschbetrag abzuziehen. Auf das so errechnete Jahreseinkommen ist der Einkommensteuertarif (§ 33 EStG) anzuwenden und der erhaltene Betrag um die im § 66 Abs. 1 EStG angeführten Absetzbeträge nach allfälliger Anwendung der Einschleifbestimmung für den Pensionistenabsetzbetrag zu kürzen. Dabei sind die Rechnungen aus Gründen der genauen Ermittlung der Einkommen-(Lohn-)Steuer so auszuführen, dass die Zwischenbeträge mindestens drei Dezimalstellen ausweisen.

Ist das errechnete Ergebnis positiv, dann ist dieses durch den Hochrechnungsfaktor zu dividieren und auf ganze Cent kaufmännisch auf- oder abzurunden. Ergibt sich ein negativer Betrag, kann dies im Zuge der (Arbeitnehmer)Veranlagung zu einer SV-Rückerstattung führen (LStR 2002, Rz 813a).

Beispiele 16a, 16b, 16c

Berechnung der Lohnsteuer von laufenden Bezügen aus einem bestehenden Dienstverhältnis für das Kalenderjahr 2022.

Wichtiger Hinweis: Der Familienbonus Plus **erhöht sich mit Wirkung ab 1.7.2022** von monatlich € 125,00 auf € 166,68 (für Kinder bis 18 Jahre) bzw. von monatlich € 41,68 auf € 54,18 (für Kinder ab 18 Jahre). Im Kalenderjahr 2022 beträgt der Familienbonus Plus daher € 1.750,08 bzw. € 575,16.

Beispiel 16a

Angaben:

- monatlicher Lohnzahlungszeitraum,
- Anzahl der Lohnsteuertage: 30,
- Hochrechnungsfaktor (Kehrwert): 360 : 30 = 12[315],
- Bemessungsgrundlage: € 2.169,82,
- Alleinerzieherabsetzbetrag – 2 Kinder unter 18 Jahren (mit Familienbonus Plus zu je 50%).

Lösung gem. § 33 EStG:

Jahresbemessungsgrundlage (€ 2.169,82 × 12)[315]		= € 26.037,84	
abzüglich Werbungskostenpauschale (§ 16 Abs. 3 EStG)		– € 132,00	
Einkommen (§ 33 Abs. 1 EStG)		€ 25.905,84	
	€ 25.905,84		
	– € 18.000,00		
Steuerberechnung (§ 33 Abs. 1 EStG)	(€ 7.905,84 × € 4.225,00) : € 13.000,00		= € 2.569,40
			+ € 1.400,00
			= € 3.969,40
abzüglich Familienbonus Plus mit zwei Kindern 50% (§ 33 Abs. 3a EStG)			– € 1.750,08
abzüglich Verkehrsabsetzbetrag (§ 33 Abs. 5 EStG)			– € 400,00
abzüglich Alleinerzieherabsetzbetrag mit zwei Kindern (§ 33 Abs. 4 EStG)			– € 669,00
Jahreslohnsteuer			= € 1.150,32
dividiert durch den Kehrwert			: 12[315]
monatliche Lohnsteuer (im Jahresdurchschnitt)			= € 95,86
gerundet (im Jahresdurchschnitt)			**= € 95,86**

Lösung – anhand der Effektiv-Tarif-Lohnsteuertabelle (→ 11.5.2.1.):

	01–06/2022	07–12/2022	Durchschnittswert 2022
€ 2.169,82 × 32,50%	= € 705,19	= € 705,19	
	– € 374,41	– € 374,41	
	– € 125,00	– € 166,68	

315 Kehrwert = 12.

	– € 33,33	– € 33,33	
	– € 55,75	– € 55,75	
	€ 116,70	€ 75,02	€ 95,86
Gerundet	**€ 116,70**	= € 75,02	= **€ 95,86**

Beispiel 16b

Angaben:

- Arbeiter (15,12% bzw. 14,12%),
- monatlicher Lohnzahlungszeitraum,
- Anzahl der Lohnsteuertage: 30,
- Hochrechnungsfaktor (Kehrwert): 360 : 30 = 12,
- monatlicher laufender Bruttobezug: € 1.100,00,
- gesamter Dienstnehmeranteil der laufenden Bezüge: € 1.995,84,
- gesamter Dienstnehmeranteil der Sonderzahlungen: € 310,64,
- Alleinerzieherabsetzbetrag – 1 Kind (ohne Familienbonus Plus),
- kein Anspruch auf Pendlerpauschale.

Lösung gem. § 33 EStG:

Jahresbrutto (ohne Sonderzlg.) (€ 1.100,00 × 12) =		€ 13.200,00	
abzüglich DNA für lfd. Bezüge		– € 1.995,84	
Jahresbemessungsgrundlage		= € 11.204,16	
abzüglich Werbungskostenpauschale (§ 16 Abs. 3 EStG)		– € 132,00	
Einkommen (§ 33 Abs. 1 EStG)		€ 11.072,16	
Steuerberechnung (§ 33 Abs. 1 EStG)	€ 11.072,16 – € 11.000,00 (€ 72,16 × € 1.400,00) : € 7.000,00		= € 14,43
abzüglich Verkehrsabsetzbetrag (€ 400,00) und Zuschlag zum Verkehrsabsetzbetrag (€ 650,00) (§ 33 Abs. 5 EStG)		€ 1.050,00	
abzüglich Alleinerzieherabsetzbetrag mit einem Kind (§ 33 Abs. 4 EStG)		€ 494,00	= – € 1.544,00
Die Jahreslohnsteuer beträgt			– € 1.529,57 ①
Die vom Arbeitgeber berücksichtigte Lohnsteuer beträgt			= € **0,00** ②

① Es ermöglichen alle Absetzbeträge (bis auf den hier nicht geltend gemachten Familienbonus Plus) die Berechnung einer Einkommensteuer unter null und in weiterer Folge eine Rückerstattung des Alleinerzieherabsetzbetrags sowie der Sozialversicherung (→ 15.6.5.).

② Der Arbeitnehmer erhält im Weg der Veranlagung (→ 15.) eine Steuergutschrift – und zwar

als Alleinerzieher mit mindestens einem Kind gem. § 106 Abs. 1 EStG			=	€ 494,00
als Arbeitnehmer:	DNA für lfd. Bezüge	€ 1.995,84		
	DNA für Sonderzahlung	€ 310,64		
		€ 2.306,48		
	55% =	€ 1.268,56	max.	€ 1.050,00③
	vorläufige Steuergutschrift			**€ 1.544,00**
	maximale Steuergutschrift			**€ 1.529,57**

Darüber hinaus steht u.U. ein **Kindermehrbetrag** (→ 15.6.5.) in Höhe von **€ 335,57** (Differenz zwischen der Tarifsteuer nach § 33 Abs. 1 EStG vor Berücksichtigung von Absetzbeträgen i.H.v. € 14,43 und € 350,00) zu.

③ Würde ein Pendlerpauschale (→ 14.2.2.) zustehen, erhöht sich der Betrag von höchstens € 1.050,00 (maximale SV-Rückerstattung zuzüglich SV-Bonus) auf höchstens € 1.150,00 jährlich (→ 15.6.5.).

Lösung – anhand der Effektiv-Tarif-Lohnsteuertabelle (→ 11.5.2.1.):

€ 11.204,16 : 12	= € 933,68
€ 933,68 × 0,00	= € 0,00

Beispiel 16c

Angaben:

- Angestellter (15,12% bzw. 14,12%),
- monatlicher Lohnzahlungszeitraum,
- Anzahl der Lohnsteuertage: 30,
- Hochrechnungsfaktor (Kehrwert): 360 : 30 = 12,
- monatlicher laufender Bruttobezug: € 1.100,00,
- gesamter Dienstnehmeranteil der laufenden Bezüge: € 1.995,84,
- gesamter Dienstnehmeranteil der Sonderzahlungen: € 310,64,
- Alleinverdienerabsetzbetrag und FABO+ (100%) – 1 Kind (bis 18. Lebensjahr),
- kein Anspruch auf Pendlerpauschale.

Lösung gem. § 33 EStG:

Jahresbrutto (ohne Sonderzlg.) (€ 1.100,00 × 12) =		€ 13.200,00	
abzüglich DNA für lfd. Bezüge		– € 1.995,84	
Jahresbemessungsgrundlage		= € 11.204,16	
abzüglich Werbungskostenpauschale (§ 16 Abs. 3 EStG)		– € 132,00	
Einkommen (§ 33 Abs. 1 EStG)		€ 11.072,16	
	€ 11.072,16		
Steuerberechnung (§ 33 Abs. 1 EStG)	– € 11.000,00		
	(€ 72,16	× € 1.400,00) : € 7.000,00	= € 14,43

abzüglich Familienbonus Plus mit einem Kind (§ 33 Abs. 3a EStG)		– € 14,43
abzüglich Verkehrsabsetzbetrag (€ 400,00) und Zuschlag zum Verkehrsabsetzbetrag (€ 650,00) (§ 33 Abs. 5 EStG)	€ 1.050,00	
abzüglich Alleinerzieherabsetzbetrag mit einem Kind (§ 33 Abs. 4 EStG)	€ 494,00	= – € 1.544,00
Die Jahreslohnsteuer beträgt		– € 1.544,00 ①
Die vom Arbeitgeber berücksichtigte Lohnsteuer beträgt		= **€ 0,00** ②

① Der Familienbonus Plus ist als erster Absetzbetrag zu berücksichtigen und kann maximal in Höhe der Steuer (bis null) berücksichtigt werden. Darüber hinaus ermöglichen alle Absetzbeträge die Berechnung einer Einkommensteuer unter null und in weiterer Folge eine Rückerstattung des Alleinverdienerabsetzbetrags sowie der Sozialversicherung (→15.6.5.).

② Der Arbeitnehmer erhält im Weg der Veranlagung (→ 15.) eine Steuergutschrift – und zwar

als Alleinverdiener mit mindestens einem Kind gem. § 106 Abs. 1 EStG			=	€ 494,00
als Arbeitnehmer:	DNA für lfd. Bezüge	€ 1.995,84		
	DNA für Sonderzahlung	€ 310,64		
		€ 2.306,48		
	55% =	€ 1.268,56 max.		€ 1.050,00③
		Steuergutschrift		**€ 1.544,00**

Darüber hinaus steht u.U. ein **Kindermehrbetrag** (→ 15.6.5.) in Höhe von **€ 335,57** (Differenz zwischen der Tarifsteuer nach § 33 Abs. 1 EStG vor Berücksichtigung von Absetzbeträgen i.H.v. € 14,43 und € 350,00) zu.

③ Würde ein Pendlerpauschale (→ 14.2.2.) zustehen, erhöht sich der Betrag von höchstens € 1.050,00 (maximale SV-Rückerstattung zuzüglich SV-Bonus) auf höchstens € 1.150,00 jährlich (→ 15.6.5.).

Lösung – anhand der Effektiv-Tarif-Lohnsteuertabelle (→ 11.5.2.1.):

€ 11.204,16 : 12	= € 933,68
€ 933,68 × 0,00	= € 0,00

15.5.3. Lohnsteuerbemessungsgrundlage

Zur Bildung der Lohnsteuerbemessungsgrundlage siehe Punkt 11.5.1. sowie Punkt 14.

15.5.4. Steuersätze

Die Einkommensteuer (Tariflohnsteuer) beträgt jährlich (Werte für das Kalenderjahr 2022):

<table>
<tr><td>für die ersten € 11.000,00</td><td>0%</td><td rowspan="7">Das Ansteigen der Steuersätze bezeichnet man als Steuerprogression.</td></tr>
<tr><td>für Einkommensteile über € 11.000,00 bis € 18.000,00</td><td>20%</td></tr>
<tr><td>für Einkommensteile über € 18.000,00 bis € 31.000,00</td><td>32,50%[316]</td></tr>
<tr><td>für Einkommensteile über € 31.000,00 bis € 60.000,00</td><td>42%[317]</td></tr>
<tr><td>für Einkommensteile über € 60.000,00 bis € 90.000,00</td><td>48%</td></tr>
<tr><td>für Einkommensteile über € 90.000,00</td><td>50%</td></tr>
<tr><td colspan="2">Einkommensteile über € 1.000.000,00 werden in den Kalenderjahren 2016 bis 2025 mit 55% besteuert.</td></tr>
</table>

(§ 33 Abs. 1 EStG i.d.F. Ökosoziales Steuerreformgesetz 2022 Teil I – BGBL I 2022/10)

Bei einem Einkommen von mehr als € 11.000,00 ist die Einkommensteuer für das Kalenderjahr 2022 wie folgt zu berechnen:

Einkommen	Einkommensteuer
über € 11.000,00 bis € 18.000,00	$\frac{(\text{Einkommen} - \text{€ } 11.000,00) \times \text{€ } 1.400,00}{\text{€ } 7.000,00}$
über € 18.000,00 bis € 31.000,00	$\frac{(\text{Einkommen} - \text{€ } 18.000,00) \times \text{€ } 4.225,00}{\text{€ } 13.000,00} + \text{€ } 1.400,00$
über € 31.000,00 bis € 60.000,00	$\frac{(\text{Einkommen} - \text{€ } 31.000,00) \times \text{€ } 12.180,00}{\text{€ } 29.000,00} + \text{€ } 5.625,00$
über € 60.000,00 bis € 90.000,00	$\frac{(\text{Einkommen} - \text{€ } 60.000,00) \times \text{€ } 14.400,00}{\text{€ } 30.000,00} + \text{€ } 17.805,00$
über € 90.000,00 bis € 1.000.000,00	$\frac{(\text{Einkommen} - \text{€ } 90.000,00) \times \text{€ } 455.000,00}{\text{€ } 910.000,00} + \text{€ } 32.205,00$
über € 1.000.000,00	(Einkommen – € 1.000.000,00) × 0,55 + € 487.205,00

Hinweis: Zu den Berechnungen für das Kalenderjahr 2021 siehe die 32. Auflage dieses Buches.

316 Ab dem Kalenderjahr 2023: 30%.

317 Im Kalenderjahr 2023: 41%; ab dem Kalenderjahr 2024: 40%.

15.5.5. Steuerabsetzbeträge

Zu den Steuerabsetzbeträgen siehe Punkt 14.1.4.

15.5.6. Steuerberechnung

Die Lohnsteuer wird durch die Anwendung des Einkommensteuertarifs (§ 33 EStG, → 15.5.4.) auf das **hochgerechnete Jahreseinkommen** (siehe nachstehend) ermittelt. Der sich dabei ergebende Betrag ist **nach Abzug der Absetzbeträge** gem. § 33 Abs. 3a Z 1 bis Z 3, Abs. 4 Z 1 und 2 und Z 4, Abs. 5 und Abs. 6 EStG (→ 14.1.4.) **durch den Hochrechnungsfaktor** (siehe nachstehend) zu **dividieren** und auf volle Cent zu runden.

Das hochgerechnete Jahreseinkommen ergibt sich aus der Multiplikation des zum laufenden Tarif zu versteuernden Arbeitslohns abzüglich jener Werbungskosten, die sich auf den Lohnzahlungszeitraum beziehen, mit dem Hochrechnungsfaktor. Vom sich ergebenden Betrag sind die auf das gesamte Jahr bezogenen Beträge abzuziehen.

Der **Hochrechnungsfaktor ist der Kehrwert des Anteils des Lohnzahlungszeitraums** (§ 77 EStG, → 11.5.2.1.) **am Kalenderjahr**, wobei das Jahr zu 360 Tagen bzw. zwölf Monaten zu rechnen ist. Ist der Lohnzahlungszeitraum kürzer als ein Kalendermonat, sind arbeitsfreie Tage miteinzubeziehen (§ 66 Abs. 1–3 EStG).

15.5.7. Direkte und indirekte Steuerersparnis

Bei der Berechnung der Lohnsteuer von laufenden Bezügen aus einem bestehenden Dienstverhältnis finden Beträge Berücksichtigung, die entweder:

zu einer **indirekten Steuerersparnis**	oder	zu einer **direkten Steuerersparnis**

führen.

Darunter fallen u.a. das/der

• Werbungskostenpauschale; Diese Beträge reduzieren die Bemessungsgrundlage und führen dadurch nur **indirekt** zu einer Steuerersparnis.	• Familienbonus Plus, • Verkehrsabsetzbetrag, • Alleinverdienerabsetzbetrag, • Alleinerzieherabsetzbetrag und • Pendlereuro. Diese Beträge reduzieren die bereits ausgerechnete Lohnsteuer und führen dadurch **direkt** zu einer Steuerersparnis.

15.5.8. Lohnsteuertage

Das Kalenderjahr ist zu 360 Tagen bzw. 12 Monaten zu rechnen (§ 66 Abs. 3 EStG) (→ 12.4.1.).

Die Berechnung der Lohnsteuer von sonstigen Bezügen behandelt der Punkt 23.3.2.

15.6. Gemeinsame Bestimmungen

15.6.1. Zweck der Veranlagung

Bei der Durchführung der Veranlagung wird die **Lohnsteuer**

- der **laufenden Bezüge** sowie z.B. der **Jahressechstelüberhänge** bzw. der **im Jahressechstel** liegenden Beträge von **über € 83.333,00** (demnach alle nach dem Lohnsteuertarif versteuerten Bezüge) und
- der **sonstigen Bezüge** i.S.d. § 67 Abs. 1 und 2 EStG

neu berechnet und der im Veranlagungszeitraum einbehaltenen Lohnsteuer **gegenübergestellt**. Aus dem Vergleich beider Steuerergebnisse resultiert gegebenenfalls eine Steuergutschrift bzw. eine Steuernachzahlung. Eine Neuberechnung des Jahressechstels (→ 23.3.2.2.) wird bei der Veranlagung nicht vorgenommen.

Lohnsteuer, die im Zuge von Prüfungen dem Arbeitgeber gem. § 82 EStG als Haftungspflichtiger (→ 41.2.1.) vorgeschrieben wurde, ist nach § 46 Abs. 1 EStG nur dann bei der Veranlagung des Arbeitnehmers zu berücksichtigen (anzurechnen), wenn sie auch tatsächlich vom Arbeitnehmer getragen wurde (LStR 2002, Rz 914).

15.6.2. Zurückführen auf das einfache Ausmaß

Wurden im Veranlagungszeitraum, bedingt durch zumindest zeitweise gleichzeitig vorliegende Dienstverhältnisse und/oder hintereinander liegende Dienstverhältnisse

- die **Absetzbeträge** (→ 14.1.4.),
- das **Werbungskostenpauschale** gem. § 16 Abs. 3 EStG (→ 14.1.1.4.),
- das (bis zum Kalenderjahr 2020 bestehende) **Sonderausgabenpauschale** gem. § 18 Abs. 2 EStG,
- der Freibetrag gem. § 67 Abs. 1 EStG (**€ 620,00**, → 23.3.2.1.1.),
- die Freigrenze gem. § 67 Abs. 1 EStG (**€ 2.100,00**, → 23.3.2.1.2.),

mehrfach berücksichtigt, werden diese Steuerbegünstigungen bei der Durchführung der Veranlagung auf das einfache Ausmaß zurückgenommen.

Der Pensionistenabsetzbetrag steht nur dann zu, wenn im Kalenderjahr keinerlei Einkünfte aus nicht selbstständigen Aktivbezügen vorliegen. Liegen gleichzeitig ein Aktivbezug und ein Pensionsbezug vor, ist der Verkehrsabsetzbetrag i.H.v. € 400,00 vorrangig zu berücksichtigen. Die Berücksichtigung dieser Bestimmung erfolgt ebenfalls bei der Veranlagung.

Praxistipp: Bestehen in einem Kalenderjahr (hintereinander) mehrere Dienstverhältnisse, könnte es u.U. günstiger sein, auf eine Veranlagung zu verzichten, um die Zurückführung der oben angeführten Freibeträge bzw. Freigrenzen auf das einfache Ausmaß zu vermeiden.

15.6.3. Nachträgliche Berücksichtigung bzw. Geltendmachung

Im Weg der Veranlagung können

- **Freibeträge** gem.
  - § 16 EStG (Werbungskosten, → 14.1.1.),
  - § 18 EStG (Sonderausgaben, → 14.1.2.),
  - § 34 EStG (außergewöhnliche Belastungen, → 14.1.3.) und
  - § 35 EStG (außergewöhnliche Belastungen für Behinderte, → 14.1.3.),
- das **Pendlerpauschale** gem. § 16 Abs. 1 EStG und der **Pendlereuro** gem. § 33 Abs. 5 Z 4 EStG (→ 14.2.2.),
- der **Familienbonus Plus** gem. § 33 Abs. 3a EStG (→ 14.2.1.1.),
- der **Alleinverdiener-** oder **Alleinerzieherabsetzbetrag** gem. § 33 Abs. 4 EStG (→ 14.2.2.),
- der **Unterhaltsabsetzbetrag** gem. § 33 Abs. 4 EStG (→ 14.2.1.6.),
- der **Zuschlag zum Verkehrsabsetzbetrag** gem. § 33 Abs. 5 Z 3 (→ 14.1.4.),
- die **Einschleifregelung** für sonstige Bezüge i.S.d. § 67 Abs. 1 und 2 EStG[318] (→ 15.6.6.) und
- vom Arbeitnehmer selbst entrichtete **Gewerkschaftsbeiträge** gem. § 16 Abs. 1 EStG (→ 11.6.3.)

geltend gemacht werden.

Darüber hinaus kann im Weg der Veranlagung die sog. **SV-Rückerstattung** (→ 15.6.5.) und/oder der sog. **Mehrkindzuschlag**[319] sowie der **Kindermehrbetrag** (→ 15.6.5.) beantragt werden.

Der **Kinderabsetzbetrag** (→ 14.2.1.6.) wird mit der Familienbeihilfe ausbezahlt und daher nicht im Rahmen der Veranlagung berücksichtigt.

Die **Veranlagung** wird für ein Kalenderjahr vom Finanzamt **nur einmal** durchgeführt. Nach Ergehen eines Einkommensteuerbescheids (Veranlagungsbescheids) können daher nicht geltend gemachte Werbungskosten, Sonderausgaben oder außergewöhnliche Belastungen oder Absetzbeträge nachträglich **grundsätzlich nicht** berücksichtigt werden. Die Bestimmungen der BAO (§§ 243, 263, 293, 299, 303 usw.) werden dadurch nicht berührt.

Das heißt: Wurden im Veranlagungsverfahren z.B. zustehende Sonderausgaben geltend gemacht und von Amts wegen nicht berücksichtigt, können diese nochmals

---

318 Findet automatisch Berücksichtigung.

319 Der Mehrkindzuschlag von **monatlich € 20,00** steht für jedes ständig im Bundesgebiet lebende dritte und weitere Kind zu.
Der Anspruch auf Mehrkindzuschlag ist **abhängig** vom Anspruch auf **Familienbeihilfe** und vom **Einkommen** des Kalenderjahrs, das vor dem Kalenderjahr liegt, für das der Antrag gestellt wird.
Der Mehrkindzuschlag steht nur zu, wenn das zu versteuernde Einkommen (→ 7.7.) des anspruchsberechtigten Elternteils und seines im gemeinsamen Haushalt lebenden Ehegatten oder Lebensgefährten € 55.000,00 nicht übersteigt.
Der Mehrkindzuschlag ist für jedes Kalenderjahr gesondert zu beantragen. Die **Auszahlung** erfolgt im Weg der **Veranlagung** (§§ 9–9d FLAG).
Der Mehrkindzuschlag kann grundsätzlich nur vom Familienbeihilfenbezieher selbst beantragt werden. Kommt es für diesen zu keiner Veranlagung, kann er zu Gunsten des (Ehe)Partners verzichten (siehe Verzichtserklärung auf dem Formular L 1 bzw. E 1) oder mittels des Formulars E 4 den Mehrkindzuschlag beantragen.

im **Beschwerdeverfahren** innerhalb der Beschwerdefrist (→ 42.3.) geltend gemacht werden.

Das Rechtsmittel **„Wiederaufnahme des Verfahrens"**[320] dient dem Zweck, dass ein bereits rechtskräftiger Einkommensteuerbescheid wieder neu aufgenommen werden kann und ein neuer Bescheid erlassen wird. Allerdings ist eine Wiederaufnahme des Verfahrens nur in Ausnahmefällen möglich.

15.6.4. Einschleifender Veranlagungsfreibetrag

Sind im Einkommen lohnsteuerpflichtige Einkünfte enthalten, ist von den anderen Einkünften **(Leistungen Dritter ohne Lohnsteuerabzug oder andere** nicht im Rahmen eines Dienstverhältnisses erzielte **Nebeneinkünfte)** ein **Veranlagungsfreibetrag bis zu € 730,00** abzuziehen. Dies gilt nicht für Einkünfte aus Kapitalvermögen i.S.d. § 27a Abs. 1 EStG. Der Freibetrag vermindert sich um jenen Betrag, um den die anderen Einkünfte € 730,00 übersteigen (§ 41 Abs. 3 EStG).

Dazu nachstehende **Erläuterungen**:

Betragen die anderen Einkünfte jährlich

- zwischen € 0,00 und € 730,00, so ist der Veranlagungsfreibetrag in der Höhe der anderen Einkünfte wirksam;
- zwischen € 730,00 und € 1.460,00 ist ein **einschleifender** Veranlagungsfreibetrag vorgesehen;
- mehr als € 1.460,00, so sind sie bei der Veranlagung in voller Höhe steuerpflichtig.

15.6.5. Erstattung von Absetzbeträgen und Sozialversicherungsbeiträgen – Erstattung des Kindermehrbetrags

Ergibt sich nach § 33 Abs. 1 (→ 15.5.3.) und 2 (→ 14.1.4.) EStG eine **Einkommensteuer unter null**, ist

- insoweit der **Alleinverdienerabsetzbetrag** (→ 14.2.1.2.) oder **Alleinerzieherabsetzbetrag** (→ 14.2.2.) zu erstatten (zum Familienbonus Plus siehe nachstehend).

Ergibt sich bei Steuerpflichtigen, die **Anspruch** auf den **Verkehrsabsetzbetrag** (→ 14.1.4.) haben, nach § 33 Abs. 1 und 2 EStG **eine Einkommensteuer** unter null, sind

- **55% der Werbungskosten** i.S.d. § 16 Abs. 1 Z 3 lit. a EStG (Pflichtbeiträge zu gesetzlichen Interessenvertretungen, ausgenommen Betriebsratsumlage) und der Werbungskosten i.S.d. § 16 Abs. 1 Z 4 und 5 EStG (Dienstnehmeranteil zur Sozialversicherung und Wohnbauförderungsbeitrag), **höchstens aber € 400,00** jährlich, rückzuerstatten (**SV-Rückerstattung**). Bei Steuerpflichtigen, die Anspruch auf ein Pendlerpauschale gem. § 16 Abs. 1 Z 6 EStG haben, sind höchstens **€ 500,00** rückzuerstatten. Besteht ein Anspruch auf den Zuschlag zum Verkehrs-

320 Eine Wiederaufnahme ist zulässig, wenn Tatsachen oder Beweismittel neu hervorkommen, die im Verfahren nicht geltend gemacht worden sind und die Kenntnis dieser Umstände allein oder in Verbindung mit dem sonstigen Ergebnis des Verfahrens einen im Spruch anderslautenden Bescheid herbeigeführt hätte. Ein behördliches Verschulden an der Nichtfeststellung schließt die Wiederaufnahme nicht aus.

absetzbetrag (→ 14.1.4.), ist der maximale Betrag der SV-Rückerstattung **um € 650,00 zu erhöhen (SV-Bonus)**.

Ergibt sich bei Steuerpflichtigen, die Anspruch auf den (erhöhten) **Pensionistenabsetzbetrag** (→ 14.1.4.) haben, nach § 33 Abs. 1 und 2 EStG eine Einkommensteuer unter null, sind 80% der Werbungskosten i.S.d. § 16 Abs. 1 Z 4 (Dienstnehmeranteil zur Sozialversicherung), höchstens aber € 550,00 jährlich, rückzuerstatten (SV-Rückerstattung). Die Rückerstattung vermindert sich um steuerfreie Zulagen i.S.d. § 3 Abs. 1 Z 4 lit. f EStG (ein bestimmter Teil der Ausgleichs- und Ergänzungszulagen).

Auf Grund zwischenstaatlicher oder anderer völkerrechtlicher Vereinbarungen steuerfreie Einkünfte sind für Zwecke der Berechnung der negativen Einkommensteuer wie steuerpflichtige Einkünfte zu behandeln. Der Kinderabsetzbetrag gem. § 33 Abs. 3 EStG (→ 14.2.1.6.) bleibt bei der Berechnung außer Ansatz.

Die **Erstattung** hat **im Weg der Veranlagung** (Formular E1 bzw. L 1) zu erfolgen und ist mit der nach § 33 Abs. 1 und 2 EStG berechneten Einkommensteuer unter null begrenzt (§ 33 Abs. 8 EStG).

Die SV-Rückerstattung gem. § 33 Abs. 8 EStG ist von der **Einkommensteuer befreit** (→ 21.2.) (§ 3 Abs. 1 Z 34 EStG).

Eine Erstattung des Familienbonus Plus (→ 14.2.1.1.) ist nicht vorgesehen. Geringverdienende Alleinerziehende bzw. Alleinverdienende, die keine oder eine geringe Steuer bezahlen, erhalten jedoch unter den nachstehenden Voraussetzungen einen **Kindermehrbetrag**.

Ergibt sich bei Steuerpflichtigen, die

- zumindest an 30 Tagen im Kalenderjahr steuerpflichtige Einkünfte gemäß § 2 Abs. 3 Z 1 bis 4 EStG (→ 7.3.) erzielen, oder
- ganzjährig Leistungen nach dem Kinderbetreuungsgeldgesetz (→ 27.1.4.5.) oder Pflegekarenzgeld (→ 27.1.1.3.) bezogen haben,

nach § 33 Abs. 1 EStG (d.h. vor Berücksichtigung der Absetzbeträge) eine Einkommensteuer unter € 350,00 (für das Kalenderjahr 2022; ab dem Kalenderjahr 2023: € 450,00), gilt bei Vorhandensein eines Kindes (§ 106 Abs. 1 EStG, → 14.2.1.6.) Folgendes:

1. Die Differenz zwischen € 350,00 (€ 450,00 ab dem Kalenderjahr 2023) und der Steuer nach § 33 Abs. 1 EStG (d.h. vor Berücksichtigung von Absetzbeträgen) ist als Kindermehrbetrag zu erstatten, wenn
   - der Alleinverdienerabsetzbetrag oder der Alleinerzieherabsetzbetrag zusteht oder
   - sich auch beim (Ehe)Partner gemäß § 106 Abs. 3 EStG (→ 14.2.1.6.), der Einkünfte gemäß § 2 Abs. 3 Z 1 bis 4 EStG (→ 7.3.) erzielt, eine Einkommensteuer nach Abs. 1 (d.h. vor Berücksichtigung der Absetzbeträge) unter € 350,00 (unter € 450,00 ab dem Kalenderjahr 2023) ergibt; in diesem Fall hat nur der Familienbeihilfeberechtigte Anspruch auf den Kindermehrbetrag.
2. Hält sich das Kind ständig in einem anderen Mitgliedstaat der EU, eines Staats des EWR oder der Schweiz auf, kommt ein an das Preisniveau des Aufenthaltsstaats angepasster (indexierter) Betrag zur Auszahlung (→ 14.2.1.4.).

Dieser Betrag erhöht sich für jedes weitere Kind (§ 106 Abs. 1 EStG) um den Betrag von € 350,00 (€ 450,00 ab dem Kalenderjahr 2023) oder den an seine Stelle tretenden Betrag.

Zum Kindermehrbetrag bis zum Kalenderjahr 2021 siehe die 32. Auflage dieses Buches.

Siehe auch Beispiele 16b und 16c.

15.6.6. Ermittlung der Einkünfte, Aufrollung

Bei der Ermittlung der Einkünfte aus nicht selbstständiger Arbeit bleiben Bezüge, die

- nach § 67 Abs. 1 EStG (**€ 620,00**, → 23.3.2.1.1.) oder
- nach § 68 EStG (**SEG**-Zulagen, **SFN**-Zuschläge und **Überstunden**zuschläge, → 18.3.1.)

steuerfrei bleiben oder

- mit den **festen Sätzen** des § 67 EStG[321] oder
- mit den **Pauschsätzen** des § 69 Abs. 1 EStG (vorübergehend Beschäftigte, → 31.2.2.)

zu versteuern waren, außer Ansatz.

Die Steuer, die auf sonstige Bezüge innerhalb des Jahressechstels (→ 23.3.2.2.) gem. § 67 Abs. 1 und 2 EStG und auf Bezüge gem. § 67 Abs. 5 zweiter Teilstrich EStG, die gem. § 67 Abs. 1 EStG zu versteuern sind[322], entfällt, ist aber gem. § 67 Abs. 1 und 2 EStG **neu zu berechnen**[323], wenn diese sonstigen Bezüge € 2.100,00 übersteigen.

Die Bemessungsgrundlage sind die sonstigen Bezüge innerhalb des Jahressechstels gem. § 67 Abs. 1 und 2 EStG sowie die Bezüge gem. § 67 Abs. 5 zweiter Teilstrich EStG, die gem. § 67 Abs. 1 EStG zu versteuern sind, abzüglich der darauf entfallenden Beiträge gem. § 62 Z 3, 4 und 5 EStG[324]. Bis zu einem Jahressechstel von € 25.000,00 beträgt die Steuer

- **6% der € 620,00** übersteigenden Bemessungsgrundlage,
- jedoch **höchstens 30%** der € 2.000,00 (!) übersteigenden Bemessungsgrundlage (§ 41 Abs. 4 EStG) (vgl. → 23.3.2.4.).

Diese **Aufrollungsbestimmung** (Einschleifregelung) soll sicherstellen, dass bei geringfügiger Überschreitung der Freigrenze von € 2.100,00 (→ 23.3.2.1.2.) nicht unmittelbar die volle Besteuerung mit 6% einsetzt. Eine allfällige mehrmalige Berücksichtigung des Freibetrags von € 620,00 bzw. der Freigrenze wird dabei korrigiert.

---

321 Als „feste Steuersätze" des § 67 EStG bezeichnet man die Steuersätze des § 67 Abs. 1 bis 8 EStG, das sind
- die 6%, 27% und 35,75% des § 67 Abs. 1 EStG (→ 23.3.2.1.),
- die vervielfachte Tariflohnsteuer des § 67 Abs. 3 und Abs. 4 EStG (→ 34.7.2.1.1.) sowie
- die Tariflohnsteuer des § 67 Abs. 8 lit. e und f EStG (Hälftesteuersatz, → 34.9.2.) (vgl. § 67 Abs. 9 EStG).

Wurde vom Arbeitgeber von den sonstigen Bezügen gem. § 67 Abs. 3 und 8 EStG die Lohnsteuer zu Unrecht einbehalten, kann eine Richtigstellung der Lohnsteuer nur durch einen gesonderten Erstattungsantrag gem. § 240 BAO erfolgen (→ 15.7.).

322 Diese Bestimmung regelt die Besteuerung weiterer sonstiger Bezüge (z.B. Weihnachtsgeld) für Arbeitnehmer, die dem BUAG unterliegen.

323 Da § 41 Abs. 4 EStG nur vorsieht, dass die Steuer, die auf die sonstigen Bezüge innerhalb des Jahressechstels entfällt, neu zu berechnen ist, erfolgt **keine Korrektur des Jahressechstels** im Zuge der Veranlagung. Eine Mehrfachberücksichtigung des Freibetrags von € 620,00 gem. § 67 Abs. 1 EStG wird hingegen im Zuge der Veranlagung rückgängig gemacht (LStR 2002, Rz 1060).

324 Z 3: Pflichtbeiträge zu gesetzlichen Interessenvertretungen (Arbeiterkammerumlage);
Z 4: Beiträge des Versicherten zur Pflichtversicherung in der gesetzlichen Sozialversicherung;
Z 5: der Wohnbauförderungsbeitrag.

15.7. Rückzahlung von zu Unrecht entrichteter Lohnsteuer

15.7.1. Allgemeines

Die Lohnsteuer gilt u.a. als zu Unrecht entrichtet, wenn der Arbeitgeber

- den **Familienbonus Plus, Alleinverdiener- bzw. Alleinerzieherabsetzbetrag** (→ 14.2.1.) und/oder
- das **Pendlerpauschale** und den **Pendlereuro** (→ 14.2.2.)

nach vorgelegter Arbeitnehmererklärung oder

- den **Freibetrag** lt. vorgelegter Mitteilung gem. § 63 EStG (→ 14.3.)

nicht berücksichtigt,

- bedingt durch eine **falsche Rechtsauffassung** die Lohnsteuer nicht richtig ermittelt hat, oder
- dem Arbeitgeber bei der Berechnung der Lohnsteuer ein **Fehler** unterlaufen ist (→ 11.5.5.).

Über die Rechtmäßigkeit des Steuerabzugs entscheidet auf Antrag i.d.R. das Finanzamt, dem die Erhebung der Lohnsteuer obliegt (→ 37.3.1.) (§ 240 Abs. 3 BAO).

15.7.2. Rückzahlung für das laufende Kalenderjahr

Bei Abgaben, die für Rechnung eines Abgabepflichtigen (des Arbeitnehmers) ohne dessen Mitwirkung einzubehalten und abzuführen sind, ist der Abfuhrpflichtige (der Arbeitgeber) berechtigt, während eines Kalenderjahrs **zu Unrecht einbehaltene Beträge** (z.B. bedingt durch einen Fehler, → 11.5.3.; wegen eines rückwirkend zuerkannten Freibetrags, → 14.3.) bis zum Ablauf dieses Kalenderjahrs (bzw. bis zum 15. Februar des Folgejahrs) **auszugleichen** oder auf Verlangen des Abgabepflichtigen **zurückzuzahlen** (§ 240 Abs. 1 BAO) (vgl. → 11.5.3., → 11.5.4.).

15.7.3. Rückzahlung für abgelaufene Kalenderjahre

Auf Antrag des Abgabepflichtigen hat die Rückzahlung des zu Unrecht einbehaltenen Betrags insoweit zu erfolgen, als nicht

a) eine Rückzahlung oder ein Ausgleich gem. Abs. 1 erfolgt ist (siehe vorstehend),
b) ein Ausgleich im Weg der Veranlagung erfolgt ist (→ 15.1.),
c) ein Ausgleich im Weg der Veranlagung zu erfolgen hat oder im Fall eines Antrags auf Veranlagung zu erfolgen hätte.

Der Antrag kann **bis zum Ablauf des fünften Kalenderjahrs**, das auf das Jahr der Einbehaltung folgt, gestellt werden. Für das Verfahren über die Rückzahlung ist die Abgabenbehörde zuständig, der die Erhebung der betroffenen Abgabe obliegt (§ 240 Abs. 3 BAO).

Praxistipp: Der Antrag auf Rückerstattung ist direkt durch den Arbeitnehmer beim Finanzamt einzubringen. Vordergründig ist jedoch zu prüfen, ob die Korrektur durch den Arbeitgeber oder eine Rückerstattung im Rahmen der Veranlagung erfolgen kann. Erst als letzte Maßnahme ist ein Rückerstattungsantrag nach § 240 BAO zulässig.

16. Arbeitszeit, Normalarbeitszeit, Mehrarbeit, Überstundenarbeit

In diesem Kapitel werden u.a. Antworten auf folgende praxisrelevanten Fragestellungen gegeben:

16.1. Allgemeines

Rechtsgrundlage dafür ist grundsätzlich das **Arbeitszeitgesetz** (AZG), Bundesgesetz vom 11. Dezember 1969, BGBl 1969/461, in der jeweils geltenden Fassung.

Dieses Kapitel behandelt nicht alle im AZG geregelten Bestimmungen. Es beschränkt sich auf grundsätzliche Regelungen bezüglich der Normalarbeitszeit, Mehrarbeit und der Überstundenarbeit. Die Erläuterungen bezüglich der Mehrarbeits- und Überstundenzuschläge dienen als **Vorinformation für das Kapitel 18**.

Mit den Fragen der Arbeitszeit befassen sich auch noch andere arbeitsrechtliche Sondergesetze, wie z.B.:

- das Arbeitsruhegesetz (BGBl 1983/144),
- das Hausgehilfen- und Hausangestelltengesetz (BGBl 1962/235).

Regelbefugnisse i.S.d. AZG hat der Kollektivvertrag.

Soweit im AZG nicht anderes bestimmt wird, können Regelungen, zu denen der **Kollektivvertrag** nach diesem Bundesgesetz **ermächtigt** ist, durch **Betriebsvereinbarung zugelassen** werden, wenn

1. der Kollektivvertrag die Betriebsvereinbarung (→ 3.3.5.) dazu ermächtigt oder
2. für die betroffenen Arbeitnehmer mangels Bestehens einer kollektivvertragsfähigen Körperschaft auf Arbeitgeberseite kein Kollektivvertrag abgeschlossen werden kann (wie z.B. bei Vereinen) (§ 1a AZG).

Geltungsbereich des AZG:

Die Bestimmungen des AZG gelten für die Beschäftigung von Arbeitnehmern (Lehrlingen), die das **18. Lebensjahr** vollendet haben (§ 1 Abs. 1 AZG).

Ausgenommen vom Geltungsbereich des AZG gem. § 1 Abs. 2 sind u.a.:[325]

- Hausgehilfen und Hausangestellte,
- Hausbesorger[326],
- Bäckereiarbeiter,
- Heimarbeiter,
- leitende Angestellte[327] oder sonstige Arbeitnehmer, denen maßgebliche selbständige Entscheidungsbefugnis übertragen ist[328], sofern diese über hohe Zeitautonomie verfügen (siehe zur Zeitautonomie ausführlich nachstehend),
- nahe Angehörige[329] des Arbeitgebers mit hoher Zeitautonomie.

---

325 Für einige der genannten Personengruppen bestehen jedoch sondergesetzliche (Arbeitszeit-)Bestimmungen, z.B. das BäckereiarbeiterInnengesetz, BGBl 1996/410.

326 Das Hausbesorgergesetz ist auf Dienstverhältnisse, die nach dem 30. Juni 2000 abgeschlossen wurden, nicht mehr anzuwenden (§ 31 Abs. 5 HbG) (→ 4.4.3.1.4.).

327 Der Begriff des leitenden Angestellten im AZG (bzw. ARG) ist nicht identisch mit jenem des ArbVG (→ 10.2.2.). Beim leitenden Angestellten i.S.d. AZG (bzw. ARG) sind Entscheidungsbefugnisse im Personalbereich nicht erforderlich.

328 Bis zum 31.8.2018 waren „leitende Angestellte, denen maßgebliche Führungsaufgaben selbstverantwortlich übertragen sind" vom AZG ausgenommen. Die – vor allem durch die Rechtsprechung – entwickelte Auslegung dieses Tatbestands wird nachstehend dargestellt.
Damit von „maßgeblichen Führungsaufgaben" gesprochen werden kann, muss der Angestellte **Vorgesetztenfunktionen** ausüben oder **wesentliche Entscheidungsbefugnisse** im kaufmännischen oder technischen Bereich innehaben. Er muss zudem seine Aufgaben selbstverantwortlich, ohne Vorgabe von Detailweisungen und ohne einer laufenden Kontrolle unterworfen zu sein, erledigen. Dass er als Angestellter letztlich doch an Weisungen seines Arbeitgebers bzw. dessen Organe gebunden ist, schadet hingegen nicht.
Dem leitenden Angestellten muss ein erheblich größerer Entscheidungsspielraum eingeräumt sein als anderen Arbeitnehmern. **Entscheidungsbefugnis** über **Aufnahme, Kündigung und Entlassung** von anderen Arbeitnehmern ist allerdings **nicht erforderlich**.
Ein Abteilungsleiter, der **wesentliche Teilbereiche** eines Betriebs eigenverantwortlich **leitet** und hiedurch auf den Bestand und die Entwicklung des **gesamten Unternehmens Einfluss nimmt**, über ein entsprechendes Budget verfügt, die Diensteinteilung seiner Mitarbeiter vornimmt und auch über deren Einstellung entscheiden kann, die Einteilung seiner eigenen Arbeitszeit selbst bestimmt und zudem ein überdurchschnittlich hohes Gehalt bezieht, ist leitender Angestellter i.S.d. AZG (VwGH 26.9.2013, 2013/11/0116).

Bei der Auslegung des Begriffs der **leitenden Angestellten** wird man sich unseres Erachtens auch für die Rechtslage ab 1.9.2018 weiterhin an der zur alten Rechtslage ergangenen Judikatur orientieren können (siehe dazu ausführlich Fußnote 328). Durch die Ausweitung des Ausnahmetatbestands auch auf **sonstige Arbeitnehmer mit maßgeblicher selbständiger Entscheidungsbefugnis** ist das Kriterium der organisatorischen Leitungsfunktion bzw. -aufgabe weggefallen. Es muss sich jedoch auch hier um Personen handeln, die aufgrund ihrer selbständigen Entscheidungsbefugnisse **maßgeblichen Einfluss auf den Betrieb** haben (vgl. auch EBzRV zu § 1 Abs. 2 Z 8 AZG)[330].

Als zusätzliche Voraussetzung für die Ausnahme vom AZG müssen die oben angeführten Personengruppen seit 1.9.2018 über hohe Zeitautonomie verfügen. **Hohe Zeitautonomie** liegt dann vor, wenn die gesamte Arbeitszeit der jeweiligen Person **auf Grund der besonderen Merkmale der Tätigkeit**

- nicht gemessen oder nicht im Voraus festgelegt wird oder
- von diesen Arbeitnehmern hinsichtlich Lage und Dauer selbst festgelegt werden kann (§ 1 Abs. 2 Z 7 und 8 AZG).

Wesentlich für die Qualifizierung als leitender Angestellter i.S.d. AZG ist, dass der Arbeitnehmer wesentliche Teilbereiche eines Betriebs in der Weise **eigenverantwortlich leitet**, dass hiedurch auf Bestand und Entwicklung des gesamten Unternehmens Einfluss genommen wird, sodass er sich auf Grund seiner einflussreichen Position aus der gesamten Angestelltenschaft heraushebt (VwGH 28.10.1993, 91/19/0134).Inwieweit diese Aussagen auch für die Rechtslage ab 1.9.2018 von Bedeutung sind, bleibt entsprechender Rechtsprechung zur neuen gesetzlichen Bestimmung vorbehalten. Der Gesetzgeber spricht in den EBzRV jedoch davon, dass es sich bei den ausgenommenen Personen auch nach der neuen Rechtslage **weiterhin nur um Führungskräfte handeln kann, die maßgeblichen Einfluss auf den Betrieb haben,** möchte jedoch – neben der 1. und 2. Führungsebene – nunmehr auch die 3. Führungsebene bei Vorliegen der weiteren Voraussetzungen vom Ausnahmetatbestand umfasst sehen (EBzRV zu § 1 Abs. 2 Z 8 AZG). Vor dem Hintergrund, dass nach der seit 1.9.2018 geltenden Rechtslage nicht nur leitende Angestellte, sondern auch sonstige Arbeitnehmer (mit maßgeblicher selbständiger Entscheidungsbefugnis) vom AZG ausgenommen sind, wird man unseres Erachtens davon ausgehen können, dass eine Ausweitung auf die 3. Führungsebene – bei Vorliegen einer entsprechenden maßgeblichen selbständigen Entscheidungsbefugnis sowie entsprechend hoher Zeitautonomie – durchaus möglich ist. Zu einer möglicherweise noch weiteren Ausdehnung der Ausnahmebestimmung über die 3. Führungsebene hinaus (d.h. unabhängig von einer bestehenden organisatorischen Leitungsfunktion) auch auf bestimmte weitere Personen wie z.B. Spitzenforscher siehe Fußnote 330.

Bei der Auslegung der „leitenden Angestellten" wird man sich unseres Erachtens auch für die Rechtslage ab 1.9.2018 weiterhin an der bisherigen Judikatur orientieren können, wenngleich die selbstverantwortliche Übertragung von Führungsaufgaben vom Gesetzestext nicht mehr explizit gefordert wird. In diesem Zusammenhang ist jedoch zu beachten, dass auch leitende Angestellte als zusätzliche Voraussetzung für die Ausnahme vom AZG nunmehr über entsprechend hohe Zeitautonomie verfügen müssen. Insoweit kam es daher durch die Neuregelung – neben der Ausweitung des Ausnahmetatbestands auf sonstige Arbeitnehmer (mit maßgeblicher selbständiger Entscheidungsbefugnis) – auch zu einer Einschränkung des Ausnahmetatbestands ausschließlich auf Personen mit entsprechender Zeitautonomie. Verfügen leitende Angestellte daher im Einzelfall nicht über die geforderte Zeitautonomie, sind sie unseres Erachtens seit 1.9.2018 vom AZG erfasst.

329 Eltern, volljährige Kinder, im gemeinsamen Haushalt lebende Ehegatten oder eingetragene Partner sowie Lebensgefährten, wenn seit mindestens drei Jahren ein gemeinsamer Haushalt besteht. Diese Bestimmung ist in erster Linie für Einzelunternehmer bzw. Gesellschaften bürgerlichen Rechts von Bedeutung, da in diesem Fall als Arbeitgeber die natürliche Person selbst auftritt.

330 Die EBzRV sprechen davon, dass seit 1.9.2018 – bei Erfüllung aller weiteren Voraussetzungen – auch die 3. Führungsebene vom AZG ausgenommen sein soll. Die Europäische Kommission nennt in Auslegung des (ähnlich der österreichischen Rechtslage formulierten) Art. 17 der Richtlinie 2003/88/EG in diesem Zusammenhang auch bestimmte Experten, erfahrene Anwälte in einem Beschäftigungsverhältnis oder Wissenschaftler (EU Kommission 24.5.2017, Amtsblatt 2017, C-165, 44 ff.). Diese Auslegung geht daher noch weiter als die EBzRV und umfasst auch Personen außerhalb der Führungsebene. Die EU-Richtlinie ist jedoch bereits von ihrem Wortlaut weiter gefasst als das AZG, da sie grundsätzlich Ausnahmebestimmungen für sämtliche Arbeitnehmer mit hoher Zeitautonomie zulässt. Für eine Ausdehnung des österreichischen Ausnahmetatbestands auch auf Personen außerhalb der Führungsebene spricht unseres Erachtens der Gesetzestext, der „nur" maßgebliche selbständige Entscheidungsbefugnis voraussetzt, ohne dabei auf die hierarchische Stellung im Unternehmen abzustellen. Die endgültige Auslegung des Ausnahmetatbestands des AZG bleibt der Rechtsprechung vorbehalten. Zu beachten ist jedoch darüber hinaus jedenfalls auch das weitere Tatbestandsmerkmal der hohen Zeitautonomie.

In beiden Fällen muss sich die hohe Zeitautonomie aus den **besonderen Merkmalen der Tätigkeit** ergeben[331]. Wird die Arbeitszeit freiwillig nicht gemessen (sog. Vertrauensarbeitszeit), liegt diese Voraussetzung daher nicht vor. Die Voraussetzungen liegen darüber hinaus nur dann vor, wenn die **gesamte Arbeitszeit** (und nicht nur ein Teil) aufgrund der besonderen Merkmale der Tätigkeit nicht gemessen werden kann oder selbst festgelegt wird (EBzRV zu § 1 Abs. 2 Z 8 AZG)[332].

Praxistipp: Um das Kriterium der hohen Zeitautonomie zu erfüllen, muss der Arbeitnehmer z.B. selbst über die Zahl (den Umfang) – und nicht nur die Lage – der Arbeitsstunden entscheiden können und/oder nicht verpflichtet sein, zu festen Arbeitszeiten am Arbeitsplatz anwesend zu sein. Dies sollte zu Nachweiszwecken auch im Rahmen einer Vereinbarung schriftlich festgehalten sein. Zu beachten ist jedoch, dass vereinbarte hohe Zeitautonomie nicht für sämtliche Arbeitnehmer zu einer Ausnahme vom AZG führt. Vielmehr muss sich diese aus den Merkmalen der Tätigkeit ergeben. Insgesamt wird man daher unseres Erachtens davon ausgehen können, dass die Ausnahmetatbestände eng auszulegen sind und im Wesentlichen auf Personen mit maßgeblichem Einfluss auf den Betrieb anwendbar sind. Eine endgültige Auslegung bleibt der höchstgerichtlichen Rechtsprechung vorbehalten.

Unter diesen Voraussetzungen besteht für leitende Angestellte bzw. sonstige Arbeitnehmer mit maßgeblicher selbständiger Entscheidungsbefugnis sowie für nahe Angehörige auch eine Ausnahme vom Geltungsbereich des ARG.

Ausgenommen sind aber auch

- Kinder und Jugendliche bis zur Vollendung des 18. Lebensjahrs, die in einem Dienstverhältnis, einem Lehr- oder sonstigen Ausbildungsverhältnis stehen[333].

Praxistipp: Unterliegen Arbeitnehmer nicht dem AZG und bestehen auch sonst keine sondergesetzlichen Arbeitszeitbestimmungen, gelten für diese Personen grundsätzlich **keine gesetzlichen Höchstarbeitszeitgrenzen bzw. Ruhebestimmungen und keine Strafen** nach dem AZG und ARG.

Darüber hinaus besteht kein gesetzlicher Anspruch auf Überstundenentlohnung bzw. auf Gewährung arbeitszeitrechtlicher Zulagen oder Zuschläge (wie z.B. Überstundenzuschläge). Ein solcher Anspruch könnte sich jedoch aus der Anwendbarkeit eines Kollektivvertrags ergeben, da zumindest leitende Angestellte im Regelfall (und in vielen Fällen auch Geschäftsführer mit Arbeitnehmereigenschaft, → 31.9.) vom Anwendungsbereich des Kollektivvertrags umfasst sind (siehe zur Gewährung von kollektivvertraglichen Zeit-Zulagen und -Zuschlägen an diese Personen kritisch Schrank, AZG 5, § 1 Rz 49, Linde Verlag Wien).

---

331 Eine solche Ausnahmeregelung kann nicht in vollem Umfang auf eine ganze Arbeitnehmergruppe angewandt werden.

332 Vgl. dazu auch u.a. EuGH 7.9.2006, C-484/04, Kommission gegen Vereinigtes Königreich Großbritannien und Nordirland.

333 Solche Kinder (→ 4.3.4.3.) und Jugendliche unterliegen den Bestimmungen des Kinder- und Jugendlichen-Beschäftigungsgesetzes (§ 1 Abs. 1 KJBG).
Einen ausführlichen Artikel dazu finden Sie in der *PVInfo* 9/2012, Linde Verlag Wien.

Auch für Arbeitnehmer, die dem AZG und ARG nicht unterliegen, ist der allgemeine Grundsatz der Fürsorgepflicht des Arbeitgebers zu beachten. Aus diesem wird man die Einhaltung gewisser (im Detail nicht definierter) Höchstarbeitszeitgrenzen und Ruhensbestimmungen ableiten müssen.

Siehe dazu auch Punkt 16.2.3.5.

Arbeitszeitaufzeichnungen:

Der Arbeitgeber hat zur Überwachung der Einhaltung der in diesem Bundesgesetz geregelten Angelegenheiten in der Betriebsstätte **Aufzeichnungen** über die geleisteten Arbeitsstunden[334] zu führen. Der Beginn und die Dauer eines Durchrechnungszeitraums sind festzuhalten (§ 26 Abs. 1 AZG)[335].

Praxistipp: Bei Nichtanwendbarkeit des AZG (z.B. bei leitenden Angestellten) entfällt auch die Verpflichtung zur Führung von Arbeitszeitaufzeichnungen nach dem AZG, jedoch kann sich diese auch aus anderen Bestimmungen bzw. Vorgaben ergeben. So sind zur Durchführung von arbeitsrechtlichen Deckungsprüfungen bei Überstundenpauschalen oder All-In-Gehältern (→ 16.2.3.5.2.) Arbeitszeitaufzeichnungen erforderlich. Auch für die Steuerbefreiung von Überstundenzuschlägen bestehen Dokumentations- bzw. Nachweisverpflichtungen (→ 18.3.2.4.).

Ist – insb. bei **gleitender Arbeitszeit** (→ 16.2.1.2.2.) – vereinbart, dass die Arbeitszeitaufzeichnungen vom Arbeitnehmer zu führen sind, so hat der Arbeitgeber den Arbeitnehmer zur ordnungsgemäßen Führung dieser Aufzeichnungen anzuleiten. Nach Ende der Gleitzeitperiode hat der Arbeitgeber sich diese Aufzeichnungen aushändigen zu lassen und **zu kontrollieren**. Werden die Aufzeichnungen vom Arbeitgeber durch **Zeiterfassungssystem** geführt, so ist dem Arbeitnehmer nach Ende der Gleitzeitperiode auf Verlangen eine Abschrift der Arbeitszeitaufzeichnungen zu übermitteln, andernfalls ist ihm Einsicht zu gewähren (§ 26 Abs. 2 AZG).

Besonderheiten bei Arbeitszeitaufzeichnungen bestehen im Gast-, Schank- und Beherbergungsgewerbe für Saisonbetriebe, sofern diese von der durch § 12 Abs. 2a AZG eingeräumter Möglichkeit der Verkürzung von Ruhezeiten Gebrauch gemacht haben (§ 26 Abs. 2a AZG).

---

334 Arbeitszeitaufzeichnungen sind grundsätzlich für alle vom AZG erfassten Arbeitnehmer zu führen, d.h. auch für
- Arbeitnehmer mit fixen Arbeitszeiten,
- Arbeitnehmer mit Mehrstunden- und/oder Überstundenpauschale,
- Arbeitnehmer mit All-in-Vereinbarungen und
- Teilzeitbeschäftigte (auch geringfügig Beschäftigte).

335 Da Durchrechnungszeiträume künftig „rollierend" zu überprüfen sind (→ 16.2.), ist die Bestimmung in § 26 Abs. 1 AZG, wonach in den Arbeitszeitaufzeichnungen Beginn und Dauer eines Durchrechnungszeitraums festzuhalten sind, nach einem Erlass des BMASGK obsolet. Die Bestimmung soll bei Gelegenheit aufgehoben werden. Das Fehlen von Durchrechnungszeiträumen in den Arbeitszeitaufzeichnungen ist daher durch das Arbeitsinspektorat nicht zu beanstanden, und es ist nicht mit Aufforderungen oder Strafanzeigen vorzugehen (BMASGK vom 13.12.2019, BMASGK-462.302/0007-VII/A/3/2019).

Für Arbeitnehmer, die die Lage ihrer Arbeitszeit und ihren Arbeitsort weitgehend selbst bestimmen können oder ihre Tätigkeit überwiegend in ihrer Wohnung ausüben (z.B. Teleheimarbeiter), sind nach den Bestimmungen des AZG ausschließlich Aufzeichnungen über die Dauer der Tagesarbeitszeit zu führen (**Saldenaufzeichnung**) (§ 26 Abs. 3 AZG). Diese Bestimmung könnte vor dem Hintergrund der Rechtsprechung des EuGH, wonach eine Aufzeichnung von Beginn- und Endzeiten sowie Pausen erforderlich ist, unionsrechtswidrig sein (EuGH 14.5.2019, C-55/18, CCOO/Deutsche Bank).

Durch Betriebsvereinbarungen kann festgesetzt werden, dass Arbeitnehmer gem. § 26 Abs. 3 AZG die Aufzeichnungen **selbst zu führen** haben. In diesem Fall hat der Arbeitgeber den Arbeitnehmer zur ordnungsgemäßen Führung der Aufzeichnungen anzuleiten, sich die Aufzeichnungen regelmäßig aushändigen zu lassen und **zu kontrollieren** (§ 26 Abs. 4 AZG).

Die Verpflichtung zur Führung von **Aufzeichnungen über die Ruhepausen entfällt**, wenn

- durch Betriebsvereinbarung bzw. (in Betrieben ohne Betriebsrat) durch schriftliche Einzelvereinbarung Beginn und Ende der Ruhepausen festgelegt werden oder es den Arbeitnehmern überlassen wird, innerhalb eines festgelegten Zeitraumes die Ruhepausen zu nehmen, und
- von dieser Vereinbarung nicht abgewichen wird (§ 26 Abs. 5 AZG).

Besteht keine Betriebsvereinbarung bzw. Einzelvereinbarung, müssen Aufzeichnungen über Ruhepausen geführt werden, da andernfalls im Rahmen einer behördlichen Überprüfung der höchstzulässigen Arbeitszeiten tatsächlich in Anspruch genommene (aber nicht dokumentierte) Ruhepausen nicht berücksichtigt werden müssen. Eine fehlende Vereinbarung kann auch nicht durch Zeugenaussagen von Arbeitnehmern ersetzt werden (VwGH 15.10.2015, Ra 2014/11/0065).

Bei Arbeitnehmern mit einer schriftlich festgehaltenen **fixen Arbeitszeiteinteilung** haben die Arbeitgeber lediglich deren **Einhaltung** zumindest am Ende jeder Entgeltzahlungsperiode (i.d.R. der Monat) sowie auf Verlangen des Arbeitsinspektorats zu **bestätigen**. Lediglich die Abweichungen von dieser fixen Arbeitszeiteinteilung (z.B. Änderungen der Lage der Arbeitszeit oder Mehr- bzw. Überstunden) sind laufend aufzuzeichnen (vgl. § 26 Abs. 5a AZG). Diese Bestimmung könnte vor dem Hintergrund der Rechtsprechung des EuGH, wonach eine Aufzeichnung von Beginn- und Endzeiten sowie Pausen erforderlich ist, unionsrechtswidrig sein (EuGH 14.5.2019, C-55/18, CCOO/Deutsche Bank).

Auch wenn der Arbeitgeber die Aufzeichnungspflicht auf die Arbeitnehmer überträgt und diese selbst vereinbarungsgemäß die Arbeitszeitaufzeichnungen führen, **bleibt der Arbeitgeber dafür verantwortlich,** dass die Arbeitszeitaufzeichnungen existieren, vollständig und richtig sind. Nur der Arbeitgeber (bzw. ein wirksam bestellter verantwortlicher Beauftragter) trägt die **verwaltungsstrafrechtliche Verantwortung** für korrekte Arbeitszeitaufzeichnungen.

Das Bestehen eines Stechuhr-Kontrollsystems impliziert, dass mit den auf den Stempelkarten aufscheinenden Zeiten der Beginn und das Ende der Arbeitszeit festgehalten, somit die tatsächliche Arbeitszeit gemessen wird. Sofern keine besondere vertragliche Vereinbarung besteht, ist das **Betätigen der Stechuhr** grundsätzlich die jeweils erste und letzte tägliche „Arbeitshandlung". Einem Gegenbeweis, etwa in Form eines

Zeugen, kann nur dann entsprechendes Gewicht zukommen, wenn im konkreten Betrieb neben dem Stechuhr-Kontrollsystem ein weiteres Kontrollsystem besteht, aus dem sich die tatsächlichen Arbeitszeiten ergeben. Für Belange des AZG – und der Kontrolle seiner Einhaltung (Einhaltung insbesondere der Arbeitszeiten, Ruhepausen und Ruhezeiten) – ist dabei **nicht von Bedeutung, ob und welche der aufgezeichneten (gestempelten) Arbeitszeiten der Arbeitgeber „anerkennt"** (um etwa danach die Höhe der Entlohnung zu ermitteln) und ob bzw. in welcher Form er diese Anerkennung in den Arbeitsaufzeichnungen festhält. In einem allfälligen Strafverfahren (etwa) wegen Überschreitung der gesetzlich höchstzulässigen Arbeitszeiten könnten dem Arbeitgeber aber die jeweils zusätzlich vermerkten Zeitpunkte des (genehmigten bzw. „anerkannten") Arbeitsbeginns und -endes eines Arbeitnehmers dienlich sein, um den Gegenbeweis antreten zu können, dass das Betätigen der Stechuhr doch nicht die jeweils erste bzw. letzte tägliche Arbeitshandlung darstellte (VwGH 23.11.2017, Ra 2017/11/0243).

Es ist Aufgabe des **Arbeitsinspektorats**[336], der **Arbeiterkammer**[337] und des **Betriebsrats** (→ 11.7.1.), diese Aufzeichnungen zu kontrollieren (§ 26 Abs. 6 AZG, § 89 ArbVG).

Arbeitnehmer haben einmal monatlich **Anspruch** auf kostenfreie Übermittlung ihrer **Arbeitszeitaufzeichnungen**, wenn sie **nachweislich verlangt** werden (§ 26 Abs. 8 AZG).

Dabei handelt es sich um einen privatrechtlichen Anspruch des Arbeitnehmers gegenüber dem Arbeitgeber. Für die Erfüllung des Verlangens des Arbeitnehmers ist es bereits ausreichend, wenn der Arbeitgeber die Aufzeichnungen **formell vollständig** übermittelt. Inhaltliche Richtigkeit ist hierfür nicht erforderlich. Zweck des § 26 Abs. 8 AZG ist es, dem Arbeitnehmer die Kontrolle der Arbeitszeitaufzeichnungen und damit letztlich auch die Überprüfung der Richtigkeit der Entgeltabrechnung des Arbeitgebers sowie die Überprüfung der Einhaltung von Höchstarbeitszeiten und Mindestruhezeiten zu ermöglichen bzw. zu erleichtern. Dies ist auch mit einer formell vollständigen, aber inhaltlich falschen Aufzeichnung möglich. Im (allenfalls weiteren) Verfahren auf Geldleistung bleibt es dem Arbeitnehmer natürlich unbenommen, darzutun, dass er über die Aufzeichnungen des Arbeitgebers hinaus Arbeit erbracht hat, die bisher vom Arbeitgeber nicht entgolten wurde (vgl. OGH 28.11.2018, 9 ObA 103/18i; vgl. eine ähnliche Entscheidung im Bereich der Übermittlung der Lohnabrechnung OGH 28.8.2018, 8 ObA 41/18i – siehe hierzu Punkt 10.1.2.3.).

Fallfristen werden **gehemmt** (→ 9.6.),

1. solange den Arbeitnehmern die **Übermittlung** gem. § 26 Abs. 8 AZG **verwehrt** wird oder
2. wenn wegen des **Fehlens von Aufzeichnungen** über die geleisteten Arbeitsstunden die Feststellung der tatsächlich geleisteten Arbeitszeit unzumutbar ist (§ 26 Abs. 9 AZG).

336 Arbeitsinspektorate sind dem BMA unterstellte Verwaltungsbehörden (§ 16 ArbIG), die dafür zu sorgen haben, dass die Vorschriften (die Normen des Arbeitnehmerschutzrechts) über den
- **technischen Arbeitnehmerschutz** (z.B. Bestimmungen zur Verhütung von berufsbedingten Unfällen),
- **Verwendungsschutz** (Schutzbestimmungen z.B. für Kinder, Jugendliche, Frauen und Mütter),
- **zeitlichen Arbeitnehmerschutz** (alle arbeitszeitrechtlichen Bestimmungen) und den
- **Schutz der Arbeitnehmer betreffend die Lohnzahlung**, Kollektivverträge und Betriebsvereinbarungen

beachtet werden (§§ 3, 8 ArbIG).

Auf Grund einer Verordnung (→ 3.3.3.) des Bundesministeriums wurde das gesamte Bundesgebiet in „Aufsichtsbezirke" eingeteilt und dafür je ein Arbeitsinspektorat geschaffen (§ 14 ArbIG).

337 Die Arbeiterkammern (→ 3.3.4.1.) sind u.a. ebenfalls zur Überwachung der Einhaltung arbeitnehmerschutzrechtlicher Vorschriften berufen (§ 5 Abs. 1 AKG).

Verstöße gegen die **Aufzeichnungspflicht** sind hinsichtlich jedes einzelnen Arbeitnehmers gesondert zu bestrafen, wenn durch das Fehlen der Aufzeichnungen die Feststellung der tatsächlich geleisteten Arbeitszeit unmöglich oder unzumutbar wird. Werden **keine Aufzeichnungen** geführt, liegt der Strafrahmen bei € 72,00 bis € 1.815,00, im Wiederholungsfall bei € 145,00 bis € 1.815,00 **pro Arbeitnehmer** (§ 28 Abs. 2 Z 7 i.V.m. Abs. 8 AZG)[338].

Werden im Rahmen einer Abgabenprüfung nach Aufforderung durch die Behörde Arbeitszeitaufzeichnungen nicht lückenlos vorgelegt, kann die Behörde für Zwecke der Festsetzung von Sozialversicherungsbeiträgen die Beitragsgrundlage ohne weiteres Ermittlungsverfahren **schätzen** (VwGH 27.11.2014, 2012/08/0216).

16.2. Arbeitszeit

Im Sinn des AZG ist:

1. **Arbeitszeit**	die Zeit vom Beginn bis zum Ende der Arbeit[339] ohne die Ruhepausen[340];
2. **Tagesarbeitszeit**	die Arbeitszeit innerhalb eines ununterbrochenen Zeitraums von 24 Stunden;
3. **Wochenarbeitszeit**	die Arbeitszeit innerhalb des Zeitraums von Montag bis einschließlich Sonntag (§ 2 Abs. 1 AZG).

Die Arbeitszeit, Tagesarbeitszeit bzw. Wochenarbeitszeit **umfasst** gegebenenfalls die

Normalarbeitszeit,	**Mehrarbeit,**	**Überstundenarbeit.**

Höchstgrenzen der Arbeitszeit/Durchrechnungszeitraum:

Durch die Bestimmungen über die **Höchstgrenzen der Arbeitszeit** wird festgelegt, wie lange ein Arbeitnehmer maximal pro Tag bzw. pro Woche arbeiten darf (Normalarbeitszeit zuzüglich Mehrarbeit und Überstundenarbeit). Grundsätzlich ist die

338 Sind die Arbeitszeitaufzeichnungen jedoch nur mangelhaft, beträgt die Strafe € 20,00 bis € 436,00 (§ 28 Abs. 1 Z 3 AZG). Dabei ist die Strafe nicht kumulativ pro Arbeitnehmer festzusetzen, sondern für den betroffenen Arbeitgeber nur eine Strafe zu verhängen (vgl. LVwG Steiermark 16.3.2017, 30.15-535/2017).

339 Muss sich der Arbeitnehmer auf Weisung des Arbeitgebers (z.B. aus hygienischen Gründen) im Betrieb umkleiden, zählt diese Umkleidezeit als Arbeitszeit (OGH 17.5.2018, 9 ObA 29/18g zur Umkleidezeit in einem Krankenhaus). Umkleidezeiten stellen immer dann Arbeitszeit dar, wenn das Umkleiden bei Gesamtbetrachtung aller Umstände ein solches Maß an Intensität der Fremdbestimmung erreicht, dass eine arbeitsleistungsspezifische Tätigkeit oder Aufgabenerfüllung für den Arbeitgeber zu bejahen ist. Dies ist auch dann der Fall, wenn zwar der Arbeitgeber dem Arbeitnehmer erlaubt, die von ihm vorgeschriebene Dienstkleidung zu Hause an- bzw. abzulegen (und damit auf dem Arbeitsweg zu tragen), es dem Arbeitnehmer aber objektiv unzumutbar ist, die Dienstkleidung auch am Arbeitsweg zu tragen (OGH 25.5.2020, 9 ObA 13/20g zu einem Piratenkostüm als Dienstkleidung im Gastgewerbe).

340 Werden Arbeitnehmer von mehreren Arbeitgebern beschäftigt, so dürfen die einzelnen Beschäftigungen **zusammen** die gesetzliche **Höchstgrenze** der Arbeitszeit **nicht überschreiten** (§ 2 Abs. 2 AZG).
§ 2 Abs. 2 AZG stellt nur sicher, dass auch bei einer Beschäftigungskombination nicht die Höchstgrenzen der täglichen und wöchentlichen Arbeitszeit überschritten werden. Für die entlohnungsrechtliche Beurteilung, ob eine Überstunde vorliegt, sind aber fremde Arbeitszeiten bei anderen Arbeitgebern nicht zu berücksichtigen. Der Arbeitnehmer hat daher eine Nebenbeschäftigung von sich aus dem Arbeitgeber mitzuteilen, wenn durch diese ein Schaden für den Betrieb drohen könnte. Den Arbeitgeber kann in bestimmten Fällen aber auch eine diesbezügliche Fragepflicht auf Grund seiner Fürsorgepflicht treffen.

maximale Höchstarbeitszeit mit zwölf Stunden pro Tag und 60 Stunden pro Woche festgelegt (mit Ausnahmen – siehe auch Punkt 16.2.3.1. bis 16.2.3.3.; vgl. § 9 AZG).

Zusätzlich ist zu beachten, dass die durchschnittliche Wochenarbeitszeit innerhalb eines **Durchrechnungszeitraums von 17 Wochen 48 Stunden nicht überschreiten darf**. Durch Kollektivvertrag (oder Betriebsvereinbarung[341]) kann dieser Durchrechnungszeitraum auf bis zu 52 Wochen verlängert werden, wenn technische oder arbeitsorganisatorische Gründe vorliegen (§ 9 Abs. 4 AZG)[342] (§ 9 Abs. 4 AZG).

Nach Ansicht des EuGH dürfen die EU-Mitgliedstaaten zwar für die Berechnung der durchschnittlichen Wochenarbeitszeit feste Durchrechnungszeiträume vorsehen, müssen aber dennoch sicherstellen, dass die durchschnittliche Wochenarbeitszeit von 48 Stunden auch in mit den festen Durchrechnungszeiträumen überschneidenden anderen Durchrechnungszeiträumen eingehalten wird (EuGH 11.4.2019, C-254/18, Syndicat des cadres de la sécurité intérieure gegen Premier ministre, Ministre de l'Intérieur, Ministre de l'action et des Comptes public).

Nach einem **Erlass des BMASGK** vom 13.12.2019, BMASGK-462.302/0007-VII/A/3/2019, ist die durchschnittliche Wochenarbeitszeit künftig[343] verpflichtend „rollierend" durchzurechnen. Der 48-Stunden-Schnitt muss somit in jedem beliebigen 17-Kalenderwochen-Zeitraum eingehalten werden.

Eine **„rollierende" Durchrechnung** bedeutet, dass die Durchrechnung in folgenden Zeiträumen zu erfolgen hat: 1.–17. Kalenderwoche, 2.–18. Kalenderwoche, 3.–19. Kalenderwoche etc.

Da das AZG die Wochenarbeitszeit als Arbeitszeit innerhalb einer Kalenderwoche (Montag bis Sonntag) definiert (§ 2 Abs. 1 Z 3 AZG), hat die Durchrechnung jedenfalls immer nur innerhalb von aus Kalenderwochen bestehenden Durchrechnungszeiträumen zu erfolgen. Der Durchrechnungszeitraum beginnt somit mit einem Montag und endet – im Normalfall 17 Wochen später – mit einem Sonntag (BMASGK 13.12.2019, BMASGK-462.302/0007-VII/A/3/2019).

16.2.1. Normalarbeitszeit

16.2.1.1. Ausmaß und Lage der Normalarbeitszeit

Die **tägliche Normalarbeitszeit**[344] darf **acht Stunden**, die **wöchentliche Normalarbeitszeit** darf **vierzig Stunden** nicht überschreiten (§ 3 Abs. 1 AZG). Einzelne Kollektivverträge sehen bereits eine kürzere Normalarbeitszeit vor.

Der **Kollektivvertrag** kann eine **tägliche Normalarbeitszeit** von **bis zu zehn Stunden** zulassen, soweit nach diesem Bundesgesetz eine kürzere Normalarbeitszeit vorgesehen ist. Darüber hinausgehende Verlängerungsmöglichkeiten bleiben unberührt.

---

341 Wenn sie durch Kollektivvertrag dazu ermächtigt wurde oder wenn der Arbeitgeber keiner kollektivvertragsfähigen Körperschaft angehört.

342 Bezahlte Abwesenheitszeiten (z.B. Krankenstand, Urlaub, Feiertage udgl.) zählen nicht zu den „geleisteten" Arbeitsstunden.

343 In der Vergangenheit ging das Zentral-Arbeitsinspektorat davon aus, dass die Durchrechnung der durchschnittlichen Wochenarbeitszeit nach § 9 Abs. 4 AZG nur innerhalb fester Durchrechnungszeiträume erfolgen muss.

344 Die Normalarbeitszeit legt fest, ab welcher Arbeitsleistung Mehr- bzw. Überstundenarbeit vorliegt. Sie ist nicht zu verwechseln mit den Höchstgrenzen der Arbeitszeit (→ 16.2.).

Zur **Erreichung einer längeren Freizeit**, die mit der wöchentlichen Ruhezeit oder einer Ruhezeit gem. § 12 AZG (Wochenruhe, → 17.1.1.) zusammenhängen muss, kann die Normalarbeitszeit an einzelnen Tagen regelmäßig gekürzt und die ausfallende Normalarbeitszeit auf die übrigen Tage der Woche verteilt werden. Die Betriebsvereinbarung, für Arbeitnehmer in Betrieben, in denen kein Betriebsrat errichtet ist, das Arbeitsinspektorat, kann eine andere ungleichmäßige Verteilung der Normalarbeitszeit innerhalb der Woche zulassen, soweit dies die Art des Betriebs erfordert. Die **tägliche Normalarbeitszeit** darf **neun Stunden** nicht überschreiten (§ 4 Abs. 1, 2 AZG).

Die **Betriebsvereinbarung** kann eine **tägliche Normalarbeitszeit** von **bis zu zehn Stunden** zulassen, wenn die gesamte Wochenarbeitszeit regelmäßig auf **vier Tage verteilt** wird. In Betrieben, in denen **kein Betriebsrat** errichtet ist, kann eine solche Arbeitszeitverteilung **schriftlich vereinbart** werden (§ 4 Abs. 8 AZG).

Die **Lage der Normalarbeitszeit** und ihre **Änderung** ist **zu vereinbaren**, soweit sie nicht durch Normen der kollektiven Rechtsgestaltung festgesetzt wird. Abweichend davon kann die Lage der **Normalarbeitszeit** vom Arbeitgeber **geändert werden**, wenn

1. dies aus objektiven, in der Art der Arbeitsleistung gelegenen Gründen **sachlich gerechtfertigt** ist,
2. dem Arbeitnehmer die Lage der Normalarbeitszeit für die jeweilige Woche **mindestens zwei Wochen im Vorhinein** mitgeteilt wird[345],
3. berücksichtigungswürdige Interessen des Arbeitnehmers (z.B. Kinderbetreuung) dieser Einteilung nicht entgegenstehen und
4. keine Vereinbarung entgegensteht (§ 19c Abs. 1, 2 AZG).

Der Arbeitgeber hat an geeigneter, für den Arbeitnehmer leicht zugänglicher Stelle in der Betriebsstätte einen **Aushang** (Betriebsvereinbarung) über den **Beginn** und das **Ende der Normalarbeitszeit** sowie Zahl und Dauer der **Ruhepausen** sowie der **wöchentlichen Ruhezeit** gut sichtbar anzubringen oder den Arbeitnehmern mittels eines sonstigen **Datenträgers samt Ablesevorrichtung**, durch geeignete elektronische Datenverarbeitung oder durch geeignete Telekommunikationsmittel zugänglich zu machen. Bei gleitender Arbeitszeit hat der Aushang den Gleitzeitrahmen, allfällige Übertragungsmöglichkeiten sowie Dauer und Lage der wöchentlichen Ruhezeit (→ 17.) zu enthalten. Ist die Lage der Ruhepausen generell festgesetzt, ist diese in den Aushang aufzunehmen (§ 25 Abs. 1–3 AZG) (→ 3.4.).

Die Vergütung der Normalarbeitszeit erfolgt i.d.R. durch den Zeitlohn (→ 9.3.2.).

16.2.1.2. Flexible Normalarbeitszeit

Flexible Normalarbeitszeit bedeutet eine **schwankende Normalarbeitszeit**. Das heißt, dass an einem Tag (in einer Woche) länger gearbeitet und als Ausgleich dafür an anderen Tagen (in anderen Wochen) kürzer gearbeitet wird. Grundsätzlich sieht das AZG dafür nachstehende Möglichkeiten vor:

1. Kollektivvertraglich flexibilisierte Normalarbeitszeit (§ 4 Abs. 4 und 6 AZG),
2. Einarbeitszeit (→ 16.2.1.2.1.),

345 Davon kann abgewichen werden, wenn dies in unvorhersehbaren Fällen zur **Verhinderung eines unverhältnismäßigen wirtschaftlichen Nachteils** erforderlich ist und andere Maßnahmen nicht zumutbar sind. Durch Normen der kollektiven Rechtsgestaltung können wegen tätigkeitsspezifischer Erfordernisse ebenfalls abweichende Regelungen getroffen werden (§ 19c Abs. 3 AZG).

3. Normalarbeitszeit bei Schicht- oder Turnusarbeit und
4. Gleitzeit (→ 16.2.1.2.2.).

Entscheidend für das jeweilige Ausmaß an Flexibilität sind drei zu beachtende zeitliche Grenzen:

1. Das **Höchstausmaß**, bis zu dem die Normalarbeitszeit am einzelnen **Tag** ausgedehnt werden darf; eine Überschreitung gilt jedenfalls als Überstundenarbeit (→ 16.2.3.).
2. Die **höchstzulässige Normalarbeitszeit** in der einzelnen **Woche**; eine Überschreitung gilt ebenfalls als Überstundenarbeit.
3. Die **Länge des Durchrechnungszeitraums**, auf den bezogen die durchschnittliche wöchentliche Normalarbeitszeit 40 Stunden (bzw. die durch Kollektivvertrag verkürzte Normalarbeitszeit) nicht überschreiten darf; am Ende des Durchrechnungszeitraums festgestellte Überschreitungen dieses Durchschnitts, die nicht in den nächsten Durchrechnungszeitraum übertragen werden können, sind ebenfalls Überstundenarbeit (bzw. Mehrarbeit, → 16.2.2.).

Entsprechend der Zielsetzung dieses Fachbuchs wird nachstehend nur auf die Einarbeitszeit und die Gleitzeit eingegangen.

Bezüglich des Abbaus und der Abgeltung von Zeitguthaben siehe Punkt 16.2.4.

16.2.1.2.1. Einarbeitszeit

Fällt in **Verbindung mit Feiertagen** die Arbeitszeit an Werktagen aus, um den Arbeitnehmern eine längere zusammenhängende Freizeit zu ermöglichen, so kann die ausfallende Normalarbeitszeit auf die Werktage von **höchstens dreizehn zusammenhängenden, die Ausfallstage einschließenden Wochen** verteilt werden. Der Kollektivvertrag kann den Einarbeitungszeitraum verlängern. Die tägliche Normalarbeitszeit darf

1. bei einem Einarbeitungszeitraum von bis zu **dreizehn Wochen zehn Stunden**,
2. bei einem längeren Einarbeitungszeitraum **neun Stunden**

nicht überschreiten (§ 4 Abs. 3 AZG).

Für **Jugendliche** i.S.d. KJBG (→ 16.1.) gilt: Fällt in Verbindung mit Feiertagen die Arbeitszeit an Werktagen aus, um den Jugendlichen eine längere zusammenhängende Freizeit zu ermöglichen, so kann die ausfallende Normalarbeitszeit auf die übrigen Werktage von höchstens **sieben** die Ausfalltage einschließenden Wochen verteilt werden. Der Einarbeitungszeitraum kann durch **Betriebsvereinbarung** auf höchstens **dreizehn Wochen** verlängert werden (§ 11 Abs. 2b KJBG). Die tägliche Normalarbeitszeit darf neun Stunden, die Wochenarbeitszeit darf 45 Stunden nicht überschreiten (§ 11 Abs. 3 KJBG).

Das AZG überlässt es der Vereinbarung zwischen Arbeitgeber und Arbeitnehmer, wann eingearbeitet wird. Es kann also entweder nur vor den Ausfalltagen, nur **nach** den Ausfalltagen oder **vor und nach** den Ausfalltagen eingearbeitet werden.

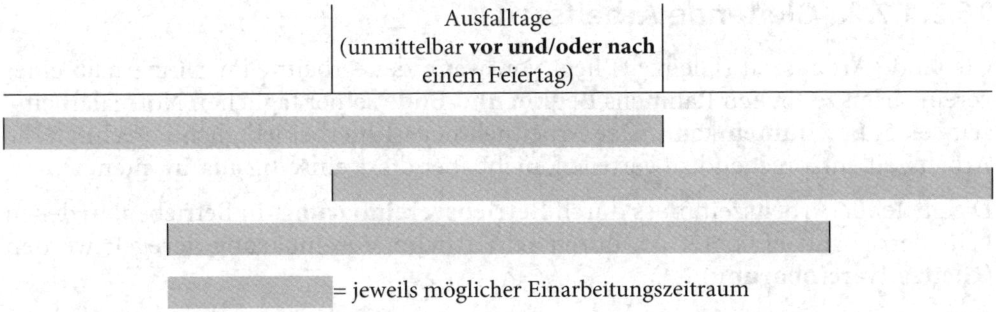

Es darf **nur an Werktagen** (Montag bis Samstag) eingearbeitet werden. Das Einbringen solcher Normalstunden ist nicht als Leistung von Mehrarbeits- bzw. Überstunden anzusehen.

Das Einarbeiten ist durch **Einzelvereinbarung** mit den betreffenden Arbeitnehmern bzw. bei Bestehen eines Betriebsrats durch Abschluss einer **Betriebsvereinbarung** festzulegen.

Durch das Einarbeiten von Arbeitszeiten bleiben die Entgeltansprüche und ihre Fälligkeit unberührt. Das bedeutet, dass das **Entgelt** nicht im Anschluss an die bereits eingearbeitete Arbeitszeit, sondern am **normalen Fälligkeitstermin** – somit erst nach der Konsumation der eingearbeiteten Freizeit – ausbezahlt werden muss.

Wenn das **Dienstverhältnis** nach dem Einarbeiten, aber noch **vor Konsumation** der eingearbeiteten Zeit **aufgelöst** wird, ist die eingearbeitete Arbeitszeit zusammen mit dem für den laufenden Entgeltzeitraum gebührenden Entgelt abzurechnen. Für dieses Guthaben (an Normalarbeitszeit) gebührt nach § 19e Abs. 2 AZG (außer bei unbegründetem vorzeitigem Austritt) ein **Zuschlag von 50%**, sofern der Kollektivvertrag nichts anderes vorsieht (→ 16.2.4.2.).

Ist ein Arbeitnehmer durch Krankenstand, Urlaub oder sonstige zu bezahlende Fehlzeiten an der Leistung der Einarbeit gehindert, ist ihm diese Zeit **dennoch** als eingearbeitete Zeit **gutzuschreiben**.

Fällt in die Zeit der Ausfalltage ein Krankenstand, sind diese deshalb zu bezahlen, weil sie bereits eingearbeitet wurden. In diesem Fall gelten die eingearbeiteten Tage **nicht** als Krankenstandstage[346]. War die Einarbeitszeit erst für die Zeit nach den Ausfalltagen vorgesehen, muss auch der an den Ausfalltagen Erkrankte einarbeiten, sofern er zur vorgesehenen Zeit wieder arbeitsfähig ist.

Von der Regelung über die Einarbeitszeit sind **werdende und stillende Mütter**[347] ausgenommen. Werden diese trotz ihrer Arbeitsbereitschaft an den Ausfalltagen nicht beschäftigt, hat der Arbeitgeber das Arbeitsentgelt dennoch zu bezahlen (vgl. → 27.2.).

---

346 Näheres zu Ausfalltagen i.V.m. Krankenstand finden Sie unter Punkt 16.2.4.3.

347 Ein Einarbeiten ist nur insofern erlaubt, als dabei die tägliche Arbeitszeit von neun Stunden, die wöchentliche Arbeitszeit von 40 Stunden nicht überschritten wird (§ 8 MSchG).

16.2.1.2.2. Gleitende Arbeitszeit

Gleitende Arbeitszeit (Gleitzeit) liegt vor, wenn der Arbeitnehmer innerhalb eines vereinbarten zeitlichen Rahmens **Beginn und Ende** seiner täglichen Normalarbeitszeit **selbst bestimmen** kann. Der Arbeitnehmer ist hierbei lediglich berechtigt, die Arbeitszeit entsprechend zu verteilen, nicht aber diese einseitig auszuweiten.

Die gleitende Arbeitszeit muss durch **Betriebsvereinbarung**, in Betrieben, in denen kein Betriebsrat errichtet ist, durch **schriftliche** Vereinbarung geregelt werden (**Gleitzeitvereinbarung**).

Mindestinhalte:

Die Gleitzeitvereinbarung **hat zu enthalten**:

1. die Dauer der Gleitzeitperiode[348],
2. den Gleitzeitrahmen[349],
3. das Höchstausmaß allfälliger Übertragungsmöglichkeiten von Zeitguthaben und Zeitschulden in die nächste Gleitzeitperiode und
4. Dauer und Lage der fiktiven Normalarbeitszeit[350].

Praxistipp: Es ist darauf zu achten, dass sämtliche Voraussetzungen (Schriftlichkeit, Mindestinhalte) erfüllt sind, da andernfalls die Gleitzeit als nicht vereinbart gilt und bei Überschreiten der (starren) Normalarbeitszeit zuschlagspflichtige Mehr- bzw. Überstundenarbeit entsteht (z.B. Überstundenarbeit ab der 9. Stunde am Tag). Die Nichtgewährung von Mehr- bzw. Überstundenentlohnung kann zu arbeitsrechtlichen Nachforderungen des Arbeitnehmers[351], sozialversicherungsrechtlichen Nachforderungen im Rahmen einer Lohnabgabenprüfung sowie Strafen nach dem LSD-BG führen.

---

348 Das Ausmaß der Gleitzeitperiode (= Durchrechnungszeitraum) ist im AZG nicht festgelegt; es bleibt dem Arbeitgeber und Betriebsrat (bzw. Arbeitnehmer) überlassen, das Ausmaß zu vereinbaren. I.d.R. wird die Gleitzeitperiode einen Monat umfassen.

349 Der Gleitzeitrahmen gibt vor, innerhalb welcher Zeit der Arbeitnehmer seinen Arbeitsbeginn und sein Arbeitsende frei wählen kann.

350 Die fiktive tägliche Normalarbeitszeit stellt u.a. das Ausmaß für ev. zu bezahlende Freizeitansprüche (z.B. Arztbesuch, Feiertag, Urlaub) dar.

351 In Hinblick auf die arbeitsrechtlichen Nachforderungen des Arbeitnehmers sind jedoch Verjährungs- und Verfallsbestimmungen zu beachten. Dabei ist nach Ansicht des OGH grundsätzlich davon auszugehen, dass auch der Anspruch auf das **Wahlrecht zwischen Überstundenentgelt oder Zeitausgleich von den kollektivvertraglichen Verfallsbestimmungen erfasst** ist. Hat eine Arbeitnehmerin ihr Wahlrecht insofern schon ausgeübt, als sie die Überstunden – ausgenommen die Zuschläge – durch Zeitausgleich im Rahmen einer ungültigen Gleitzeitvereinbarung abgebaut hat, bedeutet dies gemäß § 10 Abs. 1 Z 2 AZG, dass die Zuschläge bei der Bemessung des Zeitausgleichs (aufgrund der Unwirksamkeit der Gleitzeitvereinbarung) zu berücksichtigen oder gesondert auszuzahlen sind. Ein Horten der bloßen Überstundenzuschläge, und zwar losgelöst von bereits ausgeglichenen Grundstunden, steht dem Gesetz nach Ansicht des OGH nicht vor Augen. Wurden die Zuschläge jedoch nicht zur Auszahlung gebracht, unterliegen sie den kollektivvertraglichen Verfallsbestimmungen (OGH 23.2.2021, 8 ObS 9/20m zu einer unwirksamen Gleitzeitvereinbarung aufgrund des Fehlens einer Gleitzeitperiode).

Abgrenzung Normalarbeitszeit und Überstundenarbeit:

Die tägliche Normalarbeitszeit darf **zehn Stunden** nicht überschreiten.

Eine Verlängerung der täglichen Normalarbeitszeit auf bis zu **zwölf Stunden** ist seit 1.9.2018 zulässig, wenn

- die Gleitzeitvereinbarung vorsieht, dass ein Zeitguthaben ganztägig verbraucht werden kann[352] und
- ein Verbrauch in Zusammenhang mit einer wöchentlichen Ruhezeit nicht ausgeschlossen ist[353] (§ 4b Abs. 4).

Regelungen in Kollektivverträgen und Betriebsvereinbarungen, die Bestimmungen vorsehen, die aus Arbeitnehmersicht günstiger sind, bleiben auch nach dem 31.8.2018 weiter aufrecht (§ 32c Abs. 10 AZG).

Praxistipp: Vor dem 1.9.2018 abgeschlossene Gleitzeitvereinbarungen bleiben bestehen und gelten so lange in dieser bestehenden Form weiter, bis sie (einvernehmlich zwischen Arbeitgeber und Arbeitnehmer) angepasst werden. Ob eine Anpassung der Gleitzeitvereinbarung für eine Ausdehnung der Normalarbeitszeit auf bis zu zwölf Stunden erforderlich ist, ist im Einzelfall anhand der bestehenden Vereinbarung zu prüfen.

Zu beachten ist, dass Kollektivverträge für Gleitzeitmodelle teilweise Tagesnormalarbeitszeitgrenzen von zehn Stunden vorsehen. Die Möglichkeit der Ausdehnung der täglichen Normalarbeitszeit auf bis zu zwölf Stunden durch die Gleitzeitvereinbarung ist in diesem Fall aufgrund des geltenden Günstigkeitsprinzips (→ 3.3.4.) nicht möglich (OGH 16.12.2019, 8 ObA 77/18h).

Die wöchentliche Normalarbeitszeit darf innerhalb der Gleitzeitperiode die wöchentliche Normalarbeitszeit gemäß § 3 AZG (→ 16.2.1.1.) im Durchschnitt nur insoweit überschreiten, als Übertragungsmöglichkeiten von Zeitguthaben vorgesehen sind (§ 4b Abs. 1–4 AZG).

Am Ende einer Gleitzeitperiode bestehende **Zeitguthaben**, die nach der Gleitzeitvereinbarung in die nächste Gleitzeitperiode übertragen werden können, sowie am Ende eines Durchrechnungszeitraums bestehende Zeitguthaben, die in den nächsten Durchrechnungszeitraum übertragen werden können, gelten somit **nicht** als **Überstunden** (§ 6 Abs. 1a AZG). Bei Teilzeitbeschäftigten liegen in einem derartigen Fall auch keine zuschlagspflichtigen Mehrarbeitsstunden vor (§ 19d Abs. 3b Z 2 AZG) (→ 16.2.2.).

352 Wie viele derartige „Gleittage" vorgesehen sein müssen, ist nicht gesetzlich definiert. Die Auslegungen dazu gehen in der Literatur weit auseinander (von der Ansicht, dass nur ein Gleittag pro Gleitzeitperiode zur Verfügung stehen muss bis zur Ansicht, dass immer sofort bei Vorhandensein entsprechender „Gleitzeitgutstunden" ein Gleittag in Anspruch genommen werden kann). Die Auslegung durch die Rechtsprechung bleibt abzuwarten. Um die Gültigkeit von Gleitzeitvereinbarungen nicht zu gefährden, ist unseres Erachtens vorerst eine möglichst arbeitnehmerfreundliche Ausgestaltung der Möglichkeit zur Inanspruchnahme von Gleittagen zu empfehlen.

353 Diese Voraussetzung muss nicht explizit in die Gleitzeitvereinbarung aufgenommen werden. Ein Verbrauch in Zusammenhang mit der wöchentlichen Ruhezeit darf nur nicht ausgeschlossen sein.

Ordnet der Arbeitgeber Arbeitsstunden an, die über die Normalarbeitszeit gemäß § 3 Abs. 1 AZG hinausgehen, gelten diese als **Überstunden** (§ 4b Abs. 5 AZG). Überstunden fallen somit immer dann an, wenn durch angeordnete Arbeitsstunden das Tagesausmaß von acht Stunden bzw. das Wochenausmaß von 40 Stunden überschritten wird. Dies gilt auch für Teilzeitbeschäftigte.

Beispiel

Angabe:

- Die festgelegte fiktive tägliche Normalarbeitszeit beträgt 8 Stunden.
- Die tägliche Normalarbeitszeit darf entsprechend der getroffenen Gleitzeitvereinbarung höchstens 10 Stunden betragen.

Lösung:

• Leistet der Arbeitnehmer von sich aus eine 9. und 10. Stunde	→	liegen zwei Plusstunden[354] vor.
• Leistet der Arbeitnehmer eine angeordnete 9. und 10. Stunde	→	liegen Überstunden vor.
• Leistet der Arbeitnehmer Arbeit über die 10. Stunde hinaus	→	liegen Überstunden vor.

Für Vollzeitbeschäftigte kann im Rahmen von Gleitzeit somit **Überstundenarbeit** vorliegen,

- wenn die Plusstunden mit Ende der Gleitzeitperiode nicht ausgeglichen sind (sofern die Gleitzeitvereinbarung keine Möglichkeit der Übertragung von Zeitguthaben vorsieht) oder
- wenn das Guthaben an Plusstunden das in der Gleitzeitvereinbarung vorgesehene Höchstausmaß an Übertragungsmöglichkeit überschreitet oder
- bei Überschreiten der im Rahmen der Gleitzeit festgelegten maximalen Normalarbeitszeit (bis zu zwölf Stunden pro Tag bzw. 60 Stunden pro Woche) oder
- bei Arbeiten außerhalb des Gleitzeitrahmens oder
- bei angeordneten Arbeitsstunden, die über die Normalarbeitszeit von acht Stunden pro Tag bzw. 40 Stunden pro Woche hinausgehen.

Die absolute Wochenarbeitszeitgrenze beträgt (auch bei Gleitzeit) 60 Stunden (§ 9 Abs. 1 AZG).

Praxistipp: Das Arbeiten über die zwölfte Stunde hinaus ist grundsätzlich aus Arbeitnehmerschutzgründen nicht zulässig (vgl. § 9 Abs. 1 AZG) und kann mit Verwaltungsstrafen sanktioniert werden. Davon unabhängig liegen für den Arbeitnehmer Überstunden vor, die dementsprechend zu entlohnen sind. Eine Entlohnung hat jedenfalls zu erfolgen, da andernfalls Strafen nach dem LSD-BG drohen (→ 38.).

354 Zu beachten ist allerdings, dass Plusstunden, die im Zeitpunkt ihrer Erbringung Normalarbeitsstunden waren, dann zu Überstunden werden,
- wenn sie mit Ende der Gleitzeitperiode nicht ausgeglichen sind (sofern die Gleitzeitvereinbarung keine Möglichkeit der Übertragung von Zeitguthaben vorsieht), oder
- wenn das Guthaben an Plusstunden das in der Gleitzeitvereinbarung vorgesehene Höchstausmaß an Übertragungsmöglichkeit überschreitet.

Eine Bestimmung in der Gleitzeitvereinbarung, wonach die über das festgelegte Höchstausmaß an übertragbaren Stunden hinausgehenden Stunden (am Ende der nächsten Gleitzeitperiode) **verfallen**, sofern deren rechtzeitiger Verbrauch möglich und dem Mitarbeiter zumutbar gewesen wäre, ist unwirksam. Nur wenn der Arbeitnehmer einer Weisung, Zeitguthaben rechtzeitig vor Ende der Gleitzeitperiode durch Zeitausgleich abzubauen, nicht nachkommt und die erbrachten Gutstunden auch nicht aufgrund der dem Arbeitnehmer aufgetragenen Arbeitsmenge erforderlich waren, ist eine gesonderte Entgeltpflicht zu verneinen. Der undifferenzierte Verfall eines Zeitguthabens, auch wenn dieses nicht nur aus seitens des Arbeitnehmers „aufgedrängten" Arbeitsleistungen besteht, ist unzulässig (OGH 30.10.2019, 9 ObA 75/19y).

Ausgestaltung:

Die Gleitzeit ist im AZG nur „grob" geregelt. Demnach verbleiben dem Arbeitgeber und der Belegschaft eine relativ große Freiheit in der Gestaltung der Gleitzeit.

Beispielhafte Darstellung einer Gleitzeitregelung:

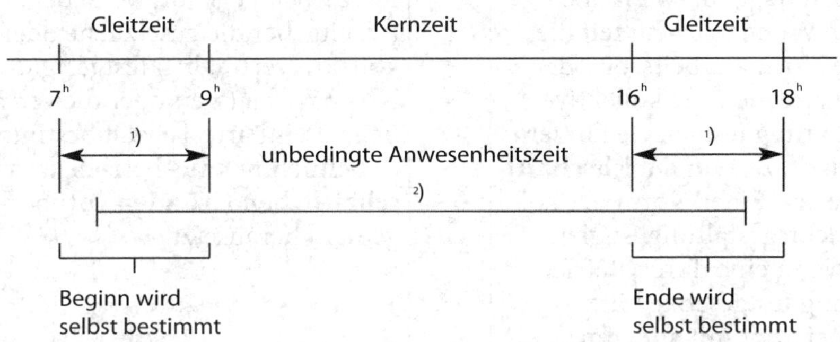

1) Gleitzeitrahmen.
2) Dauer und Lage der fiktiven Normalarbeitszeit (z.B. 7.30–12 Uhr, 13–17.30 Uhr).

Die Gleitzeitvereinbarung stellt eine erzwingbare Betriebsvereinbarung (→ 3.3.5.1.) dar. In Betrieben ohne Betriebsrat (oder ohne zuständigen Betriebsrat) bedarf die Gleitzeitvereinbarung der Zustimmung jedes einzelnen Arbeitnehmers (in Form einer schriftlichen Einzelvereinbarung).

Die Bestimmungen des AZG gelten nur für die Beschäftigung von Arbeitnehmern (Lehrlingen), die das 18. Lebensjahr vollendet haben (§ 1 Abs. 1 AZG).

Ausgenommen sind demnach **Kinder und Jugendliche**, die das 18. Lebensjahr noch nicht vollendet haben, da diese dem Kinder- und Jugendlichen-Beschäftigungsgesetz unterliegen (§ 1 Abs. 1 KJBG).

Aus diesem Grund sind Kinder und Jugendliche von der Gleitzeit ausgeschlossen. Sie kann aber wahrscheinlich aus dem Blickwinkel des Günstigkeitsprinzips toleriert werden.

Grundsätzlich hat der Arbeitgeber Aufzeichnungen über die vom Arbeitnehmer geleisteten Arbeitsstunden zu führen. Wird jedoch bei Vorliegen einer Gleitzeit vereinbart, dass die **Arbeitszeitaufzeichnungen** vom Arbeitnehmer zu führen sind, so hat der Arbeitgeber den Arbeitnehmer zur ordnungsgemäßen Führung dieser Aufzeichnungen anzuleiten und sich nach Ende der Gleitzeitperiode die Aufzeichnungen aushändigen zu lassen und zu kontrollieren. Bei einem Zeiterfassungssystem muss dem Arbeitnehmer nach Ende der Gleitzeitperiode auf Verlangen eine Abschrift der Arbeitszeitaufzeichnungen ausgehändigt werden, andernfalls ist ihm Einsicht zu gewähren (§ 26 Abs. 1, 2 AZG).

Bezüglich der Abgeltung von Zeitguthaben bei Beendigung des Arbeitsverhältnisses siehe Punkt 16.2.4.2.

16.2.1.3. Teilzeit – Kurzarbeit

Neben der gesetzlich oder kollektivvertraglich geregelten Normalarbeitszeit gibt es in der Praxis mitunter kürzere Arbeitszeiten.

Man unterscheidet dabei

die **Teilzeit**	und	die **Kurzarbeit**.
Teilzeitarbeit liegt vor, wenn die vereinbarte Wochenarbeitszeit die gesetzliche Normalarbeitszeit oder eine durch Normen der kollektiven Rechtsgestaltung festgelegte kürzere **Normalarbeitszeit im Durchschnitt unterschreitet**. Einer Norm der kollektiven Rechtsgestaltung ist gleichzuhalten, wenn eine durch Betriebsvereinbarung festgesetzte kürzere Normalarbeitszeit mit anderen Arbeitnehmern, für die kein Betriebsrat errichtet ist, einzelvertraglich vereinbart wird (§ 19d Abs. 1 AZG).		Kurzarbeit liegt vor, wenn der Arbeitgeber die gesetzliche oder kollektivvertraglich festgelegte Normalarbeitszeit oder die vertraglich vereinbarte Teilzeit bestimmter Arbeitnehmer **aus betriebswirtschaftlichen Gründen** vorübergehend herabsetzt. Näheres zur Kurzarbeit finden Sie unter Punkt 27.3.3.

↓

Ausmaß und Lage der Arbeitszeit und ihre **Änderung** sind zu **vereinbaren**[355], sofern sie nicht durch Normen der kollektiven Rechtsgestaltung festgesetzt werden. Die **Änderung des Ausmaßes** der regelmäßigen Arbeitszeit bedarf der **Schriftform**[356]. § 19c Abs. 2 und 3 AZG (Regelungen über die Lage der Arbeitszeit) sind anzuwenden.

355 Bloße **Teilzeitrahmenarbeitsverträge**, welche das **Ausmaß** (und die Lage) der Arbeitszeit **nicht festlegen**, also Arbeit nach Bedarf, sind nach Auffassung des OGH als gegen das Ausmaßvereinbarungsverbot verstoßend auch dann **teilnichtig**, wenn das konkrete Ausmaß jeweils (erst) im Anlassfall im Konsens festgelegt wird (OGH 22.12.2004, 8 ObA 116/04y).

356 Fallen **regelmäßige** Zuschläge wegen **Mehrarbeit** an, so könnte durch eine schriftliche Vereinbarung eine entsprechende Anpassung vorgenommen werden. Wenn beispielsweise eine Teilzeitvereinbarung über 20 Stunden wöchentlich besteht und festgestellt wird, dass der Arbeitnehmer durchschnittlich 30 Stunden wöchentlich arbeitet, so könnte eine schriftliche Anhebung auf 30 Stunden vereinbart werden.
Eine **befristete Änderung** der wöchentlichen Arbeitszeit wäre ebenfalls denkbar. So könnte etwa für die Saisonspitze im Juli und August eine höhere Teilzeitverpflichtung schriftlich vereinbart werden.

Eine ungleichmäßige Verteilung der Arbeitszeit auf einzelne Tage und Wochen kann im Vorhinein vereinbart werden (→ 16.2.1.1.).

Teilzeitbeschäftigte Arbeitnehmer sind zur Arbeitsleistung über das vereinbarte Arbeitszeitausmaß (**Teilzeit-Mehrarbeit**, → 16.2.2.1.) nur insoweit **verpflichtet**, als

1. gesetzliche Bestimmungen, Normen der kollektiven Rechtsgestaltung oder der Arbeitsvertrag dies vorsehen,
2. ein **erhöhter Arbeitsbedarf** vorliegt oder die Mehrarbeit zur Vornahme von **Vor- und Abschlussarbeiten** (§ 8 AZG) erforderlich ist und
3. berücksichtigungswürdige Interessen des Arbeitnehmers (z.B. Kinderbetreuung) der Mehrarbeit nicht entgegenstehen (§ 19d Abs. 2 und 3 AZG).

Die vorstehenden Bestimmungen des § 19d Abs. 2 und 3 **gelten nicht** für Teilzeitbeschäftigungen gem. MSchG bzw. VKG (→ 27.1.4.3.) sowie für Wiedereingliederungsteilzeiten (→ 25.7.) (§ 19d Abs. 8 AZG).

Der Arbeitgeber hat teilzeitbeschäftigte Arbeitnehmer bei Ausschreibung von im Betrieb frei werdenden Arbeitsplätzen, die zu einem höheren Arbeitszeitausmaß fuhren können, zu informieren. Die Information kann auch durch allgemeine Bekanntgabe an einer geeigneten, für die Teilzeitbeschäftigten leicht zugänglichen Stelle im Betrieb, durch geeignete elektronische Datenverarbeitung oder durch geeignete Telekommunikationsmittel erfolgen (§ 19d Abs. 2a AZG).

Die **Möglichkeiten flexiblerer Arbeitszeiteinteilungen** stehen für teilzeitbeschäftigte Arbeitnehmer gleich wie für Vollzeitarbeitnehmer zur Verfügung, einschließlich Anforderungen und **Voraussetzungen**[357], aber auch ihrer materiellen Begrenzungen (vgl. § 4 AZG) (Schrank, AZG, Linde Verlag Wien).

16.2.2. Mehrarbeit, Teilzeit-Mehrarbeit

Als Mehrarbeit bezeichnet man die Arbeitszeit, die

1. im Fall einer **Arbeitszeitverkürzung** zwischen der i.d.R. kollektivvertraglich festgelegten Arbeitszeit und der Normalarbeitszeit nach dem AZG (40 Stunden) liegt bzw.
2. im Fall einer **vertraglich vereinbarten Teilzeitarbeit** über dem vereinbarten Arbeitszeitausmaß liegt.

ad 1.

Normalarbeitszeit lt. AZG (40 Stunden)	
kollektivvertraglich festgelegte Arbeitszeit	Mehrarbeit lt. KV Ⓐ

Hinsichtlich der Anordnung dieser Mehrarbeit Ⓐ gelten die Bestimmungen über die Anordnung von Überstunden sinngemäß (→ 16.2.3.).

Die Vergütung dieser Mehrarbeit Ⓐ ist i.d.R. **im Kollektivvertrag festgelegt**.

357 Der § 4 AZG hat zum Inhalt eine „Andere Verteilung der Normalarbeitszeit". Regelungsinstrument für die auf Grund schwankenden Arbeitsanfalls flexibilisierte Normalarbeitszeit ist grundsätzlich der Kollektivvertrag.

Der Kollektivvertrag für Angestellte des Metallgewerbes bestimmt z.B. dazu:

§ 4A. Mehrarbeit: „Das Ausmaß der Verkürzung der wöchentlichen Normalarbeitszeit (bei bisher 40 Stunden Normalarbeitszeit 1,5 Stunden pro Woche) ist Mehrarbeit. Diese Mehrarbeit wird auf das erlaubte Überstundenausmaß nicht angerechnet. […]
Für diese Mehrarbeit gebührt ein **Zuschlag von 50%. […]**"

ad 2.

<table>
<tr><td colspan="3">Normalarbeitszeit lt. AZG (40 Stunden)</td></tr>
<tr><td colspan="2">gegebenenfalls lt. Kollektivvertrag festgelegte Arbeitszeit</td><td>Mehrarbeit lt. KV Ⓐ</td></tr>
<tr><td>vertraglich vereinbarte Teilzeit</td><td>Teilzeit-Mehrarbeit lt. AZG Ⓑ</td><td></td></tr>
</table>

Teilzeit-Mehrarbeit lt. AZG Ⓑ ist jene Arbeitszeit von Teilzeitbeschäftigten, die über die vereinbarte Wochenarbeitszeit hinausgeht, aber noch nicht kollektivvertragliche Mehrarbeit bzw. Überstundenarbeit ist.

Teilzeit-Mehrarbeitsstunden sind demnach alle Zeiten, welche

- das vereinbarte Teilzeitausmaß (bei durchrechenbar vereinbarter Arbeitszeiteinteilung oder bei Gleitzeit ist dies das durchschnittliche vereinbarte Teilzeitausmaß mit Ende des Durchrechnungszeitraums oder der Gleitzeitperiode plus vereinbarter Übertragungsstunden) überschreiten.
  und/oder ohne vorherige gültige Neuverteilung
- außerhalb der bisherigen Einteilung der Teilzeitnormalarbeit liegen bzw.
- außerhalb des Gleitzeitrahmens liegen und
- weder kollektivvertragliche Mehrarbeitsstunden (z.B. 2 Stunden bei 38-Stunden-Woche) noch Überstunden sind.

Wird das Ausmaß der sich aus der Verteilung der wöchentlichen Arbeitszeit jeweils ergebenden täglichen Arbeitszeit zuzüglich einer möglichen Mehrarbeit überschritten, liegt Überstundenarbeit vor.

16.2.2.1. Vertraglich vereinbarte Teilzeit

Für vertraglich vereinbarte Teilzeitstunden gebührt das vereinbarte Entgelt unter Bedachtnahme der gesetzlichen Vorschriften bzw. der Regelungen lt. den zu berücksichtigenden lohngestaltenden Vorschriften.

Sofern in Normen der kollektiven Rechtsgestaltung oder Arbeitsverträgen Ansprüche nach dem Ausmaß der Arbeitszeit bemessen werden, ist bei Teilzeitbeschäftigten die **regelmäßig geleistete Mehrarbeit zu berücksichtigen**, dies insb. bei der Bemessung der **Sonderzahlungen** (→ 23.2.3.3.) (§ 19d Abs. 4 AZG).

Teilzeitbeschäftigte haben u.a. **auch Anspruch** auf

- Sonderzahlungen und Jubiläumsgelder (soweit der anzuwendende Kollektivvertrag bzw. die Betriebsvereinbarung diese auch für Vollzeitbeschäftigte vorsieht) (→ 23.2., → 24.1.),

- Krankenentgelt (→ 25.2.7., → 25.3.7.),
- Urlaubsentgelt (→ 26.2.6.),
- Entgelt bei sonstigen Dienstverhinderungen (→ 27.1.1.),
- Abfertigung (→ 33.3.1.) bzw.
- Zahlung des BV-Beitrags im Rahmen der Abfertigung „neu" (→ 36.1.2.).

Teilzeitbeschäftigte haben wie Vollzeitbeschäftigte pro Urlaubsjahr einen **Urlaubsanspruch** von fünf Wochen (30 Werktagen) bzw. sechs Wochen (36 Werktagen). Bei einer Arbeitstagsberechnung ist der Urlaubsanspruch im Verhältnis zur jährlich zu leistenden Arbeit zu berechnen (→ 26.2.2.1.).

Teilzeitbeschäftigte haben wie Vollzeitbeschäftigte bei Vorliegen eines Krankenstands einen **Krankenentgeltanspruch**. Der jeweilige Wochenanspruch ist auf einen Tagesanspruch umzurechnen. Bei einer Arbeitstagsberechnung (üblicherweise bei Arbeitern) ist der jeweilige Krankenstandsanspruch im Verhältnis zur jährlich zu leistenden Arbeit zu berechnen. In diesem Fall gilt daher das zum Urlaub Gesagte sinngemäß.

Teilzeitbeschäftigte Arbeitnehmer dürfen wegen der Teilzeitarbeit gegenüber vollzeitbeschäftigten Arbeitnehmern **nicht benachteiligt** werden, es sei denn, sachliche (arbeitsbezogene) Gründe rechtfertigen eine unterschiedliche Behandlung[358]. **Freiwillige Sozialleistungen** (z.B. Kinderzulagen) sind zumindest in jenem Verhältnis zu gewähren, das dem Verhältnis der regelmäßig geleisteten Arbeitszeit zur gesetzlichen oder kollektivvertraglichen Normalarbeitszeit entspricht. Im Streitfall hat der Arbeitgeber zu beweisen, dass eine Benachteiligung nicht wegen der Teilzeitarbeit erfolgt (§ 19d Abs. 6 AZG).

Kollektivvertragliche Bestimmungen, die für Teilzeitbeschäftigte mit einem täglichen Stundenausmaß von mehr als sechs, aber weniger als acht Stunden im Vergleich zu Vollzeitbeschäftigten keine bezahlte Pause vorsehen, sind diskriminierend. Bei solchen Beschäftigten, die weniger als sechs Stunden arbeiten, ist es dagegen aufgrund der insgesamt kürzeren Tagesarbeitszeit sachlich gerechtfertigt, dass ihnen (gar) keine Pause gewährt wird (OGH 25.5.2020, 9 ObA 121/19p).

16.2.2.2. Teilzeit-Mehrarbeit

Für **Teilzeit-Mehrarbeitsstunden** gebührt neben der Grundentlohnung ein **Zuschlag von 25%**[359] (§ 19d Abs. 3a AZG).

Der Berechnung des Mehrarbeitszuschlags ist der auf die einzelne Arbeitsstunde entfallende **Normallohn** (= Stundenlohn) **zu Grunde** zu legen. Bei Akkord-, Stück- und Gedinglöhnen[360] ist dieser nach dem Durchschnitt der letzten dreizehn Wochen zu bemessen. Durch Kollektivvertrag kann auch eine andere Berechnungsart vereinbart werden (§ 10 Abs. 3 AZG).

---

358 Es gilt, wo dies angemessen ist, der „Pro-rata-temporis-Grundsatz", d.h. die Berechnung ist aliquot entsprechend dem Ausmaß der Arbeitszeit vorzunehmen (OGH 25.11.2014, 8 ObA 76/14f; OGH 29.1.2015, 9 ObA 147/14d; vgl. auch EuGH 5.11.2014, C-476/12, Österreichischer Gewerkschaftsbund).

359 **Steuerlicher Hinweis:** Der Teilzeit-Mehrarbeitszuschlag ist lohnsteuerpflichtig zu behandeln (→ 18.3.2.3.3.). **Sozialversicherungsrechtlicher Hinweis:** Siehe Punkt 24.3.2.1.

360 Mit „Gedinge" wird eine Sonderform des Akkords (→ 9.3.3.1.) im Bergbau bezeichnet.

Praxistipp: In den Normallohn als **Berechnungsgrundlage** für den Mehrarbeitszuschlag ist nach herrschender Ansicht grundsätzlich alles **einzurechnen**, was bei der Leistung der betreffenden Arbeit in der Normalarbeitszeit regelmäßig an Zuschlägen und an Zulagen **mit Entgeltcharakter** gewährt wird. **Nicht einzurechnen** sind jedoch Aufwandsentschädigungen, Sonderzahlungen und nicht an die Arbeitsleistung anknüpfende außerordentliche Entgeltbestandteile, die ausschließlich für die Erbringung einer ganz bestimmten, vom Teilzeitbeschäftigten während der Mehrarbeit nicht verrichteten Arbeitsleistung gebühren.

Im **Kollektivvertrag** könnte zur Berechnung etwas **Abweichendes** geregelt werden (§ 19d Abs. 3f AZG). Die zuvor dargestellte Zuschlagsbasis könnte somit durch einen Kollektivvertrag auch zum Nachteil des Teilzeitbeschäftigten verändert werden.

Kollektivvertragliche **Überstunden-Teiler** sind bei der Berechnung des Mehrarbeitszuschlags nicht anzuwenden, solange die Kollektivverträge nichts anderes vorsehen.

Wird ein Entgelt über dem kollektivvertraglichen Mindestentgelt vereinbart, so ist auch bei Teilzeitbeschäftigten eine **All-in-Vereinbarung zulässig** (→ 16.2.3.5.3.).

Wurde das Ausmaß der Arbeitszeit zu gering angesetzt und fallen daher immer wieder Mehrarbeitsstunden an, so kann eine Anhebung der Arbeitszeit schriftlich vereinbart werden. Insoweit ist von einer zulässigen Vorgangsweise zur Vermeidung von Mehrarbeitszuschlägen auszugehen.

Es ist auch zulässig, ein anderes Ausmaß der **Arbeitszeit befristet festzulegen**. Wird beispielsweise eine Teilzeitvereinbarung im Ausmaß von 20 Stunden schriftlich festgehalten, so kann auch weiters vereinbart werden, dass etwa in der Zeit von Montag, 7.7.20.., bis Freitag, 29.8.20.., das wöchentliche Ausmaß der Arbeitszeit 30 Stunden beträgt (wobei auch die Lage der Arbeitszeit anzuführen ist) und danach wiederum die 20-Stunden-Regelung gilt.

Wird hingegen **wiederholt kurzfristig** vor dem Beginn einer Woche jeweils schriftlich eine **Veränderung der Arbeitszeit** vereinbart und dient dies offenbar ausschließlich der Vermeidung des Mehrarbeitszuschlags, so ist von einer **unzulässigen** Vorgangsweise auszugehen (wobei auch zu prüfen wäre, aus welchen Gründen ein Teilzeitbeschäftigter derartigen Regelungen, die ihn entgeltmäßig schlechterstellen, wiederholt zustimmt).

Wird eine **ungleichmäßige Verteilung** der Arbeitszeit auf einzelne Tage und Wochen im **Vorhinein (schriftlich) vereinbart**, so ist **kein Zuschlag** zu bezahlen, wenn das im Vorhinein festgelegte wöchentliche Ausmaß in einzelnen Wochen nicht überschritten wird (d.h. für jede Woche ist vor Beginn des Durchrechnungszeitraums das Ausmaß der Arbeitszeit festzulegen).

Sieht das „Durchrechnungsmodell" **keine vorherige Zeiteinteilung** vor **und** gilt **nur für Teilzeitbeschäftigte**, so wird die Frage einer sachlichen Rechtfertigung für die bloße Anwendung auf Teilzeitbeschäftigte zu prüfen sein. Dient diese Vorgangsweise ausschließlich der Vermeidung des Mehrarbeitszuschlags, so wird von einer unzulässigen Umgehung des § 19d Abs. 3a AZG (Mehrarbeitszuschlag) auszugehen sein.

Beispiel 1

Im Einzelhandel wird schriftlich vereinbart:

- Jänner bis Oktober: 20 Stunden/Woche,
- November und Dezember: 25 Stunden/Woche.

Beispiel 2

- Einzelvertragliche Festlegung einer „Im-Vorhinein-Einteilung",
- für eine durchschnittliche 20-Stunden-Woche:

1. Woche	2. Woche	3. Woche	4. Woche
20 Std.	10 Std.	15 Std.	35 Std.
= 80 Stunden : 4 Wochen = **20 Stunden/ØWoche**			

Die Tagesarbeitszeit liegt innerhalb der eingeteilten Zeit.

Falls jedoch im Vorhinein keine konkrete Vereinbarung zur unregelmäßigen Arbeitszeitverteilung getroffen wird, so fällt der Zuschlag an.

Mehrarbeitsstunden sind ebenfalls **nicht zuschlagspflichtig**, wenn

1. sie **innerhalb des Kalendervierteljahrs** oder eines anderen festgelegten Zeitraums von drei Monaten, in dem sie angefallen sind, durch **Zeitausgleich im Verhältnis 1:1** ausgeglichen werden;
2. bei gleitender Arbeitszeit die vereinbarte Arbeitszeit innerhalb der Gleitzeitperiode im Durchschnitt nicht überschritten wird. § 6 Abs. 1a AZG ist sinngemäß anzuwenden[361] (§ 19d Abs. 3b AZG).

Ein Zeitausgleich 1:1 muss noch im **selben Kalendervierteljahr** oder sonstigen festgelegten 3-Monats-Zeitraum erfolgen.

Der abweichende 3-Monats-Zeitraum (statt Kalendervierteljahr) ist aber jedenfalls **im Vorhinein** zu fixieren und gleichzeitig ist auch die Form der Vergütung von Mehrarbeit, nämlich Zeitausgleich anstatt von Geld, zu **vereinbaren**.

Ein Zeitausgleichskonsum muss aber **einvernehmlich vereinbart** werden.

Fällig wird der Teilzeit-Mehrarbeitszuschlag für (nicht ausgeglichene) Mehrarbeit erst am **Ende des 3-Monats-Zeitraums** bzw. am Ende der darauf folgenden Entgeltperiode, da bis dahin das Entstehen durch Zeitausgleich verhindert werden kann. Bei Abgeltung in Geld ohne Zeitausgleich ist der Zuschlag mit der nächsten Lohn- und Gehaltsabrechnung zu zahlen.

Sieht der Kollektivvertrag für **Vollzeitbeschäftigte** eine **kürzere wöchentliche Normalarbeitszeit** als 40 Stunden vor und wird für die Differenz zwischen kollek-

361 Auch am Ende einer Gleitzeitperiode bestehende Zeitguthaben, die nach der Gleitzeitvereinbarung in die nächste Gleitzeitperiode übertragen werden können, gelten nicht als zuschlagspflichtige Mehrarbeit. Dies gilt auch dann, wenn im jeweiligen Gleitzeitmodell eine längere Gleitzeitperiode als drei Monate vorgesehen ist. Weiters auch dann, wenn sie nicht übertragen, sondern im Anlassfall (ausnahmsweise) ausbezahlt werden.

tivvertraglicher und gesetzlicher Normalarbeitszeit (sog. „Differenzstunden") **kein Zuschlag** oder **ein geringerer Zuschlag** als 25% festgesetzt, sind **Teilzeit-Mehrarbeitsstunden** im selben Ausmaß **zuschlagsfrei** bzw. mit dem **geringeren Zuschlag** abzugelten (§ 19d Abs. 3c AZG).

Diese Bestimmung im AZG gilt aber nur, wenn der Kollektivvertrag für kollektivvertragliche Mehrstunden keinen oder einen geringeren Mehrarbeitszuschlag, jedoch **nicht**, wenn er einen **höheren Mehrarbeitszuschlag vorsieht**.

Dazu ein **Beispiel**:

Legt ein Kollektivvertrag eine wöchentliche Normalarbeitszeit von 38,5 Stunden fest und sieht er für die Differenz zu den 40 Stunden (1,5 Stunden) keinen Zuschlag vor, kommt für Teilzeitbeschäftigte, mit denen z.B. eine wöchentliche Arbeitszeit von 10 Stunden vereinbart wurde, der Mehrarbeitszuschlag demnach erst bei Überschreitung von 11,5 Wochenstunden infrage.

Sind neben dem Zuschlag von 25% auch andere gesetzliche oder kollektivvertragliche Zuschläge für diese zeitliche Mehrleistung vorgesehen, gebührt **nur der höchste Zuschlag** (§ 19d Abs. 3d AZG).

Dies betrifft insb. Überstundenzuschläge (wenn etwa der Teilzeitbeschäftigte 10 Stunden an einem Tag arbeitet und ab der 10. Stunde von einem Überstundenzuschlag von 50% auszugehen ist, so gebührt nur dieser – und nicht 50% Überstundenzuschlag zuzüglich 25% Mehrarbeitszuschlag) (**„Kumulationssperre"**).

Dies betrifft jedoch nicht Zuschläge, wie Schmutz-, Erschwernis- und Gefahrenzuschläge. Ebenso sind Sonntags- oder Nachtarbeitszuschläge von der Kumulationssperre nicht erfasst, soweit diese nicht die zeitliche Mehrleistung, sondern die Lage der Arbeitszeit abgelten. Der die Zuschläge regelnde Kollektivvertrag kann jedoch Bestimmungen zur Kumulation enthalten.

Abweichend von der Regelung über den 25%igen Teilzeit-Mehrarbeitszuschlag kann eine Abgeltung von Mehrarbeitsstunden durch Zeitausgleich (nach dem Ende des 3-Monats-Zeitraums) vereinbart werden. Der Mehrarbeitszuschlag ist bei der Bemessung des Zeitausgleichs zu berücksichtigen oder gesondert auszuzahlen. Die Abs. 3b bis 3d AZG (siehe vorstehend) sind auch auf die Abgeltung durch Zeitausgleich anzuwenden. § 10 Abs. 2 AZG (siehe nachstehend) ist anzuwenden (§ 19d Abs. 3e AZG).

Der Kollektivvertrag kann festlegen, ob mangels einer abweichenden Vereinbarung eine Abgeltung in Geld oder durch Zeitausgleich zu erfolgen hat. Trifft der Kollektivvertrag keine Regelung oder kommt kein Kollektivvertrag zur Anwendung, kann die Betriebsvereinbarung diese Regelung treffen. Besteht keine Regelung, gebührt mangels einer abweichenden Vereinbarung eine Abgeltung in Geld (§ 10 Abs. 2 AZG).

Beispiel 17

Abgeltung von nicht ausgeglichenen Teilzeit-Mehrarbeitsstunden.

Angaben:

- Vereinbarte (fixe) Arbeitszeit 20 Stunden pro Woche;
- die Normalarbeitszeit lt. Kollektivvertrag beträgt 38,5 Stunden pro Woche.

FALL A:

- Der Kollektivvertrag sieht für 1,5 Stunden pro Woche keinen Mehrarbeitszuschlag vor.

Lösung:

3-Monats-Zeitraum (= 13 Wochen)					
	1.–10. Woche	11. Woche	12. Woche	13. Woche	**Saldo**
geleistete Arbeitszeit	20 Std.	21 Std.	30 Std.	16 Std.	
gesamte Teilzeit-Mehrarbeit	0 Std.	1 Std.	10 Std.	– 4 Std.	**7 Std.**
davon zuschlagsfreie Teilzeit-Mehrarbeit	0 Std.	1 Std.	1,5 Std.		**2,5 Std.**
davon zuschlagspfl. Teilzeit-Mehrarbeit (25%)	0 Std.	0 Std.	8,5 Std.	– 4 Std.	**4,5 Std.**

Die höchstmögliche tägliche Mehrarbeit lt. Kollektivvertrag wurde in den 13 Wochen nicht überschritten.

Hinweis: In Vereinbarungen zum Zeitausgleich wäre die Klarstellung zweckmäßig, dass zuschlagsfreie Mehrarbeitsstunden nachrangig ausgeglichen werden.

Die nicht ausgeglichenen zuschlagsfreien 2,5 Teilzeit-Mehrarbeitsstunden sind

- zuschlagsfrei auszubezahlen bzw. in Form von 1:1-Zeitausgleich zu gewähren.

Die nicht ausgeglichenen zuschlagspflichtigen Teilzeit-Mehrarbeitsstunden sind

- mit einem 25%igen Zuschlag abzugelten bzw. in Form von 1:1,25-Zeitausgleich zu gewähren.

Der Fälligkeitszeitpunkt für die (nicht ausgeglichenen) Teilzeit-Mehrarbeitsstunden ist das Ende des 3-Monats-Zeitraums bzw. das Ende der darauf folgenden Entgeltperiode.

FALL B:

- Der Kollektivvertrag sieht für 1,5 Stunden (von 38,5 bis einschließlich 40 Stunden) pro Woche einen 30%igen Mehrarbeitszuschlag vor.

Lösung:

3-Monats-Zeitraum (= 13 Wochen)					
	1.–10. Woche	11. Woche	12. Woche	13. Woche	**Saldo**
geleistete Arbeitszeit	20 Std.	21 Std.	40 Std.	16 Std.	
gesamte Teilzeit-Mehrarbeit	0 Std.	1 Std.	20 Std.	– 4 Std.	**17 Std.**
davon zuschlagspfl. Teilzeit-Mehrarbeit (25%)	0 Std.	1 Std.	18,5 Std.	– 2,5 Std.	**17 Std.**
davon zuschlagspfl. Teilzeit-Mehrarbeit (30%)	0 Std.	0 Std.	1,5 Std.	– 1,5 Std.	**0 Std.**

Die höchstmögliche tägliche Mehrarbeit lt. Kollektivvertrag wurde in den 13 Wochen nicht überschritten.

Hinweis: In Vereinbarungen zum Zeitausgleich wäre die Klarstellung zweckmäßig, dass geringere zuschlagspflichtige Mehrarbeitsstunden nachrangig ausgeglichen werden.

Die nicht ausgeglichenen zuschlagspflichtigen 17 Teilzeit-Mehrarbeitsstunden sind

- mit einem 25%igen Zuschlag abzugelten bzw. in Form von 1:1,25-Zeitausgleich zu gewähren.

Der Fälligkeitszeitpunkt für die (nicht ausgeglichenen) Teilzeit-Mehrarbeitsstunden ist das Ende des 3-Monats-Zeitraums bzw. das Ende der darauf folgenden Entgeltperiode.

Die den **Mehrarbeitszuschlag** betreffenden Regelungen sind **kollektivvertragsdispositiv**, d.h. der Kollektivvertrag kann **abweichende Bestimmungen** festlegen[362] (§ 19d Abs. 3f AZG).

Der **Kollektivvertrag** kann z.B. vorsehen: einen niedrigeren als den gesetzlichen (25%igen) bzw. gänzlichen Entfall des Zuschlags, einen günstigeren Monatsteiler (z.B. 1/145), die Verlängerung der Durchrechnungszeiträume.

Ebenso kann der Kollektivvertrag eine **Betriebsvereinbarung ermächtigen**, abweichende Bestimmungen zu regeln.

Teilzeitbeschäftigten, die **Elternteilzeit** nach dem MSchG oder VKG (→ 27.1.4.3.) in Anspruch nehmen, jedoch einvernehmlich Mehrarbeit leisten, steht ein Mehrarbeitszuschlag unter denselben Bedingungen wie allen anderen Teilzeitbeschäftigten zu (§ 19d Abs. 8 AZG).

Regelmäßig geleistete und bezahlte **Teilzeit-Mehrarbeitsstunden** sind **ohne Mehrarbeitszuschlag** bei der Bemessung der **Sonderzahlungen zu berücksichtigen**. Diese Einbeziehung ist nicht vorzunehmen, wenn die Mehrstunden in Form von Zeitausgleich konsumiert werden.

Falls jedoch nach der **kollektivvertraglichen Regelung** die Mehrleistungen der **Vollzeitbeschäftigten** einschließlich Zuschlägen in die **Sonderzahlungen** einzubeziehen sind, sind auch bei den Teilzeitbeschäftigten die Mehrarbeitsentgelte inkl. Zuschlägen zu berücksichtigen. Verweist der Kollektivvertrag darauf, dass die **Sonderzahlungen wie das Urlaubsentgelt** zu berechnen sind, so setzt die Einbeziehung des Mehrarbeitszuschlags weiters voraus, dass Mehrarbeitszuschläge **regelmäßig** anfallen. Dies wird dann der Fall sein, wenn wenigstens zwei Zeiträume von drei Monaten vor der Fälligkeit der jeweiligen Sonderzahlung dazu führen, dass Mehrarbeitszuschläge zu bezahlen sind oder im überwiegenden Teil der Wochen innerhalb des Beobachtungszeitraums Mehrarbeit geleistet wurde, die den Anspruch auf den Mehrarbeitszuschlag ausgelöst hat.

Bezahlte **Teilzeit-Mehrarbeitsstunden** (inkl. Mehrarbeitszuschlag) sind in das **Kranken-, Urlaubs- und Feiertagsentgelt** nach dem Ausfallprinzip bzw. Durchschnittsprinzip **einzubeziehen**. Gleiches gilt bei regelmäßig geleisteten Teilzeit-Mehrarbeitsstunden für die Abfertigung. Diese Einbeziehung ist nicht vorzunehmen, wenn die Teilzeit-Mehrstunden in Form von Zeitausgleich konsumiert werden.

362 Einzelvertragliche Vereinbarungen hinsichtlich Entfall des Mehrarbeitszuschlags im Rahmen einer 1-jährigen Durchrechnung sind unzulässig (OGH 25.6.2013, 9 ObA 18/13g).

Offene Teilzeit-Mehrarbeits-Zeitguthaben **bei Dienstverhältnisende** sind (außer bei unbegründetem vorzeitigem Austritt) mit einem **50%igen Zuschlag** abzugelten, sofern der Kollektivvertrag nichts anderes vorsieht (→ 33.6.).

16.2.3. Überstundenarbeit

Überstundenarbeit (eine Überstunde) liegt vor, wenn

- **entweder** die Grenzen der zulässigen wöchentlichen Normalarbeitszeit[363]
- **oder** die tägliche Normalarbeitszeit, die sich auf Grund der (betrieblichen) Verteilung der wöchentlichen Normalarbeitszeit ergibt,

(demnach die Dauer) überschritten wird (§ 6 Abs. 1 AZG).

Zu beachten ist auch, dass – bei aufrechtem Bestand des Dienstverhältnisses – bei Vollzeitbeschäftigten u.a. in nachstehend angeführten Fällen aus ursprünglichen Normalarbeitsstunden Überstunden entstehen können:

- Bei gleitender Arbeitszeit (→ 16.2.1.2.2.),
  - wenn die Plusstunden mit Ende der Gleitzeitperiode nicht ausgeglichen sind (sofern die Gleitzeitvereinbarung keine Möglichkeit der Übertragung von Zeitguthaben vorsieht) oder
  - wenn das Guthaben an Plusstunden das in der Gleitzeitvereinbarung vorgesehene Höchstausmaß an Übertragungsmöglichkeit überschreitet oder
  - bei Überschreiten der im Rahmen der Gleitzeit festgelegten maximalen Normalarbeitszeit (bis zu zwölf Stunden pro Tag bzw. 60 Stunden pro Woche) oder
  - bei Arbeiten außerhalb des Gleitzeitrahmens oder
  - bei angeordneten Arbeitsstunden, die über die Normalarbeitszeit von acht Stunden pro Tag bzw. 40 Stunden pro Woche hinausgehen.
- Bei Einarbeitszeit in Verbindung mit Feiertagen (→ 16.2.1.2.1.),
  - wenn die Einarbeitsstunden zu Zeiten eingearbeitet werden, die den Einarbeitungsrahmen sprengen.

Arbeitnehmer dürfen zur Überstundenarbeit **nur dann herangezogen werden**, wenn diese nach den Bestimmungen des AZG zugelassen ist und berücksichtigungswürdige Interessen des Arbeitnehmers (z.B. Kinderbetreuung) der Überstundenarbeit nicht entgegenstehen (§ 6 Abs. 2 AZG). Diese Bestimmung findet auch bei Überstundenarbeit in außergewöhnlichen Fällen (→ 16.2.3.3.) Anwendung (§ 20 Abs. 1 AZG).

Mangels entsprechender und zulässiger Vereinbarung (z.B. im Dienstvertrag) besteht eine **Verpflichtung des Arbeitnehmers zur Leistung von Überstunden** auf Grund der Treuepflicht nur ausnahmsweise, wie z.B. im Fall eines Betriebsnotstands i.S.d. § 20 AZG (→ 16.2.3.3.), nicht aber schon bei jeder betrieblichen Notwendigkeit, weil der Arbeitgeber etwa sonst die von ihm übernommenen Aufträge nicht rechtzeitig erfüllen kann (OGH 10.5.1995, 9 ObA 65/95). Die Verpflichtung zur Leistung solcher (aus der betrieblichen Notwendigkeit ergebender) Überstunden kann sich allerdings auch aus einer Betriebsübung bzw. aus der Branchenüblichkeit ergeben (OGH 1.4.1998, 9 ObA 31/98v).

363 Bei fixer Normalarbeitszeit: 40 Stunden pro Woche; bei flexibler Normalarbeitszeit: im Durchrechnungszeitraum im Durchschnitt 40 Stunden pro Woche.

Ein Anspruch auf **Überstundenleistung und Bezahlung** ist dann **gegeben**,

- wenn diese ausdrücklich oder schlüssig angeordnet wurden oder
- wenn der Arbeitgeber Arbeitsleistungen entgegennahm, die auch bei richtiger Einteilung der Arbeit nicht in der normalen Arbeitszeit erledigt werden konnten.

Geleistete Überstunden, die keiner dieser Bedingungen entsprechen, begründen auch keinen Anspruch auf Entlohnung (OGH 27.6.2019, 8 ObA 4/19z).

Schlüssige Anordnung ist gegeben, wenn die vom Arbeitnehmer geforderte Leistung nicht innerhalb der Normalarbeitszeit erbracht werden kann, deshalb vom Arbeitnehmer Überstunden geleistet werden, die der Arbeitgeber entgegennimmt (OGH 22.2.2011, 8 ObA 29/10p).

Wenn der Arbeitgeber unter gewöhnlichen Umständen Überstunden entgegennimmt, bedeutet dies bei objektiver Betrachtungsweise, dass er diese duldet und der Arbeitnehmer aus dem Verhalten des Arbeitgebers auf dessen Einverständnis schließen darf (OGH 30.5.2017, 8 ObA 21/17x).

Verlangt der Arbeitgeber einerseits die Erbringung von Arbeitsleistungen, die sich in der normalen Arbeitszeit nicht ausgehen, erklärt er aber gleichzeitig, dass keine Überstunden geleistet werden sollen, kann dieses **widersprüchliche Verhalten** nicht zu Lasten des Arbeitnehmers gehen. Vielmehr verstößt das Verhalten des Arbeitgebers gegen den Grundsatz von Treu und Glauben. Will er in einer solchen Situation tatsächlich, dass keine Überstunden geleistet werden, so hat er gegenüber dem Arbeitnehmer unmissverständlich klarzustellen, dass entgegen der bisherigen Übung ab sofort nur mehr ausdrücklich angeordnete Überstunden zu leisten sind; gleichzeitig hat er den Arbeitsumfang an die Normalarbeitszeit anzupassen. Solange der Arbeitgeber aber bei vernünftiger Einschätzung der Arbeitsleistung die Notwendigkeit der erbrachten Überstunden erkennen muss und den Arbeitsumfang nicht entsprechend anpasst, sind die erbrachten Überstunden abzugelten (OGH 30.5.2017, 8 ObA 21/17x).

Wenn die dem Arbeitnehmer übertragenen Aufgaben die Leistung von **Überstunden notwendig** machen, muss er dies dem Arbeitgeber **anzeigen**, um sich einen Anspruch auf Überstundenvergütung zu sichern. Welchen Wortlauts sich der Arbeitnehmer bei der Anzeige bedient, bleibt ihm überlassen. Entscheidend ist, dass der Arbeitgeber daraus erkennen kann, dass die Arbeit auch bei richtiger Einteilung nicht in der normalen Arbeitszeit erledigt werden kann. Auf die Anzeige kommt es nicht an, wenn der Arbeitgeber die Arbeitsleistungen entgegennahm, obgleich er wusste oder wenigstens wissen musste, dass sie Überstunden erforderlich machen (OGH 27.2.2012, 9 ObA 67/11k).

Ablehnungsrecht:

Den Arbeitnehmern steht es frei, Überstunden nach § 7 AZG (erhöhter Arbeitsbedarf) und § 8 Abs. 1 und 2 AZG (Verlängerung der Arbeitszeit wegen Vor- und Abschlussarbeiten) ohne Angabe von Gründen abzulehnen, wenn durch diese Überstunden die **Tagesarbeitszeit von zehn Stunden** oder die **Wochenarbeitszeit von 50 Stunden** überschritten wird. Arbeitnehmer dürfen aufgrund einer solchen Ablehnung jedoch **nicht benachteiligt** werden, dies insbesondere hinsichtlich des Entgeltes, der Aufstiegsmöglichkeiten und der Versetzung. Werden Arbeitnehmer aufgrund der Ausübung des zuvor genannten Ablehnungsrechtes gekündigt, können sie die Kündigung innerhalb einer Frist von zwei Wochen bei Gericht anfechten (Motivkündigungsschutz) (§ 7 Abs. 6 AZG).

Das Ablehnungsrecht steht nach herrschender Auffassung auch Personen mit einer All-in-Vereinbarung zu (→ 16.2.3.5.3.).

Überstunden bis zur zehnten Tagesstunde und 50. Wochenstunde können nur dann vom Arbeitgeber zulässig angeordnet werden, wenn berücksichtigungswürdige Interessen des Arbeitsnehmers nicht entgegenstehen (§ 6 Abs. 2 AZG).

Aufzeichnungen:

Der Arbeitgeber hat zur Überwachung der Einhaltung der im AZG geregelten Angelegenheiten in der Betriebsstätte Aufzeichnungen über die geleisteten Arbeitsstunden zu führen (§ 26 Abs. 1 AZG) (→ 16.1.). Kommt der Arbeitgeber dieser Verpflichtung nicht nach und kommt es zu **Nachforderungen für Überstundenentgelte** durch den Arbeitnehmer, hat der Arbeitnehmer die Anzahl und die zeitliche Lagerung der behaupteten ausständigen Überstunden aufzuschlüsseln und den Beweis für sein Vorbringen zu führen. Die Pflicht des Arbeitgebers, Arbeitszeitaufzeichnungen zu führen und zur Einsichtnahme durch das Arbeitsinspektorat aufzubewahren, steht mit der Beweispflicht des Arbeitnehmers in keinem Zusammenhang (OGH 21.12.2009, 8 ObA 71/09p). Die Nichteinhaltung der Aufzeichnungspflicht kann zur Verhängung einer Verwaltungsstrafe und zur Unanwendbarkeit einer Verfallsfrist (→ 9.6.) führen (OLG Wien 29.9.2009, 8 Ra 90/09b). Dies hat jedoch keinen Einfluss auf die Behauptungs- und Beweislast des Arbeitnehmers. Bei Nachforderungen von Überstundenentgelt ist der Arbeitgeber somit nicht verpflichtet, Arbeitszeitaufzeichnungen vorzulegen, vielmehr hat der die Überstunden behauptende Arbeitnehmer den Beweis zu führen. Angaben in Spesen- oder Kilometergeldabrechnungen, denen die tatsächliche Arbeitszeit nicht unmittelbar zu entnehmen ist, reichen für die erfolgreiche Geltendmachung von Überstunden nicht aus (OGH 25.2.2004, 9 ObA 153/03w; vgl. auch OLG Wien 22.6.2016, 8 Ra 1/16z).

Überstunden bei Teilzeitbeschäftigten:

Auch **teilzeitbeschäftigte Arbeitnehmer** können Überstunden leisten; allerdings muss dabei die betriebsübliche Normalarbeitszeit und Mehrarbeit (bzw. die Normalarbeitszeit lt. AZG) überschritten werden.

Als Maßstab für die Überstundenarbeit eines teilzeitbeschäftigten Arbeitnehmers gilt grundsätzlich die Normalarbeitszeit eines vergleichbaren vollbeschäftigten Arbeitnehmers des jeweiligen Betriebs (OGH 13.1.1993, 9 ObA 275/92; Überstunden liegen bei Überschreiten der Normalarbeitszeit für Vollzeitbeschäftigte auch vor, wenn die Möglichkeit einer weiteren Ausweitung der Normalarbeitszeit zwar grundsätzlich bestünde, davon aber nicht Gebrauch gemacht wurde – OGH 25.11.2020, 9 ObA 31/20d zu Überstunden bei Überschreiten der achtstündigen täglichen Normalarbeitszeit bei grundsätzlicher Möglichkeit zur Ausweitung dieser auf zehn Stunden im Rahmen einer Viertagewoche). Dies allerdings nur dann, wenn mit dem teilzeitbeschäftigten Arbeitnehmer – unter Bedachtnahme auf das AZG und des Kollektivvertrags – nicht eine andere Verteilung der wöchentlichen Normalarbeitszeit vereinbart wurde.

Werden Arbeitsleistungen **teilzeitbeschäftigter Arbeitnehmer** ausnahmsweise an **Samstagen oder Sonntagen** und damit auch außerhalb der normalen Arbeitszeit erbracht, sind solche Arbeitsleistungen **Überstundenarbeit**, wenn sich die Normalarbeitszeit nur auf den Zeitraum Montag bis Freitag erstreckt und für das Wochenende keine Normalarbeitszeit vorgesehen ist.

Beispiel 18

Überstundenarbeit und Teilzeit-Mehrarbeit innerhalb einer 40-Stunden-Woche.

Angaben:

- Vertraglich vereinbarte Wochenarbeitszeit eines teilzeitbeschäftigten Arbeitnehmers:

Montag–Freitag:	8–12 Uhr =	20 Stunden
Im Betrieb geltende wöchentliche Normalarbeitszeit:		
Montag–Donnerstag:	8–12 Uhr[364] =	
	13–18 Uhr[364] = 9 Stunden[365] x 4 ..	36 Stunden[365]
Freitag:	8–12 Uhr[364] =	4 Stunden
		40 Stunden

- In einer Woche arbeitet der teilzeitbeschäftigte Arbeitnehmer:

Montag–Freitag:	8–12 Uhr =	20 Stunden
Mittwoch:	13–19 Uhr =	6 Stunden
		26 Stunden

Lösung:

Die Arbeitszeit teilt sich in die

Normalarbeitszeit,	Teilzeit-Mehrarbeit, (→ 16.2.2.)	Überstundenarbeit.
Montag–Freitag 8–12 Uhr: **20 Stunden**	Mittwoch 13–18 Uhr: **5 Stunden**	Mittwoch 18–19 Uhr: **1 Stunde**

Begründung:

Da die vertraglich **vereinbarte tägliche Teilzeitarbeit** (also die Dauer) überschritten wurde, stellt die Arbeit am Mittwoch in der Zeit von 13 bis 18 Uhr **Teilzeit-Mehrarbeit** dar und ist grundsätzlich mit einem Zuschlag von 25% abzugelten (→ 16.2.2.2.).

Da die **betrieblich festgelegte tägliche Normalarbeitszeit** (also die Dauer) überschritten wurde, stellt die Arbeit am Mittwoch in der Zeit von 18 bis 19 Uhr **Überstundenarbeit** dar und ist grundsätzlich mit einem Zuschlag von 50% abzugelten.

---

364 Lage der Normalarbeitszeit.
365 Dauer der Normalarbeitszeit.

16.2.3.1. Überstundenarbeit ohne behördliche Genehmigung

Bei Vorliegen eines **erhöhten Arbeitsbedarfs** dürfen in der Einzelwoche ohne behördliche Genehmigung **bis zu 20 Überstunden**[366] geleistet werden. Innerhalb eines **17 Wochen umfassenden Durchrechnungszeitraums** dürfen jedoch **durchschnittlich maximal 48 Stunden**[367] pro Woche geleistet werden (§ 7 Abs. 1 AZG). Durch Kollektivvertrag (oder Betriebsvereinbarung[368]) kann dieser Durchrechnungszeitraum auf bis zu 52 Wochen verlängert werden, wenn technische oder arbeitsorganisatorische Gründe vorliegen (§ 9 Abs. 4 AZG)[369]. Näheres zu diesem Durchrechnungszeitraum siehe Punkt 16.2.

Auch für Vor- und Abschlussarbeiten sieht das AZG eine mögliche Verlängerung der Arbeitszeit vor (§ 8 AZG).

16.2.3.2. Überstundenarbeit mit behördlicher Genehmigung

Das Arbeitsinspektorat (→ 16.1.) kann bei Nachweis eines dringenden Bedürfnisses auf Antrag des Arbeitgebers nach Anhörung der gesetzlichen Interessenvertretungen der Arbeitgeber und der Arbeitnehmer (→ 3.3.4.1.) eine Arbeitszeitverlängerung bewilligen, soweit die Verlängerungsmöglichkeiten gem. § 7 Abs. 1 bis 3 AZG (→ 16.2.3.1.) ausgeschöpft sind. Eine **Tagesarbeitszeit über zwölf Stunden** und eine **Wochenarbeitszeit über 60 Stunden** kann das Arbeitsinspektorat jedoch nur zulassen, wenn dies **im öffentlichen Interesse** erforderlich ist (§ 7 Abs. 5 AZG).

16.2.3.3. Überstundenarbeit in außergewöhnlichen Fällen

Die gesetzlichen Beschränkungen hinsichtlich von Überstundenarbeit finden in außergewöhnlichen Fällen keine Anwendung. Solche außergewöhnlichen Fälle sind vorübergehende und unaufschiebbare Arbeiten, die z.B. zur Abwendung einer unmittelbaren Gefahr für die Sicherheit des Lebens oder für die Gesundheit von Menschen oder bei Notstand sofort vorgenommen werden müssen (§ 20 AZG)[370].

16.2.3.4. Verbot der Überstundenarbeit

Ein gänzliches bzw. teilweises Verbot der Überstundenarbeit besteht:

1. Für **werdende und stillende** Mütter:
   Diese dürfen über die gesetzlich bzw. kollektivvertraglich festgesetzte tägliche Normalarbeitszeit hinaus nicht beschäftigt werden. Keinesfalls darf die tägliche

366 Im Fall kollektivvertraglicher Arbeitszeitverkürzung (beispielsweise sieht der Kollektivvertrag für Angestellte in Handelsbetrieben eine wöchentliche Normalarbeitszeit von 38,5 Stunden vor) zählt die Differenz auf die gesetzliche wöchentliche Normalarbeitszeit nicht zu den erlaubten 20 Wochen-Überstunden.

367 Die 48 Stunden beziehen sich auf Normalarbeitszeit + etwaige Mehrarbeit + Überstundenarbeit. Es handelt sich dabei um eine Bestimmung zu den Höchstgrenzen der Arbeitszeit (→ 16.1.), die ihre Grundlage im Unionsrecht hat.

368 Wenn sie durch Kollektivvertrag dazu ermächtigt wurde oder wenn der Arbeitgeber keiner kollektivvertragsfähigen Körperschaft angehört.

369 Bezahlte Abwesenheitszeiten (z.B. Krankenstand, Urlaub, Feiertage udgl.) zählen nicht zu den „geleisteten" Arbeitsstunden.

370 Eine diesbezügliche Meldung beim zuständigen Arbeitsinspektorat hat innerhalb von zehn Tagen nach Vornahme der dringenden Arbeiten zu erfolgen (§ 20 Abs. 2 AZG).

Arbeitszeit neun Stunden, die wöchentliche Arbeitszeit 40 Stunden übersteigen (§ 8 MSchG).

2. Für **Jugendliche** (§ 3 KJBG):
   Diese dürfen zu Vor- und Abschlussarbeiten und zu Überstundenarbeit nur bedingt herangezogen werden (§§ 12, 14 KJBG).

16.2.3.5. Vergütung der Überstundenarbeit

Für Überstunden gebührt (lt. AZG)

1. ein **Zuschlag von 50% oder**
2. eine Abgeltung durch **Zeitausgleich**. Der Überstundenzuschlag ist bei der Bemessung des Zeitausgleichs zu berücksichtigen oder gesondert auszuzahlen.

Der Kollektivvertrag kann festlegen, ob mangels einer abweichenden Vereinbarung eine Abgeltung in Geld oder durch Zeitausgleich zu erfolgen hat. Trifft der Kollektivvertrag keine Regelung oder kommt kein Kollektivvertrag zur Anwendung, kann die Betriebsvereinbarung diese Regelung treffen. Besteht keine Regelung[371], gebührt mangels einer abweichenden Vereinbarung eine Abgeltung in Geld.

Für jene Überstunden, durch die eine Tagesarbeitszeit von zehn Stunden bzw. eine Wochenarbeitszeit von 50 Stunden überschritten wird, können die Arbeitnehmer selbst entscheiden, ob eine **Abgeltung in Geld oder durch Zeitausgleich** erfolgen soll. Das Wahlrecht ist möglichst frühzeitig, spätestens jedoch am Ende des jeweiligen Abrechnungszeitraumes auszuüben (§ 10 Abs. 4 AZG).

Das Vergütungswahlrecht steht nach herrschender Auffassung auch Personen mit einer All-in-Vereinbarung zu (→ 16.2.3.5.3.).

Praxistipp: Bei pauschaler Abgeltung von Mehrleistungen (Überstundenpauschalen oder All-In-Vereinbarungen) endet der Abrechnungszeitraum erst mit Ablauf des Durchrechnungszeitraums. Der Arbeitnehmer hat daher bis zu diesem Zeitpunkt die Möglichkeit, von seinem Wahlrecht Gebrauch zu machen. Der Arbeitgeber ist dadurch praktisch gezwungen, jene Stunden, für die ein Wahlrecht besteht, separat bis zum Ende des Abrechnungszeitraums mitzuführen.

Der Berechnung des Zuschlags ist der auf die einzelne Arbeitsstunde entfallende Normallohn (**Überstundengrundlohn**) zu Grunde zu legen. Bei Akkord-, Stück- und Gedinglöhnen[372] ist dieser nach dem **Durchschnitt der letzten dreizehn Wochen** zu bemessen. Durch Kollektivvertrag kann auch eine andere Berechnungsart[373] vereinbart werden (§ 10 Abs. 1–3 AZG).

---

371 Auch keine einzelvertragliche Regelung.

372 Mit „Gedinge“ wird eine Sonderform des Akkords (→ 9.3.3.1.) im Bergbau bezeichnet.

373 Durch Kollektivvertrag kann demnach eine vom Gesetz abweichende Berechnungsart der Überstundenvergütung (z.B. der Durchschnitt der letzten drei Monate) vereinbart, nicht aber der Vergütungsanspruch als solcher ausgeschlossen oder im Weg einer abweichenden Regelung der Berechnungsgrundlage eingeschränkt werden (OGH 6.4.1994, 9 ObA 604/93).

Bezüglich der Berechnung des Zuschlags bestimmt das KJBG: Für Überstunden gebührt den Jugendlichen ein Zuschlag. Er beträgt 50% des auf die Zeit der Überstundenleistung entfallenden Normallohns (Lehrlingseinkommen) (§ 14 Abs. 2 KJBG).

Obwohl Jugendliche nach Vollendung des 18. Lebensjahrs den Bestimmungen des KJBG nicht mehr unterliegen (→ 16.1.), sieht dieses Gesetz trotzdem eine **Ausnahme für Lehrlinge**, die das **18. Lebensjahr vollendet** haben, vor. Demnach gilt: Für die Entlohnung der Überstunden ist zur Berechnung des Grundlohns und des Überstundenzuschlags der **niedrigste** im Betrieb vereinbarte **Facharbeiterlohn** bzw. **Angestelltengehalt** (Ist-Lohn, -Gehalt) heranzuziehen (§ 1 Abs. 1a KJBG). Darüber hinaus sehen auch manche Kollektivverträge für Jugendliche günstigere Sonderregelungen als die des AZG vor.

Gibt es im Betrieb keine Facharbeiter oder Angestellte, so wird man (mangels einer gegenteiligen OGH-Entscheidung) auf den jeweiligen KV-Lohn/Gehalt zurückgreifen müssen.

Beispiel 1

Neben einem gewerblichen Lehrling werden noch folgende Dienstnehmer beschäftigt, die alle eine 10%ige Überzahlung erhalten: ein Hilfsarbeiter (€ 9,70/Stunde), ein Facharbeiter (€ 11,47/Stunde) und ein Spezialfacharbeiter (€ 16,19/Stunde). Die Überstundenabgeltung wird vom **Stundenlohn des Facharbeiters** (€ 11,47/Stunde) berechnet.

Beispiel 2

Der gewerbliche Lehrling ist neben dem Lehrberechtigten der einzige Beschäftigte. Die Überstundenabgeltung wird nach dem **KV-Lohn für Facharbeiter** berechnet.

Beispiel 3

Neben einem Bürolehrling gibt es nur eine Angestellte, die seit 20 Jahren im Betrieb beschäftigt ist und in Verwendungsgruppe 4 mit einem Ist-Gehalt von € 20,50/Stunde eingestuft ist. Die Überstundenabgeltung wird vom **Gehalt der langjährigen Angestellten** berechnet.

In den der Berechnung der Überstundenvergütung zu Grunde zu legenden **Normallohn (Überstundengrundlohn)** sind **alle Entgeltbestandteile** einschließlich Zulagen, Zuschläge, Prämien usw. einzubeziehen, die dem Arbeitnehmer für die während der normalen Arbeitszeit erbrachte (und während der Überstunden fortgesetzte) Arbeitsleistung gebühren. Sie sind nicht nur im einfachen Ausmaß zu gewähren, sondern grundsätzlich auch in die Berechnung des **Überstundenzuschlags** einzubeziehen, wenn diese Entgeltbestandteile (mit Entgeltcharakter) auch für eine bestimmte während der Normalarbeitszeit geleistete Arbeit zusätzlich zum Grundstundenlohn regelmäßig gewährt werden (OGH 6.4.1994, 9 ObA 604/93) (siehe Beispiele 24–25). Nur jene Entgeltbestandteile, die ausschließlich für die Erbringung einer ganz bestimmten Arbeitsleistung gebühren, scheiden aus dem Normallohn und damit aus der Berechnung des Überstundenentgelts aus, wenn der Arbeitnehmer diese Leistung während der Zeit seiner Überstundenarbeit nicht erbringt. Auch Aufwandsentschädigungen sind in den Normallohn als Berechnungsgrundlage für den Überstundenzuschlag nicht einzubeziehen, ebenso wenig außerordentliche Entgeltbestandteile, die nicht an bestimmte Arbeitsleistungen anknüpfen, wie – aus sozialen Erwägungen gewährte – Kinder- und Familienzulagen (OGH 16.12.1987, 9 ObA 147/87; vgl. auch OGH 27.1.2021, 9 ObA 1/21v).

Grundsätzlich sehen die Kollektivverträge nur für Überstunden, die an Werktagen untertags geleistet werden, einen Zuschlag von 50% vor. Für Überstunden an Werktagen ab einem bestimmten Zeitpunkt (Nachtüberstunden), Überstunden an Sonntagen und Überstunden an Feiertagen bestimmen diese meistens einen **Zuschlag von 100%**[374].

Es bleibt aber auch den **Kollektivvertragsparteien** vorbehalten, **vereinfachende Abrechnungsregelungen** zu treffen (hier: Überstundenteiler 1/143 statt eines Teilers von 1/167 bei einer Normalarbeitszeit von 38,5 Wochenstunden), wenn diese im Ergebnis **günstiger** als die gesetzliche Regelung sind (OGH 27.6.2007, 8 ObA 82/06a).

Beispiel 19

Ermittlung des Überstundenzuschlags von 50% und 100%.

Angaben und Lösung:

	Berechnungsgrundlage nach § 10 Abs. 3 AZG
Überstundenzuschlag von 50%:	
Monatslohn : Überstundenteiler (1/167)	€ 8,–
Schmutzzulage/Stunde	€ 0,80
Normallohn (Überstundengrundlohn) lt. AZG	€ 8,80
Berechnungsgrundlage des Überstundenzuschlags	€ 8,80
Überstundenzuschlag	€ **4,40** ¹)

Der Kollektivvertrag sieht **KEINE** / **EINE** ²) abweichende Berechnungsgrundlage für die Ermittlung des 100%-Überstundenzuschlags vor

Überstundenzuschlag von 100%:	KEINE	EINE ²)
Monatslohn : Überstundenteiler	€ 8,–	€ 8,–
Schmutzzulage/Stunde	€ 0,80	€ 0,80
Normallohn (Überstundengrundlohn) lt. AZG	€ 8,80	€ 8,80
Berechnungsgrundlage des Überstundenzuschlags	€ 8,80	€ 8,–
Überstundenzuschlag	€ **8,80**	€ **8,–**

Vergleich

¹) Gesetzlicher Mindestanspruch.

²) In diesem Fall regelt der Kollektivvertrag: Die Überstundenentlohnung besteht aus dem Grundstundenlohn und einem 100%igen Zuschlag.

374 Wenn im Kollektivvertrag über § 10 AZG hinaus Ansprüche festgelegt werden, wie z.B. der Anspruch auf einen 100%igen Überstundenzuschlag für bestimmte (qualifizierte) Überstunden, ist die Regelungsbefugnis der Kollektivvertragsparteien nicht beschränkt. Demnach ist es auch zulässig, dass der **Kollektivvertrag** eine von § 10 Abs. 3 AZG **abweichende Berechnungsgrundlage** für die Ermittlung des Überstundenzuschlags statuiert, sofern der gesetzliche **Mindestanspruch** (= 50%) dadurch **nicht unterschritten** wird (OGH 6.4.1994, 9 ObA 604/93).

Bezüglich der Berechnung des Überstundengrundlohns bestimmen die Kollektivverträge i.d.R.

bei vereinbartem	als Überstundengrundlohn
Stundenlohn Wochenlohn Monatslohn(-gehalt)	den Stundenlohn[375], 1/40 bis 1/38 des Wochenlohns[375], 1/173 bis 1/143 des Monatslohns(-gehalts)[375].

Die in der Tabelle angegebenen Bruchteile des Wochenlohns und des Monatslohns (-gehalts) nennt man **Überstundenteiler**. Dieser stellt ein Ergebnis der Kollektivvertragsverhandlungen dar. Aus diesem Grund ist der Überstundenteiler speziell für Arbeitnehmer mit vereinbartem Monatslohn(-gehalt) in den einzelnen Kollektivverträgen unterschiedlich geregelt.

Es bestimmt z.B.

- der Kollektivvertrag für Angestellte des Metallgewerbes einen Teiler von 1/143,
- der Kollektivvertrag für Angestellte in Handelsbetrieben einen Teiler von 1/158,
- der Kollektivvertrag für Handelsarbeiter bei vereinbartem Monatslohn einen Teiler von 1/167.

Leitende Angestellte und sonstige Arbeitnehmer mit maßgeblicher selbständiger Entscheidungsbefugnis und hoher Zeitautonomie, die an sich nicht dem Anwendungsbereich des AZG unterliegen (→ 16.1.), haben nur dann Anspruch auf **Überstundenentlohnung**, wenn sich ein derartiger Anspruch aus einer arbeitsvertraglichen **Einzelvereinbarung** oder dem anzuwendenden **Kollektivvertrag** ergibt (OGH 20.1.2012, 8 ObA 4/12i).

Praxistipp: Auf **leitende Angestellte** i.S.d. § 1 Abs. 2 Z 8 AZG (→ 16.1.) ist das AZG nicht anzuwenden. Bei leitenden Angestellten besteht daher kein gesetzlicher Anspruch auf Überstundenentgelt. Daher kann bei diesen im Dienstvertrag ein einheitliches monatliches Bruttoentgelt festgelegt werden, welches sämtliche Mehrleistungen abdeckt. Eine Deckungsprüfung ist grundsätzlich nicht erforderlich. Falls jedoch auf den leitenden Angestellten ein Kollektivvertrag anzuwenden ist, der einen Anspruch auf Überstundenentgelt vorsieht, ist auch bei leitenden Angestellten eine Einstufung nach dem entsprechenden Kollektivvertrag vorzunehmen und zu prüfen, inwieweit der überkollektivvertragliche Bezug die Überstundenentgelte deckt (OGH 10.9.1985, 4 Ob 66/84; OGH 20.4.1995, 8 ObA 238/95).

Überstunden können

- nach dem tatsächlichen Anfall,
- pauschal,
- als im Grundbezug enthalten und
- in Form von Freizeit (Zeitausgleich)

abgegolten werden.

---

375 Zuzüglich ev. Zulagen, Zuschläge usw. (siehe vorstehend).

Anspruch auf Bezahlung der Überstunden besteht nicht nur bei ausdrücklicher Anordnung, sondern auch dann, wenn der Arbeitgeber die Leistung der Überstunden duldet und entgegennimmt (OGH 30.11.1988, 9 ObA 278/88; vgl. jüngst auch OGH 27.6.2019, 8 ObA 4/19z). Besteht allerdings eine Vereinbarung darüber, dass für die Vergütung von Überstunden die ausdrückliche Zustimmung des Arbeitgebers erforderlich ist, kann für ohne Auftrag des Arbeitgebers geleistete Überstunden kein Anspruch auf Überstundenentgelt abgeleitet werden. Die bloße Duldung ersetzt nicht die notwendige Zustimmung (OGH 30.11.1994, 9 ObA 203/94). Auch bei einer die zulässigen Höchstgrenzen der Arbeitszeit überschreitenden und deshalb verbotenen Arbeitsleistung besteht Anspruch auf Überstundenentlohnung (OGH 14.1.1986, 4 Ob 176/85).

Zu beachten ist, dass Überstundenarbeit

- neben der Bezahlung (Überstundengrundlohn und Zuschlag)
- **zusätzlich** einen Anspruch auf **bezahlte Ersatzruhe** auslöst,

wenn sie während der wöchentlichen Ruhezeit in der sog. Kernruhezeit erbracht wurde (→ 17.1.3.).

16.2.3.5.1. Vergütung der tatsächlich anfallenden Überstunden

Beispiel 20

Vergütung tatsächlich anfallender Überstunden.

Angaben:

- monatliche Abrechnung,
- Monatsgehalt: € 1.815,00,
- 7 Überstunden mit 50% Zuschlag, 3 Überstunden mit 100% Zuschlag,
- Überstundenteiler: 1/165.

Lösung:

Der Überstundengrundlohn für eine Überstunde beträgt:

€ 1.815,00 : 165 = € 11,00

Der Überstundengrundlohn für 10 Überstunden beträgt:

€ 11,00 × 10 = € 110,00

Der Überstundenzuschlag für 10 Überstunden beträgt:

€ 5,50 × 7 =	€ 38,50	€ 5,50 = 50% Zuschlag
€ 11,00 × 3 =	€ 33,00	€ 11,00 = 100% Zuschlag
	= € 71,50	

Die Entlohnung für die 10 Überstunden beträgt insgesamt:

€ 110,00 + € 71,50 = **€ 181,50**

Beispiele 21–22

Vergütung tatsächlich anfallender Überstunden unter Einbeziehung einer Zulage.

Beispiel 21

Angaben:

- monatliche Abrechnung,
- Monatslohn: € 1.670,00,
- 10 Überstunden mit 50% Zuschlag,
- der Arbeiter erhält für 20 Stunden eine Erschwerniszulage zu je € 0,60, 5 Stunden davon entfallen auf Überstunden,
- Überstundenteiler: 1/167.

Lösung:

1. 5 Überstunden ohne Erschwerniszulage:

Überstundengrundlohn:	€ 1.670,00 : 167 = € 10,00 × 5	=	€ 50,00
50% Überstundenzuschlag:	€ 10,00 × 50% × 5	=	€ 25,00
			€ 75,00

2. 5 Überstunden mit Erschwerniszulage:

Überstundengrundlohn:	€ 1.670,00 : 167 = € 10,00 × 5	=	€ 50,00
50% Überstundenzuschlag:	(€ 10,00 + € 0,60) × 50% × 5	=	€ 26,50
			€ 76,50

Die Entlohnung für die 10 Überstunden beträgt insgesamt
€ 75,00 + € 76,50 = **€ 151,50**

Beispiel 22

Angaben:

- monatliche Abrechnung,
- Monatslohn: € 1.670,00,
- lt. Dienstvertrag gebührt dem Arbeiter eine monatliche Erschwerniszulage von € 150,00,
- 10 Überstunden mit 50% Zuschlag,
- Überstundenteiler: 1/167.

Lösung:

Überstundengrundlohn:	(€ 1.670,00 + € 150,00) : 167 × 10	= €	108,98
50% Überstundenzuschlag:	€ 108,98 × 50%	= €	54,49
Die Entlohnung für die 10 Überstunden beträgt insgesamt		**€**	**163,47**

16.2.3.5.2. Pauschale Abgeltung der Überstunden

Gelegentlich sehen Kollektivverträge für Berufsgruppen, die regelmäßig Überstunden leisten (z.B. Portiere, Krankenschwestern), oder generell für alle Arbeitnehmer eine pauschale Vergütungsmöglichkeit der Überstunden durch ein sog. **Überstunden-**

pauschale vor. Daneben können aber auch freiwillig, einfach aus Gründen der Zweckmäßigkeit, Überstundenpauschalien vereinbart werden.

Die Vereinbarung eines Überstundenpauschals macht dann Sinn, wenn Überstunden in einem relativ regelmäßigen und aller Wahrscheinlichkeit nach längeren Zeitraum anfallen bzw. geleistet werden und in weiterer Folge auch gesondert ausgewiesen werden sollen.

Das Charakteristikum eines Überstundenpauschals bestehe darin, die in einem bestimmten Zeitraum voraussichtlich zu leistenden Überstunden pauschal festzusetzen und zu vergüten. Der Beobachtungszeitraum für die Festsetzung des Pauschals sei dadurch gekennzeichnet, dass in einem Lohnzahlungszeitraum mehr und in einem anderen weniger Überstunden anfallen, die dann einer Durchschnittsbetrachtung unterzogen werden. Das Pauschale dürfe den Arbeitnehmer im Durchschnitt des Beobachtungszeitraums nicht ungünstiger stellen als bei einer Überstundenentlohnung durch Einzelverrechnung. Dies ist anhand der sog. **Deckungsprüfung** (= Vergleichsrechnung)[376] festzustellen. Leistet der Arbeitnehmer eine das Überstundenpauschale übersteigende Überstundenarbeit, kann er die über das Pauschale hinausgehenden, damit nicht gedeckten Ansprüche geltend machen, weil § 10 AZG zwingenden Charakter hat. Als Zeitraum für die Durchschnittsberechnung (= Beobachtungszeitraum) ist mangels Vereinbarung eines kürzeren Zeitraums das Kalenderjahr zu Grunde zu legen (OGH 16.11.2005, 8 ObA 73/05a; OGH 2.6.2009, 9 ObA 65/09p).

Praxistipp: Bei der Durchführung der Deckungsprüfung ist auf besondere kollektivvertragliche Überstundenteiler und Überstundenzuschläge Bedacht zu nehmen. Darüber hinaus sind nach herrschender Ansicht Nichtleistungszeiten mit Entgeltfortzahlungsanspruch (z.B. aufgrund eines Krankenstands oder Urlaubs) als Durchschnittswert zu berücksichtigen. Das bezahlte (Pauschal-)Überstundenentgelt muss daher auch die Entgeltfortzahlung während Nichtleistungszeiten abdecken.

Die Frist für einen kollektivvertraglich festgelegten **Verfall** (→ 9.6.) von Überstundenentgelt kann nicht vor dem Zeitpunkt zu laufen beginnen, zu dem ein Anspruch erstmals geltend gemacht werden kann. In der Regel ist dieser Zeitpunkt mit dem Ende des Durchrechnungszeitraums anzusetzen. Dieser ist mangels anderer Vereinbarung das Kalenderjahr (OGH 27.9.2017, 9 ObA 28/17h zum Kollektivvertrag für Angestellte in Unternehmen im Bereich Dienstleistungen in der automatisierten Datenverarbeitung und Informationstechnik, welcher vorsieht, dass Überstundenentlohnungen binnen vier Monaten nach dem Tage der Überstundenleistung geltend gemacht werden müssen, widrigenfalls der Anspruch verfällt).

Das Überstundenpauschale stellt einen Teil des Entgelts dar. Es ist daher bei der Bemessung der nach Maßgabe des Entgelts zustehenden Ansprüche (Urlaubsentgelt, Abfertigung usw.) grundsätzlich einzubeziehen.

376 Dabei stellt der Arbeitgeber den Betrag, den der Arbeitnehmer für die tatsächlich geleisteten Überstunden erhalten hätte, dem tatsächlichen Pauschalbetrag gegenüber. Wird vom Arbeitgeber keine Deckungsprüfung vorgenommen, können zu gering entlohnte Überstunden nicht verfallen und es steht dem Arbeitnehmer die 3-jährige Verjährungsfrist zur Verfügung (OLG Wien 12.3.2004, 8 Ra 20/04a).

Wurde eine Pauschalentlohnung der Überstunden **ohne** der Möglichkeit des **Widerrufs** vereinbart, kann sie auch im Fall der Verringerung der tatsächlich geleisteten Überstunden grundsätzlich nicht mehr einseitig widerrufen werden (OGH 1.7.1987, 9 ObA 36/87). Der **einseitige Widerruf** eines Überstundenpauschals kann **wirksam vereinbart** werden (OGH 4.5.1994, 9 ObA 28/94), unterliegt jedoch nach den allgemeinen Regeln zum Widerrufsvorbehalt einer **Billigkeits- bzw. Sachlichkeitskontrolle** (→ 9.3.10.)[377]. Bei vorbehaltlosen Entgeltzusagen liegt das Risiko allein auf der Arbeitgeberseite (vgl. Punkt 9.3.10.).

Eine Ausnahme vom Grundsatz, wonach Überstundenpauschalen ohne Widerrufsvorbehalt nicht einseitig entzogen werden können, besteht während Zeiten einer **Teilzeitbeschäftigung nach dem MSchG bzw. VKG**. Für die Dauer von sog. Elternteilzeit **ruht** der Anspruch auf die pauschale Überstundenentlohnung, auch wenn keine Widerrufsmöglichkeit vereinbart wurde[378]. Mit Ablauf der Elternteilzeit lebt der Anspruch auf die Überstundenpauschale wieder auf (OGH 24.6.2015, 9 ObA 30/15z)[379].

Liegt der primäre Zweck eines Überstundenpauschals in der tatsächlichen Abgeltung von Überstunden, hat der Arbeitgeber ein legitimes Interesse daran, die Relation der tatsächlich erbrachten Mehrleistungen zu dem pauschalierten Entgelt im Auge zu behalten. Es ist daher sachlich gerechtfertigt, wenn ein Überstundenpauschale deshalb regelmäßig nur befristet zugesagt wird, damit der Arbeitgeber diese Entsprechung durch – im vorliegenden Fall jährliche – Prognosen und Überprüfungen der tatsächlichen Leistungen auch herstellen kann. Nicht zuletzt führt die Nichtverlängerung des Überstundenpauschals nur dazu, dass der Arbeitnehmer stattdessen seine tatsächlich geleisteten Überstunden abgegolten erhält. Nach alldem ist die **mehrfache Befristung** des vorliegenden Überstundenpauschals als **zulässig** anzusehen (OGH 27.7.2011, 9 ObA 61/11b).

16.2.3.5.3. Im Grundbezug enthaltene Vergütungen für Überstunden („All-in-Vereinbarung")

Gelegentlich werden Dienstverträge so gestaltet, dass mit dem monatlichen **Gehalt** entweder eine **bestimmte Anzahl oder sämtliche Überstunden**, also eine nicht konkret festgelegte Anzahl von Überstunden und allfälligen sonstigen Mehrleistungen, pauschal **abgegolten** sind.

Nach der Rechtsprechung ist es **nicht erforderlich**, eine **bestimmte Anzahl** von (Mehr- und) Überstunden festzulegen (OGH 11.5.2006, 8 ObA 11/06k).

Eine **All-in-Vereinbarung** ist jedoch nur insoweit zulässig, als das kollektivvertragliche Mindestentgelt sowie die zwingenden Ansprüche auf (Mehr- und) Überstundenentlohnung (wie z.B. kollektivvertraglicher Mehr- und Überstundenteiler, kollektiv-

---

377 Bei einem Auseinanderklaffen der realen Mehrleistungen und der Höhe der Pauschale ist ein Widerruf grundsätzlich nicht unbillig (OGH 27.7.2011, 9 ObA 61/11b). Als Beobachtungszeitraum ist dabei – analog der Deckungsprüfung – mangels Vereinbarung eines kürzeren Zeitraums ein Jahr heranzuziehen: Kommt es in diesem Jahr nicht zu einem erheblichen Unterschied zwischen der Anzahl der tatsächlich geleisteten Überstunden zu der vom Pauschale abgedeckten Überstundenanzahl, so ist der Widerruf des Überstundenpauschales unbillig und damit unzulässig (OLG Wien 28.7.2017, 9 Ra 54/17b).

378 Etwaige geleistete Mehrarbeits- bzw. Überstunden sind separat abzugelten.

379 Ob dies auch für All-in-Vereinbarungen (→ 16.2.3.5.3.) gilt, wurde vom OGH nicht entschieden, wird jedoch in der Literatur teilweise bejaht (vgl *PV-Info* 9/2015, Linde Verlag Wien).

vertragliche Mehr- und Überstundenzuschläge) mit dem monatlichen Entgelt abgedeckt sind.

Die Vereinbarung hat jedenfalls so zu erfolgen, dass für den Dienstnehmer **erkennbar** ist, dass mit dem gewährten **überkollektivvertraglichen Entgelt auch (Mehr- und) Überstunden abgegolten** sein sollen. Der Arbeitgeber ist verpflichtet, dem Arbeitnehmer die **betragsmäßige Höhe des Grundgehalts bzw. -lohns schriftlich bekanntzugeben**, ohne dabei auf Gesetze oder Kollektivverträge zu verweisen (§ 2 Abs. 2 Z 9 und Abs. 5 AVRAG). Enthält der Arbeitsvertrag oder der Dienstzettel das Entgelt als Gesamtsumme, die Grundgehalt oder -lohn und andere Entgeltbestandteile einschließt, ohne den Grundgehalt oder -lohn betragsmäßig anzuführen, hat dieser Arbeitnehmer zwingend Anspruch auf den **Grundgehalt oder -lohn einschließlich der branchen- und ortsüblichen Überzahlungen**, der am Arbeitsort vergleichbaren Arbeitnehmern von vergleichbaren Arbeitgebern gebührt (Ist-Grundgehalt, Ist-Grundlohn). Dieser Ist-Grundgehalt oder Ist-Grundlohn ist der Berechnung der abzugeltenden Entgeltbestandteile zugrunde zu legen, soweit der Kollektivvertrag in Bezug auf die Berechnung von Entgeltbestandteilen nicht Abweichendes vorsieht, das zwingenden gesetzlichen Bestimmungen nicht entgegenstehen darf (§ 2g AVRAG).

Im Jahresschnitt (Kalenderjahr) müssen die Pauschalbeträge die (Mehr- und) Überstundenentgelte abdecken (OGH 16.11.2005, 8 ObA 73/05a). Bei Ende des einjährigen Beobachtungszeitraums ist daher zu prüfen, ob die Summe der überkollektivvertraglichen Entgelte die (Mehr- und) Überstundenentlohnungen abdeckt (**sog. Deckungsprüfung**)[380]. Ein allfälliger Differenzbetrag müsste nachgezahlt werden. Siehe dazu auch Punkt 16.2.3.5.2.

Für den Beginn des Fristlaufs bei **Verfall** von Überstundenentgelt gilt das unter Punkt 16.2.3.5.2. Gesagte.

Nach herrschender Ansicht steht auch Arbeitnehmern mit All-in-Vereinbarung

- das **Ablehnungsrecht** für Überstunden, mit denen eine Arbeitszeit von zehn Stunden pro Tag bzw. 50 Stunden pro Woche überschritten wird (→ 16.2.3.) sowie
- das **Abgeltungswahlrecht** für derartige Stunden in Geld oder Zeitausgleich (→ 16.2.3.5.)

zu.

Eine All-in-Vereinbarung kann auch Überstunden einbeziehen, die unzulässigerweise – über die gesetzlichen Grenzen der Arbeitszeit hinaus (→ 16.2.) – geleistet wurden. Dies bedarf aber einer ausdrücklichen Vereinbarung, da im Zweifel anzunehmen ist, dass nur Entgelte für zulässige Arbeiten mit der Vereinbarung abgegolten und unzulässige Arbeiten separat zu entlohnen sind (OLG Wien 28.9.2016, Ra 77/16v).

Es ist auch zulässig, zu vereinbaren, dass eine überkollektivvertragliche Provision zur Deckung von Mehrleistungen herangezogen wird (OGH 17.2.1987, 14 ObA 17/87). Dies gilt auch für eine Funktionszulage, die auf quantitative Mehrleistungen ausgerichtet ist (OGH 10.9.1985, 4 ObA 66/84).

---

380 Dabei stellt der Arbeitgeber den Betrag, den der Arbeitnehmer für die tatsächlich geleisteten (Mehr- und) Überstunden erhalten hätte, zuzüglich dem kollektivvertraglichen Mindestgehalt dem vereinbarten „All-in-Betrag" gegenüber. Wird vom Arbeitgeber keine Deckungsprüfung vorgenommen, können zu gering entlohnte (Mehr- und) Überstunden nicht verfallen und es steht dem Arbeitnehmer die 3-jährige Verjährungsfrist zur Verfügung (OLG Wien 12.3.2004, 8 Ra 20/04a).

Empfehlenswert ist die Angabe der kollektivvertraglichen Einstufung im Dienstvertrag und die damit verbundene Vereinbarung, dass der überkollektivvertragliche Entgeltbestandteil sämtliche Mehrleistungen abdeckt.

Wird ein Entgelt über dem kollektivvertraglichen Mindestentgelt vereinbart, so ist auch bei **Teilzeitbeschäftigten** (→ 16.2.2.) eine All-in-Vereinbarung zulässig, welche die Entgelte für die Mehrarbeit, den Mehrarbeitszuschlag sowie allfällige Überstunden und Überstundenzuschläge erfasst. Auch in diesen Fällen muss der vereinbarte Pauschalbetrag den Betrag erreichen, den der Teilzeitbeschäftigte mindestens für die vereinbarte fixe Arbeitszeit und seine geleisteten Mehrarbeitsstunden (inkl. des Mehrarbeitszuschlags) sowie allfällige Überstunden zu erhalten hat.

Die Zulässigkeit einer solchen All-in-Vereinbarung mit einem Teilzeitbeschäftigten ergibt sich daraus, dass der Abschluss einer All-in-Vereinbarung mit einem Teilzeitbeschäftigten keine Benachteiligung, sondern eine Gleichbehandlung mit Vollzeitbeschäftigten darstellt.

16.2.3.5.4. Vergütung der Überstunden durch Zeitausgleich

Die Abgeltung von Überstunden in Form von Freizeit behandeln die Punkte 16.2.3.5. und 16.2.4.

16.2.4. Abbau und Abgeltung von Zeitguthaben

16.2.4.1. Abbau von Zeitguthaben

Wird bei der **Durchrechnung der Normalarbeitszeit** (§ 4 Abs. 4 und 6 AZG[381]) mit einem **Durchrechnungszeitraum** von mehr als **26 Wochen** der **Zeitpunkt des Ausgleichs** von Zeitguthaben **nicht im Vorhinein festgelegt** und bestehen

1. bei einem Durchrechnungszeitraum von bis zu 52 Wochen nach Ablauf des halben Durchrechnungszeitraums,
2. bei einem längeren Durchrechnungszeitraum nach Ablauf von 26 Wochen

Zeitguthaben, ist der **Ausgleichszeitpunkt binnen vier Wochen festzulegen** oder der Ausgleich **binnen 13 Wochen zu gewähren**. Andernfalls kann der Arbeitnehmer den Zeitpunkt des Ausgleichs mit einer Vorankündigungsfrist von vier Wochen selbst bestimmen, sofern nicht zwingende betriebliche Erfordernisse diesem Zeitpunkt entgegenstehen, oder eine Abgeltung in Geld verlangen. Durch Kollektivvertrag oder Betriebsvereinbarung können abweichende Regelungen getroffen werden.

Wird bei **Überstundenarbeit, für die Zeitausgleich gebührt**, der **Zeitpunkt des Ausgleichs nicht im Vorhinein vereinbart**, ist

1. der **Zeitausgleich** für noch nicht ausgeglichene Überstunden, die bei Durchrechnung der Normalarbeitszeit (§ 4 Abs. 4 und 6) oder gleitender Arbeitszeit (→ 16.2.1.2.1.) durch Überschreitung der durchschnittlichen Normalarbeitszeit entstehen, **binnen sechs Monaten** nach Ende des Durchrechnungszeitraums bzw. der Gleitzeitperiode zu gewähren;

381 Flexible Arbeitszeitmodelle für Arbeitnehmer in Verkaufsstellen bzw. auf Grund kollektivvertraglicher Ermächtigung.

2. in sonstigen Fällen der Zeitausgleich für sämtliche in einem Kalendermonat geleistete und noch nicht ausgeglichene Überstunden **binnen sechs Monaten** nach Ende des Kalendermonats zu gewähren.

Durch Kollektivvertrag können abweichende Regelungen getroffen werden.

Wird der Zeitausgleich für Überstunden nicht innerhalb der vorstehenden Frist gewährt, kann der Arbeitnehmer den Zeitpunkt des Zeitausgleichs mit einer **Vorankündigungsfrist von vier Wochen einseitig bestimmen**[382], sofern nicht zwingende betriebliche Erfordernisse diesem Zeitpunkt entgegenstehen, oder eine Abgeltung in Geld verlangen (§ 19f Abs. 1–3 AZG).

Werden Überstunden durch Zeitausgleich abgegolten, wirken sie sich weder auf das Urlaubs- und Krankenentgelt noch auf die Abfertigung erhöhend aus (→ 9.1.).

16.2.4.2. Abgeltung von Zeitguthaben

Besteht **im Zeitpunkt der Beendigung des Arbeitsverhältnisses** ein **Guthaben** des Arbeitnehmers **an Normalarbeitszeit**[383] **oder Überstunden, für die Zeitausgleich gebührt**, ist das Guthaben (in Geld) **abzugelten**[384]**, soweit der Kollektivvertrag nicht die Verlängerung der Kündigungsfrist** im Ausmaß des zum Zeitpunkt der Beendigung des Arbeitsverhältnisses bestehenden Zeitguthabens **vorsieht**[385] und der Zeitausgleich in diesem Zeitraum verbraucht wird (§ 19e Abs. 1 AZG).

Für **Guthaben an Normalarbeitszeit** gebührt ein **Zuschlag von 50%**[386]. Dies gilt nicht, wenn der Arbeitnehmer ohne wichtigen Grund vorzeitig austritt. Der Kollektivvertrag kann Abweichendes regeln[387] (§ 19e Abs. 2 AZG).

16.2.4.3. Zeitausgleich i.V.m. Krankenstand

Es gilt der Grundsatz, dass Erkrankungen in der Zeitausgleichsphase keine Auswirkungen auf das Arbeitsverhältnis haben, d.h. der **Zeitausgleich wird durch einen Krankenstand nicht unterbrochen**.

---

382 Die Regelung soll verhindern, dass im Rahmen von flexiblen Arbeitszeitmodellen die Arbeitnehmer enorme Zeitguthaben ansparen, ohne die Chance zu haben, diesen Zeitausgleich auch zu verbrauchen. **Ab einem gewissen „Alter"** des Zeitausgleichs kann der Arbeitnehmer also **einseitig darüber verfügen**.

383 Z.B. bei Einarbeitszeit (→ 16.2.1.2.1.) und bei Gleitzeit (→ 16.2.1.2.2.).

384 Ein im Zeitpunkt der Beendigung des Arbeitsverhältnisses bestehendes Zeitguthaben an Normalstunden oder Überstunden, für die Zeitausgleich gebühren würde (i.S.d. § 19e AZG), ist mit dem **im Beendigungszeitpunkt gebührenden Bezug** (analog zur Berechnung der Ersatzleistung für Urlaubsentgelt) und nicht mit dem zum Zeitpunkt der Leistung der Überstunden gebührenden Bezug abzugelten (OGH 29.6.2011, 8 ObA 4/11p).

385 Dazu ein **Beispiel**: Ein Arbeitnehmer mit einer 40-Stunden-Woche wird per 30. Juni frist- und termingerecht gekündigt. Der **Kollektivvertrag sieht jedoch eine Verlängerung** des Arbeitsverhältnisses um das angesparte Zeitguthaben **vor**. Auf dem Zeitkonto des betreffenden Arbeitnehmers befinden sich am 30. Juni noch 120 Gutstunden. Das Arbeitsverhältnis endet somit erst drei Wochen später. Dementsprechend erwirbt der Arbeitnehmer weitere drei Wochen an Beitragszeiten, sein Anspruch auf aliquote Sonderzahlungen wird höher; unter Umständen entstehen auch zusätzliche Abfertigungs- und Urlaubsabgeltungsansprüche.

386 Der Zuschlag sei gewissermaßen der Preis für eine Flexibilisierung, die keinen Zeitausgleich mehr ermögliche (OGH 6.4.2005, 9 ObA 96/04i).

387 Diese Regelung kommt nicht zur Anwendung, wenn der Kollektivvertrag
- eine Verlängerung der Kündigungsfrist bis zu jenem Zeitpunkt vorsieht, zu dem ein Abbau des Guthabens möglich ist und ein Abbau tatsächlich erfolgt, oder
- weitere einschränkende Tatbestände vorsieht.

Beim **Zeitausgleich** erhält der Arbeitnehmer für die in der Vergangenheit erbrachte Mehrleistung Freizeit. Es handelt sich demnach um **bezahlte Freistellung von der Arbeitspflicht** für das erwirtschaftete Zeitguthaben.

Im Fall einer **Erkrankung** ist der Arbeitnehmer jedoch **an der Leistung seiner Arbeit verhindert**. Eine Arbeitsverhinderung durch Krankheit oder Unfall kann also nur in Zeiten bestehen, in denen der Arbeitnehmer zur Arbeitsleistung überhaupt verpflichtet ist.

Aus der **Sicht der Freizeit** ergibt sich im Fall eines durch Mehrleistung angesparten Zeitausgleichs keine andere Situation wie im Fall eines arbeitsfreien Samstags. Erkrankt ein Arbeitnehmer an einem arbeitsfreien Samstag, so erhält er deshalb keinen zusätzlichen Wochentag an Freizeit.

Erkrankt also der Arbeitnehmer in der Zeit, in welcher er auf Grund des Zeitausgleichs **nicht zur Arbeitsleistung verpflichtet** ist, besteht auch **kein Anspruch auf Entgeltfortzahlung** im Krankheitsfall. Es greift bereits die Zeitausgleichsvereinbarung, die den Arbeitnehmer (bezahlterweise) von der Arbeitspflicht befreit. Nicht die Erkrankung des Arbeitnehmers in der Zeitausgleichsphase bewirkt den Entfall der Arbeitsleistung (OGH 29.5.2013, ObA 11/13b). Dies gilt auch für seitens des Arbeitgebers einseitig angeordneten Zeitausgleich (OGH 27.2.2018, 9 ObA 10/18p).

Dazu ein **Beispiel**: Zwischen Arbeitnehmer und Arbeitgeber wird ein Zeitausgleich im Ausmaß von einer Woche (Montag bis Freitag) vereinbart. Der Arbeitnehmer erkrankt in diesem Zeitraum an zwei Tagen. Das Zeitguthaben wird trotz der eingetretenen Krankheit im vollen vereinbarten Ausmaß verbraucht.

Das vorstehend Gesagte gilt allerdings nur, wenn die Erkrankung erst nach dem Abschluss der Ausgleichsvereinbarung eintritt und nicht vorhersehbar war. Steht dem Arbeitnehmer z.B. eine Operation bevor, die Entgeltfortzahlung wegen Erkrankung auslösen würde, kann für diesen Zeitraum kein Zeitausgleich vereinbart werden. Eine solche Vereinbarung wäre sittenwidrig und nichtig. Im Zeitpunkt der Vereinbarung eines Zeitausgleichs darf kein Dienstverhinderungsgrund bekannt bzw. vorhersehbar sein.

Gleiches gilt auch z.B. für einen **Ersatzruheanspruch** (→ 17.1.3.) und für **„eingearbeitete" Fenstertage** (Ausfalltage) (→ 16.2.1.2.1.). Erkrankt der Arbeitnehmer während solcher Zeiten, muss keine neuerliche Ersatzzeit gewährt werden.

16.2.5. Arbeitsbereitschaft – Rufbereitschaft

16.2.5.1. Arbeitsbereitschaft

Die wöchentliche Normalarbeitszeit (→ 16.2.1.) kann bis auf 60 Stunden, die tägliche Normalarbeitszeit bis auf zwölf Stunden ausgedehnt werden, wenn

1. der Kollektivvertrag oder die Betriebsvereinbarung dies zulässt und
2. darüber hinaus in die Arbeitszeit des Arbeitnehmers **regelmäßig und in erheblichem Umfang Arbeitsbereitschaft** fällt.

Eine Betriebsvereinbarung ist nur zulässig, wenn

1. der Kollektivvertrag die Betriebsvereinbarung dazu ermächtigt oder
2. für die betroffenen Arbeitnehmer kein Kollektivvertrag wirksam ist.

Das Arbeitsinspektorat kann für Betriebe, in denen kein Betriebsrat errichtet ist, eine Verlängerung der wöchentlichen Normalarbeitszeit bis auf 60 Stunden, der täglichen Normalarbeitszeit bis auf zwölf Stunden für Arbeitnehmer zulassen, wenn

1. für die betroffenen Arbeitnehmer kein Kollektivvertrag wirksam ist und
2. darüber hinaus in die Arbeitszeit des Arbeitnehmers regelmäßig und in erheblichem Umfang Arbeitsbereitschaft fällt. (§ 5 Abs. 1–3 AZG)

Rechtsansichten lt. Erlass des BMAS vom 28.6.1994, 62.120/3-3/94:

Arbeitsbereitschaft ist **Arbeitszeit** i.S.d. AZG (→ 16.2.). Das AZG enthält keine Definition der Arbeitsbereitschaft. Der Ausschussbericht zum AZG definiert Arbeitsbereitschaft als Zeit, während deren sich der Arbeitnehmer dem Arbeitgeber **an einer von diesem bestimmten Stelle zur jederzeitigen Verfügung zu halten hat**, auch wenn er während dieser Zeit keine Arbeit verrichtet (Beispiel: Taxilenker). Literatur und Judikatur umschreiben Arbeitsbereitschaft häufig als „Achtsamkeit im Zustand der Entspannung".

Arbeitsbereitschaft ist dadurch gekennzeichnet, dass die **Selbstbestimmungsmöglichkeit** der Arbeitnehmer über die Verwendung **ihrer Zeit nicht gänzlich ausgeschlossen**, aber auch nicht in jenem Ausmaß vorhanden ist, wie sie typischerweise bei Freizeit oder Rufbereitschaft vorliegt. Die Arbeitnehmer sind verpflichtet, über Weisung der Arbeitgeber oder bei Eintritt des Bereitschaftsfalls tätig zu werden.

Während der Arbeitsbereitschaft erbringen die Arbeitnehmer **keine Arbeitsleistung**, sondern **halten sich** lediglich **zur Aufnahme der Arbeit bereit**.

Die Beaufsichtigung von anderen Personen oder von Maschinen stellt i.d.R. keine Arbeitsbereitschaft dar, sondern Arbeitszeit im engeren Sinne (Vollarbeit).

Entlohnung:

Obwohl die Arbeitsbereitschaft als Arbeitszeit gilt, kann diese auf Grund der geringeren Intensität der Inanspruchnahme des Arbeitnehmers geringer entlohnt werden. Dies gilt auch für die durch Arbeitsbereitschaft erforderlichen Überstunden (Überstunden „minderer Art"). Voraussetzung für die geringere Entlohnung von Arbeitsbereitschaft ist jedoch eine entsprechende Vereinbarung im Kollektivvertrag, in einer durch den Kollektivvertrag dazu ermächtigten Betriebsvereinbarung oder durch Einzelvertrag (OGH 30.3.2011, 9 ObA 25/11h; OGH 28.6.2017, 9 ObA 12/17f).

16.2.5.2. Rufbereitschaft

Von der Arbeitsbereitschaft zu **unterscheiden** ist die **Rufbereitschaft**:

Rufbereitschaft liegt vor, wenn die Arbeitnehmer ihren **Aufenthaltsort selbst wählen** können (Beispiel: EDV-Techniker). Rufbereitschaft zählt **nicht** zur **Arbeitszeit** i.S.d. AZG.

Zur Unterscheidung zwischen Arbeitsbereitschaft und Rufbereitschaft ergeben sich aus dem Erkenntnis des VwGH vom 2.12.1991, 91/19/0248 bis 0250, folgende Grundsätze:

Für die Arbeitsbereitschaft ist maßgeblich:

- **Aufenthaltspflicht** (d.h. die Verpflichtung der Arbeitnehmer zum Aufenthalt an einem bestimmten Ort, wobei die Bestimmung dieses Ortes durch die Arbeitgeber erfolgt);

- **Bereitschaftspflicht** zur jederzeitigen Arbeitsaufnahme (vgl. OGH 25.1.2019, 8 ObA 61/18f zum Vorliegen von Rufbereitschaft beim Erfordernis der ständigen Erreichbarkeit über ein Diensttelefon);
- gewöhnlich wird dieser Ort (wegen der jederzeitigen Arbeitsaufnahme) im Betrieb sein, wodurch i.d.R. eine **Einschränkung** der **freien Verwendung** dieser **Zeit** gegeben ist.

Rufbereitschaft liegt dagegen vor bei

- **freier Wahl** des **Aufenthaltsorts**, wobei die Arbeitnehmer die Arbeitgeber vom jeweiligen Aufenthaltsort zu verständigen haben oder anders erreichbar sein müssen;
- im Großen und Ganzen **freier Verwendung der Zeit**.

Nach der Rechtsprechung des EuGH liegt im Rahmen von „Rufbereitschaft" dann in vollem Umfang Arbeitszeit (und damit keine Rufbereitschaft im obigen Sinn) vor, wenn eine Gesamtbeurteilung aller Umstände des Einzelfalls, zu denen die **Folgen einer solchen Zeitvorgabe** und gegebenenfalls die **durchschnittliche Häufigkeit von Einsätzen** während der Bereitschaftszeit gehören, ergibt, dass die dem Arbeitnehmer während der Bereitschaftszeit auferlegten Einschränkungen von solcher Art sind, dass sie seine **Möglichkeit, dann die Zeit,** in der seine beruflichen Leistungen nicht in Anspruch genommen werden, **frei zu gestalten und sie seinen eigenen Interessen zu widmen, objektiv gesehen ganz erheblich beeinträchtigen.** Bei einer solchen Beurteilung ist es unerheblich, dass es in der unmittelbaren Umgebung des Arbeitsorts wenig Möglichkeiten für Freizeitaktivitäten gibt (EuGH 9.3.2021, C-344/19, Radiotelevizija Slovenija und EuGH 9.3.2021, C-580/19, Stadt Offenbach am Main). Der EuGH nimmt daher eine qualitative Beurteilung der Zeit aus Sicht des Arbeitnehmers vor.

Rufbereitschaft außerhalb der Arbeitszeit darf **nur an zehn Tagen pro Monat** vereinbart werden. Der Kollektivvertrag kann zulassen, dass Rufbereitschaft innerhalb eines Zeitraums von **drei Monaten an 30 Tagen** vereinbart werden kann.

Leistet der Arbeitnehmer während der Rufbereitschaft Arbeiten, kann die **tägliche Ruhezeit** unterbrochen werden, wenn innerhalb von zwei Wochen eine andere tägliche Ruhezeit um vier Stunden verlängert wird. Ein Teil der Ruhezeit muss mindestens acht Stunden betragen (§ 20a Abs. 1, 2 AZG).

Rufbereitschaft außerhalb der Arbeitszeit darf nur während zwei wöchentlicher Ruhezeiten (→ 17.1.1.) pro Monat vereinbart werden (§ 6a ARG).

Entlohnung:

Auch wenn es sich bei der **Rufbereitschaft nicht** um **Arbeitszeit** handelt, kann daraus nicht generell abgeleitet werden, dass diese Bereitschaft nicht zu entlohnen sei. Die Zahlung kann dem Arbeitnehmer nicht mit der Begründung versagt werden, dass er keine Arbeit leiste, weil auch diese Zeit nicht völlig zu seiner freien Verfügung steht. Der Arbeitgeber, der die Rufbereitschaft verlangt, macht wenigstens zum Teil von der Arbeitskraft des Arbeitnehmers Gebrauch. Auf der Grundlage des Arbeitsvertragsrechts handelt es sich jedenfalls um Arbeitsleistungen, die zu entlohnen sind. Mangels Vereinbarung gebührt gem. § 6 AngG (§ 1152 ABGB) ein ortsübliches bzw. **angemessenes Entgelt** (OGH 25.1.2019, 8 ObA 61/18f). In der Regel ist die Rufbereitschaft dabei **geringer zu entlohnen als die Leistung selbst** (OGH 18.3.1992, 9ObA53/92 u.a.; vgl. zuletzt auch OGH 24.4.2020, 8 ObA 4/20a).

Da die Zeit des Arbeitnehmers während der bloßen Rufbereitschaft allerdings nicht so weit in Anspruch genommen wird, dass bereits von der Arbeitsleistung selbst (oder einer gleichwertigen Tätigkeit) gesprochen werden kann, kann für die betreffende Zeit ein geringeres Entgelt als für die eigentliche Arbeitsleistung oder **allenfalls** sogar **Unentgeltlichkeit** vereinbart werden (OGH 6.4.2005, 9 ObA 71/04p). Ist daher im Dienstvertrag ein Entgelt für die Rufbereitschaft bestimmt, kommt § 1152 ABGB zum ortsüblichen Entgelt (siehe vorstehend) selbst dann, wenn das vereinbarte Entgelt unangemessen niedrig ist, grundsätzlich nicht zur Anwendung. Eine unangemessen niedrige Entgeltvereinbarung bleibt vielmehr gültig, soweit nicht eine kollektivvertragliche Bestimmung vorliegt, die ein höheres Mindestentgelt zwingend vorschreibt, oder sittenwidriger „Lohnwucher“[388] iSd § 879 ABGB gegeben ist (OGH 24.4.2020, 8 ObA 4/20a).

16.2.6. Reisezeit

Reisezeit liegt vor, wenn der Arbeitnehmer über Auftrag des Arbeitgebers vorübergehend seinen Dienstort (Arbeitsstätte) verlässt, um an anderen Orten seine Arbeitsleistung zu erbringen, **sofern** der Arbeitnehmer während der Reisebewegung **keine Arbeitsleistung zu erbringen hat** („passive Reisezeit“)[389] (§ 20b Abs. 1 AZG) (→ 22.2.).

Durch Reisezeiten können die **Höchstgrenzen der Arbeitszeit**[390] überschritten werden (§ 20b Abs. 2 AZG). Ob § 20b Abs. 2 AZG unionsrechtskonform ist oder ob auch „passive Reisezeiten“ als Arbeitszeiten zu qualifizieren sind, für die die Höchstgrenzen der Arbeitszeit zu beachten sind, ist nach einem Urteil des EuGH nicht abschließend geklärt (EuGH 10.9.2015, C-266/14, Tyco). Vieles spricht aber für eine Unionsrechtskonformität von § 20b Abs. 2 AZG (vgl. dazu PV-Info 12/2015, Linde Verlag Wien).

Bestehen während der Reisezeit **ausreichende Erholungsmöglichkeiten**[391], kann die tägliche **Ruhezeit** (→ 17.) verkürzt werden. Durch Kollektivvertrag kann festgelegt werden, in welchen Fällen ausreichende Erholungsmöglichkeiten bestehen (§ 20b Abs. 3 AZG).

Bestehen während der Reisezeit **keine ausreichenden Erholungsmöglichkeiten**[392], kann die tägliche Ruhezeit durch Kollektivvertrag höchstens auf acht Stunden verkürzt werden. Ergibt sich dabei am nächsten Arbeitstag ein späterer Arbeitsbeginn, als in der Vereinbarung gem. § 19c Abs. 1 AZG (→ 16.2.1.1.) vorgesehen, ist die Zeit

388 „Lohnwucher“ wird von der Rechtsprechung bei „Hungerlöhnen“ angenommen, deren Höhe in auffallendem Missverhältnis zum Wert der Leistung des Dienstnehmers steht, wenn ihre Vereinbarung durch Ausbeutung des Leichtsinns, einer Zwangslage, der Unerfahrenheit oder der Verstandesschwäche des Dienstnehmers zustande gekommen ist. Die Beurteilung des Vorliegens von „Lohnwucher“ hat im Einzelfall zu erfolgen. Dabei kann auch die Vereinbarung von Unentgeltlichkeit im Einzelfall zulässig sein (z.B. bei kaum bestehender Inanspruchnahme des Arbeitnehmers).

389 Das ist die Zeit, die ein Arbeitnehmer auf Dienstreisen in Verkehrsmitteln, auf Bahnhöfen, in Flughäfen usw. verbringt und dabei keine Arbeitsleistung erbringt („passive Reisezeit“).

390 Durch die Höchstgrenzen der Arbeitszeit wird festgelegt, wie lange ein Arbeitnehmer maximal arbeiten darf (grundsätzlich zwölf Stunden täglich und 60 Stunden wöchentlich mit Ausnahmen; vgl. § 9 AZG). Davon zu unterscheiden ist die Frage, ob Normalarbeitszeit oder Mehr- bzw. Überstundenarbeit vorliegt.

391 Z.B. Fahrt mit dem Schlafwagen.

392 Z.B. Mitfahren in einem von einem anderen gelenkten Pkw.

zwischen dem vorgesehenen und dem tatsächlichen Beginn auf die Arbeitszeit anzurechnen[393] (§ 20b Abs. 4 AZG).

Verkürzungen der täglichen Ruhezeit nach Abs. 3 und 4 sind nur zweimal pro Kalenderwoche zulässig (§ 20b Abs. 5 AZG).

Zum möglichen Ersatzruheanspruch siehe Punkt 17.

Für **Jugendliche** i.S.d. KJBG (→ 16.1.) gilt: Reisezeit liegt vor, wenn der Jugendliche über Auftrag des Arbeitgebers vorübergehend seinen Dienstort (Arbeitsstätte) verlässt, um an anderen Orten seine Arbeitsleistung zu erbringen, sofern während der Reisebewegung keine Arbeitsleistung erbracht wird[394]. Durch Reisezeiten kann die Tagesarbeitszeit auf bis zu zehn Stunden ausgedehnt werden, wenn der Jugendliche in einem Lehr- oder sonstigen Ausbildungsverhältnis steht und das 16. Lebensjahr vollendet hat (§ 11 Abs. 3a KJBG).

Verlässt der Arbeitnehmer über Auftrag des Arbeitgebers vorübergehend seinen Dienstort (Arbeitsstätte), um an anderen Orten seine Arbeitsleistung zu erbringen, ist eine Reisebewegung während der Wochenend- und Feiertagsruhe (→ 17.1.1.) zulässig, wenn diese zur Erreichung des Reiseziels notwendig oder im Interesse des Arbeitnehmers gelegen ist (§ 10a ARG).

Zur Frage der Entlohnung während Reisezeiten siehe Punkt 22.2.

393 Dazu ein **Beispiel**: Im Rahmen einer Reisezeit ohne Erholungsmöglichkeiten trifft ein Arbeitnehmer um 2 Uhr morgens am Betriebssitz ein. Die Tagesarbeitszeit des nächsten Tages hätte um 8 Uhr morgens begonnen. Der Kollektivvertrag hat eine Verkürzung der täglichen Ruhezeit auf 9 Stunden zugelassen. Die verkürzte Ruhezeit erstreckt sich somit von 2 Uhr morgens bis 11 Uhr. Der Arbeitnehmer beginnt an diesem Tag daher erst um 11 Uhr zu arbeiten. Die Zeit ab 8 Uhr wird voll als Arbeitszeit gerechnet.

394 Auch das Lenken eines Fahrzeuges gilt als Arbeitsleistung („aktive Reisezeit").

17. Arbeitsruhe – Sonntags-, Feiertags- und Nachtarbeit – (Nacht-)Schwerarbeit

In diesem Kapitel werden u.a. Antworten auf folgende praxisrelevanten Fragestellungen gegeben:

Dieses Kapitel behandelt nicht alle diesbezüglich geregelten Bestimmungen. Es beschränkt sich bloß auf grundsätzliche Regelungen. Die Erläuterungen hinsichtlich der Sonntags-, Feiertags- und Nachtzuschläge dienen als **Vorinformation für das Kapitel** 18.

Vorschriften, die sich mit der Arbeitszeit und der arbeitsfreien Zeit befassen, unterscheiden grundsätzlich zwischen

Ruhepausen	und	**Ruhezeiten.**
Ruhepausen sind kurze Arbeitsunterbrechungen wie z.B. Frühstückspause, Mittagspause.		Ruhezeiten sind längere arbeitsfreie Zeiten wie z.B. die Zeit zwischen den Tagesarbeitszeiten, Sonntagsruhe.

Bezüglich der

- **Ruhepausen**

bestimmt § 11 Abs. 1 AZG:

Beträgt die Gesamtdauer der Tagesarbeitszeit **mehr als sechs Stunden,** so ist die Arbeitszeit durch eine **Ruhepause von mindestens einer halben Stunde** zu unterbrechen[395]. Wenn es im Interesse der Arbeitnehmer des Betriebes gelegen oder aus betrieblichen Gründen notwendig ist, können anstelle einer halbstündigen Ruhepause **zwei Ruhepausen von je einer Viertelstunde** oder **drei Ruhepausen von je zehn Minuten** gewährt werden[396]. Eine andere Teilung der Ruhepause kann aus diesen Gründen durch Betriebsvereinbarung, in Betrieben, in denen kein Betriebsrat errichtet ist, durch das Arbeitsinspektorat, zugelassen werden. Ein Teil der Ruhepause muss mindestens zehn Minuten betragen. Betriebsvereinbarungen, die den Arbeitnehmern das Recht einräumen, Pausen individuell – innerhalb der Arbeitszeit – zu halten, sind möglich (vgl. OGH 17.3.2004, 9 ObA 102/03w; zuletzt auch OGH 25.10.2019, 8 ObA 56/19x, wonach auch Vorgaben des Arbeitgebers hinsichtlich der erforderlichen Absprache der Mitarbeiter untereinander zur Sicherstellung der erforderlichen Anwesenheit möglich sind).

Bezüglich der

- **täglichen Ruhezeit**

bestimmt § 12 Abs. 1 und 2 AZG:

Nach Beendigung der Tagesarbeitszeit ist den Arbeitnehmern eine ununterbrochene Ruhezeit **von mindestens elf Stunden** zu gewähren.

Der **Kollektivvertrag** kann die ununterbrochene Ruhezeit auf **mindestens acht Stunden verkürzen.** Solche Verkürzungen der Ruhezeit sind innerhalb der nächsten zehn Kalendertage durch entsprechende Verlängerung einer anderen täglichen oder wöchentlichen Ruhezeit auszugleichen. Eine Verkürzung auf weniger als zehn Stunden ist nur zulässig, wenn der Kollektivvertrag weitere Maßnahmen zur Sicherstellung der Erholung der Arbeitnehmer vorsieht.

Darüber hinaus sieht § 12 Abs. 2a bis 2d Sonderbestimmungen im Gast-, Schank- und Beherbergungsgewerbe vor[397].

17.1. Sonntags-(Wochenend-) und Feiertagsruhe – Sonntags-(Wochenend-) und Feiertagsarbeit

Rechtsgrundlage dafür ist grundsätzlich das **Arbeitsruhegesetz** (ARG), Bundesgesetz vom 3. Februar 1983, BGBl 1983/144. Dieses Bundesgesetz gilt für Arbeitnehmer aller Art.

Ausgenommen vom Geltungsbereich des ARG sind u.a.:

- Hausgehilfen und Hausangestellte,
- Hausbesorger[398],
- Bäckereiarbeiter,
- leitende Angestellte und sonstige Arbeitnehmer, denen selbständige Entscheidungsbefugnis übertragen ist und die mit hoher Zeitautonomie ausgestattet sind,

395 Eine Pause im Sinne dieser Bestimmung liegt nur dann vor, wenn eindeutig ist, dass der Arbeitnehmer während der gesamten Pause **keinen Arbeitseinsatz** erbringen muss und somit eine **im Voraus geplante Erholungsmöglichkeit** eingeräumt wird. Besteht während einer Arbeitsunterbrechung jederzeit die Möglichkeit, z.B. von einem Gast/Kunden angesprochen zu werden, und ist der Arbeitnehmer daraufhin verpflichtet, unverzüglich die Arbeit aufzunehmen, so stellt dies keine Ruhepause nach § 11 Abs. 1 AZG dar (OGH 30.1.2018, 9 ObA 9/18s). Eine Ruhepause ist nach der Rechtsprechung des EuGH dann als Arbeitszeit zu sehen, wenn der Arbeitnehmer – sofern nötig – binnen zwei Minuten einsatzbereit sein muss und sich aus einer Gesamtwürdigung der relevanten Umstände ergibt, dass die dem Arbeitnehmer während dieser Ruhepause auferlegten Einschränkungen von solcher Art sind, dass sie objektiv gesehen ganz erheblich seine Möglichkeit beschränken, die Zeit, in der seine beruflichen Leistungen nicht in Anspruch genommen werden, frei zu gestalten und sie seinen eigenen Interessen zu widmen (EuGH 9.9.2021, C-107/19, XR).

396 Besteht eine gesetzliche Betriebsvertretung, kann dies nur mit deren Zustimmung erfolgen (§ 11 Abs. 2 AZG).

397 Im Gast-, Schank- und Beherbergungsgewerbe kann für Arbeitnehmer in Küche und Service bei geteilten Diensten die tägliche Ruhezeit auf mindestens acht Stunden verkürzt werden.

398 Das Hausbesorgergesetz ist auf Dienstverhältnisse, die nach dem 30. Juni 2000 abgeschlossen wurden, nicht mehr anzuwenden (§ 31 Abs. 5 HbG) (→ 4.4.3.1.4.).

- nahe Angehörige des Dienstgebers mit hoher Zeitautonomie,
- Heimarbeiter,
- Kinder und Jugendliche (§ 1 Abs. 2 ARG) (→ 16.1.).

17.1.1. Begriffe der Ruhezeiten

Im Sinn des § 2 Abs. 1 ARG ist

1. **Wochenendruhe**	eine ununterbrochene Ruhezeit **von 36 Stunden**, in die der Sonntag fällt. Die Wochenendruhe hat für alle Arbeitnehmer spätestens Samstag um 13 Uhr, für Arbeitnehmer, die mit unbedingt notwendigen Abschluss-, Reinigungs-, Instandhaltungs- oder Instandsetzungsarbeiten beschäftigt sind, spätestens Samstag um 15 Uhr zu beginnen (§ 3 ARG).
2. **Wochenruhe**	eine ununterbrochene, einen ganzen Wochentag einschließende Ruhezeit **von 36 Stunden** in der Kalenderwoche, für Arbeitnehmer, die erlaubterweise während der Zeit der Wochenendruhe beschäftigt wurden (§ 4 ARG).
3. **Wöchentliche Ruhezeit**	sowohl die Wochenendruhe als auch die Wochenruhe.
4. **Ersatzruhe**	eine ununterbrochene Ruhezeit, die als Abgeltung für die während der wöchentlichen Ruhezeit geleistete Arbeit zusteht (§ 6 ARG).
5. **Feiertagsruhe**	eine ununterbrochene Ruhezeit **von 24 Stunden**, die frühestens um 0 Uhr und spätestens um 6 Uhr des Feiertags beginnt (§ 7 ARG)[399].

Das ARG sieht **zahlreiche Ausnahmen** bzw. Sonderbestimmungen von der Wochenend- und Feiertagsruhe vor (§§ 3, 10–22 ARG). Darüber hinaus können die Arbeitsruhegesetz-Verordnung, BGBl 1984/149, sowie der Kollektivvertrag weitere Ausnahmen von der Wochenend- und Feiertagsruhe zulassen (§§ 12, 12a ARG).

Bei **vorübergehend auftretendem besonderem Arbeitsbedarf** können durch Betriebsvereinbarung Ausnahmen von der Wochenend- und Feiertagsruhe an vier Wochenenden[400] oder Feiertagen pro Arbeitnehmer und Jahr zugelassen werden. In Betrieben ohne Betriebsrat kann Wochenend- und Feiertagsarbeit schriftlich mit den einzelnen Arbeitnehmern vereinbart werden. In diesem Fall steht es den Arbeitnehmern frei, solche Wochenend- und Feiertagsarbeit ohne Angabe von Gründen abzulehnen (§ 12b ARG).

Feiertage i.S.d. ARG sind:

- 1. Jänner (Neujahr),
- 6. Jänner (Heilige Drei Könige),

399 Bei einem Zusammenfallen von einem Feiertag und einem Sonntag gelangt nicht die Feiertagsruhe, sondern die Wochenendruhe (Sonntagsruhe) zur Anwendung (§ 7 Abs. 7 ARG; vgl. auch OGH 29.7.2020, 9 ObA 29/20k). In diesem Fall gebührt mangels Beschäftigung während der Feiertagsruhe grundsätzlich auch kein Feiertagsarbeitsentgelt (→ 17.1.3.) – sehr wohl jedoch Feiertagsentgelt (→ 17.1.2.).

400 Es darf sich dabei nicht um vier aufeinanderfolgende Wochenenden handeln.

- Ostermontag,
- 1. Mai (Staatsfeiertag),
- Christi Himmelfahrt,
- Pfingstmontag,
- Fronleichnam,
- 15. August (Mariä Himmelfahrt),
- 26. Oktober (Nationalfeiertag),
- 1. November (Allerheiligen),
- 8. Dezember (Mariä Empfängnis),
- 25. Dezember (Weihnachten),
- 26. Dezember (Stephanstag) (§ 7 Abs. 2 ARG).

Der **Karfreitag** wurde aufgrund einer Rechtsprechung des EuGH als Feiertag für Angehörige der evangelischen Kirchen AB und HB, der Altkatholischen Kirche und der Methodistenkirche aus dem ARG gestrichen (Entfall von § 7 Abs. 3 ARG)[401]. Stattdessen haben alle Arbeitnehmer (unabhängig von der Religionszugehörigkeit) das Recht, den Zeitpunkt des Antritts eines Urlaubstages einmal pro Urlaubsjahr einseitig zu bestimmen („**persönlicher Feiertag**" gem. § 7a ARG; siehe dazu ausführlich Punkt 26.2.4.).

Auf Grund eines Generalkollektivvertrags haben Angehörige des israelitischen Glaubensbekenntnisses für den Versöhnungstag (Jom Kippur) unter bestimmten Voraussetzungen Anspruch auf Freizeit unter Fortzahlung des Entgelts[402].

Die in einzelnen Bundesländern durch Landesgesetzgebung als Feiertage festgesetzten arbeitsfreien Tage (z.B. der Feiertag für den Landespatron) gelten ebenfalls als gesetzliche Feiertage. Außerhalb des Landarbeitsrechts und des Landes- und Gemeindebedienstetenrechts gelten diese Tage allerdings nicht als gesetzliche Feiertage.

17.1.2. Entgelt für Feiertags- oder Ersatzruhe

Der Arbeitnehmer behält für die infolge eines Feiertags oder der Ersatzruhe ausgefallene Arbeit seinen Anspruch auf Entgelt (**Ersatzruhe- bzw. Feiertagsentgelt**). Dem Arbeitnehmer gebührt jenes Entgelt, das er erhalten hätte, wenn die Arbeit nicht ausgefallen wäre (**Ausfallsprinzip**).

Bei Akkord-, Stück- oder Gedinglöhnen (→ 9.3.3., → 16.2.3.5.), akkordähnlichen oder sonstigen leistungsbezogenen Prämien oder Entgelten ist das fortzuzahlende Entgelt nach dem **Durchschnitt der letzten dreizehn voll gearbeiteten Wochen**

401 Ausgangspunkt war eine Entscheidung des OLG Wien, wonach § 7 Abs. 3 ARG eine unmittelbare Diskriminierung von Angehörigen anderer Religionsgemeinschaften bzw. Konfessionslosen darstellt, sodass auch diesen – wenn sie am Karfreitag arbeiten – Feiertagsarbeitsentgelt zusteht (OLG Wien 29.3.2016, 9 Ra 23/16t). Der OGH hat dazu ein Vorabentscheidungsersuchen an den EuGH gestellt (OGH 24.3.2017, 9 ObA 75/16v). Der EuGH und in weiterer Folge auch der OGH haben entschieden, dass die Gewährung eines bezahlten Feiertags am Karfreitag in Österreich allein für diejenigen Arbeitnehmer, die bestimmten Kirchen angehören, eine unionsrechtlich verbotene Diskriminierung aufgrund der Religion darstellt. Auch Arbeitnehmer anderer Konfessionen oder ohne religiöses Bekenntnis konnten demnach die Freistellung am Karfreitag verlangen, solange eine derartige gesetzliche Regelung bestand. Wurde diesem Verlangen seitens des Arbeitgebers nicht entsprochen, muss Feiertagsarbeitsentgelt bezahlt werden (EuGH 22.1.2019, C-193/17, Cresco Investigation; OGH 27.2.2019, 9 ObA 11/19m). Mittlerweile wurde der Gesetzgeber jedoch aktiv und hat § 7 Abs. 3 ARG aufgehoben. Der Karfreitag ist dementsprechend generell kein Feiertag mehr.

402 Ob diese Bestimmung unionsrechtskonform ist, ist in der Literatur umstritten.

unter Ausscheidung nur ausnahmsweise geleisteter Arbeiten zu berechnen (siehe Beispiel 117). Hat der Arbeitnehmer nach Antritt des Arbeitsverhältnisses noch keine dreizehn Wochen voll gearbeitet, so ist das Entgelt nach dem Durchschnitt der seit Antritt des Arbeitsverhältnisses voll gearbeiteten Zeiten zu berechnen.

Durch Kollektivvertrag i.S.d. § 18 Abs. 4 ArbVG (Generalkollektivvertrag, → 3.3.4.7.) kann geregelt werden, **welche Leistungen** des Arbeitgebers als Entgelt anzusehen sind. Die Berechnungsart für die **Ermittlung der Höhe des Entgelts** kann durch (Branchen)Kollektivvertrag abweichend geregelt werden[403] (§ 9 Abs. 1–4 ARG).

Es besteht jedenfalls kein Wahlrecht zwischen entgeltlicher Ersatzruhe und einer (unentgeltlichen) wöchentlichen Ruhezeit (VwGH 29.3.2019, Ra 2019/08/0055 zum Kollektivvertrag für Arbeiterinnen und Arbeiter im Hotel- und Gastgewerbe).

Eine Vereinbarung, womit mit dem über dem kollektivvertraglichen Mindestsätzen liegenden Teil des Ist-Gehalts auch jene Überstundenentlohnungen abgegolten seien, auf die der Arbeitnehmer während des Feiertags Anspruch gem. dem Lohnausfallprinzip hat, ist rechtsunwirksam (VwGH 13.5.2009, 2006/08/0226).

Im Übrigen gelten **sinngemäß** die unter Punkt 26.2.6.3. zum **Urlaubsentgelt** dargestellten Beispiele und das zum Urlaubsentgelt Gesagte.

17.1.3. Abgeltung für Arbeit während der wöchentlichen Ruhezeit und während der Feiertagsruhe

Während der wöchentlichen Ruhezeit bzw. der Feiertagsruhe darf ein Arbeitnehmer nur dann zur Arbeitsleistung herangezogen werden, wenn ein **Ausnahmetatbestand** gem. dem ARG (§§ 2 Abs. 2, 10–18 ARG) vorliegt.

Der Arbeitnehmer, der **während seiner wöchentlichen Ruhezeit** beschäftigt wird, hat in der folgenden Arbeitswoche (**neben der Entlohnung für diese Zeit**) Anspruch auf **Ersatzruhe** (→ 17.1.2.), die auf seine Wochenarbeitszeit anzurechnen ist. Die Ersatzruhe ist im Ausmaß der während der wöchentlichen Ruhezeit geleisteten Arbeit zu gewähren, die innerhalb von 36 Stunden (der sog. **Kernruhezeit**) vor dem Arbeitsbeginn in der nächsten Arbeitswoche erbracht wurde (§ 6 Abs. 1 ARG).

Die bezahlte Ersatzruhe im Verhältnis 1 : 1 der geleisteten Stunden gebührt demnach nur dann, wenn die Arbeitsleistung in die Kernruhezeit gefallen ist.

Dazu ein **Beispiel**: Ein Arbeitnehmer ist im Rahmen der 5-Tage-Woche beschäftigt, wobei die Arbeitszeit auf die Werktage Montag bis Freitag verteilt ist. Arbeitsbeginn ist jeweils um 8 Uhr. Arbeitet nun der Arbeitnehmer ausnahmsweise am **Samstag von 8 bis 12 Uhr**, so entsteht **kein Anspruch** auf Ersatzruhe, da der Arbeitnehmer nicht innerhalb der letzten 36 Stunden vor Arbeitsbeginn in der nächsten Arbeitswoche (somit innerhalb des Zeitraums von Samstag 20 Uhr bis Montag 8 Uhr) beschäftigt wurde. Arbeitet der Arbeitnehmer hingegen am **Sonntag von 8 bis 12 Uhr**, so hat er **Anspruch** auf eine 4-stündige **Ersatzruhe** in der nächsten Arbeitswoche.

403 Zum Feiertagsentgelt besteht kein Generalkollektivvertrag. Auch wenn der Branchenkollektivvertrag keine – nach § 9 Abs. 4 ARG zulässige – gesonderte Regelung betreffend die Berechnungsart des Feiertagsentgelts enthält, ist aus Gründen der praktischen Durchführbarkeit eine Gleichbehandlung mit anderen Nichtleistungsentgelten (z.B. Krankenentgelt, → 25.2.7.; Urlaubsentgelt, → 26.2.6.) anzunehmen (VwGH 11.12.2013, 2011/08/0327).

Entscheidend für die Berechnung der 36-Stunden-Frist und damit das Vorliegen eines Ersatzruheanspruchs ist somit ausschließlich der Arbeitsbeginn in der nächsten Arbeitswoche (Rückrechnung der 36 Stunden von diesem Zeitpunkt). Nicht relevant ist dabei die gesetzliche Ruhezeit gem. §§ 3, 4 ARG. Weicht der tatsächliche Arbeitsbeginn vom geplanten Arbeitsbeginn ab, ist der **geplante Arbeitsbeginn** maßgeblich. Auf den tatsächlichen Arbeitsbeginn ist (ausnahmsweise) nur dann abzustellen, wenn es zu einer generellen Festsetzung des Arbeitsbeginns gekommen wäre, also durch eine allgemeine Vorverlegung des Arbeitsbeginns die Wochenruhe mit dem tatsächlichen Arbeitsbeginn früher geendet hätte (OGH 18.12.2014, 9 ObA 123/14z).

Wird ein Arbeitnehmer auf Grund eines Ausnahmetatbestands während seiner **Ersatzruhezeit** zu **Arbeitsleistung** herangezogen, so ist die nicht verbrauchte Ersatzruhe **nachzuholen**. Die Ersatzruhe hat unmittelbar vor Beginn der folgenden wöchentlichen Ruhezeit zu liegen, soweit vor Antritt der Arbeit, für die Ersatzruhe gebührt, nicht anderes vereinbart wurde (§ 6 Abs. 5 ARG).

Nach der Auffassung des OLG Linz gebührt eine Ersatzruhe auch für passive Reisezeiten (z.B. dienstliche Fahrt als Beifahrer) während der wöchentlichen Ruhezeit (vgl. OLG Linz 10.12.2017, 12 Ra 67/17k).

Für die Ersatzruhe gebührt jenes Entgelt, das der Arbeitnehmer erhalten hätte, wenn die Arbeit nicht ausgefallen wäre (Ausfallprinzip → 17.1.2.).

Eine für einen Tag, an dem der Arbeitnehmer Anspruch auf Ersatzruhe hat, getroffene **Urlaubsvereinbarung ist unwirksam**. Dies hat daher zur Folge, dass nicht Urlaub konsumiert, sondern der Anspruch auf Ersatzruhe erfüllt wird (OGH 23.1.2015, 8 ObA 1/15b).

Näheres zur Ersatzruhe i.V.m. Krankenstand finden Sie unter Punkt 16.2.4.3.

Der Arbeitnehmer, der **während der Feiertagsruhe** beschäftigt wird, hat außer dem Feiertagsentgelt Anspruch auf das für die geleistete Arbeit gebührende Entgelt (**Feiertagsarbeitsentgelt**), es sei denn, es wird Zeitausgleich vereinbart (§ 9 Abs. 5 ARG).

Die Höhe des Feiertagsarbeitsentgelts (innerhalb der sonst vorgesehenen Normalarbeitszeit) bemisst sich nach dem für die geleistete Arbeit gebührenden **„Normalentgelt"** (= Normalstundensatz für jede geleistete Stunde). Kollektivverträge enthalten jedoch häufig Sonderbestimmungen hinsichtlich der Entlohnung für Feiertagsarbeit.

Wird an einem Feiertag gearbeitet, kommt es zu keinem ersatzweisen Anspruch der ausgefallenen Ruhezeit. Wenn ein **Feiertag auf einen Sonntag fällt**, gelten grundsätzlich statt den Bestimmungen zur Feiertagsruhe die Regelungen bezüglich Wochenendruhe, Wochenruhe und Ersatzruhe (→ 17.1.1.)[404]. Feiertagsarbeitsentgelt gebührt in diesen Fällen mangels Beschäftigung während der „Feiertagsruhe" grundsätzlich nicht (OGH 29.7.2020, 9 ObA 29/20k).

Manche lohngestaltende Vorschriften sehen für die Arbeit am Sonntag oder an einem Feiertag innerhalb der Normalarbeitszeit einen **Sonntags- bzw. Feiertagszuschlag** vor (→ 18.3.2.2.3.).

---

404 **Ausnahme:** Der Kollektivvertrag für Gastgewerbe und Hotellerie (Arbeiter) wertet die „Sonntags-Feiertage" als Feiertage und es gebührt gegebenenfalls das Feiertagsarbeitsentgelt.

Wird an einem Sonntag oder an einem Feiertag außerhalb der Normalarbeitszeit gearbeitet, liegt Überstundenarbeit vor (→ 18.3.2.2.3.).

Näheres zur Feiertagsruhe i.V.m. Krankenstand finden Sie unter Punkt 25.2.7.4. und Punkt 25.3.7.2.

17.1.4. Verbot der Sonn- und Feiertagsarbeit

Ein gänzliches bzw. teilweises Verbot besteht:

1. Für **werdende und stillende Mütter**:
   Diese dürfen an Sonn- und gesetzlichen Feiertagen – abgesehen von zugelassenen Ausnahmen[405] – nicht beschäftigt werden (§ 7 MSchG).
2. Für **Jugendliche** (§ 3 KJBG):
   Diese dürfen ebenfalls an Sonn- und gesetzlichen Feiertagen – abgesehen von zugelassenen Ausnahmen – nicht beschäftigt werden (§ 18 KJBG).

17.2. Nachtruhe – Nachtarbeit

Rechtsgrundlage für die Nachtarbeit ist grundsätzlich das **Arbeitszeitgesetz** (AZG). Dieses bestimmt:

- Als **Nacht** gilt die Zeit zwischen **22 Uhr und 5 Uhr**;
- **Nachtarbeitnehmer** sind Arbeitnehmer, die
  1. regelmäßig oder
  2. sofern der Kollektivvertrag nicht anderes vorsieht, in mindestens 48 Nächten im Kalenderjahr während der Nacht mindestens drei Stunden arbeiten;
- **Nachtschwerarbeiter** (i.S.d. AZG) sind Nachtarbeitnehmer, die Nachtarbeit unter den im NSchG genannten Bedingungen (→ 17.3.) leisten.

Weiters regelt das AZG

- besondere Bestimmungen über die Durchrechnung der Arbeitszeit und einen ev. Anspruch auf zusätzliche Ruhezeiten,
- Konsumierung der zusätzlichen Ruhezeiten,
- Anspruch auf unentgeltliche Untersuchungen des Gesundheitszustands,
- Recht auf Versetzung auf einen geeigneten Tagesarbeitsplatz und
- Recht auf Informationen über wichtige Betriebsgeschehnisse (§§ 12a–12d AZG).

Weiters nehmen auch noch andere Gesetze auf die Nachtarbeit Bezug. U.a. bestimmt

- für **werdende und stillende Mütter** das Mutterschutzgesetz ein Beschäftigungsverbot von 20 Uhr bis 6 Uhr (§ 6 Abs. 1 MSchG);
- für **Kinder und Jugendliche** das Bundesgesetz über die Beschäftigung von Kindern und Jugendlichen ein Beschäftigungsverbot von 20 Uhr bis 6 Uhr (§ 17 Abs. 1 KJBG).

Diese Gesetze beinhalten aber auch Ausnahmen zum Verbot der Nachtarbeit.

Manche lohngestaltende Vorschriften sehen für die Arbeit in der Nacht innerhalb der Normalarbeitszeit einen **Nachtzuschlag** vor (→ 18.3.2.2.3.).

---

405 Z.B. für die Beschäftigung von Dienstnehmerinnen, die vor der Meldung der Schwangerschaft ausschließlich an Samstagen, Sonntagen oder Feiertagen beschäftigt wurden, im bisherigen Ausmaß (§ 7 Abs. 2 Z 4 MSchG).

Wird in der Nacht außerhalb der Normalarbeitszeit gearbeitet, liegt Mehrarbeit bzw. Überstundenarbeit vor (→ 18.3.2.2.3.).

17.3. Nachtschwerarbeit

Rechtsgrundlage dafür ist das **Nachtschwerarbeitsgesetz** (NSchG), Bundesgesetz vom 2. Juli 1981, BGBl 1981/354, in der jeweils geltenden Fassung.

Voraussetzung für die Anwendung des NSchG ist, dass der Arbeitnehmer

1. **Nachtarbeit** und
2. **Nachtschwerarbeit**

leistet.

ad 1.

Nachtarbeit leistet ein Arbeitnehmer, der

- in der Zeit zwischen 22 Uhr und 6 Uhr mindestens sechs Stunden arbeitet,

sofern nicht in die Arbeitszeit regelmäßig und in erheblichem Umfang Arbeitsbereitschaft (→ 16.2.5.) fällt (Art. VII Abs. 1 NSchG).

ad 2.

Nachtschwerarbeit leistet ein Arbeitnehmer, der unter einer der **folgenden Bedingungen** arbeitet:

- In Bergbaubetrieben,
- bei Hitze, die den Organismus besonders belastet,
- bei überwiegendem Aufenthalt in begehbaren Kühlräumen,
- bei andauernd starkem Lärm,
- bei Verwendung von Arbeitsgeräten, Maschinen und Fahrzeugen, die durch gesundheitsgefährdende Erschütterung auf den Körper einwirken,
- bei Tragen von Atemschutzgeräten,
- bei Arbeit an Bildschirmarbeitsplätzen,
- bei ständigem gesundheitsschädlichen Einwirken von inhalativen Schadstoffen u.a.m. (Art. VII Abs. 2 NSchG).

Durch Kollektivvertrag können bestimmte Arbeiten der Nachtschwerarbeit gleichgestellt werden (Art. VII Abs. 6 NSchG).

Für Arbeitnehmer, die Nachtschwerarbeit leisten, sieht das NSchG **Schutzmaßnahmen** zur Verhinderung, Beseitigung oder Milderung der mit diesen Arbeiten verbundenen Erschwernisse und Ausgleichsmaßnahmen für diese Belastungen vor. Darunter fallen u.a.

- ein Zusatzurlaub (§ 10a UrlG),
- zusätzliche Ruhepausen (§ 11 Abs. 4 AZG),
- ein Zeitguthaben für das Krankenpersonal bei Erbringung bestimmter Arbeiten (Art. V NSchG),
- besondere Abfertigungsregelungen (Art. IV NSchG) (→ 33.3.1.2.),
- zusätzliche betriebsärztliche Betreuung (§ 22 Abs. 4 ASchG),

- spezielle Betriebsvereinbarungen (§ 97 Abs. 1 ArbVG),
- die Gewährung eines Sonderruhegelds (Pension)[406] (Art. X NSchG).

Erläuterungen dazu finden Sie in den E-MVB unter der Gliederungsnummer NSchG-001 bis NSchG-008.

17.4. Schwerarbeit

Im Rahmen der Harmonisierung des Pensionsrechts wurde als besondere Art der Alterspension die **Schwerarbeitspension** eingeführt. Diese Pensionsart ermöglicht einen vor dem Regelpensionsalter[407] liegenden Pensionsantritt. Ziel ist es, Menschen, die lange Versicherungszeiten in der gesetzlichen Pensionsversicherung erworben haben sowie längere Zeit schwer gearbeitet haben, einen früheren Pensionsantritt mit geringeren Abschlägen bei der Pension zu ermöglichen.

Im Allgemeinen Pensionsgesetz ist vorgesehen, dass durch Verordnung des Bundesministers für Soziales, Gesundheit, Pflege und Konsumentenschutz festzulegen ist, welche besonders belastenden Berufstätigkeiten als Schwerarbeit gelten.

Die **Schwerarbeitsverordnung** (BGBl II 2006/104 in der jeweils geltenden Fassung) sieht in einer Aufzählung jene Tätigkeiten vor, die als Schwerarbeit gelten:

Als Tätigkeiten, die unter körperlich oder psychisch besonders belastenden Bedingungen erbracht werden, gelten jene, die geleistet werden

1. **in Schicht- oder Wechseldienst**, wenn dabei auch Nachtdienst im Ausmaß **von mindestens sechs Stunden** zwischen 22 Uhr und 6 Uhr **an mindestens sechs Arbeitstagen im Kalendermonat** geleistet wird, sofern nicht in diese Arbeitszeit überwiegend Arbeitsbereitschaft fällt.
   Unter Schicht- oder Wechseldienst ist die **Einbindung in einen periodischen Wechseldienst** (Schichtplan) zu verstehen. Ein Schichtentausch spielt keine Rolle und es ist von einer durchschnittlichen Betrachtung auszugehen. Als Arbeitsbereitschaft ist der Aufenthalt an einem vom Dienstgeber bestimmten Ort mit der Verpflichtung zur jederzeitigen Aufnahme der Arbeit im Bereitschaftsfall zu verstehen. Während dieser Arbeitsbereitschaft wird jedoch keine Tätigkeit ausgeübt. Als überwiegende Arbeitsbereitschaft ist mehr als die Hälfte der Arbeitszeit zu verstehen.
   Eine **längere Durchrechnung** wie im Nachtschwerarbeitsgesetz (Art. 11 Abs. 6 NSchG) ist maßgeblich;
2. **regelmäßig unter Hitze oder Kälte**, wobei bei diesen Begriffen an das Nachtschwerarbeitsgesetz angeknüpft wird.

---

406 Zur Deckung dieses Aufwands haben die Dienstgeber für jeden von ihnen beschäftigten Nachtschwerarbeiter für jeden Nachtschwerarbeitsmonat einen **Nachtschwerarbeits-Beitrag** in der Höhe **von 3,8%** zu leisten (Art. XI Abs. 3 NSchG). Dieser Beitrag ist auch von den Sonderzahlungen zu entrichten, sofern eine Sonderzahlung in einem Nachtschwerarbeitsmonat fällig ist. Für Krankenhauspersonal gelten eigene Bestimmungen ohne Beitragsleistung durch den Dienstgeber.
Ein Nachtschwerarbeitsmonat liegt vor, wenn ein Dienstnehmer an grundsätzlich sechs Arbeitstagen innerhalb eines Kalendermonats Nachtschwerarbeit leistet (Art. XI Abs. 6 NSchG).
Für solche Dienstnehmer hat der Dienstgeber dem zuständigen Träger der Krankenversicherung anhand der Anmeldung bzw. Änderungsmeldung **Beginn und Ende der Nachtschwerarbeit** zu melden (→ 39.1.) (Art. VIII NSchG).

407 Das Regelpensionsalter beträgt bei Frauen 60, bei Männern 65 Jahre.

Hitze liegt bei einem durch Arbeitsvorgänge bei durchschnittlicher Außentemperatur verursachten Klimazustand vor, der einer Belastung durch Arbeit während des überwiegenden Teils der Arbeitszeit (d.h. mindestens während der Hälfte der Arbeitszeit) bei **30 Grad Celsius** und **50% relativer Luftfeuchtigkeit** bei einer **Luftgeschwindigkeit von 0,1 m pro Sekunde** wirkungsgleich oder ungünstiger ist. Es handelt sich beispielsweise um Arbeitsplätze in der Glas- und Papierindustrie, im Bereich Aluguss und Hochofen sowie um einige wenige in der Nahrungsmittelindustrie.

Kälte ist gegeben bei überwiegendem Aufenthalt in begehbaren Kühlräumen, wenn die Raumtemperatur **niedriger als minus 21 Grad Celsius** ist oder wenn der Arbeitsablauf einen ständigen Wechsel zwischen solchen Kühlräumen und sonstigen Arbeitsräumen erfordert. Diese Arbeitsplätze finden sich vor allem in den Tiefkühlkostverteilungszentren der Lebensmittelindustrie, in denen Verpackungs- und Kommissionsarbeiten durchgeführt werden;

3. **unter chemischen oder physikalischen Einflüssen**, wenn dadurch eine Minderung der Erwerbsfähigkeit von mindestens 10% verursacht wurde; und das insb.
   - bei Verwendung von Arbeitsgeräten, Maschinen und Fahrzeugen, die durch gesundheitsgefährdende Erschütterung auf den Körper einwirken, oder
   - wenn regelmäßig und mindestens während vier Stunden der Arbeitszeit Atemschutzgeräte (Atemschutz-, Filter- oder Behältergeräte) oder während zwei Stunden Tauchgeräte getragen werden müssen, oder
   - bei ständigem gesundheitsschädlichen Einwirken von inhalativen Schadstoffen, die zu Berufskrankheiten führen können.

   Der Dienstgeber ist nicht gehalten, diese Zeiten zu melden, da die Feststellung, ob eine Minderung der Erwerbsfähigkeit von mindestens 10% als kausale Folge dieser Tätigkeiten vorliegt, nur im Nachhinein möglich ist;
4. **als schwere körperliche Arbeit**, die dann vorliegt, wenn bei einer 8-stündigen Arbeitszeit von Männern mindestens 8.374 Arbeitskilojoule (2.000 Arbeitskilokalorien) und von Frauen mindestens 5.862 Arbeitskilojoule (1.400 Arbeitskilokalorien) verbraucht werden.

   Auszugehen ist von einem täglichen Arbeitskilokalorien- bzw. Arbeitskilojouleverbrauch (Durchschnittsbetrachtung eines 8-Stunden-Tages). Der Dienstgeber kann allerdings nachweisen, dass auf Grund längerer Arbeitszeit oder auf Grund der besonderen Schwere der Arbeit auch bei kürzerer Arbeitszeit von einem Verbrauch von mindestens 1.400 bzw. 2.000 Arbeitskilokalorien auszugehen ist. Inwieweit regelmäßige Akkordarbeit zu einer Erhöhung des Arbeitskilokalorienverbrauchs führt, ist individuell zu prüfen.

   Bei welchen Berufen ein entsprechender Arbeitskilojouleverbrauch jedenfalls anzunehmen ist, ist aus den **Berufslisten ersichtlich**. Diese finden Sie unter der Internetadresse Ihres Krankenversicherungsträgers.

   Die gegenständlichen Listen enthalten großflächig Berufsbilder, bei denen im Allgemeinen angenommen werden kann, dass „körperliche Schwerarbeit" i.S.d. Verordnung vorliegt. Diese Unterlagen sind als Arbeitsbehelf zu verstehen, der in einem Massenverfahren die Entscheidung über das Vorliegen von körperlicher Schwerarbeit erleichtern soll. Daher sind in dieser Auflistung nicht alle denkmöglichen Berufsbilder enthalten, vor allem auch keine Tätigkeitsbeschreibungen. Die Feststellung, ob „körperliche Schwerarbeit" nach der Definition der

Schwerarbeitsverordnung im Einzelfall vorliegt, ist durch die vorliegenden Listen nicht präjudiziert.
Die in den Listen angeführten Berufsbilder sind alphabetisch geordnet. In einer Liste (**Liste 1**) werden Berufsbilder angeführt, die auf Männer und Frauen gleichermaßen anzuwenden sind, d.h. bei Ausübung eines in dieser Liste befindlichen Berufs wird ein Verbrauch von mindestens 2.000 Arbeitskilokalorien (das sind 8.374 Arbeitskilojoule) angenommen.
In einer zweiten Liste (**Liste 2**) sind ausschließlich Frauen erfasst, da hier ein Verbrauch von mindestens 1.400 Arbeitskilokalorien (5.862 Arbeitskilojoule), jedoch weniger als 2.000 Arbeitskilokalorien (8.374 Arbeitskilojoule), angenommen wird;

5. **zur berufsbedingten Pflege** von erkrankten oder behinderten Menschen mit besonderem Behandlungs- oder Pflegebedarf, wie beispielsweise in der Hospiz- oder Palliativmedizin.
   Voraussetzung ist ein entsprechender Pflegeberuf in einer entsprechenden Institution, wobei der Pflegeaufwand entscheidend ist und ein Bezug von Pflegegeld der zu Pflegenden nicht erforderlich ist. Liegen diese Bedingungen vor, kann auch ambulante Pflege als Schwerarbeit gelten. Dieser Tatbestand stellt nicht auf eine bestimmte Dauer der Arbeitszeit ab. Teilzeitkräfte sind daher nicht ausgeschlossen. Da Schwerarbeit immer auch in Relation von Belastungs- und Erholungsphasen zu betrachten ist, wird als **Untergrenze die Hälfte der Normalarbeitszeit** heranzuziehen sein;
6. **trotz Vorliegens einer Minderung der Erwerbsfähigkeit** nach dem BEinstG von mindestens 80%, sofern für die Zeit nach dem 30. Juni 1993 ein Anspruch auf Pflegegeld zumindest in Höhe der Stufe 3 bestanden hat.
   Maßgeblich ist der Pflegebedarf i.S.d. Pflegegeldstufe 3 nach den Pflegegeldgesetzen ohne tatsächlichen Pflegegeldbezug. Da die Pflegegeldgesetze mit 1. Juli 1993 in Kraft getreten sind, wird daher für Zeiträume davor auf die mindestens 80%ige Minderung der Erwerbsfähigkeit nach dem BEinstG abgestellt (§ 1 Abs. 1 Schwerarbeits-VO).

Als besonders belastende Berufstätigkeiten gelten jedenfalls **auch alle Tätigkeiten**, für die ein **Nachtschwerarbeits-Beitrag** (→ 17.3.) **geleistet** wurde, ohne dass daraus ein Anspruch auf Sonderruhegeld nach Art. X NSchG entstanden ist, sowie alle **Tätigkeiten**, für die **BUAG-Zuschläge** zu **entrichten** sind (§ 1 Abs. 2 Schwerarbeits-VO).

Zeiten des Bezugs von Krankengeld nach § 138 ASVG können nicht als Schwerarbeitszeiten qualifiziert werden (OGH 15.12.2020, 10 ObS 98/20i).

Fragen zu den vorstehenden Schwerarbeiten (und entsprechende Antworten dazu) finden Sie in einem **„Fragen-Antworten-Katalog"**, abrufbar unter www.gesundheits kasse.at.

Für Schwerarbeitszeiten sind **keine zusätzlichen Beiträge** zu leisten.

Meldebestimmungen bezüglich der Schwerarbeitszeiten finden Sie unter Punkt 39.1.1.1.3.

18. Abgabenrechtliche Behandlung von SEG-Zulagen, SFN-Zuschlägen und Überstundenzuschlägen

In diesem Kapitel werden u.a. Antworten auf folgende praxisrelevanten Fragestellungen gegeben:

- Welche Zulagen und Zuschläge können steuerbegünstigt bzw. steuerfrei ausbezahlt werden und welche Voraussetzungen bestehen hierfür?
  - Können auch einzelvertraglich eingeräumte Zulagen und Zuschläge steuerbefreit behandelt werden? Seite 367
  - Gelten kollektivvertraglich festgelegte SEG-Zulagen jedenfalls als angemessen? Seite 373 ff.
  - In welchem Umfang müssen schmutzige, erschwerende oder gefährliche Arbeitsbedingungen gegeben sein, um steuerfreie SEG-Zulagen bezahlen zu können? Seite 367 ff.
  - Können Überstundenzuschläge bei Geschäftsführern steuerfrei abgerechnet werden? Seite 381
- Wie ist die Entlohnung für Arbeiten an Feiertagen steuerlich zu behandeln? Seite 379
- Können während Krankenstand, Urlaub oder Feiertag nach dem Ausfallsprinzip fortgezahlte Zulagen und Zuschläge steuerfrei belassen werden? Seite 392 ff.
- Wie ist mit Überstundenpauschalen und All-in-Gehältern steuerrechtlich umzugehen? Seite 401 ff.
- Unter welchen Voraussetzungen können Gleitzeitguthaben steuerbegünstigt ausbezahlt werden? Seite 409

18.1. Allgemeines

Von der Vielzahl der in der Praxis vorkommenden Zulagen und Zuschläge sind bei Vorliegen bestimmter Voraussetzungen **nur** die

<table>
<tr><td>Schmutzzulagen</td><td>beitragsfrei,</td><td rowspan="2">lohnsteuerfrei</td></tr>
<tr><td>Erschwerniszulagen,
Gefahrenzulagen,
Sonntagszuschläge,
Feiertagszuschläge,
Nachtarbeitszuschläge,
bestimmte Überstundenzuschläge</td><td>beitragspflichtig</td></tr>
</table>

zu behandeln (→ 45.).

Die **S**chmutz-, **E**rschwernis- und **G**efahrenzulagen nennt man in der Praxis **SEG-Zulagen**, die Zuschläge für **S**onntags-, **F**eiertags- und **N**achtarbeit **SFN-Zuschläge**.

Die **Bezeichnung** der Zulage oder des Zuschlags ist allerdings **ohne Bedeutung**. So kann z.B. eine „Hitzezulage" bei Zutreffen aller für die abgabenfreie Behandlung notwendigen Voraussetzungen als „Erschwerniszulage" behandelt werden.

18.2. Sozialversicherung

Als Entgelt i.S.d. § 49 Abs. 1 ASVG gelten nicht (beitragsfrei sind):

Schmutzzulagen, soweit sie

- **nach § 68** **Abs. 1** (→ 18.3.1.),
  Abs. 5 (→ 18.3.2.1.1., → 18.3.2.1.2.) und
  Abs. 7 (→ 18.3.4.)

  EStG nicht der Einkommensteuer(Lohnsteuer)**pflicht unterliegen** (§ 49 Abs. 3 Z 2 ASVG).

Das ASVG bindet die beitragsfreie Behandlung von Schmutzzulagen **an die Befreiungsbestimmungen des EStG**[408]. Daher sind die auf Grund von Einzeldienstverträgen gewährten Schmutzzulagen, der steuerpflichtige Teil einer Schmutzzulage bzw. gänzlich steuerpflichtige Schmutzzulagen beitragspflichtig zu behandeln. Dies erfordert aber auch, dass dem prüfenden Krankenversicherungsträger nachgewiesen wird, um welche Arbeiten es sich im Einzelnen handelt und wann diese geleistet wurden (**Stundenaufzeichnungen**).

Schmutzzulagen, die

- in dem an freigestellte Mitglieder des Betriebsrats sowie an
- Dienstnehmer im Krankheitsfall

fortgezahlten Entgelt enthalten sind, gelten nicht als Entgelt (§ 49 Abs. 3 Z 21 ASVG) (vgl. Punkt 18.3.4.).

Zulagen wie z.B. Staubzulagen oder kombinierte SEG-Zulagen gelten nur dann und in dem Ausmaß als Schmutzzulage, wenn der DVSV (→ 5.3.1.) ihre vollständige oder teilweise Zugehörigkeit zu den Schmutzzulagen festgestellt hat (§ 49 Abs. 4 ASVG). Wird eine Schmutzzulage in Kombination mit einer Erschwernis- und/oder Gefahrenzulage gewährt, ist der jeweilige Prozentanteil anzugeben und nachzuweisen.

Bezüglich der Höhe des (beitragspflichtigen) 50%igen Überstundenzuschlags entschied der VwGH:

Gemäß § 10 Abs. 3 AZG ist zur Berechnung des Überstundenzuschlags der auf die einzelne Arbeitsstunde entfallende „Normallohn" heranzuziehen. Demnach sind bei der **Berechnung des Überstundenentgelts alle Lohnbestandteile** (z.B. Schmutz- oder Gefahrenzulagen bzw. Vorarbeiterzuschlag) **zu berücksichtigen**. Allerdings ist es bei einer kollektivvertraglichen Regelung eines **günstigeren Überstundenteilers**

408 Nach der ständigen Rechtsprechung des VwGH bindet der Verweis auf das EStG den Sozialversicherungsträger und die Rechtsmittelbehörde nicht an die zu § 68 EStG ergehenden Bescheide der Finanzbehörden (vgl. zuletzt VwGH 9.6.2020, Ro 2017/08/0004).

(hier: Überstundenteiler 1/143 statt eines Teilers von 1/167 bei einer Normalarbeitszeit von 38,5 Wochenstunden) grundsätzlich zulässig, **Zulagen und Zuschläge** von der Einbeziehung in die Berechnungsgrundlage **auszuschließen**, soweit diese Regelung im Ergebnis günstiger als die gesetzliche Regelung ist (VwGH 11.12.2013, 2012/08/0217) (vgl. dazu auch die OGH-Urteile unter Punkt 16.2.3.5.).

Flexible Arbeitszeitmodelle (Exkurs[409]):

Im Fall einer abweichenden Vereinbarung der Arbeitszeit gilt das Entgelt für jene Zeiträume als erworben, die der Versicherte eingearbeitet hat. Dies gilt auch dann, wenn bei Durchrechnung der Normalarbeitszeit gemäß § 4 Abs. 4 und 6 AZG (→ 16.2.1.2.) festgelegt ist, dass der Dienstnehmer nach der jeweils tatsächlich geleisteten Arbeitszeit entlohnt wird (§ 44 Abs. 7 ASVG)[410]. Bei flexiblen Arbeitszeitmodellen kommt es daher durch den Aufbau von Zeitguthaben (Mehrzeiten) zu keiner Erhöhung und durch den Abbau von Zeitguthaben (Fehlzeiten) zu keiner Verminderung der Beitragsgrundlage.

Ist ein Gleitzeitguthaben (Zeitguthaben) **zeitraumbezogen zuordenbar**, ist dieses beitragsrechtlich nach Ansicht des DVSV den Beitragszeiträumen zuzuordnen, in denen die Gutstunden geleistet wurden, d.h. nach § 44 Abs. 7 ASVG ist eine **Aufrollung** (→ 24.3.2.1.) durchzuführen (E-MVB, 049-01-00-008). Ist ein Gleitzeitguthaben (Zeitguthaben) **nicht konkreten Beitragszeiträumen zuordenbar** (bei einem Arbeitszeitkontokorrentkonto), ist dieses beitragsrechtlich mit den laufenden Bezügen jenes **Monats abzurechnen**, in dem die **Abgeltung zur Auszahlung** gelangt[411]. Führt die Abrechnung im Austrittsmonat zum Überschreiten der Höchstbeitragsgrundlage, ist die Beitragsgrundlage in diesem Monat mit der jeweils anzuwendenden Höchstbeitragsgrundlage begrenzt (VwGH 21.4.2004, 2001/08/0048). Dieses Erkenntnis gilt nach Ansicht des DVSV für all jene Fälle, in denen eine Zuordnung von Gutstunden nicht möglich ist (E-MVB, 049-01-00-008). Eine sorgfältige Dokumentation des Sachverhalts ist daher zu empfehlen.

Auch (nach einem Kollektivvertrag) ausbezahlte **Sabbaticalguthaben** sind als beitragspflichtiges laufendes Entgelt (Einmalprämie, → 23.3.1.1.) im Beitragszeitraum der Auszahlung abzurechnen. Es hat keine Aufrollung in die einzelnen monatlichen Beitragszeiträume zu erfolgen, aus denen das Guthaben stammt, da die Abfindung auf Basis des zum Zeitpunkt der Auszahlung aktuellen Gehalts zu berechnen ist (VwGH 3.4.2019, Ro 2018/08/0017; vgl. auch OÖGKK, sozialversicherung aktuell 10/2019).

18.3. Lohnsteuer

Flexible Arbeitszeitmodelle (Exkurs[409]):

Bei Arbeitszeitmodellen, nach welchen der Arbeitnehmer i.d.R. seine volle Normalarbeitszeit leistet, aber ein Teil dieser **Arbeitszeit** vorerst nicht finanziell abgegolten, sondern auf ein **„Zeitkonto" übertragen** wird, um vom Arbeitnehmer zu einem

---

409 Die Ausführungen betreffen nicht nur die Auszahlung von Zulagen und Zuschlägen.

410 Zur Frage, wie beitragsrechtlich vorzugehen ist, wenn bei einer Entlohnung nach Stunden bzw. nach tatsächlich geleisteter Arbeitszeit im Durchrechnungsmodell ein freier Tag in den nächsten Beitragsmonat fällt (z.B. in der Baubranche), siehe Nö. GKK, DGservice November 2019.

411 Bei geringfügig Beschäftigten (→ 31.4.) kann es in diesem Fall dazu kommen, dass diese im Austrittsmonat der Vollversicherung unterliegen (VwGH 21.4.2004, 2001/08/0048). Nachgelagerte Beendigungsansprüche z.B. in Form einer Ersatzleistung für Urlaubsentgelt (→ 34.7.1.1.1.) führen wieder zu einer Teilversicherung.

späteren Zeitpunkt konsumiert zu werden (bezahlte „Auszeit“)[412], ist nach den allgemeinen Grundsätzen auf den **Zeitpunkt des Zuflusses abzustellen**. Dies gilt auch für die Freizeitoption („Freizeit statt Arbeit“). Beruht ein solches Arbeitszeitmodell auf einer ausdrücklichen Regelung in einer lohngestaltenden Vorschrift i.S.d. § 68 Abs. 5 Z 1 bis 6 EStG (→ 18.3.2.1.2.), bewirken die **Zeitgutschriften in der Ansparphase** noch keine wirtschaftliche Verfügungsmacht für den Arbeitnehmer und somit **noch keinen steuerlichen Zufluss**.

Für den Fall der **ausnahmsweisen vorzeitigen Auszahlung** der erworbenen Entgeltansprüche (z.B. bei Beendigung des Dienstverhältnisses) gelten nach Ansicht des BMF die Ausführungen in den LStR 2002, Rz 1116a sinngemäß (→ 27.3.2.1.6.) (LStR 2002, Rz 639a).

Zur Auszahlung von Gleitzeitguthaben siehe Punkt 18.3.6.6.

§ 68 EStG – Zulagen und Zuschläge:

Die Besteuerung der **SEG-Zulagen, SFN-Zuschläge und Überstundenzuschläge** regelt der **§ 68 EStG.**

Die Bestimmungen dieser Gesetzesstelle und die dazu ergangenen erlassmäßigen Regelungen, insb. die der

- **Lohnsteuerrichtlinien 2002**, Rz 1126–1165,

bilden – neben Erläuterungen, Hinweisen auf die Judikatur und Beispielen – den Inhalt dieses Punktes.

18.3.1. Freibeträge im Überblick

Der § 68 EStG sieht **drei Freibeträge** vor. Bei mehreren parallelen Dienstverhältnissen stehen die Begünstigungen gesondert **für jedes Dienstverhältnis** zu[413].

1. Freibetrag gem. § 68 Abs. 1 EStG

€ 360,00 monatlich ①
- für Schmutz-, Erschwernis- und Gefahrenzulagen (SEG-Zulagen)
- sowie für Sonntags-④, Feiertags- und Nachtzuschläge (SFN-Zuschläge)
- und mit diesen Arbeiten zusammenhängende Überstundenzuschläge ②;

\+

2. Freibetrag gem. § 68 Abs. 2 EStG

zusätzlich zu dem nebenstehenden Freibetrag sind Zuschläge
- **für die ersten zehn Überstunden im Monat** ②

im Ausmaß von **höchstens 50% des Grundlohns**, insgesamt **höchstens** jedoch **€ 86,00** monatlich, steuerfrei;

↕

3. Freibetrag gem. § 68 Abs. 6 EStG

anstelle des obigen Freibetrags ein um 50% erhöhter Freibetrag von

€ 540,00 monatlich

für jene Arbeitnehmer, deren **Normalarbeitszeit** im Lohnzahlungszeitraum **überwiegend in der Zeit von 19 Uhr bis 7 Uhr** liegt ③.

Damit diese drei Freibeträge berücksichtigt werden können, müssen **bestimmte Voraussetzungen** erfüllt sein.
Diese sind der Übersichtstabelle im Punkt 18.3.2. zu entnehmen.

412 Z.B. Altersteilzeit, Zeitwertkonto, Langzeitkonto, Lebensarbeitszeitkonto, Sabbatical.
413 Im Weg der **Veranlagung** (→ 15.) erfolgt **keine Zurückführung** auf das **einfache Ausmaß** (vgl. → 15.6.2.).

① Der **Freibetrag von € 360,00 monatlich** steht zu für

- Schmutz-, Erschwernis- und Gefahrenzulagen,
- Zuschläge für Sonntags-, Feiertags- und Nachtarbeit (→ 17.) und für
- Überstundenzuschläge im Zusammenhang mit Sonntags-, Feiertags- und Nachtarbeit.

Dieser Freibetrag steht **unabhängig von der Zahl der** in dieser Zeit geleisteten **Arbeitsstunden** und vom Ausmaß der Zulagen und Zuschläge zu. Bei mehreren Dienstverhältnissen steht dieser Freibetrag für jedes Dienstverhältnis zu.

Wird der Freibetrag von € 360,00 durch die insgesamt für einen Monat ausbezahlten Zulagen und Zuschläge überschritten und sind die zehn Überstunden des § 68 Abs. 2 EStG noch nicht ausgeschöpft, ist für die nach § 68 Abs. 1 EStG nicht mehr steuerfreien Überstundenzuschläge (bis höchstens 50% des Grundlohns) auch die Befreiung des § 68 Abs. 2 EStG zu berücksichtigen.

② **Überstundenentlohnungen** werden im § 68 Abs. 1 und 2 EStG geregelt. Das Gesetz unterscheidet demnach zwischen Überstunden, die an Werktagen mit Ausnahme der Nachtarbeit erbracht werden (Abs. 2), und Überstunden, die an Sonntagen, Feiertagen oder während der Nachtarbeit geleistet werden (Abs. 1).

③ Der **Freibetrag von € 540,00 monatlich** steht zu für

- Schmutz-, Erschwernis- und Gefahrenzulagen,
- Zuschläge für Sonntags-, Feiertags- und Nachtarbeit (→ 17.) und für
- Überstundenzuschläge im Zusammenhang mit Sonntags-, Feiertags- und Nachtarbeit.

Dieser Freibetrag ist ein **gemeinsamer Freibetrag** für alle Arbeitsverrichtungen, die Zulagen und Zuschläge i.S.d. § 68 Abs. 1 EStG auslösen. Er steht zu, wenn die **Normalarbeitszeit** im Lohnzahlungszeitraum **überwiegend in der „steuerlichen“ Nacht** (von 19 Uhr bis 7 Uhr) erbracht wird. Überwiegend bedeutet, dass mehr als die Hälfte der Gesamtnormalarbeitszeit in die begünstigte Nachtzeit fällt. Die Blockzeit von mindestens drei Stunden (→ 18.3.2.2.1.) ist hiebei nicht erforderlich.

Beispiel:

Normalarbeitszeit eines Druckers im Lohnzahlungszeitraum (Kalendermonat) 173 Stunden, davon

- 5 Stunden zwar in der Nacht, aber außerhalb einer Blockzeit, und
- 84 Stunden in der Nacht und innerhalb der Blockzeit.

Maßgeblich für das Überwiegen sind 89 Nachtstunden; da somit die Normalarbeitszeit im Lohnzahlungszeitraum überwiegend in die Nachtzeit fällt, beträgt der Freibetrag € 540,00; Zuschläge für 5 Nachtstunden außerhalb der Blockzeit sind innerhalb des Freibetrags steuerfrei.

Da auf die Normalarbeitszeit abgestellt wird, rechtfertigen während der Nachtzeit erbrachte **Überstunden** auf Grund von Arbeits- bzw. Zeiteinteilungen die Anwendung des § 68 Abs. 6 EStG **nicht** (vgl. auch BFG 7.7.2017, RV/2101377/2015 mit Verweis auf VwGH 26.7.2006, 2005/14/0087).

Bei einem **24-Stunden-Wechseldienst** liegt es in der Natur der Sache, dass die eine Hälfte in den Zeitraum 7 bis 19 Uhr und die andere Hälfte in den Zeitraum 19 bis 7 Uhr fällt und es daher kein Überwiegen der Nachtarbeit im Sinne von § 68 Abs. 6 letzter Satz EStG gibt (vgl. BFG 23.8.2017, RV/2100152/2016; BFG 7.7.2017, RV/2101377/2015).

Siehe dazu auch Beispiel 24.

④ Sieht eine lohngestaltende Vorschrift i.S.d. § 68 Abs. 5 Z 1 bis 6 EStG (→18.3.2.3.1.) vor, dass an **Sonntagen regelmäßig Arbeitsleistungen** zu erbringen sind und dafür ein **Wochentag als Ersatzruhetag** (Wochenruhe) zusteht, sind Zuschläge und Überstundenzuschläge am Ersatzruhetag wie Zuschläge gem. § 68 Abs. 1 EStG zu behandeln, wenn derartige Zuschläge für an Sonntagen geleistete Arbeit nicht zustehen (§ 68 Abs. 9 EStG) (→ 18.3.2.3.4.).

Der Ersatzruhetag tritt in diesem Fall an die Stelle des Sonntags. Alle Zuschläge, die für diesen Ersatzruhetag gewährt werden, sind steuerlich wie Sonntagszuschläge zu behandeln und daher steuerfrei. Ebenso sind Zuschläge für Überstunden wie Sonntagsüberstundenzuschläge gem. § 68 Abs. 1 EStG zu behandeln.

Es gilt der Grundsatz, dass **entweder** für den **Sonntag** oder für den **Ersatzruhetag** die Steuerfreiheit der Zuschläge gem. § 68 Abs. 1 EStG zusteht. Für beide Tage kann die Steuerfreiheit gem. § 68 Abs. 1 EStG nicht gewährt werden. Stehen nach Maßgabe der lohngestaltenden Vorschrift für den Sonntag und für den Ersatzruhetag Zuschläge zu, dann sind die Zuschläge für den Sonntag steuerfrei gem. § 68 Abs. 1 EStG zu behandeln, während jene für den Ersatzruhetag steuerpflichtig sind bzw. Überstundenzuschläge gegebenenfalls nur nach § 68 Abs. 2 EStG begünstigt behandelt werden können.

Zahlreiche Kollektivverträge (z.B. für das Hotel- und Gastgewerbe oder für Transportbetriebe) sehen vor, dass der **Sonntag** wie ein **„normaler Arbeitstag"** zu entlohnen ist (kein Sonntagszuschlag, keine Zuschläge für Sonntagsüberstunden). Anstelle des Sonntags steht diesen Arbeitnehmern ein Ersatzruhetag (Wochenruhe) zu. Wenn nun an diesem Ersatzruhetag (ausnahmsweise) gearbeitet wird und die lohngestaltende Vorschrift dafür einen besonderen Zuschlag bzw. besondere Überstundenzuschläge vorsieht, sollen diese wie Sonntagszuschläge behandelt werden. Werden hingegen für den Sonntag ohnehin besondere Sonntagszuschläge gewährt (für die „normale" Sonntagsarbeit oder für die Überstunden), soll diese Begünstigung für den Ersatzruhetag nicht in Anspruch genommen werden können (**keine doppelte Begünstigung** für den Sonntag und den Ersatzruhetag).

18.3.2. Voraussetzungen für die Berücksichtigung der Freibeträge

Die Voraussetzungen für die Steuerfreiheit der im § 68 EStG geregelten Zulagen und Zuschläge liegen nur dann vor, wenn derartige Zulagen und Zuschläge

- **neben** dem Stunden-, Grund- oder Akkordlohn gewährt werden.

Eine rein rechnerische Herausschälung aus dem Grundlohn erfüllt diese Voraussetzung grundsätzlich nicht (vgl. u.a. VwGH 26.6.2013, 2009/13/0208; zuletzt auch BFG 13.8.2018, RV/1100582/2014; BFG 25.4.2017, RV/1100555/2015 zum Herausrechnen eines Nachtzuschlags aus dem Monatslohn). Zum möglichen Herausschälen von Überstundenzuschlägen siehe Punkt 18.3.6.3..

Solche Zulagen und Zuschläge können daher infolge ihrer Funktion nur Bestandteile des Lohns sein (*funktionelle Bedingung*). Allen (steuerfreien und steuerpflichtigen) Zulagen und Zuschlägen i.S.d. § 68 EStG ist gemeinsam, dass es sich hiebei um laufende Bezüge handelt. Sie erhöhen damit das **Jahressechstel** (→ 23.3.2.2.).

Neben dieser Grundvoraussetzung müssen **noch nachstehende Voraussetzungen** vorliegen:

<table>
<tr><th colspan="2">Fragen nach diesen Voraussetzungen:</th><th>SEG-Zulagen</th><th>SFN-Zuschläge</th><th>Überstunden-zuschläge</th></tr>
<tr><td rowspan="3">Vom Gesetzgeber geforderte Voraussetzungen:</td><td>1. Muss eine bestimmte Arbeit geleistet werden (materiellrechtliche Bedingung)?</td><td>ja (→ 18.3.2.1.1.)</td><td>ja (→ 18.3.2.2.1.)</td><td>ja (→ 18.3.2.3.1.)</td></tr>
<tr><td>2.1. Muss der Anspruch auf diese Zulagen/Zuschläge zwingend in einer im § 68 EStG angeführten lohngestaltenden Vorschrift vorgesehen sein (formellrechtliche Bedingung)?</td><td>ja (→ 18.3.2.3.2.)</td><td>nein</td><td>ja (→ 18.3.2.1.2.)</td></tr>
<tr><td>2.2. Kann die Bezahlung aus lohnsteuerrechtlicher Sicht auch freiwillig erfolgen?</td><td>nein</td><td>ja (→ 18.3.2.2.2.)</td><td>nein</td></tr>
<tr><td>Voraussetzung lt. Erlass und VwGH:</td><td>3. Muss die Aufzeichnungspflicht erfüllt sein? (→ 18.3.2.4.)</td><td>ja</td><td>ja</td><td>ja</td></tr>
</table>

Liegt nur eine dieser Voraussetzungen nicht vor, müssen die Zulagen und Zuschläge (zusammen mit den anderen laufenden Bezugsbestandteilen) **mit dem Lohnsteuertarif** (→ 11.5.2.) **versteuert werden**.

Das Gleiche gilt für den die **Freibeträge übersteigenden Teil** der Zulagen und Zuschläge (§ 68 Abs. 3 EStG).

Die nach dem Lohnsteuertarif zu versteuernden Zulagen und Zuschläge werden bei einer allfälligen Veranlagung (→ 15.) einbezogen.

18.3.2.1. SEG-Zulagen

18.3.2.1.1. Beschreibung der zu leistenden Arbeiten

Unter Schmutz-, Erschwernis- und Gefahrenzulagen sind jene Teile des Arbeitslohns zu verstehen, die dem Arbeitnehmer deshalb gewährt werden, weil die von ihm zu leistenden Arbeiten **überwiegend** unter Umständen erfolgen, die

- in erheblichem Maß **zwangsläufig eine Verschmutzung** des Arbeitnehmers und seiner Kleidung bewirken,
- im Vergleich zu den allgemein üblichen Arbeitsbedingungen (in dieser Branche) eine **außerordentliche Erschwernis** darstellen oder
- infolge der schädlichen Einwirkungen von gesundheitsgefährdenden Stoffen oder Strahlen, von Hitze, Kälte oder Nässe, von Gasen, Dämpfen, Säuren, Laugen, Staub oder Erschütterungen oder infolge einer Sturz- oder anderen Gefahr **zwangsläufig eine Gefährdung von Leben, Gesundheit oder körperlicher Sicherheit** des Arbeitnehmers mit sich bringen (§ 68 Abs. 5 EStG).

Rechtsansicht des BMF zum Umfang der SEG-Arbeiten:

Nach Ansicht des BMF ist – **bezogen auf die gesamten** vom Arbeitnehmer **zu leistenden Arbeiten – zu prüfen, ob diese Arbeiten überwiegend** zu einer erheblichen Verschmutzung, Erschwernis oder Gefahr führen. Die Frage einer außerordentlichen Verschmutzung, Erschwernis oder Gefahr ist nicht allein anhand der Arbeiten zu untersuchen, mit denen diese besonderen Arbeitsbedingungen verbunden sind. Vielmehr ist nach Ansicht des BMF bezogen auf die gesamten vom Arbeitnehmer zu leistenden Arbeiten **innerhalb des Zeitraums, für den der Arbeitnehmer eine Zulage zu erhalten hat**, zu prüfen, ob sie überwiegend (= mehr als die Hälfte der gesamten Arbeitszeit, für die eine Zulage gewährt wird) eine außerordentliche Verschmutzung, Erschwernis oder Gefahr bewirken. Wird die SEG-Zulage nur für **jeweils eine Stunde** gewährt, ist für das zeitliche Überwiegen auf die einzelne Stunde abzustellen (siehe nachstehendes Beispiel 3). Die Möglichkeit der Verschmutzung, Erschwernis oder Gefahr kann somit nicht berücksichtigt werden, wenn die damit verbundene Tätigkeit nur einen geringen Teil der Arbeitszeit, für die eine Zulage zusteht, ausmacht (LStR 2002, Rz 1130).

Beispiel 1

Die Einsatzzeit des Lenkers eines Reisebusses mit mehr als 50 Sitzplätzen, für die ihm eine Erschwerniszulage zusteht, beträgt 140 Stunden. Lt. Kollektivvertrag steht ihm pro Stunde der Einsatzzeit eine Erschwerniszulage für das Lenken und Betreuen eines überlangen Fahrzeugs in der Höhe von € 0,73 zu. Üblicherweise entfallen auf die Stehzeiten 25% der Einsatzzeit, während der restlichen Zeit liegt eine besondere Erschwernis vor.

Die Erschwerniszulage ist zur Gänze steuerfrei. Betragen hingegen die Stehzeiten während der Einsatzzeit mindestens 50%, liegt im Einsatzzeitraum überwiegend keine Erschwernis vor, sodass die gesamte Zulage steuerpflichtig ist.

Beispiel 2

Ein Arbeiter im Metallgewerbe bekommt an zwei Arbeitstagen im Monat eine Erschwerniszulage von € 0,582 pro Stunde (insgesamt für 16 Stunden), weil die Arbeiten unter erschwerten Bedingungen durchgeführt werden. Für den Rest des Monats liegt keine Erschwernis vor; die Zulage wird daher auch nicht gewährt.

Für die Steuerfreiheit der Zulage ist nur zu prüfen, ob an diesen zwei Tagen überwiegend eine Erschwernis vorlag. Ist dies der Fall, so ist die Zulage, die für diese zwei Tage gewährt wurde, zur Gänze steuerfrei.

Beispiel 3

Ein Arbeiter im Metallgewerbe bekommt eine Erschwerniszulage von € 0,582 pro Stunde (an verschiedenen Arbeitstagen), wenn Arbeiten während dieser Zeit (= Stunde) unter erschwerten Bedingungen durchgeführt werden (z.B. 30 Stunden erschwerte Bedingungen = 30 × € 0,582 Erschwerniszulage im Monat). Für die restlichen Stunden des Monats liegt keine Erschwernis vor, die Zulage wird daher auch nicht gewährt.

Bei stundenweiser Gewährung einer SEG-Zulage ist für das zeitliche Überwiegen auf die einzelne Stunde abzustellen.

Rechtsprechung zum Umfang der SEG-Arbeiten:

Die Rechtsprechung stellt demgegenüber für die Überprüfung des zeitlichen Überwiegens der schmutzigen, erschwerten bzw. gefährlichen Tätigkeit laufend auf die **insgesamt zu erbringende Arbeitsleistung im gesamten Lohnzahlungszeitraum** – und nicht auf die einzelne Stunde bzw. Zeiteinheit, für die eine Zulage gewährt wird – ab (vgl. VwGH 22.11.2018, Ra 2017/15/0025; VwGH 31.3.2011, 2008/15/0322; VwGH 30.6.2009, 2008/08/0068; VwGH 24.6.2004, 2000/15/0066; vgl. zuletzt mit Verweis auf die VwGH-Rechtsprechung auch BFG 16.7.2019, RV/2100579/2018; BFG 27.6.2019, RV/1100290/2017; BFG 29.1.2019, RV/3100435/2017; BFG 18.10.2018, RV/5101586/2016; BFG 13.7.2017, RV/1101072/2015; BFG 27.3.2017, RV/7104238/2015; BFG 24.11.2016, RV/7102087/2011; BFG 21.11.2016, RV/7101602/2010).

Mit einer **pauschal**, nämlich mit einem bestimmten monatlichen Betrag **gewährten Gefahrenzulage** für einen Desinfektor und mit **Erschwerniszulagen** für Lenker von Lkw, Traktoren und Straßenkehrmaschinen liegt die Voraussetzung der **Steuerfreiheit**, nämlich dass die Arbeiten tatsächlich überwiegend unter den erschwerten Umständen erfolgt sind, **nicht vor** (VwGH 14.12.2000, 95/15/0028).

Bezeichnung der Zulage:

Die **Bezeichnung einer Zulage** ist für ihre steuerliche Behandlung **nicht ausschlaggebend**. Wird eine Zulage z.B. als Erschwerniszulage bezeichnet, wobei eine nicht anderweitig berücksichtigte Gefährdungskomponente abgegolten wird, können diese Zulagen in einem angemessenen Rahmen als Gefahrenzulagen steuerfrei behandelt werden. Dies gilt auch für Zulagen allgemeiner Art, die nicht ausdrücklich als Schmutz-, Erschwernis- und Gefahrenzulagen bezeichnet werden (z.B. **Bauzulagen**, die Gefährdungs- oder Verschmutzungskomponenten im Zusammenhang mit der Tätigkeit auf Baustellen abgelten). Dabei wird zu beachten sein, ob die Arbeiten im Innen- oder Außendienst bzw. auf Baustellen oder in Büroräumen verrichtet werden (LStR 2002, Rz 1131).

Schmutzzulage:

Unter **Schmutzzulagen** sind jene Teile des Arbeitslohns zu verstehen, die dem Arbeitnehmer deshalb gewährt werden, weil die von ihm zu leistenden Arbeiten überwiegend unter Umständen erfolgen, die in erheblichem Maß zwangsläufig eine Verschmutzung (Verunreinigung) des Arbeitnehmers und seiner Kleidung bewirken (z.B. Arbeiten mit Teer, Arbeiten im Zusammenhang mit Tierkörperbeseitigung, Kesselreinigung, Verstaubung, Verschlammung, Arbeiten am Schlachthof).

Darunter sind nach der Verkehrsauffassung nur solche **Umstände** zu verstehen, **die von außen einwirken**. Nur dieses Verständnis entspricht auch dem Zweck der Bestimmung, die bestimmte Arten von Tätigkeiten begünstigen will. „Verschmutzung“ durch Schweißabsonderung kann darunter nicht verstanden werden, zumal das Ausmaß der Schweißabsonderung wesentlich von der physischen Kondition des Arbeitnehmers und weniger von der Art der Tätigkeit abhängt.

Findet die eigentliche Tätigkeit unter verschmutzenden Bedingungen i.S.d. § 68 Abs. 5 EStG statt, haben **Hilfstätigkeiten** ebenso wie z.B. **Arbeitspausen** bei der **Überprüfung der Ausschließlichkeit** oder des **Überwiegens** der Tätigkeit **außer Betracht zu bleiben**. Dies gilt auch für mit den qualifizierten Tätigkeiten in unmittelbarem Zusammenhang stehende Hilfstätigkeiten, wie die notwendigen Fahrten zu bzw. zwischen verschiedenen Tätigkeitsorten, an denen die verschmutzende Tätigkeit ausgeübt wird (z.B. mobiler Reinigungsdienst für Toiletten) (LStR 2002, Rz 1133).

Für Arbeiten, die ihrer Art nach grundsätzlich weder die Gewährung einer Schmutz- noch einer Erschwerniszulage rechtfertigen, stehen solche steuerfreien Zulagen auch dann nicht zu, wenn sie vorübergehend, infolge äußerer – durch die betreffende Arbeit selbst in keiner Weise bedingte – Einflüsse, unter unangenehmeren Verhältnissen ausgeübt werden müssen. **Vorübergehende Umbauarbeiten** in einem Büro mit Parteienverkehr rechtfertigen daher keine steuerbegünstigte Schmutzzulage bzw. Erschwerniszulage.

Die **Tätigkeit eines Tankwarts** bewirkt nicht zwangsläufig eine erhebliche Verschmutzung eines Arbeitnehmers und seiner Kleidung. Lediglich beim Ölwechsel, bei der Aufbringung von Unterbodenschutz und ähnlichen Arbeiten ist die Gefahr einer erheblichen Verschmutzung gegeben, doch machen derartige Tätigkeiten üblicherweise nur einen geringen Teil der Gesamttätigkeit eines Tankwarts aus (LStR 2002, Rz 1134).

Erschwerniszulage:

Die Steuerfreiheit von **Erschwerniszulagen** besteht nicht auf Grund der Bezeichnung der Zulage, sondern setzt voraus, dass eine außerordentliche Erschwernis gegenüber den allgemein üblichen Arbeitsbedingungen vorliegt.

Bildschirmzulagen stellen auf Grund des heutigen Stands der Bürotechnik daher keine Erschwerniszulagen dar.

Ebenfalls keine außerordentliche Erschwernis liegt bei bloßer **Rufbereitschaft**, bei der Tätigkeit als **Hausarbeiter** oder **Portier** oder bei der Tätigkeit im **telefonischen Auskunftsdienst** vor (LStR 2002, Rz 1135).

Der **Vergleich** zu den allgemein üblichen Arbeitsbedingungen muss **innerhalb der jeweiligen Berufssparte** gezogen werden. Ein Vergleich mit den allgemein üblichen Arbeitsbedingungen „schlechthin" ist nicht möglich, weil es an allgemein vergleichbaren Arbeitsbedingungen fehlt. Der Vergleichsrahmen muss somit Gruppen mit vergleichbaren Arbeitsbedingungen umfassen. Der Vergleichsrahmen darf dabei nicht zu eng gezogen werden (LStR 2002, Rz 1136).

Beispiele (vgl. mit Verweis auf die jeweilige Judikatur des VwGH LStR 2002, Rz 1136)

Vergleichsgruppe Anstreicher:

Anstreicher sind unter besonders schwierigen Bedingungen begünstigt.

Vergleichsgruppe Bauarbeiter (nicht einzelne Sparten wie Gerüster, Dachdecker):

Gerüster und Dachdecker sind begünstigt.

Vergleichsgruppe Arbeitnehmer im Baugewerbe und der Bauindustrie, die auf Grund des Kollektivvertrags Anspruch auf Bauzulage haben:

Es ist grundsätzlich davon auszugehen, dass Arbeitnehmer, die auf Baustellen Arbeitstätigkeiten im Freien erbringen und kollektivvertraglichen Anspruch auf Auszahlung einer Bauzulage haben (z.B. Baupoliere), diese im Rahmen des § 68 Abs. 1 EStG begünstigt erhalten. Als im Freien tätig anzusehen sind Arbeitnehmer im Baugewerbe dann, wenn am zu errichtenden Objekt die „Endreinigung" noch nicht vorgenommen wurde. In Zweifelsfällen ist die Erfüllung dieser Voraussetzungen nachzuweisen (z.B. durch das Bautagesberichtsbuch).

Vergleichsgruppe Koch:

Auch durch Hitze usw. belasteter Koch ist nicht begünstigt.

Vergleichsgruppe Autobuslenker:

Aus der Lenkung und Betreuung überlanger Fahrzeuge (mehr als 10,90 m) ergibt sich eine außerordentliche Erschwernis im Vergleich zur Tätigkeit von Autobuslenkern im Allgemeinen.

Vergleichsgruppe Arzt (nicht Ärzte der einzelnen Fachrichtung):

Begünstigt sind z.B. Ärzte in Unfall-, Intensivstationen sowie in psychiatrischen Stationen; nicht begünstigt sind z.B. Anästhesist, Kurarzt; Infektions- bzw. Strahlenzulage eines Facharztes für Röntgenologie ist dem Grund nach steuerfreie Gefahrenzulage.

Vergleichsgruppe Pflegepersonal in Altersheimen und Krankenanstalten (nicht Krankenschwestern in bestimmten Fachrichtungen):

Begünstigt z.B. bei ekelerregenden Arbeiten, bei Tätigkeit in Unfall- und Intensivstationen und in psychiatrischen Stationen; begünstigt überdies bei Heben/Legen bewegungsunfähiger Menschen, weiters bei kurzfristigen medizinischen Entscheidungen ohne Anstaltsarzt, und dies alles ohne den in einer Krankenanstalt vorhandenen Arbeitserleichterungen.

Vergleichsgruppe Schreibkräfte im Bürodienst:

Krankenhausschreibkräfte sind nicht begünstigt[414].

Vergleichsgruppe Bergleute:

Unter-Tag-Arbeiten sind begünstigt.

Gefahrenzulage:

Eine **Gefahrenzulage** ist nach § 68 Abs. 5 EStG nur begünstigt, wenn sie eine **typische Berufsgefahr** abgilt. Eine solche liegt bei Erteilung eines **Fahrschulunterrichts** grundsätzlich nicht vor. Die Erteilung von Fahrunterricht auf Solomotorrädern kann allerdings für den Fahrlehrer mit einer erhöhten Sturzgefahr verbunden sein. Gesund-

414 Vgl. auch VwGH 27.6.2018, Ra 2016/15/0061; VwGH 6.3.1984, 83/14/0095; VwGH 4.6.1985, 85/14/0041. In den zitierten Entscheidungen hat der VwGH die erschwerten Bedingungen jedoch dem Grunde nach nicht ausgeschlossen, die Begünstigung aber u.a. aufgrund des fehlenden zeitlichen Überwiegens versagt.

heitsgefährdungen, die der **Betrieb von Kraftfahrzeugen**, die Teilnahme am Straßenverkehr oder die Witterungsverhältnisse mit sich bringen (z.B. mögliche Bandscheibenschäden, Abgasschädigungen oder Rheuma), sind mit der Teilnahme am Straßenverkehr bzw. mit Arbeiten im Freien (Angehörige von Wachkörpern, Landwirte usw.) ganz allgemein verbunden und bedeuten daher keine typische Berufsgefahr. Eine Berufsgefahr wird aber bei Angestellten in medizinischen (ärztlichen) Ordinationen gegeben sein, die im **Strahlenbereich** arbeiten und tätig werden und hiefür eine nach lohngestaltenden Vorschriften abgesicherte Zulage (Strahlenzulage) erhalten (LStR 2002, Rz 1140).

Zulagen, die **Bankkassieren** im Hinblick auf die durch mögliche Banküberfälle drohende Gefahr für Leben, Gesundheit oder körperliche Sicherheit gezahlt werden, stellen keine Gefahrenzulagen i.S.d. § 68 Abs. 5 EStG dar, weil diese Gefahr nicht eine mit dem Beruf eines Bankkassiers zwangsläufig verbundene, typische Berufsgefahr ist, sondern eine von dieser Gesetzesstelle nicht umfasste Allgemeingefahr (LStR 2002, Rz 1141).

18.3.2.1.2. Regelungen über die Bezahlung

Rechtsgrundlage:

Die Schmutz-, Erschwernis- und Gefahrenzulagen sind nur begünstigt, soweit sie

1. auf Grund **gesetzlicher Vorschriften**,
2. auf Grund von Gebietskörperschaften erlassener Dienstordnungen,
3. auf Grund aufsichtsbehördlich genehmigter Dienst(Besoldungs)ordnungen der Körperschaften des öffentlichen Rechts,
4. auf Grund der vom Österreichischen Gewerkschaftsbund für seine Bediensteten festgelegten Arbeitsordnung,
5. auf Grund von **Kollektivverträgen oder Betriebsvereinbarungen**, die auf Grund **besonderer** kollektivvertraglicher Ermächtigungen abgeschlossen worden sind[415],
6. auf Grund von **Betriebsvereinbarungen**, die wegen **Fehlens eines kollektivvertragsfähigen Vertragsteils** (§ 4 ArbVG) auf der Arbeitgeberseite[416] **zwischen einem einzelnen Arbeitgeber und** dem kollektivvertragsfähigen Vertragsteil auf **der Arbeitnehmerseite** abgeschlossen wurden[417],
7. **innerbetrieblich** für alle Arbeitnehmer oder bestimmte Gruppen von Arbeitnehmern

gewährt werden (§ 68 Abs. 5 EStG).

---

415 Darunter sind solche Betriebsvereinbarungen zu verstehen, deren Abschluss im anzuwendenden Kollektivvertrag vorgesehen ist (→ 3.3.5.1.). In diesem Fall muss der Kollektivvertrag ausdrücklich den Hinweis auf die Möglichkeit des Abschlusses einer Betriebsvereinbarung bezüglich der Bezahlung einer solchen Zulage enthalten.

416 Z.B. bei Vereinen, die als Arbeitgeber nicht kollektivvertragsangehörig sind.

417 § 68 Abs. 5 Z 6 EStG spricht **ausdrücklich von Betriebsvereinbarungen**. Betriebsvereinbarungen sind gem. § 29 ArbVG schriftliche Vereinbarungen, die vom Betriebsinhaber einerseits und dem Betriebsrat andererseits abgeschlossen werden. Die Einbindung eines kollektivvertragsfähigen Vertragsteils auf der Arbeitnehmerseite ist arbeitsrechtlich für Betriebsvereinbarungen grundsätzlich nicht vorgesehen. Die Bestimmung des § 68 Abs. 5 Z 6 EStG ist derart auszulegen, dass die Gewährung solcher Zulagen durch eine Betriebsvereinbarung i.S.d. § 29 ArbVG **zwischen Betriebsinhaber und Betriebsrat zu regeln** ist und – **als zusätzliches steuerliches Erfordernis** – durch den zuständigen **kollektivvertragsfähigen Vertragsteil auf der Arbeitnehmerseite** (für Vereine die Gewerkschaft der Privatangestellten, Sektion Handel, Verkehr, Vereine und Fremdenverkehr; → 3.3.4.1.) **zu unterzeichnen** ist (LStR 2002 – Beispielsammlung, Rz 10735c).
Die erlassmäßige Regelung durch die Beispielsammlung zu den Lohnsteuerrichtlinien 2002 bezieht sich zwar auf den Dienstreisebegriff des § 26 Z 4 EStG; es muss diese jedoch (des gleichen Verweises auf den § 68 Abs. 5 Z 6 EStG wegen) auch auf die Gewährung solcher Zulagen angewendet werden.

Die **Begriffe** „Schmutz-, Erschwernis- und Gefahrenzulagen" werden **im Gesetz definiert** und sind nur begünstigt, soweit sie auf Grund oben genannter lohngestaltender Vorschriften gewährt werden. Liegt eine **lohngestaltende Vorschrift als formelle Voraussetzung** für die Begünstigung von Schmutz-, Erschwernis- und Gefahrenzulagen vor, ist weiter zu prüfen, ob die **materiellen Voraussetzungen** einer Verschmutzung, Erschwernis und Gefahr **i.S.d. Legaldefinition** des § 68 Abs. 5 EStG gegeben sind und das **Ausmaß der Zulage angemessen** ist.

Eine **einzelvertraglich vereinbarte** SEG-Zulage fällt nicht unter die Steuerbefreiung nach § 68 Abs. 1 EStG (BFG 1.3.2018, RV/1100628/2015).

Beispiel 1

In einem Betrieb ist im Kollektivvertrag für Arbeiter für eine bestimmte Tätigkeit eine Schmutzzulage vorgesehen, die richtigerweise steuerfrei behandelt wird. Es werden nunmehr einige dieser Arbeiter Angestellte; im Kollektivvertrag für Angestellte ist eine derartige Zulage nicht vorgesehen. Da die nunmehrigen Angestellten die gleiche Tätigkeit wie bisher ausüben, steht ihnen auch weiterhin die Steuerfreiheit dieser Schmutzzulage zu. Es ist allerdings eine Vereinbarung mit dem Arbeitgeber gem. § 68 Abs. 5 Z 7 EStG erforderlich, wodurch in allen gleichartigen Fällen eine gleichartige Zulage vorgesehen wird.

Angemessenheit:

Von einem **angemessenen Ausmaß** der Zulage wird **nach Ansicht des BMF** im Regelfall dann auszugehen sein, wenn die Zulage **der Höhe nach einer lohngestaltenden Vorschrift** – insb. einer lohngestaltenden Vorschrift i.S.d. § 68 Abs. 5 Z 1 bis 6 EStG – **entspricht**. Zahlt ein Arbeitgeber höhere Bezüge als die in der maßgebenden lohngestaltenden Vorschrift vorgesehenen Mindestlöhne, werden Schmutz-, Erschwernis- und Gefahrenzulagen grundsätzlich insoweit als angemessen anzusehen sein, als die Zulage im selben Ausmaß erhöht wird wie der Lohn (LStR 2002, Rz 1129).

Beispiel 2

Der kollektivvertragliche Bruttomonatslohn eines Transportarbeiters beträgt € 1.318,70. Für die Dauer der Beschäftigung in Kühlräumen gebührt dem Arbeitnehmer eine Erschwerniszulage von € 1,42 pro Stunde.

Ein Arbeitgeber gewährt einem Transportarbeiter tatsächlich einen Bruttomonatslohn von € 1.500,00. Die Überzahlung beträgt daher 13,75% des kollektivvertraglichen Lohns.

Es bestehen in diesem Beispiel keine Bedenken, die Erschwerniszulage bis zu einem Betrag von € 1,62 pro Stunde (113,75% von € 1,42) gem. § 68 EStG begünstigt zu behandeln.

Beispiel 3

Der kollektivvertragliche Bruttostundenlohn eines Hilfsarbeiters im Güterbeförderungsgewerbe beträgt € 6,60. Für die Dauer einer bestimmten verschmutzenden

Tätigkeit gebührt dem Arbeitnehmer eine Schmutzzulage im Ausmaß von 10% des maßgebenden kollektivvertraglichen Stundenlohns, das sind in diesem Fall € 0,66.

Ein Arbeitgeber gewährt einem Hilfsarbeiter tatsächlich einen Stundenlohn von € 7,00.

Es bestehen in diesem Beispiel keine Bedenken, die Schmutzzulage bis zu einem Betrag von € 0,70 pro Stunde (10% von € 7,00) gem. § 68 EStG begünstigt zu behandeln.

Als Kriterien für die Angemessenheitsprüfung kommen nach dieser Ansicht somit das durchschnittlich übliche Verhältnis zwischen Grundlohn und Zulagen und das absolute Ausmaß derartiger Zulagen bei vergleichbaren Tätigkeiten in Betracht. Im Regelfall wird dann von einem angemessenen Ausmaß auszugehen sein, wenn die Höhe der Zulage der Zulagenhöhe nach einer lohngestaltenden Vorschrift entspricht (vgl. so auch BFG 25.10.2017, RV/7101571/2017; BFG 22.7.2020, RV/3100948/2018 – beide Erkenntnisse wurden vom VwGH jedoch aufgehoben – siehe dazu nachstehend). Bei innerbetrieblich gewährten Zulagen orientiert sich die Angemessenheit an den aus anderen Kollektivverträgen abgeleiteten Erkenntnissen und den Erfahrungen des täglichen Lebens (BFG 15.3.2016, RV/1100179/2016).

Der **VwGH** hat festgehalten, dass sich die **Angemessenheit der Zulage nicht zwingend an deren kollektivvertraglicher Höhe orientiert**. Der im Rahmen des § 68 EStG vorzunehmenden Angemessenheitsprüfung wohnt ein Element der **Schätzung** inne, sodass es nicht den einen als angemessen zu beurteilenden absoluten oder im Verhältnis zum Bruttolohn mit einem bestimmten Prozentsatz zu bemessenden Zulagenbetrag gibt. Übersteigt jedoch eine Schmutzzulage die von anderen Kollektivvertragspartnern derselben Branche als angemessen betrachtete Zulage um mehr als das Doppelte, ist eine derartige Abweichung erheblich. Eine Kürzung (der steuerfreien Zulagenhöhe) ist vorzunehmen, wenn die Abweichung erheblich ist, d.h. die Vereinbarung durch die Kollektivvertragspartner außerhalb jener Bandbreite liegt, die jeder Schätzung immanent ist (VwGH 20.12.2018, Ra 2018/13/0001 und VwGH 22.11.2018, Ra 2017/15/0025 jeweils zu einer 18%igen Schmutzzulage für Rauchfangkehrer bei vergleichbaren Schmutzzulagen nach den Kollektivverträgen anderer Bundesländer in Höhe von 8% bis 20% des Grundlohns). Der VwGH hat kollektivvertraglich festgelegten Zulagenhöhen somit nicht dem Grunde nach die Angemessenheit abgesprochen, hat die Unangemessenheit im vorliegenden Fall jedoch mit den weit auseinanderfallenden Zulagenhöhen in den jeweiligen Bundesländern begründet. Dabei hat er auch festgehalten, dass es im Interesse beider Kollektivvertragspartner liegt, einen möglichst hohen Anteil des Lohnes als begünstigten Lohnbestandteil zu bezeichnen (d.h. dass sich diese nicht unbedingt an der Angemessenheit orientieren).

In einer weiteren Entscheidung zur Schmutzzulage nach dem Kollektivvertrag für Rauchfangkehrer hat der VwGH festgehalten, dass für die Beurteilung der Angemessenheit der Schmutzzulage **zunächst festzustellen ist, welche Kosten durch die Verschmutzung üblicherweise anfallen** und durch den Zuschlag abgegolten werden sollen. Dabei geht es um den Sach- und Zeit(mehr)aufwand, der dem Arbeitnehmer durch die (Beseitigung der) Verschmutzung üblicherweise erwächst. Erst auf Basis festgestellter üblicher Kosten kann auf das angemessene Ausmaß einer

Schmutzzulage geschlossen werden. **Ein pauschaler Betrag kommt dabei dem Gedanken einer Abgeltung der Verschmutzung näher als ein prozentueller Betrag vom Gehalt,** ist doch davon auszugehen, dass üblicherweise der Verschmutzungsgrad eines Arbeitnehmers nicht linear mit dem Gehalt steigt. **Für unterschiedliche Fixbeträge zwischen den einzelnen Arbeitnehmern (etwa Geselle oder Hilfskraft) wird dabei im Allgemeinen kein Raum bleiben.** Letztlich wird das Ergebnis der Schätzung eine Bandbreite sein: Erst bei Überschreiten der Bandbreite wird die Steuerbegünstigung des § 68 EStG zu versagen sein (VwGH 30.6.2021, Ra 2020/15/0123 sowie im gleichen Sinn erledigt VwGH 9.7.2021, Ra 2020/15/0114 und VwGH 8.9.2021, Ra 2020/15/0093).

Praxistipp: Praktisch kann man vor dem Hintergrund der höchstgerichtlichen Rechtsprechung nicht mehr zwingend von der Angemessenheit der in Kollektivverträgen geregelten Zulagenhöhen ausgehen. Die Angemessenheit der kollektivvertraglichen Zulagen wird jedoch in vielen Fällen gegeben sein, insbesondere wenn es sich um Fixbeträge/Pauschalbeträge handelt und nicht um prozentuelle Zulagen vom Gehalt bzw. Lohn.

Soweit eine den Voraussetzungen grundsätzlich entsprechende Schmutz-, Erschwernis- oder Gefahrenzulage das **angemessene Ausmaß übersteigt**, ist sie steuerpflichtig. Soweit derartige Zulagen gesetzlich oder kollektivvertraglich festgelegt sind, sind darüber hinausgehende Zulagen auf Grund anderer lohngestaltenden Vorschriften nur in besonders gelagerten Fällen begünstigt (LStR 2002, Rz 1129).

Der Umstand, dass Erschwerniszulagen allgemein und ohne Differenzierung nach einer tatsächlichen Erschwernis an sämtliche Angehörige einer Vergleichsgruppe ausbezahlt werden, schließt für sich die steuerfreie Behandlung bei bestimmten Angehörigen dieser Vergleichsgruppe nicht aus (sofern von diesen bestimmten Angehörigen Arbeiten verrichtet werden, die eine außerordentliche Erschwernis gegenüber den allgemein üblichen Arbeitsbedingungen aufweisen).

Wird sowohl eine allgemeine Erschwerniszulage an sämtliche Angehörige einer Vergleichsgruppe ausbezahlt als auch (zusätzlich) eine besondere Zulage an bestimmte Angehörige der Vergleichsgruppe, so gilt Folgendes: Bei jenen Angehörigen der Vergleichsgruppe, bei denen eine Erschwernis i.S.d. § 68 EStG auftritt, sind beide Zulagen insoweit steuerfrei, als sie **in Summe** ihrer Höhe nach **angemessen** sind.

Eine Einschränkung des Begriffs der Erschwernis auf „körperliche Erschwernisse“ findet im Gesetz keine Stütze. Zum Vergleich sind die Arbeitsbedingungen vergleichbarer Arbeitstätigkeiten heranzuziehen. Die Erschwernis kann nicht nur „Umgebungseinflüssen“, sondern auch aus Schwierigkeiten der Arbeit selbst oder der Dringlichkeit ihrer Durchführung entspringen (betreffend Erschwerniszulage im Zusammenhang mit dem Lenken und Betreuen überlanger Fahrzeuge).

Unter **Gruppen von Arbeitnehmern** sind Großgruppen wie z.B. alle Arbeiter, alle Angestellten, Schichtarbeiter oder abgegrenzte Berufsgruppen wie z.B. Chauffeure, Monteure, Innendienst- bzw. Außendienstmitarbeiter, gesamtes kaufmännisches oder technisches Personal, Verkaufspersonal, alle Arbeitnehmer mit einer Betriebszugehörigkeit von einer bestimmten Anzahl von Jahren zu verstehen. Trifft ein Gruppenmerkmal nur auf einen Arbeitnehmer zu, stellt auch dieser eine Arbeitnehmer eine Gruppe im obigen Sinn dar. Die **Gruppenmerkmale** müssen betriebsbezogen sein. Das Erfordernis Betriebsbezogenheit ist bedeutsam für die sachliche Begründung einer Gruppenbildung. Eine willkürliche Gruppenbildung – etwa nach Maßstäben persönlicher Vorlieben oder Nahebeziehungen – kann nicht zur Steuerbefreiung führen. Ob die Gruppenbildung sachlich begründbar ist, hängt im Einzelfall aber auch von der Art des mit der Gruppenzugehörigkeit verbundenen Vorteils und vom Zweck der Steuerbefreiung ab[418]. Nicht begünstigt sind Maßnahmen, die sich auf Personen einer bestimmten Altersgruppe beziehen. Dies schließt allerdings nicht aus, dass der Arbeitgeber die Aufwendungen allein oder zusätzlich für Arbeitnehmer auf Grund der Beschäftigungsdauer im Betrieb abhängig machen kann. Der Umstand, dass einer Anzahl von Personen eine Belohnung zugesprochen wird, führt noch nicht dazu, dass diese Personen als Gruppe anzusehen sind (LStR 2002, Rz 76).

18.3.2.2. SFN-Zuschläge

18.3.2.2.1. Beschreibung der zu leistenden Arbeiten

Der § 68 EStG enthält bezüglich der **Sonn- und Feiertagszuschläge keinen Hinweis** auf zutreffende Arbeiten; dies deshalb, weil der Begriff „Sonntag" keiner Erläuterung bedarf und der Begriff „Feiertag" im Gesetz bereits geregelt ist.

Als **Feiertage** gelten die im ARG aufgezählten Feiertage und Feiertage, die in den einzelnen Bundesländern durch Landesgesetz als Landesfeiertage festgesetzt sind (→ 17.1.1.). Gleich lautende Bestimmungen finden sich außerhalb des Anwendungsbereichs des ARG im Feiertagsruhegesetz und im BäckereiarbeiterInnengesetz.

Die **Nachtarbeit** wird im § 68 Abs. 6 EStG definiert. Als Nachtarbeit im Sinn dieser Gesetzesstelle gelten Arbeitszeiten (ob Normal-, Mehrarbeits- oder Überstunden ist unerheblich), die den folgenden Voraussetzungen entsprechen:

Sie müssen

- auf Grund **betrieblicher Erfordernisse**
- zwischen **19 Uhr und 7 Uhr** erbracht werden und
- in der einzelnen Nacht ununterbrochen **zumindest drei Stunden** dauern (**Blockzeit**).

Um die Steuerbegünstigung in Anspruch nehmen zu können, müssen alle drei genannten Erfordernisse erfüllt sein. Allfällige günstigere Nachtarbeitsregelungen in lohngestaltenden Vorschriften sind nicht anzuwenden.

Die **Blockzeit** gilt als erreicht, wenn eine Arbeitsleistung von ununterbrochen **zumindest drei Stunden**, die in die Zeit zwischen 19 Uhr und 7 Uhr fällt, erbracht wird.

Voraussetzung für die steuerliche Begünstigung von Nachtarbeit ist ein **betriebliches Erfordernis** ihrer Ableistung. Dieses ist nur dann gegeben, wenn die Arbeitszeiten nicht willkürlich in die Nacht verlagert werden (z.B. durch Zusammenkom-

418 Vgl auch VwGH 27.7.2016, 2013/13/0069, wonach unter gewissen Voraussetzungen auch leitende Angestellte eine Gruppe bilden können.

menlassen von Arbeit). Gemäß § 68 Abs. 1 EStG sind nur jene Arbeitnehmer steuerlich zu begünstigen, die gezwungen sind, zu den dort angeführten Zeiten (Sonntag, Feiertag, Nacht) Leistungen zu erbringen. Hierbei muss auch der zwingende betriebliche Grund, gerade an diesen Tagen und Zeiten die Tätigkeiten zu erbringen, nachgewiesen werden. Ansonsten hätten es Arbeitgeber und Arbeitnehmer weitgehend in der Hand, eine begünstigte Besteuerung des Arbeitslohns durch Verlagerung der (Überstunden-)Tätigkeit in begünstigte Zeiten herbeizuführen. Die betrieblichen Gründe müssen derart gestaltet sein, dass sie die Nachtarbeit notwendig erscheinen lassen. Eine derartige Nachtarbeit kann demnach nur am Dienstort bzw. anlässlich einer Dienstreise anfallen. Wenn die Nachtarbeit nicht am Dienstort verrichtet wird bzw. nicht unmittelbar an die Tagesarbeitszeit anschließt, wird i.d.R. von Nachtarbeit nicht gesprochen werden können. Ausnahmen sind bei EDV-Technikern, Reparaturdiensten usw. denkbar.

Bei **Wechselschichten** ist die auf die Nachtzeit entfallende Schichtzulage dann als begünstigter Nachtarbeitszuschlag zu behandeln, wenn die Blockzeit erfüllt ist (siehe Beispiel 24).

Fälle von Unterbrechungen der Tagesarbeitszeit und anschließender Blockzeit im Zusammenhang mit dem betrieblichen Erfordernis:

a) Arbeitsunterbrechungen auf Grund **gesetzlicher oder kollektivvertraglicher Vorschriften** sind für sich gesehen kein Hindernis, von einem betrieblichen Erfordernis für das Ableisten von Nachtarbeit auszugehen.
b) Der Umstand, dass auf Grund der Länge der Arbeitsverrichtung auch bei unmittelbarem Anschluss an die Normalarbeitszeit die Voraussetzungen für die Blockzeit erfüllt wären, spricht nicht für ein betriebliches Erfordernis für die Nachtarbeit. **Arbeitspausen** vor Beginn der Blockzeit in einer Dauer **bis zu 30 Minuten** beeinträchtigen nicht das betriebliche Erfordernis. Längere Arbeitsunterbrechungen hemmen die Blockzeit, d.h., sie werden von der Nachtarbeitszeit abgezogen.
c) Unterbrechungen sind der Steuerbefreiung weiters dann nicht abträglich, wenn sich an die Unterbrechung ein **betrieblich erforderlicher Schichtdienst** anschließt.
d) **In allen übrigen Fällen** einer Unterbrechung der Arbeitszeit (vor Beginn der Nachtarbeit) sind die Nachtarbeitszuschläge hingegen i.d.R. nicht steuerfrei, es sei denn, die Unterbrechung ergibt sich aus zwingenden betrieblichen Gründen (z.B. Maschinenausfall).

Zuschläge für nicht im Rahmen einer Blockzeit geleistete Nachtarbeit können grundsätzlich nicht gem. § 68 Abs. 1 EStG steuerfrei behandelt werden, es sei denn, es handelt sich um ein Tätigwerden auf Grund der **Rufbereitschaft** (→ 16.2.5.). Die **bloße Rufbereitschaft ohne Arbeitseinsatz** ist nicht als Arbeitszeit zu werten und kann daher nicht als Mehrarbeitsvergütung gelten. Rufbereitschaft während der Nachtstunden oder an Sonn- und Feiertagen kann daher nicht unter die Begünstigung des § 68 Abs. 1 EStG fallen. Wird **tatsächlich eine Arbeitsleistung** erbracht, können entsprechend den einschlägigen Bestimmungen die Begünstigungen des § 68 EStG in Anspruch genommen werden. Führt die Rufbereitschaft zu einem Arbeitseinsatz während der Nachtstunden, so entfällt hinsichtlich der Begünstigung des § 68 Abs. 1

EStG für die Steuerbegünstigung für Nachtzuschläge das Erfordernis der Erfüllung der Blockzeit.

Zum erhöhten Freibetrag nach § 68 Abs. 6 EStG siehe Punkt 18.3.1.

18.3.2.2.2. Regelungen über die Bezahlung

Der § 68 EStG enthält **keine Regelungen** über die Bezahlung von SFN-Zuschlägen. Daher können auch freiwillig gewährte SFN-Zuschläge steuerfrei behandelt werden. Allerdings dürfen auch hier keine überhöhten Zahlungen vorliegen (→ 18.3.2.1.2.).

Grundsätzlich können **nur einzeln abgerechnete SFN-Zuschläge** steuerfrei gem. § 68 Abs. 1 EStG behandelt werden. Den Erkenntnissen des VwGH ist zu entnehmen, dass eine **pauschale steuerfreie Bezahlung** solcher Zuschläge **nur dann möglich** ist, wenn eine Arbeitsleistung an Sonn-, Feiertagen oder in der Nacht

- in gleich bleibender Höhe,
- zwingend betrieblich verursacht und
- regelmäßig

(z.B. im Rahmen von Schichtarbeit) erbracht wird.

Die Steuerfreiheit derartiger Zuschläge setzt eine **konkrete Zuordnung** zur Sonntags-, Feiertags- und Nachtarbeit voraus. Das Ableisten derartiger Arbeitszeiten muss in jedem einzelnen Fall ebenso **konkret nachgewiesen** werden wie das betriebliche Erfordernis für das Ableisten derartiger Arbeitszeiten.

18.3.2.2.3. Beispiele und Erläuterungen zu den SFN-Zuschlägen

Bei Arbeit oder Nichtarbeit an einem Sonntag, Feiertag oder in der Nacht sind nachstehende Entlohnungsarten möglich:

Für den Sonntag oder für die Nacht:		
Bei Nichtarbeit erfolgt	Bei Arbeitsleistung	
	innerhalb der Normalarbeitszeit erfolgt die Entlohnung durch	**außerhalb der Normalarbeitszeit** erfolgt die Entlohnung durch
• grundsätzlich keine Entlohnung	• das normale erarbeitete Entgelt[419] (dafür gibt es keine besondere Bezeichnung) (→ 17.1.3., → 17.2.)	• den Überstundengrundlohn[419] (→ 16.2.3.5.)
	und ev. auf Grund lohngestaltender Vorschriften oder freiwillig einen	und den auf Grund lohngestaltender Vorschriften geregelten
	• Sonntags- oder Nachtzuschlag[420] (→ 17.1.3., → 17.2.).	• Überstundenzuschlag[420] (→ 16.2.3.5.).

419 Diese Bezugsbestandteile sind (zusammen mit den anderen laufenden Bezugsbestandteilen) mit dem Lohnsteuertarif (→ 11.5.2.) zu versteuern.

420 Diese Bezugsbestandteile können unter Berücksichtigung der Bestimmungen des § 68 Abs. 1 bzw. 6 EStG steuerfrei behandelt werden.

Für den Feiertag:		
Bei Nichtarbeit erfolgt die Entlohnung durch	**Zusätzlich** zum Feiertagsentgelt erhält der Arbeitnehmer bei Arbeitsleistung	
	innerhalb der Normalarbeitszeit	**außerhalb der Normalarbeitszeit**[421]
• das Feiertagsentgelt[419] (das normale fortlaufende Entgelt) (→ 17.1.2.).	• das Feiertagsarbeitsentgelt[419] [422] (das erarbeitete Entgelt) (→ 17.1.3.) und ev. auf Grund lohngestaltender Vorschriften oder freiwillig einen • Feiertagszuschlag[420] (→ 17.1.3.).	• den Überstundengrundlohn[419] (→ 16.2.3.5.) und den auf Grund lohngestaltender Vorschriften geregelten • Überstundenzuschlag[420] (→ 16.2.3.5.).

Beispiel 23

Feststellen der überwiegenden Nachtarbeit bei Vorliegen eines Krankenstands.

Angaben:

- Die Normalarbeitszeit eines monatlichen Lohnzahlungszeitraums beträgt 167 Stunden.
- Diese 167[423] Stunden teilen sich in

tatsächlich geleistete Stunden		Krankenstandsstunden:
außerhalb der Nacht (7 Uhr bis 19 Uhr):	innerhalb der Nacht (19 Uhr bis 7 Uhr):	
50 Stunden,	60 Stunden;	57 Stunden.

421 Die Arbeitsleistung an einem Feiertag ist erst dann als Überstundenarbeit zu beurteilen, wenn sie **hinsichtlich ihrer Dauer** über das Maß der täglichen Normalarbeitszeit hinausgeht.
Hätte ein Arbeitnehmer an einem Feiertag, wenn dieser ein Werktag gewesen wäre, nach der im Betrieb geltenden Arbeitszeiteinteilung z.B. acht Stunden zu arbeiten gehabt, hat er für eine Arbeitsleistung bis zu acht Stunden das Feiertagsarbeitsentgelt und ev. einen Feiertagszuschlag und erst für eine darüber hinausgehende Arbeitsleistung eine Überstundenvergütung zu bekommen (OGH 19.4.1977, 4 Ob 72/77).

422 Im Fall der Erbringung von Arbeitsleistungen an einem Feiertag könnten, wenn kein weiterer Grundlohn (gemeint ist das Feiertagsarbeitsentgelt) gebührt, geleistete Zahlungen als Feiertagszuschläge gem. § 68 Abs. 1 bzw. 6 EStG angesehen werden.
Gemäß § 9 Abs. 5 ARG hat aber der Arbeitnehmer Anspruch auf ein zusätzliches Entgelt für geleistete Feiertagsarbeit. Dieser Entgeltteil ist ebenso wie der für anfallende Überstunden am Feiertag zu zahlende Grundlohn lohnsteuerpflichtig. Der Feiertags- sowie der Überstundenzuschlag ist lohnsteuerfrei gem. § 68 Abs. 1 bzw. 6 EStG.
Der Arbeitnehmer, der während der Feiertagsruhe beschäftigt wird, hat außer dem Feiertagsentgelt Anspruch auf das für die geleistete Arbeit gebührende Entgelt (gemeint ist das Feiertagsarbeitsentgelt), es sei denn, es wird Zeitausgleich i.S.d. § 7 Abs. 6 ARG vereinbart (§ 9 Abs. 5 ARG) (→ 17.1.3.).
Einer anderen Rechtsmeinung zufolge stellt das Feiertagsentgelt bereits die Grundentlohnung dar, sodass das Feiertagsarbeitsentgelt als steuerfreier Zuschlag anzusehen ist.
Bezüglich der tatsächlichen lohnsteuerlichen Behandlung des Feiertagsarbeitsentgelts bestimmt weder das EStG Konkretes noch findet sich dazu in den LStR 2002 eine erklärende Aussage.
Eine Entscheidung des VwGH bleibt demnach abzuwarten. Der Praxis wird empfohlen, eine diesbezügliche Anfrage an das zuständige Finanzamt zu richten (→ 39.1.2.2.3.).

423 Eventuelle Mehrarbeitsstunden sowie Überstunden sind bei dieser Beurteilung auszuklammern.

Lösung:

Vergleich:

Die Normalarbeitszeit in diesem Lohnzahlungszeitraum beträgt 167 Stunden;	:	Die Nachtarbeitszeit in diesem Lohnzahlungszeitraum beträgt 60 Stunden.

In diesem Lohnzahlungszeitraum liegt **keine überwiegende Nachtarbeit** vor. Aus diesem Grund kann der Freibetrag gem. § 68 Abs. 6 EStG nicht berücksichtigt werden. Bei Vorliegen eines Urlaubs, einer Dienstfreistellung und dergleichen erfolgt die Feststellung des Überwiegens der Nachtarbeit nach der gleichen Art.

Beispiel 24

Steuerliche Behandlung von Schichtzulagen und Nachtzuschlägen.

Angaben und Lösung:

In einem Betrieb wird in einem Dreischichtdienst (Wechselschichtdienst) gearbeitet.

Für die erste Schicht von 6 Uhr bis 14 Uhr erhalten die Arbeitnehmer pro Stunde € 1,20,

für die zweite Schicht von 14 Uhr bis 22 Uhr erhalten die Arbeitnehmer pro Stunde € 1,20

als Schichtzulage, und

für die dritte Schicht von 22 Uhr bis 6 Uhr erhalten die Arbeitnehmer pro Stunde € 1,80

als Nachtzuschlag.

Bei Wechselschichten ist die auf die Nachtzeit entfallende Schichtzulage dann als steuerfreier Nachtarbeitszuschlag zu behandeln, wenn die Blockzeit erfüllt ist (→ 18.3.2.2.1.).

Für die zweite Schicht ist die **Schichtzulage für die Zeit von 19 Uhr bis 22 Uhr** (3 Stunden) in der Höhe von **€ 1,20 pro Stunde**, für die dritte Schicht ist der **Nachtzuschlag für die Zeit von 22 Uhr bis 6 Uhr** in der Höhe von **€ 1,80 pro Stunde** gem. § 68 Abs. 1 EStG **steuerfrei** zu behandeln.

18.3.2.3. Überstundenzuschläge

18.3.2.3.1. Beschreibung der zu leistenden Arbeiten

Als Überstunde gilt jede über die Normalarbeitszeit hinaus geleistete Arbeitsstunde. Als Normalarbeitszeit gilt jene Arbeitszeit, die auf Grund

1. **gesetzlicher Vorschriften**,
2. von Dienstordnungen der Gebietskörperschaften,

3. aufsichtsbehördlich genehmigter Dienst(Besoldungs)ordnungen der Körperschaften des öffentlichen Rechts,
4. der vom Österreichischen Gewerkschaftsbund für seine Bediensteten festgelegten Arbeitsordnung,
5. von **Kollektivverträgen oder Betriebsvereinbarungen**, die auf Grund besonderer kollektivvertraglicher Ermächtigungen abgeschlossen worden sind[424],
6. von **Betriebsvereinbarungen**, die wegen Fehlens eines kollektivvertragsfähigen Vertragsteils (§ 4 ArbVG) auf der Arbeitgeberseite **zwischen einem einzelnen Arbeitgeber und** dem kollektivvertragsfähigen Vertragsteil auf **der Arbeitnehmerseite** abgeschlossen wurden[425],

   festgesetzt wird, oder die
7. **innerbetrieblich** für alle Arbeitnehmer oder bestimmte Gruppen von Arbeitnehmern (→ 18.3.2.1.2.) allgemein übliche Normalarbeitszeit. Als Überstunde gilt jedoch (in diesem Fall) nur jene Arbeitszeit, die **vierzig Stunden** in der Woche **übersteigt** oder durch die die Tagesarbeitszeit überschritten wird, die sich auf Grund der Verteilung einer mindestens vierzigstündigen wöchentlichen Normalarbeitszeit auf die einzelnen Arbeitstage ergibt (§ 68 Abs. 4 EStG).

Leitende Angestellte, die dem AZG nicht unterliegen (→ 16.1.), haben nur dann Anspruch auf einen steuerbegünstigten Überstundenzuschlag, wenn auf ihr Dienstverhältnis der Kollektivvertrag Anwendung findet. **Einzelvertraglich** vereinbarte Überstundenzuschläge können **nicht** nach § 68 EStG **steuerbegünstigt** behandelt werden.

Weitere Erläuterungen dazu finden Sie unter Punkt 18.3.2.3.3.

18.3.2.3.2. Regelungen über die Bezahlung

Als Überstundenzuschläge gelten die durch die Vorschriften i.S.d. (vorhin angeführten) Z 1 bis 6 festgelegten Zuschläge oder die i.S.d. (vorhin angeführten) Z 7 innerbetrieblich für alle Arbeitnehmer oder bestimmte Gruppen von Arbeitnehmern allgemein gewährten Zuschläge (§ 68 Abs. 4 EStG).

Unter dem Wort „Überstundenzuschläge“ sind sowohl

Zuschläge für kollektivvertragliche Mehrarbeit (→ 16.2.2.)	als auch	**Zuschläge für Überstundenarbeit** (→ 16.2.3.5.)

zu verstehen. In beiden Fällen handelt es sich um eine zusätzliche Vergütung zum Grundlohn für die die Normalarbeitszeit überschreitenden Arbeitszeiten (→ 18.3.2.3.1.).

Stundenteiler für die Ermittlung der

Zuschläge für Mehrarbeit	Zuschläge für Überstundenarbeit

ist der auf Grund einer Vorschrift gem. **Z 1–7** jeweils maßgebliche Teiler.

424 Darunter sind solche Betriebsvereinbarungen zu verstehen, deren Abschluss im anzuwendenden Kollektivvertrag vorgesehen ist. In diesem Fall muss der Kollektivvertrag ausdrücklich den Hinweis auf die Möglichkeit des Abschlusses einer Betriebsvereinbarung bezüglich der Herabsetzung der Normalarbeitszeit enthalten.

425 Siehe Punkt 18.3.2.1.2.

Zusammenfassung:

Erfolgt z.B. die Regelung

einer 38-stündigen Normalarbeitszeit pro Woche	→ auf Grund einer Vorschrift gem. **Z 1–6**,
des Zuschlags für die Mehrarbeit	→ auf Grund einer Vorschrift gem. **Z 1–7**,

kann der **Mehrarbeitszuschlag** im eingeschränkten Ausmaß von zehn Stunden pro Monat zu höchstens 50% des Grundlohns, insgesamt höchstens jedoch € 86,00, **steuerfrei** behandelt werden.

Erfolgt z.B. die Regelung

einer 38-stündigen Normalarbeitszeit pro Woche	→ auf Grund einer Vorschrift gem. **Z 7**,
des Zuschlags für die Mehrarbeit	→ auf Grund einer Vorschrift gem. **Z 7**,

kann der **Mehrarbeitszuschlag nur steuerpflichtig** behandelt werden.

18.3.2.3.3. Gemeinsame Erläuterungen

Das Gesetz unterscheidet zwischen Überstunden,

die an **Sonntagen, Feiertagen** oder während der **Nacht**[426] (§ 68 Abs. 1 bzw. 6 EStG) → Ⓑ	bzw.	die an **Wochentagen**[427] mit Ausnahme der Nachtarbeit (§ 68 Abs. 2 EStG) → Ⓐ

erbracht werden.

Der Freibetrag gem. § 68 Abs. 1 und 2 EStG kann bei Arbeitgeberwechsel innerhalb eines Lohnzahlungszeitraums sowie bei mehreren Dienstverhältnissen gleichzeitig von beiden oder mehreren Arbeitgebern stets in voller Höhe berücksichtigt werden.

Überschreiten die **insgesamt** für einen Monat ausbezahlten Zulagen und Zuschläge den Freibetrag des § 68 Abs. 1 EStG von € 360,00 und sind die zehn Überstunden des § 68 Abs. 2 EStG noch nicht ausgeschöpft, kann für die nach Abs. 1 nicht mehr begünstigten Überstundenzuschläge (bis höchstens 50% des Grundlohns) auch die Befreiung des Abs. 2 in Anspruch genommen werden (vgl. LStR 2002, Rz 1147).

Beispiel

Der Feiertagszuschlag für die Arbeit an einem Feiertag (innerhalb der ausfallenden Normalarbeitszeit) beträgt	€ 382,50
davon sind steuerfrei gem. § 68 Abs. 1 EStG	€ 360,00
verbleiben steuerpflichtig	€ 22,50

426 So genannte „qualifizierte" Überstunden.

427 So genannte „gewöhnliche" Überstunden.

Der lt. Kollektivvertrag zu bezahlende Überstundenzuschlag zu 100% für die an diesem Feiertag zusätzlich geleisteten 3,5 Überstunden beträgt: 3,5 × € 45,00 = € 157,50. Da der Freibetrag gem. § 68 Abs. 1 EStG durch den Feiertagszuschlag bereits ausgeschöpft wurde und (sofern keine „gewöhnlichen" Überstundenzuschläge gegeben sind), können von diesen Überstundenzuschlägen (für max. 10 Stunden, zu max. 50%, zu max. € 86,00) in diesem Fall für 3,5 Überstunden 50% von € 157,50, also € 78,75, steuerfrei gem. § 68 Abs. 2 EStG berücksichtigt werden.

Ⓐ Überstundenzuschläge (§ 68 Abs. 2 EStG)

Die Berechnungsbasis für die Ermittlung der Zuschläge wird in § 68 Abs. 2 EStG als „Grundlohn" bezeichnet; dieser Begriff umfasst gem. § 10 Abs. 3 AZG den auf die einzelnen Arbeitsstunden entfallenden Normallohn (dazu zählen auch diverse regelmäßig anfallende Zulagen) (→ 16.2.3.5.).

Gemäß § 68 Abs. 2 EStG sind (zusätzlich zu der Begünstigung nach Abs. 1) Zuschläge für die ersten zehn Überstunden im Monat im Ausmaß von höchstens 50% des Grundlohns, insgesamt höchstens € 86,00 monatlich, steuerfrei. **Als Überstundenzuschläge gelten auch Zuschläge für Mehrarbeit**, die sich auf Grund der verkürzten kollektivvertraglichen Normalarbeitszeit ergibt. Dies gilt jedoch nicht für **Mehrarbeitszeitzuschläge (25%)** i.S.d. § 19d Abs. 3a AZG im Zusammenhang mit einer Teilzeitbeschäftigung (→ 16.2.2.2.), da sie nicht für Arbeitsleistungen gebühren, durch die die (gesetzliche bzw. kollektivvertragliche) Normalarbeitszeit überschritten wird. Diese Zuschläge sind auch dann **steuerpflichtig**, wenn sie für eine Mehrarbeit geleistet werden, die an einem Sonn-, Feiertag oder in der Nacht erbracht wird.

Das Ausmaß der steuerfreien Zuschläge ist im § 68 Abs. 2 EStG festgehalten. Der **Stundenteiler** für die Ermittlung des Grundlohns wäre bei einer 40-Stunden-Woche 173. Ist in Kollektivverträgen oder Betriebsvereinbarungen ein anderer Stundenteiler vorgesehen, ist dieser maßgeblich.

Werden in einem Monat zuerst Zuschläge von weniger als 50% und erst später Zuschläge von (mindestens) 50% ausbezahlt, sind die (mindestens) 50%igen Überstunden begünstigt. Sind die **Zuschläge** generell **unter 50%**, sind dennoch nur zehn Überstunden begünstigt (ein Zusammenrechnen ist unzulässig). Fallen **Zuschläge über 50%** aber pro Monat für weniger als zehn Überstunden an, so sind die Zuschläge dennoch nur im Ausmaß von 50% steuerfrei.

Beispiele

- Im Monat August zuerst 10 Mehrstunden mit 25% Zuschlag (€ 7,50 pro Stunde), dann 15 Überstunden mit 50% Zuschlag (€ 15,00 pro Stunde); steuerfrei sind 50%ige Zuschläge für 10 Überstunden (das wären € 150,00), höchstens jedoch € 86,00.
- Im Monat August 10 Mehrstunden mit 25% Zuschlag (€ 7,50 pro Stunde); steuerfrei sind 25%ige Zuschläge für 10 Mehrstunden (also € 75,00).
- Im Monat August 3 Überstunden mit 100% Zuschlag (€ 30,00 pro Stunde); steuerfrei sind Zuschläge für 3 Überstunden bis höchstens 50%, also € 45,00.

Überstunden liegen bei **Teilzeitarbeit** bereits dann vor, wenn bei einer zu Grunde liegenden Normalarbeitszeit von 40 Wochenstunden die tägliche Arbeitszeit mehr als acht Stunden beträgt. Liegt die kollektivvertragliche Normalarbeitszeit unter 40 Stunden, ist die tägliche Arbeitszeit, welche für die Überstundenberechnung maßgebend ist, entsprechend zu kürzen (vgl. Punkt 16.2.3.).

Zuschläge für **Samstagsarbeit** können grundsätzlich nur nach Maßgabe des § 68 Abs. 2 EStG steuerfrei bleiben, es sei denn, es liegt Nachtarbeit i.S.d. Abs. 6 vor, bzw. der Samstag ist ein Feiertag. In beiden Fällen stellen die Zuschläge Nachtarbeits- bzw. Feiertagszuschläge gem. Abs. 1 dar.

Bezüglich der pauschal abgegoltenen bzw. im Gehalt enthaltenen Überstundenzuschläge gem. § 68 Abs. 2 EStG siehe die Punkte 18.3.6.2. und 18.3.6.3.

Ⓑ Überstundenzuschläge für Sonntags-, Feiertags- und Nachtarbeit (§ 68 Abs. 1 und 6 EStG)

Der Freibetrag von **€ 360,00** (Abs. 1) bzw. der erhöhte Freibetrag von € 540,00 (Abs. 6) ist jeweils ein **gemeinsamer Freibetrag für alle Arbeitsverrichtungen**, die Zulagen und Zuschläge i.S.d. Abs. 1 auslösen.

Ist die Begünstigung für zehn Werktagsüberstunden zur Tagzeit (Abs. 2) nicht ausgeschöpft, so sind Zuschläge (max. 50%) für (restliche) zehn Überstunden zusätzlich zum (erhöhten) Freibetrag steuerfrei, insgesamt höchstens jedoch € 86,00.

Auch bei Nachtüberstunden muss die **Blockzeit** (→ 18.3.2.2.1.) erfüllt sein.

Beispiel 1

Die Normalarbeitszeit (→ 16.2.1.) endet um 16 Uhr, danach werden bis 21 Uhr 5 Überstunden geleistet; für die ab 20 Uhr geleisteten Überstunden sieht der Kollektivvertrag einen Nachtarbeitszuschlag vor.

Da die Blockzeit in der Nacht nicht gegeben ist, sind die Zuschläge dieser 5 Überstunden gem. § 68 Abs. 2 EStG zu behandeln.

Beispiel 2

Die Normalarbeitszeit endet um 16 Uhr, danach werden bis 23 Uhr sieben Überstunden geleistet; für die ab 20 Uhr geleisteten Überstunden sieht der Kollektivvertrag einen Nachtarbeitszuschlag vor.

Da die Blockzeit in der Nacht gegeben ist, sind

- die Zuschläge für die ab 19 Uhr geleisteten Überstunden und
- die ab 20 Uhr gezahlten Nachtarbeitszuschläge

gem. § 68 Abs. 1 EStG zu behandeln (LVR 1989).

Wird für SFN-Überstunden ein höherer Zuschlag als für Überstunden an Werktagen außerhalb der Nacht bezahlt, ist der gesamte Zuschlag gem. § 68 Abs. 1 EStG steuerfrei zu behandeln.

Wichtiger Hinweis: Das unter Punkt 18.3.2.2.1. über die **Nachtarbeit** Gesagte gilt gleich lautend auch für Nachtüberstunden.

In Anbetracht der dem § 68 Abs. 1 EStG zu Grunde liegenden Intention, nur jene Arbeitnehmer steuerlich zu begünstigen, die gezwungen sind, zu den im Gesetz angeführten Zeiten Leistungen zu erbringen, muss der **zwingende betriebliche Grund**, gerade an diesen Tagen und Zeiten die Tätigkeiten zu erbringen, **nachgewiesen** werden. Hätten es doch sonst Arbeitgeber und Arbeitnehmer weitgehend in der Hand, eine begünstigte Besteuerung des Arbeitslohns durch Verlagerung der (Überstunden-)Tätigkeit in begünstigte Zeiten herbeizuführen (VwGH 25.11.1999, 97/15/0206). Ein allgemeines Interesse der Arbeitgeber an der Leistung derartiger Überstunden erfüllt diese Voraussetzung nicht (BFG 19.10.2017, RV/7103195/2013).

Ob Überstunden in Form von Zeitausgleich oder finanziell abgegolten werden, obliegt einer Vereinbarung zwischen Arbeitgeber und Arbeitnehmer. Wird eine Vereinbarung getroffen, wonach ein Teil der Überstunden durch Zeitausgleich, ein anderer Teil durch Entgelt abgegolten wird, liegt kein Umgehungstatbestand vor. Die betriebliche Notwendigkeit von Nachtarbeit muss gegeben sein. Eine willkürliche Verschiebung ist nicht zulässig (LStR 2002 – Beispielsammlung, Rz 11151). Demnach können die „qualifizierten" Überstundenzuschläge für Arbeiten von 20 Uhr bis 22 Uhr nach den Bestimmungen des § 68 Abs. 1 EStG steuerfrei belassen werden, wenn die vorher geleisteten Überstunden durch Zeitausgleich abgegolten werden.

Weitere Erläuterungen und Beispiele zu Mehrarbeits- und Überstundenzuschlägen finden Sie unter Punkt 18.3.6.

18.3.2.3.4. Sonderheiten im Gastgewerbe

Infolge der Einführung der 5-Tage-Woche ist nach dem **Kollektivvertrag für Arbeiter im Gastgewerbe** die am **sechsten Tag** geleistete Arbeitszeit in jedem Fall mit einem 50%igen Zuschlag auf den Grundlohn abzugelten. Dies gilt auch dann, wenn es sich dabei um keine Überstunden handelt. Der Zuschlag für die am sechsten Tag erbrachten Arbeitsleistungen steht allerdings für an diesem Tag tatsächlich geleistete Überstunden nicht zu, weil insoweit vorrangig ein Überstundenzuschlag von 50% zu leisten ist.

Beim Zuschlag für die am sechsten Tag geleistete Arbeitszeit handelt es sich daher weder um einen Überstundenzuschlag noch um einen Sonntagszuschlag, und zwar auch dann nicht, wenn als sechster Arbeitstag der Sonntag vereinbart wurde.

Die **Steuerbegünstigung gem. § 68 EStG** steht daher **nur für Überstundenzuschläge** für die am sechsten Tag geleisteten Überstunden zu (LStR 2002, Rz 1160a).

Beispiel 25

Zuschlag für den sechsten Tag versus Überstunden.

FALL A:

Angaben und Lösung:

- Montag ist Ruhetag.

- Die betriebliche Normalarbeitszeit beträgt:

Dienstag bis Samstag = 5 Tage zu 7 Std	= 35 Std.
Sonntag	= 5 Std.
insgesamt	= 40 Std.

- Für die 5 Normalarbeitsstunden am Sonntag (= 6. Arbeitstag) gebührt lt. Kollektivvertrag für Arbeiter im Gastgewerbe ein Zuschlag in der Höhe von 50% pro Stunde.
- Der für die Sonntagsstunden gebührende Zuschlag in der Höhe von 50% ist **lohnsteuerpflichtig** zu behandeln.

Begründung: Durch den Zuschlag wird ausschließlich der Umstand abgegolten, dass die Normalarbeitszeit nicht auf fünf, sondern auf sechs Tage verteilt wird.

FALL B:

Angaben und Lösung:

- Montag ist Ruhetag.
- Die betriebliche Normalarbeitszeit beträgt:

Dienstag bis Samstag = 5 Tage zu 8 Std. = 40 Std.

- Am Sonntag werden 8 Überstunden geleistet. Dafür gebührt ein Überstundenzuschlag in der Höhe von 50% pro Überstunde.
- Der für die Sonntagsüberstunden gebührende Überstundenzuschlag in der Höhe von 50% ist gem. **§ 68 Abs. 1 EStG** zu behandeln.

Begründung: Hier handelt es sich um einen Sonntagsüberstundenzuschlag und nicht um den lt. Kollektivvertrag für Arbeiter im Gastgewerbe zustehenden Zuschlag dafür, dass die Normalarbeitszeit nicht auf fünf, sondern auf sechs Tage verteilt wurde.

FALL C:

Angaben und Lösung:

- Die betriebliche Normalarbeitszeit (Mittwoch bis Sonntag)

beträgt 5 Tage zu 8 Std. = 40 Std.

- Der Sonntag ist ein normaler Arbeitstag; an diesem Tag werden 9 Stunden geleistet. Für die 9. Stunde (Überstunde) gebührt lt. Kollektivvertrag ein Zuschlag zu 50%.
- Der für die Sonntagsüberstunde gebührende Überstundenzuschlag in der Höhe von 50% ist gem. **§ 68 Abs. 1 EStG** zu behandeln.

Begründung: Es gilt der Grundsatz, dass entweder für den Sonntag oder für den Ersatzruhetag die Steuerfreiheit der Zuschläge gem. § 68 Abs. 1 EStG zusteht. Für beide Tage kann die Steuerfreiheit gem. § 68 Abs. 1 EStG nicht gewährt werden.

FALL D:

Angaben und Lösung:

- Die betriebliche Normalarbeitszeit (Mittwoch bis Sonntag)

beträgt 5 Tage zu 8 Std. = 40 Std.

- Der Dienstag ist der Ersatzruhetag; an diesem Tag werden ausnahmsweise 10 Std. geleistet. Dafür hat der Arbeiter am Sonntag arbeitsfrei.

8 Std. liegen innerhalb der Normalarbeitszeit[428], dafür gebührt lt. Kollektivvertrag der Normalstundenlohn. Der Normalstundenlohn ist **lohnsteuerpflichtig** zu behandeln.	2 Std. sind Überstunden, dafür gebührt lt. Kollektivvertrag ein Zuschlag in der Höhe von 50% pro Überstunde. Der Zuschlag ist gem. **§ 68 Abs. 1 EStG** zu behandeln[429]. **Begründung:** Sieht eine lohngestaltende Vorschrift i.S.d. § 68 Abs. 5 Z 1 bis 6 EStG vor, dass an Sonntagen regelmäßig Arbeitsleistungen zu erbringen sind und dafür ein Wochentag als Ersatzruhetag zusteht, sind Zuschläge und Überstundenzuschläge am Ersatzruhetag wie Zuschläge gem. § 68 Abs. 1 EStG zu behandeln, wenn derartige Zuschläge für den Sonntag nicht zustehen (§ 68 Abs. 9 EStG) (→ 18.3.1.).

Für den Fall, dass der Arbeiter am Sonntag arbeitet, liegt Überstundenarbeit vor; die Überstundenzuschläge sind gem. **§ 68 Abs. 1 EStG** zu behandeln. Allerdings sind die Zuschläge für die zwei Überstunden am Dienstag gem. **§ 68 Abs. 2 EStG** zu behandeln (→ 18.3.2.3.3.).

18.3.2.4. Aufzeichnungspflicht

18.3.2.4.1. Erlassmäßige Regelungen und Erkenntnisse

Die erlassmäßigen Regelungen bestimmen für

Zulagen und Zuschläge gem. § 68 Abs. 1 bzw. 6 EStG:	Zuschläge gem. § 68 Abs. 2 EStG:
Das Ableisten derartiger Arbeitszeiten (bzw. Arbeiten) muss **in jedem einzelnen Fall** ebenso **konkret nachgewiesen** werden wie das betriebliche Erfordernis für das Ableisten derartiger Arbeitszeiten. Die Freibeträge von € 360,00 bzw. € 540,00 monatlich stehen daher grundsätzlich nur dann zu, wenn **fortlaufende Aufzeichnungen** geführt werden. Ⓐ	Für die Berücksichtigung von steuerfreien Zuschlägen von höchstens 50% für max. zehn Überstunden im Monat, insgesamt höchstens jedoch € 86,00, sind **grundsätzlich keine gesonderten Aufzeichnungen** erforderlich, **sofern** bereits in **früheren Lohnzahlungszeiträumen** Überstunden in diesem oder einem höheren Ausmaß **erbracht** und **bezahlt** wurden (vgl. dazu aber Punkt 16.1.). Ⓑ

Ⓐ Zulagen und Zuschläge gem. § 68 Abs. 1 bzw. 6 EStG:

Daraus folgt, dass die bisherige Judikatur des VwGH analoge Anwendung findet.

Dazu einige Erkenntnisse:

Die Steuerbegünstigung für Überstundenzuschläge kommt nur in Betracht, wenn

- die genaue Anzahl und
- die zeitliche Lagerung aller Überstunden und
- die genaue Höhe der dafür bezahlten Zuschläge

feststehen (VwGH 29.1.1998, 96/15/0250).

428 Gemäß § 2 Abs. 1 Z 3 AZG ist die Wochenarbeitszeit die Arbeitszeit innerhalb eines Zeitraums von Montag bis einschließlich Sonntag.

429 Da diese am Tag der Wochenruhe geleistet wurden.

Den geforderten Nachweis über die Anzahl und zeitliche Lagerung der Überstunden werden in aller Regel nur zeitnah erstellte Aufzeichnungen erbringen können, aus denen hervorgeht,

- an welchem Tag,
- zu welchen Tagesstunden

der einzelne Arbeitnehmer die Überstunden geleistet hat. Nachträgliche Rekonstruktionen der zeitlichen Lagerung der Überstunden können solche Aufzeichnungen im Allgemeinen nicht ersetzen (VwGH 30.4.2003, 99/13/0222).

Für den Nachweis sind auch Dienstpläne und Eintragungen in Lohnkonten ungeeignet (VwGH 29.6.1982, 78/14/1727).

Aus den **Lohnkonten** ersichtliche Zahlungen an Arbeitnehmer sind (für sich allein) **nicht geeignet**, einen Beweis über die genaue Anzahl und zeitliche Lagerung der einzelnen vom Arbeitnehmer konkret geleisteten Überstunden zu liefern (VwGH 25.1.1980, 78/851).

Schichtzetteln, aus denen hervorgeht, auf welcher Baustelle die Arbeitnehmer tätig gewesen sind, dienen **nicht als Nachweis** für die steuerfreie Behandlung von SEG-Zulagen (VwGH 18.12.1970, 69/1136).

Voraussetzung für die Gewährung der Steuerbegünstigung für Schmutz- und Erschwerniszulagen (und wohl auch für Gefahrenzulagen) ist u.a., dass der Arbeitnehmer entsprechende Arbeiten (→ 18.3.2.1.1.) verrichtet. Dies erfordert, dass der **Behörde nachgewiesen wird**, um welche Arbeiten es sich im Einzelnen handelt und wann diese geleistet wurden (VwGH 10.5.1994, 91/14/0057; 18.12.1996, 94/15/0156).

Werden über einen **längeren Zeitraum Aufzeichnungen** geführt, aus denen sich die **tatsächlich geleisteten Arbeitsstunden** und die Tatsache, dass die Arbeit **überwiegend** u.U. erfolgt, die eine **erhebliche** und **zwangsläufige Verschmutzung** des Arbeitnehmers und seiner Kleidung bewirken, ergeben, oder ist das Überwiegen schon im Hinblick auf die erwiesene **Art der Berufstätigkeit evident**, können **pauschalierte Zulagen** begünstigt besteuert werden. Für **daran anschließende Lohnzahlungszeiträume** ist nur mehr nachzuweisen, dass sich die **Verhältnisse nicht geändert** haben (VwGH 27.6.2000, 99/14/0342).

Die Begünstigung des § 68 Abs. 1 und 6 EStG setzt voraus, dass der Arbeitnehmer während der Arbeitszeit **überwiegend** mit den zulagenbegründenden Arbeiten gem. § 68 Abs. 5 EStG **betraut sein muss**. Ev. Hilfstätigkeiten oder Arbeitspausen haben bei der Überprüfung der Ausschließlichkeit oder des Überwiegens der Tätigkeit außer Betracht zu bleiben. Dies gilt ev. auch für mit den qualifizierten Tätigkeiten in unmittelbarem Zusammenhang stehenden notwendigen Fahrten zu bzw. zwischen verschiedenen Tätigkeitsorten. Wird während der „eigentlichen" Tätigkeit **ausschließlich die zulagenbegründende Arbeit verrichtet** und kann dies „in anderer Weise" glaubhaft gemacht werden, sind darüber **keine Grundaufzeichnungen** (z.B. „Aufzeichnungen der Schmutzzulagen", siehe nachstehendes Muster) **notwendig** (VwGH 22.4.1998, 97/13/0163; VwGH 13.10.1999, 94/13/0008).

Eine erlassmäßige Regelung über die **Aufzeichnung der geleisteten Normalarbeitszeit** ist nicht gegeben, doch wird diese i.d.R.

- bei Pauschalierungen von Zuschlägen gem. § 68 Abs. 1 EStG und
- bei Nachtarbeit gem. § 68 Abs. 6 EStG (wegen der betrieblichen Erfordernis)

empfehlenswert bzw. als Nachweis anzusehen sein.

Ⓑ Zuschläge gem. § 68 Abs. 2 EStG:

Für die Berücksichtigung von steuerfreien Zuschlägen i.S.d. § 68 Abs. 2 EStG sind grundsätzlich **keine gesonderten** Aufzeichnungen erforderlich, sofern bereits in früheren Lohnzahlungszeiträumen Überstunden in diesem oder einem höheren Ausmaß erbracht und bezahlt wurden. Bei **Beginn des Dienstverhältnisses** bzw. **erstmaliger Ableistung** von Überstunden sind diese jedenfalls über einen Zeitraum von **sechs Monaten** aufzuzeichnen. Werden vom Arbeitgeber **Aufzeichnungen** auf Grund des AZG oder auf Grund innerbetrieblicher Regelungen geführt, sind diese **auch für steuerliche Zwecke maßgeblich** (LStR 2002, Rz 1161).

Bei der **Herausschälung** von steuerfreien Zuschlägen i.S.d. § 68 Abs. 2 EStG aus einer **Gesamtgehaltsvereinbarung** (→ 18.3.6.3.) entfällt ebenfalls die Nachweispflicht, sofern weiter wie bisher die Anzahl der steuerfreien Überstunden in diesem Ausmaß herausgerechnet und nur zehn Überstunden von der herausgerechneten Überstundenanzahl mit einem 50%igen Zuschlag, insgesamt höchstens jedoch € 86,00, steuerbegünstigt behandelt werden. Die für die Grundlohnermittlung erforderliche Anzahl der Überstunden ist – sofern kein Nachweis bzw. keine zahlenmäßige Vereinbarung vorliegt – **glaubhaft** zu machen (LStR 2002, Rz 1162; vgl jedoch die Anmerkungen zur Rechtsprechung in der FN 444).

Muster 8

Aufzeichnungsformular für geleistete Mehrarbeits- und Überstunden

AUFZEICHNUNG DER GELEISTETEN MEHRARBEITS- UND ÜBERSTUNDEN

Name des Dienstnehmers: ______________________ Abrechnungsperiode: __________ 20 ____

Vom **DIENSTNEHMER** auszufüllen									Vom **DIENSTGEBER** auszufüllen					
Tag	Normalarbeitszeit		Mehrarbeits-Überstundenarbeitszeit		Anzahl der			Summe der Mehrarbeits- und Überstunden	Anzahl der Mehrarbeits- und Überstundenzuschläge					
					Mehrarbeits-	Überstunden			gem. § 68 Abs. 1 bzw. 6 EStG			gem. § 68 Abs. 2 u. 3 EStG		
	von	bis	von	bis	___ %	50%	100%		___ %	50%	100%	___ %	50%	100%
Summe	X	X	X	X										

LSt-frei max. 10 Std. zu max. 50%		
		___
LSt-pflichtig		

Der Nachweis über die betriebliche Notwendigkeit, Überstunden während der Nacht oder an Sonn- und Feiertagen leisten zu müssen, kann anhand von Arbeitsberichten erbracht werden.

______________________ ______________________

Unterschrift des Dienstnehmers Unterschrift des Dienstgebers

Muster 9

Aufzeichnungsformular für Schmutzzulagen

AUFZEICHNUNG DER SCHMUTZZULAGEN

Name des Dienstnehmers: ____________________ Abrechnungsperiode: ____________ 20__

Tag	Arbeitsleistung erbracht in der Zeit von	bis	Gesamtzeit	Betrag pro Stunde	Gesamtbetrag der Zulage	geleistete Arbeit
Summe						

____________________ Unterschrift des Dienstnehmers

____________________ Unterschrift des Dienstgebers

18.3.2.4.2. Sonstige Bestimmungen

Der Arbeitgeber hat zur Überwachung der Einhaltung der im AZG geregelten Angelegenheiten in der Betriebsstätte **Aufzeichnungen über die geleisteten Arbeitsstunden** (Normalarbeits-, Mehrarbeits- und Überstunden) zu führen (§ 26 Abs. 1 AZG). Es ist Aufgabe des Arbeitsinspektorats, der Arbeiterkammer und des Betriebsrats, diese Aufzeichnungen zu kontrollieren (→ 16.1.).

Im Gegensatz zu den steuerrechtlichen Vorschriften sieht das AZG für die Aufzeichnung über die geleisteten Arbeitsstunden keine bestimmte inhaltliche Gestaltung vor. Aufzeichnungen u.a. in Form von Schichtlisten erfüllen durchaus diese Vorschriften.

Die Personalverrechnung ist ein **Teilbereich der Buchhaltung**. Daher bilden Belege die Grundlage der Personalverrechnung. Es gilt das sog. „**Belegprinzip**", d.h., dass z.B. ohne Überstundenbelege keine Überstundenverrechnung durchgeführt werden kann (→ 10.1.1.).

Diesem Belegprinzip entspricht (im Gegensatz zu den steuerrechtlichen Vorschriften) u.a. eine Liste, in der alle Arbeitnehmer und deren geleistete Überstunden eingetragen sind.

18.3.3. Arbeitgeberwechsel – Lohnzettel

Der **Freibetrag gem. § 68 Abs. 1 und 2 EStG** kann bei Arbeitgeberwechsel innerhalb eines Lohnzahlungszeitraums von beiden Arbeitgebern stets in voller Höhe berücksichtigt werden.

18.3.4. Fortgezahlte Zulagen und Zuschläge

Unter Berücksichtigung der Bestimmungen des § 68 Abs. 1 bis 5 EStG sind steuerfrei zu behandeln:

- Zulagen und Zuschläge, die im Arbeitslohn, der an den Arbeitnehmer im Krankheitsfall weitergezahlt wird, enthalten sind (§ 68 Abs. 7 EStG).

Sollten Zulagen und Zuschläge gem. § 68 EStG im fortgezahlten Entgelt enthalten sein, sind diese somit wie folgt zu behandeln:

Art der Fortzahlung	Lohnsteuerfrei, soweit die Freibeträge nicht überschritten werden (§ 68 Abs. 7 EStG)	Mit dem Lohnsteuertarif zu versteuern
Feiertagsentgelt (→ 17.1.2.)	–	ja
Krankenentgelt[430] (→ 25.2.7., → 25.3.7.)	ja[431]	–

430 Bei Entgeltfortzahlung im Krankheitsfall müssen für die Zeit vor der Erkrankung (für den Durchrechenzeitraum) eindeutige Aufzeichnungen vorliegen.

431 In diesen Fällen erhöht sich der Freibetrag von € 360,00 **nicht um 50%**, wenn die Normalarbeitszeit im Lohnzahlungszeitraum überwiegend in der Zeit von 19 Uhr bis 7 Uhr liegt (§ 68 Abs. 6, 7 EStG).
Gemäß § 68 Abs. 7 EStG ist die Bestimmung des den höheren Freibetrag von € 540,00 betreffenden Abs. 6 für Arbeitslöhne nicht anzuwenden, die an freigestellte Mitglieder des Betriebsrats gewährter Entgelte enthalten sind, weiters nicht bei Fortzahlungen an Personalvertreter bzw. bei Weiterzahlungen im Krankheitsfall. Das bedeutet, dass die Begünstigung des Abs. 6 nur dann zur Anwendung kommt, wenn trotz vorübergehender Erkrankung bzw. Verhinderung dennoch das erforderliche Überwiegen in dem betreffenden Lohnzahlungszeitraum (Monat) gegeben ist.

Art der Fortzahlung	Lohnsteuerfrei, soweit die Freibeträge nicht überschritten werden (§ 68 Abs. 7 EStG)	Mit dem Lohnsteuertarif zu versteuern
Urlaubsentgelt[432] (→ 26.2.6.)	–	ja
Entgeltfortzahlung wegen der COVID-19-Krise[433]	ja[434]	–
Entgeltfortzahlung bei sonstigen bezahlten Dienstfreistellungen (z.B. Pflegefreistellung, → 26.2.6.)	–	ja
Entgeltfortzahlung an einen freigestellten Betriebsrat[435 436]	ja[431]	–
Entgeltfortzahlung bei vereinbarter Dienstfreistellung während der Kündigungsfrist	–	ja

Beispiel 26

Steuerliche Behandlung von Zulagen und Zuschlägen im Krankheitsfall.

Angaben:

- Angestellter,
- monatliche Abrechnung für April 20..,
- Überstundengrundlohn: € 12,00,
- Krankenstandsdauer: 11.4.–24.4.20.. (14 Kalendertage),
- das Krankenentgelt wird in voller Höhe ausbezahlt,

---

432 Während des Urlaubs mit dem laufenden Urlaubsentgelt ausgezahlte **SEG-Zulagen** sind nach Ansicht des BMF steuerpflichtig, weil während dieser Zeit keine Arbeitsleistungen unter den im Gesetz genannten Voraussetzungen erbracht werden. Es bestehen keine Bedenken, wenn zur Berücksichtigung der **Urlaubszeit** die Steuerfreiheit für elf von zwölf Kalendermonaten gewährt wird (LStR 2002, Rz 1132).
Der VwGH hat allerdings Bezug nehmend auf den Kollektivvertrag für das **Rauchfangkehrergewerbe** und der darin geregelten **Schmutzzulage** wie folgt judiziert: Des pauschalen und nicht zeitraumbezogenen Charakters der Schmutzzulage wegen kann deren **Steuerfreiheit** bei der Fortzahlung während des Urlaubs angenommen werden, da der Gesetzgeber – anders als bei der **Beitragsfreiheit** der Schmutzzulage bei Arbeitsunfähigkeit infolge Krankheit – die Steuerfreiheit während des Urlaubs als nicht gesondert regelungsbedürftig erachtet hat (VwGH 7.5.2008, 2006/08/0225; vgl. zuletzt auch BFG 25.10.2017, RV/7101571/2017 sowie BFG 11.5.2021, RV/7102199/2012 – Amtsrevision beim VwGH anhängig).

433 Betroffen sind Fortzahlungen in Zeiten von COVID-19-Kurzarbeit, Telearbeit wegen der COVID-19-Krise sowie Dienstverhinderungen wegen der COVID-19-Krise (z. B. Quarantäne) im Kalenderjahr 2020 und teilweise im Kalenderjahr 2021 (für Lohnzahlungszeiträume, die vor dem 1.7.2021 endeten sowie für Lohnzahlungszeiträume, die nach dem 31. Oktober 2021 begannen und vor dem 1. Jänner 2022 endeten). Umfasst sind sämtliche Dienstverhinderungen wegen der COVID-19-Krise, es muss sich nicht um eine gesetzlich oder behördlich angeordnete Dienstverhinderung bzw. Quarantäne handeln. Voraussetzung ist jedoch, dass das auslösende Moment für die Dienstverhinderung die COVID-19-Krise ist und der Arbeitgeber eine entsprechende Entgeltfortzahlung leistet, in der üblicherweise gemäß § 68 EStG steuerfreie Zulagen und Zuschläge enthalten sind. Davon zu unterscheiden sind Entgeltfortzahlungen aufgrund von Urlaub. Die im Urlaubsentgelt enthaltenen Zulagen und Zuschläge sind steuerpflichtig, unabhängig davon, ob sie durch die COVID-19-Krise ausgelöst werden (vgl. LStR 2002, Rz 1132b).

434 Die Steuerbefreiung besteht im Ausmaß wie vor der COVID-19-Krise; bei COVID-19-Kurzarbeit (→ 27.3.3.) im Verhältnis zur Reduktion der Entlohnung während der Kurzarbeit (siehe ausführlich Punkt 27.3.3.7.).

435 Zulagen und Zuschläge gem. § 68 EStG sind, soweit diese im **Urlaubsentgelt** für freigestellte Betriebsräte enthalten sind, mit dem Lohnsteuertarif zu versteuern.

436 Ein freigestellter Betriebsrat erhält jenes Entgelt weitergezahlt, welches er nach dem „gewöhnlichen Verlauf der Dinge" weiter bezogen hätte (Judikatur zu § 117 ArbVG). Variable Entgeltbestandteile sind dann nicht mehr weiterzuzahlen, wenn die Umstände, unter denen sie vor der Freistellung gewährt wurden, nicht mehr gegeben sind, z.B. bei Wegfall oder erheblicher Verringerung der Überstundenleistung (OGH 30.11.1988, 9 ObA 274/88). Auch hier müssen zumindest für die Zeit vor der Freistellung eindeutige Aufzeichnungen vorliegen.

- die Zulagen und Zuschläge gem. § 68 Abs. 1 bis 3 EStG des objektivsten Durchrechenzeitraums betragen:

	Abs. 1	Abs. 2	Abs. 3
Jänner	€ 90,00	€ 60,00	€ 42,00
Februar	€ 72,00	€ 60,00	€ 36,00
März	€ 48,00	€ 60,00	€ 30,00
	€ 210,00	€ 180,00	€ 108,00

Lösung:

1. Der arbeitsrechtliche Durchschnittsanspruch auf diese Zulagen und Zuschläge (ohne Überstundengrundlohn) beträgt für die Dauer des Krankenstands:

   € 210,00
   € 180,00
   € 108,00
   € 498,00
   € 498,00 : 3 : 30 × 14 = **€ 77,47**

2. Der steuerfreie Teil des Durchschnittsanspruchs dieser Zulagen und Zuschläge (ohne Überstundengrundlohn) beträgt für die Dauer des Krankenstands:

Abs. 1	Abs. 2
€ 90,00	€ 60,00
€ 72,00	€ 60,00
€ 48,00	€ 60,00
€ 210,00	€ 180,00
€ 210,00 : 3 : 30 × 14 = **€ 32,67**[437]	€ 180,00 : 3 : 30 × 14 = **€ 28,00**[437]

3. Der steuerpflichtige Teil des Durchschnittsanspruchs dieser Zulagen und Zuschläge (ohne Überstundengrundlohn) beträgt für die Dauer des Krankenstands:

   € 77,47
   – € 32,67
   – € 28,00[438]
   € 16,80

18.3.5. Auszahlungszeitpunkt

Zulagen und Zuschläge werden in der Praxis nicht immer mit dem Arbeitslohn des Lohnzahlungszeitraums bezahlt, in dem die entsprechende Arbeit geleistet wurde.

437 Dieser Betrag ist der für die Dauer des Krankenstands zu berücksichtigende steuerfreie Teil des Abs. 1. **Hinweis:** Für die Zeit eines Krankenstands erhöht sich der Freibetrag von € 360,00 **nicht um 50%** (also auf € 540,00), wenn die Normalarbeitszeit im Lohnzahlungszeitraum überwiegend in der Zeit von 19 Uhr bis 7 Uhr liegt (§ 68 Abs. 7 EStG).
Dieser Umstand bewirkt, dass für einen Krankenstand im Ausmaß von 14 Kalendertagen **in jedem Fall** höchstmöglich steuerfrei sein können:
€ 360,00 : 30 × 14 = **€ 168,00**

438 Dieser Betrag ist nur dann steuerfrei, wenn der Freibetrag des Abs. 2 (€ 6,00 × 10 = = € 60,00) nicht durch Zuschläge für Überstunden, die in diesem Lohnzahlungszeitraum vor bzw. nach dem Krankenstand geleistet wurden, ausgeschöpft ist.

Grundsätzlich stellen spätere Zahlungen von Arbeitslohn Nachzahlungen dar und wären aufzurollen.

Aus Gründen der Verwaltungsvereinfachung wird es von Seiten der Abgabenbehörde nicht beanstandet, wenn solche Bezugsbestandteile regelmäßig (und zeitverschoben) dem Arbeitslohn jenes Lohnzahlungszeitraums hinzugerechnet werden, in dem sie zur Auszahlung gelangen. Die Abrechnung und Versteuerung sollte jedoch spätestens in dem der Leistung der entsprechenden Arbeit anschließenden Lohnzahlungszeitraum erfolgen[439].

Überstundenentlohnungen für abgelaufene Kalenderjahre sind wie **Nachzahlungen** zu versteuern[439] (VwGH 26.7.2017, Ra 2016/13/0043; → 24.3.2.2.). Erfolgt die nachträgliche Zahlung auf Grund der im AZG bzw. ARG vorgesehenen Regelungen über die Normalarbeitszeit, liegen zwingende wirtschaftliche Gründe für die nachträgliche Auszahlung vor. Grundsätzlich ist bei Nachzahlungen für abgelaufene Kalenderjahre davon auszugehen, dass die jeweils ältesten Zeitguthaben zuerst (in Freizeit) ausgeglichen werden. Die **Vergütung des Gleitzeitsaldos** stellt allerdings **keine Nachzahlung** dar, da bis zum Zeitpunkt der Abrechnung der Gleitzeitperiode der Arbeitnehmer keinen Anspruch auf die Bezahlung des Gleitzeitguthabens hat (→ 18.3.6.6.) (LStR 2002, Rz 1106).

Werden hingegen **Überstunden für das laufende Jahr** bzw. bis zum 15. Februar des Folgejahrs nachgezahlt (→ 24.9.2.), dann bleibt bei Vorliegen der Voraussetzungen die **Steuerfreiheit für Überstundenzuschläge** gem. § 68 Abs. 1 und 2 EStG im Zeitpunkt der Leistung der Überstunden **auch bei** einer **späteren Auszahlung** der Überstundenentgelte (innerhalb desselben Kalenderjahrs) **erhalten**[440]. Kommt es zu einem teilweisen Zeitausgleich geleisteter Überstunden und wird der restliche Teil der Überstundenentgelte ausbezahlt, bestehen keine Bedenken, davon auszugehen, dass **vorrangig die steuerlich nicht begünstigten** über die zehn Überstunden hinausgehenden Überstunden **in Form von Freizeit** ausgeglichen werden, die Überstundenentgelte für die steuerfreien Zuschläge für die ersten zehn Überstunden samt dem Überstundenentgelt aber ausbezahlt werden (bei Vorliegen einer Gleitzeitvereinbarung siehe Punkt 18.3.6.6.). Wird die **Überstunde durch Zeitausgleich** abgegolten, der Überstundenzuschlag hingegen ausbezahlt, dann ist eine **Steuerfreiheit** gem. § 68 EStG **nicht gegeben**, weil die Voraussetzung für die Steuerfreiheit der im § 68 EStG geregelten Zulagen und Zuschläge nur dann vorliegt, wenn derartige Zulagen und Zuschläge neben dem Grundlohn bezahlt werden (LStR 2002, Rz 1151).

Bezüglich Nachzahlungen in Form eines **„13. Abrechnungslaufs“** siehe Punkt 24.9.2.

---

439 Bei regelmäßig um einen Monat zeitverschobenen Auszahlungen von Zulagen und Zuschlägen ist nicht von einer Nachzahlung auszugehen (LStR 2002 – Beispielsammlung, Rz 11106).

440 Demnach ist die Lohnsteuer durch Aufrollen der in Betracht kommenden Lohnzahlungszeiträume zu berechnen (vgl. auch VwGH 26.7.2017, Ra 2016/13/0043; → 11.5.4.).

18.3.6. Beispiele und Erläuterungen zu den Mehrarbeits- und Überstundenzuschlägen

18.3.6.1. Vergütung tatsächlich anfallender Mehrarbeits- und Überstunden

Die Vergütung tatsächlich anfallender Überstunden behandelt der Punkt 16.2.3.5.1.

Beispiel 27

Steuerliche Behandlung tatsächlich anfallender Überstunden.

Angaben:

- Normalarbeitszeit lt. Betriebsvereinbarung, die auf Grund besonderer kollektivvertraglicher Ermächtigung abgeschlossen worden ist:

Montag–Donnerstag:	8–12 Uhr, 13–18 Uhr,	= 40 Stunden pro Woche.
Freitag:	8–12 Uhr,	

- Der Überstundengrundlohn beträgt € 10,00.
- Die Überstundenzuschläge betragen lt. Kollektivvertrag:

Für Überstunden an Werktagen	von 6–20 Uhr	50%,
	von 20–6 Uhr	100%,
für Überstunden an Sonn- und Feiertagen		100%.

- Die Anzahl der geleisteten Überstunden ist der Überstundenaufzeichnung zu entnehmen:

Vom DIENSTNEHMER auszufüllen									Vom DIENSTGEBER auszufüllen					
Tag	Normalarbeitszeit		Mehrarbeits-Überstundenarbeitszeit		Mehrarbeits- ___%	Anzahl der Überstunden		Summe der Mehrarbeits- und Überstunden	Anzahl der Mehrarbeits- und Überstundenzuschläge gem. § 68 Abs. 1 bzw. 6 EStG			gem. § 68 Abs. 2 u 3 EStG		
	von	bis	von	bis		50%	100%		___%	50%	100%	___%	50%	100%
Dienstag, 6. d. M.	8.00 13.00	12.00 18.00	18.00	21.00		2	1	3					2	1
Mittwoch, 14. d. M.	8.00 13.00	12.00 18.00	18.00	23.00		2	3	5		1	3		1	
Dienstag, 20. d. M.	8.00 13.00	12.00 18.00	18.00	20.00		2		2					2	
Freitag, 23. d. M.	8.00	12.00	13.00	21.00		7	1	8					7	1
Summe						13	5	18		1	3		12	2

LSt-frei max. 10 Std. zu max. 50%	10	–
LSt-pflichtig	2	2

18 × € 10,– = € 180,–

1 × € 5,– = € 5,–
3 × € 10,– = € 30,–
€ 35,–

2 × € 5,– = € 10,–
2 × € 10,– = € 20,–
€ 30,–

10 × € 5,– = € 50,–

Der Nachweis über die betriebliche Notwendigkeit, Überstunden während der Nacht oder an Sonn- und Feiertagen leisten zu müssen, kann anhand von Arbeitsberichten erbracht werden.

Lösung:

Die vom Dienstgeber dem § 68 Abs. 1, 2 und 3 EStG zugeordneten Überstundenzuschläge sind der Überstundenaufzeichnung zu entnehmen.

Erläuterungen:

Dienstag, 6. d. M.:

Die steuerliche Nacht beginnt um 19 Uhr. Der Arbeitnehmer arbeitet nur zwei Stunden in der steuerlichen Nacht. Die Blockzeit ist nicht erfüllt.

Mittwoch, 14. d. M.:

Die steuerliche Nacht beginnt um 19 Uhr. Der Arbeitnehmer arbeitet vier Stunden in der steuerlichen Nacht. Aus diesem Grund sind diese vier Überstunden (1 × 50% und 3 × 100%) dem Abs. 1 zuzuordnen.

Dienstag, 20. d. M.:

Die steuerliche Nacht beginnt um 19 Uhr. Der Arbeitnehmer arbeitet nur eine Stunde in der steuerlichen Nacht. Die Blockzeit ist nicht erfüllt.

Freitag, 23. d. M.:

Die steuerliche Nacht beginnt um 19 Uhr. Der Arbeitnehmer arbeitet nur zwei Stunden in der steuerlichen Nacht. Die Blockzeit ist nicht erfüllt.

Die Überstundenentlohnung teilt sich in

€ 180,00	€ 35,00	€ 50,00	€ 30,00
Der Überstunden-grundlohn ist nach dem Lohnsteuertarif zu versteuern.	Dieser Zu-schlagsteil ist gem. § 68 Abs. 1 EStG steuerfrei zu behandeln.	Dieser Zu-schlagsteil ist gem. § 68 Abs. 2 EStG steuerfrei zu behandeln.	Dieser Zuschlagsteil ist gem. § 68 Abs. 3 EStG nach dem Lohnsteuertarif zu versteuern.

Beispiel 28

Steuerliche Behandlung tatsächlich anfallender Mehrarbeits- und Überstunden.

Angaben:

- Normalarbeitszeit lt. Betriebsvereinbarung, die auf Grund besonderer kollektivvertraglicher Ermächtigung abgeschlossen worden ist:

Montag–Donnerstag:	8–12 Uhr, 13–17.30 Uhr,	= 38 Stunden pro Woche.
Freitag:	8–12 Uhr,	

- Der Mehrarbeitsgrundlohn beträgt € 8,50.
- Der Überstundengrundlohn beträgt € 10,00.
- Der Mehrarbeitszuschlag beträgt lt. Kollektivvertrag 30%.
- Die Überstundenzuschläge betragen lt. Kollektivvertrag:

Für Überstunden an Werktagen	von 6–20 Uhr	50%,
	von 20–6 Uhr	100%,
für Überstunden an Sonn- und Feiertagen		100%.

- Ergänzend zur Mehrarbeit bestimmt der Kollektivvertrag:
  Nicht als Mehrarbeit gelten eine Überschreitung der Tageshöchstgrenze von 9 Stunden und Arbeitszeiten, für die ein Zuschlag von mehr als 50% gebührt.

- Die geleisteten Mehrarbeits- und Überstunden sind der Aufzeichnung zu entnehmen:

Vom **DIENSTNEHMER** auszufüllen									Vom **DIENSTGEBER** auszufüllen					
Tag	Normalarbeitszeit		Mehrarbeits-Überstundenarbeitszeit		Anzahl der			Summe der Mehrarbeits- und Überstunden	Anzahl der Mehrarbeits- und Überstundenzuschläge					
					Mehrarbeits-	Überstunden			gem. § 68 Abs. 1 bzw. 6 EStG			gem. § 68 Abs. 2 u. 3 EStG		
	von	bis	von	bis	30%	50%	100%		30%	50%	100%	30%	50%	100%
Mittwoch, 10. d. M.	8.00 13.00	12.00 17.30	17.30	19.30	½	1½		2				½	1½	
Freitag, 12. d. M.	8.00	12.00	13.00	16.00	1½	1½		3				1½	1½	
Dienstag, 16. d. M.	8.00 13.00	12.00 17.30	17.30	22.00	½	2	2	4½		1	2	½	1	
Donnerstag, 25. d. M.	8.00 13.00	12.00 17.30	17.30	20.30	½	2	½	3				½	2	½
Summe					3	7	2½	12½		1	2	3	6	½

LSt-frei max. 10 Std. zu max. 50%		
3	6½	–
LSt-pflichtig		
–	½	–

Der Nachweis über die betriebliche Notwendigkeit, Überstunden während der Nacht oder an Sonn- und Feiertagen leisten zu müssen, kann anhand von Arbeitsberichten erbracht werden.

3 × € 8,50 = € 25,50; 9½ × € 10,– = € 95,–; **€ 120,50**

1 × € 5,– = € 5,–; 2 × € 10,– = € 20,–; **€ 25,–**

½ × € 5,– = € 2,50; **€ 2,50**

3 × € 2,55 = € 7,65; 6½ × € 5,– = € 32,50; **€ 40,15**

Lösung:

Die vom Dienstgeber dem § 68 Abs. 1, 2 und 3 EStG zugeordneten Mehrarbeits- und Überstundenzuschläge sind der Überstundenaufzeichnung zu entnehmen.

Erläuterungen:

Zu den im Vorbeispiel angeführten und für dieses Beispiel gleich lautenden Erläuterungen über die steuerlichen Nachtstunden ist noch zu bemerken:

Gemäß § 68 Abs. 2 EStG sind Zuschläge für die ersten zehn Überstunden im Monat im Ausmaß von höchstens 50% des Grundlohns, insgesamt höchstens jedoch € 86,00, steuerfrei. Auf Grund der erlassmäßigen Regelung können in Monaten, in denen z.B. 30%ige **und** 50%ige Zuschläge zur Verrechnung kommen, zuerst die 50%igen Zuschläge auf die zehn Überstunden angerechnet werden (→ 18.3.1.).

Die Mehrarbeits- und Überstundenentlohnung teilt sich in

€ 120,50	€ 25,00	€ 40,15	€ 2,50
Der Mehrarbeits- und Überstundengrundlohn ist nach dem Lohnsteuertarif zu versteuern.	Dieser Zuschlagsteil ist gem. § 68 Abs. 1 EStG steuerfrei zu behandeln.	Dieser Zuschlagsteil ist gem. § 68 Abs. 2 EStG steuerfrei zu behandeln.	Dieser Zuschlagsteil ist gem. § 68 Abs. 3 EStG nach dem Lohnsteuertarif zu versteuern.

Beispiel 29

Aufteilung der Mehrarbeits- und Überstundenzuschläge gem. § 68 Abs. 2 und 3 EStG.

	Anzahl der Mehrarbeits- und Überstundenzuschläge gem. § 68 Abs. 2 u. 3 EStG		
	30%	50%	100%
Angaben:	4	3	2
Lösung:	LSt-frei max. 10 Std. zu max. 50%		
	4	3 + 2	←
	LSt-pflichtig		
	–	2	←

	Anzahl der Mehrarbeits- und Überstundenzuschläge gem. § 68 Abs. 2 u. 3 EStG		
	30%	50%	100%
Angaben:	4	2	5
Lösung:	LSt-frei max. 10 Std. zu max. 50%		
	3	2 + 5	←
	LSt-pflichtig		
	1	5	←

	Anzahl der Mehrarbeits- und Überstundenzuschläge gem. § 68 Abs. 2 u. 3 EStG		
	30%	50%	100%
Angaben:	4	3	1
Lösung:	LSt-frei max. 10 Std. zu max. 50%		
	4	3 + 1	←
	LSt-pflichtig		
	–	1	←

	Anzahl der Mehrarbeits- und Überstundenzuschläge gem. § 68 Abs. 2 u. 3 EStG		
	30%	50%	100%
Angaben:	4	2	–
Lösung:	LSt-frei max. 10 Std. zu max. 50%		
	4	2	–
	LSt-pflichtig		
	–	–	–

18.3.6.2. Pauschal abgegoltene Überstunden gem. § 68 Abs. 2 EStG

Für die Lohnsteuerberechnung ist das Überstundenpauschale (→ 16.2.3.5.2.) in den

Überstundengrundlohn	und	**Überstundenzuschlag**

zu teilen.

Dies ist allerdings nur bei Vorliegen einer auch für den Bereich des Abgabenrechts anzuerkennenden **Vereinbarung über die Pauschalierung**, aus der die Anzahl der zu leistenden und abgegoltenen Überstunden hervorgeht, möglich.

Die tatsächlich geleisteten Überstunden müssen im Durchschnitt die Anzahl der Überstunden ergeben, die mit dem Überstundenpauschale abgegolten werden (**Deckungsprüfung**). Ist dies nicht der Fall, ist die steuerliche Behandlung wie im nachstehenden Beispiel vorzunehmen.

Aufzeichnungen sind grundsätzlich zu führen (→ 18.3.2.4.).

Der **Zuschlag** für **pauschalierte Überstunden** bis zu zehn Überstunden steht nicht nur für die Tätigkeit eines vollen Kalendermonats zu, sondern für geleistete Überstunden, die **auch in Monaten** anfallen, in denen der Arbeitnehmer auf **Urlaub** ist. Es entspricht der gegenwärtigen Rechtslage bzw. Verwaltungspraxis, Zuschläge auch für jene Kalendermonate steuerfrei zu belassen, in denen der Arbeitnehmer Urlaub in Anspruch nimmt. Dies allerdings nur unter der Voraussetzung, dass im **Jahresdurchschnitt** auch **tatsächlich Überstunden im erforderlichen Ausmaß** geleistet werden und **keine missbräuchliche Verteilung** der geleisteten Überstunden erfolgt (z.B. Überstunden werden regelmäßig stets nur in sechs Monaten geleistet, aber die Auszahlung wird aus steuerlichen Gründen gleichmäßig über das ganze Jahr verteilt). Das heißt, leistet ein Arbeitnehmer in einzelnen Monaten weniger als zehn Überstunden bzw. keine, bleibt die Steuerfreiheit der Überstundenzuschläge gem. § 68 Abs. 2 EStG auch dann erhalten, wenn der Arbeitnehmer im Kalenderjahr mindestens 120 Überstunden (12 × 10) leistet.

Dazu ein **Beispiel**:

Ein Arbeitnehmer leistet

- von Jänner–Mai jeweils 15 Überstunden,
- von Juni–Juli (Urlaub) keine Überstunden,
- von August–Dezember jeweils 15 Überstunden,
- in Summe: 150 Überstunden.

Da im Durchschnitt 12,5 (150 : 12) Überstunden pro Monat geleistet werden, können die im Überstundenpauschale enthaltenen Zuschläge für die ersten zehn (max. 50%igen) Überstunden in den Monaten Jänner bis Dezember bis zum Höchstausmaß von € 86,00 monatlich steuerfrei behandelt werden (LStR 2002 – Beispielsammlung, Rz 11162a).

Beispiel 30

Steuerliche Behandlung pauschal abgegoltener Überstunden gem. § 68 Abs. 2 EStG anhand der sog. Deckungsprüfung.

Angaben:

- Angestellter,
- Monatsgehalt: € 1.500,00,
- Überstundenteiler lt. Kollektivvertrag: 1/150[441],
- Überstundenpauschale für 20 Überstunden mit 50% Zuschlag: pro Monat € 300,00.

Lösung:

€ 1.500,00 : 150 = € 10,00 (Überstundengrundlohn)

Fall	Durchschnittlich geleistete Überstunden (lt. Aufzeichnungen)[442]	Wert der im Durchschnitt geleisteten Überstunden	Teilung des Überstundenpauschals von € 300,00 in den		
			Üst-Grundlohn LSt-pflichtig	Üst-Zuschlag	
				LSt-frei gem. § 68 Abs. 2 EStG	LSt-pflichtig gem. § 68 Abs. 3 EStG
A	20	GL € 200,00	€ 200,00		
		Z € 100,00		€ 50,00	€ 50,00
		Z € 300,00			
B	12	GL € 120,00	€ 120,00	€ 60,00 : 12 × 10 = € 50,00	€ 10,00
		Z € 60,00	€ 120,00[443]		
		180,00	€ 240,00		
C	30	GL € 300,00	€ 300,00	–	–
		Z € 150,00			
		€ 450,00			

GL = Überstundengrundlohn LSt = Lohnsteuer
Z = Überstundenzuschlag Üst = Überstunde

Erläuterungen:

FALL A:

Die aus den Aufzeichnungen (→ 18.3.2.4.) ersichtliche Anzahl der im Durchschnitt geleisteten Überstunden entspricht dem Wert des Überstundenpauschals.

Das Überstundenpauschale kann daher wie folgt geteilt werden:

- Überstundengrundlohn (20 × € 10,00) = € 200,00
- Überstundenzuschlag:
  - lohnsteuerfreier Teil (10 × € 5,00) = € 50,00
  - lohnsteuerpflichtiger Teil (10 × € 5,00) = € 50,00

€ 300,00

441 Bei einem Überstundenpauschale sind Zuschläge für zehn Überstunden nach dem maßgeblichen Überstundenteiler (→ 16.2.3.5.) herauszurechnen.

442 Als Durchrechenzeitraum (= Beobachtungszeitraum) ist das Kalenderjahr heranzuziehen (OGH 16.11.2005, 8 73/05a).

443 Überzahlung.

FALL B:

Die aus den Aufzeichnungen ersichtliche Anzahl der im Durchschnitt geleisteten Überstunden entspricht nicht dem Wert des Überstundenpauschals. Da im Durchschnitt nur zwölf Überstunden geleistet werden, kann nur der Zuschlag der tatsächlich geleisteten Überstunden berücksichtigt werden.

Das Überstundenpauschale muss daher wie folgt geteilt werden:

• Überstundengrundlohn (12 × € 10,00) inkl. Überzahlung	= €	240,00
• Überstundenzuschlag:		
Der im Überstundenpauschale enthaltene Zuschlag für 12 Überstunden beträgt € 60,00.		
Der darin enthaltene Anteil für 10 Überstunden beträgt: € 60,00 : 12 × 10 = € 50,00		
– lohnsteuerfreier Teil	= €	50,00
– lohnsteuerpflichtiger Teil	= €	10,00
	€	**300,00**

FALL C:

Werden pauschal entlohnte Überstunden geringer entlohnt, als sich bei einer tatsächlichen Entlohnung im Durchschnitt ergeben würde, können u.U. keine steuerfreien Überstundenzuschläge berücksichtigt werden.

Das Überstundenpauschale muss daher wie folgt geteilt werden:

• Überstundengrundlohn	= €	300,00
• Überstundenzuschlag	= €	–
	€	**300,00**

18.3.6.3. Im Grundbezug enthaltene Überstunden („All-in-Vereinbarung") gem. § 68 Abs. 2 EStG

Gelegentlich werden Dienstverträge so gestaltet, dass mit dem monatlichen Gehalt (bzw. Lohn) entweder eine bestimmte Anzahl oder alle Überstunden abgegolten sind. Eine Vereinbarung bezüglich der Abgeltung aller Überstunden trifft man häufig mit leitenden Angestellten.

Für das **Herausrechnen (Herausschälen)** des steuerfreien Überstundenzuschlags aus dem Gehalt müssen nachstehende Voraussetzungen erfüllt werden:

1. Die Normalarbeitszeit muss auf Grund einer lohngestaltenden Vorschrift (→ 18.3.2.3.1.) geregelt bzw. bei leitenden Angestellten für diese verbindlich sein.
2. Aus dem Dienstvertrag oder einem Zusatz zum Dienstvertrag muss die **genaue Anzahl** der zu leistenden und im Gehalt enthaltenen Überstunden hervorgehen, oder darin geregelt sein, dass mit dem Gehalt sämtliche Überstundenleistungen als vergütet anzusehen sind[444].
3. Aufzeichnungen sind grundsätzlich zu führen (→ 18.3.2.4.).

Voraussetzung für die Inanspruchnahme der Steuerfreiheit der Überstundenzuschläge bei Gesamtgehaltsvereinbarungen ist, dass im **Jahresdurchschnitt** auch **tatsächlich Überstunden im erforderlichen Ausmaß** geleistet werden und **keine**

missbräuchliche Verteilung der geleisteten Überstunden erfolgt (z.B. Überstunden werden regelmäßig stets nur in sechs Monaten geleistet, aber die Auszahlung wird aus steuerlichen Gründen gleichmäßig über das ganze Jahr verteilt) (LStR 2002, Rz 1162a). Das heißt, leistet ein Arbeitnehmer in einzelnen Monaten weniger als zehn Überstunden bzw. keine, bleibt die Steuerfreiheit der Überstundenzuschläge gem. § 68 Abs. 2 EStG auch dann erhalten, wenn der Arbeitnehmer im Kalenderjahr mindestens 120 Überstunden (12 × 10) leistet.

Dazu ein **Beispiel**:

Ein Arbeitnehmer leistet

- von Jänner–Mai jeweils 15 Überstunden,
- von Juni–Juli (Urlaub) keine Überstunden,
- von August–Dezember jeweils 15 Überstunden,
- in Summe: 150 Überstunden.

Da im Durchschnitt 12,5 (150 : 12) Überstunden pro Monat geleistet werden, können die in der Gesamtentlohnung enthaltenen Zuschläge für die ersten zehn (max. 50%igen) Überstunden in den Monaten Jänner bis Dezember bis zum Höchstausmaß von € 86,00 monatlich steuerfrei behandelt werden (LStR 2002 – Beispielsammlung, Rz 11162a).

Der im Kollektivvertrag angegebene Überstundenteiler darf **keinesfalls** berücksichtigt werden, da dieser nur dann angewendet werden darf, wenn Überstunden zusätzlich zum Gehalt bezahlt werden (VwGH 29.9.1987, 84/14/0121).

Werden Überstunden mit dem Gehalt abgegolten, ist als Normalarbeitszeit anzusetzen:

Liegt **keine** zahlenmäßige Vereinbarung vor (wie im Vorbeispiel angenommen), ist unabhängig von der kollektivvertraglichen Normalarbeitszeit die gesetzliche Normalarbeitszeit von 173 pro Monat (40 × 4,33) anzusetzen.	Liegt **eine** zahlenmäßige Vereinbarung vor, ist die kollektivvertragliche Normalarbeitszeit (z.B. 38,50 × 4,33 = 166,71, gerundet 167 pro Monat) anzusetzen.

Hinweis: Diese Berechnungsmethode gilt allerdings **nur für steuerliche Zwecke**. Hinsichtlich arbeitsrechtlicher Ansprüche gilt das im Punkt 16.2.3.5.3. Gesagte.

444 Die für die Grundlohnermittlung bei Gesamtgehaltsvereinbarungen erforderliche Anzahl der 50%igen Überstunden ist – sofern **kein Nachweis** bzw. **keine zahlenmäßige Vereinbarung** vorliegt – glaubhaft zu machen. In diesen Fällen sind für die Ermittlung der Zuschläge gem. § 68 Abs. 2 EStG **20 Überstunden als Durchschnittswert** für die Ermittlung des Grundlohns zu unterstellen. Unabhängig von der kollektivvertraglichen Normalarbeitszeit ist in diesen Fällen von der gesetzlichen Normalarbeitszeit von 40 Stunden pro Woche (173 Stunden monatlich zuzüglich 20 Überstunden zuzüglich 10 Stunden für Überstundenzuschläge) auszugehen, wodurch sich ein **Teiler von 203** ergibt (LStR 2002, Rz 1162). Aus der Rechtsprechung ist diese Vorgehensweise nicht ableitbar, vielmehr verlangt der VwGH eine Vereinbarung über die Anzahl der in den Gesamtstundenleistungen enthaltenen und zu leistenden Überstunden, wozu auch die vertragliche Festlegung der Gesamtstundenleistung gehört, weil ohne eine solche die Prüfung nicht möglich ist, wann durch die Gewährung eines Zuschlages der Grundlohn eine Kürzung erfährt und damit eine abzulehnende Herausschälung eines Zuschlages aus dem Grundlohn erfolgt (vgl. VwGH 26.1.2006, 2002/15/0207 und zuletzt BFG 2.10.2017, RV/7103329/2016).
Hinweis: Diese Berechnungsmethode gilt allerdings **nur für steuerrechtliche Zwecke**. Hinsichtlich arbeitsrechtlicher Ansprüche gilt das im Punkt 16.2.3.5.3. Gesagte.

Beispiele 31–33

Steuerliche Behandlung im Gehalt enthaltender Überstunden (Herausschälen von Überstunden gem. § 68 Abs. 2 EStG).

Beispiel 31

Angaben:

- Der Dienstvertrag bestimmt:
  Das Monatsgehalt beträgt € 4.500,00; mit diesem Betrag **sind 30** über die Normalarbeitszeit hinaus geleistete Überstunden mit 50% Zuschlag abgegolten.
- Die kollektivvertraglich geregelte Normalarbeitszeit beträgt pro Woche 40 Stunden.

Lösung:

Kollektivvertragliche Normalarbeitszeit pro Monat (40 × 4,33)	= 173,20 Stunden
+ Überstunden	= 30,00 Stunden
+ der in Stunden umgerechnete Überstundenzuschlag (50% von 30 Stunden)	= 15,00 Stunden
	218,20 Stunden
gerundet	218,00 Stunden

€ 4.500 :	218 =	€	20,64	
€ 20,64 ×	(10 : 2) =	€	103,20	(10 : 2) = der in Stunden umgerechnete Zuschlag für zehn Überstunden im Monat im Ausmaß von höchstens 50% des Grundlohns.
	max.	€	86,00	

Der im Gehalt enthaltene steuerfreie Überstundenzuschlag beträgt **€ 86,00.**

Beispiel 32

Angaben:

- Der Dienstvertrag bestimmt:
  Das Monatsgehalt beträgt € 4.500,00; mit diesem Betrag **sind 20** über die Normalarbeitszeit hinaus geleistete Mehrarbeitsstunden und Überstunden mit 50% Zuschlag abgegolten.
- Die kollektivvertraglich geregelte Normalarbeitszeit beträgt pro Woche 38 Stunden.
- Für die Mehrarbeit sieht keine der im § 68 Abs. 4 Z 1–7 EStG genannten Vorschriften (→ 18.3.2.3.1.) einen Mehrarbeitszuschlag vor.

Lösung:

	Kollektivvertragliche Normalarbeitszeit pro Monat (38 × 4,33)	=164,54 Stunden
+	Mehrarbeitsstunden (2 × 4,33)	= 8,66 Stunden
+	Überstunden (20 minus 8,66)	= 11,34 Stunden
+	der in Stunden umgerechnete Überstundenzuschlag (50% von 11,34 Stunden)	= 5,67 Stunden
		190,21 Stunden
	gerundet	190,00 Stunden

€ 4.500,00 : 190 =		€ 23,68	
€ 23,68 ×	(10 : 2) =	€ 118,40	(10 : 2) = der in Stunden umgerechnete
	max.	€ 86,00	Zuschlag für zehn Überstunden im Monat im Ausmaß von höchstens 50% des Grundlohns.

Der im Gehalt enthaltene steuerfreie Überstundenzuschlag beträgt **€ 86,00.**

Beispiel 33

Angaben:

- Der Dienstvertrag bestimmt:
  Das Monatsgehalt beträgt € 4.500,00; mit diesem Betrag **sind alle** über die Normalarbeitszeit hinaus geleistete Überstunden mit 50% Zuschlag abgegolten.
- Die kollektivvertraglich geregelte Normalarbeitszeit beträgt pro Woche 38 Stunden.

Lösung:

	Gesetzliche Normalarbeitszeit pro Monat (40 × 4,33)	= 173,20 Stunden
+	Überstunden	= 20 Stunden
+	der in Stunden umgerechnete Überstundenzuschlag (50% von 20 Stunden)	= 10 Stunden
		203,20 Stunden
	gerundet	203 Stunden[445]

€ 4.500,00 : 203 =		€ 22,17	
€ 22,17 ×	(10 : 2) =	€ 110,85	(10 : 2) = der in Stunden umgerechnete
	max.	€ 86,00	Zuschlag für zehn Überstunden im Monat im Ausmaß von höchstens 50% des Grundlohns.

Der im Gehalt enthaltene steuerfreie Überstundenzuschlag beträgt **€ 86,00.**

18.3.6.4. Pauschal abgegoltene und in Gesamtbezug enthaltene Überstunden gem. § 68 Abs. 1 EStG

Für eine **steuerfreie pauschale Bezahlung von SFN-Überstundenzuschlägen** sind nach der Rechtsprechung **folgende Voraussetzungen erforderlich:**

- Derartige Pauschalien müssen nach der gegebenen Sachlage wirtschaftlich fundiert sein,

- anhand von Aufzeichnungen (→ 18.3.2.4.) über die tatsächlich gleich bleibend geleisteten Überstunden von Arbeitnehmern in mehreren bereits abgelaufenen Lohnzahlungszeiträumen muss die gerechtfertigte Höhe der Pauschalien nachgewiesen und glaubhaft gemacht werden,
- für den Bereich des Abgabenrechts müssen anzuerkennende Vereinbarungen über Pauschalien in bestimmter Höhe getroffen worden sein (VwGH 9.5.1989, 86/14/0068).

Die LStR 2002, Rz 1163 enthalten dazu folgende Aussagen:

Zuschläge für Sonntags-, Feiertags- und Nachtarbeit bzw. damit zusammenhängende Überstunden können aus Überstundenpauschalien **grundsätzlich nicht herausgeschält** werden. Die Steuerfreiheit derartiger Zuschläge setzt eine **konkrete Zuordnung** zur Sonntags-, Feiertags- und Nachtarbeit voraus. Auch bei einer pauschalen Abgeltung ist erforderlich, dass der Betrag den durchschnittlich geleisteten Stunden entspricht. Das Ableisten derartiger Arbeitszeiten muss in jedem einzelnen Fall ebenso **konkret nachgewiesen** werden wie das betriebliche Erfordernis für das Ableisten derartiger Arbeitszeiten. Da bereits bestehende Überstundenpauschalien i.d.R. nur auf Arbeitszeiten während der Werktage außerhalb der Nachtarbeit abgestellt sind, ist ein Herausschälen bzw. Abspalten in Normalüberstunden und qualifizierte Überstunden durch nachträgliche Aufzeichnungen nicht zulässig.

Wird für Sonntags-, Feiertags- und Nachtarbeitszuschläge ein **eigenes Pauschale bezahlt** und werden über die tatsächliche Leistung derartiger Überstunden **entsprechende Aufzeichnungen geführt,** können die Überstundenzuschläge im Rahmen der Bestimmung des § 68 Abs. 1 EStG steuerfrei belassen werden.

In Anbetracht der dem § 68 Abs. 1 EStG zu Grunde liegenden Intention, nur jene Arbeitnehmer steuerlich zu begünstigen, die gezwungen sind, zu den im Gesetz genannten begünstigten Zeiten Leistungen zu erbringen, muss der **zwingende betriebliche Grund**, gerade an diesen Tagen und Zeiten bestimmte Tätigkeiten auszuüben, **nachgewiesen** werden. Hätte es doch ansonsten etwa der Arbeitnehmer weitgehend in der Hand, eine begünstigte Besteuerung seines Arbeitslohns, der bei einer Pauschalabgeltung in der Höhe gegenüber dem Arbeitgeber unverändert bleibt, durch Verlagerung seiner (Überstunden-)Tätigkeit in begünstigte Zeiten herbeizuführen (VwGH 31.3.2004, 2000/13/0073; VwGH 25.11.1999, 97/15/0206).

---

445 Die für die Grundlohnermittlung bei Gesamtgehaltsvereinbarungen erforderliche Anzahl der 50%igen Überstunden ist – sofern kein Nachweis bzw. **keine zahlenmäßige Vereinbarung** vorliegt – glaubhaft zu machen. In diesen Fällen sind für die Ermittlung der Zuschläge gem. § 68 Abs. 2 EStG 20 Überstunden als Durchschnittswert für die Ermittlung des Grundlohns zu unterstellen. Unabhängig von der kollektivvertraglichen Normalarbeitszeit ist in diesen Fällen von der gesetzlichen Normalarbeitszeit von 40 Stunden pro Woche (173 Stunden monatlich zuzüglich 20 Überstunden zuzüglich 10 Stunden für Überstundenzuschläge) auszugehen, wodurch sich ein **Teiler von 203** ergibt (LStR 2002, Rz 1162). Aus der Rechtsprechung ist diese Vorgehensweise nicht ableitbar, vielmehr verlangt der VwGH eine Vereinbarung über die Anzahl der in den Gesamtstundenleistungen enthaltenen und zu leistenden Überstunden, wozu auch die vertragliche Festlegung der Gesamtstundenleistung gehört, weil ohne eine solche die Prüfung nicht möglich ist, wann durch die Gewährung eines Zuschlages der Grundlohn eine Kürzung erfährt und damit eine abzulehnende Herausschälung eines Zuschlages aus dem Grundlohn erfolgt (vgl. VwGH 26.1.2006, 2002/15/0207 und zuletzt BFG 2.10.2017, RV/7103329/2016).
Hinweis: Diese Berechnungsmethode gilt allerdings **nur für steuerliche Zwecke**. Hinsichtlich arbeitsrechtlicher Ansprüche gilt das im Punkt 16.2.3.5.3. Gesagte.

Beispiel 1

Führungskräften wird mit dem Dienstvertrag ein gesondertes Überstundenpauschale eingeräumt, das 15 Normalüberstunden (mit 50%igem Zuschlag) und 10 Sonntags-, Feiertags- und Nachtarbeits-Überstunden (mit 100%igem Zuschlag) vorsieht. Für die Sonntags-, Feiertags- und Nachtarbeits-Überstunden werden Aufzeichnungen geführt. Werden diese Überstunden in einem Kalendermonat nicht geleistet, werden die Zuschläge voll besteuert, ansonsten bleiben sie gem. § 68 Abs. 1 EStG steuerfrei.

Für eine **steuerfreie Bezahlung von im Gehalt enthaltenen SFN-Überstunden** („All-In-Vereinbarung") sind **folgende Voraussetzungen erforderlich**:

Nach der Rechtsprechung des VwGH kommt die Steuerbegünstigung für Überstundenzuschläge nur in Betracht, wenn

- die **genaue Anzahl** und **zeitliche Lagerung** aller im Einzelnen tatsächlich geleisteten Überstunden und
- die **genaue Höhe** der dafür über das sonstige Arbeitsentgelt hinaus mit den Entlohnungen für diese Überstunden bezahlten Zuschläge **feststehen**.

Vom Erstgenannten dieser Erfordernisse kann nur abgesehen werden, wenn eine klare, nach der Sachlage wirtschaftlich fundierte Vereinbarung über eine Pauschalabgeltung der Überstundenleistungen in bestimmter Höhe getroffen ist (vgl. u.a. VwGH 26.1.2006, 2002/15/0207; VwGH 29.1.1998, 96/15/0250).

Unerlässliches Erfordernis eines relevanten Überstundenpauschalübereinkommens ist eine **Vereinbarung** über die **Anzahl der in den Gesamtstundenleistungen enthaltenen** und **zu leistenden Überstunden**, wozu auch die vertragliche Festlegung der Gesamtstundenleistung gehört, weil ohne eine solche vertragliche Festlegung der Gesamtstundenleistung die Prüfung nicht möglich ist, wann durch die Gewährung eines Zuschlags der Grundlohn eine Kürzung erfährt und damit eine abzulehnende Herausschälung eines Zuschlags aus dem Grundlohn erfolgt (VwGH 29.1.1998, 96/15/0250).

Der in § 68 Abs. 1 EStG genannte Betrag ist grundsätzlich ein Monatsbetrag. Der Freibetrag gem. § 68 Abs. 1 EStG kann bei Pauschalvergütungen dann monatlich berücksichtigt werden, wenn durch die **Gesamtentlohnung** sowohl die Normalarbeitszeit als auch die durchschnittlich im Lohnzahlungszeitraum unter der Voraussetzung **gleichbleibender Verhältnisse** zu leistenden Überstunden abgegolten werden. Die gleichbleibenden Verhältnisse müssen sich überdies auch auf die zeitliche Lagerung von „Normalüberstunden" und „qualifizierten Überstunden" erstrecken. **Ändern** sich die **Verhältnisse** zwischen den einzelnen Lohnzahlungszeiträumen nur **geringfügig** oder deshalb, weil der Arbeitnehmer seinen **Erholungsurlaub** konsumiert, steht der Freibetrag gem. § 68 Abs. 1 EStG dennoch zu. In der Gesamtentlohnung enthaltene Überstunden, die wegen Erkrankung des Arbeitnehmers von diesem nicht geleistet werden (können), sind gem. § 68 Abs. 7 EStG (→ 18.3.4.) wie abgeleistete Überstunden zu behandeln. Die Überstunden sind jedenfalls **durchgehend aufzuzeichnen** (LStR 2002 – Beispielsammlung, Rz 11163).

18.3.6.5. Durch Zeitausgleich abgegoltene Überstunden

Wird die **Überstunde durch Zeitausgleich** abgegolten, der Überstundenzuschlag hingegen ausbezahlt, dann ist eine **Steuerfreiheit** gem. § 68 EStG **nicht gegeben**, weil die Voraussetzung für die Steuerfreiheit der im § 68 EStG geregelten Zulagen und Zuschläge nur dann vorliegt, wenn derartige Zulagen und Zuschläge neben dem Grundlohn bezahlt werden (LStR 2002, Rz 1151).

18.3.6.6. Durch Gleitzeitguthaben abgegoltene Überstunden

Bei Gleitzeitvereinbarungen (→ 16.2.1.2.2.) ist bis zur Abrechnung der Gleitzeitperiode auf Grund der arbeitsrechtlichen Bestimmungen von Normalarbeitszeit auszugehen. Dies kann auch daraus geschlossen werden, dass gem. § 6 Abs. 1a AZG nicht als Überstunden jedenfalls die am Ende einer Gleitzeitperiode bestehenden Zeitguthaben gelten, die nach der Gleitzeitvereinbarung in die nächste Gleitzeitperiode übertragen werden können. Im Umkehrschluss ist davon auszugehen, dass die nicht übertragbaren Guthaben daher Überstunden darstellen.

Bei einem **Gleitzeitguthaben** kommt **am Ende einer Gleitzeitperiode** eine **Aufrollung** der einzelnen Zeiträume **nicht** in Betracht, weil das Guthaben gleichsam als Ergebnis eines „Arbeitszeitkontokorrents" das rechnerische Ergebnis von Gutstunden und Fehlstunden ist und als solches daher keinem bestimmten Zeitraum zugeordnet werden kann. Es kann daher nur jenem Zeitraum zugeordnet werden, in welchem die Abgeltung ausbezahlt wurde.

Die Abgeltung für ein im Rahmen einer Gleitzeitvereinbarung entstandenes Zeitguthaben ist im Auszahlungsmonat als laufender Bezug zu versteuern. Die Befreiung im Rahmen des **§ 68 Abs. 2 EStG** kann für die abgegoltenen **Überstunden nur für den Auszahlungsmonat** angewendet werden, da erst im Zeitpunkt der Abrechnung das Vorliegen von Überstunden beurteilt werden kann.

Werden allerdings im Rahmen der Gleitzeitvereinbarung vom Arbeitnehmer **angeordnete Überstunden** (z.B. auf Grund einer Überstundenvereinbarung) geleistet, dann können für die **monatlich tatsächlich geleisteten und bezahlten Überstunden** die Begünstigungen gem. **§ 68 Abs. 1 und 2 EStG** berücksichtigt werden (LStR 2002, Rz 1150a).

Das laufende Herausschälen von im Grundbezug enthaltenen Überstunden („All-in-Vereinbarungen") gem. § 68 Abs. 2 EStG (→ 18.3.6.3.) ist bei Gleitzeit grundsätzlich nicht möglich, da während der Gleitzeitperiode keine Überstunden entstehen. Eine Ausnahme besteht für angeordnete Überstunden, Überstunden aufgrund des Überschreitens der täglichen bzw. wöchentlichen Normalarbeitszeit sowie Überstunden am Ende einer Gleitzeitperiode (ohne Übertragungsmöglichkeit).

Bezüglich Abgeltung von Zeitguthaben bei Beendigung des Dienstverhältnisses finden Sie die diesbezüglichen Rechtsansichten unter Punkt 34.1.2.

18.4. Zusammenfassung

Die **Schmutzzulage**

<table>
<tr><th></th><th>SV</th><th>LSt</th><th>DB zum FLAF (→ 37.3.3.3.)</th><th>DZ (→ 37.3.4.3.)</th><th>KommSt (→ 37.4.1.3.)</th></tr>
<tr><td>ist im Ausmaß der Freibeträge (→ 18.3.1.)</td><td>frei[446]</td><td>frei[446]</td><td rowspan="2">pflichtig[447,448]</td><td rowspan="2">pflichtig[447,448]</td><td rowspan="2">pflichtig[447]</td></tr>
<tr><td>der die Freibeträge übersteigende Teil ist</td><td>pflichtig (als lfd. Bez.)</td><td>pflichtig (als lfd. Bez.)</td></tr>
</table>

zu behandeln.

Die **EG-Zulagen, SFN-Zuschläge** und **Überstunden(Mehrarbeits)zuschläge**

<table>
<tr><th></th><th>SV</th><th>LSt</th><th>DB zum FLAF (→ 37.3.3.3.)</th><th>DZ (→ 37.3.4.3.)</th><th>KommSt (→ 37.4.1.3.)</th></tr>
<tr><td>sind im Ausmaß der Freibeträge (→ 18.3.1.)</td><td>pflichtig (als lfd. Bez.)</td><td>frei[446]</td><td rowspan="2">pflichtig[447,448]</td><td rowspan="2">pflichtig[447,448]</td><td rowspan="2">pflichtig[447]</td></tr>
<tr><td>der die Freibeträge übersteigende Teil ist</td><td>pflichtig (als lfd. Bez.)</td><td>pflichtig (als lfd. Bez.)</td></tr>
</table>

zu behandeln.

446 Dies gilt nach Ansicht des BMF nicht für im Feiertags-, Urlaubsentgelt, Entgelt bei Pflegefreistellung und in der Entgeltfortzahlung bei vereinbarter Dienstfreistellung während der Kündigungsfrist enthaltene Zulagen und Zuschläge (→ 18.3.4.).

447 Ausgenommen davon sind die Zulagen und Zuschläge der begünstigten behinderten Dienstnehmer und der begünstigten behinderten Lehrlinge i.S.d. BEinstG (→ 29.2.1.). (→ 29.2.1.).

448 Ausgenommen davon sind die Zulagen und Zuschläge der Dienstnehmer (Personen) nach Vollendung des 60. Lebensjahrs (→ 31.11.).

Feiertagsentgelte sind abgabenrechtlich wie folgt zu behandeln:

	SV	LSt	DB zum FLAF (→ 37.3.3.3.)	DZ (→ 37.3.4.3.)	KommSt (→ 37.4.1.3.)
Feiertagsentgelt	pflichtig[449] (als lfd. Bez.)	pflichtig (als lfd. Bez.)	pflichtig [450] [451]	pflichtig [450] [451]	pflichtig[450]
Feiertagsarbeitsentgelt	pflichtig (als lfd. Bez.)	frei/ pflichtig[452]	pflichtig [450] [451]	pflichtig [450] [451]	pflichtig[450]
Feiertagszuschlag	pflichtig (als lfd. Bez.)	frei[453]	pflichtig [450] [451]	pflichtig [450] [451]	pflichtig[450]
(Feiertags-) Überstundengrundlohn	pflichtig (als lfd. Bez.)	pflichtig (als lfd. Bez.)	pflichtig [450] [451]	pflichtig [450] [451]	pflichtig[450]
(Feiertags-) Überstundenzuschlag	pflichtig (als lfd. Bez.)	frei[453]	pflichtig [450] [451]	pflichtig [450] [451]	pflichtig[450]

Hinweis: Bedingt durch die unterschiedlichen Bestimmungen des Abgabenrechts ist das Eingehen auf ev. Sonderfälle nicht möglich. Es ist daher erforderlich, die entsprechenden Erläuterungen zu beachten. Dieser Hinweis gilt für alle drei vorstehenden Zusammenfassungen.

---

449 Das beitragspflichtige Entgelt für Nichtleistungszeiten ist grundsätzlich jenem Beitragszeitraum zuzuordnen, in welchem der Feiertag, für den der Dienstnehmer die Vergütung erhält, liegt, weshalb sich eine **pauschale „Jahresbetrachtung"** und Zuweisung der Entgelte für das gesamte Jahr jeweils zum Beitragsmonat Dezember als **rechtswidrig** erweist (VwGH 11.12.2013, 2011/08/0327).

450 Ausgenommen davon sind die Feiertagsentgelte der begünstigten behinderten Dienstnehmer und der begünstigten behinderten Lehrlinge i.S.d. BEinstG (→ 29.2.1.).

451 Ausgenommen davon sind die Feiertagsentgelte der Dienstnehmer (Personen) nach Vollendung des 60. Lebensjahrs (→ 31.11.).

452 Siehe dazu Punkt 18.3.2.2.3.

453 Im Ausmaß des Freibetrags gem. § 68 Abs. 1 bzw. 6 EStG; wird dieser Freibetrag überschritten, wird dieser Teil als laufender Bezug lohnsteuerpflichtig behandelt.

19. Leistungen Dritter

In diesem Kapitel werden u.a. Antworten auf folgende praxisrelevanten Fragestellungen gegeben:

19.1. Definition

Unter „Leistungen Dritter" fallen alle Geldzuwendungen, die der Dienstnehmer **im Rahmen seines Dienstverhältnisses** von einem „Dritten" (also nicht von seinem Dienstgeber) erhält. Dazu zählen u.a. die

- **Trinkgelder** und die
- **Provisionen von dritter Seite.**

19.2. Arbeitsrechtliches Entgelt

Leistungen Dritter sind dem Arbeitsentgelt zuzurechnen, wenn zwischen dem Dienstgeber und dem Dienstnehmer entsprechende **vertragliche Vereinbarungen** getroffen wurden. Dies ist z.B. dann der Fall, wenn die Leistungen Dritter für Tätigkeiten gewährt werden, die zu den dienstvertraglich geschuldeten zählen.

Des Weiteren sind Leistungen von dritter Seite dem Arbeitsentgelt zuzurechnen und es besteht ein arbeitsrechtlicher Anspruch dem Dienstgeber gegenüber, wenn ein **ausreichender innerer Zusammenhang mit dem Dienstverhältnis** besteht. Kriterien dafür sind ein **Leistungsinteresse des Dienstgebers** an der Tätigkeit und eine **inhaltliche und zeitliche Verschränkung** der beiden Tätigkeiten.

Indizien für ein Leistungsinteresse des Dienstgebers sind z.B.:

- Der Dienstgeber stimmt der Tätigkeit durch seine Dienstnehmer zu,
- durch die Leistung des Dienstnehmers wird das Leistungsangebot des Dienstgebers seinen Kunden gegenüber erweitert,
- der Dienstgeber stellt seine eigenen Einrichtungen zur Verfügung,
- die Tätigkeit darf zumindest teilweise während der bezahlten Arbeitszeit ausgeübt werden,
- der Dienstgeber trägt die damit verbundenen Kosten.

Ein **Zusammenhang mit dem Dienstverhältnis** ist gegeben, wenn dem Dienstnehmer im Rahmen des Dienstverhältnisses jene Kunden bekannt werden, auf die sich seine Vermittlung bezieht.

Eine **inhaltliche Verschränkung der beiden Tätigkeiten** (Dienstverhältnis und Tätigkeit für den Dritten) kann nur verneint werden, wenn sich die im Dienstverhältnis erbrachten Arbeitsleistungen von der Vermittlungstätigkeit inhaltlich und in ihrem Umfang völlig trennen lassen (z.B. Lagerhalter und selbständiger Provisionsvertreter) (VwGH 25.6.2013, 2013/08/0085).

Besteht bei Provisionen von dritter Seite (→ 19.4.2.) ein **arbeitsrechtlicher Anspruch**, sind diese Provisionen u.a. in das Krankenentgelt (→ 25.2.7., → 25.3.7.), Urlaubsentgelt (→ 26.2.6.), Entgelt für Pflegefreistellung (→ 26.3.2.), Feiertagsentgelt (→ 17.1.2.), bei der Ermittlung des Abfertigungsbetrags (→ 33.3.1.5.) und ev. auch in die Sonderzahlungen (abhängig vom Wortlaut des Kollektivvertrags, → 23.2.1.) einzubeziehen.

Im Gegensatz dazu stehen Leistungen, die einem Dienstnehmer **nur aus Gelegenheit** seines Dienstverhältnisses von Dritten zufließen, die aber nicht Bestandteil des geschuldeten Entgelts sind (z.B. Trinkgelder, → 19.4.1.). Diese Leistungen sind zwar als Einkommen des Dienstnehmers anzusehen, da diese aber **kein Arbeitsentgelt** darstellen, sind diese nicht in die Ermittlung des arbeitsrechtlichen Entgeltanspruchs einzubeziehen.

19.3. Abgabenrechtliche Behandlung

19.3.1. Sozialversicherung

Unter **Entgelt** sind alle Geld- und Sachbezüge zu verstehen, auf die der pflichtversicherte Dienstnehmer aus dem Dienstverhältnis Anspruch hat oder die er darüber hinaus **auf Grund des Dienstverhältnisses** vom Dienstgeber oder **von einem Dritten erhält** (§ 49 Abs. 1 ASVG). **Entscheidend ist** allerdings, dass durch die Zuwendung eine Leistung abgegolten wird, die nicht nur ein **Interesse des Dritten**, sondern auch ein **Interesse des Dienstgebers** befriedigt hat.

19.3.2. Lohnsteuer

Im Zusammenhang mit Zahlungen von dritter Seite, die in einer entsprechenden **Verbindung mit dem ausgeübten Dienstverhältnis** stehen, liegen steuerlich regelmäßige Einkünfte aus nicht selbständiger Arbeit vor.

Auch von dritter Seite (von einem Vertragspartner des Arbeitgebers) dem Arbeitnehmer **ersetzte Geldstrafen** (→ 21.1., → 21.3.) können bei ausreichendem Zusammenhang mit dem Dienstverhältnis zu steuerpflichtigen Einkünften aus nicht selbständiger Arbeit führen (VwGH 10.2.2016, 2013/15/0128).

Eine Verpflichtung zum **Lohnsteuerabzug** (und Lohnnebenkostenabfuhr) durch den Arbeitgeber besteht aber nur dann, wenn dieser von diesen Zahlungen **weiß** oder **wissen muss**, dass derartige Vergütungen geleistet werden (vgl. § 78 Abs. 1 EStG).

Dies ist insbesondere anzunehmen, wenn

- die Tätigkeit im **Auftrag oder im Interesse des Arbeitgebers** (z.B. zur Erweiterung der Angebotspalette des Arbeitgebers) erfolgt,

- die Tätigkeit (teilweise) in der **Dienstzeit** und im **Zusammenhang mit der Haupttätigkeit** ausgeübt wird oder
- der Arbeitgeber und der Dritte im Rahmen eines **Konzernes verbundene Unternehmen** sind oder enge vertragliche, gesellschaftliche oder personelle Verflechtungen zwischen den Unternehmen gegeben sind.

Solche Zahlungen von dritter Seite erhöhen jedoch nach Ansicht des BMF nicht das Jahressechstel (→ 23.3.2.2.).

Im Rahmen von Vielfliegerprogrammen gewährte Bonusmeilen (→ 20.3.4.) sind nicht von der Verpflichtung zum Lohnsteuerabzug umfasst, da der Arbeitgeber im Regelfall keine Kenntnis hat, ob und in welcher Höhe die Bonusmeilen durch den Arbeitnehmer eingelöst werden. Auch Trinkgelder i.S.d. § 3 Abs. 1 Z 16a EStG (→ 19.4.1.2.2.) sind von dieser Regelung nicht umfasst (LStR 2002, Rz 1194a).

Vorteile aus dem Dienstverhältnis, die sich der Arbeitnehmer selbst **gegen den Willen des Arbeitgebers** verschafft, unterliegen nicht dem Lohnsteuerabzug und sind demnach im Wege der Veranlagung zu erfassen (LStR 2002, Rz 1197).

Die **Haftung** des Arbeitgebers für die Lohnsteuer gem. § 82 EStG (→ 41.2.1.) betrifft somit auch jene Vergütungen, die im Rahmen des Dienstverhältnisses von einem Dritten geleistet werden, wenn der Arbeitgeber weiß oder wissen muss, dass derartige Vergütungen geleistet werden (LStR 2002, Rz 1208).

Praxishinweis: Leistungen von dritter Seite sind unter den genannten Voraussetzungen bei Lohnabgabenpflicht für die Bemessung der Abgaben zwingend über die Lohnverrechnung zu führen. Ähnlich den Sachbezügen (→ 20.) sind sie mit einer Lohnart abzurechnen, die die Bemessungsgrundlage für die Beiträge und Abgaben erhöht, nicht jedoch den Auszahlungsbetrag.

Wurde für Leistungen von dritter Seite kein Lohnsteuerabzug vorgenommen, hat der Arbeitnehmer unter den allgemeinen Voraussetzungen eine verpflichtende Arbeitnehmerveranlagung durchzuführen. Diese Verpflichtung entfällt, wenn neben den lohnsteuerpflichtigen Einkünften andere Einkünfte (z.B. Leistungen von dritter Seite) bezogen werden, deren Gesamtbetrag € 730,00 pro Jahr nicht übersteigt (→ 15.2.1.). Liegen die Voraussetzungen für einen verpflichtenden Lohnsteuerabzug vor, muss jedoch auch für Leistungen von dritter Seite, die € 730,00 nicht übersteigen, ein Lohnsteuerabzug durch den Arbeitgeber (und eine Aufnahme im Jahreslohnzettel) erfolgen.

Hinsichtlich der **DB-, DZ- und KommSt-Pflicht** von Leistungen Dritter ist auf die Kommunalsteuer-Information des BMF zu verweisen. Demnach müssen geldwerte Vorteile für die Lohnnebenkostenpflicht ihre Wurzeln im Dienstverhältnis haben oder zumindest mit dem Dienstverhältnis in einem **engen räumlichen, zeitlichen und arbeitsspezifischen Zusammenhang** stehen, weshalb auch ein sog. Entgelt von dritter Seite zu den lohnnebenkostenpflichtigen Einkünften aus nichtselbständiger Arbeit gehören kann. Bei **Entgelt von dritter Seite ohne Arbeitslohncharakter** (somit nicht auf Veranlassung des Arbeitgebers) besteht unabhängig von einer Lohnsteuerabzugsverpflichtung gemäß § 78 Abs. 1 EStG (siehe dazu vorstehend) **keine Kommunalsteuerpflicht** (und damit auch keine DB- und DZ-Pflicht). Kein geldwerter Vorteil liegt auch vor, wenn die Inanspruchnahme im ausschließlichen Interesse des Arbeitgebers liegt und im konkreten Fall für den Arbeitnehmer kein Vorteil besteht. Nicht in die Bemessungsgrundlage für die Lohnnebenkosten einzubeziehen sind Bonusmeilen, die einem Dienstnehmer von einem Dritten im Zuge eines Vielfliegerprogramms gewährt werden (vgl. KommSt-Info, Rz 58, → 37.4.1.3.).

19.4. Ausgewählte Beispiele

19.4.1. Trinkgelder

19.4.1.1. Allgemeines

In Dienstleistungsbetrieben ist es üblich, dass Dienstnehmer im Rahmen ihrer Dienstverrichtung von „Dritten“ (Gästen, Kunden) **freiwillige Geldzuwendungen** erhalten, die üblicherweise als **Trinkgelder** bezeichnet werden. Diese freiwilligen Trinkgelder dürfen aber nur auf Grund einer Willensübereinstimmung zwischen Dienstgeber und Dienstnehmer angenommen werden. Sie sind der Rechtsprechung zufolge als Einkommen des Dienstnehmers, nicht aber als Entlohnung[454] anzusehen. Eine Einbeziehung dieser „echten“ Trinkgelder z.B. in das Urlaubsentgelt ist daher nicht vorzunehmen (→ 45.).

Handelt es sich um das im Gastgewerbe übliche und aus dem Bedienungszuschlag gewährte **Bedienungsgeld**, stellt diese Zuwendung eine Entlohnung (Teil des Arbeitslohns) dar (→ 45.).

19.4.1.2. Abgabenrechtliche Behandlung

19.4.1.2.1. Sozialversicherung

Da die aufmerksame Bedienung, für die das Trinkgeld gewährt wird, sowohl im Interesse des Gastes als auch im Interesse des Dienstgebers liegt, handelt es sich beim Trinkgeld sozialversicherungsrechtlich um Entgelt.

Aus diesem Grund sind Trinkgelder im Beitragszeitraum ihres Zufließens bzw. spätestens im darauf folgenden Beitragszeitraum in die allgemeine Beitragsgrundlage einzubeziehen (→ 11.4.1.).

Zu diesem Zweck hat der Dienstnehmer dem Dienstgeber die Höhe der jeweils in einem Beitragszeitraum erhaltenen Trinkgelder bekannt zu geben. Ist es dem Dienstgeber nicht möglich, Kenntnis über die Höhe der Trinkgelder zu erlangen, muss er dem Träger der Krankenversicherung zumindest die Tatsache melden, dass seine Dienstnehmer Trinkgelder erhalten. Können Unterlagen über deren Ausmaß nicht vorgelegt werden, ist der Versicherungsträger berechtigt, diese Leistungen auf Grund anderer Ermittlung festzustellen (§ 42 Abs. 3 ASVG) (→ 39.1.1.1.4.).

454 Trinkgelder sind nur dann als Entlohnung anzusehen, wenn zwischen dem Dienstgeber und dem Dienstnehmer entsprechende **vertragliche Vereinbarungen** getroffen wurden (wenn z.B. ein gewisses Trinkgeldvolumen garantiert oder ein solches zur Bedingung gemacht wurde) oder wenn sich die Zuordnung des Trinkgelds aus den **sonstigen Umständen** ergibt (z.B. dann, wenn das Trinkgeld für Tätigkeiten gewährt wird, die zu den dienstvertraglich geschuldeten zählen) (OGH 11.1.1995, 9 ObA 249/94).

Allerdings haben i.d.R. die Träger der Krankenversicherung (die ehemaligen Gebietskrankenkassen), nach Anhörung der in Betracht kommenden Interessenvertretungen der Dienstnehmer und der Dienstgeber, festgesetzt, dass bei bestimmten Gruppen von Versicherten, die üblicherweise Trinkgelder erhalten, diese Trinkgelder der Bemessung der Beiträge pauschaliert zu Grunde zu legen sind (**Trinkgeldpauschale**). Die Festsetzung hat unter Bedachtnahme auf die durchschnittliche Höhe der Trinkgelder, wie sie erfahrungsgemäß den Versicherten in dem betreffenden Erwerbszweig zufließen, zu erfolgen. Bei der Festsetzung ist auf Umstände, die erfahrungsgemäß auf die Höhe der Trinkgelder Einfluss haben (z.B. regionale Unterschiede, Standort und Größe der Betriebe, Art der Tätigkeit), Bedacht zu nehmen. Derartige Festsetzungen sind im **Internet zu verlautbaren** und haben sodann verbindliche Wirkung (§ 44 Abs. 3 ASVG).

Die von den Trägern der Krankenversicherung (ehemaligen Gebietskrankenkassen) festgelegten Trinkgeldpauschalregelungen sehen allerdings

- Unterschiede in der Höhe der Pauschalbeträge für gleiche Tätigkeiten,
- die Einbeziehung oder Nichteinbeziehung von Nichtanwesenheitszeiten (z.B. Urlaub, Krankheit, Berufsschulbesuch) und
- die Berücksichtigung der Pauschalbeträge für alle Fälle, oder bei prozentsatzmäßig vorgegebenen Abweichungen, die Berücksichtigung des tatsächlichen Trinkgeldbetrags

vor.

Werden neue Pauschalbeträge festgelegt, erfolgt deren Verlautbarung in der Mitteilung des jeweiligen Trägers der Krankenversicherung bzw. unter der Internetadresse www.ris.bka.at/avsv.

19.4.1.2.2. Lohnsteuer

Lohnsteuerfrei sind: Ortsübliche Trinkgelder, die anlässlich einer Arbeitsleistung dem Arbeitnehmer **von dritter Seite freiwillig** und ohne dass ein Rechtsanspruch auf sie besteht, zusätzlich zu dem Betrag gegeben werden, der für diese Arbeitsleistung zu zahlen ist. Dies gilt nicht, wenn auf Grund gesetzlicher oder kollektivvertraglicher Bestimmungen Arbeitnehmern die direkte Annahme von Trinkgeldern untersagt ist (§ 3 Abs. 1 Z 16a EStG).

Die Steuerfreiheit von Trinkgeldern ist nur bei Vorliegen sämtlicher nachstehend genannter **Voraussetzungen** gegeben:

- Das Trinkgeld muss ortsüblich sein.
- Das Trinkgeld muss einem Arbeitnehmer anlässlich einer Arbeitsleistung von dritter Seite zugewendet werden.
- Das Trinkgeld muss freiwillig und ohne dass ein Rechtsanspruch darauf besteht sowie zusätzlich zu dem Betrag gegeben werden, der für die Arbeitsleistung zu zahlen ist.
- Dem Arbeitnehmer darf die direkte Annahme des Trinkgelds nicht auf Grund gesetzlicher oder kollektivvertraglicher Bestimmungen untersagt sein.
- Das Trinkgeld erfolgt zwar im Zusammenhang mit dem Dienstverhältnis, muss aber letztlich „außerhalb" dessen stehen. Garantiertes Trinkgeld bzw. garantierte

Trinkgeldhöhen seitens des Arbeitgebers sind daher nicht unter die Steuerbefreiung nach § 3 Abs. 1 Z 16a EStG zu subsumieren.

Wird das Trinkgeld durch den Arbeitgeber, insbesondere im Wege der ausgestellten Rechnung, in einer nicht durch den Dritten (den Kunden) festgelegten Höhe bestimmt, so mangelt es an der notwendigen Freiwilligkeit. Eine Behandlung als steuerfrei kommt in diesen Fällen nicht in Betracht.

Ein Trinkgeld ist **ortsüblich**,

- wenn es zu den Gepflogenheiten des täglichen Lebens gehört, dem Ausführenden einer bestimmten Dienstleistung (in einer bestimmten Branche) ein Trinkgeld zuzuwenden (Branchenüblichkeit), und
- soweit das Trinkgeld am Ort der Leistung auch der Höhe nach den Gepflogenheiten des täglichen Lebens entspricht (Angemessenheit) (LStR 2002, Rz 92a und 92b).

Weitere Erläuterungen zum steuerfreien Trinkgeld finden Sie in den Lohnsteuerrichtlinien 2002 unter den Randzahlen 92c bis 92i.

Soweit die **Voraussetzungen** für die Steuerfreiheit der Trinkgelder **nicht vorliegen**, sind sie als Vorteil aus dem Dienstverhältnis **steuerpflichtig**. Steuerpflichtige Beträge, die die Arbeitnehmer direkt von den Gästen erhalten, sind als Einkünfte aus nicht selbstständiger Arbeit bei den Arbeitnehmern im Veranlagungsweg zur Einkommensteuer heranzuziehen (→ 15.). Steuerpflichtige Beträge, die Arbeitnehmer nicht direkt von den Gästen erhalten, sondern die ihnen der Arbeitgeber auszahlt, unterliegen dem Steuerabzug vom Arbeitslohn (LStR 2002, Rz 669).

19.4.2. Provisionen von dritter Seite

19.4.2.1. Allgemeines

Die vorhin behandelten Trinkgelder sind wohl die bekanntesten Entgeltleistungen von dritter Seite. Ausgelöst durch das Erkenntnis des VwGH vom 17.9.1991, 90/08/0004, zur Beitragspflicht von **Provisionen**, die Bankangestellte für **Bausparvertrags- und Versicherungsabschlüsse** von Dritten erhalten, sind u.a. auch die **Provisionen** für geworbene **Kreditkartenkunden** und die **Vermittlungsprovisionen** (z.B. an Autoverkäufer) als Leistungen Dritter anzusehen.

19.4.2.2. Abgabenrechtliche Behandlung

19.4.2.2.1. Sozialversicherung

Der VwGH lässt in dem oben zitierten Erkenntnis keinen Zweifel daran, dass Leistungen Dritter dann **beitragspflichtig** sind, wenn sie dem Dienstnehmer als Gegenleistung für seine im **unselbstständigen Beschäftigungsverhältnis erbrachten Arbeitsleistungen** bezahlt werden und diese Arbeitsleistungen nicht nur im Interesse des Dritten, sondern auch **im Interesse des Dienstgebers** erbracht werden. Die beitragsrechtliche Beurteilung ist wie folgt vorzunehmen:

1. Ist der Dienstnehmer **dienstvertraglich verpflichtet**, dem Kunden Bauspar-, Kfz-Leasing-, Kfz-Versicherungsverträge und dergleichen zu vermitteln bzw. Kreditkartenkunden zu werben und diesbezügliche Vertragsabschlüsse zu tätigen und

erhält er dafür von Dritten (Banken, Versicherungen usw.) Provisionen, sind diese **beitragspflichtig** zu behandeln.

2. Besteht **keine** ausdrückliche **dienstvertragliche Verpflichtung**, solche Verträge anzubieten, so kommt den Bezügen von Dritten dann Entgeltcharakter zu, wenn die Leistungserbringung an den Dritten **auch im Interesse des Dienstgebers** liegt. Dieses Interesse lässt sich allein schon daraus ableiten, dass der Dienstgeber der Tätigkeit seiner Dienstnehmer für Dritte im Rahmen seines Betriebs zustimmt, dafür seine betrieblichen Einrichtungen zur Verfügung stellt und für diese Tätigkeit die Inanspruchnahme der Arbeitszeit seiner Dienstnehmer u.a. für die damit verbundenen Schulungen gestattet und die damit verbundenen Kosten trägt.
   Ist nach den genannten Kriterien der innere Zusammenhang der Leistungen der Dienstnehmer, für die ihnen von Dritten Geld- oder Sachbezüge zufließen, mit dem Beschäftigungsverhältnis zu bejahen, ist es ohne Bedeutung, ob die entsprechenden Leistungen der Dienstnehmer **während der Arbeitszeit** oder **darüber hinaus** erbracht werden (VwGH 22.3.1994, 93/08/0149; VwGH 23.4.1996, 96/08/0065).
   Sind bei der Vermittlung solcher Verträge die genannten Kriterien erfüllt, sind diese Provisionen **beitragspflichtig** zu behandeln.
3. Provisionen, die **von Dritten an den Dienstgeber** und von diesem an seine Dienstnehmer gezahlt werden, sind **beitragspflichtig** zu behandeln.

Erforderlich ist aber jedenfalls immer eine **Gesamtbetrachtung**, die sich an diesen Wertungsgesichtspunkten orientiert.

Es ist Aufgabe des Dienstgebers, die tatsächlich zufließenden Provisionen seiner Dienstnehmer zu ermitteln und in die Beitragsgrundlage einzubeziehen, damit davon Sozialversicherungsbeiträge abgerechnet werden können. Provisionen sind der allgemeinen Beitragsgrundlage (→ 11.4.1.) jener Beitragszeiträume zuzurechnen, in denen sie erworben wurden.

Ist es dem Dienstgeber trotz entsprechender Weisungen nicht möglich, Kenntnis von allen von Dritten bezahlten Provisionen zu erlangen, muss er dem Träger der Krankenversicherung zumindest die Tatsache melden, dass seine Dienstnehmer von dritter Seite Entgelt erhalten. Können Unterlagen über deren Ausmaß nicht vorgelegt werden, ist der Versicherungsträger berechtigt, diese Provisionen auf Grund anderer Ermittlungen festzustellen (§ 42 Abs. 3 ASVG) (→ 39.1.1.1.4.).

19.4.2.2.2. Lohnsteuer

Bei Arbeitnehmern, die **unter Weisungsgebundenheit** im Rahmen ihrer nicht selbstständigen Tätigkeit (z.B. Autoverkäufer, Bankangestellte) **Geschäftsabschlüsse für andere** Unternehmen (z.B. Versicherungen, Banken, Leasingunternehmen, Bausparkassen) **vermitteln**, sind die diesbezüglichen Provisionen bei funktioneller und zeitlicher Überschneidung mit der nicht selbstständigen Haupttätigkeit **Einkünfte aus nicht selbstständiger Arbeit** (LStR 2002, Rz 963).

Wenn der Arbeitgeber daher weiß oder wissen muss, dass seinem Arbeitnehmer für eine Tätigkeit im Rahmen seines Dienstverhältnisses von Seiten eines Dritten Zahlungen gewährt wurden (z.B. bei Provisionen an Bankmitarbeiter, die Bausparkassengeschäfte für eine Bausparkasse vermitteln), hat er diese Zahlungen in der Lohnverrechnung zu berücksichtigen.

Steht die Vermittlungstätigkeit für das andere Unternehmen in **keinem inhaltlichen Zusammenhang zur Haupttätigkeit** und wird sie selbstständig mit Unternehmerrisiko **außerhalb der Dienstzeit** ausgeübt, liegen i.d.R. **gewerbliche Einkünfte** vor. Bei organisatorischer Eingliederung und Weisungsgebundenheit gegenüber dem anderen Unternehmen kann auch ein Dienstverhältnis zum anderen Unternehmen vorliegen (LStR 2002, Rz 967).

Beispiel

Der Buchhalter einer Bank ist in seiner Freizeit als Bausparkassenvertreter tätig. Die Tätigkeit erfolgt ausschließlich auf Provisionsbasis, ohne Weisungsgebundenheit und mit eigenen Arbeitsmitteln. Die Provisionen sind als Einkünfte aus Gewerbebetrieb im Veranlagungsweg zu erfassen.

20. Sachbezüge

In diesem Kapitel werden u.a. Antworten auf folgende praxisrelevanten Fragestellungen gegeben:

20.1. Allgemeines

Erhält ein Dienstnehmer einen Sachbezug, stellt dieser einen Teil seines Arbeitsentgelts dar.

Sachbezüge können in den verschiedensten Formen gewährt werden, z.B. als

- Wohnung,
- Verköstigung,
- Bekleidung,
- Privatnutzung des Firmen-Pkw,
- Benützung von Betriebssportplätzen.

Unter einem Sachbezug versteht man daher **alles, was kein Geldlohn ist**.

Sachbezüge werden in der Praxis u.a. auch als Deputate[455] oder als Naturallöhne bezeichnet.

20.2. Arbeitsrechtliche Hinweise

Im Zusammenhang mit den Sachbezügen stellen sich arbeitsrechtlich u.a. die Fragen

1. des **Entzugs** bei aufrechtem Dienstverhältnis,
2. der **Einbeziehung** des Sachbezugswerts in den **Mindestlohn** lt. Kollektivvertrag,
3. der **Einbeziehung** des Sachbezugswerts in das Entgelt bei **Arbeitsunterbrechung** (durch Krankenstand, Urlaub oder Feiertag),
4. der **Einbeziehung** des Sachbezugswerts in die gesetzliche **Abfertigung** und
5. der Vorgangsweise im Fall des **Todes** des Arbeitnehmers.

ad 1.

Darf dem Dienstnehmer ein **Sachbezug**, insb. ein Firmenfahrzeug, **entzogen werden**?

Grundsätzlich ist festzuhalten, dass die Privatnutzung des Firmenfahrzeuges **durch Vereinbarung** geregelt und damit auch von vornherein auf bestimmte Sachverhalte **eingeschränkt** werden kann (z.B. Einschränkung auf die Fahrt zwischen Wohnung und Arbeitsstätte, Verbot der Privatnutzung während des Urlaubs oder im Ausland).

Davon zu unterscheiden ist der **(einseitige) Entzug** des (durch Vereinbarung, konkludent bzw. durch Betriebsübung) eingeräumten Nutzungsrechts. Ob ein Firmenfahrzeug durch den Dienstgeber entzogen werden darf, richtet sich zunächst auch nach der **Vereinbarung** zwischen Dienstgeber und Dienstnehmer. Ein vertraglich vorgesehener Widerrufsvorbehalt des Dienstgebers unterliegt jedoch nach allgemeinen Grundsätzen einer **Billigkeits- bzw. Sachlichkeitskontrolle** (→ 9.3.10.). Eine sachliche Rechtfertigung für einen vereinbarten Widerruf wird dabei z.B. während längerer nicht-aktiver Zeiten (z.B. Karenzen) i.d.R. vorliegen. Es ist diesbezüglich jedenfalls eine Prüfung anhand der konkreten Vereinbarung sowie der konkreten Umstände des Einzelfalls vorzunehmen.

Besteht keine Vereinbarung und/oder wird dem Dienstnehmer das Nutzungsrecht vertragswidrig bzw. unbillig vom Dienstgeber entzogen, ist die Naturalleistung mit Geld abzulösen. Die Höhe des **Geldersatzes** richtet sich nach dem Vorteil, der dem Dienstnehmer durch den Naturalbezug entstanden ist, also danach, was er sich durch die Naturalleistung erspart hat (OGH 7.2.2008, 9 ObA 68/07a). Häufig geben für die Bewertung des Mehraufwands durch die Privatnutzung die **amtlichen Sachbezugswerte** eine brauchbare Richtlinie (OGH 29.10.1993, 9 ObA 220/93). Bei einem erheblichen Auseinanderfallen der fiskalischen Sachbezugsbewertung vom tatsächlichen Wert kann jedoch nur auf den tatsächlichen Wert des Naturalbezugs abgestellt werden, da es sonst zu einer ungebührlichen Schmälerung der gesetzlichen Ansprüche des Arbeitnehmers kommt[456]. Dabei ist das **amtliche Kilometergeld** eine angemessene Berechnungshilfe für den Geldersatz der entzogenen Privatnutzungsmöglichkeit (vgl. auch OGH 23.11.2020, 8 ObA 113/20f). Der Umfang des Geldersatzes richtet sich nach dem Umfang der Privatnutzung des Firmenfahrzeugs bis zum Entzug. Fehlt es an einer konkreten Vereinbarung über den Umfang der Privatnutzung des Dienstwagens, richtet sich die Ermittlung des Werts nach der tatsächlichen Nutzung ausgehend von einem Monatsdurchschnitt des letzten Jahres (OGH 29.11.2016, 9 ObA 25/16s).

---

455 Deputate sind Sachbezüge in Form einer im Unternehmen produzierten oder verarbeiteten Ware. Beispiele sind dafür in Brauereien der Haustrunk, in Molkereien Milch, Butter oder Käse.

456 Dies wird z.B. bei Fahrzeugen ohne CO_2-Emissionswert („Elektrofahrzeugen") der Fall sein, da für diese kein Sachbezug anzusetzen ist.

Eine **Entschädigung** aus dem Titel der entgangenen privaten Nutzung während der Dienstfreistellung gebührt **nicht**, wenn **keine Vereinbarung** über ein Recht zur Benützung auch während der Dienstfreistellung vorliegt und durch die Dienstfreistellung für den Dienstnehmer keine Notwendigkeit besteht, das Firmenfahrzeug für Fahrten zwischen Wohnung und Arbeitsstätte zu verwenden. Ist die Benutzung des Firmenfahrzeugs auf diese Fahrten eingeschränkt, stellt sich die Frage eines Entgeltbestandteils für eine weitere Privatnutzung des Fahrzeugs während einer Dienstfreistellung in der Kündigungsfrist nicht (OLG Wien 15.10.1993, 33 Ra 100/93).

ad 2.

Kann der **Sachbezug Teil** des kollektivvertraglichen **Mindestlohns** sein?

Der Dienstgeber kann Sachbezüge einseitig, d.h. **ohne Vereinbarung** mit dem Dienstnehmer, **in keinem Fall** auf das kollektivvertragliche Mindestentgelt **anrechnen** („Anrechnungsverbot"). Dass derartige einseitige Änderungen des Dienstvertrags (Sachbezug anstelle vereinbarter Geldleistung) jedenfalls unzulässig sind, folgt schon aus dem allgemeinen Grundsatz der Vertragstreue (OGH 19.11.2003, 9 ObA 112/03s).

Die Durchbrechung des grundsätzlichen Anrechnungsverbots für (individuell) vereinbarte Naturalleistungen auf den existenzsichernden Mindestlohn ist dann zulässig, wenn sie ein Kollektivvertrag selbst vorsieht und wenn zudem die sozialpolitische Zweckbestimmung der Existenzsicherung eingehalten ist. Sieht nun ein **Kollektivvertrag** eine **Einbehaltemöglichkeit** der Kosten für eine vereinbarte Inanspruchnahme von Kost und Logis ausdrücklich vor, so ist der **Lohnabzug zulässig**, zumal Essen und Wohnen zweifellos zu den Grundbedürfnissen gehören, sodass auch der sozialpolitische Zweck der Existenzsicherung eingehalten ist (OGH 28.10.2013, 8 ObA 61/13y).

Enthält der Kollektivvertrag keine Anrechnungsbestimmungen, ist davon auszugehen, dass kollektivvertragliche Mindestentgelte in Euro als Geldzahlungsgebot zu verstehen sind und davon nicht durch Vereinbarung zwischen Arbeitgeber und Arbeitnehmer abgegangen werden kann (OGH 27.8.2015, 9 ObA, 92/15t). Der OGH schloss sich damit auch der Rechtsprechung des VwGH für den Bereich der Bildung der sozialversicherungsrechtlichen Beitragsgrundlage an (→ 20.3.1.).

ad 3.

Ist der **Sachbezugswert** in das Entgelt bei **Arbeitsunterbrechung** einzubeziehen?

Sachleistungen sind generell von der Entgeltfortzahlung **auszunehmen**, wenn diese ihrer Natur nach derart eng und untrennbar **mit der Erbringung der aktiven Arbeitsleistung am Arbeitsplatz verbunden sind**, dass sie ohne Arbeitsleistung nicht widmungsgemäß konsumiert werden könnten und ihre Weitergewährung während einer Arbeitsverhinderung des Dienstnehmers nach dem mit ihnen verbundenen Zweck ins Leere ginge. Nichts anderes trifft auch auf Essensgutscheine zu, die – ebenso wie eine freie oder verbilligte Mahlzeit – widmungsgemäß nur am Arbeitsplatz oder in einer Gaststätte zur dortigen Konsumation eingelöst werden können. Da auch sie in Zeiten der Arbeitsverhinderung den Zweck einer arbeitsökonomischen Nahrungsaufnahme verfehlten und, mangels Arbeitsleistung, keine arbeitsbedingten Mehrkosten der Nahrungsaufnahme außer Haus abgelten könnten, sind sie – vorbehaltlich einer gegenteiligen vertraglichen Vereinbarung – **nicht** in den der Entgeltfortzahlung zu Grunde liegenden Entgeltbegriff **miteinzubeziehen** (OGH 28.2.2011, 9 ObA 121/10z).

Für das **Krankenentgelt** gilt:

Sachbezüge, die infolge eines Krankenstands nicht verbraucht (benützt) werden, sind grundsätzlich wertmäßig ins Krankenentgelt einzubeziehen.

Für **Arbeiter** bestimmt jedoch der Generalkollektivvertrag zu § 3 Abs. 5 EFZG, dass insb. freie oder verbilligte **Mahlzeiten** oder **Getränke** und die **Beförderung** der Dienstnehmer zwischen Wohnung und Arbeitsstätte auf Kosten des Dienstgebers **nicht** ins Krankenentgelt **einzubeziehen** sind (→ 25.2.7.2.).

Für das **Urlaubsentgelt** gilt:

Sachbezüge, die infolge eines Urlaubs nicht verbraucht (benützt) werden, sind grundsätzlich wertmäßig ins Urlaubsentgelt (→ 26.2.6.1.) einzubeziehen.

Der Generalkollektivvertrag zu § 6 UrlG (→ 26.2.6.2.) bestimmt jedoch, dass insb. freie oder verbilligte **Mahlzeiten** oder **Getränke** und die **Beförderung** der Dienstnehmer zwischen Wohnung und Arbeitsstätte auf Kosten des Dienstgebers **nicht** ins Urlaubsentgelt **einzubeziehen** sind. Die Wirtschaftskammer Österreichs und der Österreichische Gewerkschaftsbund erklären in Auslegung des Generalkollektivvertrags übereinstimmend: Ist jedoch (volle) Verpflegung (in Form der freien Station, → 20.3.1.) vereinbart und nimmt sie der Dienstnehmer während des Urlaubs nicht in Anspruch, so ist dem Dienstnehmer der Wert der Verpflegung während des Urlaubs finanziell (nach den Bestimmungen des anzuwendenden Kollektivvertrags, sonst im Rahmen der Sachbezugsbewertung) abzugelten.

Für das **Feiertagsentgelt** gilt:

Sachbezüge, die infolge eines Feiertags nicht verbraucht (benützt) werden, sind grundsätzlich wertmäßig ins Feiertagsentgelt einzubeziehen (→ 17.1.2.).

Für die Dauer der **Schutzfrist und der Karenz gem. MSchG bzw. VKG** gilt:

Ob in diesem Fall ein bisher gewährter Sachbezug (z.B. Privatnutzung eines firmeneigenen Kfz) entzogen werden kann, richtet sich nach der für solche Fälle getroffenen Vereinbarung.

Vereinbarungen, durch die der Anspruch der Dienstnehmerin (des Dienstnehmers) auf eine beigestellte **Dienst(Werks)wohnung** oder sonstige Unterkunft berührt wird, müssen während der Dauer des Kündigungs- und Entlassungsschutzes gem. MSchG bzw. VKG, um rechtswirksam zu sein, vor Gericht nach Rechtsbelehrung der Dienstnehmerin (des Dienstnehmers) getroffen werden (§ 16 MSchG, § 7c VKG).

Für die Dauer der **Teilzeitbeschäftigung gem. MSchG bzw. VKG** gilt:

Sachbezüge könnten, sofern sie teilbar sind, dem reduzierten Stundenausmaß angepasst werden (z.B. Reduzierung des Holzdeputats). Für den Fall einer Dienst(Werks)wohnung gilt die Sonderregelung, die auch für die Schutzfrist und die Karenz gem. MSchG bzw. VKG gilt.

Keinesfalls darf ein Entzug des Sachbezugs mit der reduzierten Arbeitszeit begründet werden, da für Teilzeitbeschäftigte ein Diskriminierungsschutz gegeben ist (§ 19d Abs. 6 AZG).

ad 4.

Ist der **Sachbezugswert** in die **Abfertigung** einzubeziehen?

Die gesetzliche Abfertigung beträgt ein Vielfaches des für den letzten Monat des Dienstverhältnisses gebührenden Entgelts. Unter Entgelt (Arbeitsentgelt) versteht man jede Art von Gegenleistung, die der Dienstnehmer vom Dienstgeber dafür erhält, dass er diesem seine Arbeitskraft zur Verfügung stellt. Diese Gegenleistung umfasst sowohl **Barleistungen** als auch **Sachbezüge** (→ 33.3.1.5.).

Beachten Sie dazu auch den Hinweis bezüglich Sachleistungen, die mit der Erbringung der aktiven Arbeitsleistung am Arbeitsplatz verbunden sind (am Beginn des Punktes ad 3.).

ad 5.

Welche gesetzlichen Regelungen gibt es für den Fall des **Todes des Dienstnehmers**?

Stirbt ein Angestellter, dem vom Dienstgeber auf Grund des Dienstvertrags **Wohnräume überlassen** werden, ist die Wohnung, wenn der Angestellte einen eigenen Haushalt führte, **binnen einem Monat**, sonst binnen **vierzehn Tagen** nach dessen Tod zu **räumen**. Sind die Angehörigen des verstorbenen Angestellten, die mit ihm im gemeinsamen Haushalt gelebt haben, durch die Räumung binnen vorstehend angeführter Frist der Gefahr der Obdachlosigkeit ausgesetzt, kann das Bezirksgericht, in dessen Sprengel die Wohnung liegt, eine **Verlängerung** der Räumungsfrist um höchstens zwei Monate bewilligen. Nur unter besonders berücksichtigungswerten Umständen darf eine weitere Verlängerung um höchstens einen Monat bewilligt werden. Der Dienstgeber kann jedoch die sofortige Räumung eines Teils der Wohnung verlangen, soweit dies zur Unterbringung des Nachfolgers und seiner Einrichtung erforderlich ist (§ 24 Abs. 1–3 AngG).

Da es keine gleich lautende arbeitsrechtliche Bestimmung bezüglich Verlängerung der Räumungsfrist gibt, ist die Dienstwohnung nach dem Tod des Arbeiters (Lehrlings) zu räumen.

Wichtiger Hinweis: Bei der Gewährung von Sachbezügen sollte jedenfalls eine **schriftliche Nutzungs- oder Entzugsregelung** für sämtliche Abwesenheitszeiten (wie z.B. Krankenstand, Urlaub, vereinbarte Karenz, Karenz nach dem MSchG bzw. VKG) getroffen und ein ausdrücklicher Unverbindlichkeits- oder Widerrufsvorbehalt (→ 9.3.9.) in die Vereinbarung aufgenommen werden.

20.3. Abgabenrechtliche Behandlung

20.3.1. Sozialversicherung

20.3.1.1. Allgemeine Hinweise

Sachbezugsbewertung:

Unter Entgelt sind die Geld- und **Sachbezüge** zu verstehen, auf die der pflichtversicherte Dienstnehmer (Lehrling) aus dem Dienst(Lehr)verhältnis Anspruch hat oder die er darüber hinaus auf Grund des Dienst(Lehr)verhältnisses vom Dienstgeber oder von einem Dritten erhält (§ 49 Abs. 1 ASVG) (→ 6.2.10.).

Sowohl der **Barlohn**, auf den der Dienstnehmer nach dem Kollektivvertrag Anspruch hat, als auch der **Naturallohn**, der ihm tatsächlich gewährt wird, ist gem. § 49 Abs. 1 ASVG zum sozialversicherungsrechtlichen **Entgelt**[457] zu zählen und unterliegt der Beitragspflicht.

Geldwerte Vorteile aus Sachbezügen sind mit den um **übliche Preisnachlässe verminderten üblichen Endpreisen des Abgabeorts** anzusetzen. Die Sachbezugswerteverordnung (→ 20.3.3.) gilt auch für die sozialversicherungsrechtliche Bewertung (§ 50 Abs. 1 und 2 ASVG). Es besteht somit eine weitgehende Harmonisierung der steuerlichen und sozialversicherungsrechtlichen Bewertung von Sachbezügen, weshalb auf die Ausführungen unter Punkt 20.3.2. verwiesen werden kann.

Bezugsumwandlung:

Aufgrund des Anspruchsprinzips führen auch **Bezugsumwandlungen** von beitragspflichtigen Geld- oder Sachbezügen in beitragsfreie Geld- oder Sachbezüge (z.B. Umwandlung eines Teils des Entgelts in die Nutzungsmöglichkeit eines Elektrofahrzeugs) grundsätzlich nicht zu einer Minderung der sozialversicherungsrechtlichen Beitragsgrundlage, ausgenommen es handelt sich um einen echten und nachhaltigen Lohnverzicht (vgl. u.a. z.B. E-MVB, 049-03-18-001) oder eine Bezugsumwandlung ist nach dem Gesetzeswortlaut nicht schädlich für die Beitragsfreiheit.

Sachbezug und kollektivvertragliches Mindestentgelt:

Kollektivvertragliche (in Geldbeträgen festgesetzte) Mindestentgelte sind zwingend und **ausschließlich in Geld** zu entrichten[458]. Wird Naturallohn gewährt, ist demnach **sowohl** das kollektivvertragliche Mindestentgelt **als auch** der Naturallohn Entgelt i.S.d. § 49 Abs. 1 ASVG. Erhält ein Dienstnehmer ausschließlich einen Sachbezug, ist zur Berechnung der allgemeinen Beitragsgrundlage der kollektivvertragliche Mindestlohn entsprechend seiner Tätigkeit als Bruttolohn anzusetzen und der Wert der konsumierten Sachbezüge hinzuzurechnen (VwGH 27.7.2001, 95/08/0037) (E-MVB, 044-01-00-003 und 044-01-00-009).

Bonusmeilen als Vorteil von dritter Seite:

Verwendet der Dienstnehmer in Zusammenhang mit dem Dienstverhältnis erworbene **Bonusmeilen** für private Flüge, sind diese (als Vorteil von dritter Seite) beitragspflichtig zu behandeln. Dieser Vorteil ist mit dem um übliche Preisnachlässe verminderten Endpreis des Abgabeortes zu bewerten und als laufender Bezug im Monat des Konsums abzurechnen. **Kein Sachbezug** ist anzusetzen, wenn

- der Dienstnehmer schriftlich erklärt, nicht an einem Bonusmeilenprogramm teilzunehmen;

---

457 Da der Dienstnehmer Endverbraucher ist, inkludiert der Wert des Sachbezugs auch die Umsatzsteuer (VwGH 10.12.1997, 95/13/0078). Der Sachbezugswert muss nicht den Aufwendungen des zuwendenden Dienstgebers entsprechen (VfGH 27.9.1966, B 60/66).

458 Ein im Kollektivvertrag vorgesehenes Mindestentgelt (Mindestgehalt, Mindestlohn) ist als **zwingendes „Geldzahlungsgebot"** zu verstehen, da dem Dienstnehmer die uneingeschränkte Verwendbarkeit dieses Entgelts gesichert werden soll. Die Vereinbarung von Naturalien statt Barlohn würde dem Dienstnehmer eine bestimmte Einkommensverwendung aufdrängen und ist daher – ungeachtet aller Günstigkeitsüberlegungen – ausgeschlossen. Die sozialversicherungsrechtliche Beitragsgrundlage ergibt sich somit aus dem vereinbarten Sachbezug und dem vollen kollektivvertraglichen Entgelt (VwGH 17.11.2004, 2002/08/0089).

- der Dienstgeber die private Nutzung von Bonusmeilen nicht zulässt;
- die Bonusmeilen faktisch nur für Dienstreisen genutzt werden (Nö. GKK, NÖDIS Nr. 11/September 2010) (vgl. zur Lohnsteuer → 20.3.2.).

Sachbezug während entgeltfreier Zeiten:

Wird einem Dienstnehmer **ausschließlich (!) ein Sachbezug** (z.B. eine Dienstwohnung) während einer/eines

- gänzlichen Freistellung wegen einer Familienhospizkarenz (→ 27.1.1.2.),
- Pflegekarenz (→ 27.1.1.3.),
- vereinbarten Karenzurlaubs (unbezahlten Urlaubs) über einen Monat (→ 27.1.2.2.),
- Schutzfrist (→ 27.1.3.),
- Freistellung anlässlich der Geburt eines Kindes („Papamonat", (→ 27.1.5.),
- Karenz gem. MSchG bzw. VKG (→ 27.1.4.),
- Präsenz-, Ausbildungs- oder Zivildienstes (→ 27.1.6.),
- Bildungskarenz (→ 27.3.1.1.) oder
- beitragsfreier Zeiten eines Krankenstands (→ 25.6.1.) oder
- nach Beendigung seines Dienstverhältnisses

unentgeltlich oder verbilligt **weitergewährt**, ist der Sachbezugswert nach Ansicht des DVSV **beitragsfrei** zu behandeln.

Wird während einer Karenzierung ein neues Beschäftigungsverhältnis zum selben Dienstgeber eingegangen und handelt es sich dabei arbeitsrechtlich tatsächlich um ein eigenständiges Dienstverhältnis, bleibt der aus dem karenzierten Dienstverhältnis weitergewährte Sachbezug beitragsfrei. Der Sachbezug ist in diesem Fall auch nicht dem zweiten (geringfügigen) Beschäftigungsverhältnis „hinzuzurechnen" (E-MVB, 049-01-00-015; ÖGK, DGservice Nr. 4/Dezember 2021).

Darf ein **Hinterbliebener** freiwilligerweise oder vertragsmäßig die Dienstwohnung nach Beendigung des Dienstverhältnisses durch den Tod des Ehepartners unentgeltlich weiter nützen, ist dieser Sachbezug **beitragsfrei** zu behandeln.

20.3.1.2. Sonderregelung „Fahrtkostenersatz" bzw. „Fahrtkostenzuschuss" bei Nutzung eines firmeneigenen Kraftfahrzeugs

Wird einem Dienstnehmer ein **firmeneigenes Kraftfahrzeug** für Fahrten zwischen Wohnung und Arbeitsstätte zur Verfügung gestellt, sind die **fiktiven Kosten** eines Massenbeförderungsmittels **beitragsfrei** zu belassen (VfGH 16.6.1992, B 511/91; VfGH 1.3.1996, B 2579/95; vgl. auch E-MVB Punkt 049-03-20-001; andere Ansicht VwGH 21.9.1993, 92/08/0098).

Die Einschränkung in § 49 Abs. 3 Z 20 ASVG[459] (→ 21.1.) auf Fahrten mit Massenbeförderungsmitteln ist so zu verstehen, dass der Ersatz der Fahrtkosten insoweit beitragsfrei ist, als er die Kosten, die bei Benützung eines Massenbeförderungsmittels erwachsen wären, nicht übersteigt. Die **Beitragsfreiheit** an sich soll jedoch

459 Beitragsfrei ist nach dieser Bestimmung u.a. der Ersatz der tatsächlichen Kosten für Fahrten des Dienstnehmers zwischen Wohnung und Arbeitsstätte mit Massenbeförderungsmitteln.

unabhängig davon anerkannt werden, ob der Dienstnehmer tatsächlich ein **Massenbeförderungsmittel** benützt oder ob er mit seinem **eigenen Kfz** zur Arbeit fährt (vgl. auch E-MVB Punkt 049-03-20-001).

Die Überlassung eines Kfz für den Weg zur Arbeitsstätte ist nicht „Ersatz der tatsächlichen Kosten für Fahrten mit Massenbeförderungsmitteln" im buchstäblichen Sinn. Da sie aber dem Dienstnehmer solche Kosten erspart, ist sie in ihrer wirtschaftlichen Auswirkung dem Ersatz solcher Kosten gleichzuhalten.

Jedenfalls ist nach Ansicht des VfGH kein Grund ersichtlich, der es rechtfertigen könnte, zwar den Ersatz der Kosten eines tatsächlich benutzten Massenbeförderungsmittels beitragsfrei zu stellen, die tatsächliche Überlassung eines Kfz des Dienstgebers hingegen voll als Sachbezug zu werten. Eine solche Regelung würde eine unsachliche Differenzierung zwischen Personen, die ein Massenbeförderungsmittel benützen (können), und jenen bewirken, die ein Privatfahrzeug verwenden (müssen); sie verstieße daher gegen den Gleichheitssatz.

Sollte der Überlassung des Fahrzeugs nicht ohnedies eine Beförderung durch den Dienstgeber gleichzuhalten sein (→ 21.3.), stellt sie einen – wie immer zu bewertenden – Sachbezug dar, der Kosten eines Massenbeförderungsmittels gar nicht erst entstehen lässt, weshalb der Wert dieses Sachbezugs dem Ersatz tatsächlich erwachsener Kosten der Fortbewegung zwischen Wohnung und Arbeitsstätte entspricht, die bis zur Höhe der (fiktiven) Kosten eines Massenbeförderungsmittels beitragsfrei zu belassen sind.

Demnach ist es für die Beitragsfreiheit gleichgültig, ob ein Dienstnehmer für den Weg zwischen Wohnung und Arbeitsstätte

1. ein **Massenbeförderungsmittel** (z.B. U-Bahn, Straßenbahn, Autobus) benützt und die Fahrtkosten ersetzt erhält, oder
2. mit seinem **privaten Kfz** zur Arbeit fährt und dafür einen Kostenersatz erhält, oder
3. ein **firmeneigenes Kfz** benützt.

In allen drei Fällen liegt nämlich insofern ein „Fahrtkostenersatz" vor, als letztlich der Dienstgeber die Fahrtkosten trägt: In den Fällen 1 und 2 gewährt er dem Dienstnehmer einen Geldersatz, im Fall 3 übernimmt er die Fahrtkosten in Form eines Sachbezugs durch die Zurverfügungstellung des Firmen-Kfz.

Hinweis: Wird dem Dienstnehmer hingegen ein „Öffi"-Ticket i.S.d. § 49 Abs. 3 Z 20 ASVG beitragsfrei zur Verfügung gestellt (→ 22.6.2.), ist nach dem Gesetzeswortlaut ein „Herausschälen" der Kosten für ein Massenbeförderungsmittel aus einem PKW-Sachbezug nicht zusätzlich möglich[460].

Beispiel 34

Ermittlung des beitragspflichtigen Teils des Sachbezugswerts bei Privatnutzung des firmeneigenen Kraftfahrzeugs.

460 Das Gesetz spricht davon, dass der Dienstnehmer einen Fahrtkostenersatz „oder" die Kosten der Wochen-, Monats- oder Jahreskarte beitragsfrei erhalten kann.

Angaben und Lösung:

Nach den steuerlichen Bestimmungen ermittelter Sachbezugswert (Anschaffungskosten € 33.000,00 × 2%)	= €	660,00	= Lohnsteuerpflichtiger Teil (→ 20.3.4.)
abzüglich der fiktiven Kosten[461] für die Benützung des Massenbeförderungsmittels der Strecke Wohnung–Arbeitsstätte–Wohnung	– €	30,00	= beitragsfreier Teil[462]
	€	630,00	= beitragspflichtiger Teil

Hinweis: Eine **steuerliche Kürzung** des Sachbezugswerts ist deshalb **nicht vorzunehmen**, da es im Bereich der Lohnsteuer zu einer pauschalen Berücksichtigung dieser Aufwendungen durch den Verkehrsabsetzbetrag kommt (BFG 30.6.2014, RV/5100744/2014). Von der Lohnsteuerpflicht befreit ist nur die Übernahme der tatsächlichen Aufwendungen für ein „Öffi"-Ticket (→ 22.6.2.).

20.3.1.3. Sonderregelung „Übernahme des Sozialversicherungsbeitrags"

Als Sonderregelung für den Fall der Gewährung von Sachbezügen bestimmt das ASVG:

Der den Dienstnehmer belastende Teil der allgemeinen Beiträge (Kranken-, Pensions- und Arbeitslosenversicherungsbeitrag) darf 20% seiner Geldbezüge[463] nicht übersteigen. Den übersteigenden Betrag hat der Dienstgeber zu tragen (vgl. § 53 Abs. 1 ASVG, § 2 Abs. 3 AMPFG). Gleiches gilt für die Sonderbeiträge (= Beiträge für Sonderzahlungen[464]) (vgl. § 54 Abs. 3 ASVG).

Die Arbeiterkammerumlage (AK) und der Wohnbauförderungsbeitrag (WF) werden aber in jedem Fall von der „echten" Beitragsgrundlage (Summe aller beitragspflichtigen Geld- und Sachbezüge) berechnet.

461 Durch den Verweis auf die fiktiven Kosten ist grundsätzlich von jenen Kosten auszugehen, die der Dienstnehmer bei Benützung des billigsten Massenbeförderungsmittels aufzuwenden hätte. Für die Ermittlung der Kosten für ein Massenbeförderungsmittel wird daher im Regelfall der Preis einer Jahreskarte heranzuziehen und dieser durch 12 zu dividieren sein. Davon können jedoch unseres Erachtens auch Ausnahmen bestehen – siehe ausführlich Punkt 22.6.1. Verkehrt zwischen Wohnung und Arbeitsstätte kein Massenverkehrsmittel (bzw. ist dessen Benutzung unzumutbar), kann ein beitragsfreier „Fixbetrag" von € 0,11 pro Straßenkilometer (= 25% des amtlichen Kilometergelds) herangezogen werden (vgl. Nö. GKK, NÖDIS Nr. 5/April 2016).

462 Dieser Teil des Sachbezugswerts, der (abhängig von der jeweiligen Strecke Wohnung–Arbeitsstätte–Wohnung) verschieden hoch sein kann, wird somit dem beitragsfreien Fahrtkostenersatz gleichgestellt.

463 Der laufenden Geldbezüge.

464 Da Sonderzahlungen meist ohne Sachbezüge gebühren, kommt diese Bestimmung in der Praxis selten zur Anwendung.

Beispiel 35

Ermittlung des Dienstnehmeranteils bei Gewährung von Sachbezügen.

Angaben:

- Ein Arbeiter erhält in einem Monat
  - einen Geldbezug (Monatslohn) in der Höhe von € 1.800,00
  - einen Sachbezug im Wert von € 540,00[465]
- SV-DNA: 18,12%

Lösung:

Die allgemeine Beitragsgrundlage (→ 11.4.1.) beträgt:

Geldbezug	€ 1.800,00
Sachbezug	€ 540,00
allgemeine Beitragsgrundlage	€ 2.340,00

Der allgemeine Beitrag beträgt:

Der von der allgemeinen Beitragsgrundlage berechnete Dienstnehmeranteil beträgt

für den Sozialversicherungsbeitrag (17,12% von € 2.340,00)	€ 400,61
für die AK und WF (je 0,50% von € 2.340,00)	€ 23,40
insgesamt	€ 424,01
20% von € 1.800,00 betragen	€ 360,00
Dem Dienstnehmer dürfen	
für den Sozialversicherungsbeitrag	€ 360,00
für die AK und WF	€ 23,40
insgesamt	**€ 383,40**
abgezogen werden.	

Der Dienstgeber hat (neben dem Dienstgeberanteil) den übersteigenden Sozialversicherungsbeitrag von **€ 40,61** (€ 400,61 abzüglich € 360,00) zu tragen.

Die Bemessungsgrundlage für den BV-Beitrag (→ 36.1.3.1.) beträgt € 2.340,00 (€ 1.800,00 + € 540,00).

Hinweis: Durch eine dem Dienstgeber **durch gesetzliche Bestimmung angeordnete Übernahme** von Dienstnehmeranteilen zur Sozialversicherung (hier € 40,61) entsteht **kein Vorteil aus dem Dienstverhältnis** und somit keine sozialversicherungsrechtliche Beitragspflicht bzw. Abgabenpflicht zum Dienstgeberbeitrag zum FLAF bzw. Zuschlag zum DB und zur Kommunalsteuer (VwGH 28.10.2009, 2008/15/0279; KommSt-Info, Rz 60; Nö. GKK, NÖDIS Nr. 11/September 2016) (→ 37.3.3.3. und → 37.4.1.3.).

465 Im Fall der Privatnutzung eines firmeneigenen Kraftfahrzeugs ist der **beitragspflichtige Teil** des Sachbezugswerts anzusetzen.

Für Pflichtversicherte, die **nur Anspruch auf Sachbezüge** haben oder kein Entgelt erhalten, hat der **Dienstgeber** den Sozialversicherungsbeitrag **zur Gänze** zu tragen (vgl. § 53 Abs. 2 ASVG, § 2 Abs. 4 AMPFG) (→ 11.4.4.).

20.3.1.4. Rückzahlung eines Kostenbeitrags

Erhält der Dienstnehmer anlässlich seines Ausscheidens aus dem Dienstverhältnis einen Teil des einmalig geleisteten Kostenbeitrags zurück, ist für die Ermittlung der Sozialversicherungsbeiträge eine Neubewertung des Sachbezugs vorzunehmen. Die Sozialversicherungsbeiträge sind entsprechend der Dauer des Dienstverhältnisses „aufzurollen".

Beispiel

Der Dienstnehmer leistete € 3.500,00 als einmaligen Kostenbeitrag für die Anschaffung des firmeneigenen Kfz (mit einem Sachbezug von 1,5% der Anschaffungskosten). Nach 24 Monaten scheidet der Dienstnehmer aus und erhält vom Dienstgeber € 2.500,00 des geleisteten Kostenbeitrags zurück.

• Die bisherige Sachbezugsverminderung betrug pro Monat	€ 52,50(€ 3.500,00 × 1,5%).
• Bedingt durch die Rückzahlung beträgt die Sachbezugsverminderung nur mehr	€ 15,00(€ 1.000,00 × 1,5%).
• Die monatliche Differenz von	**€ 37,50**

stellt beitragspflichtiges Entgelt dar, weshalb eine Korrektur der Beitragsabrechnungen (der 24 Monate) sowie der mit monatlicher Beitragsgrundlagenmeldung gemeldeten Daten vorzunehmen ist.

(Nö. GKK, DGservice März 2010)

20.3.2. Lohnsteuer

Sachbezugsbewertung:

Einnahmen liegen vor, wenn dem Arbeitnehmer Geld oder **geldwerte Vorteile** zufließen (§ 15 Abs. 1 EStG) (→ 7.7.).

Geldwerte Vorteile (Wohnung, Heizung, Beleuchtung, Kleidung, Kost, Waren, Überlassung von Kraftfahrzeugen zur Privatnutzung und sonstige Sachbezüge) sind mit den um übliche Preisnachlässe verminderten **üblichen Endpreisen des Abgabeorts** anzusetzen (§ 15 Abs. 2 Z 1 EStG). Geldwerte Vorteile sind in Geld[466] umzurechnen.

---

466 Der Sachbezugswert muss nicht den Aufwendungen des zuwendenden Arbeitgebers entsprechen (VfGH 27.9.1966, B 60/66). Es ist ausschließlich jener Preis maßgeblich, den sich der Arbeitnehmer durch die Zuwendung erspart hat. Günstigere Konditionen, die der Arbeitgeber erhält, sind nicht zu berücksichtigen. Da der Arbeitnehmer Endverbraucher ist, inkludiert der Wert des Sachbezugs auch die Umsatzsteuer (VwGH 10.12.1997, 95/13/0078).

Maßgebend für die Preisfeststellung ist der Ort (z.B. Gemeinde bzw. Bezirk), an dem der geldwerte Vorteil zufließt. Nicht maßgeblich sind nach Ansicht des BMF Preise von Online-Angeboten fremder Anbieter. Es ist stets auf den Endpreis im Zeitpunkt des kostenlosen oder verbilligten Bezugs der Ware oder Dienstleistung abzustellen. Durch den Begriff „üblich" wird auf eine Bewertung verwiesen, die sich an den **objektiven, normalerweise am Markt bestehenden Gegebenheiten am Abgabeort** orientiert. Es kommt nicht auf die subjektive Einschätzung des Steuerpflichtigen, dessen persönliche Verhältnisse oder den tatsächlichen persönlichen Nutzen an. Unter dem üblichen Endpreis am Abgabeort versteht man daher den Preis, den Letztverbraucher im normalen Geschäftsverkehr zu zahlen haben. Dabei ist der **Preis für die konkrete** – verbilligt oder unentgeltlich überlassene – Ware oder Dienstleistung des **betreffenden Herstellers bzw. Dienstleisters** maßgebend. Es darf nach Ansicht des BMF nicht vom üblichen Endpreis für funktionsgleiche und qualitativ gleichwertige Waren oder Dienstleistungen anderer Hersteller bzw. Dienstleister ausgegangen werden.

Übliche Preisnachlässe (z.B. Mengenrabatte, Aktionen, Schlussverkauf) können in Abzug gebracht werden; dabei ist wiederum auf den Zeitpunkt des kostenlosen oder verbilligten Bezugs der Ware oder Dienstleistung abzustellen (LStR 2002, Rz 138).

Die genaue Bewertung bereitet in der Praxis vielfach Schwierigkeiten. Daher werden für häufig vorkommende Sachbezüge

- vom Bundesministerium für Finanzen (BMF) **bundeseinheitlich geregelte Sachbezugswerte** (in Form einer Sachbezugsverordnung) (→ 20.3.3.)

festgesetzt (§ 15 Abs. 2 Z 2 EStG). Diese Werte gelten als übliche Endpreise am Abgabeort (LStR 2002, Rz 141).

Diese Sachbezugsverordnung ist für alle Bezüge (Vorteile) aus einem **bestehenden oder früheren Dienstverhältnis** i.S.d. § 25 Abs. 1 Z 1 EStG maßgeblich (LStR 2002, Rz 140).

Besondere Bewertungsvorschriften bestehen gem. § 15 Abs. 2 Z 3 EStG bei Mitarbeiterrabatten (→ 20.3.6.).

Sind **keine Werte** für bestimmte Sachbezüge **festgesetzt** worden, ist eine **Einzelbewertung** vorzunehmen. Dabei ist i.S.d. vorstehenden Rechtsansicht vorzugehen.

Sachbezug bei gebrochener Abrechnungsperiode:

Beginnt oder endet das Dienstverhältnis während eines Abrechnungszeitraums (liegt eine **gebrochene Abrechnungsperiode** vor), ist der Sachbezugswert nach den Aliquotierungsbestimmungen des anzuwendenden Kollektivvertrags zu berechnen. Erhält der Arbeitnehmer Bezüge, die für die Berechnung der Lohnsteuer einen monatlichen Abrechnungszeitraum hervorrufen (z.B. Ersatzleistung für Urlaubsentgelt, → 34.7.2.3.1., Kündigungsentschädigung, → 34.4.2.), ist der Sachbezugswert trotzdem nur für die Tage der tatsächlichen Beschäftigung (demnach aliquot) zu berechnen (LStR 2002, Rz 175; andere Ansicht BFG 2.10.2017, RV/7103329/2016).

Lohnsteuerabzug:

Als **Sonderregelung für den Fall der Gewährung von Sachbezügen** bestimmt das EStG:

Besteht der Arbeitslohn **ganz oder teilweise aus geldwerten Vorteilen** und reicht der Barlohn zur Deckung der unter Berücksichtigung des Wertes der geldwerten Vorteile (§ 15 Abs. 2 EStG) einzubehaltenden Lohnsteuer nicht aus, so hat der **Arbeitnehmer** dem Arbeitgeber den zur Deckung der Lohnsteuer **erforderlichen Betrag**, soweit er nicht durch Barlohn gedeckt ist, zu **zahlen**. Soweit der Arbeitnehmer dieser Verpflichtung nicht nachkommt, hat der Arbeitgeber einen dem Betrag im Wert entsprechenden Teil des Arbeitslohns (geldwerten Vorteils) zurückzubehalten und daraus die Lohnsteuer für Rechnung des Arbeitnehmers zu decken (§ 78 Abs. 4 EStG).

Rückzahlung eines Kostenbeitrags:

Erhält der Arbeitnehmer anlässlich seines Ausscheidens aus dem Dienstverhältnis einen Teil des einmalig geleisteten Kostenbeitrags zurück, hat diese Kostenrückerstattung steuerlich bzw. abgabenrechtlich nur dann eine Auswirkung, wenn der **Rückerstattungsbetrag größer** ist als der ursprüngliche Kostenbeitrag abzüglich des für den maßgeblichen Zeitraum verkürzten Sachbezugswerts.

Beispiel

Der Arbeitnehmer leistete € 3.500,00 als einmaligen Kostenbeitrag für die Anschaffung des firmeneigenen Kfz (mit einem Sachbezug von 1,5% der Anschaffungskosten). Nach 24 Monaten scheidet der Arbeitnehmer aus und erhält vom Arbeitgeber € 2.500,00 des geleisteten Kostenbeitrags zurück.

• Der ursprünglich geleistete Kostenbeitrag betrug	€ 3.500,00
• Die bisherige Sachbezugsverminderung betrug für 24 Monate (von € 3.500,00 × 1,5% = € 52,50 pro Monat × 24 Monate)	– € 1.260,00
• Die vom Arbeitnehmer effektiv getragenen Kosten betrugen	€ 2.240,00
• Der Rückerstattungsbetrag an den Arbeitnehmer beträgt (ist größer als die effektiv getragenen Kosten)	€ 2.500,00
• Die Differenz von	**€ 260,00**

stellt einen geldwerten Vorteil dar und ist im Zeitpunkt des Zuflusses als sonstiger Bezug zu versteuern (→ 23.3.2.)[467].

(Nö. GKK, DGservice März 2010)

Beispiel 36

Ermittlung der Bemessungsgrundlage bei Gewährung von Sachbezügen.

Angaben:

- Angaben wie im Beispiel 35.

467 Dies gilt auch für den Dienstgeberbeitrag zum FLAF bzw. Zuschlag zum DB und für die Kommunalsteuer.

Lösung:

Geldbezug	€ 1.800,00
Sachbezug	€ 540,00[468]
lohnsteuerpflichtiger Betrag	€ 2.340,00
abzüglich Dienstnehmeranteil zur SV	– € 383,40
LSt-Bemessungsgrundlage	**€ 1.956,60**

Hinweis: Durch eine dem Dienstgeber **durch gesetzliche Bestimmung angeordnete Übernahme** von Dienstnehmeranteilen zur Sozialversicherung (hier € 40,61) entsteht **kein Vorteil aus dem Dienstverhältnis** und somit keine sozialversicherungsrechtliche Beitragspflicht bzw. Abgabenpflicht zum Dienstgeberbeitrag zum FLAF bzw. Zuschlag zum DB und zur Kommunalsteuer (VwGH 28.10.2009, 2008/15/0279; KommSt-Info, Rz 60; Nö. GKK, NÖDIS Nr. 11/September 2016) (→ 37.3.3.3. und → 37.4.1.3.).

Sachbezug während entgeltfreier Zeiten:

Wird einem Arbeitnehmer **ausschließlich (!) ein Sachbezug** (z.B. eine Dienstwohnung) während einer/eines

- gänzlichen Freistellung wegen einer Familienhospizkarenz (→ 27.1.1.2.),
- Pflegekarenz (→ 27.1.1.3.),
- vereinbarten Karenzurlaubs (unbezahlten Urlaubs, → 27.1.2.2.),
- Schutzfrist (→ 27.1.3.),
- Freistellung anlässlich der Geburt eines Kindes („Papamonat", (→ 27.1.5.),
- Karenz gem. MSchG bzw. VKG (→ 27.1.4.),
- Präsenz-, Ausbildungs- oder Zivildienstes (→ 27.1.6.),
- Bildungskarenz (→ 27.3.1.1.) oder
- entgeltloser Zeiten eines Krankenstands (→ 25.2.3., → 25.3.3.) oder
- nach Beendigung seines Dienstverhältnisses (→ 20.3.3.2.)

unentgeltlich oder verbilligt weitergewährt, handelt es sich auch weiterhin um einen **steuerpflichtigen Vorteil**. Für die Erfassung im Weg der Veranlagung ist ein Lohnzettel (→ 35.1.) zu übermitteln.

Darf ein **Hinterbliebener** freiwilligerweise oder vertragsgemäß die Dienstwohnung nach Beendigung des Dienstverhältnisses durch den Tod des Ehepartners unentgeltlich weiter nützen, gilt Folgendes: Gemäß den Bestimmungen des § 25 Abs. 1 Z 1 lit. a EStG unterliegen Bezüge und Vorteile aus einem bestehenden oder früheren Dienstverhältnis der **Steuerpflicht**. Daraus ergibt sich, dass der Sachbezug für die Benutzung einer Dienstwohnung nach Beendigung des Dienstverhältnisses ebenfalls der Lohnsteuerpflicht unterliegt. Für die Erfassung im Weg der Veranlagung ist ein Lohnzettel (→ 35.1.) zu übermitteln.

Nahe Angehörige:

Für die Besteuerung als Sachbezug ist es belanglos, ob geldwerte Vorteile nur an den Arbeitnehmer selbst oder auch an nahe Angehörige gewährt werden, wenn der

468 Im Fall der Privatnutzung eines firmeneigenen Kraftfahrzeugs ist der **lohnsteuerpflichtige Teil** des Sachbezugswerts anzusetzen.

Grund der Zuwendung ausschließlich im bestehenden Dienstverhältnis des Steuerpflichtigen liegt (u.a. VwGH 18.12.2014, 2012/15/0003; vgl. zuletzt auch BFG 22.8.2017, RV/7104955/2014, wonach keine Halbierung des Sachbezugs für Zinsersparnisse vorzunehmen ist, wenn das Darlehen zur Hälfte auch von der Lebensgefährtin des Arbeitnehmers aufgenommen wurde).

Ist ein **Angehöriger des Arbeitgebers** selbst Arbeitnehmer, hat der steuerliche Ansatz eines **Privatanteils** in der Bilanz des Arbeitgebers keine Auswirkung auf den verpflichtend anzusetzenden Sachbezug beim angestellten nahen Angehörigen (VwGH 10.6.2009, 2008/08/0224; vgl auch BFG 24.4.2017, RV/7101783/2017).

Fehlt der Nachweis, dass die (ebenfalls zu 25 % an der Gesellschaft beteiligte) Ehegattin des Gesellschaftergeschäftsführers als Arbeitnehmerin der Gesellschaft keine Möglichkeit hatte, ein arbeitgebereigenes Kraftfahrzeug für private Fahrten zu benützen, ist von einer Privatnutzung und damit dem Ansatz eines Sachbezugs auszugehen (BFG 14.4.2017, RV/2100171/2013). Liegen keine klaren Anhaltspunkte für eine Nutzung vor und sprechen auch die Umstände im Einzelfall nicht für eine tatsächliche Privatnutzung (z.B. da der Arbeitnehmer darüber hinaus über ein eigenes Kraftfahrzeug verfügt), hat der Ansatz eines Sachbezugswertes (trotz Angehörigeneigenschaft zum GmbH-Geschäftsführer) zu unterbleiben (→ 20.3.3.4.) (BFG 8.2.2018, RV/3100894/2014).

Wird einem Arbeitnehmer ein arbeitgebereigenes Kraftfahrzug für private Fahrten ohne Veranlassungszusammenhang zum Dienstverhältnis nur aufgrund eines persönlichen Naheverhältnisses zur Verfügung gestellt, ist die Leistung nicht als Arbeitslohn einzustufen und es ist demnach auch kein Sachbezug anzusetzen (VwGH 23.10.2020, Ra 2020/13/0036 Zurverfügungstellung eines Kraftfahrzeuges an die Ehegattin des Arbeitgebers).

Zu Besonderheiten bei der Gewährung von Rabatten an Angehörige siehe Punkt 20.3.6.

20.3.3. Bundeseinheitlich bewertete Sachbezüge (Sachbezugswerteverordnung)

Auf Basis von § 15 Abs. 2 EStG wurde mittels der

- Verordnung über die Bewertung bestimmter Sachbezüge (**Sachbezugswerteverordnung**), BGBl II 2001/416 idF BGBl II 2015/395

die abgabenrechtliche[469] Bewertung bestimmter Sachbezüge rechtlich verbindlich festgelegt.

Dieser Punkt beinhaltet neben Erläuterungen und Beispielen auch die dazu ergangenen erlassmäßigen Regelungen, insb. die der

- **Lohnsteuerrichtlinien 2002**, Rz 138–222d und 709a

Die bundeseinheitlich bewerteten Sachbezüge lt. Sachbezugswerteverordnung betreffen u.a. den/die

1. Wert der vollen freien Station (LStR 2002, Rz 143–148);

---

469 Die Sachbezugswerteverordnung ist auch für die sozialversicherungsrechtliche Bewertung von Sachbezügen heranzuziehen (§ 50 Abs. 2 ASVG).

2. Wohnraumbewertung
   - Dienstwohnung (LStR 2002, Rz 149–162d),
   - arbeitsplatznahe Unterkunft (LStR 2002, Rz 162e);
3. Wohnung und Deputate in der Land- und Forstwirtschaft (LStR 2002, Rz 163–167);
4. Privatnutzung des arbeitgeber(firmen)eigenen Kraftfahrzeugs (LStR 2002, Rz 168–187);
5. Privatnutzung eines arbeitgeber(firmen)eigenen Kfz-Abstell- oder Garagenplatzes (LStR 2002, Rz 188–203; LStR 2002 – Beispielsammlung, Rz 10201, 10203);
6. Privatnutzung eines arbeitgeber(firmen)eigenen Fahrrads oder Kraftrads (LStR 2002, Rz 204–205);
7. Zinsenersparnisse bei zinsverbilligten oder unverzinslichen Arbeitgeberdarlehen bzw. Gehaltsvorschüssen (LStR 2002, Rz 207a–207e);
8. sonstigen Sachbezugswerte in der Land- und Forstwirtschaft (LStR 2002, Rz 208–209a).

20.3.3.1. Wert der vollen freien Station

Der **Sachbezugswert** der vollen freien Station beträgt **€ 196,20 monatlich**.

In diesen Werten sind enthalten:

Die Wohnung (ohne Beheizung und Beleuchtung) mit	1/10,
die Beheizung und Beleuchtung mit	1/10,
das erste und zweite Frühstück mit je	1/10,
das Mittagessen mit	3/10,
die Jause mit	1/10,
das Abendessen mit	2/10.

(§ 1 Abs. 1 Sachbezugswerteverordnung)

Wird die volle freie Station nicht nur dem Arbeitnehmer, sondern auch seinen **Familienangehörigen** gewährt, so erhöhen sich die genannten Beträge

- für den Ehegatten (Lebensgefährten) um 80%
- für jedes Kind bis zum 6. Lebensjahr um 30%
- für jedes nicht volljährige Kind im Alter von mehr als 6 Jahren um 40% und
- für jedes volljährige Kind (→ 4.1.3.) sowie jede andere im Haushalt des Arbeitnehmers lebende Person, sofern der Arbeitgeber die volle freie Station gewährt, um 80%

(§ 1 Abs. 2 Sachbezugswerteverordnung).

Wird die volle oder teilweise freie Station **tageweise oder wochenweise** gewährt, so ist

- für den Tag 1/30
- und für die Woche 7/30

des angegebenen Betrags anzusetzen (LStR 2002, Rz 146).

Der Sachbezugswert der vollen freien Station kommt nur dann zur Anwendung, wenn Arbeitnehmern, die im **Haushalt des Arbeitgebers aufgenommen** sind, **neben** dem kostenlosen oder verbilligten **Wohnraum auch Verpflegung** zur Verfügung gestellt wird (LStR 2002 – Beispielsammlung, Rz 10163).

Werden im Zusammenhang mit der Gewährung der vollen freien Station **Kostenersätze** durch den Arbeitnehmer geleistet, vermindert sich der Betrag von € 196,20 um den entsprechenden Anteilswert i.S.d. vorstehend angeführten Zehntelregelung (§ 1 Abs. 3 Sachbezugswerteverordnung).

Hat z.B. ein in die Hausgemeinschaft des Arbeitgebers voll aufgenommener Arbeitnehmer nur einen Kostenbeitrag zum Mittagessen zu bezahlen, so ist dieser dem entsprechenden Anteilswert für das Mittagessen (3/10) gegenüberzustellen. Ergibt sich ein Differenzbetrag zu Lasten des Arbeitnehmers, ist dieser zusammen mit den übrigen Anteilswerten als Sachbezugswert zu berücksichtigen.

Der Sachbezugswert der vollen freien Station gilt **nur für Arbeitnehmer**, die ganz oder zumindest teilweise **wirtschaftlich in die Hausgemeinschaft** des Arbeitgebers **aufgenommen werden** (vgl. § 3 Abs. 1 Z 17 EStG, → 21.2.).

Freie oder verbilligte Mahlzeiten von Arbeitnehmern im **Gast-, Schank- und Beherbergungsgewerbe** sind unabhängig von kollektivvertraglichen Regelungen nach § 3 Abs. 1 Z 17 EStG **steuerfrei** (→ 21.2.) (LStR 2002, Rz 147).

Die Zurverfügungstellung einer einfachen **arbeitsplatznahen Unterkunft** (z.B. Schlafstelle, Burschenzimmer) durch den Arbeitgeber ist **kein steuerpflichtiger Sachbezug**, sofern an dieser Unterkunft nicht der Mittelpunkt der Lebensinteressen begründet wird. Dies wird beispielsweise für saisonbeschäftigte Arbeitnehmer im Fremdenverkehr oder für KrankenpflegeschülerInnen zutreffen (→ 20.3.3.2.1.) (LStR 2002, Rz 148). In diesem Fall ist jedoch für darüber hinausgehende Verpflegung ein Betrag von 8/10 der vollen freien Station, d.h. € 156,96 als Sachbezug anzusetzen (LStR 2002 – Beispielsammlung, Rz 10163).

20.3.3.2. Wohnraumbewertung

20.3.3.2.1. Dienstwohnung

Bei der Bewertung von Wohnraum, den der Arbeitgeber seinen Arbeitnehmern kostenlos oder verbilligt zur Verfügung stellt, ist lt. § 2 Sachbezugswerteverordnung wie folgt vorzugehen:

Handelt es sich um einen

im Eigentum des Arbeitgebers befindlichen Wohnraum,	ist der **Sachbezugswert** wie unter	vom Arbeitgeber angemieteten Wohnraum,
Ⓐ		Ⓑ

beschrieben zu ermitteln.

Grundsätzlich ist bei der Feststellung des Sachbezugswerts bei beiden Wohnraumvarianten in vier Schritten vorzugehen.

Ⓐ Das **„Vierschritteverfahren“** für den Fall eines im Eigentum des Arbeitgebers befindlichen Wohnraums:

1. Schritt:	Feststellung des Richtwerts und des Sachbezugswerts auf Basis einer Normwohnung	siehe nachstehendes Beispiel 1
2. Schritt:	Berücksichtigung ev. Reduzierungen des Sachbezugswerts	siehe nachstehende Beispiele 2–6
3. Schritt:	Vornahme einer Vergleichsrechnung (Marktpreis : festgesetzter Wert)	siehe nachstehende Beispiele 7–10
4. Schritt:	Berücksichtigung ev. Heizkosten	siehe nachstehendes Beispiel 11

Stellt der Arbeitgeber einen in seinem Eigentum befindlichen Wohnraum seinem Arbeitnehmer kostenlos oder verbilligt zur Verfügung, ist als **monatlicher Quadratmeterwert** der **Richtwert** gem. § 5 des Richtwertgesetzes (RichtWG), BGBl 1993/800 i.d.g.F. bezogen auf das Wohnflächenausmaß, anzusetzen.

Die anzusetzenden Sachbezugswerte betragen **pro Quadratmeter** des Wohnflächenausmaßes:

Bundesland	**Richtwerte**[470]	**Bundesland**	**Richtwerte**[470]
Burgenland	€ 5,30	Steiermark	€ 8,02
Kärnten	€ 6,80	Tirol	€ 7,09
Niederösterreich	€ 5,96	Vorarlberg	€ 8,92
Oberösterreich	€ 6,29	Wien	€ 5,81
Salzburg	€ 8,03		

Vorstehende Werte stellen den **Bruttopreis** (inkl. Betriebskosten und Umsatzsteuer; exkl. Heizkosten) dar.

Die **Richtwerte sind auf Wohnraum anzuwenden**, der von der Ausstattung her der **„mietrechtlichen Normwohnung“** nach dem RichtWG **entspricht**.

Eine Nomwohnung liegt vor, wenn hinsichtlich der Ausstattung folgende Voraussetzungen erfüllt sind:

- Der Wohnraum befindet sich in einem brauchbaren Zustand.
- Der Wohnraum besteht aus Zimmer, Küche (Kochnische), Vorraum, Klosett und einer dem zeitgemäßen Standard entsprechenden Badegelegenheit (Baderaum oder Badenische).

470 Diese Richtwerte sind auch für Genossenschaftswohnungen heranzuziehen.

471 Lt. Richtwertgesetz ist eine mietrechtliche Normwohnung eine Wohnung mit einer Nutzfläche zwischen 30 m² und 130 m². Lt. Sachbezugswerteverordnung ist allerdings der Quadratmeterwert auf einen Wohnraum anzuwenden, der – unabhängig vom Ausmaß der Nutzfläche – der mietrechtlichen Normwohnung gem. dem Richtwertgesetz entspricht.

- Der Wohnraum verfügt über eine Etagenheizung oder eine gleichwertige stationäre Heizung.

Weder die Lage noch die Größe[471] der Wohnung ist für die pauschale Ermittlung des Sachbezugswerts maßgeblich.

Das **Wohnflächenausmaß** errechnet sich anhand der gesamten Bodenfläche des Wohnraums abzüglich der Wandstärken und der im Verlauf der Wände befindlichen Durchbrechungen (Ausnehmungen).

Nicht zum Wohnraum zählen Keller- und Dachbodenräume, soweit sie ihrer Ausstattung nach nicht für Wohnzwecke geeignet sind, Treppen, offene Balkone und Terrassen.

Die Quadratmeterwerte **beinhalten keine Gas-, Strom-, Telefonkosten** und **andere Sonderleistungen** (z.B. Garage). Diese Sachbezugswerte sind mit den tatsächlichen Kosten anzusetzen.

Mögliche Reduzierungen der Richtwerte:

Abschlag, wenn der Arbeitnehmer die Betriebskosten trägt	25%	
Abschlag für einen niedrigeren Ausstattungsstandard	30%	oder kumuliert
Abschlag für Hausbesorger, Hausbetreuer und Portiere	35%	54,5%[472]

Gemeinsame Angaben zu den nachstehenden Beispielen:

- Dienstwohnung zu 100 m^2,
- in Wien,
- im Eigentum des Arbeitgebers.
- Richtwert für Wien € 5,81/m^2.

Beispiel 1

Sachbezugswert im Fall einer Normwohnung:

Richtwert € 5,81 × 100 = **€ 581,00** (Sachbezugswert)

Die Quadratmeterwerte beinhalten auch die **Betriebskosten** i.S.d. § 21 des Mietrechtsgesetzes. Werden die Betriebskosten vom Arbeitnehmer getragen, ist von den Quadratmeterwerten ein **Abschlag von 25%** vorzunehmen.

Beispiel 2

Sachbezugswert für eine Normwohnung	€	581,00
abzüglich 25%	– €	145,25
verminderter Sachbezugswert	**€**	**435,75**

472 Siehe nachstehendes Beispiel 5.

Für Wohnraum mit einem **niedrigeren Ausstattungsstandard** als dem der „Normwohnung" ist ein pauschaler **Abschlag von 30%** vorzunehmen.

Beispiel 3

Sachbezugswert für eine Normwohnung	€	581,00
abzüglich 30%	– €	174,30
verminderter Sachbezugswert	**€**	**406,70**

Für Wohnraum von **Hausbesorgern, Hausbetreuern und Portieren** ist ein berufsspezifischer **Abschlag von 35%** vorzunehmen. Der Abschlag von 35% kann nur in Abzug gebracht werden, wenn die Hausbesorger-, Hausbetreuer- bzw. Portiertätigkeit überwiegend ausgeübt wird.

Beispiel 4

Sachbezugswert für eine Normwohnung	€	581,00
abzüglich 35%	– €	203,35
verminderter Sachbezugswert	**€**	**377,65**

Entspricht der Wohnraum nicht dem Standard einer Normwohnung, ist der Wert zunächst um 30% zu vermindern. Von dem sich ergebenden Wert ist ein weiterer Abschlag von 35% vorzunehmen. Alternativ kann der Ausgangswert (im Beispiel 1 € 581,00) sofort um einen kumulierten Abschlag von 54,5% gekürzt werden.

Beispiel 5

Sachbezugswert für eine Normwohnung	€	581,00
abzüglich 30%	– €	174,30
	€	406,70
abzüglich 35%	– €	142,35
verminderter Sachbezugswert	**€**	**264,35**
oder		
Sachbezugswert für eine Normwohnung	€	581,00
abzüglich 54,5%	– €	316,65
	€	**264,35**

Beispiel 6

Sachbezugswert für eine Normwohnung	€	581,00
Betriebskosten werden vom Arbeitnehmer getragen		
abzüglich 25% von € 581,00	– €	145,25
	€	435,75
Wohnraum mit niedrigerem Ausstattungsstandard		
abzüglich 30% von € 435,75	– €	130,73
	€	**305,02**

Die Sachbezugswerteverordnung enthält eine **Öffnungsklausel** hinsichtlich jenes Wohnraums, dessen nachgewiesene tatsächliche Werte (Marktpreise) gegenüber den festgesetzten Werten wesentlich abweichen. Für Wohnraum, dessen um 25% verminderter[473] üblicher Endpreis des Abgabeorts[474]

- um mehr als **50% niedriger** oder
- um mehr als **100% höher** ist

als der sich nach den vorstehenden Berechnungen (Beispiele 1–6) ergebende Wert, ist der **um 25% verminderte**[473] fremdübliche Mietzins[474] (marktüblicher Preis) anzusetzen.

Beispiele bei einer **wesentlichen Abweichung** des marktüblichen Preises (**geringerer Wert**) im Fall einer Normwohnung:

Beispiel 7

Sachbezugswert für eine Normwohnung			€	581,00	
davon 50% =			€	290,50	Vergleich
fremdübliche Miete	€	400,00			
abzüglich 25%	– €	100,00			
	€	300,00			

Da die fremdübliche Miete abzüglich 25% Abschlag 50% des Sachbezugswerts der Normwohnung nicht unterschreitet, ist als Sachbezugswert **€ 581,00** anzusetzen.

473 Dieser **Abschlag von 25%** findet seine Rechtfertigung in dem Umstand, dass ein vorübergehendes Wohnrecht in einer Dienstwohnung nicht dem Wohnrecht in anderen Wohnungen mit stärkerem Rechtstitel (z.B. Mietwohnung, Genossenschaftswohnung, Eigentumswohnung) gleichgesetzt werden kann.

474 Für den fremdüblichen Mietzins (und für die Nachweisführung) kann z.B. der Immobilien-Preisspiegel für das jeweilige Kalenderjahr herangezogen werden. Dieser ist bei der Wirtschaftskammer Österreich, Fachverband Immobilien- und Vermögenstreuhänder, erhältlich.

Beispiel 8

Sachbezugswert für eine Normwohnung		€ 581,00	
davon 50% =		€ 290,50	Vergleich
fremdübliche Miete	€ 300,00		
abzüglich 25%	– € 75,00		
	€ 225,00		

Da die fremdübliche Miete abzüglich 25% Abschlag 50% des Sachbezugswerts der Normwohnung unterschreitet, ist die fremdübliche Miete abzüglich 25% Abschlag (**€ 225,00**) als Sachbezugswert anzusetzen.

Beispiele bei einer **wesentlichen Abweichung** des marktüblichen Preises (**höherer Wert**) im Fall einer Normwohnung:

Beispiel 9

Sachbezugswert für eine Normwohnung		€ 581,00	
davon 200% =		€ 1.162,00	Vergleich
fremdübliche Miete	€ 2.200,00		
abzüglich 25%	– € 550,00		
	€ 1.650,00		

Da die fremdübliche Miete abzüglich 25% Abschlag 200% des Sachbezugswerts der Normwohnung überschreitet, ist die fremdübliche Miete abzüglich 25% Abschlag (**€ 1.650,00**) als Sachbezugswert anzusetzen.

Beispiel 10

Sachbezugswert für eine Normwohnung		€ 581,00	
davon 200% =		€ 1.162,00	Vergleich
fremdübliche Miete	€ 1.200,00		
abzüglich 25%	– € 300,00		
	€ 900,00		

Da die fremdübliche Miete abzüglich 25% Abschlag 200% des Sachbezugswerts der Normwohnung nicht überschreitet, ist als Sachbezugswert **€ 581,00** anzusetzen.

Dieser Vergleich ist bei **allen Bewertungsvarianten** (ausgehend vom Wert nach dem zweiten Schritt) (Beispiele 1–6) ebenso anzuwenden.

Zusammenfassende Darstellung

€ 290,50 (– 50%)	€ 581,00	(+ 100%) € 1.162,00
Liegt die fremdübliche Miete abzüglich 25% unterhalb der Bandbreite, ist die (um 25% verminderte) fremdübliche Miete als Sachbezugswert anzusetzen.	Liegt die fremdübliche Miete abzüglich 25% innerhalb dieser Bandbreite, sind als Sachbezugswert € 581,00 anzusetzen.	Liegt die fremdübliche Miete abzüglich 25% oberhalb der Bandbreite, ist die (um 25% verminderte) fremdübliche Miete als Sachbezugswert anzusetzen.

Trägt die **Heizkosten** der Arbeitgeber, ist ganzjährig ein Heizkostenzuschlag von € 0,58 pro m^2 anzusetzen. Kostenbeiträge des Arbeitnehmers kürzen diesen Zuschlag.

Beispiel 11

Sachbezugswert für eine Normwohnung	€	581,00
Heizkostenzuschlag € 0,58 × 100 m^2	+ €	58,00
erhöhter Sachbezugswert	**€**	**639,00**

Beispiel 12

Ermittlung des Sachbezugswerts unter Berücksichtigung der „vier Schritte“:

1. Schritt:

- Dienstwohnung zu 100 m^2,
- in Wien,
- im Eigentum des Arbeitgebers.
- Richtwert für Wien € 5,81/m^2.

Sachbezugswert im Fall einer Normwohnung:

Richtwert € 5,81 × 100 =	€	581,00

2. Schritt:

Sachbezug für eine Normwohnung	€	581,00
abzüglich 25% von € 581,00	– €	145,25[475]
	€	435,75
abzüglich 30% von € 435,75	– €	130,73[476]
	€	305,02

475 Da der Arbeitnehmer die Betriebskosten trägt.
476 Die Dienstwohnung verfügt über einen niedrigeren Ausstattungsstandard.

3. Schritt:

Sachbezugswert (Zwischenwert)		€ 305,02	
davon 50% =		€ 152,51	Vergleich
fremdübliche Miete (exkl. Betriebskosten)	€ 300,00		
abzüglich 25%	– € 75,00		
	€ 225,00		

Da die fremdübliche Miete abzüglich 25% Abschlag 50% des Sachbezugswerts der Normwohnung überschreitet, ist als Sachbezugswert (Zwischenwert) € 305,02 anzusetzen.

4. Schritt:

Sachbezugswert (Zwischenwert)	€ 305,02
Heizkostenzuschlag € 0,58 × 100 m^2	+ € 58,00
	€ 363,02

Ergebnis:

Der Sachbezugswert beträgt **€ 363,02.**

Ⓑ Das „Vierschritteverfahren" für den Fall eines vom Arbeitgeber angemieteten Wohnraums:

1. Schritt:	Feststellung des Richtwerts und des Sachbezugswerts auf Basis einer Normwohnung	siehe Ⓐ Beispiel 1 (Seite 438)
2. Schritt:	Berücksichtigung ev. Reduzierungen des Sachbezugswerts	siehe Ⓐ Beispiele 2–6 (Seite 438 ff.)
3. Schritt:	Vornahme einer Vergleichsrechnung (tatsächliche Miete: festgesetzter Wert)	siehe nachstehende Beispiele 1–3
4. Schritt:	Berücksichtigung ev. Heizkosten	siehe nachstehende Beispiele 4–6

Bei einem vom **Arbeitgeber gemieteten Wohnraum** sind die Quadratmeterwerte lt. RichtWG der um 25% gekürzten[477] tatsächlichen Miete (samt Betriebskosten und Umsatzsteuer; exkl. Heizkosten) einschließlich der vom Arbeitgeber getragenen Betriebskosten gegenüberzustellen; der höhere Wert bildet den maßgeblichen Sachbezug.

477 Dieser **Abschlag von 25%** findet seine Rechtfertigung in dem Umstand, dass ein vorübergehendes Wohnrecht in einer Dienstwohnung nicht dem Wohnrecht in anderen Wohnungen mit stärkerem Rechtstitel (z.B. Mietwohnung, Genossenschaftswohnung, Eigentumswohnung) gleichgesetzt werden kann.

Beispiel 1

100 m² Wohnnutzfläche zu € 5,81/m²	€	581,00	Vergleich
tatsächlich vom Arbeitgeber bezahlte Miete (inkl. Betriebskosten und Umsatzsteuer)	€	1.000,00	
abzüglich 25% von € 1.000,00	– €	250,00	
	€	750,00	

Als Sachbezugswert sind **pro Monat € 750,00** anzusetzen.

Beispiel 2

100 m² Wohnnutzfläche zu € 5,81/m²	€	581,00	Vergleich
tatsächlich vom Arbeitgeber bezahlte Miete (inkl. Betriebskosten und Umsatzsteuer)	€	620,00	
abzüglich 25% von € 620,00	– €	155,00	
	€	465,00	

Als Sachbezugswert sind **pro Monat € 581,00** anzusetzen.

Sind die Betriebskosten vom Arbeitnehmer zu bezahlen, sind diese abzuziehen, erst dann erfolgt die Kürzung um 25%.

Beispiel 3

In der Miete sind € 220,00 Betriebskosten (inkl. Umsatzsteuer) enthalten, die vom Arbeitnehmer bezahlt werden.

100 m² Wohnnutzfläche zu € 5,81/m²			€	581,00	Vergleich
abzüglich 25% von € 581,00			– €	145,25[478]	
			€	435,75	
Vom Arbeitgeber bezahlte Miete (inkl. Betriebskosten und Umsatzsteuer)	€	1.000,00			
abzüglich Betriebskosten (inkl. Umsatzsteuer)	– €	220,00[479]			
	€	780,00			

Als Sachbezugswert sind **pro Monat € 585,00** anzusetzen.

Bei gemieteten Wohnungen ist der **Sachbezugswert** des Wohnraums (Nettomiete, Betriebskosten und Umsatzsteuer) um die auf diese Wohnung entfallenden **tatsäch-**

478 Pauschalabzug für durch den Arbeitnehmer getragene Betriebskosten (siehe Ⓐ Beispiel 2, Seite 438).
479 Abzuziehen sind die vom Arbeitnehmer tatsächlich getragenen Betriebskosten.

lichen Heizkosten (inkl. Umsatzsteuer) **zu erhöhen**, sofern der Arbeitgeber die Heizkosten trägt und diese auch ermitteln kann.

Der **pauschale Heizkostenzuschlag** von € 0,58 pro m² ist ganzjährig dann anzusetzen, wenn es sich um gemieteten Wohnraum handelt, bei dem die vom Arbeitgeber getragenen Heizkosten nicht ermittelt werden können. Kostenbeiträge des Arbeitnehmers kürzen diesen Zuschlag.

Der Heizkostenzuschlag bei angemieteten Objekten ist ungekürzt anzusetzen; eine Kürzung um 25% erfolgt nicht.

Beispiel 4

Tatsächliche Heizkosten für 100 m² angemietete Wohnnutzfläche	€ 110,00
Da eine Kürzung um 25% nicht durchzuführen ist, sind **pro Monat** anzusetzen	€ 110,00

Der Arbeitnehmer leistet einen Heizkostenbeitrag von € 35,00; die Höhe der tatsächlichen Heizkosten kann vom Arbeitgeber nicht ermittelt werden.

Beispiel 5

Heizkostenzuschlag für 100 m² angemietete Wohnnutzfläche	€ 58,00
abzüglich Kostenbeitrag	– € 35,00
Als Heizkostenzuschlag sind **pro Monat** anzusetzen	**€ 23,00**

Beispiel 6

Ermittlung des Sachbezugswerts unter Berücksichtigung der „vier Schritte“:

1. Schritt:

- Dienstwohnung zu 100 m²,
- in Wien,
- vom Arbeitgeber angemietet.
- Richtwert für Wien € 5,81/m².

Sachbezugswert im Fall einer Normwohnung:

Richtwert € 5,81 × 100	€ 581,00

2. Schritt:

Sachbezug für eine Normwohnung	€ 581,00
abzüglich 25% von € 581,00	– € 145,25[480]
	€ 435,75

480 Da der Arbeitnehmer die Betriebskosten trägt.

3. Schritt:

Sachbezugswert (Zwischenwert)		€ 435,75
Vom Arbeitgeber bezahlte Miete (inkl. Betriebskosten und Umsatzsteuer)	€ 1.000,00	Vergleich
abzüglich Betriebskosten (inkl. Umsatzsteuer)	– € 220,00[481]	
	€ 780,00	
abzüglich 25% von € 780,00	– € 195,00	
	€ 585,00	

Sachbezugswert (Zwischenwert) = € 585,00.

4. Schritt:

Sachbezugswert (Zwischenwert)	€ 585,00
Heizkostenzuschlag € 0,58 × 100 m²	€ 58,00
	€ 643,00

Ergebnis:

Der Sachbezugswert beträgt **€ 643,00**.

Ⓐ Ⓑ Gemeinsame Regelungen:

Zahlt der Arbeitnehmer den vollen Sachbezugswert des zur Verfügung gestellten Wohnraums, liegt kein abgabenmäßig zu erfassender Sachbezug vor. Zahlt der Arbeitnehmer nur einen Teil des Sachbezugswerts (**Kostenbeitrag**), ist nur die Differenz auf den vollen Sachbezugswert als Sachbezug zu berücksichtigen.

Es ist unbeachtlich, ob der Wohnraum **möbliert oder unmöbliert** ist. Es ist demnach weder ein Zuschlag noch ein Abschlag vorzunehmen.

Der **pauschale Heizkostenzuschlag** richtet sich nach dem Nutzflächenausmaß des Wohnraums, **unabhängig** von der in Anwendung gebrachten **Bewertungsmethode**.

Wird der Wohnraum (z.B. eine Wohnung oder ein Einfamilienhaus) **mehreren Arbeitnehmern** kostenlos oder verbilligt zur Verfügung gestellt, dann ist der Sachbezugswert entsprechend der eingeräumten Nutzungsmöglichkeit aufzuteilen; im Zweifel ist der Sachbezugswert durch die Anzahl der Arbeitnehmer zu dividieren.

Beispiel

Eine Dienstwohnung in Vorarlberg (1 Zimmer à 20 m², 1 Zimmer à 40 m², Bad, Küche, Abstell- und Vorraum zusammen 40 m²) wird im Jahr 2021 **zwei Arbeitnehmern** kostenlos zur Verfügung gestellt. Der monatliche Sachbezugswert für die gesamte Dienstwohnung beträgt **€ 892,00** (100 m² × € 8,92).

481 Abzuziehen sind die vom Arbeitnehmer tatsächlich getragenen Betriebskosten und nicht der Pauschalabzug von € 145,25.

Fall 1:

Der Arbeitgeber stellt das **kleinere Zimmer** dem **Arbeitnehmer A**, das **größere Zimmer** dem **Arbeitnehmer B** und die sonstigen Räume beiden Arbeitnehmern gemeinsam zur Verfügung. Der Sachbezugswert ist entsprechend der Nutzungsmöglichkeiten, also im Verhältnis 60 : 80[482], aufzuteilen. Der anteilige Sachbezugswert für A beträgt **€ 382,29**, für B **€ 509,71**.

Fall 2:

Der Arbeitgeber stellt **beiden Arbeitnehmern gemeinsam** die gesamte Wohnung zur Verfügung. Der Sachbezugswert pro Arbeitnehmer beträgt daher jeweils **€ 446,00**.

Ausnahmen vom Sachbezug:

Stellt der Arbeitgeber seinem Arbeitnehmer Wohnraum kostenlos oder verbilligt zur Verfügung und gelangt § 2 Abs. 7a Sachbezugswerteverordnung (→ 20.3.3.2.2.) nicht zur Anwendung, gilt Folgendes:

Eine freie (unentgeltlich überlassene) Dienstwohnung (Wohnraum) stellt nur dann keinen geldwerten Vorteil aus dem Dienstverhältnis und daher auch keine Einnahme des Arbeitnehmers dar, wenn Letzterer die **Dienstwohnung** ausschließlich **im Interesse des Arbeitgebers** in Anspruch nimmt **und** seine **bisherige Wohnung beibehält**. Von einem ausschließlichen Interesse des Arbeitgebers ist dann auszugehen, wenn die bereitgestellte Wohnung nach Art und Umfang (Ausstattung) auf die Nutzung in Zusammenhang mit der beruflichen Tätigkeit abstellt (z.B. Dienstwohnung eines Werksportiers im Werksgelände, wenn gleichzeitig die eigene Wohnung beibehalten wird und die Zurverfügungstellung auf die Tage der Dienstausübung beschränkt ist). Wird hingegen eine Wohnung zur Verfügung gestellt, die nach objektiven Kriterien als Mittelpunkt der Lebensinteressen verwendet werden kann, liegt ein steuerpflichtiger Sachbezug auch dann vor, wenn die eigene Wohnung beibehalten wird. Liegen die Voraussetzungen für die Berücksichtigung von Aufwendungen für eine doppelte Haushaltsführung vor, stehen Werbungskosten in Höhe des (hinzugerechneten) Sachbezugswerts der Dienstwohnung zu. Wenn sich der Arbeitnehmer durch den Bezug einer arbeitsplatznahen Dienstwohnung größere Fahrtstrecken erspart, liegt das Interesse an der Inanspruchnahme der Dienstwohnung jedenfalls nicht mehr ausschließlich beim Arbeitgeber (LStR 2002, Rz 162).

Die Zurverfügungstellung einer einfachen **arbeitsplatznahen Unterkunft** (z.B. Schlafstelle bzw. Schlafsäle, Burschenzimmer in sog. Massenquartieren) durch den Arbeitgeber ist **kein steuerpflichtiger Sachbezug**, sofern an dieser Unterkunft nicht der Mittelpunkt der Lebensinteressen begründet wird (LStR 2002, Rz 148). Siehe dazu auch Punkt 20.3.3.2.2.

Die verbilligte Überlassung von Wohnraum stellt dann keinen Vorteil aus dem Dienstverhältnis dar, wenn ein unter den Sachbezugswerten liegendes Nutzungsentgelt wegen zwingender gesetzlicher Mietzinsbeschränkungen, die unabhängig von der Arbeitnehmereigenschaft einzuhalten sind, vereinbart wurde. In einem

482 $20 m^2 + 40 m^2 = 60 m^2$; $40 m^2 + 40 m^2 = 80 m^2$.

solchen Fall ist nämlich das auf den ortsüblichen Preis fehlende Entgelt nicht auf das Vorliegen eines Dienstverhältnisses zurückzuführen (LStR 2002, Rz 162b).

Dienstwohnung nach Beendigung des Dienstverhältnisses:

Wird einem Arbeitnehmer ein **Wohnraum über das Ende des Dienstverhältnisses** zur Verfügung gestellt, liegen Einkünfte i.S.d. § 25 Abs. 1 Z 1 lit. a EStG vor. Daraus ergibt sich, dass der Sachbezug für die Benutzung eines Wohnraums nach Beendigung des Dienstverhältnisses ebenfalls der Lohnsteuerpflicht unterliegt. Für die Erfassung im Weg der Veranlagung ist ein Lohnzettel zu übermitteln (→ 35.1.). Sofern sich auf Grund der Höhe des Sachbezugswerts ein Lohnsteuerabzug ergibt, ist § 78 Abs. 4 EStG anzuwenden (→ 20.3.2.) (LStR 2002, Rz 162a).

20.3.3.2.2. Arbeitsplatznahe Unterkunft

Überlässt der Arbeitgeber dem Arbeitnehmer kostenlos oder verbilligt eine **arbeitsplatznahe Unterkunft** (Wohnung, Appartement, Zimmer), die **nicht den Mittelpunkt der Lebensinteressen** bildet, gilt lt. § 2 Abs. 7a Sachbezugswerteverordnung Folgendes:

1. Bis zu einer Größe von **30 m²** ist **kein Sachbezug** anzusetzen.
2. Bei einer Größe von **mehr als 30 m²**, aber **nicht mehr als 40 m²** ist der Wert für einen im Eigentum des Arbeitgebers befindlichen Wohnraum oder der Wert für einen vom Arbeitgeber angemieteten Wohnraum um **35%**[483] **zu vermindern,** wenn die arbeitsplatznahe Unterkunft **durchgehend höchstens zwölf Monate** vom selben Arbeitgeber zur Verfügung gestellt wird.

Bei der Beurteilung, ob eine Unterkunft als arbeitsplatznah zu qualifizieren ist, ist im Wesentlichen auf die rasche Erreichbarkeit der Arbeitsstätte abzustellen. Kann die Arbeitsstätte, unabhängig davon welches Verkehrsmittel genutzt wird, innerhalb von 15 Minuten erreicht werden, ist jedenfalls von einer arbeitsplatznahen Unterkunft auszugehen (LStR 2002, Rz 162d).

Stellt der Arbeitgeber Arbeitnehmern eine Unterkunft mit einer Größe von **mehr als 30 m² bis max. 40 m²** zur Verfügung, ist beim Ansatz des Sachbezugs ein **Abschlag von 35%** zu berücksichtigen. Dieser Abschlag erfolgt aber nur dann, wenn die arbeitsplatznahe Unterkunft **für höchstens zwölf Monate** vom selben Arbeitgeber zur Verfügung gestellt wird, wie dies regelmäßig in einem saisonalen Betrieb (z.B. Hotel- und Gastgewerbe) der Fall ist.

Wird kurze Zeit (innerhalb eines Kalendermonats bzw. von 30 Tagen) nach Beendigung eines Dienstverhältnisses **neuerlich ein Dienstverhältnis** beim selben Arbeitgeber begründet und dem Arbeitnehmer wiederum eine arbeitsplatznahe Unterkunft zur Verfügung gestellt, ist – um eine missbräuchliche Umgehung der 12-Monats-Frist zu vermeiden – die Zeitdauer der Zurverfügungstellung der Unterkunft für die Berechnung der **12-Monats-Frist** zu **kumulieren** (LStR 2002, Rz 162d).

483 Werden die Betriebskosten vom Arbeitnehmer getragen, ist ein Abschlag von 25% vorzunehmen. Weitere Abschläge (30% Abschlag, wenn keine Normwohnung, 35% Abschlag bei Vorliegen einer Hausbesorger-, Hausbetreuer- oder Portierwohnung) sind nicht vorzunehmen.

Wird ein Dienstverhältnis für weniger als zwölf Monate befristet, **dauert dann aber länger als zwölf Monate**, ist dieser ursprünglich steuerfrei belassene Sachbezugsteil (35%) nach Ansicht des BMF entweder

- im Rahmen der **Aufrollung** (gem. § 77 Abs. 3 EStG, → 11.5.4.) nachzuversteuern, oder sollte eine Aufrollung nicht mehr möglich sein (nach dem 15. Jänner des Folgejahrs), ist dieser Vorteil
- als **sonstiger Bezug gem. § 67 Abs. 10 EStG** (nach dem Lohnsteuertarif, → 23.3.2.6.2.)

zu behandeln (LStR 2002, Rz 162d).

Wird ein **Dienstverhältnis unbefristet** abgeschlossen, aber vor Ablauf von zwölf Monaten beendet, kann der Abschlag von 35% nicht (rückwirkend) angewendet werden, da am Beginn der Tätigkeit keine befristete (max. zwölf Monate dauernde) Zurverfügungstellung der arbeitsplatznahen Unterkunft geplant war (LStR 2002, Rz 162d).

Wird eine arbeitsplatznahe Unterkunft **mehreren Arbeitnehmern** kostenlos oder verbilligt zur Verfügung gestellt, ist der Sachbezugswert entsprechend der eingeräumten Nutzungsmöglichkeit zu aliquotieren (→ 20.3.3.2.1.).

Eine Steuerfreiheit steht nur dann zu, wenn **jener Wohnraum**, der **dem jeweiligen Arbeitnehmer** zur Nutzung **zur Verfügung steht**, 30 m² nicht übersteigt. Eine Reduktion des Sachbezugswerts (um 35%) steht nur dann zu, wenn jener Wohnraum, der dem jeweiligen Arbeitnehmer zur Nutzung zur Verfügung steht, 40 m² nicht übersteigt (LStR 2002, Rz 162d).

Beispiel (LStR 2002, Rz 162d)

Zwei Arbeitnehmern im Gastgewerbe wird eine arbeitsplatznahe Unterkunft (45 m²) kostenlos zur Verfügung gestellt. Beide Arbeitnehmer verfügen jeweils über ein eigenes Schlafzimmer (Größe jeweils 16 m²). Die übrige Wohnfläche (13 m²) steht beiden Arbeitnehmern zur Verfügung. Da jeder Arbeitnehmer über eine Nutzungsmöglichkeit des Wohnraums im Ausmaß von 29 m² verfügt, ist **kein Sachbezug** bezüglich der Unterkunft zu erfassen.

Für die **Kalenderjahre 2013 bis 2017** musste für die Anwendbarkeit von § 2 Abs. 7a Sachbezugswerteverordnung die rasche Verfügbarkeit des Arbeitnehmers am Arbeitsplatz nach der Natur des Dienstverhältnisses im besonderen Interesse des Arbeitgebers gelegen sein (zur Rechtslage bis 31.12.2017 siehe die 29. Auflage dieses Buchs). Von einer ausschließlich im Interesse des Arbeitgebers gelegenen raschen Verfügbarkeit des Arbeitnehmers kann vor dem Hintergrund der Judikatur jedoch nur **in Ausnahmefällen** gesprochen werden, wobei die Erfüllung dieser Voraussetzung **grundsätzlich in jeder Branche möglich** ist. Die **Betriebsabläufe müssen so gestaltet sein, dass eine Vorhersehbarkeit nicht oder nur in einem eingeschränkten Ausmaß gegeben ist** und **unvorhergesehene Situationen eintreten können**, welche ein rasches Disponieren in Bezug auf das Personal und dessen kurzfristige Verfügbarkeit notwendig machen (LVwG Tirol 31.10.2017, LVwG-2017/20/0725-4). Da der

Anwendungsbereich der Spezialbestimmung aufgrund dieser Judikatur sehr eingeschränkt wurde, ist es zur Änderung der Bestimmung gekommen.

Seit dem Kalenderjahr 2018 muss die Voraussetzung erfüllt sein, dass die zur Verfügung gestellte arbeitsplatznahe Unterkunft nicht den Mittelpunkt der Lebensinteressen des Arbeitnehmers bildet. Eine Wohnung ist nach Ansicht des BMF in diesem Zusammenhang dann als Mittelpunkt der Lebensinteressen anzusehen, wenn sie zur Befriedigung des dringenden Wohnbedürfnisses des Arbeitnehmers regelmäßig verwendet wird (insbesondere der Hauptwohnsitz). Der Mittelpunkt der Lebensinteressen des Arbeitnehmers kann entweder im Inland oder im Ausland liegen (LStR 2002, Rz 162e).

Die Bestimmungen über die Bewertung hinsichtlich arbeitsplatznaher Unterkunft kommen **sowohl** bei einer im **Eigentum** des Arbeitgebers stehenden Wohnung als auch für eine vom Arbeitgeber **angemietete Wohnung** zur Anwendung.

20.3.3.3. Wohnung, Deputate in der Land- und Forstwirtschaft

Der Wert der **Wohnungen**, die **Arbeitern** in der Land- und Forstwirtschaft kostenlos oder verbilligt zur Verfügung gestellt werden, beträgt € 190,80 jährlich (€ 15,90 monatlich) (§ 3 Abs. 1 Sachbezugswerteverordnung).

Für ständig in der Land- und Forstwirtschaft beschäftigte **Angestellte** gilt Folgendes (§ 3 Abs. 2 Sachbezugswerteverordnung):

Der Wert des **Grunddeputats** (freie Wohnung, Beheizung und Beleuchtung) beträgt bei

Kategorie nach Kollektivvertrag	Familienerhalter	Alleinstehende monatlich
I	€ 60,31	€ 30,52
II und III	€ 71,94	€ 38,51
IV und V	€ 81,39	€ 42,87
VI	€ 95,92	€ 50,87

Für den unentgeltlichen Verbrauch von

- höchstens 70 kWh monatlich bei Angestellten mit Angehörigen bzw.
- höchstens 35 kWh monatlich bei alleinstehenden Angestellten

ist kein Sachbezug anzusetzen.

Als **Familienerhalter** ist jene Person anzusehen, die mindestens für eine weitere Person, mit welcher sie im gemeinsamen Haushalt lebt, sorgt oder auf Grund der lohngestaltenden Vorschriften als Familienerhalter anzuerkennen ist.

Werden nur einzelne Bestandteile des Grunddeputats gewährt, dann sind anzusetzen:

- Die Wohnung mit 40%
- die Heizung mit 50%

und
- die Beleuchtung mit 10%

Wird dem Arbeitnehmer **zusätzlich** zum Grunddeputat eine bestimmte Menge an **Heizungsmaterial** gewährt, ist die Bewertung nach Punkt 20.3.3.8. vorzunehmen.

Sonstige Erläuterungen zu den amtlichen Regelungen:

Auch in diesem Fall reduziert ein vom Arbeitnehmer geleisteter **Kostenbeitrag** den Sachbezugswert für Dienstwohnungen.

Der Sachbezugswert für Wohnung, Deputate in der Land- und Forstwirtschaft kommt nur dann zur Anwendung, wenn Arbeitnehmern in der **Land- und Forstwirtschaft**, die **nicht** in den **Haushalt des Arbeitgebers aufgenommen** sind, eine Wohnung bzw. Wohnraum kostenlos oder verbilligt zur Verfügung gestellt wird (LStR 2002 – Beispielsammlung, Rz 10163).

Die Zurverfügungstellung einer einfachen **arbeitsplatznahen Unterkunft** (z.B. Schlafstelle bzw. Schlafsäle, Burschenzimmer in sog. Massenquartieren) durch den Arbeitgeber ist **kein steuerpflichtiger Sachbezug**, sofern an dieser Unterkunft nicht der Mittelpunkt der Lebensinteressen begründet wird (LStR 2002, Rz 148). Siehe dazu auch Punkt 20.3.3.2.2.

Erlassmäßige Regelungen (einschließlich Beispiele) betreffend die Sachbezugsbewertung für Wohnraum in der Land- und Forstwirtschaft finden Sie in den Lohnsteuerrichtlinien 2002 – Beispielsammlung unter der Randzahl 10163.

20.3.3.4. Privatnutzung des firmeneigenen Kraftfahrzeugs

20.3.3.4.1. Kraftfahrzeuge

Unter die Sachbezugswerteverordnung fallende **Kraftfahrzeuge** sind solche gemäß § 2 Abs. 1 Z 1 Kraftfahrgesetz 1967 (§ 4 Abs. 1 Sachbezugswerteverordnung). Dabei handelt es sich um zur Verwendung auf Straßen bestimmte oder auf Straßen verwendete Fahrzeuge, die durch technisch freigemachte Energie angetrieben werden und nicht an Gleise gebunden sind (§ 2 Abs. 1 Z 1 Kraftfahrgesetz 1967; vgl. auch LStR 2002, Rz 174a). Auch Mopeds, Mofas und Fahrräder mit Hilfsmotor fallen unter diesen Begriff, d.h. auch für diese ist bei der Privatnutzung grundsätzlich ein Sachbezug nach der Sachbezugswerteverordnung anzusetzen[484]. Zur Ausnahmebestimmung für arbeitgebereigene Fahrräder und Krafträder mit einem CO_2-Emissionswert von 0 Gramm pro Kilometer siehe Punkt 20.3.3.5.

Hinweis: Wird dem Arbeitnehmer ein firmeneigenes (arbeitgebereigenes) Kraftfahrzeug für Fahrten zwischen Wohnung und Arbeitsstätte zur Verfügung gestellt, stehen **kein Pendlerpauschale** und **kein Pendlereuro** zu[485]; dies gilt nicht, wenn ein firmeneigenes (arbeitgebereigenes) Fahrrad oder Elektrofahrrad zur Verfügung gestellt wird (§ 16 Abs. 1 Z 6 lit b EStG). Auch wenn aufgrund eines Kostenbeitrags des Arbeitnehmers kein Sachbezug anzusetzen ist, stehen das Pendlerpauschale und

484 Vgl. dementgegen die bis zum Wartungserlass 2019 in den LStR 2002, Rz 174a vertretene Ansicht des BMF, wonach für Mopeds, Mofas, Fahrräder mit Hilfsmotor usw. kein Sachbezugswert anzusetzen ist.

485 Der Ausschluss stößt auf keine verfassungsrechtlichen Bedenken (vgl. Ablehnungsbeschluss VfGH 9.6.2016, E 110/2016 zu BFG 2.12.2015, RV/7102893/2015).

der Pendlereuro nicht zu (VwGH 21.10.2020, Ro 2019/15/0185; noch anders BFG 22.8.2019, RV/2100829/2017).

20.3.3.4.2. Höhe des Sachbezugs

Besteht für den Arbeitnehmer die Möglichkeit, ein firmeneigenes (arbeitgebereigenes) Kraftfahrzeug für nicht beruflich veranlasste Fahrten einschließlich Fahrten zwischen Wohnung und Arbeitsstätte sowie Familienheimfahrten[486] zu benützen, gilt Folgendes (§ 4 Abs. 1 Sachbezugswerteverordnung):

- Z 1: Es ist ein Sachbezug von **2% der tatsächlichen Anschaffungskosten** des Kraftfahrzeuges (einschließlich Umsatzsteuer und Normverbrauchsabgabe), **max. € 960,00 monatlich**, anzusetzen.
- Z 2: Davon abweichend ist für Kraftfahrzeuge, die einen festgelegten **CO_2-Emissionswert nicht überschreiten** (siehe dazu nachstehend), ein Sachbezug von **1,5% der tatsächlichen Anschaffungskosten** des Kraftfahrzeuges (einschließlich Umsatzsteuer und Normverbrauchsabgabe), **max. € 720,00 monatlich**, anzusetzen.
- Z 3: Für Kraftfahrzeuge mit einem **CO_2-Emissionswert von 0 Gramm pro Kilometer (Elektrofahrzeuge)** ist ein Sachbezugswert von Null anzusetzen.

CO_2-Emissionswert für Erstzulassungen bis zum 31.3.2020[487]:

Für Kraftfahrzeuge,

- die vor dem 1.4.2020 erstmalig zugelassen werden oder
- für die nach dem 31.3.2020 im Typenschein bzw. Einzelgenehmigungsbescheid gemäß Kraftfahrgesetz 1967 kein WLTP-Wert bzw. WMTC-Wert der CO_2-Emissionen (siehe dazu weiter unten) ausgewiesen ist („auslaufende Serien"),

gilt auch für Lohnzahlungszeiträume, die nach dem 31.3.2020 enden (weiterhin[488]):

- Für Kalenderjahre bis 2016[489] ist als CO_2-Emissionswert 130 Gramm pro Kilometer maßgeblich.
- Dieser Wert verringerte sich beginnend ab dem Kalenderjahr 2017 bis zum Kalenderjahr 2020 um jährlich 3 Gramm.
- Ab dem Jahr 2021 ist der CO_2-Emissionswert des Jahres 2020 von 118 Gramm maßgeblich.

Sofern für ein Kraftfahrzeug kein CO_2-Emissionswert vorliegt, ist ein Sachbezug i.H.v. 2% der tatsächlichen Anschaffungskosten des Kraftfahrzeuges (einschließlich Umsatzsteuer und Normverbrauchsabgabe), max. € 960,00 monatlich, anzusetzen.

486 Ausgenommen solche, für die der Arbeitgeber bei Nichtbeistellung eines firmeneigenen Kfz einen nicht steuerbaren (steuerfreien) Kostenersatz gem. § 26 Z 4 lit. a EStG leisten kann (→ 22.3.2.1.).

487 Im Zulassungsschein wurden grundsätzlich bis zu diesem Zeitpunkt die CO_2-Emissionen mit dem (korrelierenden) „NEFZ"-Wert (Neuer Europäischer Fahrzyklus) angegeben. Dieser ist für die Besteuerung der Sachbezugswerte bis zu diesem Zeitpunkt von Relevanz. Vgl. hierzu ausführlich BMF-Informationen zur Umstellung der Messverfahren im Bereich PKW vom 13.2.2019, BMF-010222/0011-IV/7/2019 sowie vom 12.11.2019, BMF-010222/0071-IV/7/2019. Zu den Ausnahmen aufgrund der COVID-19-Krise siehe Fn 491.

488 Es hatte somit für bestehende Privatnutzungen von Kfz mit 1.4.2020 keine Neuberechnung zu erfolgen.

489 Überschreitet das firmeneigene Kfz den maximalen CO_2-Emissionswert, ist **seit 1.1.2016** ein monatlicher Sachbezug von 2% der tatsächlichen Anschaffungskosten, max. € 960,00 monatlich, anzusetzen.

Für die Ermittlung des Sachbezugs ist die **CO_2-Emissionswert-Grenze im Kalenderjahr der Anschaffung** des Kraftfahrzeuges oder (bei Gebrauchtfahrzeugen) seiner Erstzulassung maßgeblich (§ 4 Abs. 1 Z 2 lit. a Sachbezugswerteverordnung idF vor BGBl II 2019/314). Der Anschaffungszeitpunkt entspricht dem Zeitpunkt der Erlangung des wirtschaftlichen Eigentums. Das ist jener Zeitpunkt, zu dem die Möglichkeit, ein Wirtschaftsgut wirtschaftlich zu beherrschen und den Nutzen aus ihm zu ziehen, übergeht (Übergang der wirtschaftlichen Verfügungsmacht). Ist der Anschaffungszeitpunkt nicht eindeutig zu ermitteln, dann bestehen keine Bedenken, das Datum der Zulassung als Anschaffungszeitpunkt heranzuziehen.

Die 130-Gramm-Grenze ist für sämtliche Kfz maßgeblich, die im Jahr 2016 oder davor angeschafft werden. Überschreitet ein im Jahr 2016 oder davor angeschafftes Kfz die 130-Gramm-Grenze nicht, kann der begünstigte Steuersatz von 1,5% **auch in den Folgejahren** zur Anwendung kommen. Ebenso kommt für ein im Jahr 2017 angeschafftes Kfz mit einem CO_2-Emissionswert von 125 Gramm pro Kilometer auch in den Folgejahren der begünstigte Steuersatz von 1,5% zur Anwendung usw. (LStR 2002, Rz 174b).

Jahr der Anschaffung	Maximaler CO_2-Emissionswert
≤2016	130 Gramm pro Kilometer
2017	127 Gramm pro Kilometer
2018	124 Gramm pro Kilometer
2019	121 Gramm pro Kilometer
≥2020	118 Gramm pro Kilometer

Der maßgebliche CO_2-Emissionswert ergibt sich aus dem CO_2-Emissionswert des kombinierten **Verbrauches laut Typen- bzw. Einzelgenehmigung gem. Kraftfahrgesetz** oder aus der EG-Typengenehmigung (§ 4 Abs. 1 Z 4 Sachbezugswerteverordnung idF vor BGBl II 2019/314). Bei bivalenten Erdgasfahrzeugen, für welche zwei CO_2-Werte eingetragen sind, kann der niedrigere CO_2-Wert für die Berechnung des Sachbezugswertes herangezogen werden (LStR 2002, Rz 175a).

CO_2-Emissionswert für Erstzulassungen ab dem 1.4.2020[490][491]:

Da die Umstellung der Ermittlung der CO_2-Emissionswerte auf das WLTP-Messverfahren zu höheren CO_2-Emissionswerten führt, gelten für Erstzulassungen ab 1.4.2020 höhere CO_2-Grenzwerte, wenn für das Fahrzeug im Typenschein bzw. Einzelgenehmigungsbescheid der WLTP-Wert (bzw. bei Krafträdern der WMTC-Wert) der CO_2-Emissionen ausgewiesen ist. Diese sind für Lohnzahlungszeiträume anzuwenden, die nach dem 31.3.2020 enden (vgl. auch LStR 2002, Rz 175b).

Demnach gilt für Kraftfahrzeuge,

- die **nach dem 31.3.2020 erstmalig zugelassen** werden **und** für die im Typenschein bzw. Einzelgenehmigungsbescheid gemäß Kraftfahrgesetz 1967 der **WLTP-Wert**[492] **bzw.** (bei Krafträdern) der **WMTC-Wert**[493] der CO_2-Emissionen ausgewiesen ist,

für Lohnzahlungszeiträume, die nach dem 31.3.2020 enden:

- Für das Kalenderjahr 2020 ist als CO_2-Emissionswert 141 Gramm pro Kilometer maßgeblich.

---

490 Im Zulassungsschein wurde grundsätzlich ab dem 1.4.2020 die CO_2-Emissionen mit dem nach dem neuen gültigen Messverfahren ermittelten WLTP-Wert angegeben. Dieser ist ab diesem Zeitpunkt auch für die Besteuerung der Sachbezugswerte von Relevanz. Vgl. hierzu ausführlich BMF-Informationen zur Umstellung der Messverfahren im Bereich PKW vom 13.2.2019, BMF-010222/0011-IV/7/2019 sowie vom 12.11.2019, BMF-010222/0071-IV/7/2019.

491 Für Kfz mit einem Erstzulassungsdatum im Zeitraum 1.4.2020 bis 30.5.2020 kann ausnahmsweise die Rechtslage für Erstzulassungen vor dem 1.4.2020 zur Anwendung kommen und der im Zulassungsschein eingetragene NEFZ-Wert herangezogen werden, wenn
- der Kauf- bzw. Leasingvertrag für das Kfz vor dem 1.4.2020 abgeschlossen wurde,
- die Erstzulassung aufgrund der COVID-19-Krise nicht vor 1.4.2020 erfolgen konnte (da die Zulassungsstellen nicht geöffnet waren) und
- die Anwendung der Rechtslage für Erstzulassungen ab 1.4.2020 einen höheren Sachbezugswert ergibt (vgl. Änderung der Sachbezugswerteverordnung vom 20.5.2020, BGBl II 2020/221; vgl. auch LStR 2002, Rz 174c).

492 Kombinierter WLTP-Wert der CO_2-Emissionen in Gramm pro Kilometer, ermittelt nach dem weltweit harmonisierten Prüfverfahren für leichte Nutzfahrzeuge (WLTP – Worldwide Harmonized Light-Duty Vehicles Test Procedure) bzw. bei extern aufladbaren Elektro-Hybridfahrzeugen der gewichtet kombinierte WLTP-Wert (vgl. § 4 Abs. 1 Z 4 lit a und b Sachbezugswerteverordnung).

493 WMTC-Wert der CO_2-Emissionen in Gramm pro Kilometer, ermittelt nach dem weltweit harmonisierten Emissions-Laborprüfzyklus (WMTC – Worldwide Harmonized Motorcycle Test Procedure) (vgl. § 4 Abs. 1 Z 4 lit c Sachbezugswerteverordnung).

- Dieser Wert verringert sich beginnend ab dem Kalenderjahr 2021 bis zum Kalenderjahr 2025 um jährlich 3 Gramm.
- Ab dem Jahr 2026 ist der CO_2-Emissionswert des Jahres 2025 von 126 Gramm maßgeblich.

Sofern für ein Kraftfahrzeug kein CO_2-Emissionswert vorliegt, ist ein Sachbezug i.H.v. 2% der tatsächlichen Anschaffungskosten des Kraftfahrzeuges (einschließlich Umsatzsteuer und Normverbrauchsabgabe), max. € 960,00 monatlich, anzusetzen.

Für die Ermittlung des Sachbezugs ist die CO_2-Emissionswert-Grenze im **Kalenderjahr der erstmaligen Zulassung** maßgeblich (§ 4 Abs. 1 Z 2 lit. a Sachbezugswerteverordnung idF BGBl II 2019/314). Der anzuwendende Satz (1,5% oder 2%) gilt für dieses Kfz dann auch in den Folgejahren (LStR 2002, Rz 174b).

Erstzulassung	**Maximaler CO_2-Emissionswert**
1.4.2020–31.12.2020	141 Gramm pro Kilometer
2021	138 Gramm pro Kilometer
2022	135 Gramm pro Kilometer
2023	132 Gramm pro Kilometer
2024	129 Gramm pro Kilometer
ab 2025	126 Gramm pro Kilometer

Der maßgebliche CO_2-Emissionswert ist

- grundsätzlich der kombinierte WLTP-Wert der CO_2-Emissionen laut Typenschein bzw. Einzelgenehmigungsbescheid (weltweit harmonisiertes Prüfverfahren für leichte Nutzfahrzeuge),
- bei extern aufladbaren Elektro-Hybridfahrzeugen der gewichtet kombinierte WLTP-Wert der CO_2-Emissionen laut Typenschein bzw. Einzelgenehmigungsbescheid und
- bei Krafträdern der WMTC-Wert der CO_2-Emissionen (weltweit harmonisierter Emissions- Laborprüfzyklus).
- Für Kfz mit einer Erstzulassung ab 1.4.2020, die ausnahmsweise keinen WLTP-Emissionswert im Typenschein ausgewiesen haben – z.B. so genannte auslaufende Serien – ist unbefristet auf die CO_2-Emissionswert-Grenze von 118 Gramm pro Kilometer entsprechend der „alten" Regelung der Sachbezugswerteverordnung abzustellen.

Diese Werte sind grundsätzlich in der Zulassungsbescheinigung (Zulassungsschein) ausgewiesen bzw. können sie bei Scheckkarten-Zulassungsscheinen online abgefragt werden (LStR 2002, Rz 174a).

Beispiel 1 (LStR 2002, Rz 174b)

Der Arbeitgeber erwirbt im Februar 2020 einen Neuwagen um € 30.000,00 einschließlich USt und NoVA. Das Kfz wird im März 2020 erstmals zugelassen und dem Arbeitnehmer zur Privatnutzung zur Verfügung gestellt.

Der CO_2-Emissionswert beträgt laut Zulassungsschein 117 Gramm pro Kilometer. Da die Erstzulassung vor dem 1.4.2020 erfolgt, ist auf die CO_2-Emissionswert-grenze entsprechend der „alten" Rechtslage abzustellen. Der CO_2-Grenzwert für 2020 beträgt nach der „alten" Rechtslage 118 Gramm pro Kilometer, daher beträgt der monatliche Sachbezug 1,5% von € 30.000,00, also € 450,00. Dieser Sachbezugswert gilt für dieses Kfz auch in den Folgejahren.

Variante 1: Das Kfz wird im Juni 2020 gekauft und erstzugelassen. Der CO_2- Emissionswert (WLTP) beträgt laut Zulassungsschein 140 Gramm pro Kilometer. Da die Erstzulassung nach dem 31.3.2020 erfolgt, ist auf die CO_2-Emissionswertgrenze entsprechend der Neuregelung ab 1.4.2020 abzustellen. Der CO_2-Grenzwert für 2020 liegt bei 141 Gramm pro Kilometer, daher beträgt der monatliche Sachbezug 1,5% von € 30.000,00, also € 450,00.

Variante 2: Das Kfz wird im Dezember 2019 angeschafft, aber erst im April 2020 erstmals zugelassen. Der CO_2-Emissionswert (WLTP) beträgt laut Zulassungsschein 140 Gramm pro Kilometer: Da die Erstzulassung nach dem 31.3.2020 ist, gilt die Neuregelung und der Sachbezug ist wie in der Variante 1 zu berechnen.

Beispiel 2 (LStR 2002, Rz 174b)

Der Arbeitgeber erwirbt im Mai 2020 einen Gebrauchtwagen um € 25.000,00 einschließlich USt und NoVA. Das Kfz wurde 2017 erstmals zugelassen und beim ersten Erwerb nachweislich um € 42.000,00 angeschafft. Der CO_2-Emissionswert beträgt 129 Gramm pro Kilometer. Da die Erstzulassung vor dem 31.3.2020 stattfand, ist auf die CO_2-Emissionswertgrenze entsprechend der „alten" Rechtslage abzustellen. Der CO_2-Emissionswert liegt über dem für das Jahr der Erstzulassung (2017) maßgeblichen Wert von 127 Gramm. Der monatliche Sachbezug beträgt demnach 2% von € 42.000,00, also € 840,00.

Variante: Das Kfz wird im Jänner 2021 erstmals zugelassen und im Dezember 2023 vom Arbeitgeber gebraucht erworben. Da die Erstzulassung nach dem 31.3.2020 erfolgt, kommen die neuen CO_2- Emissionswertgrenzen zur Anwendung. Der CO_2-Emissionswert von 129 Gramm liegt unter den für das Jahr der Erstzulassung (2021) maßgeblichen 138 Gramm pro Kilometer, daher beträgt der monatliche Sachbezug 1,5% von € 42.000,00, also € 630,00.

In der **Sozialversicherung** kann der auf den einzelnen Arbeitnehmer entfallende Sachbezugswert auch um die tatsächlichen Kosten, die für Fahrten zwischen Wohnung und Arbeitsstätte mit Massenbeförderungsmitteln (fiktiv) anfallen, **vermindert werden** (→ 20.3.1.2.).

Halber Sachbezug:

Beträgt die **monatliche Fahrtstrecke** für nicht beruflich veranlasste Fahrten **im Jahr nachweislich * nicht mehr als 500 km**, ist ein Sachbezug im Ausmaß des **halben Sachbezugswertes (1% bzw. 0,75%** der tatsächlichen Anschaffungskosten, **max. € 480,00 bzw € 360,00** monatlich) anzusetzen. Unterschiedliche Fahrtstrecken in den einzelnen Lohnzahlungszeiträumen sind dabei unbeachtlich (§ 4 Abs. 2 Sachbezugswerteverordnung).

„Mini-Sachbezug":

Ergibt sich für ein Fahrzeug mit einem Sachbezug

- von 2% bei **Ansatz von € 0,67** (Fahrzeugbenützung ohne Chauffeur) bzw. € 0,96 (Fahrzeugbenützung mit Chauffeur),
- von 1,5% bei **Ansatz von € 0,50** (Fahrzeugbenützung ohne Chauffeur) bzw. € 0,72 (Fahrzeugbenützung mit Chauffeur)

pro privat gefahrenem Kilometer ein um mehr als 50% geringerer Sachbezugswert als der halbe Sachbezugswert, ist der **geringere Sachbezugswert** anzusetzen (sog. **„Mini-Sachbezug"**). Voraussetzung ist, dass sämtliche Fahrten[494] lückenlos in einem Fahrtenbuch aufgezeichnet werden (§ 4 Abs. 3 Sachbezugswerteverordnung).

Fahrtenbuch

*) Als Nachweis für die Geltendmachung des halben Sachbezugs dient grundsätzlich das **Fahrtenbuch**. Außer dem Fahrtenbuch kommen **auch andere Beweismittel** zur Führung des in Rede stehenden Nachweises in Betracht (VwGH 24.6.2010, 2007/15/0238). Werden Unterlagen nachgewiesen, aus denen hervorgeht, dass die Differenz zwischen der Gesamtzahl der gefahrenen Kilometer und der nachgewiesenen beruflich veranlassten Fahrten den in der Verordnung genannten Wert nicht überschreitet (500 km pro Monat an Privatfahrten), so reicht dies als Nachweis aus. Ein lückenloser Nachweis darf von der Behörde nicht gefordert werden (VwGH 24.9.2014, 2011/13/0074). Beispielsweise ist es zulässig, dass die gesamte jährliche **Kilometerleistung** um jene für **Dienstfahrten**, die durch Reiserechnungen oder Reiseberichte nachgewiesen werden, **vermindert** wird; beträgt das Ergebnis höchstens 500 Kilometer, steht der halbe Sachbezugswert zu (VwGH 18.12.2001, 2001/15/0191). Für den „Mini-Sachbezug" muss jedenfalls ein lückenloses Fahrtenbuch geführt werden.

Wird zur Nachweisführung der privat bzw. beruflich gefahrenen Kilometer ein Fahrtenbuch verwendet, stellt insbesondere die **Rechtsprechung des BFG hohe Anforderungen** an die **ordnungsmäße Führung** eines solchen: Aus einem ordnungsgemäß geführten Fahrtenbuch müssen der Tag (Datum) der beruflichen Fahrt, Ort, Zeit, Kilometerstand jeweils am Beginn und am Ende der beruflichen Fahrt, Zweck jeder einzelnen beruflichen Fahrt und die Anzahl der gefahrenen Kilometer (aufgegliedert in beruflich und privat gefahrene Kilometer) ersichtlich sein. Damit ein Fahrtenbuch ein tauglicher Nachweis ist, muss es übersichtlich, inhaltlich korrekt, zeitnah und in geschlossener Form[495] geführt werden. Der Reiseweg ist so detailliert zu beschreiben, dass die Fahrtstrecke unter Zuhilfenahme einer Straßenkarte nachvollzogen werden kann (BFG 27.2.2017, RV/7100215/2013; vgl. zuletzt zu mangelhaften Fahrtenbüchern auch BFG 3.3.3021, RV/2100290/2017; BFG 13.1.2021, RV/4100462/2018; BFG 24.8.2020, RV/2100787/2018; BFG 19.8.2019, RV/2100259/2015; BFG 14.5.2018, RV/2101709/2016; BFG 29.11.2017, RV/2100038/2010).

494 Aufzuzeichnen sind demnach sowohl sämtliche beruflichen Fahrten als auch sämtliche privaten Fahrten (BFG 8.2.2021, RV/3100441/2018).

495 Eine mit Hilfe eines Computerprogramms erzeugte Datei entspricht diesen Anforderungen nach Ansicht des BFG nur dann, wenn nachträgliche Veränderungen an den zu einem früheren Zeitpunkt eingegebenen Daten nach der Funktionsweise des verwendeten Programms technisch ausgeschlossen sind oder zumindest in ihrer Reichweite in der Datei selbst dokumentiert oder offengelegt werden. Die gebundene oder jedenfalls in sich geschlossene Form soll dabei nachträgliche Einfügungen oder Veränderungen ausschließen oder zumindest deutlich als solche erkennbar werden lassen. Diesen Anforderungen wird nur eine fortlaufende und zeitnahe Erfassung der Fahrten in einem geschlossenen Verzeichnis gerecht, das auf Grund seiner äußeren Gestaltung geeignet ist, jedenfalls im Regelfall nachträgliche Abänderungen, Streichungen oder Ergänzungen als solche kenntlich werden zu lassen (vgl. u.a. BFG 21.4.2020, RV/7100516/2020).

Es obliegt ausschließlich dem Arbeitgeber den Nachweis zu erbringen, dass mit dem arbeitgebereigenen Kraftfahrzeug, welches einem Arbeitnehmer kostenlos auch für Privatfahrten zur Verfügung steht, im Jahresschnitt nicht mehr als 500 km monatlich an Privatfahrten zurückgelegt werden. Gelingt dieser Nachweis nicht, ist der volle Sachbezug anzusetzen (eine Glaubhaftmachung ist nicht ausreichend – BFG 11.2.2021, RV/7100086/2019). Es ist nicht die Aufgabe der Abgabenbehörde oder des BFG, eine Vielzahl von Unterlagen zu durchforsten und sodann festzustellen, dass sich aus der Zusammenschau aller vorgelegten Unterlagen eine entsprechende Anzahl von Privatkilometern ergibt (BFG 31.7.2019, RV/3100549/2008).

Unterschiedliche Kilometerleistungen für Privatfahrten in den einzelnen Lohnzahlungszeiträumen sind für sich allein unbeachtlich. Der Sachbezugswert geht von einer **Jahresbetrachtung** aus, Krankenstände und Urlaube, während denen das Kraftfahrzeug nicht benützt wird, mindern den Hinzurechnungsbetrag grundsätzlich nicht (LStR 2002, Rz 177).

Beispiel 1

Ein Angestellter verwendet den Dienstwagen, Anschaffungskosten € 22.000,00 (Anschaffungsjahr 2018 und CO_2-Emissionswert 122 g/km, daher 1,5% Sachbezugswert i.H.v. € 330,00) **regelmäßig für Fahrten zwischen Wohnung und Arbeitsstätte.** Die entsprechende Fahrtstrecke beträgt hin und zurück 10 km und wird im Monat an 20 Arbeitstagen zurückgelegt. Im Juli und August verwendet er das Fahrzeug für Urlaubsfahrten.

Fall 1: Der Angestellte fährt während seines Urlaubs 2.000 km.

Die Jahreskilometerleistung beträgt daher 10 km × 20 × 10	2.000 km
	+ 2.000 km
	4.000 km

Insgesamt fährt er im Jahresdurchschnitt unter 500 km pro Monat, sodass während des ganzen Kalenderjahrs (auch in den Monaten Juli und August) nur der **halbe Sachbezugswert von € 165,00 pro Monat** anzusetzen ist.

Fall 2: Der Angestellte fährt während seines Urlaubs 5.200 km.

Die Jahreskilometerleistung beträgt daher 10 km × 20 × 10	2.000 km
	+ 5.200 km
	7.200 km

In diesem Fall beträgt das durchschnittliche Ausmaß der Privatfahrten 600 km pro Monat, sodass während des ganzen Kalenderjahrs der **volle Sachbezugswert von € 330,00 pro Monat** anzusetzen ist.

Wenn in den Kalendermonaten Jänner bis Juni nur der halbe Sachbezugswert berücksichtigt wurde, ist die Bezugsabrechnung für diese Monate zu berichtigen.

Beispiel 2

Ein Angestellter verwendet den Dienstwagen, Anschaffungskosten € 42.000,00 (Anschaffungsjahr 2019 und CO_2-Emissionswert 130 g/km, daher 2% Sachbezugswert i.H.v. € 840,00) **während der Urlaubsmonate** und fährt damit 5.200 km, benützt aber während des restlichen Jahres den Dienstwagen ausschließlich für berufliche Fahrten.

Der Angestellte fährt im Jahresdurchschnitt unter 500 km pro Monat, sodass **während des ganzen Kalenderjahrs** der halbe Sachbezugswert von **€ 420,00** pro Monat anzusetzen ist.

Abgrenzungsfragen zum Entfall des Sachbezugs:

Für (volle) **Kalendermonate**, für die das Kraftfahrzeug nicht zur Verfügung steht (auch nicht für dienstliche Fahrten), ist **kein Sachbezugswert** hinzuzurechnen.

Ein Sachbezugswert ist dann zuzurechnen, wenn nach der Lebenserfahrung auf Grund des Gesamtbildes der Verhältnisse anzunehmen ist, dass der Arbeitnehmer die **eingeräumte Möglichkeit**, das firmeneigene Kraftfahrzeug privat zu verwenden – wenn **auch nur fallweise –, nützt** (LStR 2002, Rz 175). Steht einem Arbeitnehmer ein **Privat-PKW** zur Verfügung, so liegt eine Privatnutzung des Firmenfahrzeugs nicht unbedingt nahe (VwGH 24.9.2014, 2011/13/0074).

Wird der Vorteil aus der Privatnutzung des Kraftfahrzeugs untermonatig eingeräumt bzw. fällt dieser untermonatig weg (z.B. da das Fahrzeug zurückgestellt wird), ist in diesem Monat nach Ansicht des BMF **keine Sachbezugsaliquotierung** möglich. Dies ist nicht zu verwechseln mit der Sachbezugsberechnung bei gebrochenen Abrechnungsperioden (→ 20.3.2.).

Bei **Garagierung eines Fahrzeugs** in der Nähe des Wohnorts des Arbeitnehmers muss davon ausgegangen werden, dass das Interesse des Arbeitnehmers an der Beförderung zwischen Arbeitsstätte und Wohnung jenes des Arbeitgebers an der Garagierung weitaus überwiegt und daher ein Sachbezugswert für die Fahrten Wohnung–Arbeitsstätte anzusetzen ist (LStR 2002, Rz 176).

Der Umstand, dass das Fahrzeug beim Arbeitgeber bereits voll abgeschrieben ist, stellt keinen begründeten Einzelfall für den Ansatz eines niedrigeren Sachbezugswerts dar.

Der Sachbezugswert ist auch dann anzusetzen, wenn auf den Fahrzeugen **Werbeaufschriften** angebracht sind. Ebenso ändert nach Ansicht des BMF eine **Verpflichtung zur Verwendung** des arbeitgebereigenen Kraftfahrzeugs nichts an der vorzunehmenden Hinzurechnung (BMF 7.1.1999).

Siehe zum Entfall des Sachbezugs auch die Ausführungen unter 20.3.3.4.7.

Abgegoltene Vorteile:

Mit dem Sachbezugswert sind abgabenrechtlich **alle geldwerten Vorteile**, die mit der Nutzung des firmeneigenen Kfz üblicherweise verbunden sind, **abgegolten**. Diese entsprechen jenen Aufwendungen, die im Fall der beruflichen Nutzung eines arbeitnehmereigenen Kfz mit dem Kilometergeld abgedeckt werden (→ 22.3.2.1.1.). Dazu zählt auch das unentgeltliche **Aufladen eines arbeitgebereigenen Elektrofahrzeuges** beim Arbeitgeber (LStR 2002, Rz 175).

Kann der Arbeitnehmer beim Arbeitgeber ein **arbeitgebereigenes Elektrofahrzeug**, welches er auch privat nutzen darf, **unentgeltlich aufladen oder erhält er beleg-**

mäßig nachgewiesene Ladekosten vom Arbeitgeber ersetzt (Auslagenersatz), dann ist kein zusätzlicher Sachbezug anzusetzen (ÖGK, DGservice Nr. 2/Mai 2021).

Beispiel

Ein Arbeitnehmer darf das firmeneigene Kfz (Anschaffungskosten € 35.000,00) privat nutzen. Ihm wird für diesen ein abgabenpflichtiger Sachbezug in der Höhe von € 700,00 angesetzt. Lt. **Nutzungsvereinbarung** darf der Arbeitnehmer alle für das firmeneigene Kfz anfallenden Tankrechnungen vorlegen und erhält die Rechnungsbeträge vom Arbeitgeber ersetzt. Da der Arbeitnehmer beruflich wie auch privat häufig in Wien unterwegs ist, erhält er von der Firma Kurzparkscheine zur Verfügung gestellt, die er auch für private Aufenthalte verwenden darf.

Die vom Arbeitgeber bezahlten Tankrechnungen und Parkscheine sind **nicht zusätzlich** als **abgabenpflichtiger Vorteil** anzusetzen. Aufwendungen für Treibstoff und Parkgebühren sind mit dem Sachbezugswert bereits abgegolten.

Dazu ein **arbeitsrechtlicher Hinweis**: Dass mit der Nutzung des firmeneigenen Kfz üblicherweise verbundene Aufwendungen vom abgabenpflichtigen Sachbezugswert abgedeckt sind, bedeutet **nicht automatisch** einen **arbeitsrechtlichen Anspruch** des Arbeitnehmers auf Ersatz all dieser Aufwendungen. Die nähere Festlegung, welche Kosten für die Privatnutzung vom Arbeitgeber und welche Kosten vom Arbeitnehmer selbst zu tragen sind, obliegt der Vereinbarung. Es ist daher unbedingt zu empfehlen, diese Frage ausdrücklich im Dienstvertrag oder in einer gesonderten Vereinbarung bezüglich Nutzung des Firmen-Kfz zu regeln.

Kann der Arbeitnehmer beim Arbeitgeber ein **arbeitnehmereigenes Elektrofahrzeug unentgeltlich aufladen,** liegt kein Sachbezug vor, wenn es gratis E-Ladestationen am Abgabeort gibt, da in diesem Fall der übliche Endpreis am Abgabeort null ist. Ersetzt hingegen der Arbeitgeber dem Arbeitnehmer die **Stromkosten für ein arbeitnehmereigenes/privates** Elektrofahrzeug, handelt es sich nicht um einen abgabenfreien Auslagenersatz und es liegt somit steuerpflichtiger Arbeitslohn vor (LStR 2002, Rz 175b)[496].

20.3.3.4.3. Anschaffungskosten

Bei **Neufahrzeugen** ist der Sachbezugswert auf Basis der tatsächlichen Anschaffungskosten (einschließlich Umsatzsteuer und Normverbrauchsabgabe) zu ermitteln. Der Sachbezugswert ist demnach immer vom Bruttobetrag des Fahrzeugpreises, also auch im Fall eines Vorsteuerabzugs des Arbeitgebers einschließlich der Umsatzsteuer und Normverbrauchsabgabe zu berechnen.

Kosten für **Sonderausstattungen** (z.B. integriertes Navigationsgerät) zählen zu den Anschaffungskosten eines Fahrzeugs und sind daher für Zwecke der Sachbezugsermittlung zu berücksichtigen. Gegenstände, die eigenständige Wirtschaftsgüter

496 Bei pauschalem Auslagenersatz durch den Arbeitgeber können jedoch die Aufwendungen, die auf beruflich gefahrene Strecken entfallen, zu Werbungskosten des Arbeitnehmers führen (LStR 2002, Rz 693). Liegt eine Dienstreise vor, können Stromkosten – gleich wie herkömmliche Treibstoffkosten – unter den allgemeinen Voraussetzungen im Ausmaß des amtlichen Kilometergeldes abgabenfrei durch den Arbeitgeber ersetzt werden (→ 20.3.1.2.).

darstellen (z.B. transportables Navigationsgerät), sind unberücksichtigt zu lassen. Unberücksichtigt bleibt auch der Wert der Autobahnvignette (LStR 2002, Rz 181).

Bei im **Ausland erworbenen Neufahrzeugen** ist von den tatsächlichen Anschaffungskosten (einschließlich Umsatzsteuer und Normverbrauchsabgabe) auszugehen, daher sind für die Bemessungsgrundlage des Sachbezugswerts die Anschaffungskosten im Ausland (netto), die Normverbrauchsabgabe und die inländische Umsatzsteuer anzusetzen (LStR 2002, Rz 178).

Bei **Gebrauchtfahrzeugen** ist für die Sachbezugsbewertung der **Listenpreis** und die CO_2-Emissionswert-Grenze im Zeitpunkt der erstmaligen Zulassung des Fahrzeugs maßgebend. Sonderausstattungen bleiben dabei unberücksichtigt. Anstelle dieses Betrags können die **nachgewiesenen tatsächlichen Anschaffungskosten** (einschließlich allfälliger Sonderausstattungen und Rabatte) des ersten Erwerbs des Kraftfahrzeugs zu Grunde gelegt werden (§ 4 Abs. 4 Sachbezugswerteverordnung). Diese Regelung gilt **auch für „sehr" alte** Kraftfahrzeuge[497].

Bei **geleasten** bzw. **gemieteten Kraftfahrzeugen** ist der Sachbezugswert von jenen Anschaffungskosten zu berechnen, die der Berechnung der Leasingrate zu Grunde gelegt wurden (einschließlich Umsatzsteuer und Normverbrauchsabgabe) (§ 4 Abs. 5 Sachbezugswerteverordnung). Sind die Anschaffungskosten aus dem Leasingvertrag nicht ersichtlich, ist vom Neupreis der entsprechenden Modellvariante zum Zeitpunkt der Erstzulassung auszugehen. Bei geleasten Gebrauchtfahrzeugen sind die „Anschaffungskosten" analog zu gekauften Gebrauchtfahrzeugen (siehe vorstehend) zu ermitteln (LStR 2002, Rz 180). Im Zuge des Leasings geleistete Mietvorauszahlungen können nicht von den Anschaffungskosten in Abzug gebracht werden (Nö. GKK, NÖDIS Nr. 9/Juli 2016).

Bei einem **Vorführkraftfahrzeug,** das ein Kfz-Händler seinen Arbeitnehmern zur Privatnutzung überlässt,[498] gilt

- **für** Erstzulassung **bis 31.12.2019:** Es ist in der Form auf die Erstanschaffungskosten rückzurechnen, dass die tatsächlichen Anschaffungskosten des Vorführkraftfahrzeugs (einschließlich Umsatzsteuer) **um 20% erhöht** werden (§ 4 Abs. 6 Sachbezugswerteverordnung idF vor BGBl II 2019/314). Da der Bewertungszuschlag von 20% auch die Befreiung des Händlers von der Normverbrauchsabgabe abdeckt, ist es nach Ansicht des VwGH nicht zulässig, die Normverbrauchsabgabe für die Bestimmung der tatsächlichen Anschaffungskosten hinzuzurechnen (VwGH 21.11.2018, Ro 2016/13/0013 und im anschließenden Verfahren BFG 9.1.2019, RV/7105892/2018 – eine erneute Amtsrevision wurde vom VwGH wiederum gleich entschieden – VwGH 22.1.2021, Ra 2019/13/0023; vgl auch VfGH 27.2.2020, E 652/2019; die Ansicht des Steuersenats des VwGH auch für die Sozialversicherung bestätigend VwGH 25.2.2019, Ro 2017/08/0035 sowie VwGH 25.3.2019, Ra 2016/08/0128; anders LStR 2002, Rz 182);
- **für Erstzulassungen ab 1.1.2020:** Es ist in der Form auf die Erstanschaffungskosten rückzurechnen, dass die tatsächlichen Anschaffungskosten des Vorführ-

497 Den Ansatz der Anschaffungskosten des Kraftfahrzeugs im gebrauchten Zustand sieht die Verordnung nicht vor (VwGH 22.3.2010, 2008/15/0078; vgl. dazu auch Nö. GKK, NÖDIS Nr. 5/April 2016).

498 Diese Regelung gilt für Vorführkraftfahrzeuge, die der **Kfz-Händler** seinen Arbeitnehmern zur außerberuflichen Verwendung überlässt (vgl. VwGH 21.11.2018, Ro 2016/13/0013; VfGH 12.10.2017, V 46/2016; vgl. auch LStR 2002, Rz 182; andere Ansicht noch BFG 15.2.2016, RV/7103143/2014, wonach für KFZ-Händler die Bestimmungen über Gebrauchtwagen zur Anwendung gelangen sollen; vgl. zur gegenteiligen Ansicht auch noch BVwG 8.7.2016, W228 2116768-1; BFG 2.8.2016, RN/7100003/2016; diese Ansichten sind nach den Entscheidungen von VwGH und VfGH jedoch nicht mehr aufrechterhaltbar).

kraftfahrzeugs (einschließlich Sonderausstattungen) **zuzüglich Umsatzsteuer und Normverbrauchsabgabe um 15%** erhöht werden (§ 4 Abs. 6 Sachbezugswerteverordnung idF BGBl II 2019/314).

20.3.3.4.4. Fahrzeugpool, mehrfache Nutzung, Fahrzeugwechsel

Benützen Arbeitnehmer abwechselnd verschiedene firmeneigene Kraftfahrzeuge (**Fahrzeugpool**), so ist bei Berechnung des Sachbezugswerts **der Durchschnittswert der Anschaffungskosten** aller Fahrzeuge und der Durchschnittswert des auf die Fahrzeuge anzuwendenden Prozentsatzes maßgebend. Befindet sich unter diesen Fahrzeugen ein Fahrzeug mit einem Sachbezug von 2%, ist insgesamt ein Sachbezug von max. € 960,00 anzusetzen. Befindet sich unter diesen Fahrzeugen kein Fahrzeug mit einem Sachbezug von 2%, ist ein Sachbezug von max. € 720,00 anzusetzen (§ 4 Abs. 6a Sachbezugswerteverordnung). In die Durchschnittsberechnung dürfen nur solche Fahrzeuge einbezogen werden, die vom Kreis der betroffenen Arbeitnehmer im Wesentlichen gleichmäßig benützt werden. Dies gilt u.a. auch für Autoverkäufer (LStR 2002, Rz 183).

Beispiel 3

Ein Vertriebsunternehmen verfügt über vier Pkw. Alle Pkw werden von den vier Vertretern regelmäßig benützt.

Pkw	A	B	C	D	Summe	Durchschnitt
CO_2-Emission	109 g	118 g	136 g	Elektro		
Anschaffungskosten in Euro	13.000,00	16.000,00	50.000,00	40.000,00	119.000,00	119.000,00/4 = 29.750,00
Sachbezug	1,5%	1,5%	2%	0	5	5/4 = 1,25%

Der monatliche Sachbezug beträgt für jeden Vertriebsmitarbeiter € 371,88 (1,25% von € 29.750,00).

Wird das firmeneigene Kraftfahrzeug mehreren Arbeitnehmern zur gemeinsamen Nutzung (**Fahrgemeinschaft**) zur Verfügung gestellt, ist der Sachbezugswert **„einmal“** zu ermitteln und nach Maßgabe des Ausmaßes der Teilnahme an der Fahrgemeinschaft zwischen den teilnehmenden Arbeitnehmern aufzuteilen (LStR 2002, Rz 184).

Hat ein Arbeitnehmer den Vorteil der unentgeltlichen **Nutzung mehrerer Kraftfahrzeuge** für Privatfahrten (z.B. zwei oder mehrere Pkw, Pkw und Motorrad), ist ein Sachbezugswert unter Berücksichtigung der CO_2-Emissionsgrenzen für jedes einzelne Kraftfahrzeug anzusetzen. Bei entsprechend hohen Anschaffungskosten ist der Höchstbetrag von € 960,00 bzw. € 720,00 daher **mehrmals** (z.B. für jeden einzelnen Pkw oder für Pkw und Motorrad) anzusetzen (LStR 2002, Rz 183a).

Beispiel 4

Dem Arbeitnehmer stehen im Jahr 2022 ein Van (Anschaffungskosten € 34.000,00, CO_2-Emission 142 g/km) und ein Kleinwagen (Anschaffungskosten € 16.500,00, CO_2-Emission 110 g/km) unentgeltlich zur Verfügung. Der monatliche Sachbezug beträgt daher € 927,50 (2% von € 34.000,00 zuzüglich 1,5% von € 16.500,00).

Kommt es während des Lohnzahlungszeitraums zu einem **Fahrzeugwechsel**, so bestehen keine Bedenken, wenn für den betreffenden Lohnzahlungszeitraum der Sachbezugswert entweder nach den Anschaffungskosten des bisherigen Fahrzeugs oder nach den Anschaffungskosten des neu zur Verfügung gestellten Fahrzeugs ermittelt wird (LStR 2002, Rz 185).

Beispiel 5

Einem Arbeitnehmer wird am 20. März ein neuer Dienstwagen zur Verfügung gestellt. Die Anschaffungskosten des alten Dienstwagens betrugen € 18.000,00, die des neuen € 20.000,00.

Der Sachbezugswert kann im Lohnzahlungszeitraum März von den Anschaffungskosten des alten Dienstwagens berechnet werden. Erst ab April ist die Berechnung von den Anschaffungskosten des neuen Dienstwagens vorzunehmen.

20.3.3.4.5. Kostenbeiträge des Arbeitnehmers

Kostenbeiträge des Arbeitnehmers an den Arbeitgeber mindern grundsätzlich den Sachbezugswert. Dies gilt sowohl für **laufende** (pauschale oder kilometerabhängige) **Kostenbeiträge**[499] (siehe Beispiel 37) als auch für einen **einmaligen Kostenbeitrag** (siehe nachstehende erlassmäßige Beispiele) bei der Anschaffung des Fahrzeugs durch den Arbeitgeber.

Bei einem **einmaligen Kostenbeitrag** ist der Sachbezugswert **von den um den Kostenbeitrag geminderten Anschaffungskosten** zu berechnen. Bei Überprüfung des Höchstbetrags von € 960,00 (bzw. € 480,00) oder € 720,00 (bzw. € 360,00) ist zunächst der Sachbezugswert von den (maßgeblichen) Anschaffungskosten zu ermitteln und danach eine allfällige Eigenleistung abzuziehen.

Bei einem **laufenden Kostenbeitrag** ist (nach einer mit 1.11.2019 in Kraft getretenen Änderung in der Sachbezugswerteverordnung) zuerst der Sachbezugswert von den tatsächlichen Anschaffungskosten zu berechnen, davon ist der Kostenbeitrag abzuziehen und dann erst der Maximalbetrag von € 960,00 (bzw. € 480,00) oder € 720,00 (bzw. € 360,00) zu berücksichtigen[500].

Trägt der Arbeitnehmer Treibstoffkosten selbst, so ist der Sachbezugswert nicht zu kürzen (§ 4 Abs. 7 Sachbezugswerteverordnung).

Beispiel 6

Das Kfz (Erstzulassung Juni 2022) hat einen CO_2-Emissionswert von 125 g/km.

Anschaffungskosten	€	50.000,00		
Sachbezug 1,5% von € 50.000,00			€	750,00
abzüglich laufender Kostenbeitrag			– €	300,00
			€	450,00

Als Sachbezugswert sind **pro Monat € 450,00** anzusetzen.

499 Darunter fallen u.a. pauschale Kostenbeiträge für eine Vollkaskoversicherung.

500 Im Rahmen der Rechtslage vor 1.11.2019 sind Kostenbeiträge vom bereits „gedeckelten" maximalen Sachbezugswert abzuziehen (VwGH 12.11.2020 Ra 2019/15/0133).

Beispiel 7

Das Kfz (Erstzulassung April 2022) hat einen CO_2-Emissionswert von 130 g/km.

Anschaffungskosten	€	18.000,00		
abzüglich einmaliger Kostenbeitrag	– €	3.500,00		
	€	14.500,00		
Sachbezug 1,5% von € 14.500,00			€	217,50

Als Sachbezugswert sind **pro Monat € 217,50** anzusetzen.

Beispiel 8

Das Kfz (Erstzulassung Mai 2022) hat einen CO_2-Emissionswert von 135 g/km.

Anschaffungskosten	€	55.000,00		
abzüglich einmaliger Kostenbeitrag	– €	4.000,00		
	€	51.000,00		
Sachbezug 1,5% von	€	51.000,00	€	765,00
höchstens aber			€	720,00

Als Sachbezugswert sind **pro Monat € 720,00** anzusetzen.

Hinweis: Die betriebliche **Angemessenheitsprüfung** (§ 20 Abs. 1 Z 2 lit. b EStG) für Personen- und Kombinationskraftwagen ist für den Bereich der Sachbezugsbewertung beim Arbeitnehmer unbeachtlich. Laufende und einmalige Kostenbeiträge des Arbeitnehmers sind daher vor Wahrnehmung des Höchstbetrags von € 960,00 (bzw. € 480,00) oder € 720,00 (bzw. € 360,00) zu berücksichtigen (siehe Vorbeispiel 8).

Bezüglich einer **Refundierung** eines einmalig geleisteten **Kostenbeitrags** (bei Ausscheiden aus dem Dienstverhältnis) siehe Punkt 20.3.1.4. und Punkt 20.3.2.

20.3.3.4.6. Zusammenfassende Darstellung und Beispiele

Voller Sachbezugswert	2% bzw. 1,5% der Anschaffungskosten, max. € 960,00 bzw. € 720,00/Monat je nach CO_2-Emissionswert Nachweis der privat gefahrenen Kilometer ist nicht erforderlich
Halber Sachbezugswert	1% bzw. 0,75% der Anschaffungskosten, max. € 480,00 bzw. € 360,00/Monat je nach CO_2-Emissionswert Voraussetzung: • Privatfahrten im Jahresschnitt nicht mehr als 500 km/Monat • Fahrtenbuch oder andere geeignete Nachweise sind erforderlich

Kleiner Sachbezugswert	Ergibt sich bei Ansatz von € 0,67 bzw. € 0,96 (mit Chauffeur) oder € 0,50 bzw. € 0,72 (mit Chauffeur) pro privat gefahrenem Kilometer ein Wert von weniger als die Hälfte des halben Sachbezugswerts, ist dieser anzusetzen Voraussetzung: • Lückenlos geführtes Fahrtenbuch ist erforderlich
Kein Sachbezugswert	CO_2-Emissionswert von 0 Gramm pro Kilometer (Elektrofahrzeuge)

Hinweis: In der **Sozialversicherung** kann der auf den einzelnen Arbeitnehmer entfallende Sachbezugswert auch um die tatsächlichen Kosten, die für Fahrten zwischen Wohnung und Arbeitsstätte mit Massenbeförderungsmitteln (fiktiv) anfallen, **vermindert werden** (→ 20.3.1.2.).

Im **Lohnkonto** (→ 10.1.2.1.) und im **Lohnzettel** (→ 35.1.) sind die Kalendermonate **einzutragen**, in denen dem Arbeitnehmer ein firmeneigenes Kraftfahrzeug für Fahrten zwischen Wohnung und Arbeitsstätte zur Verfügung gestellt wird

Beispiel 37

Ermittlung des Sachbezugswerts bei Privatnutzung eines firmeneigenen Kraftfahrzeugs unter Berücksichtigung eines laufenden Kostenbeitrags. Anschaffung und Erstzulassung im Februar 2022, CO_2-Emissionswert 116 g/km.

A. Kostenbeitrag pro privat gefahrenem Kilometer

Angaben und Lösung:

Anschaffungskosten	€ 33.000,00	
Sachbezug 1,5% von € 33.000,00		€ 495,00
abzüglich Kostenbeitrag für 800 privat gefahrene km à € 0,15		– € 120,00
Als Sachbezugswert sind in diesem Monat anzusetzen		**€ 375,00**

B. Monatlich pauschaler Kostenbeitrag

Angaben und Lösung:

Anschaffungskosten	€ 60.000,00	
Sachbezug 1,5% von € 60.000,00		€ 900,00
abzüglich laufender Kostenbeitrag		– € 90,00
		€ 810,00
Als Sachbezugswert sind anzusetzen max.		**€ 720,00**

Beispiele 38–40

Ermittlung des Sachbezugswerts bei Privatnutzung eines firmeneigenen Kraftfahrzeugs.

Gemeinsame Angaben für die Beispiele 38–40:

- Der Arbeitnehmer weist seine privat und beruflich gefahrenen Kilometer anhand eines lückenlos geführten Fahrtenbuchs nach.
- Die nachgewiesenen privat gefahrenen Kilometer hat er ohne Chauffeur zurückgelegt.
- Die Anschaffungskosten des firmeneigenen Kraftfahrzeugs betrugen € 33.000,00.
- Der CO_2-Emissionswert betrug im Zeitpunkt der Anschaffung und Erstzulassung im Februar 2022 117 g/km.

Beispiel 38

Angaben:

- Der Arbeitnehmer fährt pro Kalenderjahr privat (vorerst angenommene) 5.000 km.

Lösung:

Variante 1:		
Sachbezug: 0,75% von € 33.000,00	€ 247,50	Vergleich
Variante 2:		
Sachbezug: 5.000 × € 0,50 = € 2.500,00 : 12 =	€ 208,33	

Da sich bei Ansatz von € 0,50 nicht ein um mehr als 50% geringerer Sachbezugswert ergibt, sind **pro Monat € 247,50** anzusetzen.

Beispiel 39

Angaben:

- Der Arbeitnehmer fährt pro Kalenderjahr privat (vorerst angenommene) 2.800 km.

Lösung:

Variante 1:		
Sachbezug: 0,75% von € 33.000,00	€ 247,50	Vergleich
Variante 2:		
Sachbezug: 2.800 × € 0,50 = € 1.400,00 : 12 =	€ 116,67	

Da sich bei Ansatz von € 0,50 ein um mehr als 50% geringerer Sachbezugswert ergibt, sind **pro Monat** anzusetzen:

Die im jeweiligen Monat **tatsächlich** privat gefahrenen Kilometer	**× € 0,50**

Beispiel 40

Angaben:

- Der Arbeitnehmer fährt pro Kalenderjahr privat (vorerst angenommene) 6.000 km.

Lösung:

Variante 1:		
Sachbezug: 0,75% von € 33.000,00	€ 247,50	Vergleich
Variante 2:		
Sachbezug: 6.000 × € 0,50 = € 3.000,00 : 12 =	€ 250,00	

Da sich bei Ansatz von € 0,50 ein höherer Sachbezugswert ergibt, sind **pro Monat € 247,50** anzusetzen.

Hinweis zu den Beispielen 38–40:

Weichen die für das jeweilige Kalenderjahr vorerst angenommenen Kilometer von den tatsächlich privat gefahrenen Kilometern derart ab, dass der angestellte Vergleich zu einem anderen Ergebnis führt, ist die Bezugsabrechnung **durch Aufrollung** (→ 11.5.4., → 24.3.2.1.) **richtigzustellen.**

20.3.3.4.7. Ausgewählte Spezialthemen

Sachbezug und Dienstreisen bzw. Fahrten zwischen Wohnung und Arbeitsstätte:

Unmittelbar von der Wohnung aus angetretene Dienstreisen mit einem firmeneigenen Kraftfahrzeug zählen bei der Feststellung der Anzahl der Jahreskilometer im Hinblick auf den halben Sachbezug nicht mit, es sei denn, der Arbeitnehmer begibt sich nach der Dienstverrichtung oder zwischendurch zur Verrichtung von Innendienst ① an die Arbeitsstätte und kehrt am selben Tag zu seiner Wohnung zurück ② (LStR 2002, Rz 265).

① Als Mittelpunkt der Tätigkeit gilt jedenfalls jene Betriebsstätte des Arbeitgebers, in welcher der Arbeitnehmer **Innendienst** verrichtet. Als Innendienst gilt jedes Tätigwerden im Rahmen der unmittelbaren beruflichen Obliegenheiten (z.B. Vorbereitungs- oder Abschlussarbeiten, Abhalten einer Dienstbesprechung). Eine bestimmte Mindestdauer ist dafür nicht Voraussetzung. Auch ein kurzfristiges Tätigwerden ist als Innendienst anzusehen. Kein Innendienst liegt vor, wenn das Aufsuchen der Betriebsstätte ausschließlich mittelbar durch die beruflichen Obliegenheiten veranlasst ist (z.B. Wechseln des Fahrzeugs, Entgegennahme des Arbeitslohns) (LStR 2002, Rz 284).

② Verrichten im **Außendienst tätige Arbeitnehmer**, die ihre beruflichen Fahrten grundsätzlich von der Wohnung aus beginnen, an der Betriebsstätte des Arbeitgebers **regelmäßig** Tätigkeiten, die über das bloße Abholen von Unterlagen hinausgehen und die für den reibungslosen betrieblichen Ablauf von entscheidender Bedeutung sind, stellt die Betriebsstätte des Arbeitgebers eine **Arbeitsstätte** dar. Fahrten zwischen der Wohnung und dieser Arbeitsstätte rechtfertigen den Ansatz eines Sachbezugs (VwGH 19.3.2008, 2006/15/0289; vgl. zuletzt auch BFG 4.4.2018, RV/7100225/2018 zum Sachbezug bei Fahrten zwischen einem im Wohnungsverband gelegenen Arbeitgeberbüro und einem auswärtigen Tätigkeitsort).

Außendienstmitarbeiter, die ihre Dienstreise mit dem Pkw von der Wohnung aus antreten, müssen an jenem Tag, an dem sie „Innendienst" (an einer Arbeitsstätte) leisten, nachstehende Eintragungen im Fahrtenbuch vornehmen:

- Die Kilometer der (direkten) Strecke Wohnung–Arbeitsstätte–Wohnung sind als **Privatfahrt** einzutragen.
- Die Kilometer, die sich durch den Kundenbesuch darüber hinaus ergeben (die Mehrkilometer, Umwegskilometer) sind als **Dienstfahrt** einzutragen.

Gleiches gilt für Dienstfahrten, die am Heimweg vorgenommen werden.

Siehe dazu auch das „Monteurbeispiel" der LStR 2002, Rz 266, unter Punkt 22.3.2.6..

Davon zu unterscheiden sind Sachverhalte, bei denen an der Betriebsstätte des Arbeitgebers keine weitere Arbeitsstätte begründet wird. Ob bei einem **Außendienstmitarbeiter** (Kundenbetreuer) die Wohnung oder der Betriebsort als Arbeitsstätte anzusehen ist (ob eine Fahrt zwischen Wohnung und Arbeitsstätte oder eine Dienstreise vorliegt), hängt davon ab, wo der Arbeitnehmer für den Fall, dass er keinen Außendienst versieht, **regelmäßig tätig wird**. Demnach liegt bei einem Außendienstmitarbeiter, der nur gelegentlich zu Schulungszwecken zum Firmensitz des Arbeitgebers fährt und dort auch über keinen Arbeitsplatz verfügt, keine Fahrt zwischen Wohnung und Arbeitsstätte, sondern eine Dienstreise i.S.d. § 26 Z 4 EStG vor (vgl. LStR 2002 – Beispielsammlung, Rz 10736).

Bei Verwendung eines firmeneigenen Kraftfahrzeugs für **Kundenbesuche auf dem Arbeitsweg** ist für die Entfernung der direkten Wegstrecke von der Wohnung zur Arbeitsstätte ein Sachbezugswert anzusetzen. Es stehen allerdings kein Pendlerpauschale und kein Pendlereuro zu. Allfällige Kilometergeldersätze sind steuerpflichtig. Für eine auf Grund des Kundenbesuchs erforderliche zusätzliche Wegstrecke ist hingegen kein Sachbezug anzusetzen (LStR 2002, Rz 270).

Ein Sachbezug ist jedenfalls für jene Fahrten anzusetzen, für die gem. § 26 Z 4 lit. a letzter Satz EStG bei Verwendung eines arbeitnehmereigenen Kraftfahrzeugs kein nicht steuerbares Kilometergeld ausbezahlt werden kann (Fahrten Wohnung–Einsatzort–Wohnung) (→ 22.3.2.1.).

Zur Verwendung eines arbeitnehmereigenen Kraftfahrzeugs siehe Punkt 22.3.2.1.1.

Wird bei Kundenbesuchen die **Arbeitsstätte an diesem Tag nicht aufgesucht**, liegt keine Fahrt zwischen Wohnung und Arbeitsstätte vor, auch wenn die Fahrt mit der Wegstrecke zwischen Wohnung und Arbeitsstätte (teilweise) identisch ist (**Streckenidentität**). Für eine Fahrt zwischen Wohnung und Arbeitsstätte ist kennzeichnend, dass sie mit dem Ziel unternommen wird, die Arbeitsstätte aufzusuchen bzw. von dieser in die Wohnung zurückzukehren. Ist dies nicht gegeben, muss für diese Strecke kein Sachbezug angesetzt werden (vgl. VwGH 28.3.2000, 97/14/0103; vgl. zuletzt auch BFG 26.1.2018, RV/7102524/2012 zur Frage der Möglichkeit der Geltendmachung von Kilometergeldern als Werbungskosten)[501].

Erläuterungen lt. Beispielsammlung zu den Lohnsteuerrichtlinien 2002:

Stellt der Betrieb einigen Mitarbeitern für die **gemeinsamen täglichen Fahrten** zwischen Wohnung und Arbeitsstätte einen firmeneigenen Pkw zur Verfügung, ist hinsichtlich der steuerrechtlichen Beurteilung wie folgt vorzugehen:

Fall 1: Wird **einem Arbeitnehmer** ein Pkw zur Verfügung gestellt, damit er **andere** Arbeitnehmer auf der Wegstrecke Wohnung–Arbeitsstätte **befördert**, entsteht den mitbeförderten Arbeitnehmern kein Aufwand (demnach liegt Werkverkehr vor, → 22.7.), sodass ein Pendlerpauschale und der Pendlereuro nicht zustehen, aber auch kein Sachbezugswert zuzurechnen ist. Beim Arbeitnehmer, dem der Pkw zur Verfügung gestellt wurde und der diesen Pkw auch für Privatfahrten nutzen kann, ist ein Sachbezugswert zuzurechnen. In diesem Fall hat der Fahrer keinen Anspruch auf ein Pendlerpauschale und den Pendlereuro.

Fall 2: Wird der Pkw **mehreren Arbeitnehmern zur gemeinsamen Nutzung** (Fahrgemeinschaft) für Fahrten zwischen Wohnung und Arbeitsstätte überlassen und ist eine andere **private Nutzung** des Pkw **nicht auszuschließen**, ist der Sachbezugswert für das Fahrzeug im Ausmaß der tatsächlichen Nutzung dem zur Nutzung berechtigten Arbeitnehmer zuzurechnen. Beträgt z.B. der Sachbezugswert monatlich € 225,00 und erfolgt die tatsächliche Nutzung für drei Arbeitnehmer jeweils im Ausmaß von einem Drittel, dann ist jedem Arbeitnehmer ein Sachbezugswert in der Höhe von € 75,00 zuzurechnen. In diesem Fall stehen den Arbeitnehmern kein Pendlerpauschale und kein Pendlereuro zu.

Fall 3: Einer **Gruppe von Arbeitnehmern** wird ein Kraftfahrzeug für Baustellenfahrten zur Verfügung gestellt. Eine **private Nutzung ist nicht zulässig**. In diesem Fall liegt für alle beförderten Arbeitnehmer Werkverkehr (→ 22.7.) vor. Der Nachweis der ausschließlichen beruflichen Nutzung (auch beim Fahrer) ist zu erbringen (LStR 2002 – Beispielsammlung, Rz 10184).

Kein Sachbezug bei Werkverkehr bzw. Spezialfahrzeugen:

Der Vorteil des Arbeitnehmers aus der Beförderung im **Werkverkehr** stellt **keinen steuerpflichtigen Sachbezug** dar. Werkverkehr ist u.a. dann anzunehmen, wenn es sich um **Spezialfahrzeuge** handelt, die auf Grund ihrer Ausstattung eine andere private Nutzung praktisch ausschließen (z.B. ÖAMTC- oder ARBÖ-Fahrzeuge, Montagefahrzeuge mit eingebauter Werkbank), oder wenn Berufschauffeure das Fahrzeug (Pkw, Kombi, Fiskal-Lkw), das privat nicht verwendet werden darf, nach der Dienstverrichtung mit nach Hause nehmen (LStR 2002, Rz 175) (→ 22.7.). Bei einem Fahrschulauto handelt es sich nicht um ein derartiges Spezialfahrzeug, da die gesetzlich vorgesehene Ausrüstung eine private Verwendung des Fahrzeugs nicht ausschließt (BFG 22.6.2017, RV/7101747/2015).

Wird für **Fahrten zu einer Baustelle** oder zu einem **Einsatzort für Montage- oder Servicetätigkeit** (→ 22.3.2.1.4.), die unmittelbar von der Wohnung aus angetreten

501 Die Arbeitsstätte gilt jedoch nach Ansicht des BFG auch dann als aufgesucht, wenn die Dienstreiseersätze arbeitsrechtlich (fiktiv) vom Arbeitsort aus berechnet werden (BFG 26.1.2018, RV/7102524/2012).

werden, ein firmeneigenes Kraftfahrzeug (z.B. Serviceauto) verwendet, ist dafür **kein Sachbezug** anzusetzen, da diese Fahrten nicht als Privatfahrten, sondern als Werkverkehr zu qualifizieren sind.

Beispiel

Ein in St. Pölten wohnhafter Monteur fährt mit dem Firmenfahrzeug des Arbeitgebers mit Betriebssitz in Melk unmittelbar von der Wohnung auf eine Baustelle nach Ybbs.

Da diese Fahrten nicht als Privatfahrten zu qualifizieren sind, ist für die Nutzung des firmeneigenen Pkw auch für die Strecke St. Pölten–Melk (Wohnung–Arbeitsstätte), kein Sachbezugswert anzusetzen.

Kein Sachbezug bei ausschließlicher beruflicher Nutzung oder bloß theoretischer Privatnutzungsmöglichkeit:

Benützt ein Arbeitnehmer das (ansonsten von ihm für betriebliche Zwecke genützte) firmeneigene Kraftfahrzeug nicht für Privatfahrten, ist dieser Umstand grundsätzlich durch ein lückenlos geführtes (d.h. alle dienstlichen Fahrten beinhaltendes) **Fahrtenbuch** glaubhaft zu machen.

Bei Nichtführung eines Fahrtenbuchs ist dann kein Sachbezug anzusetzen, wenn die **Nichtbenützung** durch Tatsachen bzw. Umstände **bewiesen** bzw. **glaubhaft gemacht** werden kann (VwGH 10.10.1996, 94/15/0093; VwGH 24.6.2010, 2007/15/0238). Dies ist z.B. dann der Fall, wenn die Fahrt zur Arbeitsstätte bzw. Wohnung mit öffentlichen Verkehrsmitteln getätigt wird.

Der Besitz eines privaten Kraftfahrzeugs eines Arbeitnehmers bringt nicht auch automatisch den Ausschluss der Privatnutzung eines von ihm dienstlich genutzten firmeneigenen Kraftfahrzeugs mit sich. Nur im Fall eines vom Arbeitgeber ausgesprochenen und ernst gemeinten **Verbots von Privatfahrten** (dies ist der Fall, wenn der Arbeitgeber auch für die Wirksamkeit seines Verbots sorgt) ist kein Sachbezug anzusetzen (VwGH 22.3.2000, 99/13/0164).

Die Sachbezugswerteverordnung regelt die Bewertung des Sachbezugs für die „Möglichkeit" des Arbeitnehmers zur privaten Nutzung eines arbeitgebereigenen Kraftfahrzeugs. Diese Bestimmung ist nach Ansicht des VwGH so auszulegen, dass der Ansatz eines Sachbezugs für die Privatnutzung eines arbeitgebereigenen PKW **nur dann zu erfolgen hat, wenn** eine **private Nutzung** durch den Arbeitnehmer – wenn auch nur fallweise – **auch tatsächlich erfolgt** ist (VwGH 7.8.2001, 97/14/0175). Dabei ist ein Sachbezugswert jedenfalls dann zuzurechnen, wenn nach der **Lebenserfahrung auf Grund des Gesamtbildes der Verhältnisse** anzunehmen ist, dass der Arbeitnehmer die eingeräumte Möglichkeit, das arbeitgebereigene Kraftfahrzeug privat zu verwenden – wenn auch nur fallweise – nützt (VwGH 15.11.2005, 2002/14/0143; vgl auch LStR 2002, Rz 175). Steht Dienstnehmern ein Privat-PKW zur Verfügung, so liegt eine Privatnutzung des arbeitgebereigenen Kraftfahrzeugs nicht unbedingt nahe (VwGH 24.9.2014, 2011/13/0074).

Die theoretische Möglichkeit der Benützung eines arbeitgebereigenen Kraftfahrzeugs für private Fahrten allein reicht somit nicht aus, um einen Sachbezug ansetzen zu müssen. Liegen keine klaren Anhaltspunkte dafür vor und sprechen auch die Umstände im Einzelfall nicht für eine tatsächliche Privatnutzung (z.B. da der Arbeitnehmer darüber hinaus über ein eigenes Kraftfahrzeug verfügt oder der Firmen-PKW nur eine geringe Jahreskilometerleistung aufweist), hat der Ansatz eines Sachbezugswertes (trotz Angehörigeneigenschaft zum GmbH-Geschäftsführer) zu unterbleiben (BFG 8.2.2018, RV/3100894/2014).

Für (volle) **Kalendermonate**, für die das Kraftfahrzeug nicht zur Verfügung steht (auch nicht für dienstliche Fahrten), ist **kein Sachbezugswert** hinzuzurechnen.

Verbot der Privatnutzung/Fahrtenbuch:

Verbietet der Arbeitgeber dem Arbeitnehmer, das firmeneigene Kfz über eine bestimmte Anzahl von Kilometern hinaus privat zu verwenden, dann **hat der Arbeitgeber auch für die Wirksamkeit dieses Verbots** zu sorgen. Ein geeignetes Mittel dafür kann beispielsweise darin bestehen, dass der Arbeitgeber den Arbeitnehmer zur Führung eines Fahrtenbuchs verhält und dieses laufend kontrolliert (VwGH 27.2.2003, 99/15/0193). Liegt kein ordnungsgemäßes Fahrtenbuch vor (z.B. da die Kilometerstände nicht nachvollziehbar sind), ist trotz bestehendem Privatnutzungsverbot ein Sachbezug anzusetzen. Eine mit dem Arbeitnehmer geschlossene (schriftliche) Vereinbarung über ein vom Arbeitgeber nicht wirksam kontrolliertes Verbot der außerbetrieblichen Nutzung des arbeitgebereigenen Fahrzeuges in Verbindung mit einem infolge mangelhafter Eintragungen einer späteren Kontrolle durch die Abgabenbehörde nicht zugänglichen Fahrtenbuch rechtfertigt weder den Ansatz eines halben Sachbezugswertes noch lässt es Raum, einen solchen Sachbezug überhaupt unberücksichtigt zu lassen (BFG 14.3.2018, RV/5101579/2014).

20.3.3.5. Privatnutzung des firmeneigenen Fahrrads oder Kraftrads

Besteht für den Arbeitnehmer die Möglichkeit, ein firmeneigenes **(arbeitgebereigenes) Fahrrad oder Kraftrad**[502] **mit einem CO_2-Emissionswert von 0 Gramm pro Kilometer** für nicht beruflich veranlasste Fahrten einschließlich Fahrten zwischen Wohnung und Arbeitsstätte zu benützen, ist ein **Sachbezugswert von null** anzusetzen. Für andere Krafträder sind die in Punkt 20.3.3.4. dargestellten Bestimmungen anzuwenden (§ 4b Sachbezugswerteverordnung).

> **Wichtiger Hinweis**: Diese Bestimmung gilt nicht für den verbilligten oder kostenlosen Erwerb von Fahrrädern. Diesbezüglich ist ein Sachbezug nach den allgemeinen Grundsätzen, d. h. bewertet mit den üblichen Endpreisen des Abgabeorts anzusetzen (→ 20.3.2.).

502 Z.B. Motorfahrräder, Motorräder mit Beiwagen, Quads, Elektrofahrräder, Selbstbalance-Roller mit ausschließlich elektrischem oder elektrohydraulischem Antrieb (LStR 2002, Rz 205).

Auch die Zurverfügungstellung eines firmeneigenen (arbeitgebereigenen) Fahrrades oder Kraftrades mit einem CO_2-Emissionswert von 0 Gramm pro Kilometer zur Privatnutzung im Rahmen einer **Gehaltsumwandlung** überkollektivvertraglich gewährter Geldbezüge führt nicht zu einem steuerpflichtigen Sachbezug (LStR 2002, Rz 206). Sozialversicherungsrechtlich führen derartige Bezugsumwandlungen jedoch grundsätzlich nicht zu einer Minderung der sozialversicherungsrechtlichen Beitragsgrundlage, außer es ist damit ein echter Entgeltverzicht (Verschlechterungsvereinbarung) verbunden, der sich auch auf andere Entgeltansprüche (z.B. die Bemessung von Sonderzahlungen) auswirkt und dauerhaft ist (→ 20.3.1.1.;vgl. ähnlich z.B. E-MVB, 049-03-18-001).

20.3.3.6. Privatnutzung des firmeneigenen Kfz-Abstell- oder Garagenplatzes

Besteht für den Arbeitnehmer die Möglichkeit, das von ihm für Fahrten Wohnung–Arbeitsstätte genutzte Kraftfahrzeug während der Arbeitszeit in Bereichen, die einer **Parkraumbewirtschaftung** unterliegen, auf einem Abstell- oder Garagenplatz des Arbeitgebers zu parken, ist ein **Sachbezug** von **€ 14,53 monatlich** anzusetzen (§ 4a Abs. 1 Sachbezugswerteverordnung).

Dieser Betrag ist sowohl bei arbeitnehmereigenen Kraftfahrzeugen als auch bei arbeitgebereigenen (firmeneigenen) Kraftfahrzeugen, für die ein Sachbezug anzusetzen ist, anzuwenden[503] (§ 4a Abs. 2 Sachbezugswerteverordnung).

Parkraumbewirtschaftung liegt vor, **wenn das Abstellen** von Kraftfahrzeugen auf öffentlichen Verkehrsflächen für einen bestimmten Zeitraum **gebührenpflichtig ist** (§ 4a Abs. 3 Sachbezugswerteverordnung).

Ergänzend zu den Regelungen dieser Verordnung hat das BMF in den LStR 2002, Rz 18 ff. nachstehende Rechtsansicht mitgeteilt:

Eine **individuelle Zuordnung** eines Garagen- oder Abstellplatzes an einen konkreten Arbeitnehmer ist **nicht erforderlich**. Es führt daher bereits die Einräumung der Berechtigung („Möglichkeit"), einen arbeitgebereigenen Parkplatz benützen zu dürfen, zum Vorliegen eines Sachbezugs. Die Berechtigung kann z.B. durch Übergabe eines Schlüssels für den Einfahrtsschranken, eine Parkkarte oder durch ein Pickerl, mit dem parkberechtigte Fahrzeuge gekennzeichnet werden, eingeräumt werden.

Steht ein Parkplatz **mehreren Arbeitnehmern** zur Verfügung, ist der Vorteil jedes Arbeitnehmers mit € 14,53 monatlich zu bewerten. Der Sachbezugswert ist auch dann zuzurechnen, wenn der Arbeitnehmer das Kraftfahrzeug für **berufliche Fahrten** (auch mehrmals pro Tag) benötigt oder wenn der Arbeitnehmer (z.B. weil er im Außendienst tätig ist) den Parkplatz **nur gelegentlich in Anspruch nimmt**.

Personen, die **nicht zum Parken berechtigt** sind bzw. auf die Bereitstellung eines Parkplatzes **ausdrücklich verzichten**, ist **kein Sachbezugswert** zuzurechnen, wenn auch tatsächlich nicht geparkt wird. Die Kontrolle obliegt dem Arbeitgeber.

503 Dies auch, wenn die Nutzung dieser Parkplätze im überwiegenden Interesse des Arbeitgebers liegt und verpflichtend erfolgt (VwGH 31.7.2013, 2009/13/0157).

Der Sachbezugswert von € 14,53 bezieht sich auf die Bereitstellung eines Garagen- oder Abstellplatzes **während der Arbeitszeit**. Gelegentliches Parken auch außerhalb der Arbeitszeit führt zu keinem höheren Wert.

Die Bereitstellung eines Garagenplatzes in der **Nähe der Wohnung** des Arbeitnehmers, der ständig – auch außerhalb der Arbeitszeit – zur Verfügung steht, fällt nicht unter diese Regelung, sondern ist **individuell zu bewerten**.

Der Sachbezugswert in der Höhe von € 14,53 monatlich stellt einen Mittelwert dar, der sowohl bei **firmeneigenen** Garagen- oder Abstellplätzen **als auch** bei solchen, die vom Arbeitgeber **angemietet** werden, und zwar unabhängig von der Höhe der dem Arbeitgeber erwachsenden Kosten, anzusetzen ist.

Kostenersätze mindern den anzusetzenden Sachbezugswert, über den Sachbezugswert hinausgehende höhere Kostenersätze führen nicht zu Werbungskosten. Als Kostenersatz ist die effektive Kostenbelastung des Arbeitnehmers, somit der Bruttowert (inkl. Umsatzsteuer) anzusetzen.

Die Bestimmung betreffend Sachbezugsbewertung ist nur auf jene Kraftfahrzeuge anzuwenden, deren Abstellen in Bereichen einer Parkraumbewirtschaftung für einen bestimmten Zeitraum gebührenpflichtig ist. Es ist daher **nur für mehrspurige Kraftfahrzeuge** (Pkw, Kombi), nicht aber für Motorräder, Mopeds, Mofas, Fahrräder mit Hilfsmotor usw. ein Sachbezugswert zuzurechnen.

Für **Körperbehinderte**, die zur Fortbewegung ein eigenes Kraftfahrzeug besitzen und Anspruch auf den Pauschbetrag gem. § 3 der Verordnung des BMF vom 12.6.1996 über außergewöhnliche Belastungen haben, ist kein Sachbezugswert zuzurechnen.

Der Sachbezugswert kommt nur zur Anwendung,

- wenn das Abstellen von Kraftfahrzeugen auf öffentlichen Verkehrsflächen für einen bestimmten Zeitraum **gebührenpflichtig** ist und
- der vom Arbeitgeber bereitgestellte Parkplatz innerhalb des gebührenpflichtigen Bereichs liegt.

Eine Parkraumbewirtschaftung liegt vor, **wenn** sich diese nicht auf eine Straße oder einen Platz beschränkt, sondern **für den Bereich von mehreren zusammenhängenden Straßenzügen gegeben ist**. Befinden sich innerhalb der parkraumbewirtschafteten Zone einzelne Parkplätze, auf denen ein kostenloses Parken möglich ist, ändert dies nichts am Charakter der Parkraumbewirtschaftung.

Liegt der Abstellplatz am **Rand** einer **gebührenpflichtigen Parkzone**, ist ein Sachbezugswert dann anzusetzen, wenn die das Gelände (die Liegenschaft) umschließenden Straßen auf der an die Liegenschaft angrenzenden Straßenseite der Parkraumbewirtschaftung unterliegen. Der Umstand, dass bereits auf der gegenüberliegenden Straßenseite Parkplätze kostenlos zur Verfügung stehen, ist dabei unerheblich.

Dazu zwei Beispiele:

1. Die Abstellplätze liegen am Rand der gebührenpflichtigen Parkzone, und zwar so, dass das Abstellgelände zumindest auf einer Seite von einem Straßenzug begrenzt wird, der nicht mehr zur gebührenpflichtigen Parkzone gehört.

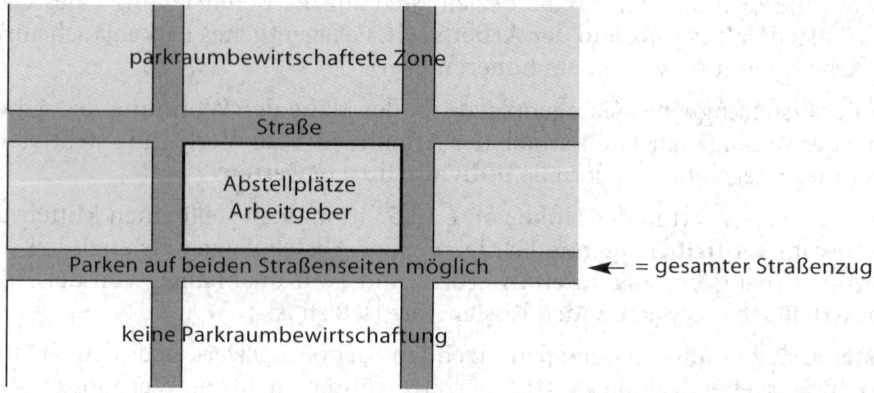

Für einen Abstellplatz am Rande einer gebührenpflichtigen Parkzone ist **kein Sachbezugswert** anzusetzen, wenn ein gesamter Straßenzug der angrenzenden Straßen, die das Gelände (die Liegenschaft) umschließen, keiner Parkraumbewirtschaftung unterliegt und auf dieser Straße auch das Abstellen von Kraftfahrzeugen zulässig und möglich ist.

2. Die Abstellplätze liegen **innerhalb der parkraumbewirtschafteten Zone**, wobei auf einer Seite auf einzelnen angrenzenden Straßenabschnitten bzw. einzelnen Parkplätzen das kostenlose Parken möglich ist.

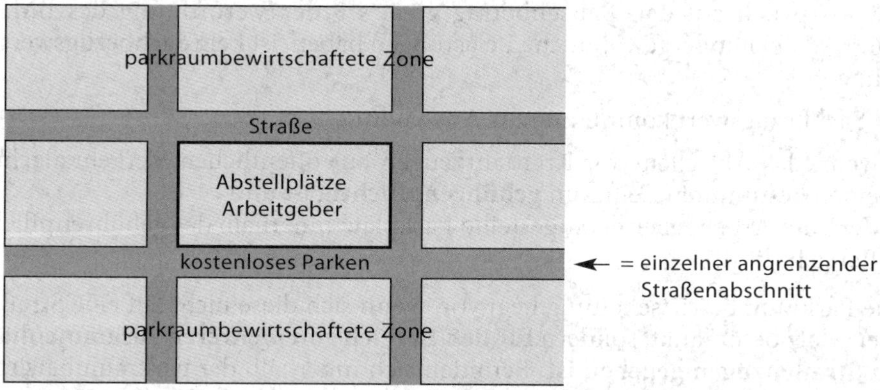

Liegt der Abstellplatz des Arbeitgebers innerhalb einer parkraumbewirtschafteten Zone und ist nur auf einzelnen angrenzenden Straßenabschnitten bzw. auf einzelnen Parkplätzen das kostenlose Parken möglich, ändert dies nichts am Charakter einer Parkraumbewirtschaftung und es ist ein **Sachbezug anzusetzen.**

Wird die Liegenschaft am Rand einer gebührenpflichtigen Parkzone einerseits durch Straßen begrenzt, die der Parkraumbewirtschaftung unterliegen, andererseits durch Grundstücke, auf denen ein Abstellen von Kraftfahrzeugen nicht zulässig bzw. nicht möglich ist (z.B. bei einer Begrenzung durch Gleisanlagen der ÖBB, die U-Bahn, öffentliche oder private Garten- und Parkanlagen, einen Fluss), ist ebenfalls ein Sachbezugswert zuzurechnen.

In zeitlicher Hinsicht muss die **Kostenpflicht** der Parkraumbewirtschaftung zumindest **teilweise innerhalb der Arbeitszeit** des Arbeitnehmers gegeben sein. Arbeitet z.B. jemand nur in der Nacht und besteht während dieser Zeit keine Kostenpflicht, ist kein Sachbezugswert zuzurechnen.

Bei Zurverfügungstellung von firmeneigenen oder vom Arbeitgeber angemieteten Garagen- oder Abstellplätzen **außerhalb von Bereichen**, die der Parkraumbewirtschaftung unterliegen, ist **kein Sachbezugswert** zuzurechnen.

Nicht kostenpflichtige Kurzparkzonen sind keine Bereiche mit Parkraumbewirtschaftung i.S.d. Verordnung.

20.3.3.7. Zinsenersparnisse bei zinsverbilligten oder unverzinslichen Gehaltsvorschüssen und Arbeitgeberdarlehen

Wichtiger Hinweis: Gehaltsvorschüsse und Arbeitgeberdarlehen i.S.d. Sachbezugswerteverordnung sind abzugrenzen von Vorschüssen als Lohnzahlungen i.S.d. § 78 Abs. 1 EStG:

- Für **Gehaltsvorschüsse und Arbeitgeberdarlehen i.S.d. Sachbezugswerteverordnung** ist bei Auszahlung kein Lohnsteuerabzug vorzunehmen. Werden diese zinsverbilligt oder unverzinslich gewährt, kann daraus ein (Zins-)Vorteil aus dem Dienstverhältnis entstehen, welcher i.S.d. Sachbezugswerteverordnung zu bewerten ist.
- **Vorschüsse ohne Darlehenscharakter**, die in unmittelbar nachfolgenden Lohnzahlungszeitpunkten zur Gänze zurückzuzahlen sind, gelten als Lohnzahlung, für die ein Lohnsteuerabzug i.S.d. § 78 Abs. 1 EStG im Zeitpunkt der Auszahlung vorzunehmen ist. Diese sind nicht Teil des vorliegenden Kapitels und werden unter Punkt 11.5.3. behandelt.

Rechtliche Grundlagen:

Für Zinsenersparnisse aus Gehaltsvorschüssen und Arbeitgeberdarlehen **bis zu insgesamt € 7.300,00** ist kein Sachbezug anzusetzen (§ 3 Abs. 1 Z 20 EStG). **Übersteigt** der (aushaftende) Betrag der Gehaltsvorschüsse und Arbeitgeberdarlehen den **Betrag von € 7.300,00**, ist ein Sachbezug nur vom übersteigenden Betrag zu ermitteln[504] (§ 5 Abs. 2 Sachbezugswerteverordnung).

Die Zinsenersparnis bei unverzinslichen Gehaltsvorschüssen und Arbeitgeberdarlehen ist

- für das **Jahr 2022 mit 0,5% pro Jahr** anzusetzen.

Der für das jeweilige Kalenderjahr zu berücksichtigende Prozentsatz wird vom BMF festgesetzt und im Rechts- und Fachinformationssystem des Finanzressorts unter **www.bmf.gv.at** → findok veröffentlicht (§ 5 Abs. 1 Sachbezugswerteverordnung).

504 Die **Berechnung der Zinsenersparnis** kann kontokorrentmäßig oder nach Monatsständen vorgenommen werden.

Bei zinsverbilligten Gehaltsvorschüssen und Arbeitgeberdarlehen ist die Differenz zwischen dem tatsächlichen Zinssatz und dem vom BMF festgesetzten Zinssatz anzusetzen. Dies soll nach Ansicht des VwGH und des BMF für Mitarbeiter von Bankinstituten auch gelten, wenn Fremdkunden denselben (niedrigen) Zinssatz erhalten. Im Rahmen der Sachbezugswerteverordnung werden Sachbezüge pauschal berechnet und es könne nicht ausgeschlossen werden, dass es bei einzelnen Arbeitnehmern dadurch zu nachteiligen Ergebnissen kommt (VwGH 18.12.2014, 2012/15/0003; BMF 23.4.2015, 310205/0041-I/4/2015).

Die Höhe der Raten und die Rückzahlungsdauer haben keinen Einfluss auf das Ausmaß des Sachbezugs. Die Zinsenersparnis ist vom aushaftenden Kapital (abzüglich Freibetrag und allfälliger vom Arbeitgeber verrechneter Zinsen) zu berechnen.

Die Steuer- und Beitragsbefreiung für Mitarbeiterrabatte (→ 20.3.6.) kommt für zinsverbilligte und unverzinsliche Gehaltsvorschüsse und Arbeitgeberdarlehen nicht zur Anwendung. Die Befreiung bezieht sich nur auf Vorteile aus dem Dienstverhältnis, die nicht per Sachbezugswerteverordnung festgelegt sind.

Lohnsteuer:

Die Zinsenersparnis ist gem. § 5 Abs. 3 Sachbezugswerteverordnung ein sonstiger Bezug gem. § 67 Abs. 10 EStG. Demnach ist die Zinsenersparnis **„wie"**[505] **ein laufender Bezug**[506] im Zeitpunkt der Ermittlung nach dem **Lohnsteuertarif** des jeweiligen Kalendermonats der Besteuerung zu unterziehen[507].

Die Zinsersparnis ist gem. der Sachbezugswerteverordnung daher unabhängig von der gewählten Auszahlungsvariante grundsätzlich als sonstiger Bezug gem. § 67 Abs. 10 EStG zu werten. Nach der Rechtsprechung des VwGH ist eine **Beurteilung als laufender Bezug** mit jahressechstelerhöhender Wirkung unter bestimmten Voraussetzungen (insb. einer monatlichen Abrechnung) jedoch möglich. Dass die Zinsersparnis laut Sachbezugswerteverordnung ein sonstiger Bezug gem. § 67 EStG ist, ändert daran nach Ansicht des VwGH nichts, weil die diesbezügliche Aussage der Verordnung – bei gesetzeskonformer Auslegung – nur als Klarstellung für jene Fälle angesehen werden kann, in denen die Zinsersparnis den Dienstnehmern gesammelt zufließt (VwGH 25.3.2015, 2011/13/0015).

Praxistipp: Liegt ein Gehaltsvorschuss bzw. Darlehen i.S.d. Sachbezugswerteverordnung vor, ist für dessen Auszahlung (anders als bei Vorschusszahlungen ohne Darlehenscharakter) kein Lohnsteuerabzug vorzunehmen. Die Auszahlung muss somit nicht über die Lohnverrechnung bzw. das Lohnkonto erfolgen. Davon unabhängig ist der mögliche (Zins-)Vorteil zu bewerten, der bei Abgabenpflicht am Lohnkonto auszuweisen ist.

---

505 Solche Vorteile sind lt. EStG **„wie"** ein laufender Bezug **und nicht „als"** laufender Bezug der Besteuerung zu unterziehen.

506 Solche Vorteile werden nur „**wie** laufende Bezüge" versteuert. Aus diesem Grund erhöhen sie auch nicht eine danach gerechnete Jahressechstelbasis (→ 23.3.2.2.) und werden auch nicht bei der Berechnung des Jahresviertels und Jahreszwölftels (→ 34.7.2.2.) berücksichtigt.

507 Die Besteuerung erfolgt daher im jeweiligen Kalendermonat **zusammen mit den übrigen laufenden Bezügen** über die **monatliche Lohnsteuertabelle.** Fließen keine laufenden Bezüge zu, hat die Besteuerung ebenfalls über die monatliche Lohnsteuertabelle zu erfolgen.

Abgrenzung zwischen Darlehen und Vorschuss ohne Darlehenscharakter:

Für ein Arbeitgeberdarlehen spricht (in Abgrenzung zu Vorschusszahlungen mit Lohnsteuerabzugsverpflichtung) nach Ansicht des VwGH, wenn es eine eindeutige und ausdrückliche Vereinbarung

- über die Laufzeit,
- über Höhe und Fälligkeit von Tilgungsraten sowie
- allenfalls über die Verzinsung gibt (VwGH 29.1.1991, 91/14/0008), und wenn
- die Rückzahlung bzw. Gegenverrechnung erst mit weiter in der Zukunft liegenden Entgeltansprüchen erfolgt (VwGH 20.11.1996, 95/15/0202).

Verzicht auf Darlehensrückzahlung:

Auch der **Verzicht auf die Rückzahlung eines Arbeitgeberdarlehens** führt grundsätzlich zu Einkünften aus nichtselbständiger Tätigkeit in Höhe des nicht rückzuzahlenden Betrags. Der Zufluss und damit die Besteuerung erfolgt in jenem Zeitpunkt, in dem der Arbeitnehmer von diesem Verzicht Kenntnis erlangt. Eine einseitige Willenserklärung des Arbeitgebers, von der der Arbeitnehmer nichts weiß, ist nicht für einen Zufluss ausreichend (VwGH 7.10.2003, 99/15/0257; LStR 2002, Rz 631).

Ist der Verzicht nicht im Dienstverhältnis begründet, sondern bestehen hierfür private Motive, besteht darin kein Vorteil aus dem Dienstverhältnis. Dabei kann im geschäftlichen Verkehr grundsätzlich vermutet werden, dass zwei unabhängige Vertragspartner einander „nichts schenken wollen". Bei Zuwendungen zwischen nahen Angehörigen wird das subjektive Element des „Bereichernwollens" hingegen vermutet. Eine vergleichbare Situation wie bei nahen Angehörigen kann auch dann gegeben sein, wenn ein besonders enges, persönliches Verhältnis, wie etwa mit Hausangestellten, vorliegt, wobei für die Abgrenzung, ob ein entgeltlicher oder ein unentgeltlicher Vorgang vorliegt, auch die Wertrelation zu beachten ist (VwGH 25.7.2018, Ro 2018/13/0005 zum Verzicht auf ein Arbeitgeberdarlehen i.H.v. über € 1 Million).

Sonstige Beispiele zu den amtlichen Regelungen:

Beispiel 41

Berechnung der Zinsenersparnis bei monatlicher Rückzahlung.

Angaben:

- Ein Arbeitnehmer erhält am 1.1.2022 ein unverzinstes Darlehen in der Höhe von € 9.600,00.
- Er verpflichtet sich, dieses Darlehen in Monatsraten zu je € 800,00, beginnend ab 30.6.2022, zurückzuzahlen.
- Die Berechnung der Zinsenersparnis erfolgt kontokorrentmäßig.
- Die Berechnung und Abrechnung der Zinsenersparnis wird monatlich vorgenommen.

Lösung:

		Freibetrag	Grundlage
Vom Arbeitgeber am 1.1.2022 gewährter Darlehensbetrag	€ 9.600,00	– € 7.300,00	= € 2.300,00
Rückzahlung per 30.6.2022	€ 800,00		
	€ 8.800,00	– € 7.300,00	= € 1.500,00
Rückzahlung per 31.7.2022	€ 800,00		
	€ 8.000,00	– € 7.300,00	= € 700,00
Rückzahlung per 31.8.2022	€ 800,00		
	€ 7.200,00	– € 7.200,00	= € 0,00
	usw.		

Die Zinsenersparnis ermittelt man anhand nachstehender Formel:

$$\frac{\mathbf{K \times p \times t}}{\mathbf{100 \times 360}}$$

K = Kapital
p = Prozent (Zinssatz)
t = Tage

Die Zinsenersparnis für die Monate Jänner bis Juni 2022 beträgt:

$$\frac{€\ 2.300{,}00 \times 0{,}5 \times 180}{100 \times 360} = \mathbf{€\ 5{,}75} \quad \text{oder} \quad €\ 2.300{,}00 \times 0{,}5\,\% : 12 \times 6 = \mathbf{€\ 5{,}75}$$

Die Zinsenersparnis für den Monat Juli 2022 beträgt:

$$\frac{€\ 1.500{,}00 \times 0{,}5 \times 30}{100 \times 360} = \mathbf{€\ 0{,}63}$$

Die Zinsenersparnis für den Monat August 2022 beträgt:

$$\frac{€\ 700{,}00 \times 0{,}5 \times 30}{100 \times 360} = \mathbf{€\ 0{,}29}$$

In die Formel zur Berechnung der Zinsenersparnis können auch die tatsächlichen Kalendertage des jeweiligen Kalendermonats bzw. Kalenderjahrs eingesetzt werden.

Die Zinsenersparnis

- für die Monate Jänner bis Juni 2022 in der Höhe von € 5,75

ist **beitragsrechtlich** als laufender Bezug (anhand einer Bezugsaufrollung für die Monate Jänner bis Juni 2022) zu behandeln (siehe nächste Seite) und im Monat Juni 2022 **lohnsteuerlich** nach der Sachbezugswerteverordnung als sonstiger Bezug gem. § 67 Abs. 10 EStG zu versteuern.

Die Zinsenersparnis für die Monate Juli 2022 in der Höhe von € 0,63 und August 2022 in der Höhe von € 0,29 ist im jeweiligen Monat **beitragsrechtlich** als laufender Bezug zu behandeln und **lohnsteuerlich** nach der Sachbezugswerteverordnung wie ein laufender Bezug gem. § 67 Abs. 10 EStG zu versteuern. Nach Ansicht des VwGH kann auch lohnsteuerlich ein laufender Bezug vorliegen.

Werden dem Arbeitnehmer Zinsen verrechnet, ist nur der **Zinsenunterschied** zu berücksichtigen.

Beispiel 42

Berechnung der Zinsenersparnis bei jährlicher Rückzahlung.

Angaben:

- Ein Arbeitnehmer erhält am 31.12.2021 ein mit 0,2% verzinstes Darlehen in der Höhe von € 10.000,00.
- Er verpflichtet sich, dieses Darlehen in Jahresraten zu je € 4.000,00, beginnend ab 31.12.2022, zurückzuzahlen.
- Die Berechnung und Abrechnung der Zinsenersparnis wird jährlich vorgenommen.

Lösung:

			Freibetrag		Grundlage
Vom Arbeitgeber am 31.12.2021 gewährter Darlehensbetrag	€ 10.000,00	– €	7.300,00	= €	2.700,00
Rückzahlung per 31.12.2022	€ 4.000,00				
	€ 6.000,00	– €	6.000,00	= €	0,00
Rückzahlung per 31.12.2023	€ 4.000,00				
	€ 2.000,00	– €	2.000,00	= €	0,00
	usw.				

Die Zinsenersparnis für das Jahr 2022 beträgt:

0,3% von € 2.700,00 = € 8,10 (0,3% = 0,5% abzüglich 0,2%)

Ab dem Jahr 2023 liegt keine Zinsenersparnis vor.

Die Zinsenersparnis für das Jahr 2022 in der Höhe von € 8,10 ist **beitragsrechtlich** als laufender Bezug (anhand einer Bezugsaufrollung für die Monate Jänner bis Dezember 2022) zu behandeln (siehe nachstehend) und **lohnsteuerlich** im Monat Dezember 2022 wie ein laufender Bezug gem. § 67 Abs. 10 EStG zu versteuern.

Sozialversicherung:

Beitragsrechtliche Behandlung der Zinsenersparnisse: Zinsenersparnisse bei zinsverbilligten oder unverzinslichen Dienstgeberdarlehen (Vorschüssen) sind **beitragsfrei** zu behandeln, soweit das Darlehen (der Vorschuss) **€ 7.300,00 nicht übersteigt** (§ 49 Abs. 3 Z 19 ASVG). Wird der Betrag der beitragspflichtigen Zinsenersparnis jährlich abgerechnet, ist allerdings zu beachten, dass dieser dem laufenden Bezug des Beitragszeitraums zuzuordnen ist, in dem die Zinsenersparnis angefallen ist (VwGH 20.3.1964, 785/63). Beitragspflichtige Zinsenersparnisse sollen unabhängig von der Abrechnungsart nach dem Anspruchsprinzip in allen Fällen beitragsrechtlich als laufendes Entgelt nach § 49 Abs. 1 ASVG behandelt werden (E-MVB, 049-03-19-001). Werden die Zinsen nicht monatlich verrechnet, ist eine Aufrollung in Vormonate durchzuführen (vgl. in diesem Sinne auch BVwG 4.10.2019, G305 2135392-1).

20.3.3.8. Sonstige Sachbezugswerte in der Land- und Forstwirtschaft

Nachstehende Beträge sind lt. § 6 Sachbezugswerteverordnung anzusetzen:

1.	**Holzdeputate** (Brennholz), je Raummeter:		
	a) Hartholz (ungeschnitten)	€	21,80
	b) Weichholz (ungeschnitten)	€	14,53
	c) Sägeabfallholz und Astholz	€	10,90
	Bei Übertragung von Holz am Stamm ist ein Abschlag von € 10,90 je Raummeter vorzunehmen.		
2.	**Kartoffeln**, je kg	€	0,21
3.	**Vollmilch**, je Liter	€	0,65
4.	**Butter**, je kg	€	5,23
5.	**Käse**, je kg	€	5,88
6.	**Eier**, je Stück	€	0,13
7.	**Fleisch**, je kg, gemischte Qualität ohne Knochen		
	a) Rindfleisch	€	5,45
	b) Schweinefleisch	€	3,99
	c) Kalbfleisch	€	8,72
	Schweinehälfte im Ganzen	€	1,81
8.	**Ferkel**, lebend	€	54,50
9.	**Getreide**, je 100 kg		
	a) Roggen	€	13,80
	b) Weizen – Futtergerste	€	15,20
	c) Mais	€	15,98
10.	**Mahlprodukte**, je kg		
	a) Roggenmehl	€	0,36
	b) Weizenmehl	€	0,43
	c) Weizen- und Maisgrieß	€	0,43
11.	**Kohle** und **Koks**, je 100 kg		
	a) Steinkohle	€	22,67
	b) Briketts	€	28,34
	c) Hüttenkoks	€	23,98
	Bei Bezug von mehr als 1.000 kg ist ein Abschlag von 15% vorzunehmen; bei Selbstabholung ist (zusätzlich) ein Abschlag von 20% vorzunehmen.		

12. **Strom**

    Unentgeltlich oder verbilligt abgegebener Strom ist mit dem jeweils günstigsten regionalen Tarif für private Haushalte zu bewerten.

13. **Bereitstellung von landwirtschaftlichen Maschinen und Geräten**

    Unentgeltlich oder verbilligt bereitgestellte landwirtschaftliche Maschinen und Geräte sind mit dem Richtwert für die Maschinenselbstkosten des österreichischen Kuratoriums für Landtechnik und Landentwicklung zu bewerten.

Sind die Aufwendungen des Arbeitgebers für die Anschaffung oder Herstellung dieser angeführten Wirtschaftsgüter höher als die festgesetzten Werte, sind die jeweiligen Anschaffungs- oder Herstellungskosten als Sachbezugswert anzusetzen.

Seit 1.1.2016 sind die sonstigen Sachbezugswerte lt. § 6 Sachbezugswerteverordnung **ausschließlich auf die Land- und Forstwirtschaft** eingeschränkt. Sonstige Sachbezugswerte außerhalb der Land- und Forstwirtschaft sind nach den allgemeinen Bewertungsregeln gem. § 15 Abs. 2 EStG (→ 20.3.2.) zu beurteilen (LStR 2002, Rz 209a).

20.3.4. Zusätzlich lt. LStR 2002 bewertete Sachbezüge

(Mobil)Telefon:

Analog der Verwaltungspraxis bei **fallweiser Privatnutzung** eines firmeneigenen Festnetztelefons durch den Arbeitnehmer ist **kein Sachbezugswert** zuzurechnen. Allein auf Grund der Zurverfügungstellung eines arbeitgebereigenen Mobiltelefons ist die Zurechnung eines pauschalen Sachbezugswerts daher nicht gerechtfertigt[508]. Bei einer im Einzelfall erfolgten **umfangreicheren Privatnutzung** sind die anteiligen **tatsächlichen Kosten** zuzurechnen (LStR 2002, Rz 214).

PC (Laptop, Notebook, Desktop etc.) und Internetanschluss:

Nicht abgabenpflichtig ist der Wert der **digitalen Arbeitsmittel** (IT-Hardware und Datenverbindung), die der Arbeitgeber dem Arbeitnehmer für seine berufliche Tätigkeit (im **Homeoffice**) unentgeltlich überlässt (§ 26 Z 9 EStG, § 49 Abs. 1 Z 31 ASVG).

Verwendet ein Arbeitnehmer einen firmeneigenen PC (Laptop, Notebook, Desktop etc.) regelmäßig für berufliche Zwecke, ist für eine **allfällige Privatnutzung kein Sachbezugswert** anzusetzen. Eine Schulung im Auftrag des Arbeitgebers (z.B. Lernprogramm im Selbststudium) ist eine berufliche Nutzung. Der Verkauf des PCs an den Arbeitnehmer zu einem Wert, der mindestens dem Buchwert entspricht, ist ebenfalls kein Vorteil aus dem Dienstverhältnis. Überträgt der Arbeitgeber den PC kostenlos dem Arbeitnehmer ins Privateigentum, dann ist der Wert des Gerätes (Buchwert) als Sachbezugswert zu versteuern. Stehen dem Arbeitnehmer hinsichtlich der beruflichen Nutzung Werbungskosten (AfA) zu, kann als Anschaffungswert der angesetzte Sachbezugswert herangezogen werden. Die Übertragung voll abgeschriebener PCs führt zu keinem Vorteil aus dem Dienstverhältnis; eine AfA kann nicht in Anspruch genommen werden (LStR 2002, Rz 214a).

508 Wenn glaubhaft gemacht werden kann (z.B. mit über einen mehrmonatigen Zeitraum geführten Listen), dass die Benützung nur während der Dienstzeit, nicht aber an Wochenenden bzw. nicht im Urlaub erfolgt, liegt jedenfalls kein Sachbezug vor.

Bonusmeilen (private Nutzung bestimmter Sachprämien):

Die im Rahmen eines **Kundenbindungsprogramms** (z.B. Vielfliegerprogramm) für Dienstreisen gutgeschriebenen Bonuswerte (z.B. Bonusmeilen) zählen zu den Einkünften aus nicht selbstständiger Arbeit und sind, wenn der Arbeitnehmer diese Bonuswerte für private Zwecke verwendet, **im Rahmen der Veranlagung**[509] als Arbeitslohn von dritter Seite zu erklären.

Für den von dritter Seite (z.B. Fluglinien) eingeräumten Vorteil aus der Verwendung von Bonusmeilen besteht für den Arbeitgeber keine Verpflichtung zur Einbehaltung und Abfuhr von Lohnsteuer[510]. Der Zufluss des Vorteils i.S.d. § 19 EStG findet erst mit der Verwendung der Bonusmeilen statt, da sich erst im Zeitpunkt der Einlösung in Geld ausdrücken lässt, welchen Betrag sich der Teilnehmer am Vielfliegerprogramm durch die Verwendung der Bonusmeilen erspart hat (VwGH 29.4.2010, 2007/15/0293).

Beispiel

Ein Arbeitnehmer erwirbt auf Grund seiner Dienstreisen Bonusmeilen. Im Jahr 2022 löst er die beruflich gesammelten Bonusmeilen für einen privaten Flug ein. Da der Vorteil dem Arbeitnehmer mit der Einlösung der Bonusmeilen zugeflossen ist, hat der Arbeitnehmer den Vorteil im Rahmen der Arbeitnehmerveranlagung 2022 als nicht selbstständige Einkünfte ohne Lohnsteuerabzug zu erklären. Als Vorteil sind die ersparten Aufwendungen (z.B. Ticketkosten eines vergleichbaren Flugs) anzusetzen.

(LStR 2002, Rz 222d)

Der Vorteil aus der Einlösung von Bonusmeilen zählt nicht zu jenen von dritter Seite gewährten Vorteilen, für die der Arbeitgeber gem. § 78 Abs. 1 EStG Lohnsteuer einbehalten muss (→ 19.3.2.), da der Arbeitgeber im Regelfall keine Kenntnis hat, ob und in welcher Höhe Bonusmeilen durch den Arbeitnehmer eingelöst werden (LStR 2002, Rz 1194a).

Für die Sozialversicherung ist dieser Sachbezug nach dem Anspruchsprinzip dem laufenden Bezug des jeweiligen Beitragszeitraums zuzuordnen.

Incentive-Reisen:

Veranstaltet der Arbeitgeber sog. Incentive-Reisen[511], um bestimmte Arbeitnehmer für **besondere Leistungen** zu belohnen, so liegt grundsätzlich ein geldwerter Vorteil aus dem Dienstverhältnis vor, wenn die Reisen einschlägigen Touristikreisen entsprechen. Wird die Incentive-Reise vom eigenen Arbeitgeber gewährt, so ist der Sachbezugswert (Preis der Reise inkl. Umsatzsteuer) im Weg des Lohnsteuerabzugs zu versteuern[512]. Wird die Incentive-Reise hingegen von einem Dritten (z.B. Geschäfts-

509 Unter ev. Berücksichtigung des Veranlagungsfreibetrags von jährlich € 730,00 (→ 15.2.1.).
510 Für Bonusmeilen besteht demzufolge keine Beitragspflicht bzw. Abgabenpflicht zum Dienstgeberbeitrag zum FLAF (→ 37.3.3.3.), Zuschlag zum DB (→ 37.3.4.3.) und zur Kommunalsteuer (→ 37.4.1.3.).
511 Reisen, die einen Anreiz für eine besondere (Arbeits-)Leistung bieten sollen.
512 Als sonstiger Bezug (→ 23.3.2.).

partner des Arbeitgebers) bezahlt, so ist der geldwerte Vorteil im Rahmen einer Veranlagung zu erfassen. Wird die Incentive-Reise im Zusammenhang oder anstelle von Provisionen gewährt, sind die LStR 2002, Rz 963 bis 967 (siehe dazu Punkt 19.4.2.2.2.), sinngemäß anzuwenden (LStR 2002, Rz 220).

Verkauf gebrauchter Dienstfahrzeuge:

Beim Verkauf gebrauchter Dienstfahrzeuge an Arbeitnehmer liegt ein steuerpflichtiger Sachbezug insoweit vor, als die Arbeitnehmer auf Grund des Dienstverhältnisses einen **Preis zu bezahlen haben, der unter dem Preis liegt**, der bei einer Veräußerung des Fahrzeugs an einen „fremden" privaten Abnehmer zu erzielen wäre. Die Höhe des Sachbezugs kann nach Ansicht des BMF aus der Differenz des vom Arbeitnehmer zu bezahlenden Preises und – in Anlehnung an Punkt 5.2. des Durchführungserlasses zum NoVAG 1991 – dem Mittelwert zwischen dem Händler-Einkaufspreis und dem Händler-Verkaufspreis lt. den inländischen Eurotax-Notierungen (jeweils inkl. Umsatzsteuer und NoVA) berechnet werden. Dem Arbeitnehmer bleibt es unbenommen, einen niedrigeren Sachbezug anhand geeigneter Unterlagen (z.B. Bewertungsgutachten, vergleichbare Kaufpreise) nachzuweisen (LStR 2002, Rz 222b).

Nach der Rechtsprechung des VwGH ist der Abschlag vom Händlerverkaufspreis bzw. die Heranziehung eines Mischpreises zwischen Händlerverkaufs- und Händlereinkaufspreis insofern begründbar, als es zu berücksichtigen gilt, dass gerade gebrauchte Fahrzeuge nicht nur bei Fahrzeughändlern, sondern auch von Privaten gekauft werden, und dort bereits in Hinblick auf die regelmäßig vereinbarten Gewährleistungsausschlüsse geringere Kaufpreise erzielt werden. Darüber hinaus muss die Behörde (bzw. das Gericht) auf alle vom Abgabepflichtigen substantiiert vorgetragenen, für die Schätzung des Sachbezugswerts relevanten Behauptungen (z.B. über vorliegende Schäden am Fahrzeug) eingehen (VwGH 26.7.2017, Ra 2016/13/0043).

PKW-Aufwendungen in Zusammenhang mit Dienstreisen:

Zur Übernahme von PKW-Aufwendungen in Zusammenhang mit Dienstreisen (z.B. Versicherungsprämien, Reparaturkosten, Geldstrafen) siehe Punkt 22.3.2.1.1.

Überlassen von Jahreskarten bzw. Jahresnetzkarten für Privatfahrten:

Die Übergabe einer Jahresnetzkarte (z.B. Klimaticket, Österreich-Card der ÖBB), die **auch** für Privatfahrten verwendet werden kann, ist grundsätzlich ein „Öffi"-Ticket im Sinne des § 26 Z 5 lit. b EStG (→ 22.6.2.), sofern die Karte zumindest am Wohn- oder Arbeitsort des Arbeitnehmers gültig ist. Nur wenn diese Voraussetzung nicht erfüllt wird, liegt ein Vorteil aus dem Dienstverhältnis vor, der mit dem üblichen Endpreis des Abgabeorts anzusetzen ist. Das ist jener Wert, den jeder private Konsument für die Jahresnetzkarte zu zahlen hat. Kostenersätze des Arbeitnehmers mindern den Sachbezugswert (LStR 2002, Rz 222c).

Hinweis: Zur Rechtslage vor 1.7.2021 siehe die 32. Auflage dieses Buches.

Mitarbeiterbeteiligungen:

Die unentgeltliche oder verbilligte Übertragung von Beteiligungen an Arbeitnehmer stellt einen Vorteil aus dem Dienstverhältnis dar. Werden vom Arbeitgeber Vermögensbeteiligungen wie z.B. Aktien an Arbeitnehmer übertragen, kommt es **im Zeitpunkt der Übergabe zum Zufluss** beim Arbeitnehmer (LStR 2002, Rz 215).

Die **Bewertung des geldwerten Vorteiles** hat mit dem üblichen Endpreis des Abgabeortes zu erfolgen. Notieren Beteiligungen (Aktien, Partizipationsscheine) an einer Börse, entspricht der übliche Endpreis des Abgabeortes dem Börsenkurs am Tag der Übertragung der Beteiligung. Notieren Beteiligungen nicht an einer Börse, ist der übliche Endpreis des Abgabeortes analog zum gemeinen Wert zu ermitteln (LStR 2002, Rz 218).

Eine Übertragung einer Beteiligung (und damit ein Zufluss) liegt generell nur dann vor, wenn die Beteiligung ein Wirtschaftsgut ist und der Arbeitnehmer wirtschaftlicher Eigentümer wird. **Keine Übertragung einer Beteiligung** (und damit kein Vorteil aus dem Dienstverhältnis aus der Übertragung) liegt vor, wenn der Arbeitnehmer über die Beteiligung nicht frei verfügen kann oder ein Verkauf oder die Weitergabe an Dritte durch Vereinbarungen mit dem Arbeitgeber auf Dauer eingeschränkt wird oder dem Arbeitnehmer wirtschaftlich gesehen nur ein Verfügen über die Erträge aus der Beteiligung für eine bestimmte Zeit (z.B. während der Dauer des Dienstverhältnisses) eingeräumt wird. Der Arbeitnehmer wird daher nicht wirtschaftlicher Eigentümer der Beteiligung, wenn z.B. dem Arbeitgeber ein Rückkaufsrecht zu einem von vornherein vereinbarten Preis eingeräumt wird. Ein Vorkaufsrecht des Arbeitgebers zum Marktpreis oder eine bestimmte Sperrfrist (bis zu fünf Jahren) hinsichtlich einer Verwertung der Beteiligung sprechen für sich allein nicht gegen ein wirtschaftliches Eigentum des Arbeitnehmers (LStR 2002, Rz 216).

Erträge aus der Beteiligung sind wie folgt zu behandeln:

- Ist der **Arbeitnehmer Eigentümer der Beteiligung,** sind die daraus resultierenden Erträge nach den allgemein hierfür geltenden steuerlichen Vorschriften zu behandeln (z.B. Dividenden aus Aktien als endbesteuerte Einkünfte aus Kapitalvermögen gem. § 27 EStG).
- Ist der **Arbeitnehmer wirtschaftlich betrachtet nicht Eigentümer** der Beteiligung, weil er sie z.B. zu einem bestimmten Preis bei Beendigung des Dienstverhältnisses wieder an den Arbeitgeber übertragen muss, sind die Erträge aus der Beteiligung als Ausfluss aus dem Dienstverhältnis als Einkünfte aus nichtselbständiger Arbeit (mit Lohnsteuerabzug) zu erfassen (LStR 2002, Rz 217).

Zur **Abgabenbefreiung** bei unentgeltlicher oder verbilligter Abgabe von Beteiligungen durch den Arbeitgeber siehe Punkt 21.2.1.

20.3.5. Abgabenfreie Sachbezüge

Nicht alle Sachbezüge sind abgabenpflichtig.

Der Gesetzgeber zählt im

ASVG	EStG	
§ 49 Abs. 3 Z 5	§ 26 Z 1	(Arbeitskleidung)
Z 11	§ 3 Abs. 1 Z 13	(Gesundheitsförderung und Prävention, Impfungen)
Z 12	Z 17	(Mahlzeiten, Gutscheine für Mahlzeiten)
Z 13	Z 18	(Getränke zum Verbrauch im Betrieb)
Z 16	Z 13	(Benützung von Einrichtungen und Anlagen)
Z 17	Z 14	(Betriebsveranstaltungen, Dienst- und Firmenjubiläen)
Z 18	Z 15	(Beteiligungen an Unternehmen)
Z 19	Z 20	(Zinsenersparnisse, soweit das Darlehen (der Vorschuss) € 7.300,00 nicht übersteigt)
Z 20	§ 26 Z 5	(Beförderung der Arbeitnehmer zwischen Wohnung und Arbeitsstätte im Werkverkehr)
Z 29	§ 3 Abs. 1 Z 21	(Mitarbeiterrabatte)
Z 31	§ 26 Z 9	(Wert der digitalen Arbeitsmittel)

bestimmte Sachbezüge auf, die abgabenfrei zu behandeln sind (→ 21.1.).

Zusätzlich zu den vorstehenden durch Gesetz (bzw. Verordnung) geregelten abgabenfreien Sachbezügen gibt es noch erlassmäßig geregelte abgabenfreie Sachbezüge. Diese sind:

Nichtmessbare Aufmerksamkeiten (z.B. **Blumenstrauß zum Geburtstag** des Arbeitnehmers) stellen keine geldwerten Vorteile dar. Gleiches gilt, wenn dem Arbeitnehmer Hilfsmittel zur Ausübung seines Berufs zur Verfügung gestellt werden (z.B. Arbeitsschutzausrüstungen wie **Sehhilfen** bei Bildschirmarbeit auf Grund des ASchG) (LStR 2002, Rz 138).

Freie oder verbilligte Mahlzeiten von Arbeitnehmern im Gast-, Schank- und Beherbergungsgewerbe sind unabhängig von kollektivvertraglichen Regelungen nach § 3 Abs. 1 Z 17 EStG abgabenfrei (LStR 2002, Rz 147).

Die Zurverfügungstellung einer einfachen **arbeitsplatznahen Unterkunft** (z.B. Schlafstelle, Burschenzimmer) durch den Arbeitgeber ist kein abgabenpflichtiger Sachbezug, sofern an dieser Unterkunft nicht der Mittelpunkt der Lebensinteressen begründet wird. Dies wird beispielsweise für saisonbeschäftigte Arbeitnehmer im Fremdenverkehr oder für KrankenpflegeschülerInnen zutreffen (LStR 2002, Rz 148).

Nimmt der Arbeitgeber eine **Lohnreduktion** vor und zahlt die **Differenz** in einen **Lebensversicherungsvertrag**, wobei er sowohl Versicherungsnehmer als auch Begünstigter ist, und wird die Versicherungssumme nach Ablauf der Versicherungszeit an den Arbeitgeber ausbezahlt und von diesem an den Arbeitnehmer weitergeleitet, dann stellen die laufenden Prämienzahlungen beim Arbeitgeber Betriebsausgaben dar; der Anspruch gegenüber der Versicherung ist vom Arbeitgeber zu aktivieren. Beim Arbeitnehmer liegt zum Zeitpunkt der Prämienzahlung kein Vorteil aus dem Dienstverhältnis vor, weil er über die Versicherung nicht verfügen kann. Ein Zufluss beim Arbeitnehmer und somit gleichzeitig Lohnaufwand des Arbeitgebers liegt (erst) im Zeitpunkt der Weiterleitung der Versicherungssumme an den Arbeitnehmer vor (LStR 2002, Rz 222a).

20.3.6. Mitarbeiterrabatte

Unter Mitarbeiterrabatten versteht man geldwerte Vorteile aus dem kostenlosen oder verbilligten Bezug von Waren oder Dienstleistungen, die der Arbeitgeber oder ein mit dem Arbeitgeber verbundenes Konzernunternehmen im allgemeinen Geschäftsverkehr anbietet.

Mitarbeiterrabatte sind in folgender Höhe **steuer- und sozialversicherungsfrei** (§ 3 Abs. 1 Z 21 EStG, § 49 Abs. 1 Z 29 ASVG):

Mitarbeiterrabatte bis **maximal 20%** sind abgabenbefreit und führen zu keinem Sachbezug (Freigrenze)[513].

Übersteigt der Mitarbeiterrabatt im Einzelfall 20%, steht insgesamt ein jährlicher **Freibetrag in Höhe von € 1.000,00**[514] zu.

Voraussetzung für die Steuer- und Beitragsbefreiung ist, dass

- der Mitarbeiterrabatt **allen oder bestimmten Gruppen von Arbeitnehmern** (→ 18.3.2.1.2.)[515] eingeräumt wird und
- die kostenlos oder verbilligt bezogenen Waren oder Dienstleistungen vom Arbeitnehmer **weder verkauft noch zur Einkünfteerzielung verwendet** und nur in einer solchen **Menge** gewährt werden, die einen Verkauf oder eine Einkünfteerzielung tatsächlich ausschließen.

Die Begünstigung gilt auch, wenn der Rabatt nicht unmittelbar vom Arbeitgeber, sondern von einem mit dem Arbeitgeber verbundenen **Konzernunternehmen** gewährt wird.

Ist ein Wert betreffend die geldwerten Vorteile von Waren und Dienstleistungen in der Sachbezugswerteverordnung festgelegt (z.B. bei Zinsersparnissen für Arbeitgeberdarlehen), kommt die Steuer- und Beitragsbefreiung nicht zur Anwendung.

Der Mitarbeiterrabatt ist von jenem Endpreis zu berechnen, zu welchem der **Arbeitgeber** die Ware oder Dienstleistung **fremden Letztverbrauchern im allgemeinen**

---

513 Es besteht keine betragsmäßige Höchstgrenze bei der Anwendung der 20%igen Freigrenze. Für Mitarbeiter von Arbeitgebern mit teuren Waren oder Dienstleistungen kann es daher zu sehr hohen abgabenfreien Vorteilen aus der Gewährung von Mitarbeiterrabatten kommen (z.B. für Mitarbeiter von Autohändlern oder Fertigteilhausproduzenten).

514 Der Freibetrag von € 1.000,00 kann von **jedem Arbeitgeber in voller Höhe** berücksichtigt werden, unabhängig von der Dauer des Dienstverhältnisses (z.B. unterjähriger Ein- und Austritt oder Karenzierung) (LStR 2002, Rz 103).

515 Pensionisten sind nach Ansicht des BMF im Anwendungsbereich dieser Bestimmung keine Arbeitnehmer – vgl. LStR 2002, Rz 104. Das BFG sieht die Anwendbarkeit der Steuerbefreiung demgegenüber auch für ehemalige Arbeitnehmer (Pensionisten) (BFG 8.5.2019, RV/7105649/2017).

Geschäftsverkehr anbietet[516]. Sind die Abnehmer des Dienstgebers keine Letztverbraucher (z.B. Großhandel), so ist der übliche Endpreis des Abgabeortes anzusetzen (§ 15 Abs. 2 Z 3 lit. a EStG, § 50 Abs. 3 ASVG) (→ 20.3.2.).

Werden seitens des Arbeitgebers **Gutscheine** an Arbeitnehmer ausgegeben, stellt sich die Frage des Mitarbeiterrabattes erst im **Zeitpunkt der Einlösung** des Gutscheines, d.h. beim tatsächlichen Bezug von konkreten Waren oder Dienstleistungen. Erst in diesem Zeitpunkt ist eine Beurteilung des Erfüllens aller Voraussetzungen für eine Abgabenbefreiung möglich.

Die Lohnsteuerrichtlinien 2002 enthalten in Rz 103 folgende **Beispiele**:

Beispiel 1

Ein Unternehmer verkauft eine Ware an fremde Abnehmer im allgemeinen Geschäftsverkehr (üblicher Preis minus üblich gewährter Rabatte) zu einem Preis von € 200,00. An seine Arbeitnehmer verkauft der Unternehmer die gleiche Ware

a) zu einem Preis von € 160,00.
b) zu einem Preis von € 140,00.

In Fall a) kommt die Befreiung gem. § 3 Abs. 1 Z 21 EStG zur Anwendung, da die 20%ige Freigrenze nicht überschritten wird (€ 200,00 minus 20% = € 160,00). Ein Sachbezug ist nicht anzusetzen.

In Fall b) kommt es zur Überschreitung der 20%-Grenze. Es liegt ein geldwerter Vorteil von € 60,00 vor. Dieser Betrag von € 60,00 ist jedoch nur dann zu versteuern, wenn es zu einer Überschreitung des jährlichen Freibetrages in Höhe von € 1.000,00 kommt.

Beispiel 2

Ein Unternehmer verkauft eine Ware an fremde Abnehmer um einen Preis von € 15.000,00. Seinen Arbeitnehmern überlässt er die gleiche Ware um einen Preis von € 11.250,00.

Der Mitarbeiterrabatt beträgt mehr als 20% (25% von € 15.000,00 = € 3.750,00). Somit liegt ein geldwerter Vorteil von € 3.750,00 vor. Da auch der jährliche Freibetrag in Höhe von € 1.000,00 überschritten wird, sind € 2.750,00 (€ 3.750,00 abzüglich € 1.000,00 Freibetrag) als Vorteil aus dem Dienstverhältnis zu versteuern.

516 Endpreis ist jener Preis, von welchem **übliche Kundenrabatte (z.B. Mengenrabatte, Aktionen, Schlussverkäufe) bereits abgezogen** wurden; dabei ist stets auf den Endpreis im Zeitpunkt des kostenlosen oder verbilligten Bezugs der konkreten Ware oder Dienstleistung abzustellen (vgl. zur allgemeinen Sachbezugsbewertung Punkt 20.3.2.). Preiszugeständnisse, die der Arbeitgeber im Einzelfall aufgrund gezielter Preisverhandlungen einräumt, sowie Sonderkonditionen für bevorzugte Kunden bleiben außer Betracht (LStR 2002, Rz 103). Überlässt der Arbeitgeber dem Arbeitnehmer Waren zu Ausverkaufskonditionen außerhalb der Ausverkaufszeiten, liegt ein geldwerter Vorteil aus dem Dienstverhältnis vor (LStR 2002, Rz 141a).

Beispiel 3

Ein Textilhandelsunternehmen verkauft eine Hose an fremde Abnehmer zu einem Preis von € 100,00. Am 1. Juli wird die Ware aufgrund des Sommerschlussverkaufs um 30% auf € 70,00 reduziert. Ein Arbeitnehmer des Textilhandelsunternehmens erwirbt die Hose

a) am 28. Juni um € 70,00: Da die 20%-Grenze überschritten wird (€ 100,00 minus 20% = € 80,00), liegt ein geldwerter Vorteil von € 30,00 vor, der dann zu versteuern ist, wenn der jährliche Freibetrag von € 1.000,00 überschritten wird.
b) am 1. Juli um € 70,00: Es liegt kein Mitarbeiterrabatt vor, da auch fremde Abnehmer die Hose um € 70,00 erwerben können.
c) am 1. Juli um € 60,00: Die 20%-Grenze wird nicht überschritten (€ 70,00 minus 20% = € 56,00). Der Mitarbeiterrabatt ist steuerfrei.
d) am 1. Juli um € 50,00: Da die 20%-Grenze überschritten wird (€ 70,00 minus 20% = € 56,00), liegt ein geldwerter Vorteil von € 20,00 vor, der dann zu versteuern ist, wenn der jährliche Freibetrag von € 1.000,00 überschritten wird.

Mitarbeiterrabatte sind bei Vorliegen der übrigen Voraussetzungen nur dann steuerfrei, wenn der kostenlose oder verbilligte Bezug von Waren oder Dienstleistungen **durch den Mitarbeiter (Arbeitnehmer) selbst erfolgt** und dieser den Aufwand wirtschaftlich selbst trägt, auch dann, wenn die Ware einer Person zugeordnet werden kann (z.B. Saisonkarte).

Werden aufgrund des Dienstverhältnisses Rabatte bis zu 20% auch **Angehörigen des Mitarbeiters** gewährt, stellt dies nach Ansicht des BMF einen beim Arbeitnehmer zu erfassenden **Vorteil aus dem Dienstverhältnis** dar, auf welchen die Begünstigung für Mitarbeiterrabatte grundsätzlich nicht anwendbar ist. Erwirbt der Angehörige selbst die Ware (**bis 20% Rabatt**), kommt die Steuerbefreiung daher nicht zur Anwendung.

Übersteigt allerdings der Rabatt bei Direkteinkäufen durch Angehörige im Einzelfall 20%, sind Mitarbeiterrabatte nach Rechtsmeinung des BMF insoweit steuerpflichtig, als ihr Gesamtbetrag € 1.000,00 im Kalenderjahr übersteigt. Es erfolgt somit – aus Gründen der Verwaltungsvereinfachung – eine **Anrechnung auf die € 1.000,00-Grenze des Arbeitnehmers.**

Damit die Steuerbegünstigung für Mitarbeiterrabatte anwendbar ist, müssen aber jedenfalls die übrigen gesetzlichen Voraussetzungen vorliegen (wie z.B. kein Weiterverkauf) (LStR 2002, Rz 104).

Übersicht (LStR 2002, Rz 104):

Arbeitgeber gewährt Mitarbeiterrabatte:	Rabatt bis 20%	Rabatt über 20%
Mitarbeiter erwirbt (für sich oder für andere) und trägt den Aufwand	steuerfrei	Freibetrag € 1.000,00/Jahr; darüber steuerpflichtig
Direkteinkauf von Angehörigen von Mitarbeitern	beim Arbeitnehmer steuerpflichtig	wird auf € 1.000,00 Jahresfreibetrag des Arbeitnehmers angerechnet; darüber beim Arbeitnehmer steuerpflichtig

Der Arbeitgeber hat alle einem Mitarbeiter im Kalenderjahr gewährten Rabatte, die 20% übersteigen, **aufzuzeichnen** und in das **Lohnkonto einzutragen** (§ 1 Abs. 1 Lohnkontenverordnung; LStR 2002, Rz 103).

Zusammenfassung möglicher Rabatte bzw. Preisnachlässe:

Arbeitnehmer erhalten	**Sachbezugspflicht**
Rabatte bzw. Konditionen, die auch Kunden (Laufkunden) des Arbeitgebers erhalten	nein
Rabatte bzw. Konditionen, wie sie nur Großkunden (Großabnehmer) des Arbeitgebers erhalten	ja, sofern Freigrenze und Freibetrag überschritten werden
Gutscheine, die der Arbeitgeber zum verbilligten Kauf von Waren übergeben hat	ja, sofern Freigrenze und Freibetrag überschritten werden
Waren bereits vor Beginn des Ausverkaufs zu den Ausverkaufskonditionen	ja, sofern Freigrenze und Freibetrag überschritten werden
Waren bzw. Dienstleistungen, die Mitarbeiter bei anderen Anbietern zum gleichen oder zu einem günstigeren Preis erwerben können	*)

*) Gemäß Rz 222 und Rz 222e der Lohnsteuerrichtlinien 2002 i.d.F. vor dem Wartungserlass 2015 führen Personalrabatte zu keinem Vorteil aus dem Dienstverhältnis, wenn für den Arbeitnehmer die Möglichkeit besteht, dieselben Waren oder Dienstleistungen zu einem niedrigeren bzw. gleichen Preis im Rahmen des üblichen Geschäftsverkehrs (z.B. in Supermärkten) zu kaufen. Dabei wurde auf die Entscheidung des VwGH vom 21.5.2014, 2010/13/0196, Bezug genommen, wonach die Unentgeltlichkeit der Kontoführung für Mitarbeiter eines Bankinstituts keinen steuerbaren geldwerten Vorteil darstellt, wenn für Mitarbeiter bei anderen Geldinstituten eine vergleichbare entgeltfreie Kontoführung möglich wäre[517]. Diese Aussagen wurden mit dem Wartungserlass 2015 gestrichen.

Offensichtlich vertritt das BMF vor dem Hintergrund der seit 1.1.2016 geltenden neuen Rechtslage für die Bewertung von Mitarbeiterrabatten (§ 15 Abs. 2 Z 3 lit. a EStG, § 50 Abs. 3 ASVG – siehe oben) die Auffassung, dass nunmehr für die Beurteilung des Vorliegens eines Vorteils aus dem Dienstverhältnis ausschließlich auf die **Konditionen des Arbeitgebers („arbeitgeberbezogene Betrachtungsweise") und nicht mehr auf die Konditionen anderer Anbieter („marktbezogene Betrachtungsweise")** abzustellen ist. Demnach würde immer dann ein Vorteil aus dem Dienstverhältnis vorliegen, wenn Mitarbeiter Waren und Dienstleistungen des Arbeitgebers zu Konditionen beziehen können, die Kunden (Letztverbraucher) des Arbeitgebers nicht erhalten – unabhängig davon, ob der Mitarbeiter die Waren oder Dienstleistungen bei anderen Anbietern am Markt zu gleichen oder günstigeren Konditionen beziehen könnte.

Es sprechen jedoch gute Gründe dafür, die Beurteilung des Vorliegens eines Vorteils aus dem Dienstverhältnis weiterhin auch anhand einer „marktbezogenen Betrachtungsweise"

517 Vgl. auch BFG 18.7.2018, RV/2100032/2014; BFG 27.3.2018, RV/2100293/2013; BFG 14.3.2018, RV/2100080/2014; BFG 9.3.2018, RV/2100101/2014; BFG 6.9.2017, RV/2100294/2013; BFG 17.5.2017, RV/2100065/2014; BFG 3.4.2017, RV/2100297/2013; BFG 27.3.2017, RV/2100298/2013. Zur gleichen Rechtslage im Bereich der Lohnnebenkosten vgl. jedoch VwGH 21.4.2016, 2013/15/0259, wonach bei kostenloser Kontoführung, kostenloser Inanspruchnahme einer Kreditkarte und kostenloser Benützung von Safes und Schließfächern sowie kostenlosen Depotgebühren ein steuerpflichtiger Sachbezug vorliegt. Der Gerichtshof ging dabei aber offensichtlich davon aus, dass zumindest die Möglichkeit der kostenlosen Nutzung von Safes und Schließfächern bei anderen Banken nicht festgestellt wurde und aus diesem Grund ein Vorteil aus dem Dienstverhältnis bestand.

vorzunehmen. Demnach würde kein Sachbezug zu versteuern sein, wenn Mitarbeiter die Möglichkeit haben, dieselben Waren oder Dienstleistungen zu einem niedrigeren bzw. gleichen Preis im Rahmen des üblichen Geschäftsverkehrs bei anderen Anbietern am Abgabeort zu erwerben (vgl. dazu ausführlich SWK 25/2015, Linde Verlag Wien).

Auch der DVSV geht – unabhängig von der seit 1.1.2016 bestehenden Beitragsbefreiung – (weiterhin) davon aus, dass die kostenlose Kontoführung für Mitarbeiter eines Kreditinstituts keinen Vorteil aus dem Dienstverhältnis darstellt, begründet dies jedoch mit dem **überwiegenden eigenbetrieblichen Interesse des Arbeitgebers** (E-MVB, 049-03-01-015 vom 1.1.2016 mit Verweis auf VwGH 13.11.2013, 2012/08/0164)[518].

Prüfschema für Mitarbeiterrabatte:

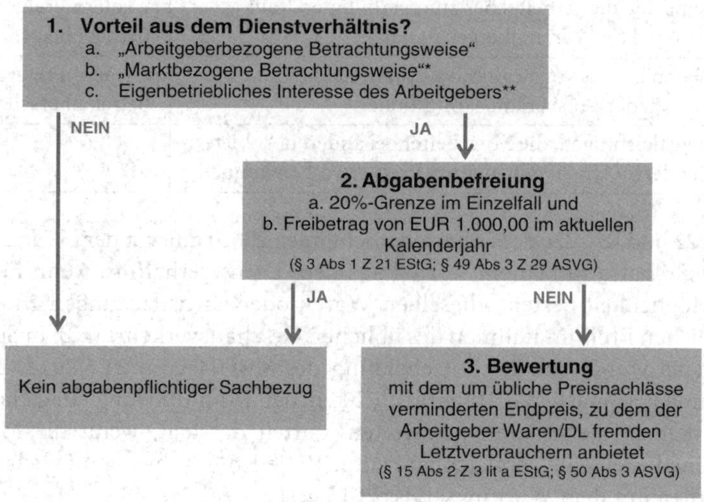

*) Andere Ansicht offensichtlich BMF (ausschließliches Abstellen auf die Preisgestaltung des Arbeitgebers).

**) Kann nach Ansicht des VwGH den Sachbezug im Steuerrecht nur bei „ausschließlichem“ Interesse des Arbeitgebers und bei vollständigem Fehlen eines (objektiven) Vorteils auf Ebene des Arbeitnehmers ausschließen.

Abgabenpflichtige Mitarbeiterrabatte:

Mitarbeiterrabatte, die die **Freigrenze und den Freibetrag übersteigen**, sind als laufend oder jährlich gewährte Sachbezüge zu verabgaben (→ 20.3.7.).

Für die Abgrenzung zwischen **laufenden und sonstigen Bezügen** ist auf die allgemeinen Kriterien zurückzugreifen (→ 23.3.1.1., → 23.3.2.6.1.). Entscheidend ist, in welchen Zeitabständen ein Bezugsrecht für die Waren und Dienstleistungen des Arbeitgebers gewährt wird[519] bzw. ob es sich um Waren bzw. Dienstleistungen han-

518 Für steuerrechtliche Zwecke reicht das überwiegende eigenbetriebliche Interesse des Arbeitgebers für die Vermeidung einer Sachbezugsbesteuerung nach Ansicht des VwGH nicht aus. Vielmehr schließt nur das **„ausschließliche“ Interesse des Arbeitgebers** und das (vollständige) **Fehlen eines (objektiven) Vorteils auf Ebene des Arbeitnehmers** die Sachbezugsbesteuerung aus (vgl VwGH 21.4.2016, 2013/15/0259).

519 Besteht ein laufendes Bezugsrecht und sind Mitarbeiterrabatte daher keinem größeren Zeitraum als dem Kalendermonat zuzuordnen, sind sie als laufender Bezug im Monat der Zuwendung abzurechnen. Sollten beitragspflichtige Mitarbeiterrabatte im Einzelfall wiederkehrend (z.B. jährlich) gewährt werden, sind sie sozial-

delt, die typischerweise regelmäßig oder nur in größeren Zeitabständen bezogen werden[520].

Bei geringfügig Beschäftigten (→ 31.3.) ist im Monat der Gewährung eines Mitarbeiterrabattes zu prüfen, ob durch einen als laufenden Bezug abzurechnenden Mitarbeiterrabatt die Geringfügigkeitsgrenze überschritten wird. Dabei ist aber nur der beitragspflichtige Teil des gewährten Mitarbeiterrabattes anzusetzen (Nö. GKK, NÖDIS Nr. 13/Oktober 2016).

20.3.7. Zusammenfassung

Der Wert der **laufend gewährten** abgabenpflichtigen **Sachbezüge** ist

SV	LSt	DB zum FLAF (→ 37.3.3.3.)	DZ (→ 37.3.4.3.)	KommSt (→ 37.4.1.3.)
pflichtig (als lfd. Bez.)	pflichtig (als lfd. Bez.)	pflichtig[521] [522]	pflichtig[521] [522]	pflichtig[521]

zu behandeln.

Der Wert der **jährlich gewährten** abgabenpflichtigen **Sachbezüge** ist

SV	LSt	DB zum FLAF (→ 37.3.3.3.)	DZ (→ 37.3.4.3.)	KommSt (→ 37.4.1.3.)
pflichtig (als SZ)	frei/pflichtig (als sonst. Bez., → 23.5.)	pflichtig[521] [522]	pflichtig[521] [522]	pflichtig[521]

zu behandeln.

versicherungsrechtlich als Sonderzahlung zu behandeln (vgl. auch Nö. GKK, NÖDIS Nr. 13/Oktober 2016, wonach im Regelfall laufende Bezüge vorliegen werden). Dies muss auch für die steuerrechtliche Beurteilung gelten, allerdings sind steuerrechtlich auch einmalig gewährte Mitarbeiterrabatte als sonstiger Bezug (→ 23.5.) abzurechnen, während sozialversicherungsrechtlich mangels Regelmäßigkeit ein laufender Bezug vorliegt (→ 23.3.1.1.).

520 Wie häufig bzw. in welchen Zeitabständen von einem laufend eingeräumten Bezugsrecht für Waren, die typischerweise regelmäßig bezogen werden, tatsächlich Gebrauch gemacht wird, ist dabei grundsätzlich nicht entscheidend. Auch wenn ein Mitarbeiterrabatt laufend zur Verfügung steht, dieser von einem Mitarbeiter tatsächlich jedoch nur einmal jährlich in Anspruch genommen wird, liegt grundsätzlich ein laufender Bezug vor (vgl auch LStR 2002, Rz 1052 mit dem Beispiel der Überstundenentlohnung).

521 Ausgenommen davon sind die Sachbezüge bzw. Zinsenersparnisse der begünstigten behinderten Dienstnehmer und der begünstigten behinderten Lehrlinge i.S.d. BEinstG (→ 29.2.1.).

522 Ausgenommen davon sind die Sachbezüge bzw. Zinsenersparnisse der Dienstnehmer (Personen) nach Vollendung des 60. Lebensjahrs (→ 31.11.).

523 Der Sachbezugswert für die Zinsenersparnis **bleibt** nach der Sachbezugswerteverordnung dem Wesen nach ein **sonstiger Bezug** (unabhängig davon, ob die Abrechnung monatlich, vierteljährlich oder jährlich erfolgt), der nur „wie ein laufender Bezug" nach der Tariflohnsteuer gem. § 67 Abs. 10 EStG (→ 23.3.2.6.2.) versteuert wird. Nach Ansicht des VwGH kann auch ein **laufender Bezug** vorliegen (→ 20.3.3.7.).

Der Betrag der **Zinsenersparnis** ist

SV	LSt	DB zum FLAF (→ 37.3.3.3.)	DZ (→ 37.3.4.3.)	KommSt (→ 37.4.1.3.)
pflichtig (als lfd. Bez.)	pflichtig (wie ein lfd. Bez.[523])	pflichtig[521 522]	pflichtig[521 522]	pflichtig[521]

zu behandeln.

Der Wert des bei Unterbrechung des Dienstverhältnisses sowie des **nach Beendigung** des Dienstverhältnisses **weitergewährten** Sachbezugs (z.B. vom Arbeitgeber freiwillig zugesagte kostenlose Weiterbenutzung der Dienstwohnung) ist

SV	LSt	DB zum FLAF (→ 37.3.3.3.)	DZ (→ 37.3.4.3.)	KommSt (→ 37.4.1.3.)
frei	pflichtig (als lfd. Bez.)	pflichtig[521 522]	pflichtig[521 522]	pflichtig[521]

Hinweis: Bedingt durch die unterschiedlichen Bestimmungen des Abgabenrechts ist das Eingehen auf ev. Sonderfälle nicht möglich. Es ist daher erforderlich, die entsprechenden Erläuterungen zu beachten.

21. Beitragsfreies Entgelt – steuerfreie Einkünfte – nicht steuerbare Leistungen

In diesem Kapitel werden u.a. Antworten auf folgende praxisrelevanten Fragestellungen gegeben:

- Welche Möglichkeiten bestehen, Mitarbeitern lohnabgabenfreie Entgeltbestandteile zukommen zu lassen? Seite 495 ff.
- Unter welchen Voraussetzungen können Umzugskostenvergütungen lohnabgabenfrei gewährt werden? Seite 498, 557 f.
- Wie sind Essenszuschüsse lohnabgabenrechtlich zu behandeln? Seite 505 f., 544 ff.
- Wie sind Zuschüsse für die Kinderbetreuung lohnabgabenrechtlich zu behandeln? Seite 504 f., 530 f.
- Welche Voraussetzungen bestehen für die Steuerbefreiung begünstigter Auslandstätigkeiten? Seite 520 ff.
- Sind Geburtstagsgeschenke an Mitarbeiter lohnabgabenpflichtig? Seite 507, 532
- Worauf ist bei der Gewährung von Weihnachtsgeschenken zu achten? Seite 506 f., 532 f.

Leistungen, die der Dienstnehmer/Arbeitnehmer vom Dienstgeber/Arbeitgeber erhält, werden unterteilt lt.

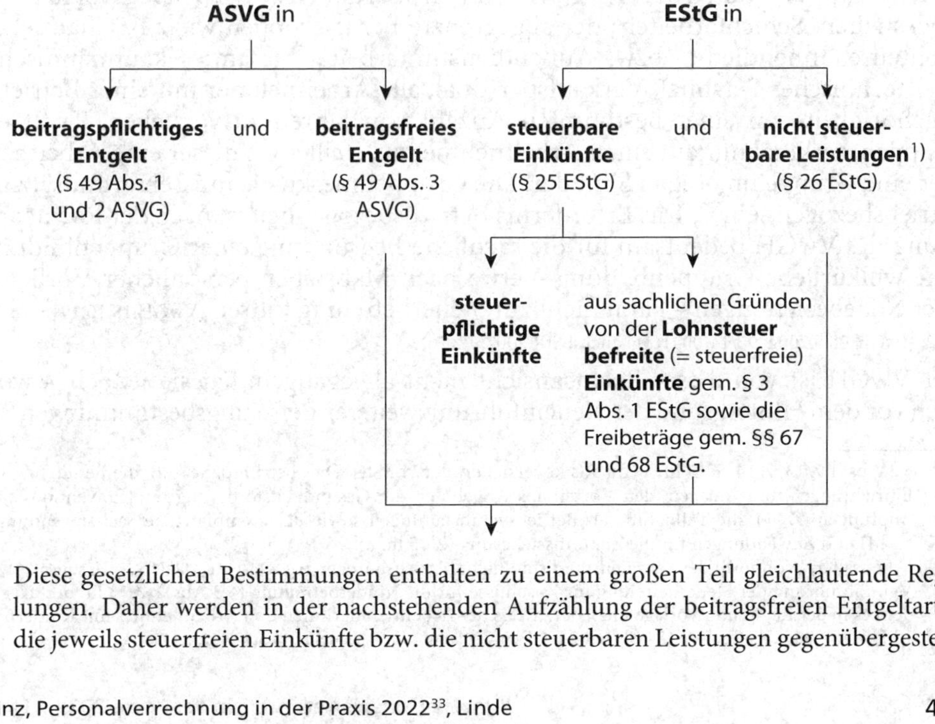

1) Diese gesetzlichen Bestimmungen enthalten zu einem großen Teil gleichlautende Regelungen. Daher werden in der nachstehenden Aufzählung der beitragsfreien Entgeltarten die jeweils steuerfreien Einkünfte bzw. die nicht steuerbaren Leistungen gegenübergestellt.

Zu **beachten** ist, dass es Bezugsbestandteile gibt, die **nur dann beitrags- und/oder abgabenfrei** sind, wenn diese vom Dienstgeber/Arbeitgeber entweder

1. auf Grund einer lohngestaltenden Vorschrift **verpflichtend** zu bezahlen sind (→ 21.1.)
   oder
2. auf Grund einer lohngestaltenden Vorschrift **verpflichtend** zu bezahlen sind, **aber auch freiwillig** bezahlt werden können,
   oder
3. nur **freiwillig** bezahlt werden dürfen.

Welche der drei Voraussetzungen zutreffen muss, ist den jeweiligen gesetzlichen Bestimmungen zu entnehmen.

Darüber hinaus sind einige (freiwillig bezahlte) Bezugsbestandteile nur beitrags- und/oder abgabenfrei, wenn sie **allen Arbeitnehmern** oder **bestimmten Gruppen von Arbeitnehmern** gewährt werden (siehe dazu die jeweiligen gesetzlichen Bestimmungen).

Arbeitnehmer sind in diesem Zusammenhang nach Ansicht des BMF nur Personen, die in einem aktiven Dienstverhältnis stehen (vgl. auch BFG 30.11.2015, RV/5101168/2015 zu Mitarbeiterbeteiligungen gem. § 3 Abs. 1 Z 15 lit. b EStG), wobei bestimmte Befreiungen[524] aus verwaltungsökonomischen Gründen auch für ehemalige Arbeitnehmer gelten (LStR 2002, Rz 75). Davon nicht betroffen sind Befreiungsbestimmungen, die ex lege auch für ehemalige Arbeitnehmer gelten (vgl. § 3 Abs. 1 Z 15 lit. c EStG i.d.F. BGBl I 2017/105 zu Mitarbeiterbeteiligungen über Stiftungen, → 21.2.1.).

Nach Ansicht des BFG ist die Steuerbefreiung für Mitarbeiterrabatte – entgegen der Ansicht des BMF – auch für ehemalige Arbeitnehmer (Pensionisten) anwendbar (BFG 8.5.2019, RV/7105649/2017).

Unter **Gruppen von Arbeitnehmern** sind Großgruppen wie z.B. alle Arbeiter, alle Angestellten, Schichtarbeiter oder abgegrenzte Berufsgruppen wie z.B. Chauffeure, Monteure, Innendienst- bzw. Außendienstmitarbeiter, gesamtes kaufmännisches oder technisches Personal, Verkaufspersonal, alle Arbeitnehmer mit einer Betriebszugehörigkeit von einer bestimmten Anzahl von Jahren zu verstehen. Trifft ein Gruppenmerkmal nur auf einen Arbeitnehmer zu, stellt auch dieser eine Arbeitnehmer eine Gruppe im obigen Sinn dar. Die Gruppenmerkmale müssen grundsätzlich betriebsbezogen sein[525]. Das Erfordernis Betriebsbezogenheit ist nach der Rechtsprechung des VwGH bedeutsam für die sachliche Begründung einer Gruppenbildung. Eine willkürliche Gruppenbildung – etwa nach Maßstäben persönlicher Vorlieben oder Nahebeziehungen – kann nicht zur Steuerbefreiung fuhren (VwGH 18.10.1995, 95/13/0062; VwGH 28.5.2002, 96/14/0041; vgl auch LStR 2002, Rz 76).

Der VwGH ist von dieser Rechtsansicht nicht abgegangen, hat sie jedoch – wohl auch vor dem Hintergrund der Neueinführung weiterer Befreiungsbestimmungen[526] –

524 § 3 Abs. 1 Z 13, Z 14, Z 15 lit. a (für Risikoversicherungen) EStG. Dies betrifft daher z.B. die Benützung von Einrichtungen und Anlagen, den Vorteil aus Angeboten der Gesundheitsförderung und Prävention sowie Impfungen (Z 13), die Teilnahme an Betriebsveranstaltungen sowie dabei empfangene Sachzuwendungen (Z 14) und Zuwendungen für die Zukunftssicherung (Z 15 lit. a).

525 Lebensalter, Wohnort oder Familienstand sind nicht betriebsbezogen (vgl. Nö. GKK, NÖDIS Nr. 1/Jänner 2017).

526 Vgl. Einführung der Steuerbefreiung für Zuschüsse für die Kinderbetreuung (§ 3 Abs. 1 Z 13 lit. b EStG), zu dem es in der Regierungsvorlage hieß, der „Kreis der Arbeitnehmerinnen und Arbeitnehmer mit Kindern bis 10 Jahren“ gelte als Gruppe (54 BlgNR 24. GP 8; vgl. auch die Beispiele in LStR 2002, Rz 77f).

weiterentwickelt. Ob die Gruppenbildung sachlich begründbar ist, hängt demnach im Einzelfall auch von der **Art des mit der Gruppenzugehörigkeit verbundenen Vorteils** und vom **Zweck der Steuerbefreiung**[527] ab. Bei der steuerlichen Begünstigung von Sozialleistungen müssen auch soziale Merkmale als Gruppenmerkmale anerkannt werden (VwGH 27.7.2016, 2013/13/0069; vgl. nunmehr auch LStR 2002, Rz 76).

Nicht begünstigt sind nach Ansicht des BMF Maßnahmen, die sich auf Personen einer bestimmten Altersgruppe beziehen. Dies schließt allerdings nicht aus, dass der Arbeitgeber die Aufwendungen allein oder zusätzlich für Arbeitnehmer auf Grund der Beschäftigungsdauer im Betrieb abhängig machen kann. Der Umstand, dass einer Anzahl von Personen eine Belohnung zugesprochen wird, führt noch nicht dazu, dass diese Personen als Gruppe anzusehen sind. Ein unterscheidendes Merkmal in Form der Erreichung einer Zielvorgabe ist für die Zuordnung bestimmter Arbeitnehmer zu einer Gruppe nicht geeignet (LStR 2002, Rz 76).

Sofern der Arbeitgeber zwar allen Arbeitnehmern oder allen Arbeitnehmern einer bestimmten Gruppe eine Begünstigung anbietet, aber nicht alle Arbeitnehmer oder alle Arbeitnehmer einer bestimmten Gruppe von diesem Angebot Gebrauch machen, geht die Begünstigung hinsichtlich der annehmenden Arbeitnehmer nicht verloren (vgl. VwGH 4.7.1985, 84/08/0006).

Scheiden Arbeitnehmer aus einer Gruppe aus oder wechseln sie in eine andere Gruppe, hat das auf die bis zum Ausscheiden aus der Gruppe bzw. bis zum Wechsel in eine andere Gruppe gewährten steuerbefreiten Bezüge keinen Einfluss. Nach dem Wechsel in eine andere Gruppe steht die Steuerbefreiung für diesen Arbeitnehmer aber nur dann zu, wenn das Gruppenmerkmal für die neue Gruppe wieder erfüllt ist (LStR 2002, Rz 76).

Diese Ausführungen zum Gruppenmerkmal gelten sowohl für die Steuer- als auch die Beitragsbefreiungen (vgl. Nö. GKK, NÖDIS Nr. 1/Jänner 2017, wonach sich die Sozialversicherung an den Lohnsteuerrichtlinien 2002, Rz 76 orientiert).

Bezugsumwandlungen von steuerpflichtigen (überkollektivvertraglichen) Geldbezügen in steuerfreie bzw. nicht steuerbare Geld- oder Sachbezüge werden nach der derzeitigen höchstgerichtlichen Rechtsprechung und Verwaltungspraxis steuerrechtlich akzeptiert, ausgenommen der Gesetzeswortlaut definiert diese als für die Steuerbefreiung schädlich. Sozialversicherungsrechtlich führen Bezugsumwandlungen von beitragspflichtigen Geldbezügen in beitragsfreie Geld- oder Sachbezüge demgegenüber grundsätzlich nicht zu einer Minderung der sozialversicherungsrechtlichen Beitragsgrundlage, ausgenommen es handelt sich um einen echten und nachhaltigen Lohnverzicht (vgl. ähnlich z.B. E-MVB, 049-03-18-001) oder eine Bezugsumwandlung ist nach dem Gesetzeswortlaut explizit nicht schädlich für die Beitragsfreiheit.

21.1. Beitragsfreies Entgelt

Das ASVG bindet im § 49 Abs. 3 die Beitragsfreiheit **einiger Entgeltarten** an bestimmte, unter **§ 68 Abs. 5 Z 1 bis 7 EStG** angeführte Regelungen; d.h., dass diese nur dann beitragsfrei zu behandeln sind, wenn sie

1. auf Grund **gesetzlicher Vorschriften**,
2. auf Grund von Gebietskörperschaften erlassener Dienstordnungen,

527 In diesem Zusammenhang stellte der VwGH fest, dass unter gewissen Voraussetzungen auch **leitende Angestellte** eine Gruppe bilden können (VwGH 27.7.2016, 2013/13/0069).

3. auf Grund aufsichtsbehördlich genehmigter Dienst(Besoldungs)ordnungen der Körperschaften des öffentlichen Rechts,
4. auf Grund der vom Österreichischen Gewerkschaftsbund für seine Bediensteten festgelegten Arbeitsordnung,
5. auf Grund von **Kollektivverträgen oder Betriebsvereinbarungen**, die auf Grund **besonderer** kollektivvertraglicher Ermächtigungen abgeschlossen worden sind[528],
6. auf Grund von **Betriebsvereinbarungen**, die wegen Fehlens eines kollektivvertragsfähigen Vertragsteils (§ 4 ArbVG) auf der Arbeitgeberseite[529] **zwischen einem einzelnen Arbeitgeber und** dem kollektivvertragsfähigen Vertragsteil auf **der Arbeitnehmerseite** abgeschlossen wurden[530],
7. **innerbetrieblich** für alle Arbeitnehmer oder bestimmte Gruppen von Arbeitnehmern gewährt werden (§ 68 Abs. 5 EStG).

21.1.1. Einzelne Beitragsbefreiungen

Hinweis: Hinsichtlich der Erläuterungen zu den jeweiligen Beitragsbefreiungen kann bei gleichlautenden Bestimmungen in ASVG und EStG auch auf die steuerrechtlichen Ausführungen unter Punkt 21.2. und 21.3. zurückgegriffen werden.

Beitragsfrei gem. § 49 Abs. 3 Z 1 bis 31 ASVG sind:	Steuerfrei gem. §§ 3, 67, 68 EStG und nicht steuerbar gem. § 26 EStG sind:
Z 1:	**§ 26 Z 2:**
Vergütungen des Dienstgebers an den Dienstnehmer (Lehrling), durch welche die durch dienstliche Verrichtungen für den Dienstgeber veranlassten Aufwendungen des Dienstnehmers abgegolten werden (**Auslagenersatz**).	Beträge, die der Arbeitnehmer vom Arbeitgeber erhält, um sie für ihn auszugeben (**durchlaufende Gelder**) und durch die Auslagen des Arbeitnehmers für den Arbeitgeber ersetzt werden (**Auslagenersätze**). → 21.3.

528 Darunter sind solche Betriebsvereinbarungen zu verstehen, deren Abschluss im anzuwendenden Kollektivvertrag vorgesehen ist (→ 3.3.5.1.). In diesem Fall muss der Kollektivvertrag ausdrücklich den Hinweis auf die Möglichkeit des Abschlusses einer Betriebsvereinbarung bezüglich der Bezahlung eines solchen Entgelts enthalten.

529 Z.B. bei Vereinen, die als Arbeitgeber nicht kollektivvertragsangehörig sind.

530 § 68 Abs. 5 Z 6 EStG spricht **ausdrücklich von Betriebsvereinbarungen**. Betriebsvereinbarungen sind gem. § 29 ArbVG schriftliche Vereinbarungen, die vom Betriebsinhaber einerseits und dem Betriebsrat andererseits abgeschlossen werden. Die Einbindung eines kollektivvertragsfähigen Vertragsteils auf der Arbeitnehmerseite ist arbeitsrechtlich für Betriebsvereinbarungen grundsätzlich nicht vorgesehen. Die Bestimmung des § 68 Abs. 5 Z 6 EStG ist derart auszulegen, dass die Gewährung solcher Entgeltarten durch eine Betriebsvereinbarung i.S.d. § 29 ArbVG **zwischen Betriebsinhaber und Betriebsrat zu regeln** ist und – **als zusätzliches steuerliches Erfordernis** – durch den zuständigen **kollektivvertragsfähigen Vertragsteil auf der Arbeitnehmerseite** (für Vereine die Gewerkschaft der Privatangestellten, Sektion Handel, Verkehr, Vereine und Fremdenverkehr; → 3.3.4.1.) **zu unterzeichnen** ist (LStR 2002 – Beispielsammlung, Rz 10735c). Die erlassmäßige Regelung durch die Beispielsammlung zu den Lohnsteuerrichtlinien 2002 bezieht sich zwar auf den Dienstreisebegriff des § 26 Z 4 EStG; es muss diese jedoch (des gleichen Verweises auf den § 68 Abs. 5 Z 6 EStG wegen) auch auf die Gewährung solcher Entgeltarten angewendet werden.

Erläuterungen:

Solche Ersätze liegen aber nur dann vor, wenn damit Aufwendungen abgegolten werden, die

- ausschließlich oder zumindest überwiegend **im Interesse des Dienstgebers** getätigt wurden und
- eine **Einzelabrechnung** erfolgt (VwGH 16.1.1985, 83/13/0227).

Werden derartige Aufwendungen pauschal abgegolten, stellen diese Pauschalien grundsätzlich abgabenpflichtige Bezüge dar (→ 21.3.).

In diesem Fall hat der Arbeitnehmer die Möglichkeit, erhöhte Werbungskosten geltend zu machen (→ 14.1.1.).

Ersetzt ein Dienstgeber seinen Kraftfahrern die über sie verhängten **Verkehrsstrafen** (z.B. wegen überhöhter Geschwindigkeit, mangelhafter Beleuchtung oder nicht vorschriftsmäßiger Beladung), sind derartige Zuwendungen grundsätzlich **beitragspflichtig** zu behandeln (VwGH 10.4.2013, 2012/08/0092).

Hiezu gehören insb. Beträge, die den Dienstnehmern (Lehrlingen) als **Fahrtkostenvergütungen** einschließlich der Vergütungen für **Wochenend(Familien-)heimfahrten, Tages- und Nächtigungsgelder** bezahlt werden, soweit sie nach § 26 EStG nicht der Einkommensteuer (Lohnsteuer)pflicht unterliegen. § 26 des EStG ist sinngemäß auch auf Vergütungen, die Versicherten nach § 4 Abs. 4 ASVG (freie Dienstnehmer, → 31.7.) bezahlt werden, anzuwenden. Unter Tages- und Nächtigungsgelder fallen auch Vergütungen für den bei Arbeiten außerhalb des Betriebs oder mangels zumutbarer täglicher Rückkehrmöglichkeit an den ständigen Wohnort (Familienwohnsitz) verbundenen Mehraufwand, wie Bauzulagen, Trennungsgelder, Übernachtungsgelder, Zehrgelder, Entfernungszulagen, Aufwandsentschädigungen, Stör- und Außerhauszulagen u.Ä. sowie Tages- und Nächtigungsgelder nach § 3 Abs. 1 Z 16b EStG.

→ 22.3.1.

§ 3 Abs. 1 Z 16b, § 26 Z 4:

Beträge, die aus Anlass einer Dienstreise als Reisevergütungen (Fahrtkostenvergütungen, Kilometergelder) und als Tagesgelder und Nächtigungsgelder bezahlt werden).

→ 22.3.2.

Z 2:

Schmutzzulagen, soweit sie nach § 68 Abs. 1, 5 und 7 EStG nicht der Einkommensteuer-(Lohnsteuer-)pflicht unterliegen.

→ 18.2.

§ 68 Abs. 1, 2, 6 und 7:

Schmutz-, Erschwernis- und Gefahrenzulagen, Zuschläge für Sonntags-, Feiertags- und Nachtarbeit und Überstundenzuschläge.

→ 18.3.

Z 3:

(aufgehoben)

Z 4:

Umzugskostenvergütungen, soweit sie nach § 26 EStG nicht der Einkommen (Lohnsteuer)pflicht unterliegen.

§ 26 Z 6:

Umzugskostenvergütungen.

→ 21.3.

Erläuterungen:

Umzugskostenvergütungen sind Leistungen des Dienstgebers, die dem Dienstnehmer anlässlich seiner Übersiedlung auf Grund einer Versetzung aus betrieblichen Gründen bzw. infolge der dienstlichen Verpflichtung, eine Dienstwohnung ohne Wechsel des Dienstortes zu beziehen, gewährt werden. Dies gilt auch bei Arbeitskräfteüberlassung sowie bei in- und ausländischen Konzernversetzungen. Der DVSV verweist hinsichtlich der verwaltungsrechtlichen Auslegung der Bestimmung auf die Ausführungen des BMF in den Lohnsteuerrichtlinien (E-MVB, 049-03-04-001).

Z 5:

Der **Wert der Reinigung der Arbeitskleidung** sowie der **Wert der unentgeltlich (verbilligt) überlassenen Arbeitskleidung**, wenn es sich um typische Berufskleidung handelt.

§ 26 Z 1:

Der **Wert der unentgeltlich (verbilligt) überlassenen Arbeitskleidung und der Reinigung der Arbeitskleidung**, wenn es sich um typische Berufskleidung handelt (z.B. Uniformen).

→ 21.3.

Erläuterungen:

Diese Leistung ist nur dann abgabenfrei, wenn die **typische** Berufskleidung

- vom Dienstgeber direkt zur Verfügung gestellt wird oder
- die Begünstigung in Form von Wertgutscheinen (Warenbons) erfolgt; dabei ist Voraussetzung, dass durch ordnungsgemäße Rechnungslegung der Ankauf der Berufskleidung nachgewiesen wird.

Als Berufskleidung gelten die als Portiersuniform erkennbaren Kleidungsstücke, Schlosseranzüge, Arbeitsmäntel, Arbeitsschutzkleidung u.a.m.

Wird **bürgerliche Kleidung** getragen, wie z.B. bei Orchestermitgliedern der schwarze Anzug, kann man nicht von einer typischen Berufskleidung sprechen. Dabei ist es ohne Belang, ob diese Kleidungsstücke ausschließlich bei der Berufsausübung getragen werden oder ob der Beruf das Tragen einer bestimmten bürgerlichen Kleidung zwingend erfordert.

Auch bei der Arbeitskleidung der Mitarbeiter einer Dirndlstube, die täglich ihren Beruf im Dirndl-Look auszuüben haben, handelt es sich um keine typische Berufskleidung. Auch wenn sie die Trachtenbekleidung ausschließlich während der Arbeitszeit tragen (VwGH 5.6.2002, 99/08/0166).

Um als typische Berufskleidung zu gelten, müsste die Kleidung Merkmale aufweisen, die eine private Nutzung ausschließen und die Zuordnung des Dienstnehmers zu einem bestimmten Unternehmen oder einer bestimmten Tätigkeit ermöglichen. Wenn die Kleidung solche Besonderheiten (z.B. auf der Kleidung angebrachte Beschriftungen oder Logos) nicht aufweist, gilt sie als bürgerliche Kleidung, auch wenn sie als Arbeitskleidung getragen wird.

Ein in Geld gewährtes Bekleidungspauschale bzw. Geldzuwendungen zur Abdeckung eines durch die Dienstverrichtung erhöhten Kleidungsmehraufwands gehören zum beitragspflichtigen Entgelt.

Nicht immer muss eine Geldleistung im Zusammenhang mit der Berufskleidung zur Beitragspflicht führen. Dient die Zulage dazu, den Reinigungsaufwand aufgrund der Verschmutzung der Arbeitskleidung abzudecken, kann eine **beitragsfreie Schmutzzulage** vorliegen. Kann der Dienstnehmer Belege aus der Putzerei vorlegen, dann gebührt **Aufwandsersatz**, der beitragsfrei gewertet wird (E-MVB, 049-03-05-001).

Z 6:

(aufgehoben)

Z 7:

Vergütungen, die **aus Anlass der Beendigung des Dienst(Lehr)verhältnisses** gewährt werden, wie z.B. Abfertigungen, Abgangsentschädigungen, Übergangsgelder.

→ 34.7.1.

§ 67 Abs. 3, 6:

Derartige Vergütungen sind teilweise steuerbegünstigt zu behandeln.

→ 34.7.2.

Z 8:

(aufgehoben)

Z 9:

Zuschüsse des Dienstgebers (z.B. **Krankenentgelt**), die für die Zeit des Anspruchs auf laufende Geldleistungen aus der Krankenversicherung gewährt werden, sofern diese Zuschüsse weniger als 50% der vollen Geld- und Sachbezüge vor dem Eintritt des Versicherungsfalls,

Das EStG sieht dafür keine Befreiungsbestimmung vor.

wenn aber die Bezüge auf Grund gesetzlicher oder kollektivvertraglicher Regelungen nach dem Eintritt des Versicherungsfalls erhöht werden, weniger als 50% der erhöhten Bezüge betragen.

→ 25.6.1.

→ 25.6.2.

Z 10:

(aufgehoben)

Z 11:

Freiwillige ① soziale Zuwendungen, das sind

a) Zuwendungen des Dienstgebers an den **Betriebsratsfonds**, weiters **Zuwendungen zur Beseitigung von Katastrophenschäden**, insbesondere Hochwasser-, Erdrutsch-, Vermurungs- und Lawinenschäden,

§ 3 Abs. 1 Z 16:
Freiwillige soziale Zuwendungen des Arbeitgebers an den Betriebsratsfonds, weiters freiwillige Zuwendungen zur Beseitigung von Katastrophenschäden, insbesondere Hochwasser-, Erdrutsch-, Vermurungs- und Lawinenschäden.

→ 21.2.

Erläuterungen:

Die **Abgabenbefreiung für Zuwendungen an den Betriebsratsfonds** gilt für folgende Sachverhalte:

- Die Organe des Betriebsratsfonds bestimmen unabhängig vom Willen des Dienstgebers, an welche einzelnen Dienstnehmer welche Leistungen erbracht werden sollen.
- Der Dienstgeber dotiert den Betriebsratsfonds mit einer bestimmten Summe und dieser entscheidet wiederum ausschließlich (unabhängig vom Willen des Dienstgebers), welche Leistungen aus dem übergebenen Betrag die einzelnen Dienstnehmer erhalten.

Abgabenpflichtige Zahlungen liegen hingegen vor, wenn der Dienstgeber mit dem Betriebsrat vereinbart, dass für einen bestimmten Zweck ein bestimmter Betrag über den Betriebsratsfonds an die einzelnen Dienstnehmer weitergeleitet wird. Die über den Betriebsrat weitergegebenen Beträge stellen in solchen Fällen einen abgabenpflichtigen Vorteil für die Dienstnehmer dar. Das heißt, nur weil der Dienstgeber die individuellen Zuwendungen nicht direkt, sondern über Zwischenschaltung des Betriebsratsfonds an die einzelnen Dienstnehmer weitergibt, wird dadurch keine Abgabenbefreiung begründet. Ausgenommen davon und somit beitrags- und lohnsteuerfrei sind Zuwendungen für unmittelbare Katastrophenschäden wie beispielsweise Sachschäden oder Kosten für Aufräumarbeiten (Nö. GKK, NÖDIS Nr. 4/März 2016).

b) Zuwendungen des Dienstgebers für zielgerichtete, wirkungsorientierte, vom Leistungsangebot der gesetzlichen Krankenversicherung erfasste **Gesundheitsförderung** (Salutogenese) und **Prävention** sowie **Impfungen**, soweit diese Zuwendungen an alle Dienstnehmer oder bestimmte Gruppen seiner Dienstnehmer ② gewährt werden,

§ 3 Abs. 1 Z 13 lit. a:
Der geldwerte Vorteil aus […] zielgerichteter, wirkungsorientierter Gesundheitsförderung (Salutogenese) und Prävention, soweit diese vom Leistungsangebot der gesetzlichen Krankenversicherung erfasst sind, sowie Impfungen, die der Arbeitgeber allen Arbeitnehmern oder bestimmten Gruppen seiner Arbeitnehmer zur Verfügung stellt.

→ 21.2.

Erläuterungen:

Die E-MVB enthalten umfangreiche Aussagen dazu, welche Maßnahmen unter die Beitragsbefreiung fallen (E-MVB, 049-03-11-003 sowie Auflistung unter www.gesund heitskasse.at):

Grundsätzliches

Die Befreiungstatbestände sind eng auszulegen. Zuwendungen in Form von Angeboten zur Stärkung der Gesundheit sowie der Verhinderung von Krankheit zielen auf die Verbesserung des Gesundheitsverhaltens und die Stärkung der dahingehenden persönlichen Kompetenz der Dienstnehmer ab. **Barleistungen** an Dienstnehmer, die in diesem Zusammenhang geleistet werden, können generell **nicht beitragsfrei** behandelt werden. **Die Zuwendungen sind von dem Dienstgeber direkt mit den qualifizierten Anbietern abzurechnen.**

Um **zielgerichtet** zu sein, haben alle Angebote ein im Vorfeld definiertes Ziel (z.B. Raucherstopp, Gewichtsnormalisierung) zu verfolgen.

Als **wirkungsorientiert** kann ein Angebot nur gelten, wenn seine Wirksamkeit wissenschaftlich belegt ist. Von einer Wirkungsorientierung ist zudem nur dann auszugehen, wenn der Anbieter zur konkreten Leistungserbringung qualifiziert und berechtigt ist.

Handlungsfelder

Das Angebotsspektrum kann im Konkreten nur folgende Handlungsfelder umfassen:

- Ernährung
- Bewegung
- Sucht
- psychische Gesundheit

Angebote zum Thema Ernährung

Die Angebote zielen auf die Vermeidung von Mangel- und Fehlernährung sowie die Vermeidung und Reduktion von Übergewicht ab. Die positive Beeinflussung des Ernährungsverhaltens durch eine qualitätsgesicherte Beratung und Anleitung zur Ernährungsumstellung ist belegt. Es geht dabei um die Stärkung der Motivation und Handlungskompetenz der Versicherten bzw. des Versicherten zu einer nachhaltigen Umstellung auf eine Ernährungsweise nach der aktuellen nationalen

Ernährungsempfehlung (Ernährungspyramide). Sinnvollerweise werden Maßnahmen zur Prävention von Übergewicht immer mit Maßnahmen zur Steigerung der körperlichen Aktivität kombiniert.

Die Umsetzung entsprechender Angebote im Bereich Ernährung obliegt Ernährungswissenschaftlern, Ärzten mit ÖÄK-Diplom Ernährung oder Diätologen. Bei Vorliegen einer ernährungsrelevanten Erkrankung dürfen nur Ärzte und Diätologen Beratungen durchführen.

Nicht beitragsfrei sind demnach

- Kosten für Nahrungsergänzungsmittel, Formula-Diäten und weitere diätetische Lebensmittel,
- Kosten für die Messungen von Stoffwechselparametern, genetische Analysen oder „Allergietests",
- reine Koch- und Backkurse sowie
- patentierte Gewichtsreduktionsprogramme.

Angebote zum Thema Bewegung

Die Angebote müssen auf die Umsetzung der nationalen Bewegungsempfehlungen sowie auf die Reduktion von Erkrankungsrisiken (z.B. Diabetes, Herz-Kreislauf-Erkrankungen, Stütz- und Bewegungsapparat) abzielen. Bewegungsprogramme mit vorangegangener Beratung sind individuell an die Zielgruppe angepasst und werden mit einer zielgerichteten Perspektive durchgeführt (z.B. Stärkung der Rückenmuskulatur, Aufbau von Kondition). Das Ziel ist Nachhaltigkeit im Sinne einer langfristigen Einbindung der Maßnahme in den Alltag.

Die Umsetzung entsprechender Angebote im Bereich Bewegung kann nur durch Sportwissenschaftler, Sport-Trainer, Instruktoren sowie Physiotherapeuten und Ärzte mit entsprechender Zusatzausbildung erfolgen. Bei Vorliegen einer bewegungsrelevanten Erkrankung dürfen nur Ärzte, Physiotherapeuten und Sportwissenschaftler mit Akkreditierung zur Trainingstherapie Beratungen durchführen.

Nicht beitragsfrei sind demnach Beiträge für Fitnesscenter oder Mitgliedsbeiträge für Sportvereine.

Zuwendungen für bestimmte Kurse in Fitnesscentern oder bei Sportvereinen sind bei Erfüllung der zuvor genannten Voraussetzungen als **beitragsfrei** zu behandeln, die Kurse also zielgerichtet und wirkungsorientiert sind und von einer entsprechend qualifizierten Person abgehalten werden.

Alles, was zur **üblichen Form der sportlichen Betätigung** gehört, fällt **nicht** in das Handlungsfeld „Bewegung", weil hier keine individuelle Anpassung an die Zielgruppe erfolgt und die Betätigung somit nicht mit einer zielgerichteten Perspektive durchgeführt wird. Die Teilnahme an organisierten Läufen (z.B. Marathon, Business-Läufe, Frauenlauf) fällt daher nicht unter diese Befreiungsbestimmung. Sind allerdings die Voraussetzungen für § 49 Abs. 3 Z 17 ASVG erfüllt, sind die Zuwendungen wegen der Teilnahme an einer Betriebsveranstaltung dennoch beitragsfrei.

Angebote zum Thema Sucht (Raucherentwöhnung)

Angebote der Raucherentwöhnung zielen langfristig auf den Rauchstopp ab. Sowohl Einzelentwöhnung als auch Gruppenentwöhnung zeigen besondere Wirksamkeit in der Tabakentwöhnung. Empfohlen werden dabei vier oder mehr „Face to Face"-Interventionseinheiten. Diese finden über die Dauer von mindestens einem Monat statt. Ein Gruppenseminar wird zumindest je eineinhalb Stunden und eine Einzelentwöhnung zu mindestens 30 Minuten abgehalten. Werden mehrere dieser Kontaktformen in einer Intervention vereint, steigert dies die Abstinenzrate.

Die Umsetzung entsprechender Angebote im Bereich Raucherentwöhnung obliegt klinischen Psychologen, Gesundheitspsychologen und Ärzten mit entsprechender Zusatzausbildung nach dem Curriculum des DVSV.

Angebote zum Thema Psychische Gesundheit

Angebote müssen darauf abzielen, negative Folgen für die körperliche und psychische Gesundheit aufgrund von chronischen Stresserfahrungen zu vermeiden, indem individuelle Bewältigungskompetenzen gestärkt werden. Ziel ist es dabei, ein möglichst breites Bewältigungsrepertoire und eine möglichst hohe Flexibilität im Umgang mit Stressbelastungen zu erlernen. Die Maßnahmen sollen sich an Personen mit Stressbelastungen richten, die lernen wollen, damit sicherer und gesundheitsbewusster umzugehen, um dadurch potenziell behandlungsbedürftige Stressfolgen zu vermeiden.

Die Umsetzung entsprechender Angebote im Bereich der psychischen Gesundheit kann nur von klinischen und Gesundheitspsychologen, Psychotherapeuten sowie Ärzten mit psychosozialer Weiterbildung durchgeführt werden.

Impfungen

Unter Impfungen sind die im „**Impfplan Österreich**" des Bundesministeriums für Gesundheit angeführten nationalen Impfungen gegen impfpräventable Erkrankungen zu verstehen.

Im Gegensatz zu den zielgerichteten und wirkungsorientierten Maßnahmen der Gesundheitsförderung sind von dieser Ausnahmebestimmung **auch Zuschüsse** des Dienstgebers an den Dienstnehmer **für das Impfserum sowie die ärztliche Leistung** umfasst (vgl. dazu auch Nö. GKK, NÖDIS Nr. 14/November 2016). Sowohl die im Betrieb vorgenommenen Impfungen als auch die vom Dienstgeber geleisteten Zuschüsse sind beitragsfrei (ÖGK, DGservice Nr. 3/September 2021).

Eine genaue **Auflistung** inkl. Beispielen findet sich unter www.gesundheitskasse.at → Dienstgeber → Grundlagen A-Z → Entgelt – beitragsfrei.

Stellt der Dienstgeber eine **Bildschirmbrille** zur Verfügung, handelt es sich grundsätzlich nicht um eine zielgerichtete, wirkungsorientierte, vom Leistungsangebot der gesetzlichen Krankenversicherung erfasste Gesundheitsförderung (Salutogenese) und Prävention im Sinne des § 49 Abs. 3 Z 11 lit. b ASVG. Ist jedoch nach § 68 ASchG die Verwendung einer Bildschirmbrille geboten, darf dies zu keiner finanziellen Mehrbelastung des Dienstnehmers führen, weshalb es nicht vom Entgeltbegriff des ASVG erfasst ist, wenn der Dienstgeber die notwendige Bildschirmbrille zur Verfügung stellt[531]. Ein Zuschuss zu einem Sehbehelf, der nach § 68 ASchG nicht notwendig ist, stellt einen Vorteil aus dem Dienstverhältnis dar und ist grundsätzlich beitragspflichtig.

531 Vgl. dazu auch E-MVB, 049-03-01-004: Grundsätzlich sind **Bildschirmbrillen** vom Dienstgeber und nicht vom Krankenversicherungsträger zu stellen. Dem Dienstnehmer sollten gar keine Kosten erwachsen, da der Dienstgeber diese direkt zu bezahlen hat. Die Kosten für die erforderlichen Untersuchungen hat ebenfalls der Dienstgeber zu tragen. Ersetzt der Dienstgeber die Kosten der Bildschirmbrille, gehört dies nicht zum Entgelt, ebenso wenig der Ersatz der Untersuchungskosten durch den Dienstgeber.

c) Zuwendungen des Dienstgebers für das Begräbnis des Dienstnehmers oder dessen (Ehe-)Partners oder dessen Kinder i.S.d. § 106 EStG,

§ 3 Abs. 1 Z 19:
Freiwillige Zuwendungen des Arbeitgebers für das Begräbnis des Arbeitnehmers, dessen (Ehe-)Partners oder dessen Kinder i.S.d. § 106 EStG.

→ 21.2.

d) Zuschüsse des Dienstgebers für die **Betreuung von Kindern** bis höchstens € 1.000,00 pro Kind und Kalenderjahr, die der Dienstgeber allen Dienstnehmern oder bestimmten Gruppen seiner Dienstnehmer ② gewährt, wenn die weiteren Voraussetzungen nach § 49 Abs. 9 ASVG vorliegen;

§ 3 Abs. 1 Z 13 lit. b:
Zuschüsse des Arbeitgebers für die Betreuung von Kindern.

→ 21.2.

Erläuterungen:

§ 49 Abs. 9 ASVG bestimmt: Die weiteren Voraussetzungen für die Ausnahme der Zuschüsse vom Entgelt liegen vor, wenn

1. die Betreuung ein Kind im Sinne des § 106 Abs. 1 EStG betrifft, für das dem Dienstnehmer selbst der Kinderabsetzbetrag (§ 33 Abs. 3 EStG) für mehr als sechs Monate im Kalenderjahr zusteht;
2. das Kind zu Beginn des Kalenderjahres das zehnte Lebensjahr noch nicht vollendet hat;
3. die Betreuung in einer öffentlichen institutionellen Kinderbetreuungseinrichtung oder in einer privaten institutionellen Kinderbetreuungseinrichtung erfolgt, die den landesgesetzlichen Vorschriften über Kinderbetreuungseinrichtungen entspricht, oder durch eine pädagogisch qualifizierte Person, ausgenommen haushaltszugehörige Angehörige;
3. der Zuschuss direkt an die Betreuungsperson, direkt an die Kinderbetreuungseinrichtung oder in Form von Gutscheinen geleistet wird, die nur bei institutionellen Kinderbetreuungseinrichtungen eingelöst werden können;
4. der Dienstnehmer dem Dienstgeber unter Anführung der Versicherungsnummer oder der Kennnummer der Europäischen Krankenversicherungskarte des Kindes erklärt, dass die Voraussetzungen für einen Zuschuss vorliegen und er selbst von keinem anderen Dienstgeber einen Zuschuss für dieses Kind erhält. Der Dienstgeber hat die Erklärung des Dienstnehmers zum Lohnkonto zu nehmen. Änderungen der Verhältnisse muss der Dienstnehmer dem Dienstgeber innerhalb eines Monats melden. Ab dem Zeitpunkt dieser Meldung hat der Dienstgeber die geänderten Verhältnisse zu berücksichtigen.

Damit wurden die Voraussetzungen für eine Beitragsbefreiung derartiger Zuschüsse an die Voraussetzungen für eine Steuerbefreiung angeglichen.

Weitere Erläuterungen:
Bei den Zuwendungen darf es sich ausschließlich um Leistungen handeln, die der Dienstnehmer **zusätzlich zu seinem Entgelt** erhält. Keinesfalls darf der (kollektivvertragliche, einzelvertragliche etc.) Anspruchslohn gekürzt werden. Derartige Zuwendungen sind daher nur dann beitragsfrei, wenn sie neben dem jeweils gebührenden Entgelt geleistet werden.

Andere soziale Zuwendungen sind **beitragspflichtig.**
Bei anlassbezogenen sozialen Zuwendungen (z.B. **Geburten- oder Heiratsbeihilfen**) wird es sich i.d.R. um Einmalzahlungen handeln, die als laufendes Entgelt im letzten laufenden Beitragszeitraum unter Berücksichtigung der Höchstbeitragsgrundlage abzurechnen sind (vgl. auch E-MVB, 049-02-00-022) (→ 23.3.1.1.)[532] .

① Freiwilligkeit bedeutet, dass der Dienstgeber weder durch Gesetz, Kollektivvertrag, Betriebsvereinbarung, Einzelvertrag, stillschweigende Vereinbarung usw. verpflichtet ist, dem Dienstnehmer diese Zuwendung zu gewähren. Der Dienstnehmer darf also keinen (einklagbaren oder durchsetzbaren) Rechtsanspruch auf die Leistung haben.

② Zur Definition der **„bestimmten Gruppen von Dienstnehmern"** siehe Ausführungen zu Beginn des Kapitels 21.

Z 12:	**§ 3 Abs. 1 Z 17:**
Freie oder verbilligte Mahlzeiten, die der Dienstgeber an nicht in seinen Haushalt aufgenommene Dienstnehmer zur Verköstigung **am Arbeitsplatz freiwillig** gewährt;	a) **Freie oder verbilligte Mahlzeiten**, die der Arbeitgeber an nicht in seinen Haushalt aufgenommene Arbeitnehmer zur Verköstigung **am Arbeitsplatz freiwillig** gewährt.
Gutscheine gelten bis zu einem Wert von **€ 8,00** pro Arbeitstag nicht als Entgelt, wenn sie nur zur Konsumation von Mahlzeiten eingelöst werden können, die von einer Gaststätte oder einem Lieferservice zubereitet bzw. geliefert werden;	**b) Gutscheine:** • Bis zu einem Wert von **€ 8,00** pro Arbeitstag, wenn die Gutscheine nur zur Konsumation von Mahlzeiten eingelöst werden können, die von einer Gaststätte oder einem Lieferservice zubereitet bzw. geliefert werden.
können Gutscheine zur Bezahlung von Lebensmitteln verwendet werden, die nicht sofort konsumiert werden müssen, so gelten sie bis zu einem Wert von **€ 2,00** pro Arbeitstag nicht als Entgelt.	• Bis zu einem Wert von **€ 2,00** pro Arbeitstag zur Bezahlung von Lebensmitteln, die nicht sofort konsumiert werden müssen.
	→ 21.2.

Erläuterungen:
Selbst ständig gewährte freiwillige Mahlzeiten sind beitrags(abgaben)frei zu behandeln (VwGH 15.12.1992, 88/08/0178).

532 Es erfolgt keine Berücksichtigung in der Arbeits- und Entgeltbestätigung (E-MVB, 049-02-00-022).

Ob die **Essensbons** auch während der **Dienstreise** gebühren, ist eine arbeitsrechtliche Frage. Besteht (z.B. auf Grund eines Kollektivvertrages oder einer Betriebsvereinbarung) eine Verpflichtung, sind die Essensbons nach Verwaltungsansicht in voller Höhe beitragspflichtig. Stellt der Dienstgeber die Essensbons während der Dienstreise freiwillig zur Verfügung, sind sie beitragsrechtlich wie Tagesgelder zu behandeln. Übersteigt die Summe aus bezahltem Tagesgeld und dem Wert des Essensbons € 26,40 pro Tag (bzw. den jeweils aliquoten Teil), ist der übersteigende Teil als beitragspflichtiger Bezug zu behandeln. Aber: Freiwillig gewährte Gutscheine bis zu einem Betrag von € 1,10 (mittlerweile € 2,00) pro Arbeitstag, die auch zur Bezahlung von Lebensmitteln verwendet werden können, die nicht sofort konsumiert werden müssen, bleiben dabei unberücksichtigt (Nö. GKK, NÖDIS Nr. 9/August 2017).

Nähere Erläuterungen finden Sie unter Punkt 21.2.

Z 13: **Getränke**, die der Dienstgeber zum Verbrauch im Betrieb unentgeltlich oder verbilligt abgibt.	**§ 3 Abs. 1 Z 18:** **Getränke**, die der Arbeitgeber zum Verbrauch im Betrieb unentgeltlich oder verbilligt abgibt. → 21.2.
Z 14: (aufgehoben)	
Z 15: (aufgehoben)	
Z 16: Die **Benützung von Einrichtungen und Anlagen**, die der Dienstgeber allen Dienstnehmern oder bestimmten Gruppen seiner Dienstnehmer zur Verfügung stellt (z.B. von Erholungs- und Kurheimen, Kindergärten, Betriebsbibliotheken, Sportanlagen, betriebsärztlicher Dienst).	**§ 3 Abs. 1 Z 13 lit. a:** Der geldwerte Vorteil aus der **Benützung von Einrichtungen und Anlagen**, die der Arbeitgeber allen Arbeitnehmern oder bestimmten Gruppen seiner Arbeitnehmer zur Verfügung stellt (z.B. Erholungs- und Kurheime, Kindergärten, Betriebsbibliotheken, Sportanlagen, betriebsärztlicher Dienst). → 21.2.
Z 17: Die **Teilnahme an Betriebsveranstaltungen** (z.B. Betriebsausflüge, kulturelle Veranstaltungen, Betriebsfeiern) bis zur Höhe von **€ 365,00 jährlich** und die hiebei empfangenen **Sachzuwendungen** bis zur Höhe von **€ 186,00 jährlich** sowie aus Anlass eines **Dienstnehmerjubiläums** oder eines **Firmenjubiläums** gewährte Sachzuwendungen bis zur Höhe von **€ 186,00 jährlich**.	**§ 3 Abs. 1 Z 14:** Der geldwerte Vorteil aus der **Teilnahme an Betriebsveranstaltungen** (z.B. Betriebsausflüge, kulturelle Veranstaltungen, Betriebsfeiern) bis zu einer Höhe von **€ 365,00 jährlich und dabei empfangene Sachzuwendungen** bis zu einer Höhe von **€ 186,00 jährlich** sowie aus Anlass eines **Dienst- oder eines Firmenjubiläums empfangene Sachzuwendungen** bis zu einer Höhe von **€ 186,00 jährlich**.

Wird der vom Entgelt ausgenommene Betrag für die Teilnahme an Betriebsveranstaltungen nach § 49 Abs. 3 Z 17 ASVG im Kalenderjahr 2021 nicht oder nicht zur Gänze ausgeschöpft, so ist für Dienstnehmer von 1.11.2021 bis 31.1.2022 der Empfang von Gutscheinen im Wert von bis zu € 365,00 beitragsfrei (§ 761 Abs. 3 ASVG).

Eine gleichlautende Bestimmung gab es bereits für das Kalenderjahr 2020.

Wird im Kalenderjahr 2021 der Freibetrag für die Teilnahme an Betriebsveranstaltungen nicht oder nicht zur Gänze ausgeschöpft, kann der Arbeitgeber im Zeitraum von 1.11.2021 bis 31.1.2022 Gutscheine im Wert von bis zu € 365,00 an seine Arbeitnehmer ausgeben. Diese Gutscheine stellen einen steuerfreien geldwerten Vorteil aus der Teilnahme an Betriebsveranstaltungen gemäß § 3 Abs. 1 Z 14 EStG dar (§ 124b Z 382 EStG).

Eine gleichlautende Bestimmung gab es bereits für das Kalenderjahr 2020.

→ 21.2.

Erläuterungen:

Die Befreiungsbestimmung bezieht sich ausschließlich auf Sachzuwendungen.

Geldzuwendungen, wie z.B. in zahlreichen Kollektivverträgen vorgesehene Jubiläumsgelder, sind jedenfalls beitragspflichtig abzurechnen. Bei den Sachzuwendungen darf es sich grundsätzlich nur um solche Geschenke handeln, die nicht in Bargeld abgelöst werden können (Goldmünzen und -dukaten werden jedoch als Sachzuwendung anerkannt). Die Sachzuwendung darf nicht den Charakter einer individuellen Belohnung eines Mitarbeiters darstellen, sondern es muss sich um eine generelle Zuwendung an alle Mitarbeiter aus einem bestimmten Anlass handeln (Nö. GKK, NÖDIS Nr. 14/November 2016).

Auf Grund der Judikatur des BFG können Betriebsveranstaltungen bzw. -feiern auch anlässlich von Geburtstagen abgehalten werden (BFG 6.9.2017, RV/2100353/2013). Werden hingegen nur **einzelne ausgewählte Mitarbeiter zu „besonderen" (z.B. runden) Geburtstagen** beschenkt, liegt (auch wenn dies während einer Betriebsfeier erfolgt) eine beitragspflichtige und steuerpflichtige individuelle Zuwendung vor (Nö. GKK, NÖDIS Nr. 13/Oktober 2018). Geburtstagsgeschenke ohne Abhaltung einer Betriebsfeier stellen grundsätzlich abgabenpflichtige Sachbezüge dar (mit Ausnahme nicht messbarer Aufmerksamkeiten, wie z.B. eines Blumenstraußes – vgl. LStR 2002, Rz 138).

Weitere Erläuterungen zur Teilnahme an Betriebsveranstaltungen und dabei empfangenen Sachzuwendungen sowie Ausführungen zu den im Kalenderjahr 2021 aufgrund der COVID-Krise geltenden Besonderheiten finden Sie unter Punkt 21.2., § 3 Abs. 1 Z 14 EStG.

Weitere Erläuterungen zu Sachzuwendungen aus Anlass eines Dienst- oder Firmenjubiläums finden Sie unter Punkt 24.1.

Z 18 lit. a:

Aufwendungen des Dienstgebers **für die Zukunftssicherung** seiner Dienstnehmer, soweit diese Aufwendungen für alle Dienstnehmer oder bestimmte Gruppen seiner Dienstnehmer getätigt werden oder dem Betriebsratsfonds zufließen und für den einzelnen Dienstnehmer **€ 300,00 jährlich** nicht übersteigen.

§ 3 Abs. 1 Z 15 lit. a:

Zuwendungen des Arbeitgebers **für die Zukunftssicherung** seiner Arbeitnehmer, soweit diese Zuwendungen an alle Arbeitnehmer oder bestimmte Gruppen seiner Arbeitnehmer geleistet werden oder dem Betriebsratsfonds zufließen und für den ein.

→ 21.2.

Erläuterungen:

Aufwendungen für die Zukunftssicherung sind nur **direkt vom Dienstgeber** getragene Leistungen an Versicherungs- oder Versorgungseinrichtungen für den Fall der Krankheit, der Invalidität, des Alters oder des Todes des Dienstnehmers (VwGH 22.10.1991, 86/08/0187).

Der **Betrag von € 300,00** jährlich stellt einen Freibetrag dar. Überschreiten die Aufwendungen diesen Betrag, ist nur der übersteigende Betrag abgabenpflichtig zu behandeln. In diesem Fall können beim Arbeitnehmer im Rahmen der gesetzlichen Bestimmungen **Sonderausgaben** (→ 14.1.2.) vorliegen.

Zusammenfassung der Befreiungsvoraussetzungen:

Voraussetzungen	Sozialversicherung	Lohnsteuer
Müssen die Ausgaben der Absicherung für den Fall der Krankheit, der Invalidität, des Alters oder des Todes des Dienstnehmers dienen?	ja	ja
Müssen die Beiträge vom Dienstgeber direkt an das Versicherungsunternehmen geleistet werden?	ja	ja
Muss die Zukunftssicherung allen Dienstnehmern des Betriebs bzw. allen Dienstnehmern einer bestimmten Gruppe angeboten werden?	ja	ja
Ist für die Abgabenbefreiung erforderlich, dass die angebotene Zukunftssicherung von allen Dienstnehmern des Betriebs bzw. von allen Dienstnehmern der vom Angebot erfassten Gruppe angenommen wird?	nein	nein
Muss für alle Dienstnehmer bzw. für die jeweilige Dienstnehmergruppe die gleiche Form der Zukunftssicherung gewählt werden? ①	ja	nein
Muss der Dienstnehmer (oder ein unterhaltsberechtigter Angehöriger) aus der Versicherung unmittelbar berechtigt sein? ②	ja	ja
Gilt der Höchstbetrag von € 300,00 jährlich?	ja	ja

Voraussetzungen	Sozial-versicherung	Lohn-steuer
Wird die Abgabenfreiheit auch im Fall einer Bezugsumwandlung anerkannt? ③	nein	ja
Muss die Versicherungspolizze beim Dienstgeber oder einem (vom Dienstgeber und der Dienstnehmervertretung bestimmten) Rechtsträger hinterlegt werden?	ja	ja/nein ④

① Während lt. LStR 2002, Rz 81, nicht für alle Arbeitnehmer oder alle Arbeitnehmer einer bestimmten Berufsgruppe die gleiche Form der Zukunftssicherung gewählt werden muss, findet sich in den E-MVB (049-03-18-001) die Aussage, dass die Zukunftssicherung für alle Dienstnehmer bzw. für die Gruppe gleichartig sein muss.

② Ist nicht der Dienstnehmer, sondern etwa der Dienstgeber der aus dem Versicherungsvertrag Begünstigte (z.B. bei Rückdeckungsversicherungen), ist im Zeitpunkt der Prämienzahlung von vornherein kein Vorteil aus dem Dienstverhältnis (und damit keine Abgabepflicht) gegeben. In diesem Fall kommt die Abgabepflicht im Zeitpunkt des Versicherungsfalls zum Tragen (LStR 2002, Rz 663).

③ Verzichtet der Dienstnehmer zu Gunsten der Zukunftssicherung auf einen Gehaltsbestandteil oder auf einen Teil der ihm zustehenden Ist-Lohn-Erhöhung, liegt eine Einkommensverwendung durch den Dienstnehmer und damit kein „Befreiungstatbestand" vor. Ein derartiger „Verzicht" führt zu keiner Verminderung des beitragspflichtigen Entgelts. Jener Entgeltteil, der für die Zukunftssicherung verwendet wird, bleibt daher **beitragspflichtig** (VwGH 16.6.2004, 2001/08/0028).

Die **Lohnsteuerfreiheit** bleibt auch im Fall einer Bezugsumwandlung bzw. eines Bezugsverzichts erhalten. Die Steuerfreiheit steht auch dann zu, wenn dadurch der kollektivvertragliche Mindestlohn unterschritten wird (LStR 2002, Rz 81e). Bezüglich Bezugsumwandlung in Pensionskassenbeiträge siehe Punkt 21.3., § 26 Z 7 EStG.

④ Nur bei Vorliegen einer Er- und Ablebensversicherung oder einer reinen Erlebensversicherung ist eine Hinterlegung erforderlich.

Z 18 lit. b:

Beiträge, die Dienstgeber für ihre (freien) Dienstnehmer i.S.d. § 2 Z 1 des Betriebspensionsgesetzes (**Beiträge an eine Pensionskasse** zu Gunsten des Dienstnehmers und seiner Hinterbliebenen, → 30.1.) oder i.S.d. §§ 6 und 7 BMSVG (**Beiträge an eine BV-Kasse**, → 36.1.3.) oder vergleichbarer österreichischer Rechtsvorschriften leisten, soweit diese Beiträge nach § 4 Abs. 4 Z 1 lit. c oder Z 2 lit. a EStG (als Betriebsausgaben anzusehende Beiträge an eine BV-Kasse oder an eine Pensionskasse) oder nach § 26 Z 7 EStG nicht der Einkommensteuer(Lohnsteuer)pflicht unterliegen.

§ 26 Z 7:

a) **Beiträge**, die der Arbeitgeber für seine Arbeitnehmer **an Pensionskassen** i.S.d. Pensionskassengesetzes, an ausländische Pensionskassen auf Grund einer ausländischen gesetzlichen Verpflichtung, an Unterstützungskassen … leistet;
c) Übertragungsvorgänge auf Grund des Betriebspensionsgesetzes;
d) **Beiträge**, die der Arbeitgeber für seine Arbeitnehmer **an eine BV-Kasse** leistet.

→ 21.3.

Erläuterungen:

Vertraglich festgelegte Pensionskassenbeiträge i.S.d. Betriebspensionsgesetzes bzw. Pensionskassengesetzes, die vom Dienstgeber für seine Dienstnehmer und seiner Hinterbliebenen erbracht werden, sowie BV-Beiträge i.S.d. BMSVG sind abgabenfrei zu behandeln.

Z 18 lit. c:

Der Vorteil aus der unentgeltlichen oder verbilligten Abgabe von **Beteiligungen am Unternehmen** des Dienstgebers oder an mit diesem verbundenen Konzernunternehmen, soweit dieser Vorteil nach § 3 Abs. 1 Z 15 lit. b EStG einkommensteuer- (lohnsteuer)frei ist.

Hinweis: Beispiele dazu aus den Empfehlungen des DVSV (E-MVB) finden Sie unter der Gliederungsnummer 049-03-18-003.

§ 3 Abs. 1 Z 15 lit. b:

Mitarbeiterbeteiligungen.

→ 21.2.

Z 18 lit. d:

Der Vorteil aus der unentgeltlichen oder verbilligten Abgabe von Aktien an Arbeitgebergesellschaften nach § 4d Abs. 5 Z 1 EStG durch diese selbst oder durch eine **Mitarbeiterbeteiligungsstiftung** nach § 4d Abs. 4 EStG bis zu einem Betrag von € 4.500,00 jährlich, soweit dieser Vorteil nach § 3 Abs. 1 Z 15 lit. c EStG einkommensteuerbefreit ist.

§ 3 Abs. 1 Z 15 lit. c:

Mitarbeiterbeteiligungsstiftung.

→ 21.2.

Hinweis: Bis zum 31.12.2017 sah Z 18 lit. d eine Beitragsbefreiung für den Vorteil aus der Ausübung von nicht übertragbaren **Optionen auf Beteiligungen am Unternehmen** des Dienstgebers oder an mit diesem verbundenen Konzernunternehmen vor, soweit dieser Vorteil nach § 3 Abs. 1 Z 15 lit. c EStG einkommensteuer(lohnsteuer)frei ist. Diese Beitragsbefreiung ist so lange weiterhin anzuwenden, als der Vorteil aus der Ausübung dieser Optionen einkommensteuerbefreit ist (§ 710 Abs. 2 ASVG; → 21.2.). Die Begünstigung für Stock Options ist letztmalig auf Optionen anzuwenden, die vor dem 1.4.2009 eingeräumt wurden (§ 124b Z 151 EStG).

Z 18 lit. e

Der Vorteil aus der unentgeltlichen oder verbilligten treuhändigen **Verwahrung und Verwaltung** von Aktien durch eine Mitarbeiterbeteiligungsstiftung nach § 4d Abs. 4 EStG für ihre Begünstigten.

§ 3 Abs 1 Z 15 lit. d

Verwahrung und Verwaltung von Mitarbeiterbeteiligungen.

Z 18 lit. f

Der Vorteil aus Zuwendungen einer Belegschaftsbeteiligungsstiftung i.S.d. § 4d Abs. 3 EStG, die nach § 26 Z 8 EStG nicht zu den Einkünften aus nichtselbständiger Arbeit gehören und nach § 27 Abs. 5 Z 7 EStG als Einkünfte aus der Überlassung von Kapitel gelten.

§ 26 Z 8 EStG

Zuwendungen einer Belegschaftsbeteiligungsstiftung i.S.d. § 4d Abs. 3 EStG bis zu einem Betrag von € 4.500,00 jährlich.

→ 21.3.

Z 19:

Zinsenersparnisse bei zinsverbilligten oder unverzinslichen **Dienstgeberdarlehen**, soweit das Darlehen € 7.300,00 nicht übersteigt.

§ 3 Abs. 1 Z 20:

Der geldwerte Vorteil aus unverzinslichen oder zinsverbilligten Gehaltsvorschüssen und Arbeitgeberdarlehen, soweit diese den Betrag von € 7.300,00 insgesamt nicht übersteigen.

→ 21.2., → 20.3.3.7.

Erläuterungen:

Beitragspflichtig sind somit die Zinsenersparnisse, die aus dem € 7.300,00 übersteigenden Darlehensteil (Vorschussteil) anfallen.

Z 20:

Die **Beförderung** der Dienstnehmer **zwischen Wohnung und Arbeitsstätte** auf Kosten des Dienstgebers,

§ 26 Z 5:

a) Die Beförderung des Arbeitnehmers, wenn der Arbeitgeber seine Arbeitnehmer zwischen Wohnung und Arbeitsstätte mit **Fahrzeugen in der Art eines Massenbeförderungsmittels befördert** oder befördern lässt (**Werkverkehr**).

sowie der **Ersatz der tatsächlichen Kosten für Fahrten** des Dienstnehmers **zwischen Wohnung und Arbeitsstätte** mit Massenbeförderungsmitteln (**Fahrtkostenersatz, Fahrtkostenzuschuss**) oder die durch den Dienstgeber für seine Dienstnehmer **übernommenen Kosten der Wochen-, Monats- oder Jahreskarte** für ein Massenbeförderungsmittel, wenn die Karte zumindest am Wohn- oder Arbeitsort gültig ist.

Weitere **Erläuterungen** dazu finden Sie unter den Punkten 20.3.1.2. und 22.6. sowie 22.7.

b) Die **Übernahme der Kosten der Wochen-, Monats- oder Jahreskarte** für ein Massenbeförderungsmittel durch den Arbeitgeber für seine Arbeitnehmer, sofern die Karte zumindest am Wohn- oder Arbeitsort gültig ist.

→ 22.7.

Z 21:

In dem an freigestellte Mitglieder des **Betriebsrats** sowie an Dienstnehmer im **Krankheitsfall** fortgezahlten Entgelt **enthaltene Zulagen, Zuschläge** und Entschädigungen, die nach den Z 1 bis 20 nicht als Entgelt gelten.

→ 25.6.1.

§ 68 Abs. 7:

Schmutz-, Erschwernis- und Gefahrenzulagen, Zuschläge für Sonntags-, Feiertags- und Nachtarbeit und Überstundenzuschläge, die in dem an freigestellte Mitglieder des **Betriebsrats** fortgezahlten Entgelt und im Arbeitslohn, der an den Arbeitnehmer im **Krankheitsfall** weitergezahlt wird, **enthalten** sind.

→ 25.6.2.

Z 22:

Das **Teilentgelt**, das Lehrlingen vom Lehrberechtigten zu leisten ist.

→ 28.3.8.3.

Das EStG sieht dafür keine Befreiungsbestimmung vor.

→ 28.4.2.

Z 23:

Beträge, die vom Dienstgeber im betrieblichen Interesse **für die Ausbildung oder Fortbildung** des Dienstnehmers aufgewendet werden; unter den Begriff Ausbildungskosten fallen nicht Vergütungen für die Lehr- und Anlernausbildung.

§ 26 Z 3:

Beträge, die vom Arbeitgeber im betrieblichen Interesse **für die Ausbildung oder Fortbildung** des Arbeitnehmers aufgewendet werden. Unter den Begriff Ausbildungskosten fallen nicht Vergütungen für die Lehr- und Anlernausbildung.

→ 21.3.

Z 24:

(entfallen)

Z 25:

(entfallen)

Z 26 und Z 26a:

Entgelte der Ärzte (**Arzthonorare**) für die Behandlung von Pfleglingen der Sonderklasse (einschließlich ambulatorischer Behandlung), soweit diese Ent-

Das EStG sieht dafür keine Befreiungsbestimmung vor. Arzthonorare (für Primarärzte und Assistenzärzte) sind im Veranlagungsweg der Einkommen-

gelte nicht von einer Krankenanstalt im eigenen Namen vereinnahmt werden[521]. Entgelte für die Tätigkeit als Notarzt im Rettungsdienst, sofern diese Tätigkeit weder den Hauptberuf noch die Hauptquelle der Einnahmen bildet.

steuer zu unterwerfen, wenn sie nicht von der Krankenanstalt im eigenen Namen vereinnahmt werden. Werden Sonderklassegebühren nach dem zur Anwendung gelangenden Krankenanstaltengesetz vom Träger des Krankenhauses im eigenen Namen eingehoben und an den Arzt weitergeleitet, liegen nicht selbstständige Einkünfte vor.

Nähere Erläuterungen finden Sie in den Lohnsteuerrichtlinien 2002 unter den Randzahlen 970 bis 970b.

Z 27:

Für **Au-pair-Kräfte** neben dem Wert der vollen freien Station samt Verpflegung jene Beträge, die der Dienstgeber für ihren privaten Krankenversicherungsschutz und für ihre Teilnahme an Sprachkursen und kulturellen Veranstaltungen aufwendet.

Das EStG sieht dafür keine Befreiungsbestimmung vor.

Erläuterungen:

Au-pair-Kräfte i.S.d. Abs. 3 Z 27 ASVG sind Personen, die

- mindestens 18 und höchstens 28 Jahre alt und keine österreichischen StaatsbürgerInnen sind,
- sich zum Zweck einer Au-pair-Tätigkeit, die der Vervollkommnung der Kenntnisse der deutschen Sprache und dem Kennenlernen der österreichischen Kultur dient, in Österreich aufhalten,
- eine dem Hausgehilfen- und Hausangestelltengesetz unterliegende und höchstens zwölf Monate dauernde Beschäftigung im Haushalt einer Gastfamilie ausüben,
- in die Hausgemeinschaft aufgenommen sind und
- im Rahmen ihres Beschäftigungsverhältnisses Kinder der Gastfamilie betreuen.

Sofern § 1 Z 10 der Ausländerbeschäftigungsverordnung, BGBl 1990/609, anzuwenden ist, muss eine entsprechende Anzeigebestätigung des Arbeitsmarktservice und erforderlichenfalls eine gültige Aufenthaltsbewilligung vorliegen (§ 49 Abs. 8 ASVG).

Das Entgelt selbst ist nach dem jeweiligen Mindestlohntarif für Au-pair-Kräfte zu bemessen. Im Regelfall kommt es durch die Beitragsfreiheit der Bezüge in Verbindung mit einer Herabsetzung der wöchentlichen Arbeitszeit in den Au-pair-Verträgen dazu, dass das beitragspflichtige Entgelt die Geringfügigkeitsgrenze (→ 31.4.) nicht übersteigt (Nö. GKK, NÖDIS, Nr. 7/Mai 2019).

Überschreitet jemand während der Tätigkeit das 28. Lebensjahr, gilt er nicht mehr als Au-pair-Kraft i.S.d. ASVG und der Wert der vollen freien Station sowie Beträge, die der Dienstgeber für den privaten Krankenversicherungsschutz und für die Teilnahme an Sprachkursen und kulturellen Veranstaltungen aufwendet, werden beitragspflichtig. Der Mindestlohntarif für im Haushalt Beschäftigte ist anzuwenden (Nö. GKK, NÖDIS, Nr. 7/Mai 2019). Die Bestimmungen des Ausländerbeschäftigungsgesetzes sind zu beachten (→ 4.1.6.).

Z 28:

Pauschale Fahrt- und Reiseaufwandsentschädigungen, die Sportvereine (Sportverbände) an **Sportler oder Schieds(wettkampf)richter oder Sportbetreuer** (z.B. Trainer, Masseure) leisten, und zwar bis zu € 60,00 pro Einsatztag, höchstens aber bis zu € 540,00 pro Kalendermonat der Tätigkeit, sofern diese nicht den Hauptberuf und die Hauptquelle der Einnahmen bildet und Steuerfreiheit nach § 3 Abs. 1 Z 16c zweiter Satz EStG zusteht.
Auch im Rahmen der COVID-19-Krise konnten derartige Pauschalen bis 30.6.2021 und für November und Dezember 2021 beitragsfrei weitergewährt werden (§ 746 Abs. 2 und § 761 Abs. 2 ASVG).

§ 3 Abs. 1 Z 16c EStG:

Pauschale Reiseaufwandsentschädigungen, die von begünstigten Rechtsträgern i.S.d. §§ 34 ff. BAO, deren satzungsgemäßer Zweck die Ausübung oder Förderung des Körpersports ist, an **Sportler, Schiedsrichter und Sportbetreuer** (z.B. Trainer, Masseure) gewährt werden, in der Höhe von bis € 60,00 pro Einsatztag, höchstens aber € 540,00 pro Kalendermonat der Tätigkeit.
Für Einsatztage, die aufgrund der COVID-19-Krise nicht stattfinden konnten (z.B. Sportstätten gesperrt, kein gemeinsames Training oder kein gemeinsamer Wettkampf), konnten bis einschließlich 30.6.2021 sowie für November und Dezember 2021 pauschale Reiseaufwandsentschädigungen, die die Voraussetzungen des § 3 Abs. 1 Z 16c EStG erfüllen, weiterhin steuerfrei an Sportler, Schiedsrichter und Sportbetreuer ausgezahlt werden (§ 124b Z 352 und Z 381 EStG).

→ 21.2.

Hinweis: Einzelfragen und Fallbeispiele dazu finden Sie in einem vom Bundesministerium für Finanzen (BMF) und Dachverband der Sozialversicherungsträger (DVSV) koordinierten Leitfaden zur Sportlerbegünstigung. Diese sind über das Internet unter www.bmf.gv.at abrufbar.

Z 29:

Der geldwerte Vorteil aus dem **kostenlosen oder verbilligten Bezug von Waren oder Dienstleistungen**, die der Dienstgeber oder ein mit dem Dienstgeber verbundenes Konzernunternehmen im allgemeinen Geschäftsverkehr anbietet (**Mitarbeiterrabatt**), wenn

a) der Mitarbeiterrabatt allen oder bestimmten Gruppen von Dienstnehmern eingeräumt wird,

§ 3 Abs. 1 Z 21 EStG:

Der geldwerte Vorteil aus dem **kostenlosen oder verbilligten Bezug von Waren oder Dienstleistungen**, die der Arbeitgeber oder ein mit dem Arbeitgeber verbundenes Konzernunternehmen im allgemeinen Geschäftsverkehr anbietet (**Mitarbeiterrabatt**), nach Maßgabe folgender Bestimmungen:

a) Der Mitarbeiterrabatt wird allen oder bestimmten Gruppen von Arbeitnehmern eingeräumt.

b) die kostenlos oder verbilligt bezogenen Waren oder Dienstleistungen von den Dienstnehmern weder verkauft noch zur Einkünfteerzielung verwendet und nur in einer solchen Menge gewährt werden, die einen Verkauf oder eine Einkünfteerzielung tatsächlich ausschließen, und	b) Die kostenlos oder verbilligt bezogenen Waren oder Dienstleistungen dürfen vom Arbeitnehmer weder verkauft noch zur Einkünfteerzielung verwendet und nur in einer solchen Menge gewährt werden, die einen Verkauf oder ein Einkünfteerzielung tatsächlich ausschließen.
c) der Mitarbeiterrabatt im Einzelfall 20% nicht übersteigt oder – soweit dies nicht zur Anwendung kommt – der Gesamtbetrag der Mitarbeiterrabatte € 1.000,00 im Kalenderjahr nicht übersteigt.	c) Der Mitarbeiterrabatt ist steuerfrei, wenn er im Einzelfall 20% nicht übersteigt. d) Kommt lit. c nicht zur Anwendung, sind Mitarbeiterrabatte insoweit steuerpflichtig, als ihr Gesamtbetrag € 1.000,00 im Kalenderjahr übersteigt.

Ist die Höhe des geldwerten Vorteils nicht mit Verordnung festgelegt, so ist für Mitarbeiterrabatte der geldwerte Vorteil von jenem um übliche Preisnachlässe verminderten Endpreis zu bemessen, zu dem der Arbeitgeber Waren oder Dienstleistungen fremden Letztverbrauchern im allgemeinen Geschäftsverkehr anbietet. Sind die Abnehmer des Arbeitgebers keine Letztverbraucher (z.B. Großhandel), so ist der übliche Endpreis des Abgabeortes anzusetzen (§ 50 Abs. 3 ASVG; § 15 Abs. 2 Z 3 lit. a EStG).

Nähere **Erläuterungen** zu Mitarbeiterrabatten finden Sie unter Punkt 20.3.6.

Z 30:	**§ 124b Z 350 EStG:**
Steuerfreie Zulagen und Bonuszahlungen nach § 124b Z 350 lit. a EStG.	a) Zulagen und Bonuszahlungen, die aufgrund der **COVID-19-Krise** zusätzlich geleistet werden, sind **im Kalenderjahr 2020 bis € 3.000,00** steuerfrei. Ebenso sind derartige Zulagen und Bonuszahlungen, die **bis Februar 2022 für das Kalenderjahr 2021** geleistet werden, bis **€ 3.000,00** steuerfrei. Es muss sich dabei um zusätzliche Zahlungen handeln, die ausschließlich zu diesem Zweck geleistet werden und **üblicherweise bisher nicht gewährt** wurden. Sie erhöhen nicht das Jahressechstel gemäß § 67 Abs. 2 EStG und werden nicht auf das Jahressechstel angerechnet. b) Soweit Zulagen und Bonuszahlungen nicht durch lit. a erfasst werden, sind sie nach dem Tarif zu versteuern.

Erläuterungen:

Zulagen und Bonuszahlungen (einmalig oder monatlich) gemäß § 124b Z 350 EStG, die der Dienstgeber auf Grund der COVID-19-Krise zusätzlich leistet, sind in den Kalenderjahren 2020 und 2021 jeweils bis € 3.000,00 steuer- und beitragsfrei. Es muss sich dabei um zusätzliche Zahlungen handeln, die ausschließlich zu diesem Zweck geleistet werden und üblicherweise bisher nicht gewährt wurden. Bonuszahlungen in Form von **Gutscheinen** sind nach Ansicht der ÖGK ebenfalls steuer- und beitragsfrei. Für die Zulagen und Bonuszahlungen ist kein Beitrag zur Betrieblichen Vorsorge zu entrichten. Die Zulagen und Bonuszahlungen können allen **Dienstnehmern gewährt werden, die Einkünfte aus nichtselbständiger Arbeit** beziehen. Es gibt dabei **keine Einschränkungen auf Branchen oder systemrelevante Tätigkeiten** (ÖGK, DG-Newsletter Nr. 2/Mai 2020).

Nähere Erläuterungen finden Sie unter Punkt 21.2.1.

Weitere COVID-19-Befreiungen:

Zu den weiteren COVID-19-Ausnahmen zu **außerordentlichen Zuwendungen** nach § 1f Covid-19-Zweckzuschussgesetz, BGBl I 2020/63 bzw. § 2 Abs. 2b Pflegefondsgesetz, BGBl I 2011/57 an **Betreuungs-, Pflege- und Reinigungspersonal** sowie zu **Personal in Test- und Impfstraßen** siehe die Ausführungen unter Punkt 21.2.1.

Z 31:

Der Wert der **digitalen Arbeitsmittel**, die Dienstgeber ihren Dienstnehmern für die berufliche Tätigkeit unentgeltlich überlassen, und ein **Homeoffice-Pauschale**, wenn und soweit dieses nach § 26 Z 9 lit. a EStG nicht zu den Einkünften aus nichtselbständiger Arbeit gehört.

§ 26 Z 9 EStG:

Der Wert der digitalen Arbeitsmittel, die der Arbeitgeber dem Arbeitnehmer für seine berufliche Tätigkeit unentgeltlich überlässt, und ein Homeoffice-Pauschale nach Maßgabe folgender Bestimmungen:

a) Das **Homeoffice-Pauschale** beträgt bis zu **€ 3,00 pro Tag**, an dem der Arbeitnehmer seine berufliche Tätigkeit auf Grund einer mit dem Arbeitgeber getroffenen Vereinbarung ausschließlich in der Wohnung ausübt (Homeoffice-Tag); es steht **für höchstens 100 Tage im Kalenderjahr** zu.
b) Übersteigt das von mehreren Arbeitgebern nicht steuerbar ausgezahlte Homeoffice-Pauschale insgesamt den Betrag von € 300,00 Euro pro Kalenderjahr, stellt der übersteigende Teil steuerpflichtigen Arbeitslohn dar, der in der Veranlagung zu erfassen ist (→ 15.2.1.).

Dies gilt für Homeoffice-Tage und Lohnzahlungszeiträume ab 1.1.2021 bis einschließlich 31.12.2023.

21.1.2. Feststellungen des DVSV

Für die im § 49 Abs. 3 Z 1 bis 28 ASVG angeführten beitragsfreien Entgelte gelten noch nachstehende Regelungen:

Der **DVSV** (→ 5.3.1.) kann, wenn dies zur Wahrung einer einheitlichen Beurteilung der Beitragspflicht bzw. Beitragsfreiheit von Bezügen dient, nach Anhörung der Interessenvertretungen der Dienstnehmer und Dienstgeber **feststellen**, ob und inwieweit Bezüge i.S.d. Abs. 3

Z 1	(Fahrtkostenvergütungen, Tages- und Nächtigungsgelder),
Z 2	(Schmutzzulagen),
Z 6	(entfallen) oder
Z 11	(freiwillige soziale Zuwendungen)

nicht als Entgelt i.S.d. Abs. 1 (→ 11.4.1.) gelten.

Die Feststellung hat auch das Ausmaß (Höchstausmaß) der Bezüge bzw. Bezugsteile zu enthalten, das nicht als Entgelt i.S.d. Abs. 1 gilt.

Derartige Feststellungen sind im Internet unter www.sozdok.at zu verlautbaren und für alle Sozialversicherungsträger und Behörden verbindlich. Die Feststellungen sind rückwirkend ab dem Wirksamkeitsbeginn der zu Grunde liegenden Regelungen i.S.d. Abs. 3 vorzunehmen (§ 49 Abs. 4 ASVG).

Durch diese Regelung wird insoweit der Rechtspraxis Rechnung getragen, als sich in einer Vielzahl von kollektivvertraglichen Vereinbarungen Regelungen über die Leistung von Zulagen und Zuwendungen finden, die ihrer Bezeichnung nach auf beitragsfreie Zulagen i.S.d. § 49 Abs. 3 ASVG schließen lassen, in Wahrheit aber dem Zweck der Gewährung nach von ihrer Benennung abweichen.

Wird in einem Kollektivvertrag eine Zulage z.B. als **Schmutzzulage** bezeichnet, so ist damit noch nicht gesagt, dass es sich hiebei tatsächlich um eine Schmutzzulage handelt. Der **Zweck muss nicht mit der Bezeichnung übereinstimmen**. Es kommt vor, dass Schmutzzulagen gewährt werden, ohne dass bei einer betrieblichen Arbeit eine Verschmutzung entsteht, die die Gewährung einer solchen Zulage überhaupt rechtfertigt. Es kann z.B. eine versteckte Lohnerhöhung vorliegen. Weiters kommt es vor, dass Schmutzzulagen bei einer nur mäßigen tatsächlichen Verschmutzung in einem erheblichen Ausmaß des Lohns gewährt werden. Eine solche Zuwendung kann nicht zur Gänze als Schmutzzulage beitragsfrei gestellt werden.

Von besonderer Bedeutung sind schließlich Zulagen, die nicht nur wegen Verschmutzung, sondern auch aus anderen Gründen (Erschwernis, besondere Betriebsgefahr, Gesundheitsschädigung u.a.) bezahlt werden. Hier handelt es sich um sog. kombinierte Zulagen. Beitragspflichtige und beitragsfreie Entgeltteile sind miteinander vermischt. Es liegt im Wesen dieser Bezüge, dass in solchen Fällen eine strenge Abgrenzung nicht gefunden werden kann. Es wird daher im Interesse einer einheitlichen Handhabung der Entgeltbestimmungen vom DVSV ein Teil der Zuwendungen als Schmutzzulage beitragsfrei anerkannt (E-MVB, 049-04-00-001).

Einem Sozialversicherungsträger (z.B. der Österreichischen Gesundheitskasse) steht das Recht, eine derartige Feststellung zu treffen, **nicht** zu (VwGH 15.12.1992, 88/08/0094).

Weitere **Erläuterungen** aus den Empfehlungen des DVSV (E-MVB) finden Sie unter der Gliederungsnummer 049-03.

21.2. Steuerfreie Einkünfte

Folgende Freibeträge werden im Rahmen anderer Kapitel behandelt:

- **§ 67 Abs. 1 EStG** unter Punkt 23.3.2.1.1.,
- **§ 68 Abs. 1, 2, 6 und 7 EStG** unter den Punkten 18.3.1. und 18.3.5.

Dieser Punkt beinhaltet die Bestimmungen des **§ 3 Abs. 1 bis 3 EStG** und die dazu ergangenen erlassmäßigen Regelungen, insb. die der

- **Lohnsteuerrichtlinien 2002**, Rz 17–137.

Der **§ 3 EStG** regelt im

Abs. 1 die sachlichen **Steuerbefreiungen** (→ 21.2.1.), im

Abs. 2 die Anordnung, dass bestimmte Bezüge oder Bezugsbestandteile (Arbeitslosengeld usw.) zwar steuerfrei sind, aber zu einem **besonderen Progressionsvorbehalt** führen (→ 21.2.2.), und im

Abs. 3, dass im Fall einer Veranlagung die Einkünfte der Entwicklungshelfer bei der Festsetzung der Steuer für das übrige Einkommen des Arbeitnehmers zu berücksichtigen sind **(allgemeiner Progressionsvorbehalt)** (→ 21.2.2.).

§ 124b Z 350 EStG enthält eine Steuerbefreiung für Zulagen und Bonuszahlungen, die aufgrund der COVID-19-Krise in den Kalenderjahren 2020 bzw. 2021 zusätzlich gewährt wurden.

21.2.1. Einzelne Steuerbefreiungen

Gemäß **§ 3 Abs. 1 EStG** sind von der Einkommensteuer (Lohnsteuer) befreit:

Z 1:

Versorgungsleistungen an Kriegsbeschädigte und Hinterbliebene oder diesen gleichgestellte Personen auf Grund der versorgungsrechtlichen Bestimmungen sowie auf Grund des Heeresentschädigungsgesetzes, BGBl I 2015/162.

Z 2:

Renten und Entschädigungen an Opfer des Kampfes für ein freies demokratisches Österreich auf Grund besonderer gesetzlicher Vorschriften.

Z 3:

Bezüge oder Beihilfen

a) aus öffentlichen Mitteln oder aus Mitteln einer öffentlichen Stiftung wegen Hilfsbedürftigkeit,

b) aus öffentlichen Mitteln oder aus Mitteln einer öffentlichen Stiftung zur unmittelbaren Förderung der Kunst (Abgeltung von Aufwendungen oder Ausgaben),
c) aus öffentlichen Mitteln, aus Mitteln einer öffentlichen Stiftung oder aus Mitteln einer im § 4a Abs. 3 EStG genannten Institution zur unmittelbaren Förderung von Wissenschaft oder Forschung (Abgeltung von Aufwendungen oder Ausgaben),
d) aus öffentlichen Mitteln oder aus Mitteln eines Fonds i.S.d. § 4a Abs. 3 Z 2 EStG, für eine Tätigkeit im Ausland, die der Kunst, der Wissenschaft oder Forschung dient,
e) nach dem Studienförderungsgesetz 1983 und dem Schülerbeihilfengesetz 1983,
f) zur Förderung von Wissenschaft und Forschung (Stipendien) im Inland, wenn diese keine Einkünfte aus nicht selbständiger Arbeit sind und für den Stipendienbezieher keine Steuererklärungspflicht gemäß § 42 Abs. 1 Z 3 vorliegt,
g) aus Mitteln der Innovationsstiftung für Bildung gemäß § 1 des Innovationstiftungs-Bildung-Gesetzes etc. zur Erreichung der in diesem Gesetz genannten Ziele.

Z 4:

a) Das **Wochengeld** (→ 27.1.3.4.) **und vergleichbare Bezüge** aus der gesetzlichen Sozialversicherung sowie dem Grund und der Höhe nach gleichartige Zuwendungen aus Versorgungs- und Unterstützungseinrichtungen der Kammern der selbstständig Erwerbstätigen,
b) **Erstattungsbeträge aus einer gesetzlichen Sozialversicherung** für Kosten der Krankenheilbehandlung und für Maßnahmen der Rehabilitation sowie dem Grund und der Höhe nach gleichartige Beträge aus Versorgungs- und Unterstützungseinrichtungen der Kammern der selbstständig Erwerbstätigen,
c) **Erstattungsbeträge für Kosten** im Zusammenhang mit der **Unfallheilbehandlung** oder mit **Rehabilitationsmaßnahmen**, weiters einmalige Geldleistungen aus einer gesetzlichen Unfallversorgung sowie dem Grunde und der Höhe nach gleichartige Beträge aus einer ausländischen gesetzlichen Unfallversorgung, die einer inländischen gesetzlichen Unfallversorgung entspricht, oder aus Versorgungs- und Unterstützungseinrichtungen der Kammern der selbstständig Erwerbstätigen,
d) **Sachleistungen** aus der gesetzlichen Sozialversicherung oder aus einer ausländischen gesetzlichen Sozialversicherung, die der inländischen gesetzlichen Sozialversicherung entspricht,
e) **Übergangsgelder** aus der gesetzlichen Sozialversicherung,
f) jene Teile der Ausgleichszulagen oder Ergänzungszulagen, die ausschließlich aufgrund der Richtsatzerhöhungen für Kinder gewährt werden. Abgesehen davon sind Ausgleichszulagen oder Ergänzungszulagen, die auf Grund sozialversicherungs- oder pensionsrechtlicher Vorschriften gewährt werden, seit 1.1.2020 steuerpflichtig.

Z 5:

a) Das versicherungsmäßige **Arbeitslosengeld und die Notstandshilfe** oder an deren Stelle tretende Ersatzleistungen,
b) Leistungen nach dem **Kinderbetreuungsgeldgesetz** (→ 27.1.4.5.), BGBl I 2001/103, der **Familienzeitbonus** nach dem Familienzeitbonusgesetz (→ 27.1.5.), BGBl I 2016/53, sowie das **Pflegekarenzgeld** (→ 27.1.1.3.),
c) die **Überbrückungshilfe** für Bundesbedienstete nach den besonderen gesetzlichen Regelungen sowie gleichartige Bezüge, die auf Grund besonderer landesgesetzlicher Regelungen gewährt werden,

d) **Beihilfen nach dem Arbeitsmarktförderungsgesetz**, BGBl 1969/31, **Beihilfen nach dem Arbeitsmarktservicegesetz**, BGBl 1994/313, **Beihilfen nach dem Berufsausbildungsgesetz**, BGBl 1969/142, sowie das **Altersteilzeitgeld** gem. § 27 des Arbeitslosenversicherungsgesetzes (→ 27.3.2.), BGBl 1977/609,
e) **Leistungen nach dem Behinderteneinstellungsgesetz** 1988, BGBl 1988/721.

Erläuterungen:

Das Weiterbildungsgeld bzw. Bildungsteilzeitgeld (→ 27.3.1.) gilt als Ersatzleistung gem. § 3 Abs. 1 Z 5 lit. a EStG (§ 26 Abs. 8, § 26a Abs. 5 AlVG).

Z 6:

Zuwendungen aus öffentlichen Mitteln (einschließlich Zinsenzuschüsse) zur Anschaffung oder Herstellung von Wirtschaftsgütern des Anlagevermögens oder zu ihrer Instandsetzung (§ 4 Abs. 7 EStG). Dies gilt auch für entsprechende Zuwendungen der im § 4a Abs. 3 EStG genannten Institutionen.

Z 7:

Leistungen auf Grund des Familienlastenausgleichsgesetzes 1967 (Familienbeihilfe, Schulfahrtbeihilfe und Schülerfreifahrten, unentgeltliche Schulbücher) und gleichartige ausländische Leistungen, die den Anspruch auf Familienbeihilfe gem. § 4 FLAG ausschließen.

Erläuterungen:

Kinderzulagen, Kinderbeihilfen und Kinderzuschläge, die als Lohnzuschläge vom Arbeitgeber bezahlt werden, fallen nicht unter diese Befreiungsbestimmung.

Z 8:

Bei Auslandsbeamten (§ 92 EStG) **die Zulagen und Zuschüsse** gem. § 21 des Gehaltsgesetzes 1956 sowie Kostenersätze und Entschädigungen für den Heimaturlaub oder dem Grund und der Höhe nach gleichartige Bezüge, Kostenersätze und Entschädigungen auf Grund von Dienst(Besoldungs)ordnungen von Körperschaften des öffentlichen Rechts.

Z 9:

Jene **Einkünfte von Auslandsbeamten** (§ 92 EStG), die in dem Staat der Besteuerung unterliegen, in dessen Gebiet sie ihren Dienstort haben; dies gilt nicht für Einkünfte gem. § 98 EStG.

Z 10:

60% der steuerpflichtigen Einkünfte aus **laufendem Arbeitslohn** von vorübergehend ins Ausland entsendeten unbeschränkt steuerpflichtigen Arbeitnehmern, soweit dieser Betrag monatlich die für das Jahr der Tätigkeit maßgebende monatliche **Höchstbeitragsgrundlage** nach § 108 ASVG **nicht übersteigt** (→ 11.4.3.1.). Ist der Arbeitnehmer im Lohnzahlungszeitraum nicht durchgehend ins Ausland entsendet, ist der Höchstbetrag aus der täglichen Höchstbeitragsgrundlage nach § 108 ASVG abzuleiten. Für die Steuerfreiheit bestehen folgende **Voraussetzungen**:

a) Die **Entsendung** erfolgt von
   - einem **Betrieb** oder einer **Betriebsstätte** eines in einem Mitgliedstaat der Europäischen Union, einem Staat des Europäischen Wirtschaftsraums oder der Schweiz ansässigen Arbeitgebers oder
   - einer in einem Mitgliedstaat der Europäischen Union, in einem Staat des Europäischen Wirtschaftsraums oder der Schweiz gelegenen **Betriebsstätte** eines in einem Drittstaat ansässigen Arbeitgebers.

b) Die **Entsendung** erfolgt an einen Einsatzort, der **mehr als 400 Kilometer Luftlinie** vom nächstgelegenen Punkt des österreichischen Staatsgebiets entfernt liegt.

c) Die **Entsendung** erfolgt **nicht** in eine **Betriebsstätte** i.S.d. § 29 Abs. 2 lit. a und b der BAO des Arbeitgebers (Geschäftsleitungssitz, Zweigniederlassungen etc.) oder des Beschäftigers i.S.d. § 3 Abs. 3 Arbeitskräfteüberlassungsgesetz.

d) Die **Tätigkeit** des entsendeten Arbeitnehmers im Ausland ist – ungeachtet ihrer vorübergehenden Ausübung – ihrer Natur nach **nicht auf Dauer** angelegt. Dies ist insb. bei Tätigkeiten der Fall, die mit der Erbringung einer Leistung gegenüber einem Auftraggeber abgeschlossen sind. Tätigkeiten, die Leistungen zum Gegenstand haben, die – losgelöst von den Umständen des konkreten Falls – regelmäßig ohne zeitliche Befristung erbracht werden, sind auch dann auf Dauer angelegt, wenn sie im konkreten Fall befristet ausgeübt werden oder mit der Erbringung einer Leistung abgeschlossen sind.

e) Die **Entsendung** erfolgt ununterbrochen für einen Zeitraum von **mindestens einem Monat**.

f) Die im Ausland zu leistenden **Arbeiten** sind **überwiegend unter erschwerenden Umständen** zu leisten. Solche Umstände liegen insb. vor, wenn die Arbeiten
   - in erheblichem Maß **zwangsläufig eine Verschmutzung** des Arbeitnehmers oder seiner Kleidung bewirken (§ 68 Abs. 5 erster Teilstrich EStG, → 18.3.2.1.1.) oder
   - im Vergleich zu den allgemein üblichen Arbeitsbedingungen eine **außerordentliche Erschwernis** darstellen (§ 68 Abs. 5 zweiter Teilstrich EStG, → 18.3.2.1.1.) oder
   - infolge der schädlichen Einwirkungen von gesundheitsgefährdenden Stoffen oder Strahlen, von Hitze, Kälte oder Nässe, von Gasen, Dämpfen, Säuren, Laugen, Staub oder Erschütterungen oder infolge einer Sturz- oder anderen Gefahr **zwangsläufig eine Gefährdung von Leben, Gesundheit oder körperlicher Sicherheit** des Arbeitnehmers mit sich bringen (§ 68 Abs. 5 dritter Teilstrich EStG, → 18.3.2.1.1.), oder
   - in einem Land erfolgen, in dem die **Aufenthaltsbedingungen** im Vergleich zum Inland eine **außerordentliche Erschwernis** darstellen, oder
   - in einer **Region** erfolgen, für die nachweislich am Beginn des jeweiligen Kalendermonats der Tätigkeit eine **erhöhte Sicherheitsgefährdung vorliegt** (insb. Kriegs- oder Terrorgefahr).

   Die **Steuerfreiheit** besteht **nicht**, wenn der Arbeitgeber während der Auslandsentsendung
   - die Kosten für **mehr als eine Familienheimfahrt** (→ 22.3.2.1.4.) im Kalendermonat trägt oder
   - **Zulagen und Zuschläge** gem. § 68 EStG (→ 18.3.1.) **steuerfrei** behandelt.

Mit der **Steuerfreiheit** ist die Berücksichtigung der mit dieser Auslandstätigkeit verbundenen Werbungskosten gem. § 16 Abs. 1 Z 9 EStG sowie der Aufwendungen für Familienheimfahrten und für doppelte Haushaltsführung **abgegolten**, es sei denn, der Arbeitnehmer beantragt ihre **Berücksichtigung** im Rahmen der **Veranlagung** (→ 15.); in diesem Fall steht die **Steuerbefreiung nicht** zu.

Erläuterungen:

Von der Lohnsteuer sind **60%** der steuerpflichtigen Einkünfte aus **laufendem Arbeitslohn** von vorübergehend ins Ausland entsendeten unbeschränkt steuerpflichtigen Arbeitnehmern befreit. Die Befreiung bezieht sich nach der aktuellen Rechtslage auf die steuerpflichtigen laufenden (monatlichen) Einkünfte nach Abzug des Dienstnehmeranteils. Somit sind die

- nicht steuerbaren Ersätze gem. § 26 EStG (→ 21.3.),
- Reiseaufwandsentschädigungen gem. § 3 Abs. 1 Z 16b EStG (→ 22.3.2.2.2., → 22.3.2.3.),
- die sonstigen Bezüge gem. § 67 EStG (→ 23.3.2.)

nicht in die Bemessungsgrundlage der 60%-Grenze **einzubeziehen.**

Die Steuerbefreiung ist mit der monatlichen Höchstbeitragsgrundlage **gedeckelt**. Diese Betragsbegrenzung ist auf den Kalendermonat als Lohnzahlungszeitraum ausgelegt. Ist der Arbeitnehmer im Lohnzahlungszeitraum nicht durchgehend ins Ausland entsendet, ist die tägliche Höchstbeitragsgrundlage heranzuziehen.

Zulagen und **Zuschläge** gem. § 68 EStG können bei Inanspruchnahme der Befreiung **nicht steuerfrei** abgerechnet werden.

Sonstige Bezüge gem. § 67 EStG (z.B. Urlaubs- und Weihnachtsgeld) sind von der Steuerbefreiung gem. § 3 Abs. 1 Z 10 EStG **nicht erfasst**. Zur Ausnahme davon bei Nachzahlung in einem Insolvenzverfahren siehe Punkt 24.6.2.2.

Auch **Ersatzleistungen für Urlaubsentgelt** gem. § 67 Abs. 8 lit. d EStG stellen trotz (teilweiser) Versteuerung wie ein laufender Arbeitslohn **insgesamt einen sonstigen Bezug** dar, weshalb die Steuerbefreiung gem. § 3 Abs. 1 Z 10 EStG darauf nicht anwendbar ist.

Nachzahlungen für Bezüge gem. § 3 Abs. 1 Z 10 EStG behalten im Rahmen der gesetzlichen Bestimmungen ihre Steuerfreiheit, wobei in diesen Fällen jedoch kein steuerfreies Fünftel zu berücksichtigen ist (→ 24.3.2.) (LStR 2002, Rz 70h).

Eine **Hochrechnung** nach § 3 Abs. 3 EStG (→ 21.2.2.) hat **nicht** zu erfolgen.

Dazu ein **Beispiel**:

- Angestellter,
- SV-DNA 18,12%.

	Fall A			Fall B		
Laufender Bruttobezug/ Monat	€	4.000,00		€	12.000,00	
abzügl. DNA	– €	724,80		– €	1.027,40	
	€	3.275,20		€	10.972,60	
davon 60%	€	1.965,12		€	6.583,56	
Maximalbetrag € 5.670,00 (= Höchstbeitragsgrundlage)	**€**	**1.965,12**	**steuerfrei**	**€**	**5.670,00**	**steuerfrei**

DNA = Dienstnehmeranteil zur Sozialversicherung

Die **Steuerfreiheit** besteht **nicht**, wenn der Arbeitgeber während der Auslandsentsendung

- die Kosten für **mehr als eine Familienheimfahrt** (→ 22.3.2.1.4.) im Kalendermonat übernimmt oder
- **Zulagen** und **Zuschläge** gem. § 68 EStG **steuerfrei** abrechnet.

Andere nicht steuerbare Bezüge gem. § 26 EStG oder steuerfreie Bezüge gem. § 3 Abs. 1 Z 16b EStG (Tages- und Nächtigungsgelder) können ausbezahlt werden, **ohne die Steuerfreiheit** gem. § 3 Abs. 1 Z 10 EStG **zu beeinträchtigen**.

Mit der Steuerfreiheit sind die mit dieser Auslandstätigkeit verbundenen **Werbungskosten** (Reisekosten, Kosten für Familienheimfahrten und doppelte Haushaltsführung) **abgegolten**, es sei denn, der Arbeitnehmer beantragt ihre Berücksichtigung im Rahmen der Veranlagung (→ 15.). In diesem Fall steht die Steuerbefreiung gem. § 3 Abs. 1 Z 10 EStG nicht zu (LStR 2002, Rz 70r).

Um zu verhindern, dass einem Arbeitnehmer durch den Ausschluss der Berücksichtigung der genannten Werbungskosten Nachteile erwachsen, wird ihm ein (in der Arbeitnehmerveranlagung auszuübendes) **Wahlrecht** eingeräumt.

Verzichtet der Arbeitnehmer auf die Steuerfreiheit der begünstigten Auslandstätigkeit gem. § 3 Abs. 1 Z 10 EStG, können Reisekosten und Werbungskosten für Familienheimfahrten bzw. für doppelte Haushaltsführung berücksichtigt werden.

Der ausländische Einsatzort muss **mehr als 400 Kilometer Luftlinie** vom nächstgelegenen Punkt der österreichischen Staatsgrenze entfernt sein[533].

Die Entsendung darf **nicht** in eine **Betriebsstätte** des **Arbeitgebers** (Geschäftsleitungssitz, Zweigniederlassungen, Warenlager, Ein- und Verkaufsstellen, Fabrikationsstätten, sonstige Einrichtungen zur Betriebsausübung) bzw. des Beschäftigers erfolgen (= „schädliche" Einsatzorte). Entsendungen zu **Bauausführungen** des Arbeitgebers sind von der Begünstigung nicht ausgeschlossen.

Die Auslandstätigkeit darf ihrer Natur nach **nicht auf Dauer angelegt** sein. Durch dieses einschränkende Kriterium soll in besonderer Weise die vorübergehende Natur der Auslandsentsendung zum Ausdruck kommen. Eine Tätigkeit ist ihrer Natur nach auf Dauer angelegt, wenn sie in einer abstrakten Betrachtung nicht befristet angelegt ist. Das heißt, es muss das Tätigkeitsbild des entsprechenden Berufs herangezogen werden und dieses dahingehend beurteilt werden, ob es einen dauerhaften Charakter aufweist oder nicht.

Nicht auf Dauer angelegt sind insb. Tätigkeiten, die mit der Erbringung einer Leistung oder der Herstellung eines Werks beendet sind, wie das z.B. auf die Erfüllung von spezifischen **Beratungsaufträgen**, die Lieferung und **Montage** von Investitionsgütern zutrifft oder die Tätigkeit eines **Maurers**.

In diesem Sinn ist die Tätigkeit eines Geschäftsführers, eines Controllers oder einer Sekretärin **auf Dauer angelegt**, selbst wenn solche Arbeitnehmer nur eine begrenzte Zeit für die Ausübung einer solchen Tätigkeit ins Ausland entsendet werden. Auch Beratungsaufträge im Rahmen einer laufenden Klientenbeziehung wie bei Rechtsanwälten oder Steuerberatern sind auf Dauer angelegt, weil einzelne Beratungsaufträge Teil der bestehenden Klientenbeziehung sind.

Die Entsendung muss ununterbrochen für einen Zeitraum von **mindestens einem Monat** erfolgen. Die Fristenzählung beginnt mit dem Tag des Grenzübertritts.

533 Linktipp: www.luftlinie.org, www.freemaptools.com oder mit Google Maps können zwischen zwei Orten „Verbindungsstriche" erstellt werden.

Nach Monaten bestimmte Fristen enden mit Ablauf desjenigen Tages des letzten Monats, der durch seine Bezeichnung dem für den Beginn dieser Frist maßgebenden Tag entspricht (vgl. § 108 BAO).

Dazu ein **Beispiel**: Beginn der Auslandstätigkeit 8. März, Ende der Monatsfrist 8. April (sog. **„Naturalmonat"**).

Eine zumindest einen Monat lang dauernde Tätigkeit kann **auch** dann vorliegen, wenn die Tätigkeit nicht beim selben Vorhaben, sondern **bei verschiedenen begünstigten Vorhaben** desselben inländischen Unternehmens verbracht wird.

Berechnung der Monatsfrist	
Schädliche Unterbrechungen	**Unschädliche** Unterbrechungen
Die Monatsfrist wird unterbrochen durch ● jede Inlandstätigkeit, die nichts mit dem Auslandsprojekt zu tun hat, ● jede Inlandstätigkeit, die mit dem Auslandsprojekt zu tun hat und länger als drei Tage dauert, ● jede Auslandstätigkeit, bei der die Mindestentfernung (400 km Luftlinie) unterschritten wird.	**Während** des **ersten** Monats: ● verlängertes (eingearbeitetes) Wochenende, ● (ausländische) gesetzliche Feiertage, ● Zeitausgleichskonsum (im In- oder Ausland), ● Dienstfreistellungen lt. Kollektivvertrag (z.B. Todesfall), ● Krankenstand im Ausland, ● betriebsbedingte (kurzfristige) Arbeitsunterbrechungen (z.B. wegen Schlechtwetter, Reparaturen), ● Dienstreisen, wenn sie ausschließlich mit dem Auslandsprojekt zu tun haben,
	● Dienstreisen, die in den inländischen Stammbetrieb bzw. inländische Betriebstätte oder ein Reiseziel innerhalb der 400 km-Zone führen, max. drei Tage dauern. Nach dem ersten Monat: ● Urlaub, Krankenstand im Inland, wenn der Arbeitnehmer unmittelbar danach die Auslandstätigkeit wieder aufnimmt. Weiters sind unschädlich (im ersten Monat oder danach) verschiedene begünstigte Auslandstätigkeiten (begünstigte Vorhaben) beim selben Arbeitgeber, sofern die Einsatzorte mehr als 400 km Luftlinie vom österreichischen Staatsgebiet entfernt sind.

Wird der Arbeitnehmer **innerhalb der Monatsfrist** an einem ausländischen Einsatzort tätig, der innerhalb der Mindestentfernung (400 Kilometer) liegt, dann wird dadurch die **Frist unterbrochen**. Nach einer schädlichen Unterbrechung liegt die Voraussetzung für die Steuerbegünstigung erst dann wieder vor, wenn die Tätigkeit im Ausland bei Vorliegen aller Voraussetzungen **erneut** mindestens **einen Monat** andauert.

Die im Ausland zu leistenden Arbeiten müssen überwiegend unter **erschwerenden Umständen** geleistet werden. In jenen Monaten, in denen sowohl eine Inlandstätigkeit als auch eine begünstigte Auslandstätigkeit ausgeübt wird, ist das Überwiegen im Zeitraum der Auslandstätigkeit maßgeblich. Eine solche außerordentliche Erschwernis kann sich alternativ

a) bei der Arbeitserbringung,
b) aus den Aufenthaltsbedingungen im Einsatzland oder
c) aus der regionalen Gefährdungssituation im Einsatzland

ergeben.

ad a)	„Bei der **Arbeitserbringung**": Die Erschwernis kann sich bei Arbeiten ergeben, die mit jenen vergleichbar sind, die eine begünstigte steuerliche Behandlung von Schmutz-, Erschwernis- und Gefahrenzulagen gem. § 68 Abs. 5 EStG (→ 18.3.2.1.1.) zur Folge haben. Es bestehen keine Bedenken, bei Auslandssachverhalten erschwerende Umstände in typisierender Betrachtungsweise immer dann anzunehmen, wenn es sich um Tätigkeiten handelt, • die zu Bauarbeiten im engeren Sinn zählen, wie z.B. Errichtung, Aufstellung, Inbetriebnahme, Instandsetzung, Instandhaltung, Wartung oder • der Umbau von Bauwerken (inkl. Fertigbauten) oder • ortsfesten Anlagen, Demontagen, Abbauarbeiten sowie Abbrucharbeiten; • weiters das Aufsuchen von Bodenschätzen. Nicht ortsfeste Anlagen (Straßenbaumaschinen, Baukräne, Zelte, Bühnen etc.), die wegen ihres Umfangs an Ort und Stelle montiert werden müssen, sind ebenfalls als Bauarbeiten im engeren Sinn zu werten. Bei der Errichtung einer Gesamtsystemanlage (Rechenanlagen, EDV-Anlagen) handelt es sich um keine Bauarbeiten im engeren Sinn.
	Eine beaufsichtigende Tätigkeit (z.B. die Überwachung von Umbauarbeiten) ist allein nicht ausreichend, um als erschwerend qualifiziert zu werden. Verursacht diese überwachende Tätigkeit aber beispielsweise überwiegend eine zwangsläufige erhebliche Verschmutzung des Arbeitnehmers oder seiner Kleidung, liegen erschwerende Umstände vor. Im Hinblick auf die bei Auslandssachverhalten bestehende erhöhte Mitwirkungspflicht sind jedenfalls **genaue Tätigkeitsbeschreibungen** (Arbeitsplatzbeschreibungen) notwendig, um eine zwangsläufige Verschmutzung bzw. außerordentliche Erschwernis bzw. Gefahr zu dokumentieren. Diese sind zum **Lohnkonto** zu nehmen.
ad b)	„Aus den **Aufenthaltsbedingungen im Einsatzland**": Unter diesem Aspekt sind die das Einsatzland allgemein betreffenden Umstände angesprochen, die im Vergleich zum Inland wesentlich belastender sind, wie z.B. Klima, Infrastruktur, persönliche Sicherheit, Standard an medizinischer Versorgung. Für die EU/EWR-Staaten und die Schweiz wird eine derartige länderspezifische Erschwernis nicht zutreffen. Staaten, die in der Spalte 1 bis 3 der Liste der Entwicklungsländer („DAC-List of ODA Recipients") aufgezählt sind, erfüllen dagegen dieses Kriterium (Liste siehe LStR 2002, Rz 1409).

ad c)	„Aus der **regionalen Gefährdungssituation im Einsatzland**": Solche erschwerenden Umstände liegen vor, wenn die Arbeiten in einer Region erfolgen, für die nachweislich am Beginn des jeweiligen Kalendermonats der Tätigkeit eine erhöhte Sicherheitsgefährdung vorliegt. Dies wird zutreffen, wenn vom Außenministerium für das betreffende Land eine Reisewarnung (abrufbar unter www.bmeia.gv.at) ausgegeben wurde oder sonst eine erhöhte Sicherheitsgefährdung (z.B. Kriegs- oder Unruhezustände, Kriegs- oder Terrorgefahr) vorliegt. Der Nachweis der erhöhten Sicherheitsgefährdung kann z.B. durch Ausdruck einer Reisewarnung, durch Medienberichte u.Ä. erbracht werden und ist zum Lohnkonto zu nehmen. Dazu ein **Beispiel**: Ein Arbeitnehmer wird vom 14. Jänner 2022 bis 31. Mai 2022 in eine Region entsendet, für die seit 1. November 2021 eine erhöhte Sicherheitsgefährdung vorliegt (diese bleibt bis 24. April 2022 aufrecht); die übrigen Voraussetzungen des § 3 Abs. 1 Z 10 EStG liegen vor. Für die Monate **Jänner bis April 2022** kann für den Arbeitnehmer die **Begünstigung** des § 3 Abs. 1 Z 10 EStG in Anspruch genommen werden.

Für steuerfreie Auslandsbezüge ist ein **gesonderter Lohnzettel** (→ 35.1.) auszustellen. Das heißt, sowohl der Gesamtbezug (einschließlich sonstiger Bezüge) als auch die steuerpflichtigen und steuerbefreiten Bezugsteile sind unter der jeweils dafür vorgesehenen Kennzahl getrennt im Lohnzettel auszuweisen.

Die begünstigten Auslandsbezüge sind auch vom **Dienstgeberbeitrag zum FLAF, Zuschlag zum DB** und von der **Kommunalsteuer zu 60% befreit**. Die Deckelung (Beschränkung durch die Höchstbeitragsgrundlage für laufende Bezüge) kommt nicht zur Anwendung (→ 37.3.3.3., → 37.4.1.3.). Demnach sind diese Abgaben ausgehend von den steuerbaren laufenden Bruttobezügen (und davon 40%) zu berechnen. Die sonstigen Bezüge gem. § 67 Abs. 1 und 2 EStG zählen immer zu den Grundlagen.

Näheres betreffend Steuerfreiheit einer begünstigten Auslandstätigkeit gem. § 3 Abs. 1 Z 10 EStG finden Sie in den Lohnsteuerrichtlinien 2002 unter den Randzahlen 70h bis 70w.

Hinweis: Die **innerstaatliche Steuerbefreiung** gem. § 3 Abs. 1 Z 10 EStG führt nur dann zu einer endgültigen Steuerbefreiung für den Arbeitnehmer, wenn für ihn im Tätigkeitsstaat keine Steuerpflicht entsteht, was nach den Regelungen der **Doppelbesteuerungsabkommen** zu beurteilen ist (→ 7.2.).

Sollten grundsätzlich der **Dienstgeberbeitrag zum FLAF** und der **Zuschlag zum DB** anfallen, könnten sich Befreiungen hinsichtlich dieser Abgaben ergeben, sofern auf Grund der VO (EWG) 1408/71 bzw. der VO (EG) 883/2004 die Sozialversicherungszuständigkeit im Ausland liegt (→ 37.3.3.2.).

Sollte grundsätzlich **Kommunalsteuer** anfallen, ist diese dann nicht abzuführen, wenn eine kommunalsteuerliche Betriebsstätte des Arbeitgebers im Ausland liegt (→ 37.4.1.2.3.).

Z 11 lit. a (für die Kalenderjahre 2017 bis 2019):

Einkünfte, die **Aushilfskräfte** für ein geringfügiges Beschäftigungsverhältnis gemäß § 5 Abs. 2 ASVG (→ 31.4.) beziehen.

Die Bestimmung ist mit 1.1.2020 entfallen. **Erläuterungen** dazu finden Sie auch in den Vorauflagen dieses Buches.

Z 11 lit. b:

Einkünfte, die Fachkräfte der Entwicklungshilfe (Entwicklungshelfer oder Experten) als Arbeitnehmer von Entwicklungshilfeorganisationen i.S.d. § 3 Abs. 2 des Entwicklungszusammenarbeitsgesetzes, BGBl I 2002/49, für ihre Tätigkeit in Entwicklungsländern bei Vorhaben **beziehen**, die dem Dreijahresprogramm der österreichischen Entwicklungspolitik (§ 23 des Entwicklungszusammenarbeitsgesetzes) entsprechen.

Erläuterungen:

Der für die Steuerbefreiung in Betracht kommende Personenkreis ergibt sich aus den Bestimmungen des Entwicklungszusammenarbeitsgesetzes. Zu den „Entwicklungsländern" zählen alle Staaten, die i.S.d. § 3 Abs. 1 Entwicklungszusammenarbeitsgesetz „Entwicklungs"-Länder sind. Dazu zählen die Länder gem. der Liste der Entwicklungsländer („DAC-List of ODA Recipients"; siehe LStR 2002, Rz 1409). Bezüge für Tätigkeiten, die in Ländern ausgeübt werden, die nicht zu den Entwicklungsländern i.S.d. § 3 Abs. 1 Entwicklungszusammenarbeitsgesetz zählen, sind nicht steuerbefreit. Für die Steuerbefreiung ist eine Mindestaufenthaltsdauer nicht erforderlich, d.h. sie kann bereits bei einem eintägigen Einsatz gegeben sein, sofern alle weiteren Voraussetzungen (Entwicklungshelfer bzw. Experte, konkretes Entwicklungshilfevorhaben etc.) vorliegen.

Z 12:

Bezüge von ausländischen Studenten (Ferialpraktikanten), die bei einer inländischen Unternehmung nicht länger als sechs Monate beschäftigt sind, soweit vom Ausland **Gegenseitigkeit** gewährt wird (→ 4.3.4.1., → 31.5.1.).

Erläuterungen:

Der Begriff Studenten umfasst nicht nur Hochschüler, sondern auch **alle in schulischer Ausbildung befindlichen Personen**.

Unter dem Begriff „ausländische" Studenten können nur solche Studenten verstanden werden, die an einer ausländischen (Hoch)Schule ihrem Studium nachgehen, im Ausland ihren Wohnsitz haben und nur vorübergehend, z.B. zur Erwerbung einer Praxis während ihrer Hochschulferien, bei einem inländischen Unternehmen tätig sind. Für ausländische Studenten, die an einer österreichischen Hochschule studieren, gilt diese Befreiungsbestimmung nicht.

Unter einer **Ferialpraxis** ist eine solche zu verstehen, die entweder in der Studienordnung vorgeschrieben ist oder in erster Linie der praktischen Ergänzung des Studiums dient. Einkünfte aus einer mit dem Ausbildungsziel nicht zusammenhängenden nicht selbstständigen Tätigkeit fallen nicht unter diese Befreiungsvorschrift.

Die Steuerfreiheit steht nur insoweit zu, als vom Ausland **Gegenseitigkeit** gewährt wird. Diese Gegenseitigkeit kann eine unbeschränkte oder eine beschränkte sein. Feststellungen über die reziproke (gegenseitige) Behandlung österreichischer Ferialpraktikanten enthalten die Ausführungen im AÖF. Die BRD gewährt österreichischen Ferialpraktikanten nur dann Steuerfreiheit, wenn die praktische Ausbildung objektiv notwendig ist. Im reziproken Fall ist die Steuerfreiheit von Bezügen deutscher Ferialpraktikanten davon abhängig zu machen, dass die praktische Ausbildung ausdrücklich in der jeweiligen Studien- oder Prüfungsordnung vorgesehen ist. Soweit sich die Gewährung der Gegenseitigkeit aus einem Doppelbesteuerungsabkommen ergibt, wird im AÖF der betreffende Artikel angeführt. In den übrigen Fällen ergibt sich die tatsächlich gewährte Gegenseitigkeit aus den Äußerungen der einzelnen Länder (LStR 2002, Rz 72–74).

Z 13 lit. a:

Der geldwerte Vorteil aus

- der **Benützung von Einrichtungen und Anlagen** (beispielsweise Erholungs- und Kurheime, Kindergärten, Betriebsbibliotheken, Sportanlagen, betriebsärztlicher Dienst) und
- zielgerichteter, wirkungsorientierter **Gesundheitsförderung (Salutogenese) und Prävention**, soweit diese vom Leistungsangebot der gesetzlichen Krankenversicherung erfasst sind, sowie **Impfungen**,

die der Arbeitgeber allen Arbeitnehmern oder bestimmten Gruppen seiner Arbeitnehmer zur Verfügung stellt.

Erläuterungen:

Die Begünstigung steht auch dann zu, wenn allen Arbeitnehmern oder bestimmten Arbeitnehmergruppen die Möglichkeit zur Benützung der (auch angemieteten) Einrichtungen und Anlagen des Arbeitgebers angeboten wird, aber von dieser Möglichkeit nicht in allen Fällen Gebrauch gemacht wird. Unter Arbeitnehmern sind auch in den Ruhestand getretene ehemalige Mitarbeiter zu verstehen.

Begünstigt ist der geldwerte Vorteil aus der Benützung von arbeitgebereigenen oder angemieteten Einrichtungen und Anlagen auch dann, wenn diese von mehreren Arbeitgebern gemeinsam betrieben werden (z.B. mehrbetriebliche Kindergärten).

Zahlt der Arbeitgeber dem Arbeitnehmer einen Geldbetrag, liegt steuerpflichtiger Arbeitslohn vor, da sich diese Befreiungsbestimmung **nur** auf den **Sachbezug** bezieht. Nicht unter den Begriff von Einrichtungen und Anlagen fallen Sachbezüge, die in der Sachbezugswerteverordnung geregelt sind (z.B. Garagen- und Autoabstellplätze).

Auch der **betriebsärztliche Dienst** bzw. – in Ermangelung eines solchen – die Zurverfügungstellung einer **ärztlichen Leistung im Betrieb**, die üblicherweise durch den betriebsärztlichen Dienst erbracht wird, ist eine Einrichtung i.S.d. § 3 Abs. 1 Z 13 EStG.

Zielgerichtete, wirkungsorientierte Gesundheitsförderungen und präventive Maßnahmen sind nur dann steuerfreie Vorteile, soweit diese Maßnahmen vom Leistungsangebot der gesetzlichen Krankenversicherung umfasst sind.

Um zielgerichtet zu sein, haben alle Angebote ein im Vorfeld definiertes Ziel (z.B. Raucherstopp, Gewichtsnormalisierung usw.) zu verfolgen. Als wirkungsorientiert kann ein Angebot nur gelten, wenn seine Wirksamkeit wissenschaftlich belegt ist. Von einer Wirkungsorientierung ist zudem nur dann auszugehen, wenn der Anbieter zur konkreten Leistungserbringung qualifiziert und berechtigt ist. Die Zuwendungen sind vom Arbeitgeber direkt mit dem qualifizierten Anbieter abzurechnen.

Die Angebote können im Konkreten nur folgende Handlungsfelder umfassen:

Ernährung: Die Angebote müssen auf die Vermeidung von Mangel- und Fehlernährung sowie die Vermeidung und Reduktion von Übergewicht abzielen. Die Durchführung erfolgt von Ernährungswissenschaftlern, Ärzten mit ÖÄK-Diplom Ernährung oder Diätologen. Nicht steuerfrei sind z.B. Kosten für Nahrungsergänzungsmittel, für Messungen von Stoffwechselparametern, genetische Analysen oder Allergietests, reine Koch- und Backkurse.

Bewegung: Die Angebote müssen auf die Umsetzung der nationalen Bewegungsempfehlungen (z.B. Stärkung der Rückenmuskulatur, Aufbau von Kondition usw.) sowie auf die Reduktion von Erkrankungsrisiken (z.B. Diabetes, Herz-Kreislauf-Erkrankungen, Stütz- und Bewegungsapparat usw.) abzielen. Die Durchführung erfolgt durch Sportwissenschaftler, Sport-Trainer, Instruktoren sowie Physiotherapeuten und Ärzte mit entsprechender Zusatzausbildung. Nicht steuerfrei sind Beiträge des Arbeitgebers für Fitnesscenter oder Mitgliedsbeiträge für Sportvereine (z.B. Jahrespauschale, Monatspauschale)[534].

Sucht (Raucherentwöhnung): Angebote zur Raucherentwöhnung müssen langfristig auf den Rauchstopp abzielen. Die Durchführung obliegt klinischen- und Gesundheitspsychologen und Ärzten mit entsprechender Zusatzausbildung nach dem Curriculum des Hauptverbandes der österreichischen Sozialversicherungsträger.

Psychische Gesundheit: Angebote müssen darauf abzielen, negative Folgen für die körperliche und psychische Gesundheit aufgrund von chronischen Stresserfahrungen zu vermeiden, indem individuelle Bewältigungskompetenzen gestärkt werden. Ziel ist es dabei, ein möglichst breites Bewältigungsrepertoire und eine möglichst hohe Flexibilität im Umgang mit Stressbelastungen zu erlernen. Die Durchführung erfolgt von klinischen und Gesundheitspsychologen, Psychotherapeuten sowie Ärzten mit psychosozialer Weiterbildung (LStR 2002, Rz 77–77b).

Impfungen sind jedenfalls steuerfrei.

Übernimmt der Arbeitgeber die Kosten für den COVID-19-Test des Arbeitnehmers, ist dies ebenfalls steuerfrei.

Voraussetzung für die Steuerbefreiung ist die Gewährung des Vorteils an **alle Arbeitnehmer** oder einer **Gruppe von Arbeitnehmern** (siehe hierzu die Ausführungen zu Beginn dieses Kapitels 21.).

Kein Vorteil aus dem Dienstverhältnis – und somit keine steuerbare Leistung – liegt auch dann vor, wenn der Arbeitgeber im weit überwiegend eigenen Interesse Untersuchungs- oder Impfkosten trägt. Dies ist beispielsweise bei vorgeschriebenen ärztlichen Untersuchungen (z.B. von Fluglotsen) oder bei Impfungen zur Vermeidung einer Berufskrankheit i.S.d. § 177 ASVG der Fall. Als Berufskrankheit gelten demnach Krankheiten, die in der Anlage 1 zu § 177 ASVG genannt sind, wenn sie durch die Ausübung einer entsprechenden Beschäftigung in einem ebenfalls in der Anlage 1 bezeichneten Unternehmen verursacht sind.

534 Vgl. dazu die Auffassung des DVSV zur Beitragsbefreiung von Beiträgen des Arbeitgebers für bestimmte Kurse in Fitnesscentern unter Punkt 21.1.

Z 13 lit. b:

Zuschüsse des Arbeitgebers **für die Betreuung von Kindern** bis **höchstens € 1.000,00 pro Kind** und **Kalenderjahr**, die der Arbeitgeber allen Arbeitnehmern oder bestimmten Gruppen seiner Arbeitnehmer ① gewährt, sind steuerfrei, wenn folgende Voraussetzungen vorliegen:

- Die Betreuung betrifft ein **Kind i.S.d. § 106 Abs. 1 EStG** (→ 14.2.1.6.), für das dem Arbeitnehmer selbst der Kinderabsetzbetrag (§ 33 Abs. 3 EStG) für mehr als sechs Monate im Kalenderjahr zusteht.
- Das Kind hat zu Beginn des Kalenderjahrs das **10. Lebensjahr noch nicht vollendet**.
- Die Betreuung erfolgt in einer öffentlichen **institutionellen Kinderbetreuungseinrichtung** oder in einer privaten institutionellen Kinderbetreuungseinrichtung ②, die den landesgesetzlichen Vorschriften über Kinderbetreuungseinrichtungen entspricht, oder durch eine **pädagogisch qualifizierte Person** ③, ausgenommen haushaltszugehörige Angehörige.
- Der Zuschuss wird **direkt** an die **Betreuungsperson**, direkt an die **Kinderbetreuungseinrichtung** oder in Form von **Gutscheinen** geleistet, die nur bei institutionellen Kinderbetreuungseinrichtungen eingelöst werden können.
- Der **Arbeitnehmer erklärt dem Arbeitgeber** unter Anführung der Versicherungsnummer (§ 31 ASVG) oder der Kennnummer der Europäischen Krankenversicherungskarte (§ 31a ASVG) des Kindes, dass die Voraussetzungen für einen Zuschuss vorliegen und er selbst von keinem anderen Arbeitgeber einen Zuschuss für dieses Kind erhält. Der Arbeitgeber hat die Erklärung des Arbeitnehmers zum Lohnkonto zu nehmen. Änderungen der Verhältnisse muss der Arbeitnehmer dem Arbeitgeber innerhalb eines Monats melden. Ab dem Zeitpunkt dieser Meldung hat der Arbeitgeber die geänderten Verhältnisse zu berücksichtigen ④.

Erläuterungen:

Die Erklärung des Arbeitnehmers erfolgt mittels Formular **L 35**. Sollte der Arbeitnehmer eine unrichtige Erklärung hinsichtlich dieses Zuschusses abgegeben haben, stellt dieser Umstand einen **Pflichtveranlagungstatbestand** dar (→ 15.2.1.).

Der steuerfreie Zuschuss ist unter „sonstige steuerfreie Bezüge" am Lohnzettel (→ 35.1.) auszuweisen.

---

① Siehe dazu Ausführungen zu Beginn dieses Kapitels 21.

Beispiele für das Vorliegen der Steuerfreiheit bei allen oder Gruppen von Arbeitnehmern:

- Alle Arbeitnehmer, die für ein Kind bis zum 10. Lebensjahr den Kinderabsetzbetrag beziehen, erhalten einen Zuschuss von € 1.000,00 jährlich;
- alle Außendienstmitarbeiter, nicht jedoch Innendienstmitarbeiter;
- alle Arbeiter, nicht jedoch Angestellte;
- alle Innendienstmitarbeiter mit Kindern bis zum 6. Lebensjahr.

Das Gruppenmerkmal ist nicht erfüllt, wenn nur bestimmte Personen den Zuschuss erhalten. Ebenso ist es nicht zulässig, dass nur alleinerziehende Personen den Zuschuss erhalten, weil diese Abgrenzung nicht betriebsbezogen ist (LStR 2002, Rz 77f).

② Beispielsweise Kindergarten, Hort, Halbinternat, Vollinternat.

③ **Pädagogisch qualifizierte Personen** sind Personen, die eine Ausbildung zur Kinderbetreuung und Kindererziehung nachweisen können (VwGH 30.9.2015, 2012/15/0211). Die Betreuungsperson muss das 18. Lebensjahr vollendet haben und eine Ausbildung zur Kinderbetreuung und Kindererziehung im Mindestausmaß von 35 Stunden nachweisen (vgl. ausführlich LStR 2002, Rz 884i).

④ Fällt die Steuerfreiheit eines bereits ausbezahlten Kinderbetreuungszuschusses weg, ist die Lohnsteuer neu zu berechnen.

Beispiel 1

Wird das Kind im Februar 2022 10 Jahre alt, kann der Arbeitgeber auch dann einen Kinderbetreuungszuschuss bis zu € 1.000,00 steuerfrei belassen, wenn dieser erst im Dezember 2022 geleistet wird.

Beispiel 2

Ein Arbeitgeber zahlt an seine alleinerziehende Arbeitnehmerin im Kalenderjahr 2022

- für ihre 5-jährige Tochter einen Zuschuss zum Kindergarten in der Höhe von € 1.200,00 und
- für ihre 12-jährige Tochter einen Zuschuss in der Höhe von € 600,00.

Der Arbeitgeber wendet insgesamt € 1.800,00 an Zuschüssen auf, die bei ihm Betriebsausgaben darstellen.

Insgesamt sind pro Kind und pro Kalenderjahr nur bis zu € 1.000,00 begünstigt.

- Für die 5-jährige Tochter sind daher € 1.000,00 steuerfrei und € 200,00 steuerpflichtig.
- Der Zuschuss für die 12-jährige Tochter ist nicht begünstigt und somit zur Gänze steuerpflichtig.

Weitere **Erläuterungen** zum Zuschuss des Arbeitgebers für Kinderbetreuung finden Sie in den Lohnsteuerrichtlinien 2002 unter den Randzahlen 77c bis 77h.

Z 14:

Der geldwerte Vorteil aus der **Teilnahme an Betriebsveranstaltungen** (z.B. Betriebsausflüge, kulturelle Veranstaltungen, Betriebsfeiern) bis zu einer Höhe von **€ 365,00 jährlich und dabei empfangene Sachzuwendungen** bis zu einer Höhe von **€ 186,00 jährlich** sowie aus Anlass eines **Dienst- oder Firmenjubiläums** empfangene **Sachzuwendungen** bis zu einer Höhe von **€ 186,00 jährlich**.

Wird im Kalenderjahr 2021 der Freibetrag für die Teilnahme an Betriebsveranstaltungen nicht oder nicht zur Gänze ausgeschöpft, kann der Arbeitgeber im Zeitraum von 1.11.2021 bis 31.1.2022 Gutscheine im Wert von bis zu € 365,00 an seine Arbeitnehmer ausgeben. Diese Gutscheine stellen einen steuerfreien geldwerten Vorteil aus der Teilnahme an Betriebsveranstaltungen gemäß § 3 Abs. 1 Z 14 EStG dar (§ 124b Z 371 und Z 382 EStG).

Erläuterungen:

Der Vorteil aus der Teilnahme an einer Betriebsveranstaltung (z.B. Betriebsausflug) ist bis zu einem Betrag von höchstens € 365,00 jährlich steuerfrei. Für empfangene Sachzuwendungen können zusätzlich € 186,00 jährlich steuerfrei bleiben.

Sachzuwendungen sind Sachbezüge aller Art, nicht nur die Bewirtung. Es darf sich um keine individuelle Entlohnung handeln. Die Abhaltung einer besonderen Betriebsfeier ist lt. LStR 2002 nicht unbedingte Voraussetzung dafür, dass Sachzuwendungen steuerfrei sind. Auch ohne besondere Betriebsfeier wird z.B. die Verteilung von Weihnachtsgeschenken als Betriebsveranstaltung anzusehen sein. Es genügt bereits, wenn die Übergabe der Geschenke der eigentliche Anlass und Inhalt der Veranstaltung ist (LStR 2002, Rz 79).

In konsequenter Umsetzung der erlassmäßigen Klarstellung wird vom Arbeitgeber gefordert, jeweils **Teilnehmerverzeichnisse** der an den Betriebsveranstaltungen teilgenommenen Arbeitnehmer zu führen. Nicht gefordert ist offenbar, dass der Arbeitgeber die von einzelnen Arbeitnehmern konsumierten Speisen und Getränke aufzuzeichnen hat. Demnach sind die entstandenen Kosten **auf die teilnehmenden Arbeitnehmer umzubrechen** (vgl. BMF Erl. 7.10.2011, 01 0222/0154-VI/7/2011).

Zu den Sachzuwendungen gehören beispielsweise Autobahnvignetten sowie **Gutscheine** und **Geschenkmünzen**, die nicht in Bargeld abgelöst werden können. **Goldmünzen** bzw. Golddukaten, bei denen der Goldwert im Vordergrund steht, können als Sachzuwendungen anerkannt werden (LStR 2002, Rz 80).

Wird wegen des **guten Geschäftsganges** jedem Arbeitnehmer eine **Prämie** (in Form eines Geldbetrags und in Form eines Warengutscheins) gewährt, stellt der Geldbetrag und der Wert des Warengutscheins eine einheitliche Prämie dar und ist gem. **§ 67 Abs. 1 und 2 EStG** (→ 23.3.2.) **zu versteuern** (LStR 2002 – Beispielsammlung, Rz 10079).

Die Hingabe von Golddukaten und Reisegutscheinen anlässlich von **persönlichen Anlässen** (Ablegen von Prüfungen, Geburt eines Kindes) an namentlich angeführte Mitarbeiter ist nicht unter die Befreiungsbestimmung des § 3 Abs. 1 Z 14 EStG subsumierbar, sondern stellt einen **lohnsteuerpflichtigen Vorteil** aus dem Dienstverhältnis dar (UFS 20.6.2009, RV/0581-G/06).

Nach der Judikatur des BFG können Betriebsveranstaltungen bzw. -feiern auch anlässlich von Geburtstagen abgehalten werden (BFG 6.9.2017, RV/2100353/2013). Werden hingegen nur **einzelne ausgewählte Mitarbeiter zu „besonderen" (z.B. runden) Geburtstagen** beschenkt, liegt (auch wenn dies während einer Betriebsfeier erfolgt) eine beitragspflichtige und steuerpflichtige individuelle Zuwendung vor (Nö. GKK, NÖDIS Nr. 13/Oktober 2018). Geburtstagsgeschenke ohne Abhaltung einer Betriebsfeier stellen grundsätzlich abgabenpflichtige Sachbezüge dar (mit Ausnahme nicht messbarer Aufmerksamkeiten, wie z.B. eines Blumenstraußes – vgl. LStR 2002, Rz 138).

Ein Vorsorgescheck stellt tatsächlich keine Sachzuwendung i.S.d. § 3 Abs. 1 Z 14 EStG, sondern eine Bargeldzuwendung (in der Höhe der Prämie) dar (VwGH 28.5.2008, 2008/15/0087).

Werden die jeweiligen **Freibeträge überschritten,** ist der geldwerte Vorteil nach den allgemeinen Grundsätzen als Sachbezug zu versteuern (→ 20.3.7.).

Erläuterungen zur Teilnahme an Betriebsveranstaltungen und dabei empfangene Sachzuwendungen finden Sie auch unter Punkt 21.1., § 49 Abs. 3 Z 17 ASVG.

Erläuterungen zu Sachzuwendungen aus Anlass eines Dienst- oder Firmenjubiläums finden Sie unter Punkt 24.1.

Beispiele zum Zusammenfallen von Zuwendungen im Rahmen von Betriebsveranstaltungen und Jubiläen siehe Punkt 24.1.2.2.

Gutscheinregelung statt Betriebsveranstaltung aufgrund der COVID-19-Krise:

Wenn im Kalenderjahr 2020 bzw. 2021 der steuerfreie Vorteil aus der Teilnahme an Betriebsveranstaltungen aufgrund der COVID-19-Krise nicht oder nicht zur Gänze genutzt werden konnte, können Arbeitgeber ihren Arbeitnehmern Gutscheine bis maximal € 365,00 steuerfrei gewähren. Voraussetzung für die Steuerfreiheit ist, dass die Gutscheine vom Arbeitgeber zwischen November 2020 und Jänner 2021 bzw. November 2021 und Jänner 2022 an den Arbeitnehmer ausgegeben werden. Die Steuerbefreiung gilt sowohl für Gutscheine von Einzelhändlern als auch von Verbänden von Einzelhändlern (z.B. Einkaufsmünzen). Diese Gutscheine sind ein steuerfreier geldwerter Vorteil aus der Teilnahme an Betriebsveranstaltungen und daher auch von der Kommunalsteuer und dem Dienstgeberbeitrag zum Familienlastenausgleichsfonds befreit. Zudem sind derartige Gutscheine auch im Bereich der Sozialversicherung (ASVG) befreit. Der Freibetrag über Sachzuwendungen bis zu einer Höhe von € 186,00 im Kalenderjahr bleibt zusätzlich bestehen bzw. können die beiden Höchstbeträge auch in einem Gutschein kumuliert werden. Die Abhaltung einer besonderen Betriebsfeier ist nicht Voraussetzung dafür, dass Sachzuwendungen steuerfrei sind (LStR 2002, Rz 80a).

Beitragsfrei können pro Mitarbeiter somit maximal jeweils € 551,00 an Gutscheinen für die Kalenderjahre 2020 und 2021 ausgegeben werden. Barzuwendungen anstelle von Sachgeschenken oder Gutscheinen sind immer beitragspflichtig (vgl. auch ÖGK, DG-Newsletter Nr. 8/Dezember 2020 sowie ÖGK, DG-Newsletter Nr. 14/Dezember 2021).

Z 15 lit. a:

Zuwendungen des Arbeitgebers **für die Zukunftssicherung** seiner Arbeitnehmer, soweit diese Zuwendungen an alle Arbeitnehmer oder bestimmte Gruppen seiner Arbeitnehmer geleistet werden oder dem Betriebsratsfonds zufließen und für den einzelnen Arbeitnehmer **€ 300,00 jährlich** nicht übersteigen.

Werden die Zuwendungen des Arbeitgebers für die Zukunftssicherung seiner Arbeitnehmer in Form von Beiträgen für eine Er- und Ablebensversicherung oder eine Erlebensversicherung geleistet, gilt Folgendes:

- Beiträge zu **Er- und Ablebensversicherungen** sind nur dann steuerfrei, wenn für den Fall des Ablebens des Versicherten mindestens die für den Erlebensfall vereinbarte Versicherungssumme zur Auszahlung gelangt und die Laufzeit der Versicherung nicht vor dem Beginn des Bezugs einer gesetzlichen Alterspension oder vor Ablauf von fünfzehn Jahren[535] endet.
- Beiträge zu **Er- und Ablebensversicherungen**, bei denen für den Fall des Ablebens des Versicherten nicht mindestens die für den Erlebensfall vereinbarte Versicherungssumme zur Auszahlung gelangt, und Beiträge zu **Erlebensversicherungen** sind nur dann steuerfrei, wenn die Laufzeit der Versicherung nicht vor dem Beginn des Bezugs einer gesetzlichen Alterspension endet.

535 Für Versicherungsverträge, die bis 31. Dezember 2010 abgeschlossen wurden, beträgt die Bindungsfrist zehn Jahre.

- Die **Versicherungspolizze** ist beim Arbeitgeber oder einem vom Arbeitgeber und der Arbeitnehmervertretung bestimmten Rechtsträger zu **hinterlegen**.
- Werden Versicherungsprämien zu einem **früheren Zeitpunkt rückgekauft** oder sonst rückvergütet, hat der Arbeitgeber die steuerfrei belassenen Beiträge als sonstigen Bezug gem. § 67 Abs. 10 EStG (→ 23.3.2.6.2.) zu versteuern, es sei denn, der Rückkauf oder die Rückvergütung erfolgt bei oder nach Beendigung des Dienstverhältnisses.

Erläuterungen:

Begriff der Zukunftssicherung und Voraussetzungen der Steuerbefreiung

Unter Zukunftssicherung sind Ausgaben des Arbeitgebers für Versicherungs- oder Versorgungseinrichtungen zu verstehen, die dazu dienen, Arbeitnehmer oder diesen nahe stehende Personen **für den Fall der Krankheit**, der **Invalidität**, des **Alters**, der **Pflegebedürftigkeit** oder des **Todes** des Arbeitnehmers abzusichern. Das gilt auch für andere freiwillige soziale Zuwendungen, die der Arbeitgeber für alle Arbeitnehmer oder bestimmte Gruppen zur Zukunftssicherung seiner Arbeitnehmer aufwendet.

Hinsichtlich der Voraussetzung der Gewährung an **bestimmte Gruppen von Arbeitnehmern** wird auf die Ausführungen zu Beginn dieses Kapitels 21. verwiesen. Die Begünstigung kann für reine Risikoversicherungen (z.B. Kranken-, Unfall- oder Pflegeversicherung) davon abweichend auch für Pensionisten in Anspruch genommen werden (LStR 2002, Rz 81a).

Der Anwendung der Befreiungsvorschrift steht auch nicht der Umstand entgegen, dass der begünstigte Arbeitnehmer der einzige Arbeitnehmer des Unternehmens ist.

Das Gesetz verlangt nicht, dass für alle Arbeitnehmer oder alle Arbeitnehmer einer bestimmten Berufsgruppe die gleiche Form der Zukunftssicherung gewählt wird. Es ist daher ohne weiteres möglich, dass für einen Teil der in Betracht kommenden Arbeitnehmer eine Lebensversicherung und für einen anderen Teil eine Unfall- oder Krankenversicherung gewählt wird, oder – sofern dies sachlich gerechtfertigt ist – betragsmäßig **unterschiedliche Versicherungsleistungen** für den einzelnen Arbeitnehmer erbracht werden.

Auch für Versicherungsverträge, bei denen der Arbeitnehmer sowohl **Versicherungsnehmer als auch Begünstigter** in einer Person ist, können die Bestimmungen des § 3 Abs. 1 Z 15 lit. a EStG angewendet werden. Die Hinterlegungsvorschriften sind dabei jedenfalls zu beachten.

Der Freibetrag von € 300,00 steht **bei jedem Arbeitgeber** zu und kann gegebenenfalls von mehreren Arbeitgebern berücksichtigt werden. Es kommt zu keiner Rückführung auf das einfache Ausmaß im Zuge einer Veranlagung.

Prämien für eine Zukunftsvorsorge können **monatlich, aber auch innerhalb eines Kalenderjahrs in größeren Zeitabständen** geleistet werden. Der Arbeitgeber hat die gesamten Beiträge für die Zukunftsvorsorge so lange steuerfrei zu behandeln, bis der Jahreshöchstbetrag von € 300,00 erreicht ist. Darüber hinausgehende Zahlungen sind zur Gänze lohnsteuerpflichtig (LStR 2002, Rz 81).

Steuerrechtliche Auswirkungen

Zukunftsvorsorgemaßnahmen i.S.d. § 3 Abs. 1 Z 15 lit. a EStG sind dem Grunde nach als **laufender Bezug** zu werten und erhöhen das Jahressechstel (→ 23.3.2.2.).

Werden solche Beiträge **in größeren Zeiträumen** als den Lohnabrechnungszeiträumen geleistet (jährlich oder vierteljährlich), sind diese Beträge als **sonstiger Bezug** zu werten und erhöhen daher nicht das Jahressechstel. Diese Beitragszahlungen sind aber auch nicht auf das Jahressechstel anzurechnen, sodass die begünstigte Besteuerung für den 13. und 14. Bezug in vollem Umfang erhalten bleibt.

Beitragszahlungen des Arbeitnehmers zu einer Zukunftsvorsorgemaßnahme des Arbeitgebers sind für die Steuerbefreiung gem. § 3 Abs. 1 Z 15 lit. a EStG des Arbeitgeberbeitrags nicht schädlich; sie sind als Leistungen des Arbeitnehmers in den Freibetrag von € 300,00 nicht einzubeziehen.

Ebenso ist es **zulässig**, dass Ansprüche aus einer Zukunftsvorsorgemaßnahme des alten Arbeitgebers auf eine Zukunftsvorsorgemaßnahme des **neuen Arbeitgebers übertragen** werden (LStR 2002, Rz 84).

Vom Arbeitnehmer kann der den **Freibetrag von € 300,00 übersteigende** (steuerpflichtige) Betrag bei Vorliegen der entsprechenden Voraussetzungen als **Sonderausgaben** (→ 14.1.2.) geltend gemacht werden. Eine kumulative Anwendung des § 3 Abs. 1 Z 15 lit. a EStG und § 18 Abs. 1 Z 2 EStG innerhalb des Freibetrags von € 300,00 ist nicht zulässig.

Über den steuerfreien Betrag von € 300,00 jährlich hinaus geleistete Beiträge des Arbeitgebers sind nach den allgemeinen Bestimmungen als laufende oder sonstige Bezüge gem. § 67 Abs. 1 und 2 EStG (→ 23.5.) zu versteuern (andere Ansicht BMF in den Lohnsteuerrichtlinien 2002, Rz 84, wonach eine Versteuerung nach § 67 Abs. 10 EStG zu erfolgen hat → 23.3.2.6.2.).

Vorliegen von Einkünften aus nicht selbständiger Arbeit gem. § 25 EStG

Vom Arbeitgeber bezahlte Prämien zu freiwilligen Personenversicherungen sind grundsätzlich nur dann Einkünfte aus nicht selbständiger Arbeit, wenn der **Arbeitnehmer über die Ansprüche aus dem Versicherungsvertrag verfügen kann**. Es müssen ihm also die Ansprüche aus dem Versicherungsverhältnis zustehen (VwGH 5.8.1993, 93/14/0046). Davon kann gesprochen werden, wenn der Arbeitnehmer im Versicherungsvertrag eine solche Stellung hat, dass ihm die Ansprüche aus der Versicherung zuzurechnen sind. Das ist dann der Fall, wenn er (oder ein Angehöriger des Arbeitnehmers) der unwiderruflich Begünstigte aus dem Versicherungsvertrag ist[536].

Ist der **Arbeitgeber aus dem Versicherungsvertrag begünstigt** (z.B. im Falle von Rückdeckungsversicherungen) oder ist noch kein Zufluss eines Vorteiles erfolgt, zählen die bezahlten Prämien noch nicht als Arbeitslohn (und damit ist keine Abgabenpflicht gegeben). Diesfalls führen erst die Leistungen im Versicherungsfall an den Arbeitnehmer zu einem Vorteil aus dem Dienstverhältnis.

Wird der Versicherungsvertrag dahingehend geändert, dass der Arbeitnehmer unwiderruflich Begünstigter des Versicherungsvertrages wird, liegt beim Arbeitnehmer ein Zufluss in Höhe des Barwertes im Zeitpunkt der Vertragsänderung (Vertragsverlängerung) vor.

Ferner kann sich auch aus einer **Vereinbarung zwischen Arbeitnehmer und Arbeitgeber** ein Anspruch auf die Leistungen aus dem Versicherungsvertrag und bereits die Steuerpflicht der vom Arbeitgeber bezahlten Prämien ergeben. Eine solche Vereinbarung zwischen Arbeitnehmer und Arbeitgeber bedarf keiner ausdrück-

536 Sind infolge unwiderruflicher Begünstigung bereits die vom Arbeitgeber gezahlten Prämien als Vorteil des Arbeitnehmers anzusehen, stellen die Leistungen aus dem Versicherungsvertrag keine Einkünfte aus nicht selbständiger Arbeit dar.

lichen Unwiderrufbarkeit, um auf Dauer verbindlich zu sein (VwGH 28.10.2014, 2012/13/0118). Dies gilt nach Ansicht des BMF für alle Vertragsabschlüsse oder Prämienzahlungen ab 1.1.2016 (LStR 2002, Rz 663).

Die Verpfändung einer Rückdeckungsversicherung zu einer Pensionszusage an den Arbeitnehmer stellt für sich alleine noch keinen Vorteil aus dem Dienstverhältnis dar (vgl. UFS 2.4.2007, RV/0539-K/06; LStR 2002, Rz 663).

Weitere **Erläuterungen** dazu finden Sie unter Punkt 21.1., § 49 Abs. 3 Z 18 ASVG.

Weitere Rechtsansichten betreffend Zuwendungen des Arbeitgebers für die Zukunftssicherung seiner Arbeitnehmer finden Sie in den Lohnsteuerrichtlinien 2002 unter den Randzahlen 81 bis 84 und 663 und in der Beispielsammlung zu den Lohnsteuerrichtlinien 2002.

Z 15 lit. b:

Der Vorteil aus der unentgeltlichen oder verbilligten Abgabe von **Kapitalanteilen (Beteiligungen) am Unternehmen** des Arbeitgebers oder an mit diesem verbundenen Konzernunternehmen „oder an Unternehmen, die im Rahmen eines Sektors gesellschaftsrechtlich mit dem Unternehmen des Arbeitgebers verbunden sind oder sich mit dem Unternehmen des Arbeitgebers in einem Haftungsverbund gem. § 30 Abs. 2a Bankwesengesetz befinden“, bis zu einem Betrag von **€ 3.000,00 jährlich** nach Maßgabe der folgenden Bestimmungen:

- Der Arbeitgeber muss den Vorteil allen Arbeitnehmern oder bestimmten Gruppen seiner Arbeitnehmer gewähren.
- Besteht die Beteiligung in Form von **Wertpapieren**[537], müssen diese vom Arbeitnehmer bei einem inländischen Kreditinstitut hinterlegt werden. Anstelle der Hinterlegung bei einem inländischen Kreditinstitut können die vom Arbeitnehmer erworbenen Beteiligungen einem von Arbeitgeber und Arbeitnehmervertretung bestimmten Rechtsträger zur (treuhändigen) Verwaltung übertragen werden.

Überträgt der Arbeitnehmer die Beteiligung **vor Ablauf des fünften** auf das Kalenderjahr der Anschaffung (Erwerb) folgenden **Jahres** unter Lebenden, hat der Arbeitgeber den steuerfrei belassenen Betrag zu jenem Zeitpunkt, in dem er davon Kenntnis erlangt, als sonstigen Bezug **zu versteuern**. Der Arbeitnehmer hat **bis 31. März jeden Jahres** die Einhaltung der Behaltefrist dem Arbeitgeber **nachzuweisen**. Der Nachweis ist zum Lohnkonto zu nehmen. Erfolgt eine Übertragung der Beteiligung vor Ablauf der Behaltefrist, ist dies dem Arbeitgeber unverzüglich zu melden. Die Meldeverpflichtung und die Besteuerung entfallen, wenn die Übertragung bei oder nach Beendigung des Dienstverhältnisses erfolgt.

Erläuterungen:

Voraussetzung für die Steuerbefreiung ist die Gewährung des Vorteils an alle Arbeitnehmer oder Gruppen von Arbeitnehmern (siehe hierzu die Ausführungen zu Beginn dieses Kapitels 21.). Aufgrund des Zwecks der Steuerbefreiung können

537 Für die Bewertung der Beteiligung in Form von Wertpapieren ist der jeweilige Kurswert (nicht das Nominale) heranzuziehen.

unter Umständen auch **leitende Angestellte** eine Gruppe bilden (VwGH 27.7.2016, 2013/13/0069). Innerhalb aller Arbeitnehmer oder einer Gruppe von Arbeitnehmern kann die Höhe des gewährten Vorteils nach objektiven Merkmalen unterschiedlich gestaffelt sein (z.B. im Ausmaß eines Prozentsatzes des Bruttobezuges) (LStR 2002, Rz 85). Die Steuerbefreiung ist nur bei einem aufrechten Dienstverhältnis zulässig (BFG 30.11.2015, RV/5101168/2015).

Die Beteiligung erfolgt **direkt** am Unternehmen z.B. über Aktien, GmbH-Anteile, echte stille Beteiligungen, Substanzgenussrechte oder Partizipationsscheine (vgl. die Abgrenzung zur Steuerbefreiung gem. Z 15 lit. c i.d.F. BGBl I 2017/105 bei den Erläuterungen zu letztgenannter Bestimmung). Beteiligungen als Mitunternehmer (z.B. an einer OG oder KG) fallen nicht unter die Begünstigung.

Der Steuervorteil wird nur für eine längerfristige Mitarbeiterbeteiligung gewährt. Dies wird durch eine Behaltepflicht von fünf Jahren erreicht. Die Frist beginnt mit Ablauf des Kalenderjahrs zu laufen, in dem die Beteiligung erworben wurde. Der Arbeitnehmer hat dem Arbeitgeber jährlich die Behaltefrist durch Vorlage eines Depotauszugs (bei Aktien und Partizipationsscheinen) bis 31. März jeden Jahres nachzuweisen. Der Nachweis ist zum Lohnkonto zu nehmen.

Ein **vorzeitiger Verkauf** ist dem Arbeitgeber unverzüglich zur Kenntnis zu bringen. In diesem Fall ist die seinerzeitige steuerfrei belassene Zuwendung zu jenem Zeitpunkt, in dem der Arbeitgeber von der Übertragung Kenntnis erlangt, als **sonstiger Bezug** gem. § 67 Abs. 10 EStG (→ 23.3.2.6.2.) zu versteuern. Die Zurechnung der Zuwendung hat auch dann zu erfolgen, wenn dem Arbeitgeber bis zum 31. März jeden Jahres für im Depot hinterlegte Beteiligungen kein Depotauszug vorgelegt wird. Der Umtausch von Aktien bei Umgründungsvorgängen nach dem UmgrStG gilt nicht als Übertragung der Beteiligung und führt daher zu keiner Nachversteuerung. Die auf Grund eines derartigen Vorgangs erhaltenen Aktien treten an die Stelle der ursprünglich erworbenen Aktien. Als Zeitpunkt der Anschaffung bzw. als Beginn der fünfjährigen Behaltefrist gilt daher jener Zeitpunkt, der für die ursprünglich erworbenen Aktien maßgeblich war.

Besteht die Beteiligung **in Form von Wertpapieren**, müssen diese vom Arbeitnehmer bei einem Kreditinstitut hinterlegt oder einem von Arbeitgeber- und Arbeitnehmervertretung bestimmten Rechtsträger zur (treuhändigen) Verwaltung übertragen werden.

Eine Mitarbeiterbeteiligung mit fester Verzinsung erfüllt die Voraussetzungen für die Steuerbefreiung nicht (BFG 31.12.2015, RV/5100824/2013).

Wird die Beteiligung vom Arbeitnehmer (vorzeitig) **veräußert**, ist der gemeine Wert zum Zeitpunkt des Erwerbs der Beteiligung (einschließlich des steuerfreien Vorteils) als Anschaffungskosten i.S.d. §§ 30 und 31 bzw. des § 27a EStG anzusetzen (LStR 2002, Rz 85–90).

Zur **Bewertung des Vorteils** aus der Übertragung von Mitarbeiterbeteiligungen, soweit diese nicht unter die Steuerbefreiung fallen, sowie zur Behandlung von Erträgen aus der Beteiligung (z.B. Dividenden) siehe Punkt 20.3.4.

Z 15 lit. c (i.d.F. vor BGBl I 2017/105):

Der Vorteil aus der Ausübung von nicht übertragbaren Optionen auf den verbilligten Erwerb von **Kapitalanteilen (Beteiligungen) am Unternehmen des Arbeitgebers** oder an mit diesem verbundenen Konzernunternehmen oder an Unternehmen, die im Rahmen eines Sektors gesellschaftsrechtlich mit dem Unternehmen des Arbeitgebers verbunden sind oder sich mit dem Unternehmen des Arbeitgebers in einem Haftungsverbund gem. § 30 Abs. 2a Bankwesengesetz befinden, nach Maßgabe der folgenden Bestimmungen:

- Der Arbeitgeber muss den Vorteil allen Arbeitnehmern oder bestimmten Gruppen seiner Arbeitnehmer (siehe Ausführungen zu Beginn dieses Kapitels 21.) gewähren.
- Es muss ein bestimmter Zeitraum zur Ausübung der Option vorgegeben sein.
- Der Vorteil ist nur insoweit steuerbegünstigt, als der **Wert der Beteiligung** im Zeitpunkt der Einräumung der Option den Betrag von **€ 36.400,00 nicht übersteigt**.
- Der Vorteil ist höchstens im Ausmaß des Unterschiedsbetrags zwischen dem Wert der Beteiligung im Zeitpunkt der Einräumung der Option und dem Wert der Beteiligung im Zeitpunkt der Ausübung der Option steuerbegünstigt.
- Der steuerbegünstigte Vorteil ist im Zeitpunkt der Ausübung der Option im Ausmaß von 10% für jedes abgelaufene Jahr nach dem Zeitpunkt der Einräumung der Option, höchstens jedoch im Ausmaß 50%, steuerfrei.

Der Arbeitgeber hat den nicht steuerbefreiten Teil des steuerbegünstigten Vorteils im Zeitpunkt

- der Veräußerung der Beteiligung,
- der Beendigung des Dienstverhältnisses,
- **spätestens** jedoch am **31. Dezember des siebenten** auf die Einräumung der Option folgenden **Kalenderjahrs**

als sonstigen Bezug gem. § 67 Abs. 10 EStG (→ 23.3.2.6.2.) zu versteuern. Voraussetzung ist, dass die erworbene Beteiligung bei einem inländischen Kreditinstitut hinterlegt wird. Anstelle der Hinterlegung bei einem inländischen Kreditinstitut können die vom Arbeitnehmer erworbenen Beteiligungen einem von Arbeitgeber und Arbeitnehmervertretung bestimmten Rechtsträger zur (treuhändigen) Verwaltung übertragen werden. Der Arbeitnehmer hat bis 31. März jeden Jahres die Hinterlegung dem Arbeitgeber nachzuweisen. Der Nachweis ist zum Lohnkonto zu nehmen. Erfolgt eine Übertragung der Beteiligung, ist dies dem Arbeitgeber unverzüglich zu melden.

Erläuterungen zu den Stock Options finden Sie in den Lohnsteuerrichtlinien 2002 unter den Randzahlen 90a bis 90m.

Die Steuerbegünstigung für Stock Options ist **letztmalig** auf Optionen anzuwenden, die **vor dem 1. April 2009 eingeräumt** wurden (§ 124b Z 151 EStG).

Z 15 lit. c (i.d.F. BGBl I 2017/105):

Der Vorteil für **Arbeitnehmer und deren Angehörige** gemäß § 4d Abs. 5 Z 2 und Z 3 EStG[538] aus der **unentgeltlichen oder verbilligten Abgabe von Aktien an**

538 **„Arbeitnehmer"** sind die Arbeitnehmer oder ehemalige Arbeitnehmer der Arbeitgebergesellschaften. **„Angehörige"** von Arbeitnehmern sind deren (Ehe-)Partner und Kinder (§ 4d Abs. 5 Z 2 und 3 EStG).

Arbeitgebergesellschaften gemäß § 4d Abs. 5 Z 1 EStG[539] durch diese selbst oder durch eine Mitarbeiterbeteiligungsstiftung gemäß § 4d Abs. 4 EStG bis zu einem Betrag von **€ 4.500,00 jährlich pro Dienstverhältnis** nach Maßgabe der folgenden Bestimmungen:

- Der Vorteil muss allen Arbeitnehmern oder bestimmten Gruppen von Arbeitnehmern (siehe Ausführungen zu Beginn dieses Kapitels 21.) eines der genannten Unternehmen gewährt werden.
- Der Arbeitnehmer muss die Aktien und die damit verbundenen Stimmrechte mindestens bis zur Beendigung des Dienstverhältnisses **an eine Mitarbeiterbeteiligungsstiftung** gemäß § 4d Abs. 4 EStG **zur treuhändigen Verwahrung und Verwaltung übertragen.** Die Vereinbarung über die treuhändige Verwahrung und Verwaltung der Aktien und über die Übertragung der damit verbundenen Stimmrechte muss so ausgestaltet sein, dass eine Kündigung vor Beendigung des Dienstverhältnisses nicht zulässig ist.
- Werden die Aktien vor Beendigung des Dienstverhältnisses dem Arbeitnehmer ausgefolgt, gilt dies als Zufluss eines geldwerten Vorteils in Höhe des auf Grund dieser Bestimmung als steuerfrei behandelten Vorteils aus der unentgeltlichen oder verbilligten Abgabe dieser Aktien.
- Die Anschaffungskosten der Aktien entsprechen stets dem gemäß § 15 Abs. 2 Z 1 EStG ermittelten Wert der Aktien (der um übliche Preisnachlässe verminderte übliche Endpreis der Aktien am Abgabeort; → 20.3.2.) im Zeitpunkt der Abgabe an den Arbeitnehmer.

Z 15 lit. d:

Der Vorteil aus der unentgeltlichen oder verbilligten **treuhändigen Verwahrung und Verwaltung der Aktien** durch eine Mitarbeiterbeteiligungsstiftung gemäß § 4d Abs. 4 EStG für deren Begünstigten.

Erläuterungen zu lit. c und d:

Die Steuerbefreiung besteht **grundsätzlich neben** der Steuerbefreiung gem. Z 15 lit. b, gilt im Gegensatz zu Letztgenannter jedoch nur für die Beteiligung an (Arbeitgeber-)Aktiengesellschaften, wobei die Aktien von einer Mitarbeiterbeteiligungsstiftung treuhändig verwahrt und verwaltet werden. Die Steuerbefreiung besteht – anders als jene gem. Z 15 lit. b – auch für **Angehörige** (Ehe-[Partner] und Kinder) des Arbeitnehmers sowie für **ehemalige Arbeitnehmer**.

Während der treuhändigen Verwahrung der Aktien ist der Arbeitnehmer wirtschaftlicher Eigentümer der Aktien. Für die Anwendung der Steuerbefreiung ist es grundsätzlich nicht schädlich, wenn dem Arbeitgeber das Recht eingeräumt wird, bei Beendigung des Dienstverhältnisses die Aktien des Arbeitnehmers zurückzuerwerben (**Vorkaufsrecht**). Es muss allerdings sichergestellt werden, dass der Rückkauf der Aktien zum aktuellen Kurswert bzw. Verkehrswert erfolgt und dem Arbeitnehmer die Wertsteigerung der Aktien verbleibt.

539 **„Arbeitgebergesellschaften“** sind die Gesellschaft, die Arbeitgeber der Begünstigten ist, sowie mit dieser
- verbundene Konzernunternehmen oder
- im Rahmen eines Sektors gesellschaftsrechtlich verbundene Unternehmen oder
- in einem Haftungsverbund gemäß § 30 Abs. 2a Bankwesengesetz befindliche Unternehmen (§ 4d Abs. 5 Z 1 EStG).

Scheidet eine Arbeitgebergesellschaft aus dem Konzern aus (Verkauf, Abgabe der Mehrheit an den Eigentumsanteilen), wird dies für Zwecke dieser Bestimmung wirtschaftlich einer Beendigung der Dienstverhältnisse aller Arbeitnehmer des betreffenden Unternehmens gleichzuhalten sein. **Wechselt hingegen der Arbeitnehmer** zu einem anderen verbundenen Unternehmen gemäß § 4d Abs. 5 Z 1 EStG, ist dies nicht einer – im Sinne dieser Bestimmung – begünstigten Beendigung des Dienstverhältnisses gleichzuhalten.

Werden Aktien **Angehörigen** von Arbeitnehmern gewährt, ist auf die Beendigung des Dienstverhältnisses des Arbeitnehmers abzustellen.

Der geldwerte Vorteil aus der **Verwahrung und Verwaltung** der Aktien durch die Mitarbeiterbeteiligungsstiftung ist ebenso steuerfrei. Die Mitarbeiterbeteiligungsstiftung kann im Auftrag der Arbeitnehmer sowohl vorhandene Aktien veräußern (nach Beendigung des Dienstverhältnisses) als auch neue Aktien an Arbeitgebergesellschaften erwerben und sie darf die Aktien auch über das Ende des Dienstverhältnisses hinaus verwalten und verwahren.

Werden **Aktien vor Beendigung des Dienstverhältnisses dem Arbeitnehmer ausgefolgt**, stellt dies einen Zufluss eines geldwerten Vorteils dar. Die Höhe dieses geldwerten Vorteils entspricht dem bei Abgabe der Aktien steuerfrei behandelten Vorteil aus der unentgeltlichen oder verbilligten Abgabe der Aktien, d.h. die Anschaffungskosten der Aktien entsprechen dem um übliche Preisnachlässe verminderten üblichen Endpreis der Aktien am Abgabeort im Zeitpunkt der Abgabe an den Arbeitnehmer (zur Verwahrung und Verwaltung durch die Mitarbeiterbeteiligungsstiftung). Erhält der Arbeitnehmer **Dividenden** aus den treuhändig verwalteten Aktien, stellen diese Einkünfte aus Kapitalvermögen gemäß § 27 EStG dar, die nicht im Rahmen des Dienstverhältnisses zu erfassen sind.

Mitarbeiterbeteiligungsstiftungen gemäß § 4d Abs. 4 EStG haben dem BMF für jedes Kalenderjahr Informationen zu übermitteln, die insbesondere die Anzahl der gehaltenen und der verwalteten Aktien, die begünstigten Arbeitnehmer und deren Angehörige sowie die unentgeltlich oder verbilligt weitergegebenen Aktien betreffen (Verordnung des Bundesministers für Finanzen über die elektronische Übermittlung von Informationen durch Mitarbeiterbeteiligungsstiftungen, BGBl II 2019/290).

Weitere Erläuterungen finden Sie in den Lohnsteuerrichtlinien 2002 unter den Randzahlen 90n bis 90q.

Zu den Zuwendungen an und von Belegschaftsbeteiligungsstiftungen siehe Punkt 21.3.

Zur **Bewertung des Vorteils** aus der Übertragung von Mitarbeiterbeteiligungen, soweit diese nicht unter die Steuerbefreiung fallen, sowie zur Behandlung von Erträgen aus der Beteiligung (Dividenden) siehe Punkt 20.3.4.

Z 16:

Freiwillige soziale Zuwendungen des Arbeitgebers an den **Betriebsratsfonds**, weiters freiwillige Zuwendungen zur **Beseitigung von Katastrophenschäden**, insb. Hochwasser-, Erdrutsch-, Vermurungs- und Lawinenschäden.

Erläuterungen:

Freiwillige soziale Zuwendungen des Arbeitgebers **an den Betriebsratsfonds** stellen keinen steuerpflichtigen Arbeitslohn dar. Erst die Weitergabe an die Arbeitnehmer kann Steuerpflicht auslösen[540] (LStR 2002, Rz 91).

Weitere Erläuterungen dazu finden Sie unter Punkt 21.1., § 49 Abs. 3 Z 11 ASVG.

Freiwillige Zuwendungen zur **Beseitigung von Katastrophenschäden**, insb. von Hochwasser-, Erdrutsch-, Vermurungs- und Lawinenschäden sowie von Schäden auf Grund von Sturmkatastrophen, stellen beim Spendenempfänger keine steuerpflichtigen Einnahmen dar. Unerheblich ist, ob es sich beim Empfänger um eine Privatperson, einen Unternehmer oder einen Arbeitnehmer eines Unternehmers handelt. Unter die Befreiungsbestimmung fallen sowohl Geldzuwendungen als auch Zuwendungen geldwerter Vorteile. Somit sich auch Sachbezüge im Zusammenhang mit Katastrophenschäden ohne betragliche Begrenzung steuerfrei (z.B. Arbeitgeber gewährt dem Arbeitnehmer ein zinsenloses oder zinsverbilligtes Darlehen).

Steuerfrei sind nur Zuwendungen, die darauf gerichtet sind, unmittelbare Katastrophenschäden (Sachschäden, Kosten für Aufräumarbeiten etc.) zu beseitigen[541]. Zuwendungen im Zusammenhang mit der Beseitigung oder Milderung mittelbarer Katastrophenfolgen (z.B. Verdienstentgang als mittelbare Folge einer Katastrophe) sind nicht begünstigt (LStR 2002, Rz 92).

Z 16a:

Ortsübliche **Trinkgelder**, die anlässlich einer Arbeitsleistung dem Arbeitnehmer **von dritter Seite freiwillig** und ohne dass ein Rechtsanspruch auf sie besteht, zusätzlich zu dem Betrag gegeben werden, der für diese Arbeitsleistung zu zahlen ist. Dies gilt nicht, wenn auf Grund gesetzlicher oder kollektivvertraglicher Bestimmungen Arbeitnehmern die direkte Annahme von Trinkgeldern untersagt ist.

Erläuterungen dazu finden Sie unter Punkt 19.4.1.2.2.

Z 16b:

Vom Arbeitgeber als Reiseaufwandsentschädigungen bezahlte **Tagesgelder und Nächtigungsgelder**, soweit sie nicht gem. § 26 Z 4 EStG zu berücksichtigen sind, die für eine

- **Außendiensttätigkeit** (z.B. Kundenbesuche, Patrouillendienste, Servicedienste),
- **Fahrtätigkeit** (z.B. Zustelldienste, Taxifahrten, Linienverkehr, Transportfahrten außerhalb des Werksgeländes des Arbeitgebers),
- **Baustellen- und Montagetätigkeit** außerhalb des Werksgeländes des Arbeitgebers,
- **Arbeitskräfteüberlassung** nach dem Arbeitskräfteüberlassungsgesetz oder eine
- **vorübergehende Tätigkeit** an einem Einsatzort in einer **anderen politischen Gemeinde**

gewährt werden, soweit der Arbeitgeber **auf Grund einer lohngestaltenden Vorschrift gem. § 68 Abs. 5 Z 1 bis 6 EStG** (→ 22.3.2.2.2.) zur Zahlung verpflichtet ist.

540 Zahlungen sowie der geldwerte Vorteil von Leistungen aus dem Betriebsratsfonds gehören zu den Einkünften aus nicht selbstständiger Arbeit. Sie sind im Weg der Veranlagung (→ 15.) als Einkünfte aus nicht selbstständiger Arbeit zu erfassen, sofern sie nicht gem. § 3 EStG steuerfrei sind (LStR 2002, Rz 655).

541 Zur Dokumentation sollte jedoch eine Kopie der Schadensmeldung zum Lohnkonto genommen werden.

Die Tagesgelder dürfen die sich aus § 26 Z 4 EStG ergebenden Beträge nicht übersteigen. Kann im Fall des § 68 Abs. 5 Z 6 EStG keine Betriebsvereinbarung abgeschlossen werden, **weil ein Betriebsrat nicht gebildet werden kann**, ist von einer Verpflichtung des Arbeitgebers auszugehen, wenn eine vertragliche Vereinbarung für alle Arbeitnehmer oder bestimmte Gruppen von Arbeitnehmern vorliegt.

Reiseaufwandsentschädigungen sind nicht steuerfrei, soweit sie anstelle des bisher bezahlten Arbeitslohns oder üblicher Lohnerhöhungen geleistet werden.

Vom Arbeitgeber können für **Fahrten zu einer Baustelle** oder zu einem **Einsatzort für Montage- oder Servicetätigkeit**, die unmittelbar von der Wohnung angetreten werden, Fahrtkostenvergütungen[542] nach dieser Bestimmung behandelt werden oder das Pendlerpauschale i.S.d. § 16 Abs. 1 Z 6 EStG beim Steuerabzug vom Arbeitslohn berücksichtigt werden. Wird vom Arbeitgeber für diese Fahrten ein Pendlerpauschale i.S.d. § 16 Abs. 1 Z 6 EStG berücksichtigt, stellen Fahrtkostenersätze bis zur Höhe des Pendlerpauschals steuerpflichtigen Arbeitslohn dar (→ 22.3.2.1.4.).

Reiseaufwandsentschädigungen, die an **Mitglieder des Betriebsrates und Personalvertreter** i.S.d. Bundes-Personalvertretungsgesetzes und ähnlicher bundes- oder landesgesetzlicher Vorschriften für ihre Tätigkeit gewährt werden, sind steuerfrei, soweit sie die Beträge gem. § 26 Z 4 EStG nicht übersteigen.

Erläuterungen dazu finden Sie unter Punkt 22.3.

Z 16c:

Pauschale Reiseaufwandsentschädigungen, die von begünstigten Rechtsträgern i.S.d. §§ 34 ff. BAO, deren satzungsgemäßer Zweck die Ausübung oder Förderung des Körpersports ist, an **Sportler, Schiedsrichter und Sportbetreuer** (z.B. Trainer, Masseure) gewährt werden, in der Höhe von bis zu **€ 60,00** pro Einsatztag, höchstens aber **€ 540,00** pro Kalendermonat der Tätigkeit. Die Steuerfreiheit steht nur zu, wenn beim Steuerabzug vom Arbeitslohn neben den pauschalen Aufwandsentschädigungen keine Reisevergütungen, Tages- oder Nächtigungsgelder gem. § 26 Z 4 EStG oder Reiseaufwandsentschädigungen gem. § 3 Abs. 1 Z 16b EStG steuerfrei ausbezahlt werden.

Können Einsatztage im Sinne des § 3 Abs. 1 Z 16c EStG aufgrund der COVID-19-Krise bis einschließlich 30.6.2021 bzw. im November und Dezember 2021 nicht stattfinden und werden pauschale Reiseaufwandsentschädigungen weiter gewährt, können diese steuerfrei behandelt werden (§ 124b Z 352 und Z 381 EStG).

Erläuterungen:

Zu den **Sportbetreuern** zählen Trainer, Masseure und der Zeugwart, nicht jedoch der Platzwart. Funktionäre zählen nicht zum begünstigten Personenkreis. Für diese sind weiterhin die VereinsR 2001 anwendbar.

---

542 Freie oder verbilligte Mahlzeiten von Arbeitnehmern im **Gast-**, **Schank-** und **Beherbergungsgewerbe** sind unabhängig von kollektivvertraglichen Regelungen steuerfrei (LStR 2002, Rz 147) (→ 20.3.3.1.).

Ist eine Person Funktionär und werden dieser Person im gleichen Monat steuerfreie, pauschale Reiseaufwandsentschädigungen i.S.d. § 3 Abs. 1 Z 16c EStG (als Sportler, Schiedsrichter und Sportbetreuer) ausbezahlt, so geht die Begünstigung des § 3 Abs. 1 Z 16c EStG den Begünstigungen der VereinsR 2001 Rz 774 ff. vor.

Die pauschalen Reiseaufwandsentschädigungen können **unabhängig** vom tatsächlichen **Vorliegen einer Reise** i.S.d. § 26 Z 4 EStG bei Vorliegen der übrigen Voraussetzungen des § 3 Abs. 1 Z 16c EStG gewährt werden.

Um nachzuweisen, dass lediglich für Einsatztage pauschale Reiseaufwandsentschädigungen ausbezahlt wurden, müssen die Einsatztage vom Arbeitgeber (Verein) pro Arbeitnehmer **aufgezeichnet** werden. Als Einsatztag gilt ein Tag, an dem ein Training oder Wettkampf stattfindet.

Übersteigen die pauschalen Reiseaufwandsentschädigungen € 60,00 pro Einsatztag bzw. € 540,00 pro Monat, sind nur die **übersteigenden Beträge zu versteuern**.

Erklärt der Arbeitnehmer schriftlich gegenüber seinem Arbeitgeber (Verein), dass er nur bei diesem Arbeitgeber pauschale Reiseaufwandsentschädigungen bezieht, und zahlt der Arbeitgeber keine anderen Entgelte an den Arbeitnehmer aus, hat der Arbeitgeber für diese Arbeitnehmer **kein Lohnkonto** zu führen (→ 10.1.2.1.) und es kann auch die **Übermittlung eines Lohnzettels** (→ 35.1.) an das Finanzamt **unterbleiben**. Ebenso ist vorzugehen, wenn der Arbeitgeber nur Kostenersätze gem. § 26 Z 4 EStG auszahlt.

Die Auszahlung der Reiseaufwandsentschädigungen bzw. Kostenersätze hat jedoch aus anderen Aufzeichnungen hervorzugehen.

Es ist **nicht zulässig**, Beträge aus einem **vereinbarten Fixum steuerfrei herauszurechnen** und auszubezahlen. Werden unabhängig von den Einsatztagen (monatliche) Entgelte in gleicher Höhe ausbezahlt, ist dies ein Indiz, dass keine pauschalen Aufwandsentschädigungen (sondern ein vereinbartes Fixum) vorliegen.

Weitere **Erläuterungen** zur begünstigten Sportlerpauschalierung finden Sie in den Lohnsteuerrichtlinien 2002 unter der Randzahl 92k.

Einzelfragen und Fallbeispiele dazu finden Sie in einem vom Bundesministerium für Finanzen (BMF) und Dachverband der Sozialversicherungsträger (DVSV) koordinierten Leitfaden zur Sportlerbegünstigung. Diese sind über das Internet unter www.bmf.gv.at abrufbar.

Besonderheiten aufgrund der COVID-19-Krise:

Für Einsatztage, die aufgrund der COVID-19-Krise nicht stattfinden konnten (z.B. Sportstätten gesperrt, kein gemeinsames Training oder kein gemeinsamer Wettkampf), konnten bis einschließlich 30.6.2021 bzw. im November und Dezember 2021 pauschale Reiseaufwandsentschädigungen, die die Voraussetzungen des § 3 Abs. 1 Z 16c EStG erfüllen, weiterhin steuerfrei an Sportler, Schiedsrichter und Sportbetreuer (z.B. Trainer, Masseur) ausgezahlt werden (LStR 2002, Rz 92l).

Z 17:

a) **Freie oder verbilligte Mahlzeiten**, die der Arbeitgeber an nicht in seinen Haushalt aufgenommene Arbeitnehmer zur Verköstigung am Arbeitsplatz **freiwillig** gewährt.

b) **Gutscheine:**
- Bis zu einem Wert von **€ 8,00** pro Arbeitstag, wenn die Gutscheine nur zur Konsumation von Mahlzeiten eingelöst werden können, die von einer Gaststätte oder einem Lieferservice zubereitet bzw. geliefert werden.
- Bis zu einem Wert von **€ 2,00** pro Arbeitstag zur Bezahlung von Lebensmitteln, die nicht sofort konsumiert werden müssen.

Erläuterungen:

Die Freibeträge für Gutscheine für Mahlzeiten wurden mit Wirkung ab 1.7.2020 von € 1,10 auf € 2,00 pro Arbeitstag (kleiner Freibetrag) sowie von € 4,40 auf € 8,00 pro Arbeitstag (großer Freibetrag) angehoben.

§ 3 Abs. 1 Z 17 EStG sieht eine Steuerbefreiung für die unentgeltliche oder verbilligte Verköstigung von Arbeitnehmern **am Arbeitsplatz** vor **(1. Tatbestand).** Diese Steuerbefreiung unterliegt keiner betragsmäßigen Beschränkung. Dabei ist es grundsätzlich belanglos, ob die freien oder verbilligten Mahlzeiten im Betrieb des Arbeitgebers verabreicht werden (z.B. **Werksküche, Kantine**) oder ob sie von einem Betrieb außerhalb des Unternehmens (z.B. einer **Großküche**) zum Verbrauch im Betrieb geliefert werden (LStR 2002, Rz 93). Nach dem Wortlaut der Befreiungsbestimung ist jedoch eindeutig nur der geldwerte Vorteil in Form des **Naturalbezuges** der Kost bzw. Verköstigung am Arbeitsplatz selbst von ihr umfasst (VwGH 19.4.2018, Ro 2016/15/0018).

Auch ein durch den Arbeitgeber **direkt an den Gastwirt bezahlter Zuschuss** zu den Kosten von Mahlzeiten von Arbeitnehmern in einer Gaststätte kann nicht unter die Steuerbefreiung des § 3 Abs. 1 Z 17 EStG subsumiert werden. Dies wäre nur der Fall, wenn der Arbeitgeber an seine Arbeitnehmer Gutscheine zur Einlösung in Gaststätten ausgegeben hätte (siehe nachstehend), nicht aber wenn der Arbeitgeber direkt an den Betreiber der Gaststätte Zahlungen (ohne den „Umweg" über den Erwerb von Gutscheinen) leistet (BFG 10.7.2018, RV/3100356/2018 in Umsetzung von VwGH 19.4.2018, Ro 2016/15/0018; zunächst noch anders BFG 18.2.2016, RV/3100522/2012).

Es muss sich somit grundsätzlich um **freiwillige Sachzuwendungen** des Arbeitgebers handeln; **Barzuschüsse**, die der Arbeitgeber leistet, um seinen Arbeitnehmern die Einnahme von Mahlzeiten zu erleichtern, sind **steuerpflichtiger Arbeitslohn**. Hat der Arbeitnehmer auf die Verabreichung von freien oder verbilligten Mahlzeiten einen **Rechtsanspruch** (z.B. auf Grund eines Kollektivvertrags), dann gehört diese Sachzuwendung des Arbeitgebers zu dem dem Arbeitnehmer zustehenden Arbeitslohn und ist als **Sachbezug** nach § 15 Abs. 2 EStG zu versteuern[543] (→ 20.3.2.) (LStR 2002, Rz 93).

Auch die Abgabe von Gutscheinen (**Essensbons**, Essensmarken), die den Arbeitnehmer zur Einnahme von freien oder verbilligten Mahlzeiten im Betrieb oder außerhalb des Betriebs berechtigen, fällt unter diese Befreiungsbestimmung **(2. Tatbestand).** Gutscheine bleiben bis zu einem **Wert von € 8,00** pro Arbeitstag steuerfrei, wenn die Gutscheine nur zur **Konsumation von Mahlzeiten** eingelöst werden können, die **von einer Gaststätte oder einem Lieferservice zubereitet bzw. geliefert** werden (Rechtslage ab 1.1.2022; zuvor durften die Gutscheine nur am Arbeitsplatz

543 Freie oder verbilligte Mahlzeiten von Arbeitnehmern im **Gast-**, **Schank-** und **Beherbergungsgewerbe** sind unabhängig von kollektivvertraglichen Regelungen steuerfrei (LStR 2002, Rz 147) (→ 20.3.3.1.).

oder in einer Gaststätte zur dortigen Konsumation eingelöst werden). Können die Gutscheine auch **zur Bezahlung von Lebensmitteln** verwendet werden, sind sie bis zu einem Betrag von **€ 2,00 pro Arbeitstag steuerfrei**.

Übersteigt der Wert der abgegebenen Essensbons € 2,00 oder € 8,00 pro Arbeitstag, liegt hinsichtlich des übersteigenden Betrags ein **steuerpflichtiger Sachbezug** vor (LStR 2002, Rz 94).

Liegen die **Voraussetzungen** für die Inanspruchnahme des erhöhten Freibetrags von € 8,00 pro Arbeitstag **nicht vor**, können die ausgegebenen Gutscheine für Mahlzeiten nur bis zu einem Betrag von **€ 2,00** pro Arbeitstag **steuerfrei** behandelt werden.

Für einen Arbeitstag darf nur ein Gutschein ausgegeben werden. Es muss sichergestellt sein, dass ein Arbeitnehmer nicht Gutscheine für Mahlzeiten in einem Ausmaß erhält, das den gesetzlichen Freibetrag des § 3 Abs. 1 Z 17 EStG übersteigt. Es können z.B. bei einer 5-Tage-Woche mit 220 Arbeitstagen pro Jahr € 8,00 bzw. € 2,00 x 220 ausgegeben werden. Im Falle von unterjährigen Ein- und Austritten ist der aliquote Anteil pro Monat heranzuziehen (1 Monat = 18,3 Tage {220 Arbeitstage: 12 Monate}) und auf volle Tage aufzurunden.

Die Gutscheine müssen nicht in Papierform bestehen, sondern können **auch elektronisch** gespeichert werden (Chipkarte, digitaler Essensbon, Prepaid-Karte etc.).

Der Arbeitnehmer kann die Gutscheine sowohl **kumuliert ohne wertmäßiges Tageslimit an jedem Wochentag (einschließlich Wochenenden)** als auch **für die Verpflegung anderer Personen** einlösen (LStR 2002, Rz 95a).

Zahlt der Arbeitgeber einen Zuschuss für die Konsumation einer Mahlzeit dem Arbeitnehmer **im Nachhinein aus**, liegt grundsätzlich ein steuerpflichtiger Bezug vor. Ausnahmsweise ist von einer unentgeltlichen oder verbilligten Verköstigung des Arbeitnehmers auszugehen, sofern alle folgenden **Voraussetzungen** erfüllt werden:

- Der Arbeitnehmer identifiziert sich bei der Einnahme der Mahlzeiten (beim Erwerb von Lebensmitteln) anhand eines elektronischen Speichermediums (Chipkarte, digitaler Essensbon) oder der Arbeitnehmer identifiziert sich über eine vom Arbeitgeber zur Verfügung gestellte App, reicht den Beleg der Essenskonsumation über diese App ein und es wird über die App sichergestellt, dass die Voraussetzungen für die Steuerbefreiung vorliegen.
- Der Arbeitnehmer erwirbt mit der Verwendung des elektronischen Speichermediums oder der App einen unwiderruflichen Anspruch auf einen (teilweisen) Zuschuss durch den Arbeitgeber.
- Die Zahlung des Arbeitnehmers für die Mahlzeit und der vom Arbeitgeber im Nachhinein geleistete Zuschuss müssen exakt zuordenbar sein (LStR 2002, Rz 95b).

Als **Gaststätten** gelten Gastgewerbebetriebe i.S.d. § 1 Abs. 1 der Gastgewerbepauschalierungsverordnung 2013[544]. Eine reine Handelstätigkeit fällt nicht darunter. Essensgutscheine, die in anderen Betrieben (z.B. Lebensmittelgeschäfte) eingelöst werden können, berechtigen daher nicht zur Inanspruchnahme des erhöhten Freibetrags von € 8,00 pro Arbeitstag, sondern bleiben nur bis zu einem Betrag von € 2,00 pro Arbeitstag steuerfrei. Betreibt ein Lebensmittelgeschäft, eine Bäckerei oder Fleischhauerei auch einen gastgewerblichen Betrieb, ist die Anwendung des erhöhten Freibetrags von € 8,00 pro Arbeitstag nur dann zulässig,

544 Betriebe, für die eine Gewerbeberechtigung für das Gastgewerbe (§ 111 der GewO 1994) erforderlich ist und während des gesamten Wirtschaftsjahres vorliegt.

wenn der Gastgewerbebetrieb vom Handelsbetrieb organisatorisch und durch einen eigenen Verrechnungskreis (**eigene Kassa**) getrennt ist, sodass die Einlösung beim Gastgewerbebetrieb nachvollziehbar ist und die Einlösung der Essensbons im Handelsbetrieb nicht gestattet wird (vertragliche Vereinbarung) (LStR 2002, Rz 96).

Ab dem Kalenderjahr 2022 gilt die Steuerbefreiung für Gutscheine in Höhe von € 8,00 nicht mehr nur für Mahlzeiten, die in einer Gaststätte konsumiert werden, sondern auch für solche, die zwar von einer Gaststätte[545] oder einem Lieferservice zubereitet bzw. geliefert, aber beispielsweise in der **Wohnung des Arbeitnehmers (etwa im Homeoffice) konsumiert** werden. In Anbetracht der Veränderungen in der Gastronomie ebenso wie in der Arbeitswelt in Folge der COVID-19-Krise erscheint es nicht mehr sachgerecht, gelieferte Mahlzeiten weiterhin anders als in Gaststätten konsumierte Mahlzeiten zu behandeln. Nicht von der Begünstigung umfasst sind weiterhin Mahlzeiten, die nicht von einer Gaststätte oder einem Lieferdienst zubereitet werden (z.B. von Supermärkten zubereitete und von einem Lieferservice zugestellte Mahlzeiten) sowie Lebensmittellieferungen (vgl. Gesetzesmaterialien zum Initiativantrag 2080/A XXVII. GP).

Werden an Arbeitnehmer, die sich auf **Dienstreisen** befinden, Essensmarken für die Verpflegung außer Haus ausgegeben, sind diese Essensbons wie Tagesgeld zu behandeln. Übersteigt die Summe aus ausbezahltem Tagesgeld und dem Wert des Essensbons die nicht steuerbaren Ersätze gem. § 26 Z 4 EStG bzw. die steuerfreien Ersätze gem. § 3 Abs. 1 Z 16b EStG, liegt insoweit ein steuerpflichtiger Bezug vor. Gutscheine bis zu einem Betrag von € 2,00 pro Arbeitstag, die auch zur Bezahlung von Lebensmitteln verwendet werden können, die nicht sofort konsumiert werden müssen, bleiben dabei unberücksichtigt (LStR 2002, Rz 98).

In den Haushalt aufgenommen sind z.B. Arbeitnehmer in der Land- und Forstwirtschaft, die die **volle freie Station** (→ 20.3.3.1.) erhalten. Diese Arbeitnehmer genießen die Steuerfreiheit für durch den Arbeitgeber gewährte Mahlzeiten nicht. Auch eine Hausgehilfin ist im Hinblick auf die neben dem Barlohn gewährte volle freie Station in den Haushalt des Arbeitgebers eingegliedert.

Besonderheiten i.Z.m. der COVID-19-Krise:

Aufgrund der COVID-19-Krise bestehen für die Kalenderjahre 2020 und 2021 keine Bedenken, wenn Arbeitnehmer die Gutscheine für Mahlzeiten in Höhe von € 8,00 pro Arbeitstag einlösen, indem die Speisen in einer Gaststätte abgeholt oder von der Gaststätte bzw. einem Lieferservice geliefert und zu Hause konsumiert werden (LStR 2002, Rz 96).

Mit Wirkung ab 1.1.2022 wurde diese Verwaltungsvereinfachung gesetzlich festgeschrieben (siehe vorstehend).

---

545 Als Gaststätten sollen weiterhin Gastgewerbebetriebe im Sinne des § 1 Abs. 1 der Gastgewerbepauschalierungsverordnung 2013 gelten, wobei es im Gegensatz zu dieser seit 1.1.2022 nicht unbedingt möglich sein muss, dass die Speisen an Ort und Stelle genossen werden können, da auch ein Betrieb, der Speisen jeder Art anbietet und zubereitet, aber diese ausschließlich zur Lieferung – und nicht zur Konsumation vor Ort – zubereitet und verkauft, vom höheren Betrag der Befreiung umfasst ist (vgl. Gesetzesmaterialien zum Initiativantrag 2080/A XXVII. GP).

Praxistipp: Seit dem LStR-Wartungserlass 2020 stellt das BMF für die Steuerbefreiung im Ausmaß des erhöhten Freibetrags nicht mehr darauf ab, dass nur ein Gutschein pro Arbeitstag eingelöst werden darf. Vielmehr können auch kumuliert mehrere Essensbons – sogar an arbeitsfreien Tagen – eingelöst werden und dies sogar für die Verpflegung anderer Personen. Es darf jedoch pro Arbeitstag nur ein Essensbon ausgegeben werden. Die Anzahl der Arbeitstage ist dabei individuell für den konkreten Arbeitnehmer zu ermitteln.

Z 18:

Getränke, die der Arbeitgeber zum Verbrauch im Betrieb unentgeltlich oder verbilligt abgibt.

Erläuterungen: Getränke, die der Arbeitgeber zum Verbrauch im Betrieb **unentgeltlich** oder **verbilligt** abgibt, sind steuerfrei, wobei es gleichgültig ist, um welche Art von Getränken es sich handelt.

Z 19:

Freiwillige Zuwendungen des Arbeitgebers für das **Begräbnis** des Arbeitnehmers, dessen (Ehe-)Partners oder dessen Kinder i.S.d. § 106 EStG.

Erläuterungen:

Sowohl freiwillige Zuwendungen an den Arbeitnehmer zu den Begräbniskosten (z.B. Grabstein, Beerdigung, Totenmahl) für dessen (Ehe-)Partner oder dessen Kinder i.S.d. § 106 EStG (→ 14.2.1.6.) als auch freiwillige Zuwendungen an hinterbliebene (Ehe-)Partner oder Kinder i.S.d. § 106 EStG zu den Begräbniskosten des Arbeitnehmers sind steuerfrei.

Wenn auf die Zuwendung auf Grund einer lohngestaltenden Vorschrift (§ 68 Abs. 5 Z 1 bis 7 EStG) (→ 18.3.2.3.1.) ein Anspruch besteht (z.B. Sterbekostenbeitrag, Sterbequartal, Todesfallbeitrag usw.), kommt die Steuerbefreiung nicht zur Anwendung. Auch eine Sterbekostenversicherung fällt nicht unter die Begünstigung.

Stirbt ein Kind innerhalb von sechs Monaten nach der Geburt oder im ersten Kalenderhalbjahr (d.h. sind die Voraussetzungen für die Kindeseigenschaft i.S.d. § 106 EStG noch nicht erfüllt), bestehen keine Bedenken, wenn Zuwendungen des Arbeitgebers zum Begräbnis steuerfrei behandelt werden.

Kommt die Steuerbefreiung (teilweise) nicht zur Anwendung, sind Sterbekostenbeiträge, Sterbequartale, Todfallsbeiträge, Sterbegelder usw. entsprechend zu versteuern (→ 34.3.) (LStR 2002, Rz 101).

Z 20:

Der geldwerte Vorteil aus **unverzinslichen oder zinsverbilligten Gehaltsvorschüssen und Arbeitgeberdarlehen**, soweit der Gehaltsvorschuss oder das Arbeitgeberdarlehen den Betrag von € 7.300,00 insgesamt nicht übersteigen.

Erläuterungen:

Wenn unverzinsliche und zinsverbilligte Gehaltsvorschüsse und Arbeitgeberdarlehen den Betrag von € 7.300,00 nicht übersteigen, ist ein Zinsvorteil daraus steuerfrei. Übersteigen Gehaltsvorschüsse und Arbeitgeberdarlehen € 7.300,00, ist ein Sachbezug gemäß § 5 Sachbezugswerteverordnung vom übersteigenden Betrag zu ermitteln und anzusetzen (→ 20.3.3.7.) (LStR 2002, Rz 102).

Z 21:

Der geldwerte Vorteil aus dem **kostenlosen oder verbilligten Bezug von Waren oder Dienstleistungen**, die der Arbeitgeber oder ein mit dem Arbeitgeber verbundenes Konzernunternehmen im allgemeinen Geschäftsverkehr anbietet (**Mitarbeiterrabatt**), nach Maßgabe folgender Bestimmungen:

a) Der Mitarbeiterrabatt wird allen oder bestimmten Gruppen von Arbeitnehmern eingeräumt.
b) Die kostenlos oder verbilligt bezogenen Waren oder Dienstleistungen dürfen vom Arbeitnehmer weder verkauft noch zur Einkünfteerzielung verwendet und nur in einer solchen Menge gewährt werden, die einen Verkauf oder eine Einkünfteerzielung tatsächlich ausschließen.
c) Der Mitarbeiterrabatt ist steuerfrei, wenn er im Einzelfall 20% nicht übersteigt.
d) Kommt lit. c nicht zur Anwendung, sind Mitarbeiterrabatte insoweit steuerpflichtig, als ihr Gesamtbetrag € 1.000,00 im Kalenderjahr übersteigt.

Ist die Höhe des geldwerten Vorteils nicht mit Verordnung festgelegt, so ist für Mitarbeiterrabatte der geldwerte Vorteil von jenem um übliche Preisnachlässe verminderten Endpreis zu bemessen, zu dem der Arbeitgeber Waren oder Dienstleistungen fremden Letztverbrauchern im allgemeinen Geschäftsverkehr anbietet. Sind die Abnehmer des Arbeitgebers keine Letztverbraucher (z.B. Großhandel), so ist der übliche Endpreis des Abgabeortes anzusetzen (§ 15 Abs. 2 Z 3 lit. a EStG).

Erläuterungen dazu finden Sie unter Punkt 20.3.6.

Z 22:

a) **Bezüge der Soldaten** nach dem 2.[546], 3.[547], 5.[548] und 7.[549] Hauptstück des Heeresgebührengesetzes 2001, BGBl I 2001/31, ausgenommen Leistungen eines Härteausgleichs, der sich auf das 6. Hauptstück bezieht.
b) **Geldleistungen** gem. § 4 Abs. 2 des Auslandseinsatzgesetzes 2001, BGBl I 2001/55.

Z 23:

Bezüge der Zivildiener nach dem Zivildienstgesetz 1986, ausgenommen die Entschädigung in der Höhe des Verdienstentgangs i.S.d. § 34 b des Zivildienstgesetzes 1986.

546 Bezüge.
547 Sachleistungen und Aufwandsersatz.
548 Familienunterhalt und Wohnkostenbeihilfe.
549 Sonderbestimmungen.

Z 24:

Die **Auslandszulage** i.S.d. § 1 Abs. 1 des Auslandszulagen- und -hilfeleistungsgesetzes, BGBl I 1999/66.

Z 25:

Geldleistungen nach dem Bundesgesetz über die Gewährung von **Hilfeleistungen an Opfer von Verbrechen**, BGBl 1972/288.

Z 26:

Entschädigungen gem. § 12 Abs. 4 des **Bewährungshilfegesetzes**, BGBl 1969/146.

Z 27:

Ersatzleistungen nach dem Strafrechtlichen Entschädigungsgesetz 2005, BGBl I 2004/125.

Z 28:

In Geld bestehende **Versorgungsleistungen nach dem Impfschadengesetz**, BGBl 1973/371.

Z 29:

Der Erwerb von **Anteilsrechten auf Grund einer Kapitalerhöhung** aus Gesellschaftsmitteln.

Z 30:

Einkünfte von Ortskräften (§ 10 Abs. 2 des Bundesgesetzes über Aufgaben und Organisation des auswärtigen Dienstes – Statut, BGBl I 1999/129) aus ihrer Verwendung an einem bestimmten Dienstort im Ausland.

Z 31:

Arbeitsvergütungen und Geldbelohnungen gem. §§ 51 bis 55 des Strafvollzugsgesetzes.

Z 32:

Die einem unbeschränkt steuerpflichtigen **österreichischen Abgeordneten zum Europäischen Parlament** oder seinem Hinterbliebenen gebührenden **Bezüge** nach Artikel 9 des Abgeordnetenstatuts des Europäischen Parlaments.

Z 33:

Abgeltungen von Wertminderungen von Grundstücken i.S.d. § 30 Abs. 1 EStG auf Grund von Maßnahmen im öffentlichen Interesse.

Z 34:

Die SV-Rückerstattung gem. § 33 Abs. 8 (→ 15.6.5.) sowie die Rückerstattung von Beiträgen gem. § 24d Bauern-Sozialversicherungsgesetz.

Z 35:

Gewinnbeteiligungen des Arbeitgebers an aktive Arbeitnehmer bis zu € 3.000,00 im Kalenderjahr. Für die Steuerfreiheit gilt:

a) Die Gewinnbeteiligung muss **allen** Arbeitnehmern oder **bestimmten Gruppen** von Arbeitnehmern gewährt werden.
b) Insoweit die Summe der jährlich gewährten Gewinnbeteiligung das **unternehmensrechtliche Ergebnis vor Zinsen und Steuern (EBIT) der im letzten Kalen-**

derjahr endenden Wirtschaftsjahre übersteigt, besteht keine Steuerfreiheit. Abweichend davon gilt:

- Ermittelt das Unternehmen des Arbeitgebers seinen Gewinn nicht nach § 5 EStG, kann bei Vorliegen eines Betriebsvermögensvergleichs gemäß § 4 Abs. 1 EStG statt auf unternehmensrechtliche Werte auf die entsprechenden steuerlichen Werte abgestellt werden; ansonsten ist der steuerliche Vorjahresgewinn maßgeblich.
- Gehört das Unternehmen des Arbeitgebers zu einem Konzern, kann alternativ bei sämtlichen Unternehmen des Konzerns auf das EBIT des Konzerns abgestellt werden.

c) Die Zahlung erfolgt **nicht aufgrund einer lohngestaltenden Vorschrift** gemäß § 68 Abs. 5 Z 1 bis 6 EStG (→ 18.3.2.1.2.).

d) Die Gewinnbeteiligung darf **nicht anstelle des bisher gezahlten Arbeitslohns oder einer üblichen Lohnerhöhung** geleistet werden.

Erläuterungen (Gesetzesmaterialien zu RV):

Um die Partizipation von Mitarbeitern am Erfolg des Unternehmens attraktiver zu machen, wurde mit Wirkung ab 1.1.2022 eine Begünstigung für Mitarbeitergewinnbeteiligungen eingeführt.

Die Begünstigung steht nur zu, wenn sie allen Arbeitnehmern oder bestimmten Gruppen von Arbeitnehmern gewährt wird. Dies kann **auch aufgrund einer innerbetrieblichen Vereinbarung** gemäß § 68 Abs. 5 Z 7 EStG erfolgen, nicht jedoch aufgrund einer Regelung einer lohngestaltenden Vorschrift nach § 68 Abs. 5 Z 1 bis 6 EStG.

Die Begünstigung steht pro Arbeitnehmer maximal bis zu € 3.000,00 zu. Dabei ist es möglich, an die für das jeweilige Unternehmen passende, objektivierbare Erfolgsgröße (z.B. Umsatz, Deckungsbeitrag, Betriebsergebnis) anzuknüpfen; allerdings besteht eine absolute Deckelung mit einer Gewinngröße. Betriebswirtschaftlich sinnvoll und praktikabel erscheint hier aus Sicht des Gesetzgebers die Heranziehung des EBIT des Vorjahres, das aus der unternehmensrechtlichen Gewinn- und Verlustrechnung abgeleitet werden kann (i.d.R. auf Basis von § 231 Abs. 2 Z 17 zuzüglich Z 15 UGB oder § 231 Abs. 3 Z 16 zuzüglich Z 14 UGB).

Unternehmen, die keinen unternehmensrechtlichen Jahresabschluss aufstellen, können bei Bilanzierung auf die entsprechenden steuerlichen Werte abstellen; bei Einnahmen-Ausgaben-Rechnern erfolgt die Anknüpfung an den Vorjahresgewinn. Für Konzerne ist alternativ die Heranziehung des Konzern-EBIT bei sämtlichen Konzernunternehmen möglich.

Insoweit die jeweils maßgebliche Grenze überschritten wird, ist die Zuwendung steuerpflichtig. Bei einer allfälligen Überschreitung des Höchstbetrages haftet der Arbeitgeber gemäß § 82 EStG hinsichtlich der Lohnsteuer, die auf den zu Unrecht steuerfrei belassenen Teil der Zuwendung beim jeweiligen Arbeitnehmer entfällt.

Eine **Gehaltsumwandlung** ist von der Steuerbefreiung nicht umfasst. Individuell vereinbarte Leistungsbelohnungen, die bisher vom Arbeitgeber freiwillig gewährt wurden, gelten dabei nicht als Teil des bisher gezahlten Arbeitslohns.

Die Befreiung gilt für Gewinnbeteiligungen, die ab dem 1.1.2022 gewährt werden.

Z 36:

Satzungsgemäße Zuwendungen einer **nach § 718 Abs. 9 ASVG errichteten Privatstiftung**[550] an ihre Begünstigten, soweit sie nicht über jene Leistungen hinausgehen, die die jeweilige **Betriebskrankenkasse** nach ihrer Satzung am 31.12.2018 vorgesehen hat, entsprechend dem jeweiligen Stand der medizinischen und technischen Wissenschaften, nicht jedoch Rehabilitations- oder Krankengeld.

Z 37:

Der regionale **Klimabonus.**

§ 124b Z 350 EStG:

a) **Zulagen und Bonuszahlungen**, die aufgrund der **COVID-19-Krise zusätzlich** geleistet werden, sind **im Kalenderjahr 2020 bis € 3.000,00** steuerfrei. Ebenso sind derartige Zulagen und Bonuszahlungen die bis Februar 2022 für das Kalenderjahr 2021 geleistet werden bis **€ 3.000,00** steuerfrei. Es muss sich dabei um zusätzliche Zahlungen handeln, die ausschließlich zu diesem Zweck geleistet werden und **üblicherweise bisher nicht gewährt** wurden. Sie erhöhen nicht das Jahressechstel gemäß § 67 Abs. 2 EStG und werden nicht auf das Jahressechstel angerechnet.
b) Soweit Zulagen und Bonuszahlungen nicht durch lit. a erfasst werden, sind sie nach dem Tarif zu versteuern.

Erläuterungen:

Zulagen und Bonuszahlungen gemäß § 124b Z 350 EStG können nach Ansicht des BMF **auch in Form von Gutscheinen** oder vergleichbaren geldwerten Vorteilen steuerfrei gewährt werden. Es muss sich dabei um **zusätzliche Leistungen** handeln, die ausschließlich zu Belohnungszwecken geleistet werden und **üblicherweise bisher nicht gewährt** wurden. Als üblicherweise bisher gewährt gelten in diesem Zusammenhang sowohl Zahlungen aufgrund eines arbeitsrechtlichen Anspruchs als auch freiwillige (unverbindliche, widerrufliche etc.) Zahlungen. Wenn bisher üblicherweise Bonuszahlungen geleistet wurden, ist die an deren Stelle gewährte COVID-Bonuszahlung steuerpflichtig.

Der Arbeitgeber hat einen Zusammenhang mit der COVID-19-Krise zu dokumentieren (z.B. Ausweis am Lohnkonto).

Zulagen und Bonuszahlungen gemäß § 124b Z 350 EStG können **allen Arbeitnehmern,**[551] **nicht nur jenen in systemrelevanten Berufen oder bestimmten Berufsgruppen,** gewährt werden.

Auch für Zeiten von Kurzarbeit kann eine Zulage oder Bonuszahlung gemäß § 124b Z 350 EStG nach Ansicht des BMF steuerfrei gewährt werden, unabhängig davon, ob ein Mitarbeiter im Betrieb oder im Homeoffice tätig ist bzw. war (LStR 2002, Rz 112g).

Zulagen und Bonuszahlungen gemäß § 124b Z 350 EStG sind auch von der Sozialversicherung (→ 21.1.1.), vom Dienstgeberbeitrag zum FLAF (→ 37.3.3.), vom Dienstgeberzuschlag (→ 37.3.4.) und von der Kommunalsteuer (→ 37.4.1.) befreit.

---

550 Es handelt sich dabei um die ehemaligen Betriebskrankenkassen Wiener Verkehrsbetriebe, Mondi, voestalpine Bahnsysteme, Zeltweg und Kapfenberg.

551 Dabei geht das BMF in einem Frage-Antwort-Protokoll, abrufbar unter www.bmf.gv.at davon aus, dass die Steuerbefreiung für alle Personen mit Einkünften aus nichtselbständiger Arbeit zur Anwendung gelangen kann.

Praxistipp: Bei der Prüfung der Voraussetzungen der Steuerbefreiung werden die Prüforgane vermutlich insbesondere darauf Acht geben, dass bereits früher aus einem anderen Rechtstitel gewährte Zahlungen (z.B. Bonuszahlungen, Prämien) im Kalenderjahr 2020 bzw. 2021 nicht unter dem Deckmantel der „COVID-19-Bonuszahlungen bzw. -zulagen" bezahlt wurden. Nur wenn Letztgenannte üblicherweise bisher nicht, d.h. zusätzlich gewährt wurden, kann die Steuerbefreiung zur Anwendung gelangen. Dies kann etwa durch einen Vergleich des Jahreslohnkontos des Jahres 2020 bzw. 2021 mit den Vorjahreslohnkonten erfolgen. Demgegenüber ist davon auszugehen, dass die Begründung für die Zahlung (COVID-19-Krise) praktisch schwer überprüfbar sein wird. Darauf deutet auch die Aussage des BMF in den LStR hin, wonach es ausreichend ist, wenn der Zusammenhang mit der COVID-19-Krise durch Ausweis am Lohnkonto dokumentiert wird.

Weitere COVID-19-Befreiungen:

Von den COVID-19-Bonuszahlungen gemäß § 124b Z 350 EStG bzw. § 49 Abs. 3 Z 30 ASVG zu unterscheiden sind die Beitrags- und Abgabenbefreiungen für **außerordentliche Zuwendungen nach § 1f Covid-19-Zweckzuschussgesetz**, BGBl I 2020/63 bzw. **§ 2 Abs. 2b Pflegefondsgesetz**, BGBl I 2011/57. Demnach waren Geldleistungen, die als besondere Anerkennung für die in persönlichem Kontakt verrichtete, **medizinische oder nichtmedizinische Betreuung von Patienten** oder für die im unmittelbaren Umfeld von betreuten Patienten verrichteten **Reinigungsdienste** (durch Betreuungs-, Pflege- und Reinigungspersonal) von bestimmten Krankenanstalten und Rehabilitationseinrichtungen im Zeitraum 1.6.2021 bis 31.12.2021 ausbezahlt wurden, bis zu einer Höhe von € 2.500,00 pro Bezieher von allen bundesgesetzlichen Abgaben befreit und galten bis zu dieser Höhe nicht als Entgelt i.S.d. § 49 ASVG (§ 1f Covid-19-Zweckzuschussgesetz). Eine ähnliche Abgabenbefreiung bestand für außerordentliche Zuwendungen an Betreuungs-, Pflege- und Reinigungspersonal anderer Pflege- und Betreuungseinrichtungen (§ 2 Abs. 2b Pflegefondsgesetz).

Im Rahmen der **COVID-19-Pandemie** bestehen beitragsrechtliche Sonderbestimmungen für **Personal in Test- und Impfstraßen**, die durch ein Bundesland oder eine Gemeinde beauftragt sind. Demnach gelten Aufwandsentschädigungen, die dabei an **nicht hauptberuflich tätige unterstützende Personen** gewährt werden, bis zur Höhe von € 1.000,48 im Kalendermonat nicht als Entgelt i.S.d. ASVG (§ 1a Z 5 und § 1b Abs. 4 COVID-19-Zweckzuschussgesetz; vgl. auch ÖGK, DG-Newsletter Nr. 12/ Oktober 2021). Die Aufwandsentschädigungen sind im Ausmaß von bis zu € 20,00 je Stunde für medizinisch geschultes Personal und von bis zu € 10,00 je Stunde für sonstige unterstützende Personen auch von allen bundesgesetzlichen Abgaben befreit. Die Bestimmung ist zum Zeitpunkt der Drucklegung dieses Buches bis 31.3.2022 befristet.

21.2.2. Progressionsvorbehalte

§ 3 Abs. 2 EStG bestimmt:

Erhält der Steuerpflichtige steuerfreie Bezüge i.S.d. Abs. 1

Z 5 lit. a (Arbeitslosengeld, Notstandshilfe oder an deren Stelle tretende Ersatzleistungen[552]) oder

552 Das Weiterbildungsgeld (→ 27.3.1.1.) gilt als Ersatzleistung gem. § 3 Abs. 1 Z 5 lit. a EStG (§ 26 Abs. 8 AlVG; vgl auch BFG 13.10.2016, RV/7104596/2016).

lit. c (Überbrückungshilfe für Bundesbedienstete),

Z 22 lit. a (Bezüge der Soldaten gem. 5. Hauptstück des Heeresgebührengesetzes 2001),

lit. b (Geldleistungen bei Entsendung von Angehörigen des Bundesheers zur Hilfeleistung in das Ausland) oder

Z 23 (Bezüge der Zivildiener gem. § 25 Abs. 1 Z 4 und 5 des Zivildienstgesetzes 1986)

nur für einen Teil des Kalenderjahrs, so sind die für das restliche Kalenderjahr bezogenen laufenden Einkünfte[553] für Zwecke der Ermittlung des Steuersatzes auf einen **Jahresbetrag umzurechnen**[554]. Dabei ist das Werbungskostenpauschale noch nicht zu berücksichtigen.

Das Einkommen ist mit jenem Steuersatz zu besteuern, der sich unter Berücksichtigung der umgerechneten Einkünfte ergibt; die festzusetzende Steuer (Lohnsteuer) darf jedoch nicht höher sein als jene, die sich bei Besteuerung sämtlicher Bezüge ergeben würde.

Die diese Bezüge auszahlende Stelle hat **bis 31. Jänner des Folgejahrs** dem Wohnsitzfinanzamt des Bezugsempfängers eine **Mitteilung** zu übersenden, die neben Namen und Anschrift des Bezugsempfängers seine Versicherungsnummer (§ 31 ASVG)[555], die Höhe der Bezüge und die Anzahl der Tage, für die solche Bezüge ausbezahlt wurden, enthalten muss. Diese Mitteilung kann entfallen, wenn die entsprechenden Daten durch Datenträgeraustausch übermittelt werden. Der Bundesminister für Finanzen wird ermächtigt, das Verfahren des Datenträgeraustausches mit Verordnung festzulegen.

Erhält der Arbeitnehmer Bezüge gem. § 69 Abs. 3 EStG (Entschädigungen bzw. Verdienstentgang für Truppen-, Kader- und freiwillige Waffenübungen), kommt es zu einer Pflichtveranlagung (§ 41 Abs. 1 EStG) (→ 15.).

Weitere **Erläuterungen** zu den steuerfreien Einkünften finden Sie in den Lohnsteuerrichtlinien 2002 unter den Randzahlen 113 bis 118b.

§ 3 Abs. 3 EStG bestimmt:

Einkünfte i.S.d. Abs. 1

- Z 11 lit. b (Einkünfte der Entwicklungshelfer) und
- Z 32 (Einkünfte der österreichischen Abgeordneten zum EU-Parlament)

---

553 Die Hochrechnung betrifft nur jene Einkünfte, die außerhalb des Zeitraumes des Bezuges der angeführten Transferleistungen bezogen wurden. Gleichzeitig während der Zeit der Transferleistungen bezogene Einkünfte aus nicht selbständiger Arbeit sind daher nicht auf einen Jahresbetrag hochzurechnen. Ebenso sind ganzjährig bezogene Pensionen sowie ganzjährig bezogene geringfügige Einkünfte aus nicht selbständiger Arbeit bei der Hochrechnung nicht zu berücksichtigen (BFG 25.2.2019, RV/7101900/2016). Bezieht ein Steuerpflichtiger im gesamten Jahr – ohne Unterbrechung – Einkünfte aus nichtselbständiger Arbeit und treten die steuerfreien Bezüge teilweise an die Stelle dieser Einkünfte, sind die während der Zeit der „Vollzeitbeschäftigung" (außerhalb des Zeitraums der Transferleistung) bezogenen Bezüge hochzurechnen (VwGH 27.3.2019, Ra 2018/13/0024; zuvor noch anders BFG 2.11.2017, RV/7104175/2015).

554 Die oben angeführten Bezüge bzw. Bezugsbestandteile sind zwar steuerfrei, führen aber zu einem Progressionsvorbehalt. Die steuerpflichtigen Bezüge des betroffenen Jahres werden dann mit dem erhöhten Steuersatz besteuert.

555 Die **Versicherungsnummer** dient auch im Bereich der Finanzverwaltung als **Ordnungsbegriff** für die eindeutige Zuordnung von übermittelten Daten.

sind bei der Festsetzung der Steuer für das übrige Einkommen des Arbeitnehmers zu berücksichtigen.

Erläuterungen:

Einkünfte im Sinne des § 3 Abs. 1 Z 11 lit. b EStG (Einkünfte, die Fachkräfte der Entwicklungshilfe als Arbeitnehmer von Entwicklungsorganisationen für ihre Tätigkeit in Entwicklungsländern beziehen) und im Sinne des § 3 Abs. 1 Z 32 EStG (Einkünfte von Abgeordneten zum EU-Parlament) sind bei der Festsetzung der Steuer für das übrige Einkommen des Steuerpflichtigen zu berücksichtigen (**allgemeiner Progressionsvorbehalt**). Der Bezug von steuerfreien Einkünften gem. § 3 Abs. 1 Z 11 lit. b EStG stellt für sich allein keinen Pflichtveranlagungstatbestand (→ 15.2.) dar. Sofern eine Pflichtveranlagung nicht auf Grund eines anderen Tatbestands durchzuführen ist, besteht daher die Möglichkeit, einen Antrag auf Veranlagung (→ 15.3.) im Beschwerdeweg zurückzuziehen. Liegt ein (anderer) Pflichtveranlagungstatbestand vor, ist automatisch auch eine Nachforderung, die sich auf Grund der Bezüge gem. § 3 Abs. 1 Z 11 EStG ergibt, vorzuschreiben (LStR 2002, Rz 119).

21.3. Nicht steuerbare Leistungen

Dieser Punkt beinhaltet die Bestimmungen des **§ 26 EStG** und die dazu ergangenen erlassmäßigen Regelungen, insb. die der

- **Lohnsteuerrichtlinien 2002**, Rz 689–766g.

Die im **§ 26 EStG** taxativ angeführten Leistungen des Arbeitgebers gehören nicht zu den Einkünften aus nicht selbstständiger Arbeit.

Diese Leistungen des Arbeitgebers sind daher überall dort außer Betracht zu lassen, wo im EStG von steuerpflichtigen oder steuerfreien Bezügen bzw. von Einkünften die Rede ist.

Gemäß **§ 26 EStG** gehören zu den nicht steuerbaren Leistungen:

Z 1:

Der **Wert der unentgeltlich (verbilligt) überlassenen Arbeitskleidung und der Reinigung der Arbeitskleidung**, wenn es sich um typische Berufskleidung handelt (z.B. Uniformen).

Erläuterungen:

Die Hingabe von **Barbeträgen** (z.B. monatlich € 12,00) an den Arbeitnehmer zur Anschaffung von typischer Berufskleidung, zur Reinigung bzw. zur Reparatur derselben fällt nicht unter diese Befreiungsbestimmung, wohl aber können die getätigten Aufwendungen Werbungskosten (siehe nachstehend) sein (→ 14.1.1.). Ein zweckgebundener **Warengutschein** für den Ankauf von typischer Berufskleidung fällt jedoch dann unter die Befreiungsbestimmung, wenn durch ordnungsgemäße Rechnungslegung sichergestellt ist, dass die entsprechende Berufskleidung tatsächlich angeschafft wurde.

Hinsichtlich der Geltendmachung von **Werbungskosten** für die Kosten der Reinigung von Arbeitskleidung gilt Folgendes:

- Erfolgt die Reinigung im eigenen Haushalt des Arbeitnehmers **zusammen mit anderer Bekleidung**, sind anteilige Reinigungsaufwendungen im Hinblick auf das Aufteilungsverbot des § 20 EStG **nicht abzugsfähig.**
- Erfolgt die Reinigung in einem vom Haushalt des Arbeitnehmers **getrennten Haushalt** eines Angehörigen, sind die Aufwendungen nach den von Judikatur und Literatur entwickelten Grundsätzen für die steuerliche Anerkennung von Vereinbarungen zwischen nahen Angehörigen zu überprüfen. Dabei wird im Regelfall anzunehmen sein, dass die Reinigung im Rahmen der familienhaften Mitarbeit erfolgt und die entsprechenden Aufwendungen mangels Fremdüblichkeit **nicht abzugsfähig** sind.
- Erfolgt die Reinigung der Berufskleidung **durch fremde Dritte**, ist der **Aufwand** durch Vorlage eines Fremdbelegs (z.B. einer Reinigungsfirma) **nachzuweisen** (LStR 2002, Rz 323).

Unter die Befreiungsbestimmung fallen auch die Reinigung und Reparatur, wenn der Arbeitgeber die Kosten trägt, d.h., dass der Arbeitnehmer dafür kein Bargeld erhält bzw. lt. Beleg **Auslagenersatz** vorliegt.

Es ist gleichgültig, ob die unentgeltliche Überlassung nur zum beruflichen Gebrauch führt oder ob die beigestellte typische Berufskleidung in das Eigentum des Arbeitnehmers übergeht.

Sonstige Rechtsansichten zu den amtlichen Regelungen:

Überlässt der Arbeitgeber **Berufskleidung nicht in natura**, sondern zahlt dem Arbeitnehmer **Geldbeträge** zu deren Anschaffung aus, kommt § 26 Z 1 EStG zwar nicht zur Anwendung; dies bedeutet jedoch nicht, dass dieser sodann **grundsätzlich steuerpflichtige Arbeitslohn** nicht nach anderen Bestimmungen des EStG einer begünstigten steuerlichen Behandlung unterliegen kann. Liegen die für die begünstigte Besteuerung nach § 68 EStG notwendigen formell und materiell-rechtlichen Voraussetzungen (→ 18.3.2.) für Zulagenzahlungen an die Arbeitnehmer vor (Gewährung der Zulagen deshalb, weil die vom Arbeitnehmer zu leistenden Arbeiten überwiegend unter Umständen erfolgen, die in erheblichem Maße eine **Verschmutzung** des **Arbeitnehmers** und seiner Kleidung zwangsläufig bewirken), kann eine Aufwandsentschädigung für die **Reinigung von Arbeitskleidung als Schmutzzulage** begünstigt werden. Dafür, dass Schmutzzulagen nach § 68 EStG (→ 18.3.2.1.) lediglich eine Abgeltung der Unannehmlichkeit der Verschmutzung darstellen und nicht (auch) die Funktion einer Geldentschädigung zur Reinigung oder Anschaffung von Arbeitskleidung haben dürfen, besteht nach der Gesetzeslage kein Anhaltspunkt (VwGH 17.1.1995, 90/14/0203).

Weitere **Erläuterungen** dazu finden Sie unter Punkt 21.1., § 49 Abs. 3 Z 5 ASVG.

Z 2:

Beträge, die der Arbeitnehmer vom Arbeitgeber erhält, um sie für ihn auszugeben (**durchlaufende Gelder**) und durch die Auslagen des Arbeitnehmers für den Arbeitgeber ersetzt werden (**Auslagenersätze**).

Erläuterungen:

Durchlaufende Gelder liegen vor, wenn der Arbeitgeber dem Arbeitnehmer einen Geldbetrag überlässt, damit der Arbeitnehmer diesen für den Arbeitgeber ausgibt.

Der Arbeitnehmer handelt hiebei im Auftrag und für Rechnung des Arbeitgebers. Die Leistung durchlaufender Gelder darf jedoch nicht dazu führen, dass hiedurch eine Abgeltung von Aufwendungen entsteht, die nicht den Arbeitgeber selbst, sondern den Arbeitnehmer berühren.

Unter **Auslagenersatz** sind Beträge zu verstehen, durch die Auslagen des Arbeitnehmers, die dieser für den Arbeitgeber geleistet hat, ersetzt werden.

Voraussetzung ist, dass der Arbeitnehmer von vornherein für Rechnung des Arbeitgebers tätig wird. Die vom Arbeitnehmer erbrachte Leistung muss daher letztlich in Stellvertretung des Arbeitgebers erfolgen. Auslagenersätze dürfen nicht eigene Aufwendungen des Arbeitnehmers decken, und zwar auch dann nicht, wenn diese Aufwendungen mittelbar im Interesse des Arbeitgebers liegen. Besteht auch ein eigenes, wenngleich auch nur ganz **unerhebliches Interesse** des Arbeitnehmers an den Aufwendungen, kann von einem **Auslagenersatz nicht die Rede** sein. Der bloße Ersatz von Werbungskosten genügt daher nicht.

Pauschale Auslagenersätze sind grundsätzlich steuerpflichtig, können aber bei entsprechendem Nachweis zu Werbungskosten führen.

Ersetzt der Arbeitgeber dem Arbeitnehmer jene Beträge, die Letzterer für **Geldstrafen** aufzuwenden hatte, die über ihn wegen in Ausübung des Dienstes begangener Verwaltungsübertretungen (z.B. Überladung von Kraftfahrzeugen) verhängt wurden, handelt es sich weder um durchlaufende Gelder noch um Auslagenersatz. Allenfalls können Werbungskosten vorliegen (LStR 2002, Rz 691–694).

Weitere **Erläuterungen** dazu finden Sie unter Punkt 21.1., § 49 Abs. 3 Z 1 ASVG.

Z 3:

Beträge, die vom Arbeitgeber im betrieblichen Interesse **für die Ausbildung oder Fortbildung** des Arbeitnehmers aufgewendet werden. Unter den Begriff Ausbildungskosten fallen nicht Vergütungen für die Lehr- und Anlernausbildung.

Erläuterungen:

Ausbildungs- und Fortbildungskosten (→ 14.1.1.) gehören dann nicht zum Arbeitslohn, wenn der Arbeitgeber diese Kosten selbst trägt, unter der Voraussetzung, dass ein überwiegend betriebliches Interesse nachgewiesen wird. Aufwendungen des Arbeitgebers im primären Interesse des Arbeitnehmers (z.B. Führerschein der Gruppen A und B) stellen steuerpflichtigen Arbeitslohn dar. Die auf die Erlangung des Führerscheins der Gruppe C entfallenden Kosten sind hingegen nicht steuerbar. Bei gleichzeitigem Erwerb der Führerscheingruppen A bis C sind die auf die Gruppe C entfallenden Mehrkosten begünstigt.

Zu den Ausbildungskosten zählen nicht die Aufwendungen für die **Lehr- und Anlernausbildung** (die an Lehrlinge und Anzulernende bezahlten Arbeitslöhne), wohl aber Beiträge des Lehrherrn zu den Kosten der Unterbringung seines Lehrlings in einem Berufsschulinternat (→ 28.3.11.2.).

Übernimmt der Arbeitgeber aus dem Titel der Aus- und Fortbildung auch die Verpflegskosten (z.B. bei Schulungen, **Seminaren**), so ist eine Kürzung der Tagesgelder wie bei den vom Arbeitgeber bezahlten Arbeitsessen vorzunehmen (→ 22.3.2.2.4.).

Weitere **Erläuterungen** dazu finden Sie in den Lohnsteuerrichtlinien 2002 unter den Randzahlen 696 bis 698 und in der Beispielsammlung zu den Lohnsteuerrichtlinien 2002.

Z 4:

Beträge, die aus Anlass einer Dienstreise als Reisevergütungen (**Fahrtkostenvergütungen, Kilometergelder**) und als **Tagesgelder und Nächtigungsgelder** bezahlt werden.

Erläuterungen dazu finden Sie unter Punkt 22.3.

Z 5 (seit 1.7.2021)[556]:

a) Die Beförderung des Arbeitnehmers, wenn der Arbeitgeber seine Arbeitnehmer zwischen Wohnung und Arbeitsstätte mit **Fahrzeugen in der Art eines Massenbeförderungsmittels** befördert oder befördern lässt (**Werkverkehr**).
b) Die **Übernahme der Kosten der Wochen-, Monats- oder Jahreskarte** für ein Massenbeförderungsmittel durch den Arbeitgeber für seine Arbeitnehmer, sofern die Karte zumindest am Wohn- oder Arbeitsort gültig ist.

Die Beförderung und Übernahme der Kosten stellen steuerpflichtigen Arbeitslohn dar, wenn diese anstelle des bisher gezahlten Arbeitslohns oder einer üblichen Lohnerhöhung geleistet werden.

Erläuterungen finden Sie unter Punkt 22.7.

Z 6:

Umzugskostenvergütungen, die Arbeitnehmer anlässlich einer Versetzung aus betrieblichen Gründen an einen anderen Dienstort oder wegen der dienstlichen Verpflichtung, eine Dienstwohnung ohne Wechsel des Dienstorts zu beziehen, erhalten; dies gilt auch für Versetzungen innerhalb von Konzernen. Zu den Umzugskostenvergütungen gehören der Ersatz

a) der tatsächlichen Reisekosten für den Arbeitnehmer und seinen (Ehe)Partner (§ 106 Abs. 3 EStG) sowie seiner Kinder (§ 106 EStG) (→ 14.2.1.6.) unter Zugrundelegung der Kosten eines Massenbeförderungsmittels (Bahn, Autobus) für die Strecke vom bisherigen Wohnort zum neuen Wohnort[557],
b) der tatsächlichen Frachtkosten für das Übersiedlungsgut (Wohnungseinrichtung usw.) des Arbeitnehmers und seines (Ehe)Partners und seiner Kinder,
c) sonstiger mit der Übersiedlung verbundener Aufwendungen (Umzugsvergütungen)[558]. Die Umzugsvergütung darf höchstens 1/15 des Bruttojahresarbeitslohns[559] betragen;

556 § 26 Z 5 EStG in der Fassung des Bundesgesetzes BGBl I 2021/18 ist erstmalig für Lohnzahlungszeiträume anzuwenden, die nach dem 30.6.2021 enden, und bei Anwendung der lit. b, wenn der Erwerb der Wochen-, Monats- oder Jahreskarte nach dem 30.6.2021 erfolgt. Zur Rechtslage vor 1.7.2021 siehe die 32. Auflage dieses Buches.

557 Anerkannt werden jedoch in Analogie auch Kilometergelder oder Flugtickets für die Strecke vom bisherigen Wohnort zum neuen Wohnort.

558 Diese Umzugskosten (Umzugsvergütungen) müssen belegmäßig nicht nachgewiesen werden. Die Umzugsvergütung umfasst beispielsweise Aufwendungen für die vorübergehende Hotelnächtigung oder das Ummelden des Pkw.

559 Unter **Bruttojahresarbeitslohn** sind alle Einkünfte aus nicht selbstständiger Arbeit zu verstehen, die ein Arbeitnehmer während eines Kalenderjahrs bezogen hat. Darunter fallen auch steuerfreie Einkünfte i.S.d. EStG.

d) des Mietzinses (einschließlich sonstiger von Mietern zu entrichtender Beträge), den der Arbeitnehmer von der Aufgabe seiner bisherigen Wohnung an bis zum nächstmöglichen Kündigungstermin noch zahlen muss.

Erläuterungen:

Eine Umzugsvergütung gem. § 26 Z 6 EStG ist dann nicht gegeben, wenn ein Arbeitnehmer bei einem Arbeitgeber ein Dienstverhältnis neu antritt (ausgenommen bei Konzernversetzungen[560]) und auf Grund des Dienstverhältnisses eine Übersiedlung erforderlich ist. In diesem Fall liegen Werbungskosten vor (LStR 2002, Rz 754).

Eine Umzugskostenvergütung gem. § 26 Z 6 EStG bzw. Umzugskosten im Fall des Vorliegens von Werbungskosten setzt einen **Umzug** voraus. Ein solcher „Umzug" setzt voraus, dass der bisherige Wohnsitz aufgegeben wird (BFG 13.3.2014, RV/7100046/2010).

Übersteigen die tatsächlichen Umzugskosten die vom Arbeitgeber vergüteten, so kann der Arbeitnehmer allenfalls **(Differenz-)Werbungskosten** geltend machen (→ 14.1.1.).

Z 7:

a) **Beitragsleistungen** des Arbeitgebers für seine Arbeitnehmer an
- **Pensionskassen** i.S.d. Pensionskassengesetzes,
- ausländische Pensionskassen auf Grund einer ausländischen gesetzlichen Verpflichtung oder an ausländische Einrichtungen i.S.d. § 5 Z 4 des Pensionskassengesetzes,
- Unterstützungskassen, die keinen Rechtsanspruch auf Leistungen gewähren,
- betriebliche Kollektivversicherungen i.S.d. § 93 des Versicherungsaufsichtsgesetzes 2016,
- Arbeitnehmerförderstiftungen (§ 4d Abs. 2 EStG),
- Belegschaftsbeteiligungsstiftung (§ 4d Abs. 3 EStG).

   Keine **Beiträge** des Arbeitgebers, sondern solche **des Arbeitnehmers liegen vor**, wenn sie ganz oder teilweise anstelle des bisher bezahlten Arbeitslohns oder der Lohnerhöhungen, auf die jeweils ein Anspruch besteht, geleistet werden (= **Bezugsumwandlung**), ausgenommen eine lohngestaltende Vorschrift i.S.d. § 68 Abs. 5 Z 1 bis 6 EStG (→ 18.3.2.1.2.) sieht dies vor.

b) Beträge, die der Arbeitgeber als **Kostenersatz für Pensionsverpflichtungen** eines früheren Arbeitgebers oder als Vergütung gem. § 14 Abs. 9 EStG (Pensionszusagen, für die von einem früheren Arbeitgeber des Leistungsberechtigten Vergütungen gewährt werden) leistet.

c) **Beträge**, die auf Grund des Betriebspensionsgesetzes oder vergleichbarer gesetzlicher Regelungen durch das Übertragen von Anwartschaften oder Leistungsver-

---

Lediglich (andere) Bezüge i.S.d. § 26 EStG fallen nicht darunter, zumal es sich bei diesen um Leistungen des Arbeitgebers handelt, die nicht unter die Einkünfte aus nicht selbstständiger Arbeit fallen (LStR 2002, Rz 755). Für die Berechnung des Jahresarbeitslohns ist der Bruttobezug im (Rumpf-)Jahr der Übersiedlung auf einen Jahresbezug umzurechnen.

560 Umzugskostenvergütungen bei in- und ausländischen **Konzernversetzungen** bleiben auf der Einnahmenseite außer Ansatz, sodass auch die damit zusammenhängenden Aufwendungen nicht als Werbungskosten geltend gemacht werden können (LStR 2002, Rz 752).

pflichtungen an einen die Verpflichtung übernehmenden **inländischen Rechtsnachfolger** oder an ausländische Einrichtungen i.S.d. § 5 Z 4 des Pensionskassengesetzes geleistet werden, wenn der Rückkauf ausgeschlossen ist und die Leistungen auf Grund des Betriebspensionsgesetzes oder vergleichbarer Regelungen Bezüge und Vorteile gem. § 25 EStG darstellen.

d) **Beiträge**, die der Arbeitgeber für seine Arbeitnehmer **an eine BV-Kasse** leistet, im Ausmaß von höchstens 1,53% des monatlichen Entgelts im Sinn arbeitsrechtlicher Bestimmungen (§ 6 BMSVG, → 36.1.3., oder gleichartige österreichische Rechtsvorschriften) bzw. von höchstens 1,53% der Bemessungsgrundlage für entgeltfreie Zeiträume (§ 7 BMSVG, → 36.1.3.3., oder gleichartige österreichische Rechtsvorschriften), darauf entfallende zusätzliche Beiträge gem. § 6 Abs. 2a BMSVG[561] oder gleichartigen österreichischen Rechtsvorschriften, weiters Beiträge, die nach § 124b Z 66 EStG[562] geleistet werden, sowie Beträge, die auf Grund des BMSVG oder gleichartigen österreichischen Rechtsvorschriften durch das Übertragen von Anwartschaften an eine andere BV-Kasse oder als Überweisung der Abfertigung an ein Versicherungsunternehmen als Einmalprämie für eine Pensionszusatzversicherung gem. § 108b EStG oder als Überweisung der Abfertigung an ein Kreditinstitut zum ausschließlichen Erwerb von Anteilen an einem prämienbegünstigten Pensionsinvestmentfonds gem. § 108b EStG oder als Überweisung der Abfertigung an eine Pensionskasse geleistet werden.

Erläuterungen:

Die Bestimmungen des § 26 Z 7 lit. d EStG kommen nur dann zum Tragen, wenn die Bezüge

- Einkünfte aus nicht selbstständiger Arbeit darstellen und
- den Vorschriften des BMSVG unterliegen.

Nähere **Erläuterungen** zu § 26 Z 7 EStG finden Sie in den Lohnsteuerrichtlinien 2002 unter den Randzahlen 756 bis 766g und in der Beispielsammlung zu den Lohnsteuerrichtlinien 2002.

Z 8:

Zuwendungen einer Belegschaftsbeteiligungsstiftung i.S.d. § 4d Abs. 3 EStG bis zu einem Betrag von **€ 4.500,00 jährlich**.

Erläuterungen:

In diesem Fall erhält der Arbeitnehmer nicht direkt eine Beteiligung am Arbeitgeberunternehmen, sondern ausschließlich Beteiligungserträge (über eine Belegschaftsbeteiligungsstiftung). Diese Zuwendungen zählen bis zu einem Betrag von € 4.500,00 jährlich nicht zu den Einkünften aus nicht selbstständiger Arbeit. Bis zu

561 2,5% von den BV-Beiträgen bei einer jährlichen Zahlungsweise für geringfügig beschäftigte Personen (→ 36.1.3.2.).

562 Auf BV-Kassen übertragene Abfertigungsansprüche bis zum Ausmaß des sich nach § 23 AngG oder des sich nach den am 1. Jänner 2002 bestehenden kollektivvertraglichen Regelungen ergebenden Betrags nach Maßgabe des BMSVG.

diesem Betrag liegen Einkünfte aus Kapitalvermögen vor, die der Kapitalertragssteuer unterliegen und endbesteuert sind. Darüber hinausgehende Zuwendungen sind als Vorteil aus dem Dienstverhältnis gem. § 25 Abs. 1 Z 1 lit. a EStG zu versteuern.

Z 9:

Der Wert der digitalen Arbeitsmittel, die der Arbeitgeber dem Arbeitnehmer für seine berufliche Tätigkeit unentgeltlich überlässt, und ein Homeoffice-Pauschale nach Maßgabe folgender Bestimmungen:

a) Das **Homeoffice-Pauschale** beträgt bis zu **€ 3,00 pro Tag**, an dem der Arbeitnehmer seine berufliche Tätigkeit auf Grund einer mit dem Arbeitgeber getroffenen Vereinbarung ausschließlich in der Wohnung ausübt (Homeoffice-Tag); es steht **für höchstens 100 Tage im Kalenderjahr** zu.

b) Übersteigt das von mehreren Arbeitgebern nicht steuerbar ausgezahlte Homeoffice-Pauschale insgesamt den Betrag von € 300,00 Euro pro Kalenderjahr, stellt der übersteigende Teil steuerpflichtigen Arbeitslohn dar, der in der Veranlagung zu erfassen ist (→ 15.2.1.).

Erläuterungen:

Dies gilt für Homeoffice-Tage und Lohnzahlungszeiträume ab 1.1.2021 bis einschließlich 31.12.2023.

Als Homeoffice-Tage sind generell nur jene Tage zu zählen, an denen ausschließlich zu Hause gearbeitet wird (nicht also „Mischtage", an denen teils Homeoffice und teils Arbeitsleistungen im Betrieb, Außendienst oder Dienstreisen erfolgen).

Homeoffice-Pauschalen und Homeoffice-Tage müssen seitens des Arbeitgebers am Lohnkonto geführt werden. Homeoffice-Tage sind – unabhängig von der Gewährung von Homeoffice-Pauschalen – auch am Lohnzettel (L16) anzugeben.

22. Dienstreise, Dienstfahrten, Fahrten Wohnung–Arbeitsstätte, Werkverkehr

In diesem Kapitel werden u.a. Antworten auf folgende praxisrelevanten Fragestellungen gegeben:

22.1. Dienstreise

Eine Dienstreise liegt vor, wenn der Dienstnehmer zur Ausführung eines ihm erteilten Auftrags seinen Dienstort[563] vorübergehend verlässt, i.d.R. ohne dass dabei eine Mindestzeit und eine Mindestweggrenze vorgesehen ist[564].

Bei einer **länger dauernden Versetzung** des Dienstnehmers an einen anderen Dienstort desselben Dienstgebers liegt **keine Dienstreise** vor.

Bei Vorliegen einer Dienstreise werden i.d.R. Reisekostenentschädigungen bezahlt. Bei diesen handelt es sich um Vergütungen des Dienstgebers an den Dienstnehmer, durch die dem Dienstnehmer die Kosten einer Dienstreise ersetzt werden.

563 Dienstort ist grundsätzlich der regelmäßige Mittelpunkt des tatsächlichen Tätigwerdens des Dienstnehmers. Er ergibt sich i.d.R. aus der individuellen Vereinbarung.

564 Kollektivverträge sehen jedoch für das Entstehen arbeitsrechtlicher Reisekostenansprüche gelegentlich Dienstreisebegriffe vor, die das Erfüllen einer Mindestzeit und/oder einer Mindestweggrenze erfordern.

Die Reisekostenentschädigungen gliedern sich in:

Reisevergütungen		Tagesgelder ③	Nächtigungsgelder ④
Fahrtkostenvergütungen ①	Kilometergelder ②		

① Fahrtkostenvergütungen umfassen den Ersatz für Bahn-, Flug-, Taxikosten usw.

② Kilometergelder ersetzen Auslagen, die dem Dienstnehmer durch die Verwendung eines Kraftfahrzeugs entstehen, für dessen Betrieb er selbst aufzukommen hat.

③ Tagesgelder ersetzen die Verpflegungsmehraufwendungen.

④ Nächtigungsgelder ersetzen die Nächtigungsaufwendungen.

22.2. Arbeitsrechtliche Hinweise

Unternimmt der Dienstnehmer eine Dienstreise, erwachsen ihm i.d.R. neben den **Fahrt- und Nächtigungskosten** Mehrauslagen für die **erhöhten Lebenshaltungskosten**.

Der Dienstnehmer hat gem. § 1014 ABGB neben dem Ersatz der Fahrt- und Nächtigungskosten grundsätzlich auch Anspruch auf Ersatz der Mehrauslagen für die erhöhten Lebenshaltungskosten. Im Allgemeinen enthalten die Kollektivverträge bzw. die Betriebsvereinbarungen dafür genaue Abgeltungsbestimmungen.

Sieht der anzuwendende Kollektivvertrag bzw. eine Betriebsvereinbarung diesbezüglich keine Regelung vor, empfiehlt es sich, eine individuelle Regelung darüber zu treffen.

Der Ersatz der anlässlich einer Dienstreise entstandenen Aufwendungen kann

- pauschal[565],
- nach festen Sätzen[565] oder
- nach den tatsächlichen Aufwendungen

erfolgen.

Im Zusammenhang mit einer Dienstreise stellt sich in der Praxis u.a. noch die Frage der **Abgeltung der Reisezeiten**[566].

Reisezeit (i.S.d. AZG) liegt vor, wenn der Dienstnehmer über Auftrag des Dienstgebers vorübergehend seinen Dienstort (Arbeitsstätte) verlässt, um an anderen Orten seine Arbeitsleistung zu erbringen, **sofern** der Dienstnehmer während der Reisebewegung **keine Arbeitsleistung zu erbringen hat** (§ 20b Abs. 1 AZG) (→ 16.2.6.). Nicht geklärt wird allerdings durch die Legaldefinition, was unter „Arbeitsleistung" während der Reisebewegung zu verstehen ist. Demnach wird wohl auf die „Intensität der Inanspruchnahme" des Dienstnehmers durch den Dienstgeber abzustellen sein.

565 Da die Bestimmung des § 1014 ABGB dispositiv (abdingbar) ist, können auch pauschale bzw. durch feste Sätze **einschränkende Vergütungen** gewährt werden. Zwingende kollektivvertragliche Bestimmungen dürfen dadurch nicht verletzt werden.

566 Davon zu unterscheiden ist die Frage der maximal zulässigen Höchstgrenzen der Arbeitszeit in Zusammenhang mit Reisezeiten (→ 16.2.6.).

- Gehört die Reisetätigkeit zum **ständigen Aufgabenbereich** des Dienstnehmers (dies ist z.B. bei Taxifahrern, Buslenkern, Reiseleitern, Monteuren, Außendienstmitarbeitern oder Boten gegeben), ist die Reisezeit **Arbeitszeit (= aktive Reisezeit)** und grundsätzlich in Form von Normal-, Mehr- bzw. Überstunden zu entlohnen. Kollektivvertragliche Sonderregelungen sind zu beachten.
- Gehört die Reisetätigkeit **nicht zum ständigen Aufgabenbereich** des Dienstnehmers, ist diese grundsätzlich ebenfalls in Form von Normal-, Mehr- bzw. Überstunden zu entlohnen, so als würde der Dienstnehmer seine übliche Tätigkeit weiter verrichten. Wird während der Reisezeit **keine Arbeitsleistung** ① erbracht, kann für Reisezeiten (= **passive Reisezeiten),** sofern der Kollektivvertrag nichts Gegenteiliges bestimmt, die Reduzierung auf den kollektivvertraglichen Mindestlohn (-gehalt), u.U. auch Unentgeltlichkeit vereinbart werden. Unentgeltlichkeit wird nur dann zulässigerweise vereinbart werden können, wenn das Ausmaß der Reisezeiten (und somit die Höhe der Entgeltreduktion) vorhersehbar und dem Dienstnehmer bewusst ist.

① Als Arbeitsleistung während der (aktiven) Reisezeit zählt allerdings bereits das **Lenken** ② eines Kraftfahrzeugs, soweit dies auf Anordnung des Dienstgebers geschieht. Auch das Reisen mit **öffentlichen Verkehrsmitteln** ist dann mit **Arbeitsleistung** verbunden, wenn der Dienstnehmer währenddessen Arbeiten (z.B. Durchsehen von Unterlagen, Verfassen eines Protokolls auf dem Laptop) verrichtet.

② Zählt das Lenken eines Pkw nicht zu den ständigen Arbeitspflichten eines Dienstnehmers, ist eine vom vollen Entgelt für Reisezeiten abweichende Vereinbarung nur dann zulässig, wenn der Dienstnehmer ansonsten besonders qualifizierte (und entsprechend hoch bezahlte) Tätigkeiten während seiner Arbeitszeit zu verrichten hat (z.B. ärztliche Tätigkeit) (OGH 2.9.1993, 9 ObA 182/93).

Dazu ein **Beispiel**:

Ein Dienstnehmer fertigt während der ganzen Rückreise mit der Bahn einen Bericht über das besuchte Fortbildungsseminar an und arbeitet gleichzeitig Verbesserungsvorschläge für den Betrieb aus; die Reisezeit ist voll zu entlohnen. Würde der Dienstnehmer die Rückreise „lesender- oder schlafenderweise" verbringen, kann diese Zeit (nach entsprechender Vereinbarung) geringer entlohnt, u.U. auch Unentgeltlichkeit vereinbart werden.

Neben dem Begriff der Reisezeit gibt es noch den Begriff der **Wegzeit**. Darunter versteht man

- sowohl Zeiten grundsätzlich **außerhalb** der Arbeitszeit, die der Dienstnehmer für den Weg
  - von seiner Wohnung zum ständigen Betrieb und zurück ① oder
  - von seiner Wohnung zur nichtständigen Arbeitsstelle und zurück ② benötigt,
- als auch Zeiten grundsätzlich **innerhalb** der Arbeitszeit, die der Dienstnehmer für den Weg
  - von seinem ständigen Betrieb zur nicht ständigen Arbeitsstelle und zurück ③ benötigt.

① Solche Zeiten sind nicht zu entlohnen.

② Ob und inwieweit solche Zeiten zu entlohnen sind, hängt von den kollektivvertraglichen oder einzelvertraglichen Vereinbarungen ab.

③ Wegzeiten, die in die Arbeitszeit fallen, werden wie Arbeitszeit bezahlt.

22.3. Abgabenrechtliche Behandlung

22.3.1. Sozialversicherung

Der **§ 49 Abs. 3 Z 1 ASVG** bestimmt:

Als Entgelt i.S.d. § 49 Abs. 1 ASVG gelten nicht (beitragsfrei sind):

Vergütungen des Dienstgebers an den Dienstnehmer (Lehrling), durch welche die durch dienstliche Verrichtungen für den Dienstgeber veranlassten Aufwendungen des Dienstnehmers abgegolten werden (**Auslagenersatz**); hiezu gehören insb. Beträge, die den Dienstnehmern (Lehrlingen) als

- **Fahrtkostenvergütungen** (Kilometergelder) einschließlich der Vergütungen für Wochenend(Familien)heimfahrten,
- **Tages- und Nächtigungsgelder**

bezahlt werden, **soweit sie**

- **nach § 26 EStG nicht der Einkommensteuer**(Lohnsteuer)**pflicht unterliegen** (→ 22.3.2.)[567]. § 26 des EStG ist sinngemäß auch auf Vergütungen, die Versicherten nach § 4 Abs. 4 ASVG[568] bezahlt werden, anzuwenden.

Unter Tages- und Nächtigungsgelder fallen auch Vergütungen für den bei Arbeiten außerhalb des Betriebs oder mangels zumutbarer täglicher Rückkehrmöglichkeit an den ständigen Wohnort (Familienwohnsitz) verbundenen Mehraufwand, wie

- Bauzulagen[569],
- Trennungsgelder,
- Übernachtungsgelder,
- Zehrgelder,
- Entfernungszulagen,
- Aufwandsentschädigungen,
- Stör- und Außer-Haus-Zulagen u.Ä., sowie
- Tages- und Nächtigungsgelder[570] nach **§ 3 Abs. 1 Z 16b EStG** (§ 49 Abs. 3 Z 1 ASVG).

Die vorstehend aufgezählten Vergütungen sind allerdings nur dann beitragsfrei zu behandeln, wenn diese

- **weder** eine Form der Entlohnung[571]
- **noch** eine Form einer Erschwerniszulage (dies ist z.B. der Fall, wenn abhängig davon, ob die Arbeit am Einsatzort im Freien oder in einer Halle durchgeführt wird, ein unterschiedlich hoher Betrag zur Auszahlung gelangt)

darstellen.

Wenn ein Dienstnehmer mit seinem **eigenen Pkw** auf Dienstreise während der Dienstverrichtung einen **Unfall** erleidet und der Dienstgeber die **Reparaturkosten**

---

567 Die Auskunft des Finanzamts über die Steuerfreiheit hinsichtlich Reisekostenentschädigungen ist für die Beurteilung der Beitragspflicht für den Krankenversicherungsträger **nicht bindend** (VwGH 17.10.2012, 2011/08/0002).

568 Freie Dienstnehmer (→ 31.7.).

569 Erläuterungen dazu finden Sie in den E-MVB unter der Gliederungsnummer 049-03-01-002.

570 Und wohl auch die Fahrtkostenvergütungen, → 22.3.2.

571 Dies ist z.B. der Fall, wenn die Vergütung in die Sonderzahlung bzw. in das Kranken- und Urlaubsentgelt einzubeziehen ist.

(Reifenschaden, Windschutzscheibe, Stoßstange etc.) übernimmt, handelt es sich hiebei um einen Vorteil aus dem Dienstverhältnis. **Beitragsfrei** ist die Zahlung des Dienstgebers, wenn der Schaden in der Höhe der nachgewiesenen Rechnungssumme beglichen wurde (das bedeutet, dass eine Rechnung in der Höhe der Schadenssumme vorliegen muss). Wurde mit der Zahlung des Kilometergelds eine generelle Schadensabgeltung vereinbart und trotzdem der Schaden vom Dienstgeber beglichen, besteht **Beitragspflicht** (E-MVB, 049-03-01-011).

Bei von der **Kaskoversicherung** geleisteten Gesamtvergütungen von Unfallschäden an Dienstnehmer, für die eine pauschal abgeschlossene Kaskoversicherung (**durch den Dienstgeber**) für ausschließliche Dienstfahrten mit dem Privatfahrzeug eines Dienstnehmers abgeschlossen wurde, handelt es sich um keinen Vorteil aus dem Dienstverhältnis, da der Begünstigte der Dienstgeber ist. Dieser ist zum Schadenersatz verpflichtet. Es wird keine Beitragspflicht ausgelöst, weil die Leistung überhaupt nicht beitragsrelevant ist (E-MVB, 049-03-01-011).

Hinweis: Die lohnsteuerliche Behandlung hinsichtlich der Zahlung von Reparaturkosten bzw. Versicherungsprämien durch den Dienstgeber finden Sie unter Punkt 22.3.2.1.1.

22.3.2. Lohnsteuer

Die in den nachstehenden Punkten dargestellten steuerrechtlichen Behandlungen von

- Fahrtkostenvergütungen/Kilometergeldern,
- Tagesgeldern und
- Nächtigungsgeldern

beziehen sich auf die/das

- **Reisekosten-Novelle 2007**, BGBl I 2007/45,
- Abgabensicherungsgesetz 2007, BGBl I 2007/99, und auf die
- **Lohnsteuerrichtlinien 2002**, Rz 700-750a.

Wichtige Hinweise: Das EStG macht bezüglich der steuerrechtlichen Behandlung der Reisekostenentschädigungen **keinen Unterschied** zwischen einer **Inlands- und Auslandsdienstreise**; ausgenommen davon sind die jeweils zu berücksichtigenden Höchstsätze bei den Tagesgeldern bzw. bei den nicht belegten Nächtigungsgeldern. Die fachlichen Inhalte in diesem Kapitel gelten demnach für beide Arten von Dienstreisen.

Der § 26 Z 4 EStG bestimmt:

Zu den Einkünften aus nicht selbstständiger Arbeit gehören nicht (nicht steuerbar[572] sind):

572 **Nicht steuerbar** sind die im § 26 EStG taxativ aufgezählten Leistungen des Arbeitgebers, die den Besteuerungsbestimmungen des EStG überhaupt nicht unterliegen und i.d.R. in der Praxis auch als „steuerfrei“ bezeichnet werden.

Beträge, die aus Anlass einer Dienstreise als

- Reisevergütungen (**Fahrtkostenvergütungen, Kilometergelder**) und als
- **Tagesgelder und Nächtigungsgelder**

bezahlt werden.

Definition des Begriffs „Dienstreise"

Eine Dienstreise liegt vor, wenn ein Arbeitnehmer **über Auftrag des Arbeitgebers**

- **seinen Dienstort** (Büro, Betriebsstätte, Werksgelände, Lager usw.) zur Durchführung von Dienstverrichtungen **verlässt (erster Tatbestand) oder**
- **so weit weg** von seinem ständigen Wohnort (Familienwohnsitz[573]) **arbeitet**, dass ihm eine tägliche Rückkehr an seinen ständigen Wohnort (Familienwohnsitz) nicht zugemutet werden kann (**zweiter Tatbestand**).

Bei Arbeitnehmern, die ihre Dienstreise vom Wohnort aus antreten, tritt an die Stelle des Dienstorts der Wohnort (Wohnung, gewöhnlicher Aufenthalt, Familienwohnsitz).

a) Als **Kilometergelder** sind höchstens die den Bundesbediensteten zustehenden Sätze zu berücksichtigen. Fahrtkostenvergütungen (Kilometergelder) sind auch Kosten, die vom Arbeitgeber höchstens für eine Fahrt pro Woche **zum ständigen Wohnort** (Familienwohnsitz) **für arbeitsfreie Tage** bezahlt werden, wenn eine tägliche Rückkehr nicht zugemutet werden kann und für die arbeitsfreien Tage kein steuerfreies (bzw. nicht steuerbares) Tagesgeld bezahlt wird.
Werden **Fahrten** zu einem Einsatzort in einem Kalendermonat **überwiegend unmittelbar vom Wohnort** aus angetreten, liegen hinsichtlich dieses Einsatzorts ab dem Folgemonat Fahrten zwischen Wohnung und Arbeitsstätte vor.
b) Das **Tagesgeld für Inlandsdienstreisen** darf bis zu **€ 26,40 pro Tag** betragen. Dauert eine Dienstreise **länger als drei Stunden**, so kann für jede angefangene Stunde **ein Zwölftel** gerechnet werden. Das **volle Tagesgeld** steht **für 24 Stunden** zu. Erfolgt eine Abrechnung des Tagesgelds nach **Kalendertagen**, steht das Tagesgeld für den Kalendertag zu.
c) Wenn bei einer **Inlandsdienstreise** keine höheren Kosten für Nächtigung nachgewiesen werden, kann als **Nächtigungsgeld** einschließlich der Kosten des Frühstücks ein Betrag bis zu **€ 15,00** berücksichtigt werden.
d) Das **Tagesgeld für Auslandsdienstreisen** darf bis zum täglichen **Höchstsatz** der Auslandsreisesätze der **Bundesbediensteten** betragen. Dauert eine Dienstreise **länger als drei Stunden**, so kann für jede angefangene Stunde **ein Zwölftel** gerechnet werden. Das **volle Tagesgeld** steht **für 24 Stunden** zu. Erfolgt eine Abrechnung des Tagesgelds nach **Kalendertagen**, steht das Tagesgeld für den Kalendertag zu.
e) Wenn bei einer **Auslandsdienstreise** keine höheren Kosten für Nächtigung einschließlich der Kosten des Frühstücks nachgewiesen werden, kann das den

573 Als **Familienwohnsitz** liegt dort, wo
- ein in (Ehe)Partnerschaft oder in Lebensgemeinschaft lebender Steuerpflichtiger oder
- ein alleinstehender Steuerpflichtiger

seine engsten persönlichen Beziehungen (z.B. Familie, Freundeskreis) und einen eigenen Hausstand hat (§ 4 Pendlerverordnung; LStR 2002, Rz 343) (→ 14.2.2.).

Bundesbediensteten zustehende **Nächtigungsgeld** der **Höchststufe** berücksichtigt werden.

Zahlt der Arbeitgeber höhere Beträge, so sind die die genannten Grenzen übersteigenden Beträge steuerpflichtiger Arbeitslohn (§ 26 Z 4 EStG).

Die Dienstreise nach dem **ersten Tatbestand** umfasst **Reisen im Nahbereich** des Dienstorts. Dieser Nahbereich wird dann anzunehmen sein, wenn dem Arbeitnehmer die tägliche Rückkehr zu seinem Wohnort zugemutet werden kann. Kehrt der Arbeitnehmer täglich von der Arbeitsstätte an seinen ständigen Wohnort zurück, so stellt sich die Frage der Zumutbarkeit nicht, weil das Gesetz die **Zumutbarkeit der täglichen Rückkehr** vom Dienstort zum ständigen Wohnort (Familienwohnsitz) nur releviert, wenn der Arbeitnehmer am Dienstort verbleibt und wegen der damit verbundenen Mehraufwendungen eine Vergütung erhält.

Unzumutbarkeit der täglichen Rückkehr (Dienstreise nach dem **zweiten Tatbestand**) ist jedenfalls dann anzunehmen[574], wenn der Familienwohnsitz vom Beschäftigungsort **mehr als 120 km entfernt** ist. In begründeten Einzelfällen kann auch bei einer kürzeren Wegstrecke Unzumutbarkeit anzunehmen sein[575].

Für beide Tatbestände der Dienstreise ist ein dienstlicher Auftrag erforderlich. Wählt ein Arbeitnehmer aus privaten Gründen seinen Arbeitsplatz außerhalb der üblichen Entfernung von seinem ständigen Wohnort oder seinen Wohnort außerhalb des ständigen Arbeitsplatzes, liegt keine Dienstreise vor.

Nach Lehre und Rechtsprechung liegt eine Dienstreise jedoch nur bis zur Begründung eines weiteren Mittelpunkts der Tätigkeit vor (→ 22.3.2.2.1.).

Unter den Begriff „Tagesgelder“ des EStG fallen auch die im ASVG beispielhaft aufgezählten Vergütungen wie **Bauzulagen, Trennungsgelder, Auslösen** usw. Das EStG enthält keine diesbezügliche Aufzählung. Erfüllen solche Zulagen bzw. Gelder die Funktion von Tagesgeldern, sind diese ebenfalls **nicht steuerbar** zu behandeln.

Nur Bauzulagen, Montagezulagen usw., die auch an nicht im Außendienst Beschäftigte bezahlt werden, sind auch bei den im Außendienst Beschäftigten **nicht** als Reisekostenentschädigungen **begünstigt**, da diese Entlohnungscharakter haben. Gleiches gilt für solche Zulagen, wenn diese ohne Abstellen auf einzelne Ausgaben und Verrichtungen gewährt werden bzw. damit kein Aufwand abgedeckt ist, sondern eine Erschwernis abgegolten werden soll.

Der Nachweis auf den Anspruch solcher Zulagen ist in Form von Arbeitsberichten usw. zu erbringen (§ 138 BAO).

Nur der steuerpflichtige Teil der Reisekostenentschädigungen erhöht die **Jahressechstelbasis** (→ 23.3.2.2.) und wird in die **Veranlagung** (→ 15.) einbezogen.

574 Verbleibt der Arbeitnehmer am Beschäftigungsort (Einsatzort), ist jedenfalls (d.h. in jedem Fall) Unzumutbarkeit anzunehmen, und das ohne weitere Prüfung.

575 Ob dem Arbeitnehmer die tägliche Rückkehr an seinen ständigen Wohnort (Familienwohnsitz) **zumutbar** ist, ist in jedem Einzelfall zu beurteilen. Als Kriterien dafür gelten u.a.
- die Fahrtdauer,
- die Lage der Arbeitsstelle,
- mit der Fahrt verbundene Reiseanstrengungen,
- Fahrpläne der Massenbeförderungsmittel.

Eine auf alle Fälle anzuwendende Regel für den vom Gesetzgeber verwendeten unbestimmten Rechtsbegriff der „Zumutbarkeit“ ist nicht gegeben.

Begriff des Dienstorts:

Unter **Dienstort ist der regelmäßige Mittelpunkt des tatsächlich dienstlichen Tätigwerdens** des Arbeitnehmers anzusehen. Meist wird der Dienstort eines Arbeitnehmers mit dem Betriebsort des Unternehmens, bei dem der Arbeitnehmer beschäftigt ist, zusammenfallen. Wird jedoch der Arbeitnehmer an diesem Betriebsort dienstlich nicht tätig, weil seine tatsächliche ständige Arbeitsstätte außerhalb des Betriebsorts liegt, dann ist jene regelmäßige Einsatzstelle und nicht der Betriebsort als Dienstort des Arbeitnehmers anzusehen (LStR 2002, Rz 701).

Als Mittelpunkt der Tätigkeit gilt jedenfalls jene Betriebsstätte des Arbeitgebers, in welcher der Arbeitnehmer **Innendienst** verrichtet. Als Innendienst gilt jedes Tätigwerden im Rahmen der unmittelbaren beruflichen Obliegenheiten (z.B. Vorbereitungs- oder Abschlussarbeiten, Abhalten einer Dienstbesprechung). Eine bestimmte Mindestdauer ist dafür nicht Voraussetzung. Auch ein kurzfristiges Tätigwerden ist als Innendienst anzusehen. Kein Innendienst liegt vor, wenn das Aufsuchen der Betriebsstätte ausschließlich mittelbar durch die beruflichen Obliegenheiten veranlasst ist (z.B. Wechseln des Fahrzeugs, Entgegennahme des Arbeitslohns) (LStR 2002, Rz 284).

Ob bei einem **Außendienstmitarbeiter** (Kundenbetreuer) die Wohnung oder der Betriebsort als Arbeitsstätte anzusehen ist (ob eine Dienstreise oder eine Fahrt zwischen Wohnung und Arbeitsstätte vorliegt), hängt davon ab, wo der Arbeitnehmer für den Fall, dass er keinen Außendienst versieht, **regelmäßig tätig wird**. Demnach liegt bei einem Außendienstmitarbeiter, der nur gelegentlich zu Schulungszwecken zum Firmensitz des Arbeitgebers fährt und dort auch über keinen Arbeitsplatz verfügt, eine Dienstreise i.S.d. § 26 Z 4 EStG vor (LStR 2002 – Beispielsammlung, Rz 10736).

Bei **Teleworkern**, die ihre Arbeit ausschließlich zu Hause verrichten und beim Arbeitgeber über keinen Arbeitsplatz verfügen, ist die Arbeitsstätte die Wohnung des Arbeitnehmers. Somit stellen Fahrten zum Sitz der Firma **grundsätzlich Dienstreisen** dar. Tagesgelder, Fahrtkostenersätze und Nächtigungsgelder können – sofern die übrigen Voraussetzungen gegeben sind – gem. § 26 Z 4 EStG nicht steuerbar ersetzt werden (LStR 2002, Rz 703a).

Tätigwerden an mehreren Dienstorten:

Gehört es zum Aufgabenbereich des Arbeitnehmers eines Unternehmens, dass er **an verschiedenen Standorten des Unternehmens tätig** werden muss, und steht diesem Arbeitnehmer an den **verschiedenen Standorten ein Arbeitsplatz** zur Verfügung, liegt bei Fahrten zu und zwischen diesen Standorten hinsichtlich **Tages- und Nächtigungsgelder keine Dienstreise nach § 26 Z 4 EStG vor**.

Die **Fahrtkosten zwischen zwei oder mehreren Dienstorten** können hingegen unter bestimmten Voraussetzungen **nicht steuerbar** ersetzt werden (siehe Punkt 22.5.).

Ob an diesen weiteren Standorten ein Arbeitsplatz zur Verfügung steht, ist nicht von der konkreten Ausgestaltung des Arbeitsplatzes (z.B. eigenes Büro) abhängig, sondern aus **funktionaler Sicht** (organisatorische Eingliederung in dieser Arbeitsstätte) zu beurteilen. Liegt ein Arbeitsplatz vor, sind Tagesgelder ab dem ersten Tag steuerpflichtig (LStR 2002, Rz 700).

Beispiel 1

Der Mitarbeiter einer Lebensmittelkette ist **Filialleiter** an drei verschiedenen Standorten. Er verfügt nur in einer Filiale über ein eigenes Büro. Ausbezahlte Tagesgelder sind steuerpflichtig, unabhängig davon, wie oft er in den jeweiligen Filialen tätig wird.

Beispiel 2

Ein **Gebietsleiter**, der einzelnen Filialleitern übergeordnet ist, aber in den einzelnen Filialen nicht unmittelbar organisatorisch eingegliedert ist, hat in den einzelnen Filialen keinen funktionalen Arbeitsplatz. Ausbezahlte Tagesgelder sind demnach nicht steuerbar.

Beispiel 3

Der UFS (nunmehr BFG) hat allerdings im Fall von **Bezirksleitern** wie folgt entschieden: Den Bezirksleitern steht nach der Legaldefinition sowie nach dem **Kollektivvertrag für Handelsangestellte** kein nicht steuerbares Tagesgeld zu, und zwar weder für ihre Kerntätigkeit in den ihnen zugewiesenen Filialen (weil bereits mit Aufnahme der Tätigkeit als Bezirksleiter jede Filiale einen Dienstort begründet) noch für ihre Fahrten zwischen den Filialen (wenn die Dauer der einzelnen Reisebewegung nicht über drei Stunden beträgt).

Die monatliche Teilnahme an Arbeitsbesprechungen außerhalb ihres Verkaufsbezirks führt hingegen zu einem kollektivvertraglich zu gewährenden Tagesgeldanspruch, der zur zeitlich unbegrenzten Auszahlung von nicht steuerbaren Tagesgeldern berechtigt (UFS 21.12.2012, RV/0858-L/11).

Der § 3 Abs. 1 Z 16b EStG bestimmt:

Zu den steuerfreien Einkünften gehören:

Vom Arbeitgeber als Reiseaufwandsentschädigungen bezahlte **Tagesgelder** und **Nächtigungsgelder**, soweit sie nicht gem. § 26 Z 4 EStG zu berücksichtigen sind, die für eine

- **Außendiensttätigkeit** (z.B. Kundenbesuche, Patrouillendienste, Servicedienste),
- **Fahrtätigkeit** (z.B. Zustelldienste, Taxifahrten, Linienverkehr, Transportfahrten außerhalb des Werksgeländes des Arbeitgebers),
- **Baustellen- und Montagetätigkeit** außerhalb des Werksgeländes des Arbeitgebers,
- **Arbeitskräfteüberlassung** nach dem Arbeitskräfteüberlassungsgesetz, BGBl 1988/196, oder eine
- **vorübergehende Tätigkeit** an einem Einsatzort in einer **anderen politischen Gemeinde**

gewährt werden, soweit der Arbeitgeber **auf Grund einer lohngestaltenden Vorschrift gem. § 68 Abs. 5 Z 1 bis 6 EStG** zur Zahlung verpflichtet ist. Die Tagesgelder dürfen die sich aus § 26 Z 4 EStG ergebenden Beträge nicht übersteigen (→ 22.3.2.2.2.).

Kann im Fall des § 68 Abs. 5 Z 6 EStG keine Betriebsvereinbarung abgeschlossen werden, **weil ein Betriebsrat nicht gebildet werden kann**, ist von einer Verpflichtung des Arbeitgebers auszugehen, wenn eine vertragliche Vereinbarung für alle Arbeitnehmer oder bestimmte Gruppen von Arbeitnehmern vorliegt.

Reiseaufwandsentschädigungen sind nicht steuerfrei, soweit sie anstelle des bisher bezahlten Arbeitslohns oder üblicher Lohnerhöhungen geleistet werden (LStR 2002, Rz 735).

Vom Arbeitgeber können für **Fahrten zu einer Baustelle** oder zu einem **Einsatzort für Montage- oder Servicetätigkeit**, die unmittelbar von der Wohnung angetreten werden, **Fahrtkostenvergütungen nach dieser Bestimmung**[576] behandelt werden oder das Pendlerpauschale i.S.d. § 16 Abs. 1 Z 6 EStG beim Steuerabzug vom Arbeitslohn berücksichtigt werden. Wird vom Arbeitgeber für diese Fahrten ein Pendlerpauschale i.S.d. § 16 Abs. 1 Z 6 EStG berücksichtigt, stellen Fahrtkostenersätze bis zur Höhe des Pendlerpauschals steuerpflichtigen Arbeitslohn dar (→ 22.3.2.1.4.).

Das steuerfreie Tagesgeld, Nächtigungsgeld und die Fahrtkostenvergütung werden in die **Jahressechstelbasis** (→ 23.3.2.2.) und in die **Veranlagung** (→ 15.) **nicht einbezogen**.

Reiseaufwandsentschädigungen, die an **Mitglieder des Betriebsrates und Personalvertreter** i.S.d. Bundes-Personalvertretungsgesetzes und ähnlicher bundes- oder landesgesetzlicher Vorschriften für ihre Tätigkeit gewährt werden, sind steuerfrei, soweit sie die Beträge gem. § 26 Z 4 EStG nicht übersteigen[577] (§ 3 Abs. 1 Z 16b EStG).

Damit Reisekostenentschädigungen nicht steuerbar bzw. steuerfrei behandelt werden dürfen, ist die Dienstreise zumindest durch das **Datum**, die **Dauer**, das **Ziel** und den **Zweck** der einzelnen Dienstreise darzulegen und **durch entsprechende Aufzeichnungen zu belegen** (siehe Muster 11) (VwGH 22.4.1992, 87/14/0192; VwGH 28.5.2008, 2006/15/0280).

Wichtiger Hinweis: Bei Auslandsdienstreisen ist zu beachten, ob die Dienstreise in ein Land unternommen wird, mit dem Österreich ein bzw. kein Doppelbesteuerungsabkommen getroffen hat. Erläuterungen dazu finden Sie unter Punkt 7.2.

---

576 Mit der Wortfolge „nach dieser Bestimmung" bezieht sich der Gesetzgeber auf den ersten Satz des § 3 Abs. 1 Z 16b EStG. Demnach sind solche Fahrtkostenvergütungen nur dann **steuerfrei**, wenn diese **auf Grund einer lohngestaltenden Vorschrift** gem. § 68 Abs. 5 Z 1 bis 6 EStG gewährt werden.

577 Der Verwaltungsgerichtshof hat in seiner ständigen Rechtsprechung (z.B. VwGH 20.2.2008, 2008/15/0015) die Tätigkeit als Personalvertreter oder Betriebsratsmitglied als ein unbesoldetes Ehrenamt eingestuft und damit die Trennung von den Pflichten aus dem Arbeitsverhältnis bekräftigt. Wenn ein Arbeitnehmer für diese Tätigkeit von der Arbeitsleistung (teilweise) freigestellt wurde, ist es daher schon aus begrifflicher Sicht denkunmöglich, dass dieser über Auftrag des Arbeitgebers Dienstreisen unternimmt. Gewährt der Arbeitgeber dennoch Vergütungen für Reisen als Belegschaftsvertreter, fallen diese nicht unter § 26 Z 4 EStG. Durch die Steuerbefreiung gem. § 3 Abs. 1 Z 16b EStG werden derartige Reiseaufwandsentschädigungen (Tages- und Nächtigungsgelder, Fahrtkostenersätze) jedoch steuerfrei gestellt, soweit die Beträge gem. § 26 Z 4 EStG nicht überschritten werden (LStR 2002, Rz 700). Erfolgt keine Vergütung durch den Arbeitgeber, besteht keine Möglichkeit der Geltendmachung von Werbungskosten durch den Belegschaftsvertreter (BFG 28.4.2016, RV/5100629/2012).

Strukturierte Darstellung der Reiseaufwandsentschädigungen für Inlands- und Auslandsdienstreisen:

Nicht steuerbar[578] **sind gem. § 26 Z 4 EStG**	**(Steuerbar) steuerfrei**[579] **sind gem. § 3 Abs. 1 Z 16b EStG**
ohne Bindung an eine bestimmte Tätigkeit und **ohne Bindung** an eine lohngestaltende Vorschrift: • Fahrtkostenvergütungen, Kilometergelder (→ 22.3.2.1.), • Tagesgelder (→ 22.3.2.2.), • Nächtigungsgelder (→ 22.3.2.3.).	**mit Bindung** an eine bestimmte Tätigkeit und **mit Bindung** an eine lohngestaltende Vorschrift: • Fahrtkostenvergütungen, Kilometergelder (→ 22.3.2.1.4.), • Tagesgelder (→ 22.3.2.2.), • Nächtigungsgelder (→ 22.3.2.3.).

Die Bestimmungen des § 26 Z 4 EStG und des § 3 Abs. 1 Z 16b EStG sind auch bei beschränkt steuerpflichtigen Arbeitnehmern anzuwenden (→ 31.1.).

22.3.2.1. Fahrtkostenvergütungen, Kilometergelder

Der **§ 26 Z 4 EStG bestimmt für Inlands- bzw. für Auslandsdienstreisen**:

Nicht steuerbar sind Beträge, die aus Anlass einer Dienstreise als Reisevergütungen (**Fahrtkostenvergütungen, Kilometergelder**) gezahlt werden. Als Kilometergelder sind höchstens die den Bundesbediensteten zustehenden Sätze zu berücksichtigen.	*Allgemeine Grundregel* (→ 22.3.2.1.1..)
Fahrtkostenvergütungen (Kilometergelder) sind auch Kosten, die vom Arbeitgeber **höchstens für eine Fahrt pro Woche zum ständigen Wohnort** (Familienwohnsitz) für arbeitsfreie Tage bezahlt werden, wenn eine tägliche Rückkehr nicht zugemutet werden kann und für die arbeitsfreien Tage kein steuerfreies (nicht steuerbares) Tagesgeld bezahlt wird.	*Sonderfall:* **Heimfahrten** (im Fernbereich) (→ 22.3.2.1.2..)
Werden Fahrten zu einem Einsatzort in einem Kalendermonat **überwiegend**[580] **unmittelbar vom Wohnort** aus angetreten, liegen hinsichtlich dieses Einsatzorts ab dem Folgemonat Fahrten zwischen Wohnung und Arbeitsstätte vor.	*Sonderfall:* **Fahrten** zwischen **Wohnung** und **Einsatzort** (→ 22.3.2.1.3..)

Lohngestaltende Vorschriften haben für den Bereich des § 26 Z 4 EStG keine Bedeutung.

Darüber hinaus ist **§ 3 Abs. 1 Z 16b** zu beachten:

Vom Arbeitgeber können für Fahrten zu einer Baustelle oder zu einem Einsatzort für Montage- oder Servicetätigkeit, die unmittelbar von der Wohnung angetreten werden, Fahrtkostenvergütungen steuerfrei behandelt werden.	*Sonderfall:* **Baustelle oder Montage- bzw. Servicetätigkeit** (→ 22.3.2.1.4..)

Voraussetzung für die Steuerbefreiung nach § 3 Abs. 1 Z 16b EStG ist eine lohngestaltende Vorschrift, die Fahrtkostenvergütungen vorsieht.

---

578 **Nicht steuerbar** sind Leistungen des Arbeitgebers, die den Besteuerungsbestimmungen des EStG überhaupt nicht unterliegen (weil diese keinen Arbeitslohn darstellen); in der Praxis werden diese Leistungen i.d.R. auch als „steuerfreie" Bezüge bezeichnet.

579 **Steuerbar steuerfrei** sind jene Bezugsarten, die dem EStG als Arbeitslohn unterliegen, aber auf Grund ausdrücklicher Bestimmungen von der Lohnsteuer befreit sind.

580 Ein Überwiegen der Fahrten zu einem Einsatzort ist dann gegeben, wenn an **mehr als der Hälfte der tatsächlich** geleisteten **Arbeitstage** im Kalendermonat Fahrten zur neuen Arbeitsstätte unternommen werden.

22.3.2.1.1. Gemeinsame Regelungen bezüglich Fahrtkostenvergütungen und Kilometergelder

Nachstehende betragliche Regelungen gelten für Fahrtkostenvergütungen und Kilometergelder gem. § 26 Z 4 EStG bzw. § 3 Abs. 1 Z 16b EStG bzw. einer Dienstfahrt (→ 22.5.).

A. Fahrtkostenvergütung

Werden im Zusammenhang mit einer **lohnsteuerlich anzuerkennenden Dienstreise** bzw. einer Dienstfahrt Fahrtkosten (Bahn-, Flug-, Taxikosten usw.) in ihrer tatsächlichen Höhe vergütet, sind diese nicht steuerbar zu behandeln.

Beruflich veranlasste Fahrtkosten stellen nach der Rechtsprechung des VwGH keine spezifischen Reisekosten dar, sondern sind Werbungskosten allgemeiner Art. Fahrtkostenersätze können daher unabhängig davon, ob Tagesgelder zustehen bzw. wie diese steuerlich zu behandeln sind, bei Vorliegen der übrigen Voraussetzungen nicht steuerbar ausbezahlt werden (LStR 2002, Rz 710).

Die nicht steuerbare Behandlung gilt auch dann, wenn auf Grund arbeitsrechtlicher Vorschriften (z.B. RGV) die Kosten des Massenbeförderungsmittels für die Strecke zwischen Dienstort (Arbeitsstätte) und Einsatzort ersetzt werden, tatsächlich aber vom Arbeitnehmer die Dienstreise nicht vom Dienstort (Arbeitsstätte) angetreten wird, sondern nur die kürzere Strecke zwischen Wohnung und Einsatzort zurückgelegt wird. Wird vom Arbeitnehmer für die Zurücklegung dieser Strecke das eigene Kraftfahrzeug verwendet, können als Fahrtkosten Kilometergelder für diese Strecke nicht steuerbar verrechnet werden.

Der Nachweis bezüglich der tatsächlichen Höhe ist in Form von **Originalfahrscheinen** bzw. Tickets zu erbringen (§ 138 BAO).

Das Überlassen eines **Einzelfahrscheins** für eine Dienstreise ist nicht steuerbar.

Wird dem Arbeitnehmer für dienstliche Zwecke eine **Netzkarte** zur Verfügung gestellt, die auch für die Fahrten zwischen Wohnung und Arbeitsstätte und private Fahrten verwendet werden kann, dann ist kein steuerpflichtiger Sachbezug anzusetzen, wenn die Voraussetzungen für ein „Öffi-Ticket" i.S.d. § 26 Z 5 lit. b EStG vorliegen (→ 22.6.2.) (LStR 2002, Rz 713).

Der **Ersatz der Kosten der ÖBB-Vorteilscard** zur Verwendung für Dienstreisen ist nicht steuerbar, wenn durch die Verwendung der Vorteilscard insgesamt geringere Fahrtkosten für Dienstreisen anfallen, als dies bei Verwendung der sogenannten Business-Card der Fall wäre. Die private Nutzung der Vorteilscard führt zu keinem (steuerpflichtigen) Vorteil aus dem Dienstverhältnis (LStR 2002, Rz 713).

Wird **ein vom Arbeitgeber begünstigt zur Verfügung gestelltes „Öffi-Ticket"** (→ 22.6.2.) auch für Dienstreisen verwendet, dürfen keine zusätzlichen Fahrtkostenersätze für die vom Ticket umfassten Strecken geleistet werden. Werden vom Arbeitgeber zunächst nicht die vollen Kosten des „Öffi"-Tickets ersetzt, können in diesen Fällen weitere Kostenbeiträge gemäß § 26 Z 5 lit. b EStG bis zur Höhe der Gesamtkosten des „Öffi"-Tickets gewährt werden (LStR 2002, Rz 750b).

Verwendet der Arbeitnehmer sein **privat gekauftes „Öffi"-Ticket** für Dienstreisen, kann der Arbeitgeber die fiktiven Kosten für das günstigste öffentliche Verkehrsmittel als Reisekostenersätze gemäß § 26 Z 4 EStG nicht steuerbar ersetzen (LStR 2002, Rz 750b; vgl ähnlich bereits zur alten Rechtslage vor Inkrafttreten der Bestimmungen zum begünstigten „Öffi"-Ticket BMF, BMF-310205/0015-GS/VB/2019; 2649/AB BlgNR 26. GP).

Fahrtkostenersätze des Arbeitgebers für Fahrten zwischen zwei oder mehreren Mittelpunkten der Tätigkeit können ebenfalls nicht steuerbar behandelt werden (→ 22.5.).

B. Kilometergelder

Kilometergelder sind **nur dann nicht steuerbar** zu behandeln,

- wenn eine **lohnsteuerlich anzuerkennende Dienstreise** vorliegt oder
- im Fall von **Heimfahrten** (→ 22.3.2.1.2.) oder
- für **Fahrten** zwischen **Wohnung und Einsatzort** (→ 22.3.2.1.3.) oder
- für Fahrten bei **Bau-, Montage- oder Servicetätigkeit** (→ 22.3.2.1.4.) oder
- für **Dienstfahrten** (→ 22.5.) und
- soweit die den Bundesbediensteten zustehenden Sätze (amtliche Sätze) nicht überschritten werden und
- der Arbeitnehmer ein Kraftfahrzeug benützt, für dessen Betrieb er selbst aufzukommen hat (es muss sich nicht um das eigene Kfz des Arbeitnehmers handeln, LStR 2002, Rz 372)[581] und
- sofern die Anzahl der Kilometer durch ein laufend geführtes **Fahrtenbuch** (siehe Muster 10) oder durch eine sonstige geeignete Unterlage (z.B. Reisekostenabrechnung, siehe Muster 11) nachgewiesen wird.

Fahrtenbuch:

Ein **ordnungsgemäßes Fahrtenbuch** muss **zeitnah** und **in geschlossener Form** geführt werden, um so nachträgliche Einfügungen oder Änderungen auszuschließen oder als solche erkennbar zu machen. Hiefür hat es Datum, Fahrtziele sowie grundsätzlich auch den jeweils aufgesuchten Kunden oder Geschäftspartner oder konkreten Gegenstand der dienstlichen Verrichtung anzuführen. Die Fahrten müssen einschließlich des an ihrem Ende erreichten Gesamtkilometerstands im Fahrtenbuch vollständig und **in fortlaufendem Zusammenhang** wiedergegeben werden. Grundsätzlich ist dabei jede einzelne berufliche Verwendung für sich und mit dem bei Abschluss der Fahrt erreichten Gesamtkilometerstand des Fahrzeugs aufzuzeichnen. Besteht eine einheitliche berufliche **Reise aus mehreren Teilabschnitten**, können diese miteinander zu einer zusammenfassenden Eintragung verbunden werden, wobei die Aufzeichnung des am Ende der gesamten Reise erreichten Gesamtkilometerstands genügt, wenn die einzelnen Kunden oder Geschäftspartner im Fahrtenbuch in der zeitlichen Reihenfolge angeführt werden, in der sie aufgesucht worden sind. Wird der berufliche Einsatz des Fahrzeugs zu Gunsten einer **privaten Verwendung unterbrochen**, ist diese Nutzungsänderung wegen der damit verbundenen unterschiedlichen steuerlichen Rechtsfolgen im Fahrtenbuch durch Angabe des bei Abschluss der beruflichen Fahrt erreichten Kilometerstands zu dokumentieren (UFS 3.7.2012, RV/0957-W/12).

581 Wird dem Arbeitnehmer das Kfz jedoch von Freunden völlig kostenlos zur Verfügung gestellt und entstehen ihm darüber hinaus auch keinerlei sonstigen Aufwendungen, dann besteht Steuer- und Beitragspflicht. Trägt der Arbeitnehmer aber bestimmte Aufwendungen (z.B. Benzinkosten, Reparaturkosten) selbst, können Kilometergelder grundsätzlich steuer- und beitragsfrei ausbezahlt werden (Nö. GKK, NöDIS Nr. 10/Juli 2015).

Ein mangelhaft geführtes Fahrtenbuch unterliegt der freien Beweiswürdigung. Das BFG kann daher jene Fahrten, deren berufliche Veranlassung aus dem vorgelegten Fahrtenbuch zweifelsfrei und klar hervorgeht, als Werbungskosten anerkennen (BFG 25.3.2019, RV/7100168/2015 zur Geltendmachung von Reisekosten als Werbungskosten).

Fahrtenbücher können grundsätzlich auch in **elektronischer Form**[582] geführt werden. Dabei ist auf die Bestimmung des § 131 Abs. 3 BAO Bedacht zu nehmen. Gemäß § 131 Abs. 3 BAO können zur Führung von Aufzeichnungen Datenträger verwendet werden, wenn die inhaltsgleiche, vollständige und geordnete Wiedergabe bis zum Ablauf der gesetzlichen Aufbewahrungsfrist jederzeit gewährleistet ist. Wer Eintragungen in dieser Form vorgenommen hat, muss auf seine Kosten diejenigen Hilfsmittel zur Verfügung stellen, die notwendig sind, um die Unterlagen lesbar zu machen, und, soweit erforderlich, ohne Hilfsmittel lesbare, dauerhafte Wiedergaben beibringen. Werden dauerhafte Wiedergaben erstellt, so sind diese auf Datenträgern zur Verfügung zu stellen.

Bei nur fallweise durchgeführten Dienstreisen (einige Male im Monat) genügt eine Aufzeichnung der betrieblich gefahrenen Kilometer, dazwischen privat gefahrene Kilometer ergeben sich aus den nachgewiesenen Tachoständen.

Höhe der Kilometergelder:

Die für die Praxis relevanten **Kilometergelder für Bundesbedienstete** betragen je Fahrkilometer:

1. für Motorfahrräder und Motorräder	**€ 0,24**
2. für Personen- und Kombinationskraftwagen	**€ 0,42**
Für jede Person, deren Mitbeförderung in einem Personen- oder Kombinationskraftwagen dienstlich notwendig ist, je Fahrkilometer zuzüglich	**€ 0,05**

(§ 10 Reisegebührenvorschrift)

Lt. LStR 2002, Rz 711, kann das amtliche Kilometergeld für Dienstreisen gem. **§ 26 Z 4 EStG** bei Zutreffen aller Voraussetzungen für **max. 30.000 Kilometer** pro Kalenderjahr[583] **nicht steuerbar** ausbezahlt werden. Darunter fallen auch Kilometergelder, die der Arbeitgeber für Fahrten für arbeitsfreie Tage vom Einsatzort zum Familienwohnsitz und zurück auszahlt (→ 22.3.2.1.2.).

---

582 Die finanzinterne Sprachregelung für die Prüfer lautet wie folgt:
„**Nachträgliche Abänderungen**, Streichungen und Ergänzungen an den zu einem früheren Zeitpunkt eingegebenen Daten **müssen technisch ausgeschlossen** sein, **oder** es müssen derartige Eingriffe in den ursprünglichen Datenbestand in der Datei zwangsläufig **dokumentiert** und offengelegt werden. Andernfalls sind diese Aufzeichnungen formell nicht ordnungsmäßig und die Vermutung des § 163 BAO (formell ordnungsmäßige Aufzeichnungen haben die Vermutung der Richtigkeit für sich) kommt nicht zum Tragen.
Es wäre jedoch verfehlt, aus der Verwendung eines solchen (aus formeller Sicht unzureichenden) Programms für sich allein eine materielle Nichtordnungsmäßigkeit abzuleiten. Daher ist es selbstverständlich **möglich**, dass vom Abgabepflichtigen die inhaltliche Richtigkeit derartiger Aufzeichnungen **im Einzelfall nachgewiesen** oder glaubhaft gemacht und ein mit Hilfe eines Computerprogramms (z.B. MS Excel) erstelltes Fahrtenbuch im Rahmen der freien Beweiswürdigung gem. § 167 BAO sehr wohl anerkannt wird." – Vgl. auch UFS 22.6.2007, RV/0676-I/06.

583 Für Dienstreisen gem. § 26 Z 4 EStG und gem. § 3 Abs. 1 Z 16b EStG **in Summe** max. 30.000 Kilometer pro Kalenderjahr.

Wird vom Arbeitgeber ein **geringeres Kilometergeld** ausbezahlt, kann ein nicht steuerbarer Kostenersatz bis zum Betrag von

- **€ 12.600,00** (30.000 km × € 0,42)

geleistet werden. Ab dem Zeitpunkt des Überschreitens dieses Betrags im Kalenderjahr sind die Kilometergelder für dieses Kalenderjahr steuerpflichtig.

Die **Zuschläge für Mitreisende** können bei der Ermittlung der Höchstgrenze in Euro (€ 12.600,00) diese nicht erhöhen.

Beispiel 1

- Ein Arbeitnehmer erhält pro Kilometer einen Ersatz in der Höhe von € 0,30.
- Er fährt im Kalenderjahr 36.000 Kilometer. Der jährliche Ersatz dafür beträgt € 10.800,00 (36.000 × € 0,30).
- Bei einem amtlichen Kilometergeld von € 0,42 ergibt sich ein nicht steuerbarer Höchstbetrag von € 12.600,00, sodass der erhaltene Ersatz von € 10.800,00 insgesamt nicht steuerbar ausbezahlt werden kann.

Beispiel 2

- Ein Arbeitnehmer hat von Jänner bis Oktober ein nicht steuerbares Kilometergeld in der Höhe von € 11.400,00 (38.000 × € 0,30) erhalten.
- Für November weist er Fahrten im Ausmaß von 5.000 km nach und erhält dafür Kilometergeld in der Höhe von € 1.500,00.
- Von diesem Betrag sind € 1.200,00 nicht steuerbar, der Rest, der den Betrag von € 12.600,00 überschreitet, ist steuerpflichtig. Ebenso ist das für Dezember ausbezahlte Kilometergeld steuerpflichtig.

Die 30.000-km-Grenze ist von **jedem Arbeitgeber gesondert** wahrzunehmen. Unbeachtlich ist jedoch, ob der Arbeitnehmer mehrere Kraftfahrzeuge neben- oder hintereinander verwendet.

Wird die Höchstgrenze dadurch überschritten, weil **mehrere Arbeitgeber** Kilometergelder unterhalb der Höchstgrenze ausbezahlt haben, tritt auch für den übersteigenden Teil rückwirkend keine Steuerpflicht ein (LStR 2002, Rz 711).

Lohngestaltende Vorschriften haben für den Bereich des **§ 26 Z 4 EStG** (demnach auch für die Kilometergelder) keine Bedeutung. Sieht daher der anzuwendende Kollektivvertrag vor, dass Fahrtkosten im Zusammenhang mit einer Dienstreise nur in der Höhe der Kosten für ein öffentliches Verkehrsmittel abgegolten werden, kann der Arbeitgeber dennoch für die dienstlich gefahrenen Kilometer das amtliche Kilometergeld **nicht steuerbar** auszahlen, wenn der Arbeitnehmer für diese Strecken tatsächlich das eigene Kraftfahrzeug verwendet hat (LStR 2002, Rz 710).

Anderes gilt für Kilometergelder gem. **§ 3 Abs. 1 Z 16b EStG**:

Solche Kilometergelder sind nur im Ausmaß der in einer lohngestaltenden Vorschrift (→ 22.3.2.2.2.) vorgesehenen Höhe, max. aber in der Höhe des amtlichen Kilometergeldes steuerfrei.

Das amtliche Kilometergeld kann für Dienstreisen bei Zutreffen aller Voraussetzungen nur für **max. 30.000 Kilometer** pro Kalenderjahr[584] steuerfrei ausbezahlt werden.

Abgegoltene Aufwendungen:

Mit den amtlichen Kilometergeldern sind **folgende Aufwendungen abgegolten**:

- Absetzung für Abnutzung,
- Treibstoff (fossiler Kraftstoff, Strom usw.), Öl,
- Servicekosten und Reparaturkosten auf Grund des laufenden Betriebs (z.B. Motor- oder Kupplungsschaden),
- Zusatzausrüstungen (Winterreifen, Autoradio, Navigationsgerät usw.),
- Steuern, (Park)Gebühren ①, Mauten ①, Autobahnvignette,
- Versicherungen aller Art (einschließlich Vollkasko-, Insassenunfall- und Rechtsschutzversicherung),
- Mitgliedsbeiträge bei Autofahrerklubs (z.B. ÖAMTC, ARBÖ),
- Finanzierungskosten.

(LStR 2002, Rz 372)

① Fallen im Zuge einer Dienstreise sowohl Kilometergelder als auch Parkgebühren an und sind die Parkgebühren höher als das zustehende Kilometergeld, kann der Arbeitgeber diese höheren Parkgebühren anstelle des Kilometergelds auszahlen. Diese Verrechnungsmethode hat aber für einen längeren Zeitraum (Kalenderjahr) zu erfolgen. Ein Wechsel zwischen Kilometergeldersatz und dem Ersatz von tatsächlichen Kosten je einzelner Dienstreise ist nicht zulässig(LStR 2002, Rz 712c; Nö. GKK, NöDIS Nr. 6/April 2018).

Dazu einige **Beispiele**:

1. Erhält der Arbeitnehmer Kilometergeld in der Höhe von € 0,42, ist eine ev. zusätzlich ausbezahlte Parkgebühr (Straßenmaut u.dgl.) steuerpflichtig zu behandeln.
2. Erhält der Arbeitnehmer Kilometergeld in der Höhe von z.B. € 0,30, kann ein Betrag von € 0,12 für ev. vergütete Parkgebühren (Straßenmaut u.dgl.) nicht steuerbar berücksichtigt werden.
3. Erhält der Arbeitnehmer kein Kilometergeld, ist eine ev. vergütete Parkgebühr (Straßenmaut u.dgl.) in voller Höhe nicht steuerbar zu berücksichtigen (Argument: „zusätzlich zum amtlichen Kilometergeld“).

Werden dem Arbeitnehmer **niedrigere Kilometergelder** ausbezahlt, können die übersteigenden Beträge als (Differenz-)Werbungskosten geltend gemacht werden. Ein nachgewiesener höherer tatsächlicher Aufwand kann nicht nach § 26 Z 4 EStG, wohl aber im Rahmen der erhöhten Werbungskosten berücksichtigt werden (→ 22.3.2.4.).

Praxistipp: Insbesondere die Auszahlung von Parkgebühren (z.B. Garagenticket) neben dem (steuerfreien amtlichen) Kilometergeld kommt praktisch sehr häufig vor. Nach den oben dargestellten Grundsätzen haben diese zusätzlichen Kostenersätze abgabenpflichtig zu erfolgen.

584 Für Dienstreisen gem. § 26 Z 4 EStG und gem. § 3 Abs. 1 Z 16b EStG **in Summe** max. 30.000 Kilometer pro Kalenderjahr.

Übernahme von Reparaturkosten, Versicherungsprämien, Strafen etc.:

Wenn ein Arbeitnehmer mit seinem **eigenen Kraftfahrzeug** auf Dienstreise während der Dienstverrichtung einen Unfall erleidet und der Arbeitgeber die **Reparaturkosten** (Reifenschaden, Windschutzscheibe etc.) übernimmt, so liegt steuerpflichtiger Arbeitslohn (gem. § 67 Abs. 1 und 2 EStG, → 23.3.2.) vor. Die Reparaturkosten zur Behebung der Schäden stellen jedoch Werbungskosten dar, soweit der Schaden nicht durch eine Versicherung gedeckt ist (vgl. LStR 2002, Rz 373–374).

Gleiches gilt für die Ersatzleistung aus Anlass eines **Diebstahls** des **Fahrzeugs** (LStR 2002, Rz 662).

Bezahlt der Arbeitgeber Prämien zu einer Kfz-Haftpflichtversicherung für ein arbeitnehmereigenes Kraftfahrzeug, liegt steuerpflichtiger Arbeitslohn vor. Vom Arbeitgeber bezahlte Prämien für eine Kfz-Kaskoversicherung stellen dann **Einkünfte** aus nicht selbstständiger Arbeit dar, wenn aus dem Versicherungsvertrag der **Arbeitnehmer begünstigt ist**. Ist jedoch der Arbeitgeber aus dem Versicherungsvertrag begünstigt, zählen die Prämienzahlungen nicht zu den Einkünften aus nicht selbstständiger Arbeit. Eine Steuerpflicht entsteht in derartigen Fällen erst dann, wenn im Schadensfall Ersätze aus dieser Versicherung geleistet werden (LStR 2002, Rz 664; vgl. auch BFG 28.7.2017, RV/2100282/2013; BFG 17.5.2017, RV/2100352/2013; BFG 6.2.2017, RV/2100351/2013). Diese Grundsätze gelten auch, wenn der Arbeitnehmer volles Kilometergeld i.Z.m. der Dienstreise erhält, solange er nicht Begünstigter aus dem Versicherungsvertrag ist (BFG 13.3.2018, RV/2100354/2013).

Ersetzt der Arbeitgeber dem Arbeitnehmer **Geldstrafen** (z.B. Strafen für Falschparken), handelt es sich weder um durchlaufende Gelder noch um Auslagenersatz, sondern um steuerpflichtigen Arbeitslohn (LStR 2002, Rz 694) (→ 21.3.).

Muster 10

Nachweisführung in Form eines Fahrtenbuchs.

Fahrtenbuch

Name des Arbeitnehmers: ____________ Verwendetes Kfz: ____________

Kfz-Kennzeichen: ____________ Monat: ____________ 20__

Tag	Beginn der Fahrt			Ende der Fahrt			gefahrene km		Reiseweg [1]	Zweck der Dienstreise [2]
	Ort	Zeit	km-Stand	Ort	Zeit	km-Stand	beruflich	privat		
				Summe/Übertrag						

Unterschrift des Arbeitnehmers: ____________

[1]) Wird nicht der lt. **Routenplaner** kürzeste Weg eingetragen, ist der gewählte Reiseweg genau anzugeben, sodass die Fahrtstrecke anhand der Straßenkarte nachvollziehbar ist.

Dazu ein **Beispiel**: Fährt ein Arbeitnehmer von Wien nach Graz, ist die Angabe „Wien–Graz–Wien" dann unzureichend, wenn der Arbeitnehmer die längere Strecke gewählt hat, also statt der Südautobahn (A2) z.B. die Schnellstraße (S 6) über den Semmering benutzt hat. Die Angabe, weshalb die längere Strecke benutzt wurde, ist jedenfalls vorteilhaft.

[2]) Erfolgen an einem Tag mehrere Berufs- und/oder Privatfahrten, so ist jeweils der km-Stand nach der einzelnen Berufs- und/oder Privatfahrt anzugeben. Sollten die Eintragungen dadurch zu umfangreich werden, können die einzelnen Kunden bloß aufgelistet werden, sofern deren Adressen aus einem taggleichen Auftragsbuch ersichtlich sind.

Kilometergelder und Dienstreisen oder Fahrten zwischen Wohnung und Arbeitsstätte:

Außendienstmitarbeiter, die ihre Dienstreise mit dem Pkw von der Wohnung aus antreten, müssen an jenem Tag, an dem sie „Innendienst" (an einer Arbeitsstätte) leisten, nachstehende Eintragungen im Fahrtenbuch vornehmen:

- Die Kilometer der (direkten) Strecke Wohnung–Arbeitsstätte–Wohnung sind als **Privatfahrt** einzutragen.
- Die Kilometer, die sich durch den Kundenbesuch darüber hinaus ergeben (die Mehrkilometer, Umwegskilometer), sind als **Dienstfahrt** einzutragen.

Gleiches gilt für Dienstfahrten, die am Heimweg vorgenommen werden.

Siehe dazu auch das „Monteurbeispiel" der LStR 2002, Rz 266, unter Punkt 22.3.2.6..

Davon zu unterscheiden sind Sachverhalte, bei denen an der Betriebsstätte des Arbeitgebers keine weitere Arbeitsstätte begründet wird. Ob bei einem **Außendienstmitarbeiter** (Kundenbetreuer) die Wohnung oder der Betriebsort als Arbeitsstätte anzusehen ist (ob eine Fahrt zwischen Wohnung und Arbeitsstätte oder eine Dienstreise vorliegt), hängt davon ab, wo der Arbeitnehmer für den Fall, dass er keinen Außendienst versieht, **regelmäßig tätig wird.** Demnach liegt bei einem Außendienstmitarbeiter, der nur gelegentlich zu Schulungszwecken zum Firmensitz des Arbeitgebers fährt und dort auch über keinen Arbeitsplatz verfügt, keine Fahrt zwischen Wohnung und Arbeitsstätte, sondern eine Dienstreise i.S.d. § 26 Z 4 EStG vor (vgl. LStR 2002 – Beispielsammlung, Rz 10736).

Bei Verwendung eines arbeitnehmereigenen Kraftfahrzeugs für **Kundenbesuche auf dem Arbeitsweg** sind für die Entfernung der direkten Wegstrecke Wohnung–Arbeitsstätte–Wohnung nach den allgemeinen Voraussetzungen das Pendlerpauschale und der Pendlereuro zu berücksichtigen. Allfällige Kilometergeldersätze sind steuerpflichtig. Für eine auf Grund des Kundenbesuchs erforderliche **zusätzliche Wegstrecke** sind Kilometergeldersätze im Rahmen des § 26 Z 4 EStG nicht steuerbar. Bei fehlendem oder unzureichendem Kilometergeldersatz durch den Arbeitgeber können (Differenz-)Werbungskosten (→ 22.3.2.4.) geltend gemacht werden (LStR 2002, Rz 270a).

Zur Verwendung eines arbeitgebereigenen Kraftfahrzeugs siehe Punkt 20.3.3.4.

Wird bei Kundenbesuchen die **Arbeitsstätte an diesem Tag nicht aufgesucht**, liegt keine Fahrt zwischen Wohnung und Arbeitsstätte vor, auch wenn die Fahrt mit der Wegstrecke zwischen Wohnung und Arbeitsstätte (teilweise) identisch ist (**Streckenidentität**). Für eine Fahrt zwischen Wohnung und Arbeitsstätte ist kennzeichnend, dass sie mit dem Ziel unternommen wird, die Arbeitsstätte aufzusuchen bzw. von dieser in die Wohnung zurückzukehren. Ist dies nicht gegeben, kann ein bezahltes Kilometergeld steuerfrei behandelt werden (vgl. VwGH 28.3.2000, 97/14/0103; vgl. auch BFG 26.1.2018, RV/7102524/2012 zur Frage der Möglichkeit der Geltendmachung von Kilometergeldern als Werbungskosten)[585].

---

585 Die Arbeitsstätte gilt jedoch nach Ansicht des BFG auch dann als aufgesucht, wenn die Dienstreiseersätze arbeitsrechtlich (fiktiv) vom Arbeitsort aus berechnet werden. Dies hat zur Folge, dass für eine direkte Reisebewegung zwischen Wohnung und dem Ort der Dienstverrichtung deshalb nicht die tatsächlichen Fahrtkosten in Abzug gebracht werden dürfen, weil die Arbeitsstätte – kraft arbeitsrechtlicher gesetzlicher Fiktion – als aufgesucht gilt. Umgekehrt können diese Fahrten einen Anspruch auf die Pendlerpauschale begründen, obwohl der Steuerpflichtige überhaupt nicht die Arbeitsstätte aufgesucht hat (BFG 26.1.2018, RV/7102524/2012).

22.3.2.1.2. Heimfahrten

Wenn der Arbeitnehmer im Rahmen einer Dienstreise zur Dienstverrichtung an einen Einsatzort **entsendet**[586] wird, der so weit von seinem ständigen Wohnort entfernt ist, dass ihm eine tägliche Rückkehr zu diesem nicht zugemutet werden kann (das wird i.d.R. bei einer Entfernung **ab 120 Kilometer** der Fall sein), können **Fahrtkostenvergütungen** (z.B. Kilometergelder, Kosten des öffentlichen Verkehrsmittels) für Fahrten vom Einsatzort zum ständigen Wohnort und zurück für den Aufenthalt am ständigen Wohnort während arbeitsfreier Tage **nicht steuerbar** ausbezahlt werden.

Diese Fahrtkosten dürfen **höchstens wöchentlich** (für das arbeitsfreie Wochenende) bezahlt werden. Dies gilt auch für jene Fälle, in denen in einem anderen als einem wöchentlichen Turnus (z.B. Dekadensystem) gearbeitet wird.

Werden im Rahmen von Dienstreisen Fahrtkosten i.S.d. § 26 Z 4 lit. a zweiter Satz EStG **für einen längeren Zeitraum als sechs Monate** ersetzt, ist der Prüfung des Umstands der vorübergehenden Tätigkeit am Einsatzort **besondere Beachtung** beizumessen. Eine vorübergehende Tätigkeit ist grundsätzlich bei Außendiensttätigkeit, bei Fahrtätigkeit, bei Baustellen- und Montagetätigkeit oder bei Arbeitskräfteüberlassung anzunehmen.

Zahlt der Arbeitgeber dem Arbeitnehmer Vergütungen für Fahrtkosten von der Wohnung oder der Schlafstelle **in der Nähe des Arbeitsorts** zu seinem Familienwohnsitz und befindet sich der Arbeitnehmer nicht auf Dienstreise, liegt somit ein Vorteil aus dem Dienstverhältnis vor. Die Kosten für diese Familienheimfahrten sind bei Vorliegen der übrigen Voraussetzungen unter Beachtung der Begrenzung gem. § 20 Abs. 1 Z 2 lit. e EStG als Werbungskosten (Kosten der doppelten Haushaltsführung) zu berücksichtigen (→ 14.1.1.) (LStR 2002, Rz 714).

Voraussetzung für den nicht steuerbaren Kostenersatz ist die tatsächliche Fahrt vom Einsatzort zum Wohnort und zurück. Der Kostenersatz darf nur in der Höhe der tatsächlichen Kosten (Kosten des verwendeten öffentlichen Verkehrsmittels oder Kilometergeld für das arbeitnehmereigene Kraftfahrzeug) geleistet werden. Ein entsprechender Nachweis (Bahnkarte, Fahrtenbuch) ist dem Arbeitgeber vorzulegen. Für eine derartige Fahrtkostenvergütung gilt nicht die Begrenzung gem. § 20 Abs. 1 Z 2 lit. e EStG (Familienheimfahrten als Werbungskosten).

Wird für die arbeitsfreien Tage nicht steuerbares bzw. steuerfreies Tagesgeld bezahlt (**Durchzahlerregelung**, → 22.3.2.2.2.), sind zusätzlich geleistete Fahrtkostenvergütungen für arbeitsfreie Tage zum Familienwohnsitz und zurück **steuerpflichtig** (LStR 2002, Rz 714a).

Beispiel

Ein Arbeitnehmer wird von Wien (ständige Arbeitsstätte) für vier Monate in die Filiale Salzburg entsendet. Für diese Zeit erhält er freiwillig (bzw. lt. einer vertraglichen Vereinbarung) für seine Wochenendheimfahrten das amtliche Kilometergeld. Da für das Wochenende kein nicht steuerbares bzw. steuerfreies Tagesgeld bezahlt wird, ist das Kilometergeld nicht steuerbar zu behandeln.

586 Es darf sich demnach nicht um eine „Versetzung“ handeln.

22.3.2.1.3. Fahrten zwischen Wohnung und Einsatzort

Wird der Arbeitnehmer zu einem Einsatzort **vorübergehend dienstzugeteilt** oder **entsendet**, können gem. § 26 Z 4 lit. a letzter Satz EStG **bis zum Ende des Kalendermonats**, in dem diese **Fahrten erstmals überwiegend**[587] zwischen Wohnung und Einsatzort zurückgelegt werden, **Fahrtkostenvergütungen** (z.B. Kilometergelder, Kosten des öffentlichen Verkehrsmittels) hiefür nicht steuerbar ausbezahlt werden. **Ab dem Folgemonat** stellen die Fahrten zum neuen Einsatzort (= jetzt die neue Arbeitsstätte) **Fahrten zwischen Wohnung und Arbeitsstätte (!)** dar, die mit dem Verkehrsabsetzbetrag und einem allfälligen Pendlerpauschale sowie dem Pendlereuro abgegolten sind. Ab diesem Zeitpunkt sind die vom Arbeitgeber bezahlten Fahrtkostenvergütungen **steuerpflichtig**.

Als Arbeitsstätte/Einsatzort gilt ein Büro, eine Betriebsstätte, ein Werksgelände, ein Lager und Ähnliches. Eine Arbeitsstätte im obigen Sinn liegt auch dann vor, wenn das dauernde Tätigwerden in Räumlichkeiten eines Kunden oder an einem Fortbildungsinstitut (z.B. Entsendung zu einer mehrmonatigen Berufsfortbildung) erfolgt.

Beispiele 43–46

Steuerliche Behandlung von Kilometergeldern unter Berücksichtigung des Pendlerpauschals und des Pendlereuros.

Beispiel 43

Angaben und Lösung:

Ein Bankangestellter (mit einer 5-Tage-Woche) mit ständiger Arbeitsstätte in der Zentrale eines Bankinstituts wird für die Zeit vom
23. Februar bis 20. April
einer Bankfiliale vorübergehend dienstzugeteilt.
Das Kilometergeld ist für die Fahrten vom

23. Februar bis 31. März nicht steuerbar[588],	1. April bis 20. April steuerpflichtig.

- Für den Monat Februar stehen gegebenenfalls (weiterhin) das Pendlerpauschale und der Pendlereuro für Fahrten von der Wohnung zur ständigen Arbeitsstätte (Zentrale) zu.
- Für den Monat März stehen kein Pendlerpauschale und kein Pendlereuro zu (weder hinsichtlich der Zentrale noch hinsichtlich der Bankfiliale).
- Für den Monat April besteht ein Wahlrecht: Es stehen gegebenenfalls das Pendlerpauschale und der Pendlereuro für Fahrten zwischen der Wohnung

587 Ein Überwiegen der Fahrten zu einem Einsatzort ist dann gegeben, wenn an **mehr als der Hälfte der tatsächlich** geleisteten **Arbeitstage** im Kalendermonat Fahrten zur neuen Arbeitsstätte unternommen werden (LStR 2002, Rz 705).

588 Der Monat März ist der Monat, in dem die Fahrten **erstmals überwiegend** (mehr als der Hälfte der tatsächlich geleisteten Arbeitstage) zurückgelegt wurden. Demnach ist das Kilometergeld für den Monat April (= der Monat, der dem Monat folgt, in dem die Fahrten erstmals überwiegend zurückgelegt wurden) steuerpflichtig.

und der Bankfiliale bzw. für Fahrten zwischen der Wohnung und der Zentrale zu. Es stehen im Kalendermonat allerdings max. ein Pendlerpauschale und ein Pendlereuro in vollem Ausmaß zu.

Beispiel 44

Angaben und Lösung:

Ein Bankangestellter (mit einer 5-Tage-Woche) mit ständiger Arbeitsstätte in der Zentrale eines Bankinstituts wird für die Zeit vom
2. Februar bis 20. April
einer Bankfiliale vorübergehend dienstzugeteilt.
Das Kilometergeld ist für die Fahrten vom

2. Februar bis 28. Februar nicht steuerbar[589],	1. März bis 20. April steuerpflichtig.

- Für den Monat Februar stehen kein Pendlerpauschale und kein Pendlereuro zu (weder hinsichtlich der Zentrale noch hinsichtlich der Bankfiliale).
- Für die Monate März und April stehen gegebenenfalls das Pendlerpauschale und der Pendlereuro für Fahrten zwischen der Wohnung und der Bankfiliale zu. Im Monat April könnten auch ein Pendlerpauschale und ein Pendlereuro für die Fahrten zwischen der Wohnung und der Zentrale berücksichtigt werden. Es stehen in diesem Kalendermonat allerdings max. ein Pendlerpauschale und ein Pendlereuro in vollem Ausmaß zu.

Beispiel 45

Angaben und Lösung:

Ein Bankangestellter (mit einer 5-Tage-Woche) mit ständiger Arbeitsstätte in der Zentrale eines Bankinstituts wird für die Zeit vom
2. Februar bis 4. April
einer Bankfiliale vorübergehend dienstzugeteilt.
Das Kilometergeld ist für die Fahrten vom

2. Februar bis 28. Februar nicht steuerbar[590],	1. März bis 4. April steuerpflichtig.

- Für den Monat Februar stehen kein Pendlerpauschale und kein Pendlereuro zu (weder hinsichtlich der Zentrale noch hinsichtlich der Bankfiliale).

589 Der Monat Februar ist der Monat, in dem die Fahrten **erstmals überwiegend** (mehr als der Hälfte der tatsächlich geleisteten Arbeitstage) zurückgelegt wurden. Demnach ist das Kilometergeld für den Monat März (= der Monat, der dem Monat folgt, in dem die Fahrten erstmals überwiegend zurückgelegt wurden) und für die Zeit vom 1. bis zum 20. April steuerpflichtig.

590 Der Monat Februar ist der Monat, in dem die Fahrten **erstmals überwiegend** (mehr als der Hälfte der tatsächlich geleisteten Arbeitstage) zurückgelegt wurden. Demnach ist das Kilometergeld für den Monat März (= der Monat, der dem Monat folgt, in dem die Fahrten erstmals überwiegend zurückgelegt wurden) und für die Zeit vom 1. bis zum 4. April steuerpflichtig.

- Für den Monat März stehen gegebenenfalls das Pendlerpauschale und der Pendlereuro für Fahrten zwischen der Wohnung und der Bankfiliale zu.
- Für den Monat April besteht ein Wahlrecht: Es stehen gegebenenfalls das Pendlerpauschale und der Pendlereuro für Fahrten zwischen der Wohnung und der Bankfiliale bzw. für Fahrten zwischen der Wohnung und der Zentrale zu. Es stehen im Kalendermonat allerdings max. ein Pendlerpauschale und ein Pendlereuro in vollem Ausmaß zu.

Werden Fahrten zu einem Einsatzort in der Folge in einem Kalendermonat nicht mehr überwiegend unmittelbar vom Wohnort aus angetreten, liegen hinsichtlich dieses Einsatzorts ab dem Folgemonat keine Fahrten zwischen Wohnung und Arbeitsstätte vor. Wird daher der vorübergehende Einsatz an einem anderen Einsatzort durch eine **Tätigkeit** an der ständigen Arbeitsstätte **unterbrochen** und wird in der Folge die Tätigkeit am vorübergehenden Einsatzort wieder fortgesetzt, ist zu prüfen, ob in diesem Kalendermonat Fahrten zum vorübergehenden Einsatzort überwiegend vom Wohnort aus angetreten wurden. Ist dies nicht der Fall, können hinsichtlich dieses Einsatzorts im nächsten Kalendermonat Kilometergelder wieder nicht steuerbar ausbezahlt werden.

Beispiel 46

Angaben und Lösung:

Ein Bankangestellter (mit einer 5-Tage-Woche) mit ständiger Arbeitsstätte in der Zentrale eines Bankinstituts ist für die Zeit vom

2.2. bis 4.4. vorübergehend in einer Bankfiliale,	5.4. bis 25.4. in der Zentrale,	26.4. bis 6.6. vorübergehend in derselben Bankfiliale

tätig.

Das Kilometergeld ist für die Fahrten vom

<table>
<tr><td rowspan="2">2.2.–28.2. nicht steuerbar[591],</td><td rowspan="2">1.3.–4.4. steuerpflichtig,</td><td rowspan="2">26.4.–30.4. steuerpflichtig,</td><td>1.5.–31.5. nicht steuerbar[591],</td><td rowspan="2">1.6.–6.6. steuerpflichtig.</td></tr>
<tr><td>neuer Beobachtungszeitraum</td></tr>
</table>

- Für den Monat Februar stehen kein Pendlerpauschale und kein Pendlereuro zu (weder hinsichtlich der Zentrale noch hinsichtlich der Bankfiliale).
- Für den Monat März stehen gegebenenfalls das Pendlerpauschale und der Pendlereuro für Fahrten zwischen der Wohnung und der Bankfiliale zu.
- Für den Monat April besteht ein Wahlrecht: Es stehen gegebenenfalls das Pendlerpauschale und der Pendlereuro für Fahrten zwischen der Wohnung und der Zentrale bzw. für Fahrten zwischen der Wohnung und der Bankfiliale zu. Es stehen im Kalendermonat allerdings max. ein Pendlerpauschale und ein Pendlereuro in vollem Ausmaß zu.

591 Die Monate Februar und Mai sind die Monate, in denen die Fahrten **erstmals überwiegend** (mehr als der Hälfte der tatsächlich geleisteten Arbeitstage) zurückgelegt wurden. Demnach ist das Kilometergeld für die Monate März, April und Juni steuerpflichtig.

- Für den Monat Mai stehen kein Pendlerpauschale und kein Pendlereuro zu (weder hinsichtlich der Zentrale noch hinsichtlich der Bankfiliale).
- Für den Monat Juni stehen gegebenenfalls das Pendlerpauschale und der Pendlereuro für Fahrten zwischen der Wohnung und der Zentrale zu.

22.3.2.1.4. Ausnahmeregelung für Fahrten zu einer Baustelle oder zu einem Einsatzort für Montage- oder Servicetätigkeit

Abweichend von § 26 Z 4 lit. a letzter Satz EStG können für **Fahrten zu einer Baustelle** oder zu einem **Einsatzort für Montage- oder Servicetätigkeit**[592], die unmittelbar von der Wohnung aus angetreten werden, Fahrtkostenvergütungen gem. § 3 Abs. 1 Z 16b EStG nur im Ausmaß der in einer **lohngestaltenden Vorschrift vorgesehenen Höhe** (begrenzt mit den Sätzen des § 26 Z 4 lit. a EStG, → 22.3.2.1.3.) **steuerfrei ausbezahlt**[593] **oder das Pendlerpauschale und der Pendlereuro** (→ 14.2.2.) berücksichtigt werden. Werden vom Arbeitgeber für diese Fahrten ein Pendlerpauschale und der Pendlereuro berücksichtigt, stellen Fahrtkostenersätze **bis zur Höhe des Pendlerpauschals (!) steuerpflichtigen** Arbeitslohn dar.

Werden vom Arbeitnehmer beim Arbeitgeber insb. auf Grund keines oder eines geringen Fahrtkostenersatzes das Pendlerpauschale und der Pendlereuro für diese Fahrten geltend gemacht, sind die vom Arbeitgeber ausbezahlten Fahrtkostenersätze bis zur Höhe des zustehenden Pendlerpauschals (!) als steuerpflichtiger Arbeitslohn zu behandeln (LStR 2002, Rz 709). Wurden vom Arbeitgeber kein Kostenersatz und auch kein Pendlerpauschale und kein Pendlereuro berücksichtigt, steht als Werbungskosten bei der Veranlagung (→ 15.) das Pendlerpauschale zu.

Beispiel 1

Ein Bauarbeiter arbeitet auf einer 28 Kilometer von seiner Wohnung entfernten Baustelle. Die Benützung eines öffentlichen Verkehrsmittels ist möglich und zumutbar. Es ist das Kleine Pendlerpauschale in der Höhe von € 58,00/Monat zu berücksichtigen. Er erhält von seinem Arbeitgeber lt. lohngestaltender Vorschrift einen monatlichen Fahrtkostenersatz in der Höhe von

Variante a) € 40,00,

Der Fahrtkostenersatz ist kleiner als das Pendlerpauschale, daher ist dieser zur Gänze **steuerpflichtig**.

Variante b) € 80,00.

Der Teil des Fahrtkostenersatzes in der Höhe von

- € 58,00 ist **steuerpflichtig**, der Unterschiedsbetrag von
- € 22,00 (€ 80,00 abzüglich € 58,00) ist **steuerfrei**.

592 Die Begriffe Baustellen- und Montagetätigkeiten umfassen die Errichtung und Reparatur von Bauwerken und Anlagen sowie alle damit verbundenen Nebentätigkeiten wie Planung, Überwachung der Bauausführung sowie die Einschulung bzw. die Übergabe fertig gestellter Anlagen. Die Installierung und Entwicklung von EDV-Softwareprodukten sowie das Tätigwerden am ständigen Betriebsgelände des Arbeitgebers (z.B. Bauhof) fallen nicht unter diesen Tatbestand (LStR 2002, Rz 709b).

593 Bei Vorliegen einer lohngestaltenden Vorschrift (→ 22.3.2.2.2.).

Für den Fall, dass kein Pendlerpauschale und kein Pendlereuro berücksichtigt wurden, ist der jeweilige Fahrtkostenersatz steuerfrei zu behandeln.

Beispiel 2

Ein in **St. Pölten wohnhafter Monteur** fährt unmittelbar von der Wohnung mit seinem **eigenen Pkw** auf eine **Baustelle nach Ybbs**. Der Monteur hat beim Arbeitgeber mit Betriebsstätte in **Melk** eine Erklärung über das Vorliegen der Voraussetzungen auf Berücksichtigung des Kleinen Pendlerpauschals (Wegstrecke zwischen 20 km und 40 km) und des Pendlereuros abgegeben. Der **Arbeitgeber zahlt** lt. lohngestaltender Vorschrift für die Strecke Melk–Ybbs das **amtliche Kilometergeld**.

Auch wenn der Monteur diese Baustelle über mehrere Wochen aufsucht, ist das ausbezahlte **Kilometergeld steuerfrei**. Das Pendlerpauschale und der Pendlereuro können bei Vorliegen der allgemeinen Voraussetzungen ebenfalls berücksichtigt werden.

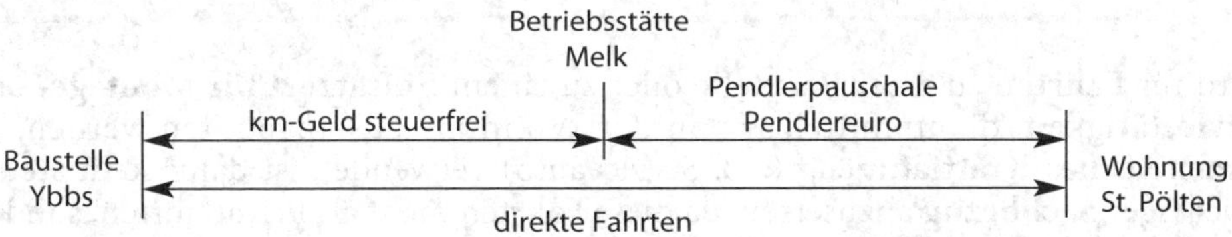

Beispiel 3

Ein in **St. Pölten wohnhafter Monteur** fährt mehrere Monate unmittelbar von der Wohnung mit seinem **eigenen Pkw** auf eine **Baustelle nach Ybbs**. Der Monteur hat beim Arbeitgeber mit Betriebsstätte in **Melk** eine Erklärung über das Vorliegen der Voraussetzungen auf Berücksichtigung des Kleinen Pendlerpauschals (Wegstrecke St. Pölten–Ybbs; Wegstrecke zwischen 40 km und 60 km) und des Pendlereuros abgegeben. Der **Arbeitgeber zahlt** lt. lohngestaltender Vorschrift für die Strecke Melk–Ybbs einen **pauschalen Fahrtkostenersatz** in der Höhe von € 200,00.

Dieser Fahrtkostenersatz ist bis zur Höhe des Pendlerpauschals (!) (€ 113,00 monatlich) steuerpflichtig.

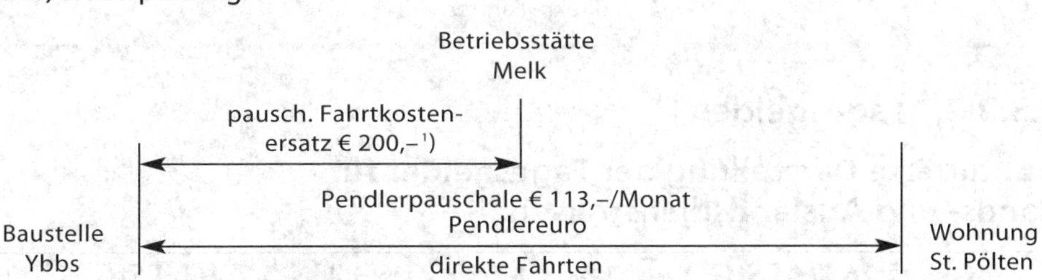

¹) Fahrtkostenersatz bis zur Höhe des monatlichen Pendlerpauschals steuerpflichtig;
Rest max.bis zum amtlichen Kilometergeld steuerfrei.

Beispiel 4

Ein in St. Pölten wohnhafter Monteur fährt mehrere Monate unmittelbar von der Wohnung mit seinem eigenen Pkw auf eine Baustelle nach Ybbs. Eine Erklärung über das Vorliegen der Voraussetzungen auf Berücksichtigung eines Pendlerpauschals und eines Pendlereuros wurde nicht abgegeben. Der Arbeitgeber mit Betriebsstätte in Melk zahlt lt. lohngestaltender Vorschrift für die Strecke St. Pölten–Ybbs einen pauschalen Fahrtkostenersatz in der Höhe von € 500,00.

Der pauschale Fahrtkostenersatz, der das amtliche Kilometergeld nicht übersteigt, ist steuerfrei.

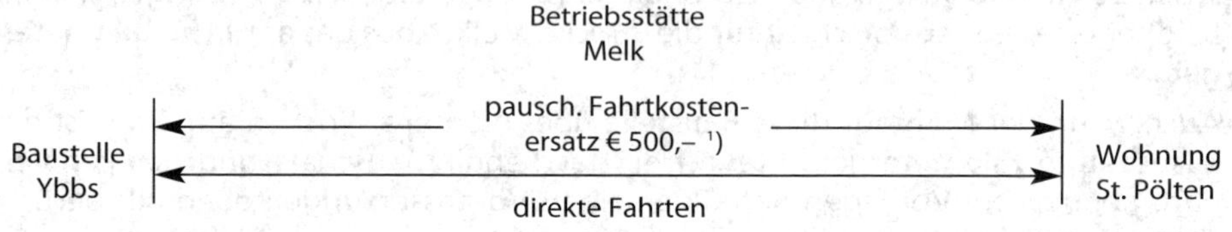

[1]) Fahrtkostenersatz bis zum amtlichen Kilometergeld steuerfrei.

Wird für **Fahrten** zu einer **Baustelle** oder zu einem **Einsatzort für Montage- oder Servicetätigkeit**, die unmittelbar von der Wohnung aus angetreten werden, ein **firmeneigenes Kraftfahrzeug** (z.B. Serviceauto) verwendet, ist dafür **kein steuerpflichtiger Sachbezug** anzusetzen, da diese Fahrten nicht als Privatfahrten, sondern als Werkverkehr (→ 22.7.) zu qualifizieren sind (LStR 2002, Rz 709a).

Beispiel 5

Ein in **St. Pölten wohnhafter Monteur** fährt mit dem **Firmenfahrzeug** mit Betriebssitz in Melk unmittelbar von der Wohnung auf eine **Baustelle nach Ybbs.**

Da diese Fahrten nicht als Privatfahrten zu qualifizieren sind, ist für die Nutzung des Firmenfahrzeugs auch für die Strecke St. Pölten–Melk (Wohnung–Arbeitsstätte) kein Sachbezugswert anzusetzen.

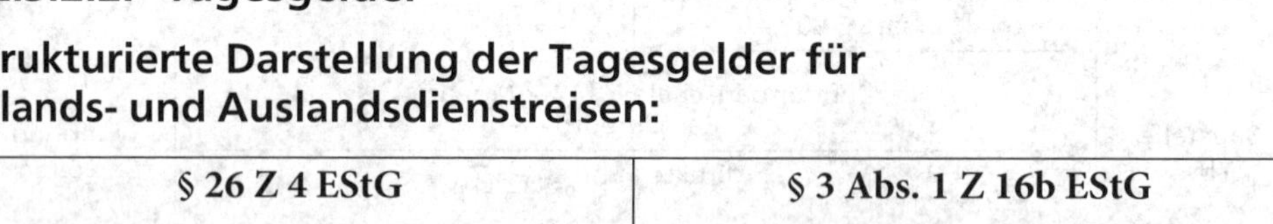

22.3.2.2. Tagesgelder

Strukturierte Darstellung der Tagesgelder für Inlands- und Auslandsdienstreisen:

§ 26 Z 4 EStG	§ 3 Abs. 1 Z 16b EStG
Vorrangig liegen **Tagesgelder** im Sinn dieser Bestimmung vor:	Die Steuerfreiheit der **Tagesgelder** im Sinn dieser Bestimmung kommt nur **subsidiär** (nachrangig) zur Anwendung:

§ 26 Z 4 EStG	§ 3 Abs. 1 Z 16b EStG
Solche Tagesgelder können für **5/5/15 Tage/6 Monate** ① • auf Grund einer lohngestaltenden Vorschrift bzw. • freiwillig gewährt, • unabhängig von der während der Dienstreise verrichteten Tätigkeit, • unter Berücksichtigung der Höchstsätze **nicht steuerbar** behandelt werden. Siehe Punkt 22.3.2.2.1.	Solche Tagesgelder können **nach 5/5/15 Tagen/6 Monaten** • **nur** auf Grund einer lohngestaltenden Vorschrift • **abhängig** von der während der Dienstreise verrichteten Tätigkeit, • unter Berücksichtigung der Höchstsätze, (steuerbar) **steuerfrei** behandelt werden. Siehe Punkt 22.3.2.2.2.

① Die sog. Anfangsphase (siehe nachstehend).

Als Reiseaufwandsentschädigungen bezahlte **Tagesgelder** stellen **vorrangig** einen Kostenersatz gem. **§ 26 Z 4 EStG** dar.

Können diese Reiseaufwandsentschädigungen nicht nach § 26 Z 4 EStG nicht steuerbar ausbezahlt werden, weil beispielsweise ein weiterer Mittelpunkt der Tätigkeit begründet wird, ist zu prüfen, ob sie unter einen der Tatbestände des § 3 Abs. 1 Z 16b EStG zu subsumieren sind und aus diesem Grund steuerfrei behandelt werden können.

Wurden Reisekostenersätze nach § 26 Z 4 EStG ausbezahlt, stehen **für den gleichen Zeitraum** (Kalendertag) **keine steuerfreien** Reiseaufwandsentschädigungen **gem. § 3 Abs. 1 Z 16b EStG** zu.

Wird ein Arbeitnehmer an **verschiedenen Betriebsstandorten/Betriebsstätten** (nicht aber für Baustellen-, Montage- oder Servicetätigkeit) des Arbeitgebers tätig und steht **an diesen Standorten ein Arbeitsplatz** zur Verfügung, liegt steuerrechtlich weder eine Dienstreise i.S.d. § 26 Z 4 EStG noch eine vorübergehende Tätigkeit i.S.d. § 3 Abs. 1 Z 16b EStG vor (vgl. dazu die Beispiele unter Punkt 22.3.2.).

Beim Ersatz von nicht steuerbaren bzw. steuerfreien Tagesgeldern ist zwar kein Nachweis der Aufwendungen der Höhe nach erforderlich, doch muss ein entsprechender Nachweis mit Belegen bzw. Aufzeichnungen dem Grund nach erfolgen, d.h., dass

- das Vorliegen einer Dienstreise,
- das Datum,
- die Dauer,
- das Ziel und
- der Zweck der Dienstreise

durch entsprechende Aufzeichnungen belegt werden muss (siehe Muster 11) (VwGH 21.4.2004, 2001/08/0147; VwGH 28.5.2008, 2006/15/0280). Die Aufzeichnungen sind zeitnah zu führen und können auch nicht durch nachträgliche Rekonstruktionen ersetzt werden (VwGH 19.9.1989, 89/14/0121).

22.3.2.2.1. Tagesgelder gem. § 26 Z 4 EStG

Die Bestimmung gem. § 26 Z 4 EStG bezüglich einer **Inlands- bzw. Auslandsdienstreise** lautet:

Eine Dienstreise liegt vor, wenn ein Arbeitnehmer **über Auftrag des Arbeitgebers**

seinen Dienstort (Büro, Betriebsstätte, Werksgelände, Lager usw.) zur Durchführung von Dienstverrichtungen **verlässt** **Erster Tatbestand** (Dienstreise im Nahbereich) ①	oder	**so weit weg** von seinem ständigen Wohnort (Familienwohnsitz) **arbeitet**, dass ihm eine tägliche Rückkehr an seinen ständigen Wohnort (Familienwohnsitz) nicht zugemutet werden kann. **Zweiter Tatbestand** (Dienstreise im Fernbereich) ②

Zu den Tatbeständen gem. § 26 Z 4 EStG hat der VwGH Stellung genommen und dabei immer die Prüfung der Frage betont, dass der Einsatz in einem zusammenhängenden Zeitraum (nach einer sog. „Anfangsphase") zu einem weiteren Mittelpunkt der Tätigkeit führt.

Die nicht steuerbare Behandlung dieser Tagesgelder ist **unabhängig davon** gegeben,

- welche Tätigkeit verrichtet wird und
- ob eine Verpflichtung des Arbeitgebers zur Zahlung des Tagesgelds besteht.

Unabhängig vom Vorliegen eines **Mittelpunkts der Tätigkeit** nach § 26 Z 4 EStG können **Tagesgelder nach § 3 Abs. 1 Z 16b EStG** bei Vorliegen der angeführten Voraussetzungen **steuerfrei** ausbezahlt werden (→ 22.3.2.2.2.).

① Dienstreise im Nahbereich:

Bei Dienstreisen zu **wechselnden Einsatzorten im Nahbereich (erster Tatbestand)** können Tagesgelder nur **dann** (bzw. solange) **nicht steuerbar** gewährt werden, wenn (als) **kein neuer Mittelpunkt der Tätigkeit begründet** wird. Die Beurteilung eines Ortes als weiterer Mittelpunkt der Tätigkeit ist hinsichtlich der vom Arbeitgeber geleisteten Beträge nach den gleichen Grundsätzen vorzunehmen, die von der Judikatur für die Beurteilung von Tagesgeldern als Werbungskosten entwickelt wurden.

In folgenden Fällen ist daher auch hinsichtlich der Ersätze gem. § 26 Z 4 EStG von einem weiteren Mittelpunkt der Tätigkeit auszugehen:

A. Mittelpunkt der Tätigkeit an einem Einsatzort

Dies ist dann der Fall, wenn sich die **Dienstverrichtung auf einen anderen Einsatzort** durchgehend oder wiederkehrend **über einen längeren Zeitraum** erstreckt. Als **Einsatzort gilt** grundsätzlich die **politische Gemeinde** (gleichzusetzen mit der Gemeindekennziffer). Auch für Reisen innerhalb Wiens gilt das gesamte Wiener Gemeindegebiet als Einsatzort (eine politische Gemeinde). Dies gilt auch für Reisen von Orten außerhalb Wiens nach Wien. Wien ist ein einheitliches Zielgebiet.

Von einem **längeren Zeitraum** ist in folgenden Fällen **auszugehen**:

- Der Arbeitnehmer wird an einem Einsatzort **durchgehend tätig**[594] und die Anfangsphase von **fünf Tagen** wird **überschritten**. Erfolgt innerhalb von sechs Kalendermonaten kein Einsatz an diesem Mittelpunkt der Tätigkeit, ist mit der Berechnung der Anfangsphase von fünf Tagen neu zu beginnen.
- Der Arbeitnehmer wird an einem Einsatzort **regelmäßig wiederkehrend** (mindestens einmal wöchentlich) **tätig** und die Anfangsphase von **fünf Tagen** wird **überschritten**. Erfolgt innerhalb von sechs Kalendermonaten kein Einsatz an diesem Mittelpunkt der Tätigkeit, ist mit der Berechnung der Anfangsphase von fünf Tagen neu zu beginnen.
- Der Arbeitnehmer wird an einem Einsatzort **wiederkehrend, aber nicht regelmäßig** tätig[595] und **überschreitet** dabei eine Anfangsphase von **fünfzehn Tagen** im Kalenderjahr. Die Anfangsphase von fünfzehn Tagen steht pro Kalenderjahr zu.

Tagesgelder können daher nur für die Anfangsphase von **fünf** bzw. **fünfzehn Tagen nicht steuerbar** gem. § 26 Z 4 EStG gewährt werden (LStR 2002, Rz 718).

Ob das Tagesgeld ab dem sechsten bzw. sechzehnten Tag weiter steuerfrei zu behandeln ist, ist nach den Bestimmungen des § 3 Abs. 1 Z 16b EStG zu prüfen (→ 22.3.2.2.2.).

Beispiel für eine durchgehende Tätigkeit:

Ein Programmierer (Wohnsitz in Steyr) wird im Auftrag seiner Softwarefirma (Betriebsstätte in Steyr) erstmals in einer Linzer Bank tätig, um dort eine Umstellung vorzubereiten. Der Einsatz in der Linzer Bank dauert durchgehend vom 7. März bis zum 15. April.

Da der durchgehende Einsatz von mehr als fünf Tagen in Linz (im Nahbereich von Steyr – daher Dienstreise nach dem ersten Tatbestand) zu einem weiteren Mittelpunkt der Tätigkeit führt, können Tagesgelder nur für die ersten fünf Tage (vom 7. bis zum 11. März) nicht steuerbar gewährt werden. Ob das Tagesgeld ab dem sechsten Tag weiter steuerfrei zu behandeln ist, ist nach den Bestimmungen des § 3 Abs. 1 Z 16b EStG zu prüfen (→ 22.3.2.2.2.).

Beispiel für eine regelmäßig wiederkehrende Tätigkeit:

Ein Arbeitnehmer eines Unternehmensberaters (Sitz in Salzburg) fährt jeden Montag zu einem Klienten nach Hallein. Tagesgelder können nur für die ersten fünf Montage nicht steuerbar gewährt werden. Ob das Tagesgeld ab dem sechsten Montag weiter steuerfrei zu behandeln ist, ist nach den Bestimmungen des § 3 Abs. 1 Z 16b EStG zu prüfen (→ 22.3.2.2.2.).

Beispiel für eine unregelmäßig wiederkehrende Tätigkeit:

Ein Außendienstmitarbeiter einer Firma mit Sitz in Oberwart unternimmt im Auftrag seines Arbeitgebers Dienstreisen, die ihn **unregelmäßig** für einzelne Tage in folgende Orte führen: Folgende Tagesgelder stehen für Reisen in folgenden Monaten nicht steuerbar zu:

Ort	Jänner	Februar	März	April	Mai	Juni	Juli	
Eisenstadt	5	6	4	3	1	2	5	Anzahl der Dienstreisen
Graz	7	1	2	4	5		1	
Wien		2	1			4		
Fürstenfeld	3	4			1		2	

594 Z.B. Montag bis Freitag.

595 Immer wieder, aber nicht jede Woche. Z.B. 1. Woche: am Dienstag, 2. Woche: kein Einsatz, 3. Woche: am Mittwoch, usw.

Folgende Tagesgelder stehen für Reisen in folgenden Monaten nicht steuerbar zu:

Eisenstadt: Jänner, Februar, März; nach dem 15. Einsatz in Eisenstadt wird Eisenstadt zu einem weiteren Tätigkeitsmittelpunkt. Ob das Tagesgeld ab dem 16. Tag weiter steuerfrei zu behandeln ist, ist nach den Bestimmungen des § 3 Abs. 1 Z 16b EStG zu prüfen (→ 22.3.2.2.2.).

Graz: Jänner, Februar, März, April, erste Reise im Mai; nach dem 15. Einsatz in Graz wird Graz zu einem weiteren Tätigkeitsmittelpunkt. Ob das Tagesgeld ab dem 16. Tag steuerfrei zu behandeln ist, ist nach den Bestimmungen des § 3 Abs. 1 Z 16b EStG zu prüfen (→ 22.3.2.2.2.).

Wien, Fürstenfeld: Bei Reisen in diese drei Orte bleiben die Tagesgelder nicht steuerbar, weil die 15 Tage nicht erreicht werden.

B. Mittelpunkt der Tätigkeit in einem Einsatzgebiet (Zielgebiet)

Mittelpunkt der Tätigkeit kann nicht nur ein einzelner Ort (politische Gemeinde), sondern auch **ein mehrere Orte umfassendes Einsatzgebiet** sein. Personen, die ein ihnen konkret zugewiesenes Gebiet regelmäßig bereisen, begründen daher in diesem Einsatzgebiet (Zielgebiet) einen Mittelpunkt der Tätigkeit. Ein Einsatzgebiet kann sich auf einen politischen Bezirk und an diesen Bezirk angrenzende Bezirke erstrecken. Bei Reisen außerhalb des Einsatzgebiets gelten die Bestimmungen über einen weiteren Mittelpunkt der Tätigkeit an einem Einsatzort (siehe vorstehend). Für die Anfangsphase von **fünf Tagen** steht das Tagesgeld **nicht steuerbar** gem. § 26 Z 4 EStG zu. Erfolgt innerhalb von sechs Kalendermonaten kein Einsatz in einem Einsatzgebiet, ist mit der Berechung der Anfangsphase von fünf Tagen neu zu beginnen (LStR 2002, Rz 719).

Ob das Tagesgeld ab dem sechsten Tag weiter steuerfrei zu behandeln ist, ist nach den Bestimmungen des § 3 Abs. 1 Z 16b EStG zu prüfen (→ 22.3.2.2.2.).

Ein Einsatzgebiet kann sich auf einen politischen Bezirk und an diesen Bezirk angrenzende Bezirke erstrecken (LStR 2002, Rz 305).

Beispiel 1:

Ein Vertreter bereist ständig die Bezirke Baden, Bruck a. d. L., Mödling und Wiener Neustadt. Es liegt ein einheitliches Zielgebiet vor.

Wird ein politischer Bezirk durch einen anderen politischen Bezirk umschlossen, ist von einem Bezirk auszugehen (LStR 2002, Rz 305).

Beispiel 2:

Innsbruck-Stadt und Innsbruck-Land sind wie ein Bezirk zu beurteilen.

Bei Reisen außerhalb des Einsatzgebiets gelten die Bestimmungen über einen weiteren Mittelpunkt der Tätigkeit an einem Einsatzort (LStR 2002, Rz 306).

Beispiel 3:

Der oben angeführte Vertreter für die Bezirke Baden, Bruck a. d. L., Mödling und Wiener Neustadt besucht fallweise Kunden in Wien und St. Pölten. Wien und St. Pölten gehören nicht zum Einsatzgebiet. Diese Reisen sind daher gesondert nach den allgemeinen Grundsätzen zu beurteilen.

Erstreckt sich die ständige Reisetätigkeit auf ein größeres Gebiet (z.B. ganz Niederösterreich), liegt kein Einsatzgebiet vor. Diesfalls sind die Reisen nach den allgemeinen Grundsätzen zu beurteilen (LStR 2002, Rz 307).

C. Mittelpunkt der Tätigkeit bei Fahrtätigkeit

Eine Fahrtätigkeit begründet hinsichtlich des Fahrzeugs einen (weiteren) Mittelpunkt der Tätigkeit, wenn

- die Fahrtätigkeit regelmäßig **in einem lokal eingegrenzten Bereich** (z.B. ständige Fahrten für ein Bezirksauslieferungslager),
- die Fahrtätigkeit auf **(nahezu) gleich bleibenden Routen** ähnlich einem Linienverkehr erfolgt (z.B. Zustelldienst, bei dem wiederkehrend dieselben Zielorte angefahren werden),
- die Fahrtätigkeit **innerhalb** des von einem Verkehrsunternehmen als Arbeitgeber **ständig befahrenen Liniennetzes** oder Schienennetzes erfolgt.

Kein Mittelpunkt der Tätigkeit bei Fahrtätigkeit liegt jeweils für die **ersten fünf Tage** (Anfangsphase) vor, wenn der Arbeitnehmer erstmals oder zuletzt vor mehr als sechs Monaten diese Tätigkeit ausgeführt hat. Nach der Anfangsphase können keine nicht steuerbaren Tagesgelder gewährt werden (LStR 2002, Rz 720).

Ob das Tagesgeld ab dem sechsten Tag steuerfrei zu behandeln ist, ist nach den Bestimmungen des § 3 Abs. 1 Z 16b EStG zu prüfen (→ 22.3.2.2.2.).

Bei einer **auf Dauer angelegten Fahrtätigkeit** kann die Berücksichtigung eines Verpflegungsmehraufwands allerdings nicht allein mit der Begründung versagt werden, dass „im Fahrzeug" (z.B. Lkw) ein weiterer Mittelpunkt der Tätigkeit begründet wird.

② Dienstreise im Fernbereich:

Bei einer Dienstreise, bei der der Arbeitnehmer so weit weg von seinem ständigen Wohnort (Familienwohnsitz) arbeitet, dass ihm eine tägliche Rückkehr an seinen ständigen Wohnort (Familienwohnsitz) nicht zugemutet werden kann (**zweiter Tatbestand**), ist davon auszugehen, dass der Arbeitsort (Einsatzort) erst nach einem Zeitraum **von sechs Monaten**[596] analog zu § 26 Abs. 2 BAO zum **Mittelpunkt der Tätigkeit** wird (LStR 2002, Rz 721).

Die Tage des Aufenthalts am Einsatzort (soweit keine länger als sechs Kalendermonate dauernde Unterbrechung vorliegt) sind zusammenzurechnen, bis ein Zeitraum von sechs Monaten (183 Tagen) erreicht ist. Maßgebend ist also der tatsächliche Aufenthalt am Einsatzort (inkl. An- und Abreisetag), sodass bei Unterbrechungen eine tageweise Berechnung zu erfolgen hat, bis 183 Tage erreicht sind. **Für die Beurteilung**, ob der Zeitraum von sechs Monaten bzw. 183 Tagen erreicht ist, sind die **Verhältnisse der letzten 24 Monate** vor Beginn der Dienstreise **maßgeblich**.

Beispiel 1:

Ein Arbeitnehmer ist/war zu folgenden Zeiten am selben Einsatzort (Dienstreise nach dem zweiten Tatbestand) tätig:

12.11.2020 bis 17.12.2020	36 Tage	unbeachtlich, weil danach sechs Kalendermonate Unterbrechung
13.4.2021 bis 29.6.2021	78 Tage	
7.3.2022 bis 19.5.2022	74 Tage	

Die für die Monate März bis Mai 2022 ausbezahlten Tagesgelder können nicht steuerbar ausbezahlt werden, weil seit dem letzten Einsatz am selben Ort mehr als sechs Kalendermonate vergangen sind (24-Monate-Beobachtungszeitraum nicht erforderlich).

596 Der UFS hat allerdings dieser Rechtsansicht widersprochen. Demnach ist **auch** bei Dienstreisen **im Fernbereich** auf die **5-tägige** (und nicht auf die 6-monatige) **Anfangsfrist** abzustellen (UFS 7.5.2012, RV/0481-S/11). Auch das BFG äußerte sich bereits kritisch zu dieser Rechtsansicht (BFG 15.9.2016, RV/5100214/2012; BFG 19.1.2015, RV/7105145/2014).

Beispiel 2:

Ein Arbeitnehmer ist/war zu folgenden Zeiten am selben Einsatzort (Dienstreise nach dem zweiten Tatbestand) tätig:

17.9.2019 bis 21.10.2019		(unbeachtlich, weil außerhalb des 24-Monate-Beobachtungszeitraums)
12.11.2020 bis 17.12.2020	36 Tage	insgesamt 180 Tage
13.4.2021 bis 29.6.2021	78 Tage	
12.10.2021 bis 16.12.2021	66 Tage	
7.3.2022 bis 19.5.2022	74 Tage	= 3 + 71 Tage

Von den Tagesgeldern für die letzte Dienstreise können Tagesgelder nur mehr für drei Tage nicht steuerbar ausbezahlt werden, weil im 24 Monate umfassenden Beobachtungszeitraum (7.3.2020 bis 6.3.2022) bereits für 180 Tage Tagesgelder nicht steuerbar ausbezahlt wurden.

Ob das Tagesgeld ab dem siebenten Monat steuerfrei zu behandeln ist, ist nach den Bestimmungen des § 3 Abs. 1 Z 16b EStG zu prüfen (→ 22.3.2.2.2.).

Beispiel 3:

Ein Angestellter einer in Linz ansässigen Softwarefirma erhält den Auftrag, eine EDV-Umstellung in einer Wiener Bank vorzunehmen. Dieses Projekt erstreckt sich über den Zeitraum von sieben Monaten (10. Mai bis 9. Dezember). Da der erstmalige Einsatz in Wien (Dienstreise nach dem zweiten Tatbestand) über sechs Monate hinausgeht, wird ein weiterer Mittelpunkt der Tätigkeit begründet. Die Tagesgelder können daher vom 10. Mai bis 9. November nicht steuerbar gewährt werden.

Ob das Tagesgeld ab dem 10. November steuerfrei zu behandeln ist, ist nach den Bestimmungen des § 3 Abs. 1 Z 16b EStG zu prüfen (→ 22.3.2.2.2.).

Bei einem Wechsel des Arbeitsorts (Einsatzorts) beginnt eine neue 6-Monats-Frist zu laufen. Ein solcher liegt nur vor, wenn ein Wechsel in eine andere politische Gemeinde vorgenommen wird. Kehrt der Arbeitnehmer innerhalb von sechs Kalendermonaten neuerlich an den seinerzeitigen Arbeitsort (Einsatzort) zurück, kann unter Einrechnung der dort bereits verbrachten Arbeitszeiten nur die restliche, auf die 6-Monats-Frist entfallende Zeitspanne als Dienstreise gewertet werden.

Bei **Lkw-Fahrern im internationalen Verkehr** liegen i.d.R. Reisen nach dem zweiten Tatbestand des § 26 Z 4 EStG vor. Für die ersten sechs Monate gewährte Tagesgelder sind nicht steuerbar, weil danach von einem Mittelpunkt der Tätigkeit auszugehen ist. Die steuerbegünstigte Obergrenze bilden bei Auslandsreisen die jeweiligen Höchstsätze der Reisegebührenvorschrift für Bundesbedienstete (→ 22.3.2.2.3.).

Bei der Tätigkeit als Lkw-Fahrer im internationalen Verkehr wird für denselben Arbeitgeber und auf denselben Routen mit denselben Zielorten über sechs Monate hinaus ein weiterer Mittelpunkt der Tätigkeit begründet mit der Folge, dass (Auslands-)Tagesgelder in weiterer Folge nur im Rahmen des § 3 Abs. 1 Z 16b EStG steuerfrei sind (LStR 2002 – Beispielsammlung, Rz 10735a).

Zusammenfassende Darstellung (Ansicht des BMF):

Tagesgelder gem. § 26 Z 4 EStG	Tätigkeit am Einsatzort bzw. im Einsatzgebiet	nicht steuerbare Anfangsphase
im Nahbereich	durchgehend	5 Tage[597]
	regelmäßig wiederkehrend	5 Tage[597]
	unregelmäßig wiederkehrend	15 Tage[598] pro Kalenderjahr
	Fahrtätigkeit	5 Tage[597]
im Fernbereich	durchgehend oder wiederkehrend	6 Monate[599] (183 Tage)

Gebührenurlaub, Arbeitsunfähigkeit und sonstige Arbeitsverhinderungen werden nicht in die Anfangsphase einbezogen. Maßgebend ist demnach der tatsächliche Aufenthalt am Einsatzort (inkl. An- und Abreisetag), sodass bei Unterbrechungen eine tageweise Berechnung zu erfolgen hat.

22.3.2.2.2. Tagesgelder gem. § 3 Abs. 1 Z 16b EStG

Ab dem 6. bzw. 16. Tag bzw. ab dem 7. Monat können Tagesgelder für **In- und Auslandsdienstreisen** gem. § 3 Abs. 1 Z 16b EStG **steuerfrei** behandelt werden. Dies allerdings nur

1. bei Vorliegen einer
   - Außendiensttätigkeit (z.B. Kundenbesuche, Patrouillendienste, Servicedienste),
   - Fahrtätigkeit (z.B. Zustelldienste, Taxifahrten, Linienverkehr, Transportfahrten außerhalb des Werksgeländes des Arbeitgebers),
   - Baustellen- und Montagetätigkeit außerhalb des Werksgeländes des Arbeitgebers,
   - Arbeitskräfteüberlassung nach dem Arbeitskräfteüberlassungsgesetz, oder einer
   - **vorübergehenden** Tätigkeit an einem Einsatzort in eine anderen politischen Gemeinde

   ohne zeitliche Begrenzung

   und
2. soweit der **Arbeitgeber** auf Grund einer lohngestaltenden Vorschrift gem. § 68 Abs. 5 Z 1 bis 6 EStG **zur Zahlung verpflichtet** ist.

Eine **zeitliche Begrenzung** des steuerfreien Tagesgelds gem. § 3 Abs. 1 Z 16b EStG **von sechs Monaten** gibt es **nur** beim letzten Tatbestand der **vorübergehenden Tätigkeit**

597 Erfolgt innerhalb von sechs Kalendermonaten kein Einsatz, ist mit der Berechnung der Anfangsphase von fünf Tagen neu zu beginnen.

598 Mit Beginn eines Kalenderjahrs ist mit der Berechnung der Anfangsphase von fünfzehn Tagen neu zu beginnen.

599 Erfolgt innerhalb von sechs Kalendermonaten kein Einsatz, ist mit der Berechnung der Anfangsphase von sechs Monaten neu zu beginnen.

an einem anderen Einsatzort in einer anderen politischen Gemeinde. Bei den übrigen Tatbeständen des § 3 Abs. 1 Z 16b EStG kann Tagesgeld für einen Einsatzort zeitlich unbegrenzt ausbezahlt werden.

Ad 1. Erforderliche Tätigkeiten:

Der § 3 Abs. 1 Z 16b EStG zählt erschöpfend jene Tätigkeiten auf, bei deren Ausübung die vom Arbeitgeber auszuzahlenden Tagesgelder steuerfrei sind. Die Beschreibungen der Tätigkeiten sind den LStR 2002, Rz 736 bis 740c, entnommen.

Zu den Tätigkeiten zählen:

1. **Außendiensttätigkeiten**

   Der Begriff Außendiensttätigkeit impliziert, dass es sich um Tätigkeiten außerhalb des ständigen Arbeitsorts (Büro, Betriebsstätte, Werksgelände, Lager usw.) handelt, somit auch außerhalb eines Betriebsgeländes, auf dem ein Arbeitnehmer üblicherweise tätig ist. Darunter fallen alle Arten von Kundenbesuchen, Vertretertätigkeiten, Serviceleistungen beim Kunden, Tätigkeiten von Amtsorganen (z.B. Betriebsprüfer, Prüfer des Rechnungshofs, Exekutoren). Ebenso fallen darunter beispielsweise Patrouillendienste, Streifengänge, Kontrolltätigkeiten außerhalb des ständigen Betriebsgeländes.

   Gehört es zum Aufgabenbereich des Arbeitnehmers eines Unternehmens, dass er **an verschiedenen Standorten des Unternehmens tätig** werden muss, und steht diesem Arbeitnehmer an den **verschiedenen Standorten ein Arbeitsplatz** zur Verfügung, liegt bei Fahrten zu diesen Standorten **keine Außendiensttätigkeit** und auch **keine vorübergehende Tätigkeit** i.S.d. § 3 Abs. 1 Z 16b EStG vor[600].

   Ob an diesen weiteren Standorten ein Arbeitsplatz zur Verfügung steht, ist nicht von der konkreten Ausgestaltung des Arbeitsplatzes (z.B. eigenes Büro) abhängig, sondern aus funktionaler Sicht (organisatorische Eingliederung in dieser Arbeitsstätte) zu beurteilen.

   Tagesgelder sind ab dem ersten Tag steuerpflichtig.

   Steht an anderen Standorten des Arbeitgebers für den Arbeitnehmer **kein Arbeitsplatz zur Verfügung**, sind Dienstreisen zu diesen Einsatzorten grundsätzlich als Außendiensttätigkeit einzustufen.

   Beispiele für Außendiensttätigkeit:

   - Ein Mitarbeiter ist ständig in einer Filiale beschäftigt. Wöchentlich findet eine Dienstbesprechung in der Zentrale statt. Ein Arbeitsplatz steht ihm dort nicht zur Verfügung (keine organisatorische Eingliederung). Die Tätigkeit in der Zentrale ist Außendiensttätigkeit.
   - Ein Mitarbeiter ist ständig in der Zentrale beschäftigt. Er besucht aber die Filialen für Schulungs-, Informations-, Prüfungs-, Kontrolltätigkeit oder für Wartungsarbeiten. Für derartige „Besuche" aus der Zentrale wird in den Filialen kein Arbeitsplatz zur Verfügung gestellt (keine organisatorische Eingliederung). Die Tätigkeit in der Filiale ist Außendiensttätigkeit.
   - Eine Mitarbeiterin einer Lebensmittelkette ist in einer Filiale tätig und hat in anderen Filialen im Anlassfall Krankenstandsvertretungen durchzuführen. Der Arbeitsplatz in anderen Filialen (organisatorische Eingliederung) liegt nur für die Zeit der Vertretung vor. Es liegt bei Vorliegen der übrigen Voraussetzungen eine vorübergehende Tätigkeit i.S.d. § 3 Abs. 1 Z 16b EStG vor.

---

600 Vgl. auch BFG 9.9.2016, RV/5100045/2011.

2. **Fahrtätigkeiten**
   Unter diesen Tatbestand fallen ausschließlich Fahrtätigkeiten außerhalb des ständigen Betriebsgeländes des Arbeitgebers. Insbesondere fallen darunter alle Transportfahrten sowie Tätigkeiten im Linien- oder Gelegenheitsverkehr wie Buschauffeur, Lokführer, Zugbegleiter. Eine Fahrtätigkeit liegt nicht nur hinsichtlich des Lenkens oder Steuerns von Fahrzeugen vor, sondern auch hinsichtlich der Tätigkeit des Begleitpersonals (z.B. Beifahrer, Flugbegleitpersonal).
3. **Baustellen- und Montagetätigkeiten außerhalb des Werksgeländes des Arbeitgebers**
   Dieser Begriff umfasst die Errichtung, Reparatur und Abbruch von Bauwerken und Anlagen sowie alle damit verbundenen Nebentätigkeiten wie Planung, Überwachung der Bauausführung sowie die Einschulung bzw. die Übergabe fertiggestellter Anlagen. Ein Tätigwerden am ständigen Betriebsgelände des Arbeitgebers (z.B. Bauhof) fällt nicht unter diesen Tatbestand. Die Installierung und Entwicklung von EDV-Softwareprodukten fällt nicht unter den Begriff Baustellen- und Montagetätigkeit.
4. **Die Arbeitskräfteüberlassung nach dem Arbeitskräfteüberlassungsgesetz**
   Auf Grund der Besonderheit dieser Beschäftigungsverhältnisse wurde ein eigener Tatbestand aufgenommen, der nur auf jene Beschäftigungsverhältnisse anzuwenden ist, die den Vorschriften des Arbeitskräfteüberlassungsgesetzes unterliegen.
   Weitere Erläuterungen betreffend Arbeitskräfteüberlassung finden Sie in den Lohnsteuerrichtlinien 2002 unter den Randzahlen 703 und 739 bis 739c.
5. **Eine vorübergehende Tätigkeit an einem Einsatzort in einer anderen politischen Gemeinde**
   Dieser Tatbestand stellt auf ein Tätigwerden an einem festen Einsatzort ab. Tagesgelder bleiben in diesem Zusammenhang auf Grund des vorübergehenden Einsatzes steuerfrei. Unter vorübergehend ist ein **Ausmaß von sechs Monaten (183 Tagen)**[601] zu verstehen. Es ist dabei unmaßgeblich, ob der Arbeitnehmer sich durchgehend oder wiederkehrend in der politischen Gemeinde aufhält. In diesem Zeitraum von sechs Monaten[602] sind auch **jene Tage einzurechnen**, in denen der Arbeitnehmer Tagesgelder i.S.d. § 26 Z 4 EStG bezogen hat[603].
   Hält sich der Arbeitnehmer länger als sechs Kalendermonate nicht in dieser politischen Gemeinde auf, beginnt die Frist neu zu laufen.
   Der Tatbestand der vorübergehenden Tätigkeit an einem Einsatzort in einer anderen politischen Gemeinde kommt nur dann zum Tragen, wenn nicht einer der davor angeführten Tatbestände zutrifft. Er kommt daher **nur subsidiär (nachrangig) gegenüber den ersten vier Tatbeständen** im § 3 Abs. 1 Z 16b EStG zur Anwendung.
   Beim Tatbestand der vorübergehenden Tätigkeit an einem Einsatzort in einer anderen politischen Gemeinde handelt es sich **dem Grund nach** um keine Außendienst-, sondern um eine **Innendiensttätigkeit**, die allerdings nicht auf Dauer angelegt ist, sondern **nur vorübergehenden Charakter** hat. Eine vorübergehende

601 Das BFG ist allerdings der Auffassung, dass der Gesetzgeber mit dem Begriff „vorübergehend" keine zeitliche Befristung normieren wollte, sondern der Begriff i.S. einer funktionalen Auslegung (**vorübergehend i.S. einer absehbaren Zeit**) großzügig auszulegen ist. Im konkreten Fall wurde daher die Dienstzuteilung von insgesamt 17 bzw. 18 Monaten als vorübergehend beurteilt (BFG 19.3.2019, RV/6100476/2017; UFS 7.5.2012, RV/0481-S/11).

602 Für die Berechnung der 6-Monats-Frist siehe Punkt 22.3.2.2.1.

603 Demnach kann die vorübergehende Tätigkeit nur bei **Dienstreisen im Nahbereich** (Anfangsphase fünf bzw. fünfzehn Tage) vorliegen (→ 22.3.2.2.1.).

Tätigkeit liegt daher vor, wenn am Einsatzort ein Arbeitsplatz zur Verfügung gestellt wird, der allerdings vom betreffenden Arbeitnehmer nicht auf Dauer, sondern eben nur vorübergehend ausgefüllt wird. Eine Versetzung schließt demnach ein vorübergehendes Tätigwerden aus.
Unter einer vorübergehenden Tätigkeit werden typischerweise auch Krankenstands- oder Urlaubsvertretungen fallen.

Beispiel 1:
Eine vorübergehende Tätigkeit liegt vor, wenn Arbeitnehmer zu Ausbildungszwecken vorübergehend an einen Schulungsort entsendet werden (z.B. Ausbildungskurse von Polizeibediensteten). Vorübergehend ist aber auch die Springertätigkeit von Postbediensteten an anderen Postämtern oder das aushilfsweise Tätigwerden in anderen Bankfilialen.

Beispiel 2:
Befindet sich der ständige Dienstort in der Filiale einer Supermarktkette in Wien-Simmering und erfolgt eine Urlaubsvertretung in einer Filiale in Wien-Währing, steht kein steuerfreies Tagesgeld nach § 3 Abs. 1 Z 16b EStG zu; bei einer Entsendung zur Urlaubsvertretung in die Filiale Schwechat hingegen schon.
Davon zu unterscheiden ist allerdings Außendiensttätigkeit. Wird Außendiensttätigkeit innerhalb von Wien ausgeführt, kann bei Vorliegen der übrigen Voraussetzungen Tagesgeld gem. § 3 Abs. 1 Z 16b EStG steuerfrei ausbezahlt werden.

Politische Gemeinde ist die zur Kommunalsteuer (→ 37.4.1.) erhebungsberechtigte Gemeinde. Die politische Gemeinde kann eindeutig mit der Gemeindekennziffer identifiziert werden.

Ad 2. Zahlungsverpflichtende lohngestaltende Vorschriften:

Als lohngestaltende Vorschriften i.S.d. § 3 Abs. 1 Z 16b EStG, die den Arbeitgeber zur Auszahlung eines steuerfreien Tagesgeldes verpflichten, gelten:

Z 1 Gesetzliche Vorschriften;

Z 2 von Gebietskörperschaften erlassene Dienstordnungen;

Z 3 aufsichtsbehördlich genehmigte Dienst(Besoldungs)ordnungen der Körperschaften des öffentlichen Rechts;

Z 4 die vom Österreichischen Gewerkschaftsbund für seine Bediensteten festgelegte Arbeitsordnung;

Z 5 **Kollektivverträge**[604],
Betriebsvereinbarungen, die auf Grund **besonderer** kollektivvertraglicher Ermächtigungen abgeschlossen worden sind[605];

---

604 Sofern Kollektivverträge die Zahlung von Reisekostenersätzen verpflichtend vorsehen, sind diese nach § 26 Z 4 EStG oder § 3 Abs. 1 Z 16b EStG zu beurteilen. Eine Anführung der einzelnen Tatbestände des § 3 Abs. 1 Z 16b EStG in den Kollektivverträgen würde steuerlich zu keinem anderen Ergebnis führen.

605 Darunter sind solche Betriebsvereinbarungen zu verstehen, deren Abschluss im anzuwendenden Kollektivvertrag vorgesehen ist (→ 3.3.5.1.). In diesem Fall muss der Kollektivvertrag ausdrücklich den Hinweis auf die Möglichkeit des Abschlusses einer Betriebsvereinbarung bezüglich der Bezahlung eines solchen Tagesgelds enthalten.
Liegt eine besondere kollektivvertragliche Ermächtigung zum Abschluss einer Betriebsvereinbarung vor, ist weiters grundsätzlich erforderlich, dass die Betriebsvereinbarung entsprechend den Vorschriften des ArbVG zu Stande gekommen ist. Eine Betriebsvereinbarung setzt daher einen Betriebsrat (Betriebsausschuss, Zentralbetriebsrat, Konzernvertretung) voraus.

Z 6 **Betriebsvereinbarungen**, die wegen **Fehlens eines kollektivvertragsfähigen Vertragsteils** auf der Arbeitgeberseite[606] **zwischen einem einzelnen Arbeitgeber und** dem kollektivvertragsfähigen Vertragsteil auf **der Arbeitnehmerseite** abgeschlossen wurden[607].

Kann im Fall der Z 6 keine Betriebsvereinbarung abgeschlossen werden, **weil ein Betriebsrat nicht gebildet werden kann**, ist von einer Verpflichtung des Arbeitgebers auszugehen, wenn eine vertragliche (innerbetriebliche) Vereinbarung für alle Arbeitnehmer oder bestimmte Gruppen von Arbeitnehmern vorliegt[608].

Grundsätzlich **setzen alle** als Begünstigungsvoraussetzung angeführten **lohngestaltenden Vorschriften einen inländischen Arbeitgeber voraus.**

Gewährt ein ausländischer Arbeitgeber, bei dem die lohngestaltenden Vorschriften gem. § 68 Abs. 5 Z 1 bis 6 EStG nicht zur Anwendung gelangen, **Reiseaufwandsentschädigungen** auf Grund einer zwingend anzuwendenden, behördlich genehmigten, nicht einseitig abänderbaren ausländischen lohngestaltenden Vorschrift (z.B. Schweizer Spesenreglement, Deutscher Tarifvertrag), sind für diese bei Zutreffen der übrigen Voraussetzungen die Bestimmungen des § 3 Abs. 1 Z 16b EStG analog anzuwenden, wenn

- dem Arbeitnehmer nach inländischer vergleichbarer lohngestaltender Vorschrift steuerfreie Reiseaufwandsentschädigungen zustehen würden und
- es zu keiner Besserstellung des Arbeitnehmers im Vergleich zu einer Beschäftigung in einem inländischen Betrieb kommt.

Das bedeutet, dass die **Steuerfreiheit** der Höhe nach **zweifach begrenzt** ist, nämlich zum einen mit den fiktiv gebührenden Taggeldern lt. inländischer lohngestaltender Vorschrift (z.B. Kollektivvertrag) und zum anderen mit den tatsächlich gewährten Spesen(ersätzen) lt. der ausländischen lohngestaltenden Vorschrift.

---

606 Z.B. bei Vereinen, die als Arbeitgeber nicht kollektivvertragsangehörig sind.

607 § 68 Abs. 5 Z 6 EStG spricht **ausdrücklich von Betriebsvereinbarungen**. Betriebsvereinbarungen sind gem. § 29 ArbVG schriftliche Vereinbarungen, die vom Betriebsinhaber einerseits und dem Betriebsrat andererseits abgeschlossen werden. Die Einbindung eines kollektivvertragsfähigen Vertragsteils auf der Arbeitnehmerseite ist arbeitsrechtlich für Betriebsvereinbarungen grundsätzlich nicht vorgesehen. Die Bestimmung des § 68 Abs. 5 Z 6 EStG ist derart auszulegen, dass der Dienstreisebegriff und die Höhe der Tagesgelder durch eine Betriebsvereinbarung i.S.d. § 29 ArbVG **zwischen Betriebsinhaber und Betriebsrat zu regeln** ist und – **als zusätzliches steuerliches Erfordernis** – durch den zuständigen **kollektivvertragsfähigen Vertragsteil auf der Arbeitnehmerseite** (für Vereine die Gewerkschaft der Privatangestellten, Sektion Handel, Verkehr, Vereine und Fremdenverkehr) **zu unterzeichnen** ist (LStR 2002 – Beispielsammlung, Rz 10735c).

608 Demnach können innerbetriebliche Vereinbarungen nur dann Basis für die steuerfreie Auszahlung von Tagesgeldern sein, wenn
- weder aufseiten des Arbeitgebers ein kollektivvertragsfähiger Vertragsteil
- noch die erforderliche Arbeitnehmeranzahl (mindestens fünf, nicht zur Familie des Arbeitgebers gehörende volljährige Arbeitnehmer) für die Wahl eines Betriebsrats

gegeben sind.

Diese innerbetrieblichen Vereinbarungen **verlieren ihre Gültigkeit**, wenn die für die Bildung eines Betriebsrats erforderliche Anzahl der Arbeitnehmer (§ 40 Abs. 1 ArbVG, → 11.7.1.) erreicht wird. In diesem Fall ist ein Betriebsrat zu wählen und eine Betriebsvereinbarung abzuschließen, um die steuerliche Begünstigung des § 3 Abs. 1 Z 16b EStG in Anspruch nehmen zu können. Die innerbetrieblichen Regelungen verlieren bei Inkrafttreten einer Betriebsvereinbarung, spätestens jedoch **sechs Monate** nach Überschreiten der maßgeblichen Arbeitnehmeranzahl, ihre Gültigkeit.

Normiert ein inländisches (Bundes- oder Landes-)Gesetz die Anwendung von lohngestaltenden Vorschriften i.S.d. § 68 Abs. 5 Z 1 bis 6 EStG auch für **ausländische Arbeitgeber**, können innerbetriebliche Vereinbarungen nicht Basis für die steuerfreie Auszahlung von Tagesgeldern sein.

Ist ein ausländischer Arbeitgeber nicht auf Grund einer zwingenden ausländischen lohngestaltenden Vorschrift i.S.d. vorgenannten Ausführungen zur Zahlung von Reiseaufwandsentschädigungen verpflichtet, können innerbetriebliche Vereinbarungen Basis für die steuerfreie Auszahlung sein, wobei auch in diesem Fall die Steuerfreiheit der Höhe nach mit den fiktiv gebührenden Taggeldern lt. inländischer lohngestaltender Vorschrift (z.B. Kollektivvertrag) begrenzt ist (LStR 2002, Rz 735c).

Nach der Rechtsprechung verlassen **Reisende oder Vertreter** den Dienstort nicht nur vorübergehend, sondern ständig. Wenn der Dienstreisebegriff auf das vorübergehende Verlassen des Dienstorts abstellt, liegt demnach für Reisende oder Vertretende überhaupt keine Dienstreise vor.

Bei **Urteilen des OGH**, in welchen der **arbeitsrechtliche Anspruch** auf Leistungen **nicht anerkannt wird** (z.B. Reiseaufwandsentschädigungen), ist die steuerliche Nichtanerkennung gem. § 3 Abs. 1 Z 16b EStG erst für Lohnzahlungszeiträume ab dem 1. Jänner des zweitfolgenden Kalenderjahrs anzuwenden, nach dem die OGH-Entscheidung ergangen ist.

Ist ein **Geschäftsführer** als Organ der Gesellschaft (→ 31.9.) genauso wie ein leitender Angestellter (→ 10.2.2.) vom persönlichen Geltungsbereich des Kollektivvertrags ausgenommen, bedeutet dieser Ausschluss, dass **mangels einer lohngestaltenden Vorschrift** § 3 Abs. 1 Z 16b EStG **nicht zur Anwendung** kommt. Die Betriebsvereinbarungen sind keinesfalls anzuwenden.

Die Anwendbarkeit von Kollektivverträgen und Betriebsvereinbarungen setzt die Dienstnehmereigenschaft im arbeitsrechtlichen Sinn voraus. Demzufolge findet für **Vorstandsmitglieder einer AG** (→ 31.8.) weder der Kollektivvertrag noch die Betriebsvereinbarung Anwendung. Es kommt nur die Bestimmung des § 26 Z 4 EStG zur Anwendung.

Durchzahlerregelung:

Liegt eine einheitliche Dienstreise vor und zahlt der Arbeitgeber im Zuge dieser Dienstreise durchgehend Tages- und Nächtigungsgelder, so bleiben diese **Tages-** und Nächtigungs**gelder** nach Maßgabe des § 26 Z 4 EStG **auch dann nicht steuerbar**, wenn der Arbeitnehmer an arbeitsfreien Tagen zu seiner Wohnung zurückfährt. Dies gilt allerdings nur dann, wenn der Arbeitnehmer während der Woche tatsächlich außer Haus nächtigt und die Heimfahrt auf eigene Kosten unternimmt (**„Durchzahlerregelung"**).

Wird die Durchzahlerregelung angewendet, sind **zusätzlich geleistete Fahrtkostenersätze** für arbeitsfreie Tage zum Familienwohnsitz **steuerpflichtig.**

Liegen die Voraussetzungen für eine (als Werbungskosten) steuerlich anzuerkennende **Familienheimfahrt** vor, so können hiefür nur die die Tagesgelder übersteigenden steuerlich relevanten Kosten der Familienheimfahrt als Werbungskosten anerkannt werden (LStR 2002, Rz 734 – vgl. auch VwGH 27.7.2016, 2015/13/0043).

Umwandlung von Arbeitslohn in Reisekostenentschädigungen:

Werden Reisekostenersätze ganz oder teilweise **anstelle**

- **des bisher bezahlten Arbeitslohns** oder
- der **Lohnerhöhungen,**

auf die jeweils ein arbeitsrechtlicher Anspruch besteht, geleistet, können diese **nicht steuerfrei** ausbezahlt werden. Eine derartige nicht begünstigte Gehaltsumwandlung würde auch dann vorliegen, wenn Reiseaufwandsentschädigungen im Verhältnis zum „laufenden Entgelt" überdurchschnittlich erhöht werden.

Keine Gehaltsumwandlung liegt vor, wenn Tagesgelder neu vereinbart werden und gleichzeitig bestehende Lohnansprüche (inkl. der üblichen Lohnerhöhungen) unverändert bleiben (LStR 2002, Rz 735d).

Eine nachträgliche Umwandlung bzw. Umdeutung von steuerpflichtigen in steuerfreie Reisekostenentschädigungen ist ebenfalls nicht möglich. § 26 Z 4 EStG bietet keine Handhabe dafür, den Rechtsgrund für die Auszahlung einzelner Lohnbestandsteile abweichend vom erklärten Willen des Arbeitgebers in eine steuerlich günstigere Gestaltung umzudeuten (VwGH 28.9.1994, 91/13/0081; vgl. auch BFG 30.12.2015, RV/5101461/2010).

Beispiel 47

10-tägige Inlandsdienstreise.

Angaben:

- Ein Arbeitnehmer wird erstmals (bzw. erstmals nach sechs Monaten) zu Dienstverrichtungen von Wien nach Wr. Neustadt (50 km) dienstzugeteilt.
- Seine Tätigkeit in Wr. Neustadt verrichtet er durchgehend zwei Wochen, also zehn Tage lang.

Lösung:

Die Tagesgelder für die **ersten 5 Tage** sind in jedem Fall gem. § 26 Z 4 EStG bis zum jeweiligen Höchstsatz **nicht steuerbar.**

Ob die Tagesgelder **ab dem 6. Tag steuerfrei** gem. § 3 Abs. 1 Z 16b EStG zu behandeln sind, ist wie folgt zu beurteilen:

Ist eine im § 3 Abs. 1 Z 16b EStG angeführte Tätigkeit gegeben?	Ist der Arbeitgeber auf Grund einer lohngestaltenden Vorschrift zur Zahlung des Tagesgelds verpflichtet?	Das Tagesgeld ist
ja[609]	nein	steuerpflichtig
ja[609]	ja	**steuerfrei**[610 611]

609 Ist die anlässlich der Dienstreise verrichtete Tätigkeit nicht eine
- Außendiensttätigkeit,
- Fahrtätigkeit,
- Baustellen- und Montagetätigkeit oder eine
- Arbeitskräfteüberlassung,

liegt in **jedem Fall eine vorübergehende Tätigkeit** an einem Einsatzort in einer anderen politischen Gemeinde vor.

610 In diesem Fall liegt für alle 10 Tage eine „steuerlich anzuerkennende" Dienstreise vor, wobei das Tagesgeld für die ersten 5 Tage nicht steuerbar und für die zweiten 5 Tage steuerfrei ist (also alle 10 Tage steuerfrei sind).

611 Maximal bis zu € 26,40 pro Tag. Sieht allerdings die lohngestaltende Vorschrift einen geringeren Betrag an Tagesgeld vor (z.B. € 20,00), ist für die zweiten 5 Tage nur dieser Betrag steuerfrei.

Beispiel 48

10-tägige Auslandsdienstreise.

Angaben:

- Ein Arbeitnehmer wird erstmals zu Dienstverrichtungen von Wien nach Bratislava (Slowakei, 50 km) dienstzugeteilt.
- Seine Tätigkeit in Bratislava verrichtet er durchgehend zwei Wochen, also zehn Tage lang.

Lösung:

Die Tagesgelder für die **ersten 5 Tage** sind in jedem Fall gem. § 26 Z 4 EStG bis zum Tagessatz für Bratislava und bis zum aliquoten Inlandssatz **nicht steuerbar**.

Ob die Tagesgelder **ab dem 6. Tag steuerfrei** gem. § 3 Abs. 1 Z 16b EStG zu behandeln sind, ist wie folgt zu beurteilen:

Ist eine im § 3 Abs. 1 Z 16b EStG angeführte Tätigkeit gegeben?	Ist der Arbeitgeber auf Grund einer lohngestaltenden Vorschrift zur Zahlung des Tagesgelds verpflichtet?	Das Tagesgeld ist
ja[612]	nein	steuerpflichtig
ja[612]	ja	**steuerfrei**[613 614]

Beispiel 49

Freiwillig bzw. lt. Dienstvertrag höher gewährtes Tagesgeld.

Angaben:

- Ein Arbeitnehmer wird erstmals für die Dauer

<table>
<tr><td>Fall A
von einem Monat
(also durchgehend[615])</td><td>Fall B
einzelner Tage
(also wiederkehrend,
aber nicht regelmäßig[615])</td><td>Fall C
von sieben Monaten[615]</td></tr>
<tr><td colspan="2">im Nahbereich</td><td>im Fernbereich</td></tr>
<tr><td colspan="3">an einem neuen Einsatzort tätig.
Die tägliche Heimkehr zur Wohnung</td></tr>
<tr><td colspan="2">erfolgt;</td><td>erfolgt nicht.</td></tr>
</table>

612 Ist die anlässlich der Dienstreise verrichtete Tätigkeit nicht eine
- Außendiensttätigkeit,
- Fahrtätigkeit,
- Baustellen- und Montagetätigkeit oder eine
- Arbeitskräfteüberlassung,

liegt in **jedem Fall eine vorübergehende Tätigkeit** an einem Einsatzort in einer anderen politischen Gemeinde vor.

613 In diesem Fall liegt für alle 10 Tage eine „steuerlich anzuerkennende“ Dienstreise vor, wobei das Tagesgeld für die ersten 5 Tage nicht steuerbar und für die zweiten 5 Tage steuerfrei ist (also alle 10 Tage steuerfrei sind).

614 Maximal bis zu € 31,00 pro Tag (Auslandsreisesatz für Bratislava) zuzüglich des aliquoten Tagessatzes für Inland. Sieht allerdings die lohngestaltende Vorschrift einen geringeren Betrag an Tagesgeld vor (z.B. € 20,00), ist für die zweiten 5 Tage nur dieser Betrag steuerfrei.

- Lt. Kollektivvertrag besteht ein Anspruch auf Tagesgeld in der Höhe von € 17,44 (für 12 Stunden).
- Vom Arbeitgeber werden € 26,40 als Tagesgeld (für 12 Stunden) bezahlt.
- Eine Tätigkeit gem. § 3 Abs. 1 Z 16b EStG liegt vor.

Lösung:

	Höhe des Tagesgelds			gem. EStG	nicht steuerbar bzw. steuerfrei	steuerpflichtig
	lt. KV	vom AG bezahlt				
Fall A:	€ 17,44	€ 26,40	1.–5. Tag	§ 26 Z 4	€ 26,40	€ 0,00
			ab 6. Tag	§ 3 Abs. 1 Z 16b	€ 17,44	€ 8,96
Fall B:	€ 17,44	€ 26,40	1.–15. Tag	§ 26 Z 4	€ 26,40	€ 0,00
			ab 16. Tag	§ 3 Abs. 1 Z 16b	€ 17,44	€ 8,96
Fall C:	€ 17,44	€ 26,40	bis 6. Monat	§ 26 Z 4	€ 26,40	€ 0,00
			ab 7. Monat	§ 3 Abs. 1 Z 16b	€ 17,44	€ 8,96

22.3.2.2.3. Gemeinsame Regelungen bezüglich Tagesgelder

Nachstehende betragliche Regelungen und Beispiele gelten

- sowohl für Tagesgelder gem. § 26 Z 4 EStG
- als auch für Tagesgelder gem. § 3 Abs. 1 Z 16b EStG.

Für **Inlandsdienstreisen** gilt:	Für **Auslandsdienstreisen** gilt:
Das Tagesgeld darf bis zu **€ 26,40 pro Tag** betragen. Dauert eine Dienstreise **länger als drei Stunden**, so kann für jede angefangene Stunde **ein Zwölftel** gerechnet werden.	Das Tagesgeld darf bis zum **täglichen Höchstsatz** der Auslandsreisesätze der **Bundesbediensteten** betragen. Dauert eine Dienstreise **länger als drei Stunden**, so kann für jede angefangene Stunde **ein Zwölftel** gerechnet werden.
Das **volle Tagesgeld** steht für **24 Stunden** zu. Erfolgt eine Abrechnung des Tagesgelds nach **Kalendertagen**, steht das Tagesgeld für den Kalendertag zu.	Das **volle Tagesgeld** steht für **24 Stunden** zu. Erfolgt eine Abrechnung des Tagesgelds nach **Kalendertagen**, steht das Tagesgeld für den Kalendertag zu.
Ⓐ	Ⓑ

Ⓐ Erläuterungen und Beispiele zu den Inlandsdienstreisen:

Das Tagesgeld für **lohnsteuerlich anzuerkennende Inlandsdienstreisen** ist nur dann **nicht steuerbar** bzw. **steuerfrei** zu behandeln, wenn es **bis zu € 26,40 pro 24 Stunden** bzw. **pro Kalendertag** beträgt.

615 Siehe Punkt 22.3.2.2.1.

Bis zu einer Reisedauer von drei Stunden steht kein nicht steuerbares bzw. steuerfreies Tagesgeld zu.

Dauert eine Dienstreise **länger als drei Stunden**, so kann für jede angefangene Stunde nur **ein Zwölftel von € 26,40** nicht steuerbar bzw. steuerfrei abgerechnet werden (Zwölftelregelung). Angefangene Stunden sind immer auf ganze Stunden aufzurunden.

Grundsätzlich steht das Tagesgeld für Inlandsreisen nach der 24-Stunden-Regelung zu. Nur dann, wenn eine arbeitsrechtliche Vorschrift die **Berechnung** (Anspruchsermittlung) **nach Kalendertagen** vorsieht oder der Arbeitgeber mangels Vorliegens einer arbeitsrechtlichen Vorschrift nach Kalendertagen abrechnet, ist diese Abrechnungsmethode **auch steuerlich maßgeblich**.

Wechselt der Arbeitgeber die Abrechnungsmethode, darf dies nicht dazu führen, dass für einen Kalendertag mehr als € 26,40 nicht steuerbar bzw. steuerfrei belassen werden.

Die in lohngestaltenden Vorschriften enthaltenen höheren Tagesgelder sowie günstigere Aliquotierungsvorschriften haben **keine Auswirkung** auf die steuerliche Behandlung.

Der Betrag von bis zu € 26,40 pro Tag gilt sowohl **für belegte als auch für nicht belegte Ausgaben**. Damit dieser Betrag nicht steuerbar bzw. steuerfrei berücksichtigt werden kann, ist die über Auftrag des Arbeitgebers unternommene Dienstreise **zumindest** anhand eines **Reiseberichts** und/oder einer **Reisekostenabrechnung** (siehe Muster 11) nachzuweisen (§ 138 BAO).

Wird dem Arbeitnehmer ein **niedrigeres Tagesgeld** ausbezahlt, können die übersteigenden Beträge grundsätzlich als Werbungskosten geltend gemacht werden (→ 22.3.2.4.).

Wird dem Arbeitnehmer ein **höheres Tagesgeld** ausbezahlt, so stellt der übersteigende Teil auch bei Nachweis von tatsächlichen Kosten einen steuerpflichtigen Arbeitslohn dar, selbst wenn ein arbeitsrechtlicher Anspruch darauf besteht. Dieser Arbeitslohn ist **ungeachtet der Anzahl** der im Kalenderjahr anfallenden Dienstreisen als **laufender Bezug** (→ 11.1.) zu behandeln.

Beispiele für die Berechnung nach der 24-Stunden-Regelung:

Beispiele 50–51

Berechnung und abgabenrechtliche Behandlung des lt. Kollektivvertrag gewährten Tagesgelds.

Gemeinsame Angaben für die Beispiele 50–51:

- Der anzuwendende Kollektivvertrag bestimmt:
  Das volle Tagesgeld gebührt **für 24 Stunden**. Bei Dienstreisen, die nicht länger als 8 Stunden dauern, sowie für den Tag der Beendigung einer mehrtägigen Dienstreise beträgt das Tagesgeld Bruchteile des zustehenden Satzes nach Maßgabe der Anzahl der Stunden an diesem Tag.
  Es gebührt bei einer Dauer

bis zu 4 Stunden	kein Tagesgeld,
von mehr als 4 bis 6 Stunden	1/3 des Tagesgelds,
von mehr als 6 bis 8 Stunden	1/2 des Tagesgelds,
von mehr als 8 Stunden	das volle Tagesgeld.

Beispiel 50

Angaben:

- Die Dauer der einzelnen Dienstreisen ist der Lösungstabelle zu entnehmen.
- Dem Arbeitnehmer gebührt lt. Kollektivvertrag (KV) ein volles Tagesgeld von € 30,00.

Lösung:

Dauer der Dienstreisen	ausbezahltes Tagesgeld lt. KV	Höchstbetrag lt. 24-Stunden-Regelung	nicht steuerbarer bzw. steuerfreier Teil des Tagesgelds	steuerpflichtiger Teil des Tagesgelds
2 1/2 Stunden	–	–	–	–
5 1/2 Stunden	1/3 von € 30,00 = € 10,00	6/12 von € 26,40 = € 13,20	€ 10,00	–
13 Stunden	volle € 30,00	12/12 von € 26,40 = € 26,40	€ 26,40	€ 3,60[616]
	Vergleich			

Beispiel 51

Angaben:

- Die Dienstreise dauert von Dienstag 8 Uhr bis Donnerstag 17 Uhr.
- Dem Arbeitnehmer gebührt lt. Kollektivvertrag (KV) ein volles Tagesgeld von € 24,00.
- Der Arbeitnehmer nimmt Dienstag und Mittwoch am Abend an einem Arbeitsessen (→ 22.3.2.2.4.) teil.

Lösung:

Nimmt der Arbeitnehmer an einem Arbeitsessen teil und wird ihm ein niedrigeres Tagesgeld ausbezahlt, als ihm auf Grund der gesetzlichen Regelung steuerfrei zusteht, ist der nicht steuerbare bzw. steuerfreie Teil des Tagesgelds um € 13,20 zu kürzen (zu vermindern). Die Kürzung darf aber nicht zu einem negativen Betrag führen.

Dauer der Dienstreise	ausbezahltes Tagesgeld lt. KV	Höchstbetrag lt. 24-Stunden-Regelung	nicht steuerbarer bzw. steuerfreier Teil des Tagesgelds	steuerpflichtiger Teil des Tagesgelds
Dienstag 8 Uhr – Mittwoch 8 Uhr	volle € 24,00	12/12 von € 26,40 = € 26,40	€ 24,00 – € 13,20 € 10,80	€ 13,20

616 Dieser Betrag ist als laufender Bezug zu behandeln; er ist LSt-, DB-, DZ-, KommSt- und SV-pflichtig und erhöht die Jahressechstelbasis (→ 23.3.2.2.).

Mittwoch 8 Uhr – Donnerstag 8 Uhr	volle € 24,00	12/12 von € 26,40 = € 26,40	€ 24,00 – € 13,20 € 10,80	€ 13,20
Donnerstag 8 Uhr – Donnerstag 17 Uhr	volle € 24,00	9/12 von € 26,40 = € 19,80	€ 19,80	€ 4,20
Summe	**€ 72,00**	–	**€ 41,40**	**€ 30,60**

Vergleich

Beispiele 52–53

Abgabenrechtliche Behandlung des lt. Belege gewährten Tagesgelds.

Gemeinsame Angaben für die Beispiele 52–53:

- Eine lohngestaltende Vorschrift i.S.d. § 68 Abs. 5 Z 1–6 EStG sieht keine Abrechnung des Tagesgelds nach Kalendertagen vor.
- Die belegten Ausgaben sind den Lösungstabellen zu entnehmen.

Beispiel 52

Angaben:

- Die Dauer der einzelnen Dienstreisen ist der Lösungstabelle zu entnehmen.

Lösung:

Dauer der Dienstreise	ausbezahltes Tagesgeld lt. Belege	Höchstbetrag lt. 24-Stunden-Regelung	nicht steuerbarer bzw. steuerfreier Teil des Tagesgelds	steuerpflichtiger Teil des Tagesgelds
4 Stunden	€ 8,00	4/12 von € 26,40 = € 8,80	€ 8,00	–
6 1/2 Stunden	€ 14,00	7/12 von € 26,40 = € 15,40	€ 14,00	–
10 Stunden	€ 35,00	10/12 von € 26,40 = € 22,00	€ 22,00	€ 13,00

Vergleich

Beispiel 53

Angaben:

- Die Dienstreise dauert von Mittwoch 13.15 Uhr bis Freitag 10.30 Uhr.
- Der Arbeitnehmer nimmt Donnerstag zu Mittag an einem Arbeitsessen (→ 22.3.2.2.4.) teil.

Lösung:

Nimmt der Arbeitnehmer an einem Arbeitsessen teil und wird ihm ein höheres Tagesgeld ausbezahlt, als ihm auf Grund der gesetzlichen Regelung abgabenfrei zusteht, ist der ihm zustehende nicht steuerbare bzw. steuerfreie Höchstbetrag um € 13,20 zu kürzen (zu vermindern).

Dauer der Dienstreise	ausbezahltes Tagesgeld lt. Belege	Höchstbetrag lt. 24-Stunden-Regelung	nicht steuerbarer bzw. steuerfreier Teil des Tagesgelds	steuerpflichtiger Teil des Tagesgelds
Mittwoch 13.15 Uhr – Donnerstag 13.15 Uhr	–	12/12 von € 26,40 = € 26,40		–
Donnerstag 13.15 Uhr – Freitag 10.30 Uhr	–	12/12 von € 26,40 = € 26,40	–	–
Summe	**€ 65,00**	€ 52,80 – € 13,20 € 39,60	**€ 39,60**	**€ 25,40**
	Vergleich			

Beispiele für die Berechnung nach der Kalendertagsregelung:

Beispiele 54–55

Berechnung und abgabenrechtliche Behandlung des lt. Kollektivvertrag gewährten Tagesgelds.

Gemeinsame Angaben für die Beispiele 54–55:

- Der anzuwendende Kollektivvertrag bestimmt:
  Bei Dienstreisen, die keinen vollen **Kalendertag** dauern, sowie für den Tag des Antritts und den Tag der Beendigung einer mehrtägigen Dienstreise beträgt das Tagesgeld Bruchteile des jeweils zustehenden Satzes nach Maßgabe der Reisedauer an dem betreffenden Kalendertag.
  Es gebührt bei einer Dauer

bis zu 3 Stunden	kein Tagesgeld,
von mehr als 3 bis 6 Stunden	1/3 des Tagesgelds
von mehr als 6 bis 8 Stunden	2/3 des Tagesgelds,
von mehr als 8 Stunden	das volle Tagesgeld.

Beispiel 54

Angaben:

- Die Dauer der einzelnen Dienstreisen ist der Lösungstabelle zu entnehmen.
- Dem Arbeitnehmer gebührt lt. Kollektivvertrag (KV) ein volles Tagesgeld von € 25,00.

Lösung:

Dauer der Dienstreise	ausbezahltes Tagesgeld lt. KV	Höchstbetrag lt. Kalendertags-regelung	nicht steuerbarer bzw. steuerfreier Teil des Tagesgelds	steuerpflichtiger Teil des Tagesgelds
Dienstag 8.30 Uhr – Dienstag 12.15 Uhr	1/3 von € 25,00 = € 8,33	4/12 von € 26,40 = € 8,80	€ 8,33	–
Montag 9 Uhr – Montag 16 Uhr	2/3 von € 25,00 = € 16,67	7/12 von € 26,40 = € 15,40	€ 15,40	€ 1,27
Donnerstag 9 Uhr – Donnerstag 23 Uhr	volle € 25,00	12/12 von € 26,40 = € 26,40	€ 25,00	–
	Vergleich			

Beispiel 55

Angaben:

- Die Dienstreise dauert von Mittwoch 15.45 Uhr bis Donnerstag 10 Uhr.
- Dem Arbeitnehmer gebührt lt. Kollektivvertrag (KV) ein volles Tagesgeld von € 24,00.

Lösung:

Dauer der Dienstreise	ausbezahltes Tagesgeld lt. KV	Höchstbetrag lt. Kalendertags-regelung	nicht steuerbarer bzw. steuerfreier Teil des Tagesgelds	steuerpflichtiger Teil des Tagesgelds
Mittwoch 15.45 Uhr – Mittwoch 24 Uhr	volle € 24,00	9/12 von € 26,40 = € 19,80	€ 19,80	€ 4,20
Donnerstag 0 Uhr – Donnerstag 10 Uhr	volle € 24,00	10/12 von € 26,40 = € 22,00	€ 22,00	€ 2,00
Summe	**€ 48,00**	€ 41,80	**€ 41,80**	**€ 6,20**
	Vergleich			

Beispiel 56

Abgabenrechtliche Behandlung des lt. Belege gewährten Tagesgelds.

Angaben:

- Eine lohngestaltende Vorschrift i.S.d. § 68 Abs. 5 Z 1–6 EStG (→ 22.3.2.2.2.) sieht eine Abrechnung des Tagesgelds nach **Kalendertagen** vor.
- Die Dienstreise dauert von Mittwoch 10 Uhr bis Freitag 8 Uhr.

Lösung:

Dauer der Dienstreise	ausbezahltes Tagesgeld lt. Belege	Höchstbetrag lt. Kalendertags-regelung	nicht steuerbarer bzw. steuerfreier Teil des Tagesgelds	steuerpflichtiger Teil des Tagesgelds
Mittwoch 10 Uhr – Mittwoch 24 Uhr	–	12/12 von € 26,40 = € 26,40	–	–
Donnerstag 0 Uhr – Donnerstag 24 Uhr	–	12/12 von € 26,40 = € 26,40	–	–
Freitag 0 Uhr – Freitag 8 Uhr	–	8/12 von € 26,40 = € 17,60	–	–
Summe	**€ 90,00**	€ 70,40	**€ 70,40**	**€ 19,60**
	Vergleich			

Vergleichsweise Berechnungen:

Nachstehende Beispiele zeigen den Unterschied in der Berechnung nach der 24-Stunden-Regelung bzw. nach der Kalendertagsregelung.

Beispiel 1

Beginn der Dienstreise am Montag 14 Uhr, Ende am darauf folgenden Dienstag 15 Uhr.

a) Lösung nach der 24-Stunden-Regelung:
Für die gesamte Dienstreise steht ein nicht steuerbares bzw. steuerfreies Tagesgeld von € 28,60 (12/12 + 1/12) zu.

b) Lösung nach der Kalendertagsregelung:
Für die gesamte Dienstreise steht ein nicht steuerbares bzw. steuerfreies Tagesgeld von € 48,40 (10/12 + 12/12) zu.

Beispiel 2

Beginn der ersten Dienstreise am Montag 16 Uhr, Ende am darauf folgenden Dienstag 9 Uhr.

Beginn der zweiten Dienstreise an diesem Dienstag 10 Uhr, Ende 15 Uhr.

a) Lösung nach der 24-Stunden-Regelung:
Montag 16 Uhr bis Dienstag 9 Uhr = 17 Stunden.
Die Dienstreise dauert mehr als 11 Stunden, daher ist ein volles Tagesgeld bis € 26,40 (12/12) nicht steuerbar bzw. steuerfrei.
Da die zweite Dienstreise innerhalb von 24 Stunden ab Beginn der ersten Dienstreise endet (vor 16 Uhr), kann für beide Dienstreisen nur ein volles Tagesgeld nicht steuerbar bzw. steuerfrei behandelt werden.

b) Lösung nach der Kalendertagsregelung:
Montag 16 Uhr bis 24 Uhr = 8 Stunden;
Dienstag 0 Uhr bis 9 Uhr = 9 Stunden;
Dienstag 10 Uhr bis 15 Uhr = 5 Stunden.
Das Tagesgeld für Montag ist bis € 17,60 (8/12) nicht steuerbar bzw. steuerfrei.
Das Tagesgeld für Dienstag ist zur Gänze bis € 26,40 (12/12) nicht steuerbar bzw. steuerfrei, da durch die zweite Dienstreise die erforderliche Abwesenheit von mehr als 11 Stunden erreicht wird.

Ⓑ Erläuterungen und Beispiele zu den Auslandsdienstreisen:

Wird eine **Dienstreise ins Ausland** unternommen, so ist für die Frage, ob neben den höchsten Auslandsreisesätzen der Reisegebührenvorschrift zusätzlich anteilige Inlandstagesgelder anfallen, eine **einheitliche Dienstreise** anzunehmen.

Tagesgelder für lohnsteuerlich anzuerkennende Auslandsdienstreisen können **pro 24 Stunden** bzw. **pro Kalendertag** mit dem **Höchstsatz der Auslandsreisesätze** der Bundesbediensteten **nicht steuerbar** bzw. **steuerfrei** berücksichtigt werden.

Die Auslandsreisesätze werden auf Grund des § 25c Abs. 1 der **Reisegebührenvorschrift (RGV) 1955**, BGBl 1955/133, durch **Verordnung** (Verordnung der Bundesregierung über die Festsetzung der Reisezulagen für Dienstverrichtungen im Ausland) festgelegt.

Diese Verordnung enthält, nach Kontinenten getrennt, für jedes Land (ev. für einzelne Städte)

- jeweils **drei Gebührenstufen**[617] und
- für jede Gebührenstufe **je eine Tages- und Nächtigungsgebühr** (Tages- und Nächtigungsgeld).

Für die um Österreich liegenden Länder enthält diese Verordnung Sätze für Grenzorte und Sätze für das übrige Gebiet dieses Staates. Als **Grenzorte** gelten jene Orte, deren Ortsgrenze von der Bundesgrenze in der Luftlinie **nicht mehr als 15 km entfernt** ist (§ 25 Abs. 3 RGV).

Für die in dieser Verordnung nicht genannten Länder sind auf Grund einer Empfehlung des BMF die Auslandsreisesätze des dem Auslandsdienstort nächstgelegenen Landes heranzuziehen (LStR 2002, Rz 1405a).

Die Auslandsreisesätze sind i.d.R. den im Handel erhältlichen Lohnsteuertabellen zu entnehmen bzw. auf der Homepage des BMF unter **www.bmf.gv.at** abrufbar. Ändern sich die Aus-

617 Gebührenstufe 1, 2a, 2b, 3.

landsreisesätze, werden diese im Bundesgesetzblatt und im Amtsblatt der österreichischen Finanzverwaltung verlautbart.

Der Satz der dritten (höchsten) Gebührenstufe kann als Höchstsatz **nicht steuerbar** bzw. **steuerfrei** berücksichtigt werden.

Bis zu einer Gesamtreisedauer von drei Stunden steht kein nicht steuerbares bzw. steuerfreies Tagesgeld zu.

Dauert eine Dienstreise im Ausland **länger als drei Stunden**, so kann für jede angefangene Stunde der Auslandsreise **ein Zwölftel des jeweiligen Auslandsreisesatzes** nicht steuerbar bzw. steuerfrei abgerechnet werden (Zwölftelregelung). Angefangene Stunden sind immer auf ganze Stunden aufzurunden.

Das volle Tagesgeld steht bereits nach mehr als 11 Stunden zu, gilt aber für 24 Stunden. Erfolgt eine **Abrechnung** (Anspruchsermittlung) des Tagesgelds nach **Kalendertagen**, steht das Tagesgeld steuerlich für den Kalendertag zu.

Grundsätzlich steht das Tagesgeld für Auslandsreisen nach der 24-Stunden-Regelung zu. Nur dann, wenn eine arbeitsrechtliche Vorschrift die **Berechnung** (Anspruchsermittlung) **nach Kalendertagen** vorsieht oder der Arbeitgeber mangels Vorliegens einer arbeitsrechtlichen Vorschrift nach Kalendertagen abrechnet, ist diese Abrechnungsmethode **auch steuerrechtlich maßgeblich**.

Wechselt der Arbeitgeber die Abrechnungsmethode, darf dies nicht dazu führen, dass für einen Kalendertag mehr als die in der Reisegebührenvorschrift vorgesehenen Beträge nicht steuerbar bzw. steuerfrei belassen werden (LStR 2002, Rz 725).

Der nachstehende Teil dieses Punktes enthält – neben Erläuterungen und Beispielen – die Bestimmungen des § 25d Abs. 1 und 2 RGV:

Die Tagesgebühr gilt für die Dauer des Auslandsaufenthalts, die jeweils mit dem **Grenzübertritt** beginnt bzw. endet.

Werden Reisen unter Berücksichtigung ausländischer Strecken (z.B. **Korridor** Salzburg–Rosenheim–Kufstein) durchgeführt, liegen Inlandsdienstreisen vor.

Die Tagesgebühr richtet sich nach dem Satz **für jenes Land**, in dem sich der Arbeitnehmer zur Erfüllung seines Dienstauftrags **aufhält**. Demnach richtet sich die Tagesgebühr nach dem Land (**Zielland**), in das die Dienstreise führt. Damit entfällt der Aufwand für die Ermittlung der Grenzübertrittszeiten bzw. der zu verrechnenden Tagesgebühren für das jeweils durchfahrene Land.

Bei **mehrmaligem Grenzübertritt** im Verlauf einer mehrere Tage dauernden Dienstreise sind zum Zweck der Ermittlung der Tagesgebühr alle im Ausland verbrachten Teilzeiten zusammenzurechnen.

Bei Auslandsdienstreisen mit dem **Flugzeug** gilt als Grenzübertritt der **Abflug bzw. die Ankunft** im inländischen Flughafen. Die Tagesgebühr richtet sich nach dem Satz des Landes, in das die Dienstreise führt, auch wenn allenfalls **Zwischenlandungen** vorgenommen werden. Hat z.B. ein Arbeitnehmer eine Dienstreise nach London durchzuführen und wird in Frankfurt eine Zwischenlandung vorgenommen, so ist für die gesamte Reisedauer der für London vorgesehene Satz zu berücksichtigen.

Berührt ein Arbeitnehmer bei Durchführung der Dienstreise **mehrere im Ausland gelegene Zielorte** (z.B. Rom und Paris), ist für die Zeit vom Abflug vom inländischen Flughafen bis zum Abflug von Rom der für Rom vorgesehene Satz und für die Zeit vom Abflug von Rom bis zur Ankunft im inländischen Flughafen der Satz für Paris zu berücksichtigen.

Für die Gesamtreisezeit abzüglich der durch die Auslandsreisesätze erfassten Reisezeiten steht (steuerlich) das Inlandstagesgeld zu.

Bruchteile eines Tages, die bei der Berechnung des im Ausland zustehenden Tagesgelds unberücksichtigt bleiben, sind bei der Berechnung des Tagesgelds für das Inland einzubeziehen.

Ab dem Grenzübertritt stehen (steuerlich) die Tagesgelder im Ausmaß der (aliquoten) Auslandsreisesätze der Bundesbediensteten nur dann zu, wenn der Auslandsaufenthalt länger als drei Stunden dauert. Für eine kürzere Verweildauer im Ausland steht (steuerlich) der Satz für eine Inlandsreise zu, wenn die Reise insgesamt länger als drei Stunden dauert.

Alle diese Regeln gelten sowohl bei Dienstreisen mit ausschließlicher ausländischer Dienstverrichtung als auch bei Dienstreisen mit gemischter in- und ausländischer Dienstverrichtung.

Die in lohngestaltenden Vorschriften enthaltenen höheren Tagesgelder sowie günstigere Aliquotierungsvorschriften haben **keine Auswirkung** auf die steuerliche Behandlung.

Der Betrag bis zum jeweiligen Auslandsreisesatz (pro Tag) gilt sowohl **für belegte als auch für nicht belegte Ausgaben**. Damit dieser Betrag nicht steuerbar bzw. steuerfrei berücksichtigt werden kann, ist die über Auftrag des Arbeitgebers unternommene Dienstreise **zumindest** anhand eines **Reiseberichts** und/oder einer **Reisekostenabrechnung** (siehe Muster 11) nachzuweisen (§ 138 BAO).

Wird dem Arbeitnehmer ein **niedrigeres Tagesgeld** ausbezahlt, können die übersteigenden Beträge grundsätzlich als Werbungskosten geltend gemacht werden (→ 22.3.2.4.).

Wird dem Arbeitnehmer ein **höheres Tagesgeld** ausbezahlt, so stellt der übersteigende Teil auch bei Nachweis von tatsächlichen Kosten einen steuerpflichtigen Arbeitslohn dar, selbst wenn ein arbeitsrechtlicher Anspruch darauf besteht. Dieser Arbeitslohn ist **ungeachtet der Anzahl** der im Kalenderjahr anfallenden Dienstreisen als **laufender Bezug** (→ 11.1.) zu behandeln.

Beispiele 57–58

Ermittlung der Anzahl der „Zwölftel" bei Dienstreisen in einen angrenzenden Auslandsstaat.

Da die Dauer dieser nachstehenden Dienstreisen den 24-Stunden-Zeitraum bzw. den Kalendertags-Zeitraum nicht überschreitet, gelten die Lösungen sowohl für die 24-Stunden-Regelung als auch für die Kalendertagsregelung.

Beispiel 57

Angaben und Lösung:

• Beginn der Dienstreise	20.3.,	7.00 Uhr		
• Grenzübertritt bei der Hinfahrt	20.3.,	9.00 Uhr		2 Stunden
• Grenzübertritt bei der Rückfahrt	20.3.,	19.00 Uhr		10 Stunden
• Ende der Dienstreise	20.3.,	21.00 Uhr		2 Stunden
Gesamtreisezeit				14 Stunden
davon Auslandsreisezeit				10 Stunden
Für die Gesamtreisezeit sind anzusetzen			max.	12/12
für den Auslandsaufenthalt sind anzusetzen				10/12
für das Inland ist anzusetzen				2/12

Der Höchstsatz des nicht steuerbaren bzw. steuerfreien Teils der Tagesgelder beträgt:

	10/12 des deutschen Satzes (€ 35,30[618] : 12 × 10)	= €	29,42
+	2/12 des Inlandssatzes (€ 26,40 : 12 × 2)	= €	4,40
	insgesamt	= €	**33,82**

Beispiel 58

Angaben und Lösung:

• Beginn der Dienstreise	20.3.,	7.00 Uhr	
• Grenzübertritt bei der Hinfahrt	20.3.,	9.00 Uhr	2 Stunden
• Grenzübertritt bei der Rückfahrt	20.3.,	22.00 Uhr	13 Stunden
• Ende der Dienstreise	20.3.,	24.00 Uhr	2 Stunden
Gesamtreisezeit			17 Stunden
davon Auslandsreisezeit			13 Stunden
Für die Gesamtreisezeit sind anzusetzen		max.	12/12
für den Auslandsaufenthalt sind anzusetzen		max.	12/12
für das Inland ist anzusetzen			0/12

Der Höchstsatz des nicht steuerbaren bzw. steuerfreien Teils der Tagesgelder beträgt:

	12/12 des deutschen Satzes (€ 35,30[619] : 12 × 12)	= €	35,30
+	0/12 des Inlandssatzes	= €	0,00
	insgesamt	= €	**35,30**

Beispiel 59

Ermittlung

- des Höchstsatzes der Tagesgelder nach der Reisegebührenvorschrift und
- des nicht steuerbaren bzw. steuerfreien Tagesgelds

bei einer Dienstreise in einen angrenzenden Auslandsstaat.

Angaben:

- Die Reise Wien–Frankfurt erfolgt mit dem Pkw bzw. mit der Bahn.
- Beginn der Reise 7.00 Uhr

618 Lt. Verordnung zur Reisegebührenvorschrift.
619 Lt. Verordnung zur Reisegebührenvorschrift.

Grenzübertritt Passau	11.15 Uhr	4 Std. 15 Min.
Aufenthalt in Deutschland		27 Std. 45 Min.
Grenzübertritt bei Rückfahrt nächster Tag	15.00 Uhr	3 Std. 10 Min.
Ende der Reise	18.10 Uhr	
Gesamtreisezeit		35 Std. 10 Min.

A. Lösung nach der 24-Stunden-Regelung:

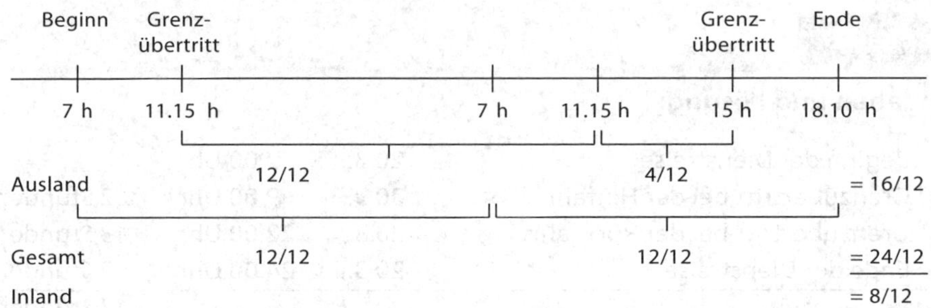

Tagessatz Ausland:

Für 24 Stunden	12/12
für 3 Stunden und 45 Minuten (= 4 Stunden)	4/12
insgesamt	16/12

Tagessatz Inland:

Gesamtreisezeit (35 Stunden und 10 Minuten = 36 Stunden) = 2 × 12/12 =	24/12
– Ausland	16/12
= Inland	8/12

Demnach können

für Deutschland 16/12 von € 35,30[620] (€ 35,30 : 12 × 16) =	€	47,07
und für das Inland 8/12 von € 26,40 (€ 26,40 : 12 × 8) =	€	17,60
insgesamt	**€**	**64,67**

höchstmöglich nicht steuerbar bzw. steuerfrei abgerechnet werden.

Annahme 1:

Die Dienstreise liegt **innerhalb** der Anfangsphase (→ 22.3.2.2.) von sechs Monaten.

- Lt. lohngestaltender Vorschrift erhält der Arbeitnehmer für diese Dienstreise
  a) insgesamt € 55,00, es können € 55,00 **nicht steuerbar** behandelt werden;
  b) insgesamt € 85,00, es können nur € 64,67 **nicht steuerbar** behandelt werden.
- Der Arbeitnehmer erhält für diese Dienstreise freiwillig (kein Anspruch auf Grund einer lohngestaltenden Vorschrift) € 64,67; es können € 64,67 **nicht steuerbar** behandelt werden.

620 Lt. Verordnung zur Reisegebührenvorschrift.

Annahme 2:

Die Dienstreise liegt **außerhalb** der Anfangsphase (→ 22.3.2.2.) von sechs Monaten.

- Lt. lohngestaltender Vorschrift und Vorliegen einer Tätigkeit gem. § 3 Abs. 1 Z 16b EStG (→ 22.3.2.2.2.) erhält der Arbeitnehmer für diese Dienstreise
  a) insgesamt € 55,00, es können € 55,00 **steuerfrei** behandelt werden;
  b) insgesamt € 85,00, es können nur € 64,67 **steuerfrei** behandelt werden.
- Der Arbeitnehmer erhält für diese Dienstreise freiwillig (kein Anspruch auf Grund einer lohngestaltenden Vorschrift) € 64,67; die € 64,67 sind **steuerpflichtig** zu behandeln.

B. Lösung nach der Kalendertagsregelung:

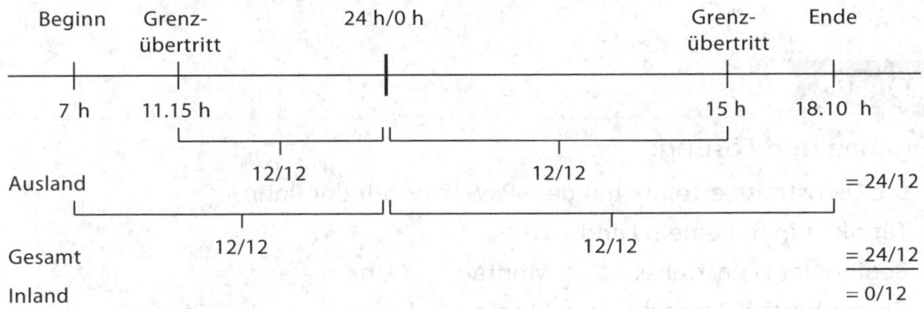

1. Tag: 7.00 Uhr bis 24.00 Uhr für Deutschland (11.15 bis 24.00 Uhr) = 12/12 des Tagessatzes

2. Tag: 0.00 Uhr bis 18.10 Uhr für Deutschland (0.00 Uhr bis 15.00 Uhr) = 12/12 des Tagessatzes

Es kann kein nicht steuerbares bzw. steuerfreies Inlandstagesgeld ausbezahlt werden, da der Gesamtanspruch durch den Auslandsreisesatz ausgeschöpft wurde.

Demnach können

für Deutschland 24/12 von € 35,30[621] (€ 35,30 × 2 Tagessätze) = **€ 70,60**

höchstmöglich nicht steuerbar bzw. steuerfrei abgerechnet werden.

Annahme 1:

Die Dienstreise liegt **innerhalb** der Anfangsphase (→ 22.3.2.2.) von sechs Monaten.

- Lt. lohngestaltender Vorschrift erhält der Arbeitnehmer für diese Dienstreise
  a) insgesamt € 55,00, es können € 55,00 **nicht steuerbar** behandelt werden;
  b) insgesamt € 85,00, es können nur € 70,60 **nicht steuerbar** behandelt werden.
- Der Arbeitnehmer erhält für diese Dienstreise freiwillig (kein Anspruch auf Grund einer lohngestaltenden Vorschrift) € 70,60; es können € 70,60 **nicht steuerbar** behandelt werden.

Annahme 2:

Die Dienstreise liegt **außerhalb** der Anfangsphase (→ 22.3.2.2.) von sechs Monaten.

- Lt. lohngestaltender Vorschrift und Vorliegen einer Tätigkeit gem. § 3 Abs. 1 Z 16b EStG (→ 22.3.2.2.2.) erhält der Arbeitnehmer für diese Dienstreise
  a) insgesamt € 55,00, es können € 55,00 **steuerfrei** behandelt werden;
  b) insgesamt € 85,00, es können nur € 70,60 **steuerfrei** behandelt werden.

621 Lt. Verordnung zur Reisegebührenvorschrift.

- Der Arbeitnehmer erhält für diese Dienstreise freiwillig (kein Anspruch auf Grund einer lohngestaltenden Vorschrift) € 70,60; die € 70,60 sind **steuerpflichtig** zu behandeln.

Beispiele 60–62

Ermittlung des **Höchstsatzes** der Tagesgelder nach der Reisegebührenvorschrift bei Dienstreisen in einen nicht angrenzenden Auslandsstaat.

Beispiel 60

Angaben und Lösung:

- Die Dienstreise erfolgte mit dem Pkw bzw. mit der Bahn.
- Tätigkeit in nur einem Land.
- Beginn der Dienstreise:

Beginn der Dienstreise:	Montag,	7 Uhr		
Grenzübertritt Tschechien:	Montag,	9 Uhr		2 Stunden
Grenzübertritt Polen:	Montag,	15 Uhr		6 Stunden[622]
Aufenthalt Polen (Zielland):			3 Tage	17 Stunden
Grenzübertritt Tschechien:	Freitag,	8 Uhr		
Grenzübertritt Österreich:	Freitag,	14 Uhr		6 Stunden[622]
Ende der Dienstreise:	Freitag,	17 Uhr		3 Stunden
Gesamtreisezeit			4 Tage	10 Stunden
davon Auslandsreisezeit			4 Tage	5 Stunden

- Lt. Kollektivvertrag gebührt das Tagesgeld für **24 Stunden**.

Auslandsreisesatz Polen (inkl. der Durchfahrtszeiten in Tschechien) =
4 × 12/12 + 5/12 = 53/12

Tagessatz

Inland:	Gesamtreisezeit (4 Tage 10 Stunden) = 4 × 12/12 + 10/12 =	58/12
	– Ausland	– 53/12
	= Inland	= 5/12

Der Höchstsatz des nicht steuerbaren bzw. steuerfreien Teils der Tagesgelder beträgt:

	53/12 des polnischen Tagessatzes (€ 32,70[623] : 12 × 53)	= €	144,43
+	5/12 des Inlandstagessatzes (€ 26,40 : 12 × 5)	= €	11,00
	insgesamt	= €	**155,43**

622 Durchfahrtszeit.
623 Lt. Verordnung zur Reisegebührenvorschrift.

Beispiel 61

Angaben und Lösung:

- Die Dienstreise erfolgte mit dem PKW bzw. mit der Bahn.
- Tätigkeit in zwei Ländern.
- Beginn der Dienstreise:

Beginn der Dienstreise:	Montag,	7 Uhr	
Grenzübertritt Tschechien:	Montag,	9 Uhr	2 Stunden
Aufenthalt Tschechien (Zielland 1):			2 Tage 10 Stunden
Grenzübertritt Polen:	Mittwoch,	19 Uhr	
Aufenthalt Polen (Zielland 2):			1 Tag 20 Stunden
Grenzübertritt Tschechien:	Freitag,	15 Uhr	
Grenzübertritt Österreich:	Freitag,	21 Uhr	6 Stunden
Ende der Dienstreise:	Freitag,	23 Uhr	2 Stunden
Gesamtreisezeit			4 Tage 16 Stunden
davon Auslandsreisezeit			4 Tage 12 Stunden

- Lt. Kollektivvertrag gebührt das Tagesgeld für **24 Stunden.**

Auslandsreisesatz Tschechien:

Montag 9 Uhr–Dienstag 9 Uhr	= 24 Std.	=	12/12	
Dienstag 9 Uhr–Mittwoch 9 Uhr	= 24 Std.	=	12/12	= 34/12
Mittwoch 9 Uhr–Mittwoch 19 Uhr	= 10 Std.[624]	=	10/12[624]	

Auslandsreisesatz Polen:

Mittwoch 19 Uhr–Donnerstag 9 Uhr (!)	=	14 Std.[624] =	2/12 (!)[624]	
Donnerstag 9 Uhr–Freitag 9 Uhr	=	24 Std. =	12/12	= 20/12
Freitag 9 Uhr–Freitag 15 Uhr	=	6 Std. =	6/12	

Auslandsreisesatz Tschechien:

Freitag 15 Uhr–Freitag 21 Uhr		= 6 Std. =	6/12
Als Auslandsreisesätze stehen zu		=	60/12
Tagessatz Inland:	Gesamtreisezeit (4 Tage 16 Std.)		60/12
	– Ausland	–	60/12
	= Inland	=	0/12

Der Höchstsatz des nicht steuerbaren bzw. steuerfreien Teils der Tagesgelder beträgt:

	40/12 des tschechischen Tagessatzes (€ 31,00[625] : 12 × 40)	= €	103,33
+	20/12 des polnischen Tagessatzes (€ 32,70[625] : 12 × 20)	= €	54,50
+	0/12 des Inlandstagessatzes	= €	0,00
	insgesamt	**= €**	**157,83**

624 Für die Zeit Mittwoch 9 Uhr bis Donnerstag 9 Uhr (= 24 Stunden) stehen insgesamt 12/12 als Auslandsreisesatz (aufgeteilt auf Tschechien und Polen) zu.

625 Lt. Verordnung zur Reisegebührenvorschrift.

Beispiel 62

Angaben und Lösung:

- Die Dienstreise erfolgte mit dem Flugzeug.
- Beginn der Dienstreise:

Beginn der Dienstreise:	Montag,	6 Uhr	
Abflug Wien-Schwechat:	Montag,	8 Uhr	2 Stunden
Aufenthalt Dänemark (Zielland):			4 Tage 9 Stunden
Ankunft Wien-Schwechat:	Freitag,	17 Uhr	
Ende der Dienstreise:	Freitag,	20 Uhr	3 Stunden
Gesamtreisezeit			4 Tage 14 Stunden

- Lt. Kollektivvertrag gebührt das Tagesgeld für den **Kalendertag.**

Auslandsreisesatz Dänemark:

Montag,	8 Uhr–24 Uhr	= 12/12	
Dienstag,	0 Uhr–24 Uhr	= 12/12	
Mittwoch,	0 Uhr–24 Uhr	= 12/12	= 60/12
Donnerstag,	0 Uhr–24 Uhr	= 12/12	
Freitag,	0 Uhr–17 Uhr	= 12/12	

Gesamtreisezeit:

Montag,	6 Uhr–24 Uhr	= 12/12	
↓			= 60/12
Freitag,	0 Uhr–20 Uhr	= 12/12	

Tagessatz Inland:	60/12
	– 60/12
	0/12

Der Höchstsatz des nicht steuerbaren bzw. steuerfreien Teils der Tagesgelder beträgt: 5 volle dänische Tagessätze (€ 41,40[626] × 5) = **€ 207,00.**

Beispiel 63

Auslandsflugreise.

Angaben und Lösung:

- Flugreise Wien–Frankfurt.
- Abfahrt zum Flughafen: 5.00 Uhr
- Abflug: 8.00 Uhr
- Ankunft Flughafen Wien: 15.00 Uhr (am selben Tag)
- Ende der Reise: 16.30 Uhr

626 Lt. Verordnung zur Reisegebührenvorschrift.

Lösung nach der 24-Stunden-Regelung:
Die Reise dauerte insgesamt 11 Stunden 30 Minuten, es steht ein Tagessatz zu.

Der Auslandsreisesatz für Frankfurt (8.00 bis 15.00 Uhr) beträgt 7/12 (€ 35,30[627] : 12 × 7 = € 20,59), der Tagessatz für Inland (12/12 abzüglich 7/12) beträgt 5/12 (€ 26,40 : 12 × 5 = € 11,00).

Lösung nach der Kalendertagsregelung:
Diese Berechnung führt zum selben Ergebnis wie bei der 24-Stunden-Regelung, da die Dienstreise nur innerhalb eines Kalendertags stattgefunden hat.

22.3.2.2.4. Tagesgelder und Arbeitsessen

A. Regelung für Inlandsdienstreisen

Dient ein **vom Arbeitgeber bezahltes Arbeitsessen** weitaus überwiegend der Werbung, stellt dieses für den Arbeitnehmer keinen Lohnvorteil dar. Der Betrag der nicht steuerbaren bzw. steuerfreien Tagesgelder ist pro bezahltem Mittagessen bzw. Abendessen **um € 13,20** zu kürzen (zu vermindern)[628]. Zahlt der Arbeitgeber als Tagesgeld weniger als € 26,40, so ist für die Kürzung bei bezahltem Arbeitsessen nicht vom halben tatsächlich bezahlten Tagesgeld auszugehen, sondern die Kürzung hat dennoch um € 13,20 zu erfolgen. Eine Kürzung unter null ist nicht vorzunehmen (siehe Beispiele 52 und 54) (LStR 2002, Rz 724).

Diese steuerliche Kürzung gilt auch für Schulungen und Seminare, die vom Arbeitgeber inkl. Verpflegung bezahlt werden.

Beispiel 1

Ausbezahltes Tagesgeld	€ 26,40
steuerpflichtig sind	€ 13,20
nicht steuerbar bzw. steuerfrei sind	**€ 13,20**

Beispiel 2

Ausbezahltes Tagesgeld	€ 22,00
steuerpflichtig sind	€ 13,20
nicht steuerbar bzw. steuerfrei sind	**€ 8,80**

627 Lt. Verordnung zur Reisegebührenvorschrift.
628 Diese Kürzung ist auch dann vorzunehmen, wenn die tatsächlichen Essenskosten des Arbeitnehmers nachweislich geringer sind.

Beispiel 3

Ausbezahltes Tagesgeld		€ 30,00
steuerpflichtig sind:		
	€ 13,20	
€ 30,00 abzügl. € 26,40	= € 3,60=	€ 16,80
nicht steuerbar bzw. steuerfrei sind		**€ 13,20**

B. Regelung für Auslandsdienstreisen

Bezahlt der Arbeitgeber seinem Arbeitnehmer anlässlich einer Auslandsdienstreise **ein Geschäfts**(Arbeits)**essen** pro Tag, kommt es in Anlehnung an die bisherige Vorgangsweise nach der RGV (steuerlich) zu **keiner Kürzung** des entsprechenden nicht steuerbaren bzw. steuerfreien Auslandsreisesatzes. Trägt der Arbeitgeber die Kosten für zwei Geschäftsessen pro Tag oder übernimmt er die Kosten der vollen Verpflegung, steht ein Drittel des entsprechenden vollen Auslandsreisesatzes nicht steuerbar bzw. steuerfrei zu. Steht der Auslandsreisesatz für 24 Stunden zu, sind die während des 24-Stunden-Zeitraums bezahlten Geschäftsessen zu berücksichtigen; wird nach Kalendertagen abgerechnet, sind die während des jeweiligen Kalendertags bezahlten Geschäftsessen für die Kürzung maßgeblich (LStR 2002, Rz 729).

22.3.2.3. Nächtigungsgelder

Unter Nächtigung ist die Verbringung der Zeit im Anschluss an Arbeitsverrichtungen während der Nacht außerhalb des Wohnorts bzw. Dienstorts zu verstehen.

Nächtigungsgelder sind grundsätzlich nur dann nicht steuerbar bzw. steuerfrei, wenn tatsächlich genächtigt wird.

Strukturierte Darstellung der Nächtigungsgelder (für Inlands- und Auslandsdienstreisen):

<table>
<tr><th colspan="2">§ 26 Z 4 EStG</th><th>§ 3 Abs. 1 Z 16b EStG</th></tr>
<tr><td colspan="2">Vorrangig liegen pauschale und tatsächliche Nächtigungsgelder im Sinn dieser Bestimmung vor:
Solche</td><td rowspan="3">Die Steuerfreiheit der pauschalen Nächtigungsgelder im Sinn dieser Bestimmung kommt nur subsidiär (nachrangig) zur Anwendung:
Solche pauschale Nächtigungsgelder können</td></tr>
<tr><td>tatsächliche</td><td>pauschale</td></tr>
<tr><td colspan="2">Nächtigungsgelder können</td></tr>
<tr><td>• zeitlich unbefristet</td><td>• für 6 Monate</td><td>• nach den 6 Monaten (gem. § 26 Z 4 EStG)</td></tr>
<tr><td>• in der Höhe des Aufwands,</td><td>• unter Berücksichtigung der Höchstsätze,</td><td>• unter Berücksichtigung der Höchstsätze,</td></tr>
<tr><td colspan="2">• auf Grund einer lohngestaltenden Vorschrift bzw.</td><td>• nur auf Grund einer lohngestaltenden Vorschrift (→ 22.3.2.2.2.),</td></tr>
</table>

§ 26 Z 4 EStG	**§ 3 Abs. 1 Z 16b EStG**
● freiwillig gewährt, ● unabhängig von der während der Dienstreise verrichteten Tätigkeit **nicht steuerbar** behandelt werden.	● **abhängig** von der während der Dienstreise verrichteten Tätigkeit (siehe nachstehend) (steuerbar) **steuerfrei** behandelt werden.

Für lohnsteuerlich anzuerkennende **Inlandsdienstreisen** gelten als **nicht steuerbare** bzw. **steuerfreie** Nächtigungsgelder (einschließlich der Kosten des Frühstücks) bei Abrechnung

mit Beleg	**ohne Beleg**
der volle Betrag der nachgewiesenen Nächtigungskosten; Ⓐ	**bis zu € 15,00** (pauschales Nächtigungsgeld). In diesem Fall muss **zumindest** die über Auftrag des Arbeitgebers unternommene Dienstreise anhand eines **Reiseberichts** und/oder einer **Reisekostenabrechnung** (siehe Muster 11) nachgewiesen werden (§ 138 BAO). Ⓑ

Für lohnsteuerlich anzuerkennende **Auslandsdienstreisen** gelten als **nicht steuerbare** bzw. **steuerfreie** Nächtigungsgelder (einschließlich der Kosten des Frühstücks) bei Abrechnung

mit Beleg	**ohne Beleg**
der volle Betrag der nachgewiesenen Nächtigungskosten; Ⓐ	**bis zum Betrag** des den Bundesbediensteten zustehenden Nächtigungsgelds **der Höchststufe** (dritte Gebührenstufe) des jeweiligen Landes (pauschales Nächtigungsgeld). In diesem Fall muss **zumindest** die über Auftrag des Arbeitgebers unternommene Dienstreise anhand eines **Reiseberichts** und/oder einer **Reisekostenabrechnung** nachgewiesen werden (§ 138 BAO). Ⓑ

Ⓐ Abgeltung in tatsächlicher Höhe (mit Beleg):

Der nicht steuerbare Ersatz der **tatsächlichen Nächtigungskosten** (inkl. Frühstück) ist **gem. § 26 Z 4 EStG** grundsätzlich **nicht zeitlich begrenzt**. Werden tatsächliche Nächtigungskosten für einen längeren Zeitraum als **sechs Monate** ersetzt, ist der Prüfung des Umstands der vorübergehenden Tätigkeit am Einsatzort **besondere Beachtung** beizumessen. Eine vorübergehende Tätigkeit ist grundsätzlich bei Außendiensttätigkeit, bei Fahrtätigkeit, bei Baustellen- und Montagetätigkeit oder bei Arbeitskräfteüberlassung anzunehmen (LStR 2002, Rz 732).

Werden Nächtigungskosten (Nächtigungsgelder) im **tatsächlichen Ausmaß** vergütet, sind die Ersätze durch entsprechende Belege (Rechnungen, Zahlungsbelege, Bestätigungen u.dgl.) nachzuweisen. In diesem Fall ist weder für die Nächtigung noch für das Frühstück eine Haushaltsersparnis anzusetzen.

Ⓑ Pauschalabgeltung (ohne Beleg):

Das **pauschale Nächtigungsgeld** ist gem. **§ 26 Z 4 lit. c und e EStG** der Betrag, der bei Vorliegen eines Nächtigungsaufwands im Rahmen einer Dienstreise **anstelle der tatsächlichen Kosten** ersetzt werden kann.

Sieht eine lohngestaltende Vorschrift niedrigere (pauschale) Nächtigungsgelder als der § 26 Z 4 EStG (d.h. für Inlandsdienstreisen weniger als € 15,00 bzw. bei Auslandsdienstreisen weniger als die jeweiligen Ländersätze) vor, ist eine Aufstockung auf die Sätze des EStG möglich.

Wird dem Arbeitnehmer ein niedrigerer Betrag ausbezahlt, kann der übersteigende Teil als Werbungskosten geltend gemacht werden (→ 22.3.2.4.).

Nächtigungsgeld setzt voraus, dass

- tatsächlich eine Nächtigung erfolgt und
- dem Arbeitnehmer Kosten für die Nächtigung entstehen, die vom Arbeitgeber nicht in tatsächlicher Höhe ersetzt werden.

Stellt der Arbeitgeber eine **Nächtigungsmöglichkeit inkl. Frühstück** zur Verfügung, kann kein nicht steuerbares Nächtigungsgeld ausbezahlt werden. Wird nur die **Nächtigungsmöglichkeit ohne Frühstück** bereitgestellt, kann das pauschale Nächtigungsgeld nicht steuerbar ausbezahlt werden.

Die pauschalen Nächtigungsgelder sind vorrangig nach § 26 Z 4 EStG nicht steuerbar zu behandeln und können **nur für einen Zeitraum von sechs Monaten**[629] nicht steuerbar ausbezahlt werden.

Nach sechs Monaten kann der Arbeitgeber die pauschalen Nächtigungsgelder nach § 3 Abs. 1 Z 16b EStG bei Vorliegen aller anderen Voraussetzungen für eine

- Außendiensttätigkeit (z.B. Kundenbesuche, Patrouillendienste, Servicedienste),
- Fahrtätigkeit (z.B. Zustelldienste, Taxifahrten, Linienverkehr, Transportfahrten außerhalb des Werksgeländes des Arbeitgebers),
- Baustellen- und Montagetätigkeit außerhalb des Werksgeländes des Arbeitgebers oder
- Arbeitskräfteüberlassung nach dem Arbeitskräfteüberlassungsgesetz

steuerfrei auszahlen.

Bei einer **vorübergehenden Tätigkeit** an einem Einsatzort in einer anderen politischen Gemeinde nach § 3 Abs. 1 Z 16b EStG kann Nächtigungsgeld nur für sechs Monate steuerfrei ausbezahlt werden. Daraus folgt, dass für jene Tage, für die gem. § 3 Abs. 1 Z 16b EStG **steuerfreies Tagesgeld** zusteht, bei Vorliegen der Voraussetzungen **auch** ein **pauschales Nächtigungsgeld steuerfrei** ausbezahlt werden kann.

629 Die Tage des Aufenthalts am Einsatzort (soweit keine länger als sechs Kalendermonate dauernde Unterbrechung in derselben politischen Gemeinde vorliegt) sind zusammenzurechnen, bis ein Zeitraum von sechs Monaten (183 Tagen) erreicht ist. Maßgebend ist also der tatsächliche Aufenthalt am Einsatzort (inkl. An- und Abreisetag), sodass bei Unterbrechungen eine tageweise Berechnung zu erfolgen hat, bis 183 Tage erreicht sind. **Für die Beurteilung**, ob der Zeitraum von sechs Monaten bzw. 183 Tagen erreicht ist, sind die **Verhältnisse der letzten 24 Monate** vor Beginn der Dienstreise **maßgeblich**.

Werden pauschale Nächtigungsgelder bezahlt, gilt Folgendes:

- Bei Entfernungen von **mindestens 120 km** zwischen Einsatzort und Wohnort kann von einer Nächtigung ausgegangen werden. In diesen Fällen hat der Arbeitgeber nicht zu prüfen, ob der Arbeitnehmer tatsächlich genächtigt hat. Diesfalls sind **keine Nachweise** erforderlich.
- Bei Entfernungen von **weniger als 120 km** zwischen Einsatzort und Wohnort ist die Nächtigung dem Grunde nach zu belegen (z.B. Bestätigung des Unterkunftgebers, Nachweis einer Zweitwohnung; in besonderen Fällen kann sich der Nachweis auch aus den Umständen der Dienstreise ergeben, wie z.B. aus der Lagerung der Dienstzeiten oder den schlechten Verkehrsbedingungen). Ein Nachweis über die Höhe der Nächtigungskosten ist nicht erforderlich.

Kostenlos zur Verfügung gestellte Nächtigungsmöglichkeiten schließen die nicht steuerbare bzw. steuerfreie Behandlung der durch den Arbeitgeber bezahlten Nächtigungsgelder aus. Bei bloßer **Nächtigungsmöglichkeit in einem Fahrzeug** (Lkw, Bus) bleibt das pauschale Nächtigungsgeld aber im Hinblick auf zusätzliche mit einer Nächtigung verbundene Aufwendungen (wie z.B. für Dusche und Frühstück) nicht steuerbar bzw. steuerfrei, wenn tatsächlich genächtigt wird. Dabei ist es unmaßgeblich, ob die Fahrtätigkeit länger als sechs Monate ausgeübt wird oder ob die Fahrten auf gleichbleibenden Routen (z.B. Wien–Hamburg) oder auf ständig wechselnden Fahrtstrecken erfolgen (LStR 2002, Rz 733).

Ⓐ Ⓑ Gemeinsame Regelungen:

Liegt eine einheitliche Dienstreise vor und zahlt der Arbeitgeber im Zuge dieser Dienstreise durchgehend (Tages- und) **Nächtigungsgelder**, so bleiben diese (Tages- und) Nächtigungsgelder nach Maßgabe des § 26 Z 4 EStG **auch dann nicht steuerbar** bzw. steuerfrei, wenn der Arbeitnehmer an arbeitsfreien Tagen zu seiner Wohnung zurückfährt. Dies gilt allerdings nur dann, wenn der Arbeitnehmer während der Woche tatsächlich außer Haus nächtigt und die Heimfahrt auf eigene Kosten unternimmt (**„Durchzahlerregelung"**).

Wird ein Arbeitnehmer an **verschiedenen Betriebsstandorten/Betriebsstätten** (nicht aber für Baustellen-, Montage- oder Servicetätigkeit) des Arbeitgebers **tätig** und steht an diesen Standorten **ein Arbeitsplatz zur Verfügung**, liegt steuerlich **keine Dienstreise** i.S.d. § 26 Z 4 EStG vor. Erfolgt aus **beruflichen Gründen eine Nächtigung** an einem dieser Standorte, können die tatsächlichen Nächtigungskosten vom Arbeitgeber **nicht steuerbar** ersetzt werden (LStR 2002, Rz 701).

22.3.2.4. Reisekosten – Werbungskosten

Ohne unmittelbare Auswirkung für den Arbeitgeber gilt:

Arbeitnehmer, die die **Reisekosten aus eigenem tragen** müssen bzw. diese in **geringerer Höhe** als den nicht steuerbaren Betrag gem. § 26 Z 4 EStG (!) **erhalten**, können diese bei entsprechendem Nachweis (Reisebericht, Fahrtenbuch usw.) als Werbungskosten (Differenzwerbungskosten) geltend machen (→ 14.1.1.). In diesem Fall findet die Dienstreise gegebenenfalls steuerlich als sog. „beruflich veranlasste Reise" Berücksichtigung.

Der im § 16 Abs. 1 Z 9 EStG verwendete Begriff „ausschließlich beruflich veranlasste Reisen“ ist zwar dem im § 4 Abs. 5 EStG verwendeten Begriff „ausschließlich durch den Betrieb veranlasste Reisen“ gleichzusetzen, nicht hingegen dem im § 26 Z 4 EStG verwendeten Begriff „Dienstreise“.

Reisebegriff:

Eine beruflich veranlasste Reise i.S.d. § 16 Abs. 1 Z 9 EStG liegt vor, wenn

- sich der Arbeitnehmer zwecks Verrichtung beruflicher Obliegenheiten oder sonst aus beruflichem Anlass **mindestens 25 km** vom Mittelpunkt der Tätigkeit entfernt und
- eine Reisedauer von **mehr als drei Stunden** vorliegt und
- **kein** weiterer **Mittelpunkt** der Tätigkeit begründet wird.

Bei Berechnung der Entfernung vom Mittelpunkt der Tätigkeit ist von der kürzesten **zumutbaren Wegstrecke** auszugehen. Dabei ist die Entfernung zwischen Anfang und Ende (Ziel) der Fahrt und nicht die Entfernung zwischen den Ortsmittelpunkten maßgebend.

Eine berufliche Veranlassung kann – anders als bei einer Dienstreise nach § 26 Z 4 EStG – nicht nur dann vorliegen, wenn die Reise über Auftrag des Arbeitgebers erfolgt. Beruflich veranlasst können beispielsweise auch Reisen im Zusammenhang mit einer aus eigener Initiative unternommenen Berufsfortbildung des Arbeitnehmers oder zur Erlangung eines neuen Arbeitsplatzes sein.

Höhe der Werbungskosten:

Die Mehraufwendungen des Arbeitnehmers für Verpflegung und Unterkunft bei ausschließlich beruflich veranlassten Reisen werden **ohne Nachweis ihrer Höhe** als Werbungskosten anerkannt, soweit sie die im § 26 Z 4 EStG ergebenden Beträge (→ 22.3.2.2.3., → 22.3.2.3.) nicht übersteigen. Dabei steht das volle Tagesgeld für 24 Stunden zu. Höhere Aufwendungen für Verpflegung sind nicht zu berücksichtigen (§ 16 Abs. 1 Z 9 EStG).

Erhält der Arbeitnehmer vom Arbeitgeber nur einen Teil der Höchstsätze des § 26 Z 4 EStG, kann er als Werbungskosten die **Differenz zwischen den Höchstsätzen** des § 26 Z 4 EStG und den erhaltenen niedrigeren Beträgen geltend machen.

Werbungskosten aus dem Titel „Reisekosten“ liegen **nur in dem Umfang** vor, in dem sie vom **Arbeitnehmer selbst getragen werden**. Als Reisekosten kommen insb.

- Fahrtkosten (Werbungskosten allgemeiner Art),
- Tagesgelder gem. § 16 Abs. 1 Z 9 EStG i.V.m. § 26 Z 4 EStG und
- Nächtigungsaufwand

in Betracht. Ersätze, die der Arbeitgeber gem. § 26 Z 4 EStG leistet, vermindern den jeweils abzugsfähigen Aufwand. Die Tatbestände des **§ 3 Abs. 1 Z 16b EStG** (→ 22.3.2.2.2.) sind **nicht anwendbar** (UFS 10.2.2010, RV/0565-I/09).

Fahrtkosten stellen (grundsätzlich) im tatsächlichen Ausmaß Werbungskosten dar. Für die Berücksichtigung von Fahrtkosten als Werbungskosten ist daher **weder** die Zurücklegung **größerer Entfernungen** noch das Überschreiten einer **bestimmten**

Dauer erforderlich. Der Anspruch auf Fahrtkosten besteht grundsätzlich unabhängig vom Anspruch auf Tagesgelder. Daher stehen Fahrtkosten auch bei Begründung eines weiteren Mittelpunkts der Tätigkeit zu, es sei denn, es liegen Fahrten zwischen Wohnung und Arbeitsstätte vor.

Als Werbungskosten sind Fahrtkosten grundsätzlich – also auch bei Verwendung eines eigenen Kfz – in Höhe der **tatsächlichen Aufwendungen** zu berücksichtigen. Benützt der Arbeitnehmer sein eigenes Fahrzeug, steht ihm hierfür bei beruflichen Fahrten von nicht mehr als 30.000 km im Kalenderjahr das amtliche Kilometergeld zu. Anstelle des Kilometergelds können auch die nachgewiesenen tatsächlichen Kosten geltend gemacht werden. Bei beruflichen Fahrten von mehr als 30.000 km im Kalenderjahr stehen als Werbungskosten entweder das amtliche Kilometergeld für 30.000 km oder die tatsächlich nachgewiesenen Kosten für die gesamten beruflichen Fahrten zu.

Benützt der Arbeitnehmer ein **arbeitgebereigenes Kfz,** stehen ihm für Fahrten zur Ausbildungs-, Fortbildungs- oder Umschulungsstätte bzw. für **Fahrten für ein weiteres Dienstverhältnis** bzw. für Familienheimfahrten nur dann Werbungskosten zu, wenn er dafür einen Aufwand trägt. In diesem Fall sind die Fahrten zur Ausbildungs-, Fortbildungs- oder Umschulungsstätte bzw. für Fahrten für ein weiteres Dienstverhältnis bzw. Familienheimfahrten ins Verhältnis zu den gesamten sachbezugsrelevanten Fahrten zu setzen. Ein entsprechend **anteilsmäßig ermittelter Teil des Sachbezugswertes** steht als **Werbungskosten** zu (VwGH 27.4.2017, Ra 2016/15/0078 zu Aufwendungen im Rahmen eines weiteren Dienstverhältnisses; BFG 21.7.2017, RV/2101365/2016 zu Familienheimfahrten; vgl. auch LStR 2002, Rz 289).

Die Abgeltung des **Verpflegungsmehraufwands** setzt – abgesehen von der Abgeltung eines allfälligen Kaufkraftunterschieds bei Auslandsaufenthalten – eine Reise voraus. Wird an einem Einsatzort, in einem Einsatzgebiet oder bei Fahrtätigkeit ein **weiterer Mittelpunkt der Tätigkeit** begründet, stehen **Tagesgelder nur** für die jeweilige **Anfangsphase** (fünf bzw. fünfzehn Tage) zu. Eine Anfangsphase von 183 Tagen analog zur Dienstreise im Fernbereich (2. Tatbestand) wird nicht zuerkannt. Dies gilt grundsätzlich in gleicher Weise für Inlands- wie auch für Auslandsreisen. Nach Ansicht des BMF stehen Werbungskosten für Verpflegungsmehraufwendungen auch für eintägige Dienstreisen zu[630].

Wird im Rahmen der Auslandstätigkeit ein **Mittelpunkt der Tätigkeit im Ausland** begründet, kann auf Grund des Kaufkraftunterschiedes auch ohne Vorliegen einer „Reise" ein beruflich bedingter Verpflegungsmehraufwand anfallen, wenn im Ausland die Verpflegungsaufwendungen wegen des höheren Niveaus der Lebenshaltungskosten erheblich über den Kosten der inländischen Verpflegung liegen (vgl. mwN zuletzt VwGH 1.9.2015, 2012/15/0119).

Voraussetzung für Werbungskosten ist das Vorliegen einer tatsächlichen **Nächtigung**, die mit Aufwendungen verbunden ist. Der Nächtigungsaufwand ist **alternativ** in Höhe der nachgewiesenen **tatsächlichen Kosten** oder in Höhe der in § 26 Z 4 lit. c und e EStG genannten **Sätze absetzbar**. Bei Inlandsreisen sind ohne Nachweis der tatsächlichen Kosten € 15,00, bei Auslandsreisen der jeweilige Höchstsatz für Bundesbedienstete pro Nächtigung absetzbar. Der zu berücksichtigende Nächti-

630 Das Erkenntnis VwGH 30.10.2001, 95/14/0013 ist nach Ansicht des BMF nicht anzuwenden – vgl. LStR 2002, Rz 311; vgl. jedoch u.a. BFG 23.3.2018, RV/1100544/2016; BFG 10.5.2016, RV/6100194/2013.

gungsaufwand umfasst sowohl die Kosten der Nächtigung selbst als auch die Kosten des Frühstücks. Die Kosten des Frühstücks können nur zusätzlich zu tatsächlich nachgewiesenen Übernachtungskosten oder bei Fehlen eines Anspruchs auf den Pauschalbetrag bei Beistellung der Unterkunft durch den Arbeitgeber, nicht aber neben dem Pauschalbetrag abgesetzt werden.

Nähere Erläuterungen zu den (Differenz-)Werbungskosten finden Sie in den Lohnsteuerrichtlinien 2002 unter den Randzahlen 278 bis 318, 365, 370 bis 381.

Kurzhinweise zu sog. „aufteilbar gemischt veranlassten Reisen":

Bei beruflich veranlassten Reisen, die sich in berufliche und private Reiseabschnitte trennen lassen,

- sind die **Fahrtkosten** im Verhältnis der beruflichen Tage zu den privaten Tagen aufzuteilen. Wochenendtage und Feiertage bleiben dabei als sog. neutrale Tage unberücksichtigt.
- Der **Verpflegungsmehraufwand** und die **Nächtigungskosten** können, wenn für den einzelnen Aufenthaltstag eine (zumindest beinahe) ausschließlich berufliche Veranlassung vorliegt, als Werbungskosten berücksichtigt werden.

Nähere Erläuterungen und Fallbeispiele zu gemischt veranlassten Reisen finden Sie in den Lohnsteuerrichtlinien 2002 unter den Randzahlen 281, 295, 295a bis 295d, 314a, 318, 389, 390.

22.3.2.5. Reisekostenpauschale

Werden Reisekostenentschädigungen pauschal vergütet, stellen diese Pauschalien grundsätzlich **steuerpflichtige (laufende) Bezüge** dar, auch wenn diese im Rahmen einer lohngestaltenden Vorschrift geregelt sind (vgl. auch VwGH 11.1.2021, Ra 2019/15/0163; VwGH 27.11.2017, Ra 2015/15/0026 zu monatlichen Pauschalbeträgen; vgl. auch BFG 3.10.2018, RV/6100355/2018). Der Arbeitnehmer hat aber die Möglichkeit, Werbungskosten geltend zu machen (→ 14.1.1., → 22.3.2.4.)[631].

Dies auch dann, wenn der Arbeitnehmer später dem Arbeitgeber die Aufstellung nachreichen will, da Reisekosten immer einzeln abgerechnet werden müssen und dies bereits im Zeitpunkt der Auszahlung der Fall sein muss (VwGH 22.4.1992, 87/14/0192).

Werden vom Arbeitgeber **„limitierte Kilometergelder"** bezahlt, die als Vorauszahlung für durchzuführende Dienstreisen anzusehen sind, handelt es sich dann um keine steuerrechtlich unzulässige Pauschalierung der Kilometergelder, wenn der Arbeitgeber eine Jahresabrechnung vornimmt und eine Rückzahlung in der Höhe des nicht ausgeschöpften Jahresbetrags verlangt. Weitere Voraussetzung ist, dass der Arbeitnehmer die Berechnungsgrundlagen in Form eines ordnungsgemäß geführten Fahrtenbuchs vorlegt, aus dem die konkreten Dienstfahrten einwandfrei ersichtlich sind. Pauschalierte Vorauszahlungen sind allerdings dann steuerpflichtig, wenn nicht mindestens einmal jährlich eine exakte Abrechnung erfolgt (LStR 2002, Rz 712a; Nö. GKK, NöDIS Nr. 1/Jänner 2016).

---

631 Während bei Vorliegen einer lohngestaltenden Vorschrift unter Umständen eine zeitlich unbegrenzte steuerfreie Behandlung von Taggeldern möglich ist, sind diese im Rahmen der Veranlagung zeitlich begrenzt absetzbar.

22.3.2.6. Abgrenzung Dienstreise – Fahrten zwischen Wohnung und Arbeitsstätte

Zur Abgrenzung zwischen einer Dienstreise und Fahrten zwischen Wohnung und Arbeitsstätte kann auf die Ausführungen unter Punkt 22.3.2.1.1. verwiesen werden.

Im Zusammenhang mit der Abgrenzung enthalten die LStR 2002, Rz 264 bis 266, **nachstehendes Beispiel** unter der Annahme, dass die Fahrten zum Einsatzort nicht zu Fahrten Wohnort–Arbeitsstätte i.S.d. § 26 Z 4 lit. a letzter Satz EStG (→ 22.3.2.2.) werden.

Angaben:

- Ein Monteur wohnt in Mödling,
- Seine Arbeitsstätte (z.B. Werkstätte, Ersatzteillager, Büro) ist in Wien.
- Er tätigt eintägige bzw. mehrtägige Dienstreisen nach St. Pölten.
- **Variante 1:** Reisekostenersätze werden von der Wohnung aus berechnet. Der Monteur kommt nicht zur Arbeitsstätte.
  Variante 2: Reisekostenersätze werden von der Wohnung aus berechnet. Der Monteur kommt am Ende der Dienstreise oder zwischendurch zur Verrichtung von Innendienst ① zur Arbeitsstätte.
  Variante 3: Reisekostenersätze werden von der Arbeitsstätte aus bzw. zur Arbeitsstätte zurück berechnet. Der Monteur kommt zur Arbeitsstätte.

Lösung:

	Vorgangsweise bei eintägiger Dienstreise bzw. am Tag, an dem die Dienstreise begonnen oder beendet wird:			Vorgangsweise an den Abwesenheitstagen (ohne den Tag des Beginns oder der Beendigung der Dienstreise):
	Variante 1	Variante 2	Variante 3	Varianten 1, 2, 3
Ist das **Tagesgeld** bis zum jeweiligen Höchstsatz „nicht steuerbar" zu berücksichtigen?	ja	ja	ja	ja
Wird der Tag (werden die Tage) bei der Ermittlung für das **Pendlerpauschale** (und damit auch für den **Pendlereuro**) berücksichtigt? Bei Benutzung des – firmeneigenen Kfz – arbeitnehmereigenen Kfz	 nein nein	 nein ja	 nein ja	 nein nein
Bei Benutzung des firmeneigenen Kfz: Sind bei der Ermittlung des vollen oder teilweisen **Sachbezugswerts** die Kilometer der Wegstrecke Wohnung–Arbeitsstätte–Wohnung auf die Jahreskilometerleistung anzurechnen? (→ 20.3.4.)	nein	ja	ja	nein

Bei Benutzung des arbeitnehmereigenen Kfz: Ist das **Kilometergeld** bis zum amtlichen Satz „nicht steuerbar" zu berücksichtigen?	ja	ja ②	ja	ja
Kann (bei fehlender Ersatzleistung) das Kilometergeld als Werbungskosten geltend gemacht werden?	ja	ja ②	ja ②	ja

① Als Mittelpunkt der Tätigkeit gilt jedenfalls jene Betriebsstätte des Arbeitgebers, in welcher der Arbeitnehmer **Innendienst** verrichtet. Als Innendienst gilt jedes Tätigwerden im Rahmen der unmittelbaren beruflichen Obliegenheiten (z.B. Vorbereitungs- oder Abschlussarbeiten, Abhalten einer Dienstbesprechung). Eine bestimmte Mindestdauer ist dafür nicht Voraussetzung. Auch ein kurzfristiges Tätigwerden ist als Innendienst anzusehen. Kein Innendienst liegt vor, wenn das Aufsuchen der Betriebsstätte ausschließlich mittelbar durch die beruflichen Obliegenheiten veranlasst ist (z.B. Wechseln des Fahrzeugs, Entgegennahme des Arbeitslohns) (LStR 2002, Rz 284).

Nachstehendes ist für die Fragen

1. halber oder voller Sachbezug (bei Privatnutzung eines firmeneigenen Kraftfahrzeugs) und
2. Kilometergelder bei Dienstreisen mit dem eigenen Pkw

bei Verrichtung von „Innendienst" von Bedeutung.

Außendienstmitarbeiter, die ihre Dienstreise mit dem Pkw von der Wohnung aus antreten, müssen an jenem **Tag, an dem sie „Innendienst" leisten**, nachstehende Eintragung im Fahrtenbuch vornehmen:

- Die Kilometer der (direkten) Strecke Wohnung–Arbeitsstätte–Wohnung sind als **Privatfahrt** einzutragen.
- Die Kilometer, die sich durch den Kundenbesuch darüber hinaus ergeben (die Mehrkilometer, Umwegskilometer), sind als **Dienstfahrt** einzutragen.

Gleiches gilt für Dienstfahrten, die am Heimweg vorgenommen werden.

② Nicht aber für die Strecke Wohnung–Arbeitsstätte–Wohnung.

22.3.2.7. Verbuchung am Lohnkonto – Eintragung am Lohnzettel

Der Arbeitgeber hat für jeden Arbeitnehmer ein Lohnkonto (→ 10.1.2.1.) zu führen (§ 76 EStG). In dem Lohnkonto hat der Arbeitgeber u.a. anzugeben:

- Tagesgelder, pauschale Nächtigungsgelder und Kilometergelder gem. § 3 Abs. 1 Z 16b EStG und gem. § 26 Z 4 EStG.

Steuerpflichtige Reisekostenentschädigungen müssen im Lohnkonto immer angeführt werden. Sie sind mit dem **Lohnsteuertarif** zu versteuern (→ 11.5.2.), erhöhen die **Jahressechstelbasis** (→ 23.3.2.2.) und werden in die Veranlagung (→ 15.) einbezogen.

In **jedem Fall** sind die im Lohnkonto anzugebenden nicht steuerbaren bzw. steuerfreien Reisekostenentschädigungen am **Lohnzettel** (L 16) in einer Summe unter

„Nicht steuerbare Bezüge (§ 26 Z 4) und steuerfreie Bezüge (§ 3 Abs. 1 Z 16b)" einzutragen; die steuerpflichtigen Teile der Reisekostenentschädigungen sind als Teil der Bruttobezüge unter Kennzahl 210 auszuweisen (→ 35.3.).

22.3.2.8. Nachweis einer Dienstreise – Muster einer Reisekostenabrechnung

Unter einem **Nachweis dem Grunde nach** ist der Nachweis zu verstehen, dass im Einzelnen nach der Definition des § 26 Z 4 EStG eine Dienstreise vorliegt und die dafür gewährten (pauschalen) Tagesgelder die je nach Dauer der Dienstreise bemessenen Tagesgelder des § 26 Z 4 EStG nicht überschreiten. Dies ist zumindest durch das **Datum**, die **Dauer**, das **Ziel** und den **Zweck der einzelnen Dienstreise** darzulegen und durch entsprechende Aufzeichnungen zu belegen. Ein Nachweis ist dem Grund nach erst dann gegeben, wenn neben dem Nachweis einer einzelnen tatsächlich angetretenen Reise auch insb. deren genaue Dauer belegt werden kann (VwGH 21.4.2004, 2001/08/0147; VwGH 28.5.2008, 2006/15/0280; vgl. zuletzt auch BFG 6.8.2019, RV/7100315/2011).

Durch das Führen von **EDV-unterstützten „Aufstellungen"** über Reisekosten- und Fahrtkostenvergütungen welche lediglich Diäten, Tages- und Nächtigungsgelder, Fahrtkostenvergütungen und sonstige Auslagen beinhalten wird (so der VwGH) nicht nachgewiesen, dass der darin genannte Arbeitnehmer die Fahrten zur Durchführung von Dienstverrichtungen tatsächlich unternommen hat. In einem solchen Fall müssen zusätzlich Belege oder Aufzeichnungen vorgelegt werden, auf deren Grundlage eine solche Aufstellung angefertigt wurde (VwGH 21.4.2004, 2001/08/0147).

Die Steuerfreiheit von Nächtigungsgeldern setzt die tatsächliche Nächtigung voraus, welche durch einwandfreie Nachweise zu belegen ist (VwGH 14.5.2003, 2000/08/0124). Werden dem Arbeitnehmer nicht die pauschalen Nächtigungsgelder, sondern die tatsächlichen (höheren) Kosten der Nächtigung (inkl. Frühstück) vom Arbeitgeber vergütet, müssen diese belegmäßig nachgewiesen werden. Gleiches gilt bei der Vergütung von sonstigen Spesen (Taxi, Bahn etc.). In jedem Fall empfiehlt es sich, die Originalbelege der Reisekostenabrechnung beizulegen.

Eine ordnungsgemäße Reisekostenabrechnung muss folgende **Angaben** enthalten:

1. Name des Arbeitnehmers,
2. Abreisedatum mit uhrzeitmäßiger Angabe des Abreisezeitpunkts,
3. Ankunftsdatum mit uhrzeitmäßiger Angabe des Ankunftszeitpunkts,
4. Zweck der Dienstreise,
5. Ziel der Dienstreise mit Angabe des gewählten Reisewegs,
6. bei Auslandsdienstreisen: Angabe der Uhrzeit des Grenzübertritts, bei Flugreisen Angabe des Abflugs- bzw. Ankunftszeitpunkts,
7. detailliert angeführte Fahrtauslagen,
8. detailliert angeführte sonstige Auslagen,
9. Höhe der ausbezahlten Tagesgelder,
10. Höhe der ausbezahlten Nächtigungsgelder,
11. Angabe über konsumierte Arbeitsessen.

Muster 11

Reisekostenabrechnung

Reisekostenabrechnung

Name des Arbeitnehmers: ____________________

Reisezweck: ____________ Reiseziel: ____________

gewählter Reiseweg: ____________________

Reisedauer: Beginn __. __. 20__ , ___ Uhr E nde __. __. 20__, ___ Uhr

Zur Verrechnung kommen	abgaben-freier Teil	abgaben-pflicht. Teil
I. **Fahrtauslagen**		
A. Öffentliche Verkehrsmittel (lt. Belege)		
1. Flug		
von ______ bis ______ ... € ____		
von ______ bis ______ ... € ____ =	€ ____	
2. Eisenbahnfahrten €		
von ______ bis ______ ... € ____		
von ______ bis ______ ... € ____		
von ______ bis ______ ... € ____		
von ______ bis ______ ... € ____ =	€ ____	
3. Straßenbahnfahrten in ______ ... € ____		
in ______ ... € ____		
Autobusfahrten in ______ ... € ____		
in ______ ... € ____		
Taxifahrten in ______ ... € ____		
in ______ ... € ____ =	€ ____	
B. Fahrten mit dem eigenen Pkw (lt. Fahrtenbuch)		
von bis		
____ ____ = ___ km		
____ ____ = ___ km		
____ ____ = ___ km		
____ ____ = ___ km		
___ km × € 0,42 = € ____ =	€ ____	
II. **Sonstige Auslagen** (lt. Belege)		
1. Porti .... € ____		
2. Telefongebühren .... € ____		
3. Fracht- und Gepäckskosten .... € ____ =	€ ____	
Übertrag	€ ____	

<table>
<tr><td colspan="3">Zur Verrechnung kommen</td><td>abgaben-
freier Teil</td><td>abgaben-
pflicht. Teil</td></tr>
<tr><td colspan="3">Übertrag . . . .</td><td>€ ____</td><td></td></tr>
<tr><td colspan="3">III. Tagesgelder (volles Tagesgeld lt. KV = € _____)</td><td></td><td></td></tr>
<tr><td>Dauer der Dienstreise</td><td>ausbezahltes Tagesgeld</td><td>Höchstbetrag lt. Kalendertags-/ 24-Stunden-Regelung</td><td></td><td></td></tr>
<tr><td>vom __.__. 20__/__ Uhr
bis __.__. 20__/__ Uhr — __ Std.</td><td>__/3 = € ___</td><td>__/12 = € ___</td><td></td><td></td></tr>
<tr><td>vom __.__. 20__/__ Uhr
bis __.__. 20__/__ Uhr — __ Std.</td><td>__/3 = € ___</td><td>__/12 = € ___</td><td></td><td></td></tr>
<tr><td>vom __.__. 20__/__ Uhr
bis __.__. 20__/__ Uhr — __ Std.</td><td>__/3 = € ___</td><td>__/12 = € ___</td><td></td><td></td></tr>
<tr><td>vom __.__. 20__/__ Uhr
bis __.__. 20__/__ Uhr — __ Std.</td><td>__/3 = € ___</td><td>__/12 = € ___</td><td></td><td></td></tr>
<tr><td>vom __.__. 20__/__ Uhr
bis __.__. 20__/__ Uhr — __ Std.</td><td>__/3 = € ___</td><td>__/12 = € ___</td><td></td><td></td></tr>
<tr><td></td><td>€ ___</td><td>€ ___</td><td>€ ____</td><td>€ ____</td></tr>
<tr><td colspan="3">IV. Nächtigungsgelder (lt. Belege)
vom ___. ___. 20__, bis ___. ___. 20__ . . . . € _____
vom ___. ___. 20__, bis ___. ___. 20__ . . . . € _____
vom ___. ___. 20__, bis ___. ___. 20__ . . . . € _____ =</td><td>€ ____</td><td></td></tr>
<tr><td colspan="3"></td><td>€ ____</td><td>€ ____</td></tr>
</table>

Gesamtsumme der Reisekosten . . . . € _____

abzüglich Reisekostenvorschuss . . . . – € _____

Differenz (zurückzuzahlen/zu empfangen)*) . . . . € _____

__________ , am ___. ___. 20___ ____________________

Unterschrift des Arbeitnehmers

*) Nicht Zutreffendes bitte streichen

Dieses Reisekostenabrechnungsformular ist auf die Gegebenheiten eines bestimmten Betriebs abgestimmt und muss in der Praxis jeweils angepasst werden.

22.4. Zusammenfassung

Bei Vorliegen einer steuerlich anzuerkennenden Dienstreise sind zu behandeln:

	SV	LSt	DB zum FLAF (→ 37.3.3.3.)	DZ (→ 37.3.4.3.)	KommSt (→ 37.4.1.3.)
Fahrtkosten-vergütungen Kilometergelder Tagesgelder Nächtigungsgelder bis zu den jeweiligen Höchstbeträgen (-sätzen)	frei	frei	frei	frei	frei
der übersteigende Teil	pflichtig (als lfd. Bez.)	pflichtig (als lfd. Bez.)	pflichtig[632 633]	pflichtig[632 633]	pflichtig[632]

Hinweis: Bedingt durch die unterschiedlichen Bestimmungen des Abgabenrechts ist das Eingehen auf ev. Sonderfälle nicht möglich. Es ist daher erforderlich, die entsprechenden Erläuterungen zu beachten.

Rechtsansicht der Finanzverwaltung zu Dienstreisen in Verbindung mit **Privataufenthalten**: Hält sich ein Arbeitnehmer vor, zwischendurch oder im Anschluss an eine Dienstreise am Ort (im Gebiet) der Dienstreise privat auf,

- sind die **Fahrtkostenvergütungen** zur Gänze als solche (weil in Verbindung mit einer Dienstreise stehend) abgabenfrei zu behandeln.

Sollte der Arbeitgeber für die private Aufenthaltsdauer

- **Tages- und Nächtigungsgelder** bezahlen, sind diese abgabenpflichtig zu behandeln.

Weitere Ausführungen dazu enthält Rz 10700 der Lohnsteuerrichtlinien 2002.

Vergleiche dazu die Durchzahlerregelung unter Punkt 22.3.2.2.2..

22.5. Dienstfahrten zwischen zwei oder mehreren Arbeitsstätten

Bei Dienstfahrten handelt es sich keinesfalls um Fahrten anlässlich von Dienstreisen, sondern um Fahrten zwischen zwei oder mehreren Arbeitsstätten (= zwei oder mehreren Mittelpunkten der Tätigkeit).

Solche **beruflich veranlassten Fahrtkosten** stellen nach der Rechtsprechung des VwGH keine spezifischen Reisekosten dar, sondern sind Werbungskosten allgemeiner Art. Fahrtkostenvergütungen (Kilometergelder) können daher **unabhängig** davon, ob Tagesgelder zustehen bzw. wie diese steuerlich zu behandeln sind, bei Vorliegen

---

632 Ausgenommen davon sind die Reisekostenentschädigungen der begünstigten behinderten Dienstnehmer und der begünstigten behinderten Lehrlinge i.S.d. BEinstG (→ 29.2.1.).

633 Ausgenommen davon sind die Reisekostenentschädigungen der Dienstnehmer (Personen) nach Vollendung des 60. Lebensjahrs (→ 31.11.).

nachstehender Voraussetzungen zeitlich unbegrenzt **nicht steuerbar** gem. § 26 Z 4 EStG (→ 22.3.2.) ausbezahlt werden. So können auch **Fahrtkosten bei Fahrtätigkeit** mit einem arbeitnehmereigenen Kraftfahrzeug sowie für Fahrten in einem Einsatzgebiet **nicht steuerbar** ersetzt werden.

Die Lohnsteuerrichtlinien 2002, Rz 294, bestimmen dazu:

Für Fahrten zwischen **zwei oder mehreren Mittelpunkten** der Tätigkeit stehen nicht steuerbare Fahrtkosten (z.B. in der Höhe des Kilometergeldes) zeitlich unbegrenzt zu. Die Fahrten von der Wohnung zu jener Arbeitsstätte, an der der Arbeitnehmer langfristig (i.d.R. im Kalenderjahr) im Durchschnitt am häufigsten tätig wird (Hauptarbeitsstätte), und die Fahrten von der **Hauptarbeitsstätte zurück zur Wohnung** (= WHW-Strecke oder „Entfernungssockel") sind mit dem Verkehrsabsetzbetrag und einem allfälligen Pendlerpauschale sowie dem Pendlereuro (→ 14.2.2.) abgegolten.

Ist die Hauptarbeitsstätte nicht eindeutig zu ermitteln, da der Arbeitnehmer gleich oft an mehreren Arbeitsstätten tätig wird, so gilt subsidiär (aushilfsweise) jene Arbeitsstätte, die im Dienstvertrag als Hauptarbeitsstätte definiert ist.

Für Fahrten von der **Hauptarbeitsstätte zu einer weiteren Arbeitsstätte** und zurück zur Hauptarbeitsstätte stehen grundsätzlich nicht steuerbare Fahrtkosten zu. Werden an einem Tag zwei oder mehrere Arbeitsstätten angefahren, so stehen nicht steuerbare Fahrtkosten nur für jene Strecke zu, die die Strecke Wohnung–Hauptarbeitsstätte–Wohnung übersteigt.

Beispiel 1

Ein Arbeitnehmer mit Wohnsitz im 9. Bezirk in Wien arbeitet am Vormittag im Büro im 22. Bezirk (Hauptarbeitsstätte; Entfernung Wohnung–Hauptarbeitsstätte 19 km), am Nachmittag im 17. Bezirk (Entfernung zur Hauptarbeitsstätte 24 km; Entfernung zur Wohnung 8 km). Für die Fahrten zwischen der Wohnung, den Arbeitsstätten und der Wohnung wird der eigene Pkw verwendet. Für diese Fahrten wird ein Kilometergeld gewährt.

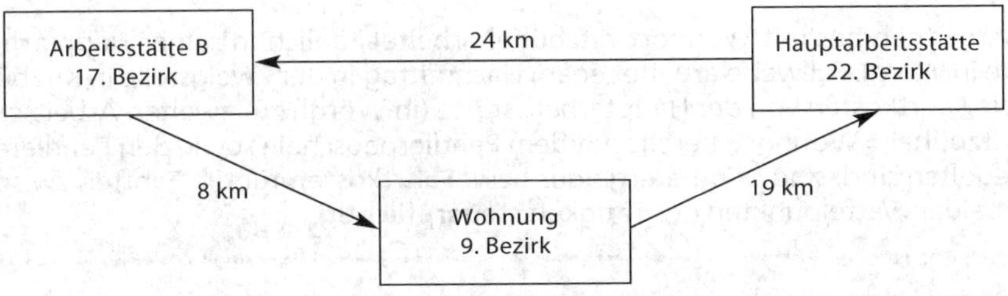

Die zurückgelegte Gesamtstrecke beträgt 51 km (19 km + 24 km + 8 km = 51 km). Davon stellen 38 km (zweimal Entfernung Wohnung–Hauptarbeitsstätte) Fahrten Wohnung– Arbeitsstätte dar, die durch den Verkehrsabsetzbetrag bzw. ein allfälliges Pendlerpauschale sowie den Pendlereuro abgegolten sind. Für die **verbleibenden 13 km** (51 km abzüglich 38 km) kann ein **nicht steuerbares Kilometergeld** berücksichtigt werden.

Hinweis: Bezahlt der Arbeitgeber aber bloß das Kilometergeld für die Fahrten zwischen dem 22. und dem 17. Bezirk, ist dieses für die 24 km nicht steuerbar.

Beispiel 2

Die Fahrtstrecke vom Wohnort zur Hauptarbeitsstätte beträgt 20 km. Die Strecke von der Hauptarbeitsstätte zur Arbeitsstätte B beträgt 30 km, die Strecke zurück zur Wohnung beträgt 45 km. Der Arbeitnehmer fährt an einem Tag von der Wohnung zur Hauptarbeitsstätte, anschließend zur Arbeitsstätte B und schließlich zurück zur Wohnung.

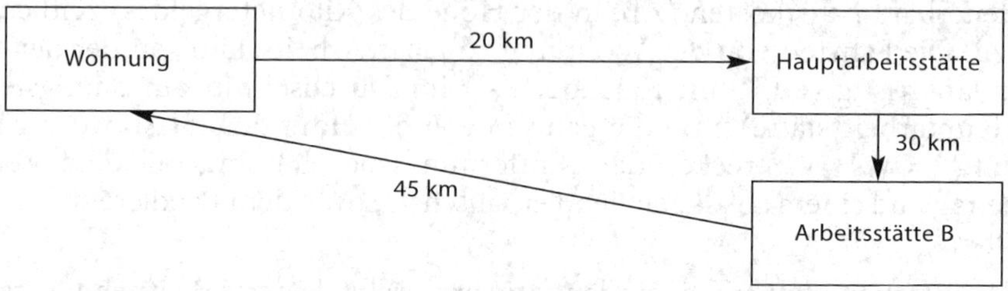

Die zurückgelegte Gesamtstrecke beträgt 95 km (20 km + 30 km + 45 km = 95 km). Davon stellen 40 km (zweimal Entfernung Wohnung–Hauptarbeitsstätte) Fahrten Wohnung– Arbeitsstätte dar, die durch den Verkehrsabsetzbetrag bzw. ein allfälliges Pendlerpauschale sowie den Pendlereuro abgegolten sind. Für die **verbleibenden 55 km** (95 km abzüglich 40 km) kann ein **nicht steuerbares Kilometergeld** berücksichtigt werden.

Beispiel 3

Ein Arbeitnehmer mit Wohnort Kitzbühel arbeitet täglich in seiner Hauptarbeitsstätte in Kitzbühel. Fallweise arbeitet er am Nachmittag in der Zweigstelle in Lienz. Für die Fahrt von der Hauptarbeitsstätte (in Kitzbühel) zur zweiten Arbeitsstätte (in Lienz) sind **Kilometergelder bzw. Fahrtkosten** für die **Fahrten zwischen den beiden Mittelpunkten** der Tätigkeit **nicht steuerbar**.

Beispiel 4

Ein Arbeitnehmer mit Wohnort Kitzbühel arbeitet täglich in seiner Hauptarbeitsstätte in Wörgl. Fallweise arbeitet er am Nachmittag in der Zweigstelle in Kitzbühel. Da die Fahrtkosten von der Hauptarbeitsstätte (in Wörgl) zur zweiten Arbeitsstätte (in Kitzbühel = Wohnort) bereits mit dem Pendlerpauschale sowie den Pendlereuro abgegolten sind, sind **Kilometergelder bzw. Fahrtkosten** für die Fahrten zwischen den beiden Mittelpunkten der Tätigkeit **steuerpflichtig**.

Beispiel 5

Ein Angestellter einer Bankfiliale holt am Morgen in der Zentrale Unterlagen ab und fährt anschließend in die Filiale. Die Fahrten zwischen seiner Wohnung und der Filiale stellen Fahrten zwischen Wohnung und Arbeitsstätte dar. Das Abholen der Unterlagen in der Zentrale begründet keinen Mittelpunkt der Tätigkeit. **Kilometergelder** können daher lediglich für einen allfälligen **Umweg nicht steuerbar** berücksichtigt werden.

Beispiel 6

Ein Arbeitnehmer mit Wohnort Wr. Neustadt arbeitet am Vormittag im 23 km entfernten Baden und am Nachmittag im 28 km entfernten Gloggnitz. Er fährt in der Früh von Wr. Neustadt nach Baden, zu Mittag von dort nach Hause und von zu Hause nach Gloggnitz, wo er am Nachmittag arbeitet. Bei Zutreffen der übrigen Voraussetzungen wird die zusätzliche Wegstrecke für das Ausmaß des Pendlerpauschals sowie den Pendlereuro berücksichtigt. Da keine unmittelbaren Fahrten zwischen mehreren Arbeitsstätten stattfinden, steht nur **ein volles Pendlerpauschale** für die Wegstrecke von 51 km zu.

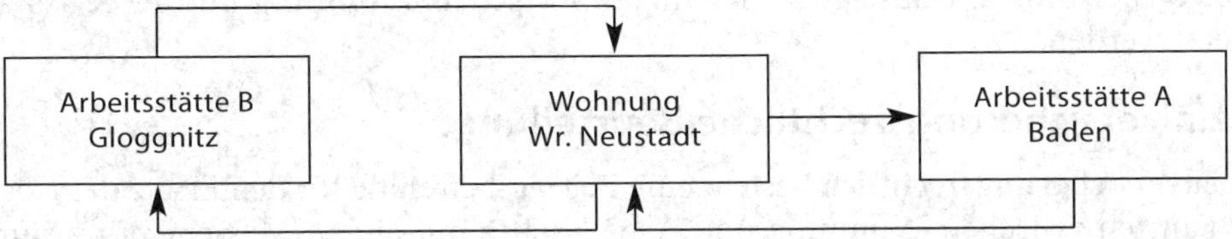

Hinweis: Für Fahrten zwischen zwei oder mehreren Arbeitsstätten **unterschiedlicher Arbeitgeber** sind die vorstehenden Ausführungen analog anzuwenden (LStR 2002, Rz 294a).

22.5.1. Zusammenfassung

	SV	LSt	DB zum FLAF (→ 37.3.3.3.)	DZ (→ 37.3.4.3.)	KommSt (→ 37.4.1.3.)
Fahrtkostenvergütungen Kilometergelder innerhalb der WHW-Strecke	pflichtig[634] (als lfd. Bez.)	pflichtig (als lfd. Bez.)	pflichtig[635 636]	pflichtig[635 636]	pflichtig[635]
Fahrtkostenvergütungen Kilometergelder, die WHW-Strecke übersteigend, bis zu den jeweiligen Höchstbeträgen(-sätzen)	frei	frei	frei	frei	frei
der übersteigende Teil	pflichtig (als lfd. Bez.)	pflichtig (als lfd. Bez.)	pflichtig[635 636]	pflichtig[635 636]	pflichtig[635]

WHW-Strecke = Strecke Wohnung–Hauptarbeitsstätte–Wohnung oder „Entfernungssockel"

634 Die Regelungen der LStR 2002, Rz 294, haben auch auf die sozialversicherungsrechtliche Behandlung Auswirkung, da die Bestimmungen des ASVG an die des EStG anbinden (Nö. GKK, DGservice April 2009; Wiener GKK, DGservice März 2009). **Anmerkung dazu:** Unserer Meinung nach handelt es sich bei den Fahrtkostenvergütungen innerhalb der WHW-Strecke (Entfernungssockel) um Fahrtkostenersätze für Fahrten zwischen Wohnung–Arbeitsstätte–Wohnung, die gem. § 49 Abs. 3 Z 20 ASVG dann beitragsfrei zu behandeln sind, wenn es sich um „die Beförderung der Dienstnehmer zwischen Wohnung und Arbeitsstätte auf Kosten des Dienstgebers sowie um den Ersatz der tatsächlichen Kosten für Fahrten des Dienstnehmers zwischen Wohnung und Arbeitsstätte mit Massenbeförderungsmitteln" handelt (vgl. auch Nö. GKK, NÖDIS Nr. 5/April 2016).

635 Ausgenommen davon sind die Fahrtkostenvergütungen bzw. Kilometergelder der begünstigten behinderten Dienstnehmer und der begünstigten behinderten Lehrlinge i.S.d. BEinstG (→ 29.2.1.).

636 Ausgenommen davon sind die Fahrtkostenvergütungen bzw. Kilometergelder der Dienstnehmer (Personen) nach Vollendung des 60. Lebensjahrs (→ 31.11.).

22.6. Fahrtkostenersätze bzw. Fahrtkostenzuschüsse und Übernahme der Kosten für ein „Öffi"-Ticket

22.6.1. Fahrtkostenersatz bzw. Fahrtkostenzuschüsse für Fahrten Wohnung–Arbeitsstätte

Von den Fahrtkostenvergütungen im Zusammenhang mit einer Dienstreise (→ 22.3.2.1.3.) bzw. einer Dienstfahrt (→ 22.5.) müssen die **Fahrtkostenersätze** bzw. Fahrtkostenzuschüsse unterschieden werden. Solche liegen vor, wenn dem Arbeitnehmer vom Arbeitgeber die Fahrtauslagen für **Fahrten zwischen Wohnung und Arbeitsstätte** ersetzt werden.

Sozialversicherungsrechtliche Beurteilung:

Sozialversicherungsrechtlich besteht eine Beitragsbefreiung für den Ersatz der Kosten für Fahrten zwischen Wohnung und Arbeitsstätte mit einem Massenbeförderungsmittel (§ 49 Abs. 3 Z 20 EStG). Nach der Rechtsprechung des VfGH ist es für die Beitragsbefreiung jedoch gleichgültig, ob ein Dienstnehmer für den Weg zwischen Wohnung und Arbeitsstätte

1. ein **Massenbeförderungsmittel** (z.B. U-Bahn, Straßenbahn, Autobus) benützt und die Fahrtkosten ersetzt erhält, oder
2. mit seinem **privaten Kfz** zur Arbeit fährt und dafür einen Kostenersatz erhält, oder
3. ein **firmeneigenes Kfz** benützt (VfGH 1.3.1996, B 2579/95; VfGH 16.6.1992, B 511/91; vgl. auch E-MVB Punkt 049-03-20-001; andere Ansicht VwGH 21.9.1993, 92/08/0098).

In allen drei Fällen liegt nämlich insofern ein „Fahrtkostenersatz" vor, als letztlich der Dienstgeber die Fahrtkosten trägt: In den Fällen 1 und 2 gewährt er dem Dienstnehmer einen Geldersatz, im Fall 3 übernimmt er die Fahrtkosten in Form eines Sachbezugs durch die Zurverfügungstellung des Firmen-Kfz.

Für die **Ermittlung der Höhe der beitragsfreien Fahrtkosten** ist folgende Vorgangsweise zu wählen:

- Benutzt der Dienstnehmer für den Weg zur Arbeit tatsächlich Massenbeförderungsmittel, lassen sich die Kosten anhand seiner Jahreskarte etc.[637] eruieren.
- Benutzt der Dienstnehmer keine öffentlichen Verkehrsmittel (obwohl es solche geben würde), können die Kosten durch Nachfrage bei Bahn, Post etc. ermittelt werden (siehe auch nachstehend).
- Verkehrt zwischen Wohnung und Arbeitsstätte kein Massenverkehrsmittel (bzw. ist dessen Benutzung unzumutbar), kann ein beitragsfreier „Fixbetrag" von € 0,11 pro Straßenkilometer (= 25% des amtlichen Kilometergelds) herangezogen werden (vgl. Nö. GKK, NÖDIS Nr. 5/April 2016).

Praxistipp: Benutzt der Dienstnehmer **keine öffentlichen Verkehrsmittel**, behilft man sich in der Praxis häufig mit den Tarifrechnern der Verkehrsbetriebe,

637 Die tatsächlich vom Dienstnehmer aufgewendeten Kosten für das Massenbeförderungsmittel sind relevant.

um die fiktiven Kosten zu ermitteln. Zur Frage, ob in diesem Fall für die Berechrechnung des monatlich maximal beitragsfreien Fahrtkostenzuschusses 1/12 der Jahreskarte, der Wert der (i.d.R. im Verhältnis zur Jahreskarte teureren) Monatskarte oder etwa der Wert von einzelnen Tageskarten anzusetzen ist, besteht keine höchstgerichtliche Rechtsprechung (der VwGH lehnt die Beitragsfreiheit außerhalb des Ersatzes der tatsächlichen Kosten generell ab – vgl. VwGH 21.9.1993, 92/08/0098). Man wird sich unseres Erachtens zur Bestimmung der fiktiven Kosten an jenen Kosten orientieren können, die den Dienstnehmer fiktiv am ehesten getroffen hätten. Bei unbefristeten Vollzeit-Dienstverhältnissen wird dies i.d.R. die Jahreskarte sein. Bei auf mehrere Wochen bzw. Monate befristeten Dienstverhältnissen wird im Einzelfall die Monatskarte angemessen sein. Arbeitet eine Person z.B. an nur einem Tag pro Woche, wird man u.U. auf den Tagestarif zurückgreifen (müssen), sofern dieser insgesamt kostengünstiger ist als das Monats- bzw. Jahresticket.

Hinweis: Die Tatsache, dass seit 1.7.2021 auch die Übernahme der Kosten u.a. von (tatsächlich gekauften) Wochenkarten für ein Massenbeförderungsmittel (→ 22.6.1.) beitragsfrei gestellt ist, hat unseres Erachtens keine Auswirkung auf die Beurteilung der Ermittlung der fiktiven Kosten für ein Massenbeförderungsmittel, wenn Letzteres tatsächlich nicht benutzt wird. Dies hat zur Folge, dass bei Gewährung eines Fahrtkostenzuschusses ohne tatsächliche Nutzung des Massenbeförderungsmittels oder bei „Herausschälen" der fiktiven Kosten aus einem PKW-Sachbezug grundsätzlich weiterhin jene Kosten heranzuziehen sind, die den Dienstnehmer fiktiv am ehesten getroffen hätten (siehe vorstehend). In vielen Fällen wird dies das günstigste Ticket (Jahreskarte) sein.

Werden (pauschale) Fahrtkostenersätze während **Urlaub, Feiertagen oder Krankenstand** etc. fortgezahlt, sind diese nach (teilweiser) Ansicht der Sozialversicherungsträger beitragspflichtig (u.U. in diese Richtung auszulegen OÖGKK, sozialversicherung aktuell 3/2018) und z.B. pauschal einmal pro Jahr beitragspflichtig abzurechnen. Zumindest für die im Krankheitsfall im fortgezahlten Entgelt enthaltenen Kostenersätze sieht das ASVG jedoch eine explizite Beitragsbefreiung vor (§ 49 Abs. 3 Z 21 ASVG)[638]. Darüber hinaus ist unseres Erachtens zu berücksichtigen, dass in vielen Fällen selbst bei Berücksichtigung der Abwesenheitstage der für die Bemessung der fiktiven Kosten gewählte Tickettarif (z.B. Jahreskarte) immer noch günstiger ist als ein Ansatz der Kosten für ein Ticket ausschließlich für die Anwesenheitszeiten[639]. In diesen Fällen hat unseres Erachtens jedenfalls keine Kürzung der Beitragsfreiheit der fiktiven Kosten aufgrund der Abwesenheitszeiten zu erfolgen. Keine Kürzung hat unseres Erachtens jedenfalls auch dann zu erfolgen, wenn tatsächlich ein Massenbeförderungsmittel benutzt wird (d.h. es sich um einen Ersatz der Kosten für ein erworbenes Ticket handelt); schließlich ist seit 1.7.2021 auch die Übernahme der tatsächlichen Kosten für eine Monats- oder Wochenkarte beitragsfrei.

Weitere Erläuterungen dazu finden Sie unter Punkt 20.3.1.2.

638 Diese Beitragsbefreiung nach § 49 Abs. 3 Z 21 ASVG stellt unseres Erachtens nicht darauf ab, ob die Weitergewährung im Krankheitsfall (aufgrund des Entgeltcharakters) verpflichtend oder (aufgrund des Aufwandsersatzcharakters) freiwillig erfolgt.

Steuerrechtliche Beurteilung:

Steuerrechtlich sind Fahrten zwischen Wohnung und Arbeitsstätte grundsätzlich durch den **Verkehrsabsetzbetrag** und ein **gegebenenfalls zustehendes Pendlerpauschale** sowie den **Pendlereuro** abgegolten. Eine explizite Ausnahme besteht seit 1.7.2021 nur für die Übernahme der **tatsächlichen Kosten einer Wochen-, Monats- oder Jahreskarte** für ein Massenbeförderungsmittel (→ 22.6.1.). Diese ist nicht steuerbar. Erfolgt hingegen ein Fahrtkostenersatz/-zuschuss, ohne dass tatsächlich ein Ticket gekauft wird, liegt **steuerpflichtiger Arbeitslohn** vor.

Das gilt auch für Fahrten zwischen Wohnung und Einsatzort, die gem. § 26 Z 4 lit. a letzter Satz EStG als Fahrten zwischen Wohnung und Arbeitsstätte gelten. Arbeitsstätte (Dienstort) ist jener Ort, an dem der Arbeitnehmer für den Arbeitgeber regelmäßig tätig wird. Tatsächlich gewährte Fahrtkosten (z.B. Kilometergeld) sind daher für derartige Fahrten steuerpflichtig zu behandeln.

Verlagert sich das regelmäßige Tätigwerden zu einer neuen Arbeitsstätte (Dienstort) (→ 22.3.2.1.1.), sind für die steuerliche Beurteilung der Fahrten vom Wohnort zu dieser Arbeitsstätte (Dienstort) die nachstehenden Ausführungen maßgeblich.

Wird der Arbeitnehmer zu einer neuen Arbeitsstätte **auf Dauer versetzt**, stellen die Fahrten zur neuen Arbeitsstätte mit Wirksamkeit der Versetzung Fahrten zwischen Wohnung und Arbeitsstätte gem. § 16 Abs. 1 Z 6 EStG dar (LStR 2002, Rz 706a).

Beispiel

Eine Filialleiterin wird in eine andere Filiale des Unternehmens **versetzt**. Die Fahrten zur neuen Filiale stellen keine Dienstreisen, sondern Fahrten zwischen Wohnung und Arbeitsstätte dar. Das freiwillig (vertraglich) gewährte Kilometergeld ist demnach **steuerpflichtig** zu behandeln.

22.6.2. Übernahme der Kosten eines „Öffi"-Tickets

Fahrtkostenersätze als Übernahme der tatsächlichen (!) Aufwendungen für „Öffi"-Tickets können für Ticketkäufe **seit 1.7.2021**[640] auch steuerlich unter bestimmten Voraussetzungen frei behandelt werden. Die Übernahme der **Kosten einer Wochen-,**

639 Im Sinne der Rechtsprechung des VwGH zur Beitragsfreiheit von im Urlaubsentgelt enthaltenen Schmutzzulagen (VwGH 7.5.2008, 2006/08/0225, → 18.3.4.) und der Tatsache, dass sich Urlaubsabwesenheiten auf ca. fünf Wochen pro Arbeitsjahr beschränken, muss dies unseres Erachtens in vielen Fällen auch zur Beitragsfreiheit von Fahrtkostenersätzen trotz Urlaubsabwesenheiten führen. Beispiele:

- Bemessung der fiktiven Kosten anhand einer Jahreskarte im Wert von € 450,00 / 12 = € 37,50 pro Monat. Die Monatskarte kostet € 50,00. Unter Berücksichtigung von zwei Monaten Abwesenheitszeiten (Urlaub, Feiertage, sonstige Dienstfreistellungen) würden die Kosten für zehn Monatskarten bei € 500,00 und damit über dem Wert einer Jahreskarte liegen. Es können somit unseres Erachtens jedenfalls die vollen Kosten für die Jahreskarte beitragsfrei belassen werden (keine Kürzung der Beitragsfreiheit aufgrund der Abwesenheitszeiten).
- Bemessung der fiktiven Kosten anhand einer Monatskarte im Wert von € 50,00 (befristetes Dienstverhältnis). Der Mitarbeiter befindet sich eine Woche auf Urlaub. Drei Wochenkarten kosten € 60,00 und liegen daher über dem Wert eines Monatstickets. Es können somit die vollen Kosten für die Monatskarte beitragsfrei belassen werden (keine Kürzung der Beitragsfreiheit aufgrund der Abwesenheitszeiten).

640 Die Neuregelung gilt für Ticketkäufe ab 1.7.2021. Als Ticketerwerb gilt auch die Verlängerung von Tickets, insbesondere von Jahreskarten (LStR 2002, Rz 750b). Wurde das Ticket vor 1.7.2021 erworben bzw. verlängert,

Monats- oder Jahreskarte für ein Massenbeförderungsmittel durch den Arbeitgeber für seine Arbeitnehmer ist **nicht steuerbar und sozialversicherungsrechtlich beitragsfrei,** sofern die Karte zumindest am Wohn- oder Arbeitsort gültig ist. Die Übernahme der Kosten stellt jedoch steuerpflichtigen Arbeitslohn dar, wenn diese anstelle des bisher gezahlten Arbeitslohns oder einer üblichen Lohnerhöhung geleistet wird (§ 26 Z 5 lit. b EStG, § 49 Abs. 3 Z 20 ASVG)[641].

Nicht steuerbar bzw. beitragsfrei ist somit die Zurverfügungstellung eines Tickets für die Nutzung von Massenbeförderungsmitteln **unabhängig von der Ticketart** (Netzkarten, Streckenkarten, Klimaticket, ÖsterreichCard der ÖBB etc.). Die Begünstigung setzt jedoch voraus, dass die Tickets für Fahrten innerhalb eines längeren Zeitraumes gelten. **Einzelfahrscheine und Tageskarten** sind daher **nicht** von der Begünstigung umfasst[642]. Die Reichweite des Tickets ist nicht mit der Strecke Wohnung–Arbeitsstätte begrenzt. Auch Karten, die nur am Wohnort gültig sind, können begünstigt sein (vgl. auch LStR 2002, Rz 750a).

Der Arbeitgeber kann dem Arbeitnehmer eine Wochen-, Monats- oder Jahreskarte **entweder zur Verfügung stellen oder die entsprechenden Kosten (ganz oder teilweise) ersetzen**. Die Begünstigung kommt damit unabhängig davon zur Anwendung, wer das Ticket kauft. Die Begünstigung steht auch zu, wenn der Arbeitgeber nur einen Teil der Kosten des „Öffi"-Tickets übernimmt oder diese (teilweise) Kostenübernahme **im Rahmen der monatlichen Gehaltsauszahlung** erfolgt. Eine **teilweise Kostenübernahme** durch den Arbeitgeber ist immer auf den Gültigkeitszeitraum und den Gültigkeitsbereich des „Öffi"-Tickets bezogen. Eine Zuordnung bzw. Widmung der teilweisen Kostenübernahme des „Öffi"-Tickets zu einzelnen Zeiträumen oder Zonen ist nach Ansicht des BMF nicht zulässig (LStR 2002, Rz 750b).

Eine **Gehaltsumwandlung**, d.h. die Zahlung anstatt des bisher gezahlten steuerpflichtigen Arbeitslohns oder anstatt einer üblichen Lohnerhöhung[643] ist **schädlich**. Der umgewandelte Bezug ist als laufender Bezug zu erfassen. Als Zeitpunkt des Zuflusses gilt der Zeitpunkt, in dem der umgewandelte Bezug zugeflossen wäre. Wurde bisher ein Fahrtkostenzuschuss auf Basis der Kosten für ein öffentliches Verkehrsmittel für die Strecke Wohnung–Arbeitsstätte gezahlt und wird anstatt dessen ein „Öffi"-Ticket zur Verfügung gestellt, liegt nach Ansicht des BMF keine Gehaltsumwandlung vor (LStR 2002, Rz 750g).

Grundsätzlich darf die vom Arbeitnehmer erworbene Karte auch übertragbar sein oder auf eine Familienkarte ausgeweitet werden. Sollten dafür jedoch Zusatzkosten anfallen, sind diese nicht von der Steuerbefreiung umfasst (LStR 2002, Rz 750g).

Arbeitnehmer haben **keinen** automatischen **arbeitsrechtlichen Anspruch** auf ein „Öffi"-Ticket. Dem Arbeitgeber steht es völlig frei, ob und welchen Arbeitnehmern

---

besteht keine Vergünstigung. Für Ticketkäufe bis 30.6.2021 war die Beförderung von Arbeitnehmern durch den Arbeitgeber mit Massenbeförderungsmitteln (als sog. „Jobtickets") nur unter strengen Voraussetzungen nicht steuerbar zu behandeln. Zur Rechtslage bis 30.6.2021 (und zum sog. „Jobticket") siehe die 32. Auflage dieses Buches. „Jobtickets" bleiben auch nach dem 30.6.2021 weiterhin abgabenbefreit.

641 Auch sozialversicherungsrechtlich sind Bezugsumwandlungen aufgrund des Anspruchsprinzips im Regelfall beitragspflichtig zu behandeln, sofern kein echter Gehaltsverzicht vorliegt.

642 Sozialversicherungsrechtlich könnte im Einzelfall eine Beitragsbefreiung als Fahrtkostenersatz (→ 22.6.1.) bestehen. Dies wird für Einzelfahrscheine bzw. Tagestickets jedoch nur im Ausnahmefall möglich sein (z.B. bei tageweisen Dienstverhältnissen).

643 Was unter einer „üblichen Lohnerhöhung" zu verstehen ist, lässt der Gesetzgeber offen. Das BMF spricht von Lohnerhöhungen, auf die jeweils ein arbeitsrechtlicher Anspruch besteht – vgl. LStR 2002, Rz 750g.

er ein „Öffi"-Ticket gewährt. Die Steuerfreiheit ist auch dann gegeben, wenn dieses nicht allen oder bestimmten Gruppen von Arbeitnehmern zur Verfügung gestellt wird.

Kostenbeiträge zum Öffi-Ticket:

Muss ein Arbeitnehmer **Kostenbeiträge leisten**, sind diese nach Ansicht des BMF grundsätzlich dem Anteil der Privatnutzung des Tickets zuzuordnen und daher **nicht als Werbungskosten** (→ 14.1.1.) abzugsfähig. Stellt das „Öffi"-Ticket hingegen eine **Streckenkarte zwischen Wohnung und Arbeitsstätte** dar, ist nach dieser Ansicht ein Kostenbeitrag des Arbeitnehmers bis **maximal zur Höhe des in seinem konkreten Fall in Frage kommenden Pendlerpauschales als Werbungskosten** abzugsfähig; der Pendlereuro steht nicht zu (LStR 2002, Rz 750e).

Kauft der Arbeitnehmer das „Öffi"-Ticket und der Arbeitgeber übernimmt einen Teil der Kosten, dann ist der vom Arbeitnehmer getragene Kostenanteil ebenso als Kostenbeitrag anzusehen.

Beispiel 1:

Ein Arbeitnehmer erhält von seinem Arbeitgeber eine Jahreskarte für die Strecke Wohnung–Arbeitsstätte. Ohne die Zurverfügungstellung der Jahreskarte stünde ihm das Kleine Pendlerpauschale für eine Wegstrecke von 40 bis 60 km in der Höhe von € 1.356,00 jährlich zu. Er leistet einen Kostenersatz von € 40,00 monatlich an seinen Arbeitgeber.

Es sind daher € 480,00 jährlich (€ 40,00 × 12) an Werbungskosten zu berücksichtigen, da dieser Betrag in seinem fiktiven Pendlerpauschale in der Höhe von € 1.356,00 jährlich Deckung findet. Ein Pendlereuro steht nicht zu.

Beispiel 2 (LStR 2002, Rz 750e):

Arbeitnehmer A wohnt und arbeitet in Wien. Er bekommt von seinem Arbeitgeber die ÖBB ÖsterreichCard 1. Klasse im Wert von € 2.998,00 zur Verfügung gestellt und leistet einen Kostenbeitrag von € 500,00.

Dieser Kostenbeitrag stellt keine abzugsfähigen Werbungskosten dar, da er der Privatnutzung zuzuordnen ist. Die Zuwendung von € 2.498,00 ist nicht steuerbar. Es steht auch kein Pendlerpauschale und Pendlereuro zu.

Beispiel 3 (LStR 2002, Rz 750e):

Arbeitnehmer B wohnt in Waidhofen a.d. Thaya und arbeitet in Wien. Er kauft für diese Wegstrecke eine Streckenkarte im Wert von € 1.200,00 und erhält vom Arbeitgeber für diese Streckenkarte € 800,00 ersetzt.

Die Kosten des Arbeitnehmers iHv € 400,00 stellen Werbungskosten allgemeiner Art dar, es steht jedoch kein Pendlerpauschale und kein Pendlereuro zu.

Pendlerpauschale und Pendlereuro:

Wenn ein Arbeitnehmer **überwiegend auf Kosten des Arbeitgebers durch Zahlung oder Zurverfügungstellung eines begünstigten „Öffi"-Tickets zwischen Wohnung und Arbeitsstätte befördert** wird, steht dem Arbeitnehmer das Pendlerpauschale (→ 14.2.2.) nicht zu. Eine überwiegende Beförderung ist dann gegeben, wenn der Arbeitnehmer an mehr als der Hälfte der Arbeitstage im Lohnzahlungszeitraum mit „Öffi"-Ticket[644] zwischen Wohnung und Arbeitsstätte befördert wird.

Beispiel 4 (LStR 2002, Rz 750d):

Arbeitnehmer A wohnt in Amstetten und arbeitet in Linz. Von seinem Arbeitgeber bekommt er eine ÖBB ÖsterreichCard für das gesamte Kalenderjahr 2022 zur Verfügung gestellt, die den gesamten Weg zwischen Wohnung und Arbeitsstätte umfasst.

Da die Karte das gesamte Jahr 2022 gilt, steht im Jahr 2022 kein Pendlerpauschale zu.

Variante:

A bekommt von seinem Arbeitgeber die Hälfte der Kosten einer ÖBB ÖsterreichCard für das gesamte Kalenderjahr 2022 ersetzt, die den gesamten Weg zwischen Wohnung und Arbeitsstätte umfasst.

Da die Karte das gesamte Jahr 2022 gilt, steht im Jahr 2022 kein Pendlerpauschale zu. Die Kosten des Arbeitnehmers sind dem Anteil der Privatnutzung des „Öffi"-Tickets zuzuordnen.

Beispiel 5 (LStR 2002, Rz 750d):

Der Arbeitgeber stellt seinem Arbeitnehmer B in jedem Kalendermonat eine Wochenkarte (1x im Monat für 1 Woche) für die gesamte Strecke zwischen Wohnung und Arbeitsstätte zur Verfügung. Da in keinem Kalendermonat (=Lohnzahlungszeitraum) ein Überwiegen gegeben ist, stehen dem Arbeitnehmer Pendlerpauschale und Pendlereuro in voller Höhe zu.

Muss ein Arbeitnehmer trotz Zurverfügungstellung eines „Öffi"-Tickets **bestimmte Wegstrecken** zwischen Wohnung und Einstiegstelle des öffentlichen Verkehrsmittels zurücklegen, ist die nicht vom „Öffi"-Ticket umfasste Wegstrecke zwischen Wohnung und Einstiegstelle so zu behandeln wie die Wegstrecke zwischen Wohnung und Arbeitsstätte. **Die Höhe des Pendlerpauschales für die Teilstrecke ist jedoch mit dem fiktiven Pendlerpauschale für die Gesamtstrecke (zwischen Wohnung und Arbeitsstätte) begrenzt.**

644 Dabei ist für jeden Kalendermonat das Überwiegen zu beurteilen, ob an mehr als der Hälfte der Arbeitstage ein „Öffi"-Ticket zur Verfügung steht (z.B. bei Monatskarte mit Gültigkeit von 10.5. bis 10.6. kein Pendlerpauschale für Mai, für Juni hingegen schon).

Beispiel 6 (LStR 2002, Rz 750c):

Die Gesamtstrecke Wohnung (Niederösterreich) – Arbeitsstätte (Wien) beträgt 47 km. Der Arbeitnehmer erhält vom Arbeitgeber ein „Öffi"-Ticket für die Kernzone Wien. Die Teilstrecke von der Wohnung bis zur Kernzonengrenze in Wien, ab der das „Öffi"-Ticket gilt, beträgt 38 km. Für diese Teilstrecke steht laut Pendlerrechner ein (kleines) Pendlerpauschale in Höhe von € 696,00 jährlich zu.

Dienstreise:

Wird **ein vom Arbeitgeber begünstigt zur Verfügung gestelltes „Öffi-Ticket"** auch für Dienstreisen verwendet, dürfen keine zusätzlichen Fahrtkostenersätze (→ 22.3.2.1.1. Punkt A.) für die vom Ticket umfassten Strecken geleistet werden. Werden vom Arbeitgeber zunächst nicht die vollen Kosten des „Öffi"-Tickets ersetzt, können in diesen Fällen weitere Kostenbeiträge gemäß § 26 Z 5 lit. b EStG bis zur Höhe der Gesamtkosten des „Öffi"-Tickets gewährt werden (LStR 2002, Rz 750b).

Verwendet der Arbeitnehmer sein **privat gekauftes „Öffi"-Ticket** für Dienstreisen, kann der Arbeitgeber die fiktiven Kosten für das günstigste öffentliche Verkehrsmittel als Reisekostenersätze gemäß § 26 Z 4 EStG (→ 22.3.2.1.1. Punkt A.) nicht steuerbar ersetzen (LStR 2002, Rz 750b; vgl ähnlich bereits zur alten Rechtslage vor Inkrafttreten der Bestimmungen zum begünstigten „Öffi"-Ticket BMF, BMF-310205/0015-GS/VB/2019; 2649/AB BlgNR 26. GP).

Beendigung des Dienstverhältnisses – Lohnkonto und Lohnzettel:

Bei **Beendigung des Dienstverhältnisses** vor Ablauf der Gültigkeit des „Öffi"-Tickets liegt für Zeiträume außerhalb des Dienstverhältnisses grundsätzlich ein steuerpflichtiger Sachbezug vor. Dieser verbleibende Wert (für die noch nicht genutzten Monate) ist als **sonstiger Bezug** (→ 23.3.2.) zu versteuern. Dies gilt nicht, soweit der Arbeitnehmer dem Arbeitgeber den verbleibenden Wert erstattet. In Fällen von Unterbrechungen des Entgeltbezugs bei arbeitsrechtlich aufrechtem Arbeitsverhältnis (z. B. Karenzierung, Präsenzdienst; → 27.) kann das „Öffi"-Ticket hingegen auch ohne Erstattung eines Betrags durch den Arbeitnehmer weiterhin abgabenfrei verwendet werden.

Im **Lohnkonto** (→ 10.1.2.1.) und im **Lohnzettel** (→ 35.1.) sind die **Kalendermonate** einzutragen, in denen ein Arbeitnehmer auf Kosten des Arbeitgebers befördert wird. Auch die **Höhe der übernommenen Kosten** eines abgabenfreien „Öffi"-Tickets ist in das Lohnkonto aufzunehmen. Darüber hinaus ist ein belegmäßiger Nachweis über die Kosten des übernommenen Tickets – etwa eine Rechnung oder eine Kopie der Fahrkarte – zu den Lohnunterlagen aufzunehmen.

22.6.3. Zusammenfassung

Fahrtkostenersätze als Geldzuschüsse für die (tatsächlichen oder fiktiven) Kosten der Fahrt zwischen Wohnung und Arbeitsstätte sind unabhängig vom tatsächlich verwendeten Verkehrsmittel

<table>
<tr><th></th><th>SV</th><th>LSt</th><th>DB zum FLAF (→ 37.3.3.3.)</th><th>DZ (→ 37.3.4.3.)</th><th>KommSt (→ 37.4.1.3.)</th></tr>
<tr><td>bis zur Höhe der Aufwendungen für ein Massenbeförderungsmittel</td><td>frei (tatsächliche bzw. fiktive Aufwendungen)[645]</td><td rowspan="2">pflichtig (als lfd. Bez.) *)</td><td rowspan="2">pflichtig[646, 647] *)</td><td rowspan="2">pflichtig[646, 647] *)</td><td rowspan="2">pflichtig[646] *)</td></tr>
<tr><td>der übersteigende Teil</td><td>pflichtig (als lfd. Bez.)</td></tr>
</table>

zu behandeln.

*) Sofern die Voraussetzungen für die Kostenübernahme eines „Öffi"-Tickets nicht erfüllt sind (siehe nachstehend).

Der **tatsächliche Kostenersatz für ein „Öffi"-Ticket** ist für Ticketkäufe **seit 1.7.2021** bei Erfüllung aller Voraussetzungen für

	SV	LSt	DB zum FLAF (→ 37.3.3.3.)	DZ (→ 37.3.4.3.)	KommSt (→ 37.4.1.3.)
eine Wochen-, Monats- oder Jahreskarte	frei	frei	frei	frei	frei
einen Einzelfahrschein oder eine Tageskarte	pflichtig (als lfd. Bez.)**	pflichtig (als lfd. Bez.)	pflichtig[646, 647]	pflichtig[646, 647]	pflichtig[646]

**) Sofern im Einzelfall die Voraussetzungen für den SV-freien Fahrtkostenersatz nicht erfüllt sind (siehe vorstehend).

22.7. Werkverkehr

Werkverkehr liegt vor, wenn der Arbeitgeber seine Arbeitnehmer zwischen Wohnung und Arbeitsstätte mit Fahrzeugen in der **Art eines Massenbeförderungsmittels** befördert oder befördern lässt.

Die Beförderung stellt nur dann steuerpflichtigen Arbeitslohn dar, wenn diese anstelle des bisher gezahlten Arbeitslohns oder einer üblichen Gehalts(Lohn)erhöhung geleistet wird[648] (vgl. § 26 Z 5 EStG).

Der Vorteil des Arbeitnehmers aus der Beförderung im Werkverkehr stellt unter nachstehenden Voraussetzungen **keinen steuerpflichtigen Sachbezug** dar.

645 Sozialversicherungsrechtlich beitragsfrei ist auch der Ersatz von fiktiven Aufwendungen für ein Massenbeförderungsmittel, wenn dieses gar nicht tatsächlich benützt wird. Siehe auch Punkt 20.3.1.2.

646 Ausgenommen davon sind die Fahrtkostenersätze der begünstigten behinderten Dienstnehmer und der begünstigten behinderten Lehrlinge i.S.d. BEinstG (→ 29.2.1.).

647 Ausgenommen davon sind die Fahrtkostenersätze der Dienstnehmer (Personen) nach Vollendung des 60. Lebensjahrs (→ 31.11.).

Die Lohnsteuerrichtlinien 2002, Rz 743 bis 750 und 750g bis 750h, bestimmen dazu:

Werkverkehr mit Fahrzeugen in der Art eines **Massenbeförderungsmittels** ist dann anzunehmen, wenn die Beförderung der Arbeitnehmer mit größeren Bussen, mit arbeitgebereigenen oder angemieteten Kleinbussen oder mit anderen Fahrzeugen nach Art eines Linienverkehrs, die im Unternehmen des Arbeitgebers zur Beförderung eingesetzt werden, erfolgt.

Werkverkehr ist auch dann anzunehmen, wenn es sich um **Spezialfahrzeuge** handelt, die auf Grund ihrer Ausstattung eine andere private Nutzung praktisch ausschließen, wie Einsatzfahrzeuge, Pannenfahrzeuge. Der bloße Umstand, dass ein **Klein-Lkw** durch den Arbeitgeber eingesetzt wird, führt nicht zu einem Werkverkehr. Bei **Berufschauffeuren** ist Werkverkehr auch dann anzunehmen, wenn das verwendete Fahrzeug nach der Dienstverrichtung mit nach Hause genommen wird, aber für Privatfahrten nicht verwendet werden darf. In diesen Fällen ist kein Sachbezug für die Benutzung des Kraftfahrzeugs anzusetzen (→ 20.3.3.4.).

Werkverkehr nach **Art eines Linienverkehrs** ist anzunehmen, wenn der Arbeitgeber seine Arbeitnehmer mit arbeitgebereigenen Fahrzeugen (auch Pkw, Kombi) oder durch angemietete Fahrzeuge (einschließlich Taxi) nach Art eines Linienverkehrs befördern lässt. Voraussetzung ist, dass eine Mehrzahl von Arbeitnehmern gemeinsam und regelmäßig befördert werden. Die Beförderungskapazität eines eingesetzten Pkw oder Kombis muss **i.d.R. zu 80%** ausgeschöpft sein. (Bei fünfsitzigem Pkw müssen somit zumindest Fahrer und drei Beifahrer das Kraftfahrzeug benützen.) Bei Zutreffen dieser Voraussetzungen ist ein Werkverkehr bei Arbeitnehmern anzunehmen, die über Auftrag des Arbeitgebers von einem Arbeitnehmer mit dem Arbeitgeberfahrzeug mitgenommen werden.

Wenn ein Arbeitnehmer im Kalendermonat **überwiegend** im nicht steuerbaren Werkverkehr befördert wird, stehen dem Arbeitnehmer das **Pendlerpauschale** und der **Pendlereuro** für die vom Werkverkehr umfasste Strecke **nicht zu**. Eine überwiegende Beförderung im Werkverkehr ist dann gegeben, wenn der Arbeitnehmer an mehr als der Hälfte der Arbeitstage im Kalendermonat (im Werkverkehr) befördert wird.

Muss ein Arbeitnehmer **für den Werkverkehr bezahlen**, so sind die Kosten bis max. zur Höhe des in seinem konkreten Fall infrage kommenden **Pendlerpauschals** als Werbungskosten abzugsfähig. Der Arbeitgeber hat Kostenersätze des Arbeitnehmers, die im Rahmen des Werkverkehrs geleistet werden, bereits bei der Lohnverrechnung zu berücksichtigen. In diesem Fall steht **kein Pendlereuro** (→ 14.2.2.) zu.

Wenn auf einer Wegstrecke ein **Werkverkehr eingerichtet** ist, den der Arbeitnehmer trotz Zumutbarkeit der Benützung nachweislich nicht benützt, dann kann für die Wegstrecke, auf der Werkverkehr eingerichtet ist, ein Pendlerpauschale zustehen (VwGH 27.7.2016, 2013/13/0088). Das Pendlerpauschale steht jedenfalls für Wegstrecken zu, die nicht von der Beförderung umfasst sind.

---

648 Es darf sich demnach um keine Gehalts(Lohn)umwandlung handeln. Das wäre der Fall, wenn der Werkverkehr anstatt des bisher gezahlten steuerpflichtigen Arbeitslohns oder anstatt einer üblichen Gehalts(Lohn)erhöhung zur Verfügung gestellt wird. Was unter einer „üblichen Lohnerhöhung" zu verstehen ist, lässt der Gesetzgeber offen. Das BMF spricht von Lohnerhöhungen, auf die jeweils ein arbeitsrechtlicher Anspruch besteht – vgl. LStR 2002, Rz 750g.

Muss ein Arbeitnehmer trotz bestehenden Werkverkehrs bestimmte **Wegstrecken zwischen Wohnung und Einstiegstelle** des Werkverkehrs zurücklegen, so ist die Wegstrecke zwischen Wohnung und Einstiegstelle so zu behandeln wie die Wegstrecke zwischen Wohnung und Arbeitsstätte. Die Einstiegstelle des Werkverkehrs wird somit für Belange des Pendlerpauschals und des Pendlereuros mit der Arbeitsstätte gleichgesetzt. Die Höhe des Pendlerpauschals für die Teilstrecke ist jedoch mit dem fiktiven Pendlerpauschale für die Gesamtstrecke (inkl. Werkverkehr) begrenzt.

Beispiel

Die Gesamtstrecke Wohnung–Arbeitsstätte beträgt 52 km. Der Arbeitnehmer wird auf einer Teilstrecke von 31 km im Werkverkehr befördert.

Für eine Teilstrecke von 21 km (52 km abzüglich 31 km; auf dieser Teilstrecke verkehrt kein öffentliches Verkehrsmittel) würde ein Großes Pendlerpauschale in der Höhe von € 1.476,00 jährlich zustehen. Allerdings ist das Pendlerpauschale mit dem fiktiven Pendlerpauschale für die Gesamtstrecke in der Höhe von € 1.356,00 jährlich (Kleines Pendlerpauschale für eine Wegstrecke von 40 bis 60 km) begrenzt.

Im **Lohnkonto** (→ 10.1.2.1.) und im **Lohnzettel** (→ 35.1.) sind die Kalendermonate **einzutragen**, in denen ein Arbeitnehmer im Rahmen des Werkverkehrs befördert wird.

Zusammenfassung:

Werkverkehr ist

SV	LSt	DB zum FLAF (→ 37.3.3.3.)	DZ (→ 37.3.4.3.)	KommSt (→ 37.4.1.3.)
frei[649]	frei	frei	frei	frei

649 SV-frei gem. § 49 Abs. 3 Z 20 ASVG.

23. Abrechnung von Sonderzahlungen

In diesem Kapitel werden u.a. Antworten auf folgende praxisrelevanten Fragestellungen gegeben:

23.1. Begriff

Unter Sonderzahlungen versteht man Teile des Entgelts (→ 9.1.), die den Dienstnehmern

- **neben** oder auch **nicht neben** ihren laufenden Bezügen **regelmäßig** in größeren Zeitabständen (z.B. jährlich wiederkehrend) oder auch nur **einmalig** ausbezahlt werden.

Beispiele dafür sind:

- die Urlaubsbeihilfe,
- die Weihnachtsremuneration,
- das Bilanzgeld,
- die Jahresabschlussprämie,
- die Einmalprämie,
- die Jubiläumszuwendung (→ 24.1.),
- die Urlaubsabgeltung (→ 26.2.9.),
- die Abfertigung (→ 33.3.)

u.a.m.

> Diese Sonderzahlungen werden in diesem Kapitel behandelt.

Die unterschiedlichen arbeits- und abgabenrechtlichen Bestimmungen machen es notwendig, dass in diesem Kapitel nur die zumindest jährlich wiederkehrenden Sonderzahlungen (**Remunerationen**) und die Einmalprämie behandelt werden.

23.2. Arbeitsrechtliche Bestimmungen

23.2.1. Anspruch auf Sonderzahlungen

Rechtsgrundlagen:

Sonderzahlungen gebühren auf Grund von

- Gesetzen (Hausbesorgergesetz[650], Heimarbeitsgesetz usw.),
- Kollektivverträgen,
- Mindestlohntarifen,
- Betriebsvereinbarungen oder
- Einzeldienstverträgen.

Daneben können Sonderzahlungen auch freiwillig gewährt werden. Auch ein Anspruch aufgrund Gewohnheitsrecht, betrieblicher Übung oder des arbeitsrechtlichen Gleichbehandlungsgrundsatzes ist möglich (→ 2.2.1.; → 3.3.1.; → 9.3.10.).

Am häufigsten sind **Kollektivverträge** Rechtsgrundlage dafür. Diese bezeichnen die Sonderzahlungen nicht immer einheitlich. So wird z.B.

- die Urlaubsbeihilfe u.a. auch Urlaubsgeld, Urlaubszuschuss oder 14. Bezug (!)[651],
- die Weihnachtsremuneration u.a. auch Weihnachtsgeld oder 13. Bezug (!)[651] und
- das Bilanzgeld u.a. auch 15. Bezug

genannt.

Wartefristen:

Der Anspruch auf Sonderzahlung kann – etwa durch den Kollektivvertrag – von einer Mindestbeschäftigungsdauer abhängig gemacht werden (**Wartefrist**). Uneingeschränkt gilt dies jedoch nur für Sonderzahlungen an Arbeiter. Bei Angestellten ist § 16 Abs. 1 AngG zu beachten, wonach Sonderzahlungen – sofern dem Grunde nach ein Anspruch besteht[652] – jedenfalls für die Zeit der zurückgelegten Dienstzeit gebühren (§ 16 Abs. 1 AngG). Für Angestellte bedeutet dies nach der Rechtsprechung des OGH Folgendes:

- Unzulässig sind Bestimmungen, wonach Angestellten der Sonderzahlungsanspruch erst nach Ablauf einer Wartefrist rückwirkend für die gesamte Dienstzeit (ab Eintritt) gewährt wird. Die zwingende Bestimmung des § 16 AngG kann nicht dadurch umgangen werden, dass die Entstehung des im Kalenderjahr oder Arbeitsjahr gebührenden Sonderzahlungsanspruchs an das Erreichen eines bestimmten Stichtages gebunden wird (vgl. bereits OGH 30.8.1989, 9 ObA 177/89).

---

650 Das Hausbesorgergesetz ist auf Dienstverhältnisse, die nach dem 30. Juni 2000 abgeschlossen wurden, nicht mehr anzuwenden (§ 31 Abs. 5 HbG) (→ 4.4.3.1.4.).

651 Das Weihnachtsgeld war ursprünglich die erste in einigen Kollektivverträgen vorgesehene Sonderzahlung (daher der 13. Bezug). Erst später folgten Regelungen bezüglich des Urlaubsgelds.

652 Diese Bestimmung **schafft keinen** gesetzlichen **Anspruch** auf eine periodische Remuneration (→ 23.2.3.2.).

- Entsteht der Anspruch auf Sonderzahlungen für Angestellte erst nach Ablauf von einigen Monaten eines Dienstverhältnisses, widerspricht dies jedoch dann nicht § 16 AngG, wenn für diese Monate – auch den darüber hinaus beschäftigten Arbeitnehmern – überhaupt kein Anspruch auf Sonderzahlungen gewährt wird und ein solcher damit weder an einen Stichtag gebunden noch mit der Art der Auflösung des Arbeitsverhältnisses verknüpft ist (OGH 16.7.2004, 8 ObA 73/04z zu § 3 Abs. 8 des Kollektivvertrags für Angestellte des Außendienstes der Versicherungsunternehmen).

§ 16 AngG ist insbesondere auch bei Aliquotierung der Sonderzahlung im Fall der Beendigung eines Dienstverhältnisses von Relevanz (→ 23.2.3.2.).

Wird allen (befristet oder unbefristet beschäftigten) Arbeitnehmern ein arbeitsvertraglicher Anspruch auf Sonderzahlungen erst nach einer Beschäftigungsdauer von sechs Monaten eingeräumt, kann dies nicht jedenfalls als Diskriminierung von Arbeitnehmern angesehen werden, mit denen ein befristetes Arbeitsverhältnis abgeschlossen wurde (OGH 29.9.2016, 9 ObA 112/16k).

23.2.2. Höhe und Fälligkeit der Sonderzahlungen

Der **Zeitraum**, für den Sonderzahlungen gebühren, ist meist das **Kalenderjahr**, doch wird auch in manchen Kollektivverträgen auf das **Arbeitsjahr** abgestellt.

Über die **Höhe** und die **Fälligkeit** dieser Sonderzahlungen beinhalten die Kollektivverträge nicht immer gleich lautende Bestimmungen.

Beispiel

Eine häufig vorkommende Bestimmung

- **für Angestellte**
  - ist eine Urlaubsbeihilfe in der Höhe eines Monatsgehalts, fällig per Urlaubsantritt, spätestens jedoch mit 30. Juni[653], und eine Weihnachtsremuneration in der Höhe eines Monatsgehalts, fällig per 30. November,
- **für Arbeiter**
  - ist eine Urlaubsbeihilfe, ev. gestaffelt nach der Dienstzeit, bis zur Höhe eines Monatslohns (4,33fachen Wochenlohns), fällig per Urlaubsantritt, spätestens jedoch mit 30. Juni, und
  - eine Weihnachtsremuneration, ev. gestaffelt nach der Dienstzeit, bis zur Höhe eines Monatslohns (4,33fachen Wochenlohns), fällig per 1. Dezember.

Stichtags- oder Durchschnittsbetrachtung:

Zahlreiche Kollektivverträge bestimmen, dass sich die Höhe der Sonderzahlungen nach der Entgelthöhe zum Zeitpunkt der Fälligkeit der Sonderzahlungen bemisst (**Stichtagsbetrachtung**). Es ergeben sich dabei durch vorangegangene bzw. nachträgliche Entgelterhöhungen (z.B. aufgrund einer kollektivvertraglichen Vorrückung oder freiwilligen Gehaltserhöhung) grundsätzlich keine Mischberechnungen. Für

653 Beginnt das Arbeitsverhältnis erst nach dem Fälligkeitszeitpunkt der Urlaubsbeihilfe, sehen Kollektivverträge manchmal vor, dass eine Auszahlung der Urlaubsbeihilfe spätestens mit der Weihnachtsremuneration zu erfolgen hat. Fehlt eine derartige Bestimmung, ist die Urlaubsbeihilfe grundsätzlich spätestens mit 31.12. zu gewähren.

diesen Grundsatz bestehen jedoch Ausnahmen, die unter Punkt 23.2.3.3. dargestellt werden. Ein Kollektivvertrag könnte aber auch vorsehen, dass Sonderzahlungen generell anhand einer **Durchschnittsbetrachtung** berechnet werden.

Sieht ein Kollektivvertrag vor, dass sich die Sonderzahlung der Höhe nach auf Grundlage des Durchschnitts der vom Arbeitnehmer in den letzten 13 Wochen oder den letzten drei Kalendermonaten vor der jeweiligen Fälligkeit der Sonderzahlung bezogenen Entgelts berechnet und hatte der Arbeitnehmer (z.B. aufgrund eines langen Krankenstandes) in diesen Zeiträumen keinen Entgelt-(fortzahlungs-)anspruch, dann hat er der Höhe nach auch keinen Anspruch auf die kollektivvertraglichen Sonderzahlungen (OGH 28.6.2017, 9 ObA 58/17w zum Kollektivvertrag für ArbeiterInnen in der Denkmal-, Fassaden- und Gebäudereinigung).

Im Regelfall gilt für die Bemessung der **Höhe** der Sonderzahlungen Folgendes:

- Soweit Kollektivvertragsbestimmungen die Sonderzahlungen in der Höhe eines **Grundgehalts** oder eines **Grundlohns** festlegen, sind **keine** sonstigen **Bezugsbestandteile** in diese hineinzurechnen.
- Gebührt ein **Monatsgehalt** oder ein **Monatslohn** (-bezug, -verdienst), sind **zumeist** bestimmte, i.d.R. im Kollektivvertrag angeführte **Bezugsbestandteile** in die Sonderzahlungen mit einzubeziehen[654].
- Gebührt ein **Monatsentgelt**, sind **alle Bezugsbestandteile** (z.B. Überstunden, Zulagen, Prämien, Provisionen, Akkord, der Wert der Sachbezüge), nicht aber Aufwandsentschädigungen in die Sonderzahlungen mit einzubeziehen.

In allen Fällen sind entsprechende Sonderregelungen bzw. Erläuterungen des anzuwendenden Kollektivvertrags zu beachten.

23.2.3. Aliquotierung der Sonderzahlungen

Üblicherweise gebühren einem Dienstnehmer, der **kein ganzes Kalenderjahr** bei einem Dienstgeber beschäftigt war, die Sonderzahlungen nicht in voller Höhe, sondern nur die **aliquoten** (anteilsmäßigen) **Teile**.

23.2.3.1. Aliquotierung bei Eintritt während des Kalenderjahrs

Beginnt ein Dienstnehmer sein Dienstverhältnis während eines Kalenderjahrs, gebühren ihm (ev. erst nach einer bestimmten Dauer des Dienstverhältnisses) i.d.R. aliquote Sonderzahlungen. Eine dem Kollektivvertrag übergeordnete allgemeine gesetzliche Bestimmung dazu (außer der eingangs erwähnten Spezialgesetze) gibt es nicht.

Beispiele 64–65

Aliquotierung von Sonderzahlungen bei Eintritt während des laufenden Kalenderjahrs anhand eines angenommenen Kollektivvertrags.

---

654 Grundsätzlich gilt, dass
- regelmäßig und in gleicher Höhe gewährte Zulagen **einzubeziehen** sind,
- variabel gewährte sowie leistungsbezogene Entgeltbestandteile (z.B. Überstunden) **nicht einzubeziehen** sind. Jedoch sehen Arbeiter-Kollektivverträge häufig vor, dass auch regelmäßig gewährte variable (schwankende) Bezugsbestandteile (z.B. Zuschläge, monatliche Provisionen) in die Sonderzahlungsberechnung einzubeziehen sind.

Beispiel 64

Angaben:

- Angestellter (Arbeiter),
- Eintritt: 1.3.20..,
- Monatsgehalt (Monatslohn): € 1.840,00,
- Gehalt (Lohn) vom 1.3.–31.12.20.. in gleich bleibender Höhe,
- Urlaubsbeihilfe und Weihnachtsremuneration lt. Kollektivvertrag: je 1 Monatsgehalt (Monatslohn) pro Kalenderjahr.

Lösung:

Die aliquote Urlaubsbeihilfe beträgt lt. Kollektivvertrag:

€ 1.840,00 : 12 × 10 = **€ 1.533,33** 10 = Anzahl der Monate von März bis Dez.

Die aliquote Weihnachtsremuneration beträgt lt. Kollektivvertrag:

€ 1.840,00 : 12 × 10 = **€ 1.533,33**

Beispiel 65

Angaben:

- Angestellter (Arbeiter),
- Eintritt: 20.6.20..,
- Monatsgehalt (Monatslohn): € 1.300,00,
- monatliche Leistungsprämie: € 220,00,
- Gehalt (Lohn) und Leistungsprämie vom 20.6.–31.12.20.. in gleich bleibender Höhe,
- Urlaubsbeihilfe und Weihnachtsremuneration lt. Kollektivvertrag: je 1 Monatsentgelt pro Kalenderjahr.

Lösung:

Die aliquote Urlaubsbeihilfe beträgt lt. Kollektivvertrag:

€	1.300,00	
+ €	220,00	365 = Anzahl der Tage im Jahr
€	1.520,00: 365 × 195 = **€ 812,05**	195 = Anzahl der Tage vom 20.6.–31.12.

Die aliquote Weihnachtsremuneration beträgt lt. Kollektivvertrag:

€ 1.520,00: 365 × 195 = **€ 812,05**

In einem Schaltjahr wird i.d.R. durch 366 dividiert.

23.2.3.2. Aliquotierung bei Austritt während des Kalenderjahrs

Wird das Dienstverhältnis während des Kalenderjahrs beendet, ist der Anspruch auf aliquote (bzw. volle) Sonderzahlung grundsätzlich unter Zuhilfenahme nachstehender Rechtsquellen festzustellen. Wird das Dienstverhältnis

vor Erhalt der Sonderzahlung		**nach Erhalt** der Sonderzahlung	
beendet, ist dies bei			
Arbeitern[655]	Angestellten	Arbeitern[655]	Angestellten
der Kollektivvertrag;	das Angestelltengesetz;	der Kollektivvertrag;	der Kollektivvertrag.
Ⓐ	Ⓑ	Ⓒ	Ⓓ

Ⓐ Für diesen Fall sehen die Kollektivverträge i.d.R. vor, dass die Sonderzahlungen **anteilig** gebühren und nur dann entfallen, wenn das Dienstverhältnis durch begründete Entlassung (→ 32.1.5.3.) oder durch unbegründeten vorzeitigen Austritt (→ 32.1.6.3.) beendet wird.

Ⓑ Das Angestelltengesetz (eine dem Kollektivvertrag übergeordnete Regelung) bestimmt dazu:

Falls der Angestellte Anspruch auf eine periodische Remuneration (Sonderzahlung) oder auf eine andere besondere Entlohnung **hat, gebührt sie ihm**, wenngleich das Dienstverhältnis vor Fälligkeit des Anspruchs gelöst wird, in dem Betrag, der dem Verhältnis zwischen der Dienstperiode, für die die Entlohnung gewährt wird, und der zurückgelegten Dienstzeit entspricht (§ 16 Abs. 1 AngG).

Diese Bestimmung räumt dem Angestellten, dessen Dienstverhältnis vor Fälligkeit des Anspruchs (auf welche Art auch immer) gelöst wird, einen **anteiligen Anspruch** ein. Darüber hinaus hat sie auch Bedeutung für mögliche Wartefristen für Sonderzahlungsansprüche (→ 23.2.1.).

Werden dem Angestellten in einem Kollektivvertrag Sonderzahlungen gewährt, dann verstößt eine Bestimmung, wonach diese Sonderzahlungsansprüche u.a. im Fall einer begründeten Entlassung nicht zustehen (bzw. als nicht erworben gelten), gegen die zwingende Aliquotierungsbestimmung des § 16 AngG (OGH 26.11.2013, 9 ObA 82/13v).

Die Aliquotierungsvorschrift des § 16 AngG betrifft nicht nur Remunerationen, sondern auch andere besondere Entlohnungen (u.a. Jahresprämien verschiedener Art). Sofern einem Angestellten nach dem Dienstvertrag eine solche Prämie gebührt, hat er nach Beendigung des Dienstverhältnisses während des Jahres Anspruch auf jenen Teil, der seiner Dienstzeit entspricht. Eine Vereinbarung, wonach die **Aliquotierung** bei **Ausscheiden** des Angestellten vor einem Stichtag ausgeschlossen werden soll, ist unwirksam (OGH 26.4.1995, 9 ObA 47/95).

Ⓒ Für diesen Fall sehen die Kollektivverträge häufig vor, dass die Sonderzahlungen entweder in allen Fällen oder auch nur dann aliquot[656] rückzuzahlen sind, wenn das

655 Bzw. bei kaufmännischen und gewerblichen Lehrlingen.
656 Aliquot für jenen Teil des Dienstverhältnisses, der auf die Zeit nach Beendigung entfällt.

Dienstverhältnis durch begründete Entlassung, durch unbegründeten vorzeitigen Austritt oder durch Dienstnehmerkündigung beendet wird. Bei Arbeitern (und Lehrlingen) wäre auch eine Kollektivvertragsregelung möglich, die die gänzliche (nicht nur aliquote) Rückzahlung der Sonderzahlungen für den Fall einer begründeten Entlassung oder eines unbegründeten vorzeitigen Austritts vorsieht.

Die Kollektivverträge können für die Urlaubsbeihilfe und die Weihnachtsremuneration unterschiedliche Rückzahlungsbestimmungen enthalten.

Ⓓ Für diesen Fall sehen die Kollektivverträge häufig vor, dass die Sonderzahlungen entweder in allen Fällen oder auch nur dann aliquot zurückzuzahlen sind, wenn das Dienstverhältnis durch begründete Entlassung, durch unbegründeten vorzeitigen Austritt oder durch Dienstnehmerkündigung beendet wird. Eine Kollektivvertragsregelung, die die gänzliche Rückzahlung der Sonderzahlungen für zumindest bestimmte Fälle vorsehen würde, wäre rechtsunwirksam, da diese gegen die Regelungen des § 16 Abs. 1 AngG (siehe Ⓑ) verstoßen würde.

Die Kollektivverträge können für die Urlaubsbeihilfe und die Weihnachtsremuneration unterschiedliche Rückzahlungsbestimmungen enthalten.

Sieht ein Kollektivvertrag **nur für bestimmte Arten der Beendigung** des Dienstverhältnisses eine **Rückverrechnung** des auf die nicht zurückgelegte Dienstzeit entfallenden Teils der Sonderzahlungen vor, ergibt sich daraus zwingend die Absicht der Kollektivvertragsparteien, im Fall einer in der Rückverrechnungsanordnung **nicht genannten Beendigungsart** dem Dienstnehmer die **volle Sonderzahlung** zu belassen (OGH 16.12.2008, 8 ObS 18/08t; OGH 29.11.2016, 9 ObA 146/16k). Enthält ein Kollektivvertrag **nur** die Anordnung, dass Sonderzahlungen **bei Beginn oder Ende des Dienstverhältnisses** während des Kalenderjahrs nur **aliquot** gebühren, **fehlt** jedoch jegliche Regelung über die **Rückverrechnung** der Sonderzahlungen, kann dennoch ein bereits fällig gewesener, ausbezahlter **Urlaubszuschuss** bei Beendigung des Dienstverhältnisses vor Ablauf des Kalenderjahrs **zurückgefordert** werden (OGH 26.2.2004, 8 ObS 2/04h; OGH 16.12.2008, 8 ObS 18/08t). Gutgläubiger Verbrauch (→ 9.8.) kann vom Dienstnehmer dagegen nicht eingewendet werden (OGH 12.8.1999, 8 ObA 221/99d; OGH 10.4.2003, 8 ObA 10/03h).

Werden im Laufe eines Jahres Sonderzahlungen (hier Erfolgsprämie lt. Betriebsvereinbarung) geleistet, die grundsätzlich für das ganze Jahr gebühren, jedoch zu einem früheren Zeitpunkt als dem Jahresende fällig werden, muss sich der Dienstnehmer darüber im Klaren sein, dass ihm dieser Betrag unter der entsprechenden Zweckwidmung nur zusteht, wenn das Dienstverhältnis das ganze Jahr dauert, und dass bei **Beendigung** des Dienstverhältnisses **vor Jahresende** im Sinn einer Aliquotierung ein Teil dieses Betrags **gegen später fällig werdende Ansprüche aufgerechnet** wird. Unter diesen Umständen kommt ein gutgläubiger Verbrauch (→ 9.8.) von Sonderzahlungen nicht in Frage (OGH 23.2.1994, 9 ObA 34/94).

Beispiele 66–68

Aliquotierung von Sonderzahlungen eines Angestellten bei Austritt während des Kalenderjahrs anhand eines angenommenen Kollektivvertrags.

Gemeinsame Angaben für die Beispiele 66–68:

- Angestellter,
- Eintritt: 1.12.2018,
- Monatsgehalt: € 1.860,00 (vom 1.1.2022 bis zum Austrittstag in gleich bleibender Höhe),
- Urlaubsbeihilfe und Weihnachtsremuneration lt. Kollektivvertrag: je 1 Monatsgehalt pro Kalenderjahr.
- Die Urlaubsbeihilfe ist am 30. Juni, die Weihnachtsremuneration ist am 30. November auszuzahlen.
- Wenn der Angestellte nach Erhalt der für das laufende Kalenderjahr gebührenden Urlaubsbeihilfe, jedoch vor Ablauf des Kalenderjahrs
  - sein Dienstverhältnis selbst aufkündigt,
  - aus seinem Dienstverhältnis ohne wichtigen Grund vorzeitig austritt oder
  - infolge Vorliegens eines wichtigen Grundes vorzeitig entlassen wird,

  muss er lt. Kollektivvertrag die im laufenden Kalenderjahr anteilsmäßig zu viel bezogene Urlaubsbeihilfe wieder zurückzahlen.

Beispiel 66

Angaben:

- Der Angestellte wird durch den Dienstgeber per 15.9.2022 gekündigt.

Lösung:

Der Angestellte hat die Urlaubsbeihilfe für das ganze Kalenderjahr am 30. Juni erhalten. Lt. Kollektivvertrag ist bei Vorliegen einer Kündigung durch den Dienstgeber keine aliquote Rückverrechnung der Urlaubsbeihilfe vorzunehmen.

Die aliquote Weihnachtsremuneration beträgt lt. Kollektivvertrag und den Bestimmungen gem. § 16 AngG:

€ 1.860,00 : 365 × 258 = **€ 1.314,74** 258 = Anzahl der Tage vom 1.1.–15.9.

Beispiel 67

Angaben:

- Der Angestellte wird per 10.10.2022 entlassen.

Lösung:

Der Angestellte hat die Urlaubsbeihilfe für das ganze Kalenderjahr am 30. Juni erhalten. Lt. Kollektivvertrag ist bei Vorliegen einer Entlassung eine aliquote Rückverrechnung der Urlaubsbeihilfe vorzunehmen.

Der Rückverrechnungsbetrag der Urlaubsbeihilfe beträgt lt. Kollektivvertrag:

€ 1.860,00 : 365 × 82 = **– € 417,86**

82 = Anzahl der Tage vom 11.10.–31.12.

oder

€ 1.860,00 : 365 × 283 =	€ 1.442,14
283 = Anzahl der Tage vom 1.1.–10.10.	
bereits erhaltene Urlaubsbeihilfe	– € 1.860,00
Rückverrechnungsbetrag	**– € 417,86**

Die aliquote Weihnachtsremuneration beträgt lt. Kollektivvertrag und den Bestimmungen gem. § 16 AngG:

€ 1.860,00 : 365 × 283 = **€ 1.442,14**

Beispiel 68

Angaben:

- Der Angestellte kündigt per 31.10.2022.

Lösung:

Der Angestellte hat die Urlaubsbeihilfe für das ganze Kalenderjahr am 30. Juni erhalten. Lt. Kollektivvertrag ist bei Vorliegen einer Kündigung durch den Angestellten eine aliquote Rückverrechnung der Urlaubsbeihilfe vorzunehmen.

Der Rückverrechnungsbetrag der Urlaubsbeihilfe beträgt lt. Kollektivvertrag:

€ 1.860,00 : 12 × 2 =	**– € 310,00**
2 = Anzahl der Monate von November bis Dezember	
oder	
€ 1.860,00 : 12 × 10 =	€ 1.550,00
10 = Anzahl der Monate von Jänner bis Oktober	
bereits erhaltene Urlaubsbeihilfe	– € 1.860,00
Rückverrechnungsbetrag	**– € 310,00**

Die aliquote Weihnachtsremuneration beträgt lt. Kollektivvertrag und den Bestimmungen gem. § 16 AngG:

€ 1.860,00 : 12 × 10 = **€ 1.550,00**

Beispiel 69

Aliquotierung von Sonderzahlungen eines Arbeiters bei Austritt während des Kalenderjahrs anhand eines angenommenen Kollektivvertrags.

Angaben:

- Arbeiter,
- Eintritt: 1.11.2015,
- das Dienstverhältnis endet durch begründete Entlassung,
- Ende des Dienstverhältnisses: 10.10.2022,
- Monatslohn: € 1.660,00 (vom 1.1.2022 bis zum Austrittstag in gleich bleibender Höhe),

- Urlaubsbeihilfe und Weihnachtsremuneration lt. Kollektivvertrag: je 1 Monatslohn pro Kalenderjahr.
- Die Urlaubsbeihilfe ist bei Antritt des gesetzlichen Urlaubs, ... spätestens am 30. September, die Weihnachtsremuneration ist am 30. November auszuzahlen.
- Wenn der Arbeiter nach Erhalt der für das laufende Kalenderjahr gebührenden Urlaubsbeihilfe, jedoch vor Ablauf des Kalenderjahrs .... infolge Vorliegens eines wichtigen Grundes vorzeitig entlassen wird, muss er lt. Kollektivvertrag die im laufenden Kalenderjahr anteilsmäßig zu viel bezogene Urlaubsbeihilfe wieder zurückzahlen.
- Wenn der Arbeiter vor Erhalt der für das laufende Kalenderjahr gebührenden Weihnachtsremuneration infolge Vorliegens eines wichtigen Grundes vorzeitig entlassen wird, entfällt der Anspruch auf den aliquoten Teil der Weihnachtsremuneration.

Lösung:

Der Arbeiter hat die Urlaubsbeihilfe für das ganze Kalenderjahr am 30. September erhalten. Lt. Kollektivvertrag ist bei Vorliegen einer Entlassung eine aliquote Rückverrechnung der Urlaubsbeihilfe vorzunehmen.

Die aliquote Urlaubsbeihilfe beträgt lt. Kollektivvertrag:

€ 1.660,00 : 365 × 283 =	€ 1.287,07
283 = Anzahl der Tage vom 1.1.–10.10.	
Bereits erhaltene Urlaubsbeihilfe	– € 1.660,00
aliquoter Anspruch auf Urlaubsbeihilfe	€ 1.287,07
Rückverrechnungsbetrag	**– € 372,93**

Dem Arbeiter steht lt. Kollektivvertrag keine aliquote Weihnachtsremuneration zu.

Anlässlich der Endabrechnung ist der Rückverrechnungsbetrag der Urlaubsbeihilfe negativ abzurechnen. Die für diesen Fall vorgesehene **spezielle lohnsteuerliche Behandlung** finden Sie unter Punkt 14.1.1.

23.2.3.3. Aliquotierung (Mischberechnung) bei unterschiedlich hohen Bezügen

Teilzeitbeschäftigung und Mehrarbeit:

Sofern auf Grund des Kollektivvertrags oder Arbeitsvertrags Ansprüche nach dem Ausmaß der Arbeitszeit bemessen werden, ist bei (ständig) Teilzeitbeschäftigten die regelmäßig geleistete Mehrarbeit (→ 16.2.2.) zu berücksichtigen, dies gilt insb. bei der Bemessung der Sonderzahlungen[657] (§ 19d Abs. 4 AZG). Durch Kollektivvertrag kann festgelegt werden, welcher Zeitraum für die Berechnung der regelmäßig geleisteten Mehrarbeit heranzuziehen ist (§ 19d Abs. 7 AZG).

Sofern der Kollektivvertrag keinen Durchschnittszeitraum festlegt, ist ein 3-Monats-Zeitraum vertretbar, bei saisonalen Schwankungen ist ein 12-Monats-Zeitraum angemessen. Ob allfällige Mehrstundenzuschläge in die Bemessung der Sonderzahlung einzubeziehen sind, hängt von den kollektivvertraglichen Bestimmungen ab. Über-

657 Durch Freizeit abgegoltene Mehrarbeitsstunden sind allerdings in die Sonderzahlungen nicht einzubeziehen (OGH 18.5.1999, 8 ObA 173/98v).

wiegend werden Mehrstundenzuschläge, so wie Überstundenzuschläge, nicht in die Basis für die Bemessung von Sonderzahlungen einbezogen, weil sich die Bemessungsgrundlage auf das Monatsgehalt oder den Monatslohn bezieht und allenfalls bestimmte weitere Bezugsbestandteile (z.B. Zulagen) einbezogen werden.

Bei einer Änderung der Arbeitszeit (z.B. einem Wechsel von Vollzeit- auf Teilzeitbeschäftigung oder umgekehrt) gilt:

Hat ein Dienstnehmer unterschiedlich hohes Gehalt (Lohn) deshalb erhalten, weil während des Kalenderjahrs seine Arbeitszeitausmaß verändert hat (z.B. von einer Vollzeitbeschäftigung auf eine Teilzeitbeschäftigung oder umgekehrt übergegangen wurde), bestehen für die Berechnung der Sonderzahlungen (abhängig von der Regelung des anzuwendenden Kollektivvertrags) zwei Möglichkeiten:

1. Die Sonderzahlung bemisst sich nach der tatsächlichen Entgelthöhe zum Fälligkeitszeitpunkt (**Stichtagsberechnung**).
2. Die Sonderzahlung ist „gemischt" (= zeitanteilig) zu berechnen (**Mischsonderzahlung**).

Die Tatsache alleine, dass der Kollektivvertrag für die Sonderzahlungsberechnung auf das Entgelt eines konkreten Monats Bezug nimmt, steht einer Mischberechnung bei unterjähriger Änderung des Beschäftigungsausmaßes nicht entgegen. Vielmehr ist nach Ansicht des OGH wie folgt vorzugehen:

- Sieht der Kollektivvertrag eine **ausdrückliche Regelung** für die unterjährige Änderung des Beschäftigungsausmaßes vor, ist diese Regelung jedenfalls zu beachten (siehe z.B. nachstehend die Bestimmung im Kollektivvertrag für Angestellte in Handelsbetrieben).
- Sieht der Kollektivvertrag für die unterjährige Änderung des Beschäftigungsausmaßes **keine Regelung** vor, besteht insofern eine planwidrige Lücke und die Sonderzahlung ist anhand einer **Mischberechnung** zu gewähren (OGH 27.9.2016, 8 ObS 12/16x).

Beispiel für eine konkrete Regelung in einem Kollektivvertrag:

Für den Fall einer **Teilzeitbeschäftigung im unterschiedlichen Ausmaß** bestimmt der Kollektivvertrag für Angestellte in Handelsbetrieben: „Bei teilzeitbeschäftigten Angestellten mit unterschiedlichem Ausmaß der Teilzeitbeschäftigung berechnet sich die Weihnachtsremuneration nach dem Durchschnitt der letzten 13 Wochen vor der Fälligkeit." Gleiches gilt für die Urlaubsbeihilfe.

Diese Bestimmung ist so auszulegen, dass davon nicht nur Dienstnehmer umfasst sind, die bei Fälligkeit der Weihnachtsremuneration bzw. Urlaubsbeihilfe in Teilzeitarbeit stehen, sondern auch solche, die während des Jahres von Vollzeit in Teilzeit oder umgekehrt gewechselt haben (Auswirkungen hat die Bestimmung jedoch nur dann, wenn der Wechsel innerhalb von 13 Wochen vor Fälligkeit der Sonderzahlung erfolgt ist). Der von den Kollektivvertragsparteien vorgesehene Zeitraum von 13 Wochen (= drei Monate) muss als angemessener Beobachtungszeitraum angesehen werden (OGH 30.3.2011, 9 ObA 85/10f).

Teilzeitbeschäftigung nach dem MSchG bzw. VKG:

Fallen in ein Kalenderjahr auch Zeiten einer Teilzeitbeschäftigung nach dem MSchG bzw. VKG, gebühren Sonderzahlungen in dem der Vollzeit- und Teilzeitbeschäftigung entsprechenden Ausmaß im Kalenderjahr (zeitanteilig = Mischsonderzahlung) (§ 15j Abs. 7 MSchG, § 8b Abs. 7 VKG) (→ 27.1.4.3.).

Beispiel 70

Berechnung einer Mischsonderzahlung, wenn in ein Kalenderjahr teilweise Teilzeitbeschäftigung nach dem MSchG fällt.

Angaben:

- Teilzeitbeschäftigung nach dem MSchG bis 26. August 20..
  - zu 20 Stunden/Woche,
  - Monatsgehalt: € 1.100,00,
  - im Mai erhaltene Urlaubsbeihilfe: € 1.100,00.
- Vollzeitbeschäftigung ab 27. August 20..
  - zu 38 Stunden/Woche,
  - Monatsgehalt:

€ 1.100,00 : 20 × 38 =	€	2.090,00
+ gleichzeitig vorgenommener Gehaltserhöhung	€	60,00
insgesamt	€	2.150,00

  - Fälligkeitszeitpunkt der Weihnachtsremuneration: 30. November,
  - Höhe der Weihnachtsremuneration: das im November gebührende Monatsgehalt.
- Der Kollektivvertrag sieht bezüglich der Berechnung einer Mischsonderzahlung keine Regelung vor.

Lösung:

Monatsgehalt bei Vollzeitbeschäftigung:

1.1.–26.8.20..(238 Kalendertage): € 1.100,00 : 20 × 38 =	€	2.090,00
27.8.–31.12.20..(127 Kalendertage):	€	2.150,00

Mischsonderzahlung im Verhältnis Teilzeitbeschäftigung zu Vollzeitbeschäftigung:

Urlaubsbeihilfe:	€ 1.100,00 : 365 × 238 =	€	717,26
	€ 2.090,00 : 365 × 127 =	€	727,21
	tatsächlicher Anspruch auf Urlaubsbeihilfe	€	1.444,47
	bereits erhaltene Urlaubsbeihilfe	– €	1.100,00
	Nachzahlungsbetrag	€	**344,47**
Weihnachtsrem.:	€ 2.150,00 : 38 × 20 = € 1.131,58		
	€ 1.131,58 : 365 × 238 =	€	737,85
	€ 2.150,00 : 365 × 127 =	€	748,08
		€	**1.485,93**

Weitere Teilzeitbeschäftigungen:

Die oben dargestellte Art der Mischsonderzahlungsberechnung ist im Sinn einer gleichwertigen arbeitsrechtlichen Beurteilung auch für die ähnlich gelagerten Fälle der **Altersteilzeit** nach dem 50. Lebensjahr (→ 27.3.4.), bei **Betreuungspflichten von nahen Angehörigen** (→ 27.3.4.), bei **Familienhospizteilzeit** (→ 27.1.1.2.), bei **Pflegeteilzeit** (→ 27.1.1.3.) sowie bei **Bildungsteilzeit** (→ 27.3.1.2.) anzuwenden.

Sieht allerdings der **anzuwendende Kollektivvertrag** für den Dienstnehmer günstigere Regelungen[658] vor, sind diese **zu beachten.**

Vollendung der Lehrzeit:

Bei Dienstnehmern, die während des Kalenderjahrs ihre Lehrzeit vollendet haben, gilt für die Bemessung der Sonderzahlung Folgendes:

Die Sonderzahlung setzt sich aus dem aliquoten Teil des letzten monatlichen Lehrlingseinkommens und aus dem aliquoten Teil des Gehalts (Lohns) zusammen (zeitanteilig = **Mischsonderzahlung**):	Die Mischberechnung ist dann vorzunehmen, wenn der Kollektivvertrag diese vorsieht. Sieht der Kollektivvertrag die Mischberechnung nicht vor, sieht er aber zumindest für den Fall eines unterjährigen Ein- und/oder Austritts die Aliquotierung der Sonderzahlungen vor, ist eine Mischberechnung vorzunehmen (OGH 27.9.2016, 8 ObS 12/16x; OGH 5.10.2000, 8 ObA 175/00v).
Die Sonderzahlung bemisst sich nach der tatsächlichen Höhe des Lehrlingseinkommens bzw. des Gehalts (Lohns) zum Fälligkeitszeitpunkt (= **Stichtagsberechnung**):	Dies gilt nur für den Fall, für den der Kollektivvertrag entweder überhaupt **keine Aliquotierung** (auch nicht bei unterjährigem Ein- und/oder Austritt) vorsieht oder ausdrücklich vorsieht, dass eine **Aliquotierung** (Mischberechnung) in einem solchen Fall **nicht stattzufinden hat.**

Beispiel 71

Berechnung einer Mischsonderzahlung, wenn in ein Kalenderjahr ein Teil der Lehrzeit fällt.

Angaben:

- Ende der Lehrzeit: 31.8.20..
- letztes monatliches Lehrlingseinkommen: € 880,00;
- per 30. Juni ausbezahlte Urlaubsbeihilfe: € 880,00;
- Monatsgehalt (September–Dezember): € 1.360,00.

658 Eine allgemeine kollektivvertragliche Bestimmung, wonach sich bei Arbeitnehmern mit unterschiedlichem Ausmaß der Arbeitszeit die jeweiligen Sonderzahlungen aus dem Durchschnittsentgelt der letzten drei Monate vor Fälligkeit der Sonderzahlung berechnen, stellt keine günstigere Regelung als die gesetzlich im Rahmen der Bildungsteilzeit vorgesehene Mischsonderzahlungsberechnung über das gesamte Kalenderjahr hinweg dar (OGH 28.9.2021, 9 ObA 64/21h zum Kollektivvertrag der Sozialwirtschaft Österreich). Die kollektivvertragliche Bestimmung geht daher in diesem Fall der gesetzlichen Mischsonderzahlungsberechnung nicht vor. Dies gilt auch dann, wenn die kollektivvertragliche Berechnung im konkreten Einzelfall zu einem günstigeren Ergebnis führt.

- Bezüglich der Höhe der Sonderzahlungen bestimmt der anzuwendende Kollektivvertrag:
  - Bei Angestellten, die während des Kalenderjahrs ihre Lehrzeit vollendet haben, setzt sich die Urlaubsbeihilfe und die Weihnachtsremuneration aus dem aliquoten Teil des letzten monatlichen Lehrlingseinkommens und aus dem aliquoten Teil des Bruttomonatsgehalts zusammen.

Lösung:

Mischsonderzahlung – Urlaubsbeihilfe:

€ 880,00 : 12 × 8 =	€	586,67
€ 1.360,00 : 12 × 4 =	€	453,33
Mischsonderzahlung	€	1.040,00
bereits erhaltene Urlaubsbeihilfe	– €	880,00
Restmischsonderzahlung	**€**	**160,00**

Mischsonderzahlung – Weihnachtsremuneration:

€ 880,00 : 12 × 8 =	€	586,67
€ 1.360,00 : 12 × 4 =	€	453,33
Mischsonderzahlung	**€**	**1.040,00**

23.2.3.4. Aliquotierung bei Unterbrechung der Dienstleistung

Krankenstand:

Für **Krankenstandszeiten**, in denen nach Ausschöpfung des Entgeltfortzahlungsanspruchs **kein Entgeltanspruch** gegen den Dienstgeber besteht (gem. § 8 Abs. 1 AngG, → 25.2.3.3.; gem. § 2 Abs. 1 EFZG, → 25.2.3.3. bzw. gem. § 17a BAG, → 28.3.8.1.), gebühren **keine Sonderzahlungen, es sei denn, der Kollektivvertrag bestimmt ausdrücklich einen solchen Anspruch** für diese Zeiten (OGH 3.3.2010, 9 ObA 151/09k; OGH 27.10.1994, 8 ObA 279/94; OGH 16.6.1994, 8 ObA 264–266/94)[659].

Aus dem **Fehlen von ausdrücklichen Regelungen** über die Aliquotierung oder der ungekürzten Weitergewährung von Sonderzahlungen während der entgeltfreien Krankenstandszeiten kann nicht geschlossen werden, dass die Sonderzahlungen für diesen Zeitraum ungekürzt weiterzugewähren sind. Dies bedürfte einer klaren Regelung im Kollektivvertrag (OGH 18.10.2000, 9 ObA 209/00a; OGH 15.5.1996, 9 ObA 2047/96m)[659].

Die Möglichkeit der „Einkürzung" bzw. der Rückverrechnung besteht **auch für einzelvertraglich gewährte Sonderzahlungen**, wie z.B. bei Bilanzgeldern und Jahresprämien, wenn in der Vereinbarung (z.B. Dienstvertrag) nicht ausdrücklich etwas anderes geregelt ist.

Kommt es vor dem Entfall des Entgelts zu einer **Kürzung des Krankenentgelts** (bei Angestellten z.B. auf 50% bzw. 25%), sind auch die **Sonderzahlungen entsprechend zu kürzen**, sofern der Kollektivvertrag nichts Gegenteiliges vorsieht (OGH 29.1.2015, 9 ObA 135/14i).

Zur **rückwirkenden Kürzung** siehe die Ausführungen am Ende dieses Punkts.

---

659 Siehe dazu auch Punkt 23.3.1.1.

Überblicksmäßige Darstellung:

Kollektivvertragliche Regelungen für die Krankenstandszeiten:	**Die Kürzung der Sonderzahlungen ist zulässig:**
Im Kollektivvertrag ist keine Regelung über die Kürzung (bzw. Aliquotierung) der Sonderzahlungen enthalten	ja
Der Kollektivvertrag bestimmt für die Krankenstandszeit ausdrücklich den Anspruch auf Sonderzahlungen	nein
Der Kollektivvertrag bestimmt nur für den Fall von Krankenstandszeiten, bedingt durch einen Freizeitunfall, die Kürzung der Sonderzahlungen[660];	ja
bei Vorliegen anderer Dienstverhinderungsgründe	nein

Beispiel 72

Aliquotierung von Sonderzahlungen bei Vorliegen entgeltfreier bzw. entgeltgekürzter Krankenstandszeiten.

Angaben:

- Voller Sonderzahlungsanspruch (Urlaubsbeihilfe und Weihnachtsremuneration) je € 1.460,00 pro Kalenderjahr.

Lösung:

Fall	Kalendertage – mit vollem Entgeltfortzahlungsanspruch	mit halbem Entgeltfortzahlungsanspruch	mit viertel Entgeltfortzahlungsanspruch	ohne Entgeltfortzahlungsanspruch	aliquoter Anspruch je Sonderzahlung
A	335	–	–	30	€ 1.460,00 : 365[661] × 335 = **€ 1.340,00**
B	249	28	–	88	€ 1.460,00 : 365[661] × 263 = **€ 1.052,00** 249 + 28/2
C	330	21	14	–	€ 1.460,00 : 365[661] × 344 = **€ 1.376,00** 330 + 21/2 + 14/4

660 Z.B. Kollektivvertrag für Handelsangestellte, Abschnitt 3) Punkt A. 6.1.5. und 6.2.7.
661 In einem Schaltjahr wird i.d.R. durch 366 dividiert.

Sonderzahlungen stehen demnach für entgeltfreie Zeiten bzw. Zeiten mit Teilentgeltanspruch im Fall eines Krankenstands **nur dann im vollen Ausmaß** (ungekürzt) **zu**, wenn

1. dies der Kollektivvertrag ausdrücklich vorsieht, oder
2. zumindest die Kollektivvertragsparteien im Weg einer schriftlichen authentischen Interpretation[662] festgehalten haben, dass eine Kürzung für solche Zeiten nie Inhalt des Kollektivvertrags gewesen ist, oder
3. eine vertragliche Vereinbarung vorliegt.

Sieht ein Kollektivvertrag vor, dass sich die Sonderzahlung der Höhe nach auf Grundlage des Durchschnitts der vom Arbeitnehmer in den letzten 13 Wochen oder den letzten drei Kalendermonaten vor der jeweiligen Fälligkeit der Sonderzahlung bezogenen Entgelts berechnet und hatte der Arbeitnehmer (z.B. aufgrund eines langen Krankenstandes) in diesen Zeiträumen keinen Entgelt-(fortzahlungs-)anspruch, dann hat er der Höhe nach auch keinen Anspruch auf die kollektivvertraglichen Sonderzahlungen (OGH 28.6.2017, 9 ObA 58/17w zum Kollektivvertrag für ArbeiterInnen in der Denkmal-, Fassaden- und Gebäudereinigung).

Weitere gesetzlich geregelte Karenzen:

Bildungskarenz, Pflegekarenz, gänzliche Freistellung gegen Entfall des Arbeitsentgelts wegen einer Familienhospizkarenz, Karenz wegen Bezugs von Rehabilitations- oder Umschulungsgeld.

Bei Vorliegen einer solchen Unterbrechung gebühren Sonderzahlungen nur in dem Ausmaß, das dem Teil des Kalenderjahrs entspricht, in den keine derartigen Zeiten fallen (§§ 11 Abs. 2, 14a Abs. 6, 14c Abs. 5, 15b AVRAG) (Familienhospizkarenz, → 27.1.1.2.; Pflegekarenz, → 27.1.1.3.; Karenz wegen Bezugs von Rehabilitations- oder Umschulungsgeld, → 27.1.1.4.; Bildungskarenz, → 27.3.1.1.).

Präsenz-, Ausbildungs- oder Zivildienst, Karenz nach dem MSchG bzw. VKG, Freistellung anlässlich der Geburt eines Kindes („Papamonat"):

Bei Vorliegen solcher Unterbrechungen gebühren Sonderzahlungen nur in dem Ausmaß, das dem Teil des Kalenderjahrs entspricht, in den keine derartigen Zeiten fallen (§ 10 APSG, § 15f Abs. 1 MSchG, § 7c VKG; § 1a Abs. 7 VKG) (Karenz, → 27.1.4.; „Papamonat", → 27.1.5.; Präsenz-, Ausbildungs-, Zivildienst, → 27.1.6.).

Schutzfrist nach dem MSchG:

Die Dienstnehmerin behält den Anspruch auf sonstige, insb. einmalige Bezüge in den Kalenderjahren, in die Zeiten des Bezugs von Wochengeld fallen, in dem Ausmaß, das dem Teil des Kalenderjahrs entspricht, in den keine derartigen Zeiten fallen (§ 14 Abs. 4 MSchG).

Diese Aliquotierungsregel **gilt nicht** für einmalige, für eine bestimmte Beschäftigungsperiode gewidmete Zahlungen, die nicht anteilsmäßig durch das Wochengeld

662 Auslegung der Kollektivvertragsparteien, wie eine bestehende Regelung anzuwenden ist.

ersetzt werden und in deren Genuss andere Dienstnehmer kommen, die nicht durch ein Beschäftigungsverbot an der Arbeitsleistung gehindert waren (OGH 13.11.2002, 9 ObA 193/02a).

Wichtiger Hinweis: Die vorstehenden gesetzlichen Bestimmungen gelten nur dann, sofern der Kollektivvertrag bzw. andere vertragliche Vereinbarungen **nichts Abweichendes** regelt (regeln).

Geringfügig beschäftigte Dienstnehmerinnen, für die kein Anspruch auf Wochengeld besteht, haben für die Gesamtdauer der Schutzfrist Anspruch auf Sonderzahlungen (→ 27.1.3.4.).

Vereinbarter Karenzurlaub (unbezahlter Urlaub):

Bei Vorliegen eines vereinbarten Karenzurlaubs hängt es grundsätzlich von der diesbezüglichen Regelung im **Kollektivvertrag** ab, ob in jenem Kalenderjahr, in das ein vereinbarter Karenzurlaub fällt, die Sonderzahlungen im aliquoten oder im vollen Ausmaß gebühren (→ 27.1.2.1.).

Rückverrechnung (rückwirkende Kürzung):

Für alle Kürzungstatbestände gilt: Wurde eine Sonderzahlung voll ausbezahlt und tritt einer der vorstehenden Kürzungstatbestände **nachträglich** ein, kann eine Aufrechnung bzw. Rückforderung der voll ausbezahlten Sonderzahlung vorgenommen werden. Der Grundsatz gutgläubigen Verbrauchs (→ 9.8.) kommt in diesen Fällen nicht zu tragen (OGH 3.3.2010, 9 ObA 151/09k).

Bei Vorliegen eines **Gebührenurlaubs** (→ 26.2.) bzw. einer **Pflegefreistellung** (→ 26.3.) sind die Sonderzahlungen **nicht zu aliquotieren**.

23.3. Abgabenrechtliche Behandlung

Das Abrechnungsschema für Sonderzahlungen umfasst:

Abrechnungsschema:	**Behandlung im Kapitel bzw. Punkt:**
Bruttobetrag der Sonderzahlung	23.2.
– Dienstnehmeranteil zur Sozialversicherung	23.3.1.
– Lohnsteuer	23.3.2.
– Vorschüsse/Akontozahlungen	11.8.
– gepfändeter Betrag	43.
= Nettobetrag der Sonderzahlung	
= **Auszahlungsbetrag**	9.4. und 9.5.

23.3.1. Dienstnehmeranteil zur Sozialversicherung

23.3.1.1. Einführung in die Beitragsermittlung – Abgrenzung zu laufenden Bezügen

Beiträge:

Auch bei den Sonderzahlungen tragen der Dienstnehmer und der Dienstgeber grundsätzlich gemeinsam den Sozialversicherungsbeitrag (SV-Beitrag).

Die eigentlichen Versicherungsbeiträge		Vom Dienstnehmer zu tragen	Vom Dienstgeber zu tragen
1.	Arbeitslosenversicherungsbeitrag (AV) gem. AMPFG	ja	ja
2.	Krankenversicherungsbeitrag (KV) gem. ASVG	ja	ja
3.	Unfallversicherungsbeitrag (UV) gem. ASVG	nein	ja
4.	Pensionsversicherungsbeitrag (PV) gem. ASVG	ja	ja
Sonstige Beiträge und Umlagen			
5.	Arbeiterkammerumlage (AK) gem. AKG	nein	nein
6.	Wohnbauförderungsbeitrag (WF) gem. WFG 2018	nein	nein
7.	Zuschlag nach dem Insolvenz-Entgeltsicherungsgesetz (IE) gem. IESG	nein	ja
8.	Beitrag nach dem Nachtschwerarbeitsgesetz (NB) gem. NSchG	nein	ja
Die Summe aller Beiträge nennt man den		**DNA** (Dienstnehmeranteil)	**DGA** (Dienstgeberanteil)

Diese Tabelle beinhaltet keine Ausnahmen! Erläuterungen zu dieser Tabelle beinhaltet der Punkt 11.4.1.

Die Berechnung des **Dienstgeberanteils** erfolgt im Zuge der außerbetrieblichen Abrechnung und ergibt sich aus dem **Unterschiedsbetrag** zwischen der Gesamtsumme der Beiträge und den Dienstnehmeranteilen (→ 37.2.1.1.).

Die Berechnung des **Dienstnehmeranteils** erfolgt im Zuge der **Abrechnung** der Sonderzahlung.

Grundlage für die Berechnung dieser Anteile ist die „**Beitragsgrundlage für Sonderzahlungen**".

Diese Beitragsgrundlage erhält man auf Grund nachstehender Berechnung:

Summe der Sonderzahlungen	Unter Entgelt sind die Geld- und Sachbezüge zu verstehen, auf die der pflichtversicherte Dienstnehmer aus dem Dienstverhältnis **Anspruch hat** (Anspruchsprinzip) **oder** die er **darüber hinaus** auf Grund des Dienstverhältnisses vom Dienstgeber oder von einem Dritten **erhält** (Zuflussprinzip) (§ 49 Abs. 1 ASVG) (→ 6.2.7.). Sonderzahlungen sind ebenfalls Bezüge i.S.d. obigen Satzes (**also auch Entgelt**), nur werden diese ● in größeren Zeiträumen als den Beitragszeiträumen gewährt. Beispiele dafür sind ein 13. oder 14. Bezug, Weihnachts- oder Urlaubsgeld, Gewinnanteile oder Bilanzgeld (§ 49 Abs. 2 ASVG) (→ 6.2.8.).
– Sonderzahlungen, die nicht als Entgelt i.S.d. § 49 Abs. 2 ASVG gelten (beitragsfreie Sonderzahlungen)	Diese beitragsfreien Sonderzahlungen sind im § 49 Abs. 3 ASVG taxativ (erschöpfend) aufgezählt (→ 21.1.).
= **beitragspflichtige Sonderzahlungen**	

Beitragspflichtige Sonderzahlungen können sich – falls sie insgesamt die Höchstbeitragsgrundlage überschreiten – teilen in

beitragspflichtige Sonderzahlungen **bis zur Höchstbeitragsgrundlage (= Beitragsgrundlage für Sonderzahlungen)**;	beitragspflichtige Sonderzahlungen **über der Höchstbeitragsgrundlage**.
Von den Sonderzahlungen nach § 49 Abs. 2 ASVG sind Sonderbeiträge zu entrichten (§ 54 Abs. 1 ASVG), die ● in Form des **DNA** vom Dienstnehmer und ● in Form des **DGA** vom Dienstgeber getragen werden.	–

Wichtiger Hinweis: Ist es im Fall des Vorliegens entgeltfreier Zeiten wegen eines Krankenstands zu einer Kürzung der Sonderzahlungen gekommen (→ 23.2.3.4.), waren auf Grund älterer Rechtsprechung des VwGH die **Beiträge von den vollen Sonderzahlungen** zu entrichten (VwGH 17.10.1996, 95/08/0341)[663]. In jüngerer Rechtsprechung schließt sich der VwGH jedoch nunmehr ausdrücklich der Rechtsprechung des OGH (→ 23.2.3.4.) an und lässt eine Aliquotierung von Sonderzahlungen für die Bildung der sozialversicherungsrechtlichen Beitragsgrundlage im Wesentlichen

663 Diese Rechtsmeinung des VwGH eröffnete den Krankenversicherungsträgern die Möglichkeit, Sozialversicherungsbeiträge auch für Sonderzahlungen einzuheben, die nach Auffassung des OGH dem Dienstnehmer nicht gebühren (→ 23.2.3.4.). Die Krankenversicherungsträger orientieren sich an der Rechtsprechung des VwGH und nicht an der des OGH (E-MVB, 049-02-00-004).

immer dann zu, wenn ein Kollektivvertrag keine abschließende Regelung enthält, wonach eine Aliquotierung während entgeltfreier Zeiten unzulässig ist.

Enthält ein Kollektivvertrag

- keine abschließende Regelung über die Aliquotierung von Sonderzahlungen,
- normiert er einen auf den Kalendermonat bezogenen Entgeltanspruch als Bemessungsgrundlage für Sonderzahlungen, und
- wird weder ein bestimmter Stichtag noch ein bestimmter Zeitraum für deren Ermittlung als maßgeblich erklärt,

ist im Zweifel von einem durchschnittlichen Monatsentgelt im Kalenderjahr vor der Fälligkeit der jeweiligen Sonderzahlung auszugehen. Dies gilt grundsätzlich auch in jenen Fällen, in denen die verminderte Höhe von Monatsentgelten darauf zurückzuführen ist, dass entweder keine volle oder überhaupt keine Entgeltzahlungspflicht des Dienstgebers im Krankheitsfall (mehr) besteht (E-MVB, 049-02-00-002, so auch sich dem OGH anschließend VwGH 4.8.2004, 2001/08/0154).

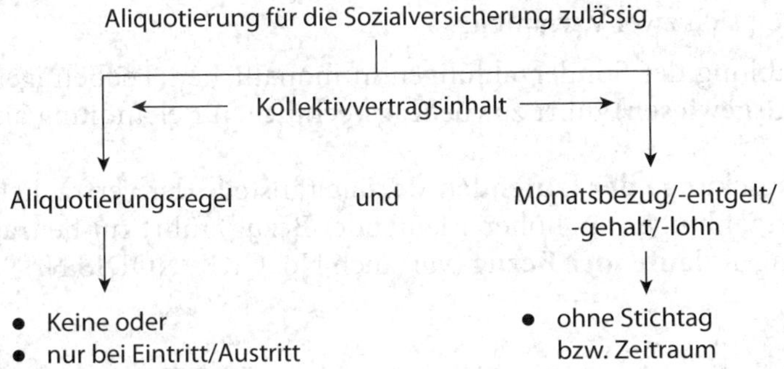

Sonderzahlungsbegriff – Abgrenzung zum laufenden Bezug:

Unter dem Begriff „Sonderzahlungen" können nur Zuwendungen subsumiert (untergeordnet) werden, die

- mit einer gewissen Regelmäßigkeit[664]
- in bestimmten Zeiträumen, die größer als die Beitragszeiträume sind,
- **wiederkehren**, wobei die Regelmäßigkeit der wiederkehrenden Leistungen im Wesentlichen aus der Dienstgeberzusage oder dem tatsächlichen Ablauf der Ereignisse zu beurteilen ist[665] (VwGH 22.10.1991, 90/08/0189).

Für die Frage der Regelmäßigkeit ist zunächst zu prüfen, ob Gesetze, Kollektivverträge, Vereinbarungen etc. eine Regelmäßigkeit vorsehen. Ist dies nicht der Fall, muss bei bereits wiederholt erfolgten Zahlungen beurteilt werden, ob sich aus der Vergangenheit eine gewisse Regelmäßigkeit ableiten lässt. Bei einer erstmaligen

664 Eine **einmalige Zahlung** (z.B. einmalige Belohnungsprämie, Urlaubsablöse, kollektivvertragliche Einmalzahlung aus Anlass kollektivvertraglicher Lohnerhöhung) ist demnach mit dem laufenden Bezug jenes Monats abzurechnen, in dem diese zur Auszahlung gelangt.

665 **Fehlt eine Zusage für die Wiederkehr** bzw. handelt es sich um eine **erste, einmalige Zuwendung**, ist bei der Beurteilung darauf Bedacht zu nehmen, ob der Dienstnehmer eine **Wiederkehr erwarten** kann. Dies wird dann der Fall sein, wenn tatsächliche Veranlassung und Rechtsgrund bei der Gewährung der einzelnen Leistungen gleich sind und nach der Art des Anlasses eine gewisse, wenn auch gelockerte Regelmäßigkeit der Wiederkehr erwartet werden kann.

Gewährung – z.B. einer Prämie – ist zu entscheiden, ob der Dienstnehmer eine regelmäßige Wiederkehr erwarten kann oder nicht (Nö. GKK, NÖDIS Nr. 9/Juli 2019).

Einmal jährlich wiederkehrend ausbezahlte Bezüge sind nur dann Sonderzahlungen, wenn sie entweder auf Grund eines nicht laufend (nach Leistung der betreffenden Arbeit), sondern nur einmal **jährlich entstehenden Anspruchs** gebühren **oder ohne Anspruch** in größeren Zeiträumen als den Beitragszeiträumen **regelmäßig** wiederkehrend bezahlt werden (VwGH 9.5.1962, 2092/61).

13. und 14. Monatsgehalt

Eine vertraglich vereinbarte **monatliche (Teil-)Auszahlung** der Urlaubsbeihilfe und der Weihnachtsremuneration bewirkt nicht, dass die lt. Kollektivvertrag zweimal jährlich zustehenden Sonderzahlungen in laufendes Entgelt umgewandelt werden. Da der Zeitpunkt des Entstehens des Anspruchs in größeren Abständen als den monatlichen Beitragszeiträumen gegeben ist, bleibt (unabhängig vom Auszahlungsmodus) die **Qualifikation als Sonderzahlung** erhalten (VwGH 18.2.2004, 2001/08/004).

Daraus ergeben sich zwei Varianten:

1. Die Auszahlung der Sonderzahlungen in monatlichen Teilbeträgen (jeweils **gesondert ausgewiesen**) führt zur beitragsrechtlichen Behandlung als **Sonderzahlung**.
2. Die **„Aufstockung" der laufenden Bezüge** (anstelle der vertraglich abbedungenen Sonderzahlungen ein höherer laufender Bezug) führt zur beitragsrechtlichen Behandlung als **laufender Bezug** (vgl. auch Nö. GKK, NÖDIS Nr. 9/Juli 2019)[666].

Provisionen

Für die Qualifikation einer einmal jährlich ausbezahlten **Umsatzprovision** als **Sonderzahlung** ist ausschlaggebend, dass der Anspruch neben der Tätigung laufender Umsätze auch noch von **weiteren Bedingungen** (u.a. Zielerreichung, aufrechtes Dienstverhältnis zum Ende des Jahres) abhängig ist und somit erst mit der Erfüllung dieser Bedingungen entsteht; nicht maßgebend ist, dass es sich um eine Restzahlung zu laufend akontierten Zahlungen handelt (VwGH 17.3.2004, 2001/08/0015).

Hängt hingegen das Entstehen des **Provisionsanspruchs** nur von der Tätigung **laufender Umsätze** und nicht von der Erfüllung weiterer Bedingungen ab, sind auch quartalsweise oder jährlich abgerechnete Umsatzprovisionen bzw. Provisionsspitzen als laufende Bezüge zu behandeln. Wird den Dienstnehmern eine jährliche Mindestprovision für Umsätze zugesagt, stellt dies keine „Bedingung" (Einschränkung) des Provisionsanspruchs dar; es sind daher nicht nur die monatlichen Akontierungen der Garantieprovision, sondern auch die quartalsweise abgerechneten Provisionsspitzen als **laufende Bezüge** zu behandeln (VwGH 26.5.2004, 2000/08/0152). Eine Aufrollung auf die einzelnen Beitragszeiträume ist vorzunehmen (vgl. auch Nö. GKK, NÖDIS Nr. 5/April 2016).

666 Die „Aufstockung" der laufenden Bezüge wird sozialversicherungsrechtlich anerkannt, sodass im Fall einer Abgabenprüfung Sonderzahlungen nicht zusätzlich zu den erhöhten laufenden Bezügen nach dem Anspruchsprinzip zur Beitragsgrundlage hinzugerechnet werden dürfen (vgl. E-MVB, 049-02-00-003). Zu Beweiszwecken empfiehlt es sich jedoch, die Abgeltung der Sonderzahlungen mit dem laufenden Entgelt (z.B. im Dienstvertrag) zu dokumentieren.

Zeitguthaben

Zahlt ein Dienstgeber seinen Dienstnehmern das am Ende der vereinbarten Gleitzeitperiode (von einem Jahr) **nicht verbrauchte Zeitguthaben** aus, handelt es sich bei dieser Ablöse nicht um eine Sonderzahlung i.S.d. § 49 Abs. 2 ASVG, weil es ihr am Charakter einer wiederkehrenden Leistung fehlt. Beitragsrechtlich ist die Ablöse mit den **laufenden Bezügen** jenes Monats abzurechnen, in dem die Ablöse zur Auszahlung gelangt; eine Aufrollung auf die einzelnen Beitragszeiträume kommt nicht in Betracht, weil das Guthaben keinem bestimmten Beitragszeitraum zugeordnet werden kann (VwGH 21.4.2004, 2001/08/0048).

Ein Entgeltbestandteil gilt nur dann als Sonderzahlung, wenn die Entstehungsursache **nicht einem bestimmten Beitragszeitraum zuordenbar** ist (VwGH 20.3.1964, 785/63). Werden z.B. Überstunden halbjährlich abgerechnet, ist die Überstundenentlohnung dem laufenden Bezug des Beitragszeitraums zuzuordnen, in dem die Überstundenleistung erbracht wurde (→ 24.3.2.1.).

Zeitpunkt der Abrechnung (von Prämien):

Handelt es sich bei einer Prämie um einen **laufenden Bezug**, so ist zu unterscheiden (vgl. auch Nö. GKK, NÖDIS Nr. 9/Juli 2019):

- Bei einer **freiwilligen** Prämienzahlung ist die Prämie in jenem Monat abzurechnen, in dem sie zur **Auszahlung** gelangt.
- Verfügt der Dienstnehmer über einen **arbeitsrechtlichen Anspruch** (z.B. auf Grund des Kollektivvertrages oder einer Einzelvereinbarung), ist nicht der Zeitpunkt der Auszahlung, sondern der **Zeitpunkt des Entstehens des Anspruches** relevant. Die Prämie ist gegebenenfalls aufzurollen (→ 24.3.2.1.).

Ist eine Prämie als **Sonderzahlung** zu bewerten, richtet sich die Abrechnung grundsätzlich nach dem **Fälligkeitstermin**. Wird die Sonderzahlung aber bereits vor der Fälligkeit ausbezahlt, ist der **Auszahlungsmonat** heranzuziehen.

Erhält der Dienstnehmer auch **nach dem arbeitsrechtlichen Ende** seines Beschäftigungsverhältnisses noch Prämienzahlungen, so unterliegen diese grundsätzlich ebenfalls der Beitragspflicht und sind rückwirkend jenem Zeitpunkt zuzuordnen, in dem der **Anspruch** entstand. Eine Aufrollung ist durchzuführen (→ 24.3.2.1.).

Erläuterungen aus den Empfehlungen des DVSV (E-MVB):

A. Zahlungen bei aufrechtem Dienstverhältnis

Außerordentliche Zuwendung

Eine außertourliche Zuwendung, mit deren Wiedergewährung in größeren Zeiträumen als den Beitragszeiträumen nicht zu rechnen ist bzw. deren Wiedergewährung nicht als gegeben angenommen werden kann, stellt beitragsrechtlich keine Sonderzahlung dar. Dies gilt auch dann, wenn derartige dem Wesen nach einmalige Zuwendungen in den lohngestaltenden Vorschriften oder dem allgemeinen Sprachgebrauch nach als Sonderzahlungen bezeichnet werden.

Einmalige Beihilfen

Geburtsbeihilfen, Heiratsbeihilfen, Beihilfen zur Begründung einer eingetragenen Partnerschaft, Ausbildungs- und Studienbeihilfen oder Krankenstandsaushilfen sind grundsätzlich als laufender Bezug einzuordnen.

Prämien

Wenn ein Dienstgeber seinen Dienstnehmern seit mehreren Jahren eine **freiwillige Leistungsprämie** nach Ende jedes Wirtschaftsjahres gewährt, ist diese Prämie im Hinblick auf den Charakter einer gewissen Regelmäßigkeit der Wiederkehr eindeutig eine Sonderzahlung.

Bei einer **Konjunkturprämie** handelt es sich ungeachtet der Bezeichnung als einmalige Sonderzahlung um keine Sonderzahlung, sondern um einen laufenden Bezug, der dem Entgelt des Beitragszeitraums, in dem die Auszahlung zu erfolgen hat, hinzuzurechnen ist.

Leistungsprämien und **Leistungszulagen**, die in größeren Zeiträumen als den Beitragszeiträumen gewährt werden, gelten als Sonderzahlungen. Dies betrifft Leistungsprämien und Leistungszulagen, die nicht nach einem bestimmten Schlüssel vom laufenden Lohn errechnet und die nicht als Abgeltung für eine in einem genau bestimmten Zeitraum erbrachte Leistung gewährt werden.

Inventurgelder, die für das jeweils laufende Jahr am letzten Tag des Jänners des darauf folgenden Jahres an jene Angestellten ausbezahlt werden, die an einem ansonsten arbeitsfreien Tag mit den Inventurarbeiten als Grundlage der kalenderjährlich zu erstellenden Bilanz beschäftigt sind, sind als Sonderzahlungen und nicht als laufendes Entgelt zu werten.

Wenn Verträge, die den Anspruch auf **Erfolgsremunerationen** oder **Wettbewerbsprämien** begründen, als Anspruchsvoraussetzung vorsehen, dass das Dienstverhältnis bis zu einem bestimmten Zeitpunkt bestanden haben muss, kann mit einer regelmäßigen Wiederkehr der Zahlung gerechnet werden und diese ist somit als Sonderzahlung zu behandeln.

Wenn allerdings Dienstnehmer derartige **Zahlungen nur fallweise** in Anerkennung einer besonderen Leistung erhalten, müsste man die betreffenden Zahlungen – mangels einer regelmäßigen Wiederkehr in größeren Zeiträumen als den Beitragszeiträumen – dem laufenden Entgelt zuordnen.

Provisionen

Maßgeblich für die Beantwortung der Frage, ob es sich um ein laufendes Entgelt oder um eine Sonderzahlung i.S.d. § 49 Abs. 2 ASVG handelt, sind die Entstehungsursachen der Leistung. Naturgemäß entstehen **Umsatzprovisionen** bei jedem getätigten Verkauf einer Ware, d.h., die Basis der jährlichen Leistung entsteht täglich, nicht erst im Rechnungs- bzw. Auszahlungszeitpunkt.

Die Vorgangsweise des Dienstgebers, einmal jährlich eine Summe dem Dienstnehmer zu zahlen, begründet für sich allein nicht den Charakter einer Sonderzahlung i.S.d. § 49 Abs. 2 ASVG. Durch die Bezeichnungsart der Leistung allein erhält sie nicht die Merkmale einer Sonderzahlung, sie muss daher anteilsmäßig dem monatlich gewährten Entgelt zugeschlagen werden und unterliegt demgemäß der laufenden Beitragspflicht.

Das Entstehen des Anspruchs ist nicht nur von der Tätigung von Umsätzen, sondern von weiteren Voraussetzungen abhängig. Der Anspruch entsteht erst mit der Erfüllung dieser Bedingungen. Die **Erfolgsprämie/Superprovision** ist abhängig von der Erreichung des in der jährlichen Ausschreibung festgelegten Prämienzuwachses. Die Prämie wird nach Abzug der garantierten und monatlich ausbezahlten Akontierung in einem ausbezahlt. Sie wird in größeren Abständen als dem Beitragszeitraum erfasst und ist regelmäßig wiederkehrend. Auf die Akontierung besteht auch dann ein Anspruch, wenn das festgelegte Ziel für die Erfolgsprämie nicht erreicht wird. Auch wenn nicht die gesamte Erfolgsprämie zusätzlich zu den monatlichen Bezügen gebührt, so handelt es sich dennoch um einen eigenständigen und von den monatlichen Zahlungen zu unterscheidenden Anspruch. Es ist unrichtig, von Akontierung und Restzahlung zu sprechen. Der Anspruch auf die so genannte „Restzahlung" hängt vom Entstehen des ingesamt höheren Anspruchs ab. Wegen der Verschiedenartigkeit der Anspruchsvoraussetzungen kann von der Leistung monatlicher Garantieprovisionen nicht auf die Rechtsnatur der Erfolgsprämie geschlossen werden.

Zusammenfassung der sv-rechtlichen Behandlung möglicher Provisionsauszahlungsformen:

Fall	Art der Provisionszahlung	SV-rechtliche Behandlung als	
		laufender Bezug	Sonderzahlung
A	Monatlich ausbezahltes Provisionsakonto	ja	–
	Per Quartalsende ermittelte und ausbezahlte Provisionsendabrechnung	ja; es ist eine Aufrollung vorzunehmen (→ 24.3.2.1.)	–
B	Monatlich ausbezahltes Provisionsakonto	ja	–
	Per Jahresende ermittelte und ausbezahlte Provisionsnachzahlung auf Grund der tatsächlich getätigten Umsätze	ja; es ist eine Aufrollung vorzunehmen (→ 24.3.2.1.)	–
C	Monatlich ermittelte und ausbezahlte Provision	ja	–
	Per Jahresende ermittelte und ausbezahlte „Superprovision" in der Höhe von 5% auf Grund des Überschreitens der Umsatzvorgabe, weggerechnet vom Betrag des „Umsatzüberhangs"	–	ja

Weitere Provisions- und Prämienmodelle

Sales-Mitarbeiter: Die monatlich gewährten Provisionen stellen beitragsrechtlich zur Gänze laufendes Entgelt dar. Eine Aufrollung auf die einzelnen Beitragszeiträume ist vorzunehmen.

Presales-Mitarbeiter: Die Provisionen stellen beitragsrechtlich laufendes Entgelt dar, daran ändert auch die Vereinbarung einer quartalsweisen Abrechnung nichts. Eine Aufrollung auf die einzelnen Beitragszeiträume ist vorzunehmen.

Service-Mitarbeiter: Hier ist zwischen den Umsatzzielen und den individuellen Zielen (z.B. Mitarbeiterentwicklung) zu unterscheiden.

- **Umsatzziele:** Lösung wie für die Presales-Mitarbeiter.
- **Individuelle Ziele:** Sofern mit einer Wiederkehr zu rechnen ist, handelt es sich bei diesen Provisionen um Sonderzahlungen.

B. Zahlungen nach dem Ende des Dienstverhältnisses

Abschlussprovisionen

Abschlussprovisionen sind dem Beitragszeitraum (je nach Art des Zufließens als laufende Bezüge oder Sonderzahlungen) **beitragspflichtig** zuzurechnen, in dem der Vertragsabschluss getätigt worden ist und somit der Anspruch auf diese Provision erworben wurde. Abschlussprovisionen für nach dem Ende des Dienstverhältnisses getätigte Vertragsabschlüsse **können** gem. § 4 Abs. 4 ASVG der Versicherungspflicht (als freier Dienstnehmer, → 31.7.) **unterliegen**.

Folgeprovisionen[667]

Folgeprovisionen **ohne Betreuungspflicht** sind nach dem Ende des Dienstverhältnisses **beitragsfrei**, während Folgeprovisionen **mit Betreuungspflicht** zu einem **freien Dienstverhältnis** nach § 4 Abs. 4 ASVG führen **können**.

Für Provisionszahlungen, die zwar nach dem Ende der Pflichtversicherung, jedoch bei weiterhin aufrechtem Beschäftigungsverhältnis erfolgen, gilt: Fallen während der **Karenz bzw. des Präsenzdienstes** Folgeprovisionen an, so ist mit Beginn des Beitragszeitraumes wieder eine **Anmeldung** zur Sozialversicherung zu erstatten. Beitragspflichtig sind **sowohl Folgeprovisionen mit als auch ohne Betreuungsverpflichtung**.

Folgeprovisionen, die im Verlängerungszeitraum (Ersatzleistung für Urlaubsentgelt, → 34.7.1.1.1., Kündigungsentschädigung, → 34.4.1.) ausbezahlt werden, wirken sich erhöhend auf die Beitragsgrundlage aus.

Sonderzahlungen

Bei einer Gewährung von Sonderzahlungen nach Ende des Dienstverhältnisses kann es sich nur um leistungsbezogene Sonderzahlungen handeln, die jenem Zeitraum beitragspflichtig zuzuordnen sind, in dem die Leistungen erbracht worden sind.

Einmalige Zahlung

Sind die Merkmale (gelockerte Regelmäßigkeit der Wiederkehr) nicht gegeben, so liegt ein **einmaliger Bezug** (Einmalprämie) vor. Die Beitragspflicht dieser Bezüge

667 Unter Folgeprovisionen versteht man z.B. solche Provisionen, die während der Laufzeit des Versicherungsvertrags (auch nach Beendigung des Dienstverhältnisses) an den Dienstnehmer bezahlt werden. Sie werden vor allem im Rahmen der Vermittlung von langfristigen Versicherungsverträgen gewährt und sollen den aufrechten Bestand des Versicherungsvertrags honorieren; diese Provisionen erhält der Dienstnehmer ohne eigene akquisitorische Tätigkeit.
Den Folgeprovisionen werden die sog. Direktprovisionen (Provisionen für Direktgeschäfte) gleichgestellt. Dabei handelt es sich um jene Provisionen, die ein Dienstnehmer, insb. auf Grund eines eingeräumten Gebietsschutzes, auch ohne seine eigene akquisitorische Tätigkeit erhält.

ergibt sich nicht aus § 49 Abs. 2 ASVG, sondern aus § 49 Abs. 1 ASVG. Nach dieser Bestimmung sind eindeutig absolut einmalige Bezüge beitragspflichtig. Sie unterliegen der Beitragspflicht – abweichend von der Lohnsteuerpflicht im Lohnsteuerrecht – so wie der laufende Bezug, bzw. sind zur Beitragsleistung dem betreffenden laufenden Bezug hinzuzuschlagen.

Hinweis: Darüber hinausgehende Erläuterungen finden Sie unter den Gliederungsnummern 044-01 und 049-02 der Empfehlungen des DVSV (E-MVB).

Prämien

Hat der Dienstnehmer auch nach dem Ende des Beschäftigungsverhältnisses Anspruch auf Prämienzahlungen, so sind diese beitragsrechtlich so zu behandeln, als wäre das Dienstverhältnis noch aufrecht. Sie sind (rückwirkend) jenem Zeitpunkt zuzuordnen, in dem die Leistung erbracht wurde. Die Beitragsabrechnung ist zu berichtigen (NÖ GKK, NÖDIS Nr. 5/April 2016).

Erfindungsvergütungen

Fallen Erfindungsvergütungen auch nach dem Ende des Dienstverhältnisses weiter an, sind sie wie Folgeprovisionen zu behandeln (NÖ GKK, NÖDIS Nr. 5/April 2016).

23.3.1.2. Berechnung des Dienstnehmeranteils

Für die Berechnung der Beiträge und als Abrechnungsverfahren mit dem zuständigen Träger der Krankenversicherung sieht das ASVG zwei Verfahren vor:

Das **Selbstabrechnungsverfahren** (→ 11.4.3.1.)	und	das **Vorschreibeverfahren** (→ 11.4.3.2.)

Die Ermittlung des Dienstnehmeranteils erfolgt bei beiden Verfahren auf dieselbe Art.

Für den Normalfall hat der Dienstnehmer Beiträge im Ausmaß nachstehender Prozentsätze zu tragen:

	Arbeiter	**Angestellte**
Arbeitslosenversicherungsbeitrag (§ 2 Abs. 3 AMPFG)	3,00% ① ②	3,00% ① ②
Krankenversicherungsbeitrag (§ 54 Abs. 1 ASVG)	3,87%	3,87%
Pensionsversicherungsbeitrag (§ 54 Abs. 1 ASVG)	10,25%	10,25%
Gesamt	**17,12%**	**17,12%**

Diese Prozentsätze können von der im Arbeitsbehelf (→ 6.6.) enthaltenen Beitragsabzugstabelle (Beitragstabelle) abgelesen werden (→ 11.4.3.1.).

① Bezüglich des Entfalls des Arbeitslosenversicherungsbeitrags bei älteren Dienstnehmern siehe Punkt 31.11.

② Bei geringem Entgelt **vermindert** sich der zu entrichtende Arbeitslosenversichungsbeitrag durch eine Senkung des auf den Pflichtversicherten entfallenden Anteils. **Der vom Pflicht-**

versicherten zu tragende Anteil des Arbeitslosenversicherungsbeitrags beträgt bei einer monatlichen Beitragsgrundlage

1.	bis	€	1.828,00	0%,
2.	über	€	1.828,00 bis € 1.994,00	1%,
3.	über	€	1.994,00 bis € 2.161,00	2%,
4.	über	€	2.161,00	3% (§ 2a Abs. 1 AMPFG).

Bezüglich der abgabenrechtlichen Behandlung von Dienstnehmern mit geringem Entgelt siehe Punkt 31.12.

Der über diese Prozentsätze ermittelte Dienstnehmeranteil ist (unter Berücksichtigung der allgemeinen Rundungsregel) kaufmännisch auf zwei Dezimalstellen zu runden. Maßgebend für den Rundungsvorgang ist die **dritte Nachkommastelle**.

Dazu ein **Beispiel**: € 123,454 ergibt gerundet € 123,45;
€ 123,455 ergibt gerundet € 123,46.

Bei der Berechnung des Sonderbeitrags ist auch die **Höchstbeitragsgrundlage** zu berücksichtigen.

Unter der Höchstbeitragsgrundlage versteht man den jeweils höchsten Betrag, bis zu dem Beiträge erhoben werden. Für Beträge, die über der Höchstbeitragsgrundlage liegen, ist kein Dienstnehmeranteil zu berechnen. Derzeit gibt es für alle Versicherungen eine einheitliche Höchstbeitragsgrundlage.

Bezüglich der Höchstbeitragsgrundlage bestimmt das ASVG:

Von den Sonderzahlungen sind Sonderbeiträge zu entrichten; hiebei sind die in einem Kalenderjahr fällig werdenden Sonderzahlungen **bis zum 60-fachen Betrag** der für die betreffende Versicherung in Betracht kommenden Höchstbeitragsgrundlage zu berücksichtigen (§ 54 Abs. 1 ASVG). Diese wird durch Verordnung festgelegt.

Die Höchstbeitragsgrundlage für Sonderzahlungen beträgt:

Arbeitslosenversicherung (§ 2 Abs. 2 AMPFG)	€ 189,00 × 60 = **€ 11.340,00**
Krankenversicherung (§ 54 Abs. 1 ASVG)	€ 189,00 × 60 = **€ 11.340,00**
Pensionsversicherung (§ 54 Abs. 1 ASVG)	€ 189,00 × 60 = **€ 11.340,00**

Übt ein Dienstnehmer gleichzeitig mehrere Beschäftigungen nebeneinander im gleichen Kalenderjahr aus, müssen **bei jedem** Dienstverhältnis von den Sonderzahlungen Sonderbeiträge bis zur Höchstbeitragsgrundlage entrichtet werden (VwGH 10.2.1960, 2114/58) (→ 11.4.5.).

Steht ein Dienstnehmer während eines Kalenderjahrs **nacheinander** in mehreren Dienstverhältnissen, so sind von den Sonderzahlungen **aller** Beschäftigungen zusammen nur bis zur Höchstbeitragsgrundlage Sonderbeiträge zu entrichten (vgl. auch Nö. GKK, NÖDIS Nr. 5/April 2016).

Beginnt während des Kalenderjahrs ein Dienstverhältnis, so ist der bereits verbrauchte Teil der Höchstbeitragsgrundlage dem Lohnzettel (→ 35.3.) zu entnehmen. Legt der Dienstnehmer keinen Lohnzettel vor und kann der verbrauchte Teil nicht über den zuständigen Träger der Krankenversicherung in Erfahrung gebracht werden, bleibt ein ev. verbrauchter Teil unberücksichtigt.

Beispiel 73

Ermittlung des Dienstnehmeranteils.

Angaben:

- Angestellter,
- SV-DNA: 17,12%,
- Bilanzgeld € 4.000,00,
- Urlaubsbeihilfe € 3.800,00,
- Weihnachtsremuneration € 3.800,00,

€ 11.600,00.

	Betrag innerhalb der Höchstbeitragsgrundlage		Dienstnehmeranteil	Betrag außerhalb der Höchstbeitragsgrundlage
Bilanzgeld	€ 4.000,–	x 17,12%	= € 684,80	€ 0,–
Urlaubsbeihilfe	€ 3.800,–	x 17,12%	= € 650,56	€ 0,–
Weihnachtsremuneration	€ 3.540,–	x 17,12%	= € 606,05	€ 260,–
	€ 11.340,–		= € **1.941,41**	

€ 11.340,– + € 260,– → € 11.600,–

23.3.1.3. Abzug des Dienstnehmeranteils

Der Dienstgeber ist berechtigt, den auf den Versicherten entfallenden Beitragsteil vom Entgelt in bar abzuziehen (→ 20.3.1., → 40.1.2.2.).

Für Sonderbeiträge gilt das Abzugsrecht mit der Maßgabe, dass der Sonderbeitrag **nur** von der Sonderzahlung und **nicht** vom laufenden Entgelt abgezogen werden darf (§ 60 Abs. 3 ASVG) (→ 41.1.3.).

23.3.2. Lohnsteuer

Das **EStG** bezeichnet die Sonderzahlungen als sonstige, insbesondere einmalige Bezüge und sieht für diese **im § 67 besondere Besteuerungsbestimmungen** vor.

Die Bestimmungen dieser Gesetzesstelle sowie des § 77 EStG, **Erkenntnisse des VwGH** und die dazu ergangenen erlassmäßigen Regelungen, insb. die der

- **Lohnsteuerrichtlinien 2002**, Rz 1050–1069a und 1193–1193e,

bilden – neben Erläuterungen und Beispielen – den Inhalt dieses Punktes.

23.3.2.1. Steuersätze – Freibetrag – Freigrenze

Erhält der Arbeitnehmer

- **neben dem laufenden Arbeitslohn** ① von demselben Arbeitgeber **sonstige, insb. einmalige Bezüge** (z.B. 13. und 14. Monatsbezug, Belohnungen) ②,

beträgt die Lohnsteuer für sonstige Bezüge **innerhalb des Jahressechstels** gem. Abs. 2 (→ 23.3.2.2.) nach Abzug der in Abs. 12 (siehe nachstehend) genannten Beträge

1. für die ersten	€	620,00	0%,	
2. für die nächsten	€	24.380,00	6%,	③
3. für die nächsten	€	25.000,00	27%,	
4. für die nächsten	€	33.333,00	35,75%.	
	€	83.333,00		

Die **Besteuerung** der sonstigen Bezüge mit diesen festen Steuersätzen **unterbleibt**, wenn

- das **Jahressechstel** gem. Abs. 2 **höchstens € 2.100,00** beträgt.

Der Freibetrag ④ von € 620,00 und die Freigrenze ⑤ von € 2.100,00 sind bei Bezügen gem. Abs. 3, Abs. 4, Abs. 5 erster Teilstrich, Abs. 6 bis 8 und Abs. 10 ⑥ **nicht** zu berücksichtigen (§ 67 Abs. 1 EStG) (→ 23.3.2.7.).

Die auf Bezüge, die mit festen Steuersätzen ⑦ zu versteuern sind, entfallenden **Beiträge i.S.d. § 62 Z 3, 4 und 5 EStG** ⑧ sind vor Anwendung der festen Steuersätze **in Abzug zu bringen** (§ 67 Abs. 12 EStG) (→ 23.3.2.7.).

Soweit die sonstigen Bezüge gem. § 67 Abs. 1 EStG

- **mehr als das Jahressechstel** ⑩ oder
- nach Abzug des Dienstnehmeranteils zur Sozialversicherung **mehr als € 83.333,00** ⑩

betragen, ist der übersteigende Teil wie ein laufender Bezug gem. § 67 Abs. 10 EStG ⑪ nach der Tariflohnsteuer zu versteuern (vgl. § 67 Abs. 2 EStG) (→ 23.3.2.2.).

① Für die Anwendung der Bestimmungen des § 67 Abs. 1 und 2 EStG ist es notwendig, dass die Auszahlung des sonstigen Bezugs **„neben dem laufenden Arbeitslohn"** erfolgt.

Das Wort „neben" ist nicht zeitlich, sondern kausal (ursächlich zusammenhängend), demnach als „zusätzlich zum laufenden Arbeitslohn gewährt" zu verstehen (→ 23.3.2.6.2.).

Sonstige Bezüge verlieren die durch § 67 Abs. 1 und 2 EStG geschaffene Begünstigung dadurch nicht, dass sie im selben Kalenderjahr z.B. infolge Krankheit, Präsenzdienst oder Karenz nicht gleichzeitig mit laufendem Arbeitslohn ausbezahlt werden (siehe Beispiel 87).

② Weitere Fälle sonstiger Bezüge sind:

- Inbetriebsetzungsprämien, Treueprämien, Anerkennungsprämien,
- Überbrückungshilfen,
- Tantiemen,
- Gratifikationen,
- Bilanzremunerationen, Gewinnbeteiligungen,

- Leistungsprämien,
- Stockablösen in Form einer Einmalzahlung,
- vierteljährliche Prämienzahlungen für eine Zusatzkrankenversicherung

u.a.m.

③ Die festen Steuersätze des § 67 Abs. 1 EStG.

Die mit den über die 6% liegenden Steuersätzen, nämlich die mit

- 21% (27% abzüglich 6%),
- 29,75% (35,75% abzüglich 6%) und die mit der
- Tariflohnsteuer (→ 23.3.2.2.) für sonstige Bezüge über € 83.333,00

ermittelte Lohnsteuer wird als **Solidarabgabe** bezeichnet.

④ Ein Freibetrag stellt eine Steuerbegünstigung dar, die auch dann bestehen bleibt, wenn der Freibetrag überschritten wird.

⑤ Bei einer Freigrenze geht die Steuerbegünstigung verloren, sobald die Freigrenze überschritten wird (siehe Beispiele 74–76).

⑥ Abs. 3: Gesetzliche und kollektivvertragliche Abfertigungen (→ 34.7.2.1.);
Abs. 4: Abfertigungen der Witwer- oder Witwenpensionen;
Abs. 5: die Hälfte der Urlaubsentgelte (= Urlaubsgeld zuzüglich Urlaubszuschuss) und Urlaubsersatzleistungen oder Abfindungen gem. BUAG und der Überbrückungsabgeltungen gem. BUAG sowie weitere sonstige Bezüge (z.B. Weihnachtsgeld) für Arbeitnehmer, die dem BUAG unterliegen;
Abs. 6: sonstige Bezüge, die mit der Auflösung des Dienstverhältnisses in ursächlichem Zusammenhang stehen (z.B. freiwillige Abfertigungen) (→ 34.7.2.2.);
Abs. 8a: Vergleichssummen (→ 24.5.2.2.);
b: Kündigungsentschädigungen (→ 34.4.2.);
c: Nachzahlungen für abgelaufene Kalenderjahre (→ 24.3.2.2.);
d: Ersatzleistungen für nicht verbrauchten Urlaub (→ 34.7.2.3.1.);
e: Pensionsabfindungen (→ 30.2.2.5.);
f: Bezüge im Rahmen von Sozialplänen (→ 34.9.2.);
g: Nachzahlungen in einem Insolvenzverfahren (→ 24.6.2.2.);
Abs. 10: sonstige Bezüge, die nicht unter Abs. 1 bis 8 fallen (→ 23.3.2.6.2.).

⑦ Als „feste Steuersätze" des § 67 EStG bezeichnet man die Steuersätze des § 67 Abs. 1 bis 8 EStG, das sind

- die 6%, 27% und 35,75% des § 67 Abs. 1 EStG (siehe vorstehend),
- die vervielfachte Tariflohnsteuer des § 67 Abs. 3 EStG (→ 34.7.2.1.1.) sowie
- die Tariflohnsteuer des § 67 Abs. 8 lit. e und f EStG (Hälftesteuersatz, → 34.9.2.) (vgl. § 67 Abs. 9 EStG).

⑧ § 62 EStG (bezogen auf den § 67 EStG):

Z 3: Pflichtbeiträge zu gesetzlichen Interessenvertretungen (**Arbeiterkammerumlage**⑨);
Z 4: **Beiträge** des Versicherten **zur Pflichtversicherung** in der gesetzlichen Sozialversicherung;
Z 5: der **Wohnbauförderungsbeitrag**⑨.

grundsätzlich der **Dienstnehmeranteil** zur Sozialversicherung (→ 23.3.1.2.)

⑨ Die Arbeiterkammerumlage und der Wohnbauförderungsbeitrag finden allerdings bei Sonderzahlungen keine Berücksichtigung.

⑩ Diese Teile der sonstigen Bezüge fließen in eine allfällige Veranlagung ein.

⑪ Der § 67 Abs. 10 EStG bestimmt: Sonstige Bezüge (Bezugsteile), die nicht unter § 67 Abs. 1 bis 8 EStG (siehe vorstehend) fallen, sind (nach Abzug des Dienstnehmeranteils) der Bemessungsgrundlage des laufenden Bezugs des Lohnzahlungszeitraums hinzuzurechnen. Sie **bleiben sonstige Bezüge**, die nur „wie laufende Bezüge" versteuert werden. Sie erhöhen daher auch nicht eine danach gerechnete Jahressechstelbasis (→ 23.3.2.2.) und werden auch nicht bei der Berechnung des Jahresviertels und Jahreszwölftels (→ 34.7.2.2.) berücksichtigt.

Beispielhafte Darstellung:

<table>
<tr><td colspan="4">Summe der bisher (im laufenden Kalenderjahr) zugeflossenen sonstigen Bezüge gem. § 67 Abs. 1 und 2 EStG</td></tr>
<tr><td colspan="3">innerhalb des J/6
abzüglich darauf entfallender DNA[669]
bis € 83.333,00</td><td>innerhalb des J/6 bzw. außerhalb des J/6[668]
abzüglich darauf entfallender DNA[669]
über € 83.333,00</td></tr>
<tr><td>für die ersten</td><td>€ 620,00 [670]</td><td>0%</td><td rowspan="4">LSt-pflichtig wie ein lfd. Bezug (gem. § 67 Abs. 10 EStG)[671]</td></tr>
<tr><td>für die nächsten</td><td>€ 24.380,00</td><td>6%</td></tr>
<tr><td>für die nächsten</td><td>€ 25.000,00</td><td>27%</td></tr>
<tr><td>für die nächsten</td><td>€ 33.333,00</td><td>35,75%</td></tr>
<tr><td colspan="3">= Bemessungsgrundlage für feste Sätze</td><td>= Bemessungsgrundlage für Tariflohnsteuer</td></tr>
</table>

DNA = Dienstnehmeranteil zur Sozialversicherung

J/6 = Jahressechstel

Sonstige Bezüge sind grundsätzlich dem Kalenderjahr zuzuordnen, in dem diese zugeflossen sind (**Zuflussprinzip**, → 7.7., → 24.9.).

23.3.2.1.1. Freibetrag

Der Freibetrag von **max. € 620,00** ist **innerhalb des Jahressechstels** (→ 23.3.2.2.) zu berücksichtigen. Ist das Jahressechstel nach Abzug des Dienstnehmeranteils geringer als € 620,00, **reduziert sich der Freibetrag** auf den Betrag des niedrigeren Jahressechstels.

---

668 Der Jahressechstelüberhang.

669 Dienstnehmeranteile zur Sozialversicherung sind vor Anwendung der Steuersätze gem. § 67 Abs. 1 und 2 EStG bei den jeweiligen sonstigen Bezügen abzuziehen.

670 Der Freibetrag (→ 23.3.2.1.1.).

671 Solche sonstigen Bezugsteile sind (nach Abzug des Dienstnehmeranteils) der Bemessungsgrundlage des laufenden Bezugs des Lohnzahlungszeitraums hinzuzurechnen.

Der Freibetrag ist bereits bei Auszahlung des ersten im Laufe eines Kalenderjahrs gewährten sonstigen Bezugs anzuwenden.

Der Freibetrag kann auch dann in voller Höhe berücksichtigt werden, wenn das erste Dienstverhältnis erst während des Kalenderjahrs begonnen wurde.

Der Freibetrag von € 620,00 ist bei sonstigen Bezügen gem. § 67 Abs. 3, Abs. 4, Abs. 5 erster Teilstrich, Abs. 6 bis 8 und 10 EStG (→ 23.3.2.1.) **nicht** zu berücksichtigen.

Weitere, den Freibetrag betreffende Erläuterungen finden Sie unter Punkt 23.3.2.3.

23.3.2.1.2. Freigrenze (Bagatellgrenze)

Die **Besteuerung** der sonstigen Bezüge mit den festen Steuersätzen **unterbleibt**, wenn

- das **Jahressechstel** gem. Abs. 2 (→ 23.3.2.2.) **höchstens € 2.100,00** beträgt.

Die Freigrenze von € 2.100,00 wird auch als **„Bagatellgrenze"**, die diesbezügliche Regelung als **„Bagatellregelung"** bezeichnet.

Die Freigrenze ist bereits bei Auszahlung des ersten im Laufe eines Kalenderjahrs gewährten sonstigen Bezugs anzuwenden.

Der über dem Freibetrag liegende Teil eines sonstigen Bezugs, bei dem die Besteuerung auf Grund der Bagatellregelung unterbleibt, ist steuerpflichtig. Es „unterbleibt" bloß die Besteuerung.

Ist das Jahressechstel geringer als € 2.100,00, **reduziert sich die Freigrenze** auf den Betrag des niedrigeren Jahressechstels.

Die auf sonstige Bezüge entfallenden Dienstnehmeranteile zur Sozialversicherung sind diesen auch dann zuzuordnen, wenn die sonstigen Bezüge die Freigrenze von € 2.100,00 nicht übersteigen.

Die Freigrenze kann auch dann in voller Höhe berücksichtigt werden, wenn das erste Dienstverhältnis erst während des Kalenderjahrs begonnen wurde.

Die Freigrenze von € 2.100,00 ist bei sonstigen Bezügen gem. § 67 Abs. 3, Abs. 4, Abs. 5 erster Teilstrich, Abs. 6 bis 8 und 10 EStG (→ 23.3.2.1.) **nicht** zu berücksichtigen.

Beispiel 74

Auswirkung der Bagatellregelung beim ersten sonstigen Bezug gem. § 67 Abs. 1 und 2 EStG.

Angaben und Lösung:

- Gerechnet für Angestellte,
- SV-DNA für Sonderzahlungen: 17,12% – 3,00% = 14,12%.

Fall	aktuelles Jahressechstel	Urlaubsbeihilfe (UB – erster sonstiger Bezug)			
		Betrag der UB abzüglich DNA	steuerliche Aufteilung		einzubehaltende Lohnsteuer
			LSt-frei bis max. € 620,00	LSt-pflichtig zu 6%	
A	€ 1.950,00	€ 925,00 – DNA € 130,61 € 794,39	€ 620,00	€ 174,39	€ 0,00
B	€ 2.100,00	€ 950,00 – DNA € 134,14 € 815,86	€ 620,00	€ 195,86	€ 0,00
C	€ 2.100,10	€ 950,00 – DNA € 134,14 € 815,86	€ 620,00	€ 195,86	€ 11,75①

DNA = Dienstnehmeranteil zur Sozialversicherung

① Der über die 6% ermittelte Lohnsteuerbetrag bleibt ungerundet (auf Cent genau); dabei ist (unter Berücksichtigung der allgemeinen Rundungsregel) kaufmännisch auf zwei Dezimalstellen zu runden. Maßgebend für den Rundungsvorgang ist die **dritte Nachkommastelle**.

Dazu ein **Beispiel**: € 123,454 ergibt gerundet € 123,45;
€ 123,455 ergibt gerundet € 123,46.

Erläuterungen:

FALL A:

Die Besteuerung der € 174,39 unterbleibt, da das Jahressechstel weniger als € 2.100,00 beträgt.

FALL B:

Die Besteuerung der € 195,86 unterbleibt, da das Jahressechstel höchstens € 2.100,00 beträgt.

FALL C:

Die Besteuerung der € 195,86 ist vorzunehmen, da das Jahressechstel mehr als € 2.100,00 beträgt.

Beispiele 75–76

Auswirkung der Bagatellregelung bei mehreren sonstigen Bezügen gem. § 67 Abs. 1 und 2 EStG.

Beispiel 75

Angaben und Lösung:

- Gerechnet für einen Arbeiter,
- SV-DNA für Sonderzahlungen: 17,12% – 3,00% = 14,12%.

Art des sonstigen Bezugs	jeweils aktuelles Jahressechstel	Betrag des sonstigen Bezugs abzüglich DNA	steuerliche Aufteilung		einzubehaltende Lohnsteuer
			LSt-frei bis max. € 620,00	LSt-pflichtig zu 6%	
regelmäßige Treueprämie	€ 1.650,00	€ 400,00 – DNA € 56,48 € 343,52	€ 343,52	–	–
Urlaubsbeihilfe	€ 2.100,00	€ 820,00 – DNA € 115,78 € 704,22	€ 276,48	€ 427,74	€ 0,00 [672]
Weihnachtsremuneration	€ 2.280,00	€ 900,00 – DNA € 127,08 € 772,92	–	€ 772,92	€ 25,66 [673] € 46,38 [674]

Beispiel 76

Angaben und Lösung:

- Gerechnet für einen Arbeiter,
- SV-DNA für Sonderzahlungen: 17,12% – 3,00% = 14,12%.

Art des sonstigen Bezugs	jeweils aktuelles Jahressechstel	Betrag des sonstigen Bezugs abzüglich DNA	steuerliche Aufteilung		einzubehaltende Lohnsteuer
			LSt-frei bis max. € 620,00	LSt-pflichtig zu 6%	
regelmäßige Treueprämie	€ 1.650,00	€ 200,00 – DNA € 28,24 € 171,76	€ 171,76	–	–
Urlaubsbeihilfe	€ 2.180,00	€ 820,00 – DNA € 115,78 € 704,22	€ 448,24	€ 255,98	€ 15,36 [675]
Weihnachtsremuneration	€ 2.100,00	€ 850,00 – DNA € 120,02 € 729,98	–	€ 729,98	€ 15,36 sind gutzuschreiben[676]

Weitere, die Freigrenze betreffende Erläuterungen finden Sie unter Punkt 23.3.2.3.

23.3.2.2. Jahressechstel

Das Jahressechstel beträgt

- ein Sechstel der bereits zugeflossenen, auf das Kalenderjahr umgerechneten laufenden Bezüge[677].

672 Die Besteuerung der € 427,74 unterbleibt, da das Jahressechstel höchstens € 2.100,00 beträgt.

673 Die Besteuerung der € 1.200,66 (€ 427,74 + € 772,92) ist vorzunehmen, da das Jahressechstel mehr als € 2.100,00 beträgt.

674 Die Besteuerung der € 1.200,66 (€ 427,74 + € 772,92) ist vorzunehmen, da das Jahressechstel mehr als € 2.100,00 beträgt.

675 Die Besteuerung der € 255,98 ist vorzunehmen, da das Jahressechstel mehr als € 2.100,00 beträgt.

676 Die Besteuerung der € 985,96 (€ 255,98 + € 729,98) unterbleibt, da das Jahressechstel höchstens € 2.100,00 beträgt. Die von der Vorsonderzahlung einbehaltene Lohnsteuer ist gutzuschreiben.

677 Das Jahressechstel ist bei jeder Auszahlung von sonstigen Bezügen **neu zu berechnen.**

Soweit die sonstigen Bezüge gem. § 67 Abs. 1 EStG

- **mehr als das Jahressechstel** oder
- nach Abzug der in § 67 Abs. 12 EStG genannten Beträge[678] **mehr als € 83.333,00** betragen,

sind diese übersteigenden Bezüge im Auszahlungsmonat nach § 67 Abs. 10 EStG (nach dem Lohnsteuertarif → 23.3.2.6.2.) zu versteuern.

Bei der Berechnung des Jahressechstels ist jener laufende Bezug, der zusammen mit dem sonstigen Bezug ausbezahlt wird, bereits zu berücksichtigen. Wird ein sonstiger Bezug in einem Kalenderjahr vor Fälligkeit des ersten laufenden Bezugs ausbezahlt, ist dieser erste laufende Bezug in seiner voraussichtlichen Höhe auf das Kalenderjahr umzurechnen.

Steuerfreie laufende Bezüge gem. § 3 EStG, ausgenommen laufende Einkünfte gem. § 3 Abs. 1 Z 10, 11 und 15 lit. a EStG (siehe nachstehend), **erhöhen nicht** das Jahressechstel, steuerfreie sonstige Bezüge gem. § 3 EStG, ausgenommen sonstige Einkünfte gem. § 3 Abs. 1 Z 10 und 11 EStG, werden auf das Jahressechstel nicht angerechnet.

Für Arbeitnehmer, die im Kalenderjahr 2020 oder 2021 in **COVID-19-Kurzarbeit** (→ 27.3.3.) waren, erhöhte sich das Jahressechstel[679] im Jahr der Kurzarbeit um pauschal 15%. Die Erhöhung des Jahressechstels setzt zwingend voraus, dass der Arbeitnehmer im betreffenden Kalenderjahr beim selben Arbeitgeber reduzierte Bezüge wegen Kurzarbeit hatte (mindestens ein Kurzarbeitstag) (§ 124b Z 364 EStG). Für das Kalenderjahr 2022 besteht zum Zeitpunkt der Drucklegung dieses Buches keine derartige Bestimmung.

Berechnungsformel:

Die Berechnung des Jahressechstels ist wie folgt vorzunehmen:

Alle steuerpflichtigen laufenden Bezüge
\+ steuerfreie Bezüge gem. § 68 EStG (SEG-Zulagen, SFN- und ÜSt-Zuschläge, → 18.3.)
\+ steuerfreie laufende Bezüge gem. § 3 Abs. 1
- Z 10 (Einkünfte, die Arbeitnehmer für eine begünstigte Auslandstätigkeit beziehen),
- Z 11 (Einkünfte, die Fachkräfte der Entwicklungshilfe beziehen),
- Z 15 lit. a (Zuwendungen des Arbeitgebers für die Zukunftssicherung)

EStG (→ 21.2.)

vom 1.1. des Abrechnungs (Kalender)jahrs bis zum Abrechnungsmonat des sonstigen Bezugs

= **Summe : Anzahl der abgelaufenen Kalendermonate (seit Jahresbeginn)[680] × 2 = Jahressechstel**

---

678 Dienstnehmeranteil zur Sozialversicherung.

679 Der pauschale Zuschlag von 15% ist ebenso beim Jahressechstel für die Freigrenze (→ 23.3.2.1.2.), für die Berechnung des BUAG-Zwölftels, bei der freiwilligen Aufrollung der Lohnsteuer für sonstige Bezüge innerhalb des Jahressechstels (→ 23.3.2.4.) sowie bei der Berechnung des Kontrollsechstels (→ 23.3.2.5.) zu berücksichtigen.

680 Auch wenn der Mitarbeiter unterjährig eingetreten ist (vgl. LStR 2002, Rz 1058).

Basis des Jahressechstels:

Basis für die Berechnung des Jahressechstels sind die bereits zugeflossenen laufenden Bezüge. Dazu gehören:

- Lohn, Gehalt,
- laufende Prämien,
- Überstundenentlohnungen (Grundlohn und Zuschläge für Überstunden),
- steuerfreie laufende Zuwendungen gem. § 3 Abs. 1 Z 10, Z 11 und Z 15 lit. a EStG (siehe vorstehend),
- steuerpflichtige laufende Zuwendungen bzw. geldwerte Vorteile (Sachbezüge),
- vom Arbeitgeber freiwillig übernommene Lohnsteuer und/oder Dienstnehmeranteil zur Sozialversicherung,
- Schmutz-, Erschwernis- und Gefahrenzulagen,
- Sonn-, Feiertags- und Nachtarbeitszuschläge,
- steuerpflichtige Teile von Reisekostenentschädigungen

  u.a.m. (→ 45.).

Es werden die laufenden Bezüge herangezogen, die während des Kalenderjahrs bis zur Abrechnung des sonstigen Bezugs dem Arbeitnehmer zugeflossen sind. Jener laufende Bezug, der gleichzeitig mit dem sonstigen Bezug ausbezahlt wird, ist ebenfalls in die Jahressechstelbasis einzubeziehen.

§ 67 EStG sieht keine Einschränkung dahin vor, dass laufende Bezüge nur dann für die Ermittlung des Jahressechstels zu berücksichtigen wären, wenn diese in Österreich der Besteuerung unterliegen. Es entspricht also dem Wortlaut des Gesetzes, dass **auch laufende Bezüge vom selben Arbeitgeber, die nicht der Besteuerung in Österreich unterliegen,** für die Ermittlung des Jahressechstels zu berücksichtigen sind (VwGH 22.2.2017, Ra 2016/13/0010). Demgegenüber können jedoch auch sonstige Bezüge mit Auslandsbezug, die auf Grund eines Doppelbesteuerungsabkommens in Österreich steuerfrei gestellt sind (→ 7.2.), das Jahressechstel ausschöpfen. Sie verbrauchen somit das Jahressechstel, auch wenn sie letztlich steuerfrei zu belassen sind. Später zugeflossene inlandsbezogene sonstige Bezüge fallen nur insoweit unter die begünstigte Besteuerung gemäß § 67 Abs. 1 EStG, als das Jahressechstel noch nicht aufgebraucht ist (BFG 13.9.2016, RV/7104796/2015).

Nicht in die Basis für die Berechnung des Jahressechstels sind einzubeziehen:

- die steuerfreien laufenden Bezüge (Zuwendungen bzw. Sachbezüge) gem. § 3 Abs. 1 EStG (ausgenommen steuerfreie laufende Zuwendungen gem. § 3 Abs. 1 Z 10, Z 11 und Z 15 lit. a EStG, siehe vorstehend),
- die nicht steuerbaren Bezüge (Leistungen) gem. § 26 EStG (→ 21.3.) und
- alle sonstigen Bezüge, gleichgültig ob sie steuerfrei sind, mit einem festen Steuersatz oder nach dem Tarif versteuert werden, also auch die sog. Sechstelüberschreitungen (siehe Beispiel 84).

Nach Ansicht des BMF erhöhen Zahlungen von dritter Seite, für die der Arbeitgeber einen Lohnsteuerabzug einbehält (→ 18.3.2.), nicht das Jahressechstel (LStR 2002, Rz 1194a).

Zeitpunkt der Jahressechstelberechnung:

Das Jahressechstel ist **bei jeder Auszahlung von sonstigen Bezügen neu zu berechnen**. Dabei hat grundsätzlich keine Aufrollung und Neuberechnung des Jahressechstels bereits ausgezahlter sonstiger Bezüge zu erfolgen.

Ändert sich im Laufe des Jahres, bedingt durch eine (die Folgemonate betreffende) Erhöhung bzw. Reduzierung der laufenden Bezüge, auch das (künftige) Jahressechstel, hat das somit grundsätzlich keine Auswirkung auf bereits einmal berücksichtigte Jahressechstel. Das EStG kennt **keine** unterjährigen **Aufrollungen/Korrekturen bereits berechneter Jahressechstel** . Dies ist nicht zu verwechseln mit der Berechnung des Kontrollsechstels (siehe nachstehend sowie Punkt 23.3.2.5.) und der damit eventuell verbundenen Aufrollungsverpflichtung.

Werden **sonstige Bezüge** für das Vorjahr bis zum 15. Februar des Folgejahrs ausbezahlt (Nachzahlungen in Form eines „13. Abrechnungslaufs", → 24.9.), ist das **Jahressechstel neu zu berechnen**. Dabei sind alle zuvor ausbezahlten laufenden Bezüge zu berücksichtigen (LStR 2002, Rz 1193a)[681].

Bezieht ein Arbeitnehmer **gleichzeitig** von **mehreren Arbeitgebern** Arbeitslohn, so ist das Jahressechstel für jedes Dienstverhältnis von jedem Arbeitgeber gesondert zu ermitteln. Nach einer Entscheidung des BFG hat jedoch bei Entlohnung durch **zwei Konzerngesellschaften** eine **Zusammenrechnung der Bezüge** für Zwecke der Jahressechstelberechnung stattzufinden, wenn in wirtschaftlicher Betrachtungsweise nur ein Dienstverhältnis zu einem Arbeitgeber besteht (BFG 12.4.2021, RV/7103462/2020 – Amtsrevision beim VwGH anhängig zur Zahl Ro 2021/13/0010).

Der Jahressechstelüberhang wird bei einer allfälligen Veranlagung einbezogen.

Wichtiger Hinweis: Im Rahmen der **Veranlagung** (→ 15.) erfolgt **keine Änderung** (Neuberechnung) der vom Arbeitgeber bzw. von den einzelnen Arbeitgebern während des Kalenderjahrs durchgeführten **Sechstelberechnungen** (VwGH 22.12.1993, 90/13/0152).

Für Arbeitnehmer, die dem **BUAG** unterliegen, kommt für sonstige Bezüge gem. § 67 Abs. 5 zweiter Teilstrich EStG statt dem Jahressechstel ein **Jahreszwölftel** zur Anwendung (LStR 2002, Rz 1083, 1083a).

---

681 Werden (ausschließlich) **laufende Bezüge** für das Vorjahr bis zum 15. Februar des Folgejahres nachbezahlt, hat dies auf die Jahressechstelberechnungen des Vorjahres grundsätzlich keine Auswirkung, da bereits berechnete Jahressechstel nicht mehr nachträglich korrigiert werden. Kam es jedoch am Jahresende zu einer Nachversteuerung aufgrund einer Kontrollsechstelberechnung (→ 23.3.2.5.), ist der im Zuge dessen nachversteuerte Betrag durch die Nachzahlung der laufenden Bezüge zu korrigieren (LStR 2002, Rz 1193a). Durch den nachgezahlten laufenden Bezug erhöht sich das Kontrollsechstel (nachträglich), sodass es durch die Korrektur der Kontrollsechstelrechnung zu einer Gutschrift für den Arbeitnehmer kommt.

Beispiel 77

Berechnung des Jahressechstels bei monatlicher Entlohnung.

Angaben:

Monat	Gehalt	Überstundenentlohnung Grundlohn	Überstundenentlohnung steuerfreier und steuerpflichtiger Zuschlag	Sachbezugswert	
Jänner	€ 2.000,00	€ 120,00	€ 60,00	€ 180,00	
Februar	€ 2.000,00	€ 144,00	€ 72,00	€ 180,00	
März	€ 2.000,00	€ 96,00	€ 48,00	€ 180,00	
Zwischensumme	**€ 6.000,00**	**€ 360,00**	**€ 180,00**	**€ 540,00**	**= € 7.080,00**[682]
April	€ 2.000,00	€ 168,00	€ 84,00	€ 180,00	
Mai	€ 2.200,00	€ 133,00	€ 67,00	€ 180,00	
Juni	€ 2.200,00	€ 187,00	€ 94,00	€ 180,00	
Juli	€ 2.200,00	€ 107,00	€ 54,00	€ 180,00	
Zwischensumme	**€ 14.600,00**	**€ 955,00**	**479,00**	**€ 1.260,00**	**= € 17.294,00**[682]
August	€ 2.200,00	€ 67,00	€ 34,00	€ 180,00	
September	€ 2.200,00	€ 107,00	€ 54,00	€ 180,00	
Oktober	€ 2.200,00	€ 200,00	€ 100,00	€ 180,00	
November	€ 2.200,00	€ 187,00	€ 94,00	€ 180,00	
Zwischensumme	**€ 23.400,00**	**€ 1.516,00**	**€ 761,00**	**€ 1.980,00**	**= € 27.657,00**[682]
Dezember	€ 2.200,00	€ 67,00	€ 34,00	€ 180,00	

Die Bezüge werden im Nachhinein ausbezahlt.

Lösung:

Das Jahressechstel per 31. März beträgt:

€ 7.080,00	:	3	=	€ 2.360,00	×	12	=	€ 28.320,00
Bruttobezug Jänner–März		Anzahl der Monate Jänner–März		durchschnittlicher Monatsbezug		Anzahl der Monate/Jahr		fiktiver Jahresbezug
€ 28.320,00	:	6	=	**€ 4.720,00**				
		davon 1/6		Jahressechstel				

oder ohne Zwischenergebnisse gerechnet

€ 7.080,00 : 3 × 12 : 6 = **€ 4.720,00**
(12 : 6 = 2)

oder gekürzt gerechnet

€ 7.080,00 : 33 × 2 = **€ 4.720,00**

Das Jahressechstel per 31. Juli beträgt:

gekürzt gerechnet

€ 17.294,00 : 7 × 2 = **€ 4.941,14**

682 Die Jahressechstelbasis (Basis für die Berechnung des Jahressechstels).

Das Jahressechstel per 30. November beträgt:

gekürzt gerechnet

€ 27.657,00 : 11 × 2 = **€ 5.028,55**

Darüber hinaus hat im Dezember eine Berechnung des Kontrollsechstels zu erfolgen (→ 23.3.2.5.).

Wird ein Dienstverhältnis **während eines monatlichen Lohnzahlungszeitraums beendet**, sind die im Kalenderjahr zugeflossenen laufenden (Brutto-)Bezüge durch die Anzahl der abgelaufenen Lohnsteuertage seit Jahresbeginn (volle Kalendermonate sind mit 30 Tagen zu rechnen) zu dividieren. Der sich ergebende Betrag ist dann mit 60 zu multiplizieren.

Dazu ein **Beispiel**:

Ende des Dienstverhältnisses: 17. Mai 20..

Berechnung des Jahressechstels:

$$\frac{\text{Jahressechstelbasis für den Zeitraum 1. Jänner bis 17. Mai}}{137\ (30 + 30 + 30 + 30 + 17)} \times 60$$

Abgrenzung zum Kontrollsechstel:

Insgesamt darf der Arbeitgeber – abgesehen von bestimmten gesetzlich aufgezählten Ausnahmefällen – in einem Kalenderjahr nicht mehr und nicht weniger als ein Sechstel der im Kalenderjahr zugeflossenen laufenden Bezüge als sonstige Bezüge mit den festen Steuersätzen gemäß Abs. 1 besteuern (sog. „**Kontrollsechstel**") (§ 67 Abs 2 i.V.m. § 77 Abs. 4a EStG, → 23.3.2.5.). Im Vergleich zum „normalen" Jahressechstel erfolgt im Rahmen der Berechnung des Kontrollsechstels **keine Hochrechnung der bereits zugeflossenen laufenden Bezüge auf das Kalenderjahr,** vielmehr wird **„starr" ein Sechstel der im laufenden Kalenderjahr bereits zugeflossenen laufenden Bezüge** berechnet. Das Kontrollsechstel ist – abgesehen von den gesetzlichen Ausnahmefällen – ergänzend zum Jahressechstel bei der Auszahlung des letzten laufenden Bezugs in einem Kalenderjahr zu berechnen. Die Basis für die Sechstelberechnung ist sowohl beim Jahressechstel als auch beim Kontrollsechstel gleich (siehe vorstehende Ausführungen).

Details zur Kontrollsechstelberechnung und der damit verbundenen Aufrollungsverpflichtungen finden Sie unter Punkt 23.3.2.5.

Beispiel 78

Berücksichtigung des Freibetrags und der Steuersätze.

Angaben und Lösung:

- Gerechnet für Angestellte,
- SV-DNA für Sonderzahlungen: 17,12%,
- Höchstbeitragsgrundlage € 11.340,00.

Fall	aktuelles Jahressechstel	Urlaubsbeihilfe (UB) + Weihnachtsremuneration (WR)						
		Betrag UB + WR abzüglich DNA abzüglich Freibetrag	steuerliche Aufteilung				einzubehaltende Lohnsteuer
			LSt-pflichtig zu 6%	LSt-pflichtig zu 27%	LSt-pflichtig zu 35,75%	LSt-pflichtig nach Tarif	
A	€ 20.000,00	UB + WR € 20.000,00 – DNA € 1.941,41 – FB € 620,00 € 17.438,59	€ 17.438,59 × 6% = € 1.046,32	–	–	–	€ 1.046,32
B	€ 40.000,00	UB + WR € 40.000,00 – DNA € 1.941,41 – FB € 620,00 € 37.438,59	€ 24.380,00 × 6% = € 1.462,80	€ 13.058,59 × 27% = € 3.525,82	–	–	€ 4.988,62
C	€ 60.000,00	UB + WR € 60.000,00 – DNA € 1.941,41 – FB € 620,00 € 57.438,59	€ 24.380,00 × 6% = € 1.462,80	€ 25.000,00 × 27% = € 6.750,00	€ 8.058,59 × 35,75% = € 2.880,95	–	€ 11.093,75
D	€ 90.000,00	UB + WR € 90.000,00 – DNA € 1.941,41 – FB € 620,00 € 87.438,59	€ 24.380,00 × 6% = € 1.462,80	€ 25.000,00 × 27% = € 6.750,00	€ 33.333,00 × 35,75% = € 11.916,55	€ 4.725,59[683] × 50% = € 2.362,80	€ 22.492,15

DNA = Dienstnehmeranteil zur Sozialversicherung
FB = Freibetrag

23.3.2.3. Gemeinsame Erläuterungen betreffend Freibetrag, Steuersätze, Freigrenze und Jahressechstel

Der Bruttobetrag des sonstigen Bezugs ist maßgeblich

- für die Berechnung des Jahressechstels sowie des Kontrollsechstels und
- der Freigrenze von € 2.100,00.

Der Freibetrag von € 620,00 ist erst nach Abzug des Dienstnehmeranteils zu berücksichtigen.

Die auf sonstige Bezüge entfallenden Dienstnehmeranteile sind diesen auch dann zuzuordnen, wenn die sonstigen Bezüge die Freigrenze von € 2.100,00 nicht übersteigen.

Dienstnehmeranteile (→ 23.3.1.2.) sind vor Anwendung der Steuersätze gem. § 67 Abs. 1 und 2 EStG (→ 23.3.2.1.) bei den jeweiligen sonstigen Bezügen abzuziehen (→ 23.3.2.7.).

Der Freibetrag und die Freigrenze sind nur innerhalb des Jahressechstels bei den sonstigen Bezügen gem. § 67 Abs. 1 EStG, nicht hingegen bei denjenigen nach § 67 Abs. 3 bis 8 EStG (Ausnahme § 67 Abs. 8 lit. d EStG, → 34.7.2.3.1.) und § 67 Abs. 10 EStG zu berücksichtigen. Bei einem Jahressechstel von höchstens € 2.100,00 sind (nach Abzug des Dienstnehmeranteils) die innerhalb des Jahressechstels liegenden sonstigen Bezüge steuerfrei. Ist das Jahressechstel höher als € 2.100,00, kommen nach Abzug des Dienstnehmeranteils und nach Abzug des Freibetrags von € 620,00 die festen Steuersätze zur Anwendung.

683 Dieser Teil des sonstigen Bezugs **bleibt** dem Wesen nach **ein sonstiger Bezug**, der nur „wie ein laufender Bezug" versteuert wird. Dieser Teil erhöht daher auch nicht eine danach gerechnete Jahressechstelbasis (→ 23.3.2.2.) und wird auch nicht bei der Berechnung des Jahresviertels und Jahreszwölftels (→ 34.7.2.2.) berücksichtigt.

Übersteigt der sonstige Bezug das Jahressechstel, ist der übersteigende Betrag[684] auch dann wie ein laufender Bezug zu versteuern, wenn das Jahressechstel weniger als € 2.100,00 beträgt. Ist das Jahressechstel zum Zeitpunkt des ersten sonstigen Bezugs unter der Freigrenze von € 2.100,00, bleiben die sonstigen Bezüge[684] (vorerst) steuerfrei. Steigen die laufenden Bezüge innerhalb eines Jahres an und **übersteigt** deshalb **das Jahressechstel** zum Zeitpunkt der Auszahlung eines weiteren sonstigen Bezugs **die Freigrenze von € 2.100,00**, so werden zu diesem Zeitpunkt auch die früheren sonstigen Bezüge **steuerpflichtig**. Daher ist vom Arbeitgeber die Besteuerung nachzuholen (siehe Beispiel 75). **Sinkt das Jahressechstel** bei einem späteren sonstigen Bezug unter € 2.100,00, dann kann die von den früheren sonstigen Bezügen mit den festen Steuersätzen einbehaltene **Lohnsteuer** vom Arbeitgeber **gutgeschrieben** werden (siehe Beispiel 76). In beiden Fällen handelt es sich um keine Aufrollung i.S.d. § 77 Abs. 4 EStG (→ 23.3.2.4.).

Veranlagung:

Der **Freibetrag** und die **Freigrenze** sind bei der laufenden Lohnverrechnung **von jedem Arbeitgeber zu berücksichtigen**. Insgesamt stehen der Freibetrag und die Freigrenze für ein Kalenderjahr aber nur einmal zu. Die **Richtigstellung** erfolgt im Zuge der **Veranlagung** (→ 15.). Im Rahmen der **Veranlagung** erfolgt jedoch **keine Änderung** (Neuberechnung) der vom Arbeitgeber bzw. von den einzelnen Arbeitgebern während des Kalenderjahrs durchgeführten **Sechstelberechnungen.**

Arbeitgeberwechsel:

Wechselt ein Arbeitnehmer während des Kalenderjahrs den Arbeitgeber, so hat der neue Arbeitgeber bei der Abrechnung der sonstigen Bezüge anhand der Eintragungen auf dem Lohnzettel (→ 35.3.) zu prüfen, ob der Freibetrag ausgeschöpft und die Freigrenze überschritten wurde. Die **Sechstelberechnung** ist so vorzunehmen, **als ob alle Bezüge des laufenden Kalenderjahrs nur von einem Arbeitgeber ausbezahlt worden wären** (siehe Beispiel 85). Werden die laufenden Bezüge des vorherigen Arbeitgebers beim nachfolgenden Arbeitgeber für das Jahressechstel berücksichtigt, sind diese auch beim **Kontrollsechstel** (→ 23.3.2.5.) heranzuziehen.

Die beim Vorarbeitgeber zugeflossenen laufenden Bezüge (die zusammen mit den laufenden Bezügen des neuen Arbeitgebers die Jahressechstelbasis bilden) sind aus dem Lohnzettel (L 16) des Vorarbeitgebers wie folgt herauszurechnen:

	Bruttobezüge gemäß § 25 (KZ 210),
abzüglich	„Bezüge gemäß § 67 Abs. 1 und 2 (innerhalb des Jahressechstels), vor Abzug der Sozialversicherungsbeiträge“ (KZ 220),
abzüglich	„Steuerfreie bzw. mit festen Sätzen versteuerte Bezüge gemäß § 67 Abs. 3 bis 8, vor Abzug der SV-Beiträge“ (Teilbetrag der KZ 243),
abzüglich	„Nach dem Tarif versteuerte sonstige Bezüge (§ 67 Abs. 6, 10)“[685]
ergibt die	laufenden Bezüge.

684 Betrag des sonstigen Bezugs, abzüglich des Dienstnehmeranteils.
685 Linker Betrag unterhalb der KZ 260.

Ob der sich so ergebende Betrag der laufenden Bezüge auch noch um einen ev. unter „Sonstige steuerfreie Bezüge" (Teilbetrag der KZ 243) eingetragenen Betrag zu reduzieren ist oder nicht, hängt davon ab, welche Bezugsbestandteile (Sechstelbasis nicht erhöhende und/oder erhöhende Beträge) vom Vorarbeitgeber darin eingetragen wurden. Ein Umstand, der dem Nachfolgearbeitgeber nicht bekannt sein kann. In den Lohnsteuerrichtlinien 2002 wird auf dieses Problem nicht eingegangen.

Ist eine korrekte Berechnung anhand des Lohnzettels für den neuen Arbeitgeber nicht möglich, hat der Arbeitnehmer **ergänzende Unterlagen** (z.B. Lohnkonto, Bezugsnachweise) beizubringen, andernfalls darf eine Berücksichtigung der Bezüge des früheren Arbeitgebers nicht erfolgen (LStR 2002, Rz 1060).

Legt der Arbeitnehmer bei **Arbeitgeberwechsel** während eines Kalenderjahrs den **Lohnzettel** von seinem beendeten Dienstverhältnis dem neuen Arbeitgeber vor, sind vom Folgearbeitgeber für die Berücksichtigung des **Freibetrags und der Freigrenze auch die sonstigen Bezüge**[684] **des bisherigen Arbeitgebers zu berücksichtigen.** Soweit Teilbeträge des Freibetrags bereits ausgeschöpft sind, darf der Folgearbeitgeber nur mehr den restlichen Freibetrag berücksichtigen. Wenn das Jahressechstel durch den Arbeitgeberwechsel über die Freigrenze von € 2.100,00 steigt, sind – ebenso wie bei Nachholung der Versteuerung des ersten sonstigen Bezugs beim selben Arbeitgeber – die zuvor steuerfrei belassenen sonstigen Bezüge gem. § 67 Abs. 1 und 2 EStG[684] nachzubelasten (siehe Beispiel 75). Sinkt das Jahressechstel unter die Freigrenze von € 2.100,00, dann ist die Steuer auf die zuvor versteuerten sonstigen Bezüge gutzuschreiben[686] (siehe Beispiel 76). Ist eine korrekte Berechnung anhand des Lohnzettels für den neuen Arbeitgeber nicht möglich, hat der Arbeitnehmer ergänzende Unterlagen (z.B. Lohnkonto, Bezugsnachweise) beizubringen, andernfalls darf eine Berücksichtigung der Bezüge des früheren Arbeitgebers nicht erfolgen (LStR 2002, Rz 1067).

Werden bei der Ermittlung des Jahressechstels die Vorbezüge bei einem anderen Arbeitgeber berücksichtigt, tritt somit der fiktive Effekt ein, als ob alle laufenden und sonstigen Bezüge vom nunmehrigen Arbeitgeber zugeflossen wären. Diese Vorbezüge erhöhen sowohl das Jahressechstel als auch das Kontrollsechstel. Bei der begünstigten Besteuerung der sonstigen Bezüge beim Folgearbeitgeber sind **die im vorangegangenen Dienstverhältnis bereits begünstigt besteuerten Bezüge zu berücksichtigen.** Eine allfällige **Sechstelüberschreitung** (Besteuerung nach § 67 Abs. 10 EStG) **beim vorangegangenen Dienstverhältnis** kann **beim Folgearbeitgeber nicht korrigier**t werden. Eine Mitberücksichtigung beim neuen Arbeitgeber kann nur insoweit erfolgen, als beim Folgearbeitgeber tatsächlich entsprechende sonstige Bezüge geflossen sind (LStR 2002, Rz 1193c).

Bei Nichtvorlage des Lohnzettels (→ 35.) gilt Folgendes: In diesem Fall wird das Jahressechstel nur aus den laufenden Bezügen des neuen Dienstverhältnisses gerechnet, wobei als Faktor für die Berechnung immer die Anzahl der Monate von Jänner bis zum Abrechnungsmonat zu nehmen sind (siehe Beispiel 86). **Von jedem Arbeitgeber können der Freibetrag** von € 620,00 und die **Freigrenze** von € 2.100,00 gem. § 67 Abs. 1 EStG **berücksichtigt werden**. Liegt kein Tatbestand der Pflichtveranla-

686 Diese erlassmäßige Regelung ist – bedingt durch die Gestaltung des Lohnzettels – nicht in allen Fällen durchführbar. Ein ev. daraus resultierender Nachteil für den Arbeitnehmer wird aber bei der Veranlagung ausgeglichen.

gung mit Erklärungsverpflichtung vor und wird eine Veranlagung auch nicht beantragt, dann bleibt es bei der mehrmaligen Gewährung (das wird i.d.R. nur bei mehreren Bezügen hintereinander denkbar sein, führt aber zu Nachteilen bei der Sechstelberechnung insgesamt[687]).

Geht ein Arbeitgeber mit **demselben Arbeitnehmer** nach dessen Ausscheiden im selben Kalenderjahr **ein neuerliches Dienstverhältnis** ein, sind bei der Berechnung des Jahressechstels zwingend auch die im selben Kalenderjahr im Rahmen des vorangegangenen Dienstverhältnisses vom Arbeitgeber an den Arbeitnehmer ausbezahlten Bezüge zu **berücksichtigen, auch dann**, wenn der Arbeitnehmer **keinen Lohnzettel vorlegt** (UFS 7.4.2011, RV/1590-W/04).

Entsprechende Hinweise zum Ausfüllen des Lohnzettels bei Arbeitgeberwechsel beinhaltet der Punkt 35.3.

23.3.2.4. Freiwillige Aufrollung der Lohnsteuer für sonstige Bezüge innerhalb des Jahressechstels

Hinweis: Die Aufrollung der sonstigen Bezüge kann auch unabhängig von der Aufrollung der laufenden Bezüge (→ 11.5.4.1.) erfolgen.

Der Arbeitgeber **kann**

- bei Arbeitnehmern, die im **Kalenderjahr ständig** von diesem Arbeitgeber **Arbeitslohn** (§ 25 EStG) erhalten haben,
- in dem Monat, in dem der **letzte sonstige Bezug** für das Kalenderjahr ausbezahlt wird,
- die **Lohnsteuer** für die im Kalenderjahr zugeflossenen sonstigen Bezüge innerhalb des Jahressechstels gem. § 67 Abs. 1 und 2 EStG sowie für Bezüge gem. § 67 Abs. 5 zweiter Teilstrich EStG, die gem. § 67 Abs. 1 EStG zu versteuern sind[688], **neu berechnen**, wenn das **Jahressechstel € 2.100,00 übersteigt**.
- Die Bemessungsgrundlage sind die sonstigen Bezüge innerhalb des Jahressechstels gem. § 67 Abs. 1 und 2 EStG sowie Bezüge gem. § 67 Abs. 5 zweiter Teilstrich EStG, die gem. § 67 Abs. 1 EStG zu versteuern sind[688], abzüglich der darauf entfallenden Beiträge gem. § 62 Z 3, 4 und 5 EStG[689].
- Bis zu einem Jahressechstel von € 25.000,00
  - beträgt die Steuer **6% der € 620,00** übersteigenden Bemessungsgrundlage,
  - jedoch **höchstens 30%** der € 2.000,00 (!) übersteigenden Bemessungsgrundlage (§ 77 Abs. 4 EStG).

687 Im Zuge der Veranlagung (→ 15.) erfolgt keine Korrektur des Jahressechstels. Eine Mehrfachberücksichtigung des Freibetrags wird hingegen im Zuge der Veranlagung rückgängig gemacht.

688 Diese Bestimmung regelt die Besteuerung weiterer sonstiger Bezüge (z.B. Weihnachtsgeld) für Arbeitnehmer, die dem BUAG unterliegen. Es kommt für diese Arbeitnehmer statt dem Jahressechstel das Jahreszwölftel zur Anwendung.

689 Z 3: Pflichtbeiträge zu gesetzlichen Interessenvertretungen (Arbeiterkammerumlage);
Z 4: Beiträge des Versicherten zur Pflichtversicherung in der gesetzlichen Sozialversicherung;
Z 5: der Wohnbauförderungsbeitrag.

Die Bestimmung des § 77 Abs. 4 EStG regelt die **Neuberechnung der auf die sonstigen Bezüge** gem. § 67 Abs. 1 und 2 EStG entfallenden Steuer. Dabei darf **nur die Steuer** unter Anwendung dieser Aufrollungsbestimmung (Einschleifregelung) neu berechnet werden, **nicht aber die Bemessungsgrundlage für das Jahressechstel**. Die Einschleifregelung soll sicherstellen, dass bei geringfügiger Überschreitung der Freigrenze nicht unmittelbar die volle Besteuerung mit 6% einsetzt. Eine Neuberechnung der Steuer darf nur bei ganzjährig Beschäftigten erfolgen. Im **Zuge einer Veranlagung** (→ 15.) kommt es **ebenfalls zur Neuberechnung der** auf die sonstigen Bezüge entfallenden **Steuer** unter Anwendung der Einschleifregelung. Eine allfällige mehrmalige Berücksichtigung des Freibetrags bzw. der Freigrenze wird dabei korrigiert.

Zur Vermeidung von Nachforderungen durch die Anwendung der Einschleifregelung beim selben Arbeitgeber darf die Aufrollung erst zusammen mit der Auszahlung des letzten sonstigen Bezugs für ein Kalenderjahr erfolgen.

Beispiel 79

Aufrollung (Einschleifregelung) der sonstigen Bezüge.

Angaben:

- Gerechnet für einen Arbeiter,
- SV-DNA für Sonderzahlungen 17,12% – 3,00% = 14,12%.

aktuelles Jahressechstel	€ 2.500,00			€ 2.500,00				
	Urlaubsbeihilfe			Weihnachtsremuneration			Summe	
Lohnsteuer der sonstigen Bezüge vor der Rollung		€	1.250,00		€	1.250,00	= €	2.500,00
	– DNA	€	176,50	– DNA	€	176,50	= €	353,00
	–	€	620,00			–	= €	620,00
		€	453,50		€	1.073,50	=	€ 1.527,00
	6% =	€	27,21	6% =	€	64,41	=	€ 91,62

DNA = Dienstnehmeranteil zur Sozialversicherung

Lösung:

Rollung	Betrag über € 620,00:			€	2.500,00	
			– DNA	€	353,00	
			–	€	620,00	
			=	€	1.527,00	
		davon 6%	=	€	91,62	Vergleich
	Betrag der € 2.000,00 übersteigenden Bemessungsgrundlage:			€	2.500,00	
			– DNA	€	353,00	
				€	2.147,00	
		€ 2.147,00				
		– € 2.000,00				
		€ 147,00 × 30%	=	€	44,10	

Durch die Einschleifregelung beträgt die Lohnsteuer für sonstige Bezüge € 44,10, sodass dem Arbeiter **€ 47,52 erstattet** werden.

23.3.2.5. Kontrollsechstelberechnung mit verpflichtender Aufrollung der Lohnsteuer für sonstige Bezüge

Grundsätzlich hat während eines Kalenderjahres keine Aufrollung und Neuberechnung des Jahressechstels bereits ausbezahlter sonstiger Bezüge zu erfolgen.

Der Arbeitgeber darf jedoch in einem Kalenderjahr insgesamt – abgesehen von bestimmten gesetzlich definierten Ausnahmefällen – **nicht mehr als ein Sechstel der im Kalenderjahr zugeflossenen laufenden Bezüge** als sonstige Bezüge mit den festen Steuersätzen gemäß § 67 Abs. 1 EStG (→ 23.3.2.1.) besteuern (§ 67 Abs. 2 EStG).

Kontrollsechstel zu Ungunsten des Arbeitgebers (mit Ausnahmetatbeständen):

Der Arbeitgeber hat bei Auszahlung des letzten laufenden Bezugs im Kalenderjahr[690] ein Sechstel der im Kalenderjahr zugeflossenen laufenden Bezüge zu ermitteln **(Kontrollsechstel)**. Wurden im laufenden Kalenderjahr insgesamt mehr sonstige Bezüge als das Kontrollsechstel mit den festen Steuersätzen gemäß § 67 Abs. 1 EStG (→ 23.3.2.1.) versteuert, hat der Arbeitgeber die das Kontrollsechstel **übersteigenden Beträge durch Aufrollen nach § 67 Abs. 10 EStG (nach Tarif) zu versteuern.**

Dies gilt **nicht**, wenn beim Arbeitnehmer im Kalenderjahr mindestens einer der folgenden Fälle von Einkommensverlust vorliegt:

- Elternkarenz[691],
- Bezug von Krankengeld (→ 25.1.3.1.) aus der gesetzlichen Krankenversicherung,
- Bezug von Rehabilitationsgeld (→ 25.8.),
- Pflegekarenz oder Pflegeteilzeit (→ 27.1.1.3.),
- Familienhospizkarenz oder Familienhospizteilzeit (→ 27.1.1.2.),
- Wiedereingliederungsteilzeit (→ 25.7.),
- Grundwehrdienst oder Zivildienst[692] (→ 27.1.6.),

---

690 Im Dezember oder bei unterjähriger Beendigung bzw. Karenzierung des Dienstverhältnisses im Beendigungsmonat bzw. Monat des letzten laufenden Bezugs im Kalenderjahr. Nach Ansicht des BMF hat der Arbeitgeber auch die Möglichkeit, diese Bestimmung bereits durch Modifikation der Lohnverrechnung während des Jahres umzusetzen (LStR 2002, Rz 1058).

691 Welche Formen der Elternkarenz umfasst sind, lässt das Gesetz offen. Nach Ansicht des BMF liegt Elternkarenz vor, wenn für Eltern gegenüber dem Arbeitgeber ein gesetzlicher Anspruch auf Karenz nach MSchG bzw. VKG (→ 27.1.4.) besteht (inklusive „Papamonat" [→ 27.1.5.] und Mutterschutz [→ 27.1.3.]) (LStR 2002, Rz 1058 und 1193c).
Wird nach Ablauf des zweiten Lebensjahres des Kindes eine gesetzliche Karenz in Anspruch genommen (z.B. aus Anlass einer Adoption bzw. aus Anlass einer Pflegeübernahme eines Kindes oder aus Anlass einer „aufgeschobenen" Karenz), handelt es sich um eine „echte" Elternkarenz, sodass das Kontrollsechstel nicht zum Tragen kommt.
Mangels Aufzählung in § 77 Abs. 4a Z 1 EStG hat bei Elternteilzeit eine Kontrollsechstelberechnung zu erfolgen, sofern kein anderer Ausschlussgrund zum Tragen kommt.
Wird während der Elternkarenz ein **paralleles Dienstverhältnis** eingegangen, ist sowohl arbeitsrechtlich als auch steuerrechtlich von zwei getrennten Arbeitsverhältnissen auszugehen. Da die karenzierte Beschäftigung nicht beendet ist, sind die (laufenden und sonstigen) Bezüge daraus für das parallel geführte Beschäftigungsverhältnis ohne Belang. Betreffend das karenzierte Arbeitsverhältnis unterbleibt eine allfällige Nachversteuerung, eine allfällige Aufrollung zugunsten der Arbeitnehmer hat gegebenenfalls auch für das karenzierte Dienstverhältnis zu erfolgen. In Bezug auf das parallel geführte Beschäftigungsverhältnis kommt es zur Neuberechnung des Jahressechstels im Zuge der Auszahlung des letzten laufenden Bezuges (ebendort) im Kalenderjahr, sofern im parallelen Dienstverhältnis kein Ausschlussgrund zum Tragen kommt (LStR 2002, Rz 1193c).

692 Dies gilt nicht z.B. bei Milizübungen, freiwilligen Waffenübungen, Zeitsoldaten, außerordentlichen Übungen etc. (LStR 2002, Rz 1193c).

- Bezug von Altersteilzeitgeld (→ 27.3.2.1.3.),
- Teilpension (→ 27.3.2.3.) oder
- Beendigung des Dienstverhältnisses[693], wenn im Kalenderjahr kein neues Dienstverhältnis bei demselben Arbeitgeber oder einem mit diesem verbundenen Konzernunternehmen eingegangen wird (§ 77 Abs. 4a Z 1 EStG)[694]. Der Übertritt eines Beamten in den Ruhestand ist in diesem Zusammenhang einer Beendigung des Dienstverhältnisses gleichzuhalten (LStR 2002 Rz 1193c).

In diesen gesetzlich aufgezählten Fällen hat keine Aufrollung aufgrund einer „Kontrollsechstelrechnung" stattzufinden. In allen anderen, nicht genannten Sachverhalten mit reduzierten Bezügen, wie z.B. bei unbezahltem Urlaub (→ 27.1.2.), Bildungskarenz oder -teilzeit (→ 27.3.1.) oder Elternteilzeit (→ 27.1.4.3.) greift die Aufrollungsverpflichtung.

Um der Aufrollungsverpflichtung zu entgehen, ist es ausreichend, dass ein derartiger Ausnahmegrund auf nur einen Tag im Kalenderjahr fällt.

Kontrollsechstel zu Gunsten des Arbeitgebers:

Seit dem Kalenderjahr 2021 ist die **Kontrollsechstelberechnung auch zu Gunsten des Arbeitnehmers** durchzuführen. Wurden im laufenden Kalenderjahr insgesamt weniger sonstige Bezüge als das Kontrollsechstel mit den festen Steuersätzen begünstigt (→ 23.3.2.1.) versteuert, hat der Arbeitgeber den nicht ausgeschöpften Differenzbetrag auf das Kontrollsechstel durch Aufrollen begünstigt zu versteuern, wenn entsprechende sonstige Bezüge ausbezahlt und nach § 67 Abs. 10 EStG „wie ein laufender Bezug" nach Tarif versteuert wurden (§ 77 Abs. 4a Z 2 EStG). Dies gilt unabhängig vom Vorliegen eines Ausnahmetatbestandes (siehe vorstehend).

Berechnung des Kontrollsechstels:

Anders als bei der „normalen" Jahressechstelberechnung bei Auszahlung eines sonstigen Bezuges (→ 23.3.2.2.) erfolgt bei der Kontrollsechstelberechnung **keine Umrechnung bzw. Hochrechnung** des Sechstels der bereits zugeflossenen laufenden Bezüge **auf das Kalenderjahr**. Vielmehr wird für die Kontrollrechnung exakt ein Sechstel der zugeflossenen laufenden Bezüge eines Kalenderjahres berechnet.

---

693 Es kommt auf das arbeitsrechtliche Ende des Dienstverhältnisses und nicht auf die Verlängerung der Pflichtversicherung an (LStR 2002, Rz 1193c).

694 Kommt es daher nach Beendigung des Dienstverhältnisses im selben Kalenderjahr zu einem Wiedereintritt bei demselben Arbeitgeber oder einem mit diesem verbundenen Konzernunternehmen, ist spätestens mit der Auszahlung des letzten laufenden Bezuges nach Wiedereintritt das Kontrollsechstel zu ermitteln.
Steht bei der Beendigung des Dienstverhältnisses bereits fest, dass ein Arbeitnehmer im selben Kalenderjahr ein Dienstverhältnis bei demselben Arbeitgeber oder einem mit diesem verbundenen Konzernunternehmen eingehen wird, ist das Kontrollsechstel zu ermitteln und kann eine Nachversteuerung aufgrund der Kontrollsechstelberechnung bereits bei der Beendigung des ersten Dienstverhältnisses vorgenommen werden. Kommt es zu einem Wiedereintritt, hat eine Nachversteuerung auch dann zu erfolgen, wenn das nachfolgende Dienstverhältnis ebenso noch im selben Kalenderjahr beendet wird, es sei denn, es kommt ein anderer Ausschließungsgrund zum Tragen. Tritt ein Ausschlussgrund während des Kalenderjahres bei Dienstverhältnissen des gleichen Arbeitnehmers zu unterschiedlichen Konzernunternehmen ein, gilt der Ausschlussgrund nur bei dem Dienstverhältnis, bei dem dieser eingetreten ist (LStR 2002, Rz 1193c).

Beispiel

- Antritt einer Bildungskarenz eines Mitarbeiters mit 1.7. Die anteiligen Sonderzahlungen gelangen zur Auszahlung.
- Laufende Bezüge des aktuellen Jahres (1.1. bis 30.6.): € 18.000,00

„Normale" Jahressechstelberechnung zum 30.6. aufgrund der Auszahlung von Sonderzahlungen:	„Besondere" Kontrollsechselberechnung mit Auszahlung des letzten laufenden Bezugs zum 30.6.:
€ 18.000,00 / 6 × 2 = **€ 6.000,00**	€ 18.000,00 / 6 = **€ 3.000,00**

Treffen die „normale" Jahressechstelberechnung und die „besondere" Kontrollsechstelberechnung aufeinander, ist zunächst das „normale" Jahressechstel zu berechnen und im Anschluss die Kontrollrechnung durchzuführen. Dies kann für die Prüfung der Freigrenze von € 2.100,00 (→ 23.3.2.1.2.) von Relevanz sein.

Die Verpflichtung zur Ermittlung des Kontrollsechstels richtet sich an **Arbeitgeber i.S.d § 47 Abs. 1 EStG.** Daher gilt die Regelung des § 77 Abs. 4a EStG z.B. auch für Bezieher von Firmenpensionen (LStR 2002, Rz 1193c).

Bei mehreren Dienstverhältnissen zum selben Arbeitgeber ist jedes Dienstverhältnis gesondert zu beurteilen (z.B. bei Elternkarenz und einem parallelen geringfügigen oder vorübergehenden Dienstverhältnis) (LStR 2002, Rz 1058).

Für Arbeitnehmer, die im Kalenderjahr 2020 oder 2021 in **COVID-19-Kurzarbeit** (→ 27.3.3.) waren, erhöhte sich das Kontrollsechstel (genauso wie das „normale" Jahressechstel) im Jahr der Kurzarbeit um pauschal 15%. Die Erhöhung setzt zwingend voraus, dass der Arbeitnehmer im betreffenden Kalenderjahr beim selben Arbeitgeber reduzierte Bezüge wegen Kurzarbeit hatte (mindestens ein Kurzarbeitstag) (§ 124b Z 364 EStG). Für das Kalenderjahr 2022 besteht zum Zeitpunkt der Drucklegung dieses Buches keine derartige Bestimmung.

Arbeitgeberwechsel:

Die **Vorlage eines Jahreslohnzettels** in Bezug auf die Vorbezüge bleibt auch für Zwecke des Kontrollsechstels unbenommen. Werden die laufenden Bezüge des vorherigen Arbeitgebers beim nachfolgenden Arbeitgeber für das Jahressechstel berücksichtigt (→ 23.3.2.2.), sind diese auch beim Kontrollsechstel heranzuziehen[695].

Siehe dazu auch Punkt 23.3.2.3.

Zeitpunkt der Kontrollsechstelberechnung:

Die Kontrollsechstelberechnung hat bei **Auszahlung des letzten laufenden Bezugs im Kalenderjahr** zu erfolgen, das heißt im Dezember oder bei unterjähriger Beendigung bzw. Karenzierung des Dienstverhältnisses im Beendigungsmonat bzw. Monat

695 Insgesamt sind dabei jedoch sonstige Bezüge (vorheriger und nunmehriger Arbeitgeber) höchstens im Ausmaß des auf Basis der gesamten laufenden Bezüge ermittelten Kontrollsechstels begünstigt. Der nunmehrige Arbeitgeber hat bei Auszahlung des letzten laufenden Bezuges das Kontrollsechstel unter Berücksichtigung der Vorbezüge zu ermitteln und gegebenenfalls eine Aufrollung vorzunehmen (LStR 2002, Rz 1060).

des letzten laufenden Bezugs im Kalenderjahr. Nach Ansicht des BMF hat der Arbeitgeber auch die Möglichkeit, diese Bestimmung bereits durch Modifikation der Lohnverrechnung **während des Jahres** umzusetzen (LStR 2002, Rz 1058)

Wurde bei Auszahlung des Dezemberbezugs eine Nachversteuerung von sonstigen Bezügen gemäß § 77 Abs. 4a EStG vorgenommen, ist bei einer **Nachzahlung von laufenden** Bezügen bis 15.2. des Folgejahres (im Wege eines 13. Abrechnungslaufs, → 24.9.) ein bereits auf Grund der Kontrollrechnung gemäß § 77 Abs. 4a EStG nach § 67 Abs. 10 EStG nachversteuerter Betrag – im Ausmaß des sich durch die Nachzahlung der laufenden Bezüge erhöhten Kontrollsechstels – zu korrigieren. Auch eine Korrektur zugunsten des Arbeitnehmers ist bei Nachzahlungen von laufenden Bezügen für das Vorjahr bis 15.2. somit möglich (LStR 2002, Rz 1193a).

Beispiel **für die Kontrollsechstelberechnung mit Aufrollungsverpflichtung (zu Ungunsten des Arbeitnehmers)**

Angaben:

- Der Angestellte tritt mit Anfang Oktober 2022 einen unbezahlten Urlaub an. Die im Juni erhaltene Urlaubsbeihilfe wird aufgrund einer Vereinbarung zwischen Arbeitgeber und Arbeitnehmer nicht rückverrechnet. Die Weihnachtsremuneration ist im Zeitpunkt des Antritts des unbezahlten Urlaubs anteilig auszubezahlen.

Monat	Laufender Bruttobezug	Sonderzahlung				
		Art	Bruttobetrag	Offenes Jahressechstel (ohne Berücksichtigung der Aufrollungsverpflichtung)	Begünstigte Besteuerung (ohne Berücksichtigung der Aufrollungsverpflichtung)	Besteuerung nach Tarif
Jänner	€ 2.000,00	–	–	–	–	–
Februar	€ 2.000,00	–	–	–	–	–
März	€ 2.000,00	–	–	–	–	–
April	€ 2.000,00	–	–	–	–	–
Mai	€ 2.000,00	–	–	–	–	–
Juni	€ 2.000,00	Urlaubsbeihilfe	€ 2.000,00	€ 4.000,00	€ 2.000,00	–
Juli	€ 2.000,00	–	–	–	–	–
August	€ 2.000,00	–	–	–	–	–
September	€ 2.000,00	Weihnachtsremuneration	€ 1.500,00	€ 2.000,00	€ 1.500,00	–
	Besondere Kontrollsechstelberechnung mit Aufrollungsverpflichtung!					
Summen (vor Kontrollsechstelberechnung)	*€ 18.000,00*		*€ 3.500,00*		*€ 3.500,00*	*€ 0,00*

Lösung:

- Grundsätzlich findet die im September ausbezahlte aliquote Weihnachtsremuneration von € 1.500,00 im noch offenen Jahressechstel von € 2.000,00[696] Platz.

696 Aktuelles Jahressechstel in Höhe von € 4.000,00 abzüglich der bereits begünstigt besteuerten Urlaubsbeihilfe in Höhe von € 2.000,00.

- Insgesamt darf im Kalenderjahr jedoch nicht mehr als ein Sechstel der zugeflossenen laufenden Bezüge als sonstige Bezüge mit den festen Steuersätzen begünstigt besteuert werden (Kontrollsechstelberechnung):

Kontrollrechnung für Aufrollungsverpflichtung (1/6 der laufenden Bezüge des Kalenderjahres)	Insgesamt innerhalb des J/6 begünstigt besteuerte Bruttobezüge	Durch Aufrollung nachzuversteuernder Bruttobetrag	Aufrollung des Monats/ Berücksichtigung im Monat
$\frac{€\ 18.000,00}{6}$ = € 3.000,00	€ 3.500,00	€ 500,00	September

J/6 = Jahressechstel

Beispiel **für die Kontrollsechstelberechnung mit Aufrollungsverpflichtung (zu Ungunsten des Arbeitnehmers)**

Angaben:

- Gerechnet für einen Angestellten mit einem DNA von 17,12% (bzw. 14,12%).
- Der Angestellte reduziert mit Juli 2022 seine Wochenstundenanzahl von 40 Stunden auf 20 Stunden. Der Kollektivvertrag sieht für die Bemessung der Sonderzahlungen (auch bei unterjährigen Stundenschwankungen) ein strenges Stichtagsprinzip vor.

Monat	Laufender Bruttobezug	Sonderzahlung				
		Art	Bruttobetrag	Offenes Jahressechstel	Begünstigte Besteuerung	Besteuerung nach Tarif
Jänner	€ 3.000,00	–	–	–	–	–
Februar	€ 3.000,00	–	–	–	–	–
März	€ 3.000,00	Jahresprämie	€ 3.000,00	€ 6.000,00Ⓐ	€ 3.000,00	–
April	€ 3.000,00	–	–	–	–	–
Mai	€ 3.000,00	–	–	–	–	–
Juni	€ 3.000,00	Urlaubsbeihilfe	€ 3.000,00	€ 3.000,00Ⓑ	€ 3.000,00	–
Juli	€ 1.500,00	–	–	–	–	–
August	€ 1.500,00	–	–	–	–	–
September	€ 1.500,00	–	–	–	–	–
Oktober	€ 1.500,00	–	–	–	–	–
November	€ 1.500,00	Weihnachtsremuneration	€ 1.500,00	€ 0,00 Ⓒ	–	€ 1.500,00
Dezember	**Besondere Kontrollsechstelberechnung mit Aufrollungsverpflichtung! Ⓓ**					
Summen	*€ 27.000,00*		*€ 7.500,00*		*€ 6.000,00*	*€ 1.500,00*

Lösung:

	Aktuelles J/6		Bereits ausgeschöpftes J/6	Offenes J/6	Bruttobetrag der Sonderzahlung	DNA	Besteuerung innerhalb des J/6		Besteuerung außerhalb des J/6
	Berechnung	Betrag					LSt-frei bis max. € 620,00	6 %	zum lfd. Bezug
Ⓐ →	€ 9.000,00 / 3 × 2 =	€ 6.000,00	€ 0,00	€ 6.000,00	€ 3.000,00	€ 513,60 *(17,12%)*	€ 620,00	€ 1.866,40	–
Ⓑ →	€ 18.000,00 / 6 × 2 =	€ 6.000,00	€ 3.000,00	€ 3.000,00	€ 3.000,00	€ 513,60 *(17,12%)*	-	€ 2.486,40	–
Ⓒ →	€ 25.500,00 / 11 × 2 =	€ 4.636,36	€ 6.000,00	€ 0,00	€ 1.500,00	€ 211,80 *(14,12%)*[697]	–	–	€ 1.288,20

- Im November 2022 hat keine Aufrollung und Neuberechnung des Jahressechstels bereits ausbezahlter sonstiger Bezüge von März bzw. Juni 2022 zu erfolgen.
- Im Dezember 2022 besteht eine Verpflichtung zur Kontrollsechstelberechnung mit Aufrollungsverpflichtung für einen Teil des im Juni begünstigt besteuerten Bezugs:

	Kontrollrechnung für Aufrollungsverpflichtung (1/6 der laufenden Bezüge des Kalenderjahres = Kontrollsechstel)	Insgesamt innerhalb des J/6 begünstigt besteuerte Bruttobezüge	Durch Aufrollung nachzuversteuernder Bruttobetrag	Aufrollung des Monats	Rückzuverrechnender DNA[698]	Besteuerung außerhalb des Kontrollsechstels zum lfd. Tarif
Ⓓ →	€ 27.000,00 / 6 = € 4.500,00	€ 6.000,00	€ 1.500,00	Juni	€ 256,80 *(17,12%)*	€ 1.243,20

DNA = Dienstnehmeranteil zur Sozialversicherung
J/6 = Jahressechstel

Beispiel für die Kontrollsechstelberechnung mit Aufrollungsverpflichtung (zu Gunsten des Arbeitnehmers)

Angaben:

- Gerechnet für einen Angestellten mit einem DNA von 17,12%.
- Die Auszahlung der laufenden Bezüge erfolgt jeweils am letzten Tag des Kalendermonats.

Monat	Laufender Bruttobezug	Sonderzahlung					
		Art	Bruttobetrag	DNA	Differenz	fällig per	
Jänner	€ 2.400,00						
Februar	€ 2.400,00						
März	€ 2.400,00	Bilanzgeld	€ 2.200,00	€ 376,64	€ 1.823,36	31. 3.	Ⓐ →
April	€ 2.400,00						
Mai	€ 2.600,00	Urlaubsbeihilfe	€ 2.600,00	€ 445,12	€ 2.154,88	31. 5.	Ⓑ →

697 17,12% – 3% = 14,12%.

698 In dieser Höhe wird der im Juni als Werbungskosten im Rahmen der Besteuerung der sonstigen Bezüge berücksichtigte DNA zu Werbungskosten im Rahmen der Tarifbesteuerung. Dies ist relevant für den weiteren Ausweis am Lohnzettel (L16).

Juni	€ 2.600,00						
Juli	€ 2.600,00						
August	€ 2.600,00						
September	€ 2.600,00						
Oktober	€ 2.600,00						
November	€ 2.600,00	Weihnachts-remuneration	€ 2.600,00	€ 445,12	€ 2.154,88	30. 11.	Ⓒ →
Dezember	€ 2.600,00	**Besondere Kontrollsechstelberechnung mit Aufrollungsverpflichtung**					Ⓓ →
Summen	*€ 30.400,00*		*€ 7.400,00*				

DNA = Dienstnehmeranteil zur Sozialversicherung

Lösung:

	Aktuelles Jahressechstel (J/6)		Offenes Jahressechs-tel (J/6)	Aufteilung lt. EStG		
				innerhalb des J/6		außerhalb des J/6
	Berechnung	Betrag	Betrag	LSt-frei bis max. € 620,00	6%	zum lfd. Bezug
Ⓐ →	€ 7.200,00 / 3 × 2	€ 4.800,00	€ 4.800,00	€ 620,00	€ 1.203,36	–
Ⓑ →	€ 12.200,00 / 5 × 2	€ 4.880,00	€ 2.680,00	–	€ 2.154,88	–
Ⓒ →	€ 27.800,00 / 11 × 2	€ 5.054,55	€ 254,55	–	€ 210,97 ①	€ 1.943,91 ②

Nebenrechnungen zur Weihnachtsremuneration:

1. Berechnung des noch offenen Teils des Jahressechstels per 30.11.:

	Jahressechstel	€	5.054,55
–	Bilanzgeld	€	2.200,00
–	Urlaubsbeihilfe	€	2.600,00
=	offener Teil	€	254,55

2. Berechnung des Jahressechstelüberhangs per 30.11.:

	Weihnachts-remuneration	€	2.600,00
–	offener Teil	€	254,55
=	Jahressechstel-überhang	€	2.345,45

3. Berechnung der Bemessungsgrundlagen per 30.11.:

	€	254,55		€	2.345,45	=	€	2.600,00
– DNA	€	43,58	– DNA	€	401,54	= – DNA	€	445,12
①	€	210,97	②	€	1.943,91	=	€	2.154,88

Da insgesamt im Kalenderjahr weniger als ein Sechstel der laufenden Bezüge begünstigt besteuert wurden, besteht im Dezember eine Verpflichtung zur Kontrollsechstelberechnung mit Aufrollungsverpflichtung für einen Teil der im November zum Tarif versteuerten Weihnachtsremuneration:

	Kontrollrechnung für Aufrollungsverpflichtung (1/6 der laufenden Bezüge des Kalenderjahres = Kontrollsechstel)	Insgesamt innerhalb des J/6 begünstigt besteuerte Bruttobezüge	Durch Aufrollung nachzuversteuernden Bruttobetrag	Aufrollung des Monats	Rückzuverrechnender DNA[699]		Begünstigte Besteuerung mit 6% innerhalb des „Kontrollsechstels"
Ⓓ →	€ 30.400,00 / 6 = € 5.066,67	€ 5.054,55	€ 12,12	November	€ 2,07	*(17,12%)*	€ 10,05

DNA = Dienstnehmeranteil zur Sozialversicherung

J/6 = Jahressechstel

Aufrollungsverpflichtungen für zunächst innerhalb des Jahressechstels begünstigt besteuerte sonstige Bezüge können sich zu Ungunsten des Arbeitnehmers insbesondere in folgenden Sachverhaltskonstellationen ergeben:

- Herabsetzung des Arbeitszeitausmaßes während des Kalenderjahres (mit Ausnahme von Pflegeteilzeit, Familienhospizteilzeit, Wiedereingliederungsteilzeit, Altersteilzeit; siehe vorstehendes Beispiel);
- Karenzierungen bzw. unbezahlte Urlaube etc. (mit Ausnahme von Elternkarenzen, Pflegekarenzen, Familienhospizkarenzen) nach Erhalt einer Sonderzahlung ohne rückwirkende Aliquotierung der bereits gewährten Sonderzahlung.

Aufrollungsverpflichtungen zu Gunsten des Arbeitnehmers bestehen im Dezember häufig aufgrund von Gehaltserhöhungen während des Jahres.

Fragen und Antworten des BMF zum Kontrollsechstel (Information des BMF vom 9.2.2021, 2021-0.087.587):

Nachstehend sind die wichtigsten Inhalte einer Information des BMF zur besonderen Kontrollsechstelberechnung mit Aufrollungsverpflichtung in verkürzter Darstellung zusammengefasst. Die gesamte Information ist abrufbar unter https://findok.bmf.gv.at.

1. Zuordnung Sozialversicherung bei Nachversteuerung durch Aufrollen?

Wenn die Kontrollsechstelberechnung einen „rückwirkenden" Sechstelüberhang ergibt, stellt sich die Frage, wie die Sozialversicherung aufzuteilen bzw. zuzuordnen ist?

Antwort:

Sind sonstige Bezüge auf Grund der Aufrollung gemäß § 77 Abs. 4a EStG nachzuversteuern, ist hinsichtlich der Nachversteuerung mit der zuletzt gewährten Sonderzahlung zu beginnen. Die SV-Dienstnehmeranteile werden ebenfalls im Zuge dieser Neuberechnung neu aufgeteilt.

2. Ist das Kontrollsechstel in das Lohnkonto aufzunehmen?

Ist das Ergebnis der Kontrollsechstelberechnung auf dem Lohnkonto abzubilden?

699 In dieser Höhe wird der im November als Werbungskosten im Rahmen der Tarifbesteuerung berücksichtigte DNA zu Werbungskosten im Rahmen der Besteuerung der sonstigen Bezüge. Dies ist relevant für den weiteren Ausweis am Lohnzettel (L16).

Antwort:

Das Lohnkonto bildet die Basis für die Ausstellung des Lohnzettels. Da insbesondere die sonstigen Bezüge innerhalb des Jahressechstels auf dem Lohnzettel auszuweisen sind, besteht keine andere Möglichkeit, als die Ergebnisse einer Aufrollung nach § 77 Abs. 4a EStG im Lohnkonto zu verarbeiten.

3. Kontrollsechstel bei Sonderzahlungs-Abrechnung vor letztem laufendem Bezug möglich?

Kann das Kontrollsechstel schon bei Auszahlung des letzten sonstigen Bezuges (z.B. WR-Fälligkeit schon im Oktober) für die Versteuerung herangezogen werden oder ist diese Berechnung frühestens bei Abrechnung des laufenden Bezuges Dezember zulässig?

Antwort:

Um spätere Nachversteuerungen zu vermeiden, kann bereits im Oktober das Kontrollsechstel (1/6 der laufenden Bezüge bis einschließlich Oktober) herangezogen werden.

Beispiel:

Ein Teil der WR wurde bei der Abrechnung im Oktober aus diesem Grund schon versteuert. Im Rahmen der Dezemberabrechnung („letzter laufender Bezug") kann wegen eines nunmehr höheren Kontrollsechstels ein bereits nach § 67 Abs. 10 EStG versteuerter Betrag entsprechend korrigiert werden.

4. Für welchen Lohnzahlungszeitraum ist die Nachversteuerung vorzunehmen?

Ist es zulässig, dass die Korrektur nicht für den Monat erfolgt, in dem die Sonderzahlung angefallen ist, sondern kann die gegebenenfalls sich neu ergebende Hinzurechnung (nachzuversteuernder Teil der Sonderzahlungen über dem Kontrollsechstel) gemeinsam mit den laufenden Bezügen Dezember nachversteuert werden? Die ursprünglichen Abrechnungen in den Sonderzahlungs-Monaten blieben damit unverändert auf dem Jahreslohnkonto stehen.

Antwort:

Das Gesetz spricht vom „Aufrollen", sodass eine Korrektur des jeweiligen Monats erfolgen muss, in dem die nachzuversteuernde Sonderzahlung gewährt wurde.

5. Erhöht ein Sechstelüberhang das Kontrollsechstel?

Gilt ein nach dem Tarif zu versteuernder Sechstelüberhang hinsichtlich des Kontrollsechstels als laufender Bezug, der zur Erhöhung des Kontrollsechstels führt?

Antwort:

Für die Sechstel- bzw. Kontrollsechstelberechnung dürfen nur tatsächliche laufende Bezüge herangezogen werden, nicht hingegen gemäß § 67 Abs. 10 EStG zu versteuernde sonstige Bezüge.

6. Nachversteuerung iZm der Berücksichtigung der Einschleifregelung?

Bei der Sonderzahlungsabrechnung kam die Freigrenze (→ 23.3.2.1.2.) bzw. Einschleifregelung (→ 23.3.2.4.) (§ 77 Abs. 4 EStG) zur Anwendung. Aufgrund des Kontrollsechstels kommt es zu einer verpflichtenden Aufrollung und Nachversteuerung.

Wie ist dabei vorzugehen?

Antwort:

Kommt es anlässlich der Kontrollsechstelberechnung wegen des geringeren Kontrollsechstels zur verpflichtenden Nachversteuerung von sonstigen Bezügen, die bisher innerhalb des (regulären) Jahressechstels lagen und versteuert wurden, ist die bisherige Sonderzahlungsbesteuerung mit allen Konsequenzen zu korrigieren. Bisher einbehaltene Steuerbeträge sind zur Gänze auf das neue Ergebnis anzurechnen, sodass es zu keiner doppelten Besteuerung desselben Bezuges kommt. Wurde bei Auszahlung der Sonderzahlung die Einschleifregelung (bzw. Freigrenze) angewendet, hat die Neuberechnung ebenfalls unter Berücksichtigung der Einschleifregelung (bzw. Freigrenze) zu erfolgen. Wurde § 77 Abs. 4 EStG bei Abrechnung der Sonderzahlung nicht angewendet bzw. kamen Einschleifregelung bzw. Freigrenze wegen des höheren (regulären) Jahressechstels nicht zum Tragen, vermittelt das Kontrollsechstel jedenfalls nicht die Einschleifregelung bzw. Freigrenze. In diesem Fall erfolgt die Berücksichtigung der Einschleifregelung (bzw. Freigrenze) erst auf Grund der im Lohnzettel in der KZ 220 angeführten Beträge im Rahmen der Veranlagung.

7. Kontrollsechstel bei Nachzahlungen bis zum 15.2. des Folgejahres?

Bis zum 15.2. des Folgejahres erfolgt eine Nachzahlung von laufenden Bezügen für das abgelaufene Kalenderjahr. Das Dienstverhältnis ist zum Zeitpunkt der Nachzahlung noch aufrecht. Der letzte laufende Bezug wird zwar nicht "im Kalenderjahr" (so wie das § 77 Abs. 4a EStG explizit fordert) bezahlt, aber wohl "für das Kalenderjahr". Kann das Kontrollsechstel im Dezember korrigiert werden?

Antwort:

Wurde bei Auszahlung des Dezemberbezuges eine Nachversteuerung von sonstigen Bezügen gemäß § 77 Abs. 4a EStG vorgenommen, ist bei einer Nachzahlung von laufenden Bezügen bis 15.2. ein bereits aufgrund des § 77 Abs. 4a EStG nach § 67 Abs. 10 EStG nachversteuerter Betrag zu korrigieren.

Auch eine Korrektur zugunsten des Arbeitnehmers nach § 77 Abs. 4a Z 2 EStG ist bei Nachzahlungen von laufenden Bezügen für das Vorjahr bis 15.2. möglich (dies gilt nicht für Nachzahlungen für das Jahr 2020).

8. Beziehen sich die Ausschlussgründe für das Kontrollsechstel nur auf die Nachversteuerung oder auch auf die Aufrollung zugunsten des Arbeitnehmers?

Antwort:

Eine Aufrollung zugunsten der Arbeitnehmer ist jedenfalls vorzunehmen, unabhängig davon, ob ein Ausnahmetatbestand nach § 77 Abs. 4a Z 1 EStG vorliegt.

9. Was gilt bei Elternkarenz oder Elternteilzeit?

Antwort:

Elternkarenz liegt vor, wenn für Eltern gegenüber dem Arbeitgeber ein gesetzlicher Anspruch auf Karenz gemäß Mutterschutzgesetz bzw. Väterkarenzgesetz besteht (inklusive Papamonat nach § 1a VKG und Mutterschutz).

Wird nach Ablauf des zweiten Lebensjahres eine gesetzliche Karenz in Anspruch genommen (z.B. aus Anlass einer Adoption bzw. aus Anlass einer Pflegeübernahme eines Kindes oder aus Anlass einer „aufgeschobenen" Karenz), handelt es sich um eine „echte" Elternkarenz, sodass das Kontrollsechstel nicht zum Tragen kommt.

Mangels Aufzählung in § 77 Abs. 4a Z 1 EStG hat bei Elternteilzeit eine Versteuerung nach § 77 Abs. 4a Z 1 EStG zu erfolgen, sofern kein anderer Ausschlussgrund zum Tragen kommt. Eine Aufrollung zugunsten der Arbeitnehmer nach § 77 Abs. 4a Z 2 EStG hat jedenfalls zu erfolgen, wenn die Voraussetzungen vorliegen.

10. Wann und wie ist der Ausschließungsgrund der Beendigung des Dienstverhältnisses zu berücksichtigen?

Beispiel 1:

Ein Dienstverhältnis endet mit 31.12. arbeitsrechtlich (= Ende Beschäftigung). Fraglich ist, ob hier der Ausschlussgrund (Beendigung von Dienstverhältnissen) zur Anwendung kommt oder aber dieser Ausschlussgrund nur greift, wenn man spätestens am 30.12. den arbeitsrechtlichen Austritt hat?

Nachdem es bei Beendigung mit Ablauf des 31.12. keinen Tag der Nichtbeschäftigung im Kalenderjahr mehr gibt, ist das Kontrollsechstel zu ermitteln und ist gegebenenfalls eine Aufrollung gemäß § 77 Abs. 4a Z 1 oder Z 2 EStG durchzuführen.

Ist das Dienstverhältnis am 31.12. nicht mehr aufrecht (Beendigung per 30.12.) ist kein Kontrollsechstel zu rechnen.

Beispiel 2:

Ein Dienstverhältnis endet mit 15.11., jedoch besteht darüber hinaus ein Anspruch auf Entgeltfortzahlung, z.B. wegen einer einvernehmlichen Auflösung während des Krankenstandes. Greift hier der Ausschlussgrund (Beendigung des Dienstverhältnisses)? Falls er nur für die Nachversteuerung greift, darf bzw. muss dann das Kontrollsechstel bis inklusive den Kalendermonat Dezember für eine allfällige Aufrollung zugunsten der Arbeitnehmer ermittelt werden?

Es kommt auf das arbeitsrechtliche Ende des Dienstverhältnisses und nicht auf die Verlängerung der Pflichtversicherung an. Nachdem das Dienstverhältnis mit 15. November beendet wurde, kommt § 77 Abs. 4a Z 1 EStG nicht zur Anwendung, sofern im selben Kalenderjahr kein neues Dienstverhältnis bei demselben Arbeitgeber oder einem mit diesem verbundenen Konzernunternehmen eingegangen wird. Sehr wohl hat aber gegebenenfalls eine Aufrollung nach § 77 Abs. 4a Z 2 EStG zu erfolgen.

Beispiel 3:

Ein Dienstverhältnis wird während des Kalenderjahres unterjährig beendet.

Variante A) Es ist wahrscheinlich, dass im selben Kalenderjahr ein Dienstverhältnis mit demselben Arbeitgeber bzw. einem Konzernunternehmen begründet wird.

Variante B) Es ist nicht bekannt, ob bzw. dass der Arbeitnehmer im selben Kalenderjahr wieder beim selben Arbeitgeber eintritt.

Ist es in beiden Fällen möglich, das Kontrollsechstel erst im Zuge des Wiedereintrittes zu berechnen, dann aber unter Einbeziehung auch der im bereits beendeten Dienstverhältnis gewährten Bezüge?

§ 77 Abs. 4a Z 2 EStG kommt jedenfalls bei jeder Beendigung zur Anwendung, wenn im Kalenderjahr insgesamt weniger sonstige Bezüge als das Kontrollsechstel mit den festen Steuersätzen gemäß § 67 Abs. 1 EStG versteuert wurden und wenn entsprechende sonstige Bezüge gemäß § 67 Abs. 1 und 2 EStG ausbezahlt und gemäß § 67 Abs. 10 EStG besteuert worden sind.

Nach § 77 Abs. 4a Z 1 EStG unterbleibt eine Nachversteuerung, bei Beendigung des Dienstverhältnisses, wenn im Kalenderjahr kein neues Dienstverhältnis bei demselben Arbeitgeber oder einem mit diesem verbundenen Konzernunternehmen eingegangen wird.

Kommt es daher nach Beendigung des Dienstverhältnisses im selben Kalenderjahr zu einem Wiedereintritt bei demselben Arbeitgeber oder einem mit diesem verbundenen Konzernunternehmen, ist mit der Auszahlung des letzten laufenden Bezuges nach Wiedereintritt das Kontrollsechstel zu ermitteln und sind die sonstigen Bezüge allenfalls nach § 77 Abs. 4a Z 1 oder Z 2 EStG aufzurollen. Bei einem Wiedereintritt in einem in- oder ausländischen Konzernunternehmen, wird daher dieses den vorangegangenen Arbeitgeber entsprechend verständigen müssen, damit eine Aufrollung durchgeführt werden kann.

Steht bei der Beendigung des Dienstverhältnisses bereits fest, dass ein Arbeitnehmer im selben Kalenderjahr ein Dienstverhältnis bei demselben Arbeitgeber oder einem mit diesem verbundenen Konzernunternehmen eingehen wird, ist das Kontrollsechstel zu ermitteln und kann eine Nachversteuerung nach § 77 Abs. 4a Z 1 EStG bereits bei der Beendigung des ersten Dienstverhältnisses vorgenommen werden.

Beispiel 4:

Der Eintritt in einem anderen österreichischen Unternehmen desselben Konzerns löst die Kontrollsechstelberechnung beim vorigen österreichischen Konzernunternehmen aus.

Darf bzw. muss dann das nächste Unternehmen die Kontrollsechstelberechnung "weiterführen" oder führt das nächste Konzernunternehmen unter Außerachtlassung des Vorarbeitgebers im selben Konzern eine eigene Beurteilung durch?

Hat es rückwirkend Auswirkungen auf die Lohnverrechnung beim beendeten Dienstverhältnis, wenn im folgenden Dienstverhältnis in einem Konzernunternehmen ein Ausschlussgrund gemäß § 77 Abs. 4a Z 1 lit. a bis i EStG auftritt (zB Elternkarenz oder Bezug von Krankengeld aus der gesetzlichen Krankenversicherung)?

Grundsätzlich trifft die Verpflichtung zur Nachversteuerung gemäß § 77 Abs. 4a Z 1 lit. j EStG das Unternehmen, bei welchem das Dienstverhältnis beendet wurde. Dies bedingt eine Verständigung innerhalb des Konzerns über das neu begründete Dienstverhältnis beim Konzernunternehmen. Dieses hat unter den Voraussetzungen des § 77 Abs. 4a EStG gesondert zu beurteilen, ob es bei der Auszahlung des letzten laufenden Bezuges zu einer Aufrollung kommen muss oder nicht, weil eventuell nachfolgend ein Ausschlussgrund (zB Elternkarenz) vorliegt. Dies hat aber keine Auswirkung auf die Verpflichtungen des Vorarbeitgebers im Konzern.

Die Vorlage eines Jahreslohnzettels in Bezug auf die Vorbezüge bleibt unbenommen. Werden die laufenden Bezüge des Vorarbeitgebers beim nachfolgenden Arbeitgeber für das Jahressechstel berücksichtigt, sind diese auch beim Kontrollsechstel heranzuziehen. Insgesamt sind sonstige Bezüge (vorheriger und nunmehriger Arbeitgeber) jedoch höchstens im Ausmaß des auf Basis der gesamten laufenden Bezüge ermittelten Kontrollsechstels begünstigt.

Der nunmehrige Arbeitgeber hat bei Auszahlung des letzten laufenden Bezuges das Kontrollsechstel unter Berücksichtigung der Vorbezüge zu ermitteln und gegebenenfalls eine Aufrollung nach § 77 Abs. 4a Z 1 oder Z 2 EStG vorzunehmen.

Beispiel 5:

Ein Arbeitnehmer tritt nach Beendigung des Dienstverhältnisses im selben Kalenderjahr bei demselben Arbeitgeber oder einem mit diesem verbundenen Konzernunternehmen wieder ein und beendet das Dienstverhältnis abermals im selben Kalender.

Ist auch in diesem Fall das Kontrollsechstel zu berechnen?

Nach dem Einleitungssatz des § 77 Abs. 4a EStG ist bei Auszahlung des letzten laufenden Bezuges im Kalenderjahr jedenfalls das Kontrollsechstel zu ermitteln. Kommt es zu einem Wiedereintritt iSd § 77 Abs. 4a Z 1 lit. j EStG, hat eine Nachversteuerung auch dann zu erfolgen, wenn das nachfolgende Dienstverhältnis ebenso noch im selben Kalenderjahr beendet wird, es sei denn, es kommt ein anderer Ausschließungsgrund nach § 77 Abs. 4a Z 1 lit. a bis i EStG zum Tragen.

Beispiel 6:

Ist ein Arbeitnehmer wieder eingetreten, muss das Kontrollsechstel für alle vorangegangen Dienstverhältnisse beim selben Arbeitgeber oder einem mit diesem verbundenen Konzernunternehmen berechnet werden. Erleidet nun der Arbeitnehmer zB beim dritten Dienstverhältnis beim selben Arbeitgeber eine längere Krankheit, sodass es zur Auszahlung von Krankengeld kommt, ist dann eine bereits erfolgte Nachversteuerung bei gemäß § 77 Abs. 4a Z 1 EStG wieder zu stornieren?

Tritt während des Kalenderjahres mindestens einer der Fälle nach § 77 Abs. 4a Z 1 lit. a bis j EStG ein, ist im selben Kalenderjahr unabhängig von der zeitlichen Lagerung mehrerer Dienstverhältnisse beim selben Arbeitgeber keine Nachversteuerung durchzuführen.

Tritt ein Ausschlussgrund des § 77 Abs. 4a Z 1 EStG während des Kalenderjahres bei Dienstverhältnissen zu unterschiedlichen Konzernunternehmen ein, gilt der Auschlussgrund nur bei jenem Dienstverhältnis, bei welchem dieser eingetreten ist.

11. Gilt der Ausschlussgrund nach § 77 Abs. 4a Z 1 lit. g EStG für Truppenübungen?

Gilt diese Ausnahme nur bei ordentlichem Grundwehr- oder Zivildienst oder auch bei Milizübungen, freiwilligen Waffenübungen, Zeitsoldaten, außerordentlichen Übungen usw.?

Antwort:

Nach dem Wortlaut des § 77 Abs. 4a Z 1 lit. g EStG ist nur bei Grundwehrdienst gemäß § 20 Wehrgesetz oder Zivildienst gemäß § 6a Zivildienstgesetz keine Aufrollung durchzuführen.

12. Ist für Bezieher von Firmenpensionen ein Kontrollsechstel zu ermitteln?

Ein Unternehmen zahlt laufend Firmenpensionen aus. § 77 Abs. 4a EStG spricht von Arbeitgebern und Arbeitnehmern. Pensionisten haben aber kein Dienstverhältnis. Muss also für Bezieher von Firmenpensionen kein Kontrollsechstel gerechnet werden?

Antwort:

Nach § 47 Abs. 1 EStG ist Arbeitnehmer eine natürliche Person, die Einkünfte aus nichtselbständiger Arbeit bezieht und Arbeitgeber, wer Arbeitslohn im Sinne des § 25 EStG auszahlt. Daher gilt die Regelung des § 77 Abs. 4a EStG auch für Bezieher von Firmenpensionen.

13. Ist eine „freiwillige" Karenz eine Elternkarenz?

Es wird über den Ablauf des zweiten Lebensjahres des Kindes hinaus eine Karenz „freiwillig" vereinbart bzw. es steht über den Ablauf des zweiten Lebensjahres des

Kindes hinaus aufgrund einer lohngestaltenden Vorschrift eine „Karenz" zu. Ist das Kontrollsechstel zu berechnen?

Antwort:

Sofern im betreffenden Kalenderjahr beim selben Arbeitgeber keine Elternkarenz iSd EStG angefallen ist, kommt das Kontrollsechstel zum Tragen.

14. Kontrollsechstel bei einem Dienstverhältnis während einer Elternkarenz?

§ 77 Abs. 4a EStG kommt nicht zur Anwendung in Fällen von Elternkarenz. Gilt dies auch für den Fall, dass parallel zum selben Arbeitgeber während der Elternkarenz ein zweites Dienstverhältnis besteht (geringfügig oder vorübergehend – maximal für 13 Wochen im Zustand der Vollversicherung)?

Können allfällige laufende Bezüge aus der Zeit vor der Karenzierung im selben Kalenderjahr das Jahressechstel für das parallel geführte Beschäftigungsverhältnis erhöhen bzw. sind sonstige Bezüge aus diesem Dienstverhältnis darauf anzurechnen?

Antwort:

Nicht nur arbeitsrechtlich, sondern auch steuerrechtlich liegen zwei getrennte Arbeitsverhältnisse vor. Da die karenzierte Beschäftigung nicht beendet ist und auch keine Vorbeschäftigung insoweit darstellen kann, sind die laufenden Bezüge und die sonstigen Bezüge daraus für das parallel geführte Beschäftigungsverhältnis ohne Belang.

Betreffend das karenzierte Arbeitsverhältnis unterbleibt eine allfällige Nachversteuerung nach § 77 Abs. 4a Z 1 EStG, eine allfällige Aufrollung zugunsten der Arbeitnehmer nach Z 2 leg. cit. hat auch für das karenzierte Dienstverhältnis zu erfolgen.

In Bezug auf das parallel geführte Beschäftigungsverhältnis kommt es zur Neuberechnung des Jahressechstels im Zuge der Auszahlung des letzten laufenden Bezuges (ebendort) im Kalenderjahr, sofern im parallelen Dienstverhältnis kein Ausschlussgrund zum Tragen kommt.

15. Ist die Dauer der Elternkarenz relevant?

Eine arbeitsrechtliche Elternkarenz endet am 1.1. Ab 2.1. erfolgt die Rückkehr. Reicht diese kurze Phase einer Karenz bereits aus, um die Neuberechnung zu „unterbinden"?

Antwort:

Das Gesetz (§ 77 Abs. 4a EStG) legt keine Mindestkarenzzeit fest, weshalb auch in diesem Fall keine Neuberechnung stattfindet.

16. Kontrollsechstel bei neuem Arbeitgeber nach Papamonat?

Ein Arbeitnehmer ist im Mai im Papamonat und kommt dann wieder bis September, danach erfolgt der Austritt.

Er tritt bei einem NEUEN Arbeitgeber im November ein und legt ein L16 vor. Die Vorbezüge werden berücksichtigt.

Wie ist nun das Kontrollsechstel zu berechnen?

Darf für das Dienstverhältnis bis September das Sechstel neu berechnet werden?

Sind also für das Kontrollsechstel die Bezüge Jänner bis September außer Ansatz zu lassen?

Antwort:

Beim neuen Arbeitgeber ist die Kontrollsechstelberechnung durchzuführen und eine allfällige Nachversteuerung durchzuführen.

17. Kontrollsechstel bei neuerlichem Dienstverhältnis nach Papamonat beim selben Arbeitgeber?

Der Arbeitnehmer tritt nach dem Papamonat beim GLEICHEN Arbeitgeber wieder ein.

Für das unterjährige hochgerechnete Sechstel werden die Vorbezüge standardmäßig berücksichtigt.

Ist in so einem Fall überhaupt eine Kontrollsechstelberechnung vorzunehmen?

Antwort:

Ja, eine Kontrollsechstelberechnung ist jedenfalls durchzuführen, nur entfällt in diesem Fall die Nachversteuerung nach § 77 Abs. 4a Z 1 EStG, weil in diesem Kalenderjahr beim selben Arbeitgeber eine Elternkarenz angefallen ist.

18. Kontrollsechstel bei Wiedereintritt und Elternkarenz im neuen Dienstverhältnis?

Eine Arbeitnehmerin ist im März aus dem Dienstverhältnis ausgeschieden. Im Juli tritt sie wieder in das Unternehmen ein. Im November befindet sich die Mitarbeiterin im Mutterschutz.

Aufgrund des Mutterschutzes entfällt im November die Verpflichtung zur Nachversteuerung nach § 77 Abs. 4a Z 1 EStG.

Ist aufgrund dieses Sachverhaltes eine allfällige Nachversteuerung im 1. Dienstverhältnisses zu stornieren, oder wird dieses eigene Dienstverhältnis nicht mehr angerührt?

Antwort:

Wenn es um Dienstverhältnisse beim selben Arbeitgeber geht, ist eine „Eliminierung" der Kontrollsechstelberechnung im März zulässig. § 67 Abs. 1 und 2 EStG stellen auf den laufenden Arbeitslohn von demselben Arbeitgeber ab. Der Auschlussgrund der Elternkarenz ist dahingehend zu interpretieren, dass Zeiten einer Elternkarenz, die in einem Kalenderjahr bei ein und demselben Arbeitgeber anfallen, zum Entfall der Kontrollsechstelberechnung bei diesem Arbeitgeber für das ganze Kalenderjahr führen.

Hinweis: Ein parallel zu einem karenzierten Dienstverhältnis beim selben Arbeitgeber geführtes (geringfügiges oder vollversichertes) Dienstverhältnis ist derart losgelöst von der Elternkarenz zu sehen, dass es idZ so eingestuft wird, als ob es bei einem anderen Arbeitgeber eingegangen worden wäre.

19. Elternkarenz bei vorherigem Arbeitgeber und nunmehr neuem Arbeitgeber?

Das erste Dienstverhältnis mit der Karenz oder einem anderen Tatbestand nach § 77 Abs. 4a Z 1 lit. a bis j EStG war bei einem anderen Arbeitgeber. Hat das für den nachfolgenden Arbeitgeber Auswirkungen? Muss der zweite Arbeitgeber im Dezember das Kontrollsechstel rechnen?

Antwort:

Ja. Nach dem 1. Satz des § 77 Abs. 4a EStG ist bei Auszahlung des letzten laufenden Bezuges im Kalenderjahr ein Sechstel der im Kalenderjahr zugeflossenen laufenden Bezüge zu ermitteln (Kontrollsechstel).

§ 67 Abs. 1 und 2 EStG stellen auf den laufenden Arbeitslohn von demselben Arbeitgeber ab. Wie bereits oben erwähnt, lässt sich aus dem Gesetzestext ableiten, dass sich die Ausnahmen nach § 77 Abs. 4a Z 1 EStG auf ein Dienstverhältnis beim selben Arbeitgeber beziehen („Wurden im laufenden Kalenderjahr insgesamt mehr sonstige Bezüge als das Kontrollsechstel mit den festen Steuersätzen gemäß § 67 Abs. 1 versteuert, hat der Arbeitgeber die das Kontrollsechstel übersteigenden Beträge …"). Ist ein Fall des § 77 Abs. 4a Z 1 EStG während eines Dienstverhältnis bei einem anderen Arbeitgeber eingetreten, stellt dies keinen Ausschlussgrund für die Kontrollsechstelberechnung bei einem anderen Arbeitgeber ohne einen derartigen Ausschlussgrund dar.

Da ein parallel zu einem karenzierten Dienstverhältnis beim selben Arbeitgeber geführtes (geringfügiges oder vollversichertes) Dienstverhältnis derart losgelöst von dem karenzierten zu sehen ist, wird es so eingestuft, als ob es bei einem anderen Arbeitgeber eingegangen worden wäre (somit ist die Kontrollsechstelberechnung für das parallele Dienstverhältnis durchzuführen, sofern bei diesem Dienstverhältnis kein anderer Ausschlussgrund vorliegt).

20. Kontrollsechstel bei fallweiser Beschäftigung?

Ein Arbeitnehmer arbeitet bei seinem Arbeitgeber während des Jahres immer wieder im Rahmen einer fallweisen Beschäftigung. Wie ist das Kontrollsechstel bei Anspruch auf sonstige Bezüge zu berechnen?

Beispiel:

Fallweise am 10. Jänner = 60; Kontrollsechstel = 10 (60:6)

Fallweise am 15. Jänner = 60; Kontrollsechstel = 20 (120:6)

Fallweise am 25. März = 60; Kontrollsechstel = 30 (180:6)

21. Kontrollsechstel bei fallweiser Beschäftigung und Urlaubsersatzleistung?

Wird einem fallweise Beschäftigten eine Urlaubserstatzleistung gewährt, gilt für das Kontrollsechstel übersteigende Sonderzahlungen die „Tagestabelle" oder der Monatstarif?

Antwort:

Sofern kein Wiedereintritt (neuerliche fallweise Beschäftigung) bei demselben Arbeitgeber oder einem mit diesem verbundenen Konzernunternehmen erfolgt, besteht nach § 77 Abs. 4a Z 1 EStG keine Verpflichtung zu einer allfälligen Nachversteuerung. Eine Aufrollung zu Gunsten des Arbeitnehmers ist jedenfalls durchzuführen.

Bei einem Wiedereintritt im selben Kalenderjahr gilt: Ein monatlicher Lohnzahlungszeitraum ist bei Auszahlung einer Urlaubsersatzleistung unabhängig von einem durchgängigen oder einem fallweisen Beschäftigungsverhältnis anzunehmen (vgl. LStR 2002 Rz 1108: „Werden sie in einem Kalendermonat neben laufenden Bezügen gezahlt, sind sie gemeinsam mit diesen nach dem Monatstarif (unter Berücksichtigung eines monatlichen Lohnzahlungszeitraumes) zu versteuern.").

22. Kontrollsechstel bei Berücksichtigung der Bezüge des Vorarbeitgebers?

Ein Arbeitnehmer weist durch Vorlage eines Jahreslohnzettels seine Vorbezüge aus dem laufenden Kalenderjahr nach (laufende und sonstige Bezüge).

Im Dezember führt der aktuelle Arbeitgeber eine „Lohnsteueraufrollung nach § 77 Abs. 4a EStG" durch.

Kann es dabei zu einer Nachversteuerung der sonstigen Bezüge kommen, die der Vorarbeitgeber in diesem Kalenderjahr ausbezahlt hatte, weil nun das Jahressechstel gesunken ist?

Antwort:

Die Versteuerung nach § 77 Abs. 4a Z 1 EStG im vorangegangenen Dienstverhältnis hat nur dann zu erfolgen, wenn im Kalenderjahr der Arbeitnehmer bei demselben Arbeitgeber oder einem mit diesem verbundenen Konzernunternehmen wieder eintritt.

Der aktuelle Arbeitgeber hat jedenfalls das Kontrollsechstel zu ermitteln und gegebenenfalls eine Aufrollung nach § 77 Abs. 4a Z 1 oder 2 EStG durchzuführen.

Werden die Bezüge des vorherigen Arbeitgebers berücksichtigt, tritt der fiktive Effekt ein, als ob alle laufenden und sonstigen Bezüge von nunmehrigen Arbeitgeber geflossen wären (vgl. LStR 2002 Rz 1060). Diese Vorbezüge erhöhen somit das Jahressechstel nach § 67 Abs. 1 und 2 EStG als auch das Kontrollsechstel nach § 77 Abs. 4a EStG.

Bei der begünstigten Besteuerung der sonstigen Bezüge beim Folgearbeitgeber sind die im vorangegangen Dienstverhältnis bereits begünstigt besteuerten Bezüge zu berücksichtigen. Eine allfällige Sechstelüberschreitung (Besteuerung nach § 67 Abs. 10 EStG) beim vorangegangenen Dienstverhältnis kann beim Folgearbeitgeber nicht korrigiert werden. Eine Mitberücksichtigung beim neuen Arbeitgeber kann nur insoweit erfolgen, als beim Folgearbeitgeber tatsächlich entsprechende sonstige Bezüge geflossen sind.

23. Kontrollsechstel bei Konzernwechsel – Beispiel?

Verdeutlichung des neuen Kontrollsechstels bei einem Konzernwechsel während des Jahres:

Der letzte Satz des § 67 Abs. 2 EStG lautet:

„Der Arbeitgeber darf in einem Kalenderjahr ***nicht mehr als ein Sechstel der im Kalenderjahr zugeflossenen laufenden Bezüge*** als sonstige Bezüge mit den festen Steuersätzen gemäß Abs. 1 besteuern (§ 77 Abs. 4a), davon ausgenommen sind die in § 77 Abs. 4a Z 1 lit. a bis lit. j genannten Fälle."

Daraus ergibt sich Folgendes:

Während **im Zuflusszeitpunkt** von sonstigen Bezügen noch **auf die hochgerechneten laufenden Bezüge**abgestellt wird, **deckeln** § 67 Abs. 2 letzter Satz bzw. § 77 Abs. 4a EStG das **Jahressechstel insoweit absolut**, als **nur mehr auf die tatsächlich zugeflossenen laufenden Bezüge abgestellt wird** und davon ein Sechstel begünstigt sein soll.

Beispiel zum Konzernwechsel ab Juli:

Jänner bis Juni werden hohe laufende Bezüge (monatlich 10.000 Euro) gewährt

Der Urlaubszuschuss wird im März ausbezahlt (10.000 Euro = 6% LSt)

Die Weihnachtsremuneration im Juni (10.000 Euro = 6% LSt)

Ab Juli wechselt der Arbeitnehmer in eine andere Konzerngesellschaft

Laufende Bezüge Jänner bis Juni insgesamt 60.000 Euro

Berechnung nach § 77 Abs. 4a EStG: 60.000 : 6 = 10.000 Euro

Daher sind 10.000 Euro nach § 67 Abs. 10 EStG nachzuversteuern

Laufende Bezüge ab Juli beim neuen Arbeitgeber 5.000 Euro monatlich

Berechnung § 77 Abs. 4a EStG ohne Vorbezüge: 30.000 : 6 = 5.000

Berechnung § 77 Abs. 4a EStG mit Vorbezügen: 90.000 : 6 = 15.000

10.000 Euro schon beim Vorarbeitgeber verbraucht = daher 5.000 Euro begünstigt

24. Kontrollsechstel nach Dienstverhältnis-Ende und Folgeprovisionen?

Austritt per 30. September. Der Arbeitnehmer erhält für die Zeit nach dem Austritt noch bis Ende Dezember laufende Folgeprovisionen ausbezahlt (ev. sogar auch noch „Sonderzahlungen").

Antwort:

Ab 1.1.2021 besteht bei diesem Sachverhalt keine Aufrollverpflichtung nach § 77 Abs. 4a Z 1 lit. j EStG, sofern im Kalenderjahr kein neues Dienstverhältnis bei demselben Arbeitgeber oder einem mit diesem verbundenen Konzernunternehmen eingegangen wird.

25. Korrektur Kontrollsechstel bei Wiedereintritt?

Austritt am 31.03.

Erneuter Eintritt am 1. Juli.

Beim Austritt ergibt sich aufgrund des Kontrollsechstels ein Überhang (zB durch 3 Sonderzahlungen).

Dürfen oder müssen die Bezüge des anderen Dienstverhältnisses (beim selben Arbeitgeber) von Jänner bis März gegebenenfalls bei der Berechnung des Kontrollsechstels berücksichtigt werden?

Antwort:

Wird nach einem Austritt (Beendigung) innerhalb des Kalenderjahres ein neues Dienstverhältnis beim selben Arbeitgeber eingegangen, müssen die laufenden Vorbezüge aus dem bisherigen Dienstverhältnis für die Berechnung gemäß § 77 Abs. 4a EStG herangezogen werden. Da es sich um laufenden Arbeitslohn von demselben Arbeitgeber handelt, kann es wegen eines höheren Kontrollsechstels insoweit zu einer „Entschärfung" eines bereits voll versteuerten Kontrollsechstelüberhanges im vorigen Dienstverhältnis kommen.

26. Wie wirken sich Freibetrag und Freigrenze bei steigendem Jahressechstel aus?

Ein Arbeitnehmer ist ganzjährig beschäftigt. Sein Jahressechstel beträgt im Oktober 2.000 Euro und er erhält im Oktober einen sonstigen Bezug in Höhe von 3.000 Euro. Somit besteht im Oktober ein Jahressechstelüberhang von 1.000 Euro.

Bis zum Dezember steigt das Jahressechstel auf 2.300 Euro, somit haben im Jahressechstel noch 300 Euro Platz, welche bisher nach § 67 Abs. 10 EStG versteuert wurden. Im Dezember erfolgt aber keine Auszahlung eines sonstigen Bezuges.

Wie sind die 300 Euro im Dezember zu behandeln? Muss jetzt trotz Nichtauszahlung einer Sonderzahlung eine Aufrollung hinsichtlich Freibetrag/Freigrenze gemacht werden und insgesamt 2.300 Euro nachträglich nach § 67 Abs. 1 und 2 EStG mit 6% besteuert werden?

Antwort:

Ja, gemäß § 77 Abs. 4a Z 2 EStG hat der Arbeitgeber den nicht ausgeschöpften Differenzbetrag auf das Kontrollsechstel durch Aufrollen nach § 67 Abs. 1 EStG zu versteuern, wenn im laufenden Kalenderjahr insgesamt weniger sonstige Bezüge als das Kontrollsechstel mit den festen Steuersätzen gemäß § 67 Abs. 1 EStG versteuert wurden.

23.3.2.6. Sonstige Erläuterungen und Rechtsansichten

23.3.2.6.1. Zuordnung zu den sonstigen Bezügen

Die Begriffe „laufender Bezug“ und „sonstiger Bezug“ werden im **EStG nicht definiert**. Sonstige Bezüge werden bloß beispielhaft aufgezählt. Der Rechtsprechung ist zu entnehmen, dass es sich bei einem sonstigen Bezug allerdings auch um einen Bezugsbestandteil handeln muss, den der Arbeitgeber **neben dem** (also zusätzlich zum) **laufenden Bezug** zahlt, wobei dies aus den äußeren Merkmalen ersichtlich sein muss.

Voraussetzung für die Zuordnung einer Zahlung zu den sonstigen Bezügen ist, dass der Arbeitnehmer laufende, d.h. für regelmäßige Lohnzahlungszeiträume flüssig gemachte Bezüge erhält. Laufende Bezüge bilden somit den Gegensatz zu den sonstigen Bezügen.

Für die Beurteilung als sonstige Bezüge kommt es also darauf an, dass sich diese

- **sowohl** durch den **Rechtstitel**, auf den sich der Anspruch begründet,
- **als auch** die tatsächliche **Auszahlung**

deutlich von den laufenden Bezügen unterscheiden (vgl. m.w.N. VwGH 25.7.2018, Ro 2017/13/0005).

Für das Vorliegen sonstiger Bezüge müssen beide Voraussetzungen kumulativ vorliegen. Werden z.B. der **13. und 14. Monatsbezug laufend anteilig** mit dem laufenden Arbeitslohn **ausbezahlt**, liegen keine sonstigen Bezüge, sondern (jahressechstelerhöhende, nach Tarif zu versteuernde) laufende Bezüge vor. Sonstige Bezüge können nicht allein „auf Grund des Rechtstitels“ vorliegen (vgl. m.w.N. VwGH 25.7.2018, Ro 2017/13/0005; vgl. mittlerweile auch bezugnehmend auf die Rechtsprechung des VwGH LStR 2002, Rz 1050).

Die **nachträgliche** rein **rechnerische Aufteilung** des Gesamtbezugs **in laufende und sonstige Bezüge** kann mangels eindeutig erkennbarer Unterscheidungsmerkmale zwischen laufenden und sonstigen Bezügen nicht als ausreichende Grundlage für die Annahme sonstiger Bezüge angesehen werden (LStR 2002, Rz 1050).

Praxistipp: Möchte man von der begünstigten Besteuerung sonstiger Bezüge Gebrauch machen, müssen sich diese daher sowohl in Rechtstitel als auch Auszahlung deutlich von den laufenden Bezügen unterscheiden. Aus einem Jahresbezug, der zwölf Mal zur Auszahlung gebracht wurde, kann daher nachträglich kein 13. und 14. Monatsbezug „herausgeschält" und als sonstiger Bezug begünstigt besteuert werden. Dies gilt auch im Rahmen der Veranlagung.

Auf einen korrekten Rechtstitel (z.B. im Rahmen eines Dienstvertrags) ist insbesondere in jenen Branchen zu achten, in denen kein Kollektivvertrag zur Anwendung gelangt, der einen 13. und 14. Bezug regelt.

Sofern ein Bezug auf Grund der vertraglichen Grundlage als laufender Monatsbezug konzipiert ist oder laufend erwirtschaftet wird (z.B. Überstundenentlohnung), ändert eine bloße Änderung der Auszahlungsmodalität (z.B. quartalsweise Auszahlung) nichts daran, dass ein laufender Bezug vorliegt.

Die Frage, wann **erfolgsabhängige Bezugsbestandteile** (Provisionen, Prämien, Gewinnbeteiligungen u.dgl.) als **laufende Bezüge** und wann als **sonstige Bezüge** zu behandeln sind, beantworten die Lohnsteuerrichtlinien 2002 unter der Rz 1052 wie folgt:

Provisionen:

Eine **Provision** ist das Entgelt für eine verkäuferische oder vermittlerische Tätigkeit und wird i.d.R. vom Vertreter/Verkäufer selbst erwirtschaftet. Im Gegensatz dazu wird mit einer **Prämie** i.d.R. eine besondere, über die normalen Arbeitsanforderungen hinausgehende Leistung (Mehrleistung) belohnt.

Besteht lt. Dienstvertrag **nur ein Anspruch auf eine laufende Provision** (z.B. 3% des monatlichen Verkaufsumsatzes), dann liegt in diesem Umfang jedenfalls ein laufender Bezug, unabhängig vom Auszahlungsmodus, vor. Eine rein rechnerische Aufteilung auf 14 Monatsbezüge ist daher mit steuerlicher Wirksamkeit nicht möglich.

Werden **Provisionen**, auf die grundsätzlich ein vertraglicher oder kollektivvertraglicher monatlicher Auszahlungsanspruch besteht, **monatlich akontiert** und nach **mehrmonatigem Zeitraum abgerechnet** (Provisionsspitze), sind diese Zahlungen als laufende Bezüge zu behandeln. Wird diese **Provisionsspitze im Folgejahr** ausbezahlt und ist eine Aufrollung gem. § 77 Abs. 5 EStG („13. Abrechnungslauf", → 24.9.) nicht mehr möglich, liegt die **Nachzahlung eines laufenden Bezugs** vor, der – sofern keine willkürliche Verschiebung vorliegt – nach § 67 Abs. 8 lit. c EStG zu versteuern ist (→ 24.3.2.2.).

Beispiel 1

Ein Versicherungsvertreter hat auf Grund des Dienstvertrags Anspruch auf eine monatliche **Umsatzprovision** in der Höhe von 1% des Umsatzes. Die Provision wird **laufend akontiert**. Erst im Jänner rechnet der Arbeitgeber die Provisionsumsätze für das Vorjahr endgültig ab (Provisionsspitzenabrechnung).

Die monatlich akontierten Provisionen sind als **laufende Bezüge** zu behandeln. Die im Jänner ausbezahlte Provisionsspitze für die Vorjahresumsätze stellt auch einen laufenden Bezug dar und ist im Rahmen der Aufrollung gem. § 77 Abs. 5 EStG („13. Abrechnungslauf", → 24.9.) zu berücksichtigen.

Variante:

Auf Grund einer **verspäteten Abrechnung** des Arbeitgebers erfolgt die Auszahlung der Provisionsspitze (für Umsätze des Vorjahrs) erst am 20. Februar des Folgejahrs.

Da die Auszahlung der Provisionen (für das Vorjahr) nach dem 15. Februar des Folgejahrs erfolgt, ist eine Aufrollung des Vorjahrs nicht mehr zulässig. Die Auszahlung stellt eine **Nachzahlung eines laufenden Bezugs** dar, der – sofern keine willkürliche Verschiebung vorliegt – nach § 67 Abs. 8 lit. c EStG zu versteuern ist (→ 24.3.2.2.). Liegt bei der Nachzahlung für abgelaufene Kalenderjahre eine willkürliche Verschiebung vor, dann sind diese Bezüge gemeinsam mit dem laufenden Bezug des Auszahlungsmonats nach dem Tarif zu versteuern.

Werden die laufenden Provisionen allerdings aufgrund eines **gesonderten Rechtstitels** in die Berechnung der Sonderzahlungen (13. und 14. Monatsbezug) einbezogen oder wird eine **„Superprovision" (Belohnung, Prämie) in Form einer Einmalzahlung** gewährt, liegen insoweit sonstige Bezüge vor.

Andere sonstige Bezüge:

Erfolgsabhängige Bezugsbestandteile, die erst im Nachhinein ermittelt werden, stellen **nicht zwingend einen sonstigen Bezug** dar. Soweit sie auf Grund vertraglicher oder kollektivvertraglicher Regelungen (Rechtstitel) laufend (Auszahlungsmodus) ausbezahlt werden, sind sie als laufender Bezug zu behandeln (vgl. auch VwGH 25.7.2018, Ro 2017/13/0005; andere Ansicht noch BFG 23.11.2016, RV/7100210/2014).

Beispiel 2

Ein leitender Angestellter hat auf Grund des Dienstvertrags Anspruch auf eine **monatliche erfolgsabhängige Zahlung**, die vom Gewinn des Vorjahrs abhängt.

Die monatlich ausbezahlten Bezugsbestandteile, die auf Grund des Vorjahresgewinns ermittelt werden, zählen wie das monatlich ausbezahlte Fixum zu den **laufenden Bezügen**.

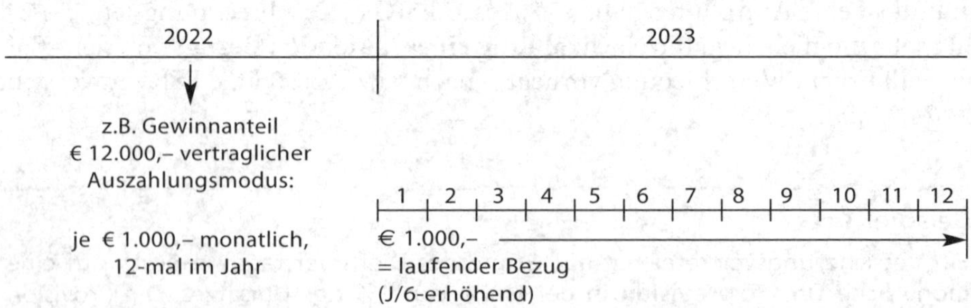

Neben dem in § 67 Abs. 1 EStG beispielhaft aufgezählten 13. und 14. Monatsbezug gehören zu den sonstigen Bezügen etwa auch eine **nach Vorliegen des Jahresumsatzes zu bemessene Provision**, die nur einmal und in einem Betrag bezahlt wird.

Beispiel 3

Ein leitender Angestellter hat auf Grund des Dienstvertrags Anspruch auf eine **Provision**, die vom Erreichen einer Jahresumsatzgrenze oder vom Erreichen eines vereinbarten Ziels abhängig ist.

Die Provision wird im März auf Grund des Vorjahresergebnisses ermittelt und im April in einem Betrag bezahlt.

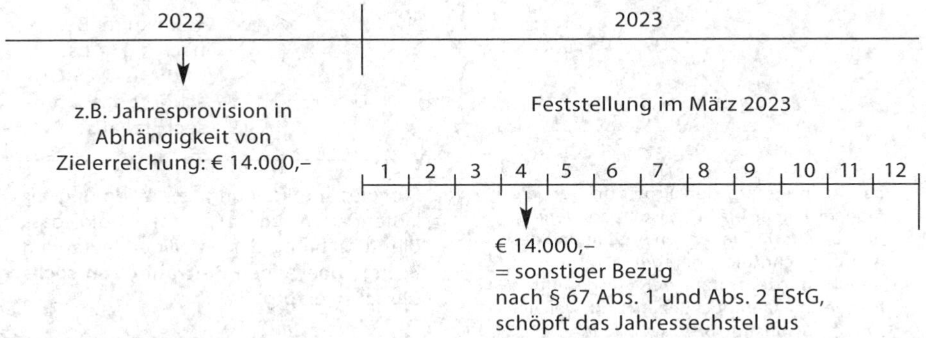

Erfolgsabhängige Bezugsbestandteile können aber auch, bei entsprechender vertraglicher Vereinbarung (siehe weiter unten), teilweise einen laufenden Bezug und teilweise einen sonstigen Bezug darstellen.

Beispiel 4 („Siebtelbegünstigung", auch genannt „Formel-7")

Ein leitender Angestellter hat auf Grund des Dienstvertrags Anspruch auf eine **Provision**, die vom Erreichen einer Jahresumsatzgrenze des Vorjahrs oder vom Erreichen eines vereinbarten Ziels vom Vorjahr abhängig ist.

Die Provision wird im März ermittelt. **Ein Siebentel**[700] der Provision wird im Dezember ausbezahlt (sonstiger Bezug), auf die restlichen **sechs Siebentel** besteht ein monatlicher Auszahlungsanspruch für die Monate April bis Dezember in jeweils gleich bleibender Höhe (laufender Bezug).

700 Dieses Siebentel = Zahl „7" ergibt sich wie folgt: 12 laufende Bezüge zu 2 Sonderzahlungen = 12 : 2 gekürzt gerechnet = 6 : 1 = **7 Teile**.

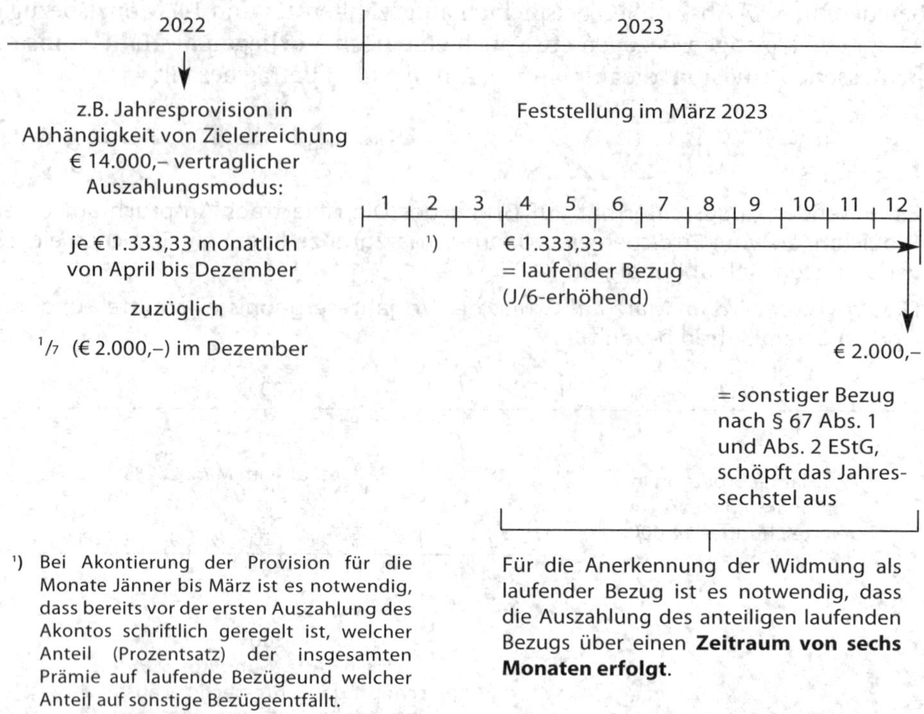

Vergleiche nachstehende Anfragebeantwortung des BMF.

Praxistipp „Siebtelbegünstigung“: Mit der Aufteilung der Provision/Prämie in sieben Teile kann ein Siebtel der gesamten Provision/Prämie steuerbegünstigt (i.d.R. mit 6%) besteuert werden. Dies wird dadurch erreicht, dass sechs Teile als jahressechstelerhöhender laufender Bezug abgerechnet werden, damit der siebte Teil als begünstigt besteuerter sonstiger Bezug nach § 67 Abs 1 und 2 EStG dieses erhöhte Jahressechstel ausschöpfen kann.

Der VwGH verlangt für das Vorliegen eines sonstigen Bezugs jedoch, dass sich dieser sowohl hinsichtlich Rechtstitel als auch hinsichtlich Auszahlung deutlich von den laufenden Bezügen unterscheidet. Um diesen Voraussetzungen jedenfalls gerecht zu werden, empfiehlt es sich, den Charakter des siebten Teils als sonstigen Bezug besonders hervorzuheben, z.B. durch Hinweis, dass sich die Weihnachtsremuneration im betreffenden Jahr um diesen Betrag (siebten Teil) der Provision/Prämie erhöht.

Hinweis: Die neue besondere Jahressechstel-Kontrollrechnung mit Aufrollungsverpflichtung (→ 23.3.2.5.) ändert nichts an der Möglichkeit der „Siebtelbegünstigung“, solange insgesamt im Kalenderjahr nicht mehr als ein Sechstel der laufenden Bezüge als sonstiger Bezug ausbezahlt wird.

Bei diesen **vertraglichen Vereinbarungen** zwischen Arbeitgeber und Arbeitnehmer (z.B. Dienstvertrag, Zusatzvereinbarung) **gilt nach Ansicht des BMF Folgendes** (LStR 2002, Rz 1052):

- Die Vereinbarung muss **schriftlich** abgefasst werden und Regelungen über den Anspruch und die Auszahlungsmodalität enthalten.
- Die Vereinbarung muss **vor der (ersten) Auszahlung** getroffen werden.
- Bei ratenweiser Auszahlung („Akontomodell") (insb. bei einem erfolgsabhängigen Bezugsbestandteil für einen bestimmten Leistungszeitraum wie beispielsweise einer Belohnung für ein bestimmtes Kalenderjahr) darf **nach erfolgter Auszahlung** eines Teilbetrags die vereinbarte Auszahlungsmodalität mit steuerlicher Wirkung **nicht mehr abgeändert** werden.

Die **Beendigung des Dienstverhältnisses** stellt keine Abweichung von der vertraglichen Vereinbarung dar und löst deshalb auch keine Versteuerung gemäß § 67 Abs. 10 EStG aus.

Wird auf Grund einer Vereinbarung eine Jahresprämie laufend akontiert, ist die Endabrechnung als sonstiger Bezug zu behandeln. Die Endabrechnung kann auch mittels vertraglicher Vereinbarung nicht als laufender Bezug gewidmet werden (LStR 2002, Rz 1052).

In einer **Anfragebeantwortung des BMF** wurde ausgeführt, dass vor der ersten (Akonto-)Zahlung ein entsprechender **Auszahlungsmodus schriftlich** vereinbart werden muss. In dieser Vereinbarung muss festgelegt werden, welcher Anteil (Prozentsatz) der Prämie auf laufende Bezüge und welcher Anteil auf sonstige Bezüge entfällt (**Festlegung des Verhältnisses** zwischen laufenden Bezügen einerseits und sonstigen Bezügen andererseits). Bei entsprechender vertraglicher Vereinbarung kann die **Höhe** der Akontozahlungen in den einzelnen Monaten **variieren**; das Verhältnis zwischen den laufenden und den sonstigen Bezügen muss aber dem vertraglich im Vorhinein festgelegten Modus entsprechen. Erfolgt erst im Zuge der Endabrechnung eine (neuerliche) Widmung der Spitzenzahlung (Differenz zwischen Akonto und tatsächlich zustehender Prämie) als laufender Bezug, dann wird dies nicht mehr anerkannt.

Darüber hinaus vertritt das BMF im Rahmen seiner Anfragebeantwortung folgende Standpunkte:

- Für die Anerkennung der Widmung als laufender Bezug ist es notwendig, dass die Auszahlung des anteiligen laufenden Bezugs über einen Zeitraum von **mindestens sechs Monaten** erfolgt.
- Bei der schriftlichen Vereinbarung muss es sich um eine **beiderseitige** handeln. Die Einräumung eines einseitigen Rechts hinsichtlich der Auszahlungsmodalität ist für die steuerliche Anerkennung nicht ausreichend.
- Eine unternehmerisch **einheitliche Vorgangsweise** ist **nicht erforderlich**. Innerhalb der Belegschaft eines Unternehmens kann es daher unterschiedliche Auszahlungsmodalitäten geben (ASoK 9/2011, Linde Verlag Wien).

Zusammenfassung der lohnsteuerlichen Behandlung möglicher Auszahlungsformen:

Laufende Vergütungen, die auf Grund vertraglicher Grundlage als laufender Bezug konzipiert oder laufend erwirtschaftet werden (unabhängig vom Auszahlungsmodus)	
Art der Zahlung	steuerliche Behandlung als
Monatlich ausbezahlte Provision bzw. monatlich ausbezahltes Provisionsakonto[701]	laufender Bezug (J/6-erhöhend)
Laufende Provision, rechnerisch auf 14 Auszahlungen aufgeteilt[701]	laufender Bezug (J/6-erhöhend)
Per Quartalsende bzw. Jahresende ermittelte oder ausbezahlte Provisionsendabrechnung („Provisionsspitze“)	laufender Bezug (J/6-erhöhend)
Im Folgejahr für das abgelaufene Kalenderjahr ermittelte und ausbezahlte Provisionsendabrechnung („Provisionsspitze“)	
• bis spätestens 15.2.	laufender Bezug (Aufrollung gem. § 77 Abs. 5 EStG als laufender Bezug in das Vorjahr = **13. Abrechnungslauf**, → 24.9.2.) (J/6-erhöhend)
• nach dem 15.2. bei nicht willkürlicher Verschiebung des Auszahlungszeitpunkts	Nachzahlung gem. § 67 Abs. 8 lit. c EStG (**Fünftelregelung**, → 24.3.2.2.)
• nach dem 15.2. bei willkürlicher Verschiebung des Auszahlungszeitpunkts	laufender Bezug (J/6-erhöhend)

J/6 = Jahressechstel gem. § 67 Abs. 2 EStG

Jahresvergütungen, die im Nachhinein ermittelt und im laufenden bzw. im darauf folgenden Kalenderjahr (Geschäftsjahr) ausbezahlt werden	
Art der Zahlung	**steuerliche Behandlung** als
Am Jahresumsatz bemessene Provision einmal jährlich abgerechnet	sonstiger Bezug gem. § 67 Abs. 1 und 2 EStG (J/6-verbrauchend)
Ermittelte und ausbezahlte „Superprovision“ auf Grund des Überschreitens der Umsatzvorgabe in Form eines Einmalbezugs	sonstiger Bezug gem. § 67 Abs. 1 und 2 EStG (J/6-verbrauchend)

701 Sollte die Provision auf Grund vertraglicher Vereinbarungen auch in den 13. und 14. Monatsbezug einbezogen werden, liegt ein sonstiger Bezug gem. § 67 Abs. 1 und 2 EStG (J/6-verbrauchend) vor.

Jahresvergütungen, die im Nachhinein ermittelt und im laufenden bzw. im darauf folgenden Kalenderjahr (Geschäftsjahr) ausbezahlt werden	
Art der Zahlung	**steuerliche Behandlung** als
Monatlich ausbezahlte Jahresprämie bzw. monatlich ausbezahltes Prämienakonto (nach Ansicht des BMF nur auf Grund **vertraglicher Vereinbarungen**[702])	laufender Bezug (J/6-erhöhend)
Die (über die laufende Akontierung hinaus) ermittelte und ausbezahlte Endabrechnung eines jährlichen Bezugsbestandteils (z.B. Tantieme, Jahresprämie) auf Grund **vertraglicher Vereinbarungen**[702]	sonstiger Bezug gem. § 67 Abs. 1 und 2 EStG (J/6-verbrauchend)
In monatlichen Teilbeträgen (Raten) für das Vorjahr ausbezahlte Bezugsbestandteile (z.B. Tantieme, Jahresprämie) **ohne vertragliche Vereinbarung**	laufender Bezug (J/6-erhöhend)
Jahresprovision, im Nachhinein werden 6/7 laufend und 1/7 einmalig auf Grund **vertraglicher Vereinbarung**[702] ausbezahlt	laufender Bezug (J/6-erhöhend) sonstiger Bezug gem. § 67 Abs. 1 und 2 EStG (J/6-verbrauchend)
Jahresprovision, im Nachhinein werden 6/7 laufend und 1/7 einmalig **ohne vertragliche Vereinbarung** ausbezahlt	laufender Bezug (J/6-erhöhend)

J/6 = Jahressechstel gem. § 67 Abs. 2 EStG

Werden Provisionen (Abschluss- oder Folgeprovisionen, „Superprovisionen", → 23.3.1.1.) oder gleichartige Bezugsbestandteile **nach Beendigung** des Dienstverhältnisses weitergewährt, sind die bezahlten Provisionen usw. **als** laufende bzw. als sonstige Bezüge nach Tarif gemäß § 67 Abs. 10 EStG (**wie** laufende Bezüge) zu versteuern (→ 23.3.2.6.1., → 23.3.2.6.2.).

Bei der Zuordnung eines Bezugs zu den laufenden Bezügen bzw. zu den sonstigen Bezügen ist zu beachten, dass durch **Missbrauch** von Formen und Gestaltungsmöglichkeiten **des bürgerlichen Rechts** die Abgabepflicht nicht umgangen oder gemindert werden kann (§ 22 Abs. 1 BAO).

Ein solcher Missbrauch liegt vor, wenn ein tatsächlicher laufender Bezug nur deshalb den sonstigen Bezügen zugeordnet wird, um diesen der begünstigten Besteuerung unterwerfen zu können, oder ein tatsächlich sonstiger Bezug nur deshalb den laufenden Bezügen zugeordnet wird, um dadurch das Jahressechstel zu erhöhen.

Liegt ein solcher Missbrauch vor, so sind die Abgaben so zu erheben, wie sie bei einer den wirtschaftlichen Vorgängen, Tatsachen und Verhältnissen angemessenen rechtlichen Gestaltung zu erheben wären (§ 22 Abs. 2 BAO).

702 Die vor der ersten Auszahlung schriftlich getroffene Vereinbarung muss Regelungen über den **Anspruch und die Auszahlungsmodalität** enthalten. Nach erfolgter Auszahlung eines Teilbetrags darf die vereinbarte Auszahlungsmodalität nicht mehr geändert werden (LStR 2002, Rz 1052).

Kann die Begünstigung für sonstige Bezüge **erst bei der Veranlagung** zur Anwendung kommen (z. B. bei Grenzgängern), gelten für die Beurteilung die allgemeinen Grundsätze. Es kommt somit darauf an, dass sich diese sowohl durch den Rechtstitel, auf den sich der Anspruch begründet, als auch durch die tatsächliche Auszahlung deutlich von den laufenden Bezügen unterscheiden. Besteht keine lohngestaltende Vorschrift oder sieht eine solche keinen Anspruch auf sonstige Bezüge vor, kann mit einer entsprechenden vertraglichen Vereinbarung ein den Vorgaben der Judikatur entsprechender Rechtstitel geschaffen werden. Eine solche vertragliche Vereinbarung zwischen Arbeitgeber und Arbeitnehmer (z. B. Dienstvertrag, Zusatzvereinbarung) muss nach Ansicht des BMF vor der Auszahlung schriftlich abgefasst werden und Regelungen über den Anspruch sowie die Auszahlungsmodalität des sonstigen Bezuges enthalten. Für Veranlagungszeiträume bis einschließlich 2020 werden seitens des BMF auch entsprechende mündliche Vereinbarungen anerkannt (LStR 2002, Rz 1118).

Beispiel 80

Aufteilung der Bemessungsgrundlagen bei der Besteuerung von sonstigen Bezügen gem. § 67 Abs. 1 und 2 EStG.

Angaben und Lösung:

- Gerechnet für einen Angestellten,
- DNA für Sonderzahlungen: 17,12%.

Laufende Bezüge: € 2.500,00 pro Monat		Jahressechstel (J/6): € 5.000,00			
Sonderzahlungen		innerhalb J/6	außerhalb J/6	innerhalb HBG	außerhalb HBG
Urlaubsbeihilfe	€ 2.500,00	€ 2.500,00	–	€ 2.500,00	–
Bilanzgeld	€ 2.330,00	€ 2.330,00	–	€ 2.330,00	–
Weihnachtsremuneration	€ 2.500,00	€ 170,00	€ 2.330,00	€ 2.500,00	–
Summe	€ 7.330,00	€ 5.000,00	€ 2.330,00	€ 7.330,00	–

lohnsteuerliche Behandlung der SZ				LSt-frei	mit 6%	nach Tarif
Urlaubsbeihilfe		€ 2.500,00				
	– DNA	€ 428,00				
		€ 2.072,00		€ 620,00	€ 1.452,00	–
Bilanzgeld		€ 2.330,00				
	– DNA	€ 398,90				
		€ 1.931,10		–	€ 1.931,10	–
Weihnachtsremuneration		€ 2.500,00				
		€ 170,00	€ 2.330,00			
	– DNA	€ 29,10	€ 398,90			
		€ 140,90	€ 1.931,10	–	€ 140,90	€ 1.931,10
Summe				€ 620,00	€ 3.524,00	€ 1.931,10

= € 4.144,00
+ DNA € **856,00** (innerhalb J/6)
= J/6 € 5.000,00

DNA = Dienstnehmeranteil zur Sozialversicherung
HBG = Höchstbeitragsgrundlage (→ 23.3.1.2.)

Hinweis: Da insgesamt im Kalenderjahr nicht mehr als ein Sechstel der laufenden Bezüge begünstigt besteuert wurde, besteht im Dezember keine Aufrollungsverpflichtung aufgrund der Kontrollsechstelberechnung (→ 23.3.2.5.).

23.3.2.6.2. Voraussetzungen für die begünstigte Versteuerung

Ein sonstiger Bezug kann nur dann begünstigt versteuert werden, wenn er **neben dem (zusätzlich zum) laufenden Arbeitslohn vom selben Arbeitgeber** gewährt wird (→ 23.3.2.1.).

Daraus folgt, dass

- im Zeitpunkt der Auszahlung des sonstigen Bezugs das **Dienstverhältnis noch nicht beendet** sein darf[703] **und**
- im laufenden Kalenderjahr **bereits laufende Bezüge zugeflossen** sind (VwGH 2.7.1985, 84/14/0150).

Die Lohnsteuer ist für sonstige Bezüge (z.B. 13. und 14. Monatsbezug), die bei Beendigung des Dienstverhältnisses ausbezahlt werden, nach den Bestimmungen des § 67 Abs. 1 und 2 EStG zu ermitteln. Voraussetzung ist, dass die Auszahlung zusammen mit (neben) dem letzten laufenden Bezug erfolgt. Sie gilt dann noch als erfüllt, wenn die Abrechnung des letzten laufenden Bezugs und der (aliquoten) sonstigen Bezüge i.S.d. lohngestaltenden Vorschriften **erst nach dem Ende** des Lohnzahlungszeitraums **möglich ist**. Es darf sich überdies **nicht** um eine **willkürliche Verschiebung** des Auszahlungszeitpunkts handeln.

Andernfalls ist ein sonstiger Bezug **wie ein laufender Bezug** zu versteuern. Der § 67 Abs. 10 EStG bestimmt dazu:

Sonstige Bezüge, die nicht unter Abs. 1 bis 8 fallen

(Abs. 1: z.B. 13. und 14. Monatsbezug, Belohnungen, → 23.3.2.1.;
Abs. 2: Regelung über das Jahressechstel, → 23.3.2.2.;
Abs. 3: gesetzliche oder kollektivvertragliche Abfertigungen, → 34.7.2.1.;
Abs. 4: Abfertigung der Witwer- oder Witwenpensionen;
Abs. 5: die Hälfte der Urlaubsentgelte (= Urlaubsgeld zuzüglich Urlaubszuschuss) und Urlaubsersatzleistungen oder Abfindungen gem. BUAG und der Überbrückungsabgeltungen gem. BUAG sowie weitere sonstige Bezüge (z.B. Weihnachtsgeld) für Arbeitnehmer, die dem BUAG unterliegen;
Abs. 6: z.B. freiwillige und vertragliche Abfertigungen, → 34.7.2.2.;
Abs. 8a: Vergleichssummen, → 24.5.2.2.;
b: Kündigungsentschädigungen, → 34.4.2.;
c: Nachzahlungen für abgelaufene Kalenderjahre, → 24.3.2.2.;
d: Ersatzleistungen für nicht verbrauchten Urlaub, → 34.7.2.3.1.;
e: Pensionsabfindungen, → 30.2.2.5.;
f: Bezüge im Rahmen von Sozialplänen, → 34.9.2.;
g: Nachzahlungen in einem Insolvenzverfahren, → 24.6.2.2.),

703 Ein (steuerliches) **Dienstverhältnis** liegt vor, wenn der Arbeitnehmer dem Arbeitgeber **seine Arbeitskraft schuldet** (vgl. § 47 Abs. 2 EStG). Ein Umstand, der nach Beendigung eines Dienstverhältnisses nicht mehr gegeben ist.

sind **„wie“**[704] **ein laufender Bezug**[705] im Zeitpunkt des Zufließens nach dem **Lohnsteuertarif des jeweiligen Kalendermonats** der **Besteuerung zu unterziehen**[706]. Diese Bezüge erhöhen nicht das Jahressechstel gem. § 67 Abs. 2 EStG.

Gemäß § 67 Abs. 10 EStG behandelte Bezüge werden bei einer allfälligen Veranlagung (→ 15.) einbezogen.

Beispiele 81–82

Sonstiger Bezug nicht neben laufendem Bezug.

Beispiel 81

Steuerliche Behandlung eines sonstigen Bezugs nach Beendigung des Dienstverhältnisses.

Angaben und Lösung:

Ein Dienstverhältnis endet am **31. Mai 20..** An diesem Tag wird letztmalig ein **laufender Bezug** ausbezahlt.

Am **15. Juni** desselben Jahres wird eine **Gratifikation** abgerechnet. Diese ist zur Gänze nach dem Lohnsteuertarif der Besteuerung zu unterziehen, da sie nicht mehr neben dem laufenden Bezug zugeflossen ist.

Beispiel 82

Steuerliche Behandlung eines sonstigen Bezugs nicht neben einem laufenden Bezug.

Angaben und Lösung:

Ein Arbeitnehmer erhält für das Kalenderjahr 2022, bedingt durch einen lange dauernden Krankenstand, **nur** eine Urlaubsbeihilfe und eine Weihnachtsremuneration. Diese beiden sonstigen Bezüge sind zur Gänze nach dem Lohnsteuertarif der Besteuerung zu unterziehen, da sie nicht neben – im selben Kalenderjahr zugeflossenen – laufenden Bezügen ausbezahlt werden.

Nach einer anderen Rechtsansicht sind diese beiden sonstigen Bezüge deshalb nach dem Lohnsteuertarif zu versteuern, weil das Jahressechstel, bedingt durch den fehlenden laufenden Bezug, € 0,00 beträgt.

704 Solche sonstigen Bezüge sind lt. EStG **„wie“** ein laufender Bezug **und nicht „als“** laufender Bezug der Besteuerung zu unterziehen.

705 Solche Bezüge **bleiben** demnach dem Wesen nach **sonstige Bezüge**, die nur „**wie** laufende Bezüge“ versteuert werden. Aus diesem Grund erhöhen sie auch nicht eine danach gerechnete Jahressechstelbasis (→ 23.3.2.2.) und werden auch nicht bei der Berechnung des Jahresviertels und Jahreszwölftels (→ 34.7.2.2.) berücksichtigt.

706 Die Besteuerung erfolgt daher im jeweiligen Kalendermonat **zusammen mit den übrigen laufenden Bezügen** über die **monatliche Lohnsteuertabelle**. Fließen keine laufenden Bezüge zu, hat die Besteuerung ebenfalls über die monatliche Lohnsteuertabelle zu erfolgen.

23.3.2.7. Berücksichtigung von Sozialversicherungsbeiträgen

Vor Anwendung der festen Steuersätze sind jene Beiträge i.S.d. § 62 Z 3, 4 und 5 EStG, d.h. jene **Dienstnehmeranteile zur Sozialversicherung**, die auf die mit dem festen Steuersatz zu versteuernden sonstigen Bezüge entfallen, von diesen **in Abzug zu bringen** (§ 67 Abs. 12 EStG). Arbeiterkammerumlage und Wohnbauförderungsbeitrag finden allerdings bei Sonderzahlungen keine Berücksichtigung.

Der Freibetrag gem. § 67 Abs. 1 EStG von € 620,00 (→ 23.3.2.1.1.) ist erst nach Abzug der Sozialversicherungsbeiträge zu berücksichtigen.

Sozialversicherungsbeiträge, die auf steuerfreie sonstige Bezüge entfallen (z.B. auf den Freibetrag nach § 67 Abs. 1 EStG von € 620,00), sind ebenfalls vor Anwendung der Steuersätze gem. § 67 Abs. 1 und 2 EStG bei den jeweiligen sonstigen Bezügen abzuziehen. Die auf sonstige Bezüge entfallenden Dienstnehmeranteile sind diesen auch dann zuzuordnen, wenn die sonstigen Bezüge die Freigrenze von € 2.100,00 nicht übersteigen (LStR 2002, Rz 1121).

Sofern für einen einheitlichen sonstigen Bezug nur teilweise Sozialversicherungsbeiträge anfallen, weil die jeweilige **Höchstbeitragsgrundlage überschritten** wird, sind jene Sozialversicherungsbeiträge, die auf nach dem Tarif zu versteuernde sonstige Bezüge entfallen (Sechstelüberhang), **anteilig** beim laufenden Bezug zu berücksichtigen, indem sie **auf Basis der Bruttobeträge entsprechend aufgeteilt** werden (vgl. VwGH 14.5.2020, Ra 2019/13/0093). Dies gilt auch, wenn sonstige Bezüge aufgrund der Kontrollsechstel-Aufrollung gemäß § 77 Abs. 4a EStG (→ 23.3.2.5.) nachzuversteuern sind und beginnend mit der zuletzt gewährten Sonderzahlung von den Sonderzahlungen (teilweise) keine Sozialversicherung mehr abzuziehen war, weil die Höchstbeitragsgrundlage von früheren sonstigen Bezügen (teilweise) bereits ausgeschöpft wurde (LStR 2002, Rz 1123).

Wird gleichzeitig mit einem laufenden Bezug ein sonstiger Bezug i.S.d. § 67 Abs. 1 EStG ausbezahlt, der sozialversicherungsrechtlich in die allgemeine Beitragsgrundlage fällt (z.B. eine **Einmalprämie**, eine außerordentliche Prämie oder eine Belohnung), hat ebenfalls eine entsprechende Vorgehensweise zu erfolgen.

Beispiel **(vgl. ähnlich LStR 2002, Rz 1124)**

Ein Arbeitnehmer mit einem monatlichen Gehalt von € 2.000,00 (Jahressechstel = € 4.000,00) erhält im Jahr 2022 eine Einmalprämie in Höhe von € 10.000,00.

Gehalt € 2.000,00 + Einmalprämie € 10.000,00 = € 12.000,00. Die Besteuerung ist wie folgt vorzunehmen:

- € 8.000,00 sind zum laufenden Tarif zu versteuern (€ 2.000,00 laufender Bezug + € 6.000,00 Sechstelüberhang),
- € 4.000,00 sind als sonstiger Bezug innerhalb des Jahressechstels zu versteuern.

Die Sozialversicherungsbeiträge (begrenzt mit der Höchstbeitragsgrundlage für laufende Bezüge) betragen insgesamt € 1.005,66. Die Aufteilung der Sozialversicherungsbeiträge ist folgendermaßen durchzuführen:

- € 670,44 (= 8.000/12.000 x € 1.005,66) kürzen die zum laufenden Tarif zu versteuernden Bezüge.
- € 335,22 (= 4.000/12.000 x € 1.005,66) kürzen die begünstigt besteuerten sonstigen Bezüge.

Siehe hierzu auch die Beispiele 84 und 85.

23.3.2.8. Einbehaltung der Lohnsteuer

Das unter Punkt 11.5.3. über die Einbehaltung der Lohnsteuer Gesagte gilt gleich lautend.

23.4. Aufteilungsbeispiele

Beispiele 83–87

Aufteilung der sonstigen Bezüge/Sonderzahlungen.

Gemeinsame Angaben für die Beispiele 83–87:

- Gerechnet für Angestellte.
- Die Auszahlung der Bezüge erfolgt jeweils am letzten Tag des Kalendermonats.
- An Abkürzungen werden verwendet:
  DNA = Dienstnehmeranteil zur Sozialversicherung,
  HBG = Höchstbeitragsgrundlage,
  J/6 = Jahressechstel,
  lfd. Bezug = laufender Bezug.

Wichtiger Hinweis: Die Aufteilung nachstehender Beispiele erfolgt bei Vorliegen paralleler Dienstverhältnisse bei jedem der Dienstverhältnisse auf die gleiche Art.

Beispiel 83

Angaben:

- DNA für Sonderzahlungen: 17,12% – 3,00% = 14,12%.

Monat	laufender Bruttobezug	Sonderzahlungen					
		Art	Bruttobetrag	DNA	Differenz	fällig per	
Jänner	€ 680,00						
Februar	€ 680,00						
März	€ 680,00						
April	€ 680,00						
Mai	€ 680,00	Urlaubsbeihilfe	€ 680,00	€ 96,02	€ 583,98	31.5.	①

Juni	€ 680,00						
Juli	€ 715,00						
August	€ 715,00	Einmalprämie[707]	€ 360,00	€ 54,43	€ 305,57	31.8.	②
September	€ 715,00						
Oktober	€ 750,00						
November	€ 750,00	Weihnachts-remuneration	€ 750,00	€ 105,90	€ 644,10	15.11.	③
Dezember	€ 750,00						

Lösung:

	aktuelles Jahressechstel (J/6)		Aufteilung lt. EStG			Aufteilung lt. ASVG		
			innerhalb des J/6		außerhalb des J/6	Sonderzahlung		zum lfd. Bezug
	Berechnung	Betrag	LSt-frei bis max. € 620,00	6%	zum lfd. Bezug	innerhalb der HBG	außerhalb der HBG	
①	€ 3.400,00 × 2 / 5	€ 1.360,00	€ 583,98			€ 680,00		
②	€ 5.510,00 × 2 / 8	€ 1.377,50	€ 36,02	€ 269,55[708]				€ 360,00
③	€ 6.975,00 × 2 / 10 (!)	€ 1.395,00		€ 304,87[708]	€ 339,23	€ 750,00		

1. Berechnung des noch offenen Teils des Jahressechstels per 15.11.:

	Jahressechstel	€ 1.395,00
–	Urlaubsbeihilfe	€ 680,00
–	Einmalprämie	€ 360,00
=	offener Teil	€ 355,00

2. Berechnung des Jahressechstelüberhangs per 15.11.:

	Weihnachtsremuneration	€ 750,00
–	offener Teil	€ 355,00
=	Jahressechstelüberhang	€ 395,00

3. Berechnung der Bemessungsgrundlagen per 15.11.:

	€ 355,00		€ 395,00	=		€ 750,00
– DNA	€ 50,13	– DNA	€ 55,77	=	– DNA	€ 105,90
	€ 304,87		€ 339,23	=		€ 644,10

Hinweis: Die zum 31.12. verpflichtend vorzunehmende Kontrollsechstelberechnung (→ 23.3.2.5.) führt zu folgendem Ergebnis:

$$\frac{\text{€ } 8.475{,}00}{6} = \text{€ } 1.412{,}50$$

707 Sozialversicherungsmäßig ein laufender Bezug (14,12% + AK 0,5% + WF 0,5% = 15,12%).

708 Die Besteuerung unterbleibt, da das Jahressechstel weniger als € 2.100,00 beträgt (→ 23.3.2.1.2.).

	Kontrollsechstel	€	1.412,50
–	Urlaubsbeihilfe	€	680,00
–	Einmalprämie	€	360,00
–	Weihnachtsremuneration (innerhalb Jahressechstel)	€	355,00
=	offener Teil zum 31.12.*	€	17,50

*) Die Berechnung ergibt mit Ende Dezember ein offenes Kontrollsechstel (→ 23.3.2.5.). Seit dem Kalenderjahr 2021 ist (verpflichtend) eine nachträgliche begünstigte Besteuerung (Aufrollung) der unterjährigen Jahressechstelüberhänge vorzunehmen.

Beispiel 84

Angaben:

- DNA für Sonderzahlungen: 17,12%.

Monat	laufender Bruttobezug	Sonderzahlungen					
		Art	Bruttobetrag	DNA	Differenz	fällig per	
Jänner	€ 3.800,00						
Februar	€ 3.800,00						
März	€ 3.800,00	regelmäßiges Bilanzgeld	€ 3.500,00	€ 599,20	€ 2.900,80	31.3.	①
April	€ 3.800,00						
Mai	€ 4.000,00	Urlaubsbeihilfe	€ 4.000,00	€ 684,80	€ 3.315,20	31.5.	②
Juni	€ 4.000,00						
Juli	€ 4.000,00						
August	€ 4.000,00						
September	€ 4.000,00						
Oktober	€ 4.000,00						
November	€ 4.000,00	Weihnachtsremuneration	€ 4.000,00	€ 657,41[709]	€ 3.342,59	30.11.	③
Dezember	€ 4.000,00	regelmäßige Abschlussprämie	€ 2.500,00	€ 0,00	€ 2.500,00	31.12.	④

Lösung:

	aktuelles Jahressechstel (J/6)		Aufteilung lt. EStG			Aufteilung lt. ASVG		
			innerhalb des J/6		außerhalb des J/6	Sonderzahlung		zum lfd. Bezug
	Berechnung	Betrag	LSt-frei bis max. € 620,00	6%	zum lfd. Bezug	innerhalb der HBG	außerhalb der HBG	
①	$\frac{\text{€ } 11.400,00}{3} \times 2$	€ 7.600,00	€ 620,00	€ 1.866,40		€ 3.500,00		
②	$\frac{\text{€ } 19.200,00}{5} \times 2$	€ 7.680,00		€ 3.315,20		€ 4.000,00		
③	$\frac{\text{€ } 43.200,00}{11} \times 2$	€ 7.854,55		€ 708,25	€ 2.702,82	€ 3.840,00	€ 160,00	
④	$\frac{\text{€ } 47.200,00}{12} \times 2$	€ 7.866,67		€ 12,12	€ 2.487,88	€ 0,00	€ 2.500,00	

709 Von € 3.840,00 (€ 11.340,00 abzüglich € 3.500,00 und € 4.000,00).

1. Berechnung des noch offenen Teils des Jahressechstels

per 30.11.:		per 31.12.:	
Jahressechstel	€ 7.854,55	Jahressechstel	€ 7.866,67
– regelm. Bilanzgeld	€ 3.500,00	– regelm. Bilanzgeld	€ 3.500,00
– Urlaubsbeihilfe	€ 4.000,00	– Urlaubsbeihilfe	€ 4.000,00
= offener Teil	€ 354,55	– Weihnachtsrem. innerh. J/6	€ 354,55
		= offener Teil	€ 12,12

2. Berechnung des Jahressechstelüberhangs

per 30.11.:		per 31.12.:	
Weihnachts-remuneration	€ 4.000,00	regelm. Abschluss-prämie	€ 2.500,00
– offener Teil	€ 354,55	– offener Teil	€ 12,12
= Jahressechstel-überhang	€ 3.645,45	= Jahressechstel-überhang	€ 2.487,88

3. Berechnung der Bemessungsgrundlagen

per 30.11.:

	€ 354,55		€ 3.645,45	=		€ 4.000,00
– DNA	€ 58,27[710]	– DNA	€ 599,14[711]	=	– DNA	€ 657,41
	€ 296,28		€ 3.046,31	=		€ 3.342,59

per 31.12.:

	€ 12,12		€ 2.487,88	=		€ 2.500,00
– DNA	€ 0,00	– DNA	€ 0,00	=	– DNA	€ 0,00
	€ 12,12		€ 2.487,88	=		€ 2.500,00

Hinweis: Da insgesamt im Kalenderjahr genau ein Sechstel der laufenden Bezüge begünstigt besteuert wurde, liegt im Dezember keine Aufrollungsverpflichtung aufgrund der besonderen Jahressechstel-Kontrollrechnung (→ 23.3.2.5.) vor.

Sofern für einen einheitlichen sonstigen Bezug nur teilweise Sozialversicherungsbeiträge anfallen, weil die jeweilige **Höchstbeitragsgrundlage überschritten** wird, sind jene Sozialversicherungsbeiträge, die auf nach dem Tarif zu versteuernde sonstige Bezüge entfallen (Sechstelüberhang), **anteilig** beim laufenden Bezug zu berücksichtigen, indem sie **auf Basis der Bruttobeträge entsprechend aufgeteilt** werden (vgl. VwGH 14.5.2020, Ra 2019/13/0093; vgl. nunmehr auch LStR 2002, Rz 1123) (→ 23.3.2.7.).

710 € 354,55 / € 4.000,00 × € 657,41.
711 € 3.645,45 / € 4.000,00 × € 657,41.

Beispiel 85

Angaben:

- DNA für Sonderzahlungen: 17,12% bzw. 17,12% – 3% = 14,12%.

Monat	laufender Bruttobezug	Sonderzahlungen					
		Art	Bruttobetrag	DNA	Differenz	fällig per	
Jänner Februar März April Mai	€ 22.500,00 [712]	aliquote Sonderzahlung	€ 3.750,00[712]	€ 642,00 [712]	€ 3.108,00	–	①
Juni	€ 4.500,00						
Juli	€ 4.500,00						
August	€ 4.500,00						
September	€ 4.500,00						
Oktober	€ 4.800,00						
November	€ 4.800,00	aliquote Urlaubsbeihilfe und Weihnachtsremuneration	€ 6.100,00	€ 1.044,32	€ 5.055,68	30.11.	②
Dezember	€ 4.800,00	regelm. Erfolgsprämie[713]	€ 1.500,00	€ 210,39 [714]	€ 1.289,61	31.12.	③

Lösung:

	aktuelles Jahressechstel (J/6)		Aufteilung lt. EStG			Aufteilung lt. ASVG		
			innerhalb des J/6		außerhalb des J/6	Sonderzahlung		zum lfd. Bezug
	Berechnung	Betrag	LSt-frei bis max. € 620,00	6%	zum lfd. Bezug	innerhalb der HBG	außerhalb der HBG	
①	–	–	€ 620,00 [715]	€ 2.488,00 [715]		€ 3.750,00 [715]		
②	€ 50.100,00 / 11 × 2	€ 9.109,09		€ 4.441,61	€ 614,07	€ 6.100,00		
③	€ 54.900,00 / 12 × 2	€ 9.150,00		€ 36,10	€ 1.287,40	€ 1.490,00	€ 10,00	

712 Diese Beträge wurden dem Lohnzettel (L 16) entnommen.
713 Der Arbeitnehmer erhält lt. Dienstvertrag einmal jährlich eine Erfolgsprämie.
714 14,12% (17,12% – 3%) von € 1.490,00 (€ 11.340,00 abzüglich € 3.750,00 und € 6.100,00).
715 Diese Aufteilung ist aus dem Lohnzettel ersichtlich.

1. Berechnung des noch offenen Teils des Jahressechstels

per 30.11.:		per 31.12.:	
Jahressechstel	€ 9.109,09	Jahressechstel	€ 9.150,00
– Vor-Sonderzahlungen	€ 3.750,00	– Vor-Sonderzahlungen	€ 3.750,00
= offener Teil	€ 5.359,09	– aliquote UB+WR. innerh. J/6	€ 5.359,09
		= offener Teil	€ 40,91

2. Berechnung des Jahressechstelüberhangs

per 30.11.:		per 31.12.:	
aliquote UB+WR	€ 6.100,00	regelm. Erfolgsprämie	€ 1.500,00
– offener Teil	€ 5.359,09	– offener Teil	€ 40,91
= Jahressechstelüberhang	€ 740,91	= Jahressechstelüberhang	€ 1.459,09

3. Berechnung der Bemessungsgrundlagen

per 30.11.:

	€ 5.359,09		€ 740,91	=		€ 6.100,00
– DNA (17,12%)	€ 917,48	– DNA (17,12%)	€ 126,84	=	– DNA (17,12%)	€ 1.044,32
	€ 4.441,61		€ 614,07	=		€ 5.055,68

per 31.12.:

	€ 40,91		€ 1.459,09	=		€ 1.500,00
– DNA (14,12%)	€ 5,74[716]	– DNA (14,12%)	€ 204,65[717]	=	– DNA (14,12%)	€ 210,39
	€ 35,17		€ 1.254,44	=		€ 1.289,61

Beispiel 86

Angaben:

- DNA für Sonderzahlungen: 17,12% – 3,00% = 14,12%.

Monat	laufender Bruttobezug	Sonderzahlungen					
		Art	Bruttobetrag	DNA	Differenz	fällig per	
Jänner bis Mai	[718]		[718]				①
Juni	€ 800,00						
Juli	€ 800,00						

716 € 40,91 / € 1.500,00 × € 210,39.
717 € 1.459,09 / € 1.500,00 × € 210,39.

August	€ 800,00						
September	€ 800,00						
Oktober	€ 800,00						
November	€ 800,00	aliquote Urlaubsbeihilfe und Weihnachtsremuneration	€ 933,33	€ 131,79	€ 801,54	30.11.	②
Dezember	€ 800,00						

Lösung:

	aktuelles Jahressechstel (J/6)		Aufteilung lt. EStG			Aufteilung lt. ASVG		
			innerhalb des J/6		außerhalb des J/6	Sonderzahlung		zum lfd. Bezug
	Berechnung	Betrag	LSt-frei bis max. € 620,00	6%	zum lfd. Bezug	innerhalb der HBG	außerhalb der HBG	
①			–[719]	–[719]	–[719]	–[719]		
②	$\frac{€\ 4.800,00}{11} \times 2$	€ 872,73	€ 620,00 [720]	€ 129,50 [721]	€ 52,04	€ 933,33		

1. Berechnung des noch offenen Teils des Jahressechstels per 30.11.:

per 30.11.:

	Jahressechstel	€ 872,73
–	Vor-Sonderzahlungen	€ 0,00
–	offener Teil	€ 872,73

2. Berechnung des Jahressechstelüberhangs per 30.11.:

per 30.11.:

	aliquote UB+WR	€ 933,33
–	offener Teil	€ 872,73
=	Jahressechstelüberhang	€ 60,60

3. Berechnung der Bemessungsgrundlagen per 30.11.:

	€ 872,73		€ 60,60	=		€ 933,33
– DNA	€ 123,23	– DNA	€ 8,56	=	– DNA	€ 131,79
	€ 749,50		€ 52,04	=		€ 801,54
–	€ 620,00					
	€ 129,50					

718 Für die Monate Jänner bis Mai gilt:
In dieser Zeit ist dem Arbeitnehmer kein Arbeitslohn zugeflossen (z.B. wegen Arbeitslosigkeit, Schulbesuch, vereinbartem Karenzurlaub [unbezahltem Urlaub], → 27.1.2.; Schutzfrist nach dem MSchG, → 27.1.3.; Karenz nach dem MSchG bzw. VKG, → 27.1.4.; Präsenz-, Ausbildungs- oder Zivildienst, → 27.1.6.) oder der Arbeitnehmer hat keinen Lohnzettel vorgelegt. Daher sind die beim letzten Arbeitgeber zugeflossenen Bezüge nicht bekannt.

719 Es sind keine Vorbezüge zugeflossen bzw. ist die Aufteilung etwaiger Vorbezüge nicht bekannt.

720 Der Freibetrag ist von jedem Arbeitgeber zu berücksichtigen (→ 23.3.2.3.).

721 Die Besteuerung unterbleibt, da das Jahressechstel weniger als € 2.100,00 beträgt (→ 23.3.2.1.2.).

Hinweis: Die zum 31.12. verpflichtend vorzunehmende besondere Jahressechstel-Kontrollrechnung (→ 23.3.2.5.) führt zu folgendem Ergebnis:

$$\frac{€\ 5.600,00}{6} = €\ \ 933,33$$

	Kontrollsechstel	€	933,33
–	aliquote UB+WR (innerhalb Jahressechstel)	€	872,73
=	offener Teil zum 31.12.*	€	60,60

*) Die zum 31.12. verpflichtend vorzunehmende Kontrollsechstelberechnung ergibt mit Ende Dezember ein offenes Kontrollsechstel (→ 23.3.2.5.). Seit dem Kalenderjahr 2021 ist (verpflichtend) eine nachträgliche begünstigte Besteuerung (Aufrollung) der unterjährigen Jahressechstelüberhänge vorzunehmen. Der im November etwaig zum Tarif besteuerte Jahressechstelüberhang i.H.v. € 60,60 ist somit mittels einer Aufrollung nachträglich den sonstigen Bezügen gem. § 67 Abs. 1 und Abs. 2 EStG zuzuordnen. Da die Freigrenze nicht überschritten wird, hat (rückwirkend) keine Besteuerung zu erfolgen.

Beispiel 87

Angaben:

- DNA für Sonderzahlungen: 17,12%.

Monat	laufender Bruttobezug	Sonderzahlungen					
		Art	Bruttobetrag	DNA	Differenz	fällig per	
Jänner	€ 2.400,00						
Februar	€ 2.400,00						
März	€ 2.400,00						
April	€ 2.400,00	Urlaubsbeihilfe	€ 2.400,00	€ 410,88	€ 1.989,12	30.4.	①
Mai	€ 2.400,00						
Juni	€ 2.400,00						
Juli	€ 2.400,00						
August	€ 2.400,00						
September	€ 2.400,00						
Oktober	€ 2.400,00						
November	€ 0,00[722]	Weihnachtsremuneration	€ 2.400,00	€ 410,88	€ 1.989,12	30.11.	②
Dezember	€ 2.400,00						

722 Der Arbeitnehmer befand sich im November auf vereinbartem Karenzurlaub (unbezahltem Urlaub, → 27.1.2.).

Lösung:

	aktuelles Jahressechstel (J/6)		Aufteilung lt. EStG			Aufteilung lt. ASVG		
			innerhalb des J/6		außerhalb des J/6	Sonderzahlung		zum lfd. Bezug
	Berechnung	Betrag	LSt-frei bis max. € 620,00	6%	zum lfd. Bezug	innerhalb der HBG	außerhalb der HBG	
①	$\frac{€\ 9.600,00}{4} \times 2$	€ 4.800,00	€ 620,00	€ 1.369,12		€ 2.400,00		
②	$\frac{€\ 24.000,00}{11} \times 2$	€ 4.363,64		€ 1.627,46	€ 361,66	€ 2.400,00		

1. Berechnung des noch offenen Teils des Jahressechstels per 30.11.:

	Jahressechstel	€ 4.363,64
–	Urlaubsbeihilfe	€ 2.400,00
=	offener Teil	€ 1.963,64

2. Berechnung des Jahressechstelüberhangs per 30.11.:

	Weihnachtsremuneration	€ 2.400,00
–	offener Teil	€ 1.963,64
=	Jahressechstelüberhang	€ 436,36

3. Berechnung der Bemessungsgrundlagen per 30.11.:

	€ 1.963,64		€ 436,36	=		€ 2.400,00
– DNA	€ 336,18	– DNA	€ 74,70	=	– DNA	€ 410,88
	€ 1.627,46		€ 361,66	=		€ 1.989,12

Hinweis: Die zum 31.12. verpflichtend vorzunehmende besondere Kontrollsechstelberechnung (→ 23.3.2.5.) führt zu folgendem Ergebnis:

$$\frac{€\ 26.400,00}{6} = €\ 4.400,00$$

	Kontrollsechstel	€ 4.400,00
–	Urlaubsbeihilfe	€ 2.400,00
–	Weihnachtsremuneration (innerhalb Jahressechstel)	€ 1.963,64
=	offener Teil zum 31.12.*	€ 36,36

*) Die zum 31.12. verpflichtend vorzunehmende Kontrollsechstelberechnung ergibt mit Ende Dezember ein offenes Kontrollsechstel (→ 23.3.2.5.). Seit dem Kalenderjahr 2021 ist (verpflichtend) eine nachträgliche begünstigte Besteuerung (Aufrollung) der unterjährigen Jahressechstelüberhänge vorzunehmen. Der Jahressechstelüberhang von November ist somit mittels einer Aufrollung um € 36,36 zu korrigieren und in diesem Ausmaß der begünstigten Besteuerung zu unterwerfen.

23.5. Zusammenfassung

Remunerationen sind wie folgt zu behandeln:

<table>
<tr><th></th><th>SV</th><th>LSt</th><th>DB zum FLAF (→ 37.3.3.3.)</th><th>DZ (→ 37.3.4.3.)</th><th>KommSt (→ 37.4.1.3.)</th></tr>
<tr><td>Im Ausmaß des Freibetrags von max. € 620,00</td><td rowspan="3">pflichtig (als SZ)</td><td>frei</td><td rowspan="3">pflichtig[723] [724]</td><td rowspan="3">pflichtig[723] [724]</td><td rowspan="3">pflichtig[723]</td></tr>
<tr><td>der mit % zu versteuernde Teil</td><td>pflichtig mit %[725]</td></tr>
<tr><td>der Jahressechstelüberhang bzw. der innerhalb des Jahressechstels über € 83.333,00 liegende Betrag</td><td>pflichtig (wie ein lfd. Bez.[726])</td></tr>
</table>

Die abgabenrechtliche Behandlung erfolgt bei

	SV	LSt	DB zum FLAF (→ 37.3.3.3.)	DZ (→ 37.3.4.3.)	KommSt (→ 37.4.1.3.)
Einmalzahlungen (→ 23.3.1.1.)	pflichtig (als lfd. Bez.)	pflichtig (als sonst. Bez., siehe vorstehend)	pflichtig[723] [724]	pflichtig[723] [724]	pflichtig[723]

Rückverrechnungen von Remunerationen sind wie folgt zu behandeln:

	SV, BV	LSt	DB zum FLAF (→ 37.3.3.3.)	DZ (→ 37.3.4.3.)	KommSt (→ 37.4.1.3.)
(aliquote) Rückverrechnung einer (aliquoten) Sonderzahlung (i.d.R. UB) ohne Verrechnung einer (aliquoten) Sonderzahlung (i.d.R. WR)	Rückverrechnung der SV-Beiträge und BV-Beiträge	Werbungskosten, d.h. Verminderung der laufenden LSt-BMG (→ 14.1.1.)	–[727]	–[727]	–[727]
(aliquote) Rückverrechnung einer (aliquoten) Sonderzahlung (i.d.R. UB) mit Verrechnung einer (aliquoten) Sonderzahlung (i.d.R. WR), sodass ein positiver Auszahlungsbetrag entsteht	Saldierung der SV-Beiträge und BV-Beiträge	Saldierung der sonstigen Bezüge gem. § 67 Abs. 1 und 2 EStG, d.h. Verminderung der LSt-BMG für sonstige Bezüge	pflichtig (der Differenzbetrag) [728] [729]	pflichtig (der Differenzbetrag) [728] [729]	pflichtig (der Differenzbetrag) [728]

723 Ausgenommen davon sind die Remunerationen und Einmalprämien der begünstigten behinderten Dienstnehmer und der begünstigten behinderten Lehrlinge i.S.d. BEinstG (→ 29.2.1.).

724 Ausgenommen davon sind die Remunerationen und Einmalprämien der Dienstnehmer (Personen) nach Vollendung des 60. Lebensjahrs (→ 31.11.).

725 Die Bestimmungen über die Freigrenze (→ 23.3.2.1.2.) und über die Aufrollung (→ 23.3.2.4.) sind zu beachten.

726 Dieser Teil des sonstigen Bezugs **bleibt** dem Wesen nach **ein sonstiger Bezug**, der nur „wie ein laufender Bezug" versteuert wird. Dieser Teil erhöht daher auch nicht eine danach gerechnete Jahressechstelbasis (→ 23.3.2.2.) und wird auch nicht bei der Berechnung des Jahresviertels und Jahreszwölftels (→ 34.7.2.2.) berücksichtigt.

	SV, BV	LSt	DB zum FLAF (→ 37.3.3.3.)	DZ (→ 37.3.4.3.)	KommSt (→ 37.4.1.3.)
(aliquote) Rückverrechnung einer (aliquoten) Sonderzahlung (i.d.R. UB) mit Verrechnung einer (aliquoten) Sonderzahlung (i.d.R. WR), sodass ein negativer Auszahlungsbetrag entsteht	Rückverrechnung der SV-Beiträge und BV-Beiträge	Werbungskosten, d.h. Verminderung der laufenden LSt-BMG (→ 14.1.1.)	–[727]	–[727]	–[727]

BV = Betriebliche Vorsorgebeiträge (→ 36.1.3.)
LSt-BMG = Lohnsteuerbemessungsgrundlage
UB = Urlaubsbeihilfe
WR = Weihnachtsremuneration

Hinweis: Bedingt durch die unterschiedlichen Bestimmungen des Abgabenrechts ist das Eingehen auf ev. Sonderfälle nicht möglich. Es ist daher erforderlich, die entsprechenden Erläuterungen zu beachten.

727 Die Grundlagen dieser Abgaben werden durch den Minusbetrag weder erhöht noch reduziert (→ 37.3.3.3., → 37.4.1.3.).
728 Ausgenommen davon sind die Bezüge der begünstigten behinderten Dienstnehmer und der begünstigten behinderten Lehrlinge i.S.d. BEinstG (→ 29.2.1.).
729 Ausgenommen davon sind die Bezüge der Dienstnehmer (Personen) nach Vollendung des 60. Lebensjahrs (→ 31.11.).

24. Sonderzahlungen mit besonderer abgabenrechtlicher Behandlung

In diesem Kapitel werden u.a. Antworten auf folgende praxisrelevanten Fragestellungen gegeben:

- Wie sind Jubiläumszuwendungen lohnabgabenrechtlich zu behandelt?
  - Besteht ein Unterschied zwischen Geld- und Sachzuwendungen? Seite 730 ff.
- Wie sind Nachzahlungen sozialversicherungsrechtlich und lohnsteuerrechtlich zu behandeln? Seite 736 ff.
  - Welche Unterschiede bestehen bei Nachzahlungen für laufende Kalenderjahre und Nachzahlungen für abgelaufene Kalenderjahre?
  - Unter welchen Voraussetzungen ist eine Aufrollung von Bezügen durchzuführen?
  - Was versteht man unter dem „13. Abrechnungslauf"?
- Was ist bei der Abrechnung von Vergleichszahlungen lohnabgabenrechtlich zu beachten? Seite 745 ff.
- Wie sind Zahlungen aus einem Kündigungsanfechtungsverfahren zu behandeln? Seite 764 f.
- Wie sind arbeitsrechtlich (z.B. aufgrund eines Gerichtsurteils) zu bezahlende Zinsen aus Entgeltforderungen lohnabgabenrechtlich zu behandeln? Seite 737, 740, 748, 752

Neben den im Kapitel 23. behandelten Sonderzahlungen (Remunerationen und Einmalprämien) gibt es auch noch Sonderzahlungen mit besonderer abgabenrechtlicher Behandlung.

Dazu zählen u.a. die

- sozialen Zuwendungen (→ 21., → 45.),
- gesetzlichen bzw. kollektivvertraglichen Abfertigungen (→ 33.3.1., → 33.3.2., → 34.7.),
- freiwilligen Abfertigungen und gleichartige Zahlungen (→ 33.3.3., → 34.7.),
- Ersatzleistungen für Urlaubsentgelt (→ 26.2.9., → 34.7.),
- Kündigungsentschädigungen (→ 33.4.2., → 34.4.),
- Zahlungen für den Verzicht auf Arbeitsleistungen für künftige Lohnzahlungszeiträume (→ 34.5.)

und die

- Jubiläumszuwendungen (→ 24.1.),
- Vergütungen für Diensterfindungen sowie Prämien für Verbesserungsvorschläge (→ 24.2.),
- Nachzahlungen (→ 24.3.),
- Vergleichssummen (→ 24.5.),
- Zahlungen in einem Insolvenzverfahren (→ 24.6.).

24.1. Jubiläumszuwendungen

24.1.1. Arbeitsrechtliche Hinweise

Man unterscheidet zwei Arten von Jubiläumsgeschenken(-geldern):

1. Zuwendungen an Dienstnehmer anlässlich eines **Dienstnehmerjubiläums** bei langjähriger Betriebszugehörigkeit.
2. Zuwendungen an Dienstnehmer anlässlich eines **Firmenjubiläums** bei Bestandsfeiern der Firma.

Die Jubiläumsgeschenke(-gelder) können in Form von Geld- oder Sachbezügen (→ 20.1.) gewährt werden.

Der Anspruch auf Jubiläumsgelder (Jubiläumsbezüge usw.) ist üblicherweise in den Kollektivverträgen geregelt, doch können auch Betriebsvereinbarungen oder Einzeldienstverträge diesbezügliche Regelungen enthalten. Werden solche Zahlungen **freiwillig** gewährt, spricht man von Jubiläums**geschenken**.

Bei freiwilliger Gewährung von Jubiläumsgeldern (Jubiläumsgeschenken) ist der **allgemeine Gleichbehandlungsgrundsatz** zu beachten, d.h., dass diese Zahlung (Sachleistung) einer Minderheit von Dienstnehmern nicht ohne sachlichen Grund vorenthalten werden darf (→ 3.3.1.).

Die Kollektivverträge der Handelsangestellten und Handelsarbeiter Österreichs z.B. verpflichten die Dienstgeber zur Zahlung nachstehender Jubiläumsgelder:

Nach einer Beschäftigung im gleichen Betrieb von	erhalten Handelsangestellte mindestens	erhalten Handelsarbeiter mindestens
20 Jahren	1 Brutto-Monatsgehalt	1,0 Monatslohn
25 Jahren	1,5 Brutto-Monatsgehälter	1,5 Monatslöhne
35 Jahren	2,5 Brutto-Monatsgehälter	2,5 Monatslöhne
40 Jahren	3,5 Brutto-Monatsgehälter	3,5 Monatslöhne

24.1.2. Abgabenrechtliche Behandlung

24.1.2.1. Sozialversicherung

Aus Anlass eines **Dienstnehmerjubiläums** oder eines **Firmenjubiläums** gewährte **Sachzuwendungen** sind bis zur Höhe von **€ 186,00 jährlich** beitragsfrei (→ 21.1.) (§ 49 Abs. 3 Z 17 ASVG). Dabei ist es unerheblich, ob diese aufgrund eines Rechtsanspruchs des Dienstnehmers oder freiwillig gewährt werden. Übersteigt der Wert der Sachzuwendungen den Freibetrag von € 186,00, unterliegt der übersteigende Teil der Beitragspflicht.

Die Beitragsbefreiung umfasst ausschließlich Sachzuwendungen. Geldzuwendungen, wie z.B. die in zahlreichen Kollektivverträgen vorgesehenen Jubiläumsgelder, sind jedenfalls **beitragspflichtig** abzurechnen.

Jubiläumszuwendungen, die nicht aus Anlass eines Dienst- oder Firmenjubiläums gewährt werden (z.B. produktionstechnische Jubiläen, Fertigstellung eines Bauvorhabens usw.), sind **beitragspflichtig**.

Beitragspflichtige Jubiläumszuwendungen sind entweder als Einmalprämie und damit als **laufender Bezug** (→ 23.3.1.1.) oder – sofern mit einer wiederkehrenden Gewährung gerechnet werden kann – als **Sonderzahlung** zu behandeln.

Nach Ansicht des DVSV kann (zumindest aus Sicht des Dienstgebers) mit einer Wiederkehr gerechnet werden, sodass es sich bei beitragspflichtigen Jubiläumsgeldzahlungen grundsätzlich um Sonderzahlungen handelt (DVSV 19.1.2016, Zl. LVB-51.1/16 Jv/Wot; E-MVB, 049-03-17-001). Dies soll auch für beitragspflichtige Sachzuwendungen (beispielsweise aus Anlass eines erst fünfjährigen Jubiläums) gelten (Nö. GKK, NÖDIS Nr. 9/Juli 2019).

Der DVSV verweist hinsichtlich der **jubiläumswürdigen Jahre** auf die Aussagen des BMF in den Lohnsteuerrichtlinien 2002, Rz 78. Demnach werden Sachzuwendungen auch bereits aus Anlass eines 10-jährigen Dienstnehmer- bzw. Firmenjubiläums als steuerfrei angesehen (→ 24.1.2.2.) (DVSV 19.1.2016, Zl. LVB-51.1/16 Jv/Wot; E-MVB, 049-03-17-001).

24.1.2.2. Lohnsteuer

Aus Anlass eines **Dienstnehmerjubiläums** oder eines **Firmenjubiläums** gewährte **Sachzuwendungen** sind bis zur Höhe von **€ 186,00 jährlich** steuerfrei (→ 21.2.) (§ 3 Abs. 1 Z 14 EStG). Es ist unerheblich, ob die Zuwendung aufgrund eines Rechtsanspruchs oder freiwillig erfolgt. Übersteigt der Wert der Sachzuwendungen den Freibetrag von € 186,00, unterliegt der übersteigende Teil der Steuerpflicht.

Jubiläumsgeschenke sind steuerfrei, wenn sie aus Anlass eines **10-, 20-, 25-, 30-, 35-, 40-, 45- oder 50-jährigen Dienstnehmerjubiläums** bzw. aus Anlass eines **10-, 20-, 25-, 30-, 40-, 50-, 60-, 70-, 75-, 80-, 90-, 100-usw.-jährigen Firmenjubiläums** gewährt werden (LStR 2002, Rz 78).

Der Höchstbetrag von € 186,00 für Jubiläumszuwendungen gilt auch dann, wenn in einem Jahr Dienst- und Firmenjubiläum zusammenfallen. Diese Jubiläumsgeschenke müssen nicht im Rahmen einer Betriebsveranstaltung empfangen werden. Für die Steuerfreiheit sind nach den Aussagen des BMF in den Lohnsteuerrichtlinien 2002 die zur sozialversicherungsrechtlichen Beitragsbefreiung für Jubiläumsgeschenke entwickelten Grundsätze[730] maßgeblich.

Beispiele:

1. Anlässlich des zwanzigjährigen Firmenjubiläums im Mai erhalten alle Arbeitnehmer eine Uhr im Wert von € 150,00. Im selben Jahr erhalten alle Arbeitnehmer im Rahmen der Weihnachtsfeier ein Weihnachtsgeschenk im Wert von € 180,00. Beide Geschenke sind steuerfrei.

730 Das BMF verweist offensichtlich auf die umfangreichen Aussagen des DVSV in den E-MVB, 049-03-10-001 zur Beitragsbefreiung für Jubiläumsgeschenke gem. § 49 Abs. 3 Z 10 ASVG i.d.F. vor dem Steuerreformgesetz 2015/2016 (gültig bis 31.12.2015). Mit 1.1.2016 wurde die ursprünglich weit gefasste (betragsmäßig nicht beschränkte und sowohl für Geld- als auch für Sachzuwendungen geltende) beitragsrechtliche Befreiung eingeschränkt (betragsmäßige Beschränkung und Beschränkung auf Sachzuwendungen). Sie ist nunmehr in § 49 Abs. 3 Z 17 ASVG geregelt und gleichlautend mit der Steuerbefreiung i.S.d. § 3 Abs. 1 Z 14 EStG. Im Zuge der Neufassung wurden die Aussagen des DVSV in den E-MVB, 049-03-10-001 mit Wirkung 1.1.2016 aufgehoben (vgl. www.sozdok.at). Bislang hat das BMF den Verweis auf die außer Kraft getretenen Aussagen des DVSV aufrecht erhalten.

2. Anlässlich des vierzigjährigen Firmenjubiläums im Mai erhalten alle Arbeitnehmer eine Uhr im Wert von € 150,00. Im selben Jahr erhält ein Arbeitnehmer im Oktober aufgrund seines zwanzigjährigen Dienstjubiläums ein Geschenk vom Arbeitgeber im Wert von € 200,00. Die Uhr ist steuerfrei und von dem Geschenk im Wert von € 200,00 kann die Differenz auf die € 186,00 (also € 36,00) steuerfrei behandelt werden, die restlichen € 164,00 stellen einen steuerpflichtigen Sachbezug dar.

Die Steuerbefreiung umfasst ausschließlich Sachzuwendungen. Geldzuwendungen, wie z.B. die in zahlreichen Kollektivverträgen vorgesehenen Jubiläumsgelder, sind jedenfalls **steuerpflichtig** abzurechnen.

Jubiläumszuwendungen, die nicht aus Anlass eines Dienst- oder Firmenjubiläums gewährt werden (z.B. produktionstechnische Jubiläen, Fertigstellung eines Bauvorhabens usw.), sind **steuerpflichtig**.

Steuerpflichtige Jubiläumszuwendungen sind als **normale sonstige Bezüge** gem. § 67 Abs. 1 und 2 EStG zu behandeln (→ 23.3.2.).

Werden sonstige Bezüge unabhängig von der Beendigung des Dienstverhältnisses ausbezahlt und wird der Stichtag der Auszahlung lediglich mit dem Zeitpunkt der Beendigung des Dienstverhältnisses vorverlegt, dann sind diese als normale sonstige Bezüge gem. § 67 Abs. 1 und 2 EStG (und nicht als begünstigte Beendigungsbezüge) zu behandeln (LStR 2002, Rz 1084).

24.1.2.3. Zusammenfassung

		SV	LSt	DB zum FLAF (→ 37.3.3.3.)	DZ (→ 37.3.4.3.)	KommSt (→ 37.4.1.3.)
Aus Anlass eines Dienst- oder Firmenjubiläums gewährte Sachzuwendungen	bis € 186,00	frei	frei	frei	frei	frei
	über € 186,00	pflichtig (als SZ/lfd. Bez.)[731]	pflichtig (als sonst. Bez., → 23.5.)	pflichtig (als SZ/lfd. Bez.)[732 733]	pflichtig (als sonst. Bez., → 23.5.)[732 733]	pflichtig[732]
Aus Anlass eines Dienst- oder Firmenjubiläums gewährte Geldzuwendungen		pflichtig (als SZ/ lfd. Bez.)[731]	pflichtig (als sonst. Bez., → 23.5.)	pflichtig (als SZ/ lfd. Bez.)[732 733]	pflichtig (als sonst. Bez., → 23.5.)[732 733]	pflichtig[732]
Aus anderen Anlässen gewährte Jubiläumszuwendungen		pflichtig (als SZ/ lfd. Bez.)[731]	pflichtig (als sonst. Bez., → 23.5.)	pflichtig (als SZ/lfd. Bez.)[732 733]	pflichtig (als sonst. Bez., → 23.5.)[732 733]	pflichtig[732]

Hinweis: Bedingt durch die unterschiedlichen Bestimmungen des Abgabenrechts ist das Eingehen auf ev. Sonderfälle nicht möglich. Es ist daher erforderlich, die vorstehenden Erläuterungen zu beachten.

731 Nach Ansicht des DVSV liegt eine Sonderzahlung vor, da mit einer Wiederkehr gerechnet werden kann.
732 Ausgenommen davon sind die Jubiläumszahlungen der begünstigten behinderten Dienstnehmer i.S.d. BEinstG (→ 29.2.1.).
733 Ausgenommen davon sind die Jubiläumszahlungen der Dienstnehmer (Personen) nach Vollendung des 60. Lebensjahrs (→ 31.11.).

24.2. Vergütungen für Diensterfindungen sowie Prämien für Verbesserungsvorschläge

24.2.1. Arbeitsrechtliche Hinweise

In der Praxis kommt es vor, dass der Dienstnehmer während seines Dienstverhältnisses Erfindungen oder zumindest Verbesserungsvorschläge macht.

Liegt eine Erfindung vor, spricht man von einer **Diensterfindung**. Rechtsgrundlage dafür ist das **Patentgesetz** (PatG) 1970, BGBl 1970/259. Dieses besagt, dass unter einer Erfindung (also auch unter einer Diensterfindung) nur patentgeschützte oder doch patentierbare Erfindungen zu verstehen sind (§ 1 PatG). Erfindungen des Dienstnehmers sind dann Diensterfindungen, wenn diese

- ihrem Gegenstand nach in das Arbeitsgebiet des Unternehmens fallen,
- während der Dauer des Dienstverhältnisses gemacht wurden

und wenn

a) entweder die Tätigkeit, die zu dieser Erfindung geführt hat, zu den dienstlichen Obliegenheiten des Dienstnehmers gehört, oder
b) wenn der Dienstnehmer die Anregung zu der Erfindung durch seine Tätigkeit im Unternehmen erhalten hat, oder
c) das Zustandekommen der Erfindung durch die Benützung der Erfahrungen oder Hilfsmittel des Unternehmens wesentlich erleichtert worden ist (§ 7 Abs. 3 PatG).

In der Regel sind Diensterfindungen technische, in das Arbeitsgebiet des Dienstnehmers fallende und gewerblich anwendbare Neuerungen (d.h. über den aktuellen Stand der Technik hinausgehend), die der Dienstnehmer im Rahmen des aufrechten Dienstverhältnisses erbringt.

Anspruch auf Erteilung des Patents hat grundsätzlich der Dienstnehmer. Auf Grund einer schriftlichen Vereinbarung zwischen Dienstgeber und Dienstnehmer kann aber bestimmt werden, dass **künftige** Diensterfindungen dem Dienstgeber gehören oder diesem zumindest ein Benützungsrecht einzuräumen ist (§§ 6, 7 Abs. 1 PatG). Gelegentlich enthalten auch Kollektivverträge diesbezügliche Regelungen.

Besteht eine solche Regelung, hat der Dienstnehmer dem Dienstgeber eine Diensterfindung **unverzüglich mitzuteilen** (§ 12 Abs. 1 PatG). Der Dienstgeber hat dann nach dem Gesetz **binnen vier Monaten** (bzw. innerhalb der vereinbarten oder kollektivvertraglich geregelten Frist) zu erklären, ob er die Diensterfindung für sich in Anspruch nimmt (§ 12 Abs. 1 PatG). Lehnt der Dienstgeber dies ab, so verbleibt die Erfindung im Eigentum des Dienstnehmers (OGH 4.3.1980, Arb 9858).

Nimmt der Dienstgeber die Diensterfindung an, gebührt dem Dienstnehmer in jedem Fall eine **angemessene Vergütung** (§ 8 Abs. 1 PatG). Für die Bemessung dieser angemessenen (i.d.R. laufend entsprechend der Nutzung gewährten) Vergütung (auf die der Erfinder Anspruch hat, sofern er nicht ausdrücklich zur Erfindertätigkeit angestellt ist und im höheren Entgelt nicht bereits eine angemessene Vergütung enthalten ist) sind im PatG keine konkreten Berechnungsmethoden festgelegt. Nach dem PatG ist insb. auf die wirtschaftliche Bedeutung der Erfindung für den Unternehmer Bedacht zu nehmen. In der Praxis werden diese Vergütungen je nach Art der Erfindung i.d.R.

nach drei Methoden ermittelt, und zwar nach der „Lizenzanalogie", nach dem erfassbaren betrieblichen Nutzen oder in Form der Schätzung (OGH 2.2.2005, 9 ObA 7/04a).

Die Entwicklung von Programmen für Datenverarbeitungsanlagen stellt jedenfalls keine Diensterfindung dar (VwGH 5.4.1989, 88/13/0153). EDV-Programme gelten als urheberrechtlich geschützte Werke. Computerprogramme werden nur dann patentierbar sein, wenn sie zur Lösung eines technischen Problems angewendet werden.

Liegt die Voraussetzung für eine patentfähige Diensterfindung nicht vor, handelt es sich um einen **Verbesserungsvorschlag**. Darüber gibt es keine gesetzlichen Regelungen. Das betriebliche Vorschlagswesen kann aber den Gegenstand einer fakultativen Betriebsvereinbarung bilden (§ 97 Abs. 1 Z 14 ArbVG) (→ 3.3.5.1.). Gelegentlich enthalten auch Kollektivverträge diesbezügliche Regelungen.

Als Verbesserungsvorschläge gelten alle **nachweisbaren Vorschläge**, die dem Betrieb tatsächlich einen messbaren wirtschaftlichen Vorteil bringen. Diese Verbesserungen können z.B. zu einer Verminderung von Produktionskosten führen.

Die Höhe der Prämie wird i.d.R. abhängig vom **„Nutzen"** für den Betrieb festgelegt. Sie beträgt in der Praxis ca. 5 bis 20% des jährlichen Nutzens. Sofern der Nutzen für den Betrieb nicht nur für ein Jahr, sondern für länger gegeben ist, kann dem Dienstnehmer eine solche Prämie auch mehrjährig zufließen.

24.2.2. Abgabenrechtliche Behandlung

Prämien für Diensterfindungen:

Prämien für Diensterfindungen sind **sozialversicherungsrechtlich** grundsätzlich den Sonderzahlungen zuzuordnen. Voraussetzung ist allerdings, dass der Dienstnehmer Anspruch auf wiederkehrende Vergütungen aus laufenden Patenten hat und diese Zahlungen in größeren Zeiträumen als den Beitragszeiträumen erfolgen (Nö. GKK, NÖDIS Nr. 9/Juli 2019). Besteht ein monatlicher Auszahlungsanspruch, liegen laufende Bezüge vor. Fallen Erfindungsvergütungen auch nach dem Ende des Dienstverhältnisses weiter an, sind sie wie Folgeprovisionen zu behandeln (NÖ GKK, NÖDIS Nr. 5/April 2016), d.h. grundsätzlich beitragsfrei (→ 23.3.1.1.).

Steuerrechtlich sind Prämien für Diensterfindungen im Rahmen der Lohnverrechnung – je nachdem, in welchen Zeitabständen diese gewährt werden – entweder als laufender Bezug oder als normaler sonstiger Bezug gem. § 67 Abs. 1 und 2 EStG zu behandeln (→ 23.3.2.). Erfolgt die Zahlung nach Ende des Dienstverhältnisses, ist diese gem. § 67 Abs. 10 EStG zu versteuern (→ 23.3.2.6.2.).

Sofern die Diensterfindungsvergütungen im Rahmen der Lohnverrechnung nicht begünstigt besteuert wurden (z.B. da sie im Jahressechstel keinen Platz mehr gefunden haben und nach Tarif zu versteuern waren)[734], hat der Dienstnehmer im Rahmen

734 Eine vom Gesetzgeber nicht gewollte doppelte steuerliche Begünstigung der Diensterfindungsvergütung liegt nicht vor, wenn lediglich auf Grund des zufälligen Auszahlungszeitpunktes der feste Steuersatz des § 67 EStG zur Anwendung kommt (bzw. kommen müsste), über das Kalenderjahr betrachtet aber andere sonstige Bezüge (z.B. die Weihnachtsremuneration) wegen der begünstigten Besteuerung der Diensterfindungsprämie zum vollen Tarif versteuert werden müssen. Teleologische, historische und verfassungsrechtliche Erwägungen sprechen dafür, die Ausschlussbestimmung des § 37 Abs. 7 EStG dahingehend auszulegen, dass ein solcher Jahressechstelüberhang einer Progressionsermäßigung nach § 38 EStG im Rahmen der Veranlagung zugäng-

der **Veranlagung** die Möglichkeit zur Geltendmachung des **Hälftesteuersatzes**[735] (§ 37 Abs. 1 und Abs. 7 i.V.m. § 38 EStG).

Prämien für Verbesserungsvorschläge:

Prämien für Verbesserungsvorschläge sind **sozialversicherungsrechtlich** i.d.R. wie eine Einmalprämie zusammen mit dem laufenden Bezug beitragspflichtig zu behandeln (→ 23.3.1.1.), da eine Wiedergewährung im Normalfall nicht von vornherein feststeht (Nö. GKK, NÖDIS Nr. 9/Juli 2019). Nur bei wiederkehrender (nicht monatlicher) Gewährung liegt sozialversicherungsrechtlich eine beitragspflichtige Sonderzahlung vor.

Steuerrechtlich sind Prämien für Verbesserungsvorschläge i.d.R. als normale sonstige Bezüge gem. § 67 Abs. 1 und 2 EStG zu behandeln (→ 23.3.2.).

24.2.2.1. Zusammenfassung

Prämien für **Diensterfindungen** sind

SV	LSt	DB zum FLAF (→ 37.3.3.3.)	DZ (→ 37.3.4.3.)	KommSt (→ 37.4.1.3.)
pflichtig (als SZ/lfd. Bez.)	pflichtig (als sonst. Bez., → 23.5./lfd. Bez.)	pflichtig[736 737]	pflichtig[736 737]	pflichtig[736]

zu behandeln.

Prämien für **Verbesserungsvorschläge** sind

SV	LSt	DB zum FLAF (→ 37.3.3.3.)	DZ (→ 37.3.4.3.)	KommSt (→ 37.4.1.3.)
pflichtig (i.d.R. als lfd. Bez.)	pflichtig (als sonst. Bez., → 23.5.)	pflichtig[736 737]	pflichtig[736 737]	pflichtig[736]

zu behandeln.

Hinweis: Bedingt durch die unterschiedlichen Bestimmungen des Abgabenrechts ist das Eingehen auf ev. Sonderfälle nicht möglich. Es ist daher erforderlich, die vorstehenden Erläuterungen zu beachten.

Hinweis: Hinsichtlich der abgabenrechtlichen Begünstigungen für Prämien für Diensterfindungen und Verbesserungsvorschläge, die bis zum 31.12.2015 bezahlt wurden, kann auf die 26. Auflage dieses Buches verwiesen werden.

Jahressechstelüberhang einer Progressionsermäßigung nach § 38 EStG im Rahmen der Veranlagung zugänglich ist (VwGH 7.12.2020, Ro 2019/15/0014). Wird die Diensterfindungsvergütung daher in der Lohnverrechnung begünstigt gem. § 67 Abs. 1 und 2 EStG besteuert, dafür aber die Weihnachtsremuneration aufgrund der Überschreitung des Jahressechstels nach Tarif abgerechnet, steht für die Diensterfindungsvergütung im Rahmen der Veranlagung dennoch der Hälftesteuersatz zu. Vgl. mit Bezugnahme auf die Rechtsprechung des VwGH in weiterer Folge auch BFG 30.11.2021, RV/2101150/2019; BFG 30.11.2021, RV/2101011/2019; BFG 18.3.2021, RV/2100669/2020; BFG 8.2.2021, RV/2101049/2018.

735 Der Steuersatz ermäßigt sich auf die Hälfte des auf das gesamte Einkommen entfallenden Durchschnittssteuersatzes.

736 Ausgenommen davon sind die Prämien der begünstigten behinderten Dienstnehmer und der begünstigten behinderten Lehrlinge i.S.d. BEinstG (→ 29.2.1.).

737 Ausgenommen davon sind die Prämien der Dienstnehmer (Personen) nach Vollendung des 60. Lebensjahrs (→ 31.11.).

24.3. Nachzahlungen

24.3.1. Arbeitsrechtliche Hinweise

Nachzahlungen sind **Aufzahlungen** für **abgelaufene Lohnzahlungszeiträume** bzw. Kalenderjahre, für die ein zu geringes Arbeitsentgelt bzw. noch kein Arbeitsentgelt bezahlt wurde.

Demnach setzt eine „Nachzahlung" voraus, dass der Dienstnehmer seinen Bezug bereits zu einem früheren Zeitpunkt erhalten hätte müssen. Wird ein Entlohnungsanspruch jedoch erst zu einem späteren Zeitpunkt fällig, liegt selbst dann keine Nachzahlung vor, wenn die Arbeitsleistung, für die das Entgelt gebührt, in der Vergangenheit erbracht wurde (z.B. Zielerreichungsprämie). Für die Beurteilung, ob eine Nachzahlung vorliegt oder nicht, ist **entscheidend**, ob die **Auszahlung** zum vereinbarten **Fälligkeitszeitpunkt** (= keine Nachzahlung) oder erst **danach** (= Nachzahlung) vorgenommen wird.

24.3.2. Abgabenrechtliche Behandlung

24.3.2.1. Sozialversicherung

Beitragspflichtige Nachzahlungen sind, getrennt nach laufenden Bezügen (→ 11.4.) und Sonderzahlungen (→ 23.3.1.), dem Zeitraum zuzuordnen, in dem der Anspruch entstanden ist (Anspruchsprinzip), d.h., es ist der jeweilige Abrechnungszeitraum zu stornieren und unter Berücksichtigung der Nachzahlung neu abzurechnen (**beitragszeitraumkonform aufzurollen**). Dabei müssen

- die Höchstbeitragsgrundlagen und
- die Prozentsätze

jener Abrechnungszeiträume berücksichtigt werden, die aufzurollen sind.

Eine für das Monat der Aufrollung bereits übermittelte **mBGM** ist zu **stornieren** und neu zu melden. Dies ist im **Selbstabrechnungsverfahren binnen zwölf Monaten** ab dem Ende des Kalendermonats, für welche die mBGM ursprünglich erstattet wurde, **sanktionsfrei** möglich. Für Vorschreibebetriebe ist dies nicht vorgesehen, sodass eine verspätete mBGM grundsätzlich zur Vorschreibung eines Säumniszuschlags führt.

Für Aufrollungen in Kalenderjahre vor 2019 (d.h. 2018 und früher) gilt Folgendes:
Wird nach dem

Selbstabrechnungsverfahren	Vorschreibeverfahren

abgerechnet, sind

die nachzuzahlenden Beträge anhand der **Beitragsnachweisung** zu melden; dabei ist die Anmerkung „Nachtrag" anzukreuzen.	die nachzuzahlenden Beträge anhand einer **Änderungsmeldung** bzw. **Sonderzahlungsmeldung**[738] zu melden (→ 37.2.2.1.).

738 Bezieht sich die Nachzahlung auf eine bereits gemeldete Sonderzahlung, ist die seinerzeit erstattete Meldung zu stornieren. Im Anschluss daran ist eine korrigierte Sonderzahlungsmeldung vorzulegen.

Zusätzlich sind ein Storno und eine Neumeldung des Beitragsgrundlagennachweises (nicht eine Differenzmeldung) vorzunehmen (→ 35.2.).

Der Dienstgeber ist berechtigt, den auf den Dienstnehmer entfallenden **Beitragsteil** von den Nachzahlungen **abzuziehen**. Genaueres darüber behandelt der Punkt 41.1.3.

Erhält ein Dienstnehmer alljährlich eine auf Grund des Erfolgs des vergangenen Wirtschaftsjahrs bemessene **Jahresprämie** (Zielerreichungsprämie, Jahresbonus, Tantieme etc.) und wird diese letztmals zu einem Zeitpunkt ausbezahlt, zu dem der Dienstnehmer **nicht mehr in einem** der Versicherungspflicht unterliegenden **Beschäftigungsverhältnis steht**, ist diese letzte Zahlung ebenfalls als beitragspflichtige Sonderzahlung zu behandeln, da auch solche Zahlungen dem Entgeltbegriff des § 49 Abs. 1 und 2 ASVG (und zwar nach dessen Kriterien) zu unterstellen sind (VwGH 24.11.1992, 91/08/0104) (→ 23.3.1.1.).

Hinweis: Die sozialversicherungsrechtliche Verwaltungspraxis wendet hinsichtlich der Frage, ob eine **Zuordnung von Zeitguthaben** auf einen bestimmten Beitragszeitraum vorgenommen werden kann, einen **strengen Maßstab** an: Sind Überstunden einem bestimmten Beitragszeitraum zuzuordnen, so ist nach § 44 Abs. 7 ASVG eine Aufrollung durchzuführen (E-MVB, 049-01-00-008).

Nur wenn ein **Gleitzeitguthaben** die Differenz von Aufbau und Konsumation von Zeitguthaben ist (sog. „Arbeitszeitkontokorrentkonto") und daher als solches nicht einem bestimmten Beitragszeitraum zugeordnet werden kann, ist die Abgeltung beitragsrechtlich mit den **laufenden Bezügen** jenes Monats abzurechnen, in dem die Abgeltung zur Auszahlung gelangt (VwGH 21.4.2004, 2001/08/0048). Dieses Erkenntnis gilt nach Ansicht des DVSV für all jene Fälle, in denen eine Zuordnung von Gutstunden nicht möglich ist (E-MVB, 049-01-00-008). Eine sorgfältige Dokumentation des Sachverhalts ist daher zu empfehlen.

In der Praxis wird bei der laufenden Abrechnung von **Zulagen und Zuschlägen** allerdings hinsichtlich der Abfuhr der Sozialversicherungsbeiträge eine **Verschiebung um einen Monat** von den Abgabenbehörden akzeptiert (in Analogie zur Lohnsteuer, → 18.3.5.).

Wenn auf Grund einer Nachzahlung einem Dienstnehmer neben der Nachzahlung auch **Verzugszinsen** für die verspätete Zahlung zu leisten sind, so sind diese Zinsen für den Dienstnehmer **beitragsfrei**, weil kein Zusammenhang mit dem versicherungspflichtigen Dienstverhältnis besteht (vgl. E-MVB, 049-06-00-011).

Beispiel 88

Sozialversicherungsrechtliche Behandlung einer Nachzahlung.

Angaben:

- Angestellter,
- Gehalt ab 1.1.2022: € 3.000,00.
- Im April 2022 erhält der Angestellte eine „Umstellprämie" in der Höhe von € 1.500,00 für eine (**vorerst strittige**) Installierung eines Softwareprogramms. Lt. vertraglicher Vereinbarung sollte diese Prämie nach der Installierung zur Auszahlung gelangen. Die Installierung erfolgte im August 2021.

- Gehalt im August 2021: € 2.600,00.
- Die monatliche Höchstbeitragsgrundlage (HBG) betrug im Kalenderjahr 2021: € 5.550,00.

Lösung:

Bei der Berechnung des **Dienstnehmeranteils** zur **Sozialversicherung** ist wie folgt vorzugehen:

Die „Umstellprämie" ist in diesem Fall nach Art einer **Einmalprämie** für den Monat des Anspruchs (August 2021) sv-rechtlich wie ein laufender Bezug zu behandeln. Der auf die Umstellprämie entfallende Dienstnehmeranteil beträgt:

€ 1.500,00 × 18,12% = **€ 271,80.**

Die **mBGM** für **August 2021** ist **zu stornieren und neu zu melden.**

Erhält ein Dienstnehmer regelmäßig **im Folgejahr eine Prämie** (z.B. Zielerreichungsprämie) für das abgelaufene Kalenderjahr, ist diese wie folgt beitragsrechtlich zu behandeln:

1. Die Höhe der Prämie wird **in Monatsständen ermittelt** und in Summe im darauf folgenden Jahr ausbezahlt; in diesem Fall ist die Prämie als laufender Bezug durch Rollung den einzelnen Beitragszeiträumen des Vorjahrs zuzurechnen.
2. Die Höhe der Prämie kann nur **für das ganze Kalenderjahr** (z.B. anhand des Jahresabschlusses) **ermittelt** werden; in diesem Fall ist die Prämie als Sonderzahlung durch Rollung ins Vorjahr zu berücksichtigen.
   Liegt aber eine vertragliche Vereinbarung bezüglich der Fälligkeit der Prämie vor, auf Grund der diese erst im Folgejahr zu bezahlen ist, ist diese gem. dem Anspruchsprinzip als Sonderzahlung im Fälligkeitsjahr zu berücksichtigen.

Hinsichtlich Zahlungen nach **Beendigung des Dienstverhältnisses** siehe auch Punkt 23.3.1.1.

24.3.2.2. Lohnsteuer

Nachzahlungen im laufenden Kalenderjahr:

Soweit die Nachzahlungen **laufenden Arbeitslohn für das laufende Kalenderjahr** betreffen, ist die Lohnsteuer durch Aufrollen der in Betracht kommenden Lohnzahlungszeiträume zu berechnen (§ 67 Abs. 8 lit. c EStG). **Sonstige Bezüge** sind im Monat des Zuflusses (Zuflussprinzip) als sonstige Bezüge gem. § 67 Abs. 1 und 2 EStG zu versteuern, wenn diese neben laufenden Bezügen von demselben Arbeitgeber gewährt werden, sonst gem. § 67 Abs. 10 EStG.

Nachzahlungen für abgelaufene Kalenderjahre:

Dieser Punkt beinhaltet neben Erläuterungen und Beispielen die Bestimmungen des **§ 67 Abs. 8 lit. c EStG** und die dazu ergangenen erlassmäßigen Regelungen, insb. die der

- **Lohnsteuerrichtlinien 2002**, Rz 1105–1106.

Nachzahlungen (von laufenden und sonstigen Bezügen) **für abgelaufene Kalenderjahre**[739], die **nicht** auf einer **willkürlichen Verschiebung** des Auszahlungszeitpunkts beruhen, **sind,**

- **soweit sie nicht** nach § 67 Abs. 3 oder 6 EStG **mit dem festen Steuersatz** zu versteuern sind,
- gem. § 67 Abs. 10 EStG **im Kalendermonat der Zahlung** zu erfassen (zu versteuern).

Dabei ist nach Abzug der darauf entfallenden (Sozialversicherungs-)Beiträge i.S.d. § 62 Z 3, 4 und 5 EStG[740]

- **ein Fünftel steuerfrei** zu belassen (§ 67 Abs. 8 lit. c EStG).

Dabei ist es gleichgültig, ob diese neben laufenden Bezügen gewährt werden oder nicht (z.B. da das Dienstverhältnis zum Zeitpunkt der Zahlung bereits beendet ist).

Wichtiger Hinweis: Werden allerdings **Bezüge für das Vorjahr** bis zum 15. Februar nachgezahlt, ist die Abrechnung (Nachzahlung) zwingend in Form eines „13. Abrechnungslaufs" vorzunehmen (→ 24.9.2.)[741].

Keine willkürliche Verschiebung

Die Anwendung des § 67 Abs. 8 lit. c EStG kommt bei Nachzahlungen (nachträglichen Zahlungen) nur dann in Betracht, wenn die rechtzeitige Auszahlung des Bezugs **aus Gründen**, die **nicht im Belieben des Arbeitgebers** standen, unterblieben ist. Es müssen **zwingende wirtschaftliche Gründe** die rechtzeitige Auszahlung verhindert haben, also Gründe, die außerhalb des Willensbereichs der Vertragspartner liegende zwingende Umstände objektiver Art darstellen.

Das Wort „**willkürlich**" umfasst nicht nur Fälle eines Missbrauchs, sondern **auch** eine **freiwillige Verschiebung** oder freiwillige Lohnzahlung. Es ist denkmöglich, dass das Wort „willkürlich" sowohl „vom subjektiven Willen des Beteiligten bestimmt" als auch aus „sachfremden Momenten" bedeuten kann. Der Begriff „willkürlich" kann aber nicht mit dem Begriff „schuldhaft" gleichgesetzt werden. Auf arbeitsgericht-

739 Gleichgültig, ob diese neben laufenden Bezügen gewährt werden oder nicht.

740 § 62 EStG:
Z 3: Pflichtbeiträge zu gesetzlichen Interessenvertretungen (**Arbeiterkammerumlage**);
Z 4: **Beiträge** des Versicherten **zur Pflichtversicherung** in der gesetzlichen Sozialversicherung;
Z 5: der **Wohnbauförderungsbeitrag**.

741 Dies gilt auch, wenn eine im Vorjahr ausgesprochene Entlassung durch einen Vergleich im Folgejahr zurückgenommen, das Dienstverhältnis mit 31.1. des Folgejahres einvernehmlich beendet und mit Anfang Februar des Folgejahres eine Zahlung zur Ablösung sämtlicher Ansprüche durch den (ehemaligen) Arbeitgeber geleistet wird. Da die Zahlung bis 15. Februar des Folgejahres erfolgt und der Anspruch bereits im Vorjahr entstanden ist, sind die Zahlungen, die auf den Zeitraum bis inklusive Dezember des Vorjahres entfallen, auch dem Vorjahr zuzuordnen; § 67 Abs. 8 lit. c EStG ist nicht anwendbar. Auch der Regelung des § 67 Abs. 8 lit. a EStG (Vergleichszahlungen, → 24.5.2.2.), wonach aufgrund eines Vergleiches geleistete Zahlungen „im Kalendermonat der Zahlung zu erfassen sind", kommt bei Zahlungen, die im Zusammenhang mit einer Kündigungsanfechtung oder einer Anfechtung der Entlassung stehen, keine Bedeutung zu, wenn die Kündigung oder Entlassung aufgrund einer Vereinbarung zwischen Arbeitgeber und Arbeitnehmer nicht effektuiert wird und der aufgrund dieser Vereinbarung zu zahlende Betrag auf einzelne Komponenten aufgeteilt und bestimmten Zeiträumen zugeordnet werden kann (VwGH 16.6.2021, Ro 2020/15/0023). Vgl. dazu auch Punkt 24.7.

lichen Entscheidungen beruhende Nachzahlungen gelten nicht als willkürliche Verschiebung des Auszahlungszeitpunkts (LStR 2002, Rz 1106).

Willkür liegt auch in Fällen der Verschiebung des Auszahlungszeitpunktes, für die keine zwangsläufige wirtschaftliche oder sonstige Notwendigkeit besteht und weiters dann vor, wenn es der Arbeitgeber in der Hand gehabt hätte, durch entsprechende innerbetriebliche Organisation Vorkehrungen gegen Verspätungen bei der Lohnberechnung und -auszahlung zu treffen (BFG 13.4.2016, RV/3100371/2013).

Überstundenentlohnungen für abgelaufene Kalenderjahre können bei nicht willkürlicher Verschiebung der Auszahlung Nachzahlungen i.S.d. § 67 Abs. 8 lit. c EStG sein (VwGH 26.7.2017, Ra 2016/13/0043)[742]. Erfolgt die nachträgliche Zahlung auf Grund der im **AZG** bzw. **ARG** vorgesehenen Regelungen über die Normalarbeitszeit, **liegen zwingende wirtschaftliche** Gründe für die nachträgliche Auszahlung **vor**. Grundsätzlich ist bei Nachzahlungen für abgelaufene Kalenderjahre davon auszugehen, dass die jeweils ältesten Zeitguthaben zuerst (in Freizeit) ausgeglichen werden (→ 34.2.1.2.).

Die Vergütung des **Gleitzeitsaldos** stellt **keine Nachzahlung** gem. § 67 Abs. 8 lit. c EStG dar, da bis zum Zeitpunkt der Abrechnung der Gleitzeitperiode der Arbeitnehmer keinen Anspruch auf die Bezahlung des Gleitzeitguthabens hat (→ 18.3.6.6.) (LStR 2002, Rz 1106).

Bei regelmäßig um einen Monat **zeitverschobenen Auszahlungen** von Zulagen und Zuschlägen ist **nicht** von einer **Nachzahlung** auszugehen (LStR 2002 – Beispielsammlung, Rz 11106).

Auch bei **Verzugszinsen** für ein fälliges Entgelt handelt es sich um Vorteile aus einem Dienstverhältnis. Dieser dem Arbeitnehmer zugesprochene urteilsmäßige Mehrbetrag steht in einem engen Zusammenhang mit den einzelnen ihm zustehenden Bezugsteilen, sodass er steuerlich deren Schicksal teilt. Sofern Verzugszinsen in Zusammenhang mit einer begünstigt besteuerten Abfertigungszahlung stehen, sind sie in derselben Weise wie die Abfertigungszahlung zu besteuern (VwGH 25.1.1995, 94/13/0030).

Pensionsabfindungen (→ 30.2.2.5.) und **Zahlungen auf Grund eines Sozialplans** (→ 34.9.2.) können grundsätzlich nicht Gegenstand einer Nachzahlung sein. Sie sind jeweils gem. § 67 Abs. 8 lit. e und f EStG mit dem festen Steuersatz oder bei Übersteigen mit dem Tarifsteuersatz des § 67 Abs. 10 EStG zu versteuern.

Nachzahlungen für abgelaufene Kalenderjahre (gleichgültig ob diese neben laufenden Bezügen gewährt werden oder nicht), die **nicht** auf einer **willkürlichen Verschiebung** des Auszahlungszeitpunkts beruhen, **sind auf folgende Komponenten**

742 Der VwGH führt darüber hinaus in dieser Entscheidung aus, dass nach Ablauf des Kalenderjahres ausgezahlte Überstundenentlohnungen – sofern diese (aufgrund einer willkürlichen Verschiebung) nicht unter § 67 Abs. 8 lit c EStG fallen – mangels Möglichkeit einer Aufrollung im Allgemeinen nach § 67 Abs. 10 EStG zu versteuern sind. Dies ist unseres Erachtens nicht korrekt, da Überstundenentlohnungen grundsätzlich zum laufenden Entgelt zählen und bei willkürlicher Verschiebung laufendes Entgelt auch als laufendes Entgelt nach Tarif zu versteuern ist. Eine Ausnahme davon – und damit eine etwaige Besteuerung nach § 67 Abs. 10 EStG bei willkürlicher Verschiebung – könnte ausnahmsweise nur dann gelten, wenn es einen Rechtstitel für eine z.B. nur jährlich vorzunehmende Auszahlung von Überstundenkontingenten gibt. Allerdings wird auch hierfür (z.B. bei Auszahlung von Gleitzeitkontingenten am Ende der Gleitzeitperiode) in der Praxis meist eine laufende Bezugslohnart gewählt (→ 18.3.6.6.).

aufzuteilen, wenn **eindeutig erkennbar** ist, in welchem Ausmaß die Nachzahlung auf einen derartigen Betrag entfällt:

- **Kostenersätze gem. § 26 EStG** (→ 21.3.): Diese behalten ihre Steuerfreiheit.
- **Steuerfreie Bezüge gem. § 3 Abs. 1 EStG** (→ 21.2.): Diese behalten dann ihre Steuerfreiheit, wenn sie ohne Rücksicht auf die Höhe anderer Bezugsteile und ohne Rücksicht auf die Modalitäten der Auszahlung bzw. Gewährung steuerfrei sind. Gelangen hingegen steuerfreie Bezugsteile **(Zulagen und Zuschläge) gem. § 68 EStG** (→ 18.3.) zur Nachzahlung, sind diese zusammen mit der (übrigen) Nachzahlung zu erfassen und **gem. § 67 Abs. 10 EStG** ①, im Fall der Nachzahlung in einem Insolvenzverfahren (→ 24.6.2.2.) mit 15% **zu versteuern** (LStR 2002, Rz 1101a).
- **Abfertigungen gem. § 67 Abs. 3 EStG** (→ 34.7.2.1.) und gem. **§ 67 Abs. 6 EStG** (→ 34.7.2.2.): Diese behalten ihren steuerlichen Charakter weiter.

Nach Ausscheiden dieser gesondert zu versteuernden **Bezüge** sind die auf die restlichen Bezüge entfallenden Dienstnehmeranteile zur Sozialversicherung abzuziehen. Vom verbleibenden Betrag ist **ein Fünftel steuerfrei** ② zu belassen. Die verbleibenden **vier Fünftel** sind schließlich **wie ein laufender Bezug** im Zeitpunkt des Zufließens nach dem Lohnsteuertarif des jeweiligen Kalendermonats der Besteuerung zu unterziehen.

Der **Freibetrag** von max. € 620,00, die **Freigrenze** von max. € 2.100,00 und das **Jahressechstel** gem. § 67 Abs. 1 und 2 EStG sind **nicht zu berücksichtigen** (→ 23.3.2.).

① Bei der Lohnsteuerberechnung gem. § 67 Abs. 10 EStG ist ein **monatlicher Lohnzahlungszeitraum** zu unterstellen. Werden im Kalendermonat der Auszahlung Nachzahlungen für abgelaufene Kalenderjahre, die nicht auf einer willkürlichen Verschiebung des Auszahlungszeitpunkts beruhen, **gleichzeitig mit laufenden Bezügen**, die zum Tarif zu versteuern sind, ausbezahlt, sind sie **den laufenden Bezügen** des Kalendermonats **zuzurechnen** und **gemeinsam** nach dem Lohnsteuertarif (unter Berücksichtigung eines monatlichen Lohnzahlungszeitraums) **zu versteuern**. Steht ein **Freibetrag** lt. Mitteilung zu, ist der monatliche Betrag zu berücksichtigen. Bei der Berücksichtigung eines allfälligen **Pendlerpauschals** und eines **Pendlereuros** ist in diesem Fall die Anzahl der tatsächlich in diesem Lohnzahlungszeitraum getätigten Fahrten von der Wohnung zur Arbeitsstätte zu berücksichtigen (siehe dazu ein Beispiel unter Punkt 14.2.2.).

② Das **steuerfreie Fünftel** gilt als **pauschale Berücksichtigung** für allfällige **steuerfreie Zulagen und Zuschläge** oder **sonstige Bezüge** sowie als Abschlag für einen **Progressionseffekt** durch die Zusammenballung von Bezügen; diese **Steuerfreiheit** bleibt auch bei einer allfälligen **Veranlagung erhalten**. Das Herausrechnen dieses Fünftels stellt keine Steuerbegünstigung, sondern eine **„Rechenvereinfachungsvorschrift"** dar. Dies deshalb, weil sich das Herausrechnen ev. aliquoter Sonderzahlungsteile und ev. steuerfreier Bezugsbestandteile in der Praxis als kompliziert erweisen würde.

Willkürliche Verschiebung

Nachzahlungen für abgelaufene Kalenderjahre, die auf einer **willkürlichen Verschiebung** des Auszahlungszeitpunkts beruhen und nicht mittels eines 13. Lohnabrechnungslaufs gem. § 77 Abs. 5 EStG bis zum 15. Februar des Folgejahrs erfasst wurden (→ 24.9.2.) sind,

- wenn es sich um die Nachzahlung eines **laufenden Bezugs** handelt, gemeinsam mit dem laufenden Bezug des Auszahlungsmonats nach dem Lohnsteuertarif zu versteuern;
- wenn es sich um die Nachzahlung eines **sonstigen Bezugs** handelt, im Monat des Zuflusses als sonstiger Bezug gem. § 67 Abs. 1 und 2 EStG zu versteuern (→ 23.3.2.), wenn die Nachzahlung **neben laufenden Bezügen** von demselben Arbeitgeber gewährt wird, sonst gem. § 67 Abs. 10 EStG (→ 23.3.2.6.2.).

Der Arbeitgeber ist **in allen Fällen** berechtigt, die auf die Nachzahlung entfallende **Lohnsteuer einzubehalten** (→ 41.2.2.).

Lohnzettel

Erfolgt die Zahlung zum Zeitpunkt der Beendigung des Dienstverhältnisses, ist trotz der Unterstellung des monatlichen Lohnzahlungszeitraums am **Lohnzettel** (L 16, → 35.3.) als Zeitpunkt der Beendigung des Dienstverhältnisses der Tag der tatsächlichen Beendigung des Dienstverhältnisses (**arbeitsrechtliches Ende**) anzuführen.

Erfolgt die Zahlung nicht im Kalendermonat der Beendigung des Dienstverhältnisses, sondern zu einem späteren Zeitpunkt, ist ein gesonderter Lohnzettel für diesen Kalendermonat auszustellen (Beginn erster Tag des Kalendermonats der Auszahlung, Ende letzter Tag des Kalendermonats).

Vom BMF beantwortete Zweifelsfragen zu Nachzahlungen finden Sie unter Punkt 24.7.

Bezüglich **Nachzahlungen bis zum 15. Februar** für das **abgelaufene Kalenderjahr** siehe Punkt 24.9.

Beispiel 89

Lohnsteuerliche Behandlung einer Nachzahlung.

Angaben:

- Angaben wie im Beispiel 88.

Lösung:

Bei der Besteuerung ist wie folgt vorzugehen:

Nachzahlung für August 2021		€ 1.500,00	
Dienstnehmeranteil zur SV (DNA)		– € 271,80 [743]	
		€ 1.228,20	
	1/5	4/5	
	€ 245,64	€ 982,56	
	steuerfrei	steuerpflichtig	→ gem. § 67 Abs. 10 EStG[744].

743 Der DNA ist vor Berechnung des steuerfreien Fünftels abzuziehen. Dadurch ergibt sich eine aliquote Zuordnung zum steuerpflichtigen und steuerfreien Teil.

744 Zu versteuern anhand der Monatstabelle. Dieser Betrag **bleibt** dem Wesen nach **ein sonstiger Bezug**, der nur „wie ein laufender Bezug" versteuert wird. Dieser Betrag erhöht daher auch nicht eine danach gerechnete Jahressechstelbasis (→ 23.3.2.2.) und wird auch nicht bei der Berechnung des Jahresviertels und Jahreszwölftels (→ 34.7.2.2.) berücksichtigt.

Gehalt für April 2022	€	3.000,00
DNA (€ 3.000,00 × 18,12%)	– €	543,60
Bemessungsgrundlage	€	2.456,40
Bemessungsgrundlage der Nachzahlung	€	982,56
Bemessungsgrundlage inkl. Nachzahlung	€	3.438,96

Entscheidungshilfe bezüglich der Art der Versteuerung von Nachzahlungen:

<table>
<tr><td colspan="4">Die Nachzahlung des laufenden bzw. des sonstigen Bezugs erfolgt</td></tr>
<tr><td>für das lfd. Kalenderjahr:</td><td>für das Vorjahr; die Auszahlung erfolgt bis zum 15. Februar[745] des lfd. Kalenderjahrs:</td><td colspan="2">für das Vorjahr; die Auszahlung erfolgt nach dem 15. Februar des lfd. Kalenderjahrs, es liegt</td></tr>
<tr><td rowspan="2">Aufrollung des lfd. Bezugs als lfd. Bezug; Versteuerung des sonst. Bezugs im Zuflussmonat als sonst. Bezug.</td><td rowspan="2">Aufrollen oder abrechnen im Dezember des Vorjahrs (13. Abrechnungslauf): den lfd. Bezug als lfd. Bezug, den sonst. Bezug als sonst. Bezug (→ 24.9.2.).</td><td>keine willkürliche Verschiebung des Auszahlungszeitpunkts vor:</td><td>eine willkürliche Verschiebung des Auszahlungszeitpunkts vor:</td></tr>
<tr><td>Versteuerung nach der Fünftelregelung im Zuflussmonat, wobei der lfd. Bezug und der sonst. Bezug gemeinsam der Fünftelregelung zu unterwerfen sind.</td><td>Versteuerung des lfd. Bezugs als lfd. Bezug im Zuflussmonat; Versteuerung des sonst. Bezugs als sonst. Bezug im Zuflussmonat.</td></tr>
</table>

Ist ein **Jahresbonus** (Zielerreichungsprämie, Tantieme etc.) von der Erreichung bestimmter unternehmerischer Ziele abhängig und wird er entsprechend dem Dienstvertrag nie im Jahr der Zielerreichung, sondern stets erst im Folgejahr anlässlich der Bilanzerstellung ausbezahlt, liegt **keine Nachzahlung** gem. § 67

745 Werden Bezüge für das Vorjahr **bis zum 15. Februar** des lfd. Kalenderjahrs ausbezahlt, sind diese durch Aufrollung der Lohnzahlungszeiträume des Vorjahrs abzurechnen (→ 24.9.2.). Erfolgt keine Aufrollung, sind die Bezüge dem Lohnzahlungszeitraum Dezember des Vorjahrs zuzuordnen (vgl. § 77 Abs. 5 EStG). Dies gilt sowohl für laufende als auch für sonstige Bezüge. Werden sonstige Bezüge für das Vorjahr bis zum 15. Februar des lfd. Kalenderjahrs ausbezahlt, ist das Jahressechstel neu zu berechnen. Dabei sind alle zuvor ausbezahlten laufenden Bezüge zu berücksichtigen. Wurde bei Auszahlung des Dezemberbezugs eine Nachversteuerung von sonstigen Bezügen gemäß § 77 Abs. 4a EStG (→ 23.3.2.5.) vorgenommen, ist bei einer Nachzahlung von laufenden Bezügen bis 15.2. des Folgejahres (im Wege eines 13. Abrechnungslaufs, → 24.9.2.) ein bereits auf Grund der Kontrollrechnung gemäß § 77 Abs. 4a EStG nach § 67 Abs. 10 EStG nachversteuerter Betrag – im Ausmaß des sich durch die Nachzahlung der laufenden Bezüge erhöhten Kontrollsechstels – zu korrigieren. (LStR 2002, Rz 1193a).

Abs. 8 lit. c EStG vor. Der Bonus ist daher im Kalenderjahr der Auszahlung als sonstiger Bezug gem. § 67 Abs. 1 und 2 EStG zu versteuern (→ 23.3.2.) (VwGH 22.1.2004, 98/14/0009).

Wird auf Grund einer Verhandlungszusage in einem Jahr die Auszahlung einer Prämie auch **für vergangene Jahre erstmals konkret vereinbart** und ausbezahlt, liegt **keine Nachzahlung** i.S.d. § 67 Abs. 8 lit. c EStG vor. Eine Zahlung, die zum vereinbarten Fälligkeitszeitpunkt geleistet wird, ist nämlich auch dann keine Nachzahlung, wenn sie auf Parametern aus der Vergangenheit beruht (UFS 19.3.2010, RV/0062-I/08).

24.3.2.3. Zusammenfassung

Die abgabenrechtliche Behandlung von Nachzahlungen[746] ist wie folgt vorzunehmen:

<table>
<tr><th colspan="2"></th><th>SV</th><th>LSt[747] [748]</th><th>DB zum FLAF (→ 37.3.3.3.)</th><th>DZ (→ 37.3.4.3.)</th><th>KommSt (→ 37.4.1.3.)</th></tr>
<tr><td colspan="2" rowspan="2">laufendes Kalenderjahr</td><td rowspan="5">auf-rollen[749]</td><td>lfd. Bezüge: aufrollen</td><td rowspan="5">pflichtig[748] [750] [751] [752] (im Monat des Zufließens)</td><td rowspan="5">pflichtig[748] [750] [751] [752] (im Monat des Zufließens)</td><td rowspan="5">pflichtig[748] [750] [751] (im Monat des Zufließens)</td></tr>
<tr><td>sonst. Bezüge: als sonst. Bezug (→ 23.5.)[753] oder gem. § 67 Abs. 10 EStG[754]</td></tr>
<tr><td rowspan="3">abgelaufene(s) Kalender-jahr(e) nach dem 15. Februar des Folgejahres</td><td>bei nicht willkürlicher Verschiebung</td><td>1/5 frei 4/5 pflichtig (wie ein lfd. Bezug)</td></tr>
<tr><td rowspan="2">bei willkürlicher Verschiebung</td><td>lfd. Bezüge: im Monat des Zufließens</td></tr>
<tr><td>sonst. Bezüge: als sonst. Bezug (→ 23.5.)[753] oder gem. § 67 Abs. 10 EStG[754]</td></tr>
</table>

Werden Bezüge für das Vorjahr **bis zum 15. Februar** des lfd. Kalenderjahrs ausbezahlt, sind diese durch Aufrollung der Lohnzahlungszeiträume des Vorjahres abzurechnen (→ 24.9.2.). Erfolgt keine Aufrollung, sind die Bezüge dem Lohnzahlungszeitraum Dezember des Vorjahres zuzuordnen (vgl. § 77 Abs. 5 EStG).

Hinweis: Bedingt durch die unterschiedlichen Bestimmungen des Abgabenrechts ist das Eingehen auf ev. Sonderfälle nicht möglich. Es ist daher erforderlich, die vorstehenden Erläuterungen zu beachten.

746 Enthalten Nachzahlungen gesetzliche bzw. freiwillige (vertragliche) Abfertigungen, sind diese als solche abgabenrechtlich zu behandeln (→ 34.7.1.2., → 34.7.2.).
747 Ausgenommen davon sind die lohnsteuerfreien Bezüge (→ 18.3.1., → 21.2.).
748 Ausgenommen davon sind die nicht steuerbaren Bezüge (→ 21.3.).
749 Ausgenommen davon sind die beitragsfreien Bezüge (→ 21.1.).
750 Ausgenommen davon sind einige lohnsteuerfreie Bezüge (→ 37.3.3.3., → 37.4.1.3.).
751 Ausgenommen davon sind die Nachzahlungen der begünstigten Behinderten i.S.d. BEinstG (→ 29.2.1.).
752 Ausgenommen davon sind die Nachzahlungen der Dienstnehmer nach Vollendung des 60. Lebensjahrs (→ 31.11.).
753 Wenn neben laufenden Bezügen von demselben Arbeitgeber gewährt.
754 Wenn **nicht neben** laufenden Bezügen von demselben Arbeitgeber gewährt.

24.4. Zahlungen für den Verzicht auf Arbeitsleistungen für künftige Lohnzahlungszeiträume

Diese Zahlungen werden im Punkt 34.5. behandelt.

24.5. Vergleichssummen

24.5.1. Arbeitsrechtliche Hinweise

Zur Zahlung einer Vergleichssumme kommt es dann, wenn bestehende gegenseitige Ansprüche des Dienstgebers und des Dienstnehmers gerichtlich oder außergerichtlich abgeklärt werden (→ 9.7.).

Ein Vergleichsabschluss („Neuerungsvertrag") ist bei aufrechtem Bestand und bei (nach) Beendigung des Dienstverhältnisses möglich.

Vergleiche sind nur sinnvoll, wenn die Leistungszusagen mit voller Bereinigungswirkung verknüpft sind (siehe Beispiel 90).

24.5.2. Abgabenrechtliche Behandlung

Der Begriff „Vergleich" wird von der Rechtsprechung in **wirtschaftlicher Betrachtungsweise** ausgelegt. Danach hat die Vorschrift den Zweck, solche Bezugsbestandteile zu erfassen, die über einen gewissen Zeitraum verteilt zu gewähren gewesen wären, tatsächlich aber nicht oder nicht in voller Höhe zur Auszahlung gelangt sind.

Eine Zahlung kann abgabenrechtlich auch dann als Vergleich behandelt werden, wenn (noch) keine gerichtliche Auseinandersetzung anhängig ist. Wesen eines Vergleichs ist aber, dass der **Streit** über fragliche bzw. zweifelhafte Rechte (Ansprüche) **durch ein beiderseitiges Nachgeben beendet** worden ist.

Nicht als Vergleichssummen gelten die vollständige Anerkennung eines Anspruchs durch den Dienstgeber und der einseitige Verzicht auf Ansprüche durch den Dienstnehmer, da in diesen Fällen nicht beide Seiten nachgeben.

Ein Vergleich liegt nach der Rechtsprechung und Verwaltungspraxis in wirtschaftlicher Betrachtungsweise auch vor, wenn **Urteile** von Gerichten oder **Bescheide** von Verwaltungsbehörden bzw. Krankenversicherungsträgern zu einer **Bereinigung strittiger Lohnzahlungen** führen.

24.5.2.1. Sozialversicherung

Wird ein gerichtlicher oder außergerichtlicher Vergleich über Ansprüche abgeschlossen, die sich auf die **Zeit des aufrechten Bestands** des Dienstverhältnisses beziehen, ist der beitragspflichtige Vergleichsbetrag durch **Aufrollen** den betroffenen Beitragszeiträumen zuzuordnen.

Wird ein gerichtlicher oder außergerichtlicher Vergleich über Ansprüche abgeschlossen, die sich auf die **Zeit nach Beendigung des Dienstverhältnisses** beziehen, kommt es zur **Verlängerung der Pflichtversicherung** um jenen Zeitraum, für welchen der beitragspflichtige Entgeltanspruch (z.B. Kündigungsentschädigung,

Ersatzleistung für Urlaubsentgelt) zugestanden wurde (§ 11 Abs. 2 ASVG) (→ 6.2.3.). Jene Teile einer Vergleichssumme, die sozialversicherungsrechtlich als **laufendes Entgelt** zu qualifizieren sind, sind **entsprechend der Verlängerung der Pflichtversicherung** dem(n) jeweiligen Monat(en) **zuzuordnen**. Dabei müssen die Höchstbeitragsgrundlagen und die Beitragssätze (Prozentsätze) dieser Beitragszeiträume berücksichtigt werden. Die Beurteilung hinsichtlich einer etwaigen **Verminderung oder eines Entfalls des AV-Beitrags** hat im Anschluss daran **zeitraumbezogen** zu erfolgen. (→ 31.12.) Sämtliche anlässlich der Beendigung des Dienstverhältnisses gebührenden (aliquoten) **Sonderzahlungen** – also auch jene Teile, die auf die Vergleichssummen entfallen – sind demgegenüber immer **in dem Monat** zu berücksichtigen, in dem sie **arbeitsrechtlich fällig** werden.

Die **Krankenversicherungsträger** und die Verwaltungsbehörden sind an rechtskräftige **Entscheidungen der Gerichte**, in denen Entgeltansprüche eines Dienstnehmers festgestellt werden, **gebunden**[755]. Dieser Bindung steht die Rechtskraft der Beitragsvorschreibung nicht entgegen. **Diese Bindung tritt nicht ein**, wenn der gerichtlichen Entscheidung **kein streitiges Verfahren** vorangegangen ist oder ein **Anerkenntnisurteil** gefällt oder ein **gerichtlicher Vergleich**[756] geschlossen wurde (§ 49 Abs. 6 ASVG).

Verpflichtet sich ein Dienstgeber im Rahmen eines Vergleichs zur Zahlung einer **freiwilligen Abgangsentschädigung**, obwohl im zu Grunde liegenden Verfahren das Vorliegen des Anspruchs auf Kündigungsentschädigung, Ersatzleistung für Urlaubsentgelt und Überstundenentgelt strittig war, ist die vorgenommene Widmung der Vergleichssumme als Abgangsentschädigung als **materielle Falschbezeichnung** rechtlich unerheblich und führt die **Beitragspflicht** der Vergleichssumme zu einer **Verlängerung der Pflichtversicherung** (VwGH 23.4.2003, 2000/08/0045; 10.6.2009, 2006/08/0229). Ist der Dienstnehmer durch Entlassung schon aus dem Dienstverhältnis ausgeschieden und wurde nicht versucht, ein Fortbestehen des Dienstverhältnisses zu erwirken (sondern wurde nur materieller Ersatz begehrt), liegt keine beitragsfreie Abgangsentschädigung, sondern allenfalls ein beitragspflichtiger Vergleich vor (BVwG 7.6.2016, L 503 2126376-1).

Die **Gerichte erster Instanz** (→ 42.4.) haben **je eine Ausfertigung** der rechtskräftigen Entscheidungen über Entgeltansprüche von Dienstnehmern **binnen vier Wochen** ab Rechtskraft **an den Krankenversicherungsträger** jenes Landes zu übersenden, in dem der Sitz des Gerichts liegt; Gleiches gilt für gerichtliche Vergleiche über die genannten Ansprüche (§ 49 Abs. 6 ASVG). Der Zweck dieser Vorschrift besteht darin, den Krankenversicherungsträger von einem gegebenenfalls beitragspflichtigen, gerichtlich zuerkannten Entgeltanspruch eines Dienstnehmers in Kenntnis zu setzen.

---

755 Im Sinn des Urteils ist die Auswirkung auf die Pflichtversicherung und insb. auf die Beitragsgrundlage zu prüfen. Dabei ist zu unterscheiden, ob es sich um beitragspflichtige Entgeltansprüche für die Zeit vor oder nach Beendigung des Dienstverhältnisses handelt.

756 Wird im Rahmen eines Vergleichs auf sämtliche, allenfalls über die Vergleichssumme hinausgehenden Ansprüche verzichtet, sind im Rahmen einer **„Generalklausel"** sämtliche zwischen den Parteien wechselseitig (allenfalls) bestehenden Ansprüche als bereinigt und verglichen anzusehen. Der **Vergleich** ist wie jede andere gültige privatautonome Vereinbarung zwischen Dienstgeber und Dienstnehmer **der Beitragsverrechnung zu Grunde zu legen**, sofern das Verfahren nicht ergibt, dass der gerichtliche Vergleich unwirksam, ein Scheingeschäft oder aus sonstigen Gründen nichtig wäre. Demnach kommt das Anspruchsprinzip i.S.d. ASVG nicht zur Anwendung (VwGH 6.6.2012, 2010/08/0195).

Wichtiger Hinweis: Bezüge können nur dann als Teil eines Vergleichs **beitragsfrei** abgerechnet werden, wenn glaubhaft gemacht werden kann, dass ein Anspruch auf diesen Betrag tatsächlich strittig war.

Erläuterungen aus den Empfehlungen des DVSV (E-MVB):

§ 11 Abs. 2 ASVG normiert also die Berechnungsmethode, nach der in solchen Fällen der Zeitraum vom Ende des Beschäftigungsverhältnisses bis zum Ende des Entgeltanspruchs i.S.d. § 11 Abs. 1 zweiter Satz ASVG (und damit der **Zeitpunkt des Endes der Pflichtversicherung**) festzustellen ist. Zuerst sind aus dem Vergleichsbetrag allfällige, gem. § 49 ASVG nicht zum Engelt gehörende Bezüge auszuscheiden; der verbleibende Restbetrag wird dann an den vor dem Austritt aus der Beschäftigung gebührenden Bezügen gemessen und dadurch festgestellt, welcher Zeitraum durch den Vergleichsbetrag gedeckt ist, welchen Zeitraum also der Vergleichsbetrag geteilt durch das zuletzt gebührende laufende Entgelt ergibt.

Keineswegs kann dadurch die Bestimmung des § 11 Abs. 2 ASVG ausgeschaltet werden, wenn über das vereinbarte Ende des Dienstverhältnisses hinaus die im Klagebegehren enthaltenen Entgeltansprüche des Dienstnehmers teilweise befriedigt werden, ohne dass es dabei auf die Bezeichnung des ausbezahlten Betrags ankäme. Selbst der **Wortlaut eines Vergleichs** ist insoweit **unmaßgeblich**, wenn an sich beitragspflichtige Entgelte i.S.d. § 49 Abs. 1 ASVG als beitragsfreie Entgeltbestandteile oder sonstige nicht der Beitragspflicht unterliegende Ansprüche des Dienstnehmers bezeichnet werden.

Die **Behörden der Sozialversicherung** sind bei der Feststellung der sich aus einer vergleichsweisen Vereinbarung ergebenden Ansprüche des Dienstnehmers an den Wortlaut dieser Vereinbarung insoweit **nicht gebunden**, als Entgeltansprüche i.S.d. § 49 Abs. 1 ASVG allenfalls **fälschlich als beitragsfreie Entgeltbestandteile** i.S.d. § 49 Abs. 3 ASVG **deklariert** wurden. Soweit die Feststellung der Beitragsfreiheit hinsichtlich eines bestimmten Betrags nicht möglich ist, liegt im Zweifel jedenfalls beitragspflichtiges Entgelt i.S.d. § 49 Abs. 1 ASVG vor.

Wenn und soweit aber die nach Beendigung des Dienstverhältnisses noch offenen (strittigen) **Ansprüche** eines Dienstnehmers tatsächlich **teils aus beitragspflichtigen, teils aus beitragsfreien Entgeltbestandteilen bestehen**, sind die Parteien eines darüber abgeschlossenen Vergleichs nicht verpflichtet, die Anerkennung der beitragspflichtigen vor den beitragsfreien Ansprüchen zu vereinbaren. Die Vertragsparteien sind vielmehr in der vergleichsweisen Disposition über diese Ansprüche insoweit frei, als durchaus die Leistung der beitragsfreien Ansprüche vereinbart und auf die beitragspflichtigen Gehaltsbestandteile verzichtet werden kann (VwGH 8.10.1991, 90/08/0094; 16.11.2005, 2005/08/0048).

Die vorstehenden Ausführungen lassen demnach zu, dass ein Vergleich „**beitragsschonend**" geschlossen werden kann, sofern sich die Parteien betraglich innerhalb strittiger Ansprüche bewegen.

Eine Grenze fände diese Dispositionsbefugnis jedoch dann, wenn z.B. ein höherer Betrag an beitragsfreien Ansprüchen verglichen worden wäre, als gemessen an den Voraussetzungen des § 49 Abs. 3 ASVG tatsächlich zustünde, oder wenn – fiktiv vom vollständigen Erfolg des Dienstnehmers im Prozess ausgehend – bei gleichzeitigem (allenfalls teilweisem) Verzicht auf die Leistung der Ansprüche aus dem Dienstverhältnis der verglichene Kostenbetrag den dem Dienstnehmer nach den Vorschriften des Kostenrechts bemessenen Ersatzanspruch bzw. dessen tatsächliche Aufwendungen, insb. an Gebühren und Vertretungskosten, überstiege.

Wird einem Dienstnehmer in einem den Streit um seine arbeitsrechtlichen Ansprüche nach Beendigung des Dienstverhältnisses bereinigenden gerichtlichen Vergleich eine **Abfertigungssumme** zugesprochen, die den **eingeklagten Abfertigungsbetrag übersteigt**, verlängert sich die Pflichtversicherung des Dienstnehmers um so viele Monate, wie die letzte Beitragsgrundlage vor Beendigung des Dienstverhältnisses im den eingeklagten Abfertigungsbetrag übersteigenden Vergleichsbetrag Deckung findet.

Wenn auf Grund eines gerichtlichen Vergleichs einem Dienstnehmer neben dem Vergleichsbetrag auch **Verzugszinsen** für die verspätete Zahlung zu leisten sind, so sind diese Zinsen für den Dienstnehmer **beitragsfrei**, weil kein Zusammenhang mit dem versicherungspflichtigen Dienstverhältnis besteht (E-MVB, 049-06-00-011).

Weitere Erläuterungen aus den Empfehlungen des DVSV (E-MVB) finden Sie unter den Gliederungsnummern 011-02 und 049-06.

Beispiele 90–92

Sozialversicherungsrechtliche Behandlung von Vergleichssummen.

Beispiel 90

Behandlung eines **Pauschalvergleichs**.

Angaben:

- Angestellter,
- Lösung des Dienstverhältnisses durch Entlassung per 15.4.2022,
- Monatsgehalt: € 1.600,00,
- Urlaubsbeihilfe und Weihnachtsremuneration lt. Kollektivvertrag: je 1 Monatsgehalt pro Kalenderjahr.
- Der Angestellte widerspricht der Entlassung und fordert die
  - Zahlung einer Kündigungsentschädigung (→ 33.4.2.), die sich wie folgt zusammensetzt:

Gehalt (16.4.–30.6.2022)	€ 4.000,00			
anteilige Sonderzahlung	€ 666,67			
Ersatzleistung für				
Urlaubsentgelt (→ 26.2.9.) für 3 Tage	€ 184,62			
anteilige Sonderzahlung	€ 30,77	=	€	4.882,06
– Zahlung offener abgabenfreier Reisekosten			€	420,00
– Zahlung einer gesetzlichen Abfertigung			€	5.600,00
Forderungsbetrag:			**€**	**10.902,06**

- Der gerichtliche (oder außergerichtliche) **Vergleich** lautet:
  Mit der Zahlung der Vergleichssumme in der Höhe von brutto **€ 6.000,00** sind alle Ansprüche anteilig und mit voller Bereinigungswirkung befriedigt worden.
- Auszahlungsmonat der Vergleichssumme: Oktober 2022.

Lösung:

Aus dem Verhältnis Vergleichssumme zu Klagsforderung ist ein Faktor zu bilden. Über diesen Faktor sind die einzelnen Forderungsbestandteile zu kürzen:

Vergleichssumme	:	Forderungsbetrag	=	Faktor
€ 6.000,00	:	€ 10.902,06	=	0,550355

Gehalt	€ 4.000,00	× 0,550355 =	€ 2.201,42
anteilige Sonderzahlung	€ 666,67	× 0,550355 =	€ 366,91
Ersatzleistung für Urlaubsentgelt	€ 184,62	× 0,550355 =	€ 101,61
anteilige Sonderzahlung	€ 30,77	× 0,550355 =	€ 16,93
offene Reisekosten	€ 420,00	× 0,550355 =	€ 231,15
gesetzliche Abfertigung	€ 5.600,00	× 0,550355 =	€ 3.081,98
Forderungsbetrag	€ 10.902,06		
Vergleichssumme			€ 6.000,00

Das Ende der Pflichtversicherung wird wie folgt ermittelt:

€ 1.600,00 : 30 =	€ 53,33	€ 2.303,03[757] : € 53,33 =		43,18 gerundet 43
Monatsgehalt	Tagesgehalt	Teil des laufenden Bezugs		Anzahl der bezahlten Sozialversicherungstage

Zusammenfassung:

Die Pflichtversicherung endet in diesem Fall 43 Sozialversicherungs(Kalender)tage nach Ausspruch der Entlassung, also am 28.5.2022.

Die **Abmeldung zur Pflichtversicherung** ist **richtigzustellen**.

Dabei ist auf der richtig gestellten Abmeldung

- unter „Ende des Beschäftigungsverhältnisses" als arbeitsrechtliches Ende der Beschäftigung (so wie schon einmal gemeldet) der 15.4.2022 und
- unter „Ende des Entgeltanspruchs" als Ende der Pflichtversicherung der 28.5.2022 einzutragen.
- Unterliegt das Dienstverhältnis dem BMSVG (Abfertigung „neu"), ist zusätzlich unter „Ende der Zahlung des BV-Beitrags" als Ende der BV-Zeit der 28.5.2022 einzutragen.

Die in der Vergleichssumme enthaltenen Beträge von

€ 2.201,42
€ 101,61
€ 2.303,03 sind als laufender Bezug beitragspflichtig zu behandeln.
€ 366,91
€ 16,93

757 € 2.201,42 + € 101,61 = € 2.303,03.

€	383,84	sind als Sonderzahlung beitragspflichtig zu behandeln.
€	231,15	sind als Reisekosten beitragsfrei zu behandeln (→ 22.3.1.);
€	3.081,98	sind als Abfertigung beitragsfrei zu behandeln (→ 34.7.1.2.).
€	6.000,00	

DNA = Dienstnehmeranteil zur Sozialversicherung

Die **mBGM** für **April** und **Mai 2022** sind **richtigzustellen.**

Hätte man sich im Beispiel 90 in Form eines **Einzelvergleichs** (Teilvergleichs) z.B.

auf € 5.600,00 an gesetzlicher Abfertigung und
auf € 400,00 an Reisekosten, insgesamt auch
auf € 6.000,00 verglichen,

wäre der **Abfertigungsbetrag** und der **Reisekostenbetrag** (also der gesamte Vergleichsbetrag) **beitragsfrei** zu behandeln gewesen[758].

Beispiel 91

Angaben:

- Forderung des Dienstnehmers für die Zeit nach Beendigung des Dienstverhältnisses:
  Zahlung eines laufenden Bezugs in der Höhe eines bestimmten Bruttobetrags.
- Der außergerichtliche Vergleich lautet:
  Zahlung eines laufenden Bezugs in der Höhe eines bestimmten Nettobetrags.

Lösung:

Der Nettobetrag ist auf einen Bruttobetrag umzurechnen (→ 13.). Der Verlängerungszeitraum der Pflichtversicherung ist wie im Vorbeispiel zu ermitteln.

Beispiel 92

Angaben:

- Forderung des Dienstnehmers für die Zeit vor Beendigung des Dienstverhältnisses (oder bei aufrechtem Bestand des Dienstverhältnisses):
  Zahlung einer bestimmten Anzahl geleisteter Überstunden.
- Der außergerichtliche Vergleich lautet:
  Zahlung einer geringeren Anzahl von Überstunden.

Lösung:

Dieser Vergleich ist sozialversicherungsrechtlich wie eine Nachzahlung zu behandeln (→ 24.3.2.1.).

758 In diesem Fall ist Voraussetzung, dass in die Vergleichsvereinbarung explizit aufgenommen wurde, auf welche Ansprüche man sich geeinigt hat.

24.5.2.2. Lohnsteuer

Dieser Punkt beinhaltet neben Erläuterungen und Beispielen die Bestimmungen des **§ 67 Abs. 8 lit. a EStG** und die dazu ergangenen erlassmäßigen Regelungen, insb. die der

- **Lohnsteuerrichtlinien 2002**, Rz 1100–1103.

Vergleichssummen, gleichgültig, ob diese auf gerichtlichen oder außergerichtlichen Vergleichen beruhen, **sind**,

- **soweit sie nicht** nach § 67 Abs. 3, 6 EStG ① oder dem letzten Satz ② **mit dem festen Steuersatz** zu versteuern sind,
- gem. § 67 Abs. 10 EStG im **Kalendermonat der Zahlung** zu erfassen (zu versteuern).

Dabei ist nach Abzug der darauf entfallenden Beiträge i.S.d. § 62 Z 3, 4 und 5 EStG ③

- **ein Fünftel steuerfrei** zu belassen, höchstens jedoch ein Fünftel des 9-Fachen der monatlichen Höchstbeitragsgrundlage gem. § 108 ASVG ④; Abs. 2 ist nicht anzuwenden ⑤.

Fallen derartige Vergleichssummen **bei oder nach Beendigung des Dienstverhältnisses** an und werden sie für Zeiträume ausbezahlt, für die eine Anwartschaft gegenüber einer BV-Kasse besteht (→ 36.1.), sind sie bis zu einem Betrag von **€ 7.500,00** mit dem festen Steuersatz von **6%** zu versteuern; § 67 Abs. 2 EStG ⑤ ist nicht anzuwenden ⑥ (§ 67 Abs. 8 lit. a EStG).

① Abs. 3: gesetzliche und kollektivvertragliche Abfertigungen; Abs. 6: z.B. freiwillige Abfertigungen.

② Gemeint ist der letzte Satz dieser Gesetzesstelle (€ 7.500,00 zu 6%).

③ § 62 EStG:

Z 3:	Pflichtbeiträge zu gesetzlichen Interessenvertretungen (**Arbeiterkammerumlage**);	grundsätzlich der **Dienstnehmeranteil** zur Sozialversicherung (→ 11.4.3., → 23.3.1.2.)
Z 4:	**Beiträge** des Versicherten **zur Pflichtversicherung** in der gesetzlichen Sozialversicherung;	
Z 5:	der **Wohnbauförderungsbeitrag**.	

④ Höchstbeitragsgrundlage € 5.670,00 × 9 = € 51.030,00, davon 1/5 = **10.206,00** (= Deckelungsbetrag). Der übersteigende Betrag ist (wie die 4/5) nach § 67 Abs. 10 EStG zu versteuern.

⑤ Das Jahressechstel (→ 23.3.2.2.).

⑥ Die erlassmäßige Regelung zum letzten Satz des § 67 Abs. 8 lit. a EStG finden Sie am Ende dieses Punktes.

Als Vergleichssummen i.S.d. § 67 Abs. 8 lit. a EStG sind nicht nur Zahlungen auf Grund **gerichtlicher oder außergerichtlicher Vergleiche**, sondern auch **Bereinigungen und Nachzahlungen auf Grund von Gerichtsurteilen** oder **Bescheiden** von Verwaltungsbehörden zu verstehen.

Die **Gerichte haben Abschriften** von abgabenrechtlich bedeutsamen Urteilen, Beschlüssen oder sonstigen Aktenstücken nach näherer Anordnung des BMJ, die im

Einvernehmen mit dem BMF zu treffen ist, den **zuständigen Abgabenbehörden** zu übermitteln (§ 158 Abs. 3 BAO).

Zahlungen im Zusammenhang mit einer Kündigungsanfechtungsklage (→ 32.2.) sind als Vergleichssumme zu versteuern (vgl. UFS 11.9.2009, RV/0537-G/07; vgl. auch LStR 2002 Rz 1103). Dies gilt nicht für Zahlungen, die im Zusammenhang mit einer **Kündigungsanfechtung oder** einer **Anfechtung der Entlassung** stehen, wenn die Kündigung oder Entlassung aufgrund einer Vereinbarung zwischen Arbeitgeber und Arbeitnehmer nicht effektuiert wird und der aufgrund dieser Vereinbarung zu zahlende **Betrag auf einzelne Komponenten aufgeteilt und bestimmten Zeiträumen zugeordnet werden kann** (VwGH 16.6.2021, Ro 2020/15/0023; vgl. auch LStR 2002 Rz 11103). Vgl. auch Punkt 24.7.

Wird eine als „freiwillige Abfertigung" bezeichnete Zahlung deshalb geleistet, um den Arbeitnehmer zur vorzeitigen Auflösung seines Dienstverhältnisses zu bewegen, und bezweckt diese Zahlung die vergleichsweise Bereinigung „aller dienstrechtlichen Ansprüche", liegt eine Vergleichssumme gem. § 67 Abs. 8 lit. a EStG vor (VwGH 29.10.2003, 2000/13/0028).

Auch bei **Verzugszinsen** für ein fälliges Entgelt handelt es sich um Vorteile aus einem Dienstverhältnis. Dieser dem Arbeitnehmer zugesprochene urteilsmäßige Mehrbetrag steht in einem engen Zusammenhang mit den einzelnen ihm zustehenden Bezugsteilen, sodass er steuerlich deren Schicksal teilt. Sofern Verzugszinsen in Zusammenhang mit einer begünstigt besteuerten Abfertigungszahlung stehen, sind sie in derselben Weise wie die Abfertigungszahlung zu besteuern (VwGH 25.1.1995, 94/13/0030).

Die Vergleichssummenbesteuerung ist i.d.R. vergangenheitsbezogen. Es ist daher **nicht erforderlich**, dass eine Vergleichssumme **neben laufenden Bezügen** bezahlt wird. Diese Bestimmung hat den Zweck, solche Bezugsbestandteile zu erfassen, die über einen gewissen Zeitraum verteilt zu gewähren gewesen wären, tatsächlich aber nicht oder nicht in voller Höhe zur Auszahlung gelangt sind.

Pensionsabfindungen (→ 30.2.2.5.) und **Zahlungen auf Grund eines Sozialplans** (→ 34.9.2.) können grundsätzlich nicht Gegenstand einer Vergleichszahlung sein. Von einer Vergleichszahlung i.S.d. § 67 Abs. 8 lit. a EStG ist nur dann auszugehen, wenn der Vergleich zu einer nicht bloß geringfügigen Änderung des vertraglichen Anspruchs führt (vgl. LStR 2002, Rz 1110c; andere Ansicht BFG 1.3.2019, RV/7104866/2014, wonach ein Vergleich über Pensionsleistungen unter die begünstigte Besteuerung für Vergleichszahlungen fallen kann). Sie sind jeweils gem. § 67 Abs. 8 lit. e und f EStG mit dem festen Steuersatz oder bei Übersteigen mit dem Tarifsteuersatz des § 67 Abs. 10 EStG zu versteuern.

Vergleichssummen sind nur dann auf folgende Komponenten aufzuteilen, wenn **eindeutig erkennbar** ist, in welchem Ausmaß die Vergleichssumme auf einen derartigen Betrag entfällt:

- **Kostenersätze gem. § 26 EStG** (→ 21.3.): Diese behalten ihre Steuerfreiheit.
- **Steuerfreie Bezüge gem. § 3 Abs. 1 EStG** (→ 21.2.): Diese behalten dann ihre Steuerfreiheit, wenn sie ohne Rücksicht auf die Höhe anderer Bezugsteile und ohne Rücksicht auf die Modalitäten der Auszahlung bzw. Gewährung steuerfrei sind. Gelangen hingegen steuerfreie Bezugsteile **(Zulagen und Zuschläge) gem.**

§ 68 EStG (→ 18.3.) zur Zahlung, sind diese zusammen mit den übrigen Zahlungen zu erfassen und **gem. § 67 Abs. 10 EStG zu versteuern** (LStR 2002, Rz 1101a).

- **Abfertigungen gem. § 67 Abs. 3 EStG** (→ 34.7.2.1.) und gem. **§ 67 Abs. 6 EStG** (→ 34.7.2.2.): Diese behalten ihren steuerlichen Charakter weiter.

Nach Ausscheiden dieser gesondert zu versteuernden **Bezüge** sind die auf die restlichen Bezüge entfallenden Dienstnehmeranteile zur Sozialversicherung abzuziehen. Vom verbleibenden Betrag ist **ein Fünftel steuerfrei**[759] zu belassen, höchstens jedoch ein Fünftel des 9-Fachen der monatlichen Höchstbeitragsgrundlage (= Deckelungsbetrag). Die verbleibenden **vier Fünftel** und ein ev. über den Deckelungsbetrag (€ 10.206,00) liegender Teil sind schließlich **wie ein laufender Bezug**[760] im Zeitpunkt des Zufließens nach dem Lohnsteuertarif des jeweiligen Kalendermonats der Besteuerung zu unterziehen.

Der **Freibetrag** von max. € 620,00, die **Freigrenze** von max. € 2.100,00 und das **Jahressechstel** sind **nicht zu berücksichtigen** (→ 23.3.2.).

Eine **gesonderte steuerliche Behandlung** im Rahmen einer Vergleichszahlung ist für steuerfreie Bezüge gem. § 3 Abs. 1 EStG, Kostenersätze gem. § 26 EStG sowie Abfertigung gem. § 67 Abs. 3 und 6 EStG **nur dann zulässig**, wenn eindeutig **erkennbar** ist, in welchem **Ausmaß** z.B. eine **Vergleichssumme** auf einen derartigen Bezug **entfällt**. Dies wird insb. dann der Fall sein, wenn

- Gegenstand des Verfahrens nur ein derartiger Anspruch war, oder
- von mehreren Ansprüchen durch (Teil-)Vergleich ein solcher Anspruch verglichen wurde, während die übrigen Ansprüche strittig blieben, oder
- in sonst erkennbarer Weise erklärt wurde, welcher von mehreren Ansprüchen mit welchem Betrag verglichen wurde (vgl. VwGH 27.1.2016, 2013/13/0001).

Kommt es im Rahmen eines **Vergleichs** über **offene Ansprüche** zu einer Bereinigung dahingehend, dass eine **tatsächlich gefordert gewesene gesetzliche Abfertigung** in voller Höhe bezahlt wurde und der Rest der Beendigungsansprüche (Kündigungsentschädigung, offener Urlaub) nur mit einem Teilbetrag, so kann der Teil, welcher die gesetzliche Abfertigung abgilt, nach § 67 Abs. 3 EStG besteuert werden, wenn aus dem Vergleich genau hervorgeht, wie hoch der Betrag der verglichenen gesetzlichen Abfertigung ist. Auch aus steuerlicher Sicht bestehen **keine Bedenken**, dass man sich auf (ursprünglich eingeforderte) **steuerlich begünstigte Bezugsbestandteile vergleicht** und dabei auf die steuerlich weniger attraktiven Bezugsbestandteile im Zuge des Vergleichs verzichtet (BFG 6.3.2014, RV/3100479/2008).

---

759 Das **steuerfreie Fünftel** (gegebenenfalls begrenzt mit einem Fünftel des 9-Fachen der monatlichen Höchstbeitragsgrundlage gem. § 108 ASVG) gilt als **pauschale Berücksichtigung** für allfällige **steuerfreie Zulagen und Zuschläge** oder **sonstige Bezüge** sowie als Abschlag für einen **Progressionseffekt** durch die Zusammenballung von Bezügen; diese **Steuerfreiheit** bleibt auch bei einer allfälligen **Veranlagung erhalten**. Das Herausrechnen dieses Fünftels stellt keine Steuerbegünstigung, sondern eine **„Rechenvereinfachungsvorschrift"** dar. Dies deshalb, weil sich das Herausrechnen ev. aliquoter Sonderzahlungsteile und ev. steuerfreier Bezugsbestandteile in der Praxis als kompliziert erweisen würde.

760 Bei der Lohnsteuerberechnung gem. § 67 Abs. 10 EStG ist ein **monatlicher Lohnzahlungszeitraum** zu unterstellen. Werden im Kalendermonat der Auszahlung Vergleichssummen **gleichzeitig mit laufenden Bezügen**, die zum Tarif zu versteuern sind, ausbezahlt, sind sie **den laufenden Bezügen** des Kalendermonats **zuzurechnen** und **gemeinsam** nach dem Lohnsteuertarif (unter Berücksichtigung eines monatlichen Lohnzahlungszeitraums) **zu versteuern**. Steht ein **Freibetrag** lt. Mitteilung zu, ist der monatliche Betrag zu berücksichtigen. Bei der Berücksichtigung eines allfälligen **Pendlerpauschals** und eines **Pendlereuros** ist in diesem Fall die Anzahl der tatsächlich in diesem Lohnzahlungszeitraum getätigten Fahrten von der Wohnung zur Arbeitsstätte zu berücksichtigen.

Eine **bloße Aussage** in einem Vergleich, dass die Zahlung eine Abfertigung darstellt, ist dann **nicht ausreichend**, wenn sie nicht dem wahren wirtschaftlichen Gehalt entspricht. Es widerspricht jeder Lebenserfahrung, dass ein Arbeitgeber, der sich von seinem Arbeitnehmer im Unfrieden trennt, aus freien Stücken eine Abfertigung zahlt, die über das Ausmaß der Vertragsregelung hinausgeht; wird eine Zahlung aus der Unklarheit des Verfahrens heraus geleistet, entspricht sie tatbestandsmäßig einer „Vergleichssumme" i.S.d. § 67 Abs. 8 lit. a EStG (und eben keiner Abfertigung) (vgl. LStR 2002, Rz 1103 mit Verweis auf VwGH 8.4.1986, 85/14/0162).

Jedoch lässt alleine die Formulierung im Vergleich, wonach mit diesem sämtliche Forderungen und Ansprüche bereinigt und verglichen seien („Generalvergleichsklausel"), einen solchen Rückschluss nicht zu, wenn der Arbeitnehmer nach einvernehmlicher Beendigung des Dienstverhältnisses neben einer Reihe weiterer Ansprüche auch einen die Vergleichssumme betragsmäßig übersteigenden Abfertigungsanspruch gegen seinen ehemaligen Arbeitgeber klagsweise geltend gemacht hat (VwGH 27.1.2016, 2013/13/0001).

Wichtiger Hinweis: Bezüge können nur dann als Teil eines Vergleichs als **nicht steuerbare** oder **steuerfreie Bezugsbestandteile** bzw. als begünstigt besteuerte **Abfertigung** abgerechnet werden, wenn glaubhaft gemacht werden kann, dass ein Anspruch auf diesen Betrag tatsächlich strittig war.

Die Möglichkeit des Arbeitgebers, die auf die Vergleichssumme entfallende Lohnsteuer einbehalten zu können, hängt von der Vereinbarung im Zusammenhang mit dem Vergleichsabschluss (Brutto- oder Nettovergleich) ab (→ 41.2.2.).

Erfolgt die Zahlung zum Zeitpunkt der Beendigung des Dienstverhältnisses, ist trotz der Unterstellung des monatlichen Lohnzahlungszeitraums am **Lohnzettel** (L 16, → 35.3.) als Zeitpunkt der Beendigung des Dienstverhältnisses der Tag der tatsächlichen Beendigung des Dienstverhältnisses (**arbeitsrechtliches Ende**) anzuführen.

Erfolgt die Zahlung nicht im Kalendermonat der Beendigung des Dienstverhältnisses, sondern zu einem späteren Zeitpunkt, ist ein gesonderter Lohnzettel für diesen Kalendermonat auszustellen (Beginn erster Tag des Kalendermonats der Auszahlung, Ende letzter Tag des Kalendermonats).

Hinweis: Vom BMF beantwortete Zweifelsfragen zu Vergleichssummen finden Sie unter Punkt 24.7.

Beispiele 93–94

Lohnsteuerliche Behandlung einer Vergleichssumme.

Beispiel 93

Behandlung eines **Pauschalvergleichs**.

Angaben:

- Grundangaben wie im Beispiel 90,
- Auszahlungsmonat der Vergleichssumme: Oktober 2022.

Lösung:

Bei der Besteuerung ist wie folgt vorzugehen:

- Der anteilige Betrag der **Reisekostenentschädigung** in der Höhe von € 231,15 ist **nicht auszuscheiden.**
- Der anteilige Betrag der **gesetzlichen Abfertigung** in der Höhe von € 3.081,98 ist **nicht auszuscheiden.**
- Die Vergleichssumme in der Höhe von € 6.000,00 ist wie folgt zu versteuern:

Vergleichssumme		€ 6.000,00	
DNA (angenommener Betrag)		– € 402,42 [761]	
		€ 5.597,58	
	1/5	4/5	
	€ 1.119,52	€ 4.478,06	
	steuerfrei	steuerpflichtig	→ gem. § 67 Abs. 10 EStG[762].

Es sind **zwei Lohnzettel** auszustellen:

- Ein Lohnzettel für die Zeit 1.1. bis 15.4.2022 und
- ein Lohnzettel für die Zeit 1.10. bis 31.10.2022; dieser enthält nur die Vergleichssumme.

Beispiel 94

Behandlung eines gerichtlich (oder außergerichtlich) vorgenommenen **Einzelvergleichs.**

Angaben:

- Grundangaben wie im Beispiel 90.
- Die gerichtliche Vergleichsaufteilung (Vergleichsschrift) hat ergeben:

	gefordert wurde		verglichen wurde mit[763]
– Gehalt	€ 4.000,00		
– anteilige Sonderzahlung	€ 666,67	=	€ 2.570,00
– Ersatzleistung für Urlaubsentgelt	€ 184,62		
anteilige Sonderzahlung	€ 30,77	=	€ 120,00
– offene Reisekosten	€ 420,00		€ 230,00
– gesetzliche Abfertigung	€ 5.600,00		€ 3.080,00
Summe	€ 10.902,06		€ 6.000,00

- Auszahlungsmonat der Vergleichssummen: Oktober 2022.

761 Der DNA ist vor der Berechnung des steuerfreien Fünftels abzuziehen. Dadurch ergibt sich eine aliquote Zuordnung zum steuerpflichtigen und steuerfreien Teil.

762 Zu versteuern anhand der Monatstabelle. Dieser Betrag **bleibt** dem Wesen nach **ein sonstiger Bezug**, der nur „wie ein laufender Bezug" versteuert wird. Dieser Betrag erhöht daher auch nicht eine danach gerechnete Jahressechstelbasis (→ 23.3.2.2.) und wird auch nicht bei der Berechnung des Jahresviertels und Jahreszwölftels (→ 34.7.2.2.) berücksichtigt.

Die verglichenen Einzelforderungen wurden deshalb in der ausgewiesenen Höhe angenommen, damit das steuerliche Ergebnis

- des Pauschalvergleichs (Beispiel 93) mit dem
- des Einzelvergleichs (dieses Beispiel)

gegenübergestellt werden kann; das **steuerlich günstigere** Ergebnis erreicht man in diesem Fall durch einen **Einzelvergleich**.

Lösung:

Bei der Besteuerung ist wie folgt vorzugehen:

- Der anteilige Betrag der **Reisekosten** in der Höhe von € 230,00 ist **auszuscheiden** und nicht steuerbar bzw. steuerfrei zu behandeln.
- Der anteilige Betrag der **gesetzlichen Abfertigung** in der Höhe von € 3.080,00 ist **auszuscheiden** und als solche zu **versteuern: 6%** von € 3.080,00.
- Die verbleibenden Bezüge in der Höhe von € 2.690,00 sind wie folgt zu versteuern:

Vergleichssumme		€ 6.000,00	
Reisekostenentschädigung		– € 230,00	bleiben nicht steuerbar bzw. steuerfrei
gesetzliche Abfertigung		– € 3.080,00	sind mit 6% zu versteuern
		€ 2.690,00	
DNA (angenommener Betrag)		– € 402,95 [764]	
		€ 2.287,05	
	1/5	4/5	
	€ 457,41	€ 1.829,64	
	steuerfrei	steuerpflichtig	→ gem. § 67 Abs. 10 EStG[765].

Es sind **zwei Lohnzettel** auszustellen:

- Ein Lohnzettel für die Zeit 1.1. bis 15.4.2022 und
- ein Lohnzettel für die Zeit 1.10. bis 31.10.2022; dieser enthält nur die Vergleichssumme.

Hätte man sich im Beispiel 94 in Form eines **Einzelvergleichs** (Teilvergleichs) z.B.

auf	€ 5.600,00	an Abfertigung und
auf	€ 400,00	an Reisekosten, insgesamt auch
auf	€ 6.000,00	verglichen,

763 In diesem Fall ist die Aufteilung „eindeutig erkennbar".

764 Der DNA ist vor der Berechnung des steuerfreien Fünftels abzuziehen. Dadurch ergibt sich eine aliquote Zuordnung zum steuerpflichtigen und steuerfreien Teil.

765 Zu versteuern anhand der Monatstabelle. Dieser Betrag **bleibt** dem Wesen nach **ein sonstiger Bezug**, der nur „wie ein laufender Bezug" versteuert wird. Dieser Betrag erhöht daher auch nicht eine danach gerechnete Jahressechstelbasis (→ 23.3.2.2.) und wird auch nicht bei der Berechnung des Jahresviertels und Jahreszwölftels (→ 34.7.2.2.) berücksichtigt.

wäre der Abfertigungsbetrag wie eine **Abfertigung zu versteuern** und der **Reisekostenbetrag nicht steuerbar bzw. steuerfrei** gewesen[766]. In diesem Fall wäre der gesamte Vergleichsbetrag auch DB-, DZ- und KommSt-frei gewesen.

Zu **Vergleichssummen**, die **bei oder nach Beendigung des Dienstverhältnisses** anfallen, bestimmen die LStR 2002 unter Rz 1102b Nachstehendes:

Fallen **Vergleichssummen** gem. § 67 Abs. 8 lit. a EStG **bei oder nach Beendigung des Dienstverhältnisses** an und werden sie für Zeiträume ausbezahlt, für die eine **Anwartschaft gegenüber** einer **BV-Kasse** besteht (→ 36.1.), sind sie bis zu einem Betrag von **€ 7.500,00** mit dem festen Steuersatz von **6% zu versteuern**. Dieser Betrag berührt **nicht die Sechstelregelung** gem. § 67 Abs. 2 EStG.

Vergleichszahlungen, die den Betrag von **€ 7.500,00 übersteigen**, bleiben im Ausmaß **eines Fünftels** des € 7.500,00 übersteigenden Betrags (höchstens im Ausmaß eines Fünftels des 9-Fachen der monatlichen Höchstbeitragsgrundlage gem. § 108 ASVG, → 34.7.2.2.) **steuerfrei**. Die einbehaltenen Dienstnehmeranteile zur Sozialversicherung sind den jeweiligen Teilbeträgen anteilsmäßig zuzuordnen.

Beispiel 95

Aufteilung des Dienstnehmeranteils für den Fall einer Vergleichssumme.

Angaben:

- Angestellter,
- Eintritt: 1.1.2009.
- Nach Beendigung des Dienstverhältnisses erhält der Angestellte eine Vergleichssumme in der Höhe von € 10.000,00.
- Es handelt sich um einen Pauschalvergleich.
- Der Dienstnehmeranteil der Vergleichssumme beträgt € 1.440,00.

Lösung:

Der Dienstnehmeranteil ist im Verhältnis € 7.500,00 zu € 2.500,00 zu teilen:

€ 7.500,00 : € 10.000,00 × 100 = 75%,
€ 2.500,00 : € 10.000,00 × 100 = 25%.

Auf den Vergleichssummenteil € 7.500,00 entfallen (€ 1.440,00 : 100 × 75) =	€ 1.080,00
auf den Vergleichssummenteil € 2.500,00 entfallen (€ 1.440,00 : 100 × 25) =	€ 360,00
	€ 1.440,00

1. Versteuerung des Vergleichssummenteils bis € 7.500,00:

	€ 7.500,00
abzüglich darauf entfallender DNA	– € 1.080,00
Bemessungsgrundlage	€ 6.420,00
davon 6% Lohnsteuer =	€ 385,20

766 In diesem Fall ist Voraussetzung, dass in die Vergleichsvereinbarung explizit aufgenommen wurde, auf welche Ansprüche man sich geeinigt hat.

2. Versteuerung des Vergleichssummenteils über € 7.500,00:

	€ 2.500,00
abzüglich darauf entfallender DNA	– € 360,00
Zwischensumme	€ 2.140,00
davon 1/5 steuerfrei	€ 428,00
Bemessungsgrundlage (4/5)	€ 1.712,00
Lohnsteuer nach Tarif =	€ 148,66

DNA = Dienstnehmeranteil zur Sozialversicherung

Verbleibt der Arbeitnehmer zur Gänze im **„alten" Abfertigungsrecht** bzw. bezieht sich der Vergleichsbetrag bei einem Teilübertritt auf „eingefrorene" Zeiträume (→ 36.1.5.2.), kommt die begünstigte Besteuerung mit **6% nicht zur Anwendung**. Die „Fünftelregelung" ist in diesem Fall für die gesamte Vergleichszahlung anzuwenden.

Diese Begünstigung besteht unabhängig davon, ob dem Arbeitnehmer eine freiwillige (vertragliche) Abfertigung gem. § 67 Abs. 6 Z 1 und Z 2 EStG zusteht (→ 34.7.2.2.).

Ein Abrechnungsbeispiel einer bei Beendigung des Dienstverhältnisses verrechneten Vergleichssumme für einen Arbeitnehmer (für den eine Anwartschaft gegenüber einer BV-Kasse besteht) und die diesbezügliche Eintragung am Lohnzettel (L 16, → 35.3.) finden Sie in den Lohnsteuerrichtlinien 2002 unter der Randzahl 1102b.

Entscheidungshilfe bezüglich der Art der Versteuerung einer Vergleichssumme (lt. Protokoll über die Lohnsteuerbesprechung 2003 des BMF):

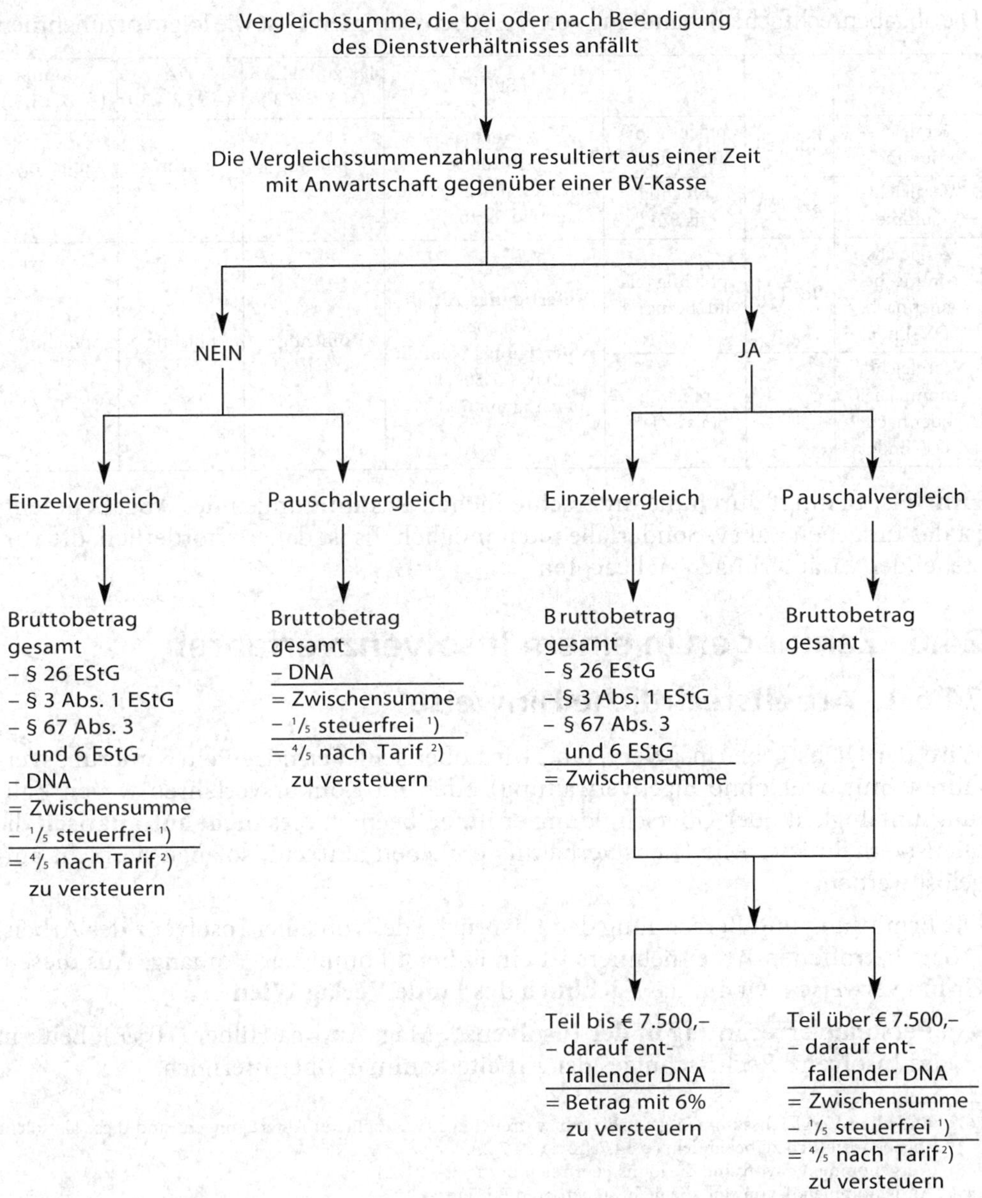

1) Max. € 10.206,00 (Wert 2022).

2) 4/5, zuzüglich ev. eines den Deckelungsbetrag (€ 10.206,00) übersteigenden Betrags.

DNA = Dienstnehmeranteil zur Sozialversicherung

24.5.2.3. Zusammenfassung

Die abgabenrechtliche Behandlung von Vergleichssummen[767] ist wie folgt vorzunehmen:

<table>
<tr><th></th><th></th><th>SV</th><th>LSt[768,769]</th><th>DB zum FLAF (→ 37.3.3.3.)</th><th>DZ (→ 37.3.4.3.)</th><th>KommSt (→ 37.4.1.3.)</th></tr>
<tr><td>Vergleichs-summe</td><td>lfd. Teil</td><td>pflichtig (als lfd. Bezug)[770]</td><td rowspan="2">1/5 frei max. € 10.206,00 darüber: pflichtig (wie ein lfd. Bezug)[771]</td><td rowspan="2">pflichtig[769,772,773,774]</td><td rowspan="2">pflichtig[769,772,773,774]</td><td rowspan="2">pflichtig[769,772,773]</td></tr>
<tr><td>Vergleichs-summe</td><td>SZ-Teil</td><td>pflichtig (als SZ)[770]</td></tr>
<tr><td>Vergleichs-summe, bei oder nach DV-Ende</td><td>lfd. Teil</td><td>pflichtig (als lfd. Bezug)[770]</td><td rowspan="2">Abfertigungs-Altfall: wie oben Abfertigungs-Neufall: max. € 7.500,00 pflichtig mit 6%[775,776]</td><td rowspan="2">pflichtig[769,772,773,774]</td><td rowspan="2">pflichtig[769,772,773,774]</td><td rowspan="2">pflichtig[769,772,773]</td></tr>
<tr><td>Vergleichs-summe, bei oder nach DV-Ende</td><td>SZ-Teil</td><td>pflichtig (als SZ)[770]</td></tr>
</table>

Hinweis: Bedingt durch die unterschiedlichen Bestimmungen des Abgabenrechts ist das Eingehen auf ev. Sonderfälle nicht möglich. Es ist daher erforderlich, die vorstehenden Erläuterungen zu beachten.

24.6. Zahlungen in einem Insolvenzverfahren

24.6.1. Arbeitsrechtliche Hinweise

Wird der Dienstgeber insolvent, d.h., wird über sein Vermögen ein Sanierungsverfahren (mit oder ohne Eigenverwaltung) oder ein Konkursverfahren wegen Zahlungsunfähigkeit oder Überschuldung eröffnet, beendet dies **nicht automatisch** die Dienstverhältnisse. Alle Dienstverhältnisse bleiben aufrecht, solange sie nicht aufgelöst werden.

Die Ermittlung und Berechnung der Ansprüche des von einer Insolvenz des Arbeitgebers betroffenen Arbeitnehmers ist ein äußerst komplexer Vorgang. Aus diesem Grund verweisen wir auf das **Fachbuch des Linde Verlag Wien**

- **„Personalverrechnung in der Insolvenz"**, Mag. Andrea Hilber (Hrsg.), Leiterin des Insolvenz-Rechtsschutzes der Arbeiterkammer Oberösterreich.

---

767 Enthalten Vergleichssummen gesetzliche bzw. freiwillige (vertragliche) Abfertigungen, sind diese als solche abgabenrechtlich zu behandeln (→ 34.7.1.2., → 34.7.2.).
768 Ausgenommen davon sind die lohnsteuerfreien Bezüge (→ 21.2.).
769 Ausgenommen davon sind die nicht steuerbaren Bezüge (→ 21.3.).
770 Ausgenommen davon sind die beitragsfreien Bezüge (→ 21.1.).
771 Dieser Betrag **bleibt** dem Wesen nach **ein sonstiger Bezug**, der nur „wie ein laufender Bezug" versteuert wird. Dieser Betrag erhöht daher auch nicht eine danach gerechnete Jahressechstelbasis (→ 23.3.2.2.) und wird auch nicht bei der Berechnung des Jahresviertels und Jahreszwölftels (→ 34.7.2.2.) berücksichtigt.
772 Ausgenommen davon sind einige lohnsteuerfreie Bezüge (→ 37.3.3.3., → 37.4.1.3.).
773 Ausgenommen davon sind die Vergleichszahlungen der begünstigten behinderten Dienstnehmer und der begünstigten behinderten Lehrlinge i.S.d. BEinstG (→ 29.2.1.).
774 Ausgenommen davon sind die Vergleichszahlungen der Dienstnehmer (Personen) nach Vollendung des 60. Lebensjahrs (→ 31.11.).
775 Ohne Berücksichtigung des Jahressechstels (→ 23.3.2.2.).
776 Der übersteigende Betrag ist über die Fünftelregelung zu versteuern.

24.6.2. Abgabenrechtliche Behandlung

24.6.2.1. Sozialversicherung

Zahlungen in einem Insolvenzverfahren sind getrennt nach laufenden Bezügen und Sonderzahlungen abzurechnen, wobei die Beitragsabrechnung und die Einzahlung der Beiträge für den Beitragszeitraum vorzunehmen ist, für den die entsprechende Zahlung gewährt wurde.

Kommt es zu einer **Nachzahlung**, ist wie unter Punkt 24.3.2.1. behandelt vorzugehen; kommt es zur Zahlung einer **Kündigungsentschädigung**, ist wie unter Punkt 34.4.1. behandelt vorzugehen.

24.6.2.2. Lohnsteuer

Dieser Punkt beinhaltet neben Erläuterungen und Beispielen die Bestimmungen des **§ 67 Abs. 8 lit. g EStG** und die dazu ergangenen erlassmäßigen Regelungen, insb. die der

- **Lohnsteuerrichtlinien 2002**, Rz 1107–1107c.

Nachzahlungen in einem Insolvenzverfahren sind ①,

- soweit sie Bezüge gem. § 67 Abs. 3, 6 oder 8 lit. e oder f EStG betreffen (→ 23.3.2.6.2.), **mit 6%** zu versteuern.

Von den **übrigen Nachzahlungen** ist nach Abzug der darauf entfallenden Beiträge i.S.d. § 62 Z 3, 4 und 5 EStG ②

- **ein Fünftel steuerfrei** zu belassen.

Nachzahlungen für Bezüge gemäß § 3 Abs. 1 Z 10 EStG (→ 21.2.) behalten im Rahmen der gesetzlichen Bestimmungen ihre Steuerfreiheit, wobei in diesen Fällen kein steuerfreies Fünftel zu berücksichtigen ist.

Der **verbleibende Betrag**

- ist als laufender Bezug mit einer **vorläufigen** laufenden Lohnsteuer in der Höhe von **15% zu versteuern** (§ 67 Abs. 8 lit. g EStG).

① Unabhängig davon, ob sie vom Insolvenz-Entgelt-Fonds geleistet werden oder nicht (z.B. nicht gesicherte Ansprüche).

② § 62 EStG:

Z 3:	Pflichtbeiträge zu gesetzlichen Interessenvertretungen (**Arbeiterkammerumlage**);	grundsätzlich der **Dienstnehmeranteil** zur Sozialversicherung (→ 11.4.3., → 23.3.1.2.)
Z 4:	**Beiträge** des Versicherten **zur Pflichtversicherung** in der gesetzlichen Sozialversicherung;	
Z 5:	der **Wohnbauförderungsbeitrag**.	

Pensionsabfindungen (→ 30.2.2.5.) und **Zahlungen auf Grund eines Sozialplans** (→ 34.9.2.) können nicht Gegenstand einer Nachzahlung in einem Insolvenzverfahren sein.

Sie sind jeweils gem. § 67 Abs. 8 lit. e und f EStG mit dem festen Steuersatz oder bei Übersteigen mit dem Tarifsteuersatz des § 67 Abs. 10 EStG (→ 23.3.2.6.2.) zu versteuern.

Im Einzelnen ist bei der **Berechnung der Steuer** (sowohl im Konkurs- als auch im Sanierungsverfahren) wie folgt vorzugehen:

- **Steuerfreie Bezüge gem. § 3 Abs. 1 EStG** (→ 21.2.) behalten dann ihre Steuerfreiheit, wenn sie ohne Rücksicht auf die Höhe anderer Bezugsteile und ohne Rücksicht auf die Modalitäten der Auszahlung bzw. Gewährung steuerfrei sind. Steuerfreie Zulagen und Zuschläge gem. § 68 EStG sind hingegen nicht auszuscheiden.
- **Kostenersätze gem. § 26 EStG** (→ 21.3.): Diese behalten ihre Steuerfreiheit.
- **Abfertigungen gem. § 67 Abs. 3 EStG** (→ 34.7.2.1.) und gem. **§ 67 Abs. 6 EStG** (→ 34.7.2.2.): Diese behalten ihren steuerlichen Charakter weiter.

Nach Ausscheiden dieser gesondert zu versteuernden **Bezüge** sind die auf die restlichen Bezüge entfallenden Dienstnehmeranteile zur Sozialversicherung abzuziehen. Vom verbleibenden Betrag ist **ein Fünftel steuerfrei**[777] zu belassen.

Die verbleibenden vier Fünftel sind wie ein laufender Arbeitslohn mit einem vorläufigen Steuersatz von 15% zu versteuern.

Der **Freibetrag** von max. € 620,00, die **Freigrenze** von max. € 2.100,00 und das **Jahressechstel** sind **nicht zu berücksichtigen** (→ 23.3.2.).

Die sich aus dem Steuersatz von 15% ergebende Steuer (bzw. die jeweilige feste Steuer gem. § 67 Abs. 3, 6 und 8 lit. e und f EStG) ist jener Betrag, der das Ausmaß des Insolvenz-Entgelts gem. § 3 IESG mindert.

Die bei Ermittlung der Ansprüche gem. § 3 Abs. 1 IESG bei den einzelnen Arbeitnehmern fiktiv berechnete Lohnsteuer (sowohl die Lohnsteuer mit festen Sätzen als auch die pauschale vorläufige Steuer von 15%) ist auch jene Lohnsteuer, die im Insolvenzverfahren als Forderung hinsichtlich der durch den Fonds geleisteten Zahlungen (bedingt) anzumelden ist.

Weitere Erläuterungen zu Zahlungen in einem Insolvenzverfahren finden Sie in den Lohnsteuerrichtlinien 2002 unter der Randzahl 1107 ff.

Vom Insolvenz-Entgelt-Fonds bzw. Insolvenzverwalter ist ein **Lohnzettel** (L 16, → 35.3.1.) an das Finanzamt der Betriebsstätte zur Berücksichtigung der laufenden Bezüge zwecks endgültiger Besteuerung im Veranlagungsverfahren zu übermitteln (→ 15.).

---

777 Das **steuerfreie Fünftel** gilt als **pauschale Berücksichtigung** für allfällige **steuerfreie Zulagen und Zuschläge** oder **sonstige Bezüge** sowie als Abschlag für einen **Progressionseffekt** durch die Zusammenballung von Bezügen; diese Steuerfreiheit bleibt auch bei einer allfälligen **Veranlagung erhalten**. Das Herausrechnen dieses Fünftels stellt keine Steuerbegünstigung, sondern eine **„Rechenvereinfachungsvorschrift"** dar. Dies deshalb, weil sich das Herausrechnen ev. aliquoter Sonderzahlungsteile und ev. steuerfreier Bezugsbestandteile in der Praxis als kompliziert erweisen würde.

24.6.2.3. Zusammenfassung

Die abgabenrechtliche Behandlung von Nachzahlungen in einem Insolvenzverfahren[778] ist wie folgt vorzunehmen:

	SV	LSt[779 780]	DB zum FLAF (→ 37.3.3.3.)	DZ (→ 37.3.4.3.)	KommSt (→ 37.4.1.3.)
laufender Bezug	aufrollen[781]	1/5 frei	pflichtig[780 782 783 784] (im Monat des Zufließens)	pflichtig[780 782 783 784] (im Monat des Zufließens)	pflichtig[780 782 783] (im Monat des Zufließens)
Sonderzahlung		4/5 pflichtig zu 15%			

Hinweis: Bedingt durch die unterschiedlichen Bestimmungen des Abgabenrechts ist das Eingehen auf ev. Sonderfälle nicht möglich. Es ist daher erforderlich, die vorstehenden Erläuterungen zu beachten.

24.7. Diverse lohnsteuerliche Zweifelsfragen

FALL A:

Es wird Klage beim Arbeits- und Sozialgericht eingebracht. Auf Grund dieser Mahnklage wird ein Zahlungsbefehl erlassen. Der Arbeitgeber bezahlt auf Grund des Zahlungsbefehls (sämtliche) offene(n) Ansprüche des Arbeitnehmers.

Wie sind diese Zahlungen zu versteuern?

Diese Zahlungen stellen eine **Nachzahlung dar und sind gem. § 67 Abs. 8 lit. c EStG** zu versteuern (→ 24.3.2.2.; Aufrollung, sofern im selben Kalenderjahr); § 67 Abs. 8 lit. a EStG (Vergleichszahlung) kommt nicht zur Anwendung.

FALL B:

Der Arbeitgeber widerspricht dem Zahlungsbefehl und es kommt zu einem Verfahren. Dieses Verfahren endet mit Vergleich oder Urteil.

Wie ist diese Vergleichs- bzw. Urteilssumme zu versteuern, wenn sie

a) auf einmal bezahlt wird?
b) in Raten bezahlt wird?

In beiden Fällen sind diese Zahlungen gem. **§ 67 Abs. 8 lit. a EStG (als Vergleichssumme)** zu versteuern (→ 24.5.2.2.). Bei monatlicher Ratenzahlung sind die einzelnen Zahlungen gem. dem Zuflussprinzip jeweils im Kalendermonat der Zahlung zu versteuern.

778 Enthalten Nachzahlungen in einem Insolvenzverfahren gesetzliche bzw. freiwillige (vertragliche) Abfertigungen, sind diese als solche abgabenrechtlich zu behandeln (→ 34.7.1.2., → 34.7.2.).
779 Ausgenommen davon sind die lohnsteuerfreien Bezüge (→ 21.2.).
780 Ausgenommen davon sind die nicht steuerbaren Bezüge (→ 21.3.).
781 Ausgenommen davon sind die beitragsfreien Bezüge (→ 21.1.).
782 Ausgenommen davon sind einige lohnsteuerfreie Bezüge (→ 37.3.3.3., → 37.4.1.3.).
783 Ausgenommen davon sind die Nachzahlungen der begünstigten behinderten Dienstnehmer und der begünstigten behinderten Lehrlinge i.S.d. BEinstG (→ 29.2.1.).
784 Ausgenommen davon sind die Nachzahlungen der Dienstnehmer (Personen) nach Vollendung des 60. Lebensjahrs (→ 31.11.).

FALL C:

Der Arbeitnehmer ficht die Kündigung wegen Sozialwidrigkeit an. Das Dienstverhältnis ist durch die Kündigung beendet.

Der Arbeitnehmer dringt mit seiner Klage durch. Die Kündigung wird – mit Urteil – rückwirkend außer Kraft gesetzt. Der Arbeitgeber hat die offenen Forderungen nachzuzahlen, der Arbeitnehmer im Gegenzug die erhaltenen Zahlungen für seine Beendigungsansprüche – z.B. Abfertigung – zurückzuzahlen.

Wie sind diese Zahlungen des Arbeitgebers zu versteuern?

Diese Zahlungen stellen eine **Nachzahlung dar und sind gem. § 67 Abs. 8 lit. c EStG** zu versteuern (→ 24.3.2.2.; Aufrollung, sofern im selben Kalenderjahr); § 67 Abs. 8 lit. a EStG (Vergleichszahlung) kommt nicht zur Anwendung. Ebenso ist bei Zahlungen gem. § 61 ASGG (vorläufige Rechtswirkung des Urteils erster Instanz) vorzugehen.

FALL D:

Der Arbeitnehmer ficht die Kündigung wegen Sozialwidrigkeit an. Arbeitgeber und Arbeitnehmer schließen einen Vergleich.

a) Es wird vereinbart, dass die Kündigung aufrecht bleibt, und der Arbeitnehmer erhält für den Verzicht auf die Kündigungsanfechtung eine bestimmte Summe.
Wie ist diese Zahlung zu versteuern?
In diesem Fall ist die Versteuerung gem. **§ 67 Abs. 8 lit. a EStG** (**als Vergleichssumme**) vorzunehmen (→ 24.5.2.2.).

b) Es wird vereinbart, dass die ursprüngliche Kündigung aufgehoben wird und das Dienstverhältnis zu einem späteren Termin einvernehmlich beendet wird. Die offenen Bezüge werden vom Arbeitgeber nachbezahlt.
Wie sind diese Zahlungen zu versteuern?
Diese Zahlungen stellen eine **Nachzahlung dar und sind gem. § 67 Abs. 8 lit. c EStG** zu versteuern (→ 24.3.2.2.); § 67 Abs. 8 lit. a EStG (Vergleichszahlung) kommt nicht zur Anwendung[785].

c) Der Arbeitgeber zieht die Kündigung zurück, der Arbeitnehmer die Klage (Vergleichsinhalt). Der Arbeitgeber zahlt die Bezüge nach.
Wie sind diese Zahlungen zu versteuern?
Diese Zahlungen stellen eine **Nachzahlung dar und sind gem. § 67 Abs. 8 lit. c EStG** zu versteuern (→ 24.3.2.2.); § 67 Abs. 8 lit. a EStG (Vergleichszahlung) kommt nicht zur Anwendung.

(LStR 2002 – Beispielsammlung, Rz 11103)

Wichtiger Hinweis: Die vorstehende Rechtsansicht des BMF hinsichtlich **Vergleichssumme** – als Gegenleistung für die Zurücknahme der Kündigungsanfechtungsklage – setzt aber voraus, dass die Klage bereits **gerichtsanhängig** ist.

785 Der Regelung des § 67 Abs. 8 lit. a EStG (Vergleichszahlungen, → 24.5.2.2.) kommt bei Zahlungen, die im Zusammenhang mit einer Kündigungsanfechtung oder einer Anfechtung der Entlassung stehen, keine Bedeutung zu, wenn die Kündigung oder Entlassung aufgrund einer Vereinbarung zwischen Arbeitgeber und Arbeitnehmer nicht effektuiert wird und der aufgrund dieser Vereinbarung zu zahlende Betrag auf einzelne Komponenten aufgeteilt und bestimmten Zeiträumen zugeordnet werden kann (VwGH 16.6.2021, Ro 2020/15/0023).

Andernfalls (z.B. bloße Androhung einer Anfechtungsklage) liegt keine Vergleichssumme, sondern eine sog. „Abgangsentschädigung" vor und ist gem. § 67 Abs. 10 EStG nach dem Lohnsteuertarif der Besteuerung zu unterwerfen (→ 23.3.2.6.2.; → 34.5.2.).

24.8. Zusammenfassung der Bezüge des § 67 Abs. 8 EStG

Art des Bezugs	steuerliche Behandlung	beitragsrechtliche Behandlung
§ 67 Abs. 8 lit. a EStG: • **Vergleichssummen**, die auf gerichtlichen oder außergerichtlichen Vergleichen beruhen, sowie Zahlungen von Gerichtsurteilen • für **vergangenheitsbezogene Zeiträume**, • **unabhängig**, ob diese Summen neben laufendem Arbeitslohn von demselben Arbeitgeber gewährt werden oder nicht.	ein Fünftel steuerfrei[786]; der verbleibende Betrag wie ein lfd. Bezug gem. § 67 Abs. 10 EStG[787 788 789] (→ 24.5.2.2.)	der lfd. Teil als lfd. Bezug gem. § 49 Abs. 1 ASVG; der SZ-Teil als Sonderzahlung gem. § 49 Abs. 2 ASVG (→ 24.5.2.1.)
§ 67 Abs. 8 lit. a EStG: • **Vergleichssummen**, die • **bei oder nach Beendigung** des Dienstverhältnisses anfallen, für • Zeiträume mit **Anwartschaft gegenüber einer BV-Kasse**.	max. € 7.500,00 mit 6%, ohne Anwendung des § 67 Abs. 2 EStG[787 788] (→ 24.5.2.2.)	der lfd. Teil als lfd. Bezug gem. § 49 Abs. 1 ASVG; der SZ-Teil als Sonderzahlung gem. § 49 Abs. 2 ASVG (→ 24.5.2.1.)
§ 67 Abs. 8 lit. b EStG: • **Kündigungsentschädigung.** Im Zeitpunkt der Leistung ist das **Dienstverhältnis** bereits **beendet**.	ein Fünftel steuerfrei[786]; der verbleibende Betrag wie ein lfd. Bezug gem. § 67 Abs. 10 EStG[787] (→ 34.4.2.)	der lfd. Teil als lfd. Bezug gem. § 49 Abs. 1 ASVG; der SZ-Teil als Sonderzahlung gem. § 49 Abs. 2 ASVG (→ 34.4.1.)

786 Gedeckelt mit: Höchstbeitragsgrundlage € 5.670,00 × 9 = € 51.030,00; davon 1/5 = **€ 10.206,00** (= Deckelungsbetrag).

787 Bezüge i.S.d. § 3 Abs. 1 EStG (→ 21.2.) bleiben steuerfrei.

788 Nicht steuerbare Leistungen i.S.d. § 26 EStG (→ 21.3.) sind steuerlich nicht zu erfassen.

789 Gesetzliche (kollektivvertragliche) Abfertigungen i.S.d. § 67 Abs. 3 EStG (→ 34.7.2.1.) und freiwillige (vertragliche) Abfertigungen i.S.d. § 67 Abs. 6 EStG (→ 34.7.2.2.) behalten ihren steuerlichen Charakter weiter. Zur DB-, DZ- und KommSt-Pflicht von Sozialplanzahlungen siehe Punkt 37.3.3.3. und 37.4.1.3.

Art des Bezugs	steuerliche Behandlung	beitragsrechtliche Behandlung
§ 67 Abs. 8 lit. c EStG: **Nachzahlungen von** • **laufenden Bezügen** • für das **laufende Kalenderjahr**, • unabhängig davon, ob im Zeitpunkt solcher Zahlungen vom gleichen Arbeitgeber noch Arbeitslohn bezahlt wird oder nicht.	aufrollen[787 788] (→ 11.5.4.)	aufrollen (→ 24.3.2.1.)
Nachzahlungen von • **sonstigen Bezügen** • für das **laufende Kalenderjahr**, • **neben laufendem Arbeitslohn.**	als sonstiger Bezug gem. § 67 Abs. 1 und 2 EStG (→ 23.3.2.)	aufrollen (→ 24.3.2.1.)
Nachzahlungen von • **sonstigen Bezügen** • für das **laufende Kalenderjahr**, • **nicht neben laufendem Arbeitslohn.** • Im Zeitpunkt der Nachzahlung ist das **Dienstverhältnis** bereits **beendet**.	wie ein lfd. Bezug gem. § 67 Abs. 10 EStG[789] (→ 23.3.2.6.2.)	aufrollen (→ 24.3.2.1.)
Nachzahlungen (nach dem 15. Februar des Folgejahrs) **von** • **laufenden und sonstigen Bezügen** • für **abgelaufene Kalenderjahre**, • die **nicht** auf einer **willkürlichen Verschiebung** des Auszahlungszeitpunkts beruhen, • unabhängig davon, ob im Zeitpunkt solcher Zahlungen vom gleichen Arbeitgeber noch Arbeitslohn bezahlt wird oder nicht.	ein Fünftel steuerfrei; der verbleibende Betrag wie ein lfd. Bezug gem. § 67 Abs. 10 EStG [787 788 789] (→ 24.3.2.2.)	aufrollen (→ 24.3.2.1.)

Art des Bezugs	steuerliche Behandlung	beitragsrechtliche Behandlung
Nachzahlungen (nach dem 15. Februar des Folgejahrs) **von** • **laufenden Bezügen** • für **abgelaufene Kalenderjahre**, • die auf einer **willkürlichen Verschiebung** des Auszahlungszeitpunkts beruhen.	als laufender Bezug nach dem Lohnsteuertarif (→ 11.4.3.)	aufrollen (→ 24.3.2.1.)
Nachzahlungen (nach dem 15. Februar des Folgejahrs) **von** • **sonstigen Bezügen** • für **abgelaufene Kalenderjahre**, • die auf einer **willkürlichen Verschiebung** des Auszahlungszeitpunkts beruhen. Im Zeitpunkt der Leistung ist das **Dienstverhältnis** noch **nicht beendet**.	als sonstiger Bezug gem. § 67 Abs. 1 und 2 EStG (→ 23.3.2.)	aufrollen (→ 24.3.2.1.)
Nachzahlungen (nach dem 15. Februar des Folgejahrs) **von** • **sonstigen Bezügen** • für **abgelaufene Kalenderjahre**, • die auf einer **willkürlichen Verschiebung** des Auszahlungszeitpunkts beruhen. Im Zeitpunkt der Leistung ist das **Dienstverhältnis** bereits **beendet**.	wie ein lfd. Bezug gem. § 67 Abs. 10 EStG (→ 23.3.2.6.2.)	aufrollen (→ 24.3.2.1.)
§ 67 Abs. 8 lit. d EStG: • **Ersatzleistungen für Urlaubsentgelt** für nicht verbrauchten Urlaub.	der lfd. Teil als lfd. Bezug bzw. der SZ-Teil als sonstiger Bezug gem. § 67 Abs. 1 und 2 EStG (→ 34.7.2.3.1.)	der lfd. Teil als lfd. Bezug gem. § 49 Abs. 1 ASVG; der SZ-Teil als Sonderzahlung gem. § 49 Abs. 2 ASVG (→ 34.7.1.1.1.)

Art des Bezugs	steuerliche Behandlung	beitragsrechtliche Behandlung
§ 67 Abs. 8 lit. e EStG: • **Zahlungen für Pensionsabfindungen**, deren Barwert den Betrag von € 13.200,00 übersteigt. Im Zeitpunkt der Leistung ist das **Dienstverhältnis** bereits **beendet**.	mit dem Hälftesteuersatz (→ 30.2.2.5.)	SV-frei (→ 30.2.2.5.)
• **Zahlungen für Pensionsabfindungen**, deren Barwert den Betrag von € 13.200,00 nicht übersteigt. Im Zeitpunkt der Leistung ist das **Dienstverhältnis** noch **nicht beendet**.	mit dem Hälftesteuersatz (→ 30.2.2.5.)	als lfd. Bezug gem. § 49 Abs. 1 ASVG (→ 30.2.2.5.)
• **Zahlungen für Pensionsabfindungen**, deren Barwert den Betrag von € 13.200,00 übersteigt. Im Zeitpunkt der Leistung ist das **Dienstverhältnis** bereits **beendet**.	wie ein lfd. Bezug gem. § 67 Abs. 10 EStG (→ 30.2.2.5.)	SV-frei (→ 30.2.2.5.)
• **Zahlungen für Pensionsabfindungen**, deren Barwert den Betrag von € 13.200,00 übersteigt. Im Zeitpunkt der Leistung ist das **Dienstverhältnis** noch **nicht beendet**.	wie ein lfd. Bezug gem. § 67 Abs. 10 EStG (→ 30.2.2.5.)	als lfd. Bezug gem. § 49 Abs. 1 ASVG (→ 30.2.2.5.)
§ 67 Abs. 8 lit. f EStG: • **Bezüge im Rahmen von Sozialplänen** bis zu einem Betrag von € 22.000,00.	mit dem Hälftesteuersatz, soweit sie nicht nach § 67 Abs. 6 EStG mit 6% zu versteuern sind (→ 34.9.2.)	SV-frei (→ 34.9.1.)
§ 67 Abs. 8 lit. g EStG: **Nachzahlungen,** • **die in einem Insolvenzverfahren** geleistet werden, • **gleichgültig**, ob es sich um Lohnzahlungszeiträume eines laufenden oder eines abgelaufenen Kalenderjahrs handelt.	ein Fünftel steuerfrei; der verbleibende Betrag wie ein lfd. Bezug mit einer vorläufigen Besteuerung von 15%[787 788 789] (→ 24.6.2.2.)	aufrollen (→ 24.6.2.1.)

Die in obiger Zusammenstellung enthaltenen

- DB- und DZ-pflichtigen[790] [791](→ 37.3.3.3.) und
- KommSt-pflichtigen[790] (→ 37.4.1.3.)

Bezugsbestandteile sind in dem Kalendermonat in die Beitrags- bzw. Bemessungsgrundlage einzubeziehen, in dem diese Zahlungen geleistet wurden.

24.9. Nachzahlungen in Form eines „13. Abrechnungslaufs"

24.9.1. Sozialversicherung

Beitragspflichtige Nachzahlungen sind in jedem Fall dem Zeitraum zuzuordnen, in dem der Anspruch entstanden ist (Anspruchsprinzip, → 24.3.2.1.) (**„beitragszeitraumkonforme Aufrollung"**).

24.9.2. Lohnsteuer

Abrechnungen in Form eines „13. Abrechnungslaufs" sind eine lohnsteuerrechtliche Nachzahlungsform.

In der Praxis kommt es häufig vor, dass in einem sog. 13. Abrechnungslauf im Folgejahr Aufrollungen und Nachträge für das Vorjahr vorgenommen bzw. abgerechnet werden. Dabei handelt es sich meist um die Zahlung von Überstunden für das Vorjahr und anderer laufender oder sonstiger Bezüge, die sozialversicherungsrechtlich dem Vorjahr zuzurechnen sind. Dadurch werden die bis zum 15. Februar des Folgejahrs durch den Arbeitgeber vorgenommenen Nachverrechnungen auch steuerlich dem Vorjahr zugerechnet.

Werden **Bezüge für das Vorjahr bis zum 15. Februar ausbezahlt**, kann der Arbeitgeber durch Aufrollen der vergangenen Lohnzahlungszeiträume die Lohnsteuer neu berechnen. Erfolgt keine Aufrollung, sind die Bezüge dem Lohnzahlungszeitraum Dezember zuzuordnen[792] (§ 77 Abs. 5 EStG).

Für Bezüge, die das Vorjahr betreffen, aber nach dem 15. Jänner[793] bis zum 15. Februar ausbezahlt werden, ist die Lohnsteuer

- bis zum 15. Februar als **Lohnsteuer für das Vorjahr** abzuführen;
- diese **Bezüge** gelten auch als im **Vorjahr** zugeflossen.

Auf dem Lohnkonto muss die Lohnsteuer für solche Bezüge

- als **Lohnsteuer** für das **Vorjahr** ausgewiesen,
- am **Lohnkonto** bzw. am **Lohnzettel** des **Vorjahrs** aufgenommen werden und
- als **Lohnsteuer** für das **Vorjahr** auch abgeführt werden (§ 79 Abs. 2 EStG).

790 Ausgenommen davon sind die Bezugsbestandteile der begünstigten behinderten Dienstnehmer und der begünstigten behinderten Lehrlinge i.S.d. BEinstG (→ 29.2.1.).

791 Ausgenommen davon sind die Bestandteile der Dienstnehmer (Personen) nach Vollendung des 60. Lebensjahres (→ 31.11.).

792 Werden SEG-Zulagen, SFN-Zuschläge oder Überstundenzuschläge (→ 18.3.) nachgezahlt, kann die Abrechnung nur im Dezember nachteilig sein.

793 Dies gilt auch für Bezüge, die für das Vorjahr in der Zeit zwischen 1. und 15.1. ausbezahlt werden (vgl. BFG 13.4.2016, RV/3100371/2013).

Ist bereits ein Lohnzettel übermittelt worden und wird danach ein „13. Abrechnungslauf" durchgeführt, ist ein berichtigter Lohnzettel innerhalb von zwei Wochen zu übermitteln (§ 84 Abs. 3 EStG) (→ 35.1.).

Die Anwendung der steuerlichen Begünstigung für Nachzahlungen gem. § 67 Abs. 8 lit. c EStG (→ 24.3.2.2.) ist in solchen Fällen **nicht möglich** (§ 79 Abs. 2 EStG)[794]. Allerdings sind jene Steuerbefreiungen und Steuerbegünstigungen zu berücksichtigen, die bei einer Auszahlung der Bezüge im laufenden Kalenderjahr anzuwenden sind (LStR 2002 Rz 1202a).

Die Bestimmung des § 77 Abs. 5 EStG bezieht sich **sowohl auf laufende als auch auf sonstige Bezüge**, die für das Vorjahr bis zum 15. Februar des Folgejahres ausgezahlt werden.

Werden **sonstige Bezüge** für das Vorjahr bis zum 15. Februar des Folgejahrs ausbezahlt, ist das **Jahressechstel neu zu berechnen**. Dabei sind alle zuvor ausbezahlten laufenden Bezüge zu berücksichtigen.

Wurde bei Auszahlung des Dezemberbezugs eine Nachversteuerung von sonstigen Bezügen gemäß § 77 Abs. 4a EStG (**Kontrollsechstelberechnung**, → 23.3.2.5.) vorgenommen, ist bei einer **Nachzahlung von laufenden Bezügen** bis 15.2. des Folgejahres im Wege eines 13. Abrechnungslaufs ein bereits auf Grund der Kontrollrechnung gemäß § 77 Abs. 4a EStG nach § 67 Abs. 10 EStG nachversteuerter Betrag – im Ausmaß des sich durch die Nachzahlung der laufenden Bezüge erhöhten Kontrollsechstels – **zu korrigieren.** Auch eine Korrektur zugunsten des Arbeitnehmers ist somit bei Nachzahlungen von laufenden Bezügen für das Vorjahr bis 15.2. möglich (LStR 2002, Rz 1193a).

24.9.3. Dienstgeberbeitrag zum FLAF, Zuschlag zum DB, Kommunalsteuer

Werden Arbeitslöhne für das Vorjahr nach dem 15. Jänner bis zum 15. Februar ausbezahlt, ist der Dienstgeberbeitrag zum FLAF bzw. Zuschlag zum DB bis zum 15. Februar abzuführen (§ 43 Abs. 1 FLAG) (→ 37.3.3., → 37.3.4.).

Werden laufende Bezüge für das Vorjahr nach dem 15. Jänner bis zum 15. Februar ausbezahlt, ist die Kommunalsteuer bis zum 15. Februar abzuführen (§ 11 Abs. 2 KommStG) (→ 37.4.1.).

24.9.4. Hinweis

Bei regelmäßig um einen Monat zeitverschobenen Auszahlungen von Zulagen und Zuschlägen ist **nicht** von einer **Nachzahlung** auszugehen, die Bestimmung des § 79 Abs. 2 EStG ist nicht anzuwenden (LStR 2002 – Beispielsammlung, Rz 11106).

---

794 Dies gilt auch, wenn eine im Vorjahr ausgesprochene Entlassung durch einen Vergleich im Folgejahr zurückgenommen, das Dienstverhältnis mit 31.1. des Folgejahres einvernehmlich beendet und mit Anfang Februar des Folgejahres eine Zahlung zur Ablösung sämtlicher Ansprüche durch den (ehemaligen) Arbeitgeber geleistet wird. Da die Zahlung bis 15. Februar des Folgejahres erfolgt und der Anspruch bereits im Vorjahr entstanden ist, sind die Zahlungen, die auf den Zeitraum bis inklusive Dezember des Vorjahres entfallen, auch dem Vorjahr zuzuordnen; § 67 Abs. 8 lit. c EStG (Nachzahlungen, → 24.2.2.) ist nicht anwendbar (VwGH 16.6.2021, Ro 2020/15/0023).

Dazu ein **Beispiel**:

Werden von einem Arbeitgeber z.B. Überstunden während eines Kalenderjahrs regelmäßig einen Monat nach der tatsächlichen Leistung, also im Nachhinein, dem Arbeitnehmer ausbezahlt, so sind die Überstunden (welche im Dezember geleistet wurden) nicht in das Vorjahr zu rollen.

Auch die **Vergütung** des **Gleitzeitsaldos** stellt **keine Nachzahlung** gem. § 67 Abs. 8 lit. c EStG dar, da bis zum Zeitpunkt der Abrechnung der Gleitzeitperiode der Arbeitnehmer keinen Anspruch auf die Bezahlung des Gleitzeitguthabens hat (→ 18.3.6.6.) (LStR 2002, Rz 1106).

25. Krankenstand der Arbeiter und Angestellten

In diesem Kapitel werden u.a. Antworten auf folgende praxisrelevanten Fragestellungen gegeben:

- Was ist der Unterschied zwischen Krankenentgelt und Krankengeld? Seite 775
- Wie wirkt sich ein Krankenstand ohne Entgeltanspruch auf arbeitsrechtliche bzw. dienstzeitabhängige Ansprüche aus?
  - Verkürzt sich dadurch der Urlaubsanspruch im jeweiligen Urlaubsjahr? Seite 781
- Sind Vordienstzeiten bei der Höhe des nach Arbeitsjahren gestaffelten Entgeltfortzahlungsanspruchs im Krankenstand anzurechnen?
  - Welche Unterschiede bestehen diesbezüglich zwischen Arbeitern und Angestellten? Seite 787 f., 803 f.
- Wann beginnt ein neues Arbeitsjahr und damit ein neuer Entgeltfortzahlungsanspruch im Krankheitsfall, insbesondere in Hinblick auf die mögliche Anrechnung von Vordienstzeiten?
  - Wie wirkt sich ein Betriebsübergang auf den Beginn des Arbeitsjahres aus? Seite 786, 788, 804
- Was ist bei der Umstellung des Entgeltfortzahlungsanspruchs im Krankheitsfall von einem Arbeitsjahr auf das Kalenderjahr zu beachten? Seite 788 f., 805
- Welche Entgeltbestandteile (z.B. Zulagen, Überstunden) sind während des Krankenstands fortzuzahlen? Seite 789 ff., 805 ff.
- Welche Auswirkungen haben Feiertage auf das im Krankheitsfall fortzuzahlende Entgelt? Seite 793 ff., 808
- Ist der Arbeitnehmer in jedem Fall verpflichtet, eine ärztliche Bestätigung über das Vorliegen der Arbeitsunfähigkeit vorzulegen?
  - Kann er dazu im Dienstvertrag verpflichtet werden? Seite 810 ff.
- Stellt das Nichterscheinen zum Dienst einen Entlassungsgrund dar? Seite 813
- Kann der Dienstnehmer während des Krankenstands gekündigt werden? Seite 814 f.

25.1. Allgemeines

25.1.1. Rechtsgrundlagen

Die Ansprüche auf Entgeltfortzahlung im Zusammenhang mit einer Krankheit oder einem Unglücksfall finden in diversen Gesetzen (gelegentlich auch in Kollektivverträgen) ihre Behandlung.

In der Regel werden die Entgeltansprüche durch das

Entgeltfortzahlungsgesetz (EFZG)	bzw.	**Angestelltengesetz**
• für Arbeiter,		• für Angestellte i.S.d. AngG (→ 4.4.3.1.1.)

geregelt.

Daneben gibt es auch noch einige Sondergesetze, die Krankenstandsregelungen zum Inhalt haben, wie z.B. das

- Berufsausbildungsgesetz (BGBl 1969/142) (→ 28.3.8.),
- Hausbesorgergesetz (BGBl 1970/16)[795],
- Hausgehilfen- und Hausangestelltengesetz (BGBl 1962/235),
- Vertragsbedienstetengesetz (BGBl 1948/86).

Für Dienstnehmer, die nicht den hauptsächlich zur Anwendung kommenden Gesetzen (EFZG und AngG) oder einem der Sondergesetze unterliegen, gelten die Regelungen des **§ 1154b ABGB**. Diese Regelungen haben allerdings für die Praxis kaum noch Bedeutung.

25.1.2. Anspruchsvoraussetzungen

Die einschlägigen gesetzlichen Bestimmungen setzen voraus, dass der Dienstnehmer

1. durch Krankheit oder Unglücksfall,
2. an seiner Dienstleistung verhindert,
3. **und dadurch arbeitsunfähig** ist[796].

Die Ursache für die Erkrankung bzw. für den Unglücksfall kann

im **privaten Bereich**	bzw.	im **beruflichen Bereich**

liegen. Dazu zählen

• die Krankheit und • der (Freizeit-)Unfall;	• die Berufskrankheit und • der Arbeits- bzw. Wegunfall.

Kur- und Erholungsaufenthalte im Zusammenhang mit einer Krankheit oder einem Unglücksfall, einem Arbeitsunfall oder einer Berufskrankheit sind der jeweiligen Dienstverhinderung gleichzusetzen (§ 2 Abs. 2, 6 EFZG, Judikatur zum AngG).

Bei Vorliegen dieser Verhinderungsursachen behält der Dienstnehmer für eine bestimmte Zeit Anspruch auf Fortzahlung seines Entgelts. Da diese Zeit u.a. von der Art der Verhinderung abhängt, sind nachstehende Begriffsbestimmungen zu beachten.

795 Das Hausbesorgergesetz ist auf Dienstverhältnisse, die nach dem 30. Juni 2000 abgeschlossen wurden, nicht mehr anzuwenden (§ 31 Abs. 5 HbG) (→ 4.4.3.1.4.).

796 Arbeitsunfähigkeit liegt vor, wenn der Erkrankte nicht oder nur unter der Gefahr, seinen Zustand zu verschlechtern, fähig ist, seiner vor Eintritt des Versicherungsfalls ausgeübten Erwerbstätigkeit nachzugehen. Ob ein Dienstnehmer wegen Krankheit an der Verrichtung seiner Dienste verhindert ist – und somit Arbeitsunfähigkeit im rechtlichen Sinn vorliegt –, richtet sich nach der **konkreten Arbeitspflicht** des Dienstnehmers bzw. der Verhinderung an derselben und kann daher naturgemäß nur bezogen auf den konkreten **Dienstgeber** und nicht auf die berufliche Tätigkeit in einem anderen Unternehmen beurteilt werden (OGH 26.8.2014, 9 ObA 64/14y).

<table>
<tr><td>Krankheit</td><td>ist ein regelwidriger Körper- oder Geisteszustand, der die Krankenbehandlung notwendig macht § 120 ASVG).</td><td rowspan="2">Eine Meldung durch den Dienstgeber an den Träger der Krankenversicherung ist nicht erforderlich.</td></tr>
<tr><td>Unfall</td><td>ist die Gesundheitsschädigung oder der Tod eines Menschen durch ein plötzliches, unvorhergesehenes Ereignis, das zeitlich und örtlich umgrenzt und vom Willen des Betroffenen unabhängig ist (Judikatur zu § 120 ASVG).</td></tr>
<tr><td>Arbeitsunfall</td><td>ist ein Unfall, der sich im örtlichen, zeitlichen und ursächlichen Zusammenhang mit der die Versicherung begründenden Beschäftigung ereignet (§ 175 Abs. 1 ASVG).
Der Dienstgeber hat den Betriebsrat (→ 11.7.1.) von jedem Arbeitsunfall unverzüglich in Kenntnis zu setzen (§ 89 Z 3 ArbVG) und über Arbeitsunfälle Aufzeichnungen zu führen (§ 16 ASchG).
Darüber hinaus ist der Dienstgeber verpflichtet, dem Arbeitsinspektorat (→ 16.1.) tödliche und sonstige schwere Arbeitsunfälle zu melden, sofern nicht eine Meldung an die Sicherheitsbehörde erfolgt (§ 98 Abs. 5 ASchG).</td><td>Diese Verhinderungsursachen hat der Dienstgeber dem zuständigen Träger der Unfallversicherung binnen fünf Tagen zu melden, wenn sie zum Tod oder zu völliger oder teilweiser Arbeitsunfähigkeit von mehr als drei Tagen führten. Im Fall einer Arbeitskräfteüberlassung obliegt diese Meldeverpflichtung dem Beschäftigungsunternehmen (§ 363 Abs. 1 ASVG). Zu diesem Zweck sind die amtlichen Meldeformulare zu verwenden[797].</td></tr>
<tr><td>Wegunfall</td><td>ist ein Arbeitsunfall, wenn sich der Unfall auf einem mit der Beschäftigung zusammenhängenden Weg zur oder von der Arbeits- oder Ausbildungsstätte ereignet (§ 175 Abs. 2 ASVG).</td><td rowspan="2"></td></tr>
<tr><td>Berufskrankheit</td><td>ist eine Krankheit, die im ursächlichen Zusammenhang mit der die Versicherung begründenden Beschäftigung steht und deren wahrscheinliche Ursache in der Ausübung des Berufs gelegen ist (§ 177 Abs. 1 ASVG)[798].</td></tr>
</table>

797 Hiebei handelt es sich um eine **Schutzbestimmung** mit dem Zweck, die amtswegige Einleitung des Verfahrens und damit die dem Dienstnehmer ev. **zustehenden Ansprüche zu sichern.** Unterlässt der Dienstgeber diese Meldung, wird er dem Dienstnehmer gegenüber ersatzpflichtig. Diese Ersatzansprüche unterliegen grundsätzlich der Verfallsbestimmung des Kollektivvertrags (→ 9.6.) (OGH 26.11.1997, 9 ObA 163/97d).

798 Der Gesetzgeber hat sich vorbehalten, im Einzelnen festzulegen, welche Krankheiten unter welchen Voraussetzungen als Berufskrankheit gelten und hiezu eine taxative Liste erstellt (§ 177 ASVG iZm Anlage 1 des ASVG).

Absonderung (Quarantäne) und Krankenstand:

Für die Zeit einer **Absonderung (Quarantäne) nach dem Epidemiegesetz** (→ 27.1.1.1.3.) liegt bei Erkrankung grundsätzlich keine Entgeltfortzahlung im Krankenstand vor, da die Bestimmungen des Epidemiegesetzes jenen des AngG bzw. des EFZG nach herrschender Ansicht als lex specialis vorgehen. Diese Tage stellen daher – trotz etwaiger COVID-19-Erkrankung – keine Krankenstandstage dar und kürzen nicht das Entgeltfortzahlungskontingent.

Für Absonderungen (Quarantänen) **außerhalb des Epidemiegesetzes** (nach einer anderen Rechtsnorm bzw. im Ausland) gelten hingegen **bei Vorliegen einer Erkrankung** die Entgeltfortzahlungsbestimmungen im Krankenstand, sodass diese Tage auch das Entgeltfortzahlungskontingent kürzen. Voraussetzung für eine Entgeltfortzahlung ist jedoch, dass den Arbeitnehmer an der Erkrankung kein Vorsatz und keine grobe Fahrlässigkeit trifft (→ 25.2.3.1.). Bei Reisen in Risikogebiete mit bestehender Reisewarnung oder bei Missachtung aller Abstandsregeln und Hygienemaßnahmen wird daher der Entgeltfortzahlungsanspruch des Arbeitnehmers im Regelfall entfallen (vgl. BMA, FAQ: Arbeitsrecht sowie ähnlich zur Quarantäne im Ausland BMA, Handbuch COVID-19: Urlaub und Entgeltfortzahlung, jeweils abrufbar unter www.bma.gv.at). Liegt hingegen während der Absonderung (Quarantäne) außerhalb des Epidemiegesetzes **keine Erkrankung** vor (bzw. ist diese symptomlos), ist ein etwaiger Entgeltfortzahlungsanspruch nach den allgemeinen Dienstverhinderungsgründen (→ 27.1.1.1.)[799] oder bei Vorliegen einer Urlaubsvereinbarung nach dem Urlaubsgesetz (→ 26.2.4.) zu prüfen.

Auch für **Krankenstände während einer COVID-19-Risikofreistellung** (→ 27.1.1.6.) und einer **COVID-19-Sonderfreistellung für werdende Mütter** (→ 27.1.1.7.) gehen die Bestimmungen zu den Freistellungen dem Krankenstand vor, sofern die Arbeitsunfähigkeit während der Dienstfreistellung eintritt. Besteht eine Arbeitsunfähigkeit bereits vor einer COVID-19-Dienstfreistellung, bleibt die laufende Arbeitsunfähigkeit bis zum Erreichen der Arbeitsfähigkeit aufrecht. Ein Entgeltfortzahlungsanspruch (nach dem EFZG bzw. AngG) gegenüber dem Arbeitgeber besteht. Erst ab dem Datum der Arbeitsfähigkeit wird die Freistellung wirksam (vgl. ÖGK, DG-Newsletter Nr. 3/Februar 2021).

25.1.3. Krankengeld – Krankenentgelt

Liegt Arbeitsunfähigkeit infolge Krankheit, Unfall usw. vor, erhält der Dienstnehmer

vom **zuständigen Träger der Krankenversicherung**	und/ oder	vom **Dienstgeber**
das sog. **Krankengeld**,		das sog. **Krankenentgelt** (für Arbeiter → 25.2.7., für Angestellte → 25.3.7., für Lehrlinge → 28.3.8.1.).

799 Ein Entgeltfortzahlungsanspruch besteht nur, wenn der Arbeitnehmer unverschuldet unter Quarantäne gestellt wurde.

25.1.3.1. Krankengeld

Krankengeld[800] wird den Dienstnehmern bzw. freien Dienstnehmern (→ 31.7.) (sowie den aus der Pflichtversicherung ausgeschiedenen nach § 122 ASVG Anspruchsberechtigten) bei **Arbeitsunfähigkeit infolge Erkrankung** gewährt (§ 138 Abs. 1 ASVG). Das Krankengeld **gebührt nicht** für die Dauer der Arbeitsunfähigkeit infolge einer Krankheit,

1. die sich der (die) Versicherte durch schuldhafte Beteiligung an einem **Raufhandel** zugezogen hat, sofern er (sie) nach § 91 StGB **rechtskräftig verurteilt** wurde, oder
2. die sich als unmittelbare Folge von **Trunkenheit** oder **Missbrauch von Suchtgiften** erweist (§ 142 Abs. 1 ASVG).

Dienstnehmer (freie Dienstnehmer) haben vom **vierten Tag** der Arbeitsunfähigkeit an Anspruch auf Krankengeld (§ 138 Abs. 1 ASVG). Dies gilt nicht für jene Fälle, in denen eine Wiederholungserkrankung i.S.d. ASVG vorliegt und somit für die ersten drei Tage Krankengeld gebührt (§ 139 Abs. 3 ASVG).

Der Anspruch auf Krankengeld besteht für ein und denselben Versicherungsfall bis zur Dauer von **26 Wochen**. Wenn der Dienstnehmer (freie Dienstnehmer) innerhalb der letzten zwölf Monate vor dem Eintritt des Versicherungsfalls mindestens sechs Monate in der Krankenversicherung versichert war, verlängert sich die Dauer auf bis zu **52 Wochen** (§ 139 Abs. 1 ASVG). Durch die Satzung kann die Höchstdauer bis auf **78 Wochen** erhöht werden („Aussteuerung“ vom Krankengeld) (§ 139 Abs. 2 ASVG).

Das Krankengeld **ruht** u.a., solange der Dienstnehmer (freie Dienstnehmer) auf Grund gesetzlicher oder vertraglicher Bestimmungen **Anspruch auf Weiterleistung von mehr als 50%** der vollen Geld- und Sachbezüge vor dem Eintritt der Arbeitsunfähigkeit hat[801]; besteht ein Anspruch auf Weiterleistung von **50%** dieser Bezüge[802], so ruht das Krankengeld zur Hälfte; **Folgeprovisionen** gelten nicht als weitergeleistete Bezüge (§ 143 Abs. 1 Z 3 ASVG; zu Folgeprovisionen vgl. OGH 23.1.2018, 10 ObS 123/17m). Eine freiwillige Weiterzahlung des Entgelts durch den Dienstgeber führt hingegen zu keinem Ruhen des Krankengeldanspruchs.

Das Krankengeld beträgt **50%** der Bemessungsgrundlage (Beitragsgrundlage zur Krankenversicherung) für den Kalendertag und erhöht sich ab dem **43. Tag** einer Arbeitsunfähigkeit auf **60%** der Bemessungsgrundlage für den Kalendertag (§ 141 Abs. 1, 2 ASVG).

Für das **Ruhen des Krankengeldanspruchs** kommt es nur auf das Bestehen eines gesetzlichen oder vertraglichen **(Rechts-)Anspruchs** auf Weiterleistung der Geldbezüge und Sachbezüge in entsprechender Höhe an, nicht aber darauf, in welcher Höhe dieser Anspruch verglichen oder gar liquidiert wurde (OGH 22.6.2021, 10 ObS 67/21g zum fehlenden Krankengeldanspruch bei Vergleich über Entgeltfortzahlungsansprüche).

---

800 Das Krankengeld beinhaltet neben dem laufenden Bezug auch die anteiligen Sonderzahlungen. Werden Sonderzahlungen durch den Arbeitgeber fortbezahlt, kann der Sonderzahlungsaufschlag beim Krankengeld gekürzt werden oder ganz wegfallen. Dazu ist in der Arbeits- und Entgeltbestätigung (siehe nachstehend) der Umfang des Sonderzahlungsanspruchs (voll oder aliquot) anzugeben.

801 In diesem Fall beträgt das Krankenentgelt (→ 25.2.7., → 25.3.7.) mehr als 50% der (vor dem Eintritt der Arbeitsunfähigkeit gewährten) vollen Geld- und Sachbezüge.

802 In diesem Fall beträgt das Krankenentgelt 50% der (vor dem Eintritt der Arbeitsunfähigkeit gewährten) vollen Geld- und Sachbezüge.

Bei vorübergehender Auszahlung von Bezügen aus einer gesetzlichen Krankenversorgung gem. § 25 Abs. 1 Z 1 lit. c und e EStG (Kranken-, Familien- bzw. Taggeld) sind **20% Lohnsteuer** einzubehalten, soweit diese Bezüge **€ 30,00 täglich (€ 900,00 monatlich)** übersteigen[803]. Wird ein 13. bzw. 14. Bezug zusätzlich ausgezahlt, hat ein vorläufiger Lohnsteuerabzug von diesen Bezügen zu unterbleiben. Zur Berücksichtigung dieser Bezüge im Veranlagungsverfahren (→ 15.) haben die Versicherungsträger bis zum 31. Jänner des folgenden Kalenderjahrs einen Lohnzettel (→ 35.2.1.) auszustellen und an das Finanzamt der Betriebsstätte zu übermitteln. In diesem Lohnzettel ist ein Siebentel des Krankengelds gesondert als sonstiger Bezug gem. § 67 Abs. 1 EStG auszuweisen (§ 69 Abs. 2 EStG). Der Bezug von Krankengeld löst eine Pflichtveranlagung aus (→ 15.2.1.).

Der Krankenversicherungsträger errechnet das Krankengeld auf Basis der vom Dienstgeber ausgestellten **„Arbeits- und Entgeltbestätigung“**[804]. Darin sind auch die Sachbezüge art- und mengenmäßig anzugeben. Allerdings sind nur jene Sachbezüge anzugeben, die der Dienstnehmer während des Krankenstands nicht erhält. Sachbezüge, die während des Krankenstands weiter gewährt werden (z.B. Dienstwohnung), sind deshalb nicht anzugeben, weil diese sonst bei der Ermittlung des Krankengelds mitberücksichtigt werden. Folgeprovisionen, die für Versicherungsverträge bezogen werden, die vor Beginn der Arbeitsunfähigkeit infolge Krankheit abgeschlossen wurden, sind im Monat der Auszahlung nicht in die Bemessungsgrundlage für die Berechnung des Anspruchs auf Krankengeld (bzw. Rehabilitationsgeld) einzurechnen (OGH 23.1.2018, 10 ObS 123/17m).

Voll **versicherte freie Dienstnehmer** haben ebenfalls Anspruch auf ein einkommensabhängiges Krankengeld. Die Auszahlung erfolgt **„Brutto für Netto“**, da freie Dienstnehmer der Einkommensteuerpflicht unterliegen.

Das Krankengeld kann über die Website der Österreichischen Gesundheitskasse → Online-Services → Krankengeld berechnen ermittelt werden.

Hinweis: Unter bestimmten Voraussetzungen können Dienstnehmer, deren Arbeitsfähigkeit vorübergehend für mindestens sechs Monate (d.h. nicht dauerhaft) gemindert ist, **Rehabilitationsgeld** beanspruchen. Das Rehabilitationsgeld gebührt aus dem Versicherungsfall der geminderten Arbeitsfähigkeit, nicht jenem der Krankheit (vgl. §§ 117 Z 3, 143a ASVG). Das Rehabilitationsgeld wird vom Krankenversicherungsträger errechnet und orientiert sich der Höhe nach am Krankengeld (§ 143a Abs. 2 ASVG). Es gebührt für die Dauer der vorübergehenden Invalidität bzw. Berufsunfähigkeit. Trifft der Anspruch auf Rehabilitationsgeld mit einem Anspruch auf Krankengeld aus einer für die Bemessung des Rehabilitationsgeldes maßgeblichen Erwerbstätigkeit zusammen, so **ruht der Anspruch auf Krankengeld** (§ 143a Abs. 3 ASVG)[805]. Nähere Informationen finden Sie unter Punkt 25.8. und 27.1.1.4.

---

803 Demnach erfolgt kein Abzug, wenn das tägliche Kranken-, Familien- bzw. Taggeld nicht höher als € 30,00 ist. Gebührt ein Betrag über € 30,00 täglich, werden **€ 30,00 abzugsfrei** ausbezahlt und vom Rest 20% Lohnsteuer einbehalten. Die Pauschalbesteuerung in der Höhe von 20% sowie die Berücksichtigung des Freibetrags von € 30,00 täglich sind nur eine vorläufige Maßnahme im Rahmen des Lohnsteuerabzugs (LStR 2002, Rz 911c). Die endgültige Besteuerung erfolgt im Zug einer Pflichtveranlagung (→ 15.2.).

804 Die „Arbeits- und Entgeltbestätigung“ ist mittels ELDA ehestmöglich an den Krankenversicherungsträger zu übermitteln. Eine Abschrift ist dem Dienstnehmer (freien Dienstnehmer, Lehrling) auszuhändigen (Nö. GKK, DGservice März 2014).

805 Ausnahmen bestehen bei Bezug von Teilrehabilitationsgeld (vgl. § 143a Abs. 4 ASVG). Auch der Anspruch auf Wochengeld ruht für Bezieherinnen von Rehabilitationsgeld (OGH 20.12.2017, 10 ObS 110/17z).

Arbeits- und Entgeltbestätigung

Österreichische Gesundheitskasse

Ausfüllhilfe: Arbeits- und Entgeltbestätigung für Krankengeld

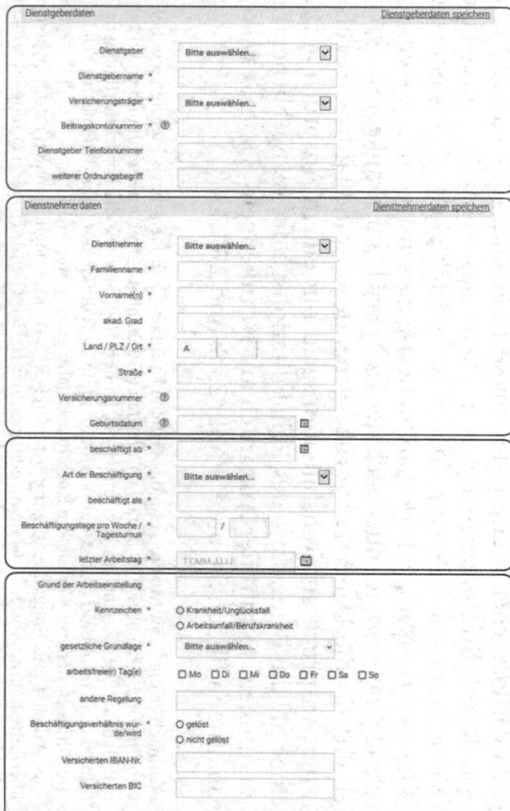

Screenshot aus ELDA Online/Meldungserfassung Dienstgeber

„Dienstgeber" und zuständiger „Versicherungsträger": Wählen Sie die Dienstgeberdaten und den zuständigen Versicherungsträger aus. Die Stammdaten verwalten Sie im Menü „Meldungserfassung DG" unter „Dienstgeber".
Das Feld „weiterer Ordnungsbegriff" wird bei der Datenübermittlung von ELDA ignoriert. Es kann daher von Ihnen firmenintern nach Belieben befüllt (zum Beispiel Personalnummer der Dienstnehmerin bzw. des Dienstnehmers) oder auch leer gelassen werden.

Daten der bzw. des Versicherten (FANA, VONA, AKGR, WKFZ, PLZL, WORT, STRA, VSNR, GEBD): In diesen Feldern sind die Daten der bzw. des Versicherten anzuführen. Die Stammdaten verwalten Sie im Menü „Meldungserfassung DG" unter „Dienstnehmer". Achten Sie auf die richtige Schreibweise von Namen und Versicherungsnummer (vierstellige laufende Nummer und in der Regel das Geburtsdatum) sowie Anschrift. Wählen Sie darüber hinaus einen etwaig vorhandenen akademischen Grad aus.

„beschäftigt ab" (BEAB): Tragen Sie das Datum ein, mit dem die Dienstnehmerin bzw. der Dienstnehmer tatsächlich die Tätigkeit aufgenommen hat. Achtung: Die Pflichtversicherung eines Lehrlings beginnt mit dem im Lehrvertrag festgesetzten Datum.
„Art der Beschäftigung" (KABE): Wählen Sie die korrekte Zugehörigkeit aus.
„beschäftigt als" (TAET): Geben Sie die exakte Berufsbezeichnung ein.
„Beschäftigungstage pro Woche" (BTAG): Tragen Sie die Anzahl der durchschnittlichen Arbeitstage pro Woche ein.
„Tagesturnus" (TATU): Geben Sie die Anzahl der Tage für den Tagesturnus ein (im Regelfall fünf oder sechs Tage).
„letzter Arbeitstag" (LTAG): Geben Sie den letzten Arbeitstag vor der Arbeitsunfähigkeit an.

„Grund der Arbeitseinstellung" (GRUN): Geben Sie den Grund der Arbeitseinstellung an (allgemeine bzw. arbeitsrechtliche Gründe, wie zum Beispiel Krankheit, (un)bezahlter Urlaub, Entlassung, einvernehmliche Lösung) – vergessen Sie bitte nicht auf eine entsprechende Abmeldung.
„Kennzeichen" (KZKU): Wählen Sie Zutreffendes aus.
„gesetzliche Grundlage" (GEGC): Wählen Sie den korrekten Eintrag aus.
„arbeitsfreie(r) Tag(e)" (ARFT): Wählen Sie den/die entsprechenden Tag(e) aus bzw. erörtern Sie eine „andere Regelung".
„Beschäftigungsverhältnis wurde/wird" (BLOE): Wählen Sie „nicht gelöst", falls das Beschäftigungsverhältnis aufrecht bleibt bzw. „gelöst" mit dem entsprechenden Datum, falls es aufgelöst wird oder wurde.
„Versicherten IBAN-Nr." (IBAN) bzw. „Versicherten BIC" (BIC): Tragen Sie die Kontodaten der Dienstnehmerin bzw. des Dienstnehmers ein.

Seite 1 von 3

Ausfüllhilfe: Arbeits- und Entgeltbestätigung für Krankengeld

Österreichische Gesundheitskasse

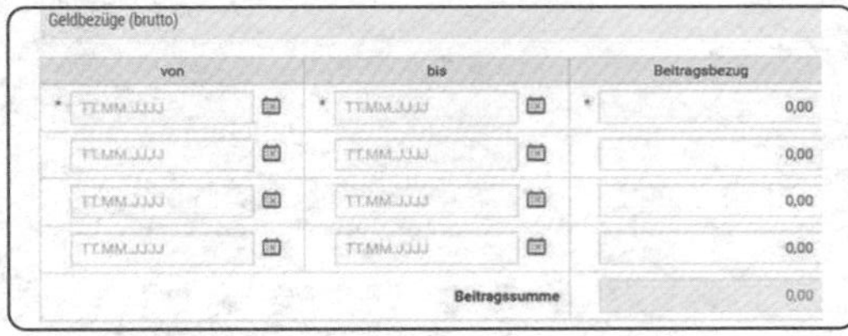

„**Geldbezüge (brutto)" (BVO1, BBI1, BBE1, usw.):** Sonderzahlungen und beitragsfreie Bezüge zählen nicht zum monatlichen Entgelt. Als Beitragszeitraum gilt der Kalendermonat.

> Geben Sie das Entgelt an, das im zuletzt vorangegangenen Kalendermonat (bei freien Dienstnehmerinnen und Dienstnehmern in den letzten drei Kalendermonaten) vor dem Ende des vollen Entgeltanspruches gebührt hat oder darüber hinaus gewährt wurde. Wird das Entgelt aus besonderen Gründen nicht zum Zeitpunkt der Fälligkeit ausgezahlt, so ist es jenem Kalendermonat zuzuordnen, in dem darauf Anspruch bestand. Bezüge ohne Rechtsanspruch sind entsprechend dem Zeitpunkt der Auszahlung zu berücksichtigen. Wird Kurzarbeits- oder Qualifizierungsunterstützung bezogen, geben Sie den vor Eintritt der Kurzarbeit erzielten Lohn an, wenn dieser höher ist als der aktuelle Lohn. Vermerken Sie, seit wann die Kurzarbeits-/Qualifizierungsunterstützung gebührt.

> Bestand wegen einer früheren Arbeitsunfähigkeit nur für einen Teil des letzten Kalendermonates (bei freien Dienstnehmerinnen und Dienstnehmern der letzten drei Kalendermonate) vor dem Ende des vollen Entgeltanspruches Beitragspflicht, geben Sie ebenfalls das Entgelt dieses Kalendermonates (bei freien Dienstnehmerinnen und Dienstnehmern dieser drei Kalendermonate) an. Anzugeben sind nur Zeiten des vollen Entgeltanspruches. Zeiten, in denen nur Teilentgelt bezogen wurde, und das Entgelt des laufenden Beitragszeitraumes bleiben hier unberücksichtigt.

> Wenn im zuletzt vorangegangenen Kalendermonat (bei freien Dienstnehmerinnen und Dienstnehmern in den letzten drei Kalendermonaten) vor dem Ende des vollen Entgeltanspruches entweder das Beschäftigungsverhältnis noch nicht bestand oder die versicherte Person (zum Beispiel bei Wiedererkrankung) im zuletzt vorangegangenen Kalendermonat (bei freien Dienstnehmerinnen und Dienstnehmern in den letzten drei Kalendermonaten) wegen Arbeitsunfähigkeit keinen Anspruch auf beitragspflichtiges Entgelt hatte, ist das beitragspflichtige Entgelt des laufenden Beitragszeitraumes einzutragen. Auch in diesem Fall sind nur Zeiten des vollen Entgeltanspruches anzugeben. Zeiten, in denen nur Teilentgelt bezogen wurde, bleiben unberücksichtigt.

> Unbezahlter Urlaub (ohne Abmeldung höchstens bis zu einem Monat möglich): Führen Sie den Betrag an, der auf jenen Zeitabschnitt entfällt, der unmittelbar vor diesem Urlaub liegt und in seiner Länge der Urlaubsdauer entspricht.

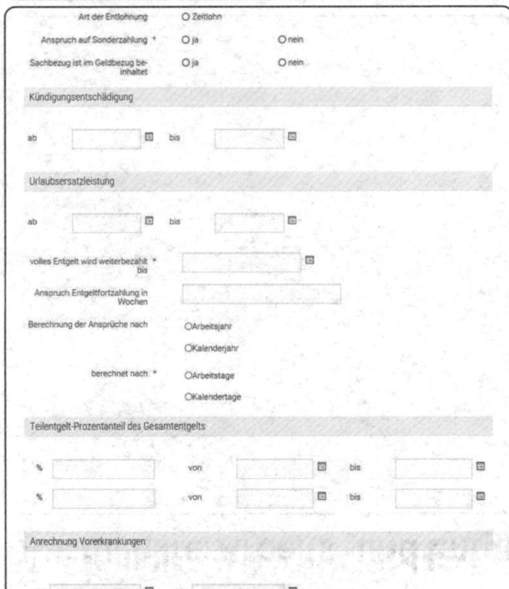

„**Art der Entlohnung" (ARLO):** Wählen Sie „Zeitlohn" aus, wenn sich die Höhe der Entlohnung zum Beispiel nach der Anzahl der im Kalendermonat angefallenen Stunden (Stundenlöhne) richtet.

„**Anspruch auf Sonderzahlung" (SZKZ):** Bestätigen Sie hier den Anspruch auf Sonderzahlungen, wenn solche im Kalenderjahr, in dem die Arbeitsunfähigkeit eingetreten ist, bereits gezahlt wurden oder unter der Annahme eines fortlaufenden Beschäftigungsverhältnisses noch fällig werden. Wählen Sie „ja", wird das Feld „Sonderzahlungsumfang" (SZUM) eingeblendet. Hier ist „Voll (100%)" bzw. „Aliquot" auszuwählen.

„**Sachbezug ist im Geldbezug beinhaltet" (SBGB):** Beitragspflichtige Sachbezüge sind nur dann anzuführen, wenn sie während der Arbeitsunfähigkeit nicht weiter gewährt werden. Wählen Sie „ja" wird das Feld „Sachbezugsumfang" (SBUM) eingeblendet. Hier ist „Voll (100%)" bzw. „Aliquot" auszuwählen.

„**Kündigungsentschädigung ab/bis" bzw. „Urlaubsersatzleistung ab/bis" (KEAB, KEBI, UEAB, UEBI):** Tragen Sie gegebenenfalls jene Zeiträume ein, in denen die entsprechenden Leistungen gebühren.

„**volles Entgelt wird weiterbezahlt bis" (VENT):** Geben Sie das Datum des Endes des vollen Entgeltanspruches unter Berücksichtigung des § 9 des Arbeitsruhegesetzes ein. Besteht während der Arbeitsunfähigkeit durch gesetzliche oder vertragliche Vorschriften Anspruch auf Weiterleistung des Entgeltes oder auf Gewährung von Zuschüssen, muss dieses Datum genau angeführt werden. Hinweise wie „laut Kollektivvertrag" oder „im gesetzlichen Ausmaß" genügen nicht.

„**Anspruch Entgeltfortzahlung in Wochen" (AEFZ):** Tragen Sie die Anzahl der Wochen ein, für die Anspruch auf Entgeltfortzahlung besteht.

„**Berechnung der Ansprüche nach" bzw. „berechnet nach" (JAGU, TAGU):** Wählen Sie die zutreffende Berechnungsart aus.

„**Teilentgelt ..." (TPR1, TVO1, TBI1, usw.):** Geben Sie den Prozentanteil des Gesamtentgeltes und den entsprechenden Zeitraum an.

„**Anrechnung Vorerkrankungen ab/bis" (ANV1, ANB1, usw.):** Geben Sie die Vorerkrankungen mit dem jeweiligen Datum ein.

Screenshot aus ELDA Online/Meldungserfassung Dienstgeber

Seite 2 von 3

Österreichische
Gesundheitskasse

Ausfüllhilfe: Arbeits- und Entgeltbestätigung für Krankengeld

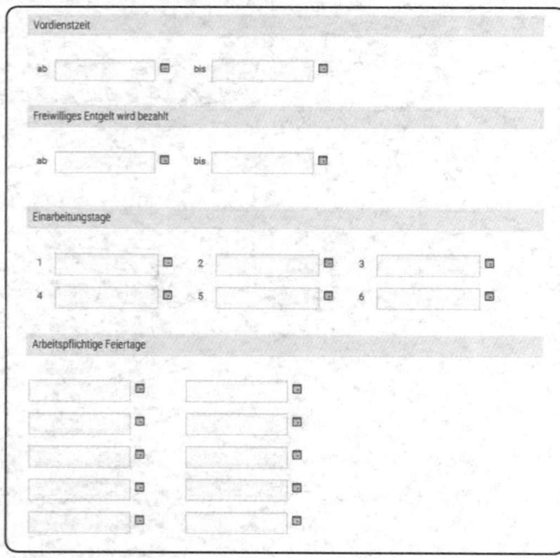

Screenshot aus ELDA Online/Meldungserfassung Dienstgeber

„Vordienstzeit ab/bis" (VOAB, VOBI), „Freiwilliges Entgelt ..." (FEAB, FEBI), „Einarbeitungstage" (EIN1, EIN2, usw.) bzw. „Arbeitspflichtige Feiertage" (APFT1, APFT2, usw.): Tragen Sie die jeweiligen Daten ein.

Seite 3 von 3

25.1.3.2. Arbeitsrechtliche Ansprüche während des Krankenstands

Während eines Krankenstands erhält der Dienstnehmer für eine bestimmte Dauer sein Entgelt durch den Dienstgeber fortgezahlt (**Krankenentgelt**). Siehe dazu

- für Arbeiter → 25.2.7.,
- für Angestellte → 25.3.7.,
- für Lehrlinge → 28.3.8.1.

Zeiten eines Krankenstands während aufrechtem Dienstverhältnis[806] sind – unabhängig vom Ausmaß der Entgeltfortzahlung (100%, 50%, unter 50% oder 0%) – grundsätzlich für sämtliche **dienstzeitabhängigen Ansprüche** (z.B. Kündigungsfrist, Jubiläumsgeld, gesetzliche Abfertigung, Entgeltfortzahlung im Krankheitsfall, erhöhter Urlaubsanspruch, kollektivvertragliche Vorrückungen etc.) **voll zu berücksichtigen**[807].

Während entgeltfreier Zeiten aufgrund eines Krankenstands wird der **Urlaubsanspruch** des laufenden Urlaubsjahres **nicht gekürzt** (→ 26.2.2.2.2.).

Zur Kürzung von Sonderzahlungen während des Krankenstands siehe Punkt 23.2.3.4.

Zu Zeitausgleich i.V.m. Krankenstand siehe Punkt 16.2.4.3.

Zu Urlaub i.V.m. Krankenstand siehe Punkt 26.2.5.

25.2. Krankenstand der Arbeiter

25.2.1. Rechtsgrundlage

Rechtsgrundlage ist das Bundesgesetz über die Fortzahlung des Entgelts bei Arbeitsverhinderung durch Krankheit (Unglücksfall), Arbeitsunfall oder Berufskrankheit (**Entgeltfortzahlungsgesetz** – EFZG) vom 26. Juni 1974, BGBl 1974/399, in der jeweils geltenden Fassung.

25.2.2. Geltungsbereich

Die Vorschriften dieses Bundesgesetzes gelten, soweit im Folgenden nichts anderes bestimmt ist, für Arbeitnehmer, deren Arbeitsverhältnis auf einem **privatrechtlichen Vertrag** beruht (§ 1 Abs. 1 EFZG).

Öffentlich-rechtliche Arbeitsverhältnisse von „pragmatisierten" Bediensteten des Bundes, eines Landes oder einer Gemeinde, die durch einen hoheitlichen Verwal-

---

806 Anderes gilt für Zeiten einer Entgeltfortzahlung im Krankenstand nach Beendigung des Dienstverhältnisses (→ 25.5.). Diese Zeiten gelten grundsätzlich nicht als Dienstzeiten. Dies gilt auch für einen von der Dienstzeit abhängigen Sonderzahlungsanspruch, der aufgrund bestehender Wartefristen nur bei Berücksichtigung der Zeiten nach Beendigung des Dienstverhältnisses entstanden wäre. Der nach dem arbeitsrechtlichen Ende des Dienstverhältnisses gelegene Entgeltfortzahlungszeitraum nach § 5 EFZG (→ 25.5.) wirkt nicht anspruchsbegründend. Ansprüche, die dem Grunde nach erst dann entstanden wären, wenn das Arbeitsverhältnis über den Beendigungszeitraum hinaus gedauert hätte, sind bei der Entgeltfortzahlung nicht zu berücksichtigen (OGH 23.2.2018, 8 ObA 53/17b).

807 Ausnahmen davon bestehen z.B. während des Bezugs von Rehabilitationsgeld, da in diesem Fall das Dienstverhältnis als karenziert gilt (→ 25.8.).

tungsakt durch „Ernennung" bzw. durch „Verleihung eines Dienstpostens" begründet wurden, fallen daher nicht unter den Geltungsbereich des Entgeltfortzahlungsgesetzes.

Ausgenommen vom Geltungsbereich dieses Bundesgesetzes sind Arbeitnehmer, deren Arbeitsverhältnis dem

1. Angestelltengesetz (BGBl 1921/292),
2. Gutsangestelltengesetz (BGBl 1923/538),
3. Journalistengesetz (BGBl 1920/88),
4. Theaterarbeitsgesetz (BGBl I 2010/100),
5. Landarbeitsgesetz (BGBl I 2021/78) oder
6. Heimarbeitsgesetz 1960 (BGBl 1961/105)

in der jeweils geltenden Fassung unterliegt (§ 1 Abs. 2 EFZG).

Ausgenommen vom Geltungsbereich dieses Bundesgesetzes sind ferner Arbeitnehmer, die in einem der nachstehend angeführten Arbeitsverhältnisse stehen:

1. Arbeitsverhältnisse zum Bund …;
2. Arbeitsverhältnisse zu einem Land, zu einem Gemeindeverband oder zu einer Gemeinde, …;
3. Arbeitsverhältnisse
   a) zu einem Land, zu einem Gemeindeverband …,
   b) zu einer Stiftung, Anstalt oder zu einem Fonds …,
   c) zu einer juristischen Person öffentlichen Rechts …,

sofern auf diese Arbeitsverhältnisse gesetzliche oder dienst- und besoldungsrechtliche Vorschriften Anwendung finden, die den Anspruch auf Entgeltfortzahlung zwingend zumindest genauso günstig regeln wie dieses Bundesgesetz (§ 1 Abs. 3 EFZG).

Ausgenommen vom Geltungsbereich dieses Bundesgesetzes sind auch Arbeitnehmer, deren Arbeitsverhältnis dem

1. Hausgehilfen- und Hausangestelltengesetz (BGBl 1962/235),
2. Hausbesorgergesetz (BGBl 1970/16)[808] oder
3. Berufsausbildungsgesetz (BGBl 1969/142),

in der jeweils geltenden Fassung, unterliegt, sofern die Art. II, III und IV nicht anderes bestimmen (§ 1 Abs. 4 EFZG).

25.2.3. Anspruch auf Entgeltfortzahlung

25.2.3.1. Bei Krankheit oder Unglücksfall

Ist ein Arbeitnehmer nach Antritt[809] des Dienstes durch Krankheit (Unglücksfall) (→ 25.1.2.) an der Leistung seiner Arbeit verhindert, ohne dass er die Verhinderung

808 Das Hausbesorgergesetz ist auf Dienstverhältnisse, die nach dem 30. Juni 2000 neu abgeschlossen wurden, nicht mehr anzuwenden (§ 31 Abs. 5 HbG) (→ 4.4.3.1.4.).

809 Wesentlich für den Anspruch auf Entgeltfortzahlung ist, dass der Arbeiter seinen Dienst auch tatsächlich bereits angetreten hat. Eine Erkrankung vor dem erstmaligen Dienstantritt zieht keinen Entgeltfortzahlungsanspruch nach sich (OGH 21.1.1999, 8 ObA 4/99t). Anspruch auf Leistungspflicht aus der gesetzlichen Unfallversicherung ist allerdings gegeben (OGH 15.7.1987, 9 ObS 12/87) (→ 6.2.3.).

vorsätzlich oder durch **grobe Fahrlässigkeit**[810] herbeigeführt hat, so **behält er seinen Anspruch auf das Entgelt** bis zur Dauer

- von **sechs Wochen.**

Der Anspruch auf das Entgelt erhöht sich auf die Dauer

- von **acht Wochen**, wenn das Arbeitsverhältnis **ein Jahr,**
- von **zehn Wochen**, wenn es **fünfzehn Jahre**, und
- von **zwölf Wochen**, wenn es **fünfundzwanzig Jahre**

ununterbrochen gedauert hat.

Durch jeweils weitere **vier Wochen** behält der Arbeitnehmer den Anspruch auf das **halbe Entgelt** (§ 2 Abs. 1 EFZG).

Bei wiederholter Arbeitsverhinderung durch Krankheit (Unglücksfall) innerhalb eines Arbeitsjahrs (des Anspruchszeitraums, → 25.2.6.) besteht ein Anspruch auf Fortzahlung des Entgelts nur insoweit, als die Dauer dieses Anspruchs noch nicht ausgeschöpft ist (§ 2 Abs. 4 EFZG).

Liegt Krankheit oder Unglücksfall oder begründeter Kur- und Erholungsaufenthalt vor, entsteht **mit Beginn eines jeden Arbeitsjahrs neuerlich ein Anspruch** auf Entgeltfortzahlung (Jahreskontingent), auch wenn der Beginn in einen laufenden Krankenstand fällt.

Muster 12

Vorbehaltliche Übernahme der Entgeltfortzahlung.

Für meinen Krankenstand in der Zeit von __________ bis __________

habe ich heute

einen Betrag von € __________ brutto an Krankenentgelt erhalten.

Mir ist bekannt, dass für den Fall einer durch mich vorsätzlich oder durch eine grobe Fahrlässigkeit herbeigeführten Erkrankung **kein Anspruch auf Krankenentgelt** besteht.

Sollte meinem **Arbeitgeber** dieser Umstand erst nach Auszahlung des Krankenentgelts bekannt werden, wird dieser eine **Rückverrechnung des Krankenentgelts vornehmen**.

---

810 **Vorsatz**: I.S.d. Rechtsprechung liegt Vorsatz dann vor, wenn die Krankheit oder der Unfall **absichtlich** herbeigeführt wurde.
Ein Krankenstand, bedingt durch eine **Schönheitsoperation**, die medizinisch nicht erforderlich war, gilt als vorsätzlich herbeigeführt.
Grobe Fahrlässigkeit wird im bürgerlichen Recht als „**auffallende Sorglosigkeit**" umschrieben (§ 1324 ABGB). Die Judikatur versteht darunter „eine auffallende Verletzung der Sorgfaltspflicht, sodass der Eintritt der Erkrankung (des Unfalls) als wahrscheinlich und nicht bloß als möglich voraussehbar war". Als solche wird insb.
– die Missachtung von Verkehrsregeln oder
– die Nichtbeachtung von Schutzbestimmungen trotz wiederholter eindringlicher Warnungen
anzusehen sein.
Die Ausübung eines Kampfsports, bei dem häufig Verletzungen vorkommen, ist nicht generell als grobe Fahrlässigkeit anzusehen. Der Sportunfall ist aus rechtlicher Sicht einer Krankheit gleichzuhalten und kann nur bei Vorliegen besonderer Umstände im Einzelfall als grob fahrlässig herbeigeführt angesehen werden.
Liegt Vorsatz oder grobe Fahrlässigkeit vor, verliert der Arbeitnehmer den Anspruch auf Entgeltfortzahlung. Aus diesem Grund ist er beim zuständigen Krankenversicherungsträger **abzumelden** (→ 6.2.4.). Dieser Umstand muss dem Arbeitgeber nicht bekannt sein. Daher wird (zumindest bei Vorliegen einer Vermutung) für die Praxis empfohlen, sich bei Auszahlung des Krankenentgelts bestätigen zu lassen, dass gegebenenfalls eine **Rückverrechnung des Krankenentgelts** vorgenommen wird.

Zur Kenntnis genommen und ausdrücklich damit einverstanden:

__________, am __________ ______________________________

Unterschrift des Arbeitnehmers

25.2.3.2. Bei Arbeitsunfall oder Berufskrankheit

Wird ein Arbeitnehmer durch Arbeitsunfall oder Berufskrankheit i.S.d. Vorschriften über die gesetzliche Unfallversicherung (→ 25.1.2.) an der Leistung seiner Arbeit verhindert, ohne dass er die Verhinderung **vorsätzlich** oder durch **grobe Fahrlässigkeit** (→ 25.2.3.1.) herbeigeführt hat, so **behält er seinen Anspruch auf das Entgelt** ohne Rücksicht auf andere Zeiten einer Arbeitsverhinderung bis zur Dauer

- von **acht Wochen.**

Der Anspruch auf das Entgelt erhöht sich auf die Dauer

- von **zehn Wochen**, wenn das Arbeitsverhältnis **fünfzehn Jahre** ununterbrochen gedauert hat.

Bei wiederholten Arbeitsverhinderungen, die im unmittelbaren ursächlichen Zusammenhang mit einem (demselben) Arbeitsunfall oder einer (derselben) Berufskrankheit stehen (bei sog. **Folgekrankheiten**), besteht ein Anspruch auf Fortzahlung des **Entgelts** innerhalb eines Arbeitsjahres (des Anspruchszeitraums) **nur insoweit, als die Dauer** des Anspruchs nach dem ersten oder zweiten Satz (acht Wochen oder zehn Wochen) **noch nicht erschöpft** ist.

Beispiel 96

Arbeitsunfall und Folgekrankheit.

Angaben:

- Krankenstandsjahr: 1.4.20..–31.3.20..
- Anspruch auf das Entgelt: 8 Wochen.
- Krankenstandsdauer nach einem Arbeitsunfall: 6 Wochen,
- Krankenstandsdauer der Folgekrankheit: 4 Wochen.

Lösung:

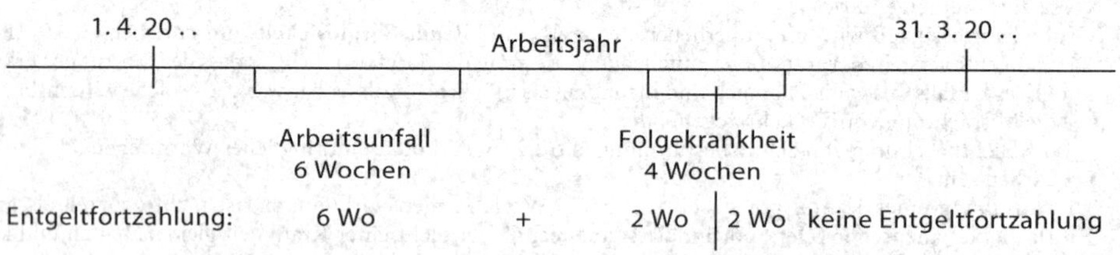

Würde diese Folgekrankheit im darauffolgenden Arbeitsjahr liegen, bestünde neuerlich für die vier Wochen volle Entgeltfortzahlung (aus dem unfallbezogenen Kontingent).

Ist ein Arbeitnehmer gleichzeitig bei mehreren Arbeitgebern beschäftigt, so entsteht ein Anspruch nach diesem Absatz nur gegenüber jenem Arbeitgeber, bei dem die Arbeitsverhinderung im Sinn dieses Absatzes eingetreten ist; gegenüber den anderen Arbeitgebern entsteht normaler Anspruch auf Krankenentgelt (§ 2 Abs. 5 EFZG).

25.2.3.3. Anspruchstabelle

Dauer des Arbeitsverhältnisses	Anspruch auf Entgeltfortzahlung	
	bei Krankheit oder Unglücksfall sowie begründetem Kur- und Erholungsaufenthalt **pro Arbeitsjahr**[811]	bei Arbeitsunfall oder Berufskrankheit sowie damit zusammenhängendem Kur- und Erholungsaufenthalt **pro Unfall/Krankheit**[812]
bis zum vollendeten 1. Arbeitsjahr	6 Wo voll + 4 Wo halb	8 Wo voll
ab Beginn des 2. Arbeitsjahres bis zum vollendeten 15. Arbeitsjahr	8 Wo voll + 4 Wo halb	8 Wo voll
ab Beginn des 16. Arbeitsjahres bis zum vollendeten 25. Arbeitsjahr	10 Wo voll + 4 Wo halb	10 Wo voll
ab Beginn des 26. Arbeitsjahres	12 Wo voll + 4 Wo halb	10 Wo voll

AJ = Arbeitsjahr, Wo = Wochen (§ 2 Abs. 1–7 EFZG)

25.2.3.4. Erläuterungen

Umrechnung des Wochenanspruchs:

Der jeweilige Wochenanspruch ist auf einen **Tagesanspruch** umzurechnen. Allerdings sagt das EFZG nicht aus, ob dafür Arbeitstage oder Kalendertage heranzuziehen sind. In der Praxis wird der Wochenanspruch **üblicherweise auf Arbeitstage umgerechnet** (Ausfallprinzip, → 25.2.7.3.). Daher ist z.B. bei abwechselnder 4-Tage- und 5-Tage-Woche die eine Woche mit vier Arbeitstagen und die andere Woche mit fünf Arbeitstagen anzusetzen.

Für den Fall der **Rückerstattung des Krankenentgelts** (und nicht im Fall der Entgeltfortzahlung!) hat der VwGH entschieden: Die **Bemessung** des einem Arbeitnehmer im Fall einer Dienstverhinderung durch Krankheit oder Unglücksfall **fortzuzahlenden Entgelts** hat nach **Kalendertagen** und nicht nach Arbeitstagen zu erfolgen, sodass der Entgeltfortzahlungsanspruch jenen Teil des monatlichen Entgelts umfasst, der dem von der Dienstverhinderung betroffenen, in Kalendertagen zu bemessenden Monatsteil entspricht (VwGH 23.4.2003, 98/08/0287). Ob sich die Arbeitsgerichte und letztlich der OGH dieser Entscheidungslinie anschließen werden, bleibt

811 Jahreskontingent.
812 Fallbezogenes (ereignisbezogenes) Kontingent.

abzuwarten. Bis dahin können Krankenstände der Arbeiter (und Lehrlinge) sowohl über Werktage, Arbeitstage oder Kalendertage verwaltet werden.

Definition des Arbeitsjahrs:

Das Arbeitsjahr **richtet sich nach dem Eintritts- bzw. Wiedereintrittsdatum**[813], d.h. nach dem arbeitsrechtlichen Beginn des aktuellen Dienstverhältnisses des jeweiligen Arbeitnehmers.

Etwaige Anrechnungen von Vordienstzeiten oder die Zusammenrechnung von Zeiten eines Arbeitsverhältnisses (→ 25.2.4.) haben keine Bedeutung für den Beginn eines Arbeitsjahres. Dafür ist immer der **Beginn des letzten Arbeitsverhältnisses maßgebend** (OGH 13.6.2017, 10 ObS 54/17i). Dies gilt auch bei der Übernahme eines Lehrlings in ein Arbeitsverhältnis (entscheidend ist der Beginn des Arbeitsverhältnisses, nicht der Beginn des Lehrverhältnisses)[814].

Bei der **Rückkehr nach einer Karenzierung** (z.B. Karenz nach MSchG bzw. VKG, Bildungskarenz, Pflegekarenz oder Familienhospizkarenz) bleibt das **ursprüngliche Eintrittsdatum** unverändert aufrecht. Selbiges gilt auch für einen unbezahlten Urlaub und einen Präsenz-/Zivildienst. Es handelt sich hierbei um Dienstunterbrechungen, die entweder keine Abmeldung oder eine Abmeldung ohne Ende des Beschäftigungsverhältnisses erfordern (vgl. auch . GKK, NÖDIS Nr. 1/Jänner 2019).

Im Fall eines **Übergangs des Betriebs** oder eines Betriebsteils kommt es auf Grund des AVRAG insofern zu einer Anrechnung, als der Erwerber des Unternehmens oder Betriebsteils grundsätzlich mit allen Rechten und Pflichten in die Arbeitsverhältnisse einzutreten hat (→ 25.2.4.). Eine **Änderung des Arbeitsjahrs** im Hinblick auf die Anwartschaftssprünge **tritt** dadurch **nicht ein**.

Neuer Anspruch pro Arbeitsjahr:

Liegt Krankheit oder Unglücksfall oder begründeter Kur- und Erholungsaufenthalt vor, entsteht **mit Beginn eines jeden Arbeitsjahrs neuerlich ein Anspruch** auf Entgeltfortzahlung (Jahreskontingent), auch wenn der Beginn in einen laufenden Krankenstand fällt. Dies gilt auch für den Fall, dass der Arbeitnehmer wegen Ausschöpfung des Anspruchs auf Entgeltfortzahlung zuvor (vor Beginn des neuen Arbeitsjahrs) kein Krankenentgelt erhalten hat (OGH 28.1.1999, 8 ObA 163/98y).

Da das EFZG unmissverständlich auf das Arbeitsjahr abstellt, ist daraus abzuleiten, dass die Verpflichtung des Arbeitgebers zur Entgeltfortzahlung für jedes Arbeitsjahr (Krankenstandsjahr) gesondert zu beurteilen ist. Beginnt eine Dienstverhinderung in einem Arbeitsjahr und endet erst im nächsten, steht dem Arbeitnehmer i.S.d. Formel „neues Jahr – neuer Anspruch" mit dem Beginn des neuen Arbeitsjahrs die Entgeltfortzahlung für die gesamte gesetzlich vorgesehene Höchstdauer zu (OGH 21.1.2004, 9 ObA 144/03x).

Fällt in die Zeit eines Krankenstands (bedingt durch Arbeitsunfall oder Berufskrankheit) der Beginn einer längeren Anspruchsdauer, erhöht sich diese um den Differenzanspruch (OGH 16.2.1982, 4 Ob 96/81).

---

813 Wird das Dienstverhältnis vorübergehend – z.B. saisonbedingt – unterbrochen (es erfolgt also eine Abmeldung mit Ende des Beschäftigungsverhältnisses), so ist in weiterer Folge das Wiedereintrittsdatum maßgeblich (vgl. auch GKK, NÖDIS Nr. 1/Jänner 2019).

814 Die Rechtslage unterscheidet sich insofern vom Urlaubsrecht, als für das Urlaubsjahr auf den ursprünglichen Beginn des Lehrverhältnisses abgestellt wird (→ 26.2.2.3.).

Bei andauernder Arbeitsverhinderung wegen eines **Arbeitsunfalls** besteht wegen des ereignisbezogenen Kontingentsanspruchs **kein neuer Entgeltfortzahlungsanspruch** nach dem EFZG **im neuen Arbeitsjahr** (OGH 14.10.2008, 8 ObA 44/08s).

Zuschuss zum Krankenentgelt (Krankengeldzuschuss):

Manche Kollektivverträge sehen für die Zeit nach Ausschöpfung des Krankenentgeltanspruchs lt. EFZG einen sog. **Zuschuss zum Krankenentgelt** (oder einen sog. Krankengeldzuschuss) vor.

25.2.4. Anrechnungs- und Zusammenrechnungsbestimmungen

Hinsichtlich der Dauer des Arbeitsverhältnisses gelten folgende Grundregeln:

- Auf die **Dauer des Arbeitsverhältnisses** sind auch beim selben Arbeitgeber zurückgelegte Lehrzeiten und Vordienstzeiten **anzurechnen**[815] (siehe nachstehend).
- Wurde eine Karenz gem. MSchG (→ 27.1.4.1.) bzw. gem. VKG (→ 27.1.4.2.) in Anspruch genommen, sind für die **erste Karenz** im bestehenden Dienstverhältnis, sofern nichts anderes vereinbart ist, **max. zehn Monate**[816] auf die Anspruchsdauer **anzurechnen**. Diese Bestimmung gilt allerdings nur, wenn das Kind nach dem 31.12.1992 geboren wurde. Für **Geburten ab dem 1.8.2019** werden Karenzen gem. MSchG bzw. VKG darüber hinaus **für jedes Kind** in **vollem Umfang** angerechnet (→ 27.1.4.1.). (vgl. § 15f Abs. 1 MSchG, § 7c Abs. 1 VKG).
- Anrechnungsbestimmungen von Zeiten eines Präsenz-, Ausbildungs- oder Zivildienstes werden im Punkt 27.1.6. gesondert behandelt.
- **Nicht anzurechnen** sind Zeiten einer Bildungskarenz (→ 27.3.1.1.) und einer Pflegekarenz (→ 27.1.1.3.).

Für die Bemessung der Dauer des Anspruchs bei Krankheit oder Unglücksfall und bei Arbeitsunfall oder Berufskrankheit sind Dienstzeiten **bei demselben Arbeitgeber**, die keine längeren Unterbrechungen als jeweils **60 Tage** aufweisen, **zusammenzurechnen**.

Diese Zusammenrechnung **unterbleibt** jedoch, wenn die Unterbrechung durch

- eine Kündigung des Arbeitsverhältnisses seitens des Arbeitnehmers oder
- einen Austritt ohne wichtigen Grund oder
- eine vom Arbeitnehmer verschuldete Entlassung (→ 32.1.)

eingetreten ist (§ 2 Abs. 3 EFZG) (vgl. → 26.2.3.).

Wird ein Arbeitsverhältnis **nicht unterbrochen**, sondern mit geänderter Arbeitszeit fortgesetzt, ist es als Einheit anzusehen.

---

815 Arbeiterlehrlinge kommen somit, nachdem sie ausgelernt haben, sofort in den Acht-Wochen-Anspruch, sofern durch die Anrechnung der Lehrzeit im selben Unternehmen die Ein-Jahres-Voraussetzung erfüllt ist. Ob dies auch für Angestelltenlehrlinge gilt, d.h. ob auch bei den Bestimmungen des AngG Vordienstzeiten als Lehrling angerechnet werden, ist nicht abschließend geklärt (ein großer Teil der Literatur spricht sich für eine Berücksichtigung von Lehrzeiten auch bei Angestellten aus – spätestens seit der Entscheidung des OGH 28.7.2021, 9 ObA 72/21k – siehe dazu ausführlich Punkt 25.3.4.; noch gegen eine Anrechnung bei Angestellten mit Hinweis auf eine Auskunft des BMASGK Nö. GKK, NÖDIS Nr. 12/September 2018).

816 Zahlreiche Kollektivverträge sehen günstigere Anrechnungsbestimmungen vor, welche zu berücksichtigen sind.

Die angeordnete Zusammenrechnung von Arbeitszeiten wirkt sich nur auf die Dauer des Arbeitsverhältnisses aus, hat jedoch **keinen Einfluss auf die Lage des jeweiligen Arbeitsjahres**; dafür ist nur der Beginn des letzten Arbeitsverhältnisses maßgebend (OGH 13.6.2017, 10 ObS 54/17i; vgl. auch Nö. GKK, NÖDIS Nr. 1/Jänner 2019).

Dienstzeiten aus einem vorausgegangenen Arbeitsverhältnis zu einem **anderen Arbeitgeber** sind für die Bemessung der Dauer des Anspruchs bei Krankheit oder Unglücksfall und bei Arbeitsunfall oder Berufskrankheit **anzurechnen**, wenn

1. der Arbeitgeberwechsel durch den **Übergang des Unternehmens, Betriebs oder Betriebsteils**[817], in dem der Arbeitnehmer beschäftigt ist, erfolgte,
2. die Anrechnung der im vorausgegangenen Arbeitsverhältnis zurückgelegten Dienstzeit für die Bemessung der Dauer des Urlaubs (→ 26.2.2.1.), der Kündigungsfrist (→ 32.1.4.) sowie der Entgeltfortzahlung (→ 25.2.3.) vereinbart wurde,
3. die Dienstzeiten keine längere Unterbrechung als 60 Tage aufweisen und
4. das vorausgegangene Arbeitsverhältnis nicht durch
   - eine Kündigung seitens des Arbeitnehmers,
   - einen Austritt ohne wichtigen Grund oder
   - eine vom Arbeitnehmer verschuldete Entlassung (→ 32.1.)

   beendet worden ist (§ 2 Abs. 3a EFZG).

Bei Arbeitgeberwechsel durch den Übergang des Unternehmens, Betriebs oder Betriebsteils, der **nach dem 30. Juni 1993** erfolgte, sind Dienstzeiten **automatisch** (als beim selben Arbeitgeber zurückgelegt) **zusammenzurechnen** (ausgenommen davon sind der Erwerb aus einem Sanierungsverfahren ohne Eigenverwaltung und der Erwerb aus einer Konkursmasse) (→ 4.5.).

25.2.5. Kur- und Erholungsaufenthalte

Kur- und Erholungsaufenthalte im Zusammenhang mit

einer Krankheit oder einem Unglücksfall	einem Arbeitsunfall oder einer Berufskrankheit

sind der jeweiligen Dienstverhinderung gleichzusetzen (§ 2 Abs. 2, 6 EFZG).

25.2.6. Umstellung auf das Kalenderjahr

Durch Kollektivvertrag oder durch (fakultative) Betriebsvereinbarung (→ 3.3.5.1.) kann vereinbart werden, dass sich der Anspruch auf Entgeltfortzahlung nicht nach dem Arbeitsjahr, sondern nach dem **Kalenderjahr** richtet.

Solche Vereinbarungen können vorsehen, dass

a) Arbeitnehmer, die **während des Kalenderjahrs eintreten**, Anspruch auf Entgeltfortzahlung nur bis zur Hälfte der Entgeltdauer haben, sofern die Dauer des Arbeitsverhältnisses im Kalenderjahr des Eintritts weniger als sechs Monate beträgt;
b) der **jeweils höhere Anspruch** auf Entgeltfortzahlung erstmals in jenem Kalenderjahr gebührt, in das der überwiegende Teil des Arbeitsjahrs fällt;

817 Z.B. bei einem Betriebsübergang im Zusammenhang mit einem Konkurs.

c) die Ansprüche der **im Zeitpunkt der Umstellung im Betrieb beschäftigten Arbeitnehmer** für den **Umstellungszeitraum** (Beginn des Arbeitsjahrs bis Ende des folgenden Kalenderjahrs) gesondert berechnet werden. Jedenfalls muss für den Umstellungszeitraum dem Arbeitnehmer ein voller Anspruch und ein zusätzlicher aliquoter Anspruch entsprechend der Dauer des Arbeitsjahrs im Kalenderjahr vor der Umstellung abzüglich jener Zeiten, für die bereits Entgeltfortzahlung wegen Arbeitsverhinderung wegen Krankheit (Unglücksfall) gewährt wurde, zustehen (§ 2 Abs. 8 EFZG).

Diese Umstellung erfolgt ähnlich wie die von Urlaubsjahren (→ 26.2.2.4.).

25.2.7. Krankenentgelt der Arbeiter

25.2.7.1. Bestimmungen des Entgeltfortzahlungsgesetzes

Der § 3 des EFZG bestimmt dazu:

(1) Ein nach Wochen, Monaten oder längeren Zeiträumen bemessenes **Entgelt** (→ 9.1.) **darf** wegen einer Arbeitsverhinderung für die Anspruchsdauer **nicht gemindert werden**.

(2) In allen anderen Fällen bemisst sich der Anspruch nach dem **regelmäßigen Entgelt**.

(3) Als regelmäßiges Entgelt gilt das Entgelt, das dem Arbeitnehmer gebührt hätte, wenn keine Arbeitsverhinderung eingetreten wäre.

(4) Bei **Akkord-, Stück- oder Gedinglöhnen**[818], akkordähnlichen oder sonstigen leistungsbezogenen Prämien oder Entgelten bemisst sich das fortzuzahlende Entgelt **nach dem Durchschnitt der letzten dreizehn voll gearbeiteten Wochen** unter Ausscheidung nur ausnahmsweise geleisteter Arbeiten (siehe Beispiel 118).

(5) Durch Kollektivvertrag i.S.d. § 18 Abs. 4 ArbVG[819] kann geregelt werden, welche Leistungen des Arbeitgebers als Entgelt nach diesem Gesetz anzusehen sind. Die Berechnungsart[820] für die Ermittlung der Höhe des Entgelts kann durch (Branchen-) Kollektivvertrag abweichend von Abs. 3 und 4 geregelt werden.

25.2.7.2. Bestimmungen des Generalkollektivvertrags

Der **Generalkollektivvertrag über den Begriff des Entgelts gem. § 3 EFZG** lautet wie folgt:

§ 1 Geltungsbereich

1. Räumlich: Für das Gebiet der Republik Österreich.
2. Fachlich: Für alle Betriebe, für die die Wirtschaftskammern die Kollektivvertragsfähigkeit besitzen.

818 Mit „Gedinge" wird eine Sonderform des Akkords (→ 9.3.3.1.) im Bergbau bezeichnet.

819 Welche Leistungen des Arbeitgebers als Entgelt nach dem EFZG anzusehen sind bzw. inwieweit die Höhe des Krankenentgelts **abweichend** von den Abs. 3 und 4 des § 3 EFZG zu ermitteln ist, kann **nur durch einen Generalkollektivvertrag** (→ 25.2.7.2.) geregelt werden. Beinhaltet ein Branchenkollektivvertrag anders lautende (nicht aber günstigere) Regelungen, verstößt dieser gegen zwingendes Recht (VwGH 24.11.1992, 91/08/0121).

820 Gemeint ist der Durchrechenzeitraum.

3. Persönlich: Für alle Arbeitnehmer, die dem Geltungsbereich des Entgeltfortzahlungsgesetzes unterliegen und in einem Betrieb im obigen Sinn beschäftigt sind.

§ 2 Entgeltbegriff

(1) **Als Entgelt** i.S.d. § 3 EFZG **gelten nicht** Aufwandsentschädigungen sowie jene Sachbezüge und sonstigen Leistungen, welche wegen ihres unmittelbaren Zusammenhangs mit der Erbringung der Arbeitsleistung vom Arbeitnehmer während einer Arbeitsverhinderung nicht in Anspruch genommen werden können.

Als derartige Leistungen kommen **insb.** in Betracht:

- Fehlgeldentschädigungen, soweit sie von der Einkommensteuer (Lohnsteuer) befreit sind (→ 21.1.),
- Tages- und Nächtigungsgelder (→ 22.1.),
- Trennungsgelder (→ 22.3.1.),
- Entfernungszulagen (→ 22.3.1.),
- Fahrtkostenvergütungen (→ 22.1.),
- freie oder verbilligte Mahlzeiten oder Getränke (→ 21.1.),
- die Beförderung der Arbeitnehmer zwischen Wohnung und Arbeitsstätte auf Kosten des Arbeitgebers sowie
- der teilweise oder gänzliche Ersatz der tatsächlichen Kosten für Fahrten des Arbeitnehmers zwischen Wohnung und Arbeitsstätte (→ 21.1.).

(2) **Als Bestandteil des regelmäßigen Entgelts** i.S.d. § 3 EFZG **gelten auch**

- Überstundenpauschalien sowie
- Leistungen für Überstunden, die auf Grund der Arbeitszeiteinteilung zu erbringen gewesen wären, wenn keine Arbeitsverhinderung eingetreten wäre.
- Hat der Arbeitnehmer vor der Arbeitsverhinderung regelmäßig Überstunden geleistet, so sind diese bei der Entgeltbemessung im bisherigen Ausmaß mit zu berücksichtigen, es sei denn, dass sie infolge einer wesentlichen Änderung des Arbeitsanfalls (z.B. wegen Saisonende oder Auslaufen eines Auftrags) nicht oder nur in geringerem Ausmaß zu leisten gewesen wären.

(3) Ist das Entgelt, das dem Arbeitnehmer für die Normalarbeitszeit regelmäßig gebührt hätte, wenn keine Arbeitsverhinderung eingetreten wäre, nicht feststellbar, so sind die unmittelbar vor dem 1. September 1974 für die Berechnung des Krankengeldzuschusses geltenden kollektivvertraglichen Durchschnittszeiträume anzuwenden.

§ 3 Wirksamkeitsbeginn

Dieser Kollektivvertrag tritt am 1. September 1974 in Kraft.

25.2.7.3. Diverse Erläuterungen zum Krankenentgelt der Arbeiter

Durch die besondere Erwähnung der Überstundenentlohnung im Generalkollektivvertrag entsteht der Eindruck, dass nur dieser Entgeltbestandteil in das Krankenentgelt einzubeziehen ist. Die beispielhafte Aufzählung möglicher Entlohnungsformen im § 3 Abs. 4 des EFZG und die Verwendung der Worte „**gelten auch**" im § 2 Abs. 2 des Generalkollektivvertrags weisen aber darauf hin, dass **jeder Entgeltbestandteil**, unabhängig von der Art der Bezeichnung, bei Vorliegen der entsprechenden Voraussetzung **in das Krankenentgelt einzubeziehen ist** (→ 45.).

Aufwandsentschädigungen:

Aufwandsentschädigungen gehören nicht zum Krankenentgelt. Dies bestimmt sich nicht nach der für sie gewählten Bezeichnung, sondern allein danach, ob und wie weit sie lediglich der **Abdeckung eines finanziellen Aufwands** des Arbeitnehmers dienen oder (auch) Gegenleistungen für die Bereitstellung seiner Arbeitskraft sind. Nur dann, wenn Leistungen des Arbeitgebers nicht für die Bereitstellung der Arbeitskraft, sondern zur Abdeckung eines mit der Arbeitsleistung zusammenhängenden finanziellen Aufwands des Arbeitnehmers erbracht werden, gelten sie nicht als Entgelt, sondern als Aufwandsentschädigungen. Erreicht eine Aufwandsentschädigung eine Höhe, bei der nicht mehr davon gesprochen werden kann, dass damit der getätigte Aufwand abgegolten wird, bildet diese einen echten Lohnbestandteil und ist demnach als Arbeitsentgelt anzusehen.

Zulagen mit Entgeltcharakter wie z.B. **Erschwernis- und Gefahrenzulagen** oder **Schichtzulagen** sind hingegen einzubeziehen.

Die **Schmutzzulage** ist dann nicht Bestandteil des Krankenentgelts und daher nicht einzubeziehen, wenn sie ihrem Wesen nach konkret eine Entschädigung für den durch außerordentliche Verschmutzung zwangsläufig entstehenden Mehraufwand des Arbeitnehmers an Bekleidung (erhöhter Verschleiß) und Reinigung darstellt; wird dem Arbeitnehmer aber die Arbeitskleidung neben der Schmutzzulage kostenlos zur Verfügung gestellt und kostenlos gereinigt, stellt die Schmutzzulage keine Aufwandsentschädigung, sondern einen Entgeltbestandteil dar und ist in das Krankenentgelt einzubeziehen.

Sachleistungen:

Sachleistungen sind von der Entgeltfortzahlung auszunehmen, wenn diese ihrer Natur nach derart eng und untrennbar mit der Erbringung der aktiven Arbeitsleistung am Arbeitsplatz verbunden sind, dass sie ohne Arbeitsleistung nicht widmungsgemäß konsumiert werden könnten und ihre Weitergewährung während einer Arbeitsverhinderung des Arbeitnehmers nach dem mit ihnen verbundenen Zweck ins Leere ginge. Nichts anderes trifft auch auf **Essensgutscheine** zu, die – ebenso wie eine **freie oder verbilligte Mahlzeit oder freie Getränke am Arbeitsplatz** – widmungsgemäß nur am Arbeitsplatz oder in einer nahen Gaststätte zur dortigen Konsumation eingelöst werden können. Da auch sie in Zeiten der Arbeitsverhinderung den Zweck einer arbeitsökonomischen Nahrungsaufnahme verfehlten und, mangels Arbeitsleistung, keine arbeitsbedingten Mehrkosten der Nahrungsaufnahme außer Haus abgelten könnten, sind sie – vorbehaltlich einer gegenteiligen vertraglichen Vereinbarung – **nicht** in den der Entgeltfortzahlung zu Grunde liegenden Entgeltbegriff **miteinzubeziehen** (OGH 28.2.2011, 9 ObA 121/10z).

Bezüglich anderer Sachbezüge gilt das unter Punkt 20.2. Gesagte.

Ausfallprinzip – Durchschnittsprinzip:

Im § 3 EFZG ist sowohl für die „Zeitlöhne" als auch in den Fällen, in denen es sich nicht um ein nach Wochen, Monaten oder längeren Zeiträumen bemessenes Entgelt handelt, das so genannte **„Ausfallprinzip"** vorgesehen, wonach der Arbeitnehmer während der krankheitsbedingten Nichtarbeitszeit einkommensmäßig so gestellt werden soll, als hätte er die ausgefallene Arbeit tatsächlich erbracht. Er soll daher **weder** einen wirtschaftlichen **Nachteil** erleiden **noch** einen wirtschaftlichen **Vorteil** erringen (VwGH 23.4.2003, 98/08/0287).

Bei der Berechnung des Krankenentgelts ist daher **vorerst** immer festzustellen, **welche Arbeitszeit und welches Entgelt** während der lt. Gesetz zu zahlenden Anspruchsdauer angefallen wäre[821]. Das Entgelt ist in einem solchen Fall unverändert in der jeweiligen Höhe weiter zu bezahlen. In der Regel ist dies dann möglich, wenn auf Arbeiten ein nach Wochen, Monaten oder längeren Zeitabschnitten bemessenes Entgelt zusteht[822]. Eine Berechnung nach dem Durchschnitt (**Ausfallprinzip = Durchschnittsprinzip**) kommt erst dann in Betracht, wenn im Vorhinein nicht festgestellt werden kann, welche Leistungen der Arbeitnehmer an den Ausfallzeiten erbracht hätte (OGH 29.6.1988, 9 ObA 141/88). In einem solchen Fall ist von der Vergangenheit auf die Zukunft zu schließen. Innerhalb eines repräsentativen Beobachtungszeitraumes ist ein Durchschnittswert aus den regelmäßig gebührenden variablen Entgeltbestandteilen (Überstunden, Zulagen etc.) zu bilden[823].

Durch **Freizeit** abgegoltene **Mehrarbeits- bzw. Überstunden** sind allerdings in das Krankenentgelt nicht einzurechnen.

Eine Vereinbarung, womit mit dem über den kollektivvertraglichen Mindestsätzen liegenden Teil des Ist-Lohns auch jene Überstundenentlohnungen abgegolten seien, auf die der Arbeiter während des Krankenstands Anspruch gem. dem Lohnausfallprinzip hat, ist rechtsunwirksam (VwGH 13.5.2009, 2006/08/0226).

Für den jeweiligen Arbeitstag ist die entsprechende ausfallende Arbeitszeit anzusetzen. Arbeitsfreie Tage sind auf den Anspruch nicht anzurechnen.

Im Übrigen gelten **sinngemäß** die unter Punkt 26.2.6.3. zum **Urlaubsentgelt** dargestellten Beispiele und das zum Urlaubsentgelt Gesagte.

Fälligkeit:

Da das EFZG keine Regelung darüber enthält, wann das Krankenentgelt auszuzahlen ist (anders als beim Urlaubsentgelt), ist dieses grundsätzlich **zusammen** mit dem Arbeitsentgelt der jeweiligen Abrechnungsperiode fällig (→ 9.4.2.).

---

821 Diese grundsätzliche Maßgeblichkeit des **Ausfallprinzips** gilt allerdings **nicht**, wenn der **Branchenkollektivvertrag** nicht nur allgemein auf die maßgeblichen Normen (EFZG, Generalkollektivvertrag) verweist, sondern die Berechnungsart des Krankenentgelts eigenständig nach dem **Durchschnittsprinzip** festlegt (vgl. VwGH 11.12.2013, 2011/08/0327).

822 Dies ist beispielsweise dann der Fall, wenn durch eine fixierte Schicht- oder Dienstplaneinteilung die Anzahl der zu leistenden Überstunden, der gebührenden Zulagen oder sonstiger Entgeltbestandteile konkret feststeht.

823 § 3 Abs. 4 EFZG sieht vor, dass bei Akkord- und Stücklöhnen sowie akkordähnlichen oder sonstigen leistungsbezogenen Prämien oder Entgelten das fortzuzahlende Entgelt nach dem **Durchschnitt der letzten 13 voll gearbeiteten Wochen** unter Ausscheidung nur ausnahmsweise geleisteter Arbeiten zu berechnen ist. Durch den **Kollektivvertrag** können auch andere Durchschnittszeiträume geregelt sein. Darüber hinaus wird in vielen Fällen ein Jahresdurchschnitt angemessen sein (vgl. OGH 25.2.2015, 9 ObA 12/15b sowie ausführlich Punkt 26.2.6.3.).

25.2.7.4. Vergütung eines Feiertags im Krankheitsfall

Fällt bei einem Arbeiter ein Feiertag in den Zeitraum einer krankheitsbedingten Arbeitsunfähigkeit, so stellt sich die Frage, nach welcher Rechtsgrundlage Anspruch auf Fortzahlung des Entgelts besteht.

Nach einer Entscheidung des OGH vom 12.6.1996, 9 ObA 2060/96y, ist bei Erkrankung (während arbeitsrechtlich aufrechtem Dienstverhältnis) eines dem EFZG unterliegenden Arbeitnehmers an einem Feiertag das **EFZG gegenüber dem ARG nachrangig** (vgl. dazu zuletzt auch OGH 21.3.2018, 9 ObA 13/18d). Begründet wird dies u.a. damit, dass die Arbeit an einem Arbeitstag, der auf einen Feiertag fällt, schon von vornherein ausfällt und es daher ohne Belang ist, ob der Arbeitnehmer an diesem Tag gesund oder krank ist. Demnach gebührt für einen solchen Feiertag das Feiertagsentgelt nach dem ARG (→ 17.1.2.). Das bedeutet, dass der **Feiertag nicht** auf die Dauer der Entgeltfortzahlung **angerechnet** wird bzw. wird der Feiertag vom Krankenstandskontingent nicht abgezogen. Somit verlängern auf einen gesetzlichen Feiertag fallende Krankenstandstage die Anspruchsdauer auf Krankenentgeltfortzahlung.

Praxistipp: Die vorzunehmende Verlängerung des Entgeltfortzahlungsanspruches wird auf der Arbeits- und Entgeltbestätigung (→ 25.1.3.1.) unter „Volles Entgelt wird weiterbezahlt bis" berücksichtigt. Hier ist das Datum des Endes des Entgeltanspruchs – unter Berücksichtigung einer allfälligen Verlängerung auf Grund eines Anspruchs auf Feiertagsentgelt – anzugeben.

Fällt der Feiertag in einen Zeitraum mit **50%iger Entgeltfortzahlung**, gebührt für diesen Feiertag unseres Erachtens auch nur **50% Feiertagsentgelt** (und nicht 100%). Das ARG bestimmt, dass dem Arbeitnehmer am Feiertag jenes Entgelt gebührt, das er erhalten hätte, wenn die Arbeit nicht aufgrund des Feiertags ausgefallen wäre. In diesem Fall wäre dem Arbeitnehmer (aufgrund des Krankenstands) nur ein 50%iger Entgeltfortzahlungsanspruch zugekommen, sodass auch das Feiertagsentgelt unseres Erachtens mit diesem Betrag begrenzt ist. **Nach Ausschöpfung** des Entgeltfortzahlungsanspruchs nach dem EFZG und einer späteren Arbeitsunfähigkeit im selben EFZ-Jahr besteht für einen im Krankenstand liegenden Feiertag unseres Erachtens **kein Entgeltfortzahlungsanspruch nach dem ARG**.

Die **Sozialversicherungsträger** vertreten dazu jedoch die Auffassung, dass das **Feiertagsentgelt stets in Höhe von 100%** zu leisten ist, solange noch ein Entgeltfortzahlungsanspruch besteht, d. h. unabhängig davon, ob der Feiertag in einen Zeitraum mit 100%igem oder 50%igem Krankenentgelt fällt oder ob es sich um (beitragsfreies) Teilentgelt der Lehrlinge handelt. **Feiertagsentgelt** soll nur dann **nicht gebühren,** wenn gar kein Anspruch auf Entgeltfortzahlung im Krankheitsfall mehr gegenüber dem Dienstgeber besteht, da dieser bereits ausgeschöpft ist (Nö. GKK, NÖDIS Nr. 12/Oktober 2019; Nö. GKK, NÖDIS Nr. 9/Juni 2018).

Für die Tage des 100%igen Feiertagsentgelts besteht **kein Anspruch auf Krankengeld** gegenüber der Österreichischen Gesundheitskasse.

Praxistipp: Feiertage, an denen 100%iges Feiertagsentgelt ausbezahlt wird, sind nicht separat in der Arbeits- und Entgeltbestätigung für das Krankengeld (→ 25.1.3.1.) auszuweisen. Eine genaue Anleitung zur Ausstellung der Arbeits- und Entgeltbestätigung für Krankengeld sowie der mBGM im Zusammenhang mit Feiertagsentgelt finden Sie unter www.gesundheitskasse.at (vgl. auch Nö. GKK, NÖDIS Nr. 12/Oktober 2019).

Zusammenfassende Darstellung (andere Ansicht Sozialversicherungsträger – siehe nachstehend):

Liegt ein Feiertag im Bereich der Tage	erhält der Arbeiter unseres Erachtens
mit vollem Krankenentgelt	das volle Feiertagsentgelt
mit halbem Krankenentgelt	das halbe Feiertagsentgelt[824]
mit weniger als dem halben Krankenentgelt	das anteilige Feiertagsentgelt[824]
ohne Entgeltfortzahlungsanspruch	kein Feiertagsentgelt[824]

Zusammenfassende Darstellung – Ansicht Sozialversicherungsträger (Nö. GKK, NÖDIS Nr. 12/Oktober 2019) **:**

Liegt ein Feiertag im Bereich der Tage	erhält der Arbeiter nach Ansicht der Sozialversicherungsträger
mit Anspruch auf volles Krankenentgelt	das volle Feiertagsentgelt
mit Anspruch auf halbes Krankenentgelt	das volle Feiertagsentgelt
mit Anspruch auf weniger als das halbe Krankenentgelt	das volle Feiertagsentgelt
ohne Entgeltfortzahlungsanspruch	kein Feiertagsentgelt

Bei einer kalendertäglichen Abrechnung sind nach der Ansicht der Sozialversicherungsträger auch Feiertage zu berücksichtigen, welche auf einen Samstag fallen. Aus diesem Grund gebührt für einen solchen Feiertag das Feiertagsentgelt (→ 17.1.2.)[825]. Für auf einen Sonntag fallende Feiertage besteht kein Anspruch auf Feiertagsentgelt, sondern Anspruch auf Krankenentgelt, da der Sonntag nach den Bestimmungen des ARG nicht als Feiertag gilt (vgl auch Nö. GKK, NÖDIS Nr. 12/Oktober 2019; Nö. GKK, NÖDIS Nr. 10/September 2017).

Liegt allerdings der Fall vor, dass **Feiertagsarbeit zulässigerweise vereinbart** worden wäre (dies ist z.B. im Gastgewerbe möglich), kommt das ARG nicht zur Anwendung; die Ansprüche werden **nach dem EFZG bemessen.**

824 Entsprechende Judikatur fehlt.

825 Unseres Erachtens sprechen gute Gründe dafür, nur für jene Feiertage das Feiertagsentgelt (und nicht das Krankenentgelt) auszuzahlen, an denen der Dienstnehmer tatsächlich gearbeitet hätte, würde kein Feiertag vorliegen. Fallen Feiertage hingegen auf einen (sonst arbeitsfreien) Samstag oder auf einen regulär sonst arbeitsfreien Wochentag (z.B. bei Viertagewoche), bleibt der Feiertag ein Krankenstandstag und kürzt als solcher – bei kalendertäglicher Abrechnung – das Krankenstandskontingent. Um dieser Problematik zu entgehen, wird in der Praxis teilweise auf ein nach Arbeitstagen bemessenes Krankenstandskontingent abgestellt.

Praxistipp: Die arbeitspflichtigen Feiertage sind gesondert auf der Arbeits- und Entgeltbestätigung für das Krankengeld (→ 25.1.3.1.) anzuführen.

Fällt der Feiertag in einen Zeitraum, in dem das Arbeitsverhältnis **arbeitsrechtlich bereits beendet** ist, sind die Bestimmungen des ARG nicht mehr anzuwenden und es gebührt für diesen Tag **kein Feiertagsentgelt**. Stattdessen besteht ev. noch Anspruch auf Krankenentgelt (vgl. auch Nö. GKK, NÖDIS Nr. 12/Oktober 2019; Nö. GKK, NÖDIS Nr. 10/September 2017).

Überblick – Krankenstand und Feiertag

Keine Verpflichtung zur Arbeitsleistung am (sonst arbeitspflichtigen) Feiertag	Verpflichtung zur Arbeitsleistung am Feiertag	Feiertag liegt außerhalb des arbeitsrechtlichen Dienstverhältnisses
↓	↓	↓
Feiertagsentgelt	Entgeltfortzahlung im Krankenstand	Entgeltfortzahlung im Krankenstand
Feiertag kürzt das Krankenstandskontingent nicht	Feiertag kürzt das Krankenstandskontingent	Feiertag kürzt das Krankenstandskontingent
Kein Krankengeldanspruch	Krankengeldanspruch je nach Höhe der Entgeltfortzahlung	Krankengeldanspruch je nach Höhe der Entgeltfortzahlung

Leistet der Dienstgeber trotz Ende des Krankenentgeltanspruchs **einen freiwilligen Zuschuss zum Krankengeld** und ist dieser **geringer als 50%** der vollen Geld- und Sachbezüge vor dem Eintritt des Versicherungsfalls, besteht keine Beitragspflicht (§ 49 Abs. 3 Z 9 ASVG). Wird **freiwillig Feiertagsentgelt** gewährt oder gelangt ein **Zuschuss von 50% oder mehr** zur Auszahlung, besteht Beitragspflicht. In diesen Fällen ist vom Dienstgeber eine mBGM zu erstatten. Auf Grund einer freiwilligen Zahlung kommt es in beiden Fällen zu keinem Ruhen des Krankengeldes (→ 25.1.3.1.) (Nö. GKK, NÖDIS Nr. 12/Oktober 2019).

Praxistipp: Freiwilliges Entgelt für einen Feiertag muss auf der Arbeits- und Entgeltbestätigung für das Krankengeld (→ 25.1.3.1.) unter „Freiwilliges Entgelt wird bezahlt" eingetragen werden. Zu einem Ruhen des Krankengeldanspruchs kommt es in derartigen Fällen nicht.

Kollektivvertraglich geregelte „Feiertage" (wie z.B. ein dienstfreier 24. und 31. Dezember) gelten nicht als Feiertage i.S.d. ARG. Sie verlängern somit auch nicht die Anspruchsdauer auf Krankenentgeltfortzahlung (siehe nachstehendes Beispiel).

Beispiel 97

Krankenstandsberechnung eines Arbeiters bei Vorliegen eines Feiertags.

Angaben:

- Krankenstandsjahr: 1.8.20..–31.7.20..
- Arbeitstage (AT): Montag–Freitag,
- EFZG-Anspruch: 6 Wochen (= 30 Arbeitstage[826]) voll,
  4 Wochen (= 20 Arbeitstage[826]) halb.
- Krankenstand: Freitag, 20.12.20.., bis Sonntag, 29.12.20..
  Dieser Krankenstand ist der erste in diesem Krankenstandsjahr.
- Die im Krankenstand liegenden Feiertage wären arbeitsfrei gewesen.

Lösung:

	Der Arbeiter erhält das			
Mi 18.12.	Arbeitsentgelt	–	–	
Do 19.12.	Arbeitsentgelt	–	–	
Fr 20.12.	–	Krankenentgelt	–	Krankenstandsdauer
Sa 21.12.	–	–	–	Krankenstandsdauer
So 22.12.	–	–	–	Krankenstandsdauer
Mo 23.12.	–	Krankenentgelt	–	Krankenstandsdauer
Di 24.12.[827]	–	Krankenentgelt	–	Krankenstandsdauer
Mi 25.12. (Christtag)	–	–	Feiertagsentgelt	Krankenstandsdauer
Do 26.12. (Stefanitag)	–	–	Feiertagsentgelt	Krankenstandsdauer
Fr 27.12.	–	Krankenentgelt	–	Krankenstandsdauer
Sa 28.12.	–	–	–	Krankenstandsdauer
So 29.12.	–	–	–	Krankenstandsdauer
Mo 30.12.	Arbeitsentgelt	–	–	
Di 31.12.	Arbeitsentgelt	–	–	

Anspruch:	30 AT voll,	20 AT halb
verbraucht:	4 AT voll	
Rest:	26 AT voll,	20 AT halb

826 Zum Problem „Werktage – Arbeitstage – Kalendertage" siehe Punkt 25.2.3.3.
827 Der allenfalls lt. Kollektivvertrag gebührende „halbe Feiertag" (24.12.) fällt nicht unter diese Regelung.

25.2.8. Beispiele zur Krankenstands- und Krankenentgeltberechnung

Beispiele 98–99

Krankenstands- und Krankenentgeltberechnung für Arbeiter unter Verwendung des beiliegenden Kalenders.

20 . .

Jänner	Februar	März	April	Mai	Juni	Juli	August	September	Oktober	November	Dezember
1 Fr NJ	1 Mo	1 Di	1 Fr	1 So Stf	1 Mi	1 Fr	1 Mo	1 Do	1 Sa	1 Di Allh	1 Do
2 Sa	2 Di	2 Mi	2 Sa	2 Mo	2 Do Frl	2 Sa	2 Di	2 Fr	2 So	2 Mi	2 Fr
3 So	3 Mi	3 Do	3 So Os	3 Di	3 Fr	3 So	3 Mi	3 Sa	3 Mo	3 Do	3 Sa
4 Mo	4 Do	4 Fr	4 Mo Om	4 Mi	4 Sa	4 Mo	4 Do	4 So	4 Di	4 Fr	4 So
5 Di	5 Fr	5 Sa	5 Di	5 Do	5 So	5 Di	5 Fr	5 Mo	5 Mi	5 Sa	5 Mo
6 Mi 3K	6 Sa	6 So	6 Mi	6 Fr	6 Mo	6 Mi	6 Sa	6 Di	6 Do	6 So	6 Di
7 Do	7 So	7 Mo	7 Do	7 Sa	7 Di	7 Do	7 So	7 Mi	7 Fr	7 Mo	7 Mi
8 Fr	8 Mo	8 Di	8 Fr	8 So	8 Mi	8 Fr	8 Mo	8 Do	8 Sa	8 Di	8 Do ME
9 Sa	9 Di	9 Mi	9 Sa	9 Mo	9 Do	9 Sa	9 Di	9 Fr	9 So	9 Mi	9 Fr
10 So	10 Mi	10 Do	10 So	10 Di	10 Fr	10 So	10 Mi	10 Sa	10 Mo	10 Do	10 Sa
11 Mo	11 Do	11 Fr	11 Mo	11 Mi	11 Sa	11 Mo	11 Do	11 So	11 Di	11 Fr	11 So
12 Di	12 Fr	12 Sa	12 Di	12 Do Chh	12 So	12 Di	12 Fr	12 Mo	12 Mi	12 Sa	12 Mo
13 Mi	13 Sa	13 So	13 Mi	13 Fr	13 Mo	13 Mi	13 Sa	13 Di	13 Do	13 So	13 Di
14 Do	14 So	14 Mo	14 Do	14 Sa	14 Di	14 Do	14 So	14 Mi	14 Fr	14 Mo	14 Mi
15 Fr	15 Mo	15 Di	15 Fr	15 So	15 Mi	15 Fr	15 Mo MHf	15 Do	15 Sa	15 Di	15 Do
16 Sa	16 Di	16 Mi	16 Sa	16 Mo	16 Do	16 Sa	16 Di	16 Fr	16 So	16 Mi	16 Fr
17 So	17 Mi	17 Do	17 So	17 Di	17 Fr	17 So	17 Mi	17 Sa	17 Mo	17 Do	17 Sa
18 Mo	18 Do	18 Fr	18 Mo	18 Mi	18 Sa	18 Mo	18 Do	18 So	18 Di	18 Fr	18 So
19 Di	19 Fr	19 Sa	19 Di	19 Do	19 So	19 Di	19 Fr	19 Mo	19 Mi	19 Sa	19 Mo
20 Mi	20 Sa	20 So	20 Mi	20 Fr	20 Mo	20 Mi	20 Sa	20 Di	20 Do	20 So	20 Di
21 Do	21 So	21 Mo	21 Do	21 Sa	21 Di	21 Do	21 So	21 Mi	21 Fr	21 Mo	21 Mi
22 Fr	22 Mo	22 Di	22 Fr	22 So Pfs	22 Mi	22 Fr	22 Mo	22 Do	22 Sa	22 Di	22 Do
23 Sa	23 Di	23 Mi	23 Sa	23 Mo Pfm	23 Do	23 Sa	23 Di	23 Fr	23 So	23 Mi	23 Fr
24 So	24 Mi	24 Do	24 So	24 Di	24 Fr	24 So	24 Mi	24 Sa	24 Mo	24 Do	24 Sa
25 Mo	25 Do	25 Fr	25 Mo	25 Mi	25 Sa	25 Mo	25 Do	25 So	25 Di	25 Fr	25 So Chr
26 Di	26 Fr	26 Sa	26 Di	26 Do	26 So	26 Di	26 Fr	26 Mo	26 Mi Nft	26 Sa	26 Mo Ste
27 Mi	27 Sa	27 So	27 Mi	27 Fr	27 Mo	27 Mi	27 Sa	27 Di	27 Do	27 So	27 Di
28 Do	28 So	28 Mo	28 Do	28 Sa	28 Di	28 Do	28 So	28 Mi	28 Fr	28 Mo	28 Mi
29 Fr	29 Mo	29 Di	29 Fr	29 So	29 Mi	29 Fr	29 Mo	29 Do	29 Sa	29 Di	29 Do
30 Sa		30 Mi	30 Sa	30 Mo	30 Do	30 Sa	30 Di	30 Fr	30 So	30 Mi	30 Fr
31 So		31 Do		31 Di		31 So	31 Mi		31 Mo		31 Sa

Beispiel 98

Krankenstandsberechnung eines Arbeiters.

Angaben:

- Eintrittstag: 7. März,
- der Arbeiter befindet sich im 20. Anspruchsjahr,
- Arbeitstage (AT): Montag-Freitag,
- Krankenstände des laufenden Kalenderjahrs:
  1. Krankenstand: 11.4.–10.7.20..
  2. Krankenstand: 8.8.–4.9.20..
  3. Krankenstand: 3.10.–23.10.20.. (Arbeitsunfall)
- Der EFZG-Anspruch wird nach dem Arbeitsjahr bemessen.
- Die im Krankenstand liegenden Feiertage wären arbeitsfrei gewesen.
- Alle für die Entgeltfortzahlung notwendigen Voraussetzungen sind erfüllt.

Lösung:

Anspruch auf Entgeltfortzahlung lt. EFZG	
bei einer Krankheit	bei einem Arbeitsunfall
10 Wochen = 50 AT[826] voll 4 Wochen = 20 AT[826] halb	10 Wochen = 50 AT[826] voll

Schematische Darstellung der Krankenstände:

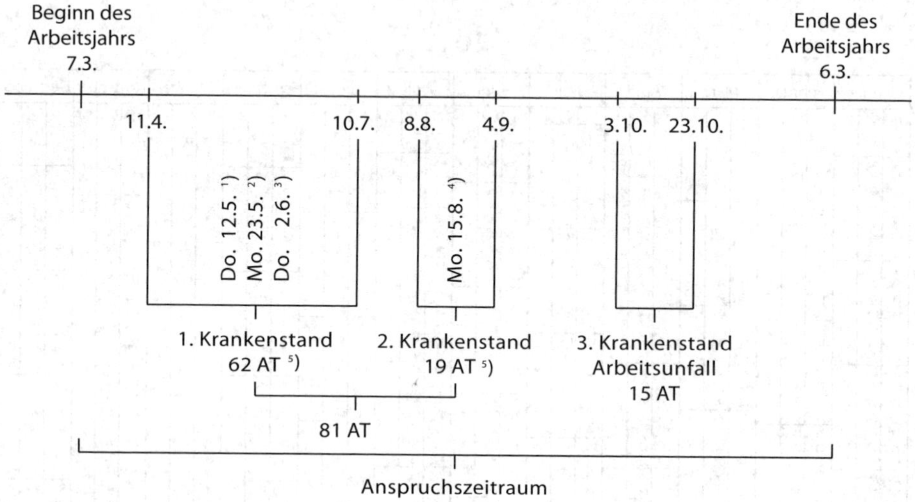

[1]) Christi Himmelfahrt
[2]) Pfingstmontag
[3]) Fronleichnam
[4]) Mariä Himmelfahrt
[5]) Die Feiertage wurden nicht mitgezählt.

Ansspruch auf Krankenentgelt:

	Der Arbeiter erhält lt. EFZG			Der Arbeiter erhält lt. ARG Feiertags-entgelt für
	volles KE für	halbes KE für	kein KE für	
1. Krkstd. (62 AT)	50 AT	12 AT	–	3 AT[828]
2. Krkstd. (19 AT)	–	8 AT	11 AT[829]	1 AT[830]
3. Krkstd. (15 AT) (Arbeitsunfall)	15 AT	–	–	–

KE = Krankenentgelt
Krkstd. = Krankenstand

828 Die drei Feiertage liegen im Bereich der Tage mit vollem Krankenentgelt; der Arbeiter erhält demnach das **volle Feiertagsentgelt**.

829 Für diese Tage erhält der Arbeiter nur das Krankengeld (→ 25.1.3.1.).

830 Der eine Feiertag liegt im Bereich der Tage mit halbem Krankenentgelt; der Arbeiter erhält für diesen Tag deshalb nur das **halbe Feiertagsentgelt.** Die Sozialversicherungsträger vertreten jedoch die Ansicht, dass das volle Feiertagsentgelt zu gewähren ist (→ 25.2.7.4.). Liegt ein Feiertag im Bereich der Tage ohne Entgeltfortzahlungsanspruch, erhält der Arbeiter – auch nach Ansicht der Sozialversicherungsträger – kein Feiertagsentgelt.

Beispiel 99

Krankenstands- und Krankenentgeltberechnung eines Arbeiters.

Angaben:

- Eintrittstag: 1. April,
- der Arbeiter befindet sich im 1. Anspruchsjahr,
- monatliche Abrechnung,
- Monatslohn: € 1.300,00
- Arbeitszeit: Montag–Donnerstag: je 8 1/2 Stunden 5 Arbeitstage (AT)
  Freitag: 6 Stunden 40 Arbeitsstunden,
- Normalstundenteiler: 1/173,333,
- Krankenstände des laufenden Kalenderjahrs:
  1. Krankenstand: 6.7.–24.7.20..
  2. Krankenstand: 1.10.–18.10.20..
  In keinem Zeitraum der beiden Krankenstände liegt ein Feiertag.
- Der EFZG-Anspruch wird nach dem Arbeitsjahr bemessen.
- Alle für die Entgeltfortzahlung notwendigen Voraussetzungen sind erfüllt.

Lösung:

Anspruch auf Entgeltfortzahlung lt. EFZG	
bei einer Krankheit	bei einem Arbeitsunfall
6 Wochen = 30 AT[831] voll 4 Wochen = 20 AT[831] halb	8 Wochen = 40 AT[831] voll

Schematische Darstellung der Krankenstände:

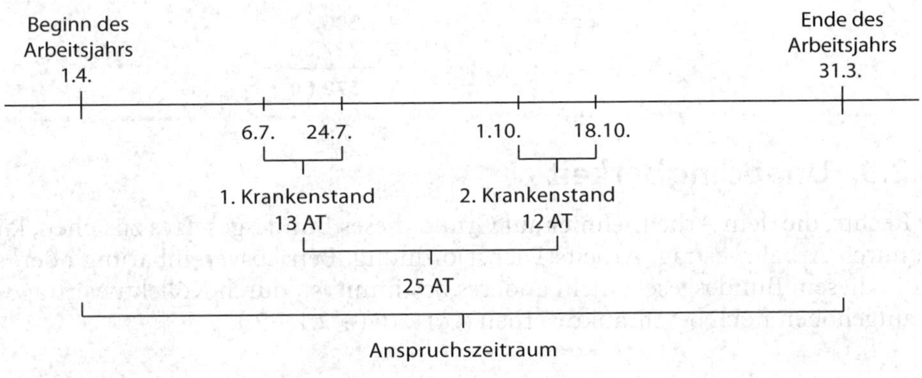

Ermittlung des Stundenlohns: € 1.300,00 : 173,333 = € 7,50 (→ 11.3.)

Bei Monatslöhnen ist der Stundenlohn grundsätzlich in der Weise zu ermitteln, dass der Monatslohn durch die Zahl der „Normalarbeitsstunden" dividiert wird, sofern der Kollektivvertrag keine andere Regelung trifft (DVSV 32-43.56/74).

831 Zum Problem „Werktage – Arbeitstage – Kalendertage" siehe Punkt 25.2.3.3.

Anspruch auf Kranken- und Arbeitsentgelt:

1. **Krankenstand:** 6.7.–24.7.20.. (13 AT)

Krankenentgelt für die Zeit 6.7.–24.7.20.. $= 10 \times 8\frac{1}{2} =$ 85 Arbeitsstunden = 10 AT
$3 \times 6 =$ 18 Arbeitsstunden = 3 AT
103 Arbeitsstunden = 13 AT

€ 7,50 × 103 = € **772,50**

Der Restanspruch auf Entgeltfortzahlung beträgt: 30 AT voll, 20 AT halb
– 13 AT voll
17 AT voll, 20 AT halb

Arbeitsentgelt für die Zeit 1.7.–5.7.20.. / 25.7.–31.7.20.. 173,333 – 103 = 70,333 Arbeitsstunden

€ 7,50 × 70,333 = € **527,50**

oder: € 1.300,–
– € 772,50
€ **527,50**

2. **Krankenstand:** 1.10.–18.10.20.. (12 AT)

Krankenentgelt für die Zeit 1.10.–18.10.20.. $= 10 \times 8\frac{1}{2} =$ 85 Arbeitsstunden = 10 AT
$2 \times 6 =$ 12 Arbeitsstunden = 2 AT
97 Arbeitsstunden = 12 AT

€ 7,50 × 97 = € **727,50**

Arbeitsentgelt für die Zeit 19.10.–31.10.20.. 173,333
– 97
76,333 Arbeitsstunden

€ 7,50 × 76,333 = € **572,50**

oder: € 1.300,–
– € 727,50
€ **572,50**

25.2.9. Unabdingbarkeit

Die Rechte, die dem Arbeitnehmer auf Grund dieses Bundesgesetzes zustehen, können durch Arbeitsvertrag, Arbeits(Dienst)ordnung, Betriebsvereinbarung oder, soweit in diesem Bundesgesetz nicht anderes bestimmt ist, durch Kollektivvertrag weder aufgehoben noch beschränkt werden (§ 6 EFZG) (→ 2.1.1.2.).

25.2.10. Günstigere Regelungen

Gesetzliche Vorschriften, Kollektivverträge, Arbeits(Dienst)ordnungen, Betriebsvereinbarungen, Arbeitsverträge, die den Anspruch auf Fortzahlung des Entgelts bei Arbeitsverhinderung durch Krankheit (Unglücksfall) sowie Arbeitsunfall oder Berufskrankheit hinsichtlich Verschuldensgrad oder Anspruchsdauer günstiger regeln, bleiben insoweit unberührt. Jedoch gelten für die Anspruchsdauer nach diesem Bundesgesetz dessen Bestimmungen anstelle anderer Regelungen (§ 7 EFZG).

25.3. Krankenstand der Angestellten

25.3.1. Rechtsgrundlage

Rechtsgrundlage ist das Bundesgesetz über den Dienstvertrag der Privatangestellten (**Angestelltengesetz**) vom 11. Mai 1921, BGBl 1921/292, in der jeweils geltenden Fassung.

Hinweis: Durch die mit 1.7.2018 in Kraft getretene Änderung des AngG (BGBl I 2017/153) ist es zu einer Angleichung der Entgeltfortzahlung der Angestellten bei Krankheit oder Unglücksfall, Arbeitsunfall oder Berufskrankheit an die Systematik der Entgeltfortzahlung der Arbeiter nach dem EFZG gekommen.

25.3.2. Geltungsbereich

Der Geltungsbereich betrifft Personen, die Angestellte i.S.d. Angestelltengesetzes (AngG) sind (→ 4.4.3.1.1.).

25.3.3. Anspruch auf Entgeltfortzahlung

25.3.3.1. Bei Krankheit oder Unglücksfall

Ist ein Angestellter **nach Antritt**[832] des Dienstverhältnisses durch Krankheit oder Unglücksfall (→ 25.1.2.) an der Leistung seiner Dienste verhindert, ohne dass er die Verhinderung **vorsätzlich** oder durch **grobe Fahrlässigkeit** (→ 25.2.3.1.) herbeigeführt hat, so **behält er seinen Anspruch auf das Entgelt** (→ 9.1., → 25.3.7.) bis zur Dauer

- von **sechs Wochen**.

Der Anspruch auf das Entgelt beträgt, wenn das Dienstverhältnis

- **ein Jahr** gedauert hat, jedenfalls **acht Wochen**, wenn es
- **fünfzehn Jahre** ununterbrochen gedauert hat, **zehn Wochen**, wenn es
- **fünfundzwanzig Jahre** ununterbrochen gedauert hat, **zwölf Wochen**.

Durch je weitere **vier Wochen** behält der Angestellte den Anspruch auf das **halbe Entgelt** (§ 8 Abs. 1 AngG).

Bei **wiederholter Dienstverhinderung** durch Krankheit (Unglücksfall) **innerhalb eines Dienstjahres** besteht ein Anspruch auf Fortzahlung des Entgelts insoweit, als der pro Dienstjahr zustehende Entgeltfortzahlungsanspruch nicht ausgeschöpft ist (§ 8 Abs. 2 AngG). Es kommt somit bei wiederholtem Krankenstand innerhalb eines Dienstjahres zu einer Zusammenrechnung der Anspruchszeiten.

Mit Beginn eines neuen Dienstjahres entsteht der **Anspruch wieder in vollem Umfang.** Reicht eine Dienstverhinderung von einem in das nächste Dienstjahr, steht

832 Der Dienstgeber ist zur Fortzahlung des Entgelts bei Arbeitsverhinderung infolge Krankheit oder Unglücksfall erst verpflichtet, nachdem der Angestellte seinen Dienst angetreten hat. Wurde der Arbeitsbeginn für den nächsten Tag vereinbart, und erleidet der Angestellte auf dem erstmaligen Weg dahin einen Verkehrsunfall, besteht kein Anspruch auf Entgeltfortzahlung (OGH 21.1.1999, 8 ObA 4/99t), Anspruch auf Leistungspflicht aus der gesetzlichen Unfallversicherung ist allerdings gegeben (OGH 15.7.1987, 9 ObS 12/87) (→ 6.2.3.).

mit Beginn des neuen Dienstjahres wieder der volle Entgeltfortzahlungsanspruch zu. Dies gilt auch, wenn im alten Dienstjahr wegen Ausschöpfung des Anspruchs keine Entgeltfortzahlung mehr bestand.

25.3.3.2. Bei Arbeitsunfall oder Berufskrankheit

Bei **Arbeitsunfällen oder Berufskrankheiten** steht der Anspruch **pro Anlassfall** aufs Neue in voller Höhe zu. Eine **Sonderregelung** gilt bei wiederholten Dienstverhinderungen, die im unmittelbaren ursächlichen Zusammenhang mit einem Arbeitsunfall bzw. einer Berufskrankheit stehen: Hier besteht ein Anspruch auf Entgeltfortzahlung **innerhalb eines Dienstjahrs** nur insoweit, als die Anspruchsdauer von acht bzw. zehn Wochen noch nicht ausgeschöpft ist (§ 8 Abs. 2a AngG).

25.3.3.3. Anspruchstabelle

Dauer des Dienstverhältnisses	Anspruch auf Entgeltfortzahlung	
	bei Krankheit oder Unglücksfall sowie begründetem Kur- und Erholungsaufenthalt **pro Dienstjahr**[833]	bei Arbeitsunfall oder Berufskrankheit sowie damit zusammenhängendem Kur- und Erholungsaufenthalt **pro Unfall/Krankheit**[834]
bis zum vollendeten 1. Dienstjahr	6 Wochen voll + 4 Wochen halb	8 Wochen voll
ab Beginn des 2. Dienstjahres bis zum vollendeten 15. Dienstjahr	8 Wochen voll + 4 Wochen halb	8 Wochen voll
ab Beginn des 16. Dienstjahres bis zum vollendeten 25. Dienstjahr	10 Wochen voll + 4 Wochen halb	10 Wochen voll
ab Beginn des 26. Dienstjahres	12 Wochen voll + 4 Wochen halb	10 Wochen voll

25.3.3.4. Erläuterungen

Umrechnung des Wochenanspruchs:

Der jeweilige Wochenanspruch ist auf einen **Tagesanspruch** umzurechnen. Allerdings sagt das AngG nicht aus, ob dafür Arbeitstage oder Kalendertage heranzuziehen sind. In der Praxis wird der Wochenanspruch üblicherweise auf Kalendertage umgerechnet.

Neuer Anspruch pro Dienstjahr:

Fällt in die Zeit einer Dienstverhinderung der Beginn einer längeren Anspruchsdauer, erhöht sich diese um den Differenzanspruch (OGH 16.2.1982, 4 Ob 96/81).

833 Jahreskontingent.
834 Fallbezogenes (ereignisbezogenes) Kontingent.

Definition des Dienstjahrs:

Das Dienstjahr **richtet sich nach dem Eintritts- bzw. Wiedereintrittsdatum**[835], d.h. nach dem arbeitsrechtlichen Beginn des aktuellen Dienstverhältnisses des jeweiligen Arbeitnehmers.

Etwaige Anrechnungen von Vordienstzeiten oder die Zusammenrechnung von Zeiten eines Arbeitsverhältnisses (→ 25.2.4.) haben keine Bedeutung für den Beginn eines Dienstjahrs. Dafür ist immer der **Beginn des letzten Dienstverhältnisses maßgebend** (OGH 13.6.2017, 10 ObS 54/17i). Dies gilt auch bei der Übernahme eines Lehrlings in ein Dienstverhältnis. Entscheidend ist der Beginn des Dienstverhältnisses, nicht der Beginn des Lehrverhältnisses (OGH 27.5.2020, 8 ObA 31/20x; vgl. auch Nö. GKK, NÖDIS Nr. 1/Jänner 2019)[836]. Siehe jedoch zum Wechsel vom Arbeiter zum Angestellten und umgekehrt bei aufrechtem Dienstverhältnis Punkt 25.3.4.

Bei der **Rückkehr nach einer Karenzierung** (z.B. Karenz nach MSchG bzw. VKG, Bildungskarenz, Pflegekarenz oder Familienhospizkarenz) bleibt das **ursprüngliche Eintrittsdatum** unverändert aufrecht. Selbiges gilt auch für einen unbezahlten Urlaub und einen Präsenz-/Zivildienst. Es handelt sich hierbei um Dienstunterbrechungen, die entweder keine Abmeldung oder eine Abmeldung ohne Ende des Beschäftigungsverhältnisses erfordern (vgl. auch Nö. GKK, NÖDIS Nr. 1/Jänner 2019).

Im Fall eines **Übergangs des Betriebs** oder eines Betriebsteils kommt es auf Grund des AVRAG insofern zu einer Anrechnung, als der Erwerber des Unternehmens oder Betriebsteils grundsätzlich mit allen Rechten und Pflichten in die Dienstverhältnisse einzutreten hat (→ 25.3.4.). Eine **Änderung des Dienstjahrs** im Hinblick auf die Anwartschaftssprünge tritt dadurch **nicht ein**.

Die Problematik eines (in die Zeit eines Krankenstands fallenden) Feiertags wird im Punkt 25.3.7.2. gesondert behandelt.

25.3.4. Anrechnungs- und Zusammenrechnungsbestimmungen

Hinsichtlich der Dauer des Dienstverhältnisses gelten folgende Grundregeln:

- Das AngG enthält, anders als das EFZG, keine Anrechnungsbestimmungen z.B. für bei demselben Dienstgeber zurückgelegte Vordienstzeiten (vgl. → 25.2.4.). Ob auf die Dauer des Dienstverhältnisses die beim selben Dienstgeber zurückgelegten Dienstzeiten **unmittelbar vorausgegangener Dienstverhältnisse anrechenbar** bzw. zu berücksichtigen sind, ist in der Lehre umstritten. Da das AngG auf die Dauer des Dienstverhältnisses abstellt, sind jedenfalls **Zeiten als Arbeiter im aufrechten Dienstverhältnis** für die Dienstzeitbemessung zu berücksichtigen (vgl. auch OGH 28.7.2021, 9 ObA 72/21k). Aus der Rechtsprechung des OGH, wonach als „Dienstzeiten" grundsätzlich sämtliche Zeiten des aufrechten Dienstverhältnisses zum selben Arbeitgeber gelten, daher u.a. auch Zeiten als Arbeiter, wird in

835 Wird das Dienstverhältnis vorübergehend – z.B. saisonbedingt – unterbrochen (es erfolgt also eine Abmeldung mit Ende des Beschäftigungsverhältnisses), so ist in weiterer Folge das Wiedereintrittsdatum maßgeblich (vgl. auch Nö. GKK, NÖDIS Nr. 1/Jänner 2019).

836 Die Rechtslage unterscheidet sich insofern vom Urlaubsrecht, als für das Urlaubsjahr auf den ursprünglichen Beginn des Lehrverhältnisses abgestellt wird (→ 26.2.2.3.).

der Literatur überwiegend abgeleitet, dass auch **Lehrzeiten** eines ausgelernten Angestelltenlehrlings bei Übernahme in das Angestelltendienstverhältnis **als Dienstzeit** zu werten sind (nach anderer Ansicht mit Hinweis auf eine Auskunft des BMASGK – Nö. GKK, NÖDIS Nr. 12/September 2018). Unseres Erachtens hat der OGH zu Lehrlingen noch nicht explizit Stellung genommen, sodass die Frage noch nicht abschließend geklärt ist[837].

Hinweis: Für den **Beginn eines Dienstjahrs** bei **Wechsel eines Arbeiters in ein Angestelltenverhältnis** (und umgekehrt) ist der Beginn des ursprünglichen Dienstverhältnisses entscheidend. Im Zeitpunkt des Wechsels beginnt somit kein neues Dienstjahr und damit auch kein neuer Anspruch auf Entgeltfortzahlung. Voraussetzung dafür ist, dass es sich bei einem derartigen Wechsel tatsächlich arbeitsrechtlich um ein durchgehendes Beschäftigungsverhältnis handelt und keine arbeitsrechtliche Beendigung des ersten Dienstverhältnisses verbunden mit einem Neueintritt erfolgt (OGH 28.7.2021, 9 ObA 72/21k; vgl. auch Nö. GKK, NÖDIS Nr. 9/Juli 2019 mit Verweis auf eine Sozialpartner-Besprechung beim DVSV vom 26.3.2019, LVB-51.1/19 Jv/Km).

- Dienstzeiten zu demselben Dienstgeber mit **Unterbrechung (von weniger als 60 Tagen)** sind – anders als bei Arbeitern – nach herrschender Auffassung **nicht zusammenzurechnen** (vgl. auch BMASGK – Nö. GKK, NÖDIS Nr. 12/September 2018).
- Wird ein Dienstverhältnis **nicht unterbrochen**, sondern mit geänderter Arbeitszeit fortgesetzt, ist es als Einheit anzusehen.
- Eventuelle Anrechnungsbestimmungen des anzuwendenden Kollektivvertrags sind zu beachten.
- **Nicht anzurechnen** sind Zeiten einer Bildungskarenz (→ 27.3.1.1.) sowie Zeiten einer Pflegekarenz (→ 27.1.1.3.).
- Wurde eine Karenz gem. MSchG (→ 27.1.4.1.) bzw. gem. VKG (→ 27.1.4.2.) in Anspruch genommen, sind für die **erste Karenz** im bestehenden Dienstverhältnis, sofern nichts anderes vereinbart ist, **max. zehn Monate** auf die Anspruchsdauer **anzurechnen**. Diese Bestimmung gilt allerdings nur, wenn das Kind nach dem 31. Dezember 1992 geboren wurde (vgl. § 15f Abs. 1 MSchG, § 7c Abs. 1 VKG).
- Anrechnungsbestimmungen von Zeiten eines Präsenz-, Ausbildungs- oder Zivildienstes werden im Punkt 27.1.6. gesondert behandelt.

Bei Arbeitgeberwechsel durch den Übergang des Unternehmens, Betriebs oder Betriebsteils, der **nach dem 30. Juni 1993** erfolgte, sind Dienstzeiten **automatisch** (als beim selben Dienstgeber zurückgelegt) **zusammenzurechnen** (ausgenommen davon sind der Erwerb aus einem Sanierungsverfahren ohne Eigenverwaltung und der Erwerb aus einer Konkursmasse) (→ 4.5.).

Etwaige Anrechnungen von Vordienstzeiten oder die Zusammenrechnung von Zeiten eines Arbeitsverhältnisses (→ 25.2.4.) haben keine Bedeutung für den Beginn eines Dienstjahrs. Dafür ist immer der **Beginn des letzten Dienstverhältnisses**

837 Gegen eine Berücksichtigung der Lehrzeiten als „Dienstzeiten" i.S.d. AngG könnte sprechen, dass formell gesehen das Lehrverhältnis vom Dienstverhältnis zu unterscheiden ist und eben kein ununterbrochenes Dienstverhältnis vorliegt. Jedenfalls ändert sich bei Übertritt vom Lehrverhältnis in das Angestelltendienstverhältnis nach der Rechtsprechung des OGH der für das neue Dienstjahr relevante Stichtag. Mit dem Tag des Übertritts in das Angestelltenverhältnis entsteht ein neuer Entgeltfortzahlungsanspruch (nach den Bestimmungen des AngG). Das nächste Dienstjahr beginnt jeweils mit dem Jahrestag des Eintritts in das Angestelltendienstverhältnis (OGH 27.5.2020, 8 ObA 31/20x). Zur Anrechnung von Lehrzeiten bei Arbeiterdienstverhältnissen siehe Punkt 25.2.4.

maßgebend (OGH 13.6.2017, 10 ObS 54/17i; vgl. auch Nö. GKK, NÖDIS Nr. 1/Jänner 2019). Zum Wechsel vom Arbeiter zum Angestellten und umgekehrt siehe vorstehend.

25.3.5. Kur- und Erholungsaufenthalte

Eine Dienstverhinderung muss nicht immer durch eine **gerade akute** Erkrankung entstehen. Nach herrschender Judikatur gelten auch Kur- und Erholungsaufenthalte arbeitsrechtlich gesehen als Krankenstände (z.B. OGH 20.9.1962, Arb 7652).

25.3.6. Umstellung auf das Kalenderjahr

Durch Kollektivvertrag oder durch (fakultative) Betriebsvereinbarung (→ 3.3.5.1.) kann auch für Angestellte vereinbart werden, dass sich der Anspruch auf Entgeltfortzahlung nicht nach dem Arbeitsjahr, sondern nach dem **Kalenderjahr** richtet.

Solche Vereinbarungen können vorsehen, dass

a) Dienstnehmer, die **während des Kalenderjahrs eintreten**, Anspruch auf Entgeltfortzahlung nur bis zur Hälfte der Entgeltdauer haben, sofern die Dauer des Dienstverhältnisses im Kalenderjahr des Eintritts weniger als sechs Monate beträgt;
b) der **jeweils höhere Anspruch** auf Entgeltfortzahlung erstmals in jenem Kalenderjahr gebührt, in das der überwiegende Teil des Arbeitsjahrs fällt;
c) die Ansprüche der **im Zeitpunkt der Umstellung im Betrieb beschäftigten Dienstnehmer** für den **Umstellungszeitraum** (Beginn des Arbeitsjahrs bis Ende des folgenden Kalenderjahrs) gesondert berechnet werden. Jedenfalls muss für den Umstellungszeitraum dem Arbeitnehmer ein voller Anspruch und ein zusätzlicher aliquoter Anspruch entsprechend der Dauer des Arbeitsjahrs im Kalenderjahr vor der Umstellung abzüglich jener Zeiten, für die bereits Entgeltfortzahlung wegen Arbeitsverhinderung wegen Krankheit (Unglücksfall) gewährt wurde, zustehen (§ 8 Abs. 7 AngG i.d.F. BGBl I 2017/153).

Wurden in der Vergangenheit nur die Entgeltfortzahlungsansprüche der Arbeiter auf das Kalenderjahr umgestellt, müssen die Entgeltfortzahlungsansprüche der Angestellten nicht zwingend ebenfalls umgestellt werden (Nö. GKK, NÖDIS Nr. 1/Jänner 2019).

Beispiele zu Umstellungsberechnungen finden Sie bei Nö. GKK, NÖDIS Nr. 5/April 2018.

25.3.7. Krankenentgelt der Angestellten

25.3.7.1. Bestimmungen des Angestelltengesetzes, diverse Erläuterungen

Angestelltengesetz (Bezugsprinzip):

Während das EFZG (und der Generalkollektivvertrag) genaue Bestimmungen über die Bemessung des Krankenentgelts enthalten, besagt das AngG nur, dass der Angestellte für eine bestimmte Zeit „**seinen Anspruch auf das Entgelt behält**". Dies zeigt der Vergleich der Bestimmungen des AngG mit den Bestimmungen des EFZG:

AngG	EFZG
Gemäß § 8 Abs. 1 AngG **„behält"** der **Angestellte** seinen Entgeltanspruch für die im Gesetz vorgesehene Dauer.	Gemäß § 2 Abs. 1 EFZG **„behält"** der **Arbeiter** zwar auch seinen Entgeltanspruch für die im Gesetz vorgesehene Dauer. Allerdings legt § 3 Abs. 3 EFZG **ausdrücklich** fest, dass jenes Entgelt zu leisten ist, das dem Arbeitnehmer gebührt hätte, wenn keine Arbeitsverhinderung eingetreten wäre (**Ausfallprinzip**).

Wenn auch § 8 Abs. 1 AngG für den Verhinderungsfall nur Anspruch auf das Entgelt (also das **Bezugsprinzip**) vorsieht und nicht ausdrücklich auf das regelmäßige Entgelt Bezug nimmt, das gebührt hätte, wenn keine Arbeitsverhinderung eingetreten wäre, wie dies § 3 Abs. 3 EFZG vorsieht, so erklärt sich diese **unterschiedliche Formulierung** bloß daraus, dass bei Arbeitern das Entgelt i.d.R. **größeren Schwankungen** (auch hinsichtlich der übrigen ordentlichen und außerordentlichen Leistungen zusätzlicher Art) unterworfen ist als bei Angestellten (OGH 26.1.1994, 9 ObA 365/93).

Für die Fälle der Fortzahlung des Entgelts nach § 8 Abs. 1 AngG kommt demnach lt. überwiegender Lehre und lt. Rechtsprechung ebenfalls das **Ausfallprinzip** zum Tragen. Der Angestellte soll durch die Erkrankung **keine wirtschaftlichen Nachteile** erleiden. Es ist daher der Fortzahlung letztlich das regelmäßige Entgelt zu Grunde zu legen, das dem Angestellten gebührt hätte, wenn keine Arbeitsverhinderung eingetreten wäre.

Aufwandsentschädigungen und Sachleistungen:

Bezüglich der Einbeziehung von Aufwandsentschädigungen und Sachleistungen in das Krankenentgelt der Angestellten gilt das zu den Arbeitern unter Punkt 25.2.7.3. Gesagte.

Ausfallprinzip – Durchschnittsprinzip:

Bei der Berechnung des Krankenentgelts ist vorerst immer festzustellen, **welche Arbeitszeit und welches Entgelt** während der lt. Gesetz zu zahlenden Anspruchsdauer angefallen wäre **(Ausfallprinzip).** Eine Berechnung nach dem Durchschnitt (**Durchschnittsprinzip**) kommt grundsätzlich erst in Betracht, wenn nicht festgestellt werden kann, welche Leistungen der Arbeitnehmer an den Ausfallzeiten erbracht hätte.

Zur Beurteilung des regelmäßigen Entgelts ist insb. bei schwankenden Entgeltbestandteilen häufig eine **Durchschnittsbetrachtung der vor dem Krankenstand bezogenen Entgelte** in einem Beobachtungszeitraum notwendig. Über die Dauer des Beobachtungszeitraums gibt das AngG keine Auskunft. Der Rechtsprechung ist diesbezüglich u.a. zu entnehmen:

Der Entgeltanspruch umfasst auch vor der Dienstverhinderung bezogene Überstundenentgelte. War deren Höhe schwankend, so ist der **Monatsdurchschnitt des letzten Jahres** heranzuziehen (VwGH 6.7.1966, 1127/65).

Ist im Hinblick auf die von einem Angestellten in Anspruch genommenen Zeitausgleiche, Urlaube und Krankenstände eine **schwankende Verteilung der Nachtdienstleistungen** (und damit auch der Nachtdienstzulagen) gegeben, rechtfertigt dies einen Beobachtungszeitraum, der dreizehn Wochen übersteigt, wenn weder das AngG noch ein im vorliegenden Fall anzuwendender Kollektivvertrag einen bestimmten anderen Beobachtungszeitraum vorsehen. Die Kontinuität und die durchschnittliche Nachtdienstleistung in dem herangezogenen **längeren Beobachtungszeitraum** bilden eine verlässlichere Grundlage für die Durchschnittsberechnung als die Berücksichtigung eines kürzeren Zeitraums. Da die Durchschnittsleistung des Angestellten für dessen Entgeltanspruch maßgebend ist, ist **auf die Arbeitsleistung einer Ersatzkraft nicht abzustellen** (OGH 26.1.1994, 9 ObA 365/93).

Ebenso ist es richtig, den **Monatsdurchschnitt des letzten Jahres** heranzuziehen, wenn die einzelnen Monatsprämien Schwankungen unterliegen (OGH 9.2.1960, 4 Ob 139/59).

Bei **Provisionen** (die in unmittelbarer Verbindung mit der akquisitorischen Tätigkeit stehen) ist der **Jahresdurchschnitt** zu berücksichtigen, wobei Provisionen aus Direktgeschäften (Geschäfte, die ohne unmittelbare Mitwirkung des Angestellten zu Stande gekommen sind) und Folgeprovisionen (Zahlungen, die während der Laufzeit des Versicherungsvertrags und damit auch während des Krankenstands weiter geleistet werden) unberücksichtigt bleiben (OGH 17.10.2002, 8 ObA 67/02i).

Provisionen von Dritten sind dann in das Krankenentgelt einzubeziehen, wenn sie dem Arbeitsentgelt zuzurechnen sind. Dies ist dann der Fall, wenn zwischen dem Dienstgeber und dem Angestellten entsprechende vertragliche Vereinbarungen getroffen wurden oder wenn sich eine Zuordnung der Leistungen aus den sonstigen Umständen ergibt (→ 9.3.9.).

Leistungsprämien und Überstundenpauschale gehören zum Entgelt und gebühren daher auch während der Krankheit (OGH 3.7.1956, 4 Ob 35/56). Kam es z.B. zu einer Gehaltserhöhung oder zu einer Erhöhung der Prämien, sind die Überstunden und die Prämie auf Basis der neuen (erhöhten) Beträge ins Krankenentgelt einzubeziehen (**Aktualitätsprinzip**).

Eine Vereinbarung, womit mit dem über den kollektivvertraglichen Mindestsätzen liegenden Teil des Ist-Gehalts auch jene Überstundenentlohnungen abgegolten seien, auf die der Angestellte während des Krankenstands Anspruch gem. dem Ausfallprinzip hat, ist rechtsunwirksam (VwGH 13.5.2009, 2006/08/0226).

Durch **Freizeit** abgegoltene **Mehrarbeits- bzw. Überstunden** sind allerdings in das Krankenentgelt nicht einzurechnen.

Es lässt sich jedenfalls **keine allgemein gültige Antwort** auf die Frage geben, welcher Zeitraum für die Berechnung des Entgeltanspruchs nach § 8 AngG bei wechselnder Höhe des Entgelts oder Änderung des Arbeitsausmaßes maßgebend ist. Grundsätzlich ist von den **Umständen des Einzelfalls** auszugehen, wobei i.d.R. die Berechnung nach dem **Jahresdurchschnitt** zu einem einigermaßen befriedigenden Ergebnis führt, weil es sich dabei um einen dem Gedanken der Kontinuität des Entgelts besser entsprechenden Zeitraum handelt (OGH 26.1.1994, 9 ObA 365/93; 25.2.2015, 9 ObA 12/15b).

Vorteile aus **Beteiligungen am Unternehmen** des Arbeitgebers oder mit diesem verbundenen Konzernunternehmen und **Optionen** auf den Erwerb von Arbeitgeberaktien sind **nicht** in die Bemessungsgrundlagen für Entgeltfortzahlungsansprüche **einzubeziehen** (§ 2a AVRAG).

Fälligkeit:

Da das AngG keine Regelung darüber enthält, wann das Krankenentgelt auszuzahlen ist (anders als beim Urlaubsentgelt), ist dieses grundsätzlich **zusammen** mit dem Arbeitsentgelt der jeweiligen Abrechnungsperiode fällig (→ 9.4.1.).

25.3.7.2. Vergütung eines Feiertags im Krankheitsfall

Auch für den Bereich der Angestellten gibt es eine zur Entscheidung des OGH vom 12.6.1996, 9 ObA 2060/96y, gleich lautende arbeitsrechtliche Entscheidung des LG Linz vom 11.2.1997, 11 Cga 2/97.

Das im Punkt 25.2.7.4. dazu Gesagte gilt für Angestellte gleich lautend.

25.3.8. Beispiele zur Krankenstands- und Krankenentgeltberechnung

Beispiel 100

Krankenstands- und Krankenentgeltberechnung für Angestellte unter Verwendung des beiliegenden Kalenders.

20 . .

	Jänner	Februar	März	April	Mai	Juni	Juli	August	September	Oktober	November	Dezember
1	Fr NJ	Mo	Di	Fr	So Stf	Mi	Fr	Mo	Do	Sa	Di Allh	Do
2	Sa	Di	Mi	Sa	Mo	Do Frl	Sa	Di	Fr	So	Mi	Fr
3	So	Mi	Do	So Os	Di	Fr	So	Mi	Sa	Mo	Do	Sa
4	Mo	Do	Fr	Mo Om	Mi	Sa	Mo	Do	So	Di	Fr	So
5	Di	Fr	Sa	Di	Do	So	Di	Fr	Mo	Mi	Sa	Mo
6	Mi 3K	Sa	So	Mi	Fr	Mo	Mi	Sa	Di	Do	So	Di
7	Do	So	Mo	Do	Sa	Di	Do	So	Mi	Fr	Mo	Mi
8	Fr	Mo	Di	Fr	So	Mi	Fr	Mo	Do	Sa	Di	Do ME
9	Sa	Di	Mi	Sa	Mo	Do	Sa	Di	Fr	So	Mi	Fr
10	So	Mi	Do	So	Di	Fr	So	Mi	Sa	Mo	Do	Sa
11	Mo	Do	Fr	Mo	Mi	Sa	Mo	Do	So	Di	Fr	So
12	Di	Fr	Sa	Di	Do Chh	So	Di	Fr	Mo	Mi	Sa	Mo
13	Mi	Sa	So	Mi	Fr	Mo	Mi	Sa	Di	Do	So	Di
14	Do	So	Mo	Do	Sa	Di	Do	So	Mi	Fr	Mo	Mi
15	Fr	Mo	Di	Fr	So	Mi	Fr	Mo MHf	Do	Sa	Di	Do
16	Sa	Di	Mi	Sa	Mo	Do	Sa	Di	Fr	So	Mi	Fr
17	So	Mi	Do	So	Di	Fr	So	Mi	Sa	Mo	Do	Sa
18	Mo	Do	Fr	Mo	Mi	Sa	Mo	Do	So	Di	Fr	So
19	Di	Fr	Sa	Di	Do	So	Di	Fr	Mo	Mi	Sa	Mo
20	Mi	Sa	So	Mi	Fr	Mo	Mi	Sa	Di	Do	So	Di
21	Do	So	Mo	Do	Sa	Di	Do	So	Mi	Fr	Mo	Mi
22	Fr	Mo	Di	Fr	So Pfs	Mi	Fr	Mo	Do	Sa	Di	Do
23	Sa	Di	Mi	Sa	Mo Pfm	Do	Sa	Di	Fr	So	Mi	Fr
24	So	Mi	Do	So	Di	Fr	So	Mi	Sa	Mo	Do	Sa
25	Mo	Do	Fr	Mo	Mi	Sa	Mo	Do	So	Di	Fr	So Chr
26	Di	Fr	Sa	Di	Do	So	Di	Fr	Mo	Mi Nft	Sa	Mo Ste
27	Mi	Sa	So	Mi	Fr	Mo	Mi	Sa	Di	Do	So	Di
28	Do	So	Mo	Do	Sa	Di	Do	So	Mi	Fr	Mo	Mi
29	Fr	Mo	Di	Fr	So	Mi	Fr	Mo	Do	Sa	Di	Do
30	Sa		Mi	Sa	Mo	Do	Sa	Di	Fr	So	Mi	Fr
31	So		Do		Di		So	Mi		Mo		Sa

Angaben:

- Beginn des Dienstverhältnisses: 1.4.20. . (vor 8 Jahren).
- Krankenstände des laufenden Dienstjahres:
  1. Krankenstand: 2.5.–22.5.20. .
  2. Krankenstand: 11.7.–24.7.20. . (Arbeitsunfall)

3. Krankenstand: 8.8.–6.11.20. .
4. Krankenstand: 21.11.–27.11.20. .
5. Krankenstand: 30.3.–2.4.20. . (Datum liegt bereits im nächsten Kalenderjahr; keine Feiertage)

- Alle Krankenstände fallen in den Zeitraum der neuen Rechtslage.
- Die im Krankenstand liegenden Feiertage wären arbeitsfrei gewesen.
- Alle für die Entgeltfortzahlung notwendigen Voraussetzungen sind erfüllt.

Lösung:

Anspruch auf Entgeltfortzahlung lt. AngG	
bei einer Krankheit	bei einem Arbeitsunfall
8 Wochen = 56 Kalendertage voll 4 Wochen = 28 Kalendertage halb	8 Wochen = 56 Kalendertage voll

Schematische Darstellung der Krankenstände:

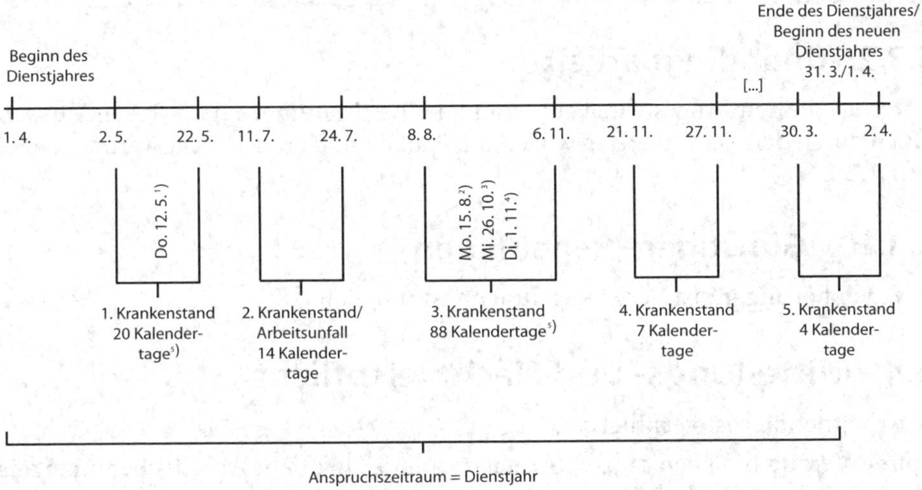

¹) Christi Himmelfahrt
²) Mariä Himmelfahrt
³) Nationalfeiertag
⁴) Allerheiligen
⁵) Die Feiertage wurden nicht mitgezählt.

Anspruch auf Krankenentgelt:

	Der Angestellte erhält			
	volles Krankenentgelt für	halbes Krankenentgelt für	kein Krankenentgelt für	Feiertagsentgelt für
1. Krankenstand (20 Kalendertage)	20 Kalendertage	–	–	1 Kalendertag[838]
2. Krankenstand (Arbeitsunfall) (14 Kalendertage)	14 Kalendertage[839]	–	–	–
3. Krankenstand (88 Kalendertage)	36 Kalendertage	28 Kalendertage	24 Kalendertage[840]	3 Kalendertage[841]
Zwischensumme	*56 Kalendertage*	*28 Kalendertage*	*24 Kalendertage*	*4 Kalendertage*
4. Krankenstand (7 Kalendertage)	–	–	7 Kalendertage[842]	–
5. Krankenstand (4 Kalendertage)	2 Kalendertage[843]	–	2 Kalendertage[844]	–

25.3.9. Unabdingbarkeit

Die Rechte, die dem Angestellten auf Grund der Bestimmungen des § 8 AngG zustehen, können durch den Dienstvertrag weder aufgehoben noch beschränkt werden (§ 40 AngG) (→ 2.1.1.2.).

25.3.10. Günstigere Regelungen

Die Vereinbarung günstigerer Regelungen ist möglich.

25.4. Mitteilungs- und Nachweispflicht

Der Arbeitnehmer ist verpflichtet,

- **ohne Verzug** die Dienst- bzw. Arbeitsverhinderung dem Arbeitgeber **anzuzeigen bzw. bekannt zu geben** ① und
- **auf Verlangen** des Arbeitgebers ②, das nach angemessener Zeit wiederholt werden kann, **eine Bestätigung** des zuständigen Krankenversicherungsträgers ③ oder eines Amts- oder Gemeindearztes über **Beginn, voraussichtliche Dauer** ④ **und Ursache** ⑤ der Arbeitsunfähigkeit vorzulegen ⑥ (§ 4 Abs. 1 EFZG, § 8 Abs. 8 AngG).

838 Der eine Feiertag liegt im Bereich der Tage mit vollem Krankenentgelt; der Angestellte erhält demnach das **volle Feiertagsentgelt**.

839 Eigenes Kontingent pro Anlassfall.

840 Für diese Tage erhält der Angestellte nur das Krankengeld (→ 25.1.3.1.).

841 Der erste dieser drei Feiertage liegt im Bereich der Tage mit vollem Krankenentgelt. Der Angestellte erhält für diesen Tag das **volle Feiertagsentgelt**.
Die beiden anderen Feiertage liegen im Bereich der Tage ohne Anspruch auf Krankenentgelt; der Angestellte erhält für diese Tage **kein Feiertagsentgelt**.
Liegt ein Feiertag im Bereich der Tage mit halbem Anspruch auf Krankenentgelt, erhält der Angestellte das halbe Feiertagsentgelt. Die Sozialversicherungsträger vertreten jedoch seit Neuestem die Ansicht, dass das volle Feiertagsentgelt zu gewähren ist (→ 25.2.7.4.).

842 Für diese Tage erhält der Angestellte nur das Krankengeld (→ 25.1.3.1.).

843 Fallen bereits ins neue Arbeitsjahr (neuer Anspruch).

844 Für diese Tage erhält der Angestellte nur das Krankengeld (→ 25.1.3.1.).

① Die Mitteilung über die Arbeitsverhinderung kann z.B. mündlich, schriftlich, telefonisch, per Post, per Mail, Telefax oder SMS erfolgen, soweit nicht eine andere Vereinbarung getroffen wurde. Zu empfehlen ist eine innerbetriebliche Vereinbarung, in welcher Form und bei welcher Stelle bzw. Person im Betrieb die Krankmeldung zu erfolgen hat.

Tritt während der Dienstverhinderung eine weitere Erkrankung bei Fortdauer des ununterbrochenen Krankenstands hinzu oder verlängert sich der Krankstand, löst dies **keine neuerliche Verpflichtung zur Krankmeldung** aus (siehe auch ④) (OGH 21.3.2018, 9 ObA 105/17g).

② Eine solche Aufforderung kann **bereits am ersten Tag** der Arbeitsunfähigkeit erfolgen; ein Zuwarten von drei Tagen ist nicht notwendig. Für die Vorlage einer Krankenstandsbestätigung ist dem Arbeitnehmer jedoch eine **angemessene Frist** zu setzen (i.d.R. zumindest drei Tage).

Im Regelfall ist es nicht sinnvoll, bei einem 1-tägigen Krankenstand eine ärztliche Bestätigung zu verlangen, weil dies meist dazu führt, dass der Arbeitnehmer für mehrere Tage (sicherheitshalber) vom Arzt krankgeschrieben wird. Hingegen kann in jenen Einzelfällen, in denen der Verdacht besteht, dass in Wahrheit andere Motive der Grund für das Fernbleiben sind, die Aufforderung zur Vorlage der ärztlichen Bestätigung sinnvoll sein.

③ Die ärztliche Bestätigung kann auch von jedem **Vertragsarzt** ausgestellt werden, da der Grundsatz der „freien Arztwahl" gilt (OGH 23.4.2003, 9 ObA 245/02y).

Die von **Ärzten innerhalb der EU** ausgestellten Bestätigungen gelten als den inländischen gleichwertig (EuGH 3.6.1992, C-45/90).

Bei stationärem **Aufenthalt** in einer öffentlichen **Krankenanstalt** gilt die an den Krankenversicherungsträger übermittelte bzw. dem Arbeitnehmer ausgehändigte Aufnahmeanzeige der behandelnden Einrichtung als Krankmeldung. Sollte der Arbeitnehmer im Anschluss an eine stationäre Anstaltspflege weiterhin arbeitsunfähig sein, ist eine neuerliche Krankmeldung durch den behandelnden Arzt erforderlich (Nö. GKK, DGservice Dezember 2011).

④ Die von einem erkrankten Arbeitnehmer auf Verlangen des Arbeitgebers vorzulegende ärztliche Bestätigung hat neben **Beginn** und Ursache der Arbeitsunfähigkeit auch Angaben über die „**voraussichtliche Dauer** der Arbeitsunfähigkeit" zu enthalten. Dabei darf der Arbeitnehmer grundsätzlich den Angaben und Empfehlungen seines Arztes vertrauen, sofern ihm nicht deren Unrichtigkeit (beispielsweise auf Grund eigener unrichtiger Angaben gegenüber dem Arzt) bekannt ist oder bekannt sein muss. Dieser Maßstab gilt nicht nur für die Krankschreibung als solche, sondern auch für die ärztliche Beurteilung der voraussichtlichen Dauer der Arbeitsunfähigkeit, und zwar sowohl für deren Bemessung als auch für die im Einzelfall allenfalls bestehende Unmöglichkeit einer diesbezüglichen Angabe (z.B. wegen einer psychischen Erkrankung) (OGH 29.8.2011, 9 ObA 97/10w).

§ 4 Abs 1 EFZG fordert über die Bekanntgabe der Arbeitsverhinderung hinaus **auch nach Ablauf der in der Krankenstandsbestätigung enthaltenen Dauer** der Arbeitsverhinderung **kein weiteres Tätigwerden des Arbeitnehmers,** sondern räumt nur dem Arbeitgeber die Möglichkeit ein, einen Nachweis über die Fortdauer des Hinderungsgrunds zu verlangen. Tritt daher während der Dienstverhinderung eine weitere Erkrankung bei Fortdauer des ununterbrochenen Krankenstands hinzu oder verlängert sich der Krankenstand, löst dies **keine neuerliche Verpflichtung zur Krankmeldung** (nach ①) aus. Daran ändert auch nichts, wenn der Arbeitnehmer von sich aus eine „voraussichtliche Dauer" seiner Arbeitsunfähigkeit bekannt gibt. Nur wenn der Arbeitnehmer von sich aus bereits das Ende des Krankenstands meldet (z.B. indem er ankündigt, am nächsten Tag wieder zum Dienst zu erscheinen), resultiert bei einer tatsächlich vorliegenden neuerlichen oder fortdauernden Dienstverhinderung im konkreten Fall auch eine neue Meldepflicht (OGH 21.3.2018, 9 ObA 105/17g).

⑤ Unter „Ursache" ist nicht die Diagnose, sondern nur die Angabe zu verstehen, ob es sich um eine Krankheit, einen Arbeitsunfall oder eine Berufskrankheit handelt. Alle übrigen Umstände in Zusammenhang mit der Arbeitsunfähigkeit des Arbeitnehmers unterliegen der ärztlichen Schweigepflicht (BMAS Erl. 27.4.1995, 21.891/56-5/95).

Enthält die ärztliche Krankenstandsbestätigung zwar die „Dauer", nicht aber die „Ursache" der Arbeitsunfähigkeit, ist die gesetzliche Nachweispflicht nicht vollständig erfüllt. Der Arbeitnehmer hat bis zur Vorlage einer vollständigen Bestätigung keinen Anspruch auf Entgeltfortzahlung (OGH 28.1.2009, 9 ObA 145/08a).

⑥ Der Arbeitgeber muss die ärztliche Bestätigung **anlässlich jeder Arbeitsunfähigkeit** verlangen (OGH 15.6.1988, 9 ObA 122/88). Die generelle Festlegung der Verpflichtung zur Vorlage dieser Bestätigung im Dienstvertrag oder durch Betriebsvereinbarung ist unwirksam (OLG Wien 15.10.1993, 33 Ra 107/93).

Wird ein Arbeiter durch den Kontrollarzt des zuständigen Krankenversicherungsträgers für arbeitsfähig erklärt, so ist der Arbeitgeber von diesem Krankenversicherungsträger über die Gesundschreibung sofort zu verständigen. Diese Pflicht zur Verständigung besteht auch, wenn sich der Arbeiter ohne Vorliegen eines wichtigen Grundes der für ihn vorgesehenen ärztlichen Untersuchung beim zuständigen Krankenversicherungsträger nicht unterzieht (§ 4 Abs. 2 EFZG).

In den Fällen von Kur- und Erholungsaufenthalten hat der Arbeiter eine Bescheinigung über die Bewilligung oder Anordnung sowie über den Zeitpunkt des in Aussicht genommenen Antritts und die Dauer des die Arbeitsverhinderung begründenden Aufenthalts vor dessen Antritt vorzulegen (§ 4 Abs. 3 EFZG).

Kommt der Arbeitnehmer einer seiner Verpflichtungen nicht nach,

- so verliert er für die **Dauer der Säumnis** den Anspruch auf Entgelt (§ 4 Abs. 4 EFZG, § 8 Abs. 8 AngG).

Weitere Folgen sind nicht vorgesehen. Nur bei Hinzutreten weiterer Umstände (siehe nachstehend) kann die Verletzung dieser Pflichten eine Entlassung begründen. Für die Dauer der unbezahlten Krankenstandstage ist der Arbeitnehmer beim zuständigen Krankenversicherungsträger binnen sieben Tagen abzumelden (→ 6.2.4.)[845]. Bei Wiederaufnahme der Tätigkeit ist der Arbeitnehmer neuerlich zur Pflichtversicherung anzumelden.

Die **Unterlassung der Meldung** eines Krankenstands führt zwar grundsätzlich nur zum Entfall des Entgeltanspruchs des Arbeitnehmers, wird der Arbeitnehmer jedoch durch ein **Schreiben** des Arbeitgebers aufgefordert, sich zu melden, widrigenfalls ein vorzeitiger Austritt (→ 32.1.6.) angenommen werde, ist er auf Grund seiner Treuepflicht verpflichtet, auf dieses Schreiben zu reagieren. **Meldet er sich** jedoch **nicht** bei seinem Arbeitgeber, ist dieser berechtigt, einen **vorzeitigen Austritt** anzunehmen, auch wenn ihm bekannt ist, dass der Arbeitnehmer den Betrieb verlassen hat, um zum Arzt zu gehen (OLG Wien 22.12.1999, 7 Ra 309/99h).

845 Abmeldegrund: „SV-Ende – Beschäftigung aufrecht".

Muster 13

Schreiben an einen unentschuldigt fernbleibenden Arbeitnehmer.

Sie sind seit ____________ der Arbeit unentschuldigt ferngeblieben.

Wir fordern Sie auf,

- sofort Ihren Dienst wieder anzutreten bzw.
- im Fall einer Arbeitsverhinderung durch Krankheit unverzüglich eine ärztliche Bestätigung über den Beginn, die voraussichtliche Dauer und Ursache der Arbeitsunfähigkeit vorzulegen.

Sollten Sie

- den Dienst nicht wieder unverzüglich antreten bzw.
- im Fall einer Arbeitsverhinderung durch Krankheit eine Krankenstandsbestätigung im vorgenannten Sinn nicht bis spätestens ____________[846] an uns übersenden,

nehmen wir an, dass Sie an der Fortsetzung des Dienstverhältnisses nicht mehr interessiert und somit unbegründet vorzeitig ausgetreten sind.

____________, am ____________ ________________________

Unterschrift des Arbeitgebers

Die **Unterlassung der rechtzeitigen Meldung** kann **nur unter besonderen Umständen** einen **Entlassungstatbestand** verwirklichen, nämlich den der beharrlichen Pflichtvernachlässigung bzw. Dienstverweigerung. Hiefür ist aber u.a. Voraussetzung, dass dem Arbeitnehmer die Krankmeldung ungeachtet seiner Erkrankung leicht möglich gewesen wäre und er wusste, dass infolge der Unterlassung der Krankmeldung dem Arbeitgeber ein beträchtlicher Schaden erwachsen werde (z.B. Projekt mit hoher Pönalezahlung konnte nicht fertiggestellt werden) (OGH 28.8.1997, 8 ObA 213/97z). In einem solchen Fall hat aber nicht die Verletzung der Verständigungspflicht, sondern die dadurch schuldhaft herbeigeführte Gefahr eines Schadens die zentrale Bedeutung für die Entlassung. Überlegungen des Arbeitgebers, er müsse aus Gründen der Disziplin im Betrieb hart gegen den Arbeitnehmer durchgreifen, verkennen das Problem und können die Entlassung nicht rechtfertigen, wenn das Fernbleiben des Arbeitnehmers vom Dienst berechtigt war (OGH 19.12.2001, 9 ObA 198/01k).

Die Verpflichtung, eine **Krankenstandsbestätigung vorzulegen**, trifft den Arbeitnehmer, der arbeitsunfähig ist, erst **nach Aufforderung** durch den Arbeitgeber. Für die Vorlage einer Krankenstandsbestätigung ist dem Arbeitnehmer eine **angemessene Frist** zu setzen. Erst **nach Ablauf dieser Frist** liegt eine **Säumnis** des Arbeitnehmers vor und der Arbeitgeber kann die Entgeltfortzahlung einstellen. Wurde keine oder eine zu kurze Frist gesetzt, so ist von einer angemessenen Frist auszugehen. Lt. Rechtsprechung sind das **zumindest drei Tage** (OLG Wien 28.3.2003, 7 Ra 17/03a). Das bedeutet, der Arbeitnehmer behält für die ersten drei Tage ab Aufforderung den Anspruch auf Entgeltfortzahlung und verliert ihn am vierten Tag bis zur Vorlage einer vollständig ausgefüllten Krankenstandsbestätigung. Ein unverschuldeter Verzug kann jedenfalls nicht als Säumigkeit i.S.d. Gesetzes angesehen werden.

Das **Nichtvorlegen einer Krankenstandsbestätigung** ist nach vorausgehender Krankmeldung keinesfalls ein Entlassungsgrund, sondern führt lediglich zum Entfall des Entgeltanspruchs des Arbeitnehmers.

846 Sinnvolles Fristende ca. sieben Tage nach Absendung des Schreibens.

Selbst für den Fall, dass ein Arzt die Vergebührung einer ärztlichen Bestätigung verlangt, wäre dieser **Betrag** über Antrag des Arbeitnehmers **durch den Arbeitgeber rückzuerstatten**. Die angebliche Gebührenpflicht stellt keinen Grund dar, der Aufforderung zur Vorlage einer Krankenstandsbestätigung nicht zu entsprechen (ASG Wien 22.2.1996, 10 Cga 132/95).

Auch unbezahlte Krankenstandstage (Säumnistage) **verringern den Anspruch** auf Entgeltfortzahlung. Besteht ein Anspruch vor der Säumnis von z.B. sechs Wochen volle und vier Wochen halbe Bezüge und beträgt die Dauer der Säumnis eine Woche, besteht danach ein Anspruch von nur fünf Wochen volle und vier Wochen halbe Bezüge.

Bleibt der Arbeitnehmer im Zusammenhang mit einem vom Arbeitgeber angenommenen Krankenstand der **Arbeit unentschuldigt fern**, bzw. lässt sich der Arbeitnehmer im Zusammenhang mit einem Krankenstand (oder eines Teils davon) **nicht ordnungsgemäß krankschreiben**, erlischt wegen Nichtvorliegens eines Entgeltanspruchs (→ 6.2.3.) die Versicherungspflicht. Der Arbeitnehmer ist vom Arbeitgeber beim zuständigen Träger der Krankenversicherung abzumelden. Die bloße Annahme eines Krankenstands schützt den Arbeitgeber nicht vor Säumnisfolgen (→ 40.1.1.). In **Zweifelsfällen** ist es zweckmäßig, vorsichtshalber wegen wahrscheinlichen Endens des Entgeltanspruchs eine **Abmeldung** vorzunehmen und diese gegebenenfalls wieder zu stornieren. Keinesfalls sollte (ev. arbeitsrechtlicher Nachteile wegen) in der **Abmeldung** das Datenfeld „Ende des Beschäftigungsverhältnisses“ ausgefüllt werden; als Abmeldungsgrund sollte „Nichterscheinen zum Dienst“ eingetragen werden.

25.5. Beendigung des Arbeitsverhältnisses während eines Krankenstands

Wird der Arbeitnehmer während einer Arbeitsverhinderung[847] (eines Krankenstands)

- gekündigt,
- ohne wichtigen Grund vorzeitig entlassen[848], oder
- trifft den Arbeitgeber ein Verschulden an dem vorzeitigen Austritt des Arbeitnehmers,

847 Der Entgeltfortzahlungszeitraum wird durch eine neuerliche Erkrankung, die mit der ursprünglichen Erkrankung in keinem Zusammenhang steht, nicht über das Ende des Arbeitsverhältnisses hinaus verlängert. Unter der Formulierung „während einer Arbeitsverhinderung“ ist nur jene Arbeitsverhinderung zu verstehen, die zum Zeitpunkt des Ausspruchs der Kündigung bereits vorlag (OGH 27.5.2004, 8 ObA 13/04a).
Dazu ein **Beispiel**: Wird am 10. Februar 20.. vom Arbeitgeber dem in den Betriebsräumlichkeiten bei seiner Arbeit tätigen Arbeitnehmer die Kündigung erklärt und legt der Arbeitnehmer am nächsten Tag eine Krankenstandsbestätigung für den 10. Februar 20.. vor, so kann er am 10. Februar 20.. nicht wegen einer Krankheit arbeitsunfähig gewesen sein, weil er zum **Kündigungszeitpunkt tatsächlich gearbeitet** hat. In diesem Fall ist davon auszugehen, dass die Kündigung noch vor dem Eintritt der Arbeitsverhinderung erfolgt ist. Es ist also anzunehmen, dass der Arbeitnehmer zwar möglicherweise zum Zeitpunkt des Kündigungsausspruchs in einem regelwidrigen Körperzustand war, aber noch nicht an der Erbringung der arbeitsvertraglichen Arbeitsleistungen gehindert war (OLG Wien 15.9.2004, 7 Ra 111/04a).

848 Aufgrund der Bestimmung des § 9 Abs. 3 letzter Satz AngG besteht jedoch ein Entgeltfortzahlungsanspruch über das arbeitsrechtliche Dienstverhältnis hinaus, wenn ein Angestellter wegen **dauernder Dienstunfähigkeit berechtigt entlassen** wird (für Arbeiter aufgrund des Wortlauts des § 5 EFZG verneinend OGH 22.1.2020, 9 ObA 131/19h).

so bleibt der Anspruch auf Fortzahlung des Entgelts für die nach diesem Bundesgesetz **vorgesehene Dauer bestehen**, wenngleich das **Arbeitsverhältnis früher endet.** Der Anspruch auf **Entgeltfortzahlung** bleibt auch bestehen, wenn das Arbeitsverhältnis **während einer Arbeitsverhinderung**[849] bzw. **im Hinblick auf**[850] eine solche

- **einvernehmlich beendet**

wird (§ 5 EFZG, § 9 Abs. 1 AngG) (→ 32.1.4.4.2.).

Diese Regelung soll verhindern, dass sich der Arbeitgeber von der Pflicht zur Entgeltfortzahlung an den Arbeitnehmer etwa dadurch befreit, dass er während der Arbeitsverhinderung das Arbeitsverhältnis durch Kündigung oder ungerechtfertigte Entlassung löst. Aus diesem Grund soll der Anspruch auf Entgeltfortzahlung auch über die arbeitsrechtliche Dauer des Arbeitsverhältnisses hinaus gewahrt werden.

Entgeltbegriff:

Als regelmäßiges (fortzuzahlendes) Entgelt gilt nach § 3 EFZG das Entgelt, das dem Arbeitnehmer gebührt hätte, wenn keine Arbeitsverhinderung eingetreten wäre. Es ist vom **arbeitsrechtlichen Entgeltbegriff** auszugehen, der außer dem Grundlohn auch anteilige Sonderzahlungen beinhaltet, wenn und soweit darauf nach Kollektivvertrag oder Vereinbarung ein Anspruch besteht (OGH 23.2.2018, 8 ObA 53/17b; vgl auch Nö. GKK, NÖDIS Nr. 1/Jänner 2019). Anteilige Sonderzahlungen sind von der Entgeltfortzahlung auch dann erfasst, wenn der Entgeltfortzahlungszeitraum über das Ende des Arbeitsverhältnisses hinausreicht (OGH 29.4.2021, 9 ObA 22/21g und OGH 29.4.2021, 9 ObA 25/21y).

Arbeitsrechtliches Ende des Dienstverhältnisses:

Bei der Beendigung während eines Krankenstands ist zu beachten, dass das **Arbeitsverhältnis mit dem Ablauf der Kündigungsfrist bzw. der einvernehmlichen Auflösung arbeitsrechtlich endet**, der Entgeltfortzahlungszeitraum nach Ende des Dienstverhältnisses daher **nicht für dienstzeitabhängige Ansprüche zu berücksichtigen** ist. Der Zeitpunkt des rechtlichen Endes des Arbeitsverhältnisses wird durch die Verpflichtung des Arbeitgebers zur Entgeltfortzahlung nicht hinausgeschoben (vgl. u.a. OGH 22.12.2010, 9 ObA 123/10v). Daher ist eine Endabrechnung zum rechtlichen Ende des Arbeitsverhältnisses vorzunehmen. Mit der Endabrechnung sind demnach die Ersatzleistung für den offenen Resturlaub und eine allfällige Abfertigung abzurechnen. Der OGH hält auch ausdrücklich fest, dass für die Abfertigung bei einer ordnungsgemäßen Arbeitgeberkündigung im Krankenstand **kein fiktiver**

---

849 Ihrem Wortlaut nach nimmt die Regelung **keine Rücksicht darauf, aus welchen Motiven oder auf wessen Initiative** die einvernehmliche Beendigung vereinbart wurde. Für eine teleologische Reduktion der Bestimmung dahin, dass nur bestimmte Arten der einvernehmlichen Auflösung (vom Arbeitgeber ausgehende oder im Interesse beider Vertragsparteien liegende) während einer Arbeitsverhinderung den Entgeltfortzahlungsanspruch über das Ende des Arbeitsverhältnisses hinaus begründen, besteht daher keine Grundlage (OGH 22.6.2021, 10 ObS 67/21g).

850 Bei der Interpretation der Wortfolge **„im Hinblick auf"** ist nach Ansicht des BMASGK jedenfalls von einem sehr engen zeitlichen Naheverhältnis (bis zu einer Woche) zwischen der einvernehmlichen Auflösung und der künftigen, dem Dienstgeber bekannten Dienstverhinderung (Kuraufenthalt, geplante Operation etc.) auszugehen (Nö. GKK, NÖDIS Nr. 1/Jänner 2019). Bei der einvernehmlichen Beendigung „im Hinblick auf eine Dienstverhinderung" ist die Entgeltfortzahlung – anders als bei einvernehmlicher Auflösung während der Dienstverhinderung – auf Fälle zu beschränken, in denen es zu einer sittenwidrigen Überwälzung des Entgeltfortzahlungsrisikos auf den Krankenversicherungsträger käme bzw. die Initiative durch den Arbeitgeber zu Lasten des Arbeitnehmers ausgeht (vgl. auch OGH 22.6.2021, 10 ObS 67/21g).

Beendigungszeitpunkt angenommen werden kann, **um einen höheren Abfertigungsanspruch** zu erlangen (OGH 22.12.2010, 9 ObA 123/10v). Dies gilt auch für einen von der Dienstzeit abhängigen **Sonderzahlungsanspruch**, der aufgrund bestehender Wartefristen nur bei Berücksichtigung der Zeiten nach Beendigung des Dienstverhältnisses entstanden wäre. Der nach dem arbeitsrechtlichen Ende des Dienstverhältnisses gelegene Entgeltfortzahlungszeitraum **wirkt nicht anspruchsbegründend**. Ansprüche, die dem Grunde nach erst dann entstanden wären, wenn das Arbeitsverhältnis über den Beendigungszeitraum hinaus gedauert hätte, sind bei der Entgeltfortzahlung daher nicht zu berücksichtigen (OGH 23.2.2018, 8 ObA 53/17b; bestehende Sonderzahlungsansprüche sind jedoch auch über das arbeitsrechtliche Ende hinaus zu bezahlen – siehe vorstehende Ausführungen zum Entgeltbegriff). Nur die Entgeltfortzahlung läuft auf Grund des offenen Krankenstands bis zu dessen Ende oder bis zur Ausschöpfung des Anspruchs weiter.

Nachweispflicht:

Mit der Auflösung des Arbeitsverhältnisses **endet auch die Vorlagepflicht (Nachweispflicht)** nach § 4 Abs. 1 EFZG (→ 25.4.). Die Anzeige der Verhinderung dient im aufrechten Arbeitsverhältnis der unverzüglichen Information des Arbeitgebers über den Ausfall des Arbeitnehmers. Der Arbeitnehmer muss dem Arbeitgeber Dienstverhinderungen umgehend mitteilen und glaubhaft darlegen, um ihm die Möglichkeit rechtzeitiger Disposition zu geben, aber auch, um dem Arbeitgeber die Möglichkeit zur Abwägung zu verschaffen, ob das Fernbleiben des Arbeitnehmers sachlich gerechtfertigt ist beziehungsweise war. Dieses besondere Informationsbedürfnis endet aber mit dem Arbeitsverhältnis. Ein Arbeitnehmer ist somit nicht zur Nachweispflicht über das arbeitsrechtliche Ende des Dienstverhältnisses hinaus verpflichtet, auch wenn der Entgeltfortzahlungsanspruch noch besteht (OGH 25.11.2016, 8 ObA 56/16t).

Beginn eines neuen Arbeitsjahres nach Ende des Dienstverhältnisses:

Bei einer arbeitgeberseitig ausgesprochenen Kündigung eines Arbeiters während eines Krankenstands entsteht **nach Ablauf der Kündigungsfrist** (aber noch während des fortdauernden Krankenstands) **mit Beginn eines „fiktiven“ neuen Arbeitsjahrs kein neuer Entgeltfortzahlungsanspruch** nach dem EFZG (OGH 22.10.2010, 9 ObA 36/10z; 27.4.2011, 9 ObA 59/10g).

Beispiel 101

Entgeltfortzahlungsanspruch bei Beendigung des Dienstverhältnisses.

Angaben:

- Arbeiter,
- Eintrittstag: 2.5.20.. (vor 10 Jahren).
- Das Dienstverhältnis endet durch Kündigung durch den Dienstgeber.
- Ende des Dienstverhältnisses: 9.4.2022.
- Die Kündigung wurde während eines Krankenstands ausgesprochen.
- Dauer des Krankenstands: 6.3.–30.6.2022.

- Arbeitstage (AT): Montag–Freitag (5 AT).
- Die im Krankenstand liegenden Feiertage wären arbeitsfrei gewesen.
- Anspruch auf Entgeltfortzahlung pro Arbeitsjahr: 8 Wochen voller und 4 Wochen halber Anspruch.
- Im 10. Arbeitsjahr lag noch kein Krankenstand vor.

Lösung:

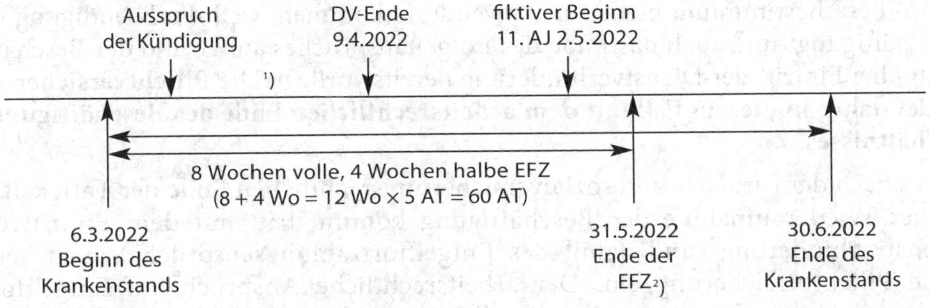

AJ = Arbeitsjahr, DV = Dienstverhältnis, EFZ = Entgeltfortzahlung

1) Nur wenn innerhalb der Kündigungsfrist ein neues Arbeitsjahr beginnt (also noch während des aufrechten Arbeitsverhältnisses), entsteht ein neuer Entgeltfortzahlungsanspruch nach dem EFZG.

2) Unter Berücksichtigung der gesetzlichen Feiertage.

Während der gesetzliche Entgeltfortzahlungsanspruch bei Kündigung während eines Krankenstands über das Ende des Arbeitsverhältnisses hinaus bestehen kann, findet ein solcher Anspruch über den Kündigungstermin hinaus bei **kollektivvertraglichem Krankenentgelt** keine gesetzliche Deckung (OGH 26.2.2015, 8 ObA 6/15p). Sieht daher ein Kollektivvertrag einen Anspruch auf zusätzliches Krankenentgelt vor, endet dieses jedenfalls mit dem Ende des arbeitsrechtlichen Dienstverhältnisses, sofern der Kollektivvertrag nicht die Verlängerung explizit vorsieht.

Beispiel

Einvernehmliche Auflösung im Krankenstand

Angaben:

- Beginn des Dienstverhältnisses: 1.10.2020
- Das Dienstverhältnis wird während des Krankenstands einvernehmlich per 30.9.2022 aufgelöst, wobei der Krankenstand über den 30.9.2022 hinaus weiter andauert.

Lösung:

Da das Dienstverhältnis im vorliegenden Fall arbeitsrechtlich bereits am 30.9.2022 endet, kann für den Dienstnehmer per 1.10.2022 kein neues Arbeitsjahr eintreten. Der bloße Umstand, dass die Entgeltfortzahlungspflicht bei einer einvernehmlichen Lösung während des Krankenstands hier bis in den Oktober hineinreicht, führt daher zu keinem neuen EFZ-Anspruch.

Sozialversicherung bei einvernehmlicher Auflösung im Hinblick auf eine Dienstverhinderung:

Grundsätzlich gilt, dass die Pflichtversicherung erst mit dem Ende des Entgeltanspruchs erlischt, sofern der Zeitpunkt, an dem der Anspruch auf Entgelt endet, nicht mit dem Zeitpunkt des Endes des Beschäftigungsverhältnisses zusammenfällt (§ 11 Abs. 1 ASVG). Bei einer Beendigung „im Hinblick auf eine einvernehmliche Auflösung" kann diese Bestimmung nicht zur Anwendung kommen, weil die Beendigung der Beschäftigung (und auch das Ende des Entgeltanspruches auf Grund der Beschäftigung) bei Eintritt der Dienstverhinderung bereits vorliegt. Die **Pflichtversicherung endet daher in diesem Fall mit dem arbeitsrechtlichen Ende des Beschäftigungsverhältnisses.**

Da es nach dem arbeits- und sozialversicherungsrechtlichen Ende der Tätigkeit zu keiner Wiederaufnahme der Beschäftigung kommt, tritt mit dem Eintritt der Dienstverhinderung (und damit des Entgeltfortzahlungsanspruchs) auch keine neue Pflichtversicherung ein. Der arbeitsrechtliche Anspruch auf Entgeltfortzahlung löst daher in diesem Sonderfall **keine Beitragspflicht** aus (Nö. GKK, NÖDIS Nr. 1/Jänner 2019).

25.6. Abgabenrechtliche Behandlung des Krankenentgelts

Die nachstehend angeführten Bestimmungen gelten für Arbeiter und Angestellte.

25.6.1. Sozialversicherung

Als Entgelt i.S.d. § 49 Abs. 1 ASVG gelten nicht (beitragsfrei sind):

Zuschüsse des Dienstgebers[851], die für die Zeit des Anspruchs auf laufende Geldleistungen aus der Krankenversicherung[852] gewährt werden, sofern diese Zuschüsse

- **weniger als 50%** der vollen Geld- und Sachbezüge vor dem Eintritt des Versicherungsfalls,

wenn aber die Bezüge auf Grund gesetzlicher oder kollektivvertraglicher Regelungen nach dem Eintritt des Versicherungsfalls erhöht werden, weniger als 50% der erhöhten Bezüge betragen (§ 49 Abs. 3 Z 9 ASVG).

Die Höhe der Sachbezüge und die Höhe des fortgezahlten Entgelts sind zu addieren. Beträgt die Summe weniger als 50% der vollen Geld- und Sachbezüge vor Eintritt des Krankenstands, sind die Sachbezüge und das fortgezahlte Entgelt **beitragsfrei**. Ist dies nicht der Fall, sind die Sachbezüge und das fortgezahlte Entgelt **beitragspflichtig**.

Werden während des Krankenstands **ausschließlich Sachbezüge** gewährt, besteht für diese Sachbezüge **keine Beitragspflicht** mehr (ÖGK, DGservice Nr. 4/Dezember 2021).

851 = Zuschuss zum Krankengeld, siehe Darstellung B.
852 = Krankengeld, siehe Darstellung B.

Darüber hinaus besteht **Beitragspflicht** des weniger als 50%igen Krankenentgelts, wenn für den **ersten bis dritten Tag des Krankenstandes kein Krankgeld** der ÖGK zusteht. Aus den nachstehenden Darstellungen sind alle Zahlungen an den Dienstnehmer im Zusammenhang mit einem Krankenstand ersichtlich (Zahlungen durch den Dienstgeber und durch die ÖGK):

Darstellung A

Das Krankenentgelt beträgt **mehr als 50%** der vollen Geld- und Sachbezüge.

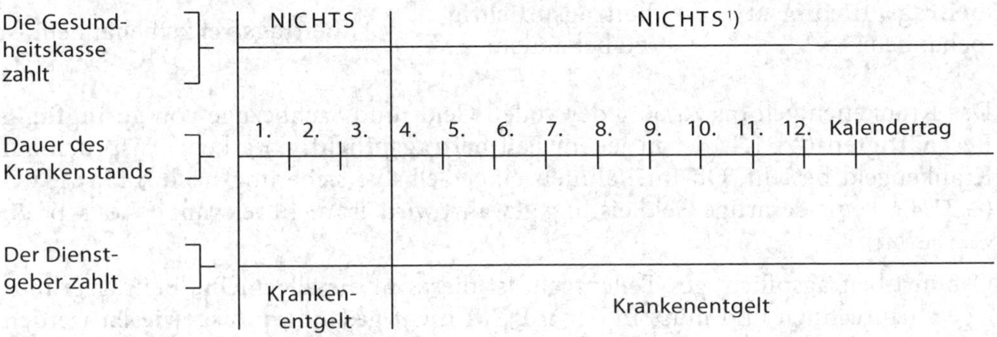

Darstellung B

Das Krankenentgelt beträgt **bis zu 50%** der vollen Geld- und Sachbezüge.

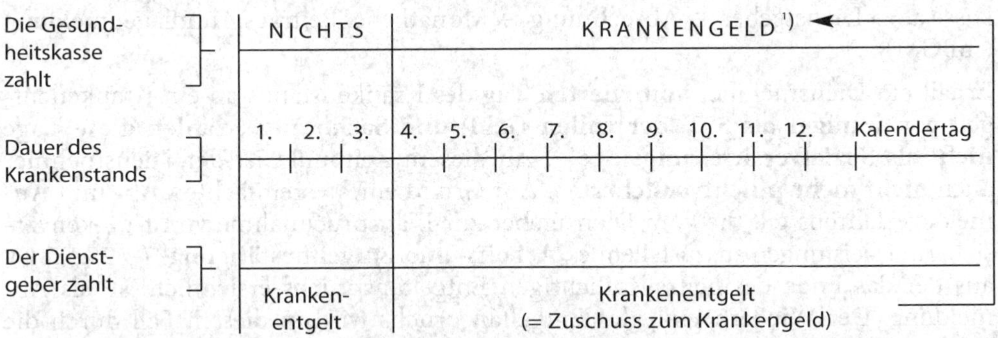

¹) Dienstnehmer haben vom **vierten Tag** der Arbeitsunfähigkeit an Anspruch auf Krankengeld (§ 138 Abs. 1 ASVG). Das Krankengeld ruht, solange der Dienstnehmer Anspruch auf Fortzahlung **von mehr als 50%** der vollen Geld- und Sachbezüge hat; Folgeprovisionen gelten **nicht** als weitergeleistete Bezüge (§ 143 Abs. 1 ASVG) (→ 25.1.3.1.).

Hinweis: Für die Dauer eines Anspruchs auf Krankengeld nach dem ASVG hat der Dienstgeber für die dem Betrieblichen Mitarbeiter- und Selbständigenvorsorgegesetz (BMSVG) unterliegenden Personen den **BV-Beitrag** zu entrichten. Näheres dazu finden Sie unter Punkt 36.1.3.3.3.

Zahlungen des Dienstgebers sind somit

vom 1. bis 3. Tag des Krankenstands	**vom 4. Tag des Krankenstands an,**	
	sofern diese Zahlungen **50% (oder mehr)**[853] der vollen Geld- und Sachbezüge betragen,	sofern diese Zahlungen **weniger als 50%**[853] der vollen Geld- und Sachbezüge betragen,
beitragspflichtig zu behandeln[854 855].	**beitragspflichtig** zu behandeln[855].	**beitragsfrei** zu behandeln.

Das Krankenentgelt bis zu 50% der vollen Geld- und Sachbezüge von **geringfügig Beschäftigten** (→ 31.4.) ist in jedem Fall **beitragspflichtig**, da kein Anspruch auf Krankengeld besteht. Ob im Rahmen einer Selbstversicherung nach § 19a ASVG (→ 31.4.6.) eine derartige Geldleistung gewährt wird, ist nicht relevant (Nö. GKK, DGservice Juni 2011).

Gebührt beitragspflichtiges Teilentgelt, ist dieses in die allgemeine Beitragsgrundlage einzurechnen und muss in der **mBGM nicht gesondert ausgewiesen** werden (DGservice mBGM, 10/2018).

Hinweis: Wie im Fall des Teilentgelts bei Überschreitung der Höchstbeitragsgrundlage im Rahmen der mBGM-Erstellung vorzugehen ist, wird seitens der ÖGK in einigen Abrechnungsbeispielen erklärt. Die Beispiele sind abrufbar unter www.gesundheitskasse.at → Dienstgeber → Abrechnung → Monatliche Beitragsgrundlagenmeldung (mBGM).

Erhält ein Dienstnehmer **vom vierten Tag** des Krankenstands an ein Krankenentgelt von **weniger als 50% der vollen Geld- und Sachbezüge, zählen diese Tage nicht als Sozialversicherungstage**[856]. Ab diesem Zeitpunkt ist der Dienstnehmer auch **nicht mehr pflichtversichert**[857]. Auf Grund eines vereinfachten Ab- und Anmeldeverfahrens gilt die vom Dienstgeber zur Inanspruchnahme von Krankenversicherungsleistungen auszustellende **„Arbeits- und Entgeltbestätigung“** (→ 25.1.3.1.), aus der das Ende des beitragspflichtigen Entgeltanspruchs ersichtlich ist, als Abmeldung. Der Wiederbeginn des Entgeltanspruchs wird in diesem Fall durch die eigenen organisatorischen Einrichtungen der Krankenkasse festgestellt. Endet während eines Krankenstandes jedoch der Anspruch auf das durch den Krankenversicherungsträger geleistete Krankengeld („**Aussteuerung**“), ist in diesem Zeitpunkt eine Abmeldung (Abmeldegrund: „SV-Ende – Beschäftigung aufrecht“) und bei Wiederantritt des Dienstes eine Anmeldung durch den Dienstgeber erforderlich (vgl. dazu und zu weiteren Meldungen während der Arbeitsunfähigkeit Nö. GKK, NÖDIS Nr. 10/September 2017).

853 Zuschuss zum Krankengeld.

854 Dies gilt nicht für jene Fälle, in denen eine Wiederholungserkrankung i.S.d. ASVG vorliegt und somit für die ersten drei Tage Krankengeld gebührt (§ 139 Abs. 3 ASVG). In diesem Fall ist beitragsrechtlich wie vom 4. Tag des Krankenstands an vorzugehen.

855 Beinhaltet aber das Krankenentgelt für den 1. bis 3. Tag bzw. ein 50%iges oder höheres Krankenentgelt, z.B. eine **Schmutzzulage**, ist diese ebenfalls beitragsfrei zu behandeln (§ 49 Abs. 3 Z 21 ASVG) (→ 18.2.).

856 Dieser Umstand beeinflusst die Ermittlung der Höchstbeitragsgrundlage (→ 12.3.1.).

857 Der Versicherungsschutz im Bereich der Krankenversicherung bleibt aber bestehen (§ 122 ASVG).

Beispiel 102

Feststellen der beitragsrechtlichen Behandlung des Krankenentgelts vom 4. Tag des Krankenstands an.

Angaben und Lösung:

Ein Angestellter mit

• vollem Gehalt zu	€	1.400,00	=	€ 1.600,00
• und Sachbezug zu	€	200,00		

erhält, bedingt durch einen Krankenstand, in einem Kalendermonat

a) ein 50%iges Gehalt zu	€	700,00	=	€ 900,00
und einen Sachbezug zu	€	200,00		
b) ein 25%iges Gehalt zu	€	350,00	=	€ 550,00
und einen Sachbezug zu	€	200,00		

Wenn das Krankenentgelt einschließlich von Werks- oder Dienstwohnungen usw. während des Krankenstands 50% der vor der Arbeitsunfähigkeit gebührenden Geld- und Sachbezüge (50% von € 1.600,00 = € 800,00) übersteigt, besteht gem. § 49 Abs. 3 Z 9 ASVG Beitragspflicht (E-MVB, 049-03-09-001).

Demnach sind

• das 25%ige Gehalt zu	€ 350,00		
• und der für die Zeit des Krankenentgeltanspruchs zu 25% weitergewährte volle Sachbezug zu	€ 200,00	=	**€ 550,00**

beitragsfrei zu behandeln.

Der einen **Beitragszeitraum** bildende Kalendermonat wird unabhängig von seiner tatsächlichen Dauer mit **30 Tagen** gezählt (E-MVB, 044-02-00-001).

25.6.2. Lohnsteuer

Die auf Grund der arbeitsrechtlichen Bestimmungen fortgezahlten Bezüge sind grundsätzlich **steuerpflichtiger Arbeitslohn** und als laufender Bezugsbestandteil in dem Lohnzahlungszeitraum (siehe nachstehend), für den sie gewährt werden, zu versteuern.

Beinhalten die fortgezahlten Bezüge

- Schmutz-, Erschwernis- und Gefahrenzulagen,
- Sonn-, Feiertags- und Nachtarbeitszuschläge und
- Überstundenzuschläge,

sind diese unter bestimmten Voraussetzungen **steuerfrei** zu behandeln (§ 68 Abs. 7 EStG) (→ 18.3.4., → 18.3.5.).

Wird während eines Krankenstands ein **Sachbezug** z.B. in Form einer Dienstwohnung gewährt, ist dieser lohnsteuerpflichtig zu behandeln (→ 20.3.2.).

Für die Dauer des Krankenstands sind gegebenenfalls

- das Pendlerpauschale und der Pendlereuro – ev. gedrittelt (→ 14.2.2.) – und
- der Freibetrag lt. Mitteilung gem. § 63 EStG (→ 14.3.)

zu berücksichtigen.

Ist der Arbeitnehmer bei einem Arbeitgeber im Kalendermonat **durchgehend beschäftigt**, ist der Lohnzahlungszeitraum der Kalendermonat. Beginnt oder endet die Beschäftigung während eines Kalendermonats, so ist der Lohnzahlungszeitraum der Kalendertag. Eine durchgehende Beschäftigung liegt insb. auch dann vor, wenn der Arbeitnehmer während eines Kalendermonats regelmäßig beschäftigt ist (**aufrechtes Dienstverhältnis**). Dabei kann der Arbeitnehmer auch für **einzelne Tage keinen Lohn** beziehen (§ 77 Abs. 1, 2 EStG).

25.6.3. Zusammenfassung

Das Krankenentgelt für Arbeiter und Angestellte ist wie folgt zu behandeln:

<table>
<tr><th colspan="2"></th><th>SV</th><th>LSt</th><th>DB zum FLAF (→ 37.3.3.3.)</th><th>DZ (→ 37.3.4.3.)</th><th>KommSt (→ 37.4.1.3.)</th></tr>
<tr><td colspan="2">für den 1. bis 3. Tag[858] des Krankenstands</td><td rowspan="2">pflichtig [859] [860] (als lfd. Bez.)</td><td rowspan="3">pflichtig [861] (als lfd. Bez.)</td><td rowspan="3">pflichtig[862] [863]</td><td rowspan="3">pflichtig [862] [863]</td><td rowspan="3">pflichtig[862]</td></tr>
<tr><td rowspan="2">vom 4. Tag[858] des Krankenstands an</td><td>50% und mehr</td></tr>
<tr><td>weniger als 50%</td><td>frei</td></tr>
</table>

Für die Dauer eines Anspruchs auf Krankengeld nach dem ASVG hat der Dienstgeber für die dem Betrieblichen Mitarbeiter- und Selbständigenvorsorgegesetz (BMSVG) unterliegenden Personen den **BV-Beitrag** zu entrichten. Näheres dazu finden Sie unter Punkt 36.1.3.3.3.

Hinweis: Bedingt durch die unterschiedlichen Bestimmungen des Abgabenrechts ist das Eingehen auf ev. Sonderfälle nicht möglich. Es ist daher erforderlich, die entsprechenden Erläuterungen zu beachten.

25.7. Wiedereingliederungsteilzeit

Für Personen, die sich bereits seit längerer Zeit im Krankenstand befinden, besteht die Möglichkeit, mit dem Arbeitgeber eine Wiedereingliederungsteilzeit (= eine befristete, besondere Teilzeit) zu vereinbaren. Dadurch soll dem Arbeitnehmer die

858 Kalendertag.

859 Ausgenommen davon sind die beitragsfreien Bezüge (→ 21.1.).

860 Das beitragspflichtige Entgelt für Nichtleistungszeiten ist grundsätzlich jenem Beitragszeitraum zuzuordnen, in welchem die Erkrankung, für die der Dienstnehmer die Vergütung erhält, liegt, weshalb sich eine **pauschale „Jahresbetrachtung"** und Zuweisung der Entgelte für das gesamte Jahr jeweils zum Beitragsmonat Dezember als **rechtswidrig** erweist (VwGH 11.12.2013, 2011/08/0327).

861 Ausgenommen davon sind die lohnsteuerfreien Bezüge (→ 18.3.1.).

862 Ausgenommen davon ist das Krankenentgelt der begünstigten behinderten Dienstnehmer i.S.d. BEinstG (→ 29.2.1.).

863 Ausgenommen davon ist das Krankenentgelt der Dienstnehmer (Personen) nach Vollendung des 60. Lebensjahrs (→ 31.11.).

Möglichkeit eröffnet werden, sich schrittweise wieder in den Arbeitsprozess einzufügen. Die Wiedereingliederungsteilzeit schafft keinen Sonderstatus zwischen „arbeitsfähig" und „arbeitsunfähig", sondern setzt die absolute Arbeitsfähigkeit des Arbeitnehmers voraus[864].

Die Wiedereingliederungsteilzeit kann für eine **Dauer von einem Monat bis zu sechs Monaten** (mit einmaliger Verlängerungsmöglichkeit von **einem Monat bis zu drei Monaten**) zwischen Arbeitgeber und Arbeitnehmer vereinbart werden. Dabei ist die **wöchentliche Normalarbeitszeit um mindestens 25% und höchstens 50%**[865] herabzusetzen, sie darf jedoch **zwölf Stunden** nicht unterschreiten. Das monatliche Entgelt muss **über der Geringfügigkeitsgrenze** liegen (→ 31.4.) (§ 13a Abs. 1 AVRAG).

Weitere Voraussetzungen einer Wiedereingliederungsteilzeit sind (§ 13a Abs. 1 AVRAG):

- Das **Arbeitsverhältnis** muss vor dem Antritt der Wiedereingliederungsteilzeit **mindestens drei Monate** gedauert haben, wobei auch allfällige Karenzzeiten sowie Zeiten des Krankenstands auf die Mindestbeschäftigungsdauer anzurechnen sind.
- Der Arbeitnehmer muss sich bereits **seit mindestens sechs Wochen durchgehend (im selben Arbeitsverhältnis) im Krankenstand** befinden[866].
- Die Vereinbarung über die Wiedereingliederungsteilzeit hat **schriftlich** zu erfolgen. Es besteht **kein Rechtsanspruch.**
- Es muss eine **Bestätigung über die Arbeitsfähigkeit** des Arbeitnehmers für die Zeit ab Beginn der Wiedereingliederungsteilzeit vorliegen.
- Arbeitnehmer und Arbeitgeber haben einen **Wiedereingliederungsplan** zu erstellen und eine **Beratung** über die Gestaltung der Wiedereingliederungsteilzeit bei „fit2work" in Anspruch zu nehmen. Die Beratung kann entfallen, wenn Arbeitnehmer, Arbeitgeber und Arbeitsmediziner nachweislich der Wiedereingliederungsvereinbarung und dem Wiedereingliederungsplan zustimmen.

Die Wiedereingliederungsteilzeit setzt einen **Anspruch auf Wiedereingliederungsgeld** gegenüber dem zuständigen Krankenversicherungsträger voraus (siehe unten) und wird frühestens mit dem auf die Zustellung der Mitteilung über die Bewilligung des Wiedereingliederungsgelds folgenden Tag wirksam.

Der Arbeitnehmer kann eine **vorzeitige Rückkehr zur ursprünglichen Normalarbeitszeit** schriftlich verlangen, wenn die arbeitsmedizinische Zweckmäßigkeit der Wiedereingliederungsteilzeit nicht mehr gegeben ist. Die Rückkehr darf frühestens drei Wochen nach der schriftlichen Bekanntgabe des Beendigungswunsches der Wiedereingliederungsteilzeit an den Arbeitgeber erfolgen (§ 13a Abs. 1 AVRAG).

Die Vereinbarung über die Wiedereingliederungsteilzeit hat **Beginn, Dauer, Ausmaß und Lage** der Teilzeitbeschäftigung zu enthalten, wobei die betrieblichen Interessen und die Interessen des Arbeitnehmers zu berücksichtigen sind. In Betrieben, in denen ein für den Arbeitnehmer zuständiger Betriebsrat eingerichtet ist, ist dieser den Verhandlungen beizuziehen. Die Vereinbarung der Wiedereingliederungsteilzeit darf – abgesehen von der befristeten Änderung der Arbeitszeit – keine Auswir-

864 Diese kann über eine „reguläre" Gesundmeldung durch den behandelnden Arzt bestätigt werden.
865 Zu den Ausnahmen davon siehe nächste Seite.
866 Die Wiedereingliederungsteilzeit muss nicht unmittelbar an den Krankenstand anschließen, sondern kann nunmehr bis zu ein Monat nach dem Ende der Arbeitsunfähigkeit angetreten werden.

kungen auf die seitens des Arbeitnehmers im Rahmen des Arbeitsvertrags geschuldeten Leistungen haben.

Die wöchentliche Normalarbeitszeit kann für bestimmte Monate auch abweichend von der Bandbreite (Reduktion um mindestens 25% und höchstens 50%) festgelegt werden. Bei der Festlegung dieser abweichenden Verteilung der Arbeitszeit darf das Stundenausmaß **30% der ursprünglichen wöchentlichen Normalarbeitszeit nicht unterschreiten.** Eine **ungleichmäßige Verteilung** der vereinbarten Arbeitszeit **innerhalb eines Kalendermonats** ist nur dann zulässig, wenn das vereinbarte Arbeitszeitausmaß im Durchschnitt eingehalten und das vereinbarte Arbeitszeitausmaß in den einzelnen Wochen jeweils **nicht um mehr als 10% unter- oder überschritten wird**. In diesem Fall ist das Entgelt gleichmäßig entsprechend dem durchschnittlich vereinbarten Arbeitszeitausmaß zu leisten. Eine Rückforderung dieses Entgelts aufgrund einer vorzeitigen Beendigung der Wiedereingliederungsteilzeit ist nicht zulässig (§ 13a Abs. 2 und 6 AVRAG).

Beispiel

Wird während der Wiedereingliederungsteilzeit eine Arbeitszeit von 20 Wochenstunden (Reduktion der ursprünglichen Arbeitszeit von 40 Wochenstunden um 50%) festgelegt, kann diese für einzelne Wochen des Monats auch im Ausmaß von 18 bis 22 Wochenstunden vereinbart werden (10%-Schwankung). Im Monatsdurchschnitt müssen 20 Wochenstunden erreicht werden.

Allgemein könnte in einzelnen Monaten der Wiedereingliederungsteilzeit auch von den vereinbarten 20 Wochenstunden abgegangen werden, jedoch darf das vereinbarte Stundenausmaß nicht unter 12 Wochenstunden fallen (30% der ursprünglichen wöchentlichen Normalarbeitszeit, generelle Mindestgrenze).

Während einer Wiedereingliederungsteilzeit darf der Arbeitgeber weder eine Arbeitsleistung über das vereinbarte Arbeitszeitausmaß (**Mehrarbeit**) noch eine **Änderung der vereinbarten Lage** der Arbeitszeit anordnen (§ 13a Abs. 3 AVRAG, § 19d Abs. 8 AZG). Einvernehmliche Mehrarbeit ist möglich, jedoch könnte dies bei entsprechendem Ausmaß zu einem Entzug des Wiedereingliederungsgeldes führen (siehe unten).

Nach Antritt der Wiedereingliederungsteilzeit darf im Einvernehmen zwischen Arbeitnehmer und Arbeitgeber höchstens **zweimal eine Änderung** der Teilzeitbeschäftigung (Verlängerung, Änderung des Stundenausmaßes) erfolgen (§ 13a Abs. 4 AVRAG).

Während der Wiedereingliederungsteilzeit hat der Arbeitnehmer gegenüber dem Arbeitgeber Anspruch auf das **entsprechend der Arbeitszeitreduktion aliquot zustehende Entgelt.** Die Höhe des aliquot zustehenden Entgelts ist nach § 3 EFZG zu berechnen, d.h. der Arbeitnehmer hat Anspruch auf jenes (regelmäßige) Entgelt, das ihm ohne Wiedereingliederungsteilzeit gebührt hätte (→ 25.2.7.) (§ 13a Abs. 6 AVRAG). Dementsprechend sind z.B. leistungsbezogene Prämien oder Entgelte bzw. Überstunden(pauschalen) (aliquot entsprechend der Arbeitszeitreduktion) weiterzugewähren, auch wenn sie tatsächlich nicht mehr anfallen.

Während der Wiedereingliederungsteilzeit besteht ein Motivkündigungsschutz (§ 15 Abs. 1 AVRAG).

Fallen in ein Kalenderjahr Zeiten einer Wiedereingliederungsteilzeit, gebührt – sofern der Kollektivvertrag keine andere Regelung vorsieht – die **Sonderzahlung** in dem der Vollzeit- und Teilzeitbeschäftigung entsprechenden Ausmaß im Kalenderjahr („Mischsonderzahlung").

Wird das Arbeitsverhältnis während der Wiedereingliederungsteilzeit beendet, ist bei der Berechnung einer **gesetzlichen Abfertigung** (→ 33.3.1.) sowie einer **Ersatzleistung für Urlaubsentgelt** (→ 26.2.9..) das für den letzten Monat vor Antritt der Wiedereingliederungsteilzeit gebührende Entgelt und bei Berechnung einer **Kündigungsentschädigung** (→ 33.4.2.) das ungeschmälerte Entgelt, das zum Beendigungszeitpunkt ohne Wiedereingliederungsteilzeit zugestanden wäre, zu Grunde zu legen (§ 13a Abs. 6 und 8 AVRAG).

Für die Dauer einer in eine Wiedereingliederungsteilzeit fallenden

- Schutzfrist (→ 27.1.3.), einer
- Karenz gem. MSchG bzw. VKG (→ 27.1.4.), eines
- Präsenz-, Ausbildungs- oder Zivildienstes (→ 27.1.6.)

ist die **Vereinbarung** über die Wiedereingliederungsteilzeit **unwirksam**. Für die Dauer einer Altersteilzeit bzw. Teilpension (→ 27.3.2.) kann eine Wiedereingliederungsteilzeit nicht vereinbart werden (§ 13a Abs. 8 AVRAG).

Für die Dauer einer Wiedereingliederungsteilzeit hat der Arbeitgeber für die dem BMSVG unterliegenden Personen den BV-Beitrag zu entrichten (§ 6 Abs. 4 BMSVG). Näheres finden Sie unter Punkt 36.1.3.2.

Um den Einkommensverlust während der Wiedereingliederungsteilzeit auszugleichen, besteht ein Anspruch auf **Wiedereingliederungsgeld** errechnet nach dem erhöhten Krankengeld (= 60% der Bemessungsgrundlage; Leistung der Krankenversicherung aus dem Versicherungsfall der Wiedereingliederung nach langem Krankenstand) (§ 116 Abs. 1 Z 2a ASVG). Das Wiedereingliederungsgeld ist entsprechend der Herabsetzung der Normalarbeitszeit zu aliquotieren. Bei Vereinbarung einer wöchentlichen Normalarbeitszeit von 50% der bisherigen Normalarbeitszeit gebühren 50% des errechneten Wiedereingliederungsgelds; bei wöchentlicher Normalarbeitszeit von 75% gebühren 25% des errechneten Wiedereingliederungsgelds etc (§ 143d Abs. 3 ASVG).

Beispiel: Ein Dienstnehmer hat vor der Erkrankung ein Bruttoentgelt von € 2.000,00 bezogen. Nach Berücksichtigung der Sonderzahlungen in Form eines Zuschlages von 17% beläuft sich die Bemessungsgrundlage auf € 2.340,00, das erhöhte Krankengeld beträgt folgerichtig € 1.404,00 (= 60% der Bemessungsgrundlage). Aliquotiert man diesen Betrag entsprechend der vereinbarten Arbeitszeitreduktion (z.B. 50%), ergibt sich ein Wiedereingliederungsgeld im Ausmaß von € 702,00, was wiederum einem täglichen Wiedereingliederungsgeld von € 23,40 (Division durch 30) entspricht (Nö. GKK, NÖDIS Nr. 7/Juni 2017).

Wiedereingliederungsgeld ist **zu entziehen,** wenn die festgelegte Arbeitszeit in einem dem Zweck der Wiedereingliederungsteilzeit widersprechenden Ausmaß überschritten wird (§ 99 Abs. 1b ASVG). Davon kann nach den Gesetzesmaterialien bei einer Überschreitung von 10% der vereinbarten Arbeitszeit ausgegangen werden (vgl. EBzRV zu § 143d ASVG).

Tritt **während der Wiedereingliederungsteilzeit ein Krankenstand** des Arbeitnehmers ein, hat der Arbeitgeber nach allgemeinen Grundsätzen die Entgeltfortzahlung (Krankenentgelt) zu leisten. Das Wiedereingliederungsgeld gebührt in unveränderter Höhe weiter, solange Anspruch auf Weiterleistung von mehr als 50% der vollen Geld- und Sachbezüge besteht. Danach gebührt das Wiedereingliederungsgeld in Höhe des erhöhten Krankengelds, wobei dieser Anspruch im Ausmaß der weitergeleisteten Geld- und Sachbezüge ruht (§ 143d Abs. 4 ASVG). Für die Dauer der Erkrankung während der laufenden Wiedereingliederungsteilzeit gebührt somit **anstelle eines Krankengelds weiterhin das Wiedereingliederungsgeld.**

Ein neuerlicher Anspruch auf Wiedereingliederungsgeld nach Auslaufen der Wiedereingliederungsteilzeit kann nach Ablauf von 18 Monaten ab dem Ende der Wiedereingliederungsteilzeit entstehen (§ 143d Abs. 35ASVG).

Das Wiedereingliederungsgeld wird von der Österreichischen Gesundheitskasse ausbezahlt, wobei **20% Lohnsteuer** einzubehalten, soweit diese Bezüge **€ 30,00 täglich (€ 900,00 monatlich)** übersteigen (§ 69 Abs. 2 EStG). Der Bezug von Wiedereingliederungsgeld löst eine Pflichtveranlagung aus (→ 15.2.1.).

Entfällt der Anspruch auf Auszahlung des Wiedereingliederungsgelds, **endet** die Wiedereingliederungsteilzeit mit dem folgenden Tag (§ 13a Abs. 5 AVRAG).

Im Anschluss an die Wiedereingliederungsteilzeit kann eine Vereinbarung über eine **Altersteilzeit** (bzw. Teilpension/erweiterte Altersteilzeit) oder **Bildungsteilzeit** getroffen werden (→ 23.3.2.). In einem solchen Fall ist der davor gelegene Zeitraum der Wiedereingliederung so zu behandeln, als ob keine Herabsetzung der Normalarbeitszeit und keine Verminderung des Entgelts vorgelegen wären. Für die Dauer einer Altersteilzeit sowie einer Teilpension (erweiterten Altersteilzeit) darf keine Wiedereingliederungsteilzeit vereinbart werden (Nö. GKK, NÖDIS Nr. 12/Oktober 2017).

Praxistipp: Unter broschuerenservice.sozialministerium.at steht ein arbeitsrechtlicher und sozialversicherungsrechtlicher **Leitfaden** zur Wiedereingliederungsteilzeit inklusive Mustervereinbarungen zum Download bereit.

25.8. Exkurs: Vorübergehende Invalidität bzw. Berufsunfähigkeit (Rehabilitationsgeld)

Unter bestimmten Voraussetzungen können Dienstnehmer, deren Arbeitsfähigkeit vorübergehend für mindestens sechs Monate (d.h. nicht dauerhaft) gemindert ist, **Rehabilitationsgeld** beanspruchen[867]. Über die vorübergehende Invalidität (bei Angestellten) bzw. Berufsunfähigkeit (bei Arbeitern) entscheidet der Pensionsversiche-

867 Ein Antrag auf Invaliditäts- bzw. Berufsunfähigkeitspension gilt vorrangig als Antrag auf Leistungen der Rehabilitation. Für ab 1.1.1964 geborene Personen wurde die befristete Pension aus dem Versicherungsfall der geminderten Arbeitsfähigkeit durch ein Rehabilitationsgeld der Krankenversicherungsträger ersetzt. Darüber hinaus werden medizinische bzw. berufliche Maßnahmen der Rehabilitation gewährt. Sind berufliche Maßnahmen der Rehabilitation während vorübergehender Invalidität bzw. Berufsunfähigkeit sinnvoll und zumutbar, kann statt Rehabilitationsgeld **Umschulungsgeld** (Leistung aus der Arbeitslosenversicherung, Zuständigkeit des AMS) bezogen werden (§ 39b AlVG).

rungsträger mit Bescheid. Das Rehabilitationsgeld ist eine Leistung aus der gesetzlichen Krankenversicherung, wird vom zuständigen Krankenversicherungsträger ausbezahlt und gebührt aus dem Versicherungsfall der geminderten Arbeitsfähigkeit, nicht jenem der Krankheit (vgl. §§ 117 Z 3, 143a ASVG)[868].

Bezieht ein Arbeitnehmer Rehabilitationsgeld gem. § 143a ASVG aufgrund einer **vorübergehenden Invalidität bzw. Berufsunfähigkeit,** ruhen für die Dauer des Bezugs die wechselseitigen Hauptleistungspflichten aus dem Dienstverhältnis sowie die Entgeltfortzahlungspflicht des Arbeitgebers (§ 15b Abs. 1 AVRAG). Das **Dienstverhältnis ist somit karenziert** (→ 27.1.1.4.)[869].

Aufgrund der Karenzierung des Dienstverhältnisses besteht während des Bezugs von Rehabilitationsgeld **kein Anspruch auf Fortzahlung des (Kranken-)Entgelts** gegenüber dem Dienstgeber. Für die Dauer des Bezugs von auf Rehabilitationsgeld besteht auch **kein Anspruch auf eine Beitragsleistung zur Mitarbeitervorsorgekasse** (keine Berechnung mit einer fiktiven Bemessungsgrundlage).

Leistet der Dienstgeber **aufgrund einer Betriebsvereinbarung oder freiwillig** während des Bezugs von Rehabilitationsgeld eine Entgeltfortzahlung, ist diese grundsätzlich als laufendes Entgelt beitragspflichtig. Wird neben dem Rehabilitationsgeld jedoch eine Entgeltfortzahlung in Höhe von weniger als 50% der vollen Geld- und Sachbezüge vor dem Eintritt des Versicherungsfalles gewährt, ist dieser Zuschuss beitragsfrei (§ 49 Abs. 3 Z 9 ASVG; Nö GKK, NÖDIS Nr. 8/Juli 2016). Eine **Abmeldung**[870] beim zuständigen Krankenversicherungsträger ist vorzunehmen, wenn das Krankenentgelt unter 50% sinkt bzw. kein Anspruch auf Krankenentgelt mehr besteht.

Wird **Rehabilitationsgeld rückwirkend zuerkannt,** können die Sozialversicherungsbeiträge und die Beiträge zur Mitarbeitervorsorge rückverrechnet werden, sofern nicht ein Anspruch auf Entgeltfortzahlung während des Bezugs von Rehabilitationsgeld aufgrund einer Betriebsvereinbarung bzw. vertraglichen Vereinbarung besteht oder freiwillig gewährt wird. Voraussetzung ist somit, dass der Dienstgeber das rechtsgrundlos geleistete Entgelt zurückfordert (Nö. GKK, NÖDIS Nr. 8/Juli 2016).

Wird ein Dienstverhältnis während des Bezugs von Rehabilitationsgeld beendet und dem Dienstnehmer der offene Resturlaub als Urlaubsersatzleistung ausbezahlt, ruht der Anspruch auf Rehabilitationsgeld während des der Urlaubsersatzleistung entsprechenden Zeitraums zur Gänze (OGH 13.10.2020, 10 ObS 71/20v).

Weitere Erläuterungen zu Entgeltfortzahlung und Rehabilitationsgeld finden Sie unter Nö. GKK, NÖDIS Nr. 8/Juli 2016 (abrufbar unter www.gesundheitskasse.at).

25.9. Vergütung der Entgeltfortzahlung

Den Dienstgebern können Zuschüsse aus Mitteln der Unfallversicherung zur **teilweisen Vergütung des Aufwands für die Entgeltfortzahlung** einschließlich allfäl-

---

868 Das Rehabilitationsgeld wird vom Krankenversicherungsträger errechnet und orientiert sich der Höhe nach am Krankengeld (§ 143a Abs. 2 ASVG). Es gebührt für die Dauer der vorübergehenden Invalidität bzw. Berufsunfähigkeit. Trifft der Anspruch auf Rehabilitationsgeld mit einem Anspruch auf Krankengeld aus einer für die Bemessung des Rehabilitationsgeldes maßgeblichen Erwerbstätigkeit zusammen, so **ruht der Anspruch auf Krankengeld** (§ 143a Abs. 3 ASVG). Ausnahmen bestehen bei Bezug von Teilrehabilitationsgeld (vgl. § 143a Abs. 4 ASVG). Auch der Anspruch auf **Wochengeld ruht** für Bezieherinnen von Rehabilitationsgeld (OGH 20.12.2017, 10 ObS 110/17z).

869 Dies gilt nicht bei Bezug von Teilrehabilitationsgeld (vgl EBzRV zu § 15b AVRAG).

870 Am Abmeldeformular bleibt allerdings das Datenfeld „Ende des Beschäftigungsverhältnisses" unausgefüllt.

liger Sonderzahlungen i.S.d. § 3 EFZG oder vergleichbarer österreichischer Rechtsvorschriften[871] an bei der Allgemeinen Unfallversicherungsanstalt unfallversicherte Dienstnehmer geleistet werden (§ 53b Abs. 1 ASVG).

Die „Zuschussregelung" ist so anzuwenden, dass die Zuschüsse gebühren

1. nur jenen Dienstgebern, die in ihrem Unternehmen **durchschnittlich nicht mehr als 50 Dienstnehmer**[872] beschäftigen, wobei der Ermittlung des Durchschnitts das Jahr vor Beginn der jeweiligen Entgeltfortzahlung zu Grunde zu legen ist; dabei sind auch Zeiträume zu berücksichtigen, in denen vorübergehend keine Dienstnehmer beschäftigt wurden;
2. **in der Höhe von 50%** des entsprechenden fortgezahlten Entgelts einschließlich allfälliger Sonderzahlungen unter Beachtung der **1 1/2-fachen täglichen Höchstbeitragsgrundlage**[873] (→ 11.4.3.1.);
3. bei Arbeitsverhinderung
   a) **durch Krankheit ab dem elften Tag**[874] der Entgeltfortzahlung bis **höchstens sechs Wochen**[875] je Arbeitsjahr (Kalenderjahr), sofern die der Entgeltfortzahlung zugrunde liegende Arbeitsunfähigkeit länger als zehn aufeinanderfolgende Tage gedauert hat;
   b) **nach Unfällen**[876] **ab dem ersten Tag** der Entgeltfortzahlung bis **höchstens sechs Wochen** je Arbeitsjahr (Kalenderjahr), sofern die der Entgeltfortzahlung zugrunde liegende Arbeitsunfähigkeit länger als drei aufeinanderfolgende Tage gedauert hat.

Darüber hinaus ist dem Dienstgeber der **gesamte Aufwand der Entgeltfortzahlung** einschließlich allfälliger Sonderzahlungen (auch die Differenz zwischen dem Zuschuss zur Entgeltfortzahlung und dem Aufwand für die Entgeltfortzahlung) durch die Allgemeine Unfallversicherungsanstalt zu vergüten, wenn Dienstnehmer (Lehrlinge) durch **Unfälle** an der Arbeit gehindert sind, die sich während eines Einsatzes bei **Katastrophenschutz** oder **Katastrophenhilfe** ereignet haben (vgl. § 53b Abs. 3 ASVG).

Dienstgebern, die in ihrem Unternehmen **durchschnittlich nicht mehr als zehn Dienstnehmer** beschäftigen, gebührt eine Zuschussleistung von **75% des fortgezahlten Entgelts** einschließlich allfälliger Sonderzahlungen unter Beachtung der eineinhalbfachen Höchstbeitragsgrundlage.

---

871 Vergütet wird demnach die Entgeltfortzahlung für Arbeiter, Angestellte (auch wenn sie geringfügig beschäftigt sind) und Lehrlinge.

872 Es kommt nicht auf die Dienstnehmerzahl im Konzern, sondern auf jene beim einzelnen Dienstgeber an (VwGH 26.1.2005, 2004/08/0139).
Lt. OGH orientiert sich die für Zuschüsse aus Mitteln der Unfallversicherung relevante Dienstnehmeranzahl nicht am einzelnen Betrieb, sondern an der **wirtschaftlichen Gesamttätigkeit** des Dienstgebers.
Teilbereiche der wirtschaftlichen Aktivitäten eines Dienstgebers, die sich in Form von „Standorten", „Filialen", „Betrieben" oder „Organisationseinheiten" verwirklichen, sind unabhängig vom Grad ihrer technisch-organisatorischen Selbstständigkeit der Einheit **„Unternehmen"** zuzurechnen. Hingegen ist im Fall eines rechtlich selbstständigen Tochterunternehmens eines Konzerns dieses selbst als Dienstgeber i.S.d. § 53b ASVG anzusehen, der die Entgeltfortzahlung geleistet hat (OGH 9.10.2007, 10 ObS 119/07h).
Es zählen nur „echte" Dienstnehmer, nicht aber freie Dienstnehmer (DVSV-Protokoll vom 7.11.2006).

873 € 189,00 × 1,5 = € 283,50/Tag.

874 Für die ersten zehn Tage (Kalendertage) erhält der Dienstgeber keinen Zuschuss. Mit Beginn des neuen Arbeitsjahrs eines Dienstnehmers entsteht wieder ein neues Kontingent für den Zuschuss zur Entgeltfortzahlung. Im Fall eines durchgehenden Krankenstands, der noch im alten Arbeitsjahr begonnen hat, kommt **am Beginn des neuen Arbeitsjahrs keine 10-tägige Selbstbehaltsphase** zur Anwendung (OGH 12.9.2006, 10ObS 108/06i).

875 Lt. OGH ist diese Bestimmung so zu verstehen, dass der Zuschuss vom 11. bis zum 52. Tag (also für höchstens 42 Kalendertage) zu erfolgen hat (OGH 17.8.2006, 10 ObS 123/06w).

876 Dazu zählen Arbeits-, Weg- und Freizeitunfälle.

Näheres über die Gewährung der Zuschüsse und der Differenzvergütung sowie deren Abwicklung ist durch Verordnung der Bundesministerin für Gesundheit im Einvernehmen mit dem Bundesminister für Wissenschaft, Forschung und Wirtschaft festzusetzen (§ 53b Abs. 6 ASVG).

Auf Grund des § 53b Abs. 6 ASVG wurde verordnet (VO vom 3.7.2018, BGBl II 2018/146):

Gegenstand

§ 1. Diese Verordnung regelt die Gewährung der Zuschüsse nach § 53b Abs. 2 Z 3 ASVG und der Differenzvergütung nach § 53b Abs. 3 ASVG und deren Abwicklung.

Anspruchsberechtigter Dienstgeberkreis

§ 2. (1) Anspruchsberechtigt sind alle Dienstgeber, einschließlich der Dienstgeber von Lehrlingen, die ihren bei der **Allgemeinen Unfallversicherungsanstalt unfallversicherten Dienstnehmern** Entgeltfortzahlung nach § 3 EFZG oder nach vergleichbaren österreichischen Rechtsvorschriften geleistet haben, soweit diese Dienstnehmer in Unternehmen nach Abs. 2 und 3 beschäftigt werden.

(2) Ein Unternehmen im Sinne des § 53b Abs. 2 Z 1 ASVG ist ein Unternehmen, in dem **durchschnittlich nicht mehr als 50 Dienstnehmer** nach Abs. 4 beschäftigt werden, wobei der Ermittlung des **Durchschnitts** das Jahr vor Beginn der jeweiligen Entgeltfortzahlung zu Grunde zu legen ist.

(3) Ein Unternehmen im Sinne des § 53b Abs. 2a ASVG ist ein Unternehmen, in dem **durchschnittlich nicht mehr als zehn Dienstnehmer** nach Abs. 4 beschäftigt werden, wobei der Ermittlung des **Durchschnitts** das Jahr vor Beginn der jeweiligen Entgeltfortzahlung zu Grunde zu legen ist.

(4) Als Dienstnehmer/innen im Sinne des Abs. 2 und 3 gelten Dienstnehmer/innen nach § 4 Abs. 2 ASVG, auch wenn sie geringfügig beschäftigt sind, sowie Lehrlinge; alle diese, wenn für sie die Allgemeine Unfallversicherungsanstalt zur Durchführung der Unfallversicherung zuständig ist.

Antragstellung

§ 3. Die Zuschüsse und Differenzvergütung werden **nur auf Antrag** nach Ende der Entgeltfortzahlung gewährt. Der Antrag[877], der nach Möglichkeit **mittels elektronischer Datenfernübertragung** (ELDA) zu stellen ist, hat folgende, für die Gewährung und Abwicklung dieser Leistungen erforderliche Daten zu enthalten:

1. Name und Adresse des Dienstgebers und seines Unternehmens (§ 2 Abs. 2);
2. Name und Versicherungsnummer oder Geburtsdatum des Dienstnehmers, auf Grund dessen Arbeitsverhinderung der Zuschuss beantragt wird;
3. Glaubhaftmachung der krankheits- oder unfallbedingten Arbeitsverhinderung nach § 53b Abs. 2 und 3 ASVG;
4. Rechtsgrundlage, Dauer und Höhe der Entgeltfortzahlung sowie Angabe, ob Anspruch auf Sonderzahlung besteht;

877 Ist die Möglichkeit der elektronischen Antragstellung (ELDA) nicht gegeben, ist das Antragsformular „Zuschuss für Entgeltfortzahlung (EFZ) zu verwenden. Dieses Formular ist unter www.auva.at abrufbar.

5. Beginn des Dienstverhältnisses und Angabe, ob das Arbeitsjahr i.S.d. § 4 Abs. 2 das Kalenderjahr ist;
6. Rechtsgrundlage für den Anspruch auf Differenzvergütung im Sinne des § 53b Abs. 3 ASVG.

Höhe der Zuschüsse für Unternehmen, in denen durchschnittlich nicht mehr als 50 Dienstnehmer beschäftigt werden

§ 4. (1) Die **Zuschüsse nach § 53b Abs. 2 Z 3 ASVG betragen 50% zuzüglich eines Zuschlags** für die Sonderzahlungen in der Höhe **von 8,34%** des jeweils tatsächlich fortgezahlten Entgelts (mit Ausnahme der Sonderzahlungen), und zwar

1. bei **Arbeitsverhinderung durch Krankheit**, sofern die der Entgeltfortzahlung zu Grunde liegende Arbeitsunfähigkeit **länger als zehn aufeinander folgende Tage** gedauert hat, jeweils **ab dem elften Tag** der Arbeitsverhinderung;
2. bei **Arbeitsverhinderung nach Unfällen**, sofern die der Entgeltfortzahlung zu Grunde liegende Arbeitsunfähigkeit **länger als drei aufeinander folgende Tage** gedauert hat und der Unfall nach dem 30. September 2002 eingetreten ist, jeweils **ab dem ersten Tag** der Arbeitsverhinderung für die Dauer der tatsächlichen Entgeltfortzahlung.

(2) Zuschüsse nach Abs. 1 werden **jeweils für höchstens 42 Kalendertage** der tatsächlichen Entgeltfortzahlung **pro Dienstnehmer und Arbeitsjahr** (Kalenderjahr) gewährt. Besteht für dieselben Tage der Entgeltfortzahlung sowohl ein Anspruch nach Abs. 1 Z 1 und Z 2, so darf der Zuschuss das im Abs. 1 genannte Ausmaß nicht übersteigen.

(3) Für die Ermittlung der Höhe der Zuschüsse i.S.d. Abs. 1 ist das jeweils **tatsächlich fortgezahlte Entgelt** bis höchstens zum **1 1/2-Fachen der Höchstbeitragsgrundlage** nach § 108 Abs. 3 ASVG heranzuziehen. Erfolgt während des Zeitraums der Entgeltfortzahlungsleistung eine Änderung der Höchstbeitragsgrundlage, so ist für die Deckelung des tatsächlich fortgezahlten täglichen Entgelts die für die jeweiligen Entgeltfortzahlungstage geltende Höchstbeitragsgrundlage heranzuziehen ①.

① Dazu ein **Beispiel** (Unternehmen mit durchschnittlich mehr als 10 Dienstnehmern):

	FALL A	FALL B	FALL C
Fortgezahltes tägliches Entgelt	€ 130,00	€ 200,00	€ 290,00
Basis für die Berechnung des Zuschusses (max. € 189,00 × 1,5 = € 283,50)	€ 130,00	€ 200,00	**€ 283,50**
Höhe des täglichen Zuschusses (50% + 8,34%)	€ 75,84	€ 116,68	**€ 165,39**

Höhe der Zuschüsse für Unternehmen, in denen durchschnittlich nicht mehr als zehn Dienstnehmer beschäftigt werden

§ 5. Für Unternehmen nach § 2 Abs. 3 ist § 4 mit der Maßgabe anzuwenden, dass die Zuschüsse nach § 53b Abs. 2 Z 3 ASVG **75% zuzüglich eines Zuschlages für die**

Sonderzahlungen in der Höhe von 12,51% des jeweils tatsächlich fortgezahlten Entgelts (mit Ausnahme der Sonderzahlungen) betragen.

Höhe der Differenzvergütung

§ 6. Bei gleichzeitigem Anspruch auf Zuschussleistung nach § 4 oder § 5 gebührt als Differenzvergütung nach § 53b Abs. 3 ASVG das tatsächlich fortgezahlte Entgelt (mit Ausnahme der Sonderzahlungen) zuzüglich eines Zuschlages für die Sonderzahlungen in der Höhe von 16,68% abzüglich des nach § 4 oder § 5 ermittelten Zuschusses.

Rückforderung zu Unrecht geleisteter Zuschüsse[878]

§ 7. Die Allgemeine Unfallversicherungsanstalt hat zu Unrecht geleistete Zuschüsse vom Dienstgeber zurückzufordern. Der Versicherungsträger kann bei Vorliegen berücksichtigungswürdiger Umstände, insb. in Berücksichtigung der wirtschaftlichen Verhältnisse des Dienstgebers, auf die Rückforderung ganz oder teilweise verzichten oder die Rückzahlung des zu Unrecht bezahlten Zuschusses in Teilbeträgen zulassen.

Ausschluss der Zuschussgewährung infolge Zeitablaufs

§ 8. Der Antrag auf Gewährung von Zuschüssen ist bei sonstigem Ausschluss innerhalb von drei Jahren nach dem Beginn des Entgeltfortzahlungsanspruchs zu stellen.

Datenübermittlung

§ 9. Die Österreichische Gesundheitskasse hat der Allgemeinen Unfallversicherungsanstalt die zur Durchführung dieser Verordnung erforderlichen Daten elektronisch zu melden.

Beispiel 103

Ermittlung der Anzahl der Zuschusstage (Unternehmen mit durchschnittlich mehr als zehn Dienstnehmern).

Angaben:

- Arbeiter,
- Beginn des Arbeitsjahrs: 1.1.20..,
- keine Vorerkrankungen.
- Arbeitsverhinderung vom 15.1.–11.3.20.. (56 Kalendertage) auf Grund einer schweren Lungenentzündung (volle Entgeltfortzahlung für 56 Kalendertage).
- Arbeitsverhinderung vom 18.6.–5.8.20.. (49 Kalendertage) infolge eines Verkehrsunfalls (volle Entgeltfortzahlung für 49 Kalendertage).
- In keinem der vorstehenden Krankenstandszeiträume liegen Feiertage.

Lösung:

Der Dienstgeber erhält das fortgezahlte Krankenentgelt im Ausmaß von 50% unter Beachtung der 1 1/2-fachen täglichen Höchstbeitragsgrundlage (zuzüglich eines

878 Für die Rückforderung von zu Unrecht geleisteten Zuschüssen gilt die 3-jährige Verjährungsfrist gem. § 107 ASVG (VfGH 25.11.2013, V 17/2013; OGH 23.4.2014, 10 ObS 9/14t).

Zuschlags für Sonderzahlungen in der Höhe von 8,34%) für folgende Zeiträume erstattet:

25.1.–7.3.20.. (= 42 Kalendertage[879])

18.6.–29.7.20.. (= 42 Kalendertage[880])

25.10. Regressrecht des Dienstgebers

Trifft einen Dritten am Krankenstand des Dienstnehmers ein Verschulden (z.B. durch einen Autounfall), hat der Dienstgeber gegen den Schädiger (bzw. gegen dessen Versicherung) Anspruch auf

- Ersatz des fortgezahlten **Brutto-Krankenentgelts** einschließlich der anteiligen Sonderzahlungen und auf
- Ersatz der **Dienstgeberanteile zur Sozialversicherung**.

Kein Regressanspruch besteht auf den Dienstgeberbeitrag zum FLAF (→ 37.3.3.), den Zuschlag zum Dienstgeberbeitrag (→ 37.3.4.) und die Kommunalsteuer (→ 37.4.1.) (OGH 25.11.1997, 1 Ob 212/97a).

Die volle Regressmöglichkeit setzt allerdings voraus, dass den Dienstnehmer keinerlei Mitverschulden an dem Krankenstand bzw. an der Arbeitsunfähigkeit trifft. Ein Mitverschulden des Dienstnehmers kann der Schädiger anspruchsmindernd einwenden. In einem solchen Fall besteht der Regressanspruch nur mehr quotenmäßig.

25.11. Krankenstandsabfrage

Als Service bietet ELDA den Empfang von Krankenstandsbescheinigungen an. Es gibt zwei Varianten, wie Arbeitgeber diese Bescheinigungen erhalten können:

1. **Automatisierte Zustellung** der aktuell gespeicherten Krankenstandsbescheinigungen,
2. Online-Abfrage.

Die Online-Abfrage ermöglicht, eine Abfrage von **Krankenstandsdaten** der gemeldeten Dienstnehmer, Lehrlinge etc. pro Versicherungsnummer bis zu einem Jahr zurück.

Die **Online-Krankenstandsbescheinigung** ist nahezu **identisch** mit der österreichweit einheitlichen **Arbeitsunfähigkeitsmeldung** in Papierform. Das via ELDA abrufbare PDF-Dokument beinhaltet folgende Daten:

- Information, ob eine Krank- oder Gesundmeldung vorliegt,
- Daten des Versicherten (Versicherungsnummer, Name, Adresse) sowie zuständiger Versicherungsträger,
- Beginn und Ende des Krankenstands,
- Bestätigung, ob ein (Arbeits-)Unfall oder eine Krankheit vorliegt,
- Bestätigung über die etwaige Auszahlung von Krankengeld.

Die Krankenstandsbescheinigung beinhaltet **keine Diagnose**.

879 Kein Zuschuss bei Krankheit für die ersten 10 Kalendertage (15.1. bis 24.1.20..).

880 Für Erkrankungen und Unfälle steht jeweils ein eigener Vergütungsanspruch im Ausmaß von 42 Kalendertagen zu.

Vorteile der Online-Krankenstandsabfrage sind:

- Gesicherter und rascher Nachweis über Krankenstandsdaten,
- hoher Datenschutzstandard,
- Reduzierung der Papierflut,
- Einforderung der Krankenstandsbescheinigung nach Wiederantritt des Dienstes kann entfallen,
- die Krankenstandsbescheinigung dient als Grundlage für die Ermittlung der jeweiligen Entgeltfortzahlungsansprüche.

Die elektronische Krankenstandsbescheinigung ersetzt nicht die Verpflichtung des Dienstnehmers, die Arbeitsunfähigkeit unverzüglich dem Dienstgeber bekannt zu geben. Aus arbeitsrechtlicher Sicht sind Krankenstände daher in gewohnter Art und Weise (z.B. telefonisch) dem Dienstgeber zu melden.

Um die Online-Krankenstandsbescheinigung nutzen zu können, ist eine einmalige Registrierung auf der ELDA-Homepage erforderlich. Dieses Service kann allerdings (aus datenschutzrechtlichen Gründen) nur genutzt werden, wenn eine Authentifizierung mit der Bürgerkarte oder mittels Handysignatur vorliegt.

Dienstgeber, die am Zustandekommen einer Arbeitsunfähigkeit berechtigte Zweifel haben oder denen ein Verhalten des Dienstnehmers bekannt geworden ist, welches dem Heilungsverlauf entgegenwirkt, können im Einzelfall über die nächstgelegene Dienststelle des Krankenversicherungsträges eine Sonderkontrolle unter Angabe der Gründe beantragen (Oö. GKK, DG-Info 152/2001).

26. Urlaub und Pflegefreistellung (Betreuungsfreistellung, Begleitungsfreistellung)

In diesem Kapitel werden u.a. Antworten auf folgende praxisrelevanten Fragestellungen gegeben:

26.1. Rechtsgrundlage

Rechtsgrundlage ist das Bundesgesetz betreffend die Vereinheitlichung des Urlaubsrechts und die Einführung einer Pflegefreistellung vom 7. Juli 1976, BGBl 1976/390, in der jeweils geltenden Fassung, kurz **Urlaubsgesetz** (UrlG) genannt.

Das UrlG bestimmt

- einen **Mindesturlaub** von 30 Werktagen,
- einen Anspruch auf **Pflegefreistellung** (Betreuungsfreistellung, Begleitungsfreistellung) (→ 26.3.),
- eine **Vereinheitlichung des Urlaubsrechts** von Arbeitern, Angestellten und Lehrlingen.

Das UrlG behandelt im ersten Abschnitt den Erholungsurlaub.

26.2. Erholungsurlaub

26.2.1. Geltungsbereich

Die Bestimmungen über den Erholungsurlaub gelten für Arbeitnehmer aller Art, deren Arbeitsverhältnis auf einem **privatrechtlichen Vertrag** (→ 25.2.2.) beruht (§ 1 Abs. 1 UrlG).

Ausgenommen sind

1. Arbeitsverhältnisse der land- und forstwirtschaftlichen Arbeiter, auf die das Landarbeitsgesetz, BGBl 1948/140, anzuwenden ist;
2. Heimarbeiter, auf die das Heimarbeitsgesetz 1960, BGBl 1961/105, anzuwenden ist;
3. Arbeitsverhältnisse zu einem Land, einem Gemeindeverband oder einer Gemeinde;
4. Arbeitsverhältnisse zum Bund, auf die dienstrechtliche Vorschriften anzuwenden sind, die den Urlaubsanspruch zwingend regeln;
5. Arbeitsverhältnisse zu Stiftungen, Anstalten oder Fonds, auf die das Vertragsbedienstetengesetz 1948, BGBl 1948/86, anzuwenden ist;
6. Arbeitsverhältnisse, auf die das Bauarbeiter-Urlaubs- und Abfertigungsgesetz 1972, BGBl 1972/414, anzuwenden ist;
7. Arbeitnehmer i.S.d. § 1 Abs. 1, auf die das Theaterarbeitsgesetz, BGBl I 2010/100, anzuwenden ist (§ 1 Abs. 2 UrlG).

26.2.2. Urlaub

26.2.2.1. Urlaubsausmaß

Dem Arbeitnehmer[881] gebührt für jedes Arbeitsjahr ein **ununterbrochener bezahlter Urlaub**.

Das Urlaubsausmaß beträgt	
• bei einer Dienstzeit von **weniger als 25 Jahren**	**30 Werktage**
• und erhöht sich nach **Vollendung des 25. Jahres auf**	**36 Werktage**

(§ 2 Abs. 1 UrlG)

Unter „**Dienstzeit**" ist die gesamte anrechenbare Dienstzeit zu verstehen. Diese umfasst nicht nur die

- Beschäftigungszeit des derzeit laufenden Arbeitsverhältnisses, sondern auch
- frühere Dienstzeiten beim selben Arbeitgeber
- sowie sonstige anrechenbare Vordienstzeiten (→ 26.2.3.).

Wurde eine Karenz gem. MSchG (→ 27.1.4.1.) bzw. gem. VKG (→ 27.1.4.2.) in Anspruch genommen, sind

- für die **erste Karenz** im bestehenden Dienstverhältnis, sofern nichts anderes vereinbart ist, **max. zehn Monate**[882] auf die Anspruchsdauer **anzurechnen**. Diese Bestimmung gilt allerdings nur, wenn das Kind nach dem 31.12.1992 geboren

881 Auch zur Gänze freigestellte Betriebsratsmitglieder haben einen gesetzlichen Urlaubsanspruch (OGH 27.5.2008, 8 ObA 20/08 m).

882 Zahlreiche Kollektivverträge sehen günstigere Anrechnungsbestimmungen vor, welche zu berücksichtigen sind.

wurde. Für **Geburten ab dem 1.8.2019** werden Karenzen gem. MSchG bzw. VKG darüber hinaus **für jedes Kind** in **vollem Umfang** angerechnet (→ 27.1.4.2.). (vgl. § 15f Abs. 1 MSchG, § 7c Abs. 1 VKG).

Anrechnungsbestimmungen von Zeiten eines Präsenz-, Ausbildungs- oder Zivildienstes werden im Punkt 27.1.6. gesondert behandelt.

Nicht anzurechnen sind allerdings Zeiten einer Bildungskarenz (→ 27.3.1.1.) und einer Pflegekarenz (→ 27.1.1.3.).

Arbeitnehmer, die dem Nachtschwerarbeitsgesetz unterliegen, haben Anspruch auf Zusatzurlaub (§ 10a UrlG) (→ 17.3.). Darüber hinaus sind noch ev. kollektivvertragliche Sonderbestimmungen zu beachten.

Als Werktage (Urlaubstage, Urlaubswerktage) gelten gem. UrlG die Tage von

- **Montag bis einschließlich Samstag**.

Nicht entscheidend ist, ob an diesen Tagen im Betrieb auch tatsächlich gearbeitet wird. Daher gilt z.B. bei einer 5-Tage-Woche der üblicherweise **arbeitsfreie Samstag** als Werktag. In diesem Fall sind 5 Arbeitstage = 6 Werktage. **Gesetzliche Feiertage** (→ 17.1.1.) an Werktagen zählen allerdings nicht als Urlaubstage, und zwar auch dann, wenn der Feiertag auf einen arbeitsfreien Tag fällt. Dies gilt auch für den Samstag bei Vorliegen einer 5-Tage-Woche. In diesem Fall sind 5 Arbeitstage = 5 Werktage (OGH 27.11.1984, 4 Ob 132/84).

Gemäß § 12 UrlG stellen die Bestimmungen des UrlG unabdingbares Recht (→ 2.1.1.2.) dar. Eine **Umrechnung** des Urlaubsanspruchs von **Werktagen in Arbeitstage** (im Fall einer 5-Tage-Woche sind 6 Werktage = 5 Arbeitstage, im Fall einer 4-Tage-Woche sind 6 Werktage = 4 Arbeitstage usw.) ist daher nur insofern erlaubt, als ein Einvernehmen zwischen Arbeitgeber und Arbeitnehmer vorliegt[883] und dadurch der Arbeitnehmer nicht schlechter gestellt wird[884]. Im Fall einer solchen Umrechnung wird allerdings in der Rechtslehre die Meinung vertreten, dass für **gesetzliche Feiertage** während des Urlaubs, die auf einen arbeitsfreien Werktag fallen (insb. der Samstag in der 5-Tage-Woche[883]), kein zusätzlicher Urlaubstag als Ausgleich gebührt.

Wird z.B. von Montag bis Donnerstag jeweils acht Stunden täglich und am Freitag nur vier Stunden gearbeitet, so besteht dennoch für den **Freitag** keine besondere gesetzliche Regelung, sodass auch für den Urlaub am Freitag **ein ganzer Urlaubstag** verbraucht wird.

Der Arbeitgeber kann auch einen **Halbtagsurlaub** gewähren oder die Berechnung des Urlaubs in Stunden durchführen. Dazu besteht jedoch **keine gesetzliche Verpflichtung**. Sogar bei jahrelanger Übung, Halbtagsurlaube unbeschränkt zu gewähren, entsteht kein gewohnheitsrechtlicher Anspruch auf Aufrechterhaltung dieser

883 Die Umstellung von Werktags- auf die Arbeitstagsberechnung kann ausdrücklich oder auch im Weg der ergänzenden Vertragsauslegung (d.h. durch stillschweigende Annahme der Umstellung durch den Arbeitnehmer) erfolgen. Werden allerdings einem Arbeitnehmer über dessen Wunsch auch einzelne Urlaubstage genehmigt, so bewirkt diese Art der Urlaubsvereinbarung zugleich, dass die Berechnung des Urlaubsanspruchs nicht auf Grundlage von Werktagen, sondern von tatsächlichen Arbeitstagen erfolgt (OGH 10.12.1993, 9 ObA 350/93).

884 Lt. Judikatur ist eine solche Umrechnung zumindest für den Fall, dass über Wunsch des Arbeitnehmers auch tageweise Urlaub gewährt wird (siehe Muster 15), rechtlich möglich; in diesem Fall gebührt für einen in einen solchen Urlaub fallenden arbeitsfreien Samstag, der auf einen Feiertag fällt, kein zusätzlicher Urlaubstag (OGH 10.12.1993, 9 ObA 350/93).

Vorgangsweise (OGH 16.9.1992, 9 ObA 139/92). Der Arbeitgeber kann daher schon deshalb Anträge von Arbeitnehmern auf Gewährung einzelner Urlaubsstunden oder halber Urlaubstage jederzeit ablehnen.

Die **stundenweise Berechnung** eines Urlaubs ist dann zulässig, wenn an dieser Berechnungsform ein spezielles Interesse des Arbeitnehmers besteht und eine Vereinbarung über den stundenweisen Verbrauch des Urlaubs abgeschlossen wurde (OGH 26.2.2003, 9 ObA 221/02v). Jedenfalls hat die Handhabung fair bzw. ohne Missbrauch zu erfolgen (OGH 3.3.2008, 9 ObA 181/07v). Eine kollektivvertragliche Bestimmung, die den Urlaubsanspruch in Stunden festlegt, ist als rechtsunwirksam anzusehen (OGH 19.12.2014, 8 ObA 80/14v).

Urlaubsanspruch teilzeitbeschäftigter Arbeitnehmer bei gleich bleibender Anzahl der Arbeitstage:

Der Urlaubsanspruch von Teilzeitbeschäftigten steht **im Verhältnis zur jährlich zu leistenden Arbeit zu**. Bei einer Teilzeitbeschäftigung an z.B. fünf Tagen während zweier Wochen hat die Umrechnung des Urlaubsanspruchs von fünf Wochen auf die in fünf Wochen zu leistenden Arbeitstage zu erfolgen, gleichgültig ob der Teilzeitbeschäftigte eine Woche zur Gänze gearbeitet hat und dann eine Woche frei hatte oder in jeder Woche zweieinhalb Tage gearbeitet hat. Dem Arbeitnehmer steht somit ein Urlaubsanspruch von 12,5 (2,5 × 5) Arbeitstagen (Urlaubstagen) pro Urlaubsjahr zu (OGH 28.1.1998, 9 ObA 390/97m; OGH 27.5.2021, 9 ObA 54/20m).

Die **Anzahl** der an einem Arbeitstag zu leistenden **Arbeitsstunden spielt keine Rolle**. Wird z.B. an fünf Tagen pro Woche je eine Stunde gearbeitet, ist der Urlaubsanspruch pro Woche fünf Arbeitstage (Urlaubstage) (Jahresurlaub: 5 Arbeitstage × 5 Wochen = 25 Urlaubstage). Wird an nur einem Tag in der Woche fünf Stunden gearbeitet, ist der Urlaubsanspruch pro Woche ein Arbeitstag (Urlaubstag) (Jahresurlaub: 1 Arbeitstag × 5 Wochen = 5 Urlaubstage) (OGH 24.10.2012, 8 ObA 35/12y).

Beispiel 104

Urlaubsanspruch teilzeitbeschäftigter Arbeitnehmer bei gleich bleibender Anzahl der Arbeitstage.

Angaben:

- Urlaubsanspruch: 5 Wochen.

Lösung:

Fall	vereinbarte AT	jährlicher Urlaubsanspruch in AT
A	pro Woche 2 AT	2 AT × 5 Wo = **10 AT**
B	eine Woche zu 2 AT eine Woche zu 4 AT	2 AT + 4 AT = 6 AT : 2 Wo = 3 AT 3 AT × 5 Wo = **15 AT**
C	eine Woche zu 4 AT eine Woche frei	4 AT : 2 Wo = 2 AT 2 AT × 5 Wo = **10 AT**

AT = Arbeitstag
Wo = Woche

Dem Urlaubsgesetz liegt nach Auffassung des OGH ein „kalendarischer" Urlaubsanspruch im Sinne eines Erholungszeitraums vom ersten Kalendertag nach Arbeitsende bis zum letzten Kalendertag vor Arbeitsantritt zugrunde (OGH 24.10.2012, 8 ObA 35/12y). Der Urlaubsanspruch ist nach Ansicht des OGH dementsprechend völlig unabhängig vom jeweiligen Beschäftigungsausmaß und ändert sich auch dann nicht, wenn das Ausmaß der wöchentlichen **Arbeitszeit geändert** wird (z.B. von Montag bis Freitag je acht Stunden, auf Montag bis Freitag je vier Stunden). Da der Urlaubsanspruch unabhängig vom jeweiligen Beschäftigungsausmaß ist, entsteht dieser einerseits bei einem geringeren Beschäftigungsausmaß weder nur aliquot, noch ist er bei einer Umstellung von einem höheren Beschäftigungsausmaß auf ein geringeres Beschäftigungsausmaß aliquot zu kürzen. Vielmehr umfasst er immer die im Gesetz vorgesehenen 30 bzw. 36 Werktage (also fünf oder sechs Wochen) (OGH 22.7.2014, 9 ObA 20/14b). Dabei ist nach Auffassung des OGH nicht zwischen Alturlauben und laufenden Urlaubsansprüchen zu unterscheiden.

Der Umstand, dass in einem solchen Fall das **Urlaubsentgelt** niedriger bzw. höher wird, ist unerheblich, da der Arbeitnehmer grundsätzlich jenes Entgelt zu erhalten hat, das er verdient hätte, wenn er in der Zeit des Urlaubs gearbeitet hätte (OGH 22.7.2014, 9 ObA 20/14b).

Der OGH beschäftigte sich in seiner Rechtsprechung auch mit der scheinbar gegenteiligen Rechtsprechung des EuGH zu dieser Thematik (EuGH 22.4.2010, C-486/08, Zentral betriebsrat der Landeskrankenhäuser Tirols; 13.6.2013, C-415/12, Brandes – siehe hierzu PV-Info 1/2016, Linde Verlag Wien).

Urlaubsanspruch teilzeitbeschäftigter Arbeitnehmer bei Änderung der bisherigen Anzahl der Arbeitstage:

Wird eine Änderung der Anzahl der wöchentlichen Arbeitstage vereinbart, so ist der Urlaubsanspruch aus der Zeit vor der Veränderung so anzupassen, dass für das **gesamte Arbeitsjahr (Urlaubsjahr)** ein Anspruch auf **fünf** (bzw. sechs) **Urlaubswochen** gewahrt bleibt.

Kommt es im Zuge einer Arbeitszeitänderung zu einer **Hinaufsetzung der Wochenarbeitstage**, dann ist ein aus der vorangegangenen Teilzeitphase stammendes unverbrauchtes Urlaubsguthaben nach dem „Wochenprinzip" **aufzuwerten**. Zum Umstellungsstichtag bereits verbrauchte Arbeitstage (Urlaubstage) sind ebenfalls aufgewertet vom Gesamtanspruch abzuziehen (OGH 24.10.2012, 8 ObA 35/12y).

Im Fall der **Reduzierung der Wochenarbeitstage** ist ein aus der vorangegangenen Vollzeitphase stammendes unverbrauchtes Urlaubsguthaben nach dem „Wochenprinzip" **abzuwerten**. Zum Umstellungsstichtag bereits verbrauchte Arbeitstage (Urlaubstage) sind ebenfalls abgewertet vom Gesamtanspruch abzuziehen.

Bei Wechsel von Teilzeit- zur Vollzeitbeschäftigung (oder umgekehrt) ist eine Umrechnung des Urlaubsguthabens so vorzunehmen, dass für den Arbeitnehmer **kein Nachteil** (bzw. Vorteil) bezüglich des Urlaubsguthabens **in Wochen** eintritt.

Diese vorstehende Art der Umrechnung wird in der Praxis als **„wertneutrale Umrechnung"** bezeichnet.

Beispiel 105

Urlaubsanspruch bei Änderung der Anzahl der Arbeitstage während des Urlaubsjahrs.

Angaben:

- Urlaubsanspruch: 5 Wochen,
- Urlaubsjahr: 1.9.2021–31.8.2022,
- Umstellungszeitpunkt: 1.1.2022,
- Anzahl der Arbeitstage bis 31.12.2021: pro Woche 5 Arbeitstage,
- Anzahl der Arbeitstage ab 1.1.2022: pro Woche 2 Arbeitstage.
- Bis zum Zeitpunkt des Wechsels wurden 5 Arbeitstage (Urlaubstage) konsumiert.

Fragen:

- Höhe des jährlichen Urlaubsanspruchs vor dem Wechsel?
- Höhe des jährlichen Urlaubsanspruchs nach dem Wechsel?
- Wie ist der noch offene „Alturlaub" aus der Zeit vor dem Wechsel umzurechnen?

Lösung:

- Urlaubsanspruch vor dem Wechsel:
  5 Arbeitstage × 5 Wochen = 25 Arbeitstage (Urlaubstage).
- Urlaubsanspruch nach dem Wechsel:
  2 Arbeitstage × 5 Wochen = 10 Arbeitstage (Urlaubstage).
- Die „wertneutrale" Umrechnung ist wie folgt vorzunehmen:
  (20 Arbeitstage[885] : 5 Arbeitstage[886]) × 2 Arbeitstage[887] = 8 Arbeitstage (Urlaubstage) noch offener Urlaub bis 31.8.2022.

Resümee: Das Urlaubsguthaben beträgt also

- vier Wochen vor der Umstellung (20 Arbeitstage[885] : 5 Arbeitstage[886] = 4 Wochen) und
- vier Wochen nach der Umstellung (8 Arbeitstage : 2 Arbeitstage[887] = 4 Wochen).

Beispiel 106

Urlaubsanspruch bei Änderung der Anzahl der Arbeitstage mit Beginn eines neuen Urlaubsjahrs.

Angaben:

- Urlaubsanspruch: 5 Wochen,
- Urlaubsjahr: 1.2.2021–31.1.2022,
- Umstellungszeitpunkt: 1.2.2022,
- Anzahl der Arbeitstage bis 31.1.2022: pro Woche 5 Arbeitstage,

885 Urlaubssaldo = 25 Arbeitstage (Urlaubstage) vor dem Wechsel, abzüglich 5 konsumierter Arbeitstage (Urlaubstage).
886 Alter Teiler: 5 Arbeitstage pro Woche vor dem Wechsel.
887 Neuer Multiplikator nach dem Wechsel.

- Anzahl der Arbeitstage ab 1.2.2022: pro Woche 4 Arbeitstage.
- Fall A: Der Arbeitnehmer hat im alten Urlaubsjahr noch keinen Urlaub verbraucht.
- Fall B: Der Arbeitnehmer hat im alten Urlaubsjahr 5 Arbeitstage (Urlaubstage) verbraucht.

Lösung zu Fall A:

Das Urlaubsguthaben aus dem alten Urlaubsjahr beträgt:

5 Arbeitstage × 5 Wochen = 25 Arbeitstage (Urlaubstage).

Die „wertneutrale" Umrechnung ist wie folgt vorzunehmen:

(25 Arbeitstage : 5 Arbeitstage[888]) × 4 Arbeitstage = 20 Arbeitstage (Urlaubstage) Resturlaub aus dem alten Urlaubsjahr.

Resümee: Das Urlaubsguthaben beträgt fünf Wochen vor und nach der Umstellung.

Lösung zu Fall B:

Das Urlaubsguthaben aus dem alten Urlaubsjahr beträgt:

5 Arbeitstage × 5 Wochen = 25 Arbeitstage (Urlaubstage), abzüglich 5 konsumierter Arbeitstage (Urlaubstage) = 20 Arbeitstage (Urlaubstage).

Die „wertneutrale" Umrechnung ist wie folgt vorzunehmen:

(20 Arbeitstage : 5 Arbeitstage[888]) × 4 Arbeitstage = 16 Arbeitstage (Urlaubstage) Resturlaub aus dem alten Urlaubsjahr.

Resümee: Das Urlaubsguthaben beträgt vier Wochen vor und nach der Umstellung.

Falls die **Anzahl der wöchentlichen Arbeitstage schwankt**, hat eine Durchschnittsberechnung zu erfolgen. Dabei ist von folgenden Grundsätzen auszugehen:

- **Berechnung des Urlaubsanspruchs:** Zur Berechnung der Höhe des Urlaubsanspruchs ist die **durchschnittliche Anzahl von Arbeitstagen pro Woche** zu ermitteln.
- **Urlaubsverbrauch:** Beim Urlaubsverbrauch ist im Regelfall von der Anzahl der **ausfallenden Arbeitstage** während des konsumierten Urlaubs auszugehen (Ausfallprinzip). Ist das Ausmaß des konkreten Arbeitsausfalls (z.B. anhand der Diensteinteilung etc.) nicht feststellbar, ist auch hier ein Durchschnittswert heranzuziehen.
- Es ist empfehlenswert, die konkrete **Berechnungsweise im Dienstvertrag** ausdrücklich zu **vereinbaren.**

Beispiel 107

Urlaubsanspruch bei schwankender Anzahl von Arbeitstagen.

Angaben:

- Eintritt: 1.4.2021,
- Teilzeitbeschäftigung mit schwankender Anzahl von Arbeitstagen,
- Urlaubsanspruch: 5 Wochen,

888 Alter Teiler: 5 Arbeitstage pro Woche im alten Urlaubsjahr.

- zweites Urlaubsjahr: 1.4.2022–31.3.2023,
- konsumierter Urlaub: 1.7.–8.7.2022,
- nach dem Dienstplan wären für den Arbeitnehmer im Urlaubszeitraum 1.7.–8.7.2022 2 Arbeitstage angefallen.
- Lt. Dienstvertrag ist der Urlaubsanspruch nach der durchschnittlichen wöchentlichen Anzahl der Arbeitstage im (bisherigen) Urlaubsjahr zu berechnen.
- Bisher hat der Arbeitnehmer im Urlaubsjahr 2022/2023 an folgenden Tagen gearbeitet:

April:	6 Arbeitstage	
Mai:	6 Arbeitstage	
Juni:	10 Arbeitstage	
	22 Arbeitstage : 13 Wochen	= 1,69 durchschnittliche Arbeitstage pro Woche.

- Urlaubsjahr = Arbeitsjahr.

Lösung:

Urlaubsanspruch (1,69 Arbeitstage × 5 Wochen)	= 8,45 Arbeitstage (Urlaubstage)	aufgerundet = 9 Arbeitstage
Urlaubsverbrauch (1.7.–8.7.2022)	– 2,00 Arbeitstage (Urlaubstage)	
Resturlaub (Urlaubsjahr 2022/2023)	= 6,45 Arbeitstage (Urlaubstage)	aufgerundet = **7 Arbeitstage**.

26.2.2.2. Aliquotierung des Urlaubs

Die Aliquotierung des Urlaubs ist grundsätzlich **in nachstehenden Fällen** vorzunehmen:

1. Während der ersten sechs Monate des ersten Arbeitsjahrs.
2. In gesetzlich ausdrücklich angeordneten Fällen[889].
3. Bei Vorliegen eines vereinbarten Karenzurlaubs.

26.2.2.2.1. Während der ersten sechs Monate des ersten Arbeitsjahrs

Der Anspruch auf Urlaub (auf Konsumation des Urlaubs) entsteht in den ersten sechs Monaten des ersten Arbeitsjahrs **im Verhältnis zu der im Arbeitsjahr zurückgelegten Dienstzeit** (§ 2 Abs. 2 UrlG).

Weder das Gesetz noch die Erläuternden Bemerkungen zur Regierungsvorlage enthalten nähere Regelungen, wie der Urlaubsanspruch zu aliquotieren ist. Die nachstehenden Beispiele wurden in Auslegung des Gesetzes (der Anspruch entsteht im Verhältnis zu der im Arbeitsjahr zurückgelegten Dienstzeit) gelöst.

889 Demnach ist eine Aliquotierung des Urlaubs z.B. **nicht vorzunehmen** bei Vorliegen eines Krankenstands (→ 25.) (selbst wenn sich die entgeltfortzahlungslose Zeit über ein ganzes Urlaubsjahr erstrecken sollte).

Beispiel 108

Aliquotierung des Urlaubs während der ersten sechs Monate des ersten Urlaubsjahrs.

Angaben:

- Urlaubsanspruch: 5 Wochen = 30 Werktage (nach 6 Monaten).

Lösung:

Fall	zurückgelegte Dienstzeit	aliquoter Urlaubsanspruch	Erläuterungen
A	17 Kalendertage	30 : 365 (366) × 17 = 1,4 Werktage gerundet = **2** Werktage	365 = Tage/Jahr
B	8 Wochen	30 : 52 × 8 = 4,62 Werktage gerundet = **5** Werktage	52 = Wochen/Jahr
C	1 Monat und 23 Kalendertage	30 : 365 (366) × 53 = 4,36 Werktage gerundet = **5** Werktage	53 = 30 + 23
D	3 Monate	30 : 12 × 3 = 7,5 Werktage gerundet = **8** Werktage	12 = Monate/Jahr

Der aliquote (zu konsumierende) Urlaubsanspruch ist gegebenenfalls analog zu § 14a Abs. 5 AVRAG, § 9 Abs. 1 APSG und § 15f Abs. 2 MSchG (→ 26.2.2.2.2.) **auf ganze Werktage aufzurunden** (vgl. OGH 31.8.1994, 8 ObA 268/94).

Für den Verbrauch des Teilurlaubs gelten die Bestimmungen des § 4 UrlG (→ 26.2.4.).

Wurde der aliquote Urlaubsanspruch **teilweise verbraucht**, gebührt nur mehr der aliquote Resturlaubsanspruch.

26.2.2.2.2. Gesetzlich ausdrücklich angeordnete Fälle

Der Urlaubsanspruch wird durch Zeiten, in denen kein Anspruch auf Entgelt besteht, nicht verkürzt, **sofern gesetzlich nicht ausdrücklich anderes bestimmt wird** (§ 2 Abs. 2 UrlG). Demnach gilt für den Regelfall:

Fallen in ein Urlaubsjahr Zeiten einer/eines

- Bildungskarenz (→ 27.3.1.1.),
- Freistellung gegen Entfall des Arbeitsentgelts wegen einer Familienhospizkarenz (→ 27.1.1.2.),
- Pflegekarenz (→ 27.1.1.3.),
- Karenz aufgrund einer festgestellten Invalidität (→ 27.1.1.4.),
- Präsenz-, Ausbildungs- oder Zivildienstes (→ 27.1.6.),
- Karenz gem. dem MSchG bzw. VKG (→ 27.1.4.),
- Freistellung anlässlich der Geburt eines Kindes (→ 27.1.5.), oder eines
- unbezahlten Urlaubs im Interesse des Arbeitnehmers (→ 27.1.2.)

gebührt nicht der volle, sondern **ein aliquoter Urlaub**. Ergeben sich bei der Aliquotierung Teile von Werktagen, so sind diese auf ganze Werktage aufzurunden (§§ 11 Abs. 2, 14a Abs. 5, 14c Abs. 5, 15b AVRAG, § 9 Abs. 1 APSG, § 15f Abs. 2 MSchG, § 7c VKG, § 1a Abs. 7 VKG).

Fällt jedoch in ein Urlaubsjahr eine **kurzfristige Einberufung**[890] zum Präsenz-, Ausbildungs- oder Zivildienst, so tritt eine Verkürzung des Urlaubsanspruchs nur dann ein, wenn die Zeit dieser Einberufung im Urlaubsjahr 30 Tage übersteigt. Mehrere derartige Einberufungen innerhalb des Urlaubsjahrs sind zusammenzurechnen[891], wobei ebenfalls auf ganze Werktage aufzurunden ist (§ 9 Abs. 2 APSG).

Im Zusammenhang mit einer Karenz gem. dem MSchG ist der Urlaub **dann nicht zu aliquotieren**, wenn dieser **vor Beginn der Schutzfrist konsumiert** wird (OGH 13.1.1988, 9 ObA 502/87). Nachdem sich von dieser Entscheidung kein Recht zum einseitigen Antritt des vollen Urlaubsanspruchs ableiten lässt, kann die Urlaubsaliquotierung dadurch nicht einseitig vereitelt werden. Der Urlaub ist auch **dann nicht zu aliquotieren**, wenn der Arbeitgeber und die Arbeitnehmerin noch **vor der Geburt** des Kindes **vereinbaren**, dass nach der Schutzfrist und vor der Karenz Urlaub verbraucht wird.

Ausnahme: Nach Bekanntgabe des genauen Ausmaßes der Karenz (von … bis …) steht der Urlaub für das laufende Urlaubsjahr nur mehr aliquot zu (OGH 5.7.2001, 8 ObA 151/01s).

Die Aliquotierung ist wie folgt vorzunehmen:

Urlaubsanspruch des gesamten Urlaubsjahrs / 365 (366) Kalendertage	×	Kalendertage des Urlaubsjahrs, nach Abzug der Zeiten einer/eines • Bildungskarenz (→ 27.3.1.1.), • gänzlichen Freistellung wegen einer Familienhospizkarenz (→ 27.1.1.2.), • Pflegekarenz (→ 27.1.1.3.), • Karenz aufgrund einer festgestellten Invalidität (→ 27.1.1.4.), • Präsenz-, Ausbildungs- oder Zivildienstes (→ 27.1.6.), • Karenz gem. dem MSchG bzw. VKG (→ 27.1.4.), • Freistellung anlässlich der Geburt eines Kindes (→ 27.1.5.), oder eines • unbezahlten Urlaubs im Interesse des Arbeitnehmers (→ 27.1.2.).

365 = Anzahl der Tage im Jahr

366 = Anzahl der Tage in einem Schaltjahr

Auf den so ermittelten aliquoten Urlaubsanspruch ist ein ev. verbrauchter Urlaub anzurechnen. Wurde **mehr Urlaub verbraucht**, als sich aliquot ergibt, besteht **kein Rückforderungsrecht**.

890 Lt. EBzRV: Eine Einberufung von kurzer Dauer.

891 Lt. EBzRV: „Ergibt die Summe der kurzen Einberufungen eine 30 Tage übersteigende Zeit, so findet für die ersten 30 Tage keine Aliquotierung statt."

Beispiel 109

Aliquotierung des Urlaubs im Zusammenhang mit einer Karenz gem. dem MSchG.

Angaben:

Eintritt der Arbeitnehmerin: 1.6.2014,
Urlaubsanspruch: 5 Wochen = 30 Werktage,
für das Urlaubsjahr 2021/2022 wurden 10 Werktage konsumiert,
Urlaubsjahr = Arbeitsjahr,

- Beginn der Schutzfrist: 4.9.2021,
- tatsächlicher Entbindungstag: 30.10.2021,
- Ende der Schutzfrist: 25.12.2021,
- Dauer der Karenz: 26.12.2021–29.10.2023.

(→ 27.1.3., → 27.1.4.)

Lösung:

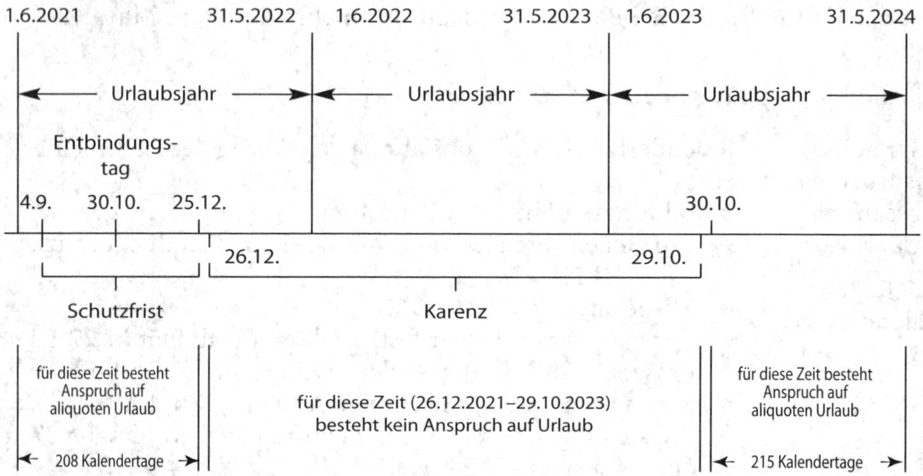

1. Ermittlung des aliquoten Urlaubs für das **Urlaubsjahr 1.6.2021–31.5.2022** (365 KT): Anzahl der Kalendertage (KT) vom 1.6.2021–25.12.2022 = 208 KT

   $$\frac{30 \text{ Werktage}}{365 \text{ KT}} \times 208 \text{ KT} = 17{,}10 \text{ Werktage} \quad \text{aufgerundet} = 18 \text{ Werktage.}$$

   Für dieses Urlaubsjahr beträgt der Anspruch auf aliquoten Urlaub 18 Werktage. Da die Arbeitnehmerin bereits 10 Werktage ihres Gebührenurlaubs verbraucht hat, stehen ihr noch **8 Werktage** Resturlaub zu.
   (Hat die Arbeitnehmerin mehr Werktage in natura konsumiert, dürfen diese Werktage nicht rückverrechnet bzw. nicht als Vorgriff auf künftige Urlaubsansprüche berücksichtigt werden.)
2. Für das **Urlaubsjahr 1.6.2022–31.5.2023** besteht **kein Urlaubsanspruch**.

3. Ermittlung des aliquoten Urlaubs für das **Urlaubsjahr 1.6.2023–31.5.2024** (366 KT):
   a) Die Arbeitnehmerin **tritt den Dienst** nach der Karenz **wieder an**:
   Anzahl der Kalendertage (KT) vom 30.10.2023–31.5.2024 = 215 KT

   $$\frac{30\text{ Werktage}}{366\text{ KT}} \times 215\text{ KT} = 17{,}62\text{ Werktage}$$ aufgerundet = 18 Werktage.

   Für dieses Urlaubsjahr beträgt der Anspruch auf aliquoten Urlaub **18 Werktage.**
   b) Die Arbeitnehmerin **tritt den Dienst** nach der Karenz **nicht an** (Mutterschaftsaustritt gem. § 23a Abs. 3 AngG, → 33.3.1.2.).
   Für dieses Urlaubsjahr beträgt der Urlaubsanspruch **0 Werktage**.
   Der Resturlaub für das Urlaubsjahr 2021/2022 wird in Form einer Ersatzleistung für Urlaubsentgelt für 7,10 (17,10 abzüglich 10) Werktage abgegolten (→ 26.2.9.1.).
   c) Das **Arbeitsverhältnis** wird per 31.12.2023 durch **Arbeitgeberkündigung** beendet. Davor hat die Arbeitnehmerin 10 Werktage (8 Werktage Resturlaub vom Urlaubsjahr 2021/2022 und 2 Werktage vom Urlaubsjahr 2023/2024) konsumiert.
   Anzahl der Kalendertage (KT) vom 30.10.2023–31.12.2023 = 63 KT

   $$\frac{30\text{ Werktage}}{365\text{ KT}} \times 63\text{ KT} = 5{,}18\text{ WT.}$$

   Für dieses Urlaubsjahr beträgt der Anspruch auf Ersatzleistung für Urlaubsentgelt (5,18 abzüglich 2 =) **3,18 Werktage**.

Während entgeltfreier Zeiten aufgrund eines Krankenstands wird der **Urlaubsanspruch** des laufenden Urlaubsjahrs **nicht gekürzt.**

26.2.2.2.3. Vereinbarter Karenzurlaub (unbezahlter Urlaub)

Für Zeiten eines vereinbarten Karenzurlaubs entsteht kein Urlaubsanspruch, sofern die Vereinbarung nicht im Interesse des Arbeitgebers erfolgte. Das Verkürzungsverbot des § 2 Abs. 2 UrlG (→ 26.2.2.2.2.) ist im Zusammenhang mit entgeltfreien Arbeitsverhinderungen zu sehen und gilt daher nicht auch zwingend für einen vereinbarten Karenzurlaub. Wird anschließend an die gesetzliche Elternkarenz (→ 27.1.4.) im Interesse des Arbeitnehmers Karenzurlaub vereinbart, ist die Kürzung des Urlaubsanspruchs zulässig (OGH 29.6.2005, 9 ObA 67/05a).

26.2.2.3. Anspruch auf Urlaub

Der Anspruch auf Urlaub (auf Konsumation des Urlaubs) entsteht

- **in den ersten sechs Monaten** des ersten Arbeitsjahrs im Verhältnis zu der im Arbeitsjahr zurückgelegten Dienstzeit (**aliquoter Anspruch**, → 26.2.2.2.1.),
- **nach sechs Monaten in voller Höhe.**
- **Ab dem zweiten Arbeitsjahr** entsteht der gesamte Urlaubsanspruch **mit Beginn des Arbeitsjahrs** (§ 2 Abs. 2 UrlG).

Alle Zeiten, die der Arbeitnehmer in unmittelbar (lückenlos) vorangegangenen Arbeits (Lehr)verhältnissen **zum selben Arbeitgeber** zurückgelegt hat, gelten für die Erfüllung der Wartezeit (die ersten sechs Monate des ersten Arbeitsjahrs), die Bemessung des Urlaubsausmaßes und die Berechnung des Urlaubsjahrs als **Dienstzeiten** (§ 2 Abs. 3 UrlG).

Beim selben Arbeitgeber zugebrachte Dienstzeiten mit Unterbrechung sind nur in bestimmten Fällen zusammen- bzw. anzurechnen (→ 26.2.3.).

26.2.2.4. Urlaubsjahr

Das Urlaubsjahr ist der Zeitraum, für den dem Arbeitnehmer ein bezahlter Urlaub gebührt. Das UrlG geht vom **Arbeitsjahr** als Urlaubsjahr aus. Durch eine Vordienstzeitenanrechnung (→ 26.2.3.) tritt keine Verschiebung des Urlaubsjahrs ein.

Durch Kollektivvertrag, (fakultative) Betriebsvereinbarung (→ 3.3.5.1.) oder in Betrieben ohne Betriebsrat durch schriftliche Einzelvereinbarung kann anstelle des Arbeitsjahrs das **Kalenderjahr** oder ein **anderer Jahreszeitraum** (z.B. das Geschäftsjahr) als Urlaubsjahr vereinbart werden, wobei vorgesehen werden kann, dass

1. Arbeitnehmer, deren Arbeitsvertrag im **laufenden Urlaubsjahr begründet** wurde und welche die Wartezeit (sechs Monate) zu Beginn des neuen Urlaubsjahrs **noch nicht erfüllt** haben, für jeden begonnenen Monat ein Zwölftel des Jahresurlaubs erhalten; ist die Wartezeit **erfüllt**, gebührt der volle Urlaub;
2. ein **höheres Urlaubsausmaß** erstmals in jenem Kalenderjahr (Jahreszeitraum) gebührt, in das (in den) der überwiegende Teil des Arbeitsjahrs fällt;
3. die Ansprüche der zu Beginn des neuen Urlaubsjahrs mindestens ein Jahr beim selben Arbeitgeber beschäftigten Arbeitnehmer für den **Umstellungszeitraum** gesondert berechnet werden. Umstellungszeitraum ist der Zeitraum
   - vom Beginn des Arbeitsjahrs bis zum Ende des folgenden Kalenderjahrs oder des sonstigen vereinbarten Jahreszeitraums.

   Jedenfalls muss für den Umstellungszeitraum dem Arbeitnehmer
   - ein voller Urlaubsanspruch und
   - ein zusätzlicher aliquoter Anspruch für den Zeitraum vom Beginn des Arbeitsjahrs bis zum Beginn des neuen Urlaubsjahrs (= Rumpfurlaubsjahr) zustehen.

   Auf den Urlaubsanspruch im Umstellungszeitraum ist ein für das Arbeitsjahr vor der Umstellung gebührender und bereits verbrauchter Urlaub anzurechnen (vgl. § 2 Abs. 4 UrlG).

Somit ergibt sich zur Frage der Aliquotierung bei Urlaubsumstellung[892] zusammenfassend folgende Übersicht:

892 Es ist zu beachten, dass die Frage der Aliquotierung des Urlaubs für Rumpfurlaubsjahre wegen Urlaubsumstellung nichts mit der Urlaubsaliquotierung bei Beendigung des Dienstverhältnisses (Ersatzleistung für Urlaubsentgelt, → 26.2.9.) zu tun hat und daher unabhängig von dieser zu beurteilen ist.

Die Urlaubsumstellung erfolgt durch Kollektivvertrag, Betriebsvereinbarung oder (in Betrieben ohne Betriebsrat) durch schriftliche Einzelvereinbarung.		
Der Arbeitnehmer ist im Umstellungszeitpunkt mindestens 1 Jahr beschäftigt.	Der Arbeitnehmer ist im Umstellungszeitpunkt kürzer als 1 Jahr beschäftigt;	
↓ Die Aliquotierung für das Rumpfurlaubsjahr ist zulässig[893].	bis zu 6 Monate beschäftigt. ↓ Die Aliquotierung für das Rumpfurlaubsjahr ist zulässig[893].	länger als 6 Monate beschäftigt. ↓ Die Aliquotierung für das Rumpfurlaubsjahr ist **unzulässig**.

Beispiel 110

Urlaubsanspruch für neu eintretende Dienstnehmer, wenn bereits das Urlaubsjahr das Kalenderjahr ist.

Angaben:

- Der **Dienstnehmer A** ist am 1.3. des laufenden Kalenderjahrs (Urlaubsjahrs) eingetreten.
- Der **Dienstnehmer B** ist am 1.9. des laufenden Kalenderjahrs (Urlaubsjahrs) eingetreten.
- Urlaubsanspruch: 5 Wochen = 30 Werktage (WT) (nach 6 Monaten).
- Der Betrieb ist „betriebsratslos".
- Die Dienstverträge sehen die Aliquotierung des Urlaubs vor.

Lösung:

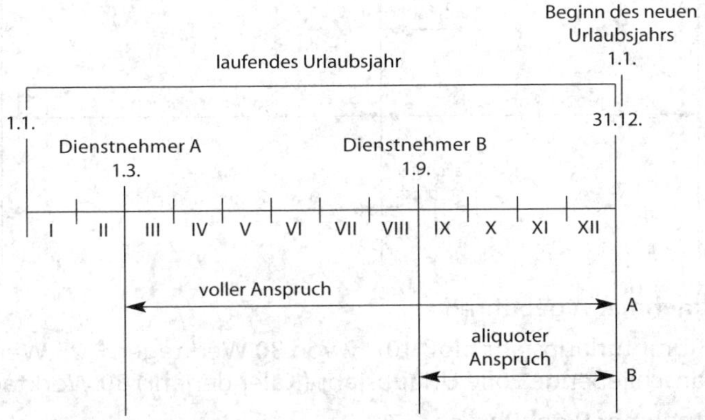

Der **Dienstnehmer A** hat sein Dienstverhältnis im laufenden Urlaubsjahr begründet; da er mit Beginn des neuen Urlaubsjahrs die Wartezeit (6 Monate) erfüllt hat, gebühren ihm 30 Werktage.

Der **Dienstnehmer B** hat sein Dienstverhältnis im laufenden Urlaubsjahr begründet; da er mit Beginn des neuen Urlaubsjahrs die Wartezeit (6 Monate) noch nicht erfüllt hat, gebühren ihm 4/12 von 30 Werktagen = 10 Werktage.

893 Sofern im Kollektivvertrag oder in der Betriebsvereinbarung oder (in Betrieben ohne Betriebsrat) in der schriftlichen Einzelvereinbarung eine Aliquotierung vorgesehen ist.

Beispiel 111

Urlaubsanspruch für bestehende Dienstverhältnisse, bei Umstellung

- von Urlaubsjahr = Arbeitsjahr
- auf Urlaubsjahr = Kalenderjahr.

Angaben:

- Der **Dienstnehmer A** ist am 1.3. vor fünf Jahren,
- der **Dienstnehmer B** ist am 1.9. vor zehn Jahren eingetreten.
- Urlaubsanspruch: 5 Wochen = 30 Werktage.
- Die Betriebsvereinbarung sieht die Aliquotierung des Urlaubs vor.

Lösung:

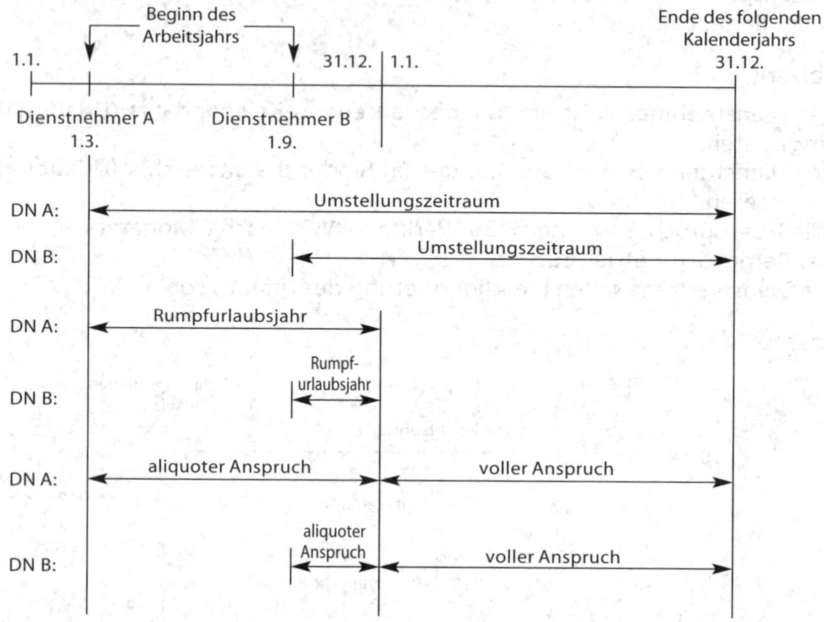

Dem **Dienstnehmer A** gebühren

- für das Rumpfurlaubsjahr bloß 10/12 von 30 Werktagen = 25 Werktage und
- für das anschließende volle Urlaubsjahr (Kalenderjahr) 30 Werktage.

Dem **Dienstnehmer B** gebühren

- für das Rumpfurlaubsjahr bloß 4/12 von 30 Werktagen = 10 Werktage und
- für das anschließende volle Urlaubsjahr (Kalenderjahr) 30 Werktage.

Das **Urlaubsjahr bleibt** in jenen Fällen **aufrecht**, in denen sich unmittelbar an ein (formal) beendetes Arbeitsverhältnis ein neues bzw. ein anderes Arbeitsverhältnis zum selben Arbeitgeber anschließt. Dies gilt z.B. bei

- Übergang eines Lehrverhältnisses in das Arbeiter(Angestellten)verhältnis,
- der Übernahme eines Arbeiters in das Angestelltenverhältnis oder auch bei
- Umstellung auf Teilzeitbeschäftigung.

26.2.3. Anrechnungsbestimmungen

Dienstzeiten sind auch Zeiten des aufrechten Bestands des Arbeits(Lehr)verhältnisses beim selben Arbeitgeber, **die unmittelbar** (lückenlos) **aneinander anschließen** (→ 26.2.2.3.).

Darüber hinaus unterscheidet der Gesetzgeber zwischen:

Zeiten, die **zusammenzurechnen** sind, Ⓐ	und	Zeiten, die **anzurechnen** sind. Ⓑ

Die Zusammenrechnung und Anrechnung ist **nur für das erhöhte Urlaubsausmaß** (→ 26.2.2.1.) relevant.

Ⓐ Eine **Zusammenrechnung** (mit der Zeit des aktuellen Dienstverhältnisses) erfolgt, wenn der Arbeitnehmer beim selben Arbeitgeber hintereinander in mehreren Arbeitsverhältnissen stand, die **keine längeren Unterbrechungen als drei Monate** aufweisen.

Diese Zusammenrechnung (nicht aber die Anrechnung; siehe nachstehend) **unterbleibt** jedoch, wenn die Unterbrechung durch

- eine Kündigung des Arbeitsverhältnisses seitens des Arbeitnehmers oder
- einen vorzeitigen Austritt ohne wichtigen Grund oder
- eine vom Arbeitnehmer verschuldete Entlassung (→ 32.1.)

eingetreten ist (§ 3 Abs. 1 UrlG) (vgl. → 25.2.4.).

Die Zeit der Unterbrechung ist nicht anzurechnen.

Ⓑ Eine **Anrechnung** erfolgt, wenn bestimmte Zeiten in bestimmten Tätigkeiten zurückgelegt wurden. Anrechenbar sind:

1. die in **anderen Arbeitsverhältnissen** oder Heimarbeitsverhältnissen im **Inland** zugebrachte Dienstzeit①, sofern sie mindestens je sechs Monate gedauert hat;
2. die über die Erfüllung der **allgemeinen Schulpflicht**② hinausgehende Zeit eines Studiums an einer **inländischen** allgemein bildenden höheren oder einer berufsbildenden mittleren oder höheren **Schule** oder einer **Akademie**③ i.S.d. Schulorganisationsgesetzes 1962, oder an einer diesen gesetzlich geregelten Schularten vergleichbaren Schule in dem für dieses Studium nach dem schulrechtlichen Vorschriften geltenden Mindestausmaß, höchstens jedoch im Ausmaß von **vier Jahren.**
   Zeiten des Studiums an einer vergleichbaren **ausländischen Schule** sind wie inländische Schulzeiten anzurechnen, wenn das Zeugnis einer solchen ausländischen Schule i.S.d. Europäischen Konvention über die Gleichwertigkeit von Reifezeugnissen oder eines entsprechenden internationalen Abkommens für die Zulassung zu den Universitäten als einem inländischen Reifezeugnis gleichwertig anzusehen ist oder wenn es nach den Bestimmungen des Schulunterrichtsgesetzes über die Nostrifikation (Anerkennung) ausländischer Zeugnisse nostrifiziert werden kann;
3. die gewöhnliche Dauer ④ eines mit Erfolg abgeschlossenen **Hochschulstudiums** bis zum Höchstausmaß von **fünf Jahren**;
4. Zeiten, für die eine **Haftentschädigung** nach dem Opferfürsorgegesetz gebührt;

5. Zeiten der Tätigkeit als **Entwicklungshelfer** für eine gesetzlich anerkannte Entwicklungshilfeorganisation;
6. Zeiten einer im Inland zugebrachten **selbstständigen Erwerbstätigkeit**, sofern sie mindestens je sechs Monate gedauert hat (§ 3 Abs. 2 UrlG).

Zeiten nach Punkt 1, 5 und 6 sind insgesamt nur bis zum Höchstausmaß von **fünf Jahren** anzurechnen. Zeiten nach Punkt 2 sind **darüber hinaus** bis zu einem Höchstausmaß von **weiteren zwei Jahren** anzurechnen (§ 3 Abs. 3 UrlG).

① Diese Voraussetzung ist auch dann erfüllt, wenn die Arbeitsleistung zwar im Ausland erbracht wird, aber das Arbeitsverhältnis dennoch einen Inlandsbezug aufweist, z.B. bei Entsendungen. Weiters muss der gesamte **EWR-(EU-)Raum** als im „Inland" i.S.d. Bestimmung qualifiziert werden. Dies gilt auch schon für EU- bzw. EWR-Bürger, die vor 1994 (dem Inkrafttreten des EWR) im EWR-(EU)-Raum Vordienstzeiten zurückgelegt haben. Grund dafür ist die innerhalb der Union zu gewährleistende Freizügigkeit der Arbeitnehmer (Art. 45 AEUV). Die beschränkte Anrechnung von Vordienstzeiten im Urlaubsgesetz verstößt nicht gegen die Arbeitnehmerfreizügigkeit (EuGH 13.3.2019, C-437/17, Gemeinsamer Betriebsrat EurothermenResort Bad Schallerbach; OGH 29.4.2019, 8 ObA 19/19f).

② Die 9-jährige Schulpflicht wurde ab 1. Juli 1966 für Schüler wirksam, die im Schuljahr 1962/63 erstmals in die fünfte Schulstufe eingetreten sind. Für Personen, die vor diesem Zeitpunkt eine dieser aufgezählten Schulen besucht haben, kann daher die Anrechnung von Schulzeiten bereits ab der vollendeten achten Schulstufe erfolgen.

Die Anrechnung von Schulzeiten ist im Gegensatz zu den Hochschulzeiten nicht von einem erfolgreichen Abschluss abhängig.

③ Anrechenbare Schultypen sind z.B.

a) **Allgemeinbildende höhere Schulen:**
   Gymnasium,
   Realgymnasium,
   Wirtschaftskundliches Realgymnasium,
   Oberstufenrealgymnasium;
   Sonderformen:
   Aufbaugymnasium und Aufbaurealgymnasium,
   Gymnasium und Realgymnasium für Berufstätige,
   Allgemeinbildende höhere Schulen unter besonderer Berücksichtigung der musischen oder der sportlichen Ausbildung,
   Allgemeinbildende höhere Schulen für Körperbehinderte;
b) **Berufsbildende mittlere Schulen:**
   Gewerbliche, technische und kunstgewerbliche Fachschulen,
   Handelsschulen,
   Fachschulen für wirtschaftliche Berufe,
   Fachschulen für Sozialberufe,
   Sonderformen dieser Schularten;
c) **Berufsbildende höhere Schulen:**
   Höhere technische und gewerbliche Lehranstalten,
   Handelsakademien,
   Höhere Lehranstalten für wirtschaftliche Berufe,
   Sonderformen dieser Schularten;

d) **Akademien:**
Akademie für Sozialarbeit,
Berufspädagogische Akademien,
Pädagogische Institute und Berufspädagogische Institute.

④ Die gewöhnliche Dauer ergibt sich aus dem Lehrplan.

Beispielhafte Darstellung des Höchstausmaßes anrechenbarer Zeiten:

Zeiten nach Punkt 1, 5 und 6 in Jahren	Schulzeiten in Jahren	Hochschulzeiten in Jahren	Gesamtanrechnung in Jahren
1	4	–	1 + 4 = 5
2	4	–	2 + 4 = 6
3	4	–	3 + 4 = 7
4	4	–	4 + 3 = 7
5	4	5	5 + 2 + 5 = 12
6	3	4	5 + 2 + 4 = 11
7	3	6	5 + 2 + 5 = 12

Fallen anrechenbare Zeiten zusammen, so sind sie für die Bemessung der Urlaubsdauer nur einmal zu berücksichtigen (§ 3 Abs. 4 UrlG).

Zusammenrechenbare und anrechenbare Zeiten sind – **ohne Geltendmachung durch den Arbeitnehmer – vom Arbeitgeber von sich aus festzustellen**, d.h., dass der Arbeitgeber den Arbeitnehmer nach solchen Zeiten zu befragen hat.

Muster 14

Fragebogen für zusammenrechenbare bzw. anrechenbare Zeiten.

FÜR DIE BEMESSUNG DES URLAUBSAUSMASSES SIND NACHSTEHENDE ZEITEN ZUSAMMEN- BZW. ANZURECHNEN:

Zu berücksichtigende Zeiten	von – bis	Im Ausmaß von			Anzurechnender Höchstanspruch		
		Jahre	Monate	Tage	Jahre	Monate	Tage
(1) Vordienstzeiten beim selben Arbeitgeber							
	–						
(2) 1. Vordienstzeiten bei einem anderen Arbeitgeber (bitte nur im Inland und in einem EWR-(EU-)Staat zugebrachte Dienstzeiten angeben)							
Angabe der Arbeitgeber:	–						
	–						
	–						
	–						
	–						
	–						
	–						
2. Über die Erfüllung der allgemeinen Schulpflicht hinausgehende Schulzeiten							
Bezeichnung der Schulen:	–						
	–						
	–						
	–						
3. Hochschulzeiten							
Bezeichnung der Schulen:	–						
	–						
	–						
4. Zeiten, für welche eine Haftentschädigung gem. Opferfürsorgegesetz gebührt							
	–						
5. Zeiten der Tätigkeit als Entwicklungshelfer							
	–						
6. Zeiten einer im Inland und in einem EWR-(EU-)Staat zugebrachten selbstständigen Erwerbstätigkeit							
	–						
	–						
	–						
SUMME DER ANZURECHNENDEN ZEITEN							

Der stark umrandete Teil wird vom Personalbüro ausgefüllt!

________, am ________________

____

Unterschrift des Dienstnehmers

26.2.4. Verbrauch und Verjährung des Urlaubs

Allgemeines zum Verbrauch des Urlaubs:

Der Zeitpunkt des Urlaubsantritts ist **zwischen dem Arbeitgeber und dem Arbeitnehmer**

- unter **Rücksichtnahme auf die Erfordernisse des Betriebs**[894] und die **Erholungsmöglichkeiten des Arbeitnehmers**[895] zu vereinbaren[896].

Diese Vereinbarung hat so zu erfolgen, dass der Urlaub **möglichst** bis zum Ende des Urlaubsjahrs, in dem der Anspruch entstanden ist, verbraucht werden kann (§ 4 Abs. 1 UrlG).

Urlaub kann somit grundsätzlich **nicht einseitig** angeordnet bzw. in Anspruch genommen werden. Nimmt eine Arbeitnehmerin nach dem Scheitern des Versuchs, eine Urlaubsvereinbarung abzuschließen, den Urlaub trotzdem (einseitig) in Anspruch, ist die Tatsache, dass diese daraufhin nur gekündigt und nicht entlassen wurde, nicht als schlüssige Zustimmung zu ihrem Urlaubsvorgriff zu werten (OGH 30.10.2014, 8 ObA 49/14k).

Unentschuldigtes Fernbleiben vom Arbeitsplatz (ohne Bezahlung) kann nicht als Konsumation von Urlaub angesehen werden (OGH 27.5.2020, 8 ObA 40/20w).

Für Betriebe, in denen ein Betriebsrat errichtet ist, sieht das UrlG ein bestimmtes Verfahren zur Einigung über den Urlaubstermin vor (§ 4 Abs. 4 UrlG). Besteht kein für den Arbeitnehmer zuständiger Betriebsrat, kann der Arbeitnehmer zur Durchsetzung seines Anspruchs nur den Rechtsweg beschreiten und den Arbeitgeber auf Duldung eines bestimmten Urlaubsantritts klagen (OLG Wien 27.4.2006, 7 Ra 36/06z).

Erkrankt ein Arbeitnehmer kurz vor Antritt seines mit dem Arbeitgeber schon vereinbarten Urlaubs, kann der Arbeitnehmer begründet von seiner Urlaubsvereinbarung zurücktreten (OLG Wien, 6.6.2005, 9 Ra 29/05h).

Unter gewissen, im § 4 Abs. 4 UrlG angeführten Voraussetzungen ist die **einseitige Festlegung** und Durchsetzung des Urlaubs durch den Arbeitnehmer **möglich**.

---

894 Bei Beurteilung der Betriebserfordernisse sind u.a. zu berücksichtigen, ob der Betrieb auf Grund des Arbeitsanfalls ordnungsgemäß weitergeführt werden kann und ob die Koordination der Urlaubswünsche der anderen Arbeitnehmer und ein ev. Bedarf wegen sonstiger Ausfälle (z.B. Krankenstände) den Urlaubsverbrauch möglich erscheinen lässt. Die Prüfung hat ex ante zu erfolgen (OGH 25.9.2014, 9 ObA 79/14d).

895 Der Lehre und Rechtsprechung ist zu entnehmen, dass das UrlG dem Arbeitnehmer lediglich die Möglichkeit zur Erholung sichert; es kann und will ihn aber nicht zur Erholung zwingen.
Bei Beurteilung der Erholungsmöglichkeit sind u.a. die Ferienzeit, die Urlaubsmöglichkeit des berufstätigen Partners und die Urlaubspläne zu berücksichtigen.
Die Vereinbarung eines (zusätzlichen) Urlaubsverbrauchs für die Zeit einer vom Arbeitnehmer selbstgewählten **Fortbildung** kann nicht als sittenwidrig angesehen werden, da auch ein Fortbildungsinteresse des Arbeitnehmers beachtlich sein kann (OGH 29.4.2014, 9 ObA 32/14t). Wenn ein Arbeitnehmer jedoch aufgrund einer **Ausbildungsvereinbarung** mit dem Arbeitgeber (mit Anwesenheitsverpflichtung) gerade nicht mehr frei ist, womit er die Urlaubszeit verbringt, fehlt es an dem dem Urlaub immanenten Freiraum, weshalb eine solche Zeit nicht als Urlaub i.S.d. UrlG gewertet werden kann (OGH 29.9.2020, 9 ObA 69/20t). Urlaub soll dem Arbeitnehmer durch den vorübergehenden Entfall der arbeitsrechtlichen Pflichtbindungen nämlich in erster Linie einen Freiraum zur Selbstbestimmung geben, damit er sich erholen kann. Wenn auch der Erholungszweck zu den Charakteristika des Urlaubsanspruchs gehört, bleibt es einem Arbeitnehmer grundsätzlich **unbenommen, in seiner Freizeit auch Tätigkeiten nachzugehen, die nicht primär erholsam sind**. Denn der Erholungszweck wird schon dadurch erreicht, dass **vorübergehend die arbeitsrechtlichen Pflichtbindungen – unter Fortzahlung des Arbeitsentgelts – entfallen** (OGH 27.5.2021, 9 ObA 88/20m).

896 Es ist eine Interessenabwägung vorzunehmen.

Auf Verlangen eines Jugendlichen sind diesem mindestens zwölf Werktage in der Zeit zwischen 15. Juni und 15. September zu gewähren (§ 32 Abs. 2 KJBG).

Im Zusammenhang mit der **notwendigen Pflege** eines erkrankten Kindes, welches das 12. Lebensjahr noch nicht überschritten hat, kann der Arbeitnehmer allerdings seinen **Urlaub ohne vorherige Vereinbarung** mit dem Arbeitgeber antreten (§ 16 Abs. 3 UrlG) (→ 26.3.2.).

Zum einseitigen Urlaubsantritt am **„persönlichen Feiertag"** siehe Ausführungen weiter unten in diesem Punkt.

Die aufgrund der COVID-19-Krise im Kalenderjahr 2020 kurzfristig eingeführte Möglichkeit der einseitigen Anordnung von Urlaubs- und Zeitausgleichsverbrauch durch den Arbeitgeber bei Betretungseinschränkungen bzw. -verboten von Betrieben (§ 1155 Abs. 3 und 4 ABGB) ist mit 31.12.2020 ausgelaufen.

Der Urlaub **kann in zwei Teilen** verbraucht werden, doch muss ein Teil mindestens **sechs Werktage** betragen (§ 4 Abs. 3 UrlG).

Wird entgegen dieser Bestimmung der Urlaub in kleineren Teilen verbraucht, empfiehlt sich nachstehende Niederschrift.

Muster 15

Niederschrift betreffend tageweiser Urlaubskonsumation.

Über **mein ausdrückliches Verlangen**[897] habe ich __________ Werktag(e) des Gebührenurlaubs für das Urlaubsjahr 20../..

am __________/von __________ bis __________ konsumiert.

Mir ist bekannt, dass auf Grund der Bestimmung des Urlaubsgesetzes der Urlaub nur in zwei Teilen verbraucht werden kann, wobei ein Teil mindestens sechs Werktage betragen muss.

Zur Kenntnis genommen und ausdrücklich damit einverstanden:

__________, am __________ ______________________________

Unterschrift des Dienstnehmers

Es gibt Fälle, in denen das Gesetz selbst **geringere Urlaubsteile als sechs Werktage** vorsieht. Dies trifft u.a.

- bei der Aliquotierung des Urlaubs während der ersten sechs Monate des ersten Arbeitsjahrs (→ 26.2.2.2.1.),
- bei der Aliquotierung im Fall einer Bildungskarenz, Pflegekarenz, einer gänzlichen Freistellung wegen einer Familienhospizkarenz, einer Karenz nach dem MSchG bzw. VKG sowie im Fall eines Präsenz-, Ausbildungs- oder Zivildienstes nach dem APSG (→ 26.2.2.2.2.) und
- bei Resturlauben auf Grund des § 5 UrlG (Krankheit unterbricht Urlaub, → 26.2.5.) zu.

897 Ein über Wunsch des Arbeitnehmers erfolgter tageweiser Urlaubsverbrauch wird von der Lehre und Rechtsprechung – obwohl von den gesetzlichen Urlaubsteilungsvorschriften abweichend – unter dem Gesichtspunkt der Günstigkeit akzeptiert. In diesem Fall ist allerdings die Berechnung des Urlaubsanspruchs nicht auf der Grundlage von Werktagen, sondern von tatsächlichen Arbeitstagen vorzunehmen (OGH 24.10.1990, 9 ObA 172/90; OGH 26.9.1992, 9 ObA 213/92).

Einseitiger Urlaubsantritt („persönlicher Feiertag"):

Der Arbeitnehmer kann den **Zeitpunkt des Antritts eines Tages** des ihm zustehenden Urlaubs **einmal pro Urlaubsjahr einseitig** bestimmen (**„persönlicher Feiertag"**). Der Arbeitnehmer hat den Zeitpunkt spätestens **drei Monate im Vorhinein schriftlich** bekannt zu geben (§ 7a Abs. 1 ARG).

Beim persönlichen Feiertag handelt es sich **nicht um einen zusätzlichen Feiertag**, sondern nur um das Recht des Arbeitnehmers, den Zeitpunkt des Antritts eines (bestehenden) Urlaubstages einseitig zu bestimmen. Dieses Recht besteht in gleichem Ausmaß unabhängig davon, ob ein Arbeitnehmer voll- oder teilzeitbeschäftigt ist. Das Recht auf einen persönlichen Feiertag besteht **einmal pro Urlaubsjahr.** Wird in einem Urlaubsjahr kein persönlicher Feiertag in Anspruch genommen, führt dies nicht dazu, dass der Anspruch im nächsten Urlaubsjahr doppelt besteht. Besteht im aktuellen Urlaubsjahr kein offener Urlaubsanspruch mehr, kann auch der persönliche Feiertag in diesem Urlaubsjahr nicht (mehr) in Anspruch genommen werden. Liegen **parallel oder hintereinander** in einem Jahr **mehrere Dienstverhältnisse** (zu mehreren Arbeitgebern oder hintereinander auch zum selben Arbeitgeber) vor, ist es möglich, innerhalb von zwölf Monaten mehrere persönliche Feiertage in Anspruch zu nehmen.

Es steht dem Arbeitnehmer frei, **auf Ersuchen des Arbeitgebers** den bekannt gegebenen Urlaubstag **nicht anzutreten**. In diesem Fall hat der Arbeitnehmer weiterhin Anspruch auf diesen Urlaubstag. Weiters hat er für den bekannt gegebenen (und auf Ersuchen des Arbeitgebers nicht in Anspruch genommenen) Tag außer dem Urlaubsentgelt (→ 26.2.6.) Anspruch auf das für die geleistete Arbeit gebührende Entgelt, insgesamt daher das **doppelte Entgelt**[898], womit das Recht auf den persönlichen Feiertag im laufenden Urlaubsjahr konsumiert ist (§ 7a Abs. 2 ARG).

Das am persönlichen Feiertag bei Arbeit an diesem Tag zusätzlich zu gewährende Urlaubsentgelt kann nicht als Zuschlag (Feiertagszuschlag) gem. § 68 Abs. 1 EStG (→ 18.3.2.2.) eingestuft werden und ist demnach **steuerpflichtig** (LStR 2002 Rz 1144).

Da es sich beim persönlichen Feiertag um einen Urlaubstag handelt, gelten bei **Erkrankung** an einem bereits bekannt gegebenen persönlichen Feiertag die Bestimmungen des Urlaubsgesetzes (→ 26.2.5.).

Die Bestimmung über den persönlichen Feiertag findet sich nicht im Urlaubsgesetz, sondern im Arbeitsruhegesetz[899]. Sie ist jedoch auch für zahlreiche vom Arbeitsruhegesetz ausgenommene Personenkreise anwendbar (→ 17.1.), sodass z.B. auch leitende Angestellte ein Recht auf den persönlichen Feiertag haben (§ 7a Abs. 3 ARG).

---

898 Wird hingegen z.B. am persönlichen Feiertag auf Ersuchen des Arbeitgebers statt der üblichen acht Stunden nur vier Stunden gearbeitet, würde nicht das doppelte Entgelt, sondern insgesamt (mit Urlaubsentgelt und Arbeitsentgelt) 150% des Entgelts zustehen.

899 Die Einführung eines „persönlichen Feiertages" war Reaktion auf eine Entscheidung des Europäischen Gerichtshofs (EuGH 22.1.2019, C-193/17, Cresco Investigation), wonach die Festschreibung des Karfreitags als gesetzlicher Feiertag nur für bestimmte Religionsgemeinschaften eine Diskriminierung aller nicht diesen Religionsgemeinschaften angehörigen Personen darstellte. Gleichzeitig wurde der Karfreitag als Feiertag aus dem Arbeitsruhegesetz gestrichen. Darüber hinaus wurde festgehalten, dass Bestimmungen in Kollektivverträgen, die nur für Arbeitnehmer, die den evangelischen Kirchen AB und HB, der Altkatholischen Kirche oder der Evangelisch-methodistischen Kirche angehören, Sonderregelungen für den Karfreitag vorsehen, unwirksam und künftig unzulässig sind (§ 33a Abs. 28 ARG). Zur Frage, ob diese gesetzliche Aufhebung von kollektivvertraglichen Bestimmungen zulässig ist, *PVInfo* 4/2019, Linde Verlag Wien.

Zeiten, für die kein Urlaub vereinbart werden darf:

Für Zeiträume, während derer ein Arbeitnehmer

- aus einem der in § 2 EFZG genannten Gründe an der Arbeitsleistung verhindert ist (insb. Arbeitsunfähigkeit wegen Krankheit, → 25.),
- Anspruch auf Pflegefreistellung hat oder
- sonst Anspruch auf Entgeltfortzahlung bei Entfall der Arbeitsleistung hat[900],

darf der Urlaubsantritt nicht vereinbart werden, wenn diese Umstände bereits bei Abschluss der Vereinbarung bekannt waren. Geschieht dies dennoch, gilt der Zeitraum der Arbeitsverhinderung nicht als Urlaub (§ 4 Abs. 2 UrlG). Die Urlaubsvereinbarung für diese Zeit ist damit **nichtig**.

Werden die oben angeführten Umstände **erst nach Abschluss der Urlaubsvereinbarung oder nach Urlaubsantritt bekannt,** kommt ein einseitiger Rücktritt von der Urlaubsvereinbarung aufgrund des Vorliegens eines wichtigen Grundes in Frage (siehe dazu weiter nachstehende Ausführungen zum Rücktritt). Dauert der Dienstverhinderungsgrund länger als drei Kalendertage, wird der Urlaub unter Umständen automatisch unterbrochen (→ 26.2.5. mit Ausführungen zur 3-Tages-Frist).

Besteht **keine Entgeltfortzahlungsverpflichtung** des Arbeitgebers (mehr), werden Urlaubsvereinbarungen unseres Erachtens im Regelfall auch während der genannten Zeiten zulässig sein. Beispiele hierfür können z.B. sehr lange Krankenstände ohne Entgeltfortzahlung oder die ausgeschöpfte Entgeltfortzahlung bei persönlichen Dienstverhinderungsgründen sein, im Rahmen derer das Entgelt grundsätzlich nur für eine Woche fortzuzahlen ist (vgl. Punkt 27.1.1.). Denkbar für zulässige Urlaubsvereinbarungen sind auch Sachverhalte, in denen zwar grundsätzlich ein persönlicher Dienstverhinderungsgrund vorliegt, jedoch aufgrund von zumindest grob fahrlässigem Vorgehen des Arbeitnehmers keine Entgeltfortzahlungsverpflichtung des Arbeitgebers besteht (z.B. der Arbeitnehmer reist trotz bestehender Reisewarnung ins Ausland und kann nach Rückkehr aufgrund einer einzuhaltenden „Sicherheitsquarantäne" für 10 Tage den Dienst nicht antreten).

Auch Zeiten einer behördlichen **Absonderung bzw. Quarantäne** (→ 27.1.1.1.3.) mit Entgeltfortzahlungsverpflichtung des Arbeitgebers fallen unseres Erachtens unter diese Bestimmung, sodass eine **Urlaubsvereinbarung** während dieser Zeiten **nicht zulässig** ist[901]. Von einer bereits vor behördlicher Absonderung abgeschlossenen Urlaubsvereinbarung kann nach den allgemeinen Grundsätzen zurückgetreten werden (siehe dazu die Ausführungen weiter nachstehend zum Rücktritt).

---

900 Umfasst sind u.a. die Dienstverhinderungen aus sonstigen wichtigen, in der Person des Arbeitnehmers gelegenen Gründen gem. § 8 Abs. 3 AngG bzw. § 1154b ABGB (→ 27.1.1.), die Freizeit während der Kündigungsfrist („Postensuchtage", → 32.1.4.4.4.), Zeiten eines Präsenz-, Zivil- oder Ausbildungsdienstes (→ 27.1.6.) oder ansonsten arbeitsfreie Feiertage. Nicht umfasst sind Dienstfreistellungen während der Kündigungsfrist, da diese in der Sphäre des Arbeitgebers liegen bzw. auch kein Rechtsanspruch auf diese besteht.

901 Dabei macht es unseres Erachtens grundsätzlich keinen Unterschied, ob es sich um eine Absonderung bzw. Quarantäne im Inland nach den Bestimmungen des Epidemiegesetzes oder außerhalb der Bestimmungen des Epidemiegesetzes bzw. im Ausland handelt. Für Quarantänen außerhalb des Epidemiegesetzes wird der Entgeltfortzahlungsanspruch jedoch nach den Bestimmungen des § 8 Abs. 3 AngG bzw. § 1154b ABGB gemessen (→ 27.1.1.) bzw. bei Vorliegen einer Erkrankung nach den Bestimmungen der Entgeltfortzahlung im Krankenstand (→ 25.), sodass Voraussetzung für eine Entgeltfortzahlung ein mangelndes Verschulden des Arbeitnehmers an der Quarantäne bzw. Erkrankung ist. Ob das Abstellen auf ein mangelndes Verschulden auch im Rahmen des Entgeltfortzahlungsanspruchs nach Epidemiegesetz gilt, ist strittig bzw. nicht höchstgerichtlich geklärt.

Tritt die behördliche Absonderung bzw. Quarantäne **während des Urlaubs** ein, ist zu unterscheiden:

- Bei Absonderungen **im Inland nach dem Epidemiegesetz** wird der Urlaub nach überwiegender Ansicht – aufgrund des Vorrangs des Epidemiegesetzes als „lex specialis" unabhängig von der 3-Tages-Frist (→ 26.2.5.) – jedenfalls unterbrochen (vgl. u.a. auch Coronavirus-FAQ der WKO, abrufbar unter www.wko.at). Das BMA unterscheidet für die Frage einer Rücktrittsmöglichkeit hingegen, ob der Erholungszweck des Urlaubs durch die Absonderung vereitelt wird oder nicht (BMA, Handbuch COVID-19: Urlaub und Entgeltfortzahlung, abrufbar unter www.bma.gv.at). Höchstgerichtliche Rechtsprechung dazu besteht (noch) nicht.
- Bei Absonderungen während eines Urlaubs **im Ausland** bzw. außerhalb des Epidemiegesetzes ist die Frage, ob ein Rücktritt von der Urlaubsvereinbarung möglich ist, nach den allgemeinen Bestimmungen zu lösen (siehe zum Urlaubsrücktritt weiter nachstehend). Liegt ein persönlicher Dienstverhinderungsgrund (ohne Verschulden des Arbeitnehmers) (→ 27.1.1.) bzw. eine Erkrankung (→ 25.) vor, ist ein Rücktritt zumindest bei einer Absonderung von länger als 3 Tagen möglich. Nach Ansicht des BMA ist auch hier zu hinterfragen, ob der Erholungszweck des Urlaubs durch die Absonderung vereitelt wird oder nicht (BMA, Handbuch COVID-19: Urlaub und Entgeltfortzahlung, abrufbar unter www.bma.gv.at).

Ob während der zahlreichen **COVID-19-Freistellungen** (Freistellung für Risikogruppen, → 27.1.1.6., Freistellung für Schwangere, → 27.1.1.7., Sonderbetreuungszeit, → 27.1.1.5.) im Einvernehmen Urlaubsvereinbarungen möglich sind, ist strittig. Während der Dauer eines Anspruchs auf (bezahlte) Sonderbetreuungszeit wird unseres Erachtens keine Urlaubsvereinbarung zulässig sein, da diese Zeiten i.d.R. die Erholungsmöglichkeiten des Arbeitnehmers einschränken bzw. beeinträchtigen[902]. Insbesondere bei langen Freistellungen für Risikogruppen bzw. für Schwangere, während derer sich die betroffenen Personen auch erholen können, spricht unseres Erachtens jedoch vieles für die Zulässigkeit einer Urlaubsvereinbarung, wenn sowohl Arbeitgeber als auch Arbeitnehmer zustimmen. Eine endgültige Klärung dieser Rechtsfrage hat durch die Gerichte zu erfolgen.

Urlaubsverbrauch während einer Dienstfreistellung:

Bei **Dienstfreistellung** während der Kündigungsfrist wird empfohlen, möglichst bereits bei Kündigungsausspruch (bzw. bei Vereinbarung der einvernehmlichen Lösung mit Vorlauffrist) den **Urlaubsverbrauch** mit dem Arbeitnehmer ausdrücklich und nachweislich, gesondert **schriftlich** (nicht im Kündigungsschreiben) zu **vereinbaren**.

Die Festsetzung eines Urlaubsverbrauchs während der Zeit einer Dienstfreistellung bedarf in jedem Fall einer **Vereinbarung** zwischen Arbeitgeber und Arbeitnehmer. **Keinesfalls** kann der Arbeitgeber den Arbeitnehmer **zwingen**, während der Zeit der Dienstfreistellung seinen Urlaub zu verbrauchen (OGH 24.2.2009, 9 ObA 117/08h; OGH 25.6.2015, 8 ObA 48/15i; OGH 28.3.2017, 8 ObA 20/17z).

Eine Dienstfreistellung während der Kündigungsfrist kann somit das Anbot des Arbeitgebers auf Abschluss einer Urlaubsvereinbarung enthalten, sofern die dafür

902 Vgl. demgegenüber jedoch BMA, Richtlinie 1.0 zur Sonderbetreuungszeit – Phase 6, Punkt 7, wonach eine Sonderbetreuungszeit u.a. durch Erholungsurlaub unterbrochen wird.

erforderlichen Voraussetzungen einer zumindest schlüssigen Willenserklärung vorliegen. Das Anbot des Arbeitgebers bedarf der – ebenfalls zumindest schlüssigen – Annahme durch den Arbeitnehmer. Schweigt der Arbeitnehmer, nachdem der Arbeitgeber den Urlaubskonsum während der Dienstfreistellung einseitig angeordnet hat, kann dies nicht als Zustimmung gewertet werden (OGH 25.6.2015, 8 ObA 48/15i).

Muster 16

Urlaubsvereinbarung anlässlich einer Dienstfreistellung.

Wie sich aus der am heutigen Tag ausgesprochenen Kündigung ergibt, endet Ihr Dienstverhältnis mit Ablauf des __________ 20.., wobei Sie für die Dauer der Kündigungsfrist freigestellt werden.

Es wird ausdrücklich vereinbart, dass Ihr noch offener Urlaub im Ausmaß von Urlaubstagen in der Zeit

von __________ bis __________

verbraucht wird.

Für den Fall, dass während dieser Zeit eine Arbeitsunfähigkeit infolge Erkrankung/Unfalls oder eine sofortige Dienstverhinderung eintritt, die dem wirksamen Urlaubsverbrauch entgegensteht, wird ausdrücklich vereinbart, dass der offene Urlaub in der noch verbleibenden Zeit der Dienstfreistellung verbraucht wird.

__________, am __________

Unterschrift des Dienstnehmers	Unterschrift des Dienstgebers

Die Vereinbarung des Urlaubsverbrauchs während einer Dienstfreistellung steht der nachstehenden OGH-Entscheidung nicht entgegen.

Nach Ausspruch der Kündigung durch den Arbeitgeber, verbunden mit einer **Dienstfreistellung**, trifft den Arbeitnehmer grundsätzlich keine Verpflichtung, offene Urlaubsansprüche in einem ihm zumutbaren Ausmaß zu verbrauchen. Der Arbeitnehmer behält daher seinen Anspruch auf Ersatzleistung für Urlaubsentgelt (→ 26.2.9.) auch bei Verweigerung zumutbaren Urlaubskonsums (OGH 26.1.2006, 8 ObA 80/05f).

Ausgenommen davon sind allerdings Fälle einer **missbräuchlichen oder treuwidrigen Urlaubsvereitelung** durch den Arbeitnehmer. Eine solche liegt z.B. vor, wenn der Arbeitnehmer den Urlaubskonsum während einer Dienstfreistellung ablehnt, die Zeit der Dienstfreistellung aber für Zwecke verwendet, die normalerweise einen Urlaubskonsum erfordern (OGH 30.7.2009, 8 ObA 81/08g; vgl. zu dieser Thematik auch OGH 24.3.2021, 9 ObA 21/21k, wonach bei einer knapp fünfmonatigen Dienstfreistellung und letztlich verbliebenen 14 Tagen Resturlaub kein rechtsmissbräuchliches Verhalten erkennbar ist).

Betriebsurlaub:

Da der Urlaubsverbrauch mit jedem Arbeitnehmer einzeln vereinbart werden muss, ist die Vereinbarung eines **Betriebsurlaubs** für alle Arbeitnehmer im Rahmen einer **Betriebsvereinbarung** (→ 3.3.5.) **nicht möglich**. Dem Betriebsrat kommt keine

Zuständigkeit zur Vereinbarung eines Betriebsurlaubs zu. Betriebsinhaber und Betriebsrat können gem. § 97 Abs. 1 Z 10 ArbVG zwar eine fakultative (freiwillige) Betriebsvereinbarung über Grundsätze betreffend den Verbrauch des Erholungsurlaubs abschließen (z.B. Regelung zu Art und Weise der Urlaubsmeldung oder der Urlaubsvereinbarung; Ermöglichung von zumindest Teilurlauben während der Schulferien für Eltern schulpflichtiger Kinder), sie können aber nicht die konkreten Urlaubszeitpunkte einzelner Arbeitnehmer festlegen. Schließen Betriebsinhaber und Betriebsrat dennoch eine Betriebsvereinbarung über den Betriebsurlaub ab, so ist die Vereinbarung **nur dann wirksam**, wenn ihr die einzelnen **Arbeitnehmer zustimmen**.

Vereinbart der Arbeitgeber mit dem Arbeitnehmer über den Zeitraum eines Urlaubsjahrs hinaus (z.B. für die Dauer des gesamten Arbeitsverhältnisses) den Zeitpunkt des Verbrauchs des Erholungsurlaubs (z.B. in Form eines **Betriebsurlaubs**), ist dies nur insofern möglich, als dem Arbeitnehmer zumindest ein „ausreichend großer Teil" (ca. die Hälfte) des Erholungsurlaubs zur freien Disposition verbleiben muss (OGH 5.4.1989, 9 ObA 72/89).

Urlaubsvorgriff:

Der OGH erachtet einen Urlaubsvorgriff auf einen im nächsten Urlaubsjahr entstehenden Urlaubsanspruch als zulässig, sieht darin jedoch – unabhängig von der Beendigung des Dienstverhältnisses – nur dann einen Verbrauch des im folgenden Urlaubsjahr zustehenden Urlaubs, wenn dies **ausdrücklich oder schlüssig vereinbart** wird (OGH 29.1.2015, 9 ObA 135/14i). Erfolgt ein Urlaubsvorgriff ohne eine derartige Vereinbarung, kann der „zu viel" in Anspruch genommene Urlaub nicht auf den Urlaub des Folgejahres angerechnet werden. Neben dem bereits gewährten Urlaubsentgelt (für die Tage des „Urlaubsvorgriffs") steht dem Arbeitnehmer somit der Urlaubsanspruch nochmals bzw. bei Beendigung des Dienstverhältnisses für diese Tage eine Ersatzleistung für Urlaubsentgelt zu. Arbeitgeber sollten daher entweder keine Urlaubsvorgriffe mehr gewähren oder bei jedem Urlaubsvorgriff eine entsprechende Vereinbarung treffen, wonach das künftige Urlaubsguthaben (des nächsten Urlaubsjahrs) um die vorab konsumierten Urlaubstage reduziert wird.

Von der Frage der Zulässigkeit eines Urlaubsvorgriffs ist die Frage der Rückverrechnung von zu viel ausbezahltem Urlaubsentgelt zu unterscheiden.

Wird einem Arbeitnehmer der Verbrauch eines erst im nächsten Urlaubsjahr entstehenden **Urlaubsanspruchs vorgriffsweise** gewährt und wird darüber ordnungsgemäß eine Vereinbarung getroffen, besteht im Fall einer vorzeitigen Beendigung des Dienstverhältnisses grundsätzlich kein Recht zur Rückverrechnung des bereits ausbezahlten Urlaubsentgelts (OGH 22.11.2000, 9 ObA 235/00z). Das Urlaubsgesetz sieht eine Rückerstattung des Urlaubsentgelts für einen über das aliquote Ausmaß hinaus verbrauchten Jahresurlaub nur für bestimmte Beendigungsformen (unberechtigter vorzeitiger Austritt oder verschuldete Entlassung) vor (§ 10 Abs. 1 UrlG). Auch eine Rückzahlungsvereinbarung über den (über den aliquoten Anspruch hinausgehenden) Urlaubsteil ist nach Ansicht des OGH grundsätzlich rechtsunwirksam, da diese dem Urlaubsgesetz widerspricht. Ob eine wirksame Rückzahlungsvereinbarung mittels Vereinbarung von unbezahltem Urlaub getroffen werden kann, ist nicht abschließend geklärt (→ 26.2.9.1.).

Urlaubsverjährung:

Der Urlaubsanspruch **verjährt** (→ 9.6.) **nach Ablauf von zwei Jahren** ab dem Ende des Urlaubsjahrs, in dem er entstanden ist ① ②. Diese Frist **verlängert sich** bei Inanspruchnahme einer Karenz gem. MSchG oder VKG (→ 27.1.4.) um den Zeitraum der **Karenz** (§ 4 Abs. 5 UrlG)③. Es liegt aber im Wesen der Fürsorgepflicht des Arbeitgebers, für den Verbrauch des Urlaubs Sorge zu tragen. Der Arbeitnehmer muss durch den Arbeitgeber angemessen aufgeklärt und in die Lage versetzt sein, den Urlaub zu konsumieren (vgl. EuGH 6.11.2018, C-619/16, Kreuziger; EuGH 6.11.2018, C-684/16, Shimizu; laut OGH kommt diese Judikatur für das österreichische UrlG jedoch nicht zur Anwendung – vgl. OGH 24.4.2020, 8 ObS 2/20g). Bei Umqualifizierung eines freien Dienstverhältnisses (→ 31.7.) in ein echtes Dienstverhältnis kann im Regelfall nur der nicht verjährte Urlaubsanspruch geltend gemacht werden (OGH 29.8.2019, 8 ObA 62/18b).

① Demnach stehen zum Verbrauch des Urlaubs insgesamt drei Jahre zur Verfügung.

Nicht verbrauchte Urlaubsreste können so lange auf weitere Urlaubsjahre übertragen werden, als sie nicht verjährt sind.

Dazu ein **Beispiel**:

- Eintritt: 1.1.2014.
- Es ist noch ein Teil des Urlaubs aus dem Urlaubsjahr 2019 offen. Der Urlaubsanspruch für das Urlaubsjahr 2019 ist per 1.1.2019 entstanden.
- Nach Ablauf dieses Urlaubsjahrs (31.12.2019) begann die 2-jährige Verjährungsfrist ab 1.1.2020 zu laufen. Diese endet am 31.12.2021.
- Am 1.1.2022 ist der Urlaubsanspruch für das Urlaubsjahr 2019 verjährt.

② Aus der Sonderregelung dieses Satzes kann nicht der Schluss gezogen werden, dass Urlaubsansprüche in allen anderen Fällen verjähren. Liegt ein (längerer) Krankenstand vor, wird die Verjährung des Urlaubsanspruchs mit Beginn des Krankenstands infolge Unmöglichkeit der Geltendmachung des Urlaubsanspruchs gehemmt (OGH 27.1.2000, 8 ObS 178/99f).

③ Dazu ein **Beispiel**:

- Eintritt: 1.8.2020,
- Urlaubsjahr = Arbeitsjahr.

Für das Urlaubsjahr 2020/2021 gilt:

- Beginn der Verjährungsfrist: 1.8.2021,
- Ende der Verjährungsfrist: 31.7.2023.

Wird aber in dieser Zeit eine Karenz nach dem MSchG oder VKG im Ausmaß von z.B. 22 Monaten (bis zum vollendeten 2. Lebensjahr des Kindes) in Anspruch genommen, verlängert sich die Verjährungsfrist um 22 Monate, in diesem Fall bis zum 31.5.2025.

Das Urlaubsgesetz sieht **keine** Hemmung der Verjährungsfrist für den Fall vor, bei welchem der Urlaub **betriebsbedingt nicht möglich** war (OGH 17.2.2005, 8 ObS 5/05a).

Wird ein knapp vor der Verjährung stehender Urlaubsanspruch durch den Arbeitgeber anerkannt, beginnt ab der Anerkennung die Verjährungsfrist neu zu laufen.

Mit jedem Urlaubsverbrauch wird zunächst immer der älteste noch offene Urlaub aufgebraucht.

Rücktritt von der Urlaubsvereinbarung:

Eine einseitige Änderung einer einmal getroffenen Urlaubsvereinbarung ist grundsätzlich nicht zulässig. Bei Vorliegen eines **wichtigen, die Aufrechterhaltung der Vereinbarung unzumutbar erscheinen lassenden Grundes** ist jedoch nach allgemeinen zivilrechtlichen Bestimmungen ein einseitiger Rücktritt von der Urlaubsvereinbarung möglich.

Der Arbeitnehmer kann bei Vorliegen seine Person bzw. seine Familie betreffende Gründe, die eine Aufrechterhaltung der Urlaubsvereinbarung in Hinblick auf den **Erholungszweck unzumutbar** erscheinen lassen, von der Urlaubsvereinbarung zurücktreten.

Liegt ein Grund vor, welcher gem. § 4 Abs. 2 UrlG zur Nichtigkeit der Urlaubsvereinbarung führen würde (siehe dazu weiter vorstehend), welcher jedoch zeitlich erst nach Vereinbarung des Urlaubs bekannt wird, ist ein Rücktritt von der Urlaubsvereinbarung möglich[903]. Siehe dazu auch die weiter vorstehenden Ausführungen zu § 4 Abs. 2 UrlG.

Für Arbeitgeber kommt ein Rücktritt von der Urlaubsvereinbarung nur bei Vorliegen **besonders schwerwiegender Gründe** (außerordentliche betriebliche Situationen, die mit wirtschaftlichen Nachteilen verbunden sind) in Betracht. Entstehen dem Arbeitnehmer i.Z.m. einem Rücktritt des Arbeitgebers von einer Urlaubsvereinbarung Kosten, sind diese zu ersetzen (siehe z.B. nachstehend zur Urlaubsstornierung).

Entschädigung für eine Urlaubsstornierung:

Kann der Arbeitnehmer einen vereinbarten, bereits gebuchten Urlaub auf Grund eines von ihm **nicht beeinflussbaren Ereignisses** nicht antreten (da z.B. mehrere Arbeitnehmer erkrankt sind oder ein Großauftrag eingeht) und **übernimmt der Arbeitgeber** im Gegenzug die dem Arbeitnehmer dadurch entstandenen **Stornokosten** für den geplanten Urlaub, gilt abgabenrechtliches Folgendes:

Der Ersatz der Stornokosten durch den Arbeitgeber ist als **steuerpflichtiger Arbeitslohn** zu behandeln. Soweit die Verwehrung des Urlaubs oder der Urlaubsabbruch durch ein vom Arbeitnehmer nicht beeinflussbares Ereignis notwendig wurden, liegen beim Arbeitnehmer im nachgewiesenen Ausmaß (z.B. Stornokosten, durch die Stornierung verursachter Mehraufwand) gleichzeitig **Werbungskosten** vor.

Sind die Zahlungen i.Z.m der Stornierung eines bereits vereinbarten Urlaubs auf Grund eines in der **persönlichen Sphäre des Arbeitgebers** liegenden Ereignisses

903 Fällt ein Krankenstand in einen laufenden Urlaub, sieht § 5 UrlG unter bestimmten Voraussetzungen sogar eine automatische Unterbrechung des Urlaubs vor (→ 26.2.5.). Diese Unterbrechung gilt analog auch für andere in der Sphäre des Arbeitnehmers liegende Dienstverhinderungsgründe, wobei nach herrschender Ansicht diese grundsätzlich ebenfalls länger als drei Kalendertage dauern müssen (Ausnahmen werden eventuell bei wesentlichen Ereignissen wie z.B. bei Tod eines nahen Angehörigen gelten – vgl. *Schrank/Schrank*, UrlG, § 5 Rz 30; höchstgerichtliche Rechtsprechung zu dieser Fragestellung fehlt). Wie der Rücktritt von einer Urlaubsvereinbarung und die Unterbrechung des Urlaubs zueinander stehen, ist in der Literatur umstritten. Tritt der Dienstverhinderungsgrund während des Urlaubskonsums ein, wird man unseres Erachtens davon ausgehen können, dass auch ein Rücktritt grundsätzlich nur nach Ablauf von drei Kalendertagen möglich ist, andernfalls würde die Bestimmung des § 5 UrlG umgangen werden.

(z.B. grob fahrlässig verursachter Unfall durch den Arbeitgeber, weshalb der Arbeitnehmer verletzungsbedingt nicht auf Urlaub fahren kann) zu leisten, liegt eine **nicht steuerbare Schadenersatzleistung** vor.

Eine Behandlung dieser Zahlungen als nicht steuerbare Auslagenersätze gemäß § 26 Z 2 EStG (→ 21.3.) ist nicht möglich, da es sich ursächlich um Aufwendungen des Arbeitnehmers und nicht des Arbeitgebers handelt (LSR 2002 Rz 656a).

In der Sozialversicherung ist der vom Arbeitgeber übernommene Kostenersatz **beitragsfrei**, da es sich bei dieser Vergütung nicht um ein zusätzliches Arbeitsentgelt handelt, sondern um einen Ersatz für den entstandenen Schaden, der dem Arbeitnehmer durch die Wahrnehmung seiner dienstlichen Verpflichtung entstanden ist (DGservice Nr. 4/November 2019).

Vorgaben zum Urlaub in Zeiten der COVID-19-Krise:

Der Arbeitgeber kann dem Arbeitnehmer **keine Vorgaben zum Reiseziel** während des Urlaubs machen. Auch ein Urlaub in gefährdeten Gebieten (z.B. aufgrund einer hohen COVID-19-Ansteckungsrate) kann daher nicht verboten werden. Etwaige daraus erwachsende negative Folgen hat jedoch der Arbeitnehmer zu tragen. Erkrankt er etwa im Rahmen einer Reise in ein gefährdetes Gebiet, wird man von einer groben Fahrlässigkeit des Arbeitnehmers ausgehen müssen, welche zu einem Entfall des Entgeltfortzahlungsanspruchs führt (→ 25.1.2.).

Der Arbeitgeber darf einen Arbeitnehmer aufgrund seiner Fürsorgeverpflichtung anderen Arbeitnehmern gegenüber fragen, ob er den Urlaub in einem Gebiet mit hoher Ansteckungsgefahr verbracht hat (vgl. auch BMA, FAQ: Arbeitsrecht, abrufbar unter www.bma.gv.at).

Zum Verbot der Urlaubsvereinbarung während bestimmter Freistellungszeiten sowie zum Rücktritt von der Urlaubsvereinbarung siehe die Ausführungen weiter vorstehend.

26.2.5. Erkrankung bzw. Pflegefreistellung während des Urlaubs

Erkrankt (verunglückt) ein Arbeitnehmer **während des Urlaubs**[904], ohne dies vorsätzlich oder grob fahrlässig (→ 25.2.3.1.) herbeigeführt zu haben, so werden auf Werktage fallende Tage der Erkrankung, an denen der Arbeitnehmer durch die Erkrankung arbeitsunfähig war, auf das Urlaubsausmaß nicht angerechnet, wenn die Erkrankung **länger als drei Kalendertage** gedauert hat (§ 5 Abs. 1 UrlG).

Beispiel 112

Unterbrechung des Urlaubs durch einen Krankenstand.

Angaben:

- Der Urlaub wird über Arbeitstage (Montag–Freitag) verwaltet.
- Dauer des Urlaubs: 2 Wochen = 10 Arbeitstage.

904 Dies **gilt nicht für Zeitausgleich**. Eine Erkrankung (ein Unglücksfall) während eines vereinbarten Zeitausgleichs hat keine Auswirkung auf diesen, d.h. der Zeitausgleich wird nicht unterbrochen (vgl. OGH 29.5.2013, 9 ObA 11/13b; vgl. auch ÖGK, DGservice Nr. 3/September 2021).

Lösung:

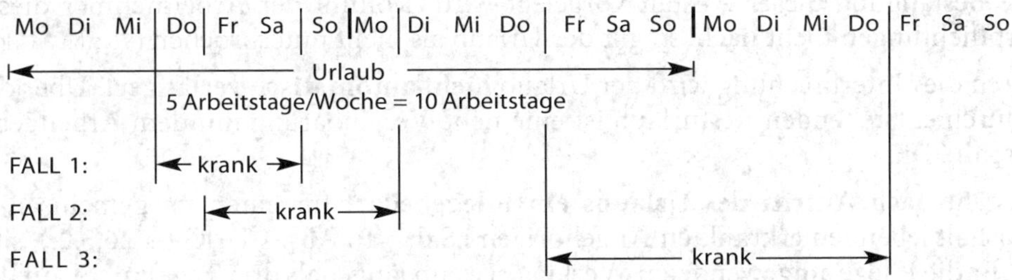

Fall 1: Der Krankenstand dauert drei Kalendertage (Donnerstag bis Samstag); der Urlaubsverbrauch wird nicht gekürzt.

Fall 2: Der Krankenstand dauert vier Kalendertage (Freitag bis Montag); der Urlaubsverbrauch wird um zwei Arbeitstage (Freitag und Montag) gekürzt.

Fall 3: Der Krankenstand dauert sieben Kalendertage (Freitag bis Donnerstag); obwohl nur drei Kalendertage (Freitag bis Sonntag) des Krankenstands in die Zeit des Urlaubs fallen, der Krankenstand aber insgesamt länger als drei Kalendertage gedauert hat, wird der Urlaubsverbrauch um den einen, in der Urlaubszeit liegenden Arbeitstag (Freitag) gekürzt.

Übt ein Arbeitnehmer während seines Urlaubs eine dem Erholungszweck widersprechende **Erwerbstätigkeit** aus, so findet obige Bestimmung keine Anwendung, wenn die Erkrankung (Unglücksfall) mit dieser Erwerbstätigkeit in ursächlichem Zusammenhang steht (§ 5 Abs. 2 UrlG).

Der Arbeitnehmer hat dem Arbeitgeber nach **3-tägiger Krankheitsdauer** die Erkrankung **unverzüglich mitzuteilen**[905]. Ist dies aus Gründen, die nicht vom Arbeitnehmer zu vertreten sind, nicht möglich, so gilt die Mitteilung als rechtzeitig erfolgt, wenn sie unmittelbar nach Wegfall des Hinderungsgrunds nachgeholt wird. Bei Wiederantritt des Dienstes hat der Arbeitnehmer ohne schuldhafte Verzögerung ein **ärztliches Zeugnis oder eine Bestätigung** des zuständigen Krankenversicherungsträgers über **Beginn, Dauer und Ursache** (→ 25.2.8., → 25.3.8.) der Arbeitsunfähigkeit vorzulegen.

Erkrankt der Arbeitnehmer während eines Urlaubs im **Ausland**, so muss dem ärztlichen Zeugnis eine behördliche **Bestätigung**[906] darüber beigefügt werden, dass es von einem zur Ausübung des Arztberufs zugelassenen Arzt ausgestellt wurde[907]. Eine solche behördliche Bestätigung ist nicht erforderlich, wenn die ärztliche Be-

---

905 Aus der Mitteilung muss ersichtlich sein, dass der Arbeitnehmer infolge Krankheit arbeitsunfähig ist. Der bloße Hinweis auf gesundheitliche Probleme ist hierfür unter Umständen nicht ausreichend (OGH 17.5.2018, 9 ObA 43/18s).

906 Diese Bestätigung kann entweder
- von einer zuständigen Behörde des betreffenden Auslandsstaats (z.B. von einer unseren Krankenversicherungsträgern ähnlichen Einrichtung),
- von einer zuständigen ausländischen Behörde in Österreich (z.B. Konsulat, Botschaft) oder
- von einer österreichischen Behörde im betreffenden Auslandsstaat (z.B. Konsulat, Botschaft)

ausgestellt werden.

907 Bei einer im EU-/EWR-Raum und der Schweiz eingetretenen Arbeitsunfähigkeit ist der Arbeitgeber an die vom dort ansässigen Arzt ausgestellte Arbeitsunfähigkeitsbestätigung gebunden. Eine zusätzliche Bestätigung ist entbehrlich (VO (EG) 883/2004i.V.m. VO (EG) 987/2009).

handlung stationär oder ambulant in einer Krankenanstalt erfolgte und hierüber eine Bestätigung dieser Anstalt vorgelegt wird. Kommt der Arbeitnehmer diesen Verpflichtungen nicht nach, so gilt der Urlaub als nicht unterbrochen (§ 5 Abs. 3 UrlG).

Durch die Unterbrechung wird der Urlaub **nicht automatisch verlängert**. Über den dadurch entstehenden Resturlaub ist eine neue Vereinbarung mit dem Arbeitgeber zu schließen.

Entsteht **nach Antritt des Urlaubs ein Pflegebedarf** für einen im gemeinsamen Haushalt lebenden erkrankten Angehörigen i.S.d. § 16 Abs. 1 UrlG (→ 26.3.2.), sind die für die Pflege aufgewendeten Werktage (wenn länger als drei Tage) **nicht** auf den **Erholungsurlaub anzurechnen** (OGH 16.10.2002, 9 ObA 90/02d).

Auch für **andere in der Sphäre des Arbeitnehmers liegende Dienstverhinderungsgründe** ist die Unterbrechungsbestimmung nach herrschender Ansicht analog anwendbar (zur Ausnahme für die Betreuungsfreistellung siehe nachstehend). Nach herrschender Ansicht müssen die Dienstverhinderungsgründe jedoch grundsätzlich ebenfalls länger als drei Kalendertage dauern, damit eine Unterbrechung eintritt[908].

Eine Freistellung wegen der **notwendigen Betreuung** eines Kindes infolge Ausfalls der ständigen Betreuungsperson (→ 26.3.2.) **unterbricht** einen bereits angetretenen **Urlaub nicht** (OGH 15.12.2009, 9 ObA 28/09x).

Erkrankt ein Arbeitnehmer jedoch **vor Antritt** seines mit dem Arbeitgeber bereits vereinbarten Urlaubs, kann der Arbeitnehmer begründet von seiner Urlaubsvereinbarung zurücktreten (OLG Wien, 6.6.2005, 9 Ra 29/05h; zum Rücktritt siehe auch Punkt 26.2.4.)[909].

26.2.6. Urlaubsentgelt

Für die Dauer des Urlaubs erhält der Arbeitnehmer das Urlaubsentgelt. Dieses darf mit dem Urlaubsgeld (Urlaubszuschuss, Urlaubsbeihilfe, → 23.1.) nicht verwechselt werden.

26.2.6.1. Bestimmungen des Urlaubsgesetzes

Der § 6 des UrlG bestimmt dazu:

(1) Während des Urlaubs **behält** der Arbeitnehmer **den Anspruch auf das Entgelt** (→ 9.1.) nach Maßgabe der folgenden Bestimmungen.

(2) Ein nach Wochen, Monaten oder längeren Zeiträumen bemessenes **Entgelt darf** für die Urlaubsdauer **nicht gemindert werden**.

(3) In allen anderen Fällen ist für die Urlaubsdauer das **regelmäßige Entgelt** zu zahlen. Regelmäßiges Entgelt ist jenes Entgelt, das dem Arbeitnehmer gebührt hätte, wenn der Urlaub nicht angetreten worden wäre.

---

908 Ausnahmen werden eventuell bei wesentlichen Ereignissen wie z.B. bei Tod eines nahen Angehörigen gelten – vgl. *Schrank/Schrank*, UrlG, § 5 Rz 30; andere Autoren sprechen sich gegen eine 3-Tages-Frist für die Urlaubsunterbrechung durch sonstige Dienstverhinderungsgründe aus; höchstgerichtliche Rechtsprechung zu dieser Fragestellung fehlt.

909 Tritt der Dienstverhinderungsgrund jedoch erst während des Urlaubskonsums ein, wird man unseres Erachtens davon ausgehen können, dass auch ein Rücktritt vom Vertrag nur nach Ablauf von drei Kalendertagen möglich ist, andernfalls würde die Bestimmung des § 5 UrlG umgangen werden.

(4) Bei **Akkord-, Stück- oder Gedinglöhnen**[910], akkordähnlichen oder sonstigen leistungsbezogenen Prämien oder Entgelten ist das Urlaubsentgelt **nach dem Durchschnitt der letzten dreizehn voll gearbeiteten Wochen** unter Ausscheidung nur ausnahmsweise geleisteter Arbeiten zu berechnen.

(5) Durch Kollektivvertrag i.S.d. § 18 Abs. 4 ArbVG Welche Leistungen des Arbeitgebers als Entgelt nach dem UrlG anzusehen sind bzw. inwieweit die Höhe des Urlaubsentgelts **abweichend** von den Abs. 3 und 4 des § 6 UrlG zu ermitteln ist, kann **nur durch einen Generalkollektivvertrag** (siehe nachstehend) geregelt werden. Beinhaltet ein Branchenkollektivvertrag anders lautende (nicht aber günstigere) Regelungen, verstößt dieser gegen zwingendes Recht (VwGH 24.11.1992, 91/08/0121). kann geregelt werden, welche Leistungen des Arbeitgebers als Urlaubsentgelt anzusehen sind. Die Berechnungsart[911] für die Regelung der Höhe des Urlaubsentgelts kann durch (Branchen-)Kollektivvertrag abweichend von Punkt 3 und 4 geregelt werden.

(6) Das Urlaubsentgelt ist bei Antritt des Urlaubs für die ganze Urlaubsdauer **im Voraus** zu zahlen.

26.2.6.2. Bestimmungen des Generalkollektivvertrags

Der **Generalkollektivvertrag über den Begriff des Entgelts gem. § 6 UrlG** lautet wie folgt:

§ 1 Geltungsbereich

1. Räumlich: Für das Gebiet der Republik Österreich.
2. Fachlich: Für alle Betriebe, für die die Wirtschaftskammern die Kollektivvertragsfähigkeit besitzen.
3. Persönlich: Für alle Arbeitnehmer, die dem Geltungsbereich des ersten Abschnitts des Urlaubsgesetzes unterliegen und in einem Betrieb im obigen Sinn beschäftigt sind.

§ 2 Entgeltbegriff

(1) **Als Entgelt** i.S.d. § 6 UrlG **gelten nicht** Aufwandsentschädigungen sowie jene Sachbezüge und sonstigen Leistungen, welche wegen ihres unmittelbaren Zusammenhangs mit der Erbringung der Arbeitsleistung vom Arbeitnehmer während des Urlaubs gem. § 2 UrlG nicht in Anspruch genommen werden können.

Als derartige Leistungen kommen **insb.** in Betracht:

- Tages- und Nächtigungsgelder (→ 22.1.),
- Trennungsgelder (→ 22.3.1.),
- Entfernungszulagen (→ 22.3.1.),
- Fahrtkostenvergütungen (→ 22.1.),
- freie oder verbilligte Mahlzeiten oder Getränke (→ 21.1.),
- die Beförderung der Arbeitnehmer zwischen Wohnung und Arbeitsstätte auf Kosten des Arbeitgebers sowie
- der teilweise oder gänzliche Ersatz der tatsächlichen Kosten für Fahrten des Arbeitnehmers zwischen Wohnung und Arbeitsstätte (→ 21.1.).

910 Mit „Gedinge“ wird eine Sonderform des Akkords (→ 9.3.3.1.) im Bergbau bezeichnet.
911 Gemeint ist der Durchrechenzeitraum.

(2) **Als Bestandteil des regelmäßigen Entgelts** i.S.d. § 6 UrlG **gelten auch**

- Überstundenpauschalien sowie
- Leistungen für Überstunden, die auf Grund der Arbeitszeiteinteilung zu erbringen gewesen wären, wenn der Urlaub nicht angetreten worden wäre.
- Hat der Arbeitnehmer vor Urlaubsantritt regelmäßig Überstunden geleistet, so sind diese bei der Entgeltbemessung im bisherigen Ausmaß mit zu berücksichtigen, es sei denn, dass sie infolge einer wesentlichen Änderung des Arbeitsanfalls (z.B. wegen Saisonende oder Auslaufen eines Auftrags) nicht oder nur in geringerem Ausmaß zu leisten gewesen wären.

(3) Liegt keine wesentliche Änderung des Arbeitsanfalls i.S.d. Abs. 2 vor und wäre die Leistung von Überstunden durch den Arbeitnehmer während seines Urlaubs nur deshalb nicht möglich, weil der Betrieb bzw. die Abteilung, in der der Arbeitnehmer beschäftigt ist, während dieser Zeit geschlossen wird, so sind die regelmäßig vor Urlaubsantritt geleisteten Überstunden dennoch in das Urlaubsentgelt miteinzubeziehen.

(4) Entgelte in Form von **Provisionen**[912] sind in das Urlaubsentgelt mit dem **Durchschnitt der letzten zwölf Kalendermonate** vor Urlaubsantritt einzubeziehen.

Provisionen für Geschäfte, die ohne unmittelbare Mitwirkung des Arbeitnehmers zu Stande gekommen sind (Direktgeschäfte), sind jedoch in diesen Durchschnitt nur insoweit einzubeziehen, als für während des Urlaubs einlangende Aufträge aus derartigen Geschäften keine Provision gebührt. Diese Regelung gilt sinngemäß für laufend gebührende, provisionsartige Entgelte (z.B. Umsatzprozente, Verkaufsprämien).

(5) Für die Berechnung der in das Urlaubsentgelt einzubeziehenden Überstunden gem. Abs. 2 und der Entgelte gem. Abs. 4 sind die im Zeitpunkt des Inkrafttretens dieses Kollektivvertrags dafür geltenden kollektivvertraglichen Durchschnittszeiträume anzuwenden.

(6) m Übrigen bleiben für die Arbeitnehmer günstigere Regelungen über das Urlaubsentgelt aufrecht.

§ 3 Inkrafttreten

Dieser Kollektivvertrag tritt am 1. März 1978 in Kraft.

26.2.6.3. Diverse Erläuterungen zum Urlaubsentgelt

Durch die besondere Erwähnung der Überstunden und der Provisionsentlohnung im Generalkollektivvertrag entsteht der Eindruck, dass nur diese Entgeltbestandteile in das Urlaubsentgelt einzubeziehen sind. Die beispielhafte Aufzählung möglicher Entlohnungsformen im § 6 Abs. 4 des UrlG und die Verwendung der Worte **„gelten**

912 Gemeint sind **Abschlussprovisionen**; diese sind unmittelbar mit der akquisitorischen Tätigkeit verbunden. Da es während des Urlaubs nicht zum Abschluss neuer Verträge (Geschäfte) kommt, fällt keine Abschlussprovision an. Daher sind diese in das Urlaubsentgelt einzubeziehen.
Folgeprovisionen (Zahlungen, die während der Laufzeit des Versicherungsvertrags regelmäßig jährlich an den Arbeitnehmer geleistet werden) sind, da diese auch während des Urlaubs weitergeleistet werden, nicht in das Urlaubsentgelt einzubeziehen (OGH 22.12.1993, 9 ObA 137/93). Gleiches gilt für Provisionen für **Direktgeschäfte** (Direktprovisionen), somit für solche Geschäfte, die ohne Vermittlungstätigkeit des Arbeitnehmers zu Stande kommen (OGH 17.10.2002, 8 ObA 67/02i).

auch" im § 2 Abs. 2 des Generalkollektivvertrags weisen aber darauf hin, dass **jeder Entgeltbestandteil**, unabhängig von der Art der Bezeichnung, bei Vorliegen der entsprechenden Voraussetzungen **in das Urlaubsentgelt einzubeziehen ist** (→ 45.).

Das UrlG legt zwingend den Anspruch von Arbeitnehmern auf Urlaub in dem im Gesetz genannten Ausmaß (aber auch die Abgeltung nicht verbrauchten Urlaubs bei Beendigung des Arbeitsverhältnisses) fest. Daher ist eine **Vereinbarung**, wonach das Urlaubsentgelt unabhängig vom Verbrauch des Urlaubs mit einem **erhöhten laufenden Entgelt** abgegolten werden soll, **unwirksam**, weil dies gegen den Zweck der Regelungen des UrlG verstößt (OGH 17.2.2005, 8 ObA 20/04f; 26.7.2012, 8 ObA 56/11k).

Aufwandsentschädigungen:

Aufwandsentschädigungen gehören nicht zum Urlaubsentgelt. Dies bestimmt sich nicht nach der für sie gewählten Bezeichnung, sondern allein danach, ob und wie weit sie lediglich der **Abdeckung eines finanziellen Aufwands** des Arbeitnehmers dienen oder (auch) Gegenleistungen für die Bereitstellung seiner Arbeitskraft sind. Nur dann, wenn Leistungen des Arbeitgebers nicht für die Bereitstellung der Arbeitskraft, sondern zur Abdeckung eines mit der Arbeitsleistung zusammenhängenden finanziellen Aufwands des Arbeitnehmers erbracht werden, gelten sie nicht als Entgelt, sondern als Aufwandsentschädigungen. Erreicht eine Aufwandsentschädigung eine Höhe, bei der nicht mehr davon gesprochen werden kann, dass damit der getätigte Aufwand abgegolten wird, bildet diese einen echten Lohnbestandteil und ist demnach als Arbeitsentgelt anzusehen.

Zulagen mit Entgeltcharakter wie z.B. **Erschwernis- und Gefahrenzulagen** oder **Schichtzulagen** sind hingegen einzubeziehen.

Die **Schmutzzulage** ist dann nicht Bestandteil des Urlaubsentgelts und daher nicht einzubeziehen, wenn sie ihrem Wesen nach konkret eine Entschädigung für den durch außerordentliche Verschmutzung zwangsläufig entstehenden Mehraufwand des Arbeitnehmers an Bekleidung (erhöhter Verschleiß) und Reinigung darstellt; wird dem Arbeitnehmer aber die Arbeitskleidung neben der Schmutzzulage kostenlos zur Verfügung gestellt und kostenlos gereinigt, stellt die Schmutzzulage keine Aufwandsentschädigung, sondern einen Entgeltbestandteil dar und ist in das Urlaubsentgelt einzubeziehen.

Ausfallprinzip – Durchschnittsprinzip:

Im § 6 UrlG ist sowohl für die „Zeitlöhne" als auch in den Fällen, in denen es sich nicht um ein nach Wochen, Monaten oder längeren Zeiträumen bemessenes Entgelt handelt, das so genannte „**Ausfallprinzip**" vorgesehen, wonach der Arbeitnehmer während der urlaubsbedingten Nichtarbeitszeit einkommensmäßig so gestellt werden soll, als hätte er die ausgefallene Arbeit tatsächlich erbracht. Er soll daher **weder** einen wirtschaftlichen **Nachteil** erleiden **noch** einen wirtschaftlichen **Vorteil** erringen (VwGH 23.4.2003, 98/08/0287).

Bei der Berechnung des Urlaubsentgelts ist daher **vorerst** immer festzustellen, **welche Arbeitszeit und welches Entgelt** während der Urlaubsdauer angefallen wäre[913].

913 Diese grundsätzliche Maßgeblichkeit des **Ausfallprinzips** gilt allerdings **nicht**, wenn der **Branchenkollektivvertrag** nicht nur allgemein auf die maßgeblichen Normen (UrlG, Generalkollektivvertrag) verweist, sondern die Berechnungsart des Urlaubsentgelts eigenständig nach dem **Durchschnittsprinzip** festlegt (VwGH 11.12.2013, 2011/08/0327).

Eine Berechnung nach dem Durchschnitt (**Ausfallprinzip = Durchschnittsprinzip**) kommt erst dann in Betracht, wenn nicht festgestellt werden kann, welche Leistungen der Arbeitnehmer während der Urlaubsdauer erbracht hätte (OGH 29.6.1988, 9 ObA 141/88).

Lässt sich anhand von **Dienstplänen** usw. feststellen, wieviel z.B. an Überstunden der Arbeitnehmer geleistet hätte, wenn er während des Urlaubs gearbeitet hätte, dann ist **diese Anzahl zu berücksichtigen**. Ist eine solche Feststellung nicht möglich, dann ist eine **Durchschnittsberechnung** vorzunehmen. Üblicherweise sehen die Branchenkollektivverträge hinsichtlich der Berechnungsart (analog zu § 6 Abs. 4 UrlG) häufig einen **13-Wochen-Durchschnitt** bzw. einen **3-Monate-Durchschnitt** vor.

Es lässt sich jedenfalls keine allgemein gültige Antwort auf die Frage geben, welcher Zeitraum für die Berechnung des Entgeltanspruchs nach § 6 UrlG bei wechselnder Höhe des Entgelts oder Änderung des Arbeitsausmaßes maßgebend ist. Grundsätzlich ist von den Umständen des Einzelfalls auszugehen, wobei i.d.R. die Berechnung nach dem Jahresdurchschnitt zu einem einigermaßen befriedigenden Ergebnis führt, weil es sich dabei um einen dem Gedanken der Kontinuität des Entgelts besser entsprechenden Zeitraum handelt (OGH 26.1.1994, 9 ObA 365/93; 25.2.2015, 9 ObA 12/15b).

Innerhalb dieses Durchrechnungszeitraums müssen die in das Urlaubsentgelt einzubeziehenden Entgeltbestandteile aber so verteilt geleistet worden sein, dass ihr **regelmäßiger Charakter** zu erkennen ist. Die Frage, wann Regelmäßigkeit vorliegt (und welcher Durchrechenzeitraum für die Einbeziehung heranzuziehen ist), ist weder im UrlG noch im Generalkollektivvertrag ausdrücklich geregelt. Viele Branchenkollektivverträge enthalten aber zu dieser Frage spezielle Regelungen.

Fehlt hinsichtlich der Regelmäßigkeit eine diesbezügliche Regelung im anzuwendenden Kollektivvertrag, empfiehlt es sich, die Regelmäßigkeit nur dann anzunehmen, wenn in den Wochen (bzw. Monaten) des Durchrechenzeitraums die in Frage kommenden Entgeltbestandteile überwiegend zugeflossen bzw. die darauf entfallende Arbeit überwiegend geleistet worden ist.

Kam es im Durchrechenzeitraum z.B. zu einer Gehalts(Lohn)erhöhung, Erhöhung der Prämien oder Erhöhung der Schmutzzulage, ist der Durchschnitt der Überstunden, Prämien oder der Schmutzzulage auf Basis der neuen (erhöhten) Beträge zu berechnen (**Aktualitätsprinzip**).

Eine Vereinbarung, womit mit dem über den kollektivvertraglichen Mindestsätzen liegenden Teil des Ist-Gehalts auch jene Überstundenentlohnungen abgegolten seien, auf die der Arbeitnehmer während des Urlaubs Anspruch gem. dem Lohnausfallprinzip hat, ist rechtsunwirksam (VwGH 13.5.2009, 2006/08/0226).

Keine Einrechnung (bzw. eine Einrechnung in geringerem Ausmaß) der Entgeltbestandteile ins Urlaubsentgelt erfolgt dann, wenn diese infolge einer wesentlichen Änderung des Arbeitsanfalls (z.B. wegen Saisonende) während des Urlaubs nicht oder nur in geringerem Ausmaß zu leisten gewesen wären.

Durch **Freizeit** abgegoltene **Mehrarbeits- bzw. Überstunden** sind allerdings in das Urlaubsentgelt nicht einzurechnen.

Nur für Akkord-, Stück- oder Gedinglöhnen, akkordähnlichen oder sonstigen leistungsbezogenen Prämien oder Entgelten sieht das UrlG im § 6 Abs. 4 eine Durchschnittsberechnung und einen Durchrechenzeitraum vor. Da es sich dabei um die letzten dreizehn **voll** gearbeiteten Wochen handeln muss, sind Wochen unberücksichtigt zu lassen, in denen der Arbeitnehmer durch Krankheit, Urlaub oder sonstige Fehlzeiten **nicht** gearbeitet hat oder z.B. durch Kurzarbeit **nicht voll** gearbeitet hat. In der Praxis wird gelegentlich statt des dreizehnwöchigen Durchrechenzeitraums ein dreimonatiger Durchrechenzeitraum herangezogen. Wird der Arbeitnehmer dadurch **nicht schlechter** gestellt, kann diese Art der Durchschnittsberechnung durchaus angewendet werden. Auf alle Fälle ist auf diesbezügliche, im anzuwendenden Kollektivvertrag geregelte Bestimmungen zu achten.

Für die Bemessung des Urlaubsentgelts ist die **(volle) Entgelthöhe zum Zeitpunkt des Urlaubsantritts** und nicht zum Zeitpunkt des Entstehens des Urlaubsanspruchs maßgeblich. Auch nicht verbrauchte Urlaubsansprüche aus früheren Jahren sind (soweit noch nicht verjährt) so zu bemessen (OGH 9.6.1993, 9 ObA 101/93).

Bei **Verbrauch** des Urlaubs während des laufenden Urlaubsjahrs

- nach einer **Arbeitszeiterhöhung** (und damit auch nach einer Erhöhung des Entgelts) bzw.
- nach einer **Arbeitszeitreduzierung** (und damit auch nach einer Reduzierung des Entgelts)

gebührt dem Arbeitnehmer das Urlaubsentgelt in der Höhe des Entgelts, das er in dieser Zeit **verdient hätte**, wenn er in dieser Zeit gearbeitet hätte. Auf das Entgelt in früheren Zeiträumen der Entstehung des Urlaubsanspruchs ist nicht abzustellen (OGH 22.7.2014, 9 ObA 20/14b).

Sachleistungen und Entgelt von dritter Seite:

Sachleistungen sind von der Entgeltfortzahlung auszunehmen, wenn diese ihrer Natur nach derart eng und untrennbar mit der Erbringung der aktiven Arbeitsleistung am Arbeitsplatz verbunden sind, dass sie ohne Arbeitsleistung nicht widmungsgemäß konsumiert werden könnten und ihre Weitergewährung während einer Arbeitsverhinderung des Arbeitnehmers nach dem mit ihnen verbundenen Zweck ins Leere ginge. Nichts anderes trifft auch auf **Essensgutscheine** zu, die – ebenso wie eine **freie oder verbilligte Mahlzeit** – widmungsgemäß nur am Arbeitsplatz oder in einer nahen Gaststätte zur dortigen Konsumation eingelöst werden können. Da auch sie in Zeiten der Arbeitsverhinderung den Zweck einer arbeitsökonomischen Nahrungsaufnahme verfehlten und, mangels Arbeitsleistung, keine arbeitsbedingten Mehrkosten der Nahrungsaufnahme außer Haus abgelten könnten, sind sie – vorbehaltlich einer gegenteiligen vertraglichen Vereinbarung – **nicht** in den der Entgeltfortzahlung zu Grunde liegenden Entgeltbegriff **miteinzubeziehen** (OGH 28.2.2011, 9 ObA 121/10z).

Bezüglich anderer Sachbezüge gilt das unter Punkt 20.2. Gesagte.

Vorteile aus **Beteiligungen am Unternehmen** des Arbeitgebers oder mit diesem verbundenen Konzernunternehmen und **Optionen** auf den Erwerb von Arbeitgeberaktien sind **nicht** in die Bemessungsgrundlagen für Entgeltfortzahlungsansprüche **einzubeziehen** (§ 2a AVRAG).

Provisionen von Dritten sind dann in das Urlaubsentgelt einzubeziehen, wenn sie dem Arbeitsentgelt zuzurechnen sind. Dies ist dann der Fall, wenn zwischen dem

Arbeitgeber und dem Arbeitnehmer entsprechende vertragliche Vereinbarungen getroffen wurden oder wenn sich eine Zuordnung der Leistungen aus den sonstigen Umständen ergibt (→ 9.3.10.).

Beispiele 113–115

Ermittlung des Urlaubsentgelts nach dem Ausfallprinzip.

Beispiel 113

Angaben und Lösung:

- Vollzeitbeschäftigter Arbeitnehmer.

FALL A: Auf Grund des Schichtplans wären

- für den Urlaubszeitraum pro Woche 3 Überstunden zu leisten.

Selbst wenn der Arbeitnehmer vor Antritt des Urlaubs regelmäßig 5 Überstunden pro Woche geleistet hat, sind gem. dem Ausfallprinzip **nur 3 Überstunden** pro Woche in das Urlaubsentgelt einzubeziehen.

FALL B: Es besteht

- keine Arbeitszeiteinteilung für den Urlaubszeitraum.

Wenn der Arbeitnehmer vor Antritt des Urlaubs regelmäßig 5 Überstunden pro Woche geleistet hat, sind diese **5 Überstunden** pro Woche in das Urlaubsentgelt einzubeziehen.

Beispiel 114

Angaben und Lösung:

- Teilzeitbeschäftigter Arbeitnehmer (Aushilfe).

FALL A: Ein teilzeitbeschäftigter Arbeitnehmer arbeitet

- jeden Samstag 4 Stunden.

Geht er für 2 Wochen auf Urlaub, ist der Berechnung des Urlaubsentgelts eine Arbeitszeit von **2-mal 4 Stunden** zu Grunde zu legen.

FALL B: Ein teilzeitbeschäftigter Arbeitnehmer arbeitet durchschnittlich

- jeden Freitag 6 Stunden und
- jeden Samstag 4 Stunden.

Geht er für 2 Wochen auf Urlaub, ist der Berechnung des Urlaubsentgelts eine Arbeitszeit von **2-mal 10 (6 + 4) Stunden** zu Grunde zu legen.

Beispiel 115

Angaben und Lösung:

- Urlaubsantritt: 1.8.2022.
- Durchrechenzeitraum: 1.5.–31.7.2022.
- Lohnerhöhung mit Wirkung vom 1.7.2022.
- In diesem Fall ist das **gesamte Urlaubsentgelt anhand des neuen (höheren) Lohns** zu bemessen (**Aktualitätsprinzip**).

Beispiele 116–117

Berechnung des Urlaubsentgelts nach dem Durchschnittsprinzip.

Beispiel 116

Regelmäßiges Entgelt gem. § 6 Abs. 3 UrlG.

Angaben:

- Angestellter,
- Arbeitszeit: Montag–Freitag je 8 Stunden (5 × 8 = 40 Stunden).
- Der Angestellte leistet regelmäßig Überstunden; die Anzahl der geleisteten Überstunden und die Anzahl der geleisteten Normalstunden sind der nachstehenden Skizze zu entnehmen.
- Urlaubsdauer: 18 Werktage (3 Wochen).
- Der Kollektivvertrag bestimmt als Durchrechenzeitraum 13 Wochen.

← Anzahl der Wochen des Durchrechenzeitraums →

	13.	12.	11.²)	10.	9.	8.	7.	6.¹)	5.	4.	3.	2.	1.	
geleistete Normalstunden:	40	40	32	40	40	40	40	16	40	40	40	40	40	← 18 Werktage Urlaub → = 120 Stunden
geleistete Überstunden zu 50%:	5	8	4	8	7	3	5	2	5	8	6	4	6	

¹) In dieser Woche war der Angestellte 3 Arbeitstage krank.
²) In dieser Woche gab es einen Feiertag.

Lösung:

Summe der geleisteten Normalstunden: 488
Summe der geleisteten Überstunden: 71

71 : 488 × 120 = 17,46[914]

In das Urlaubsentgelt sind **17,46 Überstunden** einzubeziehen.

Beispiel 117

Leistungsbezogenes Entgelt gem. § 6 Abs. 4 UrlG.

Angaben:

- Arbeiter,
- Wochenlohn: € 600,00.
- Der Arbeiter erhält eine laufende Leistungsprämie; die Höhe der jeweiligen wöchentlichen Leistungsprämie ist der nachstehenden Skizze zu entnehmen.
- Urlaubsdauer: 18 Werktage (3 Wochen).
- Der Kollektivvertrag bestimmt einen Durchrechenzeitraum von 13 Wochen.

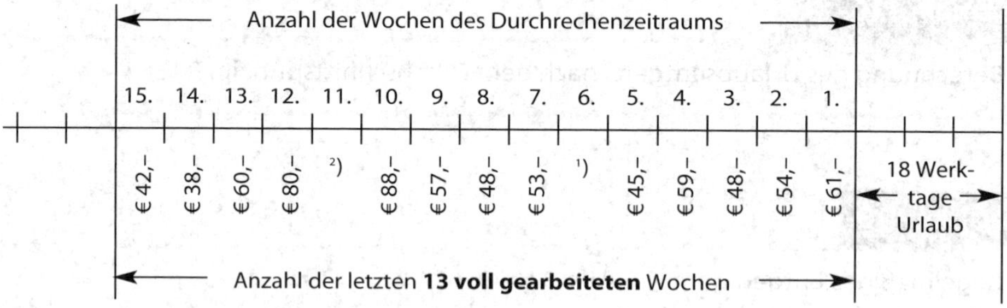

1) In dieser Woche war der Arbeiter 3 Kalendertage krank.
2) In dieser Woche gab es einen Feiertag.

Lösung:

Betrag der laufenden Leistungsprämie für die Zeit der „letzten 13 voll gearbeiteten Wochen“:		€	733,00

Ermittlung der Durchschnittsprämie für 18 Werktage (3 Wochen):

€ 733,00 : 13 : 6 × 18 = € 169,15 — 6 = mögliche Urlaubstage pro Woche

Das dem Arbeiter zustehende Urlaubsentgelt beträgt:

Lohn für 3 Wochen:	€ 600,00 × 3	= €	1.800,00
Prämiendurchschnitt für 3 Wochen		= €	169,15
		€	**1.969,15**

Die in den Vorbeispielen gezeigten Berechnungsarten des Urlaubsentgelts finden auch bei der Ermittlung des Krankenentgelts für Arbeiter (→ 25.2.7.) und des Feiertagsentgelts für Arbeiter und Angestellte (→ 17.1.2.) Anwendung.

914 Für die Ermittlung des für die Zeit der Nichtarbeit zu berücksichtigenden Überstundenentgelts ist das für die Überstunden, die während des Beobachtungszeitraums geleistet worden sind, gebührende Entgelt durch die Zahl der Normalarbeitsstunden, die während der Zeit der tatsächlichen Arbeitstätigkeit im Beobachtungszeitraum angefallen sind, zu teilen. Nur so kann die durchschnittliche Erhöhung des Entgelts durch während der Zeit der tatsächlichen Arbeit regelmäßig geleistete Überstunden ermittelt werden, die entsprechend dem Ausfallprinzip die Grundlage für die Ermittlung des Entgelts für die Zeit der Nichtarbeit bildet (OGH 11.11.1992, 9 ObA 166/92).

26.2.6.4. Abgabenrechtliche Behandlung des Urlaubsentgelts

Das Urlaubsentgelt ist abgabenrechtlich wie ein **normaler laufender Bezug** zu behandeln. Beinhaltet das fortgezahlte Entgelt

- Schmutz-[915], Erschwernis- und Gefahrenzulagen,
- Sonn-, Feiertags- und Nachtarbeitszuschläge,
- Überstundenzuschläge,

sind diese nach Ansicht des BMF **voll abgabenpflichtig**[916] zu behandeln (→ 18.2., → 18.3.4.).

Für die Dauer des Urlaubs sind gegebenenfalls

- das Pendlerpauschale und der Pendlereuro – ev. gedrittelt – (→ 14.2.2.) und
- der Freibetrag lt. Mitteilung gem. § 63 EStG (→ 14.3.)

zu berücksichtigen.

Zusammenfassung:

Das Urlaubsentgelt ist

SV	LSt	DB zum FLAF (→ 37.3.3.3.)	DZ (→ 37.3.4.3.)	KommSt (→ 37.4.1.3.)
pflichtig[917] (als lfd. Bez.)	pflichtig (als lfd. Bez.)	pflichtig[918 919]	pflichtig[918 919]	pflichtig[918]

zu behandeln.

Hinweis: Bedingt durch die unterschiedlichen Bestimmungen des Abgabenrechts ist das Eingehen auf ev. Sonderfälle nicht möglich. Es ist daher erforderlich, die vorstehenden Erläuterungen zu beachten.

915 Siehe dazu Punkt 18.3.4.

916 Während des Urlaubs mit dem laufenden Urlaubsentgelt ausgezahlte **SEG-Zulagen** sind nach Ansicht des BMF steuerpflichtig, weil während dieser Zeit keine Arbeitsleistungen unter den im Gesetz genannten Voraussetzungen erbracht werden. Es bestehen keine Bedenken, wenn zur Berücksichtigung der **Urlaubszeit** die Steuerfreiheit für elf von zwölf Kalendermonaten gewährt wird (LStR 2002, Rz 1132).
Der VwGH hat allerdings bezugnehmend auf den Kollektivvertrag für das **Rauchfangkehrergewerbe** und der darin geregelten **Schmutzzulage** wie folgt judiziert: Des pauschalen und nicht zeitraumbezogenen Charakters der Schmutzzulage wegen kann deren **Steuerfreiheit** bei der Fortzahlung während des Urlaubs angenommen werden, da der Gesetzgeber – anders als bei der **Beitragsfreiheit** der Schmutzzulage bei Arbeitsunfähigkeit infolge Krankheit – die Steuerfreiheit während des Urlaubs als nicht gesondert regelungsbedürftig erachtet hat (VwGH 7.5.2008, 2006/08/0225; vgl. dazu auch BFG 25.10.2017, RV/7101571/2017 sowie BFG 11.5.2021, RV/7102199/2012 – Amtsrevision beim VwGH eingebracht).

917 Das beitragspflichtige Entgelt für Nichtleistungszeiten ist grundsätzlich jenem Beitragszeitraum zuzuordnen, in welchem der Dienstnehmer den Urlaub, für den er die Vergütung erhält, konsumiert hat, weshalb sich eine **pauschale „Jahresbetrachtung“** und Zuweisung der Entgelte für das gesamte Jahr jeweils zum Beitragsmonat Dezember als **rechtswidrig** erweist (VwGH 11.12.2013, 2011/08/0327).

918 Ausgenommen davon ist das Urlaubsentgelt der begünstigten behinderten Dienstnehmer und der begünstigten behinderten Lehrlinge i.S.d. BEinstG (→ 29.2.1.).

919 Ausgenommen davon ist das Urlaubsentgelt der Dienstnehmer (Personen) nach Vollendung des 60. Lebensjahrs (→ 31.11.).

26.2.7. Urlaubsablöse

26.2.7.1. Arbeitsrechtliche Bestimmungen

Urlaub ist Freistellung von der Arbeit unter Fortzahlung des Entgelts. Eine Urlaubsablöse (in Geld oder sonstigen vermögenswerten Leistungen) ist kein Urlaub im Rechtssinn des UrlG, da eine Komponente, nämlich die Freistellung, nicht gegeben ist. Folglich sind diesbezügliche Vereinbarungen gem. § 7 UrlG **bei aufrechtem Arbeitsverhältnis rechtsunwirksam (nichtig)**.

Gleiches gilt auch für eine aus Anlass einer/eines

- Schutzfrist (→ 27.1.3.),
- Karenz nach dem MSchG oder dem VKG (→ 27.1.4.1., → 27.1.4.2.),
- Präsenz-, Zivil- oder Ausbildungsdienstes (→ 27.1.5.),
- Bildungskarenz (→ 27.3.1.1.),
- Pflegekarenz (→ 27.1.1.3.),
- gänzlichen Freistellung wegen einer Familienhospizkarenz (→ 27.1.1.2.) oder
- Karenz aufgrund einer festgestellten Invalidität (→ 27.1.1.4.)

vereinbarte Urlaubsablöse, da diese Unterbrechungsfälle nur zu einem Ruhen der Hauptpflichten des Arbeitsverhältnisses führen, jedoch das Arbeitsverhältnis weiter aufrecht bestehen bleibt.

Auch bei einer **Änderungskündigung und Weiterbeschäftigung** (→ 32.1.4.4.5.) beim selben Arbeitgeber ist eine allfällige Zahlung für noch offenen Urlaub als Urlaubsablöse zu werten.

Wurde eine (schriftliche) Vereinbarung über die Geldablöse des Urlaubs getroffen, ergeben sich **nachstehende Konsequenzen**:

- Der Arbeitnehmer hat trotz der Vereinbarung Anspruch auf seinen bezahlten Urlaub.
- Der Arbeitnehmer kann daher auf den Urlaubsverbrauch in natura bestehen oder bei Beendigung des Arbeitsverhältnisses die Zahlung einer Ersatzleistung für Urlaubsentgelt (→ 26.2.9.) für den offenen und nicht verjährten Urlaub verlangen.
- Macht der Arbeitnehmer die Nichtigkeit der Vereinbarung geltend, ist der Arbeitgeber berechtigt, die Urlaubsablöse vom Arbeitnehmer zurückzufordern, etwa indem er diese auf den Anspruch des Arbeitnehmers auf Urlaubsentgelt oder Ersatzleistung für Urlaubsentgelt anrechnet.
- Nach Ablauf der Verjährungsfrist können jedoch die beiderseitigen Ansprüche nicht mehr im Klageweg durchgesetzt werden, insb. kann der Arbeitnehmer nicht mehr zur Rückerstattung einer Urlaubsablöse gezwungen werden.

Da der Arbeitgeber gem. § 8 UrlG verpflichtet ist, Aufzeichnungen über den Zeitpunkt des Urlaubsantritts, die Höhe des Urlaubsentgelts, die angerechneten Vordienstzeiten und die Dauer des dem Arbeitnehmer zustehenden Urlaubs zu führen (→ 26.2.8.), sind Vereinbarungen betreffend Urlaubsablöse außerdem sehr **risikoreich** und es ist von derartigen Zahlungen eher abzuraten.

Da die Zahlung einer Urlaubsablöse verboten bzw. Vereinbarungen darüber rechtsunwirksam (nichtig) sind, gibt es keine Bestimmungen darüber, wie diese zu berechnen bzw. abzurechnen ist.

In der Praxis wird als **Urlaubsablöse der Betrag des Urlaubsentgelts** (nach überwiegender Rechtsansicht inkl. Sonderzahlungen) für die Anzahl der abzulösenden Werktage/Arbeitstage gewährt.

Als Ausnahme vom Urlaubsablöseverbot sieht § 10 UrlG selbst Geldansprüche vor, die zu leisten sind, wenn eine Naturalkonsumation nicht möglich war, nämlich die **Ersatzleistung für Urlaubsentgelt**, doch kommt diese **nur im Zuge der Beendigung** des Arbeitsverhältnisses in Betracht (→ 26.2.9.).

Muster 17

Vereinbarung einer Urlaubsablöse.

Über **mein ausdrückliches Verlangen** habe ich für __________ Werktage

meines Gebührenurlaubs für das Urlaubsjahr 20 ../..

€ __________ brutto als Geldablöse erhalten.

Mir ist bekannt, dass Vereinbarungen zwischen Dienstgeber und Dienstnehmer, die für den Nichtverbrauch des Urlaubs Geld oder sonstige vermögenswerte Leistungen des Dienstgebers vorsehen, gem. den Bestimmungen des Urlaubsgesetzes rechtsunwirksam sind.

Sollte ich diese in Geld abgelösten __________ Werktage als im Sinn des Urlaubsgesetzes noch nicht verbrauchte Werktage nochmals in natura geltend machen, wird mir diese Urlaubsablöse auf das Urlaubsentgelt dieser Werktage angerechnet.

Zur Kenntnis genommen und ausdrücklich damit einverstanden:

__________, am __________ ______________________________

Unterschrift des Dienstnehmers

26.2.7.2. Abgabenrechtliche Behandlung der Urlaubsablöse

26.2.7.2.1. Sozialversicherung

Die Urlaubsablöse ist wegen der einmaligen bzw. unregelmäßigen Auszahlung als Einmalprämie (→ 23.3.1.1.) zu behandeln.

Aus der Sicht der Sozialversicherung ist **ab dem Ausspruch einer Kündigung** eine Urlaubsablöse nicht mehr möglich bzw. wird sie vom Krankenversicherungsträger als solche nicht mehr anerkannt, weil dieser darin eine Umgehung der Ersatzleistung für Urlaubsentgelt (→ 26.2.9.) und der damit verbundenen Verlängerung der Pflichtversicherung sieht (→ 34.7.1.1.) (Öö. GKK, DG-Info Nr. 133/1996). In diesem Fall wird diese Zahlung als Ersatzleistung für Urlaubsentgelt gewertet.

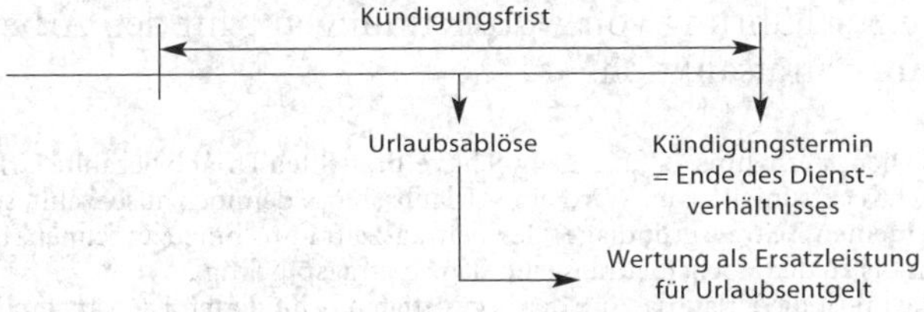

Darüber hinaus sollte darauf geachtet werden, dass es durch Urlaubsablösen nicht zu einer Überschreitung der Höchstbeitragsgrundlage kommt.

26.2.7.2.2. Lohnsteuer

Die Urlaubsablöse ist als sonstiger Bezug gem. § 67 Abs. 1 und 2 EStG (→ 23.3.2.) zu versteuern.

Auch aus der Sicht der Finanzverwaltung wird womöglich die Urlaubsablöse als Ersatzleistung für Urlaubsentgelt (→ 26.2.9.) gewertet, falls **knapp vor Ende des Dienstverhältnisses** eine derartige Zahlung erfolgt, weil diese darin eine Umgehung von steuerlichen Vorschriften im Zusammenhang mit einer sittenwidrigen zivilrechtlichen Vereinbarung sieht.

Zusammenfassung:

Die Urlaubsablöse ist

SV	LSt	DB zum FLAF (→ 37.3.3.3.)	DZ (→ 37.3.4.3.)	KommSt (→ 37.4.1.3.)
pflichtig (als lfd. Bez.[920])	frei/pflichtig (als sonst. Bez., → 23.5.)	pflichtig[921] [922]	pflichtig[921] [922]	pflichtig[921]

zu behandeln.

Hinweis: Bedingt durch die unterschiedlichen Bestimmungen des Abgabenrechts ist das Eingehen auf ev. Sonderfälle nicht möglich. Es ist daher erforderlich, die jeweiligen Erläuterungen zu beachten.

26.2.8. Aufzeichnungen

Der Arbeitgeber hat Aufzeichnungen zu führen, aus denen hervorgeht:

1. Der Zeitpunkt des Dienstantritts des Arbeitnehmers, die angerechneten Dienstzeiten und die Dauer des dem Arbeitnehmer zustehenden bezahlten Urlaubs;
2. die Zeit, in welcher der Arbeitnehmer seinen bezahlten Urlaub genommen hat;
3. das Entgelt, das der Arbeitnehmer für die Dauer des bezahlten Urlaubs erhalten hat, und der Zeitpunkt der Auszahlung;
4. wenn das Urlaubsjahr nicht nach dem Arbeitsjahr berechnet wird, der Zeitpunkt, ab dem die Umstellung gilt, und die Norm, auf Grund der die Umstellung erfolgt ist, sowie das Ausmaß der dem Arbeitnehmer für den Umstellungszeitraum gebührenden Urlaubsansprüche und der Zeitraum, in dem dieser Urlaub verbraucht wurde (§ 8 Abs. 1 UrlG).

Die obige Verpflichtung ist auch dann erfüllt, wenn diese Angaben aus Aufzeichnungen hervorgehen, die der Arbeitgeber zum Nachweis der Erfüllung anderer Verpflichtungen führt (§ 8 Abs. 2 UrlG).

Die Verpflichtung zur Führung von Aufzeichnungen trifft den Arbeitgeber und steht gem. § 13 UrlG unter Strafsanktion.

---

920 Die während des Dienstverhältnisses für einen nicht verbrauchten Urlaub bezahlte Urlaubsablöse ist gem. § 7 UrlG grundsätzlich rechtsunwirksam. Wird eine Urlaubsablöse dennoch ausbezahlt, so ist sie dem laufenden Entgelt (der allgemeinen Beitragsgrundlage) des Beitragszeitraums hinzuzurechnen, in dem die Auszahlung erfolgt, und somit bis zu der Höchstbeitragsgrundlage beitragspflichtig.

921 Ausgenommen davon ist die Urlaubsablöse der begünstigten behinderten Dienstnehmer und der begünstigten behinderten Lehrlinge i.S.d. BEinstG (→ 29.2.1.).

922 Ausgenommen davon ist die Urlaubsablöse der Dienstnehmer (Personen) nach Vollendung des 60. Lebensjahrs (→ 31.11.).

In diese Aufzeichnungen kann

- der einzelne Arbeitnehmer,
- der Betriebsrat (§ 89 Z 1 ArbVG) (→ 11.7.1.),
- der Arbeitsinspektor (§ 3 Abs. 1 Z 5 ArbIG) (→ 16.1.) und
- der Lohnabgaben-Prüfer (§ 42 Abs. 1 ASVG) (→ 34.7.1.1.)

Einsicht nehmen.

Den Beweis über die Konsumation eines Urlaubs hat der Arbeitgeber anzutreten (OGH 31.5.1983, 4 Ob 53/83).

26.2.9. Ersatzleistung für Urlaubsentgelt, Erstattung von Urlaubsentgelt

26.2.9.1. Ersatzleistungs- und Erstattungstatbestände, Berechnung

Dem Arbeitnehmer gebührt für das Urlaubsjahr, in dem das Arbeitsverhältnis endet, zum **Zeitpunkt der Beendigung** des Arbeitsverhältnisses

- eine **Ersatzleistung** als Abgeltung für den der **Dauer der Dienstzeit** in diesem Urlaubsjahr **im Verhältnis zum gesamten Urlaubsjahr** entsprechenden Urlaub.

Bereits **verbrauchter Jahresurlaub** ist auf das aliquote Urlaubsausmaß **anzurechnen**. Urlaubsentgelt für einen über das aliquote Ausmaß hinaus verbrauchten Jahresurlaub ist **nicht rückzuerstatten, außer bei** Beendigung des Arbeitsverhältnisses durch

1. unberechtigten vorzeitigen Austritt (→ 32.1.6.2.) oder
2. verschuldete Entlassung (→ 32.1.5.2.)[923].

Der Erstattungsbetrag hat dem für den zu viel verbrauchten Urlaub zum **Zeitpunkt des Urlaubsverbrauchs** erhaltenen Urlaubsentgelt **zu entsprechen** (§ 10 Abs. 1 UrlG).

Eine **Ersatzleistung für Urlaubsentgelt gebührt nach den Bestimmungen des UrlG nicht**, wenn der Arbeitnehmer ohne wichtigen Grund (unberechtigt) vorzeitig austritt (§ 10 Abs. 2 UrlG), wobei dies nur für offenen Urlaub des **laufenden Urlaubsjahrs** gilt. Diese Bestimmung des UrlG ist jedoch nach der Rechtsprechung des EuGH **unionsrechtswidrig**, sodass Arbeitnehmern auch bei unberechtigtem vorzeitigem Austritt ein Anspruch auf Urlaubsersatzleistung zusteht (EuGH 25.11.2021, C-233/20, WD gegen job-medium GmbH)[924].

Für nicht verbrauchten Urlaub aus **vorangegangenen Urlaubsjahren** gebührt jedenfalls an Stelle des noch ausständigen Urlaubsentgelts eine **Ersatzleistung in vollem Ausmaß** des noch ausständigen Urlaubsentgelts, soweit der Urlaubsanspruch noch nicht verjährt ist (→ 26.2.4.) (§ 10 Abs. 3 UrlG).

923 Nicht aber bei begründeter Entlassung **ohne Verschulden** des Arbeitnehmers (z.B. wegen Arbeitsunfähigkeit).

924 § 10 Abs. 2 UrlG sollte daher unangewendet bleiben.

Bei jeder Art der Beendigung eines Arbeitsverhältnisses sind somit nachstehende Schritte nötig:

1. Schritt:	Die Berechnung des **aliquoten Urlaubsanspruchs für das Austrittsjahr** ist vorzunehmen (siehe nachstehend).
2. Schritt:	Es ist festzustellen, ob • Resturlaub oder • Urlaubsüberhang gegeben ist: aliquoter Urlaubsanspruch – bereits verbrauchter Urlaub = Ergebnis

Folgende Ergebnisse sind möglich:

1. Der aliquote Urlaubsanspruch und der verbrauchte Urlaub sind **gleich hoch**: Es kommt zu **keiner Ersatzleistung** und zu **keiner Erstattung**.
2. Der aliquote Urlaubsanspruch ist **höher** als der verbrauchte Urlaub: Es kommt zu einer **Auszahlung der Ersatzleistung** (siehe nachstehend); nach den Bestimmungen des UrlG **nicht aber** bei
   - unberechtigtem vorzeitigem Austritt. Diese Regelung ist nach der Rechtsprechung des EuGH jedoch unionsrechtswidrig und daher unanwendbar.
3. Der aliquote Urlaubsanspruch ist **niedriger** als der verbrauchte Urlaub: Es kommt zu einer **Erstattung** (Rückverrechnung) **von Urlaubsentgelt**; dies allerdings **ausschließlich bei**
   - unberechtigtem vorzeitigem Austritt oder bei
   - verschuldeter Entlassung.

Das Ausmaß der Ersatzleistung entspricht dem **Urlaubsentgelt** (→ 26.2.6.) **zum Zeitpunkt der Beendigung** des Arbeitsverhältnisses (**Aktualitätsprinzip**) für den der Dauer des Arbeitsverhältnisses im Urlaubsjahr aliquotierten Urlaubsanspruch. Allenfalls verbrauchter Jahresurlaub ist von diesem Urlaubsausmaß abzuziehen.

Die Berechnung des aliquoten Urlaubsanspruchs ist wie folgt vorzunehmen:

$$\frac{\text{Voller Urlaubsanspruch/Jahr}}{\text{12 Monate}} \times \text{Anzahl der im Urlaubsjahr zurückgelegten Monate} = \text{aliquoter Urlaubsanspruch}$$

oder

$$\frac{\text{Voller Urlaubsanspruch/Jahr}}{\text{52 Wochen}} \times \text{Anzahl der im Urlaubsjahr zurückgelegten Wochen} = \text{aliquoter Urlaubsanspruch}$$

oder
(im Regelfall)

$$\frac{\text{Voller Urlaubsanspruch/Jahr}}{\text{365 (366) Kalendertage}} \times \text{Anzahl der im Urlaubsjahr zurückgelegten Kalendertage} = \text{aliquoter Urlaubsanspruch}$$

365 = Anzahl der Tage im Jahr
366 = Anzahl der Tage in einem Schaltjahr

Bruchteile von Urlaubstagen sind **lt. den EbzRV** kaufmännisch auf- bzw. abzurunden[925].

925 Ein überwiegender Teil der Lehrmeinungen und erstinstanzliche Urteile gehen allerdings davon aus, dass ein **kaufmännisches Runden nicht vorzunehmen** ist: Da in § 10 Abs. 1 UrlG **keine Rundungsregelung** bei der

Die Ersatzleistung für Urlaubsentgelt setzt sich zusammen aus

1. den regelmäßig **wiederkehrenden Bezügen** (Gehalt, Lohn, Überstunden, Prämien, Sachbezüge[926] usw., nicht jedoch z.B. Aufwandsentschädigungen), *lfd. Bezug*[927]
2. den aliquoten Anteilen an **Remunerationen** (Urlaubsbeihilfe + Weihnachtsremuneration),
3. den aliquoten Anteilen allfälliger **sonstiger** jährlich zur Auszahlung gelangender **Zuwendungen** (z.B. Bilanzgeld, Provisionen, Gewinnbeteiligungen).

Sonderzahlungen[928] (2. und 3.)

Das Ausmaß der Ersatzleistung entspricht grundsätzlich dem **Urlaubsentgelt** (→ 26.2.6.) **zum Zeitpunkt der Beendigung** des Arbeitsverhältnisses (**Aktualitätsprinzip**) für den der Dauer des Arbeitsverhältnisses im Urlaubsjahr aliquotierten (noch offenen) Urlaubsanspruch. Zu den Ausnahmen davon siehe nachstehende Ausführungen.

Bei **Bezügen in wechselnder Höhe** (Überstunden, Prämien usw.) ist, wie bei der Bezugsermittlung für den Naturalurlaub, i.S.d. Ausfall- bzw. des Durchschnittsprinzips vorzugehen.

Anders als bei der Bemessung des Urlaubsentgelts (→ 26.2.6.) kommt es bei der Bemessung der Urlaubsersatzleistung nach Rechtsprechung des VwGH jedoch **nicht** auf einen fiktiven Arbeitsverlauf bzw. **Zeitpunkt nach Beendigung des Arbeitsverhältnisses** an. Aus diesem Grund sind im Rahmen der Berechnung der Urlaubs-

---

Berechnung der Ersatzleistung für Urlaubsentgelt eines Arbeitnehmers bei Beendigung seines Dienstverhältnisses **vorgesehen** ist und eine solche auch zu keiner leichteren Berechnung führen würde, ist die Ersatzleistung auf Bruchteile von Tagen genau zu berechnen (ASG Wien 20.8.2002, 13 Cga 105/02h).

Der OGH bestätigt indirekt die Rechtsansicht, dass Ersatzleistungstage (betreffend fallweise beschäftigte Personen), die keine vollen Tage ergeben, nicht zu runden sind (OGH 27.6.2013, 8 ObA 32/13h).

Diese Vorgehensweise ist als eine arbeitsrechtlich faire Lösung zu betrachten, da auf der einen Seite gegen eine Abrundung arbeitsrechtliche Bedenken geäußert werden könnten, andererseits sich für ein Aufrunden keine arbeitsrechtliche Notwendigkeit ergibt.

926 Sofern der Sachbezug für den Zeitraum, für den die Ersatzleistung gebührt, nicht gewährt wird.

927 Bei Dienstverhinderungen (z.B. längerer Krankenstand) ist das **volle Entgelt** anzusetzen.
Wurde einem Arbeitnehmer auf Grund einer Betriebsvereinbarung, die gem. einer kollektivvertraglichen „Öffnungsklausel" (→ 9.2.2.4.) abgeschlossen wurde, anstelle der Ist-Lohn-Erhöhung der Betrag dieser Erhöhung monatlich als **Mitarbeiterbeteiligung** „gutgeschrieben", hat diese Entgeltcharakter und ist in die Berechnungsgrundlage der Urlaubsentschädigung (jetzt „Ersatzleistung für Urlaubsentgelt") einzubeziehen (OGH 27.11.1997, 8 ObA 2349/96s).

928 Falls jedoch ein **Anspruch auf Sonderzahlungen** (mangels kollektiv- oder einzelvertraglicher Regelung) **nicht gegeben** ist, kann auch **keine Einbeziehung** in die Ersatzleistung für den nicht konsumierten Urlaub erfolgen. Nichts anderes kann gelten, wenn der Rechtsanspruch auf Sonderzahlungen auf Grund der Beendigungsform (z.B. verschuldete Entlassung) nach der kollektiv- oder einzelvertraglichen Regelung entfällt.
Der OGH wurde mit der Frage befasst, ob Sonderzahlungen auch dann in die Urlaubsentschädigung (jetzt „Ersatzleistung für Urlaubsentgelt") einzubeziehen sind, wenn die **Sonderzahlungen bis 31.12. bezahlt** wurden, obwohl die Arbeitsverhältnisse **am 30.9. geendet** haben. Diese Frage wurde für den Fall bejaht, dass die Auszahlung der gesamten Sonderzahlungen für das Kalenderjahr auf einen Sozialplan oder eine **kollektivvertragliche Regelung** zurückzuführen ist (OGH 26.3.1997, 9 ObA 75/97p; 23.5.1997, 8 ObA 78/97x). Im Fall von **Betreuungsprovisionen** (keine Sonderzahlung!) wiederum hat der OGH entschieden, dass diese in die Urlaubsentschädigung (jetzt „Ersatzleistung für Urlaubsentgelt") nur dann einzubeziehen sind, wenn diese nicht ohnedies noch nach Ende des Dienstverhältnisses weiterbezahlt wurden (OGH 24.2.1999, 9 ObA 295/98t). Demnach liegt widersprüchliche Judikatur vor.
Sieht man in der **Ersatzleistung** für Urlaubsentgelt einen **selbstständigen Erfüllungsanspruch**, der darauf gerichtet ist, dass die in natura nicht mehr erfüllbaren Ansprüche zur Gänze gewahrt bleiben, sind die Sonderzahlungen auch dann einzubeziehen, wenn diese für die Zeit nach Beendigung des Arbeitsverhältnisses gewährt wurden. Das Beispiel 118 wurde in diesem Sinn gelöst.

ersatzleistung – anders als beim Urlaubsentgelt – regelmäßig geleistete Überstunden während der Saison bei der Urlaubsersatzleistung zu berücksichtigten, auch wenn bei fortgesetztem Arbeitsverhältnis wegen Saisonendes keine Überstunden mehr angefallen wären (VwGH 29.1.2020, Ro 2019/08/0020).

Urlaubsentschädigungen (jetzt „Ersatzleistungen für Urlaubsentgelt") verjähren **nach drei Jahren** ab Ende des Arbeitsverhältnisses (OGH 11.6.1997, 9 ObA 44/97d). Selbst wenn ein Arbeitnehmer trotz wiederholter Aufforderung durch den Arbeitgeber nur einzelne Tage seines Urlaubsanspruchs pro Jahr verbraucht, hat er im Fall einer Arbeitgeberkündigung Anspruch auf Ersatzleistung für Urlaubsentgelt für den noch nicht verjährten Urlaubsrest, da ein **Verfall** von nicht verjährten Urlaubsansprüchen **nicht möglich** ist (OGH 23.5.2001, 9 ObA 74/01z).

Allerdings unterliegt die Ersatzleistung für Urlaubsentgelt den kollektivvertraglichen **Fallfristen**. Macht ein Arbeitnehmer seine Ansprüche auf Ersatzleistung für Urlaubsentgelt erst ca. **vier Monate nach Erhalt** der in diesem Punkt erkennbar unvollständigen **Endabrechnung** geltend, sind diese nach dem in diesem Fall anzuwendenden Kollektivvertrag bereits **verfallen**, da dort eine schriftliche Geltendmachung innerhalb von drei Monaten gefordert wird (OGH 5.9.2001, 9 ObA 215/01k).

Endet das Arbeitsverhältnis während einer **Teilzeitbeschäftigung gem. MSchG oder VKG** (→ 27.1.4.3.) oder **Herabsetzung der Normalarbeitszeit** nach den §§ 14a und 14b AVRAG (**Familienhospizkarenz**, → 27.1.1.2.) durch

1. Entlassung ohne Verschulden des Arbeitnehmers,
2. begründeten vorzeitigen Austritt des Arbeitnehmers,
3. Kündigung seitens des Arbeitgebers oder
4. einvernehmliche Auflösung (→ 32.1.),

ist der Berechnung der Ersatzleistung für Urlaubsentgelt **jene Arbeitszeit** zu Grunde zu legen, die in dem Urlaubsjahr, in dem der **Urlaubsanspruch entstanden** ist, vom Arbeitnehmer **überwiegend** zu leisten war (§ 10 Abs. 4 UrlG).

Befindet sich eine (ursprünglich vollzeitbeschäftigte) Arbeitnehmerin nach der Geburt ihres ersten Kindes zuletzt in **Elternteilzeit** und nimmt sie nach der Geburt eines weiteren Kindes **Karenz** in Anspruch, kommt es gem. § 15j Abs. 9 MSchG zu einer Ex-lege-Beendigung der Teilzeitbeschäftigung. Im Fall eines vorzeitigen Austritts während der Karenz ist somit eine Ersatzleistung für Urlaubsentgelt für nicht verbrauchte Urlaubsansprüche aus früheren Jahren auf Basis des (mit Karenzantritt) wieder auflebenden **Vollzeitarbeitsverhältnisses** und nicht des Teilzeitarbeitsverhältnisses **zu berechnen** (OGH 25.6.2014, 9 ObA 62/14d).

Wird das Arbeitsverhältnis während einer **Bildungskarenz** (→ 27.3.1.1.), einer **Bildungsteilzeit** (→ 27.3.1.2.), einer **Wiedereingliederungsteilzeit** (→ 25.7.), einer gänzlichen **Freistellung von der Arbeitsleistung** wegen einer **Familienhospizkarenz** (→ 27.1.1.2.), einer **Pflegekarenz** (→ 27.1.1.3.) oder während einer **Pflegeteilzeit** (→ 27.1.1.3.) beendet, ist bei der Berechnung der Ersatzleistung für Urlaubsentgelt **das für den letzten Monat vor Antritt dieser Maßnahme gebührende Entgelt** zu Grunde zu legen (§§ 11 Abs. 4, 11a Abs. 5, 13a Abs. 8, 14a Abs. 7, 14c Abs. 5, 14d Abs. 5 AVRAG). Bei **Kurzarbeit** (→ 27.3.3.) ist die ungekürzte Arbeitszeit zugrunde zu legen (vgl. Sozialpartnervereinbarung, Version 10.0, Punkt VI./3.).

Die Ersatzleistung für Urlaubsentgelt gebührt den Erben, wenn das Arbeitsverhältnis durch Tod des Arbeitnehmers endet (§ 10 Abs. 5 UrlG). Da die Ersatzleistung für Urlaubsentgelt nicht in den Nachlass[929] fällt, steht der Anspruch den Erben direkt zu. Solche Erben sind aber nicht nur die, zu deren Erhaltung der Arbeitnehmer gesetzlich verpflichtet war, sondern auch andere gesetzliche und testamentarische Erben. Der Anspruch auf Ersatzleistung für Urlaubsentgelt ist originärer (unmittelbarer) Natur, demnach ein sog. „Direktanspruch", und hat mit Ansprüchen der Verlassenschaft nichts zu tun.

Dieser originäre Anspruch gegenüber dem Arbeitgeber eines verstorbenen Arbeitnehmers ist vom **Ausgang** des **Verlassenschaftsverfahrens**, insb. von der Abgabe einer Erbserklärung, **völlig unabhängig**. Durch eine **Erbsentschlagung** (Erbverzicht) verzichtet der Erbe zwar auf die verschuldete Verlassenschaft, nicht jedoch auf jene Ansprüche, die kraft Sondernorm mit dem Todesfall auf die Hinterbliebenen übergeleitet werden. Der Arbeitgeber kann dagegen weder Ansprüche gegen den verstorbenen Arbeitnehmer (z.B. Gehaltsvorschüsse oder Schadenersatzansprüche) kompensationsweise einwenden, noch kann der Arbeitnehmer zu Lebzeiten oder von Todes wegen über diesen Anspruch verfügen (OGH 15.5.1996, 9 ObA 2012/96i).

Im Unterschied zur Todfallsabfertigung (diese gebührt nur den gesetzlichen Erben, zu deren Erhaltung der Erblasser gesetzlich verpflichtet war, → 33.3.1.2.) ist der Kreis der Erben nicht eingeschränkt. Gibt es mehrere Erben (das können mehrere gesetzliche oder/und testamentarische Erben sein), haben sie Anspruch auf den ihren **Erbquoten** entsprechenden Teil.

Die Ersatzleistung für Urlaubsentgelt unterliegt nicht den beim Arbeitnehmer bestehenden Lohnpfändungen und steht den Erben **ungepfändet** zu.

Wird einem Arbeitnehmer der Verbrauch eines erst im nächsten Urlaubsjahr entstehenden **Urlaubsanspruchs vorgriffsweise** gewährt, besteht im Fall der Beendigung des Dienstverhältnisses vor Beginn des nächsten Urlaubsjahrs grundsätzlich kein Recht zur Rückverrechnung des bereits ausbezahlten Urlaubsentgelts. Ob eine wirksame Rückzahlungsvereinbarung für den Fall des Urlaubsvorgriffs getroffen werden kann, ist nicht abschließend geklärt.

Wenn ein Urlaubsvorgriff für das Folgejahr samt Rückzahlungsverpflichtung geschlossen werden soll, empfiehlt es sich, statt eines Urlaubsvorgriffs einen **„unbezahlten Urlaub"** (→ 27.1.2.) **und** einen **Entgeltvorschuss** gegen Verrechnung mit künftigen Urlaubsentgelt- oder Beendigungsansprüchen zu vereinbaren. Eine „absolute" Rechtssicherheit ist jedoch auch dabei nicht garantiert.

Beispiel 118

Berechnung der Ersatzleistung für Urlaubsentgelt.

Angaben:

- Arbeiter,
- Eintritt: 1.4.2021,

929 Die Hinterlassenschaft (Erbschaft) des Erblassers (desjenigen, der eine Erbschaft hinterlässt) im Zeitpunkt des Todes.

- Lösung des Arbeitsverhältnisses durch Arbeitgeberkündigung per 31.8.2022.
- Monatslohn: € 1.500,00,
- monatliches Überstundenpauschale: € 300,00,
- Urlaubsbeihilfe: € 1.500,00 pro Kalenderjahr,
- Weihnachtsremuneration: € 1.500,00 pro Kalenderjahr,
- Urlaubsanspruch: 30 Werktage,
- konsumierter Urlaub: 8 Werktage des laufenden Urlaubsjahrs,
- Urlaubsjahr = Arbeitsjahr.

Lösung:

1. **Berechnung des abzugeltenden Urlaubsanspruchs:**

$\frac{30 \text{ Werktage}}{12 \text{ Monate}} \times 5 \text{ Monate} =$		12,5 Werktage
abzüglich bereits konsumierter Urlaub		– 8 Werktage
abzugelten sind		**4,5 Werktage**

2. **Berechnung des Urlaubsentgelts** für 1 Monat:

Monatslohn	€	1.500,00
Überstundenpauschale	€	300,00
	€	1.800,00

Würde der Arbeiter einen Monat Urlaub konsumieren, bekäme er als Urlaubsentgelt € 1.800,00.

3. **Berechnung der Ersatzleistung** für 4,5 Werktage:

Urlaubsentgelt für 1 Monat	€	1.800,00
Aliquote Urlaubsbeihilfe für 1 Monat (€ 1.500,00 : 12) =	€	125,00
Aliquote Weihnachtsremuneration für 1 Monat (€ 1.500,00 : 12) =	€	125,00
Die Ersatzleistung für 1 Monat beträgt	€	2.050,00
Die Ersatzleistung für 4,5 Werktage beträgt:		
$\frac{€ 2.050,00}{26}$[930] $\times 4,5 =$	€	**354,81**

Wurde **mehr Urlaub konsumiert**, als dem aliquoten Ausmaß entspricht, und wurde das Arbeitsverhältnis durch

- unberechtigten vorzeitigen Austritt oder
- verschuldete Entlassung

gelöst, ist das über das aliquote Ausmaß des Urlaubs bezogene Urlaubsentgelt dem Arbeitgeber rückzuerstatten (= Erstattung von Urlaubsentgelt).

930 Die Urlaubsentschädigung (jetzt „Ersatzleistung für Urlaubsentgelt") ist so zu ermitteln, dass der Monatsbetrag durch 26 dividiert und mit der Anzahl der Urlaubswerktage multipliziert wird. Dies aber nur dann, wenn der Urlaubsanspruch nach Werktagen bemessen wird. Richtet sich der Urlaubsanspruch nach Arbeitstagen, so ist z.B. bei einer 5-Tage-Woche durch 22 zu dividieren (OGH 24.10.1990, 9 ObA 172/90).

Der Erstattungsbetrag setzt sich zusammen aus

1. den regelmäßig **wiederkehrenden Bezügen** (Gehalt, Lohn, Überstunden, Prämien, usw.),	*lfd. Bezug*
2. den aliquoten Anteilen an bereits erhaltenen bzw. bei Beendigung des Arbeitsverhältnisses zustehenden **Remunerationen** (Urlaubsbeihilfe + Weihnachtsremuneration), 3. den aliquoten Anteilen bereits erhaltener bzw. bei Beendigung des Arbeitsverhältnisses zustehender allfälliger **sonstiger** jährlich zur Auszahlung gelangender **Zuwendungen** (z.B. Bilanzgeld, Provisionen, Gewinnbeteiligungen).	*Sonderzahlungen*[931]

Der Erstattungsbetrag bemisst sich nach dem Urlaubsentgelt, welches der Arbeitnehmer zum **Zeitpunkt des Urlaubsverbrauchs** erhalten hat.

Beispiel 119

Berechnung des Erstattungsbetrags von Urlaubsentgelt.

Angaben:

- Arbeiter,
- Eintritt: 15.1.2020,
- Lösung des Arbeitsverhältnisses durch unberechtigten vorzeitigen Austritt per 15.5.2022.
- Wochenlohn: bis zur Abrechnung März 2022: € 320,00,
  ab der Abrechnung April 2022: € 350,00.
- Urlaubsbeihilfe fällig per 30. Juni,
- Weihnachtsremuneration fällig per 15. Dezember.
- Der angenommene Kollektivvertrag bestimmt u.a.:
- Wird das Arbeitsverhältnis infolge verschuldeter Entlassung beendet oder tritt der Arbeiter unberechtigt vorzeitig aus, entfällt der Anspruch auf den aliquoten Teil der Urlaubsbeihilfe und der Weihnachtsremuneration.
- Urlaubsanspruch: 30 Werktage,
- konsumierter Urlaub im März 2022: 12 Werktage des laufenden Urlaubsjahrs,
- Urlaubsjahr = Arbeitsjahr.

Lösung:

1. **Berechnung des zu erstattenden Urlaubsanspruchs:**

$\frac{\text{30 Werktage}}{\text{365 Tage}} \times 121 \text{ Tage} =$	9,95 Werktage
(121 Tage = 15.1.–15.5.)	
abzüglich bereits konsumierter Urlaub	– 12 Werktage
zu erstatten sind	**2,05 Werktage**

931 Ob der Sonderzahlungsanteil in den Erstattungsbetrag einzurechnen ist oder nicht, ist strittig und bleibt der künftigen Judikatur zur Entscheidung überlassen.

2. **Das Urlaubsentgelt für 1 Woche** im Monat März 2022 beträgt € 320,00
3. **Berechnung des Erstattungsbetrags** für 2,05 Werktage:

$$\frac{-€\,320{,}00}{6} \times 2{,}05 = \quad -€\ 109{,}33$$

Der Erstattungsbetrag von Urlaubsentgelt ist im Austrittsmonat als **Bruttorückforderung** (Minusbetrag) **abzurechnen** (→ 34.7.1.1.2.).

26.2.9.2. Abgabenrechtliche Behandlung der Ersatzleistung für Urlaubsentgelt und der Erstattung von Urlaubsentgelt

Die abgabenrechtliche Behandlung der Ersatzleistung für Urlaubsentgelt und der Erstattung von Urlaubsentgelt wird im Punkt 34.7. behandelt.

26.2.10. Unabdingbarkeit

Die Rechte, die dem Arbeitnehmer auf Grund der §§ 2 bis 10 UrlG zustehen, können durch Arbeitsvertrag, Arbeits(Dienst)ordnung oder, soweit im UrlG nichts anderes bestimmt ist, durch Kollektivvertrag oder Betriebsvereinbarung weder aufgehoben noch beschränkt werden (§ 12 UrlG) (→ 2.1.1.2.).

26.3. Pflegefreistellung (Betreuungsfreistellung, Begleitungsfreistellung)

Der im UrlG geregelte Anspruch auf Pflegefreistellung (Betreuungsfreistellung, Begleitungsfreistellung) dient nicht der Erholungsmöglichkeit des Arbeitnehmers, sondern stellt eine Ausformung der in arbeitsrechtlichen Bestimmungen bereits enthaltenen Generalklausel dar, auf Grund deren

- dem Arbeitnehmer **für wichtige, seine Person betreffende Gründe**

ein Anspruch auf Entgeltfortzahlung trotz unterbliebener Arbeitsleistung zu gewähren ist (§ 1154b Abs. 5 ABGB, § 8 Abs. 3 AngG).

Die Pflegefreistellung ist daher bei Vorliegen der Voraussetzungen neben den Freistellungsansprüchen des ABGB bzw. des AngG zu gewähren.

Praxistipp: Sind die Ansprüche auf Pflegefreistellung ausgeschöpft, so ist zu prüfen, ob ein weiterer Freistellungsanspruch gem. ABGB bzw. AngG gegeben ist (→ 27.1.1.1.).

26.3.1. Geltungsbereich

Die Bestimmungen des zweiten Abschnitts des UrlG gelten für Arbeitnehmer aller Art, deren Arbeitsverhältnis auf einem **privatrechtlichen Vertrag** (→ 25.2.2.) beruht (§ 15 Abs. 1 UrlG).

Ausgenommen sind die unter Punkt 26.2.1. angeführten Arbeitsverhältnisse, **nicht aber**

- Arbeitsverhältnisse, auf die das Bauarbeiter-Urlaubs- und Abfertigungsgesetz 1972, BGBl 1972/414, und
- Arbeitsverhältnisse, auf die das Theaterarbeitsgesetz, BGBl I 2010/100, anzuwenden ist (§ 15 Abs. 2 UrlG).

26.3.2. Anspruch auf Pflegefreistellung (Betreuungsfreistellung, Begleitungsfreistellung)

erste Woche
Pflegefreistellung (Betreuungsfreistellung, Begleitungsfreistellung)
(§ 16 Abs. 1 UrlG)

Ist der Arbeitnehmer **nach Antritt**[932] des Arbeitsverhältnisses an der Arbeitsleistung

1. wegen der **notwendigen Pflege**[933] eines im gemeinsamen Haushalt[934] lebenden erkrankten **nahen Angehörigen** (= Pflegefreistellung) oder
2. wegen der **notwendigen Betreuung**[935]
   - **seines Kindes** (Wahl- oder Pflegekindes) oder
   - eines im gemeinsamen Haushalt lebenden leiblichen **Kindes des anderen Ehegatten**, des (im „Partnerschaftsbuch") **eingetragenen Partners** (→ 3.6.) oder **Lebensgefährten**

   infolge eines Ausfalls einer Person, die das Kind ständig betreut hat[936], aus den Gründen des § 15d Abs. 2 Z 1 bis 5 MSchG[937] (= Betreuungsfreistellung) oder

932 Der Anspruch auf Pflegefreistellung ist an **keine Wartezeit** gebunden.

933 **Notwendig** ist eine Pflege dann, wenn nicht andere geeignete Personen dafür vorhanden sind. Das Wahlrecht, wer die Pflegefreistellung in Anspruch nimmt (z.B. der berufstätige Vater oder die berufstätige Mutter), steht den betreffenden Arbeitnehmern zu. Pflegebedürftigkeit liegt vor, wenn jemand infolge der Schwere seiner Erkrankung sich nicht allein überlassen werden kann.

934 § 16 UrlG stellt nicht auf den Wohnsitz ab, sondern auf das Vorliegen des gemeinsamen Haushalts. Entscheidend ist nicht die polizeiliche Meldung, die nur ein Indiz für den tatsächlichen Wohnsitz wäre; maßgeblich für den gemeinsamen Haushalt ist vielmehr die **tatsächliche Wohngemeinschaft**, konkretisiert im gemeinsamen Wohnen und Wirtschaften (BMAGS Erl. 22.1.1997, 50.200/25-1/96).

935 **Notwendig** ist eine Betreuung eines (auch gesunden) Kindes dann, wenn nicht andere geeignete Personen dafür vorhanden sind. Die Notwendigkeit der Betreuung eines Kindes wird u.a. auch vom Alter, der körperlichen und geistigen Reife des Kindes abhängig sein. Auch der Ausfall eines Kindermädchens oder einer Tagesmutter kann den Anspruch begründen. Von einer Pflicht der Eltern zur Betreuung des Kindes kann jedenfalls bis zum **7. Lebensjahr** des Kindes, für welches der Gesetzgeber in § 15h MSchG bzw. in § 8 VKG die Betreuungsbedürftigkeit unterstellt, ausgegangen werden (OGH 12.7.2006, 9 ObA 38/06p; 9 ObA 60/06y).

936 Somit nur bei **Verhinderung der ständigen Betreuungsperson**, z.B. der nicht berufstätigen Mutter für die Zeit ihres Spitalsaufenthalts. Die Betreuungsperson muss kein „naher Angehöriger" i.S.d. § 16 Abs. 1 UrlG sein.

937 **Gründe** i.S.d. § 15d Abs. 2 MSchG **sind:**
1. Tod,
2. Aufenthalt in einer Heil- und Pflegeanstalt,
3. Verbüßung einer Freiheitsstrafe sowie bei einer anderweitigen auf behördlicher Anordnung beruhenden Anhaltung,
4. schwere Erkrankung,
5. Wegfall des gemeinsamen Haushalts des Vaters, Adoptiv- oder Pflegevaters mit dem Kind oder der Betreuung des Kindes.

   Eine leichte Erkrankung (z.B. eine Infektionskrankheit, die Bettruhe erfordert) führt nicht zu einem Anspruch auf Betreuungsfreistellung.

3. wegen der **Begleitung**
   - **seines erkrankten Kindes** (Wahl- oder Pflegekindes) oder
   - eines im gemeinsamen Haushalt lebenden leiblichen **Kindes des anderen Ehegatten**, des (im „Partnerschaftsbuch") **eingetragenen Partners** (→ 3.6.) oder **Lebensgefährten**

   bei einem stationären Aufenthalt in einer **Heil- und Pflegeanstalt**[938], sofern das Kind das **10. Lebensjahr** noch nicht vollendet hat (= Begleitungsfreistellung),

nachweislich verhindert[939], so hat er **Anspruch auf**
- **Fortzahlung des Entgelts**[940] bis zum Höchstausmaß seiner **regelmäßigen wöchentlichen Arbeitszeit**[941] innerhalb eines Arbeitsjahrs[942].

erste Woche
Pflegefreistellung
(Betreuungsfreistellung, Begleitungsfreistellung)
(§ 16 Abs. 1 UrlG)

Als nahe Angehörige im Sinn dieses Bundesgesetzes gelten
- der Ehegatte, der (im „Partnerschaftsbuch") eingetragene Partner (→ 3.6.),
- Personen, die mit dem Arbeitnehmer in gerader (aufsteigender oder absteigender) Linie verwandt sind (Eltern, Großeltern ..., Kinder, Enkelkinder ...),
- Wahl- und Pflegekinder[943],
- im gemeinsamen Haushalt lebende leibliche Kinder des anderen Ehegatten oder des (im „Partnerschaftsbuch") eingetragenen Partners (→ 3.6.) oder Lebensgefährten sowie
- die Person, mit der der Arbeitnehmer in Lebensgemeinschaft lebt (§ 16 Abs. 1 UrlG).

Darüber hinaus besteht Anspruch auf Freistellung von der Arbeitsleistung
- bis zum Höchstausmaß einer **weiteren regelmäßigen wöchentlichen Arbeitszeit** innerhalb eines Arbeitsjahrs,

zweite Woche
Pflegefreistellung
(§ 16 Abs. 2 UrlG)

938 Für die Begründung eines Freistellungsanspruchs genügt der bloße Aufenthalt in einer Heil- und Pflegeanstalt unabhängig von der Art und Schwere der Erkrankung.

939 Das Gesetz trifft keine Aussage über die **Form dieses Nachweises**. Dem Arbeitnehmer stehen daher dafür alle anerkannten Beweismittel – auch die einfache Parteienerklärung – offen. Sofern der Arbeitgeber vom Arbeitnehmer aber in diesem Zusammenhang dennoch ein ärztliches Zeugnis einfordert, hat der **Arbeitgeber** auch die **Kosten** für dieses Zeugnis **zu tragen** (BMAGS Erl. 21.1.1997, 21.891/3-5/97).

940 Dem Arbeitnehmer ist für die Zeit der Pflegefreistellung jenes Entgelt zu zahlen, welches ihm gebührt hätte, wenn er in dieser Zeit gearbeitet hätte (**Ausfallprinzip**). Bei der Berechnung (→ 26.2.6.3.) und abgabenrechtlichen Behandlung (→ 26.2.6.4.) des fortzuzahlenden Entgelts sind die jeweils für das Urlaubsentgelt zu berücksichtigenden Bestimmungen zu beachten.

941 Die Pflegefreistellung (Betreuungsfreistellung bzw. Begleitungsfreistellung) kann **stunden- oder tageweise** in Anspruch genommen werden (siehe nachstehend).

942 Der Anspruch auf Pflegefreistellung (Betreuungsfreistellung bzw. Begleitungsfreistellung) ist auf das Arbeitsjahr abgestellt. Eine Umstellung auf einen anderen Zeitraum und eine **Übertragung des Restanspruchs** auf das nächste Arbeitsjahr ist im UrlG **nicht vorgesehen**.

943 Wahlkinder (= Adoptivkinder, vgl. §§ 179 bis 183 ABGB), Pflegekinder (= Kinder, die nur in Pflege genommen werden, vgl. § 186 ABGB, vgl. § 14 JWG).

- **wenn** der Arbeitnehmer den Freistellungsanspruch gem. Abs. 1 **verbraucht** hat,
- wegen der **notwendigen Pflege**
  - **seines** im gemeinsamen Haushalt lebenden **erkrankten Kindes** (Wahl- oder Pflegekindes) oder
  - im gemeinsamen Haushalt lebenden leiblichen **Kindes des anderen Ehegatten** oder (im „Partnerschaftsbuch") **eingetragenen Partners** (→ 3.6.) oder **Lebensgefährten**,

  welches das **12. Lebensjahr** noch nicht überschritten hat, an der Arbeitsleistung neuerlich[944] verhindert ist und
- ihm für diesen Zeitraum der Dienstverhinderung **kein Anspruch auf Entgeltfortzahlung** wegen Dienstverhinderung aus wichtigen in seiner Person gelegenen Gründen auf Grund anderer gesetzlicher Bestimmungen[945], Normen der kollektiven Rechtsgestaltung[946] oder des Arbeitsvertrags **zusteht** (§ 16 Abs. 2 UrlG).

zweite Woche *Pflegefreistellung* (§ 16 Abs. 2 UrlG)

Im Fall der notwendigen Pflege seines erkrankten Kindes (Wahl- oder Pflegekindes) hat **auch** jener Arbeitnehmer Anspruch auf Freistellung von der Arbeitsleistung, der **nicht mit** seinem **erkrankten Kind** (Wahl- oder Pflegekind) im **gemeinsamen Haushalt** lebt (z.B. der geschiedene Vater) (§ 16 Abs. 4 UrlG).

Beispiel 120

Anspruch auf Fortzahlung des Entgelts bei Pflege(Betreuungs)freistellung innerhalb eines Arbeitsjahrs.

Angaben und Lösung:

- Arbeiterin,
- 5-Tage-Woche (Montag–Freitag).

Verhinderungen an der Arbeitsleistung	Entgeltanspruch für
1. Verhinderung wegen der Pflege eines erkrankten nahen Angehörigen (oder wegen eines anderen Grundes gem. § 16 Abs. 1 UrlG) vom Montag bis Donnerstag einer Woche	4 Arbeitstage gem. § 16 Abs. 1 UrlG

944 Die zweite Pflegewoche für Kinder unter 12 Jahren nach § 16 Abs. 2 UrlG bzw. die Dienstverhinderung nach § 8 Abs. 3 AngG kann nicht direkt im Anschluss an die Pflegefreistellung nach § 16 Abs. 1 UrlG genommen werden, sondern nur bei einer neuerlichen Erkrankung des Kindes.

945 Z.B. nach dem Angestelltengesetz. Nach § 8 Abs. 3 AngG hat ein Angestellter Anspruch auf Entgeltfortzahlung, wenn er durch **sonstige wichtige**, seine Person betreffende Gründe **ohne sein Verschulden** während einer **verhältnismäßig kurzen Zeit** an der Dienstleistung verhindert ist (→ 27.1.1.). Diese Bestimmung stellt auf den einzelnen Anlassfall ab und sieht **keine zeitliche Obergrenze** vor. Ist daher nach Ausschöpfung der Pflegefreistellung nach § 16 Abs. 1 UrlG das Kind des Angestellten neuerlich pflegebedürftig erkrankt, kann der Angestellte seinen Freistellungsanspruch auf § 8 Abs. 3 AngG stützen.

946 Kollektivverträge (→ 3.3.4.), Betriebsvereinbarungen (→ 3.3.5.1.).

Verhinderungen an der Arbeitsleistung	Entgeltanspruch für
2. Verhinderung wegen der Pflege eines erkrankten (noch nicht 12-jährigen) Kindes vom Montag bis Mittwoch der darauf folgenden Woche	1 Arbeitstag gem. § 16 Abs. 1 UrlG 4 Arbeitstage gem. § 16 Abs. 2 UrlG[947] (3 Arbeitstage kein Anspruch[948])
3. Verhinderung wegen der Pflege eines erkrankten (noch nicht 12-jährigen) Kindes vom Montag bis Freitag einer Woche	1 Arbeitstag gem. § 16 Abs. 2 UrlG[947] (4 Arbeitstage kein Anspruch[948])

Die Pflege(Betreuungs)freistellung für die erste und die Pflegefreistellung für die zweite Freistellungswoche gebührt jeweils bis zum Höchstausmaß der regelmäßigen wöchentlichen Arbeitszeit des Arbeitnehmers. Sie kann **stunden- oder tageweise** in Anspruch genommen werden. Als regelmäßige wöchentliche Arbeitszeit gilt/gelten:

• Bei einer 40-Stunden-Woche	• 40 Stunden,
• bei Teilzeit	• die vereinbarte bzw. tatsächlich geleistete wöchentliche Arbeitszeit,
• bei unterschiedlicher Stundenanzahl pro Woche	• die durchschnittliche Arbeitszeit eines längeren repräsentativen Zeitraums,
• bei der Leistung regelmäßiger (Mehrarbeits-)Überstunden	• die Normalarbeitszeit **zuzüglich** der regelmäßig geleisteten (Mehrarbeits-)Überstunden,
• bei der Leistung unregelmäßiger (Mehrarbeits-)Überstunden	• die Normalarbeitszeit **zuzüglich** eines Durchschnitts an (Mehrarbeits) Überstunden eines längeren repräsentativen Zeitraums.

Der dem Arbeitnehmer zustehende zeitliche Anspruch auf Pflegefreistellung (Betreuungs- bzw. Begleitungsfreistellung) ergibt sich also

- aus der Anzahl der Stunden (= **Stundenmenge**) seiner regelmäßigen wöchentlichen Arbeitszeit.

Arbeitsfreie Zeiten (z.B. Sonn- und Feiertage, Tage der Wochenruhe) oder Zeiten, in denen sich der Arbeitnehmer auf **Urlaub** befindet, werden auf diesen zeitlichen Anspruch (auf die Stundenmenge) **nicht angerechnet**. Im Fall des Urlaubs kann der Arbeitnehmer aber von diesem zurücktreten.

Entsteht **nach Antritt des Urlaubs ein Pflegebedarf** für einen im gemeinsamen Haushalt lebenden erkrankten Angehörigen, sind die für die Pflege aufgewendeten Werktage bei Vorliegen der übrigen Voraussetzungen dieser Bestimmung analog zu § 5 Abs. 1 UrlG (eine länger als drei Tage andauernde Erkrankung während des Urlaubs unterbricht den Urlaubsverbrauch, → 26.2.5.) **nicht** auf den **Erholungsurlaub anzurechnen** (OGH 16.10.2002, 9 ObA 90/02d). Eine Freistellung wegen der **notwendigen**

947 Bei einer 5-Tage-Woche besteht nur für 5 Arbeitstage Anspruch auf Fortzahlung des Entgelts.
948 Für die restlichen 3 Arbeitstage bzw. 4 Arbeitstage besteht die Möglichkeit einer Urlaubskonsumation gem. § 16 Abs. 3 UrlG.

Betreuung eines Kindes infolge Ausfalls der ständigen Betreuungsperson **unterbricht** aber einen bereits angetretenen **Urlaub nicht** (OGH 15.12.2009, 9 ObA 28/09x).

***Urlaub** ohne Vereinbarung*
(§ 16 Abs. 3 UrlG)

Ist der **Anspruch** auf Entgeltfortzahlung bei Entfall der Arbeitsleistung aus einem der in Abs. 1 und 2 genannten Dienstverhinderungsgründe **erschöpft**,

- kann zu einem in Abs. 2 genannten Zweck **Urlaub** (→ 26.2.2.) **ohne vorherige Vereinbarung** mit dem Arbeitgeber angetreten werden[949] (§ 16 Abs. 3 UrlG).

Im Fall der notwendigen Pflege seines erkrankten Kindes (Wahl- oder Pflegekindes) hat **auch** jener Arbeitnehmer Anspruch auf Freistellung von der Arbeitsleistung, der **nicht mit** seinem **erkrankten Kind** (Wahl- oder Pflegekind) im **gemeinsamen Haushalt** lebt (z.B. der geschiedene Vater) (§ 16 Abs. 4 UrlG).

Scheidet ein Anspruch auf Pflegefreistellung (Betreuungs- bzw. Begleitungsfreistellung) aus, kann allenfalls noch geprüft werden, ob im Einzelfall ein Anspruch wegen Dienstverhinderung nach § 1154b Abs. 5 ABGB bzw. § 8 Abs. 3 AngG vorliegt (→ 27.1.1.1.).

Zusammenfassende Darstellung der Pflege-, Betreuungs- bzw. Begleitungsfreistellung:

Ein Freistellungsanspruch besteht für die/den

1. Freistellungswoche wegen der	2. Freistellungswoche wegen der	Urlaub ohne Vereinbarung wegen der
• notwendigen Pflege eines erkrankten nahen Angehörigen oder der • notwendigen Betreuung des Kindes bei Ausfall der Betreuungsperson oder der • Begleitung des erkrankten Kindes bei stationärem Krankenhausaufenthalt (bis zum 10. Lebensjahr)	• notwendigen Pflege des erkrankten Kindes (bis zum 12. Lebensjahr)	
für alle Arbeitnehmer;	für Arbeitnehmer, die dafür keinen Anspruch auf Grund eines/einer • Gesetzes, • Kollektivvertrags, • Betriebsvereinbarung oder des • Arbeitsvertrags haben;	für alle Arbeitnehmer
Die Fortzahlung des Entgelts erfolgt durch den Arbeitgeber.		

949 Diese Möglichkeit besteht für alle Arbeitnehmer, die dem Geltungsbereich (→ 26.3.1.) des UrlG unterliegen.

26.3.3. Aufzeichnungspflicht

Obwohl das Gesetz bezüglich der Pflege(Betreuungs)freistellung keine Aufzeichnungspflicht zwingend vorsieht, ist für die Praxis die Führung genauer Aufzeichnungen empfehlenswert.

26.3.4. Unabdingbarkeit

Die Rechte, die dem Arbeitnehmer auf Grund des § 16 UrlG zustehen, können durch Arbeitsvertrag, Arbeits(Dienst)ordnung, Betriebsvereinbarung oder Kollektivvertrag weder aufgehoben noch beschränkt werden (§ 17 UrlG) (→ 2.1.1.2.).

Muster 18

Meldung einer Pflegefreistellung.

Meldung einer Pflegefreistellung[950]

Name des Dienstnehmers: __________

1. Ich nehme Pflegefreistellung

   am __________ = __________ Arbeitsstunden

   vom __________ bis __________ = __________ Tage/ __________ Stunden in Anspruch.

   Ich habe im laufenden Arbeitsjahr bereits __________ Arbeitstage/ __________ Arbeitsstunden in Anspruch genommen.

2. Beim pflegebedürftigen erkrankten Angehörigen handelt es sich um:

   ☐ den Ehegatten ☐ den eingetragenen Partner __________ __________

   ☐ das Kind (Wahl-, Pflege-, Enkelkind, leibliche Kind meines Ehegatten/ eingetragenen Partners/Lebensgefährten) __________

   Geburtsdatum des Kindes __________ (nur bei Inanspruchnahme der zweiten Pflegefreistellungswoche)

   ☐ meine(n) Mutter/Vater __________

   ☐ meine(n) Großmutter/Großvater __________

   ☐ die/den bei mir polizeilich gemeldete(n) Lebensgefährten Lebensgefährtin) __________

   Der/die genannte Angehörige lebt mit mir im gemeinsamen Haushalt[951].

950 Für die Inanspruchnahme der Pflegefreistellung ist keine Vereinbarung mit dem Dienstgeber und keine Genehmigung durch diesen erforderlich. Der Dienstnehmer ist lediglich verhalten, den Dienstgeber von der Dienstverhinderung rechtzeitig zu verständigen und erforderlichenfalls für das Vorliegen der Voraussetzungen (Erkrankung, Pflegebedürftigkeit des Angehörigen und Notwendigkeit der Pflege etc.) den Nachweis zu erbringen. § 16 UrlG räumt sohin in den genannten Fällen der Notwendigkeit der Pflege von nahen Angehörigen den Vorrang gegenüber den Verpflichtungen aus dem Dienstvertrag ein (OGH 16.2.2000, 9 ObA 335/99a).

951 Der Pflegefreistellungsanspruch steht auch – unabhängig von der Haushaltszugehörigkeit – dem Dienstnehmer für sein erkranktes Kind (Wahl-, Pflegekind) zu.

3. Außer mir steht keine geeignete Person zur Pflege des(r) Erkrankten zur Verfügung.
4. Eine kassenärztliche Bestätigung über die Erkrankung und Pflegebedürftigkeit liegt bei/wird unverzüglich nachgereicht.
5. Ich nehme zur Kenntnis, dass der Anspruch auf Fortzahlung des Entgelts von der Erfüllung der Nachweispflicht abhängt und dass unrichtige Angaben zu arbeitsrechtlichen Sanktionen gegen mich berechtigen.

__________, am __________

____
Unterschrift des Dienstnehmers

Muster 19

Meldung einer Betreuungsfreistellung.

Meldung einer Betreuungsfreistellung[952]

Name des Dienstnehmers: __________

1. Ich nehme Betreuungsfreistellung

   am __________ = __________ Arbeitsstunden

   vom __________ bis __________ = __________ Tage/ __________ Stunden in Anspruch.

   Ich habe im laufenden Arbeitsjahr bereits __________ Arbeitstage/ __________ Arbeitsstunden in Anspruch genommen.

2. Beim zu betreuenden Kind handelt es sich um:

   Name des Kindes (Wahl-, Pflegekindes, leiblichen Kindes meines Ehegatten/eingetragenen Partners/Lebensgefährten) __________

   Geburtsdatum des Kindes __________

3. Name der ausgefallenen ständigen Betreuungsperson

   ____

   Grund des Ausfalls der Betreuungsperson

   ☐ Tod

   ☐ Aufenthalt in einer Heil- und Pflegeanstalt

   ☐ Verbüßung einer Freiheitsstrafe sowie andere auf behördliche Anordnung beruhende Anhaltung

   ☐ schwere Erkrankungen

   ☐ Wegfall des gemeinsamen Haushalts des Vaters, Adoptiv- oder Pflegevaters mit dem Kind oder der Betreuung des Kindes.

   Die Betreuung des Kindes durch die ausgefallene Betreuungsperson

   erfolgt seit __________

4. Außer mir steht keine geeignete Person zur Betreuung des Kindes zur Verfügung.
5. Ich nehme zur Kenntnis, dass unrichtige Angaben zu arbeitsrechtlichen Sanktionen gegen mich berechtigen.

__________, am __________

____

Unterschrift des Dienstnehmers

952 Siehe dazu FN 950.

27. Sonstige Gründe, die zur Unterbrechung der Dienstleistung bzw. zur Teilzeitarbeit führen

In diesem Kapitel werden u.a. Antworten auf folgende praxisrelevanten Fragestellungen gegeben:

27.1. Gründe, die aufseiten des Dienstnehmers liegen

Neben

- einem Gebührenurlaub (Erholungsurlaub) (→ 26.2.),
- einer Pflege(Betreuungs-, Begleitungs)freistellung (→ 26.3.),
- einer Krankheit, einem Unglücksfall und einem Kuraufenthalt (→ 25.1.2.),
- einer Freizeit während der Kündigungsfrist (→ 32.1.4.4.4.)

können u.a. auch noch

- wichtige, die Person des Dienstnehmers betreffende Gründe (→ 27.1.1.),
- eine Familienhospizkarenz und eine Teilzeit-Familienhospizkarenz (→ 27.1.1.2.),
- eine Pflegekarenz und eine Pflegeteilzeitbeschäftigung (→ 27.1.1.3.),
- eine Karenz wegen Bezugs von Rehabilitations- oder Umschulungsgeld (→ 27.1.1.4.),
- ein vereinbarter Karenzurlaub (unbezahlter Urlaub) (→ 27.1.2.),
- eine Schutzfrist vor und nach einer Entbindung (→ 27.1.3.),
- eine Karenz und eine Teilzeitbeschäftigung nach dem MSchG bzw. VKG (→ 27.1.4.),
- ein Präsenz-, Ausbildungs- oder Zivildienst (→ 27.1.6.)

zur Unterbrechung der Dienstleistung bzw. zur Teilzeitarbeit führen.

Durch **höhere Gewalt bedingte Gründe** – diese fallen in die sog. **neutrale Sphäre** – zählen nicht zu den Gründen, die aufseiten des Dienstnehmers liegen. Dabei handelt es sich um umfassende Elementarereignisse, welche die Allgemeinheit und nicht bloß einen Dienstnehmer (oder einen Betrieb) betreffen.

Im Fall der Zuordnung zur neutralen Sphäre **entfällt** die Pflicht des Dienstgebers zur **Fortzahlung des Entgelts**; ein Entgeltanspruch wird in diesen Fällen allgemein verneint. Es entsteht daher für die Dauer der Dienstversäumnis eine **entgeltfreie Zeit**. Bei der neutralen Sphäre muss es sich um Ausnahmezustände handeln, die sich der typischen arbeitsvertraglichen Risikozurechnung entziehen. Dazu gehören umfassende **Elementarereignisse** wie z.B. Seuchen[953], Krieg, Revolution und Terror.

Fällt ein Ereignis in die **Dienstgebersphäre** (z.B. Produktionsengpässe, Ausfall von Betriebsmitteln), bewirkt dies gem. § 1155 ABGB einen Entgeltfortzahlungsanspruch für die gesamte Dauer der Dienstverhinderung (→ 27.2.).

27.1.1. Wichtige, die Person des Dienstnehmers betreffende Gründe

27.1.1.1. Regelungen gem. ABGB bzw. AngG sowie nach dem Epidemiegesetz

27.1.1.1.1. Persönliche Verhinderungen und andere wichtige Gründe

Wichtige, die Person des Dienstnehmers betreffende Gründe und andere unaufschiebbare persönliche Verhinderungen sind

- **Gründe im familiären Bereich** (z.B. Geburt, Hochzeit, Todesfall, Erkrankung naher Angehöriger[954]),

953 Nach Ansicht des BMA gebührt Arbeitnehmern etwa dann kein Anspruch auf das Entgelt, wenn **Betriebsstätten** zwangsläufig aufgrund von Einschränkungen, die sich aus den Bestimmungen einer auf Grundlage des **COVID-19-Maßnahmengesetzes** erlassenen Verordnung ergeben, **gänzlich oder teilweise geschlossen** werden und der Arbeitgeber die betroffenen Arbeitnehmer nicht anderweitig beschäftigen kann (BMA, FAQ: Arbeitsrecht, abrufbar unter www.bma.gv.at). Dazu bestehen zahlreiche abweichende Literaturmeinungen, wonach § 1555 ABGB gilt und damit die Entgeltfortzahlungspflicht des Arbeitgebers besteht. Höchstgerichtliche Rechtsprechung zu dieser Fragestellung fehlt.

954 I.d.R. sind die im familiären Bereich liegenden Gründe auch in den Kollektivverträgen (unter Angabe der zu gewährenden Freizeit) angeführt. Dabei kann es sich jedoch nur um Mindestansprüche handeln. Der Dienstnehmer kann sich darüber hinaus – sofern er mit den Freistellungstagen des Kollektivvertrags nicht auskommt – direkt auf das Gesetz berufen.

- **tatsächliche Verhinderungen**[955] (z.B. Verkehrsstörung[956], starker unvorhergesehener Schneefall[957], lokales Hochwasser[958]),
- die **Befolgung öffentlicher Pflichten** (z.B. Vorladung zu einer Behörde, Musterung) und
- das **Aufsuchen eines Arztes.**

Dienstverhinderungsgründe sind dem Dienstgeber jedenfalls umgehend **mitzuteilen.** Sollte eine Dienstverhinderung (wie z.B. die Teilnahme an einem Begräbnis) vorhersehbar sein, ist sie dem Dienstgeber anzukündigen, damit dieser entsprechende Vorkehrungen treffen kann.

Die Bestimmungen über die **Entgeltzahlung** durch den Dienstgeber für wichtige, die Person des Dienstnehmers betreffende Gründe sind sowohl für Angestellte als auch für Arbeiter und Lehrlinge **im Zusammenhang mit** der Entgeltzahlung für eine Dienstverhinderung durch **Krankheit** oder **Unglücksfall gesondert** gesetzlich **geregelt** (→ 25.2., → 25.3., → 28.3.8.).

Betriebsversammlungen können, sofern es dem Betriebsinhaber unter Berücksichtigung der betrieblichen Verhältnisse zumutbar ist, während der Arbeitszeit abgehalten werden. Wird die Versammlung während der Arbeitszeit abgehalten, entsteht den Arbeitnehmern für den erforderlichen Zeitraum ein **Anspruch auf Arbeitsfreistellung.** Ansprüche der Arbeitnehmer auf **Fortzahlung des Entgeltes** für diesen Zeitraum bestehen **gesetzlich nicht**, sie können, soweit dies nicht im Kollektivvertrag geregelt ist, durch Betriebsvereinbarung geregelt werden (§ 47 ArbVG). Den Mitgliedern des Betriebsrates ist jedoch die zur Erfüllung ihrer Obliegenheiten erforderliche Freizeit **unter Fortzahlung des Entgeltes** zu gewähren (§ 116 ArbVG). Dies gilt auch für Mitglieder des Wahlvorstandes (§ 55 i.V.m. § 116 ArbVG; vgl. dazu auch OGH 26.1.2017, 9 ObA 121/16h – demnach stellt die Tätigkeit als Wahlzeuge auch einen wichtigen Grund nach § 8 Abs. 3 AngG bzw. § 1154b ABGB dar – siehe dazu nachstehend).

Covid-19-Krise:

Auch in Zusammenhang mit der **COVID-19-Krise** spielen die persönlichen Dienstverhinderungsgründe eine wesentliche Rolle. Diese können u.a. in folgenden Fällen zu einem Entgeltfortzahlungsanspruch des Dienstnehmers führen, sofern alle weite-

955 Gründe, durch die ein Dienstnehmer an der Dienstleistung verhindert wird, müssen nicht immer „in seiner Person" entstanden sein, sondern es können auch „andere wichtige Gründe" vorliegen, die ihn durch ihre **unmittelbare Einwirkung** an der Dienstleistung hindern (OGH 14.2.1967, 4 Ob 9/67).

956 Ist bei einer streikbedingten Verkehrsstörung das **Zuspätkommen** vom Dienstnehmer **nicht zu verhindern**, liegt nicht „höhere Gewalt", sondern ein Dienstverhinderungsgrund mit Anspruch auf **Entgeltfortzahlung** vor. Die Verkehrsstörung muss **unvorhergesehen** sein – darunter fällt z.B. nicht der „übliche" Verkehrsstau zu Stoßzeiten.

957 Liegt eine **vorübergehende, zeitlich und räumlich eng begrenzte Einstellung** eines Massenverkehrsmittels wegen unvorhergesehenen Schneefalls, dessen Betrieb für den Dienstnehmer persönlich zur Erreichung des Arbeitsplatzes unerlässlich ist, als Dienstverhinderungsgrund vor, besteht Entgeltfortzahlungspflicht durch den Dienstgeber.

958 Ein Hochwasser kann eine Katastrophe darstellen, von der der Dienstnehmer persönlich betroffen ist und die zu einer Entgeltfortzahlung führen. Unter Katastrophen werden dabei elementare oder technische Vorgänge oder von Menschen ausgelöste Ereignisse größeren Ausmaßes, die das Leben oder die Gesundheit von Menschen, die Umwelt, das Eigentum oder die Versorgung der Bevölkerung gefährden oder schädigen können, verstanden. Persönliche Betroffenheit eines Dienstnehmers liegt vor, wenn die Auswirkungen der Katastrophe Leben, Gesundheit oder Eigentum des Dienstnehmers und seiner nahen Angehörigen und deren Versorgung mit notwendigen Gütern gefährden können (z.B. Hochwasser, das ein größeres Gebiet bzw. eine Vielzahl von Menschen betrifft).

ren Voraussetzungen erfüllt sind (insb. darf kein Verschulden des Dienstnehmers gegeben sein):

- **(behördliche) Absonderung (Quarantäne)** des Dienstnehmers **außerhalb des Epidemiegesetzes** (Letzteres geht nach derzeitiger Praxis und überwiegender Ansicht als *lex specialis* dem AngG bzw. ABGB vor, → 27.1.1.1.3.), z.B. i.Z.m. Auslandsaufenthalten[959] (hier greift das Epidemiegesetz nicht) oder bei nach anderen gesetzlichen Bestimmungen verhängten Absonderungen[960], sofern keine COVID-Erkrankung und damit eine Entgeltfortzahlungsverpflichtung aufgrund des Krankenstands (→ 25.) zu prüfen ist;
- **begründete**[961] **Selbstisolation** des Dienstnehmers – jedenfalls bei Zustimmung des Dienstgebers;
- **Nichtvorliegen eines 3G**-Nachweises am Arbeitsplatz in Ausnahmefällen (siehe weiter nachstehend).

„3G" am Arbeitsplatz:

Hinweis: Kurz vor Drucklegung dieses Buchs ist die Verpflichtung zu „3G" am Arbeitsplatz auf bestimmte Betriebe (z.B. Altenbetreuung, Gesundheitseinrichtungen) eingeschränkt worden. Auch in anderen Betrieben sind jedoch strengere innerbetriebliche Schutzvorschriften weiterhin möglich.

Seit November 2021 dürfen Arbeitnehmer Arbeitsorte, an denen physische Kontakte zu anderen Personen nicht ausgeschlossen werden können, nur betreten, wenn sie über einen 3G-Nachweis[962] verfügen (§ 10 Abs. 2 4. COVID-19-Maßnahmenverordnung). Kann der Arbeitnehmer diesen Nachweis nicht erbringen und darf dieser daher den Arbeitsort nicht betreten, liegt **grundsätzlich kein persönlicher Dienstverhinderungsgrund** vor (vgl. auch BMA, FAQs zur 3-G-Regelung am Arbeitsort, abrufbar unter www.bma.gv.at). Davon können **Ausnahmefälle** bestehen, z.B. wenn das Testergebnis verspätet zugestellt wird. Spätestens bei Inkrafttreten der geplanten Impfpflicht werden diese Ausnahmefälle jedoch sehr eingeschränkt vorliegen.

Die Vereinbarung der Tätigkeit im Homeoffice sowie die Vereinbarung von Urlaub oder Zeitausgleich ist im Einvernehmen zwischen Arbeitgeber und Arbeitnehmer

959 Reist der Dienstnehmer jedoch in Kenntnis einer Reisewarnung in ein Risikogebiet, wird ihm Verschulden anzulasten sein, sodass der Entgeltfortzahlungsanspruch entfällt, wenn er sich z.B. im Anschluss an die Reise in „Sicherheits"-Quarantäne begeben muss. Das BMA sieht offensichtlich bereits durch die Einreise in ein Urlaubsland (während der Pandemie) Verschulden des Arbeitnehmers i.S. einer leichten Fahrlässigkeit und verneint den Entgeltfortzahlungsanspruch bei Quarantäne im Ausland (vgl. BMA, Handbuch COVID-19: Urlaub und Entgeltfortzahlung, jeweils abrufbar unter www.bma.gv.at). Erkrankt der Dienstnehmer nach einer Auslandsreise an COVID-19, ist der Entgeltfortzahlungsanspruch nach § 8 Abs. 1 AngG bzw. § 2 EFZG zu prüfen (→ 25.), wobei auch hier vorsätzliches oder grob fahrlässiges Vorgehen des Dienstnehmers zu einem Entfall der Entgeltfortzahlungsverpflichtung des Dienstgebers führt (z.B. bei Missachtung aller Abstandsregeln und Hygienemaßnahmen).

960 Z.B. bei Absonderungen nach der COVID-19-Einreiseverordnung (verpflichtende Heimquarantäne), wenn die Beschränkung nicht bereits bei der Ausreise bestanden hat (ansonsten wird ein die Entgeltfortzahlung ausschließendes Verschulden des Arbeitnehmers vorliegen). In diesem Fall liegt kein Erstattungsfall nach § 32 Epidemiegesetz (→ 27.1.1.1.3.) vor (VwGH 20.10.2021, Ra 2021/09/0175).

961 Die bloße Befürchtung des Dienstnehmers, sich mit COVID-19 anzustecken, wird hierfür im Regelfall nicht ausreichend sein. Begründet kann hingegen eine Selbstisolation nach einer Reise in ein Risikogebiet (sofern kein Verschulden vorliegt) oder der Kontakt zu einem Infizierten ohne verpflichtende Absonderung sein. Weist der Dienstnehmer Krankheitssymptome auf, liegt eine Dienstverhinderung aufgrund eines Krankenstandes vor (→ 25.).

962 „Geimpft" oder „Getestet" oder „Genesen". Vgl. dazu ausführlich § 2 Abs. 2 4. COVID-19-Maßnahmenverordnung.

möglich. Kommt diese Vereinbarung nicht zustande, endet der Entgeltanspruch des Arbeitnehmers (bei aufrechtem Arbeitsverhältnis) für die Zeit der Nichtvorlage des 3G-Nachweises. In weiterer Folge endet auch die Pflichtversicherung[963] und eine **Abmeldung mit dem Abmeldegrund „SV-Ende – Beschäftigung aufrecht"** ist erforderlich. Es ist kein BV-Beitrag abzuführen. Nach Vorlage des 3G-Nachweises lebt der Entgeltanspruch wieder auf, sodass eine sozialversicherungsrechtliche Anmeldung zu erstatten ist (vgl. auch ÖGK, Newsletter Nr. 13/November 2021).

Der Arbeitgeber kann den Arbeitnehmer bei fehlendem 3G-Nachweis nach den allgemeinen Bestimmungen kündigen (→ 32.1.4.), das Vorliegen eines Entlassungsgrundes ist im Einzelfall zu prüfen, wobei hierfür wohl eine längerfristige bzw. beharrliche Nichtvorlage bestehen muss.

Regelungen für Angestellte:

Der Angestellte behält ferner (d.h. zusätzlich zur Dienstverhinderung durch Krankheit oder Unglücksfall) den Anspruch auf das Entgelt (→ 9.1.), wenn er durch andere wichtige, seine Person betreffende Gründe ohne sein Verschulden **während einer verhältnismäßig kurzen Zeit**[964] an der Leistung seiner Dienste verhindert wird (§ 8 Abs. 3 AngG).

Die Bestimmung des § 8 Abs. 3 AngG stellt relativ zwingendes Recht (→ 2.1.1.2.) dar, d.h., dass diese allgemeine Regel für den Angestellten **nicht** durch Dienstvertrag, Betriebsvereinbarung oder durch Kollektivvertrag zu seinen Ungunsten **abgeändert** oder **eingeschränkt** werden kann. Die kollektivvertragliche Gewährung einer fixen Zeitspanne bedeutet demnach bloß, dass der Angestellte zwar den Grund, nicht aber den konkreten Zeitaufwand nachweisen muss.

Beispiel

- Beerdigung eines im Ausland lebenden Elternteils.
- Der Kollektivvertrag regelt:
  Bei angezeigtem und nachträglich nachgewiesenem Eintritt nachstehender Familienangelegenheiten besteht gem. § 8 Abs. 3 AngG Anspruch auf Fortzahlung des Entgelts, z.B. in folgenden Fällen:
  ....
  bei Teilnahme an der Beerdigung der Eltern, Schwiegereltern, Kinder, Geschwister oder Großeltern (ein Arbeitstag),
  ....

Variante a)

Der Angestellte benötigt einen freien Tag.

Lösung:

Der Angestellte muss die Beerdigung des Elternteils nachweisen, nicht jedoch den genauen Zeitaufwand.

963 Dies gilt nicht für Lehrlinge, bei denen die Pflichtversicherung stets erst mit dem Ende des Lehrverhältnisses endet.

964 Obwohl das AngG keine zeitliche Höchstgrenze für die Fortzahlung des Entgelts vorsieht, kann der Zeitraum **einer Woche** je Hinderungsfall als **übliches Ausmaß** angesehen werden. Ausnahmefälle betreffend sind Judikatur und die überwiegende Lehre der Ansicht, dass nach richterlichem Ermessen die Wochengrenze überschritten werden kann.

Variante b)

Der Angestellte benötigt drei freie Tage.

Lösung:

Der Angestellte muss nicht nur die Beerdigung, sondern auch seinen unbedingt notwendigen erhöhten Zeitaufwand nachweisen. Bei erfolgtem Nachweis der Notwendigkeit des erhöhten Zeitaufwands ist auch die zusätzliche Freizeit voll zu entlohnen.

Regelungen für Arbeiter:

Der Dienstnehmer behält ferner (d.h. zusätzlich zur Dienstverhinderung durch Krankheit oder Unglücksfall) den Anspruch auf das Entgelt (→ 9.1.), wenn er durch andere wichtige, seine Person betreffende Gründe ohne sein Verschulden **während einer verhältnismäßig kurzen Zeit**[965] an der Dienstleistung verhindert wird (§ 1154b Abs. 5 ABGB).

Eine Einschränkung der oben angeführten Bestimmungen des ABGB zu den persönlichen Dienstverhinderungen für Arbeiter ist nicht mehr möglich. Kollektivverträge können Gründe sowie Anspruchsdauer einer persönlichen Dienstverhinderung somit auch für Arbeiter nur beispielhaft aufzählen bzw. Mindestansprüche gewähren. Arbeiter können sich bei persönlichen Dienstverhinderungen direkt auf die gesetzliche Bestimmung des ABGB berufen.

Regelungen für Lehrlinge:

Für kaufmännische Lehrlinge gilt insb. der jeweilige Angestellten-Kollektivvertrag, nicht aber das AngG (→ 28.1.). Für gewerbliche Lehrlinge gilt der Arbeiter-Kollektivvertrag.

Kollektivverträge können die Gründe sowie die Anspruchsdauer einer persönlichen Dienstverhinderung auch für Lehrlinge nur mehr beispielhaft aufzählen bzw. Mindestansprüche gewähren. Lehrlinge können somit bei persönlichen Dienstverhinderungen direkt auf die gesetzliche Bestimmung des ABGB berufen.

27.1.1.1.2. Einsatz als freiwilliger Helfer

Ist ein Dienstnehmer nach Antritt des Dienstverhältnisses wegen eines **Einsatzes**

- als freiwilliges Mitglied einer Katastrophenhilfsorganisation, eines Rettungsdienstes oder einer freiwilligen Feuerwehr bei einem Großschadensereignis nach § 3 des Katastrophenfondsgesetzes[966] oder
- als Mitglied eines Bergrettungsdienstes

an der Dienstleistung verhindert, so hat er einen Anspruch auf Fortzahlung des Entgelts, wenn das Ausmaß und die Lage der **Dienstfreistellung mit dem Dienstgeber vereinbart** wird (§ 8 Abs. 3a AngG, § 1154b Abs. 6 ABGB).

965 In der Regel eine Woche.

966 Ein Großschadensereignis ist eine Schadenslage, bei der während eines durchgehenden Zeitraums von zumindest acht Stunden insgesamt mehr als 100 Personen notwendig im Einsatz sind (§ 3 Z 3 lit. b Katastrophenfondsgesetz).

Es besteht **kein Rechtsanspruch** auf bezahlte Dienstfreistellung für Einsätze als freiwilliger Helfer. Die Freistellung unter Fortzahlung des Entgelts ist mit dem Dienstgeber zu vereinbaren.

Dienstgeber können unter bestimmten Voraussetzungen für die ihnen aus der Entgeltfortzahlung entstehenden Kosten Zuschüsse in Höhe von pauschal € 200,00 pro Dienstnehmer und Tag aus dem Katastrophenfonds beantragen (§ 3 Z 3 lit. b Katastrophenfondsgesetz).

27.1.1.1.3. Absonderung (Quarantäne) nach dem Epidemiegesetz

Wird ein Arbeitnehmer behördlich (mittels Bescheides) nach dem **Epidemiegesetz** abgesondert, d.h. wird über diesen eine **behördliche Quarantäne** verhängt (etwa aufgrund einer COVID-19-Erkrankung oder eines COVID-19-Verdachtsfalles), besteht ein **Anspruch auf Vergütung des regelmäßigen Entgelts** im Sinne des EFZG (→ 25.2.7.) **gegenüber dem Bund**, wobei der **Arbeitgeber** diesen Vergütungsbetrag an den Arbeitnehmer auszubezahlen hat (§ 32 Abs. 1 Epidemiegesetz).

Mit dieser Auszahlung geht der Vergütungsanspruch gegenüber dem Bund auf den Arbeitgeber über. Der Arbeitgeber hat **binnen drei Monaten ab Aufhebung der Quarantäne** einen **Vergütungsantrag** bei der zuständigen Bezirksverwaltungsbehörde einzubringen (§ 49 Epidemiegesetz).

Der Vergütungsanspruch gegenüber dem Bund umfasst neben anteiligen Sonderzahlungen (vgl. VwGH 24.6.2021, Ra 2021/09/0094) auch die vom Arbeitgeber zu entrichtenden **Dienstgeberanteile in der gesetzlichen Sozialversicherung**[967].

Für die Zeit der Absonderung liegt grundsätzlich **kein Krankenstand** (→ 25.) vor, da die Bestimmungen des Epidemiegesetzes jenen des AngG bzw. EFZG nach derzeitiger Praxis und überwiegender Ansicht als *lex specialis* vorgehen. Diese Tage stellen daher – trotz etwaiger (COVID-19-)Erkrankung – keine Krankenstandstage dar und kürzen nicht das Entgeltfortzahlungskontingent.

Absonderungen (Quarantänen) **außerhalb des Epidemiegesetzes** (nach einer anderen Rechtsnorm bzw. i.Z.m. Auslandssachverhalten, für die das Epidemiegesetz nicht greift) sind wie folgt zu beurteilen:

- Bei Vorliegen einer Erkrankung gelten die Entgeltfortzahlungsbestimmungen im Krankenstand (→ 25.), sodass Voraussetzung für eine Entgeltfortzahlung ist, dass den Arbeitnehmer an der Erkrankung kein Vorsatz und keine grobe Fahrlässigkeit trifft.
- Liegt keine Erkrankung vor, ist die Entgeltfortzahlungspflicht nach den persönlichen Dienstverhinderungsgründen zu beurteilen, wobei auch hier kein Verschulden des Arbeitnehmers vorliegen darf (→ 27.1.1.1.1.).

Bei Reisen in Risikogebiete mit bestehender Reisewarnung oder bei Missachtung von Abstandsregeln oder Hygienevorschriften wird daher der Entgeltfortzahlungs-

967 Arbeitslosenversicherungsbeiträge werden aktuell nicht erstattet – vgl. dazu u.a. m.w.N. LVwG Niederösterreich 18.11.2021, LVwG-AV-1200/001-2021. Auch der IESG-Zuschlag und der Wohnbauförderungsbeitrag werden nicht ersetzt.

anspruch des Arbeitnehmers im Regelfall entfallen (vgl. auch BMA, Handbuch COVID-19: Urlaub und Entgeltfortzahlung, abrufbar unter www.bma.gv.at).

Ist der Arbeitnehmer bereits **vor Ausstellung des Absonderungsbescheides** vom Dienst ferngeblieben, besteht kein Anspruch des Arbeitnehmers auf Entgeltfortzahlung nach dem Epidemiegesetz bzw. kein Ersatzanspruch des Arbeitgebers gegenüber der Bezirksverwaltungsbehörde. Folgende Möglichkeiten bestehen:

- Liegen Tage eines Krankenstandes vor, ist die Entgeltfortzahlung nach diesen Bestimmungen vorzunehmen (→ 25.).
- Ist der Arbeitnehmer mit Zustimmung des Arbeitgebers dem Dienst ferngeblieben, hat eine Entgeltfortzahlung nach dem AngG bzw. ABGB zu erfolgen (→ 27.1.1.1.1.).
- Ist der Arbeitnehmer ohne Zustimmung des Arbeitgebers dem Dienst ferngeblieben und bestehen hierfür keine ausreichenden Gründe, besteht kein Anspruch auf Entgeltfortzahlung gegenüber dem Arbeitgeber.

Die **Auszahlung des Vergütungsbetrags durch den Arbeitgeber** stellt eine Art „Vorleistung" einer staatlichen Entschädigung und damit kein Entgelt für Arbeitsleistung dar. Der Vergütungsanspruch ist

SV	LSt	DB zum FLAF (→ 37.3.3.3.)	DZ (→ 37.3.4.3.)	KommSt (→ 37.4.1.3.)
pflichtig (als lfd. oder sonst. Bez.)	pflichtig (als lfd. oder sonst. Bez.)[968]	frei	frei	frei

zu behandeln. Eine Aufteilung in Entgelt für Arbeitsleistung und Entgelt für Absonderungszeiten in der Personalverrechnung ist daher sinnvoll bzw. erforderlich.

Sind im laufenden Arbeitslohn an den Arbeitnehmer im Kalenderjahr 2020 bzw. für Lohnzahlungszeiträume, die vor dem 1.7.2021 enden sowie für die Kalendermonate November und Dezember 2021, steuerfreie **Zulagen und Zuschläge** enthalten, die u.a. auch bei Dienstverhinderung (z.B. Quarantäne) wegen der COVID-19-Krise weitergezahlt werden, bleiben diese im Ausmaß wie vor der COVID-19-Krise steuerfrei (→ 18.). Für das Kalenderjahr 2022 besteht zum Zeitpunkt der Drucklegung dieses Buches keine derartige Bestimmung, sodass fortbezahlte Zulagen und Zuschläge steuerpflichtig abzurechnen sind.

Kann die Strecke Wohnung–Arbeitsstätte u.a. bei Dienstverhinderung (z.B. Quarantäne) wegen der COVID-19-Krise nicht mehr bzw. nicht an jedem Arbeitstag zurückgelegt werden, kann im Kalenderjahr 2020 sowie für Lohnzahlungszeiträume, die vor dem 1.7.2021 enden sowie für die Kalendermonate November und Dezember 2021, das **Pendlerpauschale sowie der Pendlereuro** (→ 14.2.2.) im Ausmaß wie vor der COVID-19-Krise berücksichtigt werden. Für das Kalenderjahr 2022 besteht zum Zeitpunkt der Drucklegung dieses Buches keine derartige Bestimmung.

Zur Urlaubsvereinbarung während einer Absonderung siehe Punkt 26.2.4.

968 Die im fortgezahlten Entgelt enthaltenen laufenden Bezüge erhöhen das Jahressechstel, sonstige Bezüge sind auf das Jahressechstel anzurechnen (BMF-Information zur abgabenrechtlichen Behandlung des Verdienstentganges an Arbeitnehmer gem. § 32 EpiG vom 4.2.2021, 2021-0.049.190).

27.1.1.2. Familienhospizkarenz

Unter Familienhospizkarenz fallen die **Sterbebegleitung** (§ 14a AVRAG) und die **Begleitung eines schwersterkrankten Kindes** (§ 14b AVRAG).

Der Arbeitnehmer kann

- zum Zweck der **Sterbebegleitung naher Angehöriger** (wie für Ehegatte und dessen Kinder, Eltern, Großeltern, Adoptiv- und Pflegeeltern, Kinder, Enkelkinder, Stiefkinder, Adoptiv- und Pflegekinder, Lebensgefährte und für dessen Kinder, den [im „Partnerschaftsbuch“] eingetragenen Partner, → 3.6. und für dessen Kinder sowie für Geschwister, Schwiegereltern und Schwiegerkinder)

> Es muss **kein gemeinsamer Haushalt** gegeben sein.

  oder

- zum Zweck der **Begleitung schwersterkrankter Kinder** (auch für Adoptiv-, Pflegekinder oder leibliche Kinder des anderen Ehegatten, des [im „Partnerschaftsbuch“] eingetragenen Partners, → 3.6., oder Lebensgefährten)

> Die Kinder müssen im **gemeinsamen Haushalt** der begleitenden Person **leben.**

schriftlich[969]

- eine **Änderung** der Lage der Normalarbeitszeit,
- eine **Herabsetzung** der Arbeitszeit (= Teilzeit-Familienhospizkarenz) oder
- eine **Freistellung** gegen Entfall des Entgelts[970]

verlangen.

Die Familienhospizkarenz (Hospizkarenz) kann

- für **einen Angehörigen** (Verwandten, schwerst erkranktes Kind)
- gleichzeitig auch von **mehreren Arbeitnehmern** in Anspruch genommen werden.

Es ist unerheblich, ob sich der nahe Angehörige oder das Kind in **häuslicher** Pflege oder in **Anstaltspflege** befindet.

Der Arbeitnehmer hat den **Grund** für die Maßnahme (Hospizkarenz) und deren Verlängerung als auch das **Verwandtschaftsverhältnis glaubhaft**[971] **zu machen**. Auf Verlangen des Arbeitgebers ist eine schriftliche Bescheinigung über das Verwandtschaftsverhältnis vorzulegen (§ 14a Abs. 2 AVRAG).

Die **Änderung** der Normalarbeitszeit (Reduzierung bzw. Nullstellung) kann vorerst für einen bestimmten, **drei Monate** nicht übersteigenden Zeitraum beantragt werden.

---

969 In dieser schriftlichen Mitteilung hat der Arbeitnehmer darzulegen, welche Maßnahme er in Anspruch zu nehmen beabsichtigt, wie lange diese Maßnahme dauern und wann diese angetreten werden soll. Eine allfällige Verlängerung der Maßnahme ist dem Arbeitgeber ebenso schriftlich bekannt zu geben.

970 Der Arbeitnehmer kann
- die **Lage** seiner bisherigen Arbeitszeit z.B. vom Tagdienst auf den Nachtdienst, von der Vormittagsschicht auf die Nachmittagsschicht **verschieben**,
- seine bisherige **Arbeitszeit** (Voll- bzw. Teilzeit) **reduzieren** oder
- sich **gänzlich karenzieren** lassen.

Welche der Möglichkeiten der Arbeitnehmer wählt, bleibt ihm überlassen.

971 Der Grund für die Familienhospizkarenz kann z.B. durch eine Bestätigung des Arztes, dass der Angehörige lebensbedrohlich erkrankt ist, oder durch entsprechende Zeugenaussagen glaubhaft gemacht werden. Der Arbeitgeber ist aber nicht berechtigt, die Erbringung eines bestimmten Nachweises vorzuschreiben.

Eine Verlängerung ist zulässig, wobei die Gesamtdauer pro Anlassfall[972] mit **sechs Monaten begrenzt** ist (§ 14a Abs. 1 AVRAG).

Für den Fall der **Begleitung schwersterkrankter Kinder** (Wahl-, Pflegekinder oder leibliche Kinder des anderen Ehegatten, des eingetragenen Partners oder Lebensgefährten) gelten anstelle der vorstehenden drei Monate **fünf Monate** und anstelle der sechs Monate **neun Monate**. Wurde die Maßnahme für einen Anlassfall bereits voll ausgeschöpft, kann diese nochmals höchstens zweimal in der Dauer von jeweils höchstens neun Monaten verlangt werden, wenn dies anlässlich einer weiteren medizinisch notwendigen Therapie für das schwersterkrankte Kind erfolgen soll (§ 14b AVRAG).

Der Arbeitnehmer kann die verlangte Maßnahme frühestens **fünf Arbeitstage**, die Verlängerung frühestens **zehn Arbeitstage** nach Zugang der schriftlichen Bekanntgabe **vornehmen**.

Ist der **Arbeitgeber** mit der Maßnahme **nicht einverstanden**, muss er **Klage beim Arbeits- und Sozialgericht** erheben, das dann über diese Klage unter Berücksichtigung

- der betrieblichen Erfordernisse und
- der Interessen des Arbeitnehmers

zu entscheiden hat.

Unabhängig davon kann der Arbeitnehmer die Sterbebegleitung bzw. die Begleitung des schwersterkrankten Kindes bis zur Entscheidung des Gerichts vornehmen, es sei denn, das zuständige Arbeits- und Sozialgericht untersagt auf Antrag des Arbeitgebers die Änderung der Arbeitszeit bzw. die Karenzierung mittels einstweiliger Verfügung nach § 381 Z 2 EO (§ 14a Abs. 3 AVRAG).

Der Arbeitnehmer hat dem Arbeitgeber den **Wegfall** der Maßnahme[973] **unverzüglich bekannt zu geben**. Er kann die vorzeitige Rückkehr zu der ursprünglichen Normalarbeitszeit nach zwei Wochen nach Wegfall der Sterbebegleitung verlangen. Ebenso kann der Arbeitgeber bei Wegfall der Sterbebegleitung die vorzeitige Rückkehr des Arbeitnehmers verlangen, sofern nicht berechtigte Interessen des Arbeitnehmers dem entgegenstehen (§ 14a Abs. 4 AVRAG).

Fallen in das jeweilige Arbeitsjahr Zeiten einer (gänzlichen) Freistellung gegen Entfall des Arbeitsentgelts, so gebührt ein **Urlaub, soweit dieser noch nicht verbraucht worden ist**, in dem Ausmaß, das dem um die Dauer der Freistellung von der Arbeitsleistung **verkürzten Arbeitsjahr** entspricht. Ergeben sich bei der Berechnung des Urlaubsausmaßes Teile von Werktagen, so sind diese auf ganze Werktage aufzurunden (→ 26.2.2.2.2.) (§ 14a Abs. 5 AVRAG). Die bloße Herabsetzung der täglichen Arbeitszeit führt zu keiner Reduzierung des Urlaubsausmaßes; wohl aber eine ev. Reduzierung der Arbeitstage (→ 26.2.2.1.).

Der Arbeitnehmer behält den Anspruch auf **sonstige, insb. einmalige Bezüge** i.S.d. § 67 Abs. 1 EStG in den Kalenderjahren, in die Zeiten einer (gänzlichen) Freistellung

972 Da sich aus dem Gesetz keinerlei Einschränkungen (etwa auf das Arbeits- oder Kalenderjahr) ergeben, kann Familienhospizkarenz, sofern die Voraussetzungen vorliegen, bei jedem Anlassfall in Anspruch genommen werden.

973 Durch Tod oder Genesung des Angehörigen.

gegen Entfall des Arbeitsentgelts fallen, in dem Ausmaß, das dem Teil des Kalenderjahrs entspricht, in den keine derartigen Zeiten fallen (**aliquoter Anspruch**, → 23.2.3.4.). Für den Arbeitnehmer günstigere Regelungen werden dadurch nicht berührt (§ 14a Abs. 6 AVRAG).

Hat ein Arbeitnehmer unterschiedlich hohen Gehalt (Lohn) deshalb erhalten, weil während des Kalenderjahrs wegen einer Hospizkarenz von einer **Vollzeitbeschäftigung** auf eine **Teilzeitbeschäftigung** (oder umgekehrt) übergegangen wurde, bestehen für die Berechnung der Sonderzahlungen (abhängig von der Regelung des anzuwendenden Kollektivvertrags) zwei Möglichkeiten:

1. Die Sonderzahlung bemisst sich nach der tatsächlichen Entgelthöhe zum Fälligkeitszeitpunkt (**Stichtagsberechnung**).
2. Die Sonderzahlung ist „gemischt" zu berechnen (zeitanteilig = **Mischsonderzahlung**, → 23.2.3.3.).

Sieht der Kollektivvertrag keine Regelung vor, ist die Sonderzahlung gemischt zu berechnen (OGH 27.9.2016, 8 ObS 12/16x, → 23.2.3.3.).

Darüber hinaus bestehen genaue gesetzliche Regelungen für

- die Berechnung der Abfertigung (→ 33.3.1.5.),
- die Berechnung der Ersatzleistung für Urlaubsentgelt (§ 10 Abs. 4 UrlG) (→ 26.2.9.1.),
- den Kündigungs- und Entlassungsschutz (§ 15a AVRAG) (→ 32.2.3.).

Für die Dauer einer Teilzeit-Familienhospizkarenz hat der Arbeitgeber für die dem Betrieblichen Mitarbeiter- und Selbständigenvorsorgegesetz (BMSVG) unterliegenden Personen den **BV-Beitrag** zu entrichten. Näheres finden Sie unter Punkt 36.1.3.2.

Die Zeit der Inanspruchnahme der Familienhospizkarenz wird (bedingt durch das Fehlen einer gesetzlichen Kürzungsnorm) auf alle **zeitbezogenen Ansprüche** (z.B. Entgeltfortzahlungsanspruch im Krankheitsfall, Kündigungsfrist) **voll angerechnet**.

Beginnt oder endet eine Familienhospizkarenz im Fall einer (gänzlichen) Freistellung gegen Entfall des Entgelts während eines Kalendermonats, ist abrechnungsmäßig

- im Bereich der Sozialversicherung wie bei einer gebrochenen Abrechnungsperiode vorzugehen (→ 12.3.),
- im Bereich der Lohnsteuer ist als Lohnzahlungszeitraum der Kalendermonat[974] zu berücksichtigen (→ 11.5.2.1.).

Wird das **Arbeitsverhältnis** nach der Familienhospizkarenz im Fall einer Freistellung gegen Entfall des Entgelts **fortgesetzt**, gebührt das Entgelt unter Berücksichtigung ev. zwischenzeitlicher **Kollektivvertragserhöhungen** und ev. unter Berücksichtigung von **Bezugsvorrückungen** (z.B. Biennalsprüngen).

Sozialversicherungsrechtlich gilt Folgendes:

Die Inanspruchnahme und die Änderung (bzw. Verlängerung) einer Familienhospizkarenz ist dem Krankenversicherungsträger mittels **„Familienhospizkarenz/Pflegekarenz An-, Ab- und Änderungsmeldung"** zu melden (→ 39.1.1.1.2.).

---

974 Das **Pendlerpauschale** und der **Pendlereuro** sind für die Zeit der Familienhospizkarenz **nicht zu berücksichtigen.** Ob in dem Lohnzahlungszeitraum, in den eine solche Karenz fällt, Anspruch darauf gegeben ist, hängt von der Anzahl der tatsächlich in diesem Lohnzahlungszeitraum getätigten Fahrten (Wohnung–Arbeitsstätte) vor oder nach einer solchen Karenz ab (→ 14.2.2.).

Die An-, Ab- bzw. Änderungsmeldung zur Familienhospizkarenz ist **binnen sieben Tagen** nach dem Eintritt des meldepflichtigen Ereignisses zu erstatten.

Dienstnehmer, die wegen der Familienhospizkarenz

- kein Entgelt oder
- ein Entgelt bis zur Geringfügigkeitsgrenze

erhalten, bleiben **kranken- und pensionsversichert**; die Beiträge sind vom Bund zu tragen (vgl. § 29 Abs. 1–5 AlVG).

Für die Dauer der Familienhospizkarenz bzw. Teilzeit-Familienhospizkarenz gebührt **Pflegekarenzgeld**, welches beim Sozialministeriumservice geltend zu machen ist. Das Pflegekarenzgeld ist einkommensabhängig und gebührt grundsätzlich in derselben Höhe wie das Arbeitslosengeld, zumindest jedoch in der Höhe der monatlichen Geringfügigkeitsgrenze (→ 31.4.). Bei Teilzeit-Familienhospizkarenz gebührt aliquotes Pflegekarenzgeld (Differenzberechnung). Voraussetzung für den Bezug von Pflegekarenzgeld bzw. aliquotes Pflegekarenzgeld ist aber ein zumindest 3-monatiges – unmittelbar vor der Familienhospizkarenz bzw. Teilzeit-Familienhospizkarenz – bestehendes voll versichertes Dienstverhältnis (vgl. §§ 21c – 21f Bundespflegegeldgesetz).

27.1.1.3. Pflegekarenz – Pflegeteilzeit

Regelungen bezüglich der Pflegekarenz sieht der § 14c AVRAG, der Pflegeteilzeit der § 14d AVRAG vor.

Arbeitnehmer und Arbeitgeber können, sofern das Arbeitsverhältnis ununterbrochen **drei Monate** gedauert hat, schriftlich eine:

Pflegekarenz (gänzliche) Freistellung gegen Entfall des Arbeitsentgelts	oder eine	**Pflegeteilzeit**, also die Herabsetzung der wöchentlichen Normalarbeitszeit

- zum Zweck der (häuslichen) **Pflege** oder **Betreuung** eines **nahen Angehörigen** i.S.d. § 14a AVRAG[975],
- dem zum Zeitpunkt des Antritts der Pflegekarenz bzw. Pflegeteilzeit Pflegegeld ab der **Stufe 3** nach dem Bundespflegegeldgesetz gebührt,
- für die Dauer von mindestens **einem Monat bis zu drei Monaten** vereinbaren. Die Vereinbarung mehrerer Teile (zeitliche Unterbrechung) ist nicht zulässig.

> Die in der Pflegeteilzeit vereinbarte wöchentliche Normalarbeitszeit darf **zehn Stunden** nicht unterschreiten.

Die Vereinbarung der Pflegekarenz bzw. Pflegeteilzeit ist auch für die Pflege und Betreuung von demenziell[976] erkrankten oder minderjährigen nahen Angehörigen

975 Als nahe Angehörige gelten der Ehegatte und dessen Kinder, die Eltern, Großeltern, Adoptiv- und Pflegeeltern, die Kinder, Enkelkinder, Stiefkinder, Adoptiv- und Pflegekinder, der Lebensgefährte und dessen Kinder, der (im „Partnerschaftsbuch") eingetragene Partner (→ 3.6.) und dessen Kinder sowie die Geschwister, Schwiegereltern und Schwiegerkinder. Ein gemeinsamer Haushalt mit dem nahen Angehörigen ist nicht erforderlich.

976 Z.B. an Alzheimer erkrankte Angehörige.

zulässig, sofern diesen zum Zeitpunkt des Antritts der Pflegekarenz bzw. Pflegeteilzeit Pflegegeld ab der Stufe 1 zusteht.

Eine **Vereinbarung** hinsichtlich Pflegekarenz bzw. Pflegeteilzeit darf grundsätzlich **nur einmal** pro zu pflegenden bzw. betreuenden nahen Angehörigen geschlossen werden (§§ 14c Abs. 1, 14d Abs. 1 AVRAG).

Vereinbarungen, die **Änderungen** des Ausmaßes der Pflegeteilzeit vorsehen, sind **unzulässig.** Unzulässig sind daher sowohl die Vereinbarung eines zeitlichen Stufenplans (z.B. 20 Wochenstunden im ersten Monat, 10 Wochenstunden im zweiten Monat) als auch eine nachträgliche Änderung des Ausmaßes der ursprünglich vereinbarten Pflegeteilzeit.

Im Fall einer wesentlichen Erhöhung des Pflegebedarfs zumindest um eine Pflegegeldstufe ist jedoch einmalig eine **neuerliche Vereinbarung** der Pflegekarenz bzw. Pflegeteilzeit zulässig. Der Arbeitnehmer kann in einem solchen Fall Pflegekarenz oder Pflegeteilzeit vereinbaren (§ 14d Abs. 1 AVRAG).

Die Vereinbarung einer Pflegekarenz bzw. Pflegeteilzeit hat Beginn und Dauer der Pflegekarenz bzw. Pflegeteilzeit sowie das Ausmaß und die Lage der Teilzeitbeschäftigung (bei Pflegeteilzeit) zu enthalten. Dabei ist auf die Interessen des Arbeitnehmers und auf die Erfordernisse des Betriebs Rücksicht zu nehmen.

In Betrieben, in denen ein für den Arbeitnehmer zuständiger Betriebsrat errichtet ist, ist dieser auf Verlangen des Arbeitnehmers den Verhandlungen beizuziehen (§§ 14c Abs. 1, 14d Abs. 1 AVRAG).

Die Pflegekarenz bzw. Pflegeteilzeit wird auf freiwilliger Basis zwischen Arbeitgeber und Arbeitnehmer vereinbart. Demnach besteht **kein gesetzlicher Rechtsanspruch** darauf.

Hat der Arbeitnehmer eine Pflegekarenz bereits angetreten, ist die Vereinbarung einer Pflegeteilzeit für dieselbe zu pflegende bzw. betreuende Person unzulässig.	Hat der Arbeitnehmer eine Pflegeteilzeit bereits angetreten, ist die Vereinbarung einer Pflegekarenz für dieselbe zu pflegende bzw. zu betreuende Person unzulässig.

Der Arbeitnehmer darf die **vorzeitige Rückkehr** zu der ursprünglichen Normalarbeitszeit nach

1. der Aufnahme in stationäre Pflege oder Betreuung in Pflegeheimen und ähnlichen Einrichtungen,
2. der nicht nur vorübergehenden Übernahme der Pflege oder Betreuung durch eine andere Betreuungsperson sowie
3. dem Tod

des nahen Angehörigen verlangen. Die Rückkehr darf frühestens zwei Wochen nach der Meldung eines solchen Eintritts erfolgen (§§ 14c Abs. 3, 14d Abs. 3 AVRAG).

Die Pflegekarenz bzw. Pflegeteilzeit wird auf freiwilliger Basis zwischen Arbeitgeber und Arbeitnehmer vereinbart. Demnach besteht grundsätzlich **kein gesetzlicher Rechtsanspruch** darauf. Davon unbeschadet hat der Arbeitnehmer jedoch einen

Anspruch auf Pflegekarenz bzw. Pflegeteilzeit **von bis zu zwei Wochen**, wenn er zum Zeitpunkt des Antritts der Pflegekarenz bzw. Pflegeteilzeit in einem Betrieb **mit mehr als fünf Arbeitnehmern**[977] beschäftigt ist. Sobald dem Arbeitnehmer der Zeitpunkt des Beginns der beabsichtigten Pflegekarenz bzw. Pflegeteilzeit bekannt ist, hat er dies dem Arbeitgeber mitzuteilen. Auf Verlangen sind dem Arbeitgeber binnen einer Woche die Pflegebedürftigkeit der zu pflegenden Person zu bescheinigen und das Angehörigenverhältnis glaubhaft zu machen. Kommt während dieser Pflegekarenz bzw. Pflegeteilzeit keine Vereinbarung über eine Pflegekarenz bzw. Pflegeteilzeit zustande, so hat der Arbeitnehmer **Anspruch** auf Pflegekarenz bzw. Pflegeteilzeit **für bis zu weitere zwei Wochen**. Die auf Grund des Rechtsanspruchs verbrachten Zeiten der Pflegekarenz bzw. Pflegeteilzeit sind auf die gesetzlich mögliche Dauer der vereinbarten Pflegekarenz bzw. Pflegeteilzeit (maximal drei Monate) anzurechnen (§§ 14c Abs. 4a, 14d Abs. 4a AVRAG).

Pflegekarenz bzw. Pflegeteilzeit können auch Arbeitnehmer, die in einem **befristeten Arbeitsverhältnis** in **Saisonbetrieben** stehen, vereinbaren. In diesem Fall kann die Pflegekarenz bzw. Pflegeteilzeit bereits nach zwei Monaten beginnen, sofern eine Beschäftigung von insgesamt mindestens drei Monaten innerhalb der letzten vier Jahre zum selben Arbeitgeber vorliegt.

Der Anspruch auf **Sonderzahlungen** steht für den Teil des Kalenderjahrs zu, in den keine Pflegekarenzzeiten fallen (**aliquoter Anspruch**, → 23.2.3.4.).

Fallen in ein Kalenderjahr auch Zeiten einer Pflegeteilzeit, gebühren die **Sonderzahlungen** in dem der Vollzeit- und Teilzeitbeschäftigung entsprechenden Ausmaß im Kalenderjahr. Die Höhe der Sonderzahlungen ist demnach **gemischt zu berechnen** (→ 23.2.3.3.).

Darüber hinaus bestehen genaue gesetzliche Regelungen für

- die Berechnung der Abfertigung (→ 33.3.1.5.) und
- die Berechnung der Ersatzleistung für Urlaubsentgelt (→ 26.2.9.1.) (§§ 14c Abs. 4 und 5, 14d Abs. 4 und 5 AVRAG).

Für die Dauer einer Pflegeteilzeit hat der Arbeitgeber für die dem Betrieblichen Mitarbeiter- und Selbständigenvorsorgegesetz (BMSVG) unterliegenden Personen den **BV-Beitrag** zu entrichten. Näheres finden Sie unter Punkt 36.1.3.2.

977 Für die Ermittlung der Arbeitnehmerzahl ist maßgeblich, wie viele Arbeitnehmer regelmäßig im Betrieb beschäftigt werden. In Betrieben mit saisonal schwankender Arbeitnehmerzahl gilt das Erfordernis der Mindestanzahl der Arbeitnehmer als erfüllt, wenn die Arbeitnehmerzahl im Jahr vor dem Antritt der Pflegekarenz bzw. Pflegeteilzeit durchschnittlich mehr als fünf Arbeitnehmer betragen hat (sinngemäße Anwendung von § 15h Abs. 3 MSchG). Zur Frage, wer als Arbeitnehmer zu werten ist, siehe Punkt 27.1.4.3.1.

Soweit nicht anderes vereinbart ist, bleibt die Zeit der Pflegekarenz bei **Rechtsansprüchen** des Arbeitnehmers, die sich nach der Dauer der Dienstzeit richten (z.B. Abfertigung, Kündigungsfrist), **außer Betracht** (§ 14c Abs. 5 AVRAG).
Fallen in das jeweilige Dienstjahr Zeiten einer Pflegekarenz, so gebührt ein **Urlaub, soweit dieser noch nicht verbraucht worden** ist, in dem Ausmaß, das dem um die Dauer der Pflegekarenz **verkürzten Dienstjahr** entspricht (**aliquoter Anspruch**, → 23.2.3.4.). Ergeben sich bei der Berechnung des Urlaubsausmaßes Teile von Werktagen, so sind diese auf ganze Werktage aufzurunden (→ 26.2.2.2.2.) (§ 14c Abs. 5 AVRAG).
Beginnt oder endet eine Pflegekarenz während eines Kalendermonats, ist abrechnungsmäßig ● im Bereich der Sozialversicherung wie bei einer gebrochenen Abrechnungsperiode vorzugehen (→ 12.3.), ● im Bereich der Lohnsteuer ist als Lohnzahlungszeitraum der Kalendermonat[978] zu berücksichtigen (→ 11.5.2.1.). Wird das Arbeitsverhältnis nach der Pflegekarenz fortgesetzt, gebührt das Entgelt unter Berücksichtigung ev. zwischenzeitlicher **Kollektivvertragserhöhungen**, **nicht** aber unter Berücksichtigung von **Bezugsvorrückungen** (z.B. Biennalsprüngen).

Für die Dauer einer in Pflegekarenz bzw. Pflegeteilzeit fallenden

- Schutzfrist (→ 27.1.3.), einer
- Karenz gem. MSchG bzw. VKG (→ 27.1.4.) sowie eines
- Präsenz-, Ausbildungs- oder Zivildienstes (→ 27.1.6.)

978 Das **Pendlerpauschale** und der **Pendlereuro** sind für die Zeit der Pflegekarenz **nicht zu berücksichtigen**. Ob in dem Lohnzahlungszeitraum, in den eine solche Karenz fällt, Anspruch darauf gegeben ist, hängt von der Anzahl der tatsächlich in diesem Lohnzahlungszeitraum getätigten Fahrten (Wohnung– Arbeitsstätte) vor oder nach der Pflegekarenz ab (→ 14.2.2.).

ist die **Vereinbarung** über die Pflegekarenz bzw. Pflegeteilzeit **unwirksam** (§§ 14c Abs. 5, 14d Abs. 5 AVRAG).

Der Arbeitnehmer ist während der Pflegekarenz bzw. Pflegeteilzeit **kündigungsgeschützt** (allgemeiner Motivkündigungsschutz). Daher kann eine Kündigung, die wegen einer beabsichtigten oder tatsächlich in Anspruch genommenen Pflegekarenz bzw. Pflegeteilzeit ausgesprochen wird, bei Gericht angefochten werden (→ 32.2.).

Lässt der Arbeitnehmer die ausgesprochene Kündigung gegen sich gelten, hat er einen Anspruch auf **Kündigungsentschädigung** (→ 33.4.2.) (§ 15 Abs. 1, 2 AVRAG).

Sozialversicherungsrechtlich gilt Folgendes:

Die Inanspruchnahme und die Änderung (bzw. Verlängerung) einer Pflegekarenz bzw. Pflegeteilzeit sind dem Krankenversicherungsträger mittels **„Familienhospizkarenz/Pflegekarenz An-, Ab- und Änderungsmeldung"** zu melden (→ 39.1.1.1.2.).

Die An-, Ab- bzw. Änderungsmeldung zur Pflegekarenz/-teilzeit ist **binnen sieben Tagen** nach dem Eintritt des meldepflichtigen Ereignisses zu erstatten.

Dienstnehmer, die wegen der Pflegekarenz bzw. Pflegeteilzeit

- kein Entgelt oder
- ein Entgelt bis zur Geringfügigkeitsgrenze (→ 31.4.)

erhalten, bleiben **kranken- und pensionsversichert**; die Beiträge sind vom Bund zu tragen (vgl. § 29 Abs. 1–5 AlVG).

Für die Dauer der Pflegekarenz bzw. Pflegeteilzeit gebührt **Pflegekarenzgeld**, welches beim Sozialministeriumservice geltend zu machen ist. Das Pflegekarenzgeld ist einkommensabhängig und gebührt grundsätzlich in derselben Höhe wie das Arbeitslosengeld, zumindest jedoch in der Höhe der monatlichen Geringfügigkeitsgrenze (→ 31.3.). Bei Pflegeteilzeit gebührt aliquotes Pflegekarenzgeld (Differenzberechnung). Voraussetzung für den Bezug von Pflegekarenzgeld bzw. aliquotes Pflegekarenzgeld ist aber ein zumindest 3-monatiges – unmittelbar vor der Pflegekarenz bzw. Pflegeteilzeit – bestehendes voll versichertes Dienstverhältnis (vgl. §§ 21c–21f Bundespflegegeldgesetz).

Zusammenfassende Darstellung:

<table>
<tr><th></th><th>Pflegekarenz</th><th colspan="2">Pflegeteilzeit</th></tr>
<tr><td rowspan="2">Merkmale</td><td rowspan="2">Bei der Pflegekarenz wird die Arbeitszeit auf „null" reduziert, das Arbeitsverhältnis bleibt arbeitsrechtlich aber weiterhin aufrecht.</td><td colspan="2">Bei der Pflegeteilzeit erfolgt eine Verringerung der Arbeitszeit, wobei die wöchentliche Normalarbeitszeit zehn Stunden nicht unterschreiten darf. Diese Verminderung kann zwei Folgen haben:</td></tr>
<tr><td>Das Entgelt des Arbeitnehmers bleibt über der Geringfügigkeitsgrenze (→ 31.4.).</td><td>Das Entgelt des Arbeitnehmers sinkt auf bzw. unter die Geringfügigkeitsgrenze (→ 31.4.).</td></tr>
</table>

	Pflegekarenz	**Pflegeteilzeit**	
Meldungen des Arbeitgebers	**Anmeldung zur Pflegekarenz** gegen Entfall des Entgelts mittels „Familienhospizkarenz/Pflegekarenz Anmeldung“. Es ist keine (zusätzliche) Abmeldung von der Pflichtversicherung durchzuführen. Für die **Abmeldung** von der Pflegekarenz ist eine „Familienhospizkarenz/Pflegekarenz Abmeldung“ zu erstatten.	**Keine besondere Meldung**; monatliche Beitragsgrundlagenmeldung.	**Anmeldung zur Pflegeteilzeit** mittels „Familienhospizkarenz/Pflegekarenz Anmeldung“ – Karenzart „Pflegeteilzeit mit Herabsetzung Entgelt unter Geringfügigkeitsgrenze ab 01.01.2014“. Es ist keine (zusätzliche) Abmeldung von der Pflichtversicherung durchzuführen. Die **Änderung** von einem vollversicherungspflichtigen zu einem geringfügigen Beschäftigungsverhältnis kann gemeldet werden, solage noch keine monatliche Beitragsgrundlagenmeldung erstattet wurde. Für die **Abmeldung** von der Pflegekarenz ist eine „Familienhospizkarenz/Pflegekarenz Abmeldung“ zu erstatten.
Beiträge	Es sind **weder** vom Arbeitgeber **noch** vom Arbeitnehmer **Beiträge** zur Sozialversicherung bzw. **BV-Beiträge zu entrichten.**	Die **Beiträge** zur Sozialversicherung sind vom **verminderten Entgelt** zu entrichten. **Den BV-Beitrag** hat der Arbeitgeber allerdings von der **Beitragsgrundlage vor Herabsetzung** des Entgelts zu leisten.	Für die geringfügige Beschäftigung hat der Arbeitgeber weiterhin den **Unfallversicherungsbeitrag** sowie den **BV-Beitrag** zu entrichten. Der BV-Beitrag ist allerdings von der **Beitragsgrundlage vor Herabsetzung** des Entgelts zu leisten.
Soziale Absicherung[979]	Der **Arbeitnehmer bleibt** trotz des karenzierten Arbeitsverhältnisses auf Grund der Bestimmungen des AlVG **kranken- und pensionsversichert**. Die Beiträge (inkl. der BV-Beiträge) werden vom Bund getragen. **Pflegekarenzgeld** kann beim Sozialministeriumservice beantragt werden.	Der **Arbeitnehmer bleibt** auf Grund des Arbeitsverhältnisses **kranken-, pensions- und unfallversichert**. Ein aliquotes **Pflegekarenzgeld** kann beim Sozialministeriumservice beantragt werden. Dieses aliquote Pflegekarenzgeld führt zu einer zusätzlichen Teilversicherung in der Pensionsversicherung (die Beiträge hierzu werden vom Bund getragen).	Der **Arbeitnehmer bleibt** (trotz des geringfügigen Beschäftigungsverhältnisses) **nicht nur unfall-**, sondern auf Grund der Bestimmungen des AlVG auch **kranken- und pensionsversichert**. Ein aliquotes **Pflegekarenzgeld** kann beim Sozialministeriumservice beantragt werden (das aliquote Pflegekarenzgeld begründet eine Pensionsversicherung).

(ÖGK, DGservice Nr. 2/Mai 2021)

979 Für (bereits vor der Pflegekarenz oder vor einer Pflegeteilzeit) geringfügig Beschäftigte, die eine Pflegekarenz oder eine Pflegeteilzeit vereinbaren, tritt kein Kranken- und Pensionsversicherungsschutz ein.

Beispiele zur Pflegekarenz und Pflegeteilzeit:

Fall	Entgelt/Mo. vor Herabsetzung	Entgelt/Mo. nach Herabsetzung	KV-, UV-, PV-, AV-Beiträge	BV-Beiträge (BV)	Soziale Absicherung des Arbeitnehmers
A	€ 1.000,00 (über Geringfügigkeitsgrenze)	€ 0,00	Keine Beitragspflicht	Keine Beitragspflicht	Auf Grund der Bestimmungen des § 29 Abs. 1 AIVG bleibt die Pflichtversicherung in der KV und PV aufrecht.
B	€ 700,00 (über Geringfügigkeitsgrenze)	€ 390,00 (unter Geringfügigkeitsgrenze)	Zahlung UV (Beitragsgrundlage = € 390,00)	Zahlung BV von € 700,00	Auf Grund der Bestimmungen des § 29 Abs. 1 AIVG bleibt die Pflichtversicherung in der KV und PV aufrecht.
C	€ 3.500,00 (über Geringfügigkeitsgrenze)	€ 490,00 (über Geringfügigkeitsgrenze)	Zahlung KV, UV, PV, AV (Beitragsgrundlage = € 490,00)	Zahlung BV von € 3.500,00	Nach den Bestimmungen des ASVG und AIVG weiterhin KV, UV, PV, AV auf Grund des Entgelts über der Geringfügigkeitsgrenze.
D	€ 390,00 (unter Geringfügigkeitsgrenze)	€ 0,00	Keine Beitragspflicht	Keine Beitragspflicht	Auf Grund des vollständigen Entfalls des Entgelts besteht kein Schutz in der Unfallversicherung mehr. Eine zusätzliche Pflichtversicherung in der KV und PV tritt nicht ein.
E	€ 390,00 (unter Geringfügigkeitsgrenze)	€ 200,00 (unter Geringfügigkeitsgrenze)	Zahlung UV (Beitragsgrundlage = € 200,00)	Zahlung BV von € 390,00	Der Unfallversicherungsschutz besteht weiter. Eine zusätzliche Pflichtversicherung in der KV und PV tritt nicht ein.

AV = Arbeitslosenversicherung
KV = Krankenversicherung
PV = Pensionsversicherung
UV = Unfallversicherung

27.1.1.4. Karenz wegen Bezugs von Rehabilitations- oder Umschulungsgeld

Bezieht ein Arbeitnehmer Rehabilitationsgeld gem. § 143a ASVG oder Umschulungsgeld gem. § 39b AlVG aufgrund einer **vorübergehenden Invalidität bzw. Berufsunfähigkeit** (→ 25.2.), ruhen für die Dauer des Bezugs die wechselseitigen Hauptleistungspflichten aus dem Dienstverhältnis sowie die Entgeltfortzahlungspflicht des Arbeitgebers (§ 15b Abs. 1 AVRAG). Das Dienstverhältnis ist somit karenziert[980].

Für die Dauer dieser Karenz **wachsen dienstzeitabhängige Ansprüche nicht weiter** an. Der Arbeitnehmer behält den Anspruch auf **sonstige Bezüge** i.S.d. § 67 Abs. 1 EStG im Karenzjahr nur in **aliquotem Ausmaß** für die Zeiten ohne Karenz. Der **Urlaub** gebührt im Urlaubsjahr der Karenz, soweit dieser noch nicht verbraucht worden ist, in dem **aliquoten Ausmaß**, das dem um die Dauer der Karenz verkürzten Urlaubsjahr entspricht (§ 15b Abs. 2 AVRAG).

Nähere Informationen dazu finden Sie unter Punkt 25.2. und 25.8.

27.1.1.5. COVID-19-Sonderbetreuungszeit

Werden **Einrichtungen** (Lehranstalten bzw. Kinderbetreuungseinrichtungen etc.) im Zeitraum zwischen 1.1.2022 und – vorerst – 31.3.2022[981] **auf Grund behördlicher**

980 Dies gilt nicht bei Bezug von Teilrehabilitationsgeld (vgl EBzRV zu § 15b AVRAG).
981 Wenn dies auf Grund der epidemiologischen Gesamtsituation erforderlich ist, hat der Bundesminister für Arbeit nach den derzeit geltenden gesetzlichen Bestimmungen den Endtermin 31.3.2022 durch Verordnung zu

Maßnahmen teilweise oder vollständig geschlossen[982], so hat der Arbeitnehmer[983] gemäß § 18b AVRAG

- für die **notwendige**[984] **Betreuung von Kindern bis zum vollendeten 14. Lebensjahr,** für die eine Betreuungspflicht besteht,

Anspruch auf eine Sonderbetreuungszeit unter Fortzahlung des Entgelts im Ausmaß von **insgesamt bis zu drei Wochen** ab dem Zeitpunkt der behördlichen Schließung von Lehranstalten und Kinderbetreuungseinrichtungen. In Anspruch genommene Sonderbetreuungszeiten aus früheren Phasen (vor dem 1.1.2022) werden auf diesen Anspruch nicht angerechnet, d.h. kürzen diesen nicht. Sonderbetreuungszeit kann wochenweise, tageweise oder halbtageweise (nicht jedoch stundenweise) konsumiert werden.

Der Arbeitnehmer hat den Arbeitgeber unverzüglich nach Bekanntwerden der Schließung zu verständigen und alles Zumutbare zu unternehmen, damit die vereinbarte Arbeitsleistung zustande kommt.

Dasselbe gilt,

- wenn ein **Kind bis zum vollendeten 14. Lebensjahr**, für das eine Betreuungspflicht besteht, nach den Bestimmungen des Epidemiegesetzes **abgesondert** wird, oder
- wenn eine **Betreuungspflicht für Menschen mit Behinderungen** besteht, die in einer Einrichtung der Behindertenhilfe oder einer Lehranstalt für Menschen mit Behinderungen bzw. einer höher bildenden Schule betreut oder unterrichtet werden, und diese Einrichtung oder Lehranstalt bzw. höher bildende Schule **auf Grund behördlicher Maßnahmen teilweise oder vollständig geschlossen** wird, oder auf Grund **freiwilliger Maßnahmen** die Betreuung von Menschen mit Behinderung zu Hause erfolgt, oder
- für **Angehörige von pflegebedürftigen Personen,** wenn deren Pflege oder Betreuung in Folge des Ausfalls einer Betreuungskraft nach dem Hausbetreuungsgesetz nicht mehr sichergestellt ist, oder
- für **Angehörige von Menschen mit Behinderungen,** die persönliche Assistenz in Anspruch nehmen, wenn die persönliche Assistenz in Folge von COVID-19 nicht mehr sichergestellt ist.

---

verlängern, jedoch nicht über den 8.7.2022 hinaus. Eine weitere Verlängerung (Neuauflage) im Herbst 2022 ist nicht ausgeschlossen, würde aber einer erneuten Gesetzesänderung bedürfen. Es handelt sich bei der dargestellten Variante der Sonderbetreuungszeit um „Phase 6". Bereits für Zeiten davor gab es mehrfach die Möglichkeit, Sonderbetreuungszeit zwischen Arbeitgeber und Arbeitnehmer zu vereinbaren („Phase 1" bis „Phase 5"). Siehe dazu auch die 32. Auflage dieses Buches.

982 Der Rechtsanspruch auf Sonderbetreuungszeit besteht nur dann, wenn Schulen nicht nur ihren Unterricht bzw. Kindergärten ihre pädagogische Betreuung einstellen, sondern sämtliche Betreuungsleistungen ausfallen, weil beispielsweise Schulen behördlich zur Gänze geschlossen werden oder einzelne Kindergärten, Schulen, Gruppen oder Klassen in Quarantäne gestellt werden. Besteht weiterhin ein (wenn auch eingeschränktes) Betreuungsangebot, besteht kein Rechtsanspruch auf Sonderbetreuungszeit. Zur Möglichkeit der Vereinbarung einer Sonderbetreuungszeit siehe nachstehend. Während der Ferienzeiten besteht keine Möglichkeit zur Inanspruchnahme einer Sonderbetreuungszeit, da die Schule nicht aufgrund einer behördlichen Anordnung geschlossen ist.

983 Der Rechtsanspruch gilt für alle Arbeitnehmer (sowie Lehrlinge), auch für jene, die in systemrelevanten Betrieben beschäftigt sind.

984 Die Notwendigkeit der Betreuung eines Kindes unter 14 Jahren ist z. B. dann gegeben, wenn auch der andere Elternteil aufgrund seiner Berufstätigkeit nicht zur Betreuung zur Verfügung steht und auch andere Verwandte oder Bekannte, die bereits auf das Kind aufgepasst haben und in einem „sozialen" Naheverhältnis zum Kind stehen, das Kind nicht in der fraglichen Zeit betreuen können.

Ein Ausschöpfen von bestehenden anderen arbeitsrechtlichen Ansprüchen auf Dienstfreistellung zur Betreuung ist für den Anspruch auf Sonderbetreuungszeit nicht erforderlich.

Steht dem Arbeitnehmer kein Rechtsanspruch auf Sonderbetreuungszeit zu, besteht die Möglichkeit der **Vereinbarung einer Sonderbetreuungszeit** zwischen Arbeitgeber und Arbeitnehmer im Ausmaß von bis zu drei Wochen unter Fortzahlung des vollen Entgelts, vorausgesetzt

- die Arbeitsleistung des Arbeitnehmers ist nicht für die Aufrechterhaltung des Betriebes erforderlich und
- es besteht kein Anspruch (mehr) auf Dienstfreistellung (→ 27.1.1.1.1.).

Eine vereinbarte Sonderbetreuungszeit ist in der Phase 6 (sowie bereits seit 22.11.2021 in der Phase 5) auch während eines Lockdowns möglich, sofern die verpflichtende Teilnahme am Präsenzunterricht oder die Verpflichtung zum Besuch der Kinderbetreuungseinrichtung durch die zuständigen Behörden ausgesetzt ist.

Eine Sonderbetreuungszeit wird nach Ansicht des BMA durch Arbeitsleistung, Urlaub (→ 26.) oder Zeitausgleich **unterbrochen,** nicht aber durch einen allfälligen Krankenstand (→ 25.). Befindet sich der Arbeitnehmer in Kurzarbeit (→ 27.3.3.), dürfen für die Sonderbetreuungszeit keine Ausfallstunden an das AMS verrechnet werden (vgl. BMA, Richtlinie 1.0 zur Sonderbetreuungszeit – Phase 6, Punkt 7.). Zum Zusammentreffen einer Sonderbetreuungszeit mit Urlaub siehe auch Punkt 26.2.4.

Der Arbeitgeber hat dem Arbeitnehmer das bisher geleistete Entgelt während der Sonderbetreuungszeit unverändert fortzuzahlen.

Arbeitgeber haben Anspruch auf Vergütung des in der Sonderbetreuungszeit an die Arbeitnehmer **gezahlten Entgelts**[985] **durch den Bund**. Nicht vergütungsfähig sind die dem Dienstgeber entstehenden Lohnnebenkosten (Dienstgeberanteil zur Sozialversicherung, Dienstgeberbeitrag zum FLAF, Kommunalsteuer oder der BV-Beitrag).

Der Anspruch auf Vergütung ist mit der monatlichen Höchstbeitragsgrundlage (€ 5.670,00 im Jahr 2022) gedeckelt und **binnen sechs Wochen ab dem Ende der Sonderbetreuungszeit bei der Buchhaltungsagentur des Bundes** geltend zu machen.

Das während der Sonderbetreuungszeit fortgezahlte Entgelt ist

SV	LSt	DB zum FLAF (→ 37.3.3.3.)	DZ (→ 37.3.4.3.)	KommSt (→ 37.4.1.3.)
pflichtig (als lfd. oder sonst. Bez.)	pflichtig (als lfd. oder sonst. Bez.)	pflichtig	pflichtig	pflichtig

985 Für die Festlegung des ersatzfähigen Entgelts ist der Begriff des regelmäßigen Entgelts im Sinne des EFZG (vor etwaiger Kurzarbeit) anzuwenden. Das förderbare Entgelt ergibt sich nach der Richtlinie zur Sonderbetreuungszeit aus dem Grundlohn/-gehalt zuzüglich
- Zulagen,
- Zuschlägen,
- Überstundenentgelten, Überstundenpauschalen,
- Entgelten nach dem Ausfalls- bzw. Durchschnittsprinzip (→ 25.2.7. bzw. 25.3.7., → 26.2.6.).
- monatlichen Prämien und Provisionen sowie
- aliquotem Sonderzahlungsanteil (wird pauschal mit einem Sechstel berücksichtigt).

Nicht förderbar sind u.a. Einmalprämien, Sachbezüge, Urlaubsersatzleistungen, Tages- und Nächtigungsgelder, Fahrtkostenvergütungen (→ 22.6.) etc. (vgl. BMA, Richtlinie 1.0 zur Sonderbetreuungszeit – Phase 6, Punkt 6.)

zu behandeln. Eine Aufteilung in Entgelt für Arbeitsleistung und Entgelt für Sonderbetreuungszeit in der Personalverrechnung ist nicht erforderlich.

Sind im laufenden Arbeitslohn an den Arbeitnehmer im Kalenderjahr 2020 bzw. für Lohnzahlungszeiträume, die vor dem 1.7.2021 enden sowie für die Kalendermonate November und Dezember 2021, steuerfreie **Zulagen und Zuschläge** enthalten, die u.a. auch bei Dienstverhinderung wegen der COVID-19-Krise weitergezahlt werden, bleiben diese im Ausmaß wie vor der COVID-19-Krise steuerfrei (→ 18.). Für das Kalenderjahr 2022 besteht zum Zeitpunkt der Drucklegung dieses Buches keine derartige Bestimmung, sodass fortbezahlte Zulagen und Zuschläge steuerpflichtig abzurechnen sind.

Kann die Strecke Wohnung–Arbeitsstätte u.a. bei Dienstverhinderung wegen der COVID-19-Krise nicht mehr bzw. nicht an jedem Arbeitstag zurückgelegt werden, kann im Kalenderjahr 2020 sowie für Lohnzahlungszeiträume, die vor dem 1.7.2021 enden sowie für die Kalendermonate November und Dezember 2021, das **Pendlerpauschale** sowie der Pendlereuro (→ 14.2.2.) im Ausmaß wie vor der COVID-19-Krise berücksichtigt werden. Für das Kalenderjahr 2022 besteht zum Zeitpunkt der Drucklegung dieses Buchs keine derartige Bestimmung.

Hinweis: Nähere Informationen zur Sonderbetreuungszeit finden Sie in Form einer Broschüre „FAQ: Sonderbetreuungszeit" auf der Website des Bundesministeriums für Arbeit (www.bma.gv.at) sowie auf der Website der Buchhaltungsagentur (www.buchhaltungsagentur.gv.at). Dort ist auch die Richtlinie zur Sonderbetreuungszeit abrufbar.

27.1.1.6. COVID-19-Risikofreistellung (COVID-19-Risiko-Attest)

Angesichts der COVID-19-Pandemie wurden per Verordnung **COVID-19-Risikogruppen** definiert, für welche in weiterer Folge nach Beurteilung der individuellen Risikosituation durch einen Arzt die Möglichkeit einer Ausstellung eines **COVID-19-Risiko-Attests** besteht (COVID-19-Risikogruppe-Verordnung, BGBl. II 2020/203).

Legt eine betroffene Person ihrem Dienstgeber dieses COVID-19-Risiko-Attest vor, so hat sie gem. § 735 ASVG Anspruch auf **Freistellung von der Arbeitsleistung und Fortzahlung des Entgelts, außer**

- die betroffene Person kann ihre Arbeitsleistung in der Wohnung erbringen (**Homeoffice**) oder
- die Bedingungen für die Erbringung ihrer Arbeitsleistung in der Arbeitsstätte können durch **geeignete Maßnahmen** so gestaltet werden, dass eine Ansteckung mit COVID-19 mit größtmöglicher Sicherheit ausgeschlossen ist; dabei sind auch Maßnahmen für den Arbeitsweg mit einzubeziehen.

Wird ein Teil der Tätigkeit ohne Risiko ausgeübt und führt ein anderer Teil zur Freistellung, kann auch eine **Teilfreistellung** erfolgen.

Seit 3.12.2021 ist die Ausstellung eines positiven COVID-19-Risiko-Attests über die Zugehörigkeit zur Risikogruppe nur mehr dann zulässig, sofern

- bei der betroffenen Person **trotz drei Impfungen** gegen SARS-CoV-2 medizinische Gründe vorliegen, die einen schweren Krankheitsverlauf von COVID-19 annehmen lassen oder
- die betroffene Person **aus medizinischen Gründen nicht** gegen SARS-CoV-2 **geimpft** werden kann.

Für Freistellungen ist seit 15.12.2021[986] ein ab dem 3.12.2021 ausgestelltes Risiko-Attest erforderlich, sodass Freistellungen derzeit nur mehr für dreifach geimpfte bzw. aus medizinischen Gründen nicht impfbare Personen in Frage kommt.

Eine **Kündigung**, die wegen der Inanspruchnahme der Dienstfreistellung ausgesprochen wird, kann bei Gericht **angefochten** werden.

Bei **Zusammentreffen** einer Risikofreistellung und eines **Krankenstandes** (→ 25.) gilt Folgendes:

- Laufende Krankenstände vor Beginn einer Risikofreistellung bleiben bis zum Erreichen der Arbeitsfähigkeit bestehen. Im Anschluss daran kann die Risikofreistellung beginnen.
- Während einer Risikofreistellung eintretende Krankenstände führen nicht zu einer Entgeltfortzahlung im Krankenstand (→ 25.), da keine Arbeitspflicht vorliegt. Die Dienstfreistellung geht dem Krankenstand vor (vgl. ÖGK, DG-Newsletter Nr. 3/Februar 2021).

Zum Zusammentreffen einer Risikofreistellung mit Urlaub siehe Punkt 26.2.4.

Der Dienstgeber hat **Anspruch auf Erstattung** des an den Dienstnehmer zu leistenden Entgelts, der für diesen Zeitraum abzuführenden Steuern und Abgaben (Lohnsteuer, Kommunalsteuer, Dienstgeberbeitrag zum FLAF, Zuschlag zum Dienstgeberbeitrag, U-Bahn-Steuer) sowie der zu entrichtenden Sozialversicherungsbeiträge, Arbeitslosenversicherungsbeiträge und sonstigen Beiträge (Dienstnehmer- und Dienstgeberanteile zur Sozialversicherung, alle Nebenbeiträge und Umlagen, Beitrag zur Betrieblichen Vorsorge) durch den Krankenversicherungsträger, unabhängig davon, von welcher Stelle diese einzuheben bzw. an welche Stelle diese abzuführen sind. Bei Teilfreistellung ist am Antrag das reduzierte prozentuelle Ausmaß der Freistellung anzugeben.

Der Antrag auf Ersatz ist spätestens **sechs Wochen nach dem Ende der Freistellung** unter Vorlage der entsprechenden Nachweise (Risiko-Attest, Lohnkonto) beim Krankenversicherungsträger einzubringen. Es steht hierfür ein **Formular** auf der Website der Krankenversicherungsträger zur Verfügung.

Die COVID-19-Risikofreistellung ist zum Zeitpunkt der Drucklegung dieses Buches bis zum 31.3.2022 befristet. Eine Verlängerung bis 30.6.2022 könnte per Verordnung ohne Gesetzänderung erfolgen.

986 Bereits zuvor gab es während der COVID-19-Krise bis einschließlich 30.6.2021 sowie von 22.11.2021 bis 14.12.2021 die Möglichkeit einer COVID-19-Risikofreistellung (ohne Einschränkung auf dreifach geimpfte bzw. aus medizinischen Gründen nicht impfbare Personen).

Das während der Risikofreistellung fortgezahlte Entgelt ist

SV	LSt	DB zum FLAF (→ 37.3.3.3.)	DZ (→ 37.3.4.3.)	KommSt (→ 37.4.1.3.)
pflichtig (als lfd. oder sonst. Bez.)	pflichtig (als lfd. oder sonst. Bez.)	pflichtig	pflichtig	pflichtig

zu behandeln. Eine Aufteilung in Entgelt für Arbeitsleistung und Entgelt für Risikofreistellung ist nicht erforderlich.

Sind im laufenden Arbeitslohn an den Arbeitnehmer im Kalenderjahr 2020 bzw. für Lohnzahlungszeiträume, die vor dem 1.7.2021 enden sowie für die Kalendermonate November und Dezember 2021, steuerfreie **Zulagen und Zuschläge** enthalten, die u.a. auch bei Dienstverhinderung wegen der COVID-19-Krise weitergezahlt werden, bleiben diese im Ausmaß wie vor der COVID-19-Krise steuerfrei (→ 18.). Für das Kalenderjahr 2022 besteht zum Zeitpunkt der Drucklegung dieses Buches keine derartige Bestimmung, sodass fortbezahlte Zulagen und Zuschläge steuerpflichtig abzurechnen sind.

Kann die Strecke Wohnung–Arbeitsstätte u.a. bei Dienstverhinderung wegen der COVID-19-Krise nicht mehr bzw. nicht an jedem Arbeitstag zurückgelegt werden, kann im Kalenderjahr 2020 sowie für Lohnzahlungszeiträume, die vor dem 1.7.2021 enden sowie für die Kalendermonate November und Dezember 2021, das **Pendlerpauschale** sowie der Pendlereuro (→ 14.2.2.) im Ausmaß wie vor der COVID-19-Krise berücksichtigt werden. Für das Kalenderjahr 2022 besteht zum Zeitpunkt der Drucklegung dieses Buches keine derartige Bestimmung.

Hinweis: Nähere Informationen zur COVID-19-Risikofreistellung finden Sie auf der Website der ÖGK unter www.gesundheitskasse.at.

27.1.1.7. COVID-19-Sonderfreistellung für werdende Mütter

Werdende Mütter (Dienstnehmerinnen und freie Dienstnehmerinnen) dürfen gem. § 3a MSchG **ab Beginn der 14. Schwangerschaftswoche** bis zum Beginn der Schutzfrist (→ 15.3.) mit Arbeiten, bei denen ein **physischer Körperkontakt mit anderen Personen**[987] erforderlich ist, **nicht beschäftigt** werden[988].

987 Es ist ein physischer Kontakt mit einer anderen Person erforderlich. Hautkontakt wird aber nicht gefordert. Ein Körperkontakt liegt daher z.B. auch beim Tragen von Handschuhen oder Berühren einer bekleideten Person vor. Typische betroffene Berufsgruppen sind Friseurinnen, Kosmetikerinnen, Tätowiererinnen, Masseurinnen, Physiotherapeutinnen, Kindergärtnerinnen etc. (BMA, FAQ: Freistellung von Schwangeren, abrufbar unter www.bma.gv.at).

988 Es handelt sich dabei um kein absolutes Beschäftigungsverbot. Die betroffene Person kann selbst bestimmen, ob sie freigestellt wird. Wenn die schwangere Arbeitnehmerin dieses Recht nicht in Anspruch nimmt, darf sie jedoch nicht völlig ungeschützt mit Körperkontakt arbeiten. Arbeitgeber müssen alle erforderlichen Schutzmaßnahmen treffen, die eine Infektionsgefahr ausschließen (BMA, FAQ: Freistellung von Schwangeren, abrufbar unter www.bma.gv.at).

Der Anspruch auf Sonderfreistellung besteht seit 1.7.2021 nur mehr, wenn die werdende Mutter **keinen vollständigen Impfschutz**[989] aufgrund einer SARS-CoV-2-Impfung hat. Es besteht eine Mitteilungspflicht der Dienstnehmerin 14 Tage vor Eintritt des vollständigen Impfschutzes (§ 3a Abs. 4 MSchG).

Wird eine werdende Mutter ohne Impfschutz mit solchen Arbeiten beschäftigt, hat der Dienstgeber die **Arbeitsbedingungen so zu ändern**, dass kein physischer Körperkontakt erfolgt und der Mindestabstand eingehalten wird. Ist dies nicht möglich, ist die Dienstnehmerin auf einem anderen Arbeitsplatz zu beschäftigen, an dem kein physischer Körperkontakt erforderlich ist und der Mindestabstand eingehalten werden kann. Dabei ist auch zu prüfen, ob die Dienstnehmerin ihre Tätigkeit in ihrer Wohnung ausüben kann **(Homeoffice)**. In beiden Fällen hat die Dienstnehmerin Anspruch auf das bisherige Entgelt (§ 3a Abs. 2 MSchG).

Ist eine Änderung der Arbeitsbedingungen oder die Beschäftigung an einem anderen Arbeitsplatz aus objektiven Gründen nicht möglich, hat die Dienstnehmerin **Anspruch auf Freistellung**[990] **und Fortzahlung des bisherigen Entgelts.** Beschäftigungsverbote (→ 15.3.) gehen jedoch der Sonderfreistellung vor (§ 3a Abs. 3 MSchG).

Zum Zusammentreffen einer Risikofreistellung mit Urlaub siehe Punkt 26.2.4.

Der Dienstgeber hat Anspruch auf Erstattung des an die Dienstnehmerin zu leistenden Entgelts bis zur monatlichen Höchstbeitragsgrundlage (€ 5.670,00 im Jahr 2022), der für diesen Zeitraum abzuführenden Steuern und Abgaben sowie der zu entrichtenden Sozialversicherungsbeiträge, Arbeitslosenversicherungsbeiträge und sonstigen Beiträge durch den Krankenversicherungsträger, unabhängig davon, von welcher Stelle diese einzuheben bzw. an welche Stelle diese abzuführen sind. Der Antrag auf Ersatz ist spätestens **sechs Wochen nach dem Ende der Freistellung** beim Krankenversicherungsträger einzubringen. Dabei hat der Dienstgeber schriftlich zu bestätigen, dass eine Änderung der Arbeitsbedingungen oder die Beschäftigung an einem anderen Arbeitsplatz aus objektiven Gründen nicht möglich war und dass die Dienstnehmerin noch keinen vollständigen Impfschutz aufweist.

Die Sonderfreistellung ist zum Zeitpunkt der Drucklegung dieses Buches bis zum 31.3.2022 befristet.

Das während der Sonderfreistellung fortgezahlte Entgelt ist

SV	LSt	DB zum FLAF (→ 37.3.3.3.)	DZ (→ 37.3.4.3.)	KommSt (→ 37.4.1.3.)
pflichtig (als lfd. oder sonst. Bez.)	pflichtig (als lfd. oder sonst. Bez.)	pflichtig	pflichtig	pflichtig

zu behandeln. Eine Aufteilung in Entgelt für Arbeitsleistung und Entgelt für Sonderfreistellung ist nicht erforderlich.

Sind im laufenden Arbeitslohn an den Arbeitnehmer im Kalenderjahr 2020 bzw. für Lohnzahlungszeiträume, die vor dem 1.7.2021 enden sowie für die Kalendermonate November und Dezember 2021, steuerfreie **Zulagen und Zuschläge** enthalten, die

989 Je nach Impfstoff tritt dieser nach derzeitigem Stand spätestens 15 Tage nach der (2.) Impfung ein.
990 Es handelt sich dabei jedoch um kein absolutes Beschäftigungsverbot. Ein Weiterarbeiten unter Einhaltung entsprechender Schutzvorkehrungen, die eine Infektionsgefahr so weit wie möglich ausschließen, ist zulässig.

u.a. auch bei Dienstverhinderung wegen der COVID-19-Krise weitergezahlt werden, bleiben diese im Ausmaß wie vor der COVID-19-Krise steuerfrei (→ 18.). Für das Kalenderjahr 2022 besteht zum Zeitpunkt der Drucklegung dieses Buches keine derartige Bestimmung, sodass fortbezahlte Zulagen und Zuschläge steuerpflichtig abzurechnen sind.

Kann die Strecke Wohnung–Arbeitsstätte u.a. bei Dienstverhinderung wegen der COVID-19-Krise nicht mehr bzw. nicht an jedem Arbeitstag zurückgelegt werden, kann im Kalenderjahr 2020 sowie für Lohnzahlungszeiträume, die vor dem 1.7.2021 enden sowie für die Kalendermonate November und Dezember 2021, das **Pendlerpauschale** sowie der Pendlereuro (→ 14.2.2.) im Ausmaß wie vor der COVID-19-Krise berücksichtigt werden. Für das Kalenderjahr 2022 besteht zum Zeitpunkt der Drucklegung dieses Buches keine derartige Bestimmung.

Hinweis: Nähere Informationen zur COVID-19-Sonderfreistellung für werdende Mütter finden Sie in Form einer Broschüre –„FAQ: Freistellung von Schwangeren" auf der Website des Bundesministeriums für Arbeit (www.bma.gv.at).

27.1.2. Vereinbarter Karenzurlaub (unbezahlter Urlaub)

27.1.2.1. Arbeitsrechtliche Bestimmungen

Der vereinbarte Karenzurlaub hat seine Rechtsgrundlage in der **Vertragsfreiheit** (→ 3.1.) im Zusammenhang mit der Vereinbarung eines Dienstvertrags.

Neben der

- Begründung und Beendigung eines Dienstverhältnisses in beiderseitigem Einvernehmen

ist es **rechtlich auch möglich,**

- eine **Vereinbarung** in beiderseitigem Einvernehmen über ein **Ruhen der Arbeitspflicht** und über ein gleichzeitiges **Ruhen der Entgeltleistungspflicht** (über ein Ruhen der beiderseitigen Hauptleistungspflichten des Dienstverhältnisses) zu treffen.

Für die Zeit eines vereinbarten Karenzurlaubs bleibt das Dienstverhältnis weiter **aufrecht bestehen.** Daher ist diese Zeit grundsätzlich auf alle **arbeitsrechtlichen Ansprüche**, die sich nach der Dauer des Dienstverhältnisses bemessen, anzurechnen (OGH 15.3.1989, 9 ObA 268/88).

Zur Frage, ob generell die **Nichtanrechnung** des vereinbarten Karenzurlaubs auf sämtliche **dienstzeitabhängige Ansprüche** (z.B. Kündigungsfrist, Jubiläumsgeld, Entgeltfortzahlung im Krankheitsfall, Biennalsprünge) **vereinbart** werden kann, liegt noch keine höchstgerichtliche Rechtsprechung vor.

Da während eines vereinbarten Karenzurlaubs das Dienstverhältnis aufrecht bleibt, scheint die Gefahr gegeben, dass trotz abweichender Vereinbarung diese Zeit für die dienstzeitabhängigen Ansprüche heranzuziehen ist. Will man dieses Risiko bis zum Vorliegen eindeutiger Judikatur ausschließen, sollte kein Karenzurlaub vereinbart werden. Als Alternative würde sich die Beendigung des Dienstverhältnisses mit Wiedereinstellungszusage anbieten (mit u.U. nachteiligen Folgen für den Dienstnehmer) (siehe Muster 21).

Der OGH hat jedoch schon zu den einzelnen konkreten Ansprüchen wie folgt Stellung genommen:

Gesetzliche Abfertigung: Bei Karenzierungsvereinbarungen sind diese Zeiten für den Anspruch auf Abfertigung anzurechnen, soweit diesbezüglich keine andere Vereinbarung dazu getroffen wurde (OGH 8.9.2005, 8 ObA 47/05b) und der Kollektivvertrag einer solchen Vereinbarung nicht widerspricht. Demnach kann vereinbart werden, dass die Zeit eines Karenzurlaubs bei der Abfertigung nicht einzurechnen ist, wenn diese Karenzierung aus Gründen im Interesse des Dienstnehmers und über dessen Initiative erfolgt und diese Umstände keinen wichtigen Grund darstellen, der den Dienstnehmer selbst zur abfertigungswahrenden Auflösung des Dienstverhältnisses berechtigen würde.

Sonderzahlungen: Auf Grund des Fehlens einer gesetzlichen Regelung ist die Frage des Sonderzahlungsanspruchs während eines vereinbarten Karenzurlaubs anhand der entsprechenden kollektivvertraglichen Bestimmungen zu klären. Sieht der anzuwendende Kollektivvertrag ausdrücklich einen Sonderzahlungsanspruch auch während entgeltfreier Zeiten vor, so besteht auch während des vereinbarten Karenzurlaubs ein Anspruch auf Sonderzahlungen. Der Kollektivvertrag kann aber auch zulassen, dass für solche Zeiten der Entfall der Sonderzahlungen vereinbart werden kann. Fehlt dazu jegliche Regelung im Kollektivvertrag, ist davon auszugehen, dass während des vereinbarten Karenzurlaubs auch kein Anspruch auf Sonderzahlungen gegeben ist.

Urlaub: Der Urlaubsanspruch wird durch Zeiten, in denen kein Anspruch auf Entgelt besteht, nicht verkürzt, sofern gesetzlich nicht ausdrücklich anderes bestimmt wird (→ 26.2.2.2.2.) (§ 2 Abs. 2 UrlG). Auf Grund der Rechtsprechung gilt dieses Kürzungsverbot allerdings nicht zwingend für den vereinbarten Karenzurlaub. In diesem Fall ist der Urlaub für das betreffende Urlaubsjahr zu aliquotieren, sofern der vereinbarte Karenzurlaub nicht im Interesse des Dienstgebers erfolgte (OGH 29.6.2005, 9 ObA 67/05a). Wenn der Dienstgeber z.B. einem vereinbarten Karenzurlaub im Anschluss an eine Karenz nach dem MSchG bzw. VKG (→ 27.1.4.1., → 27.1.4.2.) zwecks weiterer Kinderbetreuung durch den Dienstnehmer zustimmt, so liegt die „Karenzverlängerung" im ausschließlichen Interesse des Dienstnehmers, weshalb der Urlaub gekürzt werden darf.

Die freiwillige Verlängerung der Elternkarenz in Form eines unbezahlten Urlaubs wird im Punkt → 27.1.4.1. näher behandelt.

Sachbezüge: Ob die einem Dienstnehmer gewährten Sachbezüge (z.B. Privatnutzung eines Firmenfahrzeugs) während des vereinbarten Karenzurlaubs entzogen werden dürfen oder nicht, richtet sich primär nach der Vereinbarung zwischen Dienstgeber und Dienstnehmer (→ 20.2.). **Fehlt** eine entsprechende **Regelung**, ist im Zweifel wohl davon auszugehen, dass für die Zeit der Karenzierung kein Sachbezug zusteht. Dies lässt sich aus dem Grundsatz ableiten, dass Sachbezüge i.d.R. als Teil des Entgelts anzusehen sind und das Entgelt während der Karenzierung ruht.

Einen vereinbarten Karenzurlaub bezeichnet man in der Praxis u.a. auch als

- Karenzierung,
- ruhendes Dienstverhältnis,
- Beurlaubung auf eigene Kosten oder als
- **unbezahlten Urlaub**.

Tritt der Dienstnehmer mit dem Wunsch nach Karenzurlaub an den Dienstgeber heran, dann sollten die Folgen in einer **schriftlichen Vereinbarung** genau festgelegt werden.

Muster 20

Vereinbarung über die Gewährung eines Urlaubs ohne Entgeltzahlung.

Über **mein ausdrückliches Verlangen** wird mir in der Zeit

von __________ bis __________

ein unbezahlter Urlaub gewährt.

Während dieser Zeit ruhen die Rechte und Pflichten aus dem Dienstverhältnis; insbesondere besteht für mich als Dienstnehmer keine Arbeitspflicht und für meinen Dienstgeber **keine Pflicht zur Leistung laufender Bezüge** und der **aliquoten Sonderzahlungen**[991].

Es wird ausdrücklich festgehalten, dass die Karenzierung in meinem Interesse erfolgt. Demzufolge führt diese Karenzierung zur Kürzung des Urlaubsanspruchs.

Darüber hinaus wird vereinbart, dass die **Zeit der Karenzierung** auf die dienstzeitabhängigen Ansprüche (z.B. Abfertigung, Zeitvorrückungen etc.) **nicht angerechnet wird**[991].

Mir ist bekannt, dass bei einem unbezahlten Urlaub bis zu einem Monat die gesamten Sozialversicherungsbeiträge (also Dienstnehmer- und Dienstgeberanteil) von mir zu tragen sind. Bei einem unbezahlten Urlaub über einen Monat besteht für die Gesamtdauer des unbezahlten Urlaubs keine Pflichtversicherung[992].

Zur Kenntnis genommen und ausdrücklich damit einverstanden:

__________, am __________ ________________________________

Unterschrift des Dienstnehmers

Zur Überbrückung von Zeiten schlechter Auftrags- und Beschäftigungslage bzw. Saisonunterbrechungen gibt es rechtlich gesehen zwei Möglichkeiten:

1. Die **Unterbrechung** des Dienstverhältnisses (mit Beendigungswirkung), verbunden mit der Abrede, zu einem bestimmten oder zumindest bestimmbaren Zeitpunkt ein neues Dienstverhältnis einzugehen (durch Abgabe einer Wiedereinstellungszusage oder Eingehen einer Wiedereinstellungsvereinbarung).
2. Die **Karenzierung** (Aussetzung) – siehe vorstehend.

991 Kollektivvertragliche Sonderregelungen sind zu beachten.

992 Trotz der Tatsache, dass der Dienstnehmer abgemeldet wird, hat der Dienstnehmer i.d.R. gem. § 122 Abs. 2 Z 2 ASVG für einen Zeitraum von sechs Wochen **Ansprüche auf Sachleistungen** (z.B. Krankenbehandlung) aus der Krankenversicherung.

Bei der Karenzierung bleiben das Dienstverhältnis und damit auch die Nebenpflichten aus diesem sowie die betriebsverfassungsrechtlichen Rechte des Dienstnehmers aufrecht, bei der Unterbrechung wird das Dienstverhältnis tatsächlich beendet. Damit hängt wiederum zusammen, dass die Zeit der Karenzierung für gewöhnlich für dienstzeitabhängige Ansprüche angerechnet wird, die Zeit der Unterbrechung hingegen nicht.

Ob eine Unterbrechungs-(Auflösungs-)Vereinbarung mit einer Wiedereinstellungszusage oder eine „echte" Karenzierungsvereinbarung vorliegt, lässt sich nur aus den **Umständen des Einzelfalls** beurteilen. Insbesondere wenn die Absicht bestand, dem Dienstnehmer den Bezug von Leistungen aus der Arbeitslosenversicherung zu ermöglichen, ist von einer echten Unterbrechung auszugehen und nicht von einer bloßen Karenzierung (OGH 26.1.2010, 9 ObA 13/09s).

Die Unterbrechungs- oder Karenzierungsvereinbarung sollte aus Beweisgründen und zur leichteren Ermittlung des Parteiwillens jedenfalls schriftlich erfolgen.

Muster 21

Vereinbarung einer Unterbrechung.

Das **Dienstverhältnis** wird mit Wirksamkeit vom __________ **beendet**.

Zwischen Dienstgeber und Dienstnehmer wird die **Wiedereinstellung** mit __________ **vereinbart.**

Während des Zeitraums von der Beendigung des derzeitigen Dienstverhältnisses bis zur (allfälligen) Begründung eines neuerlichen Dienstverhältnisses liegt daher zwischen den beiden Vertragsparteien **kein aufrechter Dienstvertrag** vor.

Zur Kenntnis genommen und ausdrücklich damit einverstanden:

__________, am __________ ______________________________

Unterschrift des Dienstnehmers

Unterschied dazu:

Muster 22

Vereinbarung einer Karenzierung[993].

Das **Dienstverhältnis** wird für den Zeitraum von bis **karenziert**.

Während dieses Zeitraums **ruhen** daher die **Arbeitspflicht** des Dienstnehmers sowie die **Entgeltpflicht** des Dienstgebers; der rechtliche Bestand des Dienstverhältnisses wird nicht berührt.

Für alle dienstzeitabhängigen Ansprüche wird die Dauer der Karenzierung nicht angerechnet (soweit Gesetz oder Kollektivvertrag nicht zwingend günstigere Bestimmungen vorsehen).

993 Siehe dazu auch Muster 20.

Zur Kenntnis genommen und ausdrücklich damit einverstanden:

__________, am __________

__________, am __________

Unterschrift des Dienstnehmers

27.1.2.2. Abgabenrechtliche Bestimmungen

Der vereinbarte Karenzurlaub erfährt **nur im Bereich der Sozialversicherung** eine andere abgabenrechtliche Behandlung.

Bei einem vereinbarten Karenzurlaub:

bis zu einem Monat[994]	länger als einen Monat
besteht die Pflichtversicherung weiter (§ 11 Abs. 3 lit. a ASVG);	endet die Pflichtversicherung und die Pflicht zur Beitragsleistung mit dem Ende des Entgeltanspruchs und beginnt danach wieder.
Der Dienstnehmer bleibt angemeldet. Als allgemeine Beitragsgrundlage (→ 11.4.1.) gilt der Betrag, der auf den der Dauer einer solchen Arbeitsunterbrechung entsprechenden Zeitabschnitt unmittelbar vor der Unterbrechung entfiel (§ 47 lit. a ASVG). Im Rahmen der mBGM bestehen ein eigener Verrechnungsbasis-Typ „Beitragsgrundlage bei unbezahltem Urlaub“ sowie eine eigene Standard-Tarifgruppenverrechnung für unbezahlten Urlaub (→ 11.4.3.1. und 39.1.1.1.3.).	Der Dienstnehmer wird mit dem letzten entgeltpflichtigen Tag vor dem Karenzurlaub beim zuständigen Träger der Krankenversicherung abgemeldet[995] [996] und mit dem ersten entgeltpflichtigen Tag nach dem Karenzurlaub wieder angemeldet (→ 6.2.). Der Dienstnehmer kann sich für diese Zeit freiwillig weiterversichern (→ 6.3.).

Beispiel 121

Ermittlung der Beitragsgrundlage für die Zeit eines vereinbarten Karenzurlaubs (unbezahlten Urlaubs).

994 Der Begriff „Monat“ bezieht sich dabei nicht auf einen Kalendermonat, sondern auf einen „Naturalmonat“, d.h., die Arbeitspflicht lebt mit dem Tag des nächsten Monats wieder auf, der dem Beginn des unbezahlten Urlaubs entspricht.
Dazu ein **Beispiel:** Beginnt der unbezahlte Urlaub am 3. März (bzw. 31. Mai), lebt die Arbeitspflicht somit am 3. April (bzw. 1. Juli) wieder auf.

995 Am Abmeldeformular bleibt allerdings das Datenfeld „Ende des Beschäftigungsverhältnisses“ offen.

996 Trotz der Tatsache, dass der Dienstnehmer abgemeldet wird, hat der Dienstnehmer i.d.R. gem. § 122 Abs. 2 Z 2 ASVG für einen Zeitraum von sechs Wochen **Ansprüche auf Sachleistungen** (z.B. Krankenbehandlung) aus der Krankenversicherung.

Angaben und Lösung:

- Ein Dienstnehmer befindet sich in der Zeit vom Montag, den 16., bis Freitag, den 27. September (= inkl. arbeitsfreien Samstag und Sonntag 14 Sozialversicherungstage), auf vereinbartem Karenzurlaub.
- Als allgemeine Beitragsgrundlage für die Zeit des vereinbarten Karenzurlaubs ist die allgemeine Beitragsgrundlage für die Zeit vom Montag, den 2., bis Freitag, den 13. September (= inkl. arbeitsfreien Samstag und Sonntag 14 Sozialversicherungstage), anzusetzen, sofern es sich dabei um eine voll gearbeitete Zeit gehandelt hat.

Für die Dauer des vereinbarten Karenzurlaubs bis zu einem Monat sind

zur Gänze vom Dienstnehmer zu tragen:	zur Gänze vom Dienstgeber zu tragen:	nicht zu entrichten:
• der Arbeitslosenversicherungsbeitrag,	• der Zuschlag nach dem Insolvenz-Entgeltsicherungsgesetz,	• die Arbeiterkammerumlage,
• der Krankenversicherungsbeitrag,	• der Beitrag nach dem Nachtschwerarbeitsgesetz;	• der Wohnbauförderungsbeitrag.
• der Unfallversicherungsbeitrag,		
• der Pensionsversicherungsbeitrag (§ 53 Abs. 3 lit. c ASVG, § 2 Abs. 6 lit. c AMPFG);		(→ 11.4.1.)

Auch für **geringfügig Beschäftigte** (→ 31.4.) besteht die Möglichkeit eines vereinbarten Karenzurlaubs. Dauert dieser bis zu einem Monat, so besteht die Pflichtversicherung weiter. Der vom Dienstnehmer in diesem Fall selbst zu tragende Unfallversicherungsbeitrag ist vom Dienstgeber einzubehalten und im Monat des Einbehalts an den Krankenversicherungsträger abzuführen, selbst wenn ansonst die Abrechnung der geringfügigen Beschäftigungsverhältnisse jährlich erfolgt (→ 31.3.2.) (Oö. GKK, dg-service line 12/2012).

Der DVSV vertritt die Ansicht, dass diese Regelung nicht unbedingt auf solche Fälle anzuwenden ist, in denen der Dienstnehmer **nur einige Stunden** im Einvernehmen mit dem Dienstgeber von der Arbeit ferngeblieben ist, da in diesen Fällen nicht von einem „Urlaub" gesprochen werden kann. Bei einem solchen Fernbleiben kann daher auch der Betrag des verminderten Entgelts als Beitragsgrundlage angenommen werden. Es darf dabei aber nicht der kollektivvertragliche Mindestlohn (-gehalt) unterschritten werden.

Bei einer Freistellung anlässlich der Geburt eines Kindes („Papamonat") handelt sich um eine Arbeitsunterbrechung ohne Entgeltzahlung und nicht um einen vereinbarten Karenzurlaub gem. § 11 Abs. 3 ASVG (vgl. ähnlich E-MVB, 011-03-00-001). Eine Abmeldung sowie eine Anmeldung vor Wiederantritt der Beschäftigung sind vorzunehmen (→ 27.1.5.).

Für den **Bereich der Lohnsteuer** bewirkt der vereinbarte Karenzurlaub wohl eine niedrigere Bemessungsgrundlage; es bleibt aber bei einem monatlichen Lohnzahlungszeitraum, sofern das Dienstverhältnis während des gesamten Kalendermonats aufrecht war (vgl. → 11.5.2.1.).

Der Freibetrag lt. Mitteilung gem. § 63 EStG (→ 14.3.) ist voll zu berücksichtigen.

Das **Pendlerpauschale** und der **Pendlereuro** sind für die Zeit des vereinbarten Karenzurlaubs **nicht zu berücksichtigen**. Ob in dem Lohnzahlungszeitraum, in den ein solcher Karenzurlaub fällt, Anspruch darauf gegeben ist, hängt von der Anzahl der tatsächlich in diesem Lohnzahlungszeitraum getätigten Fahrten (Wohnung–Arbeitsstätte) vor und/oder nach dem Karenzurlaub ab (→ 14.2.2.).

Zusammenfassung:

Die für die Dauer eines vereinbarten Karenzurlaubs (unbezahlten Urlaubs) bis zu einem Monat zu berücksichtigende Beitragsgrundlage ist

SV	LSt	DB zum FLAF (→ 37.3.3.3.)	DZ (→ 37.3.4.3.)	KommSt (→ 37.4.1.3.)
pflichtig (als lfd. Bez.)	frei	frei	frei	frei

zu behandeln.

Für die Dauer eines vereinbarten Karenzurlaubs bis zu einem Monat bzw. über einen Monat ist der **BV-Beitrag** (→ 36.1.3.3.) **nicht zu entrichten**.

Hinweis: Bedingt durch die unterschiedlichen Bestimmungen des Abgabenrechts ist das Eingehen auf ev. Sonderfälle nicht möglich. Es ist daher erforderlich, die vorstehenden Erläuterungen zu beachten.

Beispiel 122

Grundlagen- und Beitragsermittlung für einen vereinbarten Karenzurlaub (unbezahlten Urlaub).

Angaben:

- Arbeiter,
- monatliche Abrechnung für September 2022,
- Monatslohn: € 3.114,00,
- Arbeitszeit: 40 Stunden/Woche.
- Prämie für die gearbeitete Zeit: € 120,00,
- Prämie für die Woche vor dem vereinbarten Karenzurlaub: € 30,00,
- ohne AVAB/AEAB/FABO+,
- Pendlerpauschale: € 58,00/Monat,
- zwischen dem Dienstgeber und dem Arbeiter wurde die Woche vom 5.9.–11.9.2022 als Karenzurlaub vereinbart,
- Anzahl der Fahrten Wohnung–Arbeitsstätte: 15.

Lösung:

Die Aliquotierung des Monatslohns wurde wie folgt vorgenommen:

€ 3.114,00 : 173 = € 18,00

€ 18,00 × 133 = € 2.394,00(→ 12.2.) (133 = 173 – 40)

Der Bruttobetrag für die Zeit des vereinbarten Karenzurlaubs ermittelt sich wie folgt:

€ 18,00 × 40 = € 720,00 + € 30,00 = € 750,00

Die Beitragsgrundlage und der Sozialversicherungsbeitrag betragen:

€ 2.394,00 + € 120,00	= € 2.514,00
€ 2.514,00 × 18,12%[997]	= € 455,54
€ 750,00 × 37,65%[998]	= € 282,38
	€ 737,92

Die Bemessungsgrundlage zur Lohnsteuer beträgt:

€ 2.394,00 + € 120,00	= € 2.514,00
abzüglich SV-Beiträge	– € 737,92
abzüglich Pendlerpauschale	– € 58,00[999]
	€ 1.718,08

DNA = Dienstnehmeranteil zur Sozialversicherung
DGA = Dienstgeberanteil zur Sozialversicherung
AK = Arbeiterkammerumlage
WF = Wohnbauförderungsbeitrag
SV = Sozialversicherung

27.1.3. Schwangerschaft – Schutzfrist vor und nach einer Entbindung

COVID-19-Hinweis: Zur COVID-19-Sonderfreistellung werdender Mütter ab Beginn der 14. Schwangerschaftswoche bis zum Beginn der Schutzfrist siehe Punkt 27.1.1.7.

997 DNA 17,12%
+ AK 0,50%
+ WF 0,50% = 18,12%. Zur Staffelung der Arbeitslosenversicherungsbeiträge bei geringem Einkommen siehe Punkt 31.12.

998 DNA + DGA = 37,65% (AV + KV + UV + PV).

999 Das Pendlerpauschale und der von der ermittelten Lohnsteuer in Abzug zu bringende Pendlereuro sind zu 3/3 (also in voller Höhe) zu berücksichtigen. Siehe dazu unter „Drittelregelung", Punkt 14.2.2.

27.1.3.1. Schwangerschaft

Mitteilungspflichten:

Werdende Mütter haben, sobald ihnen ihre Schwangerschaft bekannt ist, dem **Dienstgeber** hievon unter Bekanntgabe des voraussichtlichen Geburtstermins **Mitteilung zu machen**. Auf Verlangen des Dienstgebers haben diese eine **ärztliche Bescheinigung** darüber vorzulegen. Bei einem vorzeitigen Ende der Schwangerschaft ist der Dienstgeber zu verständigen (§ 3 Abs. 4 MSchG).

Der Dienstgeber ist verpflichtet, unverzüglich nach Kenntnis von der Schwangerschaft einer Dienstnehmerin dem zuständigen **Arbeitsinspektorat** (→ 16.1.) schriftlich Mitteilung zu machen. Hierbei sind Name, Alter, Tätigkeit und der Arbeitsplatz der werdenden Mutter sowie der voraussichtliche Geburtstermin anzugeben. Eine Abschrift der Meldung ist der Dienstnehmerin vom Dienstgeber zu übergeben (§ 3 Abs. 6 MSchG).

Diese Mitteilungspflichten von Dienstnehmer und Dienstgeber gelten auch für freie Dienstverhältnisse i.S.d. § 4 Abs. 4 ASVG (§ 1 Abs. 5 i.V.m. § 3 MSchG).

Arbeitnehmerinnenschutz:

Der Dienstgeber ist verpflichtet, werdenden und stillenden Müttern, die in Arbeitsstätten sowie auf Baustellen beschäftigt sind, unter geeigneten Bedingungen das **Hinlegen** und **Ausruhen** zu ermöglichen (§ 8a MSchG).

Werdende Mütter dürfen **keinesfalls mit schweren körperlichen Arbeiten** oder mit Arbeiten oder in Arbeitsverfahren beschäftigt werden, die nach der Art des Arbeitsvorgangs oder der verwendeten Arbeitsstoffe oder -geräte für ihren Organismus oder für das werdende Kind schädlich sind (§ 4 Abs. 1 MSchG).

Beispiele solcher verbotenen Arbeiten sind in § 4 Abs. 2 bis § 8 MSchG aufgezählt. Zu diesen Arbeiten zählen u.a.:

- Arbeiten, bei denen **regelmäßig Lasten** (von 5 kg – 15 kg Gewicht) **bewegt** oder **befördert** werden;
- Arbeiten, die von werdenden Müttern überwiegend **im Stehen verrichtet** werden müssen, es sei denn, dass Sitzgelegenheiten zum kurzen Ausruhen benützt werden können;
- **Akkordarbeiten**, akkordähnliche Arbeiten, Fließarbeiten mit vorgeschriebenem Arbeitstempo, leistungsbezogene Prämienarbeiten und sonstige Arbeiten, bei denen durch gesteigertes Arbeitstempo ein höheres Entgelt erzielt werden kann, wenn die damit verbundene durchschnittliche Arbeitsleistung die Kräfte der werdenden Mutter übersteigt; nach **Ablauf der 20. Schwangerschaftswoche** sind derartige Arbeiten **jedenfalls untersagt**;
- Arbeiten, die von werdenden Müttern **ständig im Sitzen** verrichtet werden müssen, es sei denn, dass ihnen Gelegenheit zu kurzen Unterbrechungen ihrer Arbeit gegeben wird;
- Arbeiten über die gesetzlich oder in einem Kollektivvertrag festgesetzte tägliche Normalarbeitszeit hinaus; keinesfalls darf die tägliche Arbeitszeit **neun Stunden**, die wöchentliche Arbeitszeit **40 Stunden übersteigen**;

- Sonntags- und Feiertagsarbeit (abgesehen von einzelnen Ausnahmen[1000]).
- Werdende Mütter, die **selbst nicht rauchen**, dürfen, soweit es die Art des Betriebs gestattet, nicht an Arbeitsplätzen beschäftigt werden, bei denen sie der Einwirkung von Tabakrauch ausgesetzt werden. Wenn eine räumliche Trennung nicht möglich ist, hat der Dienstgeber durch geeignete Maßnahmen dafür Sorge zu tragen, dass andere Dienstnehmer, die im selben Raum wie die werdende Mutter beschäftigt sind, diese nicht der Einwirkung von Tabakrauch aussetzen.

Falls Abgrenzungsschwierigkeiten hinsichtlich eines Arbeitsverbots nach dem MSchG vorliegen, besteht die Möglichkeit, einen diesbezüglichen Antrag beim Arbeitsinspektorat einzubringen.

Entgelt:

Falls auf Grund eines solchen besonderen Beschäftigungsverbots die Dienstnehmerin entsprechend den arbeitsvertraglichen Regelungen gar nicht mehr oder nur mehr teilweise eingesetzt werden kann (und die Dienstnehmerin die individuelle Schutzfrist gem. § 3 Abs. 3 MSchG, → 27.1.3.2., nicht in Anspruch nehmen kann), so muss für die ausgefallene Arbeitszeit das Entgelt fortgezahlt werden (**Ausfallprinzip**).

Ist bedingt durch die Schwangerschaft eine **Änderung der Beschäftigung** im Betrieb **erforderlich**, so hat die Dienstnehmerin Anspruch auf das Entgelt, das dem **Durchschnittsverdienst**[1001] gleichkommt, den sie während der letzten **dreizehn Wochen** (drei Monate) des Dienstverhältnisses **vor dieser Änderung** bezogen hat. Fallen in diesen Zeitraum Zeiten, während derer die Dienstnehmerin infolge Erkrankung oder Kurzarbeit (→ 27.3.3.) nicht das volle Entgelt bezogen hat, so verlängert sich der Zeitraum von dreizehn Wochen (drei Monate) um diese Zeiten; diese Zeiten bleiben bei der Berechnung des Durchschnittsverdienstes außer Betracht. Die vorstehende Regelung gilt auch, wenn sich durch die Änderung der Beschäftigung der Dienstnehmerin eine Verkürzung der Arbeitszeit ergibt mit der Maßgabe, dass der Berechnung des Entgelts die Arbeitszeit zu Grunde zu legen ist, die für die Dienstnehmerin ohne Änderung der Beschäftigung gelten würde (§ 14 Abs. 1 MSchG).

Keine Entgeltfortzahlung sieht § 14 MSchG in Zusammenhang mit dem Verbot von **Überstunden** oder dem Verbot der **Sonn- und Feiertagsarbeit** (abgesehen von einzelnen Ausnahmefällen) vor. Dies gilt lt. Rechtsprechung auch bei vereinbarter **Überstundenpauschale** (OGH 26.2.2004, 8 ObA 124/03y).

1000 Vgl. dazu § 7 Abs. 2 MSchG. Das Verbot gilt z.B. nicht für Dienstnehmerinnen, die vor der Meldung der Schwangerschaft ausschließlich an Samstagen, Sonntagen oder Feiertagen beschäftigt wurden, im bisherigen Ausmaß.

1001 Unter Durchschnittsverdienst sind alle Bezugsbestandteile, also der Normallohn (Gehalt) einschließlich aller Zulagen und Zuschläge, die Entgeltcharakter aufweisen, zu verstehen. Demzufolge muss der Dienstgeber der schwangeren Dienstnehmerin u.a. den verbotsbedingten Wegfall von Erschwernis- und Gefahrenzulagen ausgleichen, indem er derartige Entgeltbestandteile in der Höhe des Durchschnitts der letzten dreizehn Wochen (drei Monate) weitergewährt. Unterbrechungszeiten mit gekürztem Entgelt (z.B. wegen Erkrankung oder Kurzarbeit) sind auszuklammern und der 13-Wochen-Zeitraum (3-Monats-Zeitraum) ist entsprechend zu verlängern.
Die Schmutzzulage ist nicht einzubeziehen, wenn sie ihrem Wesen nach konkret eine Entschädigung für den durch außerordentliche Verschmutzung zwangsläufig entstehenden Mehraufwand der Dienstnehmerin an Arbeitskleidung (erhöhter Verschleiß) und Reinigung darstellt; wurde der Dienstnehmerin aber die Arbeitskleidung neben der Schmutzzulage kostenlos zur Verfügung gestellt und kostenlos gereinigt, stellt die Schmutzzulage keine Aufwandsentschädigung, sondern einen Entgeltbestandteil dar und ist weiterzuzahlen.

Eine analoge Judikatur zu **„All-in-Vereinbarungen“** (→ 16.2.3.5.3.) liegt bislang nicht vor. Anzunehmenderweise wird hier auf die zweifelsfreie Erkennbarkeit für die Dienstnehmerin abzustellen sein. Daher ist für die Praxis eine klar formulierte Vereinbarung zu empfehlen (z.B. Widerrufsklausel für den überkollektivvertraglichen Bezug, Hinweis auf den Entfall bei gesetzlichem Verbot der Leistung von Überstunden etc.).

Beendigung des Dienstverhältnisses:

Zur einvernehmlichen Lösung des Dienstverhältnisses nach dem MSchG bzw. VKG siehe Punkt 32.1.3.,

zum Kündigungsschutz nach dem MSchG bzw. VKG siehe Punkt 32.2.3.1.,

zum Entlassungsschutz nach dem MSchG bzw. VKG siehe Punkt 32.2.3.2.,

zur Befristung nach dem MSchG siehe Punkt 4.4.3.2.2. und

zur Auflösung während der Probezeit bei Schwangerschaft siehe Punkt 4.4.3.2.1.

27.1.3.2. Schutzfrist vor der Entbindung

Werdende Mütter dürfen in den letzten **acht Wochen** vor der voraussichtlichen Entbindung (8-Wochen-Frist, **generelles Beschäftigungsverbot**) nicht beschäftigt werden (§ 3 Abs. 1 MSchG). Die 8-Wochen-Frist ist auf Grund eines ärztlichen Zeugnisses zu berechnen. Erfolgt die Entbindung früher oder später, als im Zeugnis angegeben, so verkürzt oder verlängert sich diese Frist entsprechend (§ 3 Abs. 2 MSchG).

Über die 8-Wochen-Frist hinaus darf eine werdende Mutter auch dann nicht beschäftigt werden, wenn nach einem von ihr vorgelegten fachärztlichen Zeugnis Leben oder Gesundheit von Mutter oder Kind bei Fortdauer der Beschäftigung gefährdet wäre (**individuelles Beschäftigungsverbot**)[1002]. Der Bundesminister für Arbeit, Soziales und Konsumentenschutz hat durch Verordnung festzulegen,

1. bei welchen medizinischen Indikationen ein Freistellungszeugnis auszustellen ist,
2. welche Fachärzte ein Freistellungszeugnis ausstellen können,
3. nähere Bestimmungen über Ausstellung, Form und Inhalt des Freistellungszeugnisses (§ 3 Abs. 3 MSchG).

Die Verordnung über die vorzeitige Freistellung werdender Mütter (**Mutterschutzverordnung**), BGBl II 2017/310, ist seit 1.1.2018 in Kraft und zählt die **medizinischen Indikationen**, bei welchen ein Freistellungszeugnis auszustellen ist, **taxativ** auf (§ 2 Abs. 1 Mutterschutzverordnung).

Aus dem (schriftlichen[1003]) Freistellungszeugnis hat sich eindeutig und nachvollziehbar das Vorliegen einer oder mehrerer der in dieser Verordnung genannten medizinischen Indikationen zu ergeben (§ 4 Abs. 3 Mutterschutzverordnung). Die Verordnung enthält auch Muster eines Freistellungszeugnisses (zur Vorlage an den Krankenversicherungsträger bzw. den Dienstgeber), welche zu verwenden sind.

Fachärztliche Freistellungszeugnisse dürfen nur **Fachärzte für Frauenheilkunde** und **Fachärzte für Innere Medizin** ausstellen (§ 3 Mutterschutzverordnung).

1002 Dieses individuelle Beschäftigungsverbot kann befristet oder unbefristet verordnet werden.
1003 Ein mündliches Freistellungszeugnis ist nicht ausreichend (OGH 19.1.2021, 10 ObS 154/20z).

Eine Freistellung wegen anderer als der in dieser Verordnung genannter medizinischer Indikationen ist im Einzelfall auf Grund eines Zeugnisses eines **Arbeitsinspektionsarztes** oder eines **Amtsarztes** vorzunehmen (§ 3 Abs. 3 MSchG).

Auch bei Vorliegen der in der Verordnung genannten medizinischen Indikationen ist die Ausstellung eines Freistellungszeugnisses vor Ablauf der 15. Schwangerschaftswoche nur zulässig, wenn besondere Umstände vorliegen, die eine frühere Freistellung zwingend erforderlich machen. Dies ist von dem das Freistellungszeugnis ausstellenden Facharzt im Freistellungszeugnis zu begründen (§ 2 Abs. 2 Mutterschutzverordnung).

Schematische Darstellung

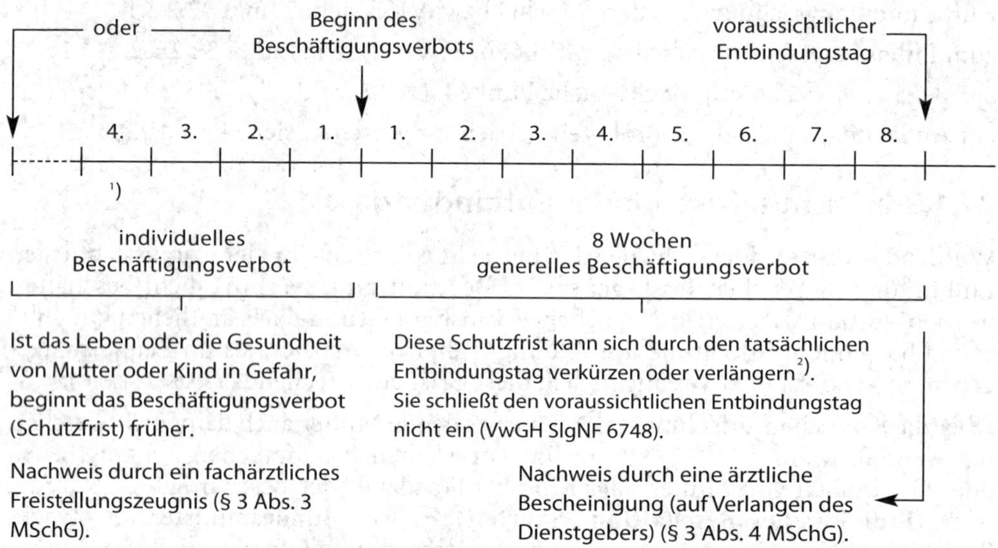

1) Werdende Mütter sind verpflichtet, innerhalb der vierten Woche vor dem Beginn der 8-Wochen-Frist den Dienstgeber auf deren Beginn aufmerksam zu machen (§ 3 Abs. 4 MSchG).

2) Ein Verkürzen bewirkt ein Verlängern der Schutzfrist nach der Entbindung (→ 27.1.3.3.); ein Verlängern bewirkt **kein** Verkürzen der Schutzfrist nach der Entbindung.

Fehlgeburt:

Eine **Fehlgeburt** (Abortus) gilt – anders als eine Totgeburt – nicht als Entbindung i.S.d. MSchG. Nach Eintritt einer Fehlgeburt verliert die Dienstnehmerin den Schutz des MSchG. Die sich durch die Fehlgeburt ergebende Dienstverhinderung gilt als Krankheit und ist arbeitsrechtlich nach den einschlägigen Bestimmungen der Gesetze bzw. Kollektivverträge zu behandeln. Zum Kündigungs- und Entlassungsschutz nach Fehlgeburten siehe Punkt 32.2.3.1. sowie 32.2.3.2.

Die Bestimmungen über die Schutzfrist vor der Entbindung gelten auch für freie Dienstnehmerinnen i.S.d. § 4 Abs. 4 ASVG (§ 1 Abs. 5 i.V.m. § 3 MSchG).

27.1.3.3. Schutzfrist nach der Entbindung

Dienstnehmerinnen dürfen bis zum Ablauf von **acht Wochen** nach ihrer Entbindung ① nicht beschäftigt werden ②. Bei Frühgeburten ⑤, Mehrlingsgeburten oder

Kaiserschnittentbindungen beträgt diese Frist mindestens **zwölf Wochen** ③ **(generelles Beschäftigungsverbot)**.

Ist eine **Verkürzung** der 8-Wochen-Frist **vor der Entbindung** eingetreten, so verlängert sich die Schutzfrist nach der Entbindung im Ausmaß dieser Verkürzung, höchstens jedoch auf **sechzehn Wochen** ④ ⑥ (§ 5 Abs. 1 MSchG).

Die Schutzfrist nach der Entbindung schließt den tatsächlichen Entbindungstag **nicht** ein (VwGH SlgNF 5746).

Nach Ablauf der Schutzfrist dürfen Dienstnehmerinnen zu Arbeiten nicht zugelassen werden, solange sie arbeitsunfähig (→ 25.1.2.) sind (§ 5 Abs. 2 MSchG). In diesem Fall besteht Anspruch auf Krankenentgelt (→ 25.2.7., → 25.3.7.).

① Das Gesetz besagt nicht ausdrücklich, dass das Kind eine gewisse Zeit am Leben bleiben muss.

②	1. Satz	des § 5 Abs. 1 MSchG (siehe dazu Beispiel 123).
③	2. Satz	
④	3. Satz	

⑤ Eine Frühgeburt liegt vor, wenn das Kind ein Geburtsgewicht von max. 2.500 Gramm hat bzw. trotz höherem Gewicht wegen noch nicht voll ausgebildeten Reifemerkmalen einer wesentlich erweiterten Pflege bedarf (die Feststellung obliegt dem behandelnden Arzt bzw. der Hebamme).

⑥ Erfolgt eine Frühgeburt, Mehrlingsgeburt oder Kaiserschnittentbindung vor dem errechneten Geburtstermin, verlängert sich die 12-wöchige Schutzfrist nach der Entbindung um den Zeitraum, um den die Geburt verfrüht erfolgte, höchstens jedoch auf sechzehn Wochen (OGH 20.8.1996, 10 ObS 2248/96b).

Diese Regelungen sind analog auf den Fall der **Totgeburt** anzuwenden. Da in diesem Fall jedoch das Beschäftigungsverbot nicht mit der Notwendigkeit der Betreuung des Neugeborenen, sondern mit der physischen und psychischen Belastung der Frau durch die Totgeburt zu begründen ist, wird man den zweiseitig zwingenden Charakter der Bestimmungen über die Schutzfrist nach der Entbindung in Frage stellen müssen. Wenn die Wiederaufnahme der Arbeit vor Ablauf des absoluten Beschäftigungsverbots der psychischen Rekonvaleszenz der Dienstnehmerin dient, wird die **vorzeitige Arbeitsaufnahme** zulässigerweise vereinbart werden können.

Nur die **Verkürzung** des absoluten in § 3 Abs. 1 MSchG genannten Beschäftigungsverbots von acht Wochen kann zu einer Verlängerung der Schutzfrist nach der Entbindung führen. Es ist dabei **gleichgültig**, ob dieses absolute Beschäftigungsverbot von der Schwangeren in Form des **generellen** Beschäftigungsverbots nach § 3 Abs. 1 MSchG **oder** des **individuellen Beschäftigungsverbots** nach § 3 Abs. 3 MSchG konsumiert wird[1004] (OGH 4.10.1994, 10 ObS 242/94).

Bei **Verkürzung** der 8-Wochen-Frist des § 3 Abs. 1 MSchG infolge eines **unrichtigen Geburtstermins** haben Zeiten eines vorgezogenen individuellen Beschäftigungsverbots nach § 3 Abs. 3 MSchG bei Verlängerung der Schutzfristen nach § 5 Abs. 1 Satz 3 MSchG nicht außer Betracht zu bleiben. Es hat sohin eine **Zusammen-**

rechnung der **verkürzten Schutzfrist vor** der **Geburt** mit einer **vorgezogenen Schutzfrist** nach § 3 Abs. 3 MSchG stattzufinden[1004] (OGH 6.12.1994, 10 ObS 260/94).

Die Bestimmungen über die Schutzfrist nach der Entbindung gem. § 5 Abs. 1 und Abs. 3 MSchG gelten auch für freie Dienstnehmerinnen i.S.d. § 4 Abs. 4 ASVG (§ 1 Abs. 5 i.V.m. § 5 Abs. 1 und 3 MSchG).

Beispiel 123

Beispiele bezüglich der Verlängerung der Schutzfrist nach der Entbindung bei bloßem Vorliegen eines generellen Beschäftigungsverbots.

Schematische Darstellung:

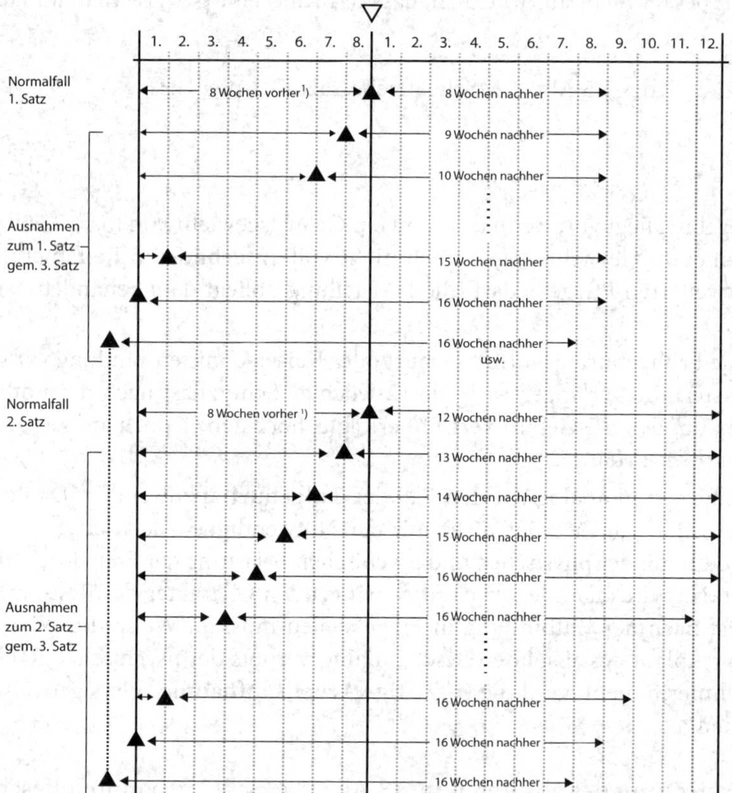

1) Die Schutzfrist vor der Entbindung kann sich durch den tatsächlichen Entbindungstag verlängern (§ 3 Abs. 2 MSchG). Eine Verkürzung der Schutzfrist nach der Entbindung tritt dadurch nicht ein (→ 27.1.3.2.).

1004 Das heißt, hat das
- generelle Beschäftigungsverbot oder
- das individuelle und generelle Beschäftigungsverbot oder
- das individuelle Beschäftigungsverbot

insgesamt **zumindest acht Wochen** betragen, kommt es zu **keiner Verlängerung** der Schutzfrist nach der Entbindung.

27.1.3.4. Gemeinsame Bestimmungen zur Schutzfrist

Beginnt oder endet die Entgeltzahlung im Zusammenhang mit einer Schutzfrist während eines Kalendermonats, ist abrechnungsmäßig

- im Bereich der Sozialversicherung wie bei einer gebrochenen Abrechnungsperiode vorzugehen (→ 12.3.),
- im Bereich der Lohnsteuer ist als Lohnzahlungszeitraum der Kalendermonat[1005] zu berücksichtigen (→ 11.5.2.1.).

Durch die Zeiten einer Schutzfrist tritt eine **Schmälerung des Urlaubs nicht ein**, da das MSchG keine diesbezügliche Regelung vorsieht (→ 26.2.2.2.).

Während der Schutzfrist bleibt das **Dienstverhältnis weiter bestehen**. Daher ist diese Zeit bei Berechnung **aller Rechtsansprüche**, die nach der Dauer des Dienstverhältnisses bemessen werden, **zu berücksichtigen**.

Darüber hinaus enthält das MSchG noch genaue Regelungen über

- den Kündigungs- und Entlassungsschutz (§§ 10 Abs. 1–6, 12 Abs. 1, 2 MSchG) (→ 32.2.3.),
- die einvernehmliche Lösung des Dienstverhältnisses (§ 10 Abs. 7 MSchG) (→ 32.1.3.),
- die Fristenhemmung (z.B. bei einem befristeten Dienstverhältnis, → 4.4.3.2.2.; bei Ablauf der Beschäftigungsbewilligung, → 4.1.6.) (§ 11 MSchG),
- die Werks(Dienst)wohnung (§ 16 MSchG)

  u.a.m.

27.1.3.5. Entgeltfortzahlungspflicht – Wochengeld

27.1.3.5.1. Voll versicherte Dienstnehmerinnen (mit Anspruch auf Wochengeld)

Die Dienstnehmerin erhält bei Erfüllung der gesetzlichen Voraussetzungen für die Zeit der Schutzfrist vor der Entbindung (individuelles und generelles Beschäftigungsverbot) und für die Zeit der Schutzfrist nach der Entbindung (generelles Beschäftigungsverbot) und für den Entbindungstag vom zuständigen Träger der Krankenversicherung auf Grund sozialversicherungsrechtlicher Bestimmungen das sog. **Wochengeld** (Leistung aus der Krankenversicherung aus dem Versicherungsfall der Mutterschaft). **Dieses** beinhaltet neben dem laufenden Bezug[1006] auch die anteiligen Sonderzahlungen[1007] (§ 162 Abs. 1–5 ASVG).

1005 Das **Pendlerpauschale** und der **Pendlereuro** sind für die Zeit der Schutzfrist **nicht zu berücksichtigen**. Ob in dem Lohnzahlungszeitraum, in den eine Schutzfrist fällt, Anspruch darauf gegeben ist, hängt von der Anzahl der tatsächlich in diesem Lohnzahlungszeitraum getätigten Fahrten (Wohnung–Arbeitsstätte) vor oder nach der Schutzfrist ab (→ 14.2.2.).

1006 Das **Wochengeld gebührt in der Höhe** des auf den Kalendertag entfallenden Teiles des durchschnittlichen in den letzten 13 Wochen (bei Versicherten, deren Arbeitsverdienst nach Kalendermonaten bemessen oder abgerechnet wird, in den letzten drei Kalendermonaten) vor dem Eintritt des Versicherungsfalles der Mutterschaft (d.h. vor Beginn der Schutzfrist) gebührenden Arbeitsverdienstes, vermindert um die gesetzlichen Abzüge. Fallen in den für die Ermittlung des durchschnittlichen Arbeitsverdienstes maßgebenden Zeitraum Zeiten, während derer die Dienstnehmerin infolge eines unbezahlten Urlaubs von nicht länger als einem Kalendermonat, infolge Krankheit, eines mutterschutzrechtlichen Beschäftigungsverbotes (Verbot von Überstundenleistung – siehe nachstehend) oder Kurzarbeit, infolge Familienhospizkarenz u.dgl. oder Pflegekarenz bzw. -teilzeit oder infolge des Bezugs von Wiedereingliederungsgeld nicht das volle Entgelt oder kein Entgelt bezogen hat, bleiben diese Zeiten bei der Ermittlung des durchschnittlichen Arbeitsverdienstes außer Betracht

Der **Dienstgeber** hat für diese Zeit **weder laufende Bezüge** noch **Sonderzahlungen**[1008] zu bezahlen (§ 14 Abs. 3, 4 MSchG) (siehe auch Punkt 27.1.3.5.4.).

Wird das Dienstverhältnis nach dem Wochengeld nahtlos fortgesetzt, ist eine **Abmeldung bzw. neuerliche Anmeldung** für die Zeit der Schutzfrist **nicht erforderlich** (→ 27.1.3.5.5.).

Für die dem Betrieblichen Mitarbeiter- und Selbständigenvorsorgegesetz (BMSVG) unterliegenden Personen hat der Dienstgeber für die Dauer des Anspruchs auf Wochengeld den **BV-Beitrag** von einer fiktiven Bemessungsgrundlage zu entrichten. Näheres dazu finden Sie unter Punkt 36.1.3.3.2. Hinweise zur Lohnzettelausstellung finden Sie unter Punkt 35.

Es ist eine **mBGM** mit der Verrechnungsgrundlage „BV-Verrechnung mit Zeit in der BV" zu übermitteln. Sofern neben dem Wochengeldbezug und der Betrieblichen Vorsorge noch eine Sonderzahlung gewährt und gemeldet wird, ist die mBGM mit der Verrechnungsgrundlage „SV-Verrechnung ohne Zeit in der SV" zu übermitteln (ÖGK, DGservice Nr. 4/Dezember 2021).

Arbeits- und Entgeltbestätigung:

Um den Leistungsbezug für die Dienstnehmerin vom Krankenversicherungsträger sicherzustellen, ist vom Dienstgeber ehestmöglich eine **„Arbeits- und Entgeltbestätigung für Wochengeld"** mittels ELDA zu übermitteln. Dabei ist der **Nettoarbeitsverdienst** der letzten drei Kalendermonate vor dem Beginn der Schutzfrist bekannt zu geben.

(§ 162 Abs. 3 ASVG). Im Bereich der Kurzarbeit besteht aufgrund der COVID-19-Pandemie folgende Sonderbestimmung (Günstigkeitsvergleich): Für Versicherungsfälle der Mutterschaft, die ab dem 11.3.2020 eingetreten sind, bleiben für die Dauer der durch die WHO ausgerufenen COVID-19-Pandemie abweichend von § 162 Abs. 3 ASVG in den Fällen der Kurzarbeit diese Zeiten dann nicht außer Betracht, sofern dies für die Versicherte günstiger ist und dem zuständigen Krankenversicherungsträger die entsprechenden Unterlagen vorgelegt werden. Der zum Vergleich heranzuziehende Arbeitsverdienst umfasst das Arbeitsentgelt, das während der Kurzarbeit gebührte, einschließlich der Kurzarbeitsunterstützung (§ 746 Abs. 5 ASVG). Hat sich das Entgelt der Dienstnehmerin im Beobachtungszeitraum auf Grund des gesetzlichen Verbots zur Leistung von Überstunden und des damit verbundenen Wegfalls von bisher regelmäßig bezogenen Überstundenentgelten reduziert, bleiben diese Zeiten bei der Ermittlung des Wochengeldanspruchs außer Betracht. Es sind nur jene Zeiten für die Wochengeldberechnung heranzuziehen, in denen es zu keiner diesbezüglichen Entgeltkürzung gekommen ist (OGH 14.11.2017, 10 ObS 115/17k). Dass sich in dem weiter zuvor liegenden Zeitraum Zeiten eines länger als einen Monat dauernden unbezahlten Urlaubs befinden, welche zu berücksichtigen sind und wodurch es insgesamt zu einem niedrigeren Wochengeld kommt als bei Heranziehung der Zeiten ohne Überstunden, ändert daran nichts (OGH 24.6.2020, 10 ObS 60/20a).

1007 **Sonderzahlungen** werden vom Träger der Krankenversicherung bei der Berechnung des Wochengelds i.d.R. pauschal durch einen Zuschlag von 14% (Sonderzahlungen bis zur Höhe eines Monatsbezugs) bzw. 17% (Sonderzahlungen bis zur Höhe von zwei Monatsbezügen) berücksichtigt. Mit diesem Zuschlag ist der Anspruch auf den 13. und 14. Bezug abgegolten. Stehen der Dienstnehmerin mehr als zwei Sonderzahlungen zu (anzukreuzen in der Arbeits- und Entgeltsbestätigung für Wochengeld), beträgt der Zuschlag für alle Sonderzahlungen (unabhängig von der Höhe) insgesamt 21%. Voraussetzung dafür ist, dass die Sonderzahlungen während des Bezugs von Wochengeld nicht sowieso weiter gewährt werden. Derartige, während des Wochengeldanspruchs entfallende Sonderzahlungen, wie z.B. Jahresprämien, sind demnach in der Arbeits- und Entgeltbestätigung nicht im Rahmen der Nettoverdienste der letzten drei Kalendermonate vor Beginn der Schutzfrist, sondern als Sonderzahlung, bekanntzugeben und werden in Form eines Zuschlags berücksichtigt (OGH 14.11.2017, 10 ObS 113/17s; OGH 13.9.2017, 10 ObS 84/17a). Mittlerweile wird im Rahmen der Arbeits- und Entgeltbestätigung auch explizit abgefragt, ob für die Dauer des Wochengeldbezugs auch Sonderzahlungen bzw. Sachleistungen gewährt werden, um eine etwaige Kürzung vornehmen zu können.

1008 Allerdings dürfen **einmalige**, für eine bestimmte Beschäftigungsperiode gewidmete **Zahlungen**, welche nicht von dritter Seite (hier als Teil des Wochengelds) ersetzt werden und in deren Genuss andere Dienstnehmer kommen, die nicht durch ein Beschäftigungsverbot an Arbeitsleistungen für den Dienstgeber gehindert waren, wegen einer durch eine Schutzfrist bedingten Abwesenheit **nicht gekürzt** werden (OGH 13.11.2002, 9 ObA 193/02a).

Als in der Arbeits- und Entgeltbestätigung anzugebender gebührender Arbeitsverdienst ist grundsätzlich jeder Geld- und Sachbezug[1009] zu verstehen, unabhängig davon, ob es sich um **beitragspflichtige oder beitragsfreie Entgeltbestandteile** handelt. Dabei sind auch jene Entgeltbestandteile in der Arbeits- und Entgeltbestätigung anzugeben, die über der Höchstbeitragsgrundlage liegen. Voraussetzung ist jedoch, dass es sich dabei um Entgelt im arbeitsrechtlichen Sinn handelt. Somit scheiden Aufwandsentschädigungen aus, die nicht als Gegenleistung für die Bereitstellung der Arbeitskraft gewährt werden, sondern der Abdeckung eines finanziellen Aufwandes der Dienstnehmerin dienen. Werden Entgeltbestandteile während des Wochengeldbezuges weiter bezogen (z. B. Sachbezüge etc.), so haben diese unberücksichtigt zu bleiben, da dies zu einem ungerechtfertigten Über- bzw. Doppelbezug führen würde (vgl. dazu auch Nö. GKK, NÖDIS Nr. 12/September 2018; vgl. zu den mittlerweile anzugebenden Informationen zu Weitergewährungen von Sachbezügen und Sonderzahlungen im Rahmen der Arbeits- und Entgeltbestätigung die nachstehende Ausfüllhilfe).

Außertourliche Bezüge (wie etwa Einmalprämien) sowie periodenfremde Bezüge (z.B. kumulierte Auszahlung von Mehr- oder Überstunden aus früheren Zeiträumen) sind aus dem Arbeitsverdienst **auszuscheiden** (vgl. dazu auch Nö. GKK, NÖDIS Nr. 1/Januar 2019 mit einer tabellarischen Übersicht der für die Ermittlung des Nettoarbeitsverdienstes zu berücksichtigenden Leistungen).

Dieser Betrag ist um die gesetzlichen Abzüge (Dienstnehmeranteil zur Sozialversicherung und Lohnsteuer) zu vermindern, um zum Nettoarbeitsverdienst zu gelangen. Individuelle steuerliche Frei- und Absetzbeträge (z.B. Pendlerpauschale, Pendlereuro, AVAB/AEAB, FABO+ etc.) sind dabei zu berücksichtigen. Pfändungen, Kostenbeiträge oder Gehaltsvorschüsse etc. sind für Zwecke des Wochengelds nicht in Abzug zu bringen (vgl. Nö. GKK, NÖDIS Nr. 1/Januar 2019).

Weitere Erläuterungen finden Sie in der Ausfüllhilfe zur Arbeits- und Entgeltbestätigung für Wochengeld der ÖGK.

1009 Für die Bewertung der Sachbezüge in Zusammenhang mit dem Wochengeldbezug können nach der höchstgerichtlichen Rechtsprechung die amtlichen Sachbezugswerte als Orientierungshilfe herangezogen werden (OGH 14.3.2018, 10 ObS 158/17h). Bei einem erheblichen Auseinanderfallen der fiskalischen Sachbezugsbewertung vom tatsächlichen Wert zieht der OGH für arbeitsrechtliche Zwecke jedoch auch die Bewertung mit dem amtlichen Kilometergeld heran (→ 20.2.). Diese Vorgehensweise wird z.B. bei Fahrzeugen ohne CO_2-Emissionswert („Elektrofahrzeugen“) angemessen sein.

Österreichische Gesundheitskasse

Ausfüllhilfe: Arbeits- und Entgeltbestätigung für Wochengeld

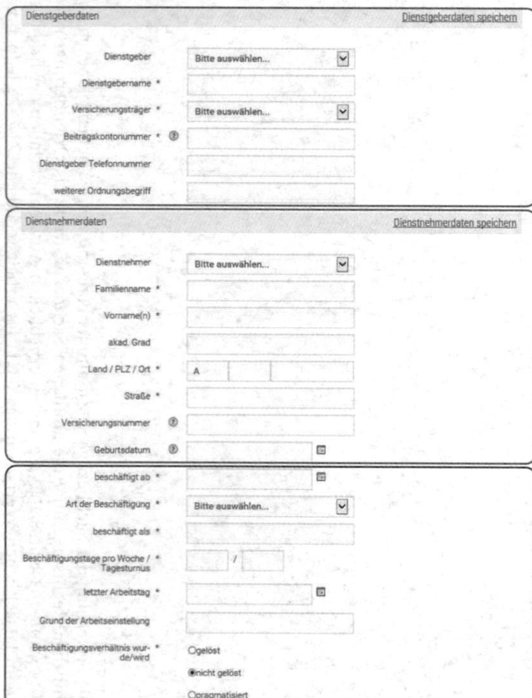

Screenshot aus ELDA Online/Meldungserfassung Dienstgeber

„Dienstgeber" und zuständiger „Versicherungsträger": Wählen Sie die Dienstgeberdaten und den zuständigen Versicherungsträger aus. Die Stammdaten verwalten Sie im Menü „Meldungserfassung DG" unter „Dienstgeber".

Das Feld „weiterer Ordnungsbegriff" wird bei der Datenübermittlung von ELDA ignoriert. Es kann daher von Ihnen firmenintern nach Belieben befüllt (zum Beispiel Personalnummer der Dienstnehmerin) oder auch leer gelassen werden.

Daten der Versicherten (FANA, VONA, AKGR, WKFZ, PLZL, WORT, STRA, VSNR, GEBD): In diesen Feldern sind die Daten der Versicherten anzuführen. Die Stammdaten verwalten Sie im Menü „Meldungserfassung DG" unter „Dienstnehmer".

Achten Sie auf die richtige Schreibweise von Namen und Versicherungsnummer (vierstellige laufende Nummer und in der Regel das Geburtsdatum) sowie Anschrift. Wählen Sie darüber hinaus einen etwaig vorhandenen akademischen Grad aus.

„beschäftigt ab" (BEAB): Tragen Sie den Beginn des letzten Beschäftigungsverhältnisses ein.

„Art der Beschäftigung" (KABE): Wählen Sie die korrekte Zugehörigkeit aus.

„beschäftigt als" (TAET): Geben Sie die exakte Berufsbezeichnung ein.

„Beschäftigungstage pro Woche" (BTAG): Tragen Sie die Anzahl der durchschnittlichen Arbeitstage pro Woche ein.

„Tagesturnus" (TATU): Geben Sie die Anzahl der Tage für den Tagesturnus ein (im Regelfall fünf oder sechs Tage).

„letzter Arbeitstag" (LTAG): Geben Sie jenen Tag an, an dem die Versicherte das letzte Mal vor dem Eintritt des Versicherungsfalles der Mutterschaft gearbeitet hat.

„Grund der Arbeitseinstellung" (GRUN): Geben Sie den Grund der Arbeitseinstellung an (allgemeine bzw. arbeitsrechtliche Gründe, wie zum Beispiel Mutterschaft, (un)bezahlter Urlaub, Entlassung, einvernehmliche Lösung) – vergessen Sie bitte nicht auf eine entsprechende Abmeldung.

„Beschäftigungsverhältnis wurde/wird" (BLOE): Wählen Sie „nicht gelöst", falls das Beschäftigungsverhältnis aufrecht bleibt bzw. „gelöst" mit dem entsprechenden Datum, falls es aufgelöst wird oder wurde. Gegebenenfalls belegen Sie das Feld „pragmatisiert".

Österreichische Gesundheitskasse

Ausfüllhilfe: Arbeits- und Entgeltbestätigung für Wochengeld

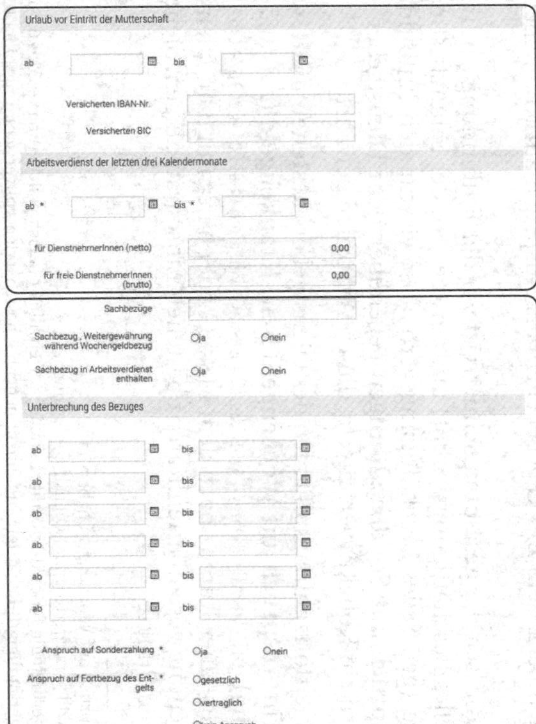

Screenshot aus ELDA Online/Meldungserfassung Dienstgeber

„Urlaub vor …" (URLV, URLB): Tragen Sie gegebenenfalls Beginn und Ende des Urlaubes vor dem Eintritt der Mutterschaft ein.

„Versicherten IBAN-Nr." (IBAN) bzw. „Versicherten BIC" (BIC): Tragen Sie die Kontodaten der Dienstnehmerin ein.

„Arbeitsverdienst …" (AVON, ABIS, AVER, AVER1): Tragen Sie jeweils den Netto-Arbeitsverdienst der letzten drei Kalendermonate vor dem Eintritt des Versicherungsfalles der Mutterschaft ein. Hat das versicherungspflichtige Beschäftigungsverhältnis erst in dem Monat begonnen, in dem auch der Versicherungsfall der Mutterschaft eingetreten ist, so ist nur der in diesem Monat erzielte Netto-Arbeitsverdienst anzugeben.

> Als Netto-Arbeitsverdienst gelten alle Geld- und Sachbezüge, einschließlich der die Höchstbeitragsgrundlage übersteigenden Entgeltteile, abzüglich der Lohnsteuer, des Anteiles der Dienstnehmerin an den Sozialversicherungsbeiträgen, der Arbeiterkammer-/Landarbeiterkammerumlage, des Wohnbauförderungsbeitrages, der beitragsfreien Lohn- oder Gehaltszuschläge, die beim Aussetzen der Beschäftigung wegfallen (Ersätze für tatsächlich geleistete Aufwendungen, wie zum Beispiel Fahrtspesenvergütungen, Mankogeld), und des Schlechtwetterentschädigungsbeitrages.

> Fallen in diese drei Kalendermonate Zeiten, in denen die werdende Mutter keinen oder nicht den vollen Arbeitsverdienst erhalten hat, sind diese Zeiten als Unterbrechung anzuführen und bleiben beim Netto-Arbeitsverdienst außer Betracht. Dies betrifft Zeiten der Unterbrechung des vollen Lohnes oder Gehaltes wegen Krankheit, Kurzarbeit, unbezahlten Urlaubes, Dienstes als Schöffin oder Geschworene, einer Maßnahme nach dem Epidemie- oder Tierseuchengesetz und Teilnahme an Schulungs- und Bildungsveranstaltungen im Rahmen der besonderen Vorschriften über die erweiterte Bildungsfreistellung.

> Gehört der November zum Bemessungszeitraum und war von der Dienstnehmerin das Service-Entgelt für die e-card durch die Dienstgeberin bzw. den Dienstgeber einzubehalten, erhöht sich der Anteil der Dienstnehmerin an den Sozialversicherungsbeiträgen um das Service-Entgelt. Dieser erhöhte Anteil ist bei der Berechnung des Nettoarbeitsverdienstes für die Lohnsteuerbemessungsgrundlage als Lohnsteuerfreibetrag zu berücksichtigen.

> Freie Dienstnehmerinnen: Anstelle des Netto-Arbeitsverdienstes gilt der Brutto-Arbeitsverdienst ohne Sachbezüge.

„Sachbezüge" (SBZT, SBZW, SBZE): Sachbezüge sind art- und mengenmäßig anzuführen, wenn sie der Versicherten unentgeltlich gewährt werden. Ergänzen Sie auch, an wie vielen Tagen pro Woche Sachbezüge gewährt werden. Beitragspflichtige Sachbezüge, die während der Wochenhilfe nicht weiter gewährt werden, zählen entsprechend dem Ausfallsprinzip zum Nettoarbeitsverdienst. Der geldwerte Vorteil dieser Bezüge ist zusammen mit den Geldbezügen in einer Summe im Feld „Arbeitsverdienst der letzten drei Kalendermonate für Dienstnehmerinnen (netto)" einzutragen. Zusätzlich muss beim Feld „Sachbezug in Arbeitsverdienst enthalten" „ja" angekreuzt werden. Wählen Sie „ja", wird das Feld „Sachbezugsumfang" (SBUM) eingeblendet. Hier ist „Voll (100%)" bzw. „Aliquot" auszuwählen. Sachbezüge, die während des Wochengeldbezuges weitergewährt werden (zum Beispiel Wohnung, PKW), gehören nicht zum ausgefallenen Nettoarbeitsverdienst. Beim Feld „Sachbezug, Weitergewährung während Wochengeldbezug" ist in einem derartigen Fall „ja" anzukreuzen. Weitere Informationen zu den Sachbezügen finden Sie auf www.gesundheitskasse.at.

„Anspruch auf Sonderzahlung" (SZKZ): Bestätigen Sie hier den Anspruch auf Sonderzahlungen, wenn solche im Kalenderjahr, in dem die Arbeitsunfähigkeit eingetreten ist, bereits gezahlt wurden oder unter der Annahme eines fortlaufenden Beschäftigungsverhältnisses noch fällig werden. Wählen Sie „ja", wird das Feld „Sonderzahlungsumfang" (SZUM) eingeblendet. Hier ist „Voll (100%)" bzw. „Aliquot" auszuwählen. Tragen Sie ein, auf wie viele Monats- oder Wochenbezüge Anspruch auf Sonderzahlungen pro Jahr besteht.

„Anspruch auf Fortbezug des Entgelts" (ANGV): Besteht während der Arbeitsunfähigkeit durch gesetzliche oder vertragliche Vorschriften Anspruch auf Fortbezug des Entgeltes, wählen Sie Zutreffendes aus.

Quelle: www.gesundheitskasse.at

27.1.3.5.2. Geringfügig beschäftigte Dienstnehmerinnen ohne Anspruch auf Wochen- oder Krankengeld: Entgeltfortzahlung durch den Dienstgeber

Hinweis: Diese Ausführungen gelten nicht für geringfügig beschäftigte Dienstnehmerinnen, die

- z.B. aufgrund einer Selbstversicherung oder mehrfacher geringfügiger Beschäftigungen bzw. Vollversicherung neben der geringfügigen Beschäftigung Anspruch auf Wochengeld[1010] oder Krankengeld haben (siehe dazu Punkt 27.1.3.5.3.) oder
- sich in einer Karenz nach dem MSchG oder einer vereinbarten Karenz zur Kinderbetreuung befinden (siehe dazu Punkt 27.1.3.5.4.).

Für (geringfügig beschäftigte) Dienstnehmerinnen ohne Anspruch auf Wochen- oder Krankengeld gelten nachstehende Besonderheiten:

- Für die Zeit des **individuellen Beschäftigungsverbots** vor der Entbindung hat die Dienstnehmerin gegenüber dem Dienstgeber **Anspruch auf laufendes Entgelt** in der Höhe des Durchschnittsverdienstes der letzten dreizehn Wochen vor Eintritt des Beschäftigungsverbots (§ 14 Abs. 2 MSchG).
- Für die Zeit des **generellen Beschäftigungsverbots** vor der Entbindung besteht gegenüber dem Dienstgeber grundsätzlich **kein Anspruch auf laufendes Entgelt**. Für die Zeit von **sechs Wochen nach der Entbindung** besteht nur für **Angestellte Anspruch auf laufendes Entgelt** (§ 8 Abs. 4 AngG); für die weitere Zeit des generellen Beschäftigungsverbots besteht kein Anspruch auf laufendes Entgelt. Bei Erkrankung besteht sowohl für Angestellte nach dem AngG sowie für Arbeiterinnen nach dem EFZG gegebenenfalls Anspruch auf Krankenentgelt (→ 25.3.7., → 25.2.7.).
- Für die Zeit der **gesamten Schutzfrist** vor der Entbindung (individuelles und generelles Beschäftigungsverbot) und für die Zeit der Schutzfrist nach der Entbindung (generelles Beschäftigungsverbot) sowie für den Entbindungstag besteht **Anspruch auf Sonderzahlungen** gegenüber dem Dienstgeber (§ 14 Abs. 4 MSchG), sofern ein Kollektivvertrag etc. diesen Anspruch gewährt.

Die Entgeltfortzahlungspflichten des Dienstgebers **bestehen nicht,** wenn die Dienstnehmerin **Anspruch auf Wochengeld bzw. Krankengeld** (z.B. aus einer Selbstversicherung) hat (§ 8 Abs. 4 AngG, § 14 Abs. 3, 4 MSchG; vgl. auch OGH 21.4.2016, 9 ObA 23/16x). Auch bei Vorliegen einer Karenz nach dem MSchG oder einer mit dem Dienstgeber zur Kinderbetreuung vereinbarten Karenz bestehen Einschränkungen. Siehe dazu die nachfolgenden Punkte.

1010 Anspruch auf Wochengeld haben i.d.R.
- voll versicherte (freie) Dienstnehmerinnen,
- geringfügig Beschäftigte mit zusätzlicher freiwilliger Selbstversicherung (→ 31.4.6.) und
- geringfügig Beschäftigte mit einem nebenbei bestehenden vollversicherungspflichten Beschäftigungsverhältnis bzw. mit einem weiteren geringfügigen Beschäftigungsverhältnis, wenn mit sämtlichen Beschäftigungen die Geringfügigkeitsgrenze überschritten wird.

Die geringfügig beschäftigte Dienstnehmerin ist mit dem jeweiligen letzten Entgelttag beim Träger der Krankenversicherung **abzumelden** (mit dem Eintritt des generellen Beschäftigungsverbots). Eine neuerliche **Anmeldung** erfolgt nach Wiederaufleben eines Entgeltanspruchs. Dies ist bei Angestellten der Tag nach der Geburt, wobei nach sechs Wochen wiederum eine Abmeldung zu erstatten ist (→ 27.1.3.5.5.).

Für die dem Betrieblichen Mitarbeiter- und Selbständigenvorsorgegesetz (BMSVG) unterliegenden Personen hat der Dienstgeber während der Dauer der Entgeltfortzahlung einen BV-Beitrag zu entrichten. In entgeltfreien Zeiten ist mangels Anspruchs auf Wochengeld aus dem Dienstverhältnis **kein BV-Beitrag** zu entrichten. Näheres dazu finden Sie unter Punkt 36.1.3.3.2.

Zusammenfassung der Entlohnungsbestimmungen für geringfügig beschäftigte Dienstnehmerinnen ohne Anspruch auf Wochen- oder Krankengeld (auch nicht aus einer Selbstversicherung):

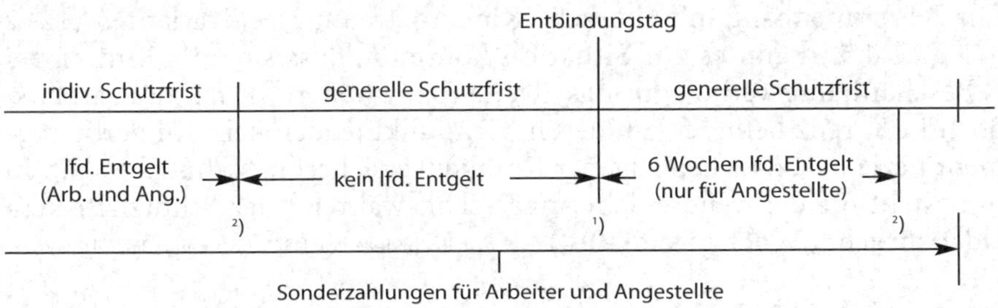

[1]) Eine Anmeldung beim zuständigen Träger der Krankenversicherung ist vorzunehmen. „Abmeldegrund": Karenz nach MSchG/VKG
[2]) Eine Abmeldung beim zuständigen Träger der Krankenversicherung ist vorzunehmen. „Abmeldegrund": Karenz nach MSchG/VKG

Beispiel: Bei einer Geburt am 20.6. ist die Anmeldung mit 21.6. und die Abmeldung sechs Wochen danach, mit 1.8. durchzuführen.

(vgl. mit Beispiel auch ÖGK, Newsletter Nr. 4/März 2021)

27.1.3.5.3. Ausnahme von der Entgeltfortzahlungspflicht: Dienstnehmerinnen mit Anspruch auf Wochengeld oder Krankengeld

Die unter Punkt 27.1.3.5.2. dargestellten Entgeltfortzahlungspflichten des Dienstgebers **bestehen nicht,** wenn die Dienstnehmerin **Anspruch auf Wochengeld bzw. Krankengeld** (z.B. aus einer Selbstversicherung) hat (§ 8 Abs. 4 AngG, § 14 Abs. 3, 4 MSchG; vgl. auch OGH 21.4.2016, 9 ObA 23/16x).

Auch diese Dienstnehmerinnen sind mit dem jeweiligen letzten Entgelttag beim Krankenversicherungsträger **abzumelden**. Für die Bemessung des Wochengelds ist dennoch eine Arbeits- und Entgeltbestätigung zu übermitteln (→ 27.1.3.5.5.).

Für die dem Betrieblichen Mitarbeiter- und Selbständigenvorsorgegesetz (BMSVG) unterliegenden Personen hat der Dienstgeber in entgeltfreien Zeiten mangels Anspruchs auf Wochengeld aus dem Dienstverhältnis (trotz bestehendem Wochengeldanspruch z.B. aus einer Selbstversicherung) **keinen BV-Beitrag** zu entrichten (vgl. dazu auch Nö. GKK, NÖDIS Nr. 6/April 2018). Näheres dazu finden Sie unter Punkt 36.1.3.3.2.

27.1.3.5.4. Ausnahme von der Entgeltfortzahlungspflicht: Erneute Schwangerschaft während einer Karenz nach MSchG (Wochengeldfalle)

Im Fall des **Eintritts einer neuerlichen Schwangerschaft während einer Karenz** nach dem MSchG (→ 27.1.4.1.) endet die laufende Karenz mit Beginn des individuellen bzw. generellen Beschäftigungsverbots. Eine vollversicherte Dienstnehmerin hat während dieser neuerlichen Schutzfrist grundsätzlich Anspruch auf Wochengeld. Der Dienstgeber hat in diesem Fall weder laufende Bezüge noch Sonderzahlungen zu bezahlen.

Voraussetzung für den Wochengeldanspruch von Dienstnehmerinnen in Karenz ist jedoch für Versicherungsfälle der Mutterschaft ab 1.3.2017, dass **zu Beginn des (individuellen bzw. generellen) Beschäftigungsverbots** ein **Anspruch auf Kinderbetreuungsgeld** besteht (vgl. § 162 Abs. 3a Z 2 ASVG).

Vor allem in Zusammenhang mit „kurzen" Kinderbetreuungsgeldvarianten (12+2 bzw. 15+3 → 27.1.4.5.) kann es zur Situation kommen, dass sich die Mutter bei Beginn des Beschäftigungsverbots für das zweite (bzw. weitere) Kind zwar arbeitsrechtlich noch in Karenz befindet, zu diesem Zeitpunkt jedoch kein Kinderbetreuungsgeld mehr bezieht, sodass kein eigener Krankenversicherungsschutz besteht. In diesem Fall besteht für die weitere Schwangerschaft während der Schutzfrist **kein Wochengeldanspruch („Wochengeldfalle")** (vgl. zur Rechtslage vor 1.3.2017 bereits OGH 19.5.2015, 10 ObS 37/15m).

Grundsätzlich stehen einer Mutter ohne Anspruch auf Wochengeld (unabhängig davon, ob es sich um eine geringfügig beschäftigte oder vollversicherte Dienstnehmerin handelt) Entgeltfortzahlungsansprüche gegenüber dem Dienstgeber zu (→ 27.1.3.5.2.). Die Entgeltfortzahlungspflichten des Dienstgebers hinsichtlich des laufenden Entgelts **bestehen jedoch nicht,** wenn sich die Dienstnehmerin vor dem individuellen oder generellen Beschäftigungsverbot in einer **Karenz nach dem MSchG** oder in einer mit dem Dienstgeber **zur Kinderbetreuung vereinbarten Karenz** befindet (§ 8 Abs. 4 AngG; § 14 Abs. 2 MSchG). Es sind somit für die Zeit des Beschäftigungsverbots ausschließlich Sonderzahlungen zu gewähren (§ 14 Abs. 4 MSchG), sofern ein Kollektivvertrag etc. diesen Anspruch gewährt.

Für die Entgeltfortzahlungspflicht gem. § 8 Abs. 4 AngG gilt der Entfall der Entgeltfortzahlungspflicht jedoch ausschließlich für Karenzen nach dem MSchG bzw. für mit dem Dienstgeber zur Kinderbetreuung vereinbarte Karenzen (vgl. Gesetzeswortlaut § 8 Abs. 4 AngG). **Nicht betroffen** sind Karenzen, die aufgrund spezieller arbeitsrechtlicher Normen z.B. zur besseren Vereinbarkeit von Beruf und Familie – wie etwa Familienhospizkarenz, Pflegekarenz oder Bildungskarenz – angetreten wurden. In diesen Fällen besteht die unter Punkt 27.1.3.5.2. dargestellte Entgeltfortzahlungspflicht des Dienstgebers, sofern der Dienstnehmerin kein Anspruch auf Wochen- oder Krankengeld zusteht.

Der Entfall der Entgeltfortzahlung gilt neben (erneut schwangeren) vollversicherten Dienstnehmerinnen in Karenz auch für (erneut schwangere) **geringfügig beschäftigte** Dienstnehmerinnen in Karenz.

27.1.3.5.5. Übersicht: Meldungen i.Z.m. Mutterschutz

Was	Wer	Meldungen des Dienstgebers	Betriebliche Vorsorge	Hinweis
Wochengeld	Vollversicherte Dienstnehmerinnen	Arbeits- und Entgeltbestätigung für Wochengeld	Beiträge zur BV (von einer fiktiven Bemessungsgrundlage)	Wird das Dienstverhältnis unmittelbar nach dem Wochengeldbezug fortgesetzt, ist keine Ab- bzw. neuerliche Anmeldung erforderlich.
Wochengeld	Geringfügig beschäftigte Dienstnehmerinnen, die Anspruch auf Wochengeld haben	Arbeits- und Entgeltbestätigung für Wochengeld	Keine Beitragsleistung	Ein Anspruch auf Wochengeld für geringfügig beschäftigte Dienstnehmerinnen besteht nur auf Grund ● einer Selbstversicherung nach § 19a ASVG, ● eines Vollversicherungspflichtigen Dienstverhältnisses neben der geringfügigen Beschäftigung oder ● mehrerer geringfügiger Beschäftigungen, die insgesamt die Geringfügigkeitsgrenze übersteigen.
Entgeltanspruch für sechs Wochen nach der Geburt	Weibliche geringfügig beschäftigte Angestellte	● Anmeldung mit dem Tag nach der Geburt ● Abmeldung sechs Wochen später	Beiträge zur BV	Kein Entgeltanspruch besteht, wenn die geringfügig beschäftigte Angestellte ● einen Anspruch auf Wochengeld oder Krankengeld nach dem ASVG hat, ● sich vor dem Beschäftigungsverbot § 3 Abs. 1 oder Abs. 3 MSchG in einer Karenz nach dem MSchG oder ● sich in einer mit dem Dienstgeber zur Kinderbetreuung vereinbarten Karenz befindet.
Neuerliche Mutterschaft während der Karenz – Wochengeld	Vollversicherte und geringfügig beschäftigte Dienstnehmerinnen, sofern ein Anspruch auf Wochengeld besteht	● Anmeldung zu Beginn des Wochengeldbezuges ● Abmeldung bei Ende des Wochengeldbezuges	Beiträge zur BV (wenn das karenzierte Dienstverhältnis der BV unterliegt)	Ein Anspruch auf Wochengeld besteht nur, wenn bei Eintritt des Versicherungsfalles der Mutterschaft zu diesem Zeitpunkt auch ein Anspruch auf Kinderbetreuungsgeld vorliegt.

ASVG = Allgemeines Sozialversicherungsgesetz, BV = Betriebliche Vorsorge, MSchG = Mutterschutzgesetz 1979, VKG = Väter-Karenzgesetz

Quelle: Nö. GKK, NÖDIS Nr. 13/Oktober 2018

27.1.4. Karenz – Teilzeitbeschäftigung – Kinderbetreuungsgeld

27.1.4.1. Karenz nach dem Mutterschutzgesetz

Dauer der Karenz:

Der Dienstnehmerin ist **auf ihr Verlangen**[1011] **im Anschluss an die Schutzfrist** nach der Entbindung Karenz gegen Entfall des Arbeitsentgelts **bis zum Ablauf des 2. Lebens-**

1011 Grundsätzlich entscheiden die Eltern frei, wer von beiden die Karenz konsumiert.

jahrs des Kindes zu gewähren, wenn sie mit dem Kind im gemeinsamen Haushalt lebt. Das Gleiche gilt, wenn anschließend an die Schutzfrist nach der Entbindung ein Gebührenurlaub verbraucht wurde oder die Dienstnehmerin durch Krankheit oder Unglücksfall an der Dienstleistung verhindert war (§ 15 Abs. 1 MSchG).

Die Karenz schließt den Tag der Entbindung ein. War der Entbindungstag z.B. der 14.3.2020, erstreckt sich eine 2-jährige Karenz bis einschließlich 13.3.2022 (vgl. OGH 2.3.2007, 9 ObA 35/06x).

Die Karenz muss **mindestens zwei Monate** betragen (§ 15 Abs. 2 MSchG).

Die Dienstnehmerin hat Beginn und Dauer der Karenz dem Dienstgeber bis zum Ende der Schutzfrist nach der Entbindung (→ 27.1.3.3.) bekannt zu geben. Wurde die Karenz **nicht für die Maximaldauer** bis zum 2. Lebensjahr des Kindes **bekannt gegeben**, so besteht die **Möglichkeit der Verlängerung** der Karenz (längstens bis das Kind zwei Jahre alt ist), wenn dies dem Dienstgeber spätestens drei Monate, dauert die Karenz jedoch weniger als drei Monate, spätestens zwei Monate vor Ablauf der zuerst beanspruchten Karenz bekannt gegeben wird. Hat der andere Elternteil keinen Anspruch auf Karenz, kann die Dienstnehmerin Karenz auch zu einem späteren Zeitpunkt in Anspruch nehmen. In diesem Fall hat sie ihrem Dienstgeber Beginn und Dauer der Karenz spätestens drei Monate vor dem Antritt der Karenz bekannt zu geben.

Die Karenz kann zwischen den Eltern **zweimal geteilt** werden, wobei jeder Teil **mindestens zwei Monate** betragen muss und grundsätzlich im Anschluss an die Schutzfrist oder im unmittelbaren Anschluss[1012] an eine Karenz des Vaters anzutreten ist. Bei einer Teilung zwischen den Eltern muss spätestens drei Monate vor Ablauf des ersten Karenzteils die Inanspruchnahme durch den anderen Elternteil bekannt gegeben werden. Beträgt die Karenz des Vaters im Anschluss an die Schutzfrist nach der Entbindung jedoch weniger als drei Monate, so hat die Dienstnehmerin die Inanspruchnahme spätestens bis zum Ende der Schutzfrist bekannt zu geben. Beim **erstmaligen Wechsel** können beide Elternteile **gleichzeitig einen Monat** Karenz beanspruchen. Dadurch verkürzt sich die Maximaldauer der Karenz um einen Monat (§ 15a Abs. 1–3 MSchG).

Die Dienstnehmerin hat die Möglichkeit, **drei Monate ihrer Karenz** bis zum Ablauf des 7. Lebensjahrs des Kindes (bei späterem Schuleintritt auch nach dem 7. Lebensjahr des Kindes) **aufzuschieben**. Die Absicht, Karenz aufzuschieben, muss dem Dienstgeber drei Monate vor Ablauf der Karenz bekannt gegeben werden. Je nachdem, ob Karenz durch einen oder beide Elternteile aufgeschoben wird, **verkürzt sich die Karenz** bis zum 21. bzw. 18. Lebensmonat des Kindes.

Kann mit dem Dienstgeber binnen zwei Wochen ab der Bekanntgabe keine Einigung über das Aufschieben von Karenz erzielt werden, so kann der Dienstgeber binnen weiterer zwei Wochen eine **Klage auf Ablehnung** einer aufgeschobenen Karenz einbringen.

Spätestens drei Monate vor Verbrauch der aufgeschobenen Karenz ist der Dienstgeber davon in Kenntnis zu setzen. Kommt innerhalb von zwei Wochen ab Bekannt-

1012 „Im unmittelbaren Anschluss" verlangt einen Karenzbeginn mit dem auf das Ende der Karenz des anderen Elternteils folgenden Kalendertag (OGH 28.11.2019, 9 ObA 70/19p).

gabe keine Einigung zu Stande, so kann die aufgeschobene Karenz zum gewünschten Zeitpunkt verbraucht werden, wenn nicht der Dienstgeber binnen weiterer zwei Wochen dagegen eine Klage eingebracht hat.

Bei einem **Dienstgeberwechsel** kann eine aufgeschobene Karenz nur durch Vereinbarung verbraucht werden (§ 15b Abs. 1–6 MSchG).

Kündigungs- und Entlassungsschutz:

Werden die Meldefristen eingehalten, so besteht ein Rechtsanspruch auf Karenz. Der **besondere Kündigungs- und Entlassungsschutz** (→ 32.2.3.) beginnt ab der Mitteilung der Karenz, bei Teilung der Karenz frühestens jedoch vier Monate vor Antritt des Karenzteils und endet vier Wochen nach Ende der beanspruchten Karenz. Hat der andere Elternteil keinen Anspruch auf Karenz und nimmt die Dienstnehmerin Karenz zu einem späteren Zeitpunkt in Anspruch, so beginnt der Kündigungs- und Entlassungsschutz mit der Bekanntgabe, frühestens jedoch vier Monate vor Antritt der Karenz.

Auch eine nach Ablauf der Meldefrist frei vereinbarte Karenz unterliegt den Bestimmungen über den Kündigungs- und Entlassungsschutz gem. MSchG. Allerdings kann bei nicht rechtzeitiger Meldung die Karenz nur dann verbraucht werden, wenn mit dem Dienstgeber eine Vereinbarung zu Stande gekommen ist (§ 15 Abs. 3, 4 MSchG). Der Verbrauch von aufgeschobener Karenz unterliegt keinem besonderen Kündigungs- und Entlassungsschutz. Eine Kündigung durch den Dienstgeber kann aber nach dem ArbVG als Motivkündigung angefochten werden (→ 32.2.1.).

Verhinderungskarenz:

Ist der **andere Elternteil** durch ein unvorhersehbares und unabwendbares Ereignis für eine nicht bloß verhältnismäßig kurze Zeit **verhindert, das Kind selbst zu betreuen**, so ist der Dienstnehmerin auf ihr Verlangen für die Dauer der Verhinderung, längstens jedoch bis zum Ablauf des 2. Lebensjahrs des Kindes eine Karenz (**Verhinderungskarenz**) zu gewähren. Dasselbe gilt bei Verhinderung des anderen Elternteils, der zulässigerweise nach Ablauf des 2. Lebensjahrs des Kindes Karenz in Anspruch nimmt.

Ein unvorhersehbares und unabwendbares Ereignis liegt nur vor bei:

1. Tod,
2. Aufenthalt in einer Heil- und Pflegeanstalt,
3. Verbüßung einer Freiheitsstrafe sowie bei einer anderweitigen auf behördlicher Anordnung beruhenden Anhaltung,
4. schwerer Erkrankung,
5. Wegfall des gemeinsamen Haushalts des anderen Elternteils mit dem Kind oder der Betreuung des Kindes.

Die Dienstnehmerin hat in diesem Fall Beginn und voraussichtliche Dauer der Karenz unverzüglich bekannt zu geben und die anspruchsbegründenden Umstände nachzuweisen.

Der Anspruch auf Karenz steht auch dann zu, wenn die Dienstnehmerin bereits Karenz verbraucht, eine Teilzeitbeschäftigung (→ 27.1.4.3.) angetreten oder beendet oder für einen späteren Zeitpunkt Karenz oder Teilzeitbeschäftigung angemeldet hat (§ 15d Abs. 1–4 MSchG).

Sozialversicherungsrechtliche Pflichten:

Die voll versicherte Dienstnehmerin ist bei Antritt der Karenz beim Träger der Krankenversicherung **abzumelden** (→ 6.2.4.). In diesem Fall wird auf dem Abmeldeformular

- unter „Beschäftigungsverhältnis Ende" **keine Eintragung** vorgenommen;
- unter „Entgeltanspruch Ende" ist der **letzte entgeltpflichtige Tag vor dem Beginn der Schutzfrist** einzutragen.
- Unterliegt das Dienstverhältnis dem BMSVG (Abfertigung „neu"), ist zusätzlich unter „Betriebliche Vorsorge Ende" der **letzte Tag der Schutzfrist** einzutragen, da die BV-Beiträge auf Basis einer fiktiven Bemessungsgrundlage bis zum Ende des Wochengeldbezugs zu entrichten sind[1013] (→ 36.1.3.3.3.).
- Als Abmeldegrund ist „07 Karenz nach MSchG/VKG" anzukreuzen.

Wird im Anschluss an die Schutzfrist ein **Gebührenurlaub** konsumiert und erst danach eine Karenz angetreten, ist die Abmeldung mit dem Ende des Gebührenurlaubs zu erstatten. In diesem Fall wird auf dem Abmeldeformular

- unter „Beschäftigungsverhältnis Ende" **keine Eintragung** vorgenommen;
- unter „Entgeltanspruch Ende" ist der **letzte entgeltpflichtige Urlaubstag** einzutragen.
- Unterliegt das Dienstverhältnis dem BMSVG (Abfertigung „neu"), ist zusätzlich unter „Betriebliche Vorsorge Ende" der **letzte Tag des Bezugs von Urlaubsentgelt** einzutragen.
- Als Abmeldegrund ist unter „00 Karenz nach MSchG im Anschluss an den Gebührenurlaub" anzuführen.

Die Dienstnehmerin ist bei Wiederantritt ihres Dienstes nach Beendigung der Karenz beim Träger der Krankenversicherung **anzumelden**.

Wird das Dienstverhältnis während oder nach der Karenz **beendet**, ist eine **neuerliche Abmeldung** („Korrekturmeldung") mit dem neuen Abmeldungsgrund (z.B. einvernehmliche Lösung) zu erstatten (E-MVB, 011-01-00-005; 033-01-00-002).

Wird zum Zeitpunkt der Beendigung des Dienstverhältnisses für noch offene Urlaubsansprüche eine Ersatzleistung für Urlaubsentgelt (→ 26.2.9.2.) abgerechnet, ist die Dienstnehmerin für diesen Zeitraum **erneut an- und abzumelden**.

Einen Überblick zu den Meldungen i.Z.m. einer Karenz finden Sie auch auf Seite 932.

1013 Bei geringfügig beschäftigten Dienstnehmerinnen (→ 31.4.) ist unter „Ende der Zahlung des BV-Beitrags" der **letzte entgeltpflichtige Tag vor dem Beginn der Schutzfrist** einzutragen.
Da geringfügig beschäftigte Dienstnehmerinnen keinen Anspruch auf Wochengeld haben und die Entrichtung des BV-Beitrags an den Bezug von Wochengeld geknüpft ist, hat der Dienstgeber nach dem Ende des Entgeltanspruchs keine BV-Beiträge abzuführen.
Bei einer Selbstversicherung bei geringfügiger Beschäftigung (nach § 19a ASVG, → 31.4.6.) ist zwar ein Wochengeldanspruch gegeben, die BV-Beiträge werden jedoch nicht durch den Dienstgeber, sondern durch den Familienlastenausgleichsfonds übernommen.

Beginnt oder endet eine Karenz während eines Kalendermonats, ist

- im Bereich der Sozialversicherung wie bei einer gebrochenen Abrechnungsperiode vorzugehen (→ 12.3.),
- im Bereich der Lohnsteuer ist als Lohnzahlungszeitraum der Kalendermonat[1014] zu berücksichtigen (→ 11.5.2.1.).

Hinweise zur Lohnzettelausstellung finden Sie unter Punkt 35.

Urlaubsbestimmungen:

Fallen in das jeweilige Dienstjahr Zeiten einer Karenz, so gebührt ein **Urlaub, soweit dieser noch nicht verbraucht worden ist**, in dem Ausmaß, das dem um die Dauer der Karenz **verkürzten Dienstjahr** entspricht. Ergeben sich bei der Berechnung des Urlaubsausmaßes Teile von Werktagen, so sind diese auf ganze Werktage aufzurunden (§ 15f Abs. 2 MSchG) (→ 26.2.2.2.2.).

Die Bestimmung über die Aliquotierung des Urlaubsausmaßes ist dann nicht anzuwenden, wenn der Urlaub vor Beginn der Schutzfrist (vor der Entbindung) konsumiert wird (OGH 13.1.1988, 9 Ob 502/87).

Dienstzeitabhängige Ansprüche:

Für die Frage, ob die **Zeit einer Karenz** – obwohl das Dienstverhältnis bestehen bleibt – **bei Berechnung aller arbeitsrechtlichen Ansprüche**, die sich nach der Dauer des Dienstverhältnisses bemessen, anzurechnen ist, gilt Folgendes:

- Für **Geburten bis zum 31.7.2019**[1015] sind die Zeiten einer Karenz grundsätzlich **nicht anzurechnen.** Allerdings wird **die erste Karenz** im Dienstverhältnis für
  - die Bemessung der Kündigungsfrist (→ 32.1.4.1.),
  - die Dauer der Entgeltfortzahlung im Krankheitsfall (Unglücksfall) (→ 25.2.3.3., → 25.3.3.1.) und
  - das Urlaubsausmaß (→ 26.2.2.1.)

  bis zum **Höchstausmaß von insgesamt zehn Monaten angerechnet**[1016] (§ 15f Abs. 1 MSchG i.d.F. vor BGBl I 2019/68). Zahlreiche Kollektivverträge sehen jedoch günstigere Anrechnungsbestimmungen[1017] vor, welche zu berücksichtigen sind.
- Für **Geburten ab dem 1.8.2019**[1018] werden die Zeiten einer Karenz **für jedes Kind in vollem in Anspruch genommenen Umfang** bis zur maximalen Dauer angerechnet (§ 15f Abs. 1 MSchG). Dies gilt für sämtliche Rechtsansprüche, die sich nach der Dauer der Dienstzeit richten, so z.B. auch für kollektivvertragliche Vorrückungen, Jubiläumsgelder und Abfertigungsansprüche.

1014 Das **Pendlerpauschale** und der **Pendlereuro** sind für die Zeit der Karenz **nicht zu berücksichtigen**. Ob in dem Lohnzahlungszeitraum, in den eine solche Karenz fällt, Anspruch darauf gegeben ist, hängt von der Anzahl der tatsächlich in diesem Lohnzahlungszeitraum getätigten Fahrten (Wohnung–Arbeitsstätte) vor oder nach der Karenz ab (→ 14.2.2.).

1015 Bzw. für Kinder, die bis zum 31.7.2019 adoptiert oder in unentgeltliche Pflege genommen wurden.

1016 Diese Anrechnungsbestimmung gilt nur, wenn das Kind **nach dem 31.12.1992** geboren wurde. Bestehende Anrechnungsvereinbarungen werden auf diesen Anspruch angerechnet (§ 38a Abs. 2 MSchG).

1017 Teilweise sehen Kollektivverträge auch die Anrechnung von Karenzen, die nicht im aktuellen Dienstverhältnis, sondern bei einem früheren Arbeitgeber verbracht wurden, vor.

1018 Bzw. für Kinder, die ab dem 1.8.2019 adoptiert oder in unentgeltliche Pflege genommen wurden.

Der Dienstgeber ist verpflichtet, der Dienstnehmerin auf deren Verlangen eine **Bestätigung**

- über die Nichtinanspruchnahme der Karenz oder
- über Beginn und Dauer der Karenz

auszustellen. Diese Bestätigung ist von der Dienstnehmerin mit zu unterfertigen (§ 15f Abs. 3 MSchG). Derartige Bestätigungen sind von Stempelgebühren und Bundesverwaltungsabgaben befreit (§ 35 Abs. 3 MSchG).

Entgeltanspruch:

Der Dienstgeber hat für die Zeit der Karenz weder laufende Bezüge noch Sonderzahlungen zu bezahlen (§§ 15 Abs. 1, 15f Abs. 1 MSchG).

Kommt es während einer bestehenden Karenz zu einer **neuerlichen Schwangerschaft**, gehen die Zeiten mit Wochengeldanspruch der Karenz vor (OGH 4.10.2000, 9 ObA 199/00f). Das heißt, dass in einem solchen Fall

- während der neuerlichen Schutzfrist (→ 27.1.3.2.) das Wochengeld gebührt und
- die neuerliche Schutzfrist auf dienstzeitabhängige Ansprüche voll anzurechnen ist. Die Dienstnehmerin erwirbt auch während der Schutzfrist weiterhin einen Urlaubsanspruch.

Geringfügige Beschäftigung neben Karenz:

Die Dienstnehmerin kann neben ihrem karenzierten Dienstverhältnis (d.h. während der Karenz) eine **geringfügige Beschäftigung i.S.d. § 5 Abs. 2 Z 2 ASVG** (→ 31.4.) ausüben. Eine Verletzung der Arbeitspflicht bei solchen Beschäftigungen hat keine Auswirkungen auf das karenzierte Dienstverhältnis. Der Zeitpunkt der Arbeitsleistung im Rahmen solcher Beschäftigungen ist zwischen Dienstnehmerin und Dienstgeber **vor jedem Arbeitseinsatz zu vereinbaren**[1019] [1020] (§ 15e Abs. 1 MSchG) (→ 27.1.4.4.). Die Tätigkeit kann beim selben oder bei einem anderen Dienstgeber ausgeübt werden.

Weiters kann die Dienstnehmerin neben ihrem karenzierten Dienstverhältnis mit ihrem Dienstgeber für **höchstens dreizehn Wochen im Kalenderjahr** eine **Beschäftigung über die Geringfügigkeitsgrenze** hinaus vereinbaren. Wird Karenz nicht während des gesamten Kalenderjahrs in Anspruch genommen, kann eine solche Beschäftigung nur im aliquoten Ausmaß vereinbart werden. Mit Zustimmung des Dienstgebers kann eine solche Beschäftigung auch mit einem anderen Dienstgeber vereinbart werden (§ 15e Abs. 2, 3 MSchG).

Dazu ein **Beispiel**:

Eine Dienstnehmerin ist vom 3.6.2020 bis zum 8.4.2022 in Karenz.

- Im Jahr 2020 darf sie bis zu 7,5 Wochen[1021],

1019 Zwar können im Voraus auch mehrere, sich über verschiedene Tage erstreckende Arbeitseinsätze vereinbart werden, doch dürften allzu weit in die Zukunft reichende **Vorausvereinbarungen** konkreter Arbeitseinsätze unwirksam sein.

1020 Die geringfügige Beschäftigung **endet mit** Beginn der **neuerlichen Schutzfrist**. Es erfolgen eine Abmeldung beim Krankenversicherungsträger und eine Endabrechnung der (aliquoten) Sonderzahlungen; ein allfälliger Resturlaub ist abzugelten.

1021 13 : 366 × 212 = 7,53, gerundet 7,5 Wochen (212 = Anzahl der Tage vom 3.6. bis 31.11.).

- im Jahr 2021 bis zu 13 Wochen und
- im Jahr 2022 bis zu 3,5 Wochen[1022]

über der Geringfügigkeitsgrenze zuverdienen, ohne den Karenzanspruch zu verlieren.

Die für Zeiten der Karenz vereinbarten Beschäftigungen sind als vom karenzierten Dienstverhältnis losgelöste **eigenständige Dienstverhältnisse** anzusehen. Da die Arbeitsleistung vor jedem Arbeitseinsatz vereinbart werden muss, gibt es während der Karenz grundsätzlich **keine dauernde Arbeitsverpflichtung**.

Für das geringfügige Dienstverhältnis ist eine **Anmeldung** zu erstatten, wobei das erste Monat kein Beitrag zur Betrieblichen Vorsorge zu entrichten ist (→ 36.1.3.1.). Für dieses geringfügige Dienstverhältnis ist monatlich eine mBGM zu übermitteln (→ 39.1.1.1.3.). Bei Beendigung des geringfügigen Dienstverhältnisses ist eine Abmeldung vorzunehmen und bei Wiederaufnahme des ursprünglichen Dienstverhältnisses eine neuerliche Anmeldung.

Liegen in einem Monat beide Dienstverhältnisse im selben Monat, so ist eine mBGM mit **zwei Tarifblöcken** zu übermitteln – einer für das geringfügige und einer für das vollversicherte Dienstverhältnis (OÖGKK, sozialversicherung aktuell 11/2019).

Vorzeitiges Ende der Karenz:

Die **Karenz endet vorzeitig**, wenn der gemeinsame Haushalt mit dem Kind aufgehoben wird und der Dienstgeber den vorzeitigen Antritt des Dienstes begehrt (§ 15f Abs. 4 MSchG).

Die Dienstnehmerin hat ihrem Dienstgeber den Wegfall des gemeinsamen Haushalts mit dem Kind unverzüglich bekannt zu geben und über Verlangen des Dienstgebers ihren Dienst wieder anzutreten (§ 15f Abs. 5 MSchG).

Mutterschaftsaustritt:

Die Dienstnehmerin kann

- nach der Geburt eines lebenden Kindes während der Schutzfrist (→ 27.1.3.3.),
- nach Annahme eines Kindes, welches das 2. Lebensjahr noch nicht vollendet hat, an Kindes statt oder nach Übernahme eines solchen Kindes in unentgeltliche Pflege innerhalb von acht Wochen,
- bei Inanspruchnahme einer Karenz bis spätestens drei Monate vor Ende der Karenz,
- bei Inanspruchnahme einer Karenz von weniger als drei Monaten bis spätestens zwei Monate vor dem Ende der Karenz

(abfertigungswahrend, → 33.3.1.2.) ihren **vorzeitigen Austritt** aus dem Dienstverhältnis **erklären** (§ 15r MSchG).

Darüber hinaus enthält das MSchG noch genaue Regelungen über

- den Kündigungs- und Entlassungsschutz (§§ 10 Abs. 1–6, 12, 15 Abs. 4, 15a Abs. 4, 5, 15d Abs. 5 MSchG) (→ 32.2.3.),
- die einvernehmliche Lösung des Dienstverhältnisses (§ 10 Abs. 7 MSchG) (→ 32.1.3.),

1022 13 : 365 × 98 = 3,49, gerundet 3,5 Wochen (98 = Anzahl der Tage vom 1.1. bis 8.4.).

- die Fristenhemmung (z.B. bei Ablauf der Beschäftigungsbewilligung, → 4.1.6.) (§ 11 MSchG),
- die Werks(Dienst)wohnung (§ 16 MSchG)

u.a.m.

Sonstige Bestimmungen:

Der Dienstgeber hat die in Karenz befindliche Dienstnehmerin über **wichtige betriebliche Geschehnisse**, insb. über Konkurs, betriebliche Umstrukturierungen und Weiterbildungsmaßnahmen, **zu informieren** (§ 15g MSchG).

Die Vorschriften bezüglich der Karenz gelten grundsätzlich auch für **Adoptiv- und Pflegemütter** (§§ 15c Abs. 1–4, 15r MSchG).

Die Dienstnehmerin hat **nach Rückkehr aus der Karenz** Anspruch auf **Weiterbeschäftigung in der gleichen Verwendung**, zu der sie seinerzeit vertraglich aufgenommen und auch tatsächlich eingesetzt worden war. Die Zuweisung einer mit der früheren Tätigkeit identen Beschäftigung ist jedoch nicht erforderlich. Darüber hinaus ändert sich an einem vertraglich vereinbarten Versetzungsrecht des Dienstgebers nichts (OGH 27.2.2018, 9 ObA 6/18z).

Verlängerung der gesetzlichen Karenz:

Falls seitens der Dienstnehmerin eine **Verlängerung der Karenz** über das Höchstausmaß begehrt wird (etwa mit dem Hinweis auf das fortlaufende Kinderbetreuungsgeld), steht es dem Dienstgeber frei, diesen Wunsch abzulehnen.

Diese zusätzliche freiwillige Karenzzeit ist nichts anderes als ein unbezahlter Urlaub (→ 27.1.2.). Für diesen gilt:

- Da sich der **Kündigungs- und Entlassungsschutz** nach den Bestimmungen des MSchG bzw. VKG richtet, gilt dieser nur bis vier Wochen nach Ende der gesetzlichen Karenz (max. bis zum vollendeten zweiten Lebensjahr des Kindes)[1023]. Dabei ist jedoch zu berücksichtigen, dass einzelne Kollektivverträge den Kündigungsschutz auf die Anspruchsdauer auf Kinderbetreuungsgeld (→ 27.1.4.5.) erstrecken.
- Der Entfall der **Sonderzahlungen** ist nach dem jeweiligen Kollektivvertrag zu prüfen (→ 27.1.2.1.).

Die Zeit der freiwilligen Karenz ist (bis zum Vorliegen eindeutiger Judikatur) zur Gänze bei

- der Dauer der **Kündigungsfrist**,
- des **Krankenentgeltanspruchs** und
- beim **Urlaubsausmaß** (für das Erreichen der sechsten Urlaubswoche)

anzurechnen.

1023 Während einer vereinbarten Karenzzeit außerhalb der gesetzlichen Karenz nach dem MSchG bzw. VKG gilt der besondere Kündigungsschutz nicht. Für den Zeitraum einer an die gesetzliche Karenz anschließenden freiwilligen Karenzierung (unbezahlter Urlaub z.B. bis zum Ablauf der Bezugsdauer von Kinderbetreuungsgeld) kann die Weitergeltung des gesetzlichen Kündigungsschutzes auch nicht vertraglich vereinbart werden (OGH 23.2.2009, 8 ObA 2/09s).

Nach der Rechtsprechung darf

- der **Urlaubsanspruch** zulässigerweise **verkürzt** (aliquotiert) werden (→ 27.1.2.1.) und
- für die **Anwartschaftszeit des Abfertigungsanspruchs** ist die Zeit der „freiwilligen" Karenzierung **nicht heranzuziehen** (→ 33.3.1.4.),

sofern eine Ausschlussvereinbarung vorgenommen wurde und die Karenzierung im Interesse des Dienstnehmers und über seine Initiative erfolgte (OGH 22.5.2002, 9 ObA 178/01v; OGH 29.6.2005, 9 ObA 67/05a; OLG Wien 28.5.2008, 10 Ra 85/07d).

Eine Gegenüberstellung hinsichtlich geringfügiger Beschäftigung während der Karenz und eine Zusammenstellung der wichtigsten Mitteilungsfristen im Zusammenhang mit einer Karenz finden Sie am Ende des Punktes 27.1.4.2.

27.1.4.2. Karenz nach dem Väter-Karenzgesetz

Hinweis: Das Väter-Karenzgesetz gilt sinngemäß auch für das Arbeitsverhältnis einer Frau, die gem. § 144 Abs. 2 und 3 ABGB Elternteil ist (§ 1 Abs. 1a VKG). Das ist eine Frau, deren Lebensgefährtin oder eingetragene Partnerin durch medizinisch unterstützte Fortpflanzung schwanger wird.

Dem Arbeitnehmer ist **auf sein Verlangen** Karenz gegen Entfall des Arbeitsentgelts **bis zum Ablauf des 2. Lebensjahrs seines Kindes** zu gewähren, wenn er mit dem Kind im gemeinsamen Haushalt lebt und

1. die Mutter nicht gleichzeitig Karenz in Anspruch nimmt (ausgenommen im Fall des § 3 Abs. 2 VKG), oder
2. die Mutter keinen Anspruch auf Karenz hat (§ 2 Abs. 1 VKG).

Grundsätzlich entscheiden die Eltern frei, wer von beiden die Karenz konsumiert.

Die Karenz beginnt grundsätzlich frühestens mit dem Ablauf eines Beschäftigungsverbots der Mutter nach Geburt eines Kindes (§ 2 Abs. 2, 3 VKG).

Die Karenz schließt den Tag der Geburt des Kindes **nicht** ein (vgl. → 27.1.4.1.).

Die Karenz muss **mindestens zwei Monate** betragen (§ 2 Abs. 4 VKG).

Nimmt der Arbeitnehmer Karenz zum frühestmöglichen Zeitpunkt in Anspruch, hat er seinem Arbeitgeber spätestens acht Wochen nach der Geburt Beginn und Dauer der Karenz bekannt zu geben. Wurde die Karenz **nicht für die Maximaldauer** bis zum 2. Lebensjahr des Kindes **bekannt gegeben**, so besteht die **Möglichkeit der Verlängerung** der Karenz (längstens bis das Kind zwei Jahre alt ist), wenn dies dem Arbeitgeber spätestens drei Monate, dauert die Karenz jedoch weniger als drei Monate, spätestens zwei Monate vor Ablauf der zuerst beanspruchten Karenz bekannt gegeben wird. Hat die Mutter keinen Anspruch auf Karenz, kann der Arbeitnehmer Karenz auch zu einem späteren Zeitpunkt in Anspruch nehmen. In diesem Fall hat er seinem Arbeitgeber Beginn und Dauer der Karenz spätestens drei Monate vor dem Antritt der Karenz bekannt zu geben.

Unbeschadet des Ablaufs vorstehender Meldefristen kann Karenz verbraucht werden, wenn mit dem Arbeitgeber eine Vereinbarung zu Stande gekommen ist (§ 2 Abs. 5 VKG).

Die Karenz kann zwischen den Eltern **zweimal geteilt** werden, wobei jeder Teil **mindestens zwei Monate** betragen muss und grundsätzlich im Anschluss an die Schutzfrist oder im unmittelbaren Anschluss an eine Karenz des Vaters anzutreten ist[1024]. Bei einer Teilung zwischen den Eltern muss jedoch spätestens drei Monate vor Ablauf des ersten Karenzteils die Inanspruchnahme durch den anderen Elternteil bekannt gegeben werden. Beträgt die Karenz der Mutter im Anschluss an die Schutzfrist jedoch weniger als drei Monate, so hat der Arbeitnehmer die Inanspruchnahme spätestens bis zum Ende der Schutzfrist der Mutter bekannt zu geben. Beim **erstmaligen Wechsel** können beide Elternteile **gleichzeitig einen Monat** Karenz beanspruchen. Dadurch verkürzt sich die Maximaldauer der Karenz um einen Monat (§ 3 Abs. 1–3 VKG).

Der Arbeitnehmer hat die Möglichkeit, **drei Monate seiner Karenz** bis zum Ablauf des 7. Lebensjahrs des Kindes (bei späterem Schuleintritt auch nach dem 7. Lebensjahr des Kindes) **aufzuschieben**. Die Absicht, Karenz aufzuschieben, muss dem Arbeitgeber drei Monate vor Ablauf der Karenz bekannt gegeben werden. Je nachdem, ob Karenz durch einen oder beide Elternteile aufgeschoben wird, **verkürzt sich die Karenz** bis zum 21. bzw. 18. Lebensmonat des Kindes.

Kann mit dem Arbeitgeber binnen zwei Wochen ab der Bekanntgabe keine Einigung über das Aufschieben von Karenz erzielt werden, so kann der Arbeitgeber binnen weiterer zwei Wochen eine **Klage auf Ablehnung** einer aufgeschobenen Karenz einbringen.

Spätestens drei Monate vor Verbrauch der aufgeschobenen Karenz ist der Arbeitgeber davon in Kenntnis zu setzen. Kommt innerhalb von zwei Wochen ab Bekanntgabe keine Einigung zu Stande, so kann die aufgeschobene Karenz zum gewünschten Zeitpunkt verbraucht werden, wenn nicht der Arbeitgeber binnen weiterer zwei Wochen dagegen eine Klage eingebracht hat.

Der Verbrauch von aufgeschobener Karenz unterliegt keinem besonderen Kündigungs- und Entlassungsschutz. Eine Kündigung durch den Arbeitgeber kann aber nach dem ArbVG als Motivkündigung angefochten werden (→ 32.2.1.).

Bei einem **Arbeitgeberwechsel** kann eine aufgeschobene Karenz nur durch Vereinbarung verbraucht werden (§ 4 Abs. 1–6 VKG).

Ist der **andere Elternteil** durch ein unvorhersehbares und unabwendbares Ereignis für eine nicht bloß verhältnismäßig kurze Zeit **verhindert, das Kind selbst zu betreuen**, ist dem Arbeitnehmer auf sein Verlangen für die Dauer der Verhinderung, längstens jedoch bis zum Ablauf des 2. Lebensjahrs des Kindes, jedenfalls Karenz (**Verhinderungskarenz**) zu gewähren, wenn er mit dem Kind im gemeinsamen Haushalt lebt. Dasselbe gilt bei Verhinderung eines anderen Elternteils, der zulässigerweise nach Ablauf des 2. Lebensjahrs des Kindes Karenz in Anspruch nimmt.

Ein unvorhersehbares und unabwendbares Ereignis liegt nur vor bei:

1. Tod,
2. Aufenthalt in einer Heil- und Pflegeanstalt,

1024 „Im unmittelbaren Anschluss“ verlangt einen Karenzbeginn mit dem auf das Ende der Karenz des anderen Elternteils folgenden Kalendertag (OGH 28.11.2019, 9 ObA 70/19p).

3. Verbüßung einer Freiheitsstrafe sowie bei einer anderweitigen auf behördlicher Anordnung beruhenden Anhaltung,
4. schwerer Erkrankung,
5. Wegfall des gemeinsamen Haushalts des anderen Elternteils mit dem Kind oder der Betreuung des Kindes.

Der Anspruch auf Karenz steht (im vorstehenden Fall) auch dann zu, wenn der Arbeitnehmer bereits Karenz verbraucht, eine Teilzeitbeschäftigung (→ 27.1.4.3.) angetreten oder beendet oder für einen späteren Zeitpunkt Karenz oder Teilzeitbeschäftigung angemeldet hat.

Der Arbeitnehmer hat in diesem Fall Beginn und voraussichtliche Dauer der Karenz seinem Arbeitgeber unverzüglich bekannt zu geben und die anspruchsbegründenden Umstände nachzuweisen (§ 6 Abs. 1–4 VKG).

Der Arbeitnehmer ist bei Antritt der Karenz beim zuständigen Träger der Krankenversicherung **abzumelden** (→ 6.2.4.). Am Abmeldeformular bleibt das Datenfeld „Beschäftigungsverhältnis Ende" offen.

Der Arbeitnehmer ist bei Wiederantritt seines Dienstes nach Beendigung der Karenz beim Träger der Krankenversicherung **anzumelden** (→ 6.2.4.).

Wird das Dienstverhältnis während oder nach der Karenz beendet, ist eine **neuerliche Abmeldung** („Korrekturmeldung") mit dem neuen Abmeldungsgrund (z.B. einvernehmliche Lösung) zu erstatten.

Wird zum Zeitpunkt der Beendigung des Dienstverhältnisses für noch offene Urlaubsansprüche eine Ersatzleistung für Urlaubsentgelt (→ 26.2.9.1.) abgerechnet, ist der Arbeitnehmer für diesen Zeitraum **erneut an- und abzumelden.**

Einen Überblick zu den Meldungen i.Z.m. einer Karenz finden Sie auch auf Seite 932.

Der Arbeitgeber hat für die Zeit der Karenz weder laufende Bezüge noch Sonderzahlungen zu bezahlen (§ 7c VKG).

Beginnt oder endet eine Karenz während eines Kalendermonats, ist abrechnungsmäßig

- im Bereich der Sozialversicherung wie bei einer gebrochenen Abrechnungsperiode vorzugehen (→ 12.3.),
- im Bereich der Lohnsteuer ist als Lohnzahlungszeitraum der Kalendermonat[1025] zu berücksichtigen (→ 11.5.2.1.).

Fallen in das jeweilige Dienstjahr Zeiten einer Karenz, so gebührt ein **Urlaub, soweit dieser noch nicht verbraucht worden ist**, in dem Ausmaß, das dem um die Dauer der Karenz **verkürzten Dienstjahr** entspricht. Ergeben sich bei der Berechnung des Urlaubsausmaßes Teile von Werktagen, so sind diese auf ganze Werktage aufzurunden (§ 7c VKG) (→ 26.2.2.2.2.).

Für die Frage der **Anrechnung** der Karenzzeiten **auf dienstzeitabhängige Ansprüche** wird auf die Bestimmungen im Mutterschutzgesetz verwiesen (→ 27.1.4.1.) (§ 7c Abs. 1 VKG).

1025 Das **Pendlerpauschale** und der **Pendlereuro** sind für die Zeit der Karenz **nicht zu berücksichtigen**. Ob in dem Lohnzahlungszeitraum, in den eine solche Karenz fällt, Anspruch darauf gegeben ist, hängt von der Anzahl der tatsächlich in diesem Lohnzahlungszeitraum getätigten Fahrten (Wohnung–Arbeitsstätte) vor oder nach der Karenz ab (→ 14.2.2.).

Der Arbeitgeber ist verpflichtet, seinem Arbeitnehmer auf dessen Verlangen eine **Bestätigung** über Beginn und Dauer der Karenz auszustellen. Die Bestätigung ist vom Arbeitnehmer mit zu unterfertigen. Derartige Bestätigungen sind von Stempelgebühren und Bundesverwaltungsabgaben befreit (§ 2 Abs. 6 VKG).

Der Arbeitnehmer kann neben seinem karenzierten Arbeitsverhältnis (d.h. während der Karenz) eine **geringfügige Beschäftigung i.S.d. § 5 Abs. 2 Z 2 ASVG** (→ 31.4.) ausüben. Eine Verletzung der Arbeitspflicht bei solchen Beschäftigungen hat keine Auswirkungen auf das karenzierte Arbeitsverhältnis. Die Arbeitsleistung im Rahmen solcher Beschäftigungen ist zwischen Arbeitnehmer und Arbeitgeber **vor jedem Arbeitseinsatz zu vereinbaren**[1026] (§ 7b Abs. 1 VKG) (→ 27.1.4.4.). Die Tätigkeit kann beim selben oder bei einem anderen Arbeitgeber ausgeübt werden.

Weiters kann der Arbeitnehmer neben seinem karenzierten Arbeitsverhältnis mit seinem Arbeitgeber für **höchstens dreizehn Wochen im Kalenderjahr** eine **Beschäftigung über die Geringfügigkeitsgrenze** hinaus vereinbaren. Wird Karenz nicht während des gesamten Kalenderjahrs in Anspruch genommen, kann eine solche Beschäftigung nur im aliquoten Ausmaß vereinbart werden. Mit Zustimmung des Arbeitgebers kann eine solche Beschäftigung auch mit einem anderen Arbeitgeber vereinbart werden (§ 7b Abs. 2, 3 VKG). Siehe dazu auch die Beispiele unter 27.1.4.1.

Die für Zeiten der Karenz vereinbarten Beschäftigungen sind als vom karenzierten Arbeitsverhältnis losgelöste **eigenständige Arbeitsverhältnisse** anzusehen. Da die Arbeitsleistung vor jedem Arbeitseinsatz vereinbart werden muss, gibt es während der Karenz grundsätzlich **keine dauernde Arbeitsverpflichtung**.

Der Arbeitnehmer hat seinem Arbeitgeber den Wegfall des gemeinsamen Haushalts mit dem Kind unverzüglich bekannt zu geben und über Verlangen des Arbeitgebers seinen Dienst wieder anzutreten (§ 2 Abs. 7 VKG).

Die **Karenz endet vorzeitig**, wenn der gemeinsame Haushalt mit dem Kind aufgehoben wird und der Arbeitgeber den vorzeitigen Antritt des Dienstes begehrt (§ 2 Abs. 8 VKG).

Der Arbeitgeber hat den in Karenz befindlichen Arbeitnehmer über **wichtige betriebliche Geschehnisse**, insb. über Konkurs, betriebliche Umstrukturierungen und Weiterbildungsmaßnahmen, **zu informieren** (§ 7a VKG).

Der Arbeitnehmer kann bei Inanspruchnahme einer Karenz bis spätestens drei Monate vor Ende der Karenz (abfertigungswahrend, → 33.3.1.2.) seinen **vorzeitigen Austritt** aus dem Arbeitsverhältnis **erklären**. Dauert die Karenz weniger als drei Monate, hat der Arbeitnehmer seinen vorzeitigen Austritt spätestens zwei Monate vor dem Ende der Karenz zu erklären (§ 9a VKG).

Darüber hinaus enthält das VKG noch genaue Regelungen über

- den Kündigungs- und Entlassungsschutz (§ 7 Abs. 1 VKG) (→ 32.2.3.),
- die einvernehmliche Lösung des Dienstverhältnisses (§ 7 Abs. 3 VKG) (→ 32.1.3.),
- die Fristenhemmung (z.B. bei Ablauf der Beschäftigungsbewilligung, → 4.1.6.) (§ 7 Abs. 2 VKG),
- die Werks(Dienst)wohnung (§ 7c VKG)

u.a.m.

1026 Zwar können im Voraus auch mehrere, sich über verschiedene Tage erstreckende Arbeitseinsätze vereinbart werden, doch dürften allzu weit in die Zukunft reichende **Vorausvereinbarungen** konkreter Arbeitseinsätze unwirksam sein.

Die Vorschriften bezüglich der Karenz gelten grundsätzlich auch für **Adoptiv- und Pflegeväter** (§§ 5 Abs. 1–6, 9a VKG).

Näheres über die freiwillige Verlängerung der Karenz in Form eines unbezahlten Urlaubs finden Sie am Ende des Punktes 27.1.4.1.

Gegenüberstellung hinsichtlich geringfügiger Beschäftigung während der Karenz:

für das geringfügige Dienstverhältnis	für das karenzierte Dienstverhältnis
Eine Verletzung der Arbeitspflicht im Rahmen der geringfügigen Beschäftigung hat keine Auswirkungen auf das karenzierte Dienstverhältnis. Ein **besonderer Kündigungsschutz besteht nicht**; das geringfügige Dienstverhältnis kann vom Dienstgeber ohne Einholung einer gerichtlichen Zustimmung unter Berücksichtigung der grundsätzlichen Kündigungsbestimmungen gekündigt werden.	Das karenzierte Dienstverhältnis unterliegt (weiterhin) den **Kündigungsschutzbestimmungen** des § 10 MSchG bzw. des § 7 VKG.
Der Zeitpunkt der **Arbeitsleistung** ist **vor jedem Arbeitseinsatz** zwischen Dienstgeber und Dienstnehmerin **zu vereinbaren**. Das dient vor allem dazu, dass die Dienstnehmerin die Kinderbetreuung besser organisieren kann. Die Dienstnehmerin hat laufenden Entgeltanspruch sowie Anspruch auf Sonderzahlungen.	Das karenzierte Dienstverhältnis selbst ruht, weshalb für die Dauer der Karenz **keine Arbeitsverpflichtung** und **kein Entgeltanspruch besteht.**
Für das geringfügige Dienstverhältnis entsteht ein **eigener Anspruch auf Urlaub**. Kommt es daher zur Beendigung des geringfügigen Dienstverhältnisses, so ist ein allfälliger Resturlaub abzugelten.	Für Zeiten einer Karenz besteht grundsätzlich **kein laufender Urlaubsanspruch** (§ 15f MSchG, § 7c VKG). Allfällige Resturlaube aus der Zeit vor dem karenzierten Dienstverhältnis bleiben bestehen.
Die **Zeiten** einer geringfügigen Beschäftigung werden **nicht** auf dienstzeitabhängige Ansprüche (des karenzierten Dienstverhältnisses) **angerechnet.**	Karenzzeiten für Geburten bis zum 31.7.2019 werden grundsätzlich nicht auf dienstzeitabhängige Ansprüche angerechnet; nur die **erste Karenz im Dienstverhältnis wird im Ausmaß von zehn Monaten** für die Bemessung der Kündigungsfrist, der Entgeltfortzahlung im Krankheitsfall und des Urlaubsausmaßes (für die sechste Woche) angerechnet, sofern das Kind nach dem 31.12.1992 geboren wurde. Günstigere Anrechnungsbestimmungen in Kollektivverträgen sind zu beachten. Karenzzeiten für Geburten ab dem 1.8.2019 werden für jedes Kind in vollem in Anspruch genommenen Umfang bis zur maximalen Dauer angerechnet.
Für das geringfügige Beschäftigungsverhältnis hat der Dienstgeber, unabhängig davon, ob das karenzierte Dienstverhältnis der Abfertigung „alt" oder „neu" unterliegt, **BV-Beiträge** in der Höhe von 1,53% **zu entrichten**, bemessen nach dem geringfügigen Entgelt; der erste Monat ist beitragsfrei.	Für das karenzierte Dienstverhältnis wird vom Familienlastenausgleichsfonds ein BV-Beitrag in der Höhe von 1,53% des Kinderbetreuungsgelds geleistet, sofern das Dienstverhältnis nach dem 31. Dezember 2002 begonnen hat und die Dienstnehmerin Kinderbetreuungsgeld bezieht.

für das geringfügige Dienstverhältnis	**für das karenzierte Dienstverhältnis**
Das geringfügige Dienstverhältnis kann bis zum Eintritt eines neuerlichen Beschäftigungsverbots bzw. bis zum Ende der Karenz aufrecht bleiben, oftmals wird es jedoch schon vorher beendet bzw. bereits im Vorhinein ausdrücklich für die Dauer der Karenz befristet.	Im Fall einer neuerlichen Schwangerschaft endet die laufende Karenz mit Beginn der Schutzfrist. Das Dienstverhältnis bleibt weiterhin aufrecht.

Zusammenstellung der wichtigsten Mitteilungsfristen im Zusammenhang mit einer Karenz:

	Die Absicht, Karenz **in Anspruch zu nehmen**[1027], ist bekannt zu geben:	geregelt im:
Die Karenz nimmt nur die Mutter in Anspruch	spätestens bis zum Ende der Schutzfrist nach der Entbindung; bei Verlängerung der Karenz spätestens drei Monate, dauert die Karenz weniger als drei Monate, spätestens zwei Monate vor dem Ende dieser Karenz	§ 15 Abs. 3 MSchG
Die Karenz nimmt nur der Vater in Anspruch	spätestens acht Wochen nach der Geburt seines Kindes; bei Verlängerung der Karenz spätestens drei Monate, dauert die Karenz weniger als drei Monate, spätestens zwei Monate vor dem Ende dieser Karenz	§ 2 Abs. 5 VKG
Die Karenz wird zwischen Mutter und Vater geteilt ● bei Inanspruchnahme der Mutter a) im Anschluss an die Schutzfrist	spätestens bis zum Ende der Schutzfrist nach der Entbindung	§§ 15 Abs. 3, 15a Abs. 3 MSchG
b) im Anschluss an eine Karenz des Vaters	spätestens drei Monate vor dem Ende der Karenz des Vaters; dauert die Karenz des Vaters im Anschluss an die Schutzfrist weniger als drei Monate, spätestens bis zum Ende der Schutzfrist nach der Entbindung	
c) bei fehlendem Karenzanspruch des Vaters	spätestens drei Monate vor Antritt der Karenz	
● bei Inanspruchnahme des Vaters a) im Anschluss an die Schutzfrist	spätestens acht Wochen nach der Geburt des Kindes	§§ 2 Abs. 5, 3 Abs. 3 VKG
b) im Anschluss an eine Karenz der Mutter	spätestens drei Monate vor dem Ende der Karenz der Mutter; dauert die Karenz der Mutter weniger als drei Monate, spätestens bis zum Ende der Schutzfrist nach der Entbindung	
c) bei fehlendem Karenzanspruch der Mutter	spätestens drei Monate vor Antritt der Karenz	

1027 Sowie dessen Dauer und Lage.

Die Karenz wird aufgeschoben • bei Inanspruchnahme der Mutter/des Vaters a) es wird nur die Schutzfrist konsumiert	spätestens bis zum Ende der Schutzfrist nach der Entbindung[1028]	§ 15b Abs. 3 MSchG, § 4 Abs. 3 VKG, § 15b Abs. 4 MSchG, § 4 Abs. 4 VKG
b) es wird Karenz von der Mutter/vom Vater konsumiert	spätestens drei Monate vor dem Ende der Karenz der Mutter/des Vaters[1028]	
Die Karenz nimmt die Mutter in Anspruch, der Vater ist daran verhindert (Verhinderungskarenz)	unverzüglich	§ 15d Abs. 3 MSchG
Die Karenz nimmt der Vater in Anspruch, die Mutter ist daran verhindert (Verhinderungskarenz)	unverzüglich	§ 6 Abs. 4 VKG
Das Teilzeitansuchen der Mutter wird abgelehnt, die Mutter beansprucht die Karenz	binnen einer Woche nach der Ablehnung	§ 15m Abs. 1 MSchG
Das Teilzeitansuchen der Mutter wird abgelehnt, der Vater beansprucht die Karenz	unverzüglich	§ 9 Abs. 2 VKG
Das Teilzeitansuchen des Vaters wird abgelehnt, der Vater beansprucht die Karenz	binnen zwei Wochen nach der Ablehnung	§ 8 Abs. 6 VKG
Das Teilzeitansuchen des Vaters wird abgelehnt, die Mutter beansprucht die Karenz	unverzüglich	§ 15q Abs. 2 MSchG

Übersicht: Meldungen i.Z.m. Karenz

Was	Wer	Meldungen des Dienstgebers	Betriebliche Vorsorge	Hinweis
Karenz	Vollversicherte Dienstnehmerinnen	Abmeldung zu Beginn des Wochengeldbezuges oder bei Antritt der Karenz	Keine Beitragsleistung[1]	Ändert sich nach erfolgter Abmeldung das Ende des Wochengeldbezuges, ist das Ende der BV mittels Richtigstellung Abmeldung zu korrigieren.
Karenz	Vollversicherte Dienstnehmer	Abmeldung bei Antritt der Karenz	Keine Beitragsleistung[1]	
Karenz	Geringfügig beschäftigte Dienstnehmerinnen	Abmeldung zu Beginn des generellen Beschäftigungsverbotes	Keine Beitragsleistung[1]	
Fortsetzung des Dienstverhältnisses nach der Karenz	Vollversicherte und geringfügig beschäftigte Dienstnehmerinnen bzw. Dienstnehmer	Anmeldung vor Arbeitsantritt	Beiträge zur BV (ab dem ersten Monat)	

1028 Nochmals drei Monate vor der Karenz.

Was	Wer	Meldungen des Dienstgebers	Betriebliche Vorsorge	Hinweis
Beschäftigung während der Karenz gemäß MSchG/VKG	Vollversicherte und geringfügig beschäftigte Dienstnehmerinnen bzw. Dienstnehmer	Anmeldung vor Arbeitsantritt	Beiträge zur BV (ab dem zweiten Monat)	Beschäftigungen neben der Karenz gemäß MSchG/VKG stellen jedenfalls eigenständige Dienstverhältnisse dar.
Arbeitsrechtliche Lösung während der Karenz	Vollversicherte und geringfügig beschäftigte Dienstnehmerinnen bzw. Dienstnehmer	Richtigstellung Abmeldung	–	Das arbeitsrechtliche Ende und der Abmeldegrund sind zu melden.
Arbeitsrechtliche Lösung während der Karenz – Beendigungsansprüche	Vollversicherte und geringfügig beschäftige Dienstnehmerinnen bzw. Dienstnehmer	• Anmeldung für den Zeitraum der Urlaubsersatzleistung/ Kündigungsentschädigung • Abmeldung	Beiträge zur BV	Werden Beendigungsansprüche (Urlaubsersatzleistung, Kündigungsentschädigung) ausbezahlt, verlängern diese die Pflichtversicherung.

[1] Besteht während der Karenz Anspruch auf Kinderbetreuungsgeld, werden die BV-Beiträge für diesen Zeitraum vom Familienlastenausgleichsfonds getragen.

Quelle: Nö. GKK, NÖDIS Nr. 13/Oktober 2018

27.1.4.3. Teilzeitbeschäftigung nach dem Mutterschutzgesetz bzw. nach dem Väter-Karenzgesetz („Elternteilzeit")

Die Teilzeitbeschäftigung („Elternteilzeit") und die Änderung der Lage der Arbeitszeit sind

- für Mütter im Mutterschutzgesetz (MSchG) und
- für Väter im Väter-Karenzgesetz (VKG)

grundsätzlich **gleich lautend geregelt**. Aus diesem Grund können die Bestimmungen beider Gesetze gemeinsam behandelt werden.

Wichtiger Hinweis: Da das MSchG die Mutter als „Dienstnehmerin" und das VKG den Vater als „Arbeitnehmer" bezeichnet, gilt für diesen gemeinsamen Punkt Gleiches für Mutter und Vater, auch wenn ausschließlich die „Dienstnehmerin" behandelt wird.

Es gibt zwei Arten von Teilzeitbeschäftigungen. Die:

<table>
<tr>
<td>

Teilzeitbeschäftigung
mit Rechtsanspruch

Diese gilt für Dienstnehmerinnen

- mit mindestens drei Dienstjahren,
- in Betrieben mit **mehr als 20** Dienstnehmern längstens bis zum **7. Lebensjahr**

oder einem späteren Schuleintritt des Kindes[1030].

</td>
<td>und die</td>
<td>

vereinbarte
Teilzeitbeschäftigung[1029].

Diese können Dienstnehmerinnen

- mit **weniger als drei** Dienstjahren,
- in Betrieben mit **mehr als 20** Dienstnehmern

oder

- mit **weniger** bzw. **mindestens drei** Dienstjahren,
- in Betrieben mit **bis zu 20** Dienstnehmern

längstens bis zum **4. Lebensjahr** des Kindes[1030] vereinbaren.

</td>
</tr>
</table>

Für Eltern, deren **Kinder vor dem 1.1.2016 geboren** (adoptiert oder in Pflege genommen) wurden, sieht das Gesetz **keine Mindest- oder Höchstgrenzen** für das Ausmaß der Teilzeitbeschäftigung oder Aussagen über die Lage der Arbeitszeit vor. Auch eine **Änderung, die nur die Lage der Arbeitszeit** betrifft, ist möglich. Wird beispielsweise der tägliche Arbeitsbeginn und damit auch das Ende der täglichen Arbeitszeit verschoben, so gelten auch für diese Vereinbarung die Begünstigungen, welche das Gesetz für die Elternteilzeit vorsieht. Die Annahme einer Elternteilzeitbeschäftigung setzt jedoch voraus, dass der **Wunsch** der Dienstnehmerin **auf Betreuungsgründen** beruht. Verfolgt eine Dienstnehmerin mit dem Wunsch nach Elternteilzeit andere als die vom Gesetzgeber beabsichtigten Ziele (z.B. Erlangung eines Kündigungsschutzes), so müsste der Dienstgeber den Missbrauchstatbestand im arbeitsgerichtlichen Verfahren behaupten und beweisen.

Für Eltern (bzw. Adoptiv- oder Pflegeeltern), deren **Kinder ab dem 1.1.2016 geboren** (bzw. adoptiert oder in Pflege genommen) werden, ist zusätzliche Voraussetzung einer Teilzeitbeschäftigung nach MSchG bzw. VKG, dass die **wöchentliche Normalarbeitszeit um mindestens 20% reduziert wird und zwölf Stunden nicht unterschreitet (Bandbreite)**. Von dieser zusätzlichen Voraussetzung nicht betroffen ist eine bloße Änderung der Lage der Arbeitszeit ohne Arbeitszeitreduktion.

1029 Kommt es etwa unmittelbar nach einer Karenz zu einem **Wechsel des Dienstgebers**, so ist beim neuen Dienstgeber keine Betriebszugehörigkeit von drei Jahren gegeben; es ist daher nur eine vereinbarte Elternteilzeit möglich.

1030 Als „Kinder" i.S.d. Elternteilzeit gelten:
- leibliche Kinder,
- Wahlkinder (= Adoptivkinder, vgl. §§ 179 bis 183 ABGB),
- Pflegekinder (= Kinder, die nur in Pflege genommen werden, vgl. § 186 ABGB, vgl. § 14 JWG).

Nicht als „Kinder" i.S.d. Elternteilzeit gelten:
- Enkelkinder,
- Stiefkinder (= Kinder des Ehegatten oder Lebensgefährten), zu denen keine sonstige Beziehung (z.B. Adoption) besteht.

Da es sich bei dieser Teilzeitbeschäftigung um eine **befristete Maßnahme** handelt, hat die Dienstnehmerin nach dem Ende der Teilzeitbeschäftigung jedenfalls das **Recht auf Rückkehr** zur bisherigen Arbeitszeit.

Zu beachten ist, dass **nicht jede vertraglich vereinbarte Herabsetzung** der Arbeitszeit (bzw. Änderung der Lage der Arbeitszeit) allein deshalb zur **Teilzeitbeschäftigung** nach dem MSchG bzw. VKG („Elternteilzeit") (bzw. zur geschützten Änderung der Lage der Arbeitszeit) **wird**, nur weil die Dienstnehmerin ein Kind hat (siehe dazu auch Punkt 27.3.4.). Erforderlich ist vielmehr, dass sich die um Teilzeit ansuchende Dienstnehmerin erkennbar auf die Teilzeitbeschäftigung nach dem MSchG bzw. VKG bezieht. Ob dies zutrifft, wird im Einzelfall anhand der Erklärung der Dienstnehmerin bzw. der zwischen den Beteiligten getroffenen Vereinbarungen zu beurteilen sein (→ 27.1.4.3.3.).

Für die Qualifikation einer Teilzeit als „Elternteilzeit" ist allerdings nicht bloß die Bezeichnung, sondern in erster Linie der Zweck, wofür die Teilzeit genommen werden möchte, entscheidend. Demnach kommt es darauf an, dass

- es für den Dienstgeber erkennbar gewesen sein muss, die Teilzeit der Kinderbetreuung wegen nehmen zu wollen (OGH 26.5.2011, 9 ObA 80/10w; vgl. auch OGH 18.3.2016, 9 ObA 20/16f), und dass
- eine zeitlich befristete Teilzeit gewünscht wird.

Eine **Erklärung zur Inanspruchnahme** von Teilzeitbeschäftigung nach dem MSchG bzw. VKG muss prinzipiell **schriftlich erfolgen**, Angaben über Beginn, Dauer, Ausmaß und Lage der Arbeitszeit enthalten sowie erkennen lassen, für welches Kind die Teilzeit beansprucht werden soll (→ 27.1.4.3.3.).

Eine **Ausweitung der Arbeitszeit**, welche die Flexibilität bei der Kinderbetreuung einengt und lediglich die finanzielle Situation der Dienstnehmerin bzw. ihrer Familie verbessert, kann daher **nicht** im Rahmen einer **Elternteilzeit** erfolgen.

27.1.4.3.1. Teilzeitbeschäftigung mit Rechtsanspruch

Die Dienstnehmerin hat Anspruch auf Teilzeitbeschäftigung längstens **bis zum Ablauf des 7. Lebensjahrs** oder einem späteren Schuleintritt des Kindes, wenn

1. das **Dienstverhältnis** zum Zeitpunkt des Antritts der Teilzeitbeschäftigung **ununterbrochen drei Jahre** gedauert hat und
2. die Dienstnehmerin zu diesem Zeitpunkt in einem **Betrieb** (§ 34 ArbVG) mit **mehr als 20 Dienstnehmern** beschäftigt ist.

Für Eltern (bzw. Adoptiv- oder Pflegeeltern), deren Kinder ab dem 1.1.2016 geboren (bzw. adoptiert oder in Pflege genommen) werden, ist zusätzliche Voraussetzung einer Teilzeitbeschäftigung nach MSchG bzw. VKG, dass die **wöchentliche Normalarbeitszeit um mindestens 20% reduziert wird und zwölf Stunden nicht unterschreitet (Bandbreite)**. Von dieser zusätzlichen Voraussetzung nicht betroffen ist eine bloße Änderung der Lage der Arbeitszeit ohne Arbeitszeitreduktion.

Beginn, Dauer, Ausmaß und Lage der Teilzeitbeschäftigung sind mit dem Dienstgeber zu vereinbaren, wobei die betrieblichen Interessen und die Interessen der Dienstnehmerin zu berücksichtigen sind. Dienstnehmerinnen haben während eines

Lehrverhältnisses keinen Anspruch auf Teilzeitbeschäftigung (§ 15h Abs. 1 MSchG, § 8 Abs. 1 VKG).

Kommt es zu einer Vereinbarung über ein Teilzeitmodell außerhalb der Bandbreite, liegt dennoch eine Teilzeitbeschäftigung i.S.d. § 15h MSchG bzw. § 8 VKG vor (§ 15j Abs. 10 MSchG, § 8b Abs. 10 VKG).

Auf Grund der vorstehenden Voraussetzungen besteht ein **Anspruch** auf Teilzeitbeschäftigung **dem Grunde nach**, d.h. der Dienstgeber kann die von der Dienstnehmerin begehrte Teilzeitbeschäftigung nicht zur Gänze, sondern lediglich hinsichtlich der konkreten Bedingungen ablehnen. Beginn, Dauer, Ausmaß und Lage der Teilzeitbeschäftigung sind daher grundsätzlich zwischen Dienstgeber und Dienstnehmerin zu vereinbaren. Wird über die konkreten Teilzeitbedingungen keine Einigung erzielt, kommt das gesetzlich vorgesehene Einigungs- bzw. Durchsetzungsverfahren zum Tragen (siehe sogleich weiter unten, Seite 959).

Das Erfordernis der **3-jährigen ununterbrochenen Dauer des Dienstverhältnisses** muss erst im Zeitpunkt des Antritts der Teilzeitbeschäftigung erfüllt sein. Es schadet somit nicht, wenn die 3-Jahres-Grenze bei Bekanntgabe des Teilzeitwunsches noch nicht erreicht ist, sofern sie zum begehrten Teilzeitbeginn vorliegt (OGH 28.10.2015, 8 ObA 68/15f).

Bei der Herabsetzung der Arbeitszeit ist von der gesetzlichen oder in einem Kollektivvertrag festgelegten wöchentlichen Arbeitszeit oder von der vereinbarten wöchentlichen Arbeitszeit auszugehen.

Die nähere Ausgestaltung, also der Beginn, die Dauer, das Ausmaß und die Lage der Teilzeitbeschäftigung sind mit dem Dienstgeber zu vereinbaren. Dabei sind die betrieblichen Interessen und die Interessen der Dienstnehmerin zu berücksichtigen.

Bei den **betrieblichen Interessen** muss es sich um Umstände handeln, die **negative Auswirkungen auf den Betrieb** in seiner Eigenschaft als eine dem Zweck der Leistungshervorbringung gewidmete Organisation haben. Ein betriebliches Interesse liegt insb. dann vor, wenn die Teilzeitbeschäftigung die Organisation, den Arbeitsablauf oder die Sicherheit im Betrieb wesentlich beeinträchtigt und Maßnahmen zur Verhinderung dieser Beeinträchtigung, insb. die Aufnahme von Ersatzkräften nicht möglich sind, oder unverhältnismäßige Kosten verursacht. Dasselbe gilt auch im Fall der Änderung der Lage der Arbeitszeit. Bei Unternehmen mit mehreren Filialen, die keine eigenen Betriebe sind, wird auch die räumliche Entfernung der Filialen zueinander zu berücksichtigen sein. So wird es z.B. im städtischen Bereich leichter sein, den teilweisen Ausfall von Arbeitskräften durch personelle Verschiebungen zwischen den Filialen auszugleichen, als im ländlichen Bereich.

Dauer des Dienstverhältnisses:

Alle Zeiten, die die Dienstnehmerin in unmittelbar vorausgegangenen Dienstverhältnissen zum selben Dienstgeber zurückgelegt hat, sind bei der Berechnung der Mindestdauer des Dienstverhältnisses zu berücksichtigen. Ebenso zählen Zeiten von unterbrochenen Dienstverhältnissen, die auf Grund von **Wiedereinstellungszusagen** oder Wiedereinstellungsvereinbarungen beim selben Dienstgeber fortgesetzt werden, für die Mindestdauer des Dienstverhältnisses. Zeiten einer Karenz nach dem

MSchG bzw. VKG werden auf die Mindestdauer des Dienstverhältnisses angerechnet (§ 15h Abs. 2 MSchG, § 8 Abs. 2 VKG).

Anzurechnen sind demnach:

- Zeiten eines unmittelbar vorausgegangenen Dienstverhältnisses beim selben Dienstgeber (z.B. nach Wechsel von einem Arbeiter- in ein Angestelltendienstverhältnis oder umgekehrt),
- unmittelbar vorausgehende Lehrzeiten zum selben Dienstgeber (während der Lehrzeit selbst ist aber keine Teilzeit möglich, da diese mit den Ausbildungserfordernissen nicht vereinbar wäre),
- ein früheres Dienstverhältnis nach Unterbrechung, wenn die Neueinstellung beim selben Dienstgeber auf Grund einer Wiedereinstellungszusage oder Wiedereinstellungsvereinbarung erfolgt,
- Zeiten einer Karenz nach dem MSchG bzw. VKG.

Dienstnehmeranzahl:

Für die Ermittlung der Dienstnehmerzahl ist maßgeblich, wie viele Dienstnehmer **regelmäßig** im Betrieb beschäftigt werden. In Betrieben mit **saisonal schwankender** Dienstnehmerzahl gilt das Erfordernis der Mindestanzahl der Dienstnehmer als erfüllt, wenn die Dienstnehmeranzahl im Jahr vor dem Antritt der Teilzeitbeschäftigung **durchschnittlich mehr als 20 Dienstnehmer** betragen hat (§ 15h Abs. 3 MSchG, § 8 Abs. 3 VKG).

Für die Frage der maßgeblichen Dienstnehmerzahl (mehr als 20 Dienstnehmer) ist demnach auf die **regelmäßige** Anzahl der

- beschäftigten Dienstnehmer[1031]
- **im Betrieb**

abzustellen.

Nicht zu berücksichtigen sind daher vorübergehende, fallweise und nur kurzfristige Über- oder Unterschreitungen der Zahlengrenze.

Im Allgemeinen bezieht sich das MSchG mit dem Ausdruck „Dienstnehmer“ ebenso wie das VKG mit der Bezeichnung „Arbeitnehmer“ auf den **Dienstnehmerbegriff des Arbeitsvertragsrechts.**

Da es somit nicht auf den Arbeitnehmerbegriff i.S.d. Betriebsverfassung ankommt, sind auch die im § 36 Abs. 2 ArbVG ausdrücklich ausgenommenen Personengruppen (z.B. GmbH-Gesellschafter, leitende Angestellte mit maßgebendem Einfluss auf die Betriebsführung, → 10.2.2.) für die Dienstnehmerzahl im Zusammenhang mit der Teilzeitbeschäftigung mit zu berücksichtigen.

Demnach zählen für die maßgebliche Dienstnehmerzahl grundsätzlich alle Dienstnehmer i.S.d. Arbeitsvertragsrechts mit, somit z.B. auch

- geringfügig beschäftigte Dienstnehmer (→ 31.4.),
- sonstige Teilzeitbeschäftigte,

1031 Da es für die Berücksichtigung eines Dienstnehmers weder auf die Befristung noch auf den Umfang der Beschäftigung ankommt, sind auch fallweise beschäftigte Personen (→ 31.6.) zu berücksichtigen (OGH 2.9.2021, 9 ObA 76/21y).

- fallweise Beschäftigte,
- GmbH-Geschäftsführer (mit Dienstvertrag)[1032],
- leitende Angestellte und
- Lehrlinge.

Als **Dienstnehmer** zählen auch dem Betrieb überlassene Dienstnehmer (OGH 17.5.2018, 9 ObA 39/18b).

Demgegenüber sind für die maßgebliche Dienstnehmerzahl insb. **nicht mitzuzählen**:

- Freie Dienstnehmer (→ 4.3.1.),
- GmbH-Geschäftsführer (mit freiem Dienstvertrag) (→ 31.9.),
- echte Ferialpraktikanten (Volontäre) (→ 4.3.4.),
- Vorstandsmitglieder von AG (→ 31.7.).

Zu beachten ist, dass es nicht auf die **Dienstnehmerzahl** im Konzern oder im gesamten Unternehmen, sondern auf jene **im Betrieb** ankommt. Dies ist für Unternehmen mit mehreren selbstständigen Betrieben von Bedeutung.

Filialen oder Zweigstellen sind nur dann eigene Betriebe, wenn sie vom Arbeitsergebnis betrachtet auch allein bestehen könnten. Ist der Leiter einer Filiale (z.B. im Lebensmittelhandel) hinsichtlich personeller, finanzieller, arbeitstechnischer Befugnisse so eingeschränkt, dass ihm lediglich eine einem Abteilungsleiter vergleichbare Stellung zukommt, ist die Filiale kein eigener Betrieb. Gibt es für mehrere Filialen einen Regionalleiter (insb. für personelle Angelegenheiten), bilden diese zusammen einen Betrieb.

Einigungs- bzw. Durchsetzungsverfahren:

Kann der Dienstgeber dem **Teilzeitverlangen** der Dienstnehmerin aus betrieblichen Überlegungen nicht nachkommen, ist nachstehendes **Einigungs- bzw. Durchsetzungsverfahren** vorgesehen:

In Betrieben, in denen ein für die Dienstnehmerin zuständiger **Betriebsrat** errichtet ist, ist dieser auf Verlangen der Dienstnehmerin den Verhandlungen über Beginn, Dauer, Ausmaß oder Lage der Teilzeitbeschäftigung **beizuziehen**. Kommt **binnen zwei Wochen** ab Bekanntgabe **keine Einigung** zu Stande, können im Einvernehmen zwischen Dienstnehmerin und Dienstgeber Vertreter der gesetzlichen **Interessenvertretungen der Dienstnehmer und der Dienstgeber** den Verhandlungen **beigezogen** werden. Der Dienstgeber hat das Ergebnis der Verhandlungen schriftlich aufzuzeichnen. Diese Ausfertigung ist sowohl vom Dienstgeber als auch von der Dienstnehmerin zu unterzeichnen; eine Ablichtung ist der Dienstnehmerin auszuhändigen (§ 15k Abs. 1 MSchG, § 8c Abs. 1 VKG).

Kommt **binnen vier Wochen** ab Bekanntgabe keine Einigung über Beginn, Dauer, Ausmaß oder Lage der Teilzeitbeschäftigung zu Stande, kann die Dienstnehmerin die Teilzeitbeschäftigung zu den von ihr bekannt gegebenen Bedingungen antreten, sofern der Dienstgeber nicht **binnen** weiterer **zwei Wochen** beim zuständigen Arbeits- und Sozialgericht einen **Antrag zur gütlichen Einigung** gegebenenfalls im Rahmen eines Gerichtstages stellt. Dem Antrag ist das Ergebnis der davor geführten Verhandlungen anzuschließen.

1032 Demnach bleiben GmbH-Geschäftsführer mit Mehrheitsbeteiligung oder Sperrminorität (→ 31.9.) unberücksichtigt.

Kommt **binnen vier Wochen** ab Einlangen des Antrags beim Arbeits- und Sozialgericht **keine gütliche Einigung** zu Stande, hat der Dienstgeber binnen **einer weiteren Woche** die Dienstnehmerin auf Einwilligung in die von ihm vorgeschlagenen Bedingungen der Teilzeitbeschäftigung beim zuständigen **Arbeits- und Sozialgericht zu klagen**, andernfalls kann die Dienstnehmerin die Teilzeitbeschäftigung zu den von ihr bekannt gegebenen Bedingungen antreten. Findet der Vergleichsversuch erst nach Ablauf von vier Wochen statt, beginnt die Frist für die Klagseinbringung mit dem auf den Vergleichsversuch folgenden Tag. Das Arbeits- und Sozialgericht hat der Klage des Dienstgebers dann stattzugeben, wenn die betrieblichen Erfordernisse die Interessen der Dienstnehmerin überwiegen. Gibt das Arbeits- und Sozialgericht der Klage des Dienstgebers nicht statt, wird die von der Dienstnehmerin beabsichtigte Teilzeitbeschäftigung mit der Rechtskraft des Urteils wirksam[1033] (§ 15k Abs. 2–3 MSchG, § 8c Abs. 2–3 VKG). Die Verpflichtung zur Einleitung des Elternteilzeitverfahrens (Klage) obliegt immer dem Dienstgeber (OGH 26.2.2016, 8 ObA 8/16h).

Änderungsverlangen:

Kann der Dienstgeber/die Dienstnehmerin dem **Änderungsverlangen** der Dienstnehmerin/des Dienstgebers nicht nachkommen, ist nachstehendes **Einigungs- bzw. Durchsetzungsverfahren** vorgesehen:

Beabsichtigt die **Dienstnehmerin** eine **Änderung oder vorzeitige Beendigung** der Teilzeitbeschäftigung, sind **ebenfalls** die unter § 15k Abs. 1 MSchG bzw. § 8c Abs. 1 VKG vorgesehenen **Verhandlungen möglich** (siehe vorstehend). Kommt **binnen vier Wochen** ab Bekanntgabe **keine Einigung** zu Stande, kann der Dienstgeber binnen **einer weiteren Woche** dagegen **Klage** beim zuständigen **Arbeits- und Sozialgericht** erheben. Bringt der Dienstgeber keine Klage ein, wird die von der Dienstnehmerin bekannt gegebene Änderung oder vorzeitige Beendigung der Teilzeitbeschäftigung wirksam. Das Arbeits- und Sozialgericht hat der Klage dann stattzugeben, wenn die betrieblichen Erfordernisse gegenüber den Interessen der Dienstnehmerin im Hinblick auf die beabsichtigte Änderung oder vorzeitige Beendigung überwiegen (§ 15k Abs. 4 MSchG, § 8c Abs. 4 VKG).

Beabsichtigt der **Dienstgeber** eine **Änderung** der Teilzeitbeschäftigung oder eine **vorzeitige Beendigung**, sind **ebenfalls** die unter § 15k Abs. 1 MSchG bzw. § 8c Abs. 1 VKG vorgesehenen **Verhandlungen möglich** (siehe vorstehend). Kommt **binnen vier Wochen** ab Bekanntgabe **keine Einigung** zu Stande, kann der Dienstgeber (im Anschluss daran) binnen **einer weiteren Woche** Klage auf die Änderung oder vorzeitige Beendigung beim **Arbeits- und Sozialgericht** erheben, andernfalls die Teilzeitbeschäftigung unverändert bleibt. Das Arbeits- und Sozialgericht hat der Klage dann stattzugeben, wenn die betrieblichen Erfordernisse gegenüber den Interessen der Dienstnehmerin im Hinblick auf die beabsichtigte Änderung oder vorzeitige Beendigung überwiegen (§ 15k Abs. 5 MSchG, § 8c Abs. 5 VKG).

1033 **Erschwert** die vom Dienstgeber angebotene **flexible Lagerung der Elternteilzeit** die **Betreuung des Kleinkindes erheblich** und müsste die Dienstnehmerin jene Zeiten, zu denen das Kind nicht im Kindergarten betreut werden kann, unter erhöhten Kosten durch andere Betreuungsformen abdecken, **überwiegt** das **Interesse der Dienstnehmerin an einer fixen Arbeitszeiteinteilung** gegenüber den betrieblichen Interessen (LG Wels 5.4.2005, 10 Cga 11/05g).

In Rechtsstreitigkeiten steht keiner Partei ein Kostenersatzanspruch an die andere zu. Gegen ein **Urteil des Gerichts erster Instanz** ist eine **Berufung nicht zulässig** (→ 42.4.) (§ 15k Abs. 6 MSchG, § 8c Abs. 6 VKG).

27.1.4.3.2. Vereinbarte Teilzeitbeschäftigung

Die Dienstnehmerin, die **keinen Anspruch** auf Teilzeitbeschäftigung hat, kann mit dem Dienstgeber eine Teilzeitbeschäftigung einschließlich Beginn, Dauer, Ausmaß und Lage längstens **bis zum Ablauf des 4. Lebensjahrs** des Kindes **vereinbaren**.

Für Eltern (bzw. Adoptiv- oder Pflegeeltern), deren Kinder ab dem 1.1.2016 geboren (bzw. adoptiert oder in Pflege genommen) werden, ist zusätzliche Voraussetzung einer Teilzeitbeschäftigung nach MSchG bzw. VKG, dass die **wöchentliche Normalarbeitszeit um mindestens 20% reduziert wird und zwölf Stunden nicht unterschreitet (Bandbreite)** (§ 15i MSchG, § 8a VKG).

Kommt es zu einer Vereinbarung über ein Teilzeitmodell außerhalb der Bandbreite, liegt dennoch eine Teilzeitbeschäftigung i.S.d. § 15i MSchG bzw. § 8a VKG vor (§ 15j Abs. 10 MSchG, § 8b Abs. 10 VKG).

In Betrieben mit **bis zu 20 Dienstnehmern** kann in einer **Betriebsvereinbarung** i.S.d. § 97 Abs. 1 Z 25 ArbVG insb. festgelegt werden, dass die Dienstnehmerinnen einen Anspruch auf Teilzeitbeschäftigung haben. Auf diese Teilzeitbeschäftigung sind sämtliche Bestimmungen anzuwenden, die für eine Teilzeitbeschäftigung mit Anspruch gelten. Die Kündigung einer solchen Betriebsvereinbarung ist nur hinsichtlich der Dienstverhältnisse jener Dienstnehmerinnen wirksam, die zum Kündigungstermin keine Teilzeitbeschäftigung nach der Betriebsvereinbarung schriftlich bekannt gegeben oder angetreten haben (§ 15h Abs. 4 MSchG, § 8 Abs. 4 VKG).

Kann der Dienstgeber dem **Teilzeitwunsch** bzw. einem **Änderungswunsch** aus betrieblichen Überlegungen nicht nachkommen, ist dafür nachstehendes **Durchsetzungsverfahren** vorgesehen:

In Betrieben, in denen ein für die Dienstnehmerin zuständiger **Betriebsrat** errichtet ist, ist dieser auf Verlangen der Dienstnehmerin den Verhandlungen über die Teilzeitbeschäftigung, deren Beginn, Dauer, Lage und Ausmaß **beizuziehen**.

Kommt **binnen zwei Wochen** ab Bekanntgabe **keine Einigung** zu Stande, so kann die Dienstnehmerin den Dienstgeber auf Einwilligung in eine Teilzeitbeschäftigung einschließlich deren Beginn, Dauer, Lage und Ausmaß **klagen**. Das Arbeits- und Sozialgericht hat die Klage insoweit abzuweisen, als der Dienstgeber aus sachlichen Gründen die Einwilligung in die begehrte Teilzeitbeschäftigung verweigert hat.

Beabsichtigt die **Dienstnehmerin** eine **Änderung oder vorzeitige Beendigung** der Teilzeitbeschäftigung und kommt unter ev. Beiziehung des Betriebsrats **binnen zwei Wochen** ab Bekanntgabe **keine Einigung** zu Stande, kann die Dienstnehmerin binnen **einer weiteren Woche Klage** auf eine Änderung oder vorzeitige Beendigung der Teilzeitbeschäftigung beim zuständigen **Arbeits- und Sozialgericht** erheben. Das Arbeits- und Sozialgericht hat die Klage dann abzuweisen, wenn die betrieblichen Erfordernisse gegenüber den Interessen der Dienstnehmerin im Hinblick auf die beabsichtigte Änderung oder vorzeitige Beendigung überwiegen.

Beabsichtigt der **Dienstgeber** eine **Änderung** der Teilzeitbeschäftigung oder eine **vorzeitige Beendigung** und kommt unter ev. Beiziehung des Betriebsrats **binnen zwei Wochen** ab Bekanntgabe **keine Einigung** zu Stande, kann der Dienstgeber binnen **einer weiteren Woche Klage** auf eine Änderung oder vorzeitige Beendigung beim zuständigen **Arbeits- und Sozialgericht** erheben, andernfalls die Teilzeitbeschäftigung unverändert bleibt. Das Arbeits- und Sozialgericht hat der Klage dann stattzugeben, wenn die betrieblichen Erfordernisse gegenüber den Interessen der Dienstnehmerin im Hinblick auf die beabsichtigte Änderung oder vorzeitige Beendigung überwiegen.

In Rechtsstreitigkeiten steht keiner Partei ein Kostenersatzanspruch an die andere zu. Gegen ein Urteil des Gerichts erster Instanz ist eine **Berufung nicht zulässig** (→ 42.4.) (§ 15l Abs. 1–5 MSchG, § 8d Abs. 1–5 VKG).

27.1.4.3.3. Gemeinsame Bestimmungen zur Teilzeitbeschäftigung

Voraussetzung für die Inanspruchnahme einer Teilzeitbeschäftigung ist, dass die Dienstnehmerin mit dem Kind im **gemeinsamen Haushalt** lebt oder eine **Obsorge** gem. ABGB[1034] gegeben ist und sich der Vater (bzw. andere Elternteil) nicht gleichzeitig in Karenz befindet (§ 15j Abs. 1 MSchG, § 8b Abs. 1 VKG).

Die Dienstnehmerin kann die Teilzeitbeschäftigung **für jedes Kind nur einmal** in Anspruch nehmen. Dieses Recht wird durch das Zurückziehen eines Teilzeitantrags **nicht verwirkt.** Die Teilzeitbeschäftigung muss **mindestens zwei Monate** dauern (§ 15j Abs. 2 MSchG, § 8b Abs. 2 VKG).

Die **Teilzeitbeschäftigung** kann **frühestens** im Anschluss an die **Schutzfrist** nach der Entbindung, einen daran anschließenden Gebührenurlaub oder eine Dienstverhinderung wegen Krankheit (Unglücksfall) angetreten werden. In diesem Fall hat die Dienstnehmerin dies dem Dienstgeber einschließlich Dauer, Ausmaß und Lage der Teilzeitbeschäftigung schriftlich bis zum Ende der Schutzfrist bekannt zu geben (§ 15j Abs. 3 MSchG). Vom Vater (bzw. anderen Elternteil) kann die Teilzeitbeschäftigung frühestens im Anschluss an die Schutzfrist der Mutter angetreten werden. Der Vater hat die Teilzeitbeschäftigung einschließlich Dauer, Ausmaß und Lage schriftlich spätestens acht Wochen nach der Geburt des Kindes (unabhängig von der tatsächlichen Dauer der Schutzfrist) bekannt zu geben (vgl. § 8b Abs. 3 VKG).

Beabsichtigt die Dienstnehmerin die **Teilzeitbeschäftigung zu einem späteren Zeitpunkt** anzutreten, hat sie dies dem Dienstgeber einschließlich Beginn, Dauer, Ausmaß und Lage der Teilzeitbeschäftigung schriftlich spätestens **drei Monate vor dem beabsichtigten Beginn** bekannt zu geben. Beträgt jedoch der Zeitraum zwischen dem Ende der Schutzfrist und dem Beginn der beabsichtigten Teilzeitbeschäftigung weniger als drei Monate, so hat die Dienstnehmerin die Teilzeitbeschäftigung **schriftlich** bis zum Ende der Schutzfrist **bekannt zu geben** (§ 15j Abs. 4 MSchG, § 8b Abs. 4 VKG).

1034 Unter „Obsorge“ ist das elterliche Sorgerecht zu verstehen, wozu die Pflege und Erziehung sowie die Vermögensverwaltung und gesetzliche Vertretung gehören.
Bei der Obsorge geht es auch um jene Fälle, wo den Eltern die gemeinsame Obsorge trotz des getrennten Haushalts zukommt.

Eine **Einigung** sollte jedenfalls in Form einer **schriftlichen Vereinbarung** festgehalten werden.

Der Zweck der **Schriftlichkeit** der Mitteilungen liegt hauptsächlich darin, einen möglichst **verlässlichen Nachweis** für die Bekanntgabe des Teilzeitwunsches und die näheren Bedingungen der gewünschten Teilzeit sicherzustellen.

Wird der Wunsch, Elternteilzeit in Anspruch nehmen zu wollen, **nur mündlich** geäußert, geht jedoch der Dienstgeber dennoch durch Gespräche auf dieses Begehren ein, so kann er sich später nicht mehr redlicherweise auf das Fehlen der schriftlichen Geltendmachung berufen, weil das Schriftformerfordernis kein Wesensmerkmal der Elternteilzeit ist und daher der Dienstgeber darauf auch konkludent verzichten kann[1035]. Darüber hinaus hat der Dienstgeber auf Grund seiner Fürsorgepflicht die Dienstnehmerin über die Schriftform zu belehren.

Praxistipp: Sind die Voraussetzungen für Elternteilzeit dem Grunde nach erfüllt, wird der Wunsch jedoch mündlich geäußert, ist davon auszugehen, dass dennoch Elternteilzeit nach MSchG/VKG mit allen damit verbundenen Konsequenzen vereinbart wird. Dies gilt auch bei Vereinbarung über ein Teilzeitmodell außerhalb der Bandbreite (→ 27.1.4.3.2.).

Liegen die Voraussetzungen für eine Elternteilzeit nach MSchG/VKG jedoch dem Grunde nach nicht vor, da es sich z.B. um bereits ältere Kinder handelt, und wird zwischen Dienstgeber und Dienstnehmer eine Reduktion der Normalarbeitszeit aufgrund von Betreuungspflichten gegenüber den Kindern vereinbart, liegt unter Umständen eine Herabsetzung der Normalarbeitszeit nach § 14 AVRAG vor (→ 27.3.4.) (OGH 17.12.2018, 9 ObA 102/18t; OGH 17.12.2018, 9 ObA 126/18x zu volksschulpflichtigen Kindern; OGH 25.7.2017, 9 ObA 41/17w).

Die **Dienstnehmerin** kann sowohl eine **Änderung der Teilzeitbeschäftigung** (Verlängerung, Änderung des Ausmaßes oder der Lage) als auch eine **vorzeitige Beendigung jeweils nur einmal** verlangen. Sie hat dies dem Dienstgeber schriftlich spätestens **drei Monate**, dauert die Teilzeitbeschäftigung jedoch weniger als drei Monate, spätestens **zwei Monate** vor der beabsichtigten Änderung oder Beendigung **bekannt zu geben**.

Der **Dienstgeber** kann sowohl eine **Änderung der Teilzeitbeschäftigung** (Änderung des Ausmaßes oder der Lage) als auch eine **vorzeitige Beendigung jeweils nur einmal verlangen**. Er hat dies der Dienstnehmerin schriftlich spätestens **drei Monate**, dauert die Teilzeitbeschäftigung jedoch weniger als drei Monate, spätestens **zwei Monate** vor der beabsichtigten Änderung oder Beendigung **bekannt zu geben** (§ 15j Abs. 5, 6 MSchG, § 8b Abs. 5, 6 VKG).

Teilzeitbeschäftigte Dienstnehmerinnen unterliegen, sofern ein Arbeitsverdienst

bis zur Geringfügigkeitsgrenze	**über der Geringfügigkeitsgrenze**
erzielt wird, der **Teilversicherung** (→ 6.2.2.);	erzielt wird, der **Vollversicherung** (→ 6.2.1.).
Für solche Dienstnehmerinnen gelten die Melde- und Abrechnungsvorschriften der geringfügig beschäftigten Dienstnehmer (→ 31.4.2.).	Für solche Dienstnehmerinnen gelten die für vollversicherte Dienstnehmer geltenden Melde- und Abrechnungsvorschriften (→ 6.2.4., → 11.4. u.a.m.).

Fallen in ein Kalenderjahr auch Zeiten einer Teilzeitbeschäftigung, gebühren Sonderzahlungen in dem der Vollzeit- und Teilzeitbeschäftigung entsprechenden Ausmaß im Kalenderjahr (zeitanteilig = **Mischsonderzahlungen**) (§ 15j Abs. 7 MSchG, § 8b Abs. 7 VKG) (→ 23.2.3.3.) (siehe Beispiel 70).

Der **Naturalurlaub** ist nach den allgemeinen Regeln über Teilzeitbeschäftigung zu beurteilen (→ 26.2.2.1.). Die bloße Herabsetzung der täglichen Arbeitszeit führt allerdings zu keiner Reduzierung des Urlaubsausmaßes. Das Urlaubsentgelt gebührt nach dem Ausfallprinzip nur auf Basis des Teilzeitentgelts (→ 26.2.6.3.).

Die **Ersatzleistung für Urlaubsentgelt** (→ 26.2.9.1.) wird, sofern das Dienstverhältnis während der Teilzeitbeschäftigung durch Kündigung durch den Dienstgeber, unbegründete Entlassung, begründeten vorzeitigen Austritt oder einvernehmliche Lösung endet, auf **Basis der überwiegenden Arbeitszeit** im Urlaubsjahr berechnet (§ 10 Abs. 4 UrlG). Bei allen anderen Beendigungsarten, insb. bei der Kündigung durch die Dienstnehmerin, ist der Berechnung der Ersatzleistung für Urlaubsentgelt das aktuelle Teilzeitentgelt zu Grunde zu legen.

Wird ein Dienstverhältnis während einer Teilzeitbeschäftigung durch Kündigung durch den Dienstgeber, unbegründete Entlassung, begründeten vorzeitigen Austritt

1035 Macht eine Dienstnehmerin den Anspruch auf **Elternteilzeit** entgegen dem gesetzlichen normierten Schriftlichkeitsgebot **nur mündlich geltend**, liegt dennoch eine **kündigungsgeschützte Elternteilzeit** vor, wenn sich der Dienstgeber auf Verhandlungen über dieses Begehren einlässt und es letztlich zu einer Vereinbarung über eine Teilzeit kommt. Dies gilt sowohl für die Elternteilzeit mit Rechtsanspruch als auch für die freiwillig vereinbarte Elternteilzeit (OGH 28.2.2017, 9 ObA 158/16z; OGH 20.8.2008, 9 ObA 80/07s; OGH 20.1.2012, 8 ObA 93/11a; OGH 28.2.2012, 8 ObA 15/12g).

Der Dienstgeber kann sich aber bei einem **mündlichen Wunsch** nach Elternteilzeit darauf beschränken, eine schriftliche Äußerung zu verlangen. Wird der Wunsch nach Elternteilzeit lediglich mündlich begehrt, so ist der Dienstgeber nicht verpflichtet, ein Verfahren zum Abschluss einer Elternteilzeit einzuleiten.

Lt. OGH wird zwar nicht jede vertraglich vereinbarte Herabsetzung der Arbeitszeit allein deshalb zur **„Elternteilzeit“**, nur weil die Dienstnehmerin ein unter-siebenjähriges Kind hat. Erforderlich ist vielmehr, dass gegenüber dem Dienstgeber auch zum Ausdruck kommt, dass Elternteilzeit i.S.d. MSchG Gegenstand der Vereinbarung werden soll. Da auch im Arbeitsrecht der **objektive Erklärungswert einer Willensäußerung** maßgeblich ist, ist es **ohne rechtlichen Belang**, ob die Dienstnehmerin subjektiv von einer **Unterscheidung zwischen Teilzeit** i.S.d. § 19d AZG oder einer **Elternteilzeit** i.S.d. MSchG ausging. Darüber hinaus sind auch die **Umstände des Vertragsabschlusses** für die Auslegung maßgeblich. Waren die Voraussetzungen für Elternteilzeit gegeben und war dem Dienstgeber auch bekannt, dass die Dienstnehmerin nach der Karenz nur mehr Teilzeit wegen der Betreuung ihres Kindes arbeiten wollte und auch Kinderbetreuungsgeld bezog, so ist bei der gebotenen objektiven Betrachtung der Schluss zu ziehen, dass eine **Vereinbarung über Elternteilzeit** nach dem MSchG **zu Stande gekommen** ist (OGH 26.5.2011, 9 ObA 80/10w; OGH 28.2.2012, 8 ObA 15/12g).

Dem Umstand, dass das Ausmaß der Arbeitszeit der Dienstnehmerin bereits vor der zweiten Teilzeitbeschäftigung wöchentlich 24 Stunden betrug, kommt keine ausschlaggebende Bedeutung zu, wenn auch die zweite Vereinbarung nur der Ermöglichung einer kinderbetreuungsbedingten Teilzeitbeschäftigung – gleich ob diese zur Gänze oder nur zum Teil dem MSchG unterlag – diente, ohne dass dadurch das Ausmaß der eigentlichen Normalarbeitszeit der Dienstnehmerin (38 Stunden-Woche) in Frage gestellt worden wäre (OGH 28.2.2017, 9 ObA 158/16z).

oder einvernehmliche Lösung beendet, ist die **Abfertigung auf Basis der früheren Normalarbeitszeit** zu berechnen (§ 23 Abs. 8 AngG).

Endet das Dienstverhältnis nach zumindest 5-jähriger Dienstzeit während einer Teilzeitbeschäftigung durch **Kündigung durch die Dienstnehmerin**, besteht ein gesetzlicher **Abfertigungsanspruch** (= halber Anspruch, höchstens aber drei Monatsentgelte)[1036]. Bei Berechnung des Monatsentgelts ist vom Durchschnitt der in den letzten fünf Jahren geleisteten Arbeitszeit auszugehen (§ 23a Abs. 4a AngG). Diese Sonderregelung kann dazu führen, dass Dienstnehmerinnen die Teilzeitbeschäftigung dazu benützen, um sich eine gesetzliche Abfertigung auch bei Selbstkündigung zu verschaffen.

Die Zeit der Teilzeitbeschäftigung ist (mangels Kürzungsnorm) bei Berechnung **aller Rechtsansprüche**, die nach der Dauer des Dienstverhältnisses bemessen werden, **zu berücksichtigen**.

Für die Dauer einer Teilzeitbeschäftigung nach dem MSchG bzw. VKG ruht der Anspruch auf die pauschale Überstundenentlohnung, auch wenn keine Widerrufsmöglichkeit vereinbart wurde. Mit Ablauf der Elternteilzeit lebt der Anspruch auf die Überstundenpauschale wieder auf (OGH 24.6.2015, 9 ObA 30/15z).

Der Dienstgeber ist verpflichtet, der Dienstnehmerin auf deren Verlangen eine Bestätigung über Beginn und Dauer der Teilzeitbeschäftigung oder die Nichtinanspruchnahme der Teilzeitbeschäftigung auszustellen. Die Dienstnehmerin hat diese Bestätigung mit zu unterfertigen (§ 15j Abs. 8 MSchG, § 8b Abs. 8 VKG).

Teilzeitbeschäftigte Dienstnehmerinnen dürfen wegen der Teilzeitarbeit gegenüber vollzeitbeschäftigten Dienstnehmerinnen **nicht benachteiligt werden**, es sei denn, sachliche Gründe rechtfertigen eine unterschiedliche Behandlung. Freiwillige Sozialleistungen sind zumindest im Verhältnis Teilzeit zur Normalarbeitszeit zu gewähren (§ 19d Abs. 6 AZG).

Wird die Dienstnehmerin während einer Teilzeitbeschäftigung abermals schwanger, muss sie die **neuerliche Schwangerschaft** dem Dienstgeber bekannt geben und auf dessen Verlangen eine Schwangerschaftsbestätigung vorlegen. Die Teilzeitbeschäftigung wird durch eine neuerliche Schwangerschaftsmeldung nicht beendet und auch nicht durch den Beginn der Schutzfrist (→ 27.1.3.) und die Geburt. Mit Beginn der Schutzfrist darf sie die Teilzeitbeschäftigung allerdings nicht mehr ausüben.

Die **Teilzeitbeschäftigung** der Dienstnehmerin **endet vorzeitig** mit der Inanspruchnahme einer Karenz oder Teilzeitbeschäftigung für ein **weiteres Kind** (§ 15j Abs. 9 MSchG, § 8b Abs. 9 VKG).

Nach der Geburt eines weiteren Kindes und nach Ende der Schutzfrist hat die Dienstnehmerin die Möglichkeit, entweder

1. die Teilzeitbeschäftigung in der ursprünglich vorgesehenen Dauer fortzusetzen,
2. Karenz für das neugeborene Kind in Anspruch zu nehmen (allerdings nicht gleichzeitig mit Karenz oder Teilzeitbeschäftigung des anderen Elternteils) oder
3. Teilzeitbeschäftigung für das neugeborene Kind in Anspruch zu nehmen.

In den Fällen 2 und 3 wird die Teilzeitbeschäftigung für das erste Kind beendet.

1036 Eine bloße Änderung der Lage der Arbeitszeit ohne Kürzung der Arbeitszeit führt nicht zu einem Abfertigungsanspruch.

Kommt **zwischen** der **Dienstnehmerin** und dem **Dienstgeber keine Einigung** über eine Teilzeitbeschäftigung zu Stande, kann die Dienstnehmerin dem Dienstgeber **binnen einer Woche** bekannt geben, dass sie

1. anstelle der Teilzeitbeschäftigung oder
2. bis zur Entscheidung des Arbeits- und Sozialgerichts

Karenz, längstens jedoch bis zum Ablauf des 2. Lebensjahrs des Kindes, **in Anspruch nimmt.**

Gibt das **Gericht** der **Klage des Dienstgebers** in einem Rechtsstreit (siehe vorstehend) **statt** oder der **Klage** der **Dienstnehmerin nicht statt**, kann die Dienstnehmerin binnen einer Woche nach Zugang des Urteils dem Dienstgeber bekannt geben, dass sie **Karenz** längstens bis zum Ablauf des 2. Lebensjahrs des Kindes in Anspruch nimmt (§ 15m Abs. 1, 2 MSchG, § 8e Abs. 1, 2 VKG).

Die Inanspruchnahme dieser Ersatzkarenz („Ausweichkarenz") hindert nicht an einer erneuten Geltendmachung einer späteren Elternteilzeit, sofern die allgemeinen Voraussetzungen dafür erfüllt sind. Die Zurückziehung des ursprünglichen Elternteilzeitverlangens bedeutet somit keinen Verzicht auf den Anspruch auf Elternteilzeit (OGH 16.12.2016, 8 ObA 72/16w).

Der (besondere) **Kündigungs- und Entlassungsschutz** nach dem MSchG bzw. VKG beginnt grundsätzlich mit der Bekanntgabe, **frühestens jedoch vier Monate** vor dem beabsichtigten Antritt der Teilzeitbeschäftigung[1037]. Er dauert bis vier Wochen nach dem Ende der Teilzeitbeschäftigung, längstens jedoch bis **vier Wochen nach dem Ablauf des 4. Lebensjahrs** des Kindes[1038]. Die Bestimmungen über den Kündigungs- und Entlassungsschutz gelten auch während eines Rechtsstreits.

Dauert die **Teilzeitbeschäftigung länger als** bis zum Ablauf des **4. Lebensjahrs** des Kindes oder beginnt sie nach dem Ablauf des 4. Lebensjahrs des Kindes, kann eine Kündigung wegen einer beabsichtigten oder tatsächlich in Anspruch genommenen Teilzeitbeschäftigung bei Gericht angefochten werden.

Wird **während** der **Teilzeitbeschäftigung** ohne Zustimmung des Dienstgebers eine **weitere Erwerbstätigkeit** aufgenommen, kann der **Dienstgeber binnen acht Wochen** ab Kenntnis eine **Kündigung** wegen dieser Erwerbstätigkeit **aussprechen** (§ 15n Abs. 1–3 MSchG, § 8f Abs. 1–3 VKG).

Nach **Ablauf** von **vier Wochen** nach dem **4. Lebensjahr** des Kindes besteht während der Teilzeitbeschäftigung ein **Motivkündigungsschutz**. Somit bedarf eine Kündigung keiner vorherigen Zustimmung des Gerichts. Die Kündigung kann aber von der Dienstnehmerin beim Arbeits- und Sozialgericht angefochten werden, wenn die Inanspruchnahme der Teilzeitbeschäftigung als ausschlaggebendes Motiv für die Kündigung glaubhaft gemacht wird (→ 32.2.1.2.).

1037 Erkundigt sich eine Arbeitnehmerin nach der Möglichkeit der Vereinbarung einer Teilzeitbeschäftigung nach MSchG und wird sie daraufhin vom Arbeitgeber gekündigt, liegt eine Diskriminierung auf Grund des Geschlechts vor (OGH 25.10.2016, 8 ObA 63/13x).

1038 Ab Bekanntgabe der gewünschten Teilzeitbeschäftigung (frühestens aber vier Monate vor dem begehrten Antritt der Teilzeitbeschäftigung) beginnt der **besondere Kündigungs- und Entlassungsschutz**. Dieser besteht bis zum Ablauf von vier Wochen nach dem Ende der Teilzeitbeschäftigung, längstens jedoch bis **vier Wochen nach dem Ablauf des 4. Lebensjahrs** des Kindes. Das heißt, der Ausspruch einer Kündigung oder fristlosen Entlassung bedarf grundsätzlich der **vorherigen Zustimmung des Arbeits- und Sozialgerichts** (→ 32.2.3.1., → 32.2.3.2.).

Der Kündigungs- und Entlassungsschutz ist **während eines außergerichtlichen und des gerichtlichen Verfahrens** über die Teilzeitbeschäftigung aufrecht. Das Ende kann daher spätestens vier Wochen nach dem Ergehen eines Urteils liegen, oder schon vorher eintreten, wenn z.B. bei Nichteinigung über die Bedingungen der Teilzeitbeschäftigung keine Klage eingebracht wird (OGH 26.2.2016, 8 ObA 1/16d). Wird daher in Zusammenhang mit einer Teilzeitbeschäftigung ohne Rechtsanspruch kein gerichtliches Verfahren zur Durchsetzung des Teilzeitwunsches eingeleitet, endet der Bestandschutz vier Wochen nach Beendigung des außergerichtlichen Verfahrens. Lässt die Dienstnehmerin eine Kündigung nach Scheitern des außergerichtlichen Verfahrens freiwillig gegen sich wirken und bringt keine Klage auf Einwilligung in die gewünschte Teilzeitbeschäftigung ein, die den Ablauf des Bestandschutzes unterbrochen hätte, ist die Kündigung rechtswirksam (OGH 28.9.2017, 8 ObS 7/17p).

Die Bestimmungen über die Teilzeitbeschäftigung gelten grundsätzlich auch für eine **Adoptiv- oder Pflegemutter** mit der Maßgabe, dass die Teilzeitbeschäftigung frühestens mit der Annahme oder der Übernahme des Kindes beginnen kann. Beabsichtigt die Dienstnehmerin die Teilzeitbeschäftigung zum frühestmöglichen Zeitpunkt, hat sie dies dem Dienstgeber einschließlich Beginn, Dauer, Ausmaß und Lage unverzüglich bekannt zu geben (§ 15o MSchG, § 8g VKG).

Die Bestimmungen über die Teilzeitbeschäftigung sind auch für eine von der Dienstnehmerin beabsichtigte **Änderung der Lage der Arbeitszeit** mit der Maßgabe **anzuwenden**, dass das Ausmaß der Arbeitszeit außer Betracht bleibt (§ 15p MSchG, § 8h VKG).

Muster 23

Geltendmachung einer Teilzeitbeschäftigung.

__________, am __________

Betrifft: **Elternteilzeit**

Sehr geehrte Damen und Herren,

ich teile Ihnen mit, dass ich auf Grund der Geburt meines Kindes am __________ im Anschluss an das absolute Beschäftigungsverbot (meiner Partnerin*)/an einen Urlaub nach dem absoluten Beschäftigungsverbot (meiner Partnerin*)/
an die Karenz/ab __________ (bestimmtes Datum) * eine Teilzeitbeschäftigung (Anspruch auf Elternteilzeit) entsprechend den Bestimmungen des § 15h Mutterschutzgesetz/§ 8 Väter-Karenzgesetz* in Anspruch nehme.

Das Ausmaß der Elternteilzeit soll __________ Stunden pro Woche betragen.

Die Arbeitszeit soll wie folgt verteilt sein:

Montag:	__________	Donnerstag:	__________
Dienstag:	__________	Freitag:	__________
Mittwoch:	__________	Samstag:	__________

Die Elternteilzeit soll bis zum __________ Geburtstag meines Kindes/bis __________ (bestimmtes Datum)* dauern.

Ich darf Sie bitten, mir/sowie dem Betriebsrat* Ihr Einverständnis schriftlich mitzuteilen/ einen allfälligen Gegenvorschlag ehestmöglich zu übermitteln* und allenfalls zugleich einen Terminvorschlag für die Verhandlungen gem. § 15k Mutterschutzgesetz/§ 8c Väter-Karenzgesetz zu machen.

Mit freundlichen Grüßen

____

(Unterschrift)

(Kopie ergeht an Betriebsrat*)

Beilage: Kopie der Geburtsurkunde des Kindes, ev. Bestätigung über Karenz, ev. Bestätigung über Karenz des anderen Elternteils.

* Nicht Zutreffendes streichen

Muster 24

Vereinbarung einer Teilzeitbeschäftigung.

__________, am __________

Betrifft: **Ersuchen um Vereinbarung der Elternteilzeit**

Sehr geehrte Damen und Herren,

hiermit teile ich Ihnen mit, dass ich auf Grund der Geburt meines Kindes am __________ im Anschluss an das absolute Beschäftigungsverbot/an einen Urlaub/an die Karenz/ab __________(bestimmtes Datum)* mit Ihnen eine Teilzeitbeschäftigung (Elternteilzeit) gem. § 15i Mutterschutzgesetz/§ 8a Väter-Karenzgesetz* vereinbaren möchte.

Die vereinbarte Elternteilzeit soll am __________ beginnen.

Das Ausmaß der Elternteilzeit soll __________ Stunden pro Woche betragen.

Die Arbeitszeit soll wie folgt verteilt sein:

Montag:	__________	Donnerstag:	__________
Dienstag:	__________	Freitag:	__________
Mittwoch:	__________	Samstag:	__________

Die Elternteilzeit soll bis zum __________ Geburtstag meines Kindes/bis __________ (bestimmtes Datum)* dauern.

Ich darf Sie bitten, mir/sowie dem Betriebsrat* einen allfälligen Gegenvorschlag und einen Termin für ein Gespräch über diesen Antrag schriftlich zu übermitteln.

Mit freundlichen Grüßen

____

(Unterschrift)

(Kopie ergeht an Betriebsrat*)

Beilage: Kopie der Geburtsurkunde des Kindes, ev. Bestätigung über Karenz, ev. Bestätigung über Karenz des anderen Elternteils.

* Nicht Zutreffendes streichen

Muster 25

Geltendmachung der Änderung der Arbeitszeit.

__________, am __________

Betrifft: **Änderung der Lage der Arbeitszeit**

Sehr geehrte Damen und Herren,

ich teile Ihnen mit, dass ich auf Grund der Geburt meines Kindes am __________ im Anschluss an das absolute Beschäftigungsverbot (meiner Partnerin*)/an einen Urlaub nach dem absoluten Beschäftigungsverbot (meiner Partnerin*)/an die Karenz/ab __________ (bestimmtes Datum) * eine Änderung der Arbeitszeit entsprechend den Bestimmungen des § 15p Mutterschutzgesetz/§ 8h Väter-Karenzgesetz* beanspruchen werde.

Die Arbeitszeit soll wie folgt verteilt sein:

Montag:	__________	Donnerstag:	__________
Dienstag:	__________	Freitag:	__________
Mittwoch:	__________	Samstag:	__________

Die geänderte Lage der Arbeitszeit soll bis zum __________ Geburtstag meines Kindes/ bis __________ (bestimmtes Datum) * dauern.

Ich darf Sie bitten, mir/sowie dem Betriebsrat* Ihr Einverständnis schriftlich mitzuteilen/ einen allfälligen Gegenvorschlag ehestmöglich zu übermitteln* und allenfalls zugleich einen Terminvorschlag für die Verhandlungen zu machen.

____

(Unterschrift)

(Kopie ergeht an Betriebsrat*)

Beilage: Kopie der Geburtsurkunde des Kindes, ev. Bestätigung über Karenz, ev. Bestätigung über Karenz des anderen Elternteils.

* Nicht Zutreffendes streichen

27.1.4.4. Beispielhafte Darstellungen

Möglichkeiten einer Beschäftigung neben einer Karenz und in Form von Teilzeit:

Darstellung A:

Geringfügige Beschäftigung **neben der Karenz**:

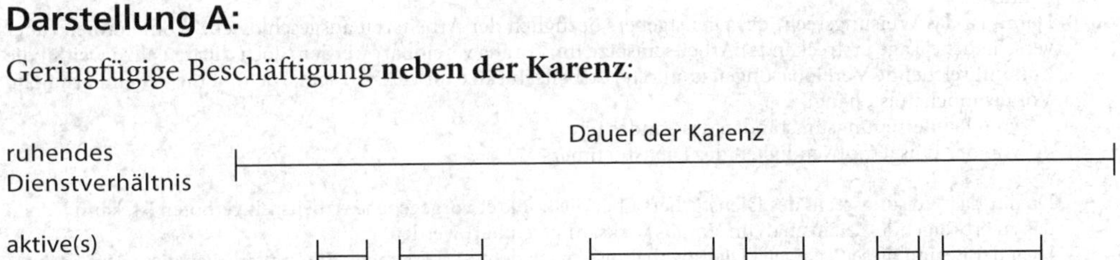

Die einzelne(n), für die Zeit der Karenz vereinbarte(n) geringfügige(n) Beschäftigung(en) ist (sind) ein eigenständige(s) Dienstverhältnis(se)[1039]. Da die Arbeitsleistung vor jedem Arbeitseinsatz vereinbart werden muss[1040], gibt es während der Karenz **keine dauernde Arbeitsverpflichtung** (vgl. § 15e Abs. 1 MSchG, § 7b Abs. 1 VKG).

Weiters kann der Dienstnehmer neben dem karenzierten Dienstverhältnis mit dem Dienstgeber für **höchstens 13 Wochen**[1041] im Kalenderjahr eine Beschäftigung **über die Geringfügigkeitsgrenze** hinaus vereinbaren. Wird Karenz nicht während des gesamten Kalenderjahrs in Anspruch genommen, kann eine solche Beschäftigung nur im aliquoten Ausmaß vereinbart werden (§ 15e Abs. 2 MSchG, § 7b Abs. 2 VKG).

Eine geringfügige Beschäftigung, die neben dem karenzierten Dienstverhältnis beim selben Dienstgeber ausgeübt wird, ist bei der Berechnung der Abfertigung nicht zu berücksichtigen (OGH 21.5.2007, 8 ObS 11/07m).

Darstellung B:

Teilzeitbeschäftigung **im Anschluss** an die Karenz bzw. im Anschluss an die Schutzfrist:

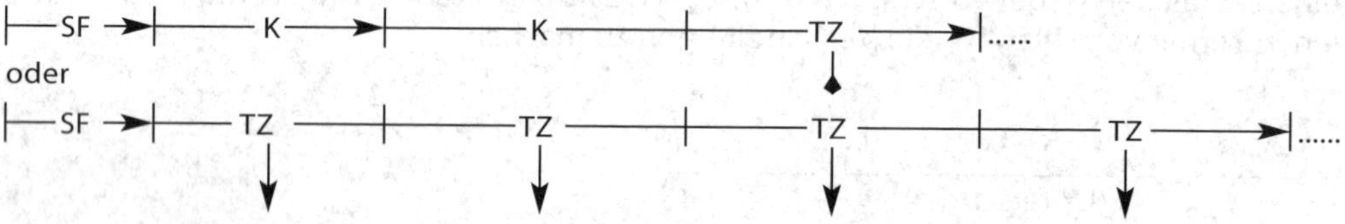

In diesem Fall handelt es sich um die **Fortsetzung des bisherigen Dienstverhältnisses**. Die Teilzeitbeschäftigung kann, abhängig von der Höhe des Verdienstes, auch zu einer geringfügigen Beschäftigung führen (§ 15h MSchG, § 8 VKG).

SF = Schutzfrist
K = Karenz
TZ = Teilzeit

1039 Es kann sich dabei
- um mehrere eigenständige (losgelöste) Dienstverhältnisse oder
- um ein durchgehendes Dienstverhältnis mit jeweils vorher vereinbarten „Einsatzzeiten"

handeln.

1040 Damit ist das Weisungsrecht des Dienstgebers bezüglich der Arbeitszeit ausgeschlossen. Wohl können (über verschiedene Tage erstreckende) Arbeitseinsätze im Voraus vereinbart werden, doch dürften allzu weit in die Zukunft reichende Vereinbarungen konkreter Arbeitseinsätze unwirksam sein; wie weit die Vereinbarung im Voraus möglich ist, hängt
- von den Betreuungsumständen des Kindes und
- von der Einsatznotwendigkeit des Dienstnehmers

ab.

Da nur das Weisungsrecht des Dienstgebers über die konkret vorgegebene Arbeitszeit verboten ist, kann jedoch das zu erbringende Zeitausmaß im Voraus wirksam vereinbart werden.

Liegt der Beginn dieser „aktiven" Dienstverhältnisse nach dem 31. Dezember 2002, unterliegen diese dem „neuen" Abfertigungsrecht (→ 36.1.2.1.), auch wenn das „ruhende" Dienstverhältnis dem „alten" Abfertigungsrecht unterliegen sollte.

1041 **Wird diese Zeit überschritten**, gilt die Zeit darüber hinaus als **Zeit des „eigentlichen" Dienstverhältnisses**; demnach endet ab der Überschreitung das „ruhende" Dienstverhältnis. Die Karenz lebt nach dieser Beschäftigung für die Restzeit wieder auf.

Resümee: Im Fall der Darstellung A liegt es an der Mutter (bzw. am Vater) im Hinblick auf ihre Kinderbetreuungspflicht, Arbeitsleistungen vor jedem Arbeitseinsatz zuzusagen bzw. diese nötigenfalls abzulehnen; im Fall der Darstellung B hat die Mutter (bzw. der Vater), losgelöst von ihrer Kinderbetreuungspflicht, sich dem Arbeitszeitdirektionsrecht des Dienstgebers unterworfen.

Beispiel 124

Konsumierungsbeispiele im Zusammenhang mit der Schutzfrist, Karenz und der Teilzeit („Elternteilzeit").

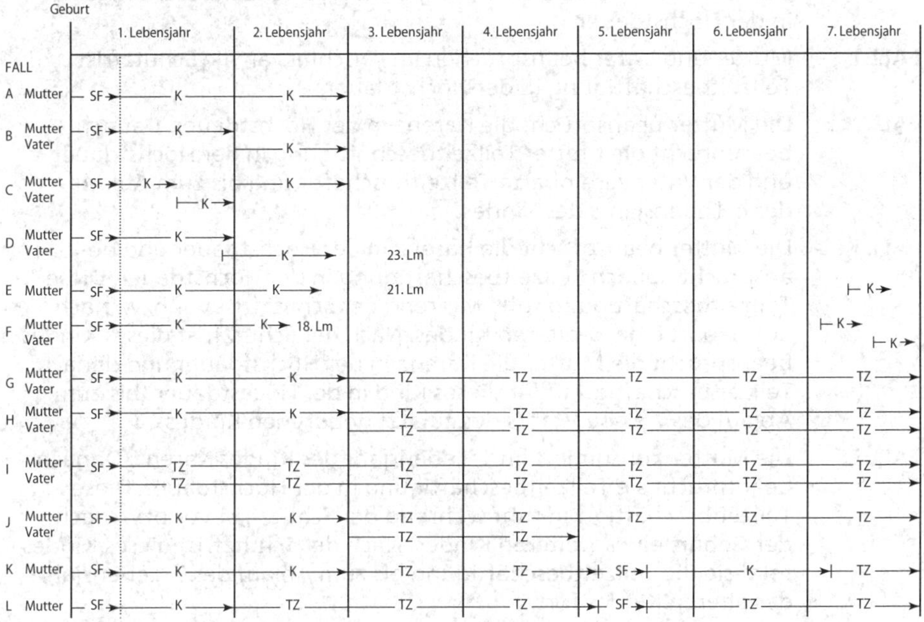

SF = Schutzfrist

K = Karenz (während dieser Zeit ist die Ausübung einer geringfügigen Beschäftigung i.S.d. § 5 Abs. 2 Z 2 ASVG und/oder die Ausübung einer Beschäftigung über der Geringfügigkeitsgrenze für höchstens dreizehn Wochen im Kalenderjahr möglich)

TZ = Teilzeit

Lm = Lebensmonat

Beispielhafte Erläuterungen:

FALL A: Die Mutter beansprucht die Karenz in der Höchstdauer (bis zum Ablauf des 2. Lebensjahrs des Kindes).

FALL B: Die Karenz wird einmal zwischen Mutter und Vater geteilt.

FALL C: Die Karenz wird zweimal zwischen Mutter und Vater geteilt.

FALL D: Aus Anlass des erstmaligen Teilens der Karenz beanspruchen beide Elternteile gleichzeitig einen Monat Karenz; dadurch verkürzt sich die Höchstdauer der Karenz um einen Monat.

FALL E: Die Mutter beansprucht eine aufgeschobene Karenz; dadurch verkürzt sich die Höchstdauer der Karenz im Anschluss an die Schutzfrist bis zum 21. Lebensmonat des Kindes.

FALL F: Beide Elternteile beanspruchen eine aufgeschobene Karenz; dadurch verkürzt sich die Höchstdauer der Karenz im Anschluss an die Schutzfrist bis zum 18. Lebensmonat des Kindes.

FALL G: Die Mutter beansprucht die Karenz in der Höchstdauer und beansprucht danach Teilzeitbeschäftigung in der Höchstdauer (bis zum Ablauf des 7. Lebensjahrs des Kindes).

FALL H: Die Mutter beansprucht die Karenz in der Höchstdauer. Danach beanspruchen beide Elternteile gleichzeitig Teilzeitbeschäftigung in der Höchstdauer.

FALL I: Mutter und Vater beanspruchen im Anschluss an die Schutzfrist Teilzeitbeschäftigung in der Höchstdauer.

FALL J: Die Mutter beansprucht die Karenz in der Höchstdauer. Danach beansprucht die Mutter Teilzeitbeschäftigung in der Höchstdauer und der Vater vereinbarte Teilzeitbeschäftigung bis zum Ablauf des 4. Lebensjahrs des Kindes.

FALL K: Die Mutter beansprucht die Karenz in der Höchstdauer und beansprucht danach Teilzeitbeschäftigung in der Höchstdauer. Diese Teilzeitbeschäftigung ruht während der Schutzfrist vor bzw. nach der Geburt eines weiteren Kindes. Nach der Schutzfrist dieses Kindes beansprucht die Mutter die Karenz in der Höchstdauer und danach Teilzeitbeschäftigung für dieses Kind in der Höchstdauer (bis zum Ablauf des 7. Lebensjahrs des zuletzt geborenen Kindes).

FALL L: Die Mutter konsumiert im 1. Lebensjahr des Kindes Karenz. Danach beansprucht sie Teilzeitbeschäftigung in der Höchstdauer. Diese Teilzeitbeschäftigung ruht während der Schutzfrist vor bzw. nach der Geburt eines weiteren Kindes. Nach der Schutzfrist dieses Kindes setzt sie die Teilzeitbeschäftigung bis zum Ablauf des 7. Lebensjahrs des älteren Kindes fort.

27.1.4.5. Kinderbetreuungsgeld

27.1.4.5.1. Allgemeines

Rechtsgrundlage für das Kinderbetreuungsgeld ist das Kinderbetreuungsgeldgesetz (KBGG, BGBI I 2001/103, in der jeweils geltenden Fassung).

Angelegenheiten des Kinderbetreuungsgelds (Antragstellung, Feststellung und Prüfung der Anspruchsberechtigung, Auszahlung etc.) fallen in die Kompetenz des zuständigen Krankenversicherungsträgers.

Anspruch auf **Kinderbetreuungsgeld** (KBG) hat ein Elternteil (Adoptivelternteil, Pflegeelternteil) grundsätzlich dann für sein Kind bzw. eine Krisenpflegeperson für ein Krisenpflegekind, sofern

- für dieses Kind **Anspruch auf Familienbeihilfe** besteht,
- der Elternteil und das Kind den **Mittelpunkt** der Lebensinteressen **im Bundesgebiet** haben,

- der Elternteil mit diesem Kind im **gemeinsamen Haushalt** lebt[1042] und
- der maßgebliche Gesamtbetrag der Einkünfte (der **Zuverdienst**) im Kalenderjahr die jeweilige Zuverdienstgrenze[1043] nicht übersteigt (vgl. § 2 KBGG).

Es ist unerheblich, ob sich der Elternteil in der Schutzfrist[1044], in Karenz oder in Teilzeitbeschäftigung befindet. Voraussetzung für den Anspruch auf Kinderbetreuungsgeld sind ausschließlich die vorstehenden Voraussetzungen.

27.1.4.5.2. Bezugsvarianten

Die Eltern haben für Geburten ab dem 1.3.2017 die Wahl zwischen **zwei Leistungsarten**:		Zu berücksichtigender **Zuverdienst**:
1. **Pauschal als KBG-Konto** 365 (Grundvariante) bis 851 Tage (verlängerte Variante) ab Geburt für einen Elternteil bzw. 456 bis 1.063 Tage ab Geburt bei Inanspruchnahme durch beide Elternteile; 20% der jeweiligen Gesamtanspruchsdauer unübertragbar dem zweiten Elternteil vorbehalten;	**€ 14,53** (verlängerte Variante) **bis € 33,88** (Grundvariante) täglich;	€ 16.200,00 jährlich oder max. 60% der Vorjahreseinkünfte[1045]

1042 Ein gemeinsamer Haushalt liegt nur dann vor, wenn der Elternteil und das Kind in einer dauerhaften (mindestens 91 Tage durchgehend) Wohn- und Wirtschaftsgemeinschaft an derselben Wohnadresse leben und beide an dieser Adresse auch hauptwohnsitzlich gemeldet sind. Eine Krisenpflegeperson hat unabhängig davon, dass nie eine dauerhafte Wohn- und Wirtschaftsgemeinschaft mit dem Krisenpflegekind vorliegt, Anspruch auf Kinderbetreuungsgeld für dieses Krisenpflegekind, sofern sie es mindestens 91 Tage durchgehend in einer Wohn- und Wirtschaftsgemeinschaft betreut (§ 2 Abs. 6 KBGG).
Bei getrennt lebenden Eltern muss der antragstellende Elternteil, der mit dem Kind im gemeinsamen Haushalt lebt, obsorgeberechtigt sein und grundsätzlich auch Familienbeihilfe selbst beziehen. Bei getrennt lebenden Elternteilen steht jedoch das Fehlen der Personenidentität von Familienbeihilfebezieher und Kinderbetreuungsgeldwerber dem Erfordernis der zweimonatigen Mindestbezugsdauer nicht entgegen, wenn das Fehlen der Personenidentität nur darauf zurückzuführen ist, dass der Anspruch auf Familienbeihilfe auf den anderen Elternteil jeweils nur mit dem Monatsersten übergehen kann (OGH 26.3.2019, 10 ObS 17/19a).

1043 Berücksichtigt werden nur die Einkünfte desjenigen Elternteils, der das Kinderbetreuungsgeld bezieht.
Es zählen allerdings nur die **steuerpflichtigen Erwerbseinkünfte** (Einkünfte aus Land- und Forstwirtschaft, selbstständiger Arbeit, Gewerbebetrieb und nicht selbstständiger Arbeit). Der für die Zuverdienstgrenze maßgebliche Gesamtbetrag der Einkünfte für Dienstnehmer ermittelt sich wie folgt:
Es ist von jenen Einkünften (→ 7.7.) auszugehen, die während der Kalendermonate mit Anspruch auf Auszahlung des Kinderbetreuungsgelds (Anspruchszeitraum) zugeflossen sind. Sonstige Bezüge i.S.d. § 67 EStG bleiben außer Ansatz. Der danach ermittelte Betrag ist um 30% zu erhöhen und sodann auf einen Jahresbetrag umzurechnen. Besteht der Anspruch auf die Auszahlung des Kinderbetreuungsgelds für den ganzen Kalendermonat, so zählt dieser Kalendermonat zum Anspruchszeitraum, andernfalls ist dieser Kalendermonat nicht in den Anspruchszeitraum einzubeziehen. Das Arbeitslosengeld und die Notstandshilfe gelten als Einkünfte aus nicht selbstständiger Arbeit, abweichend vom vorletzten Satz ist der ermittelte Betrag um 15% zu erhöhen. Dem Wochengeld gleichartige Leistungen bleiben außer Ansatz (vgl. § 8 Abs. 1 KBGG).
Der **Zuverdienst** bezieht sich auf die **Zeitspanne**, in der das Kinderbetreuungsgeld auch tatsächlich bezogen wird, d.h. alle Erwerbseinkünfte vor und nach dem Bezug von Kinderbetreuungsgeld bzw. während der Unterbrechung des Bezugs (z.B. wegen Verzichts bzw. Bezugs des anderen Elternteils) werden nicht auf die Zuverdienstgrenze angerechnet.
Übersteigen die Einkünfte die **Zuverdienstgrenze**, verringert sich das für das betreffene Kalenderjahr gebührende Kinderbetreuungsgeld um den übersteigenden Betrag (sog. „Einschleifregelung").

1044 Das Kinderbetreuungsgeld **ruht** während des Wochengeldbezugs, sodass während der Schutzfrist keine Auszahlung erfolgt (§ 6 Abs. 1 und 1a KBGG). Ist aber das Wochengeld geringer als das Kinderbetreuungsgeld, gebührt eine Differenzzahlung. Das Kinderbetreuungsgeld **ruht** allerdings **nicht** vor der Geburt eines weiteres Kindes, wenn der **Vater** in dieser Zeit **Kinderbetreuungsgeld bezieht** (§ 6 Abs. 2 KBGG). Erhält die Dienstnehmerin mangels eines Anspruchs auf Wochengeld nach der Geburt das Entgelt durch den Dienstgeber fortgezahlt (→ 27.1.3.5.), ruht für die Zeit der Entgeltfortzahlung insoweit der Anspruch auf Kinderbetreuungsgeld (OGH 14.11.2017, 10 ObS 129/17v).

1045 60% der Letzteinkünfte aus dem Kalenderjahr vor der Geburt, in dem kein Kinderbetreuungsgeld bezogen wurde, max. jedoch in dem für das der Geburt drittvorangegangenen Kalenderjahr (= individuelle Zuverdienstgrenze), mindestens aber € 16.200,– im Kalenderjahr.

2. **Einkommensabhängig**[1046] 365 Tage ab Geburt, wenn ein Elternteil bezieht; bei Inanspruchnahme durch beide Elternteile Verlängerung um jenen Zeitraum, den der andere Elternteil tatsächlich bezogen hat, max. aber 426 Tage ab Geburt; Anspruchsdauer von 61 Tagen unübertragbar jedem Elternteil vorbehalten;	80% der Letzteinkünfte[1047], max. **€ 66,00** täglich.	€ 7.600,00[1048] jährlich

Haben die Eltern das pauschale oder das einkommensabhängige Kinderbetreuungsgeld zu annähernd gleichen Teilen (50:50 bis 60:40) und mindestens im Ausmaß von je 124 Tagen bezogen, so gebührt jedem Elternteil nach Ende des Gesamtbezugszeitraums auf Antrag ein **Partnerschaftsbonus** in Höhe von € 500,00 (insgesamt für beide Elternteile somit € 1.000,00) als Einmalzahlung.

Die Entscheidung für eine der beiden Leistungsarten muss anlässlich der ersten Antragstellung (Mutter bzw. Vater) für das jeweilige Kind getroffen werden, wobei auch später der andere Elternteil an die getroffene Entscheidung gebunden ist. Eine spätere Änderung dieser getroffenen Entscheidung ist nicht möglich, es sei denn, der antragstellende Elternteil gibt dem zuständigen Krankenversicherungsträger die, einmal mögliche, Änderung binnen vierzehn Kalendertagen ab der erstmaligen Antragstellung bekannt. Eine spätere Änderung der Anspruchsdauer bei Inanspruchnahme des KBG-Kontos ist nur einmal pro Kind auf Antrag bis spätestens 91 Tage vor Ablauf der ursprünglich beantragten Anspruchsdauer möglich (vgl. dazu ausführlich § 5a Abs. 2 KBGG).

1046 Für das einkommensabhängige Kinderbetreuungsgeld muss neben den allgemeinen Anspruchsvoraussetzungen (siehe vorstehend) in **182 Tagen vor der Geburt** des Kindes eine tatsächliche **sozialversicherungspflichtige (vollversicherte) Erwerbstätigkeit** in Österreich oder – nach der Rechtsprechung des OGH – in einem anderen EU-Mitgliedstaat ausgeübt werden (OGH 22.10.2015, 10 ObS 148/14h), wobei sich Unterbrechungen von insgesamt nicht mehr als 14 Kalendertagen nicht anspruchsschädigend auswirken (§ 24 Abs. 1 Z 2 KBGG). Darüber hinaus dürfen in diesem Zeitraum keine Leistungen aus der Arbeitslosenversicherung bezogen werden. Zeiten einer Kündigungsentschädigung (→ 33.4.2.) oder Ersatzleistung für Urlaubsentgelt (→ 26.2.9.) ohne gleichzeitige tatsächliche Beschäftigung sowie Zeiten eines Präsenzdiensts (→ 27.1.6.) sind nicht als Zeiten der Erwerbstätigkeit anzusehen (OGH 7.5.2019, 10 ObS 32/19g; OGH 30.7.2019, 10 ObS 38/19i zum Familienzeitbonus). Einer Erwerbstätigkeit gleichgestellt sind u.a. Zeiten des Beschäftigungsverbots (Schutzfrist) sowie Zeiten der Karenz gem. MSchG bzw. VKG, sofern in dem Zeitraum das Dienstverhältnis aufrecht ist, sowie Zeiten einer bezahlten Dienstfreistellung (OGH 26.2.2021, 10 ObS 5/21i).
Der Bezug von einkommensabhängigem Kinderbetreuungsgeld nach dem Bezug von Weiterbildungsgeld in der Bildungskarenz (→ 27.3.1.1.) ist mangels Erfüllung des Erwerbserfordernisses nicht möglich, nach dem Bezug von Bildungsteilzeitgeld (→ 27.3.1.2.) hingegen schon (OGH 22.2.2016, 10 ObS 153/15w; OGH 11.10.2016, 10 ObS 101/16z; offensichtlich anderer Ansicht EBzRV zum Familienzeitbonusgesetz – dem widersprechend jedoch OGH 30.3.2021, 10 ObS 16/21g, wonach der Bezug von Bildungsteilzeitgeld keine anspruchsschädliche Leistung für den Familienzeitbonus ist). Die Teilnahme an einem Weiterbildungskurs unter Bezug einer Beihilfe zur Deckung des Lebensunterhalts sowie zu den pauschalierten Kursnebenkosten gemäß der Bundesrichtlinie für Aus- und Weiterbildungsbeihilfen (BEMO) vom AMS ist nicht schädlich (OGH 13.9.2017, 10 ObS 89/17m).

1047 Das einkommensabhängige Kinderbetreuungsgeld beträgt im Regelfall 80% des durchschnittlichen täglichen Nettoverdienstes der letzten drei Kalendermonate vor Beginn der 8-Wochen-Frist vor der Geburt des Kindes inkl. eines Zuschlags für Sonderzahlungen (also 80% eines fiktiv zu berechnenden Wochengelds). Mit einer vom Krankenversicherungsträger durchzuführenden zusätzlichen Berechnung anhand der Einkünfte des Jahres vor der Geburt des Kindes, in dem kein Kinderbetreuungsgeld bezogen wurde (Einkommensteuerbescheid), kann sich der Tagesbetrag erhöhen, nicht jedoch reduzieren. Etwaige Nachzahlungen seitens des Krankenversicherungsträgers erfolgen automatisch.

1048 Für Bezugszeiträume ab 1.1.2022. Zuvor € 7.300,00 jährlich.

27.1.4.5.3. Gemeinsame Bestimmungen

Die vorstehend angeführten Beträge des Kinderbetreuungsgelds gelten nur dann in dieser Höhe, wenn die im § 7 Abs. 2 KBGG vorgesehenen Mutter-Kind-Pass-Untersuchungen nachgewiesen werden.

Beim Kinderbetreuungsgeld handelt es sich um eine tägliche Leistung. Dadurch kommt es auf Grund der unterschiedlichen Länge der Kalendermonate zu unterschiedlich hohen Auszahlungsbeträgen.

In bestimmten **Härtefällen** kann es zu einer **Verlängerung** des Bezugs von Kinderbetreuungsgeld von **max. 91 Tagen** über das höchstmögliche Ausmaß, das **einem Elternteil ohne Wechsel** zusteht, kommen.

Für jedes weitere **Mehrlingskind** gebühren in allen Pauschvarianten **jeweils 50%** der gewählten Variante; bei der **einkommensabhängigen** Variante gebührt **kein Zuschlag**.

Die Eltern können sich – unabhängig von der gewählten Variante – beim Bezug des Kinderbetreuungsgelds zweimal abwechseln. Somit können sich max. drei Blöcke ergeben, wobei ein Block mindestens 61 Tage dauern muss.

Ein **gleichzeitiger Bezug** von Kinderbetreuungsgeld durch beide Elternteile ist für die Dauer von bis zu 31 Tagen aus Anlass des erstmaligen Wechsels möglich, wobei sich die Anspruchsdauer um diese Tage reduziert.

Alleinerziehende und Elternteile, die in Ehe bzw. Lebensgemeinschaft leben, können eine **Beihilfe zum pauschalen Kinderbetreuungsgeld** in Höhe von € 6,06 pro Tag beantragen, sofern die Einkünfte des beziehenden Elternteils nicht mehr als € 7.600,00 (Wert ab 2022, zuvor € 7.300,00) sowie die des zweiten Elternteils bzw. Partners nicht mehr als € 16.200,00 im Kalenderjahr betragen. Die Beihilfe muss nur bei Überschreitung der Zuverdienstgrenzen zurückgezahlt werden.

Nähere Erläuterungen zum Kinderbetreuungsgeld finden Sie unter www.bundes kanzleramt.gv.at.

27.1.5. Freistellung anlässlich der Geburt eines Kindes („Papamonat") – Familienzeitbonus

Freistellung anlässlich der Geburt eines Kindes („Papamonat" oder „Väterfrühkarenz"):

Einem Vater[1049] ist – unbeschadet des Anspruchs auf Karenz (→ 27.1.4.2.) – auf sein Verlangen für den Zeitraum von der Geburt seines Kindes bis zum Ablauf des Beschäftigungsverbotes[1050] der Mutter nach der Geburt des Kindes (→ 27.1.3.3.) eine

1049 Es besteht nach dem Wortlaut kein Rechtsanspruch für Pflege- und Adoptivväter, unbenommen der Tatsache, dass diese Anspruch auf Familienzeitbonus haben können. Das VKG gilt sinngemäß auch für eine Frau, deren Lebensgefährtin oder eingetragene Partnerin durch medizinisch unterstützte Fortpflanzung schwanger wird (→ 27.1.4.2.).

1050 Hat die Mutter keinen Anspruch auf Karenz, endet der Zeitraum für die Inanspruchnahme der Freistellung anlässlich der Geburt eines Kindes spätestens mit dem Ablauf von acht bzw. bei Früh-, Mehrlings- oder Kaiserschnittgeburten zwölf Wochen nach der Geburt; bezieht die Mutter Wochengeld nach dem GSVG oder BSVG und verkürzt sich die Achtwochenfrist vor der Entbindung, endet der Zeitraum mit der entsprechend verlängerten Bezugsdauer des Wochengelds (§ 1a Abs. 2 VKG).

Freistellung in der Dauer von einem Monat[1051] **zu gewähren,** wenn er mit dem Kind im gemeinsamen Haushalt lebt[1052] (§ 1a Abs. 1 VKG).

Der Arbeitgeber kann das Verlangen des Arbeitnehmers nicht ablehnen, d.h. es besteht ein **Rechtsanspruch** auf Dienstfreistellung.

Die Freistellung beginnt frühestens mit dem auf die Geburt des Kindes folgenden Kalendertag (§ 1a Abs. 4 VKG)[1053].

Beabsichtigt der Arbeitnehmer, eine Freistellung in Anspruch zu nehmen, hat er **spätestens drei Monate vor dem errechneten Geburtstermin** seinem Arbeitgeber unter Bekanntgabe des Geburtstermins den voraussichtlichen Beginn der Freistellung anzukündigen (**Vorankündigung**). Der Arbeitnehmer hat den Arbeitgeber unverzüglich von der Geburt seines Kindes zu verständigen und spätestens **eine Woche nach der Geburt den Antrittszeitpunkt** der Freistellung bekannt zu geben[1054]. Unbeschadet des Ablaufs dieser Fristen kann eine Freistellung vereinbart werden (§ 1a Abs. 3 VKG).

Der Arbeitgeber hat für diese Zeit **weder laufende Bezüge noch Sonderzahlungen** zu bezahlen. Zeiten des „Papamonats" werden bei der Berechnung der **arbeitsrechtlichen Ansprüche**, die sich nach der Dauer des Dienstverhältnisses bemessen, **voll** angerechnet (§ 1a Abs. 7 VKG i.V.m. § 15f Abs. 1 MSchG).

Fallen in das jeweilige Dienstjahr Zeiten einer Freistellung anlässlich der Geburt eines Kindes, so gebührt ein **Urlaub, soweit dieser noch nicht verbraucht worden ist**, in dem Ausmaß, das dem um die Dauer der Freistellung **verkürzten Dienstjahr** entspricht. Ergeben sich bei der Berechnung des Urlaubsausmaßes Teile von Werktagen, so sind diese auf ganze Werktage aufzurunden (§ 1a Abs. 7 VKG i.V.m. § 15f Abs. 2 MSchG).

Der Arbeitnehmer, der eine Freistellung in Anspruch nimmt, hat einen **Kündigungs- und Entlassungsschutz** (→ 32.2.3.)[1055]. Dieser **beginnt** mit der Vorankündigung oder einer späteren Vereinbarung einer Freistellung, frühestens jedoch vier Monate vor dem errechneten Geburtstermin[1056]. Der Kündigungs- und Entlassungsschutz **endet vier Wochen nach dem Ende** der Freistellung. Eine Entlassung kann nur nach Zustimmung des Gerichts ausgesprochen werden (§ 1a Abs. 6 VKG).

Das VKG gilt für arbeitsrechtliche Dienstnehmer, nicht jedoch für freie Dienstnehmer.

Neben dem VKG kann ein Anspruch auf „Väterfrühkarenz" auch **im öffentlichen Dienst** oder nach den Bestimmungen des **Kollektivvertrags** bestehen. Kommt kein

1051 Gemeint ist ein „Naturalmonat", z.B. 16.3. bis 15.4.

1052 Der Wegfall des gemeinsamen Haushalts mit dem Kind ist vom Arbeitnehmer unverzüglich bekannt zu geben und über Verlangen des Arbeitgebers ist der Dienst wiederanzutreten. Der „Papamonat" endet vorzeitig, wenn der gemeinsame Haushalt mit dem Kind aufgehoben wird und der Arbeitgeber den vorzeitigen Antritt des Dienstes begehrt (§ 1a Abs. 7 VKG i.V.m. § 2 Abs. 7 und 8 VKG).

1053 Ein gesetzlicher, kollektivvertraglicher oder einzelvertraglicher Anspruch auf Dienstfreistellung anlässlich der Geburt eines Kindes ist auf die Freistellung nicht anzurechnen.

1054 Kann die Vorankündigung der Freistellungsabsicht auf Grund einer Frühgeburt nicht erfolgen, hat der Arbeitnehmer dem Arbeitgeber die Geburt unverzüglich anzuzeigen und den Antrittszeitpunkt der Freistellung spätestens eine Woche nach der Geburt bekannt zu geben.

1055 Zahlreiche Bestimmungen zum Kündigungs- und Entlassungsschutz des MSchG sind sinngemäß anzuwenden.

1056 Bei Entfall der Vorankündigung auf Grund einer Frühgeburt beginnt er mit der Meldung des Antrittszeitpunktes.

Rechtsanspruch zum Tragen, ist eine **Vereinbarung zwischen Arbeitgeber und Arbeitnehmer** über eine Arbeitsunterbrechung ohne Entgeltzahlung für Zwecke der Familienzeit möglich (unbezahlter „Karenz"-Urlaub, → 27.1.2.).

Familienzeitbonus:

Für erwerbstätige Väter (Adoptivväter, Dauerpflegeväter)[1057], die sich unmittelbar nach der Geburt des Kindes ausschließlich der Familie widmen und ihre **Erwerbstätigkeit vollständig unterbrechen**, ist ein **Familienzeitbonus** vorgesehen.

Das Familienzeitbonusgesetz, BGBl I 2016/53, sieht folgende Bestimmungen vor:

Voraussetzung ist, dass

- für dieses Kind **Anspruch auf Familienbeihilfe** besteht,
- der Vater, das Kind und der andere Elternteil den **Mittelpunkt** der Lebensinteressen **im Bundesgebiet** haben,
- der Vater, das Kind und der andere Elternteil im **gemeinsamen Haushalt** leben[1058] (mit nachstehender Ausnahme),
- der Vater sich im gesamten Anspruchszeitraum in **Familienzeit** (z.B. „Papamonat" – zu den arbeitsrechtlichen Möglichkeiten siehe vorstehend) befindet und
- der Vater in den letzten 182 Kalendertagen unmittelbar vor Bezugsbeginn der Leistung durchgehend eine in Österreich kranken- und pensionsversicherungspflichtige **Erwerbstätigkeit**[1059] tatsächlich und ununterbrochen[1060] ausgeübt hat. Zudem dürfen in diesem relevanten Zeitraum vor Bezugsbeginn keine Leistungen aus der Arbeitslosenversicherung (Arbeitslosengeld, Notstandshilfe, Weiterbildungsgeld, Bildungsteilzeitgeld[1061] etc.) bezogen worden sein (§ 2 Familienzeitbonusgesetz).

Der Familienzeitbonus steht auch zu, wenn aufgrund eines medizinisch indizierten Krankenhausaufenthalts des Kindes **kein gemeinsamer Haushalt** vorliegt, sofern der Vater und der andere Elternteil das Kind jeweils durchschnittlich vier Stunden täglich pflegen und betreuen (§ 2 Abs. 3a Familienzeitbonusgesetz; vgl. zur alten Rechtslage OGH 20.11.2018, 10 ObS 109/18d sowie OGH 19.11.2019, 10 ObS 132/19p). Dies gilt nicht bei einem krankheitsbedingt verlängerten Krankenhausaufenthalt der Mutter (OGH 16.4.2020,

1057 Vätern gleichgestellt sind gleichgeschlechtliche Adoptiv- oder Dauerpflegemütter, die sich in der Situation eines Adoptiv- oder Dauerpflegevaters befinden. Bei gleichgeschlechtlichen Vätern hat nur einer der Väter Anspruch auf den Bonus.

1058 Ein gemeinsamer Haushalt liegt nur dann vor, wenn der Vater, das Kind und der andere Elternteil in einer dauerhaften Wohn- und Wirtschaftsgemeinschaft an derselben Wohnadresse leben und alle drei an dieser Adresse auch hauptwohnsitzlich gemeldet sind. Eine höchstens bis zu zehn Tagen verspätet erfolgte Hauptwohnsitzmeldung des Kindes an dieser Wohnadresse schadet nicht (§ 2 Abs. 3 Familienzeitbonusgesetz). Gemäß § 3 Abs 1 Meldegesetz ist die Anmeldung innerhalb von drei Tagen nach Unterkunftnahme des Kindes in der Wohnung an der gemeinsamen Wohnadresse vorzunehmen. Den Eltern steht daher ab dem der Unterkunftnahme folgenden Tag insgesamt eine Frist von 13 Tagen für die noch ausständige Anmeldung des Kindes am gemeinsamen Hauptwohnsitz zur Verfügung (OGH 26.3.2019, 10 ObS 121/18v). Kommen Mutter und Kind einen Tag nach der Geburt nach Hause, wird in diesem Zeitpunkt ein gemeinsamer Haushalt mit dem Vater begründet. Beantragt dieser den Familienzeitbonus jedoch bereits mit dem Tag der Geburt, ist der Antrag mangels Erfüllung aller Voraussetzungen (auch wenn dies nur einen Tag betrifft), komplett abzuweisen (OGH 28.7.2020, 10 ObS 69/20z).

1059 Bei der Auslegung des Erwerbstätigkeitserfordernisses kann auf die Rechtsprechung zum einkommensabhängigen Kinderbetreuungsgeld (§ 24 KBGG) (→ 27.1.4.5.) verwiesen werden (vgl. auch OGH 30.7.2019, 10 ObS 38/19i zum Präsenzdienst). Siehe auch Fußnote 1046.

1060 Unterbrechungen der Erwerbstätigkeit von insgesamt bis zu 14 Tagen sind irrelevant.

1061 Andere Ansicht offenbar OGH 22.2.2016, 10 ObS 153/15w; OGH 11.10.2016, 10 ObS 101/16z.

10 ObS 29/20t), außer das Kind ist in dieser Zeit zuhause beim Vater (OGH 21.1.2020, 10 ObS 147/19v).

Der Familienzeitbonus beträgt **€ 22,60 täglich (= maximal € 700,60 monatlich bei einer gewählten Anspruchsdauer von 31 Tagen)** und wird auf ein allfälliges später vom Vater bezogenes Kinderbetreuungsgeld angerechnet, wobei sich in diesem Fall der Betrag des Kinderbetreuungsgelds, nicht jedoch die Bezugsdauer verringert. Ausgeschlossen ist der gleichzeitige Bezug des Familienzeitbonus mit vergleichbaren in- und ausländischen Leistungen, wie beispielsweise Vaterschaftsleistungen, Adoptionsleistungen für Väter oder Leistungen für Pflegeväter. Zudem kann mit dem Familienzeitbonus auch nicht gleichzeitig Kinderbetreuungsgeld bezogen werden.

Als **Familienzeit** versteht man den **Zeitraum zwischen 28 und 31 aufeinanderfolgenden Kalendertagen**[1062] **innerhalb eines Zeitraums von 91 Tagen ab der Geburt** des Kindes[1063], in dem der Vater die Erwerbstätigkeit unterbricht und keine andere Erwerbstätigkeit ausübt, um sich aufgrund der kürzlich erfolgten Geburt seines Kindes **ausschließlich seiner Familie zu widmen**. Eine tageweise Inanspruchnahme des Familienzeitbonus ist nicht möglich. Der Zeitraum kann folglich nicht in mehrere kleine Zeitblöcke aufgeteilt werden (§§ 2, 3 Familienzeitbonusgesetz).

Der Anspruch eines unselbständig erwerbstätigen Vaters auf Familienzeitbonus geht jedoch nicht dadurch verloren, dass der mit dem Dienstgeber vereinbarte Zeitraum der Unterbrechung der Erwerbstätigkeit wenige Tage über den Bezugszeitraum des Familienzeitbonus hinausgeht (OGH 19.2.2019, 10 Obs 10/19x). Die Familienzeit darf jedoch nicht kürzer andauern als der gewählte Familienzeitbonus-Anspruchszeitraum, da an jedem Tag des Bezugs eines Familienzeitbonus alle Voraussetzungen – und damit auch die Unterbrechung der Erwerbstätigkeit – erfüllt sein müssen (OGH 13.9.2019, 10 ObS 115/19p; OGH 20.11.2018, 10 ObS 109/18d).

Als Familienzeit kann etwa die Inanspruchnahme einer Freistellung anlässlich der Geburt des Kindes („Papamonat") oder die Einstellung der Erwerbstätigkeit durch Unterbrechung der selbständigen Tätigkeit[1064] gelten.

Achtung: Ein Gebührenurlaub (→ 26.2.) bzw. ein Krankenstand stellen keine Unterbrechung dar, daher gebührt für solche Zeiträume kein Familienzeitbonus.

Die Erwerbstätigkeit muss im Anschluss an die Familienzeit **weitergeführt** werden. Es ist somit nicht möglich, eine neue Erwerbstätigkeit nach Ende der Familienzeit zu beginnen. Auch die Inanspruchnahme einer Karenz unmittelbar nach der Familienzeit ist nach Ansicht der Sozialversicherungsträger schädlich.

1062 Maßgeblich für die Inanspruchnahme ist immer der „Naturalmonat" (z.B. 15.5. bis 14.6. oder 2.1. bis 1.2. oder 1.8. bis 31.8. oder 31.1. bis 28.2. bzw. 29.2. in einem Schaltjahr). Die Arbeitspflicht lebt grundsätzlich mit dem Tag des nächsten Monats wieder auf, der dem Beginn der Freistellung entspricht (vgl. ÖGK, DGservice Nr. 1/ Jänner 2021).

1063 Der Antrag muss, bei sonstigem Anspruchsverlust, spätestens binnen 91 Tagen ab dem Tag der Geburt des Kindes gestellt werden (§ 3 Abs. 3 Familienzeitbonusgesetz). Der Tag der Geburt ist nicht mitzurechnen (OGH 13.10.2020, 10 ObS 121/20x). Der Antrag muss jedoch am letzten Tag der Frist beim Krankenversicherungsträger eingelangt sein (OGH 13.9.2019, 10 ObS 125/19h).

1064 Entscheidend ist die nach außen in Erscheinung tretende Nichtausübung der selbständigen Tätigkeit, bei einem selbständigen Rechtsanwalt z.B. durch entsprechende Mitteilungen an Klienten oder die Substituierung eines anderen Rechtsanwalts, nicht jedoch zwingend durch Verzicht auf Ausübung der Rechtsanwaltschaft (Streichung von der Liste der Rechtsanwälte) oder Beendigung der Gruppenkrankenversicherung (OGH 19.12.2018, 10 ObS 111/18y).

Sozialversicherungsrecht:

Bei einer Inanspruchnahme von Familienzeit nach dem Familienzeitbonusgesetz (z.B. im Rahmen eines „Papamonats" nach dem VKG oder aufgrund eines kollektivvertraglichen Anspruchs) endet grundsätzlich die Pflichtversicherung, wobei entsprechend einer gesetzlichen Bestimmung sozialversicherungsrechtlich kein unbezahlter Urlaub vorliegt (vgl. § 11 Abs. 3 lit. a ASVG). Daher ist eine **Abmeldung** mit dem Tag vor Beginn der Familienzeit notwendig (Abmeldegrund „SV-Ende – Beschäftigung aufrecht"; vgl. Nö. GKK, NÖDIS Nr. 8/Juli 2017; vgl. auch ÖGK, DGservice Nr. 1/Jänner 2021).

Wird das Dienstverhältnis wieder aufgenommen, ist eine **Anmeldung** vor Arbeitsantritt vorzunehmen.

Beruht die Familienzeit hingegen auf einer Vereinbarung zwischen Arbeitgeber und Arbeitnehmer, sind nach Ansicht der ÖGK die Bestimmungen über den unbezahlten Urlaub (→ 27.1.2.) anzuwenden, sodass eine Abmeldung nur dann stattzufinden hat, wenn der vereinbarte „Karenz"-Urlaub langer als einen Monat dauert (vgl. ÖGK, DGservice Nr. 1/Jänner 2021).

Es sind **keine Beiträge zur Mitarbeitervorsorgekasse** zu entrichten.

Eine explizite gesetzliche Ausnahme von der Abmeldeverpflichtung besteht bei einer Frühkarenz für Väter im öffentlichen Dienst, bei der die Pflichtversicherung unabhängig von der Dauer aufrecht bleibt (vgl. § 11 Abs. 3 lit. b ASVG).

Stellt sich im Nachhinein heraus, dass die Voraussetzungen für eine Familienzeit nicht gegeben sind, liegt ein unbezahlter Urlaub vor und die Pflichtversicherung besteht weiter (→ 27.1.2.2.). Die bereits erstattete Abmeldung von der Sozialversicherung ist zu stornieren (vgl. Nö. GKK, NÖDIS Nr. 8/Juli 2017).

Bezieher eines Familienzeitbonus sind in der Kranken- und Pensionsversicherung teilversichert. Die Beiträge werden teilweise vom Bund und teilweise vom Familienlastenausgleichsfonds getragen.

Der Familienzeitbonus ist von der Einkommensteuer befreit (§ 3 Abs. 1 Z 5 lit. b EStG).

Beginnt oder endet eine Freistellung anlässlich der Geburt eines Kindes während eines Kalendermonats, ist abrechnungsmäßig

- im Bereich der Sozialversicherung wie bei einer gebrochenen Abrechnungsperiode vorzugehen (→ 12.3.),
- im Bereich der Lohnsteuer ist als Lohnzahlungszeitraum der Kalendermonat[1065] zu berücksichtigen (→ 11.5.2.1.).

1065 Das **Pendlerpauschale** und der **Pendlereuro** sind für die Zeit der Freistellung **nicht zu berücksichtigen**. Ob in dem Lohnzahlungszeitraum, in den eine solche Freistellung fällt, Anspruch darauf gegeben ist, hängt von der Anzahl der tatsächlich in diesem Lohnzahlungszeitraum getätigten Fahrten (Wohnung–Arbeitsstätte) vor oder nach der Freistellung ab (→ 14.2.2.).

Überblick der möglichen Varianten von „Papamonat"/ „Väterfrühkarenz" (ÖGK, DGservice Nr. 1/Jänner 2021):

Österreichische Gesundheitskasse

	VÄTERFRÜHKARENZ LAUT VÄTER-KARENZGESETZ (VKG)	VÄTERFRÜH-KARENZ IM ÖFFENTLICHEN DIENST	VÄTERFRÜH-KARENZ LAUT KOLLEKTIV-VERTRAG (KV)	VEREINBARTER KARENZ-URLAUB (= ARBEITSUNTER-BRECHUNG OHNE ENTGELTZAHLUNG)	
	ein Monat (Naturalmonat)			länger als einen Monat	bis zu einem Monat
PERSONEN-KREIS	Dienstnehmer (ausgenommen freie Dienstnehmer)	Bedienstete des Bundes sowie der Bundesländer (ausgenommen Kärnten)	Dienstnehmer, auf die KV anzuwenden sind, die Väterfrühkarenz regeln (z. B. KV der Banken, Sparkassen)	sämtliche Dienstnehmer	
RAHMEN-BEDINGUNGEN	Voraussetzungen gemäß § 1a VKG	Voraussetzungen gemäß § 29o Vertragsbediens-tetengesetz oder gleichartiger landesgesetzlicher Bestimmungen	Voraussetzungen laut jeweils anzuwenden-dem Kollektivvertrag	keine besonderen Voraussetzungen erforderlich, meist wird eine (schriftliche) Vereinbarung zwischen Dienstgeber und Dienstnehmer geschlossen	
PFLICHT-VERSICHERUNG	endet mit dem Tag vor Beginn der Väter-frühkarenz	besteht weiter (gemäß § 11 Abs. 3 lit. b ASVG)	endet mit dem Tag vor Beginn der Väterfrüh-karenz	endet mit dem Tag vor Beginn des vereinbarten Karenzurlaubes	besteht weiter
MELDUNGEN ZUR SOZIAL-VERSICHERUNG (SV)	Abmeldung innerhalb von sieben Tagen nach Ende der Pflichtver-sicherung Wiederanmeldung vor Arbeitsantritt bei Rückkehr	keine Abmeldung	Abmeldung innerhalb von sieben Tagen nach Ende der Pflichtversicherung Wiederanmeldung vor Arbeitsantritt bei Rückkehr		keine Abmeldung
	Abmeldegrund: „SV-Ende - Beschäfti-gung aufrecht"		Abmeldegrund: „SV-Ende - Beschäfti-gung aufrecht"	Abmeldegrund: „Länger als 1 Monat währen-der unbezahlter Urlaub"	
BETRIEBLICHE VORSORGE (BV)	keine Beitragsleistung				
	BV-Zeit nicht unterbrochen - Feld „Betriebliche Vorsorge Ende" bleibt leer[1]	BV-Zeit nicht unterbrochen	BV-Zeit nicht unter-brochen, wenn bis zu einem Monat - Feld „Betriebliche Vorsorge Ende" bleibt leer[1]; BV-Zeit unterbrochen, wenn länger als einen Monat - Feld „Betrieb-liche Vorsorge Ende" = Ende Entgeltanspruch	BV-Zeit unter-brochen - Feld „Betriebliche Vorsorge Ende" = Ende Entgeltanspruch	BV-Zeit nicht unterbrochen
WER TRÄGT DIE SV-BEITRÄGE?	keine Beitragsleistung	Dienstgeber (Wohnbauför-derungsbeitrag, Arbeiter- bzw.Land-arbeiterkammerum-lage entfallen)	keine Beitragsleistung		Dienstnehmer (Sonderbestim-mungen)
FINANZIELLE LEISTUNG FÜR DEN DIENSTNEHMER	Familienzeitbonus, wenn die Voraussetzungen erfüllt sind	Familienzeitbonus, wenn die Voraussetzungen erfüllt sind	Familienzeitbonus, wenn die Voraussetzungen erfüllt sind	keine finanzielle Leistung	keine finanzielle Leistung

[1] Umfasst die Väterfrühkarenz einen gesamten Kalendermonat (z. B. 1.3. bis 31.3.2021), wird derzeit noch ein Clearingfall bezüglich fehlender BV-Beitragsgrundlage erzeugt. Dieser kann ignoriert werden. An einer technischen Lösung wird gearbeitet.

Seite 1 von 1

27.1.6. Präsenz-, Ausbildungs-, Zivildienst

Die nachstehenden Bestimmungen gelten für Arbeitnehmer, die

1. den Präsenzdienst,
2. den Ausbildungsdienst oder
3. den Zivildienst

absolvieren (§ 3 Abs. 1–3 APSG).

Der **Präsenzdienst** umfasst den/die

- Grundwehrdienst,
- Milizübungen,
- freiwillige Waffenübungen und Funktionsdienste,
- Wehrdienst als Zeitsoldat,
- Einsatzpräsenzdienst,
- außerordentliche Übungen,
- Aufschubpräsenzdienst und den
- Auslandseinsatzpräsenzdienst (§ 19 Abs. 1 WG).

Den **Ausbildungsdienst** leisten Frauen und Wehrpflichtige (also auch Männer) auf Grund freiwilliger Meldung nach den jeweiligen militärischen Erfordernissen (§ 37 WG).

Der Ausbildungsdienst ist ein spezieller Wehrdienst, der Frauen und Männern eine Karriere beim Bundesheer ermöglicht. Er dauert **zwölf Monate** und kann bei Bedarf um weitere sechs Monate verlängert werden. Der Ausbildungsdienst dient zur Vorbereitung für eine Folgeverwendung in einer Kaderpräsenzeinheit bzw. als Zugang zur Offiziers- oder Unteroffizierslaufbahn.

Den **Zivildienst** leisten Männer, die „tauglich“ sind, den Präsenzdienst aus Gewissensgründen nicht leisten wollen, nach Abgabe einer sog. Zivildiensterklärung (§ 2 ZDG).

Der Arbeitnehmer, der zum Präsenz-, Ausbildungs- oder Zivildienst einberufen (zugewiesen) wird, hat dem Arbeitgeber hievon **unverzüglich** nach Zustellung des Einberufungsbefehls, nach der allgemeinen Bekanntmachung der Einberufung oder nach Zustellung des Zuweisungsbescheids **Mitteilung zu machen**. Der Arbeitnehmer hat dem Arbeitgeber jede Veränderung des bei Antritt des Präsenz-, Ausbildungs- oder Zivildienstes bekannten Zeitausmaßes des Präsenz-, Ausbildungs- oder Zivildienstes unverzüglich bekannt zu geben. Das Gleiche gilt bei Entfall des Präsenz-, Ausbildungs- oder Zivildienstes. Ist der Arbeitnehmer aus Gründen, die nicht von ihm zu vertreten sind, an der Mitteilung gehindert, so hat er sie nach Wegfall des Hinderungsgrunds unverzüglich nachzuholen (§ 5 Abs. 1, 2 APSG).

Der Arbeitnehmer ist mit dem Tag unmittelbar vor Beginn des Präsenz-, Ausbildungs- oder Zivildienstes beim Krankenversicherungsträger mit dem Abmeldegrund „Präsenzdienstleistung im Bundesheer“ oder „Zivildienst“ **abzumelden**[1066] und nach dem Ende des Präsenz-, Ausbildungs- oder Zivildienstes mit der Aufnahme der Beschäftigung bzw. nach Wiederbeginn des Entgeltanspruchs (bei Dienstverhinderungsgründen, z.B. Krankheit) wieder **anzumelden** (→ 6.2.3., → 6.2.4.). Eine End-

1066 Am Abmeldeformular bleiben allerdings die Felder „Beschäftigungsverhältnis Ende“ und „BV Ende“ offen.

abrechnung ist nicht vorzunehmen, da arbeitsrechtlich das Arbeitsverhältnis bestehen bleibt.

Wird das Dienstverhältnis während des Präsenz-, Ausbildungs- oder Zivildienstes gelöst, ist eine **Richtigstellung der Abmeldung** mit dem Ende des Beschäftigungsverhältnisses und dem Ende der Zahlung des BV-Beitrags zu erstatten.

Das Arbeitsverhältnis bleibt durch die Einberufung (Zuweisung) zum Präsenz-, Ausbildungs- oder Zivildienst unberührt. Während der Zeit des Präsenz-, Ausbildungs- oder Zivildienstes **ruhen die Arbeitspflicht** des Arbeitnehmers und die **Entgeltzahlungspflicht** des Arbeitgebers, soweit nicht anderes bestimmt ist (§ 4 APSG).

Der Arbeitnehmer behält den Anspruch auf **sonstige**, insb. einmalige **Bezüge** i.S.d. § 67 Abs. 1 EStG, in den Kalenderjahren, in denen er den Präsenz-, Ausbildungs- oder Zivildienst antritt oder beendet, in dem Ausmaß, das dem um die Dauer des Präsenz-, Ausbildungs- oder Zivildienstes verkürzten Kalenderjahr entspricht (**aliquoter Anspruch**, → 23.2.3.4.) (§ 10 APSG).

Für die Dauer des Präsenz-, Ausbildungs- oder Zivildienstes hat der Arbeitgeber für die dem Betrieblichen Mitarbeiter- und Selbständigenvorsorgegesetz (BMSVG) unterliegenden Personen den **BV-Beitrag** zu entrichten. Näheres dazu finden Sie unter Punkt 36.1.3.3.1.

Beginnt und/oder endet ein Präsenz-, Ausbildungs- oder Zivildienst während eines Kalendermonats, ist abrechnungsmäßig

- im Bereich der Sozialversicherung wie bei einer gebrochenen Abrechnungsperiode vorzugehen (→ 12.3.),
- im Bereich der Lohnsteuer ist als Lohnzahlungszeitraum der Kalendermonat[1067] zu berücksichtigen (→ 11.5.2.1.).

Hinweise zur Lohnzettelausstellung finden Sie unter Punkt 35.

Fallen in ein Urlaubsjahr Zeiten eines Präsenz-, Ausbildungs- oder Zivildienstes, so gebührt der **Urlaub** in dem Ausmaß, das dem um die Dauer des Präsenz-, Ausbildungs- oder Zivildienstes **verkürzten Urlaubsjahr** entspricht. Ergeben sich bei der Berechnung des Urlaubsausmaßes Teile von Werktagen, so sind diese auf ganze Werktage aufzurunden. Fällt in ein Urlaubsjahr eine kurzfristige Einberufung zum Präsenz-, Ausbildungs- oder Zivildienst, so tritt eine Verkürzung des Urlaubsanspruchs nur dann ein, wenn die Zeit dieser Einberufung im Urlaubsjahr 30 Tage übersteigt. Mehrere derartige Einberufungen innerhalb des Urlaubsjahrs sind zusammenzurechnen, wobei wie vorstehend zu runden ist. Eine Verkürzung des Urlaubsanspruchs tritt durch die Leistung von Ausbildungsdiensten im Rahmen der Nachhollaufbahn nach § 46c WG nicht ein (§ 9 Abs. 1, 2 APSG) (→ 26.2.2.2.2.).

1067 Das **Pendlerpauschale** und der **Pendlereuro** sind für die Zeit solcher Dienste **nicht zu berücksichtigen.** Ob in dem Lohnzahlungszeitraum, in den ein solcher Dienst fällt, Anspruch darauf gegeben ist, hängt von der Anzahl der tatsächlich in diesem Lohnzahlungszeitraum getätigten Fahrten (Wohnung–Arbeitsstätte) vor und/oder nach diesem Dienst ab (→ 14.2.2.).

Soweit sich **Ansprüche** eines Arbeitnehmers **nach der Dauer der Dienstzeit** richten[1068], sind

	die bis zum 31.12.1991	die ab 1.1.1992
geleisteten Zeiten (während derer das Arbeitsverhältnis bestanden hat)		
1. des Präsenzdienstes		
a) Auslandseinsatzpräsenzdienst[1069]	voll[1070]	nicht
b) alle übrigen Zeiten	voll[1070]	voll
2. des Wehrdienstes als Zeitsoldat	voll[1070]	max. 12 Monate
3. des Ausbildungsdienstes	–	voll
4. des Zivildienstes	voll[1070]	voll

auf die Dauer der Dienstzeit **anzurechnen** (§ 8 APSG).

Durch die Leistung des Präsenz-, Ausbildungs- oder Zivildienstes wird der **Lauf** folgender **Fristen gehemmt**, die sich erst am Tag nach der Entlassung aus dem Präsenzdienst **wieder fortsetzen** und dann **ordnungsgemäß weiterlaufen**:

1. **Verfall- und Verjährungsfristen** für die Geltendmachung von Ansprüchen aus dem Arbeitsverhältnis (→ 9.6.).
2. Die **Weiterbeschäftigungsfrist** (auch wenn dafür ein befristetes Arbeitsverhältnis abgeschlossen wurde) ausgelernter Lehrlinge gem. § 18 BAG oder durch eine durch Kollektivvertrag festgelegte längere Frist (→ 28.3.10.) sowie
3. die **Kündigungsfrist** bei Kündigung durch den Arbeitgeber, die im Zeitpunkt der **Zustellung** des Einberufungsbefehls, der allgemeinen Bekanntmachung der Einberufung oder der Zustellung des Zuweisungsbescheides **bereits läuft**, wenn der Arbeitnehmer seiner Mitteilungspflicht gem. § 5 Abs. 1 APSG spätestens innerhalb von vierzehn Tagen oder unverzüglich nach Wegfall eines über diese Frist hinaus andauernden Hinderungsgrundes nachkommt (§ 6 Abs. 1 APSG).
   Eine Hemmung der Kündigungsfrist gem. § 6 Abs. 1 Z 3 APSG tritt nicht ein, wenn das Gericht auf Grund einer Klage des Arbeitgebers das Vorliegen eines der in § 14 Abs. 1 Z 1 APSG (→ 32.2.3.1.) genannten Gründe feststellt (§ 6 Abs. 2 APSG).

Die Hemmung vorstehender Fristen beginnt **mit dem Tag**, für den der Arbeitnehmer zur Leistung des Präsenz-, Ausbildungs- oder Zivildienstes **einberufen (zugewiesen)** ist und **endet** mit dem Tag der **Entlassung** aus dem Präsenz-, Ausbildungs- oder Zivildienst, bei einem Präsenzdienst als Zeitsoldat gem. § 32 WG (mit Wiederverlautbarung des WG durch BGBl I 2001/146 jetzt § 23 WG) mit dem Ende des Kündigungs- und Entlassungsschutzes (§ 6 Abs. 3 APSG).

1068 Nach der Dauer der Dienstzeit richten sich die zeitbezogenen Fristen (z.B. Kündigungsfrist) und einige Ansprüche (z.B. der Abfertigungsanspruch).

1069 Z.B. UNO-Einsätze.

1070 Gemäß der Übergangsbestimmung des § 27 Abs. 1 APSG sind die bis zum 31. Dezember 1991 im Rahmen eines Auslandseinsatzpräsenzdienstes oder Wehrdienst als Zeitsoldat geleisteten Zeiten bei dienstzeitabhängigen Ansprüchen voll zu berücksichtigen.

Beispielhafte Darstellung:

Lauf einer Kündigungsfrist von zwei Monaten ohne Hemmung:

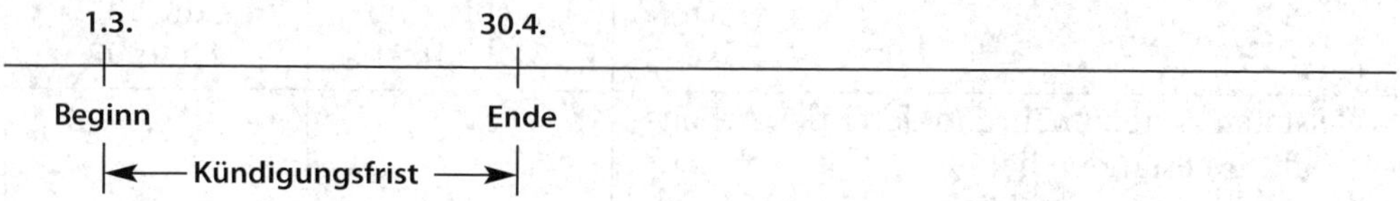

Lauf einer Kündigungsfrist von zwei Monaten bei Hemmung:

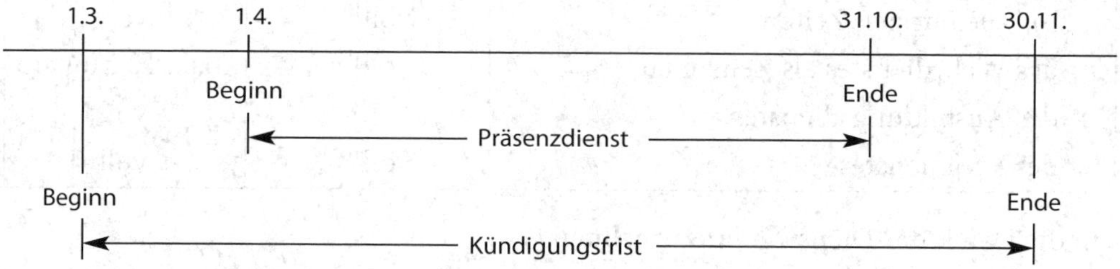

Die Kündigungsfrist wird mit dem Antritt des Präsenz-, Ausbildungs- oder Zivildienstes gehemmt. Sie **setzt sich** erst am Tag **nach** der **Entlassung** aus dem **Präsenz-, Ausbildungs- oder Zivildienstes wieder fort** und läuft dann ordnungsgemäß weiter.

Vereinbarungen über die Gewährung einer **Dienstwohnung**, die vom Einberufenen oder seinen Familienangehörigen weiter benötigt wird, bleiben durch die Einberufung zum Präsenz-, Ausbildungs- oder Zivildienst so lange **unberührt**, als das Arbeitsverhältnis besteht, bei einem Präsenzdienst als Zeitsoldat gem. § 32 WG (bzw. § 23 WG i.d.F. BGBl I 2001/146) bis zum Ende des Kündigungs- und Entlassungsschutzes gem. § 13 Abs. 1 APSG (→ 32.2.3.1.) (§ 11 Abs. 1 APSG).

Eine **abweichende Vereinbarung** über die Dienstwohnung während des aufrechten Arbeitsverhältnisses bedarf zu ihrer Gültigkeit der **Schriftform**. Dieser Vereinbarung muss überdies eine **Bescheinigung** des Gerichts oder einer gesetzlichen Interessenvertretung der Arbeitnehmer beigeschlossen sein, aus der hervorgeht, dass der Arbeitnehmer über die diesbezüglichen gesetzlichen Bestimmungen belehrt worden ist (§ 11 Abs. 2 APSG).

Arbeitsrechtlich gesehen gibt es (abgesehen von arbeitszeitrechtlichen Einschränkungen) **keine Regelung**, die eine Beschäftigung während des Präsenz-, Ausbildungs- oder Zivildienstes **verbietet**. Die Rechtsansicht des BM für Landesverteidigung dazu ist:

1. Das WG enthält ebenfalls **keine gesetzliche Regelung**, die eine Beschäftigung während solcher Dienste **verbietet** (aber auch keine, die eine solche erlaubt).
2. Ein Präsenzdiener kann über seine **Freizeit selbst verfügen**, daher auch einer Beschäftigung nachgehen.
3. Die Freizeitaktivitäten (z.B. Beschäftigung) dürfen dem **Ansehen** des Heeres **nicht schaden**.
4. In jedem Fall hat eine **Beschäftigung** gegenüber dem Präsenzdienst **hintanzustehen**.

Tritt der Arbeitnehmer aus seinem Verschulden **die Arbeit nicht innerhalb von sechs Werktagen** nach seiner Entlassung aus dem Präsenz-, Ausbildungs- oder Zivildienst **an**, so stellt dies einen Entlassungsgrund i.S.d. § 15 Z 2 APSG dar (→ 32.2.3.2.). Über Verlangen hat der Arbeitnehmer dem Arbeitgeber Einsicht in die Entlassungsbescheinigung zu geben. Ist der Arbeitnehmer am rechtzeitigen Wiederantritt der Arbeit aus Gründen, die nicht von ihm zu vertreten sind, gehindert, so hat er dies dem Arbeitgeber unter Angabe des Grundes ab Kenntnis unverzüglich bekannt zu geben. Nach Wegfall des Hinderungsgrunds ist die Arbeit am nächstfolgenden Tag, an dem im Betrieb gearbeitet wird, anzutreten. Ansprüche auf Fortzahlung des Entgelts des Arbeitnehmers bei Unterbleiben der Arbeitsleistung stehen auch dann zu, wenn der Arbeitnehmer aus den obigen Gründen nach Entlassung aus dem Präsenz-, Ausbildungs- oder Zivildienst die Arbeit nicht antreten kann (§ 7 Abs. 1–3 APSG).

Darüber hinaus enthält das APSG noch genaue Regelungen über

- den Kündigungs- und Entlassungsschutz (§§ 12–15 APSG) (→ 32.2.3.),
- die einvernehmliche Lösung des Arbeitsverhältnisses (§ 16 APSG) (→ 32.1.3.)

u.a.m.

Für **EWR-(EU-)Bürger** (→ 4.1.6.) gelten auf Grund des **Gleichbehandlungsgebots** ebenfalls die Bestimmungen des APSG. Ein Staatsangehöriger eines EWR-(EU-) Mitgliedstaates, der in einem anderen EWR-(EU-)Mitgliedstaat beschäftigt ist und diese Beschäftigung zur Erfüllung der Wehrpflicht gegenüber seinem Heimatland unterbrechen muss, hat nach dem Gleichbehandlungsgebot (Verbot der Diskriminierung auf Grund der Staatsbürgerschaft) Anspruch auf **Anrechnung** der in seinem Heimatland verbrachten **Wehrdienstzeit** auf sein **Arbeitsverhältnis** in dem anderen EWR-(EU-)Mitgliedstaat, soweit im Beschäftigungsland zurückgelegte Wehrdienstzeiten den inländischen Arbeitnehmern gleichfalls angerechnet werden.

Dementsprechend haben Arbeitnehmer aus einem EWR-(EU-)Land, die in Österreich beschäftigt sind und in ihrem Heimatstaat zum Präsenz- oder Zivildienst einberufen werden, den **gleichen Schutz** (Kündigungsschutz nach § 12 APSG) und die gleichen **Ansprüche** (z.B. auf Anrechnung der Dienstzeit nach § 8 APSG) nach dem APSG wie österreichische Arbeitnehmer.

Bezüglich der lohnsteuerlichen Regelungen in Zusammenhang mit einer **Antrags- bzw. Pflichtveranlagung**, wenn in ein Kalenderjahr Zeiten eines Präsenz-, Ausbildungs- oder Zivildienstes fallen, siehe Punkt 21.2.2.

27.2. Gründe, die aufseiten des Dienstgebers liegen

Auch für die Dienstleistungen, die nicht zu Stande gekommen sind, **gebührt** dem Dienstnehmer das **Entgelt** (→ 9.1.), wenn er zur Leistung bereit war und durch Umstände, die aufseiten des Dienstgebers liegen, daran verhindert worden ist; er muss sich **jedoch anrechnen** (lassen),

- was er infolge Unterbleibens der Dienstleistung **erspart** oder durch anderweitige Verwendung **erworben oder zu erwerben absichtlich versäumt hat** (Vorteilsausgleich).

Wurde er infolge solcher Umstände durch Zeitverlust bei der Dienstleistung verkürzt (d.h., konnte der Dienstnehmer aus diesen Gründen nur einen Teil seiner Dienstleistung erbringen), so gebührt ihm angemessene Entschädigung (§ 1155 Abs. 1, 2 ABGB).

Diese Bestimmung wahrt dem Dienstnehmer unter bestimmten Voraussetzungen trotz unterbliebener Dienstleistung seinen Entgeltanspruch. Erforderlich ist nur, dass die Hinderungsgründe aufseiten des Dienstgebers liegen. Dabei ist es ohne Bedeutung, ob die Hinderung auf den Willen des Dienstgebers zurückzuführen ist oder nicht.

Beispiele solcher Hinderungsgründe sind: Dienstfreistellung, Materialmangel, Auftragsmangel, Stromstörung, Maschinenschaden.

Der Dienstnehmer muss bei Vorliegen solcher Hinderungsgründe „zur (Dienst-) Leistung bereit gewesen sein". Anders als im Fall der Kündigungsentschädigung (→ 33.4.2.) hat sich der Dienstnehmer **von Beginn an** Ersparnisse und anderweitige Verdienste anrechnen zu lassen, wobei der Dienstgeber diese Tatsachen zu beweisen hat.

Die zur Erzielung eines Entgelts notwendigerweise **vom Dienstnehmer zu tragenden Aufwendungen** (z. B. Anfahrtskosten zur neuen Beschäftigung, die nicht erstattet wurden) sind als Abzugsposten bei Ermittlung des Anrechnungsbetrags zu berücksichtigen (OGH 15.12.2015, 8 ObA 61/15a).

Von einem **absichtlichen Versäumnis** ist nur dann auszugehen, wenn der Dienstnehmer bei Vorhandensein reeller Chancen keine Anstrengung unternimmt, sich eine Ersatzbeschäftigung zu verschaffen, die ihm nach Treu und Glauben zumutbar ist. Der Dienstnehmer muss eine ihm nicht zumutbare Arbeit nicht annehmen und auch keine außergewöhnlichen Anstrengungen unternehmen, eine Arbeit zu bekommen (OGH 11.1.1995, 9 ObA 231, 232/94). Nimmt der Dienstnehmer die Dienste des Arbeitsmarktservices in Anspruch, ist im Allgemeinen davon auszugehen, dass er sich ausreichend um die Erlangung eines anderen Arbeitsplatzes bemühte (OLG Wien 30.1.1995, 34 Ra 165/94).

Die Bestimmung des § 1155 ABGB stellt nachgiebiges Recht dar und kann daher durch Vereinbarungen aufgehoben bzw. abgeändert (also auch verschlechtert) werden (→ 2.1.1.2.). Derartige Verschlechterungen können jedoch sittenwidrig i.S.d. § 879 ABGB sein, z.B. wenn sie das Unternehmerrisiko des Dienstgebers zu einem großen Teil auf den Dienstnehmer abwälzen.

27.3. Arbeitsmarktpolitische Maßnahmen

27.3.1. Bildungskarenz – Bildungsteilzeit

27.3.1.1. Bildungskarenz

Regelungen bezüglich der Bildungskarenz sieht der § 11 Arbeitsvertragsrechts-Anpassungsgesetz (AVRAG) vor. Regelungen bezüglich des Weiterbildungsgelds sieht der § 26 Arbeitslosenversicherungsgesetz (AlVG) vor.

Arbeitnehmer und Arbeitgeber können (schriftlich) eine Bildungskarenz

- gegen **Entfall des Arbeitsentgelts**
- für die Dauer von **mindestens zwei Monaten bis zu einem Jahr**

vereinbaren, sofern das Arbeitsverhältnis ununterbrochen **sechs Monate** gedauert hat.

Eine **neuerliche Bildungskarenz** kann frühestens nach dem **Ablauf von vier Jahren** ab dem **Antritt der letzten Bildungskarenz** (Rahmenfrist) vereinbart werden.

Die Bildungskarenz kann **auch in Teilen** vereinbart werden, wobei die Dauer eines Teils mindestens zwei Monate zu betragen hat und die Gesamtdauer der einzelnen Teile innerhalb der Rahmenfrist, die mit **Antritt** des **ersten Teils der Bildungskarenz** zu laufen beginnt, ein Jahr nicht überschreiten darf.

COVID-19-Hinweis: Rahmenfrist und höchstmögliche Dauer der Bildungskarenz **verlängern** sich um jenen Zeitraum, um den sich die Dauer einer zu einem konkreten Ausbildungsziel führenden Ausbildung auf Grund der durch die **Corona-Krise** bedingten Einschränkungen verlängert (§ 18b Abs. 3 AVRAG). Dies gilt auch für den Bezug von Weiterbildungsgeld, wobei Unterbrechungen der Bildungskarenz während der Maßnahmen zur Bekämpfung der COVID-19-Krise dem späteren Wiederbeginn nicht schaden und das wöchentliche Ausmaß an Weiterbildungsmaßnahmen unterschritten werden kann (§ 81 Abs. 16 AlVG). Die Bestimmungen traten mit 16.3.2020 in Kraft und treten mit 31.12.2024 außer Kraft (§ 19 Abs. 1 Z 46 AVRAG, § 79 Abs. 168 AlVG).

Bei der Vereinbarung über die Bildungskarenz ist auf die Interessen des Arbeitnehmers und auf die Erfordernisse des Betriebs Rücksicht zu nehmen.

In Betrieben, in denen ein für den Arbeitnehmer zuständiger Betriebsrat errichtet ist, ist dieser auf Verlangen des Arbeitnehmers den Verhandlungen beizuziehen.

Die Bildungskarenz wird auf freiwilliger Basis zwischen Arbeitgeber und Arbeitnehmer vereinbart. Demnach besteht **kein gesetzlicher Rechtsanspruch** darauf.

Beispielhafte Darstellung einer Bildungskarenz in „Nicht-Saisonbetrieben":

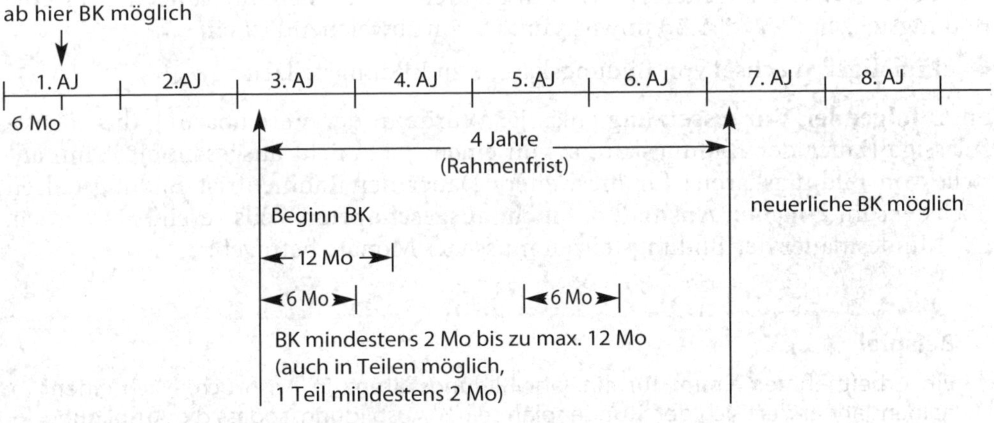

AJ = Arbeitsjahr
BK = Bildungskarenz
Mo = Monat
max. = maximal

Arbeitnehmer und Arbeitgeber können (schriftlich) eine Bildungskarenz

- für die **Dauer von mindestens zwei Monaten bis zu einem Jahr**
- auch in einem **befristeten Arbeitsverhältnis** in einem **Saisonbetrieb** (§ 53 Abs. 6 ArbVG)

vereinbaren, sofern das befristete Arbeitsverhältnis **ununterbrochen drei Monate** gedauert hat und jeweils vor dem Antritt einer Bildungskarenz oder einer neuerlichen Bildungskarenz eine **Beschäftigung** zum selben Arbeitgeber im Ausmaß von **mindestens sechs Monaten** vorliegt. Zeiten von befristeten Arbeitsverhältnissen zum selben Arbeitgeber, die innerhalb eines Zeitraums von vier Jahren vor Antritt der jeweiligen Bildungskarenz und gegebenenfalls nach Rückkehr aus der mit diesem Arbeitgeber zuletzt vereinbarten Bildungskarenz liegen, sind hinsichtlich des Erfordernisses der Mindestbeschäftigungsdauer zusammenzurechnen. Abs. 1 vorletzter (Interessenabwägung) und letzter Satz (Intervention des Betriebsrats) sind anzuwenden.

Beispielhafte Darstellung einer Bildungskarenz in Saisonbetrieben":

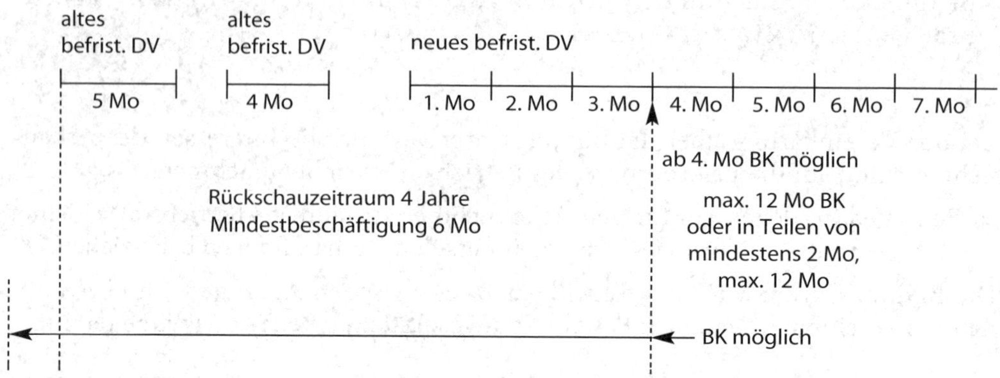

BK = Bildungskarenz
Mo = Monat
max. = maximal
DV = Dienstverhältnis
befrist. = befristet

Für die Dauer der Rahmenfrist (Bildungskarenz) sind Vereinbarungen über eine Bildungsteilzeit (→ 27.3.1.2.) unwirksam. Davon abweichend ist ein

- **einmaliger Wechsel** von Bildungskarenz zu Bildungsteilzeit

unter **folgender Voraussetzung** zulässig: Wurde in der Vereinbarung die höchstzulässige Dauer der Bildungskarenz von einem Jahr nicht ausgeschöpft, kann anstelle von Bildungskarenz für die weitere Dauer der Rahmenfrist Bildungsteilzeit höchstens im **2-fachen Ausmaß** des **nicht ausgeschöpften Teils** vereinbart werden. Die Mindestdauer der Bildungsteilzeit muss vier Monate betragen.

Beispiel

Ein Arbeitnehmer nimmt für ein Jahr Bildungskarenz in Anspruch. Nach einem halben Jahr ändert sich der Stundenplan seiner Ausbildung, sodass die Ausbildung nur noch zwölf Wochenstunden umfasst. Die Ausbildung verlängert sich jedoch um sechs Monate und dauert nun insgesamt 1 1/2 Jahre. Der Arbeitnehmer kann, sofern der Arbeitgeber zustimmt, für die restliche Zeit der Ausbildung, **anstelle von Bildungskarenz** für die restlichen sechs Monate, **Bildungsteilzeit** höchstens für ein Jahr in Anspruch nehmen.

Der Arbeitnehmer behält den Anspruch auf **Sonderzahlungen** in den Kalenderjahren, in die Zeiten einer Bildungskarenz fallen, in dem Ausmaß, das dem Teil des Kalenderjahrs entspricht, in den keine derartigen Zeiten fallen (**aliquoter Anspruch**, → 23.2.3.4.). Sieht allerdings der anzuwendende Kollektivvertrag ausdrücklich einen Sonderzahlungsanspruch auch während entgeltfreier Zeiten vor, so besteht auch während der Bildungskarenz ein Anspruch auf Sonderzahlungen.

Soweit nicht anderes vereinbart ist, bleibt die Zeit der Bildungskarenz **bei Rechtsansprüchen** des Arbeitnehmers, die sich nach der Dauer der Dienstzeit richten (z.B. Abfertigung, Kündigungsfrist), **außer Betracht** (vgl. nunmehr explizit § 11 Abs. 2 AVRAG).

Fallen in das jeweilige Dienstjahr Zeiten einer Bildungskarenz, so gebührt ein **Urlaub, soweit dieser noch nicht verbraucht worden** ist, in dem Ausmaß, das dem um die Dauer der Bildungskarenz **verkürzten Dienstjahr** entspricht (aliquoter Anspruch). Ergeben sich bei der Berechnung des Urlaubsausmaßes Teile von Werktagen, so sind diese auf ganze Werktage aufzurunden (→ 26.2.2.2.2.).

Der Arbeitnehmer ist für die Zeit der Bildungskarenz beim zuständigen Träger der Krankenversicherung **abzumelden** (→ 6.2.4.). Am Abmeldeformular bleibt das Datenfeld „Beschäftigungsverhältnis Ende“ offen.

Beginnt oder endet eine Bildungskarenz während eines Kalendermonats, ist

- im Bereich der Sozialversicherung wie bei einer gebrochenen Abrechnungsperiode vorzugehen (→ 12.3.),
- im Bereich der Lohnsteuer ist als Lohnzahlungszeitraum der Kalendermonat[1071] zu berücksichtigen (→ 11.5.2.1.).

Hinweise zur Lohnzettelausstellung finden Sie unter Punkt 35.

Wird das **Arbeitsverhältnis** nach der Bildungskarenz **fortgesetzt**, gebührt das Entgelt unter Berücksichtigung ev. zwischenzeitlicher **Kollektivvertragserhöhungen**, **nicht** aber unter Berücksichtigung von **Bezugsvorrückungen** (z.B. Biennalsprüngen).

Für die Dauer einer in eine Bildungskarenz fallenden

- Schutzfrist (→ 27.1.3.), einer
- Karenz gem. MSchG bzw. VKG (→ 27.1.4.), eines
- Präsenz-, Ausbildungs- oder Zivildienstes (→ 27.1.6.)

ist die **Vereinbarung** über die Bildungskarenz **unwirksam**.

Bestimmungen betreffend die Berechnung der

- Abfertigung finden Sie unter Punkt 33.3.1.5. und der
- Ersatzleistung für Urlaubsentgelt finden Sie unter Punkt 26.2.9.1.

1071 Das **Pendlerpauschale** und der **Pendlereuro** sind für die Zeit der Bildungskarenz **nicht zu berücksichtigen**. Ob in dem Lohnzahlungszeitraum, in den eine solche Karenz fällt, Anspruch darauf gegeben ist, hängt von der Anzahl der tatsächlich in diesem Lohnzahlungszeitraum getätigten Fahrten (Wohnung–Arbeitsstätte) vor oder nach dieser Karenz ab (→ 14.2.2.).

Für arbeitslosenversicherungspflichtig beschäftigte Personen[1072], die eine **Bildungskarenz** in Anspruch nehmen und die Anwartschaft auf Arbeitslosengeld erfüllen, **gebührt** unter bestimmten Voraussetzungen für die vereinbarte Dauer vom Arbeitsmarktservice ein steuerfreies **Weiterbildungsgeld** in der Höhe des Arbeitslosengelds, mindestens jedoch in Höhe von € 14,53 täglich. Unter anderem muss die Teilnahme an einer Weiterbildungsmaßnahme im Ausmaß von

- mindestens 20 Wochenstunden,

bei Personen mit Betreuungsverpflichtungen für Kinder bis zum vollendeten 7. Lebensjahr

- mindestens 16 Wochenstunden

oder eine vergleichbare zeitliche Belastung (einschließlich Lern- und Übungszeiten) nachgewiesen werden (vgl. § 26 Abs. 1 AlVG).

Erfolgt die Weiterbildung in Form eines Studiums, so ist nach jeweils sechs Monaten ein Nachweis über die Ablegung von Prüfungen oder ein anderer geeigneter Erfolgsnachweis zu erbringen (vgl. § 26 Abs. 1 Z 5 AlVG).

Voraussetzung für die Zuerkennung des Weiterbildungsgeldes ist somit eine Bestätigung eines Bildungsträgers oder einer sonstigen dafür zuständigen Stelle über das notwendige Stundenausmaß an Ausbildungszeiten während der Bildungskarenz. Ausschließliche Lernzeiten und Prüfungsvorbereitung im Rahmen eines Selbststudiums außerhalb von Ausbildungseinrichtungen können diese Voraussetzungen daher nicht erfüllen (VwGH 7.4.2016, Ro 2014/08/0066).

Eine geringfügige Beschäftigung während der Bildungskarenz (auch zum selben Arbeitgeber) schadet dem Anspruch auf Weiterbildungsgeld nicht. Das geringfügige Arbeitsverhältnis während der Bildungskarenz ist als neues (eigenständiges) befristetes Arbeitsverhältnis zu betrachten. Der Arbeitgeber hat für die Zeit der geringfügigen Beschäftigung eine An- und Abmeldung zu erstatten. Wer auf Grund einer Ausbildung Einkünfte erzielt, deren Höhe das Eineinhalbfache der Geringfügigkeitsgrenze übersteigt, hat keinen Anspruch auf Weiterbildungsgeld (§ 26 Abs. 3 AlVG).

Eine **Kündigung**, die wegen einer beabsichtigten oder tatsächlich in Anspruch genommenen Bildungskarenz ausgesprochen wird, **kann bei Gericht angefochten werden** (→ 32.2.).

Lässt der Arbeitnehmer die ausgesprochene Kündigung gegen sich gelten, hat er einen Anspruch auf **Kündigungsentschädigung** (→ 33.4.2.) (§ 15 Abs. 1, 2 AVRAG).

Der Arbeitgeber hat eine **Beendigung** des Arbeitsverhältnisses während der Bildungskarenz ohne Verzug, spätestens binnen einer Woche dem Arbeitsmarktservice **anzuzeigen** (§ 50 Abs. 1 AlVG).

Eine **einvernehmliche Auflösung** zum Ende der Bildungskarenz ist möglich (OGH 25.2.2016, 9 ObA 9/16p). Eine einvernehmliche Auflösung während der Bildungskarenz beendet den Anspruch auf Weiterbildungsgeld. Wird der Umstand der Beendigung

1072 Zwar sind **freie Dienstnehmer** (→ 4.3.1.) vom Anwendungsbereich des AVRAG nicht erfasst, haben sie aber mit ihrem Auftraggeber eine – der Bestimmung des § 11 AVRAG entsprechende – Bildungskarenz vereinbart (→ 27.3.1.1.), haben auch freie Dienstnehmer bei Erfüllung der übrigen gesetzlichen Voraussetzungen des § 26 Abs. 1 AlVG **Anspruch** auf Weiterbildungsgeld (BMASK Erl. 7.4.2011, 435.005/0012-VI/AMR/1/2011).

des Dienstverhältnisses dem Arbeitsmarktservice nicht angezeigt, ist das zu viel bezogene Weiterbildungsgeld zurückzuzahlen (VwGH 7.9.2020, Ra 2016/08/0062).

27.3.1.2. Bildungsteilzeit

Regelungen bezüglich der Bildungsteilzeit sieht der § 11a Arbeitsvertragsrechts-Anpassungsgesetz (AVRAG) vor. Regelungen bezüglich des Bildungsteilzeitgelds sieht der § 26a Arbeitslosenversicherungsgesetz (AlVG) vor.

Arbeitnehmer und Arbeitgeber können schriftlich

- eine **Herabsetzung der wöchentlichen Normalarbeitszeit** des Arbeitnehmers um **mindestens ein Viertel** und **höchstens die Hälfte**
- für die Dauer von **mindestens vier Monaten bis zu zwei Jahren**

vereinbaren, sofern das Arbeitsverhältnis ununterbrochen **sechs Monate**[1073] gedauert hat.

Die in der Bildungsteilzeit vereinbarte wöchentliche Normalarbeitszeit darf **zehn Stunden** nicht unterschreiten.

Eine **neuerliche Bildungsteilzeit** kann frühestens nach dem **Ablauf von vier Jahren** ab dem **Antritt der letzten Bildungsteilzeit** (Rahmenfrist) vereinbart werden.

Die Bildungsteilzeit kann **auch in Teilen** vereinbart werden, wobei die Dauer eines Teils mindestens vier Monate zu betragen hat und die Gesamtdauer der einzelnen Teile innerhalb der Rahmenfrist, die mit **Antritt** des **ersten Teils der Bildungsteilzeit** zu laufen beginnt, zwei Jahre nicht überschreiten darf.

COVID-19-Hinweis: Rahmenfrist und höchstmögliche Dauer der Bildungsteilzeit **verlängern** sich um jenen Zeitraum, um den sich die Dauer einer zu einem konkreten Ausbildungsziel führenden Ausbildung auf Grund der durch die **Corona-Krise** bedingten Einschränkungen verlängert (§ 18b Abs. 3 AVRAG). Dies gilt auch für den Bezug von Bildungsteilzeitgeld, wobei Unterbrechungen der Bildungsteilzeit während der Maßnahmen zur Bekämpfung der COVID-19-Krise dem späteren Wiederbeginn nicht schaden und das wöchentliche Ausmaß an Weiterbildungsmaßnahmen unterschritten werden kann (§ 81 Abs. 16 AlVG). Die Bestimmungen traten mit 16.3.2020 in Kraft und treten mit 31.12.2024 außer Kraft (§ 19 Abs. 1 Z 46 AVRAG, § 79 Abs. 168 AlVG).

Die schriftliche Vereinbarung über die Bildungsteilzeit hat **Beginn, Dauer, Ausmaß** und **Lage** der Teilzeitbeschäftigung zu enthalten, wobei die betrieblichen Interessen und die Interessen des Arbeitnehmers zu berücksichtigen sind.

In Betrieben, in denen ein für den Arbeitnehmer zuständiger Betriebsrat errichtet ist, ist dieser auf Verlangen des Arbeitnehmers den Verhandlungen beizuziehen.

1073 Die wöchentliche Normalarbeitszeit muss ununterbrochen sechs Monate lang gleich hoch gewesen sein. Zeiträume, in denen Wiedereingliederungsgeld (→ 25.7.) bezogen wurde, sind hinsichtlich der Beurteilung dieser Voraussetzung so zu behandeln, als ob keine Herabsetzung der Arbeitszeit und keine Verminderung des Entgelts vorgelegen wären (§ 26a Abs. 1 Z 3 und Abs. 6 AlVG).

Die Bildungsteilzeit wird auf freiwilliger Basis zwischen Arbeitgeber und Arbeitnehmer vereinbart. Demnach besteht **kein gesetzlicher Rechtsanspruch** darauf.

Beispielhafte Darstellung einer Bildungsteilzeit in „Nicht-Saisonbetrieben":

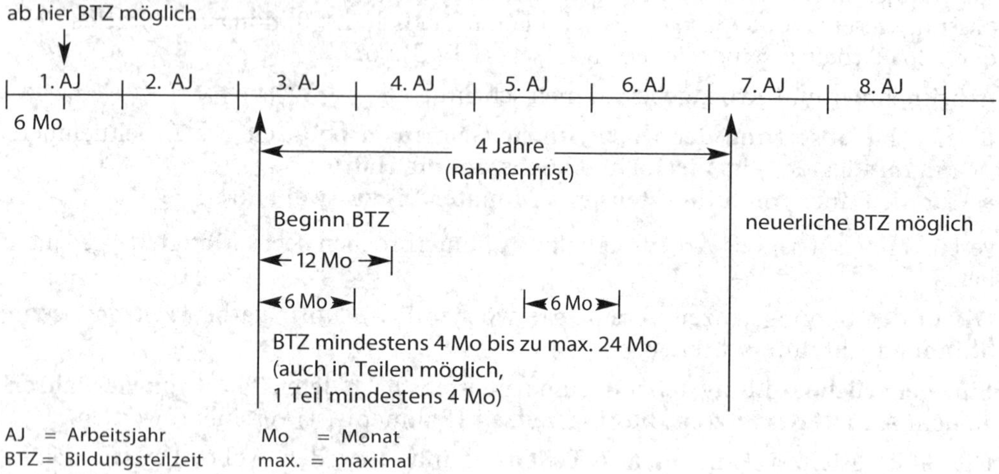

Für die Dauer der Rahmenfrist sind Vereinbarungen über eine Bildungskarenz unwirksam. Davon abweichend ist ein

- **einmaliger Wechsel** von Bildungsteilzeit zu Bildungskarenz

unter **folgender Voraussetzung** zulässig: Wurde in der Vereinbarung die höchstzulässige Dauer der Bildungsteilzeit von zwei Jahren nicht ausgeschöpft, kann anstelle von Bildungsteilzeit für die weitere Dauer der Rahmenfrist Bildungskarenz höchstens im **halben Ausmaß** des **nicht ausgeschöpften Teils** vereinbart werden. In diesem Fall muss die Mindestdauer der Bildungskarenz zwei Monate betragen.

Beispiel

Ein Arbeitnehmer nimmt an einem 2-jährigen Lehrgang teil. Dafür vereinbart er eine Reduktion der Arbeitszeit von 40 Wochenstunden auf 25 Wochenstunden. Der Abschluss des Lehrgangs ist sehr zeitintensiv, sodass sich der Arbeitnehmer ganztägig seiner Weiterbildung widmen möchte. Er kann nach 20 Monaten, also vier Monate vor deren Ablauf, sofern der Arbeitgeber zustimmt, die **Bildungsteilzeit abbrechen** und für noch max. zwei Monate **Bildungskarenz vereinbaren**.

Auch in Saisonbetrieben beschäftigte Arbeitnehmer können (unter den gleichen Voraussetzungen wie bei der Bildungskarenz, siehe Punkt 27.3.1.1.) Bildungsteilzeit vereinbaren.

Fallen in ein Kalenderjahr auch Zeiten einer Bildungsteilzeit, gebühren die **Sonderzahlungen** in dem der Vollzeit- und Teilzeitbeschäftigung entsprechenden Ausmaß im Kalenderjahr. Die Höhe der Sonderzahlungen ist demnach **gemischt zu berech-**

nen (siehe dazu Punkt 23.2.3.3.). Eine allgemeine kollektivvertragliche Bestimmung, wonach sich bei Arbeitnehmern mit unterschiedlichem Ausmaß der Arbeitszeit die jeweiligen Sonderzahlungen aus dem Durchschnittsentgelt der letzten drei Monate vor Fälligkeit der Sonderzahlung berechnen, stellt keine günstigere Regelung als die gesetzlich im Rahmen der Bildungsteilzeit vorgesehene Mischsonderzahlungsberechnung über das gesamte Kalenderjahr hinweg dar (OGH 28.9.2021, 9 ObA 64/21h zum Kollektivvertrag der Sozialwirtschaft Österreich). Die kollektivvertragliche Bestimmung geht daher in diesem Fall der gesetzlichen Mischsonderzahlungsberechnung nicht vor. Dies gilt auch dann, wenn die kollektivvertragliche Berechnung im konkreten Einzelfall zu einem günstigeren Ergebnis führt.

Bestimmungen betreffend der Berechnung der

- Abfertigung finden Sie unter Punkt 33.3.1.5. und der
- Ersatzleistung für Urlaubsentgelt finden Sie unter Punkt 26.2.9.1.

Für die Dauer einer Bildungsteilzeit hat der Arbeitgeber für die dem Betrieblichen Mitarbeiter- und Selbständigenvorsorgegesetz (BMSVG) unterliegenden Personen den **BV-Beitrag** zu entrichten. Näheres finden Sie unter Punkt 36.1.3.2.

Für die Dauer einer in eine Bildungsteilzeit fallenden

- Schutzfrist (→ 27.1.3.), einer
- Karenz gem. MSchG bzw. VKG (→ 27.1.4.) sowie eines
- Präsenz-, Ausbildungs- oder Zivildienstes (→ 27.1.6.)

ist die **Vereinbarung** über die Bildungsteilzeit **unwirksam**.

Bei einer Bildungsteilzeit wird lediglich die Arbeitszeit verringert. Das während der Bildungsteilzeit erzielte Entgelt muss über der Geringfügigkeitsgrenze gem. § 5 Abs. 2 ASVG (→ 31.4.) liegen. Demzufolge besteht Vollversicherung.

Für arbeitslosenversicherungspflichtig beschäftigte Personen, die eine **Bildungsteilzeit** in Anspruch nehmen und die Anwartschaft auf Arbeitslosengeld erfüllen, **gebührt** unter bestimmten Voraussetzungen für die vereinbarte Dauer vom Arbeitsmarktservice ein steuerfreies **Bildungsteilzeitgeld**. Unter anderem muss die Teilnahme an einer im Wesentlichen der Dauer der Bildungsteilzeit entsprechenden Weiterbildungsmaßnahme nachgewiesen werden. Das Ausmaß der Weiterbildungsmaßnahme muss

- mindestens zehn Wochenstunden betragen.

Umfasst die Weiterbildungsmaßnahme nur eine geringere Wochenstundenanzahl, so ist nachzuweisen, dass zur Erreichung des Ausbildungsziels zusätzliche Lern- und Übungszeiten in einem Ausmaß erforderlich sind, dass insgesamt eine vergleichbare zeitliche Belastung besteht.

Erfolgt die Weiterbildung in Form eines Studiums, so ist nach jeweils sechs Monaten ein Nachweis über die Ablegung von Prüfungen oder ein anderer geeigneter Erfolgsnachweis zu erbringen (vgl. § 26a Abs. 1 Z 4 AlVG).

Das Bildungsteilzeitgeld beträgt im Kalenderjahr 2022

- für jede **volle Arbeitsstunde**, um die die wöchentliche Normalarbeitszeit verringert wird, **€ 0,86 täglich**[1074].

Beispiel

Die Arbeitszeit wird von 40 Wochenstunden auf 20 Wochenstunden reduziert. Das Bildungsteilzeitgeld beträgt € 17,20 (€ 0,86 × 20) täglich bzw. € 516,00 (€ 0,86 × 20 x 30) monatlich (bei einem Kalendermonat mit 30 Kalendertagen).

- In Betrieben mit **max. 50** arbeitslosenversicherungspflichtig beschäftigten **Personen**, wobei geringfügig Beschäftigte außer Betracht bleiben, dürfen jedenfalls **vier Arbeitnehmer** die Bildungsteilzeit in Anspruch nehmen;
- in Betrieben mit **mehr als 50** arbeitslosenversicherungspflichtig beschäftigten **Personen** dürfen jedenfalls **bis zu 8% der Arbeitnehmer** die Bildungsteilzeit in Anspruch nehmen.

Das Bildungsteilzeitgeld kann grundsätzlich nur einer begrenzten Anzahl von Arbeitnehmern eines Arbeitgebers gewährt werden. Dabei gilt Folgendes:

Bei Überschreitungen kann der Arbeitsmarktservice-Beirat Ausnahmen genehmigen.

Eine **Kündigung**, die wegen einer beabsichtigten oder tatsächlich in Anspruch genommenen Bildungsteilzeit ausgesprochen wird, **kann bei Gericht angefochten werden** (→ 32.2.).

Lässt der Arbeitnehmer die ausgesprochene Kündigung gegen sich gelten, hat er einen Anspruch auf **Kündigungsentschädigung** (→ 33.4.2.). Der Berechnung der Kündigungsentschädigung ist das ungeschmälerte Entgelt zu Grunde zu legen, das zum Beendigungszeitpunkt ohne eine Vereinbarung einer Bildungsteilzeit zugestanden wäre (§ 15 Abs. 1, 2AVRAG).

Der Arbeitgeber hat eine **Beendigung** des Arbeitsverhältnisses während der Bildungsteilzeit ohne Verzug, spätestens binnen einer Woche dem Arbeitsmarktservice **anzuzeigen** (§ 50 Abs. 1 AlVG).

27.3.2. Altersteilzeit – Altersteilzeitgeld

27.3.2.1. Allgemeines zu den Altersteilzeitvereinbarungen

27.3.2.1.1. Anspruchsvoraussetzungen

Die Altersteilzeit ist eine durch das AMS in Form des Altersteilzeitgelds geförderte Teilzeitbeschäftigung älterer Arbeitnehmer. Beim Altersteilzeitgeld handelt es sich um eine Leistung aus der Arbeitslosenversicherung, die an Arbeitgeber ausbezahlt wird. Anspruch auf Altersteilzeitgeld haben **Arbeitgeber**, die älteren Arbeitnehmern, die ihre Arbeitszeit vermindern, einen **Lohnausgleich gewähren** (§ 27 Abs. 1 AlVG). Die für den Lohnausgleich anfallenden Bruttolohnkosten inkl. der Dienstnehmer- und der Dienstgeberanteile zur Sozialversicherung (und teilweise die Lohnnebenkosten i.e.S.) werden bis zur Höchstbeitragsgrundlage ersetzt.

1074 All-in-Vereinbarungen (→ 16.2.3.5.3.) und Überstundenpauschalen (→ 16.2.3.5.2.) haben keinen Einfluss auf die Berechnung des Bildungsteilzeitgelds. Gemäß § 26a Abs. 2 AlVG ist allein die Verringerung der wöchentlichen Normalarbeitszeit maßgeblich.

Altersteilzeitgeld gebührt für **längstens fünf Jahre** für Personen, die

- **nach spätestens fünf Jahren** das Regelpensionsalter vollenden (§ 27 Abs. 2 AlVG).

Das Regelpensionsalter beträgt derzeit bei Männern 65 Jahre und bei Frauen 60 Jahre (steigt jedoch in den nächsten Jahren bis auf 65 Jahre an)[1075].

Darüber hinaus ist Voraussetzung, dass die Personen

1. in den **letzten 25 Jahren** vor der Geltendmachung des Anspruchs (Rahmenfrist) **780 Wochen**[1076] **arbeitslosenversicherungspflichtig** beschäftigt waren, wobei auf die Anwartschaft anzurechnende Zeiten gem. § 14 Abs. 4 und 5 AlVG[1077] berücksichtigt und die Rahmenfrist um arbeitslosenversicherungsfreie Zeiten der Betreuung von Kindern bis zur Vollendung des 15. Lebensjahrs erstreckt werden,
2. auf Grund einer vertraglichen Vereinbarung ihre **Normalarbeitszeit**, die im letzten Jahr der gesetzlichen oder kollektivvertraglich geregelten Normalarbeitszeit entsprochen oder diese **höchstens um 40% unterschritten** hat, auf **40% bis 60% verringert** haben[1078],
3. auf Grund eines Kollektivvertrags, einer Betriebsvereinbarung oder einer vertraglichen Vereinbarung
   a) bis zur Höchstbeitragsgrundlage gem. § 45 ASVG einen **Lohnausgleich in der Höhe von mindestens 50%** des Unterschiedsbetrags zwischen dem **im letzten Jahr** (bei kürzerer Beschäftigungszeit in einem neuen Betrieb während dieser kürzeren, mindestens drei Monate betragenden Zeit) vor der Herabsetzung der Normalarbeitszeit **durchschnittlich gebührenden Entgelt** und dem der verringerten Arbeitszeit entsprechenden Entgelt **erhalten** (siehe nachstehend) und
   b) für die der Arbeitgeber die **Sozialversicherungsbeiträge entsprechend der Beitragsgrundlage** vor der Herabsetzung der Normalarbeitszeit **entrichtet** (siehe nachstehend) und
4. auf Grund eines Kollektivvertrags, einer Betriebsvereinbarung oder einer vertraglichen Vereinbarung Anspruch auf Berechnung einer zustehenden **Abfertigung auf der Grundlage der Arbeitszeit vor der Herabsetzung der Normalarbeitszeit** haben (§ 27 Abs. 2 AlVG).

1075 Das bedeutet:
- Männer, die 60 Jahre alt werden, können jederzeit mit einer Altersteilzeit beginnen.
- Frauen, die am 1.6.1965 oder früher geboren sind, können jederzeit mit einer Altersteilzeit beginnen.
- Die Anhebung des Pensionsantrittsalters führt dazu, dass Frauen, die zwischen 2.6.1965 und 1.12.1965 geboren sind, frühestens mit 57 Jahren mit einer Altersteilzeit beginnen können. Diese Frauen können also frühestens mit 2.6.2022 (bzw. dementsprechend später) mit einer Altersteilzeit beginnen.
- Frauen, die am 2.12.1965 oder danach geboren sind, können aufgrund des späteren Pensionsantrittsalters frühestens mit 57 Jahren und 6 Monaten mit einer Altersteilzeit beginnen – also nicht vor 2.6.2023.

1076 = 15 Jahre.

1077 Z.B. die Zeit des Präsenz-, Ausbildungs- oder Zivildienstes, Zeiten des Bezugs von Wochengeld (→ 27.1.3.4.) oder Krankengeld (→ 25.1.3.1.).

1078 Die Arbeitszeitverringerung muss **innerhalb einer Bandbreite von 40% bis 60%** der Normalarbeitszeit liegen (z.B. bei einer 40-Stunden-Woche = 16 bis 24 Stunden pro Woche).
Teilzeitbeschäftigte, deren Arbeitszeit die Normalarbeitszeit nicht mehr als 40% unterschreitet, können gleichfalls in die Altersteilzeitvereinbarung einbezogen werden.
Die Vereinbarung kann innerhalb dieser Bandbreite sowohl unterschiedliche wöchentliche Normalarbeitszeiten als auch unterschiedliche Verteilung vorsehen. Zu beachten ist, dass die **vereinbarte verringerte Normalarbeitszeit im Durchschnitt** eines Durchrechnungszeitraums **nicht überschritten** werden darf.
In allen Durchrechnungsfällen muss das **Entgelt** für die Altersteilzeitarbeit fortlaufend, i.d.R. in **gleich bleibender Höhe** der vereinbarten durchschnittlichen wöchentlichen Arbeitszeit (inkl. Lohnausgleich) bezahlt werden.

Zeiträume, in denen Wiedereingliederungsgeld (→ 25.7.) bezogen wurde, sind hinsichtlich der Beurteilung der oben in Z 2. und Z 3. genannten Voraussetzungen so zu behandeln, als ob keine Herabsetzung der Arbeitszeit und keine Verminderung des Entgelts vorgelegen wären (§ 27 Abs. 2a AlVG).

Zeiträume einer Kurzarbeit (→ 27.3.3.) sind bei der Beurteilung der Voraussetzungen für das Altersteilzeitgeld und des Entgelts entsprechend der für den jeweiligen Zeitraum vereinbarten Normalarbeitszeit zu betrachten (§ 27 Abs. 4 AlVG).

Sieht die Vereinbarung über die Altersteilzeitarbeit unterschiedliche wöchentliche Normalarbeitszeiten oder eine unterschiedliche Verteilung der wöchentlichen Normalarbeitszeit vor, so ist die Voraussetzung nach § 27 Abs. 2 Z 2 AlVG auch dann erfüllt, wenn

1. die **wöchentliche Normalarbeitszeit** in einem Durchrechnungszeitraum im Durchschnitt die vereinbarte verringerte Arbeitszeit **nicht überschreitet,**
2. das **Entgelt** für die Altersteilzeitarbeit **fortlaufend bezahlt** wird und
3. eine Blockzeitvereinbarung vorliegt und die **Freizeitphase** nicht mehr als **2 1/2 Jahre** beträgt sowie spätestens ab Beginn der Freizeitphase **zusätzlich nicht nur vorübergehend eine zuvor arbeitslose Person über der Geringfügigkeitsgrenze** versicherungspflichtig beschäftigt oder **zusätzlich ein Lehrling** ausgebildet und im Zusammenhang mit dieser Maßnahme vom Dienstgeber kein Dienstverhältnis aufgelöst wird (§ 27 Abs. 5 AlVG).

COVID-19-Hinweis: Unterbrechungen des Dienstverhältnisses wie auch eine **Reduzierung oder Anhebung der verkürzten Normalarbeitszeit** von Beschäftigten, die sich in Altersteilzeit befinden (z.B. aufgrund von Kurzarbeit), zwischen dem 15.3.2020 bis (vorerst) längstens 31.3.2022 als Folge von Maßnahmen zur Verhinderung der Verbreitung von COVID-19 schaden der vereinbarten Altersteilzeit (Teilpension) nicht, wenn das Dienstverhältnis danach entsprechend der wiederauflebenden Altersteilzeitvereinbarung fortgesetzt wird. Die Einstellung einer **Ersatzarbeitskraft** ist im genannten Zeitraum nicht verpflichtend. Abweichungen in diesem Zeitraum führen zu keiner Änderung des ursprünglich gewählten Altersteilzeitmodells. Bei Neuanträgen auf Altersteilzeitgeld bleiben Unterbrechungen oder Reduzierungen der Normalarbeitszeit infolge der COVID-19-Maßnahmen im oben genannten Zeitraum unberücksichtigt; der relevante Jahreszeitraum (oder kürzer bei Beschäftigung in einem neuen Betrieb) verlängert sich um den Zeitraum der unterbrochenen oder reduzierten Normalarbeitszeit. Das Höchstausmaß der Altersteilzeit erhöht sich dadurch nicht (§ 82 Abs. 5 AlVG).

Lohnausgleich:

Altersteilzeitgeld gebührt nur unter der Voraussetzung, dass vom antragstellenden Arbeitgeber aufgrund eines Kollektivvertrages, einer Betriebsvereinbarung oder einer vertraglichen Vereinbarung ein **Lohnausgleich** in der Höhe von mindestens 50 % des **Unterschiedsbetrags** zwischen

- einerseits dem im Beobachtungszeitraum von grundsätzlich einem Jahr vor der Herabsetzung der Arbeitszeit „durchschnittlich gebührenden Entgelt“ (**Oberwert**)[1079] und
- andererseits „dem der verringerten Arbeitszeit entsprechenden Entgelt“ (**Unterwert**) geleistet wird.

In die Berechnung des **Oberwerts** fließen sämtliche Entgeltbestandteile ein, auf die der Arbeitnehmer im Beobachtungszeitraum Anspruch hatte (unabhängig davon, ob diese während der Altersteilzeit weiterhin zustehen). Dazu zählen insbesondere auch das Entgelt für geleistete Überstunden bzw. Mehrstunden sowie Zulagen, soweit es sich dabei um Arbeitsentgelt und nicht um eine bloße Aufwandsentschädigung handelt. Hat das Dienstverhältnis noch keine 12 Monate gedauert, ist der Durchschnitt der Bruttoentlohnung während dieses kürzeren – jedoch mindestens drei Monate dauernden – Zeitraums zu bilden.

Zur Ermittlung des **Unterwerts** ist vom Arbeitsentgelt auszugehen, auf das die Person, für die Altersteilzeitgeld beantragt wird, für ihre jeweilige **individuelle Normalarbeitszeit vor deren Reduzierung durch die Altersteilzeitvereinbarung (!)**[1080] **Anspruch** hatte und dieses Entgelt entsprechend der Verringerung der Arbeitszeit anteilig zu kürzen (VwGH 17.11.2021, Ra 2020/08/0042).

Das AMS hat auf diese Rechtsprechung bereits reagiert. Für die Bildung des Unterwerts ist nunmehr das Bruttoentgelt aus dem letzten Monat vor (!) Beginn der Altersteilzeit, das für die verringerte Arbeitszeit, die während der Altersteilzeit ausgeübt wird, gebührt hätte. Auch Entgeltbestandteile, die während der Altersteilzeit wegfallen, sind zu berücksichtigen (ausgenommen Mehr- und Überstundenentgelte, sofern diese nicht in Form von Pauschalen bezahlt wurden).

Zu beachten ist dabei, dass die Berechnungsbasis des Unterwerts (das Arbeitsentgelt für die individuelle Normalarbeitszeit vor Verringerung der Arbeitszeit) nach der Rechtsprechung des VwGH nicht mit dem im letzten Jahr vor der Herabsetzung der Normalarbeitszeit durchschnittlich gebührenden Entgelt (dem Oberwert) gleichgesetzt werden kann. Das ergibt sich nach den Ausführungen des VwGH schon daraus, dass die Berechnung des reduzierten Entgelts vom Entgeltanspruch vor der Arbeitszeitverringerung ausgeht und dieser Anspruch (etwa durch Lohnerhöhungen im Laufe des Jahres) häufig nicht dem Durchschnitt des letzten Jahres entsprechen wird. Im Übrigen ist nur die Verringerung des Arbeitsentgelts, das sich aus der

1079 Das AMS zieht für die Berechnung des Altersteilzeitgeldes grundsätzlich immer den Durchschnittsbezug der letzten zwölf Monate heran. Manche Autoren vertreten jedoch die Auffassung, dass dies nur für schwankende Bezüge bzw. etwaige variable Entgeltbestandteile gelten kann. Ergab sich im Beobachtungszeitraum von zwölf Monaten eine individuelle oder kollektivvertragliche Gehaltserhöhung, ist für die Bildung des Oberwerts nach dieser Ansicht kein Durchschnittswert zu bilden, sondern vom erhöhten Bezug auszugehen. Die Aussagen in VwGH 17.11.2021, Ra 2020/08/0042 (siehe nachstehend im Text), deuten eher darauf hin, dass sich der VwGH der Ansicht des AMS anschließt. Wird freiwillig ein höherer Lohnausgleich geleistet, geht dies zulasten des Arbeitgebers bzw. erfolgt in dieser Höhe keine Förderung.

1080 Wird daher im Zuge der Altersteilzeitvereinbarung eine Funktionsänderung und damit ein Wegfall der Funktionszulage während der Altersteilzeit zwischen Arbeitgeber und Arbeitnehmer vereinbart, ist die Funktionszulage sowohl in die Berechnung des Oberwerts als auch in die Berechnung des Unterwerts einzubeziehen (VwGH 17.11.2021, Ra 2020/08/0042). Dies gilt jedoch nach Ansicht des VwGH nicht für in der Altersteilzeit wegfallende Mehr- und Überstundenentgelte, welche zwar im Rahmen der Berechnung des Oberwerts, nicht jedoch des Unterwerts zu berücksichtigen sind (da nur Entgeltverringerungen, die sich aus der Kürzung der individuellen Normalarbeitszeit ergeben, berücksichtigt werden).

Kürzung der jeweiligen individuellen Normalarbeitszeit ergibt, angesprochen. Andere Entgeltbestandteile, auf die zuletzt ein Anspruch bestand, wie insbesondere für geleistete Mehr- und Überstunden, haben bei Ermittlung des Unterwerts somit außer Betracht zu bleiben[1081] (VwGH 17.11.2021, Ra 2020/08/0042). Siehe auch Beispiel 128.

Der Unterwert ist vom Oberwert in Abzug zu bringen. Die Hälfte des sich ergebenden Unterschiedsbetrags stellt den nach § 27 Abs. 2 Z 3 lit. a AlVG mindestens **zu leistenden Lohnausgleich** dar, der durch das Altersteilzeitgeld teilweise abgegolten wird. Der Lohnausgleich ist grundsätzlich nur bis zu jenem Ausmaß zu bezahlen bzw. seitens des AMS gefördert, in welchem er gemeinsam mit dem aktuellen Bruttoentgelt während der Altersteilzeit nicht die Höchstbeitragsgrundlage überschreitet.

Leistet der Arbeitgeber einen **geringeren oder überhaupt keinen Lohnausgleich**, steht Altersteilzeitgeld nicht zu (siehe darüber hinaus jedoch Punkt 27.3.2.1.3. zur grundsätzlichen Zulässigkeit eines verringerten Arbeitsentgelts). Ein geleisteter **höherer Lohnausgleich** schadet dem Anspruch auf Altersteilzeitgeld zwar nicht. Bei der Berechnung des Anteils des zusätzlichen Aufwandes durch einen Lohnausgleich, der dem Arbeitgeber durch das Altersteilzeitgeld abgegolten wird, fließt jedoch nur der mindestens zu leistende Lohnausgleich ein (VwGH 17.11.2021, Ra 2020/08/0042).

Der Lohnausgleich ist (z.B. bei Kollektivvertragserhöhungen, Biennalsprüngen) grundsätzlich **zu valorisieren**, sofern die Höchstbeitragsgrundlage (→ 11.4.3.1.) noch nicht überschritten ist. **Variable Entgeltbestandteile**, die während der Altersteilzeit zur Auszahlung gebracht werden, haben nach den sich aus der aktuellen VwGH-Rechtsprechung ergebenden Erkenntnissen wohl keine Auswirkung auf den laufenden Lohnausgleich.

Sozialversicherungsrechtliche Beitragsgrundlage:

Gemäß § 44 Abs. 1 Z 10 ASVG gilt als **Beitragsgrundlage** bei Dienstnehmern, für die dem Dienstgeber ein **Altersteilzeitgeld** gewährt wird, die Beitragsgrundlage vor Herabsetzung der Normalarbeitszeit. Dies gilt auch analog für Sonderzahlungen.

In die Beitragsgrundlage eingeflossene regelmäßige über einen **längeren Zeitraum** (Richtwert drei Monate) **erbrachte bezahlte Überstunden** oder Überstundenpauschalien sowie Prämien sind zu berücksichtigen. **Einmalige Prämien** oder nur im letzten Monat vor Herabsetzung der Normalarbeitszeit angefallene Überstunden bleiben **außer Betracht**. Ist die Normalarbeitszeit unregelmäßig verteilt (Schichtarbeit, Turnusdienst etc.), ist das dem Durchrechnungszeitraum zu Grunde liegende durchschnittliche monatliche Bruttoentgelt als Beitragsgrundlage heranzuziehen.

Diese Beitragsgrundlage gilt auch für den AV-Beitrag, für alle Nebenbeiträge (Umlagen und Fonds) und für den BV-Beitrag.

Bei der Bemessung des Altersteilzeitgelds werden die jährlichen **Anhebungen der Höchstbeitragsgrundlagen** berücksichtigt. Die letzte volle Beitragsgrundlage i.S.d. § 44 Abs. 1 Z 10 ASVG ist daher insofern variabel, als sie sich durch solche Steigerungen entsprechend erhöht. Gleiches gilt für kollektivvertragliche oder sonst gebührende **Ist-Lohn-Erhöhungen**.

1081 Dies führt zu einer Erhöhung des Lohnausgleichs (die nicht mehr anfallenden Entgeltbestandteile wie Mehr- und Überstundenentgelte werden somit anteilig über den Lohnausgleich ersetzt).

27.3.2.1.2. Kontinuierliche oder geblockte Altersteilzeit

Es können

- **kontinuierliche Altersteilzeitvereinbarungen** (gleichbleibende Altersteilzeitvereinbarungen) und
- **Blockzeitvereinbarungen** (1. Teil Vollarbeitsphase – 2. Teil Freizeitphase)

getroffen werden.

Für **kontinuierliche Altersteilzeitvereinbarungen** gilt:

Diese kann

- **bis zum Regelpensionsalter**, max. aber für **fünf Jahre**

beansprucht werden.

Wird somit eine Altersteilzeitvereinbarung geplant, deren Beginn länger als fünf Jahre vor dem Regelpensionsalter liegt, so sollte darauf geachtet werden, dass der betroffene Arbeitnehmer nach Ende der Altersteilzeit die Voraussetzungen für den Anspruch auf eine Pensionsleistung erfüllt.

Für **Blockzeitvereinbarungen** gilt:

Die sog. **Freizeitphase** darf nicht mehr als **2 1/2 Jahre** betragen (vgl. § 27 Abs. 5 Z 3 AlVG).

Abgrenzung bei schwankender Arbeitszeit:

Als **kontinuierliche Altersteilzeitvereinbarung** gelten Vereinbarungen, wenn

- die Schwankungen der Arbeitszeit in einem **Durchrechnungszeitraum von längstens einem Jahr** ausgeglichen werden oder
- die **Abweichungen** jeweils **nicht mehr als 20%** der Normalarbeitszeit betragen und insgesamt ausgeglichen werden (§ 27 Abs. 4 AlVG).

In jedem Fall handelt es sich um eine kontinuierliche Arbeitszeitvereinbarung bei einer **gleichbleibenden** verminderten **Arbeitszeit**. Aber auch dann, wenn

1. vereinbarte **Schwankungen** der Arbeitszeit **innerhalb eines Jahres** ausgeglichen werden, wobei der Jahreszeitraum immer vom Beginn der Laufzeit der Altersteilzeitvereinbarung gerechnet wird (Beispiele 1 und 2), oder wenn
2. die Abweichungen zwischen der im Altersteilzeitmodell vereinbarten, reduzierten Arbeitszeit und der tatsächlich geleisteten Arbeitszeit **nicht mehr als 20%** der Normalarbeitszeit beträgt und diese Abweichungen im **gesamten Vereinbarungszeitraum** ausgeglichen werden (Beispiele 3 bis 4).

Beispiel

Altersteilzeitbeginn: 1.10.2021,

Jahreszeiträume, in denen die Arbeitszeit jeweils ausgeglichen werden muss:

von 1.10.2021 bis 30.9.2022,

von 1.10.2022 bis 30.9.2023 usw.

Beispiel

„Schwankende Zeiträume" sind u.a.

- Montag Vollzeit, Dienstag frei usw., oder
- 1 Woche Vollzeit, 1 Woche frei usw., oder
- 1 Monat Vollzeit, 1 Monat frei usw., oder
- 1. Jahr ... 6 Monate Vollzeit, 6 Monate frei,
- 2. Jahr ... 6 Monate Vollzeit, 6 Monate frei usw.

Beispiel

- Normalarbeitszeit vor der Altersteilzeit 38 Stunden/Woche,
- vereinbarte reduzierte Arbeitszeit zu 50% 19 Stunden/Woche,
- 20% der (Teilzeit-) Normalarbeitszeit 3,8 Stunden/Woche (19 × 20%).

  Zulässige Bandbreite: 19 Stunden – 3,8 Stunden = 15,2 Stunden/Woche,
  19 Stunden + 3,8 Stunden = 22,8 Stunden/Woche.

Beispiel

Bei einer Bandbreite und Reduzierung der Arbeitszeit lt. Beispiel 3 und einer Dauer der Altersteilzeit von drei Jahren wäre z.B. folgende Vereinbarung möglich:

- 1. Jahr 60% = 22,8 Stunden/Woche (38 × 60%),
- 2. Jahr 50% = 19 Stunden/Woche (38 × 50%),
- 3. Jahr 40% = 15,2 Stunden/Woche (38 × 40%).

Eine genaue Darstellung der jeweils getroffenen arbeitszeitbezogenen Vereinbarung und eine Abstimmung dieser mit der nach dem Betriebssitz zuständigen regionalen Geschäftsstelle des Arbeitsmarktservices ist empfehlenswert.

Als Blockzeitvereinbarungen gelten Vereinbarungen, wenn der Durchrechnungszeitraum mehr als ein Jahr beträgt[1082] oder die Abweichungen mehr als 20% der Normalarbeitszeit betragen (§ 27 Abs. 4 AlVG).

27.3.2.1.3. Altersteilzeitgeld

Höhe des Altersteilzeitgelds:

Das vom Arbeitsmarktservice gewährte **Altersteilzeitgeld** hat dem Arbeitgeber

- einen Anteil des zusätzlichen Aufwands, der durch einen **Lohnausgleich bis zur Höchstbeitragsgrundlage in der Höhe von 50%** des Unterschiedsbetrags zwischen dem im maßgeblichen Zeitraum vor der Herabsetzung der Normalarbeitszeit gebührenden Entgelt und dem der verringerten Arbeitszeit entsprechenden Entgelt sowie

1082 Die Freizeitphase im Rahmen einer Blockzeitvereinbarung darf jedoch nicht mehr als 2 1/2 Jahre betragen (§ 27 Abs. 5 Z 3 AlVG).

- durch die Entrichtung der Sozialversicherungsbeiträge entsprechend der Beitragsgrundlage vor der Herabsetzung der Normalarbeitszeit in der Höhe des Unterschiedsbetrags zwischen den entsprechend der Beitragsgrundlage vor der Herabsetzung der Normalarbeitszeit entrichteten **Dienstgeber- und Dienstnehmerbeiträgen zur Sozialversicherung** (Pensions-, Kranken-, Unfall- und Arbeitslosenversicherung einschließlich IESG-Zuschlag) und den dem Entgelt (einschließlich Lohnausgleich) entsprechenden Dienstgeber- und Dienstnehmerbeiträgen zur Sozialversicherung entsteht,

abzugelten (§ 27 Abs. 4 AlVG).

Der Arbeitgeber erhält

- bei einer **kontinuierlichen Altersteilzeitvereinbarung 90%**[1083] (ohne Einstellungsverpflichtung),
- bei einer **Blockzeitvereinbarung 50%**, sofern die Einstellung einer Ersatzkraft oder eines Lehrlings in der Freizeitphase erfolgt,

des Altersteilzeitgelds (→ 27.3.2.).

Das Altersteilzeitgeld stellt kein Entgelt i.S.d. UStG dar (§ 27 Abs. 7 AlVG).

Ersatzkrafterfordernis bei Blockvereinbarungen:

Blockzeitvereinbarungen begründen nur dann einen Anspruch auf Altersteilzeitgeld, wenn

- spätestens ab **Beginn der Freizeitphase**
- zusätzlich nicht nur vorübergehend eine **zuvor arbeitslose Person** über der Geringfügigkeitsgrenze versicherungspflichtig beschäftigt **oder**
- zusätzlich ein **Lehrling** ausgebildet und
- im Zusammenhang mit dieser Maßnahme vom Arbeitgeber kein Dienstverhältnis aufgelöst wird (vgl. § 27 Abs. 5 Z 3 AlVG).

Wird diese Verpflichtung nicht eingehalten, muss ein **bis zur Freizeitphase ausbezahltes Altersteilzeitgeld rückgefordert** werden.

Die Ersatzkraft muss **nicht zwingend dieselbe Tätigkeit** und denselben **Arbeitsort** wie der in Altersteilzeit gehende Arbeitnehmer haben, allerdings muss es sich zumindest um denselben Betrieb handeln.

Eine bereits vor dem Beginn der Altersteilzeit eingestellte Person gilt nur dann als Ersatzkraft, wenn zwischen Einstellung und Beginn der Altersteilzeit nicht mehr als ein Monat, bei Lehrlingen nicht mehr als drei Monate liegen.

Als Ersatzkraft gilt auch eine Person, die unmittelbar vorher beim selben Arbeitgeber beschäftigt und zwischenzeitlich arbeitslos war (z.B. Beschäftigung als Praktikant), sofern das Beschäftigungsverhältnis ein befristetes war (und die Auflösung nicht im Zusammenhang mit dieser Maßnahme steht).

Im Zusammenhang mit der Einstellung der Ersatzkraft darf **kein anderes Dienstverhältnis aufgelöst** werden. Insbesondere Kündigungen durch den Arbeitgeber

1083 Die kontinuierliche Arbeitszeitreduktion, die eine rasche Verminderung der Arbeitskapazität bewirkt, wurde gegenüber Blockzeitregelungen begünstigt.

und einvernehmliche Auflösungen können hier daher schädlich sein. Im Einzelfall ist unbedingt eine Abklärung mit dem zuständigen Arbeitsmarktservice zu empfehlen.

Beim Blockmodell ist im Fall des **Ausscheidens der Ersatzkraft** eine höchstens 3-monatige Unterbrechung der Ersatzkraftbeschäftigung zulässig. Das Ausscheiden der Ersatzkraft und die Einstellung einer anderen Ersatzkraft innerhalb von drei Monaten bewirkt keine Änderung der Höhe des Altersteilzeitgelds. Hinsichtlich allfälliger Unterbrechungen gelten somit folgende Grundsätze:

1. Scheidet die Ersatzkraft **ohne Verschulden des Arbeitgebers** in der Freizeitphase aus, wird das Altersteilzeitgeld zunächst mit dem Datum des arbeitsrechtlichen Endes der Beschäftigung der Ersatzkraft eingestellt.
2. Der Arbeitgeber muss – bei sonstiger Rückzahlungspflicht der Förderung – **binnen drei Monaten eine neue Ersatzkraft** einstellen und dies dem Arbeitsmarktservice bekannt geben.
3. Bei Bekanntgabe der erfolgten **Einstellung** einer Ersatzkraft **innerhalb von drei Monaten** wird das Altersteilzeitgeld **lückenlos** weitergewährt. Andernfalls ist die Leistung für den gesamten bisherigen Zeitraum zurückzuzahlen.

Scheidet bei einem Blockmodell der **in Altersteilzeit befindliche Arbeitnehmer** aus dem Unternehmen **aus**, ist zu unterscheiden:

- Erfolgt die Beendigung des Dienstverhältnisses **ohne Verschulden des Arbeitgebers** (z.B. Kündigung durch den Arbeitnehmer, Anspruch auf eine Berufsunfähigkeitspension oder Invaliditätspension oder wegen Insolvenz des Arbeitgebers), wird das Altersteilzeitgeld eingestellt. Die bisherige Förderung muss aber nicht zurückbezahlt werden.
- Trifft den Arbeitgeber hingegen ein **Verschulden**, ist das bezogene **Altersteilzeitgeld grundsätzlich zurückzuzahlen.** „Verschulden" wird in diesem Zusammenhang sehr weit verstanden, sodass z.B. **Arbeitgeberkündigungen** (auch bei wirtschaftlichen Arbeitsplatzveränderungen und bei Arbeitsplatzwegfall) ebenso darunter fallen wie **einvernehmliche Lösungen**.

Nach Ansicht des DVSV hat die Rückzahlungspflicht der Förderung folgende **versicherungsrechtliche Konsequenzen**:

- Die während der Altersteilzeit bisher zu berücksichtigende **Beitragsgrundlage** ist **nicht mehr anwendbar**.
- **Nachzahlungen**, die der Arbeitgeber auf Grund offener Zeitguthaben an den Arbeitnehmer zu leisten hat, **sind aufzurollen**, also jenen Beitragszeiträumen zuzuordnen, in denen die jeweiligen Leistungen erbracht wurden.
- Jede **Mehrarbeit**, die nicht durch die bereits abgeführten Sozialversicherungsbeiträge abgegolten ist, wird **beitragspflichtig**.

Sonderzahlungen und kollektivvertragliche Lohnerhöhungen:

Die **Abgeltung** (in Form des Altersteilzeitgelds) hat in **monatlichen Teilbeträgen** gleicher Höhe unter **anteiliger Berücksichtigung** der steuerlich begünstigten **Sonderzahlungen** zu erfolgen. Lohnerhöhungen sind durch Anpassung der monatlichen Teilbeträge zu berücksichtigen. **Kollektivvertragliche Lohnerhöhungen** sind (durch das Arbeitsmarktservice) entsprechend dem **Tariflohnindex** zu berücksichtigen.

Darüber hinausgehende Lohnerhöhungen sind nach entsprechender Mitteilung (Meldung durch den Arbeitgeber) zu berücksichtigen, sofern der Unterschied zwischen dem tatsächlichen Lohn und dem der Altersteilzeitgeldberechnung zu Grunde gelegten indexierten Lohn **mehr als € 20,00 monatlich** beträgt.

Wird der Anspruch auf Altersteilzeitgeld erst nach Beginn der Altersteilzeitbeschäftigung geltend gemacht, so gebührt das Altersteilzeitgeld rückwirkend bis zum Höchstausmaß von drei Monaten (§ 27 Abs. 4 AlVG).

Der von der **Statistik Austria** ermittelte **Tariflohnindex** misst die Mindestlohnentwicklung in Österreich. Kollektivvertragliche Lohnerhöhungen werden ausschließlich durch Erhöhung des Altersteilzeitgelds mit dem Tariflohnindex berücksichtigt. Diese Erhöhung erfolgt im **Mai eines jeden Jahres** und behält ihre Wirksamkeit für die folgenden zwölf Monate. Demnach sind Kollektivvertragserhöhungen vom Arbeitgeber nicht zu melden. Ausnahmen stellen lediglich diejenigen Fälle dar, in denen der Lohnausgleich durch den Betrag der Höchstbeitragsgrundlage eingekürzt wird (siehe dazu Beispiel 126). In diesem Fall sind auch kollektivvertragliche Anpassungen zu melden.

Alle Änderungen, die nicht auf eine kollektivvertragliche Erhöhung zurückgehen, werden beim Altersteilzeitgeld nur berücksichtigt, wenn sie den Betrag von € 20,00 überschreiten. Solche Erhöhungen sind deshalb auch dem Arbeitsmarktservice zu melden. Dabei handelt es sich z.B. um

- einzelvertraglich vereinbarte Erhöhungen,
- Biennalsprünge oder
- Umstufungen.

Liegt eine derartige Änderung bis € 20,00 vor, ist sie dem Arbeitsmarktservice nicht zu melden. Ausnahmen sind auch hier die Fälle, in denen der Lohnausgleich durch den Betrag der Höchstbeitragsgrundlage eingekürzt wird (siehe dazu Beispiel 126).

Zu melden ist u.a. aber auch, wenn

- der Entgeltanspruch wegen Krankheit erschöpft ist oder
- nach dem Krankengeldbezug der Entgeltanspruch wieder entsteht.

Höhe des Arbeitsentgelts:

Zu den generellen Anspruchsvoraussetzungen für den Bezug von Altersteilzeitgeld siehe Punkt 27.3.2.1.1.

Allgemein gilt, dass das AlVG **keine bestimmte Höhe des während des Bezuges von Altersteilzeitgeld zu bezahlenden Arbeitsentgelts festlegt**. Der Leistung des Altersteilzeitgeldes steht daher grundsätzlich eine Kürzung des Arbeitsentgelts, die über die anteilige Minderung des Entgelts aufgrund der Verringerung der Arbeitszeit hinausgeht, nicht entgegen. Voraussetzung ist eine entsprechende Vereinbarung zwischen dem Arbeitgeber und dem Arbeitnehmer zur überproportionalen Kürzung des Entgelts. Für Zwecke des Altersteilzeitgeldes bedarf es grundsätzlich keiner Auseinandersetzung mit der arbeitsvertraglichen Wirksamkeit einer solchen Entgeltkürzung. Voraussetzung ist jedoch, dass mindestens ein Lohnausgleich gewährt wird, der in der gesetzlich dargestellten Art zu berechnen ist (→ 27.3.2.1.1.) (VwGH 17.11.2021, Ra 2020/08/0042).

Ausschluss vom bzw. Wegfall von Altersteilzeitgeld:

Kein Altersteilzeitgeld gebührt für

- Personen, die eine **Leistung** aus der gesetzlichen Pensionsversicherung aus einem Versicherungsfall des Alters, ein Sonderruhegeld nach dem NSchG oder einen Ruhegenuss aus einem Dienstverhältnis zu einer öffentlich-rechtlichen Körperschaft **beziehen** und
- Personen, die das **Regelpensionsalter vollendet** haben und die **Anspruchsvoraussetzungen** für eine derartige Leistung erfüllen.

Bei einer Blockzeitvereinbarung gebührt auch dann kein Altersteilzeitgeld, wenn der Arbeitnehmer

- die **Anspruchsvoraussetzungen** für eine **Alterspension** vor dem Regelpensionsalter

erfüllt. Eine **Ausnahme** bildet (für Männer) die Erfüllung der Anspruchsvoraussetzungen für die **Korridorpension** gem. § 4 Abs. 2 APG. Hier gilt, dass der Weiterbezug des Altersteilzeitgelds für den Zeitraum von einem Jahr über diesen Stichtag hinaus (längstens aber bis zur Erreichung der Anspruchsvoraussetzungen für eine vorzeitige Alterspension bei langer Versicherungsdauer) zulässig ist (vgl. § 27 Abs. 3 AlVG).

Der Arbeitgeber hat jede für das Bestehen oder für das Ausmaß des Anspruchs auf Altersteilzeitgeld maßgebliche **Änderung** unverzüglich der zuständigen regionalen Geschäftsstelle des Arbeitsmarktservice **anzuzeigen** (§ 27 Abs. 6 AlVG).

Wenn eine der Voraussetzungen für den Anspruch auf **Altersteilzeitgeld** wegfällt, ist es **einzustellen**; wenn sich eine für das Ausmaß des Altersteilzeitgelds maßgebende Voraussetzung ändert, ist es **neu zu bemessen**. Wenn sich die Zuerkennung oder die Bemessung des Altersteilzeitgelds als gesetzlich nicht begründet herausstellt, ist die Zuerkennung zu widerrufen oder die Bemessung **rückwirkend zu berichtigen**. Bei Einstellung, Herabsetzung, Widerruf oder Berichtigung einer Leistung ist der Empfänger des Altersteilzeitgelds zum **Ersatz des unberechtigt Empfangenen** zu verpflichten. Die Verpflichtung zum Rückersatz besteht auch hinsichtlich jener Leistungen, die wegen Zuerkennung der aufschiebenden Wirkung eines Rechtsmittels oder aufgrund einer nicht rechtskräftigen Entscheidung des Bundesverwaltungsgerichts gewährt wurden, wenn das Verfahren mit der Entscheidung geendet hat, dass die Leistungen nicht oder nicht in diesem Umfang gebührten (§ 27 Abs. 8 AlVG).

§ 82 Abs. 3 AlVG enthält zahlreiche Übergangsbestimmungen in Zusammenhang mit dem Anspruch auf Altersteilzeitgeld. Im Einzelfall empfiehlt sich eine Abklärung mit der zuständigen Stelle des AMS.

27.3.2.1.4. Organisatorische Hinweise

Empfehlenswert ist in jedem Fall

- eine **vertragliche Absicherung** gegenüber dem Arbeitnehmer,
  1. dass der Lohnausgleich nur unter der Bedingung, dass, soweit und solange Altersteilzeitgeld tatsächlich gewährt wird, zugesagt ist und
  2. eine Regelung darüber, ob es in solchen Fällen bei der Teilzeit ohne Lohnausgleich bleibt oder ob die Teilzeitvereinbarung aufgehoben sein soll;
- eine **Abklärung mit dem Arbeitsmarktservice** vor der Vereinbarung bzw. Zusage, ob die gesetzlichen Voraussetzungen erfüllt sind.

Anträge sind vom Arbeitgeber bei der nach dem Betriebssitz zuständigen **regionalen Geschäftsstelle** des Arbeitsmarktservice zu stellen.

Wichtiger Hinweis: Das vereinbarte Ende der Altersteilzeit bedeutet nicht auch das Ende des Dienstverhältnisses. Damit das Dienstverhältnis mit Ende der Altersteilzeit zu Ende geht, bedarf es einer rechtswirksamen Lösung (z.B. durch Kündigung).

Enthält eine Altersteilzeitvereinbarung **keine Bestimmung** über die **Beendigung** des Dienstverhältnisses am Ende der Altersteilzeit, lebt nach dem Auslaufen der Altersteilzeitvereinbarung das ursprüngliche Arbeitsverhältnis in Vollbeschäftigung bzw. mit dem ursprünglichen Beschäftigungsausmaß wieder auf (OGH 27.7.2011, 9 ObA 51/11g).

27.3.2.1.5. Mehrarbeit, Krankenstand, Urlaub, Zeitguthaben

Leistet der Arbeitnehmer über die Altersteilzeitarbeit hinaus **Mehrarbeit**[1084], die üblicherweise zu einem Einkommen führt, welches die **Geringfügigkeitsgrenze** für den Kalendermonat gem. § 5 Abs. 2 ASVG **überschreitet** (→ 31.3.1.), so gebührt für diesen Zeitraum **kein Altersteilzeitgeld**[1085] (§ 28 AlVG). Von dieser Bestimmung ist abzuleiten, dass ein durch diese Mehrarbeit **bis zur Geringfügigkeitsgrenze erzieltes Einkommen beitragsfrei** zu behandeln ist.

Befindet sich ein Arbeitnehmer in der **Freizeitphase** eines Blockmodells und übt beim selben Arbeitgeber eine **geringfügige Beschäftigung** aus, ist dafür weder eine Anmeldung noch eine Änderungsmeldung zu erstatten. Das ursprüngliche Dienstverhältnis besteht während der Freizeitphase weiter aufrecht. Das hiebei erzielte Einkommen ist beitragsfrei zu behandeln.

Erkrankt ein Arbeitnehmer während der **Vollarbeitsphase**, steht ihm für diese Zeiträume nur das der jeweils geleisteten Entgeltfortzahlung entsprechende Entgelt zu. Für Zeiten der 50%igen Entgeltfortzahlung ist für die Freizeitphase somit nur die Hälfte jenes Zeitguthabens gutzuschreiben, das bei tatsächlicher Arbeitsleistung erworben worden wäre, und für Zeiten, in denen der Entgeltfortzahlungsanspruch bereits ausgeschöpft war, steht dem Arbeitnehmer gar kein Entgelt zu. Demzufolge erwirbt der Arbeitnehmer für die korrespondierenden Zeiten der Freizeitphase auch nur die Hälfte an Gutstunden bzw. gar keine Gutstunden (OGH 8.8.2007, 9 ObA 19/07w).

Welche Folgen ergeben sich nun daraus, dass infolge der Erkrankung **Zeitguthaben fehlt**? Es kommt

- entweder zu einer Verkürzung der Freizeitphase im Ausmaß der geringer bezahlten bzw. entgeltlosen Krankenstandszeiten
- oder es kommt zu einer Kürzung des Entgelts in der Freizeitphase.

Welche Möglichkeit anzuwenden ist, richtet sich nach den diesbezüglichen Bestimmungen des Kollektivvertrags bzw. nach der zwischen Arbeitgeber und Arbeitnehmer getroffenen Altersteilzeitvereinbarung. Eine Kontaktaufnahme mit dem AMS wird empfohlen (Nö. GKK, NÖDIS/Nr. 13, Oktober 2018).

1084 Erhält der Arbeitnehmer von einem anderen Arbeitgeber für erbrachte Arbeitsleistung Entgelt, hat dieses (unabhängig von der Höhe) keinen Einfluss auf die Altersteilzeit.

1085 Dieser Umstand rechtfertigt aber **nicht den gänzlichen Widerruf** sowie **Rückforderung** des Altersteilzeitgelds, sondern lediglich für den Zeitraum der Mehrarbeit über der Geringfügigkeitsgrenze (VwGH 16.2.2011, 2008/08/0120).

In der **Freizeitphase** (bzw. Zeitausgleichsphase) eines Blockmodells hat der Arbeitnehmer keine Arbeitsleistungen zu erbringen. Während einer Freizeitphase kann der Arbeitnehmer zwar faktisch **krank** sein, nicht aber arbeitsunfähig im Rechtssinn, weil keine Arbeitspflicht besteht. Eine Arbeitsverhinderung durch Krankheit bedeutet, dass der betroffene Arbeitnehmer durch seine Erkrankung an der Erbringung der arbeitsvertraglichen Arbeitsleistungen gehindert ist. In der Freizeitphase sind aber keinerlei arbeitsvertragliche Arbeitsleistungen auszuführen und daher sind **Erkrankungen** während dieses Zeitraums rechtlich **ohne Relevanz** (OGH 20.12.2006, 9 ObA 182/05p).

Erkrankt ein Dienstnehmer während der Arbeitsphase und beginnt während dieser Erkrankung die Freizeitphase, endet der EFZ-Anspruch gemäß AngG bzw. EFZG, da ab dem Beginn der Freizeitphase keine Dienstverhinderung im arbeitsrechtlichen Sinn mehr vorliegt. Das bedeutet: Ab Beginn der Freizeitphase gebührt dem Dienstnehmer wieder das „normale“ im Rahmen der Altersteilzeit anfallende Entgelt (Nö. GKK, NÖDIS/Nr. 13, Oktober 2018).

Bei einer Altersteilzeitvereinbarung in Form eines Blockmodells entsteht der **Urlaubsanspruch** auch während der Freizeitphase im gesetzlich vorgesehenen Ausmaß. Wird in der Vollarbeitsphase der Urlaub bis zum Ende dieser Phase zur Gänze konsumiert, so wird damit auch der Urlaubsanspruch der Freizeitphase verbraucht, weil der Teilzeitbeschäftigte in der Arbeitsphase wie ein Vollzeitbeschäftigter den vollen Urlaub aus der Arbeitsphase konsumiert und damit bereits einen Vorgriff auf den Urlaubsanspruch der Freizeitphase vornimmt. Er bekommt in der Arbeitsphase volle Urlaubstage und nicht halbe Urlaubstage, die der Teilzeitbeschäftigung entsprechen würden (bei einer Reduktion der Arbeitszeit um 50%). Somit wird der Urlaub vorweg in der Arbeitsphase auch für die Freizeitphase verbraucht (OGH 29.9.2009, 8 ObA 23/09d).

Beispiel

Vereinbart wird eine Altersteilzeit mit 20 Stunden/Woche zu je 5 Arbeitstagen für vier Jahre (statt bisher 40 Stunden/Woche zu je 5 Arbeitstagen) im Rahmen eines Blockmodells.

In den ersten zwei Jahren arbeitet der Arbeitnehmer weiterhin 40 Stunden/Woche (= Arbeitsphase)

In den beiden letzten Jahren wird Freizeit konsumiert (= Freizeitphase).

Während der Arbeitsphase verbraucht der Arbeitnehmer zwei Jahresurlaube zu je 25 Arbeitstagen und bekommt daher 50 Arbeitstage zu je 8 Stunden arbeitsfrei.

Damit ist der gesamte Urlaub, der während der Laufzeit des Altersteilzeitmodells entsteht, als konsumiert anzusehen, weil ein Urlaubstag in der Arbeitsphase mit Vollzeit (= 8 Stunden Freizeit) zwei Urlaubstagen bei einer durchschnittlichen Arbeitszeit von 20 Wochenstunden (zwei Urlaubstage zu je 4 Stunden Freizeit) entspricht. Dazu hat der OGH ausdrücklich festgehalten, dass dieses Ergebnis nicht erfordert, dass eine Vereinbarung vorliegt, wonach der Urlaub in Stunden zu berechnen sei. Vielmehr ist jedenfalls zu berücksichtigen, dass in der Arbeitsphase eine überdurchschnittliche Stundenanzahl an Freizeit für einen Urlaubstag vom Arbeitgeber gewährt wird.

Hat ein früher vollzeitbeschäftigter Arbeitnehmer im Rahmen einer Altersteilzeit 20 Wochenstunden gearbeitet und dafür 75% seines früheren Entgelts erhalten, ist bei Beendigung des Dienstverhältnisses die **Ersatzleistung für Urlaubsentgelt** (→ 26.2.9.) auch für Urlaubsjahre vor der Altersteilzeit nicht auf Vollzeitbasis, sondern nur auf Basis des 75%igen Entgelts zu berechnen (OGH 4.5.2005, 8 ObS 4/05d).

Kündigt der Arbeitgeber das Dienstverhältnis in der Vollarbeitsphase einer geblockten Altersteilzeit, ist dem Arbeitnehmer ein bei **Dienstverhältnisende** noch zustehendes **Zeitguthaben** für Normalstunden mit einem **Zuschlag von 50%**[1086] **abzugelten** (→ 16.2.4.2.). Sieht die Altersteilzeitvereinbarung für die Altersteilzeitarbeit ein Inklusiventgelt vor, ohne dieses zwischen Teilzeitentgelt und Lohnausgleich zu teilen, ist auch der Lohnausgleich in den Stundensatz für die Abgeltung des Zeitguthabens einzubeziehen (OGH 6.4.2005, 9 ObA 96/04i). Wurde allerdings im Rahmen einer Altersteilzeitvereinbarung zulässigerweise der vom Arbeitgeber zu leistende Lohnausgleich an die Bedingung des Altersteilzeitgeldbezugs geknüpft, ist im Fall der vorzeitigen Beendigung der Altersteilzeit der **Lohnausgleich nicht in die Berechnung** für das offene Zeitguthaben einzubeziehen (OGH 16.11.2005, 8 ObS 20/05g). Siehe dazu auch Punkt 27.3.2.1.6.

Wurde durch den Arbeitgeber in der Altersteilzeitvereinbarung die Gewährung des über das Normalgehalt hinausgehenden Lohnausgleichs an den Arbeitnehmer vom aufrechten Bezug von Altersteilzeitgeld abhängig gemacht und gelangt das Altersteilzeitgeld durch die vorzeitige Beendigung (Konkursaustritt) des Dienstverhältnisses während der Freizeitphase zur Einstellung, so fällt damit nicht nur die Bedingung für die Gewährung des Lohnausgleichs, sondern auch für die Berücksichtigung des Lohnausgleichs bei der Endabrechnung des verbleibenden Zeitguthabens weg. Hat der Arbeitgeber die Bedingung für die Weitergewährung des Lohnausgleichs nicht treuwidrig vereitelt, gebührt daher für die offenen Zeitguthaben kein Lohnausgleich (OGH 10.4.2008, 9 ObA 21/07i). Im vorliegenden Fall ist jedoch das Zeitguthaben gem. § 19e Abs. 2 AZG (→ 16.2.4.2.) grundsätzlich mit einem 50%igen Zuschlag[1086] (weggerechnet vom Normalgehalt ohne Lohnausgleich) abzugelten.

27.3.2.1.6. Diverse Rechtsansichten

Sozialversicherungsrechtliche Erläuterungen:

Die Nö. Gebietskrankenkasse hat in ihrer DG-Info Nr. 1/2001 **nachstehende Punkte erläutert**:

- **Beitragsgrundlage bei Prämien und Überstundenentgelte**
  Einmalig ausbezahlte beitragspflichtige **Prämien** und **nur** im **letzten Beitragszeitraum vor Herabsetzung** der Arbeitszeit fällige **Überstundenentgelte** bleiben bei Ermittlung der Grundlage für die allgemeine Beitragsgrundlage für die Bemessung des Altersteilzeitgelds bzw. für die Ermittlung der Sozialversicherungsbeiträge außer Betracht. In die Beitragsgrundlage eingeflossene, **regelmäßig** über einen längeren Zeitraum bezahlte Prämien und Überstunden (Richtwert ist ein Zeitraum von **mindestens drei Monaten**) sind zu berücksichtigen. Ist die Normal-

1086 Betreffend Altersteilzeit kann der Kollektivvertrag eine von § 19e Abs. 2 AZG gänzlich abweichende Regelung treffen und auch den Zuschlag für Guthaben an Normalarbeitszeit zur Gänze ausschließen (OGH 23.11.2006, 8 ObA 63/06g) (→ 33.6.).

arbeitszeit unregelmäßig verteilt (z.B. Schichtarbeit, Turnusdienst), ist das dem – im Kollektivvertrag oder in der Betriebsvereinbarung geregelten – **Durchrechnungszeitraum** zu Grunde liegende durchschnittliche monatliche Bruttoentgelt als Bemessungsgrundlage anzuerkennen.

- **Teilentgelt im Krankenstand**
  Leistet ein Dienstgeber für seinen Dienstnehmer, für den Altersteilzeitgeld bezogen wird, nur noch ein **Teilentgelt** in Verbindung mit einem Krankengeldbezug, **vermindert** sich der **Anspruch auf Altersteilzeitgeld proportional** zu diesem Teilentgelt. Der Dienstgeber hat dem Arbeitsmarktservice die neu zu beantragende Leistungshöhe und den entsprechenden Zeitraum zu **melden**. Besteht Anspruch auf das **volle Krankengeld**, gebührt dem Dienstgeber für diese Zeit **kein Altersteilzeitgeld**.
- **Verlängerung der Pflichtversicherung durch Ersatzleistung für Urlaubsentgelt**
  Ab dem arbeitsrechtlichen Ende des Beschäftigungsverhältnisses erhält der Dienstgeber kein Altersteilzeitgeld mehr. **Beitragsgrundlage** für die Verlängerung der Pflichtversicherung durch **Ersatzleistung für Urlaubsentgelt** (→ 34.7.1.1.1.) ist somit das dem Dienstnehmer auf Grund der Verminderung der Arbeitszeit **tatsächlich zustehende** beitragspflichtige **Entgelt**.
- **Sonderzahlungen**
  Die Sonderzahlungen während einer Altersteilzeit gebühren dem Dienstnehmer **auf Basis des reduzierten Entgelts zuzüglich dem Lohnausgleich,** sofern Kollektivvertrag, Betriebsvereinbarung oder Einzeldienstvertrag nichts anderes vorsehen.
  Die Sozialversicherungsbeiträge für die Sonderzahlungen sind allerdings von der Beitragsgrundlage vor Herabsetzung der Normalarbeitszeit zu berechnen.
  Beginnt die Altersteilzeit während eines Kalenderjahres, ist primär anhand des jeweiligen Kollektivvertrages zu beurteilen, ob dieser eine besondere Regelung zur Sonderzahlungsberechnung (z.B. Durchschnittsbetrachtung) beinhaltet. Existiert keine Bestimmung, sind die Sonderzahlungen unter anteiliger Berücksichtigung der voll gearbeiteten Monate vor der Altersteilzeit abzurechnen: nicht nur auf Basis der reduzierten Arbeitszeit, sondern nach einem Gesamtdurchschnitt (**Mischberechnung**) (Nö. GKK, NÖDIS/Nr. 13, Oktober 2018).

Rechtsansichten lt. Empfehlungen des DVSV (E-MVB, AlVG-0002):

- **Krankenstand während der Arbeitsphase**
  Gemäß der Judikatur des Obersten Gerichtshofes (OGH 8.8.2007, 9 ObA 19/07w) erwirbt der Dienstnehmer im geblockten Altersteilzeitmodell durch Krankenstände in der Arbeitsphase nur während der vollen Entgeltfortzahlung auch ein volles Guthaben für die Freizeitphase. Verringert sich der Entgeltfortzahlungsanspruch auf 50 %, reduziert sich auch das Guthaben um die Hälfte (bei einer 25%igen Entgeltfortzahlung vermindert sich das Guthaben um 75%). Besteht keinerlei Anspruch auf Entgeltfortzahlung mehr, wird kein Guthaben mehr erworben. Eine Erkrankung während der Arbeitsphase kann daher zur Folge haben, dass sich der Beginn der Freizeitphase verzögert oder das Entgelt während der Freizeitphase gekürzt wird. Auf die entsprechenden Bestimmungen der jeweiligen Kollektivverträge, Betriebsvereinbarungen oder Einzelverträge ist dabei zu achten. Günstigere Regelungen für Dienstnehmer sind möglich (so kann der Dienstgeber z. B.

trotz Erkrankung auf die Einarbeitung oder die Entgeltkürzung verzichten). Eine Kontaktaufnahme mit dem AMS wird jedenfalls empfohlen.

- **Beitragsgrundlage bei Altersteilzeit**
  Gemäß § 44 Abs. 1 Z 10 ASVG gilt als **Beitragsgrundlage** bei Dienstnehmern, für die dem Dienstgeber ein **Altersteilzeitgeld** gewährt wird, die Beitragsgrundlage vor Herabsetzung der Normalarbeitszeit. Grundlage für die Bemessung des Altersteilzeitgelds ist daher das gebührende **monatliche Bruttoarbeitsentgelt vor Herabsetzung der Normalarbeitszeit**.
  In die Beitragsgrundlage eingeflossene regelmäßige über einen **längeren Zeitraum** (Richtwert drei Monate) **erbrachte bezahlte Überstunden** oder Überstundenpauschalien sind zu berücksichtigen. **Einmalige Prämien** oder nur im letzten Monat vor Herabsetzung der Normalarbeitszeit angefallene Überstunden bleiben **außer Betracht**. Diese Beitragsgrundlage gilt auch für den AV-Beitrag, für alle Nebenbeiträge (Umlagen und Fonds) und für den BV-Beitrag.
  Bei der Bemessung des Altersteilzeitgelds werden die jährlichen **Anhebungen der Höchstbeitragsgrundlagen** berücksichtigt. Die letzte volle Beitragsgrundlage i.S.d. § 44 Abs. 1 Z 10 ASVG ist daher insofern variabel, als sie sich durch solche Steigerungen entsprechend erhöht. Gleiches gilt für kollektivvertragliche oder sonst gebührende **Ist-Lohn-Erhöhungen**.
- **Vorzeitiges Ende des Dienstverhältnisses bei einer Blockzeitvereinbarung**
  Häufig wird für die Altersteilzeit das „**Blockzeitmodell**" vereinbart. Der Dienstnehmer arbeitet i.d.R. während der Hälfte der vereinbarten Dauer voll weiter und nimmt während der anderen Hälfte Zeitausgleich. **Endet** nun ein solches **Dienstverhältnis vor Ablauf der vereinbarten Dauer**, endet der Anspruch auf Altersteilzeitgeld ebenfalls mit dem arbeitsrechtlichen Ende. Es kommt **weder** zu einer **Verlängerung der Pflichtversicherung** noch löst die **Nachzahlung** des nicht konsumierten Zeitguthabens eine Erhöhung der Beitragsgrundlage aus.
  Fordert das Arbeitsmarktservice vom Dienstgeber das **Altersteilzeitgeld zurück** (→ 27.3.2.1.4.), ist die fixe Beitragsgrundlage nach § 44 Abs. 1 Z 10 ASVG nicht mehr anwendbar. Die Nachzahlungen des Dienstgebers sind **beitragszeitraumkonform aufzurollen.**
  Kündigt der Dienstgeber einen Dienstnehmer während eines **„Blockzeitmodells"** vorzeitig, ist dem Dienstnehmer das im Zeitpunkt der Beendigung des Dienstverhältnisses bestehende Zeitguthaben an Normalarbeitszeit unter Berücksichtigung eines **Zuschlags von 50%** abzugelten. Ob bei der Berechnung der Abgeltung auch der vom Dienstgeber bezahlte Lohnausgleich in den Stundensatz einzubeziehen ist, richtet sich nach der ATZ-Vereinbarung. Sieht diese vor, dass für die Altersteilzeitarbeit jedenfalls ein bestimmtes Entgelt geschuldet wird, ohne dieses weiter in Bezug auf eine allfällige Beendigung des Dienstverhältnisses und ihre Folgen zu spezifizieren, ist der bis zur Kündigung bezahlte Lohnausgleich in die Bemessungsgrundlage einzubeziehen (Nö. GKK, NÖDIS/Nr. 13, Oktober 2018). Siehe dazu auch Punkt 27.3.2.1.5.

Lohnsteuerrechtliche Erläuterungen:

Die Lohnsteuerrichtlinien 2002 regeln Nachstehendes:

Bezieht ein Arbeitnehmer während einer vereinbarten Altersteilzeit Einkünfte aus einer **begünstigten Auslandstätigkeit** und wird während der „vollen Leistungsphase" nur ein Teil des Entgelts ausbezahlt, bleibt für die während der „Nichtleistungsphase“ ausbezahlten Bezüge grundsätzlich die Bestimmung des § 3 Abs. 1 Z 10 EStG (→ 21.2.) weiterhin anwendbar. Allerdings ist für die steuerliche Beurteilung die Rechtslage im Jahr der Auszahlung (Zuflussprinzip) heranzuziehen (z.B. Nichtleistungsphase im Jahr 2017 – Besteuerung der Entgelte im Ausmaß von 40%, begrenzt mit der ASVG-Höchstbeitragsgrundlage, bei Vorliegen der Voraussetzungen des § 3 Abs. 1 Z 10 EStG) (LStR 2002, Rz 70t).

Werden im Rahmen der Altersteilzeitregelung **steuerfreie Zulagen**, die während der Phase der vollen Arbeitsleistungen erworben wurden, in der Folge während der Phase der „Nichtbeschäftigung“ ausbezahlt, bleiben sie im Rahmen der Höchstbeträge (bezogen auf die Leistungsmonate) steuerfrei.

Beispiel

Während der ersten drei Jahre, in denen die volle Arbeitsleistung erbracht wurde, stehen SEG-Zulagen und Sonntags-, Feiertags- und Nachtzuschläge in der Höhe von insgesamt € 436,04 monatlich zu. Der Höchstbetrag in der Höhe von € 360,00 kommt zur Anwendung. Ausbezahlt werden sowohl während der Leistungsphase als auch während der Nichtleistungsphase (während der folgenden drei Jahre) Zulagen und Zuschläge in der Höhe von € 218,02. Die Zulagen und Zuschläge in der Höhe von € 218,02 bleiben jeweils im Ausmaß des halben Höchstbetrags in der Höhe von € 180,00 steuerfrei. Bei der Auszahlung von Schichtzulagen ist analog vorzugehen (LStR 2002, Rz 1132a).

Werden im Rahmen von Altersteilzeitvereinbarungen Überstunden geleistet und werden diese jeweils anteilig in der Phase der vollen Arbeitsleistung und der Phase der „Nichtbeschäftigung“ ausbezahlt, bleiben sie im Rahmen der Höchstbeträge (bezogen auf die Leistungsmonate) steuerfrei (siehe vorstehendes Beispiel). Dies wird vorwiegend im Rahmen der Blockzeitvariante zutreffend sein, da bei Vereinbarung der kontinuierlichen Altersteilzeit meist Mehrarbeit und keine Überstunden geleistet werden. Voraussetzung für eine Steuerfreiheit der Überstundenzuschläge im Rahmen einer Altersteilzeitvereinbarung ist somit die tatsächliche Leistung. Wird hingegen ein **Überstundenpauschale** (anteilsmäßig) weitergezahlt, ohne dass derartige Überstunden auch tatsächlich geleistet werden, oder wird Mehrarbeit geleistet, steht die **Steuerbefreiung** für Überstundenzuschläge gem. § 68 EStG **nicht zu** (LStR 2002, Rz 1151a).

Wird ein **Dienstverhältnis vor Ablauf** einer vereinbarten Altersteilzeit **beendet** und werden die erworbenen Entgeltansprüche (laufende Bezüge und anteilige sonstige Bezüge) bis zum vereinbarten Ende der Altersteilzeit im Zeitpunkt des Ausscheidens an den Arbeitnehmer ausbezahlt, ist wie folgt vorzugehen:

Endet die Altersteilzeit vorzeitig wegen Todes des Arbeitnehmers bzw. Zuerkennung einer Pension (Berufsunfähigkeitspension, vorzeitige Alterspension – „Hacklerregelung“), sind jene Bezugsbestandteile, die in abgelaufenen Kalenderjahren erworben wurden, als Nachzahlung i.S.d. **§ 67 Abs. 8 lit. c EStG** (→ 24.3.2.2.) zu versteuern. Wurden Bezugsansprüche im laufenden Kalenderjahr erworben, sind die betroffenen Zeiträume aufzurollen.

Im Fall einer berechtigten Entlassung, einvernehmlichen Auflösung des Dienstverhältnisses, Kündigung (sowohl bei Arbeitgeber- als auch bei Arbeitnehmerkündigung) sowie bei vorzeitiger Beendigung der Altersteilzeit und Wiederaufnahme der vollen Beschäftigung ist die Besteuerung i.S.d. **§ 67 Abs. 10 EStG** (→ 23.3.2.6.2.) vorzunehmen.

Bei Beendigung im Zuge einer Insolvenz und Übernahme der offenen Forderung durch den Insolvenz-Entgelt-Fonds erfolgt die Besteuerung gem. **§ 67 Abs. 8 lit. g EStG** (→ 24.6.2.2.) (LStR 2002, Rz 1116a).

Bei Vereinbarung einer Altersteilzeit ist die **Besteuerung einer Abfertigung** i.S.d. § 67 Abs. 3 EStG erst bei tatsächlicher Beendigung des Dienstverhältnisses zulässig. Die Bestimmungen betreffend „Änderungskündigung" (→ 34.7.2.1.) können nicht herangezogen werden (LStR 2002, Rz 1070).

Gleiches gilt für die Besteuerung einer freiwilligen Abfertigung i.S.d. § 67 Abs. 6 EStG (→ 34.7.2.2.) (LStR 2002, Rz 1087).

27.3.2.2. Berechnungen und Muster

Beispiele 125–127

Berechnung des Lohnausgleichs.

Beispiel 125

Angaben:

- Gehalt: € 4.400,00,
- Arbeitszeit: bisher 40 Stunden/Woche,
- vereinbarte Altersteilzeit: Herabsetzung auf 40% der bisherigen Normalarbeitszeit = 16 Stunden/Woche.

Lösung:

€ 1.760,00[1087]	Teilzeitentgelt
+ € 1.320,00	Lohnausgleich mindestens 50% des Unterschiedsbetrags[1088]
€ 3.080,00	**Bruttogehalt in der Altersteilzeit**

Beispiel 126

Angaben:

- Gehalt: € 8.000,00,
- Arbeitszeit: bisher 40 Stunden/Woche,
- vereinbarte Altersteilzeit: Herabsetzung auf 50% der bisherigen Normalarbeitszeit = 20 Stunden/Woche.

1087 € 4.400,00 : 40 × 16.
1088 € 4.400,00 abzüglich € 1.760,– = € 2.640,–.

Lösung:

€ 4.000,00	Teilzeitentgelt
+ € 1.670,00	Lohnausgleich mindestens 50% des Unterschiedsbetrags (= € 2.000,00, in diesem Fall aber bloß € 1.670,00)
€ 5.670,00	**Bruttogehalt in der Altersteilzeit** (max. bis zur Höchstbeitragsgrundlage[1089])

Beispiel 127

Angaben:

- Gehalt: € 9.800,00,
- Arbeitszeit: bisher 40 Stunden/Woche,
- vereinbarte Altersteilzeit: Herabsetzung auf 60% der bisherigen Normalarbeitszeit = 24 Stunden/Woche.

Lösung:

€ 5.880,00	**Teilzeitentgelt = Bruttogehalt in der Altersteilzeit** Es gebührt kein Lohnausgleich, da bereits die Höchstbeitragsgrundlage[1089] überschritten ist.

Beispiel 128

Berechnung des Lohnausgleichs und der Beitragsgrundlage.

Angaben:

- Angestellter,
- 50%ige Altersteilzeit ab 1. Juli 2022,
- Gehalt: bis Februar 2022 € 3.100,00,
  ab März 2022 € 3.300,00 (Gehaltserhöhung),
- Überstundenentgelt: Juli 2021–Juni 2022 insgesamt € 400,00.

Lösung:

Durchschnittsentgelt der letzten 12 Monate[1090]:

Juli 2021–Februar 2022:	€ 3.100,00 × 8	€	24.800,00
März 2022–Juni 2022:	€ 3.300,00 × 4	€	13.200,00
Überstundenentgelt		€	400,00
		= €	38.400,00 : 12 = € 3.200,00

1089 Der Lohnausgleich gem. § 27 AlVG (→ 27.3.2.1.1.) ist nur insoweit förderbar, als das Teilzeitentgelt und der Lohnausgleich zusammengerechnet die Höchstbeitragsgrundlage gem. § 45 ASVG (→ 11.4.3.1.) nicht übersteigt (OGH 30.9.2005, 9 ObA 27/05v).

1090 Als Berechnungsgrundlage für den Lohnausgleich ist das durchschnittliche Entgelt des letzten Jahres vor Beginn der Altersteilzeit heranzuziehen (→ 27.3.2.1.).
Dauert die Beschäftigung beim jetzigen Arbeitgeber noch keine zwölf Monate, aber zumindest drei Monate, ist nur das durchschnittliche Entgelt während dieser Beschäftigung maßgeblich. Das Entgelt bei früheren Arbeitgebern wird nicht mitberücksichtigt.

Durchschnittsentgelt/12 Monate	€	3.200,00 (*Oberwert*)
Teilzeitentgelt auf Basis Juni-Gehalt (€ 3.300,00 : 2) =	– €	1.650,00 (*Unterwert*)
Unterschiedsbetrag	= €	1.550,00
davon **50% Lohnausgleich**	= €	**775,00**

Teilzeitentgelt	€	1.650,00
Lohnausgleich	+ €	775,00
Bruttogehalt in der Altersteilzeit	= €	**2.425,00**

Beitragsgrundlage für die Berechnung des Sozialversicherungsbeitrags:

Gehalt vor der Herabsetzung	€ 3.300,00
zuzüglich Überstundenentgelt (€ 400,00 : 12)	€ 33,33
	€ 3.333,33

Beispiel 129

Berechnung des Altersteilzeitgelds inkl. Tariflohnindexanpassung.

Angaben:

- Angestellter,
- Beginn der Altersteilzeit: 1. Oktober 2021,
- kontinuierliche Altersteilzeit,
- Ausmaß der Arbeitszeitreduzierung: 50%,
- Durchschnittsbezug in den letzten 12 Monaten vor der Altersteilzeit: € 2.900,00,
- Gehalt vor Beginn der Altersteilzeit: € 3.000,00,
- Gehalt für die reduzierte Arbeitszeit: € 1.500,00,
- Kollektivvertragserhöhung: 1. Jänner 2022 zu angenommenen 2,8%,
- Tariflohnindexerhöhung Mai 2022 (angenommen und in Prozentsätzen umgerechnet): 1,6%.

Lösung:

1. Bruttomonatsbezug ab Oktober 2021:

Teilzeitgehalt (50% von € 3.000,00) =	€ 1.500,00
Lohnausgleich (50% von € 1.400,00[1091])	€ 700,00
Bruttomonatsbezug	**€ 2.200,00**

2. Altersteilzeitgeld ab Oktober 2021:

Lohnausgleich	€ 2.900,00		
	– € 1.500,00		
	€ 1.400,00, davon 50%	= €	700,00
Dienstgeberanteil zur SV	€ 700,00 × 20,63%[1092]	= €	144,41
Dienstnehmer- und Dienstgeberanteile zur SV	€ 800,00[1093] × 37,75%[1094]	= €	302,00
Zwischensumme		€	1.146,41
90% von € 1.146,41, da kontinuierliche Altersteilzeit		€	1.031,77
zuzüglich 1/6 für Sonderzahlungen[1095]		€	171,96
Das Altersteilzeitgeld ab Oktober beträgt		**€**	**1.203,73**

3. Kollektivvertragserhöhung:

Die Kollektivvertragserhöhung per 1. Jänner 2022 verändert das Altersteilzeitgeld nicht; es beträgt weiterhin		€ 1.203,73
Erhöht werden das Teilzeitgehalt	€ 1.500,00	
und der Lohnausgleich	€ 700,00	
	€ 2.200,00 × 102,8%	**€ 2.261,60**

4. Erhöhung durch den Tariflohnindex:

Das bis April 2022 gewährte Altersteilzeitgeld von € 1.203,73 wird um den Tariflohnindex erhöht.

Das Altersteilzeitgeld ab Mai 2022 beträgt daher € 1.203,73 × 101,6% = **€ 1.222,99.**

Beispiel 130

Berechnung des Lohnausgleichs und des Altersteilzeitgelds.

Angaben:

- Gehalt: € 2.200,00,
- Arbeitszeit: bisher 40 Stunden/Woche,
- vereinbarte Altersteilzeit: Herabsetzung auf 50% der bisherigen Normalarbeitszeit = 20 Stunden/Woche.

1091 € 2.900,00 abzüglich € 1.500,00 = € 1.400,00.
1092 KV 3,78% + UV 1,2% + PV 12,55% + AV 3% + IE 0,10% = 20,63%.
1093 € 3.000,00 abzüglich € 2.200,00 = € 800,00.
1094 KV 7,65% + UV 1,2% + PV 22,8% + AV 6% + IE 0,10% = 37,75%.
1095 Das Altersteilzeitgeld wird auch dann nur um 1/6 erhöht, wenn dem Angestellten noch zusätzliche Sonderzahlungen zustehen.

Lösung:

€ 2.200,– [1])

€ 1.100,– | € 550,– * | € 550,– **

Der **Dienstnehmer erhält**:

1.650,– [2])

Der **Dienstgeber erhält** an Altersteilzeitgeld:

Lohnausgleich von	€ 550,–			
Dienstgeberanteil (inkl. IE, exkl. WF) gerechnet von Dienstnehmeranteil (exkl. AKund WF) sowie ein etwaiger dafür entrichteter Dienstgeberbeitrag zum FLAF [3])	€ 550,–	+	€ 550,–	100% [4])
gerechnet von			€ 550,–	

ungefördert bleiben:

alle sonstigen Beiträge (inkl. BV-Beitrag) und Umlagen von	€ 550,–	+	€ 550,–
Dienstgeberbeitrag zum FLAF [3]) (➤ 37.3.3.) Zuschlag zum DB [3]) (➤ 37.3.4.) Kommunalsteuer [3]) (➤ 37.4.1.) von	€ 550,–		

1) Als **allgemeine Beitragsgrundlage** in der Kranken-, Pensions-, Unfall- und Arbeitslosenversicherung gilt bei Arbeitnehmern, für die dem Arbeitgeber ein Altersteilzeitgeld gewährt wird, die Beitragsgrundlage vor Herabsetzung der Normalarbeitszeit (§ 44 Abs. 1 Z 10 ASVG). Diese Beitragsgrundlage für die Entrichtung der Sozialversicherungsbeiträge gilt auch für den Arbeitslosenversicherungsbeitrag, für alle Nebenbeiträge (z.B. Wohnbauförderungsbeitrag, Arbeiterkammerumlage, IE-Zuschlag) und für den BV-Beitrag (E-MVB, 044-01-10-001).

2) Die **Lohnsteuer** ist auf Grund der tatsächlich gewährten Bezüge (Bezug auf Grund der verringerten Arbeitszeit zuzüglich Lohnausgleich) zu berechnen. Nach Ansicht des BMF erhöhen die vom Arbeitgeber (freiwillig) übernommenen Sozialversicherungsbeiträge als Vorteil aus dem Dienstverhältnis den Bruttobezug des Arbeitnehmers, jedoch sind bei der Ermittlung der Lohnsteuerbemessungsgrundlage diese Beiträge im selben Ausmaß Werbungskosten (LStR 2002, Rz 247a).

3) Beitragsgrundlage bzw. Bemessungsgrundlage für den **Dienstgeberbeitrag zum FLAF** bzw. **Zuschlag zum DB** und der **Kommunalsteuer** ist die Summe aus

- dem der verringerten Arbeitszeit entsprechenden Bruttoarbeitsentgelt (€ 1.100,00) und
- dem Lohnausgleich (€ 550,00 *) sowie
- dem durch den Dienstgeber entrichteten Dienstnehmeranteil zur Sozialversicherung vom Differenzbetrag zwischen dem monatlichen Altersteilzeitentgelt zuzüglich Lohnausgleich und der Beitragsgrundlage vor Herabsetzung der Normalarbeitszeit (€ 550,00 **) – siehe dazu nachstehende Anmerkung.

Anmerkung dazu: Der VwGH hat in seinem Erkenntnis vom 28.10.2009, 2008/15/0279, entschieden, dass die im Rahmen der Bauarbeiterschlechtwetterentschädigung **vom Arbeitgeber zu übernehmenden Arbeitnehmerbeiträge** zur Sozialversicherung **keinen Vorteil** aus dem Dienstverhältnis darstellen und nicht als Arbeitslohn zur Bemessungsgrundlage für den Dienstgeberbeitrag zum FLAF und Zuschlag zum DB gehören.

Nach einer weiteren Entscheidung des VwGH zur Altersteilzeit ist für den übernommenen Dienstnehmeranteil zur Sozialversicherung jedoch ein **Dienstgeberbeitrag zum FLAF zu entrichten** (VwGH 21.9.2016, 2013/13/0102). Der VwGH begründet dies damit, dass es sich bei der Übernahme dieser Beiträge im Rahmen der Altersteilzeit – anders als in der oben angeführten Entscheidung zur Bauarbeiterschlechtwetterentschädigung – nicht um eine gesetzliche Verpflichtung, sondern um eine **freiwillige Übernahme** der Beiträge und damit um einen Vorteil aus dem Dienstverhältnis handelt. Diese Entscheidung ist auch auf die weiteren Lohnnebenkosten i.e.S. (Zuschlag zum Dienstgeberbeitrag, Kommunalsteuer) umlegbar. Das Ergebnis entspricht auch den Aussagen des BMF zur Kommunalsteuer (KommSt-Info, Rz 68 zur Übernahme der Beiträge im Rahmen der Altersteilzeit als „freiwillige" Leistung des Arbeitgebers im Vergleich zu gesetzlich vorgesehenen Übernahmen von Sozialversicherungsbeiträgen des Dienstnehmers – vgl zu Letzteren KommSt-Info, Rz 60; vgl. zur Kommunalsteuer auch LVwG Tirol 23.4.2019, LVwG-2015/36/0531-1).

Offensichtlich werden derzeit jedoch nur die Mehraufwendungen i.Z.m. dem Dienstgeberbeitrag zum FLAF im Rahmen des Altersteilzeitgelds ersetzt (www.ams.at).

4) Der Arbeitgeber erhält

- bei einer **kontinuierlichen Altersteilzeitvereinbarung 90%** vom vollen Altersteilzeitgeld,
- bei einer **Blockzeitvereinbarung** (bei Einstellung einer Ersatzkraft oder eines Lehrlings in der Freizeitphase) **50%** vom vollen Altersteilzeitgeld (→ 27.3.2.).

Beispiel 131

Berechnung des Auszahlungsbetrags und der Grundlagen bei Altersteilzeit.

Angaben:

- Angaben wie im Beispiel 130,
- Dienstnehmer über 60 Jahre,
- SV-DNA: 14,12% + 1% AK und WF,
- ohne Alleinverdienerabsetzbetrag.

Lösung:

Teilzeitentgelt für 20 Stunden/Woche			€	1.100,00
Lohnausgleich			€	*550,00
Bruttogehalt in der Altersteilzeit			€	1.650,00
Dienstnehmeranteil zur SV (€ 1.650,00 × 15,12%) =			– €	249,48
AK und WF (€ 550,00 ** × 1,00%) =			– €	5,50
Lohnsteuerberechnung:				
steuerpflichtiger Bezug	€	1.650,00		
– Dienstnehmeranteil zur SV gesamt (€ 249,48 + € 5,50)	€	254,98		
= Bemessungsgrundlage	€	1.395,02		
Lohnsteuer			– €	60,14
Auszahlungsbetrag			**€**	**1.334,88**
Grundlage für das Jahressechstel (→ 23.3.2.2.), das Jahresviertel und Jahreszwölftel (→ 34.7.2.2.)			€	1.650,00
Grundlage für die Kommunalsteuer (→ 37.4.1.)			€	1.727,66[1096]
Grundlage für den BV-Beitrag (→ 36.1.3.2.)			€	2.200,00

1096 € 1.650,00 + € 77,66 (14,12% von € 550,00**).

Muster 26

Vereinbarung über die Inanspruchnahme der Altersteilzeit

Zwischen Herrn/Frau (Dienstnehmer) __________

und der Firma (Dienstgeber) __________

wird nachstehende

Altersteilzeitvereinbarung

getroffen, mit welcher der Dienstvertrag vom __________ im beiderseitigen Einvernehmen wie folgt abgeändert wird:

1. Diese Vereinbarung wird mit __________ wirksam.
2. Die bisher vereinbarte wöchentliche Normalarbeitszeit von __________ Stunden wird um __________% auf __________ Stunden pro Woche vermindert. Die zeitliche Lage dieser verminderten Normalarbeitszeit bzw. deren Verteilung wird zwischen Dienstgeber und Dienstnehmer gesondert gem. § 19d AZG vereinbart.
3. Ausgehend von der reduzierten Normalarbeitszeit gem. Ziffer 2 wird das bisher für die Normalarbeitszeit gebührende Entgelt um __________% auf € herabgesetzt.
4. Der Dienstnehmer erhält vom Dienstgeber einen Lohnausgleich von 50% des Differenzbetrags zwischen dem vor der Herabsetzung der Normalarbeitszeit gebührenden Entgelt und dem der verringerten Arbeitszeit entsprechenden Entgelt. Dieser Lohnausgleich wird aber nur soweit ausbezahlt, als das Grundentgelt gem. Ziffer 3 und der Lohnausgleich gem. Ziffer 4 zusammen die jeweils geltende SV-Höchstbeitragsgrundlage nicht überschreiten. Das neue Gesamtentgelt (Grundentgelt gem. Ziffer 3 zuzüglich Lohnausgleich Ziffer 4) beträgt somit € __________.
5. Der Dienstgeber führt an den zuständigen Krankenversicherungsträger die Sozialversicherungsbeiträge weiterhin auf Basis des vor Eintritt in die Altersteilzeitarbeit gebührenden Entgelts ab.
6. Falls das Dienstverhältnis während der Laufzeit dieser Vereinbarung beendet wird und nach den §§ 23 und 23a AngG ein Abfertigungsanspruch besteht, so ist die Abfertigung auf der Grundlage der Arbeitszeit vor der Herabsetzung der Normalarbeitszeit (die durch diese Vereinbarung erfolgt ist) zu berechnen.
7. Im Fall der Beendigung des Dienstverhältnisses vor dem gänzlichen Konsum des Guthabens an Normalarbeitszeit durch Zeitausgleich ist bei Anwendbarkeit des § 19e Abs. 2 AZG der Lohnausgleich nicht in die Bemessungsgrundlage für die Berechnung des Zuschlags von 50% einzubeziehen. Das Entgelt für ein allfälliges Zeitminus (Fehlstunden) darf vom Dienstgeber mit den Ansprüchen des Dienstnehmers aufgerechnet werden.
8. Ausdrücklich wird festgehalten, dass diese Vereinbarung nur unter der Voraussetzung gültig ist, dass der Dienstgeber Altersteilzeitgeld gem. § 27 AlVG vom Arbeitsmarktservice erhält und auch nur so lange gilt, als das Arbeitsmarktservice dem Dienstgeber den Bezug dieser Leistung ermöglicht.
9. Mit dem plangemäßen Ende der Altersteilzeit am bzw. im Fall des Pensionsantritts des Dienstnehmers/der Dienstnehmerin gilt das Dienstverhältnis mit diesem Zeitpunkt durch einvernehmliche Lösung als beendet.

__________, am __________

__________, am __________

Zur Kenntnis genommen und ausdrücklich damit einverstanden:

Unterschrift des Dienstnehmers	Unterschrift des Dienstgebers

27.3.2.3. Teilpension – erweiterte Altersteilzeit

COVID-19-Hinweis: Siehe Punkt 27.3.2.1.1.

Ein Arbeitgeber, der ältere Personen, die die **Anspruchsvoraussetzungen für eine Korridorpension** gem. § 4 Abs. 2 APG erfüllen, beschäftigt und diesen bei **kontinuierlicher Arbeitszeitverringerung**[1097] aufgrund einer Teilpensionsvereinbarung einen **Lohnausgleich** gewährt, hat Anspruch auf eine Abgeltung seiner zusätzlichen Aufwendungen in Form einer **Teilpension** (§ 27a Abs. 1 AlVG).

Mit der Teilpension (erweiterten Altersteilzeit) wurde mit Wirkung ab 1.1.2016 ein zusätzliches („erweitertes") Altersteilzeitmodell in der kontinuierlichen Variante geschaffen.

Voraussetzung für die Inanspruchnahme ist, dass der Arbeitnehmer Anspruch auf eine Korridorpension hat, jedoch noch keine Alterspension bezieht. Da das Mindestantrittsalter für eine Korridorpension bei 62 Jahren liegt, kann eine **Teilpensionsvereinbarung derzeit nur mit männlichen Arbeitnehmern** abgeschlossen werden[1098].

Hinsichtlich aller weiteren Voraussetzungen kann auf das unter Punkt 27.3.2.1.1. Gesagte verwiesen werden.

Die **Berechnungen** des Lohnausgleichs sowie der Sozialversicherungsbeiträge etc. erfolgen gleich wie bei der kontinuierlichen Altersteilzeit gem. § 27 AlVG (→ 27.3.2.2.).

Im Unterschied zu den bestehenden Altersteilzeitvarianten gem. § 27 AlVG werden dem Arbeitgeber **Mehraufwendungen** für den Lohnausgleich bis zur Höchstbeitragsgrundlage und für die höheren Sozialversicherungsbeiträge **zur Gänze (100%) ersetzt**. Aus diesem Grund kann es sich auszahlen, bestehende kontinuierliche Altersteilzeitmodelle vorzeitig zu beenden und auf Teilpensionsmodelle umzustellen.

Bei Anschluss von Teilpension an Altersteilzeitgeld soll der insgesamt geförderte maximale Zeitraum einer Arbeitszeitverkürzung mit Lohnausgleich nicht verlängert werden. Altersteilzeit(geld) und Teilpension – erweiterte Altersteilzeit – können **insgesamt längstens fünf Jahre** in Anspruch genommen werden. Grundlage für die Bemessung der Teilpension ist in diesem Fall das zuletzt bezogene Altersteilzeitgeld mit der Maßgabe, dass der abzugeltende Aufwand statt 90% nunmehr 100% beträgt. Für Personen, für die bereits Altersteilzeitgeld auf Grund einer Blockzeitvereinbarung bezogen wurde, besteht kein Anspruch auf eine Teilpension (§ 27a Abs. 8 AlVG).

1097 Eine Blockzeitvereinbarung ist im Rahmen der Teilpension nicht vorgesehen.

1098 Das Regelpensionsalter für Frauen wird erst beginnend ab dem Jahr 2024 schrittweise von 60 auf 65 Jahre angehoben.

27.3.3. COVID-19-Kurzarbeit

Wichtiger Hinweis: Bis zur Drucklegung dieses Buches gliedert sich die COVID-19-Kurzarbeit in fünf Phasen:

- Phase 1 von 1.3.2020 bis 31.5.2020
- Phase 2 von 1.6.2020 bis 30.9.2020
- Phase 3 von 1.10.2020 bis 31.3.2021
- Phase 4 von 1.4.2021 bis 30.6.2021
- Phase 5 von 1.7.2021 bis 30.6.2022[1099]

Eine weitere Verlängerung der (COVID-19-)Kurzarbeit ist nicht ausgeschlossen. Bereits vor Bestehen der COVID-19-Kurzarbeit gab es das Modell der Kurzarbeit in einer anderen Ausgestaltung (siehe dazu die 30. Auflage dieses Buches). Aktuell wird über das Nachfolgemodell der COVID-19-Kurzarbeit verhandelt.

Die abrechnungsrelevanten Grundlagen unter Punkt 27.3.3.7. werden zum Stand der Drucklegung dieses Buches für die Phase 5 der Kurzarbeit dargestellt. Zur Phase 3 und 4 siehe die 32. Auflage dieses Buches.

Aktuelle Informationen zur COVID-19-Kurzarbeit finden Sie insbesondere unter www.ams.at sowie www.bma.gv.at sowie www.wko.at.

27.3.3.1. Rechtliche Grundlagen

Arbeitsrechtlich versteht man unter Kurzarbeit die vorübergehende Verkürzung der Normalarbeitszeit infolge **wirtschaftlicher Schwierigkeiten** (z.B. Ausfall von Aufträgen). Das Besondere der Kurzarbeit i.S.d. Arbeitsmarktservicegesetz (AMSG) besteht formal in der bedingten (und an sich rechtsanspruchsfreien)[1100] Kurzarbeitsförderung durch das Arbeitsmarktservice (AMS) (vgl. §§ 37b, 37c AMSG).

Die Kurzarbeit wird auf drei Ebenen geregelt:

- auf gesetzlicher Ebene im AMSG,
- in Richtlinien des AMS, die u.a. die Umsetzung und Gewährung der Beihilfen regeln,
- auf Ebene der betrieblichen Sozialpartnerschaft in Form von Sozialpartnervereinbarungen, die u.a. den betroffenen Personenkreis, die Dauer, die Zuschüsse des Unternehmens und die Behaltefrist regeln.

Für die betroffenen Arbeitnehmer fällt Arbeitszeit aus, die Arbeitszeit wird zeitlich befristet herabgesetzt.

1099 Die Dauer der Beihilfengewährung ist mit höchstens sechs Monaten zu beschränken und muss spätestens am 30.6.2022 enden. Ausgestaltet ist die Phase 5 als „Übergangsmodell" mit reduzierter Förderhöhe (Abschlag von 15% von der bisherigen Beihilfenhöhe der früheren Phasen der COVID-19-Kurzarbeit) bzw. unveränderter Beihilfenhöhe für besonders betroffene Betriebe (hier gilt jedoch zum Zeitpunkt der Drucklegung dieses Buches eine Befristung bis 31.3.2022). Besonders betroffene Betriebe sind jene,
- die von einem nach dem 1.7.2021 verordneten Betretungsverbot betroffen sind oder
- die 2020 und 2019 zur Umsatzsteuer veranlagt waren, und die zusätzlich nachweisen, dass der Umsatzrückgang im 3. Quartal 2020 gegenüber dem 3. Quartal 2019 50% oder mehr beträgt.

1100 Aus diesem Grund ist für das Zustandekommen einer Kurzarbeit grundsätzlich auch eine Sozialpartnervereinbarung erforderlich.

Die Arbeitnehmer erhalten vom Arbeitgeber anstelle des Arbeitsverdienstes für die ausgefallene Zeit bzw. als Differenz zum während der Kurzarbeit garantierten Nettoentgelt eine **Kurzarbeitsunterstützung**. Das AMS fördert die dem Arbeitgeber kurzarbeitsbedingt entstehenden Mehrkosten teilweise in Form der **Kurzarbeitsbeihilfe**.

27.3.3.2. Dauer der Kurzarbeit

Die Dauer der Kurzarbeit ist zunächst mit **höchstens sechs Monaten** beschränkt. Liegen die Voraussetzungen weiterhin vor, kann eine Verlängerung um jeweils max. sechs Monate erfolgen. Der max. Beihilfenzeitraum **beträgt insgesamt 24 Monate**[1101]. Eine genaue Festlegung der Dauer erfolgt über die Richtlinie des AMS (§ 37b Abs. 4 AMSG).

27.3.3.3. Voraussetzungen

Die primäre Voraussetzung für die Gewährung einer Kurzarbeitsbeihilfe durch das AMS ist die Durchführung (Einführung oder Verlängerung) von Kurzarbeit **zur Vermeidung von Arbeitslosigkeit** in einem bestimmten Betrieb. Weitere Voraussetzungen sind (vgl. § 37b AMSG):

- **Vorübergehende** (nicht saisonbedingte) **wirtschaftliche Schwierigkeiten** ①,
- **Verständigung des AMS** über bestehende Beschäftigungsschwierigkeiten ②,
- **Beratung** über anderweitige Lösungs- und Unterstützungsmöglichkeiten (Erstgewährung) unter Einbeziehung des Betriebsrats und der Kollektivvertragsparteien ② sowie
- **Abschluss einer Sozialpartnervereinbarung** über die näheren Bedingungen der Kurzarbeit, insb. über den Geltungsbereich und den Kurzarbeitszeitraum, über die Leistung einer Entschädigung während der Kurzarbeit (Kurzarbeitsunterstützung) sowie über die **Aufrechterhaltung des Beschäftigtenstands** ③ während der Kurzarbeit und einer allenfalls darüber hinausgehenden **Behaltefrist**.

Nähere Voraussetzungen für die Gewährung von Beihilfen, Mindest- und Höchstanteil des Arbeitszeitausfalls, Personenkreis, Höhe der Beihilfe etc. sind in der Richtlinie des AMS festzulegen (§ 37b Abs. 4 AMSG).

- Voraussetzung für die Einbeziehung eines Arbeitnehmers in die Kurzarbeit ist, dass es sich um einen **arbeitslosenversicherungspflichtigen**[1102] Arbeitnehmer (Lehrling) handelt, welcher von der Sozialpartnervereinbarung umfasst ist und bereits einen **voll entlohnten Kalendermonat** vor Beginn der Kurzarbeit beim Arbeitgeber vorweisen kann.

① Wirtschaftliche Schwierigkeiten im Zusammenhang mit der Bekämpfung von Epidemien (COVID-19) sind vorübergehende nicht saisonbedingte wirtschaftliche Schwierigkeiten (§ 37b Abs. 7 AMSG).

1101 In Hinblick auf die Besonderheit der COVID-Krise sind Zeiten einer Kurzarbeit vor dem 31.3.2020 nicht auf die maximale Dauer der Kurzarbeit anzurechnen. Coronabedingte wirtschaftliche Schwierigkeiten rechtfertigen für sich in manchen Fällen eine 24 Monate lang dauernde Kurzarbeit ab 1.4.2020 (vgl. Punkt 6.5. der Bundesrichtlinie des AMS zur Kurzarbeitsbeihilfe [KUA-COVID-19], BGS/AMF/0722/9934/2021).

1102 Somit sind geringfügig Beschäftigte nicht förderbar. Beschäftigte, die aufgrund des Alters der Arbeitslosenversicherungspflicht nicht unterliegen, sind jedoch förderbar.

② Diesem Erfordernis wird i.d.R. durch die Vorlage einer „Corona"-Sozialpartnervereinbarung entsprochen (vgl. ausführlich Richtlinie des AMS zur Kurzarbeitsbeihilfe, Punkt 6.4.2.).

③ Der (Gesamt-)**Beschäftigtenstand** während der Kurzarbeit und in einem allenfalls darüber hinaus zusätzlich vereinbarten Zeitraum nach der Beendigung der Kurzarbeit (Behaltefrist) muss grundsätzlich **aufrechterhalten** werden. Die Sozialpartnervereinbarung enthält jedoch **Ausnahmen** von diesem Grundsatz, in der Version der Sozialpartnervereinbarung 10.0 z.B. für

- vor Beginn der Kurzarbeit ausgesprochene Kündigungen,
- Zeitablauf eines vor Beginn der Kurzarbeit begonnenen befristeten Dienstverhältnisses,
- Kündigungen durch den Arbeitnehmer,
- berechtigte Entlassungen und unberechtigte Austritte,
- einvernehmliche Auflösungen, wenn der Arbeitnehmer zuvor von der Gewerkschaft bzw. Arbeiterkammer über die Folgen der Auflösung beraten wurde,
- Beendigungen aufgrund eines Pensionsanspruchs (unabhängig von der Beendigungsart),
- Auflösungen währen der Probezeit,
- Kündigungen durch den Arbeitgeber zum Zweck der Verringerung des Beschäftigtenstandes, wenn der Fortbestand des Unternehmens bzw. Betriebsstandortes in hohem Maß gefährdet ist, sofern die Gewerkschaft innerhalb von sieben Tagen zustimmt oder eine Ausnahmebewilligung durch den Regionalbeitrat (AMS) vorliegt, wenn die Gewerkschaft nicht zugestimmt hat

sowie verbunden **mit einer Auffüllverpflichtung** für

- Kündigungen durch den Arbeitgeber aus personenbezogenen Gründen, wenn die Kündigung während der Kurzarbeit oder vor Ablauf der Behaltefrist ausgesprochen wird,
- unberechtigte Entlassungen oder berechtigte vorzeitige Austritte,
- einvernehmliche Auflösungen ohne vorherige Beratung von Gewerkschaft bzw. Arbeiterkammer über die Folgen der Auflösung.

Während der Kurzarbeit sowie der Behaltefrist darf der Arbeitgeber daher somit grundsätzlich keine betriebsbedingten Kündigungen aussprechen (zur Ausnahme bei Gefährdung des Fortbestandes des Unternehmens siehe vorstehend). Personenbezogene Kündigungen sind möglich, der Arbeitgeber muss aber in diesem Fall durch Neueinstellung den Beschäftigtenstand aufrechterhalten. Für einvernehmliche Auflösungen muss eine vorherige Beratung von Gewerkschaft bzw. Arbeiterkammer erfolgen oder die Auffüllverpflichtung eingehalten werden.

Eine zufällige Unterschreitung des Beschäftigtenstandes aufgrund der üblichen betrieblichen Fluktuation ist unerheblich. Wird das Arbeitsverhältnis in einer Art beendet, die eine Auffüllverpflichtung auslöst, steht dem Arbeitgeber eine angemessene Zeit zur Personalsuche zur Verfügung. Die Glaubhaftmachung von Suchaktivitäten ist ausreichend (vgl. Sozialpartnervereinbarung zur COVID-19-Kurzarbeit, Version 10.0).

Die Behaltepflicht nach Kurzarbeit bezieht sich nur auf jene Arbeitnehmer, die auch von der Kurzarbeit betroffen waren.

Seitens der regionalen Geschäftsstelle des AMS können Ausnahmen von der Aufrechterhaltung des Beschäftigtenstandes und/oder der Behaltefrist bewilligt werden (vgl. § 37b Abs. 2 AMSG bzw. Sozialpartnervereinbarung).

Bis zu einem Monat Kurzarbeit muss kein Urlaub verbraucht werden. Geht die Kurzarbeit über einen Monat hinaus, ist je kurzarbeitender Arbeitskraft eine Woche zu verbrauchen;

geht die Kurzarbeit über drei Monate hinaus, sind zwei Wochen Urlaub zu verbrauchen, über fünf Monate hinaus drei Wochen. Somit ist **pro angefangenen zwei Monaten Kurzarbeit jeweils eine Woche Urlaub zu verbrauchen.**

Der Arbeitgeber muss sich ernstlich um den Abbau von Alturlaubsansprüchen bemühen. **Urlaubsguthaben vergangener Urlaubsjahre** sowie **Zeitguthaben** sind tunlichst vor Beginn der Kurzarbeit abzubauen, können aber auch noch während der Kurzarbeit abgebaut werden. Davon ausgenommen sind Langzeitguthaben (z.B. Guthaben aus „Sabbatical-Modellen“ oder anderen Arbeitszeitmodellen, die eine mehrmonatige durchgehende Konsumation von Zeitausgleich ermöglichen sollen) (vgl. Richtlinie des AMS zur Kurzarbeitsbeihilfe, Punkt 6.4.4. und 9.4.sowie Sozialpartnervereinbarung, Version 10.0, Punkt VI./7.).

27.3.3.4. Arbeitszeitausfall

Der **Arbeitszeitausfall** im Kurzarbeitszeitraum darf entsprechend den gesetzlichen Vorgaben durchschnittlich nicht unter 10% und nicht über 90% der gesetzlich oder kollektivvertraglich festgelegten oder – bei Teilzeitbeschäftigten – der vereinbarten Normalarbeitszeit betragen (§ 37b Abs. 4 AMSG). Für die COVID-19-Kurzarbeit wurde diese Vorgabe durch die Richtlinie des AMS so umgesetzt, dass der Arbeitszeitausfall

- in **Phase 1 und Phase 2 mindestens 10% und maximal 90%** der gesetzlichen oder kollektivvertraglich festgelegten oder – bei Teilzeitbeschäftigten – der vereinbarten Normalarbeitszeit vor Kurzarbeit gerechnet **im Durchschnitt** des Kurzarbeitszeitraums
- und in **Phase 3 und Phase 4 mindestens 20% und maximal 70%** (in Ausnahmefällen bei Zustimmung der Sozialpartner maximal 90%) der gesetzlichen oder kollektivvertraglich festgelegten oder – bei Teilzeitbeschäftigten – der vereinbarten Normalarbeitszeit vor Kurzarbeit gerechnet **im Durchschnitt** des Kurzarbeitszeitraums
- und in **Phase 5 mindestens 20% und maximal 50%** (in besonderen Fällen – insbesondere für besonders betroffene Betriebe – maximal 70%, in Sonderfällen – z.B. bei Betretungsverboten – bis zu 90%) der gesetzlichen oder kollektivvertraglich festgelegten oder – bei Teilzeitbeschäftigten – der vereinbarten Normalarbeitszeit vor Kurzarbeit gerechnet **im Durchschnitt** des Kurzarbeitszeitraums

betragen darf. Für Unternehmen im „Lockdown“ (Betretungsverbot) ist in den Monaten des „Lockdowns“ ein Arbeitszeitausfall von mehr als 90% möglich.

Die oben angeführten Werte sind Durchschnittswerte. Generell sind innerhalb des Kurzarbeitszeitraums auch Zeiträume mit einer Ausfallzeit bis zu 100% zulässig.

Innerhalb des Durchrechnungszeitraums kann die Arbeitszeit auch ungleich verteilt werden. Das bedeutet z.B., dass für sechs Wochen die Normalarbeitszeit halbiert und im Anschluss daran sechs Wochen voll gearbeitet wird. Insgesamt ergibt sich dann 75% Beschäftigung. Die Entlohnung hat davon abgekoppelt jedoch seit der Phase 2 der COVID-19-Kurzarbeit bezogen auf die konkrete Arbeitszeit des jeweiligen Monats zu erfolgen (→ 27.3.3.5.).

Die durch Kurzarbeit entstehende Ausfallzeit gilt, ausgenommen Zeiten angeordneter Aus- und Weiterbildung, als Freizeit.

Die **Sozialpartnervereinbarung (Version 10.0)** sieht in Hinblick auf die **Arbeitszeit** Folgendes vor (Punkt IV./1.):

- Die Herabsetzung der Arbeitszeit kann für einzelne Arbeitnehmer unterschiedlich festgelegt oder vereinbart werden.
- Die Lage der reduzierten Normalarbeitszeit ist auch während der Dauer der Kurzarbeit nach der für die Arbeitnehmer anzuwendenden Rechtsgrundlage (z.B. Kollektivvertrag, Betriebsvereinbarung, Einzelvereinbarung) festzulegen oder zu vereinbaren. Änderungen sind im Einvernehmen möglich bzw. unter bestimmten in der Sozialpartnervereinbarung festgelegten Bedingungen auch einseitig durch den Arbeitgeber anordenbar.
- Flexible Arbeitszeitmodelle bleiben von der Kurzarbeit unberührt aufrecht. Kurzarbeitsbedingte Auswirkungen sind zu neutralisieren, d.h. dass z.B. Zeiten, für die Kurzarbeitsbeihilfe gewährt wird (Ausfallzeiten während der Kurzarbeit), am Zeitkonto zu keiner Zeitschuld führen dürfen.

27.3.3.5. Entgeltanspruch während Kurzarbeit

Die Arbeitnehmer erhalten vom Arbeitgeber anstelle des Arbeitsverdienstes für die ausgefallene Arbeitszeit eine **Kurzarbeitsunterstützung** von zumindest

- 90% vom vor der Kurzarbeit bezogenen Nettoentgelt, wenn das davor bezogene Bruttoentgelt bis zu € 1.700,00 beträgt,
- 85% vom vor der Kurzarbeit bezogenen Nettoentgelt bei einem Bruttoentgelt zwischen € 1.700,00 und € 2.685,00 und
- 80% vom vor der Kurzarbeit bezogenen Nettoentgelt bei einem Bruttoentgelt von mehr als € 2.685,00.

Bei **Lehrlingen** beträgt das zu zahlende Entgelt 100% vom vor der Kurzarbeit bezogenen Bruttoentgelt (vgl. Richtlinie des AMS zur Kurzarbeitsbeihilfe, Punkt 6.4.5. sowie Sozialpartnervereinbarung, Version 10.0, Punkt IV./4.).

Maßgeblich für die Berechnung der Nettoersatzrate ist das **Entgelt nach § 49 ASVG** des letzten vollentlohnten Kalendermonats vor Beginn der Kurzarbeit inklusive Zulagen und Zuschläge, aber ohne Überstundenentgelte (ausgenommen nicht widerrufene bzw. unwiderrufliche Überstundenpauschalen und All-In-Entgelte). Liegen **monatsweise schwankende Entgeltbestandteile** vor (z. B. bei Zulagen oder Provisionen in unterschiedlicher Höhe), ist bei diesen der Durchschnitt der letzten drei Monate heranzuziehen.

Besonderheiten bestehen bei **wechselnder Normalarbeitszeit** sowie für **Fälle ohne Entgeltanspruch** (siehe dazu ausführlich Sozialpartnervereinbarung, Version 10.0, Punkt IV./4.).

Zur Gewährleistung dieser **Nettoersatzraten** ist zumindest jenes Mindestbruttoentgelt an die Arbeitnehmer zu leisten, das sich aus der vom BMA kundgemachten **„Kurzarbeits-Mindestbruttoentgelt-Tabelle"** ergibt (vgl. § 37b Abs. 6 AMSG; abrufbar unter www.bma.gv.at). Aus dieser Tabelle ergeben sich auch die für die Personalverrechnung relevanten, abzurechnenden Bruttowerte. In der Personalverrechnung setzt sich das Mindestbruttoentgelt – grob gesprochen – zusammen aus

- dem Entgelt für die geleistete Arbeitszeit und
- der Kurzarbeitsunterstützung als „Auffüllposten" bis zum Erreichen des Mindestbruttoentgelts.

Beispiel

- Normalstundenteiler: 173
- Bruttoentgelt vor Kurzarbeit: € 2.500,00
- Mindestbruttoentgelt während Kurzarbeit lt. Tabelle des BMA: € 1.980,84
- Reduktion der Arbeitszeit während Kurzarbeit um durchschnittlich 50%.
- Im Jänner 2022 liegen (inkl. der bezahlungspflichtigen Feiertagsstunden) 84 Arbeitsstunden vor.

Lösung:

€ 2.500,00 : 173 × 84 =	€ 1.213,87	Gehalt für 84 Stunden
€ 1.980,84 – € 1.213,87 =	€ 766,97	Kurzarbeitsunterstützung
	€ 1.980,84	**Mindestbruttoentgelt während Kurzarbeit**

Wird ein **Sachbezug** während der Kurzarbeit weitergewährt, ist dieser voll auf das Mindestbruttoentgelt während Kurzarbeit anzurechnen und nur eine etwaige Differenz auf das Mindestbruttoentgelt ist in Geld zu gewähren (siehe dazu Beispiel 132a).

Sämtliche Entgeltbestandteile, die nicht zur Bemessungsgrundlage für die Berechnung des Mindestbruttoentgelts zählen, sind während der Kurzarbeit **zusätzlich zum Mindestbruttoentgelt zur Auszahlung zu bringen** (z.B. sv-freie Entgeltbestandteile, Überstundenentlohnung).

Fortsetzung letztes Beispiel

- Im Jänner 2022 werden zusätzlich zwei Überstunden (50%-Zuschlag) geleistet.
- Überstundenteiler lt. KV: 160

Lösung:

€ 2.500,00 : 173 × 84 =	€ 1.213,87	Gehalt für 84 Stunden
€ 1.980,84 – € 1.213,87 =	€ 766,97	Kurzarbeitsunterstützung
	€ 1.980,84	**Mindestbruttoentgelt während Kurzarbeit**
€ 2.500,00 : 160 × 2 =	€ 31,25	Überstundengrundlohn
€ 2.500,00 : 160 × 2 × 50%=	€ 15,63	Überstundenzuschlag
	€ 2.027,72	**Brutto gesamt**

Erhöhungen des Entgelts während der Kurzarbeit werden seit der Phase 3 wie folgt berücksichtigt (Entgeltdynamik – vgl. Sozialpartnervereinbarung, Version 10.0, Punkt IV./4.):

- Mangels einer abweichenden Regelung im Kollektivvertrag oder einer sonstigen vergleichbaren Entgeltregelung allgemeiner Art führen Erhöhungen der Mindestlöhne bzw. -gehälter zu einer entsprechenden Erhöhung des Bruttoentgelts vor Kurzarbeit als Bemessungsgrundlage im gleichen Ausmaß (und damit in weiterer

Folge i.d.R. auch zu einer Erhöhung des Mindestbruttoentgelts während der Kurzarbeit). Sollte es dadurch zu einem niedrigeren Nettoentgelt kommen (da ein anderer Prozentsatz für die Höhe der Nettoersatzrate greift), kann die bisherige Bemessungsgrundlage beibehalten werden.

- Das Bruttoentgelt vor Kurzarbeit als Bemessungsgrundlage für die (Mindest-) Entlohnung während der Kurzarbeit ist auch um allfällige kollektivvertragliche Vorrückungen (Biennalsprünge etc.) sowie um kollektivvertragliche Erhöhungen aufgrund einer Umstufung zu erhöhen.

Beispiel

- Bruttoentgelt vor Kurzarbeit: € 2.000,00
- Mindestbruttoentgelt während Kurzarbeit lt. Tabelle des BMA: € 1.576,45
- Erhöhung der kollektivvertraglichen Mindest- und Ist-Löhne zum 1.1.2022 um 1,5%

Lösung:

Das Bruttoentgelt vor Kurzarbeit als Bemessungsgrundlage für die (Mindest-)Entlohnung während der Kurzarbeit ist wie folgt zu erhöhen: € 2.000,00 x 101,5% = € 2.030,00.

Das neue Mindestbruttoentgelt während Kurzarbeit lt. Tabelle des BMA beträgt ab 1.1.2022 € 1.598,03.

Sobald das arbeitsvertraglich vereinbarte Bruttoentgelt für die tatsächlich geleistete Arbeitszeit höher ist als das Mindestbruttoentgelt während der Kurzarbeit, gebührt in diesem Monat das (höhere) Bruttoentgelt für die geleistete Arbeitszeit (**subsidiäre Entlohnung der tatsächlich geleisteten Stunden**). Es darf seit der Phase 2 der COVID-19-Kurzarbeit bei fixer Normalarbeitszeit[1103] keine Entgeltdurchrechnung über den Kurzarbeitszeitraum erfolgen. Vielmehr hat hinsichtlich der **Entlohnung eine monatsweise Betrachtung** zu erfolgen.

Beispiel

- Normalstundenteiler: 173
- Bruttoentgelt vor Kurzarbeit: € 2.500,00
- Mindestbruttoentgelt während Kurzarbeit lt. Tabelle des BMA: € 1.980,84
- Reduktion der Arbeitszeit während Kurzarbeit um durchschnittlich 50%. Im März 2022 wird jedoch im Ausmaß von ca. 90% gearbeitet. Konkret werden 166 tatsächliche Arbeitsstunden erbracht.

Lösung:

€ 2.500,00 : 173 x 166 = € 2.398,84. Das Entgelt für die tatsächlich geleistete Arbeitszeit liegt über dem Mindestbruttoentgelt während Kurzarbeit. Im März hat daher dieses zur Abrechnung zu gelangen. Eine Kurzarbeitsunterstützung ist nicht zu gewähren.

1103 Flexible Arbeitszeitmodelle bleiben jedoch auch während der Kurzarbeit aufrecht.

Unter bestimmten Voraussetzungen ist bei **Änderungen des vereinbarten Ausmaßes der Normalarbeitszeit während Kurzarbeit** eine Anpassung des Bruttoentgelts vor Kurzarbeit als Bemessungsgrundlage vorzunehmen. Dies gilt z.B. bei Arbeitszeitänderungen aufgrund von Bildungs-, Pflege-, Alters-, Wiedereingliederungs- oder Elternteilzeit etc. sowie bei Änderungen der Arbeitszeit, die spätestens 31 Tage vor Beginn der Kurzarbeit vereinbart wurden (siehe dazu ausführlich Sozialpartnervereinbarung, Version 10.0, Punkt IV./4.).

Darüber hinaus sind folgende Besonderheiten hinsichtlich der Entlohnung während Kurzarbeit zu beachten (vgl. Sozialpartnervereinbarung, Version 10.0, Punkt VI./3.):

- Für die Bemessung des **Urlaubsentgelts** und einer **Urlaubsersatzleistung** sowie einer **Kündigungsentschädigung** ist die ungekürzte Arbeitszeit zugrunde zu legen.
- Während eines **Krankenstandes** sowie während **Freistellungen unter Fortzahlung des Entgelts** (z.B. Freistellung nach § 8 Abs. 3 AngG, Pflegefreistellung, COVID-19-Freistellung für Risikogruppen oder Schwangere, Sonderbetreuungszeit sowie auch während Quarantäne) ist entsprechend dem **Ausfallsprinzip** weiterhin das während Kurzarbeit garantierte Entgelt zu zahlen.
- **Sonderzahlungen** und **Abfertigungen** sind anhand jenes Entgelts zu berechnen, das gebührt hätte, wenn keine Kurzarbeit vereinbart worden wäre.
- Bei Arbeitnehmern in **Altersteilzeit** darf nur das auf das vereinbarte Beschäftigungsausmaß entfallende Entgelt, nicht jedoch der Lohnausgleich vermindert werden. Bei geblockter oder ungleich verteilter Arbeitszeit werden trotz Kurzarbeit ebenso viele Zeitguthaben (für die Freizeitphase) erworben, wie ohne Kurzarbeit angefallen wären.

Beispiel zu Urlaubskonsum

- Normalstundenteiler: 173
- Bruttoentgelt vor Kurzarbeit: € 2.500,00
- Mindestbruttoentgelt während Kurzarbeit lt. Tabelle des BMA: € 1.980,84
- Reduktion der Arbeitszeit während Kurzarbeit um durchschnittlich 50%.
- Im Jänner 2022 liegen (inkl. der bezahlungspflichtigen Feiertagsstunden) 84 Arbeitsstunden und drei Urlaubstage (= 24 Urlaubsstunden) vor.

Lösung:

€ 2.500,00 : 173 × 84 =	€ 1.213,87	Gehalt für 84 Stunden
€ 2.500,00 : 173 × 24 =	€ 346,82	Urlaubsentgelt für 24 Stunden
€ 1.980,84 : 173 × (173-24) – € 1.213,87 =	€ 492,17	Kurzarbeitsunterstützung unter Außerachtlassung der Urlaubsstunden
	€ 2.052,86	**Brutto gesamt**

27.3.3.6. Kurzarbeitsbeihilfe

Das AMS fördert die dem Arbeitgeber kurzarbeitsbedingt entstehenden Mehrkosten in Form der **Kurzarbeitsbeihilfe.** Der Arbeitgeber hat die Kosten der Arbeitsleistung der kurzarbeitenden Personen selbst zu tragen. Darüber hinaus gehende Entgeltanteile für die kurzarbeitenden Arbeitnehmer werden annähernd durch die Kurzarbeitsbeihilfe gefördert. Seit der Phase 2 der COVID-19-Kurzarbeit erfolgt die Berechnung der Kurzarbeitsbeihilfe vereinfacht als **Differenz zwischen dem zu leistenden Mindestbruttoentgelt und dem Bruttoentgelt für die geleistete Arbeitszeit**. Zusätzlich zu diesem Betrag samt Lohnnebenkosten beinhaltet die Kurzarbeitsbeihilfe noch die anteiligen Sonderzahlungen samt Lohnnebenkosten sowie die höheren Beiträge zur Sozialversicherung.

Für Kurzarbeitsprojekte ab 1.7.2021 (**Phase 5**) gelangen jedoch nur mehr **85%** der errechneten Kurzarbeitsbeihilfe zur Auszahlung, es sei denn, es handelt sich um ein von der COVID-19-Krise besonders betroffenes Unternehmen (siehe zur Definition Punkt 27.3.3.1.).

Maßgeblich für die Berechnung der Kurzarbeitsbeihilfe ist – so wie für die Berechnung der Nettoersatzrate (→ 27.3.3.5.) – das **Bruttoentgelt gem. § 49 ASVG** des letzten vollentlohnten Kalendermonats vor Beginn der Kurzarbeit inkl. Zulagen und Zuschläge, aber grundsätzlich ohne Überstundenentgelte (Bemessungsgrundlage). Bei monatsweise schwankenden Entgeltbestandteilen ist der Durchschnitt der letzten drei Monate heranzuziehen.

Für Einkommensanteile über der ASVG-Höchstbeitragsgrundlage gebührt keine Kurzarbeitsbeihilfe.

Eine Erhöhung des Einkommens während des Kurzarbeitszeitraumes (Erstprojekt plus Verlängerungen) bleibt für die Berechnung der Kurzarbeitsbeihilfe unberücksichtigt. Abweichungen nach oben aufgrund von kollektivvertraglichen Anpassungen sowie Vorrückungen und dergleichen (z.B. Tringeldersatz) werden jedoch in geringem Maße (maximal im Ausmaß von 5%) toleriert.

Die im Abrechnungszeitraum **verrechenbaren Ausfallstunden** ergeben sich aus der Summe der gesetzlichen bzw. kollektivvertraglichen oder bei Teilzeitbeschäftigten der vereinbarten Normalarbeitszeitstunden pro Abrechnungszeitraum[1104]

- abzüglich der im Abrechnungszeitraum geleisteten bezahlten Arbeitsstunden (inkl. der im Abrechnungszeitraum angefallenen Überstunden oder Mehrleistungsstunden),
- abzüglich des konsumierten Urlaubs (gerechnet in Normalarbeitszeitstunden vor Kurzarbeit),
- abzüglich des konsumierten Zeitguthabens aus Vorperioden und sonstiger Dienstverhinderungen (jeweils gerechnet in Normalarbeitsstunden vor Kurzarbeit), jedoch ohne betrieblich angeordnete Zeiten für Aus- und Weiterbildung,
- abzüglich Normalarbeitszeitstunden (vor Kurzarbeit) für Arbeitsruhetage (Feiertage), die auf ansonsten betriebsübliche Arbeitstage fallen (nicht jedoch, wenn an solchen Tagen tatsächlich gearbeitet wurde – dann handelt es sich um Arbeitsstunden),
- während eines Krankenstandes abzüglich der für diesen Zeitraum tatsächlich vorgesehenen Arbeitsstunden[1105].

Für Zeiten, für die der Arbeitgeber einen Zuschuss von der AUVA erhält (→ 25.9.), können nach Ansicht des AMS und des BMA keine Ausfallstunden abgerechnet werden (vgl. BMA, COVID-19-Kurzarbeit – Häufig gestellte Fragen, abrufbar unter www.bma.gv.at).

1104 Wöchentliche Normalarbeitszeit × 4,33 / 30 × Anzahl der Kalendertage im Abrechnungszeitraum (maximal 30).

Keine Beihilfe gebührt – mit Ausnahme der Entgeltfortzahlung im Krankenstand – auch für **nicht kurzarbeitsbedingte Arbeitsausfälle,** z.B.

- Zeiten, in denen der Arbeitnehmer trotz Unterbleibens der Arbeitsleistung darüber hinausgehende Ansprüche auf Entgeltfortzahlung (z.B. nach AngG, ABGB oder Urlaubsgesetz) oder Anspruch auf eine Ersatzleistung (z.B. Krankengeld) hat sowie
- Zeiten, für welche dem Arbeitnehmer ein Verdienstentgang nach § 32 Epidemiegesetz (→ 27.1.1.1.3.) zusteht.

An **Sonn- und Feiertagen**, an denen normalerweise nicht gearbeitet wird, kann auch kein Ausfall wegen Kurzarbeit eintreten. Ist es üblich, dass auch an Sonn- und Feiertagen gearbeitet wird und tritt durch Kurzarbeit ein Arbeitszeitausfall ein, kann die Kurzarbeitsbeihilfe gewährt werden (vgl. Richtlinie des AMS zur Kurzarbeitsbeihilfe, Punkt 6.7.).

Nähere Informationen zur Berechnung der Kurzarbeitsbeihilfe inkl. eines Kurzarbeitsbeihilfen-Rechners finden Sie unter www.ams.at sowie in der Richtlinie des AMS zur Kurzarbeitsbeihilfe.

27.3.3.7. Abrechnungsrelevante Grundlagen

Hinweis: Ausführliche Informationen sowie zahlreiche Beispiele zu den abrechnungsrelevanten Grundlagen finden Sie im Leitfaden Personalverrechnung zur COVID-19-Kurzarbeit, abrufbar auf der Website des BMA unter www.bma.gv.at.

1. Der Arbeitgeber hat dem Arbeitnehmer eine **Kurzarbeitsunterstützung** als Entschädigung für den Einkommensausfall auf Grund der durch die Kurzarbeit reduzierten Arbeitszeit zu gewähren (§ 37b Abs. 2 AMSG; → 27.3.3.5.).
2. Die Kurzarbeitsunterstützung gilt für die **Lohnsteuer** als steuerpflichtiger Bezug und für **sonstige Abgaben** und Beihilfen aufgrund bundesgesetzlicher Vorschriften als Entgelt (§ 37b Abs. 5 AMSG).
3. Eine **Kommunalsteuer** hat der Arbeitgeber für die Kurzarbeitsunterstützung **nicht zu leisten** (§ 37b Abs. 5 AMSG).
4. Während der Dauer der Kurzarbeit richten sich die Beiträge und die Leistungen der **Sozialversicherung** nach der letzten Beitragsgrundlage vor Eintritt der Kurzarbeit, wenn diese höher ist als die aktuelle Beitragsgrundlage (**Günstigkeitsvergleich**; § 37b Abs. 5 AMSG).
   Konkret ist ein Vergleich zwischen der Beitragsgrundlage vor Beginn der Kurzarbeit und jener Beitragsgrundlage, die ohne Kurzarbeit vorliegen würde, anzustellen. Von der jeweils höheren Beitragsgrundlage sind die Sozialversicherungsbeiträge sowie die Leistungen aus der Pflichtversicherung zu bemessen. „**Stich-**

1105 Beispiel (Quelle: Richtlinie des AMS zur Kurzarbeitsbeihilfe, Punkt 9.5.): Mit einem IT-Techniker sind im Durchschnitt über den Kurzarbeitszeitraum hinweg 30% der bisherigen Vollarbeitszeit von 40 Wochenstunden vereinbart worden, also im Schnitt 12 Wochenstunden. In der ersten Woche soll er, um Homeoffice-Arbeitsplätze auszustatten, noch 24 Stunden tätig sein. Genau in dieser Woche befindet er sich aber wegen eines grippalen Infekts im Krankenstand. Die Zahl der Ausfallstunden beträgt in dieser Woche daher 16 Stunden (40 errechnete Wochenstunden minus 24 Stunden geplante Arbeitszeit).

tag" ist dabei der **erste Tag der Kurzarbeit bzw. der erste Tag einer etwaigen Verlängerung** der Kurzarbeit. Die an diesem Stichtag gültige Beitragsgrundlage wird mit der letzten Beitragsgrundlage vor Eintritt der Kurzarbeit verglichen. Der höhere Wert wird als Beitragsgrundlage während der Kurzarbeit fortgeführt. Ein späterer Günstigkeitsvergleich hat nur bei Verlängerung der Kurzarbeit oder Beantragung einer neuen Kurzarbeitsphase zu erfolgen. Näheres zum Günstigkeitsvergleich finden Sie auch unter Punkt 27.3.3.8.
Diese Bemessungsgrundlage ist die Grundlage für die Berechnung der Beiträge für die

- Kranken-, Unfall-, Pensions- und Arbeitslosenversicherung, für den
- Zuschlag nach dem Insolvenz-Entgeltsicherungsgesetz und für die
- Kammerumlage und den Wohnbauförderungsbeitrag (→ 11.4.3.).

Der Arbeitnehmer trägt seine Beiträge jedoch nur vom der verkürzten Arbeitszeit entsprechenden Entgelt (inkl. Sachbezüge) sowie der Kurzarbeitsunterstützung. Die auf den Arbeitnehmer entfallenden Beiträge zwischen der (höheren) Beitragsgrundlage und dem tatsächlich erzielten Bruttoverdienst trägt der Arbeitgeber. Aufgrund der gesetzlichen Verpflichtung zur Übernahme dieser Beiträge besteht darin kein Vorteil aus dem Dienstverhältnis.
Der Beitragssatz des Arbeitnehmers zur Arbeitslosenversicherung (**Staffelung für niedrige Einkommen**, → 31.11.) bestimmt sich ebenfalls nach der Beitragsgrundlage vor Beginn der Kurzarbeit. Seit 1.1.2021 ist der vom Arbeitnehmer zu tragende Anteil zur Arbeitslosenversicherung jedoch anhand dem der verkürzten Arbeitszeit entsprechenden Entgelt (einschließlich Kurzarbeitsunterstützung) zu berechnen. Die Differenz trägt der Arbeitgeber. Siehe dazu auch Beispiel 132a.

Beispiel

Die sozialversicherungsrechtliche Beitragsgrundlage während Kurzarbeit beträgt € 2.200,00 (= Bruttoentgelt vor Kurzarbeit), das Mindestbruttoentgelt während Kurzarbeit € 1.701,24. Der Beitragssatz des Arbeitnehmers zur Arbeitslosenversicherung beläuft sich daher bemessen am Bruttoentgelt vor Kurzarbeit auf 3%. Der tatsächlich vom Arbeitnehmer zu tragende Arbeitslosenversicherungsbeitrag beläuft sich jedoch auf 0% (gemessen am Mindestbruttoentgelt). Die Differenz (3% von € 1.701,24) trägt der Arbeitgeber. Letzterer hat auch den gesamten Sozialversicherungsanteil des Dienstnehmers für die Differenz zwischen Bruttoentgelt vor Kurzarbeit (€ 2.200,00) und Mindestbruttoentgelt während Kurzarbeit (€ 1.701,24) zu übernehmen, wobei er die Mehrkosten über die Kurzarbeitsbeihilfe ersetzt erhält.

Hinweis: Für Zeiten vor 1.1.2021 wurde der vom Arbeitnehmer zu tragende Anteil zur Arbeitslosenversicherung (Staffelung für niedrige Einkommen) anhand der tatsächlichen Beitragsgrundlage bemessen. Im oben dargestellten Beispiel musste der Arbeitnehmer daher die Differenz (3% von € 1.701,24) selbst tragen. Dies führte bei Kurzarbeitsaufrollungen häufig zu Nachzahlungen des Arbeitnehmers, soweit der vorläufig vorgenommene Kurzarbeitsabschlag diese Komponente nicht berücksichtigte.

Sonderzahlungen sind ungeschmälert nach jener Berechnungsbasis auszubezahlen, die vor Einführung der Kurzarbeit gegolten hat. Die Sozialversicherungsbeiträge sind hievon zu entrichten.

5. Während der Kurzarbeit ist der **BV-Beitrag** (→ 36.1.3.) grundsätzlich vom svpflichtigen Entgelt auf Grundlage der **Arbeitszeit vor Eintritt der Kurzarbeit** zu entrichten. Übersteigt allerdings das monatliche Entgelt (einschließlich Kurzarbeitsunterstützung) während der Kurzarbeit diesen Betrag, ist dieses als Bemessungsgrundlage für den BV-Beitrag relevant (§ 6 Abs. 4 BMSVG). Anders als in der Sozialversicherung hat ein **monatlicher (laufender) Günstigkeitsvergleich** zu erfolgen.
6. Vom tatsächlichen (gebührenden) Entgelt (einschließlich Kurzarbeitsunterstützung) ist der **Schlechtwetterentschädigungsbeitrag** zu entrichten.

Beispiel 132

Ermittlung der Abrechnungsgrundlagen während COVID-19-Kurzarbeit.

Angaben:

- Angestellter,
- Normalarbeitszeit lt. Kollektivvertrag: 38,50 Stunden/Woche,
- Kurzarbeit 50% von 38,5 Stunden = 19,25 Stunden/Woche,
- Bruttoentgelt (Gehalt) vor der Kurzarbeit: € 2.950,00/Monat,
- SV-Beitragsgrundlage vor Kurzarbeit: € 2.950,00/Monat,
- Mindestbrutto während Kurzarbeit lt. Tabelle des BMA: € 2.200,89.

Lösung:

Gehalt für 19,25 Stunden/Monat	€	1.475,00
Kurzarbeitsunterstützung („Auffüllposten")	€	725,89
Brutto gesamt (= Mindestbrutto während Kurzarbeit)	**€**	**2.200,89**

- **Der Dienstnehmer** trägt Sozialversicherungsbeiträge und Lohnsteuer wie bei einer „normalen" Abrechnung. Die Differenz zur SV-Beitragsgrundlage vor Kurzarbeit trägt der Dienstgeber.
  - **Vom Dienstnehmer zu tragender Dienstnehmeranteil zur Sozialversicherung:**
    Beitragsgrundlage KV, PV, AV, AK, WF € 2.200,89
- Bemessungsgrundlage für Lohnsteuer: € 1.802,09 ①
- **Der Dienstgeber** hat folgende Abgaben zu tragen:
  - **Vom Dienstgeber zu tragender Dienstnehmeranteil zur Sozialversicherung:**
    Beitragsgrundlage KV, PV, AV, AK, WF € 749,11 ②
  - **Dienstgeberanteil zur Sozialversicherung:**
    Beitragsgrundlage KV, UV, PV, AV, WF, IE € 2.950,00
- Bemessungsgrundlage für BV-B € 2.950,00
- Bemessungsgrundlage für DB FLAF/DZ € 2.200,89
- Bemessungsgrundlage für KommSt € 1.475,00

① € 2.200,89 – (€ 2.200,89 x 18,12%) = € 1.802,09.
② Differenz zwischen SV-Beitragsgrundlage vor Kurzarbeit und Brutto gesamt (€ 2.950,00 – € 2.200,89).

KV = Krankenversicherung
UV = Unfallversicherung
PV = Pensionsversicherung
AV = Arbeitslosenversicherung
AK = Arbeiterkammerumlage
WF = Wohnbauförderungsbeitrag
IE = Insolvenzentgeltsicherungszuschlag
BV-B = Betrieblicher Vorsorgebeitrag
DB FLAF = Dienstgeberbeitrag zum FLAF
DZ = Zuschlag zum DB
KommSt = Kommunalsteuer

Beispiel 132a

Ermittlung der Abrechnungsgrundlagen sowie Beiträge und Abgaben während COVID-19-Kurzarbeit.

Angaben:

- Abrechnung für Jänner 2022,
- Angestellter in der Steiermark,
- Kein FABO+ oder AVAB/AEAB,
- Normalarbeitszeit lt. Kollektivvertrag: 38,50 Stunden/Woche,
- Kurzarbeit 50% von 38,5 Stunden = 19,25 Stunden/Woche,
- Bruttoentgelt vor der Kurzarbeit: € 2.200,00/Monat zusammengesetzt aus
  - Gehalt: € 1.800,00/Monat und
  - Sachbezug: € 400,00/Monat.
- Der Sachbezug wird während der Kurzarbeit weitergewährt.
- SV-Beitragsgrundlage vor Kurzarbeit: € 2.200,00/Monat,
- Mindestbrutto während Kurzarbeit lt. Tabelle des BMA: € 1.701,24.

Lösung:

Gehalt für 19,25 Stunden/Monat	€	900,00
Sachbezug	€	400,00
Kurzarbeitsunterstützung („Auffüllposten")	€	401,24
Brutto gesamt (= Mindestbrutto während Kurzarbeit)	**€**	**1.701,24**

- **Der Dienstnehmer** trägt Sozialversicherungsbeiträge und Lohnsteuer wie bei einer „normalen" Abrechnung. Auch der vom Dienstnehmer zu tragende Beitragssatz zur AV bestimmt sich nach dem abgerechneten Bruttobetrag („Brutto gesamt"). Die Differenz zur SV-Beitragsgrundlage vor Kurzarbeit sowie die AV-Anteile des Dienstnehmers trägt der Dienstgeber.

Brutto gesamt		**€ 1.701,24**
– SV-Dienstnehmeranteil (KV, PV, AV (= 0%), AK, WF	€ 1.701,24 x 15,12% =	€ 257,23
– Lohnsteuer lt. Lohnsteuertabelle	LSt-BMGL: € 1.701,24 – € 257,23 = € 1.444,01 € 1.444,01 x 20% – € 185,53 – € 33,33 =	€ 69,94
Auszahlungsbetrag (Netto)		**€ 1.374,07**

- **Der Dienstgeber** hat folgende Abgaben zu tragen:
  - **Vom Dienstgeber zu tragender Dienstnehmeranteil zur Sozialversicherung:**

Differenz zur Beitragsgrundlage vor Kurzarbeit (KV, PV, AK, WF)	€	498,76 x 15,12% =	€	75,41 ①
Anteil AV-Minderung 3%	€	2.200,00 x 3% =	€	66,00 ②

  - **Dienstgeberanteil zur Sozialversicherung:**

– KV, UV, PV, AV, WF, IE	€	2.200,00 × 21,13% =	€	464,86
– BV-B	€	2.200,00 × 1,53% =	€	33,66
– DB FLAF	€	1.701,24 × 3,9% =	€	66,35
– DZ	€	1.701,24 × 0,37% =	€	6,29
– KommSt	€	1.300,00 × 3% =	€	39,00

① Differenz zwischen SV-Beitragsgrundlage vor Kurzarbeit und Brutto gesamt.
② Auf Grund des tatsächlichen Arbeitsverdienstes während der Kurzarbeit (€ 1.701,24) hat der Dienstnehmer keinen AV-Beitrag zu leisten. Der Dienstnehmeranteil am AV-Beitrag orientiert sich ungeachtet dessen an der Beitragsgrundlage vor Eintritt der Kurzarbeit und beläuft sich auf 3%. Dieser Beitrag ist vom Dienstgeber (vorläufig) zu tragen und wird im Rahmen der Kurzarbeitsbeihilfe ersetzt.

KV	= Krankenversicherung	IE	= Insolvenzentgeltsicherungszuschlag
UV	= Unfallversicherung	BV-B	= Betrieblicher Vorsorgebeitrag
PV	= Pensionsversicherung	DB FLAF	= Dienstgeberbeitrag zum FLAF
AV	= Arbeitslosenversicherung		
AK	= Arbeiterkammerumlage	DZ	= Zuschlag zum DB
WF	= Wohnbauförderungsbeitrag	KommSt	= Kommunalsteuer

Zusammenfassende Darstellung:

Für die/den	Während der Kurzarbeit sind nachstehende Grundlagen zu berücksichtigen			
	Beitragsgrundlage vor der Kurzarbeit	Tatsächliches Entgelt während der Kurzarbeit zuzüglich Kurzarbeitsunterstützung	SV-pflichtiges Entgelt vor der Kurzarbeit	Tatsächliches Entgelt während der Kurzarbeit
KV, UV, PV, AV, AK, WF, IE	ja (mit stichtagsbezogenem Günstigkeitsvergleich)	–	–	–
SW	–	ja	–	–
BV-B	–	–	ja (mit laufendem Günstigkeitsvergleich)	–
LSt, DB, DZ	–	ja	–	–
KommSt	–	–	–	ja

SW = Schlechtwetterentschädigungsbeitrag

Sind im laufenden Arbeitslohn an den Arbeitnehmer im Kalenderjahr 2020 bzw. für Lohnzahlungszeiträume, die vor dem 1.7.2021 enden sowie für die Kalendermonate November und Dezember 2021, **steuerfreie Zulagen und Zuschläge** enthalten, die u.a. in Zeiten von COVID-19-Kurzarbeit weitergezahlt werden, bleiben diese im Ausmaß wie vor der COVID-19-Krise (verhältnismäßig zur Reduktion der Entlohnung während der Kurzarbeit) steuerfrei (vgl. Information des BMF zur (lohn-)steuerlichen Behandlung der COVID-19-Kurzarbeit vom 12.6.2020, 2020-0.364.195, sowie LStR 2002 Rz 1132b). Für das Kalenderjahr 2022 besteht zum Zeitpunkt der Drucklegung dieses Buches keine derartige Bestimmung, sodass fortbezahlte Zulagen und Zuschläge steuerpflichtig abzurechnen sind.

Kann die Strecke Wohnung – Arbeitsstätte u. a. bei Dienstverhinderung wegen der COVID-19-Krise nicht mehr bzw. nicht an jedem Arbeitstag zurückgelegt werden, kann im Kalenderjahr 2020 sowie für Lohnzahlungszeiträume, die vor dem 1.7.2021 enden sowie für die Kalendermonate November und Dezember 2021, das **Pendlerpauschale und Pendlereuro** im Ausmaß wie vor der COVID-19-Krise berücksichtigt werden. Für das Kalenderjahr 2022 besteht zum Zeitpunkt der Drucklegung dieses Buchs keine derartige Bestimmung.

Für Arbeitnehmer, die im Kalenderjahr 2020 oder 2021 in COVID-19-Kurzarbeit waren, erhöht sich das **Jahressechstel**[1106] (→ 23.3.2.2.) im Jahr der Kurzarbeit um pauschal 15%. Die Erhöhung des Jahressechstels setzt zwingend voraus, dass der Arbeitnehmer im betreffenden Kalenderjahr beim selben Arbeitgeber reduzierte Bezüge wegen Kurzarbeit hatte (mindestens ein Kurzarbeitstag). Für das Kalenderjahr 2022 besteht zum Zeitpunkt der Drucklegung dieses Buches keine derartige Bestimmung.

Beispiel 132b

Ermittlung der Abrechnungsgrundlagen sowie Beiträge und Abgaben während COVID-19-Kurzarbeit für die Phase 5 im Kalenderjahr 2022. Für die Vorgehensweise in der Phase 5 im November und Dezember 2021 sowie für Zeiten vor 1.7.2021 siehe das Beispiel 132b in der 32. Auflage dieses Buches.

Angaben:

- Angestellter in der Steiermark,
- Kein FABO+ oder AVAB/AEAB,
- Normalarbeitszeit lt. Kollektivvertrag: 38,50 Stunden/Woche,
- Kurzarbeit 50% von 38,5 Stunden = 19,25 Stunden/Woche,
- Bruttoentgelt vor der Kurzarbeit: € 3.050,00/Monat zusammengesetzt aus
  - Gehalt: € 3.000,00/Monat und
  - Erschwerniszulage § 68 Abs. 1 EStG: € 50,00/Monat
  - Eine Schmutzzulage § 68 Abs. 1 EStG i.H.v. € 50,00/Monat bleibt unberücksichtigt, da diese sv-frei ist.
- SV-Beitragsgrundlage vor Kurzarbeit: € 3.050,00/Monat (ohne Schmutzzulage)
- Mindestbrutto während Kurzarbeit lt. Tabelle des BMA: € 2.280,89. Dies entspricht einer Bruttoersatzrate von 74,78%.
- Während der Kurzarbeit werden im Abrechnungsmonat folgende Zulagen tatsächlich erarbeitet:
  - Erschwerniszulage § 68 Abs. 1 EStG: € 25,00/Monat sowie
  - Schmutzzulage § 68 Abs. 1 EStG: € 25,00/Monat.

1106 Der pauschale Zuschlag von 15% ist ebenso beim Jahressechstel für die Freigrenze (→ 23.3.2.3.) bei der freiwilligen Aufrollung der Lohnsteuer für sonstige Bezüge innerhalb des Jahressechstels (→ 23.3.2.4.) sowie bei der Berechnung des „Kontrollsechstels" (→ 23.3.2.5.) zu berücksichtigen.

Lösung:

Gehalt für 19,25 Stunden/Monat	€ 1.500,00	
Erschwerniszulage § 68 EStG nach tatsächlichem Anfall	€ 25,00	①
Kurzarbeitsunterstützung abgabenpflichtig („Auffüllposten")[1107]	€ 755,89	
Mindestbrutto während Kurzarbeit	**€ 2.280,89**	
Schmutzzulage § 68 EStG nach tatsächlichem Anfall (sv-frei)	€ 25,00	①
Brutto gesamt	**€ 2.305,89**	

- **Der Dienstnehmer** trägt Sozialversicherungsbeiträge und Lohnsteuer wie bei einer „normalen" Abrechnung. Die Differenz zur SV-Beitragsgrundlage vor Kurzarbeit trägt der Dienstgeber.

Brutto gesamt		**€ 2.305,89**
– SV-Dienstnehmeranteil (KV, PV, AV, AK, WF	€ 2.280,89 × 18,12% =	€ 413,30
– Lohnsteuer lt. Lohnsteuertabelle	LSt-BMGL: € 1.500,00 + 755,89 – € 413,30 = € 1.842,59 € 1.842,59 × 32,50% – € 374,41 – € 33,33 =	€ 191,10
Auszahlungsbetrag (Netto)		**€ 1.701,49**

- **Der Dienstgeber** hat folgende Abgaben zu tragen:
  - **Vom Dienstgeber zu tragender Dienstnehmeranteil zur Sozialversicherung:**

Differenz zur Beitragsgrundlage vor Kurzarbeit (KV, PV, AK, WF)	€ 769,11 ② × 18,12% =	€ 139,36

  - **Dienstgeberanteil zur Sozialversicherung:**

– KV, UV, PV, AV, WF, IE	€ 3.050,00 × 21,13% =	€ 644,47
– BV-B	€ 3.050,00 × 1,53% =	€ 46,67
– DB FLAF	€ 2.305,89 × 3,9% =	€ 89,93
– DZ	€ 2.305,89 × 0,37% =	€ 8,53
– KommSt	€ 1.550,00 × 3% =	€ 46,50

① Die Erschwerniszulage ist im Mindestbruttoentgelt enthalten und wird daher (insoweit sie vom Mindestbruttoentgelt auch der Höhe nach abgedeckt ist) nicht zusätzlich zur Auszahlung gebracht. Die Schmutzzulage ist als sv-freier Entgeltbestandteil nicht im Mindestbruttoentgelt berücksichtigt und gelangt daher nach tatsächlichem Anfall separat (zusätzlich zum Mindestbruttoentgelt) zur Auszahlung.

1107 Für Lohnzahlungszeiträume, die vor dem 1.7.2021 endeten sowie für die Kalendermonate November und Dezember 2021 konnten 74,78% von € 50,00 – € 25,00 im Rahmen der Kurzarbeitsunterstützung steuerfrei nach § 68 EStG abgerechnet werden.

② Differenz zwischen SV-Beitragsgrundlage vor Kurzarbeit und sv-pflichtiges Brutto gesamt (ohne Schmutzzulage) (€ 3.050,00 – € 2.280,89).

KV	= Krankenversicherung	IE	= Insolvenzentgeltsicherungszuschlag
UV	= Unfallversicherung	BV-B	= Betrieblicher Vorsorgebeitrag
PV	= Pensionsversicherung	DB FLAF	= Dienstgeberbeitrag zum FLAF
AV	= Arbeitslosenversicherung		
AK	= Arbeiterkammerumlage	DZ	= Zuschlag zum DB
WF	= Wohnbauförderungsbeitrag	KommSt	= Kommunalsteuer

27.3.3.8. Günstigkeitsvergleich in der Sozialversicherung

Die Beiträge der Sozialversicherung richten sich nur dann nach der letzten Beitragsgrundlage vor Eintritt der Kurzarbeit, wenn diese **höher als die aktuelle Beitragsgrundlage** ist (§ 37b Abs. 5 AMSG).

Das bedeutet, dass ein **Vergleich** zwischen der Beitragsgrundlage vor Beginn der Kurzarbeit und der Beitragsgrundlage, die der Arbeitnehmer hätte, würde keine Kurzarbeit vorliegen, vorzunehmen ist.

Solcherart soll eine etwaige Unterversicherung für Arbeitnehmer, die z.B. nach dem Ende des Lehrverhältnisses in die Kurzarbeit einbezogen wurden, vermieden werden.

„Stichtag“ ist dabei der erste Tag der Kurzarbeit bzw. der erste Tag einer etwaig verlängerten Kurzarbeit.

Falls die SV-Beitragsgrundlage im Monat vor Kurzarbeit „Lücken“ aufwies (z.B. aufgrund eines langen Krankenstandes ohne bzw. mit verringertem Entgeltfortzahlungsanspruch), geht man vom letzten abgerechneten Kalendermonat mit voller Beitragsgrundlage aus (auch unter Beachtung des Günstigkeitsvergleichs).

27.3.3.9. Kurzarbeit und Teilzeitbeschäftigung

Es gelten die gleichen Regelungen wie für Vollzeitbeschäftigte. Bei der Beurteilung des Höchst- bzw. Mindestarbeitszeitausfalls ist die jeweils vereinbarte Arbeitszeit des Teilzeitbeschäftigten relevant.

Geringfügig Beschäftigte können mangels arbeitslosenversicherungspflichtiger Beschäftigung nicht in die Kurzarbeit einbezogen werden.

27.3.3.10. Kurzarbeit und Altersteilzeit

Wird während des Bezugs von Altersteilzeitgeld (→ 27.3.2.) Kurzarbeit geleistet, reduziert sich die im Rahmen der Altersteilzeitvereinbarung bereits herabgesetzte Arbeitszeit um die kurzarbeitsbedingten Ausfallstunden.

Das Arbeitsentgelt ist anhand der tatsächlichen Arbeitszeit zu bemessen. Der **Lohnausgleich** auf Grund der Altersteilzeitvereinbarung **bleibt unverändert** und wird zur Vermeidung einer Doppelförderung bei der Bemessung der Kurzarbeitsunterstützung nicht berücksichtigt.

Bei geblockter oder ungleich verteilter Arbeitszeit wird trotz Kurzarbeit **jenes Zeitguthaben** (für die Freizeitphase) **erworben**, das ohne Kurzarbeit entstanden wäre. Während des Bezugs der Kurzarbeitsunterstützung sind die Sozialversicherungsbeiträge von der letzten Beitragsgrundlage vor Eintritt der Kurzarbeit zu bemessen.

Das bedeutet, dass bei derartigen Konstellationen die für die Altersteilzeit relevante (fixe) **Beitragsgrundlage unverändert** heranzuziehen ist.

27.3.3.11. Kurzarbeit und Entgeltfortzahlung

Für die Bemessung des an den Arbeitnehmer auszuzahlenden **Urlaubsentgelts** (→ 26.2.6.) ist die **ungekürzte** tägliche bzw. wöchentliche **Arbeitszeit** zu Grunde zu legen.

Bei Arbeitsunfähigkeit, an Feiertagen und bei sonstigen Dienstfreistellungen ist das dem Arbeitnehmer gebührende Entgelt nach dem Ausfallprinzip (Durchschnittsprinzip, d.h. i.d.R. das Mindestbruttoentgelt während Kurzarbeit) fortzuzahlen.

27.3.4. Herabsetzung der Normalarbeitszeit

Zwischen dem Arbeitgeber und dem Arbeitnehmer,

1. der das **50. Lebensjahr vollendet** hat, oder
2. mit **nicht nur vorübergehenden Betreuungspflichten von nahen Angehörigen** i.S.d. § 16 Abs. 1 letzter Satz UrlG[1108], die sich aus der familiären Beistandspflicht ergeben, **auch wenn kein gemeinsamer Haushalt** gegeben ist,

kann die **Herabsetzung der Normalarbeitszeit vereinbart** werden. In Betrieben, in denen ein für den Arbeitnehmer zuständiger Betriebsrat errichtet ist, ist dieser auf Verlangen des Arbeitnehmers den Verhandlungen beizuziehen (§ 14 Abs. 1 AVRAG).

Frühestens **zwei Monate**, längstens jedoch **vier Monate nach Wegfall einer Betreuungspflicht** i.S.d. Abs. 1 Z 2 kann der Arbeitnehmer die **Rückkehr** zu seiner ursprünglichen Normalarbeitszeit **verlangen** (§ 14 Abs. 2 AVRAG).

Bestimmungen betreffend der Berechnung der Abfertigung finden Sie unter Punkt 33.3.1.5.

1108 Als nahe Angehörige sind der Ehegatte, der (im „Partnerschaftsbuch") eingetragene Partner (→ 3.5.) und Personen anzusehen, die mit dem Arbeitnehmer in gerader Linie verwandt sind, ferner Wahl- und Pflegekinder sowie die Person, mit der der Arbeitnehmer in Lebensgemeinschaft lebt (→ 26.3.2.). Von der Pflicht der Eltern zur Betreuung des Kindes kann jedenfalls bis zum 7. Lebensjahr des Kindes ausgegangen werden.

28. Lehrlinge

In diesem Kapitel werden u.a. Antworten auf folgende praxisrelevanten Fragestellungen gegeben:

Das Berufsausbildungsrecht sieht die sog. **duale Ausbildung** vor, also die praktische Unterweisung am Lehrplatz im Betrieb und den theoretischen Unterricht in der Berufsschule. Der Lehrling verbringt rund 80% seiner Lehrzeit im Betrieb und etwa 20% in einer fachlich einschlägigen Berufsschule.

28.1. Rechtsgrundlagen

Rechtsgrundlage ist das **Berufsausbildungsgesetz** (BAG), Bundesgesetz vom 26. März 1969, BGBl 1969/142, in der jeweils geltenden Fassung.

Neben dem Berufsausbildungsgesetz gelten noch für Lehrlinge, die

Angestelltenberufe erlernen (für sog. kaufmännische Lehrlinge),	**Arbeiterberufe** erlernen (für sog. gewerbliche Lehrlinge),
• gegebenenfalls der jeweilige Angestellten-Kollektivvertrag, • **nicht** aber das AngG (§ 5 AngG),	• gegebenenfalls der jeweilige Arbeiter-Kollektivvertrag,

- das Betriebliche Mitarbeiter- und Selbständigenvorsorgegesetz (BGBl I 2002/100) (→ 36.1.2.),
- das Urlaubsgesetz (BGBl 1976/76) (→ 26.1.),
- das Entgeltfortzahlungsgesetz (BGBl 1974/399) (→ 28.3.8.1.),
- das Kinder- und Jugendlichen-Beschäftigungsgesetz (BGBl 1948/146) (→ 8.1., → 9.3.3.1., → 16.2.3.4., → 16.2.4., → 17.1.4., → 17.2.),
- das Mutterschutzgesetz (BGBl 1979/221) (→ 27.1.3., → 27.1.4.1., → 32.2.3.),
- das Väter-Karenzgesetz (BGBl 1989/651) (→ 27.1.4.2., → 32.2.3.),
- das Arbeitsplatz-Sicherungsgesetz (BGBl 1991/683) (→ 27.1.6., → 32.2.3.),
- das Ausländerbeschäftigungsgesetz (BGBl 1975/218) (→ 4.1.6.)

u.a.m.

Darüber hinaus bestimmt

- das Schulpflichtgesetz (BGBl 1962/241), dass der Lehrling **binnen zwei Wochen** nach Beginn bzw. nach vorzeitiger Auflösung des Lehrverhältnisses bei der **zuständigen Berufsschule an- bzw. abzumelden** ist (§ 24 Abs. 3 SchPflG) (→ 8.1.), und
- das ASVG, dass der Lehrling beim zuständigen Träger der Krankenversicherung **an- bzw.** (nach vorzeitiger Auflösung des Lehrverhältnisses) **abzumelden** ist. Näheres dazu finden Sie unter Punkt 6.2.4.

28.2. Exkurs: Jugendausbildungsgesetz

Durch das Jugendausbildungsgesetz sollen alle Jugendlichen eine über den Pflichtschulabschluss hinausgehende Qualifikation erreichen. Um zu gewährleisten, dass Bildungs- und Ausbildungsangebote tatsächlich in Anspruch genommen werden, legt das Jugendausbildungsgesetz die **Fortsetzung der Ausbildung über den Pflichtschulabschluss hinaus verbindlich** fest.

Die Ausbildungspflicht betrifft **Jugendliche bis zur Vollendung des 18. Lebensjahres**[1109], die die allgemeine Schulpflicht erfüllt haben und sich nicht nur vorübergehend in Österreich aufhalten[1110] (§ 3 APflG).

Die **Ausbildungspflicht kann insbesondere erfüllt werden durch**

1. einen gültigen Lehr- oder Ausbildungsvertrag,
2. eine Ausbildung nach gesundheitsrechtlichen Vorschriften,
3. den Besuch weiterführender Schulen wie den Besuch einer allgemein bildenden höheren oder berufsbildenden mittleren oder höheren Schule,
4. den Besuch von auf schulische Externistenprüfungen oder auf einzelne Ausbildungen vorbereitenden Kursen, z.B. Lehrgänge zur Vorbereitung auf die Pflichtschulabschlussprüfung, oder Berufsausbildungsmaßnahmen,
5. die Teilnahme an arbeitsmarktpolitischen Maßnahmen[1111],
6. die Teilnahme an einer Maßnahme für Jugendliche mit Assistenzbedarf (§ 10a Abs. 3 BEinstG)[1111],
7. eine zulässige Beschäftigung[1111] (§ 4 Abs. 2 APflG).

Ausbildungsfreie Zeiträume von bis zu vier Monaten innerhalb von zwölf Kalendermonaten stellen keine Verletzung der Ausbildungspflicht dar. Dasselbe gilt für Zeiträume (Wartezeiten), in denen trotz Bereitschaft der Jugendlichen keine Ausbildungsmaßnahmen bereitgestellt werden können (§ 4 Abs. 4 APflG).

Jugendliche, die **keine Schule besuchen,** erfüllen die Ausbildungspflicht mit einem **Arbeitsverhältnis** somit nur dann, wenn die im Rahmen dieses Arbeitsverhältnisses ausgeübte **Beschäftigung** von einem aktuellen **Perspektiven- oder Betreuungsplan** umfasst ist. Hinsichtlich Details zur Verletzung der Ausbildungspflicht siehe § 5 APflG.

1109 Die Ausbildungspflicht endet **vor Vollendung des 18. Lebensjahres,** u.a. wenn nach Erfüllung der allgemeinen Schulpflicht eine mindestens zweijährige (berufsbildende) mittlere Schule, eine Lehrausbildung nach dem BAG, eine gesundheitsberufliche Ausbildung von mindestens 2500 Stunden nach gesundheitsrechtlichen Vorschriften oder eine Teilqualifizierung gem. § 8b Abs. 2 (auch in Verbindung mit § 8c) BAG erfolgreich abgeschlossen wurde (§ 4 Abs. 1 APflG).

1110 Betroffen sind auch Asylberechtigte und subsidiär Schutzberechtigte.

1111 Voraussetzung ist, dass eine derartige Maßnahme oder Beschäftigung **mit einem Perspektiven- oder Betreuungsplan,** der vom AMS oder vom Sozialministeriumservice (SMS) oder in deren Auftrag erstellt wurde, vereinbar ist.

Ist die Beschäftigung nicht mit dem aktuellen Perspektiven- oder Betreuungsplan vereinbar, haben die Jugendlichen das Recht, das **Arbeitsverhältnis vorzeitig ohne Einhaltung gesetzlicher oder kollektivvertraglicher Kündigungsfristen und -termine zu beenden.** Die übrigen Ansprüche aus dem Arbeitsvertrag bleiben unberührt (§ 6 APflG). Es handelt sich dabei somit um eine Art des berechtigten vorzeitigen Austritts.

Unter bestimmten Voraussetzungen **ruht** die Ausbildungspflicht (§ 7 APflG).

Wer als Erziehungsberechtigter die Ausbildungspflicht schuldhaft verletzt, ist von der Bezirksverwaltungsbehörde mit einer **Geldstrafe** von € 100,00 bis € 500,00, im Wiederholungsfall von € 200,00 bis € 1.000,00 zu bestrafen. Leichte Fahrlässigkeit ist nicht strafbar (§ 17 APflG).

28.3. Berufsausbildungsgesetz

Das Berufsausbildungsgesetz enthält alle **rechtlichen Grundsätze**, nach denen die betriebliche Ausbildung zu erfolgen hat. In einigen dazu erlassenen **Verordnungen** (→ 3.3.3.) werden einzelne Bestimmungen **näher erläutert**. Die wichtigsten sind die

- Lehrberufsliste (→ 28.3.3.),
- Ausbildungsvorschriften,
- Lehrabschlussprüfungsverordnung,
- Schulzeitersatzverordnung.

28.3.1. Lehrling

Lehrlinge sind Personen,

- die auf Grund eines **Lehrvertrags** zur Erlernung eines in der **Lehrberufsliste** angeführten Lehrberufs bei einem **Lehrberechtigten** fachlich ausgebildet und im Rahmen dieser Ausbildung verwendet werden (§ 1 BAG).

Eine besondere Ausbildungsform für Lehrlinge sieht der § 8b BAG für benachteiligte Jugendliche vor. Bei solchen Jugendlichen handelt es sich um Personen, die das **Arbeitsmarktservice nicht in ein** (normales) **Lehrverhältnis als Lehrling vermitteln konnte**[1112] und auf die eine der folgenden Voraussetzungen zutrifft:

1. Am Ende der Pflichtschule hatten sie **sonderpädagogischen Förderbedarf** und wurden zumindest teilweise nach dem Lehrplan einer Sonderschule unterrichtet.
2. Sie haben keinen oder einen **negativen Abschluss der Hauptschule oder Neuen Mittelschule**.
3. Sie sind begünstigte **Behinderte** i.S.d. BEinstG.
4. Sie werden offensichtlich aus **persönlichen Gründen** keinen Lehrvertrag abschließen (§ 8b Abs. 4 BAG).

Diese Ausbildung findet entweder

a) als eine Lehrausbildung mit einer **verlängerten Lehrzeit** statt oder

1112 Beim unmittelbaren Wechsel vom ordentlichen Lehrverhältnis zur Berufsausbildung gem. § 8b BAG – i.d.R. beim selben Lehrberechtigten – ist kein Vermittlungsversuch durch das Arbeitsmarktservice nötig.

b) vermittelt Jugendlichen eine **Teilqualifikation**, die ihnen den Eintritt in den Arbeitsmarkt ermöglichen, wenn die Erreichung eines Lehrabschlusses nicht möglich ist.

Wichtiger Hinweis: Personen, die eine Berufsausbildung gem. § 8b BAG absolvieren, gelten als Lehrlinge i.S.d. BAG[1113], des ASVG, des FLAG, des AlVG, des IESG und i.S.d. EStG (§ 8b Abs. 13 BAG).

28.3.2. Lehrvertrag – Dienstzettel

Für das Zustandekommen eines Lehrvertrags sind bestimmte **Formvorschriften bzw. Voraussetzungen** erforderlich:

- Der aufzunehmende Lehrling muss das **9. Schuljahr** vollendet haben.
- Der Lehrberechtigte hat ohne unnötigen Aufschub, jedenfalls **binnen drei Wochen** nach Beginn des Lehrverhältnisses, den Lehrvertrag
  - **gebührenfrei** (§ 12 Abs. 6 BAG) (→ 4.1.5.),
  - in **vierfacher Ausfertigung** (§ 20 Abs. 1 BAG),
  - **unterschrieben** vom Lehrberechtigten und vom Lehrling, wenn der Lehrling noch minderjährig (→ 4.1.3.) ist, auch von dessen gesetzlichem Vertreter (das sind i.d.R. beide Elternteile) (§ 12 Abs. 1 BAG),
  - bei der zuständigen Lehrlingsstelle **zur Eintragung anzumelden** und den Lehrling davon zu informieren (§ 20 Abs. 1 BAG).

Hat der Lehrberechtigte den Lehrvertrag nicht fristgerecht angemeldet, so kann der Lehrling, für minderjährige Lehrlinge auch deren gesetzlicher Vertreter, der Lehrlingsstelle den Abschluss des Lehrvertrags bekannt geben (§ 20 Abs. 1 BAG).

Die Lehrlingsstellen bieten zur Erleichterung ein EDV-Lehrvertragsservice. Nach entsprechender Anmeldung wird dem Betrieb der korrekt ausgefüllte Lehrvertrag zugesandt.

Da in diesem Lehrvertrag nicht alle lt. AVRAG vorgegebenen Angaben enthalten sind, ist zusätzlich zum Lehrvertrag ein **Dienstzettel** auszustellen (→ 4.2.).

28.3.3. Lehrberufe und Lehrberufsliste

Lehrberufe sind Tätigkeiten,

a) die der Gewerbeordnung unterliegende Beschäftigungen zum Gegenstand haben,
b) die geeignet sind, im Wirtschaftsleben den Gegenstand eines Berufs zu bilden, und
c) deren sachgemäße Erlernung mindestens zwei Jahre erfordert (§ 5 Abs. 1 BAG).

Die zu erlernenden Berufe, die Dauer der Lehrzeit und die verwandten Lehrberufe werden in der Lehrberufsliste aufgezählt (§ 7 Abs. 1–3 BAG).

Der zuständige Bundesminister hat für die einzelnen Lehrberufe **durch Verordnung Ausbildungsvorschriften** festzulegen (§ 8 Abs. 1 BAG).

Der Bundesminister kann in den Ausbildungsvorschriften für einen Lehrberuf auch eine **modulare Ausbildung** festlegen. Modullehrberufe bieten eine flexiblere Gestal-

1113 Die außerordentliche Auflösung gem. § 15a BAG (→ 28.3.9.3.) gilt ebenfalls für Berufsausbildungen in Form verlängerter Lehrzeit, nicht aber für Berufsausbildungen in Form einer Teilqualifizierung (§ 15a Abs. 2 BAG).

tung der Ausbildung und verbesserte Kombinationsmöglichkeiten, leichtere Anerkennung bereits erworbener Qualifikationen und durch die Spezialmodule ein besseres Eingehen auf Branchenerfordernisse.

In diesem Fall besteht die Ausbildung im jeweiligen Lehrberuf aus

einem Grundmodul,	zumindest einem Hauptmodul	sowie zumindest einem Spezialmodul.

Das **Grundmodul** hat die Fertigkeiten und Kenntnisse zu enthalten, die den grundlegenden Tätigkeiten eines oder mehrerer Lehrberufe entsprechen.

Das **Hauptmodul** hat jene Fertigkeiten und Kenntnisse zu enthalten, die den dem Lehrberuf eigentümlichen Tätigkeiten und Arbeiten entsprechen.

Die Mindestdauer eines Grundmoduls beträgt zwei Jahre, die Mindestdauer eines Hauptmoduls beträgt ein Jahr.

Wenn dies auf Grund der besonderen Anforderungen des Lehrberufs für eine sachgemäße Ausbildung zweckmäßig ist, kann das Grundmodul mit einer Dauer von zumindest einem Jahr festgelegt werden. Auch in diesem Fall ist in der Ausbildungsordnung die Gesamtdauer eines modularen Lehrberufs als Summe der Dauer von Grundmodul und Hauptmodul zumindest mit drei Jahren festzulegen.

Nach dem Grund- und Hauptmodul kann eine vertiefende Ausbildung in einem nicht verpflichtenden Spezialmodul absolviert werden. Das **Spezialmodul** enthält weitere Fertigkeiten und Kenntnisse eines Lehrberufs, die dem Qualifikationsbedarf eines Berufszweigs entsprechen. Die Dauer eines Spezialmoduls beträgt ein halbes Jahr oder ein Jahr. Die Gesamtdauer der Lehrzeit beträgt höchstens vier Jahre (vgl. § 8 Abs. 1–4 BAG).

28.3.4. Lehrberechtigter – Ausbilder

Lehrberechtigte können nur sein:

- Inhaber eines Gewerbes oder
- sonstige im BAG genannte Betriebe und Einrichtungen, wie z.B. Sozialversicherungsträger, Apotheker, Ärzte, Notare, Rechtsanwälte, Steuerberater und Wirtschaftsprüfer oder Ziviltechniker.

Neben dieser grundsätzlichen Qualifikation verlangt der Gesetzgeber weitere **persönliche** und **fachliche** Voraussetzungen (§ 2 Abs. 1–8 BAG).

Ein **Ausbilder** ist immer dann zu bestellen, wenn

- der Gewerbeinhaber eine **juristische Person** (z.B. GmbH) oder eine offene Gesellschaft, eine Kommanditgesellschaft ist,
- **Art** und **Umfang** des **Unternehmens** eine fachliche Ausbildung unter Aufsicht des Lehrberechtigten nicht zulässt (z.B. bei Filialbetrieben, bei vielen Lehrlingen),
- ein **Fortbetrieb** (z.B. durch den überlebenden Ehepartner) besteht (§ 3 Abs. 1 BAG).

28.3.5. Probezeit

Während der **ersten drei Monate** kann sowohl der **Lehrberechtigte** als auch der **Lehrling** das Lehrverhältnis **jederzeit einseitig auflösen**; erfüllt der Lehrling seine Schulpflicht in einer **lehrgangsmäßigen Berufsschule** (Blockunterricht) während der ersten drei Monate, kann sowohl der Lehrberechtigte als auch der Lehrling das Lehrverhältnis während der **ersten sechs Wochen** der Ausbildung im Lehrbetrieb (in der Ausbildungsstätte) jederzeit einseitig auflösen (§ 15 Abs. 1 BAG). Dabei ist es gleichgültig, ob es sich um ein Erstlehrverhältnis oder um ein Folgelehrverhältnis auf Grund eines Lehrplatzwechsels handelt.

Das BAG sieht die Probezeit **zwingend** vor. Sie kann durch Vereinbarung weder verkürzt noch verlängert werden.

Beispiel 133

Feststellen der Probezeit eines Lehrlings bei (teilweiser) Absolvierung des Berufsschullehrgangs in den ersten drei Monaten des Lehrverhältnisses.

Angaben und Lösung:

	Beginn der Lehrzeit	Beginn des Berufsschullehrgangs	Ende des Berufsschullehrgangs	ersten sechs Wochen der Ausbildung im Lehrbetrieb vom	bis	Dauer	Ende der Probezeit
Fall A	6.9.	6.9.	31.10.	1.11.	12.12.	42 Tage	12.12.
Fall B	23.8.	6.9.	31.10.	23.8. 1.11.	5.9. 28.11.	14 Tage 28 Tage 42 Tage	28.11.
Fall C	21.7.	6.9.	31.10.	21.7.	31.8.	42 Tage	20.10.[1114]

28.3.6. Anrechnung auf die Lehrzeit, Unterbrechung der Lehrzeit, reduziertes Stundenausmaß

Hinweis: Lt. § 34a BAG sind Absolventen einer **mindestens 3-jährigen berufsbildenden mittleren Schule** oder **berufsbildenden höheren Schule** den **Absolventen** einer **facheinschlägigen Lehre** in arbeits- und sozialrechtlicher Hinsicht **gleichgestellt**. Welche Schulausbildungen welchen Lehrabschlüssen gleichwertig sind, wurde mittels Erlass des zuständigen Bundesministers geregelt (BMWFW Erl. 28.2.2013, 33.800/0005-I/4/2012).

Demzufolge ist mit diesen Absolventen der Abschluss eines facheinschlägigen Lehrverhältnisses nicht möglich bzw. wird von der Lehrlingsstelle eine Eintragung des Lehrvertrags verweigert. Eine Beschäftigung kann nur in Form eines Dienstverhältnisses mit Anspruch auf den kollektivvertraglichen Mindestlohn erfolgen.

1114 Die Dauer der Probezeit im Lehrverhältnis umfasst im Fall eines Berufsschulbesuchs während der ersten drei Monate des Lehrverhältnisses jedenfalls auch die ersten sechs Wochen der Ausbildung im Lehrbetrieb (beweglicher Zeitraum), ohne dass die 3-Monats-Frist (fixer allgemeiner Probezeitraum) eingeschränkt wird (OGH 11.5.2010, 9 ObA 39/10s).

28.3.6.1. Anrechnung auf die Lehrzeit – Lehrzeitverkürzung

Für manche Lehrbetriebe stellt sich die Frage, ob Vorlehrzeiten oder Schulzeiten auf die Lehrzeit anzurechnen sind oder nicht. Dabei ist grundsätzlich zwischen **verpflichtender** oder **freiwilliger Anrechnung** und **Lehrzeitverkürzung** zu unterscheiden.

1. Verpflichtend auf die Lehrzeit anzurechnen sind:

- Lehrzeiten im **selben oder verwandten Lehrberuf** in Betrieben oder Ausbildungseinrichtungen,
- Ausbildungszeiten in einem **Lehrgang** nach dem **Jugendausbildungssicherungsgesetz** (JASG),
- Lehrzeiten in **Ausbildungszweigen der Land- und Forstwirtschaft**,
- Ausbildungszeiten in gleichgehaltenen **internationalen Ausbildungsprogrammen**, sowie
- Zeiten des **Weiterbesuchs der Berufsschule.**

Werden allfällige Vorlehrzeiten bei der Anmeldung von Lehrverträgen gleich angegeben, wird die Anrechnung rechtzeitig berücksichtigt.

2. Auf Grund einer Vereinbarung zwischen Lehrberechtigtem und Lehrling können auf Antrag folgende Ausbildungszeiten auf die Lehrzeit angerechnet werden:

- Zeiten der **Berufspraxis** oder von **Kursbesuchen** im In- oder Ausland (Höchstausmaß: 2/3 der Lehrzeit),
- Zeiten einer **fachspezifischen Schulausbildung** ab der zehnten Schulstufe (= Lehrzeitersatz).

Lehrzeit	bis zu 3 Jahre	über 3 Jahre
Höchstausmaß der Anrechnung	1 1/2 Jahre	bis zu 2 Jahre

Die Anrechnung erfolgt über einen Antrag des Lehrlings (mit Zustimmung des Lehrberechtigten) in Verbindung mit der Anmeldung des Lehrvertrags. Die Lehrlingsstelle hat vor Eintragung des Lehrvertrags eine Stellungnahme des Landes-Berufsausbildungsbeirats einzuholen und zu berücksichtigen. Bei der Festlegung des Ausmaßes der Anrechnung sollten das Berufsbild des Lehrberufs, die Verwertbarkeit der Vorkenntnisse sowie die Eingliederung zum Berufsschulbesuch beachtet werden.

3. Lehrzeitverkürzung

Personen, die nachweisen, dass sie

- die **Reifeprüfung** einer AHS oder BHS bzw.
- die **Abschlussprüfung** einer mindestens 3-jährigen BMS,
- eine **Lehrabschlussprüfung** in einem nicht verwandten Beruf oder
- eine **Facharbeiterprüfung** in einem land- und forstwirtschaftlichen Lehrberuf erfolgreich abgelegt haben,

können die Lehrzeit von Lehrberufen mit drei, dreieinhalb oder vier Jahren in einer um jeweils ein Jahr verkürzten Form erlernen. Dabei werden die Ausbildungsperioden nach folgendem Schema verkürzt:

Lehrzeit: 3 Jahre	**1. Lehrjahr**	**2. Lehrjahr**	**3. Lehrjahr**	**Gesamt**
Ausbildungsperioden ohne Verkürzung	12 Monate	12 Monate	12 Monate	36 Monate (3 Jahre)
Ausbildungsperioden in verkürzter Lehrzeit	8 Monate	8 Monate	8 Monate	24 Monate (2 Jahre)

Lehrzeit: 3 1/2 Jahre	**1. Lehrjahr**	**2. Lehrjahr**	**3. Lehrjahr**	**4. Lehrjahr**	**Gesamt**
Ausbildungsperioden ohne Verkürzung	12 Monate	12 Monate	12 Monate	6 Monate	42 Monate (3 1/2 Jahre)
Ausbildungsperioden in verkürzter Lehrzeit	8 Monate	8 Monate	8 Monate	6 Monate	30 Monate (2 1/2 Jahre)

Lehrzeit: 4 Jahre	**1. Lehrjahr**	**2. Lehrjahr**	**3. Lehrjahr**	**4. Lehrjahr**	**Gesamt**
Ausbildungsperioden ohne Verkürzung	12 Monate	12 Monate	12 Monate	12 Monate	48 Monate (4 Jahre)
Ausbildungsperioden in verkürzter Lehrzeit	8 Monate	8 Monate	10 Monate	10 Monate	36 Monate (3 Jahre)

Die Lehrzeitverkürzung ist unter Nachweis der entsprechenden Zeugnisse bei der Anmeldung des Lehrvertrags zu beantragen. Das Lehrlingseinkommen ist auf Grundlage der jeweiligen Ausbildungsperiode zu bemessen.

28.3.6.2. Unterbrechung der Lehrzeit

Wenn der Lehrling in einem zusammenhängenden Zeitraum von **über vier Monaten**[1115] aus in seiner Person gelegenen Gründen **verhindert ist**, den Lehrberuf zu erlernen, so ist die **vier Monate überschreitende Zeit nicht** auf die für den Lehrberuf festgesetzte Lehrzeit **anzurechnen**. Das Gleiche gilt, wenn die Dauer mehrerer solcher Verhinderungen in einem Lehrjahr insgesamt vier Monate übersteigt (§ 13 Abs. 3 BAG).

1115 Dies gilt auch für den Fall, dass dieser Zeitraum von einem Lehrjahr ins nächste Lehrjahr reicht.

Beispiel 134

Lehrzeitunterbrechung.

Angaben:

- Der Lehrling ist 5 1/2 Monate krank.

Lösung:

FALL A:

| 1. Lehrjahr | 2. Lehrjahr |

Krankenstand zu

| 5 1/2 Monate |

Auf die Lehrzeit sind vier Monate anzurechnen.

FALL B:

| 2. Lehrjahr |

Krankenstand zu

| 5 1/2 Monate |

Auf die Lehrzeit sind vier Monate anzurechnen.

FALL C:

| 2. Lehrjahr |

Krankenstände zu

| 1 Monat | | 3 Monate | | 1 1/2 Monate |

Auf die Lehrzeit sind vier Monate anzurechnen.

Damit verlängert sich der bestehende Lehrvertrag nicht von selbst um die nicht anrechenbaren Zeiten, sondern es ist eine sog. Nachlehre für diese Fehlzeit zu vereinbaren. Die Rechtsprechung hat daraus eine **Verpflichtung des Lehrberechtigten** abgeleitet, dem Lehrling für den auf die volle Lehrzeit fehlenden Zeitraum entweder einen **Ergänzungslehrvertrag** oder eine entsprechende **Verlängerung** des bestehenden Lehrvertrags anzubieten (vgl. OGH 4.11.1980, 4 Ob 106/80).

Solche in der Person des Lehrlings gelegenen Verhinderungen sind z.B. Krankheit (→ 25.1.2.), Präsenz-, Ausbildungs- oder Zivildienst (→ 27.1.6.), Schutzfrist (→ 27.1.3.), Karenz (→ 27.1.4.).

Zeiten der Verhinderung über vier Monate sind **binnen vier Wochen der Lehrlingsstelle zu melden**.

28.3.6.3. Lehre mit reduziertem Stundenausmaß

Eine Reduktion der täglichen oder wöchentlichen Ausbildungszeit **bis auf die Hälfte der gesetzlichen oder kollektivvertraglichen Normalarbeitszeit** kann vereinbart werden, wenn zu erwarten ist, dass das Ausbildungsziel auch im Rahmen der reduzierten Ausbildungszeit erreicht wird und

- sich der Lehrling der Betreuung seines Kindes widmet, bis zum 31.12. des Jahres des Eintritts in die Schulausbildung,

- bei Vorliegen gesundheitlicher Gründe des Lehrlings sowie
- wenn dies zur Ermöglichung von Kurzarbeit (→ 27.3.3.) im Lehrbetrieb erforderlich ist.

Bei der Erlernung eines Lehrberufes darf, mit Ausnahme bei Kurzarbeit, die für den Lehrberuf festgesetzte Dauer der Lehrzeit um **bis zu zwei Jahre verlängert** werden. Besonderheiten bestehen bei Ausbildungen gem. § 8b BAG (→ 28.3.1.).

Im Fall von **Kurzarbeit** kann die tägliche oder wöchentliche Ausbildungszeit für die Dauer der Beihilfengewährung bis zur Gänze reduziert werden (vorerst bis 30.6.2022)[1116].

28.3.6.4. Lehre mit Matura, Nachholen des Pflichtschulabschlusses

Werden Vorbereitungsmaßnahmen zur Absolvierung der **Berufsreifeprüfung („Lehre mit Matura") oder zum Nachholen des Pflichtschulabschlusses** in zeitlichem Zusammenhang mit der Ausbildung in einem Lehrberuf absolviert, so kann auf Antrag im Lehrvertrag bzw. in einer Zusatzvereinbarung eine **verlängerte Dauer** des Lehrverhältnisses vereinbart werden (§§ 13a, 13b BAG).

28.3.7. Lehrlingseinkommen – Lehrstellenförderung

28.3.7.1. Lehrlingseinkommen

Dem Lehrling gebührt eine Lehrlingseinkommen, zu dessen Bezahlung der Lehrberechtigte verpflichtet ist.

Liegt keine Regelung des Lehrlingseinkommens durch kollektive Rechtsgestaltung vor, so richtet sich die Höhe des Lehrlingseinkommens nach der Vereinbarung im Lehrvertrag. Bei Fehlen einer kollektiven Regelung gebührt jedenfalls das für gleiche, verwandte oder ähnliche Lehrberufe geltende Lehrlingseinkommen (= sachnächster Kollektivvertrag), im Zweifelsfall ist auf den Ortsgebrauch Bedacht zu nehmen.

Im Fall der **Anrechnung bestimmter Ausbildungszeiten** (Schulzeiten oder Vorlehre) auf die für den Lehrberuf festgesetzte Dauer der Lehrzeit hat der Lehrling Anspruch auf ein Lehrlingseinkommen unter Hinzurechnung dieser anzurechnenden Zeit (→ 28.3.6.1.).

Das Lehrlingseinkommen ist für die Dauer der Unterrichtszeit in der Berufsschule unter Ausschluss der Mittagspause sowie für die Dauer der Lehrabschlussprüfung und der in den Ausbildungsvorschriften vorgesehenen Teilprüfungen weiterzuzahlen (§ 17 Abs. 1–3 BAG).

Schließt ein Lehrling eine **Berufsschulklasse negativ** ab, ist hinsichtlich des Lehrlingseinkommens im entsprechenden Kollektivvertrag nachzusehen, ob dieser für einen derartigen Fall Sonderregelungen vorsieht.

So bestimmt z.B. der Kollektivvertrag für Arbeiter im eisen- und metallverarbeitenden Gewerbe, dass Lehrlingen, die auf Grund negativer Leistungen (nicht aber wegen

1116 Kurzarbeit ist jedoch für Lehrlinge nur möglich, wenn die Ausbildung sichergestellt ist. Mehr Informationen dazu sowie zu speziellen Förderungen finden Sie auf der Website der WKO unter www.wko.at/service/bildung-lehre/foerderungen-lehre.html.

Krankheit oder Unfall) nicht berechtigt sind, in die nächsthöhere Schulstufe aufzusteigen, im darauf folgenden Lehrjahr nur das Lehrlingseinkommen in der Höhe des vorigen Lehrjahrs gebührt. Sobald der Lehrling aber die Berechtigung für den Aufstieg in das mit dem Lehrjahr korrespondierende Berufsschuljahr erlangt hat, gebührt ihm ab der auf den erfolgreichen Prüfungsabschluss folgenden Lohnperiode wieder das der Dauer der Lehrzeit entsprechende Lehrlingseinkommen (OGH 24.4.2019, 9 ObA 19/19p).

Die abgabenrechtliche Behandlung des Lehrlingseinkommens erfolgt unter Punkt 28.3.8.3. und 28.4.

Die Behandlung **anderer Bezugsbestandteile** wie z.B. Überstundenentlohnung, Sonderzahlungen und Ersatzleistung für Urlaubsentgelt erfolgt in den dafür vorgesehenen Punkten.

28.3.7.2. Lehrstellenförderung

Der § 19c BAG bestimmt dazu (Auszug):

(1) Zur Förderung der betrieblichen Ausbildung von Lehrlingen können Beihilfen an Lehrberechtigte gem. § 2 sowie an Lehrberechtigte gem. § 2 Abs. 1 des Land- und forstwirtschaftlichen Berufsausbildungsgesetzes gewährt sowie ergänzende Unterstützungsstrukturen, auch unter Einbeziehung von dazu geeigneten Einrichtungen, zur Verfügung gestellt werden. Die Beihilfen und ergänzenden Unterstützungsstrukturen dienen insb. folgenden Zwecken:

1. Förderung des Anreizes zur Ausbildung von Lehrlingen, insb. durch Abgeltung eines Teils des Lehrlingseinkommens,
2. Steigerung der Qualität in der Lehrlingsausbildung,
3. Förderung von Ausbildungsverbünden,
4. Aus- und Weiterbildung von Ausbilder/innen,
5. Zusatzausbildungen von Lehrlingen,
6. Förderung der Ausbildung in Lehrberufen entsprechend dem regionalen Fachkräftebedarf,
7. Förderung des gleichmäßigen Zugangs von jungen Frauen und jungen Männern zu den verschiedenen Lehrberufen,
8. Förderung von Beratungs-, Betreuungs- und Unterstützungsleistungen zur Erhöhung der Chancen auf eine erfolgreiche Berufsausbildung und auch zur Anhebung der Ausbildungsbeteiligung insb. in Bereichen mit wenigen Ausbildungsbetrieben oder Lehrlingen.

(2) Die näheren Bestimmungen über Art, Höhe, Dauer, Gewährung und Rückforderbarkeit der Beihilfen gem. Abs. 1, ausgenommen für Zwecke gem. Z 8, werden durch Richtlinien des Förderausschusses (§ 31b BAG), die der Bestätigung des Bundesministers für Wissenschaft, Forschung und Wirtschaft bedürfen, festgelegt. Die näheren Bestimmungen über Art, Höhe, Dauer, Gewährung und Rückforderbarkeit der Beihilfen sowie für die ergänzenden Unterstützungsstrukturen für Zwecke gem. Abs. 1 Z 8 werden durch Richtlinien des Bundesministers für Wissenschaft, Forschung und Wirtschaft im Einvernehmen mit dem Bundesminister für Arbeit, Soziales und Konsumentenschutz (§ 31c BAG) festgelegt. Bei der Gestaltung der ein-

zelnen in den Richtlinien festgelegten Maßnahmen gemäß Abs. 1 ist auf Transparenz und Anwendungsfreundlichkeit des Beihilfen- und Fördersystems gemäß diesem Bundesgesetz zu achten.

(3) Die Vergabe der Beihilfen an Lehrberechtigte hat im übertragenen Wirkungsbereich der Landeskammern der gewerblichen Wirtschaft durch die Lehrlingsstellen im Namen und auf Rechnung des Bundes zu erfolgen. Die Vergabe der Beihilfen und die Administration und Organisation der ergänzenden Unterstützungsstrukturen, u.a. die Beauftragung geeigneter Einrichtungen, gem. Abs. 1 Z 8 hat, soweit nicht ausnahmsweise in den Richtlinien gem. § 31c BAG anderes vorgesehen ist, im übertragenen Wirkungsbereich der Landeskammern der gewerblichen Wirtschaft durch die Lehrlingsstellen im Namen und auf Rechnung des Bundes zu erfolgen.

Genaue Informationen, Förderanträge usw. finden Sie unter www.lehrefoerdern.at.

28.3.8. Arbeitsverhinderung durch Krankheit oder Unglücksfall, Arbeitsunfall oder Berufskrankheit

28.3.8.1. Anspruch auf Fortzahlung des Lehrlingseinkommens

Der § 17a BAG bestimmt dazu:

(1) Im Fall der Arbeitsverhinderung durch **Krankheit (Unglücksfall)** (→ 25.1.2.) hat der Lehrberechtigte

bis zur Dauer von **acht Wochen** ①	das **volle Lehrlingseinkommen**
und bis zur Dauer von **weiteren vier Wochen** ②	ein **Teilentgelt** ⑦ in der Höhe des Unterschiedsbetrags zwischen • dem **vollen Lehrlingseinkommen** • und dem aus der gesetzlichen Krankenversicherung gebührenden **Krankengeld** (→ 25.1.3.1.) zu gewähren.

(2) Kur- und Erholungsaufenthalte sind den Arbeitsverhinderungen nach Abs. 1 gleich zu halten.

(3) Ist obiger Entgeltanspruch **innerhalb eines Lehrjahrs ausgeschöpft**, so gebührt bei **einer weiteren Arbeitsverhinderung** infolge Krankheit (Unglücksfall) innerhalb desselben Lehrjahrs

für die **ersten drei Tage** ③	das **volle Lehrlingseinkommen**,
für die übrige Zeit der Arbeitsunfähigkeit, **längstens jedoch bis zur Dauer von weiteren sechs Wochen** ④,	ein **Teilentgelt** ⑦ in der Höhe des Unterschiedsbetrags zwischen dem **vollen Lehrlingseinkommen** und dem aus der gesetzlichen Krankenversicherung gebührenden **Krankengeld**.

(4) Im Fall der Arbeitsverhinderung durch **Arbeitsunfall oder Berufskrankheit** ⑧ i.S.d. Vorschriften über die gesetzliche Unfallversicherung (→ 25.1.2.) ist

<table>
<tr><td>bis zur Dauer von acht Wochen ⑤</td><td>das volle Lehrlingseinkommen ohne Rücksicht auf andere Zeiten einer Arbeitsverhinderung</td></tr>
<tr><td>und bis zur Dauer von weiteren vier Wochen ⑥</td><td>ein Teilentgelt ⑦ in der Höhe des Unterschiedsbetrags zwischen
• dem vollen Lehrlingseinkommen
• und dem aus der gesetzlichen Krankenversicherung gebührenden Krankengeld, ebenfalls ohne Rücksicht auf andere Zeiten einer Arbeitsverhinderung
zu gewähren.</td></tr>
</table>

(5) Wird ein Kur- und Erholungsaufenthalt nach einem Arbeitsunfall oder einer Berufskrankheit bewilligt oder angeordnet, so richtet sich der Anspruch nach Abs. 4.

(6) Die Verpflichtung des Lehrberechtigten zur Gewährung eines Teilentgelts ⑦ besteht auch dann, wenn der Lehrling aus der gesetzlichen Krankenversicherung kein Krankengeld (→ 25.1.3.1.) erhält.

(7) Die im Entgeltfortzahlungsgesetz enthaltenen Bestimmungen

- des § 3 über die Ermittlung des fortzuzahlenden Entgelts (→ 25.2.7.) und
- des § 4 über die Mitteilungs- und Nachweispflicht (→ 25.4.)

sind anzuwenden.

(8) Wird das Lehrverhältnis während einer Arbeitsverhinderung wegen Erkrankung, Unfall, Arbeitsunfall oder Berufskrankheit durch den Lehrberechtigten gem. § 15a (→ 28.3.9.3.) aufgelöst, besteht Anspruch auf Fortzahlung des Entgelts für die nach Abs. 1 und Abs. 4 vorgesehene Dauer, wenngleich das Lehrverhältnis vorher endet.

Nach herrschender Rechtsauffassung gelten die

<table>
<tr><td>①</td><td>acht Wochen volles Lehrlingseinkommen</td><td rowspan="2">für eine oder mehrere Erkrankungen innerhalb eines Lehrjahrs;</td><td rowspan="2">Grundanspruch</td></tr>
<tr><td>②</td><td>vier Wochen Teilentgelt</td></tr>
<tr><td>③</td><td>drei Tage volles Lehrlingseinkommen</td><td>für die ersten drei Tage (Kalendertage!) jeder weiteren Erkrankung nach Ausschöpfung des Anspruchs nach Abs. 1 und 2;</td><td rowspan="2">Dieser Anspruch steht nach Ausschöpfung des „Grundanspruchs“ immer ereignisbezogen für jeden einzelnen weiteren Krankenstand innerhalb eines Lehrjahrs zu</td></tr>
<tr><td>④</td><td>sechs Wochen Teilentgelt</td><td>für jede weitere Erkrankung nach Ausschöpfung des Anspruchs nach Abs. 1 und 2;</td></tr>
<tr><td>⑤</td><td>acht Wochen volles Lehrlingseinkommen</td><td colspan="2" rowspan="2">für jede durch einen Arbeitsunfall oder Berufskrankheit erfolgte Arbeitsverhinderung.</td></tr>
<tr><td>⑥</td><td>vier Wochen Teilentgelt</td></tr>
<tr><td>⑦</td><td colspan="3">Das Teilentgelt (der Unterschiedsbetrag) kann erst ermittelt werden, wenn die Höhe des aus der gesetzlichen Krankenversicherung gebührenden Krankengelds (→ 25.1.3.1.) dem Lehrberechtigten vom Lehrling bekannt gegeben wurde. Die Höhe des Krankengelds kann aber auch über die Website der Österreichischen Gesundheitskasse ermittelt werden.</td></tr>
</table>

	Dem BAG lässt sich nicht entnehmen, ob es sich beim **Unterschiedsbetrag** zwischen dem vollen Lehrlingseinkommen und dem gebührenden Krankengeld um eine Brutto- oder Nettodifferenz handelt. Da diesbezüglich noch keine Rechtsprechung vorliegt, sind beide Varianten rechtlich gesehen vertretbar. Lt. Prof. Dr. Schrank (Arbeits- und Sozialversicherungsrecht) ist von einer Nettodifferenz auszugehen. Erhält der Lehrling **kein Krankengeld** (für die ersten drei Krankheitstage oder wenn das Krankengeld gem. § 142 Abs. 1 ASVG versagt wird), ist ein fiktives (angenommenes) Krankengeld anzusetzen und von diesem der Unterschiedsbetrag zum vollen Lehrlingseinkommen zu errechnen (Dr. W. Adametz, Kommentar zum EFZG, 2. ErgLfg IX/76). Ob diese Art der Unterschiedsberechnung auch im Fall der ersten drei Krankheitstage anzuwenden ist oder letztlich nur im Fall des Versagens des Krankengelds, wird in der Lehre unterschiedlich dargestellt. Auch in diesem Fall liegt einschlägige Judikatur nicht vor. Eine allfällige Trinkgeldpauschale ist nicht zu berücksichtigen, da diese kein arbeitsrechtliches Entgelt darstellt (Nö. GKK, NÖDIS Nr. 12/September 2018).
⑧	Lt. BAG gelten Folgekrankheiten (anders als lt. EFZG, → 25.2.3.2.) jeweils als neuer und selbstständiger Arbeitsunfall (OGH 26.3.1996, 10 ObS 261/95).

Unter **Lehrjahr** ist das Arbeitsjahr, d.h. der erste arbeitsrechtliche Tag als Lehrling zu verstehen. Dies gilt auch bei verkürzter Lehrzeit aufgrund der Anrechnung von Vorlehrzeiten (Nö. GKK, NÖDIS Nr. 1/Jänner 2019; Nö. GKK, NÖDIS Nr. 12/September 2018).

Der Anspruch auf Entgeltfortzahlung ist

- **nicht von einem allfälligen vorsätzlichen oder grob fahrlässigen Verschulden** des Lehrlings (→ 25.2.3.1.)

abhängig (OGH 26.3.1996, 10 ObS 261/95).

Mit Beginn eines jeden Lehrjahrs entsteht ein Anspruch auf Entgeltfortzahlung, auch wenn der Beginn in einen laufenden Krankenstand fällt.

Der im Gesetz angegebene Wochenanspruch kann sowohl auf Arbeitstage als auch auf Kalendertage umgerechnet werden. In beiden Fällen bemisst sich der Betrag des fortgezahlten Lehrlingseinkommens nach dem sog. **Ausfallprinzip** (→ 25.2.7.3.).

Die Problematik eines (in die Zeit eines Krankenstands fallenden) Feiertags wird im Punkt 25.2.7.4. gesondert behandelt.

Den Lehrberechtigten können **Zuschüsse** aus Mitteln der Unfallversicherung zur teilweisen Vergütung des Aufwands für die Entgeltfortzahlung bei Dienstverhinderungen **durch Krankheit** bzw. **nach Unfällen** geleistet werden. Näheres dazu finden Sie unter Punkt 25.9.

Beispiel 135

Ermittlung der Dauer der Entgeltfortzahlung.

Angaben:

- Ein kaufmännischer Lehrling ist innerhalb eines Lehrjahrs sechsmal krank:
  1. Krankenstand 20 Kalendertage,
  2. Krankenstand 14 Kalendertage,
  3. Krankenstand 30 Kalendertage,
  4. Krankenstand (Kuraufenthalt) 30 Kalendertage,

5. Krankenstand 10 Kalendertage,
6. Krankenstand 60 Kalendertage.

- Die Anzahl der angegebenen Kalendertage beinhaltet keinen Feiertag.
- Alle für die Entgeltfortzahlung notwendigen Voraussetzungen sind erfüllt.

Lösung:

Anspruch gem. § 17a Abs. 1, 2 BAG	Anspruch gem. § 17a Abs. 3 BAG	Anspruch gem. § 17a Abs. 4, 5 BAG
8 Wochen = 56 Kalendertage volles Lehrlingseinkommen	3 Tage = 3 Kalendertage volles Lehrlingseinkommen	8 Wochen = 56 Kalendertage volles Lehrlingseinkommen
4 Wochen = 28 Kalendertage Teilentgelt	6 Wochen = 42 Kalendertage Teilentgelt	4 Wochen = 28 Kalendertage Teilentgelt

	volles Lehrlingseinkommen für	Teilentgelt (Unterschiedsbetrag) für	kein Anspruch für	Anspruch gem.
1. Krankenstand (20 KT)	20 KT*	–	–	§ 17a Abs. 1 BAG
2. Krankenstand (14 KT)	14 KT*	–	–	§ 17a Abs. 1 BAG
3. Krankenstand (30 KT)	22 KT*	8 KT	–	§ 17a Abs. 1 BAG
4. Krankenstand (30 KT)	–	20 KT	10 KT[1117]	§ 17a Abs. 2 BAG
5. Krankenstand (10 KT)	3 KT[1118]	7 KT[1118]	–	§ 17a Abs. 3 BAG
6. Krankenstand (60 KT)	3 KT[1118]	42 KT[1118]	15 KT[1117]	§ 17a Abs. 3 BAG

KT = Kalendertag
*) = 56 KT

Beispiel 136

Ermittlung der Dauer der Entgeltfortzahlung.

Angaben:

- Ein gewerblicher Lehrling ist innerhalb eines Lehrjahrs sechsmal krank:
  1. Krankenstand 42 Arbeitstage[1119],
  2. Krankenstand 17 Arbeitstage[1119],
  3. Krankenstand (Arbeitsunfall) 65 Arbeitstage[1119],
  4. Krankenstand 5 Arbeitstage[1119],

1117 Für diese Tage erhält der Lehrling nur das Krankengeld (→ 25.1.3.1.).

1118 Die Bestimmung des § 17a Abs. 3 BAG kommt nur dann zum Tragen, wenn die Ansprüche nach Abs. 1 und 2 **zur Gänze ausgeschöpft sind und eine weitere Arbeitsverhinderung eintritt**. Die Worte „weitere Arbeitsverhinderung" sind dahingehend auszulegen, dass es sich um eine neuerliche von einer früheren zeitlich getrennten Arbeitsverhinderung handeln muss (Adametz, Kommentar zum EFZG, 2. ErgLfg IX/76). Bei dieser Rechtsansicht handelt es sich um eine reine Wortauslegung. Einschlägige Judikatur liegt nicht vor.

1119 Zum Problem „Werktage – Arbeitstage – Kalendertage" siehe Punkt 25.2.3.3.

5. Krankenstand (Arbeitsunfall) 8 Arbeitstage[1119],
6. Krankenstand 5 Arbeitstage[1119].

- Die Anzahl der angegebenen Arbeitstage beinhaltet keine Feiertage.
- Arbeitszeit: Montag–Freitag.
- Alle für die Entgeltfortzahlung notwendigen Voraussetzungen sind erfüllt.

Lösung:

Anspruch gem. § 17a Abs. 1, 2 BAG	Anspruch gem. § 17a Abs. 3 BAG	Anspruch gem. § 17a Abs. 4, 5 BAG
8 Wochen = 40 Arbeitstage volles Lehrlings-einkommen	3 Tage = 3 Kalendertage (!) volles Lehrlings-einkommen	8 Wochen = 40 Arbeitstage volles Lehrlings-einkommen
4 Wochen = 20 Arbeitstage Teilentgelt	6 Wochen = 30 Arbeitstage Teilentgelt	4 Wochen = 20 Arbeitstage Teilentgelt

	volles Lehrlings-einkommen für	Teilentgelt (Unterschieds-betrag) für	kein Anspruch für	Anspruch gem.
1. Krankenstand (42 AT)	40 AT	2 AT*	–	§ 17a Abs. 1 BAG
2. Krankenstand (17 AT)	–	17 AT*	–	§ 17a Abs. 1 BAG
3. Krankenstand (Arbeitsunfall) (65 AT)	40 AT	20 AT	5 AT[1120]	§ 17a Abs. 4 BAG
4. Krankenstand (5 AT)	–	1 AT*	4 AT[1120]	§ 17a Abs. 1 BAG
5. Krankenstand (Arbeitsunfall) (8 AT)	8 AT	–	–	§ 17a Abs. 4 BAG
6. Krankenstand (5 AT) (Donnerstag–Mittwoch)	3 KT (!)[1120 1121]	3 AT[1120]	–	§ 17a Abs. 3 BAG

AT = Arbeitstag, KT = Kalendertag
*) = 20 AT

Für die Dauer eines Anspruchs auf Krankengeld nach dem ASVG (→ 25.1.3.1.) hat der Lehrberechtigte den **BV-Beitrag** zu entrichten. Näheres dazu finden Sie unter Punkt 36.1.3.3.3.

28.3.8.2. Übertritt in ein Arbeiter- oder Angestelltenverhältnis

Wird ein Lehrling nach Beendigung des Lehrverhältnisses vom Dienstgeber als **Arbeiter** weiter beschäftigt, beginnt der Entgeltfortzahlungsanspruch gem. § 2 EFZG mit dem Zeitpunkt des Übertritts in das Arbeiterdienstverhältnis. Der erste Tag des Arbeiterdienstverhältnisses gilt als erster Tag des Arbeitsjahrs (→ 25.2.3.). Dies gilt auch, wenn die Lehrzeit keine vollen Jahre (z.B. 3 1/2 Jahre) gedauert hat (DVSV-Protokoll, April 2009). Die Lehrjahre werden jedoch als Arbeitsjahre angerechnet (→ 25.2.4.).

1120 Siehe Beispiel 135.
1121 Der Lehrling erhält allerdings volles Lehrlingseinkommen nur für Donnerstag und Freitag.

Wird ein Lehrling nach Beendigung des Lehrverhältnisses vom Dienstgeber als **Angestellter** weiter beschäftigt, beginnt der Entgeltfortzahlungsanspruch gem. § 8 Abs. 1 AngG mit dem Zeitpunkt des Übertritts in das Angestelltendienstverhältnis (OGH 27.5.2020, 8 ObA 31/20x; → 25.3.3.). Ob auf die Dauer eines Angestelltendienstverhältnisses die beim selben Dienstgeber zurückgelegten **unmittelbar vorausgegangenen** Lehrzeiten **anrechenbar** bzw. zu berücksichtigen sind, ist in der Lehre umstritten. Aus der Rechtsprechung des OGH, wonach als „Dienstzeiten" grundsätzlich sämtliche Zeiten des aufrechten Dienstverhältnisses zum selben Arbeitgeber gelten, daher u.a. auch Zeiten als Arbeiter (vgl. auch OGH 28.7.2021, 9 ObA 72/21k), wird in der Literatur überwiegend abgeleitet, dass auch **Lehrzeiten** eines ausgelernten Angestelltenlehrlings bei Übernahme in das Angestelltendienstverhältnis **als Dienstzeit** zu werten sind (noch anderer Ansicht mit Hinweis auf eine Auskunft des BMASGK – Nö. GKK, NÖDIS Nr. 12/September 2018). Unseres Erachtens hat der OGH zu Lehrlingen noch nicht explizit Stellung genommen, sodass die Frage noch nicht abschließend geklärt ist[1122].

Darstellung von Übertritten:

Übertritt in ein Arbeiterverhältnis

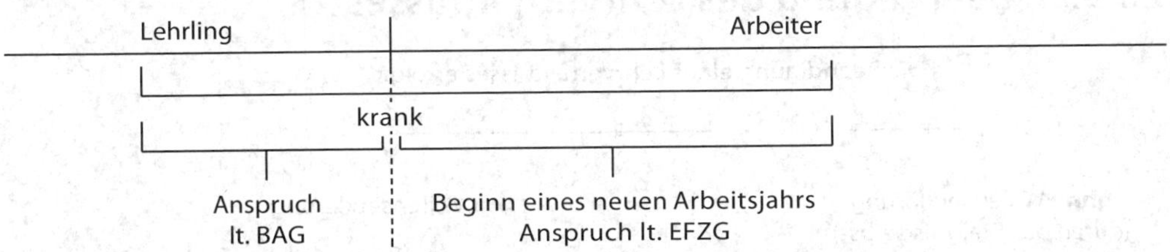

Übertritt in ein Angestelltenverhältnis

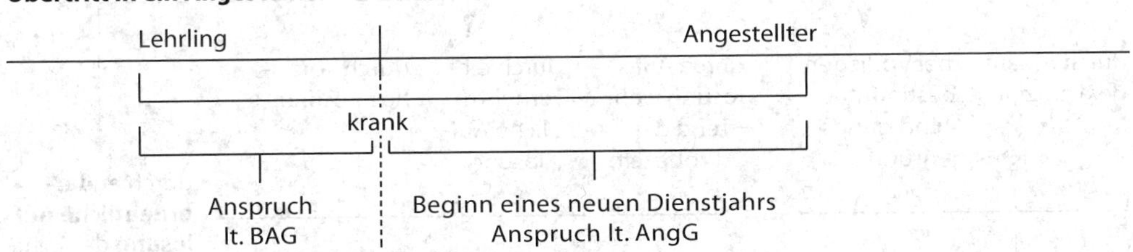

28.3.8.3. Abgabenrechtliche Behandlung des Krankenentgelts

Das Teilentgelt, das Lehrlingen vom Lehrberechtigten zu leisten ist, ist

- unabhängig von der Höhe **beitragsfrei** zu behandeln (§ 49 Abs. 3 Z 22 ASVG).

Die Pflichtversicherung bleibt während der Zeit, in der der Lehrling infolge Krankheit arbeitsunfähig ist (trotz Beitragsfreiheit), aufrecht (E-MVB, 011-01-00-004). Demnach ist der Beitragszeitraum mit 30 Tagen anzusetzen.

1122 Gegen eine Berücksichtigung der Lehrzeiten als „Dienstzeiten" i.S.d. AngG könnte sprechen, dass formell gesehen das Lehrverhältnis vom Dienstverhältnis zu unterscheiden ist und eben kein ununterbrochenes Dienstverhältnis vorliegt. Jedenfalls ändert sich bei Übertritt vom Lehrverhältnis in das Angestelltendienstverhältnis nach der Rechtsprechung des OGH der für das neue Dienstjahr relevante Stichtag. Mit dem Tag des Übertritts in das Angestelltenverhältnis entsteht ein neuer Entgeltfortzahlungsanspruch (nach den Bestimmungen des AngG). Das nächste Dienstjahr beginnt jeweils mit dem Jahrestag des Eintritts in das Angestelltendienstverhältnis (OGH 27.5.2020, 8 ObA 31/20x).

In allen anderen Fällen gelten die unter Punkt 28.3. behandelten abgabenrechtlichen Bestimmungen bezüglich des Lehrlingseinkommens.

Zusammenfassung:

Das Krankenentgelt für Lehrlinge ist wie folgt zu behandeln:

	SV	LSt	DB zum FLAF (→ 37.3.3.3.)	DZ (→ 37.3.4.3.)	KommSt (→ 37.4.1.3.)
volles Krankenentgelt	pflichtig[1123] (als lfd. Bez.)	pflichtig[1124] (als lfd. Bez.)	pflichtig[1125]	pflichtig[1125]	pflichtig[1125]
Teilentgelt	frei				

Hinweis: Bedingt durch die unterschiedlichen Bestimmungen des Abgabenrechts ist das Eingehen auf ev. Sonderfälle nicht möglich. Es ist daher erforderlich, die vorstehenden Erläuterungen zu beachten.

28.3.9. Beendigung des Lehrverhältnisses

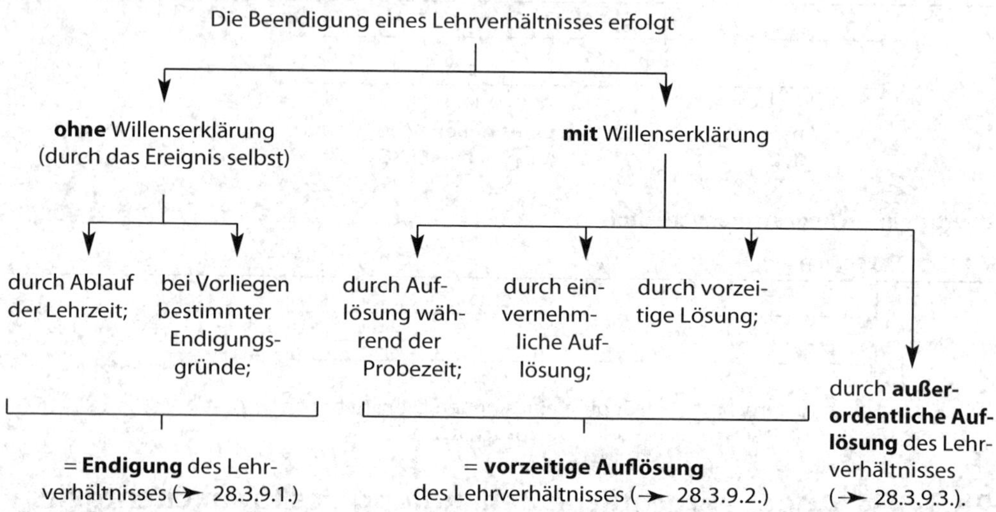

Die Auflösung eines Lehrverhältnisses (bei Vorliegen bestimmter Endigungsgründe, bei vorzeitiger Auflösung wie auch bei außerordentlicher Auflösung) bedarf zur Rechtswirksamkeit der **Schriftform**[1126 1127] (§ 15 Abs. 2 BAG).

28.3.9.1. Endigung durch Zeitablauf bzw. Endigungsgründe

Das Lehrverhältnis endet **mit Ablauf** der im Lehrvertrag vereinbarten Dauer **der Lehrzeit** (das Lehrverhältnis ist daher ein befristetes Vertragsverhältnis).

1123 Ausgenommen davon sind die beitragsfreien Bezüge (→ 21.1.).
1124 Ausgenommen davon sind die lohnsteuerfreien Bezüge (→ 18.3.1.).
1125 Ausgenommen davon ist das Krankenentgelt der begünstigten behinderten Lehrlinge i.S.d. BEinstG (→ 29.2.1.).

Vor Ablauf der vereinbarten Lehrzeit endet das Lehrverhältnis, wenn

a) der Lehrling stirbt[1128];
b) der Lehrberechtigte stirbt und kein Ausbilder[1129] vorhanden ist, es sei denn, dass er ohne unnötigen Aufschub bestellt wird[1128];
c) die Eintragung des Lehrvertrags rechtskräftig verweigert oder die Löschung der Eintragung des Lehrvertrags rechtskräftig verfügt wurde;
d) der Lehrberechtigte nicht mehr zur Ausübung der Tätigkeit befugt ist oder ihm die Ausbildung von Lehrlingen untersagt wird[1128];
e) der Lehrling die Lehrabschlussprüfung erfolgreich ablegt, wobei die Endigung des Lehrverhältnisses mit Ablauf der Woche, in der die Prüfung abgelegt wird, eintritt;
f) ein Asylverfahren des Lehrlings mit einem rechtskräftigen negativen Bescheid beendet wurde (§ 14 Abs. 1, 2 BAG).

28.3.9.2. Vorzeitige Auflösung des Lehrverhältnisses

Neben der Beendigung durch Zeitablauf oder der Beendigung bei Vorliegen bestimmter Endigungsgründe (→ 28.3.9.1.) kann ein Lehrverhältnis auch noch vorzeitig während der **Probezeit**[1130] (→ 28.3.5.), durch **einvernehmliche Lösung**[1130] (→ 32.1.3.) oder bei **Vorliegen bestimmter Gründe**[1130] (→ 28.3.9.2.1., → 28.3.9.2.2.) aufgelöst werden.

1126 Die Auflösung eines Lehrverhältnisses mittels eines **„schlichten" SMS** („Short Message Service", d.h. Kurznachrichten ohne eigenhändige Unterschrift) entspricht nicht dem Schriftlichkeitsgebot des BAG und ist daher rechtsunwirksam (OGH 7.2.2008, 9 ObA 96/07v). Eine „einfache" E-Mail (elektronische Post) ist im Hinblick auf die Schriftformproblematik wie eine „SMS" zu behandeln.
Entschließt sich ein Lehrling, eine formwidrige Auflösung des Lehrverhältnisses (mittels „WhatsApp-Nachricht") in der Probezeit gegen sich gelten zu lassen, wird die relative Nichtigkeit der Auflösung saniert. Es kommt zu einer rechtswirksamen Beendigung und der Lehrling kann aus der Formwidrigkeit keine Ansprüche ableiten (OGH 28.3.2019, 9 ObA 135/18w).

1127 Die schriftliche Auflösungserklärung muss stets dem Lehrling ausgehändigt bzw. zugestellt werden, auch bei minderjährigen Lehrlingen (OGH 8.10.2003, 9 ObA 53/03i). Wurde die Auflösung des Lehrverhältnisses nicht schriftlich erklärt, führt dies grundsätzlich nicht zur Beendigung des Lehrverhältnisses. Der Lehrling kann in diesem Fall entweder
- das Lehrverhältnis fortsetzen oder
- die Auflösung hinnehmen; das unter gleichzeitiger Geltendmachung der Kündigungsentschädigung (wegen unberechtigter Auflösung des Lehrverhältnisses, → 33.4.2.).

Zwar kann der Ausspruch der vorzeitigen Auflösung des Lehrverhältnisses grundsätzlich nur unverzüglich und schriftlich erfolgen, doch kann die (spätere) schriftliche Auflösungserklärung nicht isoliert gesehen werden, wenn bereits vorher eine eindeutige mündliche Auflösungserklärung abgegeben wurde und beide Teile davon ausgegangen sind, dass das Lehrverhältnis beendet wird. Das Nachholen der schriftlichen Erklärung kann in diesem Fall noch rechtzeitig sein (OGH 19.12.2014, 8 ObA 64/14s).

1128 In diesen Fällen hat der Lehrberechtigte der Lehrlingsstelle ohne unnötigen Aufschub, spätestens jedoch **binnen vier Wochen** die Auflösung des Lehrverhältnisses unter Verwendung des dafür aufgelegten Formulars **anzuzeigen** (§ 9 Abs. 9 BAG).
Wird ein Lehrling vom Lehrberechtigten vom Eintritt eines Endigungsgrundes gem. Abs. 2 lit. d nicht unverzüglich informiert, hat dieser gegenüber dem Lehrberechtigten für die Dauer der fortgesetzten Beschäftigung **die gleichen arbeits- und sozialrechtlichen Ansprüche wie aufgrund eines aufrechten Lehrverhältnisses (Arbeitsverhältnis)**. Bei Kenntnis des Lehrlings von der eingetretenen Endigung des Lehrverhältnisses endet dieses Arbeitsverhältnis ex lege. Dem Lehrling steht ein Entschädigungsanspruch entsprechend den auf das Arbeitsverhältnis anzuwendenden Bestimmungen für berechtigten vorzeitigen Austritt zu (§ 14 Abs. 4 BAG).

1129 Der Lehrberechtigte kann die Ausbildung der Lehrlinge selbst durchführen oder diese Aufgabe einem Ausbilder übertragen. Es liegt i.d.R. in seinem Ermessen, Ausbilder zu bestellen (§§ 3, 29a–29h BAG).

1130 Auch bei diesen Lösungsarten ist die Verständigung der Lehrlingsstelle erforderlich (siehe vorstehend).

28.3.9.2.1. Auflösung durch den Lehrberechtigten

Gründe, die den Lehrberechtigten zur vorzeitigen Auflösung des Lehrverhältnisses berechtigen, **liegen u.a. vor**, wenn

- der Lehrling sich eines **Diebstahls**, einer **Veruntreuung** oder einer sonstigen **strafbaren Handlung** schuldig macht, die ihn des Vertrauens des Lehrberechtigten unwürdig macht oder der Lehrling länger als **einen Monat in Haft**, ausgenommen Untersuchungshaft, gehalten wird;
- der Lehrling den Lehrberechtigten, dessen Betriebs- oder Haushaltsangehörige **tätlich oder erheblich wörtlich beleidigt** oder gefährlich bedroht hat oder der Lehrling die Betriebsangehörigen zur **Nichtbefolgung von betrieblichen Anordnungen**, zu **unordentlichem Lebenswandel** oder zu **unsittlichen oder gesetzwidrigen Handlungen** zu verleiten sucht;
- der Lehrling trotz wiederholter Ermahnungen die ihm auf Grund dieses Bundesgesetzes, des Schulpflichtgesetzes oder des Lehrvertrags obliegenden **Pflichten verletzt** oder vernachlässigt;
- der Lehrling ein **Geschäfts- oder Betriebsgeheimnis** anderen Personen **verrät** oder es ohne Zustimmung des Lehrberechtigten verwertet oder einen seiner Ausbildung **abträglichen Nebenerwerb** betreibt oder ohne Einwilligung des Lehrberechtigten **Arbeiten** seines Lehrberufs **für Dritte verrichtet** und dafür ein Entgelt verlangt;
- der Lehrling seinen **Lehrplatz unbefugt verlässt**;
- der Lehrling **unfähig wird, den Lehrberuf zu erlernen**, sofern innerhalb der vereinbarten Lehrzeit die Wiedererlangung dieser Fähigkeit nicht zu erwarten ist;
- der Lehrling einer vereinbarten Ausbildung im Rahmen eines Ausbildungsverbundes infolge erheblicher Pflichtverletzung nicht nachkommt (§ 15 Abs. 3 BAG).

Schematische Darstellung einer vorzeitigen Auflösung des Lehrverhältnisses durch den Lehrberechtigten (siehe sogleich).

Vorzeitige Auflösung des Lehrverhältnisses durch den Lehrberechtigten

- während der Probezeit,
- bei Vorliegen bestimmter Gründe oder
- durch einvernehmliche Lösung.

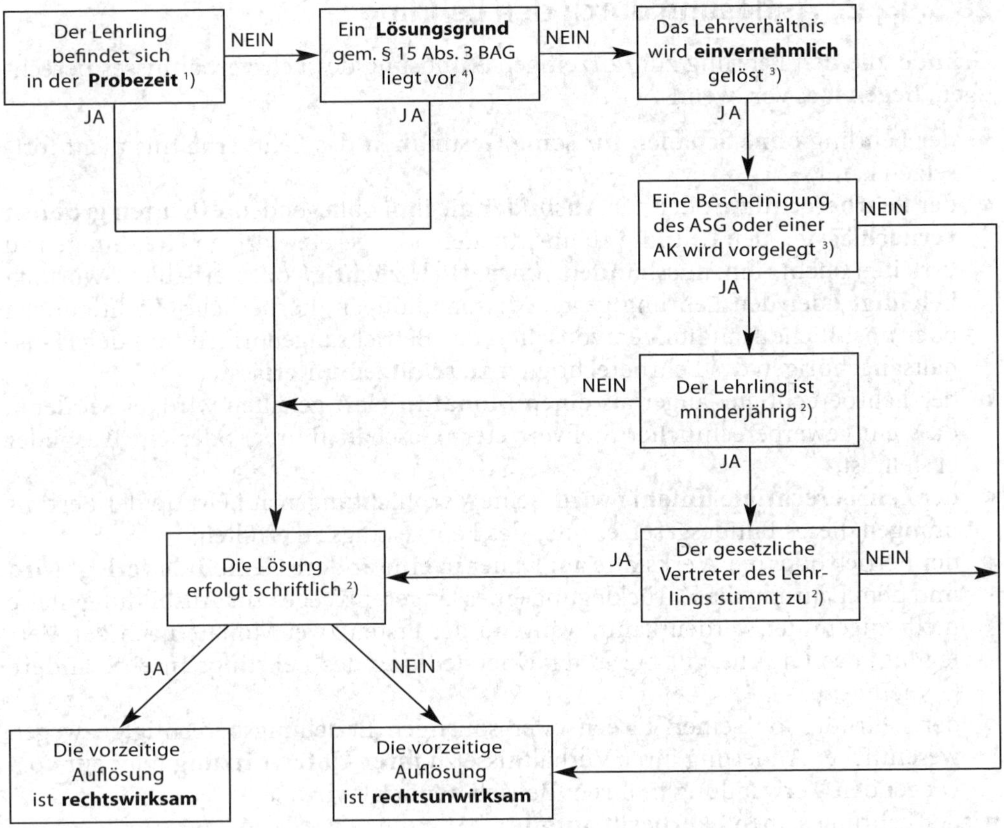

ASG = Arbeits- und Sozialgericht

AK = Kammer für Arbeiter und Angestellte

1) Während der **Probezeit** kann sowohl der Lehrberechtigte als auch der Lehrling das Lehrverhältnis jederzeit einseitig auflösen (§ 15 Abs. 1 BAG) (→ 28.3.5.).

2) Die Auflösung eines Lehrverhältnisses bedarf zur Rechtswirksamkeit der **Schriftform** und bei **minderjährigen Lehrlingen** (→ 4.1.3.) in den Fällen

- der Auflösung während der Probezeit (durch den Lehrling),
- bei Vorliegen von Gründen, die den Lehrling zur vorzeitigen Auflösung berechtigen, und
- bei einvernehmlicher Auflösung

überdies der **Zustimmung** (und somit der Unterschrift) **des gesetzlichen Vertreters**, jedoch keiner vormundschaftsbehördlichen Genehmigung (§ 15 Abs. 2 BAG). Sind beide Elternteile mit der Obsorge betraut, müssen auch beide zustimmen (§ 167 Abs. 2 ABGB).

3) Siehe Seite 1059.

4) (→ 28.3.9.2.1.)

28.3.9.2.2. Auflösung durch den Lehrling

Gründe, die den Lehrling zur vorzeitigen Auflösung des Lehrverhältnisses berechtigen, **liegen u.a. vor**, wenn

- der Lehrling **ohne Schaden für seine Gesundheit** das Lehrverhältnis nicht fortsetzen kann;
- der **Lehrberechtigte** oder der **Ausbilder** die ihm obliegenden **Pflichten gröblich vernachlässigt**, den Lehrling zu unsittlichen oder gesetzwidrigen Handlungen zu verleiten sucht, ihn **misshandelt, körperlich züchtigt** oder erheblich wörtlich **beleidigt** oder den Lehrling gegen Misshandlungen, körperliche Züchtigungen oder unsittliche Handlungen vonseiten der Betriebsangehörigen und der Haushaltsangehörigen des Lehrberechtigten **zu schützen unterlässt**;
- der Lehrberechtigte länger als **einen Monat in Haft** gehalten wird, es sei denn, dass ein gewerberechtlicher Stellvertreter (Geschäftsführer) oder ein Ausbilder bestellt ist;
- der **Lehrberechtigte unfähig wird**, seine Verpflichtungen auf Grund der Bestimmungen dieses Bundesgesetzes oder des Lehrvertrags zu erfüllen;
- der Betrieb oder die Werkstätte auf Dauer **in eine andere Gemeinde verlegt wird** und dem Lehrling die Zurücklegung eines längeren Weges zur Ausbildungsstätte nicht zugemutet werden kann, während der ersten zwei Monate nach der Verlegung; das Gleiche gilt bei einer Übersiedlung des Lehrlings in eine andere Gemeinde;
- der Lehrling von seinen **Eltern** oder sonstigen Erziehungsberechtigten wegen wesentlicher Änderung ihrer Verhältnisse zu **ihrer Unterstützung** oder zur vorwiegenden Verwendung in ihrem Betrieb **benötigt wird**;
- der Lehrling seinen **Lehrberuf aufgibt**;
- dem Lehrling eine vereinbarte Ausbildung im Rahmen eines Ausbildungsverbundes ohne gerechtfertigte Gründe nicht im vorgesehenen Lehrjahr vermittelt wird (§ 15 Abs. 4 BAG).

Schematische Darstellung siehe Seite 1059.

Vorzeitige Auflösung des Lehrverhältnisses durch den Lehrling.

- während der Probezeit (mit eingeschränkter Lösungsmöglichkeit),
- bei Vorliegen bestimmter Gründe oder
- durch einvernehmliche Lösung.

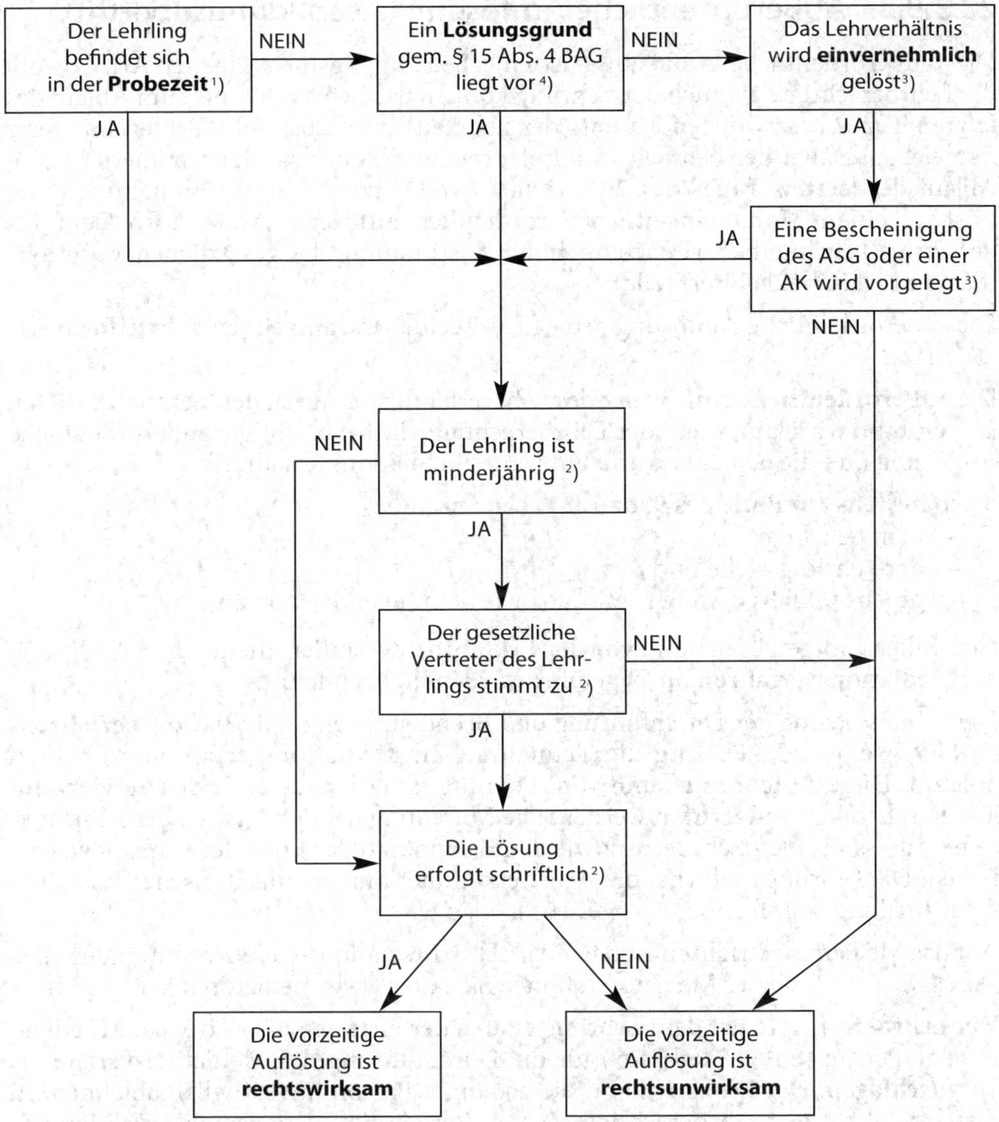

[1]) [2]) Siehe Seite 1057

[3]) Eine **einvernehmliche Auflösung** des Lehrverhältnisses nach Ablauf der Probezeit ist nur dann rechtswirksam, wenn der **schriftlichen Vereinbarung** über die Auflösung überdies eine **Bescheinigung**

- des Arbeits- und Sozialgerichts oder
- einer Kammer für Arbeiter und Angestellte

beigeschlossen ist (§ 15 Abs. 5 BAG) (→ 32.1.3.).

[4]) (→ 28.3.9.2.2).

28.3.9.3. Außerordentliche Auflösung (Ausbildungsübertritt)

Die „außerordentliche Auflösung" ist eine Beendigungsform eigener Art. Sowohl der Lehrberechtigte als auch der Lehrling können das Lehrverhältnis zum Ablauf des **letzten Tages des zwölften Monats** der Lehrzeit[1131] und bei Lehrberufen mit einer festgelegten Dauer der Lehrzeit von drei, dreieinhalb oder vier Jahren überdies zum Ablauf des **letzten Tages des 24. Monats** der Lehrzeit[1131] unter Einhaltung einer Frist von **einem Monat einseitig** außerordentlich **auflösen** (§ 15a Abs. 1 BAG). Der minderjährige Lehrling bedarf dazu auch der Zustimmung des gesetzlichen Vertreters (das sind i.d.R. beide Elternteile).

Die außerordentliche Auflösung bedarf zur Rechtswirksamkeit der **Schriftform** (§ 15 Abs. 2 BAG).

Die **außerordentliche Auflösung** des Lehrverhältnisses durch den Lehrberechtigten ist **nur dann wirksam**, wenn der Lehrberechtigte die beabsichtigte außerordentliche Auflösung und die geplante Aufnahme eines Mediationsverfahrens

- **spätestens am Ende des 9. bzw. 21. Lehrmonats**
  - dem Lehrling,
  - der Lehrlingsstelle und
  - gegebenenfalls dem Betriebsrat sowie dem Jugendvertrauensrat

(schriftlich) mitgeteilt hat und **vor der Erklärung** der außerordentlichen Auflösung ein **Mediationsverfahren** durchgeführt wurde und beendet ist.

Die Voraussetzung der Durchführung und Beendigung eines **Mediationsverfahrens entfällt**, wenn der **Lehrling** die Teilnahme am Mediationsverfahren schriftlich **ablehnt**. Diese **Ablehnung** kann vom Lehrling innerhalb einer **Frist von vierzehn Tagen** schriftlich **widerrufen** werden. Die Mitteilung hat den Namen des Lehrlings, seine Adresse, seinen Lehrberuf sowie den Beginn und das Ende der Lehrzeit zu enthalten. Die Lehrlingsstelle hat die Arbeiterkammer binnen angemessener Frist über die Mitteilung zu informieren (§ 15a Abs. 3 BAG).

Auf das Mediationsverfahren ist das Zivilrechts-Mediations-Gesetz anzuwenden (§ 15a Abs. 4 BAG). Eine Liste der Mediatoren finden Sie unter www.mediatoren.justiz. gv.at.

Der **Lehrberechtigte** hat dem Lehrling eine in der Liste gem. § 8 ZivMediatG eingetragene Person (einen **Mediator**) für die Durchführung des Mediationsverfahrens **vorzuschlagen**. Der Lehrling kann die genannte Person unverzüglich ablehnen. In diesem Fall hat der Lehrberechtigte zwei weitere in der Liste gem. § 8 ZivMediatG eingetragene Personen vorzuschlagen, von denen der Lehrling unverzüglich eine Person auszuwählen hat. Wählt der Lehrling keine Person aus, ist der Erstvorschlag angenommen.

Der **Lehrberechtigte** hat den **Mediator** spätestens am **Ende des 10. Lehrmonats** bzw. am Ende des **22. Lehrmonats** zu **beauftragen** (§ 15a Abs. 5 BAG).

In die Mediation sind

- der Lehrberechtigte,
- der Lehrling,

1131 Dabei handelt es sich um die für den jeweiligen Lehrberuf geltende Lehrzeit, nicht um die individuell-konkrete Dauer des Lehrverhältnisses (OGH 29.4.2015, 9 ObA 38/15a).

- bei dessen Minderjährigkeit auch der gesetzliche Vertreter (i.d.R. beide Elternteile) und
- auf Verlangen des Lehrlings auch eine Person seines Vertrauens

einzubeziehen.

Zweck der Mediation ist es, die Problemlage für die Beteiligten nachvollziehbar darzustellen und zu erörtern, ob und unter welchen Voraussetzungen eine Fortsetzung des Lehrverhältnisses möglich ist. Die **Kosten** des Mediationsverfahrens hat der **Lehrberechtigte zu tragen** (§ 15a Abs. 5 BAG).

Das **Mediationsverfahren ist beendet**, wenn ein Ergebnis erzielt wurde. Als Ergebnis gilt

- die Bereitschaft des Lehrberechtigten zur Fortsetzung des Lehrverhältnisses oder
- die Erklärung des Lehrlings, nicht weiter auf der Fortsetzung des Lehrverhältnisses zu bestehen.

Das Mediationsverfahren ist auch beendet, wenn der Mediator die Mediation für beendet erklärt. Das Mediationsverfahren endet **jedenfalls mit Beginn des fünften Werktags vor Ablauf des 11. bzw. 23. Lehrmonats**, sofern zumindest ein Mediationsgespräch unter Beteiligung des Lehrberechtigten oder in dessen Vertretung einer mit der Ausbildung des Lehrlings betrauten Person stattgefunden hat (§ 15a Abs. 6 BAG).

Im Fall der **Auflösung hat der Lehrberechtigte** der Lehrlingsstelle die Erklärung der außerordentlichen Auflösung des Lehrverhältnisses **unverzüglich (schriftlich) mitzuteilen**[1132]. Die Lehrlingsstelle hat die regionale Geschäftsstelle des Arbeitsmarktservice von der Erklärung der außerordentlichen Auflösung eines Lehrverhältnisses unverzüglich in Kenntnis zu setzen, um einen reibungslosen Ausbildungsübertritt zu gewährleisten (§ 15a Abs. 7 BAG).

Auf die außerordentliche Auflösung durch den Lehrberechtigten ist der **besondere Kündigungsschutz**

- nach dem Mutterschutzgesetz,
- dem Väter-Karenzgesetz,
- dem Arbeitsplatz-Sicherungsgesetz,
- dem Behinderteneinstellungsgesetz und
- für Mitglieder des Jugendvertrauensrats oder Betriebsrats nach dem Arbeitsverfassungsgesetz (→ 32.2.3.1.)

anzuwenden. Maßgeblich ist der Zeitpunkt der Erklärung der Auflösung (§ 15a Abs. 8 BAG).

Wird das Lehrverhältnis während einer Arbeitsverhinderung wegen Erkrankung, Unfall, Arbeitsunfall oder Berufskrankheit durch den Lehrberechtigten durch außerordentliche Auflösung beendet, besteht Anspruch auf Fortzahlung des Entgelts für die dafür vorgesehene Dauer (→ 28.3.8.), wenngleich das Lehrverhältnis vorher endet (§ 17a Abs. 8 BAG).

Hinweis: Musterformulare und Musterschreiben bezüglich der „Außerordentlichen Auflösung" eines Lehrverhältnisses erhalten Sie bei der zuständigen Lehrlingsstelle.

1132 Die schriftliche Auflösungserklärung muss auch dem Lehrling (auch wenn dieser minderjährig ist) unverzüglich übermittelt werden.

Zusammenfassende Darstellung:

Zeitlicher Ablauf einer außerordentlichen Auflösung durch den Lehrberechtigten:	einzuhaltende Frist:
1. Mitteilung der Auflösungsabsicht an: • den Lehrling • die Lehrlingsstelle • den Betriebsrat/Jugendvertrauensrat	drei Monate vor dem beabsichtigten Endzeitpunkt (§ 15a Abs. 3 BAG)
2. Beauftragung des Mediators	zwei Monate vor dem beabsichtigten Endzeitpunkt (§ 15a Abs. 5 BAG)
3. Ende des Mediationsverfahrens	fünf Werktage vor Beginn der einmonatigen Auflösungsfrist (§ 15a Abs. 6 BAG)
4. Zugang der schriftlichen Auflösungserklärung	ein Monat vor dem beabsichtigten Endzeitpunkt (§ 15a Abs. 1 BAG)
5. Nach dem Zugang der schriftlichen Auflösungserklärung, Mitteilung an die Lehrlingsstelle	unverzüglich (§ 15a Abs. 7 BAG)

Dazu ein **Beispiel:**

Lehrzeitbeginn	1.9.2021
beabsichtigte Auflösung letzter Tag des 1. Lehrjahrs (12. Monats)	31.8.2022
Die Meldung Auflösungsabsicht muss spätestens am in Schriftform vorliegen.	31.5.2022
Der/die Mediator/in muss bis spätestens am nachweislich beauftragt sein.	30.6.2022
Das Mediationsverfahren endet spätestens am	27.7.2022 (0.00 h)
Zugang Auflösungserklärung spätestens am	31.7.2022

28.3.9.4. Lehrzeugnis

Nach Endigung, vorzeitiger Auflösung oder außerordentlicher Auflösung des Lehrverhältnisses hat der Lehrberechtigte **auf eigene Kosten** dem Lehrling ein Zeugnis (Lehrzeugnis) auszustellen.

Dieses Zeugnis muss Angaben über den Lehrberuf und kalendermäßige Angaben über die Dauer des Lehrverhältnisses enthalten; es können auch Angaben über die erworbenen Fertigkeiten und Kenntnisse aufgenommen werden. Angaben, die dem Lehrling das Fortkommen erschweren könnten, sind nicht zulässig.

Das Lehrzeugnis unterliegt **nicht der Gebührenpflicht** (§ 16 Abs. 1, 2 BAG).

28.3.10. Weiterbeschäftigungspflicht

Der Lehrberechtigte ist verpflichtet, den ausgelernten Lehrling **drei Monate im erlernten Beruf weiterzubeschäftigen**[1133]. Die Verpflichtung zur Weiterbeschäftigung besteht jedoch **nur dann**, wenn das Lehrverhältnis durch Zeitablauf endet oder der Lehrling die Lehrabschlussprüfung innerhalb der Lehrzeit erfolgreich abgelegt hat, wobei das Lehrverhältnis mit Ablauf der Woche endet, in der die Prüfung abgelegt wurde (§ 18 Abs. 1 BAG).

Diese Bestimmung enthält eine **einseitige Verpflichtung des Lehrberechtigten**, mit dem ehemaligen Lehrling zumindest für die Weiterbeschäftigungszeit (Behaltezeit) ein Dienstverhältnis in seinem erlernten Beruf abzuschließen.

Hat der Lehrling bei dem Lehrberechtigten die für den Lehrberuf festgesetzte Lehrzeit **bis zur Hälfte** zurückgelegt, so trifft diesen Lehrberechtigten die im Abs. 1 (siehe vorstehend) festgelegte Verpflichtung nur **im halben Ausmaß**. Darüber hinaus trifft den Lehrberechtigten diese Verpflichtung in vollem Ausmaß (§ 18 Abs. 2 BAG).

Wenn z.B. ein Lehrling bis zu eineinhalb Jahre der Lehrzeit (von drei Jahren) bei einem Lehrberechtigten, bei dem er seine Lehrzeit beendet hat, zugebracht hat, dann trifft diesen Lehrberechtigten nur eine Weiterbeschäftigungspflicht von eineinhalb Monaten.

Zu beachten ist, dass verschiedene **Kollektivverträge** Bestimmungen über eine **zeitliche Verlängerung** der gesetzlichen Weiterbeschäftigungspflicht enthalten.

Für die Weiterbeschäftigungszeit kann der Lehrberechtigte mit dem Lehrling ein **befristetes Dienstverhältnis** vereinbaren[1134]; andernfalls gilt die Zeit nach dem Lehrverhältnisende als ein **unbefristetes Dienstverhältnis**. Bei Ausspruch einer Dienstgeberkündigung kann dieses unbefristete Dienstverhältnis frühestens zum Ende der Weiterbeschäftigungszeit gelöst werden[1135]. Während der Weiterbeschäftigungszeit kann das (befristete oder unbefristete) Dienstverhältnis auch rechtswirksam jederzeit durch einvernehmliche Lösung (→ 32.1.3.), Entlassung (→ 32.1.5.) bzw. durch vorzeitigen Austritt (→ 32.1.6.) beendet werden.

Liegt während der Behaltezeit eine **Schutzfrist** (vor bzw. nach der Geburt) vor (→ 27.1.3.) oder beginnt während der Behaltezeit eine **Karenz** nach dem MSchG bzw. VKG bzw. eine **Teilzeitbeschäftigung** nach dem MSchG bzw. VKG (→ 27.1.4.), wird der Ablauf der Behaltezeit grundsätzlich **nicht gehemmt**.

Bei einem **unbefristeten Dienstverhältnis** kommt der besondere **Kündigungs- und Entlassungsschutz** nach dem MSchG bzw. VKG (→ 32.2.3.) zum Tragen.

1133 Aus wirtschaftlichen Gründen kann dem Lehrberechtigten die **Weiterbeschäftigungszeit erlassen** oder die **Bewilligung zur Kündigung erteilt werden**. Die Entscheidung über den bei der zuständigen Wirtschaftskammer einzureichenden Antrag, der entsprechend zu begründen ist, wird von Wirtschaftskammer und Arbeiterkammer gemeinsam getroffen (§ 18 Abs. 3 BAG). Der Antrag auf Erlassung der Weiterbeschäftigungspflicht muss jedoch zeitlich vor Ende des Lehrverhältnisses gestellt werden, sodass die Entscheidung noch rechtzeitig vor dem Entstehen der Weiterbeschäftigungspflicht getroffen werden kann (OGH 25.11.2020, 9 ObA 78/20s).

1134 Entweder schon bei Abschluss des Lehrvertrags, oder während der Lehrzeit, oder mit Beginn der Weiterbeschäftigungszeit.

1135 Falls keine Befristung vereinbart wurde und der Dienstgeber das Dienstverhältnis zum erstmöglichen Zeitpunkt beenden will, so ist es zulässig, noch während der Weiterbeschäftigungszeit zu kündigen, sodass die Kündigungsfrist in die Weiterbeschäftigungszeit fällt. Es muss lediglich die komplette Weiterbeschäftigungszeit erfüllt werden (OGH 12.10.1994, 9 ObA 187/94). Allerdings ist zu beachten, ob sonstige Kündigungsschutzbestimmungen (z.B. wegen Schwangerschaft oder Präsenzdienst) vorliegen. Auch der allgemeine Kündigungsschutz ist anwendbar (vgl. OGH 24.6.2021, 9 ObA 48/21f).

Falls ein **befristetes Dienstverhältnis** vorliegt, ist gem. MSchG Nachstehendes zu beachten: Der Ablauf von befristeten Dienstverhältnissen, die vor Antritt der Schutzfrist enden würden, wird bis zum Beginn der Schutzfrist gehemmt, wenn die Befristung sachlich nicht gerechtfertigt ist (§ 10a MSchG). Die Behaltezeit als solche stellt für sich allein keinen sachlich gerechtfertigten Grund für den Entfall der Ablaufhemmung dar (OGH 2.3.2007, 9 ObA 10/06w).

Liegt das vereinbarte **Ende der Befristung** (= Ende der Behaltezeit) **vor Beginn** der Schutzfrist,

- endet danach das Dienstverhältnis nicht zum vereinbarten Endtermin, sondern mit dem Beginn der Schutzfrist (= Fristablaufhemmung nach dem MSchG).

Liegt das vereinbarte **Ende der Befristung nach dem Beginn** der Schutzfrist,

- läuft das Dienstverhältnis ganz normal mit Fristablauf (= Ende der Behaltezeit) aus.

Endet das Lehrverhältnis durch Ablegen der Lehrabschlussprüfung während einer Karenz, wird der Ablauf der Weiterbeschäftigungszeit durch die Karenz nicht gehemmt (OGH 28.11.2017, 9 ObA 99/17z).

Beginnt während der Weiterbeschäftigungszeit ein **Präsenz-, Ausbildungs- oder Zivildienst** des ausgelernten Lehrlings, wird der Ablauf der Weiterbeschäftigungszeit **gehemmt** (§ 6 Abs. 1 APSG). Gleiches gilt bei Ausübung des Mandats eines Jugendvertrauensrats (→ 11.7.1.). Das heißt, der Ablauf der Weiterbeschäftigungszeit wird unterbrochen und die fehlende Zeit muss an das Ende des Präsenz-, Ausbildungs- bzw. Zivildienstes angeschlossen werden. Diese Fristablaufhemmung (sog. „Fortlaufhemmung") gilt sowohl für befristete als auch für unbefristete Dienstverhältnisse (OGH 10.12.1985, 4 Ob 161/85) (→ 27.1.6.).

Einen Artikel über Spezialfragen zur Weiterbeschäftigungszeit bei Lehrlingen finden Sie in der *PVInfo* 8/2009 und 9/2009, Linde Verlag Wien.

Informationen über die Übermittlung eines **Lohnzettels** nach Beendigung eines Lehrverhältnisses und Begründung eines neuen Dienstverhältnisses (gegebenenfalls für die Dauer der Behaltezeit) finden Sie unter Punkt 35.1.

28.3.11. Sonstige Bestimmungen

28.3.11.1. Überblicksmäßige Darstellung

Neben den bisher erläuterten Bestimmungen enthält das BAG noch genaue Regelungen über

- die Ziele der Berufsausbildung – Qualitätsmanagement (§ 1a BAG),
- das erstmalige Ausbilden von Lehrlingen (§ 3a Abs. 1–3 BAG),
- das Verbot des Ausbildens von Lehrlingen (§ 4 Abs. 1–10 BAG),
- die Dauer der Lehrzeit (§ 6 Abs. 1–4 BAG),
- die Ausbildungsvorschriften (§ 8 Abs. 1–7 BAG),
- die Ausbildungsversuche (§ 8a Abs. 1–8 BAG),
- die Pflichten des Lehrberechtigten (§ 9 Abs. 1–10 BAG) (→ 28.3.11.2.),
- die Pflichten des Lehrlings (§ 10 Abs. 1–3 BAG),

- die Pflichten der Eltern oder der sonstigen Erziehungsberechtigten (§ 11 BAG),
- die Lehrabschlussprüfung (§§ 21–28 BAG)

u.a.m.

28.3.11.2. Internatskostenübernahme – Prüfungstaxe

Eine auch die Personalverrechnung betreffende Pflicht des Lehrberechtigten stellt die **Übernahme der Internatskosten** dar. Das BAG bestimmt dazu:

Die Lehrberechtigten haben die Kosten der Unterbringung und Verpflegung, die durch den Aufenthalt der Lehrlinge in einem für die Schüler der Berufsschule bestimmten Schülerheim zur Erfüllung der Berufsschulpflicht entstehen (Internatskosten), zu tragen. Bei Unterbringung in einem anderen Quartier sind ebenso die bei Unterbringung in einem Schülerheim entsprechenden Kosten zu tragen. Der Lehrberechtigte (ausgenommen Lehrberechtigte beim Bund, bei einem Land, einer Gemeinde oder einem Gemeindeverband) kann einen **Ersatz dieser Kosten** bei der für ihn zuständigen **Lehrlingsstelle** beantragen (§ 9 Abs. 5 BAG).

Beitragsfrei ist auch der Ersatz der **Prüfungstaxe**, die dem Lehrling im Fall des erstmaligen Antretens zur Lehrabschlussprüfung während der Lehrzeit oder während der Zeit der Weiterbeschäftigung nach Abschluss der Lehrzeit vom Lehrberechtigten zu ersetzen ist. Die Beitragsfreiheit ist mit den tatsächlich anfallenden Kosten begrenzt (Nö. GKK, DGservice Juni 2012).

Internatskostenübernahmen und Prüfungstaxen sind von allen **Lohnabgaben** befreit (→ 45.).

Da sich die lohnsteuerliche Befreiungsbestimmung aus § 26 Z 3 EStG (→ 21.3.) ergibt, ist es aus abgabenrechtlicher Sicht nicht notwendig, die abgabenfreien Internatskostenübernahmen bzw. Prüfungstaxen über die Personalverrechnung laufen zu lassen (→ 10.1.2.1.).

28.4. Abgabenrechtliche Behandlung des Lehrlingseinkommens

28.4.1. Sozialversicherung

28.4.1.1. Sonderheiten für Lehrlinge

Das Lehrlingseinkommen (und alle anderen beitragspflichtigen Bezugsbestandteile) erfahren bei der Berechnung der Sozialversicherungsbeiträge **teilweise** gesonderte Behandlungen, die den nachstehenden Aufstellungen zu entnehmen sind:

Hinweis: Die Ausführungen gelten für Lehrverhältnisse, die nach dem 31.12.2015 begonnen haben. Zu Lehrverhältnissen, die vor dem 1.1.2016 begonnen haben, siehe die Ausführungen in der 31. Auflage dieses Buchs.

Arbeitslosenversicherung		Die Beitragspflicht besteht für die **gesamte Lehrzeit** (§ 1 Abs. 1 AlVG). Der Beitragssatz beträgt 2,4% und ist je zur Hälfte vom Lehrling ① und vom Lehrberechtigten zu tragen (§ 2 Abs. 1 und Abs. 3 AMPFG).

Kranken-versicherung		Die Beitragspflicht besteht für die **gesamte Lehrzeit** (§ 57a ASVG entfällt für Lehrverhältnisse, die seit dem 1.1.2016 begonnen haben).
Unfall-versicherung		Für den Lehrling ist für die gesamte Dauer der Lehrzeit **kein** Unfallversicherungsbeitrag zu entrichten (§ 51 Abs. 6 ASVG).
Pensions-versicherung		Die Beitragspflicht besteht **ab Beginn des ersten Lehrjahrs**. Der Beitrag wird, ungleich geteilt, vom Lehrling und **vom Lehrberechtigten** getragen (§§ 51 Abs. 3, 54 Abs. 3 ASVG).
Arbeiter-kammerumlage		Der Lehrling ist von der Entrichtung der Arbeiterkammer-umlage **befreit** (§ 17 Abs. 2 AKG).
Wohnbauför-derungsbeitrag		Der Lehrling und der Lehrberechtigte sind von der Entrichtung des Wohnbauförderungsbeitrags **befreit** (§ 1 Abs. 2 Z 1 WFG 2018).
IE-Zuschlag		Der Lehrberechtigte hat den Zuschlag **nicht zu entrichten** (§ 12 Abs. 1 IESG).

= Unterschiede gegenüber der beitragsrechtlichen Behandlung von Arbeitern und Angestellten (vgl. → 11.4.1.).

IE = Insolvenzentgeltsicherungsgesetzzuschlag

① Bei **geringem Entgelt** (Lehrlingseinkommen) **vermindert** sich der Arbeitslosenversicherungsbeitrag des Lehrlings. Der zu tragende Anteil beträgt bei einem (monatlichen) sv-pflichtigen Entgelt

- bis € 1.828,00 0%,
- über € 1.828,00 bis € 1.994,00 1%,
- über € 1.994,00 1,2% (§ 2a Abs. 1 AMPFG).

Die Rückverrechnung erfolgt über Abschläge im Tarifsystem (→ 11.5.).

Legt der Lehrling die **Lehrabschlussprüfung vor Ablauf** der vereinbarten Lehrzeit erfolgreich ab, dann endet das Lehrverhältnis mit dem Ablauf der Woche (Sonntag), in der die Prüfung abgelegt wurde.

Legt der Lehrling die **Lehrabschlussprüfung erst nach Ablauf** der vereinbarten Lehrzeit ab, so endet die Pflichtversicherung als Lehrling – unabhängig vom Zeitpunkt der Prüfung – mit dem Ende der im Lehrvertrag vereinbarten Dauer der Lehrzeit (E-MVB, 011-01-00-004).

28.4.1.2. Abrechnungsverfahren

Die Sozialversicherungsbeiträge der Lehrlinge sind, so wie die Beiträge der Arbeiter und Angestellten, mit dem jeweiligen Träger der Krankenversicherung entweder nach dem:

Selbstabrechnungsverfahren oder **Vorschreibeverfahren**

abzurechnen.

28.4.1.2.1. Selbstabrechnungsverfahren

Die Ermittlung der Beiträge erfolgt auf Grund gegebener **Prozentsätze**. Die normalerweise zu berücksichtigende Höchstbeitragsgrundlage ist, bedingt durch die geringe Höhe des Lehrlingseinkommens, nicht zu beachten.

Da für Lehrlinge die Arbeiterkammerumlage und der Wohnbauförderungsbeitrag nicht zu entrichten sind, gibt es **keinen Unterschied** bei der Ermittlung der Sozialversicherungsbeiträge **zwischen einem laufenden Lehrlingseinkommen und einer Sonderzahlung**.

Die Prozentsätze sind nachstehenden Tabellen zu entnehmen (siehe unten und die Folgeseiten).

28.4.1.2.2. Vorschreibeverfahren

Dieses Verfahren bezeichnet man deshalb als Vorschreibeverfahren, weil dem Lehrberechtigten im Rahmen der außerbetrieblichen Abrechnung (→ 37.2.2.) die **Gesamtbeiträge** nach Ablauf eines Beitragszeitraums vom Träger der Krankenversicherung **vorgeschrieben** werden.

Die Ermittlung des Lehrlingsanteils erfolgt analog zum Selbstabrechnungsverfahren (→ 28.4.1.2.1.)

Beschäftigtengruppen und Beitragssätze für Lehrlinge:

Standard-Tarifgruppenverrechnung																		
Beschäftigtengruppen	GES	DG-Anteil	DN-Anteil	KV		UV	PV		AV		AK		LK		WF		IE	
				GES	DN/Lg.	DG	GES	DN/Lg.	GES	DN/Lg.	GES	DN/Lg.	GES	DN/Lg.	GES	DN/Lg.	GES	DG
Angestelltenlehrlinge	28,55	15,43	13,12	3,35	1,67	–	22,80	10,25	2,40	1,20	–	–	–	–	–	–	–	–
Arbeiterlehrlinge	28,55	15,43	13,12	3,35	1,67	–	22,80	10,25	2,40	1,20	–	–	–	–	–	–	–	–
L+F Arbeiterlehrling	28,55	15,43	13,12	3,35	1,67	–	22,80	10,25	2,40	1,20	–	–	–	–	–	–	–	–
L+F Arbeiterlehrling (LK)	29,30	15,43	13,87	3,35	1,67	–	22,80	10,25	2,40	1,20	–	–	0,75	0,75	–	–	–	–

GES = Gesamt

Standard-Tarifgruppenverrechnung	KV, UV, PV, AV, AK/LK, WF, IE
Standard-Tarifgruppenverrechnung – Sonderzahlung	KV, UV, PV, AV, keine AK und keine WF; keine LK mit Ausnahme in Kärnten
Standard-Tarifgruppenverrechnung – unbezahlter Urlaub	Versicherte trägt KV, UV, PV und AV zur Gänze; AK, LK*, WF und BV entfallen (* in der Steiermark und in Kärnten ist die LK vom DN zu leisten); IE ist weiterhin vom DG zu leisten

Weitere Umlagen/Nebenbeiträge	
Schlechtwetterentschädigung	1,40 % (0,70 % DN/Lg. und 0,70 % DG) Gewerbliche Lehrlinge mit einer Doppellehre sind vom Geltungsbereich des Bauarbeiter-Schlechtwetterentschädigungsgesetzes (BSchEG) ausgenommen, wenn nur einer der beiden Lehrberufe in dessen Geltungsbereich fällt.
Nachtschwerarbeits-Beitrag	3,80 % (DG) sofern die arbeitsrechtlichen Voraussetzungen für Nachtschwerarbeit vorliegen. Dies gilt ebenso für Lehrlinge!
Betriebliche Vorsorge	1,53 % (DG)

Auszüge aus dem Tarifsystem des DVSV (www.gesundheitskasse.at)

Angestelltenlehrlinge	Hinweise	Anmerkung:
Angestelltenlehrlinge Angestelltenlehrlinge	PV-Beitrag gem. § 51 Abs. 1 Z 3 iVm Abs. 3 Z 2 ASVG KV-Beitrag gem. § 51 Abs. 1 Z 1 lit. g iVm Abs. 3 Z 1 lit. d ASVG AV-Beitrag gem. § 2 Abs. 1 AMPFG NB: NB gem. Art. XI Abs. 3 NSchG	Gültig ab: 01.01.2022 Für die Ergänzungen, Zu- und Abschläge sind die Erläuterungen im Anhang zu beachten.

Bezeichnung	Anteil	SV-Beiträge in %					Nebenbeiträge in %							Gesamt-beitragssatz
		AV	KV	PV	UV	Summe	AK	LK	WF	SW	IE	NB	Summe	
Angestelltenlehrlinge (Ang. Lg.)	Gesamt	2,40	3,35	22,80	-	**28,55**	-	-	-	-	-	-	**0,00**	**28,55**
	DN	1,20	1,67	10,25	-	13,12	-	-	-	-	-	-	0,00	13,12
	DG	1,20	1,68	12,55	-	15,43	-	-	-	-	-	-	0,00	15,43
Angestelltenlehrlinge/ Nachtschwerarbeitsbeitrag (Ang. Lg./NB)	Gesamt	2,40	3,35	22,80	-	**28,55**	-	-	-	-	-	3,80	**3,80**	**32,35**
	DN	1,20	1,67	10,25	-	13,12	-	-	-	-	-	0,00	0,00	13,12
	DG	1,20	1,68	12,55	-	15,43	-	-	-	-	-	3,80	3,80	19,23

Zuschläge	Serviceentg.	BV
Ang. Lg.	+12,95 €	+1,53 %
Ang. Lg./NB	+12,95 €	+1,53 %

Abschläge	Entf. AV (Lg. SF)	Mind. AV 0,2% (Lg.)	Mind. AV 1,2% (Lg.)
Ang. Lg.	-2,40 %	-0,20 %	-1,20 %
Ang. Lg./NB	-2,40 %	-0,20 %	-1,20 %

Arbeiterlehrlinge

Arbeiterlehrlinge

Hinweise

PV-Beitrag gem. § 51 Abs. 1 Z 3 iVm Abs. 3 Z 2 ASVG
KV-Beitrag gem. § 51 Abs. 1 Z 1 lit. g iVm Abs. 3 Z 1 lit. d ASVG
AV-Beitrag gem. § 2 Abs. 1 AMPFG

NB: NB gem. Art. XI Abs. 3 NSchG
SW: SW gem. § 12 Abs. 2 BSchEG

Anmerkung:

Gültig ab: 01.01.2022

Für die Ergänzungen, Zu- und Abschläge sind die Erläuterungen im Anhang zu beachten.

Bezeichnung	Anteil	SV-Beiträge in %					Nebenbeiträge in %							Gesamt-beitragssatz
		AV	KV	PV	UV	Summe	AK	LK	WF	SW	IE	NB	Summe	
Arbeiterlehrlinge (Arb. Lg.)	Gesamt	2,40	3,35	22,80	-	**28,55**	-	-	-	-	-	-	**0,00**	**28,55**
	DN	1,20	1,67	10,25	-	13,12	-	-	-	-	-	-	0,00	13,12
	DG	1,20	1,68	12,55	-	15,43	-	-	-	-	-	-	0,00	15,43
Arbeiterlehrlinge/ Nachtschwerarbeitsbeitrag (Arb. Lg./NB)	Gesamt	2,40	3,35	22,80	-	**28,55**	-	-	-	-	-	3,80	**3,80**	**32,35**
	DN	1,20	1,67	10,25	-	13,12	-	-	-	-	-	0,00	0,00	13,12
	DG	1,20	1,68	12,55	-	15,43	-	-	-	-	-	3,80	3,80	19,23
Arbeiterlehrlinge/ Nachtschwerarbeitsbeitrag/ Schlechtwetterentschädigung (Arb. Lg./NB/SW)	Gesamt	2,40	3,35	22,80	-	**28,55**	-	-	-	1,40	-	3,80	**5,20**	**33,75**
	DN	1,20	1,67	10,25	-	13,12	-	-	-	0,70	-	0,00	0,70	13,82
	DG	1,20	1,68	12,55	-	15,43	-	-	-	0,70	-	3,80	4,50	19,93
Arbeiterlehrlinge/ Schlechtwetterentschädigung (Arb. Lg./SW)	Gesamt	2,40	3,35	22,80	-	**28,55**	-	-	-	1,40	-	-	**1,40**	**29,95**
	DN	1,20	1,67	10,25	-	13,12	-	-	-	0,70	-	-	0,70	13,82
	DG	1,20	1,68	12,55	-	15,43	-	-	-	0,70	-	-	0,70	16,13

Zuschläge	KV-Beitr. SW-Entsch.(Lg.)	Serviceentg.	BV
Arb. Lg.		+12,95 €	+1,53 %
Arb. Lg /NB		+12,95 €	+1,53 %
Arb. Lg./NB/SW	+3,35 %	+12,95 €	+1,53 %
Arb. Lg./SW	+3,35 %	+12,95 €	+1,53 %

Abschläge	Entf. AV (Lg. SF)	Mind. AV 0,2% (Lg.)	Mind. AV 1,2% (Lg.)	SW Red Kurz
Arb. Lg.	-2,40 %	-0,20 %	-1,20 %	
Arb. Lg./NB	-2,40 %	-0,20 %	-1,20 %	
Arb. Lg./NB/SW	-2,40 %	-0,20 %	-1,20 %	-1,40 %
Arb. Lg./SW	-2,40 %	-0,20 %	-1,20 %	-1,40 %

Monatliche Beitragsgrundlagenmeldung:

Bei untermonatigen Änderungen der Tarifgruppe ist die mBGM „tarifgruppenkonform“ zu erstellen. Endet z. B. ein Lehrverhältnis untermonatig und erfolgt die Weiterbeschäftigung als Arbeiter, sind auf der zu erstattenden mBGM zwei Tarifgruppen – nämlich jene für Arbeiterlehrlinge und Arbeiter – auszuweisen. Aufgrund des Verrechnungswechsels sind auf der mBGM zwei Tarifblöcke (→ 39.1.1.1.3.) notwendig.

28.4.2. Lohnsteuer

Lehrlinge sind Arbeitnehmer i.S.d. EStG. Daher stellen Lehrlingseinkommen (und alle anderen steuerbaren Bezugsbestandteile) **Einkünfte aus nicht selbstständiger Arbeit** (→ 7.5.) dar und werden als solche versteuert. Bedingt durch die geringe Höhe des Lehrlingseinkommens erreichen diese aber kaum die Besteuerungsuntergrenzen. Erwähnenswert ist die unter Punkt 15.6.5. angeführte SV-Rückerstattung, die bei Lehrlingen i.d.R. zu tragen kommen wird.

Lehrlingen, die für die Fahrt zum Arbeitsplatz eine **Lehrlingsfreifahrt** erhalten, steht **kein Pendlerpauschale** (und damit auch kein Pendlereuro) zu. Für diese Fahrten entstehen lediglich Kosten in der Höhe des Selbstbehalts. Diese Kosten stellen Werbungskosten dar und können im Zuge der Arbeitnehmerveranlagung (→ 15.2.) als Werbungskosten berücksichtigt werden (LStR 2002 – Beispielsammlung, Rz 10271).

Kann der Lehrling keine Lehrlingsfreifahrt in Anspruch nehmen, weil z.B. zwischen Wohnort und Arbeitsstätte kein öffentliches Verkehrsmittel verkehrt, steht diesem gegebenenfalls das Große Pendlerpauschale (und damit auch der Pendlereuro) zu (→ 14.2.).

28.4.3. Zusammenfassung

Laufende Bezüge (ohne Zulagen und Zuschläge gem. § 68 EStG, → 18.4.) der

	SV	LSt	DB zum FLAF (→ 37.3.3.3.)	DZ (→ 37.3.4.3.)	KommSt (→ 37.4.1.3.)
Lehrlinge sind	pflichtig[1136]	pflichtig[1137 1138]	pflichtig [1138 1139 1140]	pflichtig [1138 1139 1140]	pflichtig [1138 1139 1140 1141]

zu behandeln.

Die Zusammenfassung z.B. der Sonderzahlungen siehe unter dem jeweiligen Punkt.

Hinweis: Bedingt durch die unterschiedlichen Bestimmungen des Abgabenrechts ist das Eingehen auf ev. Sonderfälle nicht möglich. Es ist daher erforderlich, die vorstehenden Erläuterungen zu beachten.

1136 Ausgenommen davon sind die beitragsfreien Bezüge (→ 21.1.).
1137 Ausgenommen davon sind die lohnsteuerfreien Bezüge (→ 21.2.).
1138 Ausgenommen davon sind die nicht steuerbaren Bezüge (→ 21.3.).
1139 Ausgenommen davon sind einige lohnsteuerfreie Bezüge (→ 37.3.3.3., → 37.4.1.3.).
1140 Ausgenommen davon sind die laufenden Bezüge der begünstigten behinderten Lehrlinge i.S.d. BEinstG (→ 29.2.1.).
1141 Manche Gemeinden verzichten hinsichtlich des Lehrlingseinkommens auf das Hineinrechnen dieser in die Bemessungsgrundlage.

29. Behinderte

In diesem Kapitel werden u.a. Antworten auf folgende praxisrelevanten Fragestellungen gegeben:

29.1. Rechtsgrundlage

Rechtsgrundlage ist das **Behinderteneinstellungsgesetz** (BEinstG), Bundesgesetz vom 27. September 1988, BGBl 1988/721, in der jeweils geltenden Fassung.

1. Die **Zugehörigkeit** zum Personenkreis der begünstigten Behinderten i.S.d. BEinstG **erlischt mit Ablauf des dritten Monats**, der dem Eintritt der Rechtskraft der Entscheidung folgt, **sofern nicht** der begünstigte Behinderte innerhalb dieser Frist gegenüber dem örtlich zuständigen Bundesamt für Soziales und Behindertenwesen (Sozialministeriumservice) **erklärt, weiterhin** dem Personenkreis der nach dem BEinstG begünstigten Behinderten **angehören zu wollen**[1142] (§ 14 Abs. 1 BEinstG). Bescheide, die bis zum 31. Dezember 1998 in Rechtskraft erwachsen sind, werden dadurch nicht berührt (§ 27 Abs. 2 BEinstG).
2. Die Beschäftigungsvorkehrungen und das **Diskriminierungsverbot** gelten auch für die **nicht begünstigten** Behinderten (§ 7b Abs. 4 BEinstG).

29.2. Personenkreis – arbeitsrechtliche Bestimmungen

Man unterscheidet **zwei Arten** von Behinderten nach dem BEinstG:

1. Der **begünstigte Behinderte nach § 2 BEinstG** (→ 29.2.1.), dessen Status mittels Bescheid des Bundesamts für Soziales und Behindertenwesen (Sozialministeriumservice) festgestellt wird. Er hat ab dem siebenten Monat bzw. ab dem fünften Jahr[1143] des Dienstverhältnisses einen besonderen Kündigungsschutz[1144]. Die Kündigung ist nur mit Zustimmung des Behindertenausschusses (eingerichtet beim Sozialministeriumservice) möglich (→ 32.2.3.1.).

1142 Das Bundesamt für Soziales und Behindertenwesen (Sozialministeriumservice) muss den Behinderten über die Möglichkeit dieser Erklärung in Kenntnis setzen.

1143 Für Dienstverhältnisse, die nach dem 31. Dezember 2010 neu begründet wurden.

1144 Diesbezügliche Ausnahmebestimmungen im Fall einer Kündigung sind zu beachten (→ 32.2.3.1.).

2. Der **Behinderte nach § 3 BEinstG** (→ 29.2.2.), dessen Status nicht bescheidmäßig zuerkannt wird. Der Behinderte nach § 2 BEinstG wird im Regelfall auch ein Behinderter nach § 3 BEinstG sein. Wird daher ein Behinderter nach § 2 BEinstG innerhalb der ersten sechs Monate bzw. innerhalb der ersten vier Jahre[1143] des Dienstverhältnisses ohne Zustimmung des Behindertenausschusses gekündigt[1144], so kann er die Kündigung wegen eines verpönten Motivs nach dem BEinstG (Diskriminierung nach § 7b Abs. 1 Z 7 BEinstG) anfechten (vgl. OGH 26.11.2015, 9 ObA 107/15y) (→ 32.2.).

Abgesehen davon können Behinderte nach § 2 bzw. § 3 BEinstG die Auflösung während der Probezeit wegen einer Diskriminierung anfechten (→ 4.4.3.2.1.). Ein entsprechender Schutz gilt auch bei Nichtverlängerung eines befristeten Dienstverhältnisses, welches auf ein unbefristetes Dienstverhältnis angelegt war und wegen der Behinderung nicht verlängert wird (→ 4.4.3.2.2.).

29.2.1. Begünstigte Behinderte

Begünstigte Behinderte sind

- **österreichische Staatsbürger** mit einem Grad der Behinderung von **mindestens 50%** (→ 29.2.2.).

Österreichischen Staatsbürgern sind folgende Personen mit einem Grad der Behinderung von mindestens 50% gleichgestellt:

1. **Unionsbürger, Staatsbürger von** Vertragsparteien des Abkommens über den **Europäischen Wirtschaftsraum, Schweizer Bürger** und deren **Familienangehörige**,
2. **Flüchtlinge**, denen Asyl gewährt worden ist, solange sie zum dauernden Aufenthalt im Bundesgebiet berechtigt sind,
3. **Drittstaatsangehörige**, die **berechtigt** sind, sich in **Österreich aufzuhalten** und einer **Beschäftigung nachzugehen**, soweit diese Drittstaatsangehörigen hinsichtlich der Bedingungen einer Kündigung nach dem Recht der Europäischen Union österreichischen Staatsbürgern gleichzustellen sind (vgl. § 2 Abs. 1 BEinstG).

Darüber hinaus findet das BEinstG auf Behinderte, auf die die vorstehende Bestimmung nicht anzuwenden ist, grundsätzlich nur nach Maßgabe der mit ihren Heimatstaaten getroffenen Vereinbarungen Anwendung. Diese Bestimmung gilt nicht im Zusammenhang mit dem Diskriminierungsverbot (siehe nachstehend) (§ 2 Abs. 4 BEinstG).

Als **Nachweis** für die Zugehörigkeit zum Kreis der begünstigten Behinderten gilt die letzte rechtskräftige **Entscheidung** eines Bundesamts für Soziales und Behindertenwesen (Sozialministeriumservice) etc.[1145] über die Einschätzung des Grades der Minderung der Erwerbsfähigkeit mit mindestens 50% (§ 14 Abs. 1 BEinstG). Die Innehabung eines Behindertenpasses ist nicht ausreichend (VwGH 14.12.2015, 2013/11/0034).

Die Begünstigungen werden mit dem Zutreffen der Voraussetzungen, frühestens mit dem Tag des **Einlangens des Antrages** beim Bundesamt für Soziales und Behin-

1145 Ein Bescheid einer **ausländischen Behörde** über einen bestimmten Behinderungsgrad ersetzt nicht die im § 14 BEinstG genannten Nachweise (OGH 5.4.2013, 8 ObA 50/12d).

dertenwesen wirksam[1146]. Sie werden jedoch mit dem Ersten des Monates wirksam, in dem der Antrag eingelangt ist, wenn dieser unverzüglich nach dem Eintritt der Behinderung gestellt wird (§ 14 Abs. 2 BEinstG).

Da das BEinstG auf das Vorliegen einer Beschäftigung im Verhältnis **persönlicher und wirtschaftlicher Abhängigkeit gegen Entgelt** abstellt (→ 29.3.) und ein solches (sozialversicherungsrechtliches) Dienstverhältnis bei **wesentlich beteiligten Gesellschafter-Geschäftsführern** (→ 31.9.2.2.1.) nicht vorliegt, zählen solche Personen nicht zu den Behinderten i.S.d. BEinstG (VwGH 29.3.2012, 2011/15/0128).

29.2.2. Behinderung

Behinderung im Sinn dieses Bundesgesetzes ist die Auswirkung einer nicht nur vorübergehenden körperlichen, geistigen oder psychischen **Funktionsbeeinträchtigung** oder Beeinträchtigung der Sinnesfunktionen, die geeignet ist, die Teilhabe am Arbeitsleben zu erschweren. Als nicht nur vorübergehend gilt ein Zeitraum **von mehr als voraussichtlich sechs Monaten** (§ 3 BEinstG).

29.2.3. Beschäftigungsvorkehrungen

Dienstgeber haben die geeigneten und im konkreten Fall **erforderlichen Maßnahmen** zu ergreifen, um Menschen mit Behinderungen den Zugang zur Beschäftigung, die Ausübung eines Berufs, den beruflichen Aufstieg und die Teilnahme an Aus- und Weiterbildungsmaßnahmen zu ermöglichen, es sei denn, diese Maßnahmen würden den Dienstgeber unverhältnismäßig belasten. Diese Belastung ist nicht unverhältnismäßig, wenn sie durch Förderungsmaßnahmen nach bundes- oder landesgesetzlichen Vorschriften ausreichend kompensiert werden kann (§ 6 Abs. 1a BEinstG).

Diese Verpflichtung gilt auch für unter 50%ige Behinderte, also **auch für** die **nicht begünstigten Behinderten**.

29.2.4. Diskriminierungsverbot

Auf Grund einer Behinderung darf im Zusammenhang mit einem Dienstverhältnis niemand unmittelbar[1147] oder mittelbar[1148] diskriminiert[1149] werden, insb. nicht

1. bei der Begründung des Dienstverhältnisses (→ 4.1.2.),
2. bei der Festsetzung des Entgelts (→ 9.1.),
3. bei der Gewährung freiwilliger Sozialleistungen, die kein Entgelt darstellen,
4. bei Maßnahmen der Aus- und Weiterbildung und Umschulung,
5. beim beruflichen Aufstieg, insb. bei Beförderungen und der Zuweisung höher entlohnter Verwendungen (Funktionen),

---

1146 Mit diesem Tag gilt auch der besondere Kündigungsschutz. Dies gilt auch dann, wenn die Feststellung der Behinderteneigenschaft rückwirkend erfolgt und der Antrag erst nach Ausspruch der Kündigung (am selben Tag) gestellt wurde (OGH 28.7.2021, 9 ObA 80/21m).

1147 Unmittelbare Diskriminierung ist dann gegeben, wenn eine Person wegen ihrer Behinderung in einer vergleichbaren Situation gegenüber einer anderen Person benachteiligt wird.

1148 Mittelbare Diskriminierung liegt dann vor, wenn an sich neutrale Vorschriften, Kriterien oder Verfahren sowie Merkmale gestalteter Lebensbereiche (Barrieren) Menschen mit Behinderungen gegenüber anderen Personen in besonderer Weise benachteiligen und dies nicht sachlich gerechtfertigt ist.

1149 Eine Diskriminierung liegt auch vor, wenn eine Person auf Grund ihres Naheverhältnisses zu einer Person wegen deren Behinderung diskriminiert wird (§ 7b Abs. 5 BEinstG).

6. bei den sonstigen Arbeitsbedingungen und
7. bei der Beendigung des Dienstverhältnisses (→ 32.2.),
8. bei der Berufsberatung, Berufsausbildung, beruflichen Weiterbildung und Umschulung außerhalb eines Dienstverhältnisses,
9. bei der Mitgliedschaft und Mitwirkung in einer Arbeitnehmer- oder Arbeitgeberorganisation oder einer Organisation, deren Mitglieder einer bestimmten Berufsgruppe angehören, einschließlich der Inanspruchnahme der Leistungen solcher Organisationen,
10. bei der Gründung, Einrichtung oder Erweiterung eines Unternehmens sowie der Aufnahme oder Ausweitung jeglicher anderen Art von selbständiger Tätigkeit (§ 7b Abs. 1 BEinstG).

Nicht jede Diskriminierung eines Behinderten fällt unter die Normierung des § 7b Abs. 1 BEinstG. Vielmehr ist ein Zusammenhang zwischen der Behinderung und der Diskriminierung erforderlich (vgl. VwGH 23.6.2014, 2013/12/0154).

Im Zusammenhang mit den vorstehenden Diskriminierungsverboten ist die Definition „Behinderung" (→ 29.2.2.) mit der Maßgabe anzuwenden, dass ein **festgestellter Grad** der Behinderung **nicht erforderlich** ist (§ 7b Abs. 4 BEinstG). Demnach gilt das Diskriminierungsverbot auch für unter 50%ige Behinderte, also **auch für** die **nicht begünstigten Behinderten**. Der Schutz vor Diskriminierungen greift sogar auch dann ein, wenn der Dienstgeber hinsichtlich des Vorliegens eines geschützten Merkmals einer **Fehleinschätzung** unterliegt. Irrtümer können Verletzungen des Gleichbehandlungsgebots nicht rechtfertigen. Der Schutz vor Diskriminierungen gilt vielmehr unabhängig davon, ob das Merkmal, aufgrund dessen die Diskriminierung erfolgt, tatsächlich vorliegt oder bloß vermutet wird (OGH 26.11.2015, 9 ObA 107/15y).

29.2.5. Meldepflicht – Nichteinhaltung der Meldepflicht

Obwohl das BEinstG keine ausdrückliche Pflicht des Dienstnehmers normiert, dem Dienstgeber den Behindertenstatus (i.S.d. § 2 BEinstG) bekannt zu geben, bejaht die Rechtsprechung eine **grundsätzliche „Mitteilungspflicht" des Dienstnehmers** (vgl. OGH 7.6.2006, 9 ObA 30/06m). Dies ergibt sich schon daraus, dass die Stellung des Dienstnehmers als begünstigter Behinderter unmittelbaren Einfluss auf die Gestaltung des Dienstverhältnisses hat. So ist etwa der Dienstgeber verpflichtet, beim Einsatz des behinderten Dienstnehmers die erforderliche Rücksicht zu nehmen (§ 6 BEinstG). Die Behinderteneigenschaft kann daher nicht mit privaten Angelegenheiten, die den Dienstgeber nicht betreffen, gleichgesetzt werden.

Der **Kündigungsschutz** (→ 32.2.3.1.) ist **von der Kenntnis des Dienstgebers unabhängig**. Für diesen kommt es nicht darauf an, ob dem Dienstgeber die bescheidmäßige Feststellung der Zugehörigkeit des Dienstnehmers zum Kreis der begünstigten Behinderten vor dem Ausspruch (Zugang) der Kündigung oder erst später bekannt geworden ist. Entscheidend ist nach ständiger Rechtsprechung allein, ob die Begünstigungen im Zeitpunkt des Ausspruches der Kündigung bereits eingetreten waren (vgl. bereits OGH 18.11.1986, 14 Ob 196/86)[1150]. Dem Dienstnehmer ist das Entgelt fort-

1150 Die Begünstigungen werden mit dem Zutreffen der Voraussetzungen, frühestens mit dem Tag des **Einlangens des Antrages** beim Bundesamt für Soziales und Behindertenwesen wirksam. Sie werden jedoch mit dem Ersten

zuzahlen, wenn er die Behinderteneigenschaft und seine Arbeitsbereitschaft meldet (OGH 12.6.1997, 8 ObA 41/97f). Der Dienstgeber kann jedoch die nachträgliche Zustimmung zur ausgesprochenen Kündigung beantragen (→ 32.2.3.1.).

Wirkt sich die Behinderteneigenschaft des Arbeitnehmers weder auf seine Einsatzfähigkeit aus, noch war allenfalls eine Gefährdung anderer Personen im Zusammenhang mit der Erbringung seiner Arbeitsleistungen gegeben, wird durch das Unterlassen der Mitteilung das Vertrauen des Dienstgebers nicht derart erschüttert, dass ihm die Fortsetzung eines andauernden und anstandslos funktionierenden Arbeitsverhältnisses nicht zumutbar wäre (OGH 2.4.2003, 9 ObA 240/02p).

Teilt der behinderte Arbeitnehmer dem Arbeitgeber bei Eingehen eines Arbeitsverhältnisses seine Behinderteneigenschaft nicht mit, kann das Interesse an der Erlangung des angestrebten Arbeitsplatzes das Informationsinteresse des Arbeitgebers übersteigen (OGH 26.11.2015, 9 ObA 107/15y).

In diesen Fällen kann eine diskriminierende Kündigung (→ 32.2.) nicht durch die Verletzung der Meldepflicht gerechtfertigt werden.

Die **Nichteinhaltung** der Meldepflicht hat u.a. **folgende Auswirkungen**:

- Schutzvorschriften, wie etwa ein im Kollektivvertrag vorgesehener Zusatzurlaub, oder die vorstehend erwähnte Rücksichtnahme nach § 6 BEinstG können bei Verschweigung der Behinderteneigenschaft nicht beachtet werden und
- im Einzelfall kann durch die Verschweigung und zusätzliche Umstände ausnahmsweise die nachträgliche Zustimmung zur Kündigung erteilt werden (→ 32.2.3.1.).

Eine Verletzung der Meldepflicht kann **keinesfalls** einen **Schadenersatzanspruch** des Dienstgebers (wegen entgangener Förderungen und steuerlicher Begünstigungen) begründen. Eine derartige Schadenersatzpflicht könnte nur dann bejaht werden, wenn der Dienstnehmer auf Grund der ihn treffenden Treuepflicht verpflichtet wäre, dem Dienstgeber den Umstand der Behinderung bekannt zu geben. Die Treuepflicht ist jedoch keine umfassende Interessenwahrungspflicht zu Gunsten des Dienstgebers und verhält den Dienstnehmer daher nur in einem gewissen Rahmen dazu, auch die finanziellen Interessen des Dienstgebers zu berücksichtigen (OGH 28.9.2007, 9 ObA 46/07s).

29.2.6. Sonstige arbeitsrechtliche Bestimmungen

Das Dienstverhältnis eines **begünstigten Behinderten** darf vom Dienstgeber, sofern keine längere Frist einzuhalten ist, nur unter Einhaltung einer Frist von **vier Wochen gekündigt** werden. Die Mindestkündigungsfrist von vier Wochen gilt aber auch schon innerhalb der ersten sechs Monate bzw. innerhalb der ersten vier Jahre des Dienstverhältnisses (→ 32.2.3.1.). Ein **auf Probe** vereinbartes Dienstverhältnis kann grundsätzlich während des **ersten Monats** von beiden Teilen jederzeit gelöst werden (→ 4.4.3.2.1.) (§ 8 Abs. 1 BEinstG).

---

des Monates wirksam, in dem der Antrag eingelangt ist, wenn dieser unverzüglich nach dem Eintritt der Behinderung gestellt wird (§ 14 Abs. 2 BEinstG). Wird der Bescheid, der die Behinderteneigenschaft feststellt, erst nach dem Ablauf der Kündigungsfrist zugestellt, so kann er dennoch die Unwirksamkeit der Kündigung bewirken, sofern die Kündigung nach der Wirksamkeit des Bescheids zugegangen ist (OGH 22.10.2003, 9 ObA 82/03d).

Das Entgelt (→ 9.1.) von begünstigten Behinderten darf aus dem Grund der Behinderung **nicht** gemindert werden (§ 7 BEinstG).

Die Bestimmungen im Zusammenhang mit der **Lösung** eines Dienstverhältnisses eines (begünstigten bzw. nicht begünstigten) Behinderten **aus diskriminierenden Gründen** beinhaltet der Punkt 32.2.

Die besonderen **Bestandschutzbestimmungen** im Zusammenhang mit der Lösung eines Dienstverhältnisses eines begünstigten Behinderten beinhaltet der Punkt 32.2.3.

29.3. Beschäftigungspflicht

Alle Dienstgeber, die im Bundesgebiet 25 oder mehr Dienstnehmer beschäftigen, sind verpflichtet,

- auf **je 25** Dienstnehmer **mindestens einen** begünstigten Behinderten einzustellen (§ 1 Abs. 1 BEinstG).

Für die Feststellung der Gesamtzahl der Dienstnehmer, von der die **Pflichtzahl** (= grundsätzlich die Zahl der zu beschäftigenden begünstigten Behinderten) zu berechnen ist, sind alle Dienstnehmer[1151], die ein Dienstgeber im Bundesgebiet beschäftigt, zusammenzufassen[1152] (§ 4 Abs. 2 BEinstG).

Dienstnehmer i.S.d. Berechnung der Pflichtzahl sind u.a. Personen,

- die in einem Verhältnis **persönlicher und wirtschaftlicher Abhängigkeit gegen Entgelt** beschäftigt werden[1153] (ausgenommen Lehrlinge) (§ 4 Abs. 1 BEinstG) (vgl. → 6.2.1.).

Der zuständige Bundesminister kann die Zahl der zu beschäftigenden Behinderten (Pflichtzahl) für bestimmte Wirtschaftszweige durch Verordnung (→ 3.3.3.) derart abändern, dass nur auf je höchstens 40 Dienstnehmer mindestens ein begünstigter Behinderter einzustellen ist (§ 1 Abs. 2 BEinstG).

Das BEinstG enthält **keine unbedingt zu erfüllende Einstellungspflicht** begünstigter Behinderter. Für den Fall der Nichteinstellung sieht das Gesetz lediglich eine Vorschreibung der sog. Ausgleichstaxe (→ 29.6.) vor.

1151 **Teilzeitbeschäftigte Dienstnehmer** sind nicht nur bei der Berechnung der **Pflichtzahl einzubeziehen** (und erhöhen damit ebenso wie vollzeitbeschäftigte Dienstnehmer die Pflichtzahl), sondern, wenn es sich um begünstigte Behinderte handelt, auch auf die **Erfüllung der Beschäftigungspflicht** (→ 29.5.) **anzurechnen** (VwGH 30.4.2014, 2013/11/0220). Auch **fallweise beschäftigte Personen** sind bei der Berechnung der Pflichtzahl **zu berücksichtigen**, wobei diese ebenso wie geringfügig Beschäftigte oder Teilzeitbeschäftigte **voll** und nicht nach dem jeweiligen Beschäftigungsausmaß **einzurechnen** sind (BVwG 24.2.2015, G303 2009344-1).

1152 Für die Feststellung der Gesamtzahl der Dienstnehmer, von der die Pflichtzahl zu berechnen ist (für je 25 einen begünstigten Behinderten), ist **nicht auf einzelne Betriebsstätten oder Zweigniederlassungen abzustellen**, sondern es sind alle Dienstnehmer, die ein Dienstgeber im Bundesgebiet beschäftigt, zusammenzufassen (VwGH 23.10.2009, 2006/11/0035).

1153 Eine **Anrechnung** auf die Pflichtzahl findet statt, auch wenn der begünstigte Behinderte sich in der Karenz nach dem MSchG bzw. VKG (→ 27.1.4.1., → 27.1.4.2.) oder im Krankenstand befindet und aus diesem Grund keinen Entgeltanspruch gegenüber dem Dienstgeber hat (VwGH 18.10.1990, 90/09/0075; VwGH 28.6.2011, 2009/11/0223). Auch eine begünstigt behinderte Person in **Bildungskarenz** wird auf die Pflichtzahl angerechnet (VwGH 16.12.2020, Ra 2019/11/0137).
Eine **Anrechnung** auf die Pflichtzahl findet allerdings **nicht** statt, wenn im Einvernehmen mit dem Dienstgeber eine Karenzierung (unbezahlter Urlaub, → 27.1.2.) vereinbart worden ist (VwGH 24.5.2011, 2008/11/0012).

29.4. Berechnung der Pflichtzahl

Für die Berechnung der Pflichtzahl sind von der Gesamtzahl der Dienstnehmer (= alle Dienstnehmer, die ein Dienstgeber im Bundesgebiet beschäftigt, nicht aber Lehrlinge und freie Dienstnehmer) die

- beschäftigten begünstigten Behinderten (→ 29.2.1.) und
- Inhaber von Amtsbescheinigungen oder Opferausweisen[1154]

nicht einzurechnen (§ 4 Abs. 3 BEinstG).

Von der nach der vorstehenden Bestimmung ermittelten Anzahl von Dienstnehmern ist die Pflichtzahl zu berechnen (pro 25 Dienstnehmer einen begünstigten Behinderten).

29.5. Erfüllung der Beschäftigungspflicht

Die Pflichtzahl ist zu **reduzieren**

- um die beschäftigten begünstigten Behinderten (→ 29.2.1.),
- um die Inhaber einer Amtsbescheinigung oder eines Opferausweises und
- um Dienstgeber, die selbst begünstigte Behinderte sein könnten (§ 5 Abs. 1, 3 BEinstG).

Doppelt gerechnet werden dabei:

- Blinde,
- begünstigte Behinderte vor Vollendung des 19. Lebensjahrs, wenn aber die Lehrzeit später beendet wird, mit der Beendigung dieser,
- begünstigte Behinderte nach Vollendung des 50. Lebensjahrs, sofern ihre Behinderung mindestens 70% beträgt,
- begünstigte Behinderte nach Vollendung des 55. Lebensjahrs,
- begünstigte Behinderte, die überwiegend auf den Gebrauch eines Rollstuhls angewiesen sind,
- Inhaber einer Amtsbescheinigung oder eines Opferausweises vor Vollendung des 19. und nach Vollendung des 55. Lebensjahrs (§ 5 Abs. 2, 3 BEinstG).

29.6. Ausgleichstaxe

Ist die Beschäftigungspflicht nicht erfüllt, wird vom Bundesamt für Soziales und Behindertenwesen (Sozialministeriumservice) die Entrichtung einer **Ausgleichstaxe** alljährlich für das jeweils **abgelaufene Kalenderjahr** (nach Monaten aufgeschlüsselt) vorgeschrieben. Die Ausgleichstaxe (für das Kalenderjahr 2022) beträgt für jede einzelne Person, die zu beschäftigen wäre,

ab 25 bis 99 Dienstnehmer	**€ 276,00**	monatlich,
ab 100 bis 399 Dienstnehmer	**€ 388,00**	monatlich und
ab 400 Dienstnehmer	**€ 411,00**	monatlich (§ 9 Abs. 1, 2 BEinstG).

1154 Die Bestimmungen bezüglich der Inhaber von Amtsbescheinigungen oder Opferausweisen sind im Opferfürsorgegesetz (OFG, BGBl 1947/183) geregelt. Dieses Gesetz gilt für gewisse Opfer des Kampfes um ein freies, demokratisches Österreich und Opfer politischer Verfolgung (§§ 1, 6 Z 4 OFG).

Für die Grenze bezüglich der Betriebsgröße ist immer der Mitarbeiterstand (Dienstnehmer im arbeitsrechtlichen Sinn) am **Ersten eines Kalendermonats** entscheidend (§ 16 Abs. 2 BEinstG).

Für das Kalenderjahr 2021 waren

ab 25 bis 99 Dienstnehmer	€ 271,00	monatlich,
ab 100 bis 399 Dienstnehmer	€ 381,00	monatlich und
ab 400 Dienstnehmer	€ 404,00	monatlich.

Für die Vorschreibung einer Ausgleichstaxe ist das Bundesamt für Soziales und Behindertenwesen (Sozialministeriumservice) zuständig, in dessen Amtsbereich der Dienstgeber seinen Sitz hat. Besteht ein solcher im Bundesgebiet nicht, so richtet sich die Zuständigkeit nach der an Dienstnehmern größten inländischen Betriebsstätte (§ 19 Abs. 5 BEinstG).

Durch die Vorschreibung der Ausgleichstaxe wird u.a. ein Ausgleich der Vor- und Nachteile zwischen jenen Dienstgebern, die keine begünstigten Behinderten beschäftigen wollen oder diese nicht beschäftigen können, und jenen Dienstgebern, die begünstigte Behinderte beschäftigen, geschaffen.

Die Ausgleichstaxe wird **nach Ablauf von vier Wochen**, gerechnet vom Eintritt der Rechtskraft des Bescheids (→ 42.1.), mit dem die Ausgleichstaxe vorgeschrieben wurde, fällig. Sie ist spätestens bis zum Fälligkeitstag unaufgefordert an das Bundesamt für Soziales und Behindertenwesen (Sozialministeriumservice) einzuzahlen (§ 9 Abs. 4 BEinstG).

Wird die Ausgleichstaxe nicht bis zum Fälligkeitstag eingezahlt, so sind ab dem darauf folgenden Kalendertag Zinsen in der Höhe von **4%** über dem jeweils geltenden Basiszinssatz gem. § 1 1. Euro-Justiz-Begleitgesetz pro Jahr an den Ausgleichsfonds zu entrichten. Die Geltendmachung eines Zinsenanspruchs hat zu unterbleiben, wenn der Zinsenbetrag **€ 7,30** nicht übersteigt (§ 9 Abs. 5 BEinstG).

Beispiel 137

Berechnung der Pflichtzahl und der Ausgleichstaxe für den Monat Jänner 2021.

Angaben:

- Ein Dienstgeber beschäftigt per Stichtag 1. Jänner im Bundesgebiet 238 für die Ermittlung der Pflichtzahl zu berücksichtigende Dienstnehmer.
- Zwei Personen sind begünstigte Behinderte im Alter von 30 und 40 Jahren, eine Person davon ist blind.

Lösung:	**Begründung:**
1. Ermittlung der Pflichtzahl	
220	vollzeitbeschäftigte Dienstnehmer
18	teilzeitbeschäftigte Dienstnehmer
238	
– 2	Zwei Personen (eine vollzeitbeschäftigte und eine
236	teilzeitbeschäftigte Person) sind begünstigte Behinderte.

236 : 25 = 9	Pro 25 Dienstnehmer ist ein begünstigter Behinderter einzustellen.
	Die Pflichtzahl ist 9.

2. **Ermittlung der Ausgleichstaxe**

9	Pflichtzahl.
– 3	Es werden zwei begünstigte Behinderte, davon ein Blinder, beschäftigt (1 + (2 × 1) = 3).
6	**Der Dienstgeber hat sechs Pflichtstellen unbesetzt.**
€ 381,00 × 6 = € 2.286,00	**Die Ausgleichstaxe** für sechs nicht besetzte Pflichtstellen **beträgt** für den Monat Jänner 2021 **€ 2.286,00**.

29.7. Verzeichnis behinderter Dienstnehmer

Die Dienstgeber haben über die Beschäftigung der begünstigten Behinderten und Inhaber von Amtsbescheinigungen oder Opferausweisen ein Verzeichnis zu führen, in dem u.a. Name und Anschrift, Beginn und Beendigung des Dienstverhältnisses, die Versicherungsnummer dieser Dienstnehmer anzugeben sind. Dieses Verzeichnis ist jeweils **bis zum 1. Februar** des darauf folgenden Jahres an das **zuständige Bundesamt für Soziales und Behindertenwesen** (Sozialministeriumservice) einzusenden (§ 16 Abs. 2 BEinstG). Wenn aber diese Daten von den Trägern der Sozialversicherung dem zuständigen Bundesamt für Soziales und Behindertenwesen (Sozialministeriumservice) zur Verfügung gestellt werden, ist der Dienstgeber von der alljährlichen Vorlage dieses Verzeichnisses befreit (§ 16 Abs. 5 BEinstG).

29.8. Abgabenrechtliche Behandlung der Bezüge behinderter Dienstnehmer

29.8.1. Sozialversicherung

Das ASVG kennt den Begriff „behinderter Dienstnehmer" nicht. Daher ist deren Entgelt beitragsrechtlich genauso zu behandeln wie das der nicht behinderten Dienstnehmer (→ 45.).

29.8.2. Lohnsteuer

Auch das EStG kennt den Begriff „behinderter Arbeitnehmer" nicht. Daher sind deren Bezüge steuerlich genauso zu behandeln wie die der nicht behinderten Arbeitnehmer (→ 45.).

29.8.3. Zusammenfassung

Für begünstigte behinderte Dienstnehmer und Lehrlinge i.S.d. BEinstG (→ 29.2.1.) gelten nachstehende abgabenrechtliche Bestimmungen:

	SV	LSt	DB zum FLAF (→ 37.3.3.3.)	DZ (→ 37.3.4.3.)	KommSt (→ 37.4.1.3.)
laufende Bezüge sind	pflichtig[1155]	pflichtig[1156]	frei	frei	frei
Sonderzahlungen sind	pflichtig[1155]	frei/ pflichtig[1156] (→ 23.5.)	frei	frei	frei

Hinweis: Bedingt durch die unterschiedlichen Bestimmungen des Abgabenrechts ist das Eingehen auf ev. Sonderfälle nicht möglich. Es ist daher erforderlich, die entsprechenden Erläuterungen zu beachten.

1155 Ausgenommen davon sind die beitragsfreien Bezüge (→ 21.1.).
1156 Ausgenommen davon sind die lohnsteuerfreien und die nicht steuerbaren Bezüge (→ 18.3.1., → 21.2., → 21.3.).

30. Firmenpensionisten

In diesem Kapitel werden u.a. Antworten auf folgende praxisrelevanten Fragestellungen gegeben:

30.1. Arbeitsrechtliche Hinweise

Gemäß § 97 Abs. 1 ArbVG können **Betriebsvereinbarungen** (→ 3.3.5.1.) u.a. in folgenden Angelegenheiten abgeschlossen werden:

Im Sinn der Z 18 über

- **betriebliche Pensions- und Ruhegeldleistungen**;

im Sinn der Z 18a über

- **Errichtung von und Beitritt zu Pensionskassen**,
- Verpflichtungen des Arbeitgebers und Rechte der Anwartschafts- und Leistungsberechtigten, die sich daraus ergeben,
- Art und Weise der Zahlung und Grundsätze über die Höhe jener Beiträge, zu deren Entrichtung sich der Arbeitnehmer verpflichtet,
- Mitwirkung der Anwartschafts- und Leistungsberechtigten an der Verwaltung von Pensionskassen,
- **Auflösung von und Austritt aus Pensionskassen** und die sich daraus ergebenden Rechtsfolgen.

Darüber hinaus können auch in **Kollektivverträgen** (→ 3.3.4.) und in **Einzeldienstverträgen** (→ 4.1.) entsprechende Regelungen aufgenommen werden.

Zwei Gesetze regeln die rechtlichen Rahmenbedingungen der betrieblichen Altersversorgung in Österreich (der sog. „zweiten Säule" der Altersversorgung): das

Betriebspensionsgesetz (BPG) (BGBl 1990/282) (BGBl 1990/281) Ⓐ Ⓑ	und das	**Pensionskassengesetz (PKG).**

Ⓐ Das **Betriebspensionsgesetz** regelt die

- Sicherung von Leistungen und Anwartschaften aus **Zusagen** zur (die gesetzliche Pensionsversicherung ergänzenden) Alters-, Invaliditäts- und Hinterbliebenenversorgung (Leistungszusagen),

die dem Arbeitnehmer im Rahmen eines privatrechtlichen Arbeitsverhältnisses (→ 25.2.2.) **vom Arbeitgeber gemacht werden** (§ 1 Abs. 1 BPG).

Solche Leistungszusagen sind Verpflichtungen des Arbeitgebers aus einseitigen Erklärungen, Einzelvereinbarungen oder aus Normen der kollektiven Rechtsgestaltung (Kollektivvertrag und Betriebsvereinbarung), wie

1. **Beiträge** an eine **Pensionskasse** oder an eine Einrichtung i.S.d. § 5 Z 4 Pensionskassengesetz (PKG), zu Gunsten des Arbeitnehmers und seiner Hinterbliebenen **zu zahlen; Prämien** für eine **betriebliche Kollektivversicherung**[1157] an ein zum Betrieb der Lebensversicherung im Inland berechtigtes Versicherungsunternehmen (§ 93 Versicherungsaufsichtsgesetz 2016) zu Gunsten des Arbeitnehmers und seiner Hinterbliebenen **zu zahlen**; Pensionskassenzusagen oder betriebliche Kollektivversicherungen haben jedenfalls eine Altersversorgung und Hinterbliebenenversorgung zu enthalten; Alterspensionen sind lebenslang, Hinterbliebenenpensionen entsprechend der im Pensionskassenvertrag oder Versicherungsvertrag festgelegten Dauer zu leisten;
2. **Leistungen** dem Arbeitnehmer und seinen Hinterbliebenen unmittelbar **zu erbringen** (direkte Leistungszusage);
3. **Prämien** für eine zu Gunsten des Arbeitnehmers und seiner Hinterbliebenen abgeschlossenen Lebensversicherung **zu zahlen** (§ 2 BPG).

Ⓑ Gemäß dem **Pensionskassengesetz** ist eine Pensionskasse ein Unternehmen, das berechtigt ist, Pensionskassengeschäfte zu betreiben (§ 1 Abs. 1 PKG).

Pensionskassengeschäfte bestehen in der rechtsverbindlichen Zusage von Pensionen an Anwartschaftsberechtigte und in der Erbringung von Pensionen an Leistungsberechtigte und Hinterbliebene sowie in der damit verbundenen Hereinnahme und Veranlagung von Pensionskassenbeiträgen. Zusagen auf **Alters- und Hinterbliebenenversorgung** hat jede Pensionskasse zu gewähren; zusätzlich können Zusagen auf **Invaliditätsversorgung** gewährt werden.

Alterspensionen sind lebenslang, Invaliditätspensionen auf die Dauer der Invalidität und Hinterbliebenenpensionen entsprechend dem Pensionskassenvertrag zu leisten (§ 1 Abs. 2 PKG).

Die Pensionskasse hat die Pensionskassengeschäfte im Interesse der Anwartschafts- und Leistungsberechtigten zu führen und hiebei insb. auf die Sicherheit, Rentabilität und auf den Bedarf an flüssigen Mitteln sowie auf eine angemessene Mischung und Streuung der Vermögenswerte Bedacht zu nehmen (§ 2 Abs. 1 PKG).

Pensionskassen dürfen keine Geschäfte betreiben, die nicht mit der Verwaltung von Pensionskassen zusammenhängen (§ 1 Abs. 3 PKG).

Das PKG unterscheidet in

betriebliche Pensionskassen	und	**überbetriebliche** Pensionskassen.

Betriebliche Pensionskassen sind berechtigt, Pensionskassengeschäfte für Anwartschafts- und Leistungsberechtigte **eines** Arbeitgebers durchzuführen (§ 3 Abs. 1 PKG).

1157 Eine betriebliche Kollektivversicherung ist eine Gruppenversicherung und muss u.a. folgende Voraussetzungen erfüllen: Der Versicherungsvertrag wird von einem Arbeitgeber für seine Arbeitnehmer auf der Grundlage einer Betriebsvereinbarung, eines Kollektivvertrags oder von Vereinbarungen zwischen dem Arbeitgeber und den einzelnen Arbeitnehmern, die nach einem Vertragsmuster unter Berücksichtigung des § 18 BPG in der jeweils geltenden Fassung zu gestalten sind, abgeschlossen (vgl. § 6a BPG).

Überbetriebliche Pensionskassen sind berechtigt, Pensionskassengeschäfte für Anwartschafts- und Leistungsberechtigte **mehrerer** Arbeitgeber durchzuführen (§ 4 PKG).

Die Unterscheidung in betriebliche und überbetriebliche Pensionskassen ergibt sich somit aus dem **Berechtigtenkreis** einer Pensionskasse, zu dem sie auf Grund der Konzession ermächtigt wird.

Darstellung der Funktionsweise einer Betriebspension nach dem Modell einer überbetrieblichen Pensionskasse:

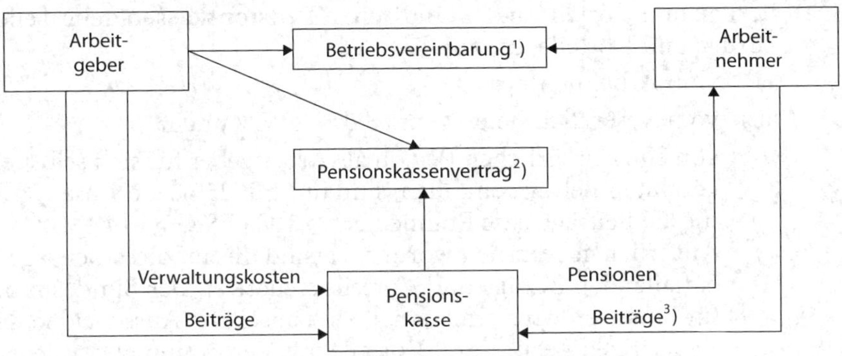

1) Vor dem Beitritt zu einer überbetrieblichen Penionskasse ist es notwendig, dass zwischen dem Arbeitgeber und der Belegschaftsvertretung eine Betriebsvereinbarung im Sinn des Betriebspensionsgesetzes abgeschlossen wird.

2) Unter Berücksichtigung des Inhalts der Betriebsvereinbarung schließt der Arbeitgeber mit der Pensionskasse einen Pensionskassenvertrag ab. In diesem sind die Ansprüche der Arbeitnehmer und deren Hinterbliebenen gegenüber der Pensionskasse geregelt.

3) Leisten auch Arbeitnehmer Beiträge an die Pensionskasse, ist die Zustimmung jedes einzelnen Arbeitnehmers erforderlich.

30.2. Abgabenrechtliche Behandlung

30.2.1. Abgabenrechtliche Behandlung von Pensionskassenbeiträgen und -leistungen

Beitragsleistungen des Arbeitgebers für seine Arbeitnehmer an

- Pensionskassen i.S.d. Pensionskassengesetzes,
- ausländische Pensionskassen auf Grund einer ausländischen gesetzlichen Verpflichtung oder an ausländische Einrichtungen i.S.d. § 5 Z 4 des Pensionskassengesetzes,
- Unterstützungskassen, die keinen Rechtsanspruch auf Leistungen gewähren,
- betriebliche Kollektivversicherungen i.S.d. § 93 des Versicherungsaufsichtsgesetzes 2016,
- Arbeitnehmerförderstiftungen (§ 4 Abs. 11 Z 1 lit. b EStG),
- Belegschaftsbeteiligungsstiftung (§ 4 Abs. 11 Z 1 lit. c EStG)

sind **abgabenfrei** zu behandeln.

Keine **Beiträge** des Arbeitgebers, sondern solche **des Arbeitnehmers liegen vor,** wenn sie ganz oder teilweise anstelle des bisher bezahlten Arbeitslohns oder der

Lohnerhöhungen, auf die jeweils ein Anspruch besteht, geleistet werden, ausgenommen eine lohngestaltende Vorschrift i.S.d. § 68 Abs. 5 Z 1 bis 6 EStG (→ 18.3.2.1.2.) sieht dies vor (§ 49 Abs. 3 Z 18 lit. b ASVG, → 21.1.; § 26 Z 7 EStG, → 21.3.; § 41 Abs. 3 FLAG, → 37.3.3.3.; § 5 Abs. 1 KommStG, → 37.4.1.3.).

Bezüge und Vorteile aus einer Pensionskasse nach Beendigung des Dienstverhältnisses fallen nicht unter den Entgeltbegriff gem. § 49 Abs. 1 ASVG und unterliegen daher **nicht der Beitragspflicht**. Sie zählen zu den **Einkünften aus nicht selbstständiger Arbeit**. Das EStG bezeichnet diese wie folgt:

Z 2 lit. a) Bezüge und Vorteile **aus inländischen Pensionskassen**. Jene Teile der Bezüge und Vorteile, die auf die
- aa) vom Arbeitnehmer,
- bb) vom wesentlich Beteiligten i.S.d. § 22 Z 2 und
- cc) von einer natürlichen Person als Arbeitgeber für sich selbst eingezahlten Beträge entfallen, sind nur mit 25% zu erfassen. Soweit für die Beiträge eine Prämie nach § 108a EStG (→ 14.1.2.) in Anspruch genommen worden ist, sind die auf diese Beiträge entfallenden Bezüge und Vorteile steuerfrei. Der Bundesminister für Finanzen wird ermächtigt, ein pauschales Ausscheiden der steuerfreien Bezüge und Vorteile mit Verordnung festzulegen.

lit. b) Bezüge und Vorteile **aus ausländischen Pensionskassen**. Derartige Bezüge sind nur mit 25% zu erfassen, soweit eine ausländische gesetzliche Verpflichtung zur Leistung von Pensionskassenbeiträgen nicht besteht.

Sie sind voll **lohnsteuerpflichtig** zu behandeln. Eine Steuerbefreiung besteht nur für Bezüge, die auf Beiträgen beruhen, für die eine Prämie nach § 108a EStG in Anspruch genommen wurde.

Zusammenfassende Darstellung:

	Pensionskassenbeiträge (Beiträge an Pensionskassen i.S.d. PKG, an ausländische Einrichtungen i.S.d. § 5 Z 4 PKG und an betriebliche Kollektivversicherungen i.S.d. § 93 VAG 2016)			
	inländisch		**ausländisch**	
	AG-Beiträge	AN-Beiträge	AG-Beiträge	AN-Beiträge
Behandlung der Beiträge	steuerfrei	Sonderausgaben oder Prämie § 108a EStG oder steuerfrei nach § 3 Abs. 1 Z 15 lit. a EStG	steuerfrei, soweit eine gesetzliche Verpflichtung (§ 26 Z 7 EStG), sonst steuerpflichtiger Arbeitslohn (Sonderausgaben möglich)	Werbungskosten, soweit eine gesetzliche Verpflichtung besteht, sonst Sonderausgaben
Behandlung der Pensionsleistung	zur Gänze steuerpflichtig	Erfassung zu 25%, soweit Sonderausgaben oder steuerfrei nach § 3 Abs. 1 Z 15 lit. a EStG	zur Gänze steuerpflichtig, wenn die Beiträge nicht versteuert wurden	zur Gänze steuerpflichtig, soweit Beiträge die steuerpflichtigen Einkünfte (im In- oder Ausland) bzw. das steuerpflichtige Einkommen (im Ausland) vermindert haben, sonst 25%
		steuerfrei, soweit Prämie nach § 108a EStG	wenn steuerpflichtiger Arbeitslohn, Erfassung zu 25%	

(LStR 2002, Rz 682)

Weitere Erläuterungen zu den Pensionskassenbeiträgen finden Sie in den Lohnsteuerrichtlinien 2002 unter den Randzahlen 458, 680 bis 682 und 756 bis 766.

30.2.2. Abgabenrechtliche Behandlung von Firmenpensionen

30.2.2.1. Sozialversicherung

Firmenpensionen fallen nicht unter den Entgeltbegriff gem. § 49 Abs. 1 ASVG (→ 6.2.7.) und **unterliegen** daher **nicht der Beitragspflicht**.

30.2.2.2. Lohnsteuer

Firmenpensionen gehören zu den Einkünften aus nicht selbstständiger Arbeit. Das EStG bezeichnet diese im § 25 Abs. 1 wie folgt:

Z 1 lit. a) Bezüge und Vorteile aus einem bestehenden oder **früheren Dienstverhältnis.**
Dazu zählen auch Pensionszusagen, wenn sie ganz oder teilweise anstelle des bisher bezahlten Arbeitslohns oder der Lohnerhöhungen, auf die jeweils ein Anspruch besteht, gewährt werden, ausgenommen eine lohngestaltende Vorschrift i.S.d. § 68 Abs. 5 Z 1 bis 6 EStG (→ 18.3.2.1.2.) sieht dies vor.

Da diese Bezüge und Vorteile in den Ausnahmebestimmungen über die lohnsteuerfreie Behandlung nicht erwähnt werden, **sind sie voll lohnsteuerpflichtig zu behandeln**.

Schließt der Arbeitgeber eine Rückdeckungsversicherung für eine Firmenpensionszusage ab und werden von diesem laufend Versicherungsprämien eingezahlt, stellt die Einzahlung dieser Prämien grundsätzlich keinen Vorteil aus dem Dienstverhältnis für den Arbeitnehmer dar, da die Versicherung dem Arbeitgeber und nicht dem Arbeitnehmer zuzurechnen ist. Die Einzahlung des Arbeitgebers auf Basis eines Versicherungsvertrags kann nach Auffassung des VwGH jedoch dann zu einer Zurechnung und damit zu einer Steuerpflicht beim Arbeitnehmer führen, wenn dem Arbeitnehmer aufgrund einer Vereinbarung mit dem Arbeitgeber besondere Rechte hinsichtlich dieser Versicherung (Unabänderbarkeit des Leistungsversprechens, Abtretungsverbot bzw. Pfandrecht des Arbeitnehmers hinsichtlich der Versicherung, Eintrittsrecht in den Versicherungsvertrag) zukommen (VwGH 28.10.2014, 2012/13/0118). In diesem Fall dürfte jedoch dann die Versicherungs- bzw. Pensionsleistung selbst nicht steuerbar sein. Die Verpfändung einer Rückdeckungsversicherung zu einer Pensionszusage an den Arbeitnehmer stellt für sich alleine noch keinen Vorteil aus dem Dienstverhältnis dar (vgl. UFS 2.4.2007, RV/0539-K/06; LStR 2002, Rz 663).

Stehen einem Steuerpflichtigen die Absetzbeträge nach § 33 Abs. 5 EStG (→ 15.5.5.) nicht zu und erhält er Bezüge oder Vorteile i.S.d. § 25 Abs. 1 Z 1 oder 2 EStG (siehe vorstehend) für frühere Dienstverhältnisse, Pensionen und gleichartige Bezüge i.S.d. § 25 Abs. 1 Z 3 oder Abs. 1 Z 4 bis 5 EStG, steht ein **Pensionistenabsetzbetrag** wie folgt zu:

1. Der erhöhte Pensionistenabsetzbetrag beträgt **€ 1.214,00 jährlich**, wenn
   - der Steuerpflichtige mehr als sechs Monate im Kalenderjahr verheiratet oder eingetragener Partner (→ 3.6.) ist und vom (Ehe)Partner nicht dauernd getrennt lebt,
   - der (Ehe)Partner oder eingetragene Partner (§ 106 Abs. 3 EStG, → 14.2.1.6.) Einkünfte i.S.d. § 33 Abs. 4 Z 1 EStG von höchstens € 2.200,00 jährlich erzielt und
   - der Steuerpflichtige keinen Anspruch auf den Alleinverdienerabsetzbetrag (→ 14.2.1.) hat.
2. Liegen die Voraussetzungen für einen erhöhten Pensionistenabsetzbetrag nach der Z 1 nicht vor, beträgt der Pensionistenabsetzbetrag **€ 825,00**.

Der volle **erhöhte** Pensionistenabsetzbetrag steht bis zu versteuernden laufenden Pensionseinkünften[1158] in der Höhe von € 19.930,00 zu. Der erhöhte Pensionistenabsetzbetrag vermindert sich gleichmäßig einschleifend zwischen zu versteuernden laufenden Pensionseinkünften von € 19.930,00 und € 25.250,00 auf null.

Der Pensionistenabsetzbetrag nach **Z 2** vermindert sich gleichmäßig einschleifend zwischen zu versteuernden laufenden Pensionseinkünften[1158] von € 17.500,00 und € 25.500,00 auf null.

Bei Einkünften, die den Anspruch auf den Pensionistenabsetzbetrag begründen, steht das Werbungskostenpauschale gem. § 16 Abs. 3 EStG (→ 14.1.1.) nicht zu (vgl. § 33 Abs. 6 EStG).

Einem Steuerpflichtigen, der Anspruch auf den Verkehrsabsetzbetrag (siehe nachstehend) hat, steht der Pensionistenabsetzbetrag nicht zu.

Bezieht ein Arbeitnehmer Arbeitslohn gleichzeitig von mehreren Arbeitgebern, so ist die Lohnsteuer von jedem Arbeitslohn gesondert zu berechnen. Dies gilt nicht, wenn vom selben Arbeitgeber **neben Aktivbezügen** (z.B. Gehalt der Witwe) auch **Pensionsbezüge** (z.B. Firmenpension nach ihrem verstorbenen Mann) bezahlt werden.

30.2.2.3. Zusammenfassung

Für Firmenpensionen gelten nachstehende abgabenrechtliche Bestimmungen:

	SV	LSt	DB zum FLAF (→ 37.3.3.3.)	DZ (→ 37.3.4.3.)	KommSt (→ 37.4.1.3.)
Laufende Pensionen sind	frei	pflichtig (als lfd. Bez.)	frei	frei	frei
Pensionssonderzahlungen sind	frei	frei/pflichtig (als sonst. Bez., → 23.5.)	frei	frei	frei

Hinweis: Bedingt durch die unterschiedlichen Bestimmungen des Abgabenrechts ist das Eingehen auf ev. Sonderfälle nicht möglich. Es ist daher erforderlich, die entsprechenden Erläuterungen zu beachten.

1158 Pensionseinkünfte sind die laufenden Brutto(pensions)bezüge abzüglich Werbungskosten (z.B. Sozialversicherung).

30.2.2.4. Gemeinsame Versteuerung mehrerer Pensionen

Gemeinsame Versteuerung – gemeinsame Auszahlung:

Werden Pensionen aus der gesetzlichen Sozialversicherung sowie Bezüge oder Vorteile aus einem früheren Dienstverhältnis i.S.d. § 25 Abs. 1 Z 1 bis 4 EStG **gemeinsam** mit anderen gesetzlichen Pensionen oder Bezügen und Vorteilen aus einem früheren Dienstverhältnis **ausbezahlt**, dann sind die Pflichten des Arbeitgebers hinsichtlich des **Steuerabzugs** vom Arbeitslohn für die gemeinsam ausbezahlten Beträge ausschließlich von der **auszahlenden Stelle wahrzunehmen**. Über die ausbezahlten Bezüge ist ein **einheitlicher Lohnzettel** (→ 35.1.) auszustellen (§ 47 Abs. 3 EStG).

Gemeinsame Versteuerung – getrennte Auszahlung:

Werden **Bezüge** oder Vorteile aus einem **früheren Dienstverhältnis neben** einer **Pension** aus der gesetzlichen Sozialversicherung ausbezahlt, so kann der Sozialversicherungsträger eine **gemeinsame Versteuerung** dieser Bezüge vornehmen. In diesem Fall hat der Sozialversicherungsträger einen **einheitlichen Lohnzettel** (→ 35.1.) auszustellen (§ 47 Abs. 5 EStG).

Durch diese Regelungen soll erreicht werden, dass für Bezieher mehrerer Pensionsbezüge nach Möglichkeit keine Veranlagung durchzuführen ist, sodass dieser Personenkreis von diversen Amtswegen, diesbezüglichen Informationsbeschaffungen, Nachzahlungen bzw. Vorauszahlungen völlig entlastet ist.

Es bleibt dem Pensionisten überlassen, einen derartigen Antrag einzubringen. Auch die pensionsauszahlende Stelle kann zur gemeinsamen Versteuerung **nicht gezwungen** werden (LStR 2002, Rz 1020).

30.2.2.5. Abgabenrechtliche Behandlung von Pensionsabfindungen

A. Sozialversicherung

Abfindungen von Firmenpensionen, die nach **Beendigung** des Dienstverhältnisses gewährt werden, fallen nicht unter den Entgeltbegriff gem. § 49 Abs. 1 ASVG (→ 6.2.7.) und **unterliegen** daher **nicht der Beitragspflicht**.

Wird hingegen eine **Pensionsabfindung während des aufrechten Bestands** des Dienstverhältnisses gewährt, ist diese wie ein laufender Bezug **beitragspflichtig** zu behandeln (da es sich dabei um eine einmalige Leistung handelt, → 23.3.1.1.) (VwGH 22.10.1991, 90/08/0189). Es handelt sich dabei weder um Aufwendungen für die Zukunftssicherung der Dienstnehmer noch um Vergütungen aus Anlass der Beendigung des Dienstverhältnisses noch um freiwillige soziale Zuwendungen des Dienstgebers (VwGH 4.8.2004, 2002/08/0218).

Eine **Zusammenfassung** der abgabenrechtlichen Behandlung von Pensionsabfindungen finden Sie unter Punkt 24.8.

B. Lohnsteuer

Dieser Punkt beinhaltet neben Erläuterungen und Beispielen die Bestimmungen des **§ 67 Abs. 8 lit. e EStG und des § 26 Z 7 EStG** und die dazu ergangenen erlassmäßigen Regelungen, insb. die der

- **Lohnsteuerrichtlinien 2002**, Rz 1109–1114.

Die in diesem Punkt behandelten Pensionsabfindungen müssen auf jeden Fall **auf einer Pensionszusage beruhen** bzw. muss ein **statuarischer Anspruch** (verbrieftes Recht) **gegeben sein**.

Solche Pensionsabfindungen können

- während des **aufrechten** Dienstverhältnisses,
- bei **Beendigung** des Dienstverhältnisses oder
- zu einem **späteren Zeitpunkt** (z.B. während des Pensionsbezugs)

erfolgen. Pensionsabfindungen sind daher keine beendigungskausalen Bezüge und können aus diesem Grund nicht gem. § 67 Abs. 6 EStG (→ 34.7.2.2.) versteuert werden (LStR 2002, Rz 1110b).

Pensionsabfindungen können grundsätzlich nicht als Vergleichssumme, Kündigungsentschädigung oder Nachzahlung versteuert werden. Von einer **Vergleichszahlung** i.S.d. § 67 Abs. 8 lit. a EStG (→ 24.5.2.2.) ist **nur dann** auszugehen, wenn der Vergleich zu einer nicht bloß geringfügigen Änderung des vertraglichen Anspruchs führt (LStR 2002, Rz 1110c; für die Möglichkeit einer Vergleichszahlung nach § 67 Abs. 8 lit a EStG bei Pensionsabfindungen jedoch BFG 1.3.2019, RV/7104866/2014).

Wird eine Pensionsabfindung **während des aufrechten Bestands** des Dienstverhältnisses gewährt, ist diese beitragspflichtig zu behandeln (→ 30.2.2.1.). In diesem Fall ist vor der Versteuerung der auf die Pensionsabfindung entfallende **Dienstnehmeranteil zur Sozialversicherung in Abzug zu bringen** (§ 67 Abs. 12 EStG).

Bei der Versteuerung einer Pensionsabfindung finden der **Freibetrag** von max. € 620,00 (→ 23.3.2.1.1.), die **Freigrenze** von max. € 2.100,00 (→ 23.3.2.1.2.) und das **Jahressechstel** (→ 23.3.2.2.) **keine Berücksichtigung**.

Überblicksmäßige Darstellung:

Pensionsabfindungen sind wie folgt lohnsteuerlich zu behandeln:

bis € 13.200,00	über € 13.200,00
mit dem Hälftesteuersatz[1159]	voll steuerpflichtig[1159] gem. § 67 Abs. 10 EStG
↓	↓
①	②

oder steuerneutral durch Übertragung an eine Pensionskasse

↓

③

① **Zahlungen für Pensionsabfindungen,**

- deren **Barwert** den Betrag i.S.d. § 1 Abs. 2 Z 1 des Pensionskassengesetzes (€ 13.200,00)[1160] **nicht übersteigt,**

1159 Nach Abzug eines ev. darauf entfallenden Dienstnehmeranteils.
1160 Bei diesem Betrag handelt es sich um eine **Freigrenze**.

- sind mit der **Hälfte des Steuersatzes**[1161] **zu versteuern**, der sich bei gleichmäßiger Verteilung des Bezugs auf die Monate des Kalenderjahrs als Lohnzahlungszeitraum ergibt (§ 67 Abs. 8 lit. e EStG).

Die begünstigte Besteuerung gem. § 67 Abs. 8 lit. e EStG steht bei der Abfindung von Pensionsanwartschaften aus direkten Leistungszusagen des Arbeitgebers nur dann zu, wenn die Pensionszusage **mindestens sieben Jahre** zurückliegt und ein statuarischer Anspruch (verbrieftes Recht) gegeben ist. **Maßgeblich** ist also nicht der Abfindungszeitraum, sondern **der Zeitraum des „Ansparens"**. Von dieser Betrachtungsweise ist allerdings dann abzugehen, wenn **im Rahmen von Sanierungsprogrammen** für die überwiegende Anzahl von Pensionsanspruchsberechtigten Abfindungen vorgesehen sind. In solchen Fällen ist auch dann eine Besteuerung gem. § 67 Abs. 8 lit. e EStG vorzunehmen, wenn die Pensionszusage **weniger als sieben Jahre** zurückliegt (LStR 2002, Rz 1110).

Beispiel 138

Besteuerung einer Pensionsabfindung.

Angaben und Lösung:

Im April 20.. wird eine Pensionsabfindung in der Höhe eines Barwerts von € 10.500,00 ausbezahlt.

Da die Jahresgrenze, ab der für ein Einkommen Steuer bezahlt werden muss, € 11.000,00 beträgt (→ 15.5.4.), ist der „Hälftesteuersatz" für eine Pensionsabfindung in der Höhe eines Barwerts von € 10.500,00 0%.

Werbungskosten (→ 14.1.1.), Sonderausgaben (→ 14.1.2.) und außergewöhnliche Belastungen (→ 14.1.3.) sowie die Steuerabsetzbeträge gem. § 33 EStG (→ 15.5.7.) sind nicht zu berücksichtigen.

Pensionsansprüche können zur Gänze durch Auszahlung eines **Einmalbetrags**, zur Gänze durch Auszahlung in **Teilbeträgen** oder auch **nur teilweise abgefunden** werden (der zukünftige Pensionsanspruch wird vermindert).

Erfolgt eine Abfindung in Teilbeträgen, sind nicht die einzelnen Teilbeträge für die Versteuerung gem. § 67 Abs. 8 lit. e EStG maßgeblich, sondern der gesamte Barwert des abzufindenden Anspruchs.

Bei einer teilweisen Abfindung ist der Barwert des gesamten Pensionsanspruchs (der abgefundene und der nicht abgefundene) maßgeblich, wobei frühere (bereits erfolgte) Teilabfindungen miteinzubeziehen sind. Eine Berücksichtigung früherer Teilabfindungen kann entfallen, wenn sie mehr als sieben Jahre zurückliegen (LStR 2002, Rz 1109).

② Übersteigt der Barwert der abzufindenden Pension den Betrag i.S.d. § 1 Abs. 2 Z 1 Pensionskassengesetz (€ 13.200,00), so ist der **gesamte Betrag der Pensionsabfindung**[1162] im Kalendermonat der Zahlung als sonstiger Bezug gem. § 67 Abs. 10 EStG nach dem Lohnsteuertarif (Monatstabelle) (→ 23.3.2.6.2.) zu versteuern (vgl. § 124b Z 53 EStG).

1161 Mit dem Hälftesteuersatz.
1162 Da es sich bei dem Betrag von € 13.200,00 um eine Freigrenze handelt.

Solche Pensionsabfindungen sind in die Veranlagung miteinzubeziehen.

Wenn der Entschädigungszeitraum mindestens sieben Jahre beträgt und die Initiative zur Pensionsabfindung nicht vom Pensionsberechtigten selbst ausgegangen ist, kann für die (gesamte) Pensionsabfindung gem. § 37 Abs. 2 Z 2 EStG als Entschädigung für entgehende Einnahmen im Rahmen der Veranlagung eine **Verteilung auf drei Jahre beantragt** werden (VwGH 25.4.2013, 2010/15/0158).

Die Pensionsabfindung ist, beginnend mit dem Veranlagungsjahr, dem der Vorgang zuzurechnen ist, gleichmäßig verteilt auf drei Jahre anzusetzen. Die von der bezugsauszahlenden Stelle zum Zeitpunkt der Auszahlung der Abfindung zu Recht gemäß § 67 Abs. 10 EStG einbehaltene **Lohnsteuer gelangt dabei zur Gänze bei der Veranlagung für das erste Jahr zur Anrechnung** (vgl. VwGH 3.4.2019, Ro 2018/15/0009).

Wird eine Dreijahresverteilung der Pensionsabfindung beantragt und sind die erforderlichen Voraussetzungen dafür gegeben, liegt in den Jahren zwei und drei der Verteilung ein Pflichtveranlagungstatbestand gem. § 41 Abs. 1 EStG vor (LStR 2002, Rz 1110e).

Auch **Teilpensionsabfindungen** sind der Progressionsermäßigung gemäß § 37 Abs. 2 Z 2 EStG durch Dreijahresverteilung zugänglich. Dies aber nur dann, wenn die Entschädigung für einen Zeitraum von mindestens sieben Jahren gewährt wird, also eine Entschädigung in Bezug auf sieben volle Jahresbeträge vorliegt. Dies kann nur dann angenommen werden, wenn die Entschädigung dem **Barwert der vollen Pensionsanwartschaft für zumindest sieben Jahre** entspricht (vgl. VwGH 31.1.2019, Ro 2018/15/0008).

③ Zur weiteren Förderung der Altersvorsorge ist im Pensionskassengesetz die Übertragung von Pensionsabfindungen an Pensionskassen vorgesehen (§ 5 Z 1 lit. e PKG). Diese Überbindung geht gem. § 26 Z 7 EStG (→ 21.3.) steuerneutral vor sich, d.h. Beiträge des Arbeitgebers für seine Arbeitnehmer an Pensionskassen fallen nicht unter die Einkünfte aus nicht selbstständiger Arbeit.

Eine **Zusammenfassung** der abgabenrechtlichen Behandlung von Pensionsabfindungen finden Sie unter Punkt 24.8.

31. Personen mit besonderer abgabenrechtlicher Behandlung

In diesem Kapitel werden bestimmte Personengruppen mit besonderer abgabenrechtlicher Behandlung thematisiert.

Für einige Personengruppen sieht der Gesetzgeber andere als die bisher behandelten abgabenrechtlichen Bestimmungen vor. Im Bereich des

EStG sind es die	**ASVG** sind es die
• beschränkt steuerpflichtigen Arbeitnehmer (→ 31.1.) und • vorübergehend beschäftigten Arbeitnehmer (→ 31.2.),	• fallweise beschäftigten Personen (→ 31.3.), • geringfügig Beschäftigten (→ 31.4.), • Volontäre (→ 31.5.2.), und • freien Dienstnehmer (→ 31.7.).

Die vorstehend angeführten Personen sind

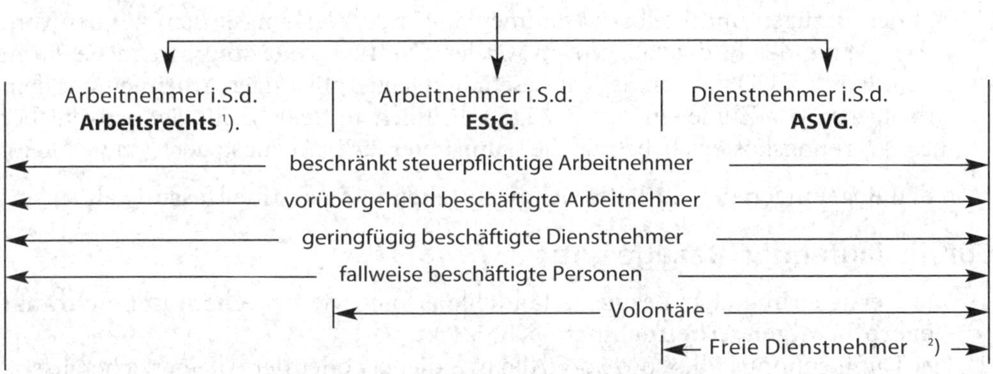

[1]) Aus diesem Grund gelten vollinhaltlich alle arbeitsrechtlichen Bestimmungen.
[2]) Den Dienstnehmern i.S.d. ASVG gleichgestellte Personen.

Darüber hinaus finden in diesem Punkt die

- Ferialpraktikanten (→ 31.5.1.),
- Schnupperlehrlinge (→ 31.5.3.),
- Vorstandsmitglieder (→ 31.8.),
- Geschäftsführer (→ 31.9.),
- Grenzgänger (→ 31.10.),
- älteren Personen (→ 31.11.) und die
- Personen mit geringem Entgelt (→ 31.12.)

Behandlung.

31.1. Beschränkt steuerpflichtige Arbeitnehmer

31.1.1. Begriff

Der Punkt 7.2. hat die steuerrechtlichen Voraussetzungen, die zur beschränkten Steuerpflicht führen, zum Inhalt. Darauf aufbauend wird in diesem Punkt die Art der Lohnsteuerberechnung behandelt.

31.1.2. Berechnung der Lohnsteuer

Soweit ein ev. geltendes Doppelbesteuerungsabkommen (→ 7.2.) nichts anderes bestimmt, ist die Lohnsteuer beschränkt steuerpflichtiger Arbeitnehmer wie folgt zu berechnen:

1. Soweit nicht Z 2 (siehe nachstehend) zur Anwendung kommt, **nach**
   - **§ 33** Abs. 5 (Verkehrsabsetzbetrag, erhöhter Verkehrsabsetzbetrag, Pendlereuro) sowie Abs. 6 (Pensionistenabsetzbetrag) (→ 30.2.2.2.) EStG und
   - **§ 66** EStG (Berechnung der Lohnsteuer, → 11.5.1., → 15.5.6.) mit der Maßgabe, dass Absetzbeträge nach § 33 Abs. 3a (Familienbonus Plus, → 14.2.1.1.), Abs. 4 Z 1 und Z 2 EStG (Alleinverdiener-, Alleinerzieherabsetzbetrag, → 14.2.1.2., → 14.2.1.3.) **nicht zu berücksichtigen** sind.
2. Bei Bezügen als Arbeitnehmer aus einer Tätigkeit i.S.d. § 99 Abs. 1 Z 1 EStG (z.B. **Künstler, Vortragende, Sportler**) mit **20%** des vollen Betrags dieser Bezüge (**Bruttobesteuerung**).
   Mit den Bezügen unmittelbar zusammenhängende Werbungskosten können vom vollen Betrag der Bezüge abgezogen werden (**Nettobesteuerung**), wenn sie ein in einem EWR-(EU-)Staat ansässiger beschränkt steuerpflichtiger Arbeitnehmer dem Arbeitgeber vor Zufließen der Bezüge schriftlich mitteilt. Zieht der Arbeitgeber diese Werbungskosten ab, beträgt die **Lohnsteuer 25%** (Abzugsteuer) (§ 70 Abs. 2 EStG).

Von den Regelungen der **Z 1** leitet sich nachstehende **Zusammenfassung** ab:

Für die laufenden Bezüge gilt:

1. Die Versteuerung aller Bezugsbestandteile erfolgt **wie bei einem unbeschränkt steuerpflichtigen Arbeitnehmer** (→ 11.5.1.).
2. Der Familienbonus Plus sowie der Alleinverdiener- oder der Alleinerzieherabsetzbetrag sind vom Arbeitgeber nicht zu berücksichtigen (→ 14.2.1.).

Für die sonstigen Bezüge gilt:

Sonstige Bezüge sind **wie bei unbeschränkt steuerpflichtigen Arbeitnehmern** zu behandeln (→ 23.3.2.).

Erlassmäßige Regelung über die Besteuerung beschränkt steuerpflichtiger Arbeitnehmer nach Z 1:

In den Fällen des § 70 Abs. 2 Z 1 EStG wird die Besteuerung nach dem Lohnsteuertarif (§ 66 EStG) vorgenommen. Ist der beschränkt steuerpflichtige Arbeitnehmer in einem aktiven Dienstverhältnis, so steht ihm der Verkehrsabsetzbetrag (siehe vorstehend) zu. Pensionisten haben Anspruch auf den Pensionistenabsetzbetrag. Der

Alleinverdienerabsetzbetrag (Alleinerzieherabsetzbetrag) steht weder aktiven Dienstnehmern noch Pensionisten zu. Ebenso steht der Familienbonus Plus beschränkt steuerpflichtigen Arbeitnehmern nicht zu (LStR 2002, Rz 1179).

Steuerfreie Bezüge i.S.d. § 3 EStG (→ 21.2.) sind bei Ermittlung der steuerpflichtigen Einkünfte abzuziehen. Bezüge i.S.d. § 26 EStG (→ 21.3.) bleiben außer Ansatz. Die Bestimmungen der §§ 67 und 68 EStG (→ 23.3.2., → 18.3.1.) kommen zur Anwendung. Das Werbungskostenpauschale (→ 14.1.1.) und das Sonderausgabenpauschale (→ 14.1.2.) stehen ebenfalls zu. Außergewöhnliche Belastungen (→ 14.1.3.) sowie der Freibetrag gem. § 105 EStG werden nicht berücksichtigt (LStR 2002, Rz 1180).

Für die Beurteilung, ob und in welchem Ausmaß ein Pendlerpauschale und ein Pendlereuro zustehen, ist es unmaßgeblich, ob die Wohnung und/oder die Arbeitsstätte im **Inland oder Ausland** gelegen sind. Daher stehen bei Fahrten zwischen einer inländischen Arbeitsstätte und einer im Ausland gelegenen Wohnung für die gesamte Fahrtstrecke das Pendlerpauschale und der Pendlereuro zu. Auch Grenzgängern (→ 31.10.) stehen die Pauschalbeträge für die gesamte Wegstrecke Wohnung–Arbeitsstätte zu (LStR 2002, Rz 252).

Erlassmäßige Regelungen über die Besteuerung beschränkt steuerpflichtiger Arbeitnehmer nach **Z 2** (z.B. Künstler, Sportler) finden Sie in den Lohnsteuerrichtlinien 2002 unter den Randzahlen 1181 bis 1182a und in der Beispielsammlung zu den Lohnsteuerrichtlinien 2002.

Erlassmäßige Regelungen betreffend die Veranlagung beschränkt steuerpflichtiger Arbeitnehmer finden Sie in den Lohnsteuerrichtlinien 2002 unter den Randzahlen 1241a bis 1241m.

Tritt rückwirkend die unbeschränkte Steuerpflicht ein, hat der Arbeitgeber die Lohnsteuer nur dann rückwirkend neu zu berechnen, wenn dem Arbeitnehmer der Alleinverdiener- oder der Alleinerzieherabsetzbetrag zusteht. Dem Arbeitnehmer ist das **Steuerguthaben** für das laufende Kalenderjahr **zu erstatten**; für das abgelaufene Kalenderjahr besteht die Möglichkeit, eine Veranlagung (→ 15.3.) bzw. eine Erstattung gem. § 240 Abs. 3 BAO (→ 15.7.3.) zu beantragen.

Arbeitnehmer mit Staatsangehörigkeit eines EWR-(EU-)Staates können gem. § 1 Abs. 4 EStG unter bestimmten Voraussetzungen die unbeschränkte Steuerpflicht in Anspruch nehmen (LStR 2002, Rz 1178) (→ 7.2.).

Für beschränkt steuerpflichtige Arbeitnehmer ist ein Lohnzettel auszuschreiben (§ 84 Abs. 4 EStG) (→ 35.1.).

31.1.3. Zusammenfassung

Die **lohnsteuerliche Behandlung** und die sonstige abgabenrechtliche Behandlung der Bezüge beschränkt steuerpflichtiger Arbeitnehmer ist wie folgt vorzunehmen:

	SV	LSt	DB zum FLAF (→ 37.3.3.3.)	DZ (→ 37.3.4.3.)	KommSt (→ 37.4.1.3.)
laufende Bezüge	pflichtig[1163]	pflichtig [1164] [1165]	pflichtig [1165] [1166] [1167] [1168]	pflichtig [1165] [1166] [1167] [1168]	pflichtig [1165] [1166] [1167]
Sonderzahlungen	pflichtig[1163]	frei/pflichtig (→ 23.5.)	pflichtig [1165] [1166] [1167] [1168]	pflichtig [1165] [1166] [1167] [1168]	pflichtig [1165] [1166] [1167]

Hinweis: Bedingt durch die unterschiedlichen Bestimmungen des Abgabenrechts ist das Eingehen auf ev. Sonderfälle nicht möglich. Es ist daher erforderlich, die entsprechenden Erläuterungen zu beachten.

31.2. Vorübergehend beschäftigte Arbeitnehmer

31.2.1. Begriff

Für vorübergehend (nur für kurze Zeit) beschäftigte Arbeitnehmer, die **bestimmte Arbeiten** verrichten, sieht das EStG nachstehende Regelung vor:

Der Bundesminister für Finanzen kann bestimmte Gruppen von

- Arbeitnehmern, die ausschließlich körperlich tätig sind,
- Arbeitnehmern, die statistische Erhebungen für Gebietskörperschaften durchführen,
- Arbeitnehmern der Berufsgruppen Musiker, Bühnenangehörige, Artisten und Filmschaffende,

die **ununterbrochen nicht länger als eine Woche** beschäftigt werden (in einem Dienstverhältnis stehen), die Einbehaltung und Abfuhr der Lohnsteuer abweichend von den üblichen Besteuerungsbestimmungen mit einem **Pauschbetrag** gestatten (§ 69 Abs. 1 EStG).

Von diesen drei vorübergehend beschäftigten Personengruppen beschäftigt man in der Praxis **am ehesten ausschließlich körperlich tätige Arbeitnehmer**. Daher nimmt dieses Fachbuch nur auf diese Personen Bezug.

Unter „ausschließlich körperlicher Arbeitsleistung" eines Arbeitnehmers ist eine einfache manuelle Tätigkeit (z.B. als Abwäscherin) zu verstehen, die keiner besonderen Vorbildung bedarf und ohne besondere Einschulung verrichtet werden kann. Arbeiten, wie etwa das Schnee- oder Kohlenschaufeln, Holzzerkleinern oder Autowaschen, sind jedenfalls als ausschließlich körperliche Tätigkeiten einzustufen. Die Tätigkeit von Aushilfschauffeuren fällt nicht unter § 69 Abs. 1 EStG (LStR 2002, Rz 1169).

Das EStG enthält keine Begrenzung, wie oft ausschließlich körperlich tätige Arbeitnehmer vom selben Arbeitgeber im Kalenderjahr beschäftigt werden können. Dies kann daher des Öfteren im Kalenderjahr der Fall sein (VwGH 23.1.1974, 1960/73). Eine kontinuierliche Tätigkeit darf nicht erkennbar sein (VwGH 25.1.1980, 176/80).

Das Wort „ununterbrochen" bezieht sich nicht auf das tatsächliche Tätigwerden des Arbeitnehmers, sondern auf die Dauer des Beschäftigungsverhältnisses (LStR 2002, Rz 1168).

1163 Ausgenommen davon sind die beitragsfreien Bezüge (→ 21.1.).

1164 Ausgenommen davon sind die lohnsteuerfreien Bezüge (→ 18.3.1., → 21.2.). Der Alleinverdiener- oder Alleinerzieherabsetzbetrag ist nicht zu berücksichtigen.

1165 Ausgenommen davon sind die nicht steuerbaren Bezüge (→ 21.3.).

1166 Ausgenommen davon sind einige lohnsteuerfreie Bezüge (→ 37.3.3.3., → 37.4.1.3.).

1167 Ausgenommen davon sind die Bezüge der begünstigten behinderten Dienstnehmer und der begünstigten behinderten Lehrlinge i.S.d. BEinstG (→ 29.2.1.).

1168 Ausgenommen davon sind die Bezüge der Dienstnehmer (Personen) nach Vollendung des 60. Lebensjahrs (→ 31.11.).

31.2.2. Berechnung der Lohnsteuer

Der Pauschbetrag für **ausschließlich körperlich tätige** Arbeitnehmer darf

- **höchstens 7,5% des vollen Betrags der Bezüge** (der steuerbaren Bruttobezüge, → 7.5.) betragen.

Diese Bestimmung ist nicht anzuwenden, wenn der **Taglohn € 55,00** oder der **Wochenlohn**[1169] **€ 220,00** übersteigt (§ 69 Abs. 1 EStG).

Auf Grund der Verordnung des BMF vom 27. Oktober 1988, BGBl 1988/594,

- beträgt der **Pauschbetrag 2%**.

Bemessungsgrundlage für die Anwendung des festen Steuersatzes ist der Bruttolohn. Es dürfen daher weder steuerfreie Bezugsbestandteile ausgeschieden noch etwa zu zahlende Dienstnehmeranteile zur Sozialversicherung in Abzug gebracht werden. Nicht steuerbare Bezugsbestandteile i.S.d. § 26 EStG (→ 21.3.) sind in den Bruttolohn nicht einzubeziehen (LStR 2002, Rz 1170).

Die Pauschbeträge für vorübergehend beschäftigte Arbeitnehmer anderer Gruppen sind der vorstehend angeführten Verordnung zu entnehmen.

Die pauschaliert besteuerten Einkünfte bleiben (als sog. „endbesteuerte" Einkünfte) im Fall einer Veranlagung (→ 15.2.) außer Ansatz (§ 41 Abs. 4 EStG).

Der Lohnzettel für vorübergehend beschäftigte Arbeitnehmer (mit der Pauschalbesteuerung) ist auf eine spezielle Art auszustellen. Näheres dazu siehe Punkt 35.1.

Der Arbeitnehmer kann jedoch in allen Fällen des § 69 Abs. 1 EStG anstatt der Pauschalbesteuerung die Besteuerung nach dem Tarif beanspruchen (LStR 2002, Rz 1170).

31.2.3. Zusammenfassung

Die **lohnsteuerliche Behandlung** und die sonstige abgabenrechtliche Behandlung der Bezüge vorübergehend ausschließlich körperlich tätiger Arbeitnehmer ist wie folgt vorzunehmen:

<table>
<tr><th></th><th>SV</th><th>LSt</th><th>DB zum FLAF (→ 37.3.3.3.)</th><th>DZ (→ 37.3.4.3.)</th><th>KommSt (→ 37.4.1.3.)</th></tr>
<tr><td>Bruttobezug bis zu einem
• Taglohn von € 55,00 und
• Wochenlohn von € 220,00</td><td rowspan="2">pflichtig (als lfd. Bez. bzw. als SZ)</td><td>2%[1170]</td><td rowspan="2">pflichtig [1170] [1171] [1172]</td><td rowspan="2">pflichtig [1170] [1171] [1172]</td><td rowspan="2">pflichtig [1170] [1171]</td></tr>
<tr><td>bei Überschreiten dieser Beträge[1173]</td><td>pflichtig[1170] (als lfd. Bez. bzw. als sonst. Bez., → 23.5.)</td></tr>
</table>

1169 Eine Woche = 7 zusammenhängende Kalendertage (nicht identisch mit der Kalenderwoche).
1170 Ausgenommen davon sind die nicht steuerbaren Bezüge (→ 21.3.).
1171 Ausgenommen davon sind die Bezüge der begünstigten behinderten Dienstnehmer i.S.d. BEinstG (→ 29.2.1.).
1172 Ausgenommen davon sind die Bezüge der Dienstnehmer (Personen) nach Vollendung des 60. Lebensjahrs (→ 31.11.).
1173 Werden diese Beträge überschritten, kann der Arbeitnehmer nicht als ein vorübergehend beschäftigter Arbeitnehmer behandelt werden.

Hinweis: Bedingt durch die unterschiedlichen Bestimmungen des Abgabenrechts ist das Eingehen auf ev. Sonderfälle nicht möglich. Es ist daher erforderlich, die entsprechenden Erläuterungen zu beachten.

31.3. Fallweise beschäftigte Personen

31.3.1. Begriff

Im Sinn des ASVG sind unter fallweise beschäftigten[1174] Personen Dienstnehmer zu verstehen,

- die in **unregelmäßiger Folge tageweise** beim selben Dienstgeber beschäftigt werden, wenn die Beschäftigung **für eine kürzere Zeit als eine Woche**[1175] **vereinbart** ist (§ 33 Abs. 3 ASVG).

Unter den Begriff „fallweise beschäftigt" **fallen daher nicht** Dienstnehmer, die

- zusammenhängend sieben Tage oder länger oder
- regelmäßig[1176 1177 1178 1179]

aushilfsweise (als sog. Aushilfe[1180 1181]) beschäftigt werden.

1174 „Fallweise beschäftigt sein" bedeutet, von „Fall zu Fall", aber zu vorher nicht bestimmten Terminen Arbeitsleistungen (als sog. Aushilfe) zu erbringen. Die fallweise Beschäftigung besteht demnach in der unregelmäßigen, unterbrochenen Aneinanderreihung verschiedener kurzfristig befristeter Dienstverhältnisse (→ 4.4.3.2.2.).
Eine fallweise Beschäftigung als Dienstnehmer liegt dann vor, wenn nicht im Vorhinein eine periodisch wiederkehrende Leistungspflicht vereinbart wurde, sondern von Zeit zu Zeit neue Dienstverhältnisse ausgehandelt wurden (VwGH 4.6.2008, 2007/08/0340).

1175 Eine Woche umfasst sieben Kalendertage (Sozialversicherungstage). Demnach kann die fallweise Beschäftigung für die Dauer eines Tages, max. für die Dauer von sechs hintereinanderliegenden Tagen abgeschlossen werden.

1176 Regelmäßig (durchgehend) ist eine Beschäftigung, wenn sie **an bestimmten wiederkehrenden Tagen**, wie z.B. jeden Samstag oder jeden letzten Freitag im Monat, ausgeübt wird.
Wird jemand auf unbestimmte Zeit aufgenommen und **vereinbart**, dass er **ca. 15 Stunden pro Woche** je nach Bedarf und Arbeitsanfall zu leisten hat, liegt ebenfalls ein durchgehendes Dienstverhältnis vor.
Für das Vorliegen einer durchgehenden oder bloß tageweisen Versicherungspflicht bei tageweiser Beschäftigung ist zunächst **maßgebend**, ob eine **Vereinbarung über eine im Voraus bestimmte** (oder noch bestimmbare) **periodisch wiederkehrende** (täglich, wöchentlich, monatlich) **Leistungspflicht** zwischen Beschäftiger und Beschäftigtem geschlossen worden ist. Liegt eine solche Vereinbarung vor, besteht durchgehende Versicherungspflicht.

1177 Bei einer Vereinbarung einer **„Arbeit auf Abruf"** liegen hingegen grundsätzlich nur während der jeweiligen Zeiträume der tatsächlichen Ausübung der Beschäftigung versicherungspflichtige (fallweise) Beschäftigungsverhältnisse vor (also allenfalls auch tageweise). Die Möglichkeit der sanktionslosen Ablehnung einzelner Arbeitsleistungen schließt also nicht aus, dass während der jeweils wiederkehrenden kurzfristigen tatsächlichen Inanspruchnahme des Beschäftigten jeweils versicherungspflichtige (fallweise) Beschäftigungsverhältnisse vorliegen (BMSG Erl. 12.9.2000, 120.468/1–7/00).

1178 Ein Dienstnehmer (Expeditaushelfer), der wiederkehrend tageweise beschäftigt wird (z.B. als Teilnehmer in einem Arbeitskräfte-Pool), ist dann nicht durchgehend versicherungspflichtig beschäftigt (und daher eine fallweise beschäftigte Person),
- wenn es ihm freisteht, **einzelne Arbeiten abzulehnen**,
- **ohne** dass ihm für die Zukunft ein **Nachteil** erwachsen wird.

1179 Allein aus der regelmäßigen Tätigkeit des Dienstnehmers kann nicht schon auf eine im Vorhinein getroffene Vereinbarung einer periodisch wiederkehrenden Leistungspflicht geschlossen werden. Auf eine solche kann nur dann geschlossen werden,
- wenn eine **Vereinbarung** bezüglich einer periodisch wiederkehrenden Leistungspflicht **getroffen wurde** (wobei diese auch schlüssig getroffen sein kann) **und**
- konkrete Feststellungen zur **Beschäftigungsfrequenz** diese Annahme zulassen (VwGH 17.12.2002, 99/08/0008)

1180 Aushilfen können demnach fallweise oder durchgehend beschäftigt werden.

1181 **Beispiele** für durchgehend beschäftigte Aushilfen sind: Aushilfsfriseure, Aushilfskellner, Aushilfsverkäufer, Billeteure, Kraftfahrer, Bedienerinnen usw., die zwar nur an einzelnen Tagen, aber regelmäßig beschäftigt werden.

Freie Dienstnehmer (→ 31.8.) können keinesfalls fallweise beschäftigte Personen sein.

Die **Unterscheidung** zwischen tageweise Beschäftigungen einerseits und einer durchgehenden Beschäftigung andererseits ist – neben den Sonderbestimmungen über die Versicherung bzw. Meldung im ASVG – auch in anderen Bereichen **von Bedeutung**, so z.B. für

- arbeitsrechtliche **Ansprüche**, die von der Dienstzeit abhängen (z.B. gesetzliche Abfertigung, Ansteigen der Kündigungsfristen, erhöhte Entgeltfortzahlungsdauer),
- die Beurteilung des Überschreitens der **Geringfügigkeitsgrenze**,
- die Frage, ob die monatliche oder tägliche **Höchstbeitragsgrundlage** anzuwenden ist,
- die Frage, wann erstmalig ein **BV-Beitrag** zu entrichten ist,
- die Frage, ob es zu einer **Reduktion des Arbeitslosenversicherungsbeitrags** kommt,
- die Anzahl der erworbenen **Versicherungsmonate** (insb. für die Pensionsversicherung),
- die Frage, ob die monatliche oder tägliche **Lohnsteuertabelle** anzuwenden ist.

Zusammenfassende Darstellung:

Merkmale einer	
fallweisen Beschäftigung	**durchgehenden Beschäftigung**
Unregelmäßige Einsatztage bzw. Beschäftigungsabfolge, d.h. die Beschäftigungen erfolgen nicht an bestimmten Tagen und in gleichen Abständen, sodass kein erkennbares Beschäftigungsmuster gegeben ist.	Periodisch wiederkehrende Leistungspflicht, z.B. jeden Montag, jeden zweiten Samstag im Monat, jeden letzten Freitag im Monat oder an jedem 15. eines Monats; Vorhandensein eines Dienstplans.
Keine verbindliche Vereinbarung der (Mindest-) Einsatzzeiten bzw. Arbeitsstunden im Vorhinein.	Ausdrückliche oder schlüssige Vereinbarung der Arbeitsleistung.
Keine im Nachhinein tatsächlich feststellbare, periodisch wiederkehrende Leistung. Die Dauer der Unterbrechung übersteigt jeweils bei Weitem die Dauer der Einsatzzeiten.	Eine im Nachhinein tatsächlich feststellbare, periodisch wiederkehrende Leistung (Indiz für eine im Vorhinein zumindest schlüssig getroffene Vereinbarung).
Kurzfristige Vereinbarung der Arbeitsleistung für den jeweiligen Arbeitstag zwischen Dienstgeber und Dienstnehmer (befristetes Dienstverhältnis für eine kürzere Zeit als eine Woche).	Längerfristige Vereinbarung der Arbeitsleistung zwischen Dienstgeber und Dienstnehmer (befristetes oder unbefristetes Dienstverhältnis).

Merkmale einer	
fallweisen Beschäftigung	**durchgehenden Beschäftigung**
Keine Verpflichtung, an im Voraus bestimmten Tagen oder noch bestimmbaren Tagen zu arbeiten.	Oder: Vereinbarung zur Arbeitsleistung im Sinn von jederzeitiger Abrufbarkeit durch den Dienstgeber. Darüber hinaus kann der Dienstnehmer bei Bedarf seinen Arbeitseinsatz selbst bestimmen.
Ablehnung von angebotenen Arbeitseinsätzen ohne nachteilige Folgen für den Dienstnehmer (wenn der Dienstnehmer nicht verpflichtet ist, bei Abruf die telefonisch angebotene Arbeit anzunehmen). Eine glaubwürdige Vereinbarung des Ablehnungsrechts im Vertrag ist sinnvoll. Es ist aber bereits ausreichend, dass dem Dienstnehmer das Recht auf Ablehnung durch die im Betrieb gelebte Praxis bekannt ist.	Keine sanktionslose Ablehnung der Leistungspflicht des Dienstnehmers.
	Ein schriftlicher (Rahmen-)Vertrag regelt die wesentlichen Bestandteile des konkreten Dienstverhältnisses (z.B. Arbeitsbeginn, Entlohnung, Beendigungs- bzw. Kündigungsklausel, Arbeitszeit, Urlaubsentgelt bzw. Entgeltfortzahlung).
Entlohnung nur für die tatsächlich geleisteten Arbeitsstunden.	Stundenweise oder monatliche Entlohnung, Fixum oder Pauschalentgelt.

(vgl. auch Nö. GKK, NÖDIS Nr. 8/Juli 2017).

Arbeitsrechtliche Hinweise:

Die fallweise Beschäftigung stellt **kein unzulässiges Kettendienstverhältnis** dar, sofern die vorstehenden Merkmale für diese Beschäftigung vorliegen.

Für fallweise Beschäftigte gilt u.a. auch das UrlG, wobei der **Verbrauch einzelner Urlaubstage**, halber Tage oder einzelner Stunden für zulässig erachtet wird. Ein Urlaubsverbrauch „in natura" ist daher auch bei fallweisen Beschäftigten möglich.

„All-in-Vereinbarungen" (→ 16.2.3.5.3.) können u.a. Mehrarbeits- und Überstunden und anteilige Sonderzahlungen, nicht aber unabdingbare Rechte im Zusammenhang mit dem Urlaub abdecken, wie die Abgeltung eines Nichtverbrauchs von Urlaub von vornherein in Geld (Einbeziehung des Urlaubsentgelts in das laufende Entgelt). Derartige Pauschalabreden verstoßen gegen das Ablöseverbot des § 7 UrlG (→ 26.2.7.) und sind daher absolut nichtig (OGH 27.6.2013, 8 ObA 32/13h).

31.3.2. Meldevorschriften und Beitragsverrechnung

31.3.2.1. Meldevorschriften

Jeder Tag einer fallweisen Beschäftigung ist als **eigenes Dienstverhältnis** zu qualifizieren. Dies ist auch für die Überprüfung der Geringfügigkeitsgrenze (siehe ausführlich Punkt 31.4.1.)sowie der Höchstbeitragsgrundlage zu beachten [1182] [1183].

Die Gruppe der fallweise beschäftigten Personen teilt sich abhängig von der Höhe des Entgelts in

geringfügig fallweise beschäftigte Personen (teilversicherte Dienstnehmer)	und	**voll versicherte fallweise beschäftigte Personen**.
Für diese Dienstnehmer gelten die Abrechnungsvorschriften der unter **Punkt** 31.4.2. behandelten geringfügig beschäftigten Dienstnehmer.		Für diese Dienstnehmer gelten die in diesem Punkt behandelten Abrechnungsvorschriften.
↓		↓

Für beide Fälle gelten besondere Meldevorschriften (siehe nachstehend).

Fallweise beschäftigte Personen sind wie folgt zu melden:

Auch für fallweise beschäftigte Personen ist eine Anmeldung vor Arbeitsantritt erforderlich (→ 39.1.1.1.1.). **Für jeden einzelnen geplanten Beschäftigungstag** ist eine **eigene „Anmeldung fallweise Beschäftigter"** zu erstatten. Diese wirkt als Vor-Ort-Anmeldung und ist grundsätzlich elektronisch über ELDA oder – und dies ist nur für die Vor-Ort-Anmeldung fallweise Beschäftigter zulässig – mittels ELDA-APP zu erstatten. In bestimmten Ausnahmefällen ist auch eine Meldung per Telefax oder telefonisch möglich (siehe dazu Punkt 39.1.1.1.5.). Tritt der Dienstnehmer seine Beschäftigung nicht an, ist eine Stornierung der jeweiligen Vor-Ort-Anmeldungen (Tage) notwendig (eine Richtigstellung ist nicht möglich).

1182 Dauert eine fallweise Beschäftigung von einem Kalendertag bis zum darauf folgenden Tag (z.B. vom 29.9., 22 Uhr, bis 30.9., 4 Uhr), so liegen zwei Sozialversicherungstage vor. Diese Rechtsansicht hat Auswirkungen auf die Höchstbeitragsgrundlage sowie gegebenenfalls auch auf die Geringfügigkeitsgrenze (Oö. GKK, dg-service-line Newsletter, September 2011).

1183 Liegen in einem Kalendermonat sowohl Zeiten einer fallweisen Beschäftigung als auch Zeiten einer durchgehenden Beschäftigung vor, hat eine getrennte Beurteilung, ob Teil- oder Vollversicherungspflicht besteht, zu erfolgen (Nö. GKK, DGservice Jänner 2012).

Anmeldung fallweise Beschäftigter:

Österreichische Gesundheitskasse

Ausfüllhilfe: Anmeldung fallweise Beschäftigter

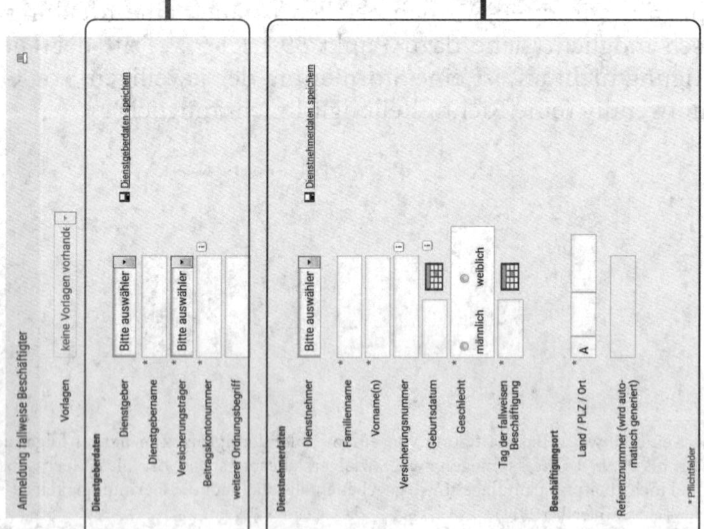
Anmeldung fallweise Beschäftigter

Vorlagen: keine Vorlagen vorhande

Dienstgeberdaten

Dienstgeber: Bitte auswählen — Dienstgeberdaten speichern
Dienstgebername *
Versicherungsträger *: Bitte auswählen
Beitragskontonummer *
weiterer Ordnungsbegriff

Dienstnehmerdaten

Dienstnehmer: Bitte auswählen — Dienstnehmerdaten speichern
Familienname *
Vorname(n) *
Versicherungsnummer
Geburtsdatum
Geschlecht *: männlich / weiblich
Tag der fallweisen Beschäftigung *

Beschäftigungsort

Land / PLZ / Ort *: A
Referenznummer (wird automatisch generiert)

* Pflichtfelder

Screenshot aus ELDA Online/Meldungserfassung Dienstgeber

„Dienstgeber" und zuständiger „Versicherungsträger": Achten Sie bei Vorliegen mehrerer Beitragskonten auf die korrekte Auswahl des zuständigen Versicherungsträgers und der von diesem vergebenen Beitragskontonummer. Die Länge der Beitragskontonummer hat den Formatvorgaben des jeweiligen Versicherungsträgers zu entsprechen. Gegebenenfalls ist sie mit Vornullen auf die geforderte Länge aufzufüllen (zum Beispiel achtstellige Beitragskontonummer = 00123456). Andernfalls kann es zu Einschränkungen beim SV-Clearingsystem kommen. Sonderzeichen und Buchstaben sind unzulässig.

Daten der bzw. des Versicherten, „Versicherungsnummer" (VSNR) oder „Geburtsdatum" (GEBD): Die zehnstellige Versicherungsnummer ist ohne Leerstellen anzugeben. Verfügt die jeweilige Person über keine Versicherungsnummer oder ist diese zum Zeitpunkt der Meldungserstattung nicht bekannt, reicht für die Anmeldung fallweise Beschäftigter das Geburtsdatum der bzw. des Versicherten aus. Die Versicherungsnummer ist in weiterer Folge spätestens vor der den Anmeldevorgang abschließenden mBGM für fallweise Beschäftigte durch Übermittlung der Meldung Versicherungsnummer Anforderung zu beantragen.
„Tag der fallweisen Beschäftigung" (Anmeldedatum - ADAT): Jeder Einsatz einer bzw. eines fallweise Beschäftigten ist mittels Anmeldung fallweise Beschäftigter zu melden. Beginnt die Tätigkeit einer bzw. eines fallweise Beschäftigten zum Beispiel am 29.01.2021 um 20.00 Uhr und dauert bis 02.00 Uhr des 30.01.2021 an, sind beide Tage der Beschäftigung jeweils mittels Anmeldung fallweise Beschäftigter bekannt zu geben, um Unannehmlichkeiten im Rahmen einer Kontrolle der Finanzpolizei zu vermeiden. Wird der 30.01.2021 nicht gemeldet und nimmt die bzw. der fallweise Beschäftigte an diesem Tag ab 16.00 Uhr wieder eine Tätigkeit auf, ist auf Grund der Unterbrechung bzw. des neuen Beschäftigungsverhältnisses jedenfalls wieder eine Anmeldung fallweise Beschäftigter vor Arbeitsantritt (also vor 16.00 Uhr) erforderlich.
Der Beginn der Betrieblichen Vorsorge wird der den Anmeldevorgang abschließenden mBGM für fallweise Beschäftigte entnommen.
„Beschäftigungsort" (BKFZ, BPLZ, BORT): Der Beschäftigungsort dokumentiert für allfällige Kontrollen der Finanzpolizei jenen Ort, an dem die Tätigkeit tatsächlich aufgenommen wird. Beachten Sie, dass dieser nicht zwingend mit dem Sitz des Unternehmens identisch ist (der Firmensitz befindet sich zum Beispiel in 3100 St. Pölten, der tatsächliche Ort der Beschäftigung ist in 3390 Melk).

Quelle: www.gesundheitskasse.at

Eine elektronische Nachmeldung der einzelnen Beschäftigungstage binnen sieben Tagen nach dem Beginn der Pflichtversicherung ist bei einer fallweisen Beschäftigung – anders als bei einer Vor-Ort-Anmeldung einer durchlaufenden Beschäftigung – nicht erforderlich. Die endgültige An- und Abmeldung für fallweise beschäftigte Personen ist als **„mBGM für fallweise Beschäftigte“** zu erstatten (→ 31.3.2.3.).

Auch hinsichtlich der Frage, ob es zu einer **Reduzierung des Arbeitslosenversicherungsbeitrags** auf Grund eines geringen Entgelts kommt (→ 31.12.), hat eine tageweise Betrachtung zu erfolgen (Nö. GKK, NÖDIS Nr. 3/März 2017).

Auch fallweise beschäftigte Personen unterliegen dem BMSVG. Ein **BV-Beitrag** ist abzuführen. Wird innerhalb eines Zeitraums von **zwölf Monaten ab dem Ende eines Arbeitsverhältnisses** mit demselben Arbeitgeber **erneut ein Arbeitsverhältnis** geschlossen, setzt die **Beitragspflicht mit dem ersten Tag** dieses Arbeitsverhältnisses ein (§ 6 Abs. 1 BMSVG). Dies gilt unabhängig von der Dauer des ersten und des zweiten Arbeitsverhältnisses (OGH 25.5.2016, 9 ObA 30/16a).

Jeder Tag einer fallweisen Beschäftigung ist ein **eigenes** Beschäftigungsverhältnis. Bei Arbeitnehmern, die nicht in den letzten zwölf Monaten beim selben Arbeitgeber beschäftigt waren, ist demnach der erste Tag einer fallweisen Beschäftigung beitragsfrei (BMSVG, Fragen-Antworten-Katalog). Näheres dazu siehe Punkt 36.1.3.1.

Für voll versicherte fallweise beschäftigte Personen **gilt für den Bereich der Pensionsversicherung Folgendes**: Liegen in einem Monat mindestens fünfzehn Versicherungstage, zählt dieser als voller Versicherungsmonat. Liegen in einem Monat weniger als fünfzehn Versicherungstage, werden diese Tage den Versicherungstagen der nachfolgenden Kalendermonate so lange zugerechnet, bis fünfzehn Versicherungstage erreicht werden; dieser Kalendermonat zählt dann als Versicherungsmonat (**Resttagszählung**) (§ 231 Z 1 lit. a, b ASVG).

31.3.2.2. Beitragsverrechnung

Für voll versicherte fallweise beschäftigte Personen, die hinsichtlich ihrer Beschäftigung zur

Pensionsversicherung der Arbeiter gehören,	Pensionsversicherung der Angestellten gehören,

werden die Beiträge nach der Beschäftigtengruppe

↓ ↓

Arbeiter	Angestellte

unter Einbeziehung der bei Arbeitern bzw. Angestellten üblicherweise zu berücksichtigenden sonstigen Beiträge und Umlagen ermittelt.

Zu den geringfügigen fallweise Beschäften siehe Punkt 31.4.2.

Bezüglich der abgabenrechtlichen Behandlung älterer Dienstnehmer siehe Punkt 31.11.

31.3.2.3. Monatliche Beitragsgrundlagenmeldung (mBGM) für fallweise Beschäftigte

Sowohl im Selbstabrechnungsverfahren als auch im Vorschreibeverfahren ist eine „mBGM für fallweise Beschäftigte" zu übermitteln.

Die **mBGM für fallweise Beschäftigte** dient

- der **Erfüllung der gesetzlichen Anmeldeverpflichtung** (zur zusätzlich erforderlichen Anmeldung vor Arbeitsantritt siehe Punkt 31.3.2.1.) und
- der **Bekanntgabe der Beitragsgrundlagen** sowie – im Selbstabrechnungsverfahren – der **Abrechnung der Sozialversicherungsbeiträge**.

Wichtiger Hinweis: Im Rahmen der mBGM für fallweise Beschäftigte werden auch die innerhalb des jeweiligen Beitragszeitraumes liegenden **tatsächlichen Beschäftigungstage** des Versicherten einzeln gemeldet und die Beitragsgrundlagen sowie – im Selbstabrechnungsverfahren – die zu entrichtenden Beiträge **für jeden einzelnen Tag** bekannt gegeben. Die Übermittlung von je einem Tarifblock (→ 39.1.1.1.3.) pro Beschäftigungstag ist erforderlich.

Die mBGM für fallweise Beschäftigte ist grundsätzlich (auch im Selbstabrechnungsverfahren) **bis zum 7. des Folgemonats** zu übermitteln. Dies gilt jedoch nur für die An- und Abmeldung und nicht für die Meldung der Beitragsgrundlagen bzw. Sozialversicherungsbeiträge. Es kann daher bis zum 7. des Folgemonats vorerst nur die mBGM ohne Verrechnung (nur Tarifblock) übermittelt und **bis zum 15. des Folgemonats** die vollständige mBGM nachgereicht werden (über Storno und Neumeldung). Wird die Beschäftigung nach dem 15. des Eintrittsmonats aufgenommen, endet auch bei fallweisen Beschäftigungen die Übermittlungsfrist (für die vollständige mBGM) mit dem 15. des übernächsten Monats. Vorschreibebetriebe müssen hingegen die mBGM komplett bis zum 7. des Folgemonats übermitteln.

Die mittels mBGM für fallweise Beschäftigte gemeldeten Daten können ausschließlich durch eine **Stornomeldung** und anschließende **Neumeldung** der mBGM korrigiert werden.

31.3.2.4. Lohnzettel (L16)

Werden **Personen** in unregelmäßigen Abständen **fallweise beschäftigt**, sodass nicht von einem einheitlichen, fortlaufenden Dienstverhältnis auszugehen ist, bestehen nach Ansicht des BMF keine Bedenken, wenn nach Ablauf des Kalenderjahrs ein einheitlicher Lohnzettel LSt-Teil ausgestellt wird (LStR 2002, Rz 1225).

31.3.2.5. Zusammenfassung

Die **sv-rechtliche Behandlung** und die sonstige abgabenrechtliche Behandlung der Bezüge fallweise beschäftigter Personen ist wie folgt vorzunehmen:

<table>
<tr><th colspan="2"></th><th>SV</th><th>LSt</th><th>DB zum FLAF (→ 37.3.3.3.)</th><th>DZ (→ 37.3.4.3.)</th><th>KommSt (→ 37.4.1.3.)</th></tr>
<tr><td rowspan="2">Bis zu den Geringfügigkeitsgrenzen[1184]:</td><td>der lfd. Bezug</td><td rowspan="2">frei[1185]</td><td>pflichtig [1186, 1187]</td><td rowspan="2">pflichtig [1187, 1188, 1189, 1190]</td><td rowspan="2">pflichtig [1187, 1188, 1189, 1190]</td><td rowspan="2">pflichtig [1187, 1188, 1189]</td></tr>
<tr><td>die Sonderzahlung</td><td>frei/ pflichtig (→ 23.5.)</td></tr>
<tr><td rowspan="2">Bei Überschreiten der Geringfügigkeitsgrenzen[1191]:</td><td>der lfd. Bezug</td><td>pflichtig[1192] (als lfd. Bez.)</td><td>pflichtig [1186, 1187]</td><td rowspan="2">pflichtig [1187, 1188, 1189, 1190]</td><td rowspan="2">pflichtig [1187, 1188, 1189, 1190]</td><td rowspan="2">pflichtig [1187, 1188, 1189]</td></tr>
<tr><td>die Sonderzahlung</td><td>pflichtig[1192] (als SZ)</td><td>frei/ pflichtig (→ 23.5.)</td></tr>
</table>

Hinweis: Bedingt durch die unterschiedlichen Bestimmungen des Abgabenrechts ist das Eingehen auf ev. Sonderfälle nicht möglich. Es ist daher erforderlich, die entsprechenden Erläuterungen zu beachten.

31.4. Geringfügig Beschäftigte

31.4.1. Begriff

Als geringfügig Beschäftigte gelten sowohl

geringfügig beschäftigte **Dienstnehmer**	als auch	geringfügig beschäftigte **freie Dienstnehmer**[1193].

1184 Bei der Feststellung der Geringfügigkeitsgrenze sind Sonderzahlungen nicht mit einzubeziehen.

1185 Für fallweise geringfügig beschäftigten Personen sind vom Dienstgeber entweder
- nur der Unfallversicherungsbeitrag,
- nur die Dienstgeberabgabe oder
- die Dienstgeberabgabe und der Unfallversicherungsbeitrag

zu entrichten (→ 31.4.2.).

1186 Ausgenommen davon sind die lohnsteuerfreien Bezüge (→ 21.2.).

1187 Ausgenommen davon sind die nicht steuerbaren Bezüge (→ 21.3.).

1188 Ausgenommen davon sind einige lohnsteuerfreie Bezüge (→ 37.3.3.3., → 37.4.1.3.).

1189 Ausgenommen davon sind die Bezüge der begünstigten behinderten Dienstnehmer i.S.d. BEinstG (→ 29.2.1.).

1190 Ausgenommen davon sind die Bezüge der Dienstnehmer (Personen) nach Vollendung des 60. Lebensjahrs (→ 31.11.).

1191 Werden die Geringfügigkeitsgrenzen überschritten, ist der Dienstnehmer als fallweise voll versicherter Dienstnehmer zu behandeln.

1192 Ausgenommen davon sind die beitragsfreien Bezüge (→ 21.1.).

1193 **Wichtiger Hinweis:** Dieser Punkt beinhaltet für **geringfügig beschäftigte freie Dienstnehmer** nur
- die **Zuordnung** zu den geringfügig Beschäftigten und
- die daraus resultierende **beitragsrechtliche Behandlung**.

Alle darüber hinausgehenden Bestimmungen finden Sie unter Punkt 31.7.

Für geringfügig beschäftigte Dienstnehmer und freie Dienstnehmer gilt:

Ein Beschäftigungsverhältnis (Vertragsverhältnis) i.S.d. ASVG **gilt als geringfügig** (als nur unfallversicherungspflichtig und daher **nur teilversichert**), wenn daraus im Kalendermonat **kein höheres Entgelt als € 485,85** gebührt (§ 5 Abs. 2 ASVG).

Bei der Feststellung der Geringfügigkeit sind **Sonderzahlungen nicht mit einzubeziehen** (E-MVB, 005-02-00-002).

Scheidet ein geringfügig Beschäftigter aus einem Dienstverhältnis aus und erhält er anlässlich des Ausscheidens eine **Abgeltung eines Zeitguthabens** aus einem Arbeitszeitdurchrechnungsmodell (→ 33.6.) **und** eine **Ersatzleistung für Urlaubsentgelt** (→ 34.7.1.1.1.), dann ist aus sozialversicherungsrechtlicher Sicht wie folgt zu differenzieren:

Ist die Abgeltung des Zeitguthabens zeitraumbezogen zuordenbar, dann sind die Zahlungen den jeweiligen Anspruchsmonaten zuzurechnen (Rollung). Ist das Zeitguthaben nicht konkreten Kalendermonaten zuordenbar (dies wird bei periodenübergreifenden Arbeitszeitkontokorrentmodellen der Fall sein), dann handelt es sich um einen laufenden Bezug (mangels Wiedergewährung handelt es sich um keine Sonderzahlung), der dem Auszahlungsmonat zuzurechnen ist (vgl. VwGH 21.4.2004, 2001/08/0048). Es kann in diesem Fall daher selbst bei an sich geringfügig Beschäftigten zu einer Überschreitung der Höchstbeitragsgrundlage kommen.

Die Ersatzleistung für Urlaubsentgelt führt zu einer Verlängerung der Pflichtversicherung. Hier wird daher (allein wegen dieser Auszahlung) weiterhin nur ein geringfügiges Beschäftigungsverhältnis vorliegen (DVSV-Protokoll vom 23.2.2010, 32-MVB-51.1/10 Sbm/Mm).

Den Geringfügigkeitsbestimmungen unterliegen nicht:

- Dienstnehmer, die infolge **Arbeitsmangels** im Betrieb die sonst übliche Zahl von Arbeitsstunden nicht erreichen (Kurzarbeit gem. § 27 Abs. 1 lit. b AMFG) (→ 27.3.3.),
- **Hausbesorger** i.S.d. Hausbesorgergesetzes (BGBl 1970/16)[1194], außer für die Dauer einer Karenz (→ 27.1.4.3.) und des Beschäftigungsverbots gem. MSchG (→ 27.1.3.),
- Dienstnehmer, deren Entgelt nur deshalb den monatlichen Grenzbetrag nicht übersteigt, weil die **Beschäftigung** im Laufe des betreffenden Monats **begonnen** hat, **geendet** hat oder **unterbrochen** wurde (§ 5 Abs. 3 ASVG).
- **Lehrlinge** i.S.d. Berufsausbildungsgesetzes (BGBl 1969/142) (→ 28.1.) (§ 4 Abs. 3 ASVG).

Bei der Prüfung der Geringfügigkeitsgrenze ist zu unterscheiden:

① **Unbefristete** bzw. **zumindest für einen Monat***) vereinbarte Dienstverhältnisse

② **Kürzer als einen Monat***) vereinbarte Dienstverhältnisse

③ **Fallweise** Beschäftigungen (→ 31.3.)

Mehrere Dienstverhältnisse eines Dienstnehmers beim selben Dienstgeber sind stets getrennt zu betrachten!

1194 Das Hausbesorgergesetz ist auf Dienstverhältnisse, die nach dem 30. Juni 2000 abgeschlossen wurden, nicht mehr anzuwenden (§ 31 Abs. 5 HbG) (→ 4.4.3.1.4.).

*) Gemeint ist ein **Naturalmonat**:

Zeitraum	Beurteilung
1.3. bis 31.3.	für zumindest einen Monat vereinbarte Beschäftigung ①
2.3. bis 31.3.	für kürzer als ein Monat vereinbarte Beschäftigung ②
1.3. bis 30.3.	für kürzer als ein Monat vereinbarte Beschäftigung ②
2.3. bis 2.4.	für zumindest einen Monat vereinbarte Beschäftigung ①
2.3. bis 1.4.	für zumindest einen Monat vereinbarte Beschäftigung ①
3.3. bis 1.4.	für kürzer als ein Monat vereinbarte Beschäftigung ②
30.1. bis 28.2. (kein Schaltjahr)	für zumindest einen Monat vereinbarte Beschäftigung ①
30.1. bis 27.2. (kein Schaltjahr)	für kürzer als ein Monat vereinbarte Beschäftigung ②

① Unbefristete bzw. zumindest für einen Monat vereinbarte Dienstverhältnisse:

Bei einer auf unbestimmte Zeit bzw. zumindest für einen Monat vereinbarten Beschäftigung ist für die Beurteilung der Geringfügigkeit jenes Entgelt heranzuziehen, das für einen ganzen Kalendermonat gebührt bzw. gebührt hätte. Beginnt oder endet das Dienstverhältnis untermonatig, ist daher nicht das für den Anfangs- oder den Beendigungsmonat tatsächlich ausbezahlte Entgelt ausschlaggebend, sondern das (vereinbarte bzw. hochgerechnete) Entgelt für einen ganzen Kalendermonat.

Dabei ist es unzulässig, das an den Beschäftigungstagen (des Rumpfmonats) erzielte Entgelt „stur" auf den gesamten Monat hochzurechnen, ohne darauf Bedacht zu nehmen, in welchem Ausmaß der Dienstnehmer noch zu Arbeitsleistungen verpflichtet gewesen wäre (vgl. VwGH 20.2.2020, Ra 2019/08/0156).

Beispiel 139

Feststellung einer Teil- bzw. Vollversicherung bei einem vereinbarten Beschäftigungsverhältnis auf unbestimmte Zeit:

Angaben:

- Beschäftigungsverhältnis (Vertragsverhältnis) auf unbestimmte Zeit
- Beginn des Beschäftigungsverhältnisses: 6.4.
- Ende des Beschäftigungsverhältnisses: 10.4. durch Lösung in der Probezeit
- Vereinbartes monatliches Entgelt : € 2.400,00
- Tatsächliches Entgelt: € 400,00 (€ 2.400,00 : 30 × 5)

Lösung:

Der Vergleich mit der monatlichen Geringfügigkeitsgrenze hat auf Basis des vereinbarten bzw. hochgerechneten Entgelts zu erfolgen.

€ 2.400,00 sind größer als € 485,85.

Es liegt eine **Vollversicherung** vor.

Beispiel 140

Feststellung einer Teil- bzw. Vollversicherung bei einem vereinbarten Beschäftigungsverhältnis auf unbestimmte Zeit:

Angaben:

- **Freier Dienstnehmer,**
- Vertragsverhältnis auf unbestimmte Zeit,
- monatliches Entgelt: € 300,00,
- für eine über das ganze Kalenderjahr verteilte zusätzliche Leistungsbereitschaft werden 4-mal jährlich insgesamt € 1.000,00 gewährt.

Lösung:

Das Beschäftigungsverhältnis (Vertragsverhältnis) ist auf unbestimmte Zeit vereinbart.

Vergleich mit der monatlichen Geringfügigkeitsgrenze:

€ 300,00 × 12 =	€ 3.600,00
	€ 1.000,00[1195]
	€ 4.600,00: 12 = € 383,33

€ 383,33 sind kleiner als € 485,85.

Es liegt eine **geringfügige Beschäftigung** vor.

Beispiel 141

Feststellung einer Teil- bzw. Vollversicherung bei einem vereinbarten Beschäftigungsverhältnis für zumindest einen Monat:

Angaben:

- **Befristetes** Beschäftigungsverhältnis für 12.6. bis 14.7.
- Beschäftigung im Ausmaß von 10 Wochenstunden
- Entgelt im Juni: € 500,00 : 30 × 19 = € 316,67
  Entgelt im Juli: € 500,00 : 30 × 14 = € 233,33

Lösung:

Der Vergleich mit der monatlichen Geringfügigkeitsgrenze hat auf Basis des vereinbarten bzw. hochgerechneten Entgelts zu erfolgen.

€ 500,00 sind größer als € 485,85.

Es liegt eine **Vollversicherung** vor.

② Kürzer als einen Monat vereinbarte Dienstverhältnisse:

Bei einer kürzer als einen Monat vereinbarten Beschäftigung ist für die Prüfung der Geringfügigkeitsgrenze jenes Entgelt heranzuziehen, das für die vereinbarte Dauer

1195 Ist ein Entgeltbestandteil einzelnen Monaten nicht eindeutig zuordenbar, ist eine Monatsteilung vorzunehmen (→ 31.7.4.1.).

der Beschäftigung im jeweiligen Kalendermonat gebührt bzw. gebührt hätte. Es hat keine Hochrechnung zu erfolgen.

Beispiele 142–145

Feststellung einer Teil- bzw. Vollversicherung bei einem vereinbarten Beschäftigungsverhältnis für kürzer als einen Monat.

Beispiel 142

Angaben:

- **Befristetes** Beschäftigungsverhältnis für 10.7. bis 21.7.
- Beschäftigung im Ausmaß von 15 Wochenstunden zum kollektivvertraglichen Mindestentgelt
- Kollektivvertragliches Mindestentgelt für 15 Wochenstunden: € 1.800,00 : 40 × 15 = € 675,00
- Tatsächliches Entgelt für die Zeit vom 10.7. bis 21.7.: € 675,00 : 30 × 12 = € 270,00

Lösung:

Der Vergleich mit der monatlichen Geringfügigkeitsgrenze hat auf Basis des tatsächlichen Entgelts (ohne Hochrechnung) zu erfolgen.

€ 270,00 sind kleiner als € 485,85.

Es liegt eine **geringfügige Beschäftigung (Teilversicherung)** vor.

Beispiel 143

Angaben:

- **Befristetes** Beschäftigungsverhältnis für 18.7. bis 7.8. (3 Wochen)
- Beschäftigung im Ausmaß von 30 Wochenstunden (Montag bis Freitag)
- Vereinbarter Stundenlohn: € 12,00
- Tatsächliches Entgelt für
  - Juli (2 Wochen): € 12,00 × 30 × 2 Wochen = € 720,00
  - August (1 Woche): € 12,00 × 30 × 1 Woche = € 360,00

Lösung:

Der Vergleich mit der monatlichen Geringfügigkeitsgrenze hat auf Basis des tatsächlichen Entgelts (ohne Hochrechnung) zu erfolgen:

- Juli: € 720,00 sind größer als € 485,85. Es liegt eine **Vollversicherung** vor.
- August: € 360,00 sind kleiner als € 485,85. Es liegt eine **geringfügige Beschäftigung (Teilversicherung)** vor.

③ Fallweise Beschäftigungen:

Bei der fallweisen (tageweisen) Beschäftigung ist jeder Tag als eigenständiges Dienstverhältnis zu betrachten. Eine „Zusammenrechnung" hat nicht zu erfolgen. Das Entgelt jedes einzelnen Kalendertages (00:00 Uhr bis 24:00 Uhr)[1196] ist mit der monatlichen Geringfügigkeitsgrenze zu vergleichen.

Beispiel 144

Angaben:

- Es werden **fallweise** Beschäftigungen für folgende Kalendertage vereinbart:
  - 5.1. mit einem Entgelt von € 100,00
  - 9.1. mit einem Entgelt von € 200,00
  - 10.1. mit einem Entgelt von € 400,00
  - 17.1. mit einem Entgelt von € 500,00

Lösung:

Der Vergleich mit der monatlichen Geringfügigkeitsgrenze hat für jeden einzelnen Tag auf Basis des tatsächlichen Entgelts zu erfolgen:

- 5.1.: geringfügige Beschäftigung (Teilversicherung)
- 9.1.: geringfügige Beschäftigung (Teilversicherung)
- 10.1.: geringfügige Beschäftigung (Teilversicherung)
- 17.1.: Vollversicherung

Für 9.1., 10.1. und 17.1. ist die tägliche Höchstbeitragsgrundlage von € 189,00 bei der Bemessung der Unfallversicherungsbeiträge zu beachten.

Achtung: Sind die Beschäftigungstage am 9.1. und 10.1. nicht als fallweise Beschäftigungen (Arbeitsleistung auf kurzfristigen Abruf), sondern als im Vorhinein für diese beiden Tage vereinbartes befristetes Beschäftigungsverhältnis zu qualifizieren, liegt für diese Tage mit einem Entgelt von insgesamt € 600,00 keine Geringfügigkeit, sondern Vollversicherung vor![1197]

Für alle Varianten (①,②,③) gilt:

Mehrere Dienstverhältnisse eines Dienstnehmers beim selben Dienstgeber sind **stets getrennt** zu betrachten (vgl. auch SV-Arbeitsbehelf 2022; Nö. GKK, NÖDIS Nr. 12/Oktober 2017).

Beispiel 145

Angaben:

- Fallweise Beschäftigung zu Dienstgeber A am 2.3., Entgelt € 150,00
- Unbefristetes Beschäftigungsverhältnis zu Dienstgeber A mit Beginn am 27.3., Entgelt € 360,00 (vereinbartes Monatsentgelt € 2.160,00 : 30 × 5)

Lösung:

Beide Beschäftigungsverhältnisse sind separat zu betrachten.

- Fallweise Beschäftigung: Der Vergleich mit der monatlichen Geringfügigkeitsgrenze hat auf Basis des tatsächlichen Entgelts (ohne Hochrechnung) zu erfolgen.

1196 Reicht eine Beschäftigung über 00:00 Uhr hinaus, liegen diesbezüglich zwei Beschäftigungstage vor. Das Entgelt ist auf die Tage aufzuteilen und für die Beurteilung der Versicherung jeweils mit der monatlichen Geringfügigkeitsgrenze zu vergleichen.

1197 Auf die fallweisen Beschäftigungen am 5.1. und 17.1. hat dies keinen Einfluss.

€ 150,00 sind kleiner als € 485,85. Es liegt eine **geringfügige Beschäftigung (Teilversicherung)** vor.
- Unbefristetes Beschäftigungsverhältnis: Der Vergleich mit der monatlichen Geringfügigkeitsgrenze hat auf Basis des vereinbarten bzw. hochgerechneten Entgelts zu erfolgen. € 2.160,00 ist größer als € 485,85. Es liegt eine **Vollversicherung** vor.

Stellt sich bei einem **kürzer als einen Monat** vereinbarten Dienstverhältnis **nachträglich** heraus, dass dieses **doch länger als einen Monat** dauert, ist ab dem Zeitpunkt, ab dem das Dienstverhältnis in ein länger als einen Monat dauerndes Dienstverhältnis übergeht, eine Ab- und Anmeldung sowie eine Neubeurteilung des Versicherungsumfangs durchzuführen (Nö. GKK, NÖDIS Nr. 12/Oktober 2017).

Beispiel
- Befristetes Dienstverhältnis vom 5.6. bis 26.6.
- Am 20.6. stellt sich heraus, dass das Dienstverhältnis länger als einen Monat dauert.

Lösung:
- Mit 19.6. hat eine Abmeldung zu erfolgen (1. Dienstverhältnis).
- Mit 20.6. hat eine Anmeldung mit Neubeurteilung des Versicherungsumfangs zu erfolgen (2. Dienstverhältnis).

Wenn sich **nachträglich** herausstellt, dass ein **irrtümlich als unbefristet gemeldetes** Dienstverhältnis in Wirklichkeit befristet für kürzer als einen Monat vereinbart wurde, ist eine Änderungsmeldung mit Versicherungsbeginn samt einer entsprechenden Neubeurteilung des Versicherungsumfangs durchzuführen (Nö. GKK, NÖDIS Nr. 12/Oktober 2017).

31.4.2. Meldevorschriften und Beitragsverrechnung

Geringfügig Beschäftigte sind von der Vollversicherung (→ 6.2.) (und Arbeitslosenversicherung) ausgenommen (§ 5 Abs. 1 Z 2 ASVG). Sie unterliegen **nur der Unfallversicherung** (Teilversicherung, → 6.2.2.) (§ 7 Z 3 lit. a ASVG). Die

<table>
<tr><th rowspan="2">An- und Abmeldung</th><th colspan="2">Verrechnung der</th></tr>
<tr><th>Unfallversicherungsbeiträge</th><th>Dienstgeberabgabe</th></tr>
<tr><td>dieser Beschäftigten erfolgt innerhalb der vorgeschriebenen Frist (→ 31.7.2., → 39.1.1.1.1.) beim</td><td colspan="2">dieser Beschäftigten erfolgt nach dem jeweils dafür vorgesehenen Verfahren mit dem</td></tr>
<tr><td colspan="3">zuständigen Träger der Krankenversicherung.</td></tr>
<tr><td>↓
Ⓐ</td><td>↓
Ⓑ</td><td>↓
Ⓒ</td></tr>
</table>

Ⓐ Hinweise zu den Meldungen:

Für geringfügig beschäftigte Dienstnehmer gilt u.a.:

Auf dem **Anmeldeformular** ist die Frage

- „geringfügig beschäftigt" mit „Ja" zu beantworten.

Unter „Beschäftigungsbereich[1198]" ist

- Arbeiter[1199] oder
- Angestellter

anzukreuzen.

Dauert die **Erkrankung** eines geringfügig beschäftigten nur teilversicherten Dienstnehmers längere Zeit und ist der Entgeltfortzahlungsanspruch bereits erschöpft, ist die **Abmeldung** mit dem letzten Entgelttag zu erstatten. Eine neuerliche **Anmeldung** hat nach Beendigung der Arbeitsunfähigkeit und Wiederaufnahme der Beschäftigung bzw. bei Wiederaufleben des Entgeltfortzahlungsanspruchs zu erfolgen. Bei Vorliegen einer Pflichtversicherung wegen Überschreitens der Geringfügigkeitsgrenze (→ 31.4.6.) ist statt einer Ab- und Anmeldung eine sog. **Arbeits- und Entgeltsbestätigung** auszustellen.

Für das Ausfüllen des **Abmeldeformulars** gelten die dafür üblichen Bestimmungen (→ 39.1.1.1.1.).

Wechsel von Voll- auf Teilversicherung (und umgekehrt)

Hinweis: Ein untermonatiger Wechsel von Voll- und Teilversicherung ist ausnahmslos nur dann möglich, wenn zwei getrennte Beschäftigungsverhältnisse vorliegen. In diesem Fall ist das erste Beschäftigungsverhältnis mit einer Abmeldung zu beenden und für das zweite Beschäftigungsverhältnis eine Anmeldung zu erstatten. Liegt nur ein einziges Beschäftigungsverhältnis vor, bei dem sich die Verhältnisse während des Monats ändern, kann in diesem Monat nur entweder eine Vollversicherung oder eine Teilversicherung vorliegen. Dabei ist anhand der nachstehenden Grundsätze vorzugehen.

Treten bei Fortbestand des Beschäftigungsverhältnisses, das die Vollversicherung begründet, durch Verringerung des Entgelts die Voraussetzungen für die geringfügige Beschäftigung ein, endet die Vollversicherung mit Ende des laufenden Bei-

1198 Geringfügig beschäftigte Dienstnehmer sind grundsätzlich **arbeitsrechtlich** gleich zu behandeln **wie vollbeschäftigte Dienstnehmer**. Dies gilt insb. bei Krankheit, hinsichtlich Urlaub, Sonderzahlungen und bei den Bestimmungen im Zusammenhang mit der Lösung des Dienstverhältnisses. Das Angestelltengesetz macht allerdings die Anwendbarkeit der Kündigungsbestimmungen abhängig von einem Mindestmaß an Arbeitszeit (→ 32.1.4.2.1., → 32.1.4.3.1.).

1199 Für geringfügig beschäftigte Arbeiter gelten für den Erkrankungsfall die Bestimmungen des Entgeltfortzahlungsgesetzes (EFZG); für Angestellte die Bestimmungen des Angestelltengesetzes (AngG). Auf Grund der Nichtversicherung in der Krankenversicherung besteht kein Anspruch auf Krankengeld (→ 25.1.3.1.). Liegt allerdings eine Selbstversicherung (→ 31.4.5.) oder eine Pflichtversicherung wegen Überschreitung der Geringfügigkeitsgrenze (→ 31.4.6.) vor, besteht Anspruch auf Krankengeld.

tragszeitraums. Tritt der Umstand bereits am ersten Tag des Beitragszeitraums ein, endet die Vollversicherung mit dem Ablauf des vorhergehenden Beitragszeitraums (§ 11 Abs. 4 ASVG).

Beispiel

Ein Dienstnehmer (freier Dienstnehmer) ist auf unbestimmte Zeit mit einem monatlichen Entgelt von € 1.350,00 beschäftigt und daher voll versichert. Am 11. des laufenden Monats kommt es zu einer Stundenreduktion mit einem monatlichen Entgelt von € 270,00.

Das Entgelt für diesen Monat beträgt:

Vom 1.–10. (€ 1.350,00 : 30 × 10) =	€ 450,00
vom 11.–30. (€ 270,00 : 30 × 20) =	€ 180,00
	€ 630,00

In diesem Fall ist der Dienstnehmer (freie Dienstnehmer) **noch bis zum Ende** des laufenden Beitragszeitraums voll versichert[1200].

Ist jedoch bereits **am Ersten eines Beitragszeitraums** bekannt, dass ab diesem Zeitpunkt nur eine geringfügige Beschäftigung vorliegen wird, endet die Vollversicherung grundsätzlich mit dem Ende des vorangegangenen Beitragszeitraums.

Für den **umgekehrten Fall** bedeutet dies: Treten bei Fortbestand des Beschäftigungsverhältnisses, das die Teilversicherung begründet, durch Erhöhung des Entgelts die Voraussetzungen für die Vollversicherung ein, beginnt die Vollversicherung mit Beginn des laufenden Beitragszeitraums.

Beispiel

Ein Dienstnehmer (freier Dienstnehmer) ist auf unbestimmte Zeit mit einem monatlichen Entgelt von € 270,00 geringfügig beschäftigt und daher in der Unfallversicherung teilversichert. Am 11. des laufenden Monats kommt es zu einer Stundenerhöhung mit einem monatlichen Entgelt von € 1.350,00.

Das Entgelt für diesen Monat beträgt:

Vom 1.–10. (€ 270,00 : 30 × 10) =	€ 90,00
vom 11.–30. (€ 1.350,00 : 30 × 20) =	€ 900,00
	€ 990,00

In diesem Fall ist der Dienstnehmer (freie Dienstnehmer) **bereits mit Beginn** des laufenden Beitragszeitraums voll versichert[1200].

1200 Reduziert ein bisher voll versicherter Dienstnehmer (freier Dienstnehmer) das Beschäftigungsausmaß **während eines laufenden Beitragszeitraums** und erzielt deshalb in diesem Beitragszeitraum **insgesamt** nur mehr **ein Entgelt, das die Geringfügigkeitsgrenze nicht überschreitet**, sieht § 11 Abs. 4 ASVG (siehe vorstehend) vor, dass die Pflichtversicherung in der Vollversicherung **trotzdem mit dem Ende des laufenden Beitragszeitraums endet**. Einen Monat, in dem trotz Unterschreitens der Geringfügigkeitsgrenze Vollversicherung vorliegt, bezeichnet man als **Auslauf**- oder **Schutzmonat**.
Ist bereits **am Ersten eines Beitragszeitraums** bekannt, dass ab diesem Zeitraum nur eine geringfügige Beschäftigung vorliegen wird, so endet die Vollversicherung mit dem Ende des vorangegangenen Beitragszeitraums.

Die **Änderung von einer Vollversicherung auf eine Teilversicherung** (oder umgekehrt) ist dem Krankenversicherungsträger grundsätzlich erst **über die mBGM zu melden**. Es kann jedoch **optional** auch eine **Änderungsmeldung** übermittelt werden, solange noch keine mBGM für den betroffenen Beitragszeitraum erstattet wurde. Dies kann bei einem Wechsel von einer Teil- auf eine Vollversicherung sinnvoll sein, um dem Dienstnehmer die Inanspruchnahme von Krankenversicherungsleistungen bereits während des laufenden Beitragszeitraums zu ermöglichen.

Zu den Meldungen bei Änderung der Verhältnisse betreffend das Vorliegen eines kürzer als ein Monat bzw. zumindestens ein Monat oder unbefristet vereinbarten Dienstverhältnisses siehe Punkt 31.4.1.

Hinweis zur mBGM:

Wenn es sich bei den geringfügigen Beschäftigungen um **unterschiedliche Vereinbarungen** (① unbefristete bzw. zumindest für einen Monat vereinbarte Dienstverhältnisse, ② kürzer als einen Monat vereinbarte Dienstverhältnisse, ③ fallweise Beschäftigungen) handelt, sind diese in getrennten mBGM zu melden. Für alle in einem Kalendermonat beendeten Beschäftigungen mit gleicher Vereinbarung ist jedoch nur eine mBGM (ev. mit mehreren Tarifblöcken bzw. Verrechnungsblöcken) zu melden (DGservice mBGM 10/2018).

Beispiele 146–147

Berücksichtigung eines Schutzmonats.

Beispiel 146

Angaben und Lösung:

- **Dienstnehmer,**
- Beschäftigungsverhältnis auf unbestimmte Zeit,
- variables Entgelt, dessen jeweilige monatliche Höhe erst am Ende eines Beitragszeitraums feststeht.

	Jänner	Februar	März	April	Mai	Juni	Juli
Entgelt	€ 490,00	€ 290,00	€ 280,00	€ 490,00	€ 500,00	€ 270,00	€ 495,00
Versicherung	VV	VV[1201]	gB	VV	VV	VV[1201]	VV

VV = Vollversicherung

gB = geringfügige Beschäftigung

Meldungen: Die Meldungen der Änderungen erfolgen grundsätzlich über die mBGM.

1201 Die Monate Februar und Juni gelten als Auslauf- bzw. Schutzmonate.

Beispiel 147

Angaben und Lösung:

- **Freier Dienstnehmer,**
- Vertragsverhältnis auf unbestimmte Zeit,
- Beginn der Beschäftigung: 1.6.20..,
- vereinbartes Entgelt ist die jeweils erzielte Provision,
- Provisionsabrechnung monatlich im Nachhinein.

	Juni	Juli	August	Septem-ber	Oktober	November	Dezember
Provision	€ 490,00	€ 260,00	€ 280,00	€ 300,00	€ 500,00	€ 490,00	€ 500,00
Beitrags-grundlage	€ 490,00	€ 260,00	€ 280,00	€ 300,00	€ 500,00	€ 490,00	€ 500,00
Versiche-rung	VV	VV[1202]	gB	gB	VV	VV	VV

VV = Vollversicherung

gB = geringfügige Beschäftigung

Meldungen: Die Meldungen der Änderungen erfolgen grundsätzlich über die mBGM.

Ⓑ Hinweise zur Verrechnung der Unfallversicherungsbeiträge:

Der Dienstgeber hat für alle bei ihm geringfügig beschäftigten Personen einen Beitrag zur Unfallversicherung in der Höhe von **1,2% der allgemeinen Beitragsgrundlage** zu leisten (§ 53a Abs. 1 ASVG).

Der Unfallversicherungsbeitrag ist **auch von den Sonderzahlungen** zu leisten (§ 54 Abs. 5 ASVG).

Bei geringfügigen Beschäftigungsverhältnissen ist der **Beitragszeitraum ebenfalls der Kalendermonat** (§ 44 Abs. 2 ASVG). Es ist jedoch weiterhin möglich, den UV-Beitrag (gemeinsam mit einer etwaigen Dienstgeberabgabe → ©) **jährlich zu entrichten.** Voraussetzung einer jährlichen Entrichtung ist jedoch, dass auch die BV-Beiträge jährlich bezahlt werden, was wiederum mit einem Zuschlag von 2,5% zum BV-Beitrag verbunden ist (→ 36.3.2.).

Seit 1.1.2019 muss für geringfügig Beschäftigte – auch bei jährlicher Zahlung der Beiträge – monatlich eine **mBGM** übermittelt werden.

Für die Verrechnung der Beiträge sind u.a. folgende **Beschäftigtengruppen** zu verwenden:[1203]

- Geringfügig beschäftigte Arbeiter
- Geringfügig beschäftigte Angestellte

1202 Der Monat Juli gilt als Auslauf- bzw. Schutzmonat.

1203 Keine eigene Beschäftigtengruppe besteht für geringfügig Beschäftigte mit fallweiser bzw. kürzer als ein Monat vereinbarter Beschäftigung. Diese Umstände werden über die mBGM gemeldet (eigene mBGM jeweils für fallweise Beschäftigte und kürzer als einen Monat vereinbarte Beschäftigungen; → 39.1.1.1.3.).

- Geringfügig beschäftigte freie Dienstnehmer – Arbeiter
- Geringfügig beschäftigte freie Dienstnehmer – Angestellte

Ergänzungen zur Beschäftigtengruppe bestehen im Bereich der Unfallversicherung u.a. für Aushilfskräfte (Verrechnung von KV + PV + AK sowie Entfall des UV-Beitrags; → 31.7.1.).

Darüber hinaus bestehen im Tarifsystem **Abschläge (Entfall des UV-Beitrags)** in folgenden Bereichen:

- Für geringfügig beschäftigte (freie) Dienstnehmer sind ab dem Beginn des der Vollendung des 60. Lebensjahrs folgenden Kalendermonats **keine Unfallversicherungsbeiträge** zu entrichten. Diese werden aus den Mitteln der Unfallversicherung bezahlt.
- Auch die **Neugründer** im Sinn des Neugründungs-Förderungsgesetzes (→ 37.5.) sind im ersten Jahr von der Entrichtung des **Unfallversicherungsbeitrags** für ihre Dienstnehmer (freie Dienstnehmer) **befreit**.

Diese Abschläge werden auch über die mBGM (Abschlag in der jeweiligen Verrechnungsposition) gemeldet (→ 39.1.1.1.3.).

Bezüglich der abgabenrechtlichen Behandlung älterer Dienstnehmer siehe Punkt 31.11.

© Hinweis zur Verrechnung der Dienstgeberabgabe:

Die Dienstgeber haben **für alle**[1204] bei ihnen geringfügig beschäftigten Personen[1205] (neben dem Beitrag zur Unfallversicherung in der Höhe von 1,2%)

- eine pauschalierte Abgabe in der Höhe von **16,4%** der Beitragsgrundlage zu entrichten (**Dienstgeberabgabe**), sofern die **Summe der monatlichen allgemeinen Beitragsgrundlagen**[1206] **ohne Sonderzahlungen** dieser Personen das **Eineinhalbfache der Geringfügigkeitsgrenze**[1207] **übersteigt**[1208] (§ 1 Abs. 1 DAG).

Grundlage für die Bemessung der Dienstgeberabgabe (und des Unfallversicherungsbeitrags) ist die **Summe der monatlichen Entgelte** (einschließlich der Sonderzahlungen, unter Außerachtlassung der täglichen Höchstbeitragsgrundlage), die der Dienstgeber jeweils in einem **Kalendermonat** an alle geringfügig beschäftigten Personen zu zahlen hat (§ 1 Abs. 3 DAG).

1204 Demnach auch für fallweise beschäftigte Personen (→ 31.3.) und für Personen, die das 60. Lebensjahr vollendet haben (→ 31.11.).
Neugründer i.S.d. NeuFöG (→ 37.5.1.) sind während des geförderten Zeitraums von der Entrichtung des Unfallversicherungsbeitrags für ihre Dienstnehmer bzw. freien Dienstnehmer befreit. Dies gilt jedoch nicht für die Dienstgeberabgabe. Überschreitet die Summe der monatlichen Entgelte der geringfügig Beschäftigten den Grenzwert von € 728,78, haben auch Neugründer die Dienstgeberabgabe abzuführen.

1205 Es muss sich dabei um zumindest zwei Personen handeln. Eine Person mit z.B. zwei fallweisen Beschäftigungen kann die Dienstgeberabgabepflicht nicht auslösen.

1206 Unter Berücksichtigung der täglichen Höchstbeitragsgrundlage von € 189,00.

1207 € 485,85 × 1,5 = € 728,78.

1208 Bei der Beurteilung, ob der Betrag von € 728,78 überschritten wurde oder nicht, ist nicht auf die Dienstgeberkontonummer abzustellen; es ist der **Dienstgeber in seiner Gesamtheit** zu betrachten, auch unabhängig von der jeweiligen Betriebsart. Handelt es sich um eine einheitliche Rechtspersönlichkeit, so ist die Zusammenrechnung der geringfügigen Beschäftigungen vorzunehmen.

Beispiel 148

Angabe:

Ein Dienstgeber beschäftigt in einem Monat folgende Dienstnehmer:

- (Freier) Dienstnehmer A von 12.3. bis 13.3. mit einem Entgelt von gesamt € 390,00
- Dienstnehmer B von 24.3. bis 25.3. mit einem Entgelt von gesamt € 430,00
- Dienstnehmer C für das gesamte Monat mit einem Entgelt von € 200,00

Lösung:

Für die Feststellung, ob Dienstgeberabgabe anfällt, ist die Höchstbeitragsgrundlage zu berücksichtigen.

- Dienstnehmer A: 2 × € 189,00 = € 378,00[1209]
- Dienstnehmer B: 2 × € 189,00 = € 378,00
- Dienstnehmer C: € 200,00

Insgesamt ergibt dies einen Betrag von € 1.020,00, sodass die Dienstgeberabgabe anfällt. Zu entrichten ist diese vom Gesamtentgelt unter Außerachtlassung der Höchstbeitragsgrundlage, d.h. von € 1.020,00. Für die Entrichtung des Unfallversicherungsbeitrags ist die Höchstbeitragsgrundlage zu beachten.

Abzurechnen ist die Dienstgeberabgabe und der Beitrag zur Unfallversicherung mit dem jeweils für den Dienstnehmer **zuständigen Krankenversicherungsträger**.

Arbeitslosenversicherungsbeiträge und sonstige Beiträge und Umlagen sind nicht zu entrichten.

Die Dienstgeberabgabe ist jeweils für ein **Kalenderjahr** im Nachhinein bis zum 15. Jänner des Folgejahrs **zu entrichten**. Auf die Entrichtung sind die §§ 58, 59 und 64 bis 69 ASVG[1210] anzuwenden (§ 2 Abs. 1 DAG).

Dienstgeberabgabepflichtigen, die den Meldepflichten nach § 33 Abs. 2 ASVG[1211] nicht rechtzeitig nachkommen, kann der Krankenversicherungsträger einen Zuschlag bis zu 10% der festgesetzten Dienstgeberabgabe auferlegen (**Verspätungszuschlag**), wenn die Verspätung nicht entschuldbar ist (§ 2 Abs. 3 DAG).

Für die Verrechnung der Dienstgeberabgabe besteht im Tarifsystem ein **Zuschlag**, der auch über die mBGM (im Rahmen der jeweiligen Verrechnungsposition) gemeldet wird (→ 39.1.1.1.3.)[1212].

Hinweis: Im Vorschreibeverfahren werden Abschläge (genau wie Zuschläge) im Tarifsystem zu einem Großteil anhand der bestehenden Daten durch den Krankenversicherungsträger automatisch berücksichtigt. Nur gewisse Abschläge (und Zuschläge) müssen vom Dienstgeber zwingend über die mBGM (im Rahmen der Verrechnungsposition) gemeldet werden. Eine Meldung der Dienstgeberabgabe

1209 Auch für freie Dienstnehmer ist in diesem Fall die tägliche Höchstbeitragsgrundlage zu berücksichtigen.

1210 Hier handelt es sich um Strafbestimmungen im Zusammenhang mit
- der Einzahlung der Beiträge (§ 58 ASVG),
- verspäteter Einzahlung der Beiträge (§ 59 ASVG),
- dem Verfahren zur Eintreibung, Sicherung, Verjährung und Rückforderung der Beiträge (§§ 64 bis 69 ASVG).

1211 Der An- und Abmeldepflichten.

ist nur dann erforderlich, wenn sich diese aus geringfügigen Beschäftigungen ergibt, die bei mehreren Krankenversicherungsträgern gemeldet sind.

31.4.3. Zusammenfassung

Die **sv-rechtliche Behandlung** und die sonstige abgabenrechtliche Behandlung der Bezüge geringfügig beschäftigter Dienstnehmer ist wie folgt vorzunehmen:

<table>
<tr><th colspan="2"></th><th>SV</th><th>LSt</th><th>DB zum FLAF (→ 37.3.3.3.)</th><th>DZ (→ 37.3.4.3.)</th><th>KommSt (→ 37.4.1.3.)</th></tr>
<tr><td rowspan="2">Bis zu den Geringfügigkeitsgrenzen[1213]:</td><td>der lfd. Bezug</td><td rowspan="2">frei[1214]</td><td>pflichtig [1215] [1216]</td><td rowspan="4">pflichtig [1216] [1217] [1218] [1219]</td><td rowspan="4">pflichtig [1216] [1217] [1218] [1219]</td><td rowspan="4">pflichtig [1216] [1217] [1218]</td></tr>
<tr><td>die Sonderzahlung</td><td>frei/pflichtig (→ 23.5.)</td></tr>
<tr><td rowspan="2">Bei Überschreiten der Geringfügigkeitsgrenzen[1220]:</td><td>der lfd. Bezug</td><td>pflichtig[1221] (als lfd. Bez.)</td><td>pflichtig [1215] [1216]</td></tr>
<tr><td>die Sonderzahlung</td><td>pflichtig[1221] (als SZ)</td><td>frei/pflichtig (→ 23.5.)</td></tr>
</table>

Hinweis: Bedingt durch die unterschiedlichen Bestimmungen des Abgabenrechts ist das Eingehen auf ev. Sonderfälle nicht möglich. Es ist daher erforderlich, die entsprechenden Erläuterungen zu beachten.

31.4.4. Übergangsbestimmung

Eine generelle Übergangsbestimmung[1222] sieht unabhängig von den Neuregelungen der jeweiligen Novelle zum ASVG den **Weiterverbleib von Personen in der Vollversicherung** vor,

- die bis 31. Dezember des Vorjahrs voll versichert waren, es aber nach den geänderten Geringfügigkeitsgrenzen ab 1. Jänner nicht mehr wären.

1212 Handelt es sich um eine fallweise oder kürzer als einen Monat vereinbarte geringfügige Beschäftigung, ist die Dienstgeberabgabe über die mBGM nicht mit der „normalen" Verrechnungsbasis (Beitragsgrundlage), sondern mit der eigens für diese Fälle vorgesehenen Verrechnungsbasis zu melden. Hintergrund ist, dass für die Abrechnung der Unfallversicherung die (tägliche) Höchstbeitragsgrundlage zu beachten ist, sodass es zu einem Auseinanderfallen mit der Beitragsgrundlage für die Dienstgeberabgabe (für die diese Deckelung nicht gilt) kommen kann. In dieser eigenen Verrechnungsbasis sind allgemeine Beitragsgrundlage und Sonderzahlungsbeitragsgrundlage (ohne Berücksichtigung der Höchstbeitragsgrundlage) zu summieren.

1213 Bei der Feststellung der Geringfügigkeitsgrenze sind Sonderzahlungen nicht mit einzubeziehen.

1214 Für geringfügig Beschäftigte sind vom Dienstgeber entweder
- nur der Unfallversicherungsbeitrag,
- nur die Dienstgeberabgabe oder
- die Dienstgeberabgabe und der Unfallversicherungsbeitrag

zu entrichten (→ 31.4.2.). Auch der BV-Beitrag ist zu entrichten.

1215 Ausgenommen davon sind die lohnsteuerfreien Bezüge (→ 18.3.1., → 21.2.).

1216 Ausgenommen davon sind die nicht steuerbaren Bezüge (→ 21.3.).

1217 Ausgenommen davon sind einige lohnsteuerfreie Bezüge (→ 37.3.3.3., → 37.4.1.3.).

1218 Ausgenommen davon sind die Bezüge der begünstigten behinderten Dienstnehmer i.S.d. BEinstG (→ 29.2.1.).

1219 Ausgenommen davon sind die Bezüge der Dienstnehmer (Personen) nach Vollendung des 60. Lebensjahrs (→ 31.11.).

1220 Werden die Geringfügigkeitsgrenzen überschritten, ist der Dienstnehmer als voll versicherter Dienstnehmer zu behandeln.

1221 Ausgenommen davon sind die beitragsfreien Bezüge (→ 21.1.).

1222 Lt. 32. Novelle zum ASVG, Artikel 6, Abs. 4; Bundesgesetz vom 13.12.1976, BGBl 1976/704.

Die Vollversicherung endet jedoch dann, wenn das Entgelt jene Geringfügigkeitsgrenze nicht mehr überschreitet, die für die Begründung der Vollversicherung maßgeblich war. Das heißt:

Ein Dienstnehmer, der im Dezember 2021 ein monatliches Entgelt

- von mehr als € 475,86 (Geringfügigkeitsgrenze für 2021),
- aber höchstens bis € 485,85 (Geringfügigkeitsgrenze für 2022)

bezieht, bleibt hinsichtlich desselben Beschäftigungsverhältnisses weiterhin voll versichert, wenn das Entgelt in diesem Rahmen weiterbezogen wird. Die Vollversicherung endet jedoch, wenn das Entgelt den Wert von € 475,86 nicht mehr überschreitet.

Beispielhafte Darstellung der Übergangsbestimmung:

Kalenderjahr:	2020	2021	2022
Geringfügigkeitsgrenze:	€ 460,66	€ 475,86	€ 485,85
Monatliches Entgelt:	€ 465,00 daher VV;	€ 470,00 weiter VV, da ein Entgelt zwischen € 460,66 und € 475,86 bezogen wird;	€ 455,00 gB, da ein Entgelt unter der Gg von € 460,66 bezogen wird.

VV = Vollversicherung
gB = geringfügige Beschäftigung
Gg = Geringfügigkeitsgrenze

Der Dienstnehmer hat aber die Möglichkeit, **bis 30. Juni** beim zuständigen Träger der Krankenversicherung einen **Antrag auf Ausscheidung** aus der Vollversicherung zu stellen (Mitteilung der Nö. GKK 6/1997).

31.4.5. Selbstversicherung bei geringfügiger Beschäftigung

Ohne unmittelbare Auswirkung für den Dienstgeber gilt:

Personen, die **von der Vollversicherung** gem. § 5 Abs. 1 Z 2 ASVG oder Teilversicherung nach § 7 Z 4 ASVG **ausgenommen und auch sonst weder** in der Krankenversicherung noch in der Pensionsversicherung nach diesem oder einem anderen Bundesgesetz **pflichtversichert** sind[1223], können sich, solange sie ihren Wohnsitz im Inland haben, **auf Antrag** in der **Kranken- und Pensionsversicherung selbst versichern** (= Opting in). Die Pensionsversicherung nach § 8 Abs. 1 Z 2 lit. g ASVG, nach § 3 Abs. 3 Z 4 GSVG und nach § 4a Z 4 BSVG (allein wegen Kindererziehung) gilt **nicht als Pflichtversicherung** i.S.d. ersten Satzes[1224] (§ 19a Abs. 1 ASVG).

1223 Dies ist der Fall, wenn das **Entgelt** (Sonderzahlungen bleiben unberücksichtigt) aus allen Beschäftigungsverhältnissen nach dem ASVG die **Geringfügigkeitsgrenze** in einem Kalendermonat **nicht übersteigt**. Einkünfte aus selbstständiger oder freiberuflicher Tätigkeit bleiben unberücksichtigt.

1224 Demnach besteht für geringfügig Beschäftigte, die allein wegen Kindererziehung in der Pensionsversicherung pflichtversichert sind, die Möglichkeit, sich selbst zu versichern.

Ausgeschlossen von dieser Selbstversicherung sind jedoch die im § 123 Abs. 9 und 10 ASVG genannten Personen sowie Personen, die einen bescheidmäßig zuerkannten Anspruch auf eine laufende Leistung aus einer eigenen gesetzlichen Pensionsversicherung haben (§ 19a Abs. 1 ASVG). Demnach sind von der Selbstversicherung Personen ausgeschlossen, die

- eine Eigenpension beziehen (z.B. Alterspension),
- bereits auf Grund einer anderen Beschäftigung in der Kranken- oder Pensionsversicherung pflichtversichert sind (z.B. Beamte, Gewerbetreibende, Bauern),
- einer gesetzlichen beruflichen Vertretung angehören (z.B. Ärzte, Apotheker, Rechtsanwälte, Notare, Wirtschaftstreuhänder, Ziviltechniker) oder
- Grenzgänger sind.

Die **Selbstversicherung beginnt**

1. bei der erstmaligen Inanspruchnahme mit dem Tag des Beginns der geringfügigen Beschäftigung, wenn der Antrag binnen sechs Wochen nach diesem Zeitpunkt gestellt wird,
2. sonst mit dem der Antragstellung folgenden Tag, im Fall der Beendigung der Selbstversicherung jedoch frühestens nach Ablauf von drei Kalendermonaten nach dieser Beendigung.

Die **Selbstversicherung endet**

1. mit dem Wegfall der Voraussetzungen;
2. mit dem Tag des Austritts;
3. wenn der fällige Beitrag nicht binnen zwei Monaten nach Ablauf des Monats, für den er gelten soll, bezahlt worden ist, mit dem Ende des Monats, für den zuletzt ein Beitrag entrichtet worden ist.

Der **Antrag auf Selbstversicherung** ist grundsätzlich bei jenem **Krankenversicherungsträger** zu stellen, der **nach dem Wohnsitz** des Antragstellers für die Pflichtversicherung zuständig wäre. Dieser Versicherungsträger ist auch zur Durchführung der Krankenversicherung zuständig (§ 19a Abs. 2–4 ASVG).

Beitragsgrundlage ist der Betrag der Geringfügigkeitsgrenze, das sind **€ 485,85** (§ 76b Abs. 2 ASVG).

Der **Beitrag** in der Kranken- und Pensionsversicherung beträgt pauschal

- **monatlich € 68,59**,

wovon auf die Krankenversicherung 27,30% und auf die Pensionsversicherung 72,70% entfallen (§ 77 Abs. 2a ASVG).

Im Zuge der **Veranlagung** können die gesamten Aufwendungen (aus Vereinfachungsgründen) als Werbungskosten (→ 14.1.1.) in voller Höhe geltend gemacht werden (LStR 2002, Rz 243).

Selbstversicherte Personen erhalten gegebenenfalls Krankengeld (→ 25.1.3.1.) (§ 141 Abs. 5 ASVG) und Wochengeld (→ 27.1.3.4.) (§ 162 Abs. 3a ASVG).

31.4.6. Pflichtversicherung bei mehrfacher Beschäftigung

Ohne unmittelbare Auswirkung für den Dienstgeber gilt:

Überschreitet bei einem Dienstnehmer **das Entgelt**[1225] aus allen seinen Beschäftigungsverhältnissen nach dem ASVG die **Geringfügigkeitsgrenze** in einem Kalendermonat, hat er **Kranken- und Pensionsversicherungsbeiträge** auch von diesen geringfügigen Entgelten in Form eines sog. **Pauschalbeitrags zu entrichten.**

Die **Dienstnehmerbeiträge** zur Kranken- und Pensionsversicherung werden dem Dienstnehmer vom Träger der Krankenversicherung **einmal jährlich** im Nachhinein **vorgeschrieben** (§§ 5 Abs. 1 Z 2, 58 Abs. 2 ASVG).

Beitragsgrundlage ist das geringfügige Entgelt **(die geringfügigen Entgelte inkl. Sonderzahlungen)** (§ 44a Abs. 1–3 ASVG).

Der **Pauschalbeitrag** in der Kranken- und Pensionsversicherung beträgt für jeden **Kalendermonat 14,12%** der allgemeinen Beitragsgrundlage (→ 11.4.1.) (§ 53a Abs. 3 ASVG).

Der Pauschalbeitrag ist nur **so weit vorzuschreiben**, als die Summe der allgemeinen Beitragsgrundlage aus allen Beschäftigungsverhältnissen im Kalendermonat das 30-Fache der **Höchstbeitragsgrundlage**[1226] **nicht überschreitet** (§ 53a Abs. 4 ASVG).

Der Pauschalbeitrag ist auch von den Sonderzahlungen zu leisten (§ 54 Abs. 5 ASVG).

Im Zuge der **Veranlagung** können diese Beiträge als **Werbungskosten** (→ 14.1.1.) geltend gemacht werden (LStR 2002, Rz 243). **Pflichtbeiträge** geringfügig Beschäftigter, die (bei Übersteigen der Geringfügigkeitsgrenze aus mehreren Beschäftigungsverhältnissen nach Vorschreibung durch die Österreichische Gesundheitskasse) direkt vom Dienstnehmer nach Jahresende an die Österreichische Gesundheitskasse geleistet werden, **stehen nicht im Lohnzettel** (L 16), den der Dienstgeber an das Finanzamt übermittelt. Zur Berücksichtigung dieser Beiträge sind sie im Jahr der Zahlung im Formular L 1 einzutragen, sodass im Veranlagungsverfahren auch eine Berücksichtigung bei Berechnung der Negativsteuer erfolgen kann (LStR 2002, Rz 812).

Pflichtversicherte Personen erhalten gegebenenfalls Krankengeld (→ 25.1.3.1.) (§ 141 Abs. 1–4 ASVG) und Wochengeld (→ 27.1.3.4.) (§ 162 Abs. 1–3 ASVG).

31.5. Ferialpraktikanten – Volontäre – Schnupperlehrlinge

Hinweis: Für diese verschiedenen Beschäftigungsformen ist die Rechtssituation in arbeits- und sozialversicherungsrechtlicher Hinsicht nicht immer klar. Zu den nachstehenden Erläuterungen finden Sie einen **Praxisleitfaden für Praktikanten** unter www.gesundheitskasse.at über deren rechtliche Situation.

1225 Zu berücksichtigen sind dabei nur Entgelte (Sonderzahlungen bleiben unberücksichtigt) die auf Grund von Beschäftigungsverhältnissen nach dem ASVG erzielt werden. Arbeitslosengeld, Notstandshilfe, Kinderbetreuungsgeld, Pensionen und Renten, Einkünfte aus selbstständiger oder freiberuflicher Tätigkeit bleiben unberücksichtigt.

1226 Für das Jahr 2022: € 189,00 × 30 = 5.670,00.

31.5.1. Ferialpraktikanten

31.5.1.1. Begriff

Die Begriffsbestimmung und die vertragsrechtlichen Erläuterungen beinhaltet der Punkt 4.3.4.1.

31.5.1.2. Sozialversicherungsrechtliche Zuordnung und Beitragsverrechnung

Sozialversicherungsrechtlich gibt es nachstehende Ferialpraktikanten:

Die **weisungsfreien** (echten) Ferialpraktikanten Bei diesen handelt es sich um Personen, die den **Kriterien** eines Dienstnehmers i.S.d. ASVG **nicht entsprechen.** ↓ Ⓐ	und	die **weisungsgebundenen** (unechten) Ferialpraktikanten. Bei diesen handelt es sich um Personen, die den **Kriterien** eines Dienstnehmers i.S.d. ASVG **entsprechen.** ↓ Ⓑ

Gemäß § 4 Abs. 2 ASVG sind die Kriterien eines Dienstnehmers dann erfüllt,

- wenn eine Person „in einem Verhältnis **persönlicher und wirtschaftlicher Abhängigkeit gegen Entgelt** beschäftigt wird …“,
- **jedenfalls ist Dienstnehmer**, wer nach § 47 Abs. 1[1227] in Verbindung mit Abs. 2[1228] EStG **lohnsteuerpflichtig ist.**

Ein Arbeitnehmer ist demnach eine Person, die „fremdbestimmte“ Arbeitsleistung erbringt.

Ⓐ Ein weisungsfreier (echter) Ferialpraktikant ist eine Person, die

- **keine** fremdbestimmte Arbeitsleistung erbringt und
- **keinen** Arbeitslohn (Entgelt) bezieht.

Dieser **unentgeltliche** Ferialpraktikant ist **von den Bestimmungen des ASVG ausgenommen.**

Demnach ist dieser weder beim Krankenversicherungs- bzw. Unfallversicherungsträger zu melden, noch sind für diesen Beiträge zu entrichten.

Er ist im Rahmen der Schülerunfallversicherung aber unfallversichert.

Die vorgeschriebene oder übliche praktische Tätigkeit im Betrieb muss dem Ausbildungszweck des jeweiligen Schultyps bzw. der Studienordnung entsprechen. Bei Beschäftigung außerhalb der Fachrichtung sind sie als Ferialarbeiter bzw. Ferialangestellte zu behandeln (→ 4.3.4.1.) (E-MVB, 004-ABC-F-003).

1227 Der § 47 Abs. 1 EStG lautet: Arbeitnehmer ist eine natürliche Person, die Einkünfte aus nicht selbstständiger Arbeit (Arbeitslohn) bezieht.

1228 Der § 47 Abs. 2 EStG lautet: Ein Dienstverhältnis liegt vor, wenn der Arbeitnehmer dem Arbeitgeber seine Arbeitskraft schuldet. Dies ist dann der Fall, wenn die tätige Person in der Betätigung ihres geschäftlichen Willens unter der **Leitung des Arbeitgebers** steht oder im geschäftlichen Organismus des Arbeitgebers dessen **Weisungen zu folgen** verpflichtet ist.

Ⓑ Ein weisungsgebundener (unechter) Ferialpraktikant ist eine Person, die

- fremdbestimmte Arbeitsleistung erbringt und/oder
- Arbeitslohn (Entgelt) bezieht.

Die Höhe des Arbeitslohns (Entgelt) richtet sich, abhängig von der Art der Tätigkeit, nach den Bestimmungen des anzuwendenden Kollektivvertrags. Sieht der **Kollektivvertrag Entgeltansprüche** für einen sog. „Ferialpraktikanten" vor, ist jedenfalls davon auszugehen, dass es sich dabei um einen **Dienstnehmer** handelt.

Werden Ferialpraktikanten aus **EWR-(EU-)Staaten** (→ 4.1.6.) in ihrem Staat als Ferialpraktikanten anerkannt, sind diese sozialversicherungsrechtlich wie österreichische Ferialpraktikanten zu behandeln.

Ferialpraktikanten aus **Nicht-EWR-(EU-)Staaten** sind jedenfalls sozialversicherungsrechtlich als Dienstnehmer zu behandeln (DGservice, Praxisleitfaden Praktikanten, Juni 2014 – zuletzt aktualisiert im Jänner 2022).

Pflichtpraktikanten mit Taschengeld:

Möglich ist auch, dass der Praktikant keine fremdbestimmte Arbeitsleistung erbringt, wohl aber Entgelt in Form von „**Taschengeld**" erhält. Da es sich beim Taschengeld um einen lohnsteuerpflichtigen Arbeitslohn handelt, ist dieser Praktikant **Dienstnehmer** i.S.d. ASVG.

Solche Praktikanten sind als **Ferialangestellter bzw. Ferialarbeiter** Dienstnehmer i.S.d. ASVG und als solches beim Krankenversicherungsträger zu melden.

Der BV-Beitrag (→ 36.1.3.) ist abzuführen, wenn die Beschäftigung länger als einen Monat dauert.

Es gelten alle für pflichtversicherte Dienstnehmer zu berücksichtigenden Meldevorschriften.

Für Pflichtpraktikanten mit Taschengeld besteht arbeitsrechtlich jedoch grundsätzlich weder Anspruch auf Entgelt laut Kollektivvertrag bzw. den gesetzlichen Bestimmungen noch gebührt Urlaub, Feiertagsentgelt bzw. Krankenentgelt etc.

Wichtiger Hinweis: Ein Ferialpraktikum kann **nicht** im Rahmen eines freien Dienstverhältnisses (→ 4.3.1.) absolviert werden.

Zusammenfassende Darstellung:

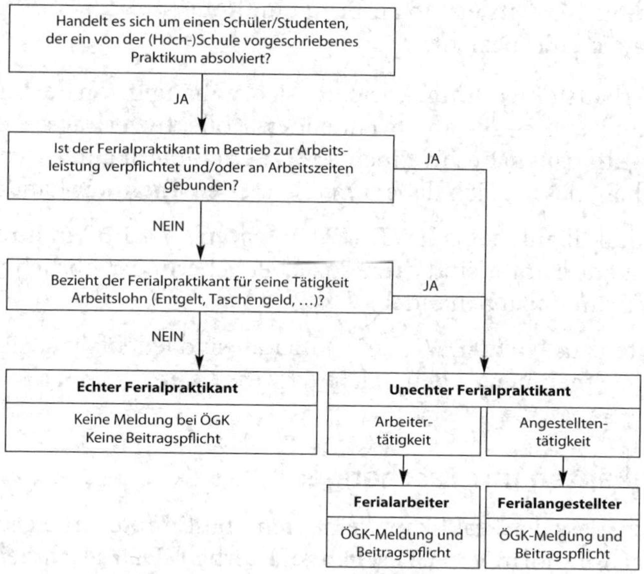

Ferialpraktikanten im Hotel- und Gastgewerbe:

Zu beachten ist, dass für die Ferialpraktikanten im Hotel- und Gastgewerbe besondere Regelungen gelten:

- Durch ein Ferialpraktikum wird grundsätzlich stets ein Dienstverhältnis[1229] (→ 4.4.) begründet.
- Bei einem Pflichtpraktikum ist ein Volontariat (→ 31.5.2.) ausgeschlossen.
- Es ist der Kollektivvertrag anzuwenden[1230] [1231].

1229 Aus diesem Grund gelten für diese Ferialpraktikanten vollinhaltlich alle arbeitsrechtlichen Bestimmungen. Wird mit einem Ferialpraktikanten anstelle des Urlaubsabgeltungsanspruchs wahlweise möglicher Naturalurlaub vereinbart, vertritt das BM die Ansicht, dass **konsumierter Urlaub** auf die **Zeit des Pflichtpraktikums** angerechnet wird und sich somit die tatsächlich im Betrieb verbrachte Zeit um die Dauer des Naturalurlaubs reduziert.

1230 Ferialpraktikanten einer österreichischen Schule haben Anspruch auf ein Entgelt in der Höhe des jeweils geltenden Lehrlingseinkommens für das mit dem Schuljahr korrespondierende Lehrjahr. Praktika, die zwischen zwei Schuljahren geleistet werden, sind dem vorangegangenen Schuljahr zuzuordnen. Für alle anderen Praktikanten wird der Hilfsarbeiterlohn heranzuziehen sein (DVSV-Besprechung 1998; vgl. dazu auch die Bestimmungen des Kollektivvertrags für das Hotel- und Gastgewerbe).
Diese besonderen Entlohnungsbestimmungen für Ferialpraktikanten sind nur dann anzuwenden, wenn die Ferialbeschäftigung auf Grund einer schulischen Verpflichtung erfolgt.
Wird das Praktikantenverhältnis von hohen Überstundenleistungen, Wochenenddiensten usw. bestimmt, ist der für die jeweilige Tätigkeit vorgesehene Kollektivvertragslohn anzusetzen.

1231 Wird die **Beschäftigung jedoch über die vorgeschriebene Zeit** des Pflichtpraktikums hinaus fortgesetzt, wird z.B. statt der vorgeschriebenen acht Wochen zwei Monate praktiziert, liegt hinsichtlich der überschreitenden Zeit kein Pflichtpraktikum mehr vor, sodass der Ferialpraktikant für diese Zeit Anspruch auf mindestens den seiner Beschäftigung entsprechenden Kollektivvertragslohn hat.
Außerdem entsteht ab einer Gesamtbeschäftigungsdauer von vollen zwei Monaten für die Praktikanten auch Anspruch auf anteilige Jahresremuneration. Diese ist unter anteiliger Berücksichtigung der Lehrlingsentschädigung (acht Wochen) und des Kollektivvertragslohns (für die restliche Zeit) zu berechnen.
Nur Ferialpraktikanten haben Anspruch auf ein Entgelt in der Höhe der jeweils geltenden Lehrlingsentschädigung; Ferialpraktikanten dürfen keine vollwertige Arbeitskraft ersetzen und sind auch nicht weisungsgebunden. Dagegen sind **Ferialarbeiter** (mit Einsatzbereich ausschließlich in Küche und Service) nach den im Kollektivvertrag für das Hotel- und Gastgewerbe vorgesehenen Mindestlöhnen für Hilfskräfte zu entlohnen (VwGH 16.6.2004, 2000/08/0110).

- Es gelten die gleichen melde- und beitragsrechtlichen Bestimmungen wie für pflichtversicherte Dienstnehmer.

(BMUKS Erl. 8.1.1991, 21.465/10–24/90; vgl. auch ÖGK DGservice Nr. 2/Mai 2021)

Alle Ferialpraktikanten im Hotel- und Gastgewerbe **sind Dienstnehmer** und deshalb bei der ÖGK als Arbeiter oder Angestellte anzumelden.

Der BV-Beitrag (→ 36.1.3.) ist abzuführen, wenn die Beschäftigung länger als einen Monat dauert.

Praktikanten mit Hochschulbildung:

Haben Praktikanten bereits eine **Hochschulausbildung abgeschlossen**, benötigen aber für ihren künftigen Beruf noch eine vorgeschriebene Ausbildung (z.B. Rechtspraktikanten, Unterrichtspraktikanten, Psychologen in Ausbildung zum klinischen Psychologen), ist zu prüfen, ob nicht ein „normales" **Dienstverhältnis** vorliegt (Weisungen, Kontrolle, persönliche Arbeitspflicht etc.). Ist dies der Fall, hat eine dementsprechende „normale" Anmeldung als Dienstnehmer zu erfolgen.

Der BV-Beitrag (→ 36.1.3.) ist abzuführen, wenn die Beschäftigung länger als einen Monat dauert.

Liegt **kein Dienstverhältnis** vor, dann ist trotzdem eine Anmeldung beim Krankenversicherungsträger vorzunehmen, da in einem solchen Fall diese Personen unter die Bestimmungen des § 4 Abs. 1 Z 4 ASVG (der ebenfalls eine Versicherungspflicht vorsieht) sowie § 1 Abs. 1 lit. d AlVG fallen. Die Besonderheit: Diese Praktikanten mit Hochschulbildung sind, auch wenn sie unter der Geringfügigkeitsgrenze Entgelt beziehen, immer voll versichert (kranken-, pensions-, unfall- und arbeitslosenversichert). Sie sind in der

Beschäftigtengruppe „Qualifizierte Praktikanten"

abzurechnen.

Sollte kein Entgelt gebühren bzw. bezahlt werden, ist als Beitragsgrundlage auf jeden Fall der in § 44 Abs. 6 lit. c ASVG als täglicher Arbeitsverdienst festgelegte Betrag von € 30,49 (€ 914,70 monatlich) heranzuziehen.

Arbeiterkammerumlage und Wohnbauförderungsbeitrag fallen nicht an.

Der BV-Beitrag (→ 36.1.3.) ist nicht zu entrichten.

Praktikanten mit Hochschulbildung sind demnach jedenfalls anzumelden. Sie sind weder als Ferialpraktikanten noch als Volontäre zu betrachten.

Pflichtpraktikanten in Ausbildung, Personen in Berufsausbildung:

Sozialversicherungsrechtliche Sonderbestimmungen bestehen auch für **Schüler** in Ausbildung zum gehobenen Dienst für Gesundheits- und Krankenpflege, zu einem medizinischen Assistenzberuf und für **Studierende** an einer medizinisch-technischen Akademie sowie für Berufsanwärter der Wirtschaftstreuhänder und Ziviltechniker, Rechtsanwaltsanwärter und Notariatskandidaten (siehe ausführlich Website der ÖGK → Dienstgeber → Grundlagen A-Z → Praktikanten → Praxisleitfaden).

31.5.1.3. Lohnsteuer

Ferialpraktikanten stehen regelmäßig in einem „steuerrechtlichen Dienstverhältnis". Gerade ein Ausbildungs- oder Weiterbildungsverhältnis spricht zwingend dafür, dass Praktikanten in ihrer Tätigkeit angeleitet werden, sohin „unter der Leitung des Arbeitgebers" stehen (LStR 2002, Rz 976). Ihr Taschengeld (Arbeitslohn) ist der Lohnsteuer zu unterwerfen.

Das Taschengeld ausländischer Ferialpraktikanten ist u.U. steuerfrei zu behandeln (§ 3 Abs. 1 Z 12 EStG) (→ 21.2.).

Für Ferialpraktikanten ist ein Lohnzettel auszustellen (§ 84 Abs. 4 EStG) (→ 35.1.).

31.5.2. Volontäre

31.5.2.1. Begriff

Die Begriffsbestimmung beinhaltet der Punkt 4.3.4.2.

31.5.2.2. Meldevorschriften und Beitragsverrechnung

Eine Tätigkeit als **in**- oder **ausländischer Volontär**, der ausschließlich zum Zweck der Erweiterung und Anwendung von Kenntnissen sowie zum Erwerb von Fertigkeiten für die Praxis **ohne Arbeitspflicht und ohne Entgeltanspruch** in Betrieben tätig wird, ist von der Vollversicherungspflicht ausgenommen; für diesen Personenkreis besteht lediglich eine **Teilversicherung** in der **Unfallversicherung** gem. § 8 Abs. 1 Z 3 lit. c ASVG (BMAS Erl. 9.10.1996, 120.664/1–7/96).

Die **Anmeldung** der Volontäre ist **vor Aufnahme der Tätigkeit** und die **Abmeldung** ist **binnen sieben Tagen** nach dem Ende der Pflichtversicherung bei der Allgemeinen Unfallversicherungsanstalt zu erstatten (§ 37 ASVG, § 13 Abs. 1 AUVA-Satzung) (→ 39.1.1.1.1.).

Die Beitragsgrundlagen und die Beitragssätze werden durch die Satzung des Unfallversicherungsträgers festgelegt (§ 74 Abs. 2 ASVG, § 14 AUVA-Satzung). Die Beiträge werden dem Betrieb vorgeschrieben.

Volontäre, die Entgelt auch nur in Form von **„Taschengeld"** beziehen, sind (infolge des Verweises in § 4 Abs. 2 ASVG auf § 47 Abs. 1 und 2 EStG) Dienstnehmer i.S.d. ASVG und als solches beim Krankenversicherungsträger zu melden. Die Geringfügigkeitsgrenze ist zu beachten. Es gelten alle für pflichtversicherte Dienstnehmer zu berücksichtigenden Meldevorschriften (DVSV-Protokoll, November 2009) (→ 31.5.1.2.).

31.5.2.3. Lohnsteuer

Im Bereich der steuerrechtlichen Verwaltungspraxis sind Volontäre stets als Arbeitnehmer zu behandeln. Ihr Taschengeld (Arbeitslohn) ist der Lohnsteuer zu unterwerfen. Ein Lohnzettel ist auszustellen (§ 84 Abs. 4 EStG) (→ 35.1.).

31.5.2.4. Zusammenfassung

	SV	LSt	DB zum FLAF (→ 37.3.3.3.)	DZ (→ 37.3.4.3.)	KommSt (→ 37.4.1.3.)
Taschengeld bis zur Geringfügigkeitsgrenze	→ 31.4.1.	pflichtig (als lfd. Bez.)	pflichtig[1232]	pflichtig[1232]	pflichtig[1232]
Taschengeld übersteigt die Geringfügigkeitsgrenze	pflichtig (als lfd. Bez.)				

Hinweis: Bedingt durch die unterschiedlichen Bestimmungen des Abgabenrechts ist das Eingehen auf ev. Sonderfälle nicht möglich. Es ist daher erforderlich, die entsprechenden Erläuterungen zu beachten.

31.5.3. Schnupperlehrlinge

31.5.3.1. Begriff

Die Begriffsbestimmung und mögliche Varianten einer Schnupperlehre beinhaltet der Punkt 4.3.4.3.

31.5.3.2. Melde- und Abgabevorschriften

Für die Dauer einer **Schnupperlehre** besteht mangels Dienstverhältnisses **keine Versicherungspflicht**. Der Dienstgeber muss **keine Meldung** erstatten, da die Schüler in die **gesetzliche Schülerunfallversicherung einbezogen** bleiben.

Der § 175 Abs. 5 Z 1 und Z 3 ASVG bestimmt dazu:

In der **Unfallversicherung** gem. § 8 Abs. 1 Z 3 lit. h und i ASVG **gelten als Arbeitsunfälle** auch Unfälle, die sich ereignen:

- Bei der Teilnahme an Schulveranstaltungen, schulbezogenen Veranstaltungen sowie individuellen Berufs(bildungs)orientierungen nach den §§ 13, 13a und 13b SchUG.
- Bei der Absolvierung einer individuellen Berufsorientierung
  - ohne Eingliederung in den Arbeitsprozess,
  - im Ausmaß von höchstens fünfzehn Tagen pro Betrieb und Kalenderjahr, außerhalb der Unterrichtszeiten und
  - der im § 13b SchUG geregelten Veranstaltungen,
  - sofern es sich um Schüler im oder nach dem achten Schuljahr handelt und
  - von dem Erziehungsberechtigten eine Zustimmung vorliegt.

Eine Schnupperlehre i.S.d. § 175 Abs. 5 Z 3 ASVG ist für Jugendliche, die keine Schüler mehr sind, nicht möglich.

31.6. Kombinationsmöglichkeiten

Bei den im ASVG bzw. im EStG geregelten Personengruppen mit und ohne besonderer abgabenrechtlicher Behandlung sind u.a. nachstehende **Kombinationen** möglich:

1232 Auch für begünstigte Behinderte (→ 29.2.1.); Volontäre unterliegen nicht den Bestimmungen des BEinstG.

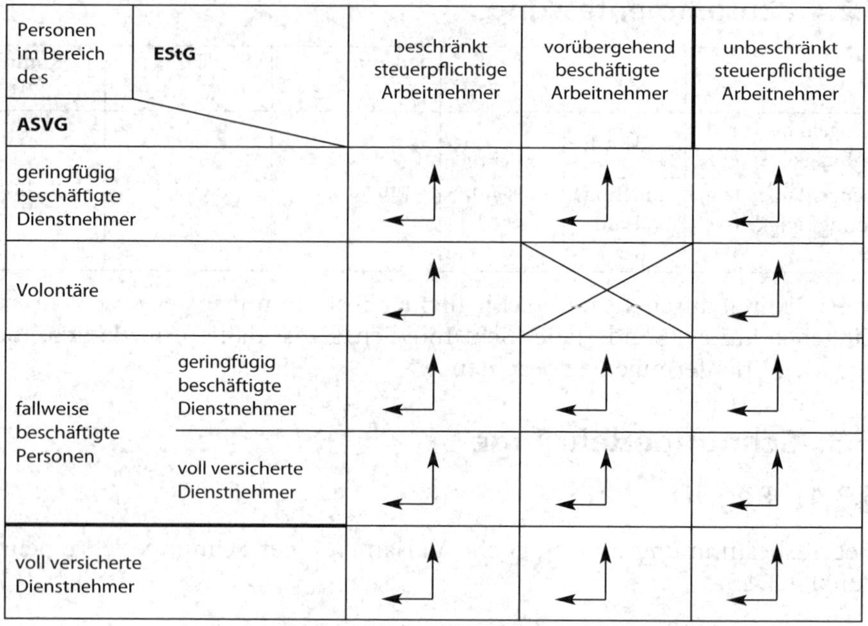

Beispiel: Ein im Bereich des EStG beschränkt steuerpflichtig zu behandelnder Arbeitnehmer kann im Bereich des ASVG (auf Grund seines geringen Verdienstes) ein geringfügig beschäftigter Dienstnehmer sein.

Für die in den Punkten 31.1. bis 31.5. geregelten Personengruppen mit besonderer abgabenrechtlicher Behandlung ist für den Bereich

- des Dienstgeberbeitrags zum FLAF (→ 37.3.3.),
- des Zuschlags zum DB (→ 37.3.4.),
- der Kommunalsteuer (→ 37.4.1.) und
- der Dienstgeberabgabe der Gemeinde Wien (→ 37.4.2.)

keine besondere abgabenrechtliche Behandlung vorgesehen. Für diese Personen (gruppen) gelten demnach die (in den für diese Abgaben anzuwendenden Gesetzen) allgemein vorgesehenen Bestimmungen.

31.7. Freie Dienstnehmer

Der Punkt 4.3.1. hat die vertragsrechtlichen Merkmale eines freien Dienstvertrags zum Inhalt. Darauf aufbauend werden in diesem Punkt die abgabenrechtlichen Bestimmungen der auf Grund eines freien Dienstvertrags tätigen (dem ASVG unterliegenden) freien Dienstnehmer behandelt.

Wichtiger Hinweis: Anzumerken ist, dass die im Punkt 4.3.1. entwickelte Abgrenzung nach dem Vertragsrecht **nicht in jedem Fall** mit der in diesem Punkt dargestellten sozialversicherungsrechtlichen Unterscheidung **korrespondiert.** Die Abgrenzungsmerkmale des Vertragsrechts können bei der sozialversicherungsrechtlichen Feststellung bloß als Orientierungshilfe dienen; eine **Deckungsgleichheit gibt es nicht**.

Das ASVG unterteilt die freien Dienstnehmer in

geringfügig beschäftigte freie Dienstnehmer	und in	**voll versicherte** freie Dienstnehmer.
Für diese Personen gelten die in diesem Punkt behandelten Bestimmungen **und** die unter Punkt 31.4. behandelten Zuordnungs- und Abrechnungsbestimmungen.		Für diese Personen gelten die in diesem Punkt behandelten Bestimmungen.

Freie Dienstnehmer sind **keinesfalls fallweise beschäftigte Personen** i.S.d. ASVG (→ 31.3.) und können demzufolge auch nicht als solche zur Sozialversicherung gemeldet werden. Wird ein freier Dienstnehmer tatsächlich nur an bestimmten Tagen tätig, sind für die entsprechenden Zeiträume jeweils An- und Abmeldungen zu erstatten. Nur „echte" Dienstnehmer können als fallweise beschäftigte Personen gemeldet werden (Nö. GKK, DGservice Dezember 2009).

31.7.1. Begriff

Den Dienstnehmern stehen im Sinn des ASVG Personen **gleich, die sich** auf Grund freier Dienstverträge[1233] **auf bestimmte oder unbestimmte Zeit zur Erbringung von Dienstleistungen**[1234] **verpflichten**, und zwar **für**

1. einen **Dienstgeber** im Rahmen seines Geschäftsbetriebs, seiner Gewerbeberechtigung, seiner berufsrechtlichen Befugnis (Unternehmen, Betrieb usw.) oder seines statutenmäßigen Wirkungsbereichs (Vereinsziel usw.), mit Ausnahme der bäuerlichen Nachbarschaftshilfe,	*unternehmerischer Dienstgeber*[1235]
2. eine **Gebietskörperschaft** oder eine sonstige juristische Person des öffentlichen Rechts bzw. die von ihnen verwalteten Betriebe, Anstalten, Stiftungen oder Fonds (im Rahmen einer Teilrechtsfähigkeit),	*öffentliche Hand*

1233 Durch die Aufnahme der Wortfolge „auf Grund freier Dienstverträge" liegt weiterhin keine Versicherungspflicht vor
- bei Tätigkeiten auf Grund eines politischen Mandats (Gemeinderat, Bezirksrat usw.),
- bei Tätigkeiten, die auf Grund von Gerichtsbeschlüssen ausgeführt werden (gerichtlich beeidete Sachverständige),
- bei Tätigkeiten, die auf Grund eines Hoheitsakts ausgeübt werden,
- bei Tätigkeiten als Mitglied des Aufsichtsrats, Verwaltungsrats oder anderer mit der Überwachung der Geschäftsführung betrauten Personen und
- bei Bezug von Funktionsgebühren.

1234 Dienstleistungen können Arbeiten, Verrichtungen, Tätigkeiten jedweder Art sein, unabhängig davon, ob die Tätigkeit erlaubterweise erfolgt. Es muss eine **vertragliche Verpflichtung** vorliegen. Diese kann auf Grund eines schriftlichen oder mündlichen Vertrags oder durch konkludente Handlung (→ 4.1.2.) zu Stande kommen.

1235 Versicherungspflicht besteht nicht, wenn der Dienstgeber diese **Qualifikationen nicht erfüllt**. Die Versicherungspflicht wird somit nicht begründet, wenn Leistungen für Privatpersonen erfolgen. (Im Gegensatz zu Dienstnehmern, die auch für Privatpersonen tätig sein können.)

wenn sie

- aus dieser Tätigkeit ein **Entgelt beziehen**,
- die Dienstleistungen **im Wesentlichen persönlich erbringen**[1236] und
- über **keine wesentlichen eigenen Betriebsmittel verfügen**[1237];

es sei denn,

a) dass sie auf Grund dieser Tätigkeit bereits nach § 2 Abs. 1 Z 1 bis 3 **GSVG**[1238] oder § 2 Abs. 1 **BSVG**[1239] oder nach § 2 Abs. 1 und 2 **FSVG**[1240] versichert sind oder
b) dass es sich bei dieser Tätigkeit um eine (Neben-)Tätigkeit nach § 19 Abs. 1 Z 1 lit. f **B-KUVG**[1241] handelt oder
c) dass eine **selbstständige Tätigkeit**, die die Zugehörigkeit zu einer der Kammern der freien Berufe[1242] begründet, ausgeübt wird oder
d) dass es sich um eine **Tätigkeit als Kunstschaffender**, insb. als Künstler i.S.d. § 2 Abs. 1 des Künstler-Sozialversicherungsfondsgesetzes, handelt (§ 4 Abs. 4 ASVG).

1236 Voraussetzung ist, dass der freie Dienstnehmer im Wesentlichen persönlich zur Erfüllung der Dienstleistung tätig wird und **somit den Auftrag nicht weitergibt.**
Durch die Vereinbarung der jederzeitigen **Vertretungsmöglichkeit** kann zwar die Dienstnehmereigenschaft ausgeschlossen werden, **nicht jedoch** auch **die Versicherungspflicht** gem. § 4 Abs. 4 ASVG, wenn der Auftrag im Wesentlichen von der Person des freien Dienstnehmers erledigt wird. Eine Dienstleistung wird **nur dann nicht** im Wesentlichen persönlich erbracht, wenn diese im überwiegenden Ausmaß von Dritten (beispielsweise im Rahmen von Subverträgen) erbracht werden.

1237 Die Regelung über die Verfügungsgewalt über die Betriebsmittel soll zum Ausdruck bringen, dass Personen mit einer unternehmerischen Struktur keine Versicherungspflicht nach § 4 Abs. 4 ASVG begründen. Verwendet der freie Dienstnehmer **keine wesentlichen eigenen Betriebsmittel** zur Erfüllung des Auftrags, wird die **Versicherungspflicht nach § 4 Abs. 4 ASVG** eintreten.
Wesentlich bedeutet einerseits, dass ohne Verwendung dieses Betriebsmittels die Dienstleistung nicht erbracht werden kann, andererseits muss dieses Betriebsmittel so gestaltet sein, dass es über Mittel des allgemeinen täglichen Gebrauchs hinausgeht (z.B. unternehmerische Struktur, eigenes Personal, finanziell aufwendige Spezialsoftware oder Spezialmaschinen usw.).
Wenn für die Erbringung der Dienstleistung **im Wesentlichen nur die eigene Arbeitskraft** verwendet wird, so sind für diese Tätigkeit keine Betriebsmittel erforderlich und es wird dadurch eine **Versicherungspflicht** nach § 4 Abs. 4 ASVG **nicht ausgeschlossen** werden können.
Bei **vertraglich vereinbarter Abgeltung** für die Verwendung eigener Betriebsmittel gelten diese allerdings nicht als vom freien Dienstnehmer beigestellt.
Der VwGH hat **Kriterien** herausgearbeitet, wann es sich um wesentliche Betriebsmittel i.S.d. § 4 Abs. 4 ASVG handelt:
- Demnach ist der Begriff „wesentlich" **nicht gleichbedeutend mit notwendig** oder unerlässlich für die Erbringung der Dienstleistung.
- Ob ein Betriebsmittel „wesentlich" für die Erbringung der Dienstleistung ist, richtet sich **nicht nach der Struktur des Auftraggebers**, sondern nach der Struktur des freien Dienstnehmers. Es ist zu fragen, ob sich der freie Dienstnehmer **mit den verwendeten Betriebsmitteln eine eigene betriebliche Struktur** geschaffen hat.
- Außerdem darf es sich bei dem verwendeten Betriebsmittel **nicht** bloß um ein **geringwertiges Wirtschaftsgut** handeln. Dabei spielt der Wert von € 800,00 netto eine Rolle, unter dem ein Wirtschaftsgut sofort im Jahr der Anschaffung bzw. Inbetriebnahme abgeschrieben werden kann.
- Darüber hinaus muss der freie Dienstnehmer das Betriebsmittel entweder in das **Betriebsvermögen aufnehmen** oder das Betriebsmittel ist seiner Art nach von vornherein dazu bestimmt, der **betrieblichen Tätigkeit zu dienen.**

Wendet man diese Kriterien auf ein Kfz oder Fahrrad an, kommt man zum Ergebnis, dass ein **Fahrzeug** dann ein wesentliches Betriebsmittel darstellt, wenn es entweder der **Art nach für die Ausübung der Tätigkeit bestimmt** ist (das wäre z.B. bei Anschaffung eines Lieferwagens der Fall) oder das Fahrzeug **ins Betriebsvermögen aufgenommen** wird (dann kann auch ein Pkw ein wesentliches Betriebsmittel sein) (VwGH 23.1.2008, 2007/08/0223; VwGH 15.5.2013, 2012/08/0163).

1238 Z.B. Gewerbescheininhaber, GmbH-Gesellschafter-Geschäftsführer, Steuerberater.

1239 Land- und/oder forstwirtschaftliche Tätigkeit.

1240 Freiberuflich tätige Ärzte, Patentanwälte, Apotheker.

1241 Z.B. Finanzbeamter als Kursleiter in der Finanzschule.

1242 Z.B. Zivilingenieure, Rechtsanwälte.

Hinweis: Ein Ausnahmefall von der Pflichtversicherung nach § 4 Abs. 4 ASVG liegt – neben den vorstehenden Tätigkeiten – auch dann vor, wenn der Gewerbescheininhaber (auf Grund eines Antrags) gem. § 4 Abs. 1 Z 7 GSVG von der Pflichtversicherung in der Kranken- und Pensionsversicherung nach dem GSVG befreit ist (weil er u.a. eine bestimmte Umsatzgrenze nicht erreicht) (Nö. GKK, NÖDIS Nr. 7/Mai 2014).

Liegen die typischen **Merkmale eines Dienstverhältnisses** vor, ist eine Versicherungspflicht als „echter" **Dienstnehmer nach dem ASVG** gegenüber der Versicherungspflicht nach dem GSVG auf Grund einer Gewerbeberechtigung **vorrangig**[1243].

Im Zusammenhang mit der Feststellung der ASVG-Sozialversicherungspflicht ist demnach **in nachstehender Reihenfolge** vorzugehen:

1. Zunächst ist zu prüfen, ob ein Dienstverhältnis gem. § 4 Abs. 2 ASVG (→ 6.2.1.) vorliegt.
2. Liegt kein Dienstverhältnis vor, ist zu beurteilen,
   - ob eine Versicherung
     -- gem. § 2 Abs. 1 Z 1 bis 3 GSVG oder
     -- gem. § 2 Abs. 1 BSVG oder
     -- gem. § 2 Abs. 1 und 2 FSVG vorliegt oder
   - ob es sich um eine (Neben)Tätigkeit i.S.d. § 19 Abs. 1 Z 1 lit. f des B-KUVG handelt oder
   - ob diese Person eine selbstständige Tätigkeit, die die Zugehörigkeit zu einer der Kammern der freien Berufe begründet, ausübt oder
   - ob es sich um eine Tätigkeit als Kunstschaffender, insb. als Künstler i.S.d. § 2 Abs. 1 des Künstler-Sozialversicherungsfondsgesetzes handelt.
3. Liegt keine Voraussetzung nach Punkt 1 oder 2 vor, ist zu prüfen, ob ein freies Dienstverhältnis gem. § 4 Abs. 4 ASVG gegeben ist.
4. Liegt keine Voraussetzung nach Punkt 1, 2 oder 3 vor, kann eine Versicherung gem. § 2 Abs. 1 Z 4 GSVG („Neuer Selbstständiger") vorliegen (§ 4 Abs. 4, 6 ASVG).

Schematische Darstellung der vorstehenden Reihenfolge betreffend die Feststellung der Versicherungspflicht:

1243 Das Vorliegen eines Gewerbescheins schließt die Versicherungspflicht als Dienstnehmer nicht aus (VwGH 2.4.2008, 2007/08/0038).
Der Besitz von Gewerbescheinen für Tätigkeiten, die keine besondere Qualifikation erfordern und üblicherweise auch von „abhängigen Dienstnehmern" erbracht werden, ist Teil eines verbreiteten Missbrauchs der Gewerbeordnung. Dies dient einerseits der Verschleierung abhängiger Beschäftigungsverhältnisse und betrifft andererseits oft Tätigkeiten, von denen nicht auszuschließen ist, dass es sich um „gegen Stunden oder Taglohn oder gegen Werkentgelt zu leistende Verrichtungen einfachster Art" handelt, die von der Gewerbeordnung ausgenommen sind (VwGH 21.12.2011, 2010/08/0129).

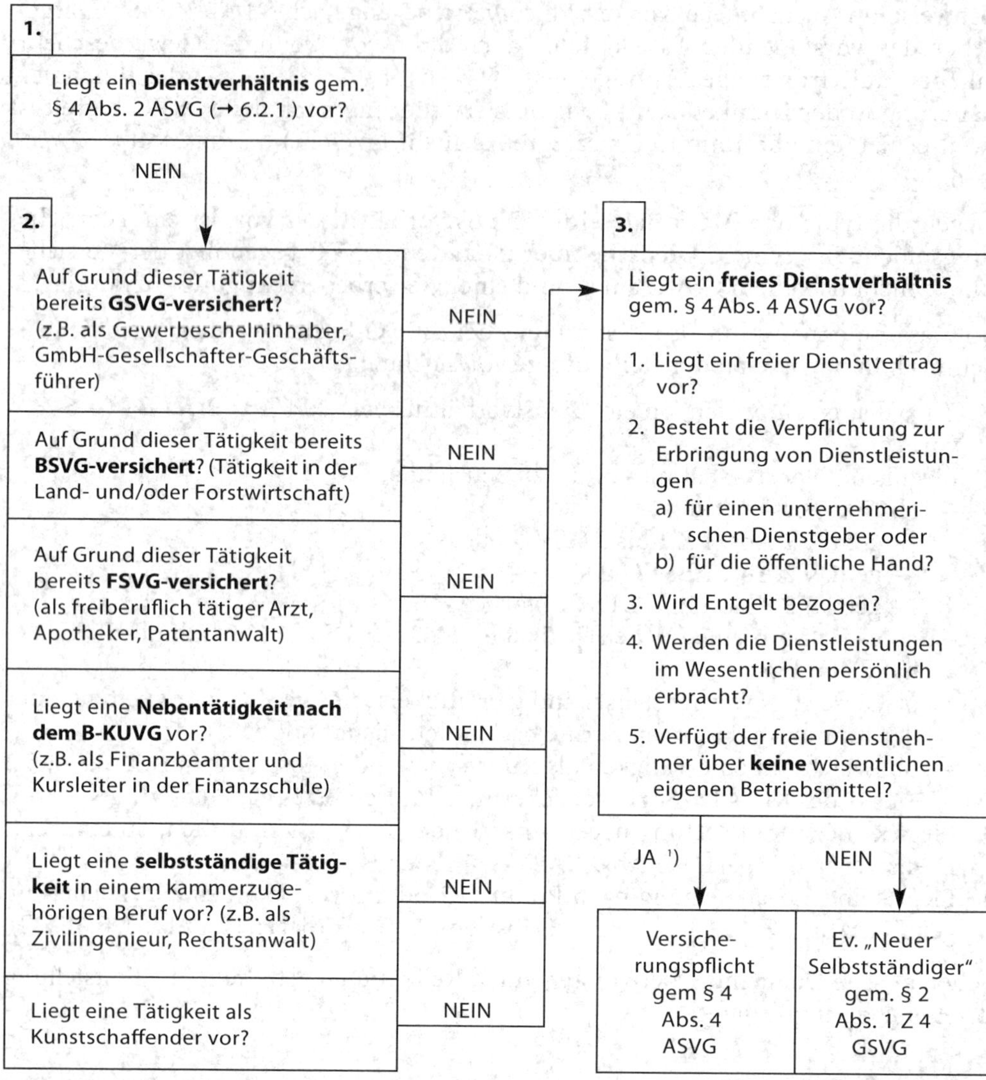

¹) Nur wenn **alle Fragen mit „JA"** beantwortet werden, liegt eine Versicherungspflicht gem. § 4 Abs. 4 ASVG vor.

Bei der Beurteilung der Versicherung bzw. der Abgrenzung zwischen Dienstnehmern im eigentlichen Sinn und Personen mit freien Dienstverträgen ist der **wahre wirtschaftliche Gehalt** der vertraglichen Vereinbarung(en) **entscheidend**. Durch den Missbrauch von Formen und durch Gestaltungsmöglichkeiten des bürgerlichen Rechts können Verpflichtungen nach diesem Bundesgesetz, besonders die Versicherungspflicht, nicht umgangen oder gemindert werden (§ 539a ASVG) (→ 6.5.).

Die **Pflichtversicherung** tritt nur ein, wenn der freie Dienstnehmer eine **natürliche Person** ist. Dies bedeutet, dass Personengesellschaften, Erwerbsgesellschaften und Kapitalgesellschaften sowie juristische Personen nicht versicherungspflichtig sind.

Freie Dienstnehmer, die für einen **ausländischen Betrieb**, der im Inland keine Betriebsstätte (Niederlassung, Geschäftsstelle) unterhält, tätig sind, gelten **nur dann** als im Inland beschäftigt, wenn sie ihre Beschäftigung (Tätigkeit) von einem im **Inland**[1244] gelegenen **Wohnsitz** oder einer im Inland gelegenen **Arbeitsstätte** (Kanzlei, Büro) aus ausüben (§ 3 Abs. 3 ASVG).

Der folgende Kriterienkatalog soll eine Hilfestellung bezüglich der Eingliederung in das ASVG bzw. GSVG ermöglichen. Es ist darauf hinzuweisen, dass die in der Spalte zum ASVG angeführten Merkmale weitgehend jenen eines echten Dienstverhältnisses entsprechen.

Kriterienkatalog	
Entscheidend für die letztendliche Beurteilung, ob eine Eingliederung in das **ASVG oder GSVG** vorzunehmen ist, ist die persönliche und wirtschaftliche Abhängigkeit und somit das **Überwiegen der Merkmale** der Selbstständigkeit bzw. Unselbstständigkeit (tatsächliche Verhältnisse).	
Kriterien, die eher für eine unselbstständige Erwerbstätigkeit (**ASVG**-Pflichtversicherung) sprechen	Kriterien, die eher für eine selbstständige Erwerbstätigkeit (**GSVG**-Pflichtversicherung) sprechen
• Kein Gewerbeschein	• Gewerbeschein
• Dauerschuldverhältnis Jemand verpflichtet sich, gegen Entgelt einem Auftraggeber für bestimmte oder unbestimmte Zeit seine Arbeitskraft zur Verfügung zu stellen	• Zielschuldverhältnis Jemand verpflichtet sich, gegen Entgelt für einen Auftraggeber einen bestimmten Erfolg (Werk) herzustellen
• Das Vertragsverhältnis endet durch Zeitablauf oder Beendigungserklärung	• Das Vertragsverhältnis endet automatisch durch Fertigstellung des Werkes
Persönliche Abhängigkeit	**Keine persönliche Abhängigkeit**
• Arbeitsort: vorgegeben z.B. durch Zuweisung bestimmter Tätigkeitsgebiete oder eines Kundenkreises	• Arbeitsort: frei wählbar Kein Einfluss des Auftraggebers auf die Wahl des Arbeitsorts; der Ort der Auftragserfüllung kann aber von den faktischen Erfordernissen abhängen
• Arbeitszeit: vorgegeben Bindung an Arbeitszeit z.B. durch Arbeitszeiterfassung, Stechuhr, Dienstpläne und Dienstkalender	• Arbeitszeit: frei wählbar Erfassung ausschließlich zur Honorarabrechnung
• Weisungsbindung Es reicht die bestehende Möglichkeit, Weisungen zu erteilen, z.B. Bekleidungsvorschriften, Piepserl, Halten an Betriebsordnung, Einschulung, Dienstausweis, Verwendung von Formularen	• Keine Weisungsbindung Der Auftragnehmer unterliegt keinen Weisungen seitens des Auftraggebers. Keine Weisung liegt vor, wenn es sich um Koordinierungen und/oder inhaltliche Vorgaben für die zu erbringende Leistung durch den Auftraggeber handelt
• Persönliche Arbeitspflicht Keine Vertretungsmöglichkeit liegt auch vor bei Mitarbeiterpool, Vertretung unter Kollegen	• Vertretungsregelung Die persönliche Unabhängigkeit ist jedenfalls dann gegeben, wenn der Auftragnehmer das Recht hat, sich generell vertreten zu lassen
• Kontroll- und Berichtssystem Einbindung z.B. durch Diensthandy, regelmäßiges Einsenden von Berichtsformularen	• Keine wesentlichen Kontrollrechte Projektfortschrittsberichte sind zulässig

1244 Pflichtversicherung i.S.d. ASVG tritt grundsätzlich nur bei Inlandstätigkeit ein (→ 6.1.).

Wirtschaftliche Abhängigkeit	Keine wirtschaftliche Abhängigkeit
• Beistellung von Arbeitsgeräten bzw. Übernahme der Kosten für diese durch den Arbeitgeber	• Wesentliche eigene Betriebsmittel; das sind Betriebsmittel, die über Mittel des täglichen Gebrauchs hinausgehen. Geringwertige und allgemein vorhandene Gebrauchsgüter sind keine wesentlichen Betriebsmittel; z.B. ist das Betriebsmittel wesentlich, wenn es in das Betriebsvermögen aufgenommen wurde und einen Mindestwert von derzeit € 800,00 netto aufweist; eigenes Büro
• Organisatorische Eingliederung Kontinuierliche (auf Dauer angelegte) Leistungserbringung und Einbindung in betriebliche Abläufe	• Keine organisatorische Eingliederung Keine persönlich abhängige Beschäftigung, aber Vernetzung mit Projektlaufwerken des Auftraggebers ist möglich
• Kein Unternehmerrisiko Aufwandsersatz durch Auftraggeber (z.B. Fahrzeug und Werbematerial werden beigestellt)	• Unternehmerrisiko z.B. Einkommensausfall bei Krankheit, Urlaub, Einnahmens- und Ausgabenschwankungen
• Bezahlt wird das Bemühen/Arbeitskraft	• Bezahlt wird der Erfolg
• Konkurrenzklausel Möglich – nicht zwingend	• Unbeschränkter Kundenkreis möglich Es ist unerheblich, ob der Auftragnehmer für einen oder mehrere Auftraggeber tätig ist. Mehrere Aufträge hintereinander von einem Auftraggeber sind noch kein Kriterium für ein Dienstverhältnis. Allerdings muss jeder einzelne dieser Verträge den generellen Kriterien entsprechen

Dieser Kriterienkatalog wurde von der Wirtschaftskammer Oberösterreich, Sparte Information + Consulting erstellt.

Weitere Erläuterungen aus den Empfehlungen des DVSV (E-MVB) finden Sie unter der Gliederungsnummer 004-04.

Abgrenzung von anderen Vertragsverhältnissen – Umqualifizierung:

Zur rechtsverbindlichen Klärung ev. **Meinungsverschiedenheiten** über das **Vorliegen der Versicherungspflicht** ist das Verfahren in Verwaltungssachen nach den §§ 355 und 409 ff. ASVG vorgesehen (→ 42.2.). Kommt es z.B. im Zuge einer Lohnabgabenprüfung (→ 39.1.1.3.) zu einer **Umqualifizierung von freien Dienstverhältnissen in echte Dienstverhältnisse** i.S.d. § 4 Abs. 2 ASVG, verbunden mit einer Vorschreibung von nachzuzahlenden Sozialversicherungsbeiträgen und Verzugszinsen, kann der Dienstgeber nach Abschluss der Prüfung einen **Bescheid** beim zuständigen Krankenversicherungsträger beantragen, um das Ergebnis des Prüfungsberichts zu bekämpfen. In diesem Fall ist der Krankenversicherungsträger zur Bescheidausstellung verpflichtet (vgl. § 410 Abs. 1 Z 7 ASVG). Weiters besteht die Möglichkeit, gegen den Bescheid des Krankenversicherungsträgers in Angelegenheit der Versicherungspflicht binnen vier Wochen eine **Beschwerde** wegen Rechtswidrigkeit beim Bundesverwaltungsgericht einzubringen. Gegen die Entscheidung des Bundesverwaltungsgerichts kann noch eine **Revision** beim

VwGH eingebracht werden. Besteht ein **Zuständigkeitsstreit** zwischen den Versicherungsträgern, zu welchem Versicherungsträger der Erwerbstätige ein sozialversicherungsrechtliches Verhältnis hat, besteht die Möglichkeit, einen Antrag beim BMSGPK hinsichtlich Versicherungszuständigkeit zu stellen, wobei die rechtskräftige Entscheidung (betreffend Krankenversicherung) Rechtswirkungen nur für die Zukunft entfaltet.

Anzumerken ist, dass bei einer Nachverrechnung von Sozialversicherungsbeiträgen wegen der **Umqualifizierung in ein echtes Dienstverhältnis** i.S.d. § 4 Abs. 2 ASVG durch den Krankenversicherungsträger das „**Anspruchsprinzip**" zu beachten ist. Das heißt, dass Sozialversicherungsbeiträge von (nicht geleisteten) kollektivvertraglich zustehenden Sonderzahlungen und von Nichtleistungsentgelten zu leisten sind, wobei jedoch für Sonderzahlungen ein überkollektivvertragliches Honorar anrechenbar sein wird (OGH 24.9.2012, 9 ObA 51/12h). Weiters gilt, dass der Dienstgeber den Dienstnehmeranteil zur Sozialversicherung bei sonstigem Verlust nur im Monat der Leistung des Entgelts, spätestens bis Ende des Folgemonats, vom Dienstnehmer einbehalten darf (vgl. § 60 Abs. 1 ASVG).

Zur Umqualifizierung im Rahmen einer Prüfung siehe auch Punkt 39.1.1.3. und Punkt 39.1.2.3.

Bescheidmäßige Feststellung nach § 194a GSVG:

Der Erwerbstätige kann eine **bescheidmäßige Feststellung** bei der Sozialversicherungsanstalt der gewerblichen Wirtschaft hinsichtlich Versicherungszuständigkeit **beantragen** (§ 194a GSVG)[1245]. Neben dieser Möglichkeit kann seit 1.7.2017 auch eine Prüfung der Einstufung nach ASVG oder GSVG bzw. BSVG nach dem Sozialversicherungs-Zuordnungsgesetz erfolgen (siehe nachstehend).

Sozialversicherungs-Zuordnungsgesetz:

Sowohl für Dienstnehmer als auch für Dienstgeber ist es – trotz zahlreicher arbeits- und sozialversicherungsrechtlicher Judikatur – vielfach schwierig, eine genaue Abgrenzung in Bezug auf die sozialversicherungsrechtliche Einstufung von Dienstverhältnissen vorzunehmen. Zur Schaffung von Rechtssicherheit in diesem Bereich sind folgende Maßnahmen vorgehen:

- **Vorabprüfung**: Bereits bei der Anmeldung zur GSVG- bzw. BSVG-Pflichtversicherung bestimmter Personengruppen (neue Selbständige nach § 2 Abs. 1 Z 4

1245 Die **Abgrenzungsproblematik** zwischen freien Dienstnehmern und neuen Selbständigen wird dadurch entschärft, dass die im Zuge einer Beitragsprüfung getroffene **Feststellung** des zuständigen Krankenversicherungsträgers, eine auf Grund einer bestimmten Tätigkeit als „Neuer Selbstständiger" pflichtversicherte Person unterliege für diese Tätigkeit der Pflichtversicherung als freier Dienstnehmer, **in Bescheidform** zu ergehen hat und **Rechtswirkungen nur für die Zukunft** entfaltet.
Dies bedeutet, dass bei Bestehen einer Versicherung als „Neuer Selbständiger" die **fälschliche Nichtanmeldung** als freier Dienstnehmer durch den Dienstgeber zu **keiner rückwirkenden Einbeziehung und Beitragsentrichtung führt**. Dies gilt allerdings nur bei Beantragung und Erlassung eines Feststellungsbescheids gem. § 194a GSVG bezüglich der Pflichtversicherung als „Neuer Selbständiger" (VwGH 25.4.2007, 2005/08/0082). Ab dem Zeitpunkt, ab dem der zuständige Krankenversicherungsträger die Versicherungspflicht als freier Dienstnehmer bescheidmäßig festgestellt hat, hat der Dienstgeber diese Person als freien Dienstnehmer zu behandeln und hierfür auch die Beiträge zu entrichten.
Der Erwerbstätige kann **auch bei der Sozialversicherungsanstalt der Selbständigen** die bescheidmäßige Feststellung beantragen, dass die Tätigkeit den Grundsätzen der Versicherungspflicht als „Neuer Selbständiger" entspricht, auch wenn die Versicherung wegen Unterschreitens der Versicherungsgrenze nicht eintritt. An diesen Feststellungsbescheid ist auch der zuständige Krankenversicherungsträger so lange gebunden, bis er durch Bescheid feststellt, dass eine Versicherungspflicht gem. § 4 Abs. 4 ASVG vorliegt (siehe vorstehend).

GSVG, Betreiber bestimmter freier Gewerbe und Ausübende bäuerlicher Nebentätigkeit) wird durch die Sozialversicherungsträger geprüft, ob eine Pflichtversicherung nach dem ASVG oder nach dem GSVG bzw. BSVG vorliegt (§ 412d ASVG).

- **Versicherungszuordnungsprüfung auf Antrag**: Eine nach GSVG oder BSVG versicherte Person hat die Möglichkeit, eine bereits bestehende Pflichtversicherung durch die Österreichische Gesundheitskasse auf ihre Richtigkeit hin überprüfen zu lassen (§ 412e ASVG).
- **Neuzuordnungsprüfung**: Entsteht im Zuge einer Lohnabgabenprüfung durch die Behörden der Verdacht, dass eine nach dem GSVG oder BSVG versicherte Person in wirtschaftlicher Betrachtung als „klassischer" Dienstnehmer einzustufen ist und folgernd nach dem ASVG zu versichern gewesen wäre, kommt es nach Durchführung eines abgestimmten Verfahrens u.U. zu einer bescheidmäßigen Umqualifizierung (§ 412b ASVG).

Nach Abschluss des Verfahrens sind folgende Konstellationen möglich:

- **Fall 1**: Die Prüfung ergibt übereinstimmend, dass eine selbständige Erwerbstätigkeit vorliegt. Es bleibt bei der Pflichtversicherung nach dem GSVG oder dem BSVG und die SVS erlässt einen entsprechenden Bescheid.
- **Fall 2**: Zwischen der Österreichischen Gesundheitskasse und dem Auftraggeber (= Dienstgeber) oder den beteiligten Versicherungsträgern wird übereinstimmend festgestellt, dass entgegen der bisherigen Versicherung keine selbständige Erwerbstätigkeit vorliegt und somit im Ergebnis keine Pflichtversicherung nach dem GSVG oder BSVG besteht. Es kommt zu einer Zuordnung zum ASVG.
- **Fall 3**: Kommt es zu keiner einheitlichen Beurteilung des Sachverhaltes, dann hat die Österreichische Gesundheitskasse entsprechend der bereits jetzt einschlägigen Verfahrensbestimmung einen Einbeziehungsbescheid zu erlassen.

Sofern die Feststellung der Pflichtversicherung nicht auf falschen Angaben beruht, ist die mit Bescheid ausgesprochene Versicherungszuordnung für die Krankenversicherungsträger und die Abgabenbehörden bindend (**Bindungswirkung**). Die Bindungswirkung gilt nicht, wenn eine Änderung des für die Beurteilung der Pflichtversicherung maßgeblichen Sachverhaltes eingetreten ist (§ 412c Abs. 5 ASVG).

Liegt ein rechtskräftiger **Feststellungsbescheid nach dem Sozialversicherungs-Zuordnungsgesetz** (§ 412c ASVG oder § 194b GSVG oder § 182a BSVG) vor, so ist die Versicherungszuordnung auch für die Qualifikation der Einkünfte nach dem EStG bindend. Dies gilt nicht, wenn der Bescheid auf falschen Angaben beruht oder sich der zugrunde liegende Sachverhalt geändert hat (§ 86 Abs. 1a EStG).

Zum Vorgehen bei Umqualifizierung im Rahmen einer Lohnabgabenprüfung (Neuzuordnungsprüfung) siehe Punkt 39.1.1.3. und Punkt 39.1.2.3.

31.7.2. Beginn und Ende der Pflichtversicherung

Die Pflichtversicherung der freien Dienstnehmer **beginnt** unabhängig von der Erstattung einer Anmeldung **mit dem Tag des Beginns** der Beschäftigung (§ 10 Abs. 1 ASVG). **Abweichend davon** beginnt die Pflichtversicherung im Fall der Erlassung eines Bescheids gem. § 410 Abs. 1 Z 8 ASVG[1246] **mit dem Tag der Erlassung dieses Bescheids** (§ 10 Abs. 1a ASVG).

Die Pflichtversicherung der freien Dienstnehmer **erlischt mit dem Ende des Beschäftigungsverhältnisses**. Fällt jedoch der Zeitpunkt, an dem der Anspruch auf Entgelt endet, nicht mit dem Zeitpunkt des Endes des Beschäftigungsverhältnisses zusammen, so erlischt die Pflichtversicherung mit dem **Ende des Entgeltanspruchs** (§ 11 Abs. 1 ASVG).

Erbringt ein freier Dienstnehmer in einem Monat beispielsweise wegen Krankheit oder Urlaubs keine Leistung, so ist er beim Krankenversicherungsträger **abzumelden** und bei Wiederaufnahme der Leistung wieder **anzumelden**.

Freie Dienstnehmer i.S.d. § 4 Abs. 4 ASVG sind auch in die **Arbeitslosenversicherung** einbezogen und sind hinsichtlich Sozialversicherungsschutz bzw. Absicherung den Dienstnehmern gleichgestellt. Sämtliche für Dienstnehmer geltende Regelungen sind auch für freie Dienstnehmer anzuwenden (§ 1 Abs. 8 AlVG).

31.7.3. Meldebestimmungen – Auskunftspflicht

Die Dienstgeber haben jeden von ihnen beschäftigten, dem ASVG unterliegenden freien Dienstnehmer beim Träger der Krankenversicherung **an- bzw. abzumelden**.

Näheres dazu finden Sie unter Punkt 39.1.1.1.

Die Dienstgeber haben während des Bestands der Pflichtversicherung **jede für diese Versicherung bedeutsame Änderung**, die nicht von der mBGM umfasst ist, innerhalb von sieben Tagen dem zuständigen Krankenversicherungsträger **zu melden** (§ 34 Abs. 1 ASVG).

Als **Meldeformulare** sind die auch für Dienstnehmer in Verwendung stehenden Formulare (bzw. Datensätze) zu verwenden.

Neben der **Auskunftspflicht** des Dienstgebers und des freien Dienstnehmers **gegenüber den Versicherungsträgern** (→ 39.1.1.2.) ist der freie Dienstnehmer verpflichtet, **dem Dienstgeber** Auskunft über das Bestehen einer die Pflichtversicherung als freier Dienstnehmer gem. § 4 Abs. 4 ASVG ausschließenden anderen Pflichtversicherung auf Grund ein und derselben Tätigkeit zu erteilen[1247]. Die §§ 111 bis 113 ASVG (Strafbestimmungen, Beitragszuschläge, → 40.1.1.) sind anzuwenden (§ 43 Abs. 2 ASVG).

1246 Der zuständige **Krankenversicherungsträger** hat einen **Bescheid zu erlassen**, wenn er entgegen einer bereits bestehenden Pflichtversicherung gem. § 2 Abs. 1 Z 4 GSVG auf Grund ein und derselben Tätigkeit **die Versicherungspflicht** gem. § 4 Abs. 4 ASVG **als gegeben erachtet** (§ 410 Abs. 1 Z 8 ASVG).

1247 **Insbesondere** wird diese Auskunftsverpflichtung des freien Dienstnehmers das **Bestehen** oder den **Wegfall der Gewerbeberechtigung** betreffen. Für die Meldeverpflichtung sind keine Formvorschriften vorgesehen. Seitens der Versicherungsträger wurde auch kein Meldeformular aufgelegt. Es wird daher notwendig sein, eine **schriftliche Bestätigung** des freien Dienstnehmers zu Beginn seiner Tätigkeit **einzuholen** bzw. von bereits tätigen freien Dienstnehmern eine solche nachträglich abzuverlangen. Darin sollte einerseits der Ausschließungsgrund für die Versicherung nach § 4 Abs. 4 ASVG angeführt werden. Andererseits ist der freie Dienstnehmer ausdrücklich auf die Auskunftsverpflichtung gegenüber dem Dienstgeber nachweislich hinzuweisen.
Bei einem **Verstoß gegen diese Auskunftsverpflichtung** des freien Dienstnehmers schuldet der Dienstgeber nur den auf ihn entfallenden Beitragsteil. Den auf den freien Dienstnehmer entfallenden Beitragsteil schuldet dieser selbst (→ 31.7.8.). Die Verletzung der Auskunftsverpflichtung durch den freien Dienstnehmer ist dem Krankenversicherungsträger vom Dienstgeber nachzuweisen.

31.7.4. Beitragsgrundlage

31.7.4.1. Beitragsgrundlage und mBGM

Die Beitragsgrundlage ist das in einem Kalendermonat erzielte Entgelt[1248] (Arbeitsverdienst) (§ 44 Abs. 1 ASVG). Als solches sind alle Geld- und Sachbezüge zu verstehen, auf die der pflichtversicherte freie Dienstnehmer aus dem Dienstverhältnis Anspruch hat[1249] oder die er darüber hinaus auf Grund des Dienstverhältnisses vom Dienstgeber oder von einem Dritten erhält (§ 49 Abs. 1 ASVG).

Die **nicht beitragspflichtigen Entgeltbestandteile** sind im § 49 Abs. 3 ASVG (→ 21.1.) angeführt und gelten auch für diese Versicherungsverhältnisse. Dies bedeutet somit, dass Aufwandsersätze beitragsrechtlich **nach denselben Kriterien wie bei den Dienstnehmern** zu behandeln sind. Auch **Reisekostenersätze** für freie Dienstnehmer sind unter denselben Voraussetzungen wie für Dienstnehmer beitragsfrei zu behandeln (BGBl I 2006/130).

Aufwandsersätze sind nur dann beitragsfrei zu berücksichtigen, wenn sie dem Dienstgeber vom freien Dienstnehmer gesondert in Rechnung gestellt werden. Pauschalierte Aufwandsersätze sind beitragspflichtig (E-MVB, 049-03-01-009; vgl. auch ÖGK, DGservice Nr. 2/Mai 2021).

Die im getrennt ausgewiesenen Sachaufwand enthaltenen nachgewiesenen, zur Erfüllung des Auftrags erforderlichen **Subhonorare** sind **beitragsfrei**.

Vom Dienstgeber zur Verfügung gestellte Arbeitsmittel zur Ausführung der Dienstleistung (z.B. bereitgestellte Räumlichkeiten, Geräte und Betriebsmittel) sind nicht als Sachbezüge zu werten und daher **nicht beitragspflichtig** (E-MVB, 049-03-01-009).

Für die Bewertung der **Sachbezüge** gilt grundsätzlich die Bewertung für Zwecke der Lohnsteuer (§ 50 ASVG). Werden vom Dienstgeber Sachbezüge gewährt, dann sind sie mit dem tatsächlichen Wert (Endpreis am Abgabeort) zu bewerten. Es bestehen keine Bedenken, wenn man die sich aus der Sachbezugsverordnung ergebenden Werte (→ 20.3.3.) auch bei freien Dienstnehmern heranzieht (Information des BMF, 2.3.2006).

Gebührt freien Dienstnehmern der **Arbeitsverdienst** (Entgelt) **für längere Zeiträume als einen Kalendermonat**, so ist der im Beitragszeitraum gebührende Arbeitsverdienst (Entgelt) durch **Teilung** des gesamten (vereinbarten) Arbeitsverdienstes (oder des gesamten annähernd zu erwartenden Arbeitsverdienstes) **durch die Anzahl der Kalendermonate** der Pflichtversicherung auf Grund der Tätigkeit (Leistungserbringung) zu ermitteln (Durchschnittsbetrachtung bzw. Monatsteilung). Dabei sind Kalendermonate, die nur zum Teil von der vereinbarten Tätigkeit (Leistung) ausgefüllt werden, als volle Kalendermonate zu zählen (§ 44 Abs. 8 ASVG). Diese Bestimmung ist nur dann anzuwenden, wenn der für längere Zeiträume als einen Kalendermonat gebührende Arbeitsverdienst ein im Voraus bestimmter Betrag ist, welcher weder nach der tatsächlichen zeitlichen Lagerung der Leistungserbringung noch nach anderen Leistungskriterien (z.B. Stück- oder Akkordlohn, Provision) bemessen wird[1250] (siehe Beispiel 149).

1248 Exklusive Umsatzsteuer.

1249 Wie für die Dienstnehmer gilt auch bei den freien Dienstnehmern das Anspruchsprinzip (→ 6.2.7.).

1250 Z.B. Honorare für Konsulenten; diese sind auf die Dauer der Pflichtversicherung umzulegen.

Monatliche Beitragsgrundlagenmeldung (mBGM):

Die mBGM kann bis zum 15. (Selbstabrechnungsverfahren) bzw. 7. (Vorschreibeverfahren) des **der Entgeltleistung folgenden Kalendermonats** übermittelt werden. Die erste auf die Anmeldung folgende mBGM ist jedoch auch dann zu übermitteln, wenn noch kein Entgelt geleistet wurde, um die Daten der reduzierten Anmeldung zu ergänzen und die Anmeldeverpflichtung damit vollständig zu erfüllen („**mBGM ohne Verrechnung**"). Für alle nachfolgenden Beitragszeiträume ist bis zur Entgeltleistung eine „mBGM ohne Verrechnung" zulässig. Als Verrechnungsgrundlage ist der Wert „1" einzutragen. Für alle nachfolgenden Beitragszeiträume ist bis zur Entgeltleistung die Übermittlung einer mBGM „ohne Verrechnung" zulässig.

Der Tarifblock „ohne Verrechnung" kommt daher zur Anwendung, wenn

- für einen freien Dienstnehmer das Entgelt für den Beitragszeitraum noch nicht feststeht oder
- der gesamte Arbeitsverdienst nachträglich auf den Zeitraum der Leistungserbringung aufgeteilt wird (vgl. ÖGK, DG-Newsletter Nr. 2/Februar 2021).

Nach erfolgter Entgeltzahlung und Ermittlung des durchschnittlichen Entgeltes muss die erste bzw. müssen allfällige weitere mBGM „ohne Verrechnung" storniert werden und die für jeden betroffenen Kalendermonat entsprechenden **mBGM „mit Verrechnung"** bis zum 15. des der Entgeltleistung folgenden Beitragszeitraumes nachgereicht werden. Besteht wider Erwarten kein Entgeltanspruch, ist die seinerzeitige Anmeldung zu stornieren (DGservice mBGM, 10/2018; vgl. auch ÖGK, DG-Newsletter Nr. 2/Februar 2021).

Wurde bereits eine mBGM „mit Verrechnung" vorgelegt und hat der freie Dienstnehmer **bis auf weiteres keinen Entgeltanspruch**, sollte eine Abmeldung mit dem Abmeldegrund „SV-Ende – Beschäftigung aufrecht" erstattet werden, sofern das Vertragsverhältnis zivilrechtlich weiterhin aufrecht ist. Erfolgt keine Abmeldung mit dem erwähnten Abmeldegrund, ist für den nachfolgenden Beitragszeitraum eine mBGM „ohne Verrechnung" vorzulegen und im Anschluss wie oben dargelegt vorzugehen (vgl. ÖGK, DG-Newsletter Nr. 2/Februar 2021).

Gebührt das Entgelt (Honorar) für längere Zeiträume als einen Kalendermonat, so ist es durch die Anzahl der Kalendermonate der Pflichtversicherung zu dividieren, wobei angefangene Kalendermonate als volle zählen. Es ist monatlich eine mBGM mit der errechneten (durchschnittlichen) Beitragsgrundlage zu erstatten.

Ein **Lohnzettel (L 16)** ist nicht zu erstellen.

Beispiel 149

Vorläufige/endgültige Beitragsgrundlage.

Angaben und Lösung:

- Mit dem freien Dienstnehmer wurden vereinbart:
  - Eine Akontozahlung des Honorars nach 6 Monaten in der Höhe von € 4.800,00,
  - eine Restzahlung des Honorars nach weiteren 3 Monaten in einer noch zu vereinbarenden Höhe.

	Monat	Entgelt	vorläufige Beitrags-grundlage	endgültige gerollte Beitrags-grundlage	
	1.				
	2.				
B	3.	€ 0,00	€ 800,00	€ 850,00	An
	4.	€ 0,00	€ 800,00	€ 850,00	
	5.	€ 0,00	€ 800,00	€ 850,00	
	6.	€ 0,00	€ 800,00	€ 850,00	
	7.	€ 0,00	€ 800,00	€ 850,00	
	8.	€ 4.800,00 [1251]	€ 800,00	€ 850,00	
	9.	€ 0,00	€ 800,00	€ 850,00	
	10.	€ 0,00	€ 800,00	€ 850,00	
E	11.	€ 2.850,00 [1252]		€ 850,00	
	12.			€ 7.650,00	Ab

€ 4.800,00 : 6 = € **800,00**[1253]

€ 7.650,00 : 9 = € **850,00**[1253 1254]

B = Beginn der Pflichtversicherung
E = Ende der Pflichtversicherung
An = Anmeldung beim Krankenversicherungsträger
Ab = Abmeldung beim Krankenversicherungsträger

31.7.4.2. Sonderbestimmung

Das BMSGPK kann nach Anhörung des DVSV und der Interessenvertretungen der Dienstnehmer und der Dienstgeber für folgende Gruppen von Dienstnehmern und freien Dienstnehmern feststellen, ob und inwieweit **pauschalierte Aufwandsentschädigungen** nicht als Entgelt gelten, sofern die jeweilige Tätigkeit **nicht den Hauptberuf und die Hauptquelle der Einnahmen** bildet:

1. im **Sport- und Kulturbereich**[1255] **Beschäftigte**[1256];
2. **Lehrende** an Einrichtungen, die vorwiegend **Erwachsenenbildung** (VHS, WIFI, BFI udgl.) betreiben[1256], sowie für Lehrende an Einrichtungen, denen vom Arbeits-

1251 Akontozahlung.
1252 Restzahlung.
1253 Das im jeweiligen Beitragszeitraum gebührende Entgelt.
1254 Eine zeitraumbezogene Aufrollung ist vorzunehmen.
1255 So genannte „Kulturschaffende"; diese werden in der Verordnung des BMSGPK näher präzisiert. Nicht damit gemeint sind sog. „Kunstschaffende".
1256 Für diesen Personenkreis sieht die jeweilige Verordnung vor, dass Aufwandsentschädigungen bis zur Höhe von **€ 537,78** pro Kalendermonat **beitragsfrei** zu behandeln sind.
Für die im Kulturbereich Beschäftigten und für Lehrende an Erwachsenenbildungseinrichtungen* ist es die Verordnung vom 5.11.2002, BGBl II 2002/409, bzw. vom 28.7.2009, BGBl II 2009/246, und vom 23.12.2013, BGBl II 2013/493.
Weitere Erläuterungen zu den Lehrenden (Vortragenden) an Erwachsenenbildungseinrichtungen finden Sie in den E-MVB unter der Gliederungsnummer 004-ABC-E-002 und 004-ABC-V-007.
Siehe dazu auch *PVInfo* 10/2012, Linde Verlag Wien.
*) **Fachhochschulen** sind **nicht** als Einrichtungen anzusehen, die vorwiegend der Erwachsenenbildung i.S.d. Bundesgesetzes über die Förderung der Erwachsenenbildung und des Volksbüchereiwesens aus Bundesmitteln dienen (VwGH 14.3.2013, 2010/08/0222).

marktservice die Erbringung von Dienstleistungen (zur beruflichen Aus- und Fortbildung) übertragen wird;

3. **Beschäftigte**, die in Unternehmen, die mindestens wöchentlich erscheinende **periodische Druckwerke**, die auf Grund ihres Inhalts über den Kreis der reinen Fachpresse hinausreichen sowie vorwiegend der politischen, allgemeinen, wirtschaftlichen und kulturellen Information und Meinungsbildung dienen und weder Kundenzeitschriften noch Presseorgane von Interessenvertretungen sein dürfen, herstellen oder vertreiben, diese periodischen Druckwerke vertreiben oder zustellen (vgl. § 49 Abs. 7 ASVG).

31.7.5. Höchstbeitragsgrundlage

Als monatliche Höchstbeitragsgrundlage gilt,

• wenn keine Sonderzahlungen bezogen werden, das 35-Fache der täglichen Höchstbeitragsgrundlage (€ 189,00)	= € 6.615,00
• sonst das 30-Fache der täglichen Höchstbeitragsgrundlage	= € 5.670,00
• und für Sonderzahlungen jährlich	€ 11.340,00

(§ 45 Abs. 3 ASVG)

Liegt kein voller Kalendermonat vor, ist pro SV-relevantem Tag 1/30 der vorstehenden Höchstbeitragsgrundlage zu rechnen (SV-Arbeitsbehelf 2022).

Für den Fall einer **Mehrfachversicherung** gilt: Der freie Dienstnehmer erhält, wenn er mit allen seinen Pflichtversicherungen in Summe die Höchstbeitragsgrundlage übersteigt, eine Erstattung der Kranken- und Pensionsversicherungsbeiträge vom Überschreitungsbetrag. Näheres dazu finden Sie unter Punkt 11.4.5.

31.7.6. Beschäftigtengruppen

Für freie Dienstnehmer sind grundsätzlich nachstehende **Beschäftigtengruppen** zu verwenden:

- Freie Dienstnehmer – Arbeiter
- Freie Dienstnehmer – Angestellte
- Geringfügig beschäftigte freie Dienstnehmer – Arbeiter
- Geringfügig beschäftigte freie Dienstnehmer – Angestellte

Zur **Pensionsversicherung der Angestellten** gehört eine Person, wenn die Dienstleistung **überwiegend Tätigkeiten** umfasst, die einem durch das **Angestelltengesetz**, Gutsangestelltengesetz, Journalistengesetz oder Schauspielergesetz geregelten Beschäftigungsverhältnis **gleichzuhalten sind**. Alle übrigen, vorwiegend manuell tätigen Personen begründen ihre Zugehörigkeit zur Pensionsversicherung der Arbeiter.

31.7.7. Beitragssätze

Die Beitragssätze betragen für den in der	freien Dienstnehmer:	Dienstgeber:
• Arbeitslosenversicherung	3,00% [1257]	3,00% [1258]
• Krankenversicherung	3,87%	3,78%
• Pensionsversicherung	10,25%	12,55%
• Unfallversicherung	–	1,20% [1259]
• IE-Zuschlag	–	0,10%
• Arbeiterkammerumlage	0,50%	–
gesamt	17,62%	**20,63%**

Der Wohnbauförderungsbeitrag ist für freie Dienstnehmer nicht zu entrichten.

Bezüglich der geringfügig beschäftigten freien Dienstnehmer siehe Punkt 31.4.2.

Bezüglich älterer freier Dienstnehmer siehe Punkt 31.11. i.V.m. Punkt 11.4.3.1.

Weiters sind voll versicherte und geringfügig beschäftigte freie Dienstnehmer i.S.d. ASVG in die Betriebliche Vorsorge (Abfertigung „neu") einbezogen (unter Berücksichtigung von Ausnahmebestimmungen) und den Dienstnehmern gleichgestellt (→ 36.).

31.7.8. Fälligkeit der Beiträge, Zahlungstermin, Zahlungspflicht, Beitragsabrechnung

Die allgemeinen Beiträge sind am letzten Tag des Kalendermonats fällig, in den das Ende des Beitragszeitraums fällt (→ 37.2.1.2.), sofern die Beiträge nicht vom Träger der Krankenversicherung dem Beitragsschuldner vorgeschrieben werden. Die vorgeschriebenen Beiträge sind mit Ablauf des zweiten Werktags nach der Aufgabe der Beitragsvorschreibung zur Post fällig (→ 37.2.2.2.) (§ 58 Abs. 1 ASVG).

Abweichend davon sind die allgemeinen Beiträge bei Eintritt bzw. Wiedereintritt des Entgeltanspruchs nach dem 15. des (Wieder-)Eintrittsmonats am letzten Tag des Kalendermonats fällig, der auf den (Wieder-)Eintrittsmonat folgt (§ 58 Abs. 1a ASVG).

Die auf den Versicherten und den Dienstgeber entfallenden Beiträge **schuldet der Dienstgeber**. Er hat diese Beiträge auf seine Gefahr und Kosten zur Gänze einzuzahlen (§ 58 Abs. 2 ASVG). **Abweichend davon** schulden der **Dienstgeber und/oder der Dienstnehmer** für Beitragsnachzahlungen, die auf Grund **unwahrer oder mangelnder Auskunft** gem. § 43 Abs. 2 ASVG (→ 31.7.3.) zu entrichten sind, die jeweils auf

1257 Die Bestimmung bezüglich der AV-Beitragssenkung ist bei freien Dienstverhältnissen i.S.d. ASVG anzuwenden. Näheres dazu finden Sie unter Punkt 31.12.

1258 Das Bonussystem findet bei freien Dienstverhältnissen i.S.d. ASVG ebenfalls Anwendung. Näheres dazu finden Sie unter Punkt 37.2.4.1.

1259 **Neugründer** i.S.d. NeuFöG (→ 37.5.1.) sind während des geförderten Zeitraums von der Entrichtung des Unfallversicherungbeitrags für ihre freien Dienstnehmer befreit.

sie entfallenden Beitragsteile. Sie haben die jeweiligen Beitragsteile auf eigene Gefahr und Kosten einzuzahlen (§ 58 Abs. 3 ASVG).

Die Beiträge sind **innerhalb von 15 Tagen**[1260] nach dem Ende des Monats, in dem der Dienstgeber „Entgelt leistet", einzuzahlen[1261]. Erfolgt die Einzahlung zwar verspätet, aber **noch innerhalb von drei Tagen**[1262] **nach Ablauf der 15-Tage-Frist**, so bleibt diese **Verspätung ohne Rechtsfolgen** (§ 59 Abs. 1 ASVG). Der vorgesehene Zeitraum von 15 Tagen beginnt in den Fällen, in denen die Beiträge vom Krankenversicherungsträger dem Dienstgeber vorgeschrieben werden, erst mit Ablauf des zweiten Werktags nach der Aufgabe der Beitragsvorschreibung zur Post (§ 59 Abs. 3 ASVG) (→ 37.2.1.2., → 37.2.2.2.).

Vorausgezahlte bzw. akontierte Entgelte lösen die Zahlungspflicht anteilsmäßig aus.

Für den Dienstgeber gelten grundsätzlich die allgemeinen für Dienstnehmer heranzuziehenden Bestimmungen; daher **entrichtet** der Dienstgeber **beide Anteile**.

31.7.9. Versicherungsschutz – Versicherungsleistung

Voll versicherte freie Dienstnehmer haben Anspruch auf **Krankengeld** (→ 25.1.3.1.) (§ 138 Abs. 1 ASVG).

Voll versicherte freie Dienstnehmerinnen haben bei Eintritt des Versicherungsfalls der Mutterschaft Anspruch auf **Wochengeld** (§ 162 Abs. 3 ASVG).

Voll versicherte freie Dienstnehmer haben auch Anspruch auf **Weiterbildungsgeld** (→ 27.3.1.1.) und **Bildungsteilzeitgeld** (→ 27.3.1.2.), wenn diese Personen mit einer Bildungskarenz i.S.d. § 11 AVRAG dem Typus nach vergleichbare zivilrechtliche Vereinbarungen treffen (BMASK Erl. 7.4.2011, 435.005/0012-VI/AMR/1/2011).

Für den Bereich der Pensionsversicherung werden die Zeiten eines voll versicherten freien Dienstverhältnisses bei Erfüllung der sonstigen Voraussetzungen als Beitragszeiten der Pflichtversicherung behandelt.

31.7.10. Steuerrechtliche Bestimmungen

Auch wenn arbeits- oder dienstrechtliche Bestimmungen vorsehen, dass durch eine bestimmte Tätigkeit (in diesem Fall als freier Dienstnehmer) kein Dienstverhältnis begründet wird, ist das Rechtsverhältnis dennoch nach abgaben-(steuer-)rechtlichen Gesichtspunkten darauf zu untersuchen, ob die für oder gegen die Nichtselbstständigkeit sprechenden Merkmale überwiegen. Die **Definition des Dienstverhältnisses** in § 47 Abs. 2 EStG (→ 7.4.) ist eine **eigenständige des Steuerrechts** und daher mit den korrespondierenden Begriffen des **Arbeits- und Sozialrechts nicht immer deckungsgleich**. Allerdings kann sich aus der Beurteilung einer Leistungsbeziehung in anderen Rechtsgebieten ein Anhaltspunkt für das Vorliegen eines steuerlichen Dienstverhältnisses ergeben (LStR 2002, Rz 930).

1260 Kalendertage.

1261 Da der freie Dienstnehmer im Gegensatz zum Dienstnehmer unternehmerisch tätig ist, kann die Zahlung des Honorars auch erst nach (mehr oder weniger zeitnaher und regelmäßiger) Rechnungslegung durch den freien Dienstnehmer erfolgen. Die Fälligkeit der Sozialversicherungsbeiträge knüpft daher an den Monat an, in welchem die Zahlung an den freien Dienstnehmer geleistet wird.

1262 = Respirofrist.

Die Legaldefinition des § 47 Abs. 2 EStG enthält bloß zwei Kriterien, die für das Vorliegen eines Dienstverhältnisses sprechen, nämlich die

- **Eingliederung** in den geschäftlichen Organismus des Arbeitgebers und die
- **Weisungsgebundenheit** gegenüber dem Arbeitgeber.

Sind diese **Kriterien** trotz Vorliegens eines (aus der Sicht des Vertragsrechts gesehenen) freien Dienstvertrags **gegeben**[1263], ist der freie Dienstnehmer steuerrechtlich ein **Arbeitnehmer/Dienstnehmer** und als solcher auch zu behandeln[1264]. In einem solchen Fall gilt alles in diesem Fachbuch über Arbeitnehmer Gesagte. **Andernfalls** wird für den freien Dienstnehmer

- die Einkommensteuer im Weg der **Veranlagung** ermittelt (LStR 2002, Rz 977).

Für freie Dienstnehmer i.S.d. § 4 Abs. 4 ASVG (→ 31.7.1.) ist die Entlohnung (inkl. sonstiger Vergütungen, exkl. Umsatzsteuer) in die Beitragsgrundlage/Bemessungsgrundlage des

- Dienstgeberbeitrags zum FLAF (→ 37.3.3.),
- Zuschlags zum DB (→ 37.3.4.) und der
- Kommunalsteuer (→ 37.4.1.)

einzubeziehen. Das Vertragsverhältnis

- unterliegt **nicht** der Dienstgeberabgabe der Gemeinde Wien (→ 37.4.2.).

Das EStG sieht im § 109a eine Verordnungsermächtigung vor, mit der

- für **bestimmte Gruppen** von Selbstständigen (z.B. Vortragende, Aufsichtsratsmitglieder, Provisionsempfänger)
- die Ausstellung einer **Mitteilung an die Finanzbehörde** über ausbezahlte Honorare

angeordnet werden kann. Bezogen auf diese Ermächtigung hat das BMF verordnet (VO vom 30.11.2001, BGBl II 2001/417, und VO vom 8.2.2006, BGBl II 2006/51):

§ 1. (1) **Unternehmer** sowie Körperschaften des öffentlichen und privaten Rechts haben **für folgende natürliche Personen** und Personenvereinigungen (Personengemeinschaften) ohne eigene Rechtspersönlichkeit die in § 109a Abs. 1 Z 1 bis 4 EStG genannten **Daten**[1265] **mitzuteilen**, soweit diese die folgenden Leistungen außerhalb eines Dienstverhältnisses (§ 47 EStG) erbringen:

1. Leistungen als Mitglied des Aufsichtsrats, Verwaltungsrats und andere Leistungen von mit der Überwachung der Geschäftsführung beauftragten Personen (i.S.d. § 6 Abs. 1 Z 9 lit. b UStG),

---

1263 In diesem Fall kann sich z.B. der freie Dienstnehmer wohl vertreten lassen, ist ansonst aber weisungsgebunden **und** in die Organisation des Betriebs eingegliedert.

1264 Nachdem jedenfalls als Dienstnehmer i.S.d. ASVG gilt, wer lohnsteuerpflichtig ist, ist in einem solchen Fall der vertragsrechtliche freie Dienstnehmer auch ein Dienstnehmer i.S.d. ASVG (→ 6.2.1.).

1265 Mitzuteilen ist:
1. Name (Firma), Wohnanschrift bzw. Sitz der Geschäftsleitung, bei natürlichen Personen weiters die Versicherungsnummer nach § 31 ASVG (bei Nichtvorhandensein jedenfalls das Geburtsdatum), bei Personenvereinigungen (Personengemeinschaften) ohne eigene Rechtspersönlichkeit die Finanzamts- und Steuernummer,
2. Art der erbrachten Leistung,
3. Kalenderjahr, in dem das Honorar geleistet wurde,
4. Honorar und die darauf entfallende ausgewiesene Umsatzsteuer,
5. Dienstnehmeranteil zur Sozialversicherung,
6. an die Vorsorgekasse eingezahlte Beiträge.

2. Leistungen als Bausparkassenvertreter und Versicherungsvertreter (i.S.d. § 6 Abs. 1 Z 13 UStG),
3. Leistungen als Stiftungsvorstand (§ 15 Privatstiftungsgesetz),
4. Leistungen als Vortragender, Lehrender und Unterrichtender,
5. Leistungen als Kolporteur und Zeitungszusteller,
6. Leistungen als Privatgeschäftsvermittler,
7. Leistungen als Funktionär von öffentlich-rechtlichen Körperschaften, wenn die Tätigkeit zu Funktionsgebühren nach § 29 Z 4 EStG führt,
8. sonstige Leistungen, die **im Rahmen eines freien Dienstvertrags** erbracht werden **und** der **Versicherungspflicht gem. § 4 Abs. 4 ASVG unterliegen**.

(2) Eine **Mitteilung** gem. Abs. 1 **kann unterbleiben**, wenn das einer Person oder Personenvereinigung (Personengemeinschaft) im Kalenderjahr insgesamt geleistete (Gesamt-)**Entgelt** einschließlich allfälliger Reisekostenersätze **nicht mehr als € 900,00** und das (Gesamt-)Entgelt einschließlich allfälliger Reisekostenersätze **für jede einzelne Leistung nicht mehr als € 450,00** beträgt.

§ 2. Die Mitteilung gem. § 1 hat an das Finanzamt, das für die Erhebung der Umsatzsteuer des zur Mitteilung Verpflichteten zuständig ist oder es im Fall der Umsatzsteuerpflicht wäre, zu erfolgen.

§ 3. (1) Die **Mitteilung** gem. § 1 hat im Weg der **automationsunterstützten Datenübertragung** zu erfolgen, soweit dies dem zur Übermittlung Verpflichteten auf Grund der vorliegenden technischen Voraussetzungen zumutbar ist. Für solche automationsunterstützte Übermittlungen gilt die Verordnung des Bundesministers für Finanzen, BGBl II 2004/345. Die Übermittlung hat jeweils für die Daten des Vorjahrs **bis zum letzten Tag des Monats Februar** zu erfolgen[1266].

(2) Soweit die Übermittlung der Mitteilung gem. § 1 im Weg der automationsunterstützten Datenübertragung mangels technischer Voraussetzungen nicht zumutbar ist, hat die Mitteilung für jedes Kalenderjahr jeweils bis Ende Jänner des Folgejahrs unter Verwendung des **amtlichen Vordruckes (E 18)** zu erfolgen.

(3) Die zur Mitteilung Verpflichteten haben den in § 1 genannten Personen oder Personenvereinigungen (Personengemeinschaften) für Zwecke der Einkommensteuererklärung eine gleich lautende Mitteilung nach dem amtlichen Vordruck (E 18) für jedes Kalenderjahr jeweils bis Ende Jänner des Folgejahrs auszustellen (§ 109a Abs. 5 EStG).

§ 4. Personen und Personenvereinigungen (Personengemeinschaften) ohne eigene Rechtspersönlichkeit, für die Mitteilungen gem. § 3 Abs. 3 ausgestellt wurden, haben in der ihrer Einkommensteuer- oder Einkünftefeststellungserklärung beigeschlossenen Gewinn- und Verlust-Rechnung, Einnahmen-Ausgaben-Rechnung oder Überschussrechnung jene (Betriebs-) Einnahmen, für die Mitteilungen gem. § 3 Abs. 3 ausgestellt wurden, gesondert auszuweisen.

§ 5. Die Verordnung ist erstmals auf Leistungen anzuwenden, für die das **Entgelt ab dem 1. Jänner 2002 geleistet** wird.

1266 Für ein Kalenderjahr darf pro Auftraggeber, Auftragnehmer und Leistungsart **nur eine Mitteilung** übermittelt werden (bei mehrmaliger Tätigkeit bzw. unterschiedlicher Art der erbrachten Leistung mit summierten Beträgen).

Nähere Erläuterungen zu der vorstehenden Verordnung enthalten die Einkommensteuerrichtlinien 2000 (EStR 2000) unter Abschnitt 32 (Mitteilungspflicht zu § 109a EStG, Rz 8300 bis Rz 8318). Die EStR sind im Internet unter www.findok.at abrufbar.

Weiters sieht der § 109b EStG eine **Mitteilungsverpflichtung** für Zahlungen vor, die für folgende **inländische Leistungen ins Ausland** erfolgen:

- für selbstständige Tätigkeiten i.S.d. § 22 EStG, wenn die Tätigkeit im Inland ausgeübt wird;
- für Vermittlungsleistungen, die von unbeschränkt Steuerpflichtigen erbracht werden oder sich auf das Inland, z.B. inländisches Vermögen, beziehen;
- für kaufmännische oder technische Beratung im Inland.

Die Mitteilung hat bestimmte Daten zu enthalten (vgl. § 109b Abs. 3 EStG) und hat bis Ende Februar des auf die Zahlungen folgenden Jahres automationsunterstützt zu erfolgen.

Die Mitteilung ist an das Finanzamt zu übermitteln, das für die Erhebung der Umsatzsteuer des zur Mitteilung Verpflichteten zuständig ist oder es im Fall der Umsatzsteuerpflicht wäre.

In folgenden Fällen **entfällt** die Mitteilungsverpflichtung:

- Wenn sämtliche in einem Kalenderjahr zu Gunsten desselben Leistungserbringers geleisteten Zahlungen ins Ausland den Betrag € 100.000,00 nicht übersteigen.
- Wenn ein Steuerabzug für beschränkt Steuerpflichtige gem. § 99 EStG erfolgt ist.
- Bei Zahlungen an eine ausländische Körperschaft, die im Ausland einem nominellen Steuersatz von nicht mehr als 10 Prozentpunkten unter dem jeweils aktuellen österreichischen Körperschaftssteuersatz, also derzeit mindestens 15%, unterliegt.

Hinweis: Kommt es z.B. im Zuge einer Lohnabgabenprüfung zu einer **Umqualifizierung in ein Dienstverhältnis**, kann es zur Vorschreibung von Lohnsteuer kommen, auch wenn der Auftragnehmer bereits Einkommensteuer entrichtet hat. Der Arbeitgeber hat ein Regressrecht in der Höhe der entrichteten Lohnsteuer gegenüber dem (umqualifizierten) Arbeitnehmer. Weiters kommt es zur Verrechnung von Säumniszuschlägen, u.U. auch zu finanzstrafrechtlichen Folgen.

31.7.11. Zusammenfassung

Für einen freien Dienstnehmer **i.S.d. ASVG**, bei dem die **Einkommensteuer im Weg der Veranlagung** ermittelt wird, gilt:

	Abgabenrechtliche Bestimmungen
Beginn der Versicherungspflicht	Mit dem **Tag der Aufnahme** der versicherungspflichtigen Tätigkeit.
Ende der Versicherungspflicht	Erlischt mit dem Ende des Beschäftigungsverhältnisses[1267].
Meldungen an den Krankenversicherungsträger (Österreichische Gesundheitskasse)	Es gelten die gleichen Bestimmungen wie für echte Dienstnehmer (→ 6.2.4., → 39.1.1.1.).
Beitragsgrundlage	Das in einem Kalendermonat erzielte **beitragspflichtige Entgelt** (→ 6.2.7.) exkl. Umsatzsteuer.

	Abgabenrechtliche Bestimmungen	
Beitragsgrundlage	Gebührt das Entgelt (Honorar) für längere Zeiträume als einen Kalendermonat, so ist es durch die Anzahl der Kalendermonate der Pflichtversicherung zu dividieren, wobei angefangene Kalendermonate als volle zählen. Es ist monatlich eine mBGM mit der errechneten (durchschnittlichen) Beitragsgrundlage zu erstatten.	
Höchstbeitragsgrundlage	Die monatliche Höchstbeitragsgrundlage beträgt • **€ 6.615,00**[1268], wenn keine Sonderzahlungen bezogen werden, bzw. • **€ 5.670,00**[1268], wenn Sonderzahlungen gewährt werden, und • **€ 11.340,00** für Sonderzahlungen.	
Beitragssätze zur (zum):	**freier Dienstnehmer:**	**Dienstgeber:**
• Arbeitslosenversicherung	3,00%	3,00%
• Krankenversicherung	3,87%	3,78%
• Pensionsversicherung	10,25%	12,55%
• Unfallversicherung	–	1,20%
• IE-Zuschlag	–	0,10%
• Arbeiterkammerumlage	0,50%	–
• gesamt	**17,62%**	**20,63%**
	Geringfügig Beschäftigte siehe Punkt 31.4.2. Ältere freie Dienstnehmer siehe Punkt 31.11. i.V.m. Punkt 11.4.3.1. Freie Dienstnehmer mit geringem Entgelt siehe Punkt 31.12. Freie Dienstnehmer bei einem Neugründer i.S.d. NeuFöG siehe Punkt 37.5.1.	
Geringfügig beschäftigte freie Dienstnehmer	Siehe Punkt 31.4.1.	
Fälligkeit der Beiträge	Beim **Selbstabrechnungsverfahren**: Am letzten Tag des Kalendermonats, in den das Ende des Beitragszeitraums fällt. Beim **Vorschreibeverfahren**: Mit Ablauf des zweiten Werktags nach der Aufgabe der Beitragsvorschreibung zur Post.	
Einzahlung der Beiträge	**Innerhalb von 15 Tagen** nach dem Ende des Kalendermonats[1269], in dem der Dienstgeber das Entgelt leistet (→ 37.2.1.2., → 37.2.2.2.).	
Entrichtung der Beiträge	Für den **Dienstgeber** gelten grundsätzlich die allgemeinen, für Dienstnehmer heranzuziehenden Bestimmungen; daher entrichtet der Dienstgeber beide Anteile (→ 41.1.1.).	
Beginn der Versicherungspflicht	Mit dem **Tag der Aufnahme** der versicherungspflichtigen Tätigkeit.	
Versicherungsschutz Versicherungsleistung	Voll versicherte freie Dienstnehmer haben Anspruch auf Krankengeld (→ 25.1.3.1.), Wochengeld (→ 27.1.3.4.), Weiterbildungsgeld (→ 27.3.1.1.) und Bildungsteilzeitgeld (→ 27.3.1.2.).	
LSt (→ 11.5.) Wr. DG-Abgabe (→ 37.4.2.)	Sind nicht zu entrichten.	

	Abgabenrechtliche Bestimmungen
BV-Beitrag (→ 36.1.1.1., → 36.1.3.) DB zum FLAF (→ 37.3.3.) DZ (→ 37.3.4.) Komm St (→ 37.4.1.)	Sind gegebenenfalls zu entrichten.

31.8. Vorstandsmitglieder

31.8.1. Begriff

Bei **Vorstandsmitgliedern** handelt es sich i.d.R. um Mitglieder jenes Organs einer juristischen Person (→ 2.3.), welches zur **gesetzlichen Vertretung** der juristischen Person berufen ist. So obliegt insb. die Leitung und Vertretung von **Aktiengesellschaften** einem Vorstand, welcher aus einer oder mehreren Personen bestehen kann. Vorstandsmitglieder gibt es aber z.B. auch bei Sparkassen, Landeshypothekenbanken, Versicherungsvereinen auf Gegenseitigkeit oder Kreditgenossenschaften.

Die folgenden Ausführungen beschränken sich entsprechend der praktischen Bedeutung sowie der Zielsetzung dieses Fachbuchs, sofern sich aus dem Zusammenhang nicht anderes ergibt, auf die **Vorstandsmitglieder bei Aktiengesellschaften**.

31.8.2. Vertragsrechtliche Zuordnung

Vorstandsmitglieder einer AG stehen in keinem abhängigen Dienstverhältnis und sind daher **keine Arbeitnehmer im arbeitsrechtlichen Sinn**. Aus diesem Grund gelten für Vorstandsmitglieder insb. **nicht**

- arbeitsrechtliche Gesetze (z.B. AngG, AZG, ARG, AVRAG, UrlG, ArbVG),
- Kollektivverträge und
- Betriebsvereinbarungen.

Allerdings sind für freie Dienstverhältnisse von Vorstandsmitgliedern i.S.d. § 4 Abs. 1 Z 6 ASVG (→ 31.8.3.) die Bestimmungen des **BMSVG anzuwenden** (§ 1 Abs. 1a BMSVG).

Für die zum 31. Dezember 2007 bestehenden freien Dienstverhältnisse von Vorstandsmitgliedern i.S.d. § 4 Abs. 1 Z 6 ASVG mit vertraglich festgelegten Abfertigungsansprüchen findet das **BMSVG** jedoch **keine Anwendung** (§ 73 Abs. 7 BMSVG). Näheres dazu finden Sie unter Punkt 31.8.5.

Vorstandsmitglieder gelten i.d.R. auch **nicht** als **arbeitnehmerähnliche Personen**. Daher sind jene Vorschriften, die neben den Arbeitnehmern auch andere wirtschaftlich unselbstständige Personen erfassen (z.B. DHG, AÜG, ASGG), auf Vorstandsmitglieder ebenfalls nicht anwendbar. Das Vorstandsmitglied einer AG hat

1267 Fällt jedoch der Zeitpunkt, an dem der Anspruch auf Entgelt endet, nicht mit dem Zeitpunkt des Endes des Beschäftigungsverhältnisses zusammen, so erlischt die Pflichtversicherung mit dem **Ende des Entgeltanspruchs**.

1268 Liegt kein voller Kalendermonat vor, ist pro SV-relevantem Tag 1/30 der entsprechenden Höchstbeitragsgrundlage zu rechnen.

1269 Bzw. nach der Beitragsvorschreibung.

nämlich die Stellung eines weisungsungebundenen, mit unbeschränkter Vertretungsmacht ausgestatteten Unternehmensleiters und ist in der Lage, sich eine „standesgemäße" Rechts- und Einkommensposition am Verhandlungstisch selbst zu verschaffen. Bei der deutlichen Mehrheit der Vorstandsmitglieder kann somit keine Rede davon sein, dass sie sich im Rahmen ihrer Erwerbstätigkeit auf Grund ihrer wirtschaftlichen Situation in einer gleichen oder ähnlichen Lage befinden wie die breite Masse der Dienstnehmer und daher ebenfalls ein erhebliches Maß an sozialer Schutzbedürftigkeit aufweisen (OGH 24.4.1996, 9 ObA 2003/96s).

Der Anstellungsvertrag eines Vorstandsmitglieds begründet im Regelfall ein **freies Dienstverhältnis**[1270]. Zwar ist es möglich und in der Praxis auch vielfach üblich, im Anstellungsvertrag des Vorstandsmitglieds die Anwendbarkeit einzelner arbeitsrechtlicher Vorschriften zu vereinbaren (z.B. AngG), dies ändert allerdings nichts an der vertragsrechtlichen Beurteilung als freies Dienstverhältnis (→ 4.3.1.).

31.8.3. Meldevorschriften und Beitragsverrechnung

Nach § 4 Abs. 1 Z 6 ASVG sind in der Kranken-, Unfall- und Pensionsversicherung versichert (voll versichert):

- **Vorstandsmitglieder** (Geschäftsleiter) von **AG**, Sparkassen, Landeshypothekenbanken sowie Versicherungsvereinen auf Gegenseitigkeit und
- hauptberufliche Vorstandsmitglieder (Geschäftsleiter) von Kreditgenossenschaften,

alle diese, soweit sie auf Grund ihrer Tätigkeit als Vorstandsmitglied (Geschäftsleiter) nicht schon nach Abs. 1 Z 1 i.V.m. Abs. 2 ASVG (Vorliegen eines „echten" Dienstverhältnisses) pflichtversichert sind.

Der **Pflichtversicherungsspezialtatbestand** des § 4 Abs. 1 Z 6 ASVG für Vorstandsmitglieder ist gegenüber dem Tatbestand des § 4 Abs. 1 Z 1 i.V.m. Abs. 2 ASVG über die Pflichtversicherung „echter" Dienstnehmer **subsidiär** (nachrangig).

Besteht eine Dienstnehmereigenschaft, wird die Pflichtversicherung nach § 4 Abs. 2 ASVG und nicht nach § 4 Abs. 1 Z 6 ASVG vorliegen. In der Praxis bedeutet dies, dass – so wie in allen anderen Fällen auch – die tatsächlichen Verhältnisse maßgebend sind und diesbezüglich zu beurteilen sind.

Für die Prüfung des Dienstnehmerbegriffs ergibt sich **folgender Ablauf**:

1. Liegt eine **Beschäftigung in persönlicher und wirtschaftlicher Abhängigkeit gegen Entgelt** vor, so ist der **Dienstnehmerbegriff** allein dadurch schon **erfüllt**.
2. Sind die **Voraussetzungen** unter Punkt 1 **nicht gegeben**, so ist darüber hinaus zu prüfen, **ob** das aus dem Beschäftigungsverhältnis bezogene **Entgelt der Lohnsteuerpflicht gem. § 47 Abs. 1 i.V.m. Abs. 2 EStG unterliegt**. Trifft dies zu, so ist der Dienstnehmerbegriff ebenfalls erfüllt, auch wenn nicht alle unter Punkt 1 genannten Voraussetzungen vorliegen. Die vorstehenden Einschränkungen sind dabei zu beachten.

1270 Aus der gesetzlichen Weisungsfreiheit und Unabhängigkeit des Vorstands einer AG (§ 70 Abs. 1 AktG) ist zu folgern, dass der mit der Organstellung in zeitlicher Hinsicht meist gekoppelte Anstellungsvertrag des einzelnen Vorstandsmitglieds mangels persönlicher Abhängigkeit kein Dienstvertrag nach dem ABGB, sondern ein sog. „freier Dienstvertrag" ist (OGH 27.2.2008, 3 Ob 251/07v).
Es ist zu beachten, dass diese Einstufung als freies Dienstverhältnis nur die vertragsrechtliche Beurteilung betrifft. Die abgabenrechtliche Einordnung ist davon völlig unabhängig und im Regelfall abweichend zu beurteilen (→ 31.8.3., → 31.8.4.).

Dabei ist zu beachten, dass nach Ansicht der Sozialversicherungsträger bei der Tätigkeit eines **Vorstands einer AG** das „klassische" Dienstverhältnis in persönlicher und wirtschaftlicher Abhängigkeit (Punkt 1.) auszuschließen ist (vgl. DGService, Leitfaden Gesellschafter – Stand 7/2021). Dies hat zur Folge, dass die Versicherungspflicht gem. § 4 Abs. 2 ASVG **nur bei Vorliegen der Lohnsteuerpflicht** (Punkt 2.) gegeben ist[1271].

Sozialversicherungsrechtlich gibt es nachstehende Vorstände:

Die Vorstände **mit** Dienstnehmereigenschaft gem. § 4 Abs. 2 ASVG (bzw. Lohnsteuerpflicht) Bei diesen handelt es sich um Personen, die den Kriterien eines Dienstnehmers i.S.d. ASVG **entsprechen.** ↓ Ⓐ	und	die Vorstände **ohne** Dienstnehmereigenschaft gem. § 4 Abs. 1 Z 6 ASVG (bzw. Lohnsteuerpflicht). Bei diesen handelt es sich um Personen, die den Kriterien eines Dienstnehmers i.S.d. ASVG **nicht entsprechen.** ↓ Ⓑ

Gemäß § 4 Abs. 2 ASVG sind die Kriterien eines Dienstnehmers dann erfüllt,

- wenn eine Person „in einem Verhältnis **persönlicher und wirtschaftlicher Abhängigkeit gegen Entgelt** beschäftigt wird …",
- jedenfalls ist Dienstnehmer, wer nach § 47 Abs. 1[1272] i.V.m. Abs. 2[1273] EStG **lohnsteuerpflichtig ist.**

Durch den Verweis auf den gesamten Abs. 2 des § 47 EStG werden **alle lohnsteuerpflichtigen Vorstandsmitglieder einer AG versicherungspflichtig gem. § 4 Abs. 2 ASVG** (also „echte" Dienstnehmer i.S.d. ASVG).

Ⓐ Bei Vorliegen eines steuerrechtlichen Dienstverhältnisses (→ 31.8.4.) ist Versicherungspflicht nach § 4 Abs. 2 ASVG dritter Satz (**„echter Dienstnehmer"**) gegeben.

Solche Personen sind somit ohne Rücksicht darauf, wie ihre vertraglichen Beziehungen gestaltet sind, von der gesetzlichen **Kranken-, Unfall- und Pensionsversicherung** nach dem ASVG (und von der **Arbeitslosenversicherung** nach dem AlVG) **erfasst.** Bei Bezügen bis zur Geringfügigkeitsgrenze (→ 31.4.) besteht lediglich eine Teilversicherung in der Unfallversicherung.

1271 Dies gilt nicht für mittätige Gesellschafter (Aktionäre) einer AG, wenn diese nicht Vorstandstätigkeiten ausüben. In diesem Fall kann auch bei einer Beteiligung von mehr als 25% ein „klassisches" Dienstverhältnis in persönlicher und wirtschaftlicher Abhängigkeit gegen Entgelt begründet werden.

1272 Der § 47 Abs. 1 EStG lautet: Arbeitnehmer ist eine natürliche Person, die Einkünfte aus nicht selbstständiger Arbeit (Arbeitslohn) bezieht.

1273 Der § 47 Abs. 2 EStG lautet: Ein Dienstverhältnis liegt vor, wenn der Arbeitnehmer dem Arbeitgeber seine Arbeitskraft schuldet. Dies ist dann der Fall, wenn die tätige Person in der Betätigung ihres geschäftlichen Willens unter der **Leitung des Arbeitgebers** steht oder im geschäftlichen Organismus des Arbeitgebers dessen **Weisungen zu folgen** verpflichtet ist. Ein Dienstverhältnis ist weiters dann anzunehmen, wenn bei einer Person, die an einer Kapitalgesellschaft nicht wesentlich im Sinne des § 22 Z 2 beteiligt ist (Beteiligung von bis zu 25%), die Voraussetzungen des § 25 Abs. 1 Z 1 lit. b vorliegen (Einkünfte aus nicht selbständiger Arbeit aufgrund einer organisatorischen Eingliederung, obwohl die Weisungsbindung aufgrund gesellschaftsvertraglicher Sonderbestimmungen fehlt).

Diese Personen sind als Dienstnehmer i.S.d. ASVG beim Krankenversicherungsträger zu melden und es sind sozialversicherungsrechtlich die allgemeinen, für Dienstnehmer geltenden Vorschriften zu beachten.

Bei der Abrechnung mit dem Krankenversicherungsträger ist für voll versicherte Vorstände im Regelfall die

- **Beschäftigtengruppe** Angestellte – Sonderfall (nur WF)

zu verwenden (ohne Anwendung des AngG, → 11.4.3.1.).

Bezüglich der Beiträge älterer Personen siehe Punkt 31.11.

Arbeiterkammerumlage und **IE-Zuschlag**[1274] fallen **nicht** an (→ 11.4.1.), nach Ansicht der Sozialversicherungsträger ist jedoch ein **Wohnbauförderungsbeitrag**[1275] zu entrichten.

1274 Das IESG stellt auf den Arbeitnehmerbegriff des Arbeitsrechts ab. Da Vorstände einer AG keine Arbeitnehmer i.S.d. Arbeitsvertragsrechts sind, ist auch kein IE-Zuschlag – unabhängig von der Arbeitslosenversicherungs- und Lohnsteuerpflicht – zu entrichten (OGH 24.3.2014, 8 ObS 3/14w; vgl auch SV-Arbeitsbehelf 2022).

1275 Für lohnsteuerpflichtige Vorstandsmitglieder besteht eine Beitragspflicht betreffend den Wohnbauförderungsbeitrag. Besteht in **Einzelfällen** tatsächlich keine Arbeitnehmereigenschaft eines Vorstands i.S.d. Arbeitsvertragsrechts, dann ist kein Wohnbauförderungsbeitrag zu entrichten (DVSV-Protokoll, Oktober 2011).
Anmerkung dazu: Festzuhalten ist, dass in der Praxis allerdings selten solche „Einzelfälle" vorliegen, da i.d.R. Vorstände keine Arbeitnehmer i.S.d. Arbeitsvertragsrechts sind; demnach ist i.d.R. auch kein Wohnbauförderungsbeitrag zu entrichten.
Die Sozialversicherungsträger vertreten jedoch weiterhin die Auffassung, dass eine Beitragspflicht für die Wohnbauförderung besteht bzw. knüpfen für den Entfall des Wohnbauförderungsbeitrags an eine fehlende Arbeitslosenversicherungspflicht an (vgl. SV-Arbeitsbehelf 2022 sowie die weiteren Ausführungen in diesem Kapitel).

Auszug aus dem Tarifsystem des DVSV (www.gesundheitskasse.at):

Angestellte - Sonderfall (nur WF)	Hinweise	Anmerkung:
Angestellte ohne Entgeltfortzahlung (EFZ), Beitragspflicht nur für Wohnbauförderungsbeitrag (z.B. lohnsteuerpflichtige Vorstandsmitglieder)	PV-Beitrag gem. § 51 Abs. 1 Z 3 iVm Abs. 3 Z 2 ASVG KV-Beitrag gem. § 51 Abs. 1 Z 1 lit. f iVm Abs. 3 Z 1 lit. c ASVG UV-Beitrag gem. § 51 Abs. 1 Z 2 ASVG AV-Beitrag gem. § 2 Abs. 1 AMPFG	Gültig ab: 01.01.2022 Für die Ergänzungen, Zu- und Abschläge sind die Erläuterungen im Anhang zu beachten.

Bezeichnung	Anteil	SV-Beiträge in %					Nebenbeiträge in %							Gesamt-beitragssatz
		AV	KV	PV	UV	Summe	AK	LK	WF	SW	IE	NB	Summe	
Angestellte - Sonderfall (nur WF) (Ang. o. EFZ (WF))	Gesamt	6,00	7,65	22,80	1,20	**37,65**	-	-	1,00	-	-	-	**1,00**	**38,65**
	DN	3,00	3,87	10,25	0,00	17,12	-	-	0,50	-	-	-	0,50	17,62
	DG	3,00	3,78	12,55	1,20	20,53	-	-	0,50	-	-	-	0,50	21,03

Zuschläge	Serviceentg.	WBB-AÜG	BV
Ang. o. EFZ (WF)	+12,95 €	+0,35 %	+1,53 %

Abschläge	Bonus-Altf.	Entf. AV Pensansp. (IE-fr. DV)	Entf. UV (60. LJ)	Entf. UV (NeuFög)	Entf. WF (NeuFög)	Mind. AV 1%	Mind. AV 2%	Mind. AV 3%	Mind. PV 50%
Ang. o. EFZ (WF)	-3,00 %	-6,00 %	-1,20 %	-1,20 %	-0,50 %	-1,00 %	-2,00 %	-3,00 %	-11,40 %

Ⓑ Bei Nichtvorliegen eines steuerrechtlichen Dienstverhältnisses ist Versicherungspflicht nach § 4 Abs. 1 Z 6 ASVG (**„Pflichtversicherungsspezialtatbestand"**) gegeben.

Bei der Abrechnung mit dem Krankenversicherungsträger ist für voll versicherte Vorstände im Regelfall die

- **Beschäftigtengruppe** Vorstandsmitglieder bzw. Geschäftsleiter

zu verwenden.

Solche Personen sind somit ohne Rücksicht darauf, wie ihre vertraglichen Beziehungen gestaltet sind, von der gesetzlichen **Kranken-, Unfall- und Pensionsversicherung** nach dem ASVG **erfasst**. Nach der Rechtsprechung des VwGH unterliegen Vorstandsmitglieder (einer AG), die im Rahmen eines freien Dienstvertrags tätig werden, ebenfalls der **Arbeitslosenversicherung** nach dem AlVG (VwGH 23.3.2015, Ra 2014/08/0062). Für die in diesem Bereich relevante Beschäftigtengruppe ist jedoch im Tarifsystem des DVSV kein Beitrag zur Arbeitslosenversicherung vorgesehen (siehe nachstehend).

Bei Bezügen bis zur Geringfügigkeitsgrenze (→ 31.4.) besteht lediglich eine Teilversicherung in der Unfallversicherung.

Diese Person hat die **Meldungen** zur Sozialversicherung selbst zu erstatten (§ 36 Abs. 3 ASVG). Nach dem Gesetz ist also nicht das beschäftigende Unternehmen, sondern diese Person für die ordnungsgemäßen Meldungen gegenüber dem Krankenversicherungsträger verantwortlich. Da die Abrechnung von diesen Personen aus steuerrechtlichen Gründen i.d.R. ohnehin über die Personalverrechnung zu laufen hat (→ 31.8.4.), werden die Meldungen in der Praxis vielfach von den Unternehmen wahrgenommen.

Anders als bei „echten" Dienstnehmern gibt es bei diesen Personen keine Aufteilung in einen Dienstgeberanteil und einen Dienstnehmeranteil zur Sozialversicherung. Es gibt vielmehr nur einen **Gesamtbeitrag**, welcher **zur Gänze von dieser Person** zu tragen ist. Diese Person hat jedoch gegenüber dem Unternehmen, bei dem sie tätig ist, **Anspruch auf Erstattung der Hälfte der Beiträge** (§ 51 Abs. 5 ASVG). Die Beitragsgrundlage ergibt sich aus jenen Bezügen, die diese Person aus der Vorstandstätigkeit erzielt (§ 44 Abs. 1 Z 6 ASVG).

Auszug aus dem Tarifsystem des DVSV (www.gesundheitskasse.at):

Vorstandsmitglieder bzw. Geschäftsleiter	Hinweise	Anmerkung:
Vorstandsmitglieder bzw. Geschäftsleiter	PV-Beitrag gem. § 51 Abs. 1 Z 3 ASVG KV-Beitrag gem. § 51 Abs. 1 Z 1 lit. f iVm Abs. 5 ASVG UV-Beitrag gem. § 51 Abs. 1 Z 2 ASVG	Gültig ab: 01.01.2022 Für die Ergänzungen, Zu- und Abschläge sind die Erläuterungen im Anhang zu beachten.

Bezeichnung	Anteil	SV-Beiträge in %					Nebenbeiträge in %							Gesamt-beitragssatz
		AV	KV	PV	UV	Summe	AK	LK	WF	SW	IE	NB	Summe	
Vorstandsmitglieder bzw. Geschäftsleiter (Vorstandsmitgl./Geschäftsl.)	Gesamt	-	7,65	22,80	1,20	**31,65**	-	-	-	-	-	-	**0,00**	**31,65**
	DN	-	7,65	22,80	1,20	31,65	-	-	-	-	-	-	0,00	31,65
	DG	-	0,00	0,00	0,00	0,00	-	-	-	-	-	-	0,00	0,00

Zuschläge	Serviceentg.	BV
Vorstandsmitgl./ Geschäftsl.	+12,95 €	+1,53 %

Abschläge	Entf. UV (60. LJ)	Entf. UV (NeuFög)	Mind. PV 50%
Vorstandsmitgl./ Geschäftsl.	-1,20 %	-1,20 %	-11,40 %

Für Personen, die das **60. Lebensjahr vollendet** haben, entfällt der UV-Beitrag über einen Abschlag.

Die **Beitragssätze** betragen in der	bis zum 60. Lebensjahr	nach dem 60. Lebensjahr
• Krankenversicherung	7,65%	7,65%
• Pensionsversicherung	22,80%	22,80%
• Unfallversicherung	1,20%	–
insgesamt	**31,65%**	**30,45%**

Nach der Rechtsprechung des VwGH unterliegen Vorstandsmitglieder (einer AG) auch der **Arbeitslosenversicherungspflicht** (VwGH 23.3.2015, Ra 2014/08/0062).

Nebenbeiträge wie **Arbeiterkammerumlage**, **Wohnbauförderungsbeitrag**[1276] und **IE-Zuschlag** fallen **nicht** an (→ 11.4.1.).

Nähere Informationen der Sozialversicherungsträger zur sozialversicherungsrechtlichen Einstufung von Vorständen und Gesellschaftern von Aktiengesellschaften finden sich auch im Leitfaden für Gesellschafter (Stand: 7/2021), abrufbar unter www.gesundheitskasse.at → Dienstgeber → Publikationen.

Zusammenfassende Darstellung 1:

	Vorstand einer AG mit Dienstnehmereigenschaft (gem. § 4 Abs. 2 ASVG) Ⓐ	**Vorstand einer AG ohne Dienstnehmereigenschaft** (gem. § 4 Abs. 1 Z 6 ASVG) Ⓑ
Steuerrechtlich	Lohnsteuerpflichtige Einkünfte • bei einer Beteiligung bis max. 25% oder gar keiner Beteiligung und • sofern steuerrechtlich ein Dienstverhältnis gem. § 47 Abs. 1 und 2 EStG vorliegt (→ 31.8.4.)	Einkommensteuerpflichtige Einkünfte • bei einer Beteiligung von mehr als 25% oder • wenn bei geringerer oder gar keiner Beteiligung steuerrechtlich kein Dienstverhältnis gem. § 47 Abs. 1 und 2 EStG vorliegt (→ 31.8.4.)
Meldungen	Die Meldungen hat der Dienstgeber zu erstatten.	Die Meldungen hat der Vorstand selbst zu erstatten. In der Regel werden diese von den Unternehmen wahrgenommen[1277].

1276 Vgl. E-MVB, WB-0003.

1277 Wurde vereinbart, dass das Unternehmen die Melde- und Abfuhrverpflichtungen übernimmt, ist dies dem Krankenversicherungsträger mitzuteilen.
Wenn ein Vorstandsmitglied mit mehreren AG (z.B. Konzerngesellschaften) freie Dienstverträge abgeschlossen hat, ist es vorteilhafter, wenn der Vorstand seinen Melde- und Abfuhrpflichten selbst nachkommt, da der Vorstand aus allen freien Dienstverhältnissen insgesamt nur Beiträge bis zur Höchstbeitragsgrundlage zu entrichten hat und somit die Beitragsrückerstattung (→ 11.4.5.) entfällt. Außerdem würde diesfalls bei der Übernahme der Melde- und Abfuhrpflichten durch das Unternehmen nur jene Sozialversicherungsbeitragshälfte vom Versicherungsträger refundiert werden, die der Vorstand selbst getragen hat.

	Vorstand einer AG mit Dienstnehmereigenschaft (gem. § 4 Abs. 2 ASVG) Ⓐ	**Vorstand einer AG ohne Dienstnehmereigenschaft** (gem. § 4 Abs. 1 Z 6 ASVG) Ⓑ
Beschäftigtengruppe	Angestellte – Sonderfall (nur WF)[1278] mit Arbeitslosenversicherung ohne AK, IE WF[1279] nach Ansicht der Sozialversicherungsträger (ehemals Beitragsgruppe D1p)	Vorstandsmitglieder bzw. Geschäftsleiter[1278] ohne Arbeitslosenversicherung[1280] ohne AK, WF, IE (ehemals Beitragsgruppe D2x)
Beiträge	Die Beiträge werden zwischen Dienstgeber und Dienstnehmer aufgeteilt.	Der Gesamtbeitrag ist zur Gänze vom Vorstand zu tragen; er hat jedoch Anspruch auf Erstattung der Hälfte der Beiträge durch das Unternehmen.

AK = Arbeiterkammerumlage
IE = Insolvenzentgeltsicherungszuschlag
WF = Wohnbauförderungsbeitrag

Besonderheiten bestehen bei Vorständen von Landeshypothekenbanken, Versicherungsvereinen auf Gegenseitigkeit und Kreditgenossenschaften.

Zusammenfassende Darstellung 2:

lt. Ansicht der Sozialversicherungsträger[1281]

Vorstandsmitglieder (Geschäftsleiter) einer AG oder Sparkasse	
Das Vorliegen eines „klassischen" Dienstverhältnisses in persönlicher und wirtschaftlicher Abhängigkeit wird durch die §§ 70 ff. Aktiengesetz und § 16 Sparkassengesetz für diese Personen grundsätzlich ausgeschlossen. Sie unterliegen in der Praxis jedoch zumeist der **Lohnsteuerpflicht** und sind daher als Dienstnehmer anzusehen.	Beschäftigtengruppe Angestellte – Sonderfall (nur WF)[1282] (ehemals Beitragsgruppe D1p) ohne AK, IE[1283] **mit** WF mit BV-Beitrag[1284]

1278 Das AngG findet auf Vorstandsmitglieder einer AG keine Anwendung, weil diese nicht als Dienstnehmer i.S.d. Arbeitsrechts zu qualifizieren sind.
1279 Vergleiche dazu jedoch Fn 1275.
1280 Andere Ansicht VwGH 23.3.2015, Ra 2014/08/0062.
1281 Nö. GKK, NÖDIS Nr. 14/Dezember 2010 unter Berücksichtigung der Adaptierung des seit 1.1.2019 gültigen Tarifsystems sowie des SV-Arbeitsbehelfs 2022.

Liegt im Einzelfall **keine lohnsteuerpflichtige Tätigkeit** vor, tritt die Pflichtversicherung nach § 4 Abs. 1 Z 6 ASVG ein.	Beschäftigtengruppe Vorstandsmitglieder bzw. Geschäftsleiter[1282] (ehemals Beitragsgruppe D2x) ohne AK, WF, IE[1283] mit BV-Beitrag[1284]
Vorstände von Landeshypothekenbanken, Versicherungsvereinen auf Gegenseitigkeit und Kreditgenossenschaften	
Es liegt im Regelfall ein „klassisches" Dienstverhältnis vor.	Beschäftigtengruppe Angestellte – Sonderfall (nur WF und IE)[1282] (ehemals Beitragsgruppe D1) ohne AK mit WF, IE[1283] mit BV-Beitrag[1284]
Es besteht „kein klassisches" Dienstverhältnis, das Vorstandsmitglied unterliegt aber der Lohnsteuerpflicht.	Beschäftigtengruppe Angestellte – Sonderfall (nur WF und IE)[1282] (ehemals Beitragsgruppe D1p) ohne AK mit WF, IE[1283] mit BV-Beitrag[1284]
Wenn beide Fälle nicht zutreffen	Beschäftigtengruppe Vorstandsmitglieder bzw. Geschäftsleiter[1282] (ehemals Beitragsgruppe D2x) (analog den Vorständen einer AG)
Sonstige Vorstände	
Die Sonderbestimmung des § 4 Abs. 1 Z 6 ASVG gilt, sofern keine Dienstnehmereigenschaft vorliegt, nur für die vorstehend angeführten Vorstandsmitglieder. Vorstände von Stiftungen etc. unterliegen nur dann dem ASVG, wenn ein Dienstverhältnis bzw. Lohnsteuerpflicht besteht.	

AK = Arbeiterkammerumlage

IE = Insolvenzentgeltsicherungszuschlag

WF = Wohnbauförderungsbeitrag

1282 Bezüglich der Beiträge älterer Vorstandsmitglieder siehe Punkt 31.11.

1283 Nach Ansicht der Sozialversicherungsträger entfällt der IE-Zuschlag nur für Vorstände einer AG oder Sparkasse (SV-Arbeitsbehelf 2022).

1284 Die Rechtsansichten bezüglich Geltungsbereich des BMSVG finden Sie unter Punkt 31.8.5. Vorstandsmitglieder, die nach § 4 Abs. 1 Z 6 ASVG der Pflichtversicherung unterliegen, gelten gem. dem BMSVG als freie Dienstnehmer. Der BV-Beitrag ist somit grundsätzlich für diese Personen zu entrichten (→ 31.8.2.).

Erhält das Vorstandsmitglied für seine Tätigkeit keine Bezüge, tritt weder Voll- noch Teilversicherung ein.

Die Pflichtversicherung beginnt mit der Bestellung zum Vorstandsmitglied und endet mit dem Ausscheiden aus dieser Funktion (§ 10 Abs. 3, § 12 Abs. 2 ASVG). In jenen Fällen, in denen einem Vorstandsmitglied eine **Kündigungsentschädigung** (→ 33.4.2.) und/oder eine **Ersatzleistung für Urlaubsentgelt** (→ 26.2.9.) gewährt wird, endet die Pflichtversicherung daher bereits mit der Enthebung bzw. dem Ausscheiden des Vorstandsmitglieds aus seiner Organstellung. Diese Anknüpfung gilt jedoch nach Ansicht des DVSV nur mehr für Vorstände nach § 4 Abs. 1 Z 6 ASVG, nicht für lohnsteuerpflichtige Vorstandsmitglieder (HVSV 6.10.2010, 32-MVB-51.1/10 Dm/Mm).

31.8.4. Steuerrechtliche und sonstige abgabenrechtliche Bestimmungen

Die Anstellung des Vorstandsmitglieds kann in steuerrechtlicher Hinsicht entweder auf Grund eines Dienstvertrags, eines freien Dienstvertrags, eines Werkvertrags oder eines bloßen Auftrags erfolgen. Die im Wirtschaftsleben üblichere Vertragsgestaltung ist die eines Dienstvertrages. Für die Überprüfung sind die Merkmale eines Dienstverhältnisses und eines Werkvertrags etc. gegenüberzustellen, wobei es grundsätzlich auf ein Überwiegen ankommt (LStR 2002, Rz 982 iVm 981).

Steuerrechtlich ist die Frage, ob ein Vorstandsmitglied einer AG seine Arbeitskraft i.S.d. § 47 Abs. 2 EStG (organisatorische Eingliederung und Weisungsbindung) schuldet und damit ein Dienstverhältnis vorliegt, allein auf Grund des – das **Anstellungsverhältnis zwischen Vorstand und AG** regelnden – Anstellungsvertrags **zu beurteilen**. Dem stehen auch nicht die aktienrechtlichen Bestimmungen (vgl. §§ 70 AktG) über die Unabhängigkeit des Vorstands von den anderen Organen der AG entgegen, da es für die Frage nach dem Vorliegen eines Dienstverhältnisses **im steuerrechtlichen Sinn allein auf das schuldrechtliche Verhältnis zwischen Vorstandsmitglied und AG ankommt**. Dies gilt ungeachtet der Beurteilung in anderen Rechtsbereichen (VwGH 24.2.1999, 97/13/0234). Besonderheiten bestehen bei Vorständen, die an der AG beteiligt sind (§ 25 Abs. 1 Z 1 lit b EStG)[1285]. Zu den Kriterien siehe auch Punkt 7.4.

Treffen diese Voraussetzungen zu, ist steuerrechtlich ein **Dienstverhältnis** anzunehmen, welches dem **Lohnsteuerabzug** unterliegt, auch wenn arbeitsrechtlich ein Dienstverhältnis nicht möglich ist.

Nähere Erläuterungen zum steuerrechtlichen Dienstverhältnis finden Sie in den Lohnsteuerrichtlinien 2002 unter den Randzahlen 930 bis 937 und 981 bis 982.

Bei Vorliegen eines steuerrechtlichen Dienstverhältnisses hat dies für das Unternehmen bestimmte Verpflichtungen zur Folge, z.B. die

- Führung eines Lohnkontos (→ 10.1.2.1.),
- Einbehaltung und Abfuhr der Lohnsteuer (→ 11.5.3., → 37.3.2.1.),
- Ausstellung eines Lohnzettels (→ 35.1.).

1285 Für die lohnsteuerrechtliche Einstufung als Dienstverhältnis ist bei einer **höchstens zu 25%** am Grundkapital der AG beteiligten Person die Weisungsbindung nicht in sämtlichen Fallkonstellationen unbedingtes Erfordernis (vgl. § 47 Abs. 2 Satz 3 EStG).
Ist das Vorstandsmitglied zu **mehr als 25%** an der AG beteiligt, so kann nach § 22 Z 2 Teilstrich 2 EStG **keinesfalls Lohnsteuerpflicht** bestehen.

Bezüglich der Versteuerung von **Zulagen und Zuschlägen** gilt: Da ein Vorstand

- weder dem AZG (dieses sieht die Bezahlung von zumindest 50% an Überstundenzuschlägen vor)
- noch dem Kollektivvertrag (der i.d.R. ebenfalls Überstundenzuschläge bzw. andere Zulagen und Zuschläge vorsieht)

unterliegt, kann sich dieser ev. Zulagen und Zuschläge nur einzelvertraglich sichern. Da aber der § 68 Abs. 4 EStG für Überstundenzuschläge die Bindung an eine lohngestaltende Vorschrift zwingend vorsieht (→ 18.3.2.3.1.), können solche Zulagen und Zuschläge **nicht steuerbegünstigt** behandelt werden.

Bezüglich der Versteuerung von **Reisekostenentschädigungen** gilt: Da ein Vorstand

- keiner der im § 3 Abs. 1 Z 16b EStG angeführten lohngestaltenden Vorschriften unterliegt (→ 22.3.2.2.2.),

können Reisekostenentschädigungen **nur nach der Legaldefinition** des § 26 Z 4 EStG innerhalb der sog. Anfangsphase **nicht steuerbar** behandelt werden (→ 22.3.2.2.1.).

Bezüglich der Versteuerung von **Abfertigungen** siehe Punkt 34.7.2.1. und 36.2.2.2.3.

Beiträge des Arbeitgebers an eine **BV-Kasse** für Vorstände von AG (→ 31.8.2.) fallen unter die Bestimmung des § 26 Z 7 lit. d EStG (LStR 2002, Rz 766c).

Liegt ein Dienstverhältnis i.S.d. § 47 Abs. 2 EStG vor (siehe vorstehend), hat dies i.d.R. auch die Abgabepflicht hinsichtlich

- **Dienstgeberbeitrag zum FLAF** (→ 37.3.3.),
- **Zuschlag zum DB** (→ 37.3.4.) und
- **Kommunalsteuer** (→ 37.4.1.).

zur Folge.

Bezüglich der abgabenrechtlichen Behandlung älterer Personen siehe Punkt 31.12.

DB-, DZ- und KommSt-Pflicht kann aber darüber hinaus noch in weiterem Umfang bestehen. So beseitigt eine **Aktienbeteiligung des Vorstandsmitglieds im Ausmaß von mehr als 25%** zwar die Lohnsteuerpflicht (→ 7.4.), nicht aber die DB-, DZ- und KommSt-Pflicht. Selbst eine mehrheitliche Aktienbeteiligung des Vorstandsmitglieds kann die DB-, DZ- und KommSt-Pflicht für sich allein nicht ausschließen. Die AG ist auf Grund ihrer eigenständigen Rechtspersönlichkeit selbst als Träger des Unternehmerrisikos anzusehen. Vorstandsmitglieder einer AG tragen steuerrechtlich kein von dieser unabhängiges Unternehmerrisiko und sind daher auch dann DB-, DZ- und KommSt-pflichtig, wenn sie mehrheitlich an den Aktien beteiligt sind (VwGH 24.2.1999, 98/13/0014) (→ 37.3.3.2., → 37.4.1.2.1.).

Hinsichtlich der **Dienstgeberabgabe der Gemeinde Wien** ist ebenfalls eine gesonderte Beurteilung erforderlich, da das Wiener DAG weder an die Lohnsteuerpflicht noch an die DB-, DZ- oder KommSt-Pflicht anknüpft, sondern im § 2 Abs. 4 Wr. DAG eine eigene – wenngleich an das EStG angelehnte – Begriffsdefinition enthält (→ 37.4.2.4.). Das Vorliegen eines Dienstverhältnisses i.S.d. § 47 Abs. 2 EStG führt jedenfalls für sich allein noch nicht zur Abgabepflicht (VwGH 4.3.1999, 98/16/0022).

Die von einem lohnsteuerpflichtigen Vorstandsmitglied zu tragenden **Pflichtversicherungsbeiträge** (→ 31.8.3.) stellen **Werbungskosten** i.S.d. **§ 16 Abs. 1 Z 4 EStG** dar (→ 14.1.1.) und sind daher vom Unternehmer vor der Berechnung der Lohnsteuer von der Bemessungsgrundlage abzuziehen.

Erstattet das **Unternehmen** dem Vorstandsmitglied die **Hälfte der Sozialversicherungsbeiträge** (→ 31.8.3., siehe Ⓑ), stehen diesem Vorteil aus dem Dienstverhältnis somit im selben Ausmaß Werbungskosten gegenüber. Die **Lohnsteuerbemessungsgrundlage** wird daher im Ergebnis durch die Erstattung nicht erhöht. Allerdings sind nach Ansicht des BMF die erstatteten Beiträge in die **Beitragsgrundlage** für die Berechnung des **Dienstgeberbeitrags zum FLAF**, des **Zuschlags zum DB**, in die Bemessungsgrundlage für die Berechnung der **Kommunalsteuer**[1286], in die Jahressechstelbasis (→ 23.3.2.2.), in die Jahresviertelbasis (→ 34.7.2.2.) und in die Jahreszwölftelbasis (→ 34.7.2.2.) einzubeziehen.

Ermittlung der Bemessungs-/Beitragsgrundlagen für Lohnsteuer, Dienstgeberbeitrag zum FLAF, Zuschlag zum DB und Kommunalsteuer:

	Bruttobezug (inkl. ev. Auslagenersätze)	
+	vom Unternehmen erstattete (bzw. übernommene) Hälfte der Pflichtversicherungsbeiträge (15,83% bzw. 15,23%)	
=	gesamter Vorteil aus dem Dienstverhältnis	**Grundlage für DB zum FLAF, DZ, KommSt**
–	gesamte Pflichtversicherungsbeiträge (31,65% bzw. 30,45%)	
–	sonstige Freibeträge (z.B. Pendlerpauschale, Freibetrag lt. Mitteilung usw.)	
=	**Bemessungsgrundlage für Lohnsteuer**	

31.8.5. Rechtsansichten bezüglich Geltungsbereich des BMSVG

Nachstehende Rechtsansichten wurden dem BMSVG-„Fragen-Antworten-Katalog“ entnommen (→ 36.1.1.2.).

Für **nicht lohnsteuerpflichtige Vorstandsmitglieder** i.S.d. § 4 Abs. 1 Z 6 ASVG gilt:

Die nicht lohnsteuerpflichtigen Vorstandsmitglieder von AG, Sparkassen, Landeshypothekenbanken, Versicherungsvereinen auf Gegenseitigkeit und die hauptberuflichen Vorstandsmitglieder (Geschäftsleiter) von Kreditgenossenschaften sind im Bereich der betrieblichen Vorsorge den freien Dienstnehmern gleichgestellt.

1286 Die Sozialversicherungsbeiträge, die ein Vorstand gem. § 51 Abs. 5 ASVG refundiert erhält, zählen zur Grundlage für den Dienstgeberbeitrag zum FLAF bzw. Zuschlag zum DB und zur Kommunalsteuer (LStR 2002, Rz 247a; KommSt-Info, Rz 70).
Anmerkung dazu: Dieser Ansicht widerspricht der VwGH in Bezug auf die Schlechtwetterentschädigung: Werden auf Grund **gesetzlicher Verpflichtung** Sozialversicherungsbeiträge des Dienstnehmers vom Dienstgeber übernommen, stellen diese keinen (steuerlichen) Vorteil aus dem Dienstverhältnis dar und erhöhen somit nicht die Beitragsgrundlage bzw. Bemessungsgrundlage für den Dienstgeberbeitrag zum FLAF bzw. Zuschlag zum DB und der Kommunalsteuer (VwGH 28.10.2009, 2008/15/0279). Der VwGH ist jedoch in Zusammenhang mit der Übernahme von Dienstnehmeranteilen im Rahmen der Altersteilzeit von einer freiwilligen Übernahme und damit einem Vorteil aus dem Dienstverhältnis ausgegangen (VwGH 21.9.2016, 2013/13/0102). Zur Übernahme der Beiträge von Vorstandsmitgliedern fehlt es noch an höchstgerichtlicher Rechtsprechung.

- Das BMSVG enthält keine beitragsrechtliche, dem § 51 Abs. 5 ASVG vergleichbare Sonderbestimmung.
- Meldepflichtiger und Beitragsschuldner ist der Dienstgeber.
- Die Meldung und Abrechnung der BV-Beiträge erfolgt wie für andere freie Dienstnehmer, also auf dem Beitragskonto des Dienstgebers.

Für **lohnsteuerpflichtige Vorstandsmitglieder** gilt:

- Der Geltungsbereich des BMSVG (§ 1 Abs. 1a) ist an sich auf freie Dienstverhältnisse von Vorstandsmitgliedern i.S.d. § 4 Abs. 1 Z 6 ASVG eingeschränkt.
- Aus der Dienstnehmereigenschaft i.S.d. § 4 Abs. 2 letzter Satz ASVG wird auf eine analoge Anwendung des § 1 Abs. 1a BMSVG geschlossen.
- Meldepflichtiger und Beitragsschuldner ist der Dienstgeber.
- Die Meldung und Abrechnung der BV-Beiträge erfolgt auf dem Beitragskonto des Dienstgebers.

Für **Vorstandsmitglieder mit echter Dienstnehmereigenschaft** gilt:

- Bei Stiftungen und Vereinen sind Vorstandsmitglieder, die ihre Tätigkeit in wirtschaftlicher und persönlicher Abhängigkeit ausüben (also „klassische" Dienstnehmer gem. § 4 Abs. 2 ASVG), denkmöglich.
- Solche Vorstandsmitglieder unterliegen, unabhängig von der Tätigkeitsbezeichnung, als Dienstnehmer den Regelungen des BMSVG.
- Meldepflichtiger und Beitragsschuldner ist der Dienstgeber.
- Die Meldung und Abrechnung der BV-Beiträge erfolgt auf dem Beitragskonto des Dienstgebers.

Für **Vorstandsmitglieder mit Werkvertrag** gilt:

- Auf Grund des AktG kann es diese Konstellation grundsätzlich nicht geben.

Für **andere Vorstandsmitglieder** gilt:

- Diese Personen sind keine Dienstnehmer i.S.d. § 4 Abs. 2 ASVG (es liegt keine Lohnsteuerpflicht und keine Dienstnehmereigenschaft vor); auch die Sonderbestimmung des § 1 Abs. 1a BMSVG (für freie Dienstverhältnisse) findet keine Anwendung.
- Diese Vorstandsmitglieder unterliegen nur dann dem BMSVG, wenn dies im Dienstvertrag ausdrücklich vereinbart wurde.

Die **Bemessungsgrundlage** für den BV-Beitrag für Vorstandsmitglieder, die dem Pflichtversicherungstatbestand gem. § 4 Abs. 1 Z 6 ASVG unterliegen, **erhöht sich** um die vom Unternehmen **erstattete Hälfte** der Sozialversicherungsbeiträge.

Beispiel

- Ein Vorstandsmitglied einer AG ist BV-pflichtig.
- Bezug: € 9.100,00/Monat,
- gesamter SV-Beitrag: € 5.670 × 31,65% = € 1.794,56.

Davon übernimmt die Hälfte der Dienstgeber; dies wird als (steuerlicher) Vorteil aus dem Dienstverhältnis bei der Ermittlung der Grundlagen für den Dienstgeberbeitrag zum FLAF, für den Zuschlag zum DB und für die Kommunalsteuer berücksichtigt[1287].

Ein Vorteil aus dem Dienstverhältnis liegt auch für die Beitragspflicht nach dem BMSVG vor (auch wenn die Beitragsgrundlage über der Höchstbeitragsgrundlage liegt), da dem Grunde nach Sozialversicherungspflicht besteht.

Die BV-Bemessungsgrundlage beträgt daher:

	€ 9.100,00
+	€ 897,28[1288]
	€ 9.997,28

Zu den **Übergangsregelungen** (bestehende Verträge zum 31. Dezember 2007, → 36.1.1.1.) hinsichtlich der BV-Beitragspflicht von Vorstandsverhältnissen siehe Vorauflagen dieses Buchs.

31.8.6. Zusammenfassung

Die Einordnung von **Vorstandsmitgliedern einer AG** in den verschiedenen Bereichen der Personalverrechnung lässt sich im Überblick folgendermaßen zusammenfassen:

	Vorstandsmitglied ohne Aktienbeteiligung	Vorstandsmitglied mit Aktienbeteiligung bis zu 25%	Vorstandsmitglied mit Aktienbeteiligung über 25%
Arbeitnehmer i.S.d. Arbeitsrechts	nein	nein	nein
Arbeitnehmer i.S.d. BMSVG	ja[1289]	ja[1289]	ja[1289]
Dienstnehmer i.S.d. ASVG	ja[1290]	ja[1290]	nein[1290]
Arbeitnehmer i.S.d. EStG	ja/nein[1291]	ja/nein[1291]	nein

1287 Dieser Ansicht widerspricht der VwGH in Bezug auf die Schlechtwetterentschädigung: Werden auf Grund **gesetzlicher Verpflichtung** Sozialversicherungsbeiträge des Dienstnehmers vom Dienstgeber übernommen, stellen diese keinen (steuerlichen) Vorteil aus dem Dienstverhältnis dar und erhöhen somit nicht die Beitragsgrundlage bzw. Bemessungsgrundlage für den Dienstgeberbeitrag zum FLAF bzw. Zuschlag zum DB und der Kommunalsteuer (VwGH 28.10.2009, 2008/15/0279). Der VwGH ist jedoch in Zusammenhang mit der Übernahme von Dienstnehmeranteilen im Rahmen der Altersteilzeit von einer freiwilligen Übernahme und damit einem Vorteil aus dem Dienstverhältnis ausgegangen (VwGH 21.9.2016, 2013/13/0102). Zur Übernahme der Beiträge von Vorstandsmitgliedern fehlt es noch an höchstgerichtlicher Rechtsprechung.

1288 Die Hälfte der vom Dienstgeber übernommenen SV-Beiträge = € 1.794,56 : 2.

1289 Für sozialversicherungsrechtliche Vorstandsmitglieder i.S.d. ASVG sind grundsätzlich die Bestimmungen des BMSVG (unter Berücksichtigung der Übergangsbestimmung) anzuwenden (→ 31.8.2., → 31.8.5.).

1290 Vorstandsmitglieder sind im ASVG abhängig vom steuerrechtlichen Dienstverhältnis „echte" Dienstnehmer oder sie fallen unter den Spezialtatbestand gem. § 4 Abs. 1 Z 6 ASVG.

1291 Lohnsteuerrechtlich ist die Frage, ob ein Vorstandsmitglied einer AG seine Arbeitskraft i.S.d. § 47 Abs. 2 EStG (organisatorische Eingliederung und Weisungsbindung) schuldet und damit ein Dienstverhältnis vorliegt, allein auf Grund des – das Anstellungsverhältnis zwischen Vorstand und AG regelnden – Anstellungsvertrags zu beurteilen. Besonderheiten bestehen jedoch bei Vorständen, die an der AG beteiligt sind, da die lohnsteuerrechtliche Einstufung als Dienstverhältnis bei einer höchstens zu 25% am Grundkapital der AG beteiligten Person die Weisungsbindung nicht in sämtlichen Fallkonstellationen unbedingtes Erfordernis ist (vgl. § 47 Abs. 2 Satz 3 EStG).
Im Bereich des DB, DZ und der KommSt ist die Dienstnehmereigenschaft im Regelfall auch bei höherer Kapitalbeteiligung zu bejahen. Ausnahmen von diesen Grundsätzen sind zwar denkbar, es wird aber im jeweiligen Einzelfall eine besondere Begründung erforderlich sein, um die Abgabenbehörden vom Vorliegen eines Ausnahmefalls zu überzeugen.

	Vorstandsmitglied ohne Aktienbeteiligung	Vorstandsmitglied mit Aktienbeteiligung bis zu 25%	Vorstandsmitglied mit Aktienbeteiligung über 25%
Dienstnehmer i.S.d. FLAG	ja[1291]	ja[1291]	ja[1291]
Dienstnehmer i.S.d. KommStG	ja[1291]	ja[1291]	ja[1291]
Dienstnehmer i.S.d. Wr. DAG	ja[1292]	ja[1292]	ja/nein[1292]

31.9. Geschäftsführer, Gesellschafter-Geschäftsführer einer GmbH

Jede juristische Person benötigt eigene Organe, die für sie handeln (→ 2.3.).

- Bei der Aktiengesellschaft ist es der AG-Vorstand,
- bei der GmbH ist es der GmbH-Geschäftsführer,
- beim Verein der Vereinsvorstand

etc.

31.9.1. Geschäftsführer einer GmbH

Da gewerberechtliche Geschäftsführer i.d.R. in einem Dienstverhältnis stehen und somit als Dienstnehmer Behandlung finden, wird nachstehend nur auf unternehmensrechtliche Geschäftsführer eingegangen.

Ausführliches dazu finden Sie in der *PVInfo* 5/2007, Linde Verlag Wien.

31.9.1.1. Vertragsrechtliche Zuordnung

Die Anstellung des Geschäftsführers einer GmbH kann u.a. auf Grund eines

- Dienstvertrags (→ 4.1.) oder eines
- freien Dienstvertrags (→ 4.3.1.)

erfolgen.

Ein Werkvertrag kann u.a. nur vorliegen, wenn die Verpflichtung zur Herbeiführung eines bestimmten Erfolgs, etwa in Form eines durch die Geschäftsführung abzuwickelnden konkreten Projekts, vereinbart ist.

Ob das Vertragsverhältnis des Geschäftsführers einer GmbH als Dienstverhältnis beurteilt werden kann, hängt im Einzelfall von der Gesamtbeurteilung der durch das Gesetz über Gesellschaften mit beschränkter Haftung (GmbHG), den Gesellschaftsvertrag und den Anstellungsvertrag vorgegebenen Rechtsbeziehungen des Geschäftsführers zur Gesellschaft ab.

Hat der Geschäftsführer einer GmbH gleichzeitig auch beherrschenden Einfluss auf die Gesellschaft, liegt jedenfalls kein Dienstverhältnis vor.

1292 Das Wr. DAG enthält einen eigenständigen Dienstnehmerbegriff. Dieser unterscheidet sich hinsichtlich der Vorstandsmitglieder insofern von der steuerrechtlichen Definition, als die Weisungsgebundenheit – anders als im Bereich des EStG (→ 31.8.4.) – jedenfalls gegeben sein muss. Das Vorliegen einer Sperrminorität wird daher grundsätzlich die Dienstnehmereigenschaft ausschließen.

Häufig steht ein Geschäftsführer mangels beherrschenden Einflusses und der damit verbundenen persönlichen Abhängigkeit in einem Dienstverhältnis.

Ist der Geschäftsführer gesellschaftsrechtlich nicht an der GmbH beteiligt, spricht man von einem sog. „Fremdgeschäftsführer". Liegt eine gesellschaftsrechtliche Beteiligung vor, spricht man von Gesellschafter-Geschäftsführern.

Ob der in einem Dienstverhältnis stehende Geschäftsführer dem anzuwendenden Kollektivvertrag unterliegt, ist dem persönlichen Geltungsbereich des anzuwendenden Kollektivvertrags zu entnehmen. Bei einer Beteiligung von 50% und mehr unterliegt der Geschäftsführer jedenfalls nicht dem Kollektivvertrag.

31.9.1.2. Abgabenrechtliche Bestimmungen

Die Frage, ob die an der Gesellschaft **nicht beteiligten Geschäftsführer** einer GmbH ihre Arbeitskraft i.S.d. § 47 Abs. 2 EStG schulden, ist **allein** auf Grund des **Anstellungsvertrags** unabhängig von den GmbH-rechtlichen Bestimmungen über die Beschränkungen der Geschäftsführerbefugnis durch Beschlüsse (Weisungen) der Generalversammlung zu beurteilen. Wesentliches Merkmal eines **steuerrechtlichen Dienstverhältnisses** ist somit – neben der Eingliederung der Geschäftsführer in den betrieblichen Organismus der GmbH – deren **arbeitsvertragliche Weisungsgebundenheit** (VwGH 25.6.2008, 2008/15/0090; VwGH 21.10.2015, 2012/13/0088; VwGH 21.4.2016, 2013/15/0202).

Erfolgt die Anstellung eines Geschäftsführers auf Grund eines **Dienstvertrags**, sind sozialversicherungsrechtlich die allgemeinen, für Dienstnehmer geltenden Vorschriften zu beachten[1293]. Einzige Ausnahme ist: Geschäftsführer einer GmbH sind nicht arbeiterkammerzugehörig und daher auch **nicht kammerumlagepflichtig**. Lohnsteuerrechtlich ist der Geschäftsführer grundsätzlich wie jeder andere lohnsteuerrechtliche Arbeitnehmer zu behandeln, jedoch sind folgende nachstehende Besonderheiten zu beachten (→ 7.4.).

Bezüglich der Versteuerung von **Zulagen und Zuschlägen** gilt: Ein Geschäftsführer unterliegt nicht dem AZG (dieses sieht die Bezahlung von zumindest 50% an Überstundenzuschlägen vor). Ist auch der Kollektivvertrag (der i.d.R. ebenfalls Überstundenzuschläge bzw. andere Zulagen und Zuschläge vorsieht) nicht anwendbar, kann er sich ev. Zulagen und Zuschläge nur einzelvertraglich sichern. Da aber der § 68 Abs. 4 EStG für Überstundenzuschläge und SEG-Zulagen die Bindung an eine lohngestaltende Vorschrift zwingend vorsieht (→ 18.3.2.3.1.), können solche Zulagen und Zuschläge **nicht steuerbegünstigt** behandelt werden.

Bezüglich der Versteuerung von **Reisekostenentschädigungen** gilt: Sofern ein Geschäftsführer

- keiner der im § 3 Abs. 1 Z 16b EStG angeführten lohngestaltenden Vorschriften unterliegt (→ 22.3.2.2.2.),

können Reisekostenentschädigungen **nur nach der Legaldefinition** des § 26 Z 4 EStG innerhalb der sog. Anfangsphase **nicht steuerbar** behandelt werden (→ 22.3.2.2.1.).

Bezüglich älterer Dienstnehmer siehe Punkt 31.11.

1293 Liegen die Merkmale eines Dienstverhältnisses nicht vor, ist auch eine Versicherungspflicht nach § 4 Abs. 4 ASVG als freier Dienstnehmer denkbar, wenn der Geschäftsführer keine wesentlichen eigenen Betriebsmittel benützt (VwGH 19.10.2015, 2013/08/0185).

31.9.2. Gesellschafter-Geschäftsführer einer GmbH

31.9.2.1. Vertragsrechtliche Zuordnung

Die Anstellung eines Gesellschafter-Geschäftsführers kann u.a. auf Grund eines

- Dienstvertrags (→ 4.1.) oder eines
- freien Dienstvertrags (→ 4.3.1.)

erfolgen.

Ein Werkvertrag kann u.a. nur vorliegen, wenn die Verpflichtung zur Herbeiführung eines bestimmten Erfolgs, etwa in Form eines durch die Geschäftsführung abzuwickelnden konkreten Projekts, vereinbart ist.

Bei einem Gesellschafter-Geschäftsführer einer GmbH hängt es von seinen Einflussmöglichkeiten ab, ob das Vertragsverhältnis als Dienstverhältnis beurteilt werden kann oder nicht.

Kann er entweder

- als Mehrheitsgesellschafter die Beschlussfassung in der Generalversammlung bestimmen oder
- verfügt er über einen solchen Geschäftsanteil (ab 25%), der ihn in Verbindung mit der im Gesellschaftsvertrag vorgesehenen qualifizierten Mehrheit bei Abstimmungen in die Lage versetzt, Beschlüsse der Generalversammlung zumindest zu verhindern (liegt Sperrminorität vor),

und fehlt es an der für die persönliche Abhängigkeit wesentlichen Möglichkeit der Fremdbestimmung, ist dieser kein abhängiger Dienstnehmer. Dies gilt beispielsweise für folgende Konstellationen:

- Mehrheitsgesellschafter einer GmbH;
- Minderheitsgesellschafter einer GmbH mit Vetorecht und Sperrminorität (ab 25%);
- Minderheitsgesellschafter einer GmbH, dem vertraglich das Recht zur Geschäftsführung der Gesellschaft eingeräumt ist und der auf Grund persönlicher Naheverhältnisse zu den übrigen Gesellschaftern faktisch die Gesellschaft dominiert.

Gleiches gilt für die nachstehende Konstellation:

- Sind zwei Gesellschafter-Geschäftsführer mit jeweils 50% beteiligt und erfolgt gem. § 39 GmbHG die Beschlussfassung der Gesellschafter mangels anderer Bestimmung durch Gesetz oder Gesellschaftsvertrag durch die einfache Mehrheit der abgegebenen Stimmen, kann keinem der beiden Gesellschafter bei der Geschäftsführung ein fremder Wille aufgezwungen werden. Demnach verfügen beide Gesellschafter über maßgeblichen Einfluss auf die Gesellschaft, wodurch ihre Dienstnehmereigenschaft auszuschließen ist (OLG Wien 21.9.2005, 8 Ra 46/05a).

Parallel zu einer bestehenden Unternehmensbeteiligung können bei folgenden Gesellschaftsformen **Dienstverhältnisse** vorliegen:

- Gesellschaften mit beschränkter Haftung (GmbH),
- GmbH & Co KG,
- Aktiengesellschaften (AG),
- KG in Verbindung mit einer Beteiligung als Kommanditist.

Ein ausschließliches organschaftliches Tätigwerden (z.B. im Rahmen der Gesellschaftsversammlung) begründet für sich alleine keine Dienstnehmerstellung. Lediglich dann, wenn **Arbeiten** über die **gesellschaftsrechtlichen Rechte und Pflichten hinaus** verrichtet werden (z.B. Gesellschafter einer GmbH arbeitet als Mechaniker im Betrieb mit), kann ein Dienstverhältnis bestehen.

Voraussetzung hierfür ist, dass der Gesellschafter keinen maßgeblichen Einfluss auf das Unternehmen auszuüben vermag. Dies wird im Regelfall anhand der relevanten Gesellschaftsunterlagen (Gesellschaftsvertrag, Firmenbuch etc.) überprüft.

31.9.2.2. Abgabenrechtliche Behandlung

31.9.2.2.1. Sozialversicherungsrechtliche Bestimmungen

Dienstnehmer ist, wer in einem Verhältnis **persönlicher und wirtschaftlicher Abhängigkeit gegen Entgelt** (→ 6.2.1.) beschäftigt wird.

Dienstnehmer sind auch Personen, bei deren Beschäftigung die **Merkmale persönlicher und wirtschaftlicher Abhängigkeit** gegenüber den Merkmalen selbstständiger Ausübung der Erwerbstätigkeit **überwiegen**[1294]. Als Dienstnehmer gilt **jedenfalls** auch, wer nach § 47 Abs. 1[1295] in Verbindung mit Abs. 2[1296] EStG **lohnsteuerpflichtig ist** (§ 4 Abs. 2 ASVG).

Für die Prüfung des Dienstnehmerbegriffs ergibt sich **folgender Ablauf**:

1. Liegt eine **Beschäftigung in persönlicher und wirtschaftlicher Abhängigkeit gegen Entgelt** vor, so ist der **Dienstnehmerbegriff** allein dadurch schon **erfüllt**.
2. Sind die **Voraussetzungen** unter Punkt 1 **nicht gegeben**, so ist darüber hinaus zu prüfen, **ob** das aus dem Beschäftigungsverhältnis bezogene **Entgelt der Lohnsteuerpflicht gem. § 47 Abs. 1 i.V.m. Abs. 2 EStG unterliegt**. Trifft dies zu, so ist der Dienstnehmerbegriff ebenfalls erfüllt, auch wenn nicht alle unter Punkt 1 genannten Voraussetzungen vorliegen. Die vorstehenden Einschränkungen sind dabei zu beachten.

Durch den Verweis auf den gesamten Abs. 2 des § 47 EStG werden grundsätzlich[1297] **alle lohnsteuerpflichtigen Gesellschafter-Geschäftsführer versicherungspflichtig gem. § 4 Abs. 2 ASVG** (also Dienstnehmer i.S.d. ASVG). Bei diesen lohnsteuerpflichtigen Gesellschafter-Geschäftsführern handelt es sich um solche, die mit **bis zu**

1294 Überwiegen bei einer Person die Merkmale persönlicher und wirtschaftlicher Abhängigkeit, ist von einer Dienstnehmereigenschaft auch dann auszugehen, wenn sie ausschließlich erfolgsabhängig entlohnt wird (VwGH 3.4.2001, 96/08/0053).

1295 Der § 47 Abs. 1 EStG bestimmt: Arbeitnehmer ist eine natürliche Person, die Einkünfte aus nicht selbstständiger Arbeit (Arbeitslohn) bezieht (→ 7.5.).

1296 Der § 47 Abs. 2 EStG bestimmt: Ein Dienstverhältnis liegt vor, wenn der Arbeitnehmer dem Arbeitgeber seine Arbeitskraft schuldet. Dies ist der Fall, wenn die tätige Person in der Betätigung ihres geschäftlichen Willens unter der **Leitung des Arbeitgebers** steht oder im geschäftlichen Organismus des Arbeitgebers dessen **Weisungen zu folgen** verpflichtet ist. Ein Dienstverhältnis ist weiters dann anzunehmen, wenn bei einer Person, die an einer Kapitalgesellschaft nicht wesentlich im Sinne des § 22 Z 2 beteiligt ist (Beteiligung von bis zu 25%), die Voraussetzungen des § 25 Abs. 1 Z 1 lit. b vorliegen (Einkünfte aus nicht selbständiger Arbeit aufgrund einer organisatorischen Eingliederung, obwohl die Weisungsbindung aufgrund gesellschaftsvertraglicher Sonderbestimmungen fehlt) (→ 7.4.).

1297 Ausnahmen bestehen z.B. für Gesellschafter-Geschäftsführer einer Rechtsanwalts-GmbH (§ 7 Abs. 1 lit. e ASVG).

25% am Grund- oder Stammkapital[1298] **mit oder ohne Sperrminorität**[1299] beteiligt sind **und** die Merkmale eines Dienstverhältnisses aufweisen (→ 31.9.2.2.2.). Es ist dabei unerheblich, ob die Gesellschaft Mitglied der Kammer der gewerblichen Wirtschaft ist oder nicht.

Die Anwendung des § 47 EStG kann dazu führen, dass **Personen nach § 4 Abs. 2 ASVG versicherungspflichtig**, aber **im arbeitsrechtlichen Sinn keine Dienstnehmer** (→ 4.4.2.1.) sind.

Beteiligung von bis zu 25%:

Bei einer **Beteiligung von bis zu 25%** wird regelmäßig auf Grund der Lohnsteuerpflicht (siehe dazu Punkt 31.9.2.2.2.) eine Versicherungspflicht nach § 4 Abs. 2 ASVG vorliegen.

Besteht jedoch keine Lohnsteuerpflicht und keine Beschäftigung in persönlicher und wirtschaftlicher Abhängigkeit, kann auch bei einer Beteiligung von bis zu 25% eine Versicherungspflicht nach dem GSVG gegeben sein:

- Ist die Gesellschaft Wirtschaftskammermitglied, dann gründet sich die Pflichtversicherung nach dem GSVG auf § 2 Abs. 1 Z 3 GSVG.
- Ist die Gesellschaft nicht Wirtschaftskammermitglied, dann gründet sich die Pflichtversicherung nach dem GSVG grundsätzlich auf § 2 Abs. 1 Z 4 GSVG. Es ist in diesem Fall jedoch auch eine Versicherungspflicht nach § 4 Abs. 4 ASVG als freier Dienstnehmer denkbar, wenn der Geschäftsführer keine wesentlichen eigenen Betriebsmittel benützt (VwGH 19.10.2015, 2013/08/0185)[1300].

Beteiligung von mehr als 25%:

Beträgt die Beteiligung **mehr als 25%**[1301], dann besteht die **Pflichtversicherung** entweder nach dem ASVG oder dem GSVG:

- Grundsätzlich unterliegt der Gesellschafter-Geschäftsführer bis zu einer Beteiligung von 49,99% der Pflichtversicherung nach § 4 Abs. 2 ASVG.
- Liegt keine Beschäftigung in persönlicher und wirtschaftlicher Abhängigkeit vor, z.B. da der Geschäftsführer aufgrund einer **umfangreichen** gesellschaftsvertraglich eingeräumten **Sperrminorität** nicht weisungsgebunden ist, liegt eine Pflichtversicherung nach dem GSVG vor. Hinsichtlich einer möglichen Pflichtversicherung als freier Dienstnehmer gem. § 4 Abs. 4 ASVG gilt das zur Beteiligung von bis zu 25% Gesagte.
- Ab einer **Beteiligung von 50%** liegt jedenfalls eine Pflichtversicherung nach dem GSVG vor.

Ist die Gesellschaft Kammermitglied, dann gründet sich die Pflichtversicherung nach dem GSVG auf § 2 Abs. 1 Z 3 GSVG, andernfalls auf § 2 Abs. 1 Z 4 GSVG.

Durch eine **Übergangsbestimmung** wird klargestellt, dass für diejenigen Gesellschafter-Geschäftsführer, die am 31.12.1998 bereits pflichtversichert sind (entweder

1298 Ein nicht wesentlich beteiligter Gesellschafter-Geschäftsführer.

1299 Liegt eine Sperrminorität vor (i.d.R. im Gesellschaftsvertrag vereinbart), kann der Gesellschafter Beschlüsse der Gesellschaft in der Generalversammlung verhindern.

1300 Ausnahmen bestehen u.a. für freiberuflich Tätige (vgl. § 4 Abs. 4 lita. bis d. ASVG).

1301 Ein wesentlich beteiligter Gesellschafter-Geschäftsführer.

nach dem ASVG oder dem GSVG), die Pflichtversicherung so lange weiter besteht, als die Tätigkeit weiter ausgeübt wird und keine Änderung des maßgeblichen Sachverhalts (z.B. eine Änderung in den Beteiligungsverhältnissen) eintritt (§ 575 Abs. 3 ASVG).

Beispiele für (unternehmensrechtliche) Gesellschafter-Geschäftsführer einer GmbH:

- Beteiligung bis 25%, Dienstverhältnis zur GmbH:
  ASVG-Pflicht mit WF, IE-Zuschlag, ohne AK;*
- Beteiligung über 25% bis 49%, Dienstverhältnis zur GmbH:
  ASVG-Pflicht mit WF, IE-Zuschlag, ohne AK;*
- Beteiligung bis 25%, mit Sperrminorität:
  ASVG-Pflicht ohne WF[1302], ohne IE-Zuschlag, ohne AK;
- Beteiligung bis 25% und Weisungsfreistellung im zivilrechtlichen Geschäftsführervertrag, ohne Sperrminorität:
  Versicherungspflicht nach dem **GSVG**;[1303]
- Beteiligung über 25%, mit Sperrminorität:
  Versicherungspflicht nach dem **GSVG**;
- Beteiligung ab 50%:
  Versicherungspflicht nach dem **GSVG**.

Bezüglich der Beiträge älterer Personen siehe Punkt 31.11.

1302 Wenn keine Dienstnehmereigenschaft i.S.d. Arbeitsrechts vorliegt.
Vergleiche dazu, in Analogie zu den Vorständen einer AG, die Rechtsansicht des DVSV unter Punkt 31.8.5.
Anmerkung dazu: Nach Ansicht des DVSV (und der Sozialversicherungsträger) ist für Gesellschafter-Geschäftsführer ein Wohnbauförderungsbeitrag zu entrichten (vgl. dazu die diesbezügliche Rechtsansicht der E-MVB unter Punkt 11.4.1.).
Mögliche Beschäftigtengruppe: Angestellte – Sonderfall (nur WF); ehemals Beitragsgruppe D1p.

1303 Unter Umständen freier Dienstnehmer nach § 4 Abs. 4 ASVG, sofern die Gesellschaft nicht Kammermitglied ist und der Geschäftsführer keine wesentlichen eigenen Betriebsmittel verwendet.

*) **Auszug aus dem Tarifsystem des DVSV** (www.gesundheitskasse.at):

Handelsrechtliche Geschäftsführer einer GmbH	Hinweise	Anmerkung:
Handelsrechtliche Geschäftsführer einer GmbH, wenn Versicherungspflicht nach dem ASVG (Allgemeines Sozialversicherungsgesetz) vorliegt	PV-Beitrag gem. § 51 Abs. 1 Z 3 iVm Abs. 3 Z 2 ASVG KV-Beitrag gem. § 51 Abs. 1 Z 1 lit. a iVm Abs. 3 Z 1 lit. a ASVG UV-Beitrag gem. § 51 Abs. 1 Z 2 ASVG AV-Beitrag gem. § 2 Abs. 1 AMPFG NB: NB gem. Art. XI Abs. 3 NSchG	Gültig ab: 01.01.2022 Für die Ergänzungen, Zu- und Abschläge sind die Erläuterungen im Anhang zu beachten.

Bezeichnung	Anteil	SV-Beiträge in %					Nebenbeiträge in %							Gesamt-beitragssatz
		AV	KV	PV	UV	Summe	AK	LK	WF	SW	IE	NB	Summe	
Handelsrechtliche Geschäftsführer einer GmbH/ Nachtschwerarbeitsbeitrag (Handelsr. GF GmbH/NB)	Gesamt	6,00	7,65	22,80	1,20	**37,65**	-	-	1,00	-	0,10	3,80	**4,90**	**42,55**
	DN	3,00	3,87	10,25	0,00	17,12	-	-	0,50	-	0,00	0,00	0,50	17,62
	DG	3,00	3,78	12,55	1,20	20,53	-	-	0,50	-	0,10	3,80	4,40	24,93
Handelsrechtliche Geschäftsführer einer GmbH (Handelsr. GF GmbH)	Gesamt	6,00	7,65	22,80	1,20	**37,65**	-	-	1,00	-	0,10	-	**1,10**	**38,75**
	DN	3,00	3,87	10,25	0,00	17,12	-	-	0,50	-	0,00	-	0,50	17,62
	DG	3,00	3,78	12,55	1,20	20,53	-	-	0,50	-	0,10	-	0,60	21,13

Zuschläge	Serviceentg.	WBB-AÜG	BV
Handelsr. GF GmbH/NB	+12,95 €	+0,35 %	+1,53 %
Handelsr. GF GmbH	+12,95 €	+0,35 %	+1,53 %

Abschläge	Bonus-Altf.	Entf. AV+IE Pensansp.	Entf. UV (60. LJ)	Entf. UV (NeuFög)	Entf. WF (NeuFög)	Mind. AV 1%	Mind. AV 2%	Mind. AV 3%	Mind. PV 50%
Handelsr. GF GmbH/NB	-3,00 %	-6,10 %	-1,20 %	-1,20 %	-0,50 %	-1,00 %	-2,00 %	-3,00 %	-11,40 %
Handelsr. GF GmbH	-3,00 %	-6,10 %	-1,20 %	-1,20 %	-0,50 %	-1,00 %	-2,00 %	-3,00 %	-11,40 %

Bezüglich der Gesellschafter-Geschäftsführer beinhalten die Empfehlungen des DVSV (E-MVB) nachstehende Rechtsansichten (Auszug):

Gesellschafter-Geschäftsführer einer GmbH mit einer Beteiligung bis 25% (E-MVB, 004-ABC-G-002)

Wenn kein Dienstverhältnis zwischen Gesellschaft und Geschäftsführer vereinbart wurde, weil er nur organschaftlich tätig ist, werden die Bedingungen des § 47 Abs. 1 EStG nicht erfüllt. Mangels einer Lohnsteuerpflicht (und mangels einer Tätigkeit in persönlicher und wirtschaftlicher Abhängigkeit) besteht auch keine Pflichtversicherung nach dem ASVG, sondern eine Pflichtversicherung nach § 2 Abs. 1 Z 3 bzw. § 2 Abs. 1 Z 4 GSVG.

Das Weisungsrecht der Generalversammlung kann durch einen Sondervertrag bzw. eine Sperrminorität ausgeschlossen werden. Das Fehlen eines Weisungsrechts schließt die Dienstnehmereigenschaft an sich aus, nicht jedoch die Lohnsteuerpflicht. Die Verknüpfung des § 4 Abs. 2 ASVG mit § 47 EStG bewirkt nämlich, dass auch alle der Generalversammlung gegenüber nicht weisungsgebundenen lohnsteuerpflichtigen Geschäftsführer als Dienstnehmer gelten und als solche der Pflichtversicherung nach dem ASVG unterliegen.

Nach Ansicht des BMSGPK kann für Gesellschafter-Geschäftsführer mit einem Anteil **bis zu 25%** eine Voll- bzw. Teilversicherung nach dem ASVG nur dann eintreten, wenn ein Entgelt ausbezahlt wird.

Gesellschafter-Geschäftsführer einer GmbH mit einer Beteiligung über 25% (E-MVB, 004-ABC-G-003)

Alle einkommensteuerpflichtigen Gesellschafter-Geschäftsführer von Kapitalgesellschaften mit einer Beteiligung **über 25%** sind im Regelfall nach den Bestimmungen des **GSVG versicherungspflichtig**.

Es ist durchaus denkbar, dass bei einem Gesellschafter-Geschäftsführer mit einem Geschäftsanteil von über 25% im konkreten Fall Dienstnehmereigenschaft festgestellt (persönliche und wirtschaftliche Abhängigkeit gegen Entgelt beschäftigt) wird. In einem solchen Fall ist entgegen der sonstigen Regel, dass solche Personen grundsätzlich nach dem GSVG zuzuordnen sind, Pflichtversicherung nach § 4 Abs. 2 ASVG (Dienstnehmer) gegeben[1304]. Eine Pflichtversicherung als freier Dienstnehmer gem. § 4 Abs. 4 ASVG ist ausgeschlossen[1305].

Wenn eine GmbH einzige Komplementärin einer GmbH & Co. KG ist, ein Gesellschafter mit Stammanteilen von 75% beteiligt ist und hinsichtlich der restlichen 25% keine Sperrminorität besteht, hat der 75%-Gesellschafter in der GmbH bestimmenden Einfluss. Im Beispielfall verrichtet dieser Gesellschafter die Buchhaltung für die KG, ist aber an der KG nicht beteiligt. Die Finanz beurteilt jede Gesellschaft für sich und anerkennt ein lohnsteuerpflichtiges Dienstverhältnis des 75%-Gesellschafters zur KG. Die festgestellte Lohnsteuerpflicht bindet die Sozialversicherung.

Weitere Erläuterungen aus den Empfehlungen des DVSV (E-MVB) finden Sie unter den Gliederungsnummern 004-ABC-G-001 bis 009.

1304 Bis max. 49,99% Beteiligung.
1305 Vgl. jedoch VwGH 19.10.2015, 2013/08/0185.

Nähere Informationen der Sozialversicherungsträger zur sozialversicherungsrechtlichen Einstufung von Gesellschafter-Geschäftsführern einer GmbH finden sich auch im Leitfaden für Gesellschafter (Stand: 7/2021), abrufbar unter www.gesund heits kasse.at → Dienstgeber → Publikationen.

31.9.2.2.2. Steuerrechtliche Bestimmungen

Ein **steuerrechtliches Dienstverhältnis** gem. § 47 Abs. 2 EStG liegt vor,

- wenn der Arbeitnehmer dem Arbeitgeber **seine Arbeitskraft schuldet**.

Dies ist der Fall, wenn die tätige Person in der Betätigung ihres geschäftlichen Willens unter der Leitung des Arbeitgebers steht oder im **geschäftlichen Organismus** des Arbeitgebers dessen **Weisungen zu folgen** verpflichtet ist.

Ein Dienstverhältnis ist weiters dann anzunehmen, wenn bei einer Person, die an einer Kapitalgesellschaft nicht wesentlich i.S.d. § 22 Z 2 EStG beteiligt ist, die Voraussetzungen des § 25 Abs. 1 Z 1 lit. b EStG vorliegen (→ 7.4.). Bei einem Gesellschafter-Geschäftsführer ist nach dieser Bestimmung immer von einem **lohnsteuerpflichtigen Dienstverhältnis** auszugehen, wenn die Beteiligung das Ausmaß von **25% nicht übersteigt**[1306] **und** mit Ausnahme der Weisungsgebundenheit aufgrund gesellschaftsvertraglicher Sonderbestimmungen alle Merkmale eines Dienstverhältnisses vorliegen (vgl. auch § 47 Abs. 2 letzter Satz EStG). Im Ergebnis bedeutet dies bei einer Beteiligung von bis zu 25% Folgendes:

- Besteht eine Weisungsfreistellung aufgrund gesellschaftsrechtlicher Sonderbestimmungen (**Sperrminorität**)[1307], liegen unabhängig vom Merkmal der Weisungsbindung aufgrund der im Regelfall bestehenden organisatorischen Eingliederung Einkünfte aus nicht selbständiger Arbeit und damit Lohnsteuerpflicht vor (VwGH 24.9.2003, 2001/13/0258).
- Liegen **keine** gesellschaftsrechtlichen Sonderbestimmungen (**Sperrminorität**)[1307] vor, entscheidet sich die steuerrechtliche Einstufung **allein** auf Grund der allgemeinen Voraussetzungen des Vorliegens eines Dienstverhältnisses und damit aufgrund des **Anstellungsvertrags** unabhängig von den GmbH-rechtlichen Bestimmungen über die Beschränkungen der Geschäftsführerbefugnis durch Beschlüsse (Weisungen) der Generalversammlung. Wesentliches Merkmal eines **steuerrechtlichen Dienstverhältnisses** ist somit – neben der Eingliederung der Geschäftsführer in den betrieblichen Organismus der GmbH – deren **arbeitsvertragliche Weisungsgebundenheit** (VwGH 26.1.2017, Ra 2015/15/0064; VwGH 24.11.2016, 2013/13/0046; VwGH 24.11.2016, Ro 2014/13/0040)[1308].

Die in der betrieblichen Praxis eher übliche Vertragsgestaltung betreffend die Ausübung einer Geschäftsführertätigkeit ist die eines Dienstvertrags, sodass häufig bis

1306 Ein nicht wesentlich beteiligter Gesellschafter-Geschäftsführer.

1307 Die bei Rechtsanwälten gesetzlich angeordnete (§ 21c Z 10 RAO) und inhaltsgleich im Gesellschaftsvertrag festgehaltene Weisungsfreiheit, die sich nur auf einen Teilbereich der Tätigkeit, nämlich auf die unmittelbare Ausübung des Mandats, bezieht, stellt noch keine „gesellschaftsrechtliche Sonderbestimmung" i.S.d. § 25 Abs. 1 Z 1 lit. b EStG dar (VwGH 17.10.2018, Ra 2017/13/0051).

1308 Ein unwesentlich beteiligter Geschäftsführer, dessen fehlende Bindung an persönliche Weisungen nicht auf einer gesellschaftsvertraglichen Sonderbestimmung, sondern auf seinem Anstellungsvertrag beruht, wird von der Sondervorschrift des § 25 Abs. 1 Z 1 lit. b EStG nicht erfasst. Er gleicht insoweit einem Fremdgeschäftsführer (→ 31.9.1.2.)

zu einer Beteiligung von 25% Lohnsteuerpflicht besteht; letztlich ist jedoch nach Gegenüberstellen aller Merkmale auf ein Überwiegen abzustellen (VwGH 30.11.1993, 89/14/0300).

In Ausnahmefällen wird auch ein freier Dienstvertrag (keine organisatorische Eingliederung), ein Werkvertrag (Pauschalentlohnung für Werk) oder ein bloßer Auftrag möglich sein (vgl. VwGH 15.7.1998, 97/13/0169). Diesfalls liegen i.d.R. **selbstständige Einkünfte** vor.

Übersteigt das Beteiligungsausmaß 25%[1309], liegen **jedenfalls selbstständige**, im Veranlagungsweg zu erfassende **Einkünfte** vor.

Weitere Erläuterungen betreffend lohnsteuerliches Dienstverhältnis finden Sie in den Lohnsteuerrichtlinien 2002 unter den Randzahlen 930 bis 937, 981 und 984.

Sonstige amtliche Regelungen bzw. Judikate:

Werbungskosten:

Pflichtbeiträge von **nicht wesentlich beteiligten Gesellschafter-Geschäftsführern** an die Sozialversicherungsanstalt der gewerblichen Wirtschaft können bei der Lohnverrechnung berücksichtigt werden, wenn die **Beiträge vom Arbeitgeber einbehalten** und an die Versicherungsgesellschaft **abgeführt werden**. Andernfalls kann eine Berücksichtigung nur bei der Arbeitnehmerveranlagung erfolgen. In beiden Fällen ist zu beachten, dass die auf die laufenden Bezüge entfallenden Beiträge bei den laufenden Bezügen und die auf die sonstigen Bezüge entfallenden Beiträge bei den sonstigen Bezügen abzuziehen sind. Sofern sonstige Bezüge in Höhe von ungefähr einem Sechstel der laufenden Bezüge bezahlt werden, sind zwölf Vierzehntel der Beiträge bei den laufenden Bezügen und zwei Vierzehntel bei den sonstigen Bezügen zu berücksichtigen. Bei der Berücksichtigung der Beiträge als Werbungskosten hat durch das Finanzamt eine Verminderung der sonstigen Bezüge um die darauf entfallenden Pflichtbeiträge zu erfolgen (LStR 2002, Rz 248).

Abfertigung (→ 34.7.2.):

Erwirbt ein in einem arbeitsrechtlichen Dienstverhältnis zu einer **GmbH** stehender **Geschäftsführer weitere Anteile** an dieser Gesellschaft, die eine Erhöhung der Beteiligung auf mindestens 50% oder das Verfügen über eine Sperrminorität bewirken, führt dies zu einem Verlust der arbeitsrechtlichen Arbeitnehmereigenschaft und damit zu einem gesetzlichen Abfertigungsanspruch nach § 23 AngG. Bestand in dem in § 22 Z 2 EStG genannten Zeitraum von zehn Jahren vor Verlust der arbeitsrechtlichen Arbeitnehmereigenschaft als Geschäftsführer überwiegend eine nicht wesentliche Beteiligung von 25% oder weniger, ist eine **Abfertigung gem. § 67 Abs. 3 EStG** zu versteuern, andernfalls liegen Einkünfte aus sonstiger selbstständiger Arbeit i.S.d. § 22 Z 2 EStG vor. Dies gilt auch dann,

- wenn die Abfertigung aus sachlichen Gründen zu einem Zeitpunkt ausbezahlt wird, zu dem die arbeitsrechtliche Arbeitnehmereigenschaft nicht mehr vorliegt,
- wenn die Abfertigung später ausbezahlt wird, weil im Zuge einer Umwandlung einer GmbH nach Art. II UmgrStG ein in einem arbeitsrechtlichen Dienstver-

1309 Ein wesentlich beteiligter Gesellschafter-Geschäftsführer.

hältnis zu einer GmbH stehender Geschäftsführer zum Kommanditisten oder atypisch stillen Gesellschafter der Nachfolge-Personengesellschaft wird und sein arbeitsrechtliches Dienstverhältnis zur Personengesellschaft aufrecht bleibt.

Die Abfertigung ist (auch dann) gem. § 67 Abs. 3 EStG zu versteuern, wenn sie später ausbezahlt wird,

- weil sich ein in einem arbeits- und steuerrechtlichen Dienstverhältnis stehender Arbeitnehmer mit einer Vermögenseinlage i.S.d. § 12 Abs. 2 UmgrStG an der Arbeitgeberkörperschaft gegen einen mehr als 25%igen Anteil beteiligt und das arbeitsrechtliche Dienstverhältnis weiterbesteht,
- weil im Zuge eines Zusammenschlusses nach Art. IV UmgrStG ein in einem arbeits- und steuerrechtlichen Dienstverhältnis zum umzugründenden Unternehmen stehender Arbeitnehmer zum Kommanditisten oder atypisch stillen Gesellschafter der übernehmenden Personengesellschaft wird und damit ein steuerrechtliches Dienstverhältnis zur Gesellschaft nicht mehr möglich ist, aber sein arbeitsrechtliches Dienstverhältnis zur Personengesellschaft aufrecht bleibt (LStR 2002, Rz 1074).

Beispiel

Anteile am Stammkapital eines Gesellschafter-Geschäftsführers einer GmbH:

- vom 1.4.2002 bis 31.7.2019: 25%,
- vom 1.8.2019 bis 30.9.2022: 40%,
- ab 1.10.2022: 50% (= arbeitsrechtliche Beendigung des Dienstverhältnisses).

Mit dem Erwerb der 50%igen Beteiligung wird dem Gesellschafter-Geschäftsführer eine gesetzliche Abfertigung zuerkannt und in der Folge ausbezahlt.

Der 10-jährige Beobachtungszeitraum geht vom 1.10.2012 bis 30.9.2022. Innerhalb dieses Zeitraums überwiegt die Zeit der nicht wesentlichen Beteiligung, weshalb die am 1.10.2022 ausbezahlte Abfertigung zu den Einkünften aus nicht selbstständiger Arbeit zählt und gem. § 67 Abs. 3 EStG begünstigt versteuert wird.

Weitere Hinweise bezüglich Abfertigung bei schwankender Beteiligung finden Sie in der Beispielsammlung unter der Randzahl 11074 zu den Lohnsteuerrichtlinien 2002.

BV-Beiträge (→ 31.9.2.2.3.)

Beiträge des Arbeitgebers an eine BV-Kasse für Geschäftsführer von GmbHs (mit bzw. ohne Sperrminorität) mit einer **Beteiligung** von **nicht mehr als 25%** fallen unter die Bestimmung des **§ 26 Z 7 lit. d EStG** (LStR 2002, Rz 766c).

31.9.2.2.3. Sonstige abgabenrechtliche Bestimmungen

Ausführungen zu **Zulagen und Zuschlägen** gem. § 68 EStG sowie **Reisekostenersätze** finden Sie unter Punkt 31.9.1.2.

Ausführliche Regelungen und Rechtsansichten über

- den **Dienstgeberbeitrag zum FLAF** finden Sie unter Punkt 37.3.3.,

- den **Zuschlag zum DB** unter Punkt 37.3.4. und
- die **Kommunalsteuer** unter Punkt 37.4.1.

Zur **Dienstgeberabgabe der Gemeinde Wien** (→ 37.4.2.) ein problembezogenes Erkenntnis:

Ist ein **Gesellschafter-Geschäftsführer**

- auf Grund der gesellschaftsrechtlichen Funktion an die **Weisung** der Generalversammlung gebunden und
- übt dieser kontinuierlich über mehrere Jahre die Agenden der Geschäftsführung aus und kann demnach von einer **Eingliederung** in den **betrieblichen Organismus** der Gesellschaft ausgegangen werden,

liegt ein Dienstverhältnis i.S.d. Wiener Dienstgeberabgabegesetzes vor (VwGH 25.8.2005, 2004/16/0153).

Nachstehende Rechtsansichten bezüglich Geltung des BMSVG für Gesellschafter-Geschäftsführer

Gesellschafter-Geschäftsführer einer GmbH mit einer Beteiligung bis 25%

Durch § 47 Abs. 2 EStG in Verbindung mit § 4 Abs. 2, 3. Satz ASVG werden alle **bis zu 25%** beteiligten **lohnsteuerpflichtigen** Gesellschafter-Geschäftsführer als „echte" Dienstnehmer i.S.d. ASVG sozialversicherungspflichtig nach § 4 Abs. 2 ASVG, auch wenn diese im Rahmen eines freien Dienstverhältnisses tätig sind. Rein nach dem Wortlaut des § 1 Abs. 1a BMSVG (→ 36.1.1.1.) findet das BMSVG in diesem Fall keine Anwendung.

Nach Ansicht des BMWFW ist diese Bestimmung so auszulegen, dass auch ein max. bis zu 25% beteiligter lohnsteuerpflichtiger Gesellschafter-Geschäftsführer dem **ersten Teil des BMSVG** unterliegt (→ 36.1.2.1.). Für diese Lösung spricht insb., dass die einkommensteuer- und sozialversicherungsrechtliche Einordnung dieses freien Dienstvertrags als „echter" Dienstvertrag i.S.d. ASVG lediglich auf der Fiktion des § 47 Abs. 2 EStG beruht. Diese vom Gesetzgeber im EStG vorgenommene Umdeutung des Vertrags soll dem freien Dienstnehmer hinsichtlich der Abfertigung nicht zum Schaden gereichen. Wesentlich ist die Absicht des Gesetzgebers, dass alle freien Dienstverträge vom BMSVG erfasst werden.

Zusammenfassend ist festzuhalten, dass lohnsteuerpflichtige freie Dienstnehmer, die auf Grund der Fiktion nach § 4 Abs. 2 Satz 3 ASVG für den Bereich des ASVG als „echte" Dienstnehmer gelten, in analoger Anwendung des § 1 Abs. 1a BMSVG dem BMSVG unterliegen.

Gesellschafter-Geschäftsführer einer GmbH mit einer Beteiligung über 25%

Ein zu **mehr als 25%** beteiligter Gesellschafter-Geschäftsführer **mit freiem Dienstvertrag** unterliegt der Sozialversicherungspflicht nach § 2 Abs. 1 Z 3 GSVG (wenn die GmbH kammerzugehörig ist) oder nach § 2 Abs. 1 Z 4 GSVG (wenn die GmbH nicht kammerzugehörig ist) (→ 31.9.2.2.1.). Damit unterliegt diese Personengruppe auf Grund der Pflichtversicherung in der Krankenversicherung nach dem GSVG der Selbstständigenvorsorge nach dem **vierten Teil des BMSVG**[1310] (PVInfo 2/2008, Linde Verlag Wien).

1310 Die Beitragsvorschreibung erfolgt durch die Sozialversicherungsanstalt der Selbständigen.

Besteht bei einem zu mehr als 25% (bis max. 49,99%) beteiligten Gesellschafter-Geschäftsführer eine Pflichtversicherung als freier Dienstnehmer gem. § 4 Abs. 4 ASVG, unterliegt dieser dem **ersten Teil des BMSVG.**

Überblicksmäßige Darstellung (für den Regelfall):

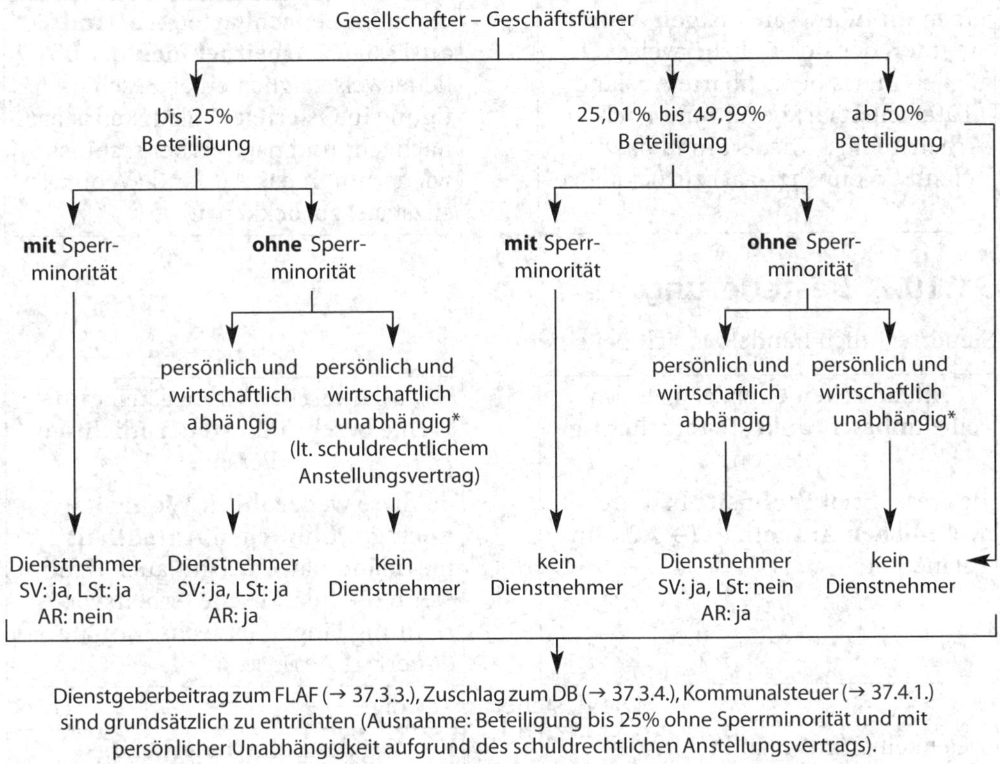

*) Sofern die Gesellschaft nicht Wirtschaftskammermitglied ist und der GF über keine wesentlichen eigenen Betriebsmittel verfügt, ist sozialversicherungsrechtlich auch eine Versicherungspflicht nach § 4 Abs. 4 ASVG möglich.

SV = Sozialversicherungspflicht
LSt = Lohnsteuerpflicht
AR = Arbeitsrecht

31.10. Grenzgänger

31.10.1. Begriff

Der Begriff stammt aus dem **internationalen Steuerrecht**. Er wird dort für Personen verwendet,

- die in einem Staat **in der Nähe der Grenze wohnen** und im anderen Staat **in der Nähe der Grenze** ihren **Arbeitsort haben** und
- die, ohne im Staat des Arbeitsorts ansässig zu werden, üblicherweise **täglich** zwischen Wohnort und Arbeitsort **hin und her pendeln**.

Man unterscheidet dabei in

inländische Grenzgänger (**Auspendler**)	und in	**ausländische** Grenzgänger (**Einpendler**).

Darunter versteht man

einen **im Inland ansässigen Arbeitnehmer**, der sich üblicherweise täglich in das benachbarte Ausland (Tätigkeitsstaat) begibt und nach Arbeitsschluss wiederum in das Inland (Wohnsitzstaat) zurückkehrt;	einen **im benachbarten Ausland ansässigen Arbeitnehmer**, der üblicherweise täglich einer Beschäftigung in Österreich (Tätigkeitsstaat) nachgeht und nach Arbeitsschluss wiederum in das Ausland (Wohnsitzstaat) zurückkehrt.

31.10.2. Besteuerung

Steuerrechtlich handelt es sich bei einem

inländischen Grenzgänger um eine **unbeschränkt steuerpflichtige** Person, da diese **ihren Wohnsitz** bzw. **gewöhnlichen Aufenthalt** (→ 7.2.) im Inland hat;	ausländischen Grenzgänger um eine **beschränkt steuerpflichtige** Person, da diese **weder ihren Wohnsitz noch gewöhnlichen Aufenthalt** im Inland hat. Dies gilt auch dann, wenn die inländische Arbeitsverrichtung länger als sechs Monate dauert (LStR 2002, Rz 6).

Die Besteuerung erfolgt

wegen einer im Inland fehlenden Betriebsstätte nicht im Weg des Lohnsteuerabzugs, sondern im Weg der **Veranlagung** (LStR 2002, Rz 14) (→ 7.6.);	im Weg des **Lohnsteuerabzugs** (→ 31.1.2.).

In beiden Fällen sind ev. **Grenzgängerregelungen** in den Doppelbesteuerungsabkommen (Abkommen zur Vermeidung der Doppelbesteuerung) **zu beachten** (→ 7.2.). Die meisten Doppelbesteuerungsabkommen Österreichs mit seinen Nachbarstaaten sehen eine Sonderbehandlung von Grenzgängern vor. Das Besteuerungsrecht ist dafür grundsätzlich dem Wohnsitzstaat zugeteilt. Diesen Umstand teilt der Arbeitnehmer seinem Arbeitgeber mittels Vorlage einer sog. „Grenzgängerbescheinigung" mit. Diese wird vom Finanzamt des Wohnsitzes des Arbeitnehmers ausgestellt. Auf Grund dieser Grenzgängerbescheinigung erfolgt keine Besteuerung und dem Arbeitnehmer wird der Bruttolohn abzüglich der Sozialversicherungsbeiträge ausbezahlt.

In manchen Fällen besitzt jedoch auch der Staat, in dem die Tätigkeit ausgeübt wird, ein eingeschränktes Besteuerungsrecht – dann ist der Wohnsitzstaat verpflichtet, die im Tätigkeitsstaat (Quellenstaat) erhobene Steuer auf seine eigene Steuer anzurechnen.

31.10.3. Sonstige Bestimmungen

Inländische Grenzgänger	Ausländische Grenzgänger
unterliegen	
• grundsätzlich keinen sonstigen abgabenrechtlichen Bestimmungen[1311].	• grundsätzlich der Pflichtversicherung gem. dem ASVG (→ 6.1.1.)[1312]. Ihre Bezüge unterliegen • dem Dienstgeberbeitrag zum FLAF (→ 37.3.3.3.), • dem Zuschlag zum DB (→ 37.3.4.3.), • der Kommunalsteuer (→ 37.4.1.3.). Ihr Dienstverhältnis • unterliegt gegebenenfalls der Dienstgeberabgabe der Gemeinde Wien (→ 37.4.2.).

31.11. Ältere Personen

Für ältere Dienstnehmer bzw. freie Dienstnehmer gelten **nachstehende Sonderbestimmungen**:

1. Arbeitslosenversicherungsbeitrag:

Entfall des Arbeitslosenversicherungsbeitrags (DG- und DN-Anteil) (wegen Entfalls der Arbeitslosenversicherungspflicht) für Männer und Frauen, die

- die Anspruchsvoraussetzungen für eine Alterspension[1314] (Mindestalter, erforderliche Anzahl von Versicherungs- und Beitragsmonaten [ausgenommen die Korridorpension]) erfüllen oder
- das 63. Lebensjahr vollendet haben (§ 1 Abs. 2 lit. e, § 79 Abs. 124 AlVG).

Hinweis: Es empfiehlt sich, den möglichen Stichtag für den Anspruch auf eine Alterspension frühzeitig in Erfahrung zu bringen. Werden trotz Nichtbestehens der Arbeitslosenversicherungspflicht **Arbeitslosenversicherungsbeiträge** geleistet, so sind diese auf Antrag **zurückzuerstatten** (§ 45 Abs. 3 AlVG) (→ 37.2.3.).

2. Unfallversicherungsbeitrag:

Für Männer und Frauen, die das 60. Lebensjahr vollendet haben, ist der allgemeine Beitrag zur Unfallversicherung aus Mitteln der Unfallversicherung (und nicht vom Dienstgeber) zu zahlen (§ 51 Abs. 6 ASVG).

1311 Siehe dazu auch Punkt 6.1.2.
1312 Siehe dazu auch Punkt 6.1.2.

3. Pensionsversicherungsbeitrag:

Halbierung des PV-Beitrags (22,8% auf 11,4%)[1313] für Frauen ab Vollendung des 60. Lebensjahres (bis zur Vollendung des 63. Lebensjahres) und für Männer ab Vollendung des 65. Lebensjahres (bis zur Vollendung des 68. Lebensjahres), die Anspruch auf eine Alterspension haben, diese aber nicht beziehen (→ 37.2.4.2.).

Hinweis: Es empfiehlt sich, vom Dienstnehmer im Vorfeld eine entsprechende Bestätigung des Pensionsversicherungsträgers zu verlangen, wonach ab einem bestimmten Datum der Anspruch auf eine Alterspension besteht, aber nicht ausbezahlt wird.

4. Zuschlag nach dem Insolvenz-Entgeltsicherungsgesetz (IE-Zuschlag):

Entfall des IE-Zuschlags für Männer und Frauen, die

- die Anspruchsvoraussetzungen für eine Alterspension[1314] (Mindestalter, erforderliche Anzahl von Versicherungs- und Beitragsmonaten [ausgenommen die Korridorpension]) erfüllen oder
- das 63. Lebensjahr vollendet haben (§ 12 Abs. 1, 2 IESG).

5. Dienstgeberbeitrag zum Familienlastenausgleichsfonds (DB zum FLAF) und Zuschlag zum Dienstgeberbeitrag (DZ):

Entfall des DB zum FLAF (→ 37.3.3.3.) und DZ (→ 37.3.4.) bei Männern und Frauen nach Vollendung des 60. Lebensjahrs (§ 41 Abs. 4 FLAG).

6. Wiener Dienstgeberabgabe (U-Bahn-Steuer):

Für Dienstnehmer, die das 55. Lebensjahr überschritten haben, ist die Dienstgeberabgabe der Gemeinde Wien (**U-Bahn-Steuer**) nicht zu entrichten (→ 37.4.2.).

1313 Der PV-Beitrag des Dienstnehmers reduziert sich von 10,25% auf 5,125%, der PV-Beitrag des Dienstgebers reduziert sich von 12,55% auf 6,275%.

1314 Dieser Hinweis bezieht sich darauf, ob diese Personen
- **Alterspensionsbezieher** (z.B. Bezieher von Alterspension bei langer Versicherungsdauer bzw. von Regelpension) oder Bezieher von Sonderruhegeld nach dem NSchG **sind oder nicht**. Das Regelpensionsalter beträgt bei Frauen 60, bei Männern 65 Jahre.

Darüber hinaus bezieht sich der Hinweis darauf, ob diese Personen die
- **Anspruchsvoraussetzungen** für eine **Alterspension** oder für ein Sonderruhegeld nach dem NSchG (ausgenommen die Korridorpension) **erfüllt haben oder nicht**.

Dies betrifft aber **nicht** die **Berufsunfähigkeits- bzw. Invaliditätspension**.

Auf Grund dieser Sonderbestimmungen ergeben sich **folgende Varianten**:

	Variante 1	Variante 2	Variante 3	Variante 4
	„Alt"-Bonus (→ 37.2.4.1.) bei Einstellung (bis 31.8.2009) von Personen über 50 Jahre (sofern nicht bereits eine weitere Variante erfüllt wird)	**Männer** bis 60 Jahre	**Männer** über 60 Jahre bis 63 Jahre ohne Pensionsanspruch[1314]	**Männer** über 60 Jahre mit Pensionsanspruch[1314]
AV-Pflicht?	ja	ja	ja	nein[1315]
AV-Beitrag?	DG: nein DN: ja	ja	ja	nein
UV-Beitrag?	ja (entfällt jedoch mit Vollendung des 60. Lebensjahres)	ja	nein	nein
IE-Zuschlag?	ja	ja	ja	nein
DB/DZ?	ja (entfällt jedoch nach Vollendung des 60. Lebensjahres)	ja	nein	nein
	Variante 5	**Variante 6**	**Variante 7**	**Variante 8**
	Männer über 63 Jahre	**Frauen** bis 60 Jahre ohne Pensionsanspruch[1314]	**Frauen** bis 60 Jahre mit Pensionsanspruch[1314]	**Frauen** über 60 Jahre bis 63 Jahre ohne Pensionsanspruch[1314]
AV-Pflicht?	nein[1315]	ja	nein[1315]	ja
AV-Beitrag?	nein	ja	nein	ja
UV-Beitrag?	nein	ja	ja	nein
IE-Zuschlag?	nein	ja	nein	ja
DB/DZ?	nein	ja	ja	nein
	Variante 9	**Variante 10**		
	Frauen über 60 Jahre mit Pensionsanspruch[1314]	**Frauen** über 63 Jahre		
AV-Pflicht?	nein[1315]	nein[1315]		
AV-Beitrag?	nein	nein		
UV-Beitrag?	nein	nein		
IE-Zuschlag?	nein	nein		
DB/DZ?	nein	nein		

Die sozialversicherungsrechtlichen Besonderheiten (Punkte 1. bis 4.) werden im Tarifsystem u.a. über nachstehende **Abschläge** in der jeweiligen Verrechnungsposition (→ 39.1.1.1.3.) berücksichtigt.

1315 Der Dienstnehmer (freie Dienstnehmer) erwirbt trotzdem Anwartschaftszeiten für die Arbeitslosenversicherung (§ 14 Abs. 4 AlVG).

Kurz-bezeichnung	Wert (DN+DG)	Beschreibung	Meldung im Vorschreibeverfahren erforderlich*)
Entfall UV (60. LJ)	–1,20% (DG)	Altersbedingter Entfall des Unfallversicherungsbeitrags nach Vollendung des 60. Lebensjahres	nein
Entfall AV+IE Pensions-anspruch	–6,20% (DN+DG)	Altersbedingter Entfall des Arbeitslosenversicherungsbeitrags und IE- Zuschlages bei Vorliegen der Anspruchsvoraussetzungen für bestimmte Pensionen, spätestens nach Vollendung des 63. Lebensjahres	nur, wenn der Abschlag vor der Vollendung des 63. Lebensjahres zur Anwendung kommt
Bonus-Altfall Entfall AV	–3,00% (DG)	Einstellung und Vollendung des 50. Lebensjahres vor 1.9.2009, Abschlag bis Vorliegen der Voraussetzungen für Entfall AV aufgrund des Alters	nein
Minderung PV 50%	–11,40% (DN+DG)	Halbierung des Beitrags zur Pensionsversicherung für Personen, deren Alterspension sich wegen Aufschubes der Geltendmachung des Anspruches erhöht	ja

*) **Hinweis:** Im Vorschreibeverfahren werden Abschläge (genau wie Zuschläge) im Tarifsystem zu einem Großteil anhand der bestehenden Daten durch den Krankenversicherungsträger automatisch berücksichtigt. Nur gewisse Abschläge (und Zuschläge) müssen vom Dienstgeber zwingend über die mBGM (im Rahmen der Verrechnungsposition) gemeldet werden.

Hinweis: Ein Lebensjahr ist mit dem Ablauf des dem Geburtstag vorangehenden Tages vollendet (VwGH 19.3.1996, 95/08/240).

Werden die entsprechenden Voraussetzungen für die sozialversicherungsrechtlichen Begünstigungen erst während des Monats erfüllt (z.B. Vollendung des 60. Lebensjahres), wirken diese erst ab dem Beginn des Folgemonats (z.B. dem auf die Vollendung des 60. Lebensjahres folgenden Kalendermonat).

Hinweise: Das vollständige Tarifsystem inklusive sämtlicher Abschläge finden Sie im Internet unter www.gesundheitskasse.at.

Über einen **Tarifrechner** können die jeweilige Beschäftigtengruppe sowie Ergänzungen zur Beschäftigtengruppe und/oder Zu- bzw. Abschläge und in weiterer Folge die insgesamt abzurechnenden Beiträge festgestellt werden. Sie finden diesen u. a. unter: www.gesundheitskasse.at → Dienstgeber → Online-Services → Tarifrechner.

31.12. Personen mit geringem Entgelt

Gemäß dem Arbeitsmarktpolitik-Finanzierungsgesetz (AMPFG) vermindert sich bei geringem Entgelt der zu entrichtende Arbeitslosenversicherungsbeitrag (AV-Beitrag) durch eine Senkung des auf den Pflichtversicherten (Dienstnehmer, freien Dienstnehmer, Lehrling) entfallenden Anteils. **Der vom Pflichtversicherten zu tragende Anteil** des Arbeitslosenversicherungsbeitrags **beträgt** bei einer monatlichen Beitragsgrundlage[1316]

1. bis € 1.828,00 **0%**,
2. über € 1.828,00 bis € 1.994,00 **1%**,
3. über € 1.994,00 bis € 2.161,00 **2%**,
4. über € 2.161,00 die normalen **3%** (§ 2a Abs. 1 AMPFG).

Eine **Zusammenrechnung** der monatlichen Beitragsgrundlagen aus **mehreren Versicherungsverhältnissen** hat nicht zu erfolgen. Dies bedeutet, dass jedes Versicherungsverhältnis hinsichtlich des Entfalls bzw. der Verringerung des AV-Beitrags einzeln zu behandeln ist.

Bei **fallweisen Beschäftigten** wird jeder Tag als eigenständiges Dienstverhältnis gewertet, sodass hinsichtlich der Verringerung des AV-Beitrags eine tageweise Betrachtung zu erfolgen hat (Nö. GKK, NÖDIS Nr. 3/März 2017).

Der vom Dienstgeber zu tragende Anteil des AV-Beitrags (3%) bleibt **unverändert**.

Für Lehrverhältnisse, die ab dem 1.1.2016 beginnen, beträgt der Arbeitslosenversicherungsbeitrag des Lehrlings bei einer monatlichen Beitragsgrundlage

1. bis € 1.828,00 **0%**,
2. über € 1.828,00 bis € 1.994,00 **1%**,
3. über € 1.994,00 **1,2%** (§ 2a Abs. 1 AMPFG).

Berücksichtigung über Abschläge im Tarifsystem:

Die von dieser Regelung betroffenen Dienstnehmer (freien Dienstnehmer, Lehrlinge) bleiben bei einer ev. Reduzierung des Entgelts unter ihrer Beschäftigtengruppe weiter versichert (keine Änderungsmeldung).

Der verringerte AV-Beitrag wird im Tarifsystem u.a. über nachstehende **Abschläge** in der jeweiligen Verrechnungsposition (→ 39.1.1.1.3.) berücksichtigt.

Kurzbezeichnung	**Wert**	**Beschreibung**	**Meldung im Vorschreibeverfahren erforderlich*)**
Minderung AV 1%	–1,00% (DN)	Minderung Arbeitslosenversicherungsbeitrag bei geringem Einkommen – auch für Lehrlinge mit Beginn der Lehre vor 1.1.2016	nur im Fall der Altersteilzeit[1317]
Minderung AV 2%	–2,00% (DN)		
Minderung AV 3%	–3,00% (DN)		

1316 Gemeint ist das tatsächliche beitragspflichtige Entgelt ohne Berücksichtigung der Höchstbeitragsgrundlage (→ 11.4.3.1.).

1317 Die Verminderung des AV-Beitrags ist hier lediglich vom tatsächlich an den Dienstnehmer ausbezahlten Entgelt vorzunehmen.

Kurzbezeichnung	Wert	Beschreibung	Meldung im Vorschreibeverfahren erforderlich*)
Minderung AV 1,2% (Lehrling)	–1,20% (DN)	Minderung Arbeitslosenversicherungsbeitrag bei Lehrlingen bei geringem Einkommen – Beginn der Lehre ab 1.1.2016	nein
Minderung AV 0,2% (Lehrling)	–0,20% (DN)		

Diese werden im Rahmen der mBGM (→ 39.1.1.1.3.) bei der jeweiligen Verrechnungsposition berücksichtigt und gemeldet.

*) **Hinweis:** Im Vorschreibeverfahren werden Abschläge (genau wie Zuschläge) im Tarifsystem zu einem Großteil anhand der bestehenden Daten durch den Krankenversicherungsträger automatisch berücksichtigt. Nur gewisse Abschläge (und Zuschläge) müssen vom Dienstgeber zwingend über die mBGM (im Rahmen der Verrechnungsposition) gemeldet werden.

Getrennte Betrachtung je Beitragszeitraum – unterschiedliche Entgelthöhe:

Für den Entfall bzw. die Verringerung des AV-Beitrags ist **jeder Beitragszeitraum gesondert** zu betrachten. Demnach erfolgt keine Durchschnittsbetrachtung. Die Höhe des AV-Beitrags kann also durchaus von Monat zu Monat variieren. Maßgeblich für den Entfall bzw. die Verminderung des AV-Anteils ist immer das im Beitragszeitraum **tatsächlich gebührende bzw. geleistete beitragspflichtige Entgelt**.

Beispiel 1

- Laufendes (beitragspflichtiges) Entgelt im März € 1.780,00 : AV-Beitrag **0%**;
- laufendes (beitragspflichtiges) Entgelt im April € 1.840,00 : AV-Beitrag **1%**.

Keine fiktive Aufrechnung auf das volle Monat:

Bei untermonatigem Beginn bzw. untermonatiger Beendigung eines Dienst-(Lehr-)Verhältnisses bedarf es demzufolge (weil immer vom tatsächlich gebührenden beitragspflichtigen Entgelt auszugehen ist) **keiner fiktiven Aufrechnung** auf einen vollen Monat.

Beispiel 2

Beginn des Dienstverhältnisses: 16.8.2022, tatsächlich gebührendes (beitragspflichtiges) Entgelt für die Zeit vom 16.8. bis 31.8.2022: € 1.000,00.

Der AV-Beitrag beträgt **0%**.

Auch beim **Teilentgelt** im Fall von länger andauernden Dienstverhinderungen gilt der vorstehende Grundsatz.

Beispiel 3

- Volles (beitragspflichtiges) Entgelt für April € 2.110,00: AV-Beitrag **2%**,
- Teilentgelt (beitragspflichtig) für Mai € 1.055,00: AV-Beitrag **0%**.

Unbeachtlichkeit der Höchstbeitragsgrundlage:

Bei der Beurteilung, ob eine Verminderung oder ein Entfall des AV-Beitrags eintritt, ist **nicht ausschließlich auf die Höhe der Beitragsgrundlage** abzustellen. Vielmehr ist das **tatsächliche Entgelt** ohne Berücksichtigung der Höchstbeitragsgrundlage von Bedeutung.

Beispiel 4

- Dienstnehmer wird für einen Tag eingestellt,
- volles (beitragspflichtiges) Entgelt dafür € 800,00: AV-Beitrag **0%**.

Beispiel 5

- Beginn des Dienstverhältnisses: 21.4.2022, tatsächlich gebührendes Entgelt für die Zeit vom 21.4.–30.4.2022 (10 Kalendertage): € 2.400,00. Davon unterliegen nur € 1.890,00 der Beitragspflicht (Höchstbeitragsgrundlage: € 189,00 pro Tag à 10 Tage).
- Der AV-Beitrag beträgt **3%**.

Mehrere Dienstverhältnisse sind nicht zusammenzurechnen:

Jedes Dienstverhältnis ist hinsichtlich der Verringerung bzw. des Entfalles des AV-Beitrags einzeln zu behandeln. Eine Zusammenrechnung mehrerer Dienstverhältnisse hat auch dann nicht zu erfolgen, wenn diese zum selben Dienstgeber bestehen.

Beispiel 6

- Fallweise Beschäftigungen zum selben Dienstgeber: 3./7./14./16./29. Juli mit einem Lohn von jeweils € 500,00 = € 2.500,00 gesamt.
- Der AV-Beitrag beträgt jeweils **0%**.

Getrennte Betrachtung laufender Bezüge und Sonderzahlungen:

Für die Beurteilung, ob bzw. in welcher Höhe der Versichertenanteil am AV-Beitrag entfällt, sind das beitragspflichtige **laufende Entgelt** sowie die beitragspflichtigen

Sonderzahlungen (z.B. Urlaubsbeihilfe, Weihnachtsremuneration, Bilanzgeld) im jeweiligen Beitragszeitraum **getrennt zu betrachten**. Eine Aufsummierung dieser Bezüge hat zu unterbleiben[1318]. Dadurch kann es zu unterschiedlichen „Rückverrechnungen" des AV-Beitrags kommen.

Beispiel 7

- Laufendes (beitragspflichtiges) Entgelt im Juni € 2.100,00: AV-Beitrag **2%**;
- Sonderzahlung (beitragspflichtig) im Juni € 1.500,00: AV-Beitrag **0%**.

Einige Sozialversicherungsträger vertreten nachstehende Rechtsansicht:

- Der Dienstnehmer hat einen Netto-Vorteil bei Sonderzahlungen bis € 4.322,00 (2 × € 2.161,00), wenn die Sonderzahlungen in vier statt in zwei Teilbeträgen gewährt werden.
- Es liegt kein Missbrauch vor, wenn die Zweiteilung der beiden Sonderzahlungen nicht auf Mitarbeiter mit einem Bezug von bis zu € 4.322,00 beschränkt wird.
- Voraussetzung ist eine Festlegung im Dienstvertrag oder in einer Betriebsvereinbarung.

Eine Abstimmung mit dem Krankenversicherungsträger wird empfohlen.

Sonderzahlungen – Vorbezüge:

Bei Sonderzahlungen werden im laufenden Kalenderjahr schon erhaltene Sonderzahlungen **für die Beurteilung** der Verminderung bzw. des Entfalls des AV-Beitrags **nicht berücksichtigt**.

Beispiel 8

- Dienstnehmer hat bereits Sonderzahlungen in der Höhe von 2 × € 5.000,00 = € 10.000,00 (jeweils im Juni und Oktober) erhalten.
- Im November erhält er eine weitere Sonderzahlung in der Höhe von € 2.000,00:

Höchstbeitragsgrundlage	€	11.340,00	
bereits erhaltene Sonderzahlungen	– €	10.000,00	
verbleibender Teil Höchstbeitragsgrundlage	€	1.340,00	(AV-Beitrag **2%**)

1318 Es hat jedoch eine Zusammenfassung einerseits sämtlicher laufender Bezüge (z.B. Gehalt und laufender Sachbezug) und andererseits sämtlicher Sonderzahlungen (z.B. im gleichen Monat gewährte Weihnachtsremuneration und Sonderprämie) zu erfolgen.

Rückverrechnung von Sonderzahlungen:

Zur Vorgehensweise bei Rückverrechnung von Sonderzahlungen (Beendigung des Dienstverhältnisses) ist Folgendes zu beachten:

Beispiel 9

- Ende des Dienstverhältnisses: 31.10.2022.
- Aliquote Weihnachtsremuneration gebührt in der Höhe von € 1.913,00,
- von der bereits im Juni erhaltenen Urlaubsbeihilfe (€ 2.296,00) ist der Anteil von € 383,00 rückzurechnen.

Der Minusbetrag der Urlaubsbeihilfe wird mit dem Betrag der Weihnachtsremuneration gegengerechnet. Das für die Berücksichtigung der Grenzwerte maßgebliche Entgelt per Oktober 2022 beträgt daher:

Urlaubsbeihilfe	– €	383,00[1319]
Weihnachtsremuneration	+ €	1.913,00
ergibt	€	1.530,00: (AV-Beitrag **0%**)

Vereinbarter Karenzurlaub (unbezahlter Urlaub) mit aufrechter Pflichtversicherung:

Eine allfällige Verminderung bzw. ein gänzlicher Entfall des AV-Beitrags kann **lediglich den Dienstnehmeranteil** zur Arbeitslosenversicherung, nicht jedoch den Dienstgeberanteil betreffen. Dies gilt auch dann, wenn der Dienstnehmer, wie im Sonderfall eines unbezahlten Urlaubs, die Beiträge (Dienstnehmer- und Dienstgeberanteil) zur Gänze zu tragen hat (→ 27.1.2.2.).

Erstreckt sich der unbezahlte Urlaub nicht über einen ganzen Monat, sind für die Beurteilung im Hinblick auf die Entgeltgrenzen das ins Verdienen gebrachte **Arbeitsentgelt** und die **fiktive Beitragsgrundlage** für den unbezahlten Urlaub nach Ansicht der Sozialversicherungsträger **aufzusummieren.**

Beispiel 10

• Unbezahlter Urlaub vom 16.8.–31.8.,		
• Arbeitsentgelt (Feiertagsentgelt) vom 1.8.–15.8.	€	950,00
• Beitragsgrundlage unbezahlter Urlaub	€	900,00
	€	1.850,00 (AV-Beitrag **1%**)

1319 Die Richtigstellung der seinerzeit abgerechneten Sozialversicherungsbeiträge (inkl. Verminderung des AV-Beitrags) der Urlaubsbeihilfe kann auch durch Stornierung der Juniabrechnung erfolgen.

20%-Deckelung des Versichertenanteils bei Gewährung von Geld-/Sachbezügen:

Durch die Schutzbestimmung des § 53 Abs. 1 ASVG (→ 20.3.1.3.) wird u.a. der Dienstnehmeranteil zur Arbeitslosenversicherung gesetzlich begrenzt. Nach der Rechtsansicht des DVSV **geht diese Schutzbestimmung des ASVG der Regelung des § 2a AMPFG vor**. Eine Verringerung des Dienstnehmeranteils zur Arbeitslosenversicherung kommt somit dem Dienstgeber bei der Tragung des Unterschiedsbetrags zugute.

Führt die Begünstigung des § 2a AMPFG dazu, dass vom Dienstgeber **überhaupt kein Unterschiedsbetrag** zu tragen ist, so liegt **kein Anwendungsfall des § 53 Abs. 1 ASVG** vor. Die Verminderung bzw. der Entfall des Dienstnehmeranteils zur Arbeitslosenversicherung ist sodann **ausschließlich bei der Beitragslast des Versicherten** zu berücksichtigen.

Beispiel 11

• Laufendes (beitragspflichtiges) Entgelt	€	900,00	
• (beitragspflichtiger) Sachbezug	€	350,00	
	€	1.250,00	(AV-Beitrag **0%**)

Ersatzleistung für Urlaubsentgelt/Kündigungsentschädigung/ Vergleichssumme:

Laufender Bezug

Jene Teile einer Ersatzleistung für Urlaubsentgelt, Kündigungsentschädigung bzw. Vergleichssumme, die sozialversicherungsrechtlich als laufendes Entgelt zu qualifizieren sind, sind entsprechend der Verlängerung der Pflichtversicherung dem(n) jeweiligen Monat(en) zuzuordnen. Die Beurteilung hinsichtlich einer etwaigen Verminderung oder eines Entfalls des AV-Beitrags hat im Anschluss daran **zeitraumbezogen** zu erfolgen.

Dabei müssen die **Höchstbeitragsgrundlagen** und die **Beitragssätze** dieser Beitragszeiträume berücksichtigt werden.

Sonderzahlungen

Sämtliche anlässlich der Beendigung des Dienstverhältnisses gebührenden (aliquoten) Sonderzahlungen – also auch jene Teile, die auf die Ersatzleistung für Urlaubsentgelt, Kündigungsentschädigung bzw. Vergleichssumme entfallen – sind ausschließlich im Monat der **arbeitsrechtlichen Fälligkeit** zu berücksichtigen. Die Beurteilung, ob ein niedriges Entgelt, bezogen auf die Sonderzahlungen, vorliegt, erfolgt im (in den) Fälligkeitsmonat(en). Im Regelfall wird es der Monat der Beendigung des Dienstverhältnisses sein; bei Zahlung einer Kündigungsentschädigung z.B. sehen die Gesetze eigene Zahlungsmodalitäten vor (→ 33.4.2.3.).

Die **Jahreshöchstbeitragsgrundlage** und die **Beitragssätze** sind für den Monat der Fälligkeit des jeweiligen Kalenderjahrs zu berücksichtigen.

Beispiel 12

- Ende des Dienstverhältnisses: 30.4.2022,
- Ersatzleistung für Urlaubsentgelt: 1.5.–5.6.2022,
- laufendes Entgelt April: € 1.880,00,
- Ersatzleistung für Urlaubsentgelt Mai: € 1.740,00,
- Ersatzleistung für Urlaubsentgelt Juni: € 290,00,
- aliquote Sonderzahlungen bis 30.4.2022: € 1.160,00,
- aliquoter Sonderzahlungsanspruch auf Grund der Ersatzleistung für Urlaubsentgelt: € 340,00.
- Wie ist abzurechnen?

Lösung:

1. **Laufendes Entgelt:**
   April: laufendes Entgelt € 1.880,00 : AV-Beitrag **1%**,
   Mai: laufendes Entgelt € 1.740,00 : AV-Beitrag **0%**,
   Juni: laufendes Entgelt € 290,00 : AV-Beitrag **0%**.
2. **Sonderzahlungen:**
   Die Sonderzahlungen im Gesamtausmaß von € 1.500,00 (aliquoter Sonderzahlungsanteil bis 30.4.2022 zu € 1.160,00 und Anteil für die Ersatzleistung für Urlaubsentgelt vom 1.5. bis 5.6.2022 zu € 340,00) sind **arbeitsrechtlich per 30.4.2022 fällig**. Der AV-Beitrag für die Sonderzahlungen von insgesamt € 1.500,00 (€ 1.160,00 zuzüglich € 340,00) beträgt daher **0%**.

Im Fall einer Kündigungsentschädigung (→ 34.4.) bzw. einer Vergleichssumme (für Ansprüche, die sich auf die Zeit nach Beendigung des Dienstverhältnisses beziehen, → 24.5.) wäre analog vorzugehen. Siehe dazu auch Beispiel 167.

Altersteilzeitvereinbarung:

Bedingt durch eine Sonderregelung des ASVG werden die Sozialversicherungsbeiträge nach § 44 Abs. 1 Z 10 ASVG im Fall des Vorliegens einer Altersteilzeitvereinbarung (→ 27.3.2.) von der **Beitragsgrundlage vor Herabsetzung der Normalarbeitszeit** (= fiktive Beitragsgrundlage) bemessen. Diese Beitragsgrundlage ist für die Beurteilung, ob es zu einer Verminderung oder zu einem Entfall der AV-Beiträge kommt, relevant. Der Dienstnehmer selbst leistet allerdings nur von seinem **der herabgesetzten Arbeitszeit entsprechenden Entgelt** und dem **Lohnausgleich** AV-Beiträge. Die Begünstigung kann daher auch nur diesen Teil der Beiträge umfassen. Jene Sozialversicherungsbeiträge, die von der Differenz des tatsächlich ausbezahlten Entgelts zuzüglich Lohnausgleichs zu der fiktiven Beitragsgrundlage zu entrichten sind, werden im Übrigen dem Dienstgeber vom Arbeitsmarktservice ersetzt.

Hinweis: Zu beachten sind dabei auch die Bestimmungen hinsichtlich „ältere Dienstnehmer“ (Entfall der Arbeitslosenversicherungsbeiträge, → 31.11.).

Beispiel 13

- Arbeitsverdienst € 600,00,
- Lohnausgleich € 300,00,
- Beitragsgrundlage vor Herabsetzung durch Altersteilzeit € 1.200,00.

Der Dienstgeber muss den Dienstnehmeranteil zur Sozialversicherung daher von der Beitragsgrundlage € 300,00 übernehmen. Bei der Beurteilung hinsichtlich Verminderung des AV-Beitrags wird die Grundlage von € 1.200,00 herangezogen. Diese Verminderung des AV-Beitrags um 3% darf aber nur beim Dienstnehmeranteil (von insgesamt € 900,00) berücksichtigt werden.

Kurzarbeit:

Bedingt durch eine Sonderregelung in § 37b Abs. 5 AMSG werden die Sozialversicherungsbeiträge im Fall des Vorliegens von Kurzarbeit (→ 27.3.3.) von der **Beitragsgrundlage vor Herabsetzung der Normalarbeitszeit** bemessen, wenn diese höher ist als die aktuelle Beitragsgrundlage. Seit 1.1.2021 richtet sich der Anteil des Dienstnehmers zur AV während der Kurzarbeit jedoch nach dem der verringerten Arbeitszeit entsprechenden Entgelt einschließlich Kurzarbeitsunterstützung. Werden die Grenzbeträge für einen niedrigeren AV-Beitrag unterschritten, so ist auch der vom Dienstnehmer zu tragende Anteil zur AV entsprechend geringer. Ungeachtet dessen ist insgesamt jener Beitragssatz in der AV anzuwenden, der sich aus der Beitragsgrundlage vor Beginn der Kurzarbeit ergibt. Eine etwaige Differenz ist vom Dienstgeber zu tragen. Im Rahmen der vom AMS geleisteten Kurzarbeitsbeihilfe erfolgt ein entsprechender Ersatz der diesbezüglichen Aufwendungen.

Hinweis: Zu beachten sind dabei auch die Bestimmungen hinsichtlich „ältere Dienstnehmer“ (Entfall der Arbeitslosenversicherungsbeiträge, → 31.11.).

Beispiel 14

- Mindestbruttoentgelt während Kurzarbeit (Arbeitsentgelt zuzüglich Kurzarbeitsunterstützung) € 1.700,00,
- Beitragsgrundlage vor Kurzarbeit € 2.200,00.

Der Dienstgeber muss den Dienstnehmeranteil zur Sozialversicherung daher von der Beitragsgrundlage i.H.v. € 500,00 übernehmen. Bei der Beurteilung hinsichtlich Verminderung des AV-Beitrags wird die Grundlage von € 2.200,00 herangezogen. Der vom Dienstnehmer zu tragende Anteil an der AV ist jedoch von € 1.700,00 zu bemessen und beträgt daher 0%. Diese Verminderung des AV-Beitrags um 3% ist vom Dienstgeber zu tragen. Dieser trägt daher zusätzlich zum gesamten Dienstnehmeranteil zur Sozialversicherung (18,12%) bemessen von € 500,00 noch 3% Dienstnehmer-AV-Anteil bemessen von € 1.700,00.

32. Beendigung von Dienstverhältnissen

In diesem Kapitel werden die arbeitsrechtlichen Möglichkeiten der Beendigung eines Dienstverhältnisses sowie die damit verbundenen abgabenrechtlichen Verpflichtungen dargestellt.

32.1. Arten der Beendigung von Dienstverhältnissen

Ein Dienstverhältnis als Dauerschuldverhältnis (→ 4.4.1.) kann **nur** durch nachstehende Tatbestände oder Auflösungserklärungen beendet werden:

• Zeitablauf bei einem befristeten Dienstverhältnis (→ 32.1.3.) • Tod des Dienstnehmers (→ 32.1.7.)	• einvernehmliche Lösung (→ 32.1.3.)	• Lösung während der Probezeit (→ 32.1.1.) • Kündigung (→ 32.1.4.) • Entlassung (→ 32.1.5.) • vorzeitiger Austritt (→ 32.1.6.)
Diese **Tatbestände** führen **automatisch** (ohne besondere Willenserklärung) zur Beendigung eines Dienstverhältnisses[1320].	Diese Beendigungsarten bedürfen einer **rechtsgeschäftlichen Erklärung**, die	
	von beiden Parteien übereinstimmend abgegeben wird (**zweiseitige Willenserklärung**) (→ 2.4.).	von einer Partei einseitig abgegeben wird (**einseitige Willenserklärung**)* (→ 2.4.).

*) Eine einseitige Willenserklärung ist empfangsbedürftig (eine **einseitige, empfangsbedürftige Willenserklärung**), d.h., um wirksam zu werden, muss der Vertragspartner von der Lösung des Dienstverhältnisses Kenntnis erlangen, mit der Lösung aber nicht unbedingt einverstanden sein. Entlassung und vorzeitiger Austritt sind darüber hinaus auch noch **begründungsbedürftige Willenserklärungen**.

Beim **Mutterschaftsaustritt** gem. § 15r MSchG innerhalb der Schutzfrist bzw. innerhalb der Karenz und beim **Vaterschaftsaustritt** gem. § 9a VKG innerhalb der Karenz handelt es sich um einen Austritt besonderer Art (→ 27.1.4.1., → 27.1.4.2., → 33.3.1.2.).

1320 Weder der Pensionsantritt eines Dienstnehmers noch die Eröffnung des Konkurses über das Vermögen des Dienstgebers beenden das Dienstverhältnis von selbst.

Ist die Beschäftigung von Personen, die einer Ausbildungspflicht nach dem Jugendausbildungsgesetz unterliegen (→ 28.2.), nicht mit dem aktuellen Perspektiven- oder Betreuungsplan vereinbar, haben die Jugendlichen das Recht, das **Arbeitsverhältnis vorzeitig ohne Einhaltung gesetzlicher oder kollektivvertraglicher Kündigungsfristen und -termine zu beenden.** Die übrigen Ansprüche aus dem Arbeitsvertrag bleiben dabei unberührt (§ 6 APflG). Es handelt sich dabei um eine Art des berechtigten vorzeitigen Austritts des Dienstnehmers (→ 32.1.6.).

Die Auflösung von Lehrverhältnissen wird – ausgenommen der einvernehmlichen Lösung – im Kapitel Lehrlinge behandelt (→ 28.).

Der **Tod des Dienstgebers** beendet das Dienstverhältnis grundsätzlich nicht. Näheres dazu finden Sie unter Punkt 32.5.

Dieses Kapitel behandelt die Auflösung von Dienstverhältnissen mit Angestellten und Arbeitern. Auf Sondergesetze wie das

- Gutsangestelltengesetz (BGBl 1923/538),
- Hausbesorgergesetz (BGBl 1970/16)[1321],
- Hausgehilfen- und Hausangestelltengesetz (BGBl 1962/235),
- Journalistengesetz (StGBl 1920/88),
- Landarbeitsgesetz (BGBl I 2021/78),
- Theaterarbeitsgesetz (BGBl I 2010/100)
  u.a.m.

wird nicht eingegangen.

32.1.1. Lösung während der Probezeit

Diese Beendigungsart wird im Punkt 4.4.3.2.1. behandelt.

32.1.2. Zeitablauf bei einem befristeten Dienstverhältnis

Diese Beendigungsart wird im Punkt 4.4.3.2.2. behandelt.

32.1.3. Einvernehmliche Lösung

Auf Grund der im Arbeitsrecht vorgesehenen **Vertragsfreiheit** (→ 3.1.) kann

ein Dienstvertrag durch **freie Willensübereinstimmung** beider Vertragspartner **geschlossen werden** (→ 3.1.),	ein Dienstvertrag durch **freie Willensübereinstimmung** beider Vertragspartner wieder **zur Auflösung gebracht werden**.

Die einvernehmliche Lösung (Auflösung) ist das logische Gegenstück zum Abschluss eines Dienstvertrags. Daher wird in unserer Rechtsordnung darauf nicht ausdrücklich eingegangen. Es finden bloß die allgemeinen Vorschriften der §§ 861 ff. ABGB über Verträge Anwendung.

1321 Das Hausbesorgergesetz ist auf Dienstverhältnisse, die nach dem 30. Juni 2000 abgeschlossen wurden, nicht mehr anzuwenden (§ 31 Abs. 5 HbG) (→ 4.4.3.1.4.).

Die einvernehmliche Lösung ist

- **jederzeit**, ohne Einhaltung einer Frist und eines Termins, in einigen Fällen (auf Grund von Spezialgesetzen) aber nur unter Einhaltung bestimmter Formvorschriften möglich.

Diese **Formvorschriften** können nachstehender Aufstellung entnommen werden.

	schriftliche Vereinbarung[1322]	Bescheinigung
Minderjährige Dienstnehmer(innen), die dem MSchG bzw. dem VKG unterliegen (§ 10 Abs. 7 MSchG,§ 7 Abs. 3 VKG)[1323]	ja	ja[1324]
Großjährige Dienstnehmer(innen), die dem MSchG bzw. dem VKG unterliegen (§ 10 Abs. 7 MSchG, § 7 Abs. 3 VKG)[1323]	ja	nein
Minderjährige und großjährige Dienstnehmer, die dem APSG unterliegen (§ 16 APSG)	ja	ja[1324]
Minderjährige und großjährige Lehrlinge i.S.d. BAG (§ 15 Abs. 5 BAG)	ja	ja[1324]

ja = diese Vorschrift muss erfüllt werden
nein = diese Vorschrift muss nicht erfüllt werden

Eine Betriebsratsverständigung ist nicht notwendig. Verlangt der Arbeitnehmer vor der Vereinbarung einer einvernehmlichen Auflösung des Arbeitsverhältnisses gegenüber dem Betriebsinhaber aber **nachweislich**, sich mit dem **Betriebsrat beraten** zu wollen[1325], so kann **innerhalb von zwei Arbeitstagen** nach diesem Verlangen eine einvernehmliche Lösung **nicht rechtswirksam** vereinbart werden (§ 104a ArbVG). Diese Bestimmung („Vereinbarungssperre“) gilt für alle Arbeitnehmer i.S.d. ArbVG (→ 10.2.2.).

Die Zustimmung des Dienstgebers zu einer **Verkürzung der Kündigungsfrist** nach einer Kündigung durch den Dienstnehmer bewirkt grundsätzlich **keine** Änderung der Beendigungsart in eine **einvernehmliche Lösung** (OGH 19.6.2006, 8 ObA 42/06v).

1322 Bei diesem Formgebot handelt es sich nicht bloß um eine Ordnungsvorschrift, sondern um eine Wirksamkeitsvoraussetzung. Das Gebot der **Schriftlichkeit** (Nachweislichkeit) bedeutet nach § 886 ABGB im Allgemeinen **„Unterschriftlichkeit“**. „Unterschriftlichkeit“ erfordert i.d.R. eigenhändige Unterschrift unter dem Text (vgl. OGH 20.8.2008, 9 ObA 78/08y).

1323 Diese Vorschriften gelten auch für Adoptiv- und Pflegemütter (§ 15c Abs. 4 MSchG) bzw. für Adoptiv- und Pflegeväter (§ 7 Abs. 3 VKG).

1324 Eine einvernehmliche Lösung des Dienstverhältnisses ist nur dann **rechtswirksam**, wenn der schriftlichen Vereinbarung überdies eine **Bescheinigung**
- des Arbeits- und Sozialgerichts oder
- einer gesetzlichen Interessenvertretung der Dienstnehmer

beigeschlossen ist, aus der hervorgeht, dass der (die) Dienstnehmer(in) über den Kündigungsschutz nach dem jeweiligen Bundesgesetz belehrt wurde. Bei Lehrlingen hat diese Bescheinigung den Hinweis zu enthalten, dass der Lehrling über die Bestimmungen betreffend die Endigung und die vorzeitige Auflösung des Lehrverhältnisses belehrt wurde. Bei minderjährigen Lehrlingen ist darüber hinaus noch die Zustimmung des gesetzlichen Vertreters notwendig (→ 28.3.9.2.2.).

1325 Eine Aufklärungspflicht des Arbeitgebers gegenüber dem Arbeitnehmer über dieses Beratungsrecht besteht nicht (OGH 27.11.2007, 9 ObA 157/07i).

Eine Dienstnehmerin, die im Zeitpunkt der Vereinbarung der einvernehmlichen Auflösung ihres Dienstverhältnisses von ihrer **Schwangerschaft noch keine Kenntnis** hatte, kann unter den Voraussetzungen des § 10 Abs. 2 MSchG (unmittelbare Bekanntgabe nach Kenntnis, Übermittlung der ärztlichen Bestätigung) die Unwirksamkeit der Auflösung zum vereinbarten Termin geltend machen, womit dieser Termin wegfällt und von einem entsprechend § 10a MSchG verlängerten Dienstverhältnis auszugehen ist (→ 4.4.3.2.2.). Die übrige Auflösungsvereinbarung und deren Teile bleiben im Zweifel unberührt (OGH 23.11.2006, 8 ObA 76/06v; OGH 2.3.2007, 9 ObA 10/06w).

Wurde das Dienstverhältnis **bloß mündlich** durch einvernehmliche Lösung gelöst und erscheint es zweifelhaft, ob der tatsächliche Abschluss der einvernehmlichen Lösung bewiesen werden kann, ist der Ausspruch einer Kündigung (**Eventualkündigung**) eine mögliche **Vorsichtsmaßnahme**. Auch bei einer Eventualkündigung sind die üblichen Verständigungsverfahren zu beachten.

Zur einvernehmlichen Auflösung des Dienstverhältnisses während eines **Krankenstandes** siehe Punkt 25.5.

32.1.4. Kündigung

32.1.4.1. Allgemeines

Die häufigste Beendigungsart der i.d.R. auf unbestimmte Zeit abgeschlossenen Dienstverhältnisse ist die Kündigung, die vom Dienstgeber oder vom Dienstnehmer ausgesprochen werden kann.

Gründe, die zum Ausspruch der Kündigung führen, müssen i.d.R. nicht angegeben werden. Spricht aber der Dienstgeber die Kündigung aus, ist z.B. bei den besonders geschützten Dienstnehmern (→ 32.2.3.1.) das Vorliegen eines Grundes[1326] erforderlich.

Die Kündigung kann grundsätzlich **mündlich** oder **schriftlich** erfolgen. Denkbar sind auch Handlungen (z.B. Aushändigen der ausgefüllten Arbeitspapiere), die in **konkludenter Weise** (→ 4.1.2.) als Kündigung auszulegen sind. Einige Kollektivverträge und Dienstverträge verlangen die Schriftlichkeit[1326] der Kündigung. Eines späteren Beweises wegen sollte bei jeder Kündigung die Schriftform gewählt werden.

Zwischen dem Zeitpunkt, in dem die Kündigung ausgesprochen wird, und dem Zeitpunkt, in dem das Dienstverhältnis zu Ende geht (dem **Kündigungstermin** ①), liegt die grundsätzlich einzuhaltende **Kündigungsfrist** ②. Der Tag, an dem die Kündigung ausgesprochen wird, bzw. die Tage der Zustellung (des Zugangs) einer schriftlichen Kündigung sind nicht in die Frist einzurechnen (§ 902 ABGB).

① Der **Kündigungstermin** ist jener Zeitpunkt, zu dem das Dienstverhältnis beendet wird (Endtermin).

② Die **Kündigungsfrist** ist jener Mindestzeitraum, der vom Zugehen der Kündigung bis zum Ende des Dienstverhältnisses verstreichen muss (OGH 11.8.1993, 9 ObA 229/93).

1326 Bei Nichteinhaltung dieser Formvorschriften (Angabe eines Grundes, Schriftlichkeit) ist die Kündigung **rechtsunwirksam** (vgl. 32.2.1.4.). Sieht der Kollektivvertrag die Schriftlichkeit vor, ist eine Kündigung durch Übermittlung des Kündigungsschreibens mittels „WhatsApp“ rechtsunwirksam (OGH 28.10.2015, 9 ObA 110/15i). Entschließt sich jedoch ein Lehrling, eine formwidrige Auflösung des Lehrverhältnisses (mittels „WhatsApp-Nachricht“) in der Probezeit gegen sich gelten zu lassen, wird die relative Nichtigkeit der Auflösung saniert. Es kommt zu einer rechtswirksamen Beendigung und der Lehrling kann aus der Formwidrigkeit keine Ansprüche ableiten (OGH 28.3.2019, 9 ObA 135/18w).

Falls bei Ausspruch der Kündigung kein Kündigungstermin genannt wird, gilt die Kündigung als zum nächstzulässigen Termin erklärt.

Bei Vorliegen einer Kündigung durch den Dienstgeber ist die **persönliche Kündigung** am Arbeitsplatz zu empfehlen, bei welcher der Dienstnehmer eine schriftliche Ausfertigung der Kündigungserklärung übernimmt und auf einer weiteren Ausfertigung des Kündigungsschreibens eine datierte Übernahmebestätigung gegenzeichnet. Die gegengezeichnete Ausfertigung wird vom Dienstgeber verwahrt und dient dem Beweis des Zugangs der Kündigungserklärung an einem bestimmten Tag. Falls der Dienstnehmer die Unterfertigung ablehnt, so könnte die Kündigung eingeschrieben an die letzte, dem Dienstgeber bekannt gegebene Adresse gesendet werden. Bei zeitlicher Knappheit kann die Kündigung im Beisein von Zeugen ausgesprochen und anschließend eine eingeschriebene Mitteilung an den gekündigten Dienstnehmer gesendet werden, in welcher der bereits erfolgte Ausspruch der Kündigung an einem bestimmten Tag in Anwesenheit bestimmter Zeugen festgehalten wird.

Bei **brieflicher Kündigung** ist zu beachten, dass nicht der Zeitpunkt der Absendung oder das Datum des Poststempels als Tag des Ausspruchs der Kündigung gilt. Nach der österreichischen Lehre und Rechtsprechung gilt die Kündigung erst als zugegangen, wenn sie in den **Machtbereich** (persönlichen Bereich, die persönliche Sphäre) **des Dienstnehmers** (bei Vorliegen einer Kündigung durch den Dienstnehmer in den Machtbereich des Dienstgebers) gelangt. Die Kündigung gilt somit erst mit der Zustellung als zugegangen[1327], sodass sich der Dienstnehmer unter normalen Umständen[1328] von ihrem Inhalt Kenntnis verschaffen kann.

Bei **abwesendem Empfänger** gilt die Kündigung erst mit jenem Zeitpunkt als zugegangen, zu dem die Kündigung in den Machtbereich des Dienstnehmers gelangt ist (von Ausnahmen abgesehen ist dies der Zeitpunkt des Einwurfs in das Hausbrieffach; bei Einschreibebriefen ab Beginn der Abholfrist beim Postamt). Bei **Abwesenheit** des Empfängers **von seinem Wohnort** kommt es für den wirksamen Zugang von Lösungserklärungen des Dienstgebers in die persönliche Sphäre des Dienstnehmers darauf an, ob der Dienstgeber von dieser Abwesenheit wusste oder eine solche annehmen konnte. Den Dienstgeber trifft dabei aber keine Verpflichtung zu besonderen Nachforschungen (OGH 23.8.1995, 9 ObA 93/95).

Die **Dauer der Kündigungsfrist** richtet sich i.d.R. nach der **Anzahl der zurückgelegten Dienstjahre. Nicht anzurechnen** sind allerdings Zeiten einer

- Bildungskarenz (→ 27.3.1.1.),
- Pflegekarenz (→ 27.1.1.3.) und
- Karenz wegen Bezugs von Rehabilitations- oder Umschulungsgeld (→ 27.1.1.4.).

Wurde eine Karenz gem. MSchG (→ 27.1.4.1.) bzw. gem. VKG (→ 27.1.4.2.) in Anspruch genommen, sind für die **erste Karenz** im bestehenden Dienstverhältnis,

1327 Der Zugang liegt erst dann vor, wenn die (Post-)Sendung dem Empfänger ausgehändigt oder auf andere Art so für ihn zurückgelassen wird, dass er die Möglichkeit hat, davon Kenntnis zu nehmen, wie z.B. im Krankenhaus durch Deponierung auf dem Nachtkästchen oder in einem allenfalls für dic Patienten eines Zimmers oder einer Station bestimmten Postfach (OGH 26.4.1995, 9 ObA 55/95).

1328 Damit wird erreicht, dass der Dienstnehmer (bzw. der Dienstgeber) durch Verzögerung oder Verhinderung der Entgegennahme der Kündigung dessen Rechtswirkung nicht vermeiden oder verschleppen kann (OGH 16.6.1999, 9 ObA 114/99a).

sofern nichts anderes vereinbart ist, **max. zehn Monate**[1329] auf die Bemessungsdauer **anzurechnen**. Diese Bestimmung gilt allerdings nur, wenn das Kind nach dem 31.12.1992 geboren wurde. Für **Geburten ab dem 1.8.2019** werden Karenzen gem. MSchG bzw. VKG **für jedes Kind** in **vollem Umfang** angerechnet (vgl. § 15f Abs. 1 MSchG, § 7c Abs. 1 VKG).

Anrechnungsbestimmungen von Zeiten eines

- Präsenz-, Ausbildungs- oder Zivildienstes werden im Punkt 27.1.6.

gesondert behandelt.

Auf Wunsch bzw. im Interesse des Dienstnehmers ist es möglich, die **Kündigungsfrist** im beiderseitigen Einvernehmen zu **verkürzen**. Die Zustimmung des Dienstgebers zu einer **Verkürzung der Kündigungsfrist** nach einer Kündigung durch den Dienstnehmer bewirkt grundsätzlich **keine** Änderung der Beendigungsart in eine **einvernehmliche Lösung** (OGH 19.6.2006, 8 ObA 42/06v). Empfehlenswert ist es, solche Vereinbarungen schriftlich vorzunehmen. In dieser Vereinbarung sollte unbedingt festgehalten werden, dass

- der **Dienstnehmer von sich aus** eine **Kündigung** ausgesprochen hat,
- der Dienstgeber mit der Verkürzung der Kündigungsfrist einverstanden ist und dass
- **keine einvernehmliche Lösung** vorliegt.

Dadurch kann die drohende Gefahr einer Deutung als einvernehmliche Auflösung, die diverse arbeitsrechtliche Ansprüche auslösen kann (z.B. Abfertigung), deutlich vermindert werden.

Dienstgeber und Dienstnehmer können aber auch für die gesamte (oder nur für eine bestimmte) Dauer des Dienstverhältnisses auf ihr **Kündigungsrecht verzichten** (Kündigungsausschluss). Das Kündigungsrecht des Dienstgebers kann zur Gänze, das des Dienstnehmers allerdings nur für die Dauer von fünf Jahren ausgeschlossen werden (→ 4.4.3.2.2.). Erhält der Dienstgeber bei einem beiderseitigen Kündigungsverzicht ein Sonderkündigungsrecht, verstößt dies gegen den Grundsatz, dass der Dienstnehmer bei der Möglichkeit der Lösung des Dienstverhältnisses nicht schlechter gestellt werden darf als der Dienstgeber (OGH 25.6.2019, 9 ObA 53/18m).

Trotz vereinbarter Unkündbarkeit kann ein Dienstverhältnis durch den Arbeitgeber gekündigt werden, wenn ein wichtiger Grund vorliegt, der auch eine (fristlose) vorzeitige Auflösung des Vertragsverhältnisses durch den Arbeitgeber rechtfertigen würde (OGH 24.5.2019, 8 ObA 53/18d).

In der Praxis kommt es im Zusammenhang mit einer Dienstgeberkündigung gelegentlich zu einer **Dienstfreistellung** während der Kündigungsfrist. Dabei ist zu beachten, dass im Fall einer vom Dienstgeber angeordneten Dienstfreistellung nach dem Entgeltausfallprinzip (§ 1155 ABGB) auch Anspruch auf Vergütung der regelmäßig geleisteten (ausbezahlten, nicht durch Zeitausgleich abgegoltenen) Überstunden (und wohl auch anderer Lohnbestandteile) besteht (OGH 25.10.2017, 8 ObA 7/17p; OGH 30.11.1994, 9 ObA 203/94). Sind die Überstunden erheblichen Schwankungen unter-

1329 Zahlreiche Kollektivverträge sehen günstigere Anrechnungsbestimmungen vor, welche zu berücksichtigen sind.

worfen, ist dabei ein einjähriger Beobachtungszeitraum heranzuziehen. Eine „Neutralisierung" von Nichtarbeitszeiten (Urlaub, Krankheit) hat grundsätzlich nicht zu erfolgen (OGH 25.10.2017, 8 ObA 7/17p).

Der Dienstgeber muss einem dienstfrei gestellten Dienstnehmer das vereinbarte Entgelt zahlen, wenn er aus einem vom Dienstgeber zu verantwortenden Grund seine Dienstleistungen nicht erbringen kann. Dazu gehören auch die Provisionen, die er üblicherweise erzielt hätte. Der Dienstnehmer hat aber keinen Anspruch auf Provisionen, die er auch dann nicht erhalten hätte, wenn er gearbeitet hätte (OGH 16.12.2008, 8 ObA 75/08z).

32.1.4.2. Kündigung durch den Dienstgeber

32.1.4.2.1. Kündigung von Angestellten

Ist das Dienstverhältnis **ohne Zeitbestimmung eingegangen** oder fortgesetzt worden, so kann es durch Kündigung nach folgenden Bestimmungen gelöst werden (§ 20 Abs. 1 AngG).

Mangels einer für den Angestellten günstigeren Vereinbarung kann der Dienstgeber das Dienstverhältnis unter Einhaltung nachstehender **Kündigungsfristen** und **Kündigungstermine** lösen:

Die vom Dienstgeber einzuhaltende Kündigungsfrist beträgt	
im 1. und 2. (Angestellten-)Dienstjahr	6 Wochen,
im 3. bis 5. (Angestellten-)Dienstjahr	2 Monate,
im 6. bis 15. (Angestellten-)Dienstjahr	3 Monate,
im 16. bis 25. (Angestellten-)Dienstjahr	4 Monate,
ab dem 26. (Angestellten-)Dienstjahr	5 Monate.

(§ 20 Abs. 2 AngG)

Eine gesetzliche Anrechnung von Dienstzeiten bei anderen Dienstgebern oder von Arbeiterdienst- und Lehrzeiten beim selben Dienstgeber, wie es beim Urlaub und bei der Abfertigung vorgesehen ist, bestimmt das AngG nicht. Für die Dauer der Kündigungsfrist nach § 20 Abs. 2 AngG sind nach der Rechtsprechung des OGH nur die im Angestelltenverhältnis beim selben Dienstgeber zurückgelegten Zeiten maßgeblich (OGH 29.3.2001, 8 ObS 291/00b; OGH 30.10.2018, 9 ObA 78/18p; anders zur Entgeltfortzahlung im Krankenstand nach § 8 AngG OGH 28.7.2021, 9 ObA 72/21k). Vertragliche Vordienstzeitenanrechnungen, die den Angestellten besserstellen, sind natürlich möglich.

Maßgeblich für die Dauer der Kündigungsfrist ist die Dauer des Dienstverhältnisses an dem Tag, an dem spätestens die Kündigung ausgesprochen werden kann (OGH 21.4.1953, 4 Ob 81/53).

Die Kündigungsfrist kann durch Vereinbarung nicht unter die genannte Dauer herabgesetzt werden (§ 20 Abs. 3 AngG).

Grundsätzlich hat der Dienstgeber so zu kündigen, dass die Kündigungsfrist

- mit dem **Ende eines Quartals**
  (also mit 31.3., 30.6., 30.9. oder 31.12.) endet,

jedoch kann vereinbart werden, dass die Kündigungsfrist

- am **15. oder am Letzten** eines Kalendermonats endigt (§ 20 Abs. 2, 3 AngG).

Der Kündigungstermin zum 15. oder Letzten eines Monats kann

- zwischen Dienstgeber und Dienstnehmer vereinbart,
- durch Kollektivvertrag (OGH 23.2.1994, 9 ObA 20/94) bzw. Betriebsvereinbarung (OGH 26.8.2009, 9 ObA 92/09h) geregelt,
- durch Kollektivvertrag oder Betriebsvereinbarung beschränkt oder ausgeschlossen

werden.

Für den Fall einer Quartalskündigung ist der jeweils letzte Tag, an dem spätestens die Kündigung ausgesprochen werden kann, nachstehender Tabelle zu entnehmen.

Kündigungsfrist	Kündigungstermin			
	31.3.	30.6.	30.9.	31.12.
	der letzte Tag ist der			
6 Wochen	17.2. (18.2.)[1330]	19.5.	19.8.	19.11.
2 Monate	31.1.	30.4.	31.7.	31.10.
3 Monate	31.12.	31.3.	30.6.	30.9.
4 Monate	30.11.	28.2. (29.2.)[1330]	31.5.	31.8.
5 Monate	31.10.	31.1.	30.4.	31.7.

Die Kündigungsbestimmungen des AngG können **weder aufgehoben noch beschränkt** werden (§ 40 AngG).

Ist das Dienstverhältnis nur für die Zeit eines **vorübergehenden Bedarfes** vereinbart, so kann es während des ersten Monats von beiden Teilen jederzeit unter Einhaltung einer einwöchigen Kündigungsfrist gelöst werden (§ 20 Abs. 5 AngG).

Bei Vorliegen abweichender Kündigungsvereinbarungen gegenüber den gesetzlichen Rahmenbedingungen im AngG finden Sie diesbezügliche Entscheidungen unter Punkt 32.1.4.3.1.

32.1.4.2.2. Kündigung von Arbeitern

Im Sinne einer Harmonisierung der Rechte der Angestellten und Arbeiter wurden die für Arbeiter geltenden Kündigungsfristen und -termine mit Wirkung ab 1.10.2021[1331] an die für Angestellte geltenden Bestimmungen angepasst. Es kann diesbezüglich auf die Ausführungen unter Punkt 32.1.4.2.1. verwiesen werden.

Mangels einer für den Arbeiter günstigeren Vereinbarung kann der Dienstgeber das Dienstverhältnis **mit Ablauf eines jeden Kalendervierteljahres** durch vorgängige Kündigung lösen. Die Kündigungsfrist beträgt sechs Wochen und erhöht sich nach dem vollendeten zweiten Dienstjahr auf zwei Monate, nach dem vollendeten fünften

1330 Gilt für ein Schaltjahr.

1331 Die neue Rechtslage gilt für ab 1.10.2021 ausgesprochene Kündigungen.

Dienstjahr auf drei, nach dem vollendeten fünfzehnten Dienstjahr auf vier und nach dem vollendeten fünfundzwanzigsten Dienstjahr auf fünf Monate. Die Kündigungsfrist kann durch Vereinbarung nicht unter diese Dauer herabgesetzt werden; jedoch kann vereinbart werden, dass die Kündigungsfrist am 15. oder am Letzten des Kalendermonats endigt. Durch Kollektivvertrag können für Branchen, in denen Saisonbetriebe (i.S.d. § 53 Abs. 6 ArbVG)[1332] überwiegen, abweichende Kündigungsfristen und -termine festgelegt werden (§ 1159 Abs. 2 und 3 ABGB i.d.F. BGBl I 2017/153 mit Wirkung ab 1.10.2021). Bestehende Kollektivvertragsregelungen in „Saisonbranchen" bleiben nach herrschender Ansicht weiterhin in Geltung.

Bestehen in Kollektivverträgen außerhalb von „Saisonbranchen" noch Bestimmungen mit kürzeren Kündigungsfristen und -terminen, sind diese seit 1.10.2021 nicht mehr anzuwenden, soweit sie für Dienstgeber einzuhaltende (im Vergleich zur gesetzlichen Vorschrift) kürzere Fristen und Termine vorsehen.

Das Dienstverhältnis eines begünstigten **behinderten Dienstnehmers** darf vom Dienstgeber, sofern keine längere Frist einzuhalten ist, nur unter Einhaltung einer Frist von **vier Wochen** gekündigt werden (§ 8 Abs. 1 BEinstG) (→ 29.2.1., → 32.2.3.1.).

32.1.4.3. Kündigung durch den Dienstnehmer

32.1.4.3.1. Kündigung durch Angestellte

Ist das Dienstverhältnis **ohne Zeitbestimmung eingegangen** oder fortgesetzt worden, so kann es durch Kündigung nach folgenden Bestimmungen gelöst werden (§ 20 Abs. 1 AngG).

Mangels einer für den Angestellten günstigeren Vereinbarung kann dieser das Dienstverhältnis

- mit dem **letzten Tag eines Kalendermonats**[1333] unter Einhaltung einer **1-monatigen Kündigungsfrist** lösen.

Diese Kündigungsfrist kann durch Vereinbarung **bis zu einem halben Jahr** ausgedehnt werden; doch darf die vom Dienstgeber einzuhaltende Frist nicht kürzer sein als die mit dem Angestellten vereinbarte Kündigungsfrist (**Fristengleichheitsgebot**) (§ 20 Abs. 4 AngG).

Die Kündigungsbestimmungen des AngG können **weder aufgehoben noch beschränkt** werden (§ 40 AngG).

Nachstehend dazu ergangene Entscheidungen:

Auf Grund der gesetzlichen Rahmenbedingungen im AngG ist die Vereinbarung einer Kündigungsfrist von sechs Wochen zu jedem **15. oder Monatsletzten** für den

1332 Als Saisonbetriebe gelten Betriebe, die ihrer Art nach nur zu bestimmten Jahreszeiten arbeiten oder die regelmäßig zu gewissen Zeiten des Jahres erheblich verstärkt arbeiten (§ 53 Abs. 6 ArbVG). Welche konkreten Branchen unter die Ausnahmebestimmung fallen, wird letztlich durch die Rechtsprechung zu klären sein. So bestehen z.B. für das Hotel- und Gastgewerbe derzeit unterschiedliche Rechtsauffassungen darüber, ob es sich um eine Branche mit überwiegend „Saisonbetrieben" handelt oder nicht.

1333 Eine für Angestellte einzuhaltende Quartalskündigung kann nicht vereinbart werden.

Arbeitgeber und einer Kündigungsfrist von **einem Monat zu jedem Monatsletzten** für den **Angestellten zulässig**. Dabei handelt es sich exakt um jene Regelung, die das AngG einräumt (OGH 28.11.2007, 9 ObA 116/07k).

Gelten durch eine Vereinbarung für beide Parteien **gleich lange Kündigungsfristen**, dürfen dem Dienstgeber und Angestellten nur **gleich viel Kündigungstermine** zustehen („Kündigungsfristengleichheitsgebot") (OGH 23.10.2000, 8 ObA 174/00x). Das heißt, vereinbart ein Dienstgeber mit dem Angestellten eine längere Kündigungsfrist und als möglichen Dienstgeberkündigungstermin den 15. oder Letzten eines Monats (→ 32.1.4.2.1.), gilt als möglicher Kündigungstermin nur der Letzte eines Monats, da ansonst dem Arbeitgeber doppelt so viele Kündigungstermine im Jahr zur Verfügung stehen würden wie dem Angestellten, worin eine unzulässige Einschränkung der Kündigungsfreiheit des Angestellten zu ersehen ist (OGH 28.11.2007, 9 ObA 116/07k). Im Rahmen einer **Verlängerungsvereinbarung** ist daher nur die Vereinbarung einer Kündigung zum Monatsletzten zulässig. Eine Kündigung zum 15. oder Monatsletzten wäre trotz Verlängerungsvereinbarung wohl dann nur zulässig, wenn auch dem Angestellten das Recht eingeräumt wird, nicht zum Monatsletzten, sondern ebenfalls zum 15. eines Monats kündigen zu können.

Die Vereinbarung über eine Verlängerung der Kündigungsfrist, die das **gesetzlich zulässige Höchstausmaß** von einem halben Jahr **übersteigt**, ist hinsichtlich des das Höchstausmaß überschreitenden Teils **nichtig** (OLG Wien 13.5.1993, 33 Ra 8/93).

Eine vertragliche Besserstellung des Angestellten durch Verkürzung seiner Kündigungsfrist im Verhältnis zu den gesetzlichen oder kollektivvertraglichen Vorgaben (z.B. eine kürzere Kündigungsfrist als ein Monat) ist auf Grund des **Günstigkeitsprinzips** ohne Weiteres möglich.

32.1.4.3.2. Kündigung durch Arbeiter

Hinsichtlich der Rechtslage ab 1.10.2021 kann auf die Ausführungen für Angestellte unter Punkt 32.1.4.3.1. verwiesen werden. Mangels einer für ihn günstigeren Vereinbarung kann der Arbeiter das Dienstverhältnis **mit dem Letzten eines Kalendermonats** unter Einhaltung einer **einmonatigen Kündigungsfrist** lösen. Diese Kündigungsfrist kann durch Vereinbarung bis zu einem halben Jahr ausgedehnt werden; doch darf die vom Dienstgeber einzuhaltende Frist nicht kürzer sein als die mit dem Dienstnehmer vereinbarte Kündigungsfrist. Durch Kollektivvertrag können für **Branchen, in denen Saisonbetriebe i.S.d. § 53 Abs. 6 ArbVG überwiegen, abweichende Regelungen** festgelegt werden (§ 1159 Abs. 4 ABGB i.d.F. BGBl I 2017/153 mit Wirkung ab 1.10.2021).

Weiterhin in Kollektivverträgen (auch außerhalb von „Saisonbranchen") bestehende **kürzere** Kündigungsfristen für Arbeiter bleiben aufgrund des **Günstigkeitsprinzips** auch nach Inkrafttreten der neuen Rechtslage aufrecht.

Falls ein Kollektivvertrag auf das „**Ende der Lohnwoche**" verweist, so ist das Wochenende (Samstag und Sonntag) als Teil der Lohnwoche anzusehen (OGH 18.3.1999, 8 ObA 57/99m). Unter dem „**Ende der Arbeitswoche**" ist hingegen der im Betrieb übliche letzte Arbeitstag der Woche zu verstehen (OGH 24.9.2004, 8 ObA 31/04y).

32.1.4.4. Sonstige Bestimmungen

32.1.4.4.1. Zeitwidrige Kündigung

Unter einer zeitwidrigen Kündigung versteht man

- eine Kündigung unter Verkürzung der Kündigungsfrist (**fristwidrige Kündigung**),
- eine Kündigung mit Wirkung zum unzulässigen Termin (**terminwidrige Kündigung**)
  oder
- eine Kündigung zum unzulässigen Zeitpunkt (→ 32.1.4.4.3.).

Wird das Dienstverhältnis seitens des Dienstnehmers zeitwidrig gelöst, steht dem Dienstgeber der Anspruch auf Ersatz des ihm verursachten Schadens zu (§ 1162a ABGB, § 28 Abs. 1, 2 AngG). Zur Konventionalstrafe siehe Punkt 33.4.1.

Wird das Dienstverhältnis seitens des Dienstgebers zeitwidrig gelöst, hat der Dienstnehmer Anspruch auf Kündigungsentschädigung (**Schadenersatzprinzip**) (§ 1162b ABGB, § 29 AngG) (→ 33.4.2.). Die Kündigung kann auch angefochten werden (→ 32.2.1.).

Grundsätzlich führt **jede** zeitwidrig (frist- sowie terminwidrig) ausgesprochene Kündigung **zur Beendigung des Dienstverhältnisses** zu dem im Kündigungsausspruch enthaltenen Zeitpunkt. Der Rechtsprechung zufolge besteht allerdings die Möglichkeit der **Umdeutung in eine ordnungsgemäße Kündigung** zum nächstmöglichen Termin (**Konversionsprinzip**), wenn aus der Kündigungserklärung klar und unmissverständlich der Wille zum Ausdruck kommt, dass das Dienstverhältnis „unter Einhaltung der gesetzlichen (vertraglichen, kollektivvertraglichen) Frist und des Termins" aufgelöst werden soll (OGH 8.7.1993, 9 ObA 166/93; 3.3.2010, 9 ObA 1/10b), andernfalls hat der Kündigende die Möglichkeit, die zeitwidrige Kündigung **unverzüglich** nach dem Ausspruch **zu berichtigen** (§ 871 ABGB).

Da gesetzliche und kollektivvertragliche Bestimmungen über die Kündigung zu Gunsten des Dienstnehmers abgeändert werden können, ist auch eine Vereinbarung darüber möglich, dass eine vom Dienstgeber ausgesprochene zeitwidrige Kündigung **rechtsunwirksam** (→ 32.2.1.4.) ist (OGH 27.2.1991, 9 ObA 32/91).

Beispiel 150

Terminwidrige Kündigung (Schadenersatzprinzip).

Angaben:

- Dienstgeberkündigung eines Angestellten,
- der Angestellte befindet sich im 3. Dienstjahr,
- die Kündigungsfrist beträgt 2 Monate,
- im Dienstvertrag (bzw. Kollektivvertrag oder Betriebsvereinbarung) ist kein Kündigungstermin per 15. oder Letzten eines Monats enthalten.
- Der Dienstgeber spricht die Kündigung am 15. Juni per 15. August aus.
- Das Konversionsprinzip (siehe vorstehend) kommt nicht zum Tragen.
- Eine unverzügliche Berichtigung der Kündigung wurde nicht vorgenommen.

Lösung:

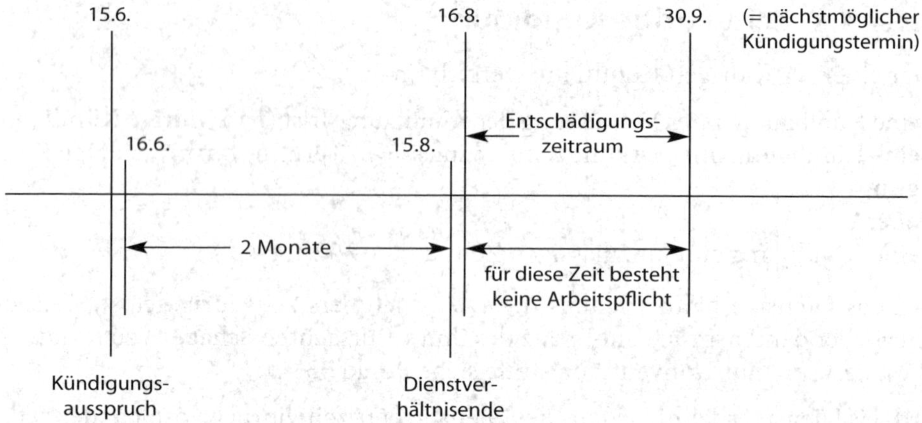

Begründung:

Der Dienstgeber spricht am 15.6. zum 15.8. die Kündigung aus. Mangels Vereinbarung einer Kündigungsmöglichkeit per 15. oder Letzten eines Monats kann das Dienstverhältnis aber nur mit Ende eines Quartals enden. Der Angestellte erhält für die Zeit zwischen dem verfehlten und dem nächstmöglichen ordnungsgemäßen Kündigungstermin (16.8. bis 30.9.) eine Kündigungsentschädigung (→ 33.4.2.). Für den Angestellten besteht für diese Zeit **keine Arbeitspflicht**.

32.1.4.4.2. Kündigung vor oder während eines Krankenstands

Ein Krankenstand (Arbeitsunfall) (→ 25.1.) berührt eine Kündigung grundsätzlich nicht. Zu beachten ist allerdings, ob der Krankenstand vor oder nach dem Ausspruch der Kündigung eingetreten ist und wer die Kündigung ausspricht.

Kündigt der **Dienstnehmer** und ist die Erkrankung **vor oder nach** dem Ausspruch der Kündigung eingetreten, oder kündigt der **Dienstgeber** und ist die Erkrankung **nach** dem Ausspruch der Kündigung eingetreten,

- erhält der Dienstnehmer sein Entgelt (→ 25.2.7., → 25.3.7.) **längstens bis zum Ablauf der Kündigungsfrist**.

Beispiele 151–152

Fortzahlung des Krankenentgelts.

Beispiel 151

Angaben:

- Kündigung durch den Dienstgeber.
- Beginn des Krankenstands nach Ausspruch der Kündigung.

Lösung:

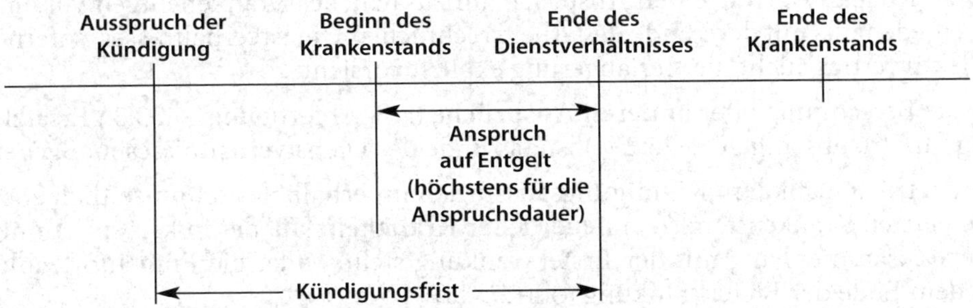

In diesem Zusammenhang ist auch der jeweils anzuwendende Kollektivvertrag zu beachten. Einige Kollektivverträge sehen nämlich für den Fall, dass ein Dienstnehmer, der **nach Ausspruch der Kündigung** einen **Arbeitsunfall** erleidet, gegebenenfalls **Entgeltfortzahlungsanspruch** auch **über das Ende** des Dienstverhältnisses **hinaus** vor.

Kündigt der **Dienstgeber** und ist die Erkrankung **vor** dem Ausspruch der Kündigung eingetreten (und liegt keine die Kündigung beschränkende oder ausschließende Vereinbarung vor),

- **so bleibt der Anspruch** auf Fortzahlung des Entgelts[1334] (→ 25.2.7., → 25.3.7.) für die gesetzliche Dauer **bestehen**, wenngleich das Dienstverhältnis früher endet (§ 9 AngG, § 5 EFZG).

Beispiel 152

Angaben:

- Kündigung durch den Dienstgeber.
- Beginn des Krankenstands vor Ausspruch der Kündigung.

Lösung:

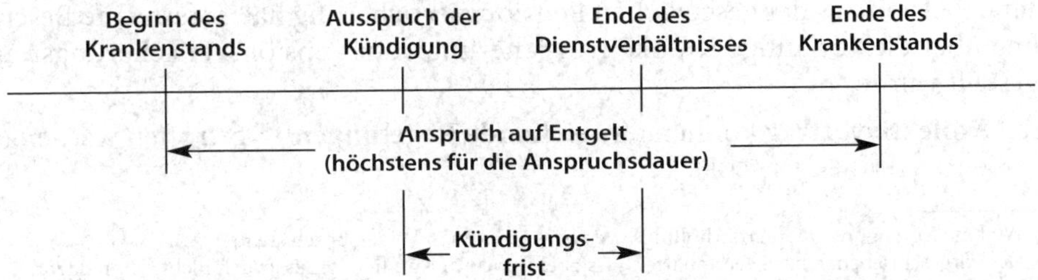

Während der gesetzliche Entgeltfortzahlungsanspruch bei Kündigung während eines Krankenstands über das Ende des Arbeitsverhältnisses hinaus bestehen kann, findet ein solcher Anspruch über den Kündigungstermin hinaus bei **kollektivvertrag-**

1334 Inklusive anteiliger Sonderzahlungen (OGH 29.4.2021, 9 ObA 22/21g und OGH 29.4.2021, 9 ObA 25/21y).

lichem Krankenentgelt keine gesetzliche Deckung (OGH 26.2.2015, 8 ObA 6/15p). Sieht daher ein Kollektivvertrag einen Anspruch auf zusätzliches Krankenentgelt vor, endet dieses jedenfalls mit dem Ende des arbeitsrechtlichen Dienstverhältnisses, sofern der Kollektivvertrag nicht die Verlängerung explizit vorsieht.

Für die Berechnung **aller anderen Ansprüche** (z.B. Abfertigung, → 33.3.; Ersatzleistung für Urlaubsentgelt, → 26.2.9.) ist das Ende des Dienstverhältnisses maßgebend.

Ereignet sich nach dem Kündigungsausspruch innerhalb des schon zeitlich absehbaren ersten Krankenstands ein **neuerlicher Krankheitsfall**, der in keinem unmittelbaren Zusammenhang mit der Ersterkrankung steht, endet die Entgeltfortzahlung mit dem Ende der Ersterkrankung (OGH 27.5.2004, 8 ObA 13/04a).

Siehe zu diesem Thema auch die Ausführungen unter Punkt 25.5.

32.1.4.4.3. Kündigung vor oder während eines Urlaubs

Grundsätzlich besteht sowohl für den Dienstnehmer als auch für den Dienstgeber die Möglichkeit, **vor oder während** des Urlaubs die Kündigung auszusprechen. Allerdings sieht der OGH für den Fall, dass eine kurze Kündigungsfrist (z.B. vierzehn Tage) innerhalb des Urlaubs liegt, die Kündigung als **zeitwidrig**[1335] (→ 32.1.4.4.1.) an und spricht dem so gekündigten Dienstnehmer die Kündigungsentschädigung (→ 33.4.2.) für jenen Zeitraum zu, der sich ergeben hätte, wäre der Dienstnehmer erst nach Rückkehr aus dem Urlaub gekündigt worden (OGH 16.3.1988, 9 ObA 16/88).

32.1.4.4.4. Freizeit während der Kündigungsfrist

Bei Kündigung durch den Dienstgeber ist dem Angestellten (Arbeiter)

- während der Kündigungsfrist[1336]
- auf sein Verlangen
- wöchentlich **mindestens ein Fünftel** der regelmäßigen wöchentlichen Arbeitszeit[1337]
- ohne Schmälerung des Entgelts[1338]

freizugeben.

Diese **Ansprüche bestehen nicht**, wenn der Angestellte (Arbeiter) einen Anspruch auf eine Pension aus der gesetzlichen Pensionsversicherung hat, sofern eine Bescheinigung über die vorläufige Krankenversicherung vom Pensionsversicherungsträger ausgestellt wurde.

Durch **Kollektivvertrag** können **abweichende Regelungen**[1339] getroffen werden (§ 22 Abs. 1–4 AngG, § 1160 Abs. 1–4 ABGB).

1335 Weil die Kündigung mit dem Erholungszweck des Urlaubs in Widerspruch steht.

1336 Der vorgeschriebenen bzw. vereinbarten Frist; bei früherem Kündigungsausspruch nicht schon davor.

1337 Bei z.B. 40 Normalstunden und durchschnittlich 5 Überstunden pro Woche sind das 1/5 von 45 Stunden; bei 20 Normalstunden pro Woche sind das 1/5 von 20 Stunden.

1338 Während der Freistellung gebührt dem Dienstnehmer Entgeltfortzahlung nach dem fiktiven Ausfallsprinzip: Der Entgeltfortzahlungsanspruch ist somit auf Grund des regelmäßig gebührenden Entgelts und unter Berücksichtigung der Abgeltung für regelmäßige Überstunden und Zulagen zu berechnen.

1339 Sowohl zu Gunsten als auch zu Ungunsten des Dienstnehmers. Auf Grund dieses Vorrangs kollektivvertraglicher Regelungen ist der jeweilige Branchenkollektivvertrag daraufhin zu sichten, ob und welche Freizeit- bzw. Postensuchregelung er enthält. Ausmaß, Zeitpunkt und Zweckbestimmung richten sich in diesem Fall ausschließlich nach dem Kollektivvertrag.

Die Freizeit während der Kündigungsfrist ist ein genereller Anspruch auf Freizeit, ohne Bindung und Erfordernis der Postensuche. Freizeit ist nur **auf Verlangen** zu gewähren und **im Einvernehmen** unter Interessenabwägung zwischen Dienstnehmer und Dienstgeber festzulegen. Eigenmächtige Inanspruchnahme von Freizeit, insb. gegen den erklärten Willen des Dienstgebers, kann einen Entlassungsgrund bilden. Dabei ist aber ein grundsätzlicher Vorrang des Interesses des Dienstnehmers an der Existenzsicherung zu berücksichtigen.

Aus Dienstgebersicht besteht keine Notwendigkeit, den Dienstnehmer auf die Möglichkeit der Postensuchfreizeit hinzuweisen. Eine für vergangene Zeiträume vom Dienstnehmer „vergessene" Postensuchfreizeit muss der Dienstgeber nicht mehr gewähren.

Wurde für eine oder mehrere ganze Wochen Urlaub während der Kündigungsfrist vereinbart und hat der Dienstnehmer die ihm zustehende Freizeit nicht verlangt, steht ihm für diese Wochen keine Freizeit zu. Verlangt der Dienstnehmer bei der Urlaubsvereinbarung die ihm zustehende Freizeit, gebühren ihm bei Vorliegen einer Dienstgeberkündigung und einer Urlaubswoche zu sechs Werktagen fünf Werktage Urlaub und ein Werktag Freizeit. Hat der Dienstnehmer die Freizeit verlangt, aber nicht erhalten, verwandelt sich der Freizeitanspruch in einen **Geldanspruch**[1340 1341] (OGH 18.10.2006, 9 ObA 131/05p).

Der Anspruch auf Gewährung von Freizeittagen („Postensuchtagen") entsteht nicht bereits ex lege durch die Kündigung, sondern erst durch das darauf gerichtete Verlangen des Dienstnehmers. Verlangt daher der Dienstnehmer die Freizeittage erst, nachdem bereits eine Urlaubsvereinbarung wirksam getroffen wurde, besteht für die in der Kündigungsfrist liegenden Urlaubswochen kein Freistellungsanspruch. Dieser kommt nämlich für jene Zeiten nicht in Betracht, in denen der gekündigte Dienstnehmer bereits aus anderen Gründen bezahlte Freizeit konsumiert (OGH 13.9.2012, 8 ObA 28/12v).

Für den Zeitraum, für den **Kündigungsentschädigung** (→ 33.4.2.) zu bezahlen ist, besteht **kein Anspruch** auf Abgeltung des Freizeitanspruchs (OGH 23.10.2000, 8 ObA 174/00x).

32.1.4.4.5. Änderungskündigung

Will der Dienstgeber nur Teile des vereinbarten Dienstvertrags zu Ungunsten des Dienstnehmers ändern, kann er eine Änderungskündigung aussprechen. Diese Kündigung betrifft aber nicht nur die Änderung (**Teilkündigungen**[1342]) sind nach der österreichischen Rechtslage grundsätzlich **unzulässig**, vgl. OGH 18.10.1977, Arb 9609), sondern den gesamten Dienstvertrag (Dienstverhältnis) und ist an die Bedingung gebunden, dass die Kündigung nur dann wirksam wird, wenn der Dienstnehmer mit der Änderung des Dienstvertrags nicht einverstanden ist[1343]. Ziel der Änderungskündigung ist demnach nicht die Beendigung des Dienstverhältnisses, sondern die inhaltliche Neugestaltung des Dienstvertrags.

1340 Die Höhe des Ersatzanspruchs richtet sich nach dem konkreten Entgelt für die Zeiten, in denen der Dienstnehmer die bezahlte Freizeit hätte konsumieren können.

1341 Bezüglich der abgabenrechtlichen Behandlung dieses Geldanspruchs siehe Punkt 34.10.

1342 Unzulässig ist z.B. die Teilkündigung des Dienstvertrags hinsichtlich der Dienstwohnung oder des Überstundenpauschals.

Die Änderungskündigung ist lt. Lehre und Rechtsprechung als **bedingt ausgesprochene Kündigung** anzusehen und besteht rechtsgeschäftlich gesehen aus zwei einseitigen Willenserklärungen (→ 2.4.), und zwar

1. aus dem **Ausspruch der Kündigung** und
2. aus einem Angebot, den Inhalt des **Dienstvertrags zu ändern**,

wobei die Verknüpfung von Kündigung und Vertragsänderung in zweierlei Weise erfolgen kann[1344]:

Entweder wird die Kündigung zwar ausgesprochen, sie verfällt jedoch der Rechtsunwirksamkeit, falls der Dienstnehmer der Vertragsänderung zustimmt (**auflösend bedingte Änderungskündigung**), In diesem Fall ist die Kündigung schwebend[1345] rechtswirksam; die Kündigungsfrist beginnt mit dem Ausspruch der Kündigung zu laufen.	oder aber es wird eine Kündigung ausgesprochen, die erst wirksam werden soll, wenn der Dienstnehmer einer Vertragsänderung nicht zustimmt (**aufschiebend bedingte Änderungskündigung**). In diesem Fall ist die Kündigung schwebend[1345] rechtsunwirksam; ihre volle Rechtswirkung und damit auch der Lauf der Kündigungsfrist beginnt erst mit der Ablehnung des Vertragsänderungsangebots durch den Dienstnehmer oder mit dem Tag, an dem der Dienstnehmer die Bedenkzeit reaktionslos ablaufen ließ.

Ist also der Dienstnehmer mit der vorgeschlagenen (verschlechternden) Änderung des Dienstvertrags

einverstanden,	nicht einverstanden,
so gilt die **Kündigung** als **zurückgenommen** bzw. als **nicht ausgesprochen**.	führt die Kündigung zur **Beendigung des Dienstverhältnisses**[1346].

In beiden Fällen sind die für Kündigungen geltenden Rechtsvorschriften (Einhaltung der Kündigungsfristen, → 32.1.4.2.; Betriebsratsverständigung[1347], → 32.2.1.1.; allgemeiner Kündigungsschutz, → 32.2.1.; besonderer Kündigungsschutz, → 32.2.3.1.; Anzeige betreffend Frühwarnsystem, → 32.3.2.1.; u.a.m.) zu beachten.

1343 Die Änderungskündigung ist als ein zusätzliches „Druckmittel" zum Abschluss einer Verschlechterungsvereinbarung (→ 9.7.) anzusehen. In der vom Dienstgeber angestrebten verschlechternden Änderung des Dienstvertrags kann kein verpöntes Kündigungsmotiv erblickt werden (OGH 5.11.1997, 9 ObA 142/97s). Stimmt der Dienstnehmer dem Änderungsangebot nicht zu, so kann die aus diesem Grund ausgesprochene Kündigung zwar wegen Sozialwidrigkeit, nicht aber als Motivkündigung (→ 32.2.1.2.) angefochten werden (OGH 17.12.2013, 8 ObA 37/13v).

1344 Von Bedeutung u.a. für die Einhaltung der Kündigungsfrist.

1345 In beiden Fällen einer Änderungskündigung gibt es bis zur Annahme bzw. Nichtannahme des Änderungsangebots des Dienstnehmers einen **Schwebezustand** zu der Frage, ob das Dienstverhältnis rechtswirksam gekündigt ist oder nicht.

1346 Eine Konsequenz, die bei Herbeiführung einer Verschlechterungsvereinbarung (→ 9.7.) vermieden werden kann.

1347 Zu beachten ist, dass bei einer Änderungskündigung mit Versetzungscharakter neben den Kündigungsschutzbestimmungen auch der betriebsverfassungsrechtliche Versetzungsschutz einzuhalten ist. Enthält das Änderungsangebot eine verschlechternde Versetzung, muss daher die Zustimmung des Betriebsrates vorliegen (OGH 28.6.2016, 8 ObA 63/15w).

Stehen dem gekündigten Dienstnehmer Ansprüche auf Grund einer zwingenden Gesetzesbestimmung, eines Kollektivvertrags oder einer Betriebsvereinbarung zu, ist eine Änderungskündigung zur Beseitigung dieser Ansprüche rechtsunwirksam (→ 32.2.1.4.).

Bei einem aufrechten Dienstverhältnis ist es nur im Weg einer Änderungskündigung oder einer Verschlechterungsvereinbarung (→ 9.7.) möglich, eine Herabsetzung des Entgelts durch Kürzung um ein Organisationspauschale bzw. den Nutzungswert des Dienstkraftwagens herbeizuführen (das Entziehen einer Funktion genügt nicht) (OGH 24.2.1993, 9 ObA 19/92).

Zulässig ist auch eine **unbedingte Kündigung** mit dem bedingten **Angebot eines neuen Dienstvertrags** (= Beendigungskündigung).

Muster 27

Auflösend bedingte Änderungskündigung
Herr/Frau

____

Betreff: **Änderungskündigung**
Wir teilen Ihnen mit, dass wir Ihr Dienstverhältnis mit heutigem Tag unter Einhaltung der gesetzlichen (vertraglichen, kollektivvertraglichen) Kündigungsfrist und des Kündigungstermins zum __________ kündigen.
Sollten Sie sich mit der Herabsetzung Ihres Monatslohns (-gehalts)

von derzeit € __________ brutto, ab __________ auf € __________ brutto

einverstanden erklären, gilt die Kündigung als nicht ausgesprochen.

__________, am __________

____
Unterschrift des Dienstgebers

Muster 28

Aufschiebend bedingte Änderungskündigung.
Herr/Frau

____

Betreff: **Änderungskündigung**
Wir bieten Ihnen an, Ihr Dienstverhältnis unter folgender – mit Wirkung ab __________ – geänderter Bedingung fortsetzen zu können.
Ihr Monatslohn (-gehalt) wird

von derzeit € __________ brutto auf € __________ brutto herabgesetzt.

Wenn die von Ihnen unterschriebene Zustimmungserklärung nicht spätestens am __________ im Büro der Geschäftsleitung einlangt, beginnt mit dem darauffolgenden Tag – das ist der __________ – der Lauf der Kündigungsfrist. Ihr Dienstverhältnis endet in diesem Fall unter Einhaltung der gesetzlichen (vertraglichen, kollektivvertraglichen) Kündigungsfrist und des Kündigungstermins zum __________.

__________, am __________

____
Unterschrift des Dienstgebers

Muster 29

Annahme des Änderungsangebots im Zusammenhang mit einer Änderungskündigung.

Vereinbarung

Es wird ausdrücklich vereinbart, dass Herr/Frau __________ mit der Herabsetzung seines/ihres Monatslohns (-gehalts)

von € __________ brutto, ab __________ auf € __________ brutto

einverstanden ist.

Die Kündigung vom __________ ist damit als gegenstandslos zu betrachten.

Oder:

Die am __________ aufschiebend bedingt ausgesprochene Kündigung ist hiermit gegenstandslos.

__________, am __________

______________________________ ______________________________

Unterschrift des Dienstnehmers Unterschrift des Dienstgebers

32.1.4.4.6. Kündigung bei Insolvenz des Dienstgebers

Die Kündigung eines von einer Insolvenz des Dienstgebers betroffenen Dienstnehmers ist ein äußerst komplexer Vorgang. Aus diesem Grund verweisen wir auf das **Fachbuch des Linde Verlag Wien**

- **„Personalverrechnung in der Insolvenz"**, Mag. Andrea Hilber (Hrsg.), Leiterin des Insolvenz-Rechtsschutzes der Arbeiterkammer Oberösterreich.

32.1.4.4.7. Kündigungsschutzbestimmungen

Kündigungsschutzbestimmungen behandeln die Punkte 32.2.1. und 32.2.3.1.

32.1.5. Entlassung von Dienstnehmern

32.1.5.1. Allgemeines

Für den **Regelfall** gilt: Setzt der Dienstnehmer einen **wichtigen Grund**, der es dem Dienstgeber **unzumutbar** erscheinen lässt, den Dienstnehmer weiter zu beschäftigen, kann der Dienstgeber die **fristlose Entlassung** aussprechen.

Die Entlassung kann ohne Einhaltung einer bestimmten Form – also **mündlich, schriftlich oder durch schlüssiges Verhalten** (→ 32.1.4.1.) – vorgenommen werden. Es ist aber darauf zu achten, ob nicht der Kollektivvertrag oder der Dienstvertrag die Schriftlichkeit vorsieht. Ist dies gegeben und wird die Schriftform nicht eingehalten, ist die Entlassung **rechtsunwirksam** (vgl. → 32.2.2.2.). Eines späteren Beweises wegen sollte bei jeder Entlassung die Schriftform gewählt werden.

Die Entlassung muss **unverzüglich** nach Kenntnisnahme des Entlassungsgrunds ausgesprochen werden. Eine entsprechende gesetzliche Regelung dafür gibt es nicht. Der Grundsatz des „unverzüglichen Ausspruchs einer Entlassung" leitet sich von der Judikatur ab und schließt eine angemessene Überlegungsfrist nicht aus (OGH 25.11.1992,

9 ObA 271/92). Ebenso ist dem Dienstgeber die zur Durchführung notwendiger Erhebungen erforderliche Zeit zuzubilligen (OLG Wien 18.3.1997, 9 Ra 373/96f).

Überall dort, wo ein **vorerst undurchsichtiger, zweifelhafter Sachverhalt** vorliegt, den der Arbeitgeber mit den ihm zur Verfügung stehenden Mitteln zunächst nicht aufklären kann, muss diesem das Recht zugebilligt werden, bis zur einwandfreien Klarstellung des Sachverhaltes (beispielsweise durch eine Behörde oder ein Gericht) mit der Entlassung zuzuwarten. Diese Voraussetzungen sind vor allem dann anzunehmen, wenn gegen einen Arbeitnehmer der Vorwurf einer strafbaren Handlung erhoben worden ist (vgl. OGH 25.8.2015, 8 ObA 58/15k).

Im Fall einer Entlassung steht der Dienstgeber unter Zeitdruck, da die Entlassung unverzüglich ausgesprochen werden muss. Liegt bloß ein **Entlassungsverdacht** vor, lässt sich dieser Zeitdruck durch eine **Suspendierung** vermeiden. Diese liegt vor, wenn der Dienstgeber den Dienstnehmer vom Dienst an sich enthebt, wobei nicht nur ein bloßes Unterlassen der Beschäftigung vorliegt, sondern ein Untersagen der Weiterführung des Dienstes, häufig verbunden mit dem Untersagen des Betretens des Betriebs. Der damit verbundene

- Nachteil besteht bloß in der Entgeltfortzahlung für die Tage, bis der Verdacht abgeklärt ist;
- Vorteil besteht darin, dass bei Nichtsuspendierung und Ausspruch der Entlassung sowohl bei einer verspäteten Entlassung als auch bei einer unbegründeten Entlassung Anspruch auf Kündigungsentschädigung (→ 33.4.2.) besteht, die man sich bei Suspendierung (der Überlegungszeit wegen) u.U. ersparen kann.

Eine Entlassung fast ein Jahr nach Dienstfreistellung (Suspendierung) ist jedoch verfristet (OGH 23.7.2019, 9 ObA 20/19k).

Bezüglich des Zugangs einer brieflichen Entlassung gilt das zur brieflichen Kündigung Gesagte gleich lautend (→ 32.1.4.1.).

Spricht der Dienstgeber in Kenntnis des Entlassungsgrundes die Kündigung aus, liegt darin grundsätzlich ein konkludenter Verzicht auf die Ausübung des Entlassungsrechts vor (OGH 29.9.2016, 9 ObA 110/16s).

32.1.5.2. Entlassungsgründe

Dienstnehmer können **nur bei Vorliegen eines wichtigen Grundes** (Tatbestands) entlassen werden. Diese Gründe sind i.d.R. im jeweils anzuwendenden **Spezialgesetz** aufgezählt. Entsprechend der Zielsetzung dieses Fachbuchs wird nur auf die Tatbestände des AngG und der GewO 1859 eingegangen.

32.1.5.2.1. Entlassung von Angestellten

Als ein wichtiger Grund, der den Dienstgeber zur vorzeitigen Entlassung berechtigt, ist **insbesondere** anzusehen:

1. Wenn der Angestellte im Dienst **untreu ist**, sich in seiner Tätigkeit ohne Wissen oder Willen des Dienstgebers von dritten Personen unberechtigte **Vorteile zuwenden lässt**, insbesondere (entgegen der Bestimmung des § 13 AngG) eine Provision oder eine sonstige Belohnung annimmt, oder wenn er sich einer Handlung

schuldig macht, die ihn des **Vertrauens** des Dienstgebers **unwürdig** erscheinen lässt;
2. wenn der Angestellte **unfähig** ist, die versprochenen oder die den Umständen nach angemessenen **Dienste** (§ 6 AngG) **zu leisten**;
3. wenn ein Angestellter ohne Einwilligung des Dienstgebers ein **selbstständiges kaufmännisches Unternehmen betreibt** oder im Geschäftszweig des Dienstgebers für eigene oder fremde Rechnung **Handelsgeschäfte macht**, oder wenn ein bei Dienstgebern nach § 2 Z 5 AngG (Ziviltechniker) beschäftigter Angestellter ohne Einwilligung des Dienstgebers **Aufträge** aus dessen geschäftlichem Gebiet **übernimmt** und dadurch sein geschäftliches Interesse beeinträchtigt oder gleichzeitig mit diesem an ein und demselben Wettbewerb teilnimmt;
4. wenn der Angestellte ohne einen rechtmäßigen Hinderungsgrund während einer den Umständen nach erheblichen Zeit die **Dienstleistung unterlässt** oder sich **beharrlich weigert**, seine **Dienste zu leisten** oder sich den durch den Gegenstand der Dienstleistung gerechtfertigten **Anordnungen** des Dienstgebers **zu fügen**, oder wenn er andere Bedienstete zum **Ungehorsam** gegen den Dienstgeber **zu verleiten sucht**;
5. wenn der Angestellte durch eine **längere Freiheitsstrafe** oder durch Abwesenheit während einer den Umständen nach erheblichen Zeit, ausgenommen wegen Krankheit oder Unglücksfalls, an der Verrichtung seiner Dienste gehindert ist;
6. wenn der Angestellte sich **Tätlichkeiten**, Verletzungen der **Sittlichkeit** oder erhebliche **Ehrverletzungen** gegen den Dienstgeber, dessen Stellvertreter, deren Angehörige oder gegen Mitbedienstete zu Schulden kommen lässt (§ 27 AngG).

Da das AngG die Entlassungsgründe nur **demonstrativ** (beispielhaft) aufzählt, kann auch bei Vorliegen anderer wichtiger Gründe eine Entlassung ausgesprochen werden. Solche Gründe müssen aber den im Gesetz aufgezählten Gründen gleichwertig sein.

Im Einzelfall sind **unbedingt** die Anmerkungen und die zahlreichen dazu ergangenen Entscheidungen in den kommentierten Gesetzesausgaben zu beachten!

32.1.5.2.2. Entlassung von Arbeitern

Ein Arbeiter kann nur aus folgenden, im Gesetz **erschöpfend** angeführten Gründen entlassen werden, wenn er:

a) bei Abschluss des Arbeitsvertrags den Gewerbeinhaber durch Vorzeigung **falscher** oder verfälschter Ausweiskarten oder **Zeugnisse hintergangen** oder ihn über das Bestehen eines anderen, den Hilfsarbeiter gleichzeitig verpflichtenden Arbeitsverhältnisses **in einen Irrtum versetzt** hat;
b) zu der mit ihm vereinbarten Arbeit **unfähig** befunden wird;
c) der **Trunksucht verfällt** und wiederholt **fruchtlos verwarnt** wurde;
d) sich eines **Diebstahls**, einer **Veruntreuung** oder einer sonstigen **strafbaren Handlung** schuldig macht, welche ihn des Vertrauens des Gewerbeinhabers unwürdig erscheinen lässt;
e) ein **Geschäfts- oder Betriebsgeheimnis verrät** oder ohne Einwilligung des Gewerbeinhabers ein der Verwendung beim Gewerbe abträgliches **Nebengeschäft betreibt**;

f) die Arbeit **unbefugt verlassen** hat oder **beharrlich seine Pflichten vernachlässigt** oder die übrigen Hilfsarbeiter oder die Hausgenossen zum **Ungehorsam**, zur **Auflehnung** gegen den Gewerbeinhaber, zu **unordentlichem Lebenswandel** oder zu **unsittlichen** oder **gesetzwidrigen Handlungen** zu **verleiten** sucht;
g) sich einer **groben Ehrenbeleidigung, Körperverletzung** oder **gefährlichen Drohung** gegen den Gewerbeinhaber oder dessen Hausgenossen oder gegen die übrigen Hilfsarbeiter schuldig macht oder ungeachtet vorausgegangener Verwarnung mit Feuer und Licht unvorsichtig umgeht;
h) mit einer **abschreckenden Krankheit** behaftet ist oder durch eigenes Verschulden **arbeitsunfähig** wird;
i) durch länger als **vierzehn Tage gefangen gehalten** wird (§ 82 GewO 1859).

Die **taxative** (erschöpfende) Aufzählung des § 82 GewO 1859 schließt aber dennoch eine Ausdehnung auf einen gleichbedeutenden Tatbestand nicht aus.

Im Einzelfall sind **unbedingt** die Anmerkungen und die zahlreichen dazu ergangenen Entscheidungen in den kommentierten Gesetzesausgaben zu beachten!

Nicht unter den Geltungsbereich der GewO 1859 fallen Dienstnehmer, die im Gewerbebetrieb Angestelltentätigkeiten ausüben oder ganz allgemein höhere Dienste leisten (§ 73 Abs. 3 GewO 1859) (→ 4.4.3.1.1.).

32.1.5.3. Begründete, unbegründete Entlassung

Praxistipp: Für die Frage, ob eine Entlassung begründet oder unbegründet erfolgt, muss unbedingt die umfangreiche Rechtsprechung zu dieser Thematik beachtet werden. Die gesetzlichen Grundlagen werden durch die Gerichte ausgelegt und teilweise weiterentwickelt.

Liegt ein Entlassungsgrund vor und wird die Entlassung ausgesprochen, handelt es sich um eine **begründete** (berechtigte, gerechtfertigte) **Entlassung**. Liegt kein Entlassungsgrund vor, handelt es sich um eine **unbegründete** (unberechtigte, ungerechtfertigte) **Entlassung**.

Grundsätzlich kann das Dienstverhältnis auch durch eine unbegründete Entlassung beendet werden. Das Vorliegen eines Entlassungsgrunds ist also nicht unbedingt Voraussetzung für die Wirksamkeit der vorzeitigen Auflösung des Dienstverhältnisses, sondern Bedingung für die Rechtsfolgen.

Bei Vorliegen einer unbegründeten Entlassung kann

- entweder die Entlassung beim Arbeits- und Sozialgericht (ASG) **angefochten** werden (→ 32.2.2.), oder
- der Dienstnehmer begehrt **Kündigungsentschädigung** (§ 1162b ABGB, § 29 Abs. 1, 2 AngG) (→ 33.4.2.).

Wird ein Dienstnehmer innerhalb der Kündigungsfrist rechtswirksam, aber unbegründet entlassen, gebührt ihm die Kündigungsentschädigung nur bis zu dem Tag, an dem das Dienstverhältnis durch Kündigung geendet hätte (OGH 23.6.1993, 9 ObA 88/93).

Eine bereits ausgesprochene (unbegründete) Entlassungserklärung kann **einseitig** (durch den Dienstgeber) **nicht mehr widerrufen** werden. Es ist vielmehr das Einvernehmen mit dem früheren Vertragspartner (Dienstnehmer) erforderlich (OGH 2.9.1992, 9 ObA 173/92).

Eine (un)begründete Entlassung kann aber auch von **vornherein rechtsunwirksam** sein (→ 32.1.5.1., → 32.2.3.2.).

Bei einer begründeten Entlassung steht dem Dienstgeber der Anspruch auf Ersatz des ihm verursachten Schadens zu (§ 1162a ABGB, § 28 Abs. 1, 2 Ang). Zur Konventionalstrafe siehe Punkt 33.4.1.

32.1.5.4. Entlassungsschutzbestimmungen

Entlassungsschutzbestimmungen behandeln die Punkte 32.2.2. und 32.2.3.2.

32.1.6. Vorzeitiger Austritt von Dienstnehmern

32.1.6.1. Allgemeines

Für den **Regelfall** gilt: Setzt der Dienstgeber einen **wichtigen Grund**, der es dem Dienstnehmer **unzumutbar** erscheinen lässt, das Dienstverhältnis fortzusetzen, kann der Dienstnehmer mit **sofortiger Wirkung** austreten.

Der vorzeitige Austritt kann ohne Einhaltung einer bestimmten Form – also **mündlich oder schriftlich** – vorgenommen werden. Denkbar sind auch Handlungen (z.B. Nichterscheinen zum Dienst), die in **konkludenter Weise** (vgl. → 4.1.2.) als vorzeitiger Austritt auszulegen sind[1348]. Eines späteren Beweises wegen sollte bei einem vorzeitigen Austritt die Schriftform gewählt werden.

Der vorzeitige Austritt erfolgt, wie schon erwähnt, mit sofortiger Wirkung. Liegt der Austrittsgrund in der **Arbeitsunfähigkeit** des Dienstnehmers, kann der Dienstnehmer den Zeitpunkt des Austritts bestimmen.

32.1.6.2. Austrittsgründe

Dienstnehmer können **nur bei Vorliegen eines wichtigen Grundes** (Tatbestands) ihren vorzeitigen Austritt erklären. Diese Gründe sind i.d.R. im jeweils anzuwendenden **Spezialgesetz** aufgezählt. Entsprechend der Zielsetzung dieses Fachbuchs wird nur auf die Tatbestände des AngG und der GewO 1859 eingegangen.

1348 Das bloße **Nichterscheinen** am Arbeitsplatz rechtfertigt für sich allein noch nicht den Schluss, dass der Dienstnehmer vorzeitig ausgetreten ist, vielmehr müssen noch **weitere Umstände** hinzutreten oder besondere Verhältnisse vorliegen (OGH 17.3.2005, 8 ObA 15/05x).
Zur Annahme einer schlüssigen Austrittserklärung darf das Verhalten des Dienstnehmers unter Berücksichtigung aller Umstände des Einzelfalls **keinen vernünftigen Grund** übrig lassen, an seiner auf **vorzeitige Auflösung** des Dienstverhältnisses aus wichtigen Gründen gerichteten Absicht **zu zweifeln**, was nur anhand der konkreten Umstände des Einzelfalls beantwortet werden kann (OGH 18.5.1999, 8 ObA 129/99z).
Das **Unterstellen** eines vorzeitigen Austritts gilt als unbegründete Entlassung (→ 32.1.5.3.) (OGH 29.6.2005, 9 ObA 67/05a).

32.1.6.2.1. Vorzeitiger Austritt von Angestellten

Als ein wichtiger Grund, der den Angestellten zum vorzeitigen Austritt berechtigt, ist **insbesondere** anzusehen:

1. Wenn der Angestellte zur Fortsetzung seiner Dienstleistung **unfähig wird** (wenn dauernde Unfähigkeit aus körperlichen oder geistigen Mängeln vorliegt) oder diese **ohne Schaden** für seine Gesundheit[1349] oder Sittlichkeit **nicht fortsetzen** kann;
2. wenn der Dienstgeber das dem Angestellten zukommende **Entgelt ungebührlich schmälert** oder vorenthält, ihn bei Naturalbezügen durch Gewährung ungesunder oder unzureichender Kost oder ungesunder Wohnung benachteiligt oder andere **wesentliche Vertragsbestimmungen verletzt**;
3. wenn der Dienstgeber den ihm zum **Schutz** des Lebens, der Gesundheit oder der Sittlichkeit des Angestellten gesetzlich obliegenden Verpflichtungen nachzukommen **verweigert**;
4. wenn der Dienstgeber sich **Tätlichkeiten**, Verletzungen der Sittlichkeit oder erhebliche **Ehrverletzungen** gegen den Angestellten oder dessen Angehörige zu Schulden kommen lässt oder es verweigert, den Angestellten gegen solche Handlungen eines Mitbediensteten oder eines Angehörigen des Dienstgebers zu schützen (§ 26 AngG).

Da das AngG die Austrittsgründe nur **demonstrativ** aufzählt, kann auch bei Vorliegen anderer wichtiger Gründe ein vorzeitiger Austritt vorgenommen werden. Solche Gründe müssen aber den im Gesetz aufgezählten Austrittsgründen gleichwertig sein.

Im Einzelfall sind die Anmerkungen und die dazu ergangenen Entscheidungen in den kommentierten Gesetzesausgaben zu beachten!

Entsprechend der Zielsetzung dieses Fachbuchs wird auf die rechtlichen Bestimmungen im Zusammenhang mit einem **Insolvenzverfahren** (Sanierungs- bzw. Konkursverfahren) nicht eingegangen. Der vorzeitige Austritt eines von einer Insolvenz des Dienstgebers betroffenen Dienstnehmers ist ein äußerst komplexer Vorgang. Aus diesem Grund verweisen wir auf das **Fachbuch des Linde Verlag Wien**

- **„Personalverrechnung in der Insolvenz"**, Mag. Andrea Hilber, Leiterin des Insolvenz-Rechtsschutzes der Arbeiterkammer Oberösterreich.

32.1.6.2.2. Vorzeitiger Austritt von Arbeitern

Ein Arbeiter kann nur aus folgenden, im Gesetz **erschöpfend** angeführten Gründen seinen vorzeitigen Austritt erklären:

a) Wenn er ohne erweislichen **Schaden für seine Gesundheit**[1350] die Arbeit nicht fortsetzen kann;

1349 Ein Dienstnehmer kann sich nur dann wirksam auf den Austrittsgrund der Gefährdung seiner Gesundheit berufen, wenn ihm der Dienstgeber **keine andere** vertragskonforme und der Gesundheit nicht abträgliche **Arbeit anbietet** (OGH 18.3.1992, 9 ObA 17/92). Den Angestellten trifft diesbezüglich vor Ausübung des Austrittsrechts die Pflicht, den Arbeitgeber auf seine Dienstunfähigkeit oder Gesundheitsgefährdung aufmerksam zu machen, damit dieser seiner auf die Fürsorgepflicht beruhenden Verpflichtung, dem Dienstnehmer allenfalls einen anderen, geeigneten Arbeitsplatz zuzuweisen, nachkommen kann (OGH 21.4.2016, 9 ObA 43/16p).

1350 Siehe Punkt 32.1.6.2.1.

b) wenn der Gewerbeinhaber sich einer **tätlichen Misshandlung** oder einer **groben Ehrenbeleidigung** gegen ihn oder dessen Angehörige schuldig macht;
c) wenn der Gewerbeinhaber oder dessen Angehörige den Hilfsarbeiter oder dessen Angehörige zu **unsittlichen oder gesetzwidrigen Handlungen** zu verleiten suchen;
d) wenn der Gewerbeinhaber ihm die bedungenen **Bezüge** ungebührlich **vorenthält** oder andere wesentliche Vertragsbestimmungen verletzt;
e) wenn der Gewerbeinhaber außer Stande ist oder sich **weigert**, dem Hilfsarbeiter **Verdienst zu geben**(§ 82a GewO 1859).

Die **taxative** Aufzählung des § 82a GewO 1859 schließt aber dennoch eine Ausdehnung auf einen gleichbedeutenden Tatbestand nicht aus.

Im Einzelfall sind die Anmerkungen und die dazu ergangenen Entscheidungen in den kommentierten Gesetzesausaben zu beachten!

Nicht unter den Geltungsbereich der GewO 1859 fallen Dienstnehmer, die im Gewerbebetrieb Angestelltentätigkeiten ausüben oder ganz allgemein höhere Dienste leisten (§ 73 GewO 1859) (→ 4.4.3.1.1.).

Der Hinweis im Zusammenhang mit der weiterführenden Literatur für den Fall eines **Insolvenzverfahrens** (Sanierungs- bzw. Konkursverfahrens) des Dienstgebers gilt gleich lautend (→ 32.1.6.2.1.).

32.1.6.3. Begründeter, unbegründeter vorzeitiger Austritt

Liegt ein Austrittsgrund vor und erklärt der Dienstnehmer seinen vorzeitigen Austritt, handelt es sich um einen **begründeten** (berechtigten, gerechtfertigten) **vorzeitigen Austritt**. Liegt kein Austrittsgrund vor und erklärt der Dienstnehmer seinen vorzeitigen Austritt, handelt es sich um einen **unbegründeten** (unberechtigten, ungerechtfertigten) **vorzeitigen Austritt**.

So wie im Fall der Entlassung löst auch der vorzeitige Austritt des Dienstnehmers das Dienstverhältnis mit sofortiger Wirkung auf, unabhängig davon, ob ein wichtiger Grund vorliegt oder nicht. Der Unterschied zu der unbegründeten Entlassung liegt darin, dass ein unbegründeter vorzeitiger Austritt **uneingeschränkt** wirkt.

Bei einem begründeten vorzeitigen Austritt aus Verschulden des Dienstgebers steht dem Dienstnehmer unbeschadet weitergehenden Schadenersatzes Anspruch auf **Kündigungsentschädigung** zu (§ 1162b ABGB, § 29 Abs. 1, 2 AngG) (→ 33.4.2.).

Bei einem unbegründeten vorzeitigen Austritt steht dem Dienstgeber Anspruch auf Ersatz des ihm verursachten Schadens zu (§ 1162a ABGB, § 28 Abs. 1, 2 AngG). Zur Konventionalstrafe siehe Punkt 33.4.1.

32.1.6.4. Schutzbestimmungen

Schutzbestimmungen bezüglich der Lösung eines Dienstverhältnisses durch einen vorzeitigen Austritt gibt es **keine**.

Ist eine Dienstnehmerin, die **zum Austrittszeitpunkt bereits schwanger** war, dies im Austrittszeitpunkt aber noch nicht wusste, infolge Verschuldens des Dienstgebers und damit berechtigt vorzeitig ausgetreten, so ist das Dienstverhältnis **bereits durch den vorzeitigen Austritt beendet** worden. Es fehlt daher schon im Ansatz an den Voraussetzungen für die Anwendung des MSchG (→ 32.2.3.) (OGH 23.2.2009, 8 ObS 9/08v).

32.1.7. Tod des Dienstnehmers

Der Dienstnehmer ist auf Grund des Dienstvertrags u.a. zur **persönlichen Dienstleistung** (→ 4.4.1.) verpflichtet. Daraus folgt, dass durch den Tod des Dienstnehmers das Dienstverhältnis **automatisch beendet** wird.

Die Erben haben als Gläubiger **Anspruch** auf **alle Forderungen** (i.d.R. in Form von Entgeltansprüchen), die der Verstorbene zur Zeit des Todes gegen seinen Dienstgeber hätte geltend machen können; dies allerdings nur dann, soweit im Gesetz nicht anderes bestimmt wird.

Da die Erben dem Dienstgeber nicht bekannt sind, ist empfehlenswert, mit der Auszahlung aller Ansprüche zuzuwarten und dem Verlassenschaftsgericht[1351] mitzuteilen, was an Nettobezügen angefallen ist, und ev. die Anfrage zu stellen, wer diese gegebenenfalls zu erhalten hat.

Die Überweisung auf das Gehaltskonto des Verstorbenen kann vorgenommen werden, wenn dieses mit dem Tod des Dienstnehmers gesperrt wird.

Festgehalten muss auch werden, dass die oben erwähnten Ansprüche den Erben grundsätzlich auch bei **Selbstmord des Dienstnehmers** gebühren. Auch wenn sich der Dienstnehmer durch seinen Selbstmord dem Zugang einer Entlassungserklärung entzogen hat, ändert dies nichts daran. Dies deshalb, da der Ausspruch einer Entlassung nicht *ipso iure* bei Vorliegen eines Entlassungsgrunds das Dienstverhältnis beendet. Vielmehr bedarf diese zu ihrer Wirksamkeit des Zugangs an den anderen Vertragsteil. Ist also das Dienstverhältnis bereits auf Grund des Selbstmords des Dienstnehmers beendet, so kann es nachträglich nicht noch einmal beendet werden (OGH 10.7.1997, 8 ObA 205/97y).

Hinweis: Nicht jeder arbeitsrechtliche Anspruch beim Tod eines Dienstnehmers ist gleich zu behandeln. Manche Ansprüche können nur unterhaltsberechtigte Erben, andere wiederum alle gesetzlichen oder testamentarischen Erben direkt gegenüber dem Dienstgeber geltend machen. Im Unterschied dazu bestehen auch solche Ansprüche, die der Verlassenschaft an sich zufallen. All dies erfordert eine genaue Beachtung der gesetzlichen, kollektivvertraglichen und auch der dienstvertraglichen Vereinbarungen.

Näheres behandeln die Punkte laufender Bezug (→ 33.1.), Sonderzahlungen (→ 33.2.), Ersatzleistung für Urlaubsentgelt (→ 26.2.9.1.), gesetzliche Abfertigung (→ 33.3.1.3.).

Zu den im Todesfall bestehenden Ansprüchen und deren Abrechnung siehe auch ÖGK-Magazin DGservice Nr. 4/Dezember 2021.

1351 Gemäß § 105 Jurisdiktionsnorm ist zur Abhandlung von Verlassenschaften das Bezirksgericht berufen, bei dem der Verstorbene seinen allgemeinen Gerichtsstand in Streitsachen hatte. Nach § 66 Jurisdiktionsnorm wird der allgemeine Gerichtsstand einer Person durch deren Wohnsitz bestimmt.

32.2. Der Bestandschutz

Der Begriff des Bestandschutzes wurde von der Rechtslehre geprägt. Man versteht darunter

- alle Vorschriften, die die Auflösung eines Dienstverhältnisses erschweren bzw. verhindern.

Es gibt den

allgemeinen Bestandschutz		und den	**besonderen** Bestandschutz	
allgemeinen Kündigungsschutz[1352],	allgemeinen Entlassungsschutz[1353],		besonderen Kündigungsschutz[1352],	besonderen Entlassungsschutz[1353].
Dieser Bestandschutz findet **in einem betriebsratspflichtigen Betrieb** (→ 11.7.1.) auf **alle** (nicht dem besonderen Bestandschutz unterliegende) **Dienstnehmer** Anwendung, sofern es sich um einen „Arbeitnehmer i.S.d. ArbVG" handelt (→ 10.2.2.)[1354].			Dieser Bestandschutz findet nur auf **bestimmte Dienstnehmer** (→ 32.2.3.) Anwendung, auch wenn es sich dabei um keinen „Arbeitnehmer i.S.d. ArbVG" handelt.	

Die Möglichkeit der Kündigungsanfechtung wurde auf Betriebe **mit weniger als fünf Arbeitnehmern** ausgedehnt, aber nur zu Gunsten von Arbeitnehmern **bestimmter Geburtenjahrgänge**:

Ein Arbeitnehmer in einem nicht betriebsratspflichtigen Betrieb, der als Arbeitnehmer den Jahrgängen 1935 bis 1942, als Arbeitnehmerin den Jahrgängen 1940 bis 1947 angehört, kann die Kündigung **binnen einer Woche** nach Zugang der Kündigung **anfechten**, wenn die Kündigung **sozial ungerechtfertigt** und der Arbeitnehmer bereits **sechs Monate im Betrieb** oder Unternehmen, dem der Betrieb angehört, beschäftigt ist. Sozial ungerechtfertigt ist eine Kündigung, die wesentliche Interessen des Arbeitnehmers beeinträchtigt, es sei denn, der Arbeitgeber erbringt den Nachweis, dass die Kündigung

1. durch Umstände, die in der Person des Arbeitnehmers gelegen sind und die betrieblichen Interessen nachteilig berühren, oder
2. durch betriebliche Erfordernisse, die einer Weiterbeschäftigung des Arbeitnehmers entgegenstehen,

begründet ist (§ 15 Abs. 3 AVRAG).

Darüber hinaus enthalten zahlreiche Gesetze eigene Bestandschutzbestimmungen, die in weiterer Folge kurz dargestellt werden.

1352 Gilt **nur bei Kündigung durch den Dienstgeber**.

1353 Gilt nur für den Fall einer **unbegründeten Entlassung**.

1354 Vertretungsbefugte Organmitglieder einer juristischen Person, soweit sie ihre Tätigkeit überhaupt aufgrund eines Arbeitsverhältnisses ausüben, sowie leitende Angestellte sind daher nicht zur Kündigungs- bzw. Entlassungsanfechtung gemäß §§ 105 f ArbVG berechtigt (OGH 24.6.2021, 9 ObA 69/21v).

Gleichbehandlungsgesetz:

Das **Gleichbehandlungsgesetz** sieht eine zu den (besonderen) Bestandschutzbestimmungen zählende Regelung vor. Danach kann u.a. die Kündigung, Entlassung oder die Probezeitauflösung durch den Arbeitgeber beim Arbeits- und Sozialgericht **angefochten** werden, wenn das Arbeitsverhältnis **wegen des Geschlechts** des Arbeitnehmers oder wegen der nicht offenbar unberechtigten Geltendmachung von Ansprüchen nach dem GlBG seitens des Arbeitgebers gekündigt oder vorzeitig beendet worden ist oder das Probedienstverhältnis wegen eines solchen Grundes aufgelöst worden ist. Erkundigt sich eine Arbeitnehmerin nach der Möglichkeit der Vereinbarung einer Teilzeitbeschäftigung nach MSchG (→ 27.1.4.3.) und wird sie daraufhin vom Arbeitgeber gekündigt, liegt eine Diskriminierung auf Grund des Geschlechts vor (OGH 25.10.2016, 8 ObA 63/13x). Lässt der Arbeitnehmer die Beendigung gegen sich gelten, so hat er Anspruch auf **Ersatz des Vermögensschadens** und auf eine **Entschädigung für die erlittene persönliche Beeinträchtigung** (§ 12 Abs. 7 GlBG)[1355]. Gleiches gilt bei Verletzung des Gleichbehandlungsgebots gemäß § 17 GlBG auf Grund der **ethnischen Zugehörigkeit**, der **Religion** oder **Weltanschauung**, des **Alters** oder der **sexuellen Orientierung** (→ 3.3.1.) (§§ 17, 26 Abs. 7 GlBG).

Eine Kündigung aufgrund der allgemeinen Kündigungspolitik, Arbeitnehmer grundsätzlich vor Erreichen des Regelpensionsalters zu kündigen, wenn ein Anspruch auf eine bestimmte Form der (vorzeitigen) Alterspension besteht, stellt grundsätzlich eine **unmittelbare Diskriminierung aufgrund des Alters** bei der Beendigung des Arbeitsverhältnisses dar (OGH 18.8.2016, 9 ObA 106/15a). Nicht jede Kündigung eines älteren Dienstnehmers aufgrund des Erreichens des Pensionsalters stellt jedoch immer eine Diskriminierung auf Grund des Alters dar (vgl. zur Zulässigkeit der Kündigung eines Vertragsbediensteten nach Erreichen des 65. Lebensjahres OGH 18.10.2006, 9 ObA 131/05p; vgl. mit Verweis auf die Rechtsprechung des EuGH auch OGH 26.1.2017, 9 ObA 13/16a)[1356].

Für die gerichtliche Geltendmachung von Ansprüchen bzw. der Anfechtung sind die im GlBG enthaltenen Fristen zu beachten.

Behinderteneinstellungsgesetz:

Auch das **Behinderteneinstellungsgesetz** normiert (zusätzlich zu den besonderen Kündigungsschutzbestimmungen, → 32.2.3.1.) **Rechtsfolgen der Diskriminierung** im Zusammenhang mit der Beendigung eines Dienstverhältnisses. Demnach gilt:

Ist das Dienstverhältnis vom Dienstgeber wegen einer Behinderung des Dienstnehmers oder wegen der offenbar nicht unberechtigten Geltendmachung von Ansprüchen nach diesem Bundesgesetz gekündigt oder vorzeitig beendet worden oder ist das Probedienstverhältnis wegen eines solchen Grundes aufgelöst worden, so kann die Kündigung, Entlassung oder die Auflösung des Probedienstverhältnisses bei Gericht angefochten werden. Ist ein befristetes, auf die Umwandlung in ein unbefristetes Dienstverhältnis angelegtes Dienstverhältnis wegen einer Behinderung des Dienstnehmers oder wegen der nicht offenbar unberechtigten Geltendmachung von

1355 Bei einem berechtigten Austritt durch den Arbeitnehmer steht kein immaterieller Schadenersatzersatz nach § 12 Abs. 7 GlBG zu (OGH 17.8.2016, 8 ObA 47/16v). Es kann jedoch ein immaterieller Schadenersatz aufgrund einer Belästigung zustehen (§§ 12 Abs. 11, 26 Abs. 11 GlBG).

1356 Von einer Diskriminierung auf Grund des Alters ist eine mögliche Sozialwidrigkeit der Kündigung älterer Arbeitnehmer zu unterscheiden (→ 32.2.1.2.).

Ansprüchen nach diesem Bundesgesetz durch Zeitablauf beendet worden, so kann auf Feststellung des unbefristeten Bestehens des Dienstverhältnisses geklagt werden. Lässt der Dienstnehmer die Beendigung gegen sich gelten, so hat er Anspruch auf Ersatz des Vermögensschadens und auf eine Entschädigung für die erlittene persönliche Beeinträchtigung (§ 7f Abs. 1 BEinstG) (→ 29.2.4.).

Teilt der behinderte Arbeitnehmer dem Arbeitgeber bei Eingehen eines Arbeitsverhältnisses seine Behinderteneigenschaft nicht mit, kann das Interesse an der Erlangung des angestrebten Arbeitsplatzes das Informationsinteresse des Arbeitgebers übersteigen. Der Schutz vor Diskriminierungen greift auch dann ein, wenn der Dienstgeber hinsichtlich des Vorliegens eines geschützten Merkmals einer Fehleinschätzung unterliegt. **Irrtümer können Verletzungen des Gleichbehandlungsgebots nicht rechtfertigen.** Der Schutz vor Diskriminierungen gilt vielmehr unabhängig davon, ob das Merkmal, aufgrund dessen die Diskriminierung erfolgt, tatsächlich vorliegt oder bloß vermutet wird (OGH 26.11.2015, 9 ObA 107/15y).

Wirkt sich die Behinderteneigenschaft des Arbeitnehmers weder auf seine Einsatzfähigkeit aus, noch war allenfalls eine Gefährdung anderer Personen im Zusammenhang mit der Erbringung seiner Arbeitsleistungen gegeben, wird durch das Unterlassen der Mitteilung das Vertrauen des Dienstgebers nicht derart erschüttert, dass ihm die Fortsetzung eines andauernden und anstandslos funktionierenden Arbeitsverhältnisses nicht zumutbar wäre (OGH 2.4.2003, 9 ObA 240/02p).

In diesen Fällen kann eine diskriminierende Kündigung nicht durch die Verletzung der Meldepflicht gerechtfertigt werden.

Zu den Auswirkungen eines **Verstoßes gegen die Meldepflicht** siehe auch ausführlich Punkt 29.2.5.

Vor der gerichtlichen Geltendmachung von Ansprüchen hat jedenfalls ein Schlichtungsverfahren vor dem Bundesamt für Soziales und Behindertenwesen (Sozialministeriumservice) stattzufinden. Für die gerichtliche Geltendmachung von Ansprüchen bzw. der Anfechtung sind die im BEinstG enthaltenen Fristen zu beachten (§ 7k BEinstG).

Arbeitsvertragsrechts-Anpassungsgesetz:

Weiters sieht das **Arbeitsvertragsrechts-Anpassungsgesetz** Kündigungsschutzbestimmungen vor. Demnach kann eine Kündigung, die wegen einer **beabsichtigten oder tatsächlich in Anspruch genommenen** Maßnahme einer/eines

- Bildungskarenz (→ 27.3.1.1.),
- Bildungsteilzeit (→ 27.3.1.2.),
- Freistellung gegen Entfall des Arbeitsentgelts,
- Solidaritätsprämienmodells,
- Herabsetzung der Normalarbeitszeit (→ 27.3.4.),
- Pflegekarenz (→ 27.1.1.3.),
- Pflegeteilzeit (→ 27.1.1.3.) oder
- Wiedereingliederungsteilzeit (→ 25.7.)

ausgesprochen wird, bei Gericht angefochten werden. § 105 Abs. 5 ArbVG gilt sinngemäß[1357].

Lässt der Arbeitnehmer eine gegen sich ausgesprochene Kündigung gelten, hat er Anspruch auf Kündigungsentschädigung (→ 33.4.2.) (§ 15 Abs. 1, 2 AVRAG).

Kurzarbeit:

Während **Kurzarbeit** (→ 27.3.3.) sowie der anschließenden Behaltefrist gelten nach den Bestimmungen der für die Kurzarbeit abzuschließenden **Sozialpartnervereinbarung** besondere **Bestandschutzbestimmungen** (→ 27.3.3.3.). Daraus ergibt sich jedoch nach der Rechtsprechung des OGH **keine Unwirksamkeit einer während der Kurzarbeit oder der Behaltefrist ausgesprochenen Kündigung (kein individueller Kündigungsschutz)**. Die Förderung (Kurzarbeitsbeihilfe) ist aber im Rahmen einer allfälligen Kündigungsanfechtung bei der Beurteilung des Vorliegens „betrieblicher Erfordernisse" für die Kündigung (§ 105 Abs. 3 Z 2 lit b ArbVG, → 32.2.1.2. Ⓔ) zu berücksichtigen (OGH 22.10.2021, 8 ObA 48/21y).

Mutterschutzgesetz (freie Dienstnehmerinnen):

Die Kündigung einer **freien Dienstnehmerin** im Sinne des § 4 Abs. 4 ASVG, die wegen ihrer **Schwangerschaft oder eines Beschäftigungsverbots bis vier Monate nach der Geburt** ausgesprochen wird, kann bei Gericht binnen zwei Wochen nach Ausspruch der Kündigung angefochten werden[1358]. Die freie Dienstnehmerin hat den Anfechtungsgrund glaubhaft zu machen. Gibt das Gericht der Anfechtungsklage statt, so ist die Kündigung **rechtsunwirksam**. Lässt die freie Dienstnehmerin die Kündigung gegen sich gelten, so ist § 1162b erster Satz ABGB anzuwenden, d.h. die freie Dienstnehmerin hat Anspruch auf das gleiche Entgelt wie bei einer Kündigung, die erst vier Monate nach der Geburt ausgesprochen wird[1359]. Die **Klage ist abzuweisen**, wenn bei Abwägung aller Umstände eine höhere Wahrscheinlichkeit dafür spricht, dass ein anderes vom Dienstgeber glaubhaft gemachtes Motiv für die Kündigung ausschlaggebend war (§ 10 Abs. 8 MSchG).

32.2.1. Der allgemeine Kündigungsschutz

Darunter versteht man grundsätzlich die im ArbVG geregelten Schutzbestimmungen im Zusammenhang mit einer vom Dienstgeber ausgesprochenen Kündigung.

1357 Insoweit sich der **Kläger** im Zuge des Verfahrens auf einen **Anfechtungsgrund beruft, hat er diesen glaubhaft zu machen**. Die Anfechtungsklage ist abzuweisen, wenn bei Abwägung aller Umstände eine höhere Wahrscheinlichkeit dafür spricht, dass ein anderes vom Arbeitgeber glaubhaft gemachtes Motiv für die Kündigung ausschlaggebend war.

1358 Das Verfahren im Rahmen der Anfechtungsklage soll jenem nach § 105 Abs. 5 und 7 ArbVG (Motivkündigungsschutz) nachgebildet sein (→ 32.2.1.).

1359 Die freie Dienstnehmerin ist so zu stellen, als hätte der Arbeitgeber die Kündigung erst nach Ablauf der vier Monate nach der Geburt unter Einhaltung der Kündigungsfristen (→ 4.3.1.) ausgesprochen. Für diese Zeit steht ihr eine Kündigungsentschädigung zu.

32.2.1.1. Vorverfahren

Besteht in einem Betrieb ein Betriebsrat, hat der Betriebsinhaber

- **vor jeder Kündigung** eines vom ArbVG umfassten Arbeitnehmers[1360] **den Betriebsrat** (→ 11.7.1.) **zu verständigen**[1361], der innerhalb **einer Woche**[1362] hiezu Stellung nehmen kann (§ 105 Abs. 1 ArbVG).

Der Verständigungstag zählt dabei nicht mit.

Die **Kündigung ist rechtsunwirksam** (→ 32.2.1.4.), wenn der Betriebsinhaber

- diese **Verständigung unterlässt** (§ 105 Abs. 1 ArbVG) oder
- **vor Ablauf dieser Frist**, es sei denn, dass der Betriebsrat eine Stellungnahme bereits abgegeben hat, die **Kündigung ausspricht**, oder
- auf Verlangen des Betriebsrats sich mit diesem **nicht** innerhalb der Frist zur Stellungnahme über die Kündigung **berät** (§ 105 Abs. 2 ArbVG).

Die Möglichkeit, eine rechtswirksam ausgesprochene Kündigung anzufechten, hängt grundsätzlich von der Stellungnahme des Betriebsrats ab.

<table>
<tr><td>Widerspricht der Betriebsrat der Kündigungsabsicht ausdrücklich und</td><td>Gibt der Betriebsrat keine Stellungnahme ab (schlichter Widerspruch) und</td><td>Stimmt der Betriebsrat der Kündigungsabsicht ausdrücklich zu und</td></tr>
<tr><td colspan="2">liegt eine Motivkündigung (siehe Ⓓ) bzw. eine sozial ungerechtfertigte Kündigung (siehe Ⓔ) vor,</td><td>liegt eine Motivkündigung vor,</td></tr>
<tr><td colspan="3">kann es zum Anfechtungsverfahren kommen.</td></tr>
<tr><td>Ⓐ</td><td>Ⓑ</td><td>Ⓒ</td></tr>
</table>

32.2.1.2. Anfechtungsverfahren

Nach Beendigung des Vorverfahrens hat der Betriebsinhaber den Betriebsrat vom tatsächlichen Ausspruch der Kündigung nochmals zu verständigen (§ 105 Abs. 4 ArbVG). Diese Verständigungspflicht stellt jedoch nur eine Ordnungsvorschrift dar.

Ⓐ **Hat der Betriebsrat der Kündigungsabsicht ausdrücklich widersprochen**, kann er auf Verlangen des gekündigten Arbeitnehmers **binnen einer Woche** nach Verständigung vom Ausspruch der Kündigung diese beim **Arbeits- und Sozialgericht (ASG)** anfechten. Kommt der Betriebsrat dem Verlangen des Arbeitnehmers nicht nach, so kann dieser innerhalb von **zwei Wochen** nach Ablauf der für den Betriebsrat geltenden Frist die Kündigung selbst anfechten[1363].

1360 Vertretungsbefugte Organmitglieder einer juristischen Person, soweit sie ihre Tätigkeit überhaupt aufgrund eines Arbeitsverhältnisses ausüben, sowie leitende Angestellte zählen nicht als Arbeitnehmer i.S.d. § 36 ArbVG und können somit ohne Einhaltung des betrieblichen Vorverfahrens gekündigt werden (vgl. auch OGH 24.6.2021, 9 ObA 69/21v).

1361 Zur Entgegennahme der Verständigung ist nur der Betriebsratsvorsitzende, bei dessen Verhinderung sein Stellvertreter berufen.

1362 Wenn das Ende dieser Wochenfrist (sieben Kalendertage) auf einen Samstag, Sonntag, Feiertag oder den Karfreitag fällt, so endet die Frist am nächstfolgenden Werktag (§ 169 ArbVG).

1363 Erfolgt zunächst ein Widerspruch des Betriebsrats, verlangt der Arbeitnehmer jedoch in weiterer Folge keine Anfechtung durch den Betriebsrat, kann der Arbeitnehmer im Anschluss auch selbst keine Anfechtungsmaßnahmen mehr ergreifen. Dies gilt auch dann, wenn sich herausstellt, dass der Betriebsrat einem (tatsächlich nicht gestellten) Verlangen auf Anfechtung der Kündigung jedenfalls nicht entsprochen hätte (OGH 24.1.2020, 8 ObA 48/19w).

Nimmt der Betriebsrat die Anfechtungsklage ohne Zustimmung des gekündigten Arbeitnehmers zurück, so kann der Arbeitnehmer **binnen vierzehn Tagen** ab Kenntnis das Anfechtungsverfahren selbst fortsetzen (§ 105 Abs. 4 ArbVG).

Ⓑ **Hat der Betriebsrat keine Stellungnahme abgegeben** (schlichter Widerspruch), so kann der Arbeitnehmer **innerhalb** von **zwei Wochen** nach Zugang der Kündigung diese **selbst** anfechten; in diesem Fall ist ein Vergleich sozialer Gesichtspunkte (Sozialvergleich) (siehe Ⓔ) nicht vorzunehmen (§ 105 Abs. 4 ArbVG).

Ⓒ **Hat der Betriebsrat der Kündigungsabsicht ausdrücklich zugestimmt** und liegt eine **Motivkündigung** (siehe Ⓓ) vor, so kann der Arbeitnehmer **innerhalb** von **zwei Wochen** nach Zugang der Kündigung diese **selbst** anfechten (§ 105 Abs. 4 ArbVG).

Liegt eine **sozial ungerechtfertigte Kündigung** (siehe Ⓔ) vor, kann die ausgesprochene Kündigung **weder** vom Betriebsrat **noch** vom betroffenen Arbeitnehmer **angefochten werden** (§ 105 Abs. 6 ArbVG). Man bezeichnet dies als das „**Sperrrecht**" des Betriebsrats.

Besteht in einem betriebsratspflichtigen Betrieb kein Betriebsrat oder keiner für die Arbeitnehmergruppe, der der gekündigte Arbeitnehmer angehört, kann dieser **binnen zwei Wochen** nach Zugang der Kündigung diese selbst anfechten (§ 107 ArbVG).

Für die Anfechtung der Kündigung sind bestimmte Gründe erforderlich, die sich in zwei Gruppen teilen lassen:

Der Kündigung liegt ein **verwerfliches Motiv** zugrunde (Motivkündigung). Ⓓ	Die Kündigung ist **sozial ungerechtfertigt**. Ⓔ

Ⓓ **Eine Kündigung aus verwerflichen Motiven** liegt dann vor, wenn die Kündigung

a) wegen des **Beitritts** oder der Mitgliedschaft des Arbeitnehmers **zu Gewerkschaften**;
b) wegen seiner **Tätigkeit in Gewerkschaften**;
c) wegen **Einberufung der Betriebsversammlung** durch den Arbeitnehmer;
d) wegen seiner Tätigkeit als Mitglied des **Wahlvorstands**, einer Wahlkommission oder als Wahlzeuge;
e) wegen seiner **Bewerbung** um eine Mitgliedschaft **zum Betriebsrat** oder wegen einer früheren Tätigkeit im Betriebsrat;
f) wegen seiner Tätigkeit als Mitglied der **Schlichtungsstelle** (→ 3.3.5.1.);
g) wegen seiner Tätigkeit als **Sicherheitsvertrauensperson, Sicherheitsfachkraft** oder **Arbeitsmediziner** oder als Fach- oder Hilfspersonal von Sicherheitsfachkräften oder Arbeitsmedizinern;
h) wegen der bevorstehenden **Einberufung** des Arbeitnehmers **zum Präsenz- oder Ausbildungsdienst** oder **Zuweisung zum Zivildienst**;
i) wegen der offenbar nicht unberechtigten **Geltendmachung** vom Arbeitgeber infrage gestellter **Ansprüche** aus dem Arbeitsverhältnis durch den Arbeitnehmer[1364];
j) wegen seiner Tätigkeit als Sprecher gem. § 177 Abs. 1 ArbVG

erfolgt ist (§ 105 Abs. 3 Z 1 ArbVG).

1364 Umfasst ist dabei nicht nur die Geltendmachung von Geldansprüchen, sondern auch anderer vom Arbeitgeber infrage gestellter Ansprüche (OGH 27.11.2012, 8 ObA 63/12s).

Insoweit sich der Kläger im Zuge des Verfahrens auf einen solchen Anfechtungsgrund beruft, hat er diesen glaubhaft zu machen. Die Anfechtungsklage ist abzuweisen, wenn bei Abwägung aller Umstände eine höhere Wahrscheinlichkeit dafür spricht, dass ein anderes vom Arbeitgeber glaubhaft gemachtes Motiv für die Kündigung ausschlaggebend war (§ 105 Abs. 5 ArbVG).

Ⓔ Eine **sozial ungerechtfertigte Kündigung** kann nur dann angefochten werden, wenn der gekündigte Arbeitnehmer bereits **sechs Monate** im Betrieb oder im Unternehmen, dem der Betrieb angehört, beschäftigt ist (Wartefrist).

Sozial ungerechtfertigt ist eine Kündigung, die **wesentliche Interessen des Arbeitnehmers beeinträchtigt**[1365], es sei denn, der Betriebsinhaber erbringt den Nachweis, dass die Kündigung

a) durch Umstände, die in der Person des Arbeitnehmers gelegen sind und die betrieblichen Interessen nachteilig berühren (z.B. mangelnde Arbeitsleistung), oder
b) durch betriebliche Erfordernisse (z.B. Rationalisierung, schlechte Ertragslage), die einer Weiterbeschäftigung des Arbeitnehmers entgegenstehen, begründet ist (§ 105 Abs. 3 Z 2 ArbVG).

Sofern die betrieblichen Interessen die wesentlichen Interessen des Arbeitnehmers an der Aufrechterhaltung des Arbeitsplatzes überwiegen, bleibt die Arbeitgeberkündigung rechtswirksam, obwohl beim Arbeitnehmer die Voraussetzungen für die Sozialwidrigkeit grundsätzlich vorliegen (vgl. OGH 28.5.2015, 9 ObA 48/15x).

Die Kündigung ist jedenfalls nur dann gerechtfertigt, wenn sie als letztes Mittel eingesetzt wird. Kann der Arbeitnehmer auf einem anderen Arbeitsplatz weiterbeschäftigt werden, so ist ihm dieser Arbeitsplatz vor Ausspruch der Kündigung anzubieten. Bei sozial benachteiligenden Kündigungen müssen demnach vom Arbeitgeber alle Möglichkeiten zur Weiterbeschäftigung ausgeschöpft werden, um trotz Rationalisierungsmaßnahmen die bisherigen Arbeitnehmer weiter zu beschäftigen. Eine Kündigung ist erst dann in den Betriebsverhältnissen begründet, wenn im gesamten Betrieb für einen betroffenen Arbeitnehmer kein Bedarf mehr gegeben und dem Arbeitgeber keine Maßnahme zumutbar ist, die eine Weiterbeschäftigung ermöglicht. Die Gestaltungspflicht des Arbeitgebers geht aber nicht so weit, dass er dem zu kündigenden Arbeitnehmer einen weniger qualifizierten Arbeitsplatz ohne Verringerung des Einkommens anbieten müsste (OGH 24.1.2013, 8 ObA 76/12b). Bei einem Unternehmen mit zehn Mitarbeitern ist auch die Kündigung eines einzigen Arbeitnehmers geeignet, eine nicht unwesentliche Einsparung zu bewirken (OGH 27.2.2018, 9 ObA 12/18g).

Umstände, die in der Person des Arbeitnehmers gelegen sind und die ihre Ursache in einer langjährigen Beschäftigung als Nachtschwerarbeiter (→ 17.3.) haben, dürfen zur Rechtfertigung der Kündigung nicht herangezogen werden, wenn der Arbeitnehmer ohne erheblichen Schaden für den Betrieb weiter beschäftigt werden kann (§ 105 Abs. 3a ArbVG).

Umstände gem. lit. a, die ihre Ursache in einem **höheren Lebensalter eines Arbeitnehmers** haben, der im Betrieb oder Unternehmen, dem der Betrieb angehört, **lang-**

1365 Bei der Einschätzung, ob eine Beeinträchtigung wesentlicher Interessen des Arbeitnehmers vorliegt, sind die Arbeitsmarktchancen, das Einkommen nach der Kündigung, die Sorgepflichten des Arbeitnehmers, das Partnereinkommen und die Dauer des Arbeitsverhältnisses zu berücksichtigen.

jährig beschäftigt ist, dürfen zur Rechtfertigung der Kündigung des älteren Arbeitnehmers nur dann herangezogen werden, wenn durch die Weiterbeschäftigung betriebliche Interessen erheblich nachteilig berührt werden[1366] (§ 105 Abs. 3b ArbVG).

Bei **älteren Arbeitnehmern** sind sowohl bei der Prüfung, ob eine Kündigung sozial ungerechtfertigt ist, als auch beim Vergleich sozialer Gesichtspunkte (Sozialvergleich) der Umstand einer vieljährigen ununterbrochenen Beschäftigungszeit im Betrieb oder Unternehmen, dem der Betrieb angehört, sowie die wegen des höheren Lebensalters zu erwartenden Schwierigkeiten bei der Wiedereingliederung in den Arbeitsprozess besonders zu berücksichtigen[1367]. Dies gilt bei Einstellungen nach dem 30.6.2017 nicht für jene Arbeitnehmer, die zum Zeitpunkt ihrer **Einstellung das 50. Lebensjahr vollendet** haben (§ 105 Abs. 3b ArbVG)[1368].

Hat der Betriebsrat gegen eine Kündigung, bei der sich der Arbeitgeber auf lit. b berufen hat, **ausdrücklich Widerspruch** erhoben, so ist sie sozial ungerechtfertigt, wenn ein Vergleich sozialer Gesichtspunkte (Sozialvergleich) für den Gekündigten eine größere soziale Härte als für andere Arbeitnehmer des gleichen Betriebs und derselben Tätigkeitssparte, deren Arbeit der Gekündigte zu leisten fähig und willens ist, ergibt[1369] (§ 105 Abs. 3c ArbVG).

Das Anfechtungsverfahren ist beim Arbeits- und Sozialgericht durch eine **Anfechtungsklage** (Rechtsgestaltungsklage) einzuleiten. Diese ist auf Unwirksamkeitserklärung der Kündigung gerichtet. Wird der Klage stattgegeben[1370], so ist die Kündigung **rechtsunwirksam** (§ 105 Abs. 7 ArbVG) (→ 32.2.1.4.). Ergeht die Entscheidung des Gerichts vor Ablauf der Kündigungsfrist, so erfolgt keine Unterbrechung des Dienstverhältnisses. Ergeht die Entscheidung des Gerichts nach Ablauf der Kündigungsfrist, so wird das Dienstverhältnis zwar vorübergehend beendet, lebt aber nach dem stattgegebenen Urteil rückwirkend wieder auf. Den Entgeltausfall für den dazwischenliegenden Zeitraum hat der Arbeitgeber dem Arbeitnehmer zu ersetzen (§ 1155 ABGB) (→ 27.2.).

Wurde eine Kündigung z.B. wegen Sozialwidrigkeit oder wegen eines verpönten Motivs angefochten und liegen nach Ausspruch der Kündigung **neue sachliche**

1366 Der Betriebsinhaber muss also nachweisen, dass das höhere Lebensalter und die daraus resultierenden Nachteile für das Unternehmen **erheblich** sind. Kann z.B. der ältere Arbeitnehmer auf vorhandene Arbeitsplätze umgeschult werden, wird man nicht von erheblichen Nachteilen für den Betrieb sprechen können.

1367 Bei Erreichen des Regelpensionsalters und Anspruch auf Regelpension ist der allgemeine Kündigungsschutz nicht schon generell und jedenfalls auszuschließen, doch ist wegen der vom Gesetzgeber tolerierten Einkommenseinbußen, die mit jeder Pensionierung verbunden sind, und der Vorhersehbarkeit der Kündigung bei Erreichung des Regelpensionsalters bei Prüfung der Interessenbeeinträchtigung ein strenger Maßstab anzulegen (vgl. u.a. OGH 26.1.2017, 9 ObA 13/16a).

1368 Dies bedeutet jedoch nicht, dass Schwierigkeiten bei der Wiedereingliederung in den Arbeitsprozess bei diesen Personen gänzlich ausgeblendet werden. Vielmehr sind diese nur nicht „besonders", sondern „gewöhnlich" (wie auch bei jüngeren Arbeitnehmern) zu berücksichtigen (OGH 30.10.2019, 9 ObA 86/19s). Bei Einstellung vor dem 1.7.2017 erfolgt (nach zweijähriger Beschäftigung im Unternehmen) jedenfalls eine „besondere" Berücksichtigung des Lebensalters bei der Prüfung der Wiedereingliederungsmöglichkeiten in den Arbeitsprozess – innerhalb der ersten zwei Beschäftigungsjahre erfolgt die Berücksichtigung in „gewöhnlichem" Ausmaß.

1369 Um das Ausmaß der sozialen Härte für die gekündigte Person mit jenem für die Vergleichsperson vergleichen zu können, bedarf es der Substanziierung und genauen Beleuchtung der persönlichen, familiären und wirtschaftlichen Verhältnisse der in den Sozialvergleich einzubeziehenden Personen einschließlich der jeweiligen Beschäftigungszeit im Betrieb und der jeweiligen individuellen Schwierigkeiten bei der Wiedereingliederung in den Arbeitsprozess. Die bloße Behauptung der anfechtenden Partei, ein anderer Arbeitnehmer wäre jünger als der gekündigte Arbeitnehmer, genügt nicht (OGH 11.5.2010, 9 ObA 69/09a).

1370 Gegen das Urteil des Gerichts, mit dem der Kündigungsanfechtung stattgegeben (oder mit dem die Kündigungsanfechtung abgewiesen) wurde, kann Berufung und in weiterer Folge Revision erhoben werden (→ 42.4.).

Gründe vor (weil z.B. während der Zeitdauer des laufenden Anfechtungsverfahrens auf Grund notwendiger Maßnahmen der Arbeitsplatz des Dienstnehmers wegrationalisiert werden musste), empfiehlt sich der Ausspruch einer zweiten Kündigung (**Eventualkündigung**). Diese zweite Kündigung ist bloß eine **Vorsichtsmaßnahme**. Sollte der Dienstnehmer mit seiner Behauptung obsiegen, kommt es dadurch zu einer früheren Beendigung des Dienstverhältnisses und zu einer kürzeren Dauer fortlaufender Entgeltansprüche. Auch bei einer Eventualkündigung sind alle Verständigungsverfahren zu beachten.

32.2.1.3. Schematische Darstellung des allgemeinen Kündigungsschutzes

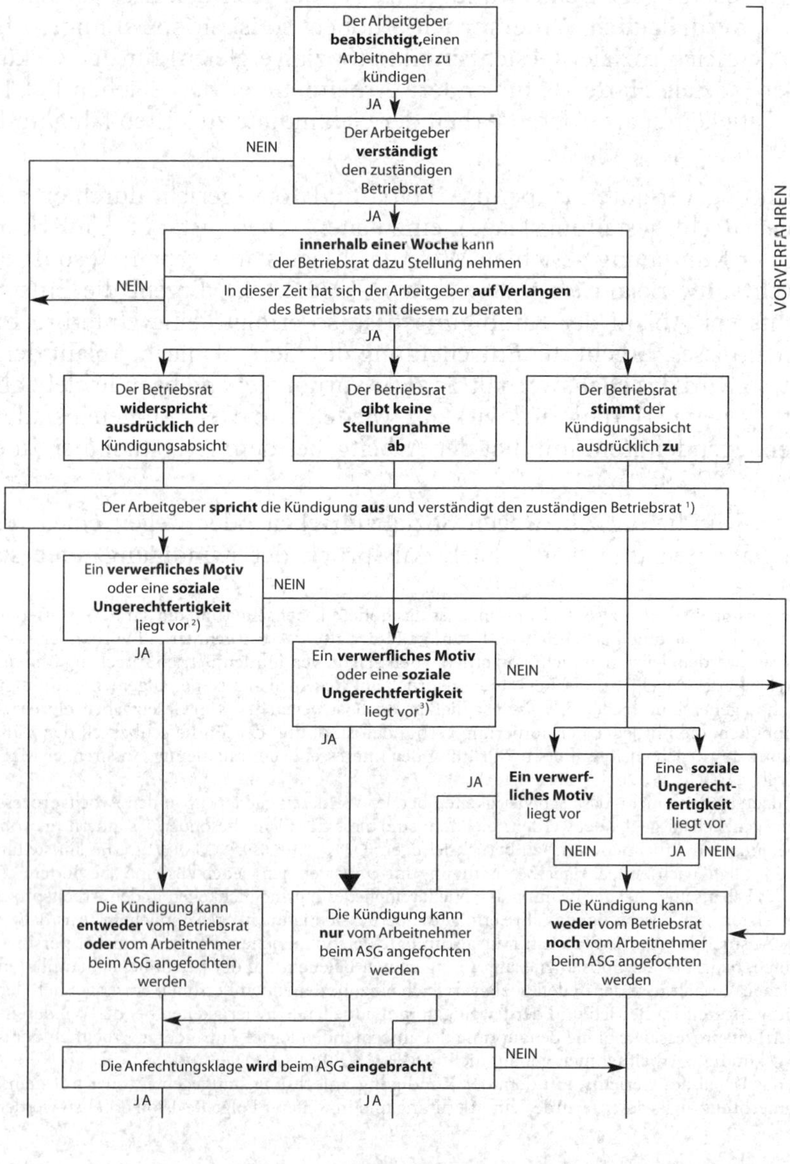

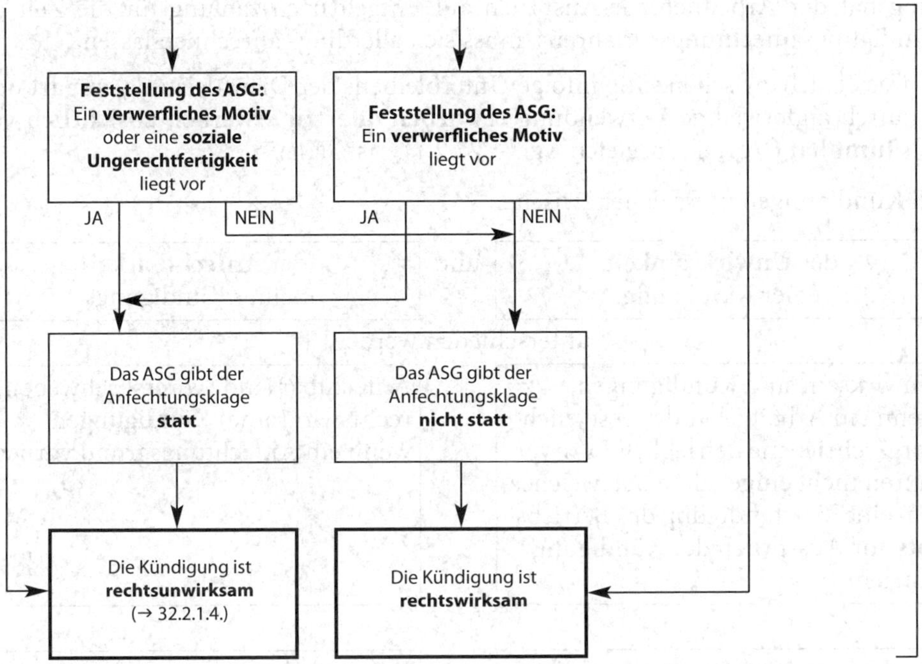

[1]) Diese Verständigungspflicht ist nur eine Ordnungsvorschrift; die Unterlassung bleibt sanktionslos.
[2]) Gegebenenfalls ist ein Vergleich sozialer Gesichtspunkte (Sozialvergleich) vorzunehmen.
[3]) Ein Vergleich sozialer Gesichtspunkte (Sozialvergleich) ist nicht vorzunehmen.

▼ Besteht in einem betriebsratspflichtigen Betrieb kein Betriebsrat oder keiner für die Arbeitnehmergruppe, der der gekündigte Arbeitnehmer angehört, kann dieser die Kündigung selbst anfechten.

32.2.1.4. Rechtsunwirksame Kündigung

Eine durch den Arbeitgeber ausgesprochene Kündigung kann

von **vornherein rechtsunwirksam** (siehe Ⓑ) ausgesprochen werden. Dies ist z.B. dann der Fall, wenn die Betriebsratsverständigung nicht vorgenommen wurde (→ 32.2.1.1.). Ⓐ	von **vornherein rechtswirksam** ausgesprochen werden. Wird die Kündigung angefochten und gibt das ASG der **Anfechtungsklage** (→ 32.2.1.2.) statt, ist die Kündigung letztendlich **rechtsunwirksam**. Ⓑ

Ⓐ Verhindert der Arbeitgeber die Weiterbeschäftigung, kann der Arbeitnehmer beim Arbeits- und Sozialgericht den Fortbestand seines Dienstverhältnisses durch das Einbringen einer sog. **Feststellungsklage** erwirken.

Ⓑ Liegt Rechtsunwirksamkeit (Nichtigkeit) einer Kündigung vor, gilt die Kündigung als **nie ausgesprochen**. Dies bedeutet, dass der Arbeitnehmer als nach wie vor im Dienstverhältnis stehend anzusehen ist. Bei Vorliegen einer Arbeitgeberkündigung hat der Arbeitnehmer Anspruch auf Entgelt(nach)zahlung für die Zeit des Kündigungsanfechtungsverfahrens, muss sich allerdings anrechnen lassen,

- was er sich zwischenzeitig infolge Unterbleibens der Dienstleistung **erspart** oder durch anderweitige Verwendung **erworben oder zu erwerben absichtlich versäumt hat** (Vorteilsausgleich, vgl. → 27.2.) (§ 1155 ABGB).

Bei Kündigungen muss daher zwischen

der **Unwirksamkeit** einer Kündigung	und	der **Anfechtbarkeit** einer Kündigung

unterschieden werden.

Unwirksam sind Kündigungen, wenn ein Arbeitgeber das gesetzlich vorgeschriebene betriebliche Vorverfahren nicht eingehalten hat, welches u.a. eine Verständigung des Betriebsrats vor Ausspruch der Kündigung vorsieht.	Anfechtbar sind (vorerst schwebend rechtswirksame) Kündigungen, wenn ein Anfechtungsgrund vorliegt.
Die Unwirksamkeit einer Kündigung kann der betroffene Arbeitnehmer mit einer Klage auf Feststellung des Fortbestands des Dienstverhältnisses (**Feststellungsklage**) geltend machen.	Die Anfechtung einer Kündigung erfolgt durch eine Rechtsgestaltungsklage (**Anfechtungsklage**) und führt im Fall ihres Erfolgs zur (rechtsgestaltenden) Aufhebung der Kündigung.

32.2.2. Der allgemeine Entlassungsschutz

Darunter versteht man grundsätzlich die im ArbVG geregelten Schutzbestimmungen im Zusammenhang mit einer Entlassung.

Der Betriebsinhaber hat den Betriebsrat (Betriebsratsvorsitzenden, bei dessen Verhinderung seinen Stellvertreter) **von jeder Entlassung** eines Arbeitnehmers **unverzüglich zu verständigen** und innerhalb von **drei Arbeitstagen** nach erfolgter Verständigung auf Verlangen des Betriebsrats mit diesem die Entlassung zu **beraten** (§ 106 Abs. 1 ArbVG). Diese Verständigungs- und Beratungspflicht stellen jedoch nur Ordnungsvorschriften dar.

Die Entlassung ist daher – anders als die Kündigung – auch dann rechtswirksam, wenn die Verständigung bzw. die Beratung **nicht** vorgenommen wurde. Unterbleibt die Verständigung, kann die Entlassung vom betroffenen Arbeitnehmer selbst angefochten werden.

Die Möglichkeit der Anfechtung einer Entlassung hängt also nur bedingt von der Stellungnahme des Betriebsrats ab.

<table>
<tr><td>Stimmt der Betriebsrat der ausgesprochenen Entlassung nicht zu und</td><td>Gibt der Betriebsrat keine Stellungnahme ab (schlichter Widerspruch) und</td><td>Stimmt der Betriebsrat der ausgesprochenen Entlassung ausdrücklich zu und</td></tr>
<tr><td colspan="2">liegt ein Motivanfechtungsgrund (siehe Ⓓ) bzw. ein sozialer Grund (siehe Ⓔ) vor (→ 32.2.1.2.) und</td><td>liegt ein Motivanfechtungsgrund vor und</td></tr>
<tr><td colspan="3">hat der betroffene Arbeitnehmer keinen Entlassungsgrund (→ 32.1.5.2.) gesetzt, kann es zum Anfechtungsverfahren kommen.</td></tr>
</table>

Hinsichtlich der Anfechtungsberechtigung und der Anfechtungsfristen gelten die Vorschriften über die Kündigungsanfechtung sinngemäß (§ 106 Abs. 2 ArbVG) (→ 32.2.1.2.).

Besteht in einem betriebsratspflichtigen Betrieb kein Betriebsrat oder keiner für die Arbeitnehmergruppe, der der entlassene Arbeitnehmer angehört, kann dieser **binnen zwei Wochen** nach Zugang der Entlassung diese selbst anfechten (§ 107 ArbVG).

Gibt das Arbeits- und Sozialgericht der **Anfechtungsklage** (Rechtsgestaltungsklage) statt, so ist die Entlassung **rechtsunwirksam** (§ 106 Abs. 2 ArbVG) (→ 32.2.2.2.). Gegen das Urteil des Gerichts, mit dem der Anfechtung stattgegeben (oder abgewiesen) wurde, kann Berufung und in weiterer Folge Revision erhoben werden (→ 42.4.).

32.2.2.1. Schematische Darstellung des allgemeinen Entlassungsschutzes

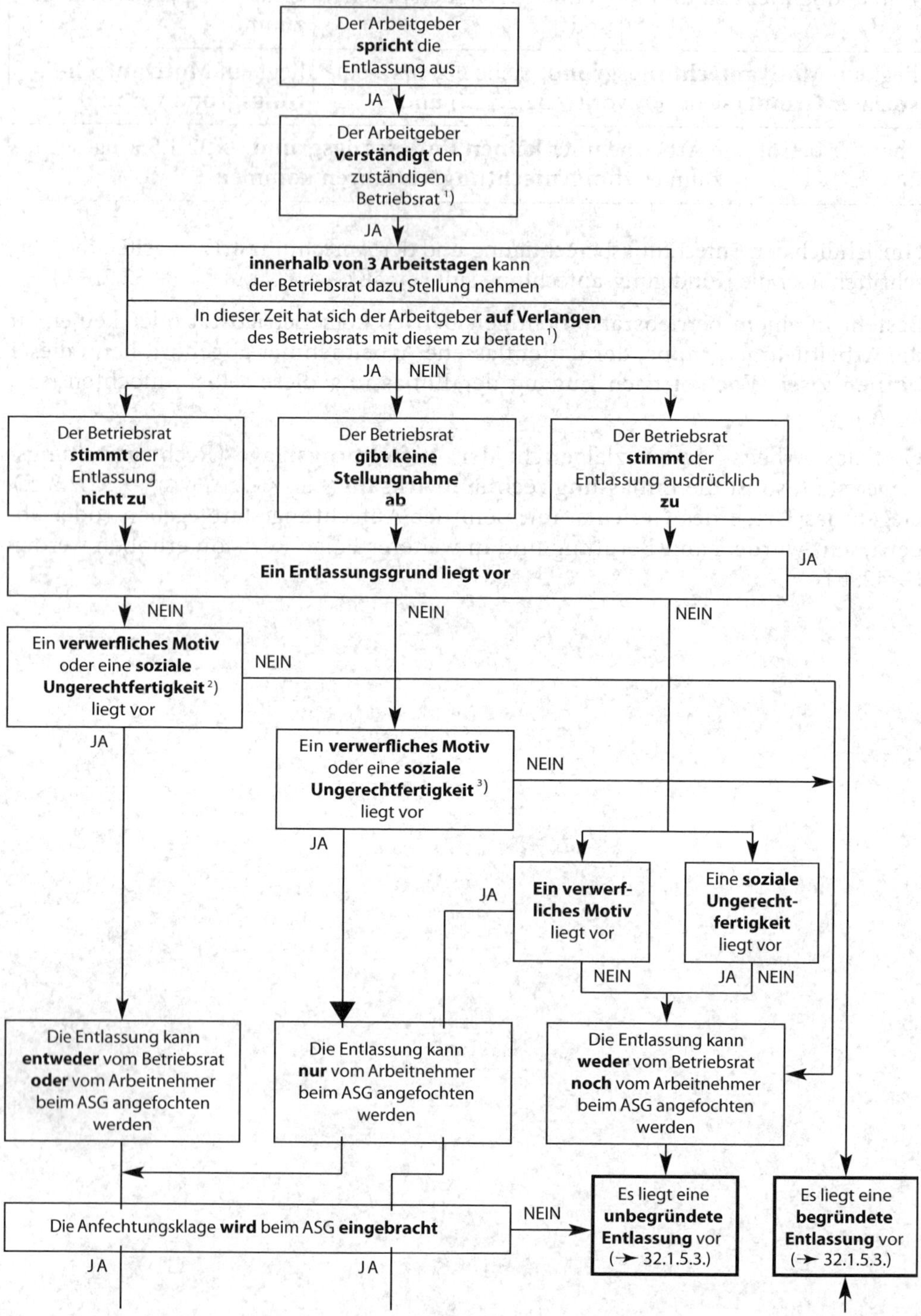

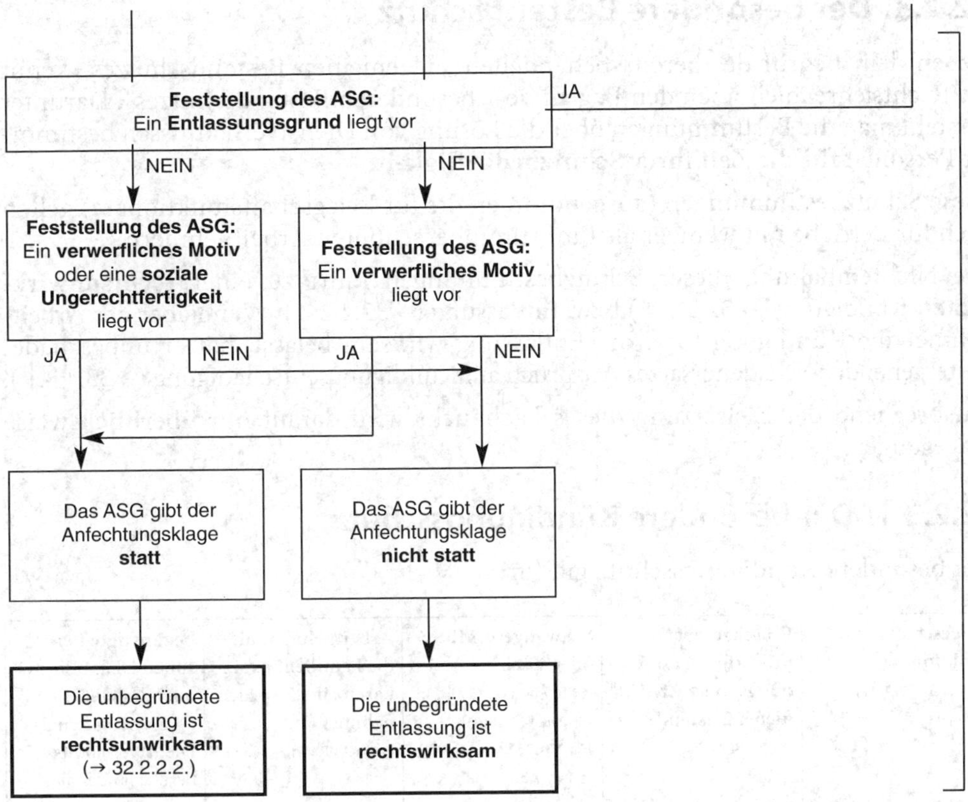

[1]) Diese Pflichten stellen bloß Ordnungsvorschriften dar; die Nichtbeachtung bleibt sanktionslos.
[2]) Gegebenenfalls ist ein Vergleich sozialer Gesichtspunkte (Sozialvergleich) vorzunehmen (→ 32.2.1.2.).
[3]) Ein Vergleich sozialer Gesichtspunkte (Sozialvergleich) ist nicht vorzunehmen.

▼ Besteht in einem betriebsratspflichtigen Betrieb kein Betriebsrat oder keiner für die Arbeitnehmergruppe, der der entlassene Arbeitnehmer angehört, kann dieser die Entlassung selbst anfechten.

32.2.2.2. Rechtsunwirksame Entlassung

Liegt Rechtsunwirksamkeit (Nichtigkeit) einer Entlassung vor, gilt die Entlassung als **nie ausgesprochen**. Dies bedeutet, dass der Arbeitnehmer als nach wie vor im Dienstverhältnis stehend anzusehen ist. Er hat Anspruch auf Entgelt(nach)zahlung für die Zeit des Entlassungsanfechtungsverfahrens, muss sich allerdings anrechnen lassen,

- was er sich zwischenzeitig infolge Unterbleibens der Dienstleistung **erspart** oder durch anderweitige Verwendung **erworben oder zu erwerben absichtlich versäumt hat** (Vorteilsausgleich, vgl. → 27.2.) (§ 1155 ABGB).

Verhindert der Arbeitgeber die Weiterbeschäftigung, kann der Arbeitnehmer beim Arbeits- und Sozialgericht den Fortbestand seines Dienstverhältnisses durch das Einbringen einer sog. **Feststellungsklage** erwirken.

32.2.3. Der besondere Bestandschutz

Neben dem Begriff des bereits behandelten „allgemeinen Bestandschutzes“ kennt die Rechtslehre auch noch den Begriff des „besonderen Bestandschutzes“. Darunter versteht man die Bestimmungen über die Lösung von Dienstverhältnissen bestimmter Personen **für die Zeit ihrer Schutzbedürftigkeit**.

Diese Schutzbestimmungen (ausgenommen die für Belegschaftsfunktionäre) gelten auch für Betriebe mit weniger als fünf stimmberechtigten Arbeitnehmern.

Die Nichteinhaltung dieser Schutzbestimmungen führt zu einer **rechtsunwirksamen** Kündigung (→ 32.2.1.4.) bzw. Entlassung (→ 32.2.2.2.). Wenn aber der Arbeitnehmer die Kündigung bzw. die Entlassung wirksam belässt, hat er unbeschadet weitergehenden Schadenersatzes Anspruch auf Kündigungsentschädigung (→ 33.4.2.1.).

Entsprechend der Zielsetzung dieses Fachbuchs wird darauf nur **überblicksweise** eingegangen.

32.2.3.1. Der besondere Kündigungsschutz

Der besondere Kündigungsschutz gilt für:

Belegschaftsfunktionäre (§§ 120 Abs. 3, 4, 121 ArbVG)	**Präsenzdienstpflichtige, Ausbildungs-** oder **Zivildienst Leistende** (§§ 12–14 APSG),	**Schwangere, Mütter** oder **Väter** (§§ 10 Abs. 1–6, 15 Abs. 4, 15a Abs. 4, 5, 15d Abs. 5, 15n Abs. 1, 2 MSchG, §§ 1a, 7 Abs. 1–3, 8f Abs. 1, 2 VKG),	**Arbeitnehmer**, die die **Familienhospizkarenz in Anspruch nehmen** (§ 15a AVRAG),	**begünstigte Personen** i.S.d. BEinstG oder des OFG (→ 29.4.), sofern das Dienstverhältnis bereits länger als **sechs Monate** bzw. **vier Jahre** ① gedauert hat (§ 8 Abs. 2–6 BEinstG).

Diese Arbeitnehmer können grundsätzlich erst gekündigt werden nach vorheriger Zustimmung des

Arbeits- und Sozialgerichts ②.	Behindertenausschusses beim Bundesamt für Soziales und Behindertenwesen (Sozialministeriumservice).
Gleichzeitig **muss** der zuständige Betriebsrat verständigt werden.	**Vor** Einleitung eines Kündigungsverfahrens gem. dem BEinstG **muss** der zuständige Betriebsrat verständigt werden, der innerhalb einer Woche dazu Stellung nehmen kann.

Die Zustimmung wird aber nur erteilt, wenn nachstehende **Gründe** (Umstände) vorliegen:

<table>
<tr><td colspan="3">Einschränkung oder Stilllegung des Betriebs oder Stilllegung einzelner Betriebsabteilungen,</td><td>nach Interessen-abwägung,</td><td>Wegfall der Tätig-keitsbereiche,</td></tr>
<tr><td></td><td>③</td><td>④</td><td></td><td></td></tr>
<tr><td>oder wenn
der Belegschafts-funktionär unfähig wird, die vereinbarte Arbeit zu leisten, oder seine Pflichten beharrlich verletzt.</td><td colspan="2">oder
bei Verzicht auf den Kündigungsschutz nach Rechtsbelehrung durch das Arbeits- und Sozialgericht.</td><td></td><td>oder wenn
der Behinderte unfähig wird, die vereinbarte Arbeit zu leisten, oder seine Pflichten beharrlich verletzt.</td></tr>
<tr><td colspan="5">Der geschützte Zeitraum erstreckt sich:</td></tr>
<tr><td>Ⓐ</td><td>Ⓑ</td><td>Ⓒ</td><td>Ⓓ</td><td>Ⓔ</td></tr>
</table>

Erst nach dem geschützten Zeitraum kann eine **Kündigung** (bzw. Entlassung) ohne Einhaltung der für besonders geschützte Personen vorgesehenen Formvorschriften rechtswirksam **ausgesprochen** werden.

Nach einer erfolgten **Fehlgeburt**[1371] ist eine Kündigung bis zum **Ablauf von vier Wochen rechtsunwirksam**. Auf Verlangen des Dienstgebers hat die Dienstnehmerin eine ärztliche Bescheinigung über die Fehlgeburt vorzulegen (§ 10 Abs. 1a MSchG).

Zum Kündigungsschutz von **freien Dienstnehmerinnen** i.S.d. § 4 Abs. 4 ASVG während Schwangerschaft und Beschäftigungsverbot siehe Punkt 32.2.

Neben dem hier dargestellten besonderen Kündigungsschutz ist der Diskriminierungsschutz des Gleichbehandlungsgesetzes zu beachten (→ 32.2.).

① Für Dienstverhältnisse, die **bis 31. Dezember 2010 begründet** wurden, gilt der besondere **Kündigungsschutz** für begünstigt Behinderte u.a. **nicht**, wenn das Dienstverhältnis zum Zeitpunkt des Kündigungsausspruchs **noch nicht länger als sechs Monate** bestanden hat, es sei denn, die Feststellung der Begünstigteneigenschaft erfolgt innerhalb dieses Zeitraums infolge eines Arbeitsunfalls oder es erfolgt ein Arbeitsplatzwechsel innerhalb eines Konzerns (§ 8 Abs. 6 BEinstG).

Für Dienstverhältnisse, die **nach dem 31. Dezember 2010 begründet** wurden, gilt der besondere **Kündigungsschutz** für begünstigt Behinderte u.a. **nicht**, wenn das Dienstverhältnis zum Zeitpunkt des Kündigungsausspruchs **noch nicht länger als vier Jahre** bestanden hat.

Der besondere Kündigungsschutz entsteht allerdings

- bereits in den **ersten sechs Monaten** des Dienstverhältnisses, wenn die Behinderung durch einen Arbeitsunfall (beim jetzigen Dienstgeber) entsteht;
- in den **ersten vier Jahren** des Dienstverhältnisses dann, wenn die Behinderung unabhängig vom Ereignis entsteht.

Bei einem Arbeitsplatzwechsel innerhalb eines Konzerns werden diese Fristen nicht neu ausgelöst (vgl. § 8 Abs. 6, § 27 Abs. 8 BEinstG).

1371 Eine Fehlgeburt liegt vor, wenn bei einer Leibesfrucht kein Lebenszeichen vorhanden ist und die Leibesfrucht ein Geburtsgewicht von weniger als 500 Gramm aufweist (§ 8 Abs. 1 Hebammengesetz). Bei einem Geburtsgewicht von mindestens 500 Gramm liegt eine Totgeburt vor, die als Entbindung i.S.d. MSchG gilt und bei der die allgemeinen Bestimmungen über das Beschäftigungsverbot nach der Entbindung (→ 27.1.3.) sowie den Kündigungsschutz nach einer Geburt gelten.

Es besteht eine **Pflicht** des Dienstnehmers, die ihm bekannte Eigenschaft als begünstigter Behinderter dem Dienstgeber **mitzuteilen**, weil es sich dabei um eine Angelegenheit handelt, die infolge gesetzlicher Bestimmungen unmittelbaren Einfluss auf die Gestaltung des Dienstverhältnisses hat (OGH 7.6.2006, 9 ObA 30/06m). Der **Kündigungsschutz** besteht aber **auch dann**, wenn der Dienstnehmer die Behinderteneigenschaft **nicht gemeldet** hat und dem Dienstgeber der Behindertenstatus zum Zeitpunkt des Ausspruchs der Kündigung somit nicht bekannt ist (OGH 26.6.1984, 4 Ob 21/84). Allerdings liegt gem. § 8 Abs. 2 BEinstG ein Ausnahmefall, der die **Zustimmung zu einer bereits ausgesprochenen Kündigung rechtfertigt,** vor, wenn dem Dienstgeber die Behinderteneigenschaft zum Zeitpunkt des Ausspruchs der Kündigung weder bekannt war, noch bekannt sein musste. Voraussetzung für die nachträgliche Zustimmung zur Kündigung ist aber auch in diesem Fall, dass dem Dienstgeber die Fortsetzung des Dienstverhältnisses nicht zugemutet werden kann.

Der besondere Kündigungsschutz gilt auch dann, wenn die Feststellung der Behinderteneigenschaft rückwirkend erfolgt und der Antrag erst nach Ausspruch der Kündigung (am selben Tag) gestellt wurde (OGH 28.7.2021, 9 ObA 80/21m).

Zu den Auswirkungen eines **Verstoßes gegen die Meldepflicht** siehe ausführlich Punkt 29.2.5.

Zusammenfassende Darstellung:

Das BEinstG kennt **zwei Arten** behinderter Dienstnehmer:

Die **begünstigt behinderten** Personen	und	die **behinderten** Personen.

Dabei handelt es sich jeweils um

Personen mit einem Behinderungsgrad von 50% oder mehr;	Personen mit einem Behinderungsgrad von unter 50%.
Solche Dienstnehmer können grundsätzlich nur nach vorheriger Zustimmung des Behindertenausschusses (oder der Berufungskommission) gekündigt werden. Voraussetzung sind ein **Zuerkennungsbescheid** des Sozialministeriumservice **und** ein unbefristetes Dienstverhältnis von **mehr als sechs Monaten** bzw. von **mehr als vier Jahren**. Dauert das Dienstverhältnis solcher Dienstnehmer **noch keine sechs Monate** bzw. **noch keine vier Jahre**, gilt für diese ein Diskriminierungsverbot (siehe rechte Spalte).	Solche Dienstnehmer können eine ausgesprochene Kündigung anfechten, wenn diese auf Grund der Behinderung ausgesprochen wurde (Anfechtung aufgrund einer **Diskriminierung bzw. eines verpönten Motivs**) (→ 32.2.).

② Für Arbeitnehmer, die dem APSG, MSchG oder dem VKG unterliegen, bedarf es dieser Zustimmung nicht, wenn der Betrieb bereits stillgelegt ist (§ 12 Abs. 3 APSG, § 10 Abs. 3 MSchG, § 7 Abs. 3 VKG).

③ Darüber hinaus wird die Zustimmung erteilt, wenn der Arbeitnehmer auf Grund einer **Erkrankung** oder eines **Unglücksfalls** unfähig wird, die vereinbarte Arbeit zu leisten, sofern eine Wiederherstellung seiner Arbeitsfähigkeit nicht zu erwarten ist und dem Arbeitgeber die Weiterbeschäftigung oder die Erbringung einer anderen Arbeitsleistung durch den Arbeitnehmer, zu deren Verrichtung sich dieser bereit erklärt hat, nicht zugemutet werden kann (§ 14 Abs. 1 Z 2 APSG).

④ Für **Mütter oder Väter** im zweiten Karenzjahr (→ 27.1.4.) bzw. bei Teilzeitbeschäftigung (→ 27.1.4.3.) im 2., 3. und 4. Lebensjahr des Kindes besteht eine **erweiterte Kündigungsmöglichkeit**. Zusätzlich zu den für das erste Jahr geltenden Gründen ist die Zustimmung in folgenden Fällen zu erteilen:

- Wenn Umstände vorliegen, die in der Person des Arbeitnehmers gelegen sind und die betrieblichen Interessen nachteilig berühren,
- wenn betriebliche Erfordernisse vorliegen, die einer Weiterbeschäftigung des Arbeitnehmers entgegenstehen
- und durch diese Umstände bzw. Erfordernisse die Aufrechterhaltung des Dienstverhältnisses für den Arbeitgeber unzumutbar ist (§ 10 Abs. 4 MSchG, § 7 Abs. 3 VKG).

Ⓐ Für **Betriebsräte**, Jugendvertrauensräte (→ 11.7.1.), Behindertenvertrauenspersonen und Ersatzmitglieder, die eine Vertretung mindestens zwei Wochen ausgeübt haben:

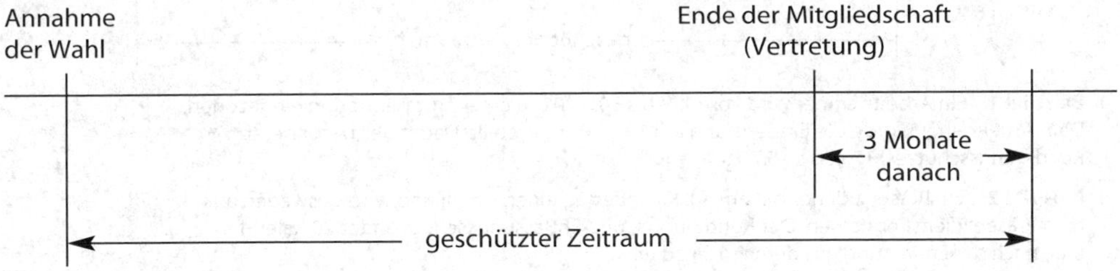

Für Mitglieder des Wahlvorstands und für Wahlwerber:

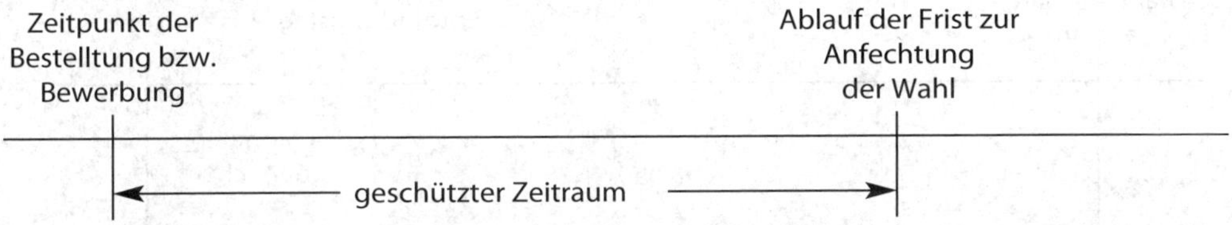

Ⓑ Bei einem **Präsenz-, Ausbildungs- oder Zivildienst** (→ 27.1.6.) von zwei Monaten oder länger:

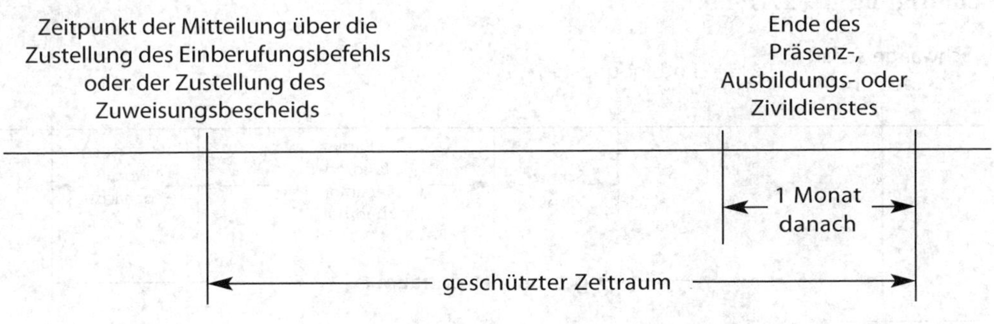

Ausnahmen:

Bei einem Präsenzdienst als Zeitsoldat, der ununterbrochen länger als vier Jahre dauert, endet der Kündigungsschutz nach vier Jahren ab dessen Antritt.

Bei einem Ausbildungsdienst, der erst nach vollständiger Leistung des Grundwehrdienstes angetreten wird, endet der Kündigungsschutz einen Monat nach Beendigung des Ausbildungsdienstes, spätestens jedoch einen Monat nach Ablauf des zwölften Monats des Ausbildungsdienstes.

Bei einem **Präsenz-, Ausbildungs- oder Zivildienst** kürzer als zwei Monate[1372]:

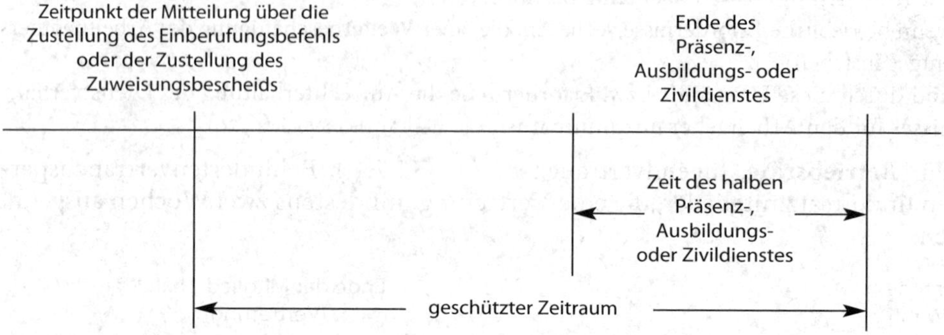

¹) **Beispiel 1:** Ein Arbeitnehmer wird vom 1.6. bis 30.6.20.. zu einer Truppenübung eingezogen. Dem Arbeitgeber wurde die Einberufung am 17.4.20.. mitgeteilt. Dauer des besonderen Kündigungsschutzes: 17.4. bis 15.7.20..

Beispiel 2: Ein Präsenzdiener hat am 40. Kalendertag einen Unfall und wird deswegen aus dem Präsenzdienst entlassen. Der Kündigungs- und Entlassungsschutz endet 20 Kalendertage nach der Entlassung aus dem Präsenzdienst.

© Bei Nichtinanspruchnahme der **Karenz** (→ 27.1.4.):

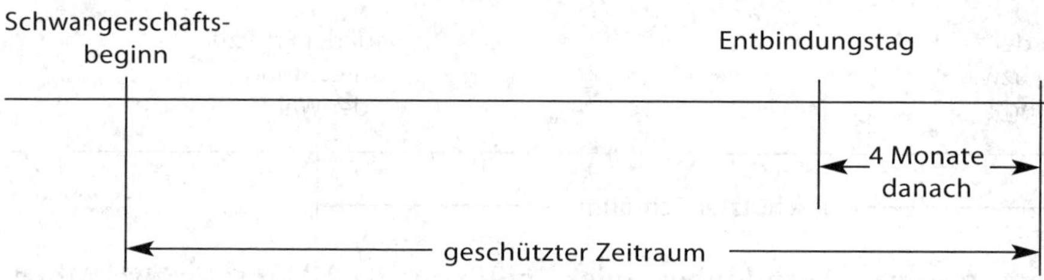

Bei Inanspruchnahme der **Karenz** (und/oder **„Papamonat“** und/oder **Teilzeitbeschäftigung**) (→ 27.1.4.3.):

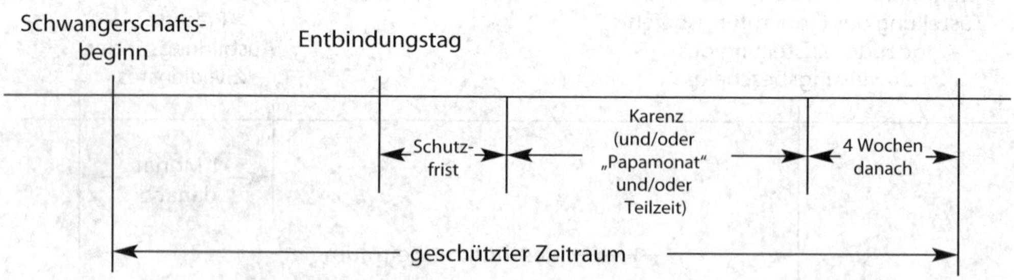

1372 **Beispiel 1:** Ein Arbeitnehmer wird vom 1.6. bis 30.6.20.. zu einer Truppenübung eingezogen. Dem Arbeitgeber wurde die Einberufung am 17.4.20.. mitgeteilt. Dauer des besonderen Kündigungsschutzes: 17.4. bis 15.7.20..
Beispiel 2: Ein Präsenzdiener hat am 40. Kalendertag einen Unfall und wird deswegen aus dem Präsenzdienst entlassen. Der Kündigungs- und Entlassungsschutz endet 20 Kalendertage nach der Entlassung aus dem Präsenzdienst.

Für die Mutter gilt:

Die Dienstnehmerin ist **ab dem Zeitpunkt** der Kenntnis des Dienstgebers von der Schwangerschaft (bzw. mit Schwangerschaftsbeginn) kündigungsgeschützt (§ 10 Abs. 1 und 2 MSchG)[1373].

Der Kündigungsschutz während einer Karenz **beginnt** mit der Bekanntgabe, bei Teilung der Karenz frühestens jedoch vier Monate vor Antritt des Karenzteils und **endet** vier Wochen nach Beendigung der Karenz bzw. nach dem Ende des jeweiligen Karenzteils. Hat der andere Elternteil keinen Anspruch auf Karenz und nimmt die Dienstnehmerin Karenz zu einem späteren Zeitpunkt in Anspruch, so beginnt der Kündigungsschutz mit Bekanntgabe, frühestens jedoch vier Monate vor Antritt der Karenz (§§ 15 Abs. 4, 15a Abs. 4 und 5 MSchG).

Besteht Kündigungsschutz nicht bereits auf Grund anderer Bestimmungen dieses Gesetzes, so **beginnt** der Kündigungsschutz bei Inanspruchnahme einer Karenz oder einer Teilzeitbeschäftigung wegen Verhinderung des Vaters mit der Meldung und **endet** vier Wochen nach Beendigung der Karenz oder der Teilzeitbeschäftigung (§ 15d Abs. 5 MSchG).

Für den Vater gilt:

Der Kündigungsschutz des Arbeitnehmers **beginnt** mit der Bekanntgabe, frühestens jedoch vier Monate vor Antritt einer Karenz, nicht jedoch vor Geburt des Kindes. Der Kündigungsschutz **endet** vier Wochen

- nach dem Ende einer Karenz oder eines Karenzteils,
- nach dem Ende einer Karenz oder einer Teilzeitbeschäftigung, die infolge der Verhinderung der Mutter in Anspruch genommen wird (§ 7 Abs. 1 VKG).

Der Kündigungs- und Entlassungsschutz **beginnt** hinsichtlich einer Freistellung anlässlich der Geburt eines Kindes („Papamonat", → 27.1.5.) mit der Vorankündigung oder einer späteren Vereinbarung über die Freistellung, frühestens jedoch vier Monate vor dem errechneten Geburtstermin. Bei Entfall der Vorankündigung auf Grund einer Frühgeburt beginnt er mit der Meldung des Antrittszeitpunktes. Der Kündigungs- und Entlassungsschutz **endet** vier Wochen nach dem Ende der Freistellung.

Gemeinsame Bestimmungen:

Der Verbrauch von aufgeschobener Karenz (→ 27.1.4.1., → 27.1.4.2.) unterliegt **keinem** besonderen Kündigungsschutz. Eine Kündigung durch den Dienstgeber kann aber nach dem ArbVG als Motivkündigung angefochten werden (→ 32.2.1.).

Kündigungs- und Entlassungsschutz bei einer **Teilzeitbeschäftigung**:

Der Kündigungs- und Entlassungsschutz **beginnt** grundsätzlich **mit der Bekanntgabe**, frühestens jedoch vier Monate vor dem beabsichtigten Antritt der Teilzeit-

1373 War dem Dienstgeber bei Ausspruch der Kündigung die **Schwangerschaft** nicht bekannt, hat ihm dies die Dienstnehmerin **innerhalb von fünf Arbeitstagen** mitzuteilen. Erfährt eine Dienstnehmerin erst zu einem späteren Zeitpunkt von ihrer Schwangerschaft, wird die Kündigung bei unverzüglicher Mitteilung rechtsunwirksam, wenn die Dienstnehmerin zum Zeitpunkt der Kündigung bereits schwanger war (§ 10 Abs. 2 MSchG). Der Kündigungsschutz beginnt mit dem Eintritt der Schwangerschaft (Empfängnis). Besteht im Zeitpunkt des Kündigungsausspruchs eine intakte Schwangerschaft, ändert auch eine darauffolgende Fehlgeburt nichts an der Unwirksamkeit der Kündigung (OGH 17.12.2018, 9 ObA 116/18a).

beschäftigung. Er dauert **bis vier Wochen** nach dem **Ende der Teilzeitbeschäftigung**, längstens jedoch bis vier Wochen nach dem **Ablauf des 4. Lebensjahrs** des Kindes.

Dauert die Teilzeitbeschäftigung länger als bis zum Ablauf des 4. Lebensjahrs des Kindes oder beginnt sie nach dem Ablauf des 4. Lebensjahrs des Kindes, kann eine Kündigung wegen einer beabsichtigten oder tatsächlich in Anspruch genommenen Teilzeitbeschäftigung (als Motivkündigung nach dem ArbVG, → 32.2.1.2.) bei Gericht angefochten werden (§ 15n Abs. 1, 2 MSchG, § 8f Abs. 1, 2 VKG).

Der Kündigungs- und Entlassungsschutz ist **während eines außergerichtlichen und des gerichtlichen Verfahrens** über die Teilzeitbeschäftigung aufrecht. Das Ende kann daher spätestens vier Wochen nach dem Ergehen eines Urteils liegen, oder schon vorher eintreten, wenn z.B. bei Nichteinigung über die Bedingungen der Teilzeitbeschäftigung keine Klage eingebracht wird (OGH 26.2.2016, 8 ObA 1/16d).

Wird während der Teilzeitbeschäftigung **ohne Zustimmung des Dienstgebers eine weitere Erwerbstätigkeit** aufgenommen, kann der Dienstgeber binnen acht Wochen ab Kenntnis entgegen der eigentlich geltenden Kündigungsschutzbestimmungen eine **Kündigung** wegen dieser Erwerbstätigkeit aussprechen (§ 15n Abs. 3 MSchG, § 8f Abs. 3 VKG).

Ⓓ Der geschützte Zeitraum erstreckt sich für die Zeit ab Bekanntgabe der **Familienhospizkarenz** bis zum Ablauf von vier Wochen nach deren Ende (→ 27.1.1.2.).

Ⓔ Der geschützte Zeitraum bei **begünstigten Behinderten** beginnt wie nachstehend beschrieben:

Begründung des Dienstverhältnisses **bis 31. Dezember 2010**:

Der Kündigungsschutz wird nach Ablauf von **sechs Monaten** (gerechnet vom Beginn des Dienstverhältnisses) wirksam. Bei Feststellung der Behinderteneigenschaft infolge eines **Arbeitsunfalls** oder bei einem Arbeitsplatzwechsel innerhalb des Konzerns wird der Kündigungsschutz **sofort** wirksam.

Begründung des Dienstverhältnisses **ab dem 1. Jänner 2011**:

1. Die Behinderteneigenschaft **liegt bereits** bei Beginn des Dienstverhältnisses **vor**: Der Kündigungsschutz wird **nach Ablauf von vier Jahren** (gerechnet vom Beginn des Dienstverhältnisses) **wirksam**.

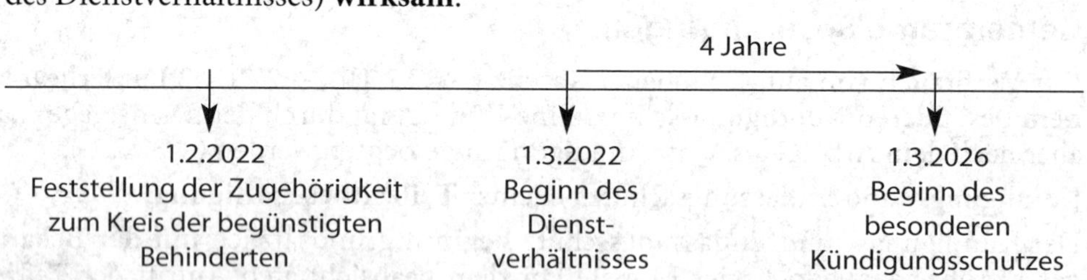

2. Die Behinderteneigenschaft wird erst **nach Beginn des Dienstverhältnisses festgestellt**:
   Wird die Behinderteneigenschaft **innerhalb von vier Jahren** (gerechnet vom Beginn des Dienstverhältnisses) **festgestellt**, wird der Kündigungsschutz nach dem **Ablauf von sechs Monaten** (gerechnet vom Beginn des Dienstverhältnisses) **wirksam**.

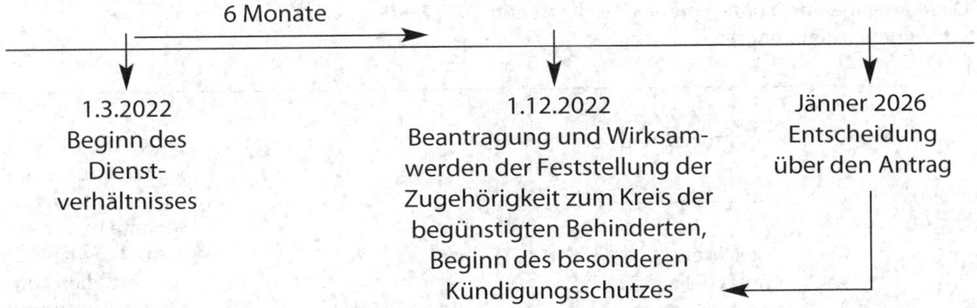

Hat ein Dienstnehmer noch **vor dem Beginn** seines Dienstverhältnisses die Feststellung der Zugehörigkeit zum Personenkreis der begünstigten Behinderten **beantragt** und erfolgt die bescheidmäßige Feststellung der Behinderteneigenschaft erst nach dem Eintritt in das Dienstverhältnis, so **beginnt der Kündigungsschutz** mit der bescheidmäßigen **Feststellung** zu laufen (bzw. frühestens nach einer Beschäftigungsdauer von sechs Monaten) (OGH 22.7.2014, 9 ObA 72/14z).

Bei Feststellung der Behinderteneigenschaft infolge eines **Arbeitsunfalls** oder bei einem Arbeitsplatzwechsel innerhalb des Konzerns wird der Kündigungsschutz **sofort** wirksam.

Der Kündigungsschutz ist **von der Kenntnis des Dienstgebers unabhängig**.

Die Begünstigungen werden mit dem Zutreffen der Voraussetzungen, frühestens mit dem Tag des **Einlangens des Antrages** beim Bundesamt für Soziales und Behindertenwesen wirksam. Sie werden jedoch mit dem Ersten des Monates wirksam, in dem der Antrag eingelangt ist, wenn dieser unverzüglich nach dem Eintritt der Behinderung gestellt wird (§ 14 Abs. 2 BEinstG).

Besteht neben dem besonderen Kündigungsschutz nach BEinstG noch ein weiterer Kündigungsschutz nach anderen gesetzlichen Bestimmungen, haben die in einem Kündigungsanfechtungsverfahren zuständigen Gerichte trotz Zustimmung zur Kündigung durch den Behindertenausschuss die Zulässigkeit der Kündigung zu überprüfen (OGH 28.2.2017, 9 ObA 3/17g zum Kündigungsschutz nach VBG; dies muss aber etwa auch für den Kündigungsschutz nach MSchG bzw. VKG gelten).

32.2.3.2. Der besondere Entlassungsschutz

Der besondere Entlassungsschutz gilt für:

- **Belegschaftsfunktionäre** (§ 122 Abs. 1–3 ArbVG),
- **Präsenzdienstpflichtige, Ausbildungs-** oder **Zivildienst Leistende** (§§ 12, 13, 15 APSG),
- **Schwangere**[1]), **Mütter**[2]) oder **Väter** (§§ 10 Abs. 4, 12 Abs. 1, 2, 15 Abs. 4, 15a Abs. 4, 5, 15d Abs. 5, 15n Abs. 1, 2 MSchG, §§ 1a, 7 Abs. 1–3, 8f Abs. 1, 2 VKG),
- **Arbeitnehmer**, die die **Familienhospizkarenz in Anspruch nehmen** (§ 15a AVRAG).

Das BEinstG sieht für begünstigte Behinderte (→ 29.4.) keinen Entlassungsschutz vor[4]).

Diese Arbeitnehmer können grundsätzlich erst entlassen werden nach vorheriger Zustimmung[3]) des

Arbeits- und Sozialgerichts.

Gleichzeitig **muss** der zuständige Betriebsrat verständigt werden.

Die Zustimmung wird aber nur erteilt, wenn die im Gesetz **taxativ** aufgezählten **Entlassungsgründe** vorliegen.

nach Interessenabwägung,

Der geschützte Zeitraum ist identisch mit dem des besonderen Kündigungsschutzes.

Sofern das Dienstverhältnis bereits länger als **sechs Monate** bzw. **vier Jahre**[5]) gedauert hat, **löst allerdings eine unbegründete Entlassung das Dienstverhältnis nicht**, weil dadurch der besondere Kündigungsschutz umgangen werden könnte[6]).

1) Wird eine Dienstnehmerin vom Dienstgeber in Unkenntnis ihrer Schwangerschaft entlassen, bleibt ihr **Entlassungsschutz** trotzdem **gewahrt**, wenn sie ihre Mitteilungspflicht über das Bestehen der Schwangerschaft analog zur Kündigungsregelung des § 10 Abs. 2 MSchG binnen fünf Tagen nach Ausspruch der Entlassung erfüllt (OGH 14.3.1996, 8 ObA 2003/96h).

2) Ebenso darf eine Entlassung bis zum Ablauf von vier Wochen nach einer erfolgten Fehlgeburt (→ 32.2.3.1.) nur nach vorheriger Zustimmung des Gerichts erfolgen (§ 12 Abs. 1 MSchG).

3) Bei Belegschaftsfunktionären, Schwangeren, Müttern oder Vätern kann bei Vorliegen bestimmter, ganz gravierender Entlassungsgründe (Tätlichkeiten und erhebliche Ehrverletzungen; bestimmte gerichtlich strafbare Handlungen) die Entlassung gegen **nachträgliche Einholung** der Zustimmung ausgesprochen werden.

4) Eine begründete Entlassung kann daher (wie bei einem nicht behinderten Dienstnehmer) nur durch Klage auf aufrechten Bestand des Dienstverhältnisses beim zuständigen Arbeits- und Sozialgericht angefochten werden (→ 32.2.2.).

Hat ein Dienstnehmer im Zuge des **Bewerbungsgesprächs** die Frage des Dienstgebers, ob er dem Kreis der begünstigten Behinderten angehöre, **wahrheitswidrig verneint**, berechtigt dies den Dienstgeber bei Bekanntwerden der Behinderteneigenschaft nach rund neun Monaten anstandsloser Beschäftigung nicht zur Entlassung. Der Dienstnehmer war sohin nicht zur wahrheitsgemäßen Bekanntgabe der Behinderteneigenschaft verpflichtet (OLG Wien 25.6.2008, 10 Ra 28/08 y; siehe dazu auch Punkt 29.2.5.).

32.3. Sonstige arbeitsrechtliche Verpflichtungen

32.3.1. Dienstzeugnis

Der Dienstgeber ist verpflichtet, bei Beendigung des Dienstverhältnisses dem Dienstnehmer **auf Verlangen** ein schriftliches Zeugnis über die Dauer und die Art der Dienstleistung auszustellen. Eintragungen und Anmerkungen im Zeugnis, durch die dem Dienstnehmer die Erlangung einer neuen Stelle erschwert wird, sind unzulässig.

Verlangt der Dienstnehmer **während der Dauer** des Dienstverhältnisses ein Zeugnis, so ist ihm ein solches auf **seine Kosten** auszustellen (§ 1163 ABGB, § 39 AngG).

Die Pflicht zur Ausstellung des Zeugnisses ist eine sog. Holschuld, d.h., der Dienstnehmer hat Anspruch auf Ausfolgung, nicht aber auf Übersendung oder Überbringung des verlangten Zeugnisses (OLG Wien 3.8.1994, 32 Ra 94/94).

Die **Rechtsprechung** reduziert das Dienstzeugnis auf eine **reine Beschäftigungsbestätigung** („einfaches" Dienstzeugnis): Es ist der Zeitraum des Dienstverhältnisses anzugeben und in groben Zügen die verrichteten Tätigkeiten zu beschreiben; ein **Anspruch** darauf, dass die **Leistung** des Dienstnehmers **bewertet** wird („qualifiziertes" Dienstzeugnis), **besteht nicht**.

Andererseits darf nicht übersehen werden, dass gerade in gehobeneren Tätigkeiten die Ausstellung einer reinen „Beschäftigungsbestätigung" bereits als ausgesprochen „schlechtes" Dienstzeugnis aufgefasst wird. Daher wird in solchen Fällen, eine entsprechende Verkehrssitte vorausgesetzt, dem Dienstnehmer ein Zeugnis auszustellen sein, das die üblichen belobigenden Erwähnungen beinhaltet (z.B. „hat alle Tätigkeiten zu unserer vollsten Zufriedenheit erfüllt").

Die **Hauptfunktion** des Dienstzeugnisses besteht in seiner Verwendung als **Bewerbungsunterlage** im vorvertraglichen Dienstverhältnis. Es dient dem Stellenbewerber als Nachweis über zurückliegende Dienstverhältnisse und dem präsumtiven Dienstgeber als Informationsquelle über die Qualifikation des Bewerbers. Das Dienstzeugnis hat daher vollständig und objektiv richtig zu sein **(„Zeugniswahrheit")**; die Formulierung ist allerdings dem Dienstgeber vorbehalten. Das Dienstzeugnis soll dem Dienstnehmer die Erlangung eines neuen Arbeitsplatzes erleichtern. Die Ausstellung eines den tatsächlichen Arbeitsleistungen des Dienstnehmers nicht entsprechenden „Gefälligkeitszeugnisses" verstößt gegen die Wahrheitspflicht und ist daher unzulässig.

Andererseits ist aber auch jeder Hinweis unzulässig, der die Erlangung einer neuen Stellung erschwert **(„Erschwerungsverbot")**. Das Dienstzeugnis darf daher – auch nicht indirekt – keine Angaben enthalten, die objektiv geeignet wären, dem Dienstnehmer die Erlangung einer neuen Dienststelle zu erschweren. Formulierungen in einem Dienstzeugnis, die nach dem normalen Sprachgebrauch durchaus positiv aufgefasst werden (z.B. „hat zu unserer Zufriedenheit gearbeitet", „hat sich bemüht, die ihm übertragenen Arbeiten zu erledigen"), die aber nach dem Sprachgebrauch maßgeblicher Verkehrskreise doch eine eindeutig schlechte Beurteilung darstellen, sind unzulässig, weil sie objektiv geeignet sind, dem Dienstnehmer die Erlangung eines neuen Arbeitsplatzes zu erschweren.

Der Grundsatz der Zeugniswahrheit findet somit im Erschwerungsverbot eine Grenze. Im Einzelfall können daher Wahrheitspflicht und Erschwerungsverbot dazu führen, dass nur ein einfaches Dienstzeugnis in Betracht kommt.

Muster 30

Dienstzeugnis, das den gesetzlichen Mindesterfordernissen entspricht (auf das der Dienstnehmer klagbaren Anspruch hat).

Dienstzeugnis

Herr/Frau __________, geboren am __________

wohnhaft in __________

war bei der Firma __________

von __________ bis __________ als __________

beschäftigt. Das Arbeitsgebiet umfasste __________

__________, am __________

____

Unterschrift des Dienstgebers

Der Anspruch auf Ausstellung eines Zeugnisses **verjährt erst nach 30 Jahren** (§ 1479 ABGB), sofern kollektivvertraglich nicht eine kürzere Frist bestimmt ist (OGH 13.11.2002, 9 ObA 159/02a).

Die Pflicht zur Vergebührung von Zeugnissen (und Gehaltsbestätigungen) ist entfallen.

Ein **freier Dienstnehmer** hat **keinen** Anspruch auf Ausstellung eines **Dienstzeugnisses** (ASG Wien 19.11.2001, 30 Cga 77/01i).

32.3.2. Verständigung des Arbeitsmarktservice

32.3.2.1. Frühwarnsystem

Zweck des Frühwarnsystems ist es, den regionalen Geschäftsstellen des Arbeitsmarktservice zu ermöglichen, schon vor Auflösung eines Arbeitsverhältnisses geeignete Maßnahmen setzen zu können, das **Entstehen von Arbeitslosigkeit zu verhindern** oder in Auswirkung und Dauer zu begrenzen.

Gesetzliche Grundlage des Frühwarnsystems bildet das **Arbeitsmarktförderungsgesetz 1969** (AMFG, BGBl 1969/31) in der jeweils geltenden Fassung.

Die Arbeitgeber haben die nach dem Standort des Betriebs[1374] zuständige regionale Geschäftsstelle des Arbeitsmarktservice durch **schriftliche Anzeige** zu verständigen, wenn sie **beabsichtigen**[1375], Arbeitsverhältnisse

1. von mindestens fünf Arbeitnehmern[1376] in Betrieben mit i.d.R. mehr als 20 und weniger als 100 Beschäftigten oder
2. von mindestens 5% der Arbeitnehmer[1376] in Betrieben mit 100 bis 600 Beschäftigten oder
3. von mindestens 30 Arbeitnehmern[1376] in Betrieben mit i.d.R. mehr als 600 Beschäftigten oder

1374 Unter Betrieb ist eine organisatorische Einheit oder eine einem Betrieb gleichgestellte Arbeitsstätte (Zweigstelle oder Niederlassung) i.S.d. §§ 34 und 35 des ArbVG zu verstehen.

1375 Die Anzeigepflicht wird somit nicht erst durch den tatsächlichen Ausspruch der Kündigung oder Vollzug der Auflösung, sondern bereits durch den Zeitpunkt des **beabsichtigten** Ausspruchs der Kündigungen bzw. der Beabsichtigung von einvernehmlichen Auflösungen ausgelöst. Bei einvernehmlichen Auflösungen kann diese Absicht z.B. durch konkrete Angebote des Arbeitgebers zu den einvernehmlichen Auflösungen hervorgehen (OGH 25.4.2018, 9 ObA 119/17s).

1376 Das Frühwarnsystem gilt auch bezüglich der Kündigung von geringfügig beschäftigten Dienstnehmern (→ 31.3.) (OGH 18.12.1996, 9 ObA 2287/96f).

4. von mindestens fünf Arbeitnehmern[1376], die das 50. Lebensjahr[1377] vollendet haben[1378],

innerhalb eines Zeitraums von 30 Tagen (Kalendertagen) aufzulösen[1379] (§ 45a Abs. 1 AMFG).

Praxistipp: Die 30-Tage-Frist ist kein starrer Zeitraum, sondern wandert kontinuierlich. Der Arbeitgeber kann daher durch die **zeitliche Streuung** von Kündigungen bzw. Beendigungen das Erreichen des Schwellenwerts verhindern (vgl. u.a. OGH 4.8.2009, 9 ObA 76/09f)[1380].

Bei Überschreiten der Grenzwerte durch die beabsichtigten Auflösungen innerhalb von 30 Tagen ist die Anzeige mindestens 30 Tage (Kalendertage) vor der ersten Erklärung der Auflösung eines Arbeitsverhältnisses zu erstatten. Diese Frist kann durch Kollektivvertrag verlängert werden[1381] (§ 45a Abs. 2 AMFG).

Die Anzeige hat Angaben über die Gründe für die beabsichtigte Auflösung der Arbeitsverhältnisse und den Zeitraum, in dem diese vorgenommen werden soll, die Zahl und die Verwendung der regelmäßig beschäftigten Arbeitnehmer, die Zahl und die Verwendung der von der beabsichtigten Auflösung der Arbeitsverhältnisse voraussichtlich betroffenen Arbeitnehmer, das Alter, das Geschlecht, die Qualifikationen und die Beschäftigungsdauer der voraussichtlich betroffenen Arbeitnehmer, weitere für die Auswahl der betroffenen Arbeitnehmer maßgebliche Kriterien sowie die

---

1377 Nur Kündigungen von Arbeitnehmern innerhalb des 30-Tage-Zeitraums, die zum Zeitpunkt der Anzeige das 50. Lebensjahr bereits vollendet haben, sind von der Unwirksamkeitssanktion erfasst, alle anderen gekündigten Arbeitnehmer nicht (OGH 21.10.2020, 9 ObA 74/20b). Erst wenn durch die beabsichtigte Beendigung der Arbeitsverhältnisse von über 50-jährigen und jüngeren Arbeitnehmern insgesamt auch der Schwellenwert nach Z 1 bis 3 überschritten wird, erstreckt sich der daraus abzuleitende Kündigungsschutz auch auf die von Z 4 allein nicht erfassten Personen (OGH 23.10.2020, 8 ObA 83/20v).

1378 Punkt 4 ist nicht anzuwenden, wenn die Auflösung der Arbeitsverhältnisse ausschließlich auf die Beendigung der Saison bei Saisonbetrieben zurückzuführen ist (§ 45a Abs. 2 AMFG).

1379 Der Begriff der beabsichtigten Auflösungen umfasst nicht nur Arbeitgeberkündigungen, sondern auch **vom Arbeitgeber initiierte einvernehmliche Auflösungen** (OGH 13.7.1995, 8 ObA 258/85). Eine rechtsgeschäftliche Vertragsübernahme durch einen neuen Arbeitgeber (außerhalb des Anwendungsbereichs des AVRAG) gilt jedoch nicht als Auflösung des Arbeitsverhältnisses und ist somit auch nicht in die Berechnung der Schwellenwerte miteinzubeziehen (OGH 25.7.2017, 9 ObA 75/17w).
Nicht erfasst sind auch
- Arbeitnehmer, deren (befristetes) Arbeitsverhältnis durch Zeitablauf endet;
- Arbeitnehmer, deren Arbeitsverhältnis während der Probezeit gelöst wird;
- Arbeitnehmer, deren Arbeitsverhältnis durch gerechtfertigte Entlassung gelöst wird.

1380 Davon ist dann auszugehen, wenn die **Streuung** der Kündigungen über einen längeren als 30-tägigen Zeitraum **schon in der ursprünglichen Absicht des Arbeitgebers zur Beendigung der Dienstverhältnisse lag,** nicht aber, wenn sich die Kündigungserklärungen entgegen der ursprünglichen Intention – etwa infolge längerer Bemühungen um den Erhalt der Arbeitsplätze – faktisch über einen längeren Zeitraum erstrecken (OGH 25.4.2018, 9 ObA 119/17s). Kündigt ein Arbeitgeber zunächst zehn Dienstnehmer auf einmal und in weiterer Folge einen Teil dieser Personen nochmals zu anderen Zeitpunkten (allerdings zum selben Kündigungstermin), um zur Vermeidung des Frühwarnsystems die Schwellenwerte nicht zu überschreiten, waren die zweiten Kündigungen nur vom Bestreben nach einer Korrektur der fehlerhaften ersten Kündigungen getragen, ohne dass sich am Willen des Arbeitgebers zur Auflösung der betroffenen Dienstverhältnisse zum selben Kündigungstermin etwas geändert hätte. Es ist daher von einer einheitlichen Auflösungsabsicht auszugehen, sodass die Kündigungen unwirksam sind (OGH 29.4.2021, 9 ObA 33/21z; OGH 29.4.2021, 9 ObA 41/21a; OGH 24.6.2021, 9 ObA 63/21m).

flankierenden sozialen Maßnahmen zu enthalten. Gleichzeitig ist die Konsultation des Betriebsrats nachzuweisen (§ 45a Abs. 3 AMFG).

Eine **Durchschrift der Anzeige** ist vom Arbeitgeber gleichzeitig dem Betriebsrat zu übermitteln. Die Verpflichtungen des Arbeitgebers betreffend der Bestandschutzbestimmungen (→ 32.2.) bleiben unberührt[1382]. Besteht kein Betriebsrat, ist die Durchschrift der Anzeige gleichzeitig den voraussichtlich betroffenen Arbeitnehmern zu übermitteln (§ 45a Abs. 4 AMFG).

Kündigungen, die eine Auflösung von Arbeitsverhältnissen bezwecken, **sind rechtsunwirksam**, wenn sie

1. vor Einlangen der Anzeige bei der regionalen Geschäftsstelle des Arbeitsmarktservice oder
2. nach Einlangen der Anzeige bei der regionalen Geschäftsstelle des Arbeitsmarktservice innerhalb von 30 Tagen ohne vorherige Zustimmung[1383] der Landesgeschäftsstelle des Arbeitsmarktservice

ausgesprochen werden (§ 45a Abs. 5 AMFG).

Diese Nichtigkeitssanktion **gilt nicht für einvernehmliche Auflösungen** auf Initiative des Arbeitgebers. Obwohl diese zum Begriff der beabsichtigten Auflösungen zählen und damit in die Schwellenwertberechnungen einzubeziehen sind (siehe vorstehend), sind trotz Überschreitens der jeweiligen Schwellenwerte einvernehmliche Auflösungen auf Initiative des Arbeitgebers auch dann **rechtswirksam**, wenn sie vor Zustimmung des AMS zur Auflösung des Dienstverhältnisses abgeschlossen werden (OGH 24.6.2021, 9 ObA 47/21h).

Entsprechend der Zielsetzung dieses Fachbuchs wurden die Bestimmungen über das Frühwarnsystem nur **in knapper Form** dargestellt. Die Homepage des AMS (www.ams.at) enthält darüber hinaus genaue Erläuterungen über

- die Zuständigkeit und Form der Anzeige,
- die Ermittlung des Beschäftigtenstands,
- die Ermittlung der Zahl der aufzulösenden Arbeitsverhältnisse,
- den Zeitraum der beabsichtigten Auflösung der Arbeitsverhältnisse, weiters
- eine Anleitung zum Ausfüllen der Anzeige,
- Beispiele zur Anzeigepflicht von Saisonbetrieben

u.a.m.

1381 In der Regel nehmen Betriebe vor Abgabe der Anzeige über beabsichtigte Kündigungen **Kontakt mit der regionalen Geschäftsstelle des Arbeitsmarktservice** auf. Die Kontaktaufnahme durch den Betrieb kann persönlich, brieflich, per Fax oder telefonisch erfolgen. Unabhängig von der Form der Kontaktaufnahmen sind von der regionalen Geschäftsstelle des Arbeitsmarktservice sofort Information und Beratung über die Vorgangsweise bei der Anzeige bzw. über Alternativen anzubieten. Sofern die erforderliche Information und Beratung nicht unmittelbar gegeben werden kann, ist ein Termin zu vereinbaren.
Für die Erstattung der Anzeige ist grundsätzlich das bei den regionalen Geschäftsstellen des Arbeitsmarktservices aufliegende **Formular** zu verwenden (Anzeigeformular im Internet unter www.ams.at). Eine schriftliche Meldung in anderer Form genügt nur dann, wenn aus ihr alle Angaben zu sämtlichen Punkten, die auf dem Arbeitsmarktservice-Formular angeführt sind, ersichtlich sind.

1382 Die Übermittlung einer Durchschrift der Anzeige an den Betriebsrat ersetzt nicht die Verständigung des Betriebsrats i.S.d. § 105 Abs. 1 ArbVG (→ 32.2.1.1.).

1383 Die Landesgeschäftsstelle des Arbeitsmarktservice kann die Zustimmung zum Ausspruch von Kündigungen vor Ablauf der 30-tägigen Wartefrist erteilen, wenn hiefür vom Arbeitgeber wichtige wirtschaftliche Gründe nachgewiesen werden, wie z.B. der Abschluss eines Sozialplans (→ 33.7.2.) (§ 45a Abs. 8 AMFG).

32.3.2.2. Ausländerbeschäftigung

Der Arbeitgeber hat der zuständigen regionalen Geschäftsstelle des Arbeitsmarktservice **innerhalb von drei Tagen** das Ende der Beschäftigung von Ausländern, die dem AuslBG unterliegen und **über keinen Aufenthaltstitel „Daueraufenthalt – EU" verfügen**, zu melden (→ 4.1.6.) (§ 26 Abs. 5 AuslBG).

32.3.3. Verständigung des betreibenden Gläubigers

Der Dienstgeber hat den betreibenden Gläubiger von der Beendigung des Dienstverhältnisses

- **innerhalb einer Woche** nach Ende des Monats, der dem Monat folgt, in dem das Dienstverhältnis beendet wurde,

zu verständigen (§ 301 Abs. 4 EO) (→ 43.1.4.2.).

32.3.4. Rückersatz von Ausbildungskosten

Nach der **gesetzlichen Definition** sind Ausbildungskosten „die vom Dienstgeber tatsächlich aufgewendeten Kosten für jene erfolgreich absolvierte Ausbildung, die dem Dienstnehmer Spezialkenntnisse theoretischer und praktischer Art vermittelt, die dieser auch bei anderen Dienstgebern verwerten kann"[1384]. **Einschulungskosten** sind **keine** Ausbildungskosten. Auch die bloße **Fortbildung** kann **nicht** mit einer Rückersatzklausel versehen werden, weil sie sich damit begnügt, die bereits vorhandene Ausbildung des Dienstnehmers auf dem aktuellen Stand zu halten (OGH 27.1.2016, 9 ObA 131/15b).

Nur Ausbildungskosten i.S.d. Definition sind rückforderbar, wobei der Rückersatz der Ausbildungskosten **schriftlich** zwischen Dienstgeber und Dienstnehmer **vereinbart** werden muss.

Bezüglich des Rückersatzes stellte der OGH fest, dass eine „Vorwegvereinbarung" (hier im Dienstvertrag), in der sich der Dienstnehmer zum Rückersatz von Ausbildungskosten verpflichtet, ohne die konkrete Höhe dieser Ausbildungskosten zu kennen, rechtsunwirksam ist (OGH 21.12.2011, 9 ObA 125/11i; OGH 24.4.2012, 8 ObA 92/11d). Soll der Arbeitnehmer zum Rückersatz von Ausbildungskosten verpflichtet werden, muss daher **vor Beginn**[1385] **jeder einzelnen Ausbildung** eine schriftliche Vereinbarung darüber geschlossen werden, in welchem Ausmaß die Ausbildungskosten vom Arbeitnehmer zu ersetzen sind.

1384 Ausschlaggebendes Kriterium für eine „erfolgreich absolvierte" Ausbildung ist, ob die vermittelten Kenntnisse auf dem Arbeitsmarkt verwertbar sind. Ist für eine Ausbildung **keine Qualifikationsprüfung vorgesehen**, kommt es für den Ausbildungserfolg darauf an, dass dem Dienstnehmer ein bestimmtes Wissen und bestimmte Fähigkeiten (Know-how) so vermittelt wurden, dass er darüber verfügen und sie einsetzen kann. Es kann nämlich kein Zweifel bestehen, dass auch ohne Prüfungsnachweis erworbene Spezialkenntnisse am allgemeinen Arbeitsmarkt nachgefragt und bewertet werden. Ob die Ausbildung dabei extern oder firmenintern angeboten wird, macht grundsätzlich keinen Unterschied (OGH 27.9.2013, 9 ObA 97/13z).

1385 Der Arbeitnehmer soll sich nicht erst nach absolvierter Ausbildung im aufrechten Arbeitsverhältnis mit der vom Arbeitgeber zur Unterschrift vorgelegten Vereinbarung über die Rückforderbarkeit der bereits vom Arbeitgeber getragenen Kosten und erfolgten Gehaltsfortzahlung konfrontiert sehen. Er kann dadurch unter Umständen in eine Drucksituation gelangen, die seinem schützenswerten Interesse, sich frei und sachlich über die Teilnahme an einer Ausbildung entscheiden zu können, entgegensteht. Wird daher die Rückzahlungsvereinbarung erst nach Absolvierung der Ausbildung abgeschlossen, ist diese ungültig (OGH 2.9.2021, 9 ObA 85/21x).

Praxistipp: Im Hinblick auf diese Entscheidung und die bisherige Rechtsprechung sollten Rückzahlungsvereinbarungen zumindest folgende Punkte zum Inhalt haben:

1. **Schriftliche** Vereinbarung zwischen Dienstnehmer und Dienstgeber über eine **konkrete Ausbildungsmaßnahme** (Bezeichnung der Ausbildung, Dauer der Ausbildung, Ort der Ausbildung, ev. Dauer bzw. Modalitäten der Dienstfreistellung).
2. **Abschluss der** schriftlichen **Rückzahlungsvereinbarung** jedenfalls noch **vor der „Buchung" der Ausbildung**. Anzuraten ist weiters die Einräumung einer zumindest kurzen (1-tägigen) Überlegungsfrist für den Dienstnehmer.
3. **Angabe der exakten Höhe der Ausbildungskosten** samt Aufschlüsselung nach Kurskosten, Reise- und Aufenthaltskosten, Prüfungskosten, Kosten der Entgeltfortzahlung bei Dienstfreistellung u.Ä. und Ausweisung des Gesamtbetrags samt Umsatzsteuer (!) (vgl. auch OGH 27.2.2018, 9 ObA 7/18x). Eine präzise (wenn auch nicht auf den Cent genaue) Kostenangabe ist erforderlich. Der bloße Hinweis auf „Kosten der bezahlten Dienstfreistellung" ist dabei nicht ausreichend (vgl. auch OGH 26.2.2020, 9 ObA 124/19d; OGH 29.9.2020, 9 ObA 61/20s).
4. **Angabe einer Bindungsdauer** nach Abschluss der Ausbildung (durchschnittlich drei Jahre, max. fünf Jahre; jeweils in Relation zur Höhe der Ausbildungskosten; bei extrem teuren Ausbildungen wie bei einem Berufspilotenschein max. acht Jahre).
5. **Aliquotierungsregel** (mindestens monatliche Aliquotierung!).

Liegen diese Voraussetzungen nicht vor, ist die Rückzahlungsvereinbarung zur Gänze rechtsunwirksam. Der Dienstnehmer muss keine Ausbildungskosten zurückzahlen. Zahlt der Dienstnehmer die Kosten in der unrichtigen Annahme der Rechtsgültigkeit einer derartigen Vereinbarung zurück, kann er die Zahlung in weiterer Folge wieder vom Arbeitgeber zurückfordern (OGH 24.2.2021, 9 ObA 121/20i; Rechtsgrundlage ist § 1431 ABGB – Zahlung einer Nichtschuld).

Der Dienstgeber kann unter den in § 2d AVRAG festgelegten Voraussetzungen **nicht nur** eine Rückerstattung der **Ausbildungskosten**, sondern auch des während der Ausbildung fortgezahlten **Entgelts** fordern, wenn eine entsprechende Vereinbarung geschlossen wurde und der Dienstnehmer während der Ausbildung gänzlich von seinen üblichen betrieblichen Aufgaben freigestellt war. Nicht entscheidend ist demnach, ob der Dienstnehmer zur Ausbildung (im Rechtsprechungsfall war es der Besuch einer Berufsschule ohne Begründung eines Lehrverhältnisses) arbeitsvertraglich verpflichtet war (OGH 22.9.2010, 8 ObA 70/09s).

Eine **Verpflichtung des Arbeitnehmers zur Rückerstattung von Ausbildungskosten** besteht gem. § 2d Abs. 3 AVRAG insbesondere dann **nicht**, wenn

- der Arbeitnehmer im Zeitpunkt des Abschlusses der Vereinbarung **minderjährig** ist und nicht die Zustimmung des gesetzlichen Vertreters des Minderjährigen dazu vorliegt;

- das Arbeitsverhältnis nach **mehr als vier Jahren**[1386], in besonderen Fällen nach mehr als acht Jahren, nach dem Ende der Ausbildung oder vorher durch Fristablauf (Befristung) **geendet** hat;
- die Höhe der Rückerstattungsverpflichtung **nicht aliquot, berechnet für jedes zurückgelegte Monat**[1386] vom Zeitpunkt der Beendigung der Ausbildung bis zum Ende der zulässigen Bindungsdauer, vereinbart wird[1387].

Eine von § 2d Abs 3 AVRAG (wenn auch nur geringfügig) abweichende Ausgestaltung der zeitlichen Aliquotierung ist aufgrund des zwingenden Charakters der Bestimmung unzulässig und hat die Unwirksamkeit der gesamten Rückzahlungsvereinbarung zur Folge (OGH 24.4.2020, 8 ObA 33/20s).

Der Rückersatz von Ausbildungskosten unterliegt grundsätzlich der Umsatzsteuerpflicht (OGH 25.8.2020, 8 ObA 77/20m).

Der **Anspruch des Arbeitgebers auf Ausbildungskostenrückersatz** besteht gem. § 2d Abs. 4 AVRAG **nicht**, wenn das Arbeitsverhältnis

- durch Fristablauf (Befristung),
- während der Probezeit,
- durch unbegründete Entlassung,
- durch begründeten vorzeitigen Austritt[1388],
- durch Entlassung wegen dauernder Arbeitsunfähigkeit oder
- durch Arbeitgeberkündigung[1389], es sei denn, der Arbeitnehmer hat durch schuldhaftes Verhalten dazu begründeten Anlass gegeben,

endet.

32.4. Abgabenrechtliche Verpflichtungen

32.4.1. Abmeldung von der Sozialversicherung

Die Pflichtversicherung erlischt

- mit dem Ende des Beschäftigungs-, Lehr- oder Ausbildungsverhältnisses.

Fällt jedoch das Ende des Entgeltanspruchs zeitlich nicht mit dem Ende des Beschäftigungsverhältnisses zusammen, so erlischt die Pflichtversicherung mit dem Ende des Entgeltanspruchs (§ 11 Abs. 1 ASVG) (→ 6.2.3.).

1386 Die Bestimmung gilt für Vereinbarungen, die nach dem 28.12.2015 abgeschlossen werden. Vereinbarungen, die vor diesem Zeitpunkt abgeschlossen wurden, konnten für bis zu fünf (statt vier) Jahre abgeschlossen werden. Auch das Erfordernis einer monatlichen Aliquotierung wurde erst mit diesem Zeitpunkt in das Gesetz aufgenommen (lt. EBzRV jedoch als Klarstellung).

1387 Eine Rückersatzpflicht kann seit der Novelle BGBl I 2015/152, d.h. seit 29.12.2015, nicht mehr auf eine vor dem Inkrafttreten des § 2d AVRAG am 18.3.2006 geschaffene Alt-Kollektivnorm gestützt werden (OGH 27.2.2019, 9 ObA 105/18h). Demnach ist die Inkrafttretensbestimmung des § 19 Abs 1 Z 18 AVRAG aus dem Jahr 2006 obsolet geworden. Diese enthielt noch die Aussage, wonach kollektivvertragliche Regelungen zum Ausbildungskostenrückersatz, die vor dem Inkrafttreten des § 2d AVRAG am 18.3.2006 bereits bestanden haben, auch dann weiterhin in Geltung bleiben, wenn sie gegen die Bestimmungen der angeführten AVRAG-Regelung verstoßen (vgl. auch OGH 28.2.2011, 9 ObA 20/11y, zur Rechtslage vor BGBl I 2015/152, wonach auf der Basis solcher Alt-Kollektivverträge getroffene Einzelvereinbarungen wirksam waren bzw. – sofern sie vor 29.12.2015 geschlossen wurden – noch immer sind).

1388 Bei einem Austritt aus Gründen der Mutterschaft gem. § 15r MSchG (→ 27.1.4.1.) besteht kein Anspruch des Dienstgebers auf Ausbildungskostenrückersatz (OGH 29.9.2014, 8 ObA 57/14m).

1389 Eine rückersatzschädliche Kündigung eines Arbeitsverhältnisses liegt auch dann vor, wenn es vom Arbeitgeber mit einer saisonbedingten Wiedereinstellungszusage gekündigt wird (OGH 23.7.2019, 9 ObA 35/19s).

Die Dienstgeber haben jeden von ihnen beschäftigten Dienstnehmer

- **binnen sieben Tagen** nach dem Ende der Pflichtversicherung beim zuständigen Träger der Krankenversicherung **abzumelden** (§ 33 Abs. 1 ASVG).

Mit der Meldeart **„Richtigstellung Abmeldung"** kann das Datum der Abmeldung, das Ende des Beschäftigungsverhältnisses, der Abmeldegrund, die Kündigungsentschädigung ab/bis, die Urlaubsersatzleistung ab/bis sowie das Ende der Betrieblichen Vorsorge berichtigt werden.

Ein **„Storno Abmeldung"** ist lediglich dann vorzunehmen, wenn die ursprüngliche Abmeldung zu Unrecht erfolgte.

Eine Abschrift der bestätigten Abmeldung ist vom Dienstgeber unverzüglich an den Dienstnehmer weiterzugeben (§ 41 Abs. 5 ASVG).

Die Meldebestimmungen für geringfügig beschäftigte Dienstnehmer, Volontäre und fallweise beschäftigte Personen behandeln die Punkte 31.4.2., 31.5.2.2. und 31.3.2.

Die Abmeldung ist mittels **Datenfernübertragung** (ELDA) vorzunehmen (→ 39.1.1.1.5.).

Näheres zu Inhalt und Aufbau der Abmeldung siehe Punkt 39.1.1.1.1.

32.4.2. Freibetrag – Mitteilung gem. § 63 EStG

Wechselt der Arbeitnehmer während des Kalenderjahrs den Arbeitgeber, so hat dieser auf dem Lohnkonto (→ 10.1.2.1.) und dem Lohnzettel (→ 35.) die Summe der bisher berücksichtigten Freibeträge auszuweisen und dem Arbeitnehmer die Mitteilung gem. § 63 EStG zur Vorlage beim Arbeitgeber auszuhändigen (§ 64 Abs. 2 EStG).

Bei Beendigung des Dienstverhältnisses sind **nur jene Mitteilungen**, die sich beim **laufenden Lohnsteuerabzug auswirken** können, auszuhändigen. Die Mitteilungen für abgelaufene Zeiträume verbleiben beim Arbeitgeber (LStR 2002, Rz 1049) (→ 14.3.).

32.4.3. Lohnzettel

Der Arbeitgeber hat dem Arbeitnehmer bei Beendigung des Dienstverhältnisses einen Lohnzettel (→ 35.1.) nach dem amtlichen Vordruck (L 16) auszustellen (§ 84 Abs. 2 EStG).

Beim Anspruch des Arbeitnehmers auf Ausstellung eines Lohnzettels handelt es sich um einen Anspruch öffentlich-rechtlicher Natur, für den der **Rechtsweg unzulässig** ist. Der Anspruch auf Ausstellung eines Lohnzettels könnte nur dann im Klagsweg durchgesetzt werden, wenn er sich auf einen privatrechtlichen Rechtsgrund (Anerkenntnis, Vergleich, vertragliche Vereinbarung) stützt (OGH 25.11.2004, 8 ObA 110/04s).

Zur Übermittlung eines Lohnzettels an das Finanzamt siehe Punkt 35.

32.4.4. Arbeitsbescheinigung

Der Dienstgeber ist zur Ausstellung der Arbeitsbescheinigung verpflichtet (§ 46 Abs. 4 AlVG).

Verweigert der Dienstgeber die Ausstellung dieser Bestätigung unbegründet oder macht er darin wissentlich unwahre Angaben, wird er von der Bezirksverwaltungsbehörde bestraft (§ 71 Abs. 1 AlVG).

Die Ausstellung ist aber dann nicht vorzunehmen, wenn der Dienstnehmer mittels elektronischer Datenfernübertragung (ELDA) abgemeldet wird (→ 39.1.1.1.5.).

Der Anspruch auf **Arbeitslosengeld** (→ 21.2.) ist bei der zuständigen regionalen Geschäftsstelle (vom Arbeitslosen grundsätzlich) persönlich geltend zu machen. Für die Geltendmachung des Anspruchs ist das bundeseinheitliche Antragsformular zu verwenden. Das Arbeitsmarktservice hat neben einem schriftlichen auch ein elektronisches Antragsformular zur Verfügung zu stellen. Personen, die über ein sicheres **elektronisches Konto beim Arbeitsmarktservice** (eAMS-Konto) verfügen, können den Anspruch auf elektronischem Weg über dieses geltend machen, wenn die für die Arbeitsvermittlung erforderlichen Daten dem Arbeitsmarktservice bereits auf Grund einer Arbeitslosmeldung oder Vormerkung zur Arbeitssuche bekannt sind; sie müssen jedoch, soweit vom Arbeitsmarktservice keine längere Frist gesetzt wird, innerhalb von zehn Tagen nach elektronischer Übermittlung des Antrags persönlich bei der regionalen Geschäftsstelle vorsprechen (§ 46 Abs. 1 AlVG).

32.5. Tod des Dienstgebers

Der **Tod des Dienstgebers** beendet (bzw. berührt) das Dienstverhältnis grundsätzlich nicht.

Im Todesfall tritt an die Stelle des verstorbenen Dienstgebers **vorerst** der **Nachlass**[1390] in die Dienstgeberposition. Sollte während dieser Zeit das Dienstverhältnis gelöst werden, setzt der Nachlassverwalter (i.d.R. der erbserklärte Erbe) die dafür notwendigen Rechtshandlungen. Wird es für notwendig erachtet, kann das Dienstverhältnis durch eine der gesetzlich möglichen Auflösungsarten (z.B. Kündigung, einvernehmliche Lösung) beendet werden.

Im Augenblick der **Einantwortung**[1391] gehen alle Rechte (aber auch alle Verbindlichkeiten) in ihrer Gesamtheit auf den/die **Erben** über. Die Erben treten demnach im Rahmen der **Gesamtrechtsnachfolge** (Universalsukzession) mit allen Rechten und Pflichten in das Dienstverhältnis ein.

Soll nach der Einantwortung das Dienstverhältnis nicht fortgesetzt werden, ist es durch eine der gesetzlich möglichen Lösungsarten (z.B. Kündigung, einvernehmliche Lösung) zu beenden.

Durch den Tod des Dienstgebers ändert sich nur die Person des Dienstgebers:

- Bis zum Todestag des Dienstgebers war der Dienstgeber,
- nach dem Todestag der Nachlass und
- nach der Einantwortung ist (sind) der Erbe (die Erben) Dienstgeber.

Einer diesbezüglichen Vereinbarung im Dienstvertrag bedarf es nicht.

Das Dienstverhältnis ist als ein **durchlaufendes** anzusehen. Aus diesem Grund

- sind die vor dem Tod des Dienstgebers geltenden Arbeitsbedingungen beizubehalten,
- ist die bis zum Todestag des Dienstgebers und die während der Dauer des Nachlassverfahrens zurückgelegte Dienstzeit, zuzüglich der nach der Einantwortung

1390 Die Hinterlassenschaft (Erbschaft) des Erblassers im Zeitpunkt des Todes.
1391 Dabei werden die Eigentumsrechte an den (die) Erben übertragen.

liegenden Zeit, als Einheit zu betrachten und auf alle zeitbezogenen Ansprüche (z.B. Entgeltfortzahlung im Krankheitsfall) anzurechnen.

Mit dem Tag der Betriebsübernahme durch den Erben beginnt demnach auch **kein neues Arbeitsjahr**.

In Ausnahmefällen kann auch der Tod des Dienstgebers die **Beendigung** des Dienstverhältnisses bewirken. Dies ist dann der Fall, wenn die vereinbarte Dienstleistung ausschließlich gegenüber der Person des verstorbenen Dienstgebers zu erbringen war (OGH 12.7.1977, 4 Ob 91/77). Das ist z.B. dann der Fall, wenn der Dienstgeber zu Lebzeiten eine Krankenschwester eingestellt hat, deren einzige Aufgabe die Betreuung des Dienstgebers zu sein hatte. Bei solcher Art vereinbarter Dienstleistung ist es trotz allem sinnvoll, bereits im Dienstvertrag die Beendigung des Dienstverhältnisses an das Ableben des Dienstgebers zu koppeln. In diesem Fall stehen dem Dienstnehmer Ansprüche wie bei Ablauf eines befristeten Dienstverhältnisses zu.

33. Bezugsansprüche bei Beendigung von Dienstverhältnissen

In diesem Kapitel werden u.a. Antworten auf folgende praxisrelevanten Fragestellungen gegeben:

Bedingt durch die unterschiedlichen arbeitsrechtlichen Bestimmungen wird in der nachstehenden Tabelle auf Sonderfälle nicht eingegangen. Es ist daher **unerlässlich**, die näheren **Erläuterungen** unter den angegebenen Querverweisen **zu beachten**.

	laufender Bezug[1392] (→ 33.1.)	Sonderzahlung (→ 23.2.1.)	Ersatzleistung für Urlaubsentgelt (→ 26.2.9.)	gesetzliche Abfertigung (→ 33.3.1.)	Kündigungsentschädigung (→ 33.4.2.)
Lösung während der Probezeit (→ 4.4.3.2.1.)	ja	ev. ja	ja	nein	nein
Zeitablauf bei einem befristeten Dienstverhältnis (→ 4.4.3.2.2.)	ja	ja	ja	ja	nein

1392 Inklusive einer ev. Abgeltung von Zeitguthaben.

	laufender Bezug[1392] (→ 33.1.)	Sonderzahlung (→ 23.2.1.)	Ersatzleistung für Urlaubsentgelt (→ 26.2.9.)	gesetzliche Abfertigung (→ 33.3.1.)	Kündigungsentschädigung (→ 33.4.2.)
einvernehmliche Lösung (→ 32.1.3.)	ja	ja	ja	ja/nein	nein
Kündigung durch den Dienstgeber (→ 32.1.4.2.)	ja	ja	ja	ja	ja (bei zeitwidriger Kündigung)
Kündigung durch den Dienstnehmer (→ 32.1.4.3.)	ja	ja	ja	ja (nur in bestimmten Fällen)	nein
Austritt der Mutter (des Vaters) gem. MSchG (VKG) (→ 33.3.1.2.)	nein (→ 27.1.3.4., → 27.1.4.)	ev. ja (→ 27.1.3.4., → 27.1.4.)	ja	ja (nur die Hälfte, max. drei volle Monatsentgelte)	nein
begründete Entlassung, vom Dienstnehmer verschuldet (→ 32.1.5.2.)	ja	Ang.: ja Arb.: meist Entfall	ja bzw. Rückerstattung[1393]	nein	nein
begründete Entlassung, vom Dienstnehmer nicht verschuldet (→ 32.1.5.2.)	ja	Ang.: ja Arb.: meist Entfall	ja bzw. Rückerstattung[1393] → 26.2.9.1.	ja	nein
unbegründete Entlassung (→ 32.1.5.3.)	ja	ja	ja	ja	ja
begründeter vorzeitiger Austritt, vom Dienstgeber verschuldet (→ 32.1.6.2.)	ja	ja	ja	ja	ja
begründeter vorzeitiger Austritt, vom Dienstgeber nicht verschuldet (→ 32.1.6.2.)	ja	ja	ja	ja	nein
unbegründeter vorzeitiger Austritt (→ 32.1.6.3.)	ja	Ang.: ja Arb.: meist Entfall	ja (laut EuGH) bzw. Rückerstattung[1393]	nein	nein
Tod des Dienstnehmers (→ 32.1.7.)	ja	ja	ja	ja (nur die Hälfte)	nein

33.1. Laufender Bezug

Der Dienstnehmer behält grundsätzlich **bis zum Tag der Beendigung** seines Dienstverhältnisses Anspruch auf laufenden Bezug. In einigen Fällen wird dieser Bezug für die **Zeit nach Beendigung** des Dienstverhältnisses in Form einer **Kündigungsent-**

1393 → 26.2.9.1.

schädigung (→ 33.4.2.) weitergezahlt. Ebenso kann es für diese Zeit zur Fortzahlung des Krankenentgelts kommen (→ 25.5.).

Besteht im Zeitpunkt der Beendigung des Dienstverhältnisses ein Zeitguthaben, kann es zur Verlängerung des Dienstverhältnisses kommen (→ 33.6.).

Endet das Dienstverhältnis durch den **Tod des Dienstnehmers**, besitzen die Erben Anspruch auf den Teil des laufenden Bezugs, der **bis zum Todestag** erworben wurde. Davon umfasst sind auch sonstige Entgelte, wie Überstunden, Zulagen, Zuschläge oder Reisekosten. Diese Zahlung ist **an den Nachlass**[1394] bzw. an den Erben zu leisten.

Einige **Kollektivverträge** sehen die Auszahlung sog. **„Sterbebezüge“** vor. Dabei handelt es sich um die Weiterzahlung der Bezüge (ev. auch der Sonderzahlungen) bis zum Ende des Sterbemonats oder noch für darauf folgende Monate. Der Hinweis unter Punkt 33.2. ist jedoch zu beachten. Solche Sterbebezüge stehen häufig **nicht dem Nachlass**, sondern direkt den **unterhaltsberechtigten gesetzlichen Erben** zu, unter Umständen jedoch auch jenen Personen, die die **Begräbniskosten bezahlt** haben (dies für den Fall, dass unterhaltsberechtigte Erben nicht vorhanden sind).

Zur Ersatzleistung für Urlaubsentgelt bei Tod des Arbeitnehmers siehe Punkt 26.2.9.1.

33.2. Sonderzahlungen

Unter bestimmten Voraussetzungen beeinflusst die Art der Beendigung des Dienstverhältnisses den Anspruch und die Höhe der Sonderzahlungen. Die in diesem Zusammenhang zu berücksichtigenden Bestimmungen wurden im Punkt 23.2.3. genau behandelt.

Endet das Dienstverhältnis durch den **Tod des Dienstnehmers**, gehören Sonderzahlungen für die Zeit bis zum Todestag **zum Nachlass**, für die Zeit danach **nicht zum Nachlass**.

Neben ev. „Sterbebezüge“ (siehe vorstehend) können noch kollektivvertragliche bzw. vertragliche Ansprüche wie z.B. sog. **„Sterbegelder“** (Sterbequartal) bzw. **Todfallsbeiträge** gebühren.

Zu beachten ist, dass die meisten Kollektivverträge diese Sterbebezüge, Sterbegelder bzw. Todfallsbeiträge nicht zusätzlich zur Todfallsabfertigung (→ 33.3.1.2.) vorsehen, sondern entweder die Sterbebezüge, Sterbegelder bzw. Todfallsbeiträge oder die Abfertigung auszuzahlen ist. Allerdings ist der für die Hinterbliebenen jeweils **günstigere Anspruch** zu zahlen.

33.3. Abfertigungen

Anlässlich der Beendigung des Dienstverhältnisses erhalten Dienstnehmer häufig eine von

- der **Art der Lösung** des Dienstverhältnisses und
- der **Dauer** des Dienstverhältnisses

1394 Die Hinterlassenschaft (Erbschaft) des Erblassers (desjenigen, der eine Erbschaft hinterlässt) im Zeitpunkt des Todes.

abhängige besondere finanzielle Abgeltung, die i.d.R. als Abfertigung bezeichnet wird. Man unterscheidet in

gesetzliche Abfertigung (→ 33.3.1.);	kollektivvertragliche Abfertigung (→ 33.3.2.);	freiwillige und vertragliche Abfertigung (→ 33.3.3.).

33.3.1. Gesetzliche Abfertigung

Die gesetzliche Abfertigung ist ein außerordentliches, grundsätzlich durch die Auflösung des Dienstverhältnisses bedingtes Entgelt. Sie dient

1. der Versorgung des Dienstnehmers bis zur Erlangung einer neuen Anstellung;
2. als besondere Entlohnung für langjährige Dienstleistungen.

Die dienstnehmerfreundlichere Rechtslehre sieht in der gesetzlichen Abfertigung eher das unter 2. Gesagte, d.h. eine Art „Treueprämie“ für die erbrachte Dienstleistung.

33.3.1.1. Rechtsgrundlagen

Wichtiger Hinweis:

Die in diesem Punkt enthaltenen Bestimmungen über die gesetzliche Abfertigung gelten nur für

- Dienstverhältnisse, deren vertraglich vereinbarter Beginn vor dem 1. Jänner 2003 liegt und
- soweit nicht
  - durch einen Vollübertritt (→ 36.1.5.3.) bzw.
  - durch einen Teilübertritt (für die Zeit nach dem Teilübertritt) (→ 36.1.5.2.) das Betriebliche Mitarbeiter- und Selbständigenvorsorgegesetz zur Anwendung kommt.

Andernfalls gelten die Bestimmungen des Betrieblichen Mitarbeiter- und Selbständigenvorsorgegesetzes (→ 36.1.).

Rechtsgrundlage ist für

Arbeiter	Angestellte
das **Arbeiterabfertigungsgesetz** (ArbAbfG), Bundesgesetz vom 23. Februar 1979, BGBl 1979/107, in der jeweils geltenden Fassung.	das **Angestelltengesetz** (AngG), Bundesgesetz vom 11. Mai 1921, BGBl 1921/292, in der jeweils geltenden Fassung.

Das sehr kurz gehaltene **Arbeiterabfertigungsgesetz bestimmt**:

Dieses Bundesgesetz gilt für alle Arbeitsverhältnisse, die auf einem **privatrechtlichen Vertrag** (→ 25.2.2.) beruhen.

Ausgenommen sind Arbeitsverhältnisse

- der land- und forstwirtschaftlichen Arbeiter,
- zu einem Land, einem Gemeindeverband oder einer Gemeinde,
- zum Bund,
- der Heimarbeiter,
- der Angestellten i.S.d. AngG (→ 4.4.3.1.1.),
- der Gutsangestellten,
- der Journalisten,
- der Hausgehilfen und Hausangestellten,
- der Bauarbeiter (§ 1 Abs. 1–3 ArbAbfG).

Dem Arbeitnehmer gebührt eine Abfertigung, wenn das Arbeitsverhältnis aufgelöst wird. Auf diese Abfertigung

- sind die **§§ 23 und 23a des AngG anzuwenden** (§ 2 Abs. 1 ArbAbfG).

Es kann also – obwohl zwei Rechtsgrundlagen vorliegen – die Abfertigungsproblematik für beide Dienstnehmergruppen **gemeinsam behandelt** werden.

33.3.1.2. Anspruch auf gesetzliche Abfertigung

Der Anspruch auf gesetzliche Abfertigung besteht nicht,

- wenn der Angestellte (Arbeiter) kündigt (→ 32.1.4.3.),
- wenn er ohne wichtigen Grund vorzeitig austritt (→ 32.1.6.) oder
- wenn ihn ein Verschulden an der vorzeitigen Entlassung trifft (→ 32.1.5.2.) (§ 23 Abs. 7 AngG).

Der Anspruch auf gesetzliche Abfertigung ergibt sich demnach auf Grund des Umkehrschlusses zu § 23 Abs. 7 AngG und unter Einbeziehung der Bestimmungen des § 23a Abs. 1, 3, 4 und 4a AngG und des § 3 Abs. 5 AVRAG.

Die §§ 23 und 23a AngG sind auf Dienstverhältnisse, deren vertraglich vereinbarter Beginn nach dem 31. Dezember 2002 liegt, nicht mehr anzuwenden (§ 42 Abs. 3 AngG, Art. VII Abs. 2a ArbAbfG).

	Anspruch auf gesetzliche Abfertigung besteht bei	Nach einer Mindestdauer des Dienstverhältnisses von ununterbrochen (→ 33.3.1.4.)	Es besteht voller/halber Anspruch auf Abfertigung	Mögliche Ratenzahlungsmodalität
1.	**Kündigung durch den Dienstgeber** (→ 32.1.4.2.).	3 Jahren	voller	wie unter 4.–14.
2.	**Kündigung durch den Dienstnehmer** (→ 32.1.4.3.), • wenn bei **Männern das 65. Lebensjahr**, bei **Frauen das 60. Lebensjahr vollendet** wurde (die Bindung an einen Pensionsanspruch ist nicht erforderlich), oder • wegen **Inanspruchnahme ① der vorzeitigen Alterspension** bei langer Versicherungsdauer aus einer gesetzlichen Pensionsversicherung (→ 30.2.1.) oder • wegen **Inanspruchnahme ① einer Alterspension** aus der gesetzlichen Pensionsversicherung nach § 4 Abs. 2 APG (**Korridorpension**) oder	10 Jahren	voller	In gleichen monatlichen Teilbeträgen. Eine Rate darf die Hälfte eines Monatsentgelts nicht unterschreiten (→ 33.3.1.8.).

Anspruch auf gesetzliche Abfertigung besteht bei	Nach einer Mindestdauer des Dienstverhältnisses von ununterbrochen (→ 33.3.1.4.)	Es besteht voller/ halber Anspruch auf Abfertigung	Mögliche Ratenzahlungsmodalität
• wegen **Inanspruchnahme ① einer Alterspension** nach § 4 Abs. 3 APG (**Schwerarbeitspension**) bzw. • bei Nachtschwerarbeit wegen **Inanspruchnahme ① des Sonderruhegelds** (Art. IV NSchG) (→ 17.3.).			
3. **Kündigung durch den Dienstnehmer** • wegen **Inanspruchnahme ① einer Pension** aus einem Versicherungsfall **der geminderten Arbeitsfähigkeit** aus einer gesetzlichen Pensionsversicherung. Demnach bei Inanspruchnahme einer Berufsunfähigkeits- bzw. Invaliditätspension. Darüber hinaus bei Kündigung durch den Dienstnehmer • wegen Feststellung einer voraussichtlich mindestens sechs Monate andauernden (vorübergehenden) **Berufsunfähigkeit oder Invalidität** durch den Versicherungsträger gem. § 367 Abs. 4 ASVG oder • im Fall der Arbeitsverhinderung aufgrund Krankheit bzw. Unfall nach Ende des Anspruchs auf Entgeltfortzahlung und nach Beendigung des Krankengeldanspruches **während eines anhängigen Leistungsstreitverfahrens über Berufsunfähigkeit** (§ 273 ASVG) **oder Invalidität** (§ 255 ASVG).	3 Jahren	voller	In gleichen monatlichen Teilbeträgen. Eine Rate darf die Hälfte eines Monatsentgelts nicht unterschreiten (→ 33.3.1.8.).
4. **Kündigung durch den Dienstnehmer** • wegen wesentlicher **Verschlechterung der Arbeitsbedingungen** im Zusammenhang mit einem **Betriebsübergang** (→ 33.3.1.7.).	3 Jahren	voller	
5. **Weiblichen Dienstnehmern**, wenn sie • **nach der Geburt** eines lebenden Kindes **innerhalb der Schutzfrist** (→ 27.1.3.3.) oder • nach der **Annahme eines Kindes**, welches das 2. Lebensjahr noch nicht vollendet hat, an Kindes Statt oder nach **Übernahme eines solchen Kindes** in unentgeltliche Pflege **innerhalb von acht Wochen** • ihren **vorzeitigen Austritt** (sog. „Mutterschaftsaustritt") aus dem Dienstverhältnis **erklären** ④. Bei Inanspruchnahme einer **Karenz nach dem MSchG** (→ 27.1.4.1.) ist der Austritt **spätestens drei Monate vor Ende der Karenz** zu **erklären**; bei Inanspruchnahme einer Karenz von **weniger als drei Monaten** ist der Austritt **spätestens zwei Monate vor Ende der Karenz zu erklären** ④.	5 Jahren ③	halber ②	3 Monatsentgelte sofort; der Rest in monatlichen Teilbeträgen. Eine Rate darf ein Monatsentgelt nicht unterschreiten (→ 33.3.1.8.).

Anspruch auf gesetzliche Abfertigung besteht bei	Nach einer Mindestdauer des Dienstverhältnisses von ununterbrochen (→ 33.3.1.4.)	Es besteht voller/halber Anspruch auf Abfertigung	Mögliche Ratenzahlungsmodalität
6. **Männlichen Dienstnehmern**, sofern sie eine **Karenz nach dem VKG** (→ 27.1.4.2.) oder gleichartigen österreichischen Rechtsvorschriften in Anspruch nehmen und ihren vorzeitigen Austritt (sog. „Vaterschaftsaustritt") aus dem Dienstverhältnis **spätestens drei Monate vor Ende der Karenz erklären**. Wird jedoch eine **Karenz von weniger als drei Monaten** in Anspruch genommen, ist der Austritt **spätestens zwei Monate vor Ende der Karenz zu erklären** ④ ⑤.	5 Jahren ③	halber ②	3 Monatsentgelte sofort; der Rest in monatlichen Teilbeträgen. Eine Rate darf ein Monatsentgelt nicht unterschreiten (→ 33.3.1.8.).
7. **Kündigung durch den Dienstnehmer** während einer Teilzeitbeschäftigung (→ 27.1.4.3.) aus Anlass der Geburt eines Kindes.	5 Jahren	halber ②	
8. **Begründetem vorzeitigem Austritt** ⑥ (→ 32.1.6.).	3 Jahren	voller	
9. **Kündigung durch den Dienstnehmer** wegen eines geltend gemachten und nachgewiesenen Grundes zum sofortigen **vorzeitigen Austritt** ⑥ (→ 32.1.6.).	3 Jahren	voller	
10. **Begründeter Entlassung ohne Verschulden des Dienstnehmers** (z.B. wegen Arbeitsunfähigkeit, → 32.1.5.2.1., → 32.1.5.2.2.).	3 Jahren	voller	
11. **Unbegründeter Entlassung** ⑦ (→ 32.1.5.3.).	3 Jahren	voller	
12. **Ablauf eines befristeten Dienstverhältnisses** (→ 4.4.3.2.2.).	3 Jahren	voller	
13. **Einvernehmlicher Lösung** ⑦ (→ 32.1.3.).	3 Jahren	voller	
14. **Tod des Dienstnehmers** (→ 32.1.7.).	3 Jahren	halber ⑧	

Die im Gesetz angeführte **Mindestdauer des Dienstverhältnisses von drei, fünf bzw. zehn Jahren ist i.d.R. irrelevant**, da das Betriebliche Mitarbeiter- und Selbständigenvorsorgegesetz hinsichtlich betrieblicher Vorsorge (Abfertigung „neu", → 36.1.1.) für Dienstverhältnisse gilt, die mit 1. Jänner 2003 oder danach eingegangen wurden (werden). Nur bei einem Sonderfall wie z.B. bei Dienstverhältnisbeginn vor dem 1. Jänner 2003 und Vorliegen von Dienstjahren, die nicht auf die Abfertigungszeit anzurechnen sind (→ 33.3.1.4.), könnten diese Jahre noch Bedeutung haben.

① Bei Selbstkündigung „wegen Inanspruchnahme einer Pension" muss die **Inanspruchnahme der Pension der Grund der Kündigung** sein, also ein enger Zusammenhang zwischen Kündigung und Pensionierung bestehen. Der Begriff „Inanspruchnahme der vorzeitigen Alterspension" ist dahin auszulegen, dass der Arbeitnehmer ein ihm im Gesetz eingeräumtes Recht auf Gewährung der vorzeitigen Alterspension geltend macht. Hiefür ist eine entsprechende Antragstellung bei der Pensionsversicherungsanstalt und die „gehörige Fortsetzung" des vom Sozialversicherungsträger über diesen Antrag eingeleiteten Verfahrens notwendig. Ob die materiellen Voraussetzungen für die Pensionierung vorliegen, ist nicht entscheidend (OGH 27.9.2017, 9 ObA 108/17y). Dass die Pension schließlich (bescheidmäßig) gewährt wird, ist somit nicht Voraussetzung des Abfertigungsanspruchs (OGH 12.7.2006, 9 ObA 66/06f).

Da der Zeitpunkt des Endes des Dienstverhältnisses für das Vorliegen der materiellen Voraussetzungen des Abfertigungsanspruchs maßgeblich ist, hat der Dienstnehmer die erfolgte Antragstellung sowie die Aufrechterhaltung des Antrags, jedenfalls zu diesem Zeitpunkt, nachzuweisen (OGH 12.7.2006, 9 ObA 66/06f).

② Höchstens jedoch einen Betrag von drei vollen Monatsentgelten (→ 33.3.1.3.).

③ Anzurechnen sind sämtliche unmittelbar aufeinander folgende Dienstzeiten beim selben Dienstgeber (Lehrzeiten nur dann, wenn insgesamt mindestens sieben Dienstjahre vorliegen). Die Zeit der Karenz sowie geringfügige Beschäftigungen **neben** einem karenzierten Dienstverhältnis nach § 15e Abs. 1 MSchG (→ 27.1.4.1.) bzw. § 7b Abs. 1 VKG (→ 27.1.4.2.) bleiben kraft Gesetz für den Abfertigungsanspruch außer Betracht. Kollektivvertragliche Besserstellungen sind zu beachten.

④ Beim **Mutterschaftsaustritt** gem. § 15r MSchG innerhalb der Schutzfrist bzw. innerhalb der Karenz und beim **Vaterschaftsaustritt** gem. § 9a VKG innerhalb der Karenz handelt es sich um einen Austritt besonderer Art, der dem Wesen nach als „entfristete Dienstnehmerkündigung" bezeichnet werden könnte (→ 27.1.4.1., → 27.1.4.2.).

Der **Zeitpunkt** der **Beendigung** des Dienstverhältnisses und damit der Zeitpunkt der **Fälligkeit der Abfertigung** ergibt sich aus der Austrittserklärung. Es kann die Erklärung

- mit sofortiger Beendigungswirkung,
- innerhalb einer bestimmten Frist (z.B. mit Ende des laufenden Monats) oder
- innerhalb offener Frist (bei der Erklärung, das Dienstverhältnis nach der Karenz nicht mehr fortsetzen zu wollen)

abgegeben werden. Im letzteren Fall ist die Abfertigung allerdings erst mit Ende der Karenz fällig.

Wurde die Karenz durch einen **unbezahlten Urlaub** (→ 27.1.2.) verlängert, besteht mangels Vorliegens einer Karenz i.S.d. MSchG bzw. VKG in der Phase der Verlängerung keine Möglichkeit eines „Austritts während der Karenz" unter Wahrung arbeitsrechtlicher Ansprüche und damit auch **kein Anspruch** auf die (halbe) Abfertigung.

⑤ Ein Abfertigungsanspruch **gebührt nicht**, wenn der männliche Dienstnehmer seinen Austritt erklärt, nachdem der gemeinsame Haushalt mit dem Kind aufgehoben oder die überwiegende Betreuung des Kindes beendet wurde (§ 23a Abs. 5 AngG).

Der Austritt des Vaters unter Wahrung von Abfertigungsansprüchen aus dem Rechtsgrund seiner Vaterschaft ist **nur dann** gerechtfertigt, wenn er das Dienstverhältnis aus dem Motiv, sein **Kind überwiegend** zu **betreuen**, auflöst (OGH 17.1.1996, 9 ObA 197/95).

⑥ Der Abfertigungsanspruch geht auch dann nicht verloren, wenn der Dienstnehmer seine Dienstleistung **ohne Schaden für seine Gesundheit** nicht fortsetzen kann (§ 26 Z 1 AngG, § 82a lit. a GewO). Nach ständiger Rechtsprechung wird darunter eine Arbeitsunfähigkeit oder Gesundheitsgefährdung verstanden, die **dauernd** oder von so langer Dauer sein muss, dass nach den Umständen des Falls eine **Fortsetzung des Dienstverhältnisses nicht zumutbar** ist (OGH 26.8.2004, 8 ObA 69/04m). Anders lautend bei der Kündigungsentschädigung (→ 33.4.2.1.).

Bietet der Dienstgeber dem Dienstnehmer allerdings eine **andere** vom gesundheitlichen Standpunkt **zumutbare** und innerhalb des Rahmens seiner dienstvertraglichen Verpflichtungen liegende (artverwandte) **Tätigkeit** an, steht **keine Abfertigung** zu (OGH 26.2.1992, 9 ObA 7/92).

⑦ Die Abfertigung gebührt in allen im § 23 Abs. 7 AngG (siehe vorstehend) **nicht angeführten Fällen**, daher auch bei einvernehmlicher Auflösung des Dienstverhältnisses. Dabei ist es nicht entscheidend, von wem die Initiative zur Auflösung des Dienstverhältnisses ausgegangen ist (OGH 28.8.1991, 9 ObA 129/91).

Eine über Vorschlag des Dienstgebers vom Dienstnehmer angenommene **einvernehmliche Auflösung** des Dienstverhältnisses ist ein zweiseitiges Rechtsgeschäft, in dem Willenseinigung darüber erzielt worden ist, das Dienstverhältnis im gegenseitigen Einvernehmen aufzulösen. Ist Inhalt dieser schriftlich festgelegten Vereinbarung auch der Verzicht des Dienstnehmers auf alle nicht durch den in der Urkunde genannten Betrag abgedeckten Ansprüche aus dem Dienstverhältnis, ist dieser **Verzicht**, soweit er die unabdingbare **gesetzliche Abfertigung** betrifft – deren Anspruch erst mit der einvernehmlichen Auflösung entsteht –, nach § 40 AngG **unwirksam**, weil er während des aufrechten Bestands des Dienstverhältnisses, wenn auch in dessen Auflösungsphase, aber noch vor Fälligkeit des Anspruchs, erklärt worden ist (OGH 6.6.1995, 9 ObA 56/95).

Der Anspruch auf Abfertigung entsteht dann nicht, wenn eine begründete Entlassung vergleichsweise in eine einvernehmliche Lösung umgewandelt und in diesem Zusammenhang vom Dienstnehmer auf die Abfertigung verzichtet wurde (OGH 16.1.1991, 9 ObA 315/90).

Nach der zum Abfertigungsrecht ergangenen Rechtsprechung des OGH bewirkt eine Willensübereinstimmung der Vertragspartner über eine Verkürzung der Kündigungsfrist im Zweifel noch keine einvernehmliche Lösung des Dienstverhältnisses (OGH 19.6.2006, 8 ObA 42/06v).

Eine zwei Tage nach einer begründeten Entlassung geschlossene Vereinbarung über die „Rücknahme der Entlassung unter gleichzeitiger Selbstkündigung durch den Dienstnehmer" ist als Vergleich zu beurteilen, mit dem durch Bezahlung einer reduzierten Abfertigung die Entlassungsfolgen gemildert und gleichzeitig das Risiko eines Prozesses vermieden werden sollten. Der OGH hat bereits mehrfach ausgesprochen, dass in einer solchen Situation vom Dienstgeber regelmäßig kein sittenwidriger Druck mehr ausgeübt werden kann und somit auch die für eine erfolgreiche Anfechtung nach § 870 ABGB erforderliche „gegründete Furcht" des Dienstnehmers fehlt (OGH 27.9.2006, 9 ObA 97/06i).

Zusammenfassende Darstellung:

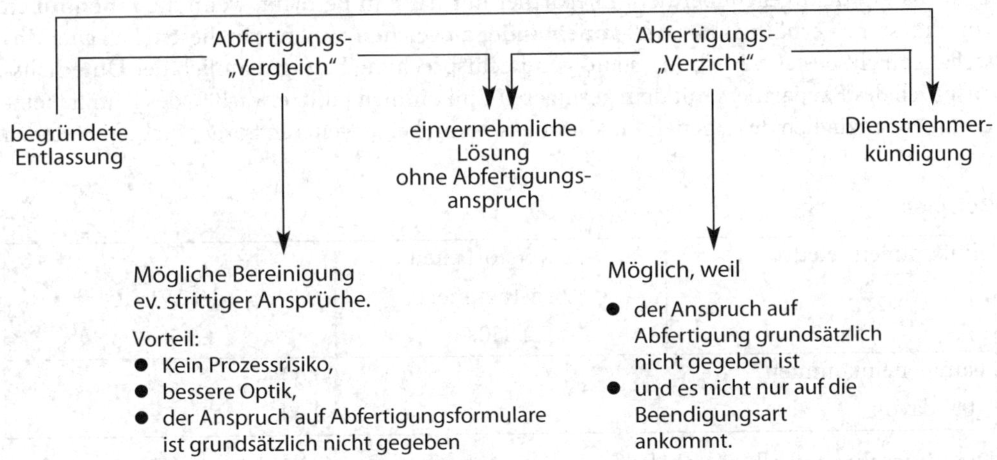

Praxistipp:

Darstellung der objektiven und subjektiven Gründe,

- weshalb der Dienstnehmer die einvernehmliche Lösung wünscht (z.B. der besseren Optik wegen oder wegen Ausscheidens ohne Einhaltung einer Kündigungsfrist) und
- dass der konkrete Wunsch zur einvernehmlichen Lösung vom Dienstnehmer ausgegangen ist.

Der besseren Optik wegen könnte aber auch der Dienstnehmer dem Dienstgeber seine Kündigung anbieten und der Dienstgeber auf die Einhaltung der Kündigungsfrist verzichten.

In jedem Fall empfiehlt es sich für den Dienstgeber,

- der einvernehmlichen Lösung nur unter der Bedingung zuzustimmen (bzw. der Dienstnehmerkündigung den Vorzug zu geben), dass der Dienstnehmer auf seine Abfertigung schriftlich im Rahmen der Vereinbarung über die einvernehmliche Lösung verzichtet, bzw.
- der Dienstnehmerkündigung nur dann den Vorzug zu geben, wenn der Dienstnehmer seinen Lösungswunsch entsprechend schriftlich begründet.

⑧ Die Abfertigung (**Todfallsabfertigung**) gebührt nur den gesetzlichen Erben, zu deren Erhaltung der verstorbene Dienstnehmer gesetzlich verpflichtet war.

Anspruch auf Todfallsabfertigung haben „die im Zeitpunkt des Todes des Dienstnehmers noch unterhaltsberechtigt gewesenen gesetzlichen Erben". Im Normalfall sind das

- die Witwe (der Witwer),
- der (im „Partnerschaftsbuch") eingetragene Partner (→ 3.6.) und
- die Kinder, die zum Zeitpunkt des Todes noch nicht selbsterhaltungsfähig waren.

Auf Grund der Rechtsprechung des OGH in Zusammenhang mit Unterhaltsansprüchen können aber auch Eltern (Elternteile) anspruchsberechtigt sein.

Sind **mehrere Personen** anspruchsberechtigt, wird die Todfallsabfertigung **„nach Köpfen"** (Kopfquoten) **geteilt**.

Die Frage, ob im konkreten Einzelfall ein Unterhaltsanspruch besteht, ist **nach bürgerlichem** Recht zu beurteilen. Demnach sind eigene **Einkünfte** des **Unterhaltsberechtigten**, die die Unterhaltsverpflichtung des Dienstnehmers mindern oder aufheben können, zu **berücksichtigen**. Verdienen z.B. beide Ehepartner (bzw. eingetragene Partner, → 3.6.), dann kommt die **Unterhaltspflicht** gegenüber dem Ehepartner nur dann in Betracht, wenn die **Einkommen** zumindest im **Verhältnis 60 zu 40 voneinander abweichen**, weil nur in diesem Fall eine Unterhaltspflicht besteht. Nach der ständigen Rechtsprechung beträgt nämlich der Unterhaltsanspruch des Ehepartners mit dem geringeren Einkommen i.d.R. etwa 40% des Familieneinkommens abzüglich des eigenen Einkommens, wenn keine weiteren Sorgepflichten bestehen (vgl. → 43.1.6.5.).

Beispiel:

Einkommen (Netto)	des verstorbenen Dienstnehmers € 2.850,00	der Witwe € 750,00
Familieneinkommen	€ 3.600,00	
40% davon	€ 1.440,00	

Die Witwe war deshalb unterhaltsberechtigt, weil sie weniger (€ 750,00) als 40% (€ 1.440,00) zum Familieneinkommen beigetragen hat; es steht ihr die Todfallsabfertigung zu.

Wird nach dem Tod des Dienstnehmers die halbe Abfertigung an den überlebenden Ehepartner ausbezahlt, obwohl dieser keinen gesetzlichen Unterhaltsanspruch gegenüber dem Verstorbenen hatte, **kommt** dieser Zahlung **keine Unterhaltsfunktion zu.** In diesem Fall ist der überlebende **Ehepartner zur Rückzahlung verpflichtet**; der Grundsatz des gutgläubigen Verbrauchs gilt nicht.

Der Anspruch der gesetzlichen Erben besteht gegebenenfalls auch dann, wenn der Dienstnehmer zwar selbst gekündigt hat, **vor Ablauf der Kündigungsfrist** jedoch **verstorben** ist, weil das Dienstverhältnis diesfalls durch den Tod und nicht durch die Dienstnehmerkündigung beendet wurde (OGH 12.9.1961, 4 Ob 82/61).

Beispiel:

- Das Dienstverhältnis wird vom Dienstgeber nach 24 Jahren Dienstzeit am 25.2.2022 per 30.6.2022 gekündigt.
- Am 30.6.2022 würde ein Abfertigungsanspruch für 9 Monatsentgelte zustehen.
- Der Dienstnehmer verstirbt am 3.5.2022.

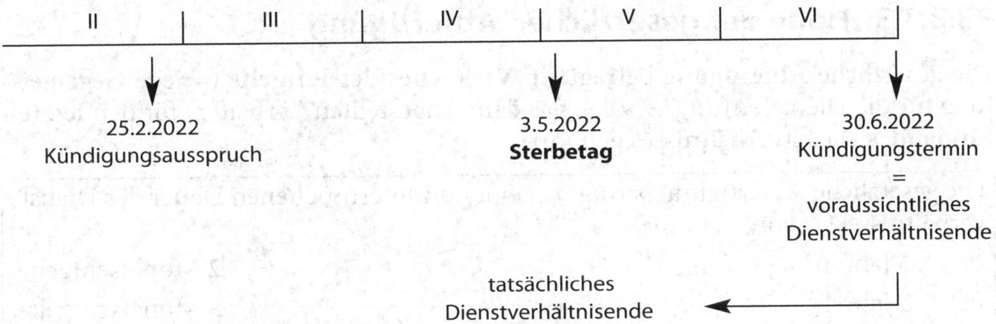

Das Dienstverhältnis wurde vor dem Kündigungstermin am 3.5.2022 durch Tod des Dienstnehmers beendet. Die Todfallsabfertigung (die Hälfte der sonst zustehenden gesetzlichen Abfertigung zum 3.5.2022) steht gegebenenfalls direkt den Unterhaltsberechtigten zu und kommt nicht in den Nachlass.

Der Anspruch der gesetzlichen Erben auf Todfallsabfertigung ist originärer (unmittelbarer) Natur und hat mit Ansprüchen der Verlassenschaft nichts zu tun. Demnach ist eine solche Abfertigung den **Berechtigten direkt** auszuzahlen und fällt **nicht in den Nachlass** ⑨ Daher können z.B. **Gehaltsvorschüsse** gegen eine solche Abfertigung **nicht aufgerechnet** werden (OGH 15.5.1996, 9 ObA 2012/96i). Aus dem gleichen Grund steht den Berechtigten im Fall des Todes eines gepfändeten Dienstnehmers diese Abfertigung auch ungekürzt (**ungepfändet**) zu.

Sind die anspruchsberechtigten Erben, die zum Todeszeitpunkt noch unterhaltsberechtigt waren, nicht bekannt, oder es besteht Ungewissheit über deren Anspruch, ist mit der Auszahlung der Abfertigung zuzuwarten bzw. eine Anfrage an das Verlassenschaftsgericht (Bezirksgericht, in dessen Sprengel der verstorbene Dienstnehmer seinen Wohnsitz hatte) zu stellen. Will man aus sozialen Gründen mit der Auszahlung nicht zuwarten, bis die Erbschaftsfragen geklärt sind, sollte man einen Rückzahlungsvorbehalt vereinbaren oder eine gerichtliche Hinterlegung vornehmen.

Sind keine unterhaltsberechtigten gesetzlichen Erben vorhanden, so verfällt der Anspruch für die Todfallsabfertigung zur Gänze.

Hat das **Dienstverhältnis vor dem Tod** des Dienstnehmers **geendet** und wurde ein Abfertigungsanspruch erworben, die Abfertigung vom Dienstnehmer jedoch noch nicht oder mangels Fälligkeit (→ 33.3.1.8.) noch nicht zur Gänze bezogen, so steht der (noch ausstehende) Abfertigungsanspruch den testamentarischen oder gesetzlichen Erben in voller Höhe zu. Dieser Abfertigungsanspruch fällt, wie alle anderen vermögenswerten Ansprüche, **in den Nachlass**.

Ausschlaggebend für die Beurteilung, ob eine Abfertigung bzw. eine Todfallsabfertigung zusteht oder nicht zusteht, ist bei Zusammentreffen mehrerer Beendungsarten (z.B. Kündigung durch den Dienstnehmer und Tod dieses Dienstnehmers während der Kündigungsfrist) immer, **welche Beendigungsart** das Dienstverhältnis zuerst arbeitsrechtlich beendet hat.

Kollektivvertraglich geregelte **Besserstellungen** hinsichtlich der Höhe der Todfallsabfertigung und besondere Zuordnungen bzw. abweichende Teilungsregeln bei kollektivvertraglichen Abfertigungsüberhängen hinsichtlich der Anspruchsberechtigung sind zu beachten.

⑨ Die Hinterlassenschaft (Erbschaft) des Erblassers im Zeitpunkt des Todes.

33.3.1.3. Höhe der gesetzlichen Abfertigung

Die gesetzliche Abfertigung beträgt ein **Vielfaches des Entgelts** (= jede Gegenleistung für die Dienstleistung, → 9.1.), das dem Angestellten (Arbeiter) für den **letzten Monat** des Dienstverhältnisses gebührt.

Die gesetzliche Abfertigung beträgt bei einer ununterbrochenen Dauer des Dienstverhältnisses[1395] von

3 Jahren	2 Monatsentgelte,
5 Jahren	3 Monatsentgelte,
10 Jahren	4 Monatsentgelte,
15 Jahren	6 Monatsentgelte,
20 Jahren	9 Monatsentgelte,
25 Jahren	12 Monatsentgelte.

(§ 23 Abs. 1 AngG)

Bei Zutreffen der unter Punkt 33.3.1.2. unter 5., 6. und 7. angeführten Bestimmungen gebührt männlichen und weiblichen Dienstnehmern nur die Hälfte der oben angeführten Abfertigung, höchstens jedoch drei Monatsentgelte (§ 23a Abs. 3, 4, 4a AngG).

Wird das Dienstverhältnis durch den **Tod des Dienstnehmers** aufgelöst, so beträgt die Abfertigung (Todfallsabfertigung) nur die **Hälfte der oben angeführten Abfertigung** und gebührt nur den gesetzlichen Erben, zu deren Erhaltung der Erblasser[1396] **gesetzlich verpflichtet** war (§ 23 Abs. 6 AngG). Näheres dazu siehe Punkt 33.3.1.2., ⑧.

33.3.1.4. Anrechenbare Zeiten

Alle Zeiten, die der Angestellte (Arbeiter) in unmittelbar vorausgegangenen Dienstverhältnissen als **Arbeiter oder Lehrling zum selben Dienstgeber** zurückgelegt hat, sind für die gesetzliche Abfertigung zu berücksichtigen; Zeiten eines Lehrverhältnisses jedoch nur dann, wenn das Dienstverhältnis einschließlich der Lehrzeit mindestens **sieben Jahre** ununterbrochen gedauert hat. Zeiten eines Lehrverhältnisses allein begründen keinen Abfertigungsanspruch (§ 23 Abs. 1 AngG).

1395 Siehe Punkt 33.3.1.4.

1396 Derjenige, der eine Erbschaft hinterlässt.

Anrechenbare Zeiten:

Als **anrechenbare Zeiten** gelten nicht nur Zeiten, für die eine Dienstleistung erbracht wurde, sondern auch Zeiten eines/einer

- Krankenstands[1397] (→ 25.),
- Urlaubs (→ 26.2.),
- Pflegefreistellung (→ 26.3.),
- sonstigen bezahlten Fehlzeit (Arztbesuch usw.) (→ 27.1.1.1.),
- Familienhospizkarenz (→ 27.1.1.2.),
- Schutzfrist vor und nach einer Entbindung (→ 27.1.3.4.),
- Karenz i.S.d. MSchG bzw. VKG (→ 27.1.4.) für Geburten ab dem 1.8.2019,
- vereinbarten Karenzurlaubs (unbezahlten Urlaubs)[1398] (→ 27.1.2.1.),
- Ausbildungs- oder Zivildienstes (→ 27.1.6.),
- bestimmte Zeiten eines Präsenzdienstes (→ 27.1.6.),
- voll versicherte Beschäftigungen neben einem karenzierten Dienstverhältnis nach § 15e Abs. 2 MSchG (→ 27.1.4.1.) bzw. § 7b Abs. 2 VKG (→ 27.1.4.2.),
- Teilzeitbeschäftigung i.S.d. MSchG bzw. VKG, unabhängig davon, ob eine Teil- oder Vollversicherung vorliegt (→ 27.1.4.3.),
- Bildungsteilzeitbeschäftigung gem. AVRAG (→ 27.3.1.2.),
- Pflegeteilzeitbeschäftigung gem. AVRAG (→ 27.1.1.3.) und
- Wiedereingliederungsteilzeitbeschäftigung gem. AVRAG (→ 25.7.).

Hinweis: Diese Zeiten sind daher für die Frage, **ob** (mindestens dreijährige Dienstzeit) und **in welchem Ausmaß** (2-faches, 3-faches Entgelt usw.) ein **Abfertigungsanspruch** besteht, zu berücksichtigen.

Dienstzeiten sind auch dann anrechenbar, soweit es sich um Zeiten beim Betriebsvorgänger und einen Betriebsübergang seit 1. Juli 1993 handelt (→ 4.5.).

Nicht anrechenbare Zeiten:

Eine **Anrechnung von Vordienstzeiten bei anderen Dienstgebern**, so wie es z.B. das UrlG vorsieht, kennt das AngG **nicht**[1399].

1397 In die für die Abfertigungshöhe maßgebliche Dienstzeit sind auch Zeiten langer Krankheit, für die kein Entgeltanspruch bestanden hat, miteinzubeziehen (OGH 26.3.1997, 9 ObA 30/97w).

1398 Die **ununterbrochene Dauer** des Dienstverhältnisses i.S.d. § 23 Abs. 1 AngG ist durch den **rechtlichen Bestand** des Dienstverhältnisses **gekennzeichnet**, nicht aber durch die Tatsache der Beschäftigung. Daraus folgt, dass auch die Zeiten der Karenzierung für den Anspruch auf Abfertigung heranzuziehen sind (OGH 15.3.1989, 9 ObA 268/88), soweit diesbezüglich keine andere Vereinbarung getroffen wurde (OGH 8.9.2005, 8 ObA 47/05b). Demnach kann vereinbart werden, dass die Zeit einer freiwillig gewährten Karenz bei der Abfertigung nicht einzurechnen ist, wenn diese Karenzierung aus Gründen im Interesse des Dienstnehmers und über dessen Initiative erfolgt und diese Umstände keinen wichtigen Grund darstellen, der den Dienstnehmer selbst zur abfertigungswahrenden Auflösung des Dienstverhältnisses berechtigen würde.

1399 Zeiten bei einem anderen Dienstgeber sind auch dann nicht als Vordienstzeiten zur Berechnung der Abfertigung zu berücksichtigen, wenn der Dienstnehmer in dieser Zeit (einvernehmlich) für seinen späteren Dienstgeber tätig bzw. diesem überlassen war (OGH 19.12.2016, 9 ObA 31/16y).

Als **nicht anrechenbare Zeiten** gelten u.a.

- Karenz i.S.d. MSchG bzw. VKG (→ 27.1.4.) für Geburten vor dem 1.8.2019[1400],
- geringfügige Beschäftigungen i.S.d. MSchG bzw. VKG während der Dauer einer Karenz, sofern ein eigenständiges Dienstverhältnis vorliegt (§ 23a Abs. 3 AngG) (→ 27.1.4.1., → 27.1.4.2.),
- bestimmte Zeiten eines Präsenzdienstes (→ 27.1.6.),
- vereinbarter Karenzurlaub (unbezahlter Urlaub) sofern eine Nichtanrechnung vereinbart wurde (→ 27.1.2.1.),
- Bildungskarenz (→ 27.3.1.1.),
- Pflegekarenz (→ 27.1.1.3.),
- Karenz wegen Bezugs von Rehabilitations- oder Umschulungsgeld (→ 27.1.1.4.),
- Vordienstzeiten im Konzern (OGH 29.6.2005, 9 ObA 25/05z; OGH 30.10.2018, 9 ObA 78/18p),
- Dienstzeiten, für die das österreichische Arbeitsrecht nicht zu berücksichtigen war[1401], und
- Zeiten aus einem freien Dienstverhältnis (→ 4.3.1.).

Sieht allerdings der **anzuwendende Kollektivvertrag** für solche Zeiten Anrechnungsbestimmungen vor, sind diese **zu beachten**.

Hinweis: Bei diesen nicht anrechenbaren Zeiten handelt es sich teilweise auch um Zeiten im **aufrechten Beschäftigungsverhältnis**, die jedoch für die Frage, **ob** (mindestens dreijährige Dienstzeit) und **in welchem Ausmaß** (2-faches, 3-faches Entgelt usw.) ein **Abfertigungsanspruch** besteht, **nicht berücksichtigt** werden.

Davon zu unterscheiden ist die Frage, ob bei **tatsächlicher (formaler) Beendigung** eines Dienstverhältnisses, z.B. aufgrund der Kürze der Unterbrechung, nicht doch eine „ununterbrochene Beschäftigung" vorliegt (siehe nachstehende Ausführungen). Ist von einer ununterbrochenen Beschäftigung auszugehen, ist für die Frage, **ob** (mindestens dreijährige Dienstzeit) und **in welchem Ausmaß** (2-faches, 3-faches Entgelt usw.) ein **Abfertigungsanspruch** besteht, von einem durchgehenden Dienstverhältnis auszugehen.

Unterbrechung der Beschäftigung („unmittelbar" vorausgehende Dienstverhältnisse):

Das Kriterium der **„ununterbrochenen" Beschäftigung** für den Abfertigungsanspruch liegt jedenfalls bei Unterbrechung des Dienstverhältnisses wegen Inanspruchnahme der Karenz nach dem MSchG vor. Lediglich bei der Ermittlung, **ob** (mindestens dreijährige Dienstzeit) und **in welchem Ausmaß** (2-faches, 3-faches Entgelt usw.) ein **Abfertigungsanspruch** besteht, sind die Karenzzeiten auszuklammern (OGH 23.3.2010, 8 ObA 9/10x). Dies liegt darin begründet, dass das Dienstverhältnis während der Karenzierung nicht beendet wird, sondern lediglich die Hauptleistungspflichten ruhen.

1400 Zahlreiche Kollektivverträge sehen jedoch günstigere Anrechnungsbestimmungen vor, welche zu berücksichtigen sind.

1401 Für die Abfertigung sind nur solche unmittelbar aufeinander folgende Dienstverhältnisse zum selben Dienstgeber zusammenzurechnen, in denen der Dienstnehmer nach dem jeweils anzuwendenden nationalen (österreichischen) Recht Ansprüche auf eine Abfertigung erwerben kann (OGH 4.9.2002, 9 ObA 195/02w).

Auch bei Unterbrechung des Dienstverhältnisses durch **formelle Beendigung und Beginn eines neuen Dienstverhältnisses** zum gleichen Dienstgeber kann für Zwecke der Abfertigung ein „ununterbrochenes" Dienstverhältnis vorliegen:

Liegt eine „**kurze Frist**" zwischen dem Ende des ersten und dem Beginn eines zweiten Dienstverhältnisses (zum selben Dienstgeber) und lassen die Umstände auf eine sachliche Zusammengehörigkeit der beiden Dienstverhältnisse hindeuten, liegt ein **ununterbrochenes Dienstverhältnis** vor (OGH 12.2.1987, 14 ObA 23/87).

Beträgt die **Unterbrechung** zwischen zwei aufeinander folgenden Dienstverhältnissen beim selben Dienstgeber **lediglich 10 Tage**, gelten sie für die Bemessung des Abfertigungsanspruchs selbst dann als **ununterbrochenes Dienstverhältnis**, wenn das erste Dienstverhältnis durch Dienstnehmerkündigung beendet wurde (OGH 6.12.2000, 9 ObA 268/00b).

Auch ein durch Entlassung beendetes Dienstverhältnis ist bei bloß **kurzfristiger Unterbrechung** (hier **16 Tage**) wegen Wiederaufnahme des Dienstnehmers nach dessen Entschuldigung mit dem dann neu eingegangenen Dienstverhältnis auch hinsichtlich der Höhe eines Abfertigungsanspruchs **zusammenzurechnen** (OGH 28.8.1997, 8 ObA 202/97g).

Liegt ein Zeitraum von **25 Tagen** zwischen zwei aufeinander folgenden Dienstverhältnissen, **kann nicht** von einem **„ununterbrochen" dauernden Dienstverhältnis** i.S.d. § 23 Abs. 1 AngG gesprochen werden (OGH 19.3.2003, 9 ObA 21/03h).

Eine Unterbrechung in der Dauer von 25 Tagen wurde zwar bereits im Einzelfall als für den Konnex zwischen den Dienstverhältnissen schädlich angesehen, daraus kann jedoch keine allgemeine Maximalfrist abgeleitet werden. Die Beurteilung, ob eine für eine Zusammenrechnung schädliche Unterbrechung vorliegt, kann **immer nur nach den Umständen des jeweiligen Einzelfalls erfolgen,** wobei es **weniger darauf ankommt,** ob die Unterbrechung **einen Tag länger oder kürzer gedauert hat, sondern** darauf, welche **konkreten Umstände die Unterbrechung** begleiteten (OGH 29.9.2016, 9 ObA 114/16d).

Damit zwei aufeinander folgende Dienstverhältnisse zum selben Dienstgeber für den Anspruch auf Abfertigung zusammengerechnet werden können, darf nur eine **verhältnismäßig kurze Frist** zwischen dem Ende des einen und dem Beginn des nächsten Dienstverhältnisses liegen **und** muss sich aus den die Unterbrechung begleitenden **Umstände eine sachliche Zusammengehörigkeit** der beiden Dienstverhältnisse ergeben. Wollen die Dienstvertragsparteien keine Fortsetzung des alten Dienstverhältnisses, was sich u.a. darin zeigt, dass der neue Dienstvertrag zahlreiche Verschlechterungen für den Dienstnehmer enthält, fehlt es am erforderlichen inneren Zusammenhang der Dienstverhältnisse und eine Zusammenrechnung der Dienstzeiten ist gesetzlich nicht vorgesehen (OGH 22.3.2011, 8 ObA 5/11k).

Ob Dienstzeiten für einen etwaigen **Abfertigungsanspruch** zusammengerechnet werden, hängt auch davon ab, ob eine **Wiedereinstellungszusage getätigt** wurde. Haben die Vertragsparteien von vornherein den Willen, das ursprüngliche Dienstverhältnis zu einem späteren Zeitpunkt mit demselben Inhalt weiterzuführen, kann es durchaus zu einer Zusammenrechnung der Dienstzeiten kommen.

Ergeben sich Unterbrechungen einer Tätigkeit ausschließlich aus **saisonüblichen** witterungsbedingten Unterbrechungen der Arbeiten und können die davon betroffenen Dienstnehmer als „Stammarbeiter“ bei Besserung der Witterungslage **mit ihrer Wiedereinstellung rechnen**, ist für die Bemessung des Abfertigungsanspruchs ein ununterbrochen bestehendes Dienstverhältnis anzunehmen (OGH 8.4.1992, 9 ObA 74/92; OGH 25.10.1995, 9 ObA 139/95).

Wird das Dienstverhältnis durch **unbegründete Entlassung** (→ 32.1.5.3.) beendet[1402], ist der Dienstnehmer finanziell so zu stellen, als wäre sein Dienstverhältnis ordnungsgemäß aufgelöst worden. Für die Abfertigung bedeutet dies, dass für die (für die Bemessung der Abfertigung) maßgebliche Dauer des Dienstverhältnisses die Zeit zwischen der tatsächlichen Beendigung des Dienstverhältnisses und dem fiktiven Endpunkt[1403] einzurechnen ist (OGH 13.9.1995, 9 ObA 1023/95).

Abgrenzung zwischen Unterbrechung und Karenzierung:

Ob die Dienstvertragsparteien eine Unterbrechung[1404] oder eine, keine Beendigung oder Unterbrechung darstellende Karenzierung[1405] (Aussetzung) des Dienstverhältnisses vereinbart haben, ist aus den **Umständen des Einzelfalls** durch Auslegung zu ermitteln. Entscheidend ist dabei, ob auf Grund einer Gesamtsicht die Merkmale, die für das bloße Vorliegen einer Wiedereinstellungsvereinbarung oder Wiedereinstellungszusage sprechen, gegenüber den Merkmalen, die auf das Vorliegen einer echten Aussetzungsvereinbarung (→ 27.1.2.) hindeuten, überwiegen. Dabei ist **nicht so sehr auf die Wortwahl** der Dienstvertragsparteien, sondern auf die von ihnen **bezweckte Regelung der gegenseitigen Rechtsbeziehungen** abzustellen[1406].

Hinweis: Formulierungsvorschläge bezüglich Karenzierung und Unterbrechung eines Dienstverhältnisses finden Sie unter Punkt 27.1.2.1.

In solchen Fällen empfiehlt es sich, bezüglich der Vermeidung einer abfertigungsbegründenden bzw. -erhöhenden Anrechnung von Vordienstzeiten

- das Dienstverhältnis förmlich zu beenden[1407],
- eine Endabrechnung vorzunehmen,
- eine Abmeldung beim Krankenversicherungsträger vorzunehmen und
- ein Dienstzeugnis auszustellen.

Wird ein Dienstverhältnis seitens des Dienstgebers mit der Bemerkung, der Dienstnehmer möge sich zwischenzeitlich arbeitslos melden, verbunden mit einer Zusage einer Wiedereinstellung bei Verbesserung der Auftragslage unterbrochen, **leben allfällige Ansprüche** (hier: Abfertigung) **wieder auf**, wenn der **Dienstnehmer** dem Dienstgeber die **Abstandnahme vom Wiederantritt** bekannt gibt (OGH 10.7.2008, 8 ObA 22/08f; OGH 27.2.2012, 9 ObA 62/11z).

1402 Bzw. bei allen Lösungen, die Anspruch auf Kündigungsentschädigungen mit sich bringen (→ 33.4.2.1.).

1403 Der Kündigungsentschädigungszeitraum.

1404 Unterbrechung: Zeit zwischen zwei eigenständigen Dienstverhältnissen.

1405 Karenzierung: Zeit eines ruhenden Dienstverhältnisses (unbezahlter Urlaub).

1406 Insbesondere dann, wenn die Absicht bestand, dem Dienstnehmer den Bezug von Leistungen aus der Arbeitslosenversicherung zu ermöglichen, ist eher von einer echten Unterbrechung auszugehen als von einer bloßen Karenzierung, setzt doch die Inanspruchnahme von Arbeitslosengeld Arbeitslosigkeit, also die Unterbrechung (Beendigung) des Dienstverhältnisses voraus. Im Einzelfall kann die Erforschung des Parteiwillens aber auch in einem derartigen Fall zum gegenteiligen Ergebnis führen (OGH 26.1.2010, 9 ObA 13/09s).

1407 Wenn die Dienstvertragsparteien im Rahmen der ihnen gebotenen Gestaltungsmöglichkeiten anstelle eines echten Aussetzungsvertrags (→ 27.1.2.1.) den Weg der **Beendigung des Dienstverhältnisses** zu (jedem) **Saisonende** gewählt haben, besteht **kein Abfertigungsanspruch**, weil § 23 Abs. 1 AngG den Abfertigungsanspruch von der ununterbrochenen Dauer des Dienstverhältnisses abhängig macht (OGH 11.2.1998, 9 ObA 216/97y).

Zu beachten sind auch **kollektivvertragliche Zusammenrechnungsbestimmungen** für Dienstzeitenunterbrechungen. Vor allem in stark saisonabhängigen Branchen werden bei Unterbrechungen Abfertigungsansprüche gewahrt.

Wiedereinstellungszusage:

Wird das Dienstverhältnis durch Dienstgeberkündigung oder einvernehmliche Lösung beendet und eine Wiedereinstellungszusage erteilt, so kann der **Anspruch auf die Abfertigung** in das auf der Grundlage der Wiedereinstellungszusage neu begründete Dienstverhältnis **„übernommen“** werden. Dementsprechend sieht § 46 Abs. 3 Z 1 BMSVG vor, dass die Abfertigungsregelungen weitergelten, wenn auf Grund von Wiedereinstellungszusagen oder Wiedereinstellungsvereinbarungen unterbrochene Dienstverhältnisse unter Anrechnung der Vordienstzeiten fortgesetzt werden (→ 36.1.2.3.). Wird also das Dienstverhältnis, welches dem System Abfertigung „alt“ zuzuordnen ist, aufgelöst (und nicht karenziert) und wird eine Wiedereinstellungszusage erteilt und die Abfertigung nicht ausbezahlt, so kann das neue Dienstverhältnis mit den alten Abfertigungsregelungen und unter Anrechnung der Vordienstzeiten für den Abfertigungsanspruch fortgesetzt werden (OGH 27.2.2012, 9 ObA 62/11z). Das Altabfertigungsrecht kann z.B. auch bei Wechsel innerhalb des Konzerns, Betriebsübergang nach AVRAG oder vertraglicher Übernahme des Dienstverhältnisses im Rahmen einer „Dreiparteieneinigung“ weitergelten (siehe dazu ausführlich Punkt 36.1.2.3.).

Zwischenabfertigung:

Zwischenabfertigungen sind grundsätzlich zulässig, allerdings soll bei endgültiger Beendigung des Dienstverhältnisses dem Dienstnehmer durch die Auszahlung einer solchen kein Nachteil entstehen. Die Abfertigung wird daher bei der endgültigen Beendigung berechnet und die bereits erhaltene Zwischenabfertigungssumme in Abzug gebracht. Wurden aus Anlass einer Zwischenabfertigung bereits zwölf Monatsentgelte ausbezahlt, ist lt. OGH eine Vereinbarung, wonach der Dienstnehmer auch bei einer höheren Bemessungsgrundlage bei Beendigung keine Ansprüche mehr geltend machen kann, unzulässig (OGH 20.8.2008, 9 ObA 83/07g zu einer Betriebsvereinbarung, die für die Reduzierung der Arbeitszeit älterer Mitarbeiter – formal über zwei getrennte Dienstverhältnisse – eine vorzeitige steueroptimierte „Zwischenabfertigung“ vorsah). Eine ev. „Nachbemessung“ ist demnach vorzunehmen.

Davon zu unterscheiden sind Abfertigungen **(„Zwischenabfertigungen“) aufgrund einer tatsächlichen Beendigung des (ersten) Dienstverhältnisses und anschließendem Wiedereintritt mit Abschluss eines neuen Dienstvertrags.** Wurde ein Dienstverhältnis tatsächlich beendet, im Zuge dessen ein Abfertigungsanspruch zur Auszahlung gebracht und im „unmittelbaren“[1408] Anschluss daran erneut ein (abfertigungswirksames) Dienstverhältnis begründet, sind **nur jene Zeiten für die Berechnung des neuen Abfertigungsanspruchs auszuscheiden, die für den damaligen Abfertigungsanspruch notwendig waren** (vgl. m.w.N. OGH 27.2.2018, 9 ObA 155/17k).

Beispiel

- Dauer des ersten Dienstverhältnisses: 17 Dienstjahre. Eine Abfertigung von sechs Monatsentgelten wurde zur Auszahlung gebracht. Hierfür waren 15 Dienstjahre „notwendig“.

1408 Siehe dazu Ausführungen weiter oben.

- Dauer des zweiten „unmittelbar" anschließenden Dienstverhältnisses zum selben Dienstgeber: 24 Dienstjahre.

Für die Bemessung des Abfertigungsanspruchs aus dem zweiten Dienstverhältnis sind nur jene Zeiträume (aus dem ersten Dienstverhältnis) auszuscheiden, die für den ersten Abfertigungsanspruch notwendig waren, d.h. 15 Jahre. Die restlichen zwei Jahre aus dem ersten Dienstverhältnis sind anzurechnen, weshalb im Rahmen des zweiten Dienstverhältnisses eine Dienstzeit von 26 Jahren zu berücksichtigen ist und damit eine Abfertigung im Ausmaß von zwölf Monatsentgelten zusteht.

33.3.1.5. Ermittlung des Abfertigungsbetrags

Dem Dienstnehmer gebührt als gesetzliche Abfertigung

- ein Vielfaches des „für den **letzten Monat** gebührenden Entgelts" (→ 9.1.).

Diese Bestimmung wird von der herrschenden Judikatur nicht unbedingt so ausgelegt; vielmehr leitet sich von dieser ab, dass darunter der sich

- „aus den mit einer gewissen **Regelmäßigkeit**[1409] – wenn auch nicht in jedem Monat – wiederkehrenden Bezüge,
- aber auch aus in größeren Zeitabschnitten oder nur einmal im Jahr zur Auszahlung gelangenden Zahlungen
- ergebende **Durchschnittsverdienst**"

zu verstehen ist (z.B. OGH 7.7.1981, Arb 9999).

Das **„Monatsentgelt"** setzt sich zusammen aus

1. den regelmäßig **wiederkehrenden Bezügen** (Gehalt, Lohn, Überstunden, Prämien, Sachbezüge usw., nicht jedoch z.B. Aufwandsentschädigungen),	*lfd. Bezug*	mal Anzahl der Monatsentgelte = **Abfertigungsbetrag**
2. den aliquoten Anteilen an **Remunerationen** (1/12 Urlaubsbeihilfe + 1/12 Weihnachtsremuneration),	*Sonderzahlungen*	
3. den aliquoten Anteilen allfälliger **sonstiger** jährlich zur Auszahlung gelangender **Zuwendungen** (z.B. 1/12 Bilanzgeld, Provisionen, Gewinnbeteiligungen).		

Schwankende Entgeltbestandteile – Durchrechnung:

Werden also Bezugsbestandteile (z.B. Überstundenentlohnung) mit einer gewissen Regelmäßigkeit[1409], aber jeweils in unterschiedlicher Höhe zur Auszahlung gebracht, ist davon ein Durchschnittsbetrag in die Abfertigung einzubeziehen.

1409 Nach dem Grundsatz des sog. Regelmäßigkeitsprinzips ist unter dem für den letzten Monat gebührenden Entgelt jener Durchschnittsverdienst zu verstehen, der sich aus den regelmäßig im Monat wiederkehrenden Bezügen (wenn auch nicht unbedingt jeden Monat), aber auch aus nur einmal im Jahr ausbezahlten Bezügen, wie etwa Prämien, zusammensetzt.

Als **Durchrechenzeitraum** ist dafür **jeweils der „objektivste" Zeitraum** anzusetzen. Das heißt:

Wiederholt sich oder schwankt die Zahlung eines Bezugsbestandteils

in kürzeren Abständen	→	ist ein kürzerer Zeitraum,
in längeren Abständen	→	ist ein längerer Zeitraum,

zu berücksichtigen. I.d.R. wird aber der Zeitraum **von einem Jahr** als Durchrechenzeitraum anzusetzen sein.

Die Ermittlung „des im letzten Monat des Dienstverhältnisses gebührenden Entgelts" ist wie folgt vorzunehmen: **Schwankt die Höhe** des Entgelts innerhalb des letzten Jahres vor Beendigung des Dienstverhältnisses, ist **ein Zwölftel** des gesamten Entgelts dieses Jahres als Bemessungsgrundlage zu Grunde zu legen. Dabei macht es keinen Unterschied, ob diese Schwankungen durch variable Prämien, Zulagen, Provisionen, Sonderzahlungen oder Überstundenentgelte bewirkt werden. Aus diesem Grund umfasst das „im letzten Monat des Dienstverhältnisses gebührende Entgelt" nicht die gesamte in diesem Monat fällig gewordene Weihnachtsremuneration, sondern lediglich **die aliquoten Sonderzahlungen**. Aufwandsentschädigungen, die der Abgeltung von Mehraufwand dienen, wie z.B. Diäten anlässlich von Dienstreisen, sind bei der Berechnung nicht zu berücksichtigen (OGH 2.4.2009, 8 ObA 16/09z).

Bezugsbestandteile fließen dann mit einer gewissen Regelmäßigkeit zu, wenn sie innerhalb des gewählten Durchrechnungszeitraums so verteilt zur Auszahlung gekommen sind, dass sich **eine regelmäßige Auszahlung erkennen lässt** (OGH 18.11.1987, 9 ObA 97/87).

Bei der Einbeziehung erfolgsabhängiger Vergütungen ist auf die innerhalb der letzten zwölf Monate ausbezahlten Prämien abzustellen. Erst **nach dem Austritt fällige** Ratenzahlungen sind auch dann **nicht einzubeziehen**, wenn ihre vorzeitige Zahlung mit der einvernehmlichen Beendigung des Dienstverhältnisses vereinbart wurde (OGH 22.7.2010, 8 ObA 2/10t; 21.12.2010, 8 ObA 22/10h).

Zur Berücksichtigung **jährlicher Gewinnbeteiligungen** bei der Ermittlung der Abfertigungsberechnungsgrundlage kommt es auf jene Gewinnbeteiligung an, die für das letzte Beschäftigungsjahr **vor der Beendigung** des Dienstverhältnisses **gebührt**, und nicht jene, die in diesem ausbezahlt wurde. Dem Wortlaut und dem Zweck der Abfertigungsregelung entsprechend kommt es daher nicht auf die Fälligkeit, sondern auf den Anspruchszeitraum der Gewinnbeteiligung an. Wenn die Berechnung der Gewinnbeteiligung für das letzte Beschäftigungsjahr erst nach dem Ende des Dienstverhältnisses vorgenommen werden kann, dann wird die Abfertigung in diesem Umfang (aus der Gewinnbeteiligung resultierende „Abfertigungsdifferenz") auch erst mit dem Anspruch auf die Abrechnung der Gewinnbeteiligung fällig (OGH 27.7.2011, 9 ObA 22/11t).

Praxistipp: Für die Berechnung der gesetzlichen Abfertigung empfiehlt es sich, das Lohnkonto des Dienstnehmers der letzten zwölf Monate vor Beendigung des Dienstverhältnisses zur Hand zu nehmen. Dieses bietet einen ersten Überblick, welche Bezüge im maßgeblichen Beobachtungszeitraum zur Auszahlung gelangt sind. Darüber hinausgehende Beurteilungen der Regelmäßigkeit der Entgeltbestandteile sind vorzunehmen. Bei jährlichen Gewinnbeteiligungen gilt das vorstehend Gesagte, sodass am Lohnkonto der letzten zwölf Monate aufscheinende (für frühere Zeiträume gewährte) Gewinnbeteiligungen unter Umständen auszuscheiden bzw. durch jene des aktuellen Anspruchszeitraums zu ersetzen sind.

Einzubeziehende Entgeltbestandteile:

Ein vom Dienstgeber freiwillig übernommener Dienstnehmeranteil zur Sozialversicherung wirkt entgelterhöhend und ist in die Abfertigung einzubeziehen (OGH 17.6.1987, 9 ObA 19/87).

Vom Dienstgeber geleistete **Prämien für eine Zusatzkrankenversicherung** eines Dienstnehmers sind in dessen Abfertigungsbemessungsgrundlage miteinzubeziehen (OGH 30.11.1994, 9 ObA 203/94).

Wurde einem Dienstnehmer auf Grund einer Betriebsvereinbarung, die gem. einer kollektivvertraglichen „Öffnungsklausel" (→ 9.2.2.4.) abgeschlossen wurde, anstelle der Ist-Lohn-Erhöhung der Betrag dieser Erhöhung monatlich als **Mitarbeiterbeteiligung** „gutgeschrieben", hat diese Entgeltcharakter und ist in die Berechnungsgrundlage der Abfertigung einzubeziehen (OGH 27.11.1997, 8 ObA 2349/96s).

Vorteile aus **Beteiligungen am Unternehmen** des Dienstgebers oder mit diesem verbundenen Konzernunternehmen und **Optionen** auf den Erwerb von Arbeitgeberaktien sind **nicht** in die Bemessungsgrundlagen für Beendigungsansprüche **einzubeziehen** (§ 2a AVRAG)[1410].

Wesentlich für den Entgeltbegriff ist die **Regelmäßigkeit der Leistung**. Ist dies bei einem Bezugsbestandteil der Fall, ist dieser in die Abfertigung einzubeziehen, auch wenn er ohne Präjudiz für die Zukunft (→ 9.3.10.) gewährt worden ist.

Zum Entgelt gehören auch **Sachbezüge**. Dazu zählt u.a. eine Dienstwohnung, deren Sachbezugswert grundsätzlich nur dann in die Abfertigung einzubeziehen ist, wenn diese dem Dienstnehmer kostenlos zur Benützung übertragen wurde (OGH 12.2.1992, 9 ObA 26, 27/92). Bei Bemessung der Abfertigung sind **Sachbezüge** mit ihrem tatsächlichen und nicht bloß mit dem fiskalischen Wert, der lediglich eine Orientierungshilfe darstellt, zu berücksichtigen. Es ist darauf abzustellen, was sich der Dienstnehmer durch den Naturalbezug erspart hat (OGH 7.2.2008, 9 ObA 68/07a; vgl. dazu auch OGH 29.11.2016, 9 ObA 25/16s). Siehe dazu auch die Ausführungen unter Punkt 20.2.

Regelmäßige Diensterfindungsvergütungen sind in die Abfertigungsbemessung einzubeziehen, auch wenn es sich um einen Dienstnehmer handelt, der nicht zur Erfindertätigkeit im Unternehmen des Dienstgebers angestellt ist (OGH 25.7.2017, 9 ObA 44/17m).

1410 Vertraglich zugesagte Aktienoptionen, die nach einem bestimmten, sich über drei Jahre erstreckenden Umwandlungsplan in drei Tranchen im Abstand von jeweils einem Jahr zu einem bestimmten Zeitpunkt in Aktien umgewandelt werden und dem Dienstnehmer noch während aufrechten Dienstverhältnisses zugeteilt und auf ein für ihn eingerichtetes Konto verbucht und danach verkauft werden, stellen – so wie die Erlöse aus dem Aktienverkauf – Vorteile dar, die nicht in die Bemessungsgrundlage der Abfertigung einzubeziehen sind (OGH 23.7.2019, 9 ObA 87/19p).

In die gesetzliche Abfertigung sind im Wesentlichen nicht einzubeziehen:

- Vergütungen von Auslagen (**Auslagenersätzen**) und Aufwendungen (**Aufwandsentschädigungen**) des Dienstnehmers im Interesse des Dienstgebers, deren Ersatz der Dienstnehmer in analoger Anwendung des § 1014 ABGB vom Dienstgeber fordern kann, unabhängig von der abgabenrechtlichen Behandlung[1411] (→ 22.2.). Als Aufwandsentschädigungen gelten z.B. Kilometergelder oder eine Straßenbahnnetzkarte, sofern damit ein konkreter Aufwand abgegolten wird.
- Die vom Dienstgeber an eine Pensionskasse geleisteten monatlichen **Versicherungsprämien** zur künftigen Deckung einer allenfalls an den Dienstnehmer zu zahlenden Zusatzpension[1412].
- **Schmutzzulagen**; diese sind dann nicht Bestandteil des Arbeitsentgelts und daher nicht einzubeziehen, wenn sie ihrem Wesen nach konkret eine Entschädigung für den durch außerordentliche Verschmutzung zwangsläufig entstehenden Mehraufwand des Dienstnehmers an Bekleidung (erhöhter Verschleiß) und Reinigung darstellen[1413].
- Vom Dienstnehmer **ohne Präjudiz** für die Zukunft **übernommene** freiwillige einmalige bzw. unregelmäßige **Zahlungen** (→ 9.3.10.)[1414].
- Freiwillige, jederzeit widerrufbare Prämien, verbunden mit der **Vereinbarung**, dass diese **nicht** in die **Abfertigung** einzubeziehen sind (OGH 17.2.2005, 8 ObA 115/04a).
- **Sonderzahlungen** und andere Zahlungen, wenn diese bedingt durch die **Art der Beendigung** des Dienstverhältnisses dem Dienstnehmer **nicht zustehen**.

1411 Dies bestimmt sich nicht nach der für sie gewählten Bezeichnung, sondern allein danach, ob und wie weit sie lediglich der **Abdeckung eines finanziellen Aufwands** des Dienstnehmers dienen oder (auch) Gegenleistungen für die Bereitstellung seiner Arbeitskraft sind. Nur dann, wenn Leistungen des Dienstgebers nicht für die Bereitstellung der Arbeitskraft, sondern zur Abdeckung eines mit der Arbeitsleistung zusammenhängenden finanziellen Aufwands des Dienstnehmers erbracht werden, gelten sie nicht als Entgelt, sondern als Aufwandsentschädigungen. Erreicht eine Aufwandsentschädigung eine Höhe, bei der nicht mehr davon gesprochen werden kann, dass damit der getätigte Aufwand abgegolten wird, bildet diese einen echten Lohnbestandteil und ist demnach als Arbeitsentgelt anzusehen.
Liegen die in einem Kollektivvertrag (hier: KV Eisen- und metallerzeugende und -verarbeitende Industrie) pauschal festgelegten Diätensätze um knapp 50% über den im EStG geregelten Beträgen und kann der Dienstnehmer nachweisen, dass die **ausbezahlten Diäten** seine **Aufwendungen** stets **erheblich überschritten** haben, kommt dem steuerpflichtigen Teil der Diäten (also jenem Teil, der über den im EStG geregelten steuerfreien Sätzen liegt) Entgeltcharakter zu und ist somit auch in die Bemessungsgrundlage für die **Abfertigung einzubeziehen**. Weist der Dienstnehmer nach, dass die pauschalen Diätensätze deutlich über den Einschätzungen des Gesetzgebers liegt, liegt es am Dienstgeber, den Aufwandcharakter der pauschalen Diätensätze zu beweisen (OGH 30.3.2006, 8 ObA 87/05k).

1412 Pensionskassenbeiträge des Dienstgebers sind keine Entgeltbestandteile i.S.d. § 23 Abs. 1 AngG und bleiben daher für die Berechnung der Abfertigung **außer Betracht**. Dies gilt auch dann, wenn den Dienstnehmern zwar ein Wahlrecht, diese Beiträge auch bar ausbezahlt zu erhalten, eingeräumt, jedoch wegen der Steuervorteile die Einzahlung in die Pensionskasse (sog. Bezugsumwandlung) gewählt wurde. Anders als laufende Gehaltszahlungen dienen Dienstgeber-Pensionskassenbeiträge der Finanzierung einer erst in der Zukunft, nämlich frühestens nach Beendigung des Dienstverhältnisses, fällig werdenden oder durch diese ausgelösten Entgeltleistungen. Außerdem würde dies das im Abfertigungsrecht geltende Aktualitätsprinzip außer Acht lassen. Sowohl die Abfertigung als auch die Betriebspension haben den Zweck der Versorgung nach Beendigung des Dienstverhältnisses. Wollte man daher die der Betriebspensionszahlung dienenden Zahlungen auch in die Abfertigung einrechnen, käme es zu einer nicht berechtigten Doppelbelastung des Dienstgebers (OGH 22.12.2010, 9 ObA 3/10x; OGH 26.5.2011, 9 ObA 45/11z).

1413 Wird dem Dienstnehmer neben der Schmutzzulage eine Arbeitskleidung kostenlos zur Verfügung gestellt und kostenlos gereinigt, stellt die Schmutzzulage keine Aufwandsentschädigung, sondern einen Entgeltbestandteil dar und ist in die Abfertigung einzubeziehen.

1414 Erhält ein Dienstnehmer aber in den letzten fünf Jahren vor dem Ende des Dienstverhältnisses **jährlich** (also regelmäßig) eine als „einmalige, freiwillige, außergewöhnliche Prämie" bezeichnete Zahlung ohne Präjudiz für die Zukunft, ist diese in die Abfertigung einzubeziehen (OGH 13.2.1991, 9 ObA 11/91).

- **Jahresprämien** (Bonuszahlungen), die **letztmalig** für das **Kalenderjahr vor Beendigung** des Dienstverhältnisses gewährt wurden (OGH 29.4.2014, 9 ObA 8/14p).
- **Einmalige Zahlungen** (z.B. Jubiläumsbezüge, → 24.1.)[1415].
- Abgeltung von **Gleitzeit-Gutstunden**, sofern diese nicht regelmäßig ausbezahlt wurden[1416].
- **Überstunden**, wenn der Dienstnehmer diese in Form von **Zeitausgleich** konsumierte und die Auszahlung eines Teils der Überstunden nach Ausspruch der Kündigung mangels Möglichkeit des Ausgleichs vor Beendigung des Dienstverhältnisses nur **ausnahmsweise** erfolgte. Dabei macht es auch keinen Unterschied, ob der **Geldersatz einmalig am Ende des Dienstverhältnisses** ausbezahlt wird oder ob der Dienstgeber – als Vorgriff auf die Einmalzahlung – über die letzte Zeit der Beschäftigung Teilleistungen auf diesen Anspruch erbringt (OGH 27.2.2018, 9 ObA 144/17t).

  War jedoch ursprünglich vereinbart, geleistete Überstunden in Zeitausgleich abzugelten und wurde einige Monate vor Austritt vereinbart, das Zeitguthaben zur Auszahlung zu bringen, obwohl ein Zeitausgleich noch möglich gewesen wäre, ist davon auszugehen, dass einvernehmlich von der Zeitausgleichsvereinbarung abgegangen wurde und diese Stunden somit in die Abfertigung miteingerechnet werden müssen (OGH 28.6.2016, 8 ObA 64/15t).
- Z.B. bisher regelmäßig geleistete **Überstunden**, wenn bereits **vor dem Ausscheiden** des Dienstnehmers, infolge Wegfalls eines Auftrags, der die Überstundenleistungen erforderlich gemacht hat, die **Möglichkeit**, diese zu leisten, auf Dauer **entfallen** ist (OLG Wien 7.4.1989, 31 Ra 35/89).
- **Sachbezüge**, sofern diese vom Dienstnehmer nach Beendigung des Dienstverhältnisses zumindest für die Anzahl der Monate weiterbenützt werden können, die der Anzahl der Abfertigungsmonate (Monatsentgelte) entspricht.
- **Sachleistungen** (z.B. Essensgutscheine, → 21.2.), die eng und untrennbar mit der Erbringung der aktiven Arbeitsleistung am Arbeitsplatz verbunden sind[1417].

1415 Gewährt ein Kollektivvertrag statt einer Lohnerhöhung eine „Einmalzahlung", so handelt es sich um Entgelt für die in diesem Jahr erbrachte Arbeitsleistung, welches für die Berechnung der Abfertigung zu berücksichtigen ist (OGH 30.8.2018, 9 ObA 151/17x).

1416 Besteht eine **Vereinbarung** darüber, dass die aus der Gleitzeit resultierenden **Gutstunden** generell **durch Zeitausgleich abzubauen** sind, und kann aber ein Teil davon nicht mehr vor Beendigung des Dienstverhältnisses ausgeglichen werden, ist der dafür bezahlte Geldersatz (die Auszahlung eines offenen Zeitguthabens) bei der Ermittlung der Abfertigungsberechnungsgrundlage nicht einzubeziehen, weil es bei dieser bloß einmaligen Zahlung für die Annahme eines regelmäßigen Charakters dieses Bezugs mangelt. Es macht keinen Unterschied, ob der Geldersatz für geleistete Gutstunden einmalig am Ende des Dienstverhältnisses ausbezahlt wird oder ob der Dienstgeber – gewissermaßen als Vorgriff auf diese Einmalzahlung – über die letzte Zeit der Beschäftigung des Dienstnehmers Teilleistungen auf diesen Anspruch erbringt, unabhängig davon, ob es sich um ein vor oder im letzten Beschäftigungsjahr erwirtschaftetes Zeitguthaben handelt. Anderes könnte nur dann gelten, wenn eine Übereinkunft dahin besteht, vom Ausgleich eines Zeitguthabens durch Zeitausgleich abzugehen und dem Dienstnehmer die Gutstunden regelmäßig als Überstunden zu entlohnen (OGH 29.1.2013, 9 ObA 124/12v).

1417 **Sachleistungen** sind (vorbehaltlich einer gegenteiligen vertraglichen Vereinbarung) vom Entgeltbegriff auszunehmen, wenn diese ihrer Natur nach derart eng und untrennbar mit der Erbringung der aktiven Arbeitsleistung am Arbeitsplatz verbunden sind, dass sie ohne Arbeitsleistung nicht widmungsgemäß konsumiert werden könnten. Nichts anderes trifft auch auf **Essensgutscheine** zu, die – ebenso wie eine **freie oder verbilligte Mahlzeit** – widmungsgemäß nur am Arbeitsplatz oder in einer nahen Gaststätte zur dortigen Konsumation eingelöst werden können (OGH 28.2.2011, 9 ObA 121/10z).

- **Leistungen Dritter** (z.B. Trinkgelder[1418], → 19.4.1., und Provisionen von dritter Seite[1419], → 19.4.2.).
- **Beteiligungen** am Unternehmen[1420].

Im Übrigen ist aus dem im Kapitel 45 beiliegenden Bezugsartenschlüssel ersichtlich, welche Bezugsbestandteile in die gesetzliche Abfertigung einzubeziehen sind.

Unter bestimmten Voraussetzungen sind Versorgungsleistungen (Firmenpensionen usw.) auf gesetzliche Abfertigungen anzurechnen (§ 23a Abs. 6 AngG).

Ausfallprinzip – entgeltlose Zeiten – Aktualitätsprinzip:

Liegen im Durchrechnungszeitraum für die Abfertigungsberechnung nach dem **Ausfallprinzip bemessene entgeltpflichtige Zeiten** eines Urlaubs oder eines voll entlohnten Krankenstands, werden diese so behandelt, als hätte der Dienstnehmer seine Dienste geleistet. In diesen Zeiten ist weder eine Entgeltschmälerung noch ein Entgeltausfall eingetreten, sodass das nach dem Ausfallprinzip bemessene Entgelt voll dem **Arbeitsentgelt gleichgestellt** wird (OGH 14.4.1999, 9 ObA 20/99b). Für eine Nichtberücksichtigung (Neutralisierung) dieser Zeiten bei der Berechnung der Abfertigung besteht daher kein Anlass. Für die Abfertigung ist vielmehr hinsichtlich der schwankenden regelmäßigen Entgelte neben den Monaten tatsächlicher Arbeit auch die Zeit der Nichtarbeit mit den in dieser Zeit bezogenen Entgelten (einschließlich der weitergezahlten variablen Bezugsteile) zu berücksichtigen (OGH 15.12.2004, 9 ObA 79/04i).

Liegt zum Zeitpunkt der Beendigung des Dienstverhältnisses z.B. ein längerer **Krankenstand** oder ein **unbezahlter Urlaub** vor, bemisst sich die Abfertigung nicht nach der Höhe der Bezugsbestandteile am Tag der Beendigung des Dienstverhältnisses, sondern nach dem **vollen Entgelt** (OGH 27.4.1988, 9 Ob 901/88).

Hat ein Dienstnehmer für den letzten Monat bedingt durch einen **Krankenstand** Anspruch auf nur einen Teil seines Entgelts oder überhaupt keinen Entgeltanspruch, wird die gesetzliche Abfertigung nach dem **vollen Entgelt** bemessen (OGH 9.2.1960, Arb 7170). Gleiches gilt für den Fall einer **Karenz** nach dem MSchG bzw. VKG.

In Fällen einer **Entgeltminderung** bzw. eines **Entgeltentfalls** ist grundsätzlich von jenem Entgelt auszugehen, das sich ergeben hätte, wäre der jeweilige Umstand nicht eingetreten. Kollektivvertragliche Erhöhungen oder Gehaltsvorrückungen (für den Fall einer Karenz nach dem MSchG bzw. VKG i.d.R. ohne Gehaltsvorrückungen) sind demnach zu berücksichtigen (**Aktualitätsprinzip**).

1418 **Trinkgelder** sind dem Arbeitsentgelt aber dann zuzurechnen und demnach in die **Abfertigung einzubeziehen**, wenn zwischen dem Dienstgeber und dem Dienstnehmer entsprechende vertragliche Vereinbarungen getroffen wurden (wenn z.B. ein gewisses Trinkgeldvolumen garantiert oder ein solches zur Bedingung gemacht wurde) oder wenn sich die Zuordnung des Trinkgelds aus den sonstigen Umständen ergibt (z.B. dann, wenn das Trinkgeld für Tätigkeiten gewährt wird, die zu den dienstvertraglich geschuldeten zählen) (OGH 11.1.1995, 9 ObA 249/94).

1419 Außer die Provisionen Dritter sind dem Arbeitsentgelt zuzurechnen. Dies ist dann der Fall, wenn zwischen dem Dienstgeber und dem Dienstnehmer entsprechende vertragliche Vereinbarungen getroffen wurden oder wenn sich eine Zuordnung der Leistungen aus den sonstigen Umständen ergibt (→ 9.3.9.).

1420 Unter Beteiligungen ist in diesem Zusammenhang der Erwerb von Kapitalanteilen an Kapitalgesellschaften zu verstehen. Als Vorteile solcher Beteiligungen können Dividenden, Wertsteigerungen oder die Kapitalanteile als solche verstanden werden.

Teilzeitbeschäftigungen:

Ist ein Dienstnehmer während des aufrechten Dienstverhältnisses von einer **Vollbeschäftigung** auf eine **gewöhnliche Teilzeitbeschäftigung** (oder umgekehrt) übergewechselt, ist die Berechnung nach der bisherigen Rechtsprechung ebenfalls auf Basis des letzten Monatsentgelts vorzunehmen (**Aktualitätsprinzip**) (vgl. zuletzt u.a. OGH 25.7.2017, 9 ObA 27/17m). Allerdings hat das Aktualitätsprinzip nur dann Vorrang, wenn nicht eine gesetzliche Anordnung bzw. der Kollektivvertrag eine abweichende Regelung vorsieht (siehe nachstehend). Voraussetzung für die Heranziehung des reduzierten letzten Monatsentgelts ist allerdings, dass diese Reduzierung **auf Dauer beabsichtigt** ist und **keine Umgehungshandlung vorliegt**, was insb. dann zu unterstellen wäre, wenn dem Dienstnehmer der Wechsel in die Teilzeitbeschäftigung durch eine Änderungskündigung oder bloße Kündigungsandrohung aufgenötigt wurde und bald darauf die Kündigung seitens des Dienstgebers erfolgt.

Beträgt das Beschäftigungsausmaß eines Dienstnehmers vereinbarungsgemäß von Mai bis August (jeden Jahres) jeweils 20 Stunden pro Woche, in den restlichen acht Monaten 38,5 Stunden pro Woche, so ist die **bloß vorübergehende Teilzeitbeschäftigung** bei der Berechnung der Abfertigung nicht zu berücksichtigen, sondern stattdessen das **monatliche Durchschnittsentgelt** während eines Beobachtungszeitraums von zwölf Monaten zu Grunde zu legen. Im Fall einer solchen „bloß vorübergehenden Teilzeitbeschäftigung" in den Sommermonaten (jeden Jahres) ist die Abfertigungsberechnungsgrundlage der Durchschnitt eines Jahres (OGH 8.8.2007, 9 ObA 79/07v).

Dazu ein **Beispiel**:

Ein Dienstnehmer verdiente

- in den Monaten der Vollzeitbeschäftigung mit 38,5 Wochenstunden brutto € 1.160,00;
- in den Monaten der Teilzeitbeschäftigung mit 20 Wochenstunden brutto € 602,60.

Berechnungsformel lt. OGH-Urteil:

([€ 1.160,00 × 8] + [€ 602,60 × 4]) : 12 × (14 : 12) = Monatsdurchschnitt inkl. Sonderzahlungen **€ 1.136,57**.

Bei der Berechnung der Abfertigung ist eine **geringfügige Beschäftigung neben einem karenzierten Dienstverhältnis** nach § 15e Abs. 1 MSchG (→ 27.1.4.1.) bzw. § 7b Abs. 1 VKG (→ 27.1.4.2.) nicht zu berücksichtigen (§ 23 Abs. 1a AngG).

Wird das Dienstverhältnis während einer **Teilzeitbeschäftigung nach dem MSchG bzw. VKG** (→ 27.1.4.3.) infolge

- Kündigung durch den Dienstgeber,
- unverschuldete Entlassung,
- begründeten Austritt oder
- einvernehmlich

beendet, so ist bei Ermittlung des Abfertigungsbetrags die **frühere Normalarbeitszeit** zu Grunde zu legen (§ 23 Abs. 8 AngG)[1421].

1421 Allfällige vor der Herabsetzung der Arbeitszeit regelmäßig geleistete Überstunden sind nicht zu berücksichtigen. Auch wenn die Arbeitszeit vor Herabsetzung heranzuziehen ist, ist beim Entgelt immer vom letzten zustehenden (meist höheren) Entgelt auszugehen, das auf die frühere Arbeitszeit hochzurechnen ist. Sollte die Berechnung nach § 14 AVRAG (siehe nachstehend) günstiger sein, ist diese heranzuziehen, was insb. dann der Fall ist, wenn die Herabsetzung im Beendigungszeitpunkt kürzer als zwei Jahre zurückliegt und regelmäßige Überstunden zu leisten waren.

Wird das Dienstverhältnis durch

- Kündigung seitens des Dienstnehmers

beendet, ist bei Berechnung des für die Höhe der (halben) Abfertigung maßgeblichen Monatsentgelts vom **Durchschnitt der in den letzten fünf Jahren geleisteten Arbeitszeit** unter Außerachtlassung der Zeiten einer Karenz nach dem MSchG bzw. VKG auszugehen (§ 23a Abs. 4a AngG).

Beispiel 153

Berechnung einer gesetzlichen Abfertigung bei Kündigung des Dienstnehmers während der Teilzeitbeschäftigung gem. MSchG.

Angaben:

- Beginn des Dienstverhältnisses: 1.6.2002, Vollzeit (40 Wochenstunden),
- Dauer der Karenz nach dem MSchG: 1.8.2018–31.5.2020,
- Dauer der Teilzeitbeschäftigung nach dem MSchG: 1.6.2020–31.7.2022 (20 Wochenstunden),
- Beendigung des Dienstverhältnisses durch Kündigung seitens der Dienstnehmerin (während der Teilzeitbeschäftigung): 31.7.2022.

Lösung:

Berechnung der durchschnittlichen Arbeitszeit in den letzten fünf Jahren (60 Monate):

1.10.2015–31.7.2018[1)]	34 Monate	Vollzeitbeschäftigung (40 Wochenstunden)
1.8.2018–31.5.2020	22 Monate	Karenz (bleibt unberücksichtigt)
1.6.2020–31.7.2022	26 Monate	Teilzeitbeschäftigung gem. MSchG (20 Wochenstunden)

- [(34 Monate × 40) + (26 Monate × 20)] : 60 = **31,33 Wochenstunden**

1) Die Zeiten der Schutzfrist vor und nach der Entbindung (→ 27.1.3.) sind der Vollzeitphasezuzurechnen.

Die Ermittlung der halben Abfertigungsberechnungsgrundlage (des halben Monatsentgelts) ist wie folgt vorzunehmen:

[(aktueller Stundenlohn × 31,33) × 4,33] × (14 : 12) = Monatsdurchschnitt inkl. Sonderzahlungen : 2[1422]

Wird das Arbeitsverhältnis während einer

- **Bildungskarenz** (→ 27.3.1.1.),
- **Bildungsteilzeit** (→ 27.3.1.2.),
- **Wiedereingliederungsteilzeit** (→ 25.7.),

1422 Weil halber Abfertigungsanspruch gegeben ist.

- **Pflegekarenz** (→ 27.1.1.3.) und
- **Pflegeteilzeit** (→ 27.1.1.3.)

beendet, ist der Abfertigung das für den **letzten Monat vor Antritt** dieser Maßnahmen **gebührende Entgelt** zu Grunde zu legen (§§ 11 Abs. 4, 11a Abs. 5, 13a Abs. 8, 14c Abs. 5, 14d Abs. 5 AVRAG).

Auch bei **Kurzarbeit** ist die Abfertigung anhand jenes Entgelts zu berechnen, das gebührt hätte, wenn keine Kurzarbeit vereinbart worden wäre (vgl. Sozialpartnervereinbarung, Version 10.0, Punkt VI./3.).

Wird das Arbeitsverhältnis während einer

- **Familienhospizkarenz** (bei Herabsetzung der Normalarbeitszeit oder bei Freistellung gegen Entfall des Arbeitsentgelts, → 27.1.1.2.)

beendet, ist der Abfertigung die **frühere Arbeitszeit** des Arbeitnehmers vor dem Wirksamwerden der Maßnahme zu Grunde zu legen (§ 14a Abs. 7 AVRAG).

Wird das Arbeitsverhältnis während einer **Altersteilzeit** (mit Anspruch auf Lohnausgleich, → 27.3.2.) beendet, ist der Berechnung einer Abfertigung die **Arbeitszeit vor der Herabsetzung der Normalarbeitszeit** zu Grunde zu legen (§ 27 Abs. 2 AlVG).

Hat die **Teilzeitarbeit** für Dienstnehmer, die

- das **50. Lebensjahr vollendet** haben, oder
- **Betreuungspflichten**[1423] gegenüber nahen Angehörigen nachkommen (§ 14 Abs. 2 AVRAG) (→ 27.3.4.),

zum Zeitpunkt der Beendigung des Dienstverhältnisses **kürzer als zwei Jahre**[1424] gedauert, so ist bei der Berechnung einer Abfertigung die **frühere Arbeitszeit** des Dienstnehmers vor dem Wirksamwerden der Vereinbarung zu Grunde zu legen. Hat die Teilzeitarbeit zum Zeitpunkt der Beendigung des Dienstverhältnisses **länger als zwei Jahre** gedauert, so ist – **sofern keine andere Vereinbarung abgeschlossen wird**[1425] – bei der Berechnung einer Abfertigung für die Ermittlung des Monatsentgelts vom Durchschnitt der während der **für die Abfertigung maßgeblichen Dienstjahre**[1426] geleisteten **Arbeitszeit** (inklusive Normalarbeitszeit, Mehrarbeitszeit und Überstunden) auszugehen (§ 14 Abs. 4 AVRAG).

Beispiele 154–155

Berechnung einer gesetzlichen Abfertigung.

1423 Die Abfertigungsberechnungsvorschrift des § 14 Abs. 4 AVRAG ist auch auf jene Fälle anzuwenden, in denen eine Herabsetzung der Normalarbeitszeit wegen der (den Eltern zukommenden) Betreuungspflicht für **gesunde Kinder** vereinbart worden ist (OGH 12.7.2006, 9 ObA 38/06p; 9 ObA 60/06y). Dies gilt auch für Zeiträume **nach Vollendung des 7. Lebensjahres** des Kindes (und gleichzeitigem Wegfall der Voraussetzungen der „Elternteilzeit" nach § 15h MSchG bzw. § 8 VKG), zumindest solange sich das Kind im Volksschulalter befindet (OGH 17.12.2018, 9 ObA 102/18t; OGH 17.12.2018, 9 ObA 126/18x).

1424 Bzw. genau zwei Jahre.

1425 Diese **Vereinbarung** darf den Dienstnehmer – im Vergleich zur gesetzlichen Regelung der Durchrechnung der Arbeitszeit – **nur günstiger** stellen (OGH 19.7.2018, 8 ObA 29/18z). Demnach wäre z.B. eine Vereinbarung der Abfertigungsberechnung anhand der früheren Arbeitszeit zulässig, eine Vereinbarung der Abfertigungsberechnung anhand der zuletzt geltenden (herabgesetzten) Arbeitszeit unzulässig.

1426 Darunter sind die insgesamt zurückgelegten Dienstjahre zu verstehen.

Beispiel 154

Angaben:

- Kündigung durch den Dienstgeber,
- Ende des Dienstverhältnisses: 31.12.2022,
- Dauer des Dienstverhältnisses: 21 Jahre 3 Monate (= Anspruchszeitraum),
- Wochenlohn: bis zur Abrechnung Juni 2022: € 360,00,
  ab der Abrechnung Juli 2022: € 400,00.
- Urlaubsbeihilfe und Weihnachtsremuneration lt. Kollektivvertrag: je 4,33 Wochenlöhne pro Kalenderjahr.
- Anzahl der Überstunden für die Zeit Jänner bis Dezember 2022:

	zu 50%	zu 100%		zu 50%	zu 100%
Jänner	–	–	Juli[1427]	25	3
Februar	–	–	August[1427]	23	7
März	–	–	September[1427]	9	–
April[1427]	3	–	Oktober	–	–
Mai[1427]	12	3	November	–	–
Juni[1427]	18	4	Dezember	–	–
			Jahressumme	90	17

Überstundenteiler: 1/40 des Wochenlohns.

Lösung:

Die gesetzliche Abfertigung beträgt **9 Monatsentgelte**.

Ermittlung dieser 9 Monatsentgelte:

1. **Lohn für 9 Monate:**
   € 400,00 × 4,33 × **9** = € 15.588,00
   Monatslohn
2. **Zuzüglich der aliquoten Urlaubsbeihilfe und Weihnachtsremuneration:**
   € 400,00 × 4,33 : 12 × 2 × **9** = € 2.598,00
   aliquoter Anspruch für 1 Monat
3. **Zuzüglich Anteil der Überstunden:**
   Anzahl der Überstunden im Durchrechenzeitraum:
   90 Überstunden zu 50%
   17 Überstunden zu 100%.
   Der Wert der Überstunden ist vom aktuellen Wochenlohn zu berechnen.
   € 400,00 : 40 = € 10,00 (Überstundengrundlohn)

1427 Saisonbedingte Überstunden.

Überstundengrundlohn € 10,00 × 107 (90 + 17) =	€ 1.070,00
Überstundenzuschlag 50% € 10,00 × 90 : 2 =	€ 450,00
Überstundenzuschlag 100% € 10,00 × 17 =	€ 170,00
	€ 1.690,00
€ 1.690,00 : 12 × **9** =	€ 1.267,50
Die gesetzliche Abfertigung beträgt	**€ 19.453,50**

Beispiel 155

Angaben:

- Erklärter Austritt 3 Monate vor Ende der Karenz.
- Beginn der Schutzfrist: 1.5.2020,
- Entbindungstag: 3.7.2020,
- Ende des Dienstverhältnisses: 4.4.2022,
- anrechenbare Zeiten für den Abfertigungsanspruch: 9 Jahre 3 Monate (kurze Dienstzeit aufgrund weiterer Karenzen),
- fiktives Monatsgehalt per 4.4.2022 (!): € 1.800,00,
- Urlaubsbeihilfe und Weihnachtsremuneration lt. Kollektivvertrag: je 1 Monatsgehalt pro Kalenderjahr.
- Verkaufsprämie für die Zeit vor der Schutzfrist[1428]:

November	2019	€ 170,00
Dezember	2019	€ 210,00
Jänner	2020	€ 110,00
Februar	2020	€ 120,00
März	2020	€ 150,00
April	2020[1429]	€ 170,00
		€ 930,00

Für diesen Fall gelten diese 6 Monate als objektiver Durchrechenzeitraum.

Lösung:

Die gesetzliche Abfertigung beträgt **3 halbe Monatsentgelte**.

Ermittlung dieser 3 halben Monatsentgelte:

1. **Gehalt für 3 Monate:**
   € 1.800,00 × **3** = € 5.400,00
2. **Zuzüglich der aliquoten Urlaubsbeihilfe und Weihnachtsremuneration:**
   € 1.800,00 : 12 × 2 × 3 = € 900,00
   aliquoter Anspruch für 1 Monat

1428 Seitdem gab es keine Prämienerhöhung.
1429 Letzter Arbeitsmonat vor der Schutzfrist.

3. **Zuzüglich Anteil der Verkaufsprämie:**
   € 930,00 : 6 × 3 = € 465,00
   € 6.765,00

   Prämiendurchschnitt für 1 Monat
4. **Ermittlung der halben Abfertigung:**
   € 6.765,00 : 2 = € 3.382,50

Die gesetzliche Abfertigung beträgt **€ 3.382,50**

33.3.1.6. Abfertigungsanspruch bei Auflösung eines Unternehmens

Im Fall der Auflösung eines Unternehmens entfällt die Verpflichtung zur Gewährung einer Abfertigung ganz oder teilweise dann, wenn sich die **persönliche Wirtschaftslage**[1430] des Dienstgebers derart verschlechtert hat, dass ihm die Erfüllung dieser Verpflichtung zum Teil oder zur Gänze billigerweise nicht zugemutet werden kann[1431] (§ 23 Abs. 2 AngG).

Die Auflösung des Unternehmens muss in einem **engen zeitlichen und sachlichen Zusammenhang** mit der Auflösung des Dienstverhältnisses stehen, wobei zeitlich ein Zeitraum von einem Monat als Richtwert dienen kann, doch können im Einzelfall bedingt durch Art und Größe des aufzulösenden Unternehmens Abweichungen notwendig und berechtigt sein (OGH 14.4.1999, 9 ObA 346/98t).

Noch keine Auflösungen sind u.a.:

- Einschränkung,
- Stilllegung und
- Konkurs.

Der Begriff der **Auflösung** des Unternehmens wird eng ausgelegt, nämlich als **völliges Verschwinden des Unternehmens** aus der Wirtschaft (z.B. Liquidierung eines Handelsunternehmens und Löschung der Firma im Firmenbuch, Aufgabe eines Gewerbebetriebs). Die Unternehmensauflösung muss daher einer Beendigung der wirtschaftlichen und rechtlichen Existenz des Unternehmens gleichkommen und eine endgültige sein.

33.3.1.7. Abfertigungsanspruch nach Betriebsübergang

Das Arbeitsvertragsrechts-Anpassungsgesetz (AVRAG, → 4.5.) sieht vor, dass bei einem **ab dem 1. Juli 1993** erfolgten Betriebsübergang der Erwerber als Arbeitgeber

1430 Die persönliche Wirtschaftslage des Dienstgebers muss einer Interessenabwägung zur Situation des Dienstnehmers derart prekär sein, dass die Last der Abfertigung für den Dienstgeber einer massiven Existenzbedrohung, der Vernichtung seiner Lebensgrundlagen gleichkommt; dies wird zu unterstellen sein, wenn der Dienstgeber durch die Abfertigungsforderung in den Konkurs geführt wird (LG Innsbruck 3.10.1994, 46Cga 183/94).
Da sich die „persönliche" Wirtschaftslage des Dienstgebers verschlechtert haben muss, können sich juristische Personen (→ 2.3.) auf diese Bestimmung nicht beziehen.

1431 In diesem Fall trägt auch ohne Insolvenz der Insolvenz-Entgelt-Fonds (→ 33.7.) auf Antrag des Dienstnehmers die ganze bzw. den anfallenden Teil der Abfertigung, sofern dafür ein echtes, in einem streitigen Verfahren ergangenes Gerichtsurteil vorliegt.

mit allen Rechten und Pflichten in die im Zeitpunkt des Übergangs bestehenden Arbeitsverhältnisse eintritt (§ 3 Abs. 1 AVRAG). Da somit ex lege der Fortbestand der Arbeitsverhältnisse angeordnet wird, entsteht aus Anlass dieses Betriebsübergangs kein Abfertigungsanspruch. Allerdings ist zu beachten, dass der Arbeitnehmer bei **wesentlicher Verschlechterung der Bedingungen** nach Betriebsübergang

- durch die Anwendung eines anderen Kollektivvertrags oder
- durch die Anwendung anderer Betriebsvereinbarungen

innerhalb eines Monats ab dem Zeitpunkt, ab dem er die Verschlechterung erkannte oder erkennen musste, das Arbeitsverhältnis

- unter Einhaltung der gesetzlichen oder der kollektivvertraglichen Kündigungsfristen und -termine

lösen kann. Dem Arbeitnehmer stehen die zum Zeitpunkt einer solchen Beendigung des Arbeitsverhältnisses gebührenden **Ansprüche wie bei einer Arbeitgeberkündigung**[1432] zu (§ 3 Abs. 5 AVRAG).

Für Abfertigungsansprüche, die nach dem Betriebsübergang entstehen, haftet der Veräußerer grundsätzlich fünf Jahre nach dem Betriebsübergang und nur mit jenem Betrag, der dem fiktiven Abfertigungsanspruch im Zeitpunkt des Betriebsübergangs entspricht (§ 6 Abs. 2 AVRAG).

33.3.1.8. Fälligkeit der gesetzlichen Abfertigung

Die Abfertigung wird,

- soweit sie den Betrag des **Dreifachen des Monatsentgelts** nicht übersteigt, mit der Auflösung des Dienstverhältnisses fällig;
- der Rest kann **vom vierten Monat an** in monatlichen im Voraus zahlbaren Teilbeträgen **jeweils in der Höhe eines Monatsentgelts** abgestattet werden (§ 23 Abs. 4 AngG).

Entgegen der vorstehenden Regelung kann die Abfertigung bei Zutreffen der unter Punkt 33.3.1.2. unter 2. und 3. angeführten Bestimmungen

- in **gleichen monatlichen Teilbeträgen** bezahlt werden.

Die Zahlung beginnt

- mit dem auf das Ende des Dienstverhältnisses folgenden Monatsersten.

Eine Rate darf **die Hälfte** des der Bemessung der Abfertigung zu Grunde liegenden Monatsentgelts nicht unterschreiten (§ 23a Abs. 2 AngG).

33.3.2. Kollektivvertragliche Abfertigung

Sieht ein Kollektivvertrag eine günstigere Abfertigungsregelung als das Gesetz oder eine zusätzliche Abfertigungsregelung zum Gesetz vor, so sind auch diese Bestimmungen zu berücksichtigen.

1432 Dies trifft nicht nur für Abfertigungen, sondern auch für alle anderen Ansprüche zu (→ 33.).

33.3.3. Freiwillige und vertragliche Abfertigungen (Abfindungen)

Neben den gesetzlichen und ev. kollektivvertraglichen Abfertigungen gibt es in der Praxis noch freiwillige und (dienst)vertragliche Abfertigungen bzw. Abfertigungen auf Grund von Betriebsvereinbarungen.

Das Auszahlungsmotiv einer freiwilligen Abfertigung ist der absolute, auf keine lohngestaltende Vorschrift Bezug nehmende freie Wille des Dienstgebers, während einer (dienst)vertraglichen Abfertigung bzw. einer Abfertigung auf Grund einer Betriebsvereinbarung diesbezügliche Regelungen zu Grunde liegen.

33.4. Konventionalstrafe – Kündigungsentschädigung

Eines der Fundamente der österreichischen Rechtsordnung ist das Prinzip,

- **dass alle Verträge** (also auch der Dienstvertrag) **eingehalten werden müssen** (Pacta servanda sunt = Verträge sind einzuhalten),
  bzw.
- dass sie nur auf eine gesetzliche oder vertraglich vereinbarte Art aufgehoben werden dürfen.

33.4.1. Konventionalstrafe

Die Konventionalstrafe ist eine Möglichkeit, den Dienstnehmer zur Einhaltung seines Dienstvertrags anzuhalten. Sie ist aber nicht als „Strafe", sondern als ein durch den Dienstvertrag **vereinbarter pauschalierter Schadenersatz** anzusehen (§ 1336 ABGB, § 37 Abs. 3 AngG, § 2c Abs. 5 AVRAG).

Eine Konventionalstrafe wird i.d.R. nicht nur für den Fall der Nichteinhaltung einer vereinbarten Konkurrenzklausel (vertragliches Untersagen gewisser Betätigungen über das Ende des Dienstverhältnisses hinaus, → 33.7.1.), sondern auch für den Fall

- eines unbegründeten vorzeitigen Austritts (→ 32.1.6.),
- einer begründeten Entlassung **aus Verschulden des Dienstnehmers** (nicht aber z.B. wegen Arbeitsunfähigkeit) (→ 32.1.5.2.) und
- einer zeitwidrigen Kündigung seitens des Dienstnehmers (→ 32.1.4.4.1.)

vereinbart.

Auch bei Nichteinhaltung von Geheimhaltungsklauseln[1433] werden häufig Konventionalstrafen vereinbart.

Konventionalstrafen unterliegen dem **richterlichen Mäßigungsrecht** (§ 1336 Abs. 2 ABGB, § 38 AngG, § 2e AVRAG).

Die Frage, ob eine Konventionalstrafe vorliegt oder nicht, ist aus folgenden Gründen von Interesse:

- Aus der Sicht des **Dienstgebers** besteht der Vorteil, dass er bei Verstoß gegen die Konkurrenzklausel diese Vertragsstrafe fordern kann, **ohne** die Höhe eines eingetretenen **Schadens nachweisen** zu müssen.

1433 Eine Geheimhaltungsvereinbarung über echte Geschäftsgeheimnisse und Betriebsgeheimnisse ist keine Konkurrenzklausel im Sinne des § 36 AngG und unterliegt nicht deren insbesondere zeitlichen Beschränkungen (→ 33.7.1.) – vgl. OGH 17.12.2019, 9 ObA 134/19z.

- Für den **Dienstnehmer** andererseits kann es von Vorteil sein, dass bei einer Konventionalstrafe ein **Mäßigungsrecht** des Richters besteht, sodass u.a. auf seine Einkommens- und Vermögensverhältnisse sowie auf sein Verschulden bzw. mangelndes Verschulden an der Vertragsverletzung Rücksicht genommen werden kann.

Zur Konventionalstrafe bei Nichteinhaltung einer Konkurrenzklausel siehe Punkt 33.7.1.

33.4.2. Kündigungsentschädigung

33.4.2.1. Anspruch auf Kündigungsentschädigung

Wird das Dienstverhältnis eines Dienstnehmers

1. durch eine unbegründete Entlassung (→ 32.1.5.3.), 2. durch einen begründeten vorzeitigen Austritt **aus Verschulden des Dienstgebers** ① (also nicht bei einem Austritt aus gesundheitlichen Gründen) (→ 32.1.6.),	gem. § 1162b ABGB § 29 Abs. 1 AngG § 84 GewO 1859
3. aus diskriminierenden Gründen oder wegen der Behinderung des Dienstnehmers durch Kündigung, Entlassung, Probezeitauflösung seitens des Dienstgebers bzw. durch Nichtverlängerung eines befristeten Dienstverhältnisses (→ 4.4.3.2.1., → 32.2.),	gem. § 12 Abs. 7 GlBG § 7f Abs. 1 BEinstG
4. der eine der nachstehenden Maßnahmen, wie die/das ● Bildungskarenz (→ 27.3.1.1.), ● Bildungsteilzeit (→ 27.3.1.2.), ● Freistellung gegen Entfall des Arbeitsentgelts, ● Solidaritätsprämienmodell, ● Herabsetzung der Normalarbeitszeit (→ 27.3.4.), ● Pflegekarenz (→ 27.1.1.3.), ● Pflegeteilzeit (→ 27.1.1.3.) oder ● Wiedereingliederungsteilzeit (→ 25.7.) in Anspruch genommen hat,	gem. § 15 Abs. 2 AVRAG
5. durch eine zeitwidrige Kündigung seitens des Dienstgebers (→ 32.1.4.4.1.) ②, 6. durch Dienstgeberkündigung vor Ablauf eines befristeten Dienstverhältnisses, wenn keine Kündigungsmöglichkeit vereinbart wurde (→ 4.4.3.2.2.), oder 7. durch rechtswidrige Dienstgeberkündigung (bei besonderem Kündigungsschutz), wenn der Dienstnehmer die Kündigung wirksam belässt (→ 32.2.3.1.),	auf Grund der Judikatur gegebene Ansprüche

beendet, hat der Dienstnehmer unbeschadet weitergehenden Schadenersatzes (z.B. wegen entgangener Anwartschaft auf Arbeitslosengeld, → 21.2.) Anspruch auf Kündigungsentschädigung ③.

Bei Vorliegen eines unter 1. und 3. bis 7. angeführten Umstands wird der Dienstnehmer aber nur dann die Kündigungsentschädigung begehren, wenn er das Dienstverhältnis nicht mehr fortsetzen möchte. Unter der Voraussetzung, dass der Dienstnehmer das Dienstverhältnis nicht beenden möchte, steht ihm grundsätzlich die Anfechtung vor dem Arbeits- und Sozialgericht offen (→ 32.2., → 32.2.1., → 32.2.2.). Wird der Anfechtung nicht stattgegeben, steht dem Dienstnehmer selbstverständlich danach noch immer Anspruch auf Kündigungsentschädigung zu. Auch den besonders geschützten Dienstnehmern (→ 32.2.3.) steht gegebenenfalls eine Kündigungsentschädigung zu.

Bezüglich der (zeitlichen) **Geltendmachung** der Kündigungsentschädigung siehe Punkt 33.8.

① Dies gilt auch für den Fall eines **vorzeitigen Austritts wegen eines Insolvenzverfahrens**[1434] und unter Umständen sogar bei **Kündigung durch den Dienstnehmer anstelle eines vorzeitigen Austritts,** sofern der Dienstnehmer Gründe nennen kann, die objektiv gegen eine Zumutbarkeit einer Weiterbeschäftigung für die Dauer der Kündigungsfrist sprechen (OGH 26.7.2016, 9 ObA 111/15m).

② Dies gilt auch für eine außerordentliche **Kündigung** seitens des **Dienstgebers, Masseverwalters bzw. Insolvenzverwalters im Fall eines Insolvenzverfahrens**[1434].

③ Bei dem Begriff „Kündigungsentschädigung" handelt es sich um einen in Lehre und Rechtsprechung häufig dafür verwendeten Begriff der Rechtssprache. Eine Legaldefinition für diesen Begriff gibt es nicht.

33.4.2.2. Höhe der Kündigungsentschädigung

Die Kündigungsentschädigung umfasst grundsätzlich die **gesamten laufenden Bezugsbestandteile und Remunerationen** (das Entgelt, → 9.1.) für den Zeitraum, der bis zur Beendigung des Dienstverhältnisses

- durch Ablauf der bestimmten Vertragszeit (z.B. bei Vorliegen eines befristeten Dienstverhältnisses[1435]) oder
- durch ordnungsgemäße Kündigung durch den Dienstgeber[1436]

hätte verstreichen müssen (§ 1162b ABGB, § 29 Abs. 1 AngG, § 84 GewO 1859). Der Dienstnehmer soll demnach finanziell so gestellt werden, wie dies bei einer ordnungsgemäßen Auflösung gewesen wäre[1437].

Die Kündigungsentschädigung wird aber nicht nur durch „Fristablauf" oder durch „ordnungsgemäße Kündigung", sondern auch durch **beendigungsrelevante Ereig-**

1434 Entsprechend der Zielsetzung dieses Fachbuchs wird auf die rechtlichen Bestimmungen im Zusammenhang mit einem Insolvenzverfahren (Sanierungs- bzw. Konkursverfahren) nicht eingegangen. Die Ermittlung und Berechnung der Ansprüche des von einer Insolvenz des Dienstgebers betroffenen Dienstnehmers ist ein äußerst komplexer Vorgang. Aus diesem Grund verweisen wir auf das Fachbuch des Linde Verlag Wien
- **„Personalverrechnung in der Insolvenz"**, Mag. Andrea Hilber, Leiterin des Insolvenz-Rechtsschutzes der Arbeiterkammer Oberösterreich.

1435 Bei **Lehrlingen** im ersten und zweiten Lehrjahr ist es grundsätzlich der Zeitraum, der bei einer „außerordentlichen Auflösung" (→ 28.3.9.3.) zu beachten gewesen wäre, danach ist es die restliche Lehrzeit zuzüglich die fiktive anschließende Behaltezeit.

1436 Bei **Mütter-, Väter-, Präsenz- und Zivildienstgeschützten** ist das der restliche geschützte Zeitraum zuzüglich die Kündigungsfrist (OGH 16.12.1992, 9 ObS 13/92). Dies gilt auch für **begünstigte Behinderte**.
Bei **Belegschaftsfunktionären** ist das **nur** die normale Kündigungsfrist, berechnet ohne Sonderschutz (OGH 10.7.1991, 9 ObS 8/91).

1437 Handelt es sich dabei um den vorzeitigen Austritt gem. § 25 Insolvenzordnung einer Dienstnehmerin, die sich in Karenz befindet, und hat die Dienstnehmerin daher zum Zeitpunkt der Austrittserklärung (und in jenem Zeitraum, der bis zur ordnungsgemäßen Kündigung durch den Dienstgeber vergehen würde) keine vertragsmäßigen Entgeltansprüche, so erhält sie auch keine Kündigungsentschädigung (OGH 25.6.2019, 9 ObA 67/19x).

nisse begrenzt, weil die Nichtbeachtung solcher Ereignisse bei der Bemessung der Kündigungsentschädigung dazu führen würde, dass der Dienstnehmer bei der Fortsetzung des Dienstverhältnisses entgeltmäßig schlechtergestellt wäre.

Bei **besonderem Kündigungsschutz** des Dienstnehmers (→ 32.2.3.1.) ist zu prüfen, ob nach dem Zweck der Kündigungsschutzbestimmungen eine Kündigungsentschädigung für den gesamten Zeitraum des Kündigungsschutzes (zuzüglich Kündigungsfrist nach dem Ende des geschützten Zeitraums) einzuräumen ist. Zu prüfen ist demnach, welche Ansprüche auf Kündigungsentschädigungen sich ergeben, wenn das Dienstverhältnis im Zeitpunkt der tatsächlichen Auflösungserklärung vom Dienstgeber ordnungsgemäß aufgelöst worden wäre. Dabei sind allerdings vorher ex lege (kraft Gesetz) eintretende Auflösungsgründe ebenfalls relevant, weil diese auch bei einem fortlaufenden Dienstverhältnis die Entgeltansprüche beendet hätten. Stirbt also ein ehemaliger Dienstnehmer während des Bezugs einer Kündigungsentschädigung, so endet der Anspruch auf die Kündigungsentschädigung am Todestag, weil der Tod das aufrechte Dienstverhältnis automatisch beendet hätte (OGH 13.7.2006, ObS 8/06v). Ebenso führen die automatischen Auflösungsgründe nach § 14 Abs. 2 BAG (→ 28.3.9.1.) zu diesem Effekt.

Lässt ein Dienstnehmer in den **Fällen einer unter Punkt** 33.4.2.1. **unter Punkt** 4. **angeführten Maßnahme** eine Kündigung gegen sich gelten, hat er Anspruch auf eine Kündigungsentschädigung. Bei der Berechnung dieser Kündigungsentschädigung ist das ungeschmälerte Entgelt zu Grunde zu legen, das zum Beendigungszeitpunkt ohne eine Vereinbarung einer solchen Maßnahme zugestanden wäre (vgl. § 15 Abs. 2 AVRAG; vgl. auch § 13a Abs. 7 AVRAG zur Wiedereingliederungsteilzeit).

Wird ein Dienstnehmer innerhalb der Kündigungsfrist rechtswirksam, aber unbegründet entlassen, gebührt ihm die Kündigungsentschädigung nur bis zu dem Tag, an dem das Dienstverhältnis durch Kündigung geendet hätte (OGH 23.6.1993, 9 ObA 88/93).

Die Ansprüche hinsichtlich Dauer des Anspruchszeitraums richten sich demnach nach dem **„fiktiven“** (scheinbaren) **letzten Tag** des Dienstverhältnisses.

Die Kündigungsentschädigung gebührt **nicht immer in voller Höhe**. Der Dienstnehmer hat sich auf eine „das Entgelt für drei Monate übersteigende Kündigungsentschädigung“ das **anrechnen** zu lassen,

- was er infolge des Unterbleibens der Dienstleistung **erspart** oder durch anderweitige Verwendung **erworben oder zu erwerben absichtlich versäumt hat** (Vorteilsausgleich, vgl. → 27.2.) (§ 1162b ABGB, § 29 Abs. 1 AngG).

Die Ersparnisse müssen aber immer in einem engen Verhältnis zum Dienstverhältnis stehen (z.B. notwendige Fahrtspesen).

Der Arbeitnehmer hat sich ein erzieltes Einkommen nur für jenen Zeitraum anrechnen zu lassen, in welchem er anderweitig etwas verdient hat. Hat der Arbeitnehmer in einem Zeitabschnitt nichts verdient, im zweiten Zeitabschnitt aber mehr verdient, als er beim Arbeitgeber bekommen hätte, muss er sich diesen Überschuss daher nicht anrechnen lassen (OGH 25.6.2015, 8 ObA 82/14p).

Hat der Arbeitnehmer aus dem neuen Dienstverhältnis einen gleich hohen Urlaubsanspruch, führt die Vorteilsanrechnung gem. § 29 AngG zum gänzlichen Verlust des Urlaubsentschädigungsanspruchs im Rahmen der Kündigungsentschädigung

(OGH 27.2.1991, 9 ObS 3/91)[1438]. Dies gilt aber nicht, wenn das neue Dienstverhältnis erst nach dem Ablauf der (fiktiven) Kündigungsfrist beginnt (OGH 23.6.1993, 9 ObA 138/93).

Leistungen aus der **Arbeitslosenversicherung sind grundsätzlich nicht** auf die Kündigungsentschädigung anzurechnen. Begründet wird dies damit, dass diese Leistungen gem. § 25 Abs. 1 i.V.m. § 12 Abs. 8 AlVG zurückgefordert werden können und der Arbeitgeber nicht auf Kosten der Arbeitslosenversicherung von Zahlungspflichten befreit werden soll. Sowohl die Regelungen der §§ 1155, 1162b ABGB und § 29 Abs. 1 AngG als auch die Bestimmungen des AlVG haben den Zweck, den Arbeitnehmer bei Nichtleistung seiner Dienste nicht besser zu stellen als bei Erbringung der Arbeitsleistung. Das **Arbeitslosengeld** und sowie vom AMS bezogene **Aus- und Weiterbildungsbeihilfen** sind somit nur dann auf die Kündigungsentschädigung anzurechnen, wenn diese Gelder nicht mehr zurückgefordert werden können (OGH 25.6.2015, 8 ObA 82/14p; OGH 25.11.2014, 8 ObA 42/14f). Entscheidend dafür ist u.a. der Inhalt der Beihilfenvereinbarung. Beweispflichtig für das Vorliegen einer Rückforderbarkeit der Gelder aus der Arbeitslosenversicherung ist der Arbeitgeber (OGH 29.10.2014, 9 ObA 68/14m).

Die Kündigungsentschädigung gebührt dann nicht in voller Höhe, wenn sowohl dem Dienstgeber als auch dem Dienstnehmer (also beiden Vertragsteilen!) ein **Verschulden** an der vorzeitigen Lösung des Dienstverhältnisses trifft. In diesem Fall hat der Richter nach freiem Ermessen zu entscheiden, ob und in welcher Höhe ein Ersatz gebührt (§ 1162c ABGB, § 32 AngG).

Die Kündigungsentschädigung **beinhaltet nicht** eine im Zeitpunkt der Auflösung des Dienstverhältnisses entstandene gesetzliche Abfertigung oder Ersatzleistung für Urlaubsentgelt. Diese Ansprüche stehen dem Dienstnehmer gesondert zu, wobei bei deren Bemessung auch der Zeitraum zu berücksichtigen ist, für welchen Kündigungsentschädigung gebührt.

Während der fiktiven Kündigungsfrist **entstehende** (höhere) **Ansprüche auf Abfertigung**[1439] und neue bzw. höhere **Ansprüche auf Urlaub**[1440] stellen jedoch einen Teil der Kündigungsentschädigung dar (OGH 13.7.1988, 9 ObA 1006/88; 11.8.1993, 9 ObA 229/93).

Eine zum Zeitpunkt der Beendigung des Arbeitsverhältnisses zustehende Ersatzleistung für Urlaubsentgelt kann nicht auf den Zeitraum der Kündigungsentschädigung angerechnet werden. Dies gilt auch, wenn ein Arbeitnehmer, der bis zur ursprünglich vorgesehenen einvernehmlichen Auflösung des Arbeitsverhältnisses seinen noch offenen Urlaub verbrauchen soll, während des Urlaubskonsums unbegründet entlassen wird (OGH 17.12.2018, 9 ObA 125/18z)[1441].

1438 Es werden die aliquoten Naturalurlaubsansprüche und nicht deren „Geldwert" (Urlaubsersatzleistung aus dem alten und Urlaubsentgelt aus dem neuen Arbeitsverhältnis) gegenübergestellt. Dies bedeutet nicht, dass freie Tage (etwa eines Selbständigen) für die schon dem Grund nach überhaupt kein Entgeltanspruch besteht, mit Urlaubstagen kompensierbar sind. Eine Anrechnung von konsumierter Freizeit Selbständiger auf eine Urlaubsentschädigung scheidet daher mangels der erforderlichen Gleichartigkeit aus (OGH 26.2.2019, 8 ObS 2/18d).

1439 Ein während der fiktiven Kündigungsfrist erworbener Verdienst ist nicht anzurechnen (OGH 13.9.1995, 9 ObA 1023/95).

1440 In diesem Fall muss sich der Dienstnehmer auf den Anspruch auf Urlaubsabgeltung einen für dieselbe Zeit gegen den neuen Dienstgeber gebührenden Anspruch auf Naturalurlaub anrechnen lassen (Vorteilsausgleich). Dabei sind die Naturalurlaubsansprüche (die Anzahl der Urlaubswerktage) für die Zeit der (drei Monate übersteigenden) fiktiven Kündigungsfrist aus beiden Dienstverhältnissen gegenüberzustellen (OGH 27.2.1991, 9 ObS 3/91).

1441 Die Kündigungsentschädigung gebührt als Ersatzanspruch für die Zeit vom Austritt bis zu einem durch ordnungsgemäße Kündigung herbeigeführten Vertragsende, wogegen der Anspruch auf Ersatzleistung für Urlaubsentgelt ein Anspruch auf Erfüllung des in der Vergangenheit liegenden, noch offenen, bisher nicht erfüllten Urlaubsanspruches ist. Jeder dieser beiden Ansprüche beruht daher auf einem anderen Rechtsgrund.

Die Berechnung der Kündigungsentschädigung richtet sich nach dem **Ausfallprinzip**, d.h. es ist stets davon auszugehen, welche Ansprüche der Dienstnehmer gehabt hätte, wenn das Dienstverhältnis während der fiktiven Kündigungsfrist noch aufrecht gewesen wäre. Er soll damit wirtschaftlich so gestellt werden, als wäre das Arbeitsverhältnis ordnungsgemäß beendet worden. Tritt daher **während der fiktiven Kündigungsfrist** (nach dem Auflösungszeitpunkt) eine kollektivvertragliche **Gehaltserhöhung** ein, ist die zustehende

- gesetzliche (kollektivvertragliche) Abfertigung unter Berücksichtigung des erhöhten Entgelts,
- Ersatzleistung für Urlaubsentgelt für den Resturlaub im Auflösungszeitpunkt mit dem zu diesem Zeitpunkt gebührenden Entgelt und
- Ersatzleistung für Urlaubsentgelt für den während der fiktiven Kündigungsfrist (mit Beginn eines neuen Urlaubsjahrs) entstandenen Urlaub vom erhöhten Entgelt

zu berechnen (OGH 30.8.2013, 8 ObS 5/13p).

Fallen Entgeltbestandteile vor dem Ende des Dienstverhältnisses weg, sind diese auch nicht in die Berechnung einer Kündigungsentschädigung miteinzubeziehen (OGH 25.2.2016, 9 ObA 3/16f).

Regelmäßig gewährte, schwankende Entgeltbestandteile sind auf der Grundlage eines entsprechenden Monatsdurchschnittes – im Zweifel eines ganzen Jahres – zu ermitteln (OGH 14.12.1982, 4 Ob 143/81).

Kommt der Dienstgeber der Pflicht, die Kündigungsentschädigung zu bezahlen, nicht nach, kann der Dienstnehmer beim Arbeits- und Sozialgericht eine **Leistungsklage** einbringen.

33.4.2.3. Fälligkeit der Kündigungsentschädigung

Soweit der Zeitraum, für den die Kündigungsentschädigungsansprüche gebühren, **drei Monate nicht übersteigt** („Anrechnungssperre"), kann der Dienstnehmer den **gesamten Betrag sofort** bei Beendigung des Dienstverhältnisses fordern. Reicht der Zeitraum, der bis zur Beendigung des Dienstverhältnisses durch Ablauf der vereinbarten Vertragsdauer oder durch ordnungsgemäße Kündigung durch den Dienstgeber hätte verstreichen müssen, über diese drei Monate hinaus, so kann der **Rest** jeweils am vertraglich vereinbarten oder gesetzlichen **Fälligkeitstag** (→ 9.4.), der bei Fortbestand des Dienstverhältnisses maßgebend gewesen wäre, gefordert werden (§ 1162b ABGB, § 29 Abs. 2 AngG).

Beispiel 156

Berechnung einer Kündigungsentschädigung.

Angaben:

- Angestellter,
- Eintritt: am 1.8.19.. (vor 20 Jahren),
- das Dienstverhältnis endet durch begründeten vorzeitigen Austritt (aus Verschulden des Dienstgebers),

- Ende des Dienstverhältnisses: 11.3.2022,
- möglicher Kündigungstermin: Ende des Quartals,
- Kündigungsfrist: 4 Monate,
- Monatsgehalt: € 3.800,00, fällig jeweils am letzten Tag des Kalendermonats,
- Urlaubsbeihilfe und Weihnachtsremuneration lt. Kollektivvertrag: je 1 Monatsgehalt pro Kalenderjahr,
- Kilometergelder in der Höhe des amtlichen Satzes,
- der Urlaubsanspruch für das Urlaubsjahr (= Kalenderjahr) 1.1.–31.12.2022 wurde zur Gänze konsumiert.
- Beginn des neuen Dienstverhältnisses: 1.5.2022,
- Monatsgehalt: € 2.850,00,
- Urlaubsbeihilfe und Weihnachtsremuneration lt. Kollektivvertrag: je 1 Monatsgehalt pro Kalenderjahr.
- Die vorerst strittige Kündigungsentschädigung wird am 17.10.2022 ausbezahlt.

Lösung:

Die nachstehende Berechnung beinhaltet nicht den/die bei einem begründeten vorzeitigen Austritt jedenfalls zustehende(n)

- Gehalt,
- aliquoten Sonderzahlungen,
- Abfertigung.

Die nachstehende Berechnung zeigt **lediglich die Ermittlung der zustehenden Kündigungsentschädigung**.

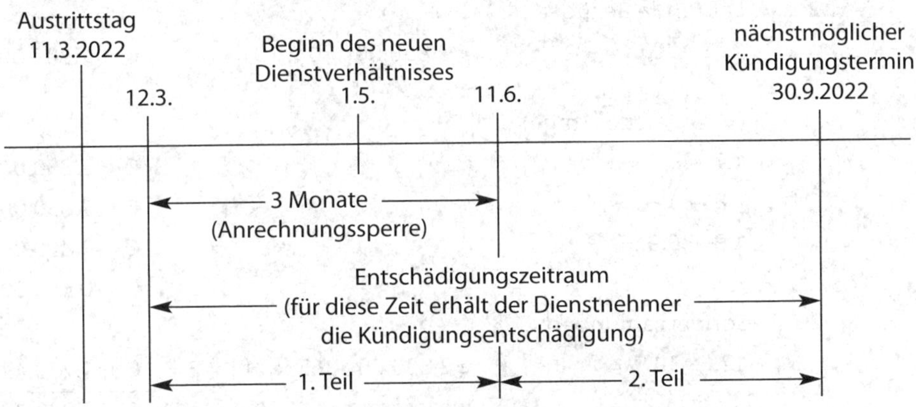

1. **Kündigungsentschädigung für den 1. Teil des Entschädigungszeitraums:**

1.1. Gehalt € 3.800,00 × **3** =	€ 11.400,00
1.2. Zuzüglich der aliquoten Urlaubsbeihilfe und Weihnachtsremuneration	
€ 3.800,00 : 12 × 2 × **3** =	€ 1.900,00
(= aliquoter Anspruch für 3 Monate)	

1.3. Die Kilometergelder werden als Aufwandsentschädigung nicht in die Kündigungsentschädigung einbezogen.

Der 1. Teil der Kündigungsentschädigung beträgt: **€ 13.300,00**

2. **Kündigungsentschädigung für den 2. Teil des Entschädigungszeitraums:**

2.1. **Verdienst beim alten Dienstgeber:**

2.1.1. Laufende Bezüge:

12.6.–30.6. = (= 19 Kalendertage)	€ 3.800,00 : 30 × 19 =	€ 2.406,67
1.7.–31.7. =		€ 3.800,00
1.8.–31.8. =		€ 3.800,00
1.9.–30.9. =		€ 3.800,00
		€ 13.806,67

2.1.2. Sonderzahlungen:

12.6.–30.9. = (= 111 Kalendertage)	€ 3.800,00 : 365 × 111 × 2 =	€ 2.311,23
	insgesamt	€ 16.117,90

2.2. **Auf Grund einer Bestätigung nachgewiesener Verdienst beim neuen Dienstgeber:**

2.2.1. Laufende Bezüge:

12.6.–30.6. = (= 19 Kalendertage)	€ 2.850,00 : 30 × 19 =	€ 1.805,00
1.7.–31.7. =		€ 2.850,00
1.8.–31.8. =		€ 2.850,00
1.9.–30.9. =		€ 2.850,00
		€ 10.355,00

2.2.2. Sonderzahlungen:

12.6.–30.9. = (= 111 Kalendertage)	€ 2.850,00 : 365 × 111 × 2 =	€ 1.733,42
	insgesamt	€ 12.088,42

Der 2. Teil der Kündigungsentschädigung beträgt:

Verdienst beim alten Dienstgeber	€ 16.117,90
gekürzt um den Verdienst beim neuen Dienstgeber	€ 12.088,42
	€ 4.029,48

3. **Abfertigungsteil** für den im Entschädigungszeitraum per 31.7.2022 entstandenen höheren Abfertigungsanspruch im Ausmaß von 3 Monatsentgelten (ME):

€ 3.800,00	
+ € 633,33(= 1/6 Urlaubsbeihilfe und Weihnachtsremuneration)	
€ 4.433,33× 3 ME =	**€ 13.299,99**

4. **Die dem Angestellten insgesamt zustehende Kündigungsentschädigung beträgt:**

1. Teil der Kündigungsentschädigung	€ 13.300,00
2. Teil der Kündigungsentschädigung	€ 4.029,48
Abfertigungsteil	€ 13.299,99
	€ 30.629,47

Die **sozialversicherungsrechtliche Behandlung** dieser Kündigungsentschädigung finden Sie im Beispiel 157.

Die **lohnsteuerliche Behandlung** finden Sie im Beispiel 158.

33.5. Urlaubsabgeltung bzw. Rückerstattung

Wird das Dienstverhältnis vor Verbrauch des Urlaubs beendet, hat der Dienstnehmer grundsätzlich Anspruch auf eine Vergütung des noch offenen Urlaubs in Form einer **Ersatzleistung für Urlaubsentgelt.** Urlaubsentgelt für einen über das aliquote Ausmaß hinaus verbrauchten Urlaub ist ev. **rückzuerstatten.**

Diese Abgeltungs- bzw. Rückerstattungsformen werden im Punkt 26.2.9. behandelt.

33.6. Zeitguthaben bzw. Zeitschulden bei Dienstverhältnisende

33.6.1. Abgeltung von Zeitguthaben

Besteht im Zeitpunkt der Beendigung des Arbeitsverhältnisses ein **Guthaben** des Arbeitnehmers **an Normalarbeitszeit**[1442] **oder Überstunden**[1443]**, für die Zeitausgleich gebührt**, ist das Guthaben **abzugelten, soweit der Kollektivvertrag nicht die Verlängerung der Kündigungsfrist** im Ausmaß des zum Zeitpunkt der Beendigung des Arbeitsverhältnisses bestehenden Zeitguthabens **vorsieht**[1444] und der Zeitausgleich in diesem Zeitraum verbraucht wird (§ 19e Abs. 1 AZG).

1442 Z.B. bei Einarbeitszeit (→ 16.2.1.2.1.) und bei Gleitzeit (→ 16.2.1.2.2.).

1443 Die Abgeltung eines Zeitguthabens bei Beendigung des Arbeitsverhältnisses muss auf Basis des zu diesem Zeitpunkt – und nicht auf Basis des zum Zeitpunkt der Leistung der Überstunden – gebührenden Bezugs erfolgen (OGH 29.6.2011, 8 ObA 4/11p).

1444 Dazu ein **Beispiel**: Ein Arbeitnehmer mit einer 40-Stunden-Woche wird per 30. Juni frist- und termingerecht gekündigt. Der **Kollektivvertrag sieht jedoch eine Verlängerung** des Arbeitsverhältnisses um das angesparte Zeitguthaben **vor.** Auf dem Zeitkonto des betreffenden Arbeitnehmers befinden sich am 30. Juni noch 120 Gutstunden. Das Arbeitsverhältnis endet somit erst drei Wochen (120 : 40 = 3) später. Dementsprechend erwirbt der Arbeitnehmer weitere drei Wochen an Beitragszeiten, sein Anspruch auf aliquote Sonderzahlungen wird höher; u.U. entstehen auch zusätzliche Abfertigungs- und Urlaubsabgeltungsansprüche.

Für **Guthaben an Normalarbeitszeit** gebührt ein **Zuschlag von 50%**[1445 1446]. Dies gilt nicht, wenn der Arbeitnehmer ohne wichtigen Grund vorzeitig austritt. Der Kollektivvertrag kann Abweichendes regeln[1447] (§ 19e Abs. 2 AZG).

33.6.2. Zeitschulden

Bei bestehenden **Zeitschulden** im Zusammenhang mit dem Ende des Dienstverhältnisses ist die Frage des Abzugsrechts meist von den Umständen des Einzelfalls abhängig, nämlich davon, in wessen „Sphäre" das Entstehen bzw. der unterbliebene Abbau der Minusstunden liegt.

Liegt die Zeitschuld in der **Dienstgebersphäre** (z.B. Minusstunden infolge mangelnder Arbeitsauslastung, Minusstunden infolge Dienstgeberweisung etc.), darf eine Rückverrechnung des Entgelts auf Grund des § 1155 ABGB ohne Einverständnis des Dienstnehmers nicht vorgenommen werden. Das Risiko einer Unterbeschäftigung ist grundsätzlich vom Dienstgeber zu tragen.

Wenn das Entstehen der Zeitschuld allerdings nur auf **Dispositionen des Dienstnehmers zurückgeht** (z.B. Minusstunden infolge unberechtigter Fehlzeiten des Dienstnehmers, wenn der Dienstnehmer auffallend die vereinbarte Arbeitszeit ohne Kenntnis des Dienstgebers unterschreitet, das Zeiterfassungssystem manipuliert oder das Einarbeiten durch unberechtigten vorzeitigen Austritt vereitelt etc.), kann i.d.R. eine **Rückverrechnung des Entgelts** vorgenommen werden.

Der anzuwendende Kollektivvertrag kann diesbezügliche Sonderbestimmungen für den Dienstnehmer regeln.

33.7. Sonstige Abgeltungsformen

Im Zusammenhang mit der Beendigung eines Dienstverhältnisses kann es auch noch zur

- Zahlung einer Vergleichssumme (wird im Punkt 24.5.1. behandelt), zu
- Zahlungen für den Verzicht auf Arbeitsleistungen für künftige Lohnzahlungszeiträume (wird im Punkt 34.5. behandelt), zu
- Zahlungen auf Grund einer Konkurrenzklausel (→ 33.7.1.) und zu
- Zahlungen von Bezügen im Rahmen von Sozialplänen (→ 33.7.2.)

kommen.

33.7.1. Zahlungen auf Grund einer Konkurrenzklausel

Bei einer **Konkurrenzklausel** (→ 4.1.4.) ① ② handelt es sich um eine **Vereinbarung**, durch die dem Dienstnehmer **eine bestimmte Betätigung** über das Ende des Dienstverhältnisses hinaus ③ **untersagt** wird.

1445 Der Zuschlag sei gewissermaßen der Preis für eine Flexibilisierung, die keinen Zeitausgleich mehr ermögliche (OGH 6.4.2005, 9 ObA 96/04i).

1446 Dies gilt auch für Teilzeitmehrarbeits-Zeitguthaben (→ 16.2.2.2.), da der 50%ige Zuschlag den 25%igen Mehrarbeitszuschlag abdeckt.

1447 Diese Regelung kommt nicht zur Anwendung, wenn der Kollektivvertrag
- eine Verlängerung der Kündigungsfrist bis zu jenem Zeitpunkt vorsieht, zu dem ein Abbau des Guthabens möglich ist und ein Abbau tatsächlich erfolgt oder
- weitere einschränkende Tatbestände vorsieht.

- Für das Zuwiderhandeln des Dienstnehmers gegen eine Konkurrenzklausel kann eine **Konventionalstrafe** vereinbart werden (siehe auch nachstehende Erläuterungen unter ① sowie allgemein Punkt 33.4.1.).
- Wird der aus dieser Klausel für den Dienstnehmer resultierende Nachteil durch Entgeltfortzahlung über das Ende des Dienstverhältnisses hinaus (für die jeweils vereinbarte Zeit) abgegolten (etwa da der Dienstgeber das Dienstverhältnis löst und daher die Konkurrenzklausel grundsätzlich nicht geltend gemacht werden kann), handelt es sich um **Zahlungen des Dienstgebers auf Grund einer Konkurrenzklausel** („Karenzentschädigung") (siehe auch nachstehende Erläuterungen unter ①).

① Eine Vereinbarung, durch die der Dienstnehmer für die Zeit nach der Beendigung des Dienstverhältnisses in seiner Erwerbstätigkeit beschränkt wird, ist nur insoweit wirksam, als:
1. der Dienstnehmer im Zeitpunkt des Abschlusses der Vereinbarung **nicht minderjährig** ist;
2. sich die Beschränkung auf die Tätigkeit des Dienstnehmers **in dem Geschäftszweig des Dienstgebers** bezieht und den **Zeitraum eines Jahres nicht übersteigt**; und
3. die Beschränkung nicht nach Gegenstand, Zeit oder Ort und im Verhältnis zu dem geschäftlichen Interesse, das der Dienstgeber an ihrer Einhaltung hat, eine **unbillige Erschwerung des Fortkommens des Dienstnehmers** enthält.

Eine Vereinbarung ist unwirksam, wenn sie im Rahmen eines Dienstverhältnisses getroffen wird, bei dem das für den letzten Monat des Dienstverhältnisses gebührende **Entgelt das 20-fache der Höchstbeitragsgrundlage** nach § 45 ASVG ④ nicht übersteigt. Allfällige Sonderzahlungen sind bei der Ermittlung des Entgelts im Sinne des ersten Satzes außer Acht zu lassen (§ 36 Abs. 1, 2 AngG, § 2c Abs. 1, 2 AVRAG).

Diese Entgeltgrenze orientiert sich am arbeitsrechtlichen Entgeltbegriff analog zur Berechnung der gesetzlichen Abfertigung. Demgemäß sind bei schwankenden Bezügen die letzten zwölf Monate vor Beendigung des Dienstverhältnisses für die Ermittlung des monatlichen Durchschnittsentgelts maßgeblich (OGH 2.4.2009, 8 ObA 16/09z; 11.5.2010, 9 ObA 154/09a) (→ 33.3.1.5.).

In folgenden Fällen kann der Dienstgeber die durch die Konkurrenzklausel begründeten Rechte gegen den Dienstnehmer **nicht geltend machen**:
- Der Dienstgeber hat dem Dienstnehmer durch schuldbares Verhalten begründeten Anlass zum vorzeitigen Austritt oder zur Kündigung des Dienstverhältnisses gegeben.
- Der Dienstgeber löst das Dienstverhältnis ⑤, es sei denn,
  - dass der Dienstnehmer durch schuldbares Verhalten hiezu begründeten Anlass gegeben oder
  - dass der Dienstgeber bei der Auflösung des Dienstverhältnisses erklärt hat, während der Dauer der Beschränkung dem Dienstnehmer das ihm zuletzt zukommende Entgelt zu leisten (§ 37 Abs. 1, 2 AngG, § 2c Abs. 3–4 AVRAG).

Eine für den Fall des Zuwiderhandelns gegen die Konkurrenzklausel **vereinbarte Konventionalstrafe** ist **nur insoweit wirksam**, als diese das **Sechsfache des für den letzten Monat des Dienstverhältnisses gebührenden Nettomonatsentgelts nicht übersteigt**[1448]. Allfällige

1448 Diese Begrenzung gilt für Vereinbarungen über Konkurrenzklauseln, die nach dem 28.12.2015 abgeschlossen wurden. Für zuvor abgeschlossene Vereinbarungen besteht keine betragsmäßige Begrenzung, sofern diese dem Grunde nach wirksam sind.

Sonderzahlungen sind bei der Berechnung des Nettoentgelts außer Acht zu lassen. Hat der Dienstnehmer für den Fall des Zuwiderhandelns gegen die Konkurrenzklausel eine Konventionalstrafe versprochen, so kann der Dienstgeber nur die Konventionalstrafe verlangen. Der Anspruch auf Erfüllung oder auf Ersatz eines weiteren Schadens ist ausgeschlossen (§ 37 Abs. 3 AngG, § 2c Abs. 5 AVRAG).

Nach der Rechtsprechung zu § 37 Abs 2 AngG muss der Arbeitnehmer sich auf das, was ihm der Arbeitgeber für die Einhaltung der Konkurrenzabrede bezahlt (Karenzentschädigung), **nicht anrechnen lassen,** was er sich infolge Unterbleibens der Dienstleistung erspart oder durch anderweitige Verwendung erworben oder zu erwerben verabsäumt hat (vgl. OGH 29.4.2021, 9 ObA 3/21p).

② **Mandantenschutzklauseln**, die einem Dienstnehmer nach dessen Ausscheiden aus dem Dienstverhältnis die Betreuung von Mandanten seines früheren Dienstgebers als Angestellter in einem anderen Dienstverhältnis oder als Selbstständiger verbieten, sind als Konkurrenzklauseln zu qualifizieren (OGH 28.5.2015, 9 ObA 59/15i).

Eine Konventionalstrafe kann auch dann zugesprochen werden, wenn die vereinbarte Konkurrenzklausel aufgrund ihres Umfangs zwar rechtsunwirksam ist, im Kern jedoch Bestimmungen zur Verhinderung des Abwerbens von Kunden enthält, gegen welche der Dienstnehmer verstoßen hat (OGH 29.4.2019, 8 ObA 12/19a).

③ Während **aufrechtem Dienstverhältnis** gilt für Angestellte ein **gesetzliches Konkurrenzverbot** (§ 7 AngG), dessen Nichteinhaltung einen Entlassungsgrund darstellen kann (→ 32.1.5.2.1.). Auch für Arbeiter besteht ein Entlassungsgrund bei Betreiben eines abträglichen Nebengeschäfts (→ 32.1.5.2.2.).

④ Entgeltgrenze im Jahr 2022: € 3.780,00 (€ 189,00 × 20)[1449].

⑤ Auch wenn die Initiative für die einvernehmliche Lösung des Dienstverhältnisses vom Dienstgeber ausgeht, kann sich dieser auf die vertraglich vereinbarte Konkurrenzklausel berufen, da der Dienstnehmer vor der Einwilligung in die Auflösung eine Aufhebung der vertraglich vereinbarten Konkurrenzklausel erwirken hätte können(OGH 29.3.2006, 9 ObA 11/06t).

33.7.2. Zahlungen von Bezügen im Rahmen von Sozialplänen

Unter „**Sozialplan**" ist eine erzwingbare Betriebsvereinbarung zu verstehen, die Maßnahmen zur Verhinderung, Beseitigung oder Milderung der nachteiligen Folgen einer **Betriebsänderung**[1450] zum Inhalt hat. Dabei geht es nicht um die Auszahlung vorenthaltener Bezüge, um die Abgeltung bislang gezeigter Betriebstreue oder dergleichen mehr. Sozialpläne dienen vielmehr dem Schutz der wirtschaftlich Schwachen; demnach ist Ziel die Vermeidung „sozialer Härten".

1449 Diese Grenze gilt für Vereinbarungen über Konkurrenzklauseln, die nach dem 28.12.2015 abgeschlossen wurden. Zu Vereinbarungen über Konkurrenzklauseln, die bis zum 28.12.2015 abgeschlossen wurden, siehe in der 26. Auflage dieses Buchs.

1450 Als Betriebsänderungen i.S.d. § 109 Abs. 1 Z 1 bis 6 ArbVG kommen insb.
- die Einstellung/Stilllegung des gesamten Betriebs,
- die Auflösung von Dienstverhältnissen in einem Ausmaß, welches das arbeitsrechtliche Frühwarnsystem gem. § 45a Abs. 1 AMFG (→ 32.3.2.1.) auslöst,
- die Verlegung von Betrieben/Betriebsteilen,
- der Zusammenschluss mit anderen Betrieben,
- die Änderung des Betriebszwecks

infrage.

Zahlreiche Ansprüche, die Sozialpläne gewähren, verfolgen somit das Ziel, dem Dienstnehmer bisher zugestandene Rechtspositionen so lange wie möglich zu erhalten bzw. deren Verlust auszugleichen. Derartige Zahlungen haben gewisse, den – meist ausscheidenden – Dienstnehmern drohende Nachteile vor Augen. Die jeweils getroffene Regelung verfolgt den Zweck, diese Nachteile entweder gar nicht erst entstehen zu lassen oder aber durch entsprechende Maßnahmen zu beseitigen oder zu mildern (OGH 23.5.1997, 8 ObA 130/97v).

Wenn bei Betriebsänderungen

- wesentliche Nachteile, die sich für alle Arbeitnehmer oder erhebliche Teile der Arbeitnehmerschaft aus der Betriebsänderung ergeben und
- dauernd mindestens 20 Arbeitnehmer im Betrieb beschäftigt sind,

kann der **Betriebsrat einen Sozialplan erzwingen**. Nicht von der Sozialplanpflicht erfasst sind Änderungen der Rechtsform oder der Eigentümerverhältnisse an dem Betrieb (§§ 97 Abs. 1 Z 4, 109 ArbVG).

Kommt zwischen Betriebsinhaber und Betriebsrat über den Abschluss (bzw. die Abänderung oder die Aufhebung) einer solchen Betriebsvereinbarung eine Einigung nicht zu Stande, so entscheidet – insoweit eine Regelung durch Kollektivvertrag oder Satzung nicht vorliegt – auf Antrag eines der Streitteile die Schlichtungsstelle.

Der **erfasste Personenkreis** eines Sozialplans bestimmt sich nach seinem personellen Geltungsbereich, wobei dieser sich nur auf Arbeitnehmer i.S.d. § 36 ArbVG beziehen kann. Da leitende Angestellte, denen ein maßgebender Einfluss auf die Führung des Betriebs zusteht, nicht dem Kreis der Arbeitnehmer im arbeitsverfassungsrechtlichen Sinn angehören (§ 36 Abs. 2 Z 3 ArbVG), sind die Regelungen des Sozialplans auf diese Personen nicht anwendbar (→ 10.2.2.).

Inhalte eines Sozialplans können z.B. sein: zusätzliche Abfindungen, freiwillige bzw. erhöhte Abfertigungen, betriebliche Ruhegelder bis zum Pensionsanfall, Überbrückungshilfen für Härtefälle, Umschulungsmaßnahmen, vorzeitige Auszahlung von Jubiläumsgeldern, über die Beendigung des Dienstverhältnisses hinaus bis zum Jahresende gewährte Remunerationen.

Der aus der Betriebsänderung für den Dienstnehmer resultierende Nachteil wird üblicherweise durch „Sozialplanzahlungen“ abgegolten.

33.7.3. Zahlungen im Fall der Insolvenz des Dienstgebers

Die Ermittlung und Berechnung der Ansprüche des von einer Insolvenz des Dienstgebers betroffenen Dienstnehmers ist ein äußerst komplexer Vorgang. Dabei müssen die jeweils eigenständigen Rechtsgebiete

- Arbeitsrecht,
- Insolvenzrecht,
- Sozialversicherungsrecht und
- Steuerrecht.

miteinander verknüpft werden. Der komplexen Sonderregelungen wegen verweisen wir auf das **Fachbuch des Linde Verlag Wien**

- **„Personalverrechnung in der Insolvenz“**, Mag. Andrea Hilber, Leiterin des Insolvenz-Rechtsschutzes der Arbeiterkammer Oberösterreich.

33.8. Anspruchsbefristungen

Die aus einem Dienstverhältnis resultierenden **Entgeltansprüche verjähren binnen drei Jahren** (§ 1486 Z 5 ABGB). Auf die Verjährung kann im Voraus nicht verzichtet werden; die Vereinbarung einer kürzeren Verjährungsfrist ist zulässig, die Vereinbarung einer längeren hingegen unzulässig (§ 1502 ABGB) (→ 9.6.).

Auf die in den Kollektivverträgen häufig geregelten Verjährungs- bzw. Verfallbestimmungen ist zu achten!

Ersatzansprüche wegen vorzeitigen Austritts oder vorzeitiger Entlassung eines Dienstnehmers (**Kündigungsentschädigung** bzw. **Konventionalstrafe**) müssen bei sonstigem Ausschluss (gänzlicher Verfall) **binnen sechs Monaten** nach Ablauf des Austritts- bzw. Entlassungstags **gerichtlich** geltend gemacht werden (§ 1162d ABGB, § 34 AngG). Diese Ausschlussfrist kann grundsätzlich nicht aufgehoben oder beschränkt werden (§ 1164 Abs. 1 ABGB, § 40 AngG).

Sieht ein Kollektivvertrag vor, dass alle Ansprüche aus dem Dienstvertrag innerhalb von vier Monaten beim Dienstgeber schriftlich geltend zu machen sind, bleibt im Fall einer rechtzeitigen (schriftlichen) Geltendmachung auch für die eigentlich gerichtlich geltend zu machende Kündigungsentschädigung die gesetzliche Verjährungsfrist gewahrt (OGH 4.5.2006, 9 ObA 141/05h). Begründet hat dies der OGH damit, dass die Hemmschwelle einer außergerichtlichen Geltendmachung geringer ist und dass die Notwendigkeit des Abschätzens der Prozesskosten vorerst entfällt.

33.9. Lohnbefriedigungserklärung, Übernahmebestätigung

Muster 31

Lohnbefriedigungserklärung und Übernahmebestätigung anlässlich der Beendigung des Dienstverhältnisses.

Name ____________

Ich bestätige, dass das zwischen der Firma ____________ und mir bestehende Dienstverhältnis mit ____________ ordnungsgemäß beendet wurde.

Anlässlich meines Ausscheidens habe ich einen Betrag von

€ ____________ brutto € ____________ netto

ausbezahlt erhalten (auf mein Gehaltskonto überwiesen bekommen) und erkläre, dass dadurch meine **sämtlichen Ansprüche** aus dem Dienstverhältnis bereinigt wurden und ich darüber hinaus keine wie immer gearteten Ansprüche stellen werde.

Ferner bestätige ich,

- den Lohnzettel
- die Mitteilung zur Vorlage beim Arbeitgeber (Freibetragsmitteilung)
- ein ordnungsgemäßes Dienstzeugnis
- eine Abschrift der Abmeldung von der Sozialversicherung
- ____________

erhalten zu haben, sodass ich auch diesbezüglich keinerlei Ansprüche geltend machen kann.

Zur Kenntnis genommen und ausdrücklich damit einverstanden:

____________, am ____________

____
Unterschrift des Dienstnehmers

Diese **Lohnbefriedigungserklärung** (Entfertigungserklärung) ist ihrem Wortlaut zufolge eine **reine Wissenserklärung ohne Rechtsgestaltungswillen**, da sie nur die Meinung des ausgeschiedenen Dienstnehmers zum Ausdruck bringt, die ihm zustehenden Leistungen im vollen Umfang erhalten zu haben. Ein Verzicht auf unabdingbare arbeitsrechtliche Ansprüche kann davon nicht abgeleitet werden (OGH 16.2.1982, 4 Ob 15/82; OLG Wien 3.4.1989, 33 Ra 21/89).

Eine **Verzichtserklärung**, die ihrem Wortlaut zufolge einen ausdrücklichen Verzicht auf unabdingbare Ansprüche des Dienstnehmers zum Inhalt hat, **ist wirksam**[1451], wenn **kein wirtschaftlicher Druck** mehr auf den Dienstnehmer **ausgeübt** werden kann (OLG Wien 22.6.1990, 33 Ra 48/90) und nicht ein vom Dienstgeber veranlasster Irrtum (z.B. Verzichtshinweis nach der Unterschrift) vorliegt (→ 9.7.).

1451 Zu beachten ist u.a. die Möglichkeit eines Widerrufs des Verzichts (z.B. durch den Kollektivvertrag).

34. Abgabenrechtliche Behandlung der Bezugsansprüche bei Beendigung von Dienstverhältnissen

In diesem Kapitel werden u.a. Antworten auf folgende praxisrelevanten Fragestellungen gegeben:

34.1. Laufender Bezug – Sonderzahlungen

34.1.1. Laufender Bezug

34.1.1.1. Sozialversicherung

Die laufenden Bezüge **bis zur Beendigung** des Dienstverhältnisses sind nach den **üblichen Regelungen** sozialversicherungsmäßig zu behandeln.

Für **Zahlungen nach Beendigung** des Dienstverhältnisses besteht grundsätzlich immer dann eine Beitragspflicht, wenn diese als (nachträgliches) Entgelt für die ehemalige Erwerbstätigkeit des Dienstnehmers zu qualifizieren sind. In diesem Fall sind die Zahlungen jenen Beitragszeiträumen zuzuordnen (→ 24.3.2.1.), in denen der Anspruch entstanden ist. Siehe dazu auch Punkt 23.3.1.1..

34.1.1.2. Lohnsteuer

Die laufenden Bezüge **bis zur Beendigung** des Dienstverhältnisses sind nach den **üblichen Regelungen** lohnsteuermäßig zu behandeln.

Auch Zahlungen **nach Beendigung** des Dienstverhältnisses stellen im Zeitpunkt des Zuflusses lohnsteuerpflichtige Einkünfte dar.

34.1.2. Sonderzahlungen

34.1.2.1. Sozialversicherung

Die bei (bis zum) Dienstverhältnisende anfallenden Sonderzahlungen (Urlaubsbeihilfe, Weihnachtsremuneration usw.) sind als solche abzurechnen (→ 23.3.).

Bei einer Gewährung von Sonderzahlungen **nach Beendigung** des Dienstverhältnisses kann es sich nach Ansicht des DVSV nur um leistungsbezogene Sonderzahlungen handeln, die jenem Zeitraum beitragspflichtig zuzuordnen sind, in dem die Leistungen erbracht worden sind (E-MVB, 044-01-00-006).

Zur sozialversicherungsrechtlichen Behandlung von weiteren **Zahlungen nach dem Ende des Dienstverhältnisses** siehe Punkt 23.3.1.1..

34.1.2.2. Lohnsteuer

Die **bei (bis zum) Dienstverhältnisende** anfallenden Sonderzahlungen (Urlaubsbeihilfe, Weihnachtsremuneration usw.) sind als solche abzurechnen (→ 23.3.).

Werden „normale" sonstige Bezüge gemäß § 67 Abs. 1 und 2 EStG **nach Beendigung** des Dienstverhältnisses ausbezahlt, sind sie wie ein laufender Bezug zu versteuern (→ 23.3.2.6.2.). Die in § 67 Abs. 3 bis 8 EStG genannten (besonderen) sonstigen Bezüge (→ 23.3.2.1.) behalten jedoch grundsätzlich auch bei Zahlung nach Ende des Dienstverhältnisses ihre begünstigte Besteuerung.

34.2. Zeitguthaben – Zeitschulden

34.2.1. Zeitguthaben

34.2.1.1. Sozialversicherung

Gleitzeitguthaben:

Gleitzeitguthaben sind beitragsrechtlich jenem **Beitragszeitraum** zuzuordnen, in welchem die **Abgeltung ausbezahlt** wird. Eine Aufrollung der einzelnen monatlichen Beitragszeiträume, aus denen dieses Guthaben stammt, kommt in der Regel deshalb nicht in Betracht, weil das Guthaben gleichsam als Ergebnis eines „Arbeitszeitkontokorrents" das rechnerische Ergebnis von Gutstunden und Fehlstunden ist und als solches daher **keinem bestimmten Beitragszeitraum zugeordnet** werden kann. Es kann daher beitragsrechtlich nur jenem Beitragszeitraum zugeordnet werden, in welchem die Abgeltung ausbezahlt wird. Führt die Abrechnung im Austrittsmonat zum Überschreiten der Höchstbeitragsgrundlage, ist die Beitragsgrundlage in diesem Monat mit der jeweils anzuwendenden Höchstbeitragsgrundlage begrenzt (VwGH 21.4.2004, 2001/08/0048).

Nach Ansicht des DVSV ist zu unterscheiden: Ist das Gleitzeitguthaben **zeitraumbezogen zuordenbar**, ist dieses beitragsrechtlich den Beitragszeiträumen zuzuordnen, in denen die Gutstunden geleistet wurden, d.h. nach § 44 Abs. 7 ASVG ist eine **Aufrollung** (→ 24.3.2.1.) durchzuführen (E-MVB, 049-01-00-008). Ist das Gleitzeitguthaben **nicht konkreten Beitragszeiträumen zuordenbar** (bei einem Arbeitszeitkontokorrentkonto), ist dieses beitragsrechtlich mit den laufenden Bezügen jenes **Monats**

abzurechnen, in dem die **Abgeltung zur Auszahlung** gelangt[1452]. Eine sorgfältige Dokumentation des Sachverhalts ist zu empfehlen.

Es erfolgt ein **berechtigter vorzeitiger Austritt** durch den Dienstnehmer **während eines Krankenstandes** und wird vom Dienstgeber im Austrittsmonat ein offenes **Zeitguthaben aus einer Gleitzeitvereinbarung** ausbezahlt, wobei im Austrittsmonat

1. kein Entgeltfortzahlungsanspruch mehr,
2. ein Entgeltfortzahlungsanspruch auf das halbe Entgelt oder
3. für 15 Tage ein Entgeltfortzahlungsanspruch in voller Höhe und für 15 Tage in halber Höhe

besteht, ist diese Auszahlung beitragsrechtlich in allen drei Fällen als **laufendes Entgelt im Beitragsmonat des Auszahlungsanspruchs** abzurechnen (sofern das Gleitzeitguthaben nicht einem Beitragszeitraum zuordenbar ist). Es ist jeweils im Austrittsmonat eine Abmeldung vorzunehmen und eine Arbeits- und Entgeltbestätigung vorzulegen. Ist der Dienstnehmer bereits abgemeldet, ist im Austrittsmonat eine An- und Abmeldung vorzunehmen sowie eine Arbeits- und Entgeltbestätigung vorzulegen (Nö. GKK, NÖDIS Nr. 9/Juli 2016).

Sabbaticalguthaben:

Auch (nach einem Kollektivvertrag) ausbezahlte **Sabbaticalguthaben** sind als beitragspflichtiges laufendes Entgelt (Einmalprämie, → 23.3.1.1.) im Beitragszeitraum der Auszahlung abzurechnen. Es hat keine Aufrollung in die einzelnen monatlichen Beitragszeiträume zu erfolgen, aus denen das Guthaben stammt, da die Abfindung auf Basis des zum Zeitpunkt der Auszahlung aktuellen Gehalts zu berechnen ist. Es besteht kein Grund, eine solche Zahlung anders zu behandeln, wenn sie bei Beendigung des Dienstverhältnisses erfolgt: Auch in diesem Fall erhöht sie die Beitragsgrundlage für den Beitragszeitraum, in dem die Auszahlung erfolgt. Zu einer Verlängerung der Pflichtversicherung gemäß § 11 Abs. 2 2. Satz ASVG kommt es nicht, weil diese Bestimmung (neben dem hier nicht relevanten Fall der Kündigungsentschädigung) ausdrücklich nur auf eine Ersatzleistung für Urlaubsentgelt (Urlaubsabfindung, Urlaubsentschädigung) abstellt (VwGH 3.4.2019, Ro 2018/08/0017).

Zeitguthaben aus anderen Durchrechnungsvereinbarungen:

Die Rechtsprechung des VwGH zu Gleitzeit- und Sabbaticalguthaben kann unseres Erachtens auch auf Zeitguthaben aus anderen Durchrechnungsvereinbarungen (flexiblen Arbeitszeitmodellen) umgelegt werden. Werden solche bei Beendigung des Dienstverhältnisses zur Auszahlung gebracht, stellen sie **laufende Bezüge im Auszahlungsmonat** (Austrittsmonat) dar. Es hat weder eine Aufrollung in vergangene Lohnzahlungszeiträume zu erfolgen noch kommt es zu einer Verlängerung der Pflichtversicherung.

34.2.1.2. Lohnsteuer

Nachträgliche Zahlungen von **Normalarbeitsstunden** für **abgelaufene Kalenderjahre** sind wie **Nachzahlungen** (→ 24.3.2.2., → 24.9.) zu versteuern. Nachträgliche Zahlungen für das **laufende Kalenderjahr** sind aufzurollen (→ 11.5.4.).

1452 Bei geringfügig Beschäftigten (→ 31.4.) kann es in diesem Fall dazu kommen, dass diese im Austrittsmonat der Vollversicherung unterliegen (VwGH 21.4.2004, 2001/08/0048). Nachgelagerte Beendigungsansprüche z.B. in Form einer Ersatzleistung für Urlaubsentgelt (→ 34.7.1.1.1.) führen wieder zu einer Teilversicherung.

Überstunden:

Überstundenentlohnungen für abgelaufene Kalenderjahre sind wie **Nachzahlungen** zu versteuern[1453] (VwGH 26.7.2017, Ra 2016/13/0043; → 24.3.2.2., → 24.9.)[1454]. Erfolgt die nachträgliche Zahlung auf Grund der im AZG bzw. ARG vorgesehenen Regelungen über die Normalarbeitszeit, liegen nach Ansicht des BMF zwingende wirtschaftliche Gründe für die nachträgliche Auszahlung vor. Grundsätzlich ist bei Nachzahlungen für abgelaufene Kalenderjahre davon auszugehen, dass die jeweils ältesten Zeitguthaben zuerst (in Freizeit) ausgeglichen werden (LStR 2002, Rz 1106). Gelangen steuerfreie Bezugsteile (Zulagen und Zuschläge) gemäß § 68 EStG zur Nachzahlung, sind diese zusammen mit der (übrigen) Nachzahlung zu erfassen und nicht separat steuerfrei zu belassen (vgl. ähnlich LStR 2002, Rz 1101a).

Werden hingegen **Überstunden für das laufende Kalenderjahr** bzw. bis zum 15. Februar des Folgejahrs (→ 24.9.2.) nachgezahlt (insb. auch auf Grund der Regelung im AZG bzw. im ARG) (→ 33.6.), dann bleibt bei Vorliegen der Voraussetzungen die **Steuerfreiheit für Überstundenzuschläge** gem. § 68 Abs. 1 und 2 EStG im Zeitpunkt der Leistung der Überstunden **auch bei** einer **späteren Auszahlung** der Überstundenentgelte (innerhalb desselben Kalenderjahrs) **erhalten**[1455]. Kommt es zu einem teilweisen Zeitausgleich geleisteter Überstunden und wird der restliche Teil der Überstundenentgelte ausbezahlt, bestehen keine Bedenken, davon auszugehen, dass **vorrangig die steuerlich nicht begünstigten** über die zehn Überstunden hinausgehenden Überstunden **in Form von Freizeit** ausgeglichen werden, die Überstundenentgelte für die steuerfreien Zuschläge für die ersten zehn Überstunden samt dem Überstundenentgelt aber ausbezahlt werden (bei Vorliegen einer Gleitzeitvereinbarung, siehe nachstehend). Wird die **Überstunde durch Zeitausgleich** abgegolten, der Überstundenzuschlag hingegen ausbezahlt, dann ist eine **Steuerfreiheit** gem. § 68 EStG **nicht gegeben**, weil die Voraussetzung für die Steuerfreiheit der im § 68 EStG geregelten Zulagen und Zuschläge nur dann vorliegt, wenn derartige Zulagen und Zuschläge neben dem Grundlohn bezahlt werden (LStR 2002, Rz 1151).

Gleitzeitguthaben:

Die **Vergütung** des **Gleitzeitsaldos** stellt **keine Nachzahlung** dar, da bis zum Zeitpunkt der Abrechnung der Gleitzeitperiode der Arbeitnehmer keinen Anspruch auf die Bezahlung des Gleitzeitguthabens hat. Bei einem **Gleitzeitguthaben** kommt daher eine **Aufrollung** der einzelnen Zeiträume **nicht** in Betracht. Es kann demnach nur jenem Zeitraum zugeordnet werden, in welchem die Abgeltung ausbezahlt wurde.

1453 Bei regelmäßig um einen Monat zeitverschobenen Auszahlungen von Zulagen und Zuschlägen ist nicht von einer Nachzahlung auszugehen (LStR 2002 – Beispielsammlung, Rz 11106).

1454 Der VwGH führt darüber hinaus in dieser Entscheidung aus, dass nach Ablauf des Kalenderjahres ausgezahlte Überstundenentlohnungen – sofern diese (aufgrund einer willkürlichen Verschiebung) nicht unter § 67 Abs. 8 lit c EStG fallen – mangels Möglichkeit einer Aufrollung im Allgemeinen nach § 67 Abs. 10 EStG zu versteuern sind. Dies ist unseres Erachtens nicht korrekt, da Überstundenentlohnungen grundsätzlich zum laufenden Entgelt zählen und bei willkürlicher Verschiebung laufendes Entgelt auch als laufendes Entgelt nach Tarif zu versteuern ist. Eine Ausnahme davon – und damit eine etwaige Besteuerung nach § 67 Abs. 10 EStG bei willkürlicher Verschiebung – könnte ausnahmsweise nur dann gelten, wenn es einen Rechtstitel für eine z.B. nur jährlich vorzunehmende Auszahlung von Überstundenkontingenten gibt. Allerdings wird auch hierfür (z.B. bei Auszahlung von Gleitzeitkontingenten am Ende der Gleitzeitperiode) in der Praxis meist eine laufende Bezugslohnart gewählt (→ 18.3.6.6.).

1455 Demnach ist die Lohnsteuer durch Aufrollen der in Betracht kommenden Lohnzahlungszeiträume zu berechnen (→ 11.5.4.).

Die Abgeltung für ein im Rahmen einer Gleitzeitvereinbarung entstandenes Zeitguthaben ist **im Auszahlungsmonat als laufender Bezug** zu versteuern. Die Befreiung im Rahmen des **§ 68 Abs. 2 EStG** kann für die abgegoltenen Überstunden **nur für den Auszahlungsmonat** angewendet werden, da erst im Zeitpunkt der Abrechnung das Vorliegen von Überstunden beurteilt werden kann. Werden im Rahmen der Gleitzeitvereinbarung vom Arbeitnehmer angeordnete Überstunden (z.B. auf Grund einer Überstundenvereinbarung) geleistet, dann können für die monatlich tatsächlich geleisteten und bezahlten Überstunden die Begünstigungen gem. § 68 Abs. 1 und 2 EStG berücksichtigt werden (→ 18.3.6.6.) (LStR 2002, Rz 1150a).

Sabbaticalguthaben:

Bei Arbeitszeitmodellen (z.B. Altersteilzeit, Zeitwertkonto, Langzeitkonto, Lebensarbeitszeitkonto, Sabbatical und ähnliche), nach welchen der Arbeitnehmer in der Regel seine volle Normalarbeitszeit leistet, aber ein Teil dieser Arbeitszeit vorerst nicht finanziell abgegolten, sondern auf ein „Zeitkonto" übertragen wird, um vom Arbeitnehmer zu einem späteren Zeitpunkt konsumiert zu werden (bezahlte „Auszeit"), gelten für den Fall der **ausnahmsweisen vorzeitigen Auszahlung** der erworbenen Entgeltansprüche (z.B. bei Beendigung des Dienstverhältnisses) nach Ansicht des BMF die Ausführungen in den LStR 2002, Rz 1116a zur Altersteilzeit sinngemäß (→ 27.3.2.1.6.) (LStR 2002, Rz 639a).

Demnach sind bei Beendigung des Dienstverhältnisses wegen Todes des Arbeitnehmers oder Zuerkennung einer Pension Zahlungen von **Normalarbeitsstunden** für **abgelaufene Kalenderjahre** wie **Nachzahlungen** (→ 24.3.2.2., → 24.9.) zu versteuern. Nachträgliche Zahlungen für das **laufende Kalenderjahr** sind aufzurollen (→ 11.5.4.). Im Falle einer berechtigten Entlassung, einvernehmlichen Auflösung des Dienstverhältnisses und Kündigung des Dienstverhältnisses ist nach Ansicht des BMF eine Besteuerung nach § 67 Abs. 10 EStG zum Tarif (→ 23.3.2.1.) vorzunehmen. Bei Beendigung im Zuge einer Insolvenz und Übernahme der offenen Forderung durch den Insolvenz-Entgelt-Fonds erfolgt die Besteuerung gemäß § 67 Abs. 8 lit. g EStG (→ 24.6.2.2.) (LStR 2002, Rz 1116a).

Die unterschiedliche steuerliche Behandlung von bei Beendigung des Dienstverhältnisses ausbezahlten Gleitzeitguthaben (Besteuerung als laufender Bezug) und Sabbaticalguthaben (siehe vorstehend) ist aus unserer Sicht nicht nachvollziehbar. In beiden Fällen handelt es sich um im Rahmen flexibler Arbeitzeitmodelle angesammelte Mehrleistungsstunden, auf deren Auszahlung der Arbeitnehmer bei aufrechtem Dienstverhältnis grundsätzlich keinen Anspruch hat. Da diese Zeitguthaben laufend erarbeitet wurden, ändert die bloße Auszahlungsmodalität unseres Erachtens nichts daran, dass ein laufender Bezug vorliegt. Eine Besteuerung nach § 67 Abs. 10 EStG scheidet daher unseres Erachtens im Regelfall aus. Auch eine Besteuerung als Nachzahlung erscheint fraglich, da die erarbeiteten Zeitguthaben noch nicht fällig waren. Unseres Erachtens sind daher auch im Rahmen der Beendigung eines Dienstverhältnisses ausbezahlte Sabbaticalguthaben (so wie auch Gleitzeitguthaben) grundsätzlich als laufender Bezug im Auszahlungsmonat zu versteuern.

Besteuerung des Zeitzuschlags nach § 19e Abs. 1 AZG:

Für den Fall der **Beendigung des Dienstverhältnisses** sieht § 19e Abs. 1 AZG vor, dass die im Zeitpunkt der Beendigung des Dienstverhältnisses bestehenden **Gut-**

haben des Arbeitnehmers an Normalarbeitszeit abzugelten sind, wobei gem. § 19e Abs. 2 AZG für Guthaben an Normalarbeitszeit ein **Zuschlag von 50%** gebührt (→ 33.6.). Da in diesem Fall eine Abgeltung von Normalarbeitszeit (wenn auch mit 50% Zuschlag) erfolgt, steht die **Steuerbegünstigung gem. § 68 Abs. 2 EStG** (→ 18.3.1.) **nicht** zu (LStR 2002, Rz 1150a).

34.2.2. Zeitschulden

34.2.2.1. Sozialversicherung

Nach früherer Rechtsansicht war die Rückverrechnung von Zeitschulden, sofern diese arbeitsrechtlich überhaupt zulässig ist (→ 33.6.2.), analog zur Erstattung von Urlaubsentgelt im Austrittsmonat als Bruttorückzahlungsbetrag (Minusbetrag) ohne Auswirkung auf die Sozialversicherung beitragsfrei abzurechnen.

Demgegenüber soll sich eine Rückverrechnung von Zeitschulden nach der aktuellen Verwaltungsauffassung nunmehr auf die Beitragsgrundlage auswirken. Durch eine **Aufrollung** ist das verminderte Entgelt jenen Beitragszeiträumen zuzuordnen, in denen die „Minusstunden" entstanden sind (Nö. GKK, NÖDIS Nr. 5/April 2017). Entsprechend der Vorgehensweise bei Zeitguthaben (→ 34.2.1.1.) ist eine Aufrollung wohl nur dann vorzunehmen, wenn eine Zuordnung noch möglich ist. Bei Gleitzeitguthaben wird es daher regelmäßig zu einer Reduktion der Beitragsgrundlage erst im Rückzahlungsmonat kommen.

34.2.2.2. Lohnsteuer

Der Bruttorückzahlungsbetrag ist im Austrittsmonat als Rückzahlung von Arbeitslohn gem. § 16 Abs. 2 EStG in Form von **Werbungskosten** (→ 14.1.1.) zu berücksichtigen. Der Rückzahlungsbetrag vermindert demnach die Lohnsteuerbemessungsgrundlage des laufenden Bezugs des Austrittsmonats.

34.3. Bezüge bei Tod des Dienstnehmers

34.3.1. Sozialversicherung

Durch den Tod des Dienstnehmers **enden** das Dienstverhältnis und seine **Pflichtversicherung** (§ 11 Abs. 1 ASVG).

Die bis zum Todestag anfallenden laufenden Bezüge (und Sonderzahlungen) sind als solche abzurechnen. Endet das Dienstverhältnis während einer Abrechnungsperiode, liegt eine gebrochene Abrechnungsperiode vor (→ 12.).

Überstunden sind dem laufenden Bezug jenes **Beitragszeitraums zuzuordnen**, in dem die Überstunden geleistet wurden.

Noch gebührende **Abschlussprovisionen** (→ 9.3.3.5.) sind jenen Beitragszeiträumen zuzuordnen, in denen die Geschäftsabschlüsse getätigt wurden. Ist dies nicht mehr möglich, sind die Abschlussprovisionen beitragsrechtlich als Sonderzahlungen zu behandeln (VwGH 20.3.1964, 785/63).

Eine **Ersatzleistung für Urlaubsentgelt** (→ 26.2.9.1.) **verlängert** die Pflichtversicherung bei Tod des Dienstnehmers **nicht**.

Über den Sterbetag des Dienstnehmers hinaus an dessen Rechtsnachfolger (z.B. Witwe) bezahlte Bezüge (sog. **„Sterbebezüge"**) und ev. Folgeprovisionen (→ 9.3.3.5.) sowie sonstige **Sterbegelder** (Sterbequartale), Todfallsbeiträge, die aus dem Anlass der Beendigung des Dienstverhältnisses anfallen, sind gem. § 49 Abs. 3 ASVG **beitragsfrei** zu behandeln.

34.3.2. Lohnsteuer

34.3.2.1. Allgemeines

Gemäß den Bestimmungen des § 32 Z 2 EStG sind Einkünfte aus einer ehemaligen nicht selbstständigen Tätigkeit i.S.d. § 2 Abs. 3 Z 4 EStG den Einkünften i.S.d. § 2 Abs. 3 EStG (also den **Einkünften** des **Verstorbenen**) **zuzuordnen**, auch wenn diese dem Rechtsnachfolger zufließen.

Wenn nach einem verstorbenen Arbeitnehmer an dessen **Rechtsnachfolger kein laufender Arbeitslohn** bezahlt wird (z.B. Firmen-Witwenpension), hat die Besteuerung von Bezügen auf Grund der vom Arbeitgeber beim **verstorbenen Arbeitnehmer** zu beachtenden **Besteuerungsmerkmale** (z.B. Alleinverdienerabsetzbetrag/Kinder) zu erfolgen.

Soweit solche Bezüge in die **Veranlagung** einzubeziehen sind, sind sie bei der Veranlagung der Einkommen- bzw. Lohnsteuer des verstorbenen Arbeitnehmers zu berücksichtigen (→ 15.2.).

Der **Lohnzettel** (L 16, → 35.1.) ist auf den verstorbenen Arbeitnehmer auszustellen (LStR 2002, Rz 1085a).

Wird hingegen vom **Arbeitgeber an den Rechtsnachfolger** eines verstorbenen Arbeitnehmers in dessen Eigenschaft als Rechtsnachfolger eine **Firmenpension, Betriebspension und Ähnliches (laufender „Arbeitslohn") ausgezahlt**, so hat der **Rechtsnachfolger die Bezüge zu versteuern** bzw. ist nach den Merkmalen des Rechtsnachfolgers der Lohnsteuerabzug vorzunehmen und für diesen ein Lohnzettel zu übermitteln. Erhält der Rechtsnachfolger daneben noch andere Zahlungen (z.B. Hinterbliebenenabfertigung gem. § 23 Abs. 6 AngG → 33.3.1.2.), so ist diesbezüglich ebenfalls der Rechtsnachfolger das Steuersubjekt (EStR 2000, Rz 6899).

Werden nach dem Ableben des Arbeitnehmers **Bezüge** an Hinterbliebene (z.B. Witwe, Kinder) auf Grund von **Sonderverträgen** ausbezahlt, sind diese ebenfalls als Einkünfte aus nicht selbstständiger Arbeit nach den **steuerlichen Merkmalen des Empfängers** (des Hinterbliebenen) zu versteuern.

34.3.2.2. Bezüge aus dem laufenden Dienstverhältnis

Die **bis zum Zeitpunkt des Todes anfallenden Bezüge** aus dem Dienstverhältnis (laufendes Entgelt, anteilige Sonderzahlungen, Überstunden, Zulagen und Zuschläge, Reisekostenersätze etc.) sind nach den jeweiligen allgemeinen Besteuerungsgrundsätzen abzurechnen.

34.3.2.3. Beendigungskausale Ansprüche

Sterbebezüge (Fortzahlung der Bezüge):

Erfolgt eine (laufende) **Weiterzahlung der Bezüge** über den Sterbetag des Arbeitnehmers hinaus bis zum Ende des Sterbemonats und ev. auch noch für die Folgemonate (aufgrund des Kollektivvertrags, einer Betriebsvereinbarung, des Dienstvertrags oder freiwillig), ist dieser sog. „Sterbebezug" nach dem **Lohnsteuertarif** zu versteuern.

Sterbebezüge als einmalige Entschädigung abhängig von der Dauer des Dienstverhältnisses:

Ausnahmsweise können Sterbebezüge, die

- aufgrund **kollektivvertraglicher Regelungen**
- **über den Sterbemonat hinaus** bezahlt werden und
- von der Anzahl der zurückgelegten **Dienstjahre abhängen,**

gem. **§ 67 Abs. 3 EStG** (als kollektivvertragliche Abfertigung) begünstigt mit 6% besteuert werden (→ 34.7.2.1.), sofern das Dienstverhältnis des Verstorbenen dem „alten" Abfertigungsrecht unterlag (LStR 2002, Rz 1076a).

Das BMF hat diese Vorgehensweise für die Sterbebezüge gem. § 10 Abs. 4 des Rahmenkollektivvertrages für Angestellte der Industrie akzeptiert (LStR 2002, Rz 1076a).

Beim Sterbequartal (dreifaches zuletzt bezogenes Monatsentgelt) für eine Hinterbliebene eines Angestellten der Kammer der Wirtschaftstreuhänder handelt es sich um keine Abfertigung, deren Höhe sich nach einem von der Dauer des Dienstverhältnisses abhängigen Mehrfachen des laufenden Arbeitslohnes bestimmt, sondern um den Sterbegeldern oder Todfallsbeiträgen vergleichbare Beträge (siehe dazu nachstehend) (LStR 2002, Rz 1076b).

Todfallszahlungen (Sterbegelder, Sterbequartale, Todfallsbeiträge u.dgl.) bei Tod eines aktiven Arbeitnehmers:

Besteht auf die Zuwendung auf Grund einer lohngestaltenden Vorschrift (→ 21.1.) ein Anspruch (z.B. Sterbekostenbeitrag, Sterbequartal, Todfallsbeitrag)[1456], kommt die Steuerbefreiung gem. § 3 Abs. 1 Z 19 EStG für (freiwillige) Begräbniskosten (→ 21.2.1.) nicht zur Anwendung, sodass die Zuwendung auch in Höhe etwaiger Begräbniskosten dem Grunde nach steuerpflichtig ist (LStR 2002, Rz 101).

Vielmehr ist die Besteuerung wie folgt vorzunehmen:

Erhält der Rechtsnachfolger keine Bezüge (Aktiv- oder Pensionsbezüge) vom Arbeitgeber des Verstorbenen und wird eine einmalige Todfallszahlung

- **unabhängig von der Dauer** der zurückgelegten Dienstzeit

gewährt, ist diese nach den Bestimmungen des **§ 67 Abs. 6 EStG** begünstigt mit 6% zu versteuern (→ 34.7.2.2.), wenn zum Zeitpunkt des Todes des Arbeitnehmers das

1456 Auch eine Sterbekostenversicherung fällt nicht unter die Begünstigung.

Dienstverhältnis noch aufrecht war bzw. wenn der Arbeitnehmer **innerhalb von zwölf Monaten**[1457] nach Beendigung des Dienstverhältnisses **stirbt**.

Wichtiger Hinweis: Die Begünstigung des § 67 Abs. 6 EStG steht nur dann zu, wenn der Verstorbene dem „alten" Abfertigungsrecht unterliegt. Andernfalls hat die Besteuerung der Todfallszahlung nach **§ 67 Abs. 1 und 2 EStG** zu erfolgen (LStR 2002, Rz 1085a).

Todfallszahlungen (Sterbegelder, Sterbequartale, Todfallsbeiträge u.dgl.) bei Tod eines Firmenpensionisten:

Erhält der Rechtsnachfolger (z.B. Witwe)[1458] nach einem verstorbenen Firmenpensionisten eine Todfallszahlung, ist diese nach **§ 67 Abs. 1 und 2 EStG** (→ 23.3.2.) zu versteuern. § 67 Abs. 6 EStG kann nicht angewendet werden, weil der Bezug einer Firmenpension kein Dienstverhältnis gem. § 47 Abs. 2 EStG begründet (LStR 2002, Rz 1085a).

Die Besteuerung hat grundsätzlich nach den Besteuerungsmerkmalen des Verstorbenen zu erfolgen. Erhält jedoch der Rechtsnachfolger selbst vom Arbeitgeber eine Firmenpension bzw. laufenden Arbeitslohn, ist die Besteuerung beim Rechtsnachfolger nach dessen Besteuerungsmerkmalen durchzuführen und für diesen ein Lohnzettel zu übermitteln (→ 34.3.2.1.).

Weitere Beendigungsansprüche:

Weitere Beendigungsansprüche, wie z.B. gesetzliche (Hinterbliebenen-)Abfertigungen (→ 33.3.1.2.) oder Ersatzleistungen für Urlaubsentgelt (→ 26.2.9.1.), sind nach den allgemeinen Grundsätzen zu versteuern (siehe hierzu Punkt 34.7.).

34.4. Kündigungsentschädigung

34.4.1. Sozialversicherung

Die **Pflichtversicherung besteht weiter** für die Zeit des Bezugs einer Kündigungsentschädigung. Die zum Zeitpunkt der Beendigung des Dienstverhältnisses fällig werdende pauschalierte Kündigungsentschädigung ist auf den entsprechenden Zeitraum der Kündigungsfrist umzulegen (§ 11 Abs. 2 ASVG).

Die in der Kündigungsentschädigung enthaltenen Teile[1459] der

laufenden Bezüge	**Sonderzahlungen**
sind für jeden Monat des Entschädigungszeitraums (oder eines Teils davon) als laufende Bezüge[1460] (→ 11., → 12.)	sind wie Sonderzahlungen (→ 23.3., → 34.7.1., → 34.7.1.2.)

zu behandeln.

1457 War das Dienstverhältnis bereits **beendet bzw. liegt ein längerer Zeitraum als zwölf Monate** nach Beendigung des Dienstverhältnisses vor, sind derartige Bezüge nach den Bestimmungen des **§ 67 Abs. 10 EStG** im Zeitpunkt des Zufließens nach dem Lohnsteuertarif des jeweiligen Kalendermonats der Besteuerung zu unterziehen (→ 23.3.2.6.2.).

1458 Als Rechtsnachfolger gilt jede Person, an die Sterbegeld ausgezahlt wird (LStR 2002, Rz 1085a).

1459 Die Kündigungsentschädigung umfasst sowohl das laufende Entgelt, auf das der Dienstnehmer während der fiktiven Kündigungsfrist Anspruch gehabt hätte, als auch die anteiligen Sonderzahlungen sowie sonstige Entgeltbestandteile, also auch während des Entschädigungszeitraums entstehende höhere Abfertigungsansprüche und Ansprüche auf Ersatzleistung für Urlaubsentgelt (→ 33.4.2.2.).

1460 Werden Folgeprovisionen (→ 9.3.3.5.) im Verlängerungszeitraum einer Pflichtversicherung ausbezahlt, erhöhen diese die Beitragsgrundlage (E-MVB, 044-01-00-006).

Bisher beitragsfrei zu behandelnde Bezugsbestandteile (z.B. Schmutzzulage, → 18.2.) sind beitragspflichtig zu behandeln.

Jene Teile einer Kündigungsentschädigung, die sozialversicherungsrechtlich als **laufendes Entgelt** zu qualifizieren sind, sind **entsprechend der Verlängerung der Pflichtversicherung** dem(n) jeweiligen Monat(en) **zuzuordnen**. Dabei müssen die Höchstbeitragsgrundlagen und die Beitragssätze (Prozentsätze) dieser Beitragszeiträume berücksichtigt werden. Die Beurteilung hinsichtlich einer etwaigen **Verminderung oder eines Entfalls des AV-Beitrags** hat im Anschluss daran **zeitraumbezogen** zu erfolgen (→ 31.12.). Sämtliche anlässlich der Beendigung des Dienstverhältnisses gebührenden (aliquoten) **Sonderzahlungen** – also auch jene Teile, die auf die Kündigungsentschädigung entfallen – sind demgegenüber immer **in dem Monat** zu berücksichtigen, in dem sie **arbeitsrechtlich fällig** werden.

Die einzelnen Beitragsgrundlagen der Kündigungsentschädigung sind anhand der **mBGM** (über Storno und Neumeldung) zu melden.

Eintragungshinweise zur Abmeldung zur Pflichtversicherung finden Sie im nachstehenden Beispiel.

Die Meldefrist für die Abmeldung beginnt mit dem Ende des Entgeltanspruchs zu laufen.

Beispiel 157

Sozialversicherungsrechtliche Behandlung einer Kündigungsentschädigung.

Angaben:

Bruttoermittlung der Kündigungsentschädigung wie im Beispiel 156:

– 1. Teil der Kündigungsentschädigung	€ 13.300,00
– 2. Teil der Kündigungsentschädigung	€ 4.029,48
– Abfertigungsteil	€ 13.299,99
	€ 30.629,47

– Beschäftigtengruppe: Angestellte.

Lösung:

Die auf die Kündigungsentschädigung entfallenden Dienstnehmeranteile zur Sozialversicherung betragen:

- für die laufenden Bezüge:

1. Teil:	12.3.–31.5.	€ 10.006,67 × 18,12 %	= € 1.813,21
	1.6.–11.6.	€ 1.393,33 × 17,12% ①	= € 238,54
2. Teil:	12.6.–30.6.	€ 601,67 × 17,12% ①	= € 103,01
	1.7.–30.9. (€ 950,00 × 3 =)	€ 2.850,00 × 15,12% ③	= € 430,92

- für die Sonderzahlung:

1. Teil:	12.3.–11.6.	€ 1.900,00 × 17,12% ④	= € 325,28
2. Teil:	12.6.–30.9.	€ 577,81 ② × 14,12% ③	= € 81,59
			€ 2.992,55

Der Abfertigungsteil ist beitragsfrei zu behandeln (→ 34.7.1.2.)

① € 2.406,67 (alter Dienstgeber: Bezug vom 12.6.–30.6.)
– € 1.805,00 (neuer Dienstgeber: Bezug vom 12.6.–30.6.)
€ 601,67 + € 1.393,33 (1.6.–11.6. = € 3.800,00 : 30 × 11)
€ 1.995,00 = kleiner als € 2.161,01 und größer als € 1.994,00 (daher Verminderung des AV-Beitrag um 1%).

€ 11.400,00 – € 1.393,33 = € 10.006,67

② € 2.311,23 (alter Dienstgeber: Sonderzahlungen vom 12.6.–30.9.
– € 1.733,42 (neuer Dienstgeber: Sonderzahlungen vom 12.6.–30.9.
€ 577,81 = kleiner als € 1.828,00 ③

siehe Beispiel 156

③ Verminderung um den AV-Beitrag (→ 31.12.).

④ Keine Verminderung um den AV-Beitrag (Berücksichtigung der aliquoten Sonderzahlungen für 1.1.–11.3.).

Die **monatlichen Beitragsgrundlagenmeldungen (mBGM)** für **März bis September 2022** sind über Storno und Neumeldung **richtigzustellen**. Ob die Verrechnung eine Kündigungsentschädigung enthält oder nicht, ist bei der Meldung des Tarifblocks (→ 39.1.1.1.4.) im Rahmen von einer mindestens einen Monat oder einer auf unbestimmte Zeit vereinbarten Beschäftigung anzugeben.

Bezüglich der zeitraumbezogenen Zuordnung einer Kündigungsentschädigung siehe auch Punkt 34.7.3.

Wenn sowohl eine Kündigungsentschädigung als auch eine Urlaubsersatzleistung anfallen, ist die Zeit der Kündigungsentschädigung vor der Zeit der Urlaubsersatzleistung anzuführen.

Die **Abmeldung zur Pflichtversicherung** ist über die Meldung „**Richtigstellung Abmeldung**" zu korrigieren.

Dabei ist auf der richtiggestellten Abmeldung

- unter „Ende des Beschäftigungsverhältnisses" als arbeitsrechtliches Ende der Beschäftigung (so wie schon einmal gemeldet) der 11.3.2022 und
- unter „Ende des Entgeltanspruchs" als Ende der Pflichtversicherung der 30.9.2022 einzutragen.
- Der Zeitraum der Kündigungsentschädigung (12.3. bis 30.9.2022) ist separat anzugeben.
- Unterliegt das Dienstverhältnis dem BMSVG (Abfertigung „neu"), ist zusätzlich unter „Ende der Zahlung des BV-Beitrags" als Ende der BV-Beitragszeit der 30.9.2022 einzutragen.

34.4.2. Lohnsteuer

Dieser Punkt beinhaltet neben Erläuterungen und Beispielen die Bestimmungen des **§ 67 Abs. 8 lit. b EStG** und die dazu ergangenen erlassmäßigen Regelungen, insb. die der

- **Lohnsteuerrichtlinien 2002**, Rz 1100–1102a, 1104a.

Kündigungsentschädigungen ① sind

- gem. § 67 Abs. 10 EStG **im Kalendermonat der Zahlung** zu erfassen (zu versteuern).

Dabei ist nach Abzug der darauf entfallenden Beiträge i.S.d. § 62 Z 3, 4 und 5 EStG ②

- **ein Fünftel steuerfrei** zu belassen, höchstens jedoch ein Fünftel des 9-Fachen der monatlichen Höchstbeitragsgrundlage gem. § 108 ASVG ③ (§ 67 Abs. 8 lit. b EStG).

① Die Kündigungsentschädigung umfasst sowohl das laufende Entgelt, auf das der Arbeitnehmer während der fiktiven Kündigungsfrist Anspruch gehabt hätte, als auch die anteiligen Sonderzahlungen sowie sonstige Entgeltbestandteile, **also auch** während des Entschädigungszeitraums entstehende höhere **Abfertigungsansprüche** und **Ansprüche auf Ersatzleistung für Urlaubsentgelt** (→ 33.4.2.2.).

② § 62 EStG:

Z 3:	Pflichtbeiträge zu gesetzlichen Interessenvertretungen (**Arbeiterkammerumlage**);	grundsätzlich der **Dienstnehmeranteil** zur Sozialversicherung (→ 11.4.3., → 23.3.1.2.)
Z 4:	**Beiträge** des Versicherten# **zur Pflichtversicherung** in der gesetzlichen Sozialversicherung;	
Z 5:	der **Wohnbauförderungsbeitrag**.	

③ Höchstbeitragsgrundlage € 5.670,00 × 9 = € 51.030,00, davon 1/5 = **€ 10.206,00** (= Deckelungsbetrag).

Wird dieser Deckelungsbetrag überschritten, ist der übersteigende Betrag (ebenso wie der Betrag der vier Fünftel) (nach Abzug des Dienstnehmeranteils) gem. § 67 Abs. 10 EStG **„wie" ein laufender Bezug** im Zeitpunkt des Zufließens nach dem **Lohnsteuertarif** des **jeweiligen Kalendermonats** der **Besteuerung zu unterziehen**. Sie **bleiben sonstige Bezüge**, die nur „wie laufende Bezüge" versteuert werden (→ 23.3.2.6.2.).

Der **Freibetrag** von max. € 620,00 (→ 23.3.2.1.1.), die **Freigrenze** von max. € 2.100,00 (→ 23.3.2.1.2.) und das **Jahressechstel** (→ 23.3.2.2.) sind **nicht zu berücksichtigen**.

Das **steuerfreie Fünftel** (gegebenenfalls begrenzt mit einem Fünftel des 9-Fachen der monatlichen Höchstbeitragsgrundlage gem. § 108 ASVG) gilt als **pauschale Berücksichtigung** für allfällige **steuerfreie Zulagen und Zuschläge** oder **sonstige Bezüge** sowie als Abschlag für einen **Progressionseffekt** durch die Zusammenballung von Bezügen; diese **Steuerfreiheit** bleibt auch bei einer allfälligen **Veranlagung erhalten**.

Bei der Lohnsteuerberechnung gem. § 67 Abs. 10 EStG ist ein **monatlicher Lohnzahlungszeitraum** zu unterstellen. Wird die Kündigungsentschädigung im Kalendermonat der Auszahlung gleichzeitig mit laufenden Bezügen, die zum Tarif zu versteuern sind, ausbezahlt, ist sie den laufenden Bezügen des Kalendermonats zuzurechnen und gemeinsam nach dem Lohnsteuertarif (unter Berücksichtigung eines **monatlichen Lohnzahlungszeitraums**) zu versteuern. Fließen keine laufenden Bezüge zu, hat die Besteuerung ebenfalls über die monatliche Lohnsteuertabelle zu erfolgen.

Steht ein **Freibetrag** lt. Mitteilung zu, ist der monatliche Betrag zu berücksichtigen. Bei der Berücksichtigung eines allfälligen **Pendlerpauschals** und eines **Pendlereuros** ist in diesem Fall die Anzahl der tatsächlich in diesem Lohnzahlungszeitraum getätigten Fahrten von der Wohnung zur Arbeitsstätte zu berücksichtigen (siehe dazu ein Beispiel unter Punkt 14.2.1.5.).

In der Kündigungsentschädigung enthaltene **steuerfreie Bezüge gem. § 3 Abs. 1 EStG** behalten dann ihre Steuerfreiheit, wenn sie ohne Rücksicht auf die Höhe anderer Bezugsbestandteile und ohne Rücksicht auf die Modalitäten der Auszahlung bzw. Gewährung steuerfrei sind[1461]. Steuerfreie **Zulagen und Zuschläge gem. § 68 EStG** (→ 18.3.) sind hingegen **nicht auszuscheiden.**

Pensionsabfindungen und **Zahlungen auf Grund eines Sozialplans** können grundsätzlich nicht Gegenstand einer Kündigungsentschädigung sein.

Erfolgt die Zahlung zum Zeitpunkt der Beendigung des Dienstverhältnisses, ist trotz der Unterstellung des monatlichen Lohnzahlungszeitraums am **Lohnzettel** (L 16, → 35.3.) als Zeitpunkt der Beendigung des Dienstverhältnisses der Tag der tatsächlichen Beendigung des Dienstverhältnisses (**arbeitsrechtliches Ende**) anzuführen.

Erfolgt die Zahlung nicht im Kalendermonat der Beendigung des Dienstverhältnisses, sondern zu einem späteren Zeitpunkt, ist ein gesonderter Lohnzettel für diesen Kalendermonat auszustellen (Beginn erster Tag des Kalendermonats der Auszahlung, Ende letzter Tag des Kalendermonats). Erfolgt die Zahlung in Teilbeträgen, ist als Beginn der erste Tag des ersten Kalendermonats der Auszahlung, als Ende der letzte Tag des letzten Kalendermonats anzuführen.

Beispiel 158

Lohnsteuerliche Behandlung einer Kündigungsentschädigung.

Angaben:

Bruttoermittlung der Kündigungsentschädigung wie im Beispiel 156:

• 1. Teil der Kündigungsentschädigung	€	13.300,00
• 2. Teil der Kündigungsentschädigung	€	4.029,48
• Abfertigungsteil	€	13.299,99
	€	30.629,47

Lösung:

Bei der Besteuerung ist wie folgt vorzugehen:

Kündigungsentschädigung	€	30.629,47
Dienstnehmeranteil zur SV (DNA)	– €	2.992,55[1462]
	€	27.636,92

1/5	4/5	
€ 5.527,38	€ 22.109,54	
steuerfrei	steuerpflichtig	→ gem. § 67 Abs. 10 EStG[1463]

1461 Durch eine Kündigungsentschädigung wird der Verzicht auf zukünftige Arbeitsleistungen abgegolten. Da die Arbeitsleistungen nicht erbracht werden, können auch die für die Steuerfreiheit erforderlichen Bedingungen nicht erfüllt werden (z.B. bei durchgehender Auslandstätigkeit für einen Kalendermonat) (LStR 2002 – Beispielsammlung, Rz 11104b).

1462 Der DNA ist vor Berechnung des steuerfreien Fünftels abzuziehen. Dadurch ergibt sich eine aliquote Zuordnung zum steuerpflichtigen und steuerfreien Teil der Bezüge.

Es sind **zwei Lohnzettel** auszustellen:

- Ein Lohnzettel für die Zeit 1.1. bis 11.3.2022,
- ein Lohnzettel für die Zeit 1.10. bis 31.10.2022; dieser enthält nur die Kündigungsentschädigung.

34.4.3. Zusammenfassung

<table>
<tr><th colspan="2"></th><th>SV</th><th>LSt</th><th>DB zum FLAF (→ 37.3.3.3.)</th><th>DZ (→ 37.3.4.3.)</th><th>KommSt (→ 37.4.1.3.)</th></tr>
<tr><td>Kündigungsentschädigungen</td><td>lfd. Teil</td><td>pflichtig (als lfd. Bezug)</td><td rowspan="2">1/5 frei max. € 10.206,00
darüber: pflichtig (wie ein lfd. Bezug[1467])</td><td rowspan="2">pflichtig [1464] [1465]</td><td rowspan="2">pflichtig [1464] [1465]</td><td rowspan="2">pflichtig[1464]</td></tr>
<tr><td>Kündigungsentschädigungen</td><td>SZ-Teil</td><td>pflichtig[1466] (als SZ)</td></tr>
</table>

Hinweis: Bedingt durch die unterschiedlichen Bestimmungen des Abgabenrechts ist das Eingehen auf ev. Sonderfälle nicht möglich. Es ist daher erforderlich, die entsprechenden Erläuterungen zu beachten.

34.5. Zahlungen für den Verzicht auf Arbeitsleistungen für künftige Lohnzahlungszeiträume

Dem Dienstgeber steht es frei, Zahlungen für den **Verzicht** auf Arbeitsleistungen für künftige Lohnzahlungszeiträume zu tätigen. Dies ist z.B. dann der Fall, wenn der Dienstgeber während der Kündigungsfrist (→ 32.1.4.1.) auf die Arbeitsleistung des Dienstnehmers **verzichtet** und **gleichzeitig** die Auszahlung der Ansprüche bis zum Ablauf derselben vornimmt.

34.5.1. Sozialversicherung

Zahlungen für den Verzicht auf Arbeitsleistungen für künftige Lohnzahlungszeiträume (z.B. wenn der Dienstnehmer im aufrechten Dienstverhältnis dienstfrei gestellt wird) sind getrennt nach laufenden Bezügen und Sonderzahlungen abzurechnen, wobei die Beitragsabrechnung und die Einzahlung der Beiträge für den Beitragszeitraum vorzunehmen ist, für den die entsprechende Zahlung gewährt wurde. Bisher beitragsfrei zu behandelnde Bezugsbestandteile (z.B. Schmutzzulage, → 18.2.) sind beitragspflichtig zu behandeln. Demnach sind solche Zahlungen wie eine Kündigungsentschädigung zu behandeln (→ 34.4.1.).

1463 Dieser Betrag **bleibt** dem Wesen nach **ein sonstiger Bezug**, der nur „wie ein laufender Bezug" versteuert wird. Dieser Betrag erhöht daher auch nicht eine danach gerechnete Jahressechstelbasis (→ 23.3.2.2.) und wird auch nicht bei der Berechnung des Jahresviertels und Jahreszwölftels (→ 34.7.2.2.) berücksichtigt.

1464 Ausgenommen davon ist die Kündigungsentschädigung der begünstigten Behinderten i.S.d. BEinstG (→ 29.2.1.).

1465 Ausgenommen davon ist die Kündigungsentschädigung der Dienstnehmer nach Vollendung des 60. Lebensjahrs (→ 31.11.).

1466 Ausgenommen davon sind die beitragsfreien Bezüge (→ 21.1.).

1467 Dieser Teil **bleibt** dem Wesen nach **ein sonstiger Bezug**, der nur „wie ein laufender Bezug" versteuert wird.

Hinweis: Zahlungen, die **bei Beendigung** des Dienstverhältnisses deshalb gewährt werden, damit ein Dienstnehmer aus dem Dienstverhältnis ausscheidet, sind als **beitragsfreie** Abgangsentschädigungen gem. § 49 Abs. 3 ASVG (→ 34.7.1.2.) zu qualifizieren (VwGH 9.9.2009, 2006/08/0274).

34.5.2. Lohnsteuer

Zahlungen für den Verzicht auf Arbeitsleistungen für künftige Lohnzahlungszeiträume (sog. „Abgangsentschädigungen") sind weder nach § 67 Abs. 8 EStG (→ 23.3.2.6.2.) noch nach § 67 Abs. 6 EStG[1468] (→ 34.7.2.2.), sondern gem. **§ 67 Abs. 10 EStG** im Zeitpunkt des Zufließens nach dem Lohnsteuertarif des jeweiligen Kalendermonats zu versteuern (→ 23.3.2.6.2.) (LStR 2002, Rz 1085, 1104b).

Zahlungen für den Verzicht auf Arbeitsleistungen für künftige Lohnzahlungszeiträume sind in Summe **„wie"**[1469] **ein laufender Bezug**[1470] im Zeitpunkt des Zufließens nach dem **Lohnsteuertarif des jeweiligen Kalendermonats** der **Besteuerung zu unterziehen**[1471]. Diese Bezüge erhöhen nicht das Jahressechstel gem. § 67 Abs. 2 EStG.

Gem. § 67 Abs. 10 EStG behandelte Bezüge werden bei einer allfälligen Veranlagung (→ 15.2.) einbezogen.

Erläuterungen:

Das Dienstverhältnis wird durch Kündigung beendet. Der Arbeitnehmer wird bis zum Ende des Dienstverhältnisses vom Dienst freigestellt (mit oder ohne Anrechnung des Urlaubs).

Wie ist die Versteuerung vorzunehmen, wenn

a) die Zahlung in einem Einmalbetrag besteht,
b) die Zahlungen jeden Monat erfolgen und am Ende des Dienstverhältnisses die Endabrechnung erfolgt?

Im Fall a) ist die Zahlung (inkl. der darin enthaltenen sonstigen Bezüge wie anteilige Urlaubsbeihilfe und Weihnachtsremuneration) gem. **§ 67 Abs. 10 EStG** zu versteuern.

Im Fall b) ist die Zahlung wie **laufender Arbeitslohn** im jeweiligen Kalendermonat des Zuflusses (nach dem **Lohnsteuertarif**) zu versteuern; **sonstige Bezüge** sind gem. **§ 67 Abs. 1 und 2 EStG** (→ 23.3.2.) zu erfassen.

34.6. Vergleichssummen

Diese Zahlungen werden im Punkt 24.5.2. behandelt.

34.7. Abfertigungen, Abfindungen u.a.m.

Abfertigungen, Abfindungen und andere bei Dienstverhältnisende anfallende Bezüge (also nicht die bereits unter Punkt 34.1. bis → 34.6. behandelten Bezüge) sind lt.

1468 Vgl. expliziter Wortlaut des § 67 Abs. 6 EStG.

1469 Solche sonstigen Bezüge sind lt. EStG **„wie"** ein laufender Bezug **und nicht „als"** laufender Bezug der Besteuerung zu unterziehen.

1470 Solche Bezüge **bleiben** demnach dem Wesen nach **sonstige Bezüge**, die nur „**wie** laufende Bezüge" versteuert werden.

1471 Die Besteuerung erfolgt daher im jeweiligen Kalendermonat **zusammen mit den übrigen laufenden Bezügen** über die **monatliche Lohnsteuertabelle**. Fließen keine laufenden Bezüge zu, hat die Besteuerung ebenfalls über die monatliche Lohnsteuertabelle zu erfolgen.

ASVG	EStG
wie folgt zu behandeln:	wie folgt zu behandeln:
Alle **Abfertigungen**, sonstigen Abfindungen[1472] u.a.m. sind **beitragsfrei** zu behandeln (→ 34.7.1.2.);	Die **gesetzlichen** und kollektivvertraglichen **Abfertigungen** sind gem. **§ 67 Abs. 3 EStG zu versteuern** (→ 34.7.2.1.); alle **sonstigen Abfertigungen**, Abfindungen[1472] usw. sind gem. **§ 67 Abs. 6 EStG zu versteuern** (→ 34.7.2.2.);
die **Ersatzleistungen** für Urlaubsentgelt sind **beitragspflichtig** zu behandeln (→ 34.7.1.1.1.);	die **Ersatzleistungen** für Urlaubsentgelt sind gem. **§ 67 Abs. 8 lit. d EStG zu versteuern** (→ 34.7.2.3.1.);
die **Erstattung** von Urlaubsentgelt ist **beitragsfrei** zu behandeln (→ 34.7.1.1.2.).	die **Erstattung** von Urlaubsentgelt ist **steuerlich** gem. **§ 16 Abs. 2 EStG zu behandeln** (→ 34.7.2.3.2.).

34.7.1. Sozialversicherung

34.7.1.1. Ersatzleistungen für Urlaubsentgelt, Erstattung von Urlaubsentgelt

34.7.1.1.1. Ersatzleistungen für Urlaubsentgelt

Die **Pflichtversicherung besteht weiter** für die Zeit des Bezugs einer Ersatzleistung für Urlaubsentgelt sowie für die Zeit des Bezugs einer Kündigungsentschädigung. Die zum Zeitpunkt der Beendigung des Dienstverhältnisses fällig werdende pauschalierte Kündigungsentschädigung ist auf den entsprechenden Zeitraum der Kündigungsfrist umzulegen (→ 34.4.1.). Gebühren sowohl eine Kündigungsentschädigung als auch eine Ersatzleistung für Urlaubsentgelt, so ist zur Bestimmung des maßgeblichen Zeitraums zunächst die Kündigungsentschädigung heranzuziehen und im Anschluss daran die Ersatzleistung für Urlaubsentgelt (§ 11 Abs. 2 ASVG).

Gebührt demnach zum Zeitpunkt der arbeitsrechtlichen Auflösung des Dienstverhältnisses eine Ersatzleistung für Urlaubsentgelt, **verlängert sich die Pflichtversicherung um die Zahl der noch offenen Werktage (Urlaubstage)**. Dabei ist zu beachten, dass entgegen der arbeitsrechtlich nicht vorzunehmenden Rundung[1473] in diesem Fall **immer abzurunden**[1474] ist. In Zusammenhang mit der Ermittlung der

1472 Bei all diesen Bezügen muss es sich **auf jeden Fall um solche handeln, die** mit der Auflösung des Dienstverhältnisses **in ursächlichem** Zusammenhang stehen.

1473 Lt. den Erläuternden Bemerkungen zur Regierungsvorlage der Änderungen zum UrlG sind Bruchteile von Urlaubstagen, die sich bei der Berechnung des aliquoten Urlaubsanspruchs ergeben, kaufmännisch auf- bzw. abzurunden. Ein überwiegender Teil der Lehrmeinungen und erstinstanzliche Urteile gehen allerdings davon aus, dass ein kaufmännisches Runden nicht vorzunehmen ist (→ 26.2.9.1.).

1474 Bruchteile von Tagen (sog. „**Kommatage**") sind also bei der Verlängerung der Pflichtversicherung nicht zu berücksichtigen, lt. E-MVB, 011-02-00-002.
Dazu ein **Beispiel**: Die Ersatzleistung für Urlaubsentgelt ist für 0,80 Werktage abzugelten. Die Ersatzleistung für Urlaubsentgelt ist zwar beitragspflichtig, aber auf Grund der Abrundungsvorschrift ergibt sich keine Verlängerung der Pflichtversicherung.

Ersatzleistung sind gegebenenfalls **unterschiedliche Rundungsmethoden** anzuwenden (siehe nachstehende Beispiele).

Feiertage, die im Verlängerungszeitraum liegen, beeinflussen die Verlängerung nicht.

Im Hinblick auf das im ASVG verankerte Anspruchsprinzip (→ 6.2.10.) ist die Verlängerung der Pflichtversicherung auch dann durchzuführen, wenn der Anspruch auf Ersatzleistung für Urlaubsentgelt dem Dienstnehmer nicht gewährt wird. Auf den Urlaub und somit auf die Ersatzleistung für Urlaubsentgelt kann auch nicht verzichtet werden.

Wurde das Dienstverhältnis durch **Tod des Dienstnehmers** beendet, verlängert ein ev. bestehender Anspruch auf Ersatzleistung für Urlaubsentgelt (→ 26.2.9.1.) nicht die Pflichtversicherung; in diesem Fall sind diese Ansprüche auch beitragsfrei zu behandeln.

Bei der Ermittlung der Fortdauer der Pflichtversicherung sind

- bei der Berücksichtigung einer Urlaubswoche zu sechs Werktagen, für **je sechs** Werktage **ein weiterer Tag** (Sonntag) und
- bei der Berücksichtigung einer Urlaubswoche zu fünf Werktagen, für **je fünf** Arbeitstage **zwei weitere Tage** (Samstag und Sonntag)

hinzuzurechnen. Dadurch wird die Anzahl der noch nicht verbrauchten Werktage/Arbeitstage der Anzahl der Sozialversicherungstage (ein Monat hat 30 Sozialversicherungstage, → 11.2.) angeglichen.

Bei einer Teilzeitbeschäftigung ist ebenfalls auf eine ganze Woche „hochzurechnen“. Es sind z.B.

- bei einer 4-Tage-Woche für **je vier** Tage **drei weitere** Tage,
- bei einer 3-Tage-Woche für **je drei** Tage **vier weitere** Tage

hinzuzurechnen.

Die Verlängerung der Pflichtversicherung durch die Ersatzleistung für Urlaubsentgelt ist wie folgt zu ermitteln:

Beispiel 1

- Urlaubsanspruch: 5 Wochen,
- die Urlaubswoche wird zu 6 Werktagen (WT) gerechnet,
- der Dienstnehmer hat im Urlaubsjahr des Austritts 57 Kalendertage zurückgelegt,
- das Dienstverhältnis endet an einem Mittwoch.

Die Anzahl der Urlaubstage (Werktage), für die **Urlaubsersatzleistung** gebührt, ermittelt sich wie folgt:

30 : 365[1475] × 57 = **4,68** (30 = 5 Wo × 6 WT)

Die Anzahl der Kalendertage für die **Verlängerung der Pflichtversicherung** beträgt **abgerundet** = 4.

Demnach erhält der Dienstnehmer für 4,68 Urlaubstage eine Urlaubsersatzleistung, ist aber nur 4 Tage weiterversichert. Die Pflichtversicherung endet am darauf folgenden Sonntag.

1475 In einem Schaltjahr wird i.d.R. durch 366 dividiert.

Beispiel 2

- Urlaubsanspruch: 5 Wochen,
- die Urlaubswoche wird zu 5 Arbeitstagen (AT) gerechnet,
- der Dienstnehmer hat im Urlaubsjahr des Austritts 119 Kalendertage zurückgelegt,
- das Dienstverhältnis endet mit 31.7.20..

Die Anzahl der Urlaubstage (Arbeitstage), für die **Urlaubsersatzleistung** gebührt, ermittelt sich wie folgt:

25 : 365 × 119 = **8,15** (25 = 5 Wo × 5 AT)

Die Anzahl der Kalendertage für die **Verlängerung der Pflichtversicherung** beträgt **abgerundet** =	8,
zuzüglich (für je 5 AT 2 Zusatztage):	2,
ergibt **Verlängerungstage**:	10.

Die Pflichtversicherung endet am 10.8.20..

Beispiel 3

- Urlaubsanspruch: 5 Wochen,
- die Urlaubswoche wird zu 5 Arbeitstagen (AT) gerechnet,
- der Dienstnehmer hat im Urlaubsjahr des Austritts 160 Kalendertage zurückgelegt,
- das Dienstverhältnis endet mit 20.7.20..

Die Anzahl der Urlaubstage, für die **Urlaubsersatzleistung** gebührt, ermittelt sich wie folgt:

25 : 365 × 160 = **10,96**

Die Anzahl der Kalendertage für die **Verlängerung der Pflichtversicherung** beträgt **abgerundet** =	10,
zuzüglich (für je 5 AT 2 Zusatztage):	4,
ergibt **Verlängerungstage**:	14.

Die Pflichtversicherung endet am 3.8.20..

Obwohl der 31.7.20.. als einer der 14 Verlängerungstage mitzuzählen ist, sind für den **Monat Juli 30 Sozialversicherungstage** zu berücksichtigen.

Bei einer vereinbarten 5-Tage-Woche und dem arbeitsrechtlichen Ende am Freitag beginnt die Zählung für die Verlängerung der Pflichtversicherung am Samstag.

Bei Zurücknahme der Kündigung und Weiterbeschäftigung beim selben Dienstgeber ist eine allfällige Ersatzleistung für Urlaubsentgelt als Urlaubsablöse (→ 26.2.7.) zu werten. Ab dem Ausspruch der Kündigung wird eine Urlaubsablöse nicht mehr zur Kenntnis genommen, weil es sich dabei um eine Umgehung der Ersatzleistung für Urlaubsentgelt handelt.

Endet die **Pflichtversicherung nach** dem **arbeitsrechtlichen Ende** des Dienstverhältnisses (z.B. im Fall der Kündigung durch den Dienstgeber während eines

Krankenstands, siehe dazu auch Beispiel 152) und besteht Anspruch auf Ersatzleistung für Urlaubsentgelt, verlängert sich die Pflichtversicherung **nach dem Ende** des Anspruchszeitraums auf Fortzahlung **des beitragspflichtigen Krankenentgelts** (→ 25.6.1.) um die Zeit des Bezugs einer Ersatzleistung für Urlaubsentgelt.

Beispiel 159

Verlängerung der Pflichtversicherung bei Ende des Anspruchs auf Krankenentgelt nach dem Ende des Dienstverhältnisses.

Angaben und Lösung:

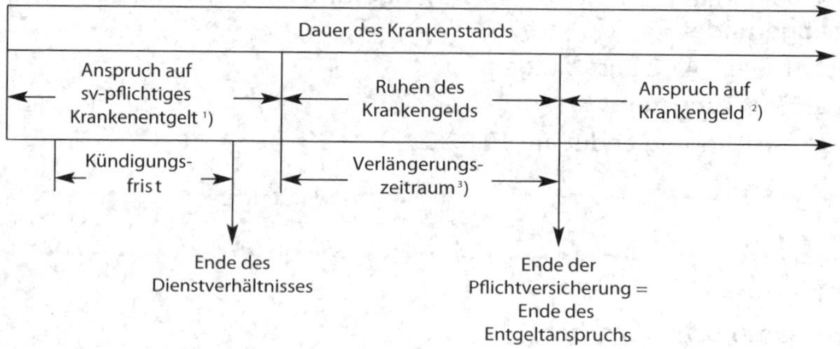

¹) Zahlung durch den Dienstgeber.
²) Zahlung durch den Krankenversicherungsträger.
³) Zeit der Verlängerung der Pflichtversicherung durch die Ersatzleistung für Urlaubsentgelt.

In Fällen, in denen die Pflichtversicherung bereits **vor dem arbeitsrechtlichen Ende** des Dienstverhältnisses geendet hat (z.B. bei längeren entgeltfreien Krankenständen), führt der Anspruch auf Ersatzleistung für Urlaubsentgelt zu einem Wiederaufleben der Pflichtversicherung. Auch in diesen Fällen besteht die Pflichtversicherung weiter für die Zeit des Bezugs einer Ersatzleistung für Urlaubsentgelt.

Beispiel 160

Verlängerung der Pflichtversicherung bei Ende des Anspruchs auf Krankenentgelt vor dem Ende des Dienstverhältnisses.

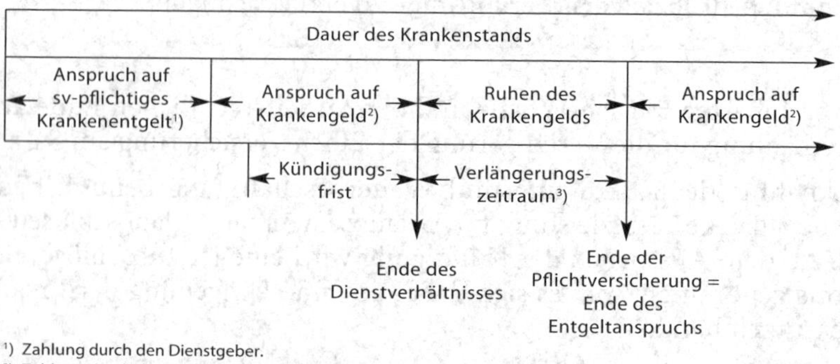

¹) Zahlung durch den Dienstgeber.
²) Zahlung durch den Krankenversicherungsträger.
³) Zeit der Verlängerung der Pflichtversicherung durch die Ersatzleistung für Urlaubsentgelt.

Für die Zeit der Verlängerung der Pflichtversicherung ist der Betrag der Ersatzleistung für Urlaubsentgelt als **Beitragsgrundlage** anzusetzen. Dabei ist der darin enthaltene

- laufende Bezugsteil als **allgemeine Beitragsgrundlage** ① ②,

der ev. darin enthaltene

- Sonderzahlungsteil ③ als **Sonderzahlungsgrundlage**

zu berücksichtigen (siehe Beispiel 167).

① Werden Folgeprovisionen (→ 9.3.3.5.) im Verlängerungszeitraum ausbezahlt, erhöhen diese die Beitragsgrundlage (E-MVB, 044-01-00-006).

② Dazu ein **Beispiel:**

Ende des Dienstverhältnisses: 15.5.	=	15 SV-Tage
Urlaubsersatzleistung für 3 WT	=	3 SV-Tage
Ende der Pflichtversicherung: 18.5.	=	18 SV-Tage

Es ist die Höchstbeitragsgrundlage für 18 Sozialversicherungstage zu berücksichtigen.

③ Sonderzahlungen sind in die Ersatzleistung für Urlaubsentgelt dann nicht hineinzurechnen, wenn diese dem Dienstnehmer bei Beendigung des Dienstverhältnisses nicht zustehen. Weitere Erläuterungen dazu finden Sie unter Punkt 26.2.9.1.

Jene Teile einer Ersatzleistung für Urlaubsentgelt, die sozialversicherungsrechtlich als **laufendes Entgelt** zu qualifizieren sind, sind **entsprechend der Verlängerung der Pflichtversicherung** dem(n) jeweiligen Monat(en) **zuzuordnen**. Dabei müssen die Höchstbeitragsgrundlagen und die Beitragssätze (Prozentsätze) dieser Beitragszeiträume berücksichtigt werden. Die Beurteilung hinsichtlich einer etwaigen **Verminderung oder eines Entfalls des AV-Beitrags** hat im Anschluss daran **zeitraumbezogen** zu erfolgen (→ 31.12.). Sämtliche anlässlich der Beendigung des Dienstverhältnisses gebührenden (aliquoten) **Sonderzahlungen** – also auch jene Teile, die auf die Ersatzleistung für Urlaubsentgelt entfallen – sind demgegenüber immer **in dem Monat** zu berücksichtigen, in dem sie **arbeitsrechtlich fällig** werden.

Ein besonderes Problem stellt der Fall dar, bei dem sich die **Verlängerung** der Pflichtversicherung **in ein neues Kalenderjahr** erstreckt. In diesem Fall muss die Aufteilung entsprechend dieses Verlängerungszeitraums auf zwei Kalenderjahre erfolgen.

Beispiel 161

Verlängerung der Pflichtversicherung in ein neues Kalenderjahr.

Angaben und Lösung:

Ende der Beschäftigung und Auszahlung eines laufenden Teils einer Ersatzleistung für Urlaubsentgelt	30.11.2021
Verlängerung der Pflichtversicherung bis	31.1.2022
allgemeine Beitragsgrundlage der Ersatzleistung für Urlaubsentgelt gesamt	€ 1.600,00

Der monatlichen Beitragsgrundlagenmeldung Dezember 2021 sind zuzuordnen	€	800,00
Der monatlichen Beitragsgrundlagenmeldung Jänner 2022 sind zuzuordnen	€	800,00

Im vorstehenden Fall kann es vorkommen, dass die endgültige Abrechnung der Ersatzleistung für Urlaubsentgelt noch nicht vorgenommen werden kann, da die neuen Höchstbeitragsgrundlagen und/oder die neuen Beitragssätze noch nicht bekannt sind. Obwohl die Ersatzleistung für Urlaubsentgelt bei Beendigung des Dienstverhältnisses fällig ist, wird man sich mit einer Akontierung behelfen müssen.

Bezüglich der zeitraumbezogenen Zuordnung einer Ersatzleistung für Urlaubsentgelt (und den darin enthaltenen laufenden Bezugsteil und Sonderzahlungsteil) siehe auch Punkt 34.7.3.

Bei **geringfügig Beschäftigten** (→ 31.4.) entsteht im Austrittsmonat allein wegen der Auszahlung einer Ersatzleistung für Urlaubsentgelt keine Vollversicherung (bei der Verlängerung der Pflichtversicherung) (E-MVB, 005-02-00-001).

Auf der **Abmeldung** zur Pflichtversicherung (→ 39.1.1.1.1.) ist

- unter „Beschäftigungsverhältnis Ende" das arbeitsrechtliche Ende der Beschäftigung und
- unter „Entgeltanspruch Ende" das Ende der Pflichtversicherung einzutragen.
- Unterliegt das Dienstverhältnis dem BMSVG (Abfertigung „neu"), ist zusätzlich unter „Betriebliche Vorsorge Ende" das Ende der BV-Beitragszeit einzutragen.

Die Meldefrist für die Abmeldung beginnt mit dem Ende des Entgeltanspruchs zu laufen.

Auf Grund der Beitragspflicht der Ersatzleistung für Urlaubsentgelt haben die **Urlaubsaufzeichnungen** (→ 26.2.8.) auch für den Sozialversicherungsbereich Bedeutung. Im Hinblick auf das im ASVG verankerte Anspruchsprinzip (→ 6.2.7.) muss die Urlaubskonsumation bzw. der noch offene Urlaubsanspruch anhand der Urlaubsaufzeichnungen eindeutig nachvollziehbar sein.

Bei **Zusammentreffen** einer **Ersatzleistung für Urlaubsentgelt** mit **Barleistungsansprüchen** gilt Folgendes:

Krankengeld (→ 25.1.3.1.): Für die Zeit der Verlängerung der Pflichtversicherung ruht das Krankengeld (§ 143 Abs. 1 Z 3 ASVG).

Wochengeld (→ 27.1.3.4.): Für die Zeit der Verlängerung der Pflichtversicherung ruht das Wochengeld nicht (§ 166 Abs. 1 Z 2 ASVG).

Arbeitslosengeld: Für die Zeit der Verlängerung der Pflichtversicherung ruht das Arbeitslosengeld (§ 16 Abs. 1 lit. l AlVG).

Pension: Für die Zeit der Verlängerung der Pflichtversicherung kommt es bei Vorliegen einer Alterspension nicht zu einem Ruhen; bei Vorliegen einer vorzeitigen Alterspension bei langer Versicherungsdauer sowie bei Vorliegen einer Korridorpension bzw. Schwerarbeitspension kommt es zu einem Ruhen der Pensionszahlungen (→ 30.2.1.).

34.7.1.1.2. Erstattung von Urlaubsentgelt

Bei Beendigung des Dienstverhältnisses durch

- unberechtigten vorzeitigen Austritt oder
- verschuldete Entlassung

ist ein über das aliquote Ausmaß hinaus bezogenes Urlaubsentgelt vom Dienstnehmer dem Dienstgeber zu erstatten (→ 26.2.9.1.).

Der **Erstattungsbetrag** von Urlaubsentgelt ist im Austrittsmonat als **Bruttorückforderung** (Minusbetrag) beitragsfrei **abzurechnen**. Eine solche Rückerstattung hat für die Sozialversicherung **keine Auswirkung** und führt weder zu einer Verkürzung der Pflichtversicherung noch zur Verminderung der Beitragsgrundlage (E-MVB, 011-02-00-002).

34.7.1.2. Abfertigungen, sonstige Abfindungen u.a.m.

Dazu bestimmt das ASVG:

Als Entgelt i.S.d. § 49 Abs. 2 ASVG gelten nicht (beitragsfrei sind): Vergütungen, die aus Anlass der Beendigung des Dienst(Lehr)verhältnisses gewährt werden, wie z.B. Abfertigungen[1476], Abgangsentschädigungen[1477], Übergangsgelder (§ 49 Abs. 3 Z 7 ASVG).

1476 Eine vertragliche Gestaltung, die sich von den gesetzlichen Merkmalen der Abfertigung zu weit entfernt, z.B. die Höhe des Abfertigungsanspruchs steht in auffallendem Missverhältnis zum Monatsentgelt, kann aber nicht als Vereinbarung über eine Abfertigung, sondern nur als eine solche über die Auszahlung des Arbeitsentgelts selbst beurteilt werden. Eine ausreichende Entsprechung mit den Typusmerkmalen einer Abfertigung liegt vor, wenn sich die geleistete freiwillige Abfertigung von der gesetzlichen nur dadurch unterscheidet, dass eine Vordienstzeitenanrechnung auch hinsichtlich der in einem anderen Betrieb zurückgelegten Dienstzeiten vorgenommen wird (VwGH 27.3.1990, 85/08/0126).

Verpflichtet sich ein Dienstgeber im Rahmen eines gerichtlichen Vergleichs zur Zahlung einer **freiwilligen Abfertigung, obwohl** Ansprüche auf **Kündigungsentschädigung** und **Ersatzleistung für Urlaubsentgelt strittig** waren, ist die vorgenommene Widmung der Vergleichssumme als „freiwillige Abfertigung" als eine der Beitragsvermeidung dienende Fehlbezeichnung zu qualifizieren (VwGH 10.6.2009, 2006/08/0229).

1477 Für eine Abgangsentschädigung ist charakteristisch, dass sie dafür gewährt wird, dass ein Dienstnehmer aus dem Dienstverhältnis ausscheidet oder von einer weiteren Prozessführung Abstand nimmt. Davon kann aber keine Rede sein, wenn die Parteien des arbeitsgerichtlichen Verfahrens die zwischen ihnen strittigen Ansprüche durch Vereinbarung eines als „Abgangsentschädigung" bezeichneten Pauschalbetrags begleichen (VwGH 23.4.2003, 2000/08/0045).

Eine Zahlung, die zur **Einstellung eines Kündigungsanfechtungsverfahrens** und nicht zur vergleichsweisen Abgeltung strittiger Entgeltansprüche (rückständiges Entgelt, Kündigungsentschädigung oder Ersatzleistung für Urlaubsentgelt) geleistet wird, stellt eine **beitragsfreie Abgangsentschädigung** dar (VwGH 11.7.2012, 2009/08/0117; VwGH 9.9.2009, 2006/08/0274).

Wird ein **Pauschalbetrag vereinbart**, durch den sowohl alle auf Grund der Beendigung des Dienstverhältnisses gesetzlich zustehenden Ansprüche des Dienstnehmers abgegolten sind als auch eine darüber hinausgehende Leistung des Dienstgebers eingeräumt wird, so müssen davon zunächst die gesetzlich zustehenden Ansprüche abgezogen werden. (Nur) der restliche Betrag stellt eine beitragsfreie Abgangsentschädigung dar.

Umfasst die Vereinbarung einer Abgangsentschädigung auch die Umwandlung einer bereits ausgesprochenen einseitigen Beendigung des Dienstverhältnisses in eine einvernehmliche Lösung zu einem späteren Zeitpunkt, so sind die Bezugsansprüche (Gehalt, anteilige Sonderzahlungen, anteilige Urlaubsersatzleistung), auf die der Dienstnehmer bis zum (nunmehr vereinbarten) Beendigungszeitpunkt Anspruch hat, beitragspflichtiges Entgelt. Beitragsfrei ist daher in diesem Fall nur der Teil des vereinbarten Betrags, der diese Bezugsansprüche übersteigt.

Wird einem als Betriebsrat unter besonderem Kündigungsschutz stehenden Dienstnehmer im Rahmen eines während des arbeitsgerichtlichen Verfahrens auf Erteilung der gerichtlichen Zustimmung zur Kündigung geschlossenen gerichtlichen Vergleichs als **Gegenleistung** für seine **Zustimmung zur sofortigen Auflösung** des Dienstverhältnisses eine „freiwillige Abfertigung" zugesichert, stellt diese Zahlung eine beitragsfreie **Abgangsentschädigung** dar (VwGH 16.11.2005, 2005/08/0048).

Werden die Dienstnehmer bei einem **Unternehmensübergang** abgerechnet (z.B. Änderungskündigung) und wird aus diesem Anlass eine Abfertigung ausbezahlt, ist sie dann **beitragsfrei**, wenn der Dienstnehmer gegen die Auszahlung der Abfertigung keinen Einspruch erhebt (DVSV 8.2.1999, 32–51.1/98). Diese Rechtsansicht des DVSV hat nur **empfehlenden Charakter**; eine Abstimmung mit dem zuständigen Krankenversicherungsträger ist **erforderlich**.

34.7.2. Lohnsteuer

34.7.2.1. Gesetzliche und kollektivvertragliche Abfertigungen

Wichtiger Hinweis:

Die in diesem Punkt enthaltenen Bestimmungen über die gesetzlichen und kollektivvertraglichen Abfertigungen gelten nur für

- Dienstverhältnisse, deren vertraglich vereinbarter Beginn vor dem 1. Jänner 2003 liegt und
- soweit nicht
  - durch einen Vollübertritt (→ 36.1.5.3.) bzw.
  - durch einen Teilübertritt (für die Zeit nach dem Teilübertritt) (→ 36.1.5.2.) das Betriebliche Mitarbeiter- und Selbständigenvorsorgegesetz zur Anwendung kommt.

Andernfalls gelten die diesbezüglichen Bestimmungen des EStG und die dazu ergangenen erlassmäßigen Regelungen (→ 36.2.2.).

Dieser Punkt beinhaltet im Wesentlichen neben Erläuterungen und Beispielen die Bestimmungen des **§ 67 Abs. 3 EStG** und die dazu ergangenen erlassmäßigen Regelungen, insb. die der

- **Lohnsteuerrichtlinien 2002**, Rz 1070–1079c.

Unter einer Abfertigung i.S.d. § 67 Abs. 3 EStG ist die **einmalige Entschädigung** durch den Arbeitgeber zu verstehen, die an einen Arbeitnehmer **bei Auflösung des Dienstverhältnisses** auf Grund

- **gesetzlicher Vorschriften**,
- Dienstordnungen von Gebietskörperschaften,
- aufsichtsbehördlich genehmigter Dienst(Besoldungs)ordnungen der Körperschaften des öffentlichen Rechts,
- **eines Kollektivvertrags** oder
- der für Bedienstete des Österreichischen Gewerkschaftsbunds geltenden Arbeitsordnung

zu leisten ist (§ 67 Abs. 3 EStG).

Die Rechtsgrundlagen, die den Anspruch auf eine einmalige Entschädigung (Abfertigung) vermitteln, sind in § 67 Abs. 3 EStG erschöpfend aufgezählt. Der Anspruch auf steuerliche Begünstigung ist **zwingend an die Auflösung des Dienstverhält-**

nisses geknüpft. Wird eine gesetzliche Abfertigung zu einem späteren Zeitpunkt bezahlt (z.B. infolge eines Rechtsstreits), geht die Steuerbegünstigung nicht verloren (LStR 2002, Rz 1071).

Unterbrechung Dienstverhältnis, Zwischenabfertigung:

Wird das bisherige Dienstverhältnis formal beendet[1478] und anschließend ein neues, dem gem. BMSVG **„neuen" Abfertigungsrecht** unterliegendes Dienstverhältnis mit einer wesentlich verminderten Entlohnung (Reduktion der Bezüge **um mindestens 25%**) begonnen, ist die Abfertigung nach § 67 Abs. 3 EStG zu versteuern. Erfolgt jedoch **innerhalb von zwölf Monaten eine Erhöhung** der Bezüge **ohne entsprechende gravierende wirtschaftliche Gründe**[1479], dann war von vornherein die Abfertigungszahlung nicht begünstigt zu versteuern, sondern stellt einen sonstigen Bezug gem. § 67 Abs. 1 und 2 EStG dar (→ 23.3.2.).

Kommt es im Fall zweier unmittelbar aneinander anschließender Dienstverhältnisse (von einer Vollzeit- zu einer Teilzeitbeschäftigung) zu einer (25%igen) Arbeitsreduktion und entsprechender Gehaltskürzung, kann – trotz weitgehend gleich bleibenden Stundensatzes – die (Zwischen-)Abfertigung steuerbegünstigt abgerechnet werden (VwGH 18.9.2013, 2009/13/0207). Dies gilt auch für den Fall eines Wechsels von einem geringen auf ein höheres Stundenausmaß.

Hinweis: Zur Frage der arbeitsrechtlichen Berechnung der Abfertigung aus dem zweiten Dienstverhältnis siehe Punkt 33.3.1.4.

Beispiel 1

Eine teilzeitbeschäftigte Arbeitnehmerin erhöht nach 25 Jahren ihr Stundenausmaß von 10 Wochenstunden auf 30 Wochenstunden.

1478 Von einer formalen Beendigung des Dienstverhältnisses kann nur gesprochen werden, wenn alle nachstehenden Voraussetzungen gegeben sind:
- **Kündigung** durch den Arbeitgeber bzw. **einvernehmliche Auflösung** des Dienstverhältnisses; sofern dafür wirtschaftliche Gründe vorliegen, steht eine allenfalls abgegebene Wiedereinstellungszusage der Beendigung nicht entgegen.
- **Abrechnung und Auszahlung** aller aus der Beendigung resultierenden Ansprüche (Ersatzleistung für Urlaubsentgelt, Abfertigung; eine „Wahlmöglichkeit", einzelne Ansprüche – wie z.B. die Abfertigung – auszuzahlen und andere – wie z.B. den offenen Urlaub – in das neue Dienstverhältnis zu übernehmen, besteht nicht).
- **Abmeldung** des Arbeitnehmers bei der Österreichischen Gesundheitskasse (die Abmeldung ist im Hinblick auf die Nachvollziehbarkeit im Allgemeinen sowie die Befreiung in § 49 Abs. 3 Z 7 ASVG im Besonderen jedenfalls erforderlich) (vgl. → 34.7.1.2.) (LStR 2002, Rz 1070a).

In jedem Fall ist zu empfehlen, bei Fortsetzung des Dienstverhältnisses einen neuen (schriftlichen) Dienstvertrag abzuschließen.

1479 Erfolgte eine Kündigung (Beendigung des Dienstverhältnisses) aber auf Grund **nicht beeinflussbarer äußerer Umstände** und kommt es in der Folge zu einer Fortsetzung des Dienstverhältnisses der Arbeitnehmer im ursprünglichen Ausmaß, weil die objektiven – für die Kündigung maßgeblichen – wirtschaftlichen Gründe weggefallen sind, dann liegt **keine steuerschädliche Fortsetzung** des Dienstverhältnisses vor und die gesetzliche Abfertigung ist nach § 67 Abs. 3 EStG zu versteuern.
Dazu ein **Beispiel**: Bei einem Tankstellenpächter läuft der Pachtvertrag für die Tankstelle mit angeschlossener Werkstätte aus und wird nicht verlängert. Der Tankstellenpächter kündigt seine Arbeitnehmer und leistet in diesem Zusammenhang die gesetzliche Abfertigung. In der Folge findet sich aber kein neuer Tankstellenpächter und die Tankstelle wird vom ursprünglichen Pächter wieder übernommen. Frühere Arbeitnehmer werden zu denselben Bedingungen wieder eingestellt. Bei Kündigung und Leistung der Abfertigungszahlungen mit anschließender Wiedereinstellung der Arbeitnehmer ist nicht von einer Fortsetzung des Dienstverhältnisses auszugehen (LStR 2002 – Beispielsammlung, Rz 11070).

- Eine Verdreifachung der Arbeitszeit ist jedenfalls eine wesentliche Änderung.
- Eine steuerbegünstigte Abrechnung der gesetzlichen Abfertigung erfolgt, sofern
  - das Dienstverhältnis unter Abgeltung aller arbeitsrechtlichen Ansprüche endet,
  - alle formalen Voraussetzungen erfüllt sind und
  - die Bestimmungen des BMSVG auf das nachfolgende Dienstverhältnis anzuwenden sind.

(LStR 2002 – Beispielsammlung, Rz 11070)

Treffen zwei unmittelbar anschließende Dienstverhältnisse beim selben Arbeitgeber zusammen und wurde bei **Beendigung** des früheren Dienstverhältnisses der **Abfertigungsanspruch** zu Recht **beachtet** oder geltend gemacht, sind ein **beendetes** und ein **neu eingegangenes** Dienstverhältnis anzunehmen. Dies gilt auch dann, wenn z.B. ein Arbeiter in das Angestelltenverhältnis wechselt oder ein Vollzeitbeschäftigter in eine Teilzeitbeschäftigung.

Beispiel 2

Das Arbeiterdienstverhältnis zu einem Lkw-Chauffeur wird mit 31. Dezember 2021 mit sämtlichen Konsequenzen beendet.

Mit 1. Jänner 2022 erhält er einen neuen Dienstvertrag für die Tätigkeit als Disponent (leitender Angestellter).

Die gesetzlich bezahlte Abfertigung beim Ausscheiden als Arbeiter kann steuerbegünstigt abgerechnet werden, da zwei unmittelbar anschließende Dienstverhältnisse beim selben Arbeitgeber aufeinandertreffen. Da der Abfertigungsanspruch des früheren Dienstverhältnisses zu Recht beachtet wurde, sind ein beendetes und ein neu eingegangenes Dienstverhältnis (dieses unterliegt nunmehr den Bestimmungen des BMSVG) anzunehmen.

(LStR 2002 – Beispielsammlung, Rz 11071)

Aus steuerrechtlicher Sicht liegen nicht zwei getrennte, sondern **ein einheitliches Dienstverhältnis** dann vor, wenn

- eine **unmittelbare**, im Wesentlichen **unveränderte Fortsetzung** des ersten Dienstverhältnisses schon bei seiner Beendigung geplant bzw. in Aussicht genommen oder vom Arbeitgeber zugesagt wurde **und**
- die **Beendigung** des früheren Dienstverhältnisses ausschließlich zum Zweck der begünstigten Auszahlung der Abfertigung erfolgte und **nicht auch durch erhebliche wirtschaftliche Gründe** (regelmäßige saisonale Schwankungen fallen nicht darunter) bedingt war (LStR 2002, Rz 1070).

In diesem Fall kann eine Abfertigung nicht steuerbegünstigt ausbezahlt werden (vgl. u.a. BFG 18.8.2017, RV/2100168/2014; BFG 24.11.2016, RV/2100674/2011).

Eine **Fortsetzung des Dienstverhältnisses** liegt auch dann vor, wenn nur eine **geringfügige Änderung** in der Entlohnung eintritt (LStR 2002, Rz 1070).

Wird ein Dienstverhältnis unter Zahlung einer Abfertigung aufgelöst und nur **wenige Tage später** – wie vereinbart – **fortgesetzt**, liegt keine Auflösung i.S.d. § 67

Abs. 3 EStG vor, wenn das Gesamtgehalt nahezu ident bleibt und es zu keiner wesentlichen Herabstufung in der Position des Arbeitnehmers gekommen ist (UFS 4.7.2006, RV/0184-F/04).

Bei einer **offensichtlich** von vornherein **nicht auf Dauer** (in diesem Fall für zwölf Monate) **geplanten Gehaltsreduktion** bei sonst unveränderter Fortsetzung des Dienstverhältnisses kann auch im Fall zweier formal unmittelbar aneinander anschließender Dienstverhältnisse die (Zwischen-)Abfertigung nicht steuerbegünstigt abgerechnet werden (VwGH 18.9.2013, 2010/13/0138).

Werden allerdings Dienstverhältnisse unter Angabe einer **Wiedereinstellungszusage** (Wiedereinstellung in drei bis sechs Monaten) durch einvernehmliche Auflösung des Dienstverhältnisses und Auszahlung der Abfertigung beendet (wegen erheblicher wirtschaftlicher Gründe) und nach Ablauf des Aussetzungszeitraums unter gleichen Bedingungen fortgesetzt (gleicher Lohn, Anrechnung von Vordienstzeiten z.B. für Jubiläum etc.), dann liegen **zwei getrennte Dienstverhältnisse** vor. Die Abfertigungszahlung anlässlich der Beendigung des Dienstverhältnisses kann gem. § 67 Abs. 3 EStG steuerbegünstigt ausbezahlt werden, da keine missbräuchliche Gestaltung und keine unmittelbare Fortsetzung des ersten Dienstverhältnisses gegeben ist; das neue Dienstverhältnis unterliegt gem. BMSVG dem **„neuen" Abfertigungsrecht**.

Eine **andere Beurteilung** ergibt sich,

- wenn bei einer Wiedereinstellungszusage hinsichtlich des fortgesetzten Dienstverhältnisses eine **Anrechnung der Vordienstzeiten für die Abfertigung** vorgesehen ist (→ 36.1.2.3.) oder
- wenn der Aussetzungsvereinbarung (→ 33.3.1.4.) eine **Karenzierung** des Dienstverhältnisses zu Grunde liegt.

Besondere Teilzeitbeschäftigungen:

Eine Abfertigung, die auf Grund der **§§ 11 bis 14d AVRAG** (z.B. bei Bildungskarenz, → 27.3.1.1.; Bildungsteilzeit, → 27.3.1.2.; Wiedereingliederungsteilzeit, → 25.7.; Familienhospizkarenz, → 27.1.1.2.; Pflegekarenz und Pflegeteilzeit, → 27.1.1.3.) zusteht, ist als gesetzliche Abfertigung gem. § 67 Abs. 3 EStG zu behandeln.

Bei Vereinbarung einer **Altersteilzeit** (→ 27.3.2.) ist die Besteuerung einer Abfertigung i.S.d. § 67 Abs. 3 EStG erst bei tatsächlicher Beendigung des Dienstverhältnisses zulässig. Die Bestimmungen betreffend „Änderungskündigung" können nicht herangezogen werden (LStR 2002, Rz 1070).

Durch das AMSG und das AlVG wird zur Förderung von Arbeitszeitmodellen für ältere Arbeitnehmer (Altersteilzeit) das **Altersteilzeitgeld** (→ 27.3.2.) gewährt. Dafür besteht die gesetzliche Voraussetzung, dass vom Arbeitgeber die Berechnung der zustehenden Abfertigung auf der Grundlage der Arbeitszeit vor der Herabsetzung der Normalarbeitszeit erfolgt. Eine nach Beendigung der Altersteilzeit auf Grundlage dieser Bestimmungen bezahlte Abfertigung gilt der Höhe und dem Grunde nach als gesetzliche Abfertigung i.S.d. § 67 Abs. 3 EStG (LStR 2002, Rz 1071a).

Wird das Dienstverhältnis während der Elternteilzeit durch Arbeitgeberkündigung, unverschuldete Entlassung, begründeten vorzeitigen Austritt oder einvernehmlich beendet, ist bei der Ermittlung des für die Abfertigung maßgeblichen Entgelts die frühere Normalarbeitszeit des Elternteils zu Grunde zu legen (§ 23 Abs. 8 AngG). Kündigt der Arbeitnehmer, gilt § 23a Abs. 4a AngG (LStR 2002, Rz 1071b).

Umgründungen (Betriebsübergang), Wechsel der Einkunftsart, Konzernversetzung:

Wird im Rahmen von **Betriebsveräußerungen** oder **Umgründungen** das Dienstverhältnis mit dem veräußernden oder umzugründenden Unternehmen als Arbeitgeber **einvernehmlich aufgelöst** und werden **gesetzliche Abfertigungen** im beiderseitigen Einvernehmen von Arbeitgeber und Arbeitnehmer ausbezahlt, ist auch in Fällen des Vorliegens einer Wiedereinstellungszusage durch den Rechtsnachfolger eine Besteuerung von Abfertigungszahlungen gem. § 67 Abs. 3 EStG zulässig. Diese Regelung gilt auch dann, wenn für die genannten Veräußerungen oder Umgründungen das AVRAG anzuwenden ist (LStR 2002, Rz 1072).

Werden **Abfertigungsansprüche** i.S.d. § 67 Abs. 3 EStG bei **Konzernversetzungen** nicht ausbezahlt, sondern vom „neuen" Konzernunternehmen (als neuer Arbeitgeber) **übernommen**, bestehen nach Ansicht des BMF keine Bedenken, wenn im Auszahlungsfall auch diese übernommenen Abfertigungsansprüche i.S.d. § 67 Abs. 3 EStG nach dieser Bestimmung versteuert bzw. im Fall einer Vollübertragung in eine BV-Kasse gem. § 26 Z 7 lit. d EStG (→ 21.3.) behandelt werden. Als Konzernunternehmen gelten solche i.S.d. § 15 AktG (LStR 2002, Rz 1073; andere Ansicht BFG 16.9.2014, RV/5101115/2010).

Die Abfertigung ist gem. § 67 Abs. 3 EStG zu versteuern, wenn sie später ausbezahlt wird,

- weil sich ein in einem arbeits- und steuerrechtlichen Dienstverhältnis stehender Arbeitnehmer mit einer Vermögenseinlage i.S.d. § 12 Abs. 2 UmgrStG an der Arbeitgeberkörperschaft gegen einen mehr als 25%igen Anteil beteiligt und das arbeitsrechtliche Dienstverhältnis weiter besteht,
- weil im Zuge eines Zusammenschlusses nach Art. IV UmgrStG ein in einem arbeits- und steuerrechtlichen Dienstverhältnis zum umzugründenden Unternehmen stehender Arbeitnehmer zum Kommanditisten oder atypisch stillen Gesellschafter der übernehmenden Personengesellschaft wird und damit ein steuerrechtliches Dienstverhältnis zur Gesellschaft nicht mehr möglich ist, aber sein arbeitsrechtliches Dienstverhältnis zur Personengesellschaft aufrecht bleibt (LStR 2002, Rz 1074).

Beschäftigungszeiten, für die der Steuerpflichtige als **Gesellschafter einer KG** (= Kommanditist) Einkünfte aus Gewerbebetrieb erzielt hat, die arbeitsrechtlich aber einen Abfertigungsanspruch vermitteln, sind bei Berechnung des nach § 67 Abs. 3 bzw. Abs. 6 EStG zu versteuernden Betrags **nicht zu berücksichtigen**. Der nicht nach den genannten Bestimmungen zu versteuernde Überhang der arbeitsrechtlich zustehenden Abfertigung stellt Einkünfte aus einer ehemaligen betrieblichen Tätigkeit i.S.d. § 32 Z 2 EStG dar (LStR 2002, Rz 1075).

Abfertigungen an **Mitglieder des Vorstands einer AG** können **nicht als gesetzliche Abfertigungen** i.S.d. § 67 Abs. 3 EStG versteuert werden, weil Vorstandsmitglieder nicht dem AngG unterliegen. Eine auf Grund eines Vorstandsvertrags bezahlte Abfertigung ist daher gem. § 67 Abs. 6 EStG bzw. gem. § 67 Abs. 10 EStG (→ 34.7.2.2.)

zu versteuern. War das Vorstandsmitglied **aber** vorher beim selben Arbeitgeber in einem **Angestelltenverhältnis tätig** und wurde dieser Zeitraum nicht abgefertigt, ist hierfür der Abfertigungsanspruch auf der Basis des letzten Angestelltengehalts als Nachzahlung einer Abfertigung gem. § 67 Abs. 3 EStG zu versteuern. Dieser gesetzliche Abfertigungsanspruch kürzt in der Folge jedoch das nach § 67 Abs. 6 Z 2 EStG (→ 34.7.2.2.) ermittelte, steuerlich begünstigte Ausmaß (LStR 2002, Rz 1076).

Tod des Arbeitnehmers:

Nach den Erläuterungen zu § 10 Abs. 4 des Rahmenkollektivvertrags für Angestellte der Industrie **können** im Fall des Todes des Angestellten die **anspruchsberechtigten Erben zwischen** der in § 10 Abs. 1 bis Abs. 3 dieses Kollektivvertrags vorgesehenen **Weiterzahlung des Gehalts** und der nach § 23 Abs. 6 des AngG bzw. § 10 Abs. 5 und Abs. 6 dieses Kollektivvertrags bestimmten **Abfertigung wählen**. Sofern es sich bei der genannten Gehaltszahlung im Todesfall – soweit sie über den Sterbemonat hinausgeht – um eine einmalige Entschädigung durch den Arbeitgeber handelt, die an einen Arbeitnehmer bei Auflösung des Dienstverhältnisses auf Grund eines Kollektivvertrags zu leisten und von der Anzahl der geleisteten Dienstjahre abhängig ist, erfüllt diese Zahlung die gesetzlichen Voraussetzungen des § 67 Abs. 3 EStG (LStR 2002, Rz 1076a).

Wenn nach einem **verstorbenen Arbeitnehmer** an dessen Rechtsnachfolger (z.B. Witwe) kein laufender Arbeitslohn (z.B. Firmen-Witwenpension, → 30.1.) bezahlt wird, hat die Besteuerung von Bezügen auf Grund der vom Arbeitgeber beim verstorbenen Arbeitnehmer zu beachtenden Besteuerungsmerkmale zu erfolgen (§ 32 Z 2 EStG) (→ 34.3.2.).

Vertragliche Besserstellungen:

Steht einem Arbeitnehmer auf Grund eines **Dienstvertrags eine höhere Abfertigung** zu als nach dem AngG und fehlt auch eine diesbezügliche kollektivvertragliche Regelung, die den Arbeitnehmer besser stellt als das AngG, kann nur die nach dem AngG zustehende gesetzliche Abfertigung nach § 67 Abs. 3 EStG behandelt werden (LStR 2002, Rz 1077).

Der § 67 Abs. 3 EStG begünstigt nur Abfertigungen im kollektivvertraglich festgesetzten Ausmaß, nicht jedoch im Ausmaß darüber hinausgehender Betriebsvereinbarungen.

Abfertigungen, die **auf Grund von Betriebsvereinbarungen** bezahlt werden, sind – ebenso wie freiwillige Abfertigungen – sonstige Bezüge i.S.d. § 67 Abs. 6 EStG, die bei oder nach Beendigung des Dienstverhältnisses anfallen (→ 34.7.2.2.).

Der Abfertigungsanspruch eines Angestellten, der dem Grund oder der Höhe nach ganz oder zum Teil auf Grund einer **Vordienstzeitenanrechnung** gebührt, beruht nicht nur auf dem AngG, sondern auch auf einer vertraglichen Regelung und geht daher über den durch das AngG zustehenden Anspruch hinaus. Dieser Teil kann demnach nur nach § 67 Abs. 6 EStG versteuert werden (VwGH 26.6.2001, 2001/14/0009).

Grundsätzlich knüpft die steuerliche Begünstigung auch der Höhe nach am arbeitsrechtlichen Abfertigungsanspruch gemäß § 23 AngG an. Allerdings können nach der Rechtsprechung des VwGH Ausnahmen von diesem Grundsatz bestehen. Von einer „auf Grund gesetzlicher Vorschriften" zu leistenden Abfertigung nach § 67 Abs. 3 EStG kann demnach nicht mehr gesprochen werden, wenn (an Stelle einer über die gesetzliche Abfertigung hinausgehenden einmaligen Entschädigung durch den Arbeitgeber) bei Auflösung des Dienstverhältnisses wenige Monate vor dieser Auflösung – ohne erkennbare Rechtfertigung in einem veränderten vertraglichen Arbeitsumfang oder in einem unangemessenen Ausmaß zu solchen Veränderungen – das **monatliche Entgelt und damit auch der nach dem Aktualitätsprinzip bemessene Abfertigungsanspruch wesentlich erhöht** wird (VwGH 27.4.2017, Ra 2015/15/0037).

Lohnsteuerberechnung:

Die **Lohnsteuer** von gesetzlichen und kollektivvertraglichen Abfertigungen, deren Höhe sich nach einem von der Dauer des Dienstverhältnisses abhängigen Mehrfachen des laufenden Arbeitslohns bestimmt, **wird so berechnet**,

dass die auf den laufenden Arbeitslohn entfallende Lohnsteuer **mit der gleichen Zahl vervielfacht** wird, die dem bei der Berechnung des Abfertigungsbetrags angewendeten Mehrfachen entspricht.	Ist die Lohnsteuer bei Anwendung des **Steuersatzes von 6%** niedriger, so erfolgt die Besteuerung der Abfertigungen nach dieser Bestimmung (§ 67 Abs. 3 EStG).

Die Lohnsteuer solcher Abfertigungen ist somit

nach der sog. „Vervielfachermethode" bzw. **„Quotientenmethode"** (→ 34.7.2.1.1.)	oder	mit dem **Steuersatz von 6%** (→ 34.7.2.1.2.)

zu berechnen.

Die auf die Abfertigung entfallende Lohnsteuer ist auf zwei Arten zu ermitteln, wobei auf Grund gesetzlicher Anordnung **zwingend die Versteuerungsart** zu wählen ist, die das für den Arbeitnehmer **günstigere Ergebnis bringt**.

Zusätzliche Abfertigungszahlungen im Sinn dieser Bestimmung für Zeiträume, für die ein Anspruch gegenüber einer BV-Kasse besteht (→ 36.1.4.2.), sind gem. **§ 67 Abs. 10 EStG** zu versteuern (→ 23.3.2.6.2.) (§ 67 Abs. 3 EStG).

Verzugszinsen, die im Zusammenhang mit einer begünstigt besteuerten Abfertigungszahlung stehen, sind in derselben Weise wie die Abfertigung zu versteuern.

Werden Abfertigungsansprüche von Arbeitnehmern **durch eine Versicherung** an die Arbeitnehmer **direkt ausbezahlt**, liegt eine Abkürzungszahlung vor. Die Versteuerung hat durch den Arbeitgeber zu erfolgen.

34.7.2.1.1. Lohnsteuerberechnung nach der Vervielfachermethode bzw. Quotientenmethode

Bei der Lohnsteuerberechnung nach der Vervielfachermethode ist zuerst die gesamte Abfertigung durch den laufenden Bezug eines Monats zu dividieren; dadurch erhält man den Vervielfacher:

Gesamtabfertigung : laufenden Bezug eines Monats = Vervielfacher (Quotient).

Danach ist die Lohnsteuer des laufenden Bezugs eines Monats zu ermitteln und mit dem Vervielfacher zu multiplizieren; der sich daraus ergebende Betrag ist die Lohnsteuer der Abfertigung:

Lohnsteuer des laufenden Bezugs × Vervielfacher = Lohnsteuer der Abfertigung.

Der „laufende Bezug eines Monats" ist der laufende Bezug, der der Berechnung der Abfertigung zu Grunde gelegt wurde (→ 33.3.1.5.). Da es sich dabei – betraglich gesehen – nicht um den laufenden Bezug des letzten Monats handeln muss, bezeichnet man diesen laufenden Bezug auch als **fiktiven** (angenommenen) **laufenden Bezug**[1480]. Auch bei der Lohnsteuer des laufenden Bezugs handelt es sich um die Lohnsteuer dieses fiktiven laufenden Bezugs.

Die Berechnung der Bemessungsgrundlage des fiktiven laufenden Bezugs erfolgt auf die gleiche Art wie die Berechnung der Bemessungsgrundlage eines tatsächlich laufenden Bezugs:

  Bruttobetrag des fiktiven laufenden Bezugs,
– Dienstnehmeranteil des fiktiven laufenden Bezugs,
– steuerfreie Bezugsbestandteile, die im fiktiven laufenden Bezug enthalten sind (z.B. Überstundenzuschläge),
– Freibetrag lt. Mitteilung gem. § 63 EStG,
– Pendlerpauschale
  u.a.m. (→ 11.5.1.)

= **Bemessungsgrundlage** des fiktiven laufenden Bezugs.

Die Absetz- und Freibeträge sind auch dann zu berücksichtigen, wenn sie für die Abfertigungszeit nicht mehr zustehen.

Wird die Abfertigung in Teilbeträgen (→ 33.3.1.8.) ausbezahlt, ist die gesamte Abfertigung zu versteuern. Die auf die Teilbeträge entfallende Lohnsteuer ist bei der Auszahlung der Teilbeträge einzubehalten und abzuführen. Eine spätere Änderung des Lohnsteuertarifs (→ 15.5.5.) kann sich nicht mehr auswirken.

34.7.2.1.2. Lohnsteuerberechnung mit dem Steuersatz

Bei dieser Art der Lohnsteuerberechnung ist die gesamte Abfertigung mit dem Steuersatz von 6% zu multiplizieren:

Gesamtabfertigung × 6% = Lohnsteuer der Abfertigung.

Die Versteuerung mit dem Steuersatz von 6% erfolgt auch dann, wenn solche sonstigen Bezüge neben laufenden Bezügen (z.B. neben einer Firmenpension, Weiterbenutzung der bisherigen Dienstwohnung) bezahlt werden.

Wird die Abfertigung in Teilbeträgen (→ 33.3.1.8.) ausbezahlt, ist die auf die Teilbeträge entfallende Lohnsteuer bei der Auszahlung dieser einzubehalten und abzuführen.

1480 Angeknüpft wird an den arbeitsrechtlichen Begriff. Bezieht der Dienstnehmer daher auf Grund eines langen Krankenstands nur noch Teilentgelt, ist bei der Berechnung der gesetzlichen Abfertigung nicht von diesem reduzierten, sondern vom ungekürzten Entgelt auszugehen (BFG 2.5.2016, RV/7100211/2014).

34.7.2.1.3. Freibetrag, Freigrenze und Jahressechstel

Der **Freibetrag** von max. € 620,00 (→ 23.3.2.1.1.), die **Freigrenze** von max. € 2.100,00 (→ 23.3.2.1.2.) und das Jahressechstel (→ 23.3.2.2.) sind **nicht zu berücksichtigen**.

Beispiel 162

Berechnung und Besteuerung einer gesetzlichen (oder kollektivvertraglichen) Abfertigung.

Angaben:

- Angestellter,
- Monatsgehalt: € 2.640,00,
- Urlaubsbeihilfe und Weihnachtsremuneration lt. Kollektivvertrag: je 1 Monatsgehalt pro Kalenderjahr,
- Anspruch auf gesetzliche Abfertigung: 4 Monatsentgelte,
- für die Berechnung der Abfertigung sind 4 Überstunden mit 50% Zuschlag zu berücksichtigen,
- Überstundenteiler: 1/165,
- kein AVAB/AEAB/FABO+,
- Freibetrag lt. Mitteilung: € 120,00/Monat,
- Pendlerpauschale: € 214,00/Monat,
- Pendlereuro für 48 km.

Lösung:

Betrag der Abfertigung:

Monatsgehalt	€ 2.640,00
Überstundengrundlohn für 4 Überstunden € 2.640,00 : 165 = € 16,00 × 4 =	€ 64,00
Überstundenzuschlag für 4 Überstunden € 8,00 × 4 =	€ 32,00
fiktiver laufender Bezug	€ 2.736,00
zuzüglich 1/12 Urlaubsbeihilfe und Weihnachtsremuneration € 2.640,00 : 12 = € 220,00 × 2 =	€ 440,00
ein „Monatsentgelt" beträgt	€ 3.176,00
Betrag der Abfertigung € 3.176,00 × 4 =	**€ 12.704,00**

Lohnsteuerberechnung nach der Vervielfachermethode:

€ 12.704,00 : € 2.736,00 = 4,64 (Vervielfacher)	
steuerpflichtiger Bezug	€ 2.736,00
abzüglich Dienstnehmeranteil (18,12%) von € 2.736,00	– € 495,76
abzüglich Freibetrag	– € 120,00
abzüglich Pendlerpauschale	– € 214,00
Bemessungsgrundlage des fiktiven laufenden Bezugs	€ 1.906,24
Lohnsteuer des fiktiven laufenden Bezugs	€ 211,79
abzüglich Pendlereuro (€ 2,00 × 48,00) : 12	– € 8,00
	€ 203,79
Lohnsteuer der Abfertigung € 203,79 × 4,64 =	**€ 945,59**

Lohnsteuerberechnung mit dem Steuersatz von 6%:

€ 12.704,00 × 6% = **€ 762,24**

Vergleich:

€ 945,59 Lohnsteuer nach der Vervielfachermethode.	**€ 762,24** Lohnsteuer bei Anwendung des Steuersatzes von 6%.

Die für den Arbeitnehmer günstigere Lohnsteuer ist in Abzug zu bringen.

34.7.2.2. Sonstige Abfertigungen, Abfindungen

Dieser Punkt beinhaltet im Wesentlichen neben Erläuterungen und Beispielen die Bestimmungen des **§ 67 Abs. 6 EStG** und die dazu ergangenen erlassmäßigen Regelungen, insb. die der

- **Lohnsteuerrichtlinien 2002**, Rz 1084–1090.

Die Vorschriften des § 67 Abs. 6 EStG beziehen sich auf **alle sonstigen Abfertigungen, Abfindungen** usw., die **mit der Auflösung des Dienstverhältnisses in ursächlichem Zusammenhang** stehen und aus diesem Grund anfallen.

Es muss sich demnach um solche sonstigen Bezüge handeln, die für die Auflösung des Dienstverhältnisses **typisch** sind.

Darunter fallen

- auf Grund von Betriebsvereinbarungen gewährte Abfertigungen[1481],
- auf Grund von Dienstverträgen gewährte Abfertigungen[1481],
- **freiwillige Abfertigungen**[1482],

1481 Nicht aber die in diesen Abfertigungen enthaltenen gesetzlichen oder kollektivvertraglichen Abfertigungsteile. Darunter fallen **nicht**
- gesetzliche und kollektivvertragliche Abfertigungen (→ 34.7.2.1.),
- Vergleichssummen (→ 24.5.2.2.),
- Kündigungsentschädigungen (→ 34.4.2.),
- Zahlungen für den Verzicht auf Arbeitsleistung für künftige Lohnzahlungszeiträume (→ 34.5.2.) (vgl. Wortlaut § 67 Abs. 6 EStG) und
- von BV-Kassen ausbezahlte Abfertigungen (→ 36.2.2.).

1482 Unter **„freiwilliger Abfertigung"** ist eine Leistung des Arbeitgebers bei Beendigung des Dienstverhältnisses zu verstehen, auf die weder aus gesetzlichen noch aus kollektivvertraglichen Regelungen ein Anspruch besteht. Schriftlichkeit (z.B. im Dienstvertrag) ist dabei nicht erforderlich.
Es liegt keine freiwillige Abfertigung vor, wenn dadurch andere arbeitsrechtliche Ansprüche (z.B. nicht verbrauchter Urlaub, Zahlung für den Verzicht auf Arbeitsleistung künftiger Lohnzahlungszeiträume, Vergleichszahlung usw.) abgegolten werden (LStR 2002, Rz 1084).
Eine als „freiwillige Abfertigung" bezeichnete Vergleichszahlung zur Einstellung eines Kündigungsanfechtungsverfahrens kann nicht nach § 67 Abs. 6 EStG versteuert werden, wenn ein derartiger Abfertigungsanspruch nicht strittig war. Die Zahlung ist gem. § 67 Abs. 8 lit. a EStG als Vergleichssumme (→ 24.5.) der Besteuerung zu unterwerfen (UFS 11.9.2009, RV/0537-G/07).
Die äußere Bezeichnung einer Zahlung als „freiwillige Abfertigung" ist für die Subsumtion unter § 67 Abs. 6 EStG nicht von entscheidender Bedeutung. Vielmehr ist entscheidend, ob sie nach ihrem **wirtschaftlichen Gehalt** einer freiwilligen Abfertigung oder Abfindung entspricht. Von ausschlaggebender Bedeutung sind somit die **Hintergründe und die Motive,** die zur Zahlung führen. Es ist daher zu prüfen, aus welchem Grund die Zahlung geleistet wird. Zahlungen, die einem Dienstnehmer gewährt werden, um ihn zur einvernehmlichen Auflösung des Dienstverhältnisses zu bewegen, stehen zwar mit der Auflösung des Dienstverhältnisses im ursächlichen Zusammenhang, es handelt sich dabei aber um keine Bezüge bzw. Zahlungen, die – etwa gleich einer Abfertigung – für die Beendigung eines Dienstverhältnisses typisch sind. Erhöht sich jedoch auf

- Sterbegelder[1483],
- Todfallsbeiträge[1483]

u.Ä.

Solche sonstigen Bezüge, die **bei oder nach Beendigung des Dienstverhältnisses** anfallen (wie z.B. freiwillige Abfertigungen und Abfindungen, ausgenommen von BV-Kassen ausbezahlte Abfertigungen, → 36.2.2., und Zahlungen für den Verzicht auf Arbeitsleistung für künftige Lohnzahlungszeiträume, → 34.5.), sind nach Maßgabe folgender Bestimmungen mit dem **Steuersatz von 6% zu versteuern**:

1. Der Steuersatz von 6% ist auf **ein Viertel der laufenden Bezüge der letzten zwölf Monate, höchstens** aber auf den Betrag anzuwenden, der dem **9-Fachen der monatlichen Höchstbeitragsgrundlage** gem. § 108 ASVG entspricht ①.

Viertelregelung

2. Über das Ausmaß der Z 1 hinaus ist **bei freiwilligen Abfertigungen** der **Steuersatz von 6%** auf einen Betrag anzuwenden, der von der **nachgewiesenen Dienstzeit abhängt**. Bei einer nachgewiesenen

Dienstzeit von	ist ein Betrag bis zur Höhe von
3 Jahren	2/12 der laufenden Bezüge der letzten 12 Monate
5 Jahren	3/12 der laufenden Bezüge der letzten 12 Monate
10 Jahren	4/12 der laufenden Bezüge der letzten 12 Monate
15 Jahren	6/12 der laufenden Bezüge der letzten 12 Monate
20 Jahren	9/12 der laufenden Bezüge der letzten 12 Monate
25 Jahren	12/12 der laufenden Bezüge der letzten 12 Monate

Zwölftelregelung

mit dem Steuersatz von 6% zu versteuern. Ergibt sich jedoch bei Anwendung der 3-fachen monatlichen Höchstbeitragsgrundlage gem. § 108 ASVG auf die der Berechnung zu Grunde zu legende Anzahl der laufenden Bezüge ein niedrigerer Betrag, ist nur dieser mit 6% zu versteuern ②.

3. Während dieser Dienstzeit bereits erhaltene Abfertigungen i.S.d. § 67 Abs. 3 EStG oder gem. den Bestimmungen dieses Absatzes sowie bestehende Ansprüche auf Abfertigungen i.S.d. § 67 Abs. 3 EStG **kürzen** das sich nach Z 2 ergebende steuerlich **begünstigte Ausmaß.**

grund einer kollektivvertraglichen Vereinbarung im Falle einer vom Arbeitgeber ausgesprochenen Kündigung eines Arbeitnehmers die gebührende gesetzliche Abfertigung um zwei Monatsbezüge, so erschiene es nicht sachgerecht und im Sinne dieser kollektivvertraglichen Bestimmung, für diese beiden dem Arbeitnehmer bezahlten Monatsbezüge die begünstigte Besteuerung mit 6% nur deshalb nicht zu gewähren, weil sich der Arbeitnehmer unter dem Eindruck einer bevorstehenden Kündigung dazu entschlossen hat, einer einvernehmlichen Auflösung des Dienstverhältnisses zuzustimmen (BFG 21.12.2018, RV/3100774/2016).

Wird das Dienstverhältnis eines begünstigten Behinderten einvernehmlich aufgelöst und dabei die Bezahlung einer freiwilligen Abfertigung vereinbart, ist diese jedenfalls ein Bezug gem. § 67 Abs. 6 EStG, sofern für diesen Zeitraum keine Anwartschaften gegenüber einer BV-Kasse bestehen (VwGH 7.6.2005, 2000/14/0137).

1483 Die Gehaltsweiterzahlung eines verstorbenen Arbeitnehmers bis zum Ende des Sterbemonats (sog. „Sterbebezug") zählt nicht zu solchen Bezügen (→ 34.3.2.).

4. Den **Nachweis** über die zu berücksichtigende Dienstzeit sowie darüber, ob und in welcher Höhe Abfertigungen i.S.d. § 67 Abs. 3 EStG oder dieses Absatzes bereits früher ausbezahlt worden sind, hat der **Arbeitnehmer zu erbringen**; bis zu welchem Zeitpunkt zurück die Dienstverhältnisse nachgewiesen werden, bleibt dem Arbeitnehmer überlassen. Der Nachweis ist vom Arbeitgeber zum Lohnkonto (§ 76) zu nehmen.
5. § 67 Abs. 2 EStG (das **Jahressechstel**) ist auf Beträge, die nach Z 1 oder Z 2 mit 6% zu versteuern sind, **nicht anzuwenden**.
6. Soweit die **Grenzen der Z 1 und der Z 2 überschritten** werden, sind solche sonstigen Bezüge wie ein laufender Bezug im Zeitpunkt des Zufließens nach dem **Lohnsteuertarif** des jeweiligen Kalendermonats der Besteuerung zu unterziehen.
7. Die vorstehenden Bestimmungen gelten nur für jene Zeiträume, für die keine Anwartschaften gegenüber einer BV-Kasse bestehen ④.

(§ 67 Abs. 6 EStG)

① Dienstzeit unabhängig	Zu versteuern mit 6%: 1/4 der lfd. Bezüge der letzten 12 Mo.	Höchstens aber HBG € 5.670,00 × 9 = € 51.030,00 ③

HBG = Höchstbeitragsgrundlage

② Nachgewiesene (Vor-)Dienstzeit	Zu versteuern mit 6%: begünstigte Anzahl der Zwölftel der lfd. Bezüge der letzten 12 Mo.	Höchstens aber
3 Jahre	2/12	HBG € 5.670,00 × 3 × 2 = € 34.020,00 ③
5 Jahre	3/12	HBG € 5.670,00 × 3 × 3 = € 51.030,00 ③
10 Jahre	4/12	HBG € 5.670,00 × 3 × 4 = € 68.040,00 ③
15 Jahre	6/12	HBG € 5.670,00 × 3 × 6 = € 102.060,00 ③
20 Jahre	9/12	HBG € 5.670,00 × 3 × 9 = € 153.090,00 ③
25 Jahre	12/12	HBG € 5.670,00 × 3 × 12 = € 204.120,00 ③

HBG = Höchstbeitragsgrundlage

③ Werden diese Deckelungsbeträge überschritten, ist der jeweilige übersteigende Betrag gem. § 67 Abs. 10 EStG **„wie" ein laufender Bezug** im Zeitpunkt des Zufließens nach dem **Lohnsteuertarif** des **jeweiligen Kalendermonats** der **Besteuerung zu unterziehen**. Sie **bleiben sonstige Bezüge**, die nur „wie laufende Bezüge" versteuert werden. Sie erhöhen daher auch nicht die Jahressechstelbasis (→ 23.3.2.2.) und werden auch nicht bei der Berechnung des Jahresviertels und Jahreszwölftels (→ 34.7.2.2.) berücksichtigt.

Die Besteuerung erfolgt im jeweiligen Kalendermonat **zusammen mit den tatsächlichen laufenden Bezügen** über die **monatliche Lohnsteuertabelle**. Fließen keine laufenden Bezüge zu, hat die Besteuerung ebenfalls über die monatliche Lohnsteuertabelle zu erfolgen.

④ Die vorstehenden Bestimmungen gelten für alle Bezüge gem. § 67 Abs. 6 EStG und **nur für sog. Abfertigungsaltfälle; für Abfertigungsneufälle nur für jene Zeiträume, für die keine Anwartschaften gegenüber einer BV-Kasse bestehen** (vgl. dazu die Beispiele unter Punkt 36.2.2.2.3.).

Beginnt ein Arbeitnehmer sein Dienstverhältnis nach dem 31. Dezember 2002 (als **„Neufall"**) und erhält dieser bei Beendigung des Dienstverhältnisses vom Arbeitgeber eine freiwillige (vertragliche) Abfertigung, ist diese nach Ansicht der Finanzverwaltung und des BFG gem. **§ 67 Abs. 10 EStG** zu versteuern. Näheres dazu finden Sie unter Punkt 36.2.2.2.

Zu den „laufenden Bezügen der letzten 12 Monate" gehören **alle steuerbaren** Geld- und Sachbezüge, gleichgültig, ob diese der Lohnsteuer unterliegen oder nicht[1484] (→ 20.3.2.). Ebenso hinzuzurechnen ist der laufende Teil der Ersatzleistung für Urlaubsentgelt (→ 34.7.2.3.1.) (LStR 2002, Rz 1108a).

Nicht dazu gehört der Teil des sonstigen Bezugs, der das Jahressechstel übersteigt; dieser bleibt dem Wesen nach **ein sonstiger Bezug**, der nur „wie ein laufender Bezug" versteuert wird.

Die „laufenden Bezüge der letzten 12 Monate" werden vom Tag der arbeitsrechtlichen Beendigung des Dienstverhältnisses zurückgerechnet.

Hat das Dienstverhältnis **kürzer als zwölf Monate** gedauert, dürfen für die Berechnung des Viertels der laufenden Bezüge der letzten zwölf Monate grundsätzlich weder Bezüge aus einem anderen Dienstverhältnis herangezogen werden, noch darf eine Umrechnung der laufenden Bezüge auf zwölf fiktive Monatsbezüge erfolgen (vgl. bereits VwGH 19.12.1990, 89/13/0083 sowie dies bestätigend VwGH 22.9.2021, Ro 2021/13/0004; so auch LStR 2002, Rz 1088). Eine Ausnahme bildet nach Ansicht des BMF eine Konzernversetzung innerhalb des letzten Dienstjahrs. Falls hier die Dienstjahre beim Konzernbetrieb A beim Konzernbetrieb B angerechnet werden, kann unter Bedachtnahme auf die vorhergehende **Konzernversetzung**, die eine enge Verknüpfung bei der gesetzlichen Abfertigung zulässt, die Berechnung des Viertels der laufenden Bezüge der letzten zwölf Monate, unter Berücksichtigung der beim Konzernbetrieb A erhaltenen Monatsbezüge, vorgenommen werden (LStR 2002, Rz 1088).

Hat das Dienstverhältnis **länger als zwölf Monate** gedauert und sind innerhalb der letzten zwölf Monate z.B. infolge Präsenzdienst, Ausbildungsdienst bei Frauen, Krankheit, Altersteilzeit, Schutzfrist oder Karenz **geringere oder gar keine Bezüge** ausbezahlt worden, ist die Beurteilung nach der (für den Steuerpflichtigen vorteilhaften) Ansicht des BMF von jenem Zeitraum zurückgehend vorzunehmen, für den letztmalig die vollen laufenden Bezüge angefallen sind (LStR 2002, Rz 1088). Nach Ansicht der Finanzverwaltung gilt dies auch für während Kurzarbeit (→ 27.3.3.) ausbezahlte freiwillige Abfertigungen. Dieser Rechtsansicht des BMF widerspricht der VwGH in seiner Judikatur jedoch explizit und betont, dass – ohne Ausnahme – ausschließlich

1484 Demzufolge können steuerfreie Bezüge gem. § 3 Abs. 1 Z 16b EStG mit einbezogen werden, nicht hingegen Kostenersätze gem. § 26 Z 4 EStG (→ 22.3.2.).
Es bestehen keine Bedenken, wenn eine nachträgliche Aufteilung der Reiseaufwandsentschädigungen (Ersätze gem. § 26 Z 4 EStG und Reiseaufwandsentschädigungen gem. § 3 Abs. 1 Z 16b EStG) in einer Näherungsrechnung vorgenommen wird.

auf die Bezüge der letzten zwölf Monate abzustellen ist. Dies gilt z.B. auch für lange Krankenstände mit vermindertem oder ohne Entgeltanspruch. Soweit jedoch (seitens des Krankenversicherungsträgers bezahlte) Krankengeldbezüge lohnsteuerpflichtige Bezüge aus dem konkreten, nunmehr beendeten Beschäftigungsverhältnis in den letzten zwölf Monaten ersetzen, sind diese in die Bemessungsgrundlage als Bezüge der letzten zwölf Monate einzubeziehen (VwGH 22.9.2021, Ro 2021/13/0004; das BMF ist auch nach Veröffentlichung dieser Entscheidung bei seiner Rechtsansicht in den LStR geblieben).

Für die steuerliche Berücksichtigung des § 67 Abs. 6 EStG Z 1 (Viertelregelung) ist folgende **Reihenfolge einzuhalten** (Günstigkeitsregelung):

1. freiwillige Abfertigungen (→ 33.3.3.),
2. Bezüge von Sozialplänen (→ 33.7.2.).

Der **Freibetrag** von max. € 620,00 (→ 23.3.2.1.1.) und die **Freigrenze** von max. € 2.100,00 (→ 23.3.2.1.2.) sind **nicht zu berücksichtigen**.

Die Begünstigung des § 67 Abs. 6 EStG **Z 2** (Zwölftelregelung) kommt **nur** bei Gewährung einer **freiwilligen (vertraglichen) Abfertigung** zur Anwendung. Sie hängt ausschließlich davon ab, ob und inwieweit der Arbeitnehmer seine Dienstzeit nachweist. Da das Gesetz nur von Dienstzeit spricht, ist es gleichgültig, ob diese Dienstzeit bei ein und demselben Arbeitgeber bzw. bei verschiedenen Arbeitgebern verbracht worden ist. Sofern ein geeigneter Nachweis über die geleistete Dienstzeit und die ausbezahlten bzw. nicht bezahlten Abfertigungen erbracht wird, können selbst Dienstzeiten bei ausländischen Arbeitgebern berücksichtigt werden. Auch Dienstzeiten bei einem früheren Arbeitgeber für ein durch Karenzierung unterbrochenes Dienstverhältnis dürfen bei der Begünstigung des § 67 Abs. 6 EStG Z 2 nicht unberücksichtigt bleiben.

Aus dem Wortlaut des § 67 Abs. 6 Z 3 EStG ergeben sich in Bezug auf die Abfertigungsansprüche zwei Kürzungskomponenten:

- Die während der in § 67 Abs. 6 Z 2 EStG genannten nachgewiesenen Dienstzeit bereits erhaltenen Abfertigungen i.S.d. § 67 Abs. 3 EStG oder gem. § 67 Abs. 6 EStG sowie
- die bestehenden Ansprüche auf Abfertigungen i.S.d. § 67 Abs. 3 EStG.

Die Begünstigung für ein Viertel der laufenden Bezüge der letzten zwölf Kalendermonate (§ 67 Abs. 6 Z 1 EStG) bleibt auch bei Anwendung der Kürzungskomponenten bestehen.

Den Nachweis über die Dauer der zu berücksichtigenden Dienstzeit und über den Erhalt bzw. Nichterhalt von Abfertigungen i.S.d. § 67 Abs. 3 EStG oder gem. § 67 Abs. 6 EStG hat der Arbeitnehmer in Form von **Bestätigungen** seiner Vorarbeitgeber zu erbringen; bis zu welchem Zeitpunkt zurück die Dienstverhältnisse nachgewiesen werden, bleibt dem Arbeitnehmer überlassen. Der Nachweis ist vom Arbeitgeber zum Lohnkonto zu nehmen (§ 67 Abs. 6 Z 4 EStG)[1485].

1485 Die in § 67 Abs. 6 EStG vorgesehene Nachweispflicht kann nicht so verstanden werden, dass nur ein lückenloser Urkundenbeweis den gesetzlichen Anforderungen entspricht (VwGH 19.9.1990, 89/13/0087 zum fehlenden Nachweis über das Nichterhalten einer Abfertigung vom Vorarbeitgeber). Nach einer Entscheidung des BFG kommt jedoch ein Außerachtlassen einiger Jahre bei der Nachweiserbringung nicht in Betracht, da dem Gesetzgeber nicht unterstellt werden kann, dass er es durch das in § 67 Abs. 6 EStG eingeräumte Wahlrecht, welche Vordienstzeiten nachgewiesen werden, ermöglichen wollte, dass ein und dieselben Vordienstzeiten zur Begünstigung von mehreren Abfertigungen führen. Die Wortfolge „bis zu welchem Zeitpunkt zurück die Dienstverhältnisse nachgewiesen werden" ist bereits sprachlich so zu verstehen, dass der Nachweis beim aktuellen Dienstverhältnis beginnt und so weit zurück erfolgt, wie es dem Dienstnehmer möglich oder opportun ist (BFG 13.1.2021, RV/2101719/2016; Revision beim VwGH anhängig zur Zahl Ro 2021/15/0008).

Muster 32

Bestätigung über erbrachte Vordienstzeiten.

Bestätigung

Wir bestätigen, dass Herr/Frau __________, geboren am __________, in der Zeit vom __________ bis __________ bei uns beschäftigt war und anlässlich der Beendigung des Dienstverhältnisses

- weder eine gesetzliche noch eine freiwillige[1486] Abfertigung
- eine gesetzliche Abfertigung in der Höhe von brutto € __________.
- eine freiwillige[1486] Abfertigung in der Höhe von brutto € __________.

erhalten hat.

__________, am __________

____
Unterschrift des Dienstgebers

Zeugnisse gelten nicht als Bestätigungen im obigen Sinn.

Überschreiten Abfindungen bzw. freiwillige (vertragliche) Abfertigungen die Grenzen des § 67 Abs. 6 Z 1 und Z 2 EStG, ist der übersteigende Teil zusammen mit den laufenden Bezügen des Lohnzahlungszeitraums wie ein laufender Bezug nach dem Lohnsteuertarif der Besteuerung zu unterziehen; hiebei ist ein **monatlicher Lohnzahlungszeitraum** zu unterstellen.

Wird das Dienstverhältnis **während des Kalendermonats beendet** und werden im Zuge der Beendigung Bezüge gem. § 67 Abs. 6 EStG, die zum Tarif zu versteuern sind, ausbezahlt, sind diese Bezüge den laufenden Bezügen des Kalendermonats zuzurechnen und **gemeinsam nach dem Monatstarif** (unter Berücksichtigung eines monatlichen Lohnzahlungszeitraums) zu versteuern. In diesem Fall ist am **Lohnzettel** (L 16, → 35.3.) als Zeitpunkt der Beendigung des Dienstverhältnisses der Tag der tatsächlichen Beendigung des Dienstverhältnisses (**arbeitsrechtliches Ende**) anzuführen.

Beispiel

Ein Arbeitnehmer beendet nach 15-jähriger Tätigkeit am 10. Februar 20.. das Dienstverhältnis.

Die Bemessungsgrundlage des laufenden Bezugs für den Monat Februar beträgt	€ 1.000,00
der nach dem Tarif zu versteuernde Teil der freiwilligen Abfertigung beträgt	€ 1.500,00
Auf den Betrag von	**€ 2.500,00**

ist die **Monatstabelle anzuwenden.**

Steht ein **Freibetrag** lt. Mitteilung zu, ist der monatliche Betrag zu berücksichtigen. Bei der Berücksichtigung eines allfälligen **Pendlerpauschals** und eines **Pendlereuros**

1486 Bzw. eine vertragliche Abfertigung.

ist in diesem Fall die Anzahl der tatsächlich in diesem Lohnzahlungszeitraum getätigten Fahrten von der Wohnung zur Arbeitsstätte zu berücksichtigen.

Der **Lohnzettel** ist für den Zeitraum vom **1.1. bis 10.2.20..** auszustellen.

Freiwillige (vertragliche) Zahlungen anlässlich der Beendigung des Dienstverhältnisses sind auch dann begünstigt, wenn sie neben laufenden Bezügen (z.B. sofort anfallende Pension) sowie weiterlaufenden anderen Vorteilen aus dem Dienstverhältnis (z.B. vom Arbeitgeber weiter bezahlte Zusatzkrankenversicherung, Weiterbenutzung der bisherigen Dienstwohnung) zufließen.

Sonstige Bezüge dieser Art müssen **bei oder nach Beendigung des Dienstverhältnisses** anfallen und durch die Beendigung des Dienstverhältnisses verursacht sein. Ebenso wie bei gesetzlichen Abfertigungen gem. § 67 Abs. 3 EStG ist der Anspruch auf die steuerliche Begünstigung **zwingend an die Auflösung des Dienstverhältnisses geknüpft**.

Erfolgt ein **Arbeitgeberwechsel** im Rahmen der Bestimmungen des AVRAG und werden die gesetzlichen Abfertigungs- und Urlaubsansprüche vom neuen Arbeitgeber übernommen (und nicht an den Arbeitnehmer ausbezahlt), wird das Dienstverhältnis nicht aufgelöst. Die Begünstigung des § 67 Abs. 6 EStG für eine ausbezahlte freiwillige Abfertigung kann in diesem Fall **nicht** angewendet werden (LStR 2002, Rz 1084).

Kommt es zu einem **Wechsel** des Dienstverhältnisses innerhalb eines **Konzerns** und verbleibt der Arbeitnehmer dabei im gesetzlichen Abfertigungssystem (→ 36.1.2.3.), wobei die gesetzlichen Abfertigungsansprüche nicht ausbezahlt, sondern vom neuen Arbeitgeber übernommen werden, kann im Zeitpunkt des Konzernübertritts eine freiwillige Abfertigung nach § 67 Abs. 6 EStG begünstigt besteuert werden, sofern das Dienstverhältnis arbeitsrechtlich tatsächlich gelöst wird und es sich etwa nicht um eine sog. „Dreiparteieneinigung“[1487] handelt. Dabei kann es bei mehrfachem Wechsel innerhalb des Konzerns auch zur mehrfachen Inanspruchnahme der „Viertelregelung“ kommen. Eine Einschränkung sieht § 67 Abs. 6 EStG nur i.Z.m. der „Zwölftelregelung“ vor[1488] (VwGH 25.7.2018, Ro 2017/13/0006 – Hinweis: Diese freiwilligen Abfertigungen unterliegen auch nicht der Lohnnebenkostenpflicht, (→ 37.3.3.3.. und 37.4.1.3.).

Freiwillige Abfertigungen und dergleichen können auch nach Beendigung des Dienstverhältnisses steuerbegünstigt behandelt werden, wenn sie zu einem späteren Zeitpunkt (**spätestens zwölf Monate nach Beendigung des Dienstverhältnisses**) anfallen (LStR 2002, Rz 1087). „Anfallen“ weist darauf hin, dass es sich um Gebührnisse handeln muss, die durch die Beendigung des Dienstverhältnisses ausgelöst werden und mit der Auflösung des Dienstverhältnisses in ursächlichem Zusammenhang stehen.

Bei Vereinbarung einer **Altersteilzeit** (→ 27.3.2.) ist die Besteuerung einer freiwilligen Abfertigung i.S.d. § 67 Abs. 6 EStG erst bei tatsächlicher Beendigung des Dienstverhältnisses zulässig.

Bei der Auszahlung von Teilbeträgen ist der gesamte Bezug zu versteuern. Die auf die Teilbeträge entfallende Lohnsteuer ist bei der Auszahlung der Teilbeträge einzubehalten und abzuführen (→ 34.7.2.1.).

1487 Im Fall einer „Dreiparteieneinigung“ wird das Dienstverhältnis arbeitsrechtlich nicht beendet, sondern vom neuen Arbeitgeber mit allen Rechten und Pflichten übernommen. Der neue Arbeitgeber tritt in den Dienstvertrag anstelle des alten Arbeitgebers ein.

1488 Hinweis: Bei der „Zwölftelregelung“ sind bereits erhaltene Abfertigungen anzurechnen.

Wenn nach einem **verstorbenen Arbeitnehmer** an dessen Rechtsnachfolger (z.B. Witwe) kein laufender Arbeitslohn (z.B. Firmen-Witwenpension, → 30.1.) bezahlt wird, hat die Besteuerung von Bezügen auf Grund der vom Arbeitgeber beim verstorbenen Arbeitnehmer zu beachtenden Besteuerungsmerkmale zu erfolgen (§ 32 Z 2 EStG) (→ 34.3.2.).

Beispiele 163–164

Besteuerung einer vertraglichen Abfertigung.

Gemeinsame Angaben für die Beispiele 163–164:

- Angestellter,
- Monatsgehalt: € 2.600,00,
- laufende Bezüge der letzten 12 Monate: € 36.200,00,
- Urlaubsbeihilfe und Weihnachtsremuneration lt. Kollektivvertrag: je 1 Monatsgehalt pro Kalenderjahr.
- Dauer des Dienstverhältnisses: 20 Jahre und 3 Monate (= Anspruchszeitraum),
- Anspruch auf gesetzliche Abfertigung: 9 Monatsentgelte,
- Betrag der gesetzlichen Abfertigung: € 2.600,00 × 14 : 12 × 9 = € 27.300,00.
- Der Angestellte erhält lt. Dienstvertrag eine Abfertigung (gesetzliche und vertragliche Abfertigung) in der Höhe von € 45.000,00.

€ 45.000,00			
↓ € 27.300,00	↓ Ⓐ	↓ Ⓑ € 17.700,00	↓ Ⓒ
Teil der gesetzlichen Abfertigung	Teil der freiwilligen (= vertraglichen) Abfertigung		
	Viertelregelung	Zwölftelregelung	Tariflohnsteuer

Beispiel 163

Angaben:

- Der Angestellte kann keine Vordienstzeiten nachweisen.

Lösung:

Teil der gesetzlichen Abfertigung:

Abfertigung lt. Dienstvertrag	€	45.000,00
abzüglich des Teils der gesetzlichen Abfertigung	– €	27.300,00 ①
Teil der freiwilligen Abfertigung	€	17.700,00

① Der Teil der gesetzlichen Abfertigung wird entweder nach der Vervielfachermethode (Quotientenmethode) oder mit dem Steuersatz von 6 % versteuert.

Ⓐ Teil der freiwilligen Abfertigung – Viertelregelung:

Laufende Bezüge der letzten 12 Monate	€	36.200,00
davon ein Viertel	€	9.050,00 ②

② Der Betrag eines Viertels der laufenden Bezüge der letzten zwölf Monate wird mit dem Steuersatz von 6 %, ohne Berücksichtigung des Jahressechstels, versteuert.

Freiwillige Abfertigung	€	17.700,00
abzüglich des nach der Viertelregelung zu versteuernden Teils der freiwilligen Abfertigung	– €	9.050,00
Restbetrag der freiwilligen Abfertigung	€	8.650,00

Ⓑ Teil der freiwilligen Abfertigung – Zwölftelregelung:

Bei einer Dienstzeit von insgesamt 20 Jahren und 3 Monaten wird der Betrag von 9/12 der laufenden Bezüge der letzten zwölf Monate mit dem Steuersatz von 6 %, ohne Berücksichtigung des Jahressechstels, versteuert.

Laufende Bezüge der letzten zwölf Monate	€	36.200,00
davon 9/12	€	27.150,00

Davon sind allerdings in Abzug zu bringen:		
Während dieser Dienstzeit (20 Jahre, 3 Monate) **bereits erhaltene** gesetzliche und kollektivvertragliche Abfertigungen	– €	0,00
und **bereits erhaltene** freiwillige Abfertigungen	– €	0,00
sowie **bestehende Ansprüche** auf gesetzliche Abfertigungen	– €	27.300,00
		Negativbetrag

In diesem Beispiel bleibt die Zwölftelregelung unberücksichtigt.

Freiwillige Abfertigung	€	17.700,00
abzüglich des nach der Viertelregelung zu versteuernden Teils der freiwilligen Abfertigung	– €	9.050,00
abzüglich des nach der Zwölftelregelung zu versteuernden Teils der freiwilligen Abfertigung	– €	0,00
Restbetrag der freiwilligen Abfertigung	€	8.650,00 ③

© Teil der freiwilligen Abfertigung – Tariflohnsteuer:

③ Soweit die Grenzen der Viertelregelung und der Zwölftelregelung überschritten werden, ist der übersteigende Teil wie ein laufender Bezug im Zeitpunkt des Zufließens nach dem Lohnsteuertarif des jeweiligen Kalendermonats der Besteuerung zu unterziehen.

Wird die Abfertigung neben laufenden Bezügen gewährt, ist der dritte Teil der vertraglichen Abfertigung **zusammen** mit den laufenden Bezügen nach der Monatstabelle zu versteuern.

Zusammenfassung:

€ 45.000,00			
↓	↓	↓	↓
	Ⓐ	Ⓑ	Ⓒ
€ 27.300,00	€ 9.050,00	€ 0,00	€ 8.650,00
Teil der gesetzlichen Abfertigung	Teil der vertraglichen Abfertigung		
↓ Vervielfachermethode (Quotientenmethode) oder 6%	↓ 6%	↓ 6%	↓ Tariflohnsteuer

Beispiel 164

Angaben:

- Anhand einer Bestätigung weist der Angestellte nach:
  - Vordienstzeiten im Ausmaß von 5 Jahren,
  - den Erhalt einer freiwilligen Abfertigung in der Höhe von € 800,00 und gesetzlichen Abfertigung in der Höhe von € 2.200,00.

Lösung:

Teil der gesetzlichen Abfertigung:

Gleich wie im Vorbeispiel.

1. **Teil der freiwilligen Abfertigung – Viertelregelung:**

   Gleich wie im Vorbeispiel.

2. **Teil der freiwilligen Abfertigung – Zwölftelregelung:**

   Bei einer Dienstzeit von insgesamt 25 Jahren und 3 Monaten kann **u.U.** der Betrag von 12/12 der laufenden Bezüge der letzten zwölf Monate mit dem Steuersatz von 6%, ohne Berücksichtigung des Jahressechstels, versteuert werden.

Laufende Bezüge der letzten zwölf Monate	€ 36.200,00
davon 12/12	€ 36.200,00
Davon sind allerdings in Abzug zu bringen:	
Während dieser Dienstzeit (25 Jahre, 3 Monate) **bereits erhaltene** Abfertigungen i.S.d. § 67 Abs. 3 EStG (gesetzliche und kollektivvertragliche Abfertigungen)	– € 2.200,00
bereits erhaltene Abfertigungen i.S.d. § 67 Abs. 6 EStG (freiwillige Abfertigungen usw.)	– € 800,00
sowie **bestehende Ansprüche** auf Abfertigungen i.S.d. § 67 Abs. 3 EStG	– € 27.300,00
	€ 5.900,00

Von dem nach Anwendung der Viertelregelung verbliebenen Restbetrag der freiwilligen Abfertigung in der Höhe von € 8.650,00 können € 5.900,00 mit dem Steuersatz von 6%, ohne Berücksichtigung des Jahressechstels, versteuert werden.

Freiwillige Abfertigung	€ 17.700,00
abzüglich des nach der Viertelregelung zu versteuernden Teils der freiwilligen Abfertigung	– € 9.050,00
abzüglich des nach der Zwölftelregelung zu versteuernden Teils der freiwilligen Abfertigung	– € 5.900,00
Restbetrag der freiwilligen Abfertigung	€ 2.750,00

3. **Teil der freiwilligen Abfertigung – Tariflohnsteuer:**

Soweit die Grenzen der Z 1 (Viertelregelung) und Z 2 (Zwölftelregelung) überschritten werden, sind solche sonstigen Bezüge wie ein laufender Bezug im Zeitpunkt des Zufließens (gemeinsam mit den laufenden Bezügen) nach dem Lohnsteuertarif des jeweiligen Kalendermonats der Besteuerung zu unterziehen.

Zusammenfassung:

€ 45.000,00			
↓	↓	↓	↓
	Ⓐ	Ⓑ	Ⓒ
€ 27.300,00	€ 9.050,00	€ 5.900,00	€ 2.750,00
Teil der gesetzlichen Abfertigung	Teil der vertraglichen Abfertigung		
↓ Vervielfachermethode (Quotientenmethode) oder 6%	↓ 6%	↓ 6%	↓ Tariflohnsteuer

34.7.2.3. Ersatzleistungen für Urlaubsentgelt, Erstattung von Urlaubsentgelt

34.7.2.3.1. Ersatzleistungen für Urlaubsentgelt

Dieser Punkt beinhaltet im Wesentlichen neben Erläuterungen und Beispielen die Bestimmungen des **§ 67 Abs. 8 lit. d EStG** und die dazu ergangenen erlassmäßigen Regelungen, insb. die der

- **Lohnsteuerrichtlinien 2002**, Rz 1108–1108d.

Ersatzleistungen (sowie freiwillige Abfertigungen oder Abfindungen für diese Ansprüche) für nicht verbrauchten Urlaub sind,

- soweit sie laufenden Arbeitslohn betreffen, als **laufender Arbeitslohn,**
- soweit sie sonstige Bezüge betreffen, als **sonstiger Bezug**

im Kalendermonat der Zahlung zu erfassen (zu versteuern) (§ 67 Abs. 8 lit. d EStG).

Ersatzleistungen für nicht verbrauchten Urlaub sind aufzuteilen:

1. Soweit sie **laufenden Arbeitslohn betreffen**, sind sie **als laufender Arbeitslohn** zu versteuern. Werden sie in einem Kalendermonat neben laufenden Bezügen bezahlt, sind sie **gemeinsam mit diesen nach dem Lohnsteuertarif** (unter Berücksichtigung eines monatlichen Lohnzahlungszeitraums) **zu versteuern**. In diesem Fall ist am **Lohnzettel** (L16, → 35.3.) als Zeitpunkt der Beendigung des Dienstverhältnisses der Tag der tatsächlichen Beendigung des Dienstverhältnisses (**arbeitsrechtliches Ende**) anzuführen.
2. Soweit Ersatzleistungen **sonstige Bezüge betreffen**, sind sie als sonstiger Bezug (→ 23.3.2.) zu versteuern. Die Versteuerung erfolgt im Kalendermonat der Zahlung. Der Freibetrag von € 620,00 (→ 23.3.2.1.1.) bzw. die Freigrenze von € 2.100,00 (→ 23.3.2.1.2.) sind zu berücksichtigen.

Die Besteuerung von Ersatzleistungen ist grundsätzlich gem. § 67 Abs. 8 lit. d EStG vorzunehmen, und zwar auch dann, wenn der Anspruch auf Ersatzleistungen für nicht verbrauchten Urlaub in Form einer freiwilligen Abfindung oder einer freiwilligen Abfertigung abgegolten wird.

Wenn nach einem **verstorbenen Arbeitnehmer** an dessen Rechtsnachfolger (z.B. Witwe) kein laufender Arbeitslohn (z.B. Firmen-Witwenpension, → 30.1.) bezahlt wird, hat die Besteuerung von Bezügen (als laufender Arbeitslohn bzw. als sonstiger Bezug, siehe vorstehend) auf Grund der vom Arbeitgeber beim verstorbenen Arbeitnehmer zu beachtenden Besteuerungsmerkmale zu erfolgen (§ 32 Z 2 EStG) (→ 34.3.2.).

Beispiel 1

Am 10. März 20.. wird das Dienstverhältnis beendet.

Es werden laufende Bezüge für 10 Tage zu	€ 1.000,00
und der laufende Teil einer Ersatzleistung für Urlaubsentgelt für 11 Tage zu	€ 900,00
abgerechnet. Nach Abzug des Dienstnehmeranteils zur Sozialversicherung (€ 1.900,00 × 16,12%) in der Höhe von	€ 306,28
sind nach der **Monatstabelle zu versteuern.**	**€ 1.593,72**

Steht ein **Freibetrag** lt. Mitteilung zu, ist der monatliche Betrag zu berücksichtigen. Bei der Berücksichtigung eines allfälligen **Pendlerpauschals** und eines **Pendlereuros** ist in diesem Fall die Anzahl der tatsächlich in diesem Lohnzahlungszeitraum getätigten Fahrten von der Wohnung zur Arbeitsstätte zu berücksichtigen (siehe dazu ein Beispiel auf Seite 271).

Der **Lohnzettel** ist für den Zeitraum vom **1.1. bis 10.3.20..** auszustellen.

Werden derartige Ersatzleistungen hingegen erst im Rahmen von **Vergleichen** (→ 24.5.2.2.), **Kündigungsentschädigungen** (→ 34.4.2.), nicht willkürlichen **Nachzahlungen** für abgelaufene Kalenderjahre (→ 24.3.2.2.) oder in einem **Insolvenzverfahren** (→ 24.6.2.2.) gewährt, erfolgt die Besteuerung gem. § 67 Abs. 8 lit. a bzw.

lit. b, lit. c oder lit. g EStG[1489]. Sie stellen dann keine laufenden, sondern zur Gänze sonstige Bezüge dar (nicht sechstelerhöhend) (LStR 2002, Rz 1108b).

Beispiel 2

Ein Arbeitnehmer war nur vom 6.3. bis 19.3.20.. bei einem Arbeitgeber angestellt und erhielt eine Ersatzleistung für Urlaubsentgelt im Ausmaß von einem Tag.

Nach den LStR 2002 hat die Versteuerung der Ersatzleistung für Urlaubsentgelt gemeinsam mit den laufenden Bezügen nach dem Monatstarif (unter Berücksichtigung eines **monatlichen Lohnzahlungszeitraums**) zu erfolgen.

Der **Lohnzettel** ist für den Zeitraum vom **6.3. bis 19.3.20..** auszustellen.

Wird eine Ersatzleistung **neben laufenden Bezügen** bezahlt, **erhöht** sich das **Jahressechstel** gem. § 67 Abs. 2 EStG **um ein Sechstel** der in der Ersatzleistung enthaltenen laufenden Bezüge.

Desgleichen ist der als laufender Arbeitslohn zu erfassende Teil der Ersatzleistung für Urlaubsentgelt in die Berechnung der laufenden Bezüge der letzten zwölf Monate i.S.d. § 67 Abs. 6 EStG einzubeziehen (LStR 2002, Rz 1108a).

Beispiele 165–166

Berechnung des Jahressechstels bei Erhalt einer Ersatzleistung für Urlaubsentgelt.

Beispiel 165

Angaben:

- Ende des Dienstverhältnisses: 31.7.20..,
- Abrechnung für Juli 20..,
- Monatsgehalt: € 1.300,00,
- laufende Bezüge Jänner–Juli 20..: € 9.100,00,
- Ersatzleistung für Urlaubsentgelt:
  - laufender Teil: € 263,00,
  - Sonderzahlungsteil: € 43,83.

Lösung:

Berechnung des Jahressechstels per 31.7.20:

Laufende Bezüge:	$\frac{€\ 9.100,00}{7} \times 2$	=	€ 2.600,00
Laufender Teil der Ersatzleistung:	$\frac{€\ 263,00}{6}$	=	€ 43,83
insgesamt zu berücksichtigendes Jahressechstel			**€ 2.643,83**

1489 Lit. a: Vergleichssummen,
lit. b: Kündigungsentschädigungen,
lit. c: nicht willkürliche Nachzahlungen,
lit. g: Zahlungen in einem Insolvenzverfahren.

Hinweise:

Der Betrag des Sonderzahlungsteils der Ersatzleistung ist grundsätzlich identisch mit dem Betrag, um den das Jahressechstel zu erhöhen ist.

Die Berechnung des Jahressechstels im Zusammenhang mit einer Ersatzleistung hat immer auf Basis der zugeflossenen laufenden Bezüge zu erfolgen, unabhängig davon, ob in der Ersatzleistung ein Sonderzahlungsteil enthalten ist oder nicht.

Der **Lohnzettel** ist für den Zeitraum vom **1.1. bis 31.7.20..** auszustellen.

Beispiel 166

Angaben:

- Ende des Dienstverhältnisses: 2.3.20..,
- Abrechnung für März 20..,
- Monatsgehalt: € 3.060,00,
- Gehalt für die beiden Märztage: € 204,00,
- laufende Bezüge Jänner–Februar 20..: € 6.120,00,
- Ersatzleistung für Urlaubsentgelt:
- laufender Teil: € 1.412,31,
- Sonderzahlungsteil: € 235,38.

Lösung:

Berechnung des Jahressechstels per 2.3.20..:

Laufende Bezüge:

Jänner und Februar:	€ 6.120,00	
März:	€ 204,00	
	€ 6.324,00	

$$\frac{€\ 6.324{,}00}{62} \times 60 = €\ 6.120{,}00$$

62 = Lohnsteuertage vom 1.1. bis 2.3.20..

60 = Lohnsteuertage für zwei Monate

Laufender Teil der Ersatzleistung: $$\frac{€\ 1.412{,}31}{6} = €\ 235{,}39$$

insgesamt zu berücksichtigendes Jahressechstel **€ 6.355,39**

Hinweise:

Der Betrag des Sonderzahlungsteils der Ersatzleistung ist grundsätzlich identisch mit dem Betrag, um den das Jahressechstel zu erhöhen ist.

Der **Lohnzettel** ist für den Zeitraum vom **1.1. bis 2.3.20..** auszustellen.

Werden Ersatzleistungen **nicht neben laufenden Bezügen** bezahlt (z.B. in der Karenz), ist das **Jahressechstel mit einem Sechstel der laufenden Bezüge** der Ersatzleistungen zu ermitteln. Auch in diesem Fall ist am **Lohnzettel** (L16, → 35.3.) als

Zeitpunkt der Beendigung des Dienstverhältnisses der Tag der tatsächlichen Beendigung des Dienstverhältnisses (**arbeitsrechtliches Ende**) anzuführen.

Soweit Ersatzleistungen **sonstige Bezüge** betreffen, sind die Steuersätze nach § 67 Abs. 1 und 2 EStG (somit auch der Freibetrag von € 620,00 bzw. die Freigrenze von € 2.100,00) zu berücksichtigen.

Urlaubsablösen (→ 26.2.7.) bei aufrechtem Dienstverhältnis sind nicht nach § 67 Abs. 8 lit. d EStG, sondern nach § 67 Abs. 1 und 2 EStG (→ 23.3.2.) zu versteuern (LStR 2002, Rz 1108c).

34.7.2.3.2. Erstattung von Urlaubsentgelt

Dieser Punkt beinhaltet im Wesentlichen neben Erläuterungen und Beispielen die Bestimmungen des **§ 16 Abs. 2 EStG** und die dazu ergangenen erlassmäßigen Regelungen, insb. die der

- **Lohnsteuerrichtlinien 2002**, Rz 319–319a.

Bei Beendigung des Dienstverhältnisses durch

- unberechtigten vorzeitigen Austritt oder
- verschuldeter Entlassung

ist ein über das aliquote Ausmaß hinaus bezogenes Urlaubsentgelt vom Arbeitnehmer dem Arbeitgeber zu erstatten (→ 26.2.9.1.). Eine solche **Erstattung von Urlaubsentgelt** ist als

- Rückzahlung von Arbeitslohn gem. § 16 Abs. 2 EStG[1490]

zu berücksichtigen.

Der Erstattungsbetrag vermindert demnach (so wie z.B. der Dienstnehmeranteil zur Sozialversicherung) die Bemessungsgrundlage des laufenden Bezugs im Monat der Rückzahlung.

Wird bei Beendigung des Dienstverhältnisses eine Erstattung von Urlaubsentgelt verrechnet, bleibt der Rückerstattungsbetrag (als Werbungskosten) bei der Berechnung des Jahressechstels unberücksichtigt.

Beispiel

Am 5. März 20.. wird das Dienstverhältnis beendet.

Es werden laufende Bezüge für 5 Tage zu abgerechnet und ein	€ 500,00
Rückerstattungsbetrag (laufender Teil) zu einbehalten.	€ 300,00
Für die Monate Jänner und Februar wurde bereits ein Gehalt in der Höhe von jeweils abgerechnet.	€ 3.000,00

1490 Zu den Werbungskosten zählt auch die **Erstattung (Rückzahlung) von steuerpflichtigen Einnahmen** (in diesem Fall die Erstattung von Urlaubsentgelt), sofern weder der Zeitpunkt des Zufließens der Einnahmen noch der Zeitpunkt der Erstattung willkürlich festgesetzt wurde. Steht ein Arbeitnehmer in einem aufrechten Dienstverhältnis zu jenem Arbeitgeber, dem er Arbeitslohn zu erstatten (rückzuzahlen) hat, so hat der Arbeitgeber die Erstattung (Rückzahlung) beim laufenden Arbeitslohn als Werbungskosten zu berücksichtigen (§ 16 Abs. 2 EStG).

Die Berechnung des Jahressechstels ist wie folgt vorzunehmen:

Gehalt Jänner	€ 3.000,00	
Gehalt Februar	€ 3.000,00	
Gehalt März	€ 500,00	
	€ 6.500,00	

$$\frac{€\ 6.500{,}00}{65} \times 60 = €\ 6.000{,}00$$

65 = Lohnsteuertage vom 1.1. bis 5.3.20..

60 = Lohnsteuertage für zwei Monate.

Erfolgt die Erstattung (Rückzahlung) von Urlaubsentgelt im Rahmen eines aufrechten Dienstverhältnisses, so hat der Arbeitgeber die rückerstatteten Beträge bei der Abrechnung des laufenden Arbeitslohns zu berücksichtigen und in voller Höhe in den **Lohnzettel** (L 16, → 35.1.) unter „sonstige steuerfreie Bezüge" (**Kennzahl 243**) aufzunehmen. Erfolgt die Rückzahlung (Erstattung) nach Beendigung des Dienstverhältnisses, so kann die Berücksichtigung nur im Rahmen der Veranlagung durch das Finanzamt erfolgen.

34.7.3. Zuordnung einer Kündigungsentschädigung und einer Ersatzleistung für Urlaubsentgelt

Bei Beendigung eines Dienstverhältnisses drängt sich die Frage auf, wie die einzelnen Entgeltbestandteile in Bezug auf

- die Abrechnung der Arbeitslosenversicherungsbeiträge bei niedrigem Entgelt (→ 31.12.) und
- der monatlichen Beitragsgrundlagenmeldung (mBGM) (→ 39.1.1.1.3.)

(sozialversicherungsrechtlich) zu berücksichtigen sind.

Laufende Entgeltbestandteile:

Jene Teile einer Kündigungsentschädigung und einer Ersatzleistung für Urlaubsentgelt, die sozialversicherungsrechtlich als **laufendes Entgelt** zu qualifizieren sind, sind entsprechend der Verlängerung der Pflichtversicherung dem(n) **jeweiligen Monat(en) zuzuordnen**. Die Beurteilung hinsichtlich einer etwaigen Verminderung oder eines Entfalls des **AV-Beitrags** hat im Anschluss daran **zeitraumbezogen** zu erfolgen. Dabei müssen die Höchstbeitragsgrundlagen und die Beitragssätze dieser Beitragszeiträume berücksichtigt werden.

Wenn sowohl eine Kündigungsentschädigung als auch eine Urlaubsersatzleistung anfallen, geht die Zeit der Kündigungsentschädigung der Zeit der Urlaubsersatzleistung vor.

Sonderzahlungsteile:

Sonderzahlungen bzw. Sonderzahlungsteile einer Kündigungsentschädigung und einer Ersatzleistung für Urlaubsentgelt sind ausschließlich im Monat der **arbeits-**

rechtlichen Fälligkeit zu berücksichtigen. Die Beurteilung, ob ein niedriges Entgelt, bezogen auf die Sonderzahlungen, vorliegt, erfolgt im (in den) Fälligkeitsmonat(en). Im Regelfall wird es der Monat der Beendigung des Dienstverhältnisses sein; bei Zahlung einer Kündigungsentschädigung z.B. sehen die Gesetze eigene Zahlungsmodalitäten vor (→ 33.4.2.3.). Die **Jahreshöchstbeitragsgrundlage** und die **Beitragssätze** sind für den Monat der Fälligkeit des jeweiligen Kalenderjahrs zu berücksichtigen.

Sozialversicherungsrechtliche Abmeldung:

Gebührt eine Kündigungsentschädigung bzw. Urlaubsersatzleistung, ist der letzte Tag der dadurch bedingten Verlängerung der Pflichtversicherung als Abmeldedatum (Entgeltanspruch Ende) einzutragen. Das Ende des Entgeltanspruchs (auf der sozialversicherungsrechtlichen **Abmeldung**) muss daher stets mit jenem Datum übereinstimmen, bis zu dem die Pflichtversicherung verlängert wird.

Darüber hinaus sind sowohl die Dauer einer Kündigungsentschädigung als auch die Dauer der Urlaubsersatzleistung separat (mit Datum Beginn „ab" und Datum Ende „bis") auf der Abmeldung anzuführen. Die jeweiligen „Ab-Felder" sind mit dem Datum des nächstfolgenden Tages nach dem (arbeitsrechtlichen) Ende der Beschäftigung zu befüllen. Wenn sowohl eine Kündigungsentschädigung als auch eine Urlaubsersatzleistung anfallen, geht die Zeit der Kündigungsentschädigung der Zeit der Urlaubsersatzleistung vor.

Unter Umständen sind diese Informationen über eine „Richtigstellung Abmeldung" nachzumelden.

Monatliche Beitragsgrundlagenmeldung:

Bei der Erstellung der monatlichen Beitragsgrundlagenmeldung (mBGM) sind die Kündigungsentschädigung und die Ersatzleistung für Urlaubsentgelt entsprechend der arbeitsrechtlichen Zuordnung zu berücksichtigen. Das heißt,

- die laufenden Entgelte sind monatlich zeitraumbezogen,
- die Sonderzahlungen bzw. Sonderzahlungsteile sind zur Gänze dem (arbeitsrechtlichen) Fälligkeitsmonat (!)

zuzuordnen.

Ob die Verrechnung eine Kündigungsentschädigung enthält oder nicht, ist bei der Meldung des Tarifblocks (→ 39.1.1.1.3.) im Rahmen von einer mindestens einen Monat oder einer auf unbestimmte Zeit vereinbarten Beschäftigung anzugeben.

Fallen für die Kündigungsentschädigung und die Ersatzleistung für Urlaubsentgelt auch **BV-Beiträge** (→ 36.1.3.) an, sind diese wie die Sozialversicherungsbeitragsgrundlagen bzw. Sozialversicherungsbeiträge zuzuordnen bzw. abzurechnen.

Die vorstehende Vorgangsweise gilt auch für Zahlungen, die dem laufenden Kalenderjahr und gegebenenfalls dem darauf folgenden Kalenderjahr zuzuordnen sind.

Gebühren sowohl eine Kündigungsentschädigung als auch eine Ersatzleistung für Urlaubsentgelt, so ist zur Bestimmung des maßgeblichen Zeitraums hinsichtlich Verlängerung der Pflichtversicherung (und für die zeitraumbezogene Zuordnung) zunächst die Kündigungsentschädigung heranzuziehen und im Anschluss daran die Ersatzleistung für Urlaubsentgelt (→ 34.7.1.1.1.).

Unter Umständen sind – bei nachträglich zu zahlenden Kündigungsentschädigungen – die Beitragsgrundlagen über Storno und Neumeldung der **monatlichen Beitragsgrundlagenmeldungen** richtigzustellen.

Beispiel 167

Zeitraumbezogene Zuordnung einer Kündigungsentschädigung und einer Ersatzleistung für Urlaubsentgelt.

Angaben:

- Angestellter,
- Gehalt € 1.200,00/Monat (unverändert bis 28.2.2022),
- begründeter vorzeitiger Austritt aus Verschulden des Dienstgebers: 30.11.2021.
- Anspruch auf (noch offene) aliquote Remuneration: € 1.000,00,
- Anspruch auf Kündigungsentschädigung bis 28.2.2022 für 3 Monate:

laufender Teil:	€ 3.600,00,
Sonderzahlungsteil:	€ 600,00,

- Anspruch auf Ersatzleistung für Urlaubsentgelt für 16,25 Arbeitstage:

laufender Teil:	€ 886,36,
Sonderzahlungsteil:	€ 147,73.

- Der Auszahlungstag (Fälligkeitstag) aller Entgeltbestandteile (einschließlich der Kündigungsentschädigung für 3 Monate) ist der 30.11.2021.
- Das sv-rechtliche Ende des Dienstverhältnisses ist der 22.3.2022.

Lösung:

laufendes Entgelt			Fälligkeit (arbeitsrechtl.)	Beurteilung hinsichtlich AV-Beiträge	Abrechnung/ Zuordnung mBGM
zeitraumbezogen	Gehalt Nov.	€ 1.200,00	Nov. 2021	Nov. 2021	Nov. 2021
	KÜ-Teil Dez.	€ 1.200,00	Nov. 2021	Dez. 2021	Dez. 2021
	KÜ-Teil Jän.	€ 1.200,00	Nov. 2021	Jän. 2022	Jän. 2022
	KÜ-Teil Feb.	€ 1.200,00	Nov. 2021	Feb. 2022	Feb. 2022
	UE-Teil März	€ 886,36	Nov. 2021	März 2022	März 2022
Sonderzahlungen/Sonderzahlungsteil					
fälligkeitsbezogen	aliqu. SZ Nov.	€ 1.000,00	Nov. 2021	Nov. 2021	Nov. 2021
	KÜ SZ	€ 600,00	Nov. 2021	Nov. 2021	Nov. 2021
	UE SZ	€ 147,73	Nov. 2021	Nov. 2021	Nov. 2021

KÜ = Kündigungsentschädigung

UE = Ersatzleistung für Urlaubsentgelt

34.7.4. Beispiele für mögliche „Motivzahlungen"

Motiv für die Zahlung	**beitragsrechtliche Behandlung**	**steuerliche Behandlung**
Die Zahlung erfolgt ausschließlich aus „Anerkennung" („Treue").	SV-frei (→ 34.7.1.2.)	Abfertigungs-Altfall: gem. § 67 Abs. 6 EStG (6% bzw. Tariflohnsteuer) (→ 34.7.2.2.) Abfertigungs-Neufall: gem. § 67 Abs. 10 EStG (Tariflohnsteuer) (→ 23.3.2.6.2.)
Die Vergleichszahlung erfolgt für strittige (offene) arbeitsrechtliche Ansprüche.	SV-pflichtiger Vergleichsbetrag für vergangenheitsbezogene Zeiträume (als laufender Bezug bzw. als Sonderzahlung) durch Aufrollen den betroffenen Beitragszeiträumen zuzuordnen (→ 24.5.2.1.) SV-pflichtiger Vergleichsbetrag für zukunftsbezogene Zeiträume (nach DV-Ende) (als laufender Bezug bzw. als Sonderzahlung) den künftigen Beitragszeiträumen zuzuordnen (→ 24.5.2.1.)	Vergleichssummenzahlung gem. § 67 Abs. 8 lit. a EStG („Fünftelregelung") (→ 24.5.2.2.)
Die Zahlung erfolgt zur Einstellung eines Kündigungsanfechtungsverfahrens.	SV-frei (→ 34.7.1.2.)	Vergleichssummenzahlung gem. § 67 Abs. 8 lit. a EStG („Fünftelregelung") (→ 24.5.2.2.)
Abschlagszahlung dafür, um den Dienstnehmer zur einvernehmlichen Auflösung zu bewegen (eine vom Dienstgeber initiierte Beendigung; Zahlung entspricht den Zahlungsverpflichtungen bis zum frühestmöglichen Kündigungstermin).	SV-frei (→ 34.7.1.2.)	Zahlung für den Verzicht auf Arbeitsleistungen für künftige Zeiträume gem. § 67 Abs. 10 EStG (Tariflohnsteuer) (→ 34.5.2.)

34.7.5. Zusammenfassung

Bei Beendigung eines Dienstverhältnisses sind zu behandeln:

<table>
<tr><th></th><th>SV</th><th>LSt</th><th>DB zum FLAF (→ 37.3.3.3.)</th><th>DZ (→ 37.3.4.3.)</th><th>KommSt (→ 37.4.1.3.)</th></tr>
<tr><td>gesetzliche[1491] und kollektivvertragliche[1492] Abfertigungen</td><td rowspan="2">frei</td><td>vervielfachte Tariflohnsteuer oder Steuersatz von 6%</td><td rowspan="2">frei[1493]</td><td rowspan="2">frei[1493]</td><td rowspan="2">frei[1493]</td></tr>
<tr><td>freiwillige und vertragliche Abfertigungen für „Altabfertigungsfälle"</td><td>„Viertel- u. Zwölftel-Regelung": 6%[1494], darüber: Tariflohnsteuer</td></tr>
</table>

1491 Für „Alt- und Neuabfertigungsfälle".
1492 Nur für „Altabfertigungsfälle".
1493 **Dies gilt auch für freiwillige und vertragliche Abfertigungen gem. § 67 Abs. 6 EStG an Arbeitnehmer, die dem BMSVG unterliegen („Neuabfertigungsfälle")** (VwGH 21.9.2016, Ra 2013/13/0102; VwGH 1.9.2015, 2012/15/0122).
1494 Unter Berücksichtigung der Deckelungsbeträge.

<table>
<tr><th></th><th>SV</th><th>LSt</th><th>DB zum FLAF (→ 37.3.3.3.)</th><th>DZ (→ 37.3.4.3.)</th><th>KommSt (→ 37.4.1.3.)</th></tr>
<tr><td>Ersatzleistungen für Urlaubsentgelt lfd. Teil</td><td>pflichtig (als lfd. Bezug)</td><td>pflichtig (als lfd. Bezug)</td><td rowspan="2">pflichtig [1495] [1496]</td><td rowspan="2">pflichtig [1495] [1496]</td><td rowspan="2">pflichtig [1495]</td></tr>
<tr><td>Ersatzleistungen für Urlaubsentgelt SZ-Teil</td><td>pflichtig (als SZ)</td><td>frei/pflichtig (als sonst. Bez., → 23.5.)[1497]</td></tr>
<tr><td>Erstattung von Urlaubsentgelt (Minuseingabe)</td><td>frei</td><td>Werbungskosten (→ 14.1.1.)</td><td>_[1498]</td><td>_[1498]</td><td>_[1498]</td></tr>
<tr><td>Sterbebezüge bis Ende des Sterbemonats und ev. für die Folgemonate (fortgezahlte Bezüge)</td><td>frei</td><td>pflichtig (als lfd. Bezug)</td><td>pflichtig [1495] [1496]</td><td>pflichtig [1495] [1496]</td><td>pflichtig [1495]</td></tr>
<tr><td>kollektivvertragliche Sterbebezüge über den Sterbemonat hinaus (einmalige Entschädigung), abhängig von den Dienstjahren für „Altabfertigungsfälle“</td><td>frei</td><td>vervielfachte Tariflohnsteuer oder Steuersatz von 6%</td><td>frei</td><td>frei</td><td>frei</td></tr>
<tr><td>sonstige Sterbegelder (Sterbequartale), Todfallsbeiträge, aus Anlass des Todes des Arbeitnehmers</td><td>frei</td><td>„Altabfertigungsfälle“: „Viertel- und Zwölftelregelung“ mit 6%[1494], „Neuabfertigungsfälle“: pflichtig (als sonst. Bezug → 23.5.)</td><td>frei</td><td>frei</td><td>frei</td></tr>
</table>

Hinweis: Bedingt durch die unterschiedlichen Bestimmungen des Abgabenrechts ist das Eingehen auf ev. Sonderfälle nicht möglich. Es ist daher erforderlich, die entsprechenden Erläuterungen zu beachten.

34.7.6. Abrechnungsbeispiel

Beispiel 168

Endabrechnung eines Dienstnehmers; Grundlagenermittlung.

Angaben:

- **Angestellter,**
- Eintritt: 1.1.2002,

1495 Ausgenommen davon sind die Bezüge der begünstigten behinderten Dienstnehmer und der begünstigten behinderten Lehrlinge i.S.d. BEinstG (→ 29.2.1.).
1496 Ausgenommen davon sind die Bezüge der Dienstnehmer (Personen) nach Vollendung des 60. Lebensjahrs (→ 31.11.).
1497 Unter Berücksichtigung eines gesondert zu ermittelnden Jahressechstels (→ 34.7.2.3.1.).
1498 Die Grundlagen dieser Abgaben werden durch den Minusbetrag weder erhöht noch reduziert.

- Lösung des Dienstverhältnisses: Kündigung durch den Dienstnehmer per 31.7.2022[1499],
- monatliche Abrechnung für Juli 2022,
- Monatsgehalt: € 2.300,00[1500],
- Arbeitszeit: 38,5 Stunden/Woche,
- laufende Bezüge der letzten 12 Monate: € 25.800,00,
- aliquote Urlaubsbeihilfe: € 1.341,67[1500],
- aliquote Weihnachtsremuneration: € 1.341,67[1500],
- Ersatzleistung für Urlaubsentgelt[1501]:
  - laufender Teil[1502]: € 463,00,
  - Sonderzahlungsteil[1500]: € 77,20,
- Verlängerungszeitraum der Pflichtversicherung: 7 Sozialversicherungstage[1503] [1504]
- freiwillige Abfertigung: € 800,00,
- im Jahr 2022 wurde noch keine Sonderzahlung abgerechnet,
- Pendlerpauschale: € 58,00/Monat.

Lösung:

Ermittlung der lfd. SV-Grundlage und des Dienstnehmeranteils zur SV:

Gehalt	€ 2.300,00	× 18,12% =	€ 416,76		
Ersatzleistung für UE-lfd.	€ 463,00	× 15,12% =	€ 70,01	= €	**486,77**
	€ 2.763,00				

Ermittlung der SZ-Grundlage und des Dienstnehmeranteils zur SV:

Urlaubsbeihilfe	€ 1.341,67				
Weihnachtsremuneration	€ 1.341,67				
	€ 2.683,34	× 17,12% =	€ 459,39		
Ersatzleistung für UE-SZ	€ 77,20	× 17,12% =	€ 13,22	= €	**472,61**
	€ 2.760,54			= €	**959,38**

Ermittlung der LSt-Bemessungsgrundlage der sonstigen Bezüge:

Urlaubsbeihilfe	€ 1.341,67	
Weihnachtsremuneration	€ 1.341,67	
Ersatzleistung für UE-SZ	€ 77,20	
Freiw. Abfertigung (Z 1)	€ 800,00	= € 3.560,54

1499 LSt- und arbeitsrechtliches Ende: 31.7.2022.

1500 Dieser Betrag ist sv-rechtlich dem Beitragszeitraum Juli zuzuordnen und die darauf entfallenden SV-Beiträge im August abzuführen (→ 34.7.3., → 37.2.).

1501 Der gesamte Dienstnehmeranteil für die Ersatzleistung für Urlaubsentgelt ist vom Dienstnehmer schon im Juli einzubehalten, da der Dienstnehmer per 31.7.2022 Anspruch auf die Auszahlung seiner Gesamtbezüge hat.

1502 Dieser Betrag ist sv-rechtlich dem Beitragszeitraum August zuzuordnen und die darauf entfallenden SV-Beiträge im September abzuführen (→ 34.7.3., → 37.2.).

1503 SV-rechtliches Ende des Dienstverhältnisses: 7.8.2022.

1504 LSt- und arbeitsrechtliches Ende: 31.7.2022.

SV-SZ	€ 459,39		
SV UE-SZ	€ 13,22		
Freibetrag gem. § 67 Abs. 1 EStG	€ 620,00	= – € 1.092,61	= € **2.467,93**
Ermittlung der LSt-Bemessungsgrundlage der lfd. Bezüge:			
Gehalt	€ 2.300,00		
Ersatzleistung für UE-lfd	€ 463,00	= € 2.763,00	
SV lfd	€ 416,76		
SV UE-lfd	€ 70,01		
Pendlerpauschale	€ 58,00	= – € 544,77	= € **2.218,23**

Siehe dazu Punkt 34.7.3. unter „Ersatzleistungen für Urlaubsentgelt".

34.8. Zahlungen auf Grund einer Konkurrenzklausel

34.8.1. Sozialversicherung

Zahlungen, die ein Dienstgeber an einen aus dem Dienstverhältnis ausgeschiedenen Dienstnehmer auf Grund einer vereinbarten Konkurrenzklausel (→ 33.7.1.) nach Beendigung des Dienstverhältnisses leistet, unterliegen **nicht** der Beitragspflicht zur Sozialversicherung (E-MVB, 049-03-07-001).

34.8.2. Lohnsteuer

Bei solchen Zahlungen handelt es sich um einen steuerpflichtigen Arbeitslohn.

34.9. Bezüge im Rahmen von Sozialplänen

34.9.1. Sozialversicherung

Bezüge, die aus Anlass der Beendigung des Dienstverhältnisses im Rahmen von Sozialplänen als Folge von Betriebsänderungen gewährt werden, unterliegen (vergleichbar mit Abgangsentschädigungen) **nicht** der Beitragspflicht zur Sozialversicherung (vgl. § 49 Abs. 3 Z 7 ASVG).

34.9.2. Lohnsteuer

Dieser Punkt beinhaltet im Wesentlichen neben Erläuterungen und Beispielen die Bestimmungen des **§ 67 Abs. 8 lit. f EStG** und die dazu ergangenen erlassmäßigen Regelungen, insb. die der

- **Lohnsteuerrichtlinien 2002**, Rz 1087a, 1114a–1114f.

Bezüge, die bei oder nach Beendigung des Dienstverhältnisses im Rahmen von Sozialplänen als Folge von Betriebsänderungen i.S.d. § 109 Abs. 1 Z 1 bis 6 des ArbVG (siehe nachstehend) oder vergleichbarer gesetzlicher Bestimmungen anfallen, soweit sie nicht nach § 67 Abs. 6 EStG (→ 34.7.2.2.) mit dem Steuersatz von 6% zu versteuern sind, sind bis zu einem Betrag von € 22.000,00

- **mit der Hälfte des Steuersatzes**[1505], der sich bei gleichmäßiger Verteilung des Bezugs auf die Monate des Kalenderjahrs als Lohnzahlungszeitraum ergibt,

zu versteuern (§ 67 Abs. 8 lit. f EStG).

Die Begünstigung des § 67 Abs. 6 EStG kommt zum Tragen, soweit sie **nicht bereits durch andere** beendigungskausale Bezüge **ausgeschöpft** ist und sofern das Dienstverhältnis vor dem 1. Jänner 2003 begonnen wurde.

Der **(übersteigende) Betrag** ist gem. § 67 Abs. 8 lit. f EStG **bis zu € 22.000,00** mit dem **halben Steuersatz** zu versteuern.

Über das begünstigte Ausmaß gem. § 67 Abs. 6 und Abs. 8 lit. f EStG **hinausgehende Beträge** sind gemeinsam mit laufendem Bezug bzw. wenn kein solcher zufließt wie ein laufender Bezug im Zeitpunkt der Auszahlung nach dem **Lohnsteuertarif** des jeweiligen Kalendermonats zu versteuern. Dieser Betrag **bleibt** dem Wesen nach **ein sonstiger Bezug**, der nur „wie ein laufender Bezug" versteuert wird. Dieser Betrag erhöht daher auch nicht eine danach gerechnete Jahressechstelbasis (→ 23.3.2.2.).

Voraussetzung für die begünstigte Versteuerung derartiger Bezüge gem. § 67 Abs. 8 lit. f EStG ist ein ursächlicher Zusammenhang mit der Auflösung des Dienstverhältnisses.

Zu den **Betriebsänderungen** i.S.d. § 109 Abs. 1 Z 1 bis Z 6 ArbVG[1506] zählen:

- die Einschränkung oder Stilllegung des ganzen Betriebs oder von Betriebsteilen,
- die Auflösung der Dienstverhältnisse von mindestens fünf (bei Betrieben mit mehr als 20 und weniger als 100 Beschäftigten) bzw. mindestens 5% (bei Betrieben mit 100 bis 600 Beschäftigten) bzw. mindestens 30 Arbeitnehmern (bei mehr als 600 Beschäftigten)[1507],
- die Verlegung des ganzen Betriebs oder von Betriebsteilen,
- der Zusammenschluss mit anderen Betrieben,
- die Änderungen des Betriebszwecks, der Betriebsanlagen, der Arbeits- und Betriebsorganisation sowie der Filialorganisation,
- die Einführung neuer Arbeitsmethoden,
- die Einführung von Rationalisierungs- und Automatisierungsmaßnahmen, sofern diese von erheblicher Bedeutung sind.

Der Betrag von € 22.000,00 steht neben einem allenfalls gem. § 67 Abs. 6 EStG begünstigten Betrag zu. Die (vorrangige) Besteuerung gem. § 67 Abs. 6 EStG erstreckt sich sowohl auf § 67 Abs. 6 Z 1 EStG als auch – soweit es sich auf Grund des Zusammenhangs mit der nachgewiesenen Dienstzeit um freiwillige Abfertigungen handelt – auf § 67 Abs. 6 Z 2 EStG. Fallen neben den Bezügen im Rahmen eines Sozialplans

1505 Siehe Punkt 15.5.3.

1506 Relevant ist des Weiteren, dass eine Betriebsvereinbarung nach Maßgabe des § 109 Abs. 1 ArbVG abgeschlossen wird (→ 33.7.2.).
Betriebe mit weniger als 20 Arbeitnehmern können einen Sozialplan auch mittels Vereinbarung zwischen Arbeitgeber und allen Arbeitnehmern abschließen (LStR 2002, Rz 1114f).

1507 Dabei ist zu beachten, dass die „Arbeitnehmerquote" von der Anzahl jener Arbeitnehmer abhängig ist, die zum (von der Veränderung) betroffenen Betriebsteil gehören, nicht aber von der Gesamtzahl der Arbeitnehmer des gesamten Betriebs.

noch freiwillige Abfertigungen oder Abfindungen an, die nach § 67 Abs. 6 Z 1 EStG zu versteuern sind, so ist bei der Ausschöpfung des begünstigten Ausmaßes folgende Reihenfolge einzuhalten („Günstigkeitsklausel"):

- Abfindungen und freiwillige Abfertigungen,
- Bezüge im Rahmen von Sozialplänen.

Gemäß der Z 7 des § 67 Abs. 6 EStG gelten die Bestimmungen des **§ 67 Abs. 6 EStG nur für jene Zeiträume**, für die **keine Anwartschaften gegenüber einer BV-Kasse** bestehen. Die Begünstigung des § 67 Abs. 6 EStG kommt nicht zum Tragen, wenn für **neue Dienstverhältnisse** ab 1. Jänner 2003 laufende Beiträge nach dem „neuen" Abfertigungsrecht in eine BV-Kasse bezahlt werden.

Erfolgt bei Dienstverhältnissen, die **vor dem 1. Jänner 2003 begonnen** haben und die nach wie vor dem „alten" Abfertigungsrecht unterliegen, eine Zahlung im Rahmen eines Sozialplans, ist diese mit 6% nach § 67 Abs. 6 Z 1 und Z 2 EStG (Viertel- und Zwölftelregelung, → 34.7.2.2.) abzurechnen, soweit das begünstigte Ausmaß nicht bereits durch andere beendigungskausale Bezüge ausgeschöpft ist. Der das begünstigte Ausmaß übersteigende Betrag ist wie für Arbeitnehmer, die dem „neuen" Abfertigungsrecht unterliegen, zu versteuern (siehe vorstehend).

Bei Dienstverhältnissen, die **vor dem 1. Jänner 2003 begonnen** wurden, bei denen allerdings ein **Übertritt** in das „neue" Abfertigungsrecht erfolgt ist, kann zunächst jedenfalls ein Viertel der laufenden Bezüge der letzten zwölf Monate nach § 67 Abs. 6 Z 1 EStG (Viertelregelung) mit 6% versteuert werden. Inwieweit die Begünstigung des § 67 Abs. 6 Z 2 EStG (Zwölftelregelung) anzuwenden ist, hängt davon ab, wann und in welchem Ausmaß Altabfertigungsanwartschaften übertragen wurden (→ 36.2.2.2.).

Bei gleichzeitiger Auszahlung mit einer Pensionsabfindung steht die begünstigte Besteuerung mit dem halben Steuersatz für die Zahlungen im Rahmen von Sozialplänen zusätzlich zu. Es finden zwei getrennte Berechnungen statt. Hinsichtlich der Steuerberechnung ist Rz 1109 LStR 2002, sinngemäß anzuwenden. Werden Bezüge im Rahmen von Sozialplänen in Teilbeträgen ausbezahlt, ist der halbe Steuersatz von der Summe aller gem. § 67 Abs. 8 lit. f EStG zu versteuernden Teilbeträge (max. € 22.000,00) zu ermitteln. Dieser Steuersatz ist auf alle Teilbeträge anzuwenden (siehe auch LStR 2002, Rz 1111).

Nicht unter die Begünstigung des § 67 Abs. 8 lit. f EStG fallen **Ersatzleistungen für Urlaubsentgelt** (→ 26.2.9.), auch wenn das Arbeitsverhältnis infolge einer Betriebsänderung i.S.d. § 109 ArbVG beendet wird.

Zusammenfassung der Voraussetzungen für die begünstigte Besteuerung von Sozialplanzahlungen:

1. - Betriebe mit mindestens 20 Arbeitnehmern:
     Der **Sozialplan** muss auf einer Betriebsvereinbarung, einem Kollektivvertrag (bzw. einer Satzung oder Entscheidung der Schlichtungsstelle) beruhen.
   - Betriebe mit weniger als 20 Arbeitnehmern:
     Der **Sozialplan** kann auch mittels Vereinbarung zwischen Arbeitgeber und allen Arbeitnehmern abgeschlossen werden.

2.	Es muss eine **Betriebsänderung** i.S.d. § 109 Abs. 1 Z 1 bis 6 ArbVG oder einer vergleichbaren gesetzlichen Bestimmung vorliegen.
3.	Der Sozialplan muss in **ursächlichem Zusammenhang** mit der Beendigung der Arbeitsverhältnisse stehen.

Entscheidungshilfe bezüglich der Art der Versteuerung einer Sozialplanzahlung:

Sozialplanzahlung, die bei Beendigung oder nach Beendigung des Dienstverhältnisses anfällt	
Das Dienstverhältnis hat vor dem 1. Jänner 2003 begonnen	
JA	NEIN
gem. § 67 Abs. 6 EStG • Jahresviertel (Z 1) mit 6% • Jahreszwölftel (Z 2 nur für freiwillige, vertragliche Abfertigungen) mit 6%[1508]	
übersteigender Betrag • bis zu € 22.000,00 mit dem Hälftesteuersatz	• bis zu € 22.000,00 mit dem Hälftesteuersatz
übersteigender Betrag • wie ein laufender Bezug nach dem Lohnsteuertarif[1509]	übersteigender Betrag • wie ein laufender Bezug nach dem Lohnsteuertarif[1509]

Zur außerbetrieblichen Abrechnung von Sozialplanzahlungen (DB zum FLAF, DZ, KommSt) siehe Punkt 37.3.3.3. und → 37.4.1.3.

Beispiel 169

Besteuerung einer Sozialplanzahlung.

Angaben:

- Der Angestellte erhält anlässlich der Beendigung des Dienstverhältnisses lt. Betriebsvereinbarung eine Sozialplanzahlung in der Höhe von € 35.000,00.
- Die Voraussetzungen betreffend Arbeitnehmerquote sind gegeben.
- Das offene Viertel gem. § 67 Abs. 6 Z 1 EStG (= ein Viertel der laufenden Bezüge der letzten zwölf Monate, → 34.7.2.2.) beträgt € 3.500,00.
- Es besteht kein offener Anspruch gem. § 67 Abs. 6 Z 2 EStG (→ 34.7.2.2.) (bei freiwilligen bzw. vertraglichen Abfertigungen wären dies noch zusätzliche dienstzeitabhängige Zwölftelbeträge).
- Bei diesem Arbeitnehmer handelt es sich um einen Fall der „Abfertigung alt".

1508 Unter Berücksichtigung der Deckelungsbeträge.

1509 Dieser Betrag **bleibt** dem Wesen nach **ein sonstiger Bezug**, der nur „wie ein laufender Bezug" versteuert wird. Dieser Betrag erhöht daher auch nicht eine danach gerechnete Jahressechstelbasis (→ 23.3.2.2.).

Lösung:

Bei der Besteuerung ist wie folgt vorzugehen:

1. Teil – Viertelregelung:

Der Betrag von € 3.500,00 ist mit 6% gem. § 67 Abs. 6 Z 1 EStG zu versteuern	€ 210,00

2. Teil – Hälftesteuersatz:

Vom Restbetrag in der Höhe von € 31.500,00 (€ 35.000,00 abzüglich € 3.500,00) sind max. € 22.000,00 mit dem Hälftesteuersatz gem. § 67 Abs. 8 lit. f EStG zu versteuern:

	Bemessungsgrundlage	Grenzsteuersatz[1510]	
	€ 11.000,00	0%	€ 0,00
	€ 7.000,00	20%	€ 1.400,00
	€ 4.000,00	32,5%	€ 1.300,00
			€ 2.700,00
		: 2 =	€ 1.350,00
Die Lohnsteuer nach dem „festen Steuersatz"[1511] beträgt			€ 1.560,00

3. Teil – Lohnsteuertarif[1512]:

Der verbleibende Betrag von € 9.500,00 (€ 35.000,00 abzüglich [€ 3.500,00 + € 22.000,00]) ist gemeinsam mit dem laufenden Bezug des Austrittsmonats zu versteuern.

Bei einem Arbeitnehmer, dessen Dienstverhältnis nach dem 31. Dezember 2002 **begonnen** hat, der somit ab Beginn des Dienstverhältnisses dem „neuen" Abfertigungsrecht unterliegt, kann die Steuerbegünstigung nach § 67 Abs. 6 EStG nicht berücksichtigt werden. Demnach entfällt der 1. Schritt (siehe vorstehendes Beispiel).

Bei einem Arbeitnehmer, der in das „neue" Abfertigungsrecht **übergetreten** ist, findet die Steuerbegünstigung nach § 67 Abs. 6 EStG Berücksichtigung (siehe dazu Beispiele unter Punkt 36.2.2.2.3.).

34.10. Abgeltung der Freizeit während der Kündigungsfrist

Hat der Dienstnehmer Freizeit während der Kündigungsfrist verlangt, aber nicht erhalten, verwandelt sich der Freizeitanspruch in einen Geldanspruch.

34.10.1. Sozialversicherung

Die Abgeltung für nicht konsumierte Freizeit während der Kündigungsfrist (sog. „Postensuchtage") ist gem. § 49 Abs. 3 Z 7 ASVG beitragsfrei zu behandeln, da dieser Geldanspruch aus Anlass der Beendigung des Dienstverhältnisses entsteht. Es kommt zu keiner Verlängerung der Pflichtversicherung (E-MVB, 049-03-07-004).

1510 Die Tarifsteuersätze des § 33 Abs. 1 EStG ohne Berücksichtigung der Absetzbeträge (→ 15.5.4.).
1511 Siehe Punkt 15.6.6.
1512 Dieser Teil **bleibt** dem Wesen nach **ein sonstiger Bezug**, der nur „wie ein laufender Bezug" versteuert wird.

34.10.2. Lohnsteuer

Die Abgeltung für nicht konsumierte Freizeit während der Kündigungsfrist (sog. „Postensuchtage“) entspricht wirtschaftlich betrachtet Ersatzleistungen für Urlaubsentgelt für nicht konsumierten Urlaub und ist daher wie diese gem. § 67 Abs. 8 lit. d EStG (→ 34.7.2.3.1.) **zu versteuern** (LStR 2002, Rz 1108).

34.11. Rückersatz von Ausbildungskosten

Die Rückzahlung von Ausbildungskosten i.S.d. § 26 Z 3 EStG hat **keine Auswirkung** auf die Lohnsteuerbemessungsgrundlage bzw. auf die anderen Lohnabgaben (→ 37.3.3.3., → 37.4.1.3.), d.h., die Grundlagen für diese Abgaben werden dadurch nicht vermindert, weil bei der Übernahme der Kosten durch den Arbeitgeber diese nicht steuerbar bzw. abgabenfrei behandelt wurden. Gleiches gilt in Bezug auf die Sozialversicherungsbeiträge.

Nach Auffassung des BMF muss der Arbeitgeber 20% Umsatzsteuer für den Rückersatz in Rechnung stellen.

35. Lohnzettel

Hinweis: Für Lohnzahlungszeiträume seit 1.1.2019 besteht der Lohnzettel nur aus einem lohnsteuerrechtlichen Teil (Formular L 16). Zur Rechtslage für Zeiträume vor 1.1.2019 siehe die 29. Auflage dieses Buchs.

Die Finanzverwaltung benötigt u.a. die Lohnzetteldaten, um eine Pflichtveranlagung (→ 15.2.) bzw. Antragsveranlagung (→ 15.3.) durchführen zu können.

35.1. Ausstellung des LSt-Teils durch den Arbeitgeber

Der Arbeitgeber hat

- seinem Finanzamt (→ 37.3.1.) **oder** der Österreichischen Gesundheitskasse
- **ohne besondere Aufforderung**
- **die Lohnzettel aller** im Kalenderjahr beschäftigten **Arbeitnehmer** zu übermitteln (§ 84 Abs. 1 Z 1 EStG).

Die Übermittlung der Lohnzettel **hat**

elektronisch bis Ende Februar des folgenden Kalenderjahrs zu erfolgen[1513].

Ist dem Arbeitgeber die elektronische **Übermittlung der Lohnzettel** mangels technischer Voraussetzungen **unzumutbar**, hat die Übermittlung der Lohnzettel

- auf dem amtlichen Vordruck bis Ende Jänner des folgenden Kalenderjahrs zu erfolgen (§ 84 Abs. 1 Z 2 EStG).

Abweichend vom Übermittlungsstichtag (siehe vorstehend) ist ein Lohnzettel bei **Eröffnung eines Insolvenzverfahrens** über das Vermögen des Arbeitgebers bis zum Ende des zweitfolgenden Monats zu übermitteln. In diesem Fall ist ein Lohnzettel bis zum Tag der Eröffnung des Insolvenzverfahrens auszustellen. Der Bundesminister für Finanzen wird ermächtigt, im Einvernehmen mit dem für Angelegenheiten des Arbeitsrechts zuständigen Bundesminister durch Verordnung für diesen Lohnzettel zusätzliche Daten, die für die Ermittlung der Ansprüche nach dem IESG erforderlich sind, festzulegen. Der Lohnzettel ist vom Finanzamt oder der Österreichischen Gesundheitskasse den Geschäftsstellen der IEF-Service GmbH gem. § 5 Abs. 1 des IESG elektronisch zur Verfügung zu stellen (§ 84 Abs. 1 Z 3 EStG).

Der Bundesminister für Finanzen wird ermächtigt, den Inhalt und das Verfahren der elektronischen Lohnzettelübermittlung im Einvernehmen mit dem Bundesminister für Arbeit, Soziales und Konsumentenschutz mit Verordnung festzulegen[1514]. In der Verordnung kann vorgesehen werden, dass sich der Arbeitgeber einer bestimmten geeigneten öffentlich-rechtlichen oder privatrechtlichen Übermittlungsstelle zu bedienen hat (§ 84 Abs. 1 Z 4 EStG).

1513 Die Lohnzettelarten betreffend elektronischer Übermittlung finden Sie in den Lohnsteuerrichtlinien 2002 unter der Randzahl 1408.

1514 Für solche automationsunterstützte Übermittlungen gilt die Verordnung des Bundesministers für Finanzen, BGBl II 2004/345.

Der Arbeitgeber (der Insolvenzverwalter) hat dem Arbeitnehmer

- **bei Eröffnung der Insolvenz oder**
- **über dessen Verlangen** für Zwecke der Einkommensteuerveranlagung[1515] (→ 15.)

einen Lohnzettel nach dem amtlichen Vordruck auszustellen (§ 84 Abs. 2 EStG).

Bei **Weigerung des Arbeitgebers** zur Ausstellung eines Lohnzettels bedarf es der Einschaltung des Finanzamts des Arbeitgebers (LStR 2002, Rz 1223). Ein vom Arbeitgeber nicht ausgestellter Lohnzettel ist jedenfalls von der Abgabenbehörde z.B. im Zuge eines vom Arbeitnehmer eingeleiteten Verfahrens (Wiederaufnahme, Erstattungsantrag) beim Arbeitgeber einzuholen, wenn der Lohnzettel dem Arbeitnehmer nicht ausgefolgt oder vorenthalten wurde. Andernfalls kann der Anspruch auf Ausstellung eines Lohnzettels nach erfolgloser Einschaltung des Finanzamts nur dann im Klageweg durchgesetzt werden, wenn sich der Arbeitnehmer auf einen privatrechtlichen Rechtsgrund (Anerkenntnis, Vergleich, vertragliche Vereinbarung) stützt (OGH 25.11.2004, 8 ObA 110/04s).

Der Lohnzettel ist auf Grund der Eintragungen im Lohnkonto (→ 10.1.2.1.) auszuschreiben. Erfolgen nach Übermittlung eines Lohnzettels Ergänzungen des Lohnkontos, welche die Bemessungsgrundlagen oder die abzuführende Steuer betreffen, ist ein **berichtigter Lohnzettel innerhalb von zwei Wochen** ab erfolgter Ergänzung an das Finanzamt des Arbeitgebers zu übermitteln (im Hinblick auf die Möglichkeit von Nachzahlungen für das abgelaufene Kalenderjahr bis 15. Februar des Folgejahrs, → 24.9.2.) (§ 84 Abs. 3 EStG).

Ein Lohnzettel ist auch für Arbeitnehmer auszuschreiben, bei denen eine Pauschbesteuerung gem. § 69 EStG vorgenommen wurde (→ 31.2.), und für beschränkt steuerpflichtige Arbeitnehmer (§ 70 EStG) (→ 31.1.) (§ 84 Abs. 4 EStG).

Auf dem Lohnzettel sind

- die **Versicherungsnummer** gem. § 31 ASVG des Arbeitnehmers,
- die Versicherungsnummer und der Name des (Ehe)Partners sowie der Kinder (§ 106 Abs. 1 EStG, → 14.2.1.6.) des Arbeitnehmers, falls der Alleinverdienerabsetzbetrag oder der Alleinerzieherabsetzbetrag berücksichtigt wurde,

anzuführen. Wurde eine Versicherungsnummer nicht vergeben, ist jeweils das Geburtsdatum an Stelle der Versicherungsnummer anzuführen. Auf der für die Finanzverwaltung bestimmten Ausfertigung ist zusätzlich die Steuernummer des Arbeitgebers anzuführen (§ 84 Abs. 5 EStG).

Alle **unterjährigen Korrekturen** im Lohnzettel sind ausschließlich durch **Neumeldung** des zu berichtigenden Lohnzettels vorzunehmen.

Bei **Nachzahlungen** (Aufrollungen) für das **Vorjahr** (die Vorjahre) sind im Lohnzettel

- die lohnsteuerlichen Beträge[1516] dem Zuflussmonat

zuzuordnen.

1515 Unter den Ausdruck „für Zwecke der Einkommensteuerveranlagung" fällt auch der Umstand, dass der Arbeitnehmer, bevor er einen Antrag auf **Durchführung** einer **Arbeitnehmerveranlagung** stellt (→ 15.3.) oder einer allfälligen Erklärungsverpflichtung nachkommen kann (→ 15.2.), unter Umständen auf entsprechende **Informationen** aus dem **Lohnzettel** angewiesen ist und diesen vom Arbeitgeber berechtigt verlangen kann. Beispiele dafür sind die Ermittlung pauschalierter Werbungskosten für bestimmte Berufsgruppen, die Berechnung des Selbstbehalts für außergewöhnliche Belastungen (→ 14.1.3.) oder die Feststellung eines Überschreitens der Veranlagungsgrenzen (→ 15.2.2.1., → 15.2.2.2.).

1516 Lohnsteuerlich gilt dies allerdings nicht für Nachzahlungen in Form eines „13. Abrechnungslaufs" (→ 24.9.2.).

Dem Arbeitnehmer ist jede Änderung der vom Arbeitgeber vorgenommenen Eintragungen untersagt (§ 84 Abs. 6 EStG).

Erlassmäßige Regelungen zur Ausstellung des Lohnzettels gem. § 84 Abs. 1 EStG (LStR 2002, Rz 1220–1233b):

Übermittlung der Lohnzettel:

Bei **Veräußerung, Aufgabe** oder **Liquidation** eines Betriebs ist der Lohnzettel bereits **zu diesem Zeitpunkt** zu übermitteln.

Erfolgen **nach Übermittlung** des Lohnzettels steuerlich relevante **Ergänzungen** des Lohnkontos, besteht die Verpflichtung zur Übermittlung eines berichtigten Lohnzettels **innerhalb von zwei Wochen** ab erfolgter Ergänzung (→ 24.9.2.).

Die Übermittlung der Lohnzettel hat grundsätzlich elektronisch zu erfolgen, und zwar bis Ende Februar des folgenden Kalenderjahrs. Für diese elektronische Übermittlung ist das Datensammelsystem der österreichischen Sozialversicherung (**ELDA**) vorgesehen.

Die Übermittlung über ELDA setzt **lediglich einen Internetzugang**, nicht hingegen eine automationsunterstützte (softwareunterstützte) Lohnverrechnung bzw. ein Lohnverrechnungsprogramm voraus. Steht daher ein Internetzugang zur Verfügung, sind die Lohnzetteldaten jedenfalls elektronisch zu übermitteln, und zwar gleichgültig, ob das Lohnkonto automationsunterstützt oder händisch geführt wird. Im Fall einer händischen Lohnverrechnung ist die in ELDA vorgesehene Ausfüllmaske auszufüllen (siehe auch www.elda.at).

Ist die elektronische Übermittlung dem Arbeitgeber mangels technischer Voraussetzungen nicht zumutbar, ist ein **Papierlohnzettel** bis spätestens Ende Jänner des folgenden Kalenderjahrs zu übermitteln. Dies ist der Fall, wenn der Arbeitgeber selbst über keinen Internetanschluss verfügt und die Lohnverrechnung auch nicht von einer anderen Stelle (z.B. Steuerberater) mit entsprechenden technischen Einrichtungen durchgeführt wird. Ein Papierlohnzettel (einschließlich allfälliger sozialversicherungsrechtlicher Daten) ist ausschließlich an das **zuständige Finanzamt** (und nicht an einen Krankenversicherungsträger) zu übermitteln.

Ausstellung des Lohnzettels bei Beendigung des Dienstverhältnisses und bei Insolvenz:

Bei Beendigung des Dienstverhältnisses im Laufe eines Kalenderjahrs ist der Lohnzettel ebenso **bis spätestens Ende Februar (bzw. Ende Jänner) des Folgejahres** zu übermitteln. Eine **unterjährige Übermittlung** ist jedoch möglich. Bei Eröffnung der Insolvenz über das Vermögen des Arbeitgebers ist bis zum Ende des zweitfolgenden Kalendermonats ein Lohnzettel an das Finanzamt des Arbeitgebers oder an die Österreichische Gesundheitskasse zu übermitteln.

Als Beendigungszeitpunkt gilt das **arbeitsrechtliche Ende** des Dienstverhältnisses, ausgenommen bei einer Beendigung während des Krankenstands. Hat der Arbeitnehmer zum Zeitpunkt des arbeitsrechtlichen Endes noch Ansprüche auf Krankenentgelt, ist am Lohnzettel als Ende des Dienstverhältnisses das Datum der letztmaligen Auszahlung eines Krankenentgelts anzugeben.

Beispiel

Der Arbeitnehmer wird während des Krankenstands am 20. März gekündigt. Er hat Anspruch auf Entgeltfortzahlung bis zum Ende des Krankenstands am 10. Mai. Als Ende des Dienstverhältnisses ist am Lohnzettel der 10. Mai anzugeben. Der Lohnzettel ist bis Ende Februar des Folgejahres zu übermitteln. Wurde auf Grund der unterjährigen Beendigung eines Dienstverhältnisses bereits unterjährig ein Lohnzettel übermittelt, ist nach Ablauf des Kalenderjahres kein weiterer Lohnzettel zu übermitteln.

Ausstellung und Übermittlung von Lohnzetteln bei Umgründungen:

Werden die Arbeitnehmer im Zuge der Übernahme bzw. Veräußerung eines Betriebs mit allen Rechten und Pflichten übernommen (AVRAG) (→ 4.5.), ist **zum Umgründungsstichtag kein Lohnzettel** zu erstellen.

In Umgründungsfällen sind die Lohnzettel von jenem Arbeitgeber auszustellen, der zum Zeitpunkt der Ausstellung die Pflichten des Arbeitgebers wahrzunehmen hat. Der Lohnzettel ist unter der Steuernummer des ausstellenden Arbeitgebers zu übermitteln. Ist der Aussteller der Erwerber des Unternehmens, hat er zusätzlich das für den früheren Arbeitgeber zuständige Finanzamt von diesem Vorgang zu informieren, da eine „Entlastung" der alten Steuernummer erfolgen muss.

Ausstellung des Lohnzettels bei Karenzierung oder mehreren Dienstverhältnissen beim selben Arbeitgeber:

Im Fall eines einheitlichen, fortlaufenden Dienstverhältnisses ist nur ein Lohnzettel auszustellen, und zwar auch dann, wenn während dieses Dienstverhältnisses **bezugsfreie** Lohnzahlungszeiträume (z.B. im Fall einer **Karenzierung**) anfallen.

Wurde im Laufe eines Kalenderjahrs bereits ein Lohnzettel ausgestellt und beginnt ein Arbeitnehmer beim selben Arbeitgeber in diesem Kalenderjahr noch einmal ein Dienstverhältnis, ist gesondert ein weiterer Lohnzettel auszustellen. Der Lohnzettel für das weitere Dienstverhältnis ist zeitraumkonform – dem weiteren Dienstverhältnis entsprechend – zu erstellen. Eine Summierung der Steuerbemessungs- und Beitragsgrundlagen hat nicht zu erfolgen.

Liegt das **Ende** des einen und der **Beginn** eines neuen Dienstverhältnisses beim selben Arbeitgeber **innerhalb desselben Kalendermonats**, ist trotz der Unterbrechung ein einheitlicher Lohnzettel mit Beginn des ersten und Ende des weiteren Dienstverhältnisses zu erstellen.

Werden **Personen** in unregelmäßigen Abständen **fallweise beschäftigt**, sodass nicht von einem einheitlichen, fortlaufenden Dienstverhältnis auszugehen ist, bestehen keine Bedenken, wenn nach Ablauf des Kalenderjahrs ein einheitlicher Lohnzettel ausgestellt wird (z.B. für Mitarbeiter bei Filmaufnahmen).

Ändert sich während eines einheitlichen, fortlaufenden Dienstverhältnisses die **Steuernummer** des Arbeitgebers, ist nur ein Lohnzettel auszustellen.

Krankengeldbezug, Präsenz-, Ausbildungs- oder Zivildienst oder die Teilnahme an Waffenübungen nach dem Heeresgebührengesetz gelten nicht als Unterbrechung eines Dienstverhältnisses.

Begünstigte Auslandsbezüge gem. § 3 Abs. 1 Z 10 und 11 lit. b EStG (Auslandstätigkeit, Entwicklungshilfe):

Werden vom Arbeitgeber neben steuerpflichtigen nicht selbstständigen Bezügen („Inlandsbezüge") Bezüge gem. § 3 Abs. 1 Z 10 oder Z 11 lit. b EStG („Auslandsbezüge" bei Auslandstätigkeit oder Entwicklungshilfe) ausbezahlt, ist für die Auslandsbezüge ein gesonderter Lohnzettel auszustellen.

Bei Bezügen nach § 3 Abs. 1 Z 10 EStG („**Auslandstätigkeit**", → 21.2.1.) sind die Lohnsteuerrichtlinien 2002, Randzahl 70u, zu beachten.

Bei elektronischer Übermittlung ist der „Auslandslohnzettel" für steuerfreie Bezüge gem. § 3 Abs. 1 Z 11 lit. b EStG („**Auslandsbezüge bei Entwicklungshilfe**", → 21.2.1.) ausnahmslos unter der **Lohnzettelart 2** (siehe LStR 2002, Rz 1408) zu übermitteln, weil bei diesen Bezügen ein Doppelbesteuerungsabkommen niemals zur Anwendung kommen kann. Die „Inlandsbezüge" aus diesem Dienstverhältnis sind auf einem weiteren Lohnzettel auszuweisen. Bei mehrmaligen begünstigten Auslandseinsätzen während eines Kalenderjahrs sind die „Auslandsbezüge" bzw. die „Inlandsbezüge" auf jeweils einem Lohnzettel zusammenzufassen. Weitere Eintragungshinweise dazu finden Sie in den Lohnsteuerrichtlinien 2002 unter der Randzahl 1227.

Werden vom Arbeitgeber neben steuerpflichtigen nicht selbstständigen Bezügen („Inlandsbezüge") Bezüge ausbezahlt, für die Österreich nach dem anzuwendenden **Doppelbesteuerungsabkommen kein Besteuerungsrecht** hat, ist für diese Auslandsbezüge ein gesonderter Lohnzettel auszustellen. Bei elektronischer Übermittlung ist der „Auslandslohnzettel" unter der **Lohnzettelart 8** (Doppelbesteuerungsabkommen mit Befreiungsmethode, siehe LStR 2002, Rz 1408) zu übermitteln. Der Lohnzettel unterscheidet sich inhaltlich nur dadurch vom Inlandslohnzettel, dass eine einbehaltene bzw. anrechenbare Lohnsteuer nicht auszuweisen ist.

Hinweis: Für Lohnzahlungszeiträume ab 1. Jänner 2014 ist bei Auslandstätigkeit, sofern ein Doppelbesteuerungsabkommen mit Anrechnungsmethode dem ausländischen Staat das Besteuerungsrecht zuweist, die **Lohnzettelart 24** (siehe LStR 2002, Rz 1408) zu verwenden (BMF Erl. 5.12.2013, 01 0222/0127-VI/7/2013).

Lohnzettel für Bezüge von vorübergehend beschäftigten Arbeitnehmern gem. § 69 Abs. 1 EStG:

Bezüge gem. § 69 Abs. 1 EStG (→ 31.2.) sind in den Lohnzettel nicht aufzunehmen. Unabhängig davon ist jedenfalls ein Lohnkonto zu führen.

Lohnzettel für Bezüge von beschränkt steuerpflichtigen Arbeitnehmern gem. § 70 EStG:

Für Bezüge gem. § 70 EStG (→ 31.1.) ist der Lohnzettel **wie für unbeschränkt Steuerpflichtige** auszustellen. Bezieht ein Arbeitnehmer von einem Arbeitgeber während des Kalenderjahrs sowohl Einkünfte gem. § 70 Abs. 2 Z 1 EStG (Tarifbesteuerung) als auch gem. § 70 Abs. 2 Z 2 EStG (20% bzw. 25% Abzugsteuer), sind jeweils getrennte Lohnzettel auszustellen.

Beispiel

Übt ein beschränkt Steuerpflichtiger bei einem Arbeitgeber eine künstlerische Tätigkeit (20% bzw. 25% Abzugsteuer) und eine andere Tätigkeit (Besteuerung nach dem Tarif) aus, ist für jede Tätigkeit ein eigener Lohnzettel auszustellen. Die Prüfung, wie die Einkünfte bei der Veranlagung zu berücksichtigen sind, erfolgt bei der Bearbeitung der Einkommensteuererklärung, sodass ein Hinweis auf die beschränkte Steuerpflicht auf dem Lohnzettel nicht erforderlich ist.

Lohnbescheinigung:

Beschäftigt ein **Arbeitgeber ohne inländische Betriebsstätte** einen in Österreich unbeschränkt steuerpflichtigen Arbeitnehmer, der den Mittelpunkt seiner Tätigkeit überwiegend im Kalenderjahr in Österreich hat, und nimmt er keinen freiwilligen Lohnsteuerabzug vor, dann ist er zur Übermittlung einer **Lohnbescheinigung (Formular L 17)** verpflichtet (§ 47 Abs. 1 lit. c iVm § 84a EStG). Dabei sind jedenfalls Name, Wohnsitz, Geburtsdatum, Sozialversicherungsnummer und die Bruttobezüge anzugeben. Die Übermittlung hatte erstmalig für das Kalenderjahr 2020 zu erfolgen.

Für den Fall einer **elektronischen Übermittlung** eines Lohnzettels finden Sie die verschiedenen **Lohnzettelarten** in den Lohnsteuerrichtlinien 2002 unter der Randzahl 1408.

35.2. Ausstellung des LSt-Teils durch eine andere bezugsauszahlende Stelle

35.2.1. Ausstellung des LSt-Teils durch einen Versicherungsträger

Bei Auszahlung von Bezügen aus einer gesetzlichen Kranken- oder Unfallversorgung … (z.B. **Krankengeld**, → 25.1.3.1.) sind **20% Lohnsteuer** einzubehalten, soweit diese Bezüge **€ 30,00 täglich übersteigen**. Wird ein 13. bzw. 14. Bezug zusätzlich ausbezahlt, hat ein vorläufiger Lohnsteuerabzug von diesen Bezügen zu unterbleiben.

Zur Berücksichtigung dieser Bezüge (bis € 30,00 und über € 30,00) im Veranlagungsverfahren haben die Versicherungsträger **bis zum 31. Jänner** des folgenden Kalenderjahrs einen Lohnzettel auszustellen und an ihr Finanzamt (→ 37.3.1.) zu übermitteln. In diesem Lohnzettel ist ein Siebentel gesondert als sonstiger Bezug gem. § 67 Abs. 1 EStG auszuweisen (§ 69 Abs. 2 EStG).

Bei Auszahlung von **Bezügen i.S.d. Dienstleistungsscheckgesetzes** haben die Krankenversicherungsträger bis 31. Jänner des folgenden Kalenderjahrs einen Lohnzettel zur Berücksichtigung dieser Bezüge im Veranlagungsverfahren auszustellen und an ihr Finanzamt zu übermitteln. In diesem Lohnzettel ist ein Siebentel der ausbezahlten Bezüge als sonstiger Bezug gem. § 67 Abs. 1 EStG auszuweisen. Ein vorläufiger Lohnsteuerabzug hat zu unterbleiben (§ 69 Abs. 7 EStG).

35.2.2. Ausstellung des LSt-Teils durch den Kranken- bzw. Pensionsversicherungsträger

Bei Rückzahlung von Pflichtbeiträgen i.S.d. § 25 Abs. 1 Z 3 lit. d EStG (→ 11.4.5.) hat die auszahlende Stelle **bis 31. Jänner** des folgenden Kalenderjahrs einen Lohnzettel zur Berücksichtigung dieser Bezüge im Veranlagungsverfahren auszustellen und an ihr Finanzamt (→ 37.3.1.) zu übermitteln. In diesem Lohnzettel ist ein Siebentel der ausgezahlten Bezüge (Beiträge) als sonstiger Bezug gem. § 67 Abs. 1 EStG auszuweisen. Ein **vorläufiger Lohnsteuerabzug hat zu unterbleiben** (§ 69 Abs. 5 EStG).

35.2.3. Ausstellung des LSt-Teils durch die Heeresgebührenstelle

Bei Auszahlung von einkommensteuerpflichtigen Bezügen nach dem Heeresgebührengesetz 2001 sind **20% der Lohnsteuer** einzubehalten, soweit diese Bezüge **€ 20,00 täglich übersteigen**.

Zur Berücksichtigung dieser Bezüge (bis € 20,00 und über € 20,00) im Veranlagungsverfahren hat die auszahlende Stelle **bis zum 31. Jänner** des Folgejahrs einen Lohnzettel auszustellen und an ihr Finanzamt (→ 37.3.1.) zu übermitteln. In diesem Lohnzettel ist ein Siebentel der einkommensteuerpflichtigen Bezüge nach dem Heeresgebührengesetz 2001 gesondert als sonstiger Bezug gem. § 67 Abs. 1 EStG auszuweisen (§ 69 Abs. 3 EStG).

Zur Ausstellung des LSt-Teils durch den Insolvenz-Entgelt-Fonds bzw. Insolvenzverwalter sowie durch die Bauarbeiter-Urlaubs- und Abfertigungskasse siehe LStR 2002, Rz 1232 ff.

Weitere Erläuterungen zur Lohnzettelausstellung finden Sie in den Lohnsteuerrichtlinien 2002 unter den Randzahlen 1083 und 1233b.

35.3. Formular

Für den Fall einer **elektronischen Übermittlung** eines Lohnzettels finden Sie die verschiedenen Lohnzettelarten in den Lohnsteuerrichtlinien 2002 unter der Randzahl 1408.

35.3.1. Drucksorte L 16

Lohnzettel für den Zeitraum

vom T T M M bis T T M M 2022

Bezugs/pensionsauszahlende Stelle:
Steuernummer

10-stellige Sozialversicherungsnummer lt. e-card

Arbeitnehmerin/Arbeitnehmer:

FAMILIEN- ODER NACHNAME

VORNAME

TITEL

ADRESSE

PLZ

ORT

Soziale Stellung

Geburtsdatum (TTMMJJJJ)

weiblich | männlich | inter/divers/offen | Vollzeit | Teilzeit

AVAB wurde berücksichtigt (J/N) | AEAB wurde berücksichtigt (J/N) | erhöhter PAB wurde berücksichtigt (J/N)

Wenn Kinderzuschläge berücksichtigt wurden: Anzahl der Kinder gemäß § 106 Abs. 1

AVAB/erhöhter PAB: Vers-Nr. der Partnerin/des Partners

Geburtsdatum der Partnerin/des Partners (TTMMJJJJ)

erhöhter VAB wurde berücksichtigt (J/N)

Familienbonus Plus wurde berücksichtigt (J/N)

Homeoffice-Tage

Anzahl der Kinder für Familienbonus Plus

- *In GROSSBUCHSTABEN und nur mit schwarzer oder blauer Farbe ausfüllen - Betragsfelder in Euro und Cent*
- *Die stark umrandeten Felder sind jedenfalls auszufüllen*
- *Zutreffende Punkte sind anzukreuzen Gesetzeszitate ohne Bezeichnung beziehen sich auf das EStG 1988*

Datenschutzerklärung auf bmf.gv.at/datenschutz oder auf Papier in allen Finanz- und Zolldienststellen

Bruttobezüge gemäß § 25 (ohne § 26 und ohne § 3 Abs. 1 Z 16b) 210

Steuerfreie Bezüge gemäß § 68 .... 215 –

Bezüge gemäß § 67 Abs. 1 und 2 (innerhalb des Jahressechstels soweit nicht nach § 67 Abs. 10 versteuert) und gemäß § 67 Abs. 5 zweiter Teilstrich (innerhalb des Jahreszwölftels), vor Abzug der Sozialversicherungsbeiträge (SV-Beiträge) .... 220 –

Insgesamt für lohnsteuerpflichtige Einkünfte einbehaltene SV-Beiträge, Kammerumlage, Wohnbauförderung ....

Abzüglich einbehaltene SV-Beiträge:

für Bezüge gemäß Kennzahl 220 .... 225 –

für Bezüge gemäß § 67 Abs. 3 bis 8 (ausgen. § 67 Abs. 5 zweiter TS) sowie § 3 Abs. 1 Z 35, soweit steuerfrei bzw. mit festem Steuersatz versteuert .... 226 –

230 –

Übrige Abzüge:

Auslandstätigkeit gemäß § 3 Abs. 1 Z 10 ....

Entwicklungshelfer/innen gemäß § 3 Abs. 1 Z 11 lit. b ....

Pauschale Reiseaufwandsentschädigung gemäß § 3 Abs. 1 Z 16c ....

Mitarbeitergewinnbeteiligung gemäß § 3 Abs. 1 Z 35 ....

Pendler-Pauschale gemäß § 16 Abs. 1 Z 6 ....

Werbungskostenpauschbetrag gemäß § 17 Abs. 6 für Expatriates ....

Einbehaltene freiwillige Beiträge gemäß § 16 Abs. 1 Z 3 lit. b ....

Steuerfreie bzw. mit festen Sätzen versteuerte Bezüge gemäß § 67 Abs. 3 bis 8 (ausgen. § 67 Abs. 5 zweiter TS), vor Abzug der SV-Beiträge ....

Sonstige steuerfreie Bezüge ....

Summe übrige Abzüge 243 –

Steuerpflichtige Bezüge 245 =

Insgesamt einbehaltene Lohnsteuer ....

Abzüglich Lohnsteuer mit festen Sätzen gemäß § 67 Abs. 3 bis 8 (ausgenommen § 67 Abs. 5 zweiter Teilstrich) .... –

Anrechenbare Lohnsteuer 260 =

sozialversicherung.at

bmf.gv.at

Bundesministerium Finanzen

L 16-PDF-2022 Bundesministerium für Finanzen

L 16, Seite 1, Version vom 02.03.2022

Pendlereuro (§ 33 Abs. 5 Z 4)		Übernommene Kosten für Massenverkehrsmittel und Werkverkehr, Anzahl d. Kalendermonate	
Höhe des Familienbonus Plus der tatsächlich steuermindernd gewirkt hat		Kostenübernahme gemäß § 26 Z 5 lit. b	
Nach dem Tarif versteuerte sonstige Bezüge (§ 67 Abs. 2, 5 zweiter TS, 6, 10)		Berücksichtigter Freibetrag gemäß § 63 oder § 103 Abs. 1a	
Nicht steuerbare Bezüge (§ 26 Z 4) und steuerfreie Bezüge (§ 3 Abs. 1 Z 16 b)		Bei der Aufrollung berücksichtigte ÖGB-Beiträge	
Arbeitgeberbeiträge an ausländische Pensionskassen (§ 26 Z 7)		Eingezahlter Übertragungsbetrag an BV	
Homeoffice-Pauschale (§ 26 Z 9 lit. a)		Überlassung eines arbeitgebereigenen Kfz für Fahrten Wohnung – Arbeitsstätte, Anzahl Kalendermonate (§ 16 Abs. 1 Z 6 lit. b)	

Angaben zum Familienbonus Plus:

(Wurde für mehr als 5 Kinder der Familienbonus Plus berücksichtigt, ist ein weiteres Formular L 16 auszufüllen)

Kind 1

FAMILIEN- oder NACHNAME

VORNAME

WOHNSITZSTAAT [1] zum 31.12.2022

☐ Wohnsitzstaat-Wechsel während des Jahres 2022

10-stellige Sozialversicherungsnummer laut e-card

Geburtsdatum (TTMMJJJJ)

Beziehung der Arbeitnehmerin/des Arbeitnehmers zum Kind

☐ Familienbeihilfen-Bezieher ☐ Partner des Familienbeihilfen-Beziehers ☐ Unterhaltszahler

Der **ganze** Familienbonus Plus wurde berücksichtigt >> von (MM) bis (MM) 2022

Der **halbe** Familienbonus Plus wurde berücksichtigt >> von (MM) bis (MM) 2022

Kind 2

FAMILIEN- oder NACHNAME

VORNAME

WOHNSITZSTAAT [1] zum 31.12.2022

☐ Wohnsitzstaat-Wechsel während des Jahres 2022

10-stellige Sozialversicherungsnummer laut e-card

Geburtsdatum (TTMMJJJJ)

Beziehung der Arbeitnehmerin/des Arbeitnehmers zum Kind

☐ Familienbeihilfen-Bezieher ☐ Partner des Familienbeihilfen-Beziehers ☐ Unterhaltszahler

[1] *Für den Wohnsitzstaat des Kindes geben Sie das Kfz-Nationalitätszeichen an - z. B. für Österreich A, für Deutschland D*

L 16-PDF-2022

L 16, Seite 2, Version vom 02.03.2022

Der **ganze** Familienbonus Plus wurde berücksichtigt >> von (MM) [ ] bis (MM) [ ] 2022

Der **halbe** Familienbonus Plus wurde berücksichtigt >> von (MM) [ ] bis (MM) [ ] 2022

Kind 3

FAMILIEN- oder NACHNAME

VORNAME

WOHNSITZSTAAT [1] zum 31.12.2022

☐ Wohnsitzstaat-Wechsel während des Jahres 2022

10-stellige Sozialversicherungsnummer laut e-card

Geburtsdatum (TTMMJJJJ)

Beziehung der Arbeitnehmerin/des Arbeitnehmers zum Kind

☐ Familienbeihilfen-Bezieher ☐ Partner des Familienbeihilfen-Beziehers ☐ Unterhaltszahler

Der **ganze** Familienbonus Plus wurde berücksichtigt >> von (MM) [ ] bis (MM) [ ] 2022

Der **halbe** Familienbonus Plus wurde berücksichtigt >> von (MM) [ ] bis (MM) [ ] 2022

Kind 4

FAMILIEN- oder NACHNAME

VORNAME

WOHNSITZSTAAT [1] zum 31.12.2022

☐ Wohnsitzstaat-Wechsel während des Jahres 2022

10-stellige Sozialversicherungsnummer laut e-card

Geburtsdatum (TTMMJJJJ)

Beziehung der Arbeitnehmerin/des Arbeitnehmers zum Kind

☐ Familienbeihilfen-Bezieher ☐ Partner des Familienbeihilfen-Beziehers ☐ Unterhaltszahler

Der **ganze** Familienbonus Plus wurde berücksichtigt >> von (MM) [ ] bis (MM) [ ] 2022

Der **halbe** Familienbonus Plus wurde berücksichtigt >> von (MM) [ ] bis (MM) [ ] 2022

1) *Für den Wohnsitzstaat des Kindes geben Sie das Kfz-Nationalitätszeichen an - z. B. für Österreich A, für Deutschland D*

L 16-PDF-2022

L 16, Seite 3, Version vom 02.03.2022

Kind 5

FAMILIEN- oder NACHNAME

VORNAME

WOHNSITZSTAAT [1] zum 31.12.2022

☐ Wohnsitzstaat-Wechsel während des Jahres 2022

10-stellige Sozialversicherungsnummer laut e-card

Geburtsdatum (TTMMJJJJ)

Beziehung der Arbeitnehmerin/des Arbeitnehmers zum Kind

☐ Familienbeihilfen-Bezieher ☐ Partner des Familienbeihilfen-Beziehers ☐ Unterhaltszahler

Der **ganze** Familienbonus Plus wurde berücksichtigt >> von (MM) bis (MM) 2022

Der **halbe** Familienbonus Plus wurde berücksichtigt >> von (MM) bis (MM) 2022

Dieser Teil ist nur von pensionsauszahlenden Stellen oder Körperschaften öffentlichen Rechts auszufüllen

Nicht zu erfassende Bezüge gem. § 25 Abs. 1 Z 2a u. 3a (75%) ......

Berücksichtigter Freibetrag gemäß § 35 ....

Pflegegeld

>> von bis

Berücksichtigter Freibetrag gemäß § 105 ....

Ausstellungsdatum (TTMMJJJJ)

Bezugs/Pensionsauszahlende Stelle

Name und Anschrift, Telefonnummer und Klappe

Die Richtigkeit und Vollständigkeit wird bestätigt:

Unterschrift

[1] *Für den Wohnsitzstaat des Kindes geben Sie das Kfz-Nationalitätszeichen an - z. B. für Österreich A, für Deutschland D*

L 16-PDF-2022

L 16, Seite 4, Version vom 02.03.2022

35.3.2. Eintragungshinweise

Hinweise für die Ausfertigung

Hinweise für die Ausfertigung

Steuerrechtlicher Teil = Lohnzettel

Hinweise auf gesetzliche Bestimmungen betreffen das Einkommensteuergesetz 1988. Die **Finanzamtsnummer** und die **Steuernummer** sind nur auf Lohnzettel auszuweisen, die auf Grund der gesetzlichen Bestimmungen des § 84 Abs. 1 beim Betriebsfinanzamt einzubringen sind. Das Betriebsfinanzamt gibt Ihnen die richtige Finanzamtsnummer erforderlichenfalls auch telefonisch bekannt.

Maßgebend für die Angabe zur **sozialen Stellung** ist die Art des Bezuges, der im letzten im Lohnzettel enthaltenen Lohnzahlungszeitraum zur Auszahlung gelangte.

Lehrling =	1	Vertragsbedienstete/Vertragsbediensteter =	5
Arbeiterin/Arbeiter =	2	ASVG-Pensionistin/ASVG-Pensionist =	6
Angestellte/Angestellter =	3	Beamtin i.R./Beamter i.R. =	7
Beamtin/Beamter (aktiv) =	4	sonstige Pensionistin/sonstiger Pensionist =	8
		keine der genannten zutreffend =	0

Nähere Hinweise zu sozialer Stellung 5 bis 8 und 0:

5 Vertragsbedienstete/r des Bundes, eines Landes, einer Gemeinde oder Angehörige/r einer ausgegliederten Institution, auf welche(n) das Vertragsbedienstetengesetz Anwendung findet

6 Pensionist/in mit gesetzlich geregelter Pension, ausgenommen Beamtenpensionen (z. B. Pensionszahlungen nach dem ASVG, GSVG, BSVG, NVG, FSVG, Pensionen von Kammern der Rechtsanwälte, Ziviltechniker und Architekten)

7 Ruhegenuss, Versorgungsgenuss von Bund, Ländern, Gemeinden; Pensionen von ehemaligen Beamten von ausgegliederten Institutionen/Betrieben (ÖBB, Post AG, Telekom Austria, etc.)

8 Zusatz- bzw. Firmenpensionen, Bezüge aus Pensionskassen, Zusatzpensionen von Kammern (Arbeiterkammer, Wirtschaftskammer, Ärztekammer, Apothekerkammer, Patentanwaltskammer, etc.) Pensionszahlungen der Kirche für Priester/Ordensleute

0 Bezüge aus politischem Mandat (auch Gemeinderatsentschädigung), Bezüge nach dem Heeresgebührengesetz (Waffenübungen), Rückzahlung von Pflichtbeiträgen an Krankenversicherungsträger, Pflegegeld-/Blindengeldzahlungen der Länder, und dgl.

Maßgeblich für die Angabe **"Vollzeitbeschäftigung"** oder **"Teilzeitbeschäftigung"** ist die im Zeitraum des Lohnzettels überwiegend zutreffende Beschäftigungsform. PAB = Pensionistenabsetzbetrag.

Wurde der **Alleinverdienerabsetzbetrag** bei der Lohnberechnung berücksichtigt, ist die **Versicherungsnummer** des (Ehe-)Partners anzuführen. Wurde keine Versicherungsnummer vergeben oder konnte diese nicht eruiert werden, ist zumindest das Geburtsdatum der betreffenden Person auszuweisen.

Unter den nachstehend angeführten Kennzahlen sind folgende Beträge auszuweisen:

210 Bruttobezüge gemäß § 25 inklusive steuerfreie Bezüge, aber ohne Bezüge gemäß § 26 und ohne § 3Abs. 1 Z 16b,

215 Steuerfreie Bezüge gemäß § 68 (z. B. steuerfreie Zuschläge für Überstunden).

220 Sonstige Bezüge gemäß § 67 Abs. 1 und 2 innerhalb des Jahressechstels, vor Abzug der Sozialversicherungsbeiträge. Die Kennzahl umfasst auch den Freibetrag gemäß § 67 Abs. 1 in Höhe von 620 Euro sowie allenfalls durch die Freigrenze steuerfrei belassene sonstige Bezüge gemäß § 67 Abs. 1. Hier sind auch Bezüge gemäß § 67 Abs. 5 einzutragen soweit sie als sonstige Bezüge zu versteuern sind.

230 Die Kennzahl enthält nur die einbehaltenen Sozialversicherungsbeiträge, Kammerumlage und Wohnbauförderung abzüglich der unter den Kennzahlen 225 und 226 gesondert auszuweisenden Sozialversicherungsbeiträge für Bezüge gemäß § 67 soweit sie mit festem Steuersatz versteuert wurden.

225 Einbehaltene Sozialversicherungsbeiträge für Bezüge gemäß Kennzahl 220, die mit festem Steuersatz versteuert wurden.

226 Einbehaltene Sozialversicherungsbeiträge für Bezüge gemäß § 67 Abs. 3 bis 8, die mit festem Steuersatz versteuert oder steuerfrei belassen wurden.

243 Nicht gesondert angeführte steuerfreie Bezüge (z. B. Ausgleichszulage) sowie ein rückgezahlter Arbeitslohn sind unter "Sonstige steuerfreie Bezüge" anzuführen.

260 Die anrechenbare Lohnsteuer enthält auch die auf die sonstigen Bezüge gemäß § 67 innerhalb des Jahressechstels (Kennzahl 220) entfallende Lohnsteuer.

35.3.3. Drucksorte L 17

An das

Finanzamt Österreich
Postfach 260
1000 Wien

Eingangsvermerk

2022

Dieses Formular wird maschinell gelesen, füllen Sie es daher nur mittels Tastatur und Bildschirm aus. ***Eine handschriftliche Befüllung ist unbedingt zu vermeiden.*** *Betragsangaben in EURO und Cent (rechtsbündig). Eintragungen* ***außerhalb der Eingabefelder*** *können maschinell nicht gelesen werden. Gesetzeszitate ohne Bezeichnung beziehen sich auf das EStG.*
Die stark hervorgehobenen Felder sind jedenfalls auszufüllen.

Datenschutzerklärung auf bmf.gv.at/datenschutz oder auf Papier in allen Finanz- und Zolldienststellen

10-stellige Sozialversicherungsnummer laut e-card

Geburtsdatum (TTMMJJJJ) *(Wenn* ***keine*** *SV-Nummer vorhanden,* ***jedenfalls*** *auszufüllen)*

FAMILIEN- ODER NACHNAME

VORNAME

TITEL

Lohnausweis/Lohnbescheinigung

für den Zeitraum **vom** T T M M **bis** T T M M **2022** **Homeoffice-Tage**

Bitte beachten Sie die Hinweise für die Ausfertigung zum Formular L 17 - Formular L 17a und L 17b.

1. Weitere Angaben zur Arbeitnehmerin/zum Arbeitnehmer

1.1 STRASSE

1.2 Hausnummer

1.3 Stiege

1.4 Türnummer

1.5 Land [1)]

1.6 ORT

1.7 Postleitzahl

2. Arbeitgeberin/Arbeitgeber/Pensionsauszahlende Stelle

2.1 FIRMENNAME

2.2 STRASSE

2.3 Hausnummer

2.4 Stiege

2.5 Türnummer

2.6 Land [1)]

2.7 ORT

2.8 Postleitzahl

2.9 Telefonnummer

2.10 Telefax

3. Pensionsbezug

3.1 ☐ Pensionsbezug

3.2 Tätigkeitsstaat [1)] im Jahr 2022

1) Geben Sie das Kfz-Nationalitätszeichen des Landes an - zB für Österreich - A, für Deutschland - D

bmf.gv.at

Bundesministerium Finanzen

L 17-PDF-2022 Bundesministerium für Finanzen

L 17, Seite 1, Version vom 02.08.2021

Beträge in Euro und Cent

4. Bruttobezüge (Geld- und Sachbezüge einschließlich der Punkte 4.1 bis 4.10)

	Überlassung eines arbeitgebereig. Kfz für Fahrten Wohnung - Arbeitsstätte, Anzahl der Kalendermonate (§ 16 Abs. 1 Z 6 lit. b EStG 1988)	**350**	,
4.1	(Normale) Überstundenzuschläge	**354**	,
4.2	Sonn-, Feiertags- und Nachtarbeitszuschläge; Schmutz-, Erschwernis- und Gefahrenzulagen; davon überwiegende Nachtarbeit von Monaten	**394**	,
4.3	Sonstige Bezüge, die neben dem laufenden Arbeitslohn nicht monatlich gewährt werden	**351**	,
4.4	Kurzarbeit		,
4.5	Altersteilzeit		,
4.6	Abfertigungen und Abfindungen für die Dienstzeit von Jahren	**352**	,
4.7	Pensionsabfindungen Arbeitgeberin/Arbeitgeber	**356**	,
4.8	Sozialplanzahlungen		,
4.9	Bezüge für Tätigkeiten, die außerhalb des Staates der Arbeitgeberin/des Arbeitgebers ausgeübt wurden		,
4.10	Bezüge aus einer begünstigten Auslandstätigkeit nach § 3 Abs. 1 Z 10 EStG 1988 60% des laufenden Bezuges der begünstigten Auslandstätigkeit, höchstens die monatliche bzw. tägliche Höchstbeitragsgrundlage nach § 108 ASVG Anzahl der Arbeitstage der begünstigten Auslandstätigkeit		

5. Einbehaltene Sozial(versicherungs)beiträge

5.1	Für laufend ausbezahlten Arbeitslohn	**357**	,
5.2	Für Bezüge gemäß Kennzahl **351** (Punkt 4.3)	**347**	,
5.3	Für Bezüge gemäß Kennzahl **352** (Punkt 4.6)	**736**	,
5.4	Für Bezüge gemäß Kennzahl **356** (Punkt 4.7)	**737**	,

6. Einbehaltene Steuer **358** ,

7. Im Bruttolohn (Kennzahl 350) nicht enthaltene steuerfreie bzw. nicht steuerbare Bezüge

7.1	Spesenersätze und Reisekostenvergütungen	,
7.2	Arbeitgeberbeiträge an Pensionskassen	,
7.3	Übernommene Kosten für Massenverkehrsmittel und Werkverkehr Anzahl der Kalendermonate	
7.4	Kostenübernahme für ein öffentliches Verkehrsmittel (§ 26 Z 5 lit. b EStG 1988)	,
7.5	Homeoffice-Pauschale (§ 26 Z 9 lit. a EStG 1988)	,

WICHTIGER HINWEIS: *Bitte übermitteln Sie **keine Dokumente/Belege** (nur nach **Aufforderung** durch Ihr Finanzamt), da alle im Finanzamt einlangenden Schriftstücke nach elektronischer Erfassung datenschutzkonform vernichtet werden.*

Die Richtigkeit und Vollständigkeit wird bestätigt:

Name der Ausstellerin/des Ausstellers

Ausstellungsdatum und Unterschrift

L 17-PDF-2022

L 17, Seite 2, Version vom 02.08.2021

36. Betriebliche Vorsorge (Abfertigung „neu")

36.1. Arbeitsrechtliche Bestimmungen

36.1.1. Rechtsgrundlage – Einzelfragen, Kommentare

36.1.1.1. Rechtsgrundlage

Rechtsgrundlage ist das Bundesgesetz über die betriebliche Mitarbeitervorsorge (**Betriebliches Mitarbeiter- und Selbständigenvorsorgegesetz** – BMSVG) vom 10. Juli 2002, BGBl I 2002/100, in der jeweils geltenden Fassung.

Die Betriebliche Mitarbeitervorsorge (die Abfertigung „neu") ist ein **verändertes Abfertigungs- bzw. Vorsorgesystem**, welches anstelle des bisher leistungsorientierten Abfertigungssystems ein **beitragsorientiertes System** im Rahmen eines Kapitaldeckungsverfahrens regelt.

Die Betriebliche Mitarbeitervorsorge gem. BMVG ist **mit 1. Juli 2002** in Kraft getreten und ist auf alle **Arbeitsverhältnisse** anzuwenden, deren **vertraglicher Beginn nach dem 31. Dezember 2002 liegt** (§ 46 Abs. 1 BMSVG). Demnach gilt für Arbeitsverhältnisse, die vor dem 1. Jänner 2003 begonnen haben, das bisher geltende Abfertigungsrecht (→ 33.3.) weiter, **außer** es wird eine **Vereinbarung des Übertritts** (→ 36.1.5.) in das „neue" Abfertigungsrecht getroffen.

Das BMSVG (das geänderte BMVG) ist **mit 1. Jänner 2008** in Kraft getreten. Mit dieser Gesetzesänderung wurde die Einbeziehung der freien Dienstnehmer i.S.d. ASVG in die Betriebliche Mitarbeitervorsorge vorgenommen (vgl. § 1 Abs. 1a BMSVG).

Freie Dienstnehmer i.S.d. ASVG (→ 31.7.1.) unterliegen daher ab 1. Jänner 2008 dem BMSVG[1517].

Weitere Erläuterungen hinsichtlich Übergangsregelung für freie Dienstverhältnisse bzw. Vorstandsverhältnisse finden Sie im Punkt 31.8.5.

36.1.1.2. Einzelfragen und Fallbeispiele

Einzelfragen und Fallbeispiele aus der Praxis und die Antworten dazu wurden in einem sog. „Fragen-Antworten-Katalog" zum BMSVG (Stand: 13.7.2017), abrufbar auf der Website der Österreichischen Gesundheitskasse, aufgenommen.

Im Linde Verlag Wien ist zum BMSVG ein sehr ausführlicher Kommentar erschienen (Kommentar zum BMSVG, Neubauer/Rath).

36.1.2. Geltungsbereich

Die Bestimmungen des **ersten Teils** und des **dritten Teils**[1518] gelten für

- **Arbeitsverhältnisse,**

die auf einem **privatrechtlichen Vertrag** beruhen (§ 1 Abs. 1 BMSVG).

Die Bestimmungen des ersten Teils gelten grundsätzlich auch für

- freie Dienstverhältnisse i.S.d. § 4 Abs. 4 ASVG (→ 31.7.1.),
- freie Dienstverhältnisse von geringfügig beschäftigten Personen (§ 5 Abs. 2 ASVG) (→ 31.5.1.) sowie für
- freie Dienstverhältnisse von Vorstandsmitgliedern i.S.d. § 4 Abs. 1 Z 6 ASVG (→ 31.8.3.),

die auf einem **privatrechtlichen Vertrag** beruhen (§ 1 Abs. 1a BMSVG) (vgl. → 36.1.1.1.).

Ausgenommen sind Arbeitsverhältnisse und freie Dienstverhältnisse

1. zu Ländern, Gemeinden und Gemeindeverbänden[1519];
2. der land- und forstwirtschaftlichen Arbeiter i.S.d. Landarbeitsgesetzes 2021[1520];
3. zum Bund, auf die dienstrechtliche Vorschriften anzuwenden sind, die den Inhalt der Arbeitsverhältnisse zwingend regeln;
4. zu Stiftungen, Anstalten, Fonds oder sonstigen Einrichtungen, auf die das Vertragsbedienstetengesetz … anzuwenden ist;
5. die dem Kollektivvertrag gem. § 13 Abs. 6 des Bundesforstegesetzes unterliegen (§ 1 Abs. 2 BMSVG).

1517 Davon abweichend unterliegen freie Dienstverhältnisse mit **vertraglich festgelegtem Abfertigungsanspruch**, die zum 31. Dezember 2007 bestehen, **nicht** dem **BMSVG**.
Hinsichtlich weiterer Übergangsbestimmungen siehe § 73 Abs. 7 BMSVG sowie die Vorauflagen dieses Buchs.

1518 Der zweite Teil des BMSVG enthält Bestimmungen die Betrieblichen Vorsorgekassen (BV-Kassen) betreffend. Der vierte und fünfte Teil des BMSVG enthält Bestimmungen betreffend Selbstständigenvorsorge für Selbstständige, freiberuflich Selbstständige und für Land- und Forstwirte.

1519 Landesgesetzliche Sonderbestimmungen, welche die Betriebliche Vorsorge regeln, sind zu beachten.

1520 Für diese gibt es eine (im Landarbeitsgesetz aufgenommene) dem BMSVG nachgebildete Regelung. Der zweite Teil des BMSVG ist jedoch anwendbar.

Liegt aber rechtlich gesehen ein eigenständiger Betrieb/Unternehmen von Gebietskörperschaften (auch von Ländern und Gemeinden) vor, unterliegen die Arbeitsverhältnisse und freien Dienstverhältnisse allerdings dem BMSVG.

Weiters ausgenommen sind **Heimarbeitsverhältnisse**[1521], da die dafür notwendige Anpassung des Heimarbeitsgesetzes unterlassen wurde.

Ausführliche Erläuterungen betreffend **Gesellschafter-Geschäftsführer** finden Sie unter Punkt 31.9.2.2.3.

36.1.2.1. Arbeitsverhältnisse und freie Dienstverhältnisse, die unter den Geltungsbereich des BMSVG fallen

Das BMSVG gilt für **Arbeitsverhältnisse**, deren **vertraglicher Beginn nach dem 31. Dezember 2002** liegt (für sog. „Neufälle"), sofern diese auf einem **privatrechtlichen Dienstvertrag** beruhen und das **österreichische Arbeitsrecht** zur Anwendung kommt.

Darüber hinaus gilt es ab **1. Jänner 2008** grundsätzlich für **freie Dienstverhältnisse** i.S.d. ASVG, sofern diese auf einem **privatrechtlichen Vertrag** beruhen (→ 36.1.1.1.).

Demnach sind von diesem Gesetz erfasst:

- Arbeiter,
- Angestellte (auch leitende Angestellte),
- freie Dienstnehmer i.S.d. ASVG (→ 31.8.1., → 31.8.5.),
- weisungsgebundene Ferialpraktikanten,
- Lehrlinge,
- Gutsangestellte,
- GmbH-Geschäftsführer (mit Dienstvertrag bzw. mit einer Beteiligung bis 25%, → 31.9.2.1., → 31.9.2.2.3.),
- Kommanditisten (mit Dienstvertrag),
- Vorstandsmitglieder (→ 31.8.2., → 31.8.5.),
- Journalisten,
- Schauspieler,
- Hausgehilfen/Hausangestellte,
- pharmazeutisches Personal in öffentlichen Apotheken und Anstaltsapotheken i.S.d. Gehaltskassengesetzes

u.a.m.,

unabhängig davon, ob es sich dabei um

- voll versicherte oder
- geringfügig beschäftigte Dienstnehmer (→ 31.4.)

handelt.

Entscheidend ist bei (echten) Arbeitnehmern, dass das Arbeitsverhältnis dem **österreichischen Arbeitsrecht** unterliegt. Auch das Fehlen einer Pflichtversicherung (z.B. wegen Mehrfachbeschäftigung innerhalb der EU) ändert nichts an der Anwendung des BMSVG, wenn nur ein arbeitsrechtliches und dem österreichischen Arbeitsrecht unterliegendes echtes Arbeitsverhältnis vorliegt.

1521 Siehe dazu auch „Fragen-Antworten-Katalog" zum BMSVG (→ 36.1.1.2.).

Ob ein Dienstverhältnis mit **Auslandsbezug** dem BMSVG unterliegt, hängt davon ab, ob es nach dem Bundesgesetz über das internationale Privatrecht (IPRG) bzw. ob es nach dem Europäischen Schuldvertragsübereinkommen (EVÜ) (für Arbeitsverhältnisse, die nach dem 30. November 1998 abgeschlossen wurden) oder ob es nach der Rom-I-Verordnung (für Arbeitsverhältnisse, die ab dem 17. Dezember 2009 abgeschlossen wurden) den **zwingenden Bestimmungen des österreichischen Arbeitsrechts** unterliegt.

Sofern **österreichisches Arbeitsrecht** anzuwenden ist, **unterliegt das Arbeitsverhältnis dem BMSVG**. Ein ausländischer (EU-/EWR-)Arbeitgeber ohne Betriebsstätte im Inland hat wie ein inländischer Arbeitgeber die Beitrags- und Meldepflichten zu erfüllen (→ 36.3.1.).

Die Geltung der zwingenden Bestimmungen des BMSVG (§ 48) kann durch Rechtswahl nicht ausgeschlossen werden, sofern österreichisches Arbeitsrecht das grundsätzliche Arbeitsvertragsstatut nach dem Europäischen Schuldvertragsübereinkommen (EVÜ) bzw. nach der Rom-I-Verordnung ist. Das BMSVG gilt also als „zwingendes Recht" i.S.d. Günstigkeitsvorbehalts (→ 3.2.2.) auch dann, wenn Arbeitgeber und Arbeitnehmer im Arbeitsvertrag ein fremdes Arbeitsrecht gewählt haben (vgl. auch ÖGK, DG-Newsletter Nr. 5/September 2020). Das BMSVG gilt auch unabhängig von einer Sozialversicherungspflicht in Österreich.

Beispiel (ÖGK, DG-Newsletter Nr. 5/September 2020):

Ein Arbeitnehmer wohnt in Deutschland. Er wird hauptsächlich für einen deutschen Arbeitgeber in Deutschland tätig, verrichtet daneben aber auch für einen weiteren deutschen Arbeitgeber Arbeiten in Österreich. In beiden Verträgen ist die Anwendbarkeit deutschen Arbeitsrechts vereinbart.

Da ein wesentlicher Teil der Tätigkeit im Wohnsitzstaat verrichtet wird, unterliegt auch die in Österreich verrichtete Tätigkeit deutschen Sozialversicherungsrechtsvorschriften (→ 6.1.2.).

Die Anwendbarkeit deutschen Arbeitsrechts kann zwischen den Parteien grundsätzlich frei vereinbart werden, sodass die getroffene Rechtswahl im Prinzip gültig ist (→ 3.2.2.). Hätten die Parteien keine Rechtswahl getroffen, wäre auf die in Österreich ausgeübte Beschäftigung österreichisches Arbeitsrecht anzuwenden. Da das BMSVG zwingende Rechtsvorschriften enthält, kann eine getroffene Rechtswahl die Bestimmungen des BMSVG nicht zum Nachteil des Arbeitnehmers verdrängen, sodass die in Österreich ausgeübte Beschäftigung in Österreich der BV unterliegt.

Zu den Beitrags- und Meldepflichten bei BMSVG-Pflicht ohne Sozialversicherungspflicht in Österreich siehe Punkt 36.3.1.

Für vom EU-/EWR-Ausland bzw. Drittland **entsendete Arbeitnehmer gilt das BMSVG nicht**, weil es nicht vertraglich vereinbart werden kann. Es gilt weiterhin das ausländische Arbeitsrecht.

Die Geltung des BMSVG im Fall einer **grenzüberschreitenden Überlassung** nach Österreich ist ausschließlich nach Art. 6 **EVÜ** bzw. Art. 8 **Rom-I-Verordnung** (→ 3.2.2.) zu beurteilen. Das BMSVG als „Teil" des gesetzlichen Arbeitsvertragsstatuts findet jedenfalls dann Anwendung, wenn der gewöhnliche Arbeitsort des Arbeitnehmers in Österreich liegt.

Für **Bauarbeiter** gem. dem Bauarbeiter-Urlaubs- und Abfertigungsgesetz (BUAG) gelten Sonderbestimmungen (§ 2 BMSVG). Für die **gesamte beitragsrechtliche Abwicklung** (Meldung, Abrechnung und Abfuhr der Abfertigungsbeiträge und Abfertigungsgrundlagen) ist ausschließlich die BUAK (und **nicht** der **Krankenversicherungsträger**) zuständig.

36.1.2.2. Arbeitsverhältnisse bzw. Vertragsverhältnisse, die nicht unter den Geltungsbereich des BMSVG fallen

Für nachstehende Arbeits- bzw. Vertragsverhältnisse gilt das BMSVG **(erster Teil)** nicht:

- „Freie Dienstnehmer" i.S.d. GSVG (→ 31.7.1.),
- Werkvertragsnehmer (→ 4.3.2.),
- weisungsfreie Ferialpraktikanten (Volontäre) (→ 4.3.4.)[1522],
- GmbH-Geschäftsführer (mit freiem Dienstvertrag i.S.d. GSVG, → 31.9.2.2.3.),
- freie Dienstnehmer und Vorstandsmitglieder i.S.d. ASVG für die zum 31. Dezember 2007 bestehenden freien Dienstverhältnisse mit vertraglich festgelegten Abfertigungsansprüchen (→ 31.8.5., → 36.1.1.1.)
  u.a.m.

36.1.2.3. Arbeitsverhältnisse, die dem bisherigen Abfertigungsrecht weiter unterliegen

Dem bisherigen Abfertigungsrecht (→ 33.3.) unterliegen weiter

- **Arbeitsverhältnisse**, deren vertraglich vereinbarter **Beginn vor dem 1. Jänner 2003** liegt (die sog. „Altfälle")[1523],

es sei denn, es liegt eine Vereinbarung i.S.d. § 47 Abs. 1 BMSVG (eine Übertrittsvereinbarung, → 36.1.5.) vor (§ 46 Abs. 1 BMSVG).

Darüber hinaus gelten die (bisherigen) Abfertigungsregelungen nach dem Angestelltengesetz, dem Arbeiterabfertigungsgesetz (→ 33.3.), dem Gutsangestelltengesetz, dem Hausgehilfen- und Hausangestelltengesetz sowie kollektivvertragliche Abfertigungsbestimmungen (für „Altfälle") weiter, **wenn nach dem 31. Dezember 2002**

1. auf Grund von **Wiedereinstellungszusagen** oder **Wiedereinstellungsvereinbarungen** unterbrochene Arbeitsverhältnisse unter **Anrechnung von Vordienstzeiten** bei demselben Arbeitgeber fortgesetzt werden[1524], oder
2. Arbeitnehmer **innerhalb eines Konzerns** i.S.d. § 15 des AktG oder des § 115 des GmbHG **in ein neues** (unmittelbar anschließendes) **Arbeitsverhältnis wechseln**[1525], oder
3. unterbrochene Arbeitsverhältnisse unter **Anrechnung von Vordienstzeiten** bei demselben Arbeitgeber fortgesetzt werden, und durch eine am 1. Juli 2002 anwend-

1522 Ausgenommen davon sind Ferialpraktikanten im Hotel- und Gastgewerbe; da diese ihre Beschäftigung im Rahmen eines Arbeitsverhältnisses ausüben, unterliegen diese dem Geltungsbereich des BMSVG (→ 31.5.1.2.).

1523 Auch bei (abfertigungsfreier) Übernahme (nach dem 31. Dezember 2002) eines (vor dem 1. Jänner 2003 eingestellten) Arbeiters in das Angestelltenverhältnis beim selben Arbeitgeber.

bare Bestimmung in einem **Kollektivvertrag** die **Anrechnung von Vordienstzeiten** für die Abfertigung festgesetzt wird,

es sei denn, es liegt eine Vereinbarung i.S.d. § 47 Abs. 1 BMSVG (eine Übertrittsvereinbarung, → 36.1.5.) vor (§ 46 Abs. 3 BMSVG).

Vorstehende Regelung gilt auch für

- **Wiedereintritte** (von „Altfällen") **nach kurzer Unterbrechung**, sodass abfertigungsrechtlich eine unmittelbare Aufeinanderfolge vorliegt[1526],

---

1524 In diesem Fall empfiehlt sich eine schriftliche Vereinbarung, dass das Arbeitsverhältnis als „Altfallarbeitsverhältnis" fortgesetzt wurde. Will der Arbeitgeber allerdings das Arbeitsverhältnis als „Neufallarbeitsverhältnis" fortsetzen, sollte im neuen Dienstvertrag
- das Nichtvorliegen einer Wiedereinstellungszusage bzw. Wiedereinstellungsvereinbarung, andernfalls
- die Nichtanrechnung der Vordienstzeit auf die Abfertigung,
- die Vereinbarung, dass auf das nunmehrige (neue) Arbeitsverhältnis ausschließlich die Bestimmungen des BMSVG Anwendung finden, und
- die Aufnahme der zuständigen BV-Kasse (→ 36.1.6.)

vereinbart bzw. festgelegt werden.
Vorstehende Vereinbarung ist nur rechtswirksam, sofern
- kein Wechsel innerhalb eines Konzerns vorliegt bzw.
- der Kollektivvertrag keine abfertigungsrelevante Vordienstzeitenanrechnung regelt.

1525 Nach § 46 Abs. 3 Z 2 BMSVG müssen im Fall eines **Wechsels** des Arbeitnehmers in ein neues Arbeitsverhältnis **innerhalb eines Konzerns** für seinen Verbleib im „alten" Abfertigungsrecht nachstehende Voraussetzungen vorliegen:
1. Vorliegen eines Konzerns i.S.d. § 15 AktG oder § 115 GmbHG.
2. Das Arbeitsverhältnis zum Konzern muss zum 31. Dezember 2002 bestanden haben; die Dauer dieses Arbeitsverhältnisses ist im gegebenen Zusammenhang nicht von Bedeutung.
3. Geltung des „alten" Abfertigungsrechts für das bisherige Arbeitsverhältnis im Konzern.
4. Wechsel in ein neues Arbeitsverhältnis innerhalb dieses Konzerns nach dem 31. Dezember 2002, das unter Außerachtlassung des Konzernwechsels dem BMSVG unterliegen würde.

Liegen diese Gegebenheiten vor, unterliegt das neue Arbeitsverhältnis innerhalb des Konzerns weiterhin dem „alten" Abfertigungsrecht, solange die Vertragsparteien nicht einen Übertritt in das neue Abfertigungsrecht vereinbaren.
Ob das bisherige Arbeitsverhältnis zum Konzern beendet oder karenziert wird, ist für den Verbleib im „alten" Abfertigungsrecht im neuen (unmittelbar anschließenden) Arbeitsverhältnis im Konzern nicht von Bedeutung, da es im Wesentlichen nur auf den Wechsel in ein neues Arbeitsverhältnis im Konzern ankommt.
§ 46 Abs. 3 Z 2 BMSVG kommt nicht zur Anwendung, wenn der Dienstnehmer sein Dienstverhältnis **selbst aufkündigt** und im Anschluss daran ein neues Dienstverhältnis zu einem Konzernunternehmen begründet wird. Auch eine Zusammenrechnung der Zeiten der aufeinanderfolgenden Dienstverhältnisse erfolgt nicht, da es sich um zwei verschiedene Arbeitgeber handelt. Das neu eingegangene Dienstverhältnis unterliegt damit dem BMSVG (OGH 30.10.2018, 9 ObA 78/18p).
Bei der Prüfung eines internationalen Sachverhalts hinsichtlich der Geltung des BMSVG kommt es nicht auf die sozialversicherungsrechtliche, sondern allein auf die arbeitsrechtliche Beurteilung an. Ob der Arbeitnehmer weiter den sozialversicherungsrechtlichen Bestimmungen eines anderen Staates unterliegt, ist für die Geltung des BMSVG ohne Bedeutung.
Dazu ein **Beispiel**: Schließt ein Arbeitnehmer (Beginn des Arbeitsverhältnisses vor dem 1. Jänner 2003), dessen Arbeitsverhältnis zu einem Konzernunternehmen mit Sitz in Österreich beendet wird, ein neues Arbeitsverhältnis mit einem ausländischen Unternehmen im selben Konzern ab, ist nach den Bestimmungen des Europäischen Schuldvertrags-Übereinkommens (EVÜ) zu prüfen, welches Arbeitsvertragsrecht auf dieses Arbeitsverhältnis Anwendung findet.
Unterliegt das neue Arbeitsverhältnis ausländischem Arbeitsrecht, findet das BMSVG keine Anwendung. Ist dagegen weiterhin österreichisches Arbeitsrecht auf das im Ausland abgeschlossene Arbeitsverhältnis anzuwenden, unterliegt das Arbeitsverhältnis dem „alten" Abfertigungsrecht.

1526 Arbeitsverhältnisse, die
- **formal beendet** worden sind und
- nach **kurzer Unterbrechung**

mit demselben Arbeitgeber neu begonnen bzw. fortgesetzt werden, behandelt die Rechtsprechung abfertigungsrechtlich als durchgehendes, einheitliches Arbeitsverhältnis. In solchen Fällen gilt bei Wiedereintritt bzw. bei Weiterbeschäftigung das **„alte" Abfertigungsrecht** weiter, auch ohne besondere Vereinbarung und selbst bei ausdrücklich vereinbartem Neubeginn (siehe ausführlich Punkt 33.3.1.4.).

- **Wiederantritte** (von „Altfällen") nach
  - Karenz[1527] (MSchG, VKG) (→ 27.1.4.1., → 27.1.4.2.),
  - Präsenz-, Ausbildungs- oder Zivildienst (→ 27.1.5.),
  - Bildungskarenz (→ 27.3.1.1.),
  - Pflegekarenz (→ 27.1.1.3.)

u.a.m.

Bei **Betriebsübergängen** (nach dem AVRAG, → 4.5.) ab 1. Jänner 2003 kann der Arbeitgeber „Altfälle" und/oder „Neufälle" übernehmen.

Wurde der Arbeitsvertrag vor dem 1. Jänner 2003 abgeschlossen und kommt es zu einem Betriebsübergang, so geht der Arbeitsvertrag auf Grund der Eintrittsautomatik unverändert auf den Erwerber über. Dieser übernimmt daher den bisherigen Arbeitsvertrag und damit die Anwendbarkeit des alten Abfertigungsrechts. Teilweise wird in der Praxis allerdings die **einvernehmliche Lösung** des Arbeitsverhältnisses unter Abrechnung aller Beendigungsansprüche zwischen Arbeitnehmer und Veräußerer **vereinbart** und mit dem Erwerber ein neues Arbeitsverhältnis eingegangen.

Daraus ergeben sich für die Frage, ob das Arbeitsverhältnis im Weiteren dem „alten" oder „neuen" Abfertigungsrecht unterliegt, folgende Möglichkeiten:

- **Unveränderte Weiterführung** des Arbeitsverhältnisses: Das Arbeitsverhältnis unterliegt weiterhin dem „alten" Abfertigungsrecht.
- **Unveränderte Weiterführung** des Arbeitsverhältnisses, allerdings unter Vereinbarung zwischen Arbeitnehmer und neuem Arbeitgeber, dass ab dem Übernahmestichtag (= Übertragungsstichtag) auf das Arbeitsverhältnis das **„neue" Abfertigungsrecht unter Einfrieren des Abfertigungsanspruchs** (= fiktiv gebührende Anzahl der Monatsentgelte zum Übertrittsstichtag auf Basis des Monatsentgelts zum Zeitpunkt der Beendigung des Arbeitsverhältnisses) nach „altem" Abfertigungsrecht angewendet werden soll: Der Arbeitgeber hat daher sofort – ohne beitragsfreien Monat – den BV-Beitrag ab dem Übertragungsstichtag zu entrichten.
- **Einvernehmliche Lösung** des bisherigen Arbeitsverhältnisses; der Arbeitnehmer wird vom alten Arbeitgeber abgefertigt und das neue Arbeitsverhältnis unterliegt dem BMSVG: Die Bestimmung über den beitragsfreien Monat ist daher anzuwenden (BMSVG, Fragen-Antworten-Katalog).

Ist hingegen der Arbeitnehmer mit bzw. nach dem 1. Jänner 2003 eingetreten und kommt es danach zu einem Betriebsübergang, so ist auch nach dem Betriebsübergang das BMSVG auf das Arbeitsverhältnis anzuwenden.

1527 Wenn während eines **karenzierten Arbeitsverhältnisses** ein **weiteres Arbeitsverhältnis** abgeschlossen wird, so unterliegt das zweite Arbeitsverhältnis, wenn es nach dem 31. Dezember 2002 geschlossen wird, dem **BMSVG**. Das erste Arbeitsverhältnis ist karenziert, bleibt jedoch arbeitsrechtlich aufrecht. Wird das karenzierte Arbeitsverhältnis wieder aufgenommen, so wird arbeitsrechtlich die Karenz gelöst und es kommt zu einer Abänderung des ersten Arbeitsverhältnisses, indem die Arbeitsstunden wieder erhöht werden. Diesfalls verbleibt der Arbeitnehmer im „alten" Abfertigungsrecht, weil ein und dasselbe Arbeitsverhältnis weiter besteht.
Ein dem BMSVG unterliegender Arbeitnehmer nimmt während seines karenzierten Arbeitsverhältnisses beim selben Arbeitgeber innerhalb eines Jahres eine weitere befristete Teilzeitbeschäftigung auf. Dieses befristete neue Arbeitsverhältnis beim selben Arbeitgeber unterliegt dem BMSVG. Der erste Monat ist beitragsfrei. Dies deshalb, weil es sich arbeitsrechtlich um ein neues Arbeitsverhältnis handelt und das „erste" Arbeitsverhältnis weiterhin karenziert ist. Dies gilt auch für einen Arbeitnehmer, der dem BMSVG nicht unterliegt und während seines karenzierten Arbeitsverhältnisses beim selben Arbeitgeber eine neue Beschäftigung aufnimmt (BMSVG, Fragen-Antworten-Katalog).

Eine Weitergeltung der gesetzlichen Altabfertigungsbestimmungen kann außerhalb eines Betriebsübergangs einzelvertraglich auch mittels **Vertragsübernahme** durch einen neuen Arbeitgeber im Rahmen einer sog. **Dreiparteieneinigung** erreicht werden, da es sich in diesem Fall um ein durchgehendes Arbeitsverhältnis handelt (BMSVG, Fragen-Antworten-Katalog).

Rechtsfolgen, die sich bei einer falschen Zuordnung ergeben:

Fälschlicherweise wurde das **„alte"** Abfertigungsrecht angewendet:

- Es kommt zu einer Nachforderung der BV-Beiträge (→ 36.1.3.) durch den Krankenversicherungsträger (innerhalb der ASVG-Verjährungsfristen);
- ev. kommt es zu Schadenersatzzahlungen an den Arbeitnehmer (für Ansprüche außerhalb der ASVG-Verjährungsfristen).

Fälschlicherweise wurde das **„neue"** Abfertigungsrecht angewendet:

- Es kommt zu einer Nachforderung der „Differenz" durch den Arbeitnehmer (Abfertigungsbetrag „alt" abzüglich des BV-Auszahlungsbetrags);
- die bisher einbezahlten BV-Beiträge werden abgabenpflichtig (da ein „Vorteil aus dem Dienstverhältnis" vorliegt).

36.1.2.4. Begriffe

Folgende Begriffe finden im BMSVG Verwendung:

Arbeitgeber	→	Dienstgeber,
Arbeitnehmer	→	freier Dienstnehmer,
Arbeitsverhältnis	→	freies Dienstverhältnis.
↓		↓
Diese Begriffe und Bestimmungen dazu werden ab dem Punkt 36.1.3. i.S.d. BMSVG		gleichbedeutend mit diesen Begriffen und den dazu geltenden Bestimmungen verwendet.

Lediglich jene Bestimmungen des BMSVG, die direkt auf **arbeitsrechtliche Regelungsinhalte** abstellen und nicht für freie Dienstnehmer gelten (z.B. Urlaubsentgelt-, Krankenentgelt- und Sonderzahlungsregelungen), sind von der Anwendung auf diese Personengruppe **ausgenommen**.

36.1.3. BV-Beitrag

36.1.3.1. Beginn, Höhe und Ende der Beitragszahlung

Der Arbeitgeber hat für den Arbeitnehmer

- ab dem Beginn des Arbeitsverhältnisses
- einen laufenden **Beitrag in der Höhe von 1,53% (= BV-Beitrag) des monatlichen Entgelts sowie allfälliger Sonderzahlungen**[1528]

1528 Die Regelung bezüglich dem fixen BV-Beitrag von 1,53% des monatlichen Entgelts inkl. Sonderzahlungen ist absolut zwingend. Der sich so ergebende Betrag, der an den zuständigen Krankenversicherungsträger überwiesen wird, kann daher durch Vereinbarung weder erhöht noch verringert werden.

- an den für den Arbeitnehmer zuständigen Träger der Krankenversicherung nach Maßgabe des § 58 Abs. 1 bis 6 ASVG (→ 37.2.1.2.)
- zur Weiterleitung an die BV-Kasse (Betriebliche Vorsorgekasse)

zu überweisen,

- sofern das Arbeitsverhältnis länger als einen Monat dauert. Der **erste Monat** ist jedenfalls **beitragsfrei** (§ 6 Abs. 1 BMSVG).

Welche Leistungen als **Entgelt** anzusehen sind, bestimmt sich nach **§ 49 ASVG**[1529] unter **Außerachtlassung der Geringfügigkeitsgrenze** (→ 31.4.1.) und der **Höchstbeitragsgrundlage** (→ 11.4.3.1., → 23.3.1.2.) (§ 6 Abs. 5 BMSVG).

Beitragsfreier erster Monat:

Bei Ersteintritten beginnt die Beitragspflicht ab Beginn des zweiten Monats ①. Der **erste Monat** einer Beschäftigung ist somit immer **beitragsfrei.**

① Der Beginn der Beitragszahlung berechnet sich grundsätzlich vom Tag des Beginns der Beschäftigung bis zum selben Tag des nächstfolgenden Monats.

Dazu einige **Beispiele**:

DV-Beginn:	**Monatsende:**		**Beitragszahlung ab:**	
28.1	27.2.		28.2.	
29.1.	28.2.		1.3.	wenn kein Schaltjahr
			29.2.	bei Schaltjahr
31.1.	28.2.	(29.2.)	1.3.	
28.2.	27.3.		28.3.	
29.2.	28.3.		29.3.	
30.3.	29.4.		30.4.	
31.3.	30.4.		1.5.	
30.4.	29.5.		30.5.	

(BMSVG, Fragen-Antworten-Katalog)

Unter „Beginn" ist der Tag des vertraglichen Beginns des Arbeitsverhältnisses zu verstehen.

Es ist nur die Dauer des Arbeitsverhältnisses wesentlich, nicht aber das tatsächliche Beschäftigungsausmaß im Rahmen dieses Arbeitsverhältnisses. So ist auch auf jede Tätigkeit, die z.B. regelmäßig am Freitag ausgeübt wird (durchlaufende Versicherungspflicht), das BMSVG anzuwenden. Es erfolgt keine Resttagszählung (→ 31.5.2.).

1529 **Bemessungsgrundlage** für die Berechnung des BV-Beitrags in der Höhe von 1,53% ist demnach das **Entgelt gem. § 49 Abs. 1 und 2 ASVG** (→ 11.4.1., → 23.3.1.1.), wie z.B.
- einmaliges und regelmäßiges Entgelt,
- Sachbezüge (→ 20.3.1.),
- sv-pflichtige Reisekostenentschädigungen (→ 22.3.1.),
- sv-pflichtige Leistungen Dritter (z.B. Trinkgelder bzw. Trinkgeldpauschale, Provisionen) (→ 19.),
- Ersatzleistungen für Urlaubsentgelt (→ 34.7.1.1.1.), Kündigungsentschädigungen (→ 34.4.1.),
- vom Arbeitgeber bezahlte höhere BV-Beiträge (d.h. für den Überschreitungsbetrag bezahlte BV-Beiträge).

Dies gilt **unabhängig** davon, ob **österreichische Pflichtversicherung** (nach dem ASVG) **besteht** oder nicht. Entscheidend ist, dass das Arbeitsverhältnis dem **österreichischen Arbeitsrecht** unterliegt (→ 36.1.2.1.).
Die **beitragsfreien Entgelte** (inkl. beitragsfreier Sachbezüge) gem. § 49 Abs. 3 ASVG (→ 20.3.5.) sind **nicht** in die Bemessungsgrundlage **einzubeziehen.**
Endet aber das Arbeitsverhältnis vertraglich spätestens mit dem ersten Monat und gebührt Ersatzleistung für Urlaubsentgelt, ist diese beitragsfrei.

Beispiel 170

Berechnung der Bemessungsgrundlage bei Eintritt während eines Kalendermonats.

Angaben:

- Eintritt des Dienstnehmers: 15.4.20..,
- beitragsfreier Monat: 15.4.–14.5.20..,
- beitragspflichtig ab 15.5.20..,
- Monatsgehalt: € 2.000,00.

Lösung:

Die Bemessungsgrundlage für die Berechnung des BV-Beitrags für die Zeit 15.5.–31.5.20.. beträgt:

$$\frac{€\ 2.000{,}00}{30^{1530}} \times 17\ \text{Tage}^{1531}\ (15.5.–31.5.) = \mathbf{€\ 1.133{,}33}$$

Beim **Übertritt vom „alten" in das „neue" Abfertigungsrecht** (→ 36.1.5.) besteht nach Ansicht des DVSV **Beitragspflicht ab dem Übertrittsstichtag** (BMSVG, Fragen-Antworten-Katalog).

Ist der Arbeitnehmer mit bzw. nach dem 1. Jänner 2003 eingetreten und kommt es danach zu einem **Wechsel innerhalb eines Konzerns** von einem Arbeitgeber zum anderen, ist das „neue" beitragspflichtige Arbeitsverhältnis im Konzern als Fortsetzung des vorangegangenen zu werten. Die **BV-Beitragspflicht** beginnt mit dem **ersten Tag** dieses Arbeitsverhältnisses (kein beitragsfreier Monat) (BMSVG, Fragen-Antworten-Katalog).

Wegen eines allfälligen beitragsfreien ersten Monats darf aber die **Sonderzahlung** für die Beitragsgrundlagenbildung **nicht aliquot gekürzt** werden. Die Begründung liegt darin, dass der BV-Beitrag nach der Fälligkeit der Sonderzahlungen zu rechnen ist (BMSVG, Fragen-Antworten-Katalog).

Sonderzahlungen unterliegen dann zur Gänze der **BV-Beitragspflicht**, wenn zum Zeitpunkt der Fälligkeit der **laufende Bezug** bereits **beitragspflichtig** war.

Sollte eine Sonderzahlung zu einem Zeitpunkt, zu dem der **laufende Bezug** noch **beitragsfrei** ist, fällig werden, dann ist auch die **Sonderzahlung** zur Gänze **beitragsfrei** (BMSVG, Fragen-Antworten-Katalog).

Beispiele 171–172

Beitragsrechtliche Behandlung von Sonderzahlungen.

1530 Lt. DVSV ist mit der Anzahl der restlichen Kalendertage zu multiplizieren.
1531 Lt. DVSV sind immer 30 Tage anzusetzen.

Beispiel 171

Angaben:

- Eintritt des Dienstnehmers: 15.3.20..,
- Monatsgehalt: € 2.000,00.

Lösung:

Abrechnung für	BV-Beitrag für laufenden Bezug	BV-Beitrag für Sonderzahlung
15.3. bis 14.4.20..	keine BV-Beiträge	
15.4. bis 30.4.20..	€ 1.066,67 ① × 1,53% = **€ 16,32**	
1.5. bis 31.5.20..	€ 2.000,00 × 1,53% = **€ 30,60**	
1.6. bis 30.6.20..	€ 2.000,00 × 1,53% = **€ 30,60**	UB: € 1.600,00 ② × 1,53% = **€ 24,48**
Juli, August, September und Oktober wie Mai 20..		
1.11. bis 30.11.20..	€ 2.000,00 × 1,53% = **€ 30,60**	WR: € 1.600,00 ② × 1,53% = **€ 24,48**

① € 2.000,00 : 30 × 16 = € 1.066,67.
② € 2.000,00 : 365 × 292 = € 1.600,00.
(292 = 15.3.–31.12.)

Beispiel 172

Angaben:

- Eintritt des Dienstnehmers: 1.7.20..,
- Monatsgehalt: € 2.000,00,
- Fälligkeit der Urlaubsbeihilfe im Juli.

Lösung:

Abrechnung für	BV-Beitrag für laufenden Bezug	BV-Beitrag für Sonderzahlung
1.7. bis 31.7.20..	keine BV-Beiträge	UB: € 1.000,00[1532] keine BV-Beiträge
1.8. bis 31.8.20..	€ 2.000,00 × 1,53% = **€ 30,60**	
September und Oktober wie August 20..		
1.11. bis 30.11.20..	€ 2.000,00 × 1,53% = **€ 30,60**	WR: € 1.000,00[1532] × 1,53% = **€ 15,30**

Wird innerhalb eines Zeitraums von **zwölf Monaten ab dem Ende eines Arbeitsverhältnisses** mit demselben Arbeitgeber **erneut ein Arbeitsverhältnis** geschlossen, setzt die **Beitragspflicht mit dem ersten Tag** dieses Arbeitsverhältnisses ein (§ 6 Abs. 1

1532 € 2.000,00 : 12 × 6 (1.7.–31.12.) = € 1.000,00.

BMSVG). Dies gilt unabhängig von der Dauer des ersten und des zweiten Arbeitsverhältnisses (OGH 25.5.2016, 9 ObA 30/16a)[1533].

Beispiel 1:

1. Arbeitsverhältnis vom	15.3. bis 20.4. des lfd. Jahres	Beiträge ab 15.4.
2. Arbeitsverhältnis vom	15.6. bis 20.6. des lfd. Jahres	Beiträge ab 15.6.

Beispiel 2:

1. Arbeitsverhältnis vom	1.3. bis 31.3. des lfd. Jahres	keine Beiträge
2. Arbeitsverhältnis vom	8.10. bis 20.10. des lfd. Jahres	Beiträge ab 8.10.
3. Arbeitsverhältnis vom	1.12. bis 15.12. des **nächsten** Jahres	keine Beiträge

Beispiel 3:

1. Arbeitsverhältnis vom	1.1. bis 5.2. des lfd. Jahres	Beiträge ab 1.2.
2. Arbeitsverhältnis vom	1.6. bis 25.6. des lfd. Jahres	Beiträge ab 1.6.
3. Arbeitsverhältnis vom	1.3. bis 31.12. des **übernächsten** Jahres	Beiträge ab 1.4.

Alle Arbeitsverhältnisse der letzten zwölf Monate ab Wiedereintritt sind zu überprüfen.

Fallweise Beschäftigungen:

Auch bei **fallweise Beschäftigungen** (→ 31.3.) setzt die BV-Pflicht bereits ab der zweiten Beschäftigung ein, sofern zwischen erster und zweiter Beschäftigung nicht mehr als ein Jahr Pause liegt (OGH 25.5.2016, 9 ObA 30/16a). Innerhalb von zwölf Monaten ab dem Ende des letzten Arbeitsverhältnisses zum selben Arbeitgeber unterliegen somit auch fallweise Beschäftigte (tageweise Beschäftigte) der BV-Pflicht.

Jeder Tag einer fallweisen Beschäftigung ist ein **eigenes** Beschäftigungsverhältnis. Bei Arbeitnehmern, die nicht in den letzten zwölf Monaten beim selben Arbeitgeber beschäftigt waren, ist demnach der erste Tag einer fallweisen Beschäftigung beitragsfrei (BMSVG, Fragen-Antworten-Katalog).

Beispiel

Fallweise Beschäftigung beim selben Arbeitgeber am 1.8.2021 und 3.8.2021 sowie am 2.6.2022 und 4.6.2022. Der Arbeitnehmer war am 1.8.2021 erstmalig bei diesem Arbeitgeber beschäftigt.

Die BV-Pflicht besteht für die Beschäftigungsverhältnisse am 3.8.2021, 2.6.2022 und 4.6.2022.

Ende des Arbeitsverhältnisses:

Die Beitragszeit nach dem BMSVG endet grundsätzlich an dem Tag, an dem das Arbeitsverhältnis endet. Dies gilt nicht für den Fall eines Anspruchs auf **Ersatzleis-**

1533 Dies gilt nach Ansicht der Sozialversicherungsträger für Dienstverhältnisse, die seit 10.6.2016 bestehen (Publikationszeitpunkt der OGH-Entscheidung).

tung für Urlaubsentgelt (→ 26.2.9.), sv-pflichtige **Krankenentgeltzahlung** nach dem **Dienstverhältnisende** (→ 32.1.4.4.2.) und **Kündigungsentschädigung** (→ 33.4.2.) (vgl. § 14 Abs. 2 BMSVG). Fallen solche Bezugsbestandteile an, ist das Ende der BV-Beitragszeit grundsätzlich das Ende des Entgeltanspruchs (= Ende der SV-Pflicht).

Das sozialversicherungsrechtliche Ende der Versicherungszeit entspricht i.d.R. somit auch dem Ende der Anwartschaftszeit der Betrieblichen Vorsorge.

Beispiel 173

Ermittlung der Bemessungsgrundlage im Zusammenhang mit einer Ersatzleistung für Urlaubsentgelt.

Angaben:

- Eintritt des Dienstnehmers: 10.3.2022,
- BV-Beitragspflicht ab 10.4.2022,
- Monatsgehalt: € 3.000,00, 14-mal im Jahr,
- Ende des Dienstverhältnisses: 15.4.2022,
- Ersatzleistung für Urlaubsentgelt für 3 Tage,
- laufender Teil: € 346,15,
- Sonderzahlungsteil: € 57,70,
- Ende der Pflichtversicherung: 18.4.2022 (!),
- Ende der BV-Beitragszeit: 18.4.2022 (!).

Lösung:

Die BV-Bemessungsgrundlage für die BV-Beitragszeit vom 10.4. bis 18.4.2022 (6 + 3 = 9 Kalendertage) beträgt:

Gehalt € 3.000,00 : 30 × 6 =	€	600,00
aliquote Sonderzahlung für die Zeit 10.3. bis 15.4.2022 (€ 3.000,00 + € 600,00) : 6[1534] =	€	600,00
Ersatzleistung für Urlaubsentgelt		
laufender Teil	€	346,15
Sonderzahlungsteil	€	57,70
	€	**1.603,85**

Ist ein Arbeitnehmer bloß einen Monat beschäftigt und erhält eine Ersatzleistung für Urlaubsentgelt im Ausmaß von 2 Tagen, ist dieser wohl 32 SV-Tage versichert; die Ersatzleistung für Urlaubsentgelt ist in diesem Fall beitragsfrei, da das Arbeitsverhältnis nicht länger als einen Monat gedauert hat (BMSVG, Fragen-Antworten-Katalog).

Eine **Ersatzleistung für Urlaubsentgelt** nach dem **Tod des Arbeitnehmers** ist i.S.d. ASVG beitragsfrei (→ 34.7.1.1.1.) und demzufolge auch beitragsfrei i.S.d. BMSVG (BMSVG, Fragen-Antworten-Katalog).

1534 In diesem Fall betragen die Sonderzahlungen 1/6 der laufenden Bezüge (12 laufende Bezüge : 2 Sonderzahlungen).

36.1.3.2. Beitragsleistung bei bestimmten Teilzeitbeschäftigungen

Für die Dauer der Inanspruchnahme

- der Altersteilzeit bzw. Teilpension (gem. AlVG)[1535],
- einer Bildungsteilzeit (gem. AVRAG),
- des Solidaritätsprämienmodells (gem. AVRAG),
- der Wiedereingliederungsteilzeit (gem. AVRAG),
- der Herabsetzung der Normalarbeitszeit wegen der Sterbebegleitung, Begleitung von schwersterkrankten Kindern (Teilzeit-Familienhospizkarenz) oder Pflegeteilzeit (gem. AVRAG),
- einer Kurzarbeit oder einer Qualifizierungsmaßnahme (gem. AMSG)

ist die Bemessungsgrundlage das monatliche **Entgelt** auf Grundlage der Arbeitszeit **vor der Herabsetzung der Normalarbeitszeit** (§ 6 Abs. 4 BMSVG).

Für die Kurzarbeit gilt darüber hinaus ein laufender Günstigkeitsvergleich: Wenn und solange das monatliche Entgelt – einschließlich Kurzarbeitsunterstützung – während der Kurzarbeit höher ist als das monatliche Entgelt vor Herabsetzung der Normalarbeitszeit, ist das monatliche Entgelt – einschließlich Kurzarbeitsunterstützung – während der Kurzarbeit als Bemessungsgrundlage für den Beitrag heranzuziehen (§ 6 Abs. 4 BMSVG).

Eine ev. zwischenzeitliche Kollektivvertragserhöhung, ev. Vorrückungen sind in das Entgelt einzubeziehen.

36.1.3.3. Beitragsleistung in besonderen Fällen

Für den **Arbeitgeber** besteht Beitragspflicht

- für die Dauer des Präsenz-, Ausbildungs- oder Zivildienstes (→ 27.1.5.)[1536] und
- für die Dauer eines Anspruchs auf Krankengeld (nach dem ASVG) (→ 25.1.3.1.) oder Wochengeld (→ 27.1.3.) (§ 7 Abs. 1–4 BMSVG).

Für die Dauer

- des Bezugs von Kinderbetreuungsgeld (→ 27.1.4.5.),
- einer Freistellung wegen der Inanspruchnahme der Familienhospizkarenz (→ 27.1.1.2.) oder
- einer Pflegekarenz (→ 27.1.1.3.)

ist der Beitrag **vom Familienlastenausgleichsfonds** (→ 37.3.3.1.) zu entrichten (§ 7 Abs. 5, 6 BMSVG).

Für die Dauer

- der Bildungskarenz (→ 27.3.1.1.)

ist der Beitrag **vom Arbeitsmarktservice** zu entrichten (§ 7 Abs. 6a BMSVG).

Sofern in den vorstehenden Zeiten der Arbeitnehmer für den Arbeitgeber Arbeitsleistung erbringt, besteht für den Arbeitgeber Beitragspflicht.

1535 BV-Beiträge werden vom Arbeitsmarktservice nicht gefördert bzw. vergütet.

1536 Sofern in dieser Zeit der Arbeitnehmer für den Arbeitgeber Arbeitsleistung erbringt, besteht zusätzlich für den Arbeitgeber Beitragspflicht.

Keine Beitragspflicht besteht für die Zeit eines vereinbarten Karenzurlaubs (unbezahlten Urlaubs, → 27.1.2.), unabhängig von der Dauer.

36.1.3.3.1. Präsenz-, Ausbildungs- oder Zivildienst

Der Arbeitnehmer hat für die Dauer des jeweiligen **Präsenz- oder Ausbildungsdienstes**[1537] nach den §§ 19, 37 bis 39 des WG bei weiterhin aufrechtem Arbeitsverhältnis Anspruch auf eine Beitragsleistung durch den Arbeitgeber in der Höhe von **1,53%** der fiktiven Bemessungsgrundlage in der Höhe von **€ 14,53 pro Tag**[1538]. Dies gilt **nicht für den zwölf Monate übersteigenden Teil** eines Wehrdienstes als Zeitsoldat gem. § 19 Abs. 1 Z 5 WG, eines Auslandseinsatzpräsenzdienstes gem. § 19 Abs. 1 Z 9 WG[1539] oder eines Ausbildungsdienstes. In den Fällen des § 19 Abs. 1 Z 6, 8 und 9 WG hat der Arbeitnehmer für einen zwölf Monate übersteigenden Teil Anspruch auf eine Beitragsleistung durch den Bund in derselben Höhe; die Beiträge sind vom Bund zu leisten.

Der Arbeitnehmer hat für die Dauer des jeweiligen **Zivildienstes**[1540] nach § 6a sowie für die Dauer des Auslandsdienstes nach § 12b ZDG bei weiterhin aufrechtem Arbeitsverhältnis Anspruch auf eine Beitragsleistung durch den Arbeitgeber in der Höhe von **1,53%** der fiktiven Bemessungsgrundlage in der Höhe von € 14,53 pro Tag[1538] (§ 7 Abs. 1–2 BMSVG).

Von **Sonderzahlungen**, die während der Zeit des Präsenz-, Ausbildungs- oder Zivildienstes fällig werden, sind die BV-Beiträge auch zu entrichten.

Zum Präsenzdienst zählen u.a. auch Truppen- und Waffenübungen.

Wird neben dem Präsenz-, Ausbildungs-, Zivil- oder Wehrdienst als Zeitsoldat **eine (z.B. geringfügige) Beschäftigung ausgeübt**, so begründet diese Tätigkeit ein neues Arbeitsverhältnis. Der Dienstgeber hat daher die BV-Beiträge

- von der fiktiven Bemessungsgrundlage auf der Basis des Kinderbetreuungsgelds und
- vom (geringfügigen) Entgelt, auf das der Arbeitnehmer aus seiner zusätzlichen Beschäftigung Anspruch hat,

zu berechnen (BMSVG, Fragen-Antworten-Katalog).

Beispiel 174

Berechnung der Bemessungsgrundlage für die Dauer des Präsenz-, Ausbildungs- oder Zivildienstes.

Angaben:

- Beginn des Präsenzdienstes: 7.5.20..

1537 Siehe Punkt 27.1.6.
1538 Höhe des **Kinderbetreuungsgelds** gem. § 3 Abs. 1 des KBGG i.d.F. vor dem BGBl I 2016/53.
1539 Nur für Auslandseinsatzpräsenzdienste, die nach dem 31. Dezember 2007 angetreten werden, endet die Beitragsverpflichtung des Arbeitgebers nach zwölf Monaten (§ 73 Abs. 7 BMSVG).
1540 Für den Zivildienst gibt es keine zeitliche Begrenzung.

Lösung:

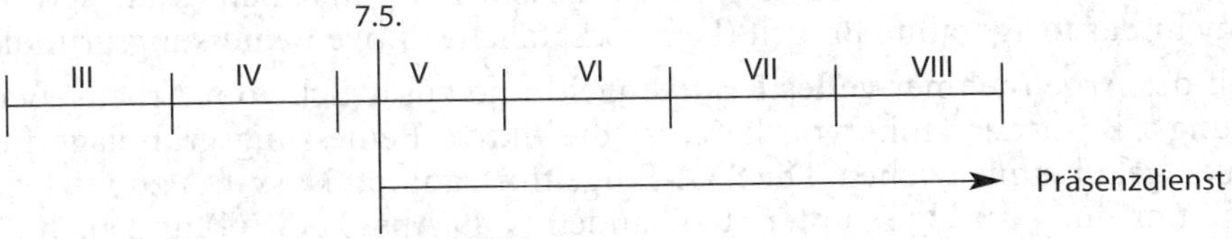

Die Bemessungsgrundlagen (BMG) für die Berechnung der BV-Beiträge betragen:

BMG Mai = Arbeitsentgelt¹) (1.–6.5.)
+ € 14,53 × 25 Tage ²)
7.5.–31.5.

BMG Juni = € 14,53 × 30 Tage

BMG Juli = € 14,53 × 30 (!) Tage³)

usw.

¹) Ohne Berücksichtigung der Höchstbeitragsgrundlage.

²) Lt. DVSV ist in einem Monat mit „normalem" Entgelt und „fiktiver" Grundlage mit der Anzahl der restlichen Kalendertage zu multiplizieren.

³) Lt. DVSV sind immer 30 Tage anzusetzen.

36.1.3.3.2. Anspruch auf Krankengeld

Für die Dauer eines Anspruchs auf **Krankengeld** nach dem ASVG (→ 25.1.3.1.) hat der Arbeitnehmer bei weiterhin aufrechtem Arbeitsverhältnis Anspruch auf eine Beitragsleistung durch den Arbeitgeber in der Höhe von **1,53%** einer fiktiven Bemessungsgrundlage. Diese richtet sich nach der **Hälfte** des für den Kalendermonat vor Eintritt des Versicherungsfalls[1541] **gebührenden Entgelts**[1542]. Sonderzahlungen sind bei der Festlegung der fiktiven Bemessungsgrundlage außer Acht zu lassen (§ 7 Abs. 3 BMSVG).

Gebührt einem **freien Dienstnehmer** i.S.d. ASVG das Entgelt monatlich, ist die fiktive Bemessungsgrundlage wie bei Arbeitnehmern anzusetzen. Gebührt allerdings einem freien Dienstnehmer das **Entgelt für einen längeren Zeitraum** als einen Monat, ist gem. § 44 Abs. 8 ASVG das durchschnittliche monatliche Entgelt anzusetzen[1543] (§ 1 Abs. 1a BMSVG) (→ 31.7.4.1.).

Während **100%iger bzw. über 50%iger Entgeltfortzahlung** durch den Arbeitgeber ist ausschließlich diese Zahlung Bemessungsgrundlage für die BV-Beiträge.

Im Fall von **50%iger Entgeltfortzahlung neben dem Krankengeld** beträgt die Bemessungsgrundlage für Krankengeld 50% von der Bemessungsgrundlage vor Eintritt des Versicherungsfalls, die Bemessungsgrundlage für die Entgeltfortzahlung bemisst sich am laufenden Bezug. Die Grundlage ist in diesem Fall insgesamt aber

1541 Der Versicherungsfall gilt als eingetreten mit dem Beginn der Krankheit (§ 120 ASVG). Der Monat davor (der Monat, von dem weg die fiktive Bemessungsgrundlage ermittelt wird) ist der sog. „Referenzmonat".

1542 Für die Ermittlung des Kalendertageswertes ist das (volle) Monatsentgelt des „Referenzmonats" durch 30 zu dividieren.

1543 Auch wenn der freie Dienstnehmer i.S.d. ASVG im Krankheitsfall vom Auftraggeber keine Entgeltfortzahlung erhält (und von der Pflichtversicherung abgemeldet ist), sind bei aufrechtem freiem Dienstverhältnis für die Dauer des Krankengeldbezugs (i.d.R. ab dem vierten Tag der Arbeitsunfähigkeit) BV-Beiträge zu entrichten (BMSVG, Fragen-Antworten-Katalog).

max. 100% des vorherigen Entgelts[1544]. Wird das Arbeitsverhältnis während der Arbeitsunfähigkeit beendet (→ 25.5.), ist ab diesem Zeitpunkt Bemessungsgrundlage nur mehr das fortgezahlte Entgelt (keine zusätzliche fiktive Bemessungsgrundlage).

Erhält der Arbeitnehmer **volles Krankengeld** und zusätzlich vom Arbeitgeber eine Zahlung z.B. in der Höhe von 25%, ist die fiktive Bemessungsgrundlage für das Krankengeld heranzuziehen. Die 25%-Entgeltfortzahlung ist sv-frei zu werten, weil es sich um einen Zuschuss unter 50% handelt (§ 49 Abs. 3 ASVG) und auch für die Bemessung des BV-Beitrags nicht zu berücksichtigen ist.

Im Fall der **ausschließlichen Gewährung von Krankengeld zahlt** der Arbeitgeber die BV-Beiträge weiter. Die fiktive Bemessungsgrundlage beträgt 50% vom letzten laufenden sv-pflichtigen Bezug (BMSVG, Fragen-Antworten-Katalog).

Das **Teilentgelt bei Lehrlingen** ist sv-frei (→ 28.3.8.1.) und erhöht aus diesem Grund die fiktive 50%ige Bemessungsgrundlage nicht.

Bei **geringfügig Beschäftigten** (→ 31.4.), die auf Grund der Teilversicherung **keinen Krankengeldanspruch** haben, vom Arbeitgeber während der Arbeitsunfähigkeit ein Entgelt in der Höhe von 50% erhalten, ist diese Zahlung die Bemessungsgrundlage (BMSVG, Fragen-Antworten-Katalog).

Von **Sonderzahlungen**, die während der Zeit des Krankengeldbezugs fällig werden, sind die BV-Beiträge auch zu entrichten.

Bei der Berechnung der fiktiven Bemessungsgrundlage ist zu unterscheiden, ob die **zu Grunde liegende Beitragsgrundlage** den monatlich **gebührenden Gesamtverdienst** darstellt (siehe nachstehendes Beispiel 175, Fall A) **oder** ob es sich um den **tatsächlichen (bloß teilweisen) Monatsverdienst** (Zeitlohn) handelt (siehe nachstehendes Beispiel 175, Fall B).

Hinweis: Unter bestimmten Voraussetzungen können Dienstnehmer, deren Arbeitsunfähigkeit gemindert ist, **Rehabilitationsgeld** beanspruchen (→ 25.1.3.1.). Für diese Geldleistung aus der Krankenversicherung sind (im Gegensatz zum Krankengeld) **keine** BV-Beiträge zu entrichten.

Beispiele 175–180

Beispiele für die Ermittlung der fiktiven Bemessungsgrundlage im Fall von Krankenständen.

Beispiel 175

Fall A

Angaben:

- Der monatlich **gebührende** sv-pflichtige **Gesamtverdienst** für die Zeit vom 1.6. bis 30.6.20.. (Monat vor Eintritt der Arbeitsunfähigkeit = Referenzmonat) beträgt € 500,00.
- Wie hoch ist die tägliche fiktive Bemessungsgrundlage?

1544 Der Umstand, dass das im Referenzmonat gebührende Entgelt (z.B. bedingt durch Überstunden) höher oder niedriger ist, bleibt unberücksichtigt (siehe Beispiel 182) (BMSVG, Fragen-Antworten-Katalog).

Lösung:

€ 500,00 : 30 : 2 = tägliche fiktive Bemessungsgrundlage.

Die ermittelte tägliche fiktive Bemessungsgrundlage multipliziert mit der Anzahl der Krankengeldtage ergibt die fiktive Bemessungsgrundlage.

Fall B

Angaben:

- Der sv-pflichtige **tatsächliche Monatsverdienst** für die Zeit vom 16.6. (= Beginn des Arbeitsverhältnisses) bis 30.6.20.. (Monat vor Eintritt der Arbeitsunfähigkeit = Referenzmonat) beträgt € 500,00.
- Wie hoch ist die tägliche fiktive Bemessungsgrundlage?

Lösung:

€ 500,00 : 15 : 2 = tägliche fiktive Bemessungsgrundlage.

Die ermittelte tägliche fiktive Bemessungsgrundlage multipliziert mit der Anzahl der Krankengeldtage ergibt die fiktive Bemessungsgrundlage.

Beispiel 176

Angaben:

Was gilt, wenn ein Arbeitnehmer in den **ersten drei Krankenstandstagen**

- **keinen Entgeltanspruch** besitzt (= Anspruch zur Gänze ausgeschöpft) **und**
- für diese Tage **kein Krankengeld** gebührt (außer bei einer Fortsetzungserkrankung)?

Lösung:

Für die ersten drei Tage sind keine BV-Beiträge zu entrichten.

Beispiel 177

Angaben:

Was gilt, wenn ein Arbeitnehmer in den **ersten drei Krankenstandstagen**

- einen **sv-pflichtigen Entgeltanspruch** in der Höhe von weniger als 50% besitzt (z.B. Anspruch auf 25%) **und**
- für diese Tage **kein Krankengeld** gebührt, er jedoch

ab dem vierten Tag Krankengeld erhält?

Lösung:

Für die ersten drei Tage sind keine BV-Beiträge zu entrichten. Ab dem vierten Tag des Krankenstands sind ausschließlich von der fiktiven 50%igen Bemessungsgrundlage BV-Beiträge zu entrichten (da ab dem vierten Tag der Entgeltanspruch von weniger als 50% sv-frei zu behandeln ist).

Beispiel 178

Angaben:

Was gilt, wenn ein Arbeitnehmer bei aufrechtem Dienstverhältnis vom Beginn des Krankenstands an

- **keinen Entgeltanspruch** mehr besitzt (= Anspruch zur Gänze ausgeschöpft) **und**
- der **Krankengeldanspruch** bereits gänzlich **ausgeschöpft** ist?

Lösung:

Es besteht ab dem ersten Tag des Krankenstands keine BV-Beitragspflicht, weil kein sv-pflichtiges Entgelt bezogen wird. Dies führt auch zu keiner BV-Zeit.

Beispiel 179

Gemeinsame Angaben:

- Welcher Kalendermonat ist für die Ermittlung der Bemessungsgrundlage heranzuziehen, wenn im Kalendermonat **vor Eintritt der Arbeitsunfähigkeit** (= Referenzmonat) neben dem Krankengeld ein **sv-freies Krankenentgelt** oder **nur Krankengeld** bezogen wurde?

Fall A:

- 1. Krankenstand: 1.3.–5.6.20..,
  - vom 1.3.–12.4.20.. zu 100% Krankenentgelt,
  - vom 13.4.–10.5.20.. zu 50% Krankenentgelt,
  - ab 11.5.20.. kein Krankenentgeltanspruch;
- Arbeitsentgelt: 6.6.–23.6.20..,
- 2. Krankenstand: 24.6.–31.7.20..

Lösung:

Für den ersten Krankenstand ist für die Ermittlung der Bemessungsgrundlage das Monatsentgelt vom Februar heranzuziehen.

Für den zweiten Krankenstand ist der Monat vor Eintritt des Versicherungsfalls der Monat Mai. Da im Mai nur mehr Teilentgelt (50%) und Krankengeldbezug vorliegt, wird auf den letzten ganzen Monat (Februar) zurückgegriffen.

Fall B:

- 1. Krankenstand: 1.3.–5.6.20..,
  - vom 1.3.–12.4.20.. zu 100% Krankenentgelt,
  - vom 13.4.–10.5.20.. zu 50% Krankenentgelt,
  - ab 11.5.20.. kein Krankenentgeltanspruch;
- Arbeitsentgelt: 6.6.–23.7.20..,
- 2. Krankenstand: 24.7.–31.7.20...

Lösung:

Für den ersten Krankenstand ist für die Ermittlung der Bemessungsgrundlage das Monatsentgelt vom Februar heranzuziehen.

Für den zweiten Krankenstand ist der Monat vor Eintritt des Versicherungsfalls der Monat Juni. Da im Juni kein volles Monatsentgelt (= Arbeitsentgelt) vorliegt, wird der sv-pflichtige Bezug vom Juni auf einen vollen Kalendermonat (30 Tage) hochgerechnet.

Wird das **Arbeitsverhältnis** während der Arbeitsunfähigkeit **beendet** und bleibt der Krankenentgeltanspruch des Arbeitnehmers bestehen (z.B. Kündigung durch den Arbeitgeber während des Krankenstands), ist ab diesem Zeitpunkt die Bemessungsgrundlage nur mehr das (sv-pflichtige) fortgezahlte Entgelt (keine zusätzliche fiktive Bemessungsgrundlage). Dies führt zu einer Verlängerung der BV-Zeit.

Beispiel 180

Angaben:

- Ein Arbeitnehmer wird während eines lange andauernden Krankenstands unter Einhaltung der Kündigungsfrist per 30.9.20.. **gekündigt** (= Ende des arbeitsrechtlichen Arbeitsverhältnisses).
- 100%iger bzw. 50%iger Entgeltfortzahlungsanspruch besteht bis zum 15.10.20.. (= Ende der SV-Pflicht).

Lösung:

Für das fortgezahlte sv-pflichtige Entgelt bis zum 15.10.20.. besteht BV-Pflicht. Es kommt zu einer Verlängerung der BV-Zeit. Das SV-Ende entspricht dem Ende der BV-Zeit.

Beginnt oder endet der **Krankengeldanspruch während** des **Kalendermonats**, ist eine **„Mischbeitragsgrundlage“** zu bilden. Die BV-Beiträge sind von dem für den betreffenden Kalendermonat gebührenden (sv-pflichtigen) Entgelt und der auf die Zeit des Krankengeldanspruchs entfallenden fiktiven Bemessungsgrundlage zu entrichten.

Beispiele 181–182

Berechnung der Bemessungsgrundlage für die Dauer des Anspruchs auf Krankengeld.

Beispiel 181

Rechenvorgang für die Ermittlung der Bemessungsgrundlage.

Angaben:

- Beginn des Krankenstands = Eintritt des Versicherungsfalls: 13.3.20..,
- letztes Monat vor Eintritt des Versicherungsfalls: Februar 20..,
- Ende des Entgeltanspruchs zu 100%: 7.5.20..,
- Beginn des Entgeltanspruchs zu 50%: 8.5.20..,

- Ende des Entgeltanspruchs zu 50%: 4.6.20..,
- Beginn des Entgeltanspruchs zu 25% bzw. der entgeltlosen Zeit: 5.6.20..
- Am 30.6.20.. erhält der Arbeitnehmer eine Urlaubsbeihilfe.

Lösung:

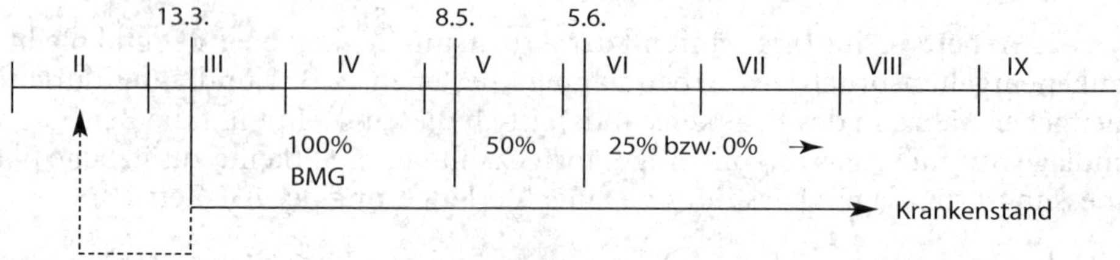

Die Bemessungsgrundlagen (BMG) für die Berechnung der BV-Beiträge betragen:

BMG März = Arbeitsentgelt[1] (1.–12.3.)
+ Krankenentgelt[1] zu 100% (13.–31.3.)

BMG April = Krankenentgelt[1] zu 100% (1.–30.4.)

BMG Mai = Krankenentgelt[1] zu 100% (1.–7.5.)
+ Krankenentgelt[1] zu 50% (8.–31.5.)
$+ \left(\frac{\text{Entgelt Februar}^{1)} : 2}{30^{2)}}\right) \times 24$ Tage (8.–31.5.)

BMG Juni = Krankenentgelt[1] zu 50% (1.–4.6.)
$+ \left(\frac{\text{Entgelt Februar}^{1)} : 2}{30}\right) \times 4$ Tage (1.–4.6.)
$+ \left(\frac{\text{Entgelt Februar}^{1)} : 2}{30}\right) \times 26$ Tage[3] (5.–30.6.)
+ Urlaubsbeihilfe

BMG Juli = Entgelt Februar[1] : 2

[1]) Ohne Berücksichtigung der Höchstbeitragsgrundlage.

[2]) Lt. DVSV sind immer 30 Tage anzusetzen.

[3]) Lt. DVSV ist in einem Monat mit „fiktiver“ Grundlage mit der Anzahl der restlichen Kalendertage zu multiplizieren.

Beispiel 182

Berechnung der Bemessungsgrundlage bei Anspruch auf Krankengeld.

Angaben:

- Arbeiter,
- Monatslohn: € 2.100,00,
- Krankenstand: 16.6.–30.6.20.. (15 KT),
- 8 KT zu 100% (vom 16.6.–23.6.20..; kein Krankengeldanspruch),
  7 KT zu 50% (vom 24.6.–30.6.20..; zuzüglich 50% Krankengeld),
- vor dem Krankenstand (in der Zeit 1.6.–15.6.20..) geleistete Überstunden:
  15 Überstunden mit 50% Zuschlag,
- Überstundenteiler: 1/150.
- Letzter Monat vor Eintritt des Krankenstands: Mai 20...

Lösung:

Die Bemessungsgrundlage für die Berechnung der BV-Beiträge **für Juni** beträgt:

Bemessungsgrundlage für die Zeit **1.6. bis 23.6.20..**:

	Arbeitsentgelt (1.6.–15.6. = € 2.100,00 : 30 × 15)	€ 1.050,00	
+	Überstundenentgelt (1.6.–15.6.)		
	Überstundengrundlohn (€ 2.100,00 : 150 × 15)	€ 210,00	
	50% Überstundenzuschlag	€ 105,00	
+	Krankenentgelt zu 100%		
	für 8 KT (16.6.–23.6. = € 2.100,00 : 30 × 8)	€ 560,00	
=	Bemessungsgrundlage		€ 1.925,00

Bemessungsgrundlage für die Zeit **24.6. bis 30.6.20..**:

	Krankenentgelt zu 50%		
	für 7 KT (24.6.–30.6. = € 2.100,00 : 30 × 7 : 2)	€ 245,00	
+	50% des Entgelts Mai		
	für 7 KT (€ 2.100,00 : 30 × 7 : 2)	€ 245,00	
=	fiktive Bemessungsgrundlage		€ 490,00
	Gesamte Bemessungsgrundlage		**€ 2.415,00**

Zusammenfassung:

Höhe des Krankenentgelts	**Bemessungsgrundlage**
volles Krankenentgelt	volles Krankenentgelt
halbes Krankenentgelt für die ersten drei Tage des Krankenstands[1545]	halbes Krankenentgelt
halbes Krankenentgelt ab dem vierten Tag des Krankenstands	halbes Krankenentgelt zuzüglich der Hälfte des Entgelts des Monats vor Beginn des Krankenstands, max. 100% des vorherigen Entgelts
viertel Krankenentgelt für die ersten drei Tage des Krankenstands[1545]	keine Grundlage
viertel Krankenentgelt ab dem vierten Tag des Krankenstands	Hälfte des Entgelts des Monats vor Beginn des Krankenstands
kein Krankenentgeltanspruch für die ersten drei Tage des Krankenstands[1545]	keine Grundlage
kein Krankenentgeltanspruch ab dem vierten Tag des Krankenstands	Hälfte des Entgelts des Monats vor Beginn des Krankenstands
volles Lehrlingseinkommen	Lehrlingseinkommen

1545 Unter der Annahme, dass dem Arbeitnehmer (Lehrling) für diese Zeit kein Krankengeld gebührt.

Höhe des Krankenentgelts	Bemessungsgrundlage
Teilentgelt des Lehrlings für die ersten drei Tage des Krankenstands[1545]	keine Grundlage
Teilentgelt des Lehrlings ab dem vierten Tag des Krankenstands	Hälfte des Entgelts des Monats vor Beginn des Krankenstands
volles/halbes Krankenentgelt nach Beendigung des Arbeitsverhältnisses	fortgezahltes Krankenentgelt
viertel Krankenentgelt nach Beendigung des Arbeitsverhältnisses	keine Grundlage

36.1.3.3.3. Anspruch auf Wochengeld

Für die Dauer eines Anspruchs auf **Wochengeld** nach dem ASVG (→ 27.1.3.4.) hat die Arbeitnehmerin bei weiterhin aufrechtem Arbeitsverhältnis Anspruch auf eine Beitragsleistung durch den Arbeitgeber in der Höhe von **1,53%** einer fiktiven Bemessungsgrundlage in der **Höhe eines Monatsentgelts**, berechnet nach dem in den **letzten drei Kalendermonaten** vor dem Versicherungsfall der Mutterschaft[1546] gebührenden Entgelt, einschließlich anteiliger Sonderzahlungen, es sei denn, diese sind für die Dauer des Wochengeldbezugs fortzuzahlen (§ 7 Abs. 4 BMSVG).

Von **Sonderzahlungen**, die während der Dauer eines Anspruchs auf Wochengeld fällig werden, sind die BV-Beiträge auch zu entrichten.

Gebührt einem **freien Dienstnehmer** i.S.d. ASVG das Entgelt monatlich, ist die fiktive Bemessungsgrundlage wie bei Arbeitnehmern anzusetzen. Gebührt allerdings einem freien Dienstnehmer das **Entgelt für einen längeren Zeitraum** als einen Monat, ist gem. § 44 Abs. 8 ASVG das durchschnittliche monatliche Entgelt anzusetzen (§ 1 Abs. 1a BMSVG) (→ 31.7.4.1.).

Durchrechnungszeitraum für den Normalfall:

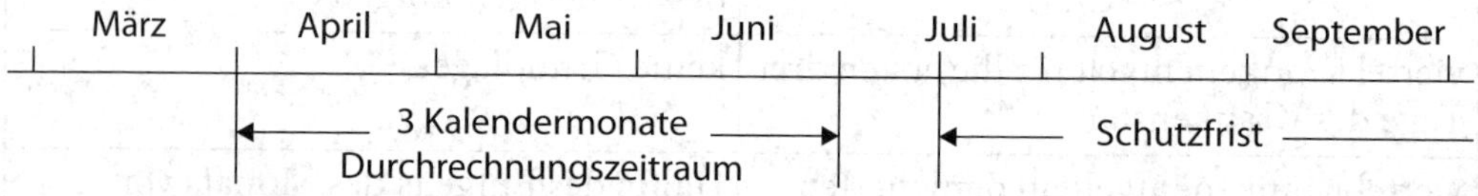

Beispiel 183

Berechnung der Bemessungsgrundlage für die Dauer des Anspruchs auf Wochengeld.

Angaben:

- Beginn des Anspruchs auf Wochengeld = Beginn der Schutzfrist = Eintritt des Versicherungsfalls: 10.4.20..

1546 Der Versicherungsfall gilt als eingetreten mit dem Beginn der Schutzfrist (§ 120 ASVG).

Lösung:

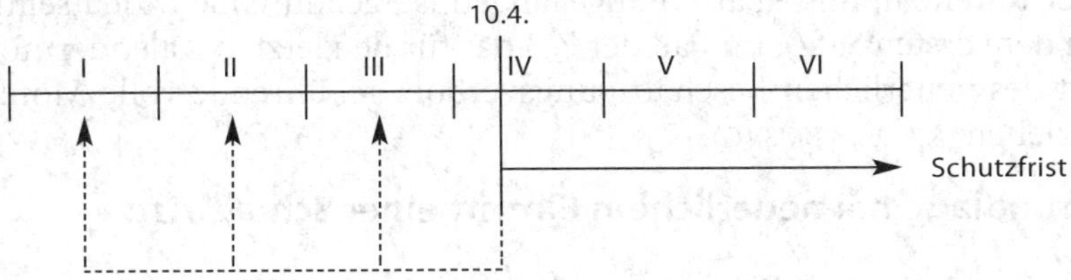

Die Bemessungsgrundlagen (BMG) für die Berechnung der BV-Beiträge betragen:

BMG April = Arbeitsentgelt[1]) (1. –9.4.)

$$+ \left(\frac{\text{Entgelte Jänner – März}^{1)} : 3}{30^{2)}} \times \underbrace{21 \text{ Tage}^{3)}}_{10.4.-30.4.}\right)$$

$$\text{BMG Mai} = \frac{\text{Entgelte Jänner – März}^{1)}}{3}$$

usw.

[1]) Laufende Entgelte und anteilige Sonderzahlungen, ohne Berücksichtigung der Höchstbeitragsgrundlage.

[2]) Lt. DVSV sind immer 30 Tage anzusetzen.

[3]) Lt. DVSV ist in einem Monat mit „normalem" Entgelt und „fiktiver" Grundlage mit der Anzahl der restlichen Kalendertage zu multiplizieren.

Bei der Bildung der fiktiven Bemessungsgrundlage sind **Zeiten**, während derer die Arbeitnehmerin infolge Krankheit, individueller Schutzfrist oder Kurzarbeit **nicht das volle Entgelt** bezogen hat, **außer Betracht** zu lassen. Insoweit Dienstzeiten außer Betracht bleiben, **verlängert** sich der für die Bildung der Bemessungsgrundlage maßgebende **Zeitraum um diese Zeiten** (EBzRV zu § 7 Abs. 4 BMSVG). Die **drei relevanten Kalendermonate** können, müssen aber nicht unmittelbar aufeinanderfolgen (vgl. Kommentar zum BMSVG, Neubauer/Rath, Linde Verlag Wien).

Durchrechnungszeitraum für den Fall von Entgeltunterbrechungen:

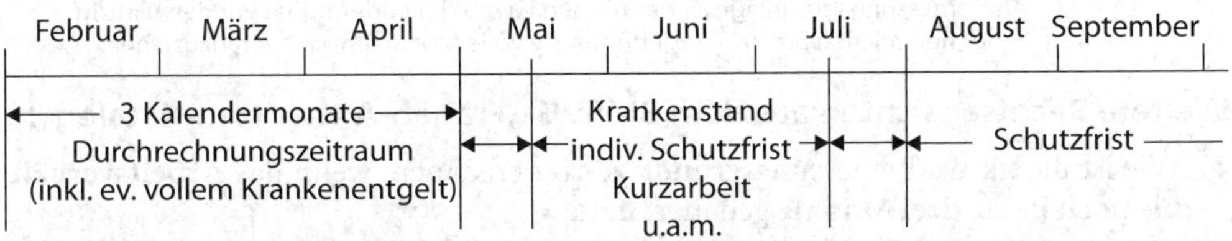

Bei einem **neuerlichen Eintritt** eines Beschäftigungsverbots nach § 3 MSchG,

1. unmittelbar im Anschluss an eine vorherige Karenz nach dem MSchG im selben Arbeitsverhältnis oder
2. nach einer Beschäftigung im selben Arbeitsverhältnis zwischen einer Karenz und dem neuerlichen Beschäftigungsverbot nach dem MSchG, die kürzer als drei Kalendermonate dauert, oder
3. nach einer Beschäftigung in einem Arbeitsverhältnis, das nach der Beendigung des karenzierten Arbeitsverhältnisses und vor dem neuerlichen Beschäftigungsverbot begründet worden ist, die kürzer als drei Kalendermonate dauert,

ist als Bemessungsgrundlage das für den Kalendermonat vor dem Beschäftigungsverbot, das dieser Karenz unmittelbar vorangegangen ist, gebührende Monatsentgelt (berechnet nach dem ersten Satz), im Fall der Z 3 das für den letzten Kalendermonat vor dem Eintritt des neuerlichen Beschäftigungsverbots gebührende volle Monatsentgelt heranzuziehen (§ 7 Abs. 4 BMSVG).

Bemessungsgrundlage bei neuerlichem Eintritt einer Schutzfrist:

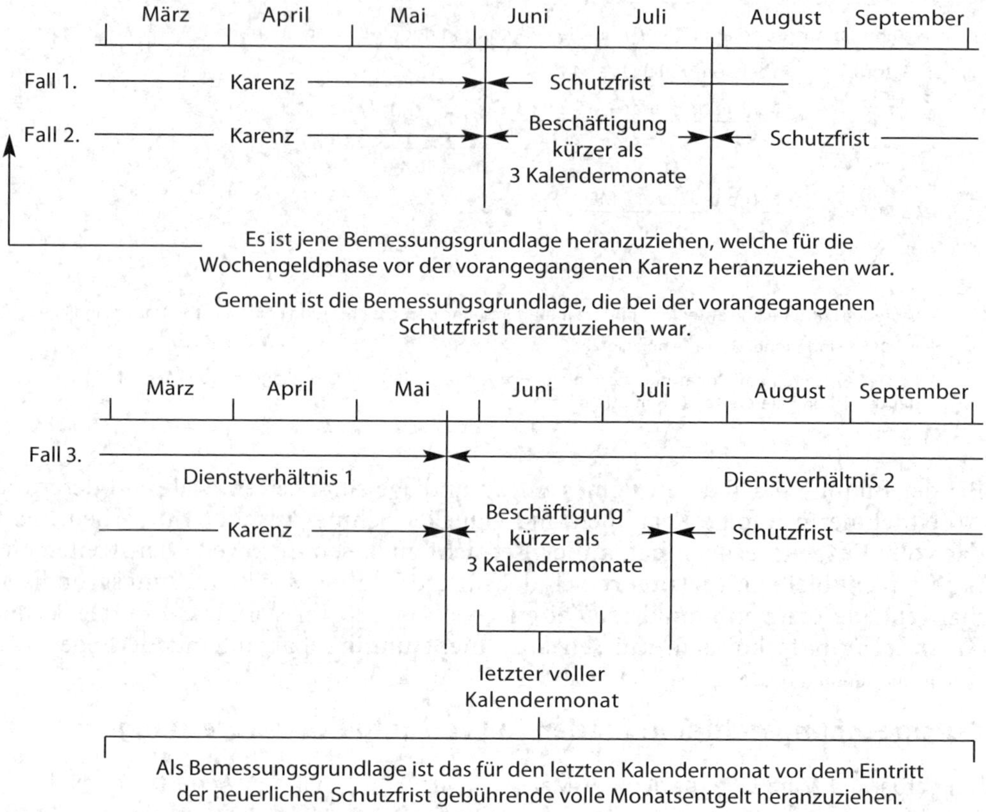

Weitere Rechtsansichten aus dem BMSVG-„Fragen-Antworten-Katalog":

- Wie ist die fiktive Bemessungsgrundlage zu berechnen, wenn das **Arbeitsverhältnis noch keine drei Monate** gedauert hat?
  Wenn das Arbeitsverhältnis noch keine drei Monate (gemeint ist Kalendermonate) gedauert hat, wird der **Durchschnitt der vorhandenen vollen Monate** herangezogen. Nur wenn ausschließlich ein Bruchmonat vorliegt, wird dieses hochgerechnet.
- Wie sieht die BMSVG-Beitragspflicht für **Wochengeld bei Selbstversicherten** gem. § 19a ASVG sowie bei den **mehrfach geringfügig Beschäftigten** aus?
  Für beide Personengruppen besteht Anspruch auf Wochengeld, jedoch **keine Beitragspflicht** gem. BMSVG.
- Was ist Bemessungsgrundlage, wenn eine Arbeitnehmerin während eines **karenzierten** Arbeitsverhältnisses ein **geringfügiges** Arbeitsverhältnis zum selben

Arbeitgeber aufnimmt und währenddessen ein **neues Beschäftigungsverbot** eintritt?

Für geringfügig beschäftigte Arbeitnehmerinnen i.S.d. § 5 Abs. 2 ASVG sind **keine BV-Beiträge für Wochengeldbezug** zu leisten, und zwar auch dann nicht, wenn sie aus einer Selbstversicherung nach § 19a ASVG Anspruch auf Wochengeld haben.

- Was gilt als Bemessungsgrundlage, wenn die Arbeitnehmerin neben **Kinderbetreuungsgeld** eine **geringfügige** Beschäftigung ausübt und nun Wochengeldanspruch aus einem **neuerlichen Versicherungsfall** der Mutterschaft entsteht?

Arbeitet die Arbeitnehmerin neben dem Bezug von Kinderbetreuungsgeld nun als geringfügig Beschäftigte beim selben Arbeitgeber, so sind BV-Beiträge für das neue Arbeitsverhältnis abzuführen. Wenn es nun zu einem weiteren Wochengeldanspruch kommt, gilt auch hier wieder dieselbe **Bemessungsgrundlage wie beim ersten Kind**. Die geringfügige Beschäftigung bleibt außer Betracht.

Weitere Einzelfragen und Fallbeispiele finden Sie im „Fragen-Antworten-Katalog" zum BMSVG (→ 36.1.1.2.).

36.1.3.4. Zusammenfassung der Sonderfälle

Sonderfall	**Beitragsleistung durch**	**(fiktive) Bemessungsgrundlage**
Präsenz-, Ausbildungs- oder Zivildienst (→ 36.1.3.3.1.)	Arbeitgeber	täglich € 14,53 (Kinderbetreuungsgeld gem. § 3 Abs. 1 KBGG i.d.F. vor BGBl I 2016/53)
Krankengeldbezug und 50%ige Entgeltfortzahlung (→ 36.1.3.3.2.)	Arbeitgeber	50%ige Entgeltfortzahlung und 50% des für den Kalendermonat vor dem Krankenstand gebührenden Entgelts ohne Sonderzahlungen
Krankengeldbezug mit unter 50%iger Entgeltfortzahlung bzw. ohne Entgeltfortzahlung (→ 36.1.3.3.2.)	Arbeitgeber	50% des für den Kalendermonat vor dem Krankenstand gebührenden Entgelts ohne Sonderzahlungen
Wochengeldbezug (→ 36.1.3.3.3.)	Arbeitgeber	Monatsentgelt, berechnet nach dem in den letzten drei Kalendermonaten vor der Schutzfrist gebührenden Entgelts samt anteiliger Sonderzahlungen
Kinderbetreuungsgeldbezug (→ 27.1.4.5.)	Familienlastenausgleichsfonds	bezogenes Kinderbetreuungsgeld (ohne Zuschüsse)
Familienhospizkarenz mit Freistellung gegen Entgeltentfall (→ 27.1.1.2.)	Bund	täglich € 26,60 (Kinderbetreuungsgeld gem. § 5b Abs. 1 KBGG i.d.F. vor BGBl I 2016/53)

Sonderfall	Beitragsleistung durch	(fiktive) Bemessungsgrundlage
Familienhospizkarenz mit Verringerung der Arbeitszeit (→ 27.1.1.2.)	Arbeitgeber	monatliches Entgelt samt Sonderzahlungen vor Herabsetzung der Arbeitszeit
Pflegekarenz (→ 27.1.1.3.)	Bund	täglich € 26,60 (Kinderbetreuungsgeld gem. § 5b Abs. 1 KBGG i.d.F. vor BGBl I 2016/53)
Pflegeteilzeit (→ 27.1.1.3.)	Arbeitgeber	monatliches Entgelt samt Sonderzahlungen vor Herabsetzung der Arbeitszeit
Bildungskarenz (→ 27.3.1.1.)	Mittel aus der Gebarung der Arbeitsmarktpolitik	Weiterbildungsgeld gem. § 26 Abs. 1 AIVG
Bildungsteilzeit (→ 27.3.1.2.)	Arbeitgeber	monatliches Entgelt samt Sonderzahlungen vor Herabsetzung der Arbeitszeit

36.1.4. Abfertigungsanwartschaft

Die Abfertigung ist am **Ende des zweitfolgenden Kalendermonats** nach der Geltendmachung des Anspruchs **fällig** und **binnen fünf Bankarbeitstagen** entsprechend der Verfügung des Arbeitnehmers **zu leisten**, wobei die Frist für die Fälligkeit grundsätzlich frühestens mit dem Ende des Tages der Beendigung des Arbeitsverhältnisses zu laufen beginnt. Abweichend davon kann die Frist für die Fälligkeit verkürzt werden, wenn die Beiträge gemäß § 27 Abs. 8 BMSVG (seitens des Trägers der Krankenversicherung) abgeführt wurden (§ 16 Abs. 1 BMSVG).

Änderungen der monatlichen Bemessungsgrundlage innerhalb von zwölf Monaten nach Beendigung des Arbeitsverhältnisses begründen bei einer Verfügung gemäß § 17 Abs. 1 Z 1, 3 oder 4 BMSVG oder nach Auszahlungen nach § 17 Abs. 3 BMSVG grundsätzlich eine **Rückzahlungsverpflichtung des Anwartschaftsberechtigten** (§ 16 Abs. 1 BMSVG).

Der Anwartschaftsberechtigte kann die BV-Kasse einmalig anweisen, die Durchführung von Verfügungen ein bis sechs ganze Monate nach Fälligkeit vorzunehmen. An eine solche Anweisung ist die BV-Kasse nur dann gebunden, wenn sie spätestens vierzehn Tage vor Auszahlung bei ihr einlangt. Im Aufschubzeitraum ist die Abfertigung im Rahmen der Veranlagungsgemeinschaft weiter zu veranlagen. Mit dem Ende des letzten vollen Monats des Aufschubzeitraums ist eine ergänzende Ergebniszuweisung vorzunehmen (§ 16 Abs. 2 BMSVG).

36.1.4.1. Anspruch auf Abfertigung

Der Anwartschaftsberechtigte hat bei Beendigung des Arbeitsverhältnisses gegen die BV-Kasse Anspruch auf eine Abfertigung.

Der **Anspruch auf eine Verfügung** über die **Abfertigung besteht nicht** bei Beendigung des Arbeitsverhältnisses infolge

1. **Kündigung durch den Anwartschaftsberechtigten**[1547 1548], ausgenommen bei Kündigung während einer Teilzeitbeschäftigung nach dem MSchG oder dem VKG (→ 27.1.4.3.),
2. **verschuldeter Entlassung**[1547],
3. **unberechtigten vorzeitigen Austritts**[1547], oder
4. sofern noch **keine drei Einzahlungsjahre** (36 Beitragsmonate)[1549] seit der ersten Beitragszahlung gem. § 6 BMSVG (→ 36.1.3.1.) oder § 7 BMSVG (→ 36.1.3.3.) nach der erstmaligen Aufnahme der Erwerbstätigkeit im Rahmen eines Arbeitsverhältnisses oder der letztmaligen Verfügung über eine Abfertigung vergangen sind. Beitragszeiten nach § 6 oder § 7 BMSVG sind zusammenzurechnen, unabhängig davon, ob sie bei einem oder mehreren Arbeitgebern zurückgelegt worden sind. Beitragszeiten nach § 6 oder § 7 BMSVG aus zum Zeitpunkt der Geltendmachung des Anspruchs weiterhin aufrechten Arbeitsverhältnissen sind nicht einzurechnen. Für Abfertigungsbeiträge auf Grund einer Kündigungsentschädigung, einer Ersatzleistung für Urlaubsentgelt nach dem UrlG oder auf Grund eines nach Beendigung des Arbeitsverhältnisses fortgezahlten sv-pflichtigen Krankenentgelts sind als Beitragszeiten auch Zeiten nach der Beendigung des Arbeitsverhältnisses anzurechnen (§ 14 Abs. 1, 2 BMSVG).

Die **Verfügung** über diese Abfertigung (Abs. 2) kann vom Anwartschaftsberechtigten erst bei Anspruch auf Verfügung über eine Abfertigung bei Beendigung eines oder mehrerer **darauf folgender Arbeitsverhältnisse verlangt** werden (§ 14 Abs. 3 BMSVG).

Die **Verfügung** über die Abfertigung **kann**, sofern der Arbeitnehmer in keinem Arbeitsverhältnis steht, **jedenfalls verlangt** werden

1. ab der Inanspruchnahme einer **Eigenpension** aus der gesetzlichen Pensionsversicherung oder gleichartigen Rechtsvorschriften der Mitgliedstaaten des EWR oder
2. nach Vollendung des **Anfallsalters für die vorzeitige Alterspension** aus der gesetzlichen Pensionsversicherung oder nach Vollendung des 62. Lebensjahrs (Korridorpension), wenn dieses Anfallsalter zum Zeitpunkt der Beendigung des Arbeitsverhältnisses niedriger ist als das Anfallsalter für die vorzeitige Alterspension aus der gesetzlichen Pensionsversicherung oder gleichartigen Rechtsvorschriften der Mitgliedstaaten des EWR, oder
3. wenn für den Arbeitnehmer **seit mindestens fünf Jahren keine BV-Beiträge** zu leisten sind (§ 14 Abs. 4 BMSVG).

Besteht bei Beendigung eines Arbeitsverhältnisses, das nach Inanspruchnahme einer **Eigenpension** aus einer gesetzlichen Pensionsversicherung oder gleichartigen Rechtsvorschriften der Mitgliedstaaten des EWR begründet wurde, Anspruch auf eine Ab-

1547 = **abfertigungsschädliche** (anwartschaftsschädliche, verfügungsschädliche) Beendigungsformen. In diesen Fällen besteht eine Verfügungssperre.

1548 Die Auflösung des Arbeitsverhältnisses während der Probezeit durch den Arbeitnehmer ist einer Kündigung durch diesen gleichzuhalten.

1549 Im Fall eines Vollübertritts (Übertragung von Altabfertigungsanwartschaften, → 36.1.5.3.) sind bei der Berechnung der Einzahlungsjahre die bisher in diesem Arbeitsverhältnis zurückgelegten Dienstzeiten und die „eingezahlten Jahre" zusammenzurechnen.

fertigung, kann **nur noch** eine Verfügung in Form einer **Auszahlung der gesamten Abfertigung** oder einer **Überweisung der gesamten Abfertigung** an ein Versicherungsunternehmen oder an eine Pensionskasse verlangt werden, ohne dass die festgelegten Voraussetzungen für die Verfügung über die Abfertigung vorliegen müssen (§ 14 Abs. 4a BMSVG).

Bei **Beendigung** des Arbeitsverhältnisses **durch den Tod** des Anwartschaftsberechtigten gebührt die Abfertigung dem Ehegatten oder dem (im „Partnerschaftsbuch") eingetragenen Partner (→ 3.6.) sowie den Kindern (Wahl-, Pflege- und Stiefkinder) des Anwartschaftsberechtigten zu gleichen Teilen, sofern für diese Kinder zum Zeitpunkt des Todes des Anwartschaftsberechtigten Familienbeihilfe bezogen wird. Die anspruchsberechtigten Personen können **nur die Auszahlung der Abfertigung** verlangen. Diese haben den **Auszahlungsanspruch** innerhalb von **drei Monaten** ab dem Zeitpunkt des Todes des Anwartschaftsberechtigten gegenüber der BV-Kasse schriftlich geltend zu machen. Sind keine solchen Personen vorhanden, fällt die Abfertigung in die Verlassenschaft (§ 14 Abs. 5 BMSVG).

Der Anwartschaftsberechtigte hat die von ihm beabsichtigte **Verfügung** über die Abfertigung der **BV-Kasse schriftlich** bekannt zu geben. Darin kann der Anwartschaftsberechtigte die BV-Kasse weiters beauftragen, auch die Verfügungen über Abfertigungen aus anderen BV-Kassen zu veranlassen (§ 14 Abs. 6 BMSVG).

36.1.4.2. Höhe und Fälligkeit der Abfertigung

Die Höhe der Abfertigung ergibt sich aus der Abfertigungsanwartschaft zum Ende jenes Monats, zu dem ein Anspruch gem. § 16 BMSVG ermittelt wurde, einschließlich einer allfälligen Garantieleistung gem. § 24 BMSVG (Kapitalgarantie) bei Verfügung gem. § 17 Abs. 1 Z 1, 3 und 4, Abs. 2a oder Abs. 3 BMSVG (→ 36.1.4.3.) (§ 15 BMSVG).

Höhe der Abfertigung:

einbezahlte BV-Beiträge + Übertragungsbeträge[1550]
abzüglich Verwaltungskosten[1551], Depotgebühr[1552] etc.
zuzüglich Veranlagungserträge[1553]
= Betrag der Abfertigung

36.1.4.3. Verfügungsmöglichkeiten über die Abfertigung

Nach Beendigung des Arbeitsverhältnisses kann der Anwartschaftsberechtigte, ausgenommen in den in § 14 Abs. 2 BMSVG[1554] genannten Fällen,

1550 Die Summe dieser Zeile ergibt den Mindestabfertigungsanspruch (= Kapitalgarantie gem. § 24 BMSVG).
1551 1% bis 3,5% für die BV-Kasse, max. 0,3% für den Krankenversicherungsträger gem. § 26 BMSVG.
1552 Gemäß § 32 BMSVG.
1553 Gemäß § 33 BMSVG.
1554 Die Verfügungsmöglichkeit ist nicht gegeben, wenn der Arbeitnehmer
- selbst kündigt (ausgenommen während einer Teilzeitbeschäftigung nach dem MSchG oder dem VKG, → 27.1.4.3.),
- verschuldet entlassen wird,
- unberechtigt vorzeitig austritt

oder sofern noch keine drei Einzahlungsjahre vorliegen.

1. die **Auszahlung der gesamten Abfertigung** als Kapitalbetrag verlangen;
2. die Weiterveranlagung der gesamten Abfertigung bis zum Vorliegen der Voraussetzungen des Abs. 3 (Inanspruchnahme einer Pension) weiterhin **in der BV-Kasse veranlagen**;
3. die **Übertragung** der gesamten Abfertigung in die **BV-Kasse des neuen Arbeitgebers** oder in eine für die Selbständigenvorsorge ausgewählte BV-Kasse verlangen;
4. die **Überweisung** der gesamten Abfertigung
   a) **an ein Versicherungsunternehmen**, bei dem der Arbeitnehmer bereits Versicherter im Rahmen einer betrieblichen Kollektivversicherung ist, oder an ein Versicherungsunternehmen seiner Wahl als Einmalprämie für eine vom Anwartschaftsberechtigten nachweislich abgeschlossene Pensionszusatzversicherung (§ 108b EStG) oder
   b) **an eine Pensionskasse**, bei der der Anwartschaftsberechtigte bereits Berechtigter i.S.d. § 5 des PKG ist, als Beitrag gem. § 15 Abs. 3 Z 10 PKG,

verlangen.

Für den Regelfall gilt: Gibt der Anwartschaftsberechtigte die **Erklärung** über die Verwendung des Abfertigungsbetrags **nicht binnen sechs Monaten** nach Beendigung des Arbeitsverhältnisses ab, ist der **Abfertigungsbetrag weiter zu veranlagen** (§ 17 Abs. 1, 2 BMSVG).

Der Anwartschaftsberechtigte kann auch Übertragungen (**Kontozusammenführungen**) von beitragsfrei gestellten Abfertigungsanwartschaften **während eines neuen laufenden Arbeitsverhältnisses** auf die BV-Kasse aus diesem Arbeitsverhältnis verlangen, sofern nach der Beendigung des vorhergehenden Arbeitsverhältnisses auf das Abfertigungskonto des Arbeitnehmers mindestens drei Jahre keine BV-Beiträge geleistet worden sind (§ 17 Abs. 2a BMSVG).

Die **Abtretung** oder **Verpfändung** von Abfertigungsanwartschaften ist rechtsunwirksam, soweit der Arbeitnehmer darüber nicht als Abfertigungsanspruch verfügen kann. Für die Pfändung gilt die Exekutionsordnung (§ 8 BMSVG).

Die **Arbeitgeber** sowie die **Arbeitnehmer** sind verpflichtet, den **BV-Kassen** über alle für das Vertragsverhältnis und für die Verwaltung der Anwartschaft sowie für die Prüfung von Auszahlungsansprüchen maßgebenden Umstände unverzüglich wahrheitsgemäß **Auskunft zu erteilen** (§ 13 BMSVG).

36.1.5. Übertrittsbestimmungen

36.1.5.1. Gesetzliche Regelungen

Für **zum 31. Dezember 2002 bestehende Arbeitsverhältnisse** kann **ab 1. Jänner 2003** in einer **schriftlichen Vereinbarung** zwischen Arbeitgeber und Arbeitnehmer[1555] [1556] **ab einem zu vereinbarenden Stichtag** für die weitere Dauer des Arbeitsverhältnisses **die Geltung des BMSVG** anstelle der Abfertigungsregelungen

1555 Formelle Voraussetzung ist eine zwingende **schriftliche Einzelvereinbarung** zwischen Arbeitgeber und Arbeitnehmer. Über Kollektivvertrag oder Betriebsvereinbarung kann der Umstieg nicht wirksam vereinbart werden.

1556 Diese Übertrittsbestimmungen gelten nicht für freie Dienstnehmer und Vorstandsmitglieder von AG.

nach dem Angestelltengesetz, dem Arbeiterabfertigungsgesetz, dem Gutsangestelltengesetz ... und dem Hausgehilfen- und Hausangestelltengesetz **festgelegt werden** (§ 47 Abs. 1 BMSVG).

Falls in der Vereinbarung nach Abs. 1 **keine Übertragung der Altabfertigungsanwartschaft** nach Abs. 3 **festgelegt wird**, finden auf die **Altabfertigungsanwartschaft bis zum Stichtag weiterhin** die Abfertigungsbestimmungen nach dem Angestelltengesetz, dem Arbeiterabfertigungsgesetz und dem Gutsangestelltengesetz ..., die Bestimmungen über das außerordentliche Entgelt nach dem Hausgehilfen- und Hausangestelltengesetz sowie nach Kollektivverträgen mit der Maßgabe **Anwendung**, dass sich das Ausmaß der Abfertigung aus der **Anzahl der zum Zeitpunkt des Stichtags fiktiv erworbenen Monatsentgelte** ergibt. Der Berechnung der Abfertigung ist das für den letzten Monat des Arbeitsverhältnisses gebührende Entgelt zu Grunde zu legen (§ 47 Abs. 2 BMSVG).

Die **Übertragung** von Altabfertigungsanwartschaften auf Grund von zum 31. Dezember 2002 bestehenden Arbeitsverhältnissen auf eine BV-Kasse im Sinn dieses Bundesgesetzes **ist unter folgenden Voraussetzungen zulässig**:

1. Die Übertragung von Altabfertigungsanwartschaften bedarf einer **schriftlichen Einzelvereinbarung** zwischen Arbeitgeber und Arbeitnehmer, die von den Abfertigungsbestimmungen nach dem Angestelltengesetz, dem Arbeiterabfertigungsgesetz, dem Gutsangestelltengesetz ..., dem Hausgehilfen- und Hausangestelltengesetz sowie nach Kollektivverträgen abweichen kann.
2. Die **Überweisung** des vereinbarten Übertragungsbetrags **an die BV-Kasse** hat ab dem Zeitpunkt der Übertragung **binnen längstens fünf Jahren** zu erfolgen.
3. Die **Überweisung** des vereinbarten Übertragungsbetrags hat jährlich **mindestens mit je einem Fünftel zuzüglich** der Rechnungszinsen von **6%** per anno des noch aushaftenden Übertragungsbetrags zu erfolgen, vorzeitige Überweisungen sind zulässig.
4. Im Fall der **Beendigung des Arbeitsverhältnisses**, ausgenommen die in § 14 Abs. 2 BMSVG (→ 36.1.4.1.) genannten Fälle, hat der Arbeitgeber den aushaftenden Teil des vereinbarten Übertragungsbetrags **vorzeitig** an die BV-Kasse **zu überweisen** (§ 47 Abs. 3 BMSVG).

Soweit die in Abs. 1 genannten gesetzlichen Abfertigungsregelungen für den Anspruch auf Abfertigung das Erfordernis einer mindestens **zehnjährigen ununterbrochenen Dienstzeit** vorsehen, sind auch **Dienstzeiten** im selben Arbeitsverhältnis **nach dem Übertritt** nach Abs. 1 auf dieses Erfordernis **anzurechnen** (§ 47 Abs. 5 BMSVG).

Im Fall eines Übertritts nach Abs. 1 und 3 sind bei der Berechnung der Einzahlungsjahre nach § 14 Abs. 2 Z 4 BMSVG (→ 36.1.4.1.) die bisher in diesem Arbeitsverhältnis zurückgelegten Dienstzeiten zu berücksichtigen (§ 47 Abs. 6 BMSVG).

Beispielhafte Darstellungen der gesetzlichen Möglichkeiten:

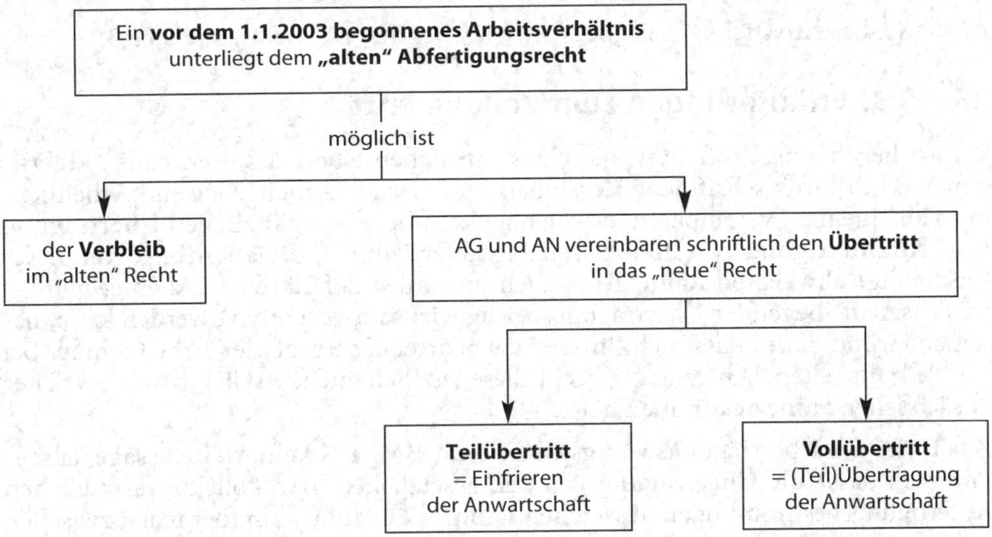

Beide Übertritte sind **jederzeit** möglich.

Kollektivverträge können **„Überlegungsfristen"** bzw. **„Rücktrittsrechte" vorsehen**.

Sieht der anzuwendende Kollektivvertrag eine diesbezügliche Überlegungsfrist bzw. ein Rücktrittsrecht vor, empfiehlt es sich, den Übertrittsstichtag **nach** diesen vorgesehenen Fristen zu fixieren.

Dieses Rücktrittsrecht entfällt jedoch, wenn allgemeine Bedingungen für Übertritte in einer fakultativen Betriebsvereinbarung (→ 3.3.5.1.) geregelt werden.

36.1.5.2. Erläuterungen zum Teilübertritt

Bei Vorliegen eines Teilübertritts ins „neue" Abfertigungsrecht (durch schriftliche Vereinbarung zwischen Arbeitgeber und Arbeitnehmer) ab einem zu vereinbarenden Stichtag kommt es zur Wahrung der „Altabfertigungsanwartschaft" (= **Einfrieren der „Altabfertigung"**). Dieser „fiktive Stichtagsabfertigungsanspruch" richtet sich weiterhin gegen den Arbeitgeber (ist demnach ein „Direktanspruch"), der allerdings auch bei abfertigungsschädlicher Auflösung **verloren gehen** kann. Das Ausmaß der „Altabfertigung" (der „fiktiven Stichtagsabfertigung") berechnet sich

- aus der zum Übertrittsstichtag **fiktiv gebührenden Anzahl der Monatsentgelte** und
- auf Basis des **Monatsentgelts zum Zeitpunkt** der **Beendigung des Arbeitsverhältnisses.**

Soweit die bisherige „Altabfertigung" von der 10-jährigen Dienstzeit abhängig ist (= Pensionsabfertigung nach dem AngG), ist auch die Zeit im „neuen" Abfertigungsrecht anzurechnen.

Das BMSVG lässt **keine** für den Arbeitnehmer **nachteilige Vereinbarung** zu. Eine direkte Auszahlung der „Altabfertigung" bei Übertritt ist nicht vorgesehen.

Rechtlich möglich ist die (vorläufige) Vornahme eines Teilübertritts und in der Folge die Vornahme eines Vollübertritts.

Ab dem Übertrittsstichtag leistet der Arbeitgeber den BV-Beitrag (→ 36.1.3.).

36.1.5.3. Erläuterungen zum Vollübertritt

Bei Vorliegen eines Vollübertritts (eines gänzlichen Übertritts) ins „neue“ Abfertigungsrecht (durch schriftliche Vereinbarung zwischen Arbeitgeber und Arbeitnehmer) ab einem zu vereinbarenden Stichtag kommt es zur **gänzlichen Übertragung der „Altabfertigung“** (= „fiktive Stichtagsabfertigung“), **die allerdings** von dieser (nachteilig) **abweichen kann**. Dass auch ein unter der fiktiven „Altabfertigungsanwartschaft“ liegender Übertragungsbetrag **wirksam vereinbart** werden kann, hat seinen Grund darin, dass nicht im Voraus beurteilbar ist, ob der Arbeitnehmer bei Verbleib im „alten“ Abfertigungsrecht diese letztlich auch wirklich bzw. in welcher tatsächlichen Höhe bekommen hätte.

Zur Höhe des Übertragungsbetrags enthält das **BMSVG keinerlei Aussage**, ausgenommen dass „**die Übertragung** von den gesetzlichen bzw. kollektivvertraglichen Abfertigungsbestimmungen **abweichen kann**“. Die Höhe kann demnach zwischen Arbeitgeber und Arbeitnehmer frei vereinbart werden. Besteht die einvernehmliche Absicht zwischen Arbeitgeber und Arbeitnehmer, einen Vollübertritt vorzunehmen, so stellt sich für beide die Frage, wie dieser Übertragungsbetrag berechnet werden könnte. Ausgehend vom fiktiven Abfertigungsanspruch am Übertrittsstichtag sind **folgende Möglichkeiten denkbar**:

- Fiktiver Abfertigungsanspruch zum Übertrittsstichtag unter Berücksichtigung eines Fluktuations- bzw. Selbstkündigungsabschlags;
- steuerrechtliche Abfertigungsrückstellung zum Übertrittsstichtag;
- unternehmensrechtliche Abfertigungsrückstellung zum Übertrittsstichtag;
- finanzmathematisch berechnete Ausgleichszahlung, z.B. Barwert der künftigen Differenzabfertigung („alt“ und „neu“), Barwert der eingefrorenen Abfertigung.

Inwieweit „Stichtagsabfertigungen“ betraglich **wirksam unterschritten** werden können (= Abschlag), ist jedenfalls abhängig von den **Umständen des Einzelfalls** (z.B. von der Selbstkündigungswahrscheinlichkeit, Fluktuation, Dienstjahren des Arbeitnehmers, Vergleich mit gleichgestellten Arbeitnehmern im Unternehmen und der Gehaltsvalorisierung). Unter Bedachtnahme auf alle relevanten Umstände sollte jedoch ein solcher **Abschlag nicht ungebührlich hoch** sein, weil dies dazu führen könnte, dass die „Übertragungsvereinbarung“ in der Folge von einem Gericht wegen **„Sittenwidrigkeit“** für nichtig befunden wird (§ 879 ABGB) und deshalb die Abfertigungsanwartschaft nach „altem“ Recht auflebt. Das Einverständnis des Arbeitnehmers allein reicht nicht aus.

Wo die **Untergrenze** wirklich liegt, ist **schwer zu beurteilen**. Man wird die Entscheidungspraxis der Gerichte abwarten müssen. Fairerweise wird wohl die Hälfte des fiktiven Abfertigungsanspruchs angenommen werden müssen, da sich beide Vertragspartner auch das Risiko bezüglich der Beendigungsart des Arbeitsverhältnisses teilen. Nicht sittenwidrig wäre ein Übertragungsbetrag in der Höhe von z.B. 30% des fiktiven Abfertigungsbetrags, wenn für den Fall einer Arbeitgeberkündigung ein Nachschlag von 20% vertraglich vereinbart wurde.

Die Vereinbarung eines zumindest geringen Übertragungsbetrags wird in der Praxis die Umstiegsbereitschaft der betroffenen Arbeitnehmer erhöhen. Zu beachten ist jedoch, dass dann ein abgabenrechtlicher „Vorteil aus dem Arbeitsverhältnis" vorliegt, wenn der Übertragungsbetrag die gesetzlichen bzw. kollektivvertraglichen Abfertigungsansprüche übersteigt und der freiwillig gewährte Übertragungsbetrag abgabenpflichtig zu behandeln ist.

Ansprüche des Arbeitnehmers gegenüber seines Arbeitgebers sind i.d.R. unabdingbar. Verzichtet der Arbeitnehmer trotzdem auf seine Ansprüche, so wird ein solcher Verzicht von den Gerichten als ungültig angesehen. Begründet wird dies mit der sog. **„Drucktheorie"**. Diese besagt, dass ein Arbeitnehmer unter wirtschaftlichem Druck stehend diesen Verzicht eingegangen ist.

Durch **fakultative Betriebsvereinbarungen** (eine Einschaltung der Schlichtungsstelle bei Nichteinigung ist in diesem Fall nicht möglich, → 3.3.5.1.) können bloß **Rahmenbedingungen** (z.B. Grenzen, Mindestansprüche) geregelt werden.

Die Überweisung des vereinbarten Übertragungsbetrags erfolgt direkt an die BV-Kasse (nicht an den Krankenversicherungsträger).

Die Vereinbarung einer **ratenweisen Überweisung** des Übertragsbetrags (max. fünf Jahresraten) bedingt eine Verzinsung von 6% des noch aushaftenden Übertragungsbetrags und führt durch **abfertigungsunschädliche** Beendigungsarten zur **vorzeitigen Überweisungspflicht**. Bei **abfertigungsschädlichen** Beendigungsarten sind die noch offenen Jahresraten wie vereinbart **weiterzuzahlen**.

Die Übertrittsvereinbarung schützt den Arbeitnehmer bei Erreichen des Übertrittsstichtags jedenfalls vor dem Verlust des Übertragungsbetrags.

Täuscht allerdings ein Arbeitnehmer seinen Arbeitgeber bei den Verhandlungen hinsichtlich der Übertragung seiner Abfertigungsanwartschaft in eine BV-Kasse über seine zu diesem Zeitpunkt schon bestehende Absicht, das Arbeitsverhältnis kurz nach Abschluss der Vollübertrittsvereinbarung zu kündigen, kann der Arbeitgeber die Übertrittsvereinbarung wegen Arglist gem. § 870 ABGB anfechten (OGH 27.9.2013, 9 ObA 83/13s).

Für die Berechnung der Einzahlungsjahre (wichtig beim Verfügungsanspruch, der grundsätzlich drei Jahre erfordert) zählen die gesamten bis zum Stichtag übertragenen Dienstzeiten, unabhängig davon, wie hoch der Übertragungsbetrag vereinbart wurde.

Ab dem Übertrittsstichtag leistet der Arbeitgeber den BV-Beitrag (→ 36.1.3.).

Da keine Aufhebung oder Beschränkung von Arbeitnehmerrechten damit verbunden sind, die gem. § 48 Abs. 1 BMSVG unzulässig wären, ist es **möglich**, anlässlich eines Übertritts in das „neue" Recht **Mischvarianten** (z.B. Vollübertragung und Einfrieren eines Abfertigungsteils) **zu vereinbaren**.

36.1.5.4. Beispiele zu den Übertritten

Beispiele 184–185

Teilübertritt, Vollübertritt.

Gemeinsame Angaben für die Beispiele 184–185:

- Beginn des Arbeitsverhältnisses: 1.1.2002,
- Übertrittsstichtag: 1.1.2015,

- Ende des Arbeitsverhältnisses: 31.12.2022.
- Es liegt kein Pensionsalter vor.

Beispiel 184

Teilübertritt.

Lösung:

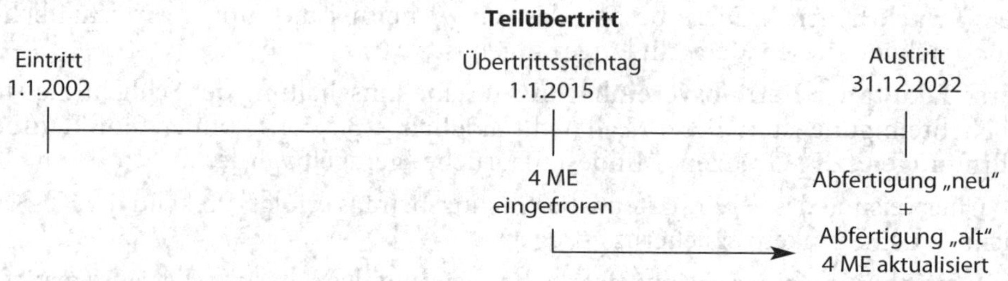

Erläuterungen:

Der Arbeitnehmer beginnt sein Arbeitsverhältnis mit 1.1.2002; mit 1.1.2015 wird ein Teilübertritt in das „neue" Abfertigungsrecht mit „Einfrieren" der bisherigen Ansprüche (13 Dienstjahre = 4 Monatsentgelte = 4 ME) vereinbart.

- Bei einer Arbeitgeberkündigung (oder einer anderen abfertigungsunschädlichen Beendigung, → 33.3.1.2.) im Jahr 2022 steht ein Abfertigungsanspruch in der Höhe des 4-Fachen (da bis zum Stichtag eine Dienstzeit von 13 Jahren vorliegt) des letzten Monatsentgelts 2022 gegenüber dem Arbeitgeber zu. Über die Abfertigung „neu" kann verfügt werden.
- Bei einer Arbeitnehmerkündigung (oder einer anderen abfertigungsschädlichen Beendigung) besteht kein Abfertigungsanspruch gegenüber dem Arbeitgeber, da nach dem „alten" Abfertigungsrecht in diesem Fall keine Abfertigung gebührt. Über die Abfertigung „neu" kann nicht verfügt werden.

Beispiel 185

Vollübertritt.

Lösung:

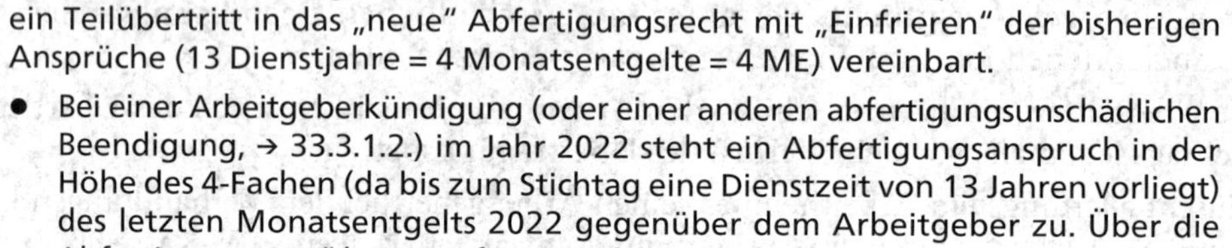

Erläuterungen:

Der Arbeitnehmer beginnt sein Arbeitsverhältnis mit 1.1.2002; mit 1.1.2015 wird ein Vollübertritt vereinbart. Der Arbeitnehmer verdient im Dezember 2014 (inkl. aliquoter Sonderzahlungen etc.) € 4.000,00. Da der Arbeitnehmer bis zum Stichtag 13 Dienstjahre zurückgelegt hat, können € 16.000,00 (4 Monatsentgelte bei einer Dienstzeit von mindestens 10 Jahren) abgabenfrei in die BV-Kasse übertragen werden, es wird jedoch vom AngG abgewichen und die Übertragung von € 10.000,00 vereinbart.

Der Arbeitgeber kann ab 2015 längstens binnen fünf Jahren jährlich mindestens ein Fünftel des Übertragungsbetrags, das sind € 2.000,00 (zuzüglich 6% Zinsen des noch aushaftenden Übertragungsbetrags), überweisen.

Wird das Arbeitsverhältnis abfertigungsunschädlich beendet, kann der Arbeitnehmer über die Abfertigung „neu" verfügen, andernfalls nicht.

36.1.5.5. Differenzierte Übertritte

Grundsätzlich besteht **keine gesetzliche Verpflichtung** und auch kein gesetzliches Recht zum bzw. auf den Übertritt in das „neue" Abfertigungsrecht. Bestehende Arbeitsverhältnisse sind grundsätzlich **gleich zu behandeln**. Ob ein **Umstieg** in das „neue" Abfertigungsrecht angeboten wird oder nicht, kann nur **nach sachlichen Kriterien** erfolgen. Eine **willkürliche Differenzierung** zwischen verschiedenen Arbeitnehmern stellt zwangsläufig einen **Diskriminierungstatbestand** dar. Der Arbeitgeber hat beispielsweise nicht die Möglichkeit, den Arbeitnehmern, von denen er annimmt, dass sie ihr Arbeitsverhältnis aus eigenem Entschluss beenden würden, die Übertrittsmöglichkeit zu verweigern, anderen Arbeitnehmern jedoch, die voraussichtlich im Unternehmen verbleiben, den Übertritt anzubieten. Allerdings kann dieser Umstand bei der Festlegung des Übertragungsbetrags berücksichtigt werden.

Eine **Differenzierung** kann beispielsweise – **sachlich gerechtfertigt** – nach der **Dauer der Arbeitsverhältnisse** erfolgen (z.B. keine Zustimmung zu einer Übertrittsvereinbarung, sobald ein Arbeitnehmer Anspruch auf sechs Monatsentgelte Abfertigung hat); in diesem Fall könnte damit argumentiert werden, dass die Übertragung an die BV-Kasse das Unternehmen finanziell zu stark belasten würde.

Ein Grundsatz des österreichischen Arbeitsrechts ist das **„Gleichbehandlungsgebot"**. Dieses besagt, dass Arbeitnehmer nicht ohne hinreichenden sachlichen Grund schlechter behandelt werden dürfen als die Mehrzahl der anderen Arbeitnehmer. Voraussetzung ist allerdings, dass die Arbeitnehmer untereinander vergleichbar sind.

Differenziert werden kann z.B. zwischen

- Arbeitern und Angestellten,
- Arbeitnehmern mit mehr oder weniger als fünfzehn Dienstjahren.

Für jede einzelne so festgelegte Gruppe von Arbeitnehmern gilt:

- Die Mehrheit der Arbeitnehmer muss gleich behandelt werden.
- Eine Minderheit kann bevorzugt, nicht jedoch benachteiligt werden.

Ein sachliches Unterscheidungsmerkmal wird i.d.R. auch die finanzmathematische Bewertung der Abfertigungsanwartschaften sein.

Auch hier wird man die Entscheidungspraxis der Gerichte abwarten müssen.

36.1.6. Betriebliche Vorsorgekassen (BV-Kassen)

36.1.6.1. Organisation und Aufgaben der BV-Kassen

Die BV-Kassen sind Aktiengesellschaften oder Gesellschaften mit beschränkter Haftung, die ein besonderes Bankgeschäft (das Betriebliche Vorsorgekassengeschäft) betreiben. BV-Kassen sind demnach Sonderkreditinstitute und dürfen nur diese Geschäftstätigkeit ausüben, jede andere Geschäftstätigkeit ist ihnen verboten. Sie unterliegen der Aufsicht durch einen vom Finanzminister zu bestellenden Staatskommissär (der samt seinem Stellvertreter als Organ der Finanzmarkt-Aufsicht handelt und deren Weisungen unterliegt) (§§ 18, 19 BMSVG).

Jeder BV-Kasse wurde eine (fünfstellige) **BVK-Leitzahl** (vergleichbar mit einer Bankleitzahl) zugeteilt (§ 18 Abs. 3 BMSVG).

Die **BV-Kasse** hat für jeden Arbeitnehmer ein **Konto zu führen**. Dieses Konto muss alle wesentlichen Daten enthalten und dient der Berechnung des Abfertigungsanspruchs. Der Anwartschaftsberechtigte ist jährlich spätestens bis zum 31. Juli zum Stand 31. Dezember des vorangegangenen Geschäftsjahrs schriftlich über

1. die zum letzten Bilanzstichtag erworbene Abfertigungsanwartschaft,
2. die im Geschäftsjahr auf Grund der bis zum Bilanzstichtag bei der BV-Kasse eingelangten monatlichen Beitragsgrundlagenmeldungen für den Zeitraum 1. November des vorangegangenen Geschäftsjahres bis 31. Oktober des Geschäftsjahres verbuchten Beiträge sowie gegen welchen Arbeitgeber Anspruch auf Zahlung dieser Beiträge bestanden hat,
3. die vom Arbeitnehmer zu tragenden Barauslagen und Verwaltungskosten,
4. die zugewiesenen Veranlagungsergebnisse sowie
5. die insgesamt erworbene Abfertigungsanwartschaft

zu informieren … (§ 25 BMSVG).

Weiters ist der Anwartschaftsberechtigte **nach Beendigung eines Arbeitsverhältnisses**, die eine Verfügung begründet, binnen eines Monats nach der Verständigung über die Beendigungsart des Arbeitsverhältnisses durch den DVSV von der BV-Kasse schriftlich über die Verfügungsmöglichkeiten **zu informieren** (§ 25 Abs. 3 BMSVG).

36.1.6.2. Auswahl der BV-Kasse

Den Arbeitgeber trifft die Verpflichtung, mit dem **Auswahlverfahren** und dem Abschluss des **Beitrittsvertrags** so rechtzeitig zu beginnen, dass eine Beitragsleistung entsprechend den gesetzlichen Vorgaben zeitgerecht sichergestellt ist.

Als **Kriterien** für die Auswahl einer BV-Kasse kommen insb. in Betracht:

- die Höhe der Verwaltungskosten,
- das angebotene Service,
- der Veranlagungserfolg,
- eine etwaige Zinsgarantie,
- schon bestehende Geschäftsbeziehungen mit den an der BV-Kasse beteiligten Banken, Versicherungen.

Hat der Arbeitgeber nicht **spätestens nach sechs Monaten** ab dem Beginn des Arbeitsverhältnisses des Arbeitnehmers, für den er erstmalig BV-Beiträge zu leisten hat, mit einer BV-Kasse einen **Beitrittsvertrag** abgeschlossen, ist ein automatisches **Zuweisungsverfahren** einzuleiten (§ 10 Abs. 1 BMSVG).

In diesem Fall hat der zuständige Träger der Krankenversicherung den Arbeitgeber schriftlich oder auf elektronischem Weg nach Maßgabe der vorhandenen technischen Möglichkeiten zur **Auswahl** einer BV-Kasse **binnen drei Monaten** nach der Zusendung des Schreibens beim Arbeitgeber unter gleichzeitigem Hinweis aufzufordern, dass im Fall der Nichtauswahl einer BV-Kasse binnen dieser Frist der Arbeitgeber einer BV-Kasse zugewiesen wird (§ 27a Abs. 1 BMSVG).

36.1.6.2.1. Auswahl mittels Betriebsvereinbarung gemeinsam mit dem Betriebsrat

Art und Inhalt der Betriebsvereinbarung:

- Es handelt sich um eine erzwingbare Betriebsvereinbarung (→ 3.3.5.1.),
- diese ist beschränkt auf die Auswahl der BV-Kasse und
- ist nicht kündbar (Aufhebung nur über die Schlichtungsstelle, → 3.3.5.1.).

Bei **Nichtzustandekommen** dieser Betriebsvereinbarung entscheidet über Antrag die **Schlichtungsstelle** (§ 9 Abs. 1 BMSVG).

Danach kann der Beitrittsvertrag zwischen dem Arbeitgeber und der BV-Kasse abgeschlossen werden.

36.1.6.2.2. Auswahl durch den Arbeitgeber

Die Auswahl trifft der Arbeitgeber in **betriebsratslosen Betrieben**. Dabei ist folgende **Vorgangsweise** zu beachten:

- Der Arbeitgeber unterbreitet **schriftlich allen Arbeitnehmern**[1557] binnen einer Woche einen **Vorschlag** über die Auswahl der BV-Kasse.
- Kommt es schriftlich zu einem qualifizierten **Einspruch** (mind. ein Drittel der Arbeitnehmer binnen zweier Wochen), hat der Arbeitgeber einen **zweiten Vorschlag** zu unterbreiten.
- Auf **Verlangen** der Arbeitnehmer ist die Beiziehung einer kollektivvertragsfähigen freiwilligen Interessenvertretung (**Gewerkschaft**) zwecks Beratung vorzunehmen.

Bei **Nichteinigung** entscheidet über Antrag die **Schlichtungsstelle** (vgl. § 9 Abs. 2 BMSVG).

Danach kann der Beitrittsvertrag zwischen dem Arbeitgeber und der BV-Kasse abgeschlossen werden.

36.1.6.2.3. Zeiträume vor einer gültigen BV-Kassen-Auswahl

Wenn die BV-Beiträge bereits zu entrichten wären, aber

- noch keine Betriebsvereinbarung über die Auswahl einer BV-Kasse besteht oder
- das Auswahlverfahren noch nicht beendet ist,

1557 Zu informieren sind auch die vom „neuen" Abfertigungsrecht nicht unmittelbar betroffenen Arbeitnehmer, da sie doch durch die Umstiegsmöglichkeit von der BV-Kassenauswahl potenziell betroffen sind.

sind die BV-Beiträge dennoch rechtzeitig an den zuständigen Krankenversicherungsträger zu leisten und von ihm so lange selbst für den Arbeitnehmer zu veranlagen, bis die BVK-Leitzahl nachgemeldet wird (§ 9 Abs. 6 BMSVG).

36.2. Abgabenrechtliche Behandlung der Beiträge und Leistungen

36.2.1. Sozialversicherung

Beiträge i.S.d. §§ 6 und 7 BMSVG (BV-Beiträge[1558], → 36.1.3.) sind **beitragsfrei** (§ 49 Abs. 3 Z 18 lit. b ASVG).

36.2.2. Lohnsteuer

36.2.2.1. Gesetzliche Regelungen

Zum **Arbeitslohn** (Einkünfte aus nicht selbstständiger Arbeit) gehören auch Bezüge und Vorteile aus BV-Kassen (§ 25 Abs. 1 Z 2 lit. d EStG).

Nicht steuerbare (steuerfreie) Arbeitslöhne (→ 21.3.) sind

- **Beiträge**, die der Arbeitgeber für seine Arbeitnehmer an eine BV-Kasse leistet, im Ausmaß von **höchstens 1,53%** des monatlichen Entgelts (§ 6 BMSVG, → 36.1.3.1.) bzw.
- von **höchstens 1,53%** der Bemessungsgrundlage für **entgeltfreie Zeiträume** (§ 7 BMSVG, → 36.1.3.3.),
- darauf entfallende zusätzliche Beiträge gem. § 6 Abs. 2a BMSVG[1559], weiters
- Beiträge, die nach § 124b Z 66 EStG geleistet werden (**Übertragungsbeträge**, → 36.1.5.3.), sowie Beträge, die auf Grund des BMSVG durch das **Übertragen von Anwartschaften** an eine andere BV-Kasse oder als **Überweisung** der Abfertigung **an ein Versicherungsunternehmen** als Einmalprämie für eine Pensionszusatzversicherung gem. § 108b EStG oder als Überweisung der Abfertigung an ein **Kreditinstitut** zum ausschließlichen Erwerb von Anteilen an einem prämienbegünstigten Pensionsinvestmentfonds gem. § 108b EStG oder als Überweisung der Abfertigung an eine **Pensionskasse** geleistet werden (§ 26 Z 7 lit. d EStG).

Die **Lohnsteuer** von Abfertigungen sowie von Kapitalbeträgen aus BV-Kassen beträgt **6%**. Wird der **Abfertigungsbetrag** oder der Kapitalbetrag **an** ein **Versicherungsunternehmen** zur Rentenauszahlung, an ein **Kreditinstitut** zum ausschließlichen **Erwerb** von Anteilen an einem **prämienbegünstigten Pensionsinvestmentfonds** oder an eine **Pensionskasse** übertragen (→ 36.1.4.3.), fällt **keine Lohnsteuer** an. Die Kapitalabfertigung angefallener Renten unterliegt einer Lohnsteuer von 6%. Zusätzliche Abfertigungszahlungen im Sinn dieser Bestimmung für Zeiträume, für

1558 Wenn Dienstgeber **freiwillig BV-Beiträge** zahlen, z.B. ab Beginn des Dienstverhältnisses und nicht erst ab dem zweiten Monat, stellt dies aus Sicht der Lohnsteuer keinen Vorteil aus dem Dienstverhältnis dar (→ 36.2.2.2.); somit sind diese Beiträge **lohnsteuerfrei**. Die Sozialversicherung nimmt hier eine Angleichung an die Vorgangsweise der Finanz vor und betrachtet diese freiwilligen Zahlungen als **beitragsfrei** (BMSVG, Fragen-Antworten-Katalog).

1559 2,5% von den BV-Beiträgen bei einer jährlichen Zahlungsweise für geringfügig beschäftigte Personen (→ 36.1.3.2.).

die ein Anspruch gegenüber einer BV-Kasse besteht, sind gem. § 67 Abs. 10 EStG (→ 23.3.2.6.2.) zu versteuern (§ 67 Abs. 3 EStG).

Die gesetzlichen Besteuerungsbestimmungen (Viertelregelung, Zwölftelregelung, → 34.7.2.2.) für die freiwilligen (vertraglichen) Abfertigungen gelten nur für jene Zeiträume, für die keine Anwartschaften gegenüber einer BV-Kasse bestehen (§ 67 Abs. 6 EStG) (→ 36.2.2.2.).

Wichtiger Hinweis:

Bei Beendigung des Dienstverhältnisses durch den Arbeitgeber ausbezahlte **gesetzliche Abfertigungsansprüche**

- an einen im **„alten" Abfertigungsrecht** befindlichen bzw.
- an einen nach einem **Teilübertritt im „neuen" Abfertigungsrecht** befindlichen Arbeitnehmer

werden gem. **§ 67 Abs. 3 EStG** (→ 34.7.2.1.) versteuert.

Beginnt ein Arbeitnehmer sein Dienstverhältnis nach dem 31. Dezember 2002 (als **„Neufall"**) und erhält dieser bei Beendigung des Dienstverhältnisses vom Arbeitgeber eine freiwillige (vertragliche) bzw. kollektivvertragliche Abfertigung, ist diese nach Ansicht der Finanzverwaltung und des BFG gem. **§ 67 Abs. 10 EStG** zu versteuern. Näheres dazu finden Sie unter Punkt 36.2.2.2.

36.2.2.2. Erlassmäßige Regelungen

Dieser Punkt beinhaltet die zum BMSVG ergangenen erlassmäßigen Regelungen, insb. die der

- **Lohnsteuerrichtlinien 2002.**

36.2.2.2.1. Beiträge an BV-Kassen

Beiträge des Arbeitgebers an BV-Kassen i.S.d. BMSVG stellen **keinen steuerpflichtigen Vorteil** aus dem Dienstverhältnis dar, soweit die Leistungen **höchstens 1,53%** des monatlichen Entgelts im Sinn arbeitsrechtlicher Bestimmungen (inkl. allfälliger Sonderzahlungen) bzw. höchstens 1,53% der Bemessungsgrundlage für entgeltfreie Zeiträume betragen. Bezahlt der Arbeitgeber **mehr als 1,53%** des monatlichen Entgelts, liegt insoweit **steuerpflichtiger** (laufender) **Arbeitslohn**[1560] vor. Die Beitragspflicht nach dem BMSVG ist nicht Voraussetzung für die Steuerfreiheit. **Freiwillige Beiträge** des Arbeitgebers im Ausmaß von höchstens 1,53% vom Entgelt **für den ersten Monat** des Dienstverhältnisses (gem. § 6 Abs. 1 BMSVG besteht keine Beitragspflicht) oder für die diesbezüglichen Sonderzahlungen fallen daher ebenfalls nicht unter die Einkünfte aus nicht selbstständiger Arbeit (und **sind somit nicht steuerbar**) (LStR 2002, Rz 766b).

1560 **Überzahlungen** (nicht unter § 26 Z 7 EStG fallende Zahlungen) des Arbeitgebers an eine BV-Kasse stellen **keine Zukunftssicherungsmaßnahme** i.S.d. § 3 Abs. 1 Z 15 lit. a EStG (→ 21.2.) **dar** (LStR 2002, Rz 81).

Die Bestimmungen des **§ 26 Z 7 lit. d EStG** (LStR 2002, Rz 766b, siehe vorstehend) kommen **nur dann** zum Tragen, wenn die Bezüge

- **Einkünfte aus nicht selbstständiger Arbeit** darstellen **und**
- den Vorschriften des **BMSVG unterliegen**.

Nicht darunter fallen daher monatliche Entgelte im Sinn arbeitsrechtlicher Bestimmungen, die steuerrechtlich Einkünfte aus selbstständiger Arbeit oder aus Gewerbebetrieb darstellen (z.B. Einkünfte von **freien Dienstnehmern** oder Einkünfte von **Kommanditisten**, die arbeitsrechtlich Dienstnehmer sind). Leistet daher der Arbeitgeber für derartige Dienstnehmer im arbeitsrechtlichen Sinn Beiträge an eine BV-Kasse, stellen diese Beiträge steuerpflichtige Einkünfte dar. BV-Beiträge für **Vorstände von AG** oder **Geschäftsführer von GmbHs** (mit Sperrminorität) und einer Beteiligung von nicht mehr als 25% (§ 25 Abs. 1 Z 1 lit. b EStG, LStR 2002, Rz 670) fallen ebenfalls unter die Bestimmung des § 26 Z 7 lit. d EStG (LStR 2002, Rz 766c).

§ 26 Z 7 lit. d EStG ist anzuwenden, wenn zwischen Arbeitgeber und Arbeitnehmer die **Übertragung von Altabfertigungsanwartschaften** (§ 47 Abs. 3 BMSVG) vereinbart wird und der Arbeitgeber dafür **Beiträge in eine BV-Kasse leistet**. Ist kollektivvertraglich die Anrechnung von Vordienstzeiten vorgesehen, können diese auch übertragen oder eingefroren werden. Die Übertragung von Altabfertigungsanwartschaften kann den gesamten Anspruchszeitraum (Vollübertragung, LStR 2002, Rz 766e) betreffen oder einen Teil des bisherigen Anspruchszeitraums (Teilübertragung, LStR 2002, Rz 766f) (LStR 2002, Rz 766d).

36.2.2.2.2. Gesetzliche Abfertigung

Unter Abfertigung i.S.d. § 67 Abs. 3 EStG (→ 34.7.2.1.) ist die einmalige Entschädigung durch den Arbeitgeber zu verstehen, die an einen Arbeitnehmer bei Auflösung des Dienstverhältnisses auf Grund gesetzlicher Vorschriften oder u.a. auf Grund eines Kollektivvertrags zu leisten ist. Eine kollektivvertragliche Abfertigung kann gem. § 67 Abs. 3 EStG an die Stelle der gesetzlichen Abfertigung treten, sofern ein gesetzlicher Abfertigungsanspruch dem Grund nach besteht. Für **Zeiträume**, für die **Ansprüche an eine BV-Kasse** i.S.d. BMSVG bestehen, **fehlt die gesetzliche Verpflichtung zur Leistung einer** (weiteren) **Abfertigung i.S.d. § 67 Abs. 3 EStG**. Mangels einer Verpflichtung zur Leistung einer gesetzlichen Abfertigung kann an die Stelle der gesetzlichen Abfertigung aber auch keine kollektivvertragliche Abfertigung treten.

Eine **kollektivvertragliche Abfertigungszahlung**, die (zusätzlich) **für Zeiträume** bezahlt wird, für die ein **Anspruch an eine BV-Kasse** nach dem BMSVG besteht, ist daher nicht gem. § 67 Abs. 3 EStG, sondern gem. **§ 67 Abs. 10 EStG** zu versteuern (→ 23.3.2.6.2.).

Sind vom Arbeitgeber noch **Beiträge nach dem BMSVG** für bereits vergangene Beitragszeiträume samt Verzugszinsen aus einem bereits beendeten Arbeitsverhältnis auf Grund eines rechtskräftigen Gerichtsurteils oder eines gerichtlichen Vergleichs zu leisten, sind diese Beiträge samt Verzugszinsen als Abfertigung **direkt an den Arbeitnehmer** auszuzahlen (→ 36.1.3.2.). Diese Leistungen sind einer gesetzlichen Abfertigung gleichzusetzen und sind als solche gemäß **§ 67 Abs. 3 EStG** (→ 34.7.2.1.) zu versteuern (LStR 2002, Rz 1079b).

Für **Abfertigungsansprüche**, die nach dem **„alten" System** ausbezahlt werden, gelten die bisherigen Regelungen des **§ 67 Abs. 3 EStG** weiter (→ 34.7.2.1.). Diese Regelungen finden insoweit Anwendung, als

- das **„alte" Abfertigungssystem** für die volle Dauer des Dienstverhältnisses **weitergeführt** wird oder
- Anwartschaften für den **gesamten Anspruchszeitraum** vor dem Übertritt in das neue System **„eingefroren werden"** und damit im alten System verbleiben oder
- Anwartschaften für einen **Teil des Anspruchszeitraums** vor dem Übertritt in das neue System **„eingefroren werden"** und damit insoweit im alten System verbleiben.

Maßgeblich für die Berechnung der Begünstigung nach § 67 Abs. 3 EStG für „eingefrorene" Anwartschaften ist die **Höhe** der Bezüge zum **Zeitpunkt der Beendigung** des Dienstverhältnisses (siehe auch LStR 2002, Rz 766f). Bei einer Teilübertragung ist für die „eingefrorenen" Anwartschaften § 67 Abs. 3 EStG jedoch nur insoweit anzuwenden, als die Anzahl der Monatsentgelte, die auf Grund gesetzlicher oder kollektivvertraglicher Ansprüche zustehen, zum Zeitpunkt des Übertritts nicht überschritten werden (LStR 2002, Rz 1079c).

36.2.2.2.3. Freiwillige Abfertigung und Abfindung

Wird das **„alte" Abfertigungssystem** für die volle Dauer des Dienstverhältnisses weitergeführt, **gilt § 67 Abs. 6 EStG** für freiwillig (vertraglich) bezahlte Abfertigungen **unverändert weiter** (→ 34.7.2.2.) (LStR 2002, Rz 1087b).

Gemäß § 67 Abs. 6 Z 7 EStG gelten die **Bestimmungen des § 67 Abs. 6 EStG** (→ 34.7.2.2.) **nur für jene Zeiträume**, für die **keine Anwartschaften gegenüber einer BV-Kasse** bestehen. Die Begünstigung des **§ 67 Abs. 6 EStG** kommt **nicht zum Tragen**, wenn für neue **Dienstverhältnisse ab 1. Jänner 2003** laufende Beiträge nach dem neuen System in eine BV-Kasse bezahlt werden (dies bezieht sich auch auf die Bestimmung des § 67 Abs. 6 EStG im Zusammenhang mit einem Sozialplan).

Wird bei **Dienstverhältnissen**, die **vor dem 1. Jänner 2003 begonnen** wurden, eine **freiwillige** (vertragliche) **Abfertigung** ausbezahlt, steht die **Begünstigung des § 67 Abs. 6 EStG** nach Maßgabe der LStR 2002, Rz 1087b ff. zu (LStR 2002, Rz 1087a).

Wird das **„alte" Abfertigungssystem** für Anwartschaftszeiträume bis zu einem bestimmten Übertrittsstichtag **weitergeführt**, die **gesamten Altabfertigungsansprüche eingefroren** und lediglich für künftige Anwartschaftszeiträume das neue System gewählt, sind für die Anwendung des § 67 Abs. 6 EStG nur Zeiträume bis zum Übertrittsstichtag maßgeblich (hinsichtlich der Berücksichtigung der Vordienstzeiten siehe LStR 2002, Rz 1087f) (LStR 2002, Rz 1087c).

Beispiel für den Fall eines Teilübertritts

Am 1. März 2013 erfolgt der Übertritt in das „neue" System. Das Dienstverhältnis hat am 1. Februar 2002 begonnen und wird am 15. Juli 2022 beendet. Gemäß § 67 Abs. 6 EStG sind nur Zeiten bis zum 28. Februar 2013 zu berücksichtigen (ohne Vordienstzeiten 11 Jahre, 1 Monat).

Wird bei Beendigung des Dienstverhältnisses eine freiwillige (vertragliche) Abfertigung in der Höhe von € 7.000,00 bezahlt, ist davon gem. § 67 Abs. 6 Z 1 und Z 2 EStG mit 6% zu versteuern:

- **ein Viertel der laufenden Bezüge** der letzten 12 Monate; höchstens das 9-Fache der monatlichen Höchstbeitragsgrundlage gem. § 108 ASVG (§ 67 Abs. 6 **Z 1** EStG; siehe LStR 2002, Rz 1087a)
- zuzüglich **4/12 der laufenden Bezüge** der letzten 12 Monate (Dienstverhältnis 11 Jahre, 1 Monat); höchstens viermal das 3-Fache der monatlichen Höchstbeitragsgrundlage gem. § 108 ASVG (→ 34.7.2.2.).

Angaben:

Freiwillige Abfertigung:	€ 7.000,00 (sv-frei!)
laufende Bezüge der letzten 12 Monate:	€ 16.800,00

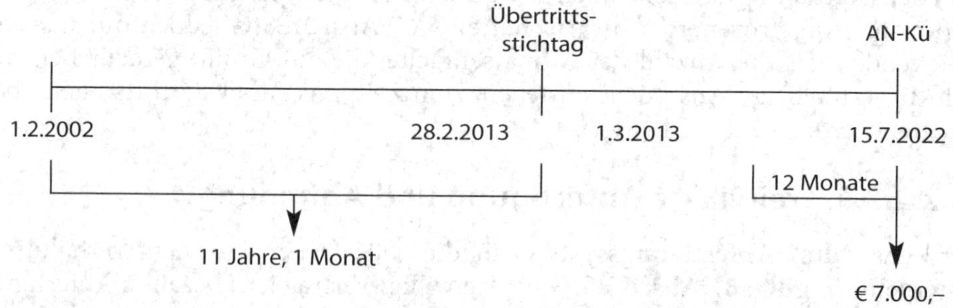

Lösung zur steuerlichen Behandlung:

§ 67 Abs. 6 Z 1 EStG: ein Viertel der laufenden Bezüge der letzten 12 Monate (€ 16.800,00 : 4) mit 6% =	€ 4.200,00,
höchstens das 9-Fache der monatlichen Höchstbeitragsgrundlage gem. § 108 ASVG	
§ 67 Abs. 6 Z 2 EStG (bei 11 Jahren, 1 Monat): 4/12 der laufenden Bezüge der letzten 12 Monate (€ 16.800,00 : 12 × 4) = € 5.600,00 mit 6%, max. aber	€ 2.800,00,
höchstens viermal das 3-Fache der monatlichen Höchstbeitragsgrundlage gem. § 108 ASVG	

Wurden (gesetzliche) **Altabfertigungsanwartschaften** für das bisherige Dienstverhältnis **im höchstmöglichen Ausmaß übertragen** (§ 26 Z 7 EStG), steht demnach die **Begünstigung** gem. § 67 Abs. 6 **Z 1** EStG (ein Viertel der laufenden Bezüge der letzten zwölf Monate) für freiwillige (vertragliche) Abfertigungen zu. (Es kann regelmäßig davon ausgegangen werden, dass ein bestimmter Zeitraum, wenn auch ein sehr kurzer, nicht berücksichtigt wird – hinsichtlich der Berücksichtigung der Vordienstzeiten siehe LStR 2002, Rz 1087f). Eine Begünstigung gem. § 67 Abs. 6 **Z 2** EStG (Zwölftelregelung) ist nicht möglich (LStR 2002, Rz 1087d).

Beispiel für den Fall eines Vollübertritts

Der Abfertigungsanspruch des Arbeitnehmers zum Zeitpunkt der **Übertragung** beträgt **4 Monatsentgelte** (die bisherige Dauer des Dienstverhältnisses beträgt 11 Jahre, 1 Monat). Es wird der gesamte gesetzliche Abfertigungsanspruch im Ausmaß von 4 Monatsentgelten in eine BV-Kasse übertragen.

Wird bei Beendigung des Dienstverhältnisses eine freiwillige (vertragliche) Abfertigung bezahlt, ist davon gem. § 67 Abs. 6 EStG mit 6% zu versteuern:

- **ein Viertel der laufenden Bezüge** der letzten 12 Monate; höchstens das 9-Fache der monatlichen Höchstbeitragsgrundlage gem. § 108 ASVG (→ 34.7.2.2.) (§ 67 Abs. 6 **Z 1** EStG; siehe LStR 2002, Rz 1087a).

Angaben:

DV-Beginn:		1.2.2002
Vollübertritt:		1.3.2013
Übertragungsbetrag (4 ME):	€	14.000,00
DV-Ende:		15.7.2022
Freiwillige Abfertigung:	€	10.000,00 (sv-frei!)
laufende Bezüge der letzten 12 Monate:	€	36.000,00

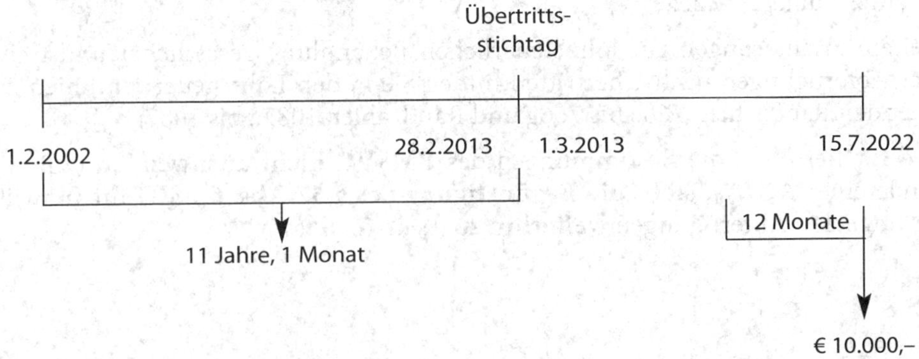

Lösung zur steuerlichen Behandlung:

§ 67 Abs. 6 Z 1 EStG: ein Viertel der laufenden Bezüge der letzten 12 Monate (€ 36.000,00 : 4) mit 6% =	€ 9.000,00,
höchstens das 9-Fache der monatlichen Höchstbeitragsgrundlage gem. § 108 ASVG	
§ 67 Abs. 6 Z 6 EStG: nach Tarif	€ 1.000,00

Kollektivvertragliche Abfertigungsansprüche, die nach dem Übertrittsstichtag entstehen, können **nicht nach § 67 Abs. 6 EStG begünstigt** versteuert werden (LStR 2002, Rz 1087g). Sie sind gem. § 67 Abs. 10 EStG zu versteuern (→ 23.3.2.6.2.) (§ 67 Abs. 3 EStG).

Fällt der Beginn eines Dienstverhältnisses bereits **in das „neue" Abfertigungssystem**, ist **§ 67 Abs. 6 EStG** zur Gänze **nicht mehr anzuwenden**[1561 1562]. Es können daher auch keine Vordienstzeiten berücksichtigt werden. Keine Möglichkeit, § 67 Abs. 6 EStG anzuwenden, besteht daher für jene Fälle, die nach dem alten System auf Grund einer Selbstkündigung den Anspruch auf eine gesetzliche Abfertigung verloren haben und durch die Aufnahme einer Tätigkeit bereits in das neue System zwingend wechseln und vom nachfolgenden Arbeitgeber eine freiwillige (vertragliche) Abfertigung zur Abdeckung der „verlorenen" gesetzlichen Abfertigungsansprüche erhalten (LStR 2002, Rz 1087h; vgl. auch VwGH 1.9.2015, 2012/15/0122).

Maßgeblich für die Berechnung der Begünstigung nach § 67 Abs. 6 EStG ist auch bei Übertritt in das „neue" Abfertigungssystem während des Dienstverhältnisses (sowohl bei voller als auch teilweiser Übertragung von Altabfertigungsanwartschaften in eine BV-Kasse) die **Höhe der Bezüge zum Zeitpunkt der Beendigung** des Dienstverhältnisses (LStR 2002, Rz 1087i).

Fallen **Vergleichssummen** gem. § 67 Abs. 8 lit. a EStG **bei oder nach Beendigung des Dienstverhältnisses** an und werden sie für Zeiträume ausbezahlt, für die eine **Anwartschaft gegenüber** einer **BV-Kasse** besteht, sind sie bis zu einem Betrag von **€ 7.500,00** mit dem Steuersatz von **6%** zu versteuern. Dieser Betrag berührt nicht die Sechstelregelung gem. § 67 Abs. 2 EStG. Nähere Erläuterungen und Beispiele finden Sie unter Punkt 24.5.2.2.

Weitere Erläuterungen zur lohnsteuerlichen Behandlung gesetzlicher und freiwilliger Abfertigungen nach Übertritten finden Sie in den Lohnsteuerrichtlinien 2002 unter den Randzahlen 766e bis 766g und Randzahlen 1087a bis 1087j.

Sind für Personen die Bestimmungen des **BMSVG nicht anzuwenden** (z.B. Vorstände einer AG[1563]), **steht die Begünstigung des § 67 Abs. 6 EStG** für freiwillige (vertragliche) Abfertigungen **weiterhin zu** (LStR 2002, Rz 1087j).

1561 Der § 67 Abs. 6 Z 7 EStG bestimmt dazu: „Die Besteuerungsbestimmungen zu freiwilligen (vertraglichen) Abfertigungen gelten nur für jene Zeiträume, für die keine Anwartschaften gegenüber einer BV-Kasse bestehen." Allerdings treffen weder das EStG noch die LStR 2002 eine Aussage darüber, wie freiwillige (vertragliche) Abfertigungen für Eintritte ab 1. Jänner 2003 lohnsteuerlich zu behandeln sind. Nach Ansicht der Finanzverwaltung und des BFG sind solche Abfertigungen gem. § 67 Abs. 10 EStG **wie ein laufender Bezug** im Zeitpunkt des Zufließens **nach dem Lohnsteuertarif** des jeweiligen Kalendermonats der Besteuerung zu unterziehen (vgl. u.a. BFG 18.1.2018, RV/7102052/2015; → 23.3.2.6.2.).

1562 Lohnnebenkostenbefreiungen (Dienstgeberbeitrag zum FLAF, → 37.3.3.; Zuschlag zum DB, → 37.3.4.; Kommunalsteuer, → 37.4.1.) für freiwillige Abfertigungen im Rahmen von Dienstverhältnissen, die nach dem 31.12.2002 begonnen haben, können jedoch zur Anwendung kommen (VwGH 1.9.2015, 2012/15/0122).

1563 Für die zum 31. Dezember 2007 bestehenden freien Dienstverhältnisse von Vorstandsmitgliedern i.S.d. § 4 Abs. 1 Z 6 ASVG (→ 31.8.3.) mit vertraglich festgelegten Abfertigungsansprüchen findet das BMSVG keine Anwendung (§ 73 Abs. 7 BMSVG) (→ 31.8.5., → 36.1.1.1.).

36.2.3. Zusammenfassung

Bei Beendigung eines Dienstverhältnisses sind zu behandeln:

<table>
<tr><th></th><th>SV</th><th>LSt</th><th>DB zum FLAF (→ 37.3.3.3.)</th><th>DZ (→ 37.3.4.3.)</th><th>KommSt (→ 37.4.1.3.)</th></tr>
<tr><td>„eingefrorene“ gesetzliche und kollektivvertragliche Abfertigungen</td><td rowspan="2">frei</td><td>vervielfachte Tariflohnsteuer oder Steuersatz von 6%</td><td rowspan="2">frei</td><td rowspan="2">frei</td><td rowspan="2">frei</td></tr>
<tr><td>freiwillige und vertragliche Abfertigungen u.a.m. bei „Übertrittsfällen“</td><td>„Viertel- u. Zwölftel-Regelung“[1564]: 6%[1565], darüber: Tariflohnsteuer</td></tr>
<tr><td>freiwillige und vertragliche Abfertigungen bei reinen „Neufällen“</td><td>frei</td><td>pflichtig (wie ein lfd. Bez.[1566])</td><td>frei</td><td>frei</td><td>frei</td></tr>
</table>

36.3. Meldebestimmungen – Beitragsabfuhr

36.3.1. Meldebestimmungen

Das BMSVG bestimmt Folgendes:

Die monatliche Bemessungsgrundlage ist mit der monatlichen Beitragsgrundlagenmeldung vom Arbeitgeber an den zuständigen Träger der Krankenversicherung zu melden. Der Beginn der Beitragszahlung ist vom Arbeitgeber mit der Anmeldung zur Sozialversicherung bekanntzugeben, das Ende der Beitragszahlung mit der Abmeldung des Arbeitnehmers von der Sozialversicherung. Für die Meldungen zur Betrieblichen Vorsorge sind die Bestimmungen der §§ 33 und 34 ASVG sinngemäß anzuwenden (§ 6 Abs. 1b BMSVG).

Anmeldung:

Im Rahmen der Anmeldung zur Sozialversicherung (→ 39.1.1.1.) ist auf der Meldungsart „**Anmeldung**“ auch das Datum des Beginns der Betrieblichen Vorsorge anzugeben. Der beitragsfreie erste Monat ist zu beachten (→ 36.1.3.1.).

Ein ursprünglich unrichtig gemeldeter Beginn der Betrieblichen Vorsorge muss über die Meldungsart „**Richtigstellung Anmeldung**“ korrigiert werden:

- Ist nur der Beginn der Pflichtversicherung zu berichtigen, ist das Feld *Anmeldedatum* mit dem ursprünglichen (falschen) Anmeldedatum zu belegen. Im Feld *Richtiges Anmeldedatum* ist das korrekte (neue) Anmeldedatum und im Feld *Betriebliche Vorsorge ab* gegebenenfalls der unveränderte Beginn der Betrieblichen Vorsorge anzuführen.

1564 Bei **Vollübertritten** und **Übertragung im höchstmöglichen Ausmaß** kommt nur die Viertelregelung zur Anwendung (→ 36.2.2.2.3.).

1565 Unter Berücksichtigung der Deckelungsbeträge (→ 34.7.2.2.).

1566 Dieser Betrag **bleibt** dem Wesen nach **ein sonstiger Bezug**, der nur „wie ein laufender Bezug“ versteuert wird (→ 23.3.2.6.2.).

- Ist ausschließlich der Beginn der Betrieblichen Vorsorge zu ändern, ist im Feld *Anmeldedatum* das ursprüngliche (unveränderte) Anmeldedatum anzuführen. Im Feld *Richtiges Anmeldedatum* ist dasselbe Anmeldedatum und im Feld *Betriebliche Vorsorge ab* der tatsächliche Beginn der Betrieblichen Vorsorge anzuführen.
- Muss sowohl der Beginn der Pflichtversicherung als auch jener der Betrieblichen Vorsorge korrigiert werden, ist im Feld *Anmeldedatum* das ursprüngliche (falsche) Anmeldedatum einzutragen. Im Feld *Richtiges Anmeldedatum* ist das richtige (neue) Anmeldedatum und im Feld *Betriebliche Vorsorge ab* der korrekte Beginn der Betrieblichen Vorsorge einzutragen (DGservice mBGM 10/2018).

Achtung: Wenn das Feld *Betriebliche Vorsorge ab* bei der Richtigstellung unbelegt bleibt, wird die Zeit der **Betrieblichen Vorsorge storniert**. Dies ist dann notwendig, wenn der jeweilige Versicherte im Zuge der Anmeldung irrtümlich zur Betrieblichen Vorsorge gemeldet worden ist. Davon zu unterscheiden ist die Meldungsart **„Storno Anmeldung"**, bei der die gesamte Anmeldung storniert wird (z.B. da der neue Mitarbeiter das Dienstverhältnis nunmehr doch nicht antritt).

Näheres zur Anmeldung zur Sozialversicherung finden Sie unter Punkt 39.1.1.1.1.

Fallweise Beschäftigte:

Der Beginn der Betrieblichen Vorsorge wird bei fallweise Beschäftigten nicht über die „Anmeldung fallweise Beschäftigter", sondern über die den Anmeldevorgang abschließende mBGM für fallweise Beschäftigte gemeldet.

Änderungsmeldung:

Der Dienstgeber hat während des Bestands der Pflichtversicherung auch den Wechsel in das „neue" Abfertigungsrecht nach § 47 BMSVG (den **Übertritt**, → 36.1.5.) innerhalb von **sieben Tagen** dem zuständigen Krankenversicherungsträger zu melden (§ 34 Abs. 1 ASVG).

In diesem Fall ist zwingend eine Meldung mit der Meldungsart **„Änderungsmeldung"** vorzunehmen (die Meldung erst mit der nächsten mBGM ist nicht ausreichend).

Abmeldung:

Für die **Sozialversicherung** gilt das **Ende des Entgeltanspruchs** als Ende der Beitragspflicht. Das Ende der Versicherungszeit entspricht grundsätzlich auch dem Ende der Anwartschaftszeit der Betrieblichen Vorsorge (siehe auch die nachstehenden Beispiele).

Das Datum des Endes der Betrieblichen Vorsorge ist auf der Meldungsart **„Abmeldung"** anzugeben. Muss dieses in weiterer Folge korrigiert werden, kann dies über die Meldungsart **„Richtigstellung Abmeldung"** erfolgen.

Achtung: Bleibt das Feld *Betriebliche Vorsorge Ende* auf der „Richtigstellung Abmeldung" unbelegt, führt dies zum gänzlichen Entfall des ursprünglich gemeldeten Sachverhalts (d.h. in diesem Fall zu einer aufrechten BV-Pflicht).

Wird das Dienstverhältnis beim Dienstgeber während **entgeltfreier Zeiträume beendet** (→ 36.1.3.3.), ist vom Dienstgeber **zwingend** eine **neuerliche Abmeldung** mittels der Meldungsart **„Abmeldung"** mit dem neuen Abmeldegrund (z.B. Kündigung) zu erstatten.

Weitere Rechtsansichten aus dem BMSVG-„Fragen-Antworten-Katalog":

Wird der Arbeitnehmer während einer Arbeitsverhinderung

- gekündigt,
- ohne wichtigen Grund vorzeitig entlassen oder
- trifft den Arbeitgeber ein Verschulden an dem vorzeitigen Austritt des Arbeitnehmers,

so bleibt gegebenenfalls der Anspruch auf Fortzahlung des Entgelts bestehen, wenngleich das Arbeitsverhältnis früher endet. Dies gilt auch für einvernehmliche Auflösungen während oder in Hinblick auf eine Arbeitsverhinderung (→ 25.5.). Für das aus diesem Grund fortgezahlte sv-pflichtige Entgelt ist ein BV-Beitrag zu zahlen; die **Fortzahlungszeit verlängert** die **Anwartschaftszeit**.

Beispiel 1

- Ein Angestellter wird während eines Krankenstands unter Einhaltung der Kündigungsfrist zum 30.9.20.. gekündigt (= Ende des Arbeitsverhältnisses).
- Gemäß § 8 Abs. 1 AngG in Verbindung mit § 9 AngG besteht Anspruch auf Fortzahlung des Entgelts bis zum 15.10.20.. (= Ende des Entgeltanspruchs = Ende der SV-Pflicht).

Für das bis zum 15.10.20.. fortgezahlte Entgelt besteht BV-Pflicht (wie bei einer Ersatzleistung für Urlaubsentgelt). Auf der Abmeldung ist anzugeben:

Beschäftigungsverhältnis Ende (EdB):	30.9.20..,
Entgeltanspruch Ende (EdE):	15.10.20..,
Betriebliche Vorsorge Ende (EdBV):	**15.10.**20..

Beispiel 2

- Ein Arbeitnehmer ist seit 3.4.20.. beschäftigt.
  In der Zeit vom 9.5.20.. bis 22.2.20.. bezieht er volles Krankengeld.
  Am 22.2.20.. endet das Arbeitsverhältnis durch Kündigung des Arbeitnehmers.

Der Arbeitgeber hat eine Abmeldung mit folgenden Daten zu erstatten:

Beschäftigungsverhältnis Ende (EdB):	22.2.20..,
Entgeltanspruch Ende (EdE):	8.5.20.. (Vorjahr),
Betriebliche Vorsorge Ende (EdBV):	**22.2.** 20...

Näheres zur Abmeldung zur Sozialversicherung finden Sie unter Punkt 39.1.1.1.1.

Sonderfall Auslandsbeschäftigung:

Unterliegt das Beschäftigungsverhältnis österreichischem Arbeitsrecht und somit der **BV-Pflicht in Österreich** (→ 36.1.2.1.), wird aber aufgrund der Tätigkeit im Ausland oder der Zuständigkeit eines ausländischen SV-Trägers bei mehrfacher Beschäftigung in der EU/im EWR/in der Schweiz (→ 6.1.2.) **keine Pflichtversicherung in**

Österreich begründet, ist ausschließlich eine Anmeldung zur Betrieblichen Vorsorge in Österreich erforderlich. Die Anmeldung zur BV ist beim zuständigen Krankenversicherungsträger grundsätzlich mittels ELDA binnen sieben Tagen ab Beschäftigungsbeginn zu erstatten. In diesem Fall bleibt auf der **„Anmeldung"** das Feld des *Anmeldedatums* (Beginn der Pflichtversicherung) unbelegt. Das Feld „Beschäftigungsbereich" ist mit „Sonstige Personen ohne KV-Schutz" zu befüllen (vgl. auch ÖGK, DG-Newsletter Nr. 5/September 2020).

Wird das Datum des Beginns der Betrieblichen Vorsorge über die Meldungsart **„Richtigstellung Anmeldung"** korrigiert, ist im Feld *Anmeldedatum* der ursprüngliche (falsche) Beginn der Betrieblichen Vorsorge anzuführen. Im Feld *Richtiges Anmeldedatum* und im Feld *Betriebliche Vorsorge ab* ist der richtige (neue) Beginn der Betrieblichen Vorsorge anzuführen (DGservice mBGM 10/2018).

Bedarf es einer Korrektur des bereits gemeldeten Endes der BV-Pflicht, ist im Rahmen der Meldungsart **„Richtigstellung Abmeldung"** das Feld *Ende des Beschäftigungsverhältnisses* mit dem ursprünglichen Ende der Betrieblichen Vorsorge zu belegen. Das korrekte Ende ist in das Feld *Betriebliche Vorsorge Ende* einzutragen. Wurde die Betriebliche Vorsorge zu Unrecht beendet, ist das Feld *Betriebliche Vorsorge Ende* in der Grundstellung zu belassen. Dies bewirkt, dass die Betriebliche Vorsorge nicht abgemeldet wird.

Monatliche Beitragsgrundlagenmeldung:

Die Meldung des BV-Beitrags erfolgt sowohl im Selbstabrechnungsverfahren als auch im Vorschreibeverfahren für jeden einzelnen Dienstnehmer über die monatliche Beitragsgrundlagenmeldung (mBGM). Diesbezüglich kann auf die Ausführungen unter Punkt 39.1.1.1.1. verwiesen werden. Für die Verrechnung und Meldung des BV-Beitrags besteht auf der **mBGM** eine **eigene Verrechnungsbasis und eine eigene Verrechnungsposition**.

Der **BV-Zuschlag** (2,5%) bei jährlicher Zahlungsweise für geringfügige Beschäftigungsverhältnisse (→ 36.3.2.) ist als **Zuschlag** im Tarifsystem abzurechnen und in Selbstabrechnungsbetrieben auf der mBGM zu führen. In Vorschreibebetrieben erfolgt die Berücksichtigung des BV-Zuschlags für die jährliche Abrechnung automatisch.

Da sich die Pflichtversicherung um Zeiten einer Ersatzleistung für Urlaubsentgelt und/oder Krankenentgeltzahlung nach dem Dienstverhältnisende und/oder Kündigungsentschädigung verlängert, sind dementsprechend die Beitragsgrundlagen für die Sozialversicherung bis zum sozialversicherungsrechtlichen Ende bekannt zu geben.

Liegt das Ende der Pflichtversicherung erst im nächsten Monat (bzw. in einem der nächsten Monate), sind für die Sozialversicherung **mehrere monatliche Beitragsgrundlagenmeldungen (mBGM)** erforderlich (BMSVG, Fragen-Antworten-Katalog).

36.3.2. Beitragsabfuhr

Die Beiträge sind innerhalb der üblichen Fristen des ASVG zu zahlen (grundsätzlich der 15. des nächstfolgenden Kalendermonats; die verspätete Einzahlung innerhalb der Respirofrist von drei Tagen bleibt ohne Rechtsfolgen (→ 37.2.1.2., → 37.2.2.2.), ansonsten fallen Verzugszinsen an, → 40.1.2.1.).

Die Beiträge sind

- an den zuständigen Krankenversicherungsträger abzuführen; dies gilt auch dann, wenn gegebenenfalls der Arbeitgeber bloß mit einer BV-Kasse oder mit mehreren BV-Kassen Vereinbarungen getroffen hat;
- im Baubereich an die Bauarbeiter-Urlaubs- und Abfertigungskasse (BUAK) im Rahmen der BUAG-Zuschläge abzuführen.

Die Weiterleitung der BV-Beiträge erfolgt durch den Krankenversicherungsträger an die BV-Kasse bzw. durch die BUAK an die BUAK-BV-Kasse.

Geringfügige Beschäftigungsverhältnisse:

Für den Fall **geringfügiger Beschäftigungsverhältnisse** gem. § 5 Abs. 2 ASVG (→ 31.4.) gilt sowohl für das Selbstabrechnungs- als auch für das Vorschreibeverfahren Nachstehendes:

Der Arbeitgeber hat die **Wahlmöglichkeit**, die BV-Beiträge entweder **monatlich oder jährlich** zu überweisen. Bei einer jährlichen Zahlungsweise sind zusätzlich 2,5% vom zu leistenden Beitrag gleichzeitig mit diesem Beitrag an den zuständigen Träger der Krankenversicherung als „BV-Zuschlag" zu überweisen*). Werden die Unfallversicherungsbeiträge für geringfügige Beschäftigungsverhältnisse jährlich entrichtet (→ 31.4.2.), gilt diese jährliche Entrichtung zwingend auch für die BV-Beiträge. Die Fälligkeit der Beiträge ergibt sich aus § 58 ASVG (→ 37.2.1.2., → 37.2.2.2.). **Abweichend davon** sind bei einer jährlichen Zahlungsweise die BV-Beiträge (zuzüglich der 2,5%) bei einer Beendigung des Arbeitsverhältnisses **bis zum 15. des Folgemonats zu entrichten,** in den die Beendigung des Arbeitsverhältnisses fällt. Eine **Änderung der Zahlungsweise** ist nur zum Ende des Kalenderjahrs zulässig. Der Arbeitgeber hat eine Änderung der Zahlungsweise dem zuständigen Träger der Krankenversicherung vor dem Beitragszeitraum, für den die Änderung der Zahlungsweise vorgenommen wird, zu melden (§ 6 Abs. 2a BMSVG).

*) Dazu ein **Beispiel**:

Jährliche Bemessungsgrundlage:	€ 7.000,00		
Zu überweisen sind:	€ 7.000,00 × 1,53%	= €	107,10
	€ 107,10 × 2,5%	= €	2,68
	insgesamt	**€**	**109,78**

Bei jährlicher Abrechnung erfolgt die Meldung der betreffenden mBGM in einem **eigenen mBGM-Paket**.

Beispiel zur jährlichen Abrechnung (Quelle: DGservice mGBM 10/2018)

Ein Versicherter steht seit mehreren Monaten in einem unbefristeten geringfügigen Beschäftigungsverhältnis. Die geringfügige Beschäftigung wird per 17.2.2022 beendet. Ab 20.2.2022 nimmt die betreffende Person beim selben Dienstgeber erneut eine zeitlich unbefristete Tätigkeit auf. Das Entgelt aus dieser zweiten Beschäftigung übersteigt die Geringfügigkeitsgrenze. Im Beitragszeitraum Februar liegen zwei unbefristete Beschäftigungsvereinbarungen vor. Für den Versicherten ist somit nur eine mBGM zulässig. Im Hinblick auf die vom Dienstgeber gewünschte jährliche Abrechnung des Unfallversicherungsbeitrags und des Beitrags für die Betriebliche Vorsorge ist wie folgt vorzugehen:

- **mBGM Jänner 2022:** Die mBGM für die geringfügige Beschäftigung ist mit dem mBGM-Paket für die jährliche Abrechnung zu übermitteln.
- **mBGM Februar 2022:** Sowohl die geringfügige Beschäftigung als auch die Vollversicherung sind in einer mBGM des Versicherten zu melden. Diese mBGM ist mit dem mBGM-Paket für die jährliche Abrechnung zu erstatten. Damit wird sichergestellt, dass die Beiträge für die geringfügige Beschäftigung die jährliche und die Beiträge für die Vollversicherung die monatliche Wertstellung erhalten.
- **mBGM März 2022:** Die mBGM für die laufende Vollversicherung wird in weiterer Folge mit dem „regulären" mBGM-Paket übermittelt.

Wurde hingegen das geringfügige Beschäftigungsverhältnis für kürzer als einen Monat vereinbart und die darauf folgende vollversicherte Tätigkeit unbefristet eingegangen, liegen unterschiedliche Arten von Beschäftigungsvereinbarungen vor. Für den Versicherten sind somit zwei mBGM notwendig (→ 39.1.1.1.3.). Die mBGM für die geringfügige Beschäftigung im Beitragszeitraum Februar 2022 wird mit dem mBGM-Paket für die jährliche Abrechnung übermittelt. Die Abrechnung der Vollversicherung erfolgt hingegen mit dem „regulären" mBGM-Paket.

Nachzahlungen durch den Arbeitgeber aufgrund von Gerichtsurteilen:

Sind vom Arbeitgeber noch Beiträge nach dem BMSVG für bereits vergangene Beitragszeiträume samt Verzugszinsen aus einem bereits beendeten Arbeitsverhältnis auf Grund eines rechtskräftigen Gerichtsurteils oder eines gerichtlichen Vergleichs zu leisten, sind diese **BV-Beiträge** samt Verzugszinsen als Abfertigung **direkt an den Arbeitnehmer** auszuzahlen[1567] (§ 6 Abs. 3 BMSVG).

Die vorstehende Regelung ist so zu verstehen, dass eine **Direktzahlung** der BV-Beiträge nach dieser Bestimmung **nur dann** stattzufinden hat, wenn die **BV-Beiträge** vom Arbeitnehmer auch tatsächlich im Zusammenhang **mit** noch **anderen offenen Entgeltansprüchen eingeklagt und** vom Gericht **zugesprochen** worden sind.

Wesentlich ist also, dass der Arbeitgeber nach Beendigung eines Arbeitsverhältnisses **BV-Beiträge auf Grund eines rechtskräftigen Urteils** zu zahlen hat; liegen diese Voraussetzungen vor, sind diese Beiträge vom Arbeitgeber direkt an den Arbeitnehmer und nicht im Weg des Krankenversicherungsträgers an die BV-Kasse zu zahlen.

Werden **lediglich offene Entgeltansprüche**, aber nicht die BV-Beiträge **eingeklagt**, sind diese selbstverständlich vom Arbeitgeber an den Krankenversicherungsträger zu leisten, der sie (ohne Zinsen) **an die BV-Kasse** weiterzuleiten hat (BMSVG, Fragen-Antworten-Katalog).

Nachzahlungen für das Vorjahr:

Bei **Nachzahlungen** für das Vorjahr (bzw. Vorjahre) ist eine **zeitraumbezogene Aufrollung** durchzuführen. Wird. z.B. im Monat März 2022 für April 2021 eine Nachzahlung (verspätete Zahlung, → 24.3.) abgerechnet, so ist die sozialversiche-

1567 Nach Abzug der Lohnsteuer gem. § 67 Abs. 3 EStG (→ 34.7.2.1.) (LStR 2002, Rz 1079b).

rungsrechtliche Beitragsgrundlage sowie die BV-Beitragsgrundlage für April 2021 richtigzustellen.

Bei Vorschreibebetrieben ist nach dem gleichen Schema vorzugehen (BMSVG, Fragen-Antworten-Katalog).

Rückerstattung von BV-Beiträgen:

Für die Rückerstattung von BV-Beiträgen gilt: BV-Beiträge wurden gemeldet und durch den Krankenversicherungsträger an die BV-Kasse überwiesen. Die tatsächliche Entrichtung der BV-Beiträge durch den Arbeitgeber spielt für die Überweisung an die BV-Kasse keine Rolle. Es erfolgt die rückwirkende Abmeldung eines Arbeitnehmers. Wenn noch **keine Auszahlung der BV-Beiträge** durch die BV-Kasse an den Versicherten erfolgt ist, kommt es zu einer Rückverrechnung der BV-Beiträge von der BV-Kasse an den Arbeitgeber über den Krankenversicherungsträger auf dem monatlich stattfindenden Überweisungsweg. Ist die **Auszahlung der BV-Beiträge** durch die BV-Kasse an den Versicherten bereits erfolgt, so kommt es zu einer Rückverrechnung der BV-Beiträge von der BV-Kasse an den Arbeitgeber über den Krankenversicherungsträger auf dem monatlich stattfindenden Überweisungsweg und zu einer Rückforderung des ausbezahlten BV-Beitrags durch die BV-Kasse. Sind die fraglichen BV-Beiträge bereits verjährt, so erfolgt keine Rückverrechnung der BV-Beiträge. Anwartschaftszeit und BV-Beitrag verbleiben dem Versicherten (BMSVG, Fragen-Antworten-Katalog).

37. Außerbetriebliche Abrechnung

In diesem Kapitel werden u.a. Antworten auf folgende praxisrelevanten Fragestellungen gegeben:

- Wie erfolgt die Abrechnung mit der Österreichischen Gesundheitskasse, dem Finanzamt sowie der Stadt- bzw. Gemeindekasse?
- Welche Meldebestimmungen sind jeweils einzuhalten?
- Wann sind Beiträge und Abgaben fällig bzw. spätestens zu entrichten?
- Welche Bezugsbestandteile unterliegen der Lohnnebenkostenpflicht und für welche besteht eine Befreiung von den Lohnnebenkosten?
  - Wie ist hinsichtlich der Bewertung von Sachbezügen an wesentlich beteiligte Gesellschafter-Geschäftsführer für die Bemessung der Lohnnebenkosten vorzugehen? Seite 1451 f.
- Welche Schritte sind bei der Inanspruchnahme einer Begünstigung nach dem NeuFöG in der Personalverrechnung zu setzen? Seite 1469 f.

37.1. Allgemeines

Durch die Beschäftigung von Dienstnehmern entstehen dem Dienstgeber

Lohnkosten

Diese setzen sich zusammen aus

Bruttolohn für die Arbeitszeit	Lohnnebenkosten

Diese setzen sich zusammen aus

Lohn für bezahlte Ausfallzeiten[1568]	Sonderzahlungen[1569]	**gesetzliche Sozialleistungen**[1570]	sonstige Nebenkosten[1571]

1568 Z.B. Urlaub (→ 26.2.6.), Pflegefreistellung (→ 26.3.2.), Krankenstand (→ 25.2.7., → 25.3.7.).

1569 Z.B. Urlaubsbeihilfe, Weihnachtsremuneration (→ 26.2.2.).

1570 Dienstgeberanteil zur Sozialversicherung (→ 37.2.1.1.), Dienstgeberabgabe (→ 31.4.2.), Dienstgeberbeitrag zum FLAF (→ 37.3.3.).

1571 Diese Gruppe der Nebenkosten unterteilt sich in
- sonstige **freiwillige** Nebenkosten (z.B. freiwillige Abfertigungen) und in
- sonstige **gesetzliche** Nebenkosten (Ausgleichstaxe gem. BEinstG, → 29.6.; BV-Beitrag, → 36.1.3.; Dienstgeberabgabe der Gemeinde Wien, → 37.4.2.; Kommunalsteuer, → 37.4.1.; Zuschlag zum DB, → 37.3.4.).

Die **außerbetriebliche Abrechnung umfasst** die Verrechnung

- der **einbehaltenen gesetzlichen Abzüge**, die vom Dienstnehmer zu tragen sind, und
- der **gesetzlichen Sozialleistungen** zuzüglich der **sonstigen gesetzlichen Nebenkosten**, die vom Dienstgeber zu tragen sind,

mit den entsprechend dafür vorgesehenen Stellen.

Der volle Umfang der außerbetrieblichen Abrechnung ist nachstehender Tabelle zu entnehmen:

Außerbetriebliche Stellen	**Außerbetriebliche Abrechnungen**
Österreichische Gesundheitskasse (als Träger der Krankenversicherung)	Dienstnehmeranteile zur Sozialversicherung + Dienstgeberanteil zur Sozialversicherung + ev. Dienstgeberabgabe (→ 31.4.2.) + ev. Betrieblicher Vorsorgebeitrag (→ 36.1.3.) + ev. Service-Entgelt (→ 37.2.6.)
Finanzamt	Lohnsteuer + Dienstgeberbeitrag zum FLAF + ev. Zuschlag zum Dienstgeberbeitrag
Stadt(Gemeinde)kasse	+ Kommunalsteuer + nur für das Bundesland Wien die Dienstgeberabgabe der Gemeinde Wien
Allgemeine Unfallversicherungsanstalt	Unfallversicherungsbeiträge für Volontäre (→ 31.5.)
Bundesamt für Soziales und Behindertenwesen (Sozialministeriumservice)	Ausgleichstaxe nach dem BEinstG (→ 29.6.)

37.2. Abrechnung mit der Österreichischen Gesundheitskasse

Die zentrale Stelle (→ 5.3.2.) für die Durchführung der außerbetrieblichen Abrechnung der Sozialversicherungsbeiträge und Umlagen ist im Bereich der gewerblichen Wirtschaft i.d.R. die **Österreichische Gesundheitskasse** (→ 6.2.6.).

Für jeden Dienstgeber, der Versicherte zur Sozialversicherung gemeldet hat, existiert zumindest ein Beitragskonto mit einer entsprechenden **Beitragskontonummer**. Einem Unternehmen können u.U. mehrere Beitragskontonummern zugewiesen werden (z.B. für verschiedene Filialen). Sämtliche Meldungen (An-, Abmeldungen, mBGM usw.) bzw. Zahlungsbelege sind immer mit jener Beitragskontonummer zu versehen, für die die jeweilige Meldung bzw. Zahlung erfolgt.

Praxistipp: Eine Anforderung einer Beitragskontonummer kann z.B. über das dafür bestehende Online-Formular erfolgen (abrufbar unter www.gesundheitskasse.at).

Die Abrechnung erfolgt entweder nach dem Selbstabrechnungs- oder dem Vorschreibeverfahren (→ 11.4.3.).

Im Rahmen beider Abrechnungsverfahren ist für Zeiträume seit 1.1.2019 für jeden Dienstnehmer eine **monatliche Beitragsgrundlagenmeldung (mBGM)** zu erstatten. Mit dieser wird einerseits der Anmeldevorgang abgeschlossen (→ 39.1.1.1.1.) und in weiterer Folge laufend der Versicherungsverlauf des Dienstnehmers gewartet. Andererseits werden über die mBGM für jeden einzelnen Dienstnehmer die Beitragsgrundlagen und – im Selbstabrechnungsverfahren – die abzuführenden Sozialversicherungsbeiträge, Umlagen und Nebenbeiträge sowie die BV-Beiträge (monatlich) dem Krankenversicherungsträger gemeldet.

Eine mBGM ist sowohl im Selbstabrechnungs- als auch im Vorschreibeverfahren zu erstatten, wobei im Detail Unterschiede bestehen.

Näheres zur mBGM finden Sie auch unter Punkt 39.1.1.1.3.

37.2.1. Selbstabrechnungsverfahren

37.2.1.1. Monatliche Beitragsgrundlagenmeldung

Nach **Ablauf des Beitragszeitraums** ist der Dienstgeber selbst verpflichtet, die Abrechnung durchzuführen und der Österreichischen Gesundheitskasse die berechneten Beitragsgrundlagen und Beiträge für jeden Dienstnehmer im Rahmen der mBGM bis zum 15. des Folgemonats zu melden. Die in einem mBGM-Paket für mehrere Dienstnehmer abgerechneten Beiträge werden automatisch aufsummiert und am Beitragskonto des Dienstgebers verbucht. Dieser Betrag ist in weiterer Folge durch den Dienstgeber einzuzahlen(→ 37.2.1.2.).

Die mBGM ist **bis zum 15. nach Ablauf eines jeden Beitragszeitraums zu erstatten.** Wird ein Beschäftigungsverhältnis nach dem 15. des Eintrittsmonats aufgenommen, endet die Frist mit dem 15. des übernächsten Monats. Dies gilt auch bei Wiedereintritt des Entgeltanspruchs nach dem 15. des Wiedereintrittsmonats (§ 34 Abs. 2 ASVG).

Die mBGM ersetzt im Selbstabrechnungsverfahren die für Zeiträume bis 31.12.2018 zu übermittelnde monatliche Beitragsnachweisung sowie den jährlichen Beitragsgrundlagennachweis pro Dienstnehmer („Lohnzettel SV“) (siehe dazu ausführlich in der 29. Auflage dieses Buchs).

Praxistipp: Erfolgen Nachzahlungen für Zeiträume vor 1.1.2019, sind diese sozialversicherungsrechtlich den jeweiligen Beitragszeiträumen zuzuordnen. In diesem Fall sind die bis 31.12.2018 geltenden Bestimmungen anzuwenden (d. h. Storno und Neumeldung der Beitragsnachweisung und des Beitragsgrundlagennachweises [„Lohnzettel SV“]) für diesen Zeitraum.

Beispiel 186

Beitragsabrechnung nach dem Selbstabrechnungsverfahren.

Angaben:

- Beitragszeitraum Mai 2022,
- monatliche Abrechnung (alle Beschäftigten sind das gesamte Monat beschäftigt),
- die Beitragsgrundlagen betragen:

	allgemeine Beitragsgrundlagen			Beitragsgrundlagen für Sonderzahlungen		
Angestellter (keine BV-Pflicht)	–	–	€ 3.300,00	–	–	€ 3.300,00
Arbeiter	€ 1.100,00	–	–	€ 1.100,00	–	–
Arbeiterlehrling	–	€ 500,00	–	–	€ 500,00	–
Summe	€ 1.100,00	€ 500,00	€ 3.300,00	€ 1.100,00	€ 500,00	€ 3.300,00
	↓	↓	↓	↓	↓	↓
Prozentsatz	× 15,12%	× 11,92%	× 18,12%	× 14,12%	× 11,92%	× 17,12%
=	€ 166,32	€ 59,60	€ 597,96	€ 155,32	€ 59,60	€ 564,96

Die Dienstnehmeranteile betragen **€ 1.603,76.**

Lösung:

Beschäftigtengruppe	Verrechnungsbasis Typ	Verrechnungsbasis Betrag	Verrechnungsposition Typ	Verrechnungsposition Prozentsatz Tarif	Betrag (SV-DNA und SV-DGA)
Angestellter (B002)	Allgemeine Beitragsgrundlage (AB)	€ 3.300,00	Standard-Tarifgruppenverrechnung (T01)	39,25%	€ 1.295,25
	Beitragsgrundlage Sonderzahlung (SZ)	€ 3.300,00	Standard-Tarifgruppenverrechnung Sonderzahlung (T02)	37,75%	€ 1.245,75
Arbeiter (B001)	Allgemeine Beitragsgrundlage (AB)	€ 1.100,00	Standard-Tarifgruppenverrechnung (T01)	39,25%	€ 431,75
			Minderung AV um 3% (A03)	– 3,00%	– € 33,00
	Beitragsgrundlage Sonderzahlung (SZ)	€ 1.100,00	Standard-Tarifgruppenverrechnung Sonderzahlung (T02)	37,75%	€ 415,25
			Minderung AV um 3% (A03)	– 3,00%	– € 33,00
	Beitragsgrundlage zur BV (BV)	€ 2.200,00	Verrechnung Betriebliche Vorsorge (V01)	1,53%	€ 33,66

Beschäftigtengruppe	Verrechnungsbasis Typ	Verrechnungsbasis Betrag	Verrechnungsposition Typ	Verrechnungsposition Prozentsatz Tarif	Betrag (SV-DNA und SV-DGA)
Arbeiterlehrling (B045)	Allgemeine Beitragsgrundlage (AB)	€ 500,00	Standard-Tarifgruppenverrechnung (T01)	28,55%	€ 142,75
			Minderung AV um 1,20% (A04)	– 1,20%	– € 6,00
	Beitragsgrundlage Sonderzahlung (SZ)	€ 500,00	Standard-Tarifgruppenverrechnung Sonderzahlung (T02)	28,55%	€ 142,75
			Minderung AV um 1,20% (A04)	– 1,20%	– € 6,00
	Beitragsgrundlage zur BV (BV)	€ 1.000,00	Verrechnung Betriebliche Vorsorge (V01)	1,53%	€ 15,30
Summe					€ 3.644,46

Eine andere Darstellung des mBGM-Pakets befindet sich auf der nächsten Seite.

Ermittlung des Dienstgeberanteils (inkl. BV-Beitrag):

	Gesamtsumme der Beiträge lt. mBGM-Paket	€	3.644,46
–	Dienstnehmeranteile	€	1.603,76
=	Dienstgeberanteil (inkl. BV-Beitrag)	**€**	**2.040,70**

dvo Software Entwicklungs- und Vertriebs-Gmbh
Nestroyplatz 1 • 1020 Wien • www.dvo.at

dvo

ÖGK - Wien   Beitragskontonummer: 19121662   Verfahren: Selbstabrechnung

MONATLICHE BEITRAGSGRUNDLAGENMELDUNG

für den Zeitraum Mai 2022 vom 01.05.2022 bis 31.05.2022

Dienstnehmer	Vers.-Nr.	mBGM	Beschäftigtengruppe	ERGB	ZUAB	Tag(e)		
1 Angestellter	0000 17 01 68	G1 Regelmäßig	B002 Angestellte			01 - 31		
VERG: 2; AB: 3.300,00 (T01: +39,25%, +1.295,25); SZ: 3.300,00 (T02: +37,75%, +1.245,75)							VSUM:	2.541,00
2 Arbeiter	0000 17 02 66	G1 Regelmäßig	B001 Arbeiter			01 - 31		
VERG: 1; AB: 1.100,00 (T01: +39,25%, +431,75; A03: -3,00%, -33,00); SZ: 1.100,00 (T02: +37,75%, +415,25; A03: -3,00%, -33,00); BV: 2.200,00 (V01: +1,53%, +33,66)							VSUM:	814,66
3 Lehrling	0000 17 10 04	G1 Regelmäßig	B045 Arbeiterlehrlinge			01 - 31		
VERG: 1; AB: 500,00 (T01: +28,55%, +142,75; A04: -1,20%, -6,00); SZ: 500,00 (T02: +28,55%, +142,75; A04: -1,20%, -6,00); BV: 1.000,00 (V01: +1,53%, +15,30)							VSUM:	288,80
						ANZM: 3	GSUM:	+3.644,46

AB) Allgemeine Beitragsgrundlage SZ) Sonderzahlung BV) Beitragsgrundlage zur BV
T01) Standard-Tarifgruppenverrechnung T02) Standard-Tarifgruppenverrechnung(SZ) V01) Betriebliche Vorsorge A03) Minderung AV um 3% A04) Minderung AV um 1,2% (Lg.)

37.2.1.2. Fälligkeit und Einzahlung der Beiträge

Hinweis: Aufgrund der COVID-19-Krise gelten unter Umständen von den nachstehenden Ausführungen abweichende Fristen und Bestimmungen in Zusammenhang mit der Fälligkeit und Einzahlung von Beiträgen. Aktuelle ausführliche Informationen dazu finden Sie unter www.gesundheitskasse.at.

Die **allgemeinen Beiträge** sind i.d.R. am letzten Tag des Kalendermonats fällig, in den das Ende des Beitragszeitraums fällt (§ 58 Abs. 1 ASVG).

Davon abweichend sind die allgemeinen Beiträge bei Aufnahme des Beschäftigungsverhältnisses nach dem 15. des Eintrittsmonats und bei Wiedereintritt des Entgeltanspruchs nach dem 15. des Wiedereintrittsmonats am letzten Tag des Kalendermonats fällig, der auf den Eintritts- oder Wiedereintrittsmonat folgt (§ 58 Abs. 1a ASVG).

Die **Sonderbeiträge** werden am letzten Tag des Kalendermonats fällig, in dem die Sonderzahlung fällig wurde, wenn die Sonderzahlung aber vor ihrer Fälligkeit ausbezahlt wurde, am letzten Tag des Kalendermonats der Auszahlung (§ 58 Abs. 1 ASVG, § 17 Abs. 1 Satzung der ÖGK).

Die Beiträge sind grundsätzlich

- **innerhalb von 15 Tagen**[1572] nach der Fälligkeit unaufgefordert einzuzahlen.
- Erfolgt die Einzahlung zwar verspätet, aber **noch innerhalb von drei Tagen**[1573] **nach Ablauf** der **15-Tage-Frist**, so bleibt diese **Verspätung ohne Rechtsfolgen** (§§ 58 Abs. 4, 59 Abs. 1 ASVG) (→ 40.1.2.).

Fällt das Ende der Zahlungsfrist auf einen

- **Samstag, Sonntag, gesetzlichen Feiertag, Karfreitag** oder **24. Dezember**[1574],

so gilt in Anpassung an die Bestimmungen des § 108 Abs. 3 BAO der **nächste Werktag als Ende der Frist**.

37.2.2. Vorschreibeverfahren

37.2.2.1. Monatliche Beitragsgrundlagenmeldung und Beitragsvorschreibung

Ein wesentlicher Unterschied des Vorschreibeverfahrens (→ 11.4.3.2.) zum Selbstabrechnungsverfahren besteht darin, dass dem Dienstgeber der Gesamtbeitrag nach Ablauf eines Beitragszeitraums von der Österreichischen Gesundheitskasse mittels einer

- **Beitragsvorschreibung** (mit inkludiertem Kontoauszug)

vorgeschrieben[1575] wird.

Aus diesem Grund unterscheidet sich auch die mBGM im Vorschreibefahren geringfügig von jener im Selbstabrechnungsverfahren[1576].

Die in der ersten mBGM übermittelten Informationen (Beschäftigtengruppe, Beitragsgrundlage etc.) werden für die Beitragsvorschreibung herangezogen. In weiterer

1572 Kalendertage.
1573 = Respirofrist.
1574 Diese Tage sind nach Ansicht des BMSGPK auch **nicht** in die 3-tägige Respirofrist **einzurechnen**.
1575 Dienstgebern, in deren Betrieb **weniger als 15 Dienstnehmer** beschäftigt sind, sind **auf Verlangen** die Beiträge vorzuschreiben (§ 58 Abs. 4 ASVG).
1576 Beispielsweise sind der Prozentsatz des Tarifs und die errechneten Beiträge im Vorschreibeverfahren nicht zu übermitteln und ein Großteil der Abschläge und Zuschläge (→ 19.3.) nicht zu melden, da sie automatisch berücksichtigt werden. Eine tabellarische Aufstellung aller zu meldenden Zuschläge und Abschläge ist abrufbar unter www.gesundheitskasse.at → Dienstgeber → Grundlagen A-Z → Beitragsvorschreibeverfahren.

Folge ist eine mBGM nur dann zu erstatten, wenn eine für die Beschäftigtengruppe oder Höhe der Beitragsvorschreibung relevante **Änderung** eintritt (z.B. Höhe des Entgelts, Gewährung von Sonderzahlungen etc.).

Die **Frist** für die Vorlage der mBGM **endet mit dem Siebenten des Kalendermonats**, der dem zu meldenden Sachverhalt (Anmeldung, beitragsrelevante Änderung) **folgt**.

Näheres zur mBGM finden Sie unter Punkt 39.1.1.1.3.

Eine Umstellung vom Vorschreibeverfahren auf das Selbstabrechnungsverfahren ist in Absprache mit der Österreichischen Gesundheitskasse grundsätzlich nur zu Beginn eines Kalenderjahrs möglich.

37.2.2.2. Fälligkeit und Einzahlung der Beiträge

Hinweis: Aufgrund der COVID-19-Krise gelten unter Umständen von den nachstehenden Ausführungen abweichende Fristen und Bestimmungen in Zusammenhang mit der Fälligkeit und Einzahlung von Beiträgen. Aktuelle ausführliche Informationen dazu finden Sie unter www.gesundheitskasse.at.

Die **allgemeinen Beiträge** sind mit Ablauf des zweiten Werktags nach der Aufgabe der Beitragsvorschreibung zur Post bzw. mit dem Zeitpunkt der Zustellung durch Organe des Trägers der Krankenversicherung fällig (§ 58 Abs. 1 ASVG).

Die Fälligkeit der **Sonderbeiträge** wird durch die Satzung des Krankenversicherungsträgers geregelt (§ 58 Abs. 1 ASVG). Diese sind (ebenfalls)

- mit Ablauf des zweiten Werktages nach der Aufgabe der Beitragsvorschreibung zur Post oder der Freigabe zur Abholung in einem Zustelldienst oder
- mit dem Zeitpunkt der Zustellung durch Organe der Österreichischen Gesundheitskasse fällig (§ 17 Abs. 2 Satzung der ÖGK).

Die Beiträge sind grundsätzlich

- **innerhalb von 15 Tagen**[1577] nach der Fälligkeit **einzuzahlen**.
- Erfolgt die Einzahlung zwar verspätet, aber **noch innerhalb von drei Tagen**[1578] **nach Ablauf** der **15-Tage-Frist**, so bleibt diese **Verspätung ohne Rechtsfolgen** (§§ 58 Abs. 4, 59 Abs. 1 ASVG) (→ 40.1.2.).

Die **Einzahlungsfrist** für die allgemeinen Beiträge und Sonderbeiträge beginnt somit mit Ablauf des zweiten Werktags nach der Aufgabe der Beitragsvorschreibung zur Post; wird die Beitragsvorschreibung durch Organe des Trägers der Krankenversicherung zugestellt, so beginnt die Frist mit dem Zeitpunkt der Zustellung (§ 59 Abs. 3 ASVG).

37.2.3. Rückforderung ungebührlich entrichteter Beiträge

Zu Ungebühr entrichtete Beiträge können grundsätzlich zurückgefordert werden. Das Recht auf Rückforderung verjährt **nach Ablauf von fünf Jahren** nach deren Zahlung (§ 69 Abs. 1 ASVG).

1577 Kalendertage.
1578 = Respirofrist.

Die Rückforderung von Beiträgen, durch welche eine Formalversicherung (→ 6.4.) begründet wurde, sowie von Beiträgen zu einer Versicherung, aus welcher innerhalb des Zeitraums, für den Beiträge ungebührlich entrichtet worden sind, eine Leistung erbracht wurde, ist für den gesamten Zeitraum ausgeschlossen (§ 69 Abs. 2 ASVG).

Die Rückforderung ungebührlich entrichteter Beiträge steht dem Dienstnehmer zu, soweit er die Beiträge selbst getragen hat, im Übrigen dem Dienstgeber (§ 69 Abs. 6 ASVG). „Selbst getragen" hat der Dienstnehmer die Beiträge nicht nur, wenn er sie selbst bezahlt hat, sondern auch dann, wenn sie durch den Dienstgeber vom Entgelt abgezogen wurden (VwGH 7.4.1992, 87/08/0086).

Werden Beiträge ungebührlich entrichtet und wurde die Bestimmung der zu bezahlenden Beiträge vom Versicherungsträger vorgenommen (z.B. durch Beitragsbescheid oder Beitragsnachrechnung), hat der Beitragsschuldner **Anspruch auf Erstattung von Zinsen** (gem. § 1000 ABGB). Ein derartiger Anspruch besteht nicht, wenn die Entscheidung über die Entrichtung der Beiträge in der Sphäre des Beitragsschuldners getroffen wurde (OGH 6.7.2016, Ro 2016/08/0017).

Wenn auf Grund des § 1 Abs. 2 lit. e AlVG **keine Arbeitslosenversicherungspflicht** besteht (→ 31.10.), aber **trotzdem Beiträge** zur Arbeitslosenversicherung geleistet wurden, so sind diese Beiträge auf Antrag zurückzuerstatten. Die für die Erstattung von Beiträgen der Krankenversicherung geltenden krankenversicherungsrechtlichen Vorschriften sind mit der Maßgabe anzuwenden, dass an die Stelle der Krankenversicherung die Arbeitslosenversicherung und an die Stelle des im § 70a ASVG oder im § 24b B-KUVG genannten Prozentsatzes des Erstattungsbetrags der für den vom jeweiligen Antragsteller (Dienstgeber oder Versicherten) zu tragenden Anteil am Arbeitslosenversicherungsbeitrag geltende Prozentsatz tritt (§ 45 Abs. 3 AlVG).

Darüber hinaus sieht das Sozialversicherungs-Zuordnungsgesetz (→ 39.1.1.3.) auch Bestimmungen zum Vorgehen bei einer **beitragsrechtlichen Rückabwicklung** in Zusammenhang mit Umqualifizierungen von bisher nach dem GSVG bzw. BSVG versicherten Tätigkeiten in eine Versicherungspflicht nach dem ASVG im Rahmen einer Lohnabgabenprüfung vor. Es kommt diesbezüglich bei der Neufestsetzung von Beiträgen zu einer Anrechnung jener Beiträge, die bisher (an den falschen SV-Träger) geleistet wurden (§ 41 Abs. 3 GSVG, § 40 Abs. 3 BSVG).

37.2.4. Bonus aufgrund des Alters

37.2.4.1. Bonussystem für AV-Beitrag (auslaufend)

Das Bonussystem kommt **nur bei arbeitslosenversicherungspflichtigen** Dienstverhältnissen und freien Dienstverhältnissen i.S.d. ASVG zur Anwendung.

Hat ein Dienstgeber eine Person, die das **50. Lebensjahr** vollendet oder überschritten hat, **vor dem 1. September 2009 eingestellt**, so **entfällt** für diese Person der **Dienstgeberbeitrag zur Arbeitslosenversicherung** (§ 5a Abs. 1 AMPFG). Dies gilt sowohl für die Einstellung eines Dienstnehmers als auch eines freien Dienstnehmers i.S.d. ASVG.

Auf Grund dieser Bestimmung sind im Zuge der außerbetrieblichen Abrechnung mit dem zuständigen Krankenversicherungsträger nachstehende Arbeitslosenversicherungs-(AV-)Anteile zu berücksichtigen (bzw. werden diese bei der Beitragsvorschreibung berücksichtigt):

Bei Einstellung ab dem 1. April 1996 bis 31. August 2009	AV-Anteil		
	DN	DG	
vor dem 50. Geburtstag	3%	3%	
ab dem 50. Geburtstag	3%	**0%**	← **Bonus**

Für die Abrechnung des Bonusfalls steht im Tarifsystem ein **Abschlag** zur Verfügung (→ 11.4.2.). Im Vorschreibeverfahren ist keine Meldung dieses Abschlags erforderlich.

Bei Dienstgebern, die **keine Betriebsstätte** im Inland haben (→ 37.2.7.) bzw. bei **Exterritorialität** kommt das Bonussystem nicht zur Anwendung (E-MVB, AMPFG-0017).

Wird ein **Dienstnehmer gekündigt** (mit Abwicklung aller Ansprüche) und tritt er am darauf folgenden Tag (nahtlos) in ein neues Dienstverhältnis zum selben Dienstgeber (unter anderen Rahmenbedingungen, wie z.B. anderes Entgelt, neuer Aufgabenbereich) ein, so ist in diesem Fall aus pragmatischen Gründen davon auszugehen, dass im Zeitpunkt der Kündigung eine Wiedereinstellungszusage vorgelegen ist (ist aus der faktischen Wiedereinstellung abzuleiten). Es kommt daher kein Bonus (sofern der Dienstnehmer davor kein Bonusfall war) in Betracht.

Kommt bei einem **Dienstgeberwechsel der § 3 AVRAG** (→ 4.5.) zur Anwendung, steht **kein Bonus** zu. Dies ergibt sich aus dem im § 5a AMPFG verwendeten Begriff „Einstellung". Bei einer gesetzlichen Übernahmeverpflichtung liegt keine Einstellung in diesem Sinn vor (kein Bonus).

Wird außerhalb einer gesetzlichen Übernahmeverpflichtung ein Dienstnehmer von einem anderen Dienstgeber **zu denselben Konditionen „übernommen"**, so handelt es sich hiebei um eine Einstellung. Somit kommt in diesen Fällen das Bonussystem zur Anwendung.

Wenn der **stillgelegte Betrieb verkauft** wird und der neue Betriebsinhaber dieselben Dienstnehmer wieder einstellt, gebührt der Bonus.

Werden neue Dienstnehmer innerhalb einer **Arbeitsgemeinschaft** ausschließlich für diese aufgenommen, kommt das Bonussystem zur Anwendung. Werden bereits in einem Betrieb beschäftigte Dienstnehmer zur Tätigkeit in einer Arbeitsgemeinschaft entsandt oder abgezogen, kommt das Bonussystem nicht zur Anwendung.

Im Beschwerdeverfahren gegen die Vorschreibung, Einhebung der Beiträge und Feststellung der Beitragspflicht kommen die allgemeinen ASVG-Verfahrensfristen im Verwaltungsverfahren zur Anwendung (→ 42.2.2.).

Weitere Erläuterungen aus den Empfehlungen des DVSV (E-MVB) finden Sie unter den Gliederungsnummern AMPFG-0001 bis AMPFG-0022.

Die **Bonus-Regel** ist gegebenenfalls **nicht mehr anzuwenden** für ältere Personen (siehe Punkt 31.12.).

37.2.4.2. „Alterspensionsbonus"

Für Frauen ab Vollendung des 60. Lebensjahres und Männer ab Vollendung des 65. Lebensjahres, die Anspruch auf eine Alterspension haben, diese aber nicht beziehen, reduziert sich der Pensionsversicherungsbeitrag von 22,8% auf 11,4%. Die Aufteilung auf Dienstnehmer und Dienstgeber ist wie folgt vorzunehmen:

	PV-Anteil		
	DN	DG	
Regelfall	10,25%	12,55%	
Ab Vollendung des 60. Lebensjahres (Frauen) bzw. Vollendung des 65. Lebensjahres (Männer) und Anspruch auf eine Alterspension, die nicht bezogen wird	**5,125%**	**6,275%**	← **Bonus**

Der maximale Bonuszeitraum beträgt grundsätzlich **drei Jahre:** Bei Frauen vom vollendeten 60. bis zum vollendeten 63. Lebensjahr und bei Männern vom vollendeten 65. bis zum vollendeten 68. Lebensjahr.

Für die Abrechnung des Bonusfalls steht im Tarifsystem ein **Abschlag** zur Verfügung (→ 11.4.2.). Auch im Vorschreibeverfahren ist eine Meldung dieses Abschlags erforderlich.

Hinweis: Es empfiehlt sich, vom Dienstnehmer im Vorfeld eine entsprechende Bestätigung des Pensionsversicherungsträgers zu verlangen, wonach ab einem bestimmten Datum der Anspruch auf eine Alterspension besteht, aber nicht ausbezahlt wird.

37.2.5. Auflösungsabgabe

Die Verpflichtung zur Entrichtung einer Auflösungsabgabe ist mit Wirkung ab 1.1.2020 entfallen. Hinsichtlich näherer Informationen zur Auflösungsabgabe siehe die 30. Auflage dieses Buches.

37.2.6. e-card

Die e-card ist ein **zentraler Schlüssel** zu Leistungen der österreichischen Sozialversicherung und des Gesundheitswesens. Dadurch werden Verwaltungsabläufe durch moderne Technik unterstützt.

Vorerst sind auf der e-card **nur persönliche Daten**, wie

- Name,
- akademischer Grad und
- Versicherungsnummer

gespeichert. Später sollen auch Notfalldaten gespeichert werden können; dies allerdings nur über Wunsch des Versicherten.

Auf der Rückseite der e-card befindet sich die Europäische Krankenversicherungskarte (EKVK). Sie ersetzt den Auslandskrankenschein für die Inanspruchnahme ärztlicher Leistungen bei vorübergehenden Aufenthalten (z.B. Urlaubsreisen) in EWR-(EU-)Staaten und der Schweiz.

Zusätzlich ist die e-card für die elektronische Signatur vorbereitet und kann auch als Bürgerkarte nach dem E-Government-Gesetz verwendet werden. Mit dieser Zusatzfunktion „Bürgerkarte“ kann man – auf freiwilliger Basis – die e-card zu einem persönlichen elektronischen Ausweis machen, der auch sicher für behördliche Verfahren und Datenabfragen ist. Dokumente können damit rasch und sicher übermittelt und Amtswege rund um die Uhr erledigt werden.

Für die e-card ist vom Versicherten im Voraus ein **Service-Entgelt von € 12,95 pro Kalenderjahr** (für das Jahr 2023) für Rechnung des Versicherungsträgers zu zahlen (vgl. § 31c Abs. 2 ASVG).

Das Service-Entgelt für ein Kalenderjahr ist jeweils am **15. November** des vorangegangenen Jahres **fällig** und vom Versicherten **einzuheben** durch

1. den **Dienstgeber** von in einem Beschäftigungsverhältnis (Dienst-, Lehr- oder Ausbildungsverhältnis) stehenden Personen (siehe nachstehend),
2. das Arbeitsmarktservice von krankenversicherten Leistungsbeziehern nach dem AlVG,
3. den Krankenversicherungsträger von
   a) selbstversicherten Personen nach §§ 16 und 19a ASVG (→ 6.3.),
   b) (mehrfach) geringfügig beschäftigten Personen (→ 31.4.6.),
   c) Beziehern von Kinderbetreuungsgeld (§ 8 Abs. 1 Z 1 lit. f ASVG (→ 27.1.4.5.),
   d) Beziehern von Krankengeld, wenn der Anspruch nicht zur Gänze oder zur Hälfte nach § 143 Abs. 1 Z 3 ASVG ruht (→ 25.1.3.1.),
   e) Bezieherinnen von Wochengeld (→ 27.1.3.4.),
   f) Beziehern von Rehabilitationsgeld, wenn der Anspruch nicht zur Gänze oder zur Hälfte ruht oder Teilrehabilitationsgeld geleistet wird (→ 25.1.3.1.),
   g) Beziehen von Familienzeitbonus (§ 31c Abs. 3 ASVG).

Vom **Dienstgeber** ist das Service-Entgelt **für folgende Personen einzuheben**, wenn für diese zum Stichtag 15. November ein Krankenversicherungsschutz nach dem ASVG besteht:

- Dienstnehmer,
- Lehrlinge,
- Personen in einem Ausbildungsverhältnis,
- freie Dienstnehmer,
- Dienstnehmer, die auf Grund einer Arbeitsunfähigkeit mindestens die Hälfte ihres Entgelts fortgezahlt bekommen,
- Bezieher einer Ersatzleistung für Urlaubsentgelt sowie
- Bezieher einer Kündigungsentschädigung.

Für den Dienstgeber ist es **nicht von Bedeutung**, ob der jeweilige Dienstnehmer **mehrfach versichert** ist. Auch in diesem Fall ist das Service-Entgelt einzuheben. Die betroffenen Personen können allerdings das ev. zu viel bezahlte Service-Entgelt über Antrag beim Krankenversicherungsträger **rückfordern**.

Das **Service-Entgelt** ist u.a. **nicht zu zahlen** von

- Beziehern einer Pension nach diesem Bundesgesetz oder dem GSVG,

- Personen, die auf Grund der Richtlinien nach § 30a Abs. 1 Z 15 ASVG hievon befreit sind[1579], und
- Versicherten nach § 8 Abs. 1 Z 4[1580] (§ 31c Abs. 2 ASVG).

Zusammenfassung: Auf Grund der vorstehenden Regelungen des § 31c Abs. 2 und 3 ASVG ist das Service-Entgelt **nicht einzuheben** für:

- Dienstnehmer, die am 15. November keine Bezüge erhalten (z.B. bei Schutzfrist, Karenz nach dem MSchG/VKG, Präsenzdienst bzw. Zivildienst),
- Dienstnehmer, die auf Grund einer Arbeitsunfähigkeit weniger als die Hälfte ihres Entgelts fortgezahlt bekommen,
- geringfügig Beschäftigte,
- Personen, von denen bekannt ist, dass sie bereits im ersten Quartal des nachfolgenden Kalenderjahrs die Anspruchsvoraussetzungen für eine Eigenpension erfüllen werden.

Auf das Service-Entgelt sind die Vorschriften über die allgemeinen Beiträge entsprechend anzuwenden. Der DVSV kann für die Einhebung und Abfuhr der Service-Entgelte abweichende Bestimmungen in den Richtlinien nach § 31 Abs. 5 Z 34 ASVG vorsehen (§ 31c Abs. 4 ASVG).

Für die **Abrechnung** des Service-Entgelts besteht im Tarifsystem ein **Zuschlag** mit eigener Verrechnungsbasis und dazugehöriger Verrechnungsposition (→ 11.4.2., → 11.4.3.1.). Im Vorschreibeverfahren ist keine Meldung des Service-Entgelts erforderlich, da eine automatische Berücksichtigung durch den Krankenversicherungsträger erfolgt.

Das Service-Entgelt ist auf Antrag des Betroffenen **vom Krankenversicherungsträger rückzuerstatten**,

1. wenn es für eine Person, für die das Service-Entgelt nicht zu zahlen ist, eingehoben wurde;
2. wenn es für eine am 15. November eines Jahres nach diesem Bundesgesetz krankenversicherte Person eingehoben wurde, deren Pensionsstichtag vor dem 1. April des folgenden Kalenderjahrs liegt[1581];
3. wenn es in sonstigen Fällen für eine Person eingehoben wurde, die nicht zur Zahlung des Service-Entgelts verpflichtet ist;
4. wenn es für eine Person für ein Kalenderjahr mehrfach eingehoben wurde (§ 31c Abs. 5 ASVG).

Der **Krankenversicherungsträger** hat bei zu Unrecht bzw. bei zu viel bezahltem Service-Entgelt die **Rückerstattung** durchzuführen. Nachdem der Krankenversicherungsträger keine personenbezogene Meldung über das entrichtete Service-Entgelt erhält, bedarf es hierzu einer Bestätigung (z.B. in Form des Abrechnungsbelegs für November), die der Dienstnehmer beizubringen hat.

1579 Bei einer **Rezeptgebührbefreiung**. In einem solchen Fall hat der Dienstgeber das Service-Entgelt trotzdem einzuheben. Der Dienstnehmer kann allerdings das ev. zu viel bezahlte Service-Entgelt über Antrag beim Krankenversicherungsträger **rückfordern.**

1580 Zivildienst Leistende i.S.d. Zivildienstgesetzes.

1581 Eine Person, von der bekannt ist, dass sie bereits im ersten Quartal des nachfolgenden Kalenderjahrs die Anspruchsvoraussetzungen für eine Eigenpension erfüllen wird.

37.2.7. Sondervorschriften bezüglich der Entrichtung des Dienstnehmer- und Dienstgeberanteils

Der **Dienstnehmer hat die Beiträge** (Dienstnehmer- und Dienstgeberanteil) **zur Gänze zu entrichten**, wenn der **Dienstgeber im Inland keine Betriebsstätte** (Niederlassung, Geschäftsstelle, Niederlage) hat, außer in jenen Fällen, in denen dieses Bundesgesetz auf Grund der Verordnung (EWG) 1408/71 oder der Verordnung (EG) 883/2004 anzuwenden ist (→ 6.1.2.) (§ 53 Abs. 3 lit. b ASVG).

Dadurch wird sichergestellt, dass Dienstnehmer mit Dienstgebern ohne inländische Betriebsstätte nur in jenen Fällen selbst (melde- und) beitragspflichtig sind, in denen die EWG-Verordnung 1408/71 bzw. die EG-Verordnung 883/2004 nicht anzuwenden ist.

Somit ergibt sich bei **fehlender Betriebsstätte in Österreich** folgende Situation:

	Pflicht zur Beitragsentrichtung	Beitragshaftung
EU/EWR/Schweiz	Dienstgeber	Dienstgeber
Nicht EU/EWR/Schweiz	Dienstnehmer	Dienstnehmer

37.2.8. Betriebsneugründung

Das Neugründungs-Förderungsgesetz (NeuFöG) sieht für den Fall einer Betriebsneugründung während des geförderten Zeitraums eine Befreiung

- der vom Dienstgeber zu tragenden Wohnbauförderungsbeiträge und
- der Unfallversicherungsbeiträge

vor. Näheres dazu finden Sie unter Punkt 37.5.

37.3. Abrechnung mit dem Finanzamt

37.3.1. Allgemeines

Mit dem Finanzamt wird verrechnet:

- die einbehaltene Lohnsteuer (→ 37.3.2.),
- der Dienstgeberbeitrag zum FLAF (→ 37.3.3.) und
- der Zuschlag zum DB (→ 37.3.4.).

Organisation der Finanzverwaltung:

Mit Wirkung ab dem 1.1.2021 trat die Neuordnung der österreichischen Finanzverwaltung in Kraft. Statt 40 Finanzämter (39 mit allgemeinem Aufgabenkreis, deren Zuständigkeit nach regionalen Gesichtspunkten eingerichtet wurde und das Finanzamt für Gebühren, Verkehrsteuern und Glückspiel) bestehen seit diesem Zeitpunkt nur mehr **zwei Finanzämter**: Das Finanzamt Österreich sowie das Finanzamt für Großbetriebe. Beide haben bundesweite Zuständigkeit und stellen neben dem Bundesminister für Finanzen und dem Zollamt Österreich die „Abgabenbehörden des Bundes“ dar.

Beim Bundesministerium für Finanzen sind darüber hinaus ein **Amt für Betrugsbekämpfung** und ein **Prüfdienst für Lohnabgaben und Beiträge** eingerichtet.

Im Überblick stellt sich die **Bundesfinanzverwaltung** wie folgt dar (§ 49 BAO):

1. Abgabenbehörden des Bundes:

a) Bundesminister für Finanzen
b) Finanzämter
   - Finanzamt Österreich und
   - Finanzamt für Großbetriebe
c) Zollamt Österreich

2. Amt für Betrugsbekämpfung mit den Geschäftsbereichen Finanzstrafsachen, Finanzpolizei, Steuerfahndung und Zentralstelle Internationale Zusammenarbeit. Darüber hinaus ist das Amt für Betrugsbekämpfung eine Zentrale Koordinationsstelle für die Kontrolle der illegalen Beschäftigung nach dem AuslBG und dem LSD-BG.

3. Prüfdienst für Lohnabgaben und Beiträge

Organisatorisch werden die fünf Ämter (Finanzamt Österreich, Finanzamt für Großbetriebe, Zollamt Österreich, Amt für Betrugsbekämpfung und Prüfdienst für Lohnabgaben und Beiträge) als **dem BMF nachgeordnete Dienststellen** eingerichtet.

Die **Zuständigkeit des Finanzamts für Großbetriebe** wird in § 61 BAO geregelt. Im Wesentlichen ist dieses zuständig für Abgabepflichtige, die

- die Umsatzerlösschwelle von mehr als € 10 Millionen überschreiten,
- Teil einer multinationalen Unternehmensgruppe im Sinn des Verrechnungspreisdokumentationsgesetzes sind,
- Finanzdienstleistungen erbringen,
- eine bestimmte Rechtsform haben,
- von einer Landesregierung als gemeinnützige Bauvereinigung anerkannt worden sind,
- Teil einer Unternehmensgruppe gemäß § 9 KStG sind oder
- unter die begleitende Kontrolle fallen oder für die diese beantragt worden ist.

Für alle anderen Arbeitgeber ist das Finanzamt Österreich zuständige Abgabenbehörde für die Abfuhr von Lohnabgaben (Lohnsteuer, Dienstgeberbeitrag zum FLAF, Zuschlag zum Dienstgeberbeitrag).

Lohnsteuerbetriebsstätte im Inland:

Bei Einkünften aus nicht selbstständiger Arbeit wird die Einkommensteuer durch Abzug vom Arbeitslohn erhoben, **wenn im Inland eine Betriebsstätte des Arbeitgebers** i.S.d. § 81 EStG besteht.

Als Betriebsstätte für Zwecke des Steuerabzugs vom Arbeitslohn (für die Lohnsteuerabzugsberechtigung) **gilt**

- jede vom Arbeitgeber im Inland für die Dauer von **mehr als einem Monat** unterhaltene **feste örtliche Anlage** oder Einrichtung, wenn sie der **Ausübung** der durch den **Arbeitnehmer** ausgeführten **Tätigkeit dient**; § 29 Abs. 2 BAO gilt entsprechend. Als Betriebsstätte gilt auch der Heimathafen österreichischer Handelsschiffe, wenn die Reederei im Inland keine Niederlassung hat (§ 81 Abs. 1, 2 EStG).

Erläuterungen lt. Lohnsteuerrichtlinien 2002:

Der Betriebsstättenbegriff des § 81 Abs. 1 EStG ist ein weiterer als jener des § 29 BAO. Er deckt nicht nur feste örtliche Anlagen oder Einrichtungen ab, die der Ausübung eines Betriebs oder wirtschaftlichen Geschäftsbetriebs (§ 31 BAO), sondern auch jene Anlagen oder Einrichtungen, die der Ausübung der durch die Arbeitnehmer ausgeführten Tätigkeit dienen, sofern sie **länger als einen Monat** vom Arbeitgeber unterhalten werden. Auch ein Büroraum, ein Lager, ein Zimmer oder eine Wohnung können eine Betriebsstätte nach § 81 EStG sein. Ein **Warenlager**, das ein Vertreter in seinem Wohnhaus einrichtet, stellt nur dann eine Betriebsstätte i.S.d. § 81 Abs. 1 EStG dar, wenn dem **Arbeitgeber ein Nutzungsrecht** am Warenlager eingeräumt ist. Auch die berufliche Nutzung einer privaten Wohnung des Arbeitnehmers für Zwecke des Arbeitgebers kann für diesen eine Betriebsstätte begründen, sofern dem Arbeitgeber ein gewisses Verfügungs- oder Nutzungsrecht an der Wohnung eingeräumt ist. Ebenso kann ein Hotelzimmer, das der Arbeitgeber für Aufenthalte seiner Arbeitnehmer mietet, eine Betriebsstätte sein (LStR 2002, Rz 1206).

Im Fall **internationaler Personalentsendungen** wird eine Betriebsstätte in Österreich dann begründet, wenn nicht nur eine bloße Duldungsleistung (Arbeitskräftegestellung) vorliegt, sondern das entsendende Unternehmen eine Aktivleistung (Assistenzleistung z.B. durch Unterstützung der inländischen Tochtergesellschaft beim Aufbau einer Vertriebsorganisation) erbringt. Im Fall der Assistenzleistung stellen jene Räumlichkeiten, die die Tochtergesellschaft dem entsandten Personal der Muttergesellschaft zur Verfügung stellt, nach einem Monat eine Betriebsstätte i.S.d. § 81 Abs. 1 EStG dar (LStR 2002, Rz 1207). Zur Abgrenzung zwischen Aktiv- und Passivleistungen siehe LStR 2002, Rz 1207a.

Hat ein **ausländischer Arbeitgeber im Inland keine Betriebsstätte** i.S.d. § 81 Abs. 1 EStG, gilt seit dem Kalenderjahr 2020 Folgendes (→ 7.6.):

Von unbeschränkt und beschränkt steuerpflichtigen Arbeitnehmern kann die Einkommensteuer **freiwillig durch Lohnsteuerabzug** erhoben werden. Wird der freiwillige Lohnsteuerabzug durchgeführt, sind diese Einkünfte wie lohnsteuerpflichtige Einkünfte zu behandeln. Den Arbeitgeber treffen bei der freiwilligen Lohnsteuerabfuhr folgende Pflichten: ein Lohnkonto zu führen, eventuelle Aufrollverpflichtungen, die Einbehaltung und Abfuhr der Lohnsteuer, die Übermittlung eines Lohnzettels und die Gewährung von Einsicht in Lohnaufzeichnungen. Eine **Haftung des Arbeitgebers wird dadurch jedoch nicht bewirkt.**

Hat der Arbeitgeber ohne inländische Betriebsstätte die Lohnsteuer nicht in der richtigen Höhe abgeführt, kann der Arbeitnehmer unmittelbar in Anspruch genommen werden. In diesem Fall liegt auch ein Pflichtveranlagungstatbestand vor.

Beschäftigt ein Arbeitgeber ohne inländische Betriebsstätte einen in Österreich unbeschränkt steuerpflichtigen Arbeitnehmer, der den Mittelpunkt seiner Tätigkeit überwiegend im Kalenderjahr in Österreich hat, und macht keinen freiwilligen Lohnsteuerabzug, dann ist er zur **Übermittlung einer Lohnbescheinigung** (**Formular L 17**, → 35.3.3.) verpflichtet. Dabei sind jedenfalls Name, Wohnsitz, Geburtsdatum, Sozialversicherungsnummer und die Bruttobezüge anzugeben (Mindestangaben). Die Übermittlung hatte erstmalig für das Kalenderjahr 2020 zu erfolgen.

Bei Grenzgängern, die in Österreich wohnen und in einem an Österreich angrenzenden Staat bei einem ausländischen Arbeitgeber tätig sind, besteht für den ausländischen Arbeitgeber keine inländische Lohnsteuerabzugsverpflichtung. Ein freiwilliger Lohnsteuerabzug ist möglich (LStR 2002, Rz 927).

37.3.2. Lohnsteuer

Der Arbeitgeber hat die Lohnsteuer des Arbeitnehmers bei jeder Lohnzahlung einzubehalten (§ 78 Abs. 1 EStG) (→ 11.5.3.).

37.3.2.1. Abfuhr der Lohnsteuer

Der Arbeitgeber hat die gesamte Lohnsteuer, die in einem Kalendermonat einzubehalten war,

- **spätestens am 15. Tag nach Ablauf des Kalendermonats**

in einem Betrag an sein Finanzamt (→ 37.3.1.) abzuführen. Die Lohnsteuer von Bezügen (Löhnen), die **regelmäßig wiederkehrend bis zum 15. Tag eines Kalendermonats** für den vorangegangenen Kalendermonat ausbezahlt werden, gilt als Lohnsteuer, die im vorangegangenen Kalendermonat einzubehalten war (§ 79 Abs. 1 EStG) (→ 37.3.5., → 40.2.).

Sind Bezüge regelmäßig am ersten Tag eines Monats im Vorhinein fällig und müssen sie wegen eines Samstags, Sonn- oder Feiertags bereits am letzten Werktag des Vormonats ausbezahlt werden, bestehen keine Bedenken, wenn die einbehaltene Lohnsteuer als für den Monat einbehalten gilt, für den die Bezüge zu gewähren sind (LStR 2002, Rz 1201).

Dazu ein **Beispiel**: Der Bezug des Monats Mai wird wegen des Feiertags bereits Ende April ausbezahlt. Die bei der Abrechnung einbehaltene Lohnsteuer gilt dennoch als Mai-Lohnsteuer und ist bis 15. Juni an das Finanzamt abzuführen.

Werden Bezüge **für das Vorjahr** nach dem 15. Jänner **bis zum 15. Februar ausbezahlt**, ist die Lohnsteuer bis zum 15. Februar als Lohnsteuer für das Vorjahr abzuführen. § 67 Abs. 8 lit. c EStG (→ 24.3.2.2.) ist nicht anzuwenden (sog. „13. Abrechnungslauf", → 24.9.2.) (§ 79 Abs. 2 EStG).

Das Finanzamt kann verlangen, dass ein Arbeitgeber, der die Lohnsteuer nicht ordnungsmäßig abführt, eine **Lohnsteueranmeldung** abgibt (→ 39.1.2.1.).

Die Rückzahlung von zu Unrecht entrichteter Lohnsteuer behandelt der Punkt 15.7.

37.3.3. Dienstgeberbeitrag zum FLAF

37.3.3.1. Rechtsgrundlage

Der Aufwand für die nach dem **Familienlastenausgleichsgesetz** (FLAG) vorgesehenen Beihilfen und sonstigen Maßnahmen ist i.d.R. von dem Ausgleichsfonds für Familienbeihilfen (**Familienlastenausgleichsfonds** – FLAF) zu tragen (§ 39 Abs. 1 FLAG).

Die Mittel für diesen FLAF werden u.a. durch Beiträge der Dienstgeber (Dienstgeberbeitrag) aufgebracht (§ 39 Abs. 2 FLAG).

Dieser Dienstgeberbeitrag zum Familienlastenausgleichsfonds (DB zum FLAF) wird auf Grund der Bestimmungen der §§ 41 bis 44 FLAG erhoben.

Darüber hinaus enthalten die Durchführungsrichtlinien zum FLAG unter Berücksichtigung der laufenden Wartung genaue Informationen.

37.3.3.2. Beitragspflicht – Dienstnehmer

Den Dienstgeberbeitrag (DB) haben alle Dienstgeber zu leisten, die im Bundesgebiet Dienstnehmer beschäftigen[1582]; als im Bundesgebiet beschäftigt gilt ein Dienstnehmer auch dann, wenn er zur Dienstleistung ins Ausland entsendet ist[1583] (§ 41 Abs. 1 FLAG).

Dienstnehmer sind **Personen**, die **in einem Dienstverhältnis** i.S.d. § 47 Abs. 2 EStG (→ 7.4.) stehen, **freie Dienstnehmer** i.S.d. § 4 Abs. 4 ASVG (→ 31.7.1.) **sowie an Kapitalgesellschaften** (AG, GmbH) **beteiligte Personen** i.S.d. § 22 Z 2 EStG[1584] (→ 31.9.2.2.2.) (§ 41 Abs. 2 FLAG).

Näheres zum Dienstnehmerbegriff bezüglich der an Kapitalgesellschaften beteiligten Personen finden Sie in den Durchführungsrichtlinien zum FLAG und unter Punkt 37.4.1.2.1.

37.3.3.3. Beitragsgrundlage

Der Beitrag des Dienstgebers ist von der **Summe der Arbeitslöhne**[1585] zu berechnen, die jeweils in einem Kalendermonat an die Dienstnehmer[1586] gewährt worden sind

1582 Es ist nicht erforderlich, dass im Inland eine Betriebsstätte (→ 37.3.1.) vorhanden ist und auch nicht erforderlich, dass der Arbeitslohn im Inland bezahlt wird (BMWFW, FLAG-Durchführungsrichtlinien).
Zu den Dienstnehmern zählen auch die Lehrlinge (→ 28.3.1.).

1583 § 41 FLAG ist im Rahmen der Koordinierung der sozialen Sicherheit im Europäischen Wirtschaftsraum mit der Maßgabe anzuwenden, dass ein Dienstnehmer im Bundesgebiet als beschäftigt gilt, wenn er den österreichischen Rechtsvorschriften über soziale Sicherheit unterliegt (§ 53 Abs. 3 FLAG).
Auf Grund der EU-Sozialrechtsverordnungen VO (EWG) 1408/71 und VO (EG) 883/2004 (→ 6.1.2.) kann ein Dienstnehmer nur dann als im Bundesgebiet beschäftigt angesehen werden,
- wenn auf ihn – zusätzlich zu einer Beschäftigung in Österreich – auch die österreichischen **Rechtsvorschriften über soziale Sicherheit zur Anwendung** gelangen (d.h., dass der Dienstnehmer in Österreich sozialversichert ist).
- **Analoges** gilt für zur Dienstleistung ins **Ausland entsendete Dienstnehmer**, wobei in diesem Fall die Dienstgebereigenschaft in Österreich aufrecht bleiben muss und sich nicht in den Beschäftigungsstaat verschieben darf. Hievon ist jedenfalls dann auszugehen, wenn der Dienstgeber in Österreich für die Lohnkosten (ohne Weiterüberwälzung) aufkommt.

Auch für **ausländische Dienstgeber**, die im Ausland (in diesem Fall in Österreich) Dienstnehmer beschäftigen, die den österreichischen Rechtsvorschriften über die soziale Sicherheit unterliegen (also Dienstnehmer in Österreich beschäftigen), besteht **Dienstgeberbeitragspflicht.**
Für alle **Fälle** mit Auslands-, jedoch **ohne EU/EWR/Schweiz-Bezug** besteht nach wie vor **Dienstgeberbeitragspflicht** wie bisher.
Genaue Erläuterungen dazu finden Sie in den Durchführungsrichtlinien zum FLAG.

1584 Der § 22 Z 2 EStG lautet auszugsweise:
„Einkünfte aus selbstständiger Arbeit sind: … die **Gehälter** und sonstigen Vergütungen jeder Art, die von einer Kapitalgesellschaft **an wesentlich Beteiligte** für ihre
- **sonst alle Merkmale eines Dienstverhältnisses** (§ 47 Abs. 2 EStG, → 7.4.) **aufweisende Beschäftigung** gewährt werden.

Eine Person ist dann wesentlich beteiligt, wenn ihr Anteil am Grund- oder Stammkapital der Gesellschaft mehr als 25% beträgt …"

1585 Auch der im Ausland bezahlte Lohn ist in die Beitragsgrundlage einzubeziehen, wenn der Dienstnehmer im Inland beschäftigt ist oder als im Inland beschäftigt gilt (BMWFW, FLAG-Durchführungsrichtlinien). Erläuterungen dazu finden Sie unter Punkt 37.3.3.2.

1586 Erlassmäßige Regelungen zum Dienstnehmerbegriff finden Sie in den Durchführungsrichtlinien zum FLAG und unter Punkt 37.4.1.2.1. Auf Grund des identen Gesetzeswortlauts kann dafür die KommSt-Info (als Auslegungsbehelf) herangezogen werden.

(**Zuflussprinzip**[1587]), gleichgültig, ob die Arbeitslöhne der Einkommensteuer (Lohnsteuer) unterliegen oder nicht. Arbeitslöhne sind

- Bezüge gem. § 25 Abs. 1 Z 1
  - lit. a (Bezüge und Vorteile) aus einem bestehenden oder früheren Dienstverhältnis) und
  - lit. b (Bezüge und Vorteile von Personen, die an Kapitalgesellschaften nicht wesentlich beteiligt sind …) (→ 7.5.)

  des EStG sowie
- Gehälter und sonstige Vergütungen jeder Art i.S.d. § 22 Z 2 EStG (→ 37.4.1.2.1.) und solche für freie Dienstnehmer i.S.d. § 4 Abs. 4 ASVG (→ 31.7.1.) (§ 41 Abs. 3 FLAG).

Nachstehende Bezugsbestandteile (Arbeitslöhne gem. § 25 EStG) gehören nicht zur Beitragsgrundlage (vgl. → 37.4.1.3.):

a) Ruhe- und Versorgungsbezüge (z.B. Firmenpensionen, → 30.1.)[1588];
b) die im § 67 Abs. 3 und 6 des EStG genannten Bezüge
(Abs. 3: z.B. gesetzliche und kollektivvertragliche Abfertigungen) (→ 34.7.2.1.),
(Abs. 6: z.B. auf Grund von Dienstverträgen gewährte Abfertigungen, freiwillige Abfertigungen und Abfindungen, unabhängig von der Art der Besteuerung) (→ 34.7.2.2.)[1589]
c) die im § 3 Abs. 1 Z 11 und 13 bis 21 EStG genannten Bezüge (→ 21.2.)
(Z 11: Aushilfskräfte (lit. a), Einkünfte der Entwicklungshelfer (lit. b),
Z 13 lit. a: Benützung von Einrichtungen und Anlagen, Gesundheitsförderung usw.,
Z 13 lit. b: Zuschüsse des Arbeitgebers für die Kinderbetreuung,
Z 14: Teilnahme an Betriebsveranstaltungen und Jubiläumsgeschenke,
Z 15 lit. a: Zuwendungen des Arbeitgebers für die Zukunftssicherung,
Z 15 lit. b: Mitarbeiterbeteiligungen,
Z 15 lit. c und d: Mitarbeiterbeteiligung über eine Mitarbeiterbeteiligungsstiftung
Z 16: freiwillige soziale Zuwendungen,
Z 16a: ortsübliche Trinkgelder,
Z 16b: Tagesgelder, Nächtigungsgelder, Fahrtkostenvergütungen,

---

1587 Arbeitslöhne, die **regelmäßig wiederkehrend bis zum 15. Tag eines Kalendermonats** für den vorangegangenen Kalendermonat gewährt werden, sind dem vorangegangenen Kalendermonat zuzurechnen (§ 43 Abs. 1 FLAG).
- Nachzahlungen (→ 24.3.),
- Vergleichssummen (→ 24.5.),
- Zahlungen auf Grund von Gerichtsurteilen (→ 24.5.),
- Lohnausgleich im Rahmen einer Altersteilzeit (→ 27.3.2.),
- Abgeltung von Zeitguthaben bei Beendigung des Dienstverhältnisses (→ 33.6.) und
- Kündigungsentschädigungen (→ 34.3.)

sind in dem Kalendermonat in die Beitragsgrundlage einzubeziehen, in dem diese Zahlungen geleistet wurden. Werden Arbeitslöhne für das Vorjahr nach dem 15. Jänner bis 15. Februar ausgezahlt, ist der Dienstgeberbeitrag bis zum 15. Februar abzuführen (§ 43 Abs. 1 FLAG).

1588 **Pensionsabfindungen**, die auf einer Pensionszusage beruhen bzw. auf Grund (dienst-)vertraglicher Vereinbarungen gewährt werden, sind ihrem Wesen nach unter dem Begriff „Ruhe- und Versorgungsbezüge" zu subsumieren. Pensionsabfindungen fallen somit unter § 41 Abs. 4 lit. a FLAG und gehören demnach nicht zur Beitragsgrundlage für den Dienstgeberbeitrag. Voraussetzung für die Subsumierung von Bezügen unter die Bestimmung des § 41 Abs. 4 lit. a FLAG ist die Beendigung des zu Grunde liegenden Dienstverhältnisses. Gleichgültig ist allerdings, ob eine Versteuerung nach § 67 Abs. 6 oder Abs. 8 lit. b EStG erfolgt (BMWFW, FLAG-Durchführungsrichtlinien).

Karenzentschädigungen für die Einhaltung eines vertraglich vereinbarten Wettbewerbverbots (Zahlungen aufgrund einer Konkurrenzklausel [→ 33.7.1., → 34.8.]) fallen nicht unter diesen Befreiungstatbestand und sind daher grundsätzlich dienstgeberbeitragspflichtig (VwGH 22.11.2018, Ra 2017/15/0042).

1589 Dies gilt auch für Dienstverhältnisse, die dem „neuen" Abfertigungsrecht unterliegen (VwGH 1.9.2015, 2012/15/0122).

Z 16c: pauschale Reiseaufwandsentschädigungen für Sportler,
Z 17: freie oder verbilligte Mahlzeiten, Gutscheine für Mahlzeiten,
Z 18: unentgeltliche oder verbilligte Getränke,
Z 19: Zuwendungen für Begräbnisse,
Z 20: Vorschüsse und Darlehen bis € 7.300,00,
Z 21: Mitarbeiterrabatte)
sowie 60% der in § 3 Abs. 1 Z 10 EStG genannten laufenden Bezüge (Einkünfte für eine begünstigte Auslandstätigkeit);

d) Gehälter und sonstige Vergütungen jeder Art, die für eine ehemalige Tätigkeit i.S.d. § 22 Z 2 EStG (→ 37.4.1.2.1.) gewährt werden;
e) Arbeitslöhne, die an Dienstnehmer gewährt werden, die als begünstigte Personen gem. den Vorschriften des BEinstG beschäftigt werden[1590] (→ 29.2.1.);
f) Arbeitslöhne von Personen, die ab dem Kalendermonat gewährt werden, der dem Monat folgt, in dem sie das 60. Lebensjahr[1591] vollendet haben.

(§ 41 Abs. 4 FLAG)

Nicht zur Beitragsgrundlage gehören auch Vergütungen an Arbeitgeber bei Quarantäne von Arbeitnehmern nach dem Epidemiegesetz (→ 27.1.1.1.3.).

Hinweis: Erlassmäßige Regelungen zur Beitragsgrundlage finden Sie in den Durchführungsrichtlinien zum FLAG und unter Punkt 37.4.1.3. Auf Grund des identen Gesetzeswortlauts kann dafür die KommSt-Info (als Auslegungsbehelf) herangezogen werden.

Sollte grundsätzlich Dienstgeberbeitrag zum FLAF (bzw. Zuschlag zum DB) anfallen, könnten sich **Befreiungen** ergeben, sofern auf Grund der EU-Sozialrechtsverordnungen VO (EWG) 1408/71 bzw. VO (EG) 883/2004 die Sozialversicherungszuständigkeit im Ausland liegt (→ 37.3.3.2.).

Nicht zur Beitragsgrundlage gehören auch die nicht steuerbaren Leistungen gem. § 26 EStG (→ 21.3.).

Die beitragsrechtliche Behandlung von Bezugsbestandteilen ist auch aus dem Bezugsartenschlüssel ersichtlich (→ 45.).

Zahlt ein Dienstnehmer einen Teil des erhaltenen Arbeitslohns an seinen Dienstgeber wieder zurück (z.B. weil Einverständnis darüber besteht, dass der seinerzeit gewährte Arbeitslohn zu hoch war, bei vereinbartem Ausbildungskostenrückersatz, bei Rückerstattung von Urlaubsentgelt), so hat der Dienstgeber den zurückbezahlten Arbeitslohn als lohnsteuermindernde Werbungskosten zu berücksichtigen.

Dies hat aber **keine Auswirkung** auf die Höhe der Beitragsgrundlage für den **Dienstgeberbeitrag zum FLAF** (bzw. für den Zuschlag zum DB). Der **zurückbezahlte Arbeitslohn** vermindert weder die Beitragsgrundlage in dem Kalendermonat, in dem

1590 Die Arbeitslöhne von begünstigten **behinderten Dienstnehmern i.S.d. BEinstG** gehören keinesfalls zur Beitragsgrundlage, gleichgültig wie viele solcher Dienstnehmer bei einem Dienstgeber beschäftigt sind.
Hiezu zählen allerdings **nur die Arbeitslöhne** von unselbstständig Beschäftigten (= **sozialversicherungsrechtlichen Dienstnehmern**), nicht jedoch Vergütungen
- für freie Dienstnehmer (→ 4.3.1.) sowie
- für an einer Kapitalgesellschaft wesentlich beteiligte Personen i.S.d. § 22 Z 2 Teilstrich 2 EStG (vgl. BMWFW, FLAG-Durchführungsrichtlinien).

1591 Diese Altersgrenze gilt auch für wesentlich beteiligte Gesellschafter-Geschäftsführer (→ 31.9.2.2.2.) sowie für freie Dienstnehmer (→ 4.3.1.) bei entsprechendem Alter (UFS 4.7.2011, RV/0102-W/11).

die Rückzahlung erfolgt, noch ist es zulässig, die Beitragsgrundlage in dem Kalendermonat (in den Kalendermonaten) zu berichtigen (also zu vermindern), in dem (denen) der Arbeitslohn seinerzeit ausbezahlt wurde.

Weder das Familienlastenausgleichsgesetz (Rechtsgrundlage für den DB) noch das Wirtschaftskammergesetz (Rechtsgrundlage für den DZ) kennt eine Regelung, die mit der Bestimmung im EStG, die Werbungskosten betreffend, vergleichbar ist. Nach dem Wortlaut des Familienlastenausgleichsgesetzes kommt es bei der Ermittlung der Beitragsgrundlage allein darauf an, was der Dienstgeber an seine Dienstnehmer während eines Kalendermonats an Arbeitslöhnen gewährt (bezahlt) hat und nicht darauf, was er gewähren (zahlen) hätte sollen. Demnach ist eine **Rückverrechnung** dieser Abgaben **nicht möglich** (VwGH 18.9.2013, 2010/13/0133; BMWFW, FLAG-Durchführungsrichtlinien).

Anders ist die Rechtslage, wenn anlässlich einer Lohnsteuerprüfung festgestellt wird, dass die als „Lohn" ausbezahlten Beträge tatsächlich **nicht zu den Einkünften aus nicht selbstständiger Arbeit gehören**, oder wenn anlässlich einer Betriebsprüfung Gehälter **nicht** oder nicht in der geltend gemachten Höhe **als Betriebsausgabe anerkannt werden**. In diesen Fällen ist die seinerzeitige **Beitragsgrundlage** entsprechend **zu berichtigen** (BMWFW, FLAG-Durchführungsrichtlinien).

37.3.3.4. Begünstigung für Kleinbetriebe

Übersteigt die Beitragsgrundlage in einem Kalendermonat nicht den Betrag von **€ 1.460,00**, so verringert sie sich um **€ 1.095,00** (§ 41 Abs. 4 FLAG).

Beispiel 187

Begünstigungsbestimmung des DB zum FLAF.

Angaben und Lösung:

Die Beitragsgrundlage beträgt im		Der DB zum FLAF beträgt gerundet:
Jänner:	€ 940,00 (€ 940,00 abzüglich € 940,00)	€ 0,00 × 3,9% € = 0,00.
Februar:	€ 1.460,00 (€ 1.460,00 abzüglich € 1.095,00)	€ 365,00 × 3,9% € = 14,24.
März:	€ 1.461,00	€ 1.461,00 × 3,9% € = 56,98.
April:	€ 1.300,00 (€ 1.300,00 abzüglich € 1.095,00)	€ 205,00 × 3,9% € = 8,00.

37.3.3.5. Höhe des Dienstgeberbeitrags

Der Beitrag beträgt **3,9%** der Beitragsgrundlage (§ 41 Abs. 5 FLAG).

37.3.3.6. Entrichtung des Dienstgeberbeitrags

Der Dienstgeberbeitrag ist für jeden Monat bis **spätestens zum 15. Tag des nachfolgenden Monats** an das für die Erhebung der Lohnsteuer zuständige Finanzamt zu entrichten. Arbeitslöhne, die **regelmäßig wiederkehrend bis zum 15. Tag eines Kalendermonats** für den vorangegangenen Kalendermonat gewährt werden, sind dem vorangegangenen Kalendermonat zuzurechnen. Werden Arbeitslöhne **für das Vorjahr** nach dem 15. Jänner bis zum 15. Februar ausbezahlt, ist der Dienstgeberbeitrag bis zum 15. Februar zu entrichten. Der Dienstgeberbeitrag ist an das für die Erhebung der Lohnsteuer zuständige Finanzamt (→ 37.3.1.) abzuführen (§ 43 Abs. 1 FLAG) (→ 37.3.5., → 40.2.).

37.3.3.7. Betriebsneugründung

Das Neugründungs-Förderungsgesetz (NeuFöG) sieht für den Fall einer Betriebsneugründung während des geförderten Zeitraums eine Befreiung von der Entrichtung des Dienstgeberbeitrags vor.

Näheres dazu finden Sie unter Punkt 37.5.

37.3.4. Zuschlag zum Dienstgeberbeitrag

37.3.4.1. Rechtsgrundlage

Der Zuschlag zum Dienstgeberbeitrag (DZ) wird auf Grund der Bestimmungen des Wirtschaftskammergesetzes vom 23. Juli 1998, BGBl I 1998/103, in der jeweils geltenden Fassung erhoben.

37.3.4.2. Beitragspflicht

Zur Entrichtung des Zuschlags zum DB sind nur solche Dienstgeber verpflichtet, die **Kammermitglieder** sind[1592] [1593].

Mitglieder der Wirtschaftskammern und Fachorganisationen sind alle physischen und juristischen Personen sowie sonstige Rechtsträger, die Unternehmungen des Gewerbes, des Handwerks, der Industrie, des Bergbaues, des Handels, des Geld-, Kredit- und Versicherungswesens, des Verkehrs, des Nachrichtenverkehrs, des Rundfunks, des Tourismus und der Freizeitwirtschaft sowie sonstiger Dienstleistungen rechtmäßig selbstständig betreiben oder zu betreiben berechtigt sind (§ 2 Abs. 1 WKG).

Zu den Mitgliedern gem. Abs. 1 zählen jedenfalls Unternehmungen, die der Gewerbeordnung unterliegen, sowie insb. solche, die in der Anlage zu diesem Gesetz angeführt sind (§ 2 Abs. 2 WKG).

Mitglieder sind auch alle im Firmenbuch eingetragenen Holdinggesellschaften, soweit ihnen zumindest ein Mitglied gem. Abs. 1 angehört (§ 2 Abs. 3 WKG).

Unternehmungen i.S.d. Abs. 1 bis 3 müssen nicht in der Absicht betrieben werden, einen Ertrag oder sonstigen wirtschaftlichen Vorteil zu erzielen (§ 2 Abs. 4 WKG).

Die Mitgliedschaft wird in der Bundeskammer sowie in jenen Landeskammern und Fachorganisationen begründet, in deren Wirkungsbereich eine Betriebsstätte vorhanden ist, die der regelmäßigen Entfaltung von unternehmerischen Tätigkeiten i.S.d. Abs. 1 dient (§ 2 Abs. 5 WKG).

1592 Der Zuschlag ist eine weitere Kammerumlage (Kammerumlage 2) des Dienstgebers an seine gesetzliche Interessenvertretung.

1593 Ohne Sitz in Österreich werden ausländische Unternehmer nicht Mitglied der Wirtschaftskammer.

Keine Pflicht zur **Entrichtung des Zuschlags zum DB** besteht, wenn der Dienstnehmer ins Ausland entsendet wurde und die österreichischen Rechtsvorschriften über die soziale Sicherheit nicht zur Anwendung gelangen (d.h., dass der Dienstnehmer in Österreich nicht sozialversichert ist). In diesem Fall ist nämlich nach Ansicht des BMASGK auch kein Dienstgeberbeitrag zum FLAF zu entrichten (→ 37.3.3.2.) (Information der WKÖ, 16.3.2006).

37.3.4.3. Bemessungsgrundlage

Der Zuschlag zum DB ist von der Beitragsgrundlage zu berechnen, von der auch der Dienstgeberbeitrag zum FLAF zu berechnen ist (vgl. § 122 Abs. 7 WKG).

Zur Bemessungsgrundlage gehören allerdings **nicht** die Arbeitslöhne der im Privathaushalt beschäftigten Dienstnehmer und der Dienstnehmer, die in Betrieben beschäftigt sind, hinsichtlich derer **keine Kammermitgliedschaft** besteht (z.B. Landwirtschaft, freie Berufe).

Bei Dienstgebern, die Eigentümer von pflichtigen Betrieben und nichtpflichtigen Betrieben sind (z.B. Landwirtschaft und Gastwirtschaft), ist daher eine **Trennung der Lohnsumme** nach den einzelnen Betrieben vorzunehmen.

Personen, die einem Kammermitglied **durch ein Gesetz zur Dienstleistung gegen Kostenersatz zugewiesen** sind (z.B. an ausgegliederte Rechtsträger von Gebietskörperschaften), gelten als Dienstnehmer des kostenersatzleistenden Kammermitglieds. Für sie ist Bemessungsgrundlage der Ersatz der Aktivbezüge mit der Maßgabe, dass die Umlagenschuld mit Ablauf des Kalendermonats entsteht, in dem die Aktivbezüge ersetzt worden sind (§ 122 Abs. 8 WKG).

37.3.4.4. Höhe des Zuschlags

Der Zuschlag zum DB (DZ zum DB oder Kammerumlage 2) beträgt für die nachstehenden Bundesländer:

Burgenland	0,42%	Oberösterreich	0,34%	Tirol	0,41%
Kärnten	0,39%	Salzburg	0,39%	Vorarlberg	0,37%
Niederösterreich	0,38%	Steiermark	0,37%	Wien	0,38%

Unterhält ein Kammermitglied in **verschiedenen Bundesländern** Betriebsstätten oder Zweigniederlassungen **mit eigener Berechtigung** und wird der Zuschlag zur Gänze an **ein** bestimmtes **Finanzamt** (→ 37.3.1.) abgeführt, sind bei der Ermittlung des Zuschlags die **unterschiedlichen Beitragssätze** der jeweiligen Landeskammern **zu berücksichtigen**. Zu diesem Zweck sind bei jenen Landeskammern, die niedrigere Beitragssätze haben, auf die Beitragsgrundlage der dort gelegenen Betriebsstätten die zutreffenden Beitragssätze in Anwendung zu bringen (FLD Oö Erl. 13.3.1996, 148/2 8/Nw-1996).

37.3.4.5. Entrichtung des Zuschlags

Der Zuschlag zum DB ist für jeden Monat bis **spätestens zum 15. Tag des nachfolgenden Monats** an das Finanzamt zu entrichten (→ 37.3.1., → 37.3.5., → 40.2.).

Er fließt über das Finanzamt der Wirtschaftskammer zu.

37.3.4.6. Betriebsneugründung

Das Neugründungs-Förderungsgesetz (NeuFöG) sieht für den Fall einer Betriebsneugründung während des geförderten Zeitraums eine Befreiung von der Entrichtung des Zuschlags zum DB vor.

Näheres dazu finden Sie unter Punkt 37.5.

37.3.5. Gemeinsame Bestimmungen

37.3.5.1. Fristverschiebung und Tag der Entrichtung

Werden Abgaben an einem

- **Samstag, Sonntag, gesetzlichen Feiertag, Karfreitag oder 24. Dezember fällig,**

so gilt als Fälligkeitstag **der nächste Tag**, der nicht einer der vorgenannten Tage ist (§ 210 Abs. 3 BAO).

Unbeschadet besonderer landes- oder gemeinderechtlicher Vorschriften **gelten Abgaben in nachstehend angeführten Fällen als entrichtet:**

1. bei **Überweisung** auf das Konto der empfangsberechtigten Kasse am Tag der Gutschrift;
2. bei **Einziehung** einer Abgabe durch die empfangsberechtigte Kasse am Tag der Einziehung;
3. bei **Einzahlungen mit Erlagschein** an dem Tag, der sich aus dem Tagesstempel des kontoführenden Kreditinstituts der empfangsberechtigten Kasse ergibt;
4. bei **Umbuchung oder Überrechnung von Guthaben** (§ 215 BAO) eines Abgabepflichtigen auf Abgabenschuldigkeiten desselben Abgabepflichtigen am Tag der Entstehung der Guthaben, auf Abgabenschuldigkeiten eines anderen Abgabepflichtigen am Tag der nachweislichen Antragstellung, frühestens jedoch am Tag der Entstehung der Guthaben;
5. bei **Barzahlungen** am Tag der Zahlung, bei Abnahme von Bargeld durch den Vollstrecker am Tag der Abnahme (§ 211 Abs. 1 BAO).

Erfolgt in den Fällen des Abs. 1 Z 1 die Gutschrift auf Konto der empfangsberechtigten Kasse zwar verspätet, aber **noch innerhalb von drei Tagen nach Ablauf der** zur Entrichtung einer Abgabe zustehenden **Frist (Respirofrist)**, so bleibt die **Verspätung ohne Rechtsfolgen**; in den Lauf der dreitägigen Frist sind Samstage, Sonntage, gesetzliche Feiertage, der Karfreitag und der 24. Dezember nicht einzurechnen (§ 211 Abs. 2 BAO).

Erfolgt die Entrichtung im Wege der Überweisung gem. § 211 Abs. 1 Z 1 BAO (siehe oben), so hat die Beauftragung mittels **Electronic-Banking** zu erfolgen, wenn dies dem Abgabepflichtigen zumutbar ist. Die nähere Regelung kann der Bundesminister für Finanzen durch Verordnung treffen. In der Verordnung kann auch festgelegt werden, dass bestimmte Formen einer Electronic-Banking-Überweisung zu verwenden sind (§ 211 Abs. 3 BAO).

Im Falle der Einziehung mittels SEPA-Lastschriftmandat gilt die Abgabe nicht als im Sinne des § 211 Abs. 1 Z 2 BAO entrichtet, wenn die Abgabenschuld aus Gründen, die vom Abgabepflichtigen als Mandatsgeber zu vertreten sind, nicht verrechnet wird oder die Verrechnung rückwirkend zu korrigieren ist (§ 211 Abs. 5 BAO).

37.3.5.2. Rundungsbestimmung

Die Beträge der einbehaltenen Lohnsteuer, des Dienstgeberbeitrags zum FLAF und des Zuschlags zum DB sind jeweils

- auf **volle Cent** ab- oder aufzurunden.

Hiebei sind Beträge unter 0,5 Cent abzurunden, Beträge ab 0,5 Cent aufzurunden[1594] (§ 204 Abs. 1, 2 BAO).

37.3.5.3. Meldung

Die Meldung über die Höhe der einbehaltenen Lohnsteuer, des Dienstgeberbeitrags zum FLAF und des Zuschlags zum DB erfolgt monatlich über die Finanzamtszahlung der **Electronic-Banking-Systeme** oder mittels **FinanzOnline**.

Jahresmeldungen (Erklärungen) wie z.B. im Bereich der Kommunalsteuer gibt es keine.

Muster 33

Firmeninternes Formular für die Abrechnung mit dem Finanzamt.

ABRECHNUNG MIT DEM FINANZAMT
für den Monat ____________ 20 ___

BERECHNUNG DES DIENSTGEBERBEITRAGS ZUM FLAF (DB zum FLAF)

Bruttobezüge (inkl. Sachbezüge und andere Vorteile) [1])		€ ________
– Betriebspensionen	–	€ ________
– nicht steuerbare Aufwandsentschädigungen [2])	–	€ ________
– steuerfreie Reisekostenentschädigungen [2])	–	€ ________
– Abfertigungen	–	€ ________
– Bezüge der begünstigten Behinderten [2])	–	€ ________
– Bezüge der Dienstnehmer (Personen) über 60 Jahre	–	€ ________
– ____________ [3])	–	€ ________
	=	€ ________
– Begünstigung für Kleinbetriebe	–	€ ________
= Beitragsgrundlage	=	€ ________
Beitragsgrundlage von € ________ × 3,9%	=	€ ________ [4])

BERECHNUNG DES ZUSCHLAGS ZUM DIENSTGEBERBEITRAG (DZ)

Beitragsgrundlage des DB zum FLAF = Beitragsgrundlage des DZ

Beitragsgrundlage von € ________ × ______ % .... = € ________ [4])

1594 Dazu ein **Beispiel**: € 123,454 ergibt gerundet € 123,45; € 123,455 ergibt gerundet € 123,46.

ERMITTLUNG DER SCHULD FÜR DAS FINANZAMT

einbehaltene Lohnsteuer [4])	= €	______
+ Dienstgeberbeitrag zum FLAF	+ €	______
+ Zuschlag zum Dienstgeberbeitrag	+ €	______
= Überweisungsbetrag	= €	______
zu überweisen bis ___ . ___ . 20 ___		

[1]) Inklusive Honorare und sonstige Vergütungen (exkl. Umsatzsteuer), die an freie Dienstnehmer i.S.d. § 4 Abs. 4 ASVG (➤ 31.7.1.) sowie an Kapitalgesellschaften beteiligte Personen (Gesellschafter-Geschäftsführer, ➤ 31.9.2.) gewährt werden. Dies gilt allerdings nicht für die von solchen Personen nachgewiesenen Reisetickets und Nächtigungskosten im Zusammenhang mit einer beruflichen Reise; solche Aufwandsentschädigungen gehören demnach nicht in die Beitragsgrundlage (➤ 37.4.1.3.).

[2]) Gilt nur für Dienstnehmer und Lehrlinge.

[3]) Andere, nicht zur Beitragsgrundlage gehörende Bezugsbestandteile können anhand des Bezugsartenschlüssels (➤ 45.) ermittelt werden.

[4]) Bis 0,4 Cent abgerundet, ab 0,5 Cent aufgerundet.

37.4. Abrechnung mit der Stadt(Gemeinde)kasse

37.4.1. Kommunalsteuer

37.4.1.1. Rechtsgrundlage

Rechtsgrundlage ist das Bundesgesetz, mit dem eine Kommunalsteuer erhoben wird (**Kommunalsteuergesetz 1993** – KommStG 1993) vom 30. November 1993, BGBl 1993/819, in der jeweils geltenden Fassung.

Die Bestimmungen dieses Gesetzes und die in diesem Punkt zitierten Rechtsansichten lt.

- Information des Bundesministeriums für Finanzen zum Kommunalsteuergesetz (KommStG) 1993, unter Berücksichtigung der laufenden Wartung (auszugsweise zitiert),

bilden, zusammen mit dazu ergangenen Erkenntnissen, den Inhalt dieses Punktes.

Der Volltext der Information zum Kommunalsteuergesetz 1993 ist unter der Internetadresse www.bmf.gv.at abrufbar.

37.4.1.2. Steuergegenstand

Der Kommunalsteuer unterliegen die **Arbeitslöhne**, die jeweils in einem Kalendermonat an die Dienstnehmer einer **im Inland** (Bundesgebiet) **gelegenen Betriebsstätte**[1595] des Unternehmens gewährt worden sind (§ 1 KommStG).

1595 Gemäß § 1 KommStG unterliegen der Kommunalsteuer die Arbeitslöhne, die jeweils in einem Kalendermonat an die Dienstnehmer einer im Inland gelegenen Betriebsstätte des Unternehmens gewährt worden sind.
Dass die Tätigkeitsvergütung des Geschäftsführers u.a. auf die ausländische Tochterfirma entfällt, ist dabei unbeachtlich, da der VwGH wiederholt ausgesprochen hat, dass **leitende Angestellte** i.d.R. der Zentrale eines Unternehmens und nicht Filialen/Betriebsstätten, in denen sie mitunter auch tätig werden, zugerechnet werden (VwGH 29.4.2010, 2006/15/0211).

37.4.1.2.1. Dienstnehmer

Dienstnehmer sind

a) **Personen**, die **in einem Dienstverhältnis** i.S.d. § 47 Abs. 2 EStG (→ 7.4.) stehen, **freie Dienstnehmer** i.S.d. § 4 Abs. 4 ASVG (→ 31.7.1.) **sowie an Kapitalgesellschaften** (AG, GmbH) **beteiligte Personen** i.S.d. § 22 Z 2 EStG[1596] (vgl. → 37.3.3.2.).

b) **Personen**, die **nicht von einer inländischen Betriebsstätte** (→ 37.4.1.2.3.) eines Unternehmens zur Arbeitsleistung im Inland **überlassen werden**, insoweit beim Unternehmer, dem sie überlassen werden[1597].

c) **Personen**, die seitens einer **Körperschaft des öffentlichen Rechts** zur **Dienstleistung zugewiesen** werden (→ 37.4.1.3.) (§ 2 KommStG).

Dienstnehmer i.S.d. KommStG und des FLAG (→ 37.3.3.2.) sind:

- **Personen**, die zum Unternehmen in einem **Dienstverhältnis i.S.d. § 47 Abs. 2 EStG** (→ 7.4.) stehen.
- **Freie Dienstnehmer** i.S.d. § 4 Abs. 4 ASVG (voll versicherte und geringfügig Beschäftigte, → 31.7.1.).
- An **Kapitalgesellschaften wesentlich beteiligte** Personen i.S.d. § 22 Z 2 Teilstrich 2 EStG (→ 31.9.2.2.2.).
- **Personen**, die von einer **inländischen Betriebsstätte** eines Unternehmens zur Arbeitsleistung im **Inland oder Ausland überlassen** werden[1598].
- **Personen**, die **nicht** von einer **inländischen Betriebsstätte** eines Unternehmens zur Arbeitsleistung **im Inland überlassen** werden, insoweit beim Unternehmer, dem sie überlassen werden.
- **Personen**, die seitens einer Körperschaft öffentlichen Rechts dem Unternehmen **zur Dienstleistung zugewiesen** werden.

Dienstverhältnis i.S.d. § 47 Abs. 2 EStG:

Unter ein Dienstverhältnis i.S.d. § 47 Abs. 2 EStG[1599] fallen alle Personen (auch Lehrlinge), die in einem lohnsteuerrechtlichen Dienstverhältnis zum Unternehmen stehen.

Ein lohnsteuerliches Dienstverhältnis – und damit Dienstnehmereigenschaft i.S.d. KommStG – liegt weiters bei an Kapitalgesellschaften **nicht wesentlich** i.S.d. § 22 Z 2 EStG **beteiligten Personen** auch dann vor, wenn sie bei einer sonst alle Merkmale

---

1596 Der § 22 Z 2 EStG lautet auszugsweise:
- „Einkünfte aus selbstständiger Arbeit sind: … die **Gehälter** und sonstigen Vergütungen jeder Art, die von einer Kapitalgesellschaft **an wesentlich Beteiligte** für ihre
- **sonst alle Merkmale eines Dienstverhältnisses** (§ 47 Abs. 2 EStG, → 7.4.) **aufweisende Beschäftigung** gewährt werden.

Eine Person ist dann wesentlich beteiligt, wenn ihr Anteil am Grund- oder Stammkapital der Gesellschaft mehr als 25% beträgt …"

1597 Die von einer ausländischen Betriebsstätte zur Arbeitsleistung im Inland überlassenen Arbeitskräfte gelten für Zwecke der Kommunalsteuer somit als Dienstnehmer des beschäftigenden Unternehmens im Inland (KommSt-Info Rz 15).

1598 Siehe ausführlich Punkt 37.4.1.2.3.

1599 Die Frage, ob die an der Gesellschaft **nicht oder nicht wesentlich (bis 25%) beteiligten Geschäftsführer** einer GmbH ihre Arbeitskraft i.S.d. § 47 Abs. 2 EStG schulden, ist **allein** auf Grund des **Anstellungsvertrags** unabhängig von den GmbH-rechtlichen Bestimmungen über die Beschränkungen der Geschäftsführerbefugnis durch Beschlüsse (Weisungen) der Generalversammlung zu beurteilen. Wesentliches Merkmal eines **steuerrechtlichen Dienstverhältnisses** ist somit – neben der Eingliederung der Geschäftsführer in den betrieblichen Organismus der GmbH – deren **arbeitsvertragliche Weisungsgebundenheit** (VwGH 25.6.2008, 2008/15/0090; VwGH 21.10.2015, 2012/13/0088; VwGH 21.4.2016, 2013/15/0202; VwGH 24.11.2016, Ro 2014/13/0040; VwGH 24.11.2016, 2013/13/0046; VwGH 26.1.2017, Ra 2015/15/0064).

eines Dienstverhältnisses (§ 47 Abs. 2 EStG) aufweisenden Beschäftigung auf Grund gesellschaftsvertraglicher Sonderbestimmungen nicht weisungsunterworfen sind (§ 47 Abs. 2 dritter Satz EStG i.V.m. § 25 Abs. 1 Z 1 lit. b EStG). Dazu zählen insb. bis 25% beteiligte Gesellschafter-Geschäftsführer einer GmbH oder Vorstandsmitglieder einer AG.

Funktionäre (Organe) von juristischen Personen des privaten Rechts (z.B. Mitglieder des Vorstands bei Vereinen, Genossenschaften, Sparkassen, Stiftungen) erzielen i.d.R. sonstige selbständige Einkünfte i.S.d. § 22 Z 2 Teilstrich 1 EStG und erfüllen damit nicht den Dienstnehmerbegriff des KommStG, sofern nicht ein Dienstverhältnis i.S.d. § 47 Abs. 2 erster und zweiter Satz EStG vorliegt.

Dienstnehmer sind weiters im Unternehmen tätige **Grenzgänger** (→ 31.10.). Grenzgänger sind im Ausland ansässige Dienstnehmer, die im Inland ihren Arbeitsort haben und sich i.d.R. an jedem Arbeitstag von ihrem Wohnort dorthin begeben (KommSt-Info, Rz 3).

Als Dienstnehmer gelten aufgrund des Vorliegens eines lohnsteuerlichen Dienstverhältnisses u.a. auch Personen mit Bezügen gemäß § 25 Abs. 1 Z 5 EStG (**Lehrbeauftragte**), wobei diese Bezüge keine Arbeitslöhne i.S.d. § 5 Abs. 1 lit a. KommStG darstellen und somit nicht in die Bemessungsgrundlage zur Kommunalsteuer einzubeziehen sind (KommSt-Info, Rz 3a und 4).

Freie Dienstnehmer i.S.d. § 4 Abs. 4 ASVG:

Freie Dienstnehmer i.S.d. § 4 Abs. 4 ASVG unterliegen der KommSt-Pflicht. Darunter fallen jedenfalls auch geringfügig beschäftigte freie Dienstnehmer, da es sich auch bei diesen um freie Dienstnehmer „i.S.d. § 4 Abs. 4 ASVG" handelt (diese freien Dienstnehmer sind lediglich von der Vollversicherung ausgenommen). Dies gilt auch für freie Dienstnehmer, die aufgrund beitragsfreier pauschaler Aufwandsentschädigungen mangels Entgelt keiner Pflichtversicherung unterliegen (VwGH 26.1.2017, Ro 2016/15/0022).

Die KommSt-Pflicht liegt bei Vergütungen an freie Dienstnehmer i.S.d. § 4 Abs. 4 ASVG somit unabhängig von der Auslegung des Begriffs „Entgelt" nach dem ASVG (→ 6.2.7.) vor (KommSt-Info, Rz 20).

Die Bezüge jener freien Dienstnehmer, die nach dem zweiten Teilsatz des § 4 Abs. 4 ASVG ausgenommen sind, unterliegen nicht der Kommunalsteuerpflicht (VwGH 26.1.2017, Ro 2016/15/0022). Somit sind z.B. die Bezüge jener (unternehmerähnlichen, → 4.3.3.) freien Dienstnehmer,

- die über wesentliche eigene Betriebsmittel verfügen (und daher z.B. nach § 2 Abs. 1 Z 4 GSVG versichert sind) oder
- die Mitglieder der Kammern der gewerblichen Wirtschaft sind (und daher aufgrund ihrer Tätigkeit nach § 2 Abs. 1 Z 1 GSVG versichert sind)

auch nicht in die Kommunalsteuerbemessungsgrundlage miteinzubeziehen (vgl. dazu auch KommSt-Info, Rz 20).

An Kapitalgesellschaften wesentlich beteiligte Personen i.S.d. § 22 Z 2 Teilstrich 2 EStG:

An Kapitalgesellschaften wesentlich beteiligte Personen i.S.d. § 22 Z 2 Teilstrich 2 EStG sind solche, die im Unternehmen einer Kapitalgesellschaft in der Art eines Dienstnehmers beschäftigt und am Stamm- oder Grundkapital mehr als 25% (un)mittelbar beteiligt sind. Diese Personen gelten als Dienstnehmer i.S.d. KommStG; dabei müssen **grundsätzlich die Merkmale eines Dienstverhältnisses** – ausgenommen die persönliche Weisungsgebundenheit – gegeben sein.

Nach der Rechtsprechung (VwGH 26.7.2007, 2007/15/0095) ist entscheidend, ob der Geschäftsführer bei seiner Tätigkeit im betrieblichen Organismus des Unternehmens der Gesellschaft eingegliedert ist. Das Fehlen eines Unternehmerrisikos und einer laufenden Lohnzahlung ist nur noch in solchen Fällen relevant, in denen eine Eingliederung des Gesellschafters in den Organismus der Gesellschaft nicht klar zu erkennen ist.

Es kommt nicht auf die Erfüllung einer Funktion als Organ der Gesellschaft an bzw. ist nicht auf die Art der Tätigkeit abzustellen. Unter diese Bestimmung fällt somit nicht nur die Tätigkeit als unternehmensrechtlicher Geschäftsführer, sondern jede Art der dienstnehmerähnlichen Tätigkeit des an der Kapitalgesellschaft wesentlich Beteiligten, beispielsweise ein mehr als 25% beteiligter Gesellschafter, der als Kraftfahrer beschäftigt ist, weiters ein an einer Wirtschaftsprüfungs- und Steuerberatungs-GmbH mehr als 25% beteiligter Gesellschafter mit der Befugnis zur Ausübung der Tätigkeit eines Wirtschaftsprüfers, wenn er im operativen Bereich dieser Wirtschaftsprüfungs- und Steuerberatungs-GmbH eine einem Wirtschaftsprüfer entsprechende Tätigkeit ausübt und dabei dienstnehmerähnlich tätig wird (KommSt-Info Rz 6).

Eine wesentlich beteiligte Person (insb. Gesellschafter-Geschäftsführer), die auf Grund der gesellschaftsrechtlichen Beziehung **weisungsgebunden** ist (Beteiligung mehr als 25% bis unter 50% ohne Vereinbarung einer Sperrminorität), erzielt aus der Beschäftigung **Einkünfte nach § 22 Z 2 Teilstrich 2 EStG**,

- wenn sie in den Organismus des Betriebs der Kapitalgesellschaft eingegliedert ist.

Eine wesentlich beteiligte Person (insb. Gesellschafter-Geschäftsführer), die auf Grund der gesellschaftsrechtlichen Beziehung **nicht weisungsgebunden** ist (Beteiligung ab 50% oder Beteiligung mehr als 25% mit Vereinbarung einer Sperrminorität), erzielt aus der Beschäftigung **Einkünfte nach § 22 Z 2 Teilstrich 2 EStG**,

- wenn sie in den Organismus des Betriebs der Kapitalgesellschaft eingegliedert ist.

Diesem Merkmal ist entscheidende Bedeutung beizumessen; unmaßgeblich ist die Art der Entlohnung und ein Unternehmerrisiko (KommSt-Info, Rz 7 und 8).

Die **Eingliederung in den geschäftlichen Organismus** der GmbH ist gegeben, wenn eine Person über einen längeren Zeitraum die Aufgaben der Geschäftsführung erfüllt. Die Eingliederung wird bereits durch jede nach außen hin als auf Dauer angelegt erkennbare Tätigkeit hergestellt, mit welcher der Unternehmenszweck der Gesellschaft verwirklicht wird. Unerheblich ist dabei, ob die Person im operativen Bereich der Gesellschaft oder im Bereich der Geschäftsführung tätig ist.

Der Eingliederung steht z.B. nicht entgegen:

- Erbringung der Tätigkeiten vom häuslichen Büro oder von der Privatwohnung aus;
- Tätigwerden als Geschäftsführer für mehrere Gesellschaften;
- Ausübung weiterer Tätigkeiten oder Funktionen;
- Unregelmäßigkeit in der Arbeitserbringung;
- Delegierung von Arbeit und die Heranziehung von Hilfskräften;
- Möglichkeit des Geschäftsführers, sich in vollem Umfang vertreten lassen zu können.

- Auf die zivilrechtliche Einstufung der Rechtsgrundlagen für die Tätigkeit als Geschäftsführer kommt es nicht an. Das Anstellungsverhältnis eines Geschäftsführers kann ein Dienstvertrag, ein so genannter freier Dienstvertrag, ein Werkvertrag oder ein Auftrag sein. Während beim Werkvertrag ein bestimmter Erfolg geschuldet wird, ist beim Dienstvertrag und beim freien Dienstvertrag die Arbeit selbst Leistungsinhalt.
- Eine zwischengeschaltete Kapitalgesellschaft, die im Hinblick auf die betreffende Tätigkeit Marktchancen nicht nutzen kann und über keinen eigenständigen, sich von der natürlichen Person abhebenden geschäftlichen Betrieb verfügt (z.B. ein Vorstand gründet eine GmbH und wickelt sein Anstellungsverhältnis über die GmbH ab). Die Vergütungen sind in diesem Fall dem Vorstand unmittelbar als natürliche Person zuzurechnen.
- Wenn eine Kommanditgesellschaft einen Komplementär an eine Kapitalgesellschaft zur Geschäftsführung ohne konkrete Behauptungen über die Vertragsbeziehungen oder die wirtschaftlichen Hintergründe bereitstellt und die Kapitalgesellschaft für die Geschäftsführungstätigkeit des Komplementärs Entgelt an die Kommanditgesellschaft entrichtet; diese Entgeltvergütungen sind als Arbeitslohn der Kapitalgesellschaft an den Gesellschafter (Komplementär) zu bewerten.
- Ein Geschäftsführer, der etwa nur an einem Tag pro Woche in der Betriebsstätte anwesend ist und im Übrigen die Geschäftsführung vom Ort seines Einzelunternehmens aus leitet.
- Der Umstand, dass der Gesellschafter-Geschäftsführer auch für andere Gesellschaften und zudem auch selbständig tätig ist.
- Wenn die Tätigkeit auch bei anderen, allenfalls auch ausländischen Betriebsstätten des Unternehmens erfolgt (KommSt-Info, Rz 9).

Ein gegen die Eingliederung sprechender Werkvertrag kann nur angenommen werden, wenn die Verpflichtung zur Herbeiführung eines bestimmten Erfolgs, etwa in Form eines durch die Geschäftsführung abzuwickelnden konkreten Projekts, vereinbart ist. Hingegen ist Eingliederung gegeben, wenn Gegenstand des Vertrags eine auf Dauer angelegte und damit zeitraumbezogene Erbringung von Leistungen ist. Daran ändert nichts, wenn der „Werkvertrag" zwischen GmbH und Geschäftsführer jährlich neu geschlossen wird.

Die durch § 23 Z 2 EStG erfassten **Arbeitsvergütungen** eines **Kommanditisten**, der in einem direkten Dienstverhältnis zur Kommanditgesellschaft steht, stellen **keine** von der **Kommunalsteuer erfassten Arbeitslöhne** dar. Für den Mitunternehmer normiert § 23 Z 2 EStG u.a., dass Vergütungen für seine Tätigkeiten im Dienste der Mitunternehmerschaft als Einkünfte aus Gewerbebetrieb zu erfassen sind. Auch wenn das Rechtsverhältnis, auf Grund dessen der Mitunternehmer gegenüber der Mitunternehmerschaft tätig wird, zivilrechtlich (oder sozialversicherungsrechtlich) als Dienstverhältnis anzusehen ist, führen sohin die Arbeitsvergütungen nicht zu Einkünften aus einem Dienstverhältnis i.S.d. § 25 Abs. 1 EStG i.V.m. § 47 EStG, sondern zu solchen aus Gewerbebetrieb (VwGH 11.9.1997, 97/15/0128).

37.4.1.2.2. Unternehmen, Unternehmer

Das Unternehmen **umfasst die gesamte gewerbliche oder berufliche Tätigkeit** des Unternehmers. Gewerblich oder beruflich ist jede nachhaltige Tätigkeit zur Erzielung von Einnahmen[1600], auch wenn die Absicht, Gewinn (Überschuss) zu erzielen, fehlt oder eine Personenvereinigung nur gegenüber ihren Mitgliedern tätig wird. Als Unternehmer und Unternehmen gelten stets und in vollem Umfang Körperschaften i.S.d. § 7 Abs. 3 KStG, Stiftungen sowie Mitunternehmerschaften i.S.d. EStG und sonstige Personengesellschaften.

Unternehmer ist, wer eine gewerbliche oder berufliche Tätigkeit selbstständig ausübt. Die gewerbliche oder berufliche Tätigkeit wird nicht selbstständig ausgeübt, soweit natürliche Personen, einzeln oder zusammengeschlossen, einem Unternehmen derart eingegliedert sind, dass sie den Weisungen des Unternehmers zu folgen verpflichtet sind.

Die Körperschaften des öffentlichen Rechts sind nur im Rahmen ihrer Betriebe gewerblicher Art (§ 2 des KStG) und ihrer land- und forstwirtschaftlichen Betriebe gewerblich oder beruflich tätig. Als Betriebe gewerblicher Art im Sinn des KommStG gelten jedoch stets Wasserwerke, Schlachthöfe, Anstalten zur Müllbeseitigung, zur Tierkörpervernichtung und zur Abfuhr von Spülwasser und Abfällen sowie die Vermietung und Verpachtung von Grundstücken durch öffentlich-rechtliche Körperschaften.

Die ÖBB-Holding AG und ihre im Bundesbahngesetz namentlich angeführten Tochter- und Enkelgesellschaften gelten als ein Unternehmen (ÖBB-Gesellschaften) (§ 3 Abs. 1–4 KommStG).

Das KommStG knüpft nicht an den Gewerbebetrieb des § 23 EStG an, sondern – mit Ausnahme der Körperschaft öffentlichen Rechts – an den Unternehmens- und **Unternehmerbegriff i.S.d.** § 2 Abs. 1 **UStG**. Der Kreis der steuerpflichtigen Unternehmen kann sich grundsätzlich auf alle Einkunftsarten des EStG mit Ausnahme der Einkünfte aus nicht selbstständiger Arbeit erstrecken (KommSt-Info, Rz 23).

Die KommSt-Pflicht erstreckt sich auf die Arbeitslöhne, die auf den unternehmerischen Bereich des **Vereins** entfallen. Keine KommSt kann insoweit anfallen, als der Verein nicht unternehmerisch tätig oder gem. § 8 Z 2 KommStG befreit ist (KommSt-Info, Rz 27).

37.4.1.2.3. Betriebsstätte

Als Betriebsstätte gilt **jede feste örtliche Anlage oder Einrichtung**, die mittelbar oder unmittelbar der Ausübung der unternehmerischen Tätigkeit dient. § 29 Abs. 2 und § 30 der BAO (siehe nachstehend) sind sinngemäß mit der Maßgabe anzuwenden, dass bei Eisenbahn- und Bergbauunternehmen auch Mietwohnhäuser, Arbeiterwohnstätten, Erholungsheime und dergleichen als Betriebsstätten gelten.

Bei einem Schifffahrtsunternehmen gilt als im Inland gelegene Betriebsstätte auch der inländische Heimathafen oder der inländische Ort, an dem ein Schiff in einem Schiffsregister eingetragen ist. Gleiches gilt für auf solchen Schiffen befindliche Einrichtungen zur Ausübung einer unternehmerischen Tätigkeit (§ 4 Abs. 1, 2 KommStG).

Bei **Arbeitskräfteüberlassungen** wird erst **nach Ablauf von sechs Kalendermonaten** in der Betriebsstätte des Beschäftigers eine Betriebsstätte des Arbeitskräfte überlas-

1600 Daher sind Dienstgeber von **ausschließlich im privaten Haushalt** des Dienstgebers beschäftigten Personen (Hausgehilfen, Hausangestellten, Hausgärtnern usw.) von der Kommunalsteuer-Zahlungspflicht **nicht erfasst**.

senden Unternehmens begründet (§ 4 Abs. 3 KommStG)[1601]. Werden Personen von einer inländischen Betriebsstätte eines Unternehmens einem Beschäftiger länger als sechs Kalendermonate zur Arbeitsleistung überlassen, bleibt die Gemeinde, in der sich die Betriebsstätte des Überlassers befindet, für sechs Kalendermonate erhebungsberechtigt. Für Zeiträume nach Ablauf des sechsten Kalendermonates ist die Gemeinde, in der sich die Unternehmensleitung des inländischen Beschäftigers befindet, erhebungsberechtigt (§ 7 Abs. 1 KommStG). Bei Arbeitskräfteüberlassungen ins Ausland besteht daher ab dem siebten Kalendermonat keine Kommunalsteuerpflicht (siehe auch KommSt-Info, Rz 39 und Punkt 37.4.1.5.).

Der **Begriff der Betriebsstätte** ist für den Bereich der KommSt eigenständig definiert. Danach gilt als Betriebsstätte jede feste örtliche Anlage oder Einrichtung, die mittelbar oder unmittelbar der Ausübung der unternehmerischen Tätigkeit dient. Damit ist anders als etwa im § 29 Abs. 1 BAO nicht auf einen Betrieb oder einen wirtschaftlichen Geschäftsbetrieb abgestellt, sondern auf die unternehmerische Tätigkeit. Er geht damit weit über jenen des § 29 BAO hinaus (KommSt-Info, Rz 38).

Betriebsstätte i.S.d. BAO

- ist eine feste örtliche Anlage oder Einrichtung,
- mit Verfügungsgewalt des Unternehmers,
- zur unmittelbaren betrieblichen Tätigkeit und
- auf längere Dauer.

Unter **„fester örtlicher Anlage oder Einrichtung“** sind Vorrichtungen, Räume oder Flächen zu verstehen, die wenigstens für eine gewisse betrieblich bedingte Zeit eine feste örtliche Beziehung schaffen. Dazu genügt es, wenn der Unternehmer über einen bestimmten Raum oder Fläche die (Mit-)Verfügungsgewalt hat, die für die Ausübung seiner betrieblichen Tätigkeit ausreicht. In diesem Sinn ist ein flächenmäßig bestimmter Platz, über den der Unternehmer infolge einer ihm zustehenden oder eingeräumten Berechtigung für seine betrieblichen Zwecke verfügen kann, als Betriebsstätte anzusehen, wie z.B. ein behördlich zugewiesener Standplatz der Straßenhändler, Taxi- und Fiakerunternehmer. Ein Fahrzeug, in dem z.B. ein täglich von Ort zu Ort reisender Wanderhändler seine Waren zum Verkauf feilhält, ist nicht als Betriebsstätte anzusehen, wohl aber ein Bohrturm oder eine Sandgewinnungsanlage, mag auch im Zuge des Fortschreitens der Ausbeutung eine gewisse örtliche Verschiebung der Ausbeutungsanlage erforderlich sein. Im Transportgewerbe ist Betriebsstätte i.d.R. eine örtliche Anlage oder Einrichtung, von der aus Transportmittel samt Bedienungspersonal regelmäßig eingesetzt werden.

Dem Unternehmer muss eine gewisse, nicht nur vorübergehende **Verfügungsgewalt** über die Anlagen oder Einrichtungen zustehen. Die Verfügungsmacht kann auf

1601 Arbeitskräfteüberlasser haben – vorbehaltlich der Sonderbestimmung in § 4 Abs. 3 KommStG – nach allgemeinen Grundsätzen auch in der Betriebsstätte des Beschäftigers eine Kommunalsteuerbetriebsstätte, weil nach dem KommStG auch bloß mittelbar der unternehmerischen Tätigkeit dienende Anlagen und Einrichtungen als Betriebsstätte gelten. Die Beschäftigung in einer nicht im Inland gelegenen kommunalsteuerrechtlichen Betriebsstätte im Rahmen einer **Arbeitskräfteüberlassung ins Ausland** führt daher dazu, dass für diese Dienstnehmer **keine Kommunalsteuer** zu entrichten ist. Dabei ist nicht die Integration der überlassenen Dienstnehmer in die Betriebsstätten des Überlassers als solche entscheidend, sondern ihre Beschäftigung jeweils in einer nicht im Inland gelegenen kommunalsteuerrechtlichen Betriebsstätte (VwGH 21.10.2015, 2012/13/0085; BMF im Salzburger Steuerdialog 2016, 28.10.2016, BMF-010222/0058-VI/7/2016). Seit dem Kalenderjahr 2017 gilt dies jedoch nach § 4 Abs. 3 KommStG i.d.F. AbgÄG 2016 erst nach Ablauf von sechs Kalendermonaten.

Eigentum, einem Mietvertrag, einem Mitbenutzungsrecht oder unentgeltlicher Überlassung beruhen.

Die kurzfristige Überlassung von Räumen für Reinigungsarbeiten, Reparaturarbeiten oder Schulungszwecke begründet keine Verfügungsgewalt des zur Reinigung, Reparatur oder Schulung Berechtigten und damit auch keine Betriebsstätte.

Im Falle der **Arbeitskräfteüberlassung** wird die faktische Verfügungsmacht vom die Arbeitskräfte überlassenden Unternehmer durch seine Arbeitskräfte an Ort und Stelle ausgeübt.

Keine Verfügungsgewalt des Unternehmers besteht, wenn der Unternehmer z.B. über Räume weder als (Mit-)Eigentümer noch als (Mit-)Mieter noch als Mitbenutzer für seine betrieblichen Zwecke verfügen kann. Dem Nutzenden muss jedenfalls eine Rechtsposition eingeräumt sein, die ihm ohne seine Mitwirkung nicht mehr ohne Weiteres entzogen oder verändert werden kann.

- Die Wohnung des Heimarbeiters kann, unabhängig davon, ob es sich um einen echten oder freien Dienstnehmer handelt, bei Einräumung eines gewissen Verfügungs- oder Nutzungsrechts für den Arbeitgeber eine Betriebsstätte bei diesem begründen. Es macht keinen Unterschied, ob Räumlichkeiten dem Arbeitgeber von einem Dritten oder von einem Arbeitnehmer für die Erbringung der betrieblichen Leistungen zur Verfügung gestellt werden[1602].
- Ebenso kann ein Hotelzimmer, das der Arbeitgeber für Aufenthalte seiner Arbeitnehmer mietet, eine Betriebsstätte darstellen, wenn dem Arbeitgeber für eine längere Dauer eine Verfügungsmacht eingeräumt wird.
- Die verpachtete Tankstelle ist mangels Verfügungsgewalt des Mineralölunternehmens i.d.R. nicht als dessen Betriebsstätte zu werten.

Einer Anlage oder Einrichtung kommt erst dann Betriebsstättencharakter zu, wenn von dort aus eine auf Dauer oder jedenfalls für eine gewisse Dauer angelegte Betätigung ausgeht. Aus der Verkehrsanschauung zum Begriff der festen Anlage oder Einrichtung lässt sich ableiten, dass dieser Begriff jedenfalls Einrichtungen von einer **ein halbes Jahr übersteigenden Dauer** erfasst.

Bei **wiederkehrender (Mit)Benutzung** einer festen örtlichen Anlage reicht eine **Dauer von weniger als sechs Monaten** im Kalenderjahr aus.

Auch regelmäßig wiederkehrende Wochenendfeste (z.B. Pfingstveranstaltungen) oder einwöchige Messe- oder Jahrmarktveranstaltungen können den Charakter der Dauerhaftigkeit (nachhaltige Tätigkeit) aufweisen (KommSt-Info, Rz 40–44).

Bei **Arbeitskräfteüberlassung** wird am Ort der Arbeitserbringung durch die überlassenen Dienstnehmer eine Betriebsstätte des Überlassers schon durch das Agieren der Dienstnehmer in Anlagen und Einrichtungen des Beschäftigers begründet (vgl. auch VwGH 21.10.2015, 2012/13/0085; VwGH 13.9.2006, 2002/13/0051). Seit 1.1.2017 gilt dies jedoch erst nach Ablauf von sechs Monaten (siehe Ausführungen weiter oben).

Gemäß § 29 Abs. 2 lit. c BAO begründen **Bauausführungen**, deren Dauer sechs Monate überstiegen hat oder voraussichtlich übersteigen wird, eine Betriebsstätte.

1602 Zur Begründung einer Betriebsstätte gem. § 29 BAO durch Ausübung der Tätigkeit eines in Österreich ansässigen Arbeitnehmers an seinem inländischen Wohnsitz (**Homeoffice**) siehe BMF 27.6.2019, BMF-010221/0323-IV/8/2018 (EAS 3415).

Ob die Bauausführung sechs Monate übersteigen wird, ist anhand von entsprechenden Unterlagen festzustellen (Ausschreibung, Anbotstellung, Zuschlagserteilung, Auftragsvergabe, Verträge, Bauzeitpläne, Gemeinderatsbeschlüsse u.dgl.).

Bauausführungen sind auch dann als Betriebsstätte anzusehen, wenn zwar zunächst mit einer Bauausführung von mehr als sechs Monaten zu rechnen war, aber die tatsächliche Dauer – entgegen der ursprünglichen Vermutung – nicht mehr als sechs Monate betragen hat. KommSt-Pflicht ist für die tatsächliche Dauer gegeben.

Wird entgegen den ursprünglichen Erwartungen die Dauer von sechs Monaten überschritten, entsteht KommSt-Pflicht in der Gemeinde erst von dem Monat an, in dem sich herausstellt, dass die Bauausführung länger als sechs Monate dauern wird. Es ist daher spätestens ab dem siebenten Monat KommSt-Pflicht gegenüber der Betriebsstättengemeinde gegeben.

Bautechnisch bedingte Unterbrechungen von kürzerer Dauer berühren nicht den Fortgang der 6-Monats-Frist. Bei Unterbrechungen von mehr als zwei Wochen tritt eine Hemmung der 6-Monats-Frist ein, d.h. die Zeit der Hemmung wird in die Frist nicht einbezogen, sie beginnt aber nicht neu zu laufen.

Hat ein Unternehmen für seine gesamte übernommene Tätigkeit von vornherein mit einer Dauer von mehr als sechs Monaten zu rechnen, liegt eine Betriebsstätte auch dann vor, wenn das Unternehmen nicht durchgehend auf der Baustelle tätig wird. Tritt eine geplante Unterbrechung der Bauarbeiten ein, weil in der Zwischenzeit Arbeiten von anderen Unternehmen ausgeführt werden, dann wird mit der Fortführung der Bauarbeiten nicht eine neue Sechsmonatsfrist in Gang gesetzt. Das Unternehmen ist jedenfalls für die Arbeitslöhne seiner auf der Baustelle eingesetzten Dienstnehmer KommSt-pflichtig; erhebungsberechtigt ist jene Gemeinde, in der die Baustelle gelegen ist.

Sollte dem Bauunternehmen die Funktion eines **Generalunternehmers** zukommen (Übernahme der Erstellung der Gesamtanlage), dann ist von vornherein eine zeitlich durchgehende Bauausführung gegeben, weil die Zeiten der auf der Baustelle arbeitenden Subunternehmer auch dem Generalunternehmer zugerechnet werden.

Für den **Subunternehmer** seinerseits besteht nur dann eine Betriebsstätte, wenn seine eigenen Bauausführungen sechs Monate überstiegen haben oder voraussichtlich übersteigen werden (KommSt-Info, Rz 46–51).

Die „Information zum KommStG 1993“ enthält noch weitere Hinweise zur Berücksichtigung der 6-Monats-Regelung bei Bauausführungen.

Dienstnehmer i.S.d. KommStG – lohnsteuerliche Dienstnehmer, Gesellschafter-Geschäftsführer, freie Dienstnehmer, Arbeitskräfte eines ausländischen Arbeitskräfteüberlassers, dem Unternehmen von einer Körperschaft öffentlichen Rechts dienstzugeteilte Dienstnehmer – sind jener **Betriebsstätte** des Unternehmens **zuzurechnen**, mit der sie nach wirtschaftlichen Gesichtspunkten überwiegend unternehmerisch verbunden sind bzw. zu der die engeren ständigen Beziehungen bestehen.

Die unternehmerische Verbundenheit kann im Sinn einer funktionellen Zugehörigkeit, das ist i.S.d. Zugehörigkeit des Dienstnehmers zum Aufgabenbereich der Betriebsstätte, verstanden werden. Dienstnehmer einer bestimmten Betriebsstätte kann daher auch jemand sein, der nicht in den Räumen der Betriebsstätte, sondern außerhalb arbeitet, wenn er nur in bestimmten ständigen Beziehungen zu dieser Betriebsstätte steht, hauptsächlich dann, wenn sein Arbeitseinsatz von dieser Betriebsstätte aus geleitet wird.

Beispiele:

- **Kraftfahrer**, die ihre Tätigkeit von einer Betriebsstätte aus, die als Abstell- und Serviceplatz für die Kraftfahrzeuge dient, täglich ausüben, haben zu dieser Betriebsstätte die überwiegende und stärkste Beziehung. Hingegen kommt es nicht darauf an, von welcher Betriebsstätte, auch wenn sich in dieser die Leitung des Unternehmens befindet, fernmündliche Weisungen an die Kraftfahrer erteilt werden.
- **Fahrverkäufer**, die die Ware an einer Umladestation abholen und zu den Kunden im räumlichen Einzugsgebiet der Station bringen, sind dieser Betriebsstätte zuzurechnen.
- **Auswärts beschäftigte Dienstnehmer** eines Malerbetriebs mit Geschäftsleitung in der Gemeinde A und Werkstätte in der Gemeinde B: Die Außendienstarbeiter sind zur Gänze der Werkstätte zuzurechnen, es sei denn, die auswärtige Bauausführung hat selbst Betriebsstättencharakter.
- **Außendienstmitarbeiter** eines Versicherungsunternehmens sind jener Geschäftsstelle zuzurechnen, in deren Einzugsbereich sie eingesetzt sind.
- **Leitende Angestellte** der Zentrale eines Versicherungsunternehmens mit der Aufgabe der Beaufsichtigung oder Überwachung von Geschäftsstellen sind i.d.R. zur Gänze der Zentrale zuzurechnen.
- **Postzusteller** sind nicht dem Einsatzort (Gemeinde, in der die Zustellung erfolgt), sondern dem Dienstort zuzuordnen (z.B. Postamt, Postzustellverteilerzentrum).
- **Heimarbeiter** sind jener Betriebsstätte zuzuordnen, von der aus sie Material oder Anweisungen für ihre Tätigkeit erhalten.
- **Binnenschifffahrtsunternehmen**: I.d.R. Zurechnung zu jener inländischen Betriebsstätte, die den Arbeitseinsatz des Schiffspersonals leitet.
- Eine **Körperschaft öffentlichen Rechts** (KöR) vermietet und verpachtet Grundstücke (= Betriebsstätten) in den Gemeinden A, B und C, die von einer in der Gemeinde A gelegenen Dienststelle (= Betriebsstätte) der KöR aus verwaltet werden. Das Grundstück in der Gemeinde B ist ein Mietwohnhaus, in dem ein Hausbesorger angestellt ist. Die in den Gemeinden A und C gelegenen Grundstücke sind unbebaut.

  Kommunalsteuerpflichtig sind daher die Hausbesorgerbezüge in der Gemeinde B und die mit der Verwaltung (ganz oder teilweise) im Zusammenhang stehenden Bezüge der Dienstnehmer in der Gemeinde A.
- **Freie Dienstnehmer** sind dem Geschäftssitz des Unternehmens zuzuordnen. Wenn der freie Dienstnehmer auf Grund seiner Tätigkeit einer Betriebsstätte zuzuordnen ist (engste ständige Beziehung), ist diese maßgebend.

Ist eine funktionelle, räumliche oder zeitliche Zuordnung zu einer Zentrale bzw. Filiale nicht möglich und ist der Dienstnehmer in Betriebsstätten **verschiedener Gemeinden** beschäftigt, ist der ausbezahlte Arbeitslohn, nach Rücksprache mit der Abgabenbehörde, den Betriebsstätten entsprechend den Beschäftigungszeiten zuzuordnen (KommSt-Info, Rz 86 und 87).

Werden **Betriebsstätten** in bloß **zeitlich untergeordnetem Ausmaß** von Dienstnehmern **betreut**, wird i.d.R. nicht jene betriebliche Verbundenheit vorliegen, wie sie für eine Zuordnung erforderlich ist. Diese Dienstnehmer werden für Zwecke der Kommunalsteuer i.d.R. – ebenso wie Versicherungsangestellte, die mit der Beaufsichtigung oder Überwachung von Geschäftsstellen betraut sind – zur Gänze als der Unternehmenszentrale zugehörig anzusehen sein bzw. jener Betriebsstätte, von wo sie eingesetzt werden oder Aufträge oder Material für die betreffende Tätigkeit erhalten (KommSt-Info, Rz 88).

Beispiel

Auf einem Gemeindegebiet von einem Unternehmen aufgestellte und unterhaltene Plakatwände (Anschlagtafeln, Plakatsäulen, Briefkästen), Verkaufsautomaten, Glücksspielautomaten, Server und Info-Terminals sind Betriebsstätten i.S.d. BAO und damit auch des KommStG. Diese Beurteilung bedeutet aber nicht, dass der betreffenden Gemeinde ein Anspruch auf Kommunalsteuer zukommt.

Die Arbeitslöhne eines **im Ausland beschäftigten (eingesetzten) Dienstnehmers** unterliegen – vorbehaltlich der Befreiungen gem. § 5 Abs. 2 lit. c KommStG in Verbindung mit § 3 Abs. 1 Z 10 und 11 EStG und § 8 Z 2 KommStG – nur dann nicht der Kommunalsteuer, wenn sie einer ausländischen Betriebsstätte des Unternehmens zuzurechnen sind (z.B. Bauausführung mit Betriebsstättencharakter oder Auslandsfiliale; Arbeitskräfteüberlassung). Zur Bildung einer Betriebsstätte bei (Auslands-) Arbeitskräfteüberlassungen siehe die Ausführungen weiter oben.

Die „Information zum KommStG 1993" enthält noch Hinweise hinsichtlich

- **inländischer Unternehmen** ohne ausländischer bzw. mit ausländischer **Betriebsstätte**,
- **ausländischer Unternehmen** ohne inländischer bzw. mit inländischer **Betriebsstätte** sowie
- der Bedeutung und Maßgeblichkeit der **Doppelbesteuerungsabkommen**.

37.4.1.3. Bemessungsgrundlage

Bemessungsgrundlage ist die **Summe der Arbeitslöhne**, die an die Dienstnehmer der in der Gemeinde gelegenen Betriebsstätte gewährt worden sind (**Zuflussprinzip** ①), gleichgültig, ob die Arbeitslöhne beim Empfänger der Einkommensteuer (Lohnsteuer) unterliegen. Arbeitslöhne sind

a) im Fall des § 2 lit. a KommStG Bezüge gem. § 25 Abs. 1 Z 1
   - lit. a EStG (Bezüge und Vorteile ②) aus einem bestehenden oder früheren Dienstverhältnis) und
   - lit. b EStG (Bezüge und Vorteile von Personen, die an Kapitalgesellschaften nicht wesentlich beteiligt sind …) (→ 7.5.) sowie

   Gehälter und sonstige Vergütungen jeder Art i.S.d. § 22 Z 2 des EStG ③ (→ 37.4.1.2.1.) und solche für freie Dienstnehmer i.S.d. § 4 Abs. 4 ASVG ④ (→ 31.7.1.),

b) im Fall des § 2 lit. b KommStG (→ 37.4.1.2.1.) 70% des Gestellungsentgelts,

c) im Fall des § 2 lit. c KommStG (→ 37.4.1.2.1.) der Ersatz der Aktivbezüge (§ 5 Abs. 1 KommStG).

Die Arbeitslöhne sind nur insoweit steuerpflichtig, als sie mit der unternehmerischen Tätigkeit zusammenhängen. Ist die Feststellung der mit der unternehmerischen Tätigkeit zusammenhängenden Arbeitslöhne mit einem unverhältnismäßigen Aufwand verbunden, können die erhebungsberechtigten Gemeinden mit dem Steuerschuldner eine Vereinbarung über die Höhe der Bemessungsgrundlage treffen (§ 5 Abs. 3 KommStG).

① Lohnzahlungen, die **regelmäßig wiederkehrend bis zum 15. Tag eines Kalendermonats** für den vorangegangenen Kalendermonat gewährt werden, sind dem vorangegangenen Kalendermonat zuzurechnen (§ 11 Abs. 1 KommStG).

- Nachzahlungen (→ 24.3.),
- Vergleichssummen (→ 24.5.),
- Zahlungen auf Grund von Gerichtsurteilen (→ 24.5.),
- Lohnausgleich im Rahmen einer Altersteilzeit (→ 27.3.2.),
- Abgeltung von Zeitguthaben bei Beendigung des Dienstverhältnisses (→ 33.6.) und
- Kündigungsentschädigungen (→ 34.4.)

sind in dem Kalendermonat in die Bemessungsgrundlage einzubeziehen, in dem diese Zahlungen geleistet wurden.

Werden laufende Bezüge für das Vorjahr nach dem 15. Jänner bis zum 15. Februar ausgezahlt, ist die Kommunalsteuer bis zum 15. Februar abzuführen (§ 11 Abs. 2 KommStG).

② Unter Vorteile versteht man

- alle Bezüge, die zur vertraglich vereinbarten Entlohnung für aktive Dienstleistungen gehören (z.B. auch Diensterfindungsvergütungen und Folgeprovisionen für ehemalige Dienstnehmer), auch wenn sie erst nach Beendigung des Dienstverhältnisses oder während der Karenzierung des Dienstverhältnisses (dazu zählt auch ein unbezahlter Urlaub) ausbezahlt werden (KommSt-Info, Rz 58 und 77e), oder
- andere Vorteile, z.B. ein vom Dienstgeber
  - freiwillig übernommener Dienstnehmeranteil zur Sozialversicherung (→ 13.),
  - im Rahmen einer Altersteilzeit übernommener Dienstnehmeranteil zur Sozialversicherung (vgl. auch VwGH 21.9.2016, 2013/13/0102),
  - im Zuge der Lohnabgabenprüfung übernommener Dienstnehmeranteil zur Sozialversicherung (auch bei fehlender Regressmöglichkeit), nicht aber bei Regress gegenüber dem Dienstnehmer, sofern dieser die Beiträge zurückzahlt (→ 41.1.3.) (andere Ansicht LVwG Tirol 21.6.2016, LVwG-2015/12/2927-5),
  - refundierter Sozialversicherungsbeitrag gem. § 51 Abs. 5 ASVG von Vorständen (→ 31.8.3.) (KommSt-Info, Rz 68–70).

Keine Vorteile liegen vor, wenn Dienstnehmeranteile zur Sozialversicherung vom Dienstgeber auf Grund einer gesetzlichen Verpflichtung übernommen werden; diese erhöhen demzufolge nicht die Bemessungsgrundlage (VwGH 28.10.2009, 2008/15/0279). Dazu zählen ein vom Dienstgeber

- auf Grund der 20%-Regelung gem. § 53 Abs. 1 ASVG übernommener Dienstnehmeranteil zur Sozialversicherung (→ 20.3.1.3.),
- übernommener Krankenversicherungs(differenz)beitrag i.V.m. dem Schlechtwetterentschädigungsbeitrag gem. § 7 Abs. 2 Bauarbeiter-Schlechtwetterentschädigungsgesetz (VwGH 28.10.2009, 2008/15/0279; vgl. auch KommSt-Info, Rz 60, 67).

Geldwerte Vorteile müssen ihre Wurzeln im Dienstverhältnis haben oder zumindest mit dem Dienstverhältnis in einem engen räumlichen, zeitlichen und arbeitsspezifischen Zusammenhang stehen, weshalb auch ein **Entgelt von dritter Seite** (→ 19.) zu den kommunalsteuerpflichtigen Einkünften aus nichtselbständiger Arbeit gehören kann. Bei Entgelt von dritter Seite ohne Arbeitslohncharakter (somit nicht auf Veranlassung des Arbeitgebers) besteht unabhängig von einer Lohnsteuerabzugsverpflichtung keine Kommunalsteuerpflicht. Kein geldwerter Vorteil liegt vor, wenn die Inanspruchnahme im ausschließlichen Interesse des Arbeitgebers liegt und im konkreten Fall für den Arbeitnehmer kein Vorteil besteht (VwGH 21.4.2016, 2013/15/0259). Nicht in die Bemessungsgrundlage einzubeziehen sind Bonusmeilen, die einem Dienstnehmer von einem Dritten im Zuge eines Vielfliegerprogramms gewährt werden (VwGH 29.4.2010, 2007/15/0293) (KommSt-Info, Rz 58).

③ Gilt bezüglich an Kapitalgesellschaften wesentlich beteiligter Personen:
Zur Bemessungsgrundlage gehören:

- **Gehälter und sonstige Vergütungen** jeder Art, die der Geschäftsführer als Gegenleistung (Entgelt) für seine Geschäftsführertätigkeit erhält. Als Vergütungen jeder Art sind auch jene Bezüge (z.B. Auslagenersätze oder Reisekostenersätze) zu erfassen, die eine Kapitalgesellschaft dem Geschäftsführer als Vergütung der bei ihm anfallenden Betriebsausgaben gewährt. § 26 EStG bezieht sich ausschließlich auf nicht selbstständige Einkünfte und kann daher bei Einkünften aus selbstständiger Arbeit (Einkünften von wesentlich beteiligten Gesellschafter-Geschäftsführern) nicht zur Anwendung kommen.
- **Pauschale Kostenersätze** (z.B. Kilometergeld, Tagesgeld, Nächtigungsgeld) gehören jedenfalls zur Bemessungsgrundlage. Tatsächlich (belegmäßig) nachgewiesene Aufwendungen für ein Reiseticket (z.B. Bahnticket, Flugticket) oder eine Nächtigungsmöglichkeit (z.B. Hotelrechnung) im Zusammenhang mit einer beruflichen Reise (unabhängig davon, ob diese von der Gesellschaft oder vom Geschäftsführer bezahlt werden) erhöhen nicht die Bemessungsgrundlage. Hingegen sind belegmäßig nachgewiesene Verpflegungskosten immer KommSt-pflichtig.
- Gemäß § 5 Abs. 2 lit. c KommStG gehören bestimmte **steuerfreie Bezüge** nicht zur Bemessungsgrundlage. Ist die Arbeitnehmereigenschaft Voraussetzung für die Steuerbefreiung (wie z.B. in § 3 Abs. 1 Z 15a EStG für Zukunftssicherungsmaßnahmen oder § 3 Abs. 1 Z 16b EStG für Reiseaufwandsentschädigungen), kann diese nicht auf wesentlich Beteiligte im Sinne des § 22 Z 2 EStG angewendet werden und die Bezüge sind KommSt-pflichtig.
- **Sozialversicherungsbeiträge**, die von der Kapitalgesellschaft für den Geschäftsführer einbehalten werden, dürfen die Bemessungsgrundlage nicht mindern. Übernimmt die Kapitalgesellschaft die Bezahlung dieser Sozialversicherungsbeiträge, dann gehören sie zu den Vergütungen und sind KommSt-pflichtig. Dienstgeberanteile zur Sozialversicherung, die eine Kapitalgesellschaft wegen eines sozialversicherungsrechtlich anzuerkennenden Dienstverhältnisses ihres Gesellschafter-Geschäftsführers abzuführen hat, zählen nicht zu den Vergütungen.
- Wenn ein wesentlich beteiligter Gesellschafter-Geschäftsführer einer GmbH neben seinem Gehalt auch freiberufliche Honorare als Einzelunternehmer mit dieser GmbH abrechnet, unterliegen diese Honorare der KommSt-Pflicht. Diese Vergütungen sind nur dann nicht in die KommSt-Bemessungsgrundlage einzubeziehen, wenn das Einzelunternehmen über eine eigene unternehmerische Struktur (wie beispielsweise Mitarbeiter) verfügt und nicht bloß die eigene Leistung des Gesellschafter-Geschäftsführers honoriert wird. Soweit die Leistungen von Arbeitnehmern des Einzelunternehmens erbracht werden, kommt eine Einbeziehung der vom Gesellschafter in Rechnung gestellten Beträge in die Bemessungsgrundlage für die KommSt nicht in Betracht (vgl. VwGH 1.6.2016, 2013/13/0061). Die Leistungskomponente in

der Vergütung an das Einzelunternehmen, die dem Gesellschafter-Geschäftsführer zuzurechnen ist, ist aber jedenfalls in die KommSt-Bemessungsgrundlage miteinzubeziehen.

- **Lizenzzahlungen** aufgrund patentierter Erfindungen sind dann nicht in die Bemessungsgrundlage für die KommSt einzubeziehen, wenn es sich um keine Tätigkeitsvergütung für die Geschäftsführung, sondern um echte Lizenzgebühren handelt (KommSt-Info, Rz 78).
- Hinsichtlich der **privaten Verwendung eines Firmenfahrzeugs** gilt Folgendes (Information des BMF vom 8.8.2018, BMF-010222/0093-IV/7/2018)[1603]:

  Für Zeiträume bis 31.12.2017 gilt:

  Es bestehen keine Bedenken, wenn als Bemessungsgrundlage bei Sachbezügen die Sachbezugswerte gemäß der Sachbezugswerteverordnung angewandt werden. Dies gilt nur für Sachbezüge, die dem Gesellschafter-Geschäftsführer im Rahmen der Einkünfte nach § 22 Z 2 EStG zufließen.

  Hinsichtlich der privaten Verwendung eines Firmenfahrzeugs bestehen keine Bedenken, wenn dieser Vorteil entweder

  - durch Ansatz eines Sachbezugs in Anlehnung an § 4 der Sachbezugswerteverordnung oder
  - durch Ansatz der der Gesellschaft entstandenen auf den nicht betrieblichen Anteil entfallenden Kosten

  erfasst wird (EStR 2000, Rz 1069, Rz 4109a).

  Für Zeiträume ab 1.1.2018 gilt:

  Zur Ermittlung der Bemessungsgrundlage aus der privaten Verwendung eines Firmenfahrzeugs ist die Verordnung über die Bewertung von Sachbezügen betreffend Kraftfahrzeuge bei wesentlich beteiligten Gesellschafter-Geschäftsführern, BGBl. II Nr. 2018/70, anzuwenden[1604]:

  - § 4 **Sachbezugswerteverordnung** ist für die Bemessung des geldwerten Vorteils aus der privaten Nutzung des zur Verfügung gestellten Kraftfahrzeuges **sinngemäß anzuwenden** (→ 20.3.3.4.).
  - Abweichend davon kann der geldwerte Vorteil aus der privaten Nutzung des zur Verfügung gestellten Kraftfahrzeugs **nach den auf die private Nutzung entfallenden, von der Kapitalgesellschaft getragenen Aufwendungen bemessen werden.** Dazu ist erforderlich, dass der wesentlich Beteiligte den Anteil der privaten Fahrten (beispielsweise durch Vorlage eines Fahrtenbuchs) nachweist.

  Demnach sind primär die Sachbezugswerte gemäß § 4 der Sachbezugswerteverordnung sinngemäß heranzuziehen. Ein abweichender Ansatz des geldwerten Vorteils aus der privaten Nutzung ist nur bei entsprechendem Nachweis möglich. Eine Schätzung oder Glaubhaftmachung ist als Nachweis nicht geeignet (BMF-Info vom 8.8.2018).

  An die Gesellschaft für die Nutzung des firmeneigenen KFZ tatsächlich entrichtete Kostenbeiträge kürzen grundsätzlich den Sachbezug. Die bloße Verbuchung einer Forderung auf dem Verrechnungskonto des Gesellschafters stellt noch keine tatsächliche Entrichtung dar (KommSt-Info, Rz 79).

1603 Die in der KommSt-Info, Rz 79 angeführte Meinung des BMF, wonach auch die auf die berufliche Nutzung entfallenden PKW-Kosten der Lohnnebenkostenpflicht unterliegen, kann infolge der Entscheidung des VwGH 19.4.2018, Ro 2018/15/0003, nicht mehr aufrechterhalten werden (vgl. auch bereits zuvor BFG 22.8.2014, RV/7101184/2013; LVwG Tirol 21.6.2016, LVwG- 2015/12/2927-5).

1604 Der Bundesminister für Finanzen wurde ermächtigt, die Höhe des geldwerten Vorteils aus der privaten Nutzung eines zur Verfügung gestellten Kraftfahrzeugs für wesentlich beteiligte Gesellschafter-Geschäftsführer **mit Verordnung** festzulegen (§ 22 Z 2 letzter Satz EStG). Damit soll die in § 4 der Sachbezugswerteverordnung enthaltene Regelung (→ 20.3.3.4.) für Gesellschafter-Geschäftsführer mit Einkünften aus selbständiger Arbeit anwendbar gemacht werden (vgl. EBzRV zum AbgÄG 2016).

Hinweise betreffend linearer bzw. alinearer Gewinnausschüttung finden Sie in der „Information zum KommStG 1993".

Nicht zur Bemessungsgrundlage gehören:

- Tatsächlich (belegmäßig) nachgewiesene Aufwendungen für ein **Reiseticket** (z.B. Bahnticket, Flugticket) oder eine **Nächtigungsmöglichkeit** (z.B. Hotelrechnung) im Zusammenhang mit einer beruflichen Reise.
- Gehälter und sonstige Vergütungen jeder Art, die für eine ehemalige Tätigkeit i.S.d. § 22 Z 2 EStG an Geschäftsführer gewährt werden (= **Firmenpensionen**).
- Eine der GmbH in **Rechnung gestellte Umsatzsteuer**.
- (Verdeckte) **Ausschüttungen der Kapitalgesellschaft**, weil diese Ausschüttungen zu den Einkünften aus Kapitalvermögen gehören.
- **Vergütungen aus der Verzinsung** des Verrechnungskontos des Gesellschafters, weil sie die Gesellschafterstellung betreffen.
- Überbrückungshilfen (KommSt-Info, Rz 81).
- Vergütungen an Arbeitgeber bei Quarantäne von Arbeitnehmern nach dem Epidemiegesetz (→ 27.1.1.1.3.).

④ Gilt bezüglich freier Dienstnehmer:

Zur Bemessungsgrundlage gehören:

- **Gehälter und sonstige Vergütungen** jeder Art, die der freie Dienstnehmer als Gegenleistung (Entgelt) für die Erbringung von Dienstleistungen im Rahmen des freien Dienstvertrags erhält.
- **Ersätze an freie Dienstnehmer** i.S.d. § 4 Abs. 4 ASVG, die auf Grund der Verordnung über beitragsfreie pauschalierte Aufwandsentschädigungen (→ 31.7.4.2.) nicht als Entgelt i.S.d. § 49 Abs. 1 ASVG gelten, unterliegen als Vergütungen jeder Art der KommSt-Pflicht.
- Als Vergütungen jeder Art sind auch jene Bezüge zu erfassen, die der Auftraggeber dem freien Dienstnehmer als **Vergütung** der bei diesem **anfallenden Betriebsausgaben** gewährt. § 26 EStG bezieht sich ausschließlich auf nicht selbstständige Einkünfte und kann daher bei Einkünften der freien Dienstnehmer nicht zur Anwendung kommen.
- **Pauschale Kostenersätze** (z.B. Kilometergeld, Tagesgeld, Nächtigungsgeld) gehören jedenfalls zur Bemessungsgrundlage. Tatsächlich (belegmäßig) nachgewiesene Aufwendungen für ein Reiseticket (z.B. Bahnticket, Flugticket) oder eine Nächtigungsmöglichkeit (z.B. Hotelrechnung) im Zusammenhang mit einer beruflichen Reise (unabhängig davon, ob diese vom Auftraggeber oder vom freien Dienstnehmer bezahlt werden) erhöhen nicht die Bemessungsgrundlage. Hingegen sind belegmäßig nachgewiesene Verpflegungskosten immer KommSt-pflichtig.
- **Sozialversicherungsbeiträge**, die von dem Auftraggeber für den freien Dienstnehmer einbehalten werden, dürfen die Bemessungsgrundlage nicht mindern. Übernimmt der Auftraggeber die Bezahlung dieser Sozialversicherungsbeiträge, dann gehören sie zu den Vergütungen und sind KommSt-pflichtig. Dienstgeberanteile zur Sozialversicherung zählen nicht zu den Vergütungen.
- Hinsichtlich der **privaten Verwendung eines Firmenfahrzeugs** bestehen keine Bedenken, wenn dieser Vorteil entweder durch Ansatz eines Sachbezugs in Anlehnung an § 4 der Sachbezugswerteverordnung (→ 20.3.3.4.) oder durch Ansatz der dem Auftraggeber entstandenen auf den nicht betrieblichen Anteil entfallenden Kosten erfasst wird (KommSt-Info, Rz 82, 83).

Nicht zur Bemessungsgrundlage gehören:

- Tatsächlich (belegmäßig) nachgewiesene Aufwendungen für ein **Reiseticket** (z.B. Bahnticket, Flugticket) oder eine **Nächtigungsmöglichkeit** (z.B. Hotelrechnung) im Zusammenhang mit einer beruflichen Reise.
- Die vom freien Dienstnehmer in **Rechnung gestellte Umsatzsteuer**.
- Die **Beiträge zur Betrieblichen Vorsorgekasse**, die der Auftraggeber für den freien Dienstnehmer gem. § 1 Abs. 1a Z 1 i.V.m. § 6 BMSVG (→ 36.1.2.) zu entrichten hat.
- **Betriebsmittel** (Zuverfügungstellung von Arbeitsplatz, Computer, Schreibtisch usw.), die im Betriebsvermögen des Auftraggebers verbleiben und die zur Erfüllung des freien Dienstvertrags verwendet werden (KommSt-Info, Rz 82, 83).

Nachstehende Bezugsbestandteile (Arbeitslöhne gem. § 25 EStG) gehören nicht zur Bemessungsgrundlage (vgl. → 37.3.3.3.):

a) Ruhe- und Versorgungsbezüge (z.B. Firmenpensionen, → 30.1.)[1605];
b) die im § 67 Abs. 3 und 6 des EStG genannten Bezüge (→ 21.2.)
(Abs. 3: z.B. gesetzliche und kollektivvertragliche Abfertigungen) (→ 34.7.2.1.),
(Abs. 6: z.B. auf Grund von Dienstverträgen gewährte Abfertigungen, freiwillige Abfertigungen und Abfindungen, unabhängig von der Art der Besteuerung) (→ 34.7.2.2.)[1605 1606]

1605 **Pensionsabfindungen** fallen nur dann
- unter die Befreiung des § 5 Abs. 2 lit. a KommStG, wenn sie **nach Beendigung** des Dienstverhältnisses (also im potenziellen Versorgungsfall) **geleistet** werden;
- unter die Befreiung des § 5 Abs. 2 lit. b KommStG, wenn der Anspruch auf (Betriebs-)Pension mit **Beendigung** des Dienstverhältnisses entstanden ist und diese unter **§ 67 Abs. 6 EStG** (→ 34.7.2.2.) fallen.

Überbrückungshilfen und Beiträge für die **Weiter- und Selbstversicherung** in der Kranken- und Pensionsversicherung, die im Rahmen von Sozialplänen (→ 34.9.2.) **nach der Beendigung** des Dienstverhältnisses laufend (wenn auch für begrenzte Zeiträume) ausbezahlt werden, fallen unter die Befreiung des § 5 Abs. 2 lit. a KommStG, da diesen Zahlungen die Funktion von Ruhe- und Versorgungsbezügen zukommt.

Zahlungen für die Abgeltung des Konkurrenzverbotes (Karenzentschädigung) nach Beendigung des Dienstverhältnisses stellen keine Ruhe- und Versorgungsbezüge dar. Vielmehr werden derartige Zahlungen für das Unterlassen einer aktiven Leistung gewährt. Die Abgeltung des Konkurrenzverbotes stellt daher einen kommunalsteuerpflichtigen Aktivbezug dar (KommSt-Info, Rz 61; vgl. auch VwGH 22.11.2018, Ra 2017/15/0042).

Vorzeitig bezahlte **Jubiläumsgelder im Rahmen eines Sozialplans** sind nicht unmittelbar durch die Beendigung der Dienstverhältnisse veranlasst. Diese (einmalig) im Zuge der Beendigung der Dienstverhältnisse bezahlten Beträge wären den Dienstnehmern auch bei Fortsetzung der Dienstverhältnisse zugestanden. Es liegen daher auch keine Ruhe- und Versorgungsbezüge i.S.d. § 5 Abs. 2 lit. a KommStG vor (ebenso wenig sonstige Bezüge gem. § 67 Abs. 6 EStG); diese sind demnach KommSt-pflichtig zu behandeln (VwGH 4.2.2009, 2007/15/0168; KommSt-Info, Rz 64).

1606 Fallen die Bezüge unter § 67 Abs. 6 EStG, dann gehören auch jene Teile, die wie ein laufender Bezug nach dem Lohnsteuertarif besteuert werden, nicht zur Bemessungsgrundlage.

Für Arbeitsverhältnisse, die dem BMSVG unterliegen und Anwartschaften gegenüber einer BV-Kasse begründen, kommt die Steuerbegünstigung gemäß § 67 Abs. 6 EStG nicht zur Anwendung. Liegt eine freiwillige Abfertigung vor, ist der Bezug dennoch von der Bemessungsgrundlage zur Kommunalsteuer ausgenommen, unabhängig davon, ob eine einkommensteuerlich begünstigte Besteuerung stattfinden kann (vgl. VwGH 17.6.2015, 2011/13/0086; VwGH 1.9.2015, 2012/15/0122 zum Dienstgeberbeitrag zum FLAF; KommSt-Info, Rz 62).

Bezüge, die bei oder nach Beendigung des Dienstverhältnisses **im Rahmen von Sozialplänen** als Folge von Betriebsänderungen i.S.d. § 109 Abs. 1 Z 1 bis 6 des ArbVG oder vergleichbarer gesetzlicher Bestimmungen anfallen (→ 34.9.2.), zählen **nicht zur Bemessungsgrundlage**,
- wenn diese Zahlungen sonstige Bezüge gem. § 67 Abs. 6 EStG (z.B. freiwillige Abfertigungen, Abfindungen) darstellen (vgl. VwGH 21.9.2016, 2013/13/0102), unabhängig davon, ob das Dienstverhältnis den Bestimmungen des BMSVG unterliegt und, ob eine einkommensteuerlich begünstigte Besteuerung stattfinden kann oder
- wenn diese Zahlungen laufend für (wenn auch begrenzte) Zeiträume nach der Beendigung des Dienstverhältnisses ausbezahlt werden und somit diesen Zahlungen die Funktion von Ruhe- und Versorgungsbezügen i.S.d. § 5 Abs. 2 lit. a KommStG zukommt (z.B. Überbrückungshilfe) (KommSt-Info, Rz 64).

c) die im § 3 Abs. 1 Z 11 und 13 bis 21 EStG genannten Bezüge
(Z 11: Aushilfskräfte (lit. a), Einkünfte der Entwicklungshelfer (lit. b),
Z 13 lit. a: Benützung von Einrichtungen und Anlagen, Gesundheitsförderung usw.,
Z 13 lit. b: Zuschüsse des Arbeitgebers für die Kinderbetreuung,
Z 14: Teilnahme an Betriebsveranstaltungen und Jubiläumsgeschenke,
Z 15 lit. a: Zuwendungen des Arbeitgebers für die Zukunftssicherung,
Z 15 lit. b: Mitarbeiterbeteiligungen,
Z 15 lit. c und d: Mitarbeiterbeteiligung über eine Mitarbeiterbeteiligungsstiftung,
Z 16: freiwillige soziale Zuwendungen,
Z 16a: ortsübliche Trinkgelder (→ 19.4.1.2.),
Z 16b: Tagesgelder, Nächtigungsgelder, Fahrtkostenvergütungen,
Z 16c: pauschale Reiseaufwandsentschädigungen für Sportler,
Z 17: freie oder verbilligte Mahlzeiten, Gutscheine für Mahlzeiten,
Z 18: unentgeltliche oder verbilligte Getränke,
Z 19: Zuwendungen für Begräbnisse,
Z 20: Vorschüsse und Darlehen bis € 7.300,00,
Z 21: Mitarbeiterrabatte)
sowie 60% der in § 3 Abs. 1 Z 10 EStG genannten laufenden Bezüge (Einkünfte für eine begünstigte Auslandstätigkeit)[1607];
d) Gehälter und sonstige Vergütungen jeder Art, die für eine ehemalige Tätigkeit i.S.d. § 22 Z 2 EStG (→ 37.4.1.2.1.) gewährt werden;
e) Arbeitslöhne an Dienstnehmer, die als begünstigte Personen gem. den Vorschriften des BEinstG beschäftigt werden[1608] (→ 29.2.1.).

(§ 5 Abs. 2 KommStG)

Sollte grundsätzlich Kommunalsteuer anfallen, ist diese dann **nicht** abzuführen, wenn eine kommunalsteuerliche Betriebsstätte des Arbeitgebers **im Ausland** liegt (→ 37.4.1.2.3.).

Nicht zur Bemessungsgrundlage gehören auch die nicht steuerbaren Leistungen gem. § 26 EStG (→ 21.3.) und die Kurzarbeitsunterstützungen gem. § 37b Abs. 6 AMSG und § 37c Abs. 8 AMSG (→ 27.3.3.).

Die abgabenrechtliche Behandlung von Bezugsbestandteilen ist auch aus dem Bezugsartenschlüssel ersichtlich (→ 45.).

Zahlt ein Dienstnehmer einen Teil des erhaltenen Arbeitslohns an seinen Dienstgeber wieder zurück (z.B. weil Einverständnis darüber besteht, dass der seinerzeit gewährte Arbeitslohn zu hoch war, bei vereinbartem Ausbildungskostenrückersatz, bei Rückerstattung von Urlaubsentgelt), so hat der Dienstgeber den zurückbezahlten

---

1607 Sind die Voraussetzungen nach § 3 Abs. 1 Z 10 EStG erfüllt, sind nur 40% der laufenden **Auslandsbezüge** KommSt-pflichtig. Die im Bereich der Lohnsteuer vorgesehene Beschränkung mit der Höchstbeitragsgrundlage gilt nicht für die Kommunalsteuer. Die sonstigen Bezüge gem. § 67 Abs. 1 und 2 EStG zählen immer zur Bemessungsgrundlage (KommSt-Info, Rz 77a).

1608 Die Arbeitslöhne von begünstigten **behinderten Dienstnehmern i.S.d. BEinstG** gehören keinesfalls zur Bemessungsgrundlage, gleichgültig wie viele solcher Dienstnehmer bei einem Dienstgeber beschäftigt sind.
Hiezu zählen allerdings **nur die Arbeitslöhne** von unselbstständig Beschäftigten (= **sozialversicherungsrechtlicher Dienstnehmer**), nicht jedoch Vergütungen
- für freie Dienstnehmer (→ 4.3.1.) sowie
- für an einer Kapitalgesellschaft wesentlich beteiligte Personen i.S.d. § 22 Z 2 Teilstrich 2 EStG, bei der kein sozialversicherungsrechtliches Dienstverhältnis vorliegt (KommSt-Info, Rz 65).

Arbeitslohn als lohnsteuermindernde Werbungskosten zu berücksichtigen (→ 14.1.1.). Dies hat aber **keine Auswirkung** auf die Höhe der Bemessungsgrundlage für die **Kommunalsteuer**. Der **zurückbezahlte Arbeitslohn** vermindert weder die Bemessungsgrundlage in dem Kalendermonat, in dem die Rückzahlung erfolgt, noch ist es zulässig, die Bemessungsgrundlage in dem Kalendermonat (in den Kalendermonaten) zu berichtigen (also zu vermindern), in dem (denen) der Arbeitslohn seinerzeit ausbezahlt wurde.

Das KommStG kennt keine Regelung, die mit der Bestimmung im EStG, die Werbungskosten betreffend, vergleichbar ist. Nach dem Wortlaut des KommStG kommt es bei der Ermittlung der Bemessungsgrundlage allein darauf an, was der Dienstgeber an seine Dienstnehmer während eines Kalendermonats an Arbeitslöhnen gewährt (bezahlt) hat und nicht darauf, was er gewähren (zahlen) hätte sollen. Demnach ist eine **Rückverrechnung** dieser Abgabe **nicht möglich** (KommSt-Info, Rz 77d; vgl. VwGH 18.9.2013, 2010/13/0133).

37.4.1.4. Steuerschuldner

Steuerschuldner ist **der Unternehmer**, in dessen Unternehmen die Dienstnehmer beschäftigt werden. Werden Personen **von einer inländischen Betriebsstätte** eines Unternehmens zur Arbeitsleistung überlassen, ist der **überlassende Unternehmer** Steuerschuldner. Wird das Unternehmen für Rechnung mehrerer Personen betrieben, sind diese Personen und der Unternehmer Gesamtschuldner; dies gilt auch für Mitunternehmer i.S.d. EStG. Als Steuerschuldner des Unternehmens ÖBB-Gesellschaften (§ 3 Abs. 4 KommStG) gilt die ÖBB-Holding AG (§ 6 KommStG).

Bei **Personenvereinigungen** (Personengemeinschaften) **ohne eigene Rechtspersönlichkeit** sind die **Gesellschafter** (Mitglieder) **Gesamtschuldner** (Mitschuldner zur ungeteilten Hand, § 891 ABGB) der Kommunalsteuer. Dazu gehören Gesellschaften bürgerlichen Rechts (Arbeitsgemeinschaften), Hausgemeinschaften, Miteigentümergemeinschaften, Wohnungseigentümergemeinschaften. Bei Personengesellschaften sind die Gesellschafter (z.B. Komplementäre, Kommanditisten) Mitunternehmer. Im Hinblick auf die Einbeziehung der mitunternehmerischen Gesellschaften im § 3 KommStG sind auch jene Mitunternehmer, die nach außen nicht in Erscheinung treten, wie z.B. der atypische stille Gesellschafter, Gesamtschuldner (KommSt-Info, Rz 100).

37.4.1.5. Erhebungsberechtigte Gemeinde

Das Unternehmen unterliegt der Kommunalsteuer in der **Gemeinde, in der eine Betriebsstätte unterhalten wird** (→ 37.4.1.2.3.).

Werden Personen **von einer inländischen Betriebsstätte** eines Unternehmens einem Beschäftiger **länger als sechs Kalendermonate** zur Arbeitsleistung **überlassen**, bleibt die **Gemeinde**, in der sich die **Betriebsstätte des Überlassers** befindet, **für sechs Kalendermonate** erhebungsberechtigt. Für Zeiträume **nach Ablauf des sechsten Kalendermonates** ist die Gemeinde, in der sich die Unternehmensleitung des **inländischen Beschäftigers** befindet, erhebungsberechtigt[1609]. Im Fall einer Arbeits-

1609 Bei Arbeitskräfteüberlassungen ins Ausland entfällt die Kommunalsteuerpflicht ab dem siebten Monat. Siehe auch Punkt 37.4.1.2.3.

unterbrechung, die länger als einen Kalendermonat dauert, beginnt die Frist nach Ablauf des Kalendermonats der Beendigung der Arbeitsunterbrechung neu zu laufen. Wird eine neue 6-Monats-Frist in Gang gesetzt, bleibt die bisherige Gemeinde

- bei Beschäftigerwechsel für den Kalendermonat des Beschäftigerwechsels,
- bei mehr als einmonatiger Arbeitsunterbrechung für die Kalendermonate, in denen die Arbeit unterbrochen ist,

noch erhebungsberechtigt.

Erstreckt sich eine Betriebsstätte über **mehrere Gemeinden** (mehrgemeindliche Betriebsstätte), wird die Kommunalsteuer **von jeder Gemeinde** nach Maßgabe des § 10 KommStG erhoben (→ 37.4.1.8.).

Wanderunternehmen unterliegen der Kommunalsteuer in den Gemeinden, in denen das Unternehmen ausgeübt wird. Unter Wanderunternehmen wird eine ohne örtlich feste Betriebsstätte im Inland im Umherziehen ausgeübte unternehmerische Tätigkeit verstanden.

Schifffahrtsunternehmen, die im Inland eine feste örtliche Anlage oder Einrichtung zur Ausübung des Unternehmens nicht unterhalten, unterliegen der Kommunalsteuer in der Gemeinde, in der die inländischen Heimathäfen der Schiffe gelegen sind, oder, wenn kein inländischer Heimathafen vorhanden ist, in der Gemeinde, in der die Schiffe in einem inländischen Schiffsregister eingetragen sind; Gleiches gilt für auf solchen Schiffen unterhaltene Betriebsstätten. Dies gilt nicht für Schiffe, die im regelmäßigen Liniendienst ausschließlich zwischen ausländischen Häfen verkehren (§ 7 Abs. 1–4 KommStG).

37.4.1.6. Befreiungsbestimmungen

Von der Kommunalsteuer sind u.a. befreit:

- Körperschaften, Personenvereinigungen oder Vermögensmassen, soweit sie **mildtätigen Zwecken und/oder gemeinnützigen Zwecken** auf dem Gebiet der Gesundheitspflege, Kinder-, Jugend-, Familien-, Kranken-, Behinderten-, Blinden- und Altenfürsorge dienen (§§ 34 bis 37, §§ 39 bis 47 der BAO) (§ 8 KommStG).

37.4.1.7. Steuersatz, Begünstigung für Kleinbetriebe

Die Steuer beträgt **3%** der Bemessungsgrundlage.

Übersteigt bei einem Unternehmen die Bemessungsgrundlage im Kalendermonat nicht **€ 1.460,00**, wird von ihr **€ 1.095,00** abgezogen (§ 9 KommStG).

Hat ein Unternehmen mehrere Betriebsstätten und übersteigt die gesamte Monatslohnsumme nicht € 1.095,00, fällt dennoch keine Kommunalsteuer an. Liegen die Betriebsstätten, in denen Dienstnehmer beschäftigt werden, in **mehreren Gemeinden**, und beträgt die gesamte Monatslohnsumme der Betriebsstätten nicht mehr als € 1.460,00, ist der Freibetrag von € 1.095,00 **im Verhältnis der Lohnsummen** den Betriebsstätten **zuzuordnen** (→ 37.4.1.8.).

Beispiele über die Berücksichtigung der Begünstigungsbestimmung für Kleinbetriebe finden Sie unter Punkt 37.3.3.4.

Die berechnete Steuer ist nach der jeweiligen Landesabgabenordnung i.d.R. **auf einen vollen Cent ab- oder aufzurunden**; Beträge unter 0,5 Cent werden abgerundet, Beträge ab 0,5 Cent aufgerundet.

Dazu ein **Beispiel**: € 123,454 ergibt gerundet € 123,45;
€ 123,455 ergibt gerundet € 123,46.

Muster 34

Firmeninternes Formular für die Abrechnung der Kommunalsteuer.

ABRECHNUNG MIT DER STADT(GEMEINDE)KASSE
für den Monat ________ 20 ___

BERECHNUNG DER KOMMUNALSTEUER

Bruttobezüge (inkl. Sachbezüge und andere Vorteile) [1].............		€ ________
– Betriebspensionen	–	€ ________
– nicht steuerbare Aufwandsentschädigungen [2]	–	€ ________
– steuerfreie Reisekostenentschädigungen [2]...........................	–	€ ________
– Abfertigungen	–	€ ________
– Bezüge der begünstigten Behinderten [2]	–	€ ________
– ________________ [3]	–	€ ________
– ________________ [3]	–	€ ________
	=	€ ________
– Begünstigung für Kleinbetriebe	–	€ ________
= Bemessungsgrundlage	=	€ ________
Bemessungsgrundlage von € __________ × 3%	=	€ ________ [4]
zu überweisen bis ___ . ___ .20 ___		

[1]) Inklusive Honorare und sonstige Vergütungen (exkl. Umsatzsteuer), die an freie Dienstnehmer i.S.d. § 4 Abs. 4 ASVG (➤ 31.7.1.) sowie an Kapitalgesellschaften beteiligte Personen (Gesellschafter-Geschäftsführer, ➤ 31.9.2.) gewährt werden. Dies gilt allerdings nicht für die von solchen Personen nachgewiesenen Reisetickets und Nächtigungskosten im Zusammenhang mit einer beruflichen Reise; solche Aufwandsentschädigungen gehören demnach nicht in die Bemessungsgrundlage (➤ 37.4.1.3.).

[2]) Gilt nur für Dienstnehmer und Lehrlinge.

[3]) Andere, nicht zur Bemessungsgrundlage gehörende Bezugsbestandteile können anhand des Bezugsartenschlüssels (➤ 45.) ermittelt werden.

[4]) Der Betrag ist kaufmännisch auf zwei Dezimalstellen zu runden.

37.4.1.8. Zerlegung und Zuteilung der Bemessungsgrundlage

Erstreckt sich eine **Betriebsstätte über mehrere Gemeinden** (mehrgemeindliche Betriebsstätte), ist die **Bemessungsgrundlage** vom Unternehmer auf die beteiligten Gemeinden **zu zerlegen**. Dabei sind die örtlichen Verhältnisse und die durch das Vorhandensein der Betriebsstätte erwachsenden Gemeindelasten zu berücksichtigen.

Bei **Wanderunternehmen** ist die Bemessungsgrundlage vom Unternehmer im Verhältnis der Betriebsdauer auf die Gemeinden zu zerlegen.

Einigen sich die Gemeinden mit dem Steuerschuldner über die Zerlegung, ist die Kommunalsteuer nach Maßgabe der Einigung zu erheben.

Auf **Antrag einer beteiligten Gemeinde hat das Finanzamt die Zerlegung mit Zerlegungsbescheid durchzuführen**, wenn ein berechtigtes Interesse an der Zerlegung dargetan wird. § 196 Abs. 2 bis Abs. 4 und § 297 Abs. 2 erster Satz der BAO sind sinngemäß anzuwenden. In der Zerlegung der Bemessungsgrundlage liegt auch die Feststellung der sachlichen und persönlichen Abgabepflicht. Der Antrag kann nur bis zum Ablauf von zehn Jahren ab Entstehung der Steuerschuld (→ 37.4.1.9.) gestellt werden.

Auf Antrag des Steuerschuldners oder einer beteiligten Gemeinde hat das Finanzamt die Bemessungsgrundlage zuzuteilen, wenn zwei oder mehrere Gemeinden die auf einen Dienstnehmer entfallende Bemessungsgrundlage ganz oder teilweise für sich in Anspruch nehmen und ein berechtigtes Interesse an der Zuteilung dargetan wird. Der Antrag kann nur bis zum Ablauf von zehn Jahren ab Entstehung der Steuerschuld gestellt werden. Der Zuteilungsbescheid hat an den Steuerschuldner und die beteiligten Gemeinden zu ergehen. Auf die Zuteilung finden die für die Festsetzung der Abgaben geltenden Vorschriften sinngemäß Anwendung.

Ist ein Kommunalsteuerbescheid von einem Zerlegungs- oder Zuteilungsbescheid abzuleiten, ist er ohne Rücksicht darauf, ob die Rechtskraft eingetreten ist, im Fall der nachträglichen Abänderung, Aufhebung oder Erlassung des Zerlegungs- oder Zuteilungsbescheids von Amts wegen von der Gemeinde durch einen neuen Kommunalsteuerbescheid zu ersetzen, oder, wenn die Voraussetzungen für die Erlassung eines abgeleiteten Kommunalsteuerbescheids nicht mehr vorliegen, aufzuheben (§ 10 Abs. 1–6 KommStG).

Die Arbeitslöhne in mehrgemeindlichen Betriebsstätten und bei Wanderunternehmen sind vom Unternehmer tunlichst nach Einigung mit den betroffenen Gemeinden zu zerlegen.

Ist eine Gemeinde mit der Zerlegung der Bemessungsgrundlage durch den Unternehmer nicht einverstanden oder scheitert eine Einigung der Gemeinden, so können die Gemeinden das **Finanzamt als „Schiedsrichter"** anrufen.

37.4.1.9. Fälligkeit, Selbstberechnung

Die Steuerschuld entsteht mit Ablauf des Kalendermonats, in dem Lohnzahlungen gewährt, Gestellungsentgelte bezahlt (§ 2 lit. b KommStG) oder Aktivbezüge ersetzt (§ 2 lit. c KommStG) worden sind. Lohnzahlungen, die **regelmäßig wiederkehrend bis zum 15. Tag eines Kalendermonats** für den vorangegangenen Kalendermonat gewährt werden, sind dem vorangegangenen Kalendermonat zuzurechnen.

Die Kommunalsteuer ist vom Unternehmer für jeden Kalendermonat selbst zu berechnen und **bis zum 15. des darauf folgenden Monats (Fälligkeitstag)** an die Gemeinde zu entrichten. Werden laufende und sonstige Bezüge **für das Vorjahr** nach dem 15. Jänner bis zum 15. Februar ausbezahlt („13. Abrechnungslauf", → 24.9.), ist die Kommunalsteuer bis zum 15. Februar abzuführen.

Ein im Rahmen der Selbstberechnung vom Steuerschuldner selbst berechneter und der Abgabenbehörde bekannt gegebener Kommunalsteuerbetrag ist vollstreckbar. Wird kein selbstberechneter Betrag der Abgabenbehörde bekannt gegeben oder erweist sich die Selbstberechnung als nicht richtig, hat die Festsetzung der Abgabe mit Abgabenbescheid zu erfolgen. Von der Erlassung eines solchen Abgabenbescheides kann abgesehen werden, wenn der Steuerschuldner nachträglich die Selbstberechnung binnen drei Monaten ab Einreichung der Abgabenerklärung berichtigt; erweist sich die Berichtigung als nicht richtig, hat die Gemeinde einen Kommunalsteuerbescheid zu erlassen (§ 11 Abs. 1–2 KommStG).

Der Unternehmer hat jene Aufzeichnungen zu führen, die zur Erfassung (und damit zur Überprüfung) der abgabepflichtigen Tatbestände dienen (§ 11 Abs. 5 KommStG).

Die Gemeinde hat Kommunalsteuerbescheide zu erlassen, wenn sich die Selbstberechnung als nicht richtig erweist oder die Steuer überhaupt nicht oder nicht vollständig entrichtet wird.

37.4.1.10. Fristverschiebung und Tag der Einzahlung

Das unter Punkt 37.3.5.1. Gesagte gilt gleich lautend.

37.4.1.11. Kommunalsteuer-Erklärung

Für jedes abgelaufene Kalenderjahr hat der Unternehmer **bis Ende März des folgenden Kalenderjahrs** der Gemeinde eine **Steuererklärung** abzugeben. Die Steuererklärung hat die gesamte auf das Unternehmen entfallende Bemessungsgrundlage aufgeteilt auf die beteiligten Gemeinden zu enthalten. Im Fall der Schließung der einzigen Betriebsstätte in einer Gemeinde ist zusätzlich binnen eines Monats ab Schließung der Betriebsstätte an diese Gemeinde eine Steuererklärung mit der Bemessungsgrundlage dieser Gemeinde abzugeben.

Die Übermittlung der Steuererklärung hat elektronisch im Weg von **FinanzOnline** (über die Homepage des BMF unter www.bmf.gv.at → Finanz-Online) zu erfolgen. Der Bundesminister für Finanzen wird ermächtigt, den Inhalt und das Verfahren der elektronischen Übermittlung mit **Verordnung**[1610] festzulegen. Ist dem Unternehmer die elektronische Übermittlung mangels technischer Voraussetzungen **unzumutbar**, ist der Gemeinde die Steuererklärung unter Verwendung eines amtlichen Vordrucks zu übermitteln[1611].

Die Gemeinden haben die Daten der Steuererklärung hinsichtlich der jeweils auf sie entfallenden Bemessungsgrundlagen der Finanzverwaltung des Bundes im Weg des FinanzOnline zu übermitteln (§ 11 Abs. 4 KommStG).

37.4.1.12. Eigener Wirkungsbereich der Gemeinde

Die in den §§ 5, 10, 11 und 14 KommStG geregelten Aufgaben der Gemeinde sind solche des eigenen Wirkungsbereichs (§ 12 KommStG).

1610 BMF VO 23.8.2005, BGBl II 2005/257.

1611 Unternehmer dürfen ihre Kommunalsteuererklärungen nur dann in Papierform (d.h. dann aber an jede einzelne Gemeinde) einreichen, wenn die elektronische Übermittlung mangels technischer Voraussetzungen unzumutbar ist.

Der eigene Wirkungsbereich der Gemeinde betrifft u.a. die Vereinbarung mit dem Unternehmer über die Höhe der Bemessungsgrundlage, die Einigung mit dem Unternehmer über die Zerlegungsgrundlagen, die Antragstellung beim Finanzamt auf Erlassung eines Zerlegungs- und Zuteilungsbescheids, die Erlassung eigener Kommunalsteuerbescheide, die Anregung einer Kommunalsteuerprüfung und das Nachschaurecht.

37.4.1.13. Örtliche Zuständigkeit des Finanzamts

Die Zerlegung und Zuteilung der Bemessungsgrundlage ist durch das für die Erhebung der Lohnsteuer zuständige Finanzamt durchzuführen (§ 13 KommStG).

37.4.2. Dienstgeberabgabe der Gemeinde Wien

37.4.2.1. Rechtsgrundlage

Die Dienstgeberabgabe der Gemeinde Wien (U-Bahn-Steuer) wird auf Grund der Bestimmungen des Landesgesetzes für Wien (**Wiener Dienstgeberabgabegesetz** – Wr. DAG) vom 24. April 1970, LGBl 1970/17, in der jeweils geltenden Fassung, erhoben.

37.4.2.2. Besteuerungsgegenstand

Für das **Bestehen eines Dienstverhältnisses in Wien** hat der Dienstgeber eine Abgabe nach den Bestimmungen dieses Gesetzes zu entrichten (§ 1 Wr. DAG).

Ein Dienstverhältnis besteht dann in Wien, wenn der **Beschäftigungsort** des Dienstnehmers **in Wien liegt** (§ 2 Abs. 1 Wr. DAG).

37.4.2.3. Beschäftigungsort

Beschäftigungsort ist der Ort, an dem die Beschäftigung ausgeübt wird. Wird eine Beschäftigung **abwechselnd an verschiedenen Orten** ausgeübt, aber von einer festen Arbeitsstätte aus, so gilt diese als Beschäftigungsort. Wird eine Beschäftigung **ohne feste Arbeitsstätte** ausgeübt, so gilt der Wohnsitz des Dienstnehmers als Beschäftigungsort (§ 2 Abs. 2 Wr. DAG) (vgl. → 6.2.6.).

Als feste Arbeitsstätten sind **insb.** anzusehen:

- die Stätte, an der sich die Geschäftsleitung befindet;
- Zweigniederlassungen, Fabrikationsstätten, Warenlager, Ein- und Verkaufsstellen, Landungsbrücken (Anlegestellen von Schifffahrtsgesellschaften), Kontore und sonstige Geschäftseinrichtungen, die dem Unternehmer (Mitunternehmer) oder seinem ständigen Vertreter (z.B. einem Prokuristen) zur Ausübung ihrer Tätigkeit dienen;
- Bauausführungen, deren Dauer sechs Monate überstiegen hat oder voraussichtlich übersteigen wird (§ 2 Abs. 3 Wr. DAG).

Arbeitet ein Dienstnehmer ausschließlich von seinem Wohnsitz (in Wien) aus, stellt dies einen Beschäftigungsort i.S.d. Wr. DAG dar. Hat der Dienstnehemer jedoch eine feste Arbeitsstätte außerhalb Wiens und arbeitet nur gelegentlich von zuhause aus, begründet dies keine Pflicht zur Abfuhr der Wr. Dienstgeberabgabe.

37.4.2.4. Dienstverhältnis

Ein Dienstverhältnis liegt vor,

- wenn der Dienstnehmer dem Dienstgeber (öffentlich-rechtliche Körperschaft, Unternehmer, Haushaltsvorstand) **seine Arbeitskraft schuldet**.

Dies ist der Fall, wenn die tätige Person in der Betätigung ihres geschäftlichen Willens unter der Leitung des Dienstgebers steht oder im geschäftlichen Organismus des Dienstgebers dessen Weisungen zu folgen verpflichtet ist (§ 2 Abs. 4 Wr. DAG) (vgl. → 7.4.).

37.4.2.5. Abgabebefreiungen

Von der Abgabe sind befreit:

a) Gebietskörperschaften mit Ausnahme der von ihnen verwalteten Betriebe, Unternehmungen, Anstalten, Stiftungen und Fonds;
b) Dienstverhältnisse, bei denen der Dienstnehmer das 55. Lebensjahr überschritten hat;
c) Dienstverhältnisse i.S.d. Behindertengesetzes, Opferfürsorgegesetzes und des Behinderteneinstellungsgesetzes (→ 29.2.1.);
d) Lehrverhältnisse i.S.d. Berufsausbildungsgesetzes (→ 28.3.1.);
e) Dienstverhältnisse, bei denen die vom Dienstnehmer zu leistende Arbeitszeit wöchentlich das Ausmaß von zehn Stunden nicht übersteigt;
f) Dienstverhältnisse mit Hausbesorgern[1612];
g) Dienstverhältnisse während der Zeit, für die ein gesetzliches Beschäftigungsverbot für werdende Mütter und ein gesetzliches Beschäftigungsverbot nach der Entbindung besteht (→ 27.1.3.). Ebenso Dienstverhältnisse während der Zeit, für die eine auf einem gesetzlichen Anspruch (gem. MSchG und VKG) beruhende Karenz gewährt wird (→ 27.1.4.1., → 27.1.4.2.);
h) Dienstverhältnisse während der Zeit, in der der Dienstnehmer den ordentlichen oder außerordentlichen Präsenzdienst[1613] leistet (→ 27.1.5.).

(§ 3 Wr. DAG)

Das Vertragsverhältnis mit den (dem ASVG unterliegenden) freien Dienstnehmern gilt nicht als Dienstverhältnis i.S.d. Wr. DAG; für ein solches Vertragsverhältnis ist die Abgabe demnach ebenfalls nicht zu entrichten (→ 31.7.10.).

37.4.2.6. Abgabepflichtige Personen

Abgabepflichtig ist jeder Dienstgeber (physische oder juristische Person, → 2.3.), der mindestens einen Dienstnehmer beschäftigt (§ 4 Wr. DAG).

37.4.2.7. Höhe der Abgabe

Die Abgabe beträgt

- **für jeden Dienstnehmer** und **für jede angefangene Woche** (Teilwoche) eines bestehenden Dienstverhältnisses **€ 2,00** (§ 5 Wr. DAG).

1612 Das Hausbesorgergesetz ist auf Dienstverhältnisse, die nach dem 30. Juni 2000 abgeschlossen wurden, nicht mehr anzuwenden (§ 31 Abs. 5 HbG) (→ 4.4.3.1.4.).

1613 Anzunehmenderweise auch Ausbildungs- oder Zivildienst nach dem APSG.

37.4.2.8. Abrechnungszeiträume

Für die Berechnung der Dienstgeberabgabe gelten jeweils **4- bzw. 5-wöchentliche Abrechnungszeiträume**. Der jeweilige Abrechnungszeitraum umfasst

- die Kalenderwoche, in die der Monatserste fällt, und
- die folgenden vollen Kalenderwochen dieses Kalendermonats.

37.4.2.9. Fälligkeit

Der Abgabepflichtige hat **bis zum 15. Tag jedes Monats** die im Vormonat entstandene Abgabenschuld zu entrichten (§ 6 Abs. 1 Wr. DAG) (→ 40.4.).

Aus Gründen der Verwaltungsvereinfachung können Dienstgeber, die bis zu drei Dienstnehmer beschäftigen, die Abgabenschuld vierteljährlich entrichten (§ 159 Abs. 1 WAOR).

37.4.2.10. Fristverschiebung und Tag der Einzahlung

Das unter Punkt 37.3.5.1. Gesagte gilt gleich lautend (ausgenommen davon ist die Bestimmung über die Respirofrist).

37.4.2.11. Dienstgeberabgabe-Erklärung

Der Abgabepflichtige hat jeweils **bis zum 31. März** die im vorangegangenen Kalenderjahr entstandene Abgabenschuld beim Magistrat schriftlich zu erklären.

In diesen Erklärungen sind auch jene Dienstverhältnisse anzugeben, für die eine Abgabe nicht zu entrichten ist (§ 6 Abs. 2 Wr. DAG).

Die Dienstgeberabgabe-Erklärung können Sie mittels eines Online-Formulars über die Website der Gemeinde Wien unter www.wien.gv.at → Virtuelles Amt → Finanzielles & Förderungen → Abgaben, Gebühren, Steuern & Fortzahlungen → Dienstgeberabgabe melden.

37.4.2.12. Pauschalierung

Aus Gründen der Verwaltungsvereinfachung kann der Magistrat mit Abgabepflichtigen abweichende Vereinbarungen über die Höhe und die Form der zu entrichtenden Abgabe treffen, wenn dadurch ohne wesentliche Veränderung des Ergebnisses der Abgabe deren Bemessung und Einhebung vereinfacht wird (§ 6 Abs. 3 Wr. DAG).

Auf Grund dieser Bestimmung können Abgabepflichtige mit einer **gering schwankenden Beschäftigtenzahl** um Pauschalierung ansuchen. Die Pauschalierung hat den Vorteil, dass pro Abrechnungszeitraum ein immer gleich bleibender Betrag als Abgabe entrichtet werden kann.

Dieser Pauschalbetrag entspricht der Abgabe für den durchschnittlichen Beschäftigtenstand und wird von Amts wegen festgesetzt.

Pauschalierte Abgabepflichtige sind von der Verpflichtung, eine Dienstgeberabgabe-Erklärung abzugeben, **nicht** befreit. Diese ist allerdings in der Form auszufüllen, dass unter

- Anzahl der befreiten Dienstverhältnisse und Anzahl der abgabepflichtigen Dienstverhältnisse der Vermerk „Pauschalierung" und unter
- Summe der Beschäftigungswochen der Abgabebetrag des jeweiligen Monats

einzutragen ist.

37.4.2.13. Begünstigung für Kleinbetriebe

Über Antrag ist Abgabepflichtigen die bereits geleistete Abgabe rückzuerstatten, wenn die Summe der von ihnen aus Dienstverhältnissen zu leistenden Entgelte im vorangegangenen Kalenderjahr **monatlich € 218,02** nicht erreicht **und das steuerpflichtige Einkommen** im gleichen Zeitraum (Kalenderjahr) **€ 2.180,19 nicht überstiegen hat**. Dieser Betrag erhöht sich für den Ehegatten um **20%** und für jede Person, für die der Abgabepflichtige kraft Gesetzes zu einer Unterhaltsleistung verpflichtet ist, um je weitere **10%**.

Der Antrag auf Rückerstattung ist bis zum Ablauf des Jahres einzubringen, das dem Kalenderjahr, für das die Rückerstattung begehrt wird, folgt (§ 7 Abs. 1, 2 Wr. DAG).

37.4.2.14. Zweck der Abgabe

Der Ertrag der Abgabe fließt der Stadt Wien zu und ist zur **Errichtung einer Untergrundbahn** zu verwenden (§ 9 Wr. DAG).

Muster 35

Firmeninternes Formular für die Abrechnung der Dienstgeberabgabe der Gemeinde Wien.

ABRECHNUNG MIT DER STADTKASSE

für den Monat ________ 20 __

ERMITTLUNG DER DIENSTGEBERABGABE DER GEMEINDE WIEN (DAG)

Abgabepflicht für	Anzahl aller Dienstverhältnisse	Anzahl der befreiten Dienstverhältnisse	Anzahl der pflichtigen Dienstverhältnisse		Summe der Beschäftigungswochen
1 Woche				× 1	
2 Wochen				× 2	
3 Wochen				× 3	
4 Wochen				× 4	
5 Wochen				× 5	
Summen					

Summe der Beschäftigungswochen = ________ × € 2,– = € ________

zu überweisen bis __ . __ . 20 __

37.5. Betriebsneugründung

Dieser Punkt beinhaltet:

- die Regelungen des Neugründungs-Förderungsgesetzes (NeuFöG), BGBl I 1999/106 und
- die Regelungen der Neugründungs-Förderungsgesetz(NeuFöG)-Verordnung, BGBl II 1999/278.

Neben dem NeuFöG und der diesbezüglichen Verordnung gibt es noch die Neugründungs-Förderungs-Richtlinien (NeuFöR) (BMF Erl 19.12.2008, 010222/0282-VI/7/2008, unter Berücksichtigung der laufenden Wartungen). Diese stellen einen Auslegungsbehelf zum NeuFöG dar.

Auf die im NeuFöG geregelten Begünstigungen bezüglich einer **Betriebsübertragung** wird nicht eingegangen, da es dabei zu **keiner Befreiung** von **lohnabhängigen Abgaben** kommt.

37.5.1. Förderung der Neugründung

Zur Förderung der Neugründung von Betrieben **werden u.a. nicht erhoben**:

- Nicht im Zusammenhang mit der Personalverrechnung anfallende Stempelgebühren, Gerichtsgebühren usw. (entsprechend der Zielsetzung dieses Fachbuchs wird darauf nicht eingegangen) und
- nachstehende **Lohnabgaben**:
  - Die **Dienstgeberbeiträge zum FLAF** (→ 37.3.3.) sowie
  - die **Zuschläge zum DB** (→ 37.3.4.) von Bezügen
    - von Arbeitnehmern i.S.d. § 47 Abs. 1 EStG (→ 7.4.) sowie
    - von an Kapitalgesellschaften beteiligten Personen i.S.d. § 22 Z 2 EStG (z.B. wesentlich beteiligte Gesellschafter-Geschäftsführer, → 37.4.1.2.1.),
  - die **Wohnbauförderungsbeiträge des Dienstgebers** (→ 11.4.) vom Entgelt
    - von Personen i.S.d. § 4 Abs. 1 ASVG (Dienstnehmer usw.; unabhängig davon, ob diese voll oder teilversichert sind, → 6.2.1., → 6.2.2.),
  - die **Beiträge zur gesetzlichen Unfallversicherung** (→ 11.4.) vom Entgelt
    - on Personen i.S.d. § 4 Abs. 1 ASVG (Dienstnehmer, freie Dienstnehmer usw.; unabhängig davon, ob diese voll oder teilversichert sind, → 6.2.1., → 6.2.2., → 31.7.)[1614] (NeuFöR, Rz 46).

Für Neugründungen umfasst der **Beobachtungszeitraum** (Rahmenzeitraum) für die Inanspruchnahme der Befreiung den **Kalendermonat der Neugründung und** die folgenden **35 Kalendermonate**.

Die **Befreiung** kann für einen Zeitraum von **max. zwölf Kalendermonaten** in Anspruch genommen werden, wobei dieser Zeitraum den Kalendermonat der **erstmaligen Beschäftigung** eines Dienstnehmers (Lehrlings) **und die folgenden elf Kalendermonate** umfasst. Erfolgt die erstmalige Beschäftigung vor der Neugründung, beginnt der Befreiungszeitraum mit dem Kalendermonat der Neugründung.

1614 Dies gilt jedoch **nicht für die Dienstgeberabgabe** (→ 31.4.2.). Überschreitet die Summe der monatlichen Entgelte der geringfügig Beschäftigten den Grenzwert von € 728,78, haben auch Neugründer die Dienstgeberabgabe von 16,4% zu entrichten.

- In den **ersten zwölf Kalendermonaten ab der Neugründung** kann die Befreiung **für alle Dienstnehmer** (Lehrlinge) (in unbegrenzter Anzahl) in Anspruch genommen werden.
- Ab dem **13. Kalendermonat der Neugründung** kommt die Befreiung allerdings nur noch für die **ersten drei** beschäftigten **Dienstnehmer** (Lehrlinge) zur Anwendung (vgl. § 1 Z 7 NeuFöG).

Beispielhafte Darstellung:

Der Monat der Neugründung ist beim Neugründer A und beim Neugründer B jeweils derselbe Monat.

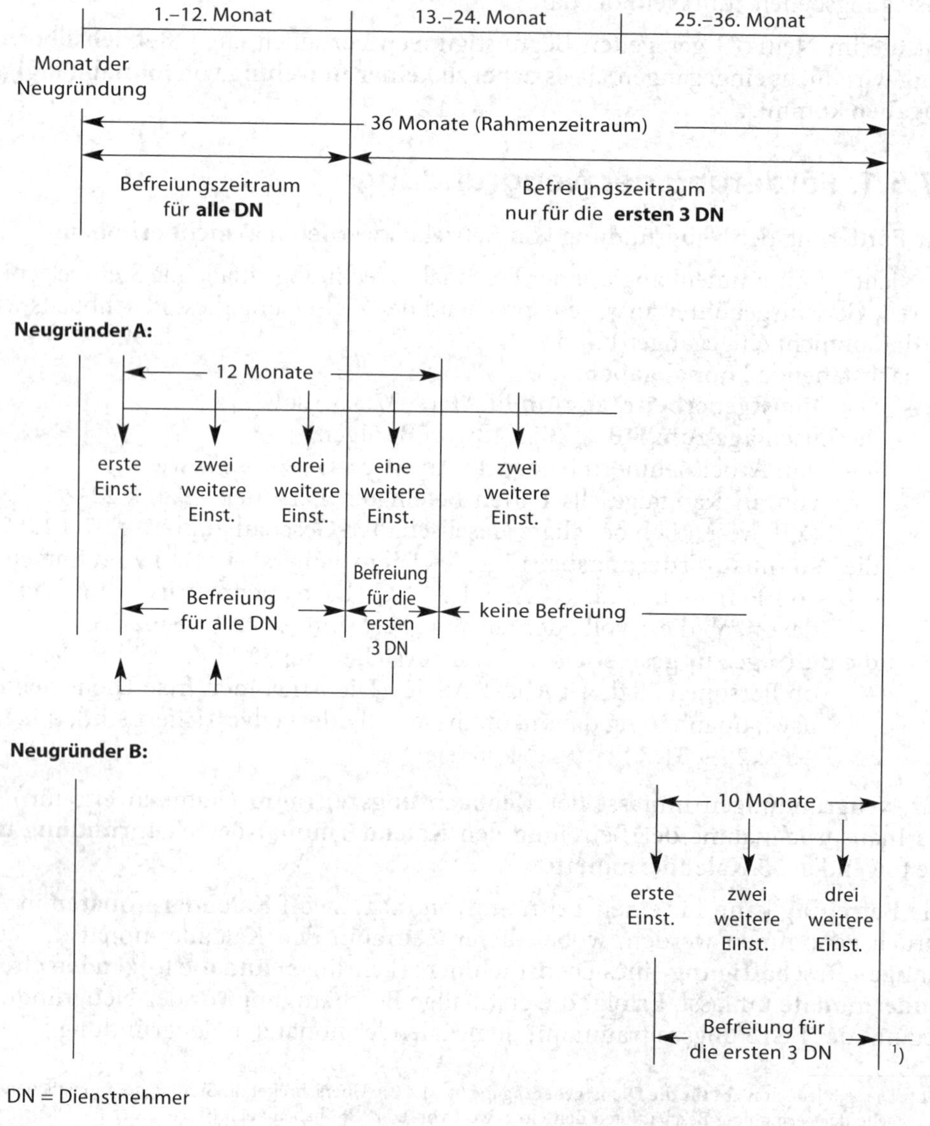

DN = Dienstnehmer

¹) keine Befreiung

Werden im Befreiungszeitraum gleichzeitig **mehrere Personen** am **selben Tag eingestellt**, obliegt die Wahl, welche Dienstnehmer (Lehrlinge) als die ersten drei Dienstnehmer (Lehrlinge) zu erachten sind, dem Dienstgeber. Das **Wahlrecht** ist spätestens bei der Beitragsabrechnung jenes Beitragszeitraums auszuüben, in dem die Befreiung für den vierten und alle weiteren Dienstnehmer (Lehrlinge) wegfällt. Von dieser Wahl kann nicht mehr abgegangen werden. Sie gilt als verbindlich getroffen, auch wenn einer der befreiten Dienstnehmer (Lehrlinge) in weiterer Folge ausscheidet.

Wird das Dienstverhältnis mit einem Dienstnehmer (Lehrling) aus der Gruppe der ersten drei beschäftigten Dienstnehmer (Lehrlinge) beendet, steht die Befreiung nur mehr für die aus dieser Gruppe verbleibenden Dienstnehmer (Lehrlinge) zu. Ein **Vorrücken** an die Stelle eines ausgeschiedenen Dienstnehmers (Lehrlings) aus der Gruppe der ersten drei Dienstnehmer (Lehrlinge) ist gesetzlich **nicht** vorgesehen.

Die Beurteilung hat anhand der **zeitlichen Abfolge der Dienstverhältnisse** und nicht anhand der eingestellten Personen zu erfolgen. Treten ausgeschiedene Dienstnehmer wieder ein, sind diese somit hinsichtlich ihres „Ranges" wie erstmalig eintretende Dienstnehmer zu behandeln. Die Dienstnehmer nehmen demzufolge ihren ursprünglichen Rang nicht wieder ein. Dabei ist es unerheblich, aus welchem Grund das Dienstverhältnis gelöst wurde bzw. ob eine Wiedereinstellungszusage vorliegt oder nicht. Lediglich bei Arbeitsunterbrechungen ohne Entgeltzahlung (Karenz, Präsenzdienst, Zivildienst etc.) behält der Dienstnehmer seinen „Rang" und die „ursprüngliche Befreiung" lebt gegebenenfalls wieder auf (vgl. BMF Erl. 25.6.2013, 010222/0044-VI/7/2013).

37.5.2. Begriff der Neugründung

Die Neugründung eines Betriebs liegt unter **folgenden Voraussetzungen** vor:

1. Es wird **durch Schaffung einer bisher nicht vorhandenen betrieblichen Struktur** ein Betrieb neu eröffnet, der der Erzielung von Einkünften i.S.d. § 2 Abs. 3 Z 1 bis 3 EStG (→ 7.3.) dient[1615].
2. Die die Betriebsführung innerhalb von zwei Jahren nach der Neugründung beherrschende **Person** (Betriebsinhaber) hat sich bisher **nicht in vergleichbarer Art beherrschend betrieblich betätigt**.
3. Es liegt **keine bloße Änderung der Rechtsform** in Bezug auf einen bereits vorhandenen Betrieb vor.
4. Es liegt **kein bloßer Wechsel in der Person des Betriebsinhabers** in Bezug auf einen bereits vorhandenen Betrieb durch eine entgeltliche oder unentgeltliche Übertragung des Betriebs vor.
5. Es wird im Kalendermonat der Neugründung und in den folgenden elf Kalendermonaten die geschaffene betriebliche Struktur **nicht durch Erweiterung** um bereits bestehende andere Betriebe oder Teilbetriebe **verändert**[1616] (§ 2 NeuFöG).

Mit der **Eintragung in das Firmenbuch** eines (noch) nicht operativ tätigen Unternehmens wird mangels Anbietens von Leistungen am Markt **kein Betrieb neu gegründet**.

1615 Eine Neugründung liegt dann nicht vor, wenn sich der Betriebsinhaber innerhalb der letzten 5 Jahre vor dem Zeitpunkt der Neugründung als Betriebsinhaber eines Betriebes vergleichbarer Art betätigt hat. Vergleichbare Betriebe sind dabei solche derselben Klasse im Sinne der Klassifikation der Wirtschaftstätigkeiten, ÖNACE (§ 2 Abs. 5 NeuFöG-Verordnung; vgl. auch VwGH 26.7.2017, Ra 2016/13/0043).

1616 Erfolgt die Erweiterung erst nach Ablauf dieses Zeitraums, jedoch innerhalb des begünstigten Zeitraums i.S.d. § 1 Z 7 NeuFöG, stehen – bei Vorliegen der übrigen Voraussetzungen – die Begünstigungen hinsichtlich der lohnabhängigen Abgaben zu.

Auch der **Erwerb** eines Betriebs **aus der Insolvenzmasse** oder vor Eröffnung eines Insolvenzverfahrens stellt **keine Neugründung** dar, allerdings kann – bei Vorliegen der sonstigen Voraussetzungen – eine begünstigte Betriebsübertragung anzunehmen sein.

Wird hingegen der Betrieb **im Zuge eines Insolvenzverfahrens zerschlagen**, werden die einzelnen Wirtschaftsgüter veräußert und schafft ein Erwerber mit anders beschaffenen und einzelnen aus der Masse erworbenen Wirtschaftsgütern eine neue betriebliche Struktur, **liegt** eine **Neugründung vor** (NeuFöR, Rz 63a).

37.5.3. Zeitpunkt der Neugründung

Als Kalendermonat der Neugründung gilt jener, in dem der Betriebsinhaber **erstmals nach außen werbend in Erscheinung tritt**[1617], wenn also die für den Betrieb typischen Leistungen am Markt angeboten werden (§ 3 NeuFöG).

Beispiele:

- Geschäftseröffnung eines Handelsbetriebs,
- Produktionsbeginn eines Erzeugungsbetriebs,
- Kanzleieröffnung eines Rechtsanwalts,
- Ordinationseröffnung eines Arztes,
- Aufnahme der Tätigkeit als gewerblicher Buchhalter.

Nicht maßgebend sind der Zeitpunkt des Beginns der internen Vorbereitungsmaßnahmen sowie der Zeitpunkt der Werbung für die geplante Neugründung, die i.d.R. vor dem Zeitpunkt der Neugründung liegen werden.

37.5.4. Erklärung der Neugründung

Wesentlich für die Anwendung der Befreiungsbestimmungen sind:

- die **Erklärung** des Betriebsinhabers, dass die Voraussetzungen für eine Neugründung vorliegen,
- die **Bestätigung**, dass eine Beratung durch die zuständige Stelle erfolgte,
- die **rechtzeitige Vorlage** des amtlichen Vordrucks im Original bei der in Anspruch genommenen Behörde.

37.5.4.1. Amtlicher Vordruck

Die Neugründung ist über einen amtlichen Vordruck (Erklärung der Neugründung [NeuFö 2]) zu erklären[1618]. Diesen Vordruck finden Sie unter der Internetadresse www.bmf.gv.at unter Formulare. Erklärungen können auch über die Neugründung über das Unternehmerserviceportal (USP) vorgenommen werden.

1617 Durch die bloße Gewerbeanmeldung oder die Eintragung in das Firmenbuch ist mangels „werbend nach außen in Erscheinung treten" noch keine Betriebsneugründung bewirkt.

1618 Ist zwischen der gesetzlichen Berufsvertretung, der der Betriebsinhaber zuzurechnen ist, und den in Betracht kommenden Behörden ein ständiger Datenverkehr eingerichtet, können die Erklärungen von der gesetzlichen Berufsvertretung an die in Betracht kommenden Behörden elektronisch übermittelt werden. In diesen Fällen entfällt die Verpflichtung zur Vorlage eines amtlichen Vordrucks (§ 4 Abs. 5 NeuFöG) (BMF VO 19.7.2005, BGBl II 2005/216).

Auf dem amtlichen Vordruck sind zu erklären

- das Vorliegen der Voraussetzungen der Neugründung (→ 37.5.2.) und
- der (voraussichtliche) Kalendermonat der Neugründung (→ 37.5.3.).

Die Erklärung (gegebenenfalls inkl. Bestätigung der Beratung; → 37.5.4.2.) ist materielle Voraussetzung für die Inanspruchnahme der Begünstigungen. Bei **Vorlage** der vom Neugründer ordnungsgemäß ausgefüllten und von der Berufsvertretung bzw. Sozialversicherungsanstalt der gewerblichen Wirtschaft gegebenenfalls bestätigten Erklärung NeuFö 2 wird i.d.R. davon auszugehen sein, dass die Voraussetzungen des NeuFöG vorliegen. Besteht allerdings ein begründeter Anlass, die sachliche Richtigkeit der Erklärung in Zweifel zu ziehen, sind die tatsächlichen und rechtlichen Verhältnisse zu ermitteln.

Die gesetzlichen Berufsvertretungen und die Sozialversicherungsanstalt der gewerblichen Wirtschaft sind verpflichtet, Abschriften der amtlichen Vordrucke bzw. die Daten im Fall einer elektronischen Übermittlung aufzubewahren und auf Verlangen Auskünfte zu erteilen. Die für die Erhebung der Abgaben, Gebühren und Beiträge zuständigen Institutionen sind berechtigt, den jeweils zuständigen Institutionen Umstände mitzuteilen, die dafür sprechen, dass die Voraussetzungen für eine geltend gemachte Befreiung nicht oder nicht mehr vorliegen (§§ 4, 7 NeuFöG).

37.5.4.2. Beratung

Auf dem amtlichen Vordruck muss bestätigt sein, dass die Erklärung der Neugründung unter Inanspruchnahme der **Beratung jener gesetzlichen Berufsvertretung**, der der Betriebsinhaber zuzurechnen ist, erstellt worden ist. Kann der Betriebsinhaber keiner gesetzlichen Berufsvertretung zugerechnet werden (z.B. sog. neue Selbstständige), ist eine Beratung durch die Sozialversicherungsanstalt der Selbständigen in Anspruch zu nehmen. Darüber hinaus ist es möglich, dass Betriebe ohne gesetzliche Berufsvertretung das Beratungsgespräch auch bei der Wirtschaftskammer durchführen können (§ 4 NeuFöG)[1619].

37.5.4.3. Vorgangsweise

Die Wirkungen des NeuFöG treten nur dann ein, wenn der Betriebsinhaber bei den in Betracht kommenden Behörden die **Erklärung** der Neugründung (NeuFö 2) bereits **im Vorhinein** (das bedeutet bei der Erstanmeldung eines Dienstnehmers) **vorlegt**[1620]. Bereits im Zuge der Anforderung einer Beitragskontonummer ist auf das Vorliegen einer Neugründung hinzuweisen.

Für die Befreiung von Dienstgeberbeiträgen zum FLAF und Zuschlägen zum DB ist die ausgefüllte Erklärung der Neugründung **zu den Aufzeichnungen zu nehmen**. Die Selbstberechnung bzw. Abfuhr der Dienstgeberbeiträge zum FLAF und Zuschläge zum DB kann unterbleiben. Im Hinblick auf eine allfällige Überwachung der Abfuhr der Lohnabgaben durch das Finanzamt ist die Erklärung der Neugründung gegebenenfalls dem Betriebsstättenfinanzamt (→ 37.3.1.) zu übermitteln.

1619 Eine Beratung kann auch auf fernmündlichen Kommunikationswegen oder unter Verwendung technischer Einrichtungen zur Wort- und Bildübertragung erfolgen.

1620 Entfall der Vorlagepflicht bezüglich der Erklärung siehe Punkt 37.5.4.1.

Für die **sozialversicherungsrechtliche Abrechnung** (Entfall des Wohnbauförderungsbeitrags und des Unfallversicherungsbeitrags) bestehen im Tarifsystem **Abschläge** (→ 11.4.2.). Auch im Vorschreibeverfahren ist eine Meldung dieser Abschläge erforderlich.

37.5.5. Meldeverpflichtung

Wird der neu gegründete Betrieb im Kalendermonat der Neugründung und in den folgenden elf Kalendermonaten **um bereits bestehende Betriebe oder Teilbetriebe erweitert** (→ 37.5.2.), so fallen bereits in Anspruch genommene **Befreiungen** nachträglich (rückwirkend) **weg**. Die betreffenden Abgaben und Beiträge sind nachzuentrichten.

Der Betriebsinhaber ist verpflichtet, diesen Umstand allen vom Wegfall der Wirkungen betroffenen Behörden **unverzüglich mitzuteilen** (§ 5 NeuFöG).

38. Lohn- und Sozialdumping

In diesem Kapitel werden u.a. Antworten auf folgende praxisrelevanten Fragestellungen gegeben:

38.1. Zielsetzung und Anwendungsbereich

Das Lohn- und Sozialdumping-Bekämpfungsgesetz (LSD-BG), BGBl I 2016/44, enthält Bestimmungen zur **Sicherung der gleichen Lohnbedingungen** für in Österreich tätige Arbeitnehmer. Zugleich soll gewährleistet werden, dass für inländische und ausländische Unternehmen die gleichen Wettbewerbsbedingungen gelten. Dementsprechend wurde eine **Lohnkontrolle** eingeführt.

Das LSD-BG **gilt für**

- Arbeitsverhältnisse, die auf einem **privatrechtlichen Vertrag** beruhen,
- die Beschäftigung von Arbeitskräften i.S.d. § 3 Abs. 4 **Arbeitskräfteüberlassungsgesetzes** (AÜG)[1621],
- Beschäftigungsverhältnisse, auf die das **Heimarbeitsgesetz** 1960 anzuwenden ist,
- Arbeitsverhältnisse der **land- und forstwirtschaftlichen Arbeiter**[1622] i.S.d. Landarbeitsgesetzes 2021 (mit Ausnahmen) (§ 1 Abs. 1 und 3 LSD-BG).

Ausgenommen sind u.a. Arbeitsverhältnisse

- zum Bund …;
- zu Ländern, Gemeindeverbänden und Gemeinden;
- zu Stiftungen, Anstalten oder Fonds, auf die die Bestimmungen des Vertragsbedienstetengesetzes sinngemäß anzuwenden sind (§ 1 Abs. 2 LSD-BG).

1621 Für die Beurteilung, ob eine Überlassung von Arbeitskräften vorliegt, sind insbesondere die §§ 3 und 4 AÜG oder vergleichbare österreichische Rechtsvorschriften maßgebend (§ 2 Abs. 2 LSD-BG). Arbeitskräfte sind Arbeitnehmer und arbeitnehmerähnliche Personen. Arbeitnehmerähnlich sind Personen, die, ohne in einem Arbeitsverhältnis zu stehen, im Auftrag und für Rechnung bestimmter Personen Arbeit leisten und wirtschaftlich unselbständig sind (§ 3 Abs. 4 AÜG).

1622 Auch land- und forstwirtschaftliche Angestellte fallen unter das LSD-BG, da diese auf einem privatrechtlichen Vertrag beruhen.

Grenzüberschreitende Sachverhalte:

Soweit nichts anderes bestimmt ist, gilt das LSD-BG unbeschadet des auf das Arbeitsverhältnis sonst anzuwendenden Rechts auch für aus der Europäischen Union **(EU)**, dem Europäischen Wirtschaftsraum **(EWR)**, der **schweizerischen Eidgenossenschaft** oder aus einem **sonstigen Drittstaat**

- zur Erbringung einer Arbeitsleistung **nach Österreich entsandte Arbeitnehmer** oder
- **grenzüberschreitend überlassene Arbeitskräfte** i.S.d. § 3 Abs. 4 AÜG (§ 1 Abs. 4 LSD-BG)[1623].

1623 Das LSD-BG findet **keine Anwendung,** wenn der Arbeitnehmer ausschließlich zur Erbringung u.a. folgender **Arbeiten von geringem Umfang und kurzer Dauer nach Österreich entsandt** wird:
- geschäftliche Besprechungen ohne Erbringung von weiteren Dienstleistungen,
- Teilnahme an Seminaren und Vorträgen ohne Erbringung von weiteren Dienstleistungen,
- Teilnahme an Messen und messeähnlichen Veranstaltungen i.S.d. § 17 Abs. 3 bis 6 ARG […], ausgenommen Vorbereitungs- und Abschlussarbeiten für die Veranstaltung (Auf- und Abbau der Ausstellungseinrichtungen und An- und Ablieferung des Messegutes),
- Besuch von und die Teilnahme an Kongressen und Tagungen,
- Teilnahme an und Abwicklung von kulturellen Veranstaltungen aus den Bereichen Musik, Tanz, Theater oder Kleinkunst und vergleichbaren Bereichen, die im Rahmen einer Tournee stattfinden, bei welcher der Veranstaltung (den Veranstaltungen) in Österreich lediglich eine untergeordnete Bedeutung zukommt, soweit der Arbeitnehmer seine Arbeitsleistung zumindest für einen Großteil der Tournee zu erbringen hat,
- Teilnahme an und Abwicklung von internationalen Wettkampfveranstaltungen […] (§ 1 Abs. 5 LSD-BG).

Darüber hinaus findet das LSD-BG **keine Anwendung** auf **vorübergehende Konzernentsendungen** […] einer besonderen Fachkraft nach Österreich innerhalb eines Konzerns […], die insgesamt **zwei Monate je Kalenderjahr nicht übersteigen** dürfen, wenn die Einsätze konzernintern
- zum Zweck der Forschung und Entwicklung, der Abhaltung von Ausbildungen durch die Fachkraft, der Planung der Projektarbeit oder
- zum Zweck des Erfahrungsaustausches, der Betriebsberatung, des Controlling oder der Mitarbeit im Bereich von für mehrere Länder zuständigen Konzernabteilungen mit zentraler Steuerungs- und Planungsfunktion oder
- für Arbeiten bei Lieferung, Inbetriebnahme (und damit verbundenen Schulungen), Wartung, Servicearbeiten und Reparatur von Maschinen, Anlagen und EDV-Systemen

erfolgen (§ 1 Abs. 6 LSD-BG).

Das LSD-BG findet ebenfalls keine Anwendung auf nach Österreich **für längere Dauer zu Schulungszwecken entsandte** Arbeitnehmer **oder überlassene** Arbeitskräfte, wenn
- der ausländische Arbeitgeber oder Vertragspartner dem inländischen Betrieb keine Arbeitsleistung schuldet und der Einsatz des Arbeitnehmers oder der Arbeitskraft dessen Einschulung oder Weiterbildung auf der Grundlage eines Schulungs- oder Weiterbildungsprogrammes des Arbeitgebers oder österreichischen Unternehmens dient, und
- die allenfalls vom Arbeitnehmer oder der Arbeitskraft schulungsbedingt durchgeführten Tätigkeiten oder erstellten Produkte, Dienstleistungen und Zwischenergebnisse für den Produktionsprozess und das Betriebsergebnis in dem Betrieb, in dem die Schulung stattfindet, unwesentlich sind, und
- soweit der zu schulende Arbeitnehmer oder die Arbeitskraft im Schulungsbetrieb nicht länger tätig ist, als dies für den Erwerb der geforderten Kenntnisse und Fähigkeiten erforderlich ist (§ 1 Abs. 7 LSD-BG).

Das LSD-BG findet ebenfalls **keine Anwendung** auf
- Tätigkeit als mobiler Arbeitnehmer in der grenzüberschreitenden Güter- und Personenbeförderung (Transportbereich), sofern die Arbeitsleistung ausschließlich im Rahmen des Transitverkehrs erbracht wird und nicht der gewöhnliche Arbeitsort in Österreich liegt;
- Tätigkeit als Arbeitnehmer, der in den letzten zwei Entgeltperioden vor der Entsendung oder Überlassung und während der Entsendung oder Überlassung nachweislich eine **monatliche Bruttoentlohnung** von durchschnittlich **mindestens 120% der sozialversicherungsrechtlichen monatlichen Höchstbeitragsgrundlage (2022: € 6.804,00) erhält;**
- Tätigkeit als ein dem ASVG unterliegender Arbeitnehmer oder als ein (nicht dem ASVG unterliegender) Arbeitnehmer mit gewöhnlichem Arbeitsort in Österreich, der nachweislich eine **monatliche Bruttoentlohnung** von durchschnittlich **mindestens 120% der sozialversicherungsrechtlichen monatlichen Höchstbeitragsgrundlage (2022: € 6.804,00) erhält;**
- Entsendungen oder Überlassungen im Rahmen von internationalen Austausch-, Aus- und Weiterbildungs- oder Forschungsprogrammen oder als entsandter oder überlassener Vortragender an Universitäten […], an pädagogischen Hochschulen […] oder Fachhochschulen […];

Neben Mindestentgeltvorschriften für rein **innerstaatliche Sachverhalte** (gewöhnlicher Arbeitsort des Arbeitnehmers und Sitz des Arbeitgebers in Österreich) enthält das Gesetz somit auch Bestimmungen über grenzüberschreitende Sachverhalte. Demnach haben auch **ausländische Arbeitgeber**[1624], die Arbeitnehmer gewöhnlich oder vorübergehend im Rahmen von Entsendungen bzw. Arbeitskräfteüberlassungen in Österreich beschäftigen

- **Mindestentgeltvorschriften**, Vorschriften über den zu gewährenden **Aufwandsersatz** sowie **Mindesturlaub** sowie über die Einhaltung der **Arbeitszeit und Arbeitsruhe** (§§ 3 ff. LSD-BG),
- **(formale) Meldepflichten** (§§ 19 f. LSD-BG) und
- **Bereithaltungs- und Übermittlungspflichten** (hinsichtlich Lohnunterlagen etc. im Inland)[1625] (§§ 21 f. LSD-BG)

bei sonstiger Verwaltungsstrafe (§§ 25 ff. LSD-BG) einzuhalten.

Darüber hinaus bestehen **besondere Haftungsbestimmungen** (§§ 8 ff. LSD-BG).

Entsprechend der Zielsetzung dieses Buchs wird auf die speziell für grenzüberschreitende Sachverhalte geltenden Bestimmungen nicht im Detail eingegangen.

38.2. Arbeitsrechtliche Ansprüche

Das LSD-BG enthält folgende Bestimmungen zum Anspruch **auf ein Mindestentgelt** (§ 3 LSD-BG):

Betroffene Arbeitnehmer	Entgeltanspruch	Rechtsgrundlage
Arbeitnehmer mit **gewöhnlichem Arbeitsort** in Österreich:	Anspruch auf das **nach Gesetz, Verordnung oder Kollektivvertrag zustehende Entgelt** (→ 38.3.).	*§ 3 Abs. 1 LSD-BG*
Arbeitnehmer mit **gewöhnlichem Arbeitsort** in Österreich, dessen **Arbeitgeber seinen Sitz nicht in Österreich hat** und nicht Mitglied einer kollektivvertragsfähigen Körperschaft in Österreich ist:	Anspruch auf jenes gesetzliche, durch Verordnung festgelegte oder kollektivvertragliche **Entgelt, das am Arbeitsort vergleichbaren Arbeitnehmern von vergleichbaren Arbeitgebern** gebührt.	*§ 3 Abs. 2 LSD-BG*

– Lieferung von Waren durch entsandte Arbeitnehmer des Verkäufers oder Vermieters sowie das Abholen von Waren durch entsandte Arbeitnehmer des Käufers oder Mieters;
– Tätigkeiten, die für die Inbetriebnahme und Nutzung von gelieferten Gütern unerlässlich sind und von entsandten Arbeitnehmern des Verkäufers oder Vermieters mit geringem Zeitaufwand durchgeführt werden (§ 1 Abs. 8 LSD-BG).

Eine Ausnahme von der Anwendung der Mindestentgeltvorschriften gilt auch für Entsendungen in Zusammenhang mit der Lieferung einer im Ausland durch den Arbeitgeber oder ein Konzernunternehmen gefertigten Anlage an einen inländischen Betrieb, sofern Montagearbeiten, Inbetriebnahme oder damit verbundene Schulungen oder Reparatur- oder Servicearbeiten dieser Anlage durchgeführt werden, die von inländischen Arbeitnehmern nicht erbracht werden können, wenn diese Arbeiten in Österreich insgesamt nicht länger als drei Monate dauern **(„Montageprivileg")** (§ 3 Abs. 5 LSD-BG).

1624 Bzw. Arbeitgeber mit Sitz in Österreich, die einen im Ausland gewöhnlich tätigen Arbeitnehmer nach Österreich entsenden.

1625 Bereithaltungspflichten und Haftungstatbestände treffen im Rahmen von grenzüberschreitenden Arbeitskräfteüberlassungen auch inländische Beschäftiger.

Betroffene Arbeitnehmer	**Entgeltanspruch**	**Rechtsgrundlage**
Arbeitnehmer, der durch einen Arbeitgeber mit Sitz in einem EU-Mitgliedstaat, EWR-Staat oder einem Drittstaat nach Österreich **zur Arbeitsleistung entsandt**[1626] ist:	Anspruch auf zumindest jenes gesetzliche, durch Verordnung festgelegte oder kollektivvertragliche **Entgelt**[1627], das **am Arbeitsort vergleichbaren Arbeitnehmern von vergleichbaren Arbeitgebern** gebührt.	*§ 3 Abs. 3 LSD-BG*
Arbeitnehmer, der durch einen Arbeitgeber mit Sitz in einem EU-Mitgliedstaat, EWR-Staat oder einem Drittstaat nach Österreich **zur Arbeitsleistung entsandt**[1626] ist:	Anspruch auf zumindest jenen gesetzlichen, durch Verordnung festgelegten oder kollektivvertraglichen **Aufwandersatz für Reise-, Unterbringungs- oder Verpflegungskosten**, die während der Entsendung in Österreich anfallen, der **am Arbeitsort vergleichbaren Arbeitnehmern von vergleichbaren Arbeitgebern** gebührt. Dieser Aufwandersatz umfasst Kosten anlässlich von Reisebewegungen, wenn der Arbeitnehmer von einem regelmäßigen Arbeitsplatz im Inland zu einem anderen Arbeitsplatz im Inland reist.	*§ 3 Abs. 7 LSD-BG*

Darüber hinaus sieht das LSD-BG für grenzüberschreitende Sachverhalte Bestimmungen zum Urlaubsanspruch (§ 4 LSD-BG) und zum Anspruch auf Einhaltung der Arbeitszeit und der Arbeitsruhe (§ 5 LSD-BG) vor und enthält Regelungen für Ansprüche bei grenzüberschreitender Arbeitskräfteüberlassung[1628] (§ 6 LSD-BG).

38.3. Unterentlohnung – Entgeltbegriff

38.3.1. Entgeltbegriff

Anhand der Lohnunterlagen wird **überprüft**, ob den Arbeitnehmern **sämtliche Entgeltbestandteile** geleistet werden, die nach **Gesetz, Verordnung oder Kollektivvertrag** unter Beachtung der jeweiligen Einstufungskriterien gebühren (§ 29 Abs. 1 LSD-BG).

Entscheidend für die korrekte Entlohnung ist somit einerseits, dass der richtige Kollektivvertrag zur Anwendung gelangt (→ 3.3.4.) und andererseits, dass innerhalb des Kollektivvertrags die Einstufung des Arbeitnehmers korrekt erfolgt.

1626 Entsendung im engeren Sinn bzw. Arbeitskräfteüberlassung.
1627 Ausgenommen BV-Beiträge (→ 36.) und Beiträge oder Prämien nach dem Betriebspensionsgesetz (→ 30.).
1628 Daneben sind die Bestimmungen des AÜG zu beachten.

Entgeltbestandteile, die in einer **Betriebsvereinbarung** oder in einem **Arbeitsvertrag** vereinbart wurden, fallen **nicht** unter die Lohnkontrolle, d. h. ihre Nichtgewährung führt nicht zur Strafbarkeit (keine Anknüpfung an den arbeitsrechtlichen Anspruch).

Der Entgeltbegriff **umfasst** sämtliche nach Gesetz, Verordnung oder Kollektivvertrag zustehenden Entgeltbestandteile wie z.B. Grundbezug, Überstundenentlohnung, Zulagen und Zuschläge, Ausfallsentgelte während Krankenstand, Urlaub oder Feiertagen und Sonderzahlungen[1629]. Jedoch sind **beitragsfreie Entgeltbestandteile** gem. § 49 Abs. 3 ASVG (z.B. Aufwandsentschädigungen, beitragsfreie Reisekostenersätze[1630], Abfertigungen, → 21.1.) von der Kontrolle **ausgenommen**.

38.3.2. Anrechnung von Überzahlungen

Entgeltzahlungen, die das nach Gesetz, Verordnung oder Kollektivvertrag gebührende Entgelt übersteigen (sog. **Überzahlungen**), sind auf allfällige Unterentlohnungen im jeweiligen Lohnzahlungszeitraum (i. d. R. Monat) anzurechnen (§ 29 Abs. 1 LSD-BG).

Auch **faktische Überzahlungen** sind anzurechnen, unabhängig davon, ob die Zuordnung der Überzahlung zu einem bestimmten Entgeltbestandteil erfolgt.

Beispiel

Das kollektivvertragliche Mindestgehalt beträgt € 1.700,00. Der Arbeitnehmer erhält € 2.000,00 (d.h. € 300,00 Überzahlung). Werden dem Arbeitnehmer in einem Monat geleistete Überstunden nicht zur Auszahlung gebracht (und diese auch nicht in Zeitausgleich gewährt), liegt keine nach dem LSD-BG zu bestrafende Unterentlohnung vor, solange der Wert dieser Überstunden (inklusive Zuschläge) durch die Überzahlung abgedeckt ist.

Hinweis: Überzahlungen werden grundsätzlich nur dann angerechnet, wenn sie in der **gleichen Lohnzahlungsperiode** geleistet werden. Durch eine einmalige „Abschlagszahlung" am Jahresende können daher unterjährige Unterentlohnungen grundsätzlich nicht kompensiert werden. Die Nachzahlung könnte jedoch als tätige Reue gewertet werden (→ 38.6.2.).

Die LSDB-RL 2015 weisen in diesem Zusammenhang darauf hin, dass nach der sog. Drucktheorie der **Verzicht auf zwingende Ansprüche** während der Dauer des Arbeitsverhältnisses unwirksam ist, da angenommen werden muss, dass der Arbeitnehmer diesen Verzicht nicht frei, sondern unter wirtschaftlichem Druck abgibt. Ein Verzicht des Arbeitnehmers auf Lohnbestandteile kann daher die Unterentlohnung nicht verhindern (LSDB-RL 2015, Rz 41).

1629 Sind nach Gesetz, Verordnung oder Kollektivvertrag Sonderzahlungen vorgesehen, hat der Arbeitgeber diese dem **entsandten Arbeitnehmer oder der grenzüberschreitend überlassenen Arbeitskraft** aliquot für die jeweilige Lohnzahlungsperiode zusätzlich zum laufenden Entgelt (Fälligkeit) zu leisten (§ 3 Abs. 4 LSD-BG). Hinsichtlich Sonderzahlungen für **dem ASVG unterliegende Arbeitnehmer** liegt eine Verwaltungsübertretung nur dann vor, wenn der Arbeitgeber die Sonderzahlungen nicht oder nicht vollständig bis spätestens 31. Dezember des jeweiligen Kalenderjahres leistet (§ 29 Abs. 1 LSD-BG).

1630 Auch beitragspflichtige Reisekostenersätze können von der Entgeltkontrolle ausgenommen sein, wenn sie einen Ersatz tatsächlicher Aufwendungen darstellen und damit keinen Entgeltcharakter haben (vgl. auch VwGH 15.2.2021, Ra 2020/11/0179).

38.3.3. Unterentlohnung als Dauerdelikt

Bei Unterentlohnungen, die durchgehend mehrere Lohnzahlungszeiträume umfassen, liegt eine einzige Verwaltungsübertretung vor (**Dauerdelikt**) (§ 29 Abs. 1 LSD-BG).

Die LSDB-RL 2015 enthalten diesbezüglich die Aussage, dass sich im Umkehrschluss ergibt, dass bei **Unterentlohnung in zeitlich voneinander getrennten Lohnzahlungszeiträumen** der Tatbestand mehrfach realisiert wird und somit die Strafe mehrfach anfällt, **sofern kein fortgesetztes Delikt** vorliegt. Entscheidend für das Vorliegen eines **fortgesetzten Delikts** ist, dass die einzelnen Tathandlungen von einem einheitlichen Willensentschluss (Gesamtvorsatz) getragen werden. Kein einheitlicher Willensentschluss und damit mehrere Delikte liegen etwa vor, wenn die Setzung der jeweiligen Einzelhandlungen eines neuerlichen Willensentschlusses bedarf oder der Arbeitgeber lediglich fahrlässig handelt (LSDB-RL 2015, Rz 40).

Beispiel:

In den ersten fünf Monaten eines Dienstverhältnisses von März bis Juli 2022 besteht eine Situation der Unterentlohnung hinsichtlich des laufenden Entgelts. In der Folge kommt es zu einer Gehaltserhöhung, sodass ab August genau der kollektivvertragliche Mindestlohn bezahlt wird und damit keine Unterentlohnung vorliegt. Im November werden Überstunden geleistet, die ohne Zuschlag zur Auszahlung gebracht werden. Da die Unterentlohnung nicht durchgehend mehrere Lohnzahlungszeiträume betrifft, wurde der Tatbestand der Unterentlohnung zweimal realisiert, sofern kein fortgesetztes Delikt vorliegt.

Hinweis: Der Frage, ob bei gelegentlichen Unterentlohnungen eines Arbeitnehmers insgesamt von einem fortgesetzten Delikt auszugehen ist oder nicht, kommt insofern große Bedeutung zu, als sie darüber entscheidet, ob eine Strafe für den betroffenen Arbeitnehmer einmal oder mehrfach anfällt. Letztlich führt dies dazu, dass es unter Umständen „günstiger" sein kann, einen Arbeitnehmer durchgehend unterzuentlohnen als ihm gelegentlich den gesamten Mindestlohn zu gewähren und dadurch das Delikt möglicherweise mehrfach zu begehen. Vor diesem Hintergrund spricht einiges dafür, in derartigen Fällen von fortgesetzten Delikten auszugehen.

Liegen tatsächlich zwei getrennte Delikte vor, muss dies zur Folge haben, dass bei Vollendung des ersten Delikts (im Beispiel oben mit Juli 2022) der Lauf der Verjährungsfristen für dieses erste Delikt beginnt (→ 38.7.).

38.4. Kontrollorgane und Verfahren

Die Kontrollorgane überprüfen, ob jeder Arbeitnehmer, der in Österreich beschäftigt ist, das ihm zustehende Entgelt erhält. **Kontrollorgane** sind (§§ 11 ff. LSD-BG):

1. Die **Träger der Krankenversicherung (z.B. Österreichische Gesundheitskasse)**; diese kontrollieren (im Zuge einer Lohnabgabenprüfung, → 39.1.2.3.) jene Unternehmen, die Dienstnehmer (freie Dienstnehmer) beschäftigten,
   - die dem ASVG unterliegen oder
   - die ihren gewöhnlichen Arbeitsort in Österreich haben, jedoch nicht dem ASVG unterliegen,

   sowie dem ASVG unterliegende Heimarbeiter i.S.d. Heimarbeitsgesetzes.

2. Das **Amt für Betrugsbekämpfung** (→ 39.1.6.); dieses kontrolliert in Zusammenarbeit mit dem bei der Österreichischen Gesundheitskasse eingerichteten **Kompetenzzentrum „LSDB"** in Bezug auf Arbeitnehmer mit gewöhnlichem Arbeitsort außerhalb Österreichs, die nicht dem ASVG unterliegen (z.B. nach Österreich entsendete oder überlassene Arbeitnehmer).
3. Die **Bauarbeiter- und Urlaubsabfertigungskasse**; diese ist im Baubereich zur Kontrolle und Anzeige berechtigt bzw. verpflichtet.

Für Sachverhalte mit Arbeitnehmern, die ihren gewöhnlichen Arbeitsort in Österreich haben, ist somit außerhalb der Baubranche **die Österreichische Gesundheitskasse** (bzw. der zuständige Krankenversicherungsträger) Kontrollorgan.

Werden die vom LSD-BG normierten Pflichten nicht erfüllt (z.B. Leistung des zustehenden Entgelts), liegt eine Verwaltungsübertretung vor. In diesem Fall sind die prüfenden Kontrollorgane (Prüfdienst für lohnabhängige Abgaben und Beiträge) gesetzlich verpflichtet, **Anzeige**[1631] bei der jeweils zuständigen **Bezirksverwaltungsbehörde** zu erstatten (§ 14 Abs. 1 LSD-BG). Letztere führt in weiterer Folge das Verwaltungsstrafverfahren durch.

Wenn Anzeige gegen den Arbeitgeber auf Grund von Unterentlohnung vorliegt, muss der betroffene **Arbeitnehmer** davon durch das Kontrollorgan **in Kenntnis gesetzt** werden (§ 14 Abs. 3 LSD-BG).

38.5. Strafbestimmungen

Unabhängig von der Anzahl der von der Verwaltungsübertretung betroffenen **Arbeitnehmer** liegt bei Unterentlohnung eine einzige Verwaltungsübertretung vor. Die **Geldstrafe** beträgt grundsätzlich **bis zu € 50.000,00.** Davon bestehen folgende Abweichungen:

- Ist im Erstfall bei **Arbeitgebern mit bis zu neun Arbeitnehmern** die Summe des vorenthaltenen Entgelts **geringer als € 20.000,00**, beträgt die **Geldstrafe bis zu € 20.000,00.**
- Ist die Summe des vorenthaltenen Entgelts höher als € 50.000,00, beträgt die **Geldstrafe bis zu € 100.000,00.**
- Ist die Summe des vorenthaltenen Entgelts **höher als € 100.000,00**, beträgt die **Geldstrafe bis zu € 250.000,00.**
- Ist die Summe des vorenthaltenen Entgelts **höher als € 100.000,00** und wurde das Entgelt in Lohnzahlungszeiträumen der Unterentlohnung **vorsätzlich um durchschnittlich mehr als 40%** des Entgelts vorenthalten, beträgt die **Geldstrafe bis zu € 400.000,00.**

Wirkt der Arbeitgeber bei der Aufklärung zur Wahrheitsfindung unverzüglich und vollständig mit, ist anstelle des Strafrahmens bis € 100.000,00 oder bis € 250.000,00 der jeweils niedrigere Strafrahmen anzuwenden (§ 29 Abs. 1 LSD-BG).

1631 Die kontrollierende, d.h. die Anzeige erstattende Behörde hat zu prüfen, ob die Voraussetzungen für eine tätige Reue oder eine Nachsicht von der Anzeige vorliegen. Allfällig vorgebrachte Rechtfertigungsgründe des Arbeitgebers können, müssen aber nicht in die Strafanzeige aufgenommen werden. Die Frage der Rechtswidrigkeit sowie des Vorliegens von weiteren Entschuldigungs- oder Strafaufhebungsgründen ist durch die Bezirksverwaltungsbehörde zu beurteilen.

Bei Unterentlohnungen, die durchgehend mehrere Lohnzahlungszeiträume umfassen, liegt eine einzige Verwaltungsübertretung vor.

Liegt gegen einen ausländischen Arbeitgeber ein **rechtskräftiges Straferkenntnis** wegen Unterschreitung des Entgelts bei mehr als drei Arbeitnehmern oder wegen eines Wiederholungsfalls vor, so hat ihm (bei einer grenzüberschreitenden Überlassung dem Überlasser) die Bezirksverwaltungsbehörde die weitere **Ausübung der Dienstleistung** für die Dauer von **mindestens einem Jahr und höchstens fünf Jahren zu untersagen** (§ 31 LSD-BG).

Besteht für die Kontrollorgane der Verdacht, dass die Strafverfolgung oder der Strafvollzug unmöglich oder erschwert sein wird, können diese per Bescheid eine **Sicherheitsleistung** anordnen (§ 33 LSD-BG).

Wenn ein begründeter Verdacht auf eine Verwaltungsübertretung vorliegt und Vollstreckungsschwierigkeiten zu erwarten sind (z.B. weil der Auftragnehmer seinen Sitz im Ausland hat), können die Verwaltungsbehörden einen **vorläufigen Zahlungsstopp** des Auftraggebers gegenüber dem Auftragnehmer verhängen (§ 34 LSD-BG).

Darüber hinaus bestehen weitere Strafbestimmungen für grenzüberschreitende Sachverhalte und die in diesem Zusammenhang bestehenden Pflichten des ausländischen Arbeitgebers bzw. inländischen Beschäftigers.

Exkurs: Verantwortlicher Beauftragter

Sind mehrere Personen zur Vertretung einer juristischen Person nach außen berufen, unterliegen grundsätzlich alle der verwaltungsstrafrechtlichen Sanktion. Die verwaltungsstrafrechtliche **Verantwortlichkeit trifft bei kollegialen Vertretungsorganen somit grundsätzlich alle Mitglieder des Vertretungsorgans** (z.B. alle Geschäftsführer einer GmbH) (vgl. § 9 Abs 2 1. Satz VStG). Die Mitglieder des außenvertretungsbefugten Organs sind jedoch berechtigt, aus ihrem Kreis ein oder mehrere Personen als **verantwortliche Beauftragte** zu bestellen. Darüber hinaus kann auch eine Person, die nicht Vertretungsorgan ist (z.B. Personalverantwortlicher), bestellt werden.

Die Bestellung von verantwortlichen Beauftragten für die Einhaltung des LSD-BG wird erst rechtswirksam, nachdem beim zuständigen Krankenversicherungsträger eine **schriftliche Mitteilung** über die Bestellung samt einem Nachweis der Zustimmung des Bestellten eingelangt ist (§ 24 Abs. 1 LSD-BG).

Für die Wirksamkeit der Bestellung eines verantwortlichen Beauftragten ist jedoch dann keine Mitteilung erforderlich, wenn es sich um eine Person aus dem Kreis der vertretungsbefugten Organe (z.B. Geschäftsführer einer GmbH) handelt (VwGH 26.7.2018, Ra 2018/11/0081; VwGH 3.2.2020, Ra 2018/11/0237; vgl. nunmehr auch den klarstellenden Wortlaut von § 24 Abs. 1 LSD-BG). In diesem Fall hat jedoch ein über die bloße interne Aufgabenverteilung hinausgehender Bestellungsakt zu erfolgen, der im Idealfall schriftlich dokumentiert wird.

Fehlt eine derartige wirksame Bestellung, ist im Fall einer juristischen Person gegen alle nach außen vertretungsbefugten Organe Anzeige zu erstatten.

Ist der Arbeitgeber eine juristische Person, haftet er für über die zur Vertretung nach außen Berufenen oder über einen verantwortlichen Beauftragten verhängte Geldstrafe zur ungeteilten Hand.

Praxistipp: Durch Bestellung eines verantwortlichen Beauftragten kann bei Bestehen mehrerer Vertretungsorgane die drohende Strafhöhe durch eine relativ einfach umsetzbare Maßnahme reduziert werden.

38.6. Vermeidung der Strafbarkeit

38.6.1. Überblick

Das LSD-BG sieht im Fall der vollständigen und nachweislichen Nachzahlung des ausstehenden Entgelts **zahlreiche Nachsichtmöglichkeiten** mit unterschiedlichen verfahrensrechtlichen Auswirkungen vor. Nachzuzahlen ist stets das **gesamte**, dem Arbeitnehmer nach den österreichischen Rechtsvorschriften (Gesetz, Kollektivvertrag oder Verordnung) gebührende **Entgelt** inklusive der eigentlich nicht von der Kontrolle umfassten Entgeltbestandteile (nach § 49 Abs 3 ASVG; vgl. EBzRV zum LSD-BG).

Achtung: Nach den Aussagen in den LSDB-RL 2015 sind zivilrechtliche Verjährungs- und Verfallsfristen hinsichtlich der Nachzahlung unbeachtlich! Sind daher Entgelte arbeitsrechtlich bereits verjährt oder verfallen, müssen diese dennoch nachgezahlt werden, um von den Nachsichtsregelungen profitieren zu können (LSDB-RL 2015, Rz 50).

Zeitpunkt der Nachzahlung der Entgeltdifferenz	**Verfahrensrechtliche Folgen**
Nachzahlung vor Erhebung der zuständigen Kontrollbehörde	Tätige Reue – Strafaufhebungsgrund (→ 38.6.2.)
Nachzahlung über Aufforderung der Kontrollbehörde (wenn Entgeltdifferenz ≤ 10% oder leichte Fahrlässigkeit)	Absehen von der Anzeige (→ 38.6.3.)
Nachzahlung vor Einlangen der Zahlungsaufforderung (wenn Entgeltdifferenz ≤ 10% oder leichte Fahrlässigkeit)	Absehen von der Anzeige (→ 38.6.3.)
Nachzahlung nach erfolgter Anzeige	Verkürzung der Verjährungsfristen (1 Jahr Verfolgungsverjährungsfrist) (→ 38.7.)
Nachzahlung über Aufforderung der Bezirksverwaltungsbehörde (wenn Entgeltdifferenz ≤ 10% oder leichte Fahrlässigkeit)	Absehen von Einleitung des Strafverfahrens (→ 38.6.4.)
Nachzahlung vor Einlangen der Zahlungsaufforderung der Bezirksverwaltungsbehörde (wenn Entgeltdifferenz ≤ 10% oder leichte Fahrlässigkeit)	Absehen von Einleitung des Strafverfahrens (→ 38.6.4.)
Nachzahlung in sonstigen Fällen	Anerkannter Strafmilderungsgrund

38.6.2. Tätige Reue

Die **Strafbarkeit der Unterentlohnung ist nicht gegeben**, wenn der Arbeitgeber *vor* einer Erhebung durch die jeweilige Kontrollbehörde die Differenz zwischen dem tatsächlich geleisteten und dem Arbeitnehmer nach Gesetz, Verordnung oder Kollektivvertrag gebührenden Entgelt nachweislich leistet **(„tätige Reue")** (§ 29 Abs. 2 LSD-BG).

Im Unterschied zum Absehen von der Strafanzeige bzw. Einleitung des Strafverfahrens (→ 38.6.3. und 38.6.4.) ist es dabei nicht erforderlich, dass die Unterentlohnung nur gering ist oder leicht fahrlässiges Verhalten des Arbeitgebers vorliegt. Jedoch ist die Entgeltdifferenz vor Erhebung durch die Kontrollbehörden dem Arbeitnehmer zu bezahlen.

Ob der Arbeitgeber sein Verhalten bereut oder auch nur sein Verschulden einbekennt, ist für die Straffreiheit irrelevant. Es kommt ausschließlich auf die tatsächliche Schadensgutmachung an.

Tätige Reue liegt nach den Aussagen der LSDB-RL 2015 auch dann vor, wenn die Nachzahlung der Entgeltdifferenz **über „Intervention" Dritter** (etwa einer Interessenvertretung wie der Arbeiterkammer) erfolgt. Bei Unmöglichkeit direkter Gutmachung, weil der Geschädigte die Annahme verweigert oder unbekannt ist, kann die Schadensgutmachung **z.B. durch gerichtliche Hinterlegung** erreicht werden. Bloße Verwahrung auf einem separaten Konto wäre unzureichend (LSDB-RL 2015, Rz 55).

38.6.3. Absehen von der Anzeige

38.6.3.1. Allgemeines

Nach behördlicher Kontrolle ist von einer **Strafanzeige** an die Bezirksverwaltungsbehörde u. a. **abzusehen** bei

- **geringer Unterschreitung** des maßgeblichen Entgelts *oder*
- **leichter Fahrlässigkeit** des Arbeitgebers

und gleichzeitiger **Nachzahlung** des gesamten ausstehenden Entgelts (§ 14 Abs. 1 i.V.m. § 13 Abs. 6 LSD-BG).

Bei Vorliegen der Voraussetzungen hat der Arbeitgeber einen **Rechtsanspruch** auf das Absehen von einer Anzeigelegung.

38.6.3.2. Geringe Unterschreitung

Das LSD-BG selbst enthält keine Aussagen darüber, was unter einer geringen Unterschreitung des Mindestentgelts zu verstehen ist. Die LSDB-RL 2015 sehen dazu eine **Bagatellgrenze von 10%** des der Lohnkontrolle unterliegenden Entgeltanspruchs vor (LSDB-RL 2015, Rz 52).

Hinweis: Da die LSDB-RL 2015 keinen rechtlich verbindlichen Charakter haben, müssen sich Gerichte nicht an die im Erlass genannte Bagatellgrenze halten und können eine davon abweichende Auslegung des Begriffs der geringen Unterschreitung treffen.

Die Beurteilung einer Unterentlohnung erfolgt grundsätzlich je Lohnzahlungszeitraum (d.h. i.d.R. in einer monatlichen Betrachtungsweise). Bei Vorliegen einer Unterentlohnung über mehrere Lohnzahlungszeiträume hinweg liegt jedoch nur eine einzige Unterentlohnung vor. Hinsichtlich der Berechnung der 10%-Bagatellgrenze sehen die LSDB-RL 2015 vor, dass in derartigen **Fällen einer lohnzahlungszeitraumübergreifenden Unterentlohnung eine Schnittberechnung** vorgenommen werden kann. Lohnzahlungszeiträume, in denen keine Unterentlohnung vorliegt, können dabei offensichtlich nicht für die Schnittberechnung berücksichtigt werden (LSDB-RL 2015, Rz 52).

Beispiel 1

In den Monaten Januar bis Mai liegt eine Unterentlohnung vor. Von Januar bis April beträgt diese monatlich 5%, im Mai beträgt sie 15%. Da die Unterentlohnung im Durchschnitt weniger als 10% beträgt, liegt i.S.d. LSDB-RL 2015 eine geringe Unterschreitung vor. Bei Nachzahlung der Entgeltdifferenz ist von einer Strafanzeige abzusehen.

Nach den Aussagen der LSDB-RL 2015 soll dies auch gelten, wenn unterschiedliche Entgeltbestandteile betroffen sind:

Beispiel 2 (entnommen aus den LSDB-RL 2015)

Es erfolgt eine Unterentlohnung im Zeitraum von Januar bis Juni. In den Monaten Januar bis Februar erfolgt eine reduzierte Auszahlung einer kollektivvertraglich zustehenden Zulage X. Dies wird mit März richtiggestellt. Es erfolgt allerdings im März eine fehlerhafte Auszahlung der zustehenden Sonderzahlung. In den Monaten April bis Juni erfolgt eine reduzierte Auszahlung einer kollektivvertraglich zustehenden Zulage Y. Zu prüfen ist, ob das für den Zeitraum Jänner bis Juni gebührende Mindestentgelt im Schnitt um höchstens 10% unterschritten wurde.

Anmerkung zu Beispiel 2: Fraglich ist, ob auch dann eine Schnittberechnung möglich ist, wenn z.B. zwischenzeitig für den Monat April das volle Mindestentgelt gewährt wird und damit der Unterentlohnungstatbestand vorzeitig endet und im Anschluss ab Mai wieder eine Unterentlohnung vorliegt (kein durchgehender Zeitraum). Ist von einem fortgesetzten Delikt auszugehen, müsste u.E. auch eine Schnittberechnung hinsichtlich der 10%igen Bagatellgrenze periodenübergreifend (jedoch wohl unter Ausschluss des Monats April) möglich sein. Die LSDB-RL 2015 enthalten dazu jedoch keine Aussage.

38.6.3.3. Leicht fahrlässiges Verschulden

Leichte Fahrlässigkeit ist dann anzunehmen, wenn der **Fehler gelegentlich auch einem sorgfältigen Menschen unterläuft,** und kann z.B. dann gegeben sein, wenn bei Betrachtung eines lohnperiodenübergreifenden Zeitraums etwa aufgrund einer Überzahlung keine Unterentlohnung vorliegen würde (vgl. EBzRV 319 BlgNR 25. GP 13).

Der Verwaltungsstraftatbestand der Unterentlohnung ist als Ungehorsamsdelikt zu qualifizieren, weshalb die Fahrlässigkeit grundsätzlich **vermutet** wird. Die Vermutung kann jedoch widerlegt werden.

Die LSDB-RL 2015 enthalten umfassende Ausführungen zur Abgrenzung zwischen leichter und grober Fahrlässigkeit. **Leichte Fahrlässigkeit** ist dann anzunehmen, wenn der Fehler gelegentlich auch einem sorgfältigen Menschen unterläuft; grobe Fahrlässigkeit liegt hingegen im Fall ungewöhnlicher bzw. auffallender Sorglosigkeit vor. **Grobe Fahrlässigkeit** ist nur dann anzunehmen, wenn der Arbeitgeber die erforderliche Sorgfalt in ungewöhnlicher und auffallender Weise vernachlässigt. Es muss sich um ein Versehen handeln, das mit Rücksicht auf die Schwere und die Häufigkeit nur bei besonders nachlässigen oder leichtsinnigen Menschen vorkommt und sich dabei auffallend aus der Menge der – auch für den Sorgsamsten nicht ganz vermeidbaren – Fahrlässigkeitshandlungen des täglichen Lebens heraushebt (LSDB-RL 2015, Rz 53).

Bei der Beurteilung des Verschuldens ist entsprechend den Ausführungen in den LSDB-RL 2015 auch zu berücksichtigen, dass die **Entgeltberechnung und Entgeltabrechnung komplex** und daher fehleranfällig sein kann.

Leichte Fahrlässigkeit kann nach den Aussagen der LSDB-RL 2015 etwa in folgenden Fällen gegeben sein (LSDB-RL 2015, Rz 53):

- Die Unterentlohnung ist sehr gering und die Differenz zum zustehenden Entgelt wurde tatsächlich nachgezahlt.
- Die Rechtsauffassung des Arbeitgebers wird in einer **Stellungnahme der Sozialpartner** gestützt.
- Bei Betrachtung eines **lohnperiodenübergreifenden Zeitraums** würde (z.B. aufgrund einer Überzahlung) **keine Unterentlohnung** vorliegen[1632].

38.6.3.4. Leistung der Entgeltdifferenz nach Aufforderung

Das Absehen von der Anzeige hat zu erfolgen, wenn die dem Arbeitnehmer zustehende Entgeltdifferenz

- **über Aufforderung** der kontrollierenden Behörde binnen einer von dieser festgesetzten Frist[1633] oder
- **vor Zugang der Zahlungsaufforderung** (aber nach Erhebung)

nachgezahlt wird (§ 14 Abs. 1 i.V.m. § 13 Abs. 6 LSD-BG).

38.6.4. Absehen von der Strafverfolgung durch die Bezirksverwaltungsbehörde

Unter den gleichen Voraussetzungen wie beim Absehen von der Strafanzeige durch das Kontrollorgan (→ 38.6.3.) hat die Bezirksverwaltungsbehörde von der **Verhängung einer Strafe abzusehen**. Neben der **Nachzahlung des gesamten zustehenden Entgelts** ist für ein Absehen von der Verhängung einer Strafe somit auch Voraussetzung, dass die **Entgeltunterschreitung gering** ist oder das Verschulden des Arbeitgebers **leichte Fahrlässigkeit** nicht übersteigt (§ 29 Abs. 3 LSD-BG).

1632 Der Punkt kann vor allem bei Unterentlohnung von kurzer Zeitdauer relevant sein. Offen ist, wie weit dieser lohnperiodenübergreifende Zeitraum gesehen werden kann.

1633 Die kontrollierende Behörde (zuständiger Krankenversicherungsträger) hat dem Arbeitgeber die Differenz zwischen dem tatsächlich geleisteten und dem zustehenden Bruttoentgelt mitzuteilen und diesen zur Nachzahlung innerhalb einer Frist aufzufordern.

38.7. Verjährung

Der **Verjährungsbeginn** (Verfolgungs- und Strafbarkeitsverjährung) für das Verwaltungsstrafdelikt der Unterentlohnung tritt mit dem Zeitpunkt der **Fälligkeit des Entgelts** ein. Bei einer durchgehenden Unterentlohnung, die mehrere Lohnzahlungszeiträume umfasst, beginnt der Lauf dieser Fristen mit der Fälligkeit des Entgelts der letzten Lohnzahlungsperiode (in welcher noch Unterentlohnung vorliegt). Bei Sonderzahlungen beginnen die Fristen ab dem Ende des jeweiligen Kalenderjahrs zu laufen.

Ab diesem Zeitpunkt beträgt die Frist für die Verfolgungsverjährung **drei Jahre**. Binnen dieser Frist ist bei sonstiger Verjährung von der Bezirksverwaltungsbehörde eine wirksame Verfolgungshandlung zu setzen (z.B. Aufforderung zur Rechtfertigung). Die Frist für die Strafbarkeitsverjährung beträgt **fünf Jahre** (§ 29 Abs. 4 LSD-BG). Zur Frage, ob diese im Vergleich zum allgemeinen Verwaltungsstrafrecht längere Strafbarkeitsverjährungsfrist von fünf Jahren mit dem Unionsrecht vereinbar ist, besteht ein Vorabentscheidungsersuchen des LVwG Steiermark an den EuGH (anhängig unter C-219/20; nach Ansicht des VfGH besteht keine Verfassungswidrigkeit der längeren Verjährungsfristen – vgl. VfGH 7.10.2020, G 227/2020).

Durch **nachträgliche Leistung** des Entgelts werden die Fristen auf **ein Jahr** (Verfolgungsverjährung) bzw. **drei Jahre** (Strafbarkeitsverjährung) ab Nachzahlung verkürzt. Der Fristenlauf beginnt mit der Nachzahlung (§ 29 Abs. 5 LSD-BG).

Detaillierte Informationen finden sich im Erlass des BMASK vom Mai 2015 über lohnschutzrechtliche Bestimmungen des AVRAG, BMASK-462.203/0006-VII/B/9/2015 (LSDB-Richtlinien 2015) sowie in *PVInfo* 1/2015, 6/2015 und 7/2015, Linde Verlag Wien.

39. Meldungen – Auskunftspflicht – Prüfung

In diesem Kapitel werden Meldebestimmungen im Bereich des Abgabenrechts und des Arbeitsrechts dargestellt. Insbesondere enthält das Kapitel Informationen zu den sozialversicherungsrechtlichen Meldebestimmungen (Versichertenmeldungen, mBGM).

39.1. Im Bereich des Abgabenrechts

Pflichten	Fristen	gem.
PFLICHTEN GEGENÜBER DEM KRANKENVERSICHERUNGSTRÄGER		
Anforderung Versicherungsnummer	spätestens zeitgleich mit der **Erstattung einer Anmeldung** (→ 39.1.1.1.1.)	§§ 31 Abs. 4 Z 1, 33, 34 ASVG
Anmeldung	**vor Arbeitsantritt** (→ 39.1.1.1.1.)	§ 33 ASVG
Abmeldung	**binnen 7 Tagen** nach Ende der Pflichtversicherung (→ 39.1.1.1.1.)	§ 33 ASVG
Änderungsmeldung (sofern nicht von der mBGM umfasst)	**binnen 7 Tagen** nach Eintritt der zu meldenden Änderung (→ 39.1.1.1.2.)	§ 34 ASVG
Adressmeldung Versicherter	**binnen 7 Tagen** nach deren Bekanntwerden (→39.1.1.1.1.)	§ 34 ASVG
Familienhospizkarenz/ Pflegekarenz An-, Ab- und Änderungsmeldung	**binnen 7 Tagen** nach Eintritt der zu meldenden Änderung (→ 39.1.1.1.2.)	§ 34 Abs. 1 ASVG
Anmeldung fallweise beschäftigter Personen	**vor Arbeitsantritt** (→ 31.3.2.1.)	§ 33 ASVG
mBGM (Selbstabrechnungsverfahren)	bis zum **15. des Folgemonats**[1634] (→ 37.2.1.1., → 39.1.1.1.3.)	§ 34 Abs. 2 ASVG
mBGM (Vorschreibeverfahren)	bis zum 7. **des Monats,** der dem Monat der Anmeldung oder Änderung der Beitragsgrundlage folgt (→ 37.2.2.1., → 39.1.1.1.3.)	§ 34 Abs. 5 ASVG
mBGM fallweise beschäftigter Personen (Selbstabrechnungsverfahren)	• entweder **vollständig bis zum 7. des Folgemonats** der fallweisen Beschäftigung • oder **bis zum 7. des Folgemonats** An-/Abmeldung – Tarifblock ohne Verrechnung und (über Storno/Neumeldung) **bis zum 15. des Folgemonats**[1635] vollständige mBGM mit Verrechnung (→ 31.3.2.)	§ 34 Abs. 2 ASVG

1634 Wird ein Beschäftigungsverhältnis nach dem 15. eines Monats aufgenommen oder handelt es sich um einen Wiedereintritt des Entgeltanspruchs nach dem 15. eines Monats, endet die Frist mit dem 15. des übernächsten Monats.

1635 Wird die Beschäftigung nach dem 15. des Eintrittsmonats aufgenommen, endet auch bei fallweisen Beschäftigungen die Übermittlungsfrist mit dem 15. des übernächsten Monats. Die mBGM für die An-/Abmeldung (Tarifblock ohne Verrechnung) ist davon unberührt dennoch bis zum 7. des der Beschäftigung folgenden Monats zu übermitteln.

Pflichten	Fristen	gem.
mBGM fallweise beschäftigter Personen (Vorschreibeverfahren)	**bis zum 7. des Folgemonats** der fallweisen Beschäftigung (→ 31.3.2.)	§ 34 Abs. 5 ASVG
mBGM freie Dienstnehmer § 4 Abs. 4 ASVG	bis zum 15. (Selbstabrechnungsverfahren) bzw. 7. (Vorschreibeverfahren) des **der Entgeltleistung folgenden Kalendermonats;** erste auf die Anmeldung folgende mBGM ist jedoch auch dann zu übermitteln, wenn noch kein Entgelt geleistet wurde, um Daten der reduzierten Anmeldung zu ergänzen (**„mBGM ohne Verrechnung“**) (→ 31.7.4.1.)	§ 34 Abs. 2, 5 ASVG
Meldung der Schwerarbeitszeiten	**bis Ende Februar** des folgenden Kalenderjahrs (→ 39.1.1.1.4.)	§ 5 Schwerarbeits-VO
Auskunftspflicht des Dienstgebers und des Dienstnehmers	**binnen 14 Tagen** nach der Anfrage (→ 39.1.1.2.)	§§ 42 Abs. 1, 43 Abs. 1 ASVG
PFLICHTEN GEGENÜBER DEM UNFALLVERSICHERUNGSTRÄGER		
Anmeldung der Volontäre	**vor Aufnahme der Tätigkeit** (→ 31.5.2.2.)	§ 13 Abs. 1 AUVA-Satzung
Abmeldung der Volontäre	**binnen 7 Tagen** nach dem Ende der Pflichtversicherung (→ 31.5.2.2.)	§ 13 Abs. 1 AUVA-Satzung
Meldepflicht des Dienstgebers (bzw. des Beschäftigers im Fall einer Arbeitskräfteüberlassung) bei Arbeits-(Weg-)Unfall bzw. Berufskrankheit	**binnen 5 Tagen**, wenn sie zum Tod oder zur Arbeitsunfähigkeit von mehr als drei Tagen führten (→ 25.1.2.)	§ 363 Abs. 1 ASVG
Auskunftspflicht des Dienstgebers und des Dienstnehmers	**binnen 14 Tagen** nach der Anfrage (→ 39.1.1.2.)	§§ 42 Abs. 1, 43 Abs. 1 ASVG
PFLICHTEN GEGENÜBER DEM FINANZAMT		
Lohnsteueranmeldung (nur in Ausnahmefällen)	**spätestens am 15. Tag** nach Ablauf des Kalendermonats (→ 39.1.2.1.3.)	§ 80 Abs. 1 EStG
Lohnzettel (L 16)	**bis Ende Februar**[1636] des folgenden Kalenderjahrs (→ 35.)	§ 84 Abs. 1 EStG
Lohnbescheinigung (L 17)	**bis Ende Februar**[1636] des folgenden Kalenderjahrs (→ 35.3.3., → 37.3.1.)	§ 84a EStG
Mitteilung für freie Dienstnehmer (E 18)	**jedenfalls bis Ende Februar**[1636] des folgenden Kalenderjahrs (auch bei unterjährigem Beschäftigungsende) (→ 31.7.10.)	§ 109a EStG
Mitteilung für Zahlungen ins Ausland	bis Ende Februar[1636] des folgenden Kalenderjahrs (→ 31.7.10.)	§ 109b EStG
Auskunftspflicht des Arbeitgebers und des Arbeitnehmers	**ohne Fristangabe** (→ 39.1.2.2.)	§§ 87 Abs. 3, 88 Abs. 1 EStG

1636 Bei Übermittlung in Papierform hat die Übermittlung bis Ende Jänner des folgenden Kalenderjahrs zu erfolgen.

39.1.1. Im Bereich der Sozialversicherung

39.1.1.1. Meldungen

Im Bereich der sozialversicherungsrechtlichen Meldungen wird unterschieden zwischen

- **Versichertenmeldungen**
  - Versicherungsnummer Anforderung (→ 39.1.1.1.1.),
  - Vor-Ort-Anmeldung (per Telefax oder Telefon in Ausnahmefällen, → 39.1.1.1.5.),
  - Anmeldung fallweise Beschäftigter (samt Storno) (→ 31.3.2.),
  - Anmeldung (samt Storno und Richtigstellung) (→ 39.1.1.1.1.),
  - Abmeldung (samt Storno und Richtigstellung) (→ 39.1.1.1.1.),
  - Änderungsmeldung (→ 39.1.1.1.1.) und
  - Adressmeldung Versicherter (→ 39.1.1.1.1.)

  einerseits sowie der
- **monatlichen Beitragsgrundlagenmeldung (mBGM)** (→ 39.1.1.1.3.) andererseits.

Mit der für jeden Dienstnehmer grundsätzlich monatlich zu übermittelnden mBGM wird der Anmeldevorgang abgeschlossen (→ 39.1.1.1.1.) und in weiterer Folge laufend der Versicherungsverlauf des Dienstnehmers gewartet.

Hinsichtlich der bis 31.12.2018 bestehenden Meldearten wird auf die 29. Auflage dieses Buches verwiesen.

39.1.1.1.1. An- und Abmeldung der Pflichtversicherten

Die Dienstgeber haben jede von ihnen beschäftigte pflichtversicherte Person (Vollversicherte und Teilversicherte)

- **vor Arbeitsantritt**[1637] beim zuständigen Krankenversicherungsträger[1638] **anzumelden** und
- **binnen sieben Tagen** nach dem Ende der Pflichtversicherung **abzumelden**[1639].

Die An(Ab)meldung durch den Dienstgeber wirkt auch für den Bereich der Unfall- und Pensionsversicherung (aber auch der Arbeitslosenversicherung), soweit die beschäftigte Person in diesen Versicherungen pflichtversichert ist (§ 33 Abs. 1 ASVG).

Für das Unterlassen der An- und Abmeldung sieht das ASVG **Sanktionen** vor (→ 40.1.1.).

Zwei-Schritte-Verfahren bei Anmeldung:

Der Dienstgeber hat die Anmeldeverpflichtung so zu erfüllen, dass er in zwei Schritten meldet, und zwar

1. vor Arbeitsantritt
   - die Beitragskontonummer,

1637 Der Arbeitsantritt i.S.d. § 33 Abs. 1 ASVG ist schon mit dem Zeitpunkt anzunehmen, zu dem der Dienstnehmer vereinbarungsgemäß **am Arbeitsort erscheint** und dem Dienstgeber seine Arbeitskraft zur Verfügung stellt. Darauf, ob sogleich mit der konkreten **Tätigkeit begonnen** wird oder zunächst etwa administrative Angelegenheiten erledigt werden, kommt es **nicht** an (VwGH 4.9.2013, 2013/08/0156).

1638 Bezüglich der Form der Meldung siehe Punkt 39.1.1.1.5.

1639 Dienstgeber sind allerdings nicht nur dazu verpflichtet, Abmeldungen rechtzeitig zu erstatten, sondern müssen auch den **Grund für das Ende der Pflichtversicherung** korrekt bekannt geben. Der angegebene Abmeldegrund zieht nämlich unterschiedlichste Rechtsfolgen für den Dienstnehmer nach sich. Es ist darauf zu achten, dass jener Abmeldegrund verwendet wird, der der tatsächlichen Beendigungsart des Dienstverhältnisses bzw. der Pflichtversicherung entspricht.

- die Namen und Versicherungsnummern bzw. die Geburtsdaten der beschäftigten Personen,
- Tag der Beschäftigungsaufnahme sowie
- das Vorliegen einer Voll- oder Teilversicherung (**„reduzierte Vollanmeldung“**)[1640] und

2. mit der **monatlichen Beitragsgrundlagenmeldung (mBGM)** (→ 39.1.1.1.3.) für jenen Beitragszeitraum, in dem die Beschäftigung aufgenommen wurde (§ 33 Abs. 1a ASVG).

Die erste mBGM bestätigt oder korrigiert die Angaben der übermittelten Anmeldung und damit Art und Umfang der Versicherung. Der Anmeldeverpflichtung wird auf diesem Wege abschließend entsprochen. In weiterer Folge wird mit der mBGM das Versicherungsverhältnis (laufend) gewartet.

Das Gleiche gilt für die nur in der Unfall- und Pensionsversicherung sowie für die nur in der Unfallversicherung (→ 31.4.2., → 31.5.1.2.) Pflichtversicherten (§ 33 Abs. 2 ASVG).

Eine **Abschrift** der bestätigten Anmeldung ist vom Dienstgeber unverzüglich an den Dienstnehmer weiterzugeben (§ 41 Abs. 5 ASVG).

Hinweis: Die Übermittlung der mBGM hat im Selbstabrechnungsverfahren bis zum 15. des Folgemonats zu erfolgen. Bei Eintritten nach dem 15. eines Monats oder Wiederaufleben eines Entgeltanspruchs (z.B. aufgrund der Rückkehr aus einer Karenz) nach dem 15. des Monats kann die Übermittlung der mBGM bis zum 15. des übernächsten Monats erfolgen. Im Vorschreibeverfahren ist die mBGM stets bis zum 7. des Folgemonats zu übermitteln (ohne Ausnahmen) (§ 34 Abs. 2 und 5 ASVG). Besonderheiten bestehen für freie Dienstnehmer (→ 31.7.4.1.) und fallweise Beschäftigte (→ 31.3.2.).

Die Anmeldung hat **vor Arbeitsantritt** zu erfolgen. Erfolgt diese jedoch – ausnahmsweise – als **Vor-Ort-Anmeldung**[1641] nicht mittels ELDA (→ 39.1.1.1.5.), ist die elektronische Übermittlung **innerhalb von sieben Tagen ab dem Beginn** der Pflichtversicherung nachzuholen.

1640 Im Detail sind im Rahmen der Anmeldung über ELDA folgende Felder zu befüllen (siehe auch Ausfüllhilfe auf Seite 1493):
- die Daten des Dienstgebers (Beitragskontonummer etc.),
- der Name des Beschäftigten,
- die Versicherungsnummer (oder der Referenzwert der Meldung „Versicherungsnummer Anforderung“) bzw. das Geburtsdatum der jeweiligen Person,
- der Tag der Beschäftigungsaufnahme,
- der Versicherungsumfang (Vorliegen einer Voll- oder Teilversicherung),
- der Beschäftigungsbereich (Arbeiter, Angestellter etc.),
- der Beginn der Betrieblichen Vorsorge und
- ein Auswahlfeld, ob ein freier Dienstvertrag vorliegt.

1641 Eine Vor-Ort-Anmeldung liegt vor, wenn Personen nicht vor Arbeitsantritt mittels elektronischer Datenfernübertragung unter Verwendung der reduzierten Versicherten-Anmeldung gemeldet werden können. Diese Meldung dient nur als Nachweis im Falle einer Betretung durch das Amt für Betrugsbekämpfung, sie bewirkt keinen Krankenversicherungsschutz.

Anforderung Versicherungsnummer:

Grundsätzlich ist auf der Anmeldung eine gültige Versicherungsnummer anzugeben. Ist die Versicherungsnummer des Dienstnehmers im Zeitpunkt der Anmeldung nicht bekannt, kann diese über WEBEKU abgefragt werden. Ergibt die Abfrage kein Ergebnis, ist diese spätestens zeitgleich mit der Erstattung der Anmeldung mittels der Meldung **„Versicherungsnummer Anforderung"** zu beantragen[1642].

Adressmeldung Versicherter:

Die Adresse eines Versicherten stellt eine für die Pflichtversicherung bedeutende Information dar. Sie ist dem Krankenversicherungsträger seitens des Dienstgebers elektronisch mit der Meldung **„Adressmeldung Versicherter"** verpflichtend bekannt zu geben[1643]. Auch jede Änderung der Anschrift ist binnen sieben Tagen ab Bekanntwerden durch den Dienstgeber zu melden.

Storno Anmeldung – Richtigstellung Anmeldung:

Tritt der Dienstnehmer seine Beschäftigung nicht an oder stellt sich die Unzuständigkeit des Krankenversicherungsträgers heraus, ist die Anmeldung zu stornieren (Meldungsart **„Storno Anmeldung"**). Davon zu unterscheiden ist die Meldungsart **„Richtigstellung Anmeldung"**, die der Korrektur eines unrichtigen Beginnes der Pflichtversicherung und/oder der Betrieblichen Vorsorge sowie der Nachmeldung des Referenzwertes aus der Meldung „Versicherungsnummer Anforderung" dient.

Anmeldung durch Scheinunternehmer:

Die Anmeldung durch Unternehmen, die bescheidmäßig als **Scheinunternehmen** nach § 35a ASVG festgestellt wurden[1644], ist **unzulässig und gilt nicht als Meldung** nach § 41 ASVG (§ 33 Abs. 1c ASVG).

1642 Auf der Anmeldung ist in diesem Fall zwingend das Geburtsdatum und der Referenzwert der Meldung „Versicherungsnummer Anforderung" anzugeben. Wenn in Ausnahmefällen zum Zeitpunkt der Anmeldung die Übermittlung der Meldung „Versicherungsnummer Anforderung" nicht möglich war, muss die Referenz zur „Versicherungsnummer Anforderung" per „Richtigstellung Anmeldung" nachgetragen werden. Dem Ersteller der Meldung wird die Versicherungsnummer in weiterer Folge über das SV-Clearingsystem (→ 39.1.1.1.7.) bekannt gegeben.

1643 Verfügt eine zu meldende Person noch über keine Versicherungsnummer oder ist diese nicht bekannt, kann die aktuelle Anschrift mit der Meldung „Versicherungsnummer Anforderung" bekannt gegeben werden. Eine zusätzliche Adressmeldung ist dann nicht erforderlich. Wird ein Versicherter zum wiederholten Male beim selben Dienstgeber beschäftigt und bleiben seine Adressdaten unverändert, ist bei der Wiederanmeldung ebenfalls keine Adressmeldung erforderlich.

1644 Ein **Scheinunternehmen nach § 8 Sozialbetrugsbekämpfungsgesetz (SBBG)** ist ein Unternehmen, das vorrangig darauf ausgerichtet ist,
- Lohnabgaben, Beiträge zur Sozialversicherung, Zuschläge nach dem BUAG oder Entgeltansprüche von Arbeitnehmern zu verkürzen, oder
- Personen zur Sozialversicherung anzumelden, um Versicherungs-, Sozial- oder sonstige Transferleistungen zu beziehen, obwohl diese keine unselbstständige Erwerbstätigkeit aufnehmen.

Die Liste der Scheinunternehmer ist abrufbar unter https://service.bmf.gv.at/service/allg/lsu/.

Die Krankenversicherungsträger sind an die rechtskräftige Feststellung des Vorliegens eines Scheinunternehmens durch die Abgabenbehörden gebunden (§ 35a ASVG).

Die Pflichtversicherung eines Dienstnehmers erlischt mit der rechtskräftigen Feststellung eines Scheinunternehmens, wenn dieser der Aufforderung zum persönlichen Erscheinen beim Versicherungsträger nicht nachkommt oder wenn diese nicht glaubhaft machen können, dass sie tatsächlich Arbeitsleistungen verrichtet haben (§ 11 Abs. 7 ASVG).

Abmeldung:

Die Dienstgeber haben jeden von ihnen beschäftigten Dienstnehmer

- **binnen sieben Tagen** nach dem Ende der Pflichtversicherung beim zuständigen Träger der Krankenversicherung **abzumelden** (§ 33 Abs. 1 ASVG).

Auf der Abmeldung ist das **Datum**

- des **Endes des Entgeltanspruches** und
- des **arbeitsrechtlichen Endes des Beschäftigungsverhältnisses** sowie gegebenenfalls
- des **Endes der Betrieblichen Vorsorge**

anzuführen. Endet lediglich der Entgeltanspruch, aber das arbeitsrechtliche Beschäftigungsverhältnis bleibt aufrecht (z.B. Karenz, Präsenzdienst), ist nur das Ende des Entgeltanspruches anzugeben.

Der Abmeldegrund ist zwingend anzugeben. Dabei kommen aktuell folgende **Abmeldegründe** in Frage:

01	Kündigung durch den Dienstgeber
02	Kündigung durch den Dienstnehmer
03	Einvernehmliche Lösung
04	Zeitablauf
05	Berechtigter vorzeitiger Austritt
06	Fristlose Entlassung
07	Karenz nach MSchG/VKG
08	Präsenzdienstleistung im Bundesheer
09	Zivildienst
10	Pragmatisierung
11	Länger als einen Monat währender unbezahlter Urlaub
12	Ummeldung
13	Tod des Dienstnehmers
14	Änderung der SV-Pflicht
15	Truppenübung
16	Pensionierung
17	Ende freier Dienstvertrag gemäß § 4 Abs. 4 ASVG
18	Enthebung von der Gerichtspraxis
19	Unterbrechung der Gerichtspraxis
20	Entlassung aus der Bundesbetreuung
21	Kündigung durch den Dienstnehmer während einer Elternteilzeit nach dem MSchG oder VKG

22	Unberechtigter vorzeitiger Austritt
23	Bildungskarenz gemäß § 11 AVRAG
24	Vorzeitiger Austritt gemäß § 25 IO durch Dienstnehmer
25	Kündigung gemäß § 25 IO durch Insolvenzverwalter/in
27	Kündigung gemäß § 25 IO durch Dienstgeber
29	SV-Ende – Beschäftigung aufrecht
30	Lösung in der Probezeit durch Dienstgeber
32	Bildungskarenz gemäß § 12 AVRAG
34	Lösung in der Probezeit durch Dienstnehmer
00	Sonstiger Grund mit Ende des Beschäftigungsverhältnisses

Eine **Abschrift** der bestätigten Abmeldung ist vom Dienstgeber unverzüglich an den Dienstnehmer weiterzugeben (§ 41 Abs. 5 ASVG).

Sonderfall zur Abmeldung: Im Fall eines vom Dienstnehmer schriftlich erklärten vorzeitigen Austritts beginnt die 7-tägige Frist zur Abmeldung des Dienstnehmers von der Sozialversicherung erst mit Zugang der Auflösungserklärung und nicht bereits mit dem im Austrittsschreiben angegebenen, weiter zurückliegenden Termin (VwGH 25.5.2005, 2002/08/0116).

Richtigstellung Abmeldung – Storno Abmeldung:

Mit der Meldeart **„Richtigstellung Abmeldung"** kann das Datum der Abmeldung, das Ende des Beschäftigungsverhältnisses, der Abmeldegrund, die Kündigungsentschädigung ab/bis, die Urlaubsersatzleistung ab/bis sowie das Ende der Betrieblichen Vorsorge berichtigt werden. Die mittels Richtigstellung der Abmeldung übermittelten Daten ersetzen vollständig die ursprünglich getätigten Angaben[1645].

Eine **„Storno Abmeldung"** ist lediglich dann vorzunehmen, wenn die ursprüngliche Abmeldung zu Unrecht erfolgte.

Geringfügig Beschäftigte, fallweise Beschäftigte, Volontäre, freie Dienstnehmer:

Die Meldebestimmungen für geringfügig beschäftigte Dienstnehmer, Volontäre, fallweise beschäftigte Personen sowie freie Dienstnehmer behandeln die Punkte 31.4.2., 31.5.2.2., 31.3.2. und 31.7.3.

Vereinfachte An- und Abmeldung:

Ein **vereinfachtes An- und Abmeldeverfahren** ist für die Meldung mittels **„Arbeits- und Entgeltsbestätigung"** vorgesehen. Die vom Dienstgeber zur Inanspruchnahme

1645 Dabei ist darauf zu achten, dass sämtliche Datenfelder der „Richtigstellung Abmeldung" wieder (korrekt) befüllt werden. Die Nicht-Angabe der Datenfelder
- Ende des Beschäftigungsverhältnisses,
- Kündigungsentschädigung ab/bis,
- Urlaubsersatzleistung ab/bis und
- Betriebliche Vorsorge Ende

führen zum gänzlichen Entfall des ursprünglich gemeldeten Sachverhaltes.

von Krankenversicherungsleistungen (Wochengeld und Krankengeld) auszustellende „Arbeits- und Entgeltsbestätigung", aus der das Ende des Entgeltanspruchs ersichtlich ist, gilt als Abmeldung. Der Wiederbeginn des Entgeltanspruchs ist in diesem Fall durch die eigenen organisatorischen Einrichtungen des Krankenversicherungsträgers festzustellen, d.h. eine gesonderte Anmeldung ist nicht erforderlich. Lediglich wenn die Höchstdauer des Krankengeldanspruches durch den Versicherten ausgeschöpft ist (= „Aussteuerung"), ist eine Abmeldung mit „Ende Entgelt" sowie gegebenenfalls „Betriebliche Vorsorge Ende" nachzuholen (→ 25.6.1.).

Eine Anmeldung zur **Familienhospizkarenz** (→ 27.1.1.2.) und eine Anmeldung zur **Pflege-Vollkarenz** gegen Entfall des Entgeltes (→ 27.1.1.3.) ersetzen ebenfalls die Abmeldung.

Die nur unfallversicherten **Volontäre** (→ 31.5.2.2.) sind vom Dienstgeber bei der zuständigen Landesstelle der Allgemeinen Unfallversicherungsanstalt **vor Aufnahme der Tätigkeit anzumelden** und **binnen sieben Tagen** nach dem Ende der Pflichtversicherung **abzumelden** (§ 37 ASVG, § 13 Abs. 1 AUVA-Satzung).

Wenn **Streiks** ganz- oder mehrtägig laufen und der Dienstgeber für diese Zeit **kein Entgelt** zahlt, **endet die Pflichtversicherung** auch bei aufrechtem Dienstverhältnis wegen Ende des Entgeltanspruchs für diese Zeit. Der Krankenversicherungsschutz besteht i.d.R. drei Wochen weiter (sog. Schutzfrist). Pragmatisch wird jedoch von Seiten der Sozialversicherung bei sehr kurzen Entgeltunterbrechungen (bis zu drei Tagen) von einer Ab- und Anmeldung abgesehen. Allerdings reduziert sich dann die sozialversicherungsrechtliche Beitragsgrundlage entsprechend. Wenn die Dienstgeber Ab- und Anmeldungen tatsächlich erstellen, sind diese durchzuführen. Das **Streikgeld** wird **beitragsfrei** gewertet (E-MVB, 011-01-00-007).

Eine **gänzliche Ausnahme von der Abmeldepflicht** besteht u.a. bei

- Karenzurlaub (unbezahltem Urlaub) bis zu einem Monat (→ 27.1.2.2.)[1646],
- erweiterter Bildungsfreistellung von Betriebsräten gem. § 119 ArbVG[1646],
- Schöffen- und Geschworenendienst[1647],
- Arbeitsunterbrechung auf Grund gewisser Maßnahmen nach dem Epidemiegesetz und Sperre wegen Maul- und Klauenseuche nach dem Tierseuchengesetz (§ 11 Abs. 3 lit. a–d ASVG).

1646 In diesen Fällen hat der Dienstnehmer die Beiträge zur Gänze selbst zu entrichten (§ 53 Abs. 3 ASVG).

1647 Unterbricht ein Dienstnehmer die Arbeit, weil er zum Dienst als Schöffe oder Geschworener herangezogen wird, so schuldet der Dienstgeber den fortlaufenden Beitrag. Es gebührt aber dem Dienstnehmer, falls ihm Lohn oder Gehalt wegen seiner Heranziehung als Geschworener oder Schöffe entgeht, im Zusammenhang mit § 39 des GebührenanspruchsG, als Entschädigung für die Zeitversäumnis auch der auf den Dienstgeber und auf ihn selbst für diese Zeit entfallenden Beitrag.
Weiters wird hier bestimmt, dass der Dienstgeber die Höhe dieser Beiträge zu bescheinigen hat und der Dienstnehmer verpflichtet ist, die Beiträge dem Dienstgeber abzuführen.
Diese gesetzliche Bestimmung über den Kostenersatz ändert aber nichts an der Einzahlungspflicht des Dienstgebers beim Krankenversicherungsträger (E-MVB, 011-03-00-002).

Ausfüllhilfen:

Fax-Vorlage: Vor-Ort-Anmeldung

Österreichische Gesundheitskasse

Fax-Vorlage: Vor-Ort-Anmeldung
Bitte ausschließlich an +43 5 0766-1461 senden!

Angaben zur Dienstgeberin bzw. zum Dienstgeber:

Beitragskontonummer:

Name:

Straße, Hausnummer/Stiege/Türnummer:

Postleitzahl: | *Ort:*

Telefonnummer:

E-Mail-Adresse:

Angaben zur Dienstnehmerin bzw. zum Dienstnehmer:

Versicherungsnummer: | Geburtsdatum: Tag Monat Jahr

Akademischer Grad:

Familienname: | Vorname:

Geschlecht: ☐ weiblich ☐ männlich

Angaben zum Dienstverhältnis:

Beschäftigt ab: Tag Monat Jahr

„Beschäftigt ab" ist auszufüllen, wenn es sich um keine fallweise Beschäftigung handelt (siehe Hinweise für fallweise Beschäftigung).

Beschäftigt am: Tag Monat Jahr

„Beschäftigt am" ist ausschließlich für fallweise Beschäftigte vorgesehen. Für jeden Arbeitstag ist eine eigene Meldung zu erstatten.

Beschäftigungsort (Land/PLZ/Ort):

Hinweis:

Sie sind verpflichtet innerhalb von sieben Tagen ab dem Beginn der Pflichtversicherung die Anmeldung nachzuholen.

Hinweise für fallweise Beschäftigung:

Sie sind verpflichtet die noch fehlenden Angaben mit der monatlichen Beitragsgrundlagenmeldung für jenen Beitragszeitraum, in dem die Beschäftigung aufgenommen wurde, spätestens bis zum 7. des Folgemonats zu erstatten. Der Anmeldeverpflichtung wird dadurch abschließend entsprochen.

Fallweise Beschäftigte sind Personen, die in unregelmäßiger Folge tageweise bei der selben Dienstgeberin/beim selben Dienstgeber beschäftigt werden, wenn die Beschäftigung für eine **kürzere Zeit** als eine Woche vereinbart ist (§ 33 Abs. 3 ASVG).

Die Meldungen sind im Allgemeinen mittels elektronischer Datenfernübertragung zu übermitteln. Informationen zur Datenfernübertragung finden Sie im Internet unter www.elda.at.

Die Telefaxnummer +43 5 0766-1461 ist nur für die Erstattung der Vor-Ort-Anmeldung zu verwenden.

Bestätigt wird, dass die Erstattung der Vor-Ort-Anmeldung via ELDA entsprechend den Bestimmungen der Richtlinien über Ausnahmen von der Meldungserstattung mittels Datenfernübertragung 2005 unzumutbar ist bzw. auf Grund des unverschuldeten Ausfalls eines wesentlichen Teils der Datenfernübertragung technisch ausgeschlossen war.

Ort:
Datum:

Unterschrift:

www.gesundheitskasse.at

10-ÖGKK 32/28-A 16.11.2020

Ausfüllhilfe: Anmeldung

Österreichische Gesundheitskasse

Ausfüllhilfe: Anmeldung

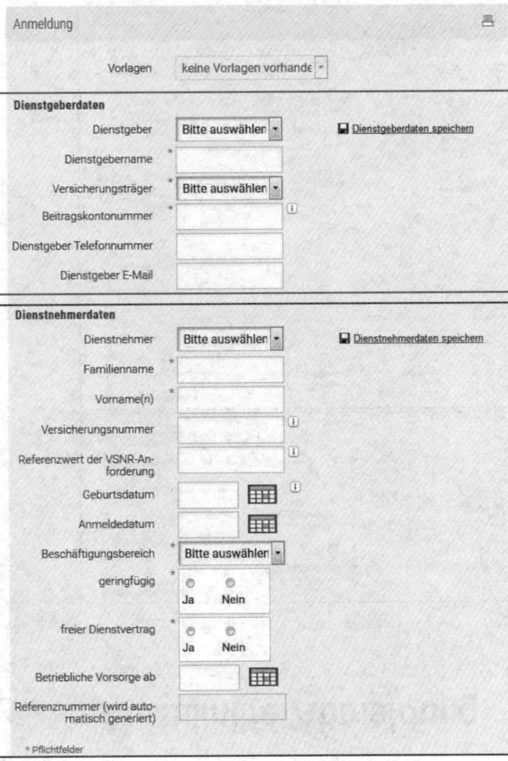

Screenshot aus ELDA Online/Meldungserfassung Dienstgeber

„Dienstgeber" und zuständiger „Versicherungsträger": Achten Sie bei Vorliegen mehrerer Beitragskonten auf die korrekte Auswahl des zuständigen Versicherungsträgers und der von diesem vergebenen Beitragskontonummer. Die Länge der Beitragskontonummer hat den Formatvorgaben des jeweiligen Versicherungsträgers zu entsprechen. Gegebenenfalls ist sie mit Vornullen auf die geforderte Länge aufzufüllen (zum Beispiel achtstellige Beitragskontonummer = 00123456). Andernfalls kann es zu Einschränkungen beim SV-Clearingsystem kommen. Sonderzeichen und Buchstaben sind unzulässig.

Daten der bzw. des Versicherten (FANA, VONA), „Versicherungsnummer" (VSNR) oder „Geburtsdatum" (GEBD) und „Referenzwert der VSNR-Anforderung" (REFV): Die zehnstellige Versicherungsnummer ist ohne Leerstellen anzugeben. Das Feld „Geburtsdatum" ist nur dann zwingend zu belegen, wenn die betreffende Person noch über keine Versicherungsnummer verfügt bzw. diese noch nicht über das SV-Clearingsystem rückgemeldet wurde. Das Feld „Versicherungsnummer" bleibt sodann in der Grundstellung. In diesen Fällen ist neben dem Geburtsdatum allerdings der Referenzwert der Meldung Versicherungsnummer Anforderung, die idealerweise vor der elektronischen Anmeldung erstattet wurde, zu übermitteln.
Der Referenzwert selbst wird im Hintergrund automatisch (zum Beispiel durch Ihre Lohnverrechnungssoftware) für eine eindeutige Identifikation jeder elektronisch erstatteten Meldung vergeben. Er dient vor allem dazu, eindeutige Bezüge zwischen voneinander abhängigen Meldungen herzustellen. In diesem Fall werden die Meldung Versicherungsnummer Anforderung und die zu erstattende Anmeldung verknüpft. Dadurch wird die korrekte Verarbeitung der Anmeldung unterstützt. Dem Referenzwert kommt darüber hinaus im Rahmen des SV-Clearingsystems eine wesentliche Bedeutung zu. In ELDA kann der Referenzwert der Meldung Versicherungsnummer Anforderung übernommen werden.
Achtung: Wird der Referenzwert der Meldung Versicherungsnummer Anforderung zum Zeitpunkt der Anmeldung nicht übermittelt, ist eine Nachmeldung desselben mittels der Meldung Richtigstellung Anmeldung erforderlich.
„Anmeldedatum" (ADAT): Tragen Sie den Tag der Beschäftigungsaufnahme und somit den Beginn der Pflichtversicherung ein. Das Feld bleibt unbelegt, wenn die jeweilige Person lediglich der Betrieblichen Vorsorge unterliegt.
„Beschäftigungsbereich" (BBER): Geben Sie an, ob es sich bei der bzw. dem Versicherten um eine Arbeiterin bzw. einen Arbeiter, eine Angestellte bzw. einen Angestellten, einen Arbeiter- oder Angestelltenlehrling handelt. Unter die Kategorie Sonstige Personen ohne KV-Schutz fallen besondere Versicherungsverhältnisse, wie zum Beispiel bestimmte Arbeitnehmerinnen bzw. Arbeitnehmer von Universitäten oder der Wirtschaftskammer. Für geringfügig Beschäftigte darf diese Auswahlmöglichkeit nicht verwendet werden. Sie sind vielmehr ausschließlich als Arbeiterinnen und Arbeiter oder Angestellte zu klassifizieren. Sämtliche weitere Auswahlmöglichkeiten, wie zum Beispiel Beamtinnen und Beamte, Asylwerberinnen und Asylwerber, Umschülerinnen und Umschüler, werden lediglich von bestimmten meldepflichtigen Behörden sowie Institutionen benötigt und spielen im Regelfall für privatwirtschaftlich tätige Dienstgeberinnen bzw. Dienstgeber keine Rolle.
„geringfügig" (GERF), „freier Dienstvertrag" (FRDV) und „Betriebliche Vorsorge ab" (BVAB): Diese Felder sind entsprechend auszufertigen. Gelegentlich kann nur eine Anmeldung zur Betrieblichen Vorsorge erforderlich sein (zum Beispiel das Beschäftigungsverhältnis unterliegt österreichischem Arbeitsrecht und somit dem Betrieblichen Mitarbeiter- und Selbständigenvorsorgegesetz – BMSVG, begründet aber keine Pflichtversicherung im Inland). In diesem Fall ist das Feld „Anmeldedatum" in der Grundstellung zu belassen und neben den sonstigen Angaben zum Beschäftigungsbereich, zur Geringfügigkeit und zum Vorliegen eines freien Dienstvertrages nur der Beginn der Betrieblichen Vorsorge zu melden.

Ausfüllhilfe: Abmeldung

Österreichische Gesundheitskasse

Ausfüllhilfe: Abmeldung

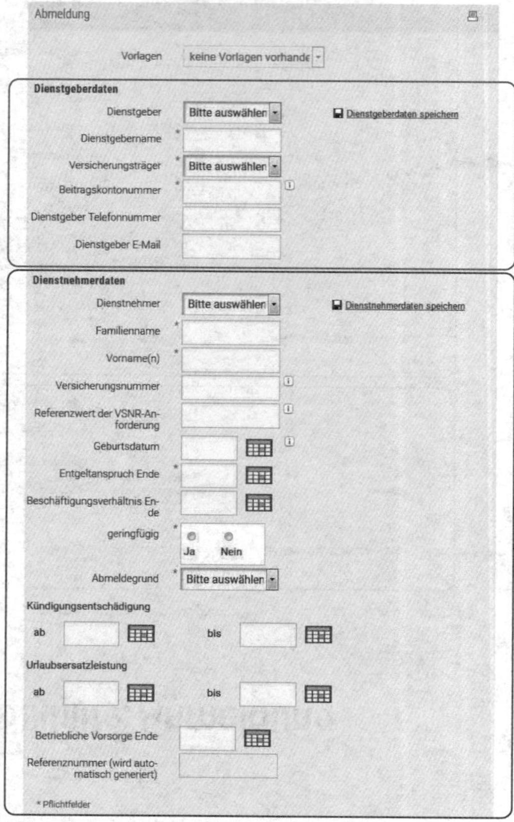
Abmeldung

Vorlagen: keine Vorlagen vorhande

Dienstgeberdaten

Dienstgeber: Bitte auswählen — Dienstgeberdaten speichern
Dienstgebername *
Versicherungsträger *: Bitte auswählen
Beitragskontonummer *
Dienstgeber Telefonnummer
Dienstgeber E-Mail

Dienstnehmerdaten

Dienstnehmer: Bitte auswählen — Dienstnehmerdaten speichern
Familienname *
Vorname(n) *
Versicherungsnummer
Referenzwert der VSNR-Anforderung
Geburtsdatum
Entgeltanspruch Ende *
Beschäftigungsverhältnis Ende
geringfügig *: Ja / Nein
Abmeldegrund *: Bitte auswählen

Kündigungsentschädigung
ab — bis

Urlaubsersatzleistung
ab — bis

Betriebliche Vorsorge Ende
Referenznummer (wird automatisch generiert)

* Pflichtfelder

Screenshot aus ELDA Online/Meldungserfassung Dienstgeber

„Dienstgeber" und zuständiger „Versicherungsträger": Achten Sie bei Vorliegen mehrerer Beitragskonten auf die korrekte Auswahl des zuständigen Versicherungsträgers und der von diesem vergebenen Beitragskontonummer. Die Länge der Beitragskontonummer hat den Formatvorgaben des jeweiligen Versicherungsträgers zu entsprechen. Gegebenenfalls ist sie mit Vornullen auf die geforderte Länge aufzufüllen (zum Beispiel achtstellige Beitragskontonummer = 00123456). Andernfalls kann es zu Einschränkungen beim SV-Clearingsystem kommen. Sonderzeichen und Buchstaben sind unzulässig.

Daten der bzw. des Versicherten, „Versicherungsnummer" (VSNR) oder „Geburtsdatum" (GEBD) und „Referenzwert der VSNR-Anforderung" (REFV): Die zehnstellige Versicherungsnummer ist ohne Leerstellen anzugeben. Das Feld „Geburtsdatum" ist nur dann zwingend zu belegen, wenn die angeforderte Versicherungsnummer noch nicht über das SV-Clearingsystem rückgemeldet wurde. Das Feld „Versicherungsnummer" bleibt sodann in der Grundstellung. In diesen Fällen ist neben dem Geburtsdatum allerdings der Referenzwert der Meldung Versicherungsnummer Anforderung, die idealerweise vor der elektronischen Anmeldung erstattet wurde, zu übermitteln. In ELDA kann der relevante Referenzwert der fraglichen Meldung übernommen werden.

„Entgeltanspruch Ende" (Abmeldedatum - ADAT): Geben Sie das korrekte Abmeldedatum bekannt. Bei Dienstnehmerinnen und Dienstnehmern ist beispielsweise das Ende des Entgeltanspruches relevant, bei Lehrlingen der Tag der Auflösung des Lehrverhältnisses. Gebührt eine Kündigungsentschädigung bzw. Urlaubsersatzleistung, ist der letzte Tag der dadurch bedingten Verlängerung der Pflichtversicherung einzutragen.

„Beschäftigungsverhältnis Ende" (EBSV): Hier ist der Tag des arbeitsrechtlichen Endes des Beschäftigungsverhältnisses/Lehrverhältnisses einzutragen. Ist das Beschäftigungsverhältnis trotz Wegfall des Entgeltanspruches nach wie vor aufrecht, bleibt das Feld unbelegt. Generell gilt, dass das Ende des Beschäftigungsverhältnisses nicht zwingend mit dem Ende der Pflichtversicherung korrespondieren muss.

„geringfügig" (GERF): Die Angaben beziehen sich auf den zum Zeitpunkt der Abmeldung vorliegenden Sachverhalt.

„Abmeldegrund" (AGRD, SAGR): Trifft keiner der zur Auswahl stehenden Abmeldegründe zu, ist die Abmeldung mit sonstiger Grund mit Ende des Beschäftigungsverhältnisses zu erstatten.

„Kündigungsentschädigung ab/bis" (KEAB, KEBI), „Urlaubsersatzleistung ab/bis" (UEAB, UEBI): Bei Anspruch auf Kündigungsentschädigung bzw. Urlaubsersatzleistung sind die jeweiligen „ab"-Felder mit dem Datum des nächstfolgenden Tages nach dem Ende der Beschäftigung zu befüllen. In zeitlicher Hinsicht folgt eine Urlaubsersatzleistung stets einer gebührenden Kündigungsentschädigung. Das Abmeldedatum hat dem letzten Tag der dadurch bedingten Verlängerung der Pflichtversicherung zu entsprechen (Ausnahme: Ausleistung von Krankengeld).

„Betriebliche Vorsorge Ende" (BVEN): Dieses Feld ist mit jenem Zeitpunkt zu belegen, bis zu dem ein Beitrag zur Betrieblichen Vorsorge zu entrichten ist.

Seite 1 von 1

Praxistipp: Unter www.gesundheitskasse.at finden Sie weitere Ausfüllhilfen zu sozialversicherungsrechtlichen Meldungen.

39.1.1.1.2. Meldung von Änderungen

Die Dienstgeber haben während des Bestands der Pflichtversicherung **jede für diese Versicherung bedeutsame Änderung**, die nicht von der mBGM umfasst ist, **innerhalb von sieben Tagen** dem zuständigen Krankenversicherungsträger[1648] zu melden. Jedenfalls zu melden ist der **Wechsel in das neue Abfertigungssystem** nach § 47 BMSVG (→ 36.1.5.) (§ 34 Abs. 1 ASVG).

Darüber hinaus **können** Änderungen von einem geringfügigen zu einem vollversicherungspflichtigen Beschäftigungsverhältnis oder umgekehrt gemeldet werden, solange noch keine mBGM für diesen Beitragszeitraum erstattet wurde. Korrekturen des Beschäftigungsbereichs (Arbeiter, Angestellter etc.) sowie der Einordnung als freier Dienstnehmer sind ebenfalls **möglich**, sofern noch keine mBGM für den betreffenden Beitragszeitraum erstattet wurde.

Jede **Änderung der Anschrift** ist binnen sieben Tagen ab Bekanntwerden durch den Dienstgeber über die Meldung „Adressmeldung Versicherter" zu melden (→ 39.1.1.1.1.).

Alle weiteren Änderungen im Versicherungsverhältnis werden über die **mBGM** gemeldet.

Die **Änderung persönlicher Daten von Versicherten** (z.B. eine Namensänderung wegen Eheschließung) erfolgt auf Grund von Mitteilungen der Personenstandsbehörden oder durch die Vorlage von entsprechenden Dokumenten (z.B. Verleihungsurkunde bei akademischen Graden) seitens der Versicherten selbst. Eine Meldeverpflichtung seitens des Dienstgebers besteht nicht.

Die Tatsache, dass ein Dienstnehmer **Nachtschwerarbeit** (→ 17.3.) leistet, ist innerhalb der gesetzlichen Meldefrist mittels mBGM als Ergänzung zur Beschäftigtengruppe zu melden. Dem Versicherten ist mitzuteilen, dass für ihn Nachtschwerarbeit gemeldet wird. Da die Meldung über die mBGM erfolgt, ist der einfachste Weg, die Kopie der mBGM sowohl an den Dienstnehmer als auch an den Betriebsvertreter zu übermitteln. Auch eine schriftliche Bestätigung des Dienstgebers in anderer Form ist möglich (Fragen-Antworten-Katalog mBGM).

Hinweis: Weichen Daten auf der mBGM von Daten in An- oder Änderungsmeldungen ab, werden die Daten der mBGM herangezogen, da diese vorrangig zu behandeln ist und die Angaben der Anmeldung oder Änderungsmeldung bestätigt oder korrigiert. Änderungsmeldungen mit Angaben zur Sozialversicherung (z.B. zur Tarifgruppe oder zum Wechsel von Voll- auf Teilversicherung oder umgekehrt) bleiben wirkungslos, wenn sie Beitragszeiträume betreffen, für die bereits eine mBGM übermittelt wurde[1649].

1648 Die Meldung kann bei diesem oder bei einem anderen ASVG-Versicherungsträger eingebracht werden (Allspartenservice, → 39.1.1.1.6.).

1649 Ist die Tarifgruppe für die Vergangenheit zu ändern oder soll der bereits mit einer mBGM gemeldete Wechsel von Voll- auf Teilversicherung oder umgekehrt korrigiert werden, ist die ursprüngliche mBGM zu stornieren. Im Anschluss ist eine mBGM neu zu erstatten.

Die Inanspruchnahme und die Änderung (bzw. Verlängerung) einer Familienhospizkarenz (→ 27.1.1.2.) bzw. Pflegekarenz (Pflegeteilzeit) (→ 27.1.1.3.) ist dem zuständigen Krankenversicherungsträger mittels **„Familienhospizkarenz/Pflegekarenz An-, Ab- und Änderungsmeldung“** zu melden.

39.1.1.1.3. Monatliche Beitragsgrundlagenmeldung (mBGM)

Für Zeiträume seit 1.1.2019 ist für jeden Dienstnehmer eine **monatliche Beitragsgrundlagenmeldung (mBGM)** zu erstatten. Mit dieser wird einerseits der Anmeldevorgang abgeschlossen (→ 39.1.1.1.1.) und in weiterer Folge laufend der Versicherungsverlauf des Dienstnehmers gewartet. Andererseits werden für jeden einzelnen Dienstnehmer die Beitragsgrundlagen und – im Selbstabrechnungsverfahren – die abzuführenden Sozialversicherungsbeiträge, Umlagen und Nebenbeiträge sowie die BV-Beiträge (monatlich) dem Krankenversicherungsträger gemeldet.

Arten von mBGM:

Es stehen folgende **Arten von mBGM** zur Verfügung, wobei immer die der Beschäftigungsdauer entsprechende[1650] mBGM zu verwenden ist:

- mBGM (für den Regelfall) (samt Storno),
- mBGM für fallweise Beschäftigte (samt Storno),
- mBGM für kürzer als einen Monat vereinbarte Beschäftigung (samt Storno).

Liegen in einem Beitragszeitraum mehrere **gleichartige Beschäftigungsverhältnisse** eines Dienstnehmers zum selben Dienstgeber vor, sind diese **gemeinsam in einer mBGM** zu melden.

Die Meldung hat grundsätzlich über **elektronische Datenfernübertragung** (ELDA) zu erfolgen (→ 39.1.1.1.5.).

Eine mBGM ist sowohl im **Selbstabrechnungs- als auch im Vorschreibeverfahren** zu erstatten, wobei im Detail Unterschiede bestehen. Siehe dazu inklusive einem Beispiel zur mBGM die Ausführungen unter Punkt 37.2.

Aufbau einer mBGM:

Der **Aufbau** einer mBGM besteht aus einem Versichertenteil und einem Beitragsteil und sieht wie folgt aus:

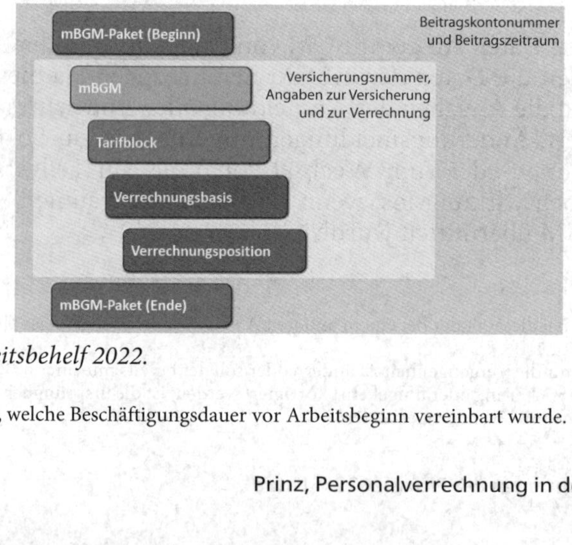

Quelle: ÖGK, Arbeitsbehelf 2022.

1650 Entscheidend ist, welche Beschäftigungsdauer vor Arbeitsbeginn vereinbart wurde.

mBGM-Paket (Beginn und Ende)

Das mBGM-Paket wird für alle Versicherten einer Datenübertragung erstellt. Ein mBGM-Paket enthält somit zumindest eine oder mehrere einzelne mBGM. Es fasst pro Beitragskontonummer sämtliche versichertenbezogenen mBGM im jeweiligen Beitragszeitraum zusammen.

Die in einem mBGM-Paket pro Versicherten abgerechneten Beiträge werden im Bereich des Selbstabrechnungsverfahrens automatisch **aufsummiert** und auf dem **Beitragskonto** des Dienstgebers als **Gesamtbetrag verbucht**.

Das mBGM-Paket enthält u.a. folgende **Informationen**:

- Name des Dienstgebers,
- Krankenversicherungsträger,
- Beitragskontonummer (→ 6.2.12.),
- Beitragszeitraum,
- Angabe, ob geringfügig Beschäftigte jährlich abgerechnet werden,
- Anzahl der enthaltenen Einzel-mBGM,
- Summe der Beiträge.

mBGM des Versicherten

Die mBGM des Versicherten beinhaltet u.a. folgende Informationen:

- (personenbezogene) Daten des Versicherten,
- Art der Meldung (mBGM für den Regelfall, mBGM für fallweise Beschäftigte oder mBGM für kürzer als einen Monat vereinbarte Beschäftigung),
- Verrechnungsgrundlage[1651].

Tarifblock

Der **Tarifblock** enthält Informationen zur Versicherung und zur Verrechnung. Er dient der Wartung des Versicherungsverlaufs. Zur Erfüllung der Anmeldeverpflichtung kann – bei freien Dienstnehmern oder fallweise Beschäftigten – zunächst auch ein „Tarifblock ohne Verrechnung“ gewählt werden.

Es bestehen folgende Tarifblöcke:

T1	Tarifblock
T2	Tarifblock fallweise Beschäftigte
T3	Tarifblock kürzer als ein Monat vereinbarte Beschäftigung
T4	Tarifblock ohne Verrechnung
T5	Tarifblock fallweise Beschäftigte ohne Verrechnung
T6	Tarifblock kürzer als ein Monat vereinbarte Beschäftigung ohne Verrechnung

Der Tarifblock enthält u.a. folgende Informationen:

- Beschäftigtengruppe (→ 11.4.2.),
- Ergänzungen zur Beschäftigtengruppe (→ 11.4.2.),

1651 Über die Verrechnungsgrundlage wird definiert, ob im Beitragszeitraum eine Versicherung und/oder Zeiten der Betrieblichen Vorsorge vorliegen oder ob eine Beitragsabrechnung ohne derartige Zeiten vorgenommen wird (z.B. beitragspflichtige Einmalzahlung während einer Karenzierung – „Verrechnung ohne Versicherungszeit“).

- Beginn der Verrechnung (Tag)[1652],
- Angabe, ob die Verrechnung eine Kündigungsentschädigung/Urlaubsersatzleistung enthält.

Sofern in einem Beitragszeitraum mehrere (gleichartige) Beschäftigungsverhältnisse (z.B. zwei fallweise Beschäftigungen) oder unterschiedliche Verrechnungen (z.B. als Lehrling und Arbeiter) vorliegen, enthält die mBGM dementsprechend viele Tarifblöcke.

Verrechnungsbasis

Die **Verrechnungsbasis** enthält Art (**Typ**) und **Höhe** des Betrags, für den Beiträge verrechnet werden (i.d.R. ist das die Beitragsgrundlage, es bestehen aber auch fixe Verrechnungsbasen, z.B. für das Service-Entgelt).

Es bestehen u.a. folgende Verrechnungsbasis-**Typen**:

AB	Allgemeine Beitragsgrundlage
SZ	Sonderzahlung
UU	Beitragsgrundlage bei unbezahltem Urlaub (für maximal ein Monat)
BV	Beitragsgrundlage zur BV
BB	Beitrag zur BV[1653]
SO	Beitragsgrundlage DAG fallweise/kürzer als ein Monat vereinbarte geringfügige Beschäftigung[1654]
SE	Service-Entgelt

Verrechnungsposition

Die **Verrechnungsposition** legt fest, um welche Art (**Typ**) von Verrechnung es sich handelt und enthält den jeweiligen **Beitragsprozentsatz**.

Es bestehen u.a. folgende Verrechnungspositions-**Typen** (siehe auch Punkt 11.4.2.):

Standard-Tarifgruppenverrechnung je nach Beschäftigtengruppe mit den Unterfällen:	
T01	Standard-Tarifgruppenverrechnung (allgemeine Beitragsgrundlage)
T02	Standard-Tarifgruppenverrechnung (Sonderzahlung)
T03	Standard-Tarifgruppenverrechnung (unbezahlter Urlaub)

1652 Bzw. Beschäftigungstag der fallweisen Beschäftigung (für jeden ist ein eigener Tarifblock zu übermitteln) oder erster und letzter Tag der kürzer als einen Monat vereinbarten Beschäftigung.

1653 Bei jährlicher Zahlung der BV-Beiträge als Grundlage für den BV-Zuschlag in Höhe von 2,50%.

1654 Es kann vorkommen, dass für die Abrechnung des Unfallversicherungsbeitrags eine andere Beitragsgrundlage als für die Abrechnung der Dienstgeberabgabe heranzuziehen ist (→ 31.4.2.), da die Beitragsgrundlage für den Unfallversicherungsbeitrag mit der täglichen Höchstbeitragsgrundlage begrenzt wird. In der Verrechnungsbasis sind allgemeine Beitragsgrundlagen und allfällige Sonderzahlungen zu summieren und als Gesamtbetrag für die Abfuhr der Dienstgeberabgabe einzutragen.

Verrechnung der Betrieblichen Vorsorge:	
V01	Betriebliche Vorsorge

Abschläge und Zuschläge:
Eine tabellarische Übersicht zu den gängigsten Abschlägen und Zuschlägen finden Sie unter Punkt 11.4.2.

Beispiel

mBGM im Selbstabrechnungsverfahren

Angaben:

- Beitragszeitraum Jänner 2022,
- Dienstnehmer: Martin Muster
- Eintritt: 15.1.2022 (unbefristetes Dienstverhältnis),
- Wiedereintritt innerhalb eines Jahrs (sofortiger BV-Beginn),
- Entgelt für Jänner 2022: € 1.200,00 (AV-Reduktion um 3%).

Lösung:

Paket	Beitragszeitraum (BZRM)	012022
Paket	Paketkennung (MPKE)	xyz
Paket	Jährliche Abrechnung für geringfügig Beschäftigte (JAGB)	N
mBGM	Versicherungsnummer (VSNR)	1294210672
mBGM	Familienname (FANA)	Muster
mBGM	Vorname (VONA)	Martin
mBGM	Verrechnungsgrundlage (VERG)	Verrechnung SV und BV mit Zeiten SV und BV (1)
Tarifblock	Beschäftigtengruppe (BSGR)	Arbeiter (B001)
Tarifblock	Ergänzung zur Beschäftigtengruppe (ERGB)	unbelegt
Tarifblock	Beginn der Verrechnung (VVON)	15
Tarifblock	Verrechnung enthält Kündigungsentschädigung/Urlaubsersatzleistung (KEUE)	nein
Basis	Verrechnungsbasis Typ (VBTY)	Allgemeine Beitragsgrundlage (AB)
Basis	Verrechnungsbasis Betrag (VBBT)	1.200,00
Position	Verrechnungsposition Typ (VPTY)	Standard-Tarifgruppenverrechnung (T01)
Position	Prozentsatz Tarif für Verrechnungsposition (VPTA)	39,25 %
Position	Verrechnungsposition Typ (VPTY)	Minderung AV um 3 % (A03)
Position	Prozentsatz Tarif für Verrechnungsposition (VPTA)	3,00 %
Basis	Verrechnungsbasis Typ (VBTY)	Beitragsgrundlage zur BV (BV)
Basis	Verrechnungsbasis Betrag (VBBT)	1.200,00
Position	Verrechnungsposition Typ (VPTY)	Verrechnung der BV (V01)
Position	Prozentsatz Tarif für Verrechnungsposition (VPTA)	1,53 %
Ende		

Quelle: ÖGK, Arbeitsbehelf 2022.

Storno mBGM:

Alle **Korrekturen** der mBGM sind durch **Storno und Neumeldung** der zu berichtigenden mBGM vorzunehmen.

Im Selbstabrechnungsverfahren können Berichtigungen innerhalb von zwölf Monaten nach Ablauf des Zeitraums, für den die mBGM gilt,[1655] **sanktions- und verzugszinsenfrei** vorgenommen werden (§ 34 Abs. 4 ASVG). Darüber hinaus sowie allgemein im Vorschreibeverfahren sind die unter Punkt 40.1.1. dargestellten Sanktionen für verspätete Meldungen zu beachten.

Hinweis: Für weitere Informationen zur mBGM i.Z.m. konkreten Themenstellungen kann auf die jeweiligen Ausführungen in diesem Buch verwiesen werden.

39.1.1.1.4. Meldung von Schwerarbeitszeiten

Die Dienstgeber haben dem zuständigen Krankenversicherungsträger hinsichtlich der bei ihnen beschäftigten

- **männlichen** Versicherten[1656], die bereits das **40. Lebensjahr vollendet** haben, und
- **weiblichen** Versicherten[1656], die bereits das **35. Lebensjahr vollendet** haben,

gesondert folgende Daten zu melden:

- alle im § 1 Abs. 1 der Schwerarbeits-VO genannten **Tätigkeiten** (→ 17.4.), die auf das Vorliegen von Schwerarbeit schließen lassen[1657],
- die **Namen und Sozialversicherungsnummern** jener Personen, die diese Tätigkeiten verrichten, und
- die **Dauer** dieser Schwerarbeitstätigkeiten[1657].

Es sind alle im § 1 Abs. 1 der Schwerarbeits-VO genannten Tätigkeiten, die unter besonders belastenden Bedingungen (→ 17.4.) erbracht werden, zu melden.

Eine Meldung ist nur dann zu erstatten, wenn an mindestens fünfzehn Arbeitstagen im Kalendermonat (bei Vollzeitarbeit)[1658] [1659] Schwerarbeit geleistet wird.

Meldezeitraum ist grundsätzlich **ab dem Monatsersten** bzw. **bis zum Monatsletzten**, ausgenommen das Beschäftigungsverhältnis beginnt oder endet während des Monats. Die gemeldete Schwerarbeitszeit muss sich mit einer Pensionsversicherungszeit jedenfalls decken, d.h. zeitgleich bzw. kleiner als die Pensionsversicherungszeitenstrecke sein.

1655 Eine Berichtigung der mBGM für März 2022 kann somit bis 31.3.2023 sanktionsfrei erfolgen.

1656 Darunter fallen u.a. voll versicherte Dienstnehmer, fallweise voll versicherte Dienstnehmer, voll versicherte freie Dienstnehmer i.S.d. ASVG.

1657 Zur leichteren Erfüllung dieser (nachträglichen) Meldeverpflichtung ist das laufende Führen entsprechender Aufzeichnungen empfehlenswert. Auf der Website der Wirtschaftskammer Österreichs (www.wko.at) findet man in der Musterdatenbank u.a. auch ein Muster für die „Arbeitszeitaufzeichnungen – Schwerarbeitsverordnung".

1658 Bei Schicht- oder Wechseldienst (auch Nachtdienst) im Ausmaß von mindestens sechs Stunden zwischen 22 Uhr und 6 Uhr an mindestens sechs Arbeitstagen im Kalendermonat.

1659 Bei der berufsbedingten Pflege gilt als Untergrenze die Hälfte der Normalarbeitszeit.

Beispiel 1

Anmeldung per 5.1.2022, Abmeldung per 31.12.2022

Schwerarbeitsmeldung vom 5.1.2022 bis 31.12.2022

(NICHT: 1.1. bis 31.12.2022)

Beispiel 2

Anmeldung per 1.3.2022, Abmeldung per 20.6.2022

Schwerarbeitsmeldung vom 1.3.2022 bis 20.6.2022

(NICHT: 1.3. bis 30.6.2022)

Liegt ein Schwerarbeitsmonat vor, sind die entsprechende Ziffer sowie der Zeitraum anzugeben. Für Monate, in denen **keine Schwerarbeit** geleistet wurde, sind die **Felder blank** zu lassen – sie sind nicht mit null (z.B. 00 00) zu belegen.

Bei der Erstattung der Meldung von Schwerarbeitszeiten **mittels ELDA** ist auf die richtige Datumsangabe zu achten.

Beispiel 3

Schwerarbeit wurde geleistet:	Meldung:
vom 1.1.22 bis 31.1.22	0101 (TT.MM) bis 3101 (TT.MM),
vom 1.3.22bis 30.4.22	0103 (TT.MM) bis 3004 (TT.MM)
vom 1.9.22 bis 30.9.22	0109 (TT.MM) bis 3009 (TT.MM)

Wurde bereits eine Schwerarbeitsmeldung erstattet und stellt sich heraus, dass diese unrichtig ist, so ist die **gesamte Meldung zu stornieren** und neu zu erstatten.

Beispiel 4

Schwerarbeitsmeldung vom 1.1.2022 bis 31.12.2022

Richtig wäre: vom 1.1.2022 bis 30.11.2022

Meldung:

Storno vom 1.1.2022 bis 31.12.2022

Neue Meldung vom 1.1.2022 bis 30.11.2022

Trotz Zusammenlegung der Gebietskrankenkassen zur Österreichischen Gesundheitskasse ist bei der Schwerarbeitsmeldung nach wie vor die (zuständige) Landesstelle der Österreichischen Gesundheitskasse sowie die jeweilige Beitragskontonummer auszuwählen. Waren während des Jahres unterschiedliche Landesstellen für die

Abrechnung des Dienstnehmers zuständig, ist die Schwerarbeitsmeldung jeweils für die zuständige Landesstelle der Österreichischen Gesundheitskasse zu erstatten.

Beispiel 5

Beschäftigung vom 1.1.2022 bis 30.6.2022 in Oberösterreich und ab 1.7.2022 in Wien:

Schwerarbeitsmeldung vom 1.1.2022 bis 30.6.2022 bei der „ÖGK-O";
Schwerarbeitsmeldung vom 1.7.2022 bis 31.12.2022 bei der „ÖGK-W".

Bei **geringfügiger Beschäftigung** ist **keine Meldung** erforderlich. Keine Meldepflicht besteht auch bei Tätigkeiten, die unter **chemischen und physikalischen Einflüssen** verrichtet werden, da die Feststellung des Vorliegens einer Minderung der Erwerbstätigkeit von mindestens 10% als kausale Folge dieser Tätigkeit erst im Nachhinein möglich ist. Weiters besteht auch keine Meldepflicht durch den Dienstgeber bei **Tätigkeiten, für die BUAG-Zuschläge** zu entrichten sind, da die BUAK diese zuschlagspflichtigen Tätigkeiten an den DVSV meldet.

Hinsichtlich der Meldepflicht betreffend **behinderter Dienstnehmer** gilt Nachstehendes: Sofern die entsprechenden Informationen dem Dienstgeber bekannt sind, ist bei Vorliegen der Voraussetzungen die Meldung nach Ziffer 6 (Anspruch auf Pflegegeld mindestens Stufe 3) zu erstatten. Eine gesonderte Befragung des Dienstnehmers hat jedoch zu unterbleiben, eine Meldung für Schwerarbeitszeiten nach Ziffer 6 ist daher in diesem Fall grundsätzlich nicht vorzunehmen.

Weiters sind die Zeiträume des jeweiligen Kalenderjahrs, in denen Schwerarbeitstätigkeiten verrichtet wurden, jährlich zu melden. Bei der Meldung ist zu beachten, dass, solange die Pflichtversicherung in der Pensionsversicherung auf Grund der Beschäftigung aufrecht bleibt, auch Arbeitsunterbrechungen (z.B. Urlaube, Krankenstände) als Zeiten der Schwerarbeit gelten. Bei derartigen Arbeitsunterbrechungen ist zu prüfen, ob der/die betreffende Arbeitnehmer/in Schwerarbeit verrichtet hätte, wenn die Arbeitsverhinderung nicht eingetreten wäre.

Besteht Anspruch auf eine **Ersatzleistung für Urlaubsentgelt** (→ 26.2.9.) oder eine **Kündigungsentschädigung** (→ 33.4.2.), so ist – bei Vorliegen der entsprechenden Voraussetzungen lt. Schwerarbeitsverordnung – Schwerarbeit zu melden.

Beispiel 6

Ende der Beschäftigung	5.3.2022
Ende des Entgeltanspruchs	30.3.2022
Ersatzleistung für Urlaubsentgelt	vom 6.3. bis 30.3.2022
Schwerarbeitsmeldung	vom 1.3. bis 30.3.2022

Die Meldung ist jeweils **bis Ende Februar** des Kalenderjahrs, das der Verrichtung von Schwerarbeitstätigkeiten folgt, zu erstatten. Die allgemeinen Bestimmungen zur

Form der Meldungen nach dem ASVG sind entsprechend anzuwenden (→ 39.1.1.1.5.). Unterjährige Meldungen sind nicht möglich. Bei einer Arbeitskräfteüberlassung nach dem Arbeitskräfteüberlassungsgesetz ist der Überlasser und nicht der Beschäftiger zur Meldung verpflichtet.

Sollte bereits unterjährig ein Bedarf an der Feststellung von Schwerarbeitsmonaten i.S.d. Pensionsversicherung, z.B. bei einem Antragsverfahren auf eine Schwerarbeitspension, bestehen, so hat der Dienstgeber die Tätigkeiten, die auf eine Schwerarbeit schließen lassen, samt Angabe der Dauer zu bestätigen. Der Dienstnehmer hat diese Bestätigung dem zuständigen Pensionsversicherungsträger zu übermitteln.

Die Meldung ist rechtlich als reine Obliegenheit zu qualifizieren. Meldet ein Dienstgeber (irrtümlich) nicht oder (irrtümlich) falsch, so zieht das keine rechtlichen Konsequenzen nach sich. Ein Pensionswerber, der sich auf das Verrichten von Schwerarbeit bei einem Dienstgeber beruft, der jedoch nicht gemeldet hat, hat keine Möglichkeit, sich schadlos zu halten. Die Meldung selbst ist ja noch keine Garantie, dass Schwerarbeit verrichtet wurde (ASoK 12/2011, Linde Verlag Wien).

In **Zweifelsfällen** sollte jedenfalls eine Meldung erfolgen.

Praxistipp: Unter www.gesundheitskasse.at finden Sie eine Ausfüllhilfe sowie einen Fragen-Antworten-Katalog zur Schwerarbeitsmeldung.

39.1.1.1.5. Form der Meldungen

Zu den zentralen **Dienstleistungsaufgaben des DVSV** (→ 5.3.1.) gehört u.a. die **Festlegung** (Vorgabe von Form und Inhalt) **einheitlicher Formulare**, Datensatzaufbaue und maschinell lesbarer Datenträger für den gesamten Vollzugsbereich der Sozialversicherung (§ 30c Abs. 1 Z 3 ASVG).

ELDA:

Die Meldungen nach § 33 Abs. 1 und 2 ASVG (**An-, Abmeldungen**) sowie nach § 34 Abs. 1 und 2 ASVG (**Änderungsmeldungen, mBGM**) sind **mittels elektronischer Datenfernübertragung** (ELDA[1660]) in den vom Dachverband festgelegten einheitlichen Datensätzen zu erstatten (§ 41 Abs. 1 ASVG).

Das Einlangen der Meldungen ist mittels elektronischer Datenfernübertragung zu bestätigen[1661] (§ 41 Abs. 3 ASVG).

Meldungen außerhalb ELDA:

Meldungen **außerhalb elektronischer Datenfernübertragung** gelten nur dann als erstattet, wenn sie gem. den Richtlinien nach § 31 Abs. 5 Z 29 ASVG erfolgen. Diese

1660 Für die Übernahme elektronischer Meldungen wurde von den Versicherungsträgern ein Datensammelsystem eingerichtet. Bundesweit sind alle elektronischen Meldungen an dieses elektronische Datenaustauschsystem (ELDA) zu übermitteln. Die Meldungen werden über die beim DVSV installierte Datendrehscheibe an den jeweils zuständigen Versicherungsträger weitergeleitet.

1661 Dies geschieht insofern, als das Einlangen vom Empfänger (DVSV als Datensammelstelle) in einem Übertragungsprotokoll bestätigt wird. Die so bestätigten Meldedaten sind vom Dienstgeber auszudrucken und dem Dienstnehmer (Lehrling) als Nachweis, ordnungsgemäß zur Sozialversicherung gemeldet worden zu sein, zu übergeben.

Richtlinien haben für **Meldungen durch natürliche Personen im Rahmen von Privathaushalten**[1662]

1. andere Meldungsarten insb. dann zuzulassen,
   a) wenn eine Meldung mittels Datenfernübertragung **unzumutbar** ist[1663];
   b) wenn die Meldung nachweisbar durch **unverschuldeten Ausfall** eines wesentlichen Teils **der Datenfernübertragungseinrichtung** technisch ausgeschlossen war[1664];
2. eine Reihenfolge anderer Meldungsarten festzulegen[1665], wobei nachrangige Meldungsarten nur dann zuzulassen sind, wenn vorrangige für den Dienstgeber wirtschaftlich unzumutbar sind.

Für die **Anmeldung** nach § 33 Abs. 1a Z 1 ASVG ist auch die **telefonische Meldung** und die **Meldung mit Telefax** vorzusehen (siehe nachstehend) (§ 41 Abs. 4 ASVG).

Der DVSV hat auf Basis dieser gesetzlichen Grundlage sowohl für Meldungen durch natürliche Personen im Rahmen von Privathaushalten als auch für Anmeldungen im Allgemeinen Grundsätze festgelegt, wann derartige Meldungen außerhalb elektronischer Datenfernübertragung erfolgen dürfen. Nachstehend werden die diesbezüglichen Besonderheiten für Anmeldungen dargestellt.

Besonderheiten bei der Vor-Ort-Anmeldung:

Für die **Anmeldung** nach § 33 Abs. 1a ASVG hat der DVSV in Richtlinien (2005/181, 2007/124, 2013/153, 2015/248, 2018/245) folgende Grundsätze festgelegt:

Anmeldungen sind **grundsätzlich elektronisch** (das heißt i.d.R. über ELDA) zu erstatten[1666].

Ausnahmsweise gelten Anmeldungen als sog. **Vor-Ort-Anmeldungen** außerhalb elektronischer Datenfernübertragung dennoch als erstattet, wenn

- eine Meldung über Datenfernübertragung für die meldepflichtige Stelle **unzumutbar** ist oder
- wenn die Anmeldung nachweisbar durch unverschuldeten **Ausfall** eines wesentlichen Teils der **Datenfernübertragungseinrichtung** technisch **ausgeschlossen** war.

Dies gilt auch für die Anmeldung von fallweise beschäftigten Personen im Sinne des § 33 Abs. 3 ASVG[1667] (§ 6 der Richtlinien).

1662 Alle anderen Dienstgeber haben die Meldungen – mit Ausnahme der Vor-Ort-Anmeldung (siehe dazu weiter unten) – **zwingend per elektronischer Datenfernübertragung** zu erstatten. Zur Übermittlung von Lohnzetteln (L16) siehe Punkt 35.

1663 § 3 der Richtlinien (2005/181, 2007/124, 2013/153, 2015/248 und 2018/245).

1664 § 4 der Richtlinien (2005/181, 2007/124, 2013/153, 2015/248 und 2018/245).

1665 Andere Meldungsarten sind lt. § 5 der Richtlinien (2005/181, 2007/124, 2013/153, 2015/248 und 2018/245) in folgender Reihenfolge zulässig:
– per Telefax auf dem Formular „Anmeldung"; wenn sie aber mangels Telefaxgerät nicht möglich sind
– schriftlich mit dem Formular „Anmeldung".
Meldungen auf anderen Wegen, insb. in Papierform, mittels E-Mail oder telefonisch, gelten als nicht erstattet.

1666 Die elektronische Meldung kann entweder über die ELDA-Software oder mittels ELDA-Online über den Web-Browser unter www.elda.at erfolgen. Auch eine Meldung mittels ELDA-App (Vor-Ort-Anmeldungen jedoch nur bei fallweiser Beschäftigung) ist möglich. Wird mittels einer Lohnverrechnungssoftware abgerechnet, enthalten diese Programme i.d.R. eine direkte Schnittstelle zu ELDA, sodass Erfassung und Übermittlung der Meldungen über die Software-Eingabemasken erfolgen können.

1667 Hinweis: Die Anmeldung fallweise beschäftigter Personen gilt als Vor-Ort-Anmeldung.

In folgenden Fällen ist aufgrund der **Unzumutbarkeit** der elektronischen Übermittlung bzw. des **Ausfalls** der Datenfernübertragungseinrichtung eine Meldung außerhalb ELDA zulässig (§§ 6, 7, 8 der Richtlinien):

- Der **Dienstgeber** verfügt über keine EDV-Ausstattung (zumindest PC) und **keinen Internetzugang** und lässt seine Personalabrechnung auch nicht von einer anderen Stelle (Wirtschaftstreuhänder, Datenverarbeitungsbetrieb etc.) durchführen, bei der eine entsprechende EDV-Einrichtung vorhanden ist.
- Der Dienstgeber lässt seine Personalabrechnung von einer anderen Stelle (**Wirtschaftstreuhänder**, Datenverarbeitungsbetrieb etc.) durchführen und diese ist **nicht** mehr **erreichbar** (Arbeitsaufnahme außerhalb der Bürozeiten des Dienstleisters).
- Der Beschäftigte wird in einer Betriebsstätte (Filiale, Baustelle) des Dienstgebers aufgenommen und die **Betriebsstätte** (Filiale, Baustelle) verfügt über keine EDV-Ausstattung (PC) oder **keinen Internetzugang**.
- Ein wesentlicher Teil der Datenfernübertragungseinrichtung (PC, Bildschirm, Tastatur, Modem, Endgerät für mobiles Internet) ist für längere Zeit **nachweisbar ausgefallen** und die Anmeldung hätte deshalb nicht innerhalb der Meldefrist erstattet werden können.

Gemäß § 33 Abs. 1b ASVG ist die **elektronische Übermittlung innerhalb von sieben Tagen** ab dem Beginn der Pflichtversicherung **nachzuholen**. Dies gilt nicht für natürliche Personen im Rahmen von Privathaushalten.

Andere Meldungsarten, die außerhalb der elektronischen Datenfernübertragung **für Anmeldungen** verwendet werden dürfen (wenn die oben genannten Voraussetzungen erfüllt sind), sind in folgender Reihenfolge zulässig (§ 9 der Richtlinien):

- per Telefax auf dem Formular „Vor-Ort-Anmeldung“ an das ELDA-Call-Center (05 0766 1461),
- per Telefon an das ELDA-Call-Center (05 0766 1460),
- schriftlich mit dem Formular „Vor-Ort-Anmeldung“ beim Versicherungsträger.

Meldungen auf anderen Wegen, insbesondere mittels E-Mail oder SMS (Short Message Service), gelten als nicht erstattet.

Durch die Vor-Ort-Anmeldung wird nachgewiesen, dass die Anmeldung vor Arbeitsantritt erfolgte. Der genaue Zeitpunkt (Tag und Uhrzeit) der Meldungslegung wird in einer eigenen Datenbank für allfällige Kontrollen vermerkt.

Nachweis für die rechtzeitig erfolgte Anmeldung gegenüber Kontrollorganen ist:

ELDA-Meldung mit Lizenz:	ELDA-Empfangsbestätigung
ELDA-Meldung ohne Lizenz:	Protokollnummer
Telefax:	Fax-Sendeprotokoll
Telefon:	Übertragungsnummer
Papiermeldung:	bestätigte Meldungsabschrift

Abschrift der Meldung:

Zwei Abschriften der bestätigten, vollständigen An(Ab)meldung sind dem **Dienstgeber** zu übermitteln. **Eine Abschrift** ist vom Dienstgeber **unverzüglich an den Dienstnehmer** weiterzugeben[1668] (§ 41 Abs. 5 ASVG) (→ 39.1.1.1.5.).

Die Pflicht des Dienstgebers zur unverzüglichen **Weitergabe** einer bestätigten Abschrift von Meldungen **an die Dienstnehmer** besteht für folgende Meldungsarten:

- Anmeldung,
- Abmeldung,
- Anmeldung bzw. Änderungsmeldung bei Nachtschwerarbeit,
- Anmeldung für fallweise beschäftigte Personen,
- An- und Abmeldung zur Familienhospizkarenz/Pflegekarenz,
- Änderungsmeldung bei Wechsel zwischen Voll- und Teilversicherung.

Bei Meldungssendungen

- mit ELDA ist ein (bestätigtes) Sendeprotokoll,
- per Telefax sind die Meldungskopie und der Sendebericht,
- per Post ist die bestätigte Meldungsabschrift

an den Dienstnehmer auszufolgen.

Für das Unterlassen der Weiterleitung von Meldungsabschriften an den Dienstnehmer sieht das ASVG Strafen vor (→ 40.1.1.).

39.1.1.1.6. Allspartenservice

Unter Allspartenservice versteht man ein spartenübergreifendes Service **aller ASVG-Versicherungsträger** der Kranken-, Unfall- und Pensionsversicherung.

Diese Versicherungsträger und die Abgabenbehörden sind verpflichtet, bei der Erfüllung ihrer Aufgaben einander zu unterstützen; sie haben insb. Ersuchen, die zu diesem Zweck an sie ergehen, im Rahmen ihrer sachlichen und örtlichen Zuständigkeit zu entsprechen und auch unaufgefordert anderen Versicherungsträgern und Abgabenbehörden alle Mitteilungen zukommen zu lassen, die für deren Geschäftsbetrieb von Wichtigkeit sind. Die Versicherungsträger haben

- Anträge und Meldungen, die bei ihnen für andere Versicherungsträger einlangen, fristwahrend weiterzuleiten.

Die Verpflichtung zur gegenseitigen Hilfe bezieht sich auch auf die Übermittlung von personenbezogenen Daten im automationsunterstützten Datenverkehr zwischen den Versicherungsträgern, die zur Durchführung des Melde- und Beitragsverfahrens, zur Erbringung von Leistungen sowie zur Durchsetzung von Ersatzansprüchen notwendig sind (§ 321 Abs. 1 ASVG).

Durch das Allspartenservice ist es dem Dienstgeber möglich, **bei jedem Versicherungsträger**, in jedem Bundesland, unabhängig von der tatsächlichen Zuständigkeit, Anträge, Meldungen und Mitteilungen **einreichen** zu können. Wichtig ist aber,

1668 Mit dieser gesetzlichen Maßnahme soll der Dienstnehmer in die Lage versetzt werden, Kenntnis über sein Rechtsverhältnis zur Wahrung seiner sozialversicherungsrechtlichen Ansprüche zu erlangen. Darüber hinaus besteht für den Dienstnehmer die Möglichkeit, die Richtigkeit des Namens, des Geburtsdatums und der Versicherungsnummer überprüfen zu können.

dass die Anträge usw. bei einem der Versicherungsträger innerhalb der (für den zuständigen Träger einzuhaltenden) Meldefrist eingereicht werden. Der interne Postlauf geht nicht zu Lasten des Dienstgebers.

Anträge, Meldungen und Mitteilungen müssen in eindeutiger Weise erkennen lassen, an welchen Versicherungsträger diese gerichtet sind.

Vom Allspartenservice **nicht erfasst** sind der **Zahlungsverkehr** und die **Übergabe von Datenträgern**.

Am Allspartenservice nehmen derzeit alle nach dem ASVG organisierten Versicherungsträger sowie die Sozialversicherungsanstalt der Selbständigen (SVS) teil.

39.1.1.1.7. Clearing

Im Bereich der Sozialversicherungsmeldungen wurde für die Abklärung auftretender Unstimmigkeiten bzw. Widersprüche ein **elektronisches Clearingsystem** eingerichtet. Dieses informiert die meldende Stelle über bestehende Unklarheiten. Die Fehlerhinweise können über WEBEKU[1669] abgerufen oder mittels Softwareschnittstelle in das Lohnverrechnungsprogramm implementiert werden. Die Korrektur von Meldungen selbst erfolgt jedoch weiterhin ausschließlich über ELDA.

Nähere Informationen zum Clearingsystem finden Sie unter www.gesundheitskasse.at.

39.1.1.1.8. Übertragung der Meldepflicht

Der Dienstgeber kann die Erfüllung der ihm nach den §§ 33 und 34 ASVG obliegenden Pflichten (An-, Ab- und Änderungsmeldungen) auf **Bevollmächtigte** (z.B. seinen Steuerberater, Geschäftsführer) übertragen. Name und Anschrift dieser Bevollmächtigten sind unter deren Mitfertigung dem zuständigen Versicherungsträger bekannt zu geben (§ 35 Abs. 3 ASVG).

Nur unter Wahrung dieser Form geht auch die Verantwortung für die Einhaltung der Meldevorschriften gänzlich auf den Vollmachtnehmer über. Er ist dann an Stelle des Dienstgebers für Fristverletzungen jeglicher Art haftbar und hat bei Übertretungen allfällige Sanktionen zu tragen.

Delegiert ein Dienstgeber hingegen die Meldeaufgaben im Rahmen eines privaten Vertrags (Bevollmächtigung i.S.d. §§ 1002 ff. ABGB), so bleibt er nach wie vor dem Krankenversicherungsträger gegenüber selbst voll verantwortlich.

Der **Dienstnehmer** hat die in den §§ 33 und 34 ASVG vorgeschriebenen Meldungen (An-, Ab- und Änderungsmeldungen) **selbst** zu erstatten,

- wenn der Dienstgeber **im Inland keine Betriebsstätte** (Niederlassung, Geschäftsstelle, Niederlage) hat, außer in jenen Fällen, in denen dieses Bundesgesetz auf Grund der Verordnung (EWG) 1408/71 oder der Verordnung (EG) 883/2004 anzuwenden ist[1670], oder
- wenn das Beschäftigungsverhältnis dem Dienstleistungsscheckgesetz unterliegt (§ 35 Abs. 4 lit. b, c ASVG).

1669 WEB-BE-Kunden-Portal für Dienstgeber, Versicherte und Bevollmächtigte.

1670 Somit ergibt sich bei **fehlender Betriebsstätte in Österreich** folgende Situation:
- EU/EWR/Schweiz: Pflicht zur Meldung besteht für den Dienstgeber
- Nicht EU/EWR/Schweiz: Pflicht zur Meldung besteht für den Dienstnehmer

39.1.1.2. Auskunftspflicht

39.1.1.2.1. Dienstgeber, Dienstnehmer

Auf Anfrage des Versicherungsträgers haben u.a.

- die **Dienstgeber**,
- **Personen, die Geld- bzw. Sachbezüge leisten** oder **geleistet haben**, unabhängig davon, ob der Empfänger als Dienstnehmer tätig war oder nicht (→ 19.4.2.2.1.),
- im Fall einer Bevollmächtigung auch die **Bevollmächtigten** (→ 39.1.1.1.8.),

längstens **binnen vierzehn Tagen** wahrheitsgemäß Auskunft über alle für das Versicherungsverhältnis maßgebenden Umstände zu erteilen. Weiters haben sie den gehörig ausgewiesenen Bediensteten der Versicherungsträger während der Betriebszeit Einsicht in alle Geschäftsbücher und Belege sowie sonstigen Aufzeichnungen zu gewähren, die für das Versicherungsverhältnis von Bedeutung sind (§ 42 Abs. 1 ASVG).

Besteht der begründete Verdacht auf das Vorliegen eines Verhaltens, das **Sozialbetrug** i.S.d. § 2 SBBG ① darstellt, oder auf das Vorliegen eines **Scheinunternehmens** nach § 8 SBBG ②, so sind

- die **Bediensteten der Versicherungsträger berechtigt**,
  - zur Durchführung ihrer Aufgaben die Betriebsstätten sowie die Aufenthaltsräume der Dienstnehmer zu betreten;
  - die zur Durchführung ihrer Aufgaben erforderlichen Auskünfte von allen auf der Betriebsstätte anwesenden Personen, die mit Arbeiten an der Betriebsstätte beschäftigt sind, einzuholen;
- die **Dienstnehmer verpflichtet**, auf Verlangen der Bediensteten der Versicherungsträger ihre Ausweise oder sonstigen Unterlagen zur Feststellung ihrer Identität vorzuzeigen;
- die **Dienstgeber oder ihre Bevollmächtigten verpflichtet**, den Bediensteten der Versicherungsträger die zur Durchführung ihrer Aufgaben erforderlichen Auskünfte zu erteilen.

① **Sozialbetrug** bezeichnet alle Verhaltensweisen, die eine **Verletzung von Pflichten** zum Gegenstand haben, die Dienstnehmern oder Dienstgebern i.Z.m. der Erbringung von Dienstleistungen auferlegt sind und die der **Sicherung des Sozialversicherungsbeitrags-, des Steuer- sowie des Zuschlagsaufkommens** nach dem BUAG und dem IESG dienen, insbesondere, wenn

- der Dienstgeber vorsätzlich Beiträge eines Dienstnehmers zur Sozialversicherung dem berechtigten Versicherungsträger vorenthält, oder
- jemand die Anmeldung einer Person zur Sozialversicherung in dem Wissen, dass die in Folge der Anmeldung auflaufenden Sozialversicherungsbeiträge nicht vollständig geleistet werden sollen, vornimmt, vermittelt oder in Auftrag gibt, oder
- jemand die Meldung einer Person zur Bauarbeiter-Urlaubs- und Abfertigungskasse in dem Wissen, dass die in Folge der Meldung auflaufenden Zuschläge nicht vollständig geleistet werden sollen, vornimmt, vermittelt oder in Auftrag gibt, oder
- Personen zur Sozialversicherung mit dem Vorsatz angemeldet werden, Versicherungs-, Sozial- oder sonstige Transferleistungen zu beziehen, obwohl diese keine unselbstständige Erwerbstätigkeit aufnehmen (§ 2 SBBG).

② Ein**Scheinunternehmen** ist ein Unternehmen, das vorrangig darauf ausgerichtet ist,

- Lohnabgaben, Beiträge zur Sozialversicherung, Zuschläge nach dem BUAG oder Entgeltansprüche von Arbeitnehmern zu verkürzen, oder
- Personen zur Sozialversicherung anzumelden, um Versicherungs-, Sozial- oder sonstige Transferleistungen zu beziehen, obwohl diese keine unselbstständige Erwerbstätigkeit aufnehmen (§ 8 SBBG).

Die **Liste der Scheinunternehmen** ist abrufbar unter https://service.bmf.gv.at/service/allg/lsu/.

Der Dienstgeber hat dafür zu sorgen, dass bei seiner Abwesenheit von der Betriebsstätte eine dort anwesende Person den Bediensteten der Versicherungsträger die erforderlichen Auskünfte erteilt und Einsicht in die erforderlichen Unterlagen gewährt (§ 42 Abs. 1a ASVG).

Auch die **Versicherten** sind verpflichtet, den Versicherungsträgern über alle für das Versicherungsverhältnis und für die Prüfung bzw. Durchsetzung von Ansprüchen maßgebenden Umstände längstens **binnen vierzehn Tagen** wahrheitsgemäß Auskunft zu erteilen (§ 43 Abs. 1 ASVG).

Die **Versicherten** sind verpflichtet, zur Auskunftserteilung über die Beschäftigung bei einem rechtskräftig als Scheinunternehmen nach § 35a festgestellten Unternehmen binnen sechs Wochen nach schriftlicher Aufforderung **persönlich beim Krankenversicherungsträger zu erscheinen** (§ 43 Abs. 4 ASVG).

Dieser gesetzlichen Bestimmung ist eine **zeitliche Beschränkung** des Rechts auf Einsichtnahme des Versicherungsträgers in die Geschäftsunterlagen des Dienstgebers **nicht zu entnehmen**.

Der VwGH führte dazu aus, dass es nicht unrichtig sein könne, wenn ein Krankenversicherungsträger zur Auslegung des § 42 Abs. 1 ASVG auf Bestimmungen zurückgreife, die eine Aufbewahrungsfrist für Geschäftsunterlagen vorsehe (VwGH 11.8.1975, 2005/73) (→ 44.1.1.).

39.1.1.2.2. Abgabenbehörde

Die Versicherungsträger und die Abgabenbehörden sind verpflichtet, bei der Erfüllung ihrer Aufgaben einander zu unterstützen; sie haben insb. Ersuchen, die zu diesem Zweck an sie ergehen, im Rahmen ihrer sachlichen und örtlichen Zuständigkeit zu entsprechen und auch unaufgefordert anderen Versicherungsträgern und Abgabenbehörden alle Mitteilungen zukommen zu lassen, die für deren Geschäftsbetrieb von Wichtigkeit sind (§ 321 Abs. 1 ASVG).

Neben den oben genannten Auskunftspflichten sieht das ASVG noch eine **Rechts- und Verwaltungshilfe** durch die **Behörden** der allgemeinen staatlichen Verwaltung (z.B. Gemeindeämter) und **Gerichte** vor. Demnach sind diese Stellen verpflichtet, den im Vollzug des ASVG an sie ergehenden Ersuchen der Versicherungsträger und des DVSV im Rahmen ihrer sachlichen und örtlichen Zuständigkeit zu entsprechen. In gleicher Weise haben die Versicherungsträger und der DVSV den Verwaltungsbehörden und den Gerichten Verwaltungshilfe zu leisten.

Die Abgabenbehörden und ihre Organe haben in ihrem Wirkungsbereich an der Vollziehung der sozialversicherungsrechtlichen Bestimmungen mitzuwirken. Soweit

Organe der Abgabenbehörden Maßnahmen i.S.d. ersten Satzes setzen, ist ihr Handeln dem zuständigen Krankenversicherungsträger zuzurechnen (§ 360 Abs. 1, 7 ASVG).

39.1.1.2.3. Versicherungsträger

Die **Versicherungsträger** sind ermächtigt, den Dienstgebern alle Informationen über die bei ihnen beschäftigten oder beschäftigt gewesenen Dienstnehmer zu erteilen, soweit die Dienstgeber diese Informationen für die Erfüllung der Verpflichtungen benötigen, die ihnen in sozialversicherungs- und arbeitsrechtlicher Hinsicht aus dem Beschäftigungsverhältnis der bei ihnen beschäftigten oder beschäftigt gewesenen Dienstnehmer erwachsen (§ 42 Abs. 1 ASVG).

Der **zuständige Krankenversicherungsträger** (→ 6.2.6.) hat auf Anfrage der Beteiligten i.S.d. § 42 Abs. 1 Z 1 bis 4 ASVG schriftlich darüber Auskunft[1671] zu geben, ob und inwieweit im einzelnen Fall die Vorschriften über das Melde-, Versicherungs- und Beitragswesen anzuwenden sind. Die Auskunft hat mit Rücksicht auf die Auswirkungen für den Versicherten tunlichst innerhalb von vierzehn Tagen zu erfolgen (§ 43a ASVG).

Der Versicherungsträger, an den die Beiträge einzuzahlen sind (→ 37.2.), hat dem Dienstgeber auf Verlangen schriftlich mitzuteilen, ob und in welcher Höhe Rückstände an Beiträgen samt Zuschlägen und Nebengebühren aushaften (§ 62 Abs. 1 ASVG).

39.1.1.3. Prüfung

Sozialversicherungsprüfung gemäß § 41a ASVG:

Die Österreichische Gesundheitskasse hat die Einhaltung aller für das Versicherungsverhältnis maßgebenden Tatsachen zu prüfen (Sozialversicherungsprüfung).

Zur **Sozialversicherungsprüfung** gehört insb.

- die Prüfung der Einhaltung der Meldeverpflichtungen in allen Versicherungs- und Beitragsangelegenheiten und der Beitragsabrechnung,
- die Prüfung der Grundlagen von Geldleistungen (Krankengeld, Wochengeld, Arbeitslosengeld usw.),
- die Beratung in Fragen von Melde-, Versicherungs- und Beitragsangelegenheiten.

Für die Sozialversicherungsprüfung gelten die für Außenprüfungen maßgeblichen Vorschriften der Bundesabgabenordnung (§ 41a Abs. 1 ASVG).

Gemeinsam mit der Sozialversicherungsprüfung ist von der Österreichischen Gesundheitskasse auch die Lohnsteuerprüfung (§ 86 EStG) sowie die Kommunalsteuerprüfung (§ 14 KommStG) durchzuführen **(Gemeinsame Prüfung Lohnabgaben und Beiträge „GPLB“)**. Bei der Durchführung der Lohnsteuerprüfung bzw. Kommunalsteuerprüfung ist das Prüfungsorgan der Österreichischen Gesundheitskasse als Organ des Finanzamtes bzw. der erhebungsberechtigten Gemeinde tätig und unterliegt dessen bzw. deren fachlicher Weisung. Das Finanzamt bzw. die Gemeinde ist von

1671 Der § 1 Abs. 1 Auskunftspflichtgesetz bestimmt, dass die Organe des Bundes sowie die Organe der durch die Bundesgesetzgebung zu regelnden Selbstverwaltung **über Angelegenheiten ihres Wirkungsbereichs Auskünfte zu erteilen** haben, wobei eine Verletzung der Auskunftspflicht **Amtshaftungsansprüche** nach sich ziehen kann.

der Prüfung sowie auf Anfrage vom Stand des Prüfungsverfahrens zu unterrichten; nach Abschluss der Außenprüfung hat eine Verständigung vom Inhalt des Prüfungsberichtes oder der aufgenommenen Niederschrift zu erfolgen. Das Finanzamt bzw. die Gemeinde ist an das Prüfungsergebnis nicht gebunden (§ 41a Abs. 2 und 3 ASVG).

Der Prüfungsauftrag ist von der Österreichischen Gesundheitskasse zu erteilen (§ 41a Abs. 4 ASVG).

Die Österreichische Gesundheitskasse hat den Finanzämtern und den Gemeinden alle für das Versicherungsverhältnis und die Beitragsentrichtung bedeutsamen Daten zur Verfügung zu stellen. Diese Daten dürfen nur in der Art und dem Umfang verarbeitet werden, als dies zur Wahrnehmung der gesetzlich übertragenen Aufgaben eine wesentliche Voraussetzung ist (§ 41a Abs. 5 ASVG).

Sonstige Bestimmungen:

Reichen die zur Verfügung stehenden Unterlagen für die Beurteilung der für das Versicherungsverhältnis maßgebenden Umstände **nicht aus**, so ist der Versicherungsträger berechtigt, diese Umstände auf Grund anderer Ermittlungen oder unter Heranziehung von Daten anderer Versicherungsverhältnisse bei demselben Dienstgeber sowie von Daten gleichartiger oder ähnlicher Betriebe festzustellen. Der Versicherungsträger kann insb. die Höhe von Trinkgeldern, wenn solche in gleichartigen oder ähnlichen Betrieben üblich sind, anhand von **Schätzwerten**[1672] ermitteln (§ 42 Abs. 3 ASVG).

Die Versicherungsträger sind berechtigt, die **zuständigen Behörden zu verständigen**, wenn sie im Rahmen ihrer Tätigkeit zu dem begründeten Verdacht gelangen, dass eine Übertretung arbeitsrechtlicher, gewerberechtlicher oder steuerrechtlicher Vorschriften vorliegt (§ 42 Abs. 4 ASVG).

Sozialversicherungs-Zuordnungsgesetz:

Zur Klärung der Versicherungszuordnung ist ein **Verfahren mit wechselseitigen Verständigungspflichten** des Krankenversicherungsträgers (z.B. ÖGK) und der SVS durchzuführen. Die Einleitung dieses Verfahrens erfolgt u.a. auf Grund einer amtswegigen Sachverhaltsfeststellung im Rahmen einer Sozialversicherungs- bzw. Lohnsteuerprüfung (§ 412a ASVG).

Stellt der Krankenversicherungsträger oder das Finanzamt bei der Sozialversicherungs- bzw. Lohnsteuerprüfung für eine im geprüften Zeitraum nach dem GSVG bzw. nach dem BSVG versicherte Person einen Sachverhalt fest, der zu weiteren Erhebungen über eine **rückwirkende Feststellung der Pflichtversicherung nach dem ASVG** (Stichwort „Umqualifizierung") Anlass gibt, so hat der Krankenversicherungs-

1672 Auch Schätzungsergebnisse unterliegen der Pflicht zur Begründung. Demnach sind die Schätzungsmethode, die der Schätzung zu Grunde gelegten Sachverhalte und die Ableitung des Schätzungsergebnisses darzulegen (VwGH 7.9.2005, 2003/08/0185; 26.5.2010, 2007/08/0110).
Soweit der Versicherungsträger nicht in der Lage ist, Beitragsverpflichtungen einem konkreten Beschäftigungsverhältnis (einem bestimmten Dienstnehmer) zuzuordnen, kann dieser die Beitragsvorschreibung auch im Schätzungsweg nicht vornehmen. Demnach ist eine Beitragsvorschreibung für **unbekannte Dienstnehmer** unzulässig (VwGH 19.10.2005, 2002/08/0273).
Werden im Rahmen einer Abgabenprüfung nach Aufforderung durch die Behörde Arbeitszeitaufzeichnungen nicht lückenlos vorgelegt, kann die Behörde für Zwecke der Festsetzung von Sozialversicherungsbeiträgen die Beitragsgrundlage ohne weiteres Ermittlungsverfahren schätzen (VwGH 27.11.2014, 2012/08/0216).

träger oder das Finanzamt die SVS ohne unnötigen Aufschub von dieser Prüfung **zu verständigen.** Die Verständigung hat den **Namen**, die **Versicherungsnummer** sowie den **geprüften Zeitraum** und die **Art der Tätigkeit** zu enthalten. Die weiteren Ermittlungen sind vom Krankenversicherungsträger und von der SVS durchzuführen (§ 412b ASVG).

Fall 1: Einvernehmliche Beurteilung des Sachverhalts

Wird nach Abschluss der Prüfungen das Vorliegen einer Pflichtversicherung

- nach dem ASVG vom Krankenversicherungsträger und dem Dienstgeber oder
- nach dem ASVG oder nach dem GSVG bzw. BSVG vom Krankenversicherungsträger und der SVS

(einvernehmlich) bejaht, so sind die Krankenversicherungsträger, die SVS und das Finanzamt bei einer späteren Prüfung an diese Beurteilung gebunden (**Bindungswirkung**) (§ 412c Abs. 1 ASVG). Die Bindungswirkung gilt nicht, wenn eine Änderung des für die Beurteilung der Pflichtversicherung maßgeblichen Sachverhaltes eingetreten ist (§ 412c Abs. 5 ASVG).

Fall 2: Abweichende Beurteilung des Sachverhalts durch die Versicherungsträger

Wird nach Abschluss der Prüfungen vom Krankenversicherungsträger das Vorliegen einer Pflichtversicherung nach dem ASVG bejaht, während die SVS vom Vorliegen einer Pflichtversicherung nach dem GSVG bzw. BSVG ausgeht, so hat der Krankenversicherungsträger die Pflichtversicherung nach dem ASVG mit Bescheid festzustellen. Die Behörden sind an diese Beurteilung gebunden (Bindungswirkung), wenn der Bescheid des Krankenversicherungsträgers rechtskräftig wurde (§ 412c Abs. 2 ASVG). Im Bescheid hat sich der Krankenversicherungsträger im Rahmen der rechtlichen Beurteilung mit dem abweichenden Vorbringen der SVS auseinanderzusetzen (§ 412c Abs. 3 ASVG).

Die Bindungswirkung gilt nicht, wenn eine Änderung des für die Beurteilung der Pflichtversicherung maßgeblichen Sachverhaltes eingetreten ist (§ 412c Abs. 5 ASVG).

Bescheide des Krankenversicherungsträgers sind neben der versicherten Person und ihrem Dienstgeber auch der SVS sowie dem zuständigen Finanzamt **zuzustellen** (§ 412c Abs. 4 ASVG).

Gegen Bescheide der Sozialversicherungsträger kann nach allgemeinen Grundsätzen ein Rechtsmittel erhoben werden (→ 42.).

Darüber hinaus sieht das Sozialversicherungs-Zuordnungsgesetz auch Bestimmungen zum Vorgehen bei einer **beitragsrechtlichen Rückabwicklung** in Zusammenhang mit Umqualifizierungen von bisher nach dem GSVG bzw. BSVG versicherten Tätigkeiten in eine Versicherungspflicht nach dem ASVG im Rahmen von Prüfungen vor. Es kommt diesbezüglich bei der Neufestsetzung von Beiträgen zu einer Anrechnung jener Beiträge, die bisher (an den falschen SV-Träger) geleistet wurden (§ 41 Abs. 3 GSVG, § 40 Abs. 3 BSVG).

Diverse Informationen zur Prüfung finden Sie auch unter Punkt 39.1.2.3.

39.1.2. Im Bereich der Lohnsteuer

39.1.2.1. Meldungen

39.1.2.1.1. Verrechnungsweisung

Die Meldung über die Höhe der Lohnsteuer erfolgt **monatlich** über die Finanzamtszahlung der **Electronic-Banking-Systeme oder mittels FinanzOnline** (→ 37.3.5.3.).

39.1.2.1.2. Lohnzettel

Der Arbeitgeber hat

- dem Finanzamt (→ 37.3.1.) oder dem Krankenversicherungsträger (→ 6.2.6.)
- **ohne besondere Aufforderung**
- die **Lohnzettel aller** im Kalenderjahr beschäftigten **Arbeitnehmer** zu übermitteln (§ 84 Abs. 1 EStG).

Weitere, den Lohnzettel betreffende Erläuterungen finden Sie im Kapitel 35.

39.1.2.1.3. Lohnsteueranmeldung

Das Finanzamt des Arbeitgebers (→ 37.3.1.) kann verlangen, dass ein Arbeitgeber, der die Lohnsteuer nicht ordnungsmäßig abführt, eine **Lohnsteueranmeldung** (Drucksorte L 27) abgibt. Die Lohnsteueranmeldung ist spätestens **am 15. Tag** nach Ablauf des Kalendermonats dem Finanzamt des Arbeitgebers zu übersenden. Der Arbeitgeber hat in der Lohnsteueranmeldung unabhängig davon, ob er die einbehaltene Lohnsteuer an das Finanzamt abgeführt hat oder nicht, zu erklären, wieviel Lohnsteuer im Kalendermonat einzubehalten war (§ 80 Abs. 1 EStG).

Hat das Finanzamt des Arbeitgebers die Abgabe der Lohnsteueranmeldung (mit der Drucksorte L 26) verlangt, so muss der Arbeitgeber die Lohnsteueranmeldung auch dann abgeben, wenn er im Anmeldungszeitraum keine Lohnsteuer einzubehalten hatte (§ 80 Abs. 2 EStG).

39.1.2.1.4. Lohnsteuerbescheinigung

Beschäftigt ein **Arbeitgeber ohne inländische Betriebsstätte** einen in Österreich unbeschränkt steuerpflichtigen Arbeitnehmer, der den Mittelpunkt seiner Tätigkeit überwiegend im Kalenderjahr in Österreich hat, und nimmt er keinen freiwilligen Lohnsteuerabzug vor, dann ist er zur Übermittlung einer **Lohnbescheinigung (Formular L 17)** verpflichtet (§ 47 Abs. 1 lit. c iVm § 84a EStG). Dabei sind jedenfalls Name, Wohnsitz, Geburtsdatum, Sozialversicherungsnummer und die Bruttobezüge anzugeben. Die Übermittlung hatte erstmalig für das Kalenderjahr 2020 zu erfolgen.

39.1.2.2. Auskunftspflicht

39.1.2.2.1. Arbeitgeber, Arbeitnehmer

Die **Arbeitgeber und ihre Angestellten** haben den Organen des Finanzamts (Prüfern) Einsicht in die Lohnkonten (→ 10.1.2.1.) und in die Lohnaufzeichnungen der

Betriebe sowie in die Geschäftsbücher und in die Unterlagen zu gewähren, soweit dies für die Feststellung der den Arbeitnehmern gezahlten Vergütungen aller Art und für die Lohnsteuerprüfung erforderlich ist.

Die Arbeitgeber haben ferner jede vom Prüfer zum Verständnis der Aufzeichnungen verlangte Erläuterung zu geben.

Die Arbeitgeber haben auf Verlangen dem Prüfer auch über sonstige für den Betrieb tätige Personen, bei denen es zweifelhaft ist, ob sie Arbeitnehmer des Betriebs sind, jede gewünschte Auskunft zur Feststellung ihrer Steuerverhältnisse zu geben (§ 87 Abs. 1–3 EStG).

Die **Arbeitnehmer** des Betriebs haben dem Prüfer jede gewünschte Auskunft über Art und Höhe ihres Arbeitslohns zu geben und auf Verlangen die in ihrem Besitz befindlichen Aufzeichnungen und Belege über bereits entrichtete Lohnsteuer vorzulegen.

Der Prüfer ist auch berechtigt, von Personen, bei denen es zweifelhaft ist, ob sie Arbeitnehmer des Betriebs sind, jede Auskunft zur Feststellung ihrer Steuerverhältnisse zu verlangen (§ 88 Abs. 1, 2 EStG).

39.1.2.2.2. Träger der gesetzlichen Sozialversicherung

Die **Träger der gesetzlichen Sozialversicherung** (→ 5.3.) haben den Abgabenbehörden des Bundes jede zur Durchführung des Steuerabzugs und der den Finanzämtern obliegenden Prüfung und Aufsicht dienliche Hilfe zu leisten (§ 158 Abs. 1 BAO). Insbesondere sind ohne Aufforderung die **Feststellungen und das Ergebnis aller Prüfungen** (§§ 41a und 42 Abs. 1 ASVG) dem **Finanzamt zur Verfügung zu stellen** (§ 89 Abs. 1 EStG).

Die Zurverfügungstellung der Prüfungsergebnisse kann im Weg des Datenträgeraustausches oder der automationsunterstützten Datenübermittlung erfolgen. Der Bundesminister für Finanzen wird ermächtigt, im Einvernehmen mit dem Bundesminister für Soziales das Verfahren der Übermittlung beziehungsweise den Inhalt der Meldungen und das Verfahren des Datenträgeraustausches und der automationsunterstützten Datenübermittlung mit Verordnung festzulegen (§ 89 Abs. 2 EStG).

Die **Abgabenbehörden** und das Amt für Betrugsbekämpfung haben im Rahmen der Vollziehung der abgabenrechtlichen Bestimmungen insb. zu erheben, ob

- die versicherungs- und melderechtlichen Bestimmungen des ASVG,
- die Anzeigepflichten des AlVG und
- die Bestimmungen, deren Missachtung den Tatbestand der §§ 366 Abs. 1 Z 1 oder 367 Z 54 GewO erfüllt,

eingehalten wurden (§ 89 Abs. 3 EStG).

Die Träger der gesetzlichen Sozialversicherung haben an dem der An- oder Abmeldung folgenden Werktag den Abgabenbehörden des Bundes den Namen, die Wohnanschrift und die Versicherungsnummer gem. § 31 Abs. 4 Z 1 ASVG (bei Nichtvorhandensein jedenfalls das Geburtsdatum) der an- und abgemeldeten Dienstnehmer zu übermitteln. Weiters sind die Meldungen der monatlichen Beitragsgrundlagen nach Ablauf eines jeden Beitragszeitraums sowie allfällige Berichtigungen der Beitragsgrundlage pro versicherter Person zu übermitteln. Abs. 2 gilt sinngemäß (§ 89 Abs. 6 EStG).

39.1.2.2.3. Finanzamt

Die **Finanzämter** haben den Krankenversicherungsträgern (→ 39.1.1.3.) und den Gemeinden alle für die Erhebung von lohnabhängigen Abgaben bedeutsamen Daten zur Verfügung zu stellen. Insbesondere sind den Gemeinden die Daten der Dienstgeberbeitragszahlungen der Arbeitgeber bereitzustellen. Diese Daten dürfen nur in der Art und dem Umfang verwendet werden, als dies zur Wahrnehmung der gesetzlich übertragenen Aufgaben eine wesentliche Voraussetzung ist. Die Verwendung nicht notwendiger Daten (Ballastwissen, Überschusswissen) ist unzulässig. Daten, die mit an Sicherheit grenzender Wahrscheinlichkeit nicht mehr benötigt werden, sind möglichst rasch zu löschen (§ 89 Abs. 4 EStG).

Das **Finanzamt des Arbeitgebers** (→ 37.3.1.) hat auf Anfrage[1673] einer Partei tunlichst innerhalb von vierzehn Tagen darüber Auskunft zu geben, ob und inwieweit im einzelnen Fall die Vorschriften über die Lohnsteuer anzuwenden sind (§ 90 EStG).

Die Antwort in Form einer Auskunftserteilung hat **keinen Bescheidcharakter** (→ 42.1., → 42.3.). Die Auskunftserteilung kann daher nicht mit Beschwerde bekämpft werden; sie kann von der Behörde jederzeit wieder geändert oder zurückgenommen werden. Eine unrichtige Auskunft bzw. die Änderung oder Zurücknahme einer Auskunft kann die Behörde aber nach dem **Grundsatz von Treu und Glauben**[1674] binden, wenn die Partei im Vertrauen auf eine – nicht erkennbar und nicht offenkundig – unrichtige Auskunft Dispositionen gesetzt hat und der Partei dadurch ein Vertrauensschaden erwächst (VwGH 14.12.2000, 95/15/0028).

Der Umstand, dass eine gesetzwidrige Vorgangsweise nicht mehr aufrechterhalten wird, stellt weder Willkür noch eine Verletzung von Treu und Glauben dar (LStR 2002, Rz 1241).

Antragsberechtigt ist jeder Beteiligte, d.h. der Arbeitgeber oder – soweit es um eine Auskunft zu dem ihn konkret betreffenden Lohnsteuerabzug geht – auch der Arbeitnehmer (LStR 2002, Rz 1240).

Zum Grundsatz von Treu und Glauben hat das **BMF** im **Erlass vom 6.4.2006, 010103/0023-VI/2006**, nachstehende Rechtsansichten bekannt gegeben (Auszug):

Unter dem Grundsatz von **Treu und Glauben** wird verstanden, dass jeder, der am Rechtsleben teilnimmt, zu seinem Wort und zu seinem Verhalten zu stehen hat und sich nicht ohne triftigen Grund in Widerspruch zu dem setzen darf, was er früher vertreten hat und worauf andere vertraut haben. Dieser Grundsatz ist auch im Abgabenrecht zu beachten.

Im Zusammenhang mit nachträglich als unrichtig erkannten Rechtsauskünften setzt die Anwendung von Treu und Glauben insb. voraus:

- Die Auskunft wird von der zuständigen Abgabenbehörde (i.d.R. erster Instanz) erteilt.
- Die Auskunft ist nicht offensichtlich unrichtig.
- Die Unrichtigkeit der Auskunft war für die Partei nicht erkennbar.

1673 Anfragen über das Bestehen von Rechtsvorschriften oder deren Anwendung sind gebührenfrei (§ 14 Tarifpost 6 Abs. 5 Z 25 GebG).

1674 Wird durch das Finanzamt i.S.d. § 90 EStG eine **Rechtsauskunft mündlich** erteilt und hierüber eine **Niederschrift aufgenommen** (wobei insb. aus darin angeführten Beispielen ersichtlich ist, dass der Sachverhalt lückenlos dargestellt worden ist und die gegenständliche protokollierte Auskunft in ihrer wesentlichen Aussage eindeutig und nicht weiter zweifelhaft ist), ist die Abgabenbehörde an die von ihr gegebene Auskunft gebunden (VwGH 14.10.1992, 90/13/0009) (vgl. → 7.9.).

- Die Partei hat im Vertrauen auf die Richtigkeit der Auskunft Dispositionen getroffen, die sie bei Kenntnis der Unrichtigkeit der Auskunft nicht oder anders getroffen hätte.
- Vertrauensschaden für die Partei, wenn die Besteuerung entgegen der Auskunft vorgenommen würde.

Rechtsgrundlagen für Rechtsauskünfte sind vor allem § 90 EStG (Lohnsteuerauskunft) und das Auskunftspflichtgesetz.

Bei Rechtsauskünften, denen (geplante) **künftige**, vom Auskunftswerber im Auskunftsersuchen dargestellte **Sachverhalte** zu Grunde gelegt wurden, ist der **Grundsatz von Treu und Glauben nicht anwendbar**, wenn der tatsächlich verwirklichte Sachverhalt in wesentlichen Punkten von dem der Auskunft zu Grunde liegenden Sachverhalt abweicht oder wenn für die rechtliche Beurteilung wesentliche Sachverhaltselemente verschwiegen worden sind.

Nach § 2 Auskunftspflichtgesetz können Auskunftsbegehren **schriftlich**, **mündlich** oder **telefonisch** erfolgen. Daraus ergibt sich, dass Auskünfte nicht nur schriftlich, sondern auch mündlich oder telefonisch erfolgen dürfen.

Nicht zuletzt aus Beweisgründen (Inhalt des in der Anfrage dargestellten Sachverhalts sowie der Auskunft) wird der Schriftform der Vorzug zu geben sein. Als Beweismittel über mündliche oder telefonische Auskünfte kommen Niederschriften (§ 87 BAO) oder Aktenvermerke (§ 89 BAO) in Betracht.

Rechtsauskünfte dürfen nicht vorbehaltlich sich nicht ändernder Rechtsprechung oder vorbehaltlich nicht später ergehender Erlässe oder Weisungen der Oberbehörde erfolgen.

Zulässig ist der Hinweis, dass die **Auskunft nicht in Bescheidform** ergeht sowie dass der Schutz des Vertrauens auf die Auskunft (nach dem Grundsatz von Treu und Glauben) u.a. voraussetzt, dass der Sachverhalt, welcher der Auskunft zu Grunde gelegt ist, im Auskunftsersuchen richtig und vollständig dargestellt ist (und tatsächlich verwirklicht wird).

Lt. VwGH besteht kein Vertrauensschutz, wenn Auskünfte, die im Widerspruch zur ständigen Judikatur des VwGH stehen, lediglich fernmündlich erteilt wurden. Da eine **fernmündliche Auskunft** die Möglichkeit von **Irrtümern** und ungenauen Erklärungen in sich birgt, wäre der Partei bei einer im Widerspruch zur dem Abgabepflichtigen bzw. seinem Vertreter bekannten Judikatur des VwGH stehenden Auskunft zuzumuten gewesen, ihr Auskunftsverlangen schriftlich zu stellen und eine dementsprechende schriftliche Antwort abzuwarten.

Für Treu und Glauben können auch Rechtsauskünfte bedeutsam sein, die ein Finanzamt entgegen § 97 BAO als **E-Mail oder Fax** erteilt.

Der Grundsatz von Treu und Glauben schützt nicht ganz allgemein das Vertrauen des Abgabepflichtigen auf die Rechtsbeständigkeit einer allenfalls auch unrichtigen abgabenrechtlichen Beurteilung für die Vergangenheit. Die Behörde ist vielmehr verpflichtet, von einer gesetzwidrig erkannten Verwaltungsübung abzugehen.

Ein **Verstoß gegen den Grundsatz von Treu und Glauben** setzt voraus,

- dass ein (unrechtes) Verhalten der Behörde, auf das der Abgabepflichtige vertraut hat, eindeutig und unzweifelhaft für ihn bzw. für seinen Vertreter zum Ausdruck gekommen ist und

- dass der Abgabepflichtige seine Dispositionen danach eingerichtet und er als Folge hievon einen abgabenrechtlichen Nachteil erlitten hat.

Der Umstand, dass eine abgabenbehördliche **Prüfung** eine bestimmte Vorgangsweise des Abgabepflichtigen **unbeanstandet** gelassen hat, hindert die Behörde nicht, diese Vorgangsweise für spätere Zeiträume als rechtswidrig zu beurteilen[1675].

Der VwGH schützt das Vertrauen **nur** in Rechtsauskünfte der für die Angelegenheit **zuständigen Abgabenbehörde**, es bestehe somit kein Schutz bei Rechtsauskünften des BMF, wenn ein Finanzamt für die Abgabenfestsetzung zuständig ist. Daher erscheint es für den Abgabepflichtigen empfehlenswert, sich vom zuständigen Finanzamt bestätigen zu lassen, dass es der Rechtsauslegung des BMF beitritt.

Erlässe sind keine

- Rechtsquellen,
- Rechtsverordnungen (i.S.d. Art. 18 Abs. 2 B-VG),
- Weisungen (i.S.d. Art. 20 Abs. 1 B-VG bzw. des § 44 BDG).

Den vollen Erlasstext zum Grundsatz Treu und Glauben finden Sie auf der Website des BMF unter findok.bmf.gv.at.

39.1.2.3. Prüfung

Lohnsteuerprüfung gemäß § 86 EStG:

Rechtsgrundlage für die Prüfung (Außenprüfung) durch das Finanzamt sind die §§ 86 bis 89 EStG, die §§ 48a, 147 bis 153 BAO sowie die Bestimmungen im Bundesgesetz über die Prüfung lohnabhängiger Abgaben und Beiträge (PLABG), BGBl I 2018/98.

Dem Finanzamt (→ 37.3.1.) obliegt die Prüfung der Einhaltung aller für die ordnungsgemäße Einbehaltung und Abfuhr

- der Lohnsteuer,
- der Abzugsteuer (§ 99 EStG) (→ 31.1.2.)

sowie die für die Erhebung

- des Dienstgeberbeitrags zum FLAF (→ 37.3.3.) und
- des Zuschlags zum DB (→ 37.3.4.)

maßgebenden tatsächlichen und rechtlichen Verhältnisse **(Lohnsteuerprüfung)** nach Maßgabe der Bestimmungen des PLABG. Es hat sich für die Durchführung der Prüfung des Prüfdienstes für Lohnabgaben und Beiträge zu bedienen.

Buch- und Betriebsprüfungen sind dem Abgabepflichtigen oder seinem Bevollmächtigten tunlichst **eine Woche vorher anzukündigen**, sofern hiedurch der Prüfungszweck nicht vereitelt wird (§ 148 Abs. 5 BAO). Da weder das EStG noch die BAO eine Bestimmung über den Ort einer Prüfung enthalten, wird diese immer dort

1675 **Kein Treu- und Glaubensschutz** besteht somit auch dann, wenn die Österreichische Gesundheitskasse seit zwölf Jahren Beitragsprüfungen vorgenommen hat und dabei Sachverhalte unberücksichtigt gelassen hat. Die Pflichtversicherung (und damit auch die Beitragspflicht) tritt ex lege ein. Darüber hinaus kommt der Österreichischen Gesundheitskasse bei Feststellung der Pflichtversicherung (Beitragspflicht) zufolge ihrer Bindung an das Gesetz kein Vollzugsspielraum zu (VwGH 29.6.2005, 2001/08/0053).

stattfinden, wo die entsprechenden Lohnkonten und sonstigen Aufzeichnungen geführt werden (i.d.R. im Betrieb oder beim Steuerberater).

Die vom Finanzamt mit der Vornahme von Außenprüfungen beauftragten Organe (Lohnsteuerprüfer) haben sich zu Beginn der Amtshandlung unaufgefordert über ihre Person **auszuweisen** und den **Prüfungsauftrag vorzuweisen** (§ 148 Abs. 1 BAO).

Im Zusammenhang mit der Durchführung von Abgabenverfahren (z.B. einer Lohnsteuerprüfung) besteht die Verpflichtung zur abgabenrechtlichen **Geheimhaltung** (§ 48a Abs. 1 BAO).

Die Abgabenbehörden sind verpflichtet, von ihnen aufgegriffene Umstände über Personen, die unter § 4 Abs. 4 ASVG (→ 31.7.) fallen könnten, im Weg des **Austausches von Nachrichten** für Zwecke der Durchführung des Versicherungs-, Melde- und Beitragswesens dem Krankenversicherungsträger mitzuteilen (§ 48b Abs. 1 BAO).

Die Abgabenbehörden sind u.a. berechtigt, die zuständigen Behörden zu verständigen, wenn sie im Rahmen ihrer Tätigkeit zu einem begründeten Verdacht gelangen, dass eine Übertretung arbeitsrechtlicher, sozialversicherungsrechtlicher, gewerberechtlicher, finanzmarktrechtlicher oder berufsrechtlicher Vorschriften vorliegt (§ 48b Abs. 2 BAO).

Liegt ein rechtskräftiger **Feststellungsbescheid nach dem Sozialversicherungs-Zuordnungsgesetz** (§ 412c ASVG oder § 194b GSVG oder § 182a BSVG) vor (→ 6.2.1. und 31.7.1.), so ist die Versicherungszuordnung auch für die Qualifikation der Einkünfte nach dem EStG bindend. Dies gilt nicht, wenn der Bescheid auf falschen Angaben beruht oder sich der zugrunde liegende Sachverhalt geändert hat (§ 86 Abs. 1a EStG). Siehe dazu auch die Ausführungen weiter unten.

Ergibt sich bei einer Lohnsteuerprüfung, dass die genaue Ermittlung der auf den einzelnen Arbeitnehmer infolge einer Nachforderung entfallenden Lohnsteuer mit unverhältnismäßigen Schwierigkeiten verbunden ist, so kann die **Nachforderung in einem Pauschbetrag** erfolgen. Bei der Festsetzung dieses Pauschbetrags ist auf die Anzahl der durch die Nachforderung erfassten Arbeitnehmer, die Steuerabsetzbeträge sowie auf die durchschnittliche Höhe des Arbeitslohns der durch die Nachforderung erfassten Arbeitnehmer Bedacht zu nehmen (§ 86 Abs. 2 EStG).

Bei einer pauschalen Lohnsteuernachforderung muss die **auf den einzelnen Arbeitnehmer entfallende Lohnsteuer zumindest errechenbar** sein. Eine Ausnahme von diesen Grundsätzen wird vorliegen, wenn feststeht, dass der Arbeitgeber Arbeitnehmern nicht (ordnungsgemäß) versteuerte Vorteile aus dem Dienstverhältnis gewährt, der Arbeitgeber aber der Abgabenbehörde die Möglichkeit nimmt, die betreffenden Arbeitnehmer festzustellen (LStR 2002, Rz 1237)

Nach der Rechtsprechung des VwGH ist grundsätzlich festzustellen, welche Arbeitnehmer welche unrichtig versteuerten Vorteile aus dem Dienstverhältnis bezogen haben. Lediglich bei der Berechnung der Lohnsteuer, die auf diese Vorteile entfällt, kann pauschal vorgegangen werden, indem eine Durchschnittsbelastung ermittelt wird, die auf die Vorteile der „durch die Nachforderung erfassten Arbeitnehmer" entfällt. Auch im Falle der pauschalen Nachforderung muss aber grundsätzlich für den Arbeitgeber ermittelbar sein, was auf den einzelnen Arbeitnehmer entfällt (VwGH 12.6.2019, Ro 2017/13/0016).

Anlässlich einer Lohnsteuerprüfung haben die Arbeitgeber und Arbeitnehmer ihren vorhin behandelten Auskunftspflichten nachzukommen.

Der **Prüfzeitraum** beträgt grundsätzlich drei Kalenderjahre und kann in begründeten Ausnahmefällen auf ungeprüfte Zeiträume ausgedehnt werden.

Wer sich eines **Finanzvergehens** schuldig gemacht hat, wird insoweit **straffrei**, als er seine Verfehlung darlegt **(Selbstanzeige)**. Die Darlegung hat, wenn die Handhabung der verletzten Abgaben- oder Monopolvorschriften den Zollämtern obliegt, gegenüber einem Zollamt, sonst gegenüber einem Finanzamt zu erfolgen. Sie ist bei Betretung auf frischer Tat ausgeschlossen (→ 40.2.) (§ 29 Abs. 1 FinStrG).

Prüfdienst – Bestimmungen des PLABG:

Mit **1.1.2020** wurde ein **Prüfdienst für Lohnabgaben und Beiträge** beim Bundesministerium für Finanzen eingerichtet, welchem die Durchführung der **Prüfung lohnabhängiger Abgaben und Beiträge** im Auftrag des Finanzamtes obliegt (§ 3 PLABG).

Die Prüfung lohnabhängiger Abgaben und Beiträge stellt eine Außenprüfung gemäß § 147 BAO dar und umfasst

- die **Lohnsteuerprüfung gem. § 86 EStG** und
- die **Sozialversicherungsprüfung gem. § 41a ASVG** (→ 39.1.1.3.) und
- die **Kommunalsteuerprüfung gem. § 14 KommStG** (→ 39.1.4.2.) (§ 4 PLABG).

„GPLB“

Das Organ des Prüfdienstes für Lohnabgaben und Beiträge wird bei der Durchführung

- der Lohnsteuerprüfung als Organ des für die Erhebung der Lohnsteuer zuständigen Finanzamtes,
- der Sozialversicherungsprüfung als Organ des Krankenversicherungsträgers und
- der Kommunalsteuerprüfung als Organ der jeweils erhebungsberechtigten Gemeinde tätig (§ 5 PLABG).

Der **Prüfungsauftrag** ist vom Finanzamt zu erteilen. Das Finanzamt, die Österreichische Gesundheitskasse und die Gemeinden sind an das Prüfungsergebnis **nicht gebunden** (§ 9 Abs. 2 und 3 PLABG).

Der Prüfdienst für Lohnabgaben und Beiträge hat das für die Erhebung der Lohnsteuer zuständige Finanzamt hinsichtlich der Lohnsteuerprüfung, die Österreichische Gesundheitskasse hinsichtlich der Sozialversicherungsprüfung und die jeweils erhebungsberechtigte Gemeinde hinsichtlich der Kommunalsteuerprüfung elektronisch

- von der Prüfung sowie vom Inhalt des Prüfungsberichtes oder der aufgenommenen Niederschrift zu verständigen sowie
- auf Ersuchen über den Stand der Prüfung und Zwischenergebnisse zu informieren (§ 10 Abs. 1 PLABG).

Ablauf einer Prüfung:

Bei Prüfungsbeginn hat sich der **Prüfer** mit Dienstausweis bzw. Dienstkarte **auszuweisen**. Als Legitimation über die Art und den Umfang der vorzunehmenden Prüfungshandlungen dient der Prüfungsauftrag.

Dem Arbeitgeber bzw. seinem Bevollmächtigten ist bei Prüfungsbeginn eine Ausfertigung des Prüfungsauftrags nachweislich zur Kenntnis zu bringen und ein Exemplar auszuhändigen. Wird die Unterschrift verweigert, so ist dies auf dem Prüfungsauftrag zu vermerken.

Zur Sicherstellung eines zügigen Prüfungsablaufs sind vom Arbeitgeber oder seinem Bevollmächtigten alle zur Durchführung **benötigten Unterlagen** bereitzustellen.

Diese umfassen vor allem:

1. Betriebsvereinbarungen;
2. Dienstverträge, Dienstzettel, Freie Dienstverträge mit Abrechnungen, Werkverträge mit Honorarabrechnungen, Lehrverträge, Praktikantenverträge, Volontärverträge;
3. Dienstgeber- und Dienstnehmer-Lohnkonten und alle dazugehörigen Unterlagen, z.B. Überstundenaufzeichnungen, Reisekosten-, Provisions-, Akkord- und andere leistungsabhängige Lohnberechnungen, Tachoscheiben, Abrechnungen der BUAK, alle Arbeitszeit-, Urlaubs-, Krankenstands- und andere Abwesenheitsaufzeichnungen;
4. Prüfberichte der letzten Lohnsteuer-, Sozialversicherungs-, Kommunalsteuer- und Betriebsprüfung;
5. sämtliche Geschäftsbücher, wie Jahresabschlüsse, Buchhaltung (Einnahmen-Ausgaben-Rechnung) und Belege, Kassabücher.

Werden Bücher oder Aufzeichnungen ganz oder teilweise **automationsunterstützt** geführt, sind auch die entsprechenden Dokumentationsunterlagen vorzulegen. Sofern von diesen Daten dauerhafte Wiedergaben (Ausdrucke) erstellt wurden, sind diese auch auf Datenträgern bereitzustellen (Druck- oder Exportfiles).

Die **Prüfer wirken** im Rahmen der gemeinsamen Prüfung **als Sachverständige**. Das bei der Prüfung erhobene Ergebnis wird der jeweils zuständigen Institution, also dem Krankenversicherungsträger, dem Finanzamt sowie der Stadt(Gemeinde)kasse, übermittelt. Diese Institution ist für die weitere Verarbeitungen der ihren Bereich betreffenden Feststellungen zuständig.

Hinsichtlich der Regelungen über die **Einhebung von Abgaben und Beiträgen** (→ 37.) sowie das jeweilige **Rechtsmittelverfahren** (→ 42.) gibt es keine gemeinsame Vorgangsweise.

Hinsichtlich des Ergebnisses der Lohnsteuerprüfung (LSt, DB, DZ) kann der Arbeitgeber gem. § 255 BAO auf die Einbringung eines Rechtsmittels vor Erlassung des Bescheids verzichten. Wird der Rechtsmittelverzicht (i.d.R. im Rahmen der abschließenden Besprechung) vom Arbeitgeber selbst nicht schriftlich erklärt, ist darüber eine Niederschrift aufzunehmen. Eine Ausfertigung der Niederschrift ist dem Arbeitgeber auszufolgen.

Im Sozialversicherungsverfahren ist ein Rechtsmittelverzicht nicht vorgesehen.

Dem Arbeitgeber sind der Inhalt der zu erwartenden Bescheide, die Grundlagen der Abgabenfestsetzung, die Höhe der Abgaben und die Abweichungen von den bisherigen Festsetzungen bekannt zu geben.

Das Recht, **„Nachschauen"** (Erhebungen)[1676] durchzuführen, **bleibt** weiterhin **bestehen**. In solchen Fällen werden Prüfer der jeweiligen Institution (auch einer Gemeinde oder einer Stadt) nur in ihrem eigenen Zuständigkeitsbereich tätig (z.B. erfolgt die Nachschau bezüglich der Kommunalsteuer durch einen Bevollmächtigten der Gemeinde ausschließlich für den Bereich der Kommunalsteuer).

Sozialversicherungs-Zuordnungsgesetz:

Tritt im Rahmen einer Prüfung der substantielle Verdacht auf, dass anstelle der bisherigen Pflichtversicherung nach GSVG (als freie Gewerbetreibende und neue Selbständige) bzw. BSVG eine Pflichtversicherung nach dem ASVG vorliegt, hat das Finanzamt die SVS ohne unnötigen Aufschub über diesen Verdacht **zu verständigen.** Die Verständigung hat den Namen, die Versicherungsnummer, den geprüften Zeitraum und die Art der Tätigkeit zu enthalten.

Die weiteren Ermittlungen sind sodann vom Krankenversicherungsträger und der SVS im Rahmen des jeweiligen Wirkungsbereiches durchzuführen und die Versicherungszuordnung festzustellen (in bestimmten Fällen mit Bescheid). Bescheide zur Versicherungszuordnung sind auch dem zuständigen Finanzamt zuzustellen. Das Finanzamt ist bei einer späteren Prüfung an die versicherungsrechtliche Zuordnung gebunden (außer der maßgebliche Sachverhalt hat sich geändert) (LStR 2002, Rz 1239a).

Liegt aufgrund eines Verfahrens zur Klärung der Versicherungszuordnung ein rechtskräftiger Feststellungsbescheid über die Versicherungszuständigkeit vor (§ 412c ASVG, § 194b GSVG oder § 182a BSVG), ist dieser auch **maßgeblich für die Zuordnung der Einkünfte zu selbständigen oder unselbständigen Einkünften**. Eine Feststellung der Pflichtversicherung z.B. nach dem GSVG führt demnach zu Einkünften aus Gewerbebetrieb. Dies gilt nicht, wenn der Bescheid auf falschen Angaben beruht oder eine Änderung des für diese Zuordnung maßgeblichen Sachverhaltes eingetreten ist; es ist stets das tatsächlich verwirklichte Gesamtbild der vereinbarten Tätigkeit zu beurteilen (LStR 2002, Rz 1239b).

Hinweise hinsichtlich der Sozialversicherungsprüfung **durch den Krankenversicherungsträger** betreffend Vertragsumqualifizierung – auch i.Z.m. dem Sozialversicherungs-Zuordnungsgesetz – finden Sie auch unter Punkt 39.1.1.3.

39.1.3. Im Bereich des Dienstgeberbeitrags zum FLAF und des Zuschlags zum DB

39.1.3.1. Meldungen

Meldungen über die Höhe des Dienstgeberbeitrags zum FLAF und des Zuschlags zum DB erfolgen **monatlich mittels Eintragung auf der Zahlungsanweisung** (Verrechnungsweisung, → 37.3.5.3.). Andere Meldungen sind nicht vorgesehen.

39.1.3.2. Auskunftspflicht, Prüfung

Die Bestimmungen über die Lohnsteuer finden sinngemäß Anwendung (§ 43 Abs. 2 FLAG, § 122 Abs. 7, 8 WKG).

1676 Eine Einzelfallklärung, die keine umfassende Einsichtnahme in die betrieblichen Unterlagen erforderlich macht, wird von den Sozialversicherungsträgern, der Finanzverwaltung und den Gemeinden als „Nachschau" oder „Erhebung" bezeichnet.

39.1.4. Im Bereich der Kommunalsteuer

39.1.4.1. Meldungen

Für jedes abgelaufene Kalenderjahr hat der Unternehmer **bis Ende März des folgenden Kalenderjahrs** der Gemeinde eine **Steuererklärung** abzugeben. Die Steuererklärung hat die gesamte auf das Unternehmen entfallende Bemessungsgrundlage aufgeteilt auf die beteiligten Gemeinden zu enthalten. Im Fall der Schließung der einzigen Betriebsstätte in der Gemeinde ist zusätzlich binnen einem Monat ab Schließung an diese Gemeinde eine Steuererklärung mit der Bemessungsgrundlage dieser Gemeinde abzugeben. Die Übermittlung der Steuererklärung hat elektronisch im Weg von **FinanzOnline** zu erfolgen (§ 11 Abs. 4 KommStG) (→ 37.4.1.11.).

39.1.4.2. Prüfung

Die **Prüfung** der für Zwecke der Kommunalsteuer zu führenden Aufzeichnungen (Kommunalsteuerprüfung) ist nach Maßgabe des § 86 EStG bzw. des § 41a ASVG durchzuführen. Die Gemeinden sind berechtigt, in begründeten Einzelfällen eine Kommunalsteuerprüfung anzufordern. Wird der Anforderung weder von einem Finanzamt noch von der Österreichischen Gesundheitskasse innerhalb von drei Monaten Folge geleistet, hat die Gemeinde das Recht, eine Kommunalsteuerprüfung nach den Vorschriften der Bundesabgabenordnung über Außenprüfungen durchzuführen. In diesem Fall sind das für die Erhebung der Lohnsteuer zuständige Finanzamt und die Österreichische Gesundheitskasse von der Prüfung zu verständigen[1677] (§ 14 Abs. 1 KommStG).

Die Gemeinden haben den Finanzämtern und der Österreichischen Gesundheitskasse alle für die Erhebung der Kommunalsteuer bedeutsamen Daten zur Verfügung zu stellen. Diese Daten dürfen nur in der Art und dem Umfang verwendet werden, als dies zur Wahrnehmung der gesetzlich übertragenen Aufgaben eine wesentliche Voraussetzung ist. Die Verwendung nicht notwendiger Daten (Ballastwissen, Überschusswissen) ist unzulässig. Daten, die mit an Sicherheit grenzender Wahrscheinlichkeit nicht mehr benötigt werden, sind möglichst rasch zu löschen (§ 14 Abs. 2 KommStG).

Erlassmäßige Regelungen zur Prüfung finden Sie in der „Information zum KommStG 1993“.

39.1.5. Im Bereich der Dienstgeberabgabe der Gemeinde Wien

39.1.5.1. Meldungen

Der Abgabepflichtige hat jeweils **bis zum 31. März** die im vorangegangenen Kalenderjahr entstandene Abgabenschuld beim Magistrat schriftlich zu erklären. In diesen Erklärungen (**Dienstgeberabgabe-Erklärung**) sind auch jene Dienstverhältnisse anzugeben, für die zufolge der Befreiungsbestimmungen eine Abgabe nicht zu entrichten war (§ 6 Abs. 2 Wr. DAG).

1677 Das **Recht der Gemeinden** auf Durchführung einer **Nachschau** gem. der jeweils für sie geltenden Landesabgabenordnung bleibt unberührt, sofern für diesen Zeitraum nicht bereits eine Lohnabgabenprüfung (auch der Kommunalsteuer) erfolgt ist oder kein Wiederholungsprüfungsverbot gem. § 148 Abs. 3 BAO vorliegt (VwGH 7.7.2011, 2009/15/0223).

39.1.5.2. Auskunftspflicht, Prüfung

Bezüglich der Auskunftspflicht und Überprüfung gelten die Bestimmungen der Wiener Abgabenordnung, LGBl für Wien vom 21. September 1962, LGBl 1962/21, in der jeweils geltenden Fassung.

Der Prüfdienst für lohnabhängige Abgaben und Beiträge ist zur Prüfung der Dienstgeberabgabe der Gemeinde Wien nicht berechtigt.

39.1.6. Betrugsbekämpfung

Organ der Betrugsbekämpfung ist das beim Bundesministerium für Finanzen eingerichtete **Amt für Betrugsbekämpfung** (ABB) mit den Geschäftsbereichen

- Finanzstrafsachen,
- Finanzpolizei,
- Steuerfahndung und
- Zentralstelle Internationale Zusammenarbeit.

Aufgabe ist unter anderem, durch präventive Arbeit unfaire Konkurrenzverhältnisse infolge von Wettbewerbsvorteilen durch

- Schwarzarbeit und
- Sozial- und Abgabenbetrug

zu verhindern. Dies geschieht durch

- Steueraufsicht[1678],
- Sicherung von Abgabenansprüchen und die Einbringung von Abgabenrückständen,
- ordnungspolitische Aufgaben[1679] und
- Auftragsaufgaben[1680].

Darüber hinaus ist das Amt für Betrugsbekämpfung eine Zentrale Koordinationsstelle für die Kontrolle der illegalen Beschäftigung nach dem AuslBG und dem LSD-BG (→ 38.).

Rechtsgrundlage ist das Bundesgesetz über die Schaffung eines Amtes für Betrugsbekämpfung, BGBl I 2019/104.

1678 Zu den Steueraufsichtsmaßnahmen zählen die Ermittlung der Grundlagen für die Abgabenerhebung einschließlich Festsetzung der Abgaben und die Einbringung der Abgaben.

1679 Zu den ordnungspolitischen Aufgaben zählen insb. die
- Aufdeckung illegaler Ausländerbeschäftigung,
- Aufdeckung von Verstößen gegen die Bestimmungen des AVRAG bzw. LSD-BG (Unterentlohnungen usw.),
- Aufdeckung von Verstößen gegen die Vorschriften des ASVG und AlVG (Überprüfung der korrekten Anmeldung der Dienstnehmer, Falsch- und Scheinanmeldungen),
- Aufdeckung von illegaler Gewerbeausübung,
- Aufdeckung von Sozialbetrug nach dem StGB (betrügerisches Vorenthalten von Beiträgen zur Sozialversicherung usw., siehe Punkt 40.1.2.4.).

1680 Das Amt für Betrugsbekämpfung kann vom Finanzamt beauftragt werden, Kontroll-, Prüfungs- und Aufsichtsmaßnahmen durchzuführen. Ebenso kann diese über Auftrag der Gerichte zu Ermittlungstätigkeiten z.B. im Zusammenhang mit betrügerischem Vorenthalten von Dienstnehmeranteilen zur Sozialversicherung herangezogen werden.

39.2. Im Bereich des Arbeitsrechts

39.2.1. Meldungen

Das Arbeitsrecht sieht u.a. nachstehende Meldungen (Verständigungen) vor:

- Anmeldung eines Lehrlings bei der zuständigen Berufsschule (§ 24 Abs. 3 SchPflG) (→ 28.1.);
- Anmeldung eines Lehrlings bei der zuständigen Lehrlingsstelle (§ 20 Abs. 1 BAG) (→ 28.3.2.);
- Anzeige über die Auflösung eines Lehrverhältnisses bei der zuständigen Lehrlingsstelle (§ 9 Abs. 9 BAG) (→ 28.3.9.);
- Verständigung des zuständigen Betriebsrats (→ 11.7.1.) u.a. über
  - einen Arbeitsunfall (§ 89 Z 3 ArbVG) (→ 25.1.2.),
  - eine erfolgte Einstellung (§ 99 Abs. 4 ArbVG) (→ 8.1.),
  - eine dauernde Versetzung (§ 101 ArbVG),
  - eine bevorstehende Dienstgeberkündigung (§ 105 ArbVG) (→ 32.2.1.1.),
  - eine erfolgte Entlassung (§ 106 ArbVG) (→ 32.2.2.);
- Erstellung eines Berichts zur Einkommensanalyse:

Unternehmen müssen **alle zwei Jahre** Einkommensanalysen erstellen. Diese Analysen enthalten je Einstufung (Verwendungsgruppe, Verwendungsgruppenjahr) das durchschnittliche Einkommen (das Gesamtjahresarbeitsentgelt) je Geschlecht. Das Arbeitsentgelt von Teilzeitbeschäftigten ist auf Vollzeitbeschäftigung und das von unterjährig Beschäftigten auf Jahresbeschäftigung hochzurechnen.

Die Analysen sind anonym zu erstellen und dem Betriebsrat im ersten Quartal des auf das Berichtsjahr folgenden Kalenderjahrs zu übermitteln. In betriebsratslosen Betrieben haben die Arbeitnehmer ein Einsichtsrecht. Bezüglich der Berichte gilt für den Betriebsrat und für die Arbeitnehmer die Verschwiegenheitspflicht. Die Berichte gehen nicht an externe Stellen.

Der Betriebsrat oder – soweit dieser nicht besteht – der Arbeitnehmer hat Anspruch auf Erstellung und Übermittlung bzw. Information über den Einkommensbericht. Der Anspruch ist gerichtlich geltend zu machen. Es gilt die 3-jährige Verjährungsfrist gem. § 1486 ABGB, wobei die Frist mit dem Ablauf des ersten Quartals des auf das Berichtsjahr folgenden Kalenderjahrs zu laufen beginnt (§ 11a GlBG).

- Verständigung der zuständigen regionalen Geschäftsstelle des Arbeitsmarktservice
  - im Zusammenhang mit dem Frühwarnsystem (§ 45a AMFG) (→ 32.3.2.1.),
  - bei Beginn eines Dienstverhältnisses eines Ausländers, der über keinen Aufenthaltstitel „Daueraufenthalt – EU“ verfügt (§ 26 Abs. 5 AuslBG) (→ 8.1.),
  - bei Beendigung eines Dienstverhältnisses eines Ausländers, der über keinen Aufenthaltstitel „Daueraufenthalt – EU“ verfügt (§ 26 Abs. 5 AuslBG) (→ 32.3.2.2.),
  - bei Beendigung eines Dienstverhältnisses während der Bildungskarenz bzw. Bildungsteilzeit (§ 50 Abs. 1 AlVG) (→ 27.3.1.1., → 27.3.1.2.) und
  - bei vorzeitigem Ende einer Altersteilzeit (§ 27 Abs. 6 AlVG) (→ 27.3.2.);

- Verständigung des zuständigen Arbeitsinspektorats
  - nach Erlangung der Kenntnis von der Schwangerschaft einer Dienstnehmerin (§ 3 Abs. 6 MSchG) (→ 27.1.3.2.) und
  - bei schweren bzw. tödlichen Arbeitsunfällen (§ 98 Abs. 5 ASchG);
- Verständigung des betreibenden Gläubigers von der Beendigung des Dienstverhältnisses (§ 301 Abs. 4 EO) (→ 43.1.4.2.).

39.2.2. Prüfung

Zur Prüfung im Bereich des Lohn- und Sozialdumping-Bekämpfungsgesetzes siehe die Ausführungen unter Punkt 38.

40. Strafbestimmungen im Bereich des Abgabenrechts

In diesem Kapitel werden u.a. Antworten auf folgende praxisrelevanten Fragestellungen gegeben:

40.1. Im Bereich der Sozialversicherung

40.1.1. Verstöße gegen die Melde-, Anzeige- und Auskunftspflicht

40.1.1.1. Verwaltungsübertretung

Ordnungswidrig handelt u.a., wer als Dienstgeber oder Bevollmächtigter

1. **die Anmeldung zur Pflichtversicherung oder Anzeigen** nicht oder falsch oder nicht rechtzeitig erstattet (→ 39.1.1.1.) oder
2. **Meldungsabschriften** nicht oder nicht rechtzeitig weitergibt (→ 39.1.1.1.5.) oder
3. **Auskünfte** nicht oder falsch erteilt (→ 39.1.1.2.) oder
4. gehörig ausgewiesene Bedienstete der Versicherungsträger während der Betriebszeiten **nicht** in Geschäftsbücher, Belege und sonstige Aufzeichnungen, die für das Versicherungsverhältnis bedeutsam sind, **einsehen** lässt (→ 39.1.1.3.) oder
5. gehörig ausgewiesenen Bediensteten der Versicherungsträger einen Ausweis oder eine sonstige Unterlage zur Feststellung der Identität **nicht vorzeigt** oder
6. gehörig ausgewiesenen Bediensteten der Versicherungsträger die zur Durchführung ihrer Aufgaben erforderlichen **Auskünfte nicht erteilt** (→ 39.1.1.2.) (§ 111 Abs. 1 ASVG).

Die Ordnungswidrigkeit nach Abs. 1 ist von der Bezirksverwaltungsbehörde als **Verwaltungsübertretung** zu bestrafen, und zwar

- mit **Geldstrafe von € 730,00 bis zu € 2.180,00** im Wiederholungsfall von € 2.180,00 bis zu € 5.000,00,
- bei Uneinbringlichkeit der Geldstrafe mit **Freiheitsstrafe bis zu zwei Wochen,**

sofern die Tat weder den Tatbestand einer in die Zuständigkeit der Gerichte fallenden strafbaren Handlung bildet noch nach anderen Verwaltungsstrafbestimmungen mit strengerer Strafe bedroht ist.

Unbeschadet der §§ 20 und 21 des Verwaltungsstrafgesetzes kann die Bezirksverwaltungsbehörde bei erstmaligem ordnungswidrigem Handeln nach Abs. 1 die

Geldstrafe bis auf € 365,00 herabsetzen, wenn das Verschulden geringfügig und die Folgen unbedeutend sind (§ 111 Abs. 2 ASVG).

Die Versicherungsträger und die Abgabenbehörden des Bundes, deren Prüforgane **Personen betreten haben**, sind verpflichtet, alle ihnen auf Grund der Betretung zur Kenntnis gelangenden Ordnungswidrigkeiten nach Abs. 1 bei der Bezirksverwaltungsbehörde **anzuzeigen** (§ 111 Abs. 4 ASVG).

Diese Strafbestimmungen sind auf Dienstgeber bzw. deren Bevollmächtigte anzuwenden,

- die die **Leistungsanträge** nicht oder nicht rechtzeitig ausstellen.

Diese Strafbestimmungen sind auch auf Dienstgeber oder deren Beauftragte entsprechend anzuwenden,

- die das **Betreten** bzw. **Besichtigen** des Betriebs durch fachkundige Organe der Träger der Unfallversicherung verweigern (§ 112 Abs. 1 ASVG).

Diese Strafbestimmungen sind auch auf andere Personen (z.B. Dienstnehmer)

- bei Verstößen gegen die ihnen auf Grund des ASVG obliegende Melde-, Anzeige- und Auskunftspflicht anzuwenden (§ 112 Abs. 2 ASVG).

Für Geldstrafen, die über einen Bevollmächtigten verhängt werden, haftet der Dienstgeber zur ungeteilten Hand mit dem Bestraften (§ 112 Abs. 3 ASVG).

Die Bezirksverwaltungsbehörde kann auf Antrag des Versicherungsträgers die auskunftspflichtigen Personen zur Erfüllung ihrer Pflichten verhalten. Entstehen durch diese Maßnahmen der Bezirksverwaltungsbehörde dem Versicherungsträger besondere Auslagen (Kosten von Sachverständigen, Buchprüfern, Reiseauslagen usw.), so kann die Bezirksverwaltungsbehörde diese Auslagen auf Antrag des Versicherungsträgers der auskunftspflichtigen Person auferlegen, wenn sie durch Vernachlässigung der ihr auferlegten Pflichten entstanden sind. Diese Auslagen sind wie Beiträge einzutreiben (§ 42 Abs. 2 ASVG).

40.1.1.2. Beitragszuschläge

Beitragszuschläge können den Dienstgebern bzw. deren Bevollmächtigten vorgeschrieben werden, wenn die **Anmeldung** zur Pflichtversicherung **nicht vor Arbeitsantritt** erstattet wurde (§ 113 Abs. 1 ASVG)[1681].

Im Fall einer **unmittelbaren Betretung** i.S.d. § 111a ASVG[1682] (→ 40.1.1.1.) setzt sich der Beitragszuschlag aus **zwei Teilbeträgen** zusammen, mit denen die Kosten für die gesonderte Bearbeitung und für den Prüfeinsatz pauschal abgegolten werden.

- Der Teilbetrag für die gesonderte Bearbeitung beläuft sich auf **€ 400,00 je nicht** vor Arbeitsantritt **angemeldeter Person;**
- der Teilbetrag für den **Prüfeinsatz** beläuft sich (pauschal) auf **€ 600,00**.

1681 Die bloße **Unrichtigkeit der Anmeldung** eines Dienstnehmers zur Sozialversicherung (in Bezug auf Beschäftigungsbeginn, Art der Beschäftigung oder Entgelthöhe) berechtigt nicht zur Vorschreibung eines Beitragszuschlags gem. § 113 Abs. 1 ASVG.

1682 Eine **„Betretung"** liegt dann vor, wenn die Prüforgane der Abgabenbehörden des Bundes oder das Amt für Betrugsbekämpfung (→ 39.1.6.) oder die Prüforgane des Krankenversicherungsträgers (VwGH 8.5.2019, Ra 2019/08/0017) anlässlich einer Kontrolle Personen arbeitend antreffen, die zum Kontrollzeitpunkt nicht beim Krankenversicherungsträger angemeldet sind.

Bei erstmaliger verspäteter Anmeldung mit unbedeutenden Folgen① ② kann der Teilbetrag für die gesonderte Bearbeitung entfallen und der Teilbetrag für den Prüfeinsatz bis auf € 300,00 herabgesetzt werden. In besonders berücksichtigungswürdigen Fällen kann auch der Teilbetrag für den Prüfeinsatz entfallen (§ 113 Abs. 2 und 3 ASVG).

① „Unbedeutende Folgen" liegen nach der Rechtsprechung etwa dann vor, wenn sie hinter dem typischen Bild eines Meldeverstoßes zurückbleiben. Dies ist beispielsweise dann der Fall, wenn die Anmeldung zwar verspätet erfolgte, im Zeitpunkt der Durchführung der Kontrolle aber bereits vollzogen gewesen ist (also entgegen dem typischen Regelfall feststeht, dass Schwarzarbeit nicht beabsichtigt war) (VwGH 26.5.2014, 2012/08/0228).

② „Unbedeutende Folgen" liegen nicht mehr vor, wenn mehr als zwei Dienstnehmer gleichzeitig betreten wurden (Nö. GKK, DGservice September 2011).

Beispiel

Das Amt für Betrugsbekämpfung stellt anlässlich einer Kontrolle fest, dass für drei Personen keine Anmeldung vor Arbeitsantritt (demnach eine „Betretung") vorliegt. Eine Anzeige bei der Bezirksverwaltungsbehörde wird erstattet sowie der zuständige Krankenversicherungsträger verständigt.

An Strafen fallen an:

Beitragszuschlag (€ 400,00/Person + € 600,00)	€ 1.800,00
Verwaltungsstrafe der Bezirksverwaltungsbehörde (€ 730,00/Person)	€ 2.190,00
insgesamt	**€ 3.990,00**

Der Dienstgeber erhält jeweils von der Bezirksverwaltungsbehörde und der Österreichischen Gesundheitskasse die Strafe per Bescheid vorgeschrieben. Gegen diese Bescheide kann der Rechtsmittelweg (→ 42.2.) beschritten werden.

Bei einem Beitragszuschlag nach § 113 ASVG handelt es sich **nicht** um eine **Strafe** bzw. Sanktion strafrechtlichen Charakters, sondern um einen Pauschalersatz für den Verwaltungsaufwand. Er kann daher neben einer Geldstrafe nach § 111 ASVG (→ 40.1.1.1.) verhängt werden, ohne dass damit ein Verstoß gegen das Doppelbestrafungsverbot vorliegt (VfGH 7.3.2017, G 407/2016 u.a.; VwGH 3.4.2017, Ra 2016/08/0098).

Abgesehen von den Strafen und Beitragszuschlägen durch den Krankenversicherungsträger kann das **Unterlassen der Anmeldung** auch zu erheblichen **Kosten beim Arbeitsmarktservice** führen.

Wird nämlich ein Arbeitslosengeldbezieher bei einer nicht dem Arbeitsmarktservice gemeldeten Tätigkeit betreten (vorgefunden), wird davon ausgegangen, dass die Beschäftigung über der Geringfügigkeitsgrenze entlohnt wird und das **Arbeitslosengeld** für zumindest vier Wochen **zurückgefordert**.

Hat der Dienstgeber die Anmeldung beim Krankenversicherungsträger nicht rechtzeitig erstattet, wird ihm vom Arbeitsmarktservice ein **Sonderbeitrag** in der doppelten Höhe des Dienstgeber- und Dienstnehmeranteils zur Arbeitslosenversicherung (derzeit 6%) für die Dauer von sechs Wochen vorgeschrieben. Als Bemessungsgrundlage dient der jeweilige Kollektivvertragslohn (§ 25 Abs. 2 AlVG).

40.1.1.3. Säumniszuschläge

Dienstgebern bzw. deren Bevollmächtigten werden von der Österreichischen Gesundheitskasse **Säumniszuschläge** vorgeschrieben, wenn

1. die **Anmeldung nicht innerhalb von sieben Tagen** ab Beginn der Pflichtversicherung (grundsätzlich mittels ELDA, zu den Ausnahmen davon siehe Punkt 39.1.1.1.5.) **erstattet** wurde oder
2. die **Meldung** der **noch fehlenden Daten zur Anmeldung** nicht mit jener **mBGM** erfolgte, die für den Kalendermonat des Beginns der Pflichtversicherung zu erstatten war, oder
3. die **Abmeldung** nicht oder nicht rechtzeitig erfolgte oder
4. die **Frist für die Vorlage der mBGM** nicht eingehalten wurde oder
5. die **Berichtigung der mBGM** verspätet erfolgte oder
6. für die Pflichtversicherung bedeutsame **sonstige Änderungen** nach § 34 Abs. 1 ASVG nicht oder nicht rechtzeitig gemeldet wurden (§ 114 Abs. 1 ASVG).

Jeder Meldeverstoß führt grundsätzlich zu einem Säumniszuschlag von **€ 57,00** (§ 114 Abs. 2 i.V.m. Abs. 4 ASVG). Davon bestehen zwei Ausnahmen für das Selbstabrechnungsverfahren (für die Z 4 und Z 5):

- Wird die **mBGM im Selbstabrechnungsverfahren** nach dem 15. des Monats, in dem die Erstattung spätestens hätte erfolgen müssen, übermittelt (Z 4), beträgt die Höhe des Säumniszuschlags bei einer Verspätung
  - von bis zu fünf Tagen **€ 5,00,**
  - von bis zu zehn Tagen **€ 10,00** und
  - von elf Tagen bis zum Monatsende **€ 15,00.**

  Im Anschluss fallen für die verspätete Meldung **€ 57,00** an (§ 114 Abs. 3 i.V.m. Abs. 4 ASVG).
- Eine **rückwirkende Berichtigung** eines mittels **mBGM** ursprünglich zu niedrig gemeldeten Entgelts (Z 5) führt – außerhalb der sanktionsfreien zwölfmonatigen Berichtigungsmöglichkeit – im Selbstabrechnungsverfahren zu einem Säumniszuschlag in Höhe der Verzugszinsen (aktuell von 1.7.2021 bis 30.9.2022 1,38% pro Jahr, danach wieder 3,38%) (§ 114 Abs. 5 ASVG)[1683].

Im Vorschreibeverfahren ist eine verspätete mBGM stets mit € 57,00 pro Meldeverstoß bedroht (§ 114 Abs. 6 ASVG).

Die Summe aller in einem Beitragszeitraum anfallenden Säumniszuschläge nach den Z 2 bis 6 darf das **Fünffache der täglichen Höchstbeitragsgrundlage (derzeit € 945,00)** nicht überschreiten (Säumniszuschläge für verspätete Anmeldungen – Z 1 – sind von der Deckelung nicht umfasst). Der Berechnung dieses **Maximalbetrags** werden sämtliche Beitragskonten eines Dienstgebers im Zuständigkeitsbereich des jeweiligen Versicherungsträgers zu Grunde gelegt (§ 114 Abs. 6a ASVG).

Der Versicherungsträger kann unter Berücksichtigung der Art des Meldeverstoßes, der wirtschaftlichen Verhältnisse des Beitragsschuldners, des Verspätungszeitraums und der Erfüllung der bisherigen Meldeverpflichtungen auf den Säumniszuschlag zur Gänze oder zum Teil verzichten oder den bereits entrichteten Säumniszuschlag rückerstatten (§ 114 Abs. 7 ASVG).

1683 Guthaben wegen zu hoch gemeldeten Entgelts dürfen dabei nicht gegen bereits angefallene Verzugszinsen aufgerechnet werden (§ 114 Abs. 8 ASVG).

40.1.2. Verstöße bei der Einzahlung der Beiträge

40.1.2.1. Verzugszinsen

Werden Beiträge **nicht innerhalb von fünfzehn Tagen**

1. nach der Fälligkeit,
2. in den Fällen des § 4 Abs. 4 ASVG[1684] nach dem Ende des Monats, in dem der Dienstgeber Entgelt leistet,

einbezahlt, so sind von diesen rückständigen Beiträgen, wenn nicht ein Beitragszuschlag oder Säumniszuschlag vorgeschrieben wird, **Verzugszinsen** in einem Hundertsatz der rückständigen Beiträge zu entrichten. Erfolgt die Einzahlung zwar verspätet, aber **noch innerhalb von drei Tagen**[1685] **nach Ablauf der** 15-Tage-Frist, so bleibt diese **Verspätung ohne Rechtsfolgen.** Der Hundertsatz berechnet sich jeweils für ein Kalenderjahr aus dem Basiszinssatz (Art. I § 1 Abs. 1 des 1. Euro-Justiz-Begleitgesetzes, BGBl I 1998/125) zuzüglich vier Prozentpunkten; dabei ist der Basiszinssatz, der am 31. Oktober eines Kalenderjahrs gilt, für das nächste Kalenderjahr maßgebend[1686] (§ 59 Abs. 1 ASVG).

Der zur Entgegennahme der Zahlung berufene Versicherungsträger (→ 37.2.) kann die Verzugszinsen herabsetzen oder nachsehen, wenn durch ihre Einhebung in voller Höhe die wirtschaftlichen Verhältnisse des Beitragsschuldners gefährdet wären. Die Verzugszinsen können überdies nachgesehen werden, wenn es sich um einen kurzfristigen Zahlungsverzug handelt und der Beitragsschuldner ansonsten regelmäßig seine Beitragspflicht erfüllt hat (§ 59 Abs. 2 ASVG).

40.1.2.2. Getrennte Einzahlung der Beitragsteile

Der Versicherungsträger kann widerruflich anordnen, dass Dienstgeber, die mit der Entrichtung von Beiträgen im Rückstand sind, nur ihren Beitragsteil entrichten. Die von ihnen beschäftigten Versicherten haben ihren Beitragsteil an den Zahltagen selbst zu entrichten. Der Versicherungsträger kann hiebei den Vorsitzenden des Betriebsrats um seine Mitwirkung ersuchen.

Der Dienstgeber hat die Anordnung durch dauernden Aushang in den Arbeitsstätten den Versicherten bekannt zu geben und diese bei jeder Entgeltleistung darauf aufmerksam zu machen, dass sie ihren Beitragsteil selbst zu entrichten haben (§ 61 Abs. 1, 2 ASVG).

40.1.2.3. Verfahren zur Eintreibung der Beiträge

Den Versicherungsträgern ist zur Eintreibung nicht rechtzeitig entrichteter Beiträge die Einbringung im Verwaltungsweg gewährt. Hiebei hat der Versicherungsträger einen **Rückstandsausweis** auszufertigen. Dieser ist Exekutionstitel i.S.d. § 1 EO (→ 43.1.3.) (§ 64 Abs. 1–4 ASVG).

1684 Freie Dienstnehmer (→ 31.7.).

1685 = Respirofrist.

1686 Auf Grund dieser Berechnung beträgt der **Verzugszinsensatz im Jahr 2022 grundsätzlich 3,38% p.a.** Von 1.7.2021 bis 30.9.2022 wurde der Verzugszinsensatz temporär auf 1,38% verringert (Basiszinssatz zuzüglich zwei Prozentpunkten gemäß § 746 Abs. 4 ASVG).

40.1.2.4. Strafrechtliche Maßnahmen

Durch das Sozialbetrugsgesetz wurden strafrechtliche Maßnahmen gegen den Sozialbetrug geschaffen und in das Strafgesetzbuch (StGB) aufgenommen. Dabei handelt es sich um **nachstehende Straftatbestände**:

40.1.2.4.1. Vorenthalten von Dienstnehmerbeiträgen zur Sozialversicherung

Wer als Dienstgeber **Beiträge eines Dienstnehmers** zur Sozialversicherung dem berechtigten Versicherungsträger **vorenthält**[1687], ist mit **Freiheitsstrafe bis zu einem Jahr** zu bestrafen (§ 153c Abs. 1 StGB).

Trifft die Pflicht zur Einzahlung der Beiträge eines Dienstnehmers zur Sozialversicherung eine juristische Person oder eine Personengemeinschaft ohne Rechtspersönlichkeit, so ist Abs. 1 auf alle natürlichen Personen anzuwenden, die dem zur Vertretung befugten Organ angehören. Dieses Organ ist berechtigt, die Verantwortung für die Einzahlung dieser Beiträge einzelnen oder mehreren Organmitgliedern aufzuerlegen; ist dies der Fall, findet Abs. 1 nur auf sie Anwendung (§ 153c Abs. 2 StGB).

Der Täter ist nicht zu bestrafen, wenn er bis zum Schluss der Verhandlung

1. die ausstehenden Beiträge zur Gänze einzahlt oder
2. sich dem berechtigten Sozialversicherungsträger gegenüber vertraglich zur Nachentrichtung der ausstehenden Beiträge binnen einer bestimmten Zeit verpflichtet (§ 153c Abs. 3 StGB).

Die Strafbarkeit lebt wieder auf, wenn der Täter seine nach Abs. 3 Z 2 eingegangene Verpflichtung nicht einhält (§ 153c Abs. 4 StGB).

40.1.2.4.2. Betrügerisches Anmelden zur Sozialversicherung

Wer die **Anmeldung einer Person zur Sozialversicherung bzw. zur BUAK in dem Wissen, dass die in Folge der Anmeldung auflaufenden Sozialversicherungsbeiträge bzw. Zuschläge nach dem BUAG nicht vollständig geleistet werden sollen**, vornimmt, vermittelt oder in Auftrag gibt, ist mit Freiheitsstrafe bis zu drei Jahren zu bestrafen, wenn die in Folge der Anmeldung auflaufenden Sozialversicherungsbeiträge bzw. Zuschläge nicht vollständig geleistet werden (§ 153d Abs. 1, 2 StGB).

Wer die Tat **gewerbsmäßig oder in Bezug auf eine größere Zahl von Personen** begeht, ist mit Freiheitsstrafe von sechs Monaten bis zu fünf Jahren zu bestrafen (§ 153d Abs. 3 StGB).

40.2. Im Bereich der Lohnsteuer, des Dienstgeberbeitrags zum FLAF und des Zuschlags zum DB

Nettolohnvermutung gem. § 62a EStG:

In folgenden Fällen **gilt ein Nettoarbeitslohn als vereinbart** (→ 13.):

1. Der Arbeitgeber hat die **Anmeldeverpflichtung** des ASVG **nichterfüllt** (→ 39.1.1.1.1.) und die **Lohnsteuer nicht** vorschriftsmäßig **einbehalten und abgeführt.**

1687 Die Beiträge werden vorenthalten, wenn sie einbehalten, aber nicht an den zuständigen Träger der Krankenversicherung abgeführt werden.

2. Der Arbeitgeber hat den gezahlten **Arbeitslohn nicht im Lohnkonto erfasst,** die **Lohnsteuer nicht** oder nicht vollständig **einbehalten und abgeführt,** obwohl er weiß oder wissen musste, dass dies zu Unrecht unterblieben ist, und er kann eine Bruttolohnvereinbarung nicht nachweisen[1688].
3. Der **Arbeitnehmer** wird gem. § 83 Abs. 3 **unmittelbar als Steuerschuldner** in Anspruch genommen (→ 41.2.1.) (§ 62a Abs. 1 EStG).

Als Folge ist das ausbezahlte Arbeitsentgelt auf einen Bruttolohn hochzurechnen, womit gewährleistet werden soll, dass die Lohnabgaben von diesem Bruttoentgelt zu berechnen sind.

Die Annahme einer Nettolohnvereinbarung **gilt nicht,**

- wenn für die erhaltenen Bezüge die **Meldepflichten** für selbständige Erwerbseinkünfte gem. §§ 119 ff. BAO oder § 18 GSVG (Meldung an das Finanzamt oder die SVS) **erfüllt** wurden sowie
- für geldwerte Vorteile (**Sachbezüge**) (§ 62a Abs. 2 EStG).

Diese Bestimmung soll zur Intensivierung der Bekämpfung der Schwarzarbeit und damit zusammenhängender Steuerhinterziehung klarstellen, dass bei illegalen Beschäftigungsverhältnissen ein Nettoarbeitsentgelt als vereinbart gilt. Für den Zeitraum der illegalen Beschäftigung ist das ausbezahlte Arbeitsentgelt **auf einen Bruttolohn hochzurechnen** („Auf-Hundert-Rechnung)". Wird der Steuerpflichtige im Rahmen eines Werkvertrags tätig und weist er dem Auftraggeber die Erfüllung der Meldepflichten gem. §§ 119 ff. BAO oder § 18 GSVG (z.B. Bestätigung der Sozialversicherungsanstalt) nach, so ist nicht zwingend von einer Nettolohnvereinbarung auszugehen, selbst wenn in weiterer Folge durch die Sozialversicherungsträger eine Umqualifizierung des Werkvertrags in ein Dienstverhältnis erfolgt (LStR 2002, Rz 1038j).

Für Lohnzahlungszeiträume ab 1.1.2017 wird auch in jenen Fällen eine Nettolohnvereinbarung angenommen, in denen vom Arbeitgeber an den Arbeitnehmer Zahlungen geleistet werden, die nicht dem Lohnsteuerabzug unterworfen werden, obwohl der Arbeitgeber weiß oder wissen muss, dass dies unrechtmäßig ist. Erfasst sind dabei Zahlungen mit besonderem Unrechtsgehalt ähnlich einem nicht oder nur schwer nachweisbaren vorsätzlichen steuerschädigenden Zusammenwirken zwischen Arbeitgeber und Arbeitnehmer, wie beispielsweise **Schwarzlohnzahlungen** bei bestehendem Dienstverhältnis oder **fingierte Reisekostenabrechnungen**. Kann der Arbeitgeber nachweisen, dass bezüglich dieser Zahlungen ein Bruttolohn mit dem Arbeitnehmer vereinbart wurde, greift die gesetzliche Fiktion einer Nettolohnvereinbarung nicht, wobei diesbezüglich eine **Beweislastumkehr** zu Lasten des Arbeitgebers gegeben ist. Bloße Bewertungs- oder Rechenfehler bzw. die nicht wissentliche unrichtige Inanspruchnahme von Steuerbegünstigungen sind von der gesetzlichen Fiktion einer Nettolohnvereinbarung nicht umfasst (LStR 2002, Rz 1038k).

Ist für Zahlungen des Arbeitgebers eine Nettolohnvereinbarung anzunehmen, ist das ausbezahlte Arbeitsentgelt nach Ansicht des BMF unter Beachtung der bereits

1688 Z 2 gilt für Lohnzahlungszeiträume, die nach dem 31.12.2016 enden. Für „Schwarzzahlungen" vor diesem Zeitpunkt gilt Folgendes: Sind sich Arbeitgeber und Arbeitnehmer einig, dass Zahlungen ohne Berechnung und Abfuhr von Abgaben erfolgen, ist dies nach Ansicht des VwGH nicht als Nettolohnvereinbarung zu beurteilen. Ein Verpflichtungswille des Arbeitgebers, diese Abgaben zu tragen, kann nicht angenommen werden (VwGH 10.3.2016, Ra 2015/15/0021).

ausbezahlten und abgerechneten Bezüge auf einen Bruttolohn in einer „Auf-Hundert-Rechnung" hochzurechnen (LStR 2002, Rz 1038j und Rz 1200).

Diese Bestimmung gilt nur für die abgabenrechtliche Beurteilung und hat damit keine Auswirkungen auf andere Materien (z.B. Arbeitsrecht).

Schätzung:

Das Finanzamt hat die Höhe der rückständigen Lohnsteuer zu **schätzen** und den Arbeitgeber in der Höhe des geschätzten Rückstands haftbar zu machen (→ 41.2.1.), wenn die fällige Abfuhr der Lohnsteuer unterbleibt oder die geleistete Abfuhr auffallend gering erscheint und eine besondere Erinnerung keinen Erfolg hat (§ 79 Abs. 3 EStG).

Zu schätzen ist insb. dann, wenn der Abgabepflichtige über seine Angaben keine ausreichenden Aufklärungen zu geben vermag oder weitere Auskunft über Umstände verweigert, die für die Ermittlung der Grundlagen wesentlich sind (§ 184 Abs. 2 BAO).

Kommt es zu einer Schätzung nach § 79 Abs. 3 EStG, hat das Finanzamt gem. § 184 Abs. 1 BAO alle Umstände zu berücksichtigen, die für eine Schätzung von Bedeutung sind (z.B. bisherige durchschnittliche Lohnsteuerabfuhren, saisonbedingte Schwankungen, Krankenkassenanmeldungen) (LStR 2002, Rz 1202).

Kommt der Arbeitgeber seiner Verpflichtung nach § 76 EStG (z.B. zur Führung eines Lohnkontos) nicht nach und ist daher die Behörde außer Stande, die Grundlagen für die Berechnung der Lohnsteuer anhand der vorgelegten Aufzeichnungen zu ermitteln, ist die Behörde gem. § 184 BAO zur Schätzung berechtigt (LStR 2002, Rz 1183).

Diese Bestimmungen gelten auch für den Dienstgeberbeitrag zum FLAF und den Zuschlag zum DB (§ 43 Abs. 2 FLAG, § 122 Abs. 7, 8 WKG).

Säumniszuschlag:

Wenn die Lohnsteuer, der Dienstgeberbeitrag zum FLAF und der Zuschlag zum DB **nach dem 15. Tag** nach Ablauf des Kalendermonats an das Finanzamt abgeführt werden, ist ein **Säumniszuschlag** zu entrichten (§ 217 BAO). Eine Fristverlängerung für die Bezahlung dieser Abgaben ist grundsätzlich nicht zu gewähren, da diese in Widerspruch zu den Bestimmungen über die Einbehaltung und Abfuhr dieser Abgaben stehen würde.

Bezüglich der **Säumniszuschläge** gilt:

- Der erste Säumniszuschlag **beträgt 2%** des nicht zeitgerecht entrichteten Abgabenbetrags.
- Der zweite Säumniszuschlag **beträgt 1%** und ist für eine Abgabe zu entrichten, soweit sie nicht spätestens drei Monate nach dem Eintritt ihrer Vollstreckbarkeit entrichtet ist.
- Der dritte Säumniszuschlag **beträgt ebenfalls 1%** und ist für eine Abgabe zu entrichten, soweit sie nicht spätestens drei Monate nach dem Eintritt der Verpflichtung zur Entrichtung des zweiten Säumniszuschlags entrichtet ist (§ 217 Abs. 2, 3 BAO).

Die Verpflichtung zur Entrichtung des ersten Säumniszuschlags entsteht u.a. dann nicht, soweit die Säumnis nicht mehr als fünf Tage beträgt und der Abgabepflichtige innerhalb der letzten sechs Monate vor dem Eintritt der Säumnis alle Abgabenschuldigkeiten zeitgerecht entrichtet hat (§ 217 Abs. 5 BAO).

Säumniszuschläge, die den Betrag von € 50,00 nicht erreichen, sind nicht festzusetzen. Dies gilt für Abgaben, deren Selbstberechnung nach Abgabenvorschriften angeordnet oder gestattet ist, mit der Maßgabe, dass die Summe der Säumniszuschläge für Nachforderungen gleichartiger, jeweils mit einem Abgabenbescheid oder Haftungsbescheid geltend gemachter Abgaben maßgebend ist (§ 217 Abs. 10 BAO).

Rückstandsausweis und Lohnsteueranmeldung:

Abgabenschuldigkeiten, die nicht spätestens am Fälligkeitstag entrichtet werden, sind in dem von der Abgabenbehörde festgesetzten Ausmaß vollstreckbar (§ 226 BAO). Vollstreckbar gewordene Abgabenschuldigkeiten sind grundsätzlich einzumahnen (§ 227 Abs. 1–4 BAO). Als Grundlage für die Einbringung ist über die vollstreckbar gewordenen Abgabenschuldigkeiten ein **Rückstandsausweis** auszufertigen. Dieser ist Exekutionstitel i.S.d. § 1 EO (→ 43.1.3.) (§ 229 BAO).

Unter bestimmten Voraussetzungen hat der Arbeitgeber eine **Lohnsteueranmeldung** (Drucksorte L 27) abzugeben (→ 39.1.2.1.).

Finanzstrafrechtliche Konsequenzen:

Einer **Finanzordnungswidrigkeit** macht sich schuldig, wer vorsätzlich Selbstbemessungsabgaben nicht spätestens am fünften Tag nach Fälligkeit (siehe vorstehend) entrichtet oder abführt. Durch Bekanntgabe der Höhe des geschuldeten Betrags bis zu diesem Zeitpunkt (z.B. durch eine Lohnsteueranmeldung) kann diese Widrigkeit vermieden werden, weil die Versäumung eines Zahlungstermins für sich allein nicht strafbar ist (§ 49 Abs. 1 FinStrG).

Der **Abgabenhinterziehung** macht sich u.a. der Arbeitgeber dann schuldig, wenn er vorsätzlich unter Verletzung der Verpflichtung zur Führung eines Lohnkontos gem. dem EStG sowie dazu ergangener Verordnungen (→ 10.1.2.1.) eine Verkürzung von Lohnsteuer, Dienstgeberbeiträgen zum FLAF (oder Zuschlägen zum DB) bewirkt und dies nicht nur für möglich, sondern **für gewiss** hält (§ 33 Abs. 2 lit. b FinStrG).

Darüber hinaus kann die vorsätzliche Verletzung der Führung (ordnungsgemäßer) Lohnkonten bzw. die vorsätzliche Nichtabfuhr und -meldung der Lohnabgaben eine **Finanzordnungswidrigkeit** darstellen sowie in seltenen Fällen der Aufforderung zur Abgabe einer Lohnsteueranmeldung (→ 39.1.2.1.3.) auch der Tatbestand der vorsätzlichen oder fahrlässigen Abgabenhinterziehung verwirklicht werden. Für alle Tatbestände regelt das Finanzstrafgesetz **Freiheits- und Geldstrafen**.

Wer sich eines **Finanzvergehens** schuldig gemacht hat, wird insoweit **straffrei**, als er seine Verfehlung darlegt **(Selbstanzeige)**. Die Darlegung hat, wenn die Handhabung der verletzten Abgaben- oder Monopolvorschriften dem Zollamt Österreich obliegt, gegenüber diesem, sonst gegenüber einem Finanzamt oder dem Amt für Betrugsbekämpfung zu erfolgen. Sie ist bei Betretung auf frischer Tat ausgeschlossen (§ 29 Abs. 1 FinStrG).

Der Selbstanzeige kommt nur dann eine strafbefreiende Wirkung zu, wenn die **Behörde** die Tat von sich aus **noch nicht aufgedeckt** hat und die angezeigten Beträge binnen eines Monats an die Abgabenbehörde übermittelt werden. Bei selbst zu berechnenden Abgaben beginnt die Monatsfrist mit dem Tag der Selbstanzeige, in allen anderen Fällen mit Bekanntgabe des geschuldeten Betrags zu laufen (vgl. § 29 Abs. 2 FinStrG).

Eine **neuerliche** Selbstanzeige für denselben Abgabenanspruch ist **nicht möglich** (vgl. § 29 Abs. 3 FinStrG).

Werden Selbstanzeigen anlässlich einer finanzbehördlichen **Nachschau**, Beschau, Abfertigung oder Prüfung von Büchern oder Aufzeichnungen nach deren Anmeldung oder sonstigen Bekanntgabe erstattet, tritt strafbefreiende Wirkung hinsichtlich **vorsätzlich** oder **grob fahrlässig begangener Finanzvergehen** nur unter der weiteren Voraussetzung insoweit ein, als auch eine mit einem Bescheid der Abgabenbehörde festzusetzende Abgabenerhöhung unter sinngemäßer Anwendung des Abs. 2 entrichtet wird. Als Abgabenerhöhung fällt ein nach der Höhe der Nachzahlung **gestaffelter Strafzuschlag** von 5% (Nachzahlungen bis € 33.000,00) bis 30% (Nachzahlungen über € 250.000,00) an (vgl. § 29 Abs. 6 FinStrG).

Die **Abgabenerhöhung** (Strafzuschlag) fällt lediglich nur dann **nicht** an, wenn die Verkürzung bloß **leicht fahrlässig** erfolgt ist.

Die Abgabenbehörden sind berechtigt, eine **Abgabenerhöhung von 10%** der im Zuge einer **abgabenrechtlichen Überprüfungsmaßnahme** festgestellten Nachforderungen, soweit hinsichtlich der diese begründenden Unrichtigkeiten der **Verdacht eines Finanzvergehens** besteht, festzusetzen, sofern dieser Betrag für ein Jahr (einen Veranlagungszeitraum) insgesamt € 10.000,00, in Summe jedoch € 33.000,00 nicht übersteigt, sich der Abgabe- oder Abfuhrpflichtige spätestens vierzehn Tage nach Festsetzung der Abgabennachforderung mit dem Verkürzungszuschlag einverstanden erklärt oder diesen beantragt und er auf die Erhebung eines Rechtsmittels gegen die Festsetzung der Abgabenerhöhung wirksam verzichtet. Werden die Abgabenerhöhung und die dieser zu Grunde liegenden Abgabennachforderungen innerhalb eines Monats nach deren Festsetzung tatsächlich mit schuldbefreiender Wirkung zur Gänze entrichtet, so tritt **Straffreiheit** hinsichtlich der im Zusammenhang mit diesen Abgabennachforderungen begangenen Finanzvergehen ein. Ein Zahlungsaufschub darf nicht gewährt werden (§ 30a Abs. 1 FinStrG).

Die Möglichkeit einer Abgabenerhöhung ist dann **ausgeschlossen**, wenn bereits ein Finanzstrafverfahren anhängig ist, eine Selbstanzeige vorliegt oder eine Bestrafung aus spezialpräventiven Gründen erforderlich ist (vgl. § 30a Abs. 6 FinStrG).

40.3. Im Bereich der Kommunalsteuer

Wer unter Verletzung einer abgabenrechtlichen Anzeige-, Offenlegungs- oder Wahrheitspflicht die Kommunalsteuer verkürzt, begeht eine **Verwaltungsübertretung.** Die Tat wird mit **Geldstrafe** geahndet, deren Höchstmaß **bei vorsätzlicher** Begehung **bis zum Zweifachen des verkürzten Betrags, höchstens aber € 50.000,00, bei fahrlässiger** Begehung **bis zum Einfachen des verkürzten Betrags, höchstens aber € 25.000,00**, beträgt. Für den Fall der Uneinbringlichkeit der Geldstrafe ist bei vorsätzlicher Tatbegehung eine **Ersatzfreiheitsstrafe bis zu sechs Wochen**, bei fahrlässiger Begehung bis zu drei Wochen festzusetzen (§ 15 Abs. 1 KommStG).

Wer, ohne hiedurch den Tatbestand des Abs. 1 zu verwirklichen, vorsätzlich die Kommunalsteuer nicht spätestens am fünften Tag nach Fälligkeit entrichtet oder abführt, es sei denn, dass der zuständigen Abgabenbehörde bis zu diesem Zeitpunkt die Höhe des geschuldeten Betrags bekannt gegeben wird, begeht eine **Verwaltungs-**

übertretung und ist mit einer **Geldstrafe bis zu € 5.000,00** zu bestrafen; für den Fall der Uneinbringlichkeit der Geldstrafe ist eine **Ersatzfreiheitsstrafe bis zu zwei Wochen** festzusetzen.

Wer, ohne hiedurch den Tatbestand des Abs. 1 zu verwirklichen, vorsätzlich die Kommunalsteuererklärung (→ 37.4.1.11.) nicht termingemäß einreicht oder eine abgabenrechtliche Pflicht zur Führung oder Aufbewahrung von Büchern oder sonstigen Aufzeichnungen verletzt, begeht eine **Verwaltungsübertretung** und ist mit einer **Geldstrafe bis zu € 500,00** zu bestrafen; für den Fall der Uneinbringlichkeit der Geldstrafe ist eine **Ersatzfreiheitsstrafe bis zu einer Woche** festzusetzen.

Die **Ahndung** der Verwaltungsübertretungen richtet sich **nach dem Verwaltungsstrafgesetz** (§ 15 Abs. 2–4 KommStG).

Erlassmäßige Regelungen zu den Strafbestimmungen finden Sie in der „Information zum KommStG 1993".

40.4. Im Bereich der Dienstgeberabgabe der Gemeinde Wien

Handlungen oder Unterlassungen, durch welche die Abgabe verkürzt wird, sind als **Verwaltungsübertretungen** mit **Geldstrafen bis € 21.000,00** zu bestrafen; für den Fall der Uneinbringlichkeit der Geldstrafe ist eine **Ersatzfreiheitsstrafe bis zu sechs Wochen** festzusetzen (§ 8 Abs. 1 Wr. DAG).

Übertretungen im Zusammenhang mit der Entrichtung der Abgabe (→ 37.4.2.9.) und der Erklärung der Abgabenschuld (→ 37.4.2.11.) sind als **Verwaltungsübertretungen** mit **Geldstrafen bis zu € 420,00** zu bestrafen. Im Fall der Uneinbringlichkeit der Geldstrafe eine **Freiheitsstrafe bis zu zwei Wochen** (§ 8 Abs. 2 Wr. DAG).

Die Gemeinde hat ihre im Wiener Dienstgeberabgabegesetz geregelten Aufgaben mit Ausnahme der Durchführung des Verwaltungsstrafverfahrens im eigenen Wirkungsbereich zu besorgen (§ 10 Wr. DAG) (→ 37.4.2.).

40.5. Barzahlungsverbot in der Baubranche

Geldzahlungen von Arbeitslohn gem. § 25 Abs. 1 Z 1 lit. a EStG an zur Erbringung von Bauleistungen nach § 19 Abs. 1a UStG beschäftigte Arbeitnehmer **dürfen nicht in bar geleistet oder entgegengenommen werden**, wenn der Arbeitnehmer über ein bei einem Kreditinstitut geführtes Girokonto verfügt oder einen Rechtsanspruch auf ein solches hat (§ 48 EStG).

Ein Verstoß gegen das Barzahlungsverbot stellt eine **Finanzordnungswidrigkeit** dar, die mit einer Geldstrafe von bis zu € 5.000,00 zu bestrafen ist (§ 51 Abs. 1, 2 FinStrG).

41. Schuldung – Haftung – Regressansprüche

In diesem Kapitel werden u.a. Antworten auf folgende praxisrelevanten Fragestellungen gegeben:

- Wer schuldet die Lohnabgaben und wer kann bei Nichtentrichtung zur Haftung herangezogen werden?
- Kann sich der Dienstgeber beim Dienstnehmer regressieren, wenn er z.B. im Rahmen einer Lohnabgabenprüfung zur Nachzahlung von Lohnabgaben verpflichtet wird?

41.1. Im Bereich der Sozialversicherung

41.1.1. Schuldung

Die **auf den Versicherten und den Dienstgeber** entfallenden **Beiträge schuldet der Dienstgeber.** Er hat diese Beiträge auf seine Gefahr und Kosten zur Gänze einzuzahlen (§ 58 Abs. 2 ASVG).

Abweichend davon schulden bei Vorliegen eines freien Dienstverhältnisses gemäß § 4 Abs. 4 ASVG (→ 31.7.) der **Dienstgeber und/oder der Dienstnehmer** für Beitragsnachzahlungen, die auf Grund **unwahrer oder mangelnder Auskunft** gem. § 43 Abs. 2 ASVG (→ 31.7.3.) zu entrichten sind, die jeweils auf sie entfallenden Beitragsteile. Sie haben die jeweiligen Beitragsteile auf eigene Gefahr und Kosten einzuzahlen (§ 58 Abs. 3 ASVG).

Die **Vertreter juristischer Personen**, die gesetzlichen Vertreter **natürlicher Personen** und die **Vermögensverwalter** haben alle Pflichten zu erfüllen, die den von ihnen Vertretenen obliegen, und sind befugt, die diesen zustehenden Rechte wahrzunehmen. Sie haben insb. dafür **zu sorgen**, dass die **Beiträge** jeweils bei Fälligkeit aus den Mitteln, die sie verwalten, **entrichtet werden** (§ 58 Abs. 5 ASVG)[1689].

Bezüglich der Schuldung in Fällen, in denen der **Dienstgeber** im **Inland keine Betriebsstätte** hat, siehe Punkt 37.2.7.

41.1.2. Haftung

Das ASVG kennt die Haftung für Beitragsschulden u.a. in nachstehenden Fällen:

- Wenn mehrere Dienstgeber im Einvernehmen ein und denselben Dienstnehmer, wenn auch gegen gesondertes Entgelt, beschäftigen, **haften die Dienstgeber** zur ungeteilten Hand.
- Wenn Dienstgeber auf gemeinsame Rechnung einen Betrieb führen, **haften die Dienstgeber** ebenfalls zur ungeteilten Hand[1690].

1689 Vertreter von Personengesellschaften fallen nicht unter diese Bestimmung (VwGH 15.11.2017, Ro 2017/08/0001).

1690 Tritt eine Gesellschaft nach bürgerlichem Recht (GesnbR) als Dienstgeber auf, ist **jeder Gesellschafter** als **Solidarschuldner**, ungeachtet von internen Enthaftungserklärungen, bei Abtretung von Gesellschaftsanteilen für Beitragsschulden aus Zeiten haftbar, in denen er Gesellschafter gewesen ist (VwGH 28.11.1995, 94/08/0074).

- Bei Übereignung des Betriebs (z.B. Kauf, Schenkung) **haftet der Erwerber** grundsätzlich für jene Beiträge, die sein Vorgänger in den letzten zwölf Monaten, vom Tag des Erwerbs zurückgerechnet, zu zahlen gehabt hätte[1691] (§ 67 Abs. 1–10 ASVG).

Die **zur Vertretung juristischer Personen** oder Personenhandelsgesellschaften (offene Gesellschaft, Kommanditgesellschaft) **berufenen Personen** und die gesetzlichen Vertreter natürlicher Personen **haften** im Rahmen ihrer Vertretungsmacht neben den durch sie vertretenen Beitragsschuldnern für die von diesen zu entrichtenden Beiträge insoweit, als die Beiträge infolge **schuldhafter Verletzung**[1692] der den Vertretern auferlegten Pflichten nicht eingebracht werden können. Vermögensverwalter haften, soweit ihre Verwaltung reicht, entsprechend (§ 67 Abs. 10 ASVG)[1693].

Zusätzlich zu den vorstehenden Haftungsbestimmungen gelten **bei Beauftragung zur Erbringung von Bauleistungen** sowie bei der **Reinigung von Bauwerken** nachstehende Haftungsbestimmungen („**Auftraggeberhaftung**"):

Wird die **Erbringung von Bauleistungen** nach § 19 Abs. 1a des UStG[1694] von einem Unternehmen (auftraggebendes Unternehmen) an ein anderes Unternehmen (beauftragtes Unternehmen = Subunternehmen) ganz oder teilweise weitergegeben, so haftet das auftraggebende Unternehmen für alle Beiträge und Umlagen, die das beauftragte Unternehmen (Subunternehmen) an österreichische Krankenversicherungsträger abzuführen hat oder für die es nach dieser Bestimmung haftet[1695], bis zum Höchstausmaß von **20% des geleisteten Werklohns**, wenn kein Befreiungsgrund nach Abs. 3 vorliegt[1696] (§ 67a Abs. 1 ASVG).

Außerhalb des ASVG existieren noch **zivilrechtliche Haftungen**, wie z.B. die Haftung wegen Insolvenzverschleppung nach der Insolvenzordnung, die Gesellschafterhaftung nach dem Unternehmensgesetzbuch und die Haftung bei der Arbeitskräfteüberlassung nach dem Arbeitskräfteüberlassungsgesetz. Auch das **Strafgesetzbuch** beinhaltet einen umfangreichen Komplex an Haftungsbestimmungen (→ 40.1.2.4.).

1691 Daneben bleibt die Haftung des Vorgängers bestehen. Hat sich der Betriebsnachfolger jedoch beim zuständigen Versicherungsträger vor dem Erwerb über einen allfälligen Beitragsrückstand erkundigt, so haftet er nur mit dem Betrag, der ihm als Rückstand mitgeteilt worden ist.

1692 Z.B. Vorenthalten von Dienstnehmerbeiträgen, Meldeverstöße, die Beitragsausfälle zur Folge haben, oder Ungleichbehandlung von Sozialversicherungsbeiträgen (Sozialversicherungsträger sind hinsichtlich Beitragsforderungen gleich zu behandeln wie andere Gläubiger).

1693 Da **Vertreter von Personengesellschaften** nicht von der Bestimmung des § 58 Abs. 5 ASVG umfasst sind (siehe Punkt 41.1.1.), sind Verpflichtungen, deren Verletzung die **persönliche Haftung nach § 67 Abs. 10 ASVG** begründen kann, nur die Melde- und Auskunftspflichten, soweit diese in § 111 ASVG auch gesetzlichen Vertretern gegenüber sanktioniert sind (→ 40.1.1.), sowie das Verbot des § 153c Abs. 2 StGB, Beiträge eines Dienstnehmers zur Sozialversicherung dem berechtigten Versicherungsträger vorzuenthalten (→ 40.1.2.4.1.) (VwGH 15.11.2017, Ro 2017/08/0001).
Hinweis: Die Gesellschafter einer OG sowie die Komplementäre einer KG haften den Gläubigern jedoch nach den **Bestimmungen des UGB** für die Verbindlichkeiten der Gesellschaft persönlich als Gesamtschuldner. Das bedeutet, dass zur Haftung der Gesellschaft mit dem Gesellschaftsvermögen noch die Haftung des Gesellschafters mit seinem Privatvermögen für dieselbe Schuld hinzutritt.

1694 Als Bauleistungen sind alle Leistungen zu verstehen, die der Herstellung, Instandsetzung, Instandhaltung, Reinigung, Änderung oder Beseitigung von Bauwerken dienen. Das gilt auch für die Überlassung von Arbeitskräften, wenn die überlassenen Arbeitskräfte Bauleistungen erbringen.
Informationen hinsichtlich der Haftungsbestimmungen bei der Reinigung von Bauwerken finden Sie im Erlass des BMF vom 22.12.2010, 01 0219/0321-VI/4/2010.
Erfasst ist **nicht nur die Bauendreinigung**. Der Begriff der Reinigung wird nach dem angeführten Erlass sehr umfassend als jede Säuberung von Räumlichkeiten oder Flächen, die Teil eines (Hoch- oder Tief-)Bauwerks sind, interpretiert (Reinigung von Gebäuden, Fassaden, Fenstern, Swimmingpools, Kanälen [Behebung von Verstopfungen, Kanalspülung usw.], Straßen oder Parkplätzen [Schneeräumung, Kehrleistung, Straßenwaschung] usw.).

1695 Die Haftung des Auftraggebers erstreckt sich auf jedes weitere beauftragte Unternehmen, wenn die Weitergabe des Bauauftrags nur dazu dient, die Haftung zu umgehen.

Bezüglich der Haftung in Fällen, in denen der **Dienstgeber** im **Inland keine Betriebsstätte** hat, siehe Punkt 37.2.7.

Das Recht auf Feststellung der Verpflichtung zur Zahlung von Beiträgen **verjährt** bei Beitragsschuldnern und Beitragsmithaftenden **binnen drei Jahren** vom Tag der Fälligkeit der Beiträge. Diese Frist verlängert sich auf **fünf Jahre**, wenn der Dienstgeber keine oder unrichtige Angaben bzw. Änderungsmeldungen über die bei ihm beschäftigten Personen bzw. über deren jeweiliges Entgelt gemacht hat, die er bei gehöriger Sorgfalt als notwendig oder unrichtig hätte erkennen müssen (§ 68 Abs. 1 ASVG) (→ 44.1.1.).

Besondere Haftungstatbestände bestehen auch im Bereich der Arbeitskräfteüberlassung (vgl. § 14 AÜG).

41.1.3. Regressansprüche

Der Dienstgeber ist berechtigt, den auf den Versicherten entfallenden Beitragsteil vom laufenden Entgelt in bar abzuziehen. Dieses Recht muss bei sonstigem Verlust **spätestens** bei der auf die Fälligkeit des Beitrags **nächstfolgenden Entgeltzahlung** ausgeübt werden, es sei denn, dass die nachträgliche Entrichtung der vollen Beiträge oder eines Teils dieser vom Dienstgeber nicht verschuldet ist. Im Fall der nachträglichen Entrichtung der Beiträge **ohne Verschulden** des Dienstgebers dürfen dem Versicherten bei einer Entgeltzahlung **nicht mehr Beiträge** abgezogen werden, **als auf zwei Lohnzahlungszeiträume entfallen** (§ 60 Abs. 1 ASVG).

Liegt also ein **Verschulden** des Dienstgebers **an der Nichteinbehaltung der Beiträge**

vor,	**nicht vor,**
kann dieser **nur** die nachzuzahlenden Beiträge **des vorangegangenen Lohnzahlungszeitraums** einbehalten, da das Recht auf Beitragsabzug spätestens bei der auf die Fälligkeit des Beitrags (→ 37.2.1.2.) nächstfolgenden Entgeltzahlung ausgeübt werden muss (§ 60 Abs. 1 ASVG).	kann dieser die nachzuzahlenden Beiträge **auch für weiter zurückliegende Lohnzahlungszeiträume** (→ 44.1.1.) einbehalten, wobei bei einer Entgeltzahlung nicht mehr Beiträge abgezogen werden dürfen, als auf zwei Lohnzahlungszeiträume entfallen. Dabei sind die Beiträge des laufenden Lohnzahlungszeitraums und die nachzuzahlenden Beiträge zusammenzurechnen.

1696 Die **Haftung entfällt**, wenn
1. sich der Subunternehmer im Zeitpunkt der Zahlung des Werklohns in der Gesamtliste der haftungsfreistellenden Unternehmen (HFU-Gesamtliste) findet oder
2. der Auftraggeber 20% des Werklohns an das Dienstleistungszentrum (eingerichtet bei der Österreichischen Gesundheitskasse) überweist (die Leistung wirkt schuldbefreiend).

In die **HFU-Liste** kann grundsätzlich der Auftragnehmer aufgenommen werden, wenn
1. das Unternehmen drei Jahre im Baubereich tätig ist (lt. Umsatzsteuererklärungen) und als Dienstgeber angemeldete Dienstnehmer i.S.d. ASVG beschäftigt und
2. keine Beitragsrückstände (abgesehen von einer Bagatellgrenze) und alle Beitragsgrundlagenmeldungen rechtzeitig vorliegen (§ 67b ASVG).

Nach dem GSVG versicherte Einzelunternehmen können aber auch dann in die HFU-Liste aufgenommen werden, wenn sie keine Dienstnehmer i.S.d. ASVG beschäftigen.
Um in die HFU-Liste aufgenommen zu werden, kann der Auftragnehmer einen Antrag beim Dienstleistungszentrum (eingerichtet bei der Österreichischen Gesundheitskasse) stellen, über den innerhalb von acht Wochen zu entscheiden ist.
Auf der Website der Österreichischen Gesundheitskasse (www.gesundheitskasse.at) finden Sie umfangreiche Informationen zur AuftraggeberInnen-Haftung, einen Fragen-Antworten-Katalog sowie Musterformulare.

Ein Verschulden des Dienstgebers an der Nichteinbehaltung der Beiträge liegt z.B. vor, wenn dieser eine der Beitragspflicht unterliegende Schmutzzulage (→ 19.2.) beitragsfrei behandelt hat. Es ist Aufgabe des Dienstgebers, sich die nötigen gesetzlichen Unterlagen zu verschaffen oder die entsprechenden Erkundigungen einzuziehen.

Der Dienstgeber verliert aber nicht das Recht, den auf den Versicherten entfallenden Beitragsteil vom Entgelt abzuziehen, wenn er (aus welchem Grund auch immer) nicht nur mit dem Beitragsabzug, sondern auch **mit der Entgeltzahlung in Verzug** ist. Vermieden werden soll nur die nachträgliche Belastung laufenden Entgelts mit bei früheren Entgeltzahlungen (durch Verschulden des Dienstgebers) unterbliebenen Lohnabzügen (OGH 24.11.1993, 9 ObA 222/93).

Kein Verschulden des Dienstgebers wird dann vorliegen, wenn der Dienstnehmer selbst an der Nachentrichtung schuld ist (z.B. durch falsche Reiseberichte oder falsche Fahrtenbuchaufzeichnungen) oder der Krankenversicherungsträger keine oder eine falsche Auskunft erteilt hat.

Für **Sonderbeiträge** (Beiträge für Sonderzahlungen) gilt das obige Abzugsrecht des Dienstnehmeranteils mit der Maßgabe, dass dieser Anteil **nur** von der Sonderzahlung und **nicht** vom laufenden Entgelt abgezogen werden darf (§ 60 Abs. 3 ASVG). Ein Dienstgeber, der es **verabsäumt** hat, diesen Sonderbeitrag abzuziehen, ist daher **nicht berechtigt**, diesen Abzug bei der nächsten Sonderzahlung nachzuholen, es sei denn, die nächste Sonderzahlung wird im nächstfolgenden Lohnzahlungszeitraum abgerechnet (siehe vorstehend).

Eine Verpflichtung des Dienstnehmers zum Ersatz der auf ihn entfallenden Beiträge gegenüber dem Dienstgeber besteht auch dann nicht, wenn dem Dienstnehmer die Beiträge nach der Umqualifizierung einer selbständigen Erwerbstätigkeit seitens der SVS rückerstattet werden (OGH 28.11.2017, 9 ObA 36/17k).

41.2. Im Bereich der Lohnsteuer

41.2.1. Schuldung und Haftung

Der Arbeitnehmer →	ist beim Lohnsteuerabzug **Steuerschuldner** (§ 83 Abs. 1 EStG).
Der Arbeitgeber →	**haftet dem Bund** für die Einbehaltung und Abfuhr der vom Arbeitslohn einzubehaltenden Lohnsteuer. Der Umstand, dass die Voraussetzungen des § 83 Abs. 2 Z 1 und 4 oder Abs. 3 EStG (siehe nachstehend) vorliegen, steht einer Inanspruchnahme des Arbeitgebers nicht entgegen (§ 82 EStG).

Der Arbeitnehmer wird unmittelbar in Anspruch genommen, wenn

1. die Voraussetzungen des § 41 Abs. 1 EStG vorliegen (Pflichtveranlagung, → 15.2.),
2. ein Arbeitgeber ohne inländische Betriebsstätte die Einkommensteuer durch Abzug vom Arbeitslohn (§ 47 Abs. 1 lit. b EStG) nicht entsprechend den Vorschriften dieses Bundesgesetzes berechnet und abgeführt hat,
3. die Voraussetzungen für eine Nachversteuerung gem. § 18 Abs. 4 EStG vorliegen (Sonderausgaben, → 14.1.2.),

4. eine Veranlagung auf Antrag (§ 41 Abs. 2 EStG) durchgeführt wird (Antragsveranlagung, → 15.3.),
5. eine ausländische Einrichtung i.S.d. § 5 Z 4 PKG die Einkommensteuer durch Abzug vom Arbeitslohn (§ 47 EStG) nicht erhoben hat (§ 83 Abs. 2 EStG).

Der Arbeitnehmer **kann unmittelbar** in Anspruch genommen werden, wenn er und der Arbeitgeber vorsätzlich zusammenwirken, um sich einen gesetzeswidrigen Vorteil zu verschaffen, der eine Verkürzung der vorschriftsmäßig zu berechnenden und abzuführenden Lohnsteuer bewirkt (§ 83 Abs. 3 EStG).

In **Betrugsfällen** kann – wenn die Haftung beim Arbeitgeber (z.B. wegen Insolvenz) ins Leere geht – der Arbeitnehmer direkt zur Lohnsteuerzahlung herangezogen werden. Die unmittelbare Inanspruchnahme des Arbeitnehmers liegt jedoch im Ermessen der Abgabenbehörde, sodass primär der Arbeitgeber im Haftungsweg und nur subsidiär (nachrangig) der Arbeitnehmer in Anspruch zu nehmen ist (LStR 2002, Rz 1216a).

Die Haftung des Arbeitgebers erstreckt sich auf sämtliche durch Lohnsteuerabzug zu erhebende Beträge, also sowohl auf die Lohnsteuer von laufenden Bezügen als auch auf die Lohnsteuer von sonstigen Bezügen. Hat der Arbeitgeber **Abfertigungsverpflichtungen (Jubiläumsgeldverpflichtungen) ausgegliedert**, haftet er dennoch für die Lohnsteuerabfuhr. Die Haftung betrifft auch jene Vergütungen, die im Rahmen des Dienstverhältnisses von einem Dritten geleistet werden, wenn der Arbeitgeber weiß oder wissen muss, dass derartige Vergütungen geleistet werden (LStR 2002, Rz 1208).

Die **Ausgliederung** von **Abfertigungsverpflichtungen (Jubiläumsgeldverpflichtungen)** lässt die lohnsteuerlichen Pflichten des auslagernden Arbeitgebers zur Führung eines Lohnkontos sowie die **Haftung für die Lohnsteuerabfuhr** unberührt. Die Versicherung hat im Leistungsfall (Fälligkeit des Abfertigungs- oder Jubiläumsgeldanspruchs) daher entweder die auf die Abfertigung (das Jubiläumsgeld) entfallende Lohnsteuer für Rechnung des Arbeitgebers (Versicherungsnehmers) an sein Finanzamt abzuführen oder die auf die Abfertigung (das Jubiläumsgeld) entfallende Lohnsteuer dem Arbeitgeber (Versicherungsnehmer) zum Zweck der Lohnsteuerabfuhr durch ihn zu überweisen. In beiden Fällen gelangt nur die um die Lohnsteuer gekürzte (Netto-)Leistung an den bezugsberechtigten Arbeitnehmer zur Auszahlung. Die Bestimmungen des § 86 EStG (Lohnsteuerprüfung) und § 87 EStG (Verpflichtung der Arbeitgeber) werden durch die Ausgliederung der Abfertigungsvorsorge ebenfalls nicht berührt (LStR 2002, Rz 1183).

Hat der **Arbeitnehmer** bereits im Rahmen der Veranlagung (→ 15.) oder im Weg von Vorauszahlungen gem. § 45 EStG (→ 15.2.3.) eine nicht einbehaltene **Lohnsteuer entrichtet**, so kann der Arbeitgeber dafür nicht mehr in Anspruch genommen werden[1697]. Die bloße Behauptung des Arbeitgebers, die Steuerschuld wäre durch Zahlung des Arbeitnehmers bereits erloschen, genügt nicht; der Arbeitgeber muss diese Behauptung beweisen oder der Abgabenbehörde jene Daten bekannt geben, die erforderlich sind, eine solche Behauptung ohne Aufwand zu überprüfen. Der Umstand, dass die Voraussetzungen des § 83 Abs. 2 Z 1 und 4 oder Abs. 3 EStG

1697 Das trifft meist dann zu, wenn im Rahmen einer Lohnabgabenprüfung (→ 39.1.1.3., → 39.1.2.3.) ein freier Dienstvertrag oder ein Werkvertrag nicht anerkannt wird und der Arbeitnehmer die Einkommensteuer für diese Einkünfte nachweislich bereits entrichtet hat.

vorliegen (Veranlagungstatbestände, siehe vorstehend), steht einer Inanspruchnahme des Arbeitgebers nicht entgegen. Vom Arbeitgeber nachgeforderte Lohnsteuer kann erst dann bei der Veranlagung des Arbeitnehmers angerechnet werden, wenn diese tatsächlich (wirtschaftlich gesehen) vom Arbeitnehmer getragen wurde (LStR 2002, Rz 1211).

Jene Lohnsteuer, für die der Arbeitnehmer gem. § 83 Abs. 2 Z 3 EStG (siehe vorstehend) unmittelbar in Anspruch genommen werden kann, darf beim Arbeitgeber grundsätzlich nicht nachgefordert werden. Veranlagungstatbestände nach § 83 Abs. 2 Z 1 und 4 EStG (siehe vorstehend) entbinden jedoch den Arbeitgeber nicht von der Haftung nach § 82 EStG (LStR 2002, Rz 1214).

Voraussetzung für die Haftung des Arbeitgebers für die richtige Einbehaltung und Abfuhr der Lohnsteuer ist **nicht ein Verschulden** des Arbeitgebers. Vielmehr kommt es darauf an, welcher Betrag an Lohnsteuer bei Auszahlung des Arbeitslohns **einzubehalten wäre** und welcher Betrag an Lohnsteuer vom Arbeitgeber **tatsächlich einbehalten worden ist** (VwGH 29.6.1965, 1428/64).

Der Arbeitgeber ist aber auch verpflichtet, den Angestellten, der mit der Gebarung der Lohnsteuer und der Dienstgeberbeiträge zum FLAF betraut ist, entsprechend zu überwachen (VwGH 18.12.1968, 401/67) (→ 10.2.1.).

Kommt der Arbeitgeber oder der Arbeitnehmer seinen Verpflichtungen gem. §§ 82 und 83 EStG nicht nach, ist die zuwenig abgeführte oder die überhaupt nicht abgeführte Lohnsteuer nachzuzahlen. Für die Behörde besteht aber erst nach Erlassung eines förmlichen Bescheids (→ 42.3.) eine gesetzliche Handhabe für die Entgegennahme eines Lohnsteuerbetrags (VwGH 24.2.1966, 797 und 798/65).

Die Inanspruchnahme des

Arbeitgebers	**Arbeitnehmers**
erfolgt mit einem **Haftungs- und Zahlungsbescheid**.	erfolgt mit einem **Widerrufs- und Nachforderungsbescheid**.

Das Recht, eine Abgabe festzusetzen, unterliegt der Verjährung (§ 207 Abs. 1 BAO). Die **Verjährungsfrist** bei der Lohnsteuer **beträgt fünf Jahre**, bei hinterzogener Lohnsteuer (→ 40.2.) **zehn Jahre** (§ 207 Abs. 2 BAO). Die Frist beginnt mit dem Ablauf des Jahres, in dem der Abgabenanspruch entstanden ist (§ 208 Abs. 1 BAO) (→ 44.1.2.).

Im Fall der Heranziehung des Arbeitgebers oder des Arbeitnehmers zur Nachzahlung von Lohnsteuer durch einen Bescheid steht dem Arbeitgeber als Haftender oder dem Arbeitnehmer als Schuldner das Rechtsmittel der Beschwerde zu (→ 42.3.).

Zusätzlich zu den vorstehenden Haftungsbestimmungen gelten **bei Beauftragung zur Erbringung von Bauleistungen** sowie bei der **Reinigung von Bauwerken** nachstehende Haftungsbestimmungen:

Wird die **Erbringung von Bauleistungen** nach § 19 Abs. 1a UStG[1698] von einem Unternehmen (auftraggebendes Unternehmen) an ein anderes Unternehmen (beauftrag-

1698 Als Bauleistungen sind alle Leistungen zu verstehen, die der Herstellung, Instandsetzung, Instandhaltung, Reinigung, Änderung oder Beseitigung von Bauwerken dienen. Das gilt auch für die Überlassung von Arbeitskräften, wenn die überlassenen Arbeitskräfte Bauleistungen erbringen.

tes Unternehmen = Subunternehmen) ganz oder teilweise weitergegeben, so haftet das auftraggebende Unternehmen für die vom Finanzamt einzuhebenden lohnabhängigen Abgaben, die das beauftragte Unternehmen (Subunternehmen) abzuführen hat[1699], bis zum Höchstausmaß von **5% des geleisteten Werklohns**[1700] (§ 82a Abs. 1 EStG).

Die Haftung für lohnabhängige Abgaben knüpft zum großen Teil an dieselben Voraussetzungen wie die Haftung im Bereich des Sozialversicherungsrechts für Beiträge und Umlagen an österreichische Krankenversicherungsträger nach §§ 67a ff. ASVG (→ 41.1.2.).

Die Haftung für lohnabhängige Abgaben umfasst **auch** (ausländische) beauftragte **Unternehmen**, die **nicht** unter die **Haftung im Bereich des Sozialversicherungsrechts** fallen, da deren Arbeitnehmer in einem anderen EU-/EWR-Staat der Versicherungspflicht unterliegen. Bei **Bauleistungen im Ausland** kommt die Haftung dann zum Tragen, wenn Österreich ein Besteuerungsrecht an den Bezügen der betroffenen Arbeitnehmer zukommt oder davon in Österreich Lohnabgaben zu entrichten sind (z.B. Dienstgeberbeitrag zum FLAF). Die Auftraggeberhaftung besteht unabhängig von einer Abzugsteuer gem. § 99 Abs. 1 Z 5 EStG (LStR 2002, Rz 1212a).

Weitere Erläuterungen zur Auftraggeberhaftung bei Weitergabe von Bauleistungen finden Sie in den Lohnsteuerrichtlinien 2002 unter den Randzahlen 1212a bis 1212f.

Weitere Erläuterungen hinsichtlich Dienstleistungszentrum und HFU-Gesamtliste finden Sie unter Punkt 41.1.2.

41.2.2. Regressansprüche

Der **Arbeitgeber, dessen Haftung** vom Finanzamt auf Grund des § 82 EStG mittels eines Haftungs- und Zahlungsbescheids **in Anspruch genommen wird, tritt in die Rechte des ursprünglichen Gläubigers** (der Republik Österreich) ein und ist daher **befugt, vom Arbeitnehmer** als Steuerschuldner **den Ersatz der bezahlten Schuld** gem. § 1358 erster Satz ABGB **zu fordern** (OGH 17.6.1987, 14 ObA 80/87).

Dabei ist es belanglos, ob der Arbeitgeber die Lohnsteuer irrtümlich unrichtig oder auf Grund einer falschen Rechtsauffassung unrichtig berechnet hat (OGH 20.2.1973, 4 Ob 12/73).

Zu beachten ist aber, dass gem. § 7 Abs. 1 BAO Personen, die nach den Abgabenvorschriften für eine Abgabe haften, durch die Geltendmachung dieser Haftung zu **Gesamtschuldnern** gem. § 891 ABGB werden. Aus dieser Schuldnergemeinschaft des Arbeitgebers und Arbeitnehmers folgt, dass jeder Mitschuldner die Interessen der Gemeinschaft zu wahren hat und eine Verletzung dieser Interessen seinen Anspruch auf die Schuld mindern oder gänzlich entfallen lassen kann.

1699 Die Haftung des Auftraggebers erstreckt sich auf jedes weitere beauftragte Unternehmen, wenn die Weitergabe des Bauauftrags nur dazu dient, die Haftung zu umgehen.

1700 Die Haftung entfällt, wenn
1. sich der Subunternehmer im Zeitpunkt der Zahlung des Werklohns in der Gesamtliste der haftungsfreistellenden Unternehmen (HFU-Gesamtliste) findet oder
2. der Auftraggeber 5% des Werklohns an das Dienstleistungszentrum (eingerichtet bei der Österreichischen Gesundheitskasse) überweist (die Leistung wirkt schuldbefreiend).

Dies besagt, dass der Arbeitgeber nur dann einen Rückgriffsanspruch gegen den Arbeitnehmer geltend machen kann, wenn er im Zuge des Lohnsteuerprüfungsverfahrens (→ 39.1.2.3.) die **Interessen des Arbeitnehmers auch gewahrt** hat (OGH 6.12.1977, 4 Ob 111/77) oder wenn er im Zuge einer Bescheidbeschwerde zugleich auch jene Rechte geltend gemacht hat, die dem Arbeitnehmer als Abgabepflichtigen zustehen (§ 248 BAO). Verletzt der Arbeitgeber schuldhaft Aufklärungs- und Anleitungspflichten, steht dem Arbeitnehmer ein Schadenersatzanspruch in der Höhe der Lohnsteuerdifferenz zu (ASG Wien 8.1.1996, rk, 18 Cga 35/94m).

Praxistipp: Der Arbeitgeber sollte den **Arbeitnehmer** zunächst **auffordern**, fristgerecht **Einwände darzulegen**, die ein entsprechendes Rechtsmittel begründen können. Im Fall des fruchtlosen Verstreichens der Frist bzw. nach Abweisung des Rechtsmittels könnte die Rückforderung des vom Arbeitgeber nachgezahlten Lohnsteuerbetrags erfolgen.

Einer vom Arbeitgeber als Haftender eingebrachten Bescheidbeschwerde (→ 42.3.) kann der Arbeitnehmer **beitreten** (§ 257 Abs. 1 BAO), nicht aber das Rechtsmittel selbst ergreifen (VwGH 7.3.1991, 90/16/0005). Wer einer Bescheidbeschwerde beigetreten ist, kann die gleichen Rechte geltend machen, die dem Beschwerdeführer zustehen (§ 257 Abs. 2 BAO).

Ist der Arbeitgeber befugt, den Ersatz der bezahlten Steuerschuld vom Arbeitnehmer zu fordern, kann der Arbeitnehmer dem vom OGH entwickelten Rechtsgedanken über die Rückforderung gutgläubig empfangenen und verbrauchten Arbeitsentgelts (§ 1431 ABGB) (→ 9.8.) **nicht geltend machen**, da diesem Anspruch die rechtliche Qualifikation einer Forderung auf Nachzahlung zu wenig (oder gar nicht) entrichteter Lohnsteuer zukommt (OGH 25.2.1958, 4 Ob 135/57).

Das Forderungsrecht des Arbeitgebers verjährt erst **nach dreißig Jahren** (§ 1479 ABGB). Der Lauf der Verjährungsfrist beginnt mit dem Zeitpunkt der tatsächlichen Zahlung der Lohnsteuernachforderung.

Eine betragliche Limitierung pro Lohnzahlungszeitraum bezüglich der vom Arbeitnehmer nachzuzahlenden Lohnsteuer bestimmt das EStG nicht.

Lohnsteuernachforderungen auf Grund der Haftung des Arbeitgebers, für die der Arbeitgeber seine Arbeitnehmer **nicht in Anspruch** nimmt, sind nicht als Vorteil aus dem Dienstverhältnis anzusehen (§ 86 Abs. 3 EStG) (vgl. → 13.1.). Solche Lohnsteuerbeträge können bei der **Veranlagung** allerdings **nicht angerechnet** werden.

Eine **Regressforderung** des Arbeitgebers an den Arbeitnehmer bezüglich nicht einbehaltener, vom Finanzamt gem. § 82 EStG nachgeforderter Lohnsteuer ist dann **nicht möglich**, wenn sich die Parteien bei Beendigung des Dienstverhältnisses auf einen **Vergleich** geeinigt haben, mit dem u.a. „alle wechselseitigen Ansprüche aus dem ehemaligen Dienstverhältnis abgegolten und verglichen sein sollten" (OGH 27.2.1991, 9 ObA 1002/91). Die Bereinigungswirkung eines Vergleichs umfasst insb. auch solche Ansprüche, an welche die Parteien im Zeitpunkt des Vergleichs zwar nicht gedacht haben, an die sie aber denken konnten (§ 1389 ABGB) (→ 9.7.). Ein Regress des

Arbeitgebers ist jedoch möglich, wenn es sich dabei um eine Lohnsteuernachzahlung für eine im Generalvergleich selbst geregelte Abfindungszahlung handelt. Es kann nämlich nicht ohne Weiteres davon ausgegangen werden, dass mit einer in einer Auflösungsvereinbarung enthaltenen Generalklausel, nach der die wechselseitigen Ansprüche aus einem Vertragsverhältnis bereinigt und verglichen sein sollen, auch Streitigkeiten aus denjenigen Ansprüchen mitverglichen sein sollen, die erst durch die Auflösungsvereinbarung selbst geschaffen werden (OGH 23.7.2019, 9 ObA 74/19a).

41.3. Im Bereich der anderen Abgaben

Beim Dienstgeberbeitrag zum FLAF und beim Zuschlag zum DB finden die Bestimmungen wie beim Steuerabzug vom Arbeitslohn (Lohnsteuer) sinngemäß Anwendung (§ 43 Abs. 2 FLAG, § 122 Abs. 7, 8 WKG).

Für den Bereich der Kommunalsteuer gelten die Bestimmungen des Kommunalsteuergesetzes (→ 37.4.1.4.); für den Bereich der Dienstgeberabgabe der Gemeinde Wien gelten die Bestimmungen des Wiener Dienstgeberabgabegesetzes (→ 37.4.2.6.).

Die Möglichkeit eines Regresses ist bei diesen Abgaben nicht gegeben, da diese vom Dienstgeber selbst zu tragen sind.

41.4. Im Bereich der Lohnpfändung

Auf Grund der Bestimmungen der Exekutionsordnung haftet der Dienstgeber (Drittschuldner) dem betreibenden Gläubiger für den Schaden, der aus einer schuldhaften Verweigerung der Drittschuldnererklärung oder aus einer grob schuldhaft unrichtigen oder unvollständigen Drittschuldnererklärung entsteht (→ 43.1.4.2.).

Nach Einlangen eines Zahlungsverbots ist es dem Drittschuldner untersagt, den gepfändeten Betrag an den Dienstnehmer auszuzahlen. Gleichzeitig wird ihm dadurch die Verpflichtung aufgetragen, den gepfändeten Betrag an den betreibenden Gläubiger zu überweisen. Kommt der Drittschuldner dieser Verpflichtung nicht nach, haftet er dem betreibenden Gläubiger für den nicht überwiesenen gepfändeten Betrag.

Kommt der Drittschuldner seiner Verpflichtung bezüglich der Verständigung vom Bezugsende nicht nach, haftet er bis € 1.000,00 (→ 43.1.4.2.).

41.5. Im Bereich des Arbeitsrechts

41.5.1. Haftung des Arbeitgebers

Ein vom Arbeitgeber verursachter steuerlicher Schaden des Arbeitnehmers ist nach allgemeinen schadenersatzrechtlichen Grundlagen zu ersetzen, wenn der Arbeitgeber rechtswidrig und schuldhaft gehandelt hat. Der Arbeitgeber haftet daher für die erhöhte Steuerbelastung des Arbeitnehmers, dem seine Bezüge infolge einer unwirksamen Entlassung vier Jahre lang zu Unrecht vorenthalten und dann in Form einer (steuerlich ungünstigen) Einmalzahlung nachentrichtet wurden (OGH 23.2.2005, 9 ObA 106/04k). Ein Verschulden kann auf Arbeitgeberseite lediglich dann ausgeschlossen werden, wenn die pünktliche Zahlung infolge einer vertretbaren Rechtsansicht verweigert wurde.

Ab der rechtskräftigen Feststellung des Vorliegens eines **Scheinunternehmens**[1701] haftet ein Auftrag gebender Unternehmer, wenn er zum Zeitpunkt der Auftragserteilung wusste oder wissen musste, dass es sich beim Auftrag nehmenden Unternehmen um ein Scheinunternehmen nach § 8 SBBG handelt, zusätzlich zum Scheinunternehmen als Bürge und Zahler nach § 1357 ABGB für **Ansprüche auf das gesetzliche, durch Verordnung festgelegte oder kollektivvertragliche Entgelt** für Arbeitsleistungen im Rahmen der Beauftragung **der beim Scheinunternehmen beschäftigten Arbeitnehmer** (§ 9 SBBG).

Besondere Haftungstatbestände bestehen im Bereich der Arbeitskräfteüberlassung (vgl. § 14 AÜG).

41.5.2. Dienstnehmerhaftpflichtgesetz

Das Dienstnehmerhaftpflichtgesetz bestimmt u.a.:

Hat ein Dienstnehmer bei Erbringung seiner Dienstleistungen dem Dienstgeber durch ein Versehen einen Schaden zugefügt, so kann das Gericht aus Gründen der Billigkeit den Ersatz mäßigen oder, sofern der Schaden durch einen minderen Grad des Versehens zugefügt worden ist, auch ganz erlassen (§ 2 Abs. 1 DHG).

Bei der Schadenshaftung des Dienstnehmers kommt es auf die üblichen Verschuldensgrade entsprechend den zivilrechtlichen Gesetzen an. Demnach **besteht eine Haftung**, wenn der Dienstnehmer

1. vorsätzlich → Das bedeutet, dass der Schaden bewusst und gewollt herbeigeführt wurde; in diesem Fall haftet der Dienstnehmer voll für den eingetretenen Schaden.
2. grob fahrlässig → Hier handelt es sich um eine auffallende Sorglosigkeit; in diesem Fall besteht ebenfalls Schadenersatzpflicht für den Dienstnehmer, das Gericht kann aber aus Billigkeitsgründen den Ersatz mäßigen.

   oder
3. leicht fahrlässig → Hier ist der Schaden aus Versehen eingetreten; in diesem Fall besteht ebenfalls Schadenersatzpflicht für den Dienstnehmer, das Gericht kann aber aus Gründen der Billigkeit den Schaden ganz erlassen.

gehandelt hat.

Bei der Entscheidung über die Ersatzpflicht hat das **Gericht** vor allem auf das Ausmaß des Verschuldens des Dienstnehmers (siehe oben) und insb. **auf folgende Umstände Bedacht zu nehmen**:

1. auf das Ausmaß der mit der ausgeübten Tätigkeit verbundenen Verantwortung,
2. inwieweit bei der Bemessung des Entgelts ein mit der ausgeübten Tätigkeit verbundenes Wagnis berücksichtigt worden ist,

---

1701 Siehe Punkt 39.1.1.1.

3. auf den Grad der Ausbildung des Dienstnehmers,
4. auf die Bedingungen, unter denen die Dienstleistung zu erbringen war und
5. ob mit der vom Dienstnehmer erbrachten Dienstleistung erfahrungsgemäß die nur schwer vermeidbare Möglichkeit oder Wahrscheinlichkeit des Eintritts eines Schadens verbunden ist (§ 2 Abs. 2 DHG)[1702].

Für eine entschuldbare Fehlleistung haftet der Dienstnehmer nicht (§ 2 Abs. 3 DHG). Diese liegt vor, wenn der Eintritt des Schadens nur bei außerordentlicher Aufmerksamkeit voraussehbar gewesen wäre.

Schadenersatzansprüche gegen einen gut ausgebildeten **Lohnverrechner** wegen Fehlleistungen können **zur Gänze gemäßigt** werden, wenn er am Beginn seiner Berufslaufbahn mit **wenig Erfahrung** steht und die von ihm geforderte Arbeitsleistung in Bezug auf **Verantwortung, Zeitdruck** und **Personalnot** mit dem ihm gewährten **Entgelt** nicht adäquat abgegolten wird (ASG Wien 13.9.2000, 6 Cga 30/98v (6 Cga 62/98z), rk).

Zur Aufrechnung von Ansprüchen des Dienstgebers gegen den Dienstnehmer mit Bezügen des Dienstnehmers siehe Punkt 9.10.

1702 Die Mäßigungskriterien in § 2 Abs. 2 DHG sind nur demonstrativ aufgezählt. Laut Rechtsprechung ist zu beachten, dass durch die Zahlungspflicht die Existenzgrundlage des Dienstnehmers nicht gefährdet werden darf. Nach Abwägung der Mäßigungskriterien hat sohin bei besonders hohen Schadensbeträgen eine Kontrollrechnung stattzufinden, die dem Dienstnehmer die Sicherung der Existenzgrundlage ermöglichen soll. Dabei ist auf die sozialen Verhältnisse des Dienstnehmers, insbesondere auf seine Sorgepflichten, seine Einkommensverhältnisse und finanziellen Belastungen sowie seine Vermögensverhältnisse Bedacht zu nehmen (vgl. OGH 26.7.2012, 8 ObA 24/12f).

42. Rechtsmittel

In diesem Kapitel werden u.a. Antworten auf folgende praxisrelevanten Fragestellungen gegeben:

- Wie kann gegen das Ergebnis einer Lohnabgabenprüfung (Lohnabgabennachzahlung) rechtlich vorgegangen werden?

42.1. Allgemeines

Unter „Rechtsmittel" versteht man Parteienanträge, die die Überprüfung einer behördlichen Entscheidung oder Verfügung bezwecken.

Die Rechtsmittel unterteilt man in

ordentliche Rechtsmittel	und	**außerordentliche** Rechtsmittel.
Das sind jene Rechtsmittel, die eine Überprüfung eines Bescheids bzw. eine ordentliche Revision eines Erkenntnisses gem. dem VwGVG bzw. BAO und dem B-VG ermöglichen. Das Rechtsmittel gegen einen Bescheid ist die Beschwerde (Bescheidbeschwerde).		Das sind die • außerordentliche Revision beim Verwaltungsgerichtshof und die • Beschwerde beim Verfassungsgerichtshof gem. dem B-VG, wenn vom Bundesverwaltungsgericht bzw. Bundesfinanzgericht die (ordentliche) Revision gegen seine Entscheidung nicht zugelassen wird.

BAO = Bundesabgabenordnung
B-VG = Bundes-Verfassungsgesetz
VwGVG = Verwaltungsgerichtsverfahrensgesetz

42.1.1. Das ordentliche Rechtsmittel

Ein Verwaltungsverfahren endet i.d.R. durch einen **Bescheid**.

Der Bescheid ist die förmliche Entscheidung einer Verwaltungsbehörde bzw. Abgabenbehörde. Er muss die Person (Personenvereinigung, Personengemeinschaft) benennen, an die der Bescheid ergeht, und

- die ausstellende Behörde,
- das Datum der Ausstellung,
- die Bezeichnung „Bescheid",
- einen Entscheidungstext (Spruch),
- eine Begründung (weshalb die Behörde diese Entscheidung getroffen hat) und
- eine Rechtsmittelbelehrung

enthalten.

Wenn eine Partei mit dem Bescheid einer Verwaltungsbehörde bzw. Abgabenbehörde teilweise oder gänzlich nicht einverstanden ist, kann sie dagegen grundsätzlich innerhalb der Beschwerdefrist (Rechtsmittelfrist) **Beschwerde** (Revision) erheben.

Eine Beschwerde muss u.a. enthalten:

- die Bezeichnung des Bescheids, gegen den sich die Beschwerde richtet,
- die Erklärung, in welchem(n) Punkt(en) der Bescheid angefochten wird,
- die Erklärung, welche Änderung(en) beantragt wird (werden),
- die Begründung für die beantragte(n) Änderung(en).

Über die Beschwerde (Revision) **entscheidet** entweder

die Verwaltungsbehörde bzw. Abgabenbehörde (i.d.R. Sozialversicherungsträger bzw. Finanzamt), die den Bescheid erlassen hat,	oder	das Verwaltungsgericht (Bundes- bzw. Landesverwaltungsgericht bzw. Bundesfinanzgericht) oder der Verwaltungsgerichtshof.
Diese kann den Bescheid abändern, aufheben oder die Beschwerde als unbegründet ablehnen.		Das Verwaltungsgericht kann den Bescheid bestätigen, abändern oder aufheben und der Verwaltungsbehörde bzw. Abgabenbehörde die Erlassung eines neuen Bescheids nach Verfahrensergänzung auftragen. Entscheidungen der Verwaltungsgerichte (bzw. des Verwaltungsgerichtshofs) ergehen i.d.R. als Erkenntnis.

Das **Verwaltungsgericht** erkennt u.a. über Beschwerden **gegen den Bescheid einer Verwaltungsbehörde bzw. Abgabenbehörde**.

Der **Verwaltungsgerichtshof** (VwGH) erkennt u.a. über Revisionen **gegen das Erkenntnis** (Entscheidung) **eines Verwaltungsgerichts** wegen Rechtswidrigkeit.

Der **Verwaltungsgerichtshof** kann allerdings **nur unter bestimmten Voraussetzungen angerufen** werden, wenn die Revision von der Lösung einer Rechtsfrage abhängt, der grundsätzliche Bedeutung zukommt, insb. weil

- das Erkenntnis von der Rechtsprechung des Verwaltungsgerichtshofs abweicht,
- eine solche Rechtsprechung fehlt oder
- die zu lösende Rechtsfrage in der bisherigen Rechtsprechung des Verwaltungsgerichtshofs nicht einheitlich beantwortet wird (Art. 133 Abs. 4 B-VG).

Darüber hinaus muss das Erkenntnis von den Verwaltungsgerichten eine Rechtsmittelbelehrung enthalten, ob eine **Revision** an den Verwaltungsgerichtshof zulässig ist oder nicht. Ist das der Fall, handelt es sich um eine **ordentliche Revision** (= ordentliches Rechtsmittel).

Ist das nicht der Fall, hat die Partei allerdings noch die Möglichkeit, eine **außerordentliche Revision** beim Verwaltungsgerichtshof bzw. eine **Beschwerde** beim Verfassungsgerichtshof (VfGH) (= außerordentliches Rechtsmittel) zu erheben (siehe nachstehend).

Kein Rechtsmittel ist zulässig, wenn man auf die Erhebung eines Rechtsmittels verzichtet hat, also einen **„Rechtsmittelverzicht"** abgegeben hat (§ 255 BAO). Hinsichtlich des Ergebnisses der Lohnsteuerprüfung (Lohnsteuer, Dienstgeberbeitrag zum FLAF und Zuschlag zum DB) kann demnach der Dienstgeber auf die Einbringung eines Rechtsmittels vor Erlassung des Bescheids verzichten. Im Sozialversicherungsverfahren ist allerdings ein Rechtsmittelverzicht nicht vorgesehen.

Kommt die Verwaltungsbehörde bzw. Abgabenbehörde ihrer Entscheidungspflicht nicht nach, kann dagegen Abhilfe in Form einer „Säumnis**beschwerde**" beim Verwaltungsgericht gesucht werden (Art. 130 B-VG). Eine Säumnisbeschwerde kann allerdings erst erhoben werden, wenn die Verwaltungsbehörde bzw. Abgabenbehörde i.d.R. **nicht binnen sechs Monaten** in der Sache **entschieden** hat (§ 8 VwGVG, § 284 BAO).

Wird gegen den Bescheid innerhalb der Beschwerdefrist Beschwerde nicht erhoben, **erwächst der Bescheid in Rechtskraft** (res iudicata). Die Rechtsfigur der res iudicata bedeutet, dass das Verfahren in einer Rechtssache endgültig abgeschlossen ist. **Voraussetzung** für die res iudicata ist die **Identität** (Gleichheit) **der Sache**. Hat sich seit Erlassung des ein Verfahren abschließenden Bescheids eine wesentliche Änderung im Sachverhalt ergeben, liegt die Identität der Rechtssache nicht mehr vor.

42.1.2. Das außerordentliche Rechtsmittel

Wurde die **ordentliche Revision** (= das ordentliche Rechtsmittel) in der Entscheidung des Bundesverwaltungsgerichts bzw. Bundesfinanzgerichts **nicht zugelassen**, ist der Verwaltungsgerichtshof bzw. Verfassungsgerichtshof nicht daran gebunden. Seitens der Partei kann eine außerordentliche Revision bzw. Beschwerde erhoben werden.

42.1.2.1. Revision beim Verwaltungsgerichtshof

Der Verwaltungsgerichtshof (VwGH) ist ein auf die gerichtliche Kontrolle der Gesetzmäßigkeit der Verwaltung spezialisiertes Gericht.

Diese Aufgabe nimmt der Verwaltungsgerichtshof in der Form von gerichtlichen Verfahren wahr, in denen einander als „Parteien" der „Beschwerdeführer" und die „belangte Behörde" gegenüberstehen.

Beschwerdeführer ist diejenige Person, die behauptet, durch den Bescheid einer Verwaltungsbehörde bzw. Abgabenbehörde und letztlich durch das Erkenntnis des Verwaltungsgerichts in ihren Rechten verletzt zu sein.

Belangte Behörde ist jene Bundes-, Landes-, Gemeinde- oder sonstige staatliche Behörde (Selbstverwaltungskörper), die den Bescheid erlassen hat.

Wenn der Verwaltungsgerichtshof dem Beschwerdeführer recht gibt, so hebt er das Erkenntnis des Verwaltungsgerichts und den als rechtswidrig erkannten Bescheid der belangten Behörde auf. Die Behörde muss dann – unter Bindung an die Rechtsansicht des Verwaltungsgerichtshofs – einen Ersatzbescheid erlassen. Kommt der Verwaltungsgerichtshof zum Ergebnis, dass die behauptete Rechtswidrigkeit des Erkenntnisses bzw. des Bescheids nicht vorliegt, so wird die Revision als unbegründet abgewiesen. Darüber hinaus kann der VwGH auch in der Sache selbst entscheiden, wenn diese entscheidungsreif ist und die Entscheidung in der Sache selbst im Interesse der Einfachheit, Zweckmäßigkeit und Kostenersparnis liegt (§ 42 VwGG).

42.1.2.2. Beschwerde beim Verfassungsgerichtshof

Dem Verfassungsgerichtshof (VfGH) obliegt es, die Einhaltung der Verfassung zu kontrollieren. Durch seine Aufgabe als „Grundrechtsgerichtshof“ und seine Zuständigkeit zur Prüfung von Gesetzen und Verordnungen ist er in besonderer Weise dazu berufen, der demokratisch-rechtsstaatlichen Grundordnung Wirksamkeit zu verschaffen und ihren Bestand zu sichern.

Zur Beachtung der Verfassung sind alle staatlichen Stellen und sonstige Institutionen, die staatliche Funktionen wahrnehmen, verpflichtet. Für den Fall einer (behaupteten) Verletzung der Verfassung durch diese ist der Verfassungsgerichtshof von der Bundesverfassung als jenes Organ eingerichtet, das darüber endgültig zu entscheiden und gegebenenfalls Abhilfe zu schaffen hat. Aus diesem Grund wird er oft als „Hüter der Verfassung“ bezeichnet.

Der Verfassungsgerichtshof wird grundsätzlich nur auf Antrag tätig.

42.2. Rechtsmittel im Sozialversicherungsverfahren

Das im siebenten Teil des ASVG geregelte Verfahren zur Durchführung der Bestimmungen dieses Bundesgesetzes (§ 352 ASVG) gliedert sich in (§ 353 ASVG)

das Verfahren in **Verwaltungssachen** und	das Verfahren in **Leistungssachen**.
	Leistungssachen betreffen insb. die Feststellung des Bestands, Umfangs und Ruhens von Ansprüchen auf Versicherungsleistungen (z.B. Anspruch auf Krankengeld, Pension, orthopädische Behelfe) (§ 354 ASVG).
	Dieses Verfahren berührt vor allem die Interessen der Dienstnehmer (→ 42.4.).

42.2.1. Verwaltungssachen

Zu den Verwaltungssachen gehören insb.:

- Die Feststellung der Versicherungspflicht, der Versicherungsberechtigung sowie des Beginns und des Endes der Versicherung;
- die Feststellung der Versicherungszugehörigkeit und -zuständigkeit;
- die Angelegenheiten bezüglich der Beiträge der Versicherten und ihrer Dienstgeber, einschließlich ev. Beitragszuschläge (§ 355 ASVG).

Zur Behandlung der Verwaltungssachen sind die zuständigen Versicherungsträger berufen (§ 409 ASVG).

Der Versicherungsträger hat in Verwaltungssachen einen **Bescheid** insb. dann zu erlassen,

1. wenn er die An- oder Abmeldung (→ 39.1.1.1.1.) ablehnt oder einen anderen Tag als den Meldetag annimmt,
2. wenn er einen nicht oder nicht ordnungsgemäß Angemeldeten in die Versicherung aufnimmt oder einen nicht oder nicht ordnungsgemäß Abgemeldeten aus der Versicherung ausscheidet (→ 39.1.1.1.5.),
3. wenn er die Entgegennahme von Beiträgen ablehnt (→ 6.4.),
4. wenn er die Haftung für Beitragsschulden ausspricht (→ 41.1.2.),
5. wenn er einen Beitragszuschlag vorschreibt (→ 40.1.1.2.),
6. wenn er die Übertragung eines Leistungsanspruchs ganz oder teilweise ablehnt,
7. wenn der Versicherte oder der Dienstgeber die Bescheiderteilung verlangt. In diesem Fall ist binnen sechs Monaten der Bescheid zu erlassen (§ 410 Abs. 1 ASVG).

Das nach Erlassen eines Bescheids dafür vorgesehene Rechtsmittelverfahren ist nachstehendem Ablaufschema zu entnehmen; der Intention dieses Fachbuchs entsprechend wird darauf in sehr knapper Form eingegangen.

42.2.2. Verfahren in Verwaltungssachen

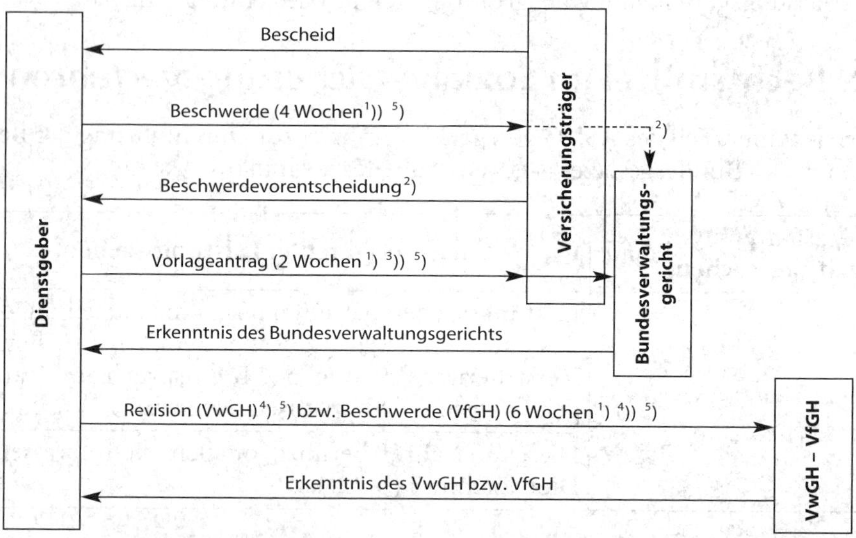

[1] Beschwerde- oder Rechtsmittelfrist.

[2] Es steht dem Versicherungsträger jedoch frei, den angefochtenen Bescheid (innerhalb von zwei Monaten) aufzuheben, abzuändern oder die Beschwerde zurückzuweisen oder abzuweisen.
Will der Versicherungsträger von der Erlassung einer Beschwerdevorentscheidung absehen, hat er dem Bundesverwaltungsgericht die Beschwerde unter Anschluss der Akten des Verwaltungsverfahrens vorzulegen (§ 14 Abs. 1, 2 VwGVG).

[3] Innerhalb von zwei Wochen nach Zustellung der Beschwerdevorentscheidung kann ein „Vorlageantrag" beim Versicherungsträger gestellt werden, dass die Beschwerde dem Bundesverwaltungsgericht zur Entscheidung vorgelegt wird (§ 15 Abs. 1–3 VwGVG).

[4] Falls das Bundesverwaltungsgericht die Zulässigkeit der (ordentlichen) Revision gegen seine Entscheidung verneint, kann eine **„außerordentliche Revision" beim VwGH** oder eine **Beschwerde beim VfGH** eingebracht werden.

[5] Für Beschwerden bzw. Vorlageanträge einschließlich der Vertretung vor dem Bundesverwaltungsgericht sowie im höchstgerichtlichen Verfahren für Revisionen an den VwGH sind neben Anwälten auch die Steuerberater befugt.

Hinweis: Der Bundesminister für Soziales, Gesundheit, Pflege und Konsumentenschutz entscheidet nur bei Kompetenzkonflikten zwischen den Sozialversicherungsträgern oder auf Antrag der Sozialversicherungsträger oder des Bundesverwaltungsgerichts u.a. hinsichtlich der Versicherungspflicht (vgl. § 412 Abs. 1 ASVG). Gegen Bescheide des Bundesministers kann Beschwerde an das Bundesverwaltungsgericht eingebracht werden.

42.3. Rechtsmittel im Lohnsteuerverfahren

Im Fall

- der Inanspruchnahme des Arbeitgebers mittels eines Haftungs- und Zahlungsbescheids gem. § 82 EStG (→ 41.2.1.),
- der persönlichen Inanspruchnahme des Arbeitnehmers mittels eines Widerrufs- und Nachforderungsbescheids gem. § 83 EStG (→ 41.2.1.),
- eines Bescheids über die Verpflichtung zur Abgabe von Lohnsteueranmeldungen gem. § 80 EStG (→ 39.1.2.1.) und
- anderer im Bereich der Lohnsteuer seitens der Finanzverwaltung ergangener Bescheide

steht demjenigen, an den der Bescheid ergangen ist, das Rechtsmittel der Beschwerde (Bescheidbeschwerde) zu (§§ 243–249 BAO).

Das nach Erlassen eines Bescheids dafür vorgesehene Rechtsmittelverfahren ist nachstehendem Ablaufschema zu entnehmen; der Intention dieses Fachbuchs entsprechend wird darauf in sehr knapper Form eingegangen.

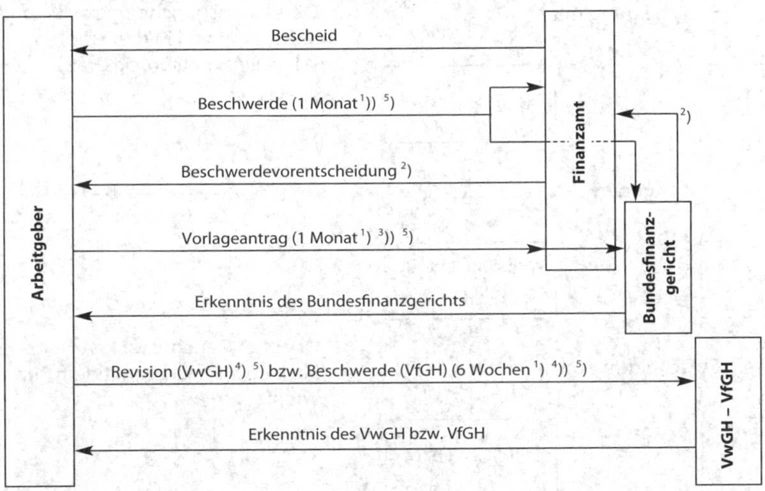

1) Beschwerde- oder Rechtsmittelfrist.

2) Das Finanzamt hat grundsätzlich eine verpflichtende (zwingende) Beschwerdevorentscheidung (= bescheidmäßige Erledigung von Bescheidbeschwerden durch die Abgabenbehörde) zu erlassen; sie unterliegt daher der Entscheidungspflicht (§§ 85 a, 262 Abs. 1–4 BAO). Wird die Beschwerde beim Bundesfinanzgericht eingebracht, hat das Bundesfinanzgericht die Beschwerde unverzüglich an das Finanzamt weiterzuleiten (§ 249 Abs. 1 BAO).

3) Gegen eine Beschwerdevorentscheidung kann innerhalb eines Monats ab Zustellung der Beschwerdevorentscheidung ein „Vorlageantrag" beim Finanzamt gestellt werden, dass die Beschwerde dem Bundesfinanzgericht zur Entscheidung vorgelegt wird (§ 264 Abs. 1–4 BAO).

4) Falls das Bundesfinanzgericht die Zulässigkeit der (ordentlichen) Revision gegen seine Entscheidung verneint, kann eine **„außerordentliche Revision" beim VwGH** oder eine **Beschwerde beim VfGH** eingebracht werden.

5) Für Beschwerden bzw. Vorlageanträge einschließlich der Vertretung vor dem Bundesfinanzgericht sowie im höchstgerichtlichen Verfahren für Revisionen an den VwGH sind neben Anwälten auch die Steuerberater befugt (vgl. § 2 Abs. 2 WTBG 2017).

42.4. Rechtsmittel in Arbeits- und Sozialrechtssachen

Rechtsgrundlage ist das Arbeits- und Sozialgerichtsgesetz (ASGG), Bundesgesetz vom 7. März 1985, BGBl 1985/104.

Kernstück dieses Gesetzes ist der Einbau der arbeits- und sozialrechtlichen Streitsachen in die ordentliche Gerichtsbarkeit und die Schaffung eines grundsätzlich dreistufigen (nationalen) Instanzenzugs.

Das ASGG behandelt

- Arbeitsrechtssachen (§ 50 ASGG) und
- Sozialrechtssachen (Leistungssachen) (§ 65 ASGG).

Der Instanzenzug ist nachstehendem Ablaufschema zu entnehmen; der Intention dieses Fachbuchs entsprechend wird darauf in sehr knapper Form eingegangen.

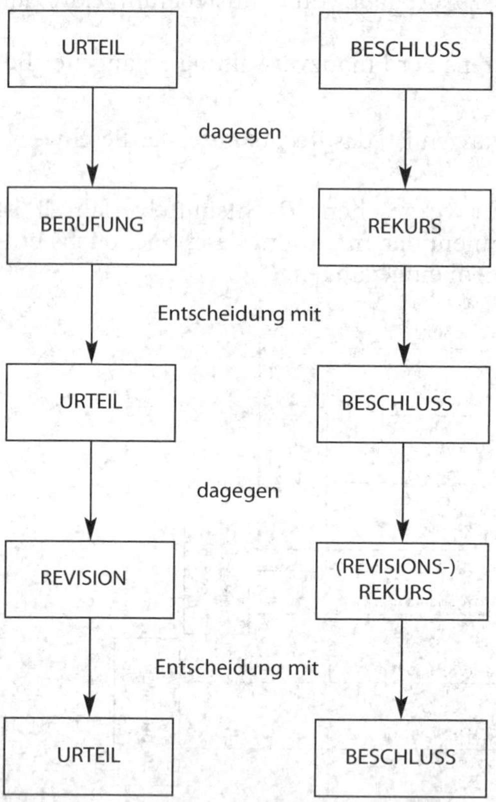

1. Instanz

Landesgericht als Arbeits- oder Sozialgericht (für Wien besteht ein eigenes Arbeits- und Sozialgericht). [1])

2. Instanz

Oberlandesgericht in Arbeits- und Sozialrechtssachen in den Städten: Wien, Linz, Innsbruck, Graz.

3. Instanz

Oberster Gerichtshof in Arbeits- und Sozialrechtssachen mit dem Sitz in Wien.

Europäischer Gerichtshof mit dem Sitz in Luxemburg (→ 42.5.).

[1]) Die Gerichte erster Instanz haben **je eine Ausfertigung** der rechtskräftigen Entscheidungen über Entgeltansprüche von Dienstnehmern **binnen vier Wochen** ab Rechtskraft **an den Krankenversicherungsträger** jenes Landes zu übersenden, in dem der Sitz des Gerichts liegt; Gleiches gilt für gerichtliche Vergleiche über die genannten Ansprüche (§ 49 Abs. 6 ASVG).
Der Zweck dieser Vorschrift besteht darin, die Krankenversicherungsträger von einem gegebenenfalls beitragspflichtigen, gerichtlich zuerkannten Entgeltanspruch eines Dienstnehmers in Kenntnis zu setzen.

42.5. Europäischer Gerichtshof

Der **Europäische Gerichtshof** (EuGH) sichert die Auslegung und Anwendung des Unionsrechts (→ 3.3.). Demnach entscheidet der EuGH nur über die Gültigkeit und Auslegung des Unionsrechts, nicht aber über die Gültigkeit oder die Auslegung des nationalen Rechts. Der EuGH kann von jedem Gericht (jeder Instanz) mit der Bitte angerufen werden, das Unionsrecht zu interpretieren.

Im Rahmen seiner Aufgabenzuweisung nimmt der EuGH Funktionen wahr, die in den Rechtsordnungen der Mitgliedstaaten auf verschiedene Gerichtszweige verteilt sind: So entscheidet der EuGH

- als **Verfassungsgericht** bei Streitigkeiten zwischen den Gemeinschaftsorganen und der Kontrolle der Rechtmäßigkeit der Gemeinschaftsgesetzgebung,
- als **Verwaltungsgericht** bei der Überprüfung der von der Kommission oder indirekt von den Behörden der Mitgliedstaaten (auf der Grundlage von Gemeinschaftsrecht) gesetzten Verwaltungsakte,
- als **Arbeits- und Sozialgericht** bei Fragen betreffend die Freizügigkeit und soziale Sicherheit der Dienstnehmer sowie der Gleichbehandlung von Mann und Frau im Arbeitsleben (→ 3.3.1.),
- als **Strafgericht** bei der Kontrolle der durch die Kommission verhängten Bußgelder, sowie
- als **Zivilgericht** bei Schadenersatzklagen und bei der Auslegung der Brüsseler Konvention über die Anerkennung und die Vollstreckung gerichtlicher Entscheidungen in Zivil- und Handelssachen.

Hat ein Mitgliedstaat gegen Verpflichtungen, die ihm das Gemeinschaftsrecht auferlegt hat, verstoßen, muss vor Anrufung des EuGH ein **Vorverfahren** durchgeführt werden. In diesem hat der betreffende Mitgliedstaat die Möglichkeit, zu den Vorwürfen Stellung zu nehmen. Führt dieses Verfahren nicht zur Klärung der Streitfragen, so kann entweder die Kommission (als Hüterin der Gemeinschaftsverträge) oder aber ein Mitgliedstaat (nicht aber der einzelne Gemeinschaftsbürger) **Klage** wegen Vertragsverletzung **beim EuGH** erheben.

43. Pfändung, Verpfändung, Zession von Bezügen, Privatkonkurs

In diesem Kapitel werden u.a. Antworten auf folgende praxisrelevanten Fragestellungen gegeben:

- Wie ist vorzugehen, wenn der Arbeitgeber für Schulden seiner Arbeitnehmer als Drittschuldner herangezogen wird?
  - Welche Pflichten treffen den Arbeitgeber in diesem Zusammenhang? Seite 1560 ff.
- Bestehen Fallkonstellationen, in denen der Arbeitgeber für die Berechnung der pfändbaren Beträge kein Existenzminimum zu berücksichtigen hat? Seite 1570 ff.
- Was ist eine (vertragliche) Verpfändung und wie ist damit im Rahmen der Personalverrechnung umzugehen? Seite 1627 ff.

43.1. Pfändung von Bezügen

Zu einer Pfändung von Bezügen (Lohn- oder Gehaltspfändung) kann es u.a. dann kommen, wenn ein **Arbeitnehmer** (ein **freier Dienstnehmer**, → 43.1.8.2.) seinen im privaten Bereich liegenden **Zahlungsverpflichtungen nicht nachkommt**.

43.1.1. Wie kommt es zu einer Pfändung von Bezügen?

Das nachstehende Ablaufschema soll dies anhand eines Beispiels veranschaulichen:

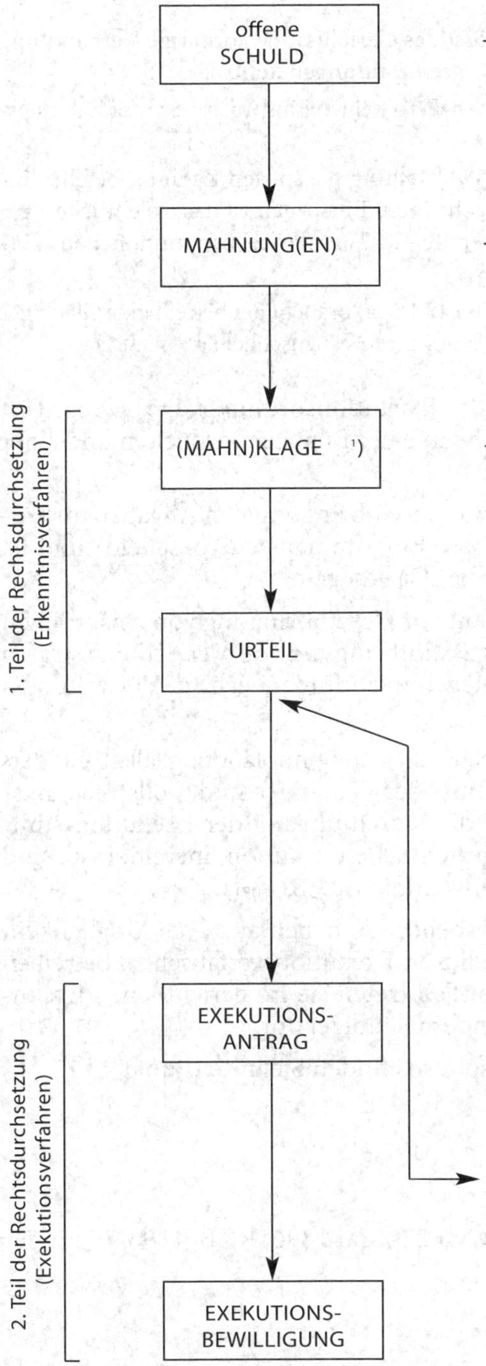

Schuldet der Arbeitnehmer **(Schuldner)** einer Person oder einer Stelle **(Gläubiger)**Geld,

und zahlt der Schuldner trotz üblicher **Mahnung(en)** nicht,

kann der Gläubiger abhängig von der Höhe der **Forderung (Schuld)**diese entweder beim Bezirksgericht oder beim Landesgericht **einklagen**.Dies ist auch ohne vorausgegangener Mahnung möglich.

Besteht die Forderung zu Recht, wird der **Klage stattgegeben**.

Ist das Urteil in Rechtskraft erwachsen, und ist auch die 14-tägige Leistungspflicht abgelaufen, kann die Person oder Stelle (im Exekutionsverfahren der sog. **„betreibende Gläubiger"**) gegen den säumigen Schuldner (im Exekutionsverfahren der sog. **„Verpflichtete"**) Zwangsvollstreckung **(Exekution)** beantragen.

Dies geschieht insofern, als man beim Exekutionsgericht den Antrag auf Exekutionsbewilligung (= **Exekutionsantrag**) einbringt.

Liegt ein sog. **„Exekutionstitel"** (in unserem Fall das rechtskräftige Gerichtsurteil) [2]) vor,

wird der Exekutionsantrag bewilligt (= **Exekutionsbewilligung**).

1) Das Mahnverfahren (die Mahnklage) ist ein abgekürztes, obligatorisches Verfahren, das dem Kläger rasch und billig zu einem Exekutionstitel verhelfen soll. Es ist zwingend bei allen Klagen, die auf einen € 75.000,00 nicht übersteigenden Zahlungsanspruch auf Geld gerichtet sind.

Nach erster Prüfung der eingelangten Klage erlässt das Gericht ohne vorherige Verhandlung oder Anhörung der beklagten Partei einen **bedingten Zahlungsbefehl**.

Erhebt die beklagte Partei innerhalb einer **4-Wochen-Frist** keinen Einspruch, wird der Zahlungsbefehl nach Ablauf der Einspruchsfrist vollstreckbar.

Erhebt der Beklagte binnen vier Wochen nach Zustellung gegen den Zahlungsbefehl Einspruch, tritt der Zahlungsbefehl außer Kraft. Nach einem Einspruch ist das ordentliche Verfahren einzuleiten und vom Gericht die vorbereitende Tagsatzung zur mündlichen Verhandlung anzuberaumen.

2) Im sog. „vereinfachten Bewilligungsverfahren" (→ 43.1.5.2.) braucht der betreibende Gläubiger dem Exekutionsantrag keine Ausfertigung des Exekutionstitels anzuschließen (§ 54b Abs. 2 EO).

Neben der gerichtlichen Exekution, die in der Exekutionsordnung (EO) geregelt ist (siehe vorstehend), besteht auch die Möglichkeit einer finanzbehördlichen und einer verwaltungsbehördlichen Exekution.

Die **finanzbehördliche Exekution** erfolgt zur Hereinbringung von Abgabenansprüchen aus finanzbehördlichen Bescheiden (z.B. Einkommensteuerbescheid) und ist insb. in der Abgabenexekutionsordnung (AbgEO) geregelt.

Die **verwaltungsbehördliche Exekution** dient zur Hereinbringung von Ansprüchen aus verwaltungsbehördlichen Bescheiden (z.B. Einbringung von Verwaltungsstrafen für Verkehrsdelikte); die diesbezüglichen Regelungen finden sich im Verwaltungsvollstreckungsgesetz (VVG).

Bei der finanzbehördlichen und verwaltungsbehördlichen Lohnpfändung fallen – anders als bei der gerichtlichen Exekution – betreibender Gläubiger und Vollstreckungsbehörde zusammen. Die Regelungen über die Durchführung der Exekution stimmen zum größten Teil mit jenen über die gerichtliche Exekution überein; insb. sind viele Lohnpfändungsvorschriften der EO anwendbar (vgl. § 53 AbgEO).

Die Finanz- und Verwaltungsvollstreckungsbehörden haben auch die Möglichkeit, die Einbringung ihrer Ansprüche im gerichtlichen Exekutionsverfahren zu betreiben (vgl. § 3 Abs. 2 AbgEO und § 3 Abs. 1 VVG). In diesem Fall treten sie im gerichtlichen Exekutionsverfahren als „gewöhnlicher" betreibender Gläubiger auf.

Näheres bezüglich des Umgangs mit Inkassobüros finden Sie unter Punkt 43.1.9.

43.1.2. Rechtsgrundlage

Rechtsgrundlage der Pfändung von Bezügen ist

- die **Exekutionsordnung** (EO), Gesetz vom 27. Mai 1896, RGBl 1896/79, in der jeweils geltenden Fassung.

43.1.3. Begriffserläuterungen

Im Zusammenhang mit einer Exekution werden u.a. nachstehende Begriffe verwendet:

BEGRIFFE	ERLÄUTERUNGEN
Antragsgegner, Verpflichteter, verpflichtete Partei	Der Arbeitnehmer, der freie Dienstnehmer.
Antragsteller, betreibender Gläubiger, betreibende Partei	Die Person oder die Stelle, der der Arbeitnehmer Geldschuldet und die die Einbringung gerichtlich betreibt.
Drittschuldner	Der Arbeitgeber, bei dem der Arbeitnehmer in Beschäftigung steht.
Drittschuldnererklärung	Vom Arbeitgeber zu beantwortender Fragebogen.
Exekutionsantrag	Der Antrag auf Bewilligung einer Exekution.
Exekutionsbewilligung, Exekutionsbewilligungsbeschluss	Der bewilligte Exekutionsantrag. Mit der Exekutionsbewilligung sind gleichzeitig die Pfändung und die Überweisung zu bewilligen.
Exekutionsgericht	Das Gericht, das die Exekution zu bewilligen hat.
Exekutionsmittel	Die beantragte Art des Exekutionsvollzugs (Durchführung der Exekution). Bei der **Forderungsexekution** ist das ● die Pfändung der sog. Leistungen (z.B. der Einkünfte aus einem Arbeitsverhältnis) und die Überweisung der Forderung. Bei der **Fahrnisexekution** ist das ● die Pfändung der erforderlichen Gegenstände, die Verwertung dieser Gegenstände durch Versteigerung oder Verkauf und die Überweisung der Forderung.
Exekutionsobjekt, Pfandobjekt	Die Bezeichnung der Sache, des Rechts oder der Forderung, auf die Exekution geführt wird. Bei einer Pfändung von Bezügen sind die sog. Leistungen (z.B. die Einkünfte aus einem Arbeitsverhältnis) das Pfandobjekt.
Exekutionstitel	Die Urkunde, in der die Rechtsansprüche festgehalten sind. Z.B. ein rechtskräftiges und vollstreckbares Urteil, ein vollstreckbarer Wechselzahlungsauftrag, ein vollstreckbarer Rückstandsausweis der Finanzbehörde oder eines Sozialversicherungsträgers.
Fahrnisexekution	Exekution auf die beweglichen Sachen und Wertpapiere des Arbeitnehmers. Z.B. Bargeld, Sparbücher, Einrichtungsgegenstände, Auto.
Forderung, Gehaltsforderung	Die aushaftende Schuld.
Forderungsexekution, Forderungspfändung, Pfändung von Bezügen	Exekution auf die sog. Leistungen (z.B. die Einkünfte aus einem Arbeitsverhältnis) des Arbeitnehmers.
pfändbarer (gepfändeter) Betrag	Der an den (die) betreibenden Gläubiger zu überweisende Betrag.
unpfändbarer Freibetrag, Existenzminimum	Der dem Verpflichteten verbleibende Betrag.
Verwalter	Im Exekutionsverfahren ist bei Vorliegen bestimmter Voraussetzungen ein Verwalter zu bestellen, der die pfändbaren Forderungen zu ermitteln und geltend zu machen hat.
Zahlungsverbot	Dem Drittschuldner vom Exekutionsgericht aufgetragenes Verbot an den Verpflichteten, (uneingeschränkte) Zahlungen zu leisten.

43.1.4. Drittschuldner, Drittschuldnererklärung, Drittschuldnerklage

43.1.4.1. Drittschuldner

Am Exekutionsverfahren sind i.d.R. drei Personen beteiligt:

Der betreibende Gläubiger treibt seine Forderung auf Grund eines Exekutionstitels gegen seinen Schuldner, den Verpflichteten, ein. Der Verpflichtete hat selbst eine Forderung gegen einen **Dritten**. Der Dritte ist also angeblicher Schuldner des Verpflichteten und wird demnach Drittschuldner genannt.

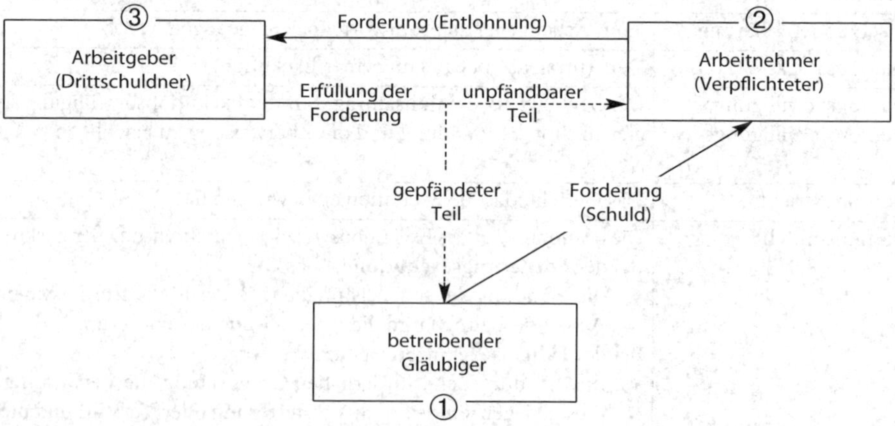

In der Regel erfährt der Drittschuldner erst durch eine „Verständigung" von der Pfändung der Bezüge seines Arbeitnehmers (freien Dienstnehmers, → 43.1.6.1.). Dies geschieht insofern, als diesem vom zuständigen Gericht das Zahlungsverbot zugestellt wird.

Oft kommt es vor, dass dem betreibenden Gläubiger der Drittschuldner nicht bekannt ist. Deshalb sieht die Exekutionsordnung vor, dass das Exekutionsgericht beim DVSV (→ 5.3.1.) anfragen kann, bei welchem Arbeitgeber der Verpflichtete beschäftigt ist (vgl. § 295 EO).

Nach Einlangen eines Zahlungsverbots hat der Drittschuldner wie folgt vorzugehen:

1. Vormerkung des Rangs der Lohnpfändung (→ 43.1.7.2.),
2. Feststellung der Unterhaltspflichten des Arbeitnehmers (siehe Muster 37),
3. Ausfüllen der Drittschuldnererklärung (siehe Muster 36),
4. Berechnung des pfändbaren bzw. unpfändbaren Betrags (→ 43.1.6.),
5. Zahlung des pfändbaren Betrags an den betreibenden Gläubiger (u.U. erst nach vier Wochen, → 43.1.5.).

43.1.4.2. Drittschuldnererklärung

Sofern der betreibende Gläubiger nichts anderes beantragt[1703] **und die Zustellung des Zahlungsverbots nicht dem Verwalter obliegt**[1704], hat das Gericht dem Dritt-

1703 Die Pflicht zur Abgabe entfällt, wenn der Gläubiger in der Exekutionsbewilligung ausdrücklich darauf verzichtet hat.

1704 Ist ein Verwalter bestellt, so obliegt es ihm, dem Drittschuldner den Auftrag zur Abgabe der Drittschuldnererklärung zu erteilen; er kann aber davon absehen (§ 301 Abs. 5 EO).

schuldner gleichzeitig mit dem Zahlungsverbot aufzutragen, sich **binnen vier Wochen** über bestimmte (in der sog. Drittschuldnererklärung angeführte) Fragen **zu erklären** (§ 301 Abs. 1 EO).

Die Drittschuldnererklärung ist unter **www.justiz.gv.at** abrufbar bzw. kann diese am Bildschirm ausgefüllt und ausgedruckt werden.

Muster 36

Beantwortete Fragen betreffend Drittschuldnererklärung.

Nur vom Gericht auszufüllen

Aktenzeichen

Eingangsvermerk des Gerichts

Drittschuldnererklärung: Einkünfte aus Arbeitsverhältnis/sonstige
wiederkehrende Bezüge

Gericht und Aktenzeichen

Gericht *
Wiener Neustadt, Bezirksgericht

Aktenzeichen

Betreibende Partei

Akademischer Grad

Zuname oder Firma *
Kauf GmbH

Vorname

Anschrift

Straße/Hausnummer/Stiege/Türnummer

Postleitzahl

Ort

Land
Österreich

Sonstige Angaben

Telefonnummer

Sonstige Angaben

Vertragsnummer

Vertreten durch

Akademischer Grad	Zuname oder Firma	Vorname
	Rechtsanwalt X

Anschriftscode

Anschrift

Straße/Hausnummer/Stiege/Türnummer

Postleitzahl	Ort	Land
		Österreich

Sonstige Angaben

Telefonnummer

Sonstige Angaben

Verpflichtete Partei

Akademischer Grad	Zuname oder Firma *	Vorname
	Zeiner	**Klaus**

Anschrift

Straße/Hausnummer/Stiege/Türnummer

Postleitzahl	Ort	Land
		Österreich

Sonstige Angaben

Telefonnummer

Sonstige Angaben

Begründete Forderung

Eine wiederkehrende Forderung der verpflichteten Partei gegen Sie (z.B. deren Arbeitseinkommen oder ein sonstiger wiederkehrender Bezug nach § 290a EO) wurde gepfändet. Anerkennen Sie diese Forderung der verpflichteten Partei? *

Ja

Wenn ja

Welche Art von Forderung?

Art der Forderung *

Forderung aus einem Arbeitsverhältnis

Höhe der durchschnittlichen Nettoforderung (in Euro) *	Wiederkehrende Forderung *
1.660	**monatlich**

Bestehen weitere Forderungen (z.B. Sonderzahlungen, Naturalleistungen, Prämien)?

1 - Art der Forderung	Höhe der Forderung (in Euro)
Urlaubsbeihilfe	**1.855,11**

2 - Art der Forderung	Höhe der Forderung (in Euro)
Weihnachtsremuneration	**1.817,91**

Unterhalt

Die verpflichtete Partei hat nach *
eigenen Angaben

Unterhaltspflichten *
Ja

Wenn ja

Unterhaltsberechtigte/Unterhaltsberechtigter

1 - Zuname
Zeiner

Vorname
Claudia

2 - Zuname
Zeiner

Vorname
Maria

Vorschuss

Haben Sie der verpflichteten Partei einen Vorschuss gewährt? *
Nein

Höhe des Vorschusses (in Euro)

Andere Gläubigerinnen/Gläubiger

Wenn andere Personen Geldansprüche gegen die verpflichtete Partei erworben haben, bitte die vorgegebenen Felder vollständig ausfüllen bzw. ankreuzen.

1 - Name der Gläubigerin/des Gläubigers
Autohaus Huber

Höhe der Forderung (in Euro)
6.000

Art der Forderung
sonstige

Wurde die Forderung durch Pfändung durch eine Behörde/ein Gericht erworben?
Ja

Behörde/Gericht
Bezirksgericht Baden

Aktenzeichen
8 E 2348/00

Besteht für die zuletzt genannte Forderung ein vorrangiges oder gleichrangiges (Einlangen der in den Exekutionsbewilligungen enthaltenen Zahlungsverbote am gleichen Tag) Pfandrecht im Verhältnis zur betriebenen Forderung?
vorrangig

Klage der verpflichteten Partei

Sind Sie von der verpflichteten Partei auf Zahlung geklagt worden? *
Nein

Zahlungsbereitschaft

Haben Sie andere Gründe, nicht zahlungsbereit zu sein (z.B. Schadensersatzforderung, Gegenforderung)?
Nein

Kosten für die Abgabe dieser Erklärung

Ich begehre Kostenersatz

in Höhe von
35 Euro

Ich ersuche um Überweisung der Kosten auf mein Kont

IBAN
AT75 3473 2000 0016 7239

BIC

Der Drittschuldner hat seine Erklärung dem Exekutionsgericht, eine **Abschrift** davon dem Verwalter – sofern keiner bestellt ist, dem betreibenden Gläubiger (bzw. seinem Vertreter) – zu übersenden (§ 301 Abs. 2 EO).

① Hier wird gefragt, ob der Drittschuldner dem Verpflichteten Entgelt schuldet oder nicht.

② Der Drittschuldner hat lediglich die ihm vom Verpflichteten gemachten Angaben ohne deren Prüfung weiterzuleiten (→ 43.1.6.8.). Aus Gründen der Beweissicherung ist zu empfehlen, sich diese Angaben bestätigen zu lassen (siehe nachstehendes Muster).

③ Bezüglich der Feststellung, ob Unterhaltspflichten bestehen, siehe Punkt 43.1.6.5.

④ Hier geht es um ev. Klagen des Verpflichteten auf seinen Bezug oder Bezugsbestandteile.

⑤ Die **Aufrechnung** gegen den der **Exekution entzogenen Teil** einer Lohnforderung (Existenzminimum) ist gem. § 293 Abs. 3 EO nur zur Einbringung eines Vorschusses, einer im rechtlichen Zusammenhang stehenden Gegenforderung oder einer Schadenersatzforderung zulässig, bei der der Schaden vorsätzlich zugefügt wurde. Bei einer nicht vorsätzlichen, wenn auch grob fahrlässigen Schadenszufügung ist eine Aufrechnung von Schadenersatzansprüchen im Rahmen der Dienstnehmerhaftung gegen den der Exekution entzogenen Teil des Entgelts unzulässig (OGH 26.4.1983, 4 Ob 34/83).

Muster 37

Erklärung über bestehende Unterhaltspflichten.

Als Ergänzung zu der in der Drittschuldnererklärung angeführten Frage 2 teile ich folgende, derzeit bestehende Unterhaltspflichten mit:

Vor- und Zuname des Unterhaltsberechtigten[1705]

____

____

Ich bestätige die Richtigkeit und Vollständigkeit obiger Angaben und werde jede Änderung unverzüglich schriftlich mitteilen.

__________, am __________

__________, am __________ ______________________________

Unterschrift des Dienstnehmers

Die Abgabe der Drittschuldnererklärung ist zwingend und kann durch ein Rechtsmittel (→ 42.1.) nicht angefochten werden.

Hat der Drittschuldner seine Pflichten bezüglich der Drittschuldnererklärung **schuldhaft nicht, vorsätzlich** oder **grob fahrlässig** (→ 25.2.3.1.) unrichtig oder unvollständig erfüllt, so ist dem Drittschuldner trotz Obsiegens im Drittschuldnerprozess (→ 43.1.4.3.) der Ersatz der Kosten des Verfahrens aufzuerlegen. Überdies **haftet der Drittschuldner** dem betreibenden Gläubiger für den Schaden, der dadurch entsteht, dass er seine Pflichten schuldhaft überhaupt nicht, vorsätzlich oder grob fahrlässig unrichtig oder unvollständig erfüllt hat. Diese Folgen sind dem Drittschuldner bei Zustellung des Auftrags bekannt zu geben (§ 301 Abs. 3 EO).

Dies gilt auch für den Fall, dass der Drittschuldner die Drittschuldnererklärung zwar dem Gericht, nicht jedoch auch dem betreibenden Gläubiger übersendet (OLG Wien 28.10.2008, 9 Ra 123/08m).

Die Drittschuldnererklärung ist **auch dann auszufüllen**, wenn

- der Arbeitnehmer nicht (mehr) beim Arbeitgeber beschäftigt ist oder nie beim Arbeitgeber beschäftigt war,
- der Arbeitnehmer sich in Karenz, Präsenz- oder Zivildienst u.Ä. befindet,

1705 Gesetzliche Unterhaltspflichten können zwischen Ehegatten, früheren Ehegatten, eingetragenen Partnern (→ 3.6.) sowie (wechselseitig) zwischen Kindern, Eltern und Großeltern bestehen.
Bei Ehegatten wird ein Unterhaltsanspruch nur dann zu bejahen sein, wenn diese aus eigenem Erwerb mit weniger als 40% zum Familieneinkommen beitragen (→ 43.1.6.5.).

- wegen des geringen Bezugs des Arbeitnehmers gar nichts pfändbar ist,
- gegenüber demselben betreibenden Gläubiger betreffend einer anderen Exekution bereits eine Drittschuldnererklärung abgegeben worden ist oder
- der Arbeitnehmer eine Ratenvereinbarung oder einen anderen Vergleich mit dem betreibenden Gläubiger vorlegen kann.

Für die mit der Abgabe der **Erklärung verbundenen Kosten** stehen dem Drittschuldner als **Ersatz** zu:

1. **€ 35,00,** wenn eine wiederkehrende Forderung gepfändet wurde und diese besteht;
2. **€ 25,00** in den sonstigen Fällen[1706].

In diesen Beträgen ist die Umsatzsteuer[1707] enthalten (§ 302 Abs. 1 EO).

Der Drittschuldner ist berechtigt, den ihm als Kostenersatz zustehenden Betrag

- von dem dem Verpflichteten zustehenden Betrag der überwiesenen Forderung einzubehalten, sofern dadurch der unpfändbare Betrag (Existenzminimum) nicht geschmälert wird;
- sonst von dem dem betreibenden Gläubiger zustehenden Betrag (§ 302 Abs. 3 EO).

Kann der Drittschuldner die Kosten nicht abziehen (z.B. bei Unterschreitung des Existenzminimums, bei bereits ausgeschiedenen Verpflichteten oder im Fall einer nachrangigen Forderung), kann der Drittschuldner beantragen, dass das Gericht die Zahlung dem betreibenden Gläubiger auferlegt (§ 302 Abs. 2 EO).

Nach Abgabe der Drittschuldnererklärung und bei Fortbestand des Dienstverhältnisses ist der Drittschuldner **nicht verpflichtet**, den betreibenden Gläubiger **zu verständigen**, wenn es z.B. wegen eines Krankenstands, Präsenzdienstes, einer Karenz zu einem Entfall des Entgelts kommt und dadurch ein gepfändeter Betrag nicht einbehalten werden kann. Für die Praxis wird aber eine diesbezügliche Verständigung empfohlen.

Wurde eine wiederkehrende Forderung gepfändet, so hat der Drittschuldner den betreibenden Gläubiger von der nach wie vor bestehenden **Beendigung des** der Forderung zu Grunde liegenden Rechtsverhältnisses (**Dienstverhältnisses**)

- **innerhalb einer Woche** nach Ende des Monats, der dem Monat folgt[1708], in dem das Rechtsverhältnis beendet wurde,

zu verständigen. Die Haftungsbestimmungen des § 301 Abs. 3 EO (siehe vorstehend) sind anzuwenden, wobei die **Haftung** auf **€ 1.000,00 je Bezugsende** beschränkt ist (§ 301 Abs. 4 EO).

43.1.4.3. Drittschuldnerklage

Kommt der Drittschuldner seiner Verpflichtung, den pfändbaren Betrag an den betreibenden Gläubiger zu überweisen, nicht nach, hat der betreibende Gläubiger die Möglichkeit, eine Drittschuldnerklage einzubringen.

1706 Z.B. wenn die gepfändete Forderung nicht mehr besteht, weil der Verpflichtete bereits ausgeschieden ist.

1707 Die Abgabe und Erklärung der Drittschuldnererklärung ist **keine umsatzsteuerbare Leistung**. Der „Kostenersatz" dient lediglich dazu, Aufwendungen (bzw. sonstige Nachteile), die entstanden sind, (pauschaliert) zu ersetzen. Mit der Bestimmung des § 302 Abs. 1 EO wurde nach Ansicht des VwGH kein Umsatzsteuertatbestand geschaffen (VwGH 30.10.2014, 2011/15/0181).

1708 Dazu ein **Beispiel**: Endet das Dienstverhältnis am 18. Jänner, ist der Verständigungspflicht in der Zeit vom 1. bis 7. März nachzukommen.

Das **Exekutionsgericht** hat allerdings **auf Antrag** – in den Fällen der Z 1 und 2 nach freier Überzeugung (ohne besonderen Verfahrensaufwand) – **zu entscheiden,**

1. ob bei der Berechnung des unpfändbaren Freibetrags (→ 43.1.6.5.) Unterhaltspflichten zu berücksichtigen sind, oder
2. ob und inwieweit ein Bezug oder Bezugsbestandteil pfändbar ist, insb. auch, ob die Aufwandsentschädigungen (→ 43.1.6.4.) dem tatsächlich erwachsenden Mehraufwand entsprechen, oder
3. ob an der Forderung, deren Pfändung durch das Gericht bewilligt wurde, tatsächlich ein Pfandrecht begründet wurde.

Der Drittschuldner kann die von einem Antrag erfassten **Beträge** bis zur rechtskräftigen Entscheidung des Gerichts **zurückbehalten** (§ 292g Abs. 1, 2 EO) (→ 43.1.6.8.).

Durch diese Zurückbehaltungsmöglichkeit wird verhindert, dass der Drittschuldner mit einer Drittschuldnerklage belangt wird.

Die Drittschuldnerklage ist i.d.R. beim Arbeits- und Sozialgericht einzubringen.

43.1.5. Zahlungsverbot – Vereinfachtes Bewilligungsverfahren

43.1.5.1. Zahlungsverbot

Die Exekution auf Geldforderungen erfolgt durch **Pfändung und Überweisung**. Das Gericht hat bei Bewilligung der Exekution dem Drittschuldner zu verbieten, an den Verpflichteten zu bezahlen. Zugleich hat das Gericht dem Verpflichteten selbst jede Verfügung über seine Forderung zu untersagen. Ihm ist aufzutragen, bei beschränkt pfändbaren Geldforderungen unverzüglich dem Drittschuldner allfällige Unterhaltspflichten und das Einkommen der Unterhaltsberechtigten bekanntzugeben. Sowohl dem Drittschuldner wie dem Verpflichteten ist mitzuteilen, dass der betreibende Gläubiger an der betreffenden Forderung ein Pfandrecht erworben hat.

Ist ein **Verwalter** bestellt, so obliegt es ihm, dem Drittschuldner und dem Verpflichteten die vom Gericht ausgesprochenen Verbote sowie den Auftrag und die Mitteilungen hinsichtlich der von ihm ermittelten und genau zu bezeichnenden Forderungen mitzuteilen. Er kann den Drittschuldner zur Abgabe einer Drittschuldnererklärung auffordern. Der Verwalter hat das Gericht und den betreibenden Gläubiger von der von ihm vorgenommenen Pfändung der Forderungen zu verständigen.

Mit der Zustellung des Zahlungsverbots an den Drittschuldner ist die Pfändung als bewirkt anzusehen.

Wird das Zahlungsverbot einem **Konzernunternehmen** zugestellt, das **nicht Schuldner** der im Exekutionsantrag genannten Forderung ist, und ist Schuldner dieser Forderung ein anderes Unternehmen im selben Konzern, so ist der Empfänger des Zahlungsverbots berechtigt, dieses und den Auftrag zur Drittschuldnererklärung auf Gefahr des betreibenden Gläubigers an das andere Konzernunternehmen weiterzuleiten. Er hat den betreibenden Gläubiger von der Weiterleitung zu verständigen.

Der Drittschuldner kann das Zahlungsverbot mit Rekurs (→ 42.4.) anfechten oder dem Exekutionsgericht anzeigen, dass die Exekutionsführung nach den darüber bestehenden Vorschriften unzulässig sei (§ 294 Abs. 1–4 EO).

43.1.5.2. Vereinfachtes Bewilligungsverfahren

Neben dem

- **ordentlichen** Bewilligungsverfahren

sieht das Gesetz das

- **vereinfachte** Bewilligungsverfahren

vor.

Das **Gericht hat** über einen Exekutionsantrag im vereinfachten Bewilligungsverfahren u.a. **dann zu entscheiden**, wenn

- der betreibende Gläubiger Exekution wegen **Geldforderungen auf das bewegliche Vermögen** beantragt,
- die hereinzubringende Forderung **an Kapital € 50.000,00 nicht übersteigt**[1709],
- die Vorlage anderer Urkunden als des Exekutionstitels nicht vorgeschrieben ist,

Im vereinfachten Bewilligungsverfahren gilt u.a. Folgendes:

- Der Exekutionsantrag hat Angaben **über den Exekutionstitel** zu enthalten.
- Der betreibende Gläubiger braucht dem Exekutionsantrag **keine Ausfertigung des Exekutionstitels anzuschließen.**
- Das Gericht hat nur auf Grund der Angaben im Exekutionsantrag zu entscheiden (§ 54b Abs. 2 EO).

Gegen die im vereinfachten Bewilligungsverfahren ergangene Exekutionsbewilligung **steht dem Verpflichteten der Einspruch zu**. Mit diesem kann **nur geltend gemacht werden**, dass ein die bewilligte Exekution deckender **Exekutionstitel** samt Bestätigung der Vollstreckbarkeit **fehlt** oder dass der Exekutionstitel **nicht** mit den im Exekutionsantrag enthaltenen Angaben darüber **übereinstimmt** (§ 54c Abs. 1 EO). Dadurch erreicht der Verpflichtete, dass die **Titelprüfung** nachgeholt wird.

Die **Einspruchsfrist beträgt vierzehn Tage**. Sie beginnt mit Zustellung der schriftlichen Ausfertigung des Bewilligungsbeschlusses an den Verpflichteten (§ 54c Abs. 2 EO).

Wurde die Forderungsexekution im vereinfachten Bewilligungsverfahren bewilligt, so darf an den betreibenden Gläubiger **erst vier Wochen nach Zustellung** des Zahlungsverbots an den Drittschuldner **geleistet** oder der Betrag hinterlegt werden (= 4-wöchige Zahlungssperre)[1710]. **Dies ist dem Drittschuldner bekannt zu geben**[1711]. Der Drittschuldner kann mit der Leistung oder Hinterlegung bis zum nächsten Auszahlungstermin zuwarten, **nicht jedoch länger als acht Wochen** (§ 304 EO).

1709 Prozesskosten oder Nebengebühren sind nur dann zu berücksichtigen, wenn sie allein Gegenstand des durchzusetzenden Anspruchs sind; bei einer Exekution wegen Forderungen auf wiederkehrende Leistungen sind nur die bereits fälligen Ansprüche maßgebend (§ 54b Abs. 1 Z 2 EO).

1710 Ob der Drittschuldner den vier Wochen lang einbehaltenen pfändbaren Betrag dem betreibenden Gläubiger oder dem Verpflichteten zu bezahlen hat, hängt davon ab, ob er innerhalb dieser vier Wochen vom Gericht einen weiteren Beschluss erhält oder nicht. Erhält er
- **einen weiteren Beschluss**, ist diesem zu entnehmen, ob er die pfändbaren Teile weiter einzubehalten hat oder ob er sie den Verpflichteten auszahlen darf; erhält er
- **keinen weiteren Beschluss**, hat er nach diesen vier Wochen – längstens jedoch nach acht Wochen – den einbehaltenen pfändbaren Betrag an den betreibenden Gläubiger zu bezahlen.

1711 Die Bekanntgabe erfolgt auf der zweiten Seite des Exekutionsantrags (-bewilligung).

Das ordentliche Bewilligungsverfahren (bei dem die Titelprüfung schon im Zuge der Erledigung des Verfahrens vorgenommen wird) ist nur mehr außerhalb des Anwendungsbereichs des vereinfachten Bewilligungsverfahrens anzuwenden.

43.1.6. Ermittlung des pfändbaren Betrags

Bei einer Pfändung von Bezügen hat der Drittschuldner den pfändbaren Betrag (den Pfändungsumfang) selbst zu berechnen. Die nachstehende Darstellung bietet einen Überblick über die diesbezüglichen lohnpfändungsrechtlichen Vorschriften:

Darstellung:

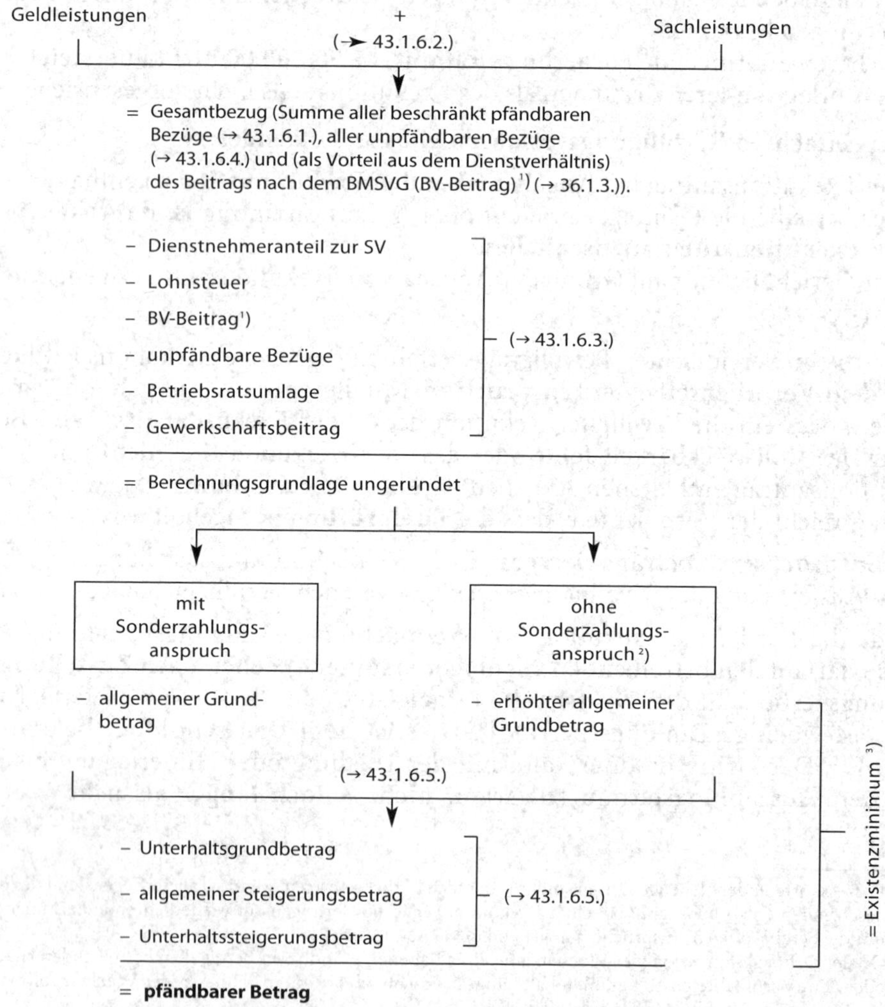

[1]) BV-Beiträge sollen im Ergebnis unpfändbar sein. Da die BV-Beiträge (als arbeitsrechtlicher Vorteil aus dem Dienstverhältnis) im Gesamtbezug enthalten sind, sind sie bei Ermittlung der Berechnungsgrundlage in Abzug zu bringen. Pfändungsrechtlich sind die BV-Beiträge somit neutral und daher nicht zu berücksichtigen.

[2]) Aus der Sicht des Vertragsabschlusses. Gilt demnach i.d.R. für freie Dienstnehmer (→ 31.7.).

[3]) Das Existenzminimum kann ausgerechnet oder von der Lohnpfändungstabelle (→ 43.1.6.7.) abgelesen werden.

Der pfändbare Betrag ist **jeweils gesondert** für den laufenden Bezug und für die Sonderzahlung zu ermitteln.

Der pfändbare Betrag ist grundsätzlich bei der **nächsten Bezugsauszahlung** zu berücksichtigen. Nach Auffassung des BMJ muss aber eine bereits verfügte Zahlungsanweisung an die Bank nicht rückgängig gemacht werden.

Beispiel

In einem Betrieb wird die Personalverrechnung i.d.R. am 25. des Monats abgeschlossen. Die mit Monatsletzten fällig werdenden Bezüge werden bereits einige Tage vor dem Monatsletzten angewiesen. Am 28. des Monats langt eine Pfändung ein. Obwohl das Pfandrecht an sich alle danach fällig werdenden Bezüge erfasst, ist es nach Ansicht des BMJ nicht notwendig, die Zahlungsanweisung zu widerrufen.

43.1.6.1. Beschränkt pfändbare Forderungen (Bezüge)

Forderungen u.a. auf folgende Leistungen dürfen nur nach Maßgabe des § 291a oder des § 291b EO (d.h. **unter Berücksichtigung des unpfändbaren Freibetrags**, → 43.1.6.5.) gepfändet werden:

- **Einkünfte**[1712] **aus** einem privat- oder öffentlich-rechtlichen **Arbeitsverhältnis** (→ 25.2.2.), einem **Lehr**- oder sonstigen **Ausbildungsverhältnis** und die gesetzlichen Leistungen an Präsenz- oder Ausbildungs- oder Zivildienst Leistende;
- **sonstige** wiederkehrende **Vergütungen für Arbeitsleistungen** aller Art, die die Erwerbstätigkeit des Verpflichteten vollständig oder zu einem wesentlichen Teil in Anspruch nehmen[1713 1714];
- Bezüge, die ein Arbeitnehmer zum Ausgleich für Wettbewerbsbeschränkungen für die Zeit nach Beendigung seines Arbeitsverhältnisses beanspruchen kann;
- Ruhe-, Versorgungs- und andere **Bezüge für frühere Arbeitsleistungen**, wie z.B. die Pensionen aus der gesetzlichen Sozialversicherung einschließlich der Ausgleichszulagen und die gesetzlichen Leistungen an Kleinrentner[1715];
- gesetzliche Leistungen wie z.B. das Krankengeld und das Rehabilitationsgeld (→ 25.1.3.1.), das Wochengeld (→ 27.1.3.4.), das Arbeitslosengeld, das Kinder-

1712 Zu den Einkünften zählen alle Bezugsbestandteile, **auf die der Verpflichtete Anspruch hat**, sofern diese eine **Abgeltung für seine Arbeitsleistung** darstellen.
Wenn die Einkünfte aus **Geld- und Sachbezügen** (→ 20.1.) bestehen und auf die Geldforderung Exekution geführt wird, werden durch die Exekution auch die Sachbezüge erfasst (→ 43.1.6.2.).
Jubiläumsgelder, die einem Arbeitnehmer auf Grund eines Arbeitsverhältnisses zustehen, gehören zu den beschränkt pfändbaren Forderungen gem. § 290a Abs. 1 Z 1 und Abs. 2 EO (OGH 29.1.2014, 9 ObA 14/14w).
Nicht zu den Einkünften zählen **Trinkgelder** (→ 9.4.1., → 43.1.6.6.).

1713 Darunter fallen u.a. auch laufende, wiederkehrende Leistungen, die nicht auf einem Rechtsverhältnis persönlicher und wirtschaftlicher Abhängigkeit beruhen, z.B. Ansprüche aus fortlaufenden Konsulentenverträgen. Dementsprechend unterliegen grundsätzlich auch Bezüge **freier Dienstnehmer** den Regeln für die Pfändbarkeit beschränkt pfändbarer Forderungen (→ 43.1.8.2.).

1714 Von sonstigen wiederkehrenden Vergütungen für Arbeitsleistungen aller Art, die die Erwerbstätigkeit des Verpflichteten weder vollständig noch zu einem wesentlichen Teil in Anspruch nehmen, haben dem Verpflichteten seit 1.7.2021 jedoch 30% und 10% für jede Person, der der Verpflichtete gesetzlichen Unterhalt gewährt, höchstens jedoch für fünf Personen, zu verbleiben. Der pfändbare Betrag ist dem betreibenden Gläubiger erst nach vier Wochen auszuzahlen. Auf Antrag des Verpflichteten ist der unpfändbare Betrag zu erhöhen, soweit er die unpfändbaren Grundbeträge von einem anderen Bezug nicht erhalten hat (§ 291f EO).

1715 Darunter fallen u.a. Zahlungen von Pensionskassen und Firmenpensionen (→ 30.1.).

betreuungsgeld (→ 27.1.4.5.), das Weiterbildungsgeld (→ 27.3.1.1.) und das Bildungsteilzeitgeld (→ 27.3.1.2.).

Die Pfändung dieser Leistungen umfasst alle Beträge, die im Rahmen des der gepfändeten Forderung zu Grunde liegenden Rechtsverhältnisses geleistet werden; insb. umfassen die Einkünfte aus einem Arbeitsverhältnis und sonstige Vergütungen für Arbeitsleistungen alle Vorteile aus diesen Tätigkeiten ohne Rücksicht auf ihre Benennung (z.B. Lohn, Gehalt, Provision) und Berechnungsart.

Gesetzliche Ansprüche auf Vorschüsse sowie der Anspruch auf Insolvenz-Ausfallgeld (→ 33.7.) sind wie die Leistungen, für die der Vorschuss gewährt wird, pfändbar (§ 290a Abs. 1–3 EO).

43.1.6.2. Zusammenrechnung

Hat der Verpflichtete gegen einen Drittschuldner mehrere beschränkt pfändbare Geldforderungen oder beschränkt pfändbare **Geldforderungen** und Ansprüche auf **Sachleistungen**[1716], so hat sie der Drittschuldner **zusammenzurechnen** (§ 292 Abs. 1 EO).

Bei der Zusammenrechnung von beschränkt pfändbaren Geldforderungen mit Ansprüchen auf Sachleistungen **vermindert sich der unpfändbare Freibetrag** der Gesamtforderung um den Wert der dem Verpflichteten verbleibenden Sachleistungen (siehe Beispiel 189). Dem Verpflichteten hat jedoch von den Geldforderungen mindestens der halbe Grundbetrag nach

§ 291a Abs. 1 EO ↓ Der halbe allgemeine Grundbetrag; d.h. € 1.030,00 : 2 = € 515,00 (→ 43.1.6.5.)	oder zu verbleiben = **absolutes Geld Existenzminimum** (§ 292 Abs. 4 EO).	§ 291b Abs. 2 EO in Verbindung mit § 291a Abs. 1 EO ↓ 75% des halben allgemeinen Grundbetrags; d.h. € 1.030,00 : 2 × 75% = € 386,25 (→ 43.1.6.12.)

Das Exekutionsgericht hat den Wert der Sachleistungen bei einer Zusammenrechnung auf Antrag bzw. von Amts wegen nach freier Überzeugung (ohne besonderen Verfahrensaufwand) festzulegen, wobei der gesetzliche Naturalunterhalt so zu bewerten ist, als ob der Unterhalt in Geld zu leisten wäre[1717] (§ 292 Abs. 5 EO) (→ 43.1.6.8.).

Hat der Verpflichtete gegen **verschiedene Drittschuldner** beschränkt pfändbare Geldforderungen oder beschränkt pfändbare Geldforderungen und Ansprüche auf

1716 Der Drittschuldner darf Sachleistungen höchstens mit einem der Werte berücksichtigen, die im Steuer- oder Sozialversicherungsrecht oder in arbeitsrechtlichen Vorschriften vorgesehen sind (→ 43.1.6.8.).

1717 Es ist hiebei der wahre Wert, i.d.R. der Verkehrswert zu Grunde zu legen.

Sachleistungen, so hat das **Gericht** auf Antrag die **Zusammenrechnung anzuordnen**[1718] (§ 292 Abs. 2 EO).

Bei der Zusammenrechnung mehrerer beschränkt pfändbarer Geldforderungen gegen verschiedene Drittschuldner sind die unpfändbaren Grundbeträge in erster Linie für die Forderung zu gewähren, die die wesentliche Grundlage der Lebenshaltung des Verpflichteten bildet. Das **Gericht** hat den **Drittschuldner zu bezeichnen**, der die unpfändbaren Grundbeträge zu gewähren hat[1719] (§ 292 Abs. 3 EO).

Ist ein **Verwalter** bestellt, ist dieser berechtigt, bei beschränkt pfändbaren Forderungen auch den unpfändbaren Teil des Bezugs geltend zu machen und **Bezüge zusammenzurechnen, wenn dies im Interesse der Parteien ist** (§ 303 Abs. 2 EO).

Beispiel 188

Zusammenrechnung mehrerer beschränkt pfändbarer Geldforderungen.

Angaben:

- Arbeiter mit gleichzeitig zwei Dienstverhältnissen (einem Vormittags- und einem Nachmittagsdienstverhältnis),
- monatliche Abrechnung,
- Anspruch auf 14 Bezüge im Jahr in beiden Dienstverhältnissen.
- Forderung, die keinen Unterhalt betrifft,
- Berechnungsgrundlage und Nettobetrag sind jeweils ident;
- 1. Drittschuldner: Berechnungsgrundlage € 1.100,00,
- 2. Drittschuldner: Berechnungsgrundlage € 900,00.
- Der Verpflichtete hat keine Unterhaltsverpflichtungen.
- Das Gericht ordnet eine Zusammenrechnung an. Es bestimmt den ersten Drittschuldner zur Berücksichtigung des allgemeinen Grundbetrags.

Lösung:

Der **erste Drittschuldner** hat neben dem Steigerungsbetrag auch den allgemeinen Grundbetrag zu gewähren (→ 43.1.6.5.) und damit die Berechnung normal anhand der Exekutionstabelle **1 a m** ohne Unterhaltspflichten durchzuführen.

Berechnungsgrundlage	€ 1.100,00
unpfändbar lt. Tabelle	– € 1.051,00
pfändbar	= € 49,00

Der erste Drittschuldner hat € 49,00 an den betreibenden Gläubiger zu überweisen und € 1.051,00 an den Verpflichteten auszuzahlen.

Der **zweite Drittschuldner** hat für die Berechnung ebenfalls die Tabelle **1 a m** ohne Unterhaltspflichten zu verwenden. Er hat bei der Berechnung nach gerichtlicher

1718 Liegt **keine gerichtliche Anordnung** auf Zusammenrechnung vor, hat jeder Arbeitgeber (sofern er auch Drittschuldner ist) das Existenzminimum ohne Rücksicht auf andere Arbeitseinkommen zu berechnen. Eine automatische Berücksichtigung anderer Arbeitseinkommen ist also weder notwendig noch zulässig.
Kommt es zu einer **gerichtlich angeordneten Zusammenrechnung**, bekommt der Verpflichtete nicht von jedem Einkommen den vollen unpfändbaren Freibetrag (→ 43.1.6.5.) berücksichtigt, sondern nur jenen Betrag, der zu berücksichtigen wäre, wenn es sich bei allen Einkommen zusammen um nur ein Einkommen handelte.

1719 Der vom Gericht bezeichnete Drittschuldner hat den unpfändbaren Grundbetrag (allgemeinen Grundbetrag und Unterhaltsgrundbetrag) und einen ev. Steigerungsbetrag, die anderen Drittschuldner haben nur einen ev. Steigerungsbetrag zu berücksichtigen. Kann beim Einkommen des ersten Drittschuldners der Grundbetrag nicht berücksichtigt werden, hat das Gericht entsprechende Anordnungen zu treffen.

Anordnung ausschließlich den Steigerungsbetrag (und nicht den allgemeinen Grundbetrag) zu berücksichtigen (→ 43.1.6.5.).

Berechnungsgrundlage	€	900,00
unpfändbarer Steigerungsbetrag (30% des Mehrbetrags von € 900,00)	– €	270,00
pfändbar	= €	**630,00**

Der zweite Drittschuldner hat € 630,00 an den betreibenden Gläubiger zu überweisen und € 270,00 an den Verpflichteten auszuzahlen.

Übersteigt keine der beschränkt pfändbaren Geldforderungen **die unpfändbaren Grundbeträge,** so hat das Gericht die **unpfändbaren Grundbeträge aufzuteilen** und die **Höhe** des von den Drittschuldnern zu gewährenden Teils **festzulegen**. Ist ein Unterschreiten des zu gewährenden Teils der unpfändbaren Grundbeträge zu erwarten, so hat das Gericht dem Drittschuldner aufzutragen, ein solches Unterschreiten bekanntzugeben. Das Gericht hat sodann die unpfändbaren Grundbeträge von Amts wegen neu aufzuteilen. Beantragt der Verpflichtete bei seiner Einvernahme eine Erhöhung des unpfändbaren Betrages wegen zu erwartender Steuermehrbelastungen, so ist darüber zugleich mit dem Zusammenrechnungsbeschluss zu entscheiden (§ 292 Abs. 3a EO).

43.1.6.3. Ermittlung der Berechnungsgrundlage

Bei der Ermittlung der Berechnungsgrundlage für den unpfändbaren Freibetrag (→ 43.1.6.5.) sind **vom Gesamtbezug**[1720] **abzuziehen**:

1. Beträge, die unmittelbar auf Grund **steuer- oder sozialrechtlicher Vorschriften** zur Erfüllung gesetzlicher Verpflichtungen des Verpflichteten abzuführen sind[1721];

1a. **Beiträge** nach dem **Betrieblichen Mitarbeiter- und Selbständigenvorsorgegesetz**[1722];

2. die der **Pfändung entzogenen Forderungen** und Forderungsteile[1723];
3. **Beiträge**, die der Verpflichtete an seine betrieblichen und überbetrieblichen **Interessenvertretungen** zu entrichten hat und auch entrichtet[1724];

1720 Der Gesamtbezug setzt sich zusammen aus
- den beschränkt pfändbaren Bezügen (→ 43.1.6.1.),
- den unpfändbaren Bezügen (→ 43.1.6.4.) und
- den BV-Beiträgen (als Vorteil aus dem Dienstverhältnis) (→ 36.1.3.).

Der Gesamtbezug beinhaltet gegebenenfalls **Nachzahlungen**. Nachzahlungen sind für den Zeitraum zu berücksichtigen, auf den sie sich beziehen. Wenn wegen eines **Vorschusses** (Darlehens) weniger ausbezahlt wird, ist pfändungsrechtlich so vorzugehen, als ob kein Vorschuss (Darlehen) geleistet worden wäre. Siehe dazu Punkt 43.1.6.9.

1721 Unter die Beträge, die auf Grund steuerrechtlicher Vorschriften abzuführen sind, fällt die vom Verpflichteten zu zahlende Lohnsteuer. Da die abzuführende Lohnsteuer die Berechnungsgrundlage beeinflusst, ist nach einer Lohnsteueraufrollung die Berechnungsgrundlage gegebenenfalls **rückwirkend** neu zu berechnen.
Unter die Beträge, die auf Grund sozialrechtlicher Vorschriften abzuführen sind, fällt der vom Verpflichteten zu zahlende Dienstnehmeranteil zur Sozialversicherung inkl. der sonstigen Beiträge und Umlagen (→ 11.4.1., → 23.3.1.1.) sowie das Service-Entgelt.

1722 Nach der Bestimmung des § 291 Abs. 1 EO sind bei der Ermittlung der Berechnungsgrundlage für den unpfändbaren Freibetrag u.a. Beträge, die unmittelbar auf Grund steuer- oder sozialrechtlicher Vorschriften zur Erfüllung gesetzlicher Verpflichtungen des Verpflichteten abzuführen sind, vom Gesamtbezug abzuziehen. Dies bedeutet, dass diese nicht pfändbar sind. Diesen Beträgen sind die Beiträge nach dem BMSVG gleichzuhalten.

1723 Die sog. unpfändbaren Bezüge.

1724 Z.B. Arbeiterkammerumlage, Betriebsratsumlage, Gewerkschaftsbeitrag.

4. **Beiträge**, die der Verpflichtete **zu einer Versicherung**, deren Leistungen nach Art und Umfang jenen der gesetzlichen Sozialversicherung entsprechen, für sich oder seine unterhaltsberechtigten Angehörigen leistet, **sofern kein Schutz aus der gesetzlichen Pflichtversicherung** besteht[1725].

Der sich dadurch ergebende Betrag ist **abzurunden**, und zwar bei Auszahlung für **Monate** auf einen durch **20**, bei Auszahlung für **Wochen** auf einen durch **fünf teilbaren Betrag** und bei Auszahlung für **Tage** auf einen **ganzen Betrag**[1726] (§ 291 Abs. 1, 2 EO).

43.1.6.4. Unpfändbare Forderungen (Bezüge)

Gänzlich unpfändbar sind Forderungen u.a. auf folgende Leistungen:

- **Aufwandsentschädigungen**, soweit sie den in Ausübung der Berufstätigkeit tatsächlich erwachsenden Mehraufwand[1727] abgelten, insb. für auswärtige Arbeiten[1728], für Arbeitsmaterial und Arbeitsgerät, das vom Arbeitnehmer selbst beigestellt wird, sowie für Kauf und Reinigen typischer Arbeitskleidung[1729];
- Ersatz der **Kosten**, die der Arbeitnehmer **für seine Vertretung**[1730] aufwenden muss;
- Beiträge für **Bestattungskosten**[1731];
- gesetzliche Leistungen, die aus Anlass der Geburt eines Kindes zu gewähren sind, insb. das pauschale **Kinderbetreuungsgeld**;
- gesetzliche **Familienbeihilfe** einschließlich **Mehrkindzuschlag** und Schulfahrtbeihilfe sowie die nach den jeweils geltenden einkommensteuerrechtlichen Bestimmungen zur Abgeltung gesetzlicher Unterhaltsverpflichtungen gegenüber Kindern **auszuzahlenden Absetzbeträge** (→ 14.2.1.6.) (§ 290 Abs. 1 EO, § 43 Abs. 1 KBGG).

Neben den in der EO aufgezählten unpfändbaren Bezügen sind noch **alle freiwillig erbrachten Leistungen** des Drittschuldners an den Verpflichteten **unpfändbar**. Dies gilt z.B. für freiwillige Jubiläumszahlungen und freiwillige Abfertigungen. Zu begründen ist dies damit, dass bei der Pfändung von Bezügen Rechtsansprüche des Verpflichteten gegen einen Drittschuldner bestehen müssen, die gegebenenfalls

1725 Z.B. die Selbstversicherung in der Kranken-, Pensions- und Unfallversicherung bzw. die Weiterversicherung in der Pensionsversicherung.
Die Berechnungsgrundlage wird aber durch Beiträge z.B. an eine private Krankenzusatzversicherung nicht reduziert.

1726 Wird der unpfändbare Freibetrag aus der Lohnpfändungstabelle abgelesen, kann diese Rundung unterbleiben.

1727 Um dem Drittschuldner die Feststellung zu ersparen, inwieweit Aufwandsentschädigungen (z.B. Reisekostenentschädigungen, Trennungsgelder, Umzugskostenvergütungen, Fehlgeldentschädigungen) den tatsächlichen Aufwand ersetzen oder Einkünfte darstellen, darf er solche Entschädigungen höchstens mit einem der Werte berücksichtigen, die
1. im Steuer- oder
2. im Sozialversicherungsrecht oder
3. in Rechtsvorschriften und Kollektivverträgen, die für einen Personenkreis gelten, dem der Verpflichtete angehört,

vorgesehen sind (→ 43.1.6.8.).
Aufwandsentschädigungen dürfen demnach nur
- bis zum tatsächlichen Aufwand **und überdies**
- nach oben hin höchstens bis zum steuerfreien (= sv-freien) oder kollektivvertraglichen Betrag

pfändungsfrei behandelt werden.

1728 Bei Entschädigungen für auswärtige Arbeiten ist zu beachten, dass diese nur im Zusammenhang mit einer Dienstreise i.S.d. EStG unpfändbar behandelt werden dürfen.

1729 Allenfalls auch eine Schmutzzulage, wenn diese ausschließlich zur Abdeckung von Reinigungskosten dient.

1730 Z.B. ein Hausbesorger für seine Vertretung.

1731 Vom Arbeitgeber gewährt oder z.B. gem. ASVG zustehend.

zwangsweise durchsetzbar sind. Dagegen unterliegen auch widerrufliche Leistungen mit Entgeltcharakter (→ 9.3.9.) der Pfändung, da zumindest bis zum Widerruf auf diese ein Rechtsanspruch besteht.

Die Unpfändbarkeit gilt nicht, wenn die Exekution wegen einer Forderung geführt wird, zu deren Begleichung die Leistung widmungsgemäß bestimmt ist (§ 290 Abs. 2 EO).

43.1.6.5. Unpfändbarer Freibetrag (Existenzminimum)

Bezüglich des Existenzminimums bestimmt der **§ 291a EO:**

Abs. 1: Beschränkt pfändbare Forderungen, bei denen der sich nach § 291 ergebende Betrag (Berechnungsgrundlage) bei monatlicher Leistung den Ausgleichszulagenrichtsatz für alleinstehende Personen (§ 293 Abs. 1 lit. a ASVG) nicht übersteigt, haben dem Verpflichteten zur Gänze zu verbleiben (**allgemeiner Grundbetrag**).

Abs. 2: Der Betrag nach Abs. 1 erhöht sich

1. um ein Sechstel, wenn der Verpflichtete keine Leistungen nach § 290b erhält (**erhöhter allgemeiner Grundbetrag**),
2. um 20% für jede Person, der der Verpflichtete gesetzlichen Unterhalt gewährt (**Unterhaltsgrundbetrag**); höchstens jedoch für fünf Personen.

Abs. 3: Übersteigt die Berechnungsgrundlage den sich aus Abs. 1 und 2 ergebenden Betrag, so verbleiben dem Verpflichteten neben diesem Betrag

1. 30% des Mehrbetrags (**allgemeiner Steigerungsbetrag**) und
2. 10% des Mehrbetrags für jede Person, der der Verpflichtete gesetzlichen Unterhalt gewährt, höchstens jedoch für fünf Personen (**Unterhaltssteigerungsbetrag**).

Der Teil der Berechnungsgrundlage, der das 4-Fache des Ausgleichszulagenrichtsatzes (**Höchstberechnungsgrundlage**) übersteigt, ist jedenfalls zur Gänze pfändbar.

Abs. 4: Bei täglicher Leistung ist für die Ermittlung des unpfändbaren Freibetrags nach den vorhergehenden Absätzen der 30. Teil des Ausgleichszulagenrichtsatzes, bei wöchentlicher Leistung das 7-Fache des täglichen Betrags heranzuziehen.

Abs. 5: Die Grundbeträge sind auf volle Euro abzurunden; der Betrag nach Abs. 3 letzter Satz ist nach § 291 Abs. 2 zu runden (→ 43.1.6.3.) (§ 291a Abs. 1–5 EO).

Erläuterungen zu

Abs. 1:

Erhält der Verpflichtete Sonderzahlungen, entspricht der **allgemeine Grundbetrag** für beschränkt pfändbare Forderungen (→ 43.1.6.1.) bei monatlicher Bezugsabrechnung

- dem Wert des Ausgleichszulagenrichtsatzes für alleinstehende Personen.

Dieser Wert beträgt für das Jahr 2022 € 1.030,00[1732] (abgerundet). Er gilt als fixe Bezugsgröße für die Ermittlung der unpfändbaren Freibeträge.

Die Höhe und die Anzahl der Sonderzahlungen ist ohne Bedeutung.

1732 Der Ausgleichszulagenrichtsatz für Alleinstehende beträgt € 1.030,49 (abgerundet ergibt sich somit ein Betrag von € 1.030,00).

Der allgemeine Grundbetrag ändert sich auch dann nicht, wenn der Verpflichtete seinen Anspruch auf Sonderzahlungen verliert. Dies ist z.B. dann gegeben, wenn ein Arbeiter wegen einer begründeten Entlassung auf Grund des anzuwendenden Kollektivvertrags keine Sonderzahlung erhält.

Ist der Verpflichtete nicht während eines ganzen Monats beschäftigt (bei **Ein- bzw. Austritt** während des Monats), sind, bei ansonsten monatlicher Bezugsabrechnung, auch in diesem Fall die für die monatliche Zahlung festgesetzten Grund- und Steigerungsbeträge zu berücksichtigen. Demnach ist das Existenzminimum anhand der **Monatstabelle** zu ermitteln.

Abs. 2:

Der allgemeine Grundbetrag **erhöht sich**

1. **um ein Sechstel**, wenn der Verpflichtete **keine Sonderzahlungen**[1733] erhält; dies ergibt den sog. **erhöhten allgemeinen Grundbetrag**; und
2. **um 20%** für **jede Person**, der der Verpflichtete **gesetzlichen Unterhalt** gewährt; höchstens jedoch für fünf Personen. Dies ergibt den **Unterhaltsgrundbetrag**.

Der **Grundbetrag beträgt pro Jahr**

• nach Abs. 1:	für die lfd. Bezüge gerundet	€ 1.030,00 × 12 =	€ 12.360,00
	für die Sonderzahlungen gerundet	€ 1.030,00 × 2 =	€ 2.060,00
			€ 14.420,00
• nach Abs. 2:	für die lfd. Bezüge	€ 1.030,49[1734]	
	+ 1/6 von 1030,49[1734]	€ 171,75	
		€ 1.202,24	
	gerundet	€ 1.202,00 × 12 =	**€ 14.424,00**

Der erhöhte allgemeine Grundbetrag soll den Umstand ausgleichen, dass der 13. und 14. Monatsbezug gesondert pfändungsgeschützt ist.

Der zu berücksichtigende **Unterhaltsgrundbetrag beträgt pro Monat**, unabhängig davon, ob Sonderzahlungsanspruch besteht oder nicht, pro Unterhaltsberechtigten

- 20% von € 1.030,49[1734] = € 206,10, gerundet nach der Rundungsregel **€ 206,00**, (Abs. 5, siehe vorstehend)
- für max. fünf Unterhaltsberechtigte sind das € 206,00 × 5 = € 1.030,00.

Bei Berücksichtigung des Unterhaltsgrundbetrags ist es ohne Bedeutung, ob der gesetzlichen Unterhaltsverpflichtung freiwillig oder auf Grund eines Exekutionstitels nachgekommen wird. Bei der Feststellung, ob Unterhaltsverpflichtungen bestehen, ist von den Angaben des Verpflichteten auszugehen (→ 43.1.6.8.).

Voraussetzung für die Gewährung des Unterhaltsgrundbetrags ist eine bestehende gesetzliche Unterhaltsverpflichtung und die tatsächliche (zumindest teilweise) Gewährung des Unterhalts.

1733 Als Sonderzahlungen gelten nur der 13. und 14. Bezug (→ 43.1.6.10.).
1734 Nicht gerundeter Ausgleichszulagenrichtsatz für Alleinstehende.

Die Frage, ob im konkreten Einzelfall ein Unterhaltsanspruch besteht, ist **nach bürgerlichem Recht** zu beurteilen. Demnach sind eigene **Einkünfte** des **Unterhaltsberechtigten**, die die Unterhaltsverpflichtung des Schuldners mindern oder aufheben können, zu **berücksichtigen**. Verdienen z.B. beide Ehegatten (bzw. beide eingetragene Partner, → 3.6.), dann kommt der **Freibetrag für die Unterhaltspflicht** gegenüber dem Ehegatten nur dann in Betracht, wenn die **Einkommen** zumindest **im Verhältnis 60 zu 40 voneinander abweichen**, weil nur in diesem Fall eine Unterhaltspflicht besteht. Nach der ständigen Rechtsprechung beträgt nämlich der Unterhaltsanspruch des Ehegatten mit dem geringeren Einkommen i.d.R. etwa 40% des Familieneinkommens abzüglich des eigenen Einkommens, wenn keine weiteren Sorgepflichten bestehen (vgl. → 33.3.1.2.).

Beispiel

Einkommen (Netto)	des Verpflichteten		der Ehegattin
	€ 2.850,00		€ 750,00
Familieneinkommen		€ 3.600,00	
40% davon		€ 1.440,00	

Bei der Ehegattin handelt es sich deshalb um eine unterhaltsberechtigte Person, weil sie weniger (€ 750,00) als 40% (€ 1.440,00) zum Familieneinkommen beiträgt.

In Anlehnung an die bisherige Rechtsprechung wird es wahrscheinlich auch in Zukunft nicht erforderlich sein, dass der Verpflichtete Unterhaltsleistungen im Ausmaß der Unterhaltsfreibeträge (Unterhaltsgrundbetrag zuzüglich Unterhaltssteigerungsbetrag) erbringt (vgl. → 43.1.6.6.).

Unterhaltsverpflichtungen gegenüber früheren Ehegatten sind anhand des Scheidungsurteils festzustellen.

Wenn ein Elternteil mit einem leiblichen Kind, Adoptivkind, Pflegekind in einem **Haushalt** lebt, ist grundsätzlich von einer Gewährung eines Unterhalts für das Kind auszugehen, solange dieses noch nicht selbsterhaltungsfähig ist. Selbsterhaltungsfähigkeit ist lt. Rechtsprechung dann gegeben, wenn eine Person ein Einkommen bezieht, welches dem Ausgleichszulagenrichtsatz entspricht. Dieser Richtsatz ist mit dem allgemeinen Grundbetrag ident.

Wenn beide Elternteile berufstätig sind und gepfändet werden, können i.d.R. beide den vollen Unterhaltsgrundbetrag in Anspruch nehmen.

Im Beschluss der Exekutionsbewilligung ist nicht angegeben, wie viele Unterhaltsberechtigte zu berücksichtigen sind. Der Drittschuldner hat daher bei der Berücksichtigung der Unterhaltspflichten von den **Angaben des Verpflichteten** auszugehen, solange ihm deren Unrichtigkeit nicht bekannt ist (→ 43.1.6.8.) (siehe Muster 37). In Zweifelsfällen hat das Exekutionsgericht auf Antrag zu entscheiden, ob der Drittschuldner eine Unterhaltspflicht des Verpflichteten gegenüber einer bestimmten Person zu berücksichtigen hat (→ 43.1.4.3.).

Abs. 3:

Der Mehrbetrag ermittelt sich wie folgt:

  Berechnungsgrundlage gerundet
– Grundbetrag (-beträge)
= Mehrbetrag.

Davon erhält der Verpflichtete für sich 30% (= allgemeiner Steigerungsbetrag) und je 10% für unterhaltsberechtigte Personen (= Unterhaltssteigerungsbetrag).

Der Unterhaltssteigerungsbetrag ist **für höchstens fünf** unterhaltsberechtigte **Personen** zu berücksichtigen.

Die Regelung bezüglich der Steigerungsbeträge bringt mit sich, dass zumindest 20% des Mehrbetrags pfändbar sind:

	30%	für den Verpflichteten
max.	50%	(5 × 10%) für Unterhaltsberechtigte
	80%	

Beschränkt pfändbare Forderungen, die den 4-fachen Ausgleichszulagenrichtsatz (Höchstberechnungsgrundlage) übersteigen (€ 1.030,49[1734] × 4 = € 4.121,96, gerundet (→ 43.1.6.3.) = **€ 4.120,00**), sind zur Gänze pfändbar.

Die im Zusammenhang mit der Ermittlung des Existenzminimums zu berücksichtigenden Freibeträge betragen für das Kalenderjahr 2022:

	monatlich	wöchentlich (§ 291a Abs. 4 EO)	täglich (§ 291a Abs. 4 EO)
allgemeiner Grundbetrag[1735] (§ 291a Abs. 1 EO)	€ 1.030,00	€ 240,00	€ 34,00
erhöhter allgemeiner Grundbetrag[1735] (§ 291a Abs. 2 Z 1 EO)	€ 1.202,00	€ 280,00	€ 40,00
Unterhaltsgrundbetrag[1735] (§ 291a Abs. 2 Z 2 EO)	€ 206,00	€ 48,00	€ 6,00
insg. höchstens jedoch	€ 1.030,00	€ 240,00	€ 30,00
Höchstberechnungsgrundlage[1736] (§ 291a Abs. 3 EO)	€ 4.120,00	€ 960,00	€ 137,00
Geldexistenzminimum bei Sachleistungen (§ 292 Abs. 4 EO)	€ 515,00	€ 120,00	€ 17,00

Die **Dauer der Arbeitszeit** hat auf die Höhe des unpfändbaren Freibetrags keine Auswirkung. Daher genießen u.a. auch **Teilzeitbeschäftigte** den vollen Pfändungsschutz.

1735 Die Grundbeträge sind auf volle Euro abzurunden (§ 291a Abs. 5 EO).

1736 Die Höchstberechnungsgrundlage ist (wie die Berechnungsgrundlage, → 43.1.6.3.) abzurunden, und zwar
- für Monate auf einen durch 20
- für Wochen auf einen durch 5 teilbaren Betrag,
- für Tage auf einen ganzen Betrag (§ 291a Abs. 5 letzter Satz EO).

Das bei aufrechtem Bestand des Dienstverhältnisses gebührende **Urlaubsentgelt** (→ 26.2.6.) ist ein für die Dauer des Urlaubs gewährter Geldbezug und als solcher beschränkt pfändbar. Daher ist im Urlaubsmonat das Urlaubsentgelt zusammen mit dem Arbeitsentgelt den lohnpfändungsrechtlichen Vorschriften zu unterwerfen.

Die Anwendung der Pfändungsbeschränkungen (die Berücksichtigung des unpfändbaren Freibetrags) kann durch ein **zwischen dem Verpflichteten und dem Gläubiger getroffenes Übereinkommen** weder ausgeschlossen noch beschränkt werden. Jedes diesbezüglich getroffene Übereinkommen ist **rechtsunwirksam**, daher absolut nichtig; es muss nicht einmal angefochten werden (§ 293 Abs. 1, 2 EO) (→ 43.1.7.11.).

Die **Aufrechnung gegen den der Exekution entzogenen Teil** der Forderung ist, abgesehen von den Fällen, wo nach bereits bestehenden Vorschriften Abzüge ohne Beschränkung auf den der Exekution unterliegenden Teil gestattet sind, **nur zulässig zur Einbringung**

1. eines **Vorschusses**[1737],
2. einer im rechtlichen Zusammenhang stehenden **Gegenforderung**[1738] oder
3. einer **Schadenersatzforderung**, wenn der Schaden vorsätzlich (→ 25.2.3.1.) zugefügt wurde (§ 293 Abs. 3 EO).

43.1.6.6. Erhöhung und Herabsetzung des unpfändbaren Freibetrags

Das Exekutionsgericht hat **auf Antrag** den unpfändbaren Freibetrag angemessen **zu erhöhen**[1739], wenn dies mit Rücksicht auf

1. wesentliche **Mehrauslagen** des Verpflichteten, insb. wegen **Hilflosigkeit**, Gebrechlichkeit oder Krankheit des Verpflichteten oder seiner unterhaltsberechtigten Familienangehörigen, oder
2. unvermeidbare **Wohnungskosten**, die im Verhältnis zu dem Betrag, der dem Verpflichteten zur Lebensführung verbleibt, unangemessen hoch sind, oder
3. besondere Aufwendungen des Verpflichteten, die in sachlichem Zusammenhang mit seiner **Berufsausübung** stehen, oder
4. einen **Notstand** des Verpflichteten infolge eines Unglücks- oder eines Todesfalls oder
5. besonders umfangreiche gesetzliche **Unterhaltspflichten** des Verpflichteten

dringend geboten ist und nicht die Gefahr besteht, dass der betreibende Gläubiger dadurch schwer geschädigt werden könnte. Der Beschluss über die Erhöhung ist vor Ablauf der Rekursfrist in Vollzug zu setzen (§ 292a EO).

Das Exekutionsgericht hat **auf Antrag**

1. den für Forderungen nach § 291b Abs. 1 EO geltenden unpfändbaren Freibetrag angemessen **herabzusetzen**[1740], wenn laufende gesetzliche Unterhaltsforderungen durch die Exekution nicht zur Gänze hereingebracht werden können;

1737 Wenn die **Leistung**, für die der Vorschuss gegeben worden ist, **nicht erbracht** wird (vgl. → 43.1.6.9.).

1738 Z.B. Rückverrechnung von zuviel bezahlter Sonderzahlung; nicht aber im Fall einer dienstvertraglich geregelten Konventionalstrafe (OGH 29.10.2009, 9 ObA 50/09g).

1739 Der generelle unpfändbare Freibetrag **berücksichtigt nicht die Umstände eines Einzelfalls.** Um die individuellen Verhältnisse eines Verpflichteten besser berücksichtigen zu können, kann das Exekutionsgericht über Antrag des Verpflichteten und nach Anhörung des betreibenden Gläubigers den unpfändbaren Freibetrag erhöhen.

1740 Auf Antrag des betreibenden Gläubigers und nach Anhörung des Verpflichteten kann das Exekutionsgericht den unpfändbaren Freibetrag herabsetzen.

2. auszusprechen, dass eine Unterhaltspflicht nicht zu berücksichtigen ist, soweit deren Höhe den hiefür gewährten unpfändbaren Grund- und Steigerungsbetrag nicht erreicht;
3. den unpfändbaren Freibetrag herabzusetzen, wenn der Verpflichtete im Rahmen des Arbeitsverhältnisses Leistungen von Dritten erhält, die in der Exekutionsordnung nicht erfasst sind[1741]. Der Beschluss über die Erhöhung ist vor Ablauf der Rekursfrist in Vollzug zu setzen (§ 292b EO).

Eine gerichtlich bewilligte Erhöhung oder Herabsetzung des unpfändbaren Freibetrags ist auch bei den Sonderzahlungen (→ 43.1.6.10.) zu berücksichtigen.

43.1.6.7. Tabelle der unpfändbaren Freibeträge

Um dem Drittschuldner die Berechnung der **unpfändbaren Freibeträge** zu erleichtern, wurden Tabellen geschaffen. Aus diesen können ausgehend von der

- monatlichen Berechnungsgrundlage in Stufen von € 20,00,
- wöchentlichen Berechnungsgrundlage in Stufen von € 5,00,
- täglichen Berechnungsgrundlage in Stufen von € 1,00

die unpfändbaren Freibeträge je nach Zahl der unterhaltsberechtigten Personen abgelesen werden.

Die Tabellen sind im Internet unter www.justiz.gv.at abrufbar. Es sind nachstehende Tabellen verfügbar:

Erhält der **Verpflichtete Sonderzahlungen** nach § 290b EO (allgemeiner Grundbetrag nach § 291a Abs. 1 EO), so gilt

1. bei monatlicher Zahlung

für Unterhaltsansprüche (§ 291b Abs. 1 EO)	die Tabelle 2 a m,
für sonstige Forderungen	die Tabelle 1 a m;

2. bei wöchentlicher Zahlung

für Unterhaltsansprüche (§ 291b Abs. 1 EO)	die Tabelle 2 a w,
für sonstige Forderungen	die Tabelle 1 a w;

3. bei täglicher Zahlung

für Unterhaltsansprüche (§ 291b Abs. 1 EO)	die Tabelle 2 a t,
für sonstige Forderungen	die Tabelle 1 a t.

Erhält der **Verpflichtete keine Sonderzahlungen** nach § 290b EO (erhöhter allgemeiner Grundbetrag nach § 291a Abs. 2 Z 1 EO), so gilt

1. bei monatlicher Zahlung

für Unterhaltsansprüche (§ 291b Abs. 1 EO)	die Tabelle 2 b m,
für sonstige Forderungen	die Tabelle 1 b m;

1741 Z 3 soll einen Ausgleich bieten, wenn der Verpflichtete im Rahmen seines Arbeitsverhältnisses freiwillige Leistungen von Dritten, etwa **Trinkgelder**, erhält. Diese können nämlich grundsätzlich von einer Forderungsexekution nicht erfasst werden.

2. **bei wöchentlicher Zahlung**

   für Unterhaltsansprüche (§ 291b Abs. 1 EO) die Tabelle 2 b w,

   für sonstige Forderungen die Tabelle 1 b w;

3. **bei täglicher Zahlung**

   für Unterhaltsansprüche (§ 291b Abs. 1 EO) die Tabelle 2 b t,

   für sonstige Forderungen die Tabelle 1 b t.

Für **einmalige Leistungen** in Zusammenhang mit der **Beendigung** des Arbeitsverhältnisses (insb. für Ansprüche auf Abfertigung und Ersatzleistung für Urlaubsentgelt) ist stets der **monatliche Pfändungsschutz** maßgeblich. Es gelten in diesen Fällen eigene Tabellen, und zwar

für Unterhaltsansprüche (§ 291b Abs. 1 EO) die Tabelle 2 c m,

für sonstige Forderungen die Tabelle 1 c m.

Üblicherweise wird der unpfändbare Freibetrag **durch Ablesen aus der Lohnpfändungstabelle** ermittelt. In der Praxis wählt man diesen Vorgang aus Gründen der Zweckmäßigkeit. Dieser Ermittlungsvorgang ist allerdings nicht in allen, in der Praxis vorkommenden Fällen anwendbar.

Der unpfändbare Freibetrag und der pfändbare Betrag kann auch **ausgerechnet** werden.

Nachstehend die i.d.R. zu verwendenden Tabellen:

Existenzminimum								
Nettolohn monatlich in Euro			unpfändbarer Betrag bei Unterhaltspflicht für					
			0	1	2	3	4	5
			in Euro					
	bis	1 039,99	1 030,00	alles	alles	alles	alles	alles
1 040,00	bis	1 059,99	1 033,00	alles	alles	alles	alles	alles
1 060,00	bis	1 079,99	1 039,00	alles	alles	alles	alles	alles
1 080,00	bis	1 099,99	1 045,00	alles	alles	alles	alles	alles
1 100,00	bis	1 119,99	1 051,00	alles	alles	alles	alles	alles
1 120,00	bis	1 139,99	1 057,00	alles	alles	alles	alles	alles
1 140,00	bis	1 159,99	1 063,00	alles	alles	alles	alles	alles
1 160,00	bis	1 179,99	1 069,00	alles	alles	alles	alles	alles
1 180,00	bis	1 199,99	1 075,00	alles	alles	alles	alles	alles
1 200,00	bis	1 219,99	1 081,00	alles	alles	alles	alles	alles
1 220,00	bis	1 239,99	1 087,00	1 236,00	alles	alles	alles	alles
1 240,00	bis	1 259,99	1 093,00	1 237,60	alles	alles	alles	alles
1 260,00	bis	1 279,99	1 099,00	1 245,60	alles	alles	alles	alles
1 280,00	bis	1 299,99	1 105,00	1 253,60	alles	alles	alles	alles
1 300,00	bis	1 319,99	1 111,00	1 261,60	alles	alles	alles	alles
1 320,00	bis	1 339,99	1 117,00	1 269,60	alles	alles	alles	alles
1 340,00	bis	1 359,99	1 123,00	1 277,60	alles	alles	alles	alles
1 360,00	bis	1 379,99	1 129,00	1 285,60	alles	alles	alles	alles
1 380,00	bis	1 399,99	1 135,00	1 293,60	alles	alles	alles	alles
1 400,00	bis	1 419,99	1 141,00	1 301,60	alles	alles	alles	alles
1 420,00	bis	1 439,99	1 147,00	1 309,60	alles	alles	alles	alles
1 440,00	bis	1 459,99	1 153,00	1 317,60	1 442,00	alles	alles	alles
1 460,00	bis	1 479,99	1 159,00	1 325,60	1 451,00	alles	alles	alles
1 480,00	bis	1 499,99	1 165,00	1 333,60	1 461,00	alles	alles	alles
1 500,00	bis	1 519,99	1 171,00	1 341,60	1 471,00	alles	alles	alles
1 520,00	bis	1 539,99	1 177,00	1 349,60	1 481,00	alles	alles	alles
1 540,00	bis	1 559,99	1 183,00	1 357,60	1 491,00	alles	alles	alles
1 560,00	bis	1 579,99	1 189,00	1 365,60	1 501,00	alles	alles	alles
1 580,00	bis	1 599,99	1 195,00	1 373,60	1 511,00	alles	alles	alles
1 600,00	bis	1 619,99	1 201,00	1 381,60	1 521,00	alles	alles	alles
1 620,00	bis	1 639,99	1 207,00	1 389,60	1 531,00	alles	alles	alles
1 640,00	bis	1 659,99	1 213,00	1 397,60	1 541,00	1 648,00	alles	alles
1 660,00	bis	1 679,99	1 219,00	1 405,60	1 551,00	1 655,20	alles	alles
1 680,00	bis	1 699,99	1 225,00	1 413,60	1 561,00	1 667,20	alles	alles
1 700,00	bis	1 719,99	1 231,00	1 421,60	1 571,00	1 679,20	alles	alles
1 720,00	bis	1 739,99	1 237,00	1 429,60	1 581,00	1 691,20	alles	alles
1 740,00	bis	1 759,99	1 243,00	1 437,60	1 591,00	1 703,20	alles	alles
1 760,00	bis	1 779,99	1 249,00	1 445,60	1 601,00	1 715,20	alles	alles
1 780,00	bis	1 799,99	1 255,00	1 453,60	1 611,00	1 727,20	alles	alles
1 800,00	bis	1 819,99	1 261,00	1 461,60	1 621,00	1 739,20	alles	alles
1 820,00	bis	1 839,99	1 267,00	1 469,60	1 631,00	1 751,20	alles	alles
1 840,00	bis	1 859,99	1 273,00	1 477,60	1 641,00	1 763,20	1 854,00	alles
1 860,00	bis	1 879,99	1 279,00	1 485,60	1 651,00	1 775,20	1 858,20	alles
1 880,00	bis	1 899,99	1 285,00	1 493,60	1 661,00	1 787,20	1 872,20	alles
1 900,00	bis	1 919,99	1 291,00	1 501,60	1 671,00	1 799,20	1 886,20	alles
1 920,00	bis	1 939,99	1 297,00	1 509,60	1 681,00	1 811,20	1 900,20	alles
1 940,00	bis	1 959,99	1 303,00	1 517,60	1 691,00	1 823,20	1 914,20	alles
1 960,00	bis	1 979,99	1 309,00	1 525,60	1 701,00	1 835,20	1 928,20	alles
1 980,00	bis	1 999,99	1 315,00	1 533,60	1 711,00	1 847,20	1 942,20	alles
2 000,00	bis	2 019,99	1 321,00	1 541,60	1 721,00	1 859,20	1 956,20	alles
2 020,00	bis	2 039,99	1 327,00	1 549,60	1 731,00	1 871,20	1 970,20	alles
2 040,00	bis	2 059,99	1 333,00	1 557,60	1 741,00	1 883,20	1 984,20	alles
2 060,00	bis	2 079,99	1 339,00	1 565,60	1 751,00	1 895,20	1 998,20	2 060,00
2 080,00	bis	2 099,99	1 345,00	1 573,60	1 761,00	1 907,20	2 012,20	2 076,00
2 100,00	bis	2 119,99	1 351,00	1 581,60	1 771,00	1 919,20	2 026,20	2 092,00
2 120,00	bis	2 139,99	1 357,00	1 589,60	1 781,00	1 931,20	2 040,20	2 108,00
2 140,00	bis	2 159,99	1 363,00	1 597,60	1 791,00	1 943,20	2 054,20	2 124,00
2 160,00	bis	2 179,99	1 369,00	1 605,60	1 801,00	1 955,20	2 068,20	2 140,00
2 180,00	bis	2 199,99	1 375,00	1 613,60	1 811,00	1 967,20	2 082,20	2 156,00
2 200,00	bis	2 219,99	1 381,00	1 621,60	1 821,00	1 979,20	2 096,20	2 172,00
2 220,00	bis	2 239,99	1 387,00	1 629,60	1 831,00	1 991,20	2 110,20	2 188,00
2 240,00	bis	2 259,99	1 393,00	1 637,60	1 841,00	2 003,20	2 124,20	2 204,00
2 260,00	bis	2 279,99	1 399,00	1 645,60	1 851,00	2 015,20	2 138,20	2 220,00
2 280,00	bis	2 299,99	1 405,00	1 653,60	1 861,00	2 027,20	2 152,20	2 236,00
2 300,00	bis	2 319,99	1 411,00	1 661,60	1 871,00	2 039,20	2 166,20	2 252,00
2 320,00	bis	2 339,99	1 417,00	1 669,60	1 881,00	2 051,20	2 180,20	2 268,00
2 340,00	bis	2 359,99	1 423,00	1 677,60	1 891,00	2 063,20	2 194,20	2 284,00
2 360,00	bis	2 379,99	1 429,00	1 685,60	1 901,00	2 075,20	2 208,20	2 300,00
2 380,00	bis	2 399,99	1 435,00	1 693,60	1 911,00	2 087,20	2 222,20	2 316,00
2 400,00	bis	2 419,99	1 441,00	1 701,60	1 921,00	2 099,20	2 236,20	2 332,00
2 420,00	bis	2 439,99	1 447,00	1 709,60	1 931,00	2 111,20	2 250,20	2 348,00
2 440,00	bis	2 459,99	1 453,00	1 717,60	1 941,00	2 123,20	2 264,20	2 364,00
2 460,00	bis	2 479,99	1 459,00	1 725,60	1 951,00	2 135,20	2 278,20	2 380,00
2 480,00	bis	2 499,99	1 465,00	1 733,60	1 961,00	2 147,20	2 292,20	2 396,00
2 500,00	bis	2 519,99	1 471,00	1 741,60	1 971,00	2 159,20	2 306,20	2 412,00
2 520,00	bis	2 539,99	1 477,00	1 749,60	1 981,00	2 171,20	2 320,20	2 428,00
2 540,00	bis	2 559,99	1 483,00	1 757,60	1 991,00	2 183,20	2 334,20	2 444,00

Tabelle 1am (Grundbetrag 1.030 Euro monatlich)

2 560,00	bis	2 579,99	1 489,00	1 765,60	2 001,00	2 195,20	2 348,20	2 460,00
2 580,00	bis	2 599,99	1 495,00	1 773,60	2 011,00	2 207,20	2 362,20	2 476,00
2 600,00	bis	2 619,99	1 501,00	1 781,60	2 021,00	2 219,20	2 376,20	2 492,00
2 620,00	bis	2 639,99	1 507,00	1 789,60	2 031,00	2 231,20	2 390,20	2 508,00
2 640,00	bis	2 659,99	1 513,00	1 797,60	2 041,00	2 243,20	2 404,20	2 524,00
2 660,00	bis	2 679,99	1 519,00	1 805,60	2 051,00	2 255,20	2 418,20	2 540,00
2 680,00	bis	2 699,99	1 525,00	1 813,60	2 061,00	2 267,20	2 432,20	2 556,00
2 700,00	bis	2 719,99	1 531,00	1 821,60	2 071,00	2 279,20	2 446,20	2 572,00
2 720,00	bis	2 739,99	1 537,00	1 829,60	2 081,00	2 291,20	2 460,20	2 588,00
2 740,00	bis	2 759,99	1 543,00	1 837,60	2 091,00	2 303,20	2 474,20	2 604,00
2 760,00	bis	2 779,99	1 549,00	1 845,60	2 101,00	2 315,20	2 488,20	2 620,00
2 780,00	bis	2 799,99	1 555,00	1 853,60	2 111,00	2 327,20	2 502,20	2 636,00
2 800,00	bis	2 819,99	1 561,00	1 861,60	2 121,00	2 339,20	2 516,20	2 652,00
2 820,00	bis	2 839,99	1 567,00	1 869,60	2 131,00	2 351,20	2 530,20	2 668,00
2 840,00	bis	2 859,99	1 573,00	1 877,60	2 141,00	2 363,20	2 544,20	2 684,00
2 860,00	bis	2 879,99	1 579,00	1 885,60	2 151,00	2 375,20	2 558,20	2 700,00
2 880,00	bis	2 899,99	1 585,00	1 893,60	2 161,00	2 387,20	2 572,20	2 716,00
2 900,00	bis	2 919,99	1 591,00	1 901,60	2 171,00	2 399,20	2 586,20	2 732,00
2 920,00	bis	2 939,99	1 597,00	1 909,60	2 181,00	2 411,20	2 600,20	2 748,00
2 940,00	bis	2 959,99	1 603,00	1 917,60	2 191,00	2 423,20	2 614,20	2 764,00
2 960,00	bis	2 979,99	1 609,00	1 925,60	2 201,00	2 435,20	2 628,20	2 780,00
2 980,00	bis	2 999,99	1 615,00	1 933,60	2 211,00	2 447,20	2 642,20	2 796,00
3 000,00	bis	3 019,99	1 621,00	1 941,60	2 221,00	2 459,20	2 656,20	2 812,00
3 020,00	bis	3 039,99	1 627,00	1 949,60	2 231,00	2 471,20	2 670,20	2 828,00
3 040,00	bis	3 059,99	1 633,00	1 957,60	2 241,00	2 483,20	2 684,20	2 844,00
3 060,00	bis	3 079,99	1 639,00	1 965,60	2 251,00	2 495,20	2 698,20	2 860,00
3 080,00	bis	3 099,99	1 645,00	1 973,60	2 261,00	2 507,20	2 712,20	2 876,00
3 100,00	bis	3 119,99	1 651,00	1 981,60	2 271,00	2 519,20	2 726,20	2 892,00
3 120,00	bis	3 139,99	1 657,00	1 989,60	2 281,00	2 531,20	2 740,20	2 908,00
3 140,00	bis	3 159,99	1 663,00	1 997,60	2 291,00	2 543,20	2 754,20	2 924,00
3 160,00	bis	3 179,99	1 669,00	2 005,60	2 301,00	2 555,20	2 768,20	2 940,00
3 180,00	bis	3 199,99	1 675,00	2 013,60	2 311,00	2 567,20	2 782,20	2 956,00
3 200,00	bis	3 219,99	1 681,00	2 021,60	2 321,00	2 579,20	2 796,20	2 972,00
3 220,00	bis	3 239,99	1 687,00	2 029,60	2 331,00	2 591,20	2 810,20	2 988,00
3 240,00	bis	3 259,99	1 693,00	2 037,60	2 341,00	2 603,20	2 824,20	3 004,00
3 260,00	bis	3 279,99	1 699,00	2 045,60	2 351,00	2 615,20	2 838,20	3 020,00
3 280,00	bis	3 299,99	1 705,00	2 053,60	2 361,00	2 627,20	2 852,20	3 036,00
3 300,00	bis	3 319,99	1 711,00	2 061,60	2 371,00	2 639,20	2 866,20	3 052,00
3 320,00	bis	3 339,99	1 717,00	2 069,60	2 381,00	2 651,20	2 880,20	3 068,00
3 340,00	bis	3 359,99	1 723,00	2 077,60	2 391,00	2 663,20	2 894,20	3 084,00
3 360,00	bis	3 379,99	1 729,00	2 085,60	2 401,00	2 675,20	2 908,20	3 100,00
3 380,00	bis	3 399,99	1 735,00	2 093,60	2 411,00	2 687,20	2 922,20	3 116,00
3 400,00	bis	3 419,99	1 741,00	2 101,60	2 421,00	2 699,20	2 936,20	3 132,00
3 420,00	bis	3 439,99	1 747,00	2 109,60	2 431,00	2 711,20	2 950,20	3 148,00
3 440,00	bis	3 459,99	1 753,00	2 117,60	2 441,00	2 723,20	2 964,20	3 164,00
3 460,00	bis	3 479,99	1 759,00	2 125,60	2 451,00	2 735,20	2 978,20	3 180,00
3 480,00	bis	3 499,99	1 765,00	2 133,60	2 461,00	2 747,20	2 992,20	3 196,00
3 500,00	bis	3 519,99	1 771,00	2 141,60	2 471,00	2 759,20	3 006,20	3 212,00
3 520,00	bis	3 539,99	1 777,00	2 149,60	2 481,00	2 771,20	3 020,20	3 228,00
3 540,00	bis	3 559,99	1 783,00	2 157,60	2 491,00	2 783,20	3 034,20	3 244,00
3 560,00	bis	3 579,99	1 789,00	2 165,60	2 501,00	2 795,20	3 048,20	3 260,00
3 580,00	bis	3 599,99	1 795,00	2 173,60	2 511,00	2 807,20	3 062,20	3 276,00
3 600,00	bis	3 619,99	1 801,00	2 181,60	2 521,00	2 819,20	3 076,20	3 292,00
3 620,00	bis	3 639,99	1 807,00	2 189,60	2 531,00	2 831,20	3 090,20	3 308,00
3 640,00	bis	3 659,99	1 813,00	2 197,60	2 541,00	2 843,20	3 104,20	3 324,00
3 660,00	bis	3 679,99	1 819,00	2 205,60	2 551,00	2 855,20	3 118,20	3 340,00
3 680,00	bis	3 699,99	1 825,00	2 213,60	2 561,00	2 867,20	3 132,20	3 356,00
3 700,00	bis	3 719,99	1 831,00	2 221,60	2 571,00	2 879,20	3 146,20	3 372,00
3 720,00	bis	3 739,99	1 837,00	2 229,60	2 581,00	2 891,20	3 160,20	3 388,00
3 740,00	bis	3 759,99	1 843,00	2 237,60	2 591,00	2 903,20	3 174,20	3 404,00
3 760,00	bis	3 779,99	1 849,00	2 245,60	2 601,00	2 915,20	3 188,20	3 420,00
3 780,00	bis	3 799,99	1 855,00	2 253,60	2 611,00	2 927,20	3 202,20	3 436,00
3 800,00	bis	3 819,99	1 861,00	2 261,60	2 621,00	2 939,20	3 216,20	3 452,00
3 820,00	bis	3 839,99	1 867,00	2 269,60	2 631,00	2 951,20	3 230,20	3 468,00
3 840,00	bis	3 859,99	1 873,00	2 277,60	2 641,00	2 963,20	3 244,20	3 484,00
3 860,00	bis	3 879,99	1 879,00	2 285,60	2 651,00	2 975,20	3 258,20	3 500,00
3 880,00	bis	3 899,99	1 885,00	2 293,60	2 661,00	2 987,20	3 272,20	3 516,00
3 900,00	bis	3 919,99	1 891,00	2 301,60	2 671,00	2 999,20	3 286,20	3 532,00
3 920,00	bis	3 939,99	1 897,00	2 309,60	2 681,00	3 011,20	3 300,20	3 548,00
3 940,00	bis	3 959,99	1 903,00	2 317,60	2 691,00	3 023,20	3 314,20	3 564,00
3 960,00	bis	3 979,99	1 909,00	2 325,60	2 701,00	3 035,20	3 328,20	3 580,00
3 980,00	bis	3 999,99	1 915,00	2 333,60	2 711,00	3 047,20	3 342,20	3 596,00
4 000,00	bis	4 019,99	1 921,00	2 341,60	2 721,00	3 059,20	3 356,20	3 612,00
4 020,00	bis	4 039,99	1 927,00	2 349,60	2 731,00	3 071,20	3 370,20	3 628,00
4 040,00	bis	4 059,99	1 933,00	2 357,60	2 741,00	3 083,20	3 384,20	3 644,00
4 060,00	bis	4 079,99	1 939,00	2 365,60	2 751,00	3 095,20	3 398,20	3 660,00
4 080,00	bis	4 099,99	1 945,00	2 373,60	2 761,00	3 107,20	3 412,20	3 676,00
4 100,00	bis	4 119,99	1 951,00	2 381,60	2 771,00	3 119,20	3 426,20	3 692,00
4 120,00	und	darüber	1 957,00	2 389,60	2 781,00	3 131,20	3 440,20	3 708,00

Tabelle 1am (Grundbetrag 1.030 Euro monatlich)

Existenzminimum								
Nettolohn monatlich in Euro			unpfändbarer Betrag bei Unterhaltspflicht für					
			0	1	2	3	4	5
			in Euro					
	bis	779,99	772,50	alles	alles	alles	alles	alles
780,00	bis	799,99	772,50	alles	alles	alles	alles	alles
800,00	bis	819,99	772,50	alles	alles	alles	alles	alles
820,00	bis	839,99	772,50	alles	alles	alles	alles	alles
840,00	bis	859,99	772,50	alles	alles	alles	alles	alles
860,00	bis	879,99	772,50	alles	alles	alles	alles	alles
880,00	bis	899,99	772,50	alles	alles	alles	alles	alles
900,00	bis	919,99	772,50	alles	alles	alles	alles	alles
920,00	bis	939,99	772,50	927,00	alles	alles	alles	alles
940,00	bis	959,99	772,50	927,00	alles	alles	alles	alles
960,00	bis	979,99	772,50	927,00	alles	alles	alles	alles
980,00	bis	999,99	772,50	927,00	alles	alles	alles	alles
1 000,00	bis	1 019,99	772,50	927,00	alles	alles	alles	alles
1 020,00	bis	1 039,99	772,50	927,00	alles	alles	alles	alles
1 040,00	bis	1 059,99	774,75	927,00	alles	alles	alles	alles
1 060,00	bis	1 079,99	779,25	927,00	alles	alles	alles	alles
1 080,00	bis	1 099,99	783,75	927,00	1 081,50	alles	alles	alles
1 100,00	bis	1 119,99	788,25	927,00	1 081,50	alles	alles	alles
1 120,00	bis	1 139,99	792,75	927,00	1 081,50	alles	alles	alles
1 140,00	bis	1 159,99	797,25	927,00	1 081,50	alles	alles	alles
1 160,00	bis	1 179,99	801,75	927,00	1 081,50	alles	alles	alles
1 180,00	bis	1 199,99	806,25	927,00	1 081,50	alles	alles	alles
1 200,00	bis	1 219,99	810,75	927,00	1 081,50	alles	alles	alles
1 220,00	bis	1 239,99	815,25	927,00	1 081,50	1 236,00	alles	alles
1 240,00	bis	1 259,99	819,75	928,20	1 081,50	1 236,00	alles	alles
1 260,00	bis	1 279,99	824,25	934,20	1 081,50	1 236,00	alles	alles
1 280,00	bis	1 299,99	828,75	940,20	1 081,50	1 236,00	alles	alles
1 300,00	bis	1 319,99	833,25	946,20	1 081,50	1 236,00	alles	alles
1 320,00	bis	1 339,99	837,75	952,20	1 081,50	1 236,00	alles	alles
1 340,00	bis	1 359,99	842,25	958,20	1 081,50	1 236,00	alles	alles
1 360,00	bis	1 379,99	846,75	964,20	1 081,50	1 236,00	alles	alles
1 380,00	bis	1 399,99	851,25	970,20	1 081,50	1 236,00	1 390,50	alles
1 400,00	bis	1 419,99	855,75	976,20	1 081,50	1 236,00	1 390,50	alles
1 420,00	bis	1 439,99	860,25	982,20	1 081,50	1 236,00	1 390,50	alles
1 440,00	bis	1 459,99	864,75	988,20	1 081,50	1 236,00	1 390,50	alles
1 460,00	bis	1 479,99	869,25	994,20	1 088,25	1 236,00	1 390,50	alles
1 480,00	bis	1 499,99	873,75	1 000,20	1 095,75	1 236,00	1 390,50	alles
1 500,00	bis	1 519,99	878,25	1 006,20	1 103,25	1 236,00	1 390,50	alles
1 520,00	bis	1 539,99	882,75	1 012,20	1 110,75	1 236,00	1 390,50	alles
1 540,00	bis	1 559,99	887,25	1 018,20	1 118,25	1 236,00	1 390,50	1 545,00
1 560,00	bis	1 579,99	891,75	1 024,20	1 125,75	1 236,00	1 390,50	1 545,00
1 580,00	bis	1 599,99	896,25	1 030,20	1 133,25	1 236,00	1 390,50	1 545,00
1 600,00	bis	1 619,99	900,75	1 036,20	1 140,75	1 236,00	1 390,50	1 545,00
1 620,00	bis	1 639,99	905,25	1 042,20	1 148,25	1 236,00	1 390,50	1 545,00
1 640,00	bis	1 659,99	909,75	1 048,20	1 155,75	1 236,00	1 390,50	1 545,00
1 660,00	bis	1 679,99	914,25	1 054,20	1 163,25	1 241,40	1 390,50	1 545,00
1 680,00	bis	1 699,99	918,75	1 060,20	1 170,75	1 250,40	1 390,50	1 545,00
1 700,00	bis	1 719,99	923,25	1 066,20	1 178,25	1 259,40	1 390,50	1 545,00
1 720,00	bis	1 739,99	927,75	1 072,20	1 185,75	1 268,40	1 390,50	1 545,00
1 740,00	bis	1 759,99	932,25	1 078,20	1 193,25	1 277,40	1 390,50	1 545,00
1 760,00	bis	1 779,99	936,75	1 084,20	1 200,75	1 286,40	1 390,50	1 545,00
1 780,00	bis	1 799,99	941,25	1 090,20	1 208,25	1 295,40	1 390,50	1 545,00
1 800,00	bis	1 819,99	945,75	1 096,20	1 215,75	1 304,40	1 390,50	1 545,00
1 820,00	bis	1 839,99	950,25	1 102,20	1 223,25	1 313,40	1 390,50	1 545,00
1 840,00	bis	1 859,99	954,75	1 108,20	1 230,75	1 322,40	1 390,50	1 545,00
1 860,00	bis	1 879,99	959,25	1 114,20	1 238,25	1 331,40	1 393,65	1 545,00
1 880,00	bis	1 899,99	963,75	1 120,20	1 245,75	1 340,40	1 404,15	1 545,00
1 900,00	bis	1 919,99	968,25	1 126,20	1 253,25	1 349,40	1 414,65	1 545,00
1 920,00	bis	1 939,99	972,75	1 132,20	1 260,75	1 358,40	1 425,15	1 545,00
1 940,00	bis	1 959,99	977,25	1 138,20	1 268,25	1 367,40	1 435,65	1 545,00
1 960,00	bis	1 979,99	981,75	1 144,20	1 275,75	1 376,40	1 446,15	1 545,00
1 980,00	bis	1 999,99	986,25	1 150,20	1 283,25	1 385,40	1 456,65	1 545,00
2 000,00	bis	2 019,99	990,75	1 156,20	1 290,75	1 394,40	1 467,15	1 545,00

Tabelle 2am (Grundbetrag 772,50 Euro monatlich)

2 020,00	bis	2 039,99	995,25	1 162,20	1 298,25	1 403,40	1 477,65	1 545,00
2 040,00	bis	2 059,99	999,75	1 168,20	1 305,75	1 412,40	1 488,15	1 545,00
2 060,00	bis	2 079,99	1 004,25	1 174,20	1 313,25	1 421,40	1 498,65	1 545,00
2 080,00	bis	2 099,99	1 008,75	1 180,20	1 320,75	1 430,40	1 509,15	1 557,00
2 100,00	bis	2 119,99	1 013,25	1 186,20	1 328,25	1 439,40	1 519,65	1 569,00
2 120,00	bis	2 139,99	1 017,75	1 192,20	1 335,75	1 448,40	1 530,15	1 581,00
2 140,00	bis	2 159,99	1 022,25	1 198,20	1 343,25	1 457,40	1 540,65	1 593,00
2 160,00	bis	2 179,99	1 026,75	1 204,20	1 350,75	1 466,40	1 551,15	1 605,00
2 180,00	bis	2 199,99	1 031,25	1 210,20	1 358,25	1 475,40	1 561,65	1 617,00
2 200,00	bis	2 219,99	1 035,75	1 216,20	1 365,75	1 484,40	1 572,15	1 629,00
2 220,00	bis	2 239,99	1 040,25	1 222,20	1 373,25	1 493,40	1 582,65	1 641,00
2 240,00	bis	2 259,99	1 044,75	1 228,20	1 380,75	1 502,40	1 593,15	1 653,00
2 260,00	bis	2 279,99	1 049,25	1 234,20	1 388,25	1 511,40	1 603,65	1 665,00
2 280,00	bis	2 299,99	1 053,75	1 240,20	1 395,75	1 520,40	1 614,15	1 677,00
2 300,00	bis	2 319,99	1 058,25	1 246,20	1 403,25	1 529,40	1 624,65	1 689,00
2 320,00	bis	2 339,99	1 062,75	1 252,20	1 410,75	1 538,40	1 635,15	1 701,00
2 340,00	bis	2 359,99	1 067,25	1 258,20	1 418,25	1 547,40	1 645,65	1 713,00
2 360,00	bis	2 379,99	1 071,75	1 264,20	1 425,75	1 556,40	1 656,15	1 725,00
2 380,00	bis	2 399,99	1 076,25	1 270,20	1 433,25	1 565,40	1 666,65	1 737,00
2 400,00	bis	2 419,99	1 080,75	1 276,20	1 440,75	1 574,40	1 677,15	1 749,00
2 420,00	bis	2 439,99	1 085,25	1 282,20	1 448,25	1 583,40	1 687,65	1 761,00
2 440,00	bis	2 459,99	1 089,75	1 288,20	1 455,75	1 592,40	1 698,15	1 773,00
2 460,00	bis	2 479,99	1 094,25	1 294,20	1 463,25	1 601,40	1 708,65	1 785,00
2 480,00	bis	2 499,99	1 098,75	1 300,20	1 470,75	1 610,40	1 719,15	1 797,00
2 500,00	bis	2 519,99	1 103,25	1 306,20	1 478,25	1 619,40	1 729,65	1 809,00
2 520,00	bis	2 539,99	1 107,75	1 312,20	1 485,75	1 628,40	1 740,15	1 821,00
2 540,00	bis	2 559,99	1 112,25	1 318,20	1 493,25	1 637,40	1 750,65	1 833,00
2 560,00	bis	2 579,99	1 116,75	1 324,20	1 500,75	1 646,40	1 761,15	1 845,00
2 580,00	bis	2 599,99	1 121,25	1 330,20	1 508,25	1 655,40	1 771,65	1 857,00
2 600,00	bis	2 619,99	1 125,75	1 336,20	1 515,75	1 664,40	1 782,15	1 869,00
2 620,00	bis	2 639,99	1 130,25	1 342,20	1 523,25	1 673,40	1 792,65	1 881,00
2 640,00	bis	2 659,99	1 134,75	1 348,20	1 530,75	1 682,40	1 803,15	1 893,00
2 660,00	bis	2 679,99	1 139,25	1 354,20	1 538,25	1 691,40	1 813,65	1 905,00
2 680,00	bis	2 699,99	1 143,75	1 360,20	1 545,75	1 700,40	1 824,15	1 917,00
2 700,00	bis	2 719,99	1 148,25	1 366,20	1 553,25	1 709,40	1 834,65	1 929,00
2 720,00	bis	2 739,99	1 152,75	1 372,20	1 560,75	1 718,40	1 845,15	1 941,00
2 740,00	bis	2 759,99	1 157,25	1 378,20	1 568,25	1 727,40	1 855,65	1 953,00
2 760,00	bis	2 779,99	1 161,75	1 384,20	1 575,75	1 736,40	1 866,15	1 965,00
2 780,00	bis	2 799,99	1 166,25	1 390,20	1 583,25	1 745,40	1 876,65	1 977,00
2 800,00	bis	2 819,99	1 170,75	1 396,20	1 590,75	1 754,40	1 887,15	1 989,00
2 820,00	bis	2 839,99	1 175,25	1 402,20	1 598,25	1 763,40	1 897,65	2 001,00
2 840,00	bis	2 859,99	1 179,75	1 408,20	1 605,75	1 772,40	1 908,15	2 013,00
2 860,00	bis	2 879,99	1 184,25	1 414,20	1 613,25	1 781,40	1 918,65	2 025,00
2 880,00	bis	2 899,99	1 188,75	1 420,20	1 620,75	1 790,40	1 929,15	2 037,00
2 900,00	bis	2 919,99	1 193,25	1 426,20	1 628,25	1 799,40	1 939,65	2 049,00
2 920,00	bis	2 939,99	1 197,75	1 432,20	1 635,75	1 808,40	1 950,15	2 061,00
2 940,00	bis	2 959,99	1 202,25	1 438,20	1 643,25	1 817,40	1 960,65	2 073,00
2 960,00	bis	2 979,99	1 206,75	1 444,20	1 650,75	1 826,40	1 971,15	2 085,00
2 980,00	bis	2 999,99	1 211,25	1 450,20	1 658,25	1 835,40	1 981,65	2 097,00
3 000,00	bis	3 019,99	1 215,75	1 456,20	1 665,75	1 844,40	1 992,15	2 109,00
3 020,00	bis	3 039,99	1 220,25	1 462,20	1 673,25	1 853,40	2 002,65	2 121,00
3 040,00	bis	3 059,99	1 224,75	1 468,20	1 680,75	1 862,40	2 013,15	2 133,00
3 060,00	bis	3 079,99	1 229,25	1 474,20	1 688,25	1 871,40	2 023,65	2 145,00
3 080,00	bis	3 099,99	1 233,75	1 480,20	1 695,75	1 880,40	2 034,15	2 157,00
3 100,00	bis	3 119,99	1 238,25	1 486,20	1 703,25	1 889,40	2 044,65	2 169,00
3 120,00	bis	3 139,99	1 242,75	1 492,20	1 710,75	1 898,40	2 055,15	2 181,00
3 140,00	bis	3 159,99	1 247,25	1 498,20	1 718,25	1 907,40	2 065,65	2 193,00
3 160,00	bis	3 179,99	1 251,75	1 504,20	1 725,75	1 916,40	2 076,15	2 205,00
3 180,00	bis	3 199,99	1 256,25	1 510,20	1 733,25	1 925,40	2 086,65	2 217,00
3 200,00	bis	3 219,99	1 260,75	1 516,20	1 740,75	1 934,40	2 097,15	2 229,00
3 220,00	bis	3 239,99	1 265,25	1 522,20	1 748,25	1 943,40	2 107,65	2 241,00
3 240,00	bis	3 259,99	1 269,75	1 528,20	1 755,75	1 952,40	2 118,15	2 253,00
3 260,00	bis	3 279,99	1 274,25	1 534,20	1 763,25	1 961,40	2 128,65	2 265,00
3 280,00	bis	3 299,99	1 278,75	1 540,20	1 770,75	1 970,40	2 139,15	2 277,00
3 300,00	bis	3 319,99	1 283,25	1 546,20	1 778,25	1 979,40	2 149,65	2 289,00
3 320,00	bis	3 339,99	1 287,75	1 552,20	1 785,75	1 988,40	2 160,15	2 301,00
3 340,00	bis	3 359,99	1 292,25	1 558,20	1 793,25	1 997,40	2 170,65	2 313,00
3 360,00	bis	3 379,99	1 296,75	1 564,20	1 800,75	2 006,40	2 181,15	2 325,00

Tabelle 2am (Grundbetrag 772,50 Euro monatlich)

3 380,00	bis	3 399,99	1 301,25	1 570,20	1 808,25	2 015,40	2 191,65	2 337,00
3 400,00	bis	3 419,99	1 305,75	1 576,20	1 815,75	2 024,40	2 202,15	2 349,00
3 420,00	bis	3 439,99	1 310,25	1 582,20	1 823,25	2 033,40	2 212,65	2 361,00
3 440,00	bis	3 459,99	1 314,75	1 588,20	1 830,75	2 042,40	2 223,15	2 373,00
3 460,00	bis	3 479,99	1 319,25	1 594,20	1 838,25	2 051,40	2 233,65	2 385,00
3 480,00	bis	3 499,99	1 323,75	1 600,20	1 845,75	2 060,40	2 244,15	2 397,00
3 500,00	bis	3 519,99	1 328,25	1 606,20	1 853,25	2 069,40	2 254,65	2 409,00
3 520,00	bis	3 539,99	1 332,75	1 612,20	1 860,75	2 078,40	2 265,15	2 421,00
3 540,00	bis	3 559,99	1 337,25	1 618,20	1 868,25	2 087,40	2 275,65	2 433,00
3 560,00	bis	3 579,99	1 341,75	1 624,20	1 875,75	2 096,40	2 286,15	2 445,00
3 580,00	bis	3 599,99	1 346,25	1 630,20	1 883,25	2 105,40	2 296,65	2 457,00
3 600,00	bis	3 619,99	1 350,75	1 636,20	1 890,75	2 114,40	2 307,15	2 469,00
3 620,00	bis	3 639,99	1 355,25	1 642,20	1 898,25	2 123,40	2 317,65	2 481,00
3 640,00	bis	3 659,99	1 359,75	1 648,20	1 905,75	2 132,40	2 328,15	2 493,00
3 660,00	bis	3 679,99	1 364,25	1 654,20	1 913,25	2 141,40	2 338,65	2 505,00
3 680,00	bis	3 699,99	1 368,75	1 660,20	1 920,75	2 150,40	2 349,15	2 517,00
3 700,00	bis	3 719,99	1 373,25	1 666,20	1 928,25	2 159,40	2 359,65	2 529,00
3 720,00	bis	3 739,99	1 377,75	1 672,20	1 935,75	2 168,40	2 370,15	2 541,00
3 740,00	bis	3 759,99	1 382,25	1 678,20	1 943,25	2 177,40	2 380,65	2 553,00
3 760,00	bis	3 779,99	1 386,75	1 684,20	1 950,75	2 186,40	2 391,15	2 565,00
3 780,00	bis	3 799,99	1 391,25	1 690,20	1 958,25	2 195,40	2 401,65	2 577,00
3 800,00	bis	3 819,99	1 395,75	1 696,20	1 965,75	2 204,40	2 412,15	2 589,00
3 820,00	bis	3 839,99	1 400,25	1 702,20	1 973,25	2 213,40	2 422,65	2 601,00
3 840,00	bis	3 859,99	1 404,75	1 708,20	1 980,75	2 222,40	2 433,15	2 613,00
3 860,00	bis	3 879,99	1 409,25	1 714,20	1 988,25	2 231,40	2 443,65	2 625,00
3 880,00	bis	3 899,99	1 413,75	1 720,20	1 995,75	2 240,40	2 454,15	2 637,00
3 900,00	bis	3 919,99	1 418,25	1 726,20	2 003,25	2 249,40	2 464,65	2 649,00
3 920,00	bis	3 939,99	1 422,75	1 732,20	2 010,75	2 258,40	2 475,15	2 661,00
3 940,00	bis	3 959,99	1 427,25	1 738,20	2 018,25	2 267,40	2 485,65	2 673,00
3 960,00	bis	3 979,99	1 431,75	1 744,20	2 025,75	2 276,40	2 496,15	2 685,00
3 980,00	bis	3 999,99	1 436,25	1 750,20	2 033,25	2 285,40	2 506,65	2 697,00
4 000,00	bis	4 019,99	1 440,75	1 756,20	2 040,75	2 294,40	2 517,15	2 709,00
4 020,00	bis	4 039,99	1 445,25	1 762,20	2 048,25	2 303,40	2 527,65	2 721,00
4 040,00	bis	4 059,99	1 449,75	1 768,20	2 055,75	2 312,40	2 538,15	2 733,00
4 060,00	bis	4 079,99	1 454,25	1 774,20	2 063,25	2 321,40	2 548,65	2 745,00
4 080,00	bis	4 099,99	1 458,75	1 780,20	2 070,75	2 330,40	2 559,15	2 757,00
4 100,00	bis	4 119,99	1 463,25	1 786,20	2 078,25	2 339,40	2 569,65	2 769,00
4 120,00	und	darüber	1 467,75	1 792,20	2 085,75	2 348,40	2 580,15	2 781,00

Tabelle 2am (Grundbetrag 772,50 Euro monatlich)

Beispiele 189–190

Ermittlung des unpfändbaren Freibetrags und des pfändbaren Betrags im Fall einer Forderung, die keinen Unterhalt betrifft.

Beispiel 189

Angaben:

- Angestellter,
- monatliche Abrechnung,
- Monatsgehalt: € 2.300,00, 14-mal im Jahr,
- nicht steuerbare Aufwandsentschädigung: € 280,00/Monat,
- Sachbezugswert der Dienstwohnung: € 330,00/Monat,
- SV-DNA:18,12%,
- Alleinverdienerabsetzbetrag – 1 Kind und FABO+ (€ 125,00 pro Monat).
- Der Angestellte hat für die Ehefrau und 1 Kind zu sorgen.
- Die noch offene Forderung beträgt € 3.500,00.

Lösung:

I. Ermittlung der Berechnungsgrundlage:

Monatsgehalt	€ 2.300,00
Aufwandsentschädigung	+ € 280,00
Sachbezugswert	+ € 330,00
Gesamtbezug	= € 2.910,00
davon sind abzuziehen:	
der Dienstnehmeranteil zur SV	– € 476,56
die Lohnsteuer	– € 125,96
die Aufwandsentschädigung	– € 280,00
Berechnungsgrundlage ungerundet	= € 2.027,48
Berechnungsgrundlage abgerundet (auf einen durch 20 teilbaren Betrag)	**= € 2.020,00**

II. Rechnerische Ermittlung des unpfändbaren Freibetrags und des pfändbaren Betrags:

		unpfändbarer Freibetrag:	pfändbarer Betrag:
1. Berechnung des Grundbetrags:			
Dieser setzt sich zusammen aus			
a) dem monatl. allgemeinen Grundbetrag	€ 1.030,00		
b) dem monatl. Unterhaltsgrundbetrag 2 × € 206,00 =	€ 412,00	= € 1.442,00	
2. Berechnung des Mehrbetrags:			
Berechnungsgrundlage gerundet	€ 2.020,00		
abzüglich des Grundbetrags	– € 1.442,00		
Mehrbetrag	= € 578,00		
3. Berechnung des Steigerungsbetrags:			
Dieser setzt sich zusammen aus			
a) dem allgemeinen Steigerungsbetrag 30% von € 578,00 =	€ 173,40		
b) dem Unterhaltssteigerungsbetrag 2 × 10% von € 578,00 =	€ 115,60	= € 289,00	
4. Unpfändbar sind:		**€ 1.731,00**	
Der unpfändbare Freibetrag teilt sich (→ 43.1.6.2.)			
in einen Geldbetrag[1742]	€ 1.401,00		
und einen Sachbezugswert	€ 330,00		
	= € 1.731,00		
5. Pfändbar sind:			
Berechnungsgrundlage ungerundet	€ 2.027,48		
abzüglich des unpfändbaren Freibetrags	– € 1.731,00		**= € 296,48**

III. Ermittlung des unpfändbaren Freibetrags durch Ablesen aus der Tabelle:

Aus der Tabelle **1 a m** (Seite 1581) ist unter der Spalte „Nettolohn" (= Berechnungsgrundlage) in der Zeile

2.020,00 bis 2.039,99 aus der Spalte „Unterhaltspflicht für 2 Personen" das Existenzminimum (= unpfändbarer Freibetrag) von **€ 1.731,00** abzulesen.

IV. Ermittlung des dem Angestellten zustehenden Auszahlungsbetrags:

Gesamtbezug (ohne Sachbezugswert)	€ 2.580,00
davon sind abzuziehen:	
der Dienstnehmeranteil zur SV	– € 476,56
die Lohnsteuer	– € 125,96
der pfändbare Betrag	– € 296,48
Auszahlungsbetrag	= € **1.681,00**

Hinweis:

Normalerweise ist der unpfändbare Freibetrag ident mit dem Auszahlungsbetrag. Beinhaltet aber die Abrechnung einen Sachbezugswert und/oder eine Aufwandsentschädigung, differieren beide Beträge:

Unpfändbarer Freibetrag	€ 1.731,00	
Auszahlungsbetrag	– € 1.681,00	
	€ 50,00	+ € 330,00 Sachbezugswert
		– € 280,00 Aufwandsentschädigung

Beispiel 190

Angaben:

- Monatliche Abrechnung,
- Anspruch auf Urlaubsbeihilfe und Weihnachtsremuneration.
- Die ungerundete Berechnungsgrundlage für den laufenden Bezug beträgt € 4.140,00.
- Der Verpflichtete hat für die Ehefrau und 4 Kinder zu sorgen.

Lösung:

I. Rechnerische Ermittlung des unpfändbaren Freibetrags und des pfändbaren Betrags:

		unpfändbarer Freibetrag:	pfändbarer Betrag:
1. Berechnung des Grundbetrags:			
Dieser setzt sich zusammen aus			
a) dem monatl. allgemeinen Grundbetrag	€ 1.030,00		
b) dem monatl. Unterhaltsgrundbetrag 5 × € 206,00 =	€ 1.030,00	= € 2.060,00	

1742 Das sog. Geldexistenzminimum darf den Betrag von € 500,00 pro Monat nicht unterschreiten (→ 43.1.6.2.).

2. Berechnung des Mehrbetrags:			
Berechnungsgrundlage max. die Höchstberechnungsgrundlage	€ 4.120,00		
abzüglich des Grundbetrags	– € 2.060,00		
Mehrbetrag	= € 2.060,00		
3. Berechnung des Steigerungsbetrags:			
Dieser setzt sich zusammen aus			
a) dem allgemeinen Steigerungsbetrag 30% von € 2.060,00 =	€ 618,00		
b) dem Unterhaltssteigerungsbetrag 5 × 10% von € 2.060,00 =	€ 1.030,00	= € 1.648,00	
4. Unpfändbar sind:		**€ 3.708,00**	
5. Pfändbar sind:			
Berechnungsgrundlage ungerundet	€ 4.140,00		
abzüglich des unpfändbaren Freibetrags	– € 3.708,00		= **€ 432,00**

II. Ermittlung des unpfändbaren Freibetrags durch Ablesen aus der Tabelle:

Aus der Tabelle **1 a m** (Seite 1582) ist unter der Spalte „Nettolohn" (= Berechnungsgrundlage) in der Zeile 4.120,00 und darüber aus der Spalte „Unterhaltspflicht für 5 Personen" das Existenzminimum (= unpfändbarer Freibetrag) von **€ 3.708,00** abzulesen.

43.1.6.8. Bestimmungen für die Berechnung durch den Drittschuldner – Bagatellgrenze

Die **Zahlung** des Drittschuldners **wirkt schuldbefreiend** (trotz objektiver Fehlerhaftigkeit), wenn ihn weder Vorsatz noch grobe Fahrlässigkeit (→ 25.2.3.1.) trifft[1743]. Dies ist jedenfalls gegeben, wenn der Drittschuldner nach dem Inhalt des Beschlusses, der (im Einzelfall) den unpfändbaren Freibetrag festlegt, leistet[1744].

Zahlt der Drittschuldner

1. in den ersten beiden Monaten des Kalenderjahrs entsprechend den im Vorjahr gültigen Beträgen (unpfändbaren Freibeträgen) oder
2. während des ganzen Jahres entsprechend den im Jänner geltenden Beträgen,

so wirkt dies schuldbefreiend.

Der Drittschuldner hat bei der Berücksichtigung der **Unterhaltspflichten** von den **Angaben des Verpflichteten** auszugehen[1745], solange ihm deren Unrichtigkeit nicht bekannt ist[1746] (§ 292f Abs. 1–2 EO).

1743 Grob fahrlässig ist z.B. das Verschweigen von Bezugsbestandteilen des Verpflichteten.

1744 Hält sich der Drittschuldner also exakt an den Wortlaut des Pfändungsbeschlusses, wird er nicht ersatzpflichtig, ein Umstand, der insb. bei einer Änderung der Pfändungsfreibeträge (→ 43.1.6.5.) von Bedeutung sein wird.

1745 Grundsätzlich kann der Drittschuldner auf die Richtigkeit der Angaben des Verpflichteten vertrauen, sollte aber aus Gründen der Beweissicherung sich diese Angaben schriftlich (unterschrieben) geben lassen (siehe Muster 37). Bei Ehegatten wird ein Unterhaltsanspruch nur dann zu bejahen sein, wenn diese aus eigenem Erwerb mit weniger als 40% zum Familieneinkommen beitragen (siehe Punkt 43.1.6.5.).

1746 Unrichtigkeit liegt z.B. dann vor, wenn der Verpflichtete angibt, für seine Ehefrau unterhaltspflichtig zu sein, diese aber ebenfalls beim Drittschuldner beschäftigt ist und ein höheres Einkommen erzielt als der Verpflichtete selbst.

Bezüglich der Feststellung, ob Unterhaltspflichten bestehen, siehe Punkt 43.1.6.5.

Der Drittschuldner darf **Aufwandsentschädigungen** (→ 43.1.6.4.) höchstens mit einem der Werte berücksichtigen, die

1. im Steuerrecht oder
2. in Rechtsvorschriften und Kollektivverträgen, die für einen Personenkreis gelten, dem der Verpflichtete angehört,

vorgesehen sind[1747] (§ 292f Abs. 3 EO).

Der Drittschuldner hat bei der Berücksichtigung von **Sachleistungen** (→ 43.1.6.2.) den im Steuerrecht vorgesehenen Wert zu Grunde zu legen (§ 292f Abs. 4 EO).

Der Drittschuldner **kann** den **Gesamtbetrag** einer Forderung als **pfändungsfrei** behandeln, wenn die nicht gerundete Berechnungsgrundlage den unpfändbaren Betrag (Freibetrag) um **nicht** mehr als

1. € 10,00 monatlich,
2. € 2,50 wöchentlich,
3. € 0,50 täglich

übersteigt (Bagatellgrenze) (§ 292f Abs. 5 EO).

Beispiel 191

Auswirkung der Bagatellgrenze.

Angaben und Lösung:

FALL A (3 unterhaltspflichtige Personen):		**FALL B (2 unterhaltspflichtige Personen):**	
Monatliche ungerundete Berechnungsgrundlage	€ 1.448,00	Monatliche ungerundete Berechnungsgrundlage	€ 1.448,00
unpfändbarer Freibetrag	– € 1.442,00	unpfändbarer Freibetrag	– € 1.317,60
	€ 6,00		€ 130,40
	€ 6,00	Pfändungsfrei sind	**€ 1.317,60**
	+ € 1.442,00		
Pfändungsfrei sind	**€ 1.448,00**		

Das Exekutionsgericht hat auf Antrag

- des betreibenden Gläubigers,
- des Verpflichteten oder
- des Drittschuldners

1747 Der Drittschuldner kann als Maßstab für die Bewertung **wahlweise** einen der Werte heranziehen. Der höchste der vorgesehenen Werte bildet jedenfalls die Obergrenze.

(in den Fällen der Z 1 und 2 nach freier Überzeugung, also ohne besonderen Verfahrensaufwand) zu entscheiden,

1. ob bei der Berechnung des unpfändbaren Freibetrags **Unterhaltspflichten** zu berücksichtigen sind, oder
2. ob und inwieweit ein Bezug oder Bezugsbestandteil pfändbar ist[1748], insb. auch, ob die **Aufwandsentschädigungen** dem tatsächlich erwachsenden Mehraufwand entsprechen, oder
3. ob an der Forderung, deren Pfändung durch das Gericht bewilligt wurde, **tatsächlich** ein **Pfandrecht begründet** wurde.

Der Drittschuldner kann die von einem Antrag erfassten **Beträge** bis zur rechtskräftigen Entscheidung des Gerichts **zurückbehalten** (§ 292g Abs. 1, 2 EO).

Der Drittschuldner sollte derartige Anträge nur bei unklarer Sachlage stellen, da in solchen Fällen unabhängig vom Ausgang grundsätzlich **jede Partei** ihre **Kosten selbst** zu tragen hat und daher der Drittschuldner den allfälligen eigenen Aufwand (z.B. Anwaltskosten) nicht ersetzt erhält.

43.1.6.9. Vorschüsse und Nachzahlungen

Der Drittschuldner kann für die Einbringung eines dem Verpflichteten gewährten **Vorschusses** ① den Betrag, der sich aus dem Unterschied zwischen den in § 292 Abs. 4 EO genannten Betrag (dem absoluten Geld-Existenzminimum, → 43.1.6.2.) und dem unpfändbaren Freibetrag ergibt, abziehen②. Soweit der Vorschuss daraus nicht gedeckt wird, steht dem Drittschuldner auch ein Abzug vom pfändbaren Betrag zu. Der unpfändbare Freibetrag ist so zu berechnen, als ob kein Vorschuss geleistet worden wäre.

Beträge zur Rückzahlung eines vom Drittschuldner zugezählten **Gelddarlehens** (→ 11.8.) sind den Beträgen zur Einbringung eines Vorschusses gleichzuhalten (§ 290c Abs. 1, 2 EO).

① Wenn die Leistung, für die der Vorschuss (→ 11.8.) gegeben worden ist, erbracht wird.

② | | |
|---|---|
| | Unpfändbarer Freibetrag (→ 43.1.6.5.) |
| – | Vorschuss (Darlehen) |
| = | verbleibender Rest. |

Der verbleibende Rest darf den Betrag von € 515,00/Monat (bei einer Unterhaltsforderung 75% davon) nicht unterschreiten. Diese Regelung ist ident mit der bei Sachbezügen (vgl. → 43.1.6.2.). Ist der Vorschuss (Darlehen) höher, kann der Rest des Vorschusses (Darlehens) vom pfändbaren Betrag abgezogen werden. Dabei kann der Drittschuldner aber mit einem vorrangigen Gläubiger konkurrieren (siehe nachstehend).

1748 Z 2 erfasst auch die Klärung der Frage, ob der Verpflichtete auf eine ursprünglich **freiwillige Leistung** infolge mehrmaliger Gewährung oder einer längeren Übung (→ 9.3.9.) einen Rechtsanspruch erworben hat und diese nunmehr von der Exekution erfasst wird.

Beispiel 192

Lohnpfändungsrechtliche Behandlung eines Vorschusses eines bereits gepfändeten Arbeitnehmers.

Angaben:

Forderung, die keinen Unterhalt betrifft.

Ungerundete Berechnungsgrundlage	€ 4.140,00
Unpfändbarer Freibetrag (bei 5 unterhaltspflichtigen Personen)	€ 3.708,00
Pfändbarer Betrag	€ 432,00
Vorschuss	€ 3.300,00

Lösung:

Unpfändbarer Freibetrag	€ 3.708,00
abzüglich des unbedingt zu verbleibenden Existenzminimums	– € 515,00
Teil des Vorschusses, der vom Arbeitgeber einbehalten werden kann	€ 3.193,00

Den Rest vom Vorschuss in der Höhe von € 107,00 (€ 3.300,00 abzüglich € 3.193,00) kann der Arbeitgeber bei der **nächsten Entgeltabrechnung einbehalten**.
Die € 432,00 dienen zur (teilweisen) Abdeckung der gepfändeten Forderung des betreibenden Gläubigers.

Erhält der Arbeitnehmer vom Arbeitgeber **vor Einlangen des Zahlungsverbots** einen Vorschuss (Gelddarlehen), ist die Rückzahlungsrate des Vorschusses (Gelddarlehens) vorrangig zu behandeln. Für den Arbeitgeber empfiehlt es sich aber,

- das Datum der Auszahlung,
- die Rückzahlungsvereinbarungen und
- die Aussage des Arbeitnehmers z.B. darüber, dass in nächster Zeit mit keiner Exekution zu rechnen ist,

schriftlich festzuhalten.

Muster 38

Vorschussvereinbarung

Dem Arbeitnehmer __________ wird ein Vorschuss auf seine künftig entstehenden Entgeltansprüche in der Höhe von € __________ gewährt. Die Auszahlung des Vorschusses erfolgt durch Überweisung auf das Bankkonto des Arbeitnehmers bis 31. Mai 20 __________.

Bezüglich der Rückverrechnung wird Folgendes vereinbart:
Der Vorschuss wird beginnend ab der Entgeltabrechnung für Juni 20 __________ in monatlichen Raten in der Höhe von € __________ in Abzug gebracht. Der letzte Abzug erfolgt daher anlässlich der Entgeltabrechnung für Jänner des folgenden Jahres.
Es wird ausdrücklich vereinbart, dass bei Beendigung des Arbeitsverhältnisses ein allenfalls noch aushaftender Vorschussrest zur Gänze fällig wird und bei der Endabrechnung

auch mit dem der Exekution entzogenen Teil des Entgelts aufgerechnet bzw. in Abzug gebracht werden kann.

Der Arbeitnehmer hat über ausdrückliche Nachfrage des Arbeitgebers versichert, dass in nächster Zeit mit keiner Exekution zu rechnen ist, und bestätigt dies mit seiner Unterschrift.

__________, am __________

______________________________	______________________________
Unterschrift des Arbeitgebers	Unterschrift des Arbeitnehmers

Beispiel 193

Lohnpfändungsrechtliche Behandlung eines Vorschusses, der vor Einlangen des Zahlungsverbots gewährt wurde.

Angaben:

Forderung, die keinen Unterhalt betrifft.

Ungerundete Berechnungsgrundlage	€ 4.140,00
Unpfändbarer Freibetrag (bei 5 unterhaltspflichtigen Personen)	€ 3.708,00
Pfändbarer Betrag	€ 432,00
Vorschuss	€ 3.300,00

Lösung:

Unpfändbarer Freibetrag	€ 3.708,00
abzüglich des unbedingt zu verbleibenden Existenzminimums	– € 515,00
Teil des Vorschusses, der vom Arbeitgeber einbehalten werden kann	€ 3.193,00[1749]

Bezüglich des Restbetrags vom Vorschuss in der Höhe von € 107,00 (€ 3.300,00 abzüglich € 3.193,00) ist der **Arbeitgeber Gläubiger im ersten Rang** und kann auf den pfändbaren Betrag von € 432,00 zugreifen.

Wenn ein Vorschuss (Gelddarlehen) zwar vor Einlangen des Zahlungsverbots, aber in der Absicht gewährt wird, die Befriedigungschancen des Gläubigers einer bevorstehenden Exekution zu schmälern, kann dies sittenwidrig und daher dem Gläubiger gegenüber unwirksam sein.

Nachzahlungen (z.B. wegen unrichtiger Einstufung) sind für den Zeitraum zu berücksichtigen, auf den sie sich beziehen (§ 290c Abs. 3 EO).

Im Fall einer Nachzahlung ist eine „Aufrollung" durchzuführen. Zu beachten ist dabei, dass die Nachzahlung auch dann zu pfänden ist, wenn zu der Zeit, auf die sich die Nachzahlung bezieht, die Bezüge des Verpflichteten noch gar nicht gepfändet waren.

1749 Wenn hingegen die Arbeitsleistung, für die der Vorschuss gewährt worden ist, nicht erbracht wurde (z.B. wegen Beendigung des Arbeitsverhältnisses), kann der Arbeitgeber auf den gesamten unpfändbaren Teil der Bezüge zugreifen (kein Mindestbetrag für Arbeitnehmer).

Beispiele 194–195

Lohnpfändungsrechtliche Behandlung einer Nachzahlung.

Angaben:

- Monat, für den die Nachzahlung erfolgt: Mai 2022.
- Berechnungsgrundlage für Mai 2022: € 1.650,00.
- Monat, in dem die Nachzahlung erfolgt: August 2022.
- Höhe der Nachzahlung (Berechnungsgrundlage): € 140,00.
- Der Verpflichtete hat für die Ehefrau und 1 Kind zu sorgen.

Die unpfändbaren Freibeträge sind der Tabelle auf Seite 1581 zu entnehmen.

Beispiel 194

Angaben:

- Für den Nachzahlungsmonat (Mai 2022) lag bereits eine Lohnpfändung vor.

Lösung:

Berechnungsgrundlage für Mai		€ 1.650,00	
Unpfändbarer Freibetrag für Mai		€ 1.541,00	
Aufrollung für Mai	€ 1.650,00		
Nachzahlung	€ 140,00		
	€ 1.790,00		
Neue Berechnungsgrundlage für Mai		€ 1.790,00	
Neuer unpfändbarer Freibetrag für Mai		€ 1.611,00	
Neuer unpfändbarer Freibetrag für Mai			€ 1.611,00
alter unpfändbarer Freibetrag für Mai			€ 1.541,00
Der Verpflichtete erhält von der Nachzahlung			**€ 70,00**
Der betreibende Gläubiger erhält von der Nachzahlung			**€ 70,00**

Beispiel 195

Angaben:

- Für den Nachzahlungsmonat (Mai 2022) lag keine Lohnpfändung vor.

Lösung:

Berechnungsgrundlage für Mai		€ 1.650,00
Unpfändbarer Freibetrag für Mai		€ 1.650,00
Aufrollung für Mai	€ 1.650,00	
Nachzahlung	€ 140,00	
	€ 1.790,00	

Neue Berechnungsgrundlage für Mai	€ 1.790,00	
(Neuer) unpfändbarer Freibetrag für Mai	€ 1.611,00	
(Neuer) unpfändbarer Freibetrag für Mai		€ 1.611,00
Ausbezahlter Nettolohn für Mai		€ 1.650,00
Der Verpflichtete erhält von der Nachzahlung		**€ 0,00**
Der betreibende Gläubiger erhält die gesamte Nachzahlung		**€ 140,00**

Das von einem betreibenden Gläubiger durch Pfändung der Gehaltsforderung des Verpflichteten erworbene Pfandrecht erstreckt sich auch auf eine vom Arbeitgeber des Verpflichteten als Drittschuldner erst **nach Beendigung des Dienstverhältnisses ausbezahlte Prämie** (OLG Wien 19.12.2008, 8 Ra 79/08h).

43.1.6.10. Sonderzahlungen

Auch vom **14. Monatsbezug** (Urlaubszuschuss, Urlaubsbeihilfe) und vom **13. Monatsbezug** (Weihnachtszuwendung, Weihnachtsremuneration) (→ 23.2.) hat dem Verpflichteten ein unpfändbarer Freibetrag nach § 291a EO (→ 43.1.6.5.) zu verbleiben[1750].

Wird die Sonderzahlung in **Teilzahlungen** geleistet, so ist der unpfändbare Freibetrag auf die Teilzahlungen entsprechend deren Höhe aufzuteilen[1751] (§ 290b EO).

Wird ein 13. und/oder 14. Bezug bei Beendigung des Arbeitsverhältnisses **aliquot zur Auszahlung** gebracht, sind die für die monatliche Zahlung festgesetzten Grund- und Steigerungsbeträge zu berücksichtigen. Demnach ist das Existenzminimum anhand der **Monatstabelle** zu ermitteln.

Beispiel 196

Ermittlung des unpfändbaren Freibetrags und des pfändbaren Betrags im Fall einer Forderung, die keinen Unterhalt betrifft.

Angaben:

- Monatliche Abrechnung,
- die ungerundete Berechnungsgrundlage für den laufenden Bezug beträgt € 1.990,00,
- die ungerundete Berechnungsgrundlage für die Urlaubsbeihilfe beträgt € 1.768,00.
- Der Verpflichtete hat für die Ehefrau und 2 Kinder zu sorgen.
- Die noch offene Forderung beträgt € 1.650,00.

1750 Der unpfändbare Freibetrag setzt sich wie bei den laufenden Bezügen aus den Grundbeträgen und den Steigerungsbeträgen zusammen, wobei bei Sonderzahlungen der allgemeine Grundbetrag von **€ 1.030,00** zu berücksichtigen ist.
Darüber hinausgehende Sonderzahlungen wie z.B. ein 15. Bezug, Gewinnbeteiligungen oder eine Jubiläumszahlung sind im Verrechnungsmonat **zusammen mit dem laufenden Bezug** den lohnpfändungsrechtlichen Vorschriften zu unterwerfen.

1751 Wird die Sonderzahlung in Teilzahlungen (z.B. viermal im Jahr je eine halbe Sonderzahlung) geleistet, so ist der unpfändbare Freibetrag jedenfalls zu aliquotieren.

Lösung:

A. Ermittlung für den laufenden Bezug:

I. Rechnerische Ermittlung des unpfändbaren Freibetrags und des pfändbaren Betrags:

		unpfändbarer Freibetrag:	pfändbarer Betrag:
1. Berechnung des Grundbetrags:			
Dieser setzt sich zusammen aus			
a) dem monatl. allgemeinen Grundbetrag	€ 1.030,00		
b) dem monatl. Unterhaltsgrundbetrag 3 × € 206,00 =	€ 618,00	= € 1.648,00	
2. Berechnung des Mehrbetrags:			
Berechnungsgrundlage gerundet	€ 1.980,00		
abzüglich des Grundbetrags	– € 1.648,00		
Mehrbetrag	= € 332,00		
3. Berechnung des Steigerungsbetrags:			
Dieser setzt sich zusammen aus			
a) dem allgemeinen Steigerungsbetrag 30% von € 332,00 =	€ 99,60		
b) dem Unterhaltssteigerungsbetrag 3 × 10% von € 332,00 =	€ 99,60	= € 199,20	
4. Unpfändbar sind:		**€ 1.847,20**	
5. Pfändbar sind:			
Berechnungsgrundlage ungerundet	€ 1.990,00		
abzüglich des unpfändbaren Freibetrags	– € 1.847,20		**= € 142,80**

II. Ermittlung des unpfändbaren Freibetrags durch Ablesen aus der Tabelle:

Aus der Tabelle **1 a m** (Seite 1581) ist unter der Spalte „Nettolohn" (= Berechnungsgrundlage) in der Zeile

1.980,00 bis 1.999,99 aus der Spalte „Unterhaltspflicht für 3 Personen" das Existenzminimum (= unpfändbarer Freibetrag) von **€ 1.847,20** abzulesen.

B. Ermittlung für die Urlaubsbeihilfe:

I. Rechnerische Ermittlung des unpfändbaren Freibetrags und des pfändbaren Betrags:

		unpfändbarer Freibetrag:	pfändbarer Betrag:
1. Berechnung des Grundbetrags:			
Dieser setzt sich zusammen aus			
a) dem monatl. allgemeinen Grundbetrag	€ 1.030,00		
b) dem monatl. Unterhaltsgrundbetrag 3 × € 206,00 =	€ 618,00	= € 1.648,00	

2. Berechnung des Mehrbetrags:			
Berechnungsgrundlage gerundet	€ 1.760,00		
abzüglich des Grundbetrags	– € 1.648,00		
Mehrbetrag	= € 112,00		
3. Berechnung des Steigerungsbetrags:			
Dieser setzt sich zusammen aus			
a) dem allgemeinen Steigerungsbetrag 30% von € 112,00 =	€ 33,60		
b) dem Unterhaltssteigerungsbetrag 3 × 10% von € 112,00 =	€ 33,60	= € 67,20	
4. Unpfändbar sind:		**€ 1.715,20**	
5. Pfändbar sind:			
Berechnungsgrundlage ungerundet	€ 1.768,00		
abzüglich des unpfändbaren Freibetrags	– € 1.715,20		**= € 52,80**

II. Ermittlung des unpfändbaren Freibetrags durch Ablesen aus der Tabelle:

Aus der Tabelle **1 a m** (Seite 1581) ist unter der Spalte „Nettolohn" (= Berechnungsgrundlage) in der Zeile

1.760,00 bis 1.779,99 aus der Spalte „Unterhaltspflicht für 3 Personen" das Existenzminimum (= unpfändbarer Freibetrag) von **€ 1.715,20** abzulesen.

43.1.6.11. Einmalige Bezüge bei Dienstverhältnisende

43.1.6.11.1. Beschränkt pfändbare einmalige Leistungen

Von **allen einmaligen Leistungen** zusammen, die dem Verpflichteten **bei Beendigung seines Arbeitsverhältnisses vom Arbeitgeber gebühren**, insb. von der **Abfertigung**, aber mit Ausnahme der Kündigungsentschädigung (→ 43.1.6.11.2.), hat dem Verpflichteten ein unpfändbarer Freibetrag nach § 291a EO zu verbleiben, wobei der erhöhte allgemeine Grundbetrag nach § 291a Abs. 2 Z 1 EO[1752] maßgebend ist. Die Höchstberechnungsgrundlage nach § 291a Abs. 3 EO[1753] vervielfacht sich mit der Anzahl der Monate, für die die Leistung zusteht. Bei einer Abfertigung nach dem BMSVG erhöht sich die Höchstberechnungsgrundlage ab dem vierten Jahr pro Jahr um ein Drittel (→ 36.1.4.1.).

Auf **Antrag** des Verpflichteten hat ihm jenes Vielfache des unpfändbaren Freibetrags zu verbleiben, das der Anzahl der Monate entspricht, für die diese Leistungen nach dem Gesetz zustehen, wenn die Voraussetzungen für eine Zusammenrechnung nicht vorliegen. Der pfändbare Betrag ist dem betreibenden Gläubiger erst **nach vier Wochen auszuzahlen** (§ 291d Abs. 1 EO).

Unter den **Begriff der einmaligen Leistungen fallen**

- neben gesetzlichen Abfertigungen insb. auch
- vertragliche Abfertigungen,

1752 € 1.202,00.
1753 € 4.120,00.

- Abgangsentschädigungen und
- Ersatzleistungen für Urlaubsentgelt (→ 26.2.9.).

Freiwillige Abfertigungen ohne vertragliche Bindung bzw. ohne mündliche Zusage (z.B. „völlig überraschend" gewährte Zahlungen) sind unpfändbar. Zu begründen ist dies damit, dass bei der Pfändung von Bezügen Rechtsansprüche des Verpflichteten gegen einen Drittschuldner bestehen müssen, die gegebenenfalls zwangsweise durchsetzbar sind.

Keine gesicherte Praxis liegt zur Frage der pfändungsrechtlichen Behandlung von **Vergleichssummen** vor. Hiefür wird es insb. darauf ankommen, **welche Ansprüche** vor dem Vergleichsabschluss **strittig** waren und ob sich die verglichenen Ansprüche auf die Zeit des **aufrechten Arbeitsverhältnisses** oder auf die Zeit **nach Beendigung** des Arbeitsverhältnisses beziehen.

Ein **„Herausschälen"** einzelner in der Vergleichssumme enthaltener Ansprüche wird i.d.R. nur in Betracht kommen, wenn **eindeutig** erkennbar ist, in welchem Ausmaß die Vergleichssumme auf die entsprechenden Ansprüche entfällt.

Soweit im Vergleich etwa Rückstände zum laufenden Entgelt oder zu den Sonderzahlungen erkennbarerweise mit einem bestimmten Betrag enthalten sind, wären diese – als Nachzahlungen gem. § 290c Abs. 3 EO – aufzurollen, also für jenen Zeitraum zu berücksichtigen, auf den sie sich beziehen (→ 43.1.6.9.). Im Vergleich erkennbar enthaltene Zahlungen für Zeiten nach Beendigung des Arbeitsverhältnisses (z.B. Abfertigungen, Ersatzleistungen für Urlaubsentgelt, Abgangsentschädigungen) wären entsprechend ihrem Rechtscharakter als einmalige Leistungen i.S.d. § 291d EO zu behandeln.

Ist es hingegen **nicht möglich**, eine in Zusammenhang mit der Beendigung des Arbeitsverhältnisses ausbezahlte Vergleichssumme jeweils konkreten Ansprüchen **zuzuordnen** (ist also nicht erkennbar, welcher von mehreren Ansprüchen mit welchem Betrag verglichen wurde), wird die **gesamte Vergleichssumme** (auf Grund der Ähnlichkeit mit einer Abgangsentschädigung) als **einmalige Leistung** nach § 291d EO anzusehen sein.

Obwohl die Zuordnung der Vergleichssumme durch die Vergleichspartner grundsätzlich zu berücksichtigen sein wird, ist zu beachten, dass ein **Vergleich** stets eine einvernehmliche, unter beiderseitigem Nachgeben erfolgende Festlegung **strittiger** oder **zweifelhafter Rechte voraussetzt** (§ 1380 ABGB). Eine von den Vergleichsparteien (also vom Arbeitgeber und Arbeitnehmer) vorgenommene Umbenennung bestehender, unstrittiger Ansprüche zum Zweck einer „pfändungsrechtlichen Optimierung" für den Arbeitnehmer wäre daher gem. § 293 Abs. 4 EO rechtsunwirksam.

Wird eine Vergleichssumme erst Monate (bzw. Jahre) nach Beendigung des Arbeitsverhältnisses (z.B. auf Grund eines Gerichtsurteils) bezahlt, ist der bei Arbeitsverhältnisende vorrangig betreibende Gläubiger zu berücksichtigen. Etwaige bei Arbeitsverhältnisende schon berücksichtigte unpfändbare Freibeträge sind bei der in diesem Fall vorzunehmenden Aufrollung (→ 43.1.6.9.) anzurechnen.

Wurde eine **vertragliche Abfertigung** mit einem festen Betrag und nicht mit einer bestimmten Anzahl an Monatsentgelten vereinbart, ist dieser feste Betrag durch ein Monatsentgelt (analog zur gesetzlichen Abfertigung, → 33.3.1.3.) zu dividieren. Dadurch erhält man die Anzahl der Monatsbezüge.

Für einmalige Leistungen, die bei Beendigung des Arbeitsverhältnisses gebühren, ist in jedem Fall der monatliche **erhöhte allgemeine Grundbetrag** (€ 1.202,00) zu berücksichtigen, unabhängig davon, ob Anspruch auf Sonderzahlung besteht oder nicht.

Da solche Leistungen (insgesamt)

- nur **wie ein Monatsbezug zu behandeln** sind,

ist der erhöhte allgemeine **Grundbetrag** und der (die) Unterhaltsgrundbetrag (-beträge) auch **nur einmal** anzuwenden, selbst wenn die Leistungen mehrere Monatsbezüge ausmachen.

Es ist stets der **monatliche Pfändungsschutz** maßgeblich, d.h. die monatlichen Werte sind auch in jenen Fällen anzuwenden, in denen dem Arbeitnehmer Beendigungsansprüche bloß für einzelne Tage oder Wochen zustehen.

Beispiel 1

Ein Arbeitnehmer ohne Unterhaltspflichten hat bei Beendigung des Arbeitsverhältnisses Anspruch auf Ersatzleistung für Urlaubsentgelt für drei Tage. Für diese Leistung stehen der

- erhöhte allgemeine Grundbetrag und
- 30% vom Mehrbetrag

bis zur 1-fachen monatlichen Höchstberechnungsgrundlage (€ 4.120,00) zu.

Die Begrenzung mit der Höchstberechnungsgrundlage ist **nur dann anzuwenden**, wenn die Leistungen diese Grenze auch bei Aufteilung auf die Anzahl der Monate, für die sie zustehen, überschreiten würden.

Die **Höchstberechnungsgrundlage erhöht sich**, abhängig davon, wie viele Monatsbezüge bezahlt werden.

Bei

• einem Monatsbezug beträgt die Höchstberechnungsgrundlage	€	4.120,00,
• zwei Monatsbezügen	€	8.240,00,
• drei Monatsbezügen	€	12.360,00,
• vier Monatsbezügen usw.	€	16.480,00,
• zwölf Monatsbezügen	€	49.440,00.

Während der erhöhte allgemeine **Grundbetrag** und der (die) Unterhaltsgrundbetrag (-beträge) für alle einmaligen Beendigungsansprüche zusammen **nur einmal** gebührt, werden die **Steigerungsbeträge** (allgemeiner Steigerungsbetrag und Unterhaltssteigerungsbeträge) durch das dem Anspruchszeitraum entsprechende **Vielfache** der monatlichen Höchstberechnungsgrundlage **begrenzt** (siehe vorstehend).

Beispiel 2

Ein Arbeitnehmer mit einer Unterhaltspflicht erhält vier Monatsentgelte Abfertigung. Davon verbleiben pfändungsfrei:

- 1-mal der erhöhte allgemeine Grundbetrag,
- 1-mal der Unterhaltsgrundbetrag und
- 40% (30% allgemeiner Steigerungsbetrag und 10% Unterhaltssteigerungsbetrag) vom Mehrbetrag,

wobei der Mehrbetrag bis zum 4-fachen Betrag der monatlichen Höchstberechnungsgrundlage (4 × € 4.120,00 = € 16.480,00) zu berücksichtigen ist.

Jener Betrag, der die x-fache Höchstberechnungsgrundlage überschreitet, ist jedenfalls zur Gänze pfändbar.

Treffen bei Beendigung eines Arbeitsverhältnisses mehrere einmalige Leistungen zusammen, ist für diese **ein gemeinsamer unpfändbarer Freibetrag** zu ermitteln. Soweit die Ansprüche denselben Zeitraum abdecken, richtet sich die maßgebliche Höchstberechnungsgrundlage (nach Meinung des BMJ) nach dem längsten Anspruch. Für eine vertragliche Abfertigung, die zusätzlich zu einer gesetzlichen Abfertigung gewährt wird, erhöht sich die Höchstberechnungsgrundlage entsprechend der von der vertraglichen Abfertigung abgedeckten Monatsanzahl.

Beispiel 3

Ein Arbeitnehmer erhält eine vertragliche Abfertigung von zwei Monatsentgelten (ME) und eine Ersatzleistung für Urlaubsentgelt (UE) für fünf Tage.

Die monatliche Höchstberechnungsgrundlage (HBG) steht nur zweimal zu, da die Abfertigung und die Ersatzleistung für Urlaubsentgelt denselben Zeitraum abdecken.

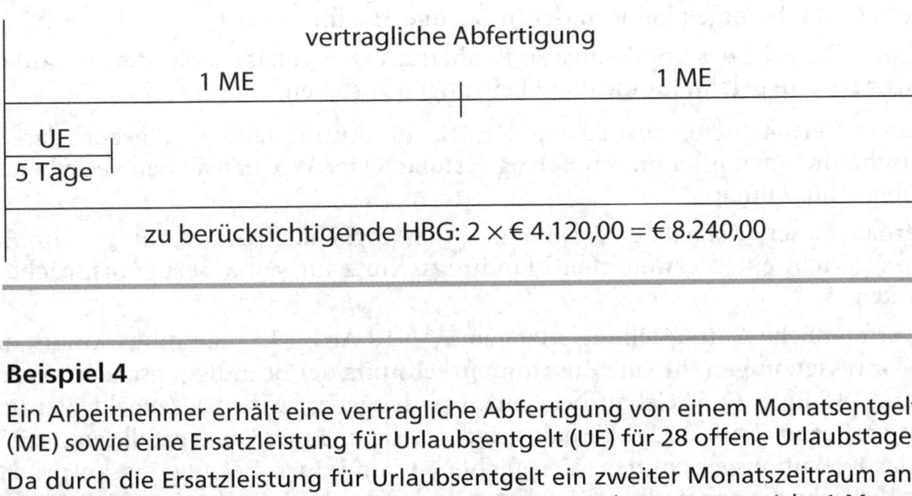

Beispiel 4

Ein Arbeitnehmer erhält eine vertragliche Abfertigung von einem Monatsentgelt (ME) sowie eine Ersatzleistung für Urlaubsentgelt (UE) für 28 offene Urlaubstage.

Da durch die Ersatzleistung für Urlaubsentgelt ein zweiter Monatszeitraum angebrochen wird (bei Berechnung des Urlaubs in Werktagen entspricht 1 Monat 26 Urlaubstagen), gebührt die monatliche Höchstberechnungsgrundlage (HBG) zweimal. Es steht demnach auch für einen angebrochenen Monat die Höchstberechnungsgrundlage voll zu.

Die vertragliche Abfertigung (als kürzerer Anspruch) wird von der Ersatzleistung für Urlaubsentgelt „geschluckt", da sie denselben Zeitraum betrifft. Für sie steht also keine weitere Erhöhung der Höchstberechnungsgrundlage zu.

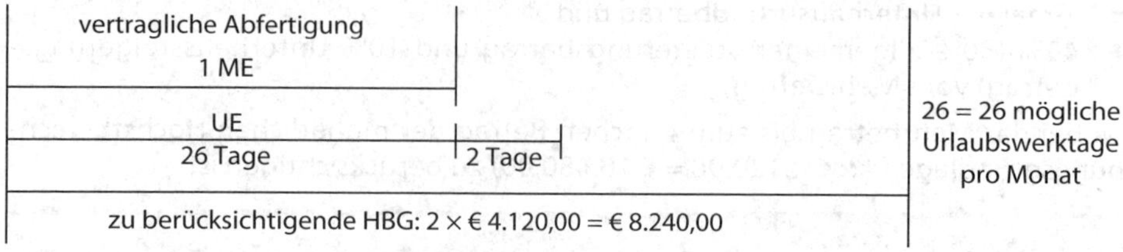

Beispiel 5

Ein Arbeitnehmer erhält eine gesetzliche Abfertigung von vier Monatsentgelten (ME) und eine vertragliche Abfertigung von einem Monatsentgelt (ME).

Die monatliche Höchstberechnungsgrundlage (HBG) steht fünfmal zu, da die vertragliche Abfertigung dem fünften auf die Beendigung des Arbeitsverhältnisses folgenden Monat zuzuordnen ist.

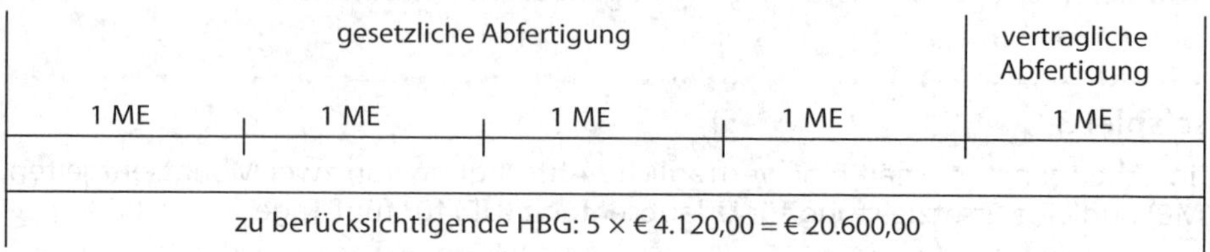

Erhält der Verpflichtete neben der (den) Abfertigung(en) und/oder der Ersatzleistung für Urlaubsentgelt **keine anderen Bezüge**, hat ihm jedoch

- jenes Vielfache des unpfändbaren Freibetrags zu verbleiben, **das der Anzahl der Monate entspricht**, für die diese Leistungen zustehen.

Um dem Verpflichteten ausreichend Zeit für die Antragstellung zu geben, darf der Drittschuldner den **pfändbaren Betrag erst nach vier Wochen** an den betreibenden Gläubiger **auszahlen.**

Innerhalb dieser Frist hat der Verpflichtete die Möglichkeit, durch Antrag beim Exekutionsgericht einen erweiterten Pfändungsschutz für seine Bezugsansprüche zu erwirken.

Eine erfolgreiche Antragstellung setzt gem. § 291d Abs. 1 EO allerdings voraus, dass die **Voraussetzungen für** eine **Zusammenrechnung** der Beendigungsansprüche mit anderen Bezügen (z.B. Gehalt bei neuem Arbeitgeber, Arbeitslosengeld, Pension) **nicht vorliegen**. Trifft dies zu (erhält also der Arbeitnehmer keine parallelen Bezüge), hat das Exekutionsgericht dem Verpflichteten von seinen Beendigungsansprüchen jenes Vielfache des unpfändbaren Freibetrags zuzusprechen, das der Anzahl der Monate entspricht, für die diese Leistungen nach dem Gesetz zustehen. Der Vorteil liegt für den Verpflichteten in diesem Fall darin, dass er die Grundbeträge nicht nur einmal, sondern entsprechend der Anzahl der Monate erhält, die die Beendigungsansprüche abdecken (siehe dazu Beispiel 197).

Ein solcher Antrag macht demnach wegen der gerichtlichen Zusammenrechnung für den Arbeitnehmer nur dann Sinn, wenn er während der Zeit, für die ihm solche einmaligen Leistungen gebühren, keine oder nur sehr geringe andere Bezüge erhält.

Da der Gesetzgeber für den vorstehend genannten Vorgang keine vom Arbeitgeber vorzunehmende Informationspflicht vorsieht, liegt es im Ermessen des Arbeitgebers, seinen ausscheidenden Arbeitnehmer über diese Möglichkeit zu informieren.

Sollte **innerhalb von vier Wochen** (gerechnet ab dem Ende des Arbeitsverhältnisses) **kein Gerichtsbeschluss** einlangen, dann ist der bereits ausgerechnete pfändbare Betrag an den betreibenden Gläubiger zu überweisen.

Den unpfändbaren Freibetrag (das Existenzminimum) hat der Verpflichtete schon anlässlich der Endabrechnung erhalten.

Langt **innerhalb von vier Wochen ein Beschluss** ein, ist nach dem Inhalt des Beschlusses vorzugehen (siehe dazu Beispiel 197). Dem Verpflichteten ist die Differenz auf den höheren unpfändbaren Freibetrag nachzuzahlen.

Langt **nach vier Wochen ein Beschluss** ein, bleibt dieser unberücksichtigt.

Für die **einmaligen Leistungen** bei **Beendigung** des Arbeitsverhältnisses sind eigene Tabellen mit der Bezeichnung „c" anzuwenden. Da bei diesen Beendigungsansprüchen stets der **monatliche Pfändungsschutz** maßgeblich ist, gibt es in diesem Bereich keine Tabellen für wöchentliche und tägliche Auszahlungszeiträume.

Es gilt somit je nach Art der geführten Exekution

- für sonstige Forderungen die Tabelle **1 c m**,
- für Unterhaltsansprüche die Tabelle **2 c m**.

Wird die Abfertigung in **Teilzahlungen** geleistet, so ist der unpfändbare Freibetrag auf die Teilzahlungen entsprechend deren Höhe aufzuteilen.

Für den **Fall des Todes** eines Verpflichteten gilt: Da der Anspruch der Erben auf Todfallsabfertigung originärer (unmittelbarer) Natur ist, steht den Erben (→ 33.3.1.3.) die **Abfertigung ungepfändet** zu. Gleiches gilt für die Ersatzleistung für Urlaubsentgelt.

11 980,00	bis	11 999,99	4 435,40	5 636,80	6 797,00	7 916,00	8 993,80	10 030,40
12 000,00	bis	12 019,99	4 441,40	5 644,80	6 807,00	7 928,00	9 007,80	10 046,40
12 020,00	bis	12 039,99	4 447,40	5 652,80	6 817,00	7 940,00	9 021,80	10 062,40
12 040,00	bis	12 059,99	4 453,40	5 660,80	6 827,00	7 952,00	9 035,80	10 078,40
12 060,00	bis	12 079,99	4 459,40	5 668,80	6 837,00	7 964,00	9 049,80	10 094,40
12 080,00	bis	12 099,99	4 465,40	5 676,80	6 847,00	7 976,00	9 063,80	10 110,40
12 100,00	bis	12 119,99	4 471,40	5 684,80	6 857,00	7 988,00	9 077,80	10 126,40
12 120,00	bis	12 139,99	4 477,40	5 692,80	6 867,00	8 000,00	9 091,80	10 142,40
12 140,00	bis	12 159,99	4 483,40	5 700,80	6 877,00	8 012,00	9 105,80	10 158,40
12 160,00	bis	12 179,99	4 489,40	5 708,80	6 887,00	8 024,00	9 119,80	10 174,40
12 180,00	bis	12 199,99	4 495,40	5 716,80	6 897,00	8 036,00	9 133,80	10 190,40
12 200,00	bis	12 219,99	4 501,40	5 724,80	6 907,00	8 048,00	9 147,80	10 206,40
12 220,00	bis	12 239,99	4 507,40	5 732,80	6 917,00	8 060,00	9 161,80	10 222,40
12 240,00	bis	12 259,99	4 513,40	5 740,80	6 927,00	8 072,00	9 175,80	10 238,40
12 260,00	bis	12 279,99	4 519,40	5 748,80	6 937,00	8 084,00	9 189,80	10 254,40
12 280,00	bis	12 299,99	4 525,40	5 756,80	6 947,00	8 096,00	9 203,80	10 270,40
12 300,00	bis	12 319,99	4 531,40	5 764,80	6 957,00	8 108,00	9 217,80	10 286,40
12 320,00	bis	12 339,99	4 537,40	5 772,80	6 967,00	8 120,00	9 231,80	10 302,40
12 340,00	bis	12 359,99	4 543,40	5 780,80	6 977,00	8 132,00	9 245,80	10 318,40
12 360,00	bis	12 379,99	4 549,40	5 788,80	6 987,00	8 144,00	9 259,80	10 334,40
12 380,00	bis	12 399,99	4 555,40	5 796,80	6 997,00	8 156,00	9 273,80	10 350,40
12 400,00	bis	12 419,99	4 561,40	5 804,80	7 007,00	8 168,00	9 287,80	10 366,40
12 420,00	bis	12 439,99	4 567,40	5 812,80	7 017,00	8 180,00	9 301,80	10 382,40
12 440,00	bis	12 459,99	4 573,40	5 820,80	7 027,00	8 192,00	9 315,80	10 398,40
12 460,00	bis	12 479,99	4 579,40	5 828,80	7 037,00	8 204,00	9 329,80	10 414,40
12 480,00	bis	12 499,99	4 585,40	5 836,80	7 047,00	8 216,00	9 343,80	10 430,40
12 500,00	bis	12 519,99	4 591,40	5 844,80	7 057,00	8 228,00	9 357,80	10 446,40
12 520,00	bis	12 539,99	4 597,40	5 852,80	7 067,00	8 240,00	9 371,80	10 462,40
12 540,00	bis	12 559,99	4 603,40	5 860,80	7 077,00	8 252,00	9 385,80	10 478,40
12 560,00	bis	12 579,99	4 609,40	5 868,80	7 087,00	8 264,00	9 399,80	10 494,40
12 580,00	bis	12 599,99	4 615,40	5 876,80	7 097,00	8 276,00	9 413,80	10 510,40
12 600,00	bis	12 619,99	4 621,40	5 884,80	7 107,00	8 288,00	9 427,80	10 526,40
12 620,00	bis	12 639,99	4 627,40	5 892,80	7 117,00	8 300,00	9 441,80	10 542,40
12 640,00	bis	12 659,99	4 633,40	5 900,80	7 127,00	8 312,00	9 455,80	10 558,40
12 660,00	bis	12 679,99	4 639,40	5 908,80	7 137,00	8 324,00	9 469,80	10 574,40

Tabelle 1cm (Beschränkt pfändbare einmalige Leistungen) (Auszug)

3 820,00	bis	3 839,99	1 987,40	2 372,80	2 717,00	3 020,00	3 281,80	3 502,40
3 840,00	bis	3 859,99	1 993,40	2 380,80	2 727,00	3 032,00	3 295,80	3 518,40
3 860,00	bis	3 879,99	1 999,40	2 388,80	2 737,00	3 044,00	3 309,80	3 534,40
3 880,00	bis	3 899,99	2 005,40	2 396,80	2 747,00	3 056,00	3 323,80	3 550,40
3 900,00	bis	3 919,99	2 011,40	2 404,80	2 757,00	3 068,00	3 337,80	3 566,40
3 920,00	bis	3 939,99	2 017,40	2 412,80	2 767,00	3 080,00	3 351,80	3 582,40
3 940,00	bis	3 959,99	2 023,40	2 420,80	2 777,00	3 092,00	3 365,80	3 598,40
3 960,00	bis	3 979,99	2 029,40	2 428,80	2 787,00	3 104,00	3 379,80	3 614,40
3 980,00	bis	3 999,99	2 035,40	2 436,80	2 797,00	3 116,00	3 393,80	3 630,40
4 000,00	bis	4 019,99	2 041,40	2 444,80	2 807,00	3 128,00	3 407,80	3 646,40
4 020,00	bis	4 039,99	2 047,40	2 452,80	2 817,00	3 140,00	3 421,80	3 662,40
4 040,00	bis	4 059,99	2 053,40	2 460,80	2 827,00	3 152,00	3 435,80	3 678,40
4 060,00	bis	4 079,99	2 059,40	2 468,80	2 837,00	3 164,00	3 449,80	3 694,40
4 080,00	bis	4 099,99	2 065,40	2 476,80	2 847,00	3 176,00	3 463,80	3 710,40
4 100,00	bis	4 119,99	2 071,40	2 484,80	2 857,00	3 188,00	3 477,80	3 726,40
4 120,00	und	darüber	2 077,40	2 492,80	2 867,00	3 200,00	3 491,80	3 742,40

Tabelle 1bm (Grundbetrag 1202 Euro monatlich) (Auszug)

Beispiel 197

Ermittlung des unpfändbaren Freibetrags und des pfändbaren Betrags im Fall einer Forderung, die keinen Unterhalt betrifft.

Angaben:

- Anspruch auf gesetzliche Abfertigung von 3 Monatsentgelten (ME);
- die ungerundete Berechnungsgrundlage der gesetzlichen Abfertigung beträgt € 11.980,00.

- Anspruch auf Ersatzleistung für Urlaubsentgelt für 5 Tage;
- die ungerundete Berechnungsgrundlage der Ersatzleistung für Urlaubsentgelt beträgt € 1.100,00.
- Der Verpflichtete hat für die Ehefrau und 1 Kind zu sorgen.

Im Fall der bei Beendigung des Dienstverhältnisses zustehenden laufenden Bezüge und Sonderzahlungen ist, wie anhand des Beispiels 196 gezeigt, vorzugehen.

A. Lösung vor der Antragstellung:

I. Rechnerische Ermittlung des unpfändbaren Freibetrags und des pfändbaren Betrags:

ungerundete Berechnungsgrundlage der gesetzlichen Abfertigung		€ 11.980,00
ungerundete Berechnungsgrundlage der Ersatzleistung für Urlaubsentgelt		€ 1.100,00
ungerundete Berechnungsgrundlage insgesamt		€ 13.080,00
Berechnungsgrundlage gerundet		€ 13.080,00
	Vergleich[1754]	↕
Höchstberechnungsgrundlage: € 4.120,00 × 3 ME =		€ 12.360,00

		unpfändbarer Freibetrag:	pfändbarer Betrag:
1. Berechnung des Grundbetrags:			
Dieser setzt sich zusammen aus			
a) dem monatl. erhöhten allgemeinen Grundbetrag	€ 1.202,00		
b) dem monatl. Unterhaltsgrundbetrag 2 × € 206,00 =	€ 412,00	= € 1.614,00	
2. Berechnung des Mehrbetrags:			
Höchstberechnungsgrundlage	€ 12.360,00		
abzüglich des Grundbetrags	– € 1.614,00		
Mehrbetrag	= € 10.746,00		
3. Berechnung des Steigerungsbetrags:			
Dieser setzt sich zusammen aus			
a) dem allgemeinen Steigerungsbetrag 30% von € 10.746,00 =	€ 3.223,80		
b) dem Unterhaltssteigerungsbetrag 2 × 10% von € 10.746,00 =	€ 2.149,20	= € 5.373,00	
4. Unpfändbar sind:		**€ 6.987,00**	
5. Pfändbar sind:			
Berechnungsgrundlage ungerundet	€ 13.080,00		
abzüglich des unpfändbaren Freibetrags	– € 6.987,00		**= € 6.093,00**

Der unpfändbare Betrag ist dem Verpflichteten **sofort auszuzahlen**. Der pfändbare Betrag ist erst **nach vier Wochen** dem betreibenden Gläubiger **zu überweisen**.

1754 Für die Berechnung des Mehrbetrags ist der jeweils niedrigere Betrag heranzuziehen.

II. Ermittlung des unpfändbaren Freibetrags durch Ablesen aus der Tabelle:

Aus der Tabelle **1 c m** (Seite 1602) ist unter der Spalte „Nettolohn" (= Berechnungsgrundlage) in der Zeile

12.360,00 bis 12.379,99[1755] aus der Spalte „Unterhaltspflicht für 2 Personen" das Existenzminimum (= unpfändbarer Freibetrag) von **€ 6.987,00** abzulesen.

B. Lösung nach der Antragstellung:

I. Rechnerische Ermittlung des unpfändbaren Freibetrags und des pfändbaren Betrags:

ungerundete Berechnungsgrundlage insgesamt		€ 13.080,00
€ 13.080,00 : 3 ME =	€ 4.360,00	
gerundet	€ 4.360,00	
Höchstberechnungsgrundlage	€ 4.120,00	

			unpfändbarer Freibetrag:	pfändbarer Betrag:
1. Berechnung des Grundbetrags:				
Dieser setzt sich zusammen aus				
a) dem monatl. erhöhten allgemeinen Grundbetrag	€ 1.202,00			
b) dem monatl. Unterhaltsgrundbetrag 2 × € 206,00 =	€ 412,00			
	€ 1.614,00	× 3	= € 4.842,00	
2. Berechnung des Mehrbetrags:				
Höchstberechnungsgrundlage	€ 4.120,00			
abzüglich des Grundbetrags	– € 1.614,00			
Mehrbetrag	= € 2.506,00			
3. Berechnung des Steigerungsbetrags:				
Dieser setzt sich zusammen aus				
a) dem allgemeinen Steigerungsbetrag 30% von € 2.506,00 =	€ 751,80			
b) dem Unterhaltssteigerungsbetrag 2 × 10% von € 2.506,00 =	€ 501,20			
	€ 1.253,00	× 3	= € 3.759.00	
4. Unpfändbar sind:			**€ 8.601,00**	
5. Pfändbar sind:				
Berechnungsgrundlage ungerundet	€ 13.080,00			
abzüglich des unpfändbaren Freibetrags	– € 8.601,00			**= € 4.479,00**

1755 Wäre in diesem Beispiel die ungerundete Berechnungsgrundlage niedriger als die Höchstberechnungsgrundlage gewesen, hätte man den unpfändbaren Freibetrag aus der Zeile ablesen müssen, die den niedrigeren Betrag aufweist.

Unpfändbarer Betrag			€ 8.601,00
abzüglich schon ausbezahlten unpfändbaren Betrag			– € 6.987,00
Die **Differenz** von ist dem Verpflichteten **nachzuzahlen.**			**€ 1.614,00**
Der pfändbare Betrag in der Höhe von	€ 4.479,00	ist dem betreibenden Gläubiger **zu überweisen.**	

II. Ermittlung des unpfändbaren Freibetrags durch Ablesen aus der Tabelle:

Aus der Tabelle **1 b m** (Seite 1602) ist unter der Spalte „Nettolohn" (= Berechnungsgrundlage) in der Zeile

4.120,00 und darüber aus der Spalte „Unterhaltspflicht für 2 Personen" das Existenzminimum (= unpfändbarer Freibetrag) von **€ 2.867,00** abzulesen. Dieser Betrag ist auf einen Betrag für 3 Monatsentgelte hochzurechnen.
€ 2.867,00 × 3 = **€ 8.601,00.**

43.1.6.11.2. Kündigungsentschädigung

Eine **Kündigungsentschädigung** ist wie ein normaler fortlaufender Bezug zu behandeln (vgl. § 291d Abs. 1 EO). In der Kündigungsentschädigung enthaltene Sonderzahlungsteile (des 13. und 14. Monatsbezugs) sind gesondert nach der für Sonderzahlungen geltenden Pfändungsregel zu behandeln.

Pfändungsrechtliche Aufteilung der Kündigungsentschädigung in		
einen laufenden Teil	die Urlaubsbeihilfe	die Weihnachtsremuneration
Behandlung wie normales laufendes Entgelt und Zuordnung zum jeweiligen Kalendermonat	Zusammenrechnung mit ev. bereits (bei der Endabrechnung) ausbezahlter oder noch gebührender (aliquoter) Urlaubsbeihilfe	Zusammenrechnung mit ev. bereits (bei der Endabrechnung) ausbezahlter oder noch gebührender (aliquoter) Weihnachtsremuneration
Anwendung der Tabelle **1 a m** (bei Unterhaltsexekution Tabelle **2 a m**)		

Beispiel 198

Ermittlung des unpfändbaren Freibetrags und des pfändbaren Betrags einer Kündigungsentschädigung.

Angaben:

- Angestellter,
- Monatsgehalt € 2.100,00, 14-mal im Jahr,

- Lösung des Arbeitsverhältnisses durch unberechtigte **Entlassung per 4.5.2022.**
- Bei der Endabrechnung wurden folgende Bezüge – auf Grund ihrer geringen Höhe **pfändungsfrei** – ausbezahlt:
  - Gehalt für den Rumpfmonat Mai 2022: € 280,00 brutto (€ 187,03 netto[1756]),
  - aliquote Urlaubsbeihilfe: € 717,21 brutto (€ 595,64 netto[1756]),
  - aliquote Weihnachtsremuneration: € 717,21 brutto (€ 561,36 netto[1756]).
- Auf Grund einer Klage beim Arbeitsgericht wird dem Angestellten für die Zeit **vom 5.5.–30.6.2022 eine Kündigungsentschädigung** in der Höhe von brutto € 4.574,10 (inkl. anteiliger UB und WR von jeweils € 327,05) zugesprochen. Auszahlung der gesamten Kündigungsentschädigung im Oktober 2022,
- Forderung, die keinen Unterhalt betrifft,
- es liegen keine Unterhaltspflichten vor.

Lösung:

Die Kündigungsentschädigung ist pfändungsrechtlich entsprechend den enthaltenen Bezugsteilen zuzuordnen:

- Der **laufende Teil** der Kündigungsentschädigung für den Monat **Mai 2022** (5.5. bis 31.5.2022) in der Höhe von netto € 1.138,44 ist pfändungsrechtlich zusammen mit dem bereits im Mai 2022 ausbezahlten Mai-„Rumpfgehalt" (€ 187,03 für den Zeitraum 1.5. bis 4.5.2022) der Pfändung zu unterwerfen.
- Der **laufende Teil** der Kündigungsentschädigung für den Monat **Juni 2022** (1.6. bis 30.6.2022) in der Höhe von netto € 1.313,58 wird pfändungsrechtlich wie ein normales Monatsgehalt behandelt.
- Die in der Kündigungsentschädigung enthaltene **Urlaubsbeihilfe** (für den Zeitraum 5.5. bis 30.6.2022) in der Höhe von netto € 207,84 ist pfändungsrechtlich zusammen mit der bei der Endabrechnung per 4.5.2022 ausbezahlten Urlaubsbeihilfe (€ 595,64 für den Zeitraum 1.1. bis 4.5.2022) der Pfändung zu unterwerfen.
- Die in der Kündigungsentschädigung enthaltene **Weihnachtsremuneration** (für den Zeitraum 5.5. bis 30.6.2022) in der Höhe von netto € 207,84 ist pfändungsrechtlich zusammen mit der bei der Endabrechnung per 4.5.2022 ausbezahlten Weihnachtsremuneration (€ 561,36 für den Zeitraum 1.1. bis 4.5.2022) der Pfändung zu unterwerfen.

1756 Angenommener Betrag.

Aufteilung der Kündigungsentschädigung →	laufender Teil		Urlaubs-beihilfe	Weihnachts-remuneration
	Mai €	Juni €	€	€
Bruttobezug (€ 4.574,10)	1.820,00	2.100,00	327,05	327,05
– Dienstnehmeranteil zur SV – Lohnsteuer	326,69 [1]) 354,87 [1])	376,95 [1]) 409,47 [1])	55,44 [1]) 63,77 [1])	55,44 [1]) 63,77 [1])
= **Nettobezug**	**1.138,44**	**1.313,58**	**207,84**	**207,84**
+ bereits an den Arbeitnehmer bezahlter Nettobetrag	187,03	–	595,64	561,36
= **gesamter Nettobezug** (Berechnungsgrundlage)	**1.325,47**	**1.313,58**	**803,48**	**769,20**
Ermittlung des unpfändbaren Freibetrags:				
unpfändbar lt. Tabelle 1 a m	1.117,00	1.111,00	803,48	769,20
– bereits als pfändungsfrei ausbezahlter Betrag	187,03	–	595,64	561,36
= **unpfändbarer Teil der Kündigungsentschädigung** (Auszahlung an Arbeitnehmer)	**929,97**	**1.111,00**	**207,84**	**207,84**
	insgesamt **2.456,65**			
= **pfändbarer Teil der Kündigungsentschädigung** (Differenz zwischen Nettobezug und unpfändbarem Teil der Kündigungsentschädigung)	**208,47**	**202,58**	**0,00**	**0,00**
	insgesamt **411,05**			

[1]) Angenommener Betrag.

43.1.6.12. Besonderheiten bei Exekutionen wegen Unterhaltsansprüchen

Exekutionen wegen Unterhaltsansprüchen gehen anderen Exekutionen zwar nicht im Rang vor, sie sind jedoch dadurch privilegiert, dass Unterhaltsgläubiger unabhängig vom Rang ihres Pfandrechts auf den Unterschiedsbetrag zwischen dem gewöhnlichen Existenzminimum und dem Unterhaltsexistenzminimum zugreifen können (siehe nachstehend).

Bezüglich der Exekutionen wegen Unterhaltsansprüchen bestimmt der **§ 291b EO:**

Abs. 1: Bei einer Exekution wegen

1. eines gesetzlichen Unterhaltsanspruchs,
2. eines gesetzlichen Unterhaltsanspruchs, der auf Dritte übergegangen ist,
3. eines Anspruchs auf Ersatz von Aufwendungen, die der Verpflichtete auf Grund einer gesetzlichen Unterhaltspflicht selbst hätte machen müssen ① (§ 1042 ABGB), sowie wegen
4. der Prozess- und Exekutionskosten samt allen Zinsen, die durch die Durchsetzung eines Anspruchs nach Z 1 bis 3 entstanden sind,

gilt Abs. 2.

Abs. 2: Dem Verpflichteten haben **75% des unpfändbaren Freibetrags** nach § 291a EO (→ 43.1.6.5.) zu verbleiben, wobei dem Verpflichteten für jene Personen, die Exekution wegen einer Unterhaltsforderung führen, ein Unterhaltsgrund- und ein Unterhaltssteigerungsbetrag nicht gebührt ②.

Abs. 3: Aus dem Betrag, der sich aus dem Unterschied (der **Differenz**) zwischen den unpfändbaren Freibeträgen bei einer Exekution wegen einer Unterhaltsforderung einerseits und wegen einer sonstigen Forderung andererseits ergibt ③, sind vorweg die **laufenden gesetzlichen Unterhaltsansprüche** unabhängig von dem für sie begründeten Pfandrang verhältnismäßig nach der Höhe der laufenden monatlichen Unterhaltsleistung **zu befriedigen**. Aus dem **Rest** des Unterschiedsbetrags sind die **übrigen** in Abs. 1 genannten **Forderungen zu befriedigen** ④.

Abs. 4: Gläubigern, die Exekution wegen einer Forderung nach Abs. 1 führen, stehen Zahlungen aus dem nach § 291a EO pfändbaren Betrag, aus dem Forderungen nach Abs. 1 und sonstige Forderungen rangmäßig zu befriedigen sind, nur zu, soweit ihre Forderungen aus dem in Abs. 3 genannten Unterschiedsbetrag nicht gedeckt werden ⑤ (291b Abs. 1–4 EO).

① Wenn z.B. der Stiefvater für den Unterhalt des Stiefkindes aufkommt und seine Unterhaltsaufwendungen vom Vater des Kindes zurückverlangt.

② Bei Unterhaltsexekutionen beträgt der unpfändbare Freibetrag (→ 43.1.6.5.)

- **75%** des unpfändbaren Freibetrags nach § 291a EO,

wobei dem Verpflichteten für den betreibenden Unterhaltsgläubiger kein Unterhaltsgrund- und kein Unterhaltssteigerungsbetrag gebührt.

Bei einer vorrangigen Exekution nach § 291a EO verbleiben daher für einen ev. nachrangigen Unterhaltsgläubiger

- **25%** des unpfändbaren Freibetrags nach § 291a EO und
- **der gesamte** (fiktive) Unterhaltsgrund- und Unterhaltssteigerungsbetrag für den betreibenden Unterhaltsgläubiger.

Siehe dazu Beispiel 202.

③ Wenn

eine Exekution nach **§ 291a EO** (sonstige Forderung)	**und**	eine Exekution nach **291b EO** (Unterhaltsforderung)

zusammentreffen, hat der Drittschuldner die Berechnung des unpfändbaren Freibetrags **nach beiden Gesetzesstellen** vorzunehmen:

einmal nach **§ 291a EO** unter Berücksichtigung **aller** bekannt gegebenen **Unterhaltsberechtigten**, unabhängig davon, ob sie Exekution führen oder nicht;	und	einmal nach **§ 291b EO** unter Berücksichtigung **nur der Unterhaltsgläubiger, die nicht Exekution führen**.

Dadurch ergeben sich drei Beträge:

↓ Der unpfändbare Freibetrag nach § 291a EO.	↓ Der unpfändbare Freibetrag nach § 291b EO.

↓ Der Differenzbetrag zwischen den beiden unpfändbaren Freibeträgen ④

Siehe dazu Beispiel 200.

Grafisch dargestellt ergibt dies das nachstehende Bild:

	Dieser Teil ist zur Befriedigung von sonstigen Forderungen heranzuziehen; diese sind nach ihrem Rang zu befriedigen.
unpfändbarer Freibetrag bei der sonstigen Forderung	pfändbarer Betrag

↕

unpfändbarer Freibetrag bei der Unterhaltsforderung (Masse 1)	pfändbarer Betrag (Masse 2)	pfändbarer Betrag (Masse 3)
	Dieser Teil ist **ausschließlich** zur Befriedigung von **Unterhaltsforderungen** heranzuziehen ④.	Dieser Teil ist zur Befriedigung von sonstigen und Unterhaltsforderungen heranzuziehen; diese sind nach ihrem Rang zu befriedigen ⑤.

④ Aus dem Differenzbetrag zwischen den beiden unpfändbaren Freibeträgen sind die laufenden gesetzlichen Unterhaltsansprüche ohne Rücksicht auf den Rang der für sie begründeten Pfandrechte zu befriedigen.
Ist der **Differenzbetrag kleiner** als die laufenden monatlichen Unterhaltsansprüche, so sind diese **verhältnismäßig** nach der laufenden monatlichen Unterhaltsleistung **zu berücksichtigen**.
Ist der **Differenzbetrag größer** als die laufenden monatlichen Unterhaltsansprüche, so sind **aus dem Rest alle Unterhaltsansprüche** im weiteren Sinn (z.B. Unterhaltsrückstände) nach dem exekutionsrechtlichen Rang zu befriedigen. Jener Teil, der nicht von den Unterhaltsgläubigern in Anspruch genommen wird, gebührt dem Verpflichteten. Die „gewöhnlichen Gläubiger" haben auf diesen Teil keinen Zugriff.
Siehe dazu Beispiel 200.

⑤ Ungerundete Berechnungsgrundlage
– unpfändbarer Freibetrag nach § 291a EO
= pfändbarer Betrag nach § 291a EO.

Dieser Betrag, der für alle Forderungen pfändbar ist, ist zur Begleichung der sonstigen und der Unterhaltsforderungen heranzuziehen. Für Unterhaltsforderungen ist dieser Betrag nur insoweit heranzuziehen, als diese Forderungen aus dem für sie ausschließlich zustehenden Differenzbetrag nicht gedeckt werden können. Alle Forderungen sind nach ihrem Rang zu befriedigen.
Siehe dazu Beispiel 200.

Für den Fall, dass **nur** Unterhaltsexekutionen für **mehrere Unterhaltsgläubiger** vorliegen, gilt:

1. Der **Differenzbetrag** (Masse 2) wird bei Vorliegen
   - von laufenden Unterhaltsforderungen verhältnismäßig,
   - bei Unterhaltsrückständen nach dem exekutionsrechtlichen Rang

   befriedigt.
2. Der das normale Existenzminimum (nach § 291a EO) **überschreitende Betrag** (Masse 3) ist in allen Fällen nach dem exekutionsrechtlichen Rang zu befriedigen.

Bei **Unterhaltsexekutionen** kann es vorkommen, dass sie auf Antrag des Verpflichteten **eingestellt** werden (z.B. wenn er dem Gericht bescheinigt, dass er künftig seiner Unterhaltszahlungspflicht nachkommen wird). Derart eingestellte Exekutionen **können** allerdings **bei einer neuerlichen Bewilligung** der Exekution wieder **rangmäßig aufleben**, wenn das Gericht ausspricht, dass das Pfandrecht den ursprünglich begründeten Pfandrang erhält. Das Aufleben des Ranges muss aber im Gerichtsbeschluss ausdrücklich verfügt sein, um zu gelten. Im Gerichtsbeschluss muss das Datum des Pfandrangs enthalten sein (§ 291c Abs. 1–3 EO) (→ 43.2.1.).

Beispiel 199

Ermittlung des unpfändbaren Freibetrags und des pfändbaren Betrags im Fall einer Forderung betreffend Unterhalt.

Angaben:

- Monatliche Abrechnung,
- Anspruch auf Urlaubsbeihilfe und Weihnachtsremuneration.
- Die ungerundete Berechnungsgrundlage für den laufenden Bezug beträgt € 4.140,00.
- Der Verpflichtete hat für die Ehefrau und 4 Kinder zu sorgen.
- Eines der 4 Kinder tritt als betreibender Gläubiger auf (→ 43.1.6.12.).

Angaben wie Beispiel 190

Lösung:

I. Rechnerische Ermittlung des unpfändbaren Freibetrags und des pfändbaren Betrags:

		unpfändbarer Freibetrag:	pfändbarer Betrag:
1. Berechnung des Grundbetrags:			
Dieser setzt sich zusammen aus			
a) dem monatl. allgemeinen Grundbetrag	€ 1.030,00		
b) dem monatl. Unterhaltsgrundbetrag 4 (!) × € 206,00 =	€ 824,00		
gesamt	€ 1.854,00		
davon 75% =		€ 1.390,50	
2. Berechnung des Mehrbetrags:			
Berechnungsgrundlage			
max. die Höchstberechnungsgrundlage	€ 4.120,00		
abzüglich des Grundbetrags	– € 1.854,00		
Mehrbetrag	= € 2.266,00		

3. Berechnung des Steigerungsbetrags:

Dieser setzt sich zusammen aus

a) dem allgemeinen Steigerungsbetrag 30% von € 2.266,00 =	€ 679,80		
b) dem Unterhaltssteigerungsbetrag 4 (!) × 10% von € 2.266,00 =	€ 906,40		
gesamt	€ 1.586,20		
davon 75% =		€ 1.189,65	
4. Unpfändbar sind:		**€ 2.580,15**	
5. Pfändbar sind:			
Berechnungsgrundlage ungerundet	€ 4.140,00		
abzüglich des unpfändbaren Freibetrags	– € 2.580,15		= **€ 1.559,85**

II. Ermittlung des unpfändbaren Freibetrags durch Ablesen aus der Tabelle:
Aus der Tabelle **2 a m** (Seite 1583) ist unter der Spalte „Nettolohn" (= Berechnungsgrundlage) in der Zeile

4.120,00 und darüber aus der Spalte „Unterhaltspflicht für 4 Personen" das Existenzminimum (= unpfändbarer Freibetrag) von **€ 2.580,15** abzulesen.

Beispiel 200

Zusammentreffen einer Forderung, die keinen Unterhalt betrifft, mit einer Forderung betreffend Unterhalt (rangunabhängige Darstellung).

Angaben:

- Ergebnisse des Beispiels 190.
- Ergebnisse des Beispiels 199, wobei angenommen wird, dass dieses Kind zur Hereinbringung
  - eines laufenden gesetzlichen Unterhaltsanspruchs von € 270,00 monatlich und
  - eines Unterhaltsrückstands von € 1.450,00

als betreibender Gläubiger auftritt (→ 43.1.6.12.).

- Anhand der Ergebnisse dieser Beispiele werden die besonderen Bestimmungen im Zusammenhang mit Exekutionen wegen Unterhaltsansprüchen gezeigt (→ 43.1.6.12.).

Lösung:

Beispiel 190		Beispiel 199
Unpfändbarer Freibetrag nach § 291a EO	Differenzbetrag	Unpfändbarer Freibetrag nach § 291b EO
€ 3.708,00	€ 1.127,85	€ 2.580,15
Pfändbarer Betrag nach § 291a EO		Pfändbarer Betrag nach § 291b EO
€ 432,00	€ 1.127,85	€ 1.559,85
↓	↓	
Ⓐ	Ⓑ	

Ⓐ Dieser Betrag, der **für alle Forderungen** pfändbar ist, ist zur Begleichung der sonstigen und der Unterhaltsforderungen heranzuziehen; für Unterhaltsforderungen jedoch nur soweit, als diese Forderungen aus dem für sie ausschließlich zustehenden Differenzbetrag Ⓑ nicht gedeckt werden können. Alle Forderungen sind **nach ihrem Rang** zu befriedigen.

Ⓑ Aus dem **Differenzbetrag** zwischen den beiden unpfändbaren Freibeträgen (bzw. der pfändbaren Beträge) sind die **laufenden gesetzlichen Unterhaltsansprüche ohne Rücksicht auf den Rang** der für sie begründeten Pfandrechte zu befriedigen.

Ist der **Differenzbetrag kleiner** als die laufenden monatlichen Unterhaltsansprüche, so sind diese **verhältnismäßig** nach der laufenden monatlichen Unterhaltsleistung **zu berücksichtigen**.

Ist der **Differenzbetrag größer** als die laufenden monatlichen Unterhaltsansprüche (siehe nachstehend), so sind **aus dem Rest alle Unterhaltsansprüche** im weiteren Sinn (z.B. Unterhaltsrückstände) nach dem exekutionsrechtlichen Rang zu befriedigen.

Auf dieses Beispiel bezogen heißt das:

€	1.127,85	
– €	270,00	= laufender gesetzlicher Unterhaltsanspruch
€	857,85	dieser Betrag ist zur (teilweisen) Befriedigung des Unterhaltsrückstands zu verwenden.

Ob der Unterhaltsgläubiger auf den pfändbaren Betrag von € 432,00 Ⓐ zugreifen kann, um seinen Unterhaltsrückstand rascher einbringen zu können, hängt vom exekutionsrechtlichen Rang ab.

Beispiel 201

Zusammentreffen einer Forderung, die keinen Unterhalt betrifft, mit einer Forderung betreffend Unterhalt (rangabhängige Darstellung).

Angaben:

- Die ungerundete monatliche Berechnungsgrundlage beträgt € 2.089,00.
- Der unpfändbare Freibetrag für die gewöhnliche Forderung beträgt lt. Tabelle 1 a m € 1.761,00[1757].
- Der unpfändbare Freibetrag für die Unterhaltsforderung beträgt lt. Unterhaltstabelle 2 a m € 1.180,20[1758].
- Die gewöhnliche offene Forderung beträgt € 2.500,00.

1757 Berücksichtigt wurden beide unterhaltsberechtigten Personen.

1758 Berücksichtigt wurde nur eine unterhaltsberechtigte Person (die **nicht** Exekution führende Person).

- Die laufende Unterhaltsforderung beträgt € 200,00/Monat.
- Der Arbeitnehmer hat für zwei unterhaltsberechtigte Personen zu sorgen, wobei angenommen wird, dass ein Kind zur Hereinbringung der laufenden Unterhaltsforderung als betreibender Gläubiger auftritt (→ 43.1.6.12.).
- Die gewöhnliche Forderung hat den 1. Rang.
- Die Unterhaltsforderung hat den 2. Rang.

Lösung:

1. Rang: Gewöhnliche Forderung		2. Rang Unterhaltsforderung
€ 2.089,00	Berechnungsgrundlage	€ 2.089,00
– € 1.761,00	unpfändbarer Freibetrag	– € 1.180,20 [1759]
€ 328,00 [1760]	pfändbarer Betrag	€ 908,80

Differenzbetrag

€ 580,80 [1761]	
– € 200,00	erhält der Unterhaltsgläubiger
€ 380,80	
+ € 1.180,20 [1759]	
€ 1.561,00	erhält der Verpflichtete

€ 2.500,00	
– € 328,00 [1760]	erhält der Gläubiger mit dem 1. Rang
€ 2.172,00	offene gewöhnliche Forderung

€ 328,00	(gewöhnlicher) Gläubiger
€ 200,00	Unterhaltsgläubiger
€ 1.561,00	Verpflichtete
€ 2.089,00	Berechnungsgrundlage

43.1.7. Sonstige Bestimmungen

43.1.7.1. Kosten für die Berechnung durch den Drittschuldner

Dem Drittschuldner steht für die Berechnung des unpfändbaren Teils einer beschränkt pfändbaren Geldforderung

1. bei der **ersten Zahlung** an den betreibenden Gläubiger **2%** von dem dem betreibenden Gläubiger zu zahlenden Betrag, **höchstens** jedoch **€ 8,00,**
2. bei den **weiteren Zahlungen 1%**, **höchstens** jedoch **€ 4,00,**

1759 Masse 1.
1760 Masse 3.
1761 Masse 2.

zu. Dieser Betrag ist von dem dem Verpflichteten zustehenden Betrag einzubehalten, sofern dadurch der unpfändbare Betrag (Freibetrag) nicht geschmälert wird; sonst von dem dem betreibenden Gläubiger zustehenden Betrag[1762] [1763].

Ist die Berechnung des dem Drittschuldner zustehenden Betrags strittig, so hat hierüber das Exekutionsgericht auf Antrag eines Beteiligten zu entscheiden (§ 292h Abs. 1, 2 EO).

Beispiel

ungerundete Berechnungsgrundlage € 1.579,00

<table>
<tr><td>unpfändbarer Freibetrag
€ 1.189,00</td><td colspan="2">pfändbarer Betrag
€ 390,00</td></tr>
<tr><td></td><td>€ 90,00
Ⓐ</td><td>€ 300,00
für dieses Beispiel angenommene Forderung; dieser Betrag steht dem betreibenden Gläubiger zu.</td></tr>
</table>

Ⓐ Die dem Drittschuldner für die Berechnung des unpfändbaren Teils zustehenden Kosten (im vorstehenden Beispiel sind das für die erste Zahlung € 300,00 × 2% = € 6,00) sind von diesem Betragsteil einzubehalten.

Ist dieser Betragsteil kleiner als die dem Drittschuldner zustehenden Kosten, ist der Rest von dem dem betreibenden Gläubiger zustehenden Betrag einzubehalten.

Beträgt dieser Betragsteil € 0,00, sind die gesamten Kosten von dem dem betreibenden Gläubiger zustehenden Betrag einzubehalten.

43.1.7.2. Rangordnung, Prioritätsprinzip

Nach **Einlangen** eines Zahlungsverbots muss der Drittschuldner dieses **vormerken**. Die unverzügliche Durchführung dieser Vormerkung unter Angabe des genauen Datums der Zustellung ist für die Feststellbarkeit des jeweiligen Rangs von entscheidender Bedeutung.

Der Pfandrang ist auch dann vorzumerken, wenn im Zeitpunkt der Zustellung des Zahlungsverbots die Bezüge des Verpflichteten wegen ihrer geringen Höhe unpfändbar sind.

Langen mehrere Zahlungsverbote verschiedener betreibender Gläubiger **an verschiedenen Tagen** beim Drittschuldner ein, so richtet sich die Rangordnung nach dem Zeitpunkt, zu welchem diese beim Drittschuldner eingelangt sind (§ 300 Abs. 1, 2 EO). Das heißt, dass eine früher eingelangte Forderung vor einer später eingelangten Forderung zu tilgen ist.

1762 Ein Antrag auf Kostenzuspruch ist nicht erforderlich.

1763 Durch diese Regelung wurde klargestellt, dass **immer und nur dann** die Kosten von dem dem Verpflichteten zustehenden Betrag abzuziehen sind, wenn dadurch der unpfändbare Freibetrag nicht geschmälert wird.

Beispiel 202

Feststellen des Rangs von Forderungen, die keinen Unterhalt betreffen.

Angaben und Lösung:

Einem Drittschuldner wird das Zahlungsverbot zu Gunsten

- des betreibenden Gläubigers A am 6.4.20..,
- des betreibenden Gläubigers B am 7.4. desselben Jahres

zugestellt.

- Der betreibende Gläubiger A hat den ersten Rang,
- der betreibende Gläubiger B hat den zweiten Rang.

Der Drittschuldner hat den pfändbaren Teil der Bezüge so lange an den Gläubiger A auszuzahlen, bis dessen Forderung vollständig befriedigt ist. Erst dann hat er Zahlungen an den Gläubiger B zu leisten.

Die **Rangordnung** richtet sich nach dem **Tag**, an dem das jeweilige Zahlungsverbot dem Drittschuldner **zugestellt** worden ist. Langen mehrere Zahlungsverbote **am selben Tag**[1764] beim Drittschuldner ein, dann haben diese gleichen Rang und sind im Verhältnis der damit geltend gemachten Gesamtforderung zu berücksichtigen (§ 300 Abs. 3 EO).

Beispiel 203

Aufteilung von Forderungen, die keinen Unterhalt betreffen.

Angaben:

- Mit gleicher Post sind eingelangt:

Die Forderung des betreibenden Gläubigers A zu	€	700,00
die Forderung des betreibenden Gläubigers B zu	€	400,00
die Forderung des betreibenden Gläubigers C zu	€	2.100,00

- Der pfändbare Betrag von € 416,00 ist aufzuteilen.

Lösung:

	€ 700,00	:	€ 400,00	:	€ 2.100,00		
gekürzt	7	:	4	:	21	=	32

€ 416,00 : 32 = € 13,00

Der betreibende Gläubiger A erhält	€ 13,00	× 7 = €	91,00
der betreibende Gläubiger B erhält	€ 13,00	× 4 = €	52,00
der betreibende Gläubiger C erhält	€ 13,00	× 21 = €	273,00
Probe der Aufteilung	€ 13,00	× 32 = **€**	**416,00**

1764 Die Uhrzeit ist nicht maßgeblich.

Konkurrieren gerichtliche und vertragliche Pfandrechte, ist für den Rang

- des gerichtlichen Pfandrechts **der Tag der Zustellung des Zahlungsverbots** (→ 43.1.5.),
- des vertraglichen Pfandrechts (bei Vorliegen einer übertragenen Forderung, nicht aber bei einer Sicherungszession) **der Tag des Abschlusses der Zessionsvereinbarung** (→ 43.2.3.) und
- des vertraglichen Pfandrechts (bei Vorliegen einer verpfändeten Forderung und einer Sicherungszession) **der Tag der Zustellung der Verständigung** (→ 43.2.2.)

maßgebend.

Das Prioritätsprinzip betreffende Besonderheiten bei Unterhaltsforderungen behandelt der Punkt 43.1.6.12.

43.1.7.3. Wertsicherung

Die Exekution ist auch hinsichtlich des Anspruchs zu bewilligen, der sich auf Grund einer **Wertsicherungsklausel** ergibt, wenn

1. die Wertsicherungsklausel an nicht mehr als eine veränderliche Größe anknüpft und
2. der Aufwertungsschlüssel durch eine unbedenkliche Urkunde bewiesen wird. Der Beweis entfällt, wenn Aufwertungsschlüssel ein vom Österreichischen Statistischen Zentralamt verlautbarter Verbraucherpreisindex oder die Höhe des Aufwertungsschlüssels gesetzlich bestimmt ist (§ 8 Abs. 2 EO).

Ist nach einem Exekutionstitel ein Anspruch wertgesichert zu zahlen, ohne dass hiezu Näheres bestimmt ist, so gilt als **Aufwertungsschlüssel** der vom **Österreichischen Statistischen Zentralamt** verlautbarte, für den Monat der Schaffung des Exekutionstitels gültige Verbraucherpreisindex. Der Anspruch vermindert oder erhöht sich in dem Maß, als sich der Verbraucherpreisindex gegenüber dem Zeitpunkt der Schaffung des Exekutionstitels ändert. Änderungen sind so lange nicht zu berücksichtigen, als sie 10% der bisher maßgebenden Indexzahl nicht übersteigen (§ 8 Abs. 3 EO).

43.1.7.4. Umfang des Pfandrechts

Das Pfandrecht, welches durch die Pfändung einer Gehaltsforderung erworben wird, erstreckt sich auch auf die nach der Pfändung fällig werdenden Bezüge, insb. auch auf die Erhöhung der Bezüge.

Das Pfandrecht erlischt u.a. bei Auflösung des Arbeitsverhältnisses. Wird jedoch ein Arbeitsverhältnis **nicht mehr als ein Jahr unterbrochen**[1765 1766], so erstreckt sich die Wirksamkeit des Pfandrechts (und somit auch der Pfandrang) auch auf die gegen denselben Drittschuldner nach der Unterbrechung entstehenden und fällig werdenden Forderungen. Es gilt auch als Unterbrechung, wenn der Anspruch neuerlich geltend zu machen ist. Eine Karenzierung ist jedoch keine Unterbrechung (§ 299 Abs. 1 EO).

1765 Bei einer Unterbrechung (= Beendigung) des Arbeitsverhältnisses (z.B. bei saisonalen Unterbrechungen) bleiben bisherige Pfändungen aufrecht und sind daher im ursprünglichen Rang vom Drittschuldner zu berücksichtigen.
Wird ein Arbeitsverhältnis für länger als ein Jahr unterbrochen, erlöschen alle früheren Exekutionen.

1766 Der Drittschuldner ist daher gezwungen, ein solches Pfandrecht vorzumerken.

Sinkt das Arbeitseinkommen unter den unpfändbaren Freibetrag (unter das Existenzminimum)[1767], übersteigt es aber wieder diesen Betrag, so erstreckt sich die Wirksamkeit des Pfandrechts auch auf die erhöhten Bezüge (§ 299 Abs. 2 EO).

Ein Pfandrecht wird auch dann begründet, wenn eine Gehaltsforderung oder eine andere in fortlaufenden Bezügen bestehende Forderung zwar nicht im Zeitpunkt der Zustellung des Zahlungsverbots, aber später den unpfändbaren Freibetrag übersteigt[1766 1767] (§ 299 Abs. 3 EO).

Das Pfandrecht bleibt bei einem **Betriebsübergang und einer Gesamtrechtsnachfolge** bestehen. Bei einem **Wechsel zu einem anderen Konzernunternehmen** kann der bisherige Drittschuldner das Zahlungsverbot auf Gefahr des betreibenden Gläubigers an das andere Konzernunternehmen weiterleiten. Er hat den betreibenden Gläubiger von der Weiterleitung zu verständigen. Ab dem Zeitpunkt der Weiterleitung hat der neue Drittschuldner das Zahlungsverbot zu beachten (§ 299 Abs. 4 EO).

43.1.7.5. Auszahlung des Entgelts an Dritte

Wenn

1. der Verpflichtete für den Drittschuldner Arbeitsleistungen erbringt,
2. sich der Drittschuldner dafür verpflichtet hat, als Entgelt an einen Dritten wiederkehrende Leistungen zu erbringen, und
3. auf Grund eines Exekutionstitels gegen den Verpflichteten die Pfändung des Entgeltanspruchs des Verpflichteten bewilligt wurde,

erstrecken sich die Wirkungen des Pfandrechts auch auf den Anspruch des Dritten, der ihm gegen den Drittschuldner zusteht. Der Anspruch des Dritten wird insoweit erfasst, als ob er dem Verpflichteten zustehen würde. Die Exekutionsbewilligung ist mit dem Verfügungsverbot dem Drittberechtigten ebenso wie dem Verpflichteten zuzustellen (§ 292d EO).

43.1.7.6. Anspruch auf einen Entgeltteil gegen einen Dritten

Hat auf Grund gesetzlicher Bestimmungen oder vertraglicher Vereinbarung der Arbeitnehmer **Anspruch auf einen Teil des Entgelts** nicht gegen den Arbeitgeber, sondern **gegen einen Dritten**[1768], dann erstrecken sich die Wirkungen des dem Arbeitgeber zugestellten **Zahlungsverbots** auch auf den **Anspruch gegen den Dritten**. Der Arbeitgeber hat den Dritten vom Zahlungsverbot zu verständigen. Ab diesem Zeitpunkt hat der Dritte das Zahlungsverbot zu beachten. Er hat den Teil des Entgelts, der dem Arbeitnehmer gegen ihn zusteht, dem Arbeitgeber zu zahlen. Diese Zahlung wirkt schuldbefreiend. Der Arbeitgeber hat beide Teile des Entgelts zusammenzurechnen und die Zahlungen vorzunehmen.

1767 Weil der Verpflichtete z.B. nur mehr teilzeitbeschäftigt wird, oder bei Vorliegen eines längeren Krankenstands. Dieses **zeitlich unbegrenzte Pfandrecht** (bisher drei Jahre) kommt dann zum Tragen, wenn
- das Absinken des Arbeitseinkommens unter das Existenzminimum oder/und
- die Zustellung des Zahlungsverbots an den Drittschuldner

am bzw. nach dem 1. September 2005 erfolgte.

1768 Dies ist z.B. bei Apothekenangestellten auf Grund des Gehaltskassengesetzes der Fall, da diese Forderungen gegen den Arbeitgeber und gegen die Gehaltskasse haben, und bei den Bauarbeitern, deren Forderung auf Urlaubsentgelt sich gegen die Bauarbeiter-Urlaubs- und Abfertigungskasse richtet.

Bei einer vertraglich vereinbarten oder im Gesetz vorgesehenen Direktzahlung des Dritten an den Arbeitnehmer kann der Dritte anstelle der Zahlung des Entgeltteils an den Arbeitgeber diesem lediglich dessen Höhe mitteilen und die Zahlungen nach den Angaben und Berechnungen des Arbeitgebers schuldbefreiend selbst vornehmen (§ 299a Abs. 1, 3 EO).

43.1.7.7. Verschleiertes Entgelt

Erbringt der Verpflichtete dem Drittschuldner in einem ständigen Verhältnis Arbeitsleistungen, die nach Art und Umfang üblicherweise vergütet werden, **ohne oder gegen eine unverhältnismäßig geringe Gegenleistung**, so gilt im Verhältnis des betreibenden Gläubigers zum Drittschuldner ein angemessenes Entgelt als geschuldet.

Bei der Bemessung des Entgelts ist insb. auf

1. die Art der Arbeitsleistung,
2. die verwandtschaftlichen oder sonstigen Beziehungen zwischen dem Drittschuldner und dem Verpflichteten und
3. die wirtschaftliche Leistungsfähigkeit des Drittschuldners

Rücksicht zu nehmen. Die wirtschaftliche Existenz des Drittschuldners darf nicht beeinträchtigt werden. Das Entgelt gilt ab dem Zeitpunkt der Pfändung als vereinbart. Bei einem Betriebsübergang gilt das Entgelt ab dem Zeitpunkt des Übergangs als vereinbart (§ 292e Abs. 1, 2 EO).

43.1.7.8. Hinterlegung bei Gericht

Wird die Forderung, deren Pfändung und Überweisung, wenn auch vorbehaltlich früher erworbener Rechte Dritter, ausgesprochen wurde, **nicht nur vom betreibenden Gläubiger, sondern auch von anderen Personen** (Vertragspfandgläubiger, Zessionar) in Anspruch genommen, so ist bei Vorliegen einer unklaren Sach- oder Rechtslage[1769] der Drittschuldner befugt und auf Antrag eines Gläubigers verpflichtet, den Betrag der Forderung samt Nebengebühren nach Maßgabe ihrer Fälligkeit zu Gunsten aller dieser Personen beim Exekutionsgericht zu hinterlegen[1770]. Über einen solchen Antrag ist nach Einvernehmung des Drittschuldners durch Beschluss zu entscheiden (§ 307 Abs. 1 EO).

Die gerichtlich erlegten Beträge sind vom Exekutionsgericht zu verteilen (§ 307 Abs. 2 EO).

Falls wegen Bezahlung der Forderung gegen den Drittschuldner Klagen anhängig gemacht wurden, kann dieser nach Bewirkung des Erlags beim Prozessgericht beantragen, aus dem Rechtsstreit entlassen zu werden (§ 307 Abs. 3 EO).

43.1.7.9. Aufstellung über die offene Forderung

Der **Drittschuldner ist berechtigt**, bei Gehaltsforderungen oder anderen in fortlaufenden Bezügen bestehenden Forderungen **nach vollständiger Zahlung** der in

1769 Soweit dem Drittschuldner ein Antragsrecht zusteht (→ 43.1.4.3.), d.h., soweit er selbst Zweifelsfragen über Antrag durch das Exekutionsgericht klären lassen kann, steht ihm die Möglichkeit der Hinterlegung nicht zu.

1770 Die Hinterlegungsmöglichkeit besteht im vereinfachten Bewilligungsverfahren (→ 43.1.5.2.) jedoch erst nach vier Wochen.

der Exekutionsbewilligung genannten festen Beträge[1771] das **Zahlungsverbot nicht weiter zu berücksichtigen**, bis er vom betreibenden Gläubiger oder vom Verwalter eine **Aufstellung über die offene Forderung** (Restforderung)[1772] gegen den Verpflichteten erhält; diese Aufstellung ist auch dem Verpflichteten zu übersenden. Der Drittschuldner hat dem betreibenden Gläubiger oder dem Verwalter mindestens vier Wochen vorher schriftlich anzukündigen, dass er von diesem Recht Gebrauch machen wird. Kommt dem Drittschuldner eine **Aufstellung** über die offene Forderung **nicht zu**, so ist auf seinen Antrag die Exekution einzustellen. Vor der Entscheidung ist der betreibende Gläubiger einzuvernehmen.

Der betreibende Gläubiger oder der Verwalter hat **dem Verpflichteten** binnen vier Wochen nach dessen schriftlicher Aufforderung eine **Quittung über die erhaltenen Beträge** zu übersenden und die **Höhe der offenen Forderung** bekannt zu geben. Die Aufstellung über die Höhe der offenen Forderung ist auch dem Drittschuldner zu übersenden. Eine neuerliche Abrechnung darf der Verpflichtete erst nach Ablauf eines Jahres oder nach Tilgung der festen Beträge verlangen. Kommt der betreibende Gläubiger der Aufforderung nicht nach, so hat das Exekutionsgericht auf Antrag des Verpflichteten die **Exekution einzustellen**. Vor der Entscheidung ist der betreibende Gläubiger einzuvernehmen.

Der Drittschuldner kann entsprechend der Aufstellung über die Höhe der offenen Forderung schuldbefreiend zahlen[1773].

Die **Verpflichtung** des betreibenden Gläubigers, eine Quittung und eine Aufstellung über die Höhe der offenen Forderung zu übersenden, **besteht nicht**, wenn die Exekution nur zur Hereinbringung des **laufenden gesetzlichen Unterhalts** oder anderer wiederkehrender Leistungen geführt wird (§ 292j Abs. 1–4 EO).

Alternativ kann der Drittschuldner die Zinsen (Restforderung) auch selbst berechnen und an den betreibenden Gläubiger überweisen.

43.1.7.10. Änderung der Voraussetzungen der Unpfändbarkeit

Das Exekutionsgericht hat auf Antrag die Beschlüsse, die den unpfändbaren Freibetrag festlegen, entsprechend zu ändern, wenn

1. sich die für die Berechnung des unpfändbaren Freibetrags maßgebenden Verhältnisse geändert haben oder
2. diese Verhältnisse dem Gericht bei der Beschlussfassung nicht vollständig bekannt waren (§ 292c EO).

Für den Drittschuldner werden solche Änderungen erst mit der Zustellung an ihn wirksam.

1771 Des in der Exekutionsbewilligung angegebenen Kapitals, der Prozesskosten und Exekutionskosten. Somit nicht der prozentmäßig angegebenen **Zinsen, Wertsicherungen** (→ 43.1.7.3.) und **Umsatzsteuer**. Dem Drittschuldner bleibt somit die Berechnung der Zinsen, Wertsicherungen und der Umsatzsteuer von den Zinsen sowie der Zinsen von den Kosten erspart. Der Rechenaufwand wird auf den betreibenden Gläubiger übertragen, in dessen Interesse der Drittschuldner tätig wird.

1772 Die Aufstellung über die offene Restforderung hat zu beinhalten:
- Zeitpunkt und Höhe der **Zahlungseingänge** bzw. **Tilgungen**,
- Aufgliederung der betriebenen **Forderung** in Kapital, **Zinsen** und **Kosten**,
- **Zinsenstaffelung**, bezogen auf die Zahlungszeitpunkte (OGH 18.3.2015, 3 Ob 35/15s).

1773 An diese Aufstellung kann sich der Drittschuldner in der Folge halten. Er braucht sie **nicht** zu **überprüfen**.

43.1.7.11. Pfändungsbeschränkung – Vergleich – Verzicht

Die Anwendung der **Pfändungsbeschränkungen** (die Berücksichtigung des unpfändbaren Freibetrags, → 43.1.6.5.) kann durch ein zwischen dem Verpflichteten und den betreibenden Gläubiger getroffenes Übereinkommen **weder ausgeschlossen noch beschränkt** werden. Jedes diesbezüglich getroffene Übereinkommen ist rechtsunwirksam, daher absolut nichtig; es muss nicht einmal angefochten werden (§ 293 Abs. 1, 2 EO).

Der Verwalter oder der betreibende Gläubiger, dem die gepfändete Forderung überwiesen wurde, ist ermächtigt, namens des Verpflichteten vom Drittschuldner die Entrichtung der gepfändeten Forderung bis zur Höhe des hereinzubringenden Betrags nach Maßgabe des Rechtsbestands der gepfändeten Forderung und des Eintritts ihrer Fälligkeit zu begehren, den Eintritt der Fälligkeit durch Einmahnung oder Kündigung herbeizuführen, alle zur Erhaltung und Ausübung des Forderungsrechts notwendigen Handlungen vorzunehmen, Zahlung zur Befriedigung seines Anspruchs und in Anrechnung auf denselben in Empfang zu nehmen, die nicht rechtzeitig und ordnungsmäßig bezahlte Forderung gegen den Drittschuldner in Vertretung des Verpflichteten einzuklagen (Drittschuldnerklage, → 43.1.4.3.) und das für die gepfändete Forderung begründete Pfandrecht geltend zu machen. Der Überweisungsbeschluss ermächtigt jedoch den betreibenden Gläubiger nicht, auf Rechnung des Verpflichteten mit dem Drittschuldner **Vergleiche zu schließen** oder dem Drittschuldner seine **Schuld zu erlassen** (§ 308 Abs. 1 EO).

Der **Gläubiger kann** auf die durch Überweisung zur Einziehung erworbenen Rechte, unbeschadet seines vollstreckbaren Anspruchs und des zu Gunsten desselben an der Forderung des Verpflichteten erworbenen Pfandrechts **verzichten**. Die Verzichtleistung erfolgt durch eine bezügliche Mitteilung an das Exekutionsgericht, welches hievon den Verpflichteten, den Drittschuldner und die übrigen Pfandgläubiger zu verständigen hat. Der Verzicht ist auf den vom Gläubiger zurückzustellenden Urkunden anzumerken.

Die gesamten durch die Überweisung und insb. die durch die Einklagung der überwiesenen Forderung entstandenen Kosten sind vom Verzicht leistenden Gläubiger zu tragen (§ 311 Abs. 1–3 EO).

43.1.7.12. Aufschiebung einer Exekution mittels Zahlungsvereinbarung

Die Exekution zur Hereinbringung einer Geldforderung ist auf Antrag des betreibenden Gläubigers oder mit dessen Zustimmung durch Beschluss ohne Auferlegung einer Sicherheitsleistung aufzuschieben, wenn zwischen den Parteien eine Zahlungsvereinbarung getroffen wurde. Sie kann erst nach Ablauf von drei Monaten ab Einlangen des Aufschiebungsantrags bei Gericht fortgesetzt werden. Wird die Fortsetzung nicht innerhalb von zwei Jahren beantragt, so ist die Exekution einzustellen (§ 45a EO).

Bei Aufschiebung einer Exekution zur Hereinbringung einer Forderung auf wiederkehrende Leistungen wegen einer Zahlungsvereinbarung nach § 45a EO werden bereits vollzogene Exekutionsakte aufgehoben; der Pfandrang bleibt erhalten (§ 311a EO).

Sollten sich der Gläubiger und der Verpflichtete (in Form einer Zahlungsvereinbarung) über eine Zahlungsmodalität einigen, besteht demnach auf Grund der vorstehenden Bestimmungen **folgende Möglichkeit**:

1. Der Gläubiger bringt bei Gericht einen **Antrag auf Aufschiebung** der Exekution ein.
2. Wird dem Antrag stattgegeben, erhält der Drittschuldner vom Gericht eine diesbezügliche Verständigung. Ab diesem Zeitpunkt braucht er die **Exekution nicht** mehr zu **berücksichtigen**. Der **Pfandrang** bleibt allerdings **erhalten**.

3a. Kommt der Verpflichtete der Zahlungsvereinbarung **nach**, gilt – nach Ablauf von **zwei Jahren** (sofern die Exekution nicht schon erledigt ist) – die Exekution als **eingestellt**.

3b. Kommt der Verpflichtete der Zahlungsvereinbarung **nicht nach**, kann der Gläubiger bei Gericht die Fortsetzung der Exekution beantragen. In diesem Fall kommt es zur **Fortsetzung der Exekution** zum ursprünglichen Rang.

43.1.7.13. Aufschiebung einer Exekution durch das Exekutionsgericht

Der Verpflichtete hat die Möglichkeit, einen **Antrag auf Einstellung** der Exekution beim Exekutionsgericht zu stellen, wenn z.B. seiner Meinung nach die Forderung getilgt ist. Dazu ist der betreibende Gläubiger einzuvernehmen. Erscheint die Entscheidung nach den Ergebnissen dieser **Einvernehmung** von der Ermittlung und Feststellung streitiger Tatumstände abhängig, so ist der Verpflichtete mit seinen Einwendungen auf den Rechtsweg (Oppositionsklage) zu verweisen.

Der Verpflichtete kann mit der **Oppositionsklage** einen Antrag auf Aufschiebung der Exekution verbinden. Wird dem Antrag durch Beschluss stattgegeben, gilt die Exekution als noch nicht beendet[1774]. Langt beim Drittschuldner der **Aufschiebungsbeschluss** ein, hat dieser den pfändbaren Betrag weiter einzubehalten, nicht jedoch an den betreibenden Gläubiger zu überweisen.

Ergebnis des Oppositionsprozesses kann sein:

Die **Exekution** ist durch das stattgegebene Urteil **beendet** (→ 43.1.7.13.);	Die Oppositionsklage wird **abgewiesen**, die Restschuld ist zu zahlen.

Die vom Drittschuldner einbehaltenen pfändbaren Beträge sind

an den Verpflichteten	an den betreibenden Gläubiger

zu zahlen (§§ 42 ff. EO).

43.1.7.14. Einstellung einer Exekution

Hat der Drittschuldner sämtliche Forderungen samt Nebengebühren getilgt, so ist **auf Antrag** des Verpflichteten oder des Drittschuldners das Exekutionsverfahren **einzustellen** (§ 312 Abs. 2 EO).

Langt beim Drittschuldner ein **Einstellungsbeschluss** ein, so gilt die Exekution vor der völligen Tilgung der Schuld als beendet (§ 39 EO).

1774 Durch den Aufschiebungsbeschluss fällt nur der Überweisungsbeschluss weg, die Pfändung bleibt aufrecht.

43.1.8. Pfändung bei sonstigen Beschäftigungsformen

43.1.8.1. Fallweise beschäftigte Personen

Fallweise beschäftigte Personen (→ 31.6.) sind bloß tageweise (d.h. jeweils kurz befristet und ohne durchgehendes Dienstverhältnis) beschäftigte Personen. Diese sind grundsätzlich ebenso pfändungsgeschützt wie sonstige Arbeitnehmer.

Wird für diese Personen das Entgelt

- **monatlich** ausbezahlt, ist die monatliche Pfändungstabelle anzuwenden,
- **wöchentlich** ausbezahlt, ist die wöchentliche Pfändungstabelle anzuwenden,
- **tageweise** ausbezahlt, ist die tägliche Pfändungstabelle anzuwenden.

Dies ergibt sich daraus, dass der Gesetzeswortlaut (§ 291a EO) eindeutig darauf abstellt, in welchen Auszahlungsintervallen das Entgelt geleistet wird (§ 291a Abs. 1 EO „bei monatlicher Leistung“; § 291a Abs. 4 EO „bei täglicher Leistung“ bzw. „bei wöchentlicher Leistung“).

43.1.8.2. Freie Dienstnehmer

Auch **Honorarforderungen** von freien Dienstnehmern (→ 31.8.) **können gepfändet** werden. Dabei ist im Regelfall ein Existenzminimum zu berücksichtigen, da lt. EO für arbeitnehmerähnliche Personen ein Existenzminimum wie für Arbeitnehmer vorgesehen ist. Darunter fallen vor allem Personen, die für ihre Arbeitsleistung

- von ihrem Auftraggeber wiederkehrende Bezüge erhalten,
- wenn es sich um keine Nebenbeschäftigung handelt.

Als grobe Regel kann dabei gelten: Personen, die in der Sozialversicherung als **freie Dienstnehmer** nach **§ 4 Abs. 4 ASVG** voll versichert sind, steht grundsätzlich ein **Existenzminimum** zu.

Im Fall einer gerichtlichen Pfändung erfolgt die Beurteilung, ob ein freies Dienstverhältnis dem Pfändungsschutz (= Existenzminimum) unterliegt oder nicht, durch das Exekutionsgericht. Es ist der Exekutionsbewilligung zu entnehmen, ob die Pfändung mit oder ohne Existenzminimum zu erfolgen hat. Finden sich auf Seite 2 der Exekutionsbewilligung der Hinweis „Die gepfändete und überwiesene Forderung ist gem. § 291a EO beschränkt pfändbar“ bzw. eine andere vergleichbare Formulierung und/oder der Hinweis auf die Lohnpfändungstabellen, ist das Existenzminimum zu berücksichtigen. Enthält die Exekutionsbewilligung hingegen keinen solchen Hinweis auf eine Pfändungsbeschränkung, ist voll zu pfänden.

Der Drittschuldner (= Auftraggeber) darf und muss sich diesbezüglich an die Exekutionsbewilligung halten. Bestehen Bedenken gegen die Richtigkeit der Exekutionsbewilligung, kann der Drittschuldner dies beim Exekutionsgericht anzeigen (§ 294 Abs. 4 EO). Bis zu einer allfälligen abändernden Entscheidung des Exekutionsgerichts ist er aber an die Exekutionsbewilligung gebunden.

Das **Existenzminimum** ist bei freien Dienstnehmern unter Beachtung folgender Umstände zu **berechnen**:

- Sozialversicherungsbeiträge dürfen bei Ermittlung der Berechnungsgrundlage nur dann in Abzug gebracht werden, wenn sie direkt vom Drittschuldner abgeführt

werden. Bei freien Dienstnehmern gem. § 4 Abs. 4 ASVG dürfen daher die SV-Beiträge berücksichtigt werden.
- Einkommensteuer darf bei Ermittlung der Berechnungsgrundlage nicht abgezogen werden[1775 1776].
- Bei Berechnung des Existenzminimums sind im Regelfall die Lohnpfändungstabellen 1 b m (für gewöhnliche Forderungen) bzw. 2 b m (für Unterhaltsforderungen) anstelle der bei Arbeitnehmern üblichen Lohnpfändungstabellen 1 a m bzw. 2 a m anzuwenden, da keine Sonderzahlungen zustehen.

43.1.8.3. Werknehmer

Auch Honorarforderungen von sonstigen flexibel Beschäftigten (gewerbliche und neue Selbstständige, Werknehmer (→ 4.3.2.) usw.) können gepfändet werden.

Pfändungsschutz genießen sie aber nur dann, wenn sie vom Drittschuldner (= Auftraggeber) für ihre Arbeitsleistungen **wiederkehrende Bezüge** erhalten (z.B. „Kettenwerkverträge") und die Tätigkeit **keine** bloße **Nebenbeschäftigung** darstellt.

Liegen hingegen nur einmalige Bezüge vor (z.B. einmaliger Werkvertrag), besteht kein (automatischer) Pfändungsschutz. In diesem Fall kann der Selbstständige bei Gericht allenfalls die Gewährung eines Pfändungsschutzes beantragen. Für den Auftraggeber heißt dies, dass er ohne einen diesbezüglichen Gerichtsbeschluss die einmaligen Bezüge voll zu pfänden hat.

43.1.8.4. Grenzgänger

Bei Grenzgängern (→ 31.9.) können sich komplizierte **Fragen** zur Wirkung **grenzüberschreitender Pfändungen** ergeben.

- **Pfändungen durch ausländische Gerichte bzw. Behörden:**
  Ausländische Verfügungsverbote wirken grundsätzlich nicht im Inland.
  Ein ausländischer Pfändungs- und Überweisungsbeschluss wirkt nicht im Inland, sofern dieser nicht nach einem zwischenstaatlichen Vollstreckungsvertrag im Inland anerkannt und vollstreckt wird (vgl. OGH 12.7.1989, 3 Ob 47/89). Wird einem inländischen Arbeitgeber eine ausländische Pfändung zugestellt, bleibt es ihm daher überlassen, ob er diese befolgen will oder nicht. Der Arbeitgeber darf jedenfalls nur im Einverständnis mit dem Arbeitnehmer zahlen.
- **Pfändungen durch inländische Gerichte bzw. Behörden:**
  Ein Zahlungs- oder Drittverbot kann an einen ausländischen Drittschuldner im Ausland mangels gegenteiliger Bestimmungen nicht erlassen werden.
  Die Wirksamkeit eines Zahlungsverbots ist auf das Gebiet jenes Staates beschränkt, in dem es erlassen wurde (OGH 30.6.1982, 3 Ob 89/82).
- **Anwendbares Recht bei Arbeitgeber mit Sitz im Inland:**
  Hat der Arbeitgeber, an den das Zahlungsverbot zugestellt wird, seinen Sitz im Inland, kommen die Bestimmungen des österreichischen Exekutionsrechts zur Anwendung.

1775 Diese pfändungsrechtliche Benachteiligung gegenüber Arbeitnehmern kann nur dadurch ausgeglichen werden, dass der Selbstständige beim Exekutionsgericht einen Antrag auf entsprechende Erhöhung des Existenzminimums stellt (→ 43.1.6.6.).

1776 Freie Dienstnehmer gelten im Bereich der Einkommensteuer regelmäßig als selbstständig.

Demnach gelten für Unternehmen mit Sitz in Österreich grundsätzlich die österreichischen Vorschriften über das Existenzminimum.

- **Anwendbares Recht bei Arbeitgeber mit Sitz im Ausland:**
  Hat der Arbeitgeber, an den das Zahlungsverbot zugestellt wird, seinen Sitz im Ausland, sind die ausländischen Pfändungsbeschränkungen zu beachten.
  Bei einem im Ausland ansässigen Arbeitgeber sind somit die ausländischen Pfändungsbeschränkungen anzuwenden.

Beispiel

Ein Unternehmen mit Sitz in Österreich beschäftigt einen in Deutschland ansässigen Mitarbeiter in Tirol (Grenzgänger). Der Arbeitgeber erhält in der Folge einen Pfändungsbeschluss des Amtsgerichts Passau, in dem die Pfändung und Überweisung der Bezüge des Mitarbeiters zu Gunsten eines deutschen Bankinstituts angeordnet wird.

Die Pfändung und Überweisung ist grundsätzlich unverbindlich. Nur wenn der Arbeitnehmer seine Zustimmung erteilt, dürfen Zahlungen an den Gläubiger geleistet werden. Diesfalls sind für die Berechnung der unpfändbaren Bezugsteile die österreichischen Pfändungsschutzbestimmungen anzuwenden.

43.1.9. Forderungseintreibung durch ein Inkassobüro

Ein Inkassobüro ist ein **privates Unternehmen**, welches mit der **Eintreibung fremder Forderungen im Auftrag des Gläubigers** beschäftigt ist. Die Tätigkeit ist in der Gewerbeordnung geregelt (§ 94 Z 36 GewO). Ein Inkassobüro unterliegt bei der Eintreibung der fremden Forderungen einigen rechtlichen Einschränkungen: Das Inkassobüro ist nicht berechtigt,

- Forderungen gerichtlich einzutreiben[1777], es ist daher nicht zulässig, dass ein Inkassobüro vor Gericht für seinen Auftraggeber tätig wird; es darf keine Tätigkeiten verrichten, die den Rechtsanwälten vorbehalten sind;
- sich Forderungen abtreten zu lassen[1777], es darf somit nicht als Forderungsinhaber, sondern grundsätzlich nur als bevollmächtigter Vertreter, d.h. im Namen des Auftraggebers (= Gläubigers), tätig werden; insb. ist es einem Inkassobüro verboten, offene Außenstände „aufzukaufen".

Wird eine Forderung durch ein Inkassobüro beim Arbeitgeber des Schuldners geltend gemacht, sind im Regelfall folgende Personen beteiligt:

- der Arbeitnehmer als Schuldner,
- der Arbeitgeber als Drittschuldner,
- der Gläubiger der Forderung,
- das Inkassobüro als bevollmächtigter Vertreter des Gläubigers.

1777 § 118 Abs. 2 GewO.

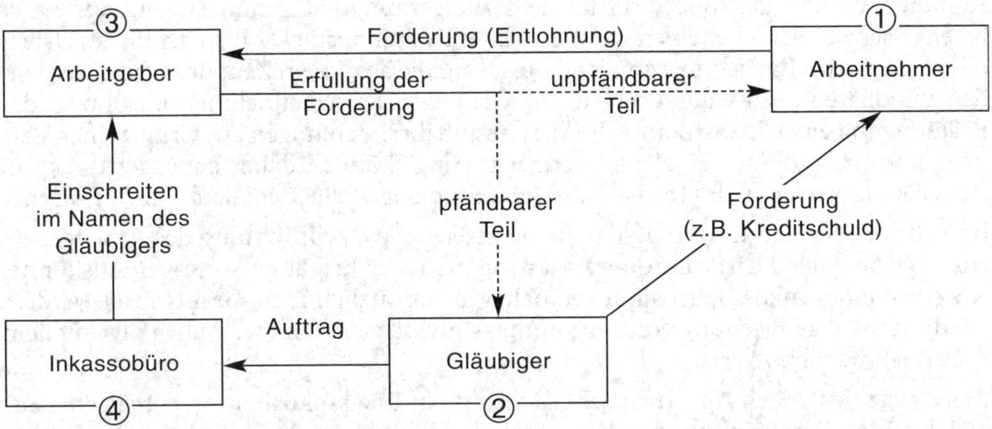

Wendet sich ein Inkassobüro an den Arbeitgeber des Schuldners, liegt im Regelfall eine **Verpfändungsvereinbarung** zu Grunde, die der Schuldner (= Arbeitnehmer) unterschrieben hat. Der Arbeitgeber hat daher dieselben Regeln zu beachten wie in sonstigen Fällen einer Verpfändung (→ 43.2.2.). Dementsprechend hat der Arbeitgeber eine ihm vom Inkassobüro mitgeteilte Verpfändung (zu Gunsten des Gläubigers) vorzumerken. Die Verständigung ist für den Rang des Pfandrechts maßgeblich. Je nach zeitlichem Einlangen dieser Verständigung ist die Verpfändung gegenüber anderen Pfändungen vor- oder nachrangig.

In der Verpfändungsurkunde wird meist auch eine **Einziehungsermächtigung** (→ 43.2.2.) vereinbart, um Gerichtskosten zu sparen. Eine solche Einzugsermächtigung (= Vereinbarung über die Erlaubnis zur außergerichtlichen Verwertung des Pfandrechts) ermöglicht es dem Gläubiger (bzw. dem als sein Vertreter agierenden Inkassobüro), die offene Forderung ohne gerichtliche Mitwirkung direkt beim Arbeitgeber anzumelden und einzufordern.

Der Arbeitgeber sollte die **Berechtigung** der einschreitenden Stelle **genau prüfen**:

Das Inkassobüro hat klar anzugeben,

- für welchen Gläubiger es tätig wird,
- wie hoch die geltend gemachte Forderung (inkl. Nebengebühren) ist,
- inwieweit sich die Forderung durch die Tätigkeit des Inkassobüros erhöhen wird (Inkassokosten) und
- ob für die Forderung bereits ein Exekutionstitel (z.B. Urteil, gerichtlicher Zahlungsbefehl) besteht.

Es ist empfehlenswert, vom Inkassobüro die **Vorlage** jener **Unterlagen zu verlangen**, die für eine ausreichende Beurteilung der Rechtslage erforderlich sind, insb.

- die Bevollmächtigung des Inkassobüros durch den Gläubiger des Arbeitnehmers und
- die Verpfändungsurkunde.

Im Zweifelsfall empfiehlt es sich für den Arbeitgeber, beim Arbeitnehmer rückzufragen. Offensichtlich gesetzwidrige Vereinbarungen zum Nachteil des Arbeitnehmers darf der Arbeitgeber nicht befolgen.

Kommt der vom Inkassobüro vertretene Gläubiger rangmäßig zum Zug und verfügt er bereits nachweislich über einen vollstreckbaren Exekutionstitel (z.B. gerichtliches Urteil) oder eine gültige Einziehungsermächtigung, sind die ab diesem Zeitpunkt fällig werdenden pfändbaren Bezüge auszuzahlen. Der Gläubiger des Arbeitnehmers bleibt trotz der Beauftragung eines Inkassobüros Forderungsinhaber. Zahlungen auf Grund einer Verpfändung (mit gültiger Einziehungsermächtigung) können daher entweder direkt an den Gläubiger oder an das Inkassobüro (als „Empfangsstelle" des Gläubigers) erfolgen.

Im Fall von Verpfändungen besteht **keine** gesetzliche **Verpflichtung** des Arbeitgebers zur Abgabe einer **Drittschuldnererklärung** oder zur Erteilung sonstiger Auskünfte. Anfragen eines Inkassobüros müssen daher grundsätzlich nicht beantwortet werden. Ob die freiwillige Erteilung von Auskünften sinnvoll erscheint, wird allenfalls mit dem Arbeitnehmer abzuklären sein.

Das Gesetz sieht einen Anspruch des Gläubigers auf **Inkassokosten** vor, enthält aber zugleich einige Beschränkungen. Werden vom Gläubiger oder vom Inkassobüro Inkassokosten in Rechnung gestellt, müssen demnach folgende Voraussetzungen erfüllt sein:

- Die Kosten müssen im Einzelfall notwendig und zweckentsprechend sein. Nicht ersatzfähig sind daher Kosten für nicht zielführende Inkassoschritte (z.B. mehrfache Mahnungen trotz erkennbarer Zahlungsunfähigkeit des Schuldners).
- Die Kosten müssen in einem angemessenen Verhältnis zur betriebenen Forderung stehen.
- Im Fall einer Vereinbarung mit dem Arbeitnehmer, in der sich dieser vertraglich zur Zahlung von Inkassokosten verpflichtet hat, müssen die Kosten gesondert ausgewiesen und aufgeschlüsselt sein.

Die Kosten dürfen die Höchstsätze lt. Inkassogebührenverordnung (BGBl 1996/141 in der jeweils geltenden Fassung) nicht überschreiten.

43.2. Pfändung einer übertragenen oder verpfändeten Forderung

43.2.1. Gemeinsame Bestimmungen

Das gerichtliche Pfandrecht erfasst eine Forderung soweit nicht, als diese vor seiner Begründung übertragen wurde (§ 300a Abs. 1 EO). Diese Bestimmung behandelt

- das Verhältnis von **Pfändung** und **Zession** (→ 43.2.3.).

Wurde die Forderung vor der Begründung eines gerichtlichen Pfandrechts (vertraglich) verpfändet, so steht dies der Begründung eines gerichtlichen Pfandrechts nicht entgegen. Die Bestimmung über die Rangordnung von Pfandrechten (→ 43.1.7.2.) ist sinngemäß auch auf vertragliche Pfandrechte anzuwenden.

Bei einer Gehaltsforderung oder einer anderen in fortlaufenden Bezügen bestehenden Forderung erfasst das vertragliche Pfandrecht nur die Bezüge, die fällig werden,

- sobald der Anspruch **gerichtlich geltend** gemacht **oder**
- ein **Anspruch auf Verwertung** besteht **und**
- die gerichtliche Geltendmachung bzw. der Verwertungsanspruch dem Drittschuldner **angezeigt** wurde.

Der Drittschuldner hat Zahlungen auf Grund des vertraglichen Pfandrechts erst vorzunehmen, sobald dessen Gläubiger einen Anspruch auf Verwertung hat und dies dem Drittschuldner angezeigt wurde. Davor ist der Drittschuldner auf Verlangen eines Gläubigers verpflichtet, die vom vertraglichen Pfandrecht erfassten Bezüge nach Maßgabe ihrer Fälligkeit beim Exekutionsgericht zu hinterlegen (§ 300a Abs. 2 EO). Diese Bestimmung behandelt

- das Verhältnis von **Pfändung** und **Verpfändung** (→ 43.2.2.).

Der Verpfändung ist eine **Zession zur Sicherstellung** (Sicherungszession) gleichzuhalten. Folglich geht eine Exekution dann nicht ins Leere, wenn die Forderung vor einer Pfändung sicherungsweise abgetreten und nach Wegfall des Sicherungszwecks rückübertragen wurde.

Nach dem Zeitpunkt des ursprünglichen Rangs vorgenommene Zessionen und Verpfändungen, selbst wenn sie in den Zeitraum fallen, als die Exekution eingestellt und das Pfandrecht noch nicht wiederaufgelebt war, haben einen schlechteren Rang als das wiederaufgelebte Pfandrecht (§ 300a Abs. 3 EO) (→ 43.1.6.12.).

Eine Verpflichtung zur Abgabe einer Drittschuldnererklärung (→ 43.1.4.2.) besteht bei Verpfändungen und Zessionen nicht.

43.2.2. Verpfändung von Bezügen

Die Verpfändung von Bezügen entsteht im Rahmen eines Rechtsgeschäfts, das zwischen dem Arbeitnehmer und einem Dritten (z.B. einem in- bzw. ausländischen Bankinstitut, sog. Verpfändungsgläubiger) abgeschlossen wird. Inhalt dieses Rechtsgeschäfts ist, dass der Arbeitnehmer seine monatlich entstehende Forderung auf Lohn- oder Gehaltsbezüge als **Sicherstellung** (Kreditbesicherung) für die daraus erwachsenden Verpflichtungen anbietet.

Durch die Verpfändung von Bezügen wird somit dem Verpfändungsgläubiger mit Vertrag ein Pfandrecht an den künftigen Lohn- oder Gehaltsforderungen des Arbeitnehmers eingeräumt.

Ablauf einer Verpfändung:

1. Das vertragliche Pfandrecht (die Sicherstellung) entsteht durch die **Verständigung** des Arbeitgebers durch den Verpfändungsgläubiger (z.B. ein Bankinstitut) durch eine sog. **Verpfändungsanzeige** (Rangvormerkungsersuchen)[1778]. Diese Verständigung ist auch für den Rang (→ 43.1.7.2.) des erworbenen Pfandrechts **maßgeblich**.
2. Der Arbeitgeber ist verpflichtet, diese **Verständigung vorzumerken**[1779]. Bei einer ev. späteren Äußerung in einer Drittschuldnererklärung (→ 43.1.4.2.) ist dieser Umstand anzugeben.
3. Ist der Arbeitnehmer seinen **Zahlungsverpflichtungen** (z.B. Kreditrückzahlung) **nachgekommen**, wird der Arbeitgeber nach Erlöschen der Forderung vom bisherigen Verpfändungsgläubiger verständigt. Die **Verpfändung** gilt als **aufgehoben**.

1778 Eine ausländische Verpfändungsanzeige ist i.d.R. gleich zu behandeln wie eine inländische Verpfändungsanzeige.
1779 Empfehlenswert ist in jedem Fall,
- sich die erfolgte Verpfändung nachweisen zu lassen (Verpfändungsurkunde) und
- die Unterschrift des Arbeitnehmers auf der Verpfändungsurkunde zu überprüfen.

4. Kommt der Arbeitnehmer seinen **Zahlungsverpflichtungen nicht nach**, erhält der Arbeitgeber vom **Verpfändungsgläubiger** eine **zweite Verständigung**. Diese Verständigung, mit der die gerichtliche Geltendmachung der dem Pfandrecht zu Grunde liegenden Forderung angezeigt wird, **entfaltet die Wirkungen des Pfandrechts**. Die Wirkung des Pfandrechts besteht darin, dass der Drittschuldner (Arbeitgeber) den vom Pfandrecht erfassten **Betrag zurückzubehalten** hat. Dies ist der pfändbare Betrag, sofern der Verpfändungsgläubiger zum Zuge kommt. Die **Auszahlung** an den Verpfändungsgläubiger hat der Drittschuldner **erst dann vorzunehmen**, sobald der Verpfändungsgläubiger einen **Anspruch auf Verwertung hat**.
   Dies ist
   - einerseits dann der Fall, wenn der Verpfändungsgläubiger einen Exekutionstitel erlangt hat und seinerseits auch Exekution führt[1780],
   - andererseits auch dann, wenn eine vertragliche Vereinbarung über die außergerichtliche Verwertung vorliegt und
   - dies dem Drittschuldner bekannt gegeben wurde.

Verpfändungsgläubiger und Verpflichteter können vereinbaren, dass die verpfändete Forderung **außergerichtlich verwertet** werden darf. Eine solche Vereinbarung kann grundsätzlich bereits im Verpfändungsvertrag oder auch später getroffen werden. Der Umstand, dass in der Zwischenzeit auch exekutive Pfandrechte an der Forderung begründet wurden, steht einer solchen Vereinbarung nicht entgegen. Im Bereich des KSchG ist eine Verwertungsvereinbarung (zwischen einem Unternehmer und einem Verbraucher) allerdings erst nach Eintritt der Fälligkeit der gesicherten Forderung zulässig (→ 43.2.3.).

In der Kreditpraxis wird bezüglich einer vertraglichen Vereinbarung über die außergerichtliche Verwertung i.d.R. folgende Vertragsklausel verwendet:

„Um bei Durchsetzung des Pfandrechts des Kreditgebers unnötige Kosten zu vermeiden, sind der Kreditnehmer und die Mitschuldner damit einverstanden, dass der Kreditgeber sie für den Fall der Nichtbezahlung der fälligen Kreditforderung auffordert, ihre **Ermächtigung dazu zu erteilen**[1781], dass der Kreditgeber berechtigt ist, die verpfändeten Bezüge durch Einziehung bei den bezugsauszahlenden Stellen zu verwerten. Diese Aufforderung ist an die vom Kreditnehmer bzw. an die vom Mitschuldner zuletzt bekannt gegebene Adresse zu übermitteln und hat eine Rückäußerungsfrist von vierzehn Tagen und den besonderen Hinweis zu enthalten, dass im Fall der Nichtäußerung die Ermächtigung als erteilt gilt. Der Kreditnehmer und die Mitschuldner ermächtigen den Kreditgeber weiters, die bezugsauszahlende Stelle von dieser Aufforderung in Kenntnis zu setzen. …“

Sendet der Verpfändungsgläubiger dem Verpflichteten die Aufforderung über die Abgabe einer solchen Ermächtigung (**Einziehungsermächtigung**) bei Fälligkeit seiner Kreditforderung zu und gibt dieser innerhalb der ihm gesetzten Frist eine solche Ermächtigung nicht ab, kommt damit trotzdem die Verwertungsvereinbarung zu Stande; das **Schweigen** des Verpflichteten **gilt als Zustimmung** zur Einziehung der

1780 Der ausländische Verpfändungsgläubiger benötigt vom **österreichischen Gericht** einen Exekutionstitel und eine Exekutionsbewilligung (→ 43.1.1.).

1781 Einziehungsermächtigung (Verwertungserklärung).

verpfändeten Forderung, sofern er auf die Rechtsfolgen ausdrücklich hingewiesen wurde (OGH 26.1.1994, 9 ObA 361/93).

Der **Widerruf** einer bereits erteilten Zustimmung zur Einziehung der verpfändeten Forderung ist wirkungslos und für den Drittschuldner **unbeachtlich** (OGH 26.1.1994, 9 ObA 361/93).

Solange der Verpfändungsgläubiger keinen Anspruch auf Verwertung hat, das Pfandrecht jedoch bereits wirksam ist, ist der Drittschuldner auf Verlangen des Verpfändungsgläubigers verpflichtet, die vom Pfandrecht erfassten Beträge gerichtlich zu hinterlegen (→ 43.1.7.8.).

Hat der Verpfändungsgläubiger Anspruch auf Verwertung durch eine ausdrücklich oder stillschweigend zu Stande gekommene Verwertungsvereinbarung, werden vom vertraglichen Pfandrecht ab der Mitteilung der Verwertungsvereinbarung die danach fällig werdenden (pfändbaren) Bezüge erfasst, wobei diese dem Verpfändungsgläubiger zu zahlen sind, soweit er rangmäßig zum Zug kommt.

Eine Verpfändung kann einer Pfändung auf Grund des Rangs durchaus vorgehen. Solange eine Verpfändung aber noch „inaktiv“ ist (es liegt nur die Verständigung von der Verpfändung vor), kommt eine nachrangige Pfändung so lange zum Zug, bis die Verpfändung „aktiv“ wird (Zeitpunkt der Verständigung von der Klagseinbringung oder vom Verwertungsanspruch).

Sonderheiten bei der Verpfändung von Bezügen:

- Es besteht keine Verpflichtung zur Abgabe einer Drittschuldnererklärung (→ 43.1.4.2.).
- Im Fall der Beendigung des Dienstverhältnisses kommen die Vorschriften über die zeitliche Dauer des Pfandrechts (im Ausmaß von einem Jahr, → 43.1.7.4.) nicht zur Anwendung; demnach erlischt das Pfandrecht mit Beendigung des Dienstverhältnisses.

Zusammenfassung der Voraussetzungen hinsichtlich Verwertungsanspruch:

1. Einlangen der Verpfändungsanzeige (z.B. von der Bank hinsichtlich Rangvormerkung).
2. Einlangen einer zweiten Verständigung über den außergerichtlichen Verwertungsanspruch (Kreditrückforderung wird wegen Nichtbezahlung zur Gänze fällig gestellt).
3. Arbeitnehmer hat nachweislich seine Zustimmung dazu erteilt (sog. „Verwertungserklärung“ bzw. „Einziehungsermächtigung“).

4a. Die vorliegende „Verwertungserklärung“ muss entweder aus der Zeit nach Fälligkeit der Forderung (z.B. Kreditrückzahlung) stammen oder

4b. der Verpfändungsgläubiger (z.B. die Bank) muss dem Arbeitnehmer nach Fälligkeit der Forderung binnen vierzehn Tagen die Chance zum Widerruf der Verwertungserklärung geben. Wenn der Arbeitnehmer binnen vierzehn Tagen keinen Widerspruch gegen die Verwertungserklärung erhoben hat, begründet diese das Recht des Verpfändungsgläubigers zur Geltendmachung der pfändbaren Bezüge beim Arbeitgeber.

43.2.3. Zession von Bezügen

Unter Zession versteht man die **Abtretung einer Forderung** an einen Dritten. Nach § 1392 ABGB ist Wesensmerkmal einer Zession, dass eine Forderung von einer Person an die andere übertragen und von dieser angenommen wird.

Eine Lohn- oder Gehaltsforderung des Verbrauchers darf dem Unternehmer **nicht zur Sicherung** oder Befriedigung seiner **noch nicht fälligen Forderungen** abgetreten (zediert) werden (§ 12 Abs. 1 KSchG).

Hat der Dienstgeber dem Unternehmer oder einem Dritten auf Grund einer entgegen obiger Bestimmung abgetretenen Lohn- oder Gehaltsforderung Beträge mit der Wirkung gezahlt, dass er von der Lohn- oder Gehaltsforderung des Verbrauchers befreit worden ist, so hat der Verbraucher an den Unternehmer einen Anspruch auf Ersatz dieses Betrags, soweit nicht der Unternehmer beweist, dass der Verbraucher durch die Abtretung oder die Bezahlung der Lohn- oder Gehaltsforderung von einer Schuld befreit worden ist (§ 12 Abs. 2 KSchG).

Mit Inkrafttreten des Konsumentenschutzgesetzes (BGBl 1979/140) sind Abtretungen von Arbeitseinkommen für Verbrauchergeschäfte verboten.

Dieses **Verbot** erstreckt sich aber **nur auf die in Zukunft fällig werdenden Forderungen**.

Bereits bestehende und fällige Forderungen sind abtretbar, allerdings nur in jenem Ausmaß, in dem auch eine gerichtliche Pfändung möglich wäre.

Eine vor Zustellung einer gerichtlichen Pfändung erfolgte Zession (Abtretung, Übertragung) von Bezügen geht der gerichtlichen Pfändung vor und ist aus der Sicht des Drittschuldners grundsätzlich wie eine solche zu behandeln, auch wenn der Zessionar (Gläubiger) keine Exzindierungsklage erhoben hat.

Der **Rang einer Zession** (nicht aber einer Sicherungszession, siehe nachstehend) richtet sich nach dem **Abschluss der Zessionsvereinbarung** und nicht erst nach dem Zeitpunkt, an dem der Arbeitgeber verständigt wird. Die Verständigung ist jedoch insoweit von Bedeutung, als der Arbeitgeber, solange ihm der Zessionar nicht bekannt ist, diese Zession noch nicht beachten und daher schuldbefreiend an den Arbeitnehmer bzw. an einen anderen Pfandgläubiger leisten kann. Ab dem **Zeitpunkt der Verständigung** muss er jedoch den sich aus dem Zeitpunkt der Zessionsvereinbarung allenfalls ergebenden **Vorrang der Zession beachten** (OGH 8.9.2009, 1 Ob 101/09y).

Für die **Sicherungszession** (in der Kreditpraxis auch „stille Abtretung" genannt) wird der gleiche Publizitätsakt verlangt wie für die Begründung eines vertraglichen Pfandrechts an einer Forderung. Das heißt: Erst mit der Verständigung des Drittschuldners wird die sicherungsweise Abtretung wirksam. Die Sicherungszession geht einer gerichtlichen Pfändung daher nur dann vor, wenn der Drittschuldner bereits **vor** der Begründung des gerichtlichen Pfandrechts (Zustellung des Zahlungsverbots) von der Abtretung verständigt wurde.

Im Fall einer **Inkassozession**, einer Art Treuhand, ist die **gerichtliche Pfändung jedenfalls vorrangig** zu beachten. Auch die **stille Zession**, die nur im Innenverhältnis zwischen Arbeitnehmer und Dritten wirkt, hat für den Arbeitgeber keine Bedeutung[1782].

Auf Grund der einschränkenden Bestimmungen des Konsumentenschutzgesetzes kommt der Zession in der Praxis kaum Bedeutung zu. Es wird eher von der Möglichkeit der Verpfändung von Bezügen Gebrauch gemacht.

Sonderheiten bei der Zession von Bezügen:

- Es besteht keine Verpflichtung zur Abgabe einer Drittschuldnererklärung (→ 43.1.4.2.).
- Im Fall der Beendigung des Dienstverhältnisses kommen die Vorschriften über die zeitliche Dauer des Pfandrechts (im Ausmaß von einem Jahr, → 43.1.7.4.) nicht zur Anwendung; demnach erlischt das Pfandrecht mit Beendigung des Dienstverhältnisses.

43.3. Privatkonkurs – Schuldenregulierungsverfahren

43.3.1. Allgemeines

Als Privatkonkurs bezeichnet man die Sonderregelungen über den **Konkurs natürlicher Personen** (→ 2.3.). Das Konkursverfahren natürlicher Personen, die kein Unternehmen betreiben, wird auch als **„Schuldenregulierungsverfahren"** bezeichnet und findet vor dem örtlich zuständigen Bezirksgericht als Insolvenzgericht statt.

Wenn beim Arbeitgeber eine Verständigung einlangt, dass über seinen Arbeitnehmer ein **ausländischer Privatkonkurs** in einem anderen EU-Staat eröffnet wurde, hat dies die gleichen Auswirkungen wie bei einem in Österreich eröffneten Privatkonkurs. Die EU-Insolvenz-Verordnung (VO (EG) 848/2015) sieht diesbezüglich vor, dass die Eröffnung eines Insolvenzverfahrens durch ein zuständiges Gericht eines EU-Mitgliedstaats in allen übrigen EU-Mitgliedstaaten **anzuerkennen** ist und **unmittelbare Rechtswirksamkeit** wie ein inländischer Privatkonkurs entfaltet.

Die folgenden Ausführungen beschränken sich – der Zielsetzung dieses Fachbuchs entsprechend – auf den Konkurs **privater Personen** in ihrer Eigenschaft als **Arbeitnehmer.** Die Begriffe „Arbeitnehmer" und „Schuldner" sowie „Arbeitgeber" und „Drittschuldner" werden dabei jeweils synonym verwendet.

43.3.1.1. Rechtsgrundlage

Rechtsgrundlage des Privatkonkurses (Schuldenregulierungsverfahrens) ist

- das Bundesgesetz über das Insolvenzverfahren, Gesetz vom 10. Dezember 1914, RGBl 1914/337, in der jeweils geltenden Fassung, kurz **Insolvenzordnung** (IO) genannt.

1782 Als „stille" Zession kann nur eine solche bezeichnet werden, bei welcher der Schuldner vorerst von der Zession (Abtretung) nicht verständigt wird. Diese Verständigung bleibt vielmehr dem Abtretenden (Zedenten) vorbehalten und liegt in seinem Ermessen.

43.3.1.2. Schematische Darstellung des Privatkonkurses – Schuldenregulierungsverfahrens

Zahlungsunfähigkeit des Schuldners

Wenn kein kostendeckendes Vermögen:
U.U. Vorschlag für einen **außergerichtlichen Ausgleich**

bei Scheitern oder direkt

Antrag auf Eröffnung des Privatkonkurses – Schuldenregulierungsverfahrens
Antrag ausfüllen und beim Bezirksgericht vorlegen
(Vermögensverzeichnis, Anträge auf Zahlungsplan und/oder Abschöpfungsverfahren beilegen)

bei Stattgebung

Eröffnung des Privatkonkurses – Schuldenregulierungsverfahrens[1783 1784] (→ 43.3.2.)

Sanierungsplan[1785]
(bei Privatpersonen selten)

bei Ablehnung

Vermögensverwertung

Zahlungsplan[1785]
mit Zustimmung der Gläubigermehrheit

bei Ablehnung oder direkt (sofern kein/kaum pfändbares Einkommen)

Abschöpfungsverfahren[1785]
letzte Möglichkeit zur Entschuldung auch gegen den Willen der Gläubiger

43.3.2. Eröffnung des Privatkonkurses

Misslingt eine außergerichtliche Einigung, ist i.d.R. ein Privatkonkurs möglich: Der Schuldner muss dazu beim örtlich zuständigen **Bezirksgericht** einen **Konkursantrag** stellen.

Die **Konkurseröffnung** wird mit jenem Tag wirksam, der auf die öffentliche Bekanntmachung in der **Insolvenzdatei** folgt. In die Insolvenzdatei kann unter der Internetadresse www.edikte.justiz.gv.at kostenlos eingesehen werden.

Wird über das **Vermögen eines Arbeitnehmers** der **Konkurs** eröffnet, hat dies für den Arbeitgeber (und die Durchführung der Personalverrechnung) im Regelfall wichtige Auswirkungen.

1783 Kommt es zur Eröffnung des Konkursverfahrens (Schuldenregulierungsverfahrens), wird dem Schuldner hierdurch grundsätzlich die freie Verfügung über sein gesamtes exekutionsunterworfenes Vermögen entzogen.

1784 Dem Schuldner stehen drei Instrumente zur Verfügung, deren vorrangiger Zweck die Sanierung des Schuldners bildet: der Sanierungsplan, der Zahlungsplan sowie subsidiär das Abschöpfungsverfahren.

1785 Nach der Einleitung des Sanierungsplans, Zahlungsplans bzw. Abschöpfungsverfahrens (mittels rechtskräftiger Bestätigung durch das Insolvenzgericht) wird der Privatkonkurs (Schuldenregulierungsverfahren) aufgehoben.

In der Regel wird der Arbeitgeber durch das Insolvenzgericht (Bezirksgericht) von der Eröffnung des Privatkonkurses verständigt. Unter Umständen wird aber dem Arbeitgeber die Verständigung durch das Insolvenzgericht nicht bzw. zu spät zugestellt, daher muss der Arbeitgeber entsprechende Maßnahmen setzen, um die laufenden Konkurseröffnungen zu überwachen.

Vor der Begründung **neuer Dienstverhältnisse** empfiehlt es sich daher, Stellenbewerber routinemäßig nach dem allfälligen Bestehen eines Privatkonkurses zu fragen und Einsicht in die Insolvenzdatei zu nehmen. Unterlässt der Arbeitgeber diese Vorsichtsmaßnahmen, und befindet sich ein neu eingestellter Arbeitnehmer tatsächlich im Privatkonkurs, droht dem Arbeitgeber die Gefahr, an den Arbeitnehmer ausbezahlte Bezüge ein zweites Mal leisten zu müssen[1786]. Der **pfändbare Bezug** ist im Privatkonkurs nämlich – je nach dem Verfahrensstadium und den gerichtlichen Anordnungen – an

- das Insolvenzgericht,
- den Insolvenzverwalter,
- den Arbeitnehmer (bei Sanierungsplan, → 43.3.3.1., oder Zahlungsplan, → 43.3.3.2.) oder
- einen vom Gericht bestellten Treuhänder (Abschöpfungsverfahren, → 43.3.3.3.)

zu zahlen. Aus diesem Grund ist eine diesbezügliche Nachfrage beim Insolvenzgericht notwendig.

Die **Pfändungsschutzbestimmungen** der EO sind im Privatkonkurs ebenso **anzuwenden**. Demzufolge sind **unpfändbare Bezüge** (z.B. Aufwandsentschädigungen, → 43.1.6.4.) sowie der **unpfändbare Teil** des **Arbeitseinkommens** (= Existenzminimum, → 43.1.6.5.) in jedem Fall an den Arbeitnehmer auszuzahlen.

Pfändungen (→ 43.1.), **Verpfändungen** (→ 43.2.2.) und **Zessionen** (→ 43.2.3.) sind während des Privatkonkurses **unzulässig** und daher unwirksam[1787].

Kommt es während eines **bestehenden Dienstverhältnisses** zur Eröffnung des Privatkonkurses über das Vermögen des Arbeitnehmers, sind folgende Punkte zu beachten:

1. **Dienstverhältnis:**
   Das **Dienstverhältnis** bleibt durch die Konkurseröffnung **unberührt**. Die Konkurseröffnung stellt keinen Grund für eine vorzeitige Auflösung des Dienstverhältnisses (z.B. Entlassung) dar.
2. **Auszahlung der unpfändbaren Bezüge:**
   Unpfändbare Bezüge (z.B. Aufwandsentschädigungen, → 43.1.6.4.) sowie der **unpfändbare Teil** des **Arbeitseinkommens** (= Existenzminimum, → 43.1.6.5.) sind trotz Konkurseröffnung weiterhin an den Arbeitnehmer auszuzahlen.

1786 Als Ausnahme sieht das Gesetz den Fall vor, dass der **Arbeitgeber** von der **Konkurseröffnung** trotz Beachtung der **gehörigen Sorgfalt keine Kenntnis** hatte (§ 3 Abs. 2 IO). Diese Klausel wird aber i.d.R. sehr streng ausgelegt, da es als Pflicht jedes Unternehmers angesehen wird, die Veröffentlichungen in der Insolvenzdatei regelmäßig zu beobachten. Die Nichtbeachtung der Insolvenzdatei bringt somit die Gefahr einer Doppelzahlung mit sich, insb. wenn die Zahlung an den Arbeitnehmer in bar oder auf ein nicht von der Kontosperre erfasstes Konto erfolgte.

1787 Eine Ausnahme gilt allerdings für Unterhaltsforderungen. Unterhaltsberechtigte können nämlich auf den ausschließlich für sie pfändbaren Betrag zugreifen (Differenz zwischen dem allgemeinen Existenzminimum und dem Unterhaltsexistenzminimum, → 43.1.6.12.).

3. **Auszahlung der pfändbaren Bezüge:**
Der Arbeitnehmer ist ab Konkurseröffnung nicht mehr zur Entgegennahme des **pfändbaren Teils** des **Arbeitseinkommens** berechtigt. Diesbezügliche Zahlungen an den Arbeitnehmer sind daher grundsätzlich **unwirksam**[1787]. Der pfändbare Betrag ist – sofern keine Pfandrechte oder Zessionen bestehen – im Regelfall **an** das **Insolvenzgericht** („Massekonto") zu zahlen[1788].
4. **Erlöschen bestehender Pfandrechte und Zessionen:**
Bestehende (gerichtliche) **Pfändungen** (→ 43.1.), (vertragliche) **Verpfändungen** (→ 43.2.2.) und **Zessionen** (→ 43.2.3.) **erlöschen** infolge der Konkurseröffnung nach Ablauf nachstehender Fristen[1789 1790]:
erlöschen **Pfändungen** erlöschen
   - mit **Ende des laufenden Kalendermonats**, wenn die Konkurseröffnung in der Zeit vom 1. bis 15. eines Kalendermonats liegt;
   - mit **Ende des folgenden Kalendermonats**, wenn die Konkurseröffnung in der Zeit vom 16. bis zum Letzten eines Kalendermonats liegt[1791].

   und **Verpfändungen** und **Zessionen** erlöschen grundsätzlich **zwei Jahre nach** Ablauf des Kalendermonats, in den die **Konkurseröffnung** fällt.
5. **Beschränkung der Aufrechnung:**
Das Recht des Arbeitgebers, gegenüber dem Arbeitnehmer bestehende Ansprüche gegen Lohnforderungen des Arbeitnehmers **aufzurechnen**, ist auf den Zeitraum von **zwei Jahren** nach Ablauf des Kalendermonats, in den die Konkurseröffnung fällt, beschränkt.
6. **Unzulässigkeit neuer Pfandrechte und Zessionen:**
Neue Pfändungen, Verpfändungen und Zessionen sind ab Konkurseröffnung unwirksam (**„Exekutionssperre"**)[1790 1792].

1788 Wurde vom Insolvenzgericht jedoch ausnahmsweise ein Insolvenzverwalter bestellt (ob dies zutrifft, ist aus der Insolvenzdatei ersichtlich), hat die Zahlung an den Insolvenzverwalter zu erfolgen.

1789 Bestehende **Pfändungen, Verpfändungen** und **Zessionen** sind daher trotz Konkurseröffnung **bis zum Erlöschen** zu **berücksichtigen** und die entsprechenden Beträge an den jeweils zum Zug kommenden Gläubiger zu zahlen. Hinsichtlich der Verpfändungen und Zessionen ist überdies eine Sonderregelung zu beachten: Macht der jeweilige Gläubiger seine Rechte aus der Verpfändung bzw. Zession nicht rechtzeitig beim Insolvenzgericht geltend, erlischt die Verpfändung bzw. Zession vorzeitig, d.h. bereits vor Ablauf der Zweijahresfrist (vgl. § 113a IO).

1790 **Sonderbehandlung** von **Unterhaltsgläubigern**: Pfändungen, Verpfändungen und Zessionen von Unterhaltsberechtigten werden durch die Konkurseröffnung **nicht eingeschränkt**. Zu Gunsten von Unterhaltsforderungen ist auch die **Neubegründung** von Pfändungen, Verpfändungen und Zessionen nach Konkurseröffnung möglich. Unterhaltsberechtigte können nämlich auf den ausschließlich für sie pfändbaren Betrag zugreifen (Differenz zwischen dem allgemeinen Existenzminimum und dem Unterhaltsexistenzminimum, → 43.1.6.12.).
Der Arbeitgeber hat daher auch nach Konkurseröffnung einlangende Pfändungen wegen Unterhaltsforderungen zu berücksichtigen und aus der Unterhaltsmasse zu befriedigen (OGH 26.2.2001, 3 Ob 206/00s). Die Exekutionsführung zur Hereinbringung des vor Konkurseröffnung entstandenen Unterhaltsrückstands auf die Unterhaltssondermasse (sog. „konkursfreie Masse") ist auch nach Einleitung des Abschöpfungsverfahrens und der damit verbundenen Aufhebung des Privatkonkurses zulässig und fortzuführen (OGH 23.1.2013, 3 ObA 206/12h).

1791 Dazu zwei **Beispiele**: Der Zeitpunkt der Konkurseröffnung ist der
- 1. Oktober: Die gerichtliche Pfändung erlischt am 31. Oktober. Der pfändbare Betrag für Oktober steht noch dem (bisherigen) Exekutionsgläubiger zu. Ab November ist der pfändbare Betrag an das Insolvenzgericht („Massekonto") zu zahlen.
- 16. Oktober: Die gerichtliche Pfändung erlischt am 30. November. Der pfändbare Betrag für Oktober und November steht noch dem (bisherigen) Exekutionsgläubiger zu. Ab Dezember ist der pfändbare Betrag an das Insolvenzgericht („Massekonto") zu zahlen.

1792 Dem Arbeitgeber erst **nach Konkurseröffnung zugestellte Pfändungen** sind **unwirksam** und daher **unbeachtlich**. Gleiches gilt für (vertragliche) Verpfändungen und Sicherungszessionen. Da diese erst mit Verständigung des Arbeitgebers wirksam werden, muss diese Verständigung bei sonstiger Unwirksamkeit noch vor Konkurseröffnung erfolgt sein.

7. **Sonderbehandlung von Unterhaltspfandrechten:**
   Pfändungen, Verpfändungen und Zessionen von Unterhaltsberechtigten sind auch nach Konkurseröffnung zu beachten, soweit die Unterhaltsberechtigten auf den ausschließlich für sie pfändbaren Betrag (auf die sog. „konkursfreie Masse") zugreifen können[1790].

Der Zeitpunkt des Erlöschens von Pfändungen, Verpfändungen und Zessionen wird dem Arbeitgeber **vom Gericht mitgeteilt**. Der genaue Zeitpunkt des Erlöschens allfälliger Pfandrechte und Zessionen ist dafür entscheidend, an wen der Arbeitgeber den pfändbaren Betrag zu zahlen hat:

Ab der auf das Erlöschen der Pfändung (Verpfändung, Zession) **nächstfolgenden Entgeltzahlung** ist der pfändbare Betrag nämlich nicht mehr an den bisher zum Zug kommenden Gläubiger, sondern an einen allenfalls nachfolgenden Gläubiger (sofern dessen Pfandrecht bzw. Zession noch nicht erloschen ist), sonst an das Insolvenzgericht[1793] zu leisten.

Beispiel 204

Konkurseröffnung über das Vermögen eines Arbeitnehmers.

Angaben:

Zum Zeitpunkt der Konkurseröffnung (6.5.2022) bestehen folgende Pfandrechte:

- 1. Rang: gerichtliche Pfändung zu Gunsten eines Versandhauses, offene Forderung € 3.900,00.
- 2. Rang: (vertragliche) Verpfändung zu Gunsten eines Bankinstituts für bereits fällige Kreditverbindlichkeiten, offene Forderung € 120.000,00. Das Bankinstitut als Verpfändungsgläubiger hat beim Insolvenzgericht die offene Forderung rechtzeitig geltend gemacht.
- 3. Rang: Unterhaltspfändung der geschiedenen Ehefrau des Arbeitnehmers, Unterhaltsrückstand € 2.700,00; laufende Unterhaltsforderung € 300,00/Monat.

Lösung:

Das gerichtliche Pfandrecht zu Gunsten des Versandhauses erlischt infolge der Konkurseröffnung mit Ende Mai 2022. Daher kommt das Bankinstitut zum Zug, da dessen vertragliches Pfandrecht erst Ende Mai 2024 erlischt (sofern die Schulden bereits vorher getilgt sind, kommt es zu einem entsprechend früheren Erlöschen).

Der allgemein **pfändbare Betrag** ist daher wie folgt zu verwerten:

- Die im Mai 2022 fälligen Bezüge sind noch an das Versandhaus zu zahlen.
- Die ab Juni 2022 bis einschließlich Mai 2024 fällig werdenden Bezüge sind an das Bankinstitut zu zahlen.
- Ab Juni 2024 ist – sofern das Konkursverfahren noch aufrecht ist – an das Insolvenzgericht zu zahlen.

Die Unterhaltspfändung der geschiedenen Ehefrau bleibt durch die Konkurseröffnung unberührt, sodass ihr Pfandrecht nicht erlischt. Sie kann auf den aus-

1793 Wurde vom Insolvenzgericht hingegen ausnahmsweise ein Insolvenzverwalter bestellt (ob dies zutrifft, ist aus der Insolvenzdatei ersichtlich), hat die Zahlung nicht an das Insolvenzgericht („Massekonto"), sondern an den Insolvenzverwalter zu erfolgen.

schließlich für Unterhaltsberechtigte pfändbaren Betrag (Differenz zwischen dem allgemeinen Existenzminimum und dem Unterhaltsexistenzminimum) zugreifen (→ 43.1.6.12.).

Dem Arbeitnehmer verbleibt das Unterhaltsexistenzminimum.

Es ist zu beachten, dass es in bestimmten Fällen – wenn die angestrebte Bereinigung der Insolvenzsituation fehlschlägt – zu einem **Wiederaufleben** der erloschenen Pfändungen, Verpfändungen und Zessionen kommen kann. Das Wiederaufleben wird dem Arbeitgeber **vom Gericht mitgeteilt**. Ab Einlangen dieser Mitteilung sind die entsprechenden Pfandrechte und Zessionen daher wieder – und zwar im **früheren Rang** – zu berücksichtigen.

43.3.3. Sanierungsplan, Zahlungsplan, Abschöpfungsverfahren

Im Zusammenhang mit dem Privatkonkurs gibt es außer dem eigentlichen Konkursverfahren als weitere mögliche Verfahrensschritte

- den **Sanierungsplan** (→ 43.3.3.1.),
- den **Zahlungsplan** (→ 43.3.3.2.) und
- das **Abschöpfungsverfahren** (→ 43.3.3.3.).

Das Ziel all dieser Folgeverfahren besteht darin, dem Schuldner eine Sanierung seiner Vermögenslage zu ermöglichen und ihm – teilweise auch gegen den Willen der Gläubiger – eine **Restschuldbefreiung** herbeizuführen.

Mit der Einleitung einer dieser Verfahrensmaßnahmen endet im Regelfall das eigentliche Konkursverfahren. Ab diesem Zeitpunkt ist der **pfändbare Bezug** daher nicht mehr an das Insolvenzgericht, sondern

- im Fall eines **Sanierungsplans** oder **Zahlungsplans** grundsätzlich an den **Arbeitnehmer**,
- während des **Abschöpfungsverfahrens** an einen vom Gericht bestellten **Treuhänder**[1794]

zu überweisen. Allenfalls noch aufrechte Pfändungen, Verpfändungen und Zessionen sind bis zu deren Erlöschen zu berücksichtigen (→ 43.3.2.) (siehe auch Beispiele 205 und 206). Die dem Arbeitgeber zugestellten Beschlüsse des Insolvenzgerichts können in Einzelfällen abweichende Regeln vorsehen und sind daher in jedem Fall zu beachten.

Der aktuelle Stand des Konkursverfahrens kann auch über die Insolvenzdatei (→ 43.3.2.) nachgelesen werden.

43.3.3.1. Sanierungsplan

Im Privatkonkursverfahren haben die Schuldner neben dem Zahlungsplanverfahren (siehe nachstehend) auch den „Sanierungsplan" zur Auswahl. In der Praxis wird dieses Verfahren allerdings **von Privatpersonen kaum in Anspruch genommen**.

1794 In der Praxis ist dies meist der Kreditschutzverband von 1870. Der Treuhänder muss den Drittschuldner von der Abtretung verständigen. Nach dieser Verständigung ist eine schuldbefreiende Zahlung nur mehr an den Treuhänder möglich.

Beim **Sanierungsplan** werden mit Zustimmung bestimmter Gläubigermehrheiten die Forderungen der Gläubiger auf eine im Sanierungsplan festzulegende Quote herabgesetzt (**Mindestquote: 20%** innerhalb von max. fünf Jahren).

Mit der rechtskräftigen Bestätigung des Sanierungsplans durch das Insolvenzgericht wird der **Konkurs aufgehoben** und der Schuldner von den die Quote übersteigenden Beträgen befreit.

Der Schuldner kann wieder frei über sein Vermögen verfügen, es sei denn, der Schuldner hat sich der Überwachung durch einen Treuhänder unterworfen. Kommt der Schuldner in der Folge mit der Erfüllung des Sanierungsplans in Verzug, kann es zu einem **Wiederaufleben von Forderungen** kommen[1795].

43.3.3.2. Zahlungsplan

Der **Zahlungsplan** ist ein Sonderfall des Sanierungsplans (→ 43.3.3.1.), setzt aber im Unterschied zu diesem **keine** gesetzliche **Mindestquote** voraus. Beim Zahlungsplan muss der Schuldner den Gläubigern eine Quote anbieten, die seinem voraussichtlichen Einkommen **in den nächsten drei Jahren** entspricht. Die Zahlungsfrist beträgt max. sieben Jahre.

Voraussetzung für den Zahlungsplan ist, ebenso wie beim Sanierungsplan, dass die **Mehrheit der Gläubiger** zustimmt. Im Unterschied zum Sanierungsplan hat der Schuldner aber beim Zahlungsplan die Möglichkeit, einen neuen Zahlungsplan vorzuschlagen, wenn sich seine wirtschaftliche Lage im Laufe der Zahlungsfrist verschlechtern sollte.

Mit der rechtskräftigen Bestätigung des Zahlungsplans durch das Insolvenzgericht wird der **Konkurs aufgehoben** und es tritt eine Restschuldbefreiung ein.

Wie beim Sanierungsplan kann es auch hier zu einem **Wiederaufleben von Forderungen** kommen, wenn der Schuldner mit der Erfüllung der im Zahlungsplan festgelegten Verpflichtungen in Verzug gerät[1796].

Hinweis: Aus der Sicht des Arbeitgebers (Drittschuldners) macht es **keinen Unterschied**, ob im Konkurs des Arbeitnehmers (Schuldners) ein Sanierungsplan oder ein Zahlungsplan zu Stande kommt.

Beispiel 205

Konkursaufhebung über das Vermögen eines Arbeitnehmers mit einem Zahlungsplan.

Angaben:

Zum Zeitpunkt der Konkurseröffnung (5.10.2022) besteht

- eine (vertragliche) Verpfändung zu Gunsten eines Bankinstituts für bereits fällige Kreditverbindlichkeiten, offene Forderung € 50.000,00. Das Bankinstitut als Ver-

1795 Beim Wiederaufleben von Forderungen leben die Pfandrechte der betreffenden Forderung in dem Rang wieder auf, den sie vor Konkurseröffnung hatten. Die Verständigung vom Wiederaufleben erfolgt durch das Insolvenzgericht.

1796 Siehe FN 1795.

pfändungsgläubiger hat beim Insolvenzgericht die offene Forderung rechtzeitig geltend gemacht.
- Der pfändbare Betrag beträgt € 550,00/Monat.
- Die Aufhebung des Konkursverfahrens erfolgt am 31.3.2023 und endet mit einem Zahlungsplan.

Lösung:

Das (vertragliche) Pfandrecht erlischt am 31. Oktober 2024 (zwei Jahre nach Ablauf des Kalendermonats, in den die Konkurseröffnung fällt, → 43.3.1.1.). Der pfändbare Betrag von € 550,00 monatlich ist bis einschließlich Oktober 2024 an das Bankinstitut zu zahlen.

Ab November 2024 (nach Erlöschen des vertraglichen Pfandrechts) steht dem Arbeitnehmer (Schuldner) der gesamte Arbeitslohn ungepfändet zu.

43.3.3.3. Abschöpfungsverfahren

Das Abschöpfungsverfahren ist die **letzte Möglichkeit zur Entschuldung**. Es wird vom Insolvenzgericht auf Antrag des Schuldners eingeleitet, wenn der **Zahlungsplan** (→ 43.3.3.2.) von den **Gläubigern abgelehnt** worden ist. Das bedeutet, dass auch ohne Zustimmung der Gläubiger eine Entschuldung möglich ist.

Verfügt der Schuldner in den kommenden fünf Jahren voraussichtlich über **kein pfändbares Einkommen** oder nur über Einkommen, welches das Exekutionsminimum nur geringfügig übersteigt, braucht kein Zahlungsplan angeboten werden und es kann **sofort** das Abschöpfungsverfahren beantragt werden.

Beim Abschöpfungsverfahren werden alle pfändbaren Bezüge des Schuldners dadurch „abgeschöpft", dass er den pfändbaren Teil seiner Bezüge für die Zeit von **fünf Jahren** an einen vom Gericht bestellten **Treuhänder** abtritt, der die eingehenden Beträge an die Gläubiger zu verteilen hat. Darunter fallen auch alle zusätzlichen freiwilligen Leistungen und z.B. Erbschaften, Schenkungen.

Nach **Ende der Laufzeit der Abtretungserklärung** hat das Gericht das Abschöpfungsverfahren für beendet zu erklären und eine sog. **Restschuldbefreiung** zu erteilen. Dabei ist keine Mindestquote zu erfüllen.

Es kann auch beim Abschöpfungsverfahren zu einem **Wiederaufleben von Forderungen** kommen, wenn das Abschöpfungsverfahren ohne Restschuldbefreiung beendet oder vorzeitig eingestellt wird[1797].

Beispiel 206

Konkursaufhebung über das Vermögen eines Arbeitnehmers mit einem Abschöpfungsverfahren.

Angaben:

Zum Zeitpunkt der Konkurseröffnung (5.10.2022) besteht
- eine (vertragliche) Verpfändung zu Gunsten eines Bankinstituts für bereits fällige Kreditverbindlichkeiten, offene Forderung € 50.000,00. Das Bankinstitut

1797 Siehe FN 1795.

als Verpfändungsgläubiger hat beim Insolvenzgericht die offene Forderung rechtzeitig geltend gemacht.
- Die Aufhebung des Konkursverfahrens wird mit einem Abschöpfungsverfahren am 20.3.2023 eingeleitet.

Lösung:

Das (vertragliche) Pfandrecht erlischt am 31. Oktober 2024 (zwei Jahre nach Ablauf des Kalendermonats, in den die Konkurseröffnung fällt, → 43.3.2.). Der pfändbare Betrag ist bis einschließlich Oktober 2024 an das Bankinstitut zu zahlen.

Ab November 2024 (nach Erlöschen des vertraglichen Pfandrechts) ist der pfändbare Betrag auf das Treuhandkonto des Treuhänders zu zahlen.

44. Aufbewahrungsfristen, Verjährung

In diesem Kapitel werden u.a. Antworten auf folgende praxisrelevanten Fragestellungen gegeben:

- Wie lange müssen Unterlagen in der Personalverrechnung aufbewahrt werden?
- Wann verjähren Lohnabgaben?

Zum Zweck der Klarstellung abgabenrechtlicher Verpflichtungen bzw. arbeitsrechtlicher Ansprüche sind bestimmte Fristen festgelegt. Unterlagen der Personalverrechnung und der Personalverwaltung müssen also zumindest so lange aufbewahrt werden, wie diese Fristen dauern.

Aufbewahrungsfristen[1798] im **Abgabenrecht**			Aufbewahrungsfristen im **Arbeitsrecht**
SV	LSt, DB zum FLAF, DZ	KommSt, Wr. DAG	
3–7 Jahre	5–7 Jahre	5–7 Jahre	max. 3 Jahre für das Dienstzeugnis 30 Jahre
Diese Aufbewahrungsfristen gelten für alle in diese Bereiche fallenden Aufzeichnungen und Unterlagen.			

44.1. Im Bereich des Abgabenrechts

44.1.1. Sozialversicherung

Gemäß den Bestimmungen des ASVG **verjährt** das Recht auf Feststellung der Verpflichtung zur Zahlung von Beiträgen **binnen drei Jahren** vom Tag der Fälligkeit der Beiträge (→ 41.1.2.).

Hat der Dienstgeber Angaben über Versicherte bzw. über deren Entgelt nicht innerhalb der in Betracht kommenden Meldefristen gemacht (→ 39.1.1.1.), so beginnt die Verjährungsfrist erst mit dem Tag der Meldung zu laufen.

Diese Verjährungsfrist der Feststellung **verlängert sich jedoch auf fünf Jahre**, wenn der Dienstgeber keine oder unrichtige Angaben bzw. Änderungsmeldungen über die bei ihm beschäftigten Personen bzw. über deren jeweiliges Entgelt (auch Sonderzahlungen) gemacht hat, die er bei gehöriger Sorgfalt als notwendig oder unrichtig hätte erkennen müssen.

Die Verjährung des Feststellungsrechts wird durch jede zum Zweck der Feststellung (der Beitragsschulden) getroffene Maßnahme in dem Zeitpunkt **unterbrochen**, in dem

1798 Aufbewahrungsfristen sollen sicherstellen, dass die für die Beurteilung abgabenrechtlicher Pflichten und arbeitsrechtlicher Ansprüche erforderlichen Unterlagen zumindest so lange zur Verfügung stehen, als die zu Grunde liegenden Rechte und Pflichten noch nicht verjährt sind. Insofern besteht eine enge Verknüpfung zwischen Aufbewahrungsfristen und Verjährung.

der Zahlungspflichtige hievon in Kenntnis gesetzt wird (§ 68 Abs. 1 ASVG). Dass die Verjährung unterbrochen wird, setzt weder voraus, dass die Feststellungsmaßnahme inhaltlich richtig ist, noch dass sie durch Bescheid erfolgt (VwGH 26.9.1980, 3343/79).

Eine derartige die Verjährung unterbrechende Maßnahme ist insb. eine **Beitragsprüfung gem. § 42 ASVG** (Einsicht in die Geschäftsbücher, Belege und sonstigen Aufzeichnungen) (VwGH 22.6.1993, 93/08/0011; VwGH 22.12.2004, 2004/08/0099). Dabei kommt es weder darauf an, ob dem Beitragsschuldner bekannt war, welche konkreten Dienstverhältnisse einer näheren Prüfung unterzogen werden, noch darauf, ob der prüfende Versicherungsträger für alle geprüften Dienstverhältnisse zuständig ist, noch darauf, ob der Beitragsschuldner vom internen Informationsaustausch der Versicherungsträger (Einspielung von Daten) Kenntnis erhält (VwGH 15.7.2019, Ra 2019/08/0107).

Dazu ein **Beispiel**:

Die Österreichische Gesundheitskasse führt eine Beitragsprüfung durch, wodurch die Verjährungsfrist unterbrochen wird. Infolge dieser Beitragsprüfung wird ein Rückstands- und Haftungsbescheid erlassen, gegen den der Dienstgeber Beschwerde einbringt. Die **Verjährungsfrist beginnt** (erst) wieder zu laufen, wenn das **Beschwerdeverfahren beendet** ist.

Weitere Maßnahmen i.S.d. § 68 Abs. 1 ASVG sind etwa **schriftliche Ersuchen** an den Beitragsschuldner um Bekanntgabe beitragspflichtigen Entgelts von Dienstnehmern, die **Übersendung von Kontoauszügen** über Beitragsrückstände (VwGH 5.3.1991, 89/08/0147) oder auch die schriftliche **Frage, wer** in dem betreffenden Unternehmen als **Dienstgeber** fungiert (VwGH 19.10.2005, 2003/08/0140).

Die Verjährung ist **gehemmt**, solange ein Verfahren in Verwaltungssachen bzw. vor den Gerichtshöfen des öffentlichen Rechts über das Bestehen der Pflichtversicherung oder die Feststellung der Verpflichtung zur Zahlung von Beiträgen anhängig ist (§ 68 Abs. 1 ASVG) (→ 42.2.2.).

Die 5-jährige Verjährungsfrist kommt z.B. schon dann zur Anwendung, wenn die Erstattung einer Anmeldung **unterlassen** worden ist.

Unterbrechung und Hemmung unterscheiden sich dadurch, dass die **Verjährungsfrist** nach Ende des Unterbrechungszeitraums **neu zu laufen** beginnt (vorherige Verjährungszeiten gehen also verloren), während die **Verjährungsfrist** nach Ende eines Hemmungsgrunds **fortgesetzt** wird.

Beispiel

Die Verjährungsfrist beträgt drei Jahre. Sechs Monate vor Eintritt der Verjährung tritt ein Unterbrechungstatbestand ein. Nach dessen Beendigung beginnt die 3-jährige Verjährungsfrist **von Neuem zu laufen**. Im Fall einer Hemmung würde sich die Verjährungsfrist nach Beendigung des Hemmungsgrunds hingegen lediglich um die noch **ausständigen sechs Monate verlängern**.

Bezüglich der Aufbewahrungsfristen führte der VwGH aus, dass es nicht unrichtig sein könne, wenn ein Krankenversicherungsträger zur Auslegung des § 42 Abs. 1 ASVG auf Bestimmungen zurückgreife, die eine Aufbewahrungsfrist für Geschäftsunterlagen vorsehe. Die in diesem Zusammenhang herangezogene Bestimmung des § 44 HGB (jetzt § 212 UGB) besagt, dass die Kaufleute verpflichtet sind, ihre Handelsbücher bis zum **Ablauf von sieben Jahren**, vom Tag der letzten Eintragung an gerechnet, aufzubewahren. Eine analoge Regelung enthält auch die Bestimmung des § 132 Abs. 1 BAO, die als Aufbewahrungsfrist gleichfalls einen Zeitraum von sieben Jahren vorsieht. Die Frist läuft hier vom Schluss des Kalenderjahrs, für das die letzte Eintragung in den Büchern (Aufzeichnungen) vorgenommen worden ist (VwGH 11.8.1975, 2005/73).

Somit ergibt sich **auch für den Bereich der Sozialversicherung** – unbeschadet der Verjährungsbestimmungen des § 68 Abs. 1 ASVG – eine **Aufbewahrungsverpflichtung von sieben Jahren**.

Das Recht auf Einforderung festgestellter Beitragsschulden verjährt binnen zwei Jahren nach Verständigung des Zahlungspflichtigen vom Ergebnis der Feststellung. Die **Verjährung wird** durch jede zum Zweck der Hereinbringung getroffene Maßnahme, wie z.B. durch Zustellung einer an den Zahlungspflichtigen gerichteten Zahlungsaufforderung (Mahnung), **unterbrochen**; sie wird durch Bewilligung einer Zahlungserleichterung **gehemmt**. Bezüglich der Unterbrechung oder Hemmung der Verjährung im Fall der Eröffnung eines Insolvenzverfahrens über das Vermögen des Beitragsschuldners gelten die einschlägigen Vorschriften der Insolvenzordnung (§ 68 Abs. 2 ASVG).

Sind fällige Beiträge durch eine grundbücherliche Eintragung gesichert, so kann innerhalb von **dreißig Jahren** nach erfolgter Eintragung gegen die Geltendmachung des dadurch erworbenen Pfandrechts die seither eingetretene Verjährung des Rechts auf Einforderung der Beiträge nicht geltend gemacht werden (§ 68 Abs. 3 ASVG).

44.1.2. Lohnsteuer, Dienstgeberbeitrag zum FLAF, Zuschlag zum DB, Kommunalsteuer und Dienstgeberabgabe der Gemeinde Wien

Gemäß den Bestimmungen der BAO unterliegt das Recht, eine Abgabe festzusetzen, der Verjährung (§ 207 Abs. 1 BAO). Die **Verjährungsfrist beträgt fünf Jahre**. Soweit eine Abgabe hinterzogen ist, beträgt die Verjährungsfrist **zehn Jahre** (§ 207 Abs. 2 BAO). Die Verjährung beginnt mit dem Ablauf des Jahres, in dem der Abgabenanspruch entstanden ist (§ 208 Abs. 1 lit. a BAO).

Werden innerhalb der Verjährungsfrist **nach außen erkennbare Amtshandlungen** zur Geltendmachung des Abgabenanspruchs oder zur Feststellung des Abgabepflichtigen von der Abgabenbehörde **unternommen**, so **verlängert** sich die Verjährungsfrist **um ein Jahr**. Die Verjährungsfrist verlängert sich jeweils um ein weiteres Jahr, wenn solche Amtshandlungen in einem Jahr unternommen werden, bis zu dessen Ablauf die Verjährungsfrist verlängert ist. Verfolgungshandlungen (gem. dem Finanzstrafgesetz bzw. Verwaltungsstrafgesetz) gelten als solche Amtshandlungen (§ 209 Abs. 1 BAO).

Das Recht auf Festsetzung einer Abgabe verjährt spätestens **zehn Jahre** nach Entstehung des Abgabenanspruchs. Diese Bestimmung über die **absolute Verjährung** führt dazu, dass mit Ablauf dieser zehn Jahre die Verjährung ohne Rücksicht auf eingetretene Unterbrechungen und Hemmungen wirksam wird. Die absolute Verjährung beginnt mit dem Zeitpunkt, in dem der schuldrechtsbegründende Sachverhalt gesetzt wurde (§ 209 Abs. 3 BAO).

Abweichend von Abs. 3 verjährt das Recht, eine gem. § 200 Abs. 1 BAO **vorläufige Abgabenfestsetzung** wegen der Beseitigung einer Ungewissheit i.S.d. § 200 Abs. 1 BAO durch eine **endgültige Festsetzung zu ersetzen**, spätestens **fünfzehn Jahre** nach Entstehung des Abgabenanspruchs (§ 209 Abs. 4 BAO).

Bücher und Aufzeichnungen sowie die zu den Büchern und Aufzeichnungen gehörigen Belege **sind sieben Jahre aufzubewahren; darüber hinaus** sind sie **noch so lange** aufzubewahren, als sie für die Abgabenerhebung betreffende anhängige Verfahren von Bedeutung sind, in denen diejenigen Parteistellung haben, für die auf Grund von Abgabenvorschriften die Bücher und Aufzeichnungen zu führen waren oder für die ohne gesetzliche Verpflichtung Bücher geführt wurden. Soweit Geschäftspapiere und sonstige Unterlagen für die Abgabenerhebung von Bedeutung sind, sollen sie sieben Jahre aufbewahrt werden. Diese **Fristen laufen** für die Bücher und die Aufzeichnungen **vom Schluss des Kalenderjahrs**, für das die Eintragungen in die Bücher oder Aufzeichnungen vorgenommen worden sind, und für die Belege, Geschäftspapiere und sonstigen Unterlagen vom Schluss des Kalenderjahrs, auf das sie sich beziehen; bei einem vom Kalenderjahr abweichenden Wirtschaftsjahr laufen die Fristen vom Schluss des Kalenderjahrs, in dem das Wirtschaftsjahr endet (§ 132 Abs. 1 BAO).

Hinsichtlich der genannten Belege, Geschäftspapiere und sonstigen Unterlagen kann die Aufbewahrung auf **Datenträgern** geschehen, wenn die vollständige, geordnete, inhaltsgleiche und urschriftgetreue Wiedergabe bis zum Ablauf der gesetzlichen Aufbewahrungsfrist jederzeit gewährleistet ist. Soweit solche Unterlagen nur auf Datenträgern vorliegen, entfällt das Erfordernis der urschriftgetreuen Wiedergabe (§ 132 Abs. 2 BAO).

Wer Aufbewahrungen in Form von Datenträgern vorgenommen hat, muss, soweit er zur Einsichtgewährung verpflichtet ist, auf **seine Kosten innerhalb angemessener Frist** diejenigen Hilfsmittel zur Verfügung stellen, die notwendig sind, um die Unterlagen lesbar zu machen, und, soweit erforderlich, ohne Hilfsmittel lesbare, dauerhafte Wiedergaben beibringen. Werden dauerhafte Wiedergaben erstellt, so sind diese auf Datenträgern zur Verfügung zu stellen (§ 132 Abs. 3 BAO).

Der Gesetzgeber sieht als Aufbewahrungsfrist aller Unterlagen bezüglich der Berechnung der Lohnsteuer, des Dienstgeberbeitrags zum FLAF und des Zuschlags zum DB sieben Jahre, als Verjährungsfrist bei hinterzogenen Abgaben i.d.R. ebenfalls sieben Jahre vor. Der Abgabenhinterziehung macht sich u.a. der Arbeitgeber dann schuldig, wenn er unter Verletzung der Verpflichtung zur Führung eines Lohnkontos gem. dem EStG sowie dazu ergangener Verordnungen (→ 10.1.2.1.) eine Verkürzung von Lohnsteuer oder Dienstgeberbeitrag zum FLAF (und Zuschlag zum DB) bewirkt und dies nicht nur für möglich, sondern für gewiss hält (§ 33 Abs. 2 FinStrG).

44.2. Im Bereich des Arbeitsrechts

Arbeitsrechtliche Unterlagen, die in ihrer Gesamtheit **drei Jahre** ab Fälligkeit der Forderung aufbewahrt werden, erfüllen grundsätzlich die Aufbewahrungspflichten (§ 1486 Z 5 ABGB).

Allerdings sind im Arbeitsrecht/Zivilrecht Bestimmungen festgelegt, die notwendigerweise zu einer **längeren Aufbewahrung** verpflichten, die zwecks einer allfälligen Anspruchsberechnung bzw. die für eine zivilrechtliche Beweisführung notwendig sein könnten.

So ist z.B. bei der Berechnung einer **gesetzlichen Abfertigung** für die Ermittlung des Monatsentgelts

- bei einer (abfertigungsanspruchsbegründenden) Dienstnehmerkündigung während der **Elternteilzeit** vom Durchschnitt der in den letzten fünf Jahren geleisteten Arbeitszeit (unter Außerachtlassung der Karenzzeiten) auszugehen (§ 23a Abs. 4a AngG) (→ 27.1.4.3.3.);
- bei einer (abfertigungsanspruchsbegründenden) Beendigung des Dienstverhältnisses während einer **Altersteilzeit** die Arbeitszeit vor der Herabsetzung der Normalarbeitszeit zu Grunde zu legen (§ 27 Abs. 2 AlVG);
- bei einer (abfertigungsanspruchsbegründenden) Beendigung des Dienstverhältnisses während einer länger als zwei Jahre dauernden **Teilzeit** für Dienstnehmer, die das **50. Lebensjahr vollendet** haben oder die **Betreuungspflichten** nach dem AVRAG in Anspruch genommen haben, die durchschnittliche Arbeitszeit der insgesamt zurückgelegten Dienstjahre zu Grunde zu legen, sofern keine andere Vereinbarung abgeschlossen wurde (§ 14 Abs. 4 AVRAG).

Für die Ausstellung von **Dienstzeugnissen** gilt eine 30-jährige Verjährungsfrist (§ 1479 ABGB). Der Dienstgeber muss somit dafür Vorsorge tragen, dass die für die Ausstellung eines Dienstzeugnisses erforderlichen Mindestdaten über einen Zeitraum von dreißig Jahren verfügbar sind. Der anzuwendende Kollektivvertrag kann allerdings eine kürzere Frist bestimmen.

Auch im Bereich der **Lohn-/Gehaltspfändung** ist die Aufbewahrungsfrist von Lohnunterlagen von Wichtigkeit. So bleibt z.B. das Pfandrecht zeitlich unbegrenzt aufrecht und muss bei Gewährung von pfändbaren Bezügen weiterhin berücksichtigt werden,

- wenn nach einer länger dauernden Karenzierung wieder pfändbare Bezüge vorliegen oder
- wenn das Einkommen des Dienstnehmers unter dem Existenzminimum liegt bzw. darunter sinkt, aber später das Existenzminimum (wieder) übersteigt (§ 299 Abs. 1–3 EO).

Ein solches Pfandrecht muss in den Lohnunterlagen vorgemerkt werden.

45. Bezugsartenschlüssel

45.1. Allgemeines

Die abgaben- und arbeitsrechtliche Behandlung der im Bezugsartenschlüssel angeführten Bezugsbestandteile bezieht sich **nur auf Normalfälle**.

Bedingt durch die Vielzahl von unterschiedlichen Bestimmungen des Abgaben- und Arbeitsrechts ist das Eingehen auf Sonderfälle nicht möglich. Aus diesem Grund ist es **unerlässlich**, jeweils auch noch die in diesem Fachbuch angeführten **Erläuterungen zu beachten**.

45.2. Zeichenerklärungen, Erläuterungen

Im Bezugsartenschlüssel finden nachstehende Abkürzungen Verwendung:

DN	=	Dienstnehmer;
einmalig	=	der Bezugsbestandteil wird ein einziges Mal gewährt;
ges.	=	gesetzlich;
lfd. Bez.	=	laufender Bezug;
pfl.	=	pflichtig;
regelm. jährl.	=	der Bezugsbestandteil wird zumindest jährlich gewährt;
regelm. mo.	=	der Bezugsbestandteil wird i.d.R. monatlich gewährt;
SZ	=	Sonderzahlung;
überst. Teil	=	den Freibetrag übersteigender Teil;
vorauss. wiederk.	=	der Bezugsbestandteil wird voraussichtlich wiederkehrend gewährt.

45.3. Tabelle des Bezugsartenschlüssels

(Siehe nächste Seite.)

Nr.	Bezeichnung des Bezugsbestandteils		Soweit der Bezugsbestandteil **überwiegend regelmäßig** gewährt wurde bzw. **lohngestaltende Vorschriften** eine Einbeziehung vorsehen, erfolgt eine Einrechnung in das/die		Unabhängig davon, ob der Bezugsbestandteil **regelmäßig oder nicht regelmäßig** gewährt wurde, erfolgt eine Einrechnung in die	Die steuerliche Behandlung/ die Besteuerung erfolgt						Die beitragsrechtliche Behandlung erfolgt			DB DZ[9])	Komm St[22])
			Entgelt bei Pflegefreistellung, Feiertagsentgelt, Krankenentgelt, Urlaubsentgelt	gesetzliche Abfertigung gem. AngG bzw. ArbAbfG	Basis zur Berechnung des Jahressechstels	lohnsteuerfrei bzw. nicht steuerbar	nach der Tariflohnsteuer	mit %	unter Berücksichtigung des Freibetrags von € 620,00	unter Berücksichtigung des Jahressechstels	nach den Bestimmungen des § 68 EStG	beitragsfrei	beitragspflichtig als laufender Bezug	beitragspflichtig als Sonderzahlung	Der Bezugsbestandteil ist	Der Bezugsbestandteil ist
			1	2	3	4	5	6	7	8	9	10	11	12	13	14
1	Abfertigung (gesetzliche, kollektivvertragliche) bei Dienstverhältnisende für „Altabfertigungsfälle“		nein	nein	nein	nein	[1])	[1])	nein	nein	nein	ja	nein	nein	frei	frei
2	Abfertigung (vertragliche, freiwillige) bei Dienstverhältnisende für „Altabfertigungsfälle“		nein	nein	nein	nein	Z 6 ja	Z 1 und 6%	Z 2 nein	nein	nein	ja	nein	nein	frei	frei
3	Abfertigung (vertragliche, freiwillige) bei Dienstverhältnisende für „Neuabfertigungsfälle“		nein	nein	nein	nein	ja	nein	nein	nein	nein	ja	nein	nein	frei	frei
4	Abschlussprämie, regelm. jährl.		nein	ja/nein[2])	nein	nein	nein[28])	ja[27])	ja	ja	nein	nein	nein	ja	pfl.	pfl.
5	Akkordlohn, regelm. mo.		ja	ja	ja	nein	ja	nein	nein	nein	nein	nein	ja	nein	pfl.	pfl.
6	Arbeitskleidung, typische, firmeneigene		nein	nein	nein	ja	nein	nein	nein	nein	nein	ja	nein	nein	frei	frei
7	Arbeitskleidung, untypische, oder Bekleidungspauschale	regelm. mo.	ja	ja	ja	nein	ja	nein	nein	nein	nein	nein	ja	nein	pfl.	pfl.
		regelm. jährl.	nein	ja	nein	nein	nein[28])	ja[27])	ja	ja	nein	nein	nein	ja	pfl.	pfl.
8	Arbeitsplatznahe Unterkunft (Schlafstelle usw.)		nein	nein	nein	ja	nein	nein	nein	nein	nein	ja	nein	nein	frei	frei
9	Aufwandsentschädigung[15])		nein	nein	nein	ja	nein	nein	nein	nein	nein	ja	nein	nein	frei	frei
10	Ausbildungskosten im betrieblichen Interesse		nein	nein	nein	ja	nein	nein	nein	nein	nein	ja	nein	nein	frei	frei
11	Auslagenersatz		nein	nein	nein	ja	nein	nein	nein	nein	nein	ja	nein	nein	frei	frei
12	Auslandstätigkeit weniger als einen Monat	lfd. Bez.	ja	ja	ja	nein	ja	nein	nein	nein	nein	nein	ja	nein	pfl.	pfl.
		SZ	nein	ja/nein[2])	nein	nein	nein[28])	ja[27])	ja	ja	nein	nein	nein	ja	pfl.	pfl.
13	Auslandstätigkeit mindestens einen Monat	lfd. Bez. 60%	ja	ja	ja	ja[8])	nein	nein	nein	nein	nein	nein	ja	nein	frei	frei
		lfd. Bez. darüber	ja	ja	ja	nein	ja	nein	nein	nein	nein	nein	ja	nein	pfl.	pfl.
		SZ	nein	ja/nein[2])	nein	nein	nein[28])	ja[27])	ja	ja	nein	nein	nein	ja	pfl.	pfl.
14	Auslösen[15])		nein	nein	nein	ja	nein	nein	nein	nein	nein	ja	nein	nein	frei	frei
15	Außerhauszulage[15])		nein	nein	nein	ja	nein	nein	nein	nein	nein	ja	nein	nein	frei	frei

Nr.	Bezeichnung des Bezugsbestandteils		Soweit der Bezugsbestandteil **überwiegend regelmäßig** gewährt wurde bzw. **lohngestaltende Vorschriften** eine Einbeziehung vorsehen, erfolgt eine Einrechnung in das/die: Entgelt bei Pflegefreistellung, Feiertagsentgelt, Krankenentgelt, Urlaubsentgelt	gesetzliche Abfertigung gem. AngG bzw. ArbAbfG	Unabhängig davon, ob der Bezugsbestandteil **regelmäßig oder nicht regelmäßig** gewährt wurde, erfolgt eine Einrechnung in die: Basis zur Berechnung des Jahressechstels	Die steuerliche Behandlung/die Besteuerung erfolgt: lohnsteuerfrei bzw. nicht steuerbar	nach der Tariflohnsteuer	mit %	unter Berücksichtigung des Freibetrags von € 620,00	unter Berücksichtigung des Jahressechstels	nach den Bestimmungen des § 68 EStG	Die beitragsrechtliche Behandlung erfolgt: beitragsfrei	beitragspflichtig als laufender Bezug	beitragspflichtig als Sonderzahlung	DB DZ[9]) Der Bezugsbestandteil ist	Komm St[22]) Der Bezugsbestandteil ist
			1	2	3	4	5	6	7	8	9	10	11	12	13	14
16	Bauzulage[15])		nein	nein	nein	ja	nein	nein	nein	nein	nein	ja	nein	nein	frei	frei
17	Bedienungsgeld		ja	ja	ja	nein	ja	nein	nein	nein	nein	nein	ja	nein	pfl.	pfl.
18	Beförderung der Dienstnehmer (im Werkverkehr) zwischen Wohnung und Arbeitsstätte		nein	nein	nein	ja	nein	nein	nein	nein	nein	ja	nein	nein	frei	frei
19	Begräbniskostenzuschuss		nein	nein	nein	ja[31)]	nein	nein	nein	nein	nein	ja	nein	nein	frei	frei
20	Behindertenbezug (für einen begünstigten behinderten Dienstnehmer und Lehrling)	lfd. Bez.	ja	ja	ja	nein	ja	nein	nein	nein	nein	nein	ja	nein	frei	frei
		SZ	nein	ja/nein[2])	nein	nein	nein[28])	ja[27])	ja	ja	nein	nein	nein	ja	frei	frei
21	Belohnung	regelm. mo.	ja	ja	ja	nein	ja	nein	nein	nein	nein	nein	ja	nein	pfl.	pfl.
		regelm. jährl.	nein	ja/nein[2])	nein	nein	nein[28])	ja[27])	ja	ja	nein	nein	nein	ja	pfl.	pfl.
22	Benützung von Erholungsheimen usw.		nein	nein	nein	ja	nein	nein	nein	nein	nein	ja	nein	nein	frei	frei
23	Betriebsveranstaltung(en) Sachzuwendung(en)	bis € 186,00/Jahr	nein	nein	nein	ja	nein	nein	nein	nein	nein	ja	nein	nein	frei	frei
		überst. Teil	nein	nein	nein	nein	nein[28])	ja[27])	ja	ja	nein	nein	nein	ja	pfl.	pfl.
24	Betriebsveranstaltung(en) Teilnahme	bis € 365,00/Jahr	nein	nein	nein	ja	nein	nein	nein	nein	nein	ja	nein	nein	frei	frei
		überst. Teil	nein	nein	nein	nein	nein[28])	ja[27])	ja	ja	nein	nein	nein	ja	pfl.	pfl.
25	Bilanzgeld, regelm. jährl.		nein	ja/nein[2])	nein	nein	nein[28])	ja[27])	ja	ja	nein	nein	nein	ja	pfl.	pfl.
26	Bildschirmzulage		ja	ja	ja	nein	ja	nein	nein	nein	nein	nein	ja	nein	pfl.	pfl.
27	BV-Beitrag/Zuschlag		nein	nein	nein	ja	nein	nein	nein	nein	nein	ja	nein	nein	frei	frei
28	COVID-19-Zulagen im Kalenderjahr 2020 und 2021		nein	nein	nein	ja	nein	nein	nein	nein	nein	ja	nein	nein	frei	frei
29	Diäten[15])		nein	nein	nein	ja	nein	nein	nein	nein	nein	ja	nein	nein	frei	frei
30	Diensterfindungsvergütung, nicht laufend gewährt		nein	nein	nein	nein	nein[28])	ja[27])	ja	ja	nein	nein	nein[3])	ja[3])	pfl.	pfl.
31	Dienstwohnung, Sachbezugswert		nein	ja	ja	nein	ja	nein	nein	nein	nein	nein	ja	nein	pfl.	pfl.

Nr.	Bezeichnung des Bezugsbestandteils		Soweit der Bezugsbestandteil **überwiegend regelmäßig** gewährt wurde bzw. **lohngestaltende Vorschriften** eine Einbeziehung vorsehen, erfolgt eine Einrechnung in das/die		Unabhängig davon, ob der Bezugsbestandteil **regelmäßig oder nicht regelmäßig** gewährt wurde, erfolgt eine Einrechnung in die	Die steuerliche Behandlung/die Besteuerung erfolgt						Die beitragsrechtliche Behandlung erfolgt			DB DZ[9])	Komm St[22])
			Entgelt bei Pflegefreistellung, Feiertagsentgelt, Krankenentgelt, Urlaubsentgelt	gesetzliche Abfertigung gem. AngG bzw. ArbAbfG	Basis zur Berechnung des Jahressechstels	lohnsteuerfrei bzw. nicht steuerbar	nach der Tariflohnsteuer	mit %	unter Berücksichtigung des Freibetrags von € 620,00	unter Berücksichtigung des Jahressechstels	nach den Bestimmungen des § 68 EStG	beitragsfrei	beitragspflichtig als laufender Bezug	beitragspflichtig als Sonderzahlung	Der Bezugsbestandteil ist	Der Bezugsbestandteil ist
			1	2	3	4	5	6	7	8	9	10	11	12	13	14
32	Durchlaufende Gelder		nein	nein	nein	ja	nein	nein	nein	nein	nein	ja	nein	nein	frei	frei
33	Einmalprämie, absolut einmalig		nein	nein	nein	nein	nein[28])	ja[27])	ja	ja	nein	nein	ja	nein	pfl.	pfl.
34	Entfernungszulage[15])		nein	nein	nein	ja	nein	nein	nein	nein	nein	ja	nein	nein	frei	frei
35	Entgelt bei Pflegefreistellung		nein	ja[19])	ja	nein	ja	nein	nein	nein	nein	nein	ja	nein	pfl.	pfl.
36	Entgeltfortzahlung nach dem Epidemiegesetz		nein	ja[19])	ja	nein	ja	ja	ja	ja	nein	nein	ja	ja	frei	frei
37	Ersatzleistung für Urlaubsentgelt	lfd. Bezugsteil	nein	nein	ja[21])	nein	ja	nein	nein	nein	nein	nein	ja	nein	pfl.	pfl.
		SZ-Teil	nein	nein	nein	nein	nein[28])	ja[27])	ja	ja	nein	nein	nein	ja	pfl.	pfl.
38	Erschwerniszulage[16])		ja	ja	ja	nein	nein	nein	nein	nein	ja	nein	ja	nein	pfl.	pfl.
39	Erstattung von Urlaubsentgelt	lfd. Bezugsteil	nein	nein	nein	nein	[13])	nein	nein	nein	nein	nein	nein	nein	[14])	[14])
		SZ-Teil	nein	nein	nein	nein	[13])	nein	nein	nein	nein	nein	nein	nein	[14])	[14])
40	Essensbons	bis € 2,00 / € 8,00	nein	nein	nein	ja	nein	nein	nein	nein	nein	ja	nein	nein	frei	frei
		überst. Teil	nein	nein	ja	nein	ja	nein	nein	nein	nein	nein	ja	nein	pfl.	pfl.
41	Fahrtkostenersatz für die Fahrt zwischen Wohnung und Arbeitsstätte (fiktive Kosten)[26])		nein	nein	ja	nein	ja	nein	nein	nein	nein	ja	nein	nein	pfl.	pfl.
42	Fahrtkostenersatz in Form der Kostenübernahme einer Wochen-, Monats- oder Jahreskarte[32])		nein	nein	nein	ja	nein	nein	nein	nein	nein	ja	nein	nein	frei	frei
43	Fahrtkostenersatz von der Wohnung aus bei einer vorübergehenden Dienstzuteilung oder bei Bau-, Montage- und Servicetätigkeit		nein	nein	nein	ja	nein	nein	nein	nein	nein	ja	nein	nein	frei	frei
44	Fahrtkostenersatz(-vergütung) für eine Dienstreise		nein	nein	nein	ja	nein	nein	nein	nein	nein	ja	nein	nein	frei	frei
45	Familienheimfahrt (Wochenendheimfahrt), Kostenersatz für eine Entsendung		nein	nein	nein	ja	nein	nein	nein	nein	nein	ja	nein	nein	frei	frei
46	Familienzulage, Kinderzulage	regelm. mo.	ja	ja	ja	nein	ja	nein	nein	nein	nein	nein	ja	nein	pfl.	pfl.
		regelm. jährl.	nein	ja	nein	nein	nein[28])	ja[27])	ja	ja	nein	nein	nein	ja	pfl.	pfl.

Nr.	Bezeichnung des Bezugsbestandteils		Soweit der Bezugsbestandteil **überwiegend regelmäßig** gewährt wurde bzw. **lohngestaltende Vorschriften** eine Einbeziehung vorsehen, erfolgt eine Einrechnung in das/die		Unabhängig davon, ob der Bezugsbestandteil **regelmäßig oder nicht regelmäßig** gewährt wurde, erfolgt eine Einrechnung in die	Die steuerliche Behandlung/ die Besteuerung erfolgt						Die beitragsrechtliche Behandlung erfolgt			DB DZ[9])	Komm St[22])
			Entgelt bei Pflegefreistellung, Feiertagsentgelt, Krankenentgelt, Urlaubsentgelt	gesetzliche Abfertigung gem. AngG bzw. ArbAbfG	Basis zur Berechnung des Jahressechstels	lohnsteuerfrei bzw. nicht steuerbar	nach der Tariflohnsteuer	mit %	unter Berücksichtigung des Freibetrags von € 620,00	unter Berücksichtigung des Jahressechstels	nach den Bestimmungen des § 68 EStG	beitragsfrei	beitragspflichtig als laufender Bezug	beitragspflichtig als Sonderzahlung	Der Bezugsbestandteil ist	Der Bezugsbestandteil ist
			1	2	3	4	5	6	7	8	9	10	11	12	13	14
47	Fehlgeldentschädigung (Mankogeld)		ja	ja	ja	nein	ja	nein	nein	nein	nein	nein	ja	nein	pfl.	pfl.
48	Feiertagsarbeitsentgelt		ja	ja	ja	nein	ja/nein[25])	nein	nein	nein	nein	nein	ja	nein	pfl.	pfl.
49	Feiertagsentgelt		nein	ja[19])	ja	nein	ja	nein	nein	nein	nein	nein	ja	nein	pfl.	pfl.
50	Feiertags(arbeits)zuschlag		ja	ja	ja	nein	nein	nein	nein	nein	ja	nein	ja	nein	pfl.	pfl.
51	Ferialpraktikanten (entgeltlos)		nein	nein	nein	nein	nein	nein	nein	nein	nein	nein	nein	nein	frei	frei
52	Firmenpension		nein	nein	ja	nein	ja	nein	nein	nein	nein	ja	nein	nein	frei	frei
53	Firmen-Pkw, Privatnutzung, Sachbezugswert		nein	ja	ja	nein	ja	nein	nein	nein	nein	nein	ja	nein	pfl.	pfl.
54	Geburtsbeihilfe, einmalig		nein	nein	nein	nein	nein[28])	ja[27])	ja	ja	nein	nein	ja[3])	nein[3])	pfl.	pfl.
55	Gefahrenzulage[16])		ja	ja	ja	nein	nein	nein	nein	nein	ja	nein	ja	nein	pfl.	pfl.
56	Gehalt		ja	ja	ja	nein	ja	nein	nein	nein	nein	nein	ja	nein	pfl.	pfl.
57	Geschenk[11]) Gratifikation	vorauss. wiederk.	nein	ja/nein[2])	nein	nein	nein[28])	ja[27])	ja	ja	nein	nein	nein	ja	pfl.	pfl.
		einmalig	nein	nein	nein	nein	nein[28])	ja[27])	ja	ja	nein	nein	ja	nein	pfl.	pfl.
58	Gesundheitsförderung und Prävention im Betrieb		nein	nein	nein	ja	nein	nein	nein	nein	nein	ja	nein	nein	frei	frei
59	Getränke, z.B. Kaffee, Tee		nein	nein	nein	ja	nein	nein	nein	nein	nein	ja	nein	nein	frei	frei
60	Gewinnbeteiligung	regelm. mo.	ja	ja	ja	ja[33])/nein	ja	nein	nein	nein	nein	nein	ja	nein	pfl.	pfl.
		regelm. jährl.	nein	ja/nein[2])	nein	ja[33])/nein	nein[28])	ja[27])	ja	ja	nein	nein	nein	ja	pfl.	pfl.
61	Heiratsbeihilfe, einmalig		nein	nein	nein	nein	nein[28])	ja[27])	ja	ja	nein	nein	ja[3])	nein[3])	pfl.	pfl.
62	Hitzezulage[16])		ja	ja	ja	nein	nein	nein	nein	nein	ja	nein	ja	nein	pfl.	pfl.
63	Höhenzulage[16])		ja	ja	ja	nein	nein	nein	nein	nein	ja	nein	ja	nein	pfl.	pfl.
64	Internatskostenzuschuss		nein	nein	nein	ja	nein	nein	nein	nein	nein	ja	nein	nein	frei	frei
65	Jubiläumsgeld		nein	nein	nein	nein	nein[28])	ja[27])	ja	ja	nein	nein	nein[3])	ja[3])	pfl.[6])	pfl.[6])

Nr.	Bezeichnung des Bezugsbestandteils		Soweit der Bezugsbestandteil **überwiegend regelmäßig** gewährt wurde bzw. **lohngestaltende Vorschriften** eine Einbeziehung vorsehen, erfolgt eine Einrechnung in das/die		Unabhängig davon, ob der Bezugsbestandteil **regelmäßig oder nicht regelmäßig** gewährt wurde, erfolgt eine Einrechnung in die	Die steuerliche Behandlung/die Besteuerung erfolgt						Die beitragsrechtliche Behandlung erfolgt			DB DZ[9])	Komm St[22])
			Entgelt bei Pflegefreistellung, Feiertagsentgelt, Krankenentgelt, Urlaubsentgelt	gesetzliche Abfertigung gem. AngG bzw. ArbAbfG	Basis zur Berechnung des Jahressechstels	lohnsteuerfrei bzw. nicht steuerbar	nach der Tariflohnsteuer	mit %	unter Berücksichtigung des Freibetrags von € 620,00	unter Berücksichtigung des Jahressechstels	nach den Bestimmungen des § 68 EStG	beitragsfrei	beitragspflichtig als laufender Bezug	beitragspflichtig als Sonderzahlung	Der Bezugsbestandteil ist	Der Bezugsbestandteil ist
			1	2	3	4	5	6	7	8	9	10	11	12	13	14
66	Jubiläumsgeschenk	bis € 186,00	nein	nein	nein	ja[6])	nein	nein	nein	nein	nein	ja[6])	nein	nein	frei	frei
		über € 186,00	nein	nein	nein	nein	nein[28])	ja[27])	ja	ja	nein	nein	nein[3])	ja[3])	pfl.	pfl.
67	Kilometergeld, amtlicher Satz		nein	nein	nein	ja	nein	nein	nein	nein	nein	ja	nein	nein	frei	frei
68	Kinderbetreuungskostenzuschuss pro Kind	bis € 1.000,00/Jahr	nein	ja	nein	ja	nein	nein	nein	nein	nein	ja	nein	nein	frei	frei
		überst. Teil (jährl.)	nein	ja	nein	nein	nein[28])	ja[27])	ja	ja	nein	nein	nein[3])	ja[3])	pfl.	pfl.
		überst. Teil (mo.)	nein	ja	ja	nein	ja	nein	nein	nein	nein	nein	ja	nein	pfl.	pfl.
69	Krankenentgelt 1.–3. Tag	unter 50%	nein	nein	ja	nein	ja	nein	nein	nein	nein	nein	ja	nein	pfl.	pfl.
		50% und darüber	nein	ja/nein[20])	ja	nein	ja	nein	nein	nein	nein	nein	ja	nein	pfl.	pfl.
70	Krankenentgelt ab 4. Tag	unter 50%	nein	nein	ja	nein	ja	nein	nein	nein	nein	ja	nein	nein	pfl.	pfl.
		50% und darüber	nein	ja/nein[20])	ja	nein	ja	nein	nein	nein	nein	nein	ja	nein	pfl.	pfl.
71	Krankenentgelt (Teilentgelt) für Lehrlinge		nein	nein	ja	nein	ja	nein	nein	nein	nein	ja	nein	nein	pfl.	pfl.
72	Krankenstandsaushilfe, einmalig		nein	nein	nein	nein	nein[28])	ja[27])	ja	ja	nein	nein	ja[3])	nein[3])	pfl.	pfl.
73	Kündigungsentschädigung	lfd. Bez.	nein	nein	nein	nein	[5])	nein	nein	nein	nein	nein	ja	nein	pfl.	pfl.
		SZ	nein	nein	nein	nein	[5])	nein	nein	nein	nein	nein	nein	ja	pfl.	pfl.
74	Lehrlingseinkommen	lfd. Bez.	ja	nein	ja	nein	ja	nein	nein	nein	nein	nein	ja	nein	pfl.	pfl.[24])
		SZ	nein	nein	nein	nein	nein[28])	ja[27])	ja	ja	nein	nein	nein	ja	pfl.	pfl.[24])
75	Leistungen Dritter (z.B. lfd. Provisionen)		[4])	[4])	[4])	nein	[4])	nein	nein	nein	nein	nein	ja	nein	[4])	[4])
76	Leistungsprämie	regelm. mo.	ja	ja	ja	nein	ja	nein	nein	nein	nein	nein	ja	nein	pfl.	pfl.
		regelm. jährl.	nein	ja/nein[2])	nein	nein	nein[28])	ja[27])	ja	ja	nein	nein	nein	ja	pfl.	pfl.

Nr.	Bezeichnung des Bezugsbestandteils			Soweit der Bezugsbestandteil **überwiegend regelmäßig** gewährt wurde bzw. **lohngestaltende Vorschriften** eine Einbeziehung vorsehen, erfolgt eine Einrechnung in das/die		Unabhängig davon, ob der Bezugsbestandteil **regelmäßig oder nicht regelmäßig** gewährt wurde, erfolgt eine Einrechnung in die	Die steuerliche Behandlung/die Besteuerung erfolgt						Die beitragsrechtliche Behandlung erfolgt			DB DZ⁹)	Komm St²²)
				Entgelt bei Pflegefreistellung, Feiertagsentgelt, Krankenentgelt, Urlaubsentgelt	gesetzliche Abfertigung gem. AngG bzw. ArbAbfG	Basis zur Berechnung des Jahressechstels	lohnsteuerfrei bzw. nicht steuerbar	nach der Tariflohnsteuer	mit %	unter Berücksichtigung des Freibetrags von € 620,00	unter Berücksichtigung des Jahressechstels	nach den Bestimmungen des § 68 EStG	beitragsfrei	beitragspflichtig als laufender Bezug	beitragspflichtig als Sonderzahlung	Der Bezugsbestandteil ist	Der Bezugsbestandteil ist
				1	2	3	4	5	6	7	8	9	10	11	12	13	14
77	Lohn			ja	ja	ja	nein	ja	nein	nein	nein	nein	nein	ja	nein	pfl.	pfl.
78	Lohnsteuer, vom Arbeitgeber freiwillig übernommen	lfd. Bez.		nein	ja	ja	nein	ja	nein	nein	nein	nein	nein	ja	nein	pfl.	pfl.
		SZ		nein	ja	nein	nein	nein[28])	ja[27])	ja	ja	nein	nein	nein	ja	pfl.	pfl.
79	Mahlzeiten, freiwillige			nein	nein	nein	ja	nein	nein	nein	nein	nein	ja	nein	nein	frei	frei
80	Mehrarbeitsgrundlohn			ja	ja	ja	nein	ja	nein	nein	nein	nein	nein	ja	nein	pfl.	pfl.
81	Mehrarbeitszuschlag (für Vollzeitarbeit)			ja	ja	ja	nein	nein	nein	nein	nein	ja	nein	ja	nein	pfl.	pfl.
82	Mitarbeiterrabatt	Innerhalb der Freigrenze von 20% bzw. des Freibetrags von € 1.000,00		nein	nein	nein	ja	nein	nein	nein	nein	nein	ja	nein	nein	frei	frei
		Die Freigrenze bzw. den Freibetrag übersteigender Mitarbeiterrabatt	Laufende Gewährung	nein	ja	ja	nein	ja	nein	nein	nein	nein	nein	ja	nein	pfl.	pfl.
			Jährliche Gewährung	nein	ja/nein[2])	nein	nein	nein[28])	ja[27])	ja	ja	nein	nein	nein	ja	pfl.	pfl.
83	Montagezulage[15])			nein	nein	nein	ja	nein	nein	nein	nein	nein	ja	nein	nein	frei	frei
84	Nacht(arbeits)zuschlag			ja	ja	ja	nein	nein	nein	nein	nein	ja	nein	ja	nein	pfl.	pfl.
85	Nächtigungsgeld, bis ges. Höchstsatz	belegt unbelegt		nein	nein	nein	ja	nein	nein	nein	nein	nein	ja	nein	nein	frei	frei
86	Nächtigungsgeld über ges. Höchstsatz	belegt		nein	nein	nein	ja	nein	nein	nein	nein	nein	ja	nein	nein	frei	frei
		unbelegt		nein	nein	ja	nein	ja	nein	nein	nein	nein	nein	ja	nein	pfl.	pfl.
87	abgabenpflichtige Nachzahlung für abgelaufene Jahre	lfd. Bez.		nein	nein	nein	nein	[29])	nein	nein	nein	nein	nein	ja	nein	pfl.	pfl.
		SZ		nein	nein	nein	nein	[29])	nein	nein	nein	nein	nein	nein	ja	pfl.	pfl.

	Bezeichnung des Bezugsbestandteils		Soweit der Bezugsbestandteil **überwiegend regelmäßig** gewährt wurde bzw. **lohngestaltende Vorschriften** eine Einbeziehung vorsehen, erfolgt eine Einrechnung in das/die		Unabhängig davon, ob der Bezugsbestandteil **regelmäßig oder nicht regelmäßig** gewährt wurde, erfolgt eine Einrechnung in die	Die steuerliche Behandlung/ die Besteuerung erfolgt						Die beitragsrechtliche Behandlung erfolgt			DB DZ[9])	Komm St[22])
			Entgelt bei Pflegefreistellung, Feiertagsentgelt, Krankenentgelt, Urlaubsentgelt	gesetzliche Abfertigung gem. AngG bzw. ArbAbfG	Basis zur Berechnung des Jahressechstels	lohnsteuerfrei bzw. nicht steuerbar	nach der Tariflohnsteuer	mit %	unter Berücksichtigung des Freibetrags von € 620,00	unter Berücksichtigung des Jahressechstels	nach den Bestimmungen des § 68 EStG	beitragsfrei	beitragspflichtig als laufender Bezug	beitragspflichtig als Sonderzahlung	Der Bezugsbestandteil ist	Der Bezugsbestandteil ist
			1	2	3	4	5	6	7	8	9	10	11	12	13	14
88	abgabenpflichtige Nachzahlung für das laufende Jahr	lfd. Bez.	ja	ja	ja	nein	ja	nein	nein	nein	nein	nein	ja	nein	pfl.	pfl.
		SZ	nein	ja/nein[2])	nein	nein	nein[28])	ja[27])	ja	ja	nein	nein	nein	ja	pfl.	pfl.
89	Prämien, diverse	regelm. mo.	ja	ja	ja	nein	ja	nein	nein	nein	nein	nein	ja	nein	pfl.	pfl.
		regelm. jährl.[23])	nein	ja/nein[2])	nein	nein	nein[28])	ja[27])	ja	ja	nein	nein	nein ↔ ja		pfl.	pfl.
90	Provision	regelm. mo.	ja/nein[7])	ja	ja	nein	ja	nein	nein	nein	nein	nein	ja	nein	pfl.	pfl.
		regelm. jährl.[23])	nein	ja/nein[2])	nein	nein	nein[28])	ja[27])	ja	ja	nein	nein	nein ↔ ja		pfl.	pfl.
91	Reinigung der Arbeitskleidung		nein	nein	nein	ja	nein	nein	nein	nein	nein	ja	nein	nein	frei	frei
92	Sachbezug (Verpflegung, freie Station usw.)		ja	ja	ja	nein	ja	nein	nein	nein	nein	nein	ja	nein	pfl.	pfl.
93	Schichtzulage	Tagschicht	ja	ja	ja	nein	ja	nein	nein	nein	nein	nein	ja	nein	pfl.	pfl.
		Nacht-, Sonntagssch.	ja	ja	ja	nein	nein	nein	nein	nein	ja	nein	ja	nein	pfl.	pfl.
94	Schmutzzulage[15])		ja/nein[16])	ja/nein[16])	ja	nein	nein	nein	nein	nein	ja	ja	nein	nein	pfl.	pfl.
95	Sonderzahlung	vorauss. wiederk.	nein	ja/nein[2])	nein	nein	nein[28])	ja[27])	ja	ja	nein	nein	nein	ja	pfl.	pfl.
		einmalig	nein	nein	nein	nein	nein[28])	ja[27])	ja	ja	nein	nein	ja	nein	pfl.	pfl.
96	Sonntags(arbeits)zuschlag		ja	ja	ja	nein	nein	nein	nein	nein	ja	nein	ja	nein	pfl.	pfl.
97	Soziale Zuwendung (freiwillig)[17]), nicht laufend		nein	nein	nein	nein	nein[28])	ja[27])	ja	ja	nein	nein	nein[3])	ja[3])	pfl.	pfl.
98	Spesenvergütung[15])		nein	nein	nein	ja	nein	nein	nein	nein	nein	ja	nein	nein	frei	frei
99	Störzulage[15])		nein	nein	nein	ja	nein	nein	nein	nein	nein	ja	nein	nein	frei	frei
100	Stücklohn		ja	ja	ja	nein	ja	nein	nein	nein	nein	nein	ja	nein	pfl.	pfl.
101	Studienbeihilfe, einmalig		nein	nein	nein	nein	nein[28])	ja[27])	ja	ja	nein	nein	ja[3])	nein[3])	pfl.	pfl.
102	Tagesgeld, bis ges. Höchstsatz	belegt unbelegt	nein	nein	nein	ja	nein	nein	nein	nein	nein	ja	nein	nein	frei	frei
103	Tagesgeld, über ges. Höchstsatz	belegt unbelegt	nein	nein	ja	nein	ja	nein	nein	nein	nein	nein	ja	nein	pfl.	pfl.

Nr.	Bezeichnung des Bezugsbestandteils		Soweit der Bezugsbestandteil **überwiegend regelmäßig** gewährt wurde bzw. **lohngestaltende Vorschriften** eine Einbeziehung vorsehen, erfolgt eine Einrechnung in das/die		Unabhängig davon, ob der Bezugsbestandteil **regelmäßig oder nicht regelmäßig** gewährt wurde, erfolgt eine Einrechnung in die	Die steuerliche Behandlung/ die Besteuerung erfolgt						Die beitragsrechtliche Behandlung erfolgt			DB DZ[9])	Komm St[22])
			Entgelt bei Pflegefreistellung, Feiertagsentgelt, Krankenentgelt, Urlaubsentgelt	gesetzliche Abfertigung gem. AngG bzw. ArbAbfG	Basis zur Berechnung des Jahressechstels	lohnsteuerfrei bzw. nicht steuerbar	nach der Tariflohnsteuer	mit %	unter Berücksichtigung des Freibetrags von € 620,00	unter Berücksichtigung des Jahressechstels	nach den Bestimmungen des § 68 EStG	beitragsfrei	beitragspflichtig als laufender Bezug	beitragspflichtig als Sonderzahlung	Der Bezugsbestandteil ist	Der Bezugsbestandteil ist
			1	2	3	4	5	6	7	8	9	10	11	12	13	14
104	Tantiemen	regelm. mo.	ja	ja	ja	nein	ja	nein	nein	nein	nein	nein	ja	nein	pfl.	pfl.
		regelm. jährl.	nein	ja/nein[2])	nein	nein	nein[28])	ja[27])	ja	ja	nein	nein	nein	ja	pfl.	pfl.
105	Teilzeit-Mehrarbeitszuschlag		ja	ja	ja	nein	ja	nein	nein	nein	nein	nein	ja	nein	pfl.	pfl.
106	Todfallsbeitrag (Sterbegeld) bei Beendigung des Dienstverhältnisses		nein	nein	nein	nein	Z 6[30]) ja	Z 1[30]) 6%	nein	nein	nein	ja	nein	nein	frei	frei
107	Trennungsgeld[15])		nein	nein	nein	ja	nein	nein	nein	nein	nein	ja	nein	nein	frei	frei
108	Treueprämie	vorauss. wiederk.	nein	ja/nein[2])	nein	nein	nein[28])	ja[27])	ja	ja	nein	nein	nein	ja	pfl.	pfl.
		einmalig	nein	nein	nein	nein	nein[28])	ja[27])	ja	ja	nein	nein	ja	nein	pfl.	pfl.
109	Trinkgeld (ortsüblich)		nein	nein	nein	ja	nein	nein	nein	nein	nein	nein	ja	nein	frei	frei
110	Überstundengrundlohn		ja	ja	ja	nein	ja	nein	nein	nein	nein	nein	ja	nein	pfl.	pfl.
111	Überstundenzuschlag		ja	ja	ja	nein	nein	nein	nein	nein	ja	nein	ja	nein	pfl.	pfl.
112	Übertragungsbetrag (an BV-Kasse)		nein	nein	nein	ja	nein	nein	nein	nein	nein	ja	nein	nein	frei	frei
113	Umzugskostenvergütung		nein	nein	nein	ja	nein	nein	nein	nein	nein	ja	nein	nein	frei	frei
114	Urlaubsablöse bei aufrechtem Dienstverhältnis		nein	nein	nein	nein	nein[28])	ja[27])	ja	ja	nein	nein	ja	nein	pfl.	pfl.
115	Urlaubsbeihilfe, -zuschuss, -geld		nein	ja/nein[2])	nein	nein	nein[28])	ja[27])	ja	ja	nein	nein	nein	ja	pfl.	pfl.
116	Urlaubsentgelt		nein	ja[19])	ja	nein	ja	nein	nein	nein	nein	nein	ja	nein	pfl.	pfl.
117	Verbesserungsvorschlagsprämie		nein	nein	nein	nein	nein[28])	ja[27])	ja	ja	nein	nein	ja[3])	nein[3])	pfl.	pfl.
118	abgabenpflichtige Vergleichssumme	lfd. Bez.	nein	nein	nein	nein	[5])	nein	nein	nein	nein	nein	ja	nein	pfl.	pfl.
		SZ	nein	nein	nein	nein	[5])	nein	nein	nein	nein	nein	nein	ja	pfl.	pfl.
119	abgabenpflichtige Vergleichssumme, bei oder nach DV-Ende ausbezahlt[18])	bis € 7.500,00	nein	nein	nein	nein	nein	6%	nein	nein	nein	nein	ja ↔ nein		pfl.	pfl.
		überst. Teil	nein	nein	nein	nein	[5])	nein	nein	nein	nein	nein	ja ↔ nein		pfl.	pfl.

Nr.	Bezeichnung des Bezugsbestandteils		Soweit der Bezugsbestandteil **überwiegend regelmäßig** gewährt wurde bzw. **lohngestaltende Vorschriften** eine Einbeziehung vorsehen, erfolgt eine Einrechnung in das/die		Unabhängig davon, ob der Bezugsbestandteil **regelmäßig oder nicht regelmäßig** gewährt wurde, erfolgt eine Einrechnung in die	Die steuerliche Behandlung/ die Besteuerung erfolgt						Die beitragsrechtliche Behandlung erfolgt			DB DZ[9])	Komm St[22])
			Entgelt bei Pflegefreistellung, Feiertagsentgelt, Krankenentgelt, Urlaubsentgelt	gesetzliche Abfertigung gem. AngG bzw. ArbAbfG	Basis zur Berechnung des Jahressechstels	lohnsteuerfrei bzw. nicht steuerbar	nach der Tariflohnsteuer	mit %	unter Berücksichtigung des Freibetrags von € 620,00	unter Berücksichtigung des Jahressechstels	nach den Bestimmungen des § 68 EStG	beitragsfrei	beitragspflichtig als laufender Bezug	beitragspflichtig als Sonderzahlung	Der Bezugsbestandteil ist	Der Bezugsbestandteil ist
			1	2	3	4	5	6	7	8	9	10	11	12	13	14
120	Volontärs-Taschengeld		nein	nein	ja	nein	ja	nein	nein	nein	nein	nein	ja	nein	pfl.	pfl.
121	Weggeld[15])		nein	nein	nein	ja	nein	nein	nein	nein	nein	ja	nein	nein	frei	frei
122	Wegzeitvergütung (Lohn für die Wegzeit)		ja	ja	ja	nein	ja	nein	nein	nein	nein	nein	ja	nein	pfl.	pfl.
123	Weihnachtsremuneration, -zuschuss, -geld		nein	ja/nein[2])	nein	nein	nein[28])	ja[27])	ja	ja	nein	nein	nein	ja	pfl.	pfl.
124	Werkzeuggeld, monatlich		nein	nein	ja	nein	ja	nein	nein	nein	nein	nein	ja	nein	pfl.	pfl.
125	Zahlung für den Verzicht auf Arbeitsleistungen für künftige Lohnzahlungszeiträume	lfd. Bez.	nein	nein	nein	nein	ja	nein	nein	nein	nein	nein	ja	nein	pfl.	pfl.
		SZ	nein	nein	nein	nein	ja	nein	nein	nein	nein	nein	nein	ja	pfl.	pfl.
126	Zehrgeld[15])		nein	nein	nein	ja	nein	nein	nein	nein	nein	ja	nein	nein	frei	frei
127	Zinsenersparnisse für Vorschüsse und Darlehen	bis € 7.300,00	nein	nein	nein	ja	nein	nein	nein	nein	nein	ja	nein	nein	frei	frei
		überst. Teil	nein	nein	nein	nein	ja	nein	nein	nein	nein	nein	ja	nein	pfl.	pfl.
128	Zukunftssicherung, monatliche Leistung, alle DN[12]),	bis € 300,00/Jahr	nein	ja	ja	ja	nein	nein	nein	nein	nein	ja	nein	nein	frei	frei
		überst. Teil	nein	ja	ja	nein	ja	nein	nein	nein	nein	nein	ja	nein	pfl.	pfl.
129	Zukunftssicherung, jährliche Leistung, alle DN[12]),	bis € 300,00/Jahr	nein	ja	nein	ja	nein	nein	nein	nein	nein	ja	nein	nein	frei	frei
		überst. Teil	nein	ja	nein	nein	ja	nein	nein	nein	nein	nein	nein	ja	pfl.	pfl.
130	Zulagen, diverse (keine SEG-Zulagen und Aufwandsentschädigungen)	regelm. mo.	ja	ja	ja	nein	ja	nein	nein	nein	nein	nein	ja	nein	pfl.	pfl.
		regelm. jährl.	nein	ja/nein[2])	nein	nein	nein[28])	ja[27])	ja	ja	nein	nein	nein	ja	pfl.	pfl.
131	Zuschläge, diverse (keine SFN-, Üst-Zuschläge)	regelm. mo.	ja	ja	ja	nein	ja	nein	nein	nein	nein	nein	ja	nein	pfl.	pfl.
		regelm. jährl.	nein	ja/nein[2])	nein	nein	nein[28])	ja[27])	ja	ja	nein	nein	nein	ja	pfl.	pfl.
132	Zuwendungen, diverse	regelm. mo.	ja	ja	ja	nein	ja	nein	nein	nein	nein	nein	ja	nein	pfl.	pfl.
		regelm. jährl.	nein	ja/nein[2])	nein	nein	nein[28])	ja[27])	ja	ja	nein	nein	nein	ja	pfl.	pfl.

[1] Gesetzliche und kollektivvertragliche Abfertigungen sind nach der Vervielfachermethode bzw. mit 6% zu versteuern.

[2] Sonderzahlungen sind nur dann in die Abfertigung einzubeziehen, wenn diese bedingt durch die Art der Beendigung des Dienstverhältnisses dem Dienstnehmer zustehen (→ 33.3.1.5.).

[3] Beitragspflichtig als laufender Bezug, sofern es sich um eine Einmalzahlung handelt, mit Wiederholungscharakter/-absicht beitragspflichtig als Sonderzahlung.

[4] Stellt die Leistung Dritter einen Teil des Arbeitslohns dar, ist diese in das Entgelt für Ausfallzeiten und in die Abfertigung einzurechnen.

Leistungen Dritter werden

- entweder im Weg der Veranlagung der Einkommensteuer
- oder vom Arbeitgeber der Lohnsteuer

unterworfen (→ 19.4.2.2.2.). Bei Leistungen Dritter besteht grundsätzlich DB-, DZ- und KommSt-Pflicht. Bei Entgelt von dritter Seite ohne Arbeitslohncharakter (somit nicht auf Veranlassung des Arbeitgebers) besteht unabhängig von einer Lohnsteuerabzugsverpflichtung keine LNK-Pflicht. Kein geldwerter Vorteil liegt auch dann vor, wenn die Inanspruchnahme im ausschließlichen Interesse des Arbeitgebers liegt und im konkreten Fall für den Arbeitnehmer kein Vorteil besteht.

[5] Bei dieser Zahlung ist ein Fünftel steuerfrei, max. € 10.206,00. Der übersteigende Betrag ist nach Tarif zu versteuern (→ 24.5.2.2., → 34.3.2.).

[6] Bei Erfüllung aller Voraussetzungen (u.a. Vorliegen eines jubiläumswürdigen Jahres) (→ 21.1., → 21.2.).

[7] Krankenentgelt (→ 25.3.7.), Urlaubsentgelt (→ 26.2.6.2.).

[8] Soweit dieser Betrag die monatliche Höchstbeitragsgrundlage nicht übersteigt.

[9] Bezüge der begünstigten Behinderten i.S.d. BEinstG (→ 29.2.1.) sowie die Bezüge der Personen nach Vollendung des 60. Lebensjahrs (→ 31.11.) sind DB- und DZ-frei (→ 37.3.3.3.).

[10] Taschengeld der Volontäre ist beitragspflichtig (→ 31.5.2.).

[11] Z.B. Geburtstagsgeschenk; nicht aber ein Geschenk (eine Sachzuwendung) im Zusammenhang mit der Teilnahme an einer Betriebsveranstaltung (siehe Betriebsveranstaltung).

[12] An alle Dienstnehmer oder bestimmte Gruppen von Dienstnehmern (→ 21.1.; vgl. auch LStR 2002, Rz 84).

[13] Der Erstattungsbetrag für Urlaubsentgelt ist eine Rückzahlung von steuerpflichtigem Arbeitslohn und zählt demnach zu den Werbungskosten. Der Erstattungsbetrag vermindert die Bemessungsgrundlage des Monats der Rückzahlung.

[14] Der Erstattungsbetrag für Urlaubsentgelt zählt zu den Werbungskosten (siehe vorstehend) und vermindert aus diesem Grund nicht die DB/DZ und KommSt-Grundlagen.

[15] Diese Lohnart ist ausnahmslos nur dann wie dargestellt zu behandeln, wenn diese keinen Entlohnungscharakter hat.

[16] Siehe Punkte 17.1.2., 25.2.7.3., 26.2.6.3. und 33.3.1.5.

[17] Bezüglich Zuwendungen für Katastrophenschäden siehe Punkte 21.1. (§ 49 Abs. 3 Z 11 ASVG) und 21.2. (§ 3 Abs. 1 Z 16 EStG), bezüglich Zuwendungen für Begräbniskosten, Gesundheitsförderung und Kinderbetreuung siehe Tabelle Bezugsartenschlüssel.

[18] Für Zeiträume mit einer Anwartschaft gegenüber einer BV-Kasse (→ 36.1.).

[19] Wenn das ermittelte Entgelt nach dem Ausfallprinzip (= Durchschnittsprinzip) bemessen wurde (OGH 14.4.1999, 9 ObA 20/99b).

[20] Das nach dem Ausfallprinzip (= Durchschnittsprinzip) bemessene volle (100%) Krankenentgelt ist in die Abfertigung einzubeziehen (OGH 14.4.1999, 9 ObA 20/99b).

[21] Wird eine Ersatzleistung für Urlaubsentgelt neben laufenden Bezügen bezahlt, erhöht sich das Jahressechstel um ein Sechstel der in der Ersatzleistung enthaltenen laufenden Bezüge.

[22] Bezüge der begünstigten behinderten Dienstnehmer und der begünstigten behinderten Lehrlinge i.S.d. BEinstG sind KommSt-frei (→ 37.4.1.3.).

[23] Jährlich ausbezahlte Umsatzprovisionen (Umsatzprämien) sind in der Sozialversicherung Sonderzahlungen, wenn der Anspruch noch von weiteren Bedingungen abhängig ist (→ 23.3.1.1.); im Bereich der Lohnsteuer sind diese sonstigen Bezüge, wenn der Anspruch vom Erreichen einer Jahresumsatzgrenze oder vom Erreichen eines vereinbarten Ziels abhängig ist (→ 23.3.2.6.1.).

[24] Manche Gemeinden verzichten hinsichtlich des Lehrlingseinkommens auf das Hineinrechnen dieser in die Bemessungsgrundlage.

[25] Siehe Punkt 18.3.3.

[26] Hinsichtlich der Zurverfügungstellung der Fahrkarte durch den Dienstgeber siehe Punkt 22.6.2.

[27] Siehe Punkt 23.3.2.1.

[28] Der innerhalb des J/6 liegende Betrag bis € 83.333,00 (→ 23.3.2.1.).

[29] Bei dieser Zahlung sind ein Fünftel steuerfrei und vier Fünftel nach Tarif zu versteuern (→ 24.3.2.2.).

[30] Dies gilt nur dann, wenn der Verstorbene dem „alten" Abfertigungsrecht unterliegt (→ 34.2.2.).

[31] Steuerfrei sind nur freiwillig gewährte Begräbniskostenzuschüsse.

[32] Siehe dazu ausführlich Punkte 21.3. und 22.6.2.

[33] Unter bestimmten Voraussetzungen bis € 3.000,00 pro Jahr steuerfrei (→ 21.2.).

Stichwortverzeichnis